Taschenbuch für Handwerk und Industrie

6. Auflage

D1726552

Impressum

Herausgeber
ROBERT BOSCH GmbH 2005
Geschäftsbereich Power Tools
Sales Consulting Training PT / SCT
Postfach 10 01 56
D-70745 Leinfelden-Echterdingen
http://www.bosch-pt.de
http://www.ewbc.de
http://www.elektrowerkzeuge-wissen.de

Redaktion und Autor
Holger H. Schweizer

Layout
Holger H. Schweizer

Technische Grafik
Holger H. Schweizer
Gessmann & Clark
www.gessmann-grafik.de
Jörg A. Pohl
www.dokupol.de

Lektorat:
Erwin Ritz

Druck:
Senner-Druck, Nürtingen
www.ntz.de

© ROBERT BOSCH GmbH
Sechste, überarbeitete und erweiterte
Auflage

Printed in Germany.
Imprimé en Allemagne.
6. Auflage, Januar 2005
Redaktionsschluss: 31. 12. 2004

ISBN 3-87125-501-7

1 609 901 X003
PT/SCT-EWLEX.6   03/05 (De)

© Dr. Ing. Paul Christiani
Technisches Institut für Aus- und
Weiterbildung GmbH & Co. KG
Herman-Hesse-Weg 2
D-78464 Konstanz
www.christiani.de

Vorwort zur 6. Auflage

Das 2001 in völlig neuer Gestaltung erschienene "Lexikon der Elektrowerkzeuge", 5. Auflage unterschied sich wesentlich von seinen Vorgängern. Neben dem Begriffslexikon zum Thema Elektrowerkzeuge überwogen die Themen zur Werkstoffkunde, Technik und vor Allem zur Anwendung von Elektrowerkzeugen in einem Maße, dass der ursprüngliche Titel nicht mehr dem Inhalt entsprach. Auf Grund der Hinweise unserer Leser und aus praktischen Erwägungen haben wir uns entschlossen, für künftige Neuauflagen einen dem Inhalt besser gerecht werdenden, neuen Titel zu wählen. Somit erscheint die nun vorliegende 6.Auflage als:

Taschenbuch für Handwerk und Industrie

Wir sind davon überzeugt, mit dem neuen Titel das Interesse für dieses Standardwerk einem größeren Kreis von Interessenten zu erschließen.

Was ist neu?

Gegenüber der 5.Auflage haben wir einige Änderungen im Inhalt und in der Themenfolge vorgenommen: Die Grundlagen stehen nun am Anfang des Buches. In ihrer logischen Folge erfährt der interessierte Leser die Grundlagen der technischen Mathematik und der Physik, umfangreiche internationale Umrechnungstabellen, Darstellung der chemischen und physikalischen Stoffwerte sowie Informationen über die wichtigsten Eigenschaften der Werkstoffe vermitteln praxistaugliches Wissen.

Entsprechend der zunehmenden handwerklichen Verarbeitung von Faserverbundwerkstoffen und Kunstharzen wurde das Kapitel "Kunststoffe" entsprechend ergänzt.

Im Abschnitt "Technik" wurden einzelne Kapitel ergänzt, wo dies auf Grund von technischen Weiterentwicklungen nötig war. Im Kapitel "Akkutechnik" wurde die Lithium-Ionentechnik hinzugefügt, die Kapitel "Hochfrequenzwerkzeuge" und "Drucklufttechnik" wurden vervollständigt. Neu aufgenommen wurden Beiträge zu stationären Elektrowerkzeugen, Steuerungs- und Regelungstechnik, Schwin-

gungsdämpfung, Sicherheitskupplungen, Bremsen, Schlagwerke, Drehschlagwerke und Schaltgetriebe. Großen Wert haben wir auch auf neue, übersichtlichere grafische Darstellungen komplexer technischer Vorgänge gelegt. Die praxisorientierten Beiträge wurden aus Gründen der Übersichtlichkeit in die zwei Abschnitte "Verbindungstechnik" und "Bearbeitungstechnik" getrennt. Zusätzlich wurden den meisten Kapiteln des Abschnittes "Bearbeitungstechnik" bewährte Praxistipps angefügt. Hierdurch wird der Praxisnutzen des

Taschenbuch für Handwerk und Industrie

noch weiter erhöht.

Das in früheren Auflagen vorangestellte Kapitel des Begriffslexikons zum Thema Elektrowerkzeuge und ihrer Anwendungen haben wir aus Gründen der Übersichtlichkeit tabellarisch gestaltet und an das Ende des Buches gestellt. Als reines Wortlexikon, in der bewährten Weise mit Suchworten in vier Sprachen angelegt, erlaubt dies ein wesentlich schnelleres Finden der gesuchten Begriffe und kann, in eingeschränkter Weise, auch als Übersetzungshilfe für technische Fachbegriffe eingesetzt werden. Wir sind davon überzeugt, dass das

Taschenbuch für Handwerk und Industrie

durch die leicht verständliche Aufbereitung und die Praxisorientierung des Inhaltes mit
- über 800 Abbildungen mit mehr als 2.000 Einzeldarstellungen
- über 400 Tabellen, darunter vielen internationalen Umrechnungstabellen
- insgesamt ca. 1000 Fachbegriffen mit Begriffserklärung,

ein einzigartiges Nachschlagewerk für Handwerk und Industrie, aber auch für jeden technisch Interessierten mit hohem praktischen Nutzen ist. Insbesondere wird jeder Anwender von Elektrowerkzeugen von der Fülle der Informationen in hohem Maße profitieren.

Holger H. Schweizer

Danksagung

Der Umfang und die Komplexität der im
**"Taschenbuch Handwerk und
Industrie"**
beschriebenen Themen haben es erforderlich gemacht, zusätzlich fachlich kompetente Informationen aufzunehmen.
Hierzu haben unter Anderem die folgend
aufgeführten Personen, Firmen und Organisationen beigetragen. Ihre Text- und
Bildvorlagen sowie ihre fachliche Beratung haben uns bei der Erstellung spezifischer Beiträge wesentlich unterstützt. Für
die spontane und unbürokratische Kooperation möchten wir uns an dieser
Stelle herzlich bedanken.

Besonderer Dank gilt Herrn Peter Hubert,
Leiter des Schulungszentrums im Geschäftsbereich Power Tools der ROBERT
BOSCH GmbH. Wie schon bei den vorherigen Auflagen hat er die Voraussetzungen geschaffen, welche die Herstellung
dieses Buches ermöglichten.

Fachberatung

Dr.rer.nat. Aumayer *
(Akkutechnik)
Dipl.Phys. Günter Flinspach *
(Elektronische Messtechnik)
Karl-Friedrich Hölterhoff
(Schraubverbindungen)
Dipl.Ing. Steffen Katzenberger *
(Akkutechnik)
Frau Maike Langelueddecke
(Lektoratsarbeiten)
Dipl.Betriebswirt (FH) Jürgen Mamber *
(Holzbearbeitung)
Dipl.Ing. (FH) Horst Weidner *
(Drehschlagsysteme)
Dipl.Ing. Alexander Osswald *
(Akku-Ladetechnik)
Erwin Ritz *
(Mobile Stromerzeuger)
Dipl.Ing. (FH) Jürgen Stoeger*
(Holzbearbeitungswerkzeuge)

* Mitarbeiter der Robert Bosch GmbH

Beiträge, Text- und Bildvorlagen

ROBERT BOSCH GmbH
Geschäftsbereich
Kraftfahrzeugausrüstung Handel
AA/PDT5
D-73207 Plochingen
Franz-Oechsle-Straße 4
www.kraftfahrzeugtechnik-
heute.de/k/de/start/info_main.jsp
(Grundlagen, Stoffwerte)

Bosch Rexroth AG
Service Automation
Didactic
D-67411 Erbach
Berliner Straße 25
www.boschrexroth.com/didactic

Boge-Kompressoren
D-33507 Bielefeld
Otto-Boge-Strasse 17
www.boge.de
(Druckluftaufbereitung)

Fähnle-Technik GmbH
D-73037 Göppingen
Jahnstraße 104-106
www.faehnletechnic.de
(Kunststoffe und
Arbeitssicherheit)

fischerwerke
Artur Fischer GmbH & Co. KG
D-72176 Waldachtal
Weinhalde 14-18
www.fischerwerke.de
(Befestigungstechnik in
Steinwerkstoffen)

H. G. Jahr GmbH
D-74321 Bietigheim-Bissingen
Robert-Bosch-Straße 17
www.jahr.vnet.de
(Internat. Kabel und Leitungen)

R&G Faserverbundwerkstoffe GmbH
Im Meißel 7
D-71111 Waldenbuch
www.r-g.de
(Kunstharze und Laminiertechnik)

RÖHM
D-89565 Sontheim
Postfach 11 61
www.roehm-spannzeuge.com
(Spannwerkzeuge)

Schwer Fittings
D-78588 Denkingen
Hauptstraße 150
www.schwer.com
(Rohrverschraubungen)

SKF GmbH
D-97419 Schweinfurt
Gunnar-Wester-Straße 12
www.skf.com
(Gleit- und Wälzlager)

UHU GmbH
D-77813 Bühl
Herrmannstraße 7
www.uhu.de
(Klebetechnik)

WASI Wagener & Simon
Spezialist für Edelstahl-Normteile
D-42289 Wuppertal
Emil-Wagener-Straße 5
www.wasi.de
(Edelstahl-Verbindungsmittel)

Inhalt

Um das "**Taschenbuch für Handwerk und Industrie**" übersichtlicher zu gestalten, sind den einzelnen Hauptkapiteln zusätzliche, detaillierte Inhaltsverzeichnisse vorangestellt.

Grundlagen

Stoffwerte

Mathematik

Mathematische Zeichen

≈	ungefähr gleich		~	proportional
≪	klein gegen		$\sqrt{}$	Wurzel aus ($\sqrt[n]{}$ n-te Wurzel aus)
≫	groß gegen		$n!$	n Fakultät (z. B. 3! = 1 · 2 · 3 = 6)
$\hat{=}$	entspricht		$\lvert x \rvert$	Betrag von x
. . .	und so weiter, bis		$\longrightarrow$	nähert sich, strebt nach
=	gleich		∞	unendlich
≠	nicht gleich		i oder j	imaginäre Einheit, $i^2 = -1$
<	kleiner als		⊥	rechtwinklig zu
≤	kleiner oder gleich		‖	parallel zu
>	größer als		∢	Winkel
≥	größer oder gleich		Δ	Dreieck
+	plus		lim	limes (Grenzwert)
−	minus		Δ	Delta (Differenz zweier Werte)
· oder	★ oder × mal		d	vollständiges Differential
: oder	/ geteilt durch		δ	partielles Differential
oder	——— (Bruch)		∫	Integral
Σ	Summe		ln	Logarithmus zur Basis e[1]
Π	Produkt		lg	Logarithmus zur Basis 10

Häufig gebrauchte Zahlen

e	= 2,718282[1]		$\sqrt{\pi}$	= 1,77245
e^2	= 7,389056		$1/\pi$	= 0,31831
1/e	= 0,367879		π^2	= 9,86960
lg e	= 0,434294		$180/\pi$	= 57,29578
$\sqrt{e}$	= 1,648721		$\pi/180$	= 0,017453
1/lg e	= 2,302585		$\sqrt{2}$	= 1,41421
ln 10	= 2,302585		$1/\sqrt{2}$	= 0,70711
1/ln10	= 0,434294		$\sqrt{3}$	= 1,73205
π	= 3,14159			

Zahlensysteme

Zahlensysteme dienen zur Bildung von Zahlen, in denen die Anzahl von Zahlzeichen (Ziffern) geringer ist als die Anzahl der zu beschreibenden Mengenelemente. Notwendig ist dazu die gebündelte Darstellung von mehreren Elementen durch ein Symbol (Zahlzeichen).

Die im Gegensatz zu Additionssystemen heute verwendeten Positionssysteme enthalten Bündelungen einheitlicher Abstufung. Die Position des Zahlzeichens in der Zahl bestimmt die zugehörige Bündelungsgröße (Stellenwert). Die Zahl, die zur ersten Bündelung führt, ist die Basis oder Grundzahl eines Positionssystems. Sie ist gleich der maximalen Anzahl unterschiedlicher Zahlzeichen. Am gebräuchlichsten ist das Dezimalsystem mit der Basis 10. In der Informatik werden auch das Dualsystem mit der Basis 2 und den Zahlzeichen 0 und 1 sowie das Hexadezimalsystem mit der Basis 16 und den Zahlzeichen 0 bis 9 und A bis F verwendet.

Eine reelle Zahl a wird im Positionssystem dargestellt durch

$$a = \pm \sum_{i=-\infty}^{\infty} Z_i \cdot B^i$$

i Position, B Basis, Z_i natürliche Zahlen ($0 \leq Z_i < B$) in der Position i.

Römisches Zahlensystem (Additionssystem)	Dezimalsystem (Basis 10)	Dualsystem (Basis 2)
I	1	1
X	10	1010
C	100	1100100
M	1000	1111100110
II	2	10
V	5	101
L	50	110010
D	500	111110010
MVM	1995	11111001011

(Steht im römischen Zahlensystem ein kleineres Zahlzeichen vor einem größeren, so wird es subtrahiert.)

[1] e = 1 + 1/1! + 1/2! + 1/3! + ...
(Basis der natürlichen Logarithmen).

Normzahlen

Normzahlen sind gerundete Glieder geometrischer Reihen mit den Stufensprüngen (Verhältnis eines Glieds zum vorhergehenden):

Reihe	R 5	R 10	R 20	R 40
Stufensprung	$\sqrt[5]{10}$	$\sqrt[10]{10}$	$\sqrt[20]{10}$	$\sqrt[40]{10}$

Sie werden für die Wahl und Stufung von Größen und Abmessungen verwendet.

Außer den Grundreihen enthält DIN 323 noch die Ausnahmereihe R 80 und Rundwertreihen.

Nennwerte elektrischer Bauelemente wie Widerstände und Kondensatoren werden nach E-Reihen gestuft:

Reihe	E 6	E 12	E 24
Stufensprung	$\sqrt[6]{10}$	$\sqrt[12]{10}$	$\sqrt[24]{10}$

Normzahlen (DIN 323)

Grundreihen				Genauwerte		E-Reihen (DIN 41 426)		
R 5	R 10	R 20	R 40		lg	E 6	E 12	E 24
1,00	1,00	1,00	1,00	1,0000	0,0	1,0	1,0	1,0
			1,06	1,0593	0,025			1,1
		1,12	1,12	1,1220	0,05		1,2	1,2
			1,18	1,1885	0,075			1,3
	1,25	1,25	1,25	1,2589	0,1	1,5	1,5	1,5
			1,32	1,3335	0,125			1,6
		1,40	1,40	1,4125	0,15		1,8	1,8
			1,50	1,4962	0,175			2,0
1,60	1,60	1,60	1,60	1,5849	0,2	2,2	2,2	2,2
			1,70	1,6788	0,225			2,4
		1,80	1,80	1,7783	0,25		2,7	2,7
			1,90	1,8836	0,275			3,0
	2,00	2,00	2,00	1,9953	0,3	3,3	3,3	3,3
			2,12	2,1135	0,325			3,6
		2,24	2,24	2,2387	0,35		3,9	3,9
			2,36	2,3714	0,375			4,3
2,50	2,50	2,50	2,50	2,5119	0,4	4,7	4,7	4,7
			2,65	2,6607	0,425			5,1
		2,80	2,80	2,8184	0,45		5,6	5,6
			3,00	2,9854	0,475			6,2
	3,15	3,15	3,15	3,1623	0,5	6,8	6,8	6,8
			3,35	3,3497	0,525			7,5
		3,55	3,55	3,5481	0,55		8,2	8,2
			3,75	3,7584	0,575			9,1
4,00	4,00	4,00	4,00	3,9811	0,6			
			4,25	4,2170	0,625	10,0	10,0	10,0
		4,50	4,50	4,4668	0,65			
			4,75	4,7315	0,675			
	5,00	5,00	5,00	5,0119	0,7			
			5,30	5,3088	0,725			
		5,60	5,60	5,6234	0,75			
			6,00	5,9566	0,775			
6,30	6,30	6,30	6,30	6,3096	0,8			
			6,70	6,6834	0,825			
		7,10	7,10	7,0795	0,85			
			7,50	7,4989	0,875			
		8,00	8,00	7,9433	0,9			
			8,50	8,4140	0,925			
		9,00	9,00	8,9125	0,95			
			9,50	9,4409	0,975			
10,0	10,0	10,0	10,0	10,0000	1,0			

Winkelfunktionen

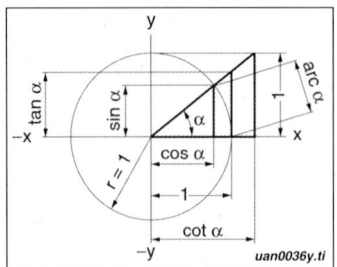

uan0036y.ti

φ =	$\pm\,\alpha$	$90\pm\alpha$	$180\pm\alpha$	$270\pm\alpha$
$\sin\varphi$ =	$\pm\sin\alpha$	$\cos\alpha$	$\mp\sin\alpha$	$-\cos\alpha$
$\cos\varphi$ =	$+\cos\alpha$	$\pm\sin\alpha$	$-\cos\alpha$	$\pm\sin\alpha$
$\tan\varphi$ =	$\pm\tan\alpha$	$\pm\cot\alpha$	$\pm\tan\alpha$	$\mp\cot\alpha$
$\cot\varphi$ =	$\pm\cot\alpha$	$\pm\tan\alpha$	$\pm\cot\alpha$	$\mp\tan\alpha$

Sinus α = Gegenkathete/Hypotenuse
Cosinus α = Ankathete/Hypotenuse
Tangens α = Gegenkathete/Ankathete
Cotangens α = Ankathete/Gegenkathete
Arcus $\alpha = \widehat{\alpha}$ = Bogenmaß von α im
Kreis von Radius 1

$\sin 0° = \cos 90° = 0$
$\cos 0° = \sin 90° = 1$
$\tan 0° = \cot 90° = 0$
$\cot 0° = \tan 90° = \infty$
$\sin 30° = \cos 60° = 0{,}5$
$\cos 30° = \sin 60° = 0{,}5\sqrt{3}$
$\tan 30° = \cot 60° = \sqrt{3}/3$
$\cot 30° = \tan 60° = \sqrt{3}$

$\widehat{\alpha} = \text{arc } \alpha = \dfrac{\pi\cdot\alpha}{180°} \text{ rad} = \dfrac{\alpha}{57{,}3°}$

$\widehat{1°} = \text{arc } 1° = \dfrac{\pi}{180} = 0{,}017453$

$\text{arc } 57{,}3° = 1$

$\cos^2\alpha + \sin^2\alpha = 1$

$\tan\alpha = \dfrac{\sin\alpha}{\cos\alpha} = \dfrac{1}{\cot\alpha}$

$1 + \tan^2\alpha = \dfrac{1}{\cos^2\alpha}$

$1 + \cot^2\alpha = \dfrac{1}{\sin^2\alpha}$

$\sin\alpha \approx \widehat{\alpha} - \dfrac{\widehat{\alpha}^3}{6}$

Fehler < 1% bei $\alpha < 58°$

$\sin\alpha \approx \widehat{\alpha}$
Fehler < 1% bei $\alpha < 14°$

$\cos\alpha \approx 1 - \dfrac{\widehat{\alpha}^2}{2}$

Fehler < 1% bei $\alpha < 37°$

$\cos\alpha \approx 1$
Fehler < 1% bei $\alpha < 8°$

$\sin 2\alpha = 2\sin\alpha\cdot\cos\alpha$
$\cos 2\alpha = \cos^2\alpha - \sin^2\alpha$
$\tan 2\alpha = 2/(\cot\alpha - \tan\alpha)$
$\cot 2\alpha = (\cot\alpha - \tan\alpha)/2$
$\sin 3\alpha = 3\sin\alpha - 4\sin^3\alpha$
$\cos 3\alpha = 4\cos^3\alpha - 3\cos\alpha$

$\sin(\alpha\pm\beta) = \sin\alpha\cdot\cos\beta \pm \cos\alpha\cdot\sin\beta$
$\cos(\alpha\pm\beta) = \cos\alpha\cdot\cos\beta \mp \sin\alpha\cdot\sin\beta$

$\tan(\alpha\pm\beta) = \dfrac{\tan\alpha\pm\tan\beta}{1\pm\tan\alpha\tan\beta}$

$\cot(\alpha\pm\beta) = \dfrac{\cot\alpha\cdot\cot\beta\pm 1}{\cot\beta\pm\cot\alpha}$

$\sin\alpha\pm\sin\beta = 2\sin\dfrac{\alpha\pm\beta}{2}\cdot\cos\dfrac{\alpha\pm\beta}{2}$

$\cos\alpha+\cos\beta = 2\cos\dfrac{\alpha\pm\beta}{2}\cdot\cos\dfrac{\alpha-\beta}{2}$

$\cos\alpha-\cos\beta = -2\sin\dfrac{\alpha+\beta}{2}\cdot\sin\dfrac{\alpha-\beta}{2}$

$\tan\alpha\pm\tan\beta = \dfrac{\sin(\alpha\pm\beta)}{\cos\alpha\cdot\cos\beta}$

$\cot\alpha\pm\cot\beta = \dfrac{\sin(\beta\pm\alpha)}{\sin\alpha\cdot\sin\beta}$

Eulersche Formel
(Grundlage der symbolischen Rechnung):

$e^{\pm ix} = \cos x \pm i\sin x$

$\sin x = \dfrac{e^{ix}-e^{-ix}}{2i}$; $\cos x = \dfrac{e^{ix}+e^{-ix}}{2}$

wobei $i = \sqrt{-1}$

Winkelfunktionen

°	arc α	sin α	tan α	cot α	inv α¹)	cos α	–	–
0	0,0000	0,0000	0,0000	∞	0,00000	1,0000	1,5708	90
1	175	175	175	57,290	00	0,9998	533	89
2	349	349	349	28,636	01	94	359	88
3	524	523	524	19,081	05	86	184	87
4	698	698	*699	14,301	11	76	010	86
5	873	872	875	11,430	22	62	1,4835	85
6	0,1047	0,1045	0,1051	9,514	38	45	661	84
7	222	219	228	8,144	61	25	486	83
8	396	392	405	7,115	91	03	312	82
9	571	564	584	6,314	0,00130	0,9877	137	81
10	745	736	763	5,671	79	48	1,3963	80
11	920	908	944	5,145	0,00239	16	788	79
12	0,2094	0,2079	0,2126	4,705	0,00312	0,9781	614	78
13	269	250	309	4,331	97	44	439	77
14	443	419	493	4,011	0,00498	03	265	76
15	618	588	679	3,732	615	659	090	75
16	793	756	867	487	749	613	1,2915	74
17	967	924	0,3057	271	902	563	741	73
18	0,3142	0,3090	249	078	0,01076	511	566	72
19	316	256	443	2,904	271	455	392	71
20	491	420	640	747	490	397	217	70
21	665	584	839	605	734	336	043	69
22	840	746	0,4040	475	0,02005	272	1,1868	68
23	0,4014	907	245	356	305	205	694	67
24	189	0,4067	452	246	635	135	519	66
25	363	226	663	145	998	063	345	65
26	538	384	877	050	0,03395	0,8988	170	64
27	712	540	0,5095	1,963	829	910	1,0996	63
28	887	695	317	881	0,04302	829	821	62
29	0,5061	848	543	804	816	746	647	61
30	236	0,5000	774	732	0,05375	660	472	60
31	411	150	0,6009	664	981	572	297	59
32	585	299	249	600	0,06636	480	123	58
33	760	446	494	540	0,07345	387	0,9948	57
34	934	592	745	483	0,08110	290	774	56
35	0,6109	736	0,7002	428	934	192	599	55
36	283	878	265	376	0,09822	090	425	54
37	458	0,6018	536	327	0,1078	0,7986	250	53
38	632	157	813	280	181	880	076	52
39	807	293	0,8098	235	291	771	0,8901	51
40	981	428	391	192	410	660	727	50
41	0,7156	561	693	150	537	547	552	49
42	330	691	0,9004	111	674	431	378	48
43	505	820	325	072	820	314	203	47
44	679	947	657	036	977	193	029	46
45	854	0,7071	1,0000	1,000	0,2146	071	0,7854	45
–	–	cos α	cot α	tan α	–	sin α	arc α	°

¹) Evolventenfunktion inv α = tan α – arc α.

Inhalt von Flächen

Art der Fläche	Flächeninhalt A $\pi = 3{,}1416$
Dreieck	$A = \dfrac{a \cdot h}{2}$
Trapez	$A = \dfrac{a+b}{2}\, h$
Parallelogramm	$A = a \cdot h = a \cdot b \cdot \sin \gamma$
Kreis	$A = \dfrac{\pi \cdot d^2}{4} = 0{,}785\, d^2$ Umfang $U = \pi \cdot d$
Kreisring	$A = \dfrac{\pi}{4}\,(D^2 - d^2) = \dfrac{\pi}{2}\,(D + d)\, T$
Kreisausschnitt φ in Grad	$A = \dfrac{\pi \cdot r^2 \cdot \varphi}{360°} = 8{,}73 \cdot 10^{-3} \cdot r^2 \cdot \varphi$ Bogenlänge $l = \dfrac{\pi \cdot r \cdot \varphi}{180°} = 1{,}75 \cdot 10^{-2} \cdot r \cdot \varphi$
Kreisabschnitt φ in Grad	$A = \dfrac{r^2}{2}\left(\dfrac{\pi \cdot \varphi}{180°} - \sin\varphi\right) \approx h \cdot s \left[0{,}667 + 0{,}5\,\dfrac{h}{s}\right]\dfrac{\varphi}{4}$ Sehnenlänge $s = 2\, r \cdot \sin \dfrac{\varphi}{2}$ Bogenhöhe $h = r\left(1 - \cos\dfrac{\varphi}{2}\right) = \dfrac{s}{2}\tan\dfrac{\varphi}{4} = 2\, r \cdot \sin^2$
Sechseck	$A = \dfrac{\sqrt{3}}{2}\, s^2 = 0{,}866\, s^2$ Eckenmaß $e = \dfrac{2s}{\sqrt{3}} = 1{,}155\, s$
Ellipse	$A = \pi \cdot D \cdot d/4 = 0{,}785\, D \cdot d$ Umfang $U \approx 0{,}75\, \pi\,(D + d) - 0{,}5\, \pi\,\sqrt{D \cdot d}$

Inhalt und Oberfläche von Körpern

Art des Körpers	Inhalt V, Oberfläche S, Mantelfläche M $\pi = 3{,}1416$
Kreiszylinder	$V = \dfrac{\pi \cdot d^2}{4}\, h = 0{,}785\, d^2 \cdot h$ $M = \pi \cdot d \cdot h, \ S = \pi \cdot d\,(d/2 + h)$
Pyramide A Grundfläche h Höhe	$V = \dfrac{1}{3} A \cdot h$
Kreiskegel	$V = \dfrac{\pi \cdot d^2 \cdot h}{12} = 0{,}262\, d^2 \cdot h$ $M = \dfrac{\pi \cdot d \cdot s}{2} = \dfrac{\pi \cdot d}{4}\sqrt{d^2 + 4h^2} = 0{,}785\, d \cdot \sqrt{d^2 + 4h^2}$
Kegelstumpf	$V = \dfrac{\pi \cdot h}{12}\,(D^2 + D \cdot d + d^2) = 0{,}262\, h\,(D^2 + D \cdot d + d^2)$ $M = \dfrac{\pi\,(D + d)\,s}{2}\,;\, s = \sqrt{\dfrac{(D - d)^2}{4} + h^2}$
Kugel	$V = \dfrac{\pi \cdot d^3}{6} = 0{,}524\, d^3$ $S = \pi \cdot d^2$
Kugelabschnitt (Kalotte)	$V = \dfrac{\pi \cdot h}{6}\,(3\, a^2 + h^2) = \dfrac{\pi \cdot h^2}{3}\,(3r - h)$ $M = 2\,\pi \cdot r \cdot h = \pi\,(a^2 + h^2)$
Kugelausschnitt (Kugelsektor)	$V = \dfrac{2\,\pi \cdot r^2 \cdot h}{3} = 2{,}094\, r^2 \cdot h$ $S = \pi \cdot r\,(2h + a)$
Kugelzone (Kugelschicht) r Kugelhalbmesser	$V = \dfrac{\pi \cdot h}{6}\,(3\, a^2 + 3\, b^2 + h^2)$ $M = 2\,\pi \cdot r \cdot h$
zylindrischer Ring	$V = \dfrac{\pi^2}{4}\, D \cdot d^2 = 2{,}467\, D \cdot d^2$ $S = \pi^2 \cdot D \cdot d = 9{,}870\, D \cdot d$
Ellipsoid d_1, d_2, d_3 Länge der Achsen	$V = \dfrac{\pi}{6} d_1 \cdot d_2 \cdot d_3 = 0{,}524\, d_1 \cdot d_2 \cdot d_3$
kreisrundes Fass D Durchmesser am Spund d Durchmesser am Boden h Abstand der Böden	$V = \dfrac{\pi \cdot h}{12}\,(2\, D^2 + d^2) \approx 0{,}26\, h\,(2\, D^2 + d^2)$

Gleichungen für das ebene und sphärische Dreieck

Ebenes Dreieck

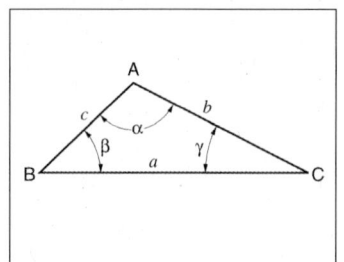

$\alpha + \beta + \gamma = 180°$

Sinussatz
$a : b : c = \sin \alpha : \sin \beta : \sin \gamma$

Satz des Pythagoras (Kosinussatz)
$a^2 = b^2 + c^2 - 2\,bc \cos a$
für das rechtwinklige Dreieck
$a^2 = b^2 + c^2$

Sphärisches Dreieck

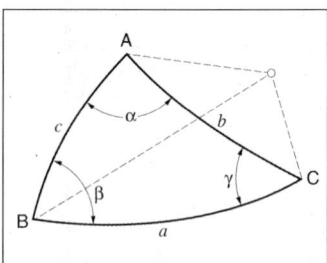

Sinussatz
$\sin a : \sin b : \sin c = \sin \alpha : \sin \beta : \sin \gamma$

Kosinussatz für die Seiten
$\cos a = \cos b \cos c + \sin b \sin c \cos \alpha$

Kosinussatz für die Winkel
$\cos \alpha = -\cos \beta \cos \gamma + \sin \beta \sin \gamma \cos a$

Häufig gebrauchte Gleichungen

Lösung der quadratischen Gleichung
$ax^2 + bx + c = 0$

$$x = \frac{-b \pm \sqrt{b^2 - 4\,ac}}{2a}$$

Goldener Schnitt (stetige Teilung)

$1 : x = x : (1 - x)$, daraus $x = 0{,}618$

$$\underset{\underset{\displaystyle x \qquad\qquad 1-x}{\longmapsto\quad\longmapsto}}{1}$$

Umrechnung von Logarithmen

$\lg N = 0{,}434294 \cdot \ln N$
$\ln N = 2{,}302585 \cdot \lg N$

Geometrische Reihe
$a + aq + aq^2 + aq^3 + \ldots$

n-tes Glied $= aq^{n-1}$

für $q > 1$: $\sum_n = a\,(q^n - 1)/(q - 1)$

für $q < 1$: $\sum_n = a\,(1 - q^n)/(1 - q)$

für $n \longrightarrow \infty$ wird $q^n = 0$
$$\sum_n \underset{\longrightarrow \infty}{} = a/(1 - q)$$

Arithmetische Reihe

$a + (a + d) + (a + 2d) + (a + 3d) + \ldots$
n-tes Glied $= a + (n - 1)\,d$

$$\sum_n = \frac{n}{2}\,[2a + (n - 1)\,d]$$

Potenzen, Kreisumfang, -inhalt, natürliche Logarithmen

n	n^2	n^3	$\ln n$	πn	$\pi n^2/4$	n	n^2	n^3	$\ln n$	πn	$\pi n^2/4$
1	1	1	0,000	3,142	0,785	51	2601	132651	3,932	160,2	2043
2	4	8	0,693	6,283	3,142	52	2704	140608	3,951	163,4	2124
3	9	27	1,099	9,425	7,069	53	2809	148877	3,970	166,5	2206
4	16	64	1,386	12,57	12,57	54	2916	157464	3,989	169,5	2290
5	25	125	1,609	15,71	19,63	55	3025	166375	4,007	172,8	2376
6	36	216	1,792	18,85	28,27	56	3136	175616	4,025	175,9	2463
7	49	343	1,946	21,99	38,48	57	3249	185193	4,043	179,1	2552
8	64	512	2,079	25,13	50,27	58	3364	195112	4,060	182,2	2642
9	81	729	2,197	28,27	63,62	59	3481	205379	4,078	185,4	2734
10	100	1000	2,303	31,42	78,54	60	3600	216000	4,094	188,5	2827
11	121	1331	2,398	34,56	95,03	61	3721	226981	4,111	191,6	2922
12	144	1728	2,485	37,70	113,1	62	3844	238328	4,127	194,8	3019
13	169	2197	2,565	40,84	132,7	63	3969	250047	4,143	197,9	3117
14	196	2744	2,639	43,98	153,9	64	4096	262144	4,159	201,1	3217
15	225	3375	2,708	47,12	176,7	65	4225	274625	4,174	204,2	3318
16	256	4096	2,773	50,27	201,1	66	4356	287496	4,190	207,3	3421
17	289	4913	2,833	53,41	227,0	67	4489	300763	4,205	210,5	3526
18	324	5832	2,890	56,55	254,5	68	4624	314432	4,220	213,6	3632
19	361	6859	2,944	59,69	283,5	69	4761	328509	4,234	216,8	3739
20	400	8000	2,996	62,83	314,2	70	4900	343000	4,248	219,9	3848
21	441	9261	3,044	65,97	346,4	71	5041	357911	4,263	223,1	3959
22	484	10648	3,091	69,11	380,1	72	5184	373248	4,277	226,2	4072
23	529	12167	3,135	72,26	415,5	73	5329	389017	4,290	229,3	4185
24	576	13824	3,178	75,40	452,4	74	5476	405224	4,304	232,5	4301
25	625	15625	3,219	78,54	490,9	75	5625	421875	4,317	235,6	4418
26	676	17576	3,258	81,68	530,9	76	5776	438976	4,331	238,8	4536
27	729	19683	3,296	84,82	572,6	77	5929	456533	4,344	241,9	4657
28	784	21952	3,332	87,96	615,8	78	6084	474552	4,357	245,0	4778
29	841	24389	3,367	91,11	660,5	79	6241	493039	4,369	248,2	4902
30	900	27000	3,401	94,25	706,9	80	6400	512000	4,382	251,3	5027
31	961	29791	3,434	97,39	754,8	81	6561	531441	4,394	254,5	5153
32	1024	32768	3,466	100,5	804,2	82	6724	551368	4,407	257,6	5281
33	1089	35937	3,497	103,7	855,3	83	6889	571787	4,419	260,8	5411
34	1156	39304	3,526	106,8	907,9	84	7056	592704	4,431	263,9	5542
35	1225	42875	3,555	110,0	962,1	85	7225	614125	4,443	267,0	5675
36	1296	46656	3,584	113,1	1018	86	7396	636056	4,454	270,2	5809
37	1369	50653	3,611	116,2	1075	87	7569	658503	4,466	273,3	5945
38	1444	54872	3,638	119,4	1134	88	7744	681472	4,477	276,5	6082
39	1521	59319	3,664	122,5	1195	89	7921	704969	4,489	279,6	6221
40	1600	64000	3,689	125,7	1257	90	8100	729000	4,500	282,7	6362
41	1681	68921	3,714	128,8	1320	91	8281	753571	4,511	285,9	6504
42	1764	74088	3,738	131,9	1385	92	8464	778688	4,522	289,0	6648
43	1849	79507	3,761	135,1	1452	93	8649	804357	4,533	292,2	6793
44	1936	85184	3,784	138,2	1521	94	8836	830584	4,543	295,3	6940
45	2025	91125	3,807	141,4	1590	95	9025	857375	4,554	298,5	7088
46	2116	97336	3,829	144,5	1662	96	9216	884736	4,564	301,6	7238
47	2209	103823	3,850	147,7	1735	97	9409	912673	4,575	304,7	7390
48	2304	110592	3,871	150,8	1810	98	9604	941192	4,585	307,9	7543
49	2401	117649	3,892	153,9	1886	99	9801	970299	4,595	311,0	7698
50	2500	125000	3,912	157,1	1963	100	10000	1000000	4,605	314,2	7854

Grundgleichungen der Mechanik

Formel-zeichen	Größe	SI-Einheit	Formel-zeichen	Größe	SI-Einheit
A	Fläche	m^2	m	Masse (Gewicht)	kg
a	Beschleunigung	m/s^2	n	Drehzahl	s^{-1}
a_{ct}	Zentrifugal-beschleunigung	m/s^2	P	Leistung	W
			p	Impuls	$N \cdot s$
d	Durchmesser	m	r	Halbmesser	m
E	Energie	J	s	Weglänge	m
E_k	kinetische Energie	J	T	Periodendauer, Umlaufzeit	s
E_p	potentielle Energie	J	t	Zeit	s
F	Kraft	N	V	Körperinhalt	m^3
F_{cf}	Zentrifugalkraft	N	v	Geschwindigkeit	m/s
G	Gewichtskraft	N		v_1 Anfangs-,	
g	Fallbeschleunigung ($g = 9{,}81\ m/s^2$)	m/s^2		v_2 Endgeschwindigkeit, v_m mittlere Geschwindigkeit	
h	Höhe	m	W	Arbeit, Energie	J
i	Trägheitshalbmesser	m	α	Winkelbeschleunigung	rad/s² [1])
J	Trägheitsmoment (Massenmoment 2. Grades)	$kg \cdot m^2$	ε	Umschlingungswinkel	rad[1])
			μ	Reibungszahl	–
L	Drehimpuls, Drall	$N \cdot s \cdot m$	ϱ	Dichte	kg/m^3
l	Länge	m	φ	Drehwinkel	rad[1])
M	Drehmoment	$N \cdot m$	ω	Winkelgeschwindigkeit	rad/s[1])

Größengleichungen und Zahlenwertgleichungen
Die folgenden Gleichungen sind, wenn nichts anderes angegeben, Größengleichungen, d. h. die Größen können in beliebigen Einheiten eingesetzt werden (z. B. in den oben angegebenen SI-Einheiten). Die Einheit der auszurechnenden Größe ergibt sich aus den gewählten Einheiten der Gleichungselemente.

In einigen Fällen sind zusätzlich Zahlenwertgleichungen für gebräuchliche Einheiten (z. B. Zeit in s, aber Geschwindigkeit in km/h) aufgenommen. Sie sind durch die Wortangabe „Zahlenwertgleichung" gekennzeichnet und gelten nur mit den jeweils unter der Gleichung angegebenen Einheiten.

Geradlinige Bewegung

gleichförmige geradlinige Bewegung

Geschwindigkeit
$$v = s/t$$

gleichförmig beschleunigte geradlinige Bewegung

mittlere Geschwindigkeit
$$v_m = (v_1 + v_2)/2$$

Beschleunigung
$$a = (v_2 - v_1)/t = (v_2^2 - v_1^2)/(2s)$$

Zahlenwertgleichung:
$$a = (v_2 - v_1)/(3{,}6\ t)$$
a in m/s², v_2 und v_1 in km/h, t in s

Weg nach der Zeit t
$$s = v_m\ t = v_1 \cdot t + (a \cdot t^2)/2$$
$$= (v_2^2 - v_1^2)/(2a)$$

Endgeschwindigkeit
$$v_2 = v_1 + a \cdot t = \sqrt{v_1^2 + 2a \cdot s}$$

Anfangsgeschwindigkeit
$$v_1 = v_2 - a \cdot t = \sqrt{v_2^2 - 2a \cdot s}$$

Bei der gleichförmig verzögerten Bewegung (v_2 kleiner als v_1) ist a negativ.

Bei Beschleunigung aus der Ruhe ist $v_1 = 0$ einzusetzen. Bei Verzögerung bis zur Ruhe ist $v_2 = 0$ einzusetzen.

---

1) Die Einheit rad (= m/m) kann durch 1 ersetzt werden.

Kraft
$F = m \cdot a$

Arbeit, Energie
$W = F \cdot s = m \cdot a \cdot s = P \cdot t$

Potentielle Energie (Lageenergie)
$E_p = G \cdot h = m \cdot g \cdot h$

Kinetische Energie (Bewegungsenergie)
$E_k = m \cdot v^2/2$

Leistung
$P = W/t = F \cdot v$

Hubleistung
$P = m \cdot g \cdot v$

Impuls
$p = m \cdot v$

Drehbewegung

gleichförmige Drehbewegung
Umfangsgeschwindigkeit
$v = r \cdot \omega$
Zahlenwertgleichungen:
$v = \varphi \cdot d \cdot n/60$
v in m/s, d in m, n in min^{-1}
$v = 6 \cdot \pi \cdot d \cdot n/100$
v in km/h, d in m, n in min^{-1}

Winkelgeschwindigkeit
$\omega = \varphi/t = v/r = 2\pi \cdot n$
Zahlenwertgleichung:
$\omega = \pi \cdot n/30$
ω in s^{-1}, n in min^{-1}

gleichförmig beschleunigte Drehbewegung
Winkelbeschleunigung
$\alpha = (\omega_2 - \omega_1)/t$
Zahlenwertgleichung:
$\alpha = \pi (n_2 - n_1)/(30t)$
α in 1/s^2, n_1 und n_2 in min^{-1}, t in s

Endwinkelgeschwindigkeit
$\omega_2 = \omega_1 + \alpha \cdot t$

Anfangswinkelgeschwindigkeit
$\omega_1 = \omega_2 - \alpha \cdot t$

Bei der gleichförmig verzögerten Drehbewegung (ω_2 kleiner als ω_1) ist α negativ.

Zentrifugalkraft (Fliehkraft)
$F_{cf} = m \cdot r \cdot \omega^2 = m \cdot v^2/r$

Zentrifugalbeschleunigung
$a_{cf} = r \cdot \omega^2$

Drehmoment
$M = F \cdot r = P/\omega$
Zahlenwertgleichung:
$M = 9550 \cdot P/n$
M in N · m, P in kW, n in min^{-1}

Trägheitsmoment
$J = m \cdot i^2$

Arbeit
$W = M \cdot \varphi = P \cdot t$

Leistung
$P = M \cdot \omega = M \cdot 2\pi \cdot n$
Zahlenwertgleichung:
$P = M \cdot n/9550$
P in kW, M in N · m (= W · s),
n in min^{-1}

Drehenergie
$E_{rot} = J \cdot \omega^2/2 = J \cdot 2\pi^2 \cdot n^2$
Zahlenwertgleichung:
$E_{rot} = J \cdot n^2/182,4$
E_{rot} in J (= N · m), J in kg · m^2,
n in min^{-1}

Drehimpuls, Drall
$L = J \cdot \omega = J \cdot 2\pi \cdot n$
Zahlenwertgleichung:
$L = J \cdot \pi \cdot n/30 = 0,1047\, J \cdot n$
L in N · s · m, J in kg · m^2, n in min^{-1}

Pendelbewegung
(Mathematisches Pendel, d. h. punktförmige Masse an masselosem Faden)

Ebenes Pendel
Schwingungsdauer (Hin- und Hergang)
$T = 2\pi \cdot \sqrt{l/g}$
Genau nur für kleine Ausschläge aus der Ruhelage (bei $\alpha = 10°$ Fehler etwa 0,2 %).

Kegelpendel
Umlaufzeit
$T = 2\pi \cdot \sqrt{(l \cos \alpha)/g}$
Zentrifugalkraft
$F_{cf} = m \cdot g \cdot \tan \alpha$
Zugkraft am Faden
$F_z = m \cdot g/\cos \alpha$

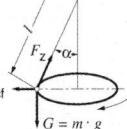

Wurf und Fall

Wurf senkrecht nach oben (ohne Luftwiderstand). Gleichförmig verzögerte Bewegung, Verzögerung $a = g = 9{,}81 \ \text{m/s}^2$	Steiggeschwindigkeit	$v = v_1 - g \cdot t = v_1 - \sqrt{2g \cdot h}$
	Steighöhe	$h = v_1 \cdot t - 0{,}5 \cdot g \cdot t^2$
	Steigzeit	$t = \dfrac{v_1 - v}{g} = \dfrac{v_1 - \sqrt{v_1^2 - 2g \cdot h}}{g}$
	Im Umkehrpunkt ist	$v_2 = 0; \quad h_2 = \dfrac{v_1^2}{2g}; \quad t_2 = \dfrac{v_1}{g}$

Wurf schräg nach oben (ohne Luftwiderstand), Wurfwinkel α; Überlagerung von geradliniger gleichförmiger Bewegung und freiem Fall	Wurfweite (Größtwert bei $\alpha = 45°$)	$s = \dfrac{v_1^2 \cdot \sin 2\alpha}{g}$
	Wurfdauer	$t = \dfrac{s}{v_1 \cdot \cos \alpha} = \dfrac{2 v_1 \cdot \sin \alpha}{g}$
	Wurfhöhe	$h = \dfrac{v_1^2 \cdot \sin^2 \alpha}{2g}$
	Wurfenergie	$E = G \cdot h = m \cdot g \cdot h$

Freier Fall (ohne Luftwiderstand). Gleichförmig beschleunigte Bewegung, Beschleunigung $a = g = 9{,}81 \ \text{m/s}^2$	Fallgeschwindigkeit	$v = g \cdot t = \sqrt{2g \cdot h}$
	Fallhöhe	$h = \dfrac{g \cdot t^2}{2} = \dfrac{v^2}{2g} = \dfrac{v \cdot t}{2}$
	Fallzeit	$t = \dfrac{2h}{v} = \dfrac{v}{g} = \sqrt{\dfrac{2h}{g}}$

Fall mit Berücksichtigung des Luftwiderstandes Ungleichförmig beschleunigte Bewegung, Anfangsbeschleunigung $a_1 = g = 9.81 \ \text{m/s}^2$, Endbeschleunigung $a_2 = 0$	Die Fallgeschwindigkeit strebt einer Grenzgeschwindigkeit v_0 zu, bei der die Luftwiderstandskraft $F_\text{L} = \varrho \cdot c_\text{w} \cdot A \cdot v_0^2/2$ so groß ist wie die Gewichtskraft $G = m \cdot g$ des fallenden Körpers. Daraus:	
	Grenzgeschwindigkeit $v_0 = \sqrt{2m \cdot g/(\varrho \cdot c_\text{w} \cdot A)}$ (ϱ Luftdichte, c_w Luftwiderstandszahl, A Querschnittsfläche des Körpers).	
	Fallgeschwindigkeit	$v = v_0 \cdot \sqrt{1 - 1/x^2}$ Zur Abkürzung ist eingesetzt: $x = e^{g \cdot h/v_0^2}; \ e = 2{,}718$
	Fallhöhe	$h = \dfrac{v_0^2}{2g} \ \ln \dfrac{v_0^2}{v_0^2 - v^2}$
	Fallzeit	$t = \dfrac{v_0}{g} \ \ln \left(x + \sqrt{x^2 - 1} \right)$

Beispiel: Ein schwerer Körper (Masse $m = 1000$ kg, Querschnittsfläche $A = 1 \ \text{m}^2$, Luftwiderstandszahl $c_\text{w} = 0{,}9$) fällt aus großer Höhe herunter. Im ganzen Bereich seien Luftdichte $\varrho = 1{,}293 \ \text{kg/m}^3$ und Fallbeschleunigung $g = 9{,}81 \ \text{m/s}^2$ wie am Boden.

Fallhöhe m	Ohne Luftwiderstand wäre am Ende der angegebenen Fallhöhe			Mit Luftwiderstand ist am Ende der angegebenen Fallhöhe		
	Fallzeit s	Fallgeschw. m/s	Energie kJ	Fallzeit s	Fallgeschw. m/s	Energie kJ
10	1,43	14.0	98	1,43	13,97	97
50	3,19	31,3	490	3,2	30,8	475
100	4,52	44,3	980	4,6	43	925
500	10,1	99	4900	10,6	86,2	3690
1000	14,3	140	9800	15,7	108	5850
5000	31,9	313	49 000	47,6	130	8410
10 000	45,2	443	98 000	86,1	130	8410

Luftwiderstandszahlen c_w

Körperform		c_w	Körperform		c_w
	Scheibe Platte	1,1		langer Zylinder $Re < 200\,000$ $Re > 450\,000$	1,0 0,35
	offene Schale, Fallschirm	1,4		lange Platte $l:d = 30$ $Re \approx 500\,000$ $Re \approx 200\,000$	0,78 0,66
	Kugel $Re < 200\,000$ $Re > 250\,000$	0,45 0,20			
	schlanker Rotationskörper $l:d = 6$	0,05		lang. Tragflügel $l:d = 18$ $l:d = 8 \quad Re \approx 10^6$ $l:d = 5$ $l:d = 2 \quad Re \approx 2 \cdot 10^5$	0,2 0,1 0,08 0,2

Reynolds-Zahl

$$Re = (v + v_0) \cdot l/v$$

v Körpergeschwindigkeit in m/s,
v_0 Luftgeschwindigkeit in m/s
l Körperlänge in m
   (in Strömungsrichtung),
d Körperdicke in m,
v kinematische Viskosität in m²/s.

Für Luft mit $v = 14 \cdot 10^{-6}$ m²/s (Jahresmittel 200 m über NN) ist

$Re \approx 72\,000\ (v + v_0) \cdot l$ mit v und v_0 in m/s
$Re \approx 20\,000\ (v + v_0) \cdot l$ mit v und v_0 in km/h

Die Ergebnisse von Strömungsmessungen zweier geometrisch ähnlicher, aber verschieden großer Körper sind nur vergleichbar, wenn in beiden Fällen die Reynolds-Zahl gleich groß ist (wichtig bei Modellversuchen!).

Gravitation

Anziehungskraft zweier Massen
$F = f(m_1 \cdot m_2)/r^2$
r Abstand der Massenmittelpunkte
f Gravitationskonstante
  $= 6,67 \cdot 10^{-11}$ N · m²/kg²

Luftaustritt aus Düsen

Die untenstehenden Kurven geben nur Richtwerte. Die ausströmende Luftmenge ist außer vom Druck und vom Düsenquerschnitt abhängig von Oberfläche und Länge der Düsenbohrung und der Zuleitung und von der Rundung der Kanten der Austrittsöffnung.

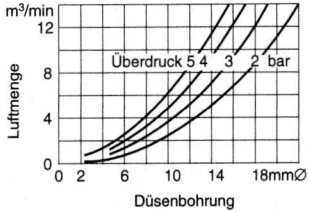

Hebelgesetz

$$F_1 \cdot r_1 = F_2 \cdot r_2$$

Trägheitsmomente

Art des Körpers	Trägheitsmomente J_x um die x-Achse[1]), J_y um die y-Achse[1])
Rechtkant, Quader	$J_x = m \dfrac{b^2 + c^2}{12}$ $J_y = m \dfrac{a^2 + c^2}{12}$ Würfel mit Seitenlänge a: $\quad J_x = J_y = m \dfrac{a^2}{6}$
Kreiszylinder	$J_x = m \dfrac{r^2}{2}$ $J_y = m \dfrac{3\,r^2 + l^2}{12}$
hohler Kreiszylinder	$J_x = m \dfrac{r_a^2 + r_i^2}{2}$ $J_y = m \dfrac{r_a^2 + r_i^2 + l^2/3}{4}$
Kreiskegel	$J_x = m \dfrac{3\,r^2}{10}$ Kegelmantel (ohne Grundfläche) $J_x = m \dfrac{r^2}{2}$
Kreiskegelstumpf	$J_x = m \dfrac{3\,(R^5 - r^5)}{10\,(R^3 - r^3)}$ Kegelmantel (ohne Endflächen) $J_x = m \dfrac{R^2 + r^2}{2}$
Pyramide	$J_x = m \dfrac{a^2 + b^2}{20}$
Kugel und Halbkugel	$J_x = m \dfrac{2\,r^2}{5}$ Kugeloberfläche $J_x = m \dfrac{2\,r^2}{3}$
Hohlkugel r_a äußerer Kugelhalbmesser r_i innerer Kugelhalbmesser	$J_x = m \dfrac{2\,(r_a^5 - r_i^5)}{5\,(r_a^3 - r_i^3)}$
zylindrischer Ring	$J_x = m \left(R^2 + \dfrac{3}{4} r^2 \right)$

[1]) Das Trägheitsmoment für eine zur x-Achse bzw. y-Achse im Abstand a parallel verlaufende Achse ist $J_A = J_x + m \cdot a^2$ bzw. $J_A = J_y + m \cdot a^2$.

Reibung

(Reibungszahlen μ s. unten)

In waagrechter Ebene
Reibungskraft (Reibwiderstand):
$F_R = \mu \cdot m \cdot g$

In schiefer Ebene
Reibungskraft (Reibwiderstand):
$F_R = \mu \cdot F_n = \mu \cdot m \cdot g \cdot \cos \alpha$

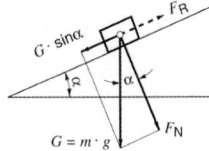

uan008y.tif

Kraft in Richtung der schiefen Ebene[1])
$F = G \cdot \sin \alpha - F_R = m \cdot g \,(\sin \alpha - \mu \cdot \cos \alpha)$
Beschleunigung in Richtung der schiefen Ebene[1])
$a = g \,(\sin \alpha - \mu \cdot \cos \alpha)$

Geschwindigkeit nach Weg s (bzw. Höhe $h = s \cdot \sin \alpha$)
$v = \sqrt{2g \cdot h \,(1 - \mu \cdot \cot \alpha)}$

[1]) Wenn $(\sin \alpha - \mu \cdot \cos \alpha)$ negativ oder 0 ist, bleibt der Körper in Ruhe.

Reibung bei Umschlingung
Spannkräfte:
$F_1 = F_2 \cdot e^{\mu \varepsilon}$

übertragbare Umfangskraft:
$F_u = F_1 - F_2 = F_1 \,(1 - e^{-\mu \varepsilon}) = F_2 \,(e^{\mu \varepsilon} - 1)$
$e = 2{,}718$ (Grundzahl der natürlichen Logarithmen)

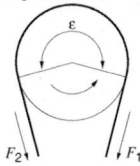

uan009y.tif

Die Reibungszahl kennzeichnet immer eine System- und nicht eine Materialeigenschaft. Reibungszahlen sind u.a. abhängig von Materialpaarung, Temperatur, Oberflächenbeschaffenheit, Gleitgeschwindigkeit, Umgebungsmedium (z.B. Wasser oder CO_2, welches von der Oberfläche absorbiert werden kann) oder vom Zwischenstoff (z.B. Schmierstoff). Die Haftreibungszahl ist oftmals größer als Gleitreibungszahl. In Sonderfällen kann die Reibungszahl größer als 1 werden (z.B. bei sehr glatten Oberflächen, bei denen Kohäsionskräfte überwiegen oder z.B. bei Rennreifen mit Klebe- bzw. Saugeffekt).

Leistung und Drehmoment

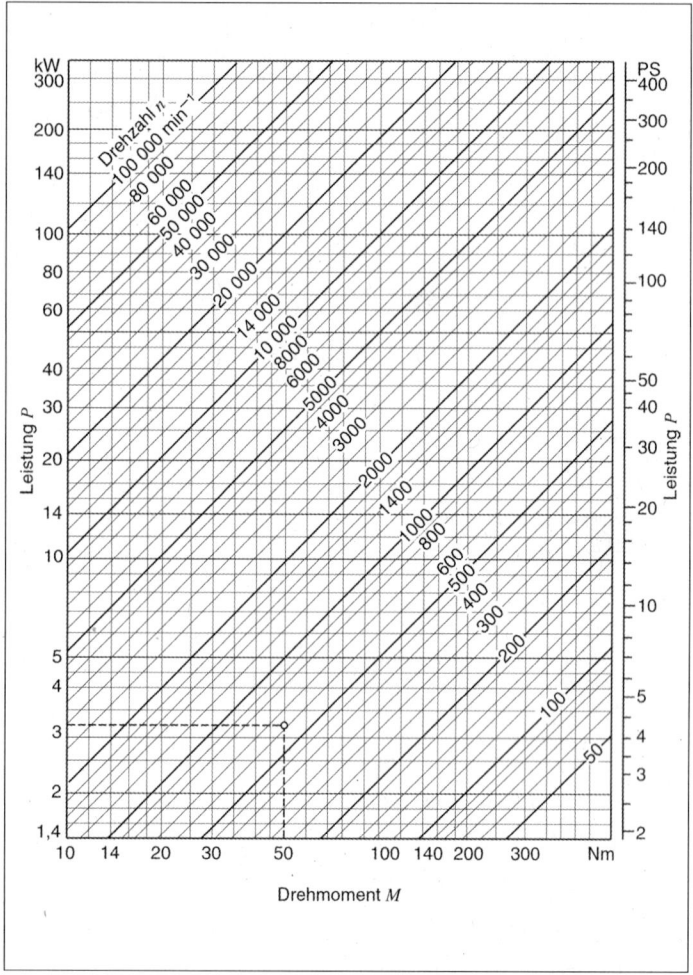

Einem Vielfachen von M oder von n entspricht dasselbe Vielfache von P.
Beispiele: Für $M =$ 50 N ≠ m und n = 600 min⁻¹ ist P = 3,15   kW (4,3 PS)
Für $M =$ 5 N ≠ m und n = 600 min⁻¹ ist P = 0,315 kW (0,43 PS)
Für M = 5000 N ≠ m und n =   60 min⁻¹ ist P = 31,5   kW (43 PS)

Mechanik der Flüssigkeiten

Formel-zeichen	Größe	SI-Einheit	Formel-zeichen	Größe	SI-Einheit
A	Querschnittsfläche	m²	m	Masse	kg
A_b	Bodenfläche	m²	p	Flüssigkeitsdruck	Pa²⁾
A_s	Seitenfläche	m²	$p_1 - p_2$	Druckunterschied	Pa
F	Kraft	N¹⁾	p_e	Überdruck gegenüber	Pa
F_a	Auftriebskraft	N		Atmosphärendruck	
F_b	Bodenkraft	N	Q	Flussmenge	m³/s
F_s	Seitenkraft	N	V	Volumen	m³
G	Gewichtskraft	N	v	Durchflussgeschwindigkeit	m/s
g	Fallbeschleunigung	m/s²	ϱ	Dichte	kg/m³
	$g = 9{,}81$ m/s²			Dichte des Wassers³⁾	
h	Flüssigkeitshöhe	m		$\varrho_w = 1$ kg/dm³	
				$= 1000$ kg/m³	

Ruhende Flüssigkeit in einem offenen Gefäß

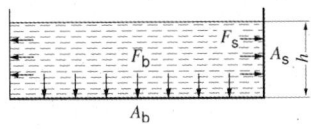

Bodenkraft $\quad F_b = A_b \cdot h \cdot \varrho \cdot g$

Seitenkraft $\quad F_s = 0{,}5\, A_s \cdot h \cdot \varrho \cdot g$

Auftriebskraft $F_a = V \cdot \varrho \cdot g$
= Gewichtskraft des verdrängten Flüssigkeitsvolumens. Körper schwimmt, wenn $F_a \geq G$.

Hydraulische Presse

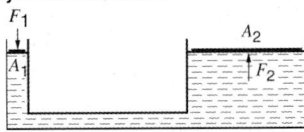

Flüssigkeitsdruck $p = \dfrac{F_1}{A_1} = \dfrac{F_2}{A_2}$

Kolbenkräfte $\quad F_1 = p \cdot A_1 = F_2 \cdot \dfrac{A_1}{A_2}$

$$F_2 = p \cdot A_2 = F_1 \cdot \dfrac{A_2}{A_1}$$

Strömung mit Querschnittsänderung

Durchflussmenge

$$Q = A_1 \cdot v_1 = A_2 \cdot v_2 = \sqrt{\dfrac{2}{\varrho} \cdot \dfrac{p_1 - p_2}{1/A_2^2 - 1/A_1^2}}$$

Ausfluss aus Gefäßen

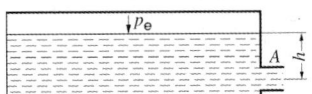

Ausflussgeschwindigkeit

$$v_a = \psi \cdot \sqrt{2\,g \cdot h + 2 p_e/\varrho}$$

Ausflussmenge

$$Q_a = x \cdot A \cdot v_a$$
$$= x \cdot \psi \cdot A \cdot \sqrt{2\,g \cdot h + 2 p_e/\varrho}$$

Einschnürzahl x bei scharfer Kante 0,62 ... 0,64, bei leicht gebrochener Kante 0,7 ... 0,8, bei schwach gerundeter Kante 0,9, bei stark gerundeter, glatter Kante 0,99.
Ausflusszahl $\psi = 0{,}97 ... 0{,}998$.

¹⁾ 1 N = 1 kg m/s².
²⁾ 1 Pa = 1 N/m²; 1 bar = 10⁵ Pa;
  1 at (= 1 kp/cm²) = 0,981 bar ≈ 1 bar.
³⁾ Dichte anderer Flüssigkeiten siehe Kapitel „Stoffwerte".

Größen und Einheiten

SI-Einheiten

SI bedeutet „Système International d'unités" (Internationales Einheitensystem). Das System ist festgelegt in ISO 31 und ISO 1000 (ISO: International Organization for Standardization) und für die Bundesrepublik Deutschland in DIN 1301 (DIN: Deutsches Institut für Normung).

SI-Einheiten sind die sieben SI-Basiseinheiten und die aus ihnen kohärent, d.h. mit dem Zahlenfaktor 1 abgeleiteten Einheiten.

SI-Basiseinheiten

Basisgröße und Formelzeichen		SI-Basiseinheit Name	Zeichen
Länge	l	Meter	m
Masse	m	Kilogramm	kg
Zeit	t	Sekunde	s
elektrische Stromstärke	I	Ampere	A
thermodynamische Temperatur	T	Kelvin	K
Stoffmenge	n	Mol	mol
Lichtstärke	I	Candela	cd

Aus den Basisgrößen und Basiseinheiten werden sämtliche anderen Größen und Einheiten abgeleitet. So erhält man die internationale Einheit der Kraft, wenn man in das Newtonsche Gesetz

Kraft = Masse x Beschleunigung

$$F = m \cdot a$$

$m = 1$ kg und $a = 1$ m/s² einsetzt, zu $F = 1$ kg $\cdot$ 1 m/s² = 1 kg $\neq$ m/s² = 1 N (Newton).

Definition der SI-Basiseinheiten

1 Meter ist die Länge der Strecke, die Licht im Vakuum während der Zeit von 1/299 792 458 Sekunden durchläuft, 17. CGPM, 1983.[1]) Das Meter wird damit durch die Lichtgeschwindigkeit im Vakuum c = 299 792 458 m/s definiert und nicht mehr durch die Wellenlänge der Strahlung des Krypton-Nuklids ^{86}Kr. Ursprünglich war das Meter definiert als vierzigmillionster Teil eines Erdmeridians (Urmeter Paris, 1875).

1 Kilogramm ist die Masse des Internationalen Kilogrammprototyps, 1. CGPM, 1889 und 3. CGPM, 1901.[1])

1 Sekunde ist das 9 192 631 770fache der Periodendauer der dem Übergang zwischen den beiden Hyperfeinstrukturniveaus des Grundzustandes von Atomen des Nuklids ^{133}Cs entsprechenden Strahlung, 13. CGPM. 1967.[1])

1 Ampere ist die Stärke eines zeitlich unveränderlichen elektrischen Stromes, der, durch zwei im Vakuum parallel im Abstand von 1 m voneinander angeordnete, geradlinige, unendlich lange Leiter von vernachlässigbar kleinem, kreisförmigem Querschnitt fließend, zwischen diesen Leitern je 1 m Leiterlänge die Kraft 2 $\cdot$ 10^{-7} N hervorrufen würde, 9. CGPM, 1948.[1])

1 Kelvin ist der 273,16te Teil der thermodynamischen Temperatur des Tripelpunktes[2]) des Wassers, 13. CGPM, 1967.[1])

1 Mol ist die Stoffmenge eines Systems, das aus eben soviel Einzelteilchen besteht wie Atome in 12/1000 Kilogramm des Kohlenstoffnuklids ^{12}C enthalten sind. Bei Verwendung des Mol müssen die Einzelteilchen des Systems spezifiziert sein und können Atome, Moleküle, Ionen, Elektronen sowie andere Teilchen oder Gruppen solcher Teilchen genau angegebener Zusammensetzung sein, 14. CGPM, 1971.[1])

1 Candela ist die Lichtstärke in einer bestimmten Richtung einer Strahlungsquelle, die monochromatische Strahlung der Frequenz 540 $\cdot$ 10^{12} Hertz aussendet und deren Strahlstärke in dieser Richtung (1/683) Watt durch Steradiant beträgt, 16. CGPM, 1979.[1])

Dezimale Teile und Vielfache der SI-Einheiten

Dezimale Teile und Vielfache der SI-Einheiten werden durch Vorsätze vor den

---

[1]) CGPM: Conférence Génerale des Poids et Mesures (Generalkonferenz für Maß und Gewicht).

[2]) Fixpunkt der internationalen Temperaturskala. Der Tripelpunkt ist der einzige Zustand, bei dem alle drei Aggregatzustände (fest, flüssig, gasförmig) miteinander im Gleichgewicht stehen (bei 1013,25 hPa). Er liegt mit 273,16 K um 0,01 K über dem Eispunkt des Wassers (273,15 K).

Namen der Einheit bzw. Vorsatzzeichen vor dem Einheitenzeichen bezeichnet. Das Vorsatzzeichen wird ohne Zwischenraum vor das Einheitenzeichen gesetzt und bildet mit diesem eine eigene Einheit, also z. B. Milligramm (mg). Zusammengesetzte Vorsätze, z. B. Mikrokilogramm (μkg), dürfen **nicht** verwendet werden.

Bei den Winkeleinheiten Grad, Minute, Sekunde, den Zeiteinheiten Minute, Stunde, Tag, Jahr und der Temperatureinheit Grad Celsius sind keine Vorsätze zu verwenden.

Vorsatz	Vorsatzzeichen	Faktor	Name des Faktors
Atto	a	10^{-18}	Trillionstel
Femto	f	10^{-15}	Billiardstel
Piko	p	10^{-12}	Billionstel
Nano	n	10^{-9}	Milliardstel
Mikro	μ	10^{-6}	Millionstel
Milli	m	10^{-3}	Tausendstel
Zenti	c	10^{-2}	Hundertstel
Dezi	d	10^{-1}	Zehntel
Deka	da	10^{1}	Zehn
Hekto	h	10^{2}	Hundert
Kilo	k	10^{3}	Tausend, Tsd.
Mega	M	10^{6}	Million, Mio.
Giga	G	10^{9}	Milliarde, Mrd.[1]
Tera	T	10^{12}	Billion, Bio.[1]
Peta	P	10^{15}	Billiarde
Exa	E	10^{18}	Trillion

Gesetzliche Einheiten

Das Gesetz über Einheiten im Messwesen vom 2. Juli 1969 und die Ausführungsverordnung dazu vom 26. Juni 1970 legen fest, dass in Deutschland im geschäftlichen und amtlichen Verkehr die „gesetzlichen Einheiten" anzuwenden sind.[2] Gesetzliche Einheiten sind
– die SI-Einheiten,
– dezimale Teile und Vielfache der SI-Einheiten.

[1] In den USA: 10^9 = 1 Billion, 10^{12} = 1 Trillion.
[2] Ebenso: „Gesetz zur Änderung des Gesetzes über Einheiten im Meßwesen" vom 6. 7. 73; „Verordnung zur Änderung der Ausführungsverordnung . . ." vom 27. 11. 73; Zweite Verordnung zur Änderung der Ausführungsverordnung . . ." vom 12.12. 77.

– weitere zugelassene Einheiten, siehe Übersicht auf den folgenden Seiten.

Im Bosch Lexikon der Elektrowerkzeuge werden die gesetzlichen Einheiten verwendet. Soweit es erforderlich erschien, sind in manchen Abschnitten die Werte in Einheiten des Technischen Maßsystems zusätzlich (z. B. in Klammern) angegeben.

Nicht mehr anzuwendende Einheitensysteme

Das Physikalische Maßsystem

Das Physikalische Maßsystem verwendete wie das SI die Basisgrößen Länge, Masse und Zeit, benützte aber dafür die Basiseinheiten Zentimeter (cm), Gramm (g) und Sekunde (s) (CGS-System).

Das Technische Maßsystem

Das Technische Maßsystem verwendete folgende Basisgrößen und Basiseinheiten:

Basisgröße	Basiseinheit Name	Zeichen
Länge	Meter	m
Kraft	Kilopond	kp
Zeit	Sekunde	s

Die Verbindung zwischen dem Internationalen Einheitensystem und dem Technischen Maßsystem bildet das Newtonsche Gesetz
$$F = m \cdot a,$$
wobei für F die Gewichtskraft G und für a die Fallbeschleunigung g einzusetzen ist.

Die Fallbeschleunigung und damit die Gewichtskraft sind – im Gegensatz zur Masse – ortsabhängig. Als Normwert der Fallbeschleunigung (Normfallbeschleunigung) ist festgelegt g_n = 9,80665 m/s² (DIN 1305). In technischen Berechnungen meist ausreichender Näherungswert
$$g = 9{,}81 \text{ m/s}^2.$$
1 kp ist die Kraft, mit der die Masse von 1 kg an einem Ort der Erde auf ihre Unterlage drückt. Mit
$$G = m \cdot g$$
ist also
$$1 \text{ kp} = 1 \text{ kg} \cdot 9{,}81 \text{ m/s}^2 = 9{,}81 \text{ N}.$$

26 Grundlagen

Größen und Einheiten
Übersicht (aus DIN 1301)

Die folgende Tabelle gibt eine Übersicht über die wichtigsten physikalischen Größen mit den genormten Formelzeichen und eine Auswahl der für diese Größen festgelegten gesetzlichen Einheiten. Weitere gesetzliche Einheiten können durch Vorsätze gebildet werden.

In der Spalte „weitere Einheiten" sind deshalb nur die dezimalen Vielfachen und Teile der SI-Einheiten aufgeführt, die eigene Namen haben. Nicht mehr anzuwendende Einheiten und ihre Umrechnung sind in der letzten Spalte aufgeführt.

Größe und Formelzeichen	gesetzliche Einheiten SI	weitere	Name	Beziehung	nicht mehr anzuwendende Einheiten und ihre Umrechnung
1. Länge, Fläche, Volumen					
Länge l	m		Meter		1 μ (Mikron) = 1 μm 1 Å (Ångström) = 10^{-10} m 1 X.E. (X-Einheit) $\approx 10^{-13}$ m 1 p (typograph. Punkt) = 0,376 mm
		sm	Seemeile	1 sm = 1852 m	
Fläche A	m²		Quadratmeter		
		a	Ar	1 a = 100 m²	
		ha	Hektar	1 ha = 100 a = 10^4 m²	
Volumen V	m³		Kubikmeter		
		l, L	Liter	1 l = 1 L = 1 dm³	
2. Winkel					
(ebener) Winkel α, β usw.	rad[1])		Radiant	$1\ \text{rad} = \dfrac{1\ \text{m Bogen}}{1\ \text{m Radius}}$	1∟ (Rechter Winkel) = 90° = $(\pi/2)$ rad = 100 gon
		°	Grad	1 rad = 180°/π	1ᵍ (Neugrad) = 1 gon
		'	Minute	= 57,296° ≈ 57,3°	1ᶜ (Neuminute) = 1 cgon
		"	Sekunde	1° = 0,017453 rad	1ᶜᶜ (Neusekunde)
		gon	Gon	1° = 60' = 3600″ 1 gon = $(\pi/200)$ rad	= 0,1 mgon
Raumwinkel Ω	sr		Steradiant	$1\ \text{sr} = \dfrac{1\ \text{m}^2\ \text{Kugeloberfläche}}{1\ \text{m}^2\ \text{Kugelradius}^2}$	
3. Masse					
Masse (Gewicht)[2]) m	kg		Kilogramm		1 γ (Gamma) = 1μg 1 dz (Doppelzentner) = 100 kg
		g	Gramm		
		t	Tonne	1 t = 1 Mg = 10^3 kg	1 Kt (Karat) = 0,2 g

[1]) Die Einheit rad kann beim Rechnen durch die Zahl 1 ersetzt werden.
[2]) Der Begriff „Gewicht" ist im Sprachgebrauch doppeldeutig; er wird sowohl zur Bezeichnung der Masse als auch zur Bezeichnung der Gewichtskraft verwendet (DIN 1305).

Größe und Formelzeichen	gesetzliche Einheiten SI	weitere	Name	Beziehung	nicht mehr anzuwendende Einheiten und ihre Umrechnung
Dichte ϱ	kg/m³			1 kg/dm³ = 1 kg/l = 1 g/cm³ = 1000 kg/m³	Wichte γ (kp/dm³ bzw. p/cm³). Umrechnung: Der Zahlenwert der Wichte in kp/dm³ ist angenähert gleich dem Zahlenwert der Dichte in kg/dm³.
		$\dfrac{\text{kg}}{\text{dm}^3}$			
		kg/l			
		g/cm³			
Trägheitsmoment (Massenmoment 2. Grades) J	kg · m²			$J = m \cdot i^2$ i = Trägheitshalbmesser	Schwungmoment $G \cdot D^2$, Umrechnung: Zahlenwert von $G \cdot D^2$ in kp · m² = 4 x Zahlenwert von J in kg · m².

4. Zeitgrößen

Zeit Zeitdauer, Zeitspanne t	s		Sekunde[1]		In der Energiewirtschaft rechnet das Jahr zu 8760 Stunden.
		min	Minute[1]	1 min = 60 s	
		h	Stunde[1]	1 h = 60 min	
		d	Tag	1 d = 24 h	
		a	Jahr		
Frequenz f	Hz		Hertz	1 Hz = 1/s	
Drehzahl (Umdrehungsfrequenz) n	s⁻¹			1 s⁻¹ = 1/s	U/min (Umdrehungen in der Minute) für Drehzahlangaben weiterhin zulässig, aber besser durch min⁻¹ ersetzen (1 U/min = 1 min⁻¹)
		min⁻¹ 1/min		1 min⁻¹ = 1/min = (1/60)s⁻¹	
Kreisfrequenz ω w = 2ŝf	s⁻¹				
Geschwindigkeit v	m/s	km/h		1 km/h = (1/3,6) m/s	
		kn	Knoten	1 kn = 1 sm/h = 1,852 km/h	
Beschleunigung a	m/s²			Fallbeschleunigung g	
Winkelgeschwindigkeit ω	rad/s[2]				
Winkelbeschleunigung α	rad/s² [2]				

5. Kraft, Energie, Leistung

| Kraft F Gewichtskraft G | N N | | Newton [njuten] | 1 N = 1 kg · m/s² | 1 p (Pond) = 9,80665 mN 1 kp (Kilopond) = 9,80665 N ≈ 10 N 1 dyn (Dyn) = 10⁻⁵ N |

---

[1] Uhrzeitangaben: h, m, s erhöht, Beispiel: 3ʰ 25ᵐ 6ˢ.
[2] Die Einheit rad kann beim Rechnen durch die Zahl 1 ersetzt werden.

Größe und Formelzeichen	gesetzliche Einheiten SI	weitere	Name	Beziehung	nicht mehr anzuwendende Einheiten und ihre Umrechnung
Druck, allg. p	Pa		Pascal	$1\,Pa = 1\,N/m^2$	1 at (techn. Atmosphäre) = 1 kp/cm²
absoluter Druck p_{abs}		bar	Bar	$1\,bar = 10^5\,Pa$ $= 10\,N/cm^2$ $1\,\mu bar = 0,1\,Pa$ $1\,mbar = 1\,hPa$	= 0,980665 bar ≈ 1 bar 1 atm (physikal. Atmosphäre) = 1,01325 bar[1])
Atmosphärendruck p_{amb}					1 mm WS (Wassersäule) = 1 kp/m² = 0,0980665 hPa ≈ 0,1 hPa
Überdruck p_e $p_e = p_{abs} - p_{amb}$	Überdruck usw. wird nicht mehr beim Einheitenzeichen angegeben, sondern beim Formelzeichen. Unterdruck wird als negativer Überdruck angegeben. Beispiele:				1 Torr = 1 mm Hg (Quecksilbersäule) = 1,33322 hPa 1 dyn/cm² = 1 μbar
	bisher 3 atü, 10 ata, 0,4 atu,	jetzt p_e = 2,94 bar ≈ 3 bar p_{abs} = 9,81 bar ≈ 10 bar p_e = −0,39 bar ≈ −0,4 bar.			
mechanische Spannung σ, τ	N/m²	N/mm²		$1\,N/m^2 = 1\,Pa$ $1\,N/mm^2 = 1\,MPa$	1 kp/mm² = 9,81 N/mm² ≈ 10N/mm² 1 kp/cm² ≈ 0,1 N/mm²
Härte	Als Einheit bei Brinell- und Vickershärte wird nicht mehr kp/mm² angegeben. Statt dessen wird hinter dem bisherigen Zahlenwert das Kurzzeichen der betr. Härte (gegebenenfalls mit Angabe der Prüfkraft usw.) als Einheit geschrieben.				Beispiele: bisher · jetzt HB = 350 kp/mm² · 350 HB HV30 = 720 kp/mm² · 720 HV30 HRC = 60 · 60 HRC
Energie, E, W Arbeit	J		Joule [dschul]	$1\,J = 1\,N \cdot m = 1\,W \cdot s$ $= 1\,kg\,m^2/s^2$	1 kp · m (Kilopondmeter) = 9,81 J ≈ 10J 1 PS · h (PS-Stunde) = 0,7355 kW · h ≈ 0,74 kW · h
Wärme, Q Wärmemenge		W · s	Wattsekunde		
		kW · h	Kilowattstunde	$1\,kW \cdot h = 3,6\,MJ$	1 erg (Erg) = 10^{-7} J 1 kcal (Kilokalorie) = 4,1868 kJ ≈ 4,2 kJ
		eV	Elektronvolt	$1\,eV = 1,60219 \cdot 10^{-19}\,J$	1 cal (Kalore) = 4,1868 J ≈ 4,2 J
Drehmoment M	N · m		Newtonmeter		1 kp · m (Kilopondmeter) = 9,81 N · m ≈ 10 N · m
Leistung P Wärmestrom Q, Φ	W		Watt	$1\,W = 1\,J/s = 1\,N \cdot m/s$	1 kp · m/s = 9,81W ≈ 10W 1 PS (Pferdestärke) = 0,7355 kW ≈ 0,74 kW 1 kcal/s = 4,1868 kW ≈ 4,2 kW 1 kcal/h = 1,163 W

6. Viskosimetrische Größen

| dynamische η Viskosität | Pa · s | | Pascalsekunde | $1\,Pa \cdot s = 1\,N\,s/m^2$ $= 1\,kg/(s \cdot m)$ | 1 P (Poise) = 0,1 Pa · s 1 cP (Zentipoise) = 1 mPa · s |
| kinematische ν Viskosität | m²/s | | | $1\,m^2/s$ $= 1\,Pa \cdot s/(kg/m^3)$ | 1 St (Stokes) = 10^{-4} m²/s = 1 cm²/s 1 cSt (Zentistokes) = 1 mm²/s |

[1]) 1,01325 bar = 1013,25 hPa = 760 mm Quecksilbersäule ist der Normwert des Luftdrucks.

Größe und Formelzeichen	gesetzliche Einheiten SI	weitere	Name	Beziehung	nicht mehr anzuwendende Einheiten und ihre Umrechnung

7. Temperatur und Wärme

Größe und Formelzeichen	SI	weitere	Name	Beziehung	nicht mehr anzuwendende
Temperatur T	K		Kelvin		
t		°C	Grad Celsius	$t = (T - 273{,}15 \text{ K}) \dfrac{°C}{K}$	
Temperaturdifferenz ΔT	K		Kelvin	$1 \text{ K} = 1 \text{ °C}$	
Δt		°C	Grad Celsius		

Temperaturdifferenzen bei zusammengesetzten Einheiten in K angeben, z. B. kJ/(m · h · K); Schreibweise bei Toleranzangaben für Celsiustemperaturen z. B. $t = (40 \pm 2)$ °C oder $t = 40$ °C ± 2 °C oder $t = 40$ °C ± 2 K.

Wärmemenge und Wärmestrom siehe unter 5.

Größe und Formelzeichen	SI	weitere	Name	Beziehung	nicht mehr anzuwendende
spezifische Wärmekapazität (spez. Wärme) c	$\dfrac{J}{kg \cdot K}$				$1 \text{ kcal/(kg · grd)}$ $= 4.187 \text{ kJ/(kg · K)}$ $\approx 4{,}2 \text{ kJ/(kg · K)}$
Wärmeleitfähigkeit λ	$\dfrac{W}{m \cdot K}$				$1 \text{ kcal/(m · h · grd)}$ $= 1{,}163 \text{ W/(m · K)}$ $\approx 1{,}2 \text{ W/(m · K)}$ $1 \text{ cal/(cm · s · grd)}$ $= 4{,}187 \text{ W/(cm · K)}$ 1 W/(m · K) $= 3{,}6 \text{ kJ/(m · h · K)}$

8. Elektrische Größen

Größe und Formelzeichen	SI	weitere	Name	Beziehung	nicht mehr anzuwendende
elektrische Stromstärke I	A		Ampere		
elektrische Spannung U	V		Volt	$1 \text{ V} = 1 \text{ W/A}$	
elektrischer Leitwert G	S		Siemens	$1 \text{ S} = 1 \text{ A/V} = 1/\Omega$	
elektrischer Widerstand R	Ω		Ohm	$1 \Omega = 1/S = 1 \text{ V/A}$	
Elektrizitätsmenge Q	C		Coulomb	$1 \text{ C} = 1 \text{ A} \cdot \text{s}$	
		A · h	Amperestunde	$1 \text{ A} \cdot \text{h} = 3600 \text{ C}$	
elektrische Kapazität C	F		Farad	$1 \text{ F} = 1 \text{ C/V}$	
elektrische Flussdichte, Verschiebung D	C/m^2				
elektrische Feldstärke E	V/m				

Größe und Formelzeichen	gesetzliche Einheiten SI | weitere		Name	Beziehung	nicht mehr anzuwendende Einheiten und ihre Umrechnung

9. Magnetische Größen

Größe und Formelzeichen	SI	weitere	Name	Beziehung	nicht mehr anzuwendende Einheiten
magnetischer Fluss Φ	Wb		Weber	$1\ Wb = 1\ V \cdot s$	$1\ M\ (Maxwell) = 10^{-8}\ Wb$
magnetische Flussdichte, Induktion B	T		Tesla	$1\ T = 1\ Wb/m^2$	$1\ G\ (Gauß) = 10^{-4}\ T$
Induktivität L	H		Henry	$1\ H = 1\ Wb/A$	
magnetische Feldstärke H	A/m			$1\ A/m = 1\ N/Wb$	$1\ Oe\ (Oersted)$ $= 10^3/(4\,\pi)\ A/m$ $= 79.58\ A/m$

10. Lichttechnische Größen

Größe und Formelzeichen	SI	weitere	Name	Beziehung	nicht mehr anzuwendende Einheiten
Lichtstärke I	cd		Candela[1])		
Leuchtdichte L	cd/m²				$1\ sb\ (Stilb) = 10^4\ cd/m^2$ $1\ asb\ (Apostilb) = 1/\pi\ cd/m^2$
Lichtstrom Φ	lm		Lumen	$1\ lm = 1\ cd \cdot sr$ (sr = Steradiant)	
Beleuchtungsstärke E	lx		Lux	$1\ lx = 1\ lm/m^2$	

11. Atomphysikalische u. a. Größen

Größe und Formelzeichen	SI	weitere	Name	Beziehung	nicht mehr anzuwendende Einheiten
Energie W		eV	Elektronenvolt	$1\ eV = 1,60219 \neq 10^{-19}\ J$ $1\ MeV = 10^6\ eV$	
Aktivität einer radioaktiven Substanz A	Bq		Becquerel	$1\ Bq = 1\ s^{-1}$	$1\ Ci\ (Curie) = 3,7 \cdot 10^{10}\ Bq$
Energiedosis D	Gy		Gray	$1\ Gy = 1\ J/kg$	$1\ rd\ (Rad) = 10^{-2}\ Gy$
Äquivalentdosis Dq	Sv		Sievert	$1\ Sv = 1\ J/kg$	$1\ rem\ (Rem) = 10^{-2}\ Sv$
Energiedosisrate $\dot{D}$				$1\ Gy/s = 1\ W/kg$	
Ionendosis J	C/kg				$1\ R\ (Röntgen)$ $= 258 \cdot 10^{-6}\ C/kg$
Ionendosisrate $\dot{j}$	A/kg				
Stoffmenge n	mol		Mol		

Literatur:
DIN 1301: Einheiten, Teil 1 bis 3. Feb. 1978, DIN 1304: Allgemeine Formelzeichen. Feb. 1978.
Haeder, W.; Gärtner, E.: Die gesetzlichen Einheiten in der Technik. 5. Aufl. Deutsches Institut für Normung e.V., Berlin 1980. Beuth-Verlag GmbH.

[1]) Betonung auf der zweiten Silbe: die Candela.

Umrechnungstabellen

Längeneinheiten

Fettgedruckte Zahlen siehe Umrechnungstabellen.
Umrechnungstabellen für Geschwindigkeiten.

Einheit		X. E.	pm	Å	nm	µm	mm	cm	dm	m	km
1 X.E.	≈	1	10^{-1}	10^{-3}	10^{-4}	10^{-7}	10^{-10}	10^{-11}	10^{-12}	10^{-13}	—
1 pm	=	10	1	10^{-2}	10^{-3}	10^{-6}	10^{-9}	10^{-10}	10^{-11}	10^{-12}	—
1 Å	=	10^3	10^2	1	10^{-1}	10^{-4}	10^{-7}	10^{-8}	10^{-9}	10^{-10}	—
1 nm	=	10^4	10^3	10	1	10^{-3}	10^{-6}	10^{-7}	10^{-8}	10^{-9}	10^{-12}
1 µm	=	10^7	10^6	10^4	10^3	1	10^{-3}	10^{-4}	10^{-5}	10^{-6}	10^{-9}
1 mm	=	10^{10}	10^9	10^7	10^6	10^3	1	10^{-1}	10^{-2}	10^{-3}	10^{-6}
1 cm	=	10^{11}	10^{10}	10^8	10^7	10^4	10	1	10^{-1}	10^{-2}	10^{-5}
1 dm	=	10^{12}	10^{11}	10^9	10^8	10^5	10^2	10	1	10^{-1}	10^{-4}
1 m	=	—	10^{12}	10^{10}	10^9	10^6	10^3	10^2	10	1	10^{-3}
1 km	=	—	—	—	10^{12}	10^9	10^6	10^5	10^4	10^3	1

X.E. (X–Einheit) und Å (Ångström) nicht mehr anwenden

Einheit		in	ft	yd	mile	n mile	mm	m	km
1 in	=	1	0,08333	0,02778	—	—	**25,4**	**0,0254**	—
1 ft	=	12	1	0,33333	—	—	304,8	**0,3048**	—
1 yd	=	36	3	1	—	—	914,4	**0,9144**	—
1 mile	=	63 360	5280	1760	1	0,86898	—	1609,34	**1,609**
1 n mile[1]	=	72 913	6076,1	2025,4	1,1508	1	—	1852	**1,852**
1 mm	=	**0,03937**	$3,281 \cdot 10^{-3}$	$1,094 \cdot 10^{-3}$	—	—	1	0,001	10^{-6}
1 m	=	39,3701	**3,2808**	**1,0936**	—	—	1000	1	0,001
1 km	=	39 370	3280,3	1093,6	**0,62137**	**0,53996**	10^6	1000	1

in = inch, ft = foot, y = yard, mile = statute mile, n mile = nautical mile

Weitere anglo-amerikanische Einheiten
1 µin (microinch) = 0,0254 µm
1 mil (milliinch) = 0,0254 mm
1 link = 201,17 mm
1 rod = 1 pole = 1 perch = 5,5 yd
= 5,0292 m
1 chain = 22 yd = 20,1168 m
1 furlong = 220 yd = 201,168 m
1 fathom = 2 yd = 1,8288 m

Astronomische Einheiten
1 Lj (Lichtjahr)
= $9,46053 \cdot 10^{15}$ m (von elektromagnetischen Wellen in 1 Jahr zurückgelegte
Strecke)
1 AE (astronomische Einheit)
= $1,496 \cdot 10^{11}$ m (mittlere Entfernung
Erde – Sonne)

1 pc (Parsec, Parallaxensekunde)
= 206 265 AE = $3,0857 \cdot 10^{16}$ m
(Entfernung, von der aus die AE
unter einem Winkel von einer Sekunde
erscheint)

Nicht mehr anwenden
1 Linie (Uhrenindustrie) = 2,256 mm
1 p (typographischer Punkt)
= 0,376 mm
1 deutsche Landmeile = 7500 m
1 geographische Meile = 7420,4 m
(≈ 4 Bogenminuten des Äquators)

---

[1] 1 n mile = 1 sm = 1 internationale Seemeile
≈ 1 Bogenminute des Längengrads. 1 Knoten =
1 n mile/h = 1,852 km/h.

Längeneinheiten

	in	ft	yd	mile	sm	m	m	km	km
↓	in m	in m	in m	in km	in km	in ft	in yd	in mile	in sm
1,0	0,0254	0,305	0,914	1,609	1,852	3,281	1,094	0,621	0,540
1,1	0,0279	0,335	1,006	1,770	2,037	3,609	1,203	0,684	0,594
1,2	0,0305	0,366	1,097	1,931	2,222	3,937	1,312	0,746	0,648
1,3	0,0330	0,396	1,189	2,092	2,408	4,265	1,422	0,808	0,702
1,4	0,0356	0,427	1,280	2,253	2,593	4,593	1,531	0,870	0,756
1,5	0,0381	0,457	1,372	2,413	2,778	4,921	1,640	0,932	0,810
1,6	0,0406	0,488	1,463	2,574	2,963	5,249	1,750	0,994	0,864
1,7	0,0432	0,518	1,554	2,735	3,148	5,577	1,859	1,06	0,918
1,8	0,0457	0,549	1,646	2,896	3,334	5,905	1,968	1,12	0,972
1,9	0,0483	0,579	1,737	3,057	3,519	6,234	2,078	1,18	1,03
2,0	0,0508	0,610	1,829	3,218	3,704	6,562	2,187	1,24	1,08
2,1	0,0533	0,640	1,920	3,379	3,889	6,890	2,297	1,30	1,13
2,2	0,0559	0,671	2,012	3,540	4,074	7,218	2,406	1,37	1,19
2,3	0,0584	0,701	2,103	3,701	4,260	7,546	2,515	1,43	1,24
2,4	0,0610	0,732	2,195	3,862	4,445	7,874	2,625	1,49	1,30
2,5	0,0635	0,762	2,286	4,022	4,630	8,202	2,734	1,55	1,35
2,6	0,0660	0,792	2,377	4,183	4,815	8,530	2,843	1,62	1,40
2,7	0,0686	0,823	2,469	4,344	5,000	8,858	2,953	1,68	1,46
2,8	0,0711	0,853	2,560	4,505	5,186	9,186	3,062	1,74	1,51
2,9	0,0737	0,884	2,652	4,666	5,371	9,514	3,171	1,80	1,57
3,0	0,0762	0,914	2,743	4,827	5,556	9,842	3,281	1,186	1,62
3,2	0,0813	0,975	2,926	5,149	5,926	10,50	3,500	1,99	1,73
3,4	0,0864	1,036	3,109	5,471	6,297	11,15	3,718	2,11	1,84
3,6	0,0914	1,097	3,292	5,792	6,667	11,81	3,937	2,24	1,94
3,8	0,0965	1,158	3,475	6,114	7,038	12,47	4,156	2,36	2,05
4,0	0,1016	1,219	3,658	6,436	7,408	13,12	4,374	2,49	2,16
4,2	0,1067	1,280	3,840	6,758	7,778	13,78	4,593	2,61	2,27
4,4	0,1118	1,341	4,023	7,080	8,149	14,44	4,812	2,73	2,38
4,6	0,1168	1,402	4,206	7,401	8,519	15,09	5,031	2,86	2,48
4,8	0,1219	1,463	4,389	7,723	8,890	15,75	5,249	2,98	2,59
5,0	0,1270	1,524	4,572	8,045	9,260	16,40	5,468	3,11	2,70
5,2	0,1321	1,585	4,755	8,367	9,631	17,06	5,687	3,23	2,81
5,4	0,1372	1,646	4,938	8,689	10,00	17,72	5,905	3,36	2,92
5,6	0,1422	1,707	5,121	9,010	10,37	18,37	6,124	3,48	3,02
5,8	0,1473	1,768	5,304	9,332	10,74	19,03	6,343	3,60	3,13
6,0	0,1524	1,829	5,486	9,654	11,11	19,68	6,562	3,73	3,24
6,2	0,1575	1,890	5,669	9,976	11,48	20,34	6,780	3,85	3,35
6,4	0,1626	1,951	5,852	10,30	11,85	21,00	6,999	3,98	3,46
6,6	0,1676	2,012	6,035	10,62	12,22	21,65	7,218	4,10	3,56
6,8	0,1727	2,073	6,218	10,94	12,59	22,31	7,436	4,23	3,67
7,0	0,1778	2,134	6,401	11,26	12,96	22,97	7,655	4,35	3,78
7,5	0,1905	2,286	6,858	12,07	13,89	24,61	8,202	4,66	4,05
8,0	0,2032	2,438	7,315	12,87	14,82	26,25	8,749	4,97	4,32
8,5	0,2159	2,591	7,772	13,68	15,74	27,89	9,296	5,28	4,59
9,0	0,2236	2,743	8,230	14,48	16,67	29,53	9,842	5,59	4,86
9,5	0,2413	2,896	8,687	15,29	17,59	31,17	10,39	5,90	5,13

Beispiele: 1 ft = 0,305 m; 7,5 yd = 6,858 m.

Inch – Millimeter

zugrunde gelegt ist 1 inch = 25,4 mm

inch	Dezimale	0	1	2	3
	–	–	25,40	50,80	76,20
1/64	0,015 625	0,397	25,80	51,20	76,60
1/32	0,031 25	0,794	26,19	51,59	76,99
3/64	0,046 875	1,191	26,59	51,99	77,39
1/16	0,062 5	1,588	26,99	52,39	77,79
5/64	0,078 125	1,984	27,38	52,78	78,18
3/32	0,093 75	2,381	27,77	53,18	78,58
7/64	0,109 375	2,778	28,18	53,58	78,98
1/8	0,125	3,175	28,58	53,98	79,38
9/64	0,140 625	3,572	28,97	54,37	79,77
5/32	0,156 25	3,969	29,37	54,77	80,17
11/64	0,171 875	4,366	29,77	55,17	80,57
3/16	0,187 5	4,763	30,16	55,56	80,96
13/64	0,203 125	5,159	30,56	55,96	81,36
7/32	0,218 75	5,556	30,96	56,36	81,76
15/64	0,234 375	5,953	31,35	56,75	82,15
1/4	0,25	6,350	31,75	57,15	82,55
17/64	0,265 625	6,747	32,15	57,55	82,95
9/32	0,281 25	7,144	32,54	57,94	83,34
19/64	0,296 875	7,541	32,94	58,34	83,74
5/16	0,312 5	7,938	33,34	58,74	84,14
21/64	0,328 125	8,334	33,73	59,13	84,53
11/32	0,343 75	8,731	34,13	59,53	84,93
23/64	0,359 375	9,128	34,53	59,93	85,33
3/8	0,375	9,525	34,93	60,33	85,73
25/64	0,390 625	9,922	35,32	60,72	86,12
13/32	0,406 25	10,319	35,72	61,12	86,52
27/64	0,421 875	10,716	36,12	61,52	86,92
7/16	0,437 5	11,113	36,51	61,91	87,31
29/64	0,453 125	11,509	36,91	62,31	87,71
15/32	0,468 75	11,906	37,31	62,71	88,11
31/64	0,484 375	12,303	37,70	63,10	88,50

inch	Dezimale	0	1	2	3
1/2	0,5	12,700	38,10	63,50	88,90
33/64	0,515 625	13,097	38,50	63,90	89,30
17/32	0,531 25	13,494	38,89	64,29	89,69
35/64	0,546 875	13,891	39,29	64,69	90,09
9/16	0,562 5	14,288	39,69	65,09	90,49
37/64	0,578 125	14,684	40,08	65,48	90,88
19/32	0,593 75	15,081	40,48	65,88	91,28
39/64	0,609 375	15,478	40,88	66,28	91,68
5/8	0,625	15,875	41,28	66,68	92,08
41/64	0,640 625	16,272	41,67	67,07	92,47
21/32	0,656 25	16,669	42,07	67,47	92,87
43/64	0,671 875	17,066	42,47	67,87	93,27
11/16	0,687 5	17,463	42,86	68,26	93,66
45/64	0,703 125	17,859	43,26	68,66	94,06
23/32	0,718 75	18,256	43,66	69,06	94,46
47/64	0,734 375	18,653	44,05	69,45	94,85
3/4	0,75	19,050	44,45	69,85	95,25
49/64	0,765 625	19,447	44,85	70,25	95,65
25/32	0,781 25	19,844	45,24	70,64	96,04
51/64	0,796 875	20,241	45,64	71,04	96,44
13/16	0,812 5	20,638	46,04	71,44	96,84
53/64	0,828 125	21,034	46,43	71,83	97,23
27/32	0,843 75	21,431	46,83	72,23	97,63
55/64	0,859 375	21,828	47,23	72,63	98,03
7/8	0,875	22,225	47,63	73,03	98,43
57/64	0,890 625	22,622	48,02	73,42	98,82
29/32	0,906 25	23,019	48,42	73,82	99,22
59/64	0,921 875	23,416	48,82	74,22	99,62
15/16	0,937 5	23,813	49,21	74,61	100,01
61/64	0,953 125	24,209	49,61	75,01	100,41
31/32	0,968 75	24,606	50,01	75,41	100,81
63/64	0,984 375	25,003	50,40	75,80	101,20

Die Werte über 1 inch sind auf hundertstel Millimeter gerundet.

Mils – Millimeter

Die Einheit Mils wird im amerikanischen Maßsystem immer dann benutzt, wenn sich bei dem betreffenden Maß in Inch zu-viele Stellen hinter dem Komma ergeben würden. Ein Mil ist die Einheit für 1 tausendstel Inch.

Mils	Millimeter	Mils	Millimeter	Mils	Millimeter	Mils	Millimeter
1	0,0254	26	0,6604	51	1,2954	76	1,9304
2	0,0508	27	0,6858	52	1,3208	77	1,9558
3	0,0762	28	0,7112	53	1,3462	78	1,9812
4	0,1016	29	0,7366	54	1,3716	79	2,0066
5	0,1270	30	0,7620	55	1,3970	80	2,0320
6	0,1524	31	0,7874	56	1,4224	81	2,0574
7	0,1778	32	0,8128	57	1,4478	82	2,0828
8	0,2032	33	0,8382	58	1,4732	83	2,1082
9	0,2286	34	0,8636	59	1,4986	84	2,1336
10	0,2540	35	0,8890	60	1,5240	85	2,1590
11	0,2794	36	0,9144	61	1,5494	86	2,1844
12	0,3048	37	0,9398	62	1,5748	87	2,2098
13	0,3302	38	0,9652	63	1,6002	88	2,2352
14	0,3556	39	0,9906	64	1,6256	89	2,2606
15	0,3810	40	1,0160	65	1,6510	90	2,2860
16	0,4064	41	1,0414	66	1,6764	91	2,3114
17	0,4318	42	1,0668	67	1,7018	92	2,3368
18	0,4572	43	1,0922	68	1,7272	93	2,3622
19	0,4826	44	1,1176	89	2,2606	94	2,3876
20	0,5080	45	1,1430	70	1,7780	95	2,4130
21	0,5334	46	1,1684	71	1,8034	96	2,4384
22	0,5588	47	1,1938	72	1,8288	97	2,4638
23	0,5842	48	1,2192	73	1,8542	98	2,4892
24	0,6096	49	1,2446	74	1,8796	99	2,5146
25	0,6350	50	1,2700	75	1,9050	100	2,5400

Amerikanische Maßeinheit „Gauge"

Kleine Durchmesser von Drähten und Holzschrauben werden in Amerika in vielen Fällen in **Gauge**-Größen gemessen. Teilweise wird **Gauge** auch als Dickenmaß für dünne Bleche angegeben.

Für Drähte existieren zwei unterschiedliche **Gauge**- Systeme: **A**merican **W**ire **G**auge (AWG) und **S**tandard **W**ire **G**auge (SWG = imperial dimensions)

American Wire Gauge (AWG) – Standard Wire Gauge (SWG)

Gauge Nr.	AWG ⌀ inches	AWG Querschnitt inch²	AWG ⌀ mm	AWG Querschnitt mm²	SWG ⌀ inches	SWG Querschnitt inch²	SWG ⌀ mm	SWG Area mm²
0000	0,46	0,166	11,68	107,09	0,400	0,126	10,16	81,032
000	0,41	0,132	10,41	85,07	0,372	0,109	9,45	70,102
00	0,365	0,105	9,27	67,46	0,348	0,095	8,84	61,344
0	0,325	0,083	8,25	53,43	0,324	0,082	8,23	53,170
1	0,289	0,066	7,35	42,41	0,300	0,071	7,62	45,581
2	0,258	0,052	6,54	33,58	0,276	0,060	7,01	38,575
3	0,229	0,041	5,83	26,68	0,252	0,050	6,4	32,154
4	0,204	0,033	5,19	21,14	0,232	0,042	5,89	27,233
5	0,182	0,026	4,62	16,76	0,212	0,035	5,38	22,721
6	0,162	0,021	4,11	13,26	0,192	0,029	4,88	18,694
7	0,144	0,016	3,66	10,52	0,176	0,024	4,47	15,685
8	0,128	0,013	3,26	8,34	0,160	0,020	4,06	12,940
9	0,114	0,010	2,9	6,60	0,144	0,016	3,66	10,516
10	0,102	0,0082	2,59	5,27	0,128	0,013	3,25	8,292
11	0,091	0,0065	2,3	4,15	0,116	0,011	2,95	6,831
12	0,081	0,0052	2,05	3,30	0,104	0,0085	2,64	5,471
13	0,072	0,0041	1,83	2,63	0,092	0,0067	2,34	4,298
14	0,064	0,0032	1,63	2,09	0,080	0,0050	2,03	3,235
15	0,057	0,0026	1,45	1,65	0,072	0,0041	1,83	2,629
16	0,051	0,0020	1,29	1,31	0,064	0,0032	1,63	2,086
17	0,045	0,0016	1,15	1,04	0,056	0,0025	1,42	1,583
18	0,04	0,0013	1,02	0,82	0,048	0,0018	1,22	1,168
19	0,036	0,0010	0,91	0,65	0,040	0,0013	1,02	0,817
20	0,032	0,00080	0,81	0,52	0,036	0,0010	0,92	0,664
21	0,028	0,00062	0,72	0,41	0,032	0,00080	0,81	0,515
22	0,025	0,00049	0,64	0,32	0,028	0,00061	0,71	0,396
23	0,023	0,00042	0,57	0,26	0,024	0,00045	0,61	0,292
24	0,02	0,00031	0,51	0,20	0,022	0,00038	0,56	0,246
25	0,018	0,00025	0,45	0,16	0,020	0,00032	0,51	0,204
26	0,016	0,00020	0,4	0,13	0,018	0,00026	0,46	0,166
27	0,014	0,00015	0,36	0,10	0,016	0,00020	0,41	0,132
28	0,013	0,00013	0,32	0,080	0,015	0,00018	0,38	0,113
29	0,011	0,000095	0,29	0,066	0,014	0,00015	0,35	0,096
30	0,01	0,000079	0,25	0,049	0,012	0,00011	0,31	0,073
31	0,0089	0,000062	0,23	0,042	0,011	0,00010	0,29	0,066
32	0,008	0,000050	0,2	0,031	0,011	0,000089	0,27	0,057
33	0,0071	0,000040	0,18	0,025	0,010	0,000079	0,25	0,051
34	0,0063	0,000031	0,16	0,020	0,009	0,000064	0,23	0,041
35	0,0056	0,000025	0,14	0,015	0,008	0,000050	0,20	0,032
36	0,005	0,000020	0,13	0,013	0,007	0,000039	0,18	0,025
37	0,0045	0,000016	0,11	0,009	0,007	0,000035	0,17	0,023
38	0,004	0,000013	0,1	0,008	0,006	0,000027	0,15	0,018

American Wire Gauge (AWG) – Millimeter – Inch

für Kabel und Litzen

AWG-Größe Kabel	Zahl der Einzel-drähte	AWG-Größe Einzel-draht	Kabel-∅ inches	elektrischer Quer-schnitt inch²	elektrischer Quer-schnitt mils	Kabel ∅ mm	elektrischer Quer-schnitt mm²
0000	2104	30	0,608	0,17	210400	15,4	107,00
000	1661	30	0,464	0,13	166100	11,8	84,20
00	1330	30	0,496	0,10	133000	12,6	67,40
0	1045	30	0,41	0,082	104500	10,4	53,00
1	817	30	0,328	0,064	81700	8,33	41,40
2	665	30	0,338	0,052	66500	8,59	33,70
4	133	25	0,257	0,033	4256	6,53	21,60
4	420	30	0,257	0,033	42000	6,53	21,30
6	133	27	0,21	0,021	26866	5,33	13,50
6	266	30	0,204	0,021	26600	5,18	13,50
8	133	29	0,166	0,013	17024	4,22	8,63
8	168	30	0,174	0,013	16800	4,42	8,51
10	37	26	0,112	0,0073	9361	2,84	4,74
10	105	30	0,13	0,0082	10500	3,3	5,32
12	19	25	0,09	0,0048	6080	2,29	3,08
12	65	30	0,091	0,0051	6500	2,31	3,29
14	19	27	0,071	0,0030	3838	1,8	1,94
14	41	30	0,077	0,0032	4100	1,96	2,08
16	7	24	0,058	0,0022	2828	1,47	1,43
16	19	29	0,057	0,0019	2426	1,45	1,23
16	26	30	0,06	0,0020	2600	1,25	1,32
16	65	34	0,06	0,0020	2580	1,25	1,32
18	7	26	0,048	0,0014	1771	1,22	0,90
18	16	30	0,046	0,0013	1600	1,17	0,81
18	19	30	0,05	0,0015	1900	1,27	0,96
18	41	34	0,047	0,0013	1627	1,19	0,82
20	7	28	0,038	0,00087	1113	0,965	0,56
20	10	30	0,036	0,00079	1000	0,914	0,51
20	19	32	0,04	0,00094	1197	1,02	0,61
20	26	34	0,037	0,00081	1032	0,94	0,52
22	7	30	0,031	0,00052	700	0,787	0,34
22	16	32	0,03	0,00050	635	0,762	0,32
22	19	34	0,032	0,00059	754	0,813	0,38
24	7	32	0,024	0,00035	448	0,61	0,23
24	10	34	0,023	0,00031	397	0,584	0,20
24	19	36	0,025	0,00037	475	0,635	0,24
26	7	34	0,019	0,00024	278	0,48	0,154
26	19	38	0,021	0,00024	304	0,533	0,154
28	7	36	0,015	0,00014	175	0,381	0,089
28	19	40	0,016	0,00014	182,6	0,406	0,093
30	7	38	0,012	0,000088	112	0,305	0,057
32	7	40	0,010	0,000079	67,3	0,254	0,051

Gauge – Inch – Millimeter – Französische Größe

für Röhrchen und Kanülen

Franz. Größe	Gauge	Inches	mm	Franz. Größe	Gauge	Inches	mm
2	22	0,026	0,667	7,5	13	0,098	2,5
2,5	21	0,033	0,833	8	12	0,104	2,667
3	20	0,039	1	8,5	12	0,111	2,833
4	18	0,052	1,333	9	11	0,117	3
5	16	0,065	1,667	10	10	0,13	3,333
5,3	15	0,069	1,767	11	9	0,143	3,667
6	14	0,078	2	12	8	0,156	4
6,3	14	0,082	2,1	13	7	0,169	4,333
6,5	14	0,085	2,167	14	7	0,182	4,667
7	13	0,091	2,333				

Gauge – Millimeter – Inch

für Bleche

Gauge Nr.	Stahl		rostfreier Stahl		Aluminum	
	inches	mm	inches	mm	inches	mm
7	0,179	4,5466	–	–	–	–
8	0,164	4,1656	0,172	4,3688	–	–
9	0,15	3,81	0,156	3,9624	–	–
10	0,135	3,429	0,141	3,5814	–	–
11	0,12	3,048	0,125	3,175	–	–
12	0,105	2,667	0,109	2,7686	–	–
13	0,09	2,286	0,094	2,3876	0,072	1,8288
14	0,075	1,905	0,078	1,9812	0,064	1,6256
15	0,067	1,7018	0,07	1,778	0,057	1,4478
16	0,06	1,524	0,063	1,6002	0,051	1,2954
17	0,054	1,3716	0,056	1,4224	0,045	1,143
18	0,048	1,2192	0,05	1,27	0,04	1,016
19	0,042	1,0668	0,044	1,1176	0,036	0,9144
20	0,036	0,9144	0,038	0,9652	0,032	0,8128
21	0,033	0,8382	0,034	0,8636	0,028	0,7112
22	0,03	0,762	0,031	0,7874	0,025	0,635
23	0,027	0,6858	0,028	0,7112	0,023	0,5842
24	0,024	0,6096	0,025	0,635	0,02	0,508
25	0,021	0,5334	0,022	0,5588	0,018	0,4572
26	0,018	0,4572	0,019	0,4826	0,017	0,4318
27	0,016	0,4064	0,017	0,4318	0,014	0,3556
28	0,015	0,381	0,016	0,4064	–	–
29	0,014	0,3556	0,014	0,3556	–	–
30	0,012	0,3048	0,013	0,3302	–	–
31	–	–	0,011	0,2794	–	–

Flächeneinheiten

Fettgedruckte Zahlen siehe Umrechnungstabelle

Einheit		in^2	ft^2	yd^2	$mile^2$	cm^2	dm^2	m^2	a	ha	km^2
1 in^2	=	1	–	–	–	**6,4516**	0,06452	–			
1 ft^2	=	144	1	0,1111	–	929	9,29	**0,0929**	–	–	–
1 yd^2	=	1296	9	1	–	8361	83,61	**0,8361**	–	–	–
1 $mile^2$	=	–	–	–	1	–	–	–	–	259	**2,59**
1 cm^2	=	**0,155**	–	–	–	1	0,01	–	–	–	–
1 dm^2	=	15,5	0,1076	0,01196	–	100	1	0,01	–	–	–
1 m^2	=	1550	**10,76**	**1,196**	–	10000	100	1	0,01	–	–
1 a	=	–	1076	119,6	–	–	10000	100	1	0,01	–
1 ha	=	–	–	–	–	–	–	10000	100	1	0,01
1 km^2	=	–	–	–	**0,3861**	–	–	–	10000	100	1

in^2 = square inch (sq in),
ft^2 = square foot (sq ft),
yd^2 = square yard (sq yd),
$mile^2$ = square mile (sq mile)

Weitere anglo-amerikanische Einheiten

1 mil^2 (square mil) = 10^{-6} in^2
= 0,0006452 mm^2
1 cir mil (circular mil) = $\frac{\pi}{4}$ mil^2
= 0,0005067 mm^2
(Kreisfl. mit Durchmesser 1 mil)

1 cir in (circular inch) = $\frac{\pi}{4}$ in^2 = 5,067 cm^2
(Kreisfläche mit Durchmesser 1 in)

1 $line^2$ (square line) = 0,01 in^2
= 6,452 mm^2
1 rod^2 (square rod) = 1 $pole^2$ (square pole) = 1 $perch^2$ (square perch)
= 25,29 m^2
1 $chain^2$ (square chain) = 16 rod^2
= 404,684 m^2
1 rood = 40 rod^2 = 1011,71 m^2
1 acre = 4840 yd^2 = 4046,86 m^2
= **40,4686 a**
1 section (US) = 1 $mile^2$ = 2,59 km^2
1 township (US) = 36 $mile^2$ = 93,24 km^2

Alte deutsche Feldmaße
(nicht mehr anwenden)

1 Badischer Morgen = 36 a
1 Bayerisches Tagwerk = 34,07 a
1 Preußischer Morgen = 25,53 a
1 Württ. Morgen = 31,52 a

Papierformate
(DIN 476)

Maße in mm

A 0 841 × 1189
A 1 594 × 841
A 2 420 × 594
A 3 297 × 420
A 4 210 × 297[1]
A 5 148 × 210

A 6 105 × 148
A 7 74 × 105
A 8 52 × 74
A 9 37 × 52
A 10 26 × 37

---

[1] USA: 216 x 279

Flächeneinheiten

	in²	ft²	yd²	acre	mile²	cm²	m²	m²	km²
	in cm²	in m²	in m²	in a	in km²	in in²	in ft²	in yd²	in mile²
1,0	6,45	0,0929	0,836	40,5	2,59	0,155	10,8	1,20	0,386
1,1	7,10	0,102	0,920	44,5	2,85	0,171	11,8	1,32	0,425
1,2	7,74	0,111	1,00	48,6	3,11	0,186	12,9	1,44	0,463
1,3	8,39	0,121	1,09	52,6	3,37	0,202	14,0	1,55	0,502
1,4	9,03	0,130	1,17	56,7	3,63	0,217	15,1	1,67	0,541
1,5	9,68	0,139	1,25	60,7	3,89	0,233	16,1	1,79	0,579
1,6	10,3	0,149	1,34	64,7	4,14	0,248	17,2	1,91	0,618
1,7	11,0	0,158	1,42	68,8	4,40	0,264	18,3	2,03	0,656
1,8	11,6	0,167	1,50	72,8	4,66	0,279	19,4	2,15	0,695
1,9	12,3	0,177	1,59	76,9	4,92	0,295	20,5	2,27	0,734
2,0	12,9	0,186	1,67	80,9	5,18	0,310	21,5	2,39	0,772
2,1	13,5	0,195	1,76	85,0	5,44	0,326	22,6	2,51	0,811
2,2	14,2	0,204	1,84	89,0	5,70	0,341	23,7	2,63	0,849
2,3	14,8	0,214	1,92	93,1	5,96	0,357	24,8	2,75	0,888
2,4	15,5	0,223	2,01	97,1	6,22	0,372	25,8	2,87	0,927
2,5	16,1	0,232	2,09	101	6,47	0,388	26,9	2,99	0,965
2,6	16,8	0,242	2,17	105	6,73	0,403	28,0	3,11	1,00
2,7	17,4	0,251	2,26	109	6,99	0,419	29,1	3,23	1,04
2,8	18,1	0,260	2,34	113	7,25	0,434	30,1	3,35	1,08
2,9	18,7	0,269	2,42	117	7,51	0,450	31,2	3,47	1,12
3,0	19,4	0,279	2,51	121	7,77	0,465	32,3	3,59	1,16
3,2	20,6	0,297	2,68	129	8,29	0,496	34,4	3,83	1,24
3,4	21,9	0,316	2,84	138	8,81	0,527	36,6	4,07	1,31
3,6	23,2	0,334	3,01	146	9,32	0,558	38,8	4,31	1,39
3,8	24,5	0,353	3,18	154	9,84	0,589	40,9	4,54	1,47
4,0	25,8	0,372	3,34	162	10,4	0,620	43,1	4,78	1,54
4,2	27,1	0,390	3,51	170	10,9	0,651	45,2	5,02	1,62
4,4	28,4	0,409	3,68	178	11,4	0,682	47,4	5,26	1,70
4,6	29,7	0,427	3,85	186	11,9	0,713	49,5	5,50	1,78
4,8	31,0	0,446	4,01	194	12,4	0,744	51,7	5,74	1,85
5,0	32,3	0,465	4,18	202	12,9	0,775	53,8	5,98	1,93
5,2	33,5	0,483	4,35	210	13,5	0,806	56,0	6,22	2,01
5,4	34,8	0,502	4,51	219	14,0	0,837	58,1	6,46	2,08
5,6	36,1	0,520	4,68	227	14,5	0,868	60,3	6,70	2,16
5,8	37,4	0,539	4,85	235	15,0	0,899	62,4	6,94	2,24
6,0	38,7	0,557	5,02	243	15,5	0,930	64,6	7,18	2,32
6,2	40,0	0,576	5,18	251	16,1	0,961	66,7	7,42	2,39
6,4	41,3	0,595	5,35	259	16,6	0,992	68,9	7,65	2,47
6,6	42,6	0,613	5,52	267	17,1	1,02	71,0	7,89	2,55
6,8	43,9	0,632	5,69	275	17,6	1,05	73,2	8,13	2,63
7,0	45,2	0,650	5,85	283	18,1	1,09	75,3	8,37	2,70
7,5	48,4	0,697	6,27	304	19,4	1,16	80,7	8,97	2,90
8,0	51,6	0,743	6,69	324	20,7	1,24	86,1	9,57	3,09
8,5	54,8	0,790	7,11	344	22,0	1,32	91,5	10,2	3,28
9,0	58,1	0,836	7,52	364	23,3	1,40	96,9	10,8	3,47
9,5	61,3	0,883	7,94	384	24,6	1,47	102	11,4	3,67

Die Tabelle gilt auch für dezimale Vielfache und Teile.
Beispiele: 1 in² = 6,45 cm²; 5,8 yd² = 4,85 m²; 58 yd² = 48,5 m².

Winkeleinheiten

Einheit[1])		'	"	rad	gon	cgon	mgon
1°	=	1	60	3600	0,017453	1,1111	111,11	1111,11
1'	=	0,016667	60	–	–	0,018518	1,85185	18,5185
1"	=	0,0002778	0,016667	1	–	0,0003086	0,030864	0,30864
1 rad	=	57,2958	3437,75	206265	1	63,662	6366,2	63662
1 gon	=	0,9	54	3240	0,015708	1	100	1000
1 cgon	=	0,009	0,54	32,4	–	0,01	1	10
1 mgon	=	0,009	0,054	3,24	–	0,001	0,1	1

Volumeneinheiten   Fettgedruckte Zahlen siehe Umrechnungstabelle

Einheit		in³	ft³	yd³	gal (UK)	gal (us)	cm³	dm³ (l)	m³
1 in³	=	1	–	–	–	–	**16,3871**	0,01639	–
1 ft³	=	1728	1	0,03704	6,229	7,481	–	**28,3168**	0,02832
1 yd³	=	46656	27	1	168,18	201,97	–	764,555	**0,76456**
1 gal (UK)	=	277,42	0,16054	–	1	1,20095	4546,09	**4,54609**	–
1 gal (US)	=	231	0,13368	–	0,83267	1	3785,41	**3,78541**	–
1 cm³	=	0,06102	–	–	–	–	1	0,001	–
1 dm³ (l)	=	61,0236	0,03531	0,00131	0,21997	0,26417	1000	1	0,001
1 m³	=	61023,6	35,315	1,30795	219,969	264,172	10⁶	1000	1

in³ = cubic inch (cu in),
ft³ = cubic foot (cu ft),
yd³ = cubic yard (cu yd),
gal = gallon

Weitere Volumeneinheiten
Schiffsvolumen
1 RT (Registerton) = 100 ft³
= 2,832 m³; BRT (Brutto-RT) = gesamter Schiffsinnenraum, Netto-Registerton = Laderaum eines Schiffes.
BRZ (Bruttoraumzahl) = gesamter Schiffsraum (Außenhaut) in m³.
1 ocean ton = 40 ft³ = 1,1327 m³.

Großbritannien (UK)
1 min (minim) = 0,059194 cm³
1 fluid drachm = 60 min = 3,5516 cm³
1 fl oz (fluid ounce) = 8 fl drachm = 0,028413 l
1 gill = 5 fl oz = 0,14207 l
1 pt (pint) = 4 gills = **0,56826** l
1 qt (quart) = 2 pt = 1,13652 l
1 gal (gallon) = 4 qt = **4,5461** l
1 bbl (barrel) = 36 gal = 163,6 l

für Trockengüter:
1 pk (peck) = 2 gal = 9,0922 l
1 bu (bushel) = 8 gal = 36,369 l
1 qr (quarter) = 8 bu = 290,95 l

Vereinigte Staaten (US)
1 min (minim) = 0,061612 cm³
1 fluid dram = 60 min = 3,6967 cm³
1 fl oz (fluid ounce) = 8 fl dram = 0,029574 l
1 gill = 4fl oz = 0,11829 l
1 liq pt (liquid pint) = 4 gills = **0,47318** l
1 liq quart = 2 liq pt = 0,94635 l
1 gal (gallon) = 231 in³ = 4 liq quarts = **3,7854** l
1 liq bbl (liquid barrel) = 119,24 l
1 barrel petroleum[2]) = 42 gal = **158,99** l

für Trockengüter
1 dry pint = 0,55061 dm³
1 dry quart = 2 dry pints = 1,1012 dm³
1 peck = 8 dry quarts = 8,8098 dm³
1 bushel = 4 pecks = 35,239 dm³
1 dry bbl (dry barrel) = 7056 in³ = 115,63 dm³

---

[1]) Es ist zweckmäßig, in jeder Winkelangabe nur eine der genannten Einheiten zu benutzen, also z. B. nicht α = 33 17' 27,6" zu schreiben, sondern α = 33,291   oder α = 1997,46' oder α = 119847,6".
[2]) für Rohöl.

Volumeneinheiten, Durchflussmenge

	in³	ft³	yd³	pt (UK)	liq pt (US)	gal (UK)	gal (US)	barrel petrol.	ft³/min cfm
Umrechnung von									
	in cm³	in l	in m³	in l	in l	in l	in l	in l	in m³/h
1,0	16,4	28,3	0,765	0,568	0,473	4,55	3,79	159	1,70
1,1	18,0	31,1	0,841	0,625	0,520	5,00	4,16	175	1,87
1,2	19,7	34,0	0,917	0,682	0,568	5,46	4,54	191	2,04
1,3	21,3	36,8	0,994	0,739	0,615	5,91	4,92	207	2,21
1,4	22,9	39,6	1,07	0,796	0,662	6,36	5,30	223	2,38
1,5	24,6	42,5	1,15	0,852	0,710	6,82	5,68	238	2,55
1,6	26,2	45,3	1,22	0,909	0,757	7,27	6,06	254	2,72
1,7	27,9	48,1	1,30	0,966	0,804	7,73	6,44	270	2,89
1,8	29,5	51,0	1,38	1,02	0,852	8,18	6,81	286	3,06
1,9	31,1	53,8	1,45	1,08	0,899	8,64	7,19	302	3,23
2,0	32,8	56,6	1,53	1,14	0,946	9,09	7,57	318	3,40
2,1	34,4	59,5	1,61	1,19	0,994	9,55	7,95	334	3,57
2,2	36,1	62,3	1,68	1,25	1,04	10,0	8,33	350	3,74
2,3	37,7	65,1	1,76	1,31	1,09	10,5	8,71	366	3,91
2,4	39,3	68,0	1,83	1,36	1,14	10,9	9,08	382	4,08
2,5	41,0	70,8	1,91	1,42	1,18	11,4	9,46	397	4,25
2,6	42,6	73,6	1,99	1,48	1,23	11,8	9,84	413	4,42
2,7	44,2	76,5	2,06	1,53	1,28	12,3	10,2	429	4,59
2,8	45,9	79,3	2,14	1,59	1,32	12,7	10,6	445	4,76
2,9	47,5	82,1	2,22	1,65	1,37	13,2	11,0	461	4,93
3,0	49,2	85,0	2,29	1,70	1,42	13,6	11,4	477	5,10
3,2	52,4	90,6	2,45	1,82	1,51	14,5	12,1	509	5,44
3,4	55,7	96,3	2,60	1,93	1,61	15,5	12,9	541	5,78
3,6	59,0	102	2,75	2,05	1,70	16,4	13,6	572	6,12
3,8	62,3	108	2,91	2,16	1,80	17,3	14,4	604	6,46
4,0	65,5	113	3,06	2,27	1,89	18,2	15,1	636	6,80
4,2	68,8	119	3,21	2,39	1,99	19,1	15,9	668	7,14
4,4	72,1	125	3,36	2,50	2,08	20,0	16,7	700	7,48
4,6	75,4	130	3,52	2,61	2,18	20,9	17,4	731	7,82
4,8	78,7	136	3,67	2,73	2,27	21,8	18,2	763	8,16
5,0	81,9	142	3,82	2,84	2,37	22,7	18,9	795	8,50
5,2	85,2	147	3,98	2,95	2,46	23,6	19,7	827	8,83
5,4	88,5	153	4,13	3,07	2,56	24,5	20,4	859	9,17
5,6	91,8	159	4,28	3,18	2,65	25,5	21,2	890	9,51
5,8	95,0	164	4,43	3,30	2,74	26,4	22,0	922	9,85
6,0	98,3	170	4,59	3,41	2,84	27,3	22,7	954	10,2
6,2	102	176	4,74	3,52	2,93	28,2	23,5	986	10,5
6,4	105	181	4,89	3,64	3,03	29,1	24,2	1018	10,9
6,6	108	187	5,05	3,75	3,12	30,0	25,0	1049	11,2
6,8	111	193	5,20	3,86	3,22	30,9	25,7	1081	11,6
7,0	115	198	5,35	3,98	3,31	31,8	26,5	1113	11,9
7,5	123	212	5,73	4,26	3,55	34,1	28,4	1192	12,7
8,0	131	227	6,12	4,55	3,79	36,4	30,3	1272	13,6
8,5	139	241	6,50	4,83	4,02	38,6	32,2	1351	14,4
9,0	147	255	6,88	5,11	4,26	40,9	34,1	1431	15,3
9,5	156	269	7,26	5,40	4,50	43,2	36,0	1510	16,1

Die Tabelle gilt auch für dezimale Vielfache und Teile.
Beispiele: 1 in³ = 16,4 cm³; 3 gal (UK) = 13,6 l; 30 gal (UK) = 136 l.

Masseneinheiten
(in der Umgangssprache auch „Gewichtseinheiten" genannt)

Avoirdupois-System (in UK und US allgemein gebräuchliches Handelsgewicht)

Fettgedruckte Zahlen siehe Umrechnungstabelle

Einheit		gr	dram	oz	lb	cwt (UK)	cwt (US)	ton (UK)	ton (US)	g	kg	t
1 gr	=	1	0,03657	0,00229	1/7000	–	–	–	–	**0,064799**	–	–
1 dram	=	27,344	1	0,0625	0,00391	–	–	–	–	**1,77184**	–	–
1 oz	=	437,5	16	1	0,0625	–	–	–	–	**28,3495**	–	–
1 lb	=	7000	256	16	1	0,00893	0,01	–	0,0005	453,592	**0,45359**	–
1 cwt (UK)[1]	=	–	–	–	112	1	1,12	0,05	0,056	–	**50,8023**	–
1 cwt (US)[2]	=	–	–	–	100	0,8929	1	0,04464	0,05	–	**45,3592**	–
1 ton (UK)[3]	=	–	–	–	2240	20	22,4	1	1,12	–	1016,05	**1,01605**
1 ton (US)[4]	=	–	–	–	2000	17,857	20	0,8929	1	–	907,185	**0,90718**
1 g	=	15,432	0,5644	0,03527	–	–	–	–	–	1	**0,001**	–
1 kg	=	–	–	35,274	2,2046	0,01968	0,02205	–	–	**1000**	1	0,001
1 t	=	–	–	–	2204,6	19,684	22,046	0,9842	1,1023	10^6	1000	1

UK = Großbritannien, US = Vereinigte Staaten von Amerika.
gr = grain, oz = ounce, lb = pound, cwt = hundredweight

1 slug = 14,5939 kg = Masse, die von einer Kraft von 1 lbf um 1 ft/s² beschleunigt wird
1 st (stone) = 14 lb = 6,35 kg (nur UK)
1 qr (quarter) = 28 lb = 12,7006 kg (nur UK, selten verwendet)
1 quintal = 100 lb = 1 cwt (US) = 45,3592 kg
1 tdw (ton dead weight) = 1 ton (UK) = 1,016 t.
In tdw wird die Tragfähigkeit von Frachtdampfern (Ladung + Ballast + Brennstoff + Verpflegung) angegeben.

[1] auch „long cwt (cwt l)".
[2] auch „short cwt (cwt sh)".
[3] auch „long ton (tn l)".
[4] auch „short ton (tn sh)".

Troy-System (in UK und US für Edelsteine und Edelmetalle) und
Apothecaries-System (in UK und US für Drogen)

Einheit		gr	s ap	dwt	dr ap	oz t = oz ap	lb t = lb ap	Kt	g
1 gr	=	1	0,05	0,04167	0,01667	–	–	0,324	**0,064799**
1 s ap	=	20	1	0,8333	0,3333	–	–	–	1,296
1 dwt	=	24	1,2	1	0,4	0,05	–	–	1,5552
1 dr ap	=	60	3	2,5	1	0,125	–	–	3,8879
1 oz t = 1 oz ap	=	480	24	20	8	1	0,08333	–	31,1035
1 lb t = 1 lb ap	=	5760	288	240	96	12	1	–	373,24
1 Kt	=	3,086	–	–	0,2572	0,03215	0,002679	1	0,2000
1 g	=	15,432	0,7716	0,643	–	–	–	5	1

gr = grain,
s ap = apothecaries' scruple,
dwt = pennyweight,
dr ap = apothecaries' drachm (US: apothecaries' dram),
oz t (UK: oz tr) = troy ounce,
oz ap (UK: oz apoth) = apothecaries' ounce,
lb t = troy pound,
lb ap = apothecaries' pound,
Kt = metrisches Karat, nur für Edelsteine[1]

Längenbezogene Masse
SI-Einheit kg/m
1 lb/ft = **1,48816** kg/m, 1 lb/yd = **0,49605** kg/m
Einheiten in der Textiltechnik (DIN 60905 und 60910):
1 tex = 1 g/km, 1 mtex = 1 mg/km,
1 dtex = 1 dg/km, 1 ktex = 1 kg/km
Frühere Einheit (nicht mehr anwenden):
1 den (Denier) = 1 g/9 km = 0,1111 tex, 1 tex = 9 den

Dichte
SI-Einheit kg/m³
1 kg/dm³ = 1 kg/l = 1 g/cm³ = 1000 kg/m³
1 lb/ft³ = **16,018** kg/m³ = 0,016018 kg/l
1 lb/gal (UK) = **0,099776** kg/l, 1 lb/gal (US) = **0,11983** kg/l

[1] Bei Goldlegierungen wurde früher „Karat" in anderer Bedeutung zur Kennzeichnung des Goldgehalts verwendet: Reines Gold (Feingold) = 24 Karat; 14-karätiges Gold 14/24 = 585/1000 Massenanteil Feingold.

Masseneinheiten (Gewichte)

	grain	dram	oz	lb	cwt (UK)	cwt (US)	ton (UK)	ton (US)
	in g	in g	in g	in kg	in kg	in kg	in t	in t
1,0	0,0648	1,77	28,3	0,454	50,8	45,4	1,02	0,907
1,1	0,0713	1,95	31,2	0,499	55,9	49,9	1,12	0,998
1,2	0,0778	2,13	34,0	0,544	61,0	54,4	1,22	1,09
1,3	0,0842	2,30	36,9	0,590	66,0	59,0	1,32	1,18
1,4	0,0907	2,48	39,7	0,635	71,1	63,5	1,42	1,27
1,5	0,0972	2,66	42,5	0,680	76,2	68,0	1,52	1,36
1,6	0,104	2,83	45,4	0,726	81,3	72,6	1,63	1,45
1,7	0,110	3,01	48,2	0,771	86,4	77,1	1,73	1,54
1,8	0,117	3,19	51,0	0,816	91,4	81,6	1,83	1,63
1,9	0,123	3,37	53,9	0,862	96,5	86,2	1,93	1,72
2,0	0,130	3,54	56,7	0,907	102	90,7	2,03	1,81
2,1	0,136	3,72	59,5	0,953	107	95,3	2,13	1,91
2,2	0,143	3,90	62,4	0,998	112	99,8	2,24	2,00
2,3	0,149	4,08	65,2	1,04	117	104	2,34	2,09
2,4	0,156	4,25	68,0	1,09	122	109	2,44	2,18
2,5	0,162	4,43	70,9	1,13	127	113	2,54	2,27
2,6	0,168	4,61	73,7	1,18	132	118	2,64	2,36
2,7	0,175	4,78	76,5	1,22	137	122	2,74	2,45
2,8	0,181	4,96	79,4	1,27	142	127	2,84	2,54
2,9	0,188	5,14	82,2	1,32	147	132	2,95	2,63
3,0	0,194	5,32	85,0	1,36	152	136	3,05	2,72
3,2	0,207	5,67	90,7	1,45	163	145	3,25	2,90
3,4	0,220	6,02	96,4	1,54	173	154	3,45	3,08
3,6	0,233	6,38	102	1,63	183	163	3,66	3,27
3,8	0,246	6,73	108	1,72	193	172	3,86	3,45
4,0	0,259	7,09	113	1,81	203	181	4,06	3,63
4,2	0,272	7,44	119	1,91	213	191	4,27	3,81
4,4	0,285	7,80	125	2,00	224	200	4,47	3,99
4,6	0,298	8,15	130	2,09	234	209	4,67	4,17
4,8	0,311	8,50	136	2,18	244	218	4,88	4,35
5,0	0,324	8,86	142	2,27	254	227	5,08	4,54
5,2	0,337	9,21	147	2,36	264	236	5,28	4,72
5,4	0,350	9,57	153	2,45	274	245	5,49	4,90
5,6	0,363	9,92	159	2,54	284	254	5,69	5,08
5,8	0,376	10,3	164	2,63	295	263	5,89	5,26
6,0	0,389	10,6	170	2,72	305	272	6,10	5,44
6,5	0,421	11,5	184	2,95	330	295	6,60	5,90
7,0	0,454	12,4	198	3,18	356	318	7,11	6,35
7,5	0,486	13,3	213	3,40	381	340	7,62	6,80
8,0	0,518	14,2	227	3,63	406	363	8,13	7,26
8,5	0,551	15,1	241	3,86	432	386	8,64	7,71
9,0	0,583	15,9	255	4,08	457	408	9,14	8,16
9,5	0,616	16,8	269	4,31	483	431	9,65	8,62

Umrechnung von — grain/dram/oz in g, lb/cwt (UK)/cwt (US) in kg, ton (UK)/ton (US) in t.

Die Tabelle gilt auch für dezimale Vielfache und Teile.

Beispiele: 1 lb = 0,454 kg; 5 ton (UK) = 5,08 t; 42 oz = 1190 g.

Längenbezogene Masse und Dichte

	Umrechnung von				
	lb/ft	lb/yd	lb/ft³	lb/gal (UK)	lb/gal (US)
↓	in kg/m	in kg/m	in kg/m³	in kg/l	in kg/l
1,0	1,49	0,496	16,0	0,0998	0,120
1,1	1,64	0,546	17,6	0,110	0,132
1,2	1,79	0,595	19,2	0,120	0,144
1,3	1,93	0,645	20,8	0,130	0,156
1,4	2,08	0,694	22,4	0,140	0,168
1,5	2,23	0,744	24,0	0,150	0,180
1,6	2,38	0,794	25,6	0,160	0,192
1,7	2,53	0,843	27,2	0,170	0,204
1,8	2,68	0,893	28,8	0,180	0,216
1,9	2,83	0,943	30,4	0,190	0,228
2,0	2,98	0,992	32,0	0,200	0,240
2,1	3,13	1,04	33,6	0,210	0,252
2,2	3,27	1,09	35,2	0,220	0,264
2,3	3,42	1,14	36,8	0,229	0,276
2,4	3,57	1,19	38,4	0,239	0,288
2,5	3,72	1,24	40,0	0,249	0,300
2,6	3,87	1,29	41,6	0,259	0,312
2,7	4,02	1,34	43,2	0,269	0,324
2,8	4,17	1,39	44,9	0,279	0,336
2,9	4,32	1,44	46,5	0,289	0,348
3,0	4,46	1,49	48,1	0,299	0,359
3,2	4,76	1,59	51,3	0,319	0,383
3,4	5,06	1,69	54,5	0,339	0,407
3,6	5,36	1,79	57,7	0,359	0,431
3,8	5,66	1,89	60,9	0,379	0,455
4,0	5,95	1,98	64,1	0,399	0,479
4,2	6,25	2,08	67,3	0,419	0,503
4,4	6,55	2,18	70,5	0,439	0,527
4,6	6,85	2,28	73,7	0,459	0,551
4,8	7,14	2,38	76,9	0,479	0,575
5,0	7,44	2,48	80,1	0,499	0,599
5,2	7,74	2,58	83,3	0,519	0,623
5,4	8,04	2,68	86,5	0,539	0,647
5,6	8,33	2,78	89,7	0,559	0,671
5,8	8,63	2,88	92,9	0,579	0,695
6,0	8,93	2,98	96,1	0,599	0,719
6,5	9,67	3,22	104	0,649	0,779
7,0	10,4	3,47	112	0,698	0,839
7,5	11,2	3,72	120	0,748	0,899
8,0	11,9	3,97	128	0,798	0,959
8,5	12,6	4,22	136	0,848	1,02
9,0	13,4	4,46	144	0,898	1,08

Tabelle gilt auch für dezimale Vielfache und Teile.

	Umrechnung von		
	+ °Bé	- °Bé	°API
↓	in kg/l	in kg/l	in kg/l
0	1,000	1,000	1,076
2	1,014	0,986	1,060
4	1,029	0,973	1,044
6	1,043	0,960	1,029
8	1,059	0,947	1,014
10	1,074	0,935	1,000
12	1,091	0,923	0,986
14	1,107	0,912	0,973
16	1,125	0,900	0,959
18	1,143	0,889	0,946
20	1,161	0,878	0,934
22	1,180	0,868	0,922
24	1,200	0,857	0,910
26	1,220	0,847	0,898
28	1,241	0,837	0,887
30	1,262	0,828	0,876
32	1,285	0,818	0,865
34	1,308	0,809	0,855
36	1,332	0,800	0,845
38	1,357	0,792	0,835
40	1,384	0,783	0,825
45	1,453	0,762	0,802
50	1,530	0,743	0,780
55	1,616	0,724	0,759
60	1,712	0,706	0,739
65	1,820	0,689	0,720
70	1,942	0,673	0,702

°Bé (Baumégrad) ist ein Maß für die Dichte von Flüssigkeiten, die schwerer (+°Bé) oder leichter (−°Bé) sind als Wasser (bei 15°C). °Bé nicht mehr anwenden.

$$\varrho = 144,3/(144,3 \pm n)$$

ϱ Dichte in kg/l, n Aräometergrade in °Bé

°API (American Petroleum Institute) wird in den USA für Dichteangaben von Kraftstoffen und Ölen verwendet.

$$\varrho = 141,5/(131,5 + n)$$

ϱ Dichte in kg/l, n Aräometergrade in °API

Beispiele: 7 lb/gallon (US) = 0,839 kg/l; −30 °Be = 0,828 kg/l.

Krafteinheiten

Fettgedruckte Zahlen siehe Umrechnungstabelle

Einheit	N	kp	lbf
1 N (Newton) =	1	0,101972	0,224809
Nicht mehr anwenden			
1 kp (Kilopond) =	**9,80665**	1	2,20462
1 lbf (pound-force) =	**4,44822**	0,453592	1

1 pdl (poundal) = 0,138255 N = Kraft, die eine Masse von 1 lb um 1 ft/s² beschleunigt.
1 sn (sthène) = 10^{3} N

Druck- und Spannungseinheiten

Fettgedruckte Zahlen siehe Umrechnungstabelle

Einheit	Pa	μbar	hPa	bar	N/mm²	kp/mm²	at	kp/m²	Torr	atm	lbf/in²	lbf/ft²	tonf/in²
1 Pa = 1 N/m²	1	10	0,01	10^{-5}	10^{-6}	–	–	0,10197	0,0075	–	–	–	–
1 μbar =	0,1	1	0,001	10^{-6}	10^{-7}	–	–	0,0102	–	–	–	–	–
1 hPa = 1 mbar	100	1000	1	0,001	0,0001	–	–	10,197	0,7501	–	0,0145	2,0886	–
1 bar =	10^{5}	10^{6}	1000	1	0,1	0,0102	1,0197	10197	750,06	0,9869	14,5037	2088,6	–
1 N/mm² =	10^{6}	10^{7}	10000	10	1	0,10197	10,197	101972	7501	9,8692	145,037	20886	0,06475
Nicht mehr anwenden													
1 kp/mm² =	–	–	98066,5	**98,0665**	**9,80665**	1	100	10^{6}	73556	96,784	1422,33	–	0,63497
1 at = 1 kp/cm² =	98066,5	980665	**980,665**	**0,98066**	0,0981	0,01	1	10000	735,56	0,96784	14,2233	2048,16	–
1 kp/m² = 1 mmWS =	9,80665	98,0665	0,0981	–	–	10^{-6}	10^{-4}	1	–	–	–	0,2048	–
1 Torr = 1 mmHg =	133,322	1333,22	**1,33322**	–	–	–	0,00136	13,5951	1	0,00132	0,01934	2,7845	–
1 atm =	101325	1013250	1013,25	**1,01325**	–	–	1,03323	10332,3	760	1	14,695	2116,1	–
Anglo-amerikanische Einheiten													
1 lbf/in² =	**6894,76**	68948	68,948	**0,0689**	0,00689	–	0,070307	703,07	51,715	0,06805	1	144	–
1 lbf/ft² =	**47,8803**	478,8	0,4788	–	–	–	–	4,8824	0,35913	–	0,00694	1	–
1 tonf/in² =	–	–	–	154,443	**15,4443**	1,57488	157,488	–	–	152,42	2240	–	1

lbf/in² = pound-force per square inch (psi), lbf/ft² = pound-force per square foot (psf), tonf/in² = ton-force (UK) per square inch
1 pdl/ft² (poundal per square foot) = 1,48816 Pa
1 barye* = 1 μbar; 1 pz (pièce) = 1 sn/m² (sthène/m²)* = 10^{3} Pa

* französische Einheiten.

Kraft-, Druck- und Spannungseinheiten

	kp/mm² 1)	at	atm	Torr	lbf	lbf/in²	tonf/in²	lbf/ft²
	in N/mm²	in bar	in bar	in hPa	in N	in bar	in N/mm²	in Pa
1,0	9,807	0,9807	1,013	1,333	4,448	0,0689	15,44	47,88
1,1	10,79	1,079	1,115	1,467	4,893	0,0758	16,99	52,67
1,2	11,77	1,177	1,216	1,600	5,338	0,0827	18,53	57,46
1,3	12,75	1,275	1,317	1,733	5,783	0,0896	20,08	62,24
1,4	13,73	1,373	1,419	1,867	6,228	0,0965	21,62	67,03
1,5	14,71	1,471	1,520	2,000	6,672	0,103	23,17	71,82
1,6	15,69	1,569	1,621	2,133	7,117	0,110	24,71	76,61
1,7	16,67	1,667	1,723	2,266	7,562	0,117	26,26	81,40
1,8	17,65	1,765	1,824	2,400	8,007	0,124	27,80	86,18
1,9	18,63	1,863	1,925	2,533	8,452	0,131	29,34	90,97
2,0	19,61	1,961	2,026	2,666	8,896	0,138	30,89	95,76
2,1	20,59	2,059	2,128	2,800	9,341	0,145	32,43	100,5
2,2	21,57	2,157	2,229	2,933	9,786	0,152	33,98	105,3
2,3	22,56	2,256	2,330	3,066	10,23	0,158	35,52	110,1
2,4	23,54	2,354	2,432	3,200	10,68	0,165	37,07	114,9
2,5	24,52	2,452	2,533	3,333	11,12	0,172	38,61	119,7
2,6	25,50	2,550	2,634	3,466	11,57	0,179	40,16	124,5
2,7	26,48	2,648	2,736	3,600	12,01	0,186	41,70	129,3
2,8	27,46	2,746	2,837	3,733	12,46	0,193	43,24	134,1
2,9	28,44	2,844	2,938	3,866	12,90	0,200	44,79	138,9
3,0	29,42	2,942	3,040	4,000	13,34	0,207	46,33	143,6
3,2	31,38	3,138	3,242	4,266	14,23	0,220	49,42	153,2
3,4	33,34	3,334	3,445	4,533	15,12	0,234	52,51	162,8
3,6	35,30	3,530	3,648	4,800	16,01	0,248	55,60	172,4
3,8	37,27	3,727	3,850	5,066	16,90	0,262	58,69	181,9
4,0	39,23	3,923	4,053	5,333	17,79	0,276	61,78	191,6
4,2	41,19	4,119	4,256	5,600	18,68	0,289	64,87	201,1
4,4	43,15	4,315	4,458	5,866	19,57	0,303	67,95	210,7
4,6	45,11	4,511	4,661	6,133	20,46	0,317	71,04	220,2
4,8	47,07	4,707	4,864	6,399	21,35	0,331	74,13	229,8
5,0	49,03	4,903	5,066	6,666	22,24	0,345	77,22	239,4
5,2	50,99	5,099	5,269	6,933	23,13	0,358	80,31	249,0
5,4	52,96	5,296	5,472	7,199	24,02	0,372	83,40	258,6
5,6	54,92	5,492	5,674	7,466	24,91	0,386	86,49	268,1
5,8	56,88	5,688	5,877	7,733	25,80	0,400	89,58	277,7
6,0	58,84	5,884	6,079	7,999	26,69	0,413	92,67	287,3
6,5	63,74	6,374	6,586	8,666	28,91	0,448	100,4	311,2
7,0	68,65	6,865	7,093	9,333	31,14	0,482	108,1	335,2
7,5	73,55	7,355	7,599	9,999	33,36	0,517	115,8	359,1
8,0	78,45	7,845	8,106	10,67	35,59	0,551	123,6	383,0
8,5	83,36	8,336	8,613	11,33	37,81	0,586	131,3	407,0
9,0	88,26	8,826	9,119	12,00	40,03	0,620	139,0	430,9
9,5	93,16	9,316	9,626	12,67	42,26	0,655	146,7	454,9

Die Tabelle gilt auch für dezimale Vielfache und Teile.
Beispiel: 260 lbf/in² = 17,9 bar.

---

1) gilt auch für die Umrechnung von kp in N.

Energieeinheiten

(Arbeitseinheiten)   Fettgedruckte Zahlen siehe Umrechnungstabelle

Einheit[1])	J	kW · h	kp · m	PS · h	kcal	ft · lbf	Btu
1 J =	1	$277{,}8 \cdot 10^{-9}$	0,10197	$377{,}67 \cdot 10^{-9}$	$\mathbf{238{,}85 \cdot 10^{-6}}$	0,73756	$947{,}8 \cdot 10^{-6}$
1 kW · h =	$3{,}6 \cdot 10^6$	1	367098	**1,35962**	859,85	$2{,}6552 \cdot 10^6$	3412,13
Nicht mehr anwenden							
1 kp · m =	**9,80665**	$2{,}7243 \cdot 10^{-6}$	1	$3{,}704 \cdot 10^{-6}$	$2{,}342 \cdot 10^{-3}$	7,2330	$9{,}295 \cdot 10^{-3}$
1 PS · h =	$2{,}6478 \cdot 10^6$	**0,735499**	270000	1	632,369	$1{,}9529 \cdot 10^6$	2509,6
1 kcal[2]) =	**4186,8**	$1{,}163 \cdot 10^{-3}$	426,935	$1{,}581 \cdot 10^{-3}$	1	3088	3,9683
Anglo–amerikanische Einheiten							
1 ft · lbf =	**1,35582**	$376{,}6 \cdot 10^{-9}$	0,13826	$512{,}1 \cdot 10^{-9}$	$323{,}8 \cdot 10^{-6}$	1	$1{,}285 \cdot 10^{-3}$
1 Btu[3]) =	**1055,06**	$293{,}1 \cdot 10^{-6}$	107,59	$398{,}5 \cdot 10^{-6}$	0,2520	778,17	1

ft lbf = foot pound-force, Btu = British thermal unit
1 in ozf (inch ounce-force) = 0,007062 J, 1 in lbf (inch pound-force) = **0,112985** J,
1 ft pdl (foot poundal) = 0,04214 J,
1 hph (horsepower hour) = $2{,}685 \cdot 10^6$ J = **0,7457** kW · h,
1 thermie (franz.) = 1000 frigories (franz.) = 1000 kcal = 4,1868 MJ,
1 kg SKE (Kilogramm Steinkohleneinheiten)[4]) = 29,3076 MJ = 8,141 kWh
1 t SKE (Tonne Steinkohleneinheiten)[4]) = 1000 kg SKE = 29,3076 GJ = 8,141 MWh

Leistungseinheiten   Fettgedruckte Zahlen siehe Umrechnungstabelle

Einheit[1])	W	kW	kp m/s	PS	kcal/s	hp	Btu/s
1 W =	1	0,001	0,10197	$1{,}3596 \cdot 10^{-3}$	$238{,}8 \cdot 10^{-6}$	$1{,}341 \cdot 10^{-3}$	$947{,}8 \cdot 10^{-6}$
1 kW =	1000	1	101,97	**1,35962**	$\mathbf{238{,}8 \cdot 10^{-3}}$	1,34102	$947{,}8 \cdot 10^{-3}$
Nicht mehr anwenden							
1 kp · m/s =	**9,80665**	$9{,}807 \cdot 10^{-3}$	1	$13{,}33 \cdot 10^{-3}$	$2{,}342 \cdot 10^{-3}$	$13{,}15 \cdot 10^{-3}$	$9{,}295 \cdot 10^{-3}$
1 PS =	735,499	0,735499	75	1	0,17567	0,98632	0,69712
1 kcal/s =	4186,8	**4,1868**	426,935	5,6925	1	5,6146	3,9683
Anglo-amerikanische Einheiten							
1 hp =	745,70	**0,74570**	76,0402	1,0139	0,17811	1	0,70678
1 Btu/s =	1055,06	**1,05506**	107,586	1,4345	0,2520	1,4149	1

hp = horsepower
1 ft · lbf/s = **1,35582** W
1 ch (cheval vapeur) (franz.) = 1 PS = 0,7355 kW,
1 poncelet (franz.) = 100 kp · m/s = 0,981 kW
Menschliche Dauerleistung ≈ 0,1 kW

Normen: DIN 66 035 Umrechnungstabellen Kalorie – Joule, Joule – Kalorie
          DIN 66 036 Umrechnungstabellen Pferdestärke – Kilowatt,
               Kilowatt – Pferdestärke
          DIN 66 039 Umrechnungstabellen Kilokalorie – Wattstunde,
               Wattstunde – Kilokalorie

---

[1]) Namen der Einheiten unter den Tabellen.
[2]) 1 kcal ≈ Wärmemenge, die nötig ist, um 1 kg Wasser von 15 °C um 1 °C zu erwärmen.
[3]) 1 Btu ≈ Wärmemenge, die nötig ist, um 1 lb Wasser um 1 °F zu erwärmen. 1 therm = 10^5 Btu.
[4]) Den Energieeinheiten kg SKE und t SKE lag ein spezifischer Heizwert H_u von 7000 kcal/kg Steinkohle zugrunde.

Energie- und Leistungseinheiten

	kp · m *kp · m/s*	PS · h *PS*	kW · h *kW*	kcal *kcal/s*	kJ *kW*	ft · lbf *ft · lbf/s*	in · lbf *in · lbf/s*	hp · h *hp*	Btu *Btu/s*
Umrechnung von									
	in J *W*	in kW · h *kW*	in PS · h *PS*	in kJ *kW*	in kcal *kcal/s*	in J *W*	in J *W*	in kW · h *kW*	in kJ *kW*
1,0	9,807	0,7355	1,360	4,187	0,2388	1,356	0,1130	0,7457	1,055
1,1	10,79	0,8090	1,496	4,605	0,2627	1,491	0,1243	0,8203	1,161
1,2	11,77	0,8826	1,632	5,024	0,2866	1,627	0,1356	0,8948	1,266
1,3	12,75	0,9561	1,767	5,443	0,3105	1,763	0,1469	0,9694	1,372
1,4	13,73	1,030	1,903	5,862	0,3344	1,898	0,1582	1,044	1,477
1,5	14,71	1,103	2,039	6,280	0,3583	2,034	0,1695	1,119	1,583
1,6	15,69	1,177	2,175	6,699	0,3822	2,169	0,1808	1,193	1,688
1,7	16,67	1,250	2,311	7,118	0,4060	2,305	0,1921	1,268	1,794
1,8	17,65	1,324	2,447	7,536	0,4299	2,440	0,2034	1,342	1,899
1,9	18,63	1,397	2,583	7,955	0,4538	2,576	0,2147	1,417	2,005
2,0	19,61	1,471	2,719	8,374	0,4777	2,712	0,2260	1,491	2,110
2,1	20,59	1,545	2,855	8,792	0,5016	2,847	0,2373	1,566	2,216
2,2	21,57	1,618	2,991	9,211	0,5255	2,983	0,2486	1,641	2,321
2,3	22,56	1,692	3,127	9,630	0,5493	3,118	0,2599	1,715	2,427
2,4	23,54	1,765	3,263	10,05	0,5732	3,254	0,2712	1,790	2,532
2,5	24,52	1,839	3,399	10,47	0,5971	3,390	0,2825	1,864	2,638
2,6	25,50	1,912	3,535	10,89	0,6210	3,525	0,2938	1,939	2,743
2,7	26,48	1,986	3,671	11,30	0,6449	3,661	0,3051	2,013	2,849
2,8	27,46	2,059	3,807	11,72	0,6688	3,796	0,3164	2,088	2,954
2,9	28,44	2,133	3,943	12,14	0,6927	3,932	0,3277	2,163	3,060
3,0	29,42	2,206	4,079	12,56	0,7165	4,067	0,3390	2,237	3,165
3,2	31,38	2,354	4,351	13,40	0,7643	4,339	0,3616	2,386	3,376
3,4	33,34	2,501	4,623	14,24	0,8121	4,610	0,3841	2,535	3,587
3,6	35,30	2,648	4,895	15,07	0,8598	4,881	0,4067	2,685	3,798
3,8	37,27	2,795	5,167	15,91	0,9076	5,152	0,4293	2,834	4,009
4,0	39,23	2,942	5,438	16,75	0,9554	5,423	0,4519	2,983	4,220
4,2	41,19	3,089	5,710	17,58	1,003	5,694	0,4745	3,132	4,431
4,4	43,15	3,236	5,982	18,42	1,051	5,966	0,4971	3,281	4,642
4,6	45,11	3,383	6,254	19,26	1,099	6,237	0,5197	3,430	4,853
4,8	47,07	3,530	6,526	20,10	1,146	6,508	0,5423	3,579	5,064
5,0	49,03	3,677	6,798	20,93	1,194	6,779	0,5649	3,728	5,275
5,5	53,94	4,045	7,478	23,03	1,314	7,457	0,6214	4,101	5,803
6,0	58,84	4,413	8,158	25,12	1,433	8,135	0,6779	4,474	6,330
6,5	63,74	4,781	8,838	27,21	1,552	8,813	0,7344	4,847	6,858
7,0	68,65	5,148	9,517	29,31	1,672	9,491	0,7909	5,220	7,385
7,5	73,55	5,516	10,20	31,40	1,791	10,17	0,8474	5,593	7,913
8,0	78,45	5,884	10,88	33,49	1,911	10,85	0,9039	5,966	8,440
8,5	83,36	6,252	11,56	35,59	2,030	11,52	0,9604	6,338	8,968
9,0	88,26	6,619	12,24	37,68	2,150	12,20	1,017	6,711	9,496
9,5	93,16	6,987	12,92	39,77	2,269	12,88	1,073	7,084	10,02

Die Tabelle gilt auch für dezimale Vielfache und Teile.
Beispiel: 3,8 PS = 2,795 kW; 38 PS = 27,95 kW.

Wärmetechnische Einheiten

kcal [1] kg · K	Btu [1] lb · °R	kcal [2)4] m · h · K	Btu [2] s · ft · °R	Btu [3] s · ft² · °R	Btu/ft²	Btu/lb	Btu/ft³
in kJ/(kg · K)	in W/(m · K)	in kW/(m · K)	in kW/(m² · K)	in kJ/m²	in kJ/kg	in kJ/m³	
1,0	4,1868	1,1630	6,2306	20,442	11,357	2,3260	37,259
1,1	4,605	1,279	6,854	22,49	12,49	2,559	40,98
1,2	5,024	1,396	7,477	24,53	13,63	2,791	44,71
1,3	5,443	1,512	8,100	26,57	14,76	3,024	48,44
1,4	5,862	1,628	8,723	28,62	15,90	3,256	52,16
1,5	6,280	1,744	9,346	30,66	17,03	3,489	55,89
1,6	6,699	1,861	9,969	32,71	18,17	3,722	59,61
1,7	7,118	1,977	10,59	34,75	19,31	3,954	63,34
1,8	7,536	2,093	11,22	36,80	20,44	4,187	67,07
1,9	7,955	2,210	11,84	38,84	21,58	4,419	70,79
2,0	8,374	2,326	12,46	40,88	22,71	4,652	74,52
2,1	8,792	2,442	13,08	42,93	23,85	4,885	78,24
2,2	9,211	2,559	13,71	44,97	24,98	5,117	81,96
2,3	9,630	2,675	14,33	47,02	26,12	5,350	85,70
2,4	10,05	2,791	14,95	49,06	27,26	5,582	89,42
2,5	10,47	2,907	15,58	51,10	28,39	5,815	93,15
2,6	10,89	3,024	16,20	53,15	29,53	6,048	96,87
2,7	11,30	3,140	16,82	55,19	30,66	6,280	100,6
2,8	11,72	3,256	17,45	57,24	31,80	6,513	104,3
2,9	12,14	3,373	18,07	59,28	32,93	6,745	108,1
3,0	12,56	3,489	18,69	61,33	34,07	6,978	111,8
3,2	13,40	3,722	19,94	65,41	36,34	7,443	119,2
3,4	14,24	3,954	21,18	69,50	38,61	7,908	126,7
3,6	15,07	4,187	22,43	73,59	40,88	8,374	134,1
3,8	15,91	4,419	23,68	77,68	43,16	8,839	141,6
4,0	16,75	4,652	24,92	81,77	45,43	9,304	149,0
4,2	17,58	4,885	26,17	85,86	47,70	9,796	156,5
4,4	18,42	5,117	27,41	89,94	49,97	10,23	163,9
4,6	19,26	5,350	28,66	94,03	52,24	10,70	171,4
4,8	20,10	5,582	29,91	98,12	54,51	11,16	178,8
5,0	20,93	5,815	31,15	102,2	56,78	11,63	186,3
5,5	23,03	6,396	34,27	112,4	62,46	12,79	204,9
6,0	25,12	6,978	37,38	122,7	68,14	13,96	223,6
6,5	27,21	7,559	40,50	132,9	73,82	15,12	242,2
7,0	29,31	8,141	43,61	143,1	79,50	16,28	260,8
7,5	31,40	8,722	46,73	153,3	85,17	17,44	279,4
8,0	33,49	9,304	49,85	163,5	90,85	18,61	298,1
8,5	35,59	9,885	52,96	173,8	96,53	19,77	316,7
9,0	37,68	10,47	56,08	184,0	102,2	20,93	335,3
9,5	39,77	11,05	59,19	194,2	107,9	22,10	354,0

Die Tabelle gilt auch für dezimale Vielfache und Teile.
Beispiele: 2,9 kcal/(m · h · K) = 3,373 W/(m · K), 1,2 Btu/lb = 2,791 kJ/kg.

[1] Spezifische Wärmekapazität.
[2] Wärmeleitfähigkeit.
[3] Wärmeübergangskoeffizient.
[4] 1 cal/(cm · s · K) = 360 kcal/(m · h · K) = 418,68 W/(m ≠ K).

Temperatureinheiten

°C = Grad Celsius, K = Kelvin,
°F = Grad Fahrenheit, °R = Grad Rankine

Temperaturpunkte

$$T_K = (273,15\ °C + t_C)\frac{K}{°C} = \frac{5}{9}\ T_R$$

$$T_R = (459,67\ °F + t_F)\frac{°R}{°F} = 1,8\ T_K$$

$$t_C = \frac{5}{9}\ (t_F - 32\ °F)\frac{°C}{°F} = (T_K - 273,15\ K)\frac{°C}{K}$$

$$t_F = (1,8\ t_C + 32\ °C)\frac{°F}{°C} = (T_R - 459,67\ °R)\frac{°F}{°R}$$

t_C, t_F, T_K und T_R bedeuten die Temperatur-
punkte in °C, °F, K und °R.

Temperaturdifferenz
1 K = 1   C = 1,8 °F = 1,8 °R

Nullpunkte: 0 °C ≙ 32 °F, 0 °F ≙ −17,78 °C
Absoluter Nullpunkt der Temperatur:
0 K ≙ − 273,15 °C ≙ 0 °R ≙ − 459,67 °F

Internationale praktische Temperatur-skala: Siedepunkt des Sauerstoffs
−182,97 °C, Tripelpunkt des Wassers 0,01
°C[1], Siedepunkt des Wassers 100 °C, Sie-
depunkt des Schwefels 444,6 °C,
Erstarrungspunkt des Silbers 960,8 °C,
Erstarrungspunkt des Goldes 1063 °C.

1) Temperaturpunkt des reinen Wassers, bei
dem gleichzeitig Eis, Wasser und Dampf miteinander im Gleichgewicht auftreten (bei
1013,25 hPa).

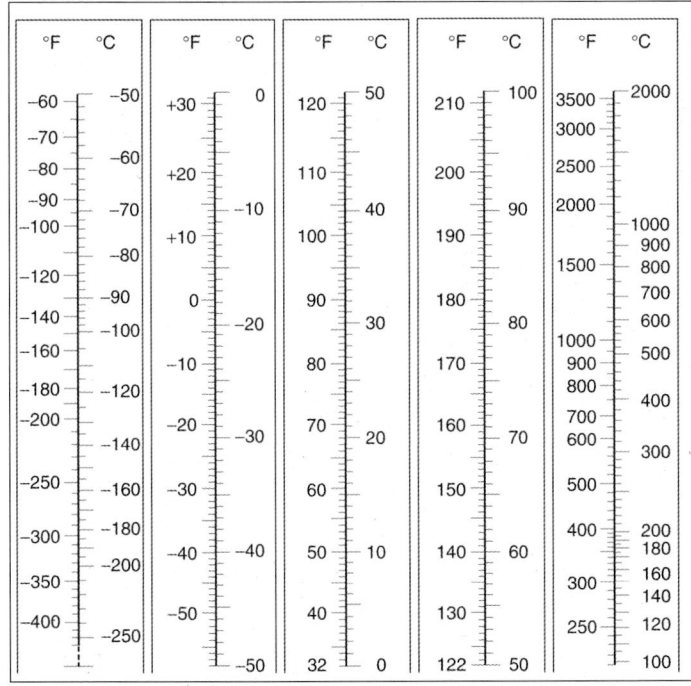

Viskositätseinheiten

Gesetzliche Einheiten der kinematischen Viskosität v
$1\ m^2/s = 1\ Pa \cdot s/(kg/m^3) = 10^4 cm^2/s$
$= 10^6\ mm^2/s$

Anglo-amerikanische Einheiten:
$1\ ft^2/s = 0{,}092903\ m^2/s$
Rl-Sekunden = Auslaufzeit aus Redwood-I-Viskosimeter (UK)
SU-Sekunden = Auslaufzeit aus Saybolt-Universal-Viskosimeter (US)

Nicht mehr anwenden:
St (Stokes) = cm^2/s, cSt = mm^2/s

Konventionelle Einheiten
E (Englergrad) = relative Auslaufzeit aus Engler-Gerät DIN 51560
Für $v > 60\ mm^2/s$ ist $1\ mm^2/s = 0{,}132\ E$

Englergrade geben unter 3 E kein richtiges Bild vom wahren Viskositätsverlauf, da z. B. eine Flüssigkeit mit 2 E nicht die doppelte, sondern die 12fache kinematische Viskosität hat wie eine Flüssigkeit mit 1 E.

A-Sekunden = Auslaufzeit aus Auslaufbecher DIN 53 211

Zeiteinheiten

Einheit		s	min	h	d
1 s[1] (Sekunde)	=	1	0,01667	$0,2778 \cdot 10^{-3}$	$11,574 \cdot 10^{-6}$
1 min (Minute)	=	60	1	0,01667	$0,6944 \cdot 10^{-3}$
1 h (Stunde)	=	3600	60	1	0,041667
1 d (Tag)	=	86 400	1440	24	1

1 bürgerliches Jahr = 365 (bzw. 366) Tage = 8760 (8784) Stunden (für Zinsberechnungen im Bankwesen 1 Jahr = 360 Tage)
1 Sonnenjahr[2]) = 365,2422 mittlere Sonnentage = 365 d 5 h 48 min 46 s
1 Sternjahr[3]) = 365,2564 mittlere Sonnentage

Stunden- und Winkeldezimalen in Minuten und Sekunden

h (°)	0,00	0,01	0,02	0,03	0,04	0,05	0,06	0,07	0,08	0,09
					min (') und s (")					
0,0	0'00"	0'36"	1'12"	1'48"	2'24"	3'00"	3'36"	4'12"	4'48"	5'24"
0,1	6'00"	6'36"	7'12"	7'48"	8'24"	9'00"	9'36"	10'12"	10'48"	11'24"
0,2	12'00"	12'36"	13'12"	13'48"	14'24"	15'00"	15'36"	16'12"	16'48"	17'24"
0,3	18'00"	18'36"	19'12"	19'48"	20'24"	21'00"	21'36"	22'12"	22'48"	23'24"
0,4	24'00"	24'36"	25'12"	25'48"	26'24"	27'00"	27'36"	28'12"	28'48"	29'24"
0,5	30'00"	30'36"	31'12"	31'48"	32'24"	33'00"	33'36"	34'12"	34'48"	35'24"
0,6	36'00"	36'36"	37'12"	37'48"	38'24"	39'00"	39'36"	40'12"	40'48"	41'24"
0,7	42'00"	42'36"	43'12"	43'48"	44'24"	45'00"	45'36"	46'12"	46'48"	47'24"
0,8	48'00"	48'36"	49'12"	49'48"	50'24"	51'00"	51'36"	52'12"	52'48"	53'24"
0,9	54'00"	54'36"	55'12"	55'48"	56'24"	57'00"	57'36"	58'12"	58'48"	59'24"
1,0	60'00"									

Beispiele: 0,58 h = 34 min 48 s; 0,58°= 34'48"; 12,46° = 12° 27'36"

Minuten in Stunden- oder Graddezimalen (oder Sekunden in Minutendezimalen)

min	0	1	2	3	4	5	6	7	8	9
					h bzw. °					
0	–	0,017	0,033	0,050	0,067	0,083	0,100	0,117	0,133	0,150
10	0,167	0,183	0,200	0,217	0,233	0,250	0,267	0,283	0,300	0,317
20	0,333	0,350	0,367	0,383	0,400	0,417	0,433	0,450	0,467	0,483
30	0,500	0,517	0,533	0,550	0,567	0,583	0,600	0,617	0,633	0,650
40	0,667	0,683	0,700	0,717	0,733	0,750	0,767	0,783	0,800	0,817
50	0,833	0,850	0,867	0,883	0,900	0,917	0,933	0,950	0,967	0,983
60	1,000									

Sekunden in Stunden- oder Graddezimalen

s (")	5	10	15	20	25	30	35	40	45	50	55	60
h (°)	0,001	0,003	0,004	0,006	0,007	0,008	0,010	0,011	0,012	0,014	0,015	0,017

Beispiele: 32 min = 0,533 h oder 0,533°; 14 min 45 s = 0,233 + 0,012 h = 0,245 h oder 0,245°

---

[1]) Basiseinheit des SI
[3]) Wahre Umlaufzeit der Erde um die Sonne.

[2]) Zeit zwischen zwei aufeinanderfolgenden Durchgängen der Erde durch den Frühlingspunkt.

Geschwindigkeiten

1 km/h	= 0,27778 m/s	1 m/s	= 3,6 km/h
1 mile/h	= 1,60934 km/h	1 km/h	= 0,62137 mile/h
1 kn (Knoten)	= 1,852 km/h	1 km/h	= 0,53996 kn
1 ft/min	= 0,3048 m/min	1 m/min	= 3,28084 ft/min

$$x \text{ km/h} \triangleq \frac{60}{x} \text{ min/km} \triangleq \frac{3600}{x} \text{ s/km} \qquad x \text{ mile/h} \triangleq \frac{37,2824}{x} \text{ min/km} \triangleq \frac{2236,9}{x} \text{ s/km}$$

$$x \text{ s/km} \triangleq \frac{3600}{x} \text{ km/h (Tabelle s. nächste Seite)}$$

						Umrechnung von				
	km/h	m/s	km/h	mile/h (mph)	kn	ft/min	km/h	mile/h (mph)	km/h	
↓	in m/s	in km/h	in mile/h	in km/h	in km/h	in m/min	in Zeit/km	in Zeit/km	in Zeit/100 km	
10	2,78	36,0	6,21	16,1	18,52	3,05	6 min	3 min 44 s	10 h	
20	5,56	72,0	12,4	32,2	37,04	6,10	3 min	1 min 52 s	5 h	
30	8,33	108	18,6	48,3	55,56	9,14	2 min	1 min 15 s	3 h 20 min	
40	11,1	144	24,9	64,4	74,08	12,2	1 min 30 s	55,9 s	2 h 30 min	
50	13,9	180	31,1	80,5	92,60	15,2	1 min 12 s	44,7 s	2 h	
60	16,7	216	37,3	96,6	111	18,3	1 min	37,3 s	1 h 40 min	
70	19,4	252	43,5	113	130	21,3	51,4 s	32,0 s	1 h 26 min	
80	22,2	288	49,7	129	148	24,4	45 s	28,0 s	1 h 15 min	
90	25,0	324	55,9	145	167	27,4	40 s	24,9 s	1 h 6,7 min	
100	27,8	360	62,1	161	185	30,5	36 s	22,4 s	1 h	
110	30,6	396	68,4	177	–	33,5	32,7 s	20,3 s	54 min 33 s	
120	33,3	432	74,6	193	–	36,6	30 s	18,6 s	50 min	
130	36,1	468	80,8	209	–	39,6	27,7 s	17,2 s	46 min 9 s	
140	38,9	504	87,0	225	–	42,7	25,7 s	16,0 s	42 min 51 s	
150	41,7	540	93,2	241	–	45,7	24 s	14,9 s	40 min	
160	44,4	576	99,4	257	–	48,8	22,5 s	14,0 s	37 min 30 s	
170	47,2	612	106	274	–	51,8	21,2 s	13,2 s	35 min 18 s	
180	50,0	648	112	290	–	54,9	20,0 s	12,4 s	33 min 20 s	
190	52,8	684	118	306	–	57,9	18,9 s	11,8 s	31 min 35 s	
200	55,6	720	124	322	–	61,0	18 s	11,2 s	30 min	
250	69,4	900	155	402	–	76,2	14,4 s	8,9 s	24 min	
300	83,3	1080	186	483	–	91,4	12 s	7,5 s	20 min	
400	111	1440	249	644	–	122	9 s	5,6 s	15 min	
500	139	1800	311	805	–	152	7,2 s	4,5 s	12 min	
600	167	2160	373	966	–	183	6 s	3,7 s	10 min	
800	222	2880	497	1287	–	244	4,5 s	2,8 s	7 min 30 s	
1000	278	3600	621	1609	–	305	3,6 s	2,2 s	6 min	
1200	333[1])	–	746	–	–	366	3 s	–	5 min	
1400	389	–	870	–	–	427	2,6 s	–	4 min 17 s	

Die **Machzahl** Ma gibt an, wievielmal schneller ein Körper sich bewegt als der Schall. $Ma = 1,3$ bedeutet also 1,3fache Schallgeschwindigkeit.

---

[1]) Etwa Schallgeschwindigkeit in Luft.

Umrechnung gestoppter Zeit für 1 km (s/km) in Geschwindigkeit (km/h)

s/km	0	1	2	3	4	5	6	7	8	9
				Geschwindigkeit in km/h						
10	360	327	300	277	257	240	225	212	200	189
20	180	171	164	157	150	144	138	133	129	124
30	120	116	113	109	106	103	100	97	95	92
40	90	88	86	84	82	80	78	77	75	73
50	72	71	69	68	67	65	64	63	62	61
60	60	59	58	57	56	55	55	54	53	52
70	51	51	50	49	49	48	47	47	46	46
80	45	44	44	43	43	42	42	41	41	40
90	40	40	39	39	38	38	38	37	37	36

Beispiel: Gestoppte Kilometerzeit 41 s/km entspricht einer Fahrgeschwindigkeit von 88 km/h.

Uhrzeiten
Um 12 Uhr MEZ haben die Zeitzonen folgende Uhrzeiten [1]):

Uhr-zeit	Zeit-zonen-meri-dian	Länder (Beispiele)
	westl. Länge	
1.00	150°	Alaska.
3.00	120°	Westküste von Kanada u. USA.
4.00	105°	Westl. Zentralzone von Kanada und USA.
5.00	90°	Zentralzone von Kanada und USA, Mexiko, Mittelamerika.
6.00	75°	Kanada zw. 68° und 90°, östl. USA, Ecuador, Kolumbien, Panama, Peru.
7.00	60°	Kanada östl. 68°, Bolivien, Chile, Venezuela.
8.00	45°	Argentinien, Brasilien. Grönland, Paraguay, Uruguay.
11.00	0°	**Westeuropäische Zeit (WEZ)[2]):** Großbritannien, Irland, Kanarische Inseln, Portugal, Westafrika.

Uhr-zeit	Zeit-zonen-meri-dian	Länder (Beispiele)
	östl. Länge	
12.00	15°	**Mitteleuropäische Zeit (MEZ):** Belgien, Dänemark, Deutschland, Frankreich, Italien, Luxemburg, Niederlande, Norwegen, Österreich, Polen, Schweden, Schweiz, Spanien, Ungarn; Algerien, Israel, Libyen, Nigeria, Tunesien, Zaire.
13.00	30°	**Osteuropäische Zeit (OEZ):** Bulgarien, Finnland, Griechenland, Rumänien; Ägypten, Libanon, Jordanien, Sudan, Südafrika. Syrien.
14.00	45°	Westl. Russland, Türkei, Irak, Saudi-Arabien, östl. Afrika.
14.30	52,5°	Iran.
16.30	82,5°	Indien, Sri Lanka.
18.00	105°	Indonesien, Kambodscha, Laos, Thailand, Vietnam.
19.00	120°	Chinesische Küste, Philippinen, Westaustralien.
20.00	135°	Japan, Korea.
20.30	142,5°	Nord- und Südaustralien.
21.00	150°	Ostaustralien.

---

[1]) In Ländern mit Sommerzeit wird in den Sommermonaten die Uhr gegenüber der Zonenzeit um 1 Stunde vorgestellt (nördl. des Äquators etwa von April bis Sept., südl. des Äquators etwa von Okt. bis März).

[2]) = Weltzeit UT (Universal Time), mittlere Sonnenzeit des Nullmeridians von Greenwich, bzw. koordinierte Weltzeit UTC, definiert durch die unveränderliche Sekunde des Internationalen Einheitensystems.

Da sich die Erdrotation im Laufe der Jahre verlangsamt, wird die UTC ab und zu durch Einfügen einer Schaltsekunde an die UT angepasst (letztmals am 31. 12. 1995).

Chemische Elemente

Element	Zei-chen	Art[1])	Ord-nungs-zahl	Relative Atom-masse	Wertig-keit	Jahr der Ent-deckung	Entdecker
Actinium	Ac	m	89	227	3	1899	Debierne
Aluminium	Al	m	13	26,9815	3	1825	Oersted
Americium[2])	Am	m	95	243	2; 3; 4; 5; 6	1944	Seaborg u. a.
Antimon	Sb	m	51	121,760	3; 5	Altertum	
Argon	Ar	g	18	39,948	0	1894	Ramsay, Rayleigh
Arsen	As	n	33	74,9216	3; 5	13. Jhdt.	Magnus
Astat	At	n	85	210	1; 3	1940	Corson, MacKenzie, Segré
Barium	Ba	m	56	137,327	2	1808	Davy
Berkelium[2])	Bk	m	97	247	3; 4	1949	Seaborg u. a.
Beryllium	Be	m	4 .	9,0122	2	1797	Vauquelin
Bismut	Bi	m	83	208,9804	1; 3; 5	15. Jhdt.	unbekannt
Blei	Pb	m	82	207,2	2; 4	Altertum	
Bohrium[2])	Bh	m[3])	107	262	−[4])	1981	Armbruster, Münzenberg u. a.
Bor	B	n	5	10,811	3	1808	Gay-Lussac, Thénard, Davy
Brom	Br	n	35	79,904	1; 3; 4; 5; 7	1826	Balard
Cadmium	Cd	m	48	112,411	1; 2	1817	Strohmeyer
Cäsium	Cs	m	55	132,9054	1	1860	Bunsen, Kirchhoff
Calcium	Ca	m	20	40,078	2	1808	Davy
Californium[2])	Cf	m	98	251	2; 3; 4	1950	Seaborg u. a.
Cer	Ce	m	58	140,116	3; 4	1803	Berzelius u. a.
Chlor	Cl	g	17	35,4527	1; 3; 4; 5; 6; 7	1774	Scheele
Chrom	Cr	m	24	51,9961	1; 2; 3; 4; 5; 6	1780	Vauquelin
Cobalt	Co	m	27	58,9332	1; 2; 3; 4; 5	1735	Brandt
Curium[2])	Cm	m	96	247	2; 3; 4	1944	Seaborg u. a.
Dubnium[2])	Db	m[3])	105	262	5 (?)	1967/70	umstritten (Flerov oder Ghiorso)
Dysprosium	Dy	m	66	162,50	2; 3; 4	1886	Lecoq de Boisbaudran
Einsteinium[2])	Es	m	99	252	3	1952	Ghiorso u. a.
Eisen	Fe	m	26	55,845	2; 3; 6	Altertum	
Erbium	Er	m	68	167,26	3	1842	Mosander
Europium	Eu	m	63	151,964	2; 3	1901	Demarcay
Fermium[2])	Fm	m[3])	100	257	3	1952	Ghiorso u. a.
Fluor	F	g	9	18,998	1	1887	Moissan
Francium	Fr	m	87	223	1	1939	Perey
Gadolinium	Gd	m	64	157,25	2; 3	1880	de Marignac
Gallium	Ga	m	31	69,723	1; 2; 3	1875	Lecoq de Boisbaudran
Germanium	Ge	m	32	72,61	2; 4	1886	Winkler
Gold	Au	m	79	196,9665	1; 3; 5; 7	Altertum	
Hafnium	Hf	m	72	178,49	4	1923	Hevesey, Coster
Hassium[2])	Hs	m[3])	108	265	−[4])	1984	Armbruster, Münzenberg u. a.
Helium	He	g	2	4,003	0	1895	Ramsay, Cleve, Langlet
Holmium	Ho	m	67	164,9303	3	1878	Cleve, Delafontaine, Soret

[1]) m Metall, n Nichtmetall, g Gas.
[2]) Künstlich hergestellt, kommt in der Natur nicht vor.
[3]) Unbekannt. Vermutlich sind die Elemente 100...112 Metalle.
[4]) Unbekannt.

Element	Zei-chen	Art[1])	Ord-nungs-zahl	Relative Atom-masse	Wertig-keit	Jahr der Ent-deckung	Entdecker
Indium	In	m	49	114,818	1; 2; 3	1863	Reich, Richter
Iod	I	n	53	126,9045	1; 3; 5; 7	1811	Courtois
Iridium	Ir	m	77	192,217	3; 4	1803	Tennant
Kalium	K	m	19	39,0983	1	1807	Davy
Kohlenstoff	C	n	6	12,011	2; 4	Altertum	
Krypton	Kr	g	36	83,80	0; 2	1898	Ramsay
Kupfer	Cu	m	29	63,546	1; 2; 3	Altertum	
Lanthan	La	m	57	138,9055	3	1839	Mosander
Lawrencium[2])	Lr	m[3])	103	262	3	1961	Ghiorso u. a.
Lithium	Li	m	3	6,941	1	1817	Arfvedson
Lutetium	Lu	m	71	174,967	3	1907	Urbain, James
Magnesium	Mg	m	12	24,3050	2	1755	Black
Mangan	Mn	m	25	54,9380	2; 3; 4; 6; 7	1774	Grahn
Meitnerium	Mt	m[3])	109	266	−[4])	1982	Armbruster, Münzenberg u. a.
Mendelevium[2])	Md	m[3])	101	258	2; 3	1955	Seaborg, Ghiorso u. a.
Molybdän	Mo	m	42	95,94	2; 3; 4; 5; 6	1781	Hjelm
Natrium	Na	m	11	22,9898	1	1807	Davy
Neodym	Nd	m	60	144,24	2; 3; 4	1885	Auer von Welsbach
Neon	Ne	g	10	20,1797	0	1898	Ramsay, Travers
Neptunium[2])	Np	m	93	237	3; 4; 5; 6	1940	McMillan, Abelson
Nickel	Ni	m	28	58,6934	2; 3	1751	Cronstedt
Niob	Nb	m	41	92,9064	3; 4; 5	1801	Hatchett
Nobelium[2])	No	m[3])	102	259	2; 3	1958	Ghiorso, Seaborg
Osmium	Os	m	76	190,23	2; 3; 4; 5; 7; 8	1803	Tennant
Palladium	Pd	m	46	106,42	2; 4	1803	Wollaston
Phosphor	P	n	15	30,9738	3; 5	1669	Brandt
Platin	Pt	m	78	195,078	2; 4; 5; 6	Altertum	(Mayas)
Plutonium[2])	Pu	m	94	244	3; 4; 5; 6	1940	Seaborg u. a.
Polonium	Po	m	84	209	2; 4; 6	1898	M. Curie
Praseodym	Pr	m	59	140,9076	3; 4	1885	Auer von Welsbach
Promethium	Pm	m	61	145	3	1945	Marinsky u. a.
Protactinium	Pa	m	91	231,0359	4; 5	1917	Hahn, Meitner, Fajans
Quecksilber	Hg	m	80	200,59	1; 2	Altertum	
Radium	Ra	m	88	226	2	1898	P. u. M. Curie
Radon	Rn	g	86	222	0; 2	1900	Dorn
Rhenium	Re	m	75	186,207	1; 2; 3; 4; 5; 6; 7	1925	Noddack
Rhodium	Rh	m	45	102,9055	1; 2; 3; 4; 5; 6	1803	Wollaston
Rubidium	Rb	m	37	85, 4678	1	1861	Bunsen, Kirchhoff
Ruthenium	Ru	m	44	101,07	1; 2; 3; 4; 5; 6; 7; 8	1808	Klaus
Rutherfordium[2])	Rf	m[3])	104	261	4 (?)	1964/69	umstritten (Flerov oder Ghiorso)

[1]) m Metall, n Nichtmetall, g Gas.
[2]) Künstlich hergestellt, kommt in der Natur nicht vor.
[3]) Unbekannt. Vermutlich sind die Elemente 100...112 Metalle.
[4]) Unbekannt.

Chemische Elemente (Fortsetzung)

Element	Zei-chen	Art[1]	Ord-nungs-zahl	Relative Atom-masse	Wertig-keit	Jahr der Ent-deckung	Entdecker
Samarium	Sm	m	62	150,36	2; 3	1879	Lecoq de Boisbaudran
Sauerstoff	O	g	8	15,9994	1; 2	1774	Priestley, Scheele
Scandium	Sc	m	21	44,9559	3	1879	Nilson
Schwefel	S	n	16	32,066	1; 2; 3; 4; 5; 6	Altertum	
Seaborgium[2]	Sg	m[3]	106	263	−[4]	1974	Ghiorso u. a.
Selen	Se	n	34	78,96	2; 4; 6	1817	Berzelius
Silber	Ag	m	47	107,8682	1; 2	Altertum	
Silicium	Si	n	14	28,0855	2; 4	1824	Berzelius
Stickstoff	N	g	7	14,0067	2; 3; 4; 5	1772	Rutherford
Strontium	Sr	m	38	87,62	2	1790	Crawford
Tantal	Ta	m	73	180,9479	1; 3; 4; 5	1802	Eckeberg
Technetium	Tc	m	43	98	4; 5; 6; 7	1937	Perrier, Segré
Tellur	Te	m	52	127,60	2; 4; 6	1783	Müller
Terbium	Tb	m	65	158,9253	3; 4	1843	Mosander
Thallium	Tl	m	81	204,3833	1; 3	1861	Crookes
Thorium	Th	m	90	232,0381	2; 3; 4	1829	Berzelius
Thulium	Tm	m	69	168,9342	2; 3	1879	Cleve
Titan	Ti	m	22	47,87	2; 3; 4	1791	Gregor
Ununbium[2] [5]	Uub	m[3]	112	277	−[4]	1996	Armbruster, Hofmann
Ununnilium[2] [5]	Uun	m[3]	110	270	−[4]	1994	Armbruster, Hofmann
Unununium[2] [5]	Uuu	m[3]	111	272	−[4]	1994	Armbruster, Hofmann
Uran	U	m	92	238,0289	3; 4; 5; 6	1789	Klaproth
Vanadium	V	m	23	50,9415	2; 3; 4; 5	1801	del Rio
Wasserstoff	H	g	1	1,0079	1	1766	Cavendish
Wolfram	W	m	74	183,84	2; 3; 4; 5; 6	1783	Elhuijar
Xenon	Xe	g	54	131,29	0; 2; 4; 6; 8	1898	Ramsay, Travers
Ytterbium	Yb	m	70	173,04	2; 3	1878	de Marignac
Yttrium	Y	m	39	88,9059	3	1794	Gadolin
Zink	Zn	m	30	65,39	2	Altertum	
Zinn	Sn	m	50	118,710	2; 4	Altertum	
Zirconium	Zr	m	40	91,224	3; 4	1789	Klaproth

[1] m Metall, n Nichtmetall, g Gas.
[2] Künstlich hergestellt, kommt in der Natur nicht vor.
[3] Unbekannt. Vermutlich sind die Elemente 100...112 Metalle.
[4] Unbekannt.
[5] Vorläufige IUPAC-Nomenklatur.

Periodensystem der Elemente

Ia	IIa	IIIb	IVb	Vb	VIb	VIIb	VIIIb			Ib	IIb	IIIa	IVa	Va	VIa	VIIa	VIIIa
1 **H** 1.008																	2 **He** 4.003
3 **Li** 6.941	4 **Be** 9.012											5 **B** 10.811	6 **C** 12.011	7 **N** 14.007	8 **O** 15.999	9 **F** 18.998	10 **Ne** 20.180
11 **Na** 22.990	12 **Mg** 24.305											13 **Al** 26.982	14 **Si** 28.086	15 **P** 30.974	16 **S** 32.066	17 **Cl** 35.453	18 **Ar** 39.948
19 **K** 39.098	20 **Ca** 40.078	21 **Sc** 44.956	22 **Ti** 47.87	23 **V** 50.942	24 **Cr** 51.996	25 **Mn** 54.938	26 **Fe** 55.845	27 **Co** 58.933	28 **Ni** 58.693	29 **Cu** 63.546	30 **Zn** 65.39	31 **Ga** 69.723	32 **Ge** 72.61	33 **As** 74.922	34 **Se** 78.96	35 **Br** 79.904	36 **Kr** 83.80
37 **Rb** 85.468	38 **Sr** 87.62	39 **Y** 88.906	40 **Zr** 91.224	41 **Nb** 92.906	42 **Mo** 95.94	43 **Tc** (98)	44 **Ru** 101.07	45 **Rh** 102.906	46 **Pd** 106.42	47 **Ag** 107.868	48 **Cd** 112.411	49 **In** 114.818	50 **Sn** 118.710	51 **Sb** 121.760	52 **Te** 127.60	53 **I** 126.904	54 **Xe** 131.29
55 **Cs** 132.905	56 **Ba** 137.327	57 **La*** 138.906	72 **Hf** 178.49	73 **Ta** 180.948	74 **W** 183.84	75 **Re** 186.207	76 **Os** 190.23	77 **Ir** 192.217	78 **Pt** 195.078	79 **Au** 196.967	80 **Hg** 200.59	81 **Tl** 204.383	82 **Pb** 207.2	83 **Bi** 208.980	84 **Po** (209)	85 **At** (210)	86 **Rn** (222)
87 **Fr** (223)	88 **Ra** (226)	89 **Ac**** (227)	104 **Rf** (261)	105 **Db** (262)	106 **Sg** (263)	107 **Bh** (262)	108 **Hs** (265)	109 **Mt** (266)	110 **Uun** (269)	111 **Uuu** (272)	112 **Uub** (277)						

* 58 **Ce** 140.116 | 59 **Pr** 140.908 | 60 **Nd** 144.24 | 61 **Pm** (145) | 62 **Sm** 150.36 | 63 **Eu** 151.964 | 64 **Gd** 157.25 | 65 **Tb** 158.925 | 66 **Dy** 162.50 | 67 **Ho** 164.930 | 68 **Er** 167.26 | 69 **Tm** 168.934 | 70 **Yb** 173.04 | 71 **Lu** 174.967

** 90 **Th** 232.038 | 91 **Pa** 231.036 | 92 **U** 238.029 | 93 **Np** (237) | 94 **Pu** (244) | 95 **Am** (243) | 96 **Cm** (247) | 97 **Bk** (247) | 98 **Cf** (251) | 99 **Es** (252) | 100 **Fm** (257) | 101 **Md** (258) | 102 **No** (259) | 103 **Lr** (262)

Sämtliche Elemente sind nach steigender Ordnungszahl (Protonenzahl) geordnet. Die waagerechten Zeilen werden als Perioden (oder Schalen), die senkrechten Spalten als Gruppen bezeichnet. Unter den Elementsymbolen ist die relative Atommasse angegeben. Eingeklammerte Werte sind die Massenzahlen (Nukleonenzahlen) der stabilsten Isotope künstlich hergestellter radioaktiver Elemente.

Eigenschaftswerte fester Stoffe

Stoff		Dichte (g/cm³)	Schmelztemperatur[1] (°C)	Siedetemperatur[1] (°C)	Wärmeleitfähigkeit[2] (W/(m·K))	Mittlere spezif. Wärmekapazität[3] (kJ/(kg·K))	Schmelzenthalpie ΔH[4] (kJ/kg)	Längenausdehnungskoeffizient[3] $\times 10^{-6}$/K
Aluminium	Al	2,70	660	2467	237	0,90	395	23,0
Aluminiumlegierungen		2,60...2,85	480...655	–	70...240	–	–	21...24
Antimon	Sb	6,69	630,8	1635	24,3	0,21	172	8,5
Arsen	As	5,73	–	613⁵⁾	50,0	0,34	370	4,7
Asbest		2,1...2,8	²1300	–	–	0,81	–	–
Asphalt		1,1...1,4	80...100	²300	0,70	0,92	–	–
Barium	Ba	3,50	729	1637	18,4	0,28	55,8	18,1...21,0
Bariumchlorid		3,86	963	1560	–	0,38	108	–
Basalt		2,6...3,3	–	–	1,67	0,86	–	–
Bernstein		1,0...1,1	²300	zerfällt	–	–	–	–
Beryllium	Be	1,85	1278	2970	200	1,88	1087	11,5
Beton		1,8...2,2	–	–	²1,0	0,88	–	–
Bismut	Bi	9,75	271	1551	8,1	0,13	59	12,1
Bitumen		1,05	²90	–	0,17	1,78	–	–
Blei	Pb	11,3	327,5	1749	35,5	0,13	24,7	29,1
Bleioxid, -glätte	PbO	9,3	880	1480	–	0,22	–	–
Bor	B	2,34	2027	3802	27,0	1,30	2053	5
Borax		1,72	740	–	–	1,00	–	–
Bronze CuSn 6		8,8	910	2300	64	0,37	–	17,5
Cadmium	Cd	8,65	321,1	765	96,8	0,23	54,4	29,8
Calcium	Ca	1,54	839	1492	200	0,62	233	22
Calciumchlorid		2,15	782	>1600	–	0,69	–	–
Celluloseacetat		1,3	–	–	0,26	1,47	–	100...160
Chrom	Cr	7,19	1875	2482	93,7	0,45	294	6,2
Chromoxid	Cr₂O₃	5,21	2435	4000	0,42⁶⁾	0,75	–	–
Cobalt	Co	8,9	1495	2956	69,1	0,44	268	12,4
Dachpappe		1,1	–	–	0,19	–	–	–
Diamant	C	3,5	3820	–	–	0,52	–	1,1
Duroplaste								
Phenolharz o. Füllstoff		1,3	–	–	0,20	1,47	–	80
Phenolharz m. Asbestfaser		1,8	–	–	0,70	1,25	–	15...30
Phenolharz m. Holzmehl		1,4	–	–	0,35	1,47	–	30...50
Phenolharz m. Gewebeschnitzel		1,4	–	–	0,35	1,47	–	15...30
Melaminharz m. Cellulosefaser		1,5	–	–	0,35	–	–	²60
Eis (0 °C)		0,92	0	100	2,33⁷⁾	2,09⁷⁾	333	51⁸⁾
Eisen, rein	Fe	7,87	1535	2887	80,2	0,45	267	12,3
Germanium	Ge	5,32	937	2830	59,9	0,31	478	5,6
Gips		2,3	1200	–	0,45	1,09	–	–
Glas, Fenster-		2,4...2,7	²700	–	0,81	0,83	–	²8
Glas, Quarz-		–	–	–	–	–	–	0,5
Glimmer		2,6...2,9	zerfällt bei 700 °C		0,35	0,87	–	3
Gold	Au	19,32	1064	2967	317	0,13	64,5	14,2
Granit		2,7	–	–	3,49	0,83	–	–
Graphit, rein	C	2,24	²3800	²4200	168	0,71	–	2,7
Grauguss		7,25	1200	2500	58	0,50	125	10,5

[1] Bei 1,013 bar.   [2] Bei 20 °C. ΔH der chemischen Elemente bei 27 °C (300 K).
[3] Bei 0...100 °C   [4] Bei Schmelztemperatur und 1,013 bar.   [5] Sublimiert.
[6] pulverförmig.   [7] Bei −20...0 °C.   [8] Bei −20...−1 °C.

Stoff	Dichte g/cm³	Schmelztemperatur[1] °C	Siedetemperatur[1] °C	Wärmeleitfähigkeit[2] W/(m·K)	Mittlere spezif. Wärmekapazität[3] kJ/(kg·K)	Schmelzenthalpie ΔH[4] kJ/kg	Längenausdehnungskoeffizient[3] x10⁻⁶/K
Hartgewebe, -papier	1,3...1,4	–	–	0,23	1,47	–	10...25[8]
Hartgummi	1,2...1,5	–	–	0,16	1,42	–	50...90[8]
Hartmetall K 20	14,8	>2000	²4000	81,4	0,80	–	5...7
Hartschaum, luftgefüllt[5]	0,015...0,06	–	–	0,036...0,06	–	–	–
Hartschaum, frigengefüllt	0,015...0,06	–	–	0,02...0,03	–	–	–
Heizleiterlegierung NiCr 8020	8,3	1400	2350	14,6	0,50[6]	–	
Holz[7] Ahorn	0,62	–	–	0,16		–	
Balsa	0,20	–	–	0,06		–	in Faserrichtung
Birke	0,63	–	–	0,14		–	3...4,
Buche	0,72	–	–	0,17		–	quer
Eiche	0,69	–	–	0,17	2,1...2,9	–	zur
Esche	0,72	–	–	0,16		–	Faser
Fichte, Tanne	0,45	–	–	0,14		–	22...43
Kiefer	0,52	–	–	0,14		–	
Nußbaum	0,65	–	–	0,15		–	
Pappel	0,50	–	–	0,12		–	
Holzkohle	0,3...0,5	–	–	0,084	1,0	–	–
Holzwolle-Leichtbauplatten	0,36...0,57	–	–	0,093	–	–	–
Indium $\quad$ In	7,29	156,6	2006	81,6	0,24	28,4	33
Iod $\quad$ I	4,95	113,5	184	0,45	0,22	120,3	–
Iridium $\quad$ Ir	22,55	2447	4547	147	0,13	137	6,4
Kalium $\quad$ K	0,86	63,65	754	102,4	0,74	61,4	83
Kautschuk, roh	0,92	125	–	0,15	–	–	–
Kesselstein	²2,5	²1200	–	0,12...2,3	0,80	–	–
Kochsalz	2,15	802	1440	–	0,92	–	–
Koks	1,6...1,9	–	–	0,18	0,83	–	–
Kolophonium	1,08	100...130	zerfällt	0,32	1,21	–	–
Kork	0,1...0,3	–	–	0,04...0,06	1,7...2,1	–	–
Kreide	1,8...2,6	zerfällt in CaO und CO₂		0,92	0,84	–	–
Kupfer $\quad$ Cu	8,96	1084,9	2582	401	0,38	205	–
Leder, trocken	0,86...1	–	–	0,14...0,16	²1,5	–	–
Linoleum	1,2	–	–	0,19	–	–	–
Lithium $\quad$ Li	0,534	180,5	1317	84,7	3,3	663	56
Magnesium $\quad$ Mg	1,74	648,8	1100	156	1,02	372	26,1
Magnesiumlegierungen	²1,8	²630	1500	46...139	–	–	24,5
Mangan $\quad$ Mn	7,47	1244	2100	7,82	0,48	362	22
Marmor $\quad$ CaCO₃	2,6...2,8	zerfällt in CaO und CO₂		2,8	0,84	–	–
Mennige, Blei- $\quad$ Pb₃O₄	8,6...9,1	bildet PbO		0,70	0,092	–	–
Messing CuZn37	8,4	900	1110	113	0,38	167	18,5
Molybdän $\quad$ Mo	10,22	2623	5560	138	0,28	288	5,4
Monelmetall	8,8	1240...1330	–	19,7	0,43	–	–
Mörtel, Kalk	1,6...1,8	–	–	0,87	–	–	–
Mörtel, Zement	1,6...1,8	–	–	1,40	–	–	–

[1] Bei 1,013 bar. [2] Bei 20 °C. ΔH der chemischen Elemente bei 27 °C (300 K). [3] Bei 0...100 °C, [4] Bei Schmelztemperatur und 1,013 bar. [5] Hartschaum aus Phenolharz, Polystyrol, Polyäthylen u. ä. Werte abhängig vom Zelldurchmesser und vom Füllgas. [6] Bei 0...1000 °C. [7] Mittlere Werte für lufttrockenes Holz (Feuchtigkeit etwa 12 %). Wärmeleitfähigkeit radial; axial etwa doppelt so groß. [8] Bei 20...50 °C.

Eigenschaftswerte fester Stoffe

Stoff		Dichte g/cm³	Schmelztemperatur[1] °C	Siedetemperatur[1] °C	Wärmeleitfähigkeit[2] W/(m·K)	Mittlere spezif. Wärmekapazität[3] kJ/(kg·K)	Schmelzenthalpie ΔH[4] kJ/kg	Längenausdehnungskoeffizient[3] x10⁻⁶/K
Natrium	Na	0,97	97,81	883	141	1,24	115	70,6
Neusilber CuNi12Zn24		8,7	1020	–	48	0,40	–	18
Nickel	Ni	8,90	1455	2782	90,7	0,46	300	13,3
Niob	Nb	8,58	2477	4540	53,7	0,26	293	7,1
Osmium	Os	22,57	3045	5027	87,6	0,13	154	4;3...6,8
Palladium	Pd	12,0	1554	2927	71,8	0,24	162	11,2
Papier		0,7...1,2	–	–	0,14	1,34	–	–
Paraffin		0,9	52	300	0,26	3,27	–	–
Pech		1,25	–	–	0,13	–	–	–
Phosphor (weiß)	P	1,82	44,1	280,4	–	0,79	20	–
Platin	Pt	21,45	1769	3827	71,6	0,13	101	9
Plutonium	Pu	19,8	640	3454	6,7	0,14	11	55
Polyamid		1,1	–	–	0,31	–	–	70...150
Polyäthylen		0,94	–	–	0,41	2,1	–	200
Polycarbonat		1,2	–	–	0,20	1,17	–	60...70
Polystyrol		1,05	–	–	0,17	1,3	–	70
Polyvinylchlorid		1,4	–	–	0,16	–	–	70...150
Porzellan		2,3...2,5	²1600	–	1,6[5]	1,2[5]	–	4...5
Quarz		2,1...2,5	1480	2230	9,9	0,80	–	8[6]/14,6[7]
Radium	Ra	5	700	1630	18,6	0,12	32	20,2
Rhenium	Re	21,02	3160	5762	150	0,14	178	8,4
Rotguss CuSn5ZnPb		8,8	950	2300	38	0,67	–	–
Rubidium	Rb	1,53	38,9	688	58	0,33	26	90
Ruß		1,7...1,8	–	–	0,07	0,84	–	–
Sand, Quarz, trocken		1,5...1,7	²1500	2230	0,58	0,80	–	–
Sandstein		2...2,5	²1500	–	2,3	0,71	–	–
Schamotte		1,7...2,4	²2000	–	1,4	0,80	–	–
Schaumgummi		0,06...0,25	–	–	0,04...0,06	–	–	–
Schlacke, Hochofen-		2,5...3	1300...1400	–	0,14	0,84	–	–
Schwefel (α)	S	2,07	112,8	444,67	0,27	0,73	38	74
Schwefel (β)	S	1,96	119,0	–	–	–	–	–
Selen	Se	4,8	217	684,9	2,0	0,34	64,6	37
Silber	Ag	10,5	961,9	2195	429	0,24	104,7	19,2
Silicium	Si	2,33	1410	2480	148	0,68	1410	4,2
Siliciumcarbid		2,4	zerfällt über 3000 °C		9[8]	1,05[8]	–	4,0
Sillimanit		2,4	1820	–	1,51	1,0	–	–
Sinterstahl		–	–	–	–	–	–	11,5
Sinterkorund		–	–	–	–	–	–	6,5[9]
Stahl, unlegiert u. niedr. leg.		7,9	1460	2500	48...58	0,49	205	11,5
Stahl, rostbest. (18Cr, 8Ni)		7,9	1450	–	14	0,51	–	16
Stahl, Wolframstahl (18 W)		8,7	1450	–	26	0,42	–	–
Stahl, Chromstahl		–	–	–	–	–	–	11
Stahl, Dynamoblech		–	–	–	–	–	–	12
Stahl, Magnetst. AlNiCo12/6		–	–	–	–	–	–	11,5
Stahl, Schnellarbeitsstahl		–	–	–	–	–	–	11,5
Stahl, Nickelst. 36% Ni (Invar)		–	–	–	–	–	–	1,5

[1]) Bei 1,013 bar.   [2]) Bei 20 °C. ΔH der chemischen Elemente bei 27 °C (300 K).   [3]) Bei 0...100 °C.   [4]) Bei Schmelztemperatur und 1,013 bar.   [5]) Bei 0...100 °C.   [6]) Parallel zur Kristallachse.   [7]) Senkrecht zur Kristallachse.   [8]) Bei 1000 °C.   [9]) Bei 20...1000 °C.

Stoff		Dichte g/cm³	Schmelz-temperatur¹) °C	Siede-temperatur¹) °C	Wärme-leitfähigkeit²) W/(m·K)	Mittlere spezif. Wärmekapazität³) kJ/(kg·K)	Schmelz-enthalpie ΔH⁴) kJ/kg	Längenausdehnungskoeffizient³) x10⁻⁶/K
Steatit		2,6...2,7	²1520	–	1,6⁶)	0,83	–	8...9⁵)
Steinkohle (Anthrazit)		1,35	–	–	0,24	1,02	–	–
Talg, Rinder-		0,9...0,97	40...50	²350	–	0,87	–	–
Tantal	Ta	16,65	2996	5487	57,5	0,14	174	6,6
Tellur	Te	6,24	449,5	989,8	2,3	0,20	106	16,7
Thorium	Th	11,72	1750	4227	54	0,14	<83	12,5
Titan	Ti	4,51	1660	3313	21,9	0,52	437	8,3
Tombak CuZn 20		8,65	1000	²1300	159	0,38	–	–
Ton, trocken		1,5...1,8	²1600	–	0,9...1,3	0,88	–	–
Torfmull, lufttrocken		0,19	–	–	0,081	–	–	–
Uran	U	18,95	1132,3	3677	27,6	0,12	65	12,6
Vanadium	V	6,11	1890	3000	30,7	0,50	345	8,3
Vulkanfiber		1,28	–	–	0,21	1,26	–	–
Wachs		0,96	60	–	0,084	3,4	–	–
Watte		0,01	–	–	0,04	–	–	–
Weichgummi		1,08	–	–	0,14...0,24	–	–	–
Widerstandsleg. CuNi 44		8,9	1280	²2400	22,6	0,41	–	15,2
Wolfram	W	19,25	3422	5727	174	0,13	191	4,6
Zement, abgebunden		2...2,2	–	–	0,9...1,2	1,13	–	–
Ziegelmauerwerk		>1,9	–	–	1,0	0,9	–	–
Zink	Zn	7,14	419,58	907	116	0,38	102	25,0
Zinn (weiß)	Sn	7,28	231,97	2270	65,7	0,23	61	21,2
Zirconium	Zr	6,51	1852	4377	22,7	0,28	252	5,8

¹) Bei 1,013 bar. ²) Bei 20 °C. ΔH der chemischen Elemente bei 27 °C (300 K). ³) Bei 0...100 °C. ⁴) Bei Schmelztemperatur und 1,013 bar. ⁵) Bei 20...1000 °C. ⁶) Bei 100...200 °C.

Eigenschaftswerte flüssiger Stoffe

Stoff		Dichte[2] g/cm³	Schmelztemperatur[1] °C	Siedetemperatur[1] °C	Wärmeleitfähigkeit[1] W/(m·K)	Spezifische Wärmekapazität[2] kJ/(kg·K)	Schmelzenthalpie $\Delta_f F$[3] kJ/kg	Verdampfungsenthalpie[4] kJ/kg	Volumenausdehnungskoeffizient ×10⁻³/K
Aceton	$(CH_3)_2CO$	0,79	−95	56	0,16	2,21	98,0	523	−
Benzin (Ottokraftstoff)		0,72...0,75	−50...−30	25...210	0,13	2,02	−	−	1,0
Benzol	C_6H_6	0,88	+5,56)	80	0,15	1,70	127	394	1,25
Dieselkraftstoff		0,81...0,85	−30	150...360	0,15	2,05	−	−	−
Ethanol	C_2H_5OH	0,79	−117	78,5	0,17	2,43	109	904	1,1
Ethylether	$(C_2H_5)_2O$	0,71	−116	34,5	0,13	2,28	98,1	377	1,6
Ethylchlorid	C_2H_5Cl	0,90	−136	12	0,11[5]	1,54[5]	69,0	437	−
Ethylenglykol	$C_2H_4(OH)_2$	1,11	−12	198	0,25	2,40	−	−	−
Gefrierschutzmittel-Wasser-Gemisch									
23 Vol.-%		1,03	−12	101	0,53	3,94	−	−	−
38 Vol.-%		1,04	−25	103	0,45	3,68	−	−	−
54 Vol.-%		1,06	−46	105	0,40	3,43	−	−	−
Glycerin	$C_3H_5(OH)_3$	1,26	+20	290	0,29	2,37	200	828	0,5
Heizöl EL		²0,83	−10	>175	0,14	2,07	−	−	−
Kochsalzlösung 20%		1,15	−18	109	0,58	3,43	−	−	−
Leinöl		0,93	−15	316	0,17	1,88	−	−	−
Methanol	CH_3OH	0,79	−98	65	0,20	2,51	99,2	1109	−
Methylchlorid	CH_3Cl	0,99⁷)	−92	−24	0,16	1,38	−	406	−
m-Xylol	$C_6H_4(CH_3)_2$	0,86	−48	139	−	−	−	339	−
Paraffinöl		−	−	−	−	−	−	−	−
Petrolether		0,66	−160	>40	0,14	1,76	−	−	0,764
Petroleum		0,76...0,86	−70	>150	0,13	2,16	−	−	−
Quecksilber[6]	Hg	13,55	−38,84	356,6	10	0,14	11,6	295	1,0
Rüböl		0,91	±0	300	0,17	1,97	−	−	0,18

[1]) Bei 1,013 bar. [2]) Bei 20°C. [3]) Bei Schmelztemperatur und 1,013 bar. [4]) Bei Siedetemperatur und 1,013 bar. [5]) Bei 0°C. [6]) Erstarrungstemperatur 0°C.
[7]) Bei −24°C. [8]) Für Umrechnung von Torr in Pa-Wert 13,5951 g/cm³ (bei 0°C) verwenden.

Stoff		Dichte[2] g/cm³	Schmelz-temperatur[1] °C	Siede-temperatur[1] °C	Wärme-leitfähigkeit[2] W/(m·K)	Spezifische Wärme-kapazität[2] kJ/(kg·K)	Schmelz-enthalpie $\Delta J f$[3] kJ/kg	Ver-dampfungs-enthalpie[4] kJ/kg	Volumenaus-dehnungs-koeffizient[4] ×10⁻³/K
Salpetersäure, konz.	HNO_3	1,51	−41	84	0,26	1,72	−	−	−
Salzsäure 10 %	HCl	1,05	−14	102	0,50	3,14	−	−	−
Schmieröl		0,91	−20	> 300	0,13	2,09	−	−	−
Schwefelsäure, konz.	H_2SO_4	1,83	+10,5[5]	338	0,47	1,42	−	−	0,55
Silikonöl		0,76...0,98	−	−	0,13	1,09	−	−	−
Spiritus 95 %[6]		0,81	−114	78	0,17	2,43	−	−	−
Teer, Koksofen-		1,2	−15	300	0,19	1,56	−	−	−
Terpentinöl		0,86	−10	160	0,11	1,80	−	293	1,0
Toluol	C_7H_8	0,87	−93	111	0,14	1,67	74,4	364	−
Transformatorenöl		0,88	−30	170	0,13	1,88	−	−	−
Trichlorethylen	C_2HCl_3	1,46	−85	87	0,12	0,93	−	265	1,19
Wasser		1,00[7]	±0	100	0,60	4,18	332	2256	0,18[8]

1) Bei 1,013 bar.
2) Bei 20 °C.
3) Bei Schmelztemperatur und 1,013 bar.
4) Bei Siedetemperatur und 1,013 bar.
5) Bei Erstarrungstemperatur 0 °C.
6) Ethanol vergällt.
7) Bei 4 °C.
8) Volumenausdehnung beim Gefrieren: 9 %.

Wasserdampf

Absoluter Druck bar	Siede-temperatur °C	Verdampfungs-enthalpie kJ/kg	Absoluter Druck bar	Siede-temperatur °C	Verdampfungs-enthalpie kJ/kg
0,1233	50	2382	25,5	225	1837
0,3855	75	2321	39,78	250	1716
1,0133	100	2256	59,49	275	1573
2,3216	125	2187	85,92	300	1403
4,760	150	2113	120,5	325	1189
8,925	175	2031	165,4	350	892
15,55	200	1941	221,1	374,2	0

Eigenschaftswerte gasförmiger Stoffe

Stoff		Dichte[1] kg/m³	Schmelz-temperatur[2] °C	Siede-temperatur[2] °C	Wärme-leitfähig-keit[3] W/(m·K)	Spezifische Wärme-kapazität[3] kJ/(kg·K) c_p	c_v	c_p/c_v	Verdamp-fungsen-thalpie[2] kJ/kg
Acetylen	C_2H_2	1,17	−84	−81	0,021	1,64	1,33	1,23	751
Ammoniak	NH_3	0,77	−78	−33	0,024	2,06	1,56	1,32	1369
Argon	Ar	1,78	−189	−186	0,018	0,52	0,31	1,67	163
n-Butan	C_4H_{10}	2,70	−138	−0,5	0,016	−	−	−	−
i-Butan	C_4H_{10}	2,67	−145	−10,2	0,016	−	−	1,11	−
Chlor	Cl_2	3,21	−101	−35	0,009	0,48	0,37	1,30	288
Chlorwasserstoff	HCl	1,64	−114	−85	0,014	0,81	0,57	1,42	−
Cyan (Cyan)	$(CN)_2$	2,33	−34	−21	−	1,72	1,35	1,27	−
Dichlordifluormethan (= Frigen F 12)	CCl_2F_2	5,51	−140	−30	0,010	−	−	1,14	−
Erdgas		[2]0,83	−	−162	−	−	−	1,22	522
Ethan	C_2H_6	1,36	−183	−89	0,021	1,66	1,36	1,22	522
Ethanoldampf		2,04	−114	+78	0,015	−	−	1,13	−
Ethylen	C_2H_4	1,26	−169	−104	0,020	1,47	1,18	1,24	516
Fluor	F_2	1,70	−220	−188	0,025	0,83	−	−	172
Gichtgas		1,28	−210	−170	0,024	1,05	0,75	1,40	−
Helium	He	0,18	−270	−269	0,15	5,20	3,15	1,65	20
Kohlenoxid	CO	1,25	−199	−191	0,025	1,05	0,75	1,40	−
Kohlendioxid	CO_2	1,98	−57[4]	−78	0,016	0,82	0,63	1,30	368
Krypton	Kr	3,73	−157	−153	0,0095	0,25	0,15	1,67	108
Luft		1,293	−220	−191	0,026	1,005	0,716	1,40	209
Methan	CH_4	0,72	−183	−164	0,033	2,19	1,68	1,30	557
Methylchlorid	CH_3Cl	2,31	−92	−24	−	0,74	0,57	1,29	446
Neon	Ne	0,90	−249	−246	0,049	1,03	0,62	1,67	86
Ozon	O_3	2,14	−251	−112	0,019	−	−	1,29	−
Propan	C_3H_8	2,00	−182	−42	0,018	−	−	1,14	−
Propylen	C_3H_6	1,91	−185	−47	0,017	−	−	−	468
Sauerstoff	O_2	1,43	−218	−183	0,267	0,92	0,65	1,41	213
Schwefeldioxid	SO_2	2,93	−73	−10	0,010	0,64	0,46	1,40	402
Schwefelkohlenstoff	CS_2	3,41	−112	+46	0,0073	0,67	0,56	1,19	−
Schwefelwasserstoff	H_2S	1,54	−86	−61	−	0,96	0,72	1,34	535
Stadtgas		0,56...0,61	−230	−210	0,064	2,14	1,59	1,35	−
Stickstoff	N_2	1,24	−210	−196	0,026	1,04	0,74	1,40	199
Wasserdampf bei 100 °C[5]		0,60	±0	+100	0,025	2,01	1,52	1,32	−
Wasserstoff	H_2	0,09	−258	−253	0,181	14,39	10,10	1,42	228
Xenon	Xe	5,89	−112	−108	0,0057	0,16	0,096	1,67	96

[1]) Bei 0 °C und 1,013 bar.
[2]) Bei 1,013 bar.
[3]) Bei 20 °C und 1,013 bar.
[4]) Bei 5,3 bar.
[5]) Bei Sättigung und 1,013 bar, s. a. Tabelle „Eigenschaftswerte flüssiger Stoffe".

Benennung von Chemikalien

Gefahrensymbole: E = explosionsgefährlich, O = brandfördernd, F = leichtentzündlich, F₊ = hochentzündlich, C = ätzend, X₊ = mindergiftig, X₁ = reizend, T = giftig, T₊ = sehr giftig.

Gewerbliche Benennung deutsch (Gefahrensymbol)	englisch	französisch	Chemische Benennung	Chemische Formel
Aerosil®	Aerosil (fumed silica)		Siliciumdioxid in feinstverteilter Form	SiO_2
Alaun, Kali-	Potash alum	Alun de potassium	Kaliumaluminiumsulfat	$KAl(SO_4)_2 \neq 12H_2O$
Anon (X_n)	Anon; pimelic ketone	Anone	Cyclohexanon	$C_6H_{10}O$
Ätzkali (C)	Caustic potash	Potasse caustique	Kaliumhydroxid	KOH
Ätznatron (C)	Caustic soda	Soude caustique	Natriumhydroxid	NaOH
Bisphenol A; Diphenylolpropan	Diane		2.2-Bis-(p-hydroxyphenyl)-propan	$(CH_3)_2C(C_6H_4(OH)-4)_2$
Bittermandelöl (T)	bitter almond oil	Essence d'amandes amères	Benzaldehyd	C_6H_5CHO
Bittersalz (Magnesiumvitriol)	epsomite, bitter salt	Epsomite	Magnesiumsulfat	$MgSO_4 \neq 7H_2O$
Blaugel (Silicagel)	silica gel with indicator	Gel bleu	poröses Siliciumdioxid mit Feuchteindikator	SiO_2 mit Kobaltverbindung
Bleiessig (X_n)	Lead vinegar	Eau blanche; vinaigre de plomb	wäßrige Lösung von Bleiacetat und -hydroxid	$Pb(CH_3COO)_2 \cdot Pb(OH)_2$
Bleizucker (X_n)	Lead sugar	Sel de Saturne	Bleiacetat	$Pb(CH_3COO)_2 \cdot 3H_2O$
Blutlaugensalz, gelbes; Kaliumferrocyanid	Yellow prussiate of potash	Ferrocyanure de potassium	Kaliumhexacyanoferrat (II)	$K_4[Fe(CN)_6]$
Blutlaugensalz, rotes; Kaliumferricyanid	Red prussiate of potash	Ferricyanure de potassium	Kaliumhexacyanoferrat (III)	$K_3[Fe(CN)_6]$
Borax (Tinkal)	Borax (tincal)	Borax (tincal)	Natriumtetraborat	$Na_2B_4O_7 \neq 10H_2O$
Braunstein (X_n)	Pyrolusite	Pyrolusite	Mangandioxid	MnO_2
Bullrichsalz®: Natron (Natriumbicarbonat)	Vichy salt; baking soda	Sel de Vichy	Natriumhydrogencarbonat	$NaHCO_3$
Butoxyl®	Butoxyl		(3-Methoxybutyl)acetat	$CH_3COO(CH_2)_2CH(OCH_3)CH_3$

68 Stoffwerte

Benennung von Chemikalien

Gefahrensymbole: E = explosionsgefährlich, O = brandfördernd, F = leichtentzündlich, F+ = hochentzündlich, C = ätzend, X$_n$ = mindergiftig, X$_i$ = reizend, T = giftig, T+ = sehr giftig.

Gewerbliche Benennung deutsch (Gefahrensymbol)	englisch	französisch	Chemische Benennung	Chemische Formel
Carbitol® [1]); Dioxitol®	Carbitol™ (solvent)	Carbitol	Diethylenglykolmonoethyl-ether	HOCH$_2$CH$_2$OCH$_2$CH$_2$OC$_2$H$_5$
Carbitolacetat® [1])	Carbitol acetate™	Carbitol acétate	Diethylenglykolethylether-acetat	CH$_3$COOCH$_2$CH$_2$OCH$_2$CH$_2$OC$_2$H$_5$
Cellosolve® [1]); Oxitol® Cellosolveacetat® [1])	Cellosolve™ (solvent) Cellosolve™ acetate		Diethylenglykolmonoethylether Ethylenglykolethyletheracetat	HOCH$_2$CH$_2$OC$_2$H$_5$ CH$_3$COOCH$_2$CH$_2$OC$_2$H$_5$
Chloramin T (X$_i$)	Chloramine-T	Chloramine-T	Natriumsalz des p-Toluol-sulfonsäurechloramids	Na[CH$_3$C$_6$H$_4$SO$_2$NCl] ≠ 3H$_2$O
Chlorkalk (C)	Bleach Chlorid of Lime	Chlorure de chaux	Calciumchloridhypochlorit	Ca(OCl)Cl
Chloropren (F, X$_n$) Chlorothene®("1.1.1"); (X$_n$) „Methylchloroform" Chromsäure (C, O, X$_i$)	Chloroprene Chlorothene™ „Methylchloroform" Chromic anhydride	Chloroprène Chlorothène Anhydride chromique	2-Chlor-1,3-butadien 1.1.1-Trichlorethan Chromtrioxid (Chromsäureanhydrid)	CH$_2$=CClCH=CH$_2$ Cl$_3$CCH$_3$ CrO$_3$
Dekalin Diisobutylen (F)	Decalin Diisobutylene	Décaline Diisobutylène	Dekahydronaphthalin 2,4,4-Trimethyl-1-penten und -2-penten	C$_{10}$H$_{18}$ (CH$_3$)$_3$CCH$_2$C(CH$_3$)=CH$_2$ und (CH$_3$)$_3$C—CH=C(CH$_3$)$_2$
DMF (X$_n$)	DMF	DMF	N,N-Dimethylformamid	HCON(CH$_3$)$_2$
DMSO	DMSO	DMSO	Dimethylsulfoxid	(CH$_3$)$_2$SO
Eisenvitriol	Green vitriol	Vitriol vert; couperose verte	Eisen(II)-sulfat	FeSO$_4$ ≠ 7H$_2$O
Eisessig (Essigessenz) (C)	(Glacial) acetic acid	Acide acétique glacial	Essigsäure	CH$_3$COOH
Essigester (Essigäther) (F)	Acetic ether; vinegar naphtha	Ether acétique	Ethylacetat	CH$_3$COOC$_2$H$_5$
Fixiersalz („Antichlor")	Fixing salt; (hypo)	Sel fixateur	Natriumthiosulfat	Na$_2$S$_2$O$_3$ ≠ 5H$_2$O
Flüssiggas (F)	Liquid gas	Gaz liquéfié	Propan, n- und i-Butan	C$_3$H$_8$ + C$_4$H$_{10}$
Flusssäure (T, C)	Hydrofluoric acid	(Acide fluorhydrique)	wässrige Lösung von Fluorwasserstoff	HF in H$_2$O

Gewerbliche Benennung deutsch (Gefahrensymbol)	englisch	französisch	Chemische Benennung	Chemische Formel
Flussspat; Fluorit	Fluorspar; fluorite	Spath fluor; fluorine	Calciumfluorid	CaF_2
Formalin® (T)	Formalin	Formol	wässrige Lösung von Formaldehyd	H_2CO in H_2O
Freon (e); Frigen®(e)	Freon™(es)	Fréon(es); Frigène(s)	Verbindungen aus C, H, F, Cl, (Br)	Ziffernkennzeichnung[2]
GB-Ester; Polysolvan O®			Glykolsäurebutylester (Hydroxyessigsäurebutylester)	$HOCH_2COOC_4H_{10}$
Glaubersalz	Glauber's salt; mirabilite	Sel de Glauber	Natriumsulfat	$Na_2SO_4 \cdot 10H_2O$
Glysantin®; Glykol (Xi)	Glycol	Glycol	1,2-Ethandiol	$HOCH_2CH_2OH$
Goldschwefel	Golden antimony sulphide	Soufre doré d'antimoine	Antimon(V)-sulfid	Sb_2S_5
Grubengas; Sumpfgas (F)	Mine gas	Grisou; gaz des marais	Methan	CH_4
Halon(e)	Halone(s)	Halon(s)	Verbindungen aus C, F, Cl, Br	Ziffernkennzeichnung[3]
Halon™	Halon™		Tetrafluorethylen-Polymer	$(C_2F_4)_n$
Halothan	Halothane		2-Brom-2-chlor-1,1,1-trifluorethan	$F_3CCHClBr$
Harnstoff	Urea	Urée	Kohlensäurediamid	$CO(NH_2)_2$
Hexalin®	Hexalin	Hexaline	Cyclohexanol (auch: Hexahydronaphthalin)	$C_6H_{11}OH$ $(C_{10}H_{14})$

[1] Methyl-, Propyl-, i-Propyl-, Butyl-C.: Bezeichnungen für analoge Ether, die statt Ethyl- die angegebene Gruppe (Methyl-, Propyl- etc.) enthalten.

[3] Nummerncodes für „Halone":
Tausenderziffer = Anzahl der C-Atome
Hunderterziffer = Anzahl der F-Atome
Zehnerziffer = Anzahl der Cl-Atome
Einerziffer = Anzahl der Br-Atome
Beispiele: Halon 1211 = CF_2ClBr; Halon 2402 = $C_2F_4Br_2$

[2] Nummerncodes für „Freone"/„Frigene" (Fluorchlorderivate von Methan (CH_4) und Ethan (C_2H_6)):
Hunderterziffer = Anzahl der C-Atome − 1
Zehnerziffer = Anzahl der H-Atome + 1
Einerziffer = Anzahl der F-Atome
Differenz zur Valenzabsättigung ergibt die Anzahl der Cl-Atome
Beispiele: F 113 = $C_2F_3Cl_3$; F 21 = $CHFCl_2$

Benennung von Chemikalien

Gefahrensymbole: E = explosionsgefährlich, O = brandfördernd, F = leichtentzündlich, F_+ = hochentzündlich, C = ätzend, X_n = mindergiftig, X_i = reizend, T = giftig, T_+ = sehr giftig.

Gewerbliche Benennung deutsch (Gefahrensymbol)	englisch	französisch	Chemische Benennung	Chemische Formel
Hexon; MIBK (F)	Hexone	Hexone	4-Methyl-2-pentanon (Methylisobutylketon)	$(CH_3)_2CHCH_2COCH_3$
Hirschhornsalz	Hartshorn salt	Sel volatil d'Angleterre	Ammoniumhydrogencarbonat + Ammoniumcarbonat	$(NH_4)HCO_3 + (NH_4)_2CO_3$
Höllenstein,„lapis infernalis" (C)	Lunar caustic	Pierre infernale	Silbernitrat	$AgNO_3$
Kaliummetabisulfit	Potassium metabisulphite	Métabisulfite de potassium	Kaliumdisulfit	$K_2S_2O_5$
Kalk, gebrannter	Quicklime; burnt lime; caustic lime	Chaux vive	Calciumoxid	CaO
Kalk, gelöschter	Slaked lime	Chaux éteinte	Calciumhydroxid	$Ca(OH)_2$
Kalkstickstoff	Nitrolim; lime nitrogen	Chaux azotée	Calciumcyanamid	$CaCN_2$
Kalomel (X_n)	Calomel	Calomel	Quecksilber(I)-chlorid	Hg_2Cl_2
Karbid (F)	Calcium carbide	Carbure de calcium	Calciumcarbid	CaC_2
Karbolsäure (T)	Carbolic acid	Acide carbolique	Phenol	C_6H_5OH
Kleesalz	Sorrel salt; potassium binoxalate	Sel d'oseille	Kaliumtetraoxalat	$(HOOCCOOK) \neq (COOH)_2 \neq 2H_2O$
Kleesäure (X_n)	Oxalic acid	Acide oxalique	Oxalsäure	$(COOH)_2 \neq 2H_2O$
Knallsalz (O, X_n)	Potassium chlorate	Sel de Berthollet	Kaliumchlorat	$KClO_3$
Kolophonium	Colophony; rosin	Colophane	natürliche Abietinsäure	$C_{19}H_{29}COOH$
Königswasser (C, T_+)	Aqua regia	Eau régale	Salpeter- und Salzsäure	$HNO_3 + HCl\ (1 + 3)$
Kreide	Chalk	Craie	Calciumcarbonat	$CaCO_3$
Kryolith (X_i)	Cryolite	Cryolite	Natriumhexafluoroaluminat	$Na_3[AlF_6]$
Kupfervitriol	Blue vitriol	Vitriol bleu	Kupfersulfat	$CuSO_4 \neq 5H_2O$
Lachgas („Stickoxydul") (O)	Laughing gas	Gaz hilarant	Distickstoffoxid	N_2O
Marmor	Marble	Marbre	Calciumcarbonat	$CaCO_3$
Mennige	Minium	Minium	Blei(II)-orthoplumbat	$Pb_2O_4\ (Pb_2PbO_4)$
Meta (X_n)	Mota	Alcool solidifié	Tetramethyltetroxacyclooctan (Metaldehyd)	$(CHCH_3)_4O_4$

Gewerbliche Benennung deutsch (Gefahrensymbol)	englisch	französisch	Chemische Benennung	Chemische Formel
Mohr'sches Salz	Mohr's salt	Sel de Mohr	Eisen(II)-ammoniumsulfat	$(NH_4)_2[Fe(SO_4)_2] \cdot 6H_2O$
Muthmann's Flüssigkeit (E, F)	Muthmann's liquid		1,1,2,2-Tetrabromethan	$Br_2CHCHBr_2$
Nitroglycerin (E, F)	Nitroglycerin	Nitroglycérine	Glycerintrinitrat	$CHONO_2(CH_2ONO_2)_2$
Oleum („Vitriolöl") (C)	Oleum	Oléum	Schwefelsäure + Dischwefelsäure	$H_2SO_4 + H_2S_2O_7$
Per (X_n)	Tetrachloroethylene	Tétrachloroéthylène	Tetrachlorethylen (Perchlorethylen)	$Cl_2C=CCl_2$
Perhydrol	Hydrogen peroxyde	Eau oxygénée	Wasserstoffperoxid	H_2O_2
Phosgen (T)	Phosgene	Phosgène	Kohlensäuredichlorid	$COCl_2$
Phosphin (T_+)	Phosphine	Phosphine (sel de phosphore)	Phosphorwasserstoff	PH_3
Phosphorsalz	Microcosmic salt		Natriumammoniumhydrogenphosphat	$NH_4NaHPO_4 \cdot 4H_2O$
Pikrinsäure (T, E)	Picric acid	Acide picrique	2,4,6-Trinitrophenol	$C_6H_2(NO_2)_3OH$
Polierrot	English red	Rouge d'Angleterre	Eisen(III)-Oxid	Fe_2O_3
Pottasche	Potash	Potasse	Kaliumcarbonat	K_2CO_3
Salmiak (Salmiaksalz) (X_n)	Sal ammoniac	salmiac	Ammoniumchlorid	NH_4Cl
Salmiakgeist (X_n, C)	Ammonia liquor	Ammoniaque hydroxide	wässrige Lösung von Ammoniumhydroxid	NH_4OH in H_2O
Salpeter, Ammon-	Norway saltpeter	Nitrate d'ammonium	Ammoniumnitrat	NH_4NO_3
Salpeter, Chile; Natronsalpeter	Soda niter; Chile saltpeter	Salpêtre du Chili	Natriumnitrat	$NaNO_3$
Salpeter, Kali-	Saltpeter	Saltpêtre	Kaliumnitrat	KNO_3

Benennung von Chemikalien

Gefahrensymbole: E = explosionsgefährlich, O = brandfördernd, F = leichtentzündlich, F$_+$ = hochentzündlich, C = ätzend, X$_n$ = mindergiftig, X$_i$ = reizend, T = giftig, T$_+$ = sehr giftig.

Gewerbliche Benennung deutsch (Gefahrensymbol)	englisch	französisch	Chemische Benennung	Chemische Formel
Salpeter, Kalk-, Norge-Salzsäure (C)	Lime saltpeter (Hydrochloric acid)	Salpêtre Esprit de sel	Calciumnitrat wässrige Lösung von Chlorwasserstoff	Ca(NO$_3$)$_2 \neq$ 4H$_2$O HCl in H$_2$O
Scheidewasser (C)	Aqua fortis	Eau forte	Salpetersäure (50%ige wässrige Lösung)	HNO$_3$ in H$_2$O
Schwefeläther (F)	Sulphuric ether	Ether sulfurique	Diethylether	C$_2$H$_5$OC$_2$H$_5$
Seignettesalz (Natronweinstein)	Rochelle salt; salt of Seignette	Sel de Seignette	Kaliumnatriumtartrat	(CHOH)$_2$COOKCOONa
Soda (Kristall-)	Soda crystals	Soude (cristaux de)	Natriumcarbonat	Na$_2$CO$_3 \neq$ 10H$_2$O
Spiritus fumans Libavii (C)	Libavius' fuming spirit	Papier d'étain	Zinn(IV)-chlorid	SnCl$_4$
Stanniol	Tin foil	Papier d'étain	Zinnfolie	Sn
Sublimat (T)	Corrosive sublimate	Sublimé corrosif	Quecksilber(II)-chlorid	HgCl$_2$
Tetra („Tetraform") (T)	Tetrachloromethane	Tetrachlorométhane	Tetrachlorkohlenstoff	CCl$_4$
Tetralin (O, C)	Tetralin	Tétraline	1,2,3,4-Tetrahydronaphthalin	C$_{10}$H$_{12}$
TNT (E)	TNT; trotyl	TNT; tolite	2,4,6-Trinitrotoluol	C$_6$H$_2$(NO$_2$)$_3$CH$_3$
Tonerde, Essigsäure[4])	Mordant rouge; mordant salt	Mordant d'alun	basisches Aluminiumacetat	(CH$_3$COO)$_2$AlOH
Tri (X$_n$)	Trichloroethylene	Trichloréthylène	Trichlorethen	Cl$_2$C=CHCl
Trockeneis	Dry ice	Carboglace	(festes) Kohlendioxid	CO$_2$
Urotropin	Urotropine	Urotropine	1,3,5,7-Tetraazaadamantan	(CH$_2$)$_6$N$_4$
Wasserglas (Kali- bzw. Natron-)	Waterglass	Verre soluble	wäßrige Lösung von Kalium- bzw. Natriumsilikaten	M$_2$SiO$_3$ + M$_2$Si$_2$O$_5$ (M = K bzw. Na)
Zinnbutter (C)	Butter of tin	Beurre d'étain	Zinntetrachlorid	SnCl$_4 \neq$ 5H$_2$O
Zinnober	Cinnabar	Cinabre; vermillon	Quecksilber(II)-sulfid	HgS
Zinnsalz	Tin salt	Sel d'étain	Zinn(II)-chlorid	SnCl$_2 \neq$ 2H$_2$O

[4]) Beizmittel, u. a. f. Rotfärbung von Textilien. Vgl. z. B.: Hawley's Condensed Chemical Dictionary, 11th ed. 1987 unter „Aluminium acetate".

Werkstoffe

Metalle

Die Werkstoffgruppe der Metalle umfasst erschmolzene, reine Metalle, legierte Metalle und Sintermetalle.

Metalle haben einen kristallinen Aufbau, wobei die Atome regelmäßig im Kristallgitter angeordnet sind. Die äußeren Elektronen der Atome sind nicht an diese gebunden, sondern können sich frei im Kristallgitter bewegen. Man nennt dies „metallische Bindung". Hieraus ergeben sich typische Eigenschaften: Eine hohe elektrische Leitfähigkeit, welche sich mit steigender Temperatur verringert, eine sehr gute Wärmeleitfähigkeit, ab einer bestimmten Schichtdicke keine optische Durchlässigkeit und, bei polierter Oberfläche, ein hohes Reflexionsvermögen (metallischer Glanz). Die Duktilität der Metalle ermöglicht eine hohe Verformbarkeit.

Die Einteilung der Metalle erfolgt in Eisenmetalle und Nichteisenmetalle.

Eisenmetalle

Eisenmetalle bestehen entweder ganz oder zu einem hohen Legierungsanteil aus Eisen und sie stellen in der veredelten Form, dem Stahl, den am häufigsten verwendeten Konstruktionswerkstoff dar.

Die Kennzeichnung der Eisenmetalle erfolgt weltweit nach Nummernsystemen und Legierungs-Kurzbezeichnungen. Hierbei gibt es länderspezifische Unterschiede. In Europa setzt sich jedoch eine Harmonisierung durch. In Deutschland werden Metalle zusätzlich mit einer Werkstoffnummer gekennzeichnet.

Stahl

Stahl wird unterschieden in:
– unlegierte Stähle
– niedriglegierte Stähle
– hochlegierte Stähle
Anteil und Art der Legierungsbestandteile bestimmen die Eigenschaften.

Unlegierte Stähle
Unlegierte Stähle, sogenannte Kohlenstoffstähle, bestehen aus Eisen und Kohlenstoff. Der Kohlenstoffanteil bestimmt die Eigenschaften: Sie sind entweder nicht härtbar oder, ab einem Kohlenstoffgehalt von 0,5 %, härtbar. Unlegierte Stähle werden als „Massenstähle" in Form von Baustählen und Blechen hergestellt und stellen den höchsten Marktanteil dar.

Niedriglegierte Stähle
Legierte Stähle enthalten neben Eisen und Kohlenstoff bis zu 5 % Legierungsbestandteile. Je nach Legierungsmetall und Anteil wird die Härte, die Zugfestigkeit, die Elastizität und die Zähigkeit gegenüber unlegierten Stählen verbessert.

Die wichtigsten Legierungsmetalle sind:
– Chrom
– Nickel
– Vanadium
– Molybdän
– Cobalt
– Wolfram
Jedes Legierungsmetall beeinflusst die Eigenschaften des Stahls in charakteristischer Weise.

Niedriglegierte Stähle finden teilweise bei Baustählen Verwendung, hauptsächlich jedoch bei sogenannten Werkzeugstählen in den Anwendungen allgemeiner Werkzeugbau sowie in Einsatzwerkzeugen.

Hochlegierte Stähle
Wenn Stähle zwischen 5...30 % Legierungsanteile enthalten, werden sie als hochlegierte Stähle bezeichnet. Ihre Hauptanwendung ist im Bereich der Einsatzwerkzeuge und im Bereich der korrosionsbeständigen Stähle. Der Begriff „Edelstähle" ist für hochlegierte Stähle üblich, kann aber nicht als korrekte Bezeichnung für korrosionsbeständige Stähle angewendet werden.

Legierte und hochlegierte Stähle können in ihren Eigenschaften durch eine Wärmebehandlung so erheblich beeinflusst werden, dass die Vor- oder Nachbehandlung bei den meisten Anwendungsfällen die Regel ist.

Stahltypen

Die wichtigsten Stahltypen sind
- Baustähle
- Werkzeugstähle
- Korrosionsbeständige Stähle

Baustähle

Baustähle kommen als unlegierter Stahl oder als legierter Stahl in Form von Blechen, Halbzeug und Profilen auf den Markt. Sie sind in erster Linie dazu bestimmt, zu Metallkonstruktionen weiterverarbeitet zu werden.

Baustähle werden entsprechend ihrer Zugfestigkeit klassifiziert, Baustähle für Anwendungen in der Kältetechnik werden als kaltzähe Baustähle, solche für Anwendungen bei hohen Temperaturen als warmfeste Baustähle bezeichnet.

Die Eigenschaften und die Bearbeitung von Baustählen sind allgemein geläufig, deshalb soll in diesem Rahmen nicht näher darauf eingegangen werden.

Werkzeugstähle

Werkzeugstähle kommen als niedriglegierte oder hochlegierte Stähle auf den Markt. Die Typenvielfalt ist erheblich und auf den jeweiligen Anwendungszweck hin optimiert.

Ein Hauptanwendungsgebiet der Werkzeugstähle sind Einsatzwerkzeuge, wobei man hauptsächlich in vier Gruppen unterteilt:
- Niedriglegierte Werkzeugstähle
- Hochlegierte Werkzeugstähle
- Schnellarbeitsstähle
- Hochlegierte Schnellarbeitsstähle

Niedriglegierte Werkzeugstähle

Niedriglegierte Werkzeugstähle (SP-Stähle) werden bei niedrig belasteten Einsatzwerkzeugen, vornehmlich bei Handwerkzeugen zur Holzbearbeitung verwendet.

Hochlegierte Werkzeugstähle

Hochlegierte Werkzeugstähle (HL-Stähle) enthalten mehr als 5 % Legierungsbestandteile und werden bei Einsatzwerkzeugen für handgeführte und stationäre Elektrowerkzeuge bei der Holz-, Kunststoff- und Metallbearbeitung eingesetzt.

Schnellarbeitsstähle

Schnellarbeitsstähle (SS-Stähle) enthalten bis zu 12 % Legierungsbestandteile und zeichnen sich durch höhere Belastbarkeit und Standzeiten aus. Sie sind länger schnitthaltig als HL-Stähle und werden als Einsatzwerkzeuge bei der Holz- und Kunststoff-, hauptsächlich aber bei der Metallbearbeitung eingesetzt.

Hochlegierte Schnellarbeitsstähle

Hochlegierte Schnellarbeitsstähle (HSS-Stähle) enthalten mehr als 12 % Legierungsbestandteile und zeichnen sich durch höhere Belastbarkeit und Standzeiten sowie höhere Hitzebeständigkeit aus. Sie sind länger schnitthaltig als SS-Stähle und werden als Einsatzwerkzeuge bei der Holz- und Kunststoff-, hauptsächlich aber bei der Metallbearbeitung eingesetzt. Wegen der größeren Härte sind sie meist spröder, worauf bei der Anwendung Rücksicht genommen werden muss. HSS-Stähle werden häufig im Verbund mit niedriglegierten, zähen Werkzeugstählen (der sogenannten Bi-Metall-Technik) eingesetzt. In dieser Kombination ergänzen sich die Eigenschaften (Zähelastisch und Hart) günstig.

Korrosionsbeständige Stähle

Hochlegierte Stähle mit einem Chromanteil von mindestens 10,5 % und weiteren Legierungsbestandteilen wie Nickel und Molybdän haben eine erhöhte Beständigkeit gegen Korrosion. Sie werden populär als „Edelstähle" oder „nichtrostende" Stähle bezeichnet.

Einfluss der Legierungselemente bei Stahl

Legierungselement		Härte	Elastizität	Dehnung	Streckgrenze	Festigkeit	Kerbschlagzähigkeit	Verschleißfestigkeit	Schmiedbarkeit	Warmfestigkeit	Korrosionsbeständigkeit
Chrom	Cr	++	+	−	++	++	−	+	−	+	+++
Nickel	Ni	+	0	−	+	+	+++	−	−	+	++
Vanadium	V	+	+	0	+	+	+	++	+	++	+
Mangan	Mn	+	+	0	+	+	0	−	+	0	0
Molybdän	Mo	+	0	−	++	+	+	++	−	++	+
Kobalt	Co	+	0	−	+	+	−	+++	−	++	+
Wolfram	W	+	0	−	+	+	0	+++	−	+++	+
Silicium	Si	+	+++	−	++	+	−	−	−	+	0

Eigenschaften

MET-T01

Kennzeichnung von Metallen nach Werkstoffnummern DIN 17007 (vereinfacht)

Kennung

Hauptgruppe
Sorte
Typ
Anhangszahlen

1. 45 41. 92

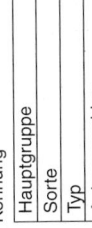

Beispiel: 1.4541.92

Stahl
Nichtrostender Stahl
Typ 41
Elektrostahl, weichgeglüht

Hauptgruppe	Kennzahl
Eisen	0
Stahl	1
Nichteisen-Schwermetalle	2
Leichtmetalle	3
Nichtmetalle	4–8
Herstellerspezifisch	9

Sortenklasse	Kennzahl
Grundqualitäten	00
Baustähle, allgemein	01; 02
Qualitätstähle	03 ... 07
Qualitätstähle, legiert	08; 09
Sonderstähle	10
Baustähle	11
Baustähle	12
Werkzeugstähle	15 ... 18
Werkzeugstähle	20 ... 28
Schnellarbeitsstähle	32; 33
verschleißfeste Stähle	34
Wälzlagerstähle	35
Eisen-Sonderwerkstoffe	36 ... 39
nichtrostende Stähle	40 ... 45
hitzebeständige Stähle	47; 48
Hochtemperaturmetalle	49
Baustähle	50 ... 84
Nitrierstähle	85
Sonderstähle	90 ... 99

Anhangszahlen	Kennzahlen
unbestimmt	0
Thomasstahl, unberuhigt	1
Thomasstahl, beruhigt	2
Stahl, unberuhigt	3
Stahl, beruhigt	4
Siemens-Martinstahl, unb.	5
Siemens-Martinstahl, ber.	6
Sauerstoff-Aufblasstahl, unb.	7
Sauerstoff-Aufblasstahl, ber.	8
Elektrostahl	9

	Kennzahlen
unbestimmt	0
geglüht	1
weichgeglüht	2
wärmebehandelt	3
zähvergütet	4
vergütet	5
hartvergütet	6
kaltverformt	7
federhart-kaltverformt	8
Sonderbehandlung	9

Korrosionsbeständige Stähle

Korrosionsbeständige Stähle (Edelstähle) werden in zunehmendem Maße eingesetzt und verdrängen im Außenbereich die konventionellen galvanisierten oder beschichteten Stähle und Befestigungsmittel.

Die Nachteile der höheren Einstandskosten werden durch die geringeren Folgekosten mehr als wettgemacht.

Um Edelstähle wirtschaftlich einsetzen zu können, ist es wichtig, ihre Eigenschaften zu kennen. Da diese Eigenschaften, im Gegensatz zu denen der normalen Baustähle, noch nicht allgemein geläufig sind, wird im Rahmen dieses Beitrags etwas detaillierter auf die korrosionsbeständigen Stähle eingegangen.

Definition

Edelstähle im Allgemeinen müssen nicht korrosionsbeständig sein, vielmehr ist Edelstahl ein Sammelbegriff für hochwertige, legierte Stähle, zu denen auch Werkzeugstähle und Wälzlagerstähle zählen können. Unter den im Folgenden beschriebenen Edelstählen sind solche Sorten zu verstehen, welche korrosionsbeständig bzw. nichtrostend sind. Sie werden im täglichen Praxisgebrauch auch als Niro, Nirosta, Inox, rostfreier Stahl oder als VA-Stahl bezeichnet. Die korrekte Bezeichnung lautet: Korrosionsbeständige Stähle.

Eigenschaften

Die Eigenschaften von korrosionsbeständigen Stählen bestimmen sich im Wesentlichen aus den Legierungsbestandteilen und der teilweise davon abhängigen Gefügestruktur. Zusätzlich kann die Oberflächengüte die Korrosionsfestigkeit beeinflussen.

Legierungsbestandteile

Korrosionsbeständige Stähle weisen einen Chromgehalt von mindestens 10,5 % auf, weitere Legierungsbestandteile wie Nickel und Molybdän fördern die Beständigkeit. Zusätze von Titan oder Niob vermindern die interkristalline Korrosion.

Gefügestruktur

Die Gefügestruktur von korrosionsbeständigen Stählen entscheidet wesentlich über Eigenschaften wie Härte, Härtbarkeit, Korrosionsbeständigkeit und Magnetisierbarkeit.

Entsprechend ihrer Gefügestruktur unterscheidet man im Wesentlichen drei Gruppen:
- ferritisch
- martensitisch
- austenitisch

Die Vorgänge, welche zur Gefügebildung beitragen, sind sehr komplex. Hierüber gibt es spezielle Fachliteratur. Bei stark vereinfachter Betrachtung entsteht bzw. ändert sich die Gefügestruktur, wenn der flüssige Stahl sich abkühlt und erstarrt. Die Gefügebildung ist im Wesentlichen abhängig von der Temperatur, der Abkühlungsgeschwindigkeit und von den Legierungsbestandteilen

Ferritisch

Ferritisch bedeutet kubisch raumzentriertes Gefüge.

Ferritische korrosionsbeständige Stähle sind schlecht spanabhebend zu bearbeiten. Sie sind schweißbar, können aber nicht gehärtet werden.

Eigenschaften ferritischer korrosionsbeständiger Stähle: Ferritische korrosionsbeständige Stähle werden hauptsächlich in zwei Varianten gefertigt, welche sich im Chromgehalt unterscheiden.

Die Gruppe mit einem Chromgehalt zwischen 11...13 % hat nur begrenzt „nichtrostende" Eigenschaften und sollte nur im trockenen Innenbereich eingesetzt werden.

Die Gruppe mit einem Chromgehalt von 17 % hat eine wesentlich bessere Korrosionsbeständigkeit.

Vorteile der ferritischen korrosionsbeständigen Stähle ist die hohe Beständigkeit gegen Spannungsrisskorrosion.

Ferritische korrosionsbeständige Stähle werden dann verwendet, wenn an die Korrosionsbeständigkeit keine sehr hohen Ansprüche gestellt werden. Sie neigen weniger zu interkristalliner- und Spannungsrisskorrosion. Typische Anwendung im Automobilbau, bei Abgassystemen und Wärmetauschern in der Industrie.

Martensitisch

Ein martensitisches Gefüge bildet sich bei hohen Temperaturen vorübergehend während der Umwandlung von Austenit. Es ist extrem hart. Durch schnelles Abkühlen („Abschrecken") bleibt dieses Gefüge erhalten. Geglühte martensitische korrosionsbeständige Stähle sind „weich" und können nach der Bearbeitung durch erneutes Härten und anschließendes Vergüten auf die gewünschte Härte und/oder Zähigkeit gebracht werden.

Eigenschaften martensitischer korrosionsbeständiger Stähle: Wegen der großen Härte können martensitische korrosionsbeständige Stähle nicht kaltverformt werden, sie müssen deshalb vor der Bearbeitung weichgeglüht werden. Die spanabhebende Bearbeitbarkeit ist gut, die Verschleißfestigkeit ist hoch, allerdings sind sie schlecht schweißbar. Martensitische Korrosionsbeständige Stähle können magnetisiert und gehärtet werden.

Martensitische korrosionsbeständige Stähle werden dort eingesetzt, wo Festigkeit und/oder Härte von Bedeutung ist, aber die Ansprüche an die Korrosionsfestigkeit geringer sind. Typische Anwendungen sind Formenbau, Schnittwerkzeuge der Lebensmittelindustrie, Chirurgische Instrumente, Lager und Turbinenteile.

Austenitisch

Austenitisch bedeutet kubisch flächenzentriertes Gefüge.

Austenit bildet sich bei Temperaturen ab ca. 1330 °C und ist nur ab dieser Temperatur stabil. Durch Legierungsanteile wie Nickel und Mangan kann ein austenitisches Gefüge jedoch bis in den normalen Gebrauchstemperaturbereich stabilisiert werden.

Eigenschaften austenitischer korrosionsbeständiger Stähle: Austenitische korrosionsbeständige Stähle haben eine sehr gute Korrosionsbeständigkeit, sind gut verformbar und schweißbar. Sie können durch Kaltumformung verfestigt werden, sind aber nicht härt- und magnetisierbar. Die Summe ihrer günstigen Eigenschaften macht die austenitischen korrosionsbeständigen Stähle zu der wichtigsten Gruppe der korrosionsbeständigen Stähle.

Austenitische korrosionsbeständige Stähle werden dann verwendet, wenn Zähigkeit und höchste Ansprüche an die Korrosionsbeständigkeit gestellt werden. Typische Anwendung bei Befestigungselementen, Wellen, Rohrleitunssystemen und Pumpen, welche korrodierenden Medien (Salzwasser, Säuren) ausgesetzt sind, Hydraulikrohre und Behälter.

Verarbeitung von korrosionsbeständigen Stählen

Die Verarbeitung von korrosionsbeständigen Stählen unterscheidet sich in einigen Bereichen wesentlich gegenüber der von „normalem" Stahl. Diesen Unterschieden muss Rechnung getragen werden, wenn die guten Eigenschaften des Edelstahls nicht verloren gehen sollen. Zu beachten sind folgende Punkte:
– allgemeiner Werkzeugeinsatz
– spanlose Verformung
– spanende Bearbeitung
– Verbindungstechnik
– Schweißen

Allgemeiner Werkzeugeinsatz

Generell müssen für die Bearbeitung von korrosionsbeständigen Stählen separate Werkzeuge verwendet werden. Jeder Kontakt mit fremden Metallpartikeln (z. B. Bearbeitungsrückstände, Schleifstaub), speziell von Eisenmetallen, muss vermieden werden, weil hierdurch Korrosion an, auf oder im korrosionsbeständigen Stahl verursacht werden kann. Dies ist speziell bei der Oberflächenbearbeitung zu beachten. Grundsätzlich müssen z. B. Bürsten, mit denen korrosionsbeständiger Stahl bearbeitet wird, aus korrosionsbeständigem Stahl bestehen. Werkzeuge (Feilen, Schleifmittel), mit denen Stahl bearbeitet wurde, können nicht mehr für korrosionsbeständige Stähle verwendet werden. Bei der Lagerung sind korrosionsbeständige Stähle von anderen Metallen durch Zwischenlagen oder Beilagen zu isolieren.

Spanlose Verformung

Korrosionsbeständige Stähle können in den meisten Fällen ebensogut spanlos verformt werden wie normale Stähle, jedoch ist der höheren Festigkeit und dem Gefügetyp Rechnung zu tragen. Die am häufigsten verwendeten austenitischen korrosionsbeständigen Stähle neigen bei der spanlosen Verformung (Biegen, Pressen, Tiefziehen) zur Kaltverfestigung, weil während des Verformungsprozesses das austenitische Gefüge teilweise in martensitisches Gefüge umgewandelt wird. Falls diese Kaltverfestigung unerwünscht ist oder die weitere Bearbeitung stört, muss sie durch Zwischenglühen beseitigt werden.

Spanende Bearbeitung

Die höhere Festigkeit und Härte von korrosionsbeständigen Stählen macht generell niedrigere Schnittgeschwindigkeiten notwendig. Beim Bohren oder Drehen ist als Faustregel die halbe Drehzahl wie für Stahl üblich zu verwenden. Im Bereich der Werkzeugschneide kann bei erhöhter Reibung durch zu geringen Vorschub eine Kaltverfestigung auftreten, welche das Einsatzwerkzeug schnell abstumpft. Es muss also bei der Bearbeitung von korrosionsbeständigen Stählen auf den richtigen Vorschub und gute Spanbildung geachtet werden. Die Einsatzwerkzeuge sind der höheren Beanspruchung entsprechend auszuwählen. Beim Bearbeiten entstehende Anlauffarben deuten auf eine Gefügeänderung an der Oberfläche hin. Um die Korrosionsbeständigkeit zu erhalten, müssen diese Anlauffarben entweder mechanisch (Feinschleifen, Polieren) oder chemisch (Beizen) entfernt werden.

Verbindungstechnik

An korrosionsbeständigen Stählen können alle üblichen Verbindungselemente eingesetzt werden. Zu beachten ist dabei, dass sie ebenfalls aus demselben Stahltyp gefertigt sind. Werden andere Stähle oder NE-Metalle verwendet, dann müssen die Verbindungselemente durch isolierende Zwischenlagen voneinander getrennt sein. Enge Hohlräume und Spalten, auch zwischen demselben Stahltyp, sollten vermieden werden, weil sie die Spaltkorrosion fördern.

Schweißen

Nicht alle Sorten korrosionsbeständiger Stähle können geschweißt werden. Hierzu zählen besonders einige martensitische Sorten. Ferritische Sorten zählen zu den schweißbaren Sorten, allerdings muss im Bereich der Schweißzone mit einer Minderung der Zähigkeit gerechnet werden.

Austenitische Stähle sind gut schweißbar, neigen jedoch bei nicht artgerechtem Schweißverfahren wegen ihrer höheren Wärmeausdehnung zu Schweißspannungen und Verformungen.

Alle Schweißverfahren sind möglich, MIG und WIG (TIG) Verfahren sind zu bevorzugen. Der Zusatzwerkstoff (Schweißzusatz) muss dem zu schweißenden Werkstoff entsprechen oder höherlegiert sein.

Beim Schweißen entstehende Anlauffarben am Werkstück deuten auf eine Gefügeänderung, insbesondere im Bereich der Schweißnaht, hin. Hier kann es erforderlich sein, durch Zwischenglühen die ursprünglichen Eigenschaften wieder herzustellen. Wo dies nicht möglich ist, müssen, um die Korrosionsbeständigkeit an den Schweißnähten zu erhalten, die Anlauffarben entweder mechanisch (Feinschleifen, Polieren) oder chemisch (Beizen) entfernt werden. Enge Hohlräume und Spalten, speziell hinter Schweißnähten, sollten vermieden werden, weil sie die Spaltkorrosion fördern.

Arbeitsschutz

Im Gegensatz zu normalem Stahl enthalten korrosionsbeständige Stähle Legierungsbestandteile, deren Stäube und Dämpfe gesundheitsgefährdend sind. Hierzu zählen vor allem Chrom, Cobalt und Nickel. Beim Schleifen von korrosionsbeständigen Stählen ist dafür zu sorgen, dass die Staubkonzentration gering bleibt bzw. dass der entstehende Staub abgesaugt wird. Das Gleiche gilt für die beim Schweißen entstehenden Dämpfe. Die Berufsgenossenschaften haben für die Bearbeitung von korrosionsbeständigen Stählen verbindliche Vorschriften erlassen, welche einzuhalten sind.

Superlegierungen

Unter Superlegierungen versteht man Legierungen, welche auf Grund ihrer Zusammensetzung besondere Eigenschaften aufweisen. Obwohl sie für allgemeinen Einsatz keine Rolle spielen, finden sie an dieser Stelle Erwähnung, da sie im Hochtechnologiebereich interessante Anwendungsmöglichkeiten bieten. Superlegierungen sind in hohem Maße kostenintensiv und in der Regel schlecht bearbeitbar. Die folgende Tabelle enthält einige ausgewählte Superlegierungen, welche für die Anwendung in aggressiven Medien (Salzwasser, Chemietechnik) bei gleichzeitig hoher Beanspruchung (Turbinen, Gasturbinen, Brennkammern) entwickelt wurden.

Superlegierungen unterliegen keiner speziellen Normung. Die Bezeichnungen sind geschützte Handelsnamen und sind von Hersteller zu Hersteller unterschiedlich.

Vor der Anwendungsplanung und vor der Bearbeitung müssen in jedem Falle die genauen Spezifikationen und Empfehlungen der Hersteller beachtet werden.

Hartmetalle

Hartmetalle werden durch das Sintern pulverförmiger Bestandteile hergestellt. Hartmetalle bestehen aus Karbiden der Metalle Wolfram, Titan und Chrom sowie Zusätzen aus Cobalt und Keramik. Die pulverförmigen Bestandteile werden in Formen gepresst und anschließend bei Temperaturen knapp unterhalb des Schmelzpunktes gesintert („gebacken"). Nach dem Sinterprozess sind Hartmetalle nur noch mit diamantbestückten Werkzeugen bearbeitbar.

Haupteinsatzgebiet der Hartmetalle sind Einsatzwerkzeuge zur spanenden Bearbeitung und hoch beanspruchte Verschleißteile.

Zusammenfassung

Eisenmetalle sind von allen Metallen der wichtigste Konstruktionswerkstoff. Durch die unterschiedlichsten Legierungsbestandteile lassen sich Eigenschaften „nach Maß" realisieren: Baustähle, Werkzeugstähle, korrosionsbeständige Stähle und Sonderstähle. Durch Wärmebehandlung können die Eigenschaften von Eisenmetallen stark beeinflusst werden. Eisenmetalle dienen als Grundlage der meisten magnetischen Werkstoffe. Die Bearbeitbarkeit von Eisenmetallen ist meist unkompliziert, lediglich bestimmte Sonderstähle erfordern besondere Maßnahmen.

Die sogenannten Superlegierungen eröffnen neue Möglichkeiten im Hochtechnologiebereich, speziell bei höchsten Arbeitstemperaturen und in aggressiven Medien. Hartmetalle ermöglichen im Werkzeugeinsatz wirtschaftlichere Bearbeitungsverfahren.

Internationale Vergleichstabelle für ausgewählte Baustähle

Wk. Nr.	Deutschland DIN	Deutschland alt	Typ	Tempera-turbereich	U.S.A. AISI	France AFNOR	England BS	Italia UNI	Sweden SIS	Japan JIS
1.0035	Fe 310-0	St 33	Baustahl		A 283 Gr A	A 34-2 NE	Fe 310-0	Fe 320	1300	–
1.0037	Fe 360 B	St 37-2	Baustahl		1015	E 24-2	Fe 360 B	Fe 360 B	1311	STKM 12 A
1.0044	Fe 430 B	St 44-2	Baustahl		1020	E 28-2	Fe 430 B	Fe 430 B	1412	SM 400 A
1.0050	Fe 490-2	St 50-2	Baustahl		A 570 Gr 50	A 50-2	Fe 490-2	Fe 490	1550	SS 490
1.0060	Fe 590-2	St 60-2	Baustahl		A 570 Gr 65	A 60-2	Fe 590-2FN	Fe 590	1650	SM 570
1.0070	Fe 690-2	St 70-2	Baustahl		–	A 70-2	Fe 690-2FN	Fe 690	1655	–
1.5622	14 Ni 6	–	Baustahl, kaltzäh	–100 °C	A 350-LF 5	16 N 6	–	14 Ni KG	–	–
1.5662	X 8 Ni 9	–	Baustahl, kaltzäh	–200 °C	A 350-LF 3	9 Ni 490	3603-509LT	X 10 Ni 9	–	SL 9 N53
1.5680	X 12 Ni 5	–	Baustahl, kaltzäh	–150 °C	2515	Z 18 N5	–	–	–	–
1.5423	16 Mo 5	–	Baustahl, warmfest	+530 °C	4520	–	–	16Mo5KG	–	SB 450 M

MET-T03

Internationale Vergleichstabelle für ausgewählte korrosionsbeständige Stähle

Wk. Nr.	Deutschland DIN	Typ	Stahl-struktur	Zug-festig-keit	Bruch-dehnung % (min) N/mm²*1	U.S.A AISI	France AFNOR	England BS	Italia UNI	SIS Sweden	JIS Japan
1.4113	X 6 CrMo 17-1	F1	ferritisch	450/630	18	434	–	434 S 17	X 8 CrMo 17	–	SUS 434
1.4016	X 8 Cr 17	F1	ferritisch	450/630	20	430	Z 8 C 17	430 S 17	X 8 Cr 17	2320	SUS 430
1.4006	X 10 Cr 13	C1	martensitisch	730	20	410	Z 10 C 13	410 C 21	X 10 Cr 13	2302	SUS 410
1.4021	X 20 Cr 13	C1	martensitisch	800/950	12	420	Z 20 C 13	420 S 37	X 20 Cr 13	2303	SUS 420 J1
1.4028	X 30 Cr 13	C1	martensitisch	850/1000	10	420 F	Z 30 C 13	420 S 45	X 30 Cr 13	2304	SUS 420 J2
1.4057	X 17 CrNi 16-2	C3	martensitisch	800/950	12	431	Z 15 CN 10-02	431 S 31	X 16 CrNi 16		SUS 431
1.4125	X 105 CrMo 17	C3	martensitisch	–	–	440 C	Z 100 CD 17	–	–	–	SUS 440 C
1.4305	X 8 CrNi 18-9	A1	austenitisch	500/700	35	303	Z 8 CNF 18-09	303 S 22	X 10 CrNiS 18 09	2346	SUS 303
1.4301	X 5 CrNi 18-10	A2	austenitisch	540/750	45	304	Z 6 CN 18-09	304 S 17	X 5 CrNi 18 10	2332	SUS 304
1.4303	X 4 CrNi 18-12	A2	austenitisch	500/650	45	305	Z 5 CN 18-11	305 S 19	X 7 CrNi 18 10	–	SUS 305
1.4306	X 2CrNi 19-11	A2	austenitisch	520/670	45	304 L	Z 2 CN 18-10	304 S 11	X 2 CrNi 18 11	2352	SUS 304 L
1.4541	X 6 CrNiTi 18-10	A2	austenitisch	520/720	40	321	Z 6 CNT 18-10	321 S 31	X 6 CrNiTi 18 11	2337	SUS 321
1.4550	X 6 CrNiNb 18-10	A2	austenitisch	520/720	40	347	Z 6 CNNb 18-10	347 S 20	X 6 CrNiNb 18 11	2338	SUS 347
1.4401	X 5 CrNiMo 17-12-2	A4	austenitisch	530/680	40	316	Z 7 CND 17-11-02	316 S 17	X 5 CrNiMo 17 12	2347	SUS 316
1.4404	X 2 CrNiMo 17-12-2	A4	austenitisch	530/680	40	316 L	Z 3 CND 17-11-02	316 S 11	X 2 CrNiMo 17 12	2348	SUS 316 L
1.4435	X 2 CrNiMo 18-14-3	A4	austenitisch	500/700	40	316 L	Z 3 CND 17-11-03	316 S 14	X 2 CrNiMo 17 13	2353	SUS 316 L
1.4436	X 3 CrNiMo 17-13-3	A4	austenitisch	550/700	40	316	Z 6 CND 18-12-03	316 S 19	X 5 CrNiMo 17 13	2343	SUS 316
1.4462	X 2 CrNiMo 22-5-3	A4	austenitisch	650/850	25	329	Z3 CDN 22-05AZ	318 S13	–	2324	SUS 329 J1
1.4438	X 2 CrNiMo 18-15-4	A4	austenitisch	550/700	40	317 L	Z 2 CND 19-15-04	317 S12	X 5 CrNiMo 17 13	2343	SUS 316
1.4539	X 1 NiCrMoCuN 25-20-5	A4	austenitisch	530/730	35	904 L	Z 2 NCDU 25-20	–	–	2562	–
1.4571	X 6 CrNiMoTi 17-12-2	A4	austenitisch	450/690	40	316 Ti	Z 6 CNDT 17-12	320 S 18	X 6 CrNiMoTi 17 12	2350	SUS 316 Ti
1.4580	X 6 CrNiMoNb 17-12-2	A4	austenitisch	450/690	40	316 Cb	Z 6 CNDNb 17-12	318 S 17	X 6 CrNiMoNb 17 12	–	–

*1 längs/quer zur Walzrichtung.   *2 im Normalzustand/geschweißt

MET-T04

Eigenschaften ausgewählter korrosionsbeständiger Stähle

DIN Deutschland	AISI U.S.A.	Gruppe	Hochglanz polierbar	Behandlungszustand	Schweißen ohne Nachbehandlung	Schmiedbar bei °C	Abkühlung in	Magnetisierbar
1.4001		ferritisch	J	geglüht	N	1150...750	Luft	J
1.4104	430 F	ferritisch	J	vergütet	N	1100...750	Luft	N
1.4021	420	martensitisch	J	vergütet	N	1150...750	Asche	J
1.4034	410 S	martensitisch	J	abgeschreckt	N	1100...800	Ofen	J
1.4057	431	martensitisch	J	vergütet	N	1150...750	Asche	J
1.4300		austenitisch	J	abgeschreckt	N	1150...750	Luft	N
1.4301		austenitisch	J	abgeschreckt	J	1150...750	Luft	N
1.4305	303/303 YM	austenitisch	J	abgeschreckt	N	1150...750	Luft	N
1.4310	430 Ti/439	austenitisch	J	abgeschreckt	N	1150...750	Luft	N
1.4541		austenitisch	N	abgeschreckt	J	1150...750	Luft	N
1.4401	316	austenitisch	J	abgeschreckt	J	1150...750	Luft	N
1.4571	316 Ti	austenitisch	N	abgeschreckt	J	1150...750	Luft	N
1.4580	316 cond.B	austenitisch	N	abgeschreckt	J	1150...750	Luft	N

MET-T05

Typische Verwendung einiger ausgewählter korrosionsbeständiger Stähle

Wk-Nr Deutschland	DIN Deutschland	Stahl-Typ	Stahl-Gruppe	allgemeine Anwendungsbeispiele
1.4113	X 6 CrMo 17-1	F1	ferritisch	Automobilteile
1.4016	X 8 Cr 17	F1	ferritisch	Automobilteile; Kücheneinrichtungen
1.4006	X 10 Cr 13	C1	martensitisch	Wasserbehälter
1.4021	X 20 Cr 13	C1	martensitisch	Konstruktionsteile hoher Festigkeit
1.4028	X 30 Cr 13	C1	martensitisch	Verbindungselemente
1.4057	X 17CrNi 16-2	C3	martensitisch	Konstruktionsteile sehr hoher Festigkeit
1.4125	X 105 CrMo 17	C3	martensitisch	Härtbare Konstruktionselemente
1.4305	X 8 CrNi 18-9	A1	austenitisch	Konstruktionselemente, Maschinenteile; Verbindungselemente
1.4301	X 5 CrNi 18-10	A2	austenitisch	Kücheneinrichtungen, Lebensmittelbereich
1.4303	X 4 CrNi 18-12	A2	austenitisch	Verbindungselemente
1.4306	X 2CrNi 19-11	A2	austenitisch	Kücheneinrichtungen, Lebensmittelbereich
1.4541	X 6 CrNiTi 18-10	A2	austenitisch	Gebrauchsgegenstände; Verbindungselemente
1.4550	X 6 CrNiNb 18-10	A2	austenitisch	Gebrauchsgegenstände
1.4401	X 5 CrNiMo 17-12-2	A4	austenitisch	Chemieeinrichtungen
1.4404	X 2 CrNiMo 17-12-2	A4	austenitisch	Chemieeinrichtungen
1.4435	X 2 CrNiMo 18-14-3	A4	austenitisch	Chemieeinrichtungen erhöhter Beständigkeit
1.4436	X 3 CrNiMo 17-13-3	A4	austenitisch	Chemieeinrichtungen erhöhter Beständigkeit
1.4438	X 2 CrNiMo 18-15-4	A4	austenitisch	Chemieeinrichtungen höchster Beständigkeit
1.4539	X 1 NiCrMoCuN 25-20-5	A4	austenitisch	Chemieeinrichtungen erhöhter Beständigkeit und mechan. Festigkeit
1.4571	X 6 CrNiMoTi 17-12-2	A4	austenitisch	Chemieeinrichtungen erhöhter Beständigkeit und mechan. Festigkeit; Verbindungselemente
1.4580	X 6 CrNiMoNb 17-12-2	A4	austenitisch	Chemieeinrichtungen erhöhter Beständigkeit und mechan. Festigkeit

Eigenschaften ausgewählter Superlegierungen

Unter Superlegierungen versteht man Legierungen, welche auf Grund ihrer Zusammensetzung besondere Eigenschaften aufweisen. Superlegierungen sind in hohem Maße kostenintensiv und in der Regel schwer zu bearbeiten. Vor Anwendung sind die Hersteller zu konsultieren. Die folgende Tabelle enthält einige ausgewählte amerikanische Superlegierungen, welche für die Anwendung in aggressiven Medien (Seewasser, Chemietechnik) bei gleichzeitig hoher mechanischer Beanspruchung eingesetzt werden. Sie sind in hohem Maße korrosionsbeständig und abriebfest. Die Superlegierungen unterliegen in der Regel keiner Normung, ihre Bezeichnung ist stets ein geschützter Handelsname und von Hersteller zu Hersteller unterschiedlich.

Leitname[1] (Trade marks)	Handelsnamen[1] (Trade marks)	Anwendungen	Werkstoff-nr.	wichtigste Legierungsbestandteile (Durchschnittswerte)[2]									
				C	Cr	Mo	Ni	Cu	Al	Ti	Co	Fe	Mn
Alloy 255	Ferralium 255, HPA 255, Ferrinox 225, AF 550	Pumpen, Ventile, Rohre für abrasiv-korrodierende Flüssigkeiten	–	0,04	25,5	3,5	5,5	2	–	–	–	62	1,5
Aquamet 17		Pumpen, Ventile, Rohre für abrasiv-korrodierende Flüssigkeiten	–	0,07	17	–	4	4	–	–	–	70	1
Aquamet 18		Pumpen, Ventile, Rohre für abrasiv-korrodierende Flüssigkeiten	–	0,15	18	–	1,5	–	–	–	–	60	13
Aquamet 19		Pumpen, Ventile, Rohre für abrasiv-korrodierende Flüssigkeiten	–	0,08	19	–	9	–	–	–	–	70	2
Aquamet 22		Pumpen, Ventile, Rohre für abrasiv-korrodierende Flüssigkeiten	–	0,06	22	2,5	12,5	–	–	–	–	58	5
Corrosist D		Pumpen, Ventile, Rohre für abrasiv-korrodierende Flüssigkeiten	–	0,15	–	–	91	2,7	–	–	–	5	0,75
Corrosist IL		Pumpen, Ventile, Rohre für abrasiv-korrodierende Flüssigkeiten	–	0,15	23	4	57,5	7,5	–	–	–	7	0,75
Cronifer 2803 Mo		Pumpen, Ventile, Rohre für abrasiv-korrodierende Flüssigkeiten	1.4575	0,01	28,5	2,2	3,5	–	–	–	–	64	0,5
Hastelloy X	Nircofer 4722, Nickelvac HX, Pyromet Alloy 680	Petrochemie, Brennkammern, Gasturbinen	2.4665	0,1	22	9	48	–	–	–	1,5	18,5	0,65
Invar	Alloy 36, Ametek 936, Nilo 36	Elektronik, Lasertechnik, Thermotechnik, Metall-Glas-Verbindungen	1.3912	0,05	0,25	–	36	–	0,1	0,1	0,5	62	0,6

Leitname [1] (Trade marks)	Handelsnamen [1] (Trade marks)	Anwendungen	Werkstoff-nr.	wichtigste Legierungsbestandteile (Durchschnittswerte) [2]									
				C	-	Mo	Ni	Cu	Al	Ti	Co	Fe	Mn
Invar FM	Alloy42, AL 42, Ametek 942, Dilaton 42, HPM NI 42	Elektronik, Lasertechnik, Thermotechnik, Metall-Glas-Verbindungen	-	0,1	-	-	36	-	-	-	-	63	0,5
Invar FC		Elektronik, Lasertechnik, Thermotechnik, Metall-Glas-Verbindungen	-	0,15	0,25	-	36	-	-	-	-	62	1
Monel 400	Nickelvac 400, Nicorros, Silverin 400	Pumpen, Ventile, Rohre für Seewasserapplikationen	2.4360	0,12	-	-	65	32	-	-	0,5	1,5	1
Monel 401		Elektrische Bauelemente	-	0,1	-	-	43	53	-	-	-	0,75	2,25
Monel 404		Keramik-Metallverbindungen	-	0,15	-	-	55	44	-	-	-	0,5	0,1
Monel R 405	Silverin 405	Verbindungs-und Befestigungselemente	-	0,3	-	-	64	31	-	-	-	2,5	2
Monel K 500	Silverin 500, Nicorros Al, Nickelvac K-500	aushärtbar, höhere Festigkeit und Beständigkeit als Monel 400, -502	2.4375	0,13	-	-	64	30	2,5	0,6	-	-	-
Monel 502	Nickelvac K-502	Pumpen, Ventile, Rohre, Propellerwellen in Seewasser	-	0,1	-	-	66	26,5	3	0,5	-	2	1,5
Multimet 155	Alloy 155	Hochtemperaturanwendung in Brennkammern und Gasturbinen	2.4971	0,12	21	3	20	-	-	-	20	34	1,5
Nicrofer 45	entfällt	Befestigungselemente im Hochtemperatur- und Tieftemperaturbereich	-	0,1	27,5	-	45	0,3	-	-	-	23	1
Nicrofer HT	entfällt	Wärmetauscher in der Petrochemie	-	0,2	25	-	64	0,1	2,1	0,15	-	9,5	0,15
XM 19 High	HPA 50, Nitrinic 50, Carpenter 22Cr-13Ni-5Mn	höhere Festigkeit und Beständigkeit als Monel 400, -502 und 1.4571	-	x	x	x	x	x	x	x	x	x	x
Tinel	Flexinol, Memory Alloy	Memory-Metall für Sensor- und Regeltechnik	-	x	x	x	x	x	x	x	x	x	x

1) Die Leit- und Handelsnamen sind eingetragene Warenzeichen

2) Die Legierungsanteile sind Durchschnittswerte und variieren innerhalb einer gewissen Bandbreite

x) Daten nicht verfügbar

MET-T07

NE-Metalle

NE-Metalle (Nichteisenmetalle) beinhalten alle Metalle, deren Haupt-Legierungsbestandteile nicht der Gruppe der Eisenmetalle angehören.

Ihre Einteilung erfolgt meist in die Gruppe der Leichtmetalle, wozu insbesondere Aluminium mit seinen Legierungen, Magnesium mit seinen Legierungen und Titan gehören, sowie in die Gruppe der sogenannten Buntmetalle, wozu Kupfer, Zink, Zinn und ihre Legierungen gehören.

Die Kennzeichnung der Nichteisenmetalle erfolgt in Deutschland neben der genormten Werkstoffnummer auch nach der Legierung und den Eigenschaften.

NE-Metalle haben gegenüber Eisenmetallen teilweise besondere Bezeichnungen ihrer Eigenschaften wie beispielsweise
– Gusslegierungen
– Knetlegierungen
welche ihre speziellen Eigenschaften definieren. Auch für die Wärmebehandlung unterscheidet man in
– aushärtbar
– kalt aushärtbar
– warm aushärtbar
Die Begriffe werden im Folgenden kurz erklärt.

Gusslegierung
Bei Gusslegierungen handelt es sich um Legierungen, welche durch spezielle Legierungsanteile (z. B. Silizium) eine gute Fließfähigkeit aufweisen und deshalb günstige Gießeigenschaften besitzen.

Knetlegierungen
Der Begriff „Knetlegierung" bezeichnet die Eigenschaft, dass diese Legierungen sich besonders gut zum Pressen und Extrudieren eignen. Sie können sowohl im warmen als auch im kalten Zustand spanlos verformt werden.

Aushärtbar
Als aushärtbar bezeichnet man Legierungen, bei welchen man durch Wärmebehandlung und/oder Lagerung eine Festigkeitssteigerung erzielen kann.

Kalt aushärtbar
Kalt aushärtende Legierungen härten

nach der Herstellung durch Lagerung bei Raumtemperatur von selbst aus.

Warm aushärtbar
Warm aushärtende Legierungen härten nach der Herstellung durch Lagerung bei hohen Temperaturen (ca. 100 ... 200 °C) innerhalb einer bestimmten Zeit aus.

Leichtmetalle

Leichtmetalle sind Metalle oder Legierungen, deren spezifisches Gewicht bis ca. 5 g/cm³ beträgt. Ihre Anwendung in der Konstruktions- und Fahrzeugtechnik ist so stark zunehmend, dass an dieser Stelle detaillierter darauf eingegangen wird.

Aluminiumlegierungen

Aluminium ist neben Stahl das am meisten verwendete Metall. Als Grundstoff dient Tonerde, ein preiswertes und sehr häufig vorkommendes Mineral, der Gewinnungsprozess ist jedoch sehr energieaufwendig (20 kWh pro kg Aluminium). Aluminium zeichnet sich durch das geringe spezifische Gewicht von 2,7 g/cm³ aus, es wiegt damit nur ca. 1/3 von Stahl, bestimmte Legierungen erreichen jedoch die Festigkeit von Baustählen. Aluminium schützt sich durch eine Oxidhaut, welche eine gute Korrosionsfestigkeit gegen Witterungseinflüsse ergibt.

Eigenschaften
Die Eigenschaften von Aluminium lassen sich durch die Kombination von den typischen Legierungsanteilen Magnesium, Mangan, Kupfer, Zink und Silizium in weiten Grenzen beeinflussen. Die Legierungsanteile bestimmen Festigkeit, Bearbeitbarkeit und Korrosionsfestigkeit. Die wichtigsten Verwendungsformen und Legierungen sind:
– Reinaluminium
– Aluminium-Knetlegierungen
– Aluminium-Gusslegierungen

Reinaluminium
Reines Aluminium (99,5 % Al) ist sehr weich, leitet den elektrischen Strom sehr gut, kann eloxiert werden, hat aber nur eine Zugfestigkeit von ca. 65 N/mm². Die spanlose Bearbeitung ist gut, die spanab-

hebende Bearbeitung schwierig wegen der schmierenden Späne. Durch Kaltverformung kann die Festigkeit um ca. 100 % gesteigert werden. Reinaluminium wird hauptsächlich in der Elektrotechnik verwendet.

Aluminium-Knetlegierungen

Aluminium-Knetlegierungen zählen zu den am häufigsten verwendeten Aluminiumlegierungen. Die Namensgebung beruht auf der Eigenschaft dieser Legierungen, sich in plastischem Zustand sehr gut auch zu komplex geformten Profilen pressen oder ziehen zu lassen, wobei der Legierungsbestandteil Silizium förderlich ist. Knetlegierung können warmaushärtbar (wa) oder kaltaushärtbar (ka) sein.

Beim Warmaushärten wird das Material nach dem Glühen (Lösungsglühen bei ca. 500 °C) bei Anlasstemperaturen von 100...200 °C mehrere Stunden bzw. Tage gelagert. Durch Lösungsvorgänge innerhalb des Gefüges kann so die Festigkeit gesteigert werden.

Beim Kaltaushärten wird das Material nach dem Glühen in Wasser abgeschreckt und härtet dann während der Lagerung bei Raumtemperatur aus.

Durch Erwärmen während der Bearbeitung kann die Aushärtung verloren gehen, der entsprechende Prozess muss dann wiederholt werden.

Die wichtigsten Knetlegierungen sind:
– Aluminium-Magnesium-Legierungen (AlMg)
– Aluminium-Kupfer-Magnesium-Legierungen (AlCuMg)
– Aluminium-Zink-Magnesium-Legierungen (AlZnMg)

Aluminium-Magnesium-Legierungen (AlMg)

AlMg-Legierungen haben bei Magnesiumanteilen zwischen 1...5 % Festigkeiten von 180...270 N/mm² und sind gut bearbeitbar. Ab einem Magnesiumgehalt von 3 % haben sie eine hohe Korrosionsfestigkeit und sind für den Einsatz in Meerwasser geeignet.

Aluminium-Kupfer-Magnesium-Legierungen (AlCuMg)

AlCuMg-Legierungen haben Festigkeiten im Bereich von 300...450 N/mm², sind aber korrosionsempfindlicher.

Aluminium-Zink-Magnesium-Kupfer-Legierungen (AlZnMgCu)

AlZnMgCu-Legierungen erreichen die höchsten Festigkeitswerte mit bis ca. 650 N/mm², sind aber stärker korrosionsgefährdet.

Aluminium-Gusslegierungen

Gusslegierungen unterscheiden sich von den Knetlegierungen durch den höheren Anteil an Silizium (ca. 12 %), wodurch die Gießfähigkeit entscheidend verbessert wird. Zusätze von Mg verbessern die Warmfestigkeit und die Korrosionsbeständigkeit.

Kennzeichnung von Aluminiumlegierungen

Neben der Kennzeichnung durch Werkstoffnummer und der speziellen Kennzeichnung für NE-Metalle werden meist noch zusätzliche Angaben über die Wärmebehandlung (Aushärten) gemacht.

Verarbeitung von Aluminiumwerkstoffen

Die Bearbeitung von Aluminium unterscheidet sich wesentlich von der Bearbeitung der Eisenmetalle. Zu beachten sind folgende Punkte:
– allgemeiner Werkzeugeinsatz
– spanlose Verformung
– spanende Bearbeitung
– Verbindungstechnik
– Schweißen

Allgemeiner Werkzeugeinsatz

Generell müssen für die Bearbeitung von Aluminium separate Werkzeuge verwendet werden. Jeder Kontakt mit fremden Metallpartikeln (z. B. Bearbeitungsrückstände, Schleifstaub), speziell von Eisenmetallen und Buntmetallen, muss vermieden werden, weil hierdurch Korrosion an, auf oder im Aluminium verursacht werden kann. Dies ist speziell bei der Oberflächenbearbeitung zu beachten. Grundsätzlich müssen z. B. Bürsten, mit denen Aluminium bearbeitet wird, aus Edelstahl bestehen. Werkzeuge (Feilen, Schleifmittel), mit denen Stahl oder Buntmetalle bearbeitet wurde, können nicht mehr für Aluminium verwendet werden. Bei der Lagerung ist Aluminium von anderen Metallen durch Zwischenlagen oder Beilagen zu isolieren.

Spanlose Verformung

Aluminium kann in den meisten Fällen ebensogut spanlos verformt werden wie normale Stähle, jedoch ist dem geringeren Elastizitätsmodul gegenüber Stahl Rechnung zu tragen. Die am häufigsten verwendeten Knetlegierungen erreichen bei der spanlosen Verformung (Biegen, Pressen, Tiefziehen) eine hohe Kaltverfestigung. Falls diese Kaltverfestigung unerwünscht ist oder die weitere Bearbeitung stört, muss sie durch Zwischenglühen beseitigt werden. Die im Vergleich zu Stahl höhere Rückfederung beim Verformen ist zu beachten.

Spanende Bearbeitung

Die geringere Festigkeit und Härte von Aluminium ermöglicht generell höhere Schnittgeschwindigkeiten. Beim Bohren oder Drehen ist als Faustregel die doppelte Drehzahl wie für Stahl üblich zu verwenden.

Aluminium ist langspanend, es sind größere Seitenspanwinkel an der Werkzeugschneide nötig. Aluminium neigt zum Schmieren und zu Aufbauschneiden, was durch den Einsatz von Kühlmitteln verhindert werden kann. Der Einsatz von titannitridbeschichteten Einsatzwerkzeugen ist ohne Kühlmittel nicht möglich: Durch die Affinität des Titannitrids zu Aluminium legiert sich Aluminium an den Werkzeugschneiden an. Ein Späneabfluss ist dann wegen der sich sofort bildenden Aufbauschneiden nicht mehr möglich.

Verbindungstechnik

An Aluminium können alle üblichen Verbindungselemente eingesetzt werden. Zu beachten ist dabei, dass sie ebenfalls aus demselben Werkstoff gefertigt sind. Werden Edelstähle verwendet, dann müssen die Verbindungselemente durch isolierende Zwischenlagen voneinander getrennt sein.

Verbindungselemente aus anderen Stählen oder NE-Metallen müssen wegen der Kontaktkorrosion unbedingt vermieden werden.

Enge Hohlräume und Spalten, auch zwischen demselben Werkstoff, sollten vermieden werden, weil sie die Spaltkorrosion fördern.

In zunehmendem Maße werden Klebeverbindungen angewendet, mit denen sich Korrosionsnachteile vermeiden lassen.

Schweißen

Die meisten Aluminiumlegierungen sind gut schweißbar, neigen jedoch bei nicht artgerechtem Schweißverfahren wegen ihrer höheren Wärmeausdehnung zu Schweißspannungen und Verformungen. Das Schweißen geschieht ausschließlich unter Schutzgas, überwiegend nach den MIG- und WIG- (TIG-)Verfahren. Bei dicken Schweißnähten kann es zur Porösität der Schweißnaht kommen, wenn nicht geeignete Schweißverfahren (HF-Überlagerung, Pulsschweißverfahren) angewendet werden.

Arbeitsschutz

Feinster Aluminiumstaub, wie er beim Schleifen entsteht, kann bei entsprechender Konzentration und Vorhandensein einer Zündquelle (el. Funken) zu einer Staubexplosion führen. Die entsprechenden berufsgenossenschaftlichen Vorschriften sind zu beachten.

Magnesiumlegierungen

Magnesium hat von allen Konstruktionsmetallen mit 1,74 g/cm³ das niedrigste spezifische Gewicht. Es wiegt damit knapp 2/3 von Aluminium. Bei einer durchschnittlichen Festigkeit von ca. 100...200 N/mm² erreichen Konstruktionsteile aus Magnesiumlegierungen ein sehr günstiges Gewicht/Festigkeitsverhältnis.

Eigenschaften

Magnesiumlegierungen haben nur eine geringe Elastizität. Dies muss bei der Werkstückgestaltung berücksichtigt werden. Belastungskonzentrationen, insbesondere im Bereich von Befestigungselementen, müssen vermieden werden. Die Korrosionsfestigkeit ist gering. Magnesium ist (z. B. in Spanform) entzündlich und verbrennt unter hoher Hitzeentwicklung.

Durch unterschiedliche Legierungsbestandteile und Anteile können die Eigenschaften geändert werden. Aluminium fördert die Festigkeit, Mangan die Schweißbarkeit, Zink die Verformbarkeit.

Verarbeitung von Magnesiumwerkstoffen

Die Bearbeitung von Magnesiumwerkstoffen gleicht in vielen Fällen der von Aluminium. Zu beachten sind folgende Punkte:
– allgemeiner Werkzeugeinsatz
– spanlose Verformung
– spanende Bearbeitung
– Verbindungstechnik
– Schweißen

Allgemeiner Werkzeugeinsatz

Generell müssen für die Bearbeitung von Magnesiumlegierungen separate Werkzeuge verwendet werden. Jeder Kontakt mit fremden Metallpartikeln (z. B. Bearbeitungsrückstände, Schleifstaub), speziell von Eisenmetallen und Buntmetallen, muss vermieden werden, weil hierdurch Korrosion an, auf oder in der Magnesiumlegierung verursacht werden kann. Dies ist speziell bei der Oberflächenbearbeitung zu beachten. Grundsätzlich müssen z. B. Bürsten, mit denen Magnesiumlegierungen bearbeitet werden, aus Edelstahl bestehen. Werkzeuge (Feilen, Schleifmittel), mit denen Stahl oder Buntmetalle bearbeitet wurde, können nicht mehr verwendet werden. Bei der Lagerung sind Magnesiumlegierungen von anderen Metallen durch Zwischenlagen oder Beilagen zu isolieren.

Spanlose Verformung

Bei der spanlosen Verformung ist auf die geringere Elastizität Rücksicht zu nehmen, da es sonst zur Rissbildung kommt. Kaltumformungen sind deshalb möglichst zu vermeiden. Druckgießen und Schmieden ist bei entsprechender Wärmebehandlung unproblematisch.

Spanende Bearbeitung

Die geringere Festigkeit und Härte von Magnesiumlegierungen ermöglichen generell höhere Schnittgeschwindigkeiten.

Bei allen spanenden Bearbeitungsarten ist dem Umstand Rechnung zu tragen, dass Magnesiumspäne brennbar sind und Magnesiumstaub explodieren kann. Die Bearbeitung muss so eingerichtet werden, dass möglichst große Späne bzw. möglichst grobkörniger Staub entsteht, um diese Gefahr zu verringern. Wasser ist als Kühlmittelbestandteil und als Löschmittel ungeeignet, weil es sich mit brennendem Magnesium explosionsartig zersetzt.

Verbindungstechnik

An Magnesiumlegierungen können alle üblichen Verbindungselemente eingesetzt werden. Zu beachten ist dabei, dass sie ebenfalls aus demselben Werkstoff gefertigt sind. Werden Edelstähle verwendet, dann müssen die Verbindungselemente durch isolierende Zwischenlagen voneinander getrennt sein.

Verbindungselemente aus anderen Stählen oder NE-Metallen müssen wegen der Kontaktkorrosion unbedingt vermieden werden.

Enge Hohlräume und Spalten, auch zwischen demselben Werkstoff, sollten vermieden werden, weil sie die Spaltkorrosion fördern.

In zunehmendem Maße werden Klebeverbindungen angewendet, mit denen sich Korrosionsnachteile vermeiden lassen.

Schweißen

Die meisten Magnesiumlegierungen sind schweißbar, neigen jedoch bei nicht artgerechtem Schweißverfahren wegen ihrer höheren Wärmeausdehnung zu Schweißspannungen und Verformungen. Das Schweißen geschieht ausschließlich unter Schutzgas, überwiegend nach dem WIG-(TIG-)Verfahren. Dabei sind wegen der Brennbarkeit des Werkstoffes besondere Maßnahmen erforderlich.

Arbeitsschutz

Wie bereits erwähnt, sind wegen der Brand- und Explosionsgefahr bei der Bearbeitung von Magnesium und Magnesiumlegierungen besondere Schutzmaßnahmen nötig. Zur Brandbekämpfung darf niemals Wasser, sondern nur Sand oder Graugussspäne verwendet werden. Für die Bearbeitung haben die Berufsgenossenschaften verbindliche Vorschriften erlassen, welche einzuhalten sind.

Titan

Titan ist als ein Metall bekannt, welches im Hochtechnologiebereich (Raumfahrt, Rüstungsindustrie, Luftfahrtindustrie, Medizintechnik) und im Bereich der Extremsportarten eingesetzt wird.

Neue Verarbeitungstechniken ermöglichen in zunehmendem Maße auch den Einsatz für hochbelastete Teile im kommerziellen Bereich bei angemessenem Kosten-Nutzen-Verhältnis.

Eigenschaften

Titan hat Festigkeitseigenschaften im Bereich von vergüteten Stählen und behält diese Eigenschaften bis in Temperaturbereiche von ca. 300...500 °C bei. Je nach Legierung beträgt die Zugfestigkeit zwischen ca. 300...900 N/mm². Mit einem spezifischen Gewicht von 4,51 g/cm³ ist Titan jedoch fast um die Hälfte leichter als Stahl. Seine Schmelztemperatur (1660 °C) liegt über der von Stahl. Die Korrosionsbeständigkeit von Titan ist außerordentlich hoch, insbesondere gegenüber Chloridlösungen, Seewasser und organischen Säuren.

Titanlegierungen

Titan wird sowohl in reiner Form als auch legiert verwendet. Je nach Legierungsanteil hat Titan unterschiedliche Eigenschaften. Üblich sind:
– Reintitan
– Alphalegierungen
– Alpha-Betalegierungen
– Betalegierungen
wobei die Bezeichnungen nach der Gefügestruktur gewählt wurden.

Hauptsächliche Legierungsmetalle sind Aluminium, Chrom, Kupfer, Eisen, Mangan, Molybdän.

Reintitan

Reintitan (99,7 %) hat etwa die Festigkeit von Aluminiumlegierungen, zeichnet sich aber durch sehr hohe Korrosionsbeständigkeit aus.

Alphalegierungen

Titan-Alphalegierungen haben hohe Anteile an Aluminium, erreichen hohe Festigkeitswerte und Korrosionsbeständigkeit bei hohen Temperaturen zwischen 300...500 °C. Alphalegierungen können nicht vergütet werden, sie sind gut schweißbar.

Alpha-Beta-Legierungen

Legierungsbestandteile wie Chrom, Kupfer, Eisen, Mangan, Molybdän, Tantal, Columbium erhalten das Beta-Gefüge bis auf den normalen Temperaturbereich. Ein Vergüten ist möglich, wodurch hohe Festigkeitswerte erzielt werden können. Nachteilig ist die entsprechend höhere Sprödigkeit, welche die Verformbarkeit beeinträchtigt.

Betalegierungen

Reine Betalegierungen haben einen höheren Anteil an betastabilisierenden Legierungsbestandteilen. Durch Wärmebehandlung (Vergüten) lassen sich sehr hohe Festigkeitswerte erzielen.

Betalegierungen weisen eine extrem hohe Korrosionsbeständigkeit auf. Beide Eigenschaften ermöglichen hochfeste Verbindungselemente und chirurgische Implantate.

Verarbeitung von Titanwerkstoffen

Die Verarbeitung von Titanwerkstoffen unterscheidet sich in einigen Bereichen wesentlich gegenüber der von „normalem" Stahl. Diesen Unterschieden muss Rechnung getragen werden. Zu beachten sind folgende Punkte:
– spanlose Verformung
– spanende Bearbeitung
– Schweißen

Spanlose Verformung

Reintitan kann gut verformt werden, bei den Titanlegierungen wegen der Sprödigkeit weniger gut, teilweise nicht möglich. Weichglühen bei 500...600 °C verbessert die Verformbarkeit. Während der Verformung tritt wie bei Edelstahl eine Kaltverfestigung ein, die Rückfederung ist höher. Schmieden ist bei Temperaturen um ca. 700 °C in Schutzgasatmosphäre möglich.

Spanende Bearbeitung

Wie bei Edelstahl kann im Bereich der Werkzeugschneide bei erhöhter Reibung durch zu geringen Vorschub eine Kaltverfestigung auftreten, welche das Einsatzwerkzeug schnell abstumpft. Es muss also bei der Titanbearbeitung auf scharfe Werkzeuge, den richtigen Vorschub und gute Spanbildung geachtet werden. Die Einsatzwerkzeuge sind der höheren Beanspruchung entsprechend auszuwählen.

Beim Gewindeschneiden sollten grobe Gewinde bevorzugt werden, da bei feinen Gewinden durch Partikelaufbau ("Fressen") an der Werkzeugschneide Ausbrucherscheinungen auftreten.

Schweißen

Schweißen muss mit Ausnahme der Punktschweißung generell unter Schutzgas erfolgen, da geschmolzenes Titan große Mengen von Sauerstoff und Stickstoff aufnimmt, welche zur Versprödung führen. WIG (TIG), Elektronenstrahl und Laserschweißung, unter besonderen Bedingungen auch MIG, ist möglich. Schweißverbindungen mit anderen Metallen sind wegen Versprödungsgefahr problematisch.

Beryllium

Beryllium zählt mit einem spezifischen Gewicht von 1,82 g/cm^3 zu den Leichtmetallen und hat spezielle Eigenschaften, die es für den Hochtechnologiebereich interessant machen. Es ist für Röntgenstrahlen durchlässig. Reines Beryllium ist spröde, verbessert aber als Legierungsanteil in anderen Metallen (z. B. Kupfer und Stahl) deren Härte und Dauerschwingfestigkeit. Beryllium-Kupferlegierungen werden beispielsweise für Werkzeuge verwendet, deren Anwendung in explosionsgefährdeten Bereichen wie Petrochemie, Bergbau, Tankschifffahrt stattfindet, weil sie bei Berührungen mit anderen Metallen keine Funkenbildung erzeugen. Berylliumstäube sind in hohem Maße gesundheitsschädlich. Die Bearbeitung im handwerklichen Betrieb kann nicht empfohlen werden.

Zusammenfassung

Leichtmetalle und ihre Legierungen werden überall dort verwendet, wo entsprechende Gewichts-Festigkeits-Verhältnisse nicht mit Eisenmetallen erreicht werden können. Die spanende und spanlose Bearbeitung von Aluminiumlegierungen ist meist problemlos, bestimmte Werkzeuggeometrien müssen jedoch beachtet werden. Bei metallischen Fügeverfahren wie Schweißen und Löten müssen die Besonderheiten des Werkstoffes beachtet werden. Je nach Legierungsanteil ergeben sich sehr unterschiedliche Korrosionsverhalten.

Titanlegierungen erreichen die Festigkeiten von hochlegierten Stählen sind jedoch meist nur mit Sonderverfahren, und auch dann oft nur eingeschränkt, bearbeitbar.

Berylliumlegierungen werden in Hochtechnologiebereichen wie Luft- und Raumfahrt verwendet. Ihre Bearbeitung ist wegen der teilweise toxischen Wirkung komplex und handwerklich nicht realisierbar.

Kennzeichnung von Nichteisenmetallen (vereinfacht)

Kennung

Grundmetall
Legierungs-Hauptmetall Legierungsanteil %
Legierungs-Nebenmetall(e)
Zugfestigkeit N/mm² × 10
Zusatzkennzeichnung

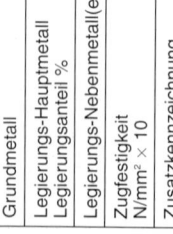

Al Mg 4,5 Mn F 28 wh

Beispiel: AlMg 4,5 Mn F28 wh

Aluminium
Magnesium 4,5 % Gewichtsanteil
Mangan
Zugfestigkeit 280 N/mm
gewalzt

Grund- und Legierungsmetalle	Kurz-zeichen
Aluminium	Al
Wismut	Bi
Cadmium	Cd
Cobalt	Co
Chrom	Cr
Kupfer	Cu
Eisen	Fe
Magnesium	Mg
Mangan	Mn
Molybdän	Mo
Nickel	Ni
Blei	Pb
Silicium	Si

Grund- und Legierungsmetalle	Kurz-zeichen
Zinn	Sn
Tantal	Ta
Vanadium	V
Wolfram	W
Zink	Zn

Zusatzkennzeichnung (Leichtmetalle)	Kurz-zeichen
ausgehärtet	a
geglüht	g
kalt ausgehärtet	ka
warm ausgehärtet	wa
gewalzt – walzhart	wh
gezogen – ziehhart	zh

MET-T08

MET-T09

Leichtmetalle

Eigenschaften einiger ausgewählter Leichtmetalllegierungen

Wk.Nr.	Germany DIN	Typ	Zugfestigkeit N/mm² (R_m)	Bruch-dehnung % (min)	Verwendung, Eigenschaften
33.319	Al Mg 1	Al-Legierung	100...180	23...4	Fahrzeugbau
3.3535	Al Mg 3	Al-Legierung	190...305	20...3	seewasserbeständig, Fahrzeug- u. Schiffsbau
3.3545	Al Mg 4,5 Mn	Al-Legierung	240...360	18...8	seewasserbeständig, Fahrzeug- u. Schiffsbau
3.2316	Al Mg Si 0,5	Al-Legierung	200...275	16...12	Strangpressprofile
3.2315	Al Mg Si 1	Al-Legierung	200...295	18...8	Strangpressprofile
3.1325	Al Cu Mg 1	Al-Legierung	390	13	korrosionsempfindlich, Fahrzeug- u. Flugzeugbau
3.1355	Al Cu Mg 2	Al-Legierung	440	13	korrosionsempfindlich, Fahrzeug- u. Flugzeugbau
3.1255	Al Cu Si Mn	Al-Legierung	400...460	13...7	hochfest, korrosionsempf., Fahrzeug- u. Flugzeugbau
3.4345	Al Zn Mg Cu 0,5	Al-Legierung	410...450	8...3	hochfest, korrosionsempf., Fahrzeug- u. Flugzeugbau
3.4365	Al Zn Mg Cu 1,5	Al-Legierung	480...530	8...2	hochfest, korrosionsempf., Fahrzeug- u. Flugzeugbau
	Mg Al 3 Zn	Mg-Legierung	240	10	schweiß- u. verformbar
	Mg Al 6 Zn	Mg-Legierung	270	8	eingeschränkt schweißbar
	Mg Al 8 Zn	Mg-Legierung	290	6	hohe Festigkeit
	G Mg Al 6	Mg-Gusslegierung	180...230	12...4	schlagzäh, Autofelgen
	G Mg Al 8 Zn 1	Mg-Gusslegierung	200...280	12...1	schwingungs- u. stoßbelastbar, schweißbar
	G Mg Al 9 Zn 1	Mg-Gusslegierung	200...300	12...0,5	höchste Zugfestigkeit, schweißbar, gute Gleiteigenschaften
3.7025	Ti 99,8	Titan	290...410	30	geglüht
3.7065	Ti 99,5	Titan	540...740	16	geglüht
3.7165	Ti Al 6 V 4	Ti-Legierung	890	6	geglüht, sehr hohe Festigkeit
–	Ti Al 6 Zr 5	Ti-Legierung	1270	6	warmausgehärtet, höchste Festigkeit

Erkennen von Aluminiumlegierungen durch Ätzprobe

Aluminiumlegierungen sind äußerlich meist nicht unterscheidbar. Eine Möglichkeit, den Legierungsgrundtyp festzustellen ist die Ätzprobe. Da hierbei das Material angegriffen wird, sollten Abfallstücke für die Prüfung verwendet werden. Bei Blechen sind neben reinen Blechen auch plattierte Bleche im Handel. Bei Blechen ist deshalb die Ätzprobe an der Schnittkante durchzuführen. Wegen der verwendeten Säuren und Laugen sind entsprechende Arbeitsschutzmaßnahmen einzuhalten (Schutzhandschuhe, Schutzbrille etc.)

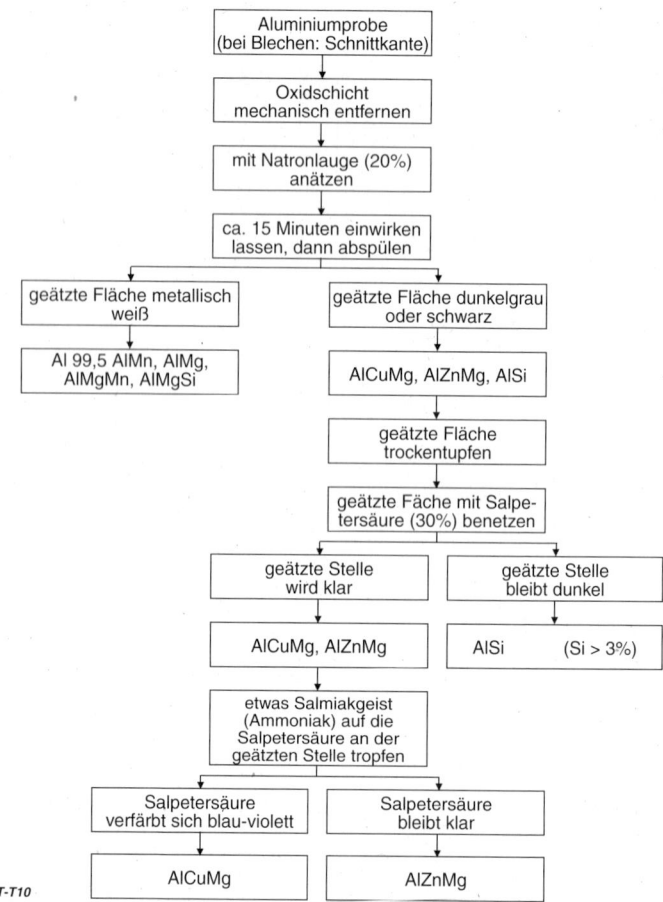

MET-T10

Ätzlösungen für Metalle

zu ätzendes Metall	Kurz- zeichen	Ätzlösung (chemische Formel)			Mischungs- verhältnis	Temperatur
		Komponente 1	Komponente 2	Komponente 3		
Aluminium	Al	H_2O	HF	-	1 : 1	
		HCl	HNO_3	HF	1 : 1 : 1	
Eisen	Fe	H_2O	HCl	-	1 : 1	
		H_2O	HNO_3	-	1 : 1	
Gold	Au	H_2O	HF	H_2O_2	20 : 1 : 1	
		HCl	HNO_3	-	3 : 1	heiß
Kupfer	Cu	H_2O	HNO_3	-	1 : 5	
Magnesium	Mg	H_2O	NaOH	-	1 : 10	heiß
Nickel	Ni	HF	HNO_3	-	1 : 1	
Silber	Ag	NH_4OH	H_2O_2	-	1 : 1	
Titan	Ti	H_2O	HF	HNO_3	50 : 1 : 1	
		H_2O	HF	H_2O_2	20 : 1 : 1	
Zinn	Sn	H_2O	HF	-	1 : 1	
		HF	HNO_3	-	1 : 1	
		HF	HCl	-	1 : 1	

MET-T11

Komponenten

Komponenten	Benennungen
H_2O	Wasser
H_2O_2	Wasserstoffperoxyd
HCL	Salzsäure
HF	Flußsäure
HNO_3	Salpetersäure
NaOH	Natronlauge
NH_4OH	Salmiakgeist

Die Ätzlösungen sind teilweise sehr aggressiv, beim Ätzvorgang können giftige Dämpfe entstehen. Der Arbeitsplatz ist entsprechend einzurichten. Persönliche Arbeitsschutzmaßnahmen (Schutzkleidung, Handschuhe, Schutzbrillen, Atemschutz) sind unerlässlich.

Schwermetalle

Als Schwermetalle werden Metalle bezeichnet, deren Dichte über der von Eisen liegt. Zu den wichtigsten Schwermetallen zählen die Kupferlegierungen, populär als "Buntmetalle" bezeichnet. Die bekanntesten sind:
– Kupfer
– Messing
– Bronzen
Wegen ihres hohen spezifischen Gewichtes zählen sie zu den Schwermetallen.
Die Legierungsanteile:
– Zink
– Zinn
– Blei
– Beryllium
finden auch als eigenständige Metalle Verwendung.

Kupferlegierungen

Kupfer ist das am längsten bekannte Metall. Es wird aus Erz erschmolzen und durch Wärmebehandlung oder elektrolytisch raffiniert.

Reinkupfer
Reines Kupfer wird wegen seiner guten elektrischen und thermischen Leitfähigkeit vor allem in der Elektrotechnik und der Thermotechnik eingesetzt. Wegen seiner guten Korrosionsbeständigkeit findet es auch im Außenbereich Verwendung. Lieferformen sind Drähte, Bleche, Halbzeuge und Profile.

Messing (Kupfer-Zink-Legierungen)
Kupfer-Zink-Legierungen werden als Messing bezeichnet. Die Farbe von Messing kann je nach Zinkanteil von Rotgelb bis Gelb variieren.
Messing mit weniger als 30 % Zinkteil wird als Tombak bezeichnet. Es eignet sich besonders zur spanlosen Verformung. Höhere Zinkanteile machen das Messing härter, besser gießbar und besser spanend bearbeitbar. Ab 50% Zinkanteil tritt Versprödung ein.
Früher wurde Messing nach seinem Kupferanteil bezeichnet. Ms 63 stand für 63 % Kupferanteil. Dasselbe Messing wird heute mit CuZn 37 bezeichnet (37 % Zink, der Rest ist Kupfer).

Messing wird bevorzugt für Verbindungsmittel in der Installationstechnik (Fittings) und bei Beschlägen eingesetzt, bei denen Stahl wegen der Korrosionsempfindlichkeit nicht verwendet werden kann.

Bronzen
Kupferlegierungen mit einem Kupfergehalt von höchstens 60 % und deren Legierungsbestandteile aus anderen Metallen bestehen, wobei der Hauptlegierungsanteil nicht Zink ist, werden als Bronzen bezeichnet.
Die Farbe ist zwischen Rotbraun und Braun. Bronze ist korrosionsbeständig, sehr gut gießfähig und in warmem Zustand gut verformbar. Die wichtigsten Bronzetypen sind:
– Zinnbronzen
– Bleibronzen
– Aluminiumbronzen
– Nickelbronzen

Zinnbronzen
Zinnbronzen enthalten als Knetlegierungen bis ca. 9 % Zinn, als Gusslegierungen bis ca. 20 % Zinn. Verschleiß- und Korrosionsfestigkeiten sind hervorragend (seewasserbeständig), Einsatz hauptsächlich für Gleitlager, Zahnräder (Schneckenräder) und für Gussteile. Höhere Bleianteile verbessern die Gießbarkeit und das Gleitvermögen. Zusätze von Nickel erhöhen die Festigkeit und die Zähigkeit, wobei Nickelanteile bis ca. 2,5 % üblich sind. Legierungen mit Zinkanteilen bis ca. 9 % und mit Zinnanteilen bis ca. 11 % werden als Rotguss bezeichnet. Zusammen mit bis zu ca. 7 % Blei ist diese Legierung besonders porendicht und kann deshalb für Armaturen und Fittings in der Hochdrucktechnik verwendet werden.

Bleibronzen
Bleibronzen enthalten als wichtigstes Legierungsmetall bis zu 35 % Blei. Beim Gießen ist zu beachten, dass sich das in Kupfer nicht lösliche Blei durch Schwerkraftwirkungen ablagern kann. Durch die partikuläre Einlagerung des Bleis ergeben sich sehr gute Schmiereigenschaften. Bleibronzen werden deshalb hauptsächlich in Gleitlagern und Lagerschalen eingesetzt.

Aluminiumbronzen

Aluminiumbronzen enthalten bis zu 11 % Aluminium und zeichnen sich durch hohe Festigkeitswerte auch bei hohen Temperaturen aus. Durch die Bildung einer Oxidschicht an der Oberfläche ist die Korrosionsbeständigkeit gut. Die mechanische Bearbeitbarkeit ist schwierig, Löten und Schweißen wegen der Oxidschicht erschwert. Aluminiumbronzen mit Nickelanteil sind aushärtbar. Einsatz von Aluminiumbronzen bei hochbelasteten Pumpen- und Wasserturbinenlaufrädern sowie Schiffspropellern in Meerwasser.

Nickelbronze

Nickelbronzen bestehen aus bis zu 45 % Nickel (Rest Kupfer). Die sehr gute Beständigkeit gegen Erosion und Korrosion erlaubt Anwendungen wie bei den Aluminiumbronzen sowie zum Instrumentenbau, für Werkzeuge, für Bestecke im Lebensmittelbereich und als Münzmetall.

Sonderbronzen

Sonderbronzen enthalten zusätzlich Mangan und Beryllium. Typische Sonderbronzen sind:
– Alpacca
– Berylliumbronze

Alpacca

Die populären Bezeichnungen für diese Legierung sind Alpacca oder Neusilber. Die Farbe ist Silberglänzend.

Die Legierungsbestandteile sind Kupfer (47...64 %), Nickel (10...25 %) und Zink (15...42 %). Kupfer-Nickel-Zink-Legierungen sind gut verformbar, korrosionsbeständig und haben eine hohe Festigkeit. Die Legierung wird für chirurgische Instrumente, in der Lebensmittelindustrie und für dekorative Werkstücke eingesetzt.

Berylliumbronze

Beryllium erhöht Festigkeit und Härte. Bei stoßender und schlagender Berührung mit anderen Metallen entstehen keine Funken. Kupfer-Beryllium-Legierungen werden deshalb für Werkzeuge verwendet, die in explosionsgefährdeter Umgebung (z. B. Raffinerien) angewendet werden.

Zink

Die Farbe von Zink ist Grau-Weiß. Es überzieht sich durch die Luftfeuchtigkeit und den Kohlendioxidgehalt der Luft mit einer Deckschicht aus basischem Zinkkarbonat, wodurch es sich gegen Korrosion schützt. Neben Zinkblech für Behälter und Außenverkleidungen wird Zink als Beschichtungsmaterial für Eisenwerkstoffe verwendet, um diese gegen Korrosion zu schützen. Wegen seiner guten Gießeigenschaften wird Zink zur Herstellung komplizierter Feingussteile (Zinkspritzguss) verwendet.

Blei

Wegen seines hohen spezifischen Gewichtes (11,3 g/cm^3) wird reines Blei hauptsächlich dort verwendet, wo diese Eigenschaft benötigt wird (Ausgleichsgewichte, Reglergewichte). Wegen der guten Korrosionsbeständigkeit wird Blei für Verkleidungen und als Beschichtungsmetall verwendet. Als Legierungsanteil bei Kupferlegierungen verbessert es die Gießeigenschaften und die Zerspanbarkeit. Weitere Anwendungsgebiete sind die Chemietechnik, die Elektrotechnik (Akkumulatoren) und in Legierung mit Zinn als Weichlot. Blei kann mit anderen Stoffen giftige Verbindungen eingehen.

Zinn

Zinn wird als reines Metall meist zu Folien und dünnen Blechen oder Behältern (Tuben) verarbeitet. Bei hoher Reinheit hat Zinn den Nachteil, daß es bei Temperaturen unterhalb von -20 °C zerfällt (Zinnpest). Wegen seiner guten Korrosionsbeständigkeit wird es besonders in der Lebensmittelindustrie (Konservendosen) als Beschichtungsmetall eingesetzt. Als Legierungsmetall ist es ein wichtiger Bestandteil von Bronzen, Werkstoffen für Gleitlager und von Weichloten.

Cadmium

Cadmium wird meist als Überzugsmaterial für Eisenwerkstoffe verwendet, seltener in reiner Form. In der Elektrotechnik wird es bei Akkumulatoren (Nickel-Cadmium-Akkus) verwendet. Cadmium kann mit anderen Stoffen giftige Verbindungen eingehen.

Allgemeiner Werkzeugeinsatz bei Schwermetallen

Generell müssen für die Bearbeitung von Kupfer und seinen Legierungen separate Werkzeuge verwendet werden. Jeder Kontakt mit fremden Metallpartikeln (z. B. Bearbeitungsrückstände, Schleifstaub) von Eisenmetallen muss vermieden werden, weil hierdurch Verfärbungen verursacht werden können. Dies ist speziell bei der Oberflächenbearbeitung zu beachten. Grundsätzlich müssen z. B. Bürsten, mit denen Buntmetalle bearbeitet werden, aus Edelstahl (bzw. Messing) bestehen. Werkzeuge (Feilen, Schleifmittel), mit denen Stahl bearbeitet wurde, sollen nicht mehr für Schwermetalle verwendet werden. Bei der Lagerung sind Buntmetalle von anderen Metallen durch Zwischen- oder Beilagen zu isolieren.

Spanlose Verformung

Schwermetalle können in den meisten Fällen sehr gut spanlos verformt werden. Bei der spanlosen Verformung (Biegen, Pressen, Tiefziehen) tritt eine Kaltverfestigung ein. Falls diese Kaltverfestigung unerwünscht ist oder die weitere Bearbeitung stört, muss sie durch Zwischenglühen und anschließendes Abschrecken beseitigt werden.

Spanende Bearbeitung

Die geringere Festigkeit und Härte von Schwermetallen ermöglicht generell höhere Schnittgeschwindigkeiten. Beim Bohren oder Drehen ist als Faustregel die doppelte Drehzahl wie für Stahl üblich zu verwenden.

Kupfer, Zink und Bronzen sind langspanend, es sind größere Seitenspanwinkel an der Werkzeugschneide nötig. Messinglegierungen sind kurzspanend und brauchen deshalb kleinere Seitenspanwinkel an der Werkzeugschneide. Blei und Zinn neigen zum Schmieren und zu Aufbauschneiden, was durch den Einsatz von Kühlmitteln verhindert werden kann.

Verbindungstechnik

An Schwermetallen können alle üblichen Verbindungselemente eingesetzt werden. Zu beachten ist dabei, dass sie ebenfalls aus demselben Werkstoff oder aus korrosionsfesten Stählen gefertigt sind. Werden Verbindungsmittel aus Stahl verwendet, dann müssen diese durch isolierende Zwischenlagen voneinander getrennt sein, damit Kontaktkorrosion unbedingt vermieden wird.

Schweißen, Löten

Die meisten Schwermetalle können autogen geschweißt werden, in der Regel wird jedoch, je nach Anwendung, die Löttechnik angewendet. Hierbei kommt sowohl die Niedrigtemperaturlötung (Weichlötung) mit Blei-Zinnloten als auch die Hochtemperaturlötung (Hartlötung) mit Messing-, Kupfer-, Silberloten zur Anwendung. Kupfer, welches geschweißt oder hartgelötet wird, muss sauerstofffrei sein. Beim autogenen Schweißen muss deshalb die Flamme "reduzierend", also sauerstoffarm eingestellt werden. Selbst geringe Sauerstoffanteile im Kupfer reagieren mit dem Wasserstoff der Löt-/ Schweißgase und führen zur Versprödung des Kupfers (Wasserstoffversprödung).

Arbeitsschutz

Beim Umgang mit Blei oder Bleilegierungen (Lote) ist zu beachten, dass Blei mit anderen Stoffen giftige Verbindungen eingehen kann. Bei der Bearbeitung von Blei müssen die Vorschriften der Berufsgenossenschaften eingehalten werden. Die Schleifstäube von Beryllium und Berylliumlegierungen können krebserregend wirken. Staubentwicklung muss daher vermieden werden oder wirksam abgesaugt werden.

Zusammenfassung

Schwermetalle (Buntmetalle) zeichnen sich meist durch hohe Korrosionsbeständigkeit und dekoratives Aussehen aus. Sie sind in der Regel leicht zu bearbeiten. Im Regelfall sind die Verbindungen von Schwermetallen hochgiftig.

Eigenschaften einiger ausgewählter Kupferlegierungen

Wk.Nr.	Germany DIN	Typ	Zugfestigkeit N/mm² (Rm)	Bruchdehnung % (min)	Verwendung, Eigenschaften
2.0250	Cu Zn 20	Messing	270...390	47...13	sehr gut kaltverformbar
2.0265	Cu Zn 30	Messing	280...420	50...13	sehr gut kaltverformbar
2.0321	Cu Zn 37	Messing	290...540	50...6	sehr gut kaltverformbar
2.0360	Cu Zn 40	Messing	340...470	35...11	Schmiedemessing
2.0401	Cu Zn 39 Pb 3	Messing	360...500	30...10	sehr gut zerspanbar
2.0402	Cu Zn 40 Pb 2	Messing	360...500	30...10	sehr gut zerspanbar
2.0490	Cu Zn 31 Si 1	Messing	440...490	30...15	Lagerbüchsen
2.0540	Cu Zn 35 Ni 2	Messing	490...540	18...14	Konstruktionen, Schiffbau
2.0241	G Cu Zn 15	Gussmessing	170	25	hohe Korrosionsbeständigkeit
2.0590	G Cu Zn 40 Fe	Gussmessing	300...325	15	kaltzäh
2.0598	G Cu Zn 25 Al 5	Gussmessing	750	8...5	hochbelastbar, Hochdrucktechnik
2.0492	C Cu Zn 15 Si 4	Gussmessing	400...500	10...6	sehr gut gießbar
2.1030	Cu Sn 8	Zinnbronze	300...600	60...6	Lagerbüchsen
2.1052	G Cu Sn 12	Guss-Zinnbronze	260...280	12...8	Zahnräder
2.1061	G Cu Sn 12 Pb	Guss-Zinnbronze	260...280	10...7	hochbelastete Lagerbüchsen
2.1093	G Cu Sn 6 Zn Ni	Guss-Zinnbronze	270	15	korrosionsbeständig, druckfest, Armaturen
2.1096	G Cu Sn 5 Zn Pb	Guss-Zinnbronze	240	18	korrosionsbeständ. bei erhöhter Temperatur, Armaturen
2.1176	G Cu Pb 10 Sn	Guss-Bleibronze	180...230	12...8	sehr hoch belastete Lager
2.1188	G Cu Pb 20 Sn	Guss-Bleibronze	160	6	Lager mit hohen Gleitgeschwindigkeiten
2.0960	Cu Al 9 Mn 2	Aluminiumbronze	490...590	25...15	Zahnräder, Ventile, seewasserbeständig
2.0978	Cu Al 11 Ni 6 Fe 5	Aluminiumbronze	730...830	5...3	hochbelastete Zahnräder, Lager, Ventile, seewasserbeständig
2.0975	G Cu Al 10 Ni	Guss-Aluminium-	600...700	13...12	hochbelastete Pumpen, Schiffspropeller, seewasserbeständig
2.0980	G Cu Al 11 Ni	Guss-Aluminiumbronze	680...750	5	Pumpen- u. Wasserturbinen, verschleißfest, seewasserbeständig

MET-T12

Härte

Unter Härte versteht man den Widerstand von Werkstoffen, insbesondere von Metallen, den sie einer Verformung, Bearbeitung oder Spanabnahme entgegensetzen.

Messverfahren

Um einen Werkstoff konstruktionsgerecht einsetzen zu können, ist es wichtig, die Härte bestimmen zu können. Als Messverfahren, die möglichst zerstörungsfrei sein sollen, sind international folgende Verfahren anerkannt und genormt:

– Rockwell
– Brinell
– Vickers
– Knoop
– Shore
– Kugeldruck

Rockwell (DIN EN 10 109)

Beim Rockwell-Verfahren wird ein standardisierter Prüfkörper mit einer definierten Vorlast auf die zu messende Werkstückoberfläche gesetzt und dann mindestens 30 Sekunden lang mit einer standardisierten Last belastet. Die nach Entlastung im Werkstoff zurückbleibende Vertiefung ist ein Maß für die Härte des Werkstoffes. Als Prüfkörper werden ein kalibrierter Diamantkegel (HRC, HRA, HR..N) oder eine Stahlkugel (HRB, HRF, HR..T) verwendet.

Vorteile der Messung nach Rockwell ist der geringe Prüfaufwand, welcher automatisiert werden kann.

Brinell (DIN EN 10 003)

Das Brinell-Verfahren ähnelt dem Rockwell-Verfahren. Als Prüfkörper wird eine Hartmetallkugel (HBW) oder eine Kugel aus gehärtetem Stahl (HBS) verwendet. Das Verfahren wird für wenig- bis mittelharte Metalle eingesetzt. Vorteile der Messung nach Brinell sind die möglichen Variationen im Kugeldurchmesser und der Prüflast, welche auch Härtemessungen an Werkstoffen mit ungleichmäßigem Gefügezustand zulassen.

Vickers (DIN 50 133)

Vickers verwendet als Prüfkörper eine vierseitige Diamantpyramide mit 136 °C Spitzenwinkel, welche mit unterschiedlichen Belastungen auf die Oberfläche des zu prüfenden Teils aufgesetzt wird. Die Diagonale des Eindruckes im Werkstoff wird mit einer Messlupe ausgemessen und ist das Maß für die Härte (HV). Vorteil des Vickers-Verfahrens ist die Möglichkeit, auch Randschichten von einsatzgehärteten Werkstücken messen zu können.

Knoop

Das Knoop-Verfahren ist dem Vickers-Verfahren ähnlich, unterscheidet sich aber von diesem in der Form des Prüfkörpers, welcher rhombisch geformt ist und einen größeren, visuell besser sichtbaren, Eindruck hinterlässt. Die Eindrucktiefe ist geringer als bei Vickers, damit eignet sich das Verfahren besonders zum Messen dünner Schichten. Das Knoop-Verfahren hat keinen standardisierten Bezug zu Vickers und ist in Deutschland nicht genormt. Es wird bevorzugt in den angelsächsischen Ländern zum Messern dünner Schichten eingesetzt.

Shore

Beim Shore-Verfahren wird ein federbelasteter Stahlstift von 1,25 mm Durchmesser gegen die Werkstoffoberfläche gedrückt. Der sich dabei ergebende Federweg ist das Maß für die Härte. Die Anwendung des Shore-Verfahrens erfolgt bei weichen und elastischen Werkstoffen wie Gummi und Elastomeren.

Kugeldruck (DIN 53 456)

Beim Kugeldruck-Verfahren wird eine gehärtete Stahlkugel mit 5 mm Durchmesser mit einer Vorbelastung von 9,81 N auf die Werkstoffoberfläche gedrückt. Anschließend wird mit einer Belastung von 49, 132, 358 oder 961 N gedrückt und die Eindringtiefe nach 30 Sekunden gemessen. Der zu prüfende Werkstoff muss mindestens 4 mm dick sein. Mit dem Kugeldruck-Verfahren wird die Härte von plastischen Werkstoffen und Hartgummi gemessen.

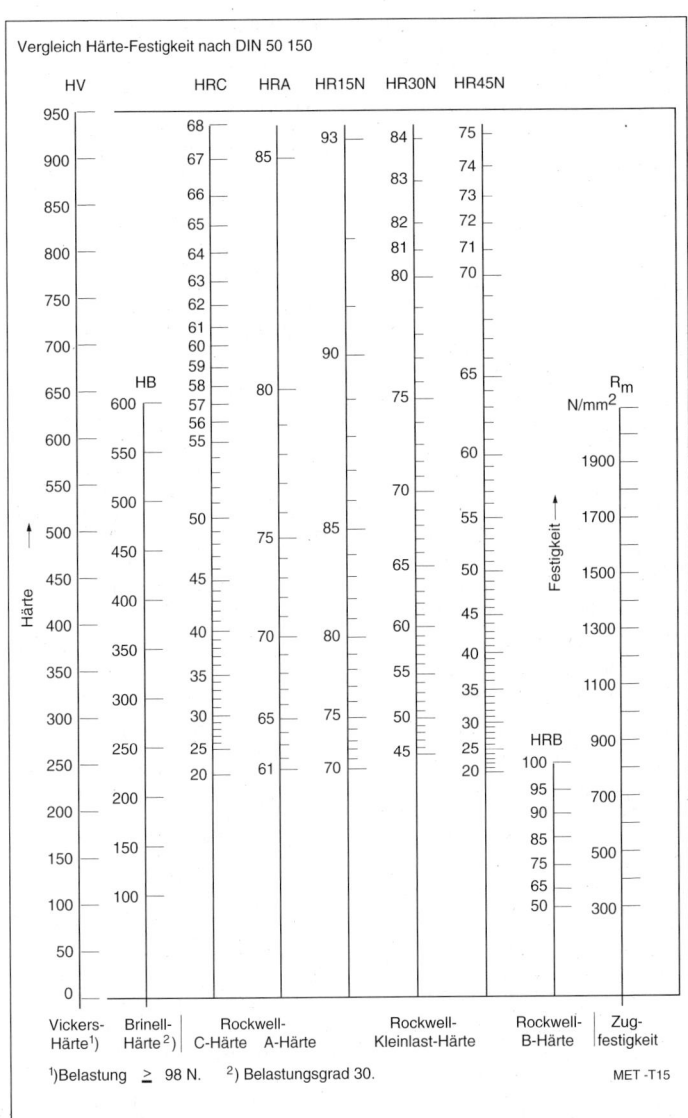

Vergleich Härte-Festigkeit nach DIN 50 150

Vickers-Härte[1] | Brinell-Härte[2] | Rockwell-C-Härte A-Härte | Rockwell-Kleinlast-Härte | Rockwell-B-Härte | Zug-festigkeit

[1] Belastung ≥ 98 N.   [2] Belastungsgrad 30.

MET -T15

Wärmebehandlung von Metallen

Die Wärmebehandlung von Metallen, insbesondere Stählen, ermöglicht es, die Eigenschaften des Werkstoffes an die Erfordernisse der Bearbeitung oder des Einsatzbereiches anzupassen. Die wesentlichen Wärmebehandlungsmethoden sind:
– Glühen
– Härten
– Anlassen
– Vergüten

Glühen

Glühen ist ein typisches Verfahren, um einen Werkstoff bearbeitbar zu machen und ihm eine gleichmäßige, meist geringere Härte zu geben und durch die Bearbeitung entstandene Spannungen aus dem Material zu nehmen. Man unterscheidet folgende Glühverfahren:
– Weichglühen
– Normalglühen
– Spannungsarmglühen
– Rekristallisationsglühen

Weichglühen

Durch Weichglühen werden harte oder durch mechanische Bearbeitung (Umformung) verfestigte Werkstoffe bearbeitbar gemacht.
  Die erforderliche Glühtemperatur und Glühzeit ist werkstoffabhängig. Bei Stahl sind dazu Temperaturen zwischen 650...720 °C nötig, bei NE-Metallen liegen die Temperaturen darunter.

Normalglühen

Normalglühen dient dazu, bei unlegierten und niedriglegierten Stählen ein gleichmäßiges und feines Gefüge aus Perlit und Ferrit zu erreichen. Normalglühen wird durch Erwärmen auf Austenitisierungstemperatur und langsames Abkühlen erreicht.

Spannungsarmglühen

Beim Bearbeiten und Schweißen von Metallen kann es zu lokalen Spannungen im Material kommen, welche zu Rissbildung, Brüchen und Verformungen führen können. Durch Erwärmung auf 450...600 °C über ca. eine Stunde und möglichst langsames Abkühlen können die Spannungen beseitigt werden.

Rekristallisationsglühen

Durch spanlose Verformung kann es bei Werkstücken zu einer Kaltverfestigung und damit einer Gefügeänderung in den Verformungsbereichen kommen. Beim Rekristallisationsglühen wird in den Verformungszonen das Gefüge wieder zurückgebildet und die Verfestigung aufgehoben.

Härten

Härten dient dazu, das Werkstück als Ganzes oder Teile davon widerstandsfähiger gegen Verschleiß und Beanspruchung zu machen. Als grundsätzliche Verfahren kommen hierzu
– Thermisches Härten
– Thermochemisches Härten
in Frage. Innerhalb dieser Behandlungen gibt es weitere Spezialverfahren.

Thermisches Härten

Thermisches Härten dient dazu, im Stahl den martensitischen Gefügezustand, welcher sich durch besonders hohe Härte auszeichnet, einzustellen. Hierbei wird der Stahl entsprechend seiner Legierung auf die sogenannte Härtetemperatur erwärmt. Sie beträgt für:
– Niedrig legierte Stähle je nach Kohlenstoffgehalt ca. 780...950 °C
– Kalt/Warmarbeitsstähle ca. 950...1100 °C
– Schnellarbeitsstähle ca. 1150...1230 °C
Aus dieser Temperatur wird möglichst rasch auf Raumtemperatur abgekühlt („abgeschreckt"), sodass eine möglichst vollständige Umwandlung in den Gefügezustand Martensit erfolgt. Je nach Stahlsorte erfolgt die Abkühlung durch Luft („Lufthärter"), Öl („Ölhärter") oder Wasser („Wasserhärter"). Nur härtbare Stahlsorten können gehärtet werden.
Weitere Härtemethoden sind:
– Randschichthärten
– Bainitisieren
– Anlassen und Vergüten

Randschichthärten

Beim Randschichthärten werden Werkstücke nur an der Oberfläche auf Härtetemperatur gebracht, die dazu üblichen

Verfahren sind Induktion oder Gasbrenner. Diese Verfahren lassen sich gut in Produktionsprozesse einfügen und werden typischerweise für die Beanspruchungszonen von Werkstücken eingesetzt. Im Kern bleiben diese Werkstücke zäh, ein Zustand, der in der Regel dem Verwendungszweck entgegenkommt.

Bainitisieren
Bei diesem Verfahren wird der Gefügezustand Bainit erreicht, welcher sich durch eine etwas geringere Härte, dafür. aber höhere Zähigkeit als Martensit auszeichnet. Nach Erreichen der Härtetemperatur wird der Stahl rasch auf ca. 200...350 °C abgekühlt und bis zur Gefügeumwandlung in Bainit auf dieser Temperatur gehalten, danach auf Raumtemperatur abgekühlt.

Bainitisiert werden vorzugsweise Werkstücke, welche auf Grund ihrer Formgestaltung rissgefährdet sind.

Anlassen und Vergüten
Anlassen dient dazu, dem gehärteten und spröden Werkstoff eine höhere Zähigkeit zu geben und das Risiko von Härtespannungen und Rissbildung zu vermindern.

Das Anlassen geschieht durch Erwärmen auf Temperaturen zwischen 180...650 °C mit mindestens einstündigem Verweilen auf dieser Temperatur. Als Richtwerte gelten für:
– unlegierter Vergütungsstahl ca. 180 °C
– niedriglegierten Kaltarbeitsstahl ca. 250 °C
– Warmarbeitsstahl ca. 500 °C
– Schnellarbeitsstahl ca. 550 °C
Höhere Temperaturen verursachen eine wesentliche Härteminderung. Bei Stählen, welche mit Mangan, Chrom, Chrom und Vanadium, Chrom und Nickel legiert sind, darf nicht im Bereich von ca. 350...500 °C angelassen werden, weil sie hierbei verspröden können. Dieser kritische Temperaturbereich muss durch entsprechendes Abkühlen schnell durchfahren werden.

Als Vergüten bezeichnet man das Härten und Anlassen bei Temperaturen oberhalb von 500 °C. Durch Vergüten erreicht man ein optimales Verhältnis aus Härte und Zähigkeit

Wärmebehandlung von Stahl
Bei der Wärmebehandlung (Glühen und Anlassen) von Stahl werden die erforderlichen Temperaturen in der Praxis anhand der Glühfarben und Anlassfarben festgestellt.

Zum Ermitteln der Anlassfarben ist das Werkstück vorher durch Schleifen oder Bürsten mit einer blanken Oberfläche zu versehen. Mit einiger Übung können die Temperaturen mit praxisgerechter Genauigkeit ermittelt werden.

Glühfarben des Stahls

Dunkelbraun	ca.	550	°C
Braunrot	ca.	630	°C
Dunkelrot	ca.	680	°C
Dunkelkirschrot	ca.	740	°C
Kirschrot	ca.	770	°C
Hellkirschrot	ca.	800	°C
Hellrot	ca.	850	°C
Guthellrot	ca.	900	°C
Gelbrot	ca.	950	°C
Gelbrot	ca.	1000	°C
hellgelb	ca.	1100	°C
Gelbweiß	ca.	1200	°C
Weiß	über	1300	°C

MET-T13

Anlassfarben des Stahls

Blank	ca.	20	°C
Blassgelb	ca.	200	°C
Strohgelb	ca.	220	°C
Dunkelgelb	ca.	230	°C
Braun	ca.	240	°C
Purpur	ca.	260	°C
Violett	ca.	280	°C
Dunkelblau	ca.	290	°C
Kornblumenblau	ca.	300	°C
Hellblau	ca.	320	°C
Blaugrau	ca.	350	°C
Grau	ca	400	°C

MET-T14

Thermochemisches Härten
Beim thermochemischen Härten, auch Einsatzhärten genannt, werden Werkstücke in Substanzen geglüht, von denen aus Elemente in die Randschichten des Werkstoffes eindiffundieren und dessen Eigenschaften verändern. Die für diese Verfahren üblichen Elemente sind Koh-

lenstoff, Stickstoff und Bor. Die Bezeichnung für diese Verfahren sind entsprechend:
- Aufkohlen
- Nitrieren
- Borieren

Daneben gibt es noch Mischformen wie Carbonitrieren und Nitricarburieren. Alle Verfahren dienen der Oberflächenhärtung und sind nicht zum Härten des gesamten Werkstoffvolumens geeignet.

Aufkohlen

Beim Aufkohlen wird die Randschicht mit Kohlenstoff, beim Carbonitrieren mit Kohlenstoff und Stickstoff angereichert. Der Vorgang findet bei Temperaturen von ca. 850...1000 °C in Salzschmelzen oder in kohlenstoffhaltigen Gasen statt. Das letztere Verfahren ist umweltfreundlicher und energiesparender und wird deshalb zunehmend angewendet.

Die Dauer des Aufkohlens ist von der gewünschten Schichtdicke abhängig und kann mehrere Stunden betragen. Die erreichbare Härte in der Randschicht liegt bei ca. 550...750 HV

Nitrieren

Beim Nitrieren wird die Randschicht bei Temperaturen von ca. 500...600 °C mit Stickstoff angereichert, beim Carbonitrieren zusätzlich noch mit etwas Kohlenstoff. Wegen der relativ niedrigen Verfahrenstemperatur bleiben die Werkstücke maßhaltig. Die Stickstoffanreicherung im Randbereich erhöht die Verschleißfestigkeit, Korrosionsfestigkeit und die Dauerschwingfestigkeit. In der äußersten Randschicht, die nur wenige Mikrometer dick ist, sind Härten von 700 bis über 1000 HV erreichbar.

Borieren

Bei diesem Verfahren wird die Randschicht mit Bor angereichert. Die Verfahrenstemperatur liegt bei ca. 850...1000 °C, es werden Schichtdicken von ca. 30 Mikrometer bis 0,2 mm erreicht. Wegen der hohen Verfahrenstemperatur ist mit Maß- und Formänderungen des Werkstückes zu rechnen. Die erreichbare Randhärte liegt bei ca. 2000...2500 HV. Borieren ist deshalb besonders wirksam gegen Verschleiß.

Zusammenfassung

Die Wärmebehandlung erlaubt es, die Werkstoffeigenschaften auf den konstruktiv vorgesehenen Verwendungszweck hin anzupassen. Durch die Wärmebehandlung werden in der Regel bestimmte Gefügezustände fixiert. Die Wärmebehandlung kann durch gleichzeitige chemische Einflussnahme spezialisiert werden.

Korrosion

Unter Korrosion versteht man chemische bzw. elektrochemische Vorgänge an Metallen unter Einfluss von Sauerstoff und Feuchtigkeit. Innerhalb des Korrosionsvorganges findet durch Oxidationsvorgänge eine Umwandlung von Metallatomen in den nichtmetallischen Zustand statt.

Korrosionsvorgänge werden unterstützt durch den Einfluss von Feuchtigkeit, Chemikalien und durch das Zusammenkommen unterschiedlicher Metalle.

Korrosionsarten

Die Korrosionsarten, deren Auswirkungen teilweise metalltypspezifisch sind, werden in sieben Arten eingeteilt:
- Flächenkorrosion
- Spaltkorrosion
- Lochfraßkorrosion
- Interkristalline Korrosion
- Spannungsrisskorrosion
- Schwingungsrisskorrosion
- Kontaktkorrosion

Flächenkorrosion

Häufigste Korrosionsart bei ungeschützten Metalloberflächen, insbesondere rauen Oberflächen, auf der gesamten Fläche meist gleichmäßig angreifend. Das angreifende Medium (z. B. aggressive Dämpfe, Salzwasser) bestimmt Schnelligkeit und Intensität der Flächenkorrosion. Das bekannte „Rosten" von unbehandeltem Stahl ist meist Flächenkorrosion.

Spaltkorrosion

Korrosion in engen Spalten und Zwischenräumen, welche nicht durchlüftet oder durchspült werden. Durch den Unterschied in der Konzentration des an-

Korrosionsarten

Oberflächenkorrosion. Beispiel: Rost

Lochfrasskorrosion
Auftreten unregelmässig

Kontaktkorrosion
Beispiel: Messingschraube auf Aluminium.
Aluminium wird an der Kontaktfläche abgetragen.

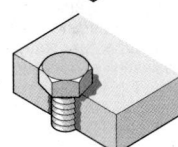

Spaltkorrosion
Im Spalt (auch gleichartiger Metalle) kommt es
mangels Belüftung zu Feuchtigkeitsdepots
und unterschiedlichem Sauerstoffangriff.

Interkristalline Korrosion
Korrosion inerhalb des Werkstoffs entlang
der Korngrenzen.

Spannungsrisskorrosion
Korrosion innerhalb des Werkstoffs entlang
der Korngrenzen durch die gleichzeitige
Einwirkung von Zugkräften und agressiver
Atmosphäre (z.B. Salzwasser).

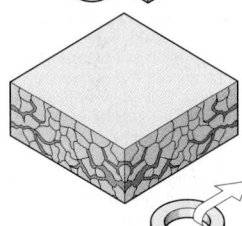

greifenden Mediums am Anfang und am Ende des Spaltes entstehen elektrochemische Potentialunterschiede, welche den Korrosionsvorgang bewirken.

Typische Stellen für Spaltkorrosion sind bei Überlappungen von Blechen, bei Nietverbindungen, hinter einseitigen Schweißnähten.

Lochfraßkorrosion

Lochfraßkorrosion ist eine punktförmige, meist in die Tiefe gehende Korrosionsart, welche auch dünne Werkstoffe ganz durchdringen kann. Sie entsteht meist an Unregelmäßigkeiten der Oberflächenstruktur von Werkstoffen und ist werkstoffabhängig. Bei Edelstählen ist die Ursache meist ein örtlicher Defekt der Passivierungsschicht, welche anodisch wirkt und deshalb gegenüber der kathodisch wirkenden Passivschicht Auflösungserscheinungen zeigt. Typisch ist, dass die befallenen Stellen willkürlich auftreten und außerhalb der befallenen Stellen keine Korrosion auftritt.

Interkristalline Korrosion

Interkristalline Korrosion findet entlang der Korngrenzen (Kristalle) innerhalb der Metallstruktur statt, wobei einzelne Körner aus dem Kornverbund herausgelöst werden, welche ihrerseits wieder Lokalelemente bilden können, wodurch der Stahl an Festigkeit verliert. Die interkristalline Korrosion tritt also unter Umständen nicht an der Werkstoffoberfläche in Erscheinung. Der Werkstoff wird unsichtbar in seiner Festigkeit geschädigt, bei Beanspruchung kann es zum plötzlichen Versagen kommen. Bestimmte Stahlsorten, auch Edelstahlsorten sind anfälliger, wenn sie bei Temperaturen oberhalb 300 °C benutzt werden. In diesem Temperaturbereich verhalten sich Edelstähle mit Titanzusätzen stabiler.

Spannungsrisskorrosion

Spannungsrisskorrosion entsteht bei gleichzeitiger Einwirkung von mechanischer Zugbeanspruchung und einem aggressiven Medium innerhalb des kristallinen Metallgefüges. Bei Edelstählen des austenitischen Typs können bereits Spannungen durch Schweißvorgänge oder Kaltverformung auslösend sein. Der Fortschritt der Spannungsrisskorrosion ist von außen meist nicht sichtbar, ein eventuelles Werkstückversagen tritt plötzlich ein. Die Anfälligkeit für Spannungsrisskorrosion ist werkstoffspezifisch.

Schwingungsrisskorrosion

Schwingungsrisskorrosion entsteht bei gleichzeitiger Einwirkung von mechanischer Wechselbeanspruchung, beispielsweise Schwingungen, und einem aggressiven Medium innerhalb des kristallinen Metallgefüges. Das Auftreten von Schwingungsrisskorrosion hängt von der Beanspruchung ab und tritt meist oberhalb eines spezifischen Grenzwertes auf. Die Beständigkeit gegen Schwingungsrisskorrosion ist umso größer, je korrosionsfester der Werkstoff (Edelstahl) ist. Der Werkstückausfall tritt plötzlich ein, Verformungen sind äußerlich meist nicht sichtbar.

Kontaktkorrosion

Kontaktkorrosion entsteht, wenn Werkstoffe mit unterschiedlichem Spannungspotential und einem Elektrolyten (Wasser,

Elektrochemische Spannungsreihe der Metalle

Element, Metall		Potential Volt	Wertigkeit
Gold	Au	+ 1,36	edel
Silber	Ag	+ 0,81	↑
Kupfer	Cu	+ 0,34	
Wasserstoff	H2	0,0	0
Monel (Legierung)		- 0,08	
1.4571(Legierung)		- 0,08	
Blei	Pb	- 0,13	
Titan	Ti	- 0,15	
Nickel	Ni	- 0,23	
Cadmium	Cd	- 0,41	
Eisen	Fe	- 0,44	
Chrom	Cr	- 0,71	
Zink	Zn	- 0,76	
Aluminium	Al	- 1,66	↓
Magnesium	Mg	- 2,38	unedel

Salzwasser, aggressive Medien) zusammenkommen und damit ein elektrochemisches Element bilden. Der weniger edle Werkstoff wird zur Anode, der edlere Werkstoff zur Kathode. Durch den fließenden „Elementestrom" wird an der Anode Material abgetragen: Das unedlere Material „opfert" sich und löst sich auf. Der Korrosionsvorgang verläuft um so schneller, je weiter die in Kontakt befindlichen Metalle in ihrer Spannungsreihe auseinanderliegen.

Korrosionsschutz

Da die Ursachen der Korrosion bekannt sind, ist es möglich, durch geeignete Maßnahmen die Korrosion zu verhindern. Mögliche Maßnahmen sind:
– Werkstoffauswahl
– Nachbehandlung
– konstruktive Gestaltung
– Beschichtungen
– elektrochemische Verfahren
– Einsatz von Inhibitoren
Die Maßnahmen richten sich nach dem Einsatzbereich des zu schützenden Werkstücks, der Einsatzdauer und den Einsatzbedingungen. Entsprechend werden die Maßnahmen einzeln oder in Kombination angewendet.

Werkstoffauswahl
Es ist sinnvoll, Korrosion dadurch zu vermeiden, dass man korrosionsbeständigen Materialien wie beispielsweise nichtrostende Stähle, korrosionsbeständige Leichtmetalllegierungen oder geeignete Buntmetalle verwendet. Man wird dies stets dann tun, wenn keine konstruktiven Gründe dagegen sprechen und sich die zu erwartenden Mehrkosten langfristig amortisieren.

Allerdings sind auch korrosionsbeständige Werkstoffe nicht hundertprozentig korrosionsfest, in vielen Fällen sind daher zusätzliche Schutzmaßnahmen nötig.

Nachbehandlung
Bei Metallen, welche auf Grund ihrer Zusammensetzung als korrosionsbeständig gelten (Edelstahl), kann es durch Bearbeitungsgänge wie Schweißen oder Schleifen durch die dabei entstehenden Temperaturen zu lokalen Gefügeänderungen kommen, welche durch Anlauffarben sichtbar sind. In diesen Bereichen ist keine Korrosionsbeständigkeit gegeben. Um sie wieder herzustellen, muss die Oberfläche wieder durch die natürliche Einwirkung des Luftsauerstoffes passiviert werden. Diese Passivierung ist nur möglich, wenn die Oberfläche metallisch blank und von Anlassfarben befreit ist. Dies kann durch mechanische Nachbearbeitung (kühler Feinschliff, Politur) oder durch chemisches Abbeizen erfolgen. Wegen der Resistenz von Edelstahl müssen sehr aggressive Beizmittel wie Schwefelsäure, Flusssäure und Salpetersäure verwendet werden, welche in der Anwendung und Entsorgung problematisch sind. Beim Elektrobeizen (anodisches Beizen) wird der Beizvorgang elektrolytisch unterstützt, wodurch weniger aggressive Beizflüssigkeiten Verwendung finden können.

Konstruktive Gestaltung
Wenn immer möglich, sollten Werkstücke so gestaltet sein, dass sich keine die Korrosion begünstigenden Umstände ergeben. Scharfkantige Ecken und Kanten sollten vermieden werden, die Oberfläche sollte möglichst fein bearbeitet (z. B. poliert) sein.

Flüssigkeitsansammlungen, Spalten und Hohlräume sollten vermieden werden, wenn dies nicht möglich ist, sollten Ablaufmöglichkeiten vorhanden und eine gute Durchlüftung möglich sein. Eine besondere Problemzone sind Schweißnähte, weil in diesen Bereichen durch die Temperatureinwirkung (auch und gerade bei Edelstählen) eine korrosionsanfällige Gefügeumbildung ergeben kann. Hier muss unter Umständen eine mechanische oder chemische Nachbehandlung erfolgen, Spalten sind zu vermeiden.

Kontaktkorrosion kann dadurch vermieden werden, dass man keine unterschiedlichen Metalle zusammenbringt, was auch für Verbindungselemente wie Nieten und Schrauben gilt. Wenn dies aus konstruktiven Gründen nicht zu vermeiden ist, dann sind die unterschiedlichen Metalle durch Kunststoffzwischenlagen elektrisch voneinander zu isolieren.

Korrosionsgünstige Gestaltung

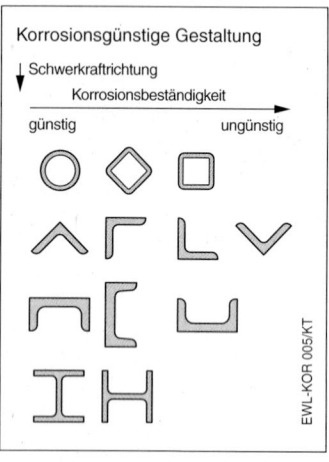

EWL-KOR 005/KT

Korrosionsgünstige Gestaltung

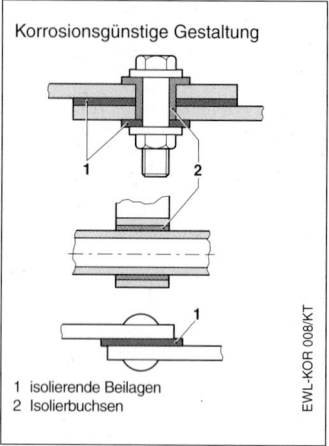

1 isolierende Beilagen
2 Isolierbuchsen

EWL-KOR 008/KT

Korrosionsgünstige Gestaltung

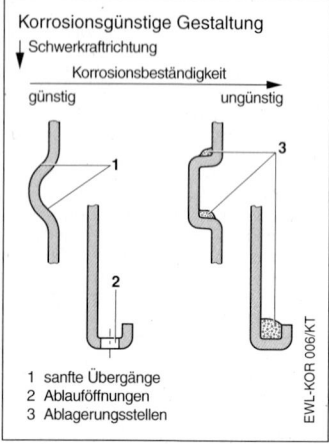

1 sanfte Übergänge
2 Ablauföffnungen
3 Ablagerungsstellen

EWL-KOR 006/KT

Korrosionsgünstige Gestaltung

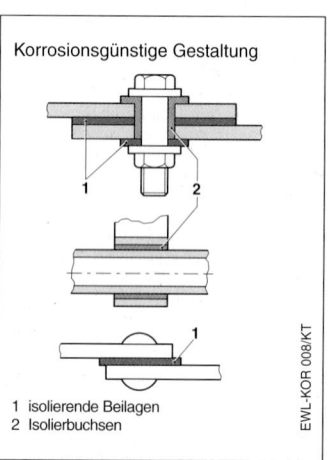

1 isolierende Beilagen
2 Isolierbuchsen

EWL-KOR 008/KT

Beschichtungen

Beschichtungen sind ein wirksames Mittel, wenn der Werkstoff korrosionsanfällig ist, aber aus konstruktiven Gründen nicht anders gewählt werden kann. Beschichtungen stellen die am meisten angewendete Maßnahme dar, um Bauteile vor Korrosion zu schützen.

Je nach Anwendungsfall und Material kommen folgende Maßnahmen zur Anwendung:
- Metallische Beschichtungen
- Nichtmetallische, anorganische Beschichtungen
- Nichtmetallische, organische Beschichtungen

Metallische Beschichtungen

Durch metallische Beschichtungen kann man das Grundmetall wirksam gegen Korrosion schützen und gleichzeitig die Oberfläche für dekorative Zwecke veredeln. Die Wahl des Verfahrens und des Beschichtungsmetalls hängt neben dem Grundmetall vom Einsatzzweck und vom Kostenaufwand (Vergolden) ab. Mögliche Verfahren sind:

– elektrisches Galvanisieren
– chemisches Galvanisieren
– Schmelztauchverfahren
– Vakuumbedampfung
– Plasmaspritzen
– Plattieren

Elektrisches Galvanisieren

Beim „Galvanisieren" werden in einem Elektrolyt (geeignete leitfähige Flüssigkeit oder Metallsalzlösung) durch Anlegen von elektrischer Spannung ionisierte Metallsalze auf der Kathode (Minuspol) abgeschieden. Als Anode (Pluspol) wird entweder das abzuscheidende Material (beim Verkupfern z. B. Kupfer) oder eine neutrale Elektrode (Graphit, Kohle) verwendet. Vorteil des galvanischen Verfahrens ist es, auch an schwer zugängliche Stellen komplexer Werkstücke eine wirksame Beschichtung zu erreichen. Typische Bezeichnungen für solche Beschichtungen sind: Verkupfern, Vernickeln, Verchromen.

Chemisches Galvanisieren

Das chemische Galvanisieren gleicht dem elektrischen Galvanisieren, benötigt aber im Gegensatz zu diesem keine elektrische Stromquelle. Die Abscheidung wird hierbei durch Zugabe von Reduktionsmittel (meist Natriumsalze) ermöglicht.

Schmelztauchverfahren

Beim Schmelztauchen wird das vorbehandelte Bauteil in eine flüssige Metallschmelze getaucht. Während des Verweilens in der Metallschmelze legiert sich das flüssige Metall in die Oberflächenschicht des Bauteiles ein und vermittelt so die Haftung. Durch entsprechende Verfahren lassen sich hierbei sehr dicke und dauerhafte Beschichtungen erreichen. Allerdings kann dieses Verfahren (z. B. Feuerverzinken, Verzinnen) nur dann angewendet werden, wenn die Prozesstem-

peratur keinen Einfluss auf die Bauteileigenschaften hat.

Vakuumbedampfung

Vakuumbedampfungen erfolgen durch Verdampfen des erhitzten Beschichtungsmetalles im Hochvakuum. Der dabei enstehende Metalldampf schlägt sich auf dem zu bedampfenden (kalten) Werkstück nieder. Durch entsprechende Prozesssteuerung lassen sich hochpräzise, dünnste Schichten realisieren. Ebenso können als Beschichtungsmaterial auch exotische Metalle bzw. Metallverbindungen verwendet werden.

Vakuumbedampfungen werden vorzugsweise bei kleinen, hochwertigen Bauteilen oder Werkzeugen angewendet, wo die Verfahrenskosten in angemessenem Verhältnis zum Bauteil selbst stehen.

Plasmaspritzen

Beim Plasmaspritzen wird das Beschichtungsmetall im Gas-Lichtbogen (Plasma) verflüssigt und auf das beschichtende Bauteil „gespritzt". Wie beim Farbspritzen hängt die Qualität von der Spritztechnik ab, für solide Beschichtungen sind große Schichtdicken erforderlich. Neben der Neubeschichtung wird dieses Verfahren häufig zur Reparaturbeschichtung eingesetzt.

Plattieren

Unter Plattieren versteht man die Vereinigung von zwei oder mehreren Metallschichten durch Druck und/oder Hitze, typischerweise durch Aufwalzen bei erhöhter Temperatur. Hierbei entsteht durch Diffusionsprozesse und Legierungsbildung eine innige Verbindung. Der Plattierungswerkstoff kann hierbei bis einige Millimeter dick sein. Plattiert wird typischerweise mit Buntmetallen, als Beispiel seien kupfer- bzw messingplattierte Münzen genannt.

Nichtmetallische, anorganische Beschichtungen

Bei dieser Beschichtung wird an der Bauteiloberfläche eine dichte oxidische Schicht erzeugt. Dies kann durch Wärmeeinwirkung in Kombination mit bestimmten Legierungsbestandteilen, aber auch durch chemische Behandlung erfolgen. Typische Verfahren hierzu sind: Phosphatierung, Brünierung, Chromierung, Vanadierung.

Für Leichtmetalllegierungen ist die elektrochemische, anodische Oxidation, auch Eloxieren genannt, das geeignete Verfahren, welches durch Chromatieren zusätzlich verbessert und eingefärbt werden kann.

Weitere Beschichtungsmöglichkeiten (für Eisenmetalle) bestehen durch Emaillieren und durch Beschichten mit Glaskeramik. Beide Verfahren zeichnen sich durch sehr hohe Beständigkeit, auch gegenüber Chemikalien, aus. Nachteilig ist beim Emaillieren die Empfindlichkeit gegenüber Temperatur-Schockbeanspruchung und Zug- und Biegekräften, welche zur Rissbildung führen können. Diese Nachteile werden bei der Beschichtung mit Glaskeramik weitgehend vermieden.

Nichtmetallische, organische Beschichtungen

Nichtmetallisch-organische Beschichtungen sind der am häufigsten eingesetzte Korrosionsschutz. Sie haben den Vorteil der meist einfachen Anwendungstechnik und des günstigen Kosten/Nutzenverhältnisses, wobei gleichzeitig eine dekorative Gestaltung des Bauteils erreicht werden kann. Die Verfahren für diese Beschichtungsart sind:
- Lackieren
- Auskleiden
- Pulverbeschichten

Lackieren

Lackieren erfolgt durch Auftrag des Beschichtungsstoffes mittels Pinsel, Spritzpistole, Tauchlackierung oder elektrostatischem Spritzen. Beim Lackieren von Metallen besteht die Beschichtung aus mehreren Einzelbeschichtungen wie Haftvermittler, Grundierung, Zwischenschichten und Deckschichten, deren Anzahl und Kombination unterschiedlich sein kann. Die Trocknung bzw. Aushärtung der Lackierung erfolgt durch Verdunsten von Lösungsmittel, Polymerisation der Lackkomponente oder durch Aufnahme von Luftsauerstoff. Der Aushärtprozess kann durch Wärmeeinwirkung gesteuert und beschleunigt werden.

Auskleiden

Behälter und Tanks werden häufig ausgekleidet. Typische Verfahren sind aufvulkanisierte Gummierungen oder spezielle Kunststoffe, welche durch geeignete Kleber oder den direkten Kontakt mit dem Metall vernetzt werden. Durch Auskleidungen lassen sich sehr dicke Beschichtungen verwirklichen, die neben dem eigentlichen Korrosionsschutz oft auch noch mechanische Schutzaufgaben wahrnehmen.

Pulverbeschichten

Pulverbeschichtungen werden meist elektrostatisch auf vorher erwärmte Bauteile aufgebracht. Durch das elektrostatische Verfahren lassen sich an den besonders gefährdeten Ecken und Kanten hohe Schichtdicken erreichen. Als Beschichtungsmaterial dient Kunststoffpulver. Durch eine dem eigentlichen Beschichten folgende Wärmebehandlung („einbrennen") wird neben einer geschlossenen Oberfläche auch ein dekorativer Effekt erreicht. Durch das völlige Fehlen von Lösungsmitteln und den abfalllosen Verbrauch ist Pulverbeschichten ein sehr umweltfreundliches und wirtschaftliches Verfahren.

Inhibitoren

Inhibitoren sind Substanzen, welche in geringen Konzentrationen dem angreifenden Medium (z. B. Luft, Flüssigkeiten) zugesetzt werden und die dann die Korrosion an dem Metall drastisch reduzieren. Voraussetzung ist dabei, dass das angreifende Medium sich nicht erneuern kann, sondern zusammen mit dem zu schützenden Metallbauteil hermetisch verschlossen ist.

Inhibitoren werden im Korrosionsschutz immer dann verwendet, wenn Teile oder Werkstoffe vorübergehend oder vor der weiteren Verwendung für längere Zeit eingelagert werden müssen oder zum Versand kommen.

Die Inhibitoren befinden sich in Flüssigkeiten (z. B. Rostschutzöl) oder in Verpackungspapieren innerhalb von dichtverschweißten Kunststofffolien.

Zusammenfassung

Metalle haben unterschiedliches Korrosionsverhalten, welches sich ungünstig auf ihre Eigenschaftren auswirken kann. Durch entsprechende Werkstoffauswahl, geeignete Beschichtungen und konstruktive Gestaltung können Korrosionseinflüsse beherrscht werden.

Praxisinformationen

Für die Bearbeitung und Verarbeitung von Metallen dienen die folgenden Anwendunstabellen. Hierbei ist im internationalen Bereich darauf zu achten, dass im englischen Sprachraum, insbesondere in den USA, von den europäischen und internationalen Normen abweichende Maße üblich sind. Innerhalb dieser Maßbezeichnungen gibt es teilweise werkstoffspezifische Unterschiede, welche zu beachten sind.

Gewichtstabellen (Gewichte in kg/m)

Stahl

Bleche

Dicke mm	Gewicht kg/m²	Dicke mm	Gewicht kg/m²
0,5	4	3	24
0,75	6	3,5	28
1	8	4	32
1,25	10	5	40
1,5	12	6	48
2	16	8	64
2,5	20	10	80

MET-T17

Stäbe

Durchmesser oder Schlüsselweite mm	Rundstab	Vierkantstab	Sechskantstab
5	0,15	0,2	0,17
10	0,62	0,78	0,68
15	1,39	1,77	1,53
20	2,47	3,14	2,72
25	3,85	4,91	4,25
30	5,55	7,07	6,12
35	7,55	9,62	8,33
40	9,87	12,6	10,9
45	12,5	15,9	13,8
50	15,4	19,6	17
60	22,2	28,3	24,5
70	30,2	38,5	33,3
80	39,5	50,2	43,5
90	49,9	63,6	55,1
100	61,7	78,5	68
150	139	177	153
200	247	314	272
300	555	707	612

MET-T18

Aluminium

Bleche

Dicke mm	Gewicht kg/m²	Dicke mm	Gewicht kg/m²
1	2,7	15	40,5
1,5	4,05	20	54
2	5,4	25	67,5
3	8,1	30	81
5	13,5	40	108
6	16,2	50	135
10	27	60	162
12	32,4		

MET-T19

Stäbe

Durchmesser oder Schlüsselweite mm	Rundstab	Vierkantstab	Sechskantstab
5	0,055		0,058
6	0,079	0,1	0,087
10	0,22	2,8	0,242
15	0,49	0,63	0,545
20	0,87	1,12	0,95
25	1,37	1,75	1,45
30	1,97	2,52	2,18
35	2,69	3,43	2,95
40	3,51	4,48	3,85
45	4,45	5,67	4,85
50	5,49	7	6,05
60	7,91	10,1	8,71
70	10,77	13,7	
80	14,1	17,9	
90	17,8	22,7	
100	22	28	
150	49,5	63	
200	87,9	112	
300	197,8		

MET-T20

Gewichtstabellen

Stahl Rundrohr

Außendurchmesser × Wandstärke mm	Gewicht kg/m
10 × 1	0,225
10 × 1,5	0,319
15 × 1	0,351
15 × 1,5	0,507
20 × 1	0,476
20 × 1,5	0,695
20 × 2	0,901
20 × 4	1,603
25 × 2	1,153
25 × 3	1,653
25 × 5	2,504
30 × 2	1,402
30 × 3	2,028
30 × 5	3,13
40 × 2	1,903
40 × 3	2,779
40 × 5	4,482
50 × 3	2,402
50 × 5	5,634
80 × 2	3,91
100 × 5	12

Stahl L-Profil gleichschenklig

Maße mm	Gewicht kg/m
15 × 15 × 2	0,44
15 × 15 × 3	0,64
20 × 20 × 3	0,9
25 × 25 × 3	1,2
30 × 30 × 3	1,4
30 × 30 × 4	1,8
40 × 40 × 5	3
45 × 45 × 5	3,4
50 × 50 × 5	3,8
60 × 60 × 6	5,5
80 × 80 × 8	9,7
90 × 90 × 9	12,2
100 × 100 × 10	15

Stahl T-Profil

Maße mm	Gewicht kg/m
20 × 20 × 3	0,88
25 × 25 × 4	1,5
30 × 30 × 4	1,8
40 × 40 × 5	3
50 × 50 × 6	3,8
60 × 60 × 6	5,5
80 × 80 × 8	9,7
100 × 100 × 10	15,1
120 × 120 × 13	25,1

Stahl L-Profil ungleichschenklig

Maße mm	Gewicht kg/m
20 × 10 × 3	0,64
30 × 20 × 3	1,11
30 × 20 × 4	1,45
40 × 20 × 4	1,77
45 × 30 × 5	2,7
50 × 30 × 5	2,96
60 × 40 × 5	3,7
65 × 50 × 5	4,3
80 × 40 × 6	5,4
100 × 50 × 8	9
120 × 80 × 8	12
150 × 100 × 10	18,9
200 × 100 × 12	27,4

Stahl Rechteckrohr

Maße mm	Gewicht kg/m
20 × 10 × 2	0,88
30 × 20 × 2	1,5
40 × 20 × 3	1,8
50 × 30 × 3	3
60 × 40 × 4	3,8
80 × 40 × 4	5,5
100 × 50 × 4	9,7
150 × 50 × 4	15,1
200 × 100 × 4	25,1

Stahl U-Profil

Maße mm	Gewicht kg/m
15 × 30 × 15 × 4	1,74
20 × 40 × 20 × 4	2,5
25 × 50 × 25 × 5	4,45
30 × 60 × 30 × 6	5,22
45 × 80 × 45 × 6	8,8
50 × 100 × 50 × 6	10,6
55 × 120 × 55 × 7	13,5
60 × 140 × 60 × 7	16,2
65 × 160 × 65 × 7,5	19,3

Stahl Vierkantrohr

Maße mm	Gewicht kg/m
20 × 20 × 2	
30 × 30 × 2	
30 × 30 × 3	
40 × 40 × 3	
50 × 50 × 3	
50 × 50 × 4	
80 × 80 × 4	
100 × 100 × 4	

MET-T21

Gewichtstabellen

Aluminium Rundrohr

Außendurchmesser × Wandstärke mm	Gewicht kg/m
10 × 1	0,077
10 × 1,5	0,108
15 × 1	0,119
15 × 1,5	0,172
20 × 1	0,162
20 × 1,5	0,236
20 × 2	0,306
20 × 5	0,638
25 × 2	0,391
25 × 3	0,561
25 × 5	0,85
30 × 2	0,467
30 × 3	0,689
30 × 5	1,063
40 × 3	0,944
40 × 5	1,488
50 × 3	1,199
50 × 5	1,913
75 × 5	2,975
100 × 5	4,038
125 × 5	5,1
150 × 5	6,163
150 × 10	11,9

Aluminium L-Profil gleichschenklig

Maße mm	Gewicht kg/m
10 × 10 × 2	0,1
15 × 15 × 2	0,15
20 × 20 × 2	0,21
20 × 20 × 3	0,3
25 × 25 × 3	0,38
25 × 25 × 4	0,5
30 × 30 × 3	0,47
30 × 30 × 5	0,75
40 × 40 × 5	0,79
50 × 50 × 5	1,3
60 × 60 × 5	1,57
80 × 80 × 8	3,32
100 × 100 × 6	3,18
100 × 100 × 10	5,19

Aluminium L-Profil ungleichschenklig

Maße mm	Gewicht kg/m
20 × 10 × 2	0,15
30 × 20 × 2	0,26
30 × 20 × 3	0,38
40 × 20 × 3	0,47
40 × 20 × 4	0,61
50 × 25 × 4	0,78
50 × 30 × 4	1,02
60 × 40 × 5	1,3
75 × 50 × 5	1,64
80 × 40 × 6	1,87
100 × 50 × 5	1,98
125 × 80 × 8	4,3
150 × 75 × 8	4,72
200 × 100 × 10	7,92

Aluminium U-Profil

Maße mm	Gewicht kg/m
20 × 20 × 2	0,3
40 × 20 × 2	0,52
30 × 30 × 2	0,52
30 × 30 × 3	0,68
20 × 40 × 3	0,6
30 × 40 × 3	0,76
40 × 40 × 5	0,92
50 × 30 × 5	0,84
50 × 50 × 5	1,89
40 × 80 × 5	2,03
50 × 100 × 5	2,57
50 × 150 × 10	6,21
80 × 160 × 10	8,1

Aluminium T-Profil

Maße mm	Gewicht kg/m
25 × 25 × 2	0,26
25 × 25 × 3	0,38
30 × 30 × 3	0,46
40 × 40 × 3	0,62
40 × 40 × 4	0,82
50 × 50 × 4	1,04
50 × 50 × 5	1,28

Aluminium Rechteckrohr

Maße mm	Gewicht kg/m
20 × 10 × 2	0,281
30 × 20 × 2	0,497
40 × 20 × 3	0,875
50 × 30 × 3	1,199
60 × 40 × 4	1,987
80 × 40 × 4	2,419
100 × 50 × 4	3,067
150 × 50 × 4	4,147
200 × 100 × 4	6,307

Aluminium Vierkantrohr

Maße mm	Gewicht kg/m
20 × 20 × 2	0,389
30 × 30 × 2	0,605
30 × 30 × 3	0,875
40 × 40 × 3	1,199
50 × 50 × 3	1,523
50 × 50 × 4	1,987
80 × 80 × 4	3,283
100 × 100 × 4	4,147

MET-T22

Vergleichstabelle Gauge – inch – mm für Bleche

Gauge No	Stahl inches	mm	korrosionsbest. Stahl inches	mm	Aluminum inches	mm
7	0,179	4,5466	–	–	–	–
8	0,164	4,1656	0,172	4,3688	–	–
9	0,15	3,81	0,156	3,9624	–	–
10	0,135	3,429	0,141	3,5814	–	–
11	0,12	3,048	0,125	3,175	–	–
12	0,105	2,667	0,109	2,7686	–	–
13	0,09	2,286	0,094	2,3876	0,072	1,8288
14	0,075	1,905	0,078	1,9812	0,064	1,6256
15	0,067	1,7018	0,07	1,778	0,057	1,4478
16	0,06	1,524	0,063	1,6002	0,051	1,2954
17	0,054	1,3716	0,056	1,4224	0,045	1,143
18	0,048	1,2192	0,05	1,27	0,04	1,016
19	0,042	1,0668	0,044	1,1176	0,036	0,9144
20	0,036	0,9144	0,038	0,9652	0,032	0,8128
21	0,033	0,8382	0,034	0,8636	0,028	0,7112
22	0,03	0,762	0,031	0,7874	0,025	0,635
23	0,027	0,6858	0,028	0,7112	0,023	0,5842
24	0,024	0,6096	0,025	0,635	0,02	0,508
25	0,021	0,5334	0,022	0,5588	0,018	0,4572
26	0,018	0,4572	0,019	0,4826	0,017	0,4318
27	0,016	0,4064	0,017	0,4318	0,014	0,3556
28	0,015	0,381	0,016	0,4064	–	–
29	0,014	0,3556	0,014	0,3556	–	–
30	0,012	0,3048	0,013	0,3302	–	–
31	–	–	0,011	0,2794	–	–

MET-T23

Gauge – French – inches – mm
Vergleichstabelle für kleine Röhren und Kanülen

French size no.	Gauge size no.	Inches	mm	French size no.	Gauge size no.	Inches	mm
2	22	0,026	0,667	10	10	0,13	3,333
2,5	21	0,033	0,833	11	9	0,143	3,667
3	20	0,039	1	12	8	0,156	4
4	18	0,052	1,333	13	7	0,169	4,333
5	16	0,065	1,667	14	7	0,182	4,667
5,3	15	0,069	1,767				
6	14	0,078	2				
6,3	14	0,082	2,1				
6,5	14	0,085	2,167				
7	13	0,091	2,333				
7,5	13	0,098	2,5				
8	12	0,104	2,667				
8,5	12	0,111	2,833				
9	11	0,117	3				

MET-T24

Internationale Fachbegriffe Metall

Fachbegriffe Metall Deutsch	Bedeutung	Technical terms for metals English	Termes techniques pour les métaux Français	Términos técnicos para metales Español
Austenit	Gefügezustand des Stahls. Austenitisches Gefüge ist kubisch-flächenzentriert und entsteht bei hohen Temperaturen ab ca. 1300 °C und bleibt nur bei diesen Temperaturen stabil. Durch Legierungsbestandteile wie Nickel und Mangan bleibt jedoch dieser Gefügezustand bei Raumtemperatur beständig.	austenite	austénite	austenita
Abschrecken	Schnelles Abkühlen. Wird bei Stahl während des Härtevorgangs angewendet.	chilling/quenching	refroidir brutalement	enfriamiento rápido
Anlassen	Wärmebehandlung von Metallen, dient meist dazu, zu hohe Sprödigkeit zu verringern und Spannungen im Werkstoff abzubauen.	tempering	faire revenir	témpera
Anlassfarben	Typische, temperaturabhängige Farben auf blanken Metalloberflächen, welche beim Erwärmen entstehen.	tempering colours	couleur de revenu	colores de témpera
Automatenstähle	Unlegierte Qualitätsstähle, welche durch erhöhten Schwefel- und Phosphorgehalt sowie Bleizusätze eine bessere spanabhebende Bearbeitung ermöglichen. Sie sind nicht schweißbar.	free-cutting steel	acier de décolletage	aceros para robots industriales
Baustähle	Meist unlegierte Qualitätsstähle mit genormten Eigenschaften für allgemeine Anwendung.	structural steel	acier de construction	aceros de construcción
Beruhigter Stahl	Stahl, dessen Schmelze Stoffe zugesetzt werden, damit beim Erstarren keine Gasblasen im Gefüge entstehen.	killed steel	Acier calmé	Aceros blandos
Bimetall	Verbundwerkstoff aus zwei aneinandergefügten Metallen meist unterschiedlicher Eigenschaften. Die Gesamteigenschaften stellen dann eine Kombination aus beiden Einzeleigenschaften dar.	bimetal	bimétal	bimetal
Bronzen	Kupfer-Zinn-Legierungen (Zinnbronze)	bronze	bronze	bronzes
Buntmetall	Populäre Bezeichnung für „farbige" Metalle wie Kupfer, Messing, Zink, Bronze.	non-ferrous metal	métaux lourds non ferreux	metal no férrico

Internationale Fachbegriffe Metall

Fachbegriffe Metall Deutsch	Bedeutung	Technical terms for metals English	Termes techniques pour les métaux Français	Términos técnicos para metales Español
Carbonitrieren	Härten der Oberfläche bzw. der randnahen Schichten Anreichern mit Kohlenstoff und Stickstoff sowie anschließendem Härten.	carbonitriding	carbonater	carbonatación
Edelmetalle	Metalle, welche eine sehr hohe natürliche Korrosionsbeständigkeit haben. Zu den Edelmetallen zählen Gold, Platin, Iridium, Rhodium, Ruthenium, Palladium, Osmium, Silber.	noble metal	métaux précieux	metales nobles
Edelstahl	Populäre Bezeichnung für korrosionsbeständige Stähle.	stainless steel	acier inoxydable	acero noble
Einsatzhärten	Härten der Oberfläche bzw. der randnahen Schichten von Werkstücken durch Anreichern mit Kohlenstoff und anschließendem Härten.	carburisation	crémenter	cementar
Einsatzstähle	Stähle, welche sich zum Einsatzhärten eignen.	case hardening steel	aciers de crémentation	aceros de cementación
Eisen	Grundstoff für Stahl und Eisenmetalle. Wird aus Eisenerzen erschmolzen	iron	fer	hierros
Eisenmetalle	Metalle, welche als wichtigen Legierungsbestandteil Eisen enthalten	ferrous metals	faire revenir	metales férricos
Elastische Verformung	Verformung eines Werkstoffes durch eine auf ihn einwirkende Kraft mit Zurückfedern des Werkstoffes in den ursprünglichen Zustand, nachdem die Kraft, welche die Verformung bewirkt hat, aufhört zu wirken.	elastic deformation	déformation élastique	deformación elástica
Federstähle	Stähle, welche neben einer hohen Festigkeit elastisch und dauerschwingfest sind.	spring steel	acier à ressort	aceros para muelles
Feinbleche	Bleche aus weichen, unlegierten Stählen zwischen 0,5 mm ... 3 mm Dicke	thin-gauge steel	tôle mince	chapas delgadas
Feinkornstahl	Stahl, welcher durch ein feinkörnigeres Gefüge eine höhere Festigkeit besitzt.	fine-grained steel	acier à grain fin	acero de grano del gado

Fachbegriffe Metall Deutsch	Bedeutung	Technical terms for metals English	Termes techniques pour les métaux Français	Términos técnicos para metales Español
Feinstbleche	Bleche aus weichen, unlegierten Stählen bis 0,5 mm Dicke	foils	tôle noire extra-mince	chapas ultradelgadas
Ferrit	Gefügezustand bei Stahl. Ferritisch bedeutet kubisch-raumzentriertes Gefüge.	ferrite	ferrite	ferrita
Gefüge	Zusammenhang der Kristalle oder Körner in einem Werkstoff. Das Gefüge bildet sich beim Abkühlen des Metalls aus dem schmelzflüssigen Zustand.	structure	structure	textura
Glühfarben	Typische, temperaturabhängige Farben, die beim Glühen von Metallen entstehen.	temper colours	couleur de recuit	colores de incandescencia
Grauguss	Eisen-Gusswerkstoff, in dessen Gefüge der Kohlenstoff (Graphit) grobblättrig, feinblättrig oder kugelförmig eingelagert ist.	grey cast iron	fonte grise	fundición en gris
Grundstähle	Stahlsorten ohne besondere Eigenschaften, eine Wärmebehandlung ist nicht möglich.	basic steel	acier commercial	aceros básicos ordinaire
Gusseisen	Populäre Bezeichnung für gegossene Eisenwerkstoffe	cast iron	fonte de fer	hierro fundido
Gusslegierungen	Bei NE-Metallen Legierungen, die sich durch Dünnflüssigkeit besonders zum Gießen eignen.	casting alloys	alliage de fonderie	ligas de ie fundición
Härten	Wärmebehandlung von Metallen, dient meist der Verbesserung der Härte.	hardening	tremper	temperar
Hartguss	Eisen-Gusswerkstoff, in dessen Gefüge der Kohlenstoff nicht als Graphit, sondern als Eisen-Zementit eingelagert ist.	white cast iron	fonte trempée	fundición dura
Hartmetall	Verbindung aus Karbiden und hochschmelzenden Metallen wie Cobalt, Wolfram oder Nickel. Die Härte übertrifft alle „reinen" Metalle.	hard metals	acier trempé	carburo de tungsteno, metal duro
Hochlegierte Stähle	Stähle mit einem Anteil der Legierungselemente über 5%	high-alloy steel	aciers fortement alliés	aceros de alta aleación
Hochschmelzende Legierungsmetalle	Metalle mit einem Schmelzpunkt über 1000 °C, z. B. Chrom, Vanadium, Cobalt, Mangan.	high-melting alloy metal	métaux alliés à point de fusion élevé	metales aleados refractarios
Höchstschmelzende Legierungsmetalle	Metalle mit einem Schmelzpunkt über 2000 °C, z. B. Wolfram, Tantal, Molybdän.	refractory alloy metal	métaux alliés à point de fusion extrême	metales aleados extremamente refractários

Internationale Fachbegriffe Metall

Fachbegriffe Metall Deutsch	Bedeutung	Technical terms for metals English	Termes techniques pour les métaux Français	Términos técnicos para metales Español
Hochwarmfeste Stähle	Stähle, welche bei Temperaturen bis 700 °C noch ausreichend fest sind.	high-temperature steel	aciers résistants aux hautes - températures	aceros resistentes al calor
Inox®	Populäre Bezeichnung für korrosionsbeständige Stähle (Inoxidable).	inox	inox	inox, acero inoxidable
Kaltarbeitsstähle	Werkzeugstähle, die bei der Nutzung nicht über 200 °C erhitzt werden.	cold-working steel	aciers travaillés à froid	aceros para procesos en frío
Kaltaushärtend	Bei Aluminiumlegierungen Aushärten nach einer Wärmebehandlung durch mehrtägige Lagerung bei Raumtemperatur durch Gefügeänderung.	ageing at room temperature	durcissant à froid	témpera en frío
Kaltverfestigung	Meist bei hochlegierten Stählen während der spanenden und spanlosen Bearbeitung an der Bearbeitungsstelle auftretende Festigkeitssteigerung. Kann sowohl erwünscht als auch (bei der spanenden Bearbeitung) unerwünscht sein.	strengthening by cold-working	écrouissage	compactación en frío
Kaltzähe Stähle	Stähle, welche bei Temperaturen unterhalb 50 °C noch ausreichend zäh sind.	steel of high impact strenght at low temperature	aciers pour basses températures	aceros viscosos en frío
Knetlegierungen	Meist NE-Metalllegierungen, welche in plastischem Zustand verarbeitet werden können (z. B. Strangpressen)	wrought alloys	alliage corroyé	ligas plásticas
Korrosion	Korrosion ist die Zerstörung von Oberfläche und/oder Gefüge von Metallen durch chemische Reaktionen, deren Wirkstoffe meist aus der Umgebung des Metalls stammen.	corrosion	corrosion	corrosión
Korrosionsbeständige Stähle	Stähle, die auf Grund ihrer Legierungsbestandteile eine hohe Beständigkeit gegen Korrosion besitzen.	corrosion-resistant steel	aciers résistants à la corrosion	aceros resistentes a la corrosión
Legierte Stähle	Stähle mit einem Anteil der Legierungselemente unter 5%	alloyed steel	aciers alliés	acero aleado
Legierungen	Metalle aus zwei oder mehr unterschiedlichen Metallen.	alloy	alliages	aleaciones

Fachbegriffe Metall Deutsch	Bedeutung	Technical terms for metals English	Termes techniques pour les métaux Français	Términos técnicos para metales Español
Legierungsmetalle	Metalle, welche als Legierungsbestandteil die Eigenschaften der Grundmetalle spezifisch verbessern.	alloying metal	métaux alliés	metales aleados
Leichtmetalle	Metalle, deren spezifisches Gewicht weniger als 5 g/cm³ ist.	light metals	métaux légers	metales leves
Lufthärter	Stahl, der nach der Wärmebehandlung durch Abschrecken in Luft abgekühlt wird.	air-hardened steel	acier trempant à l'air	acero de témpera al aire
Martensit	Gefügezustand bei Stahl. Martensitisches Gefüge bildet sich bei hohen Temperaturen. Es ist extrem hart und kann durch schnelles Abkühlen („Abschrecken") erhalten bleiben.	martensite	martensite	martensita
Materialprüfung	Prüfung eines Materials auf seine mechanischen Eigenschaften. Typische Prüfungen sind: Zugversuch, Härteprüfung, Dauerfestigkeitsprüfung, Druckprüfung.	material testing	epreuve des matériaux	prueba de material
Meehanite-Guss	Härt- und vergütbarer Gusswerkstoff mit besonders feinem Gefüge. Graphit ist sehr feinblättrig oder kugelig eingelagert	nodular cast iron	fonte Meehanite	fundición con meehanita
Memory-Metall	Sonderlegierung (Superlegierung), welche die Eigenschaft hat, eine zunächst plastische Verformung durch Erwärmen auf eine Memory-Temperatur („Erinnerungstemperatur") wieder rückgängig zu machen.	memory metal	métal à mémoire	metal memory
Messing	Kupfer-Zink-Legierungen	brass	laiton	latón, bronce amarillo
NE-Metalle	Metalle, welche kein Eisen enthalten.	nonferrous metals	métaux non ferreux	metales no férricos
Neusilber	Kupfer-Nickel-Legierungen	german silver	argentan	alpaca
Niedrigschmelzende Legierungsmetalle	Metalle mit einem Schmelzpunkt unter 500 °C, z. B. Cadmium, Wismut, Zinn	low-melting alloy metals	métaux alliés à point de fusion bas	metales aleados conbabajo punto de fundición
Nitrierhärten	Härten der Oberfläche bzw. der randnahen Schichten von Werkstücken durch Anreichern mit Stickstoff und anschließendem Härten.	nitride hardening	nitruration	témpera en nitrificación
Nitrierstähle	Stähle, die durch den Zusatz von Nitridbildnern (z. B. Cr, Ti, Al) verschleißfester sind.	nitriding steel	aciers nitrurés	aceros nitrificados
Ölhärter	Stahl, der nach der Wärmebehandlung durch Abschrecken in Öl abgekühlt wird.	oil hardening steel	acier trempant à l'huile	témpera en petróleo

Internationale Fachbegriffe Metall

Fachbegriffe Metall Deutsch	Bedeutung	Technical terms for metals English	Termes techniques pour les métaux Français	Términos técnicos para metales Español
Plastische Verformung	Bleibende Verformung eines Werkstoffes durch eine auf ihn einwirkende Kraft. Die Verformung bleibt bestehen, nachdem die Kraft, welche die Verformung bewirkt hat, aufhört zu wirken.	yield	déformation plastique	deformación plástica
Rostfrei	Populäre Bezeichnung für korrosionsbeständige Stähle.	stainless	antirouille	inoxidable
Rotguss	Kupfer-Zinn-Zink-Legierungen	red bronze	laiton rouge	fundición al rojo
Schnellarbeitsstähle	Werkzeugstähle, die bei der Nutzung bis 600 °C erhitzt werden.	high-speed steel	acier rapide	aceros de proceso rápido
Schwermetalle	NE-Metalle, deren spezifisches Gewicht höher als 5 g/cm³ ist.	heavy metal	métaux lourds	metales mepesados
Sintermetall	Ein oder mehrere pulverförmige Metalle werden (in Formen) gepresst und mittels Hitze zusammengebacken.	sintered metal	métal fritté	metales sinterizados
Stahl	Eisen, welchem durch thermische Behandlung im schmelzförmigen Zustand Kohlenstoff und unerwünschte Beimengungen entzogen worden sind.	steel	acier	acero
Stahlguss	Eisen-Gusswerkstoff, dessen Grundstoff Stahl ist und in dessen Gefüge der Kohlenstoff (Graphit) streifig eingelagert ist.	cast steel	fonte d'acier	fundición de acerou
Superlegierungen	Ferrolegierungen, welche in Sonderverfahren hergestellt werden, und die durch besondere Legierungsbeständteile überdurchschnittliche Festigkeitswerte, Beständigkeiten und Temperaturverhalten haben.	superalloys	superalliage	superaleaciones
Temperguss	Eisen-Gusswerkstoff, in dessen Gefüge der Kohlenstoff (Graphit) flockig eingelagert ist und der nach dem Guss einer Wärmebehandlung unterzogen wurde.	malleable cast iron	fonte malléable	fundición de témpera
Tiefziehblech	Stahlblech mit guten Verformungseigenschaften	deep-drawing sheet steel	tôle emboutie	chapa de empuje profundo

Fachbegriffe Metall Deutsch	Bedeutung	Technical terms for metals English	Termes techniques pour les métaux Français	Términos técnicos para metales Español
Unlegierte Edelstähle	Stahlsorten mit gleichmäßigerer Güte und höherer Reinheit als unlegierte Qualitätsstähle. Wärmebehandlung und Vergütung sind möglich.	unalloyed special steel	aciers inoxydables non alliés	aceros nobles no aleados
Unlegierte Qualitätsstähle	Stahlsorten mit besonderen Eigenschaften, eine Wärmebehandlung ist möglich.	unalloyed high-grade steel	aciers fins non alliés	aceros de calidad no aleado
Vergüten	Thermische Behandlung, die den dazu geeigneten Stählen höhere Festigkeit, eine höhere Streckgrenze und eine größere Zähigkeit verleiht.	heat refining	améliorer par trempe et revenu	endurecer en calor
Vergütungsstahl	Stähle, welche durch Vergüten eine höhere Festigkeit erhalten.	heat-treatable steel	acier de traitement	acero endurecido
Warmarbeitsstähle	Werkzeugstähle, die bei der Nutzung bis 400 °C erhitzt werden.	hot-working steel	acier pour travail à chaud	aceros para procesos en calor
Warmaushärtend	Bei Aluminiumlegierungen Aushärten nach einer Wärmebehandlung durch mehrstündige Lagerung bei Temperaturen zwischen 140...160 °C durch Gefügeänderung.	artificial ageing	thermo-durcissable	envejecido
Warmfeste Stähle	Stähle, welche bei Temperaturen über 350 °C noch ausreichend fest sind.	high-temperature resistant steel	aciers résistants au fluage à élevée	aceros resis tempéra-ture tentes al calor
Wasserhärter	Stahl, der nach der Wärmebehandlung durch Abschrecken in Wasser abgekühlt wird.	water hardening steel	acier de trempe à l'eau	acero de témpera en agua
Werkstoffnummer	In Deutschland standardisierte Kennzeichnung von Metallen mittels eines Ordnungssystems durch einen Nummerncode.	material code number	numéro du matériau	número de material
Werkzeugstähle	Stähle, aus denen Werkzeuge hergestellt werden. Es gibt unlegierte, legierte und hochlegierte Werkzeugstähle.	tool steel	aciers à louti	aceros para herramientas
Zerstörungsfreie Prüfung	Prüfverfahren, bei dem der zu prüfende Werkstoff nicht beschädigt wird, sondern weiterverwendet werden kann.	non-destructive testing	essai non destructif	prueba no destructivo
Zugfestigkeit	Spezifische Zugfestigkeit eines Metalles in N/mm^2. Wird an speziellen Probestücken durch (zerstörenden) Zugversuch ermittelt.	ultimate tensile strength	résistance	resistencia a la tensión

Kunststoffe

Kunststoffe sind Materialien, welche in ihrer endgültigen Form nicht in der Natur vorkommen. Sie müssen künstlich hergestellt werden. Ihre Grundstoffe sind allerdings natürlich: Sie bestehen meist aus Erdölderivaten. Kunststoffe ergänzen in zunehmendem Maße die konventionellen Werkstoffe Holz und Metall. Gründe dafür sind die fast unbegrenzten Möglichkeiten der plastischen Verformung, die Homogenität des Materials und die Möglichkeit, Kunststoffe „nach Maß" herstellen zu können.

Kunststoffe haben als wesentliches Kennzeichen eine makromolekulare Struktur. Man unterscheidet in
– Thermomere (Thermoplaste)
– Duromere (Duroplaste)
– Elastomere
Bei Thermomeren und Duromeren liegt die molekulare Erstarrungstemperatur oberhalb der Anwendungstemperatur, bei Elastomeren darunter. Unter der Erstarrungstemperatur (Transformationstemperatur T_E) versteht man die Temperatur, bei der die Eigenbewegung der Moleküle „einfriert".

Innerhalb der Kunststoffe gibt es Typen, welche als Halbzeuge wie Platten, Folien, Rohre, Profile geliefert werden. Durch Bearbeitung werden daraus Werkstücke und Bauteile hergestellt. Andere Kunststofftypen werden während der Werkstückherstellung aus Komponenten zusammengefügt. Sie reagieren in oder auf der Form und nehmen deren Gestalt an. Typische Vertreter dieser Kunststoffe sind Gießharze.

Thermomere (Thermoplaste)

Thermomere verlieren oberhalb der Transformationstemperatur T_E ihre Formbeständigkeit durch Erweichen. Sie sind damit oberhalb von T_E bleibend verformbar. Bei Absenken der Temperatur unter T_E verfestigen sich Thermomere wieder. Ihre Festigkeitseigenschaften sind deshalb temperaturabhängig. Thermomere werden industriell gefertigt und gelangen als Halbzeuge (Folien, Platten, Tafeln, Profile) und Fertigprodukte in den Handel.

Duromere (Duroplaste)

Duromere erhalten durch eine engmaschige molekulare Vernetzung bei der Verarbeitung eine bis in den Bereich der Herstelltemperatur reichende Formstabilität. Die mechanischen Eigenschaften sind weniger temperaturabhängig als die der Thermoplaste. Sie sind spröder als Thermoplaste, je nach Anwendung müssen verstärkende Füllstoffe zugesetzt werden. Duromere werden entweder industriell gefertigt und gelangen als Halbzeuge (Folien, Platten, Tafeln, Profile) und Fertigprodukte in den Handel oder werden an Ort und Stelle durch Zusammenfügen der Bestandteile (Gießharze) der Arbeitsaufgabe entsprechend hergestellt.

Elastomere

Elastomere werden wegen ihrer gummiartigen Elastizität, welche nur oberhalb ihrer Transformationstemperatur T_E vorhanden ist, eingesetzt. Der Zusammenhalt des weitmaschigen Molekularverbandes wird durch die Vulkanisierung der Elastomere erreicht. Elastomere werden entweder industriell gefertigt und gelangen als Halbzeuge (Folien, Platten, Tafeln, Profile) und Fertigprodukte (Dichtungen, Konstruktionsteile) in den Handel, oder sie werden in der industriellen Fertigung an Ort und Stelle (z. B. Dichtungen) hergestellt. Die Polymerisation erfolgt dabei durch Luftfeuchtigkeit oder durch Zugabe einer weiteren Komponente.

Eigenschaften wichtiger Kunststofftypen

Die Eigenschaften von Kunststoffen sind so vielfältig, dass eine detaillierte Auflistung in diesem Rahmen nicht möglich ist. Im Folgenden werden deshalb lediglich einige wichtige generelle Eigenschaften sowie die Eigenschaften einiger ausgewählter Kunststoffgruppen beschrieben. Zur exakten Information sind die technischen Datenblätter der Kunststoffhersteller zu verwenden.

ABS: Acryinitril-Butadien-Styrol
Eigenschaften: Einsatztemperaturbereich von ca. -40...+100 °C. Hohe Schlag-, Kerbschlag- und Kratzfestigkeit, gute Schalldämpfung, geringe elektrostatische Aufladung und relativ geringe Wasseraufnahme. Geringe Spannungsrissbildung. Kann geklebt werden.
Einsatzgrenzen: Brennt gut, Vergilbt bei längerer Lichteinwirkung, nicht beständig gegen Lösungsmittel, Benzol und konzentrierte Mineralsäuren. Witterungsempfindlich.

FPM: Fluorelastomere
Eigenschaften: Einsatztemperaturbereich von ca. -20...+200 °C, in Wasser und Dampf max. +150 °C. Sehr hohe Öl- und Chemikalienfestigkeit. Ozonbeständig. Sehr hoher Temperaturbereich, Selbstverlöschend.
Einsatzgrenzen: Brennbar. Empfindlich in Heißwasser und Dampf. Leichte Quellung in Aromaten.

CSM: Chlorsulfoniertes Polyethylen
Eigenschaften: Einsatztemperaturbereich von ca. -20...+120 °C, Wasser und Dampf max. +100 °C. Hohe Alterungs- und Ozonbeständigkeit. Geringe Luftdurchlässigkeit.
Einsatzgrenzen: Brennt. Versprödung bei Kälte.

NBR: Nitril-Elastomer
Eigenschaften: Einsatztemperaturbereich von ca. -20...+100 °C, Wasser max. +80 °C, in Öl max. 120 °C. Hohe Beständigkeit in Mineralölen und Benzin. Hohe Reiß- Abrieb- Kerb- und Wechselbiegefestigkeit.
Einsatzgrenzen: Brennt. Versprödung bei Heißlufteinfluss. Geringe Dehnung, schlechte Ozon- und Witterungsbeständigkeit.

PE: Polyethylen
Eigenschaften: Einsatztemperaturbereich von ca. -50...+80 °C. Geringes spezifisches Gewicht und geringste Wasseraufnahme. Abriebfest und schlagzäh, gute Gleiteigenschaften. Unterhalb +60 °C sehr gute Beständigkeit gegen Lösungsmittel, Säuren, Laugen und Mineralölprodukte. Kann geschweißt werden.

Einsatzgrenzen: Brennt tropfend. Versprödung bei längerer Lichteinwirkung. Bei bestimmten Laugen Spannungsrissbildung. Lädt sich elektrostatisch auf. Verklebungen haben keine hohe Haltbarkeit.

POM: Polyacetal
Eigenschaften: Einsatztemperaturbereich von ca. -40...+100 °C. Hohe Härte, Festigkeit, Steifigkeit, Zähigkeit und Wechselbiegefestigkeit. Gleit-und Abriebverhalten gut, Elastizität auch bei tiefen Temperaturen. Gute chemische Beständigkeit.
Einsatzgrenzen: Empfindlich gegen konzentrierte Säuren und verschiedene Ölprodukte. Bleicht bei längerer Lichteinwirkung aus. Verklebungen haben keine hohe Haltbarkeit. Unterschiede zwischen verschiedenen POM-Typen.

PA: Polyamid
Eigenschaften: Einsatztemperaturbereich von ca. -40...+80° C. Hohe Festigkeit, Zähigkeit und Abrieb- und Verschleißfestigkeit. Dämpft Schall und hat eine gute Beständigkeit gegenüber Chemikalien. Alterungsbeständig, fast keine elektrostatische Aufladung. Gute Spannungsrissfestigkeit.
Einsatzgrenzen: Brennt tropfend. Nicht beständig gegen starke mineralische Säuren und Laugen. Nimmt etwas Wasser auf. Erhitztes PA ist nicht lebensmittelsicher. Verklebungen nicht sehr haltbar.

PC: Polycarbonat
Eigenschaften: Einsatztemperaturbereich von ca. -80...+130 °C. Transparent. Hohe Steifigkeit und sehr hohe Schlagzähigkeit auch bei tiefen Temperaturen. Schwer entflammbar und selbstverlöschend. Sehr geringe Wasseraufnahme, zäh und witterungsbeständig.
Einsatzgrenzen: Nicht beständig gegen Alkohole, Laugen, Ammoniak und Ozoneinwirkung. In Mineralölen beständig bis ca. 60 °C. Lädt sich elektrostatisch auf und neigt zur Spannungsrisskorrosion.

PMMA: Polymethylmethacrylat
Eigenschaften: Einsatztemperaturbereich von ca. -40...+80 °C. Transparent (glasklar). Hart, steif und mäßig schlagzäh,

kratzfest. Gute Licht- und Alterungsbeständigkeit. Kann gut geklebt werden.
Einsatzgrenzen: Leicht entflammbar, brennt. Spannungsrissbildung in Spülmitteln. Nicht beständig gegenüber einigen Lösungsmitteln, Nitro, Benzol, Verdünner und konzentrierten Säuren.

PP: Polypropylen
Eigenschaften: Einsatztemperaturbereich von ca. 0...+100 °C. Leicht, hohe Steifigkeit und federnd. Gute chemische Beständigkeit. Bruchunempfindlich, Hart. Kann gut geschweißt werden.
Einsatzgrenzen: Brennt tropfend. Versprödung bei Kälte. Quillt in Benzin und Benzol, oxidiert bei hohen Temperaturen. Witterungsbeständigkeit schlecht. Lädt sich elektrostatisch auf. Klebeverbindungen halten schlecht.

PS: Polystyrol
Eigenschaften: Einsatztemperaturbereich von ca. 0...+70 °C. Gute Schlag-Stoßfestigkeit. Gute Beständigkeit gegen Chemikalien. Gute Alterungsbeständigkeit. Kann gut geklebt werden.
Einsatzgrenzen: Leicht brennbar, rußt stark. Vergilbt bei längerer Lichteinwirkung. Nicht beständig gegen Lösungsmittel. Spröde und Spannungsrissempfindlich.

PTFE: Polytetrafluoräthylen
Eigenschaften: Einsatztemperaturbereich von ca. -200...+260 °C. Höchste Chemikalienbeständigkeit aller Kunststoffe und sehr hoher Temperaturbereich. Nicht entflammbar. Wetterbeständig. Sehr gute Gleiteigenschaften und gute Bearbeitbarkeit. Sehr gute elektrische Eigenschaften.
Einsatzgrenzen: Brennbar. Mittlere mechanische Eigenschaften. Neigung zum Kriechen unter mechanischer Belastung.

PVC: Polyvinylchlorid
Eigenschaften: Einsatztemperaturbereich von ca. -5...+60 °C. Gute chemische Beständigkeit, gute Festigkeit und universelle Verarbeitbarkeit. Preiswerter Massenkunststoff. Schwer entflammbar.
Einsatzgrenzen: Versprödung bei tiefen Temperaturen. Nicht alle PVC-Typen sind lebensmittelecht. Geringe Kriechstromfestigkeit. Festigkeit temperaturabhängig.

Starke toxische und korrosive Wirkung der Zersetzungsprodukte im Brandfalle.

PEEK: Polyaryletherketon
Eigenschaften: Einsatztemperaturbereich von ca. -80...+200 °C. Sehr gute chemische Beständigkeit. Flammhemmend und geringe Toxizität der Verbrennungsprodukte. Sehr gute mechanische und elektrische Eigenschaften.
Einsatzgrenzen: Direkte UV-Bestrahlung muss durch Schutzmaßnahmen vermieden werden.

PET: Polyethylenterephtalat
Eigenschaften: Einsatztemperaturbereich von ca. -40...+110 °C. Hart, steif und zäh auch bei Minustemperaturen, kann glasklar hergestellt werden. Gute Beständigkeit gegen Kohlenwasserstoffe (Mineralöle). Gute Gleiteigenschaften.
Einsatzgrenzen: Nicht beständig gegen heißen Wasserdampf, nicht kochfest.

PU: Polyurethane
Eigenschaften: Polyurethane zählen zu den vielseitigsten Kunststoffen. Sie finden als Elastomere, Duromere sowie als Schaumstoffe und Vergussmassen Verwendung. Die Eigenschaften sind typspezifisch.
Einsatzgrenzen: Die Einsatzgrenzen sind typspezifisch.

Q, MQ: Silikonelastomere
Eigenschaften: Einsatztemperaturbereich von ca. – 70...+180 °C. Sehr gute Alterungs- und Ozonbeständigkeit. Witterungs- und UV-Beständigkeit. Günstige elektrische Eigenschaften.
Einsatzgrenzen: Mechanische Eigenschaften mittelmäßig, Nicht besonders beständig gegen heißes Wasser und Wasserdampf.

Superkunststoffe

Superkunststoffe zeichnen sich gegenüber den „normalen" Gebrauchskunststoffen durch besonders gute mechanische und thermische Belastbarkeit und chemische Beständigkeit aus. Einige Superkunststoffe haben eine hervorragende elektrische Isolationsfähigkeit und Beständigkeit gegenüber radioaktiver Strahleneinwirkung.

Bei der Verarbeitung von Superkunststoffen sind die vom Hersteller empfohlenen Methoden zu beachten. Entsprechend ihren hervorragenden Eigenschaften sind Superkunststoffe teilweise sehr kostenintensiv.

Wichtige Superkunststoffe
ETFE, FEP, PAI, PCTFE, PEEK, PEI, PES, PPO, PSU, PVDF

Wichtige Markennamen® (Auswahl)
Floraflon, Kinel, Noryl, Ryton, Teflon, Tefzel, Torlon, Ultem, Victrex, Voltalef

Herstellerauswahl
Amoco, Du Pont, General Electric, ICI, Phillips, Rhône-Poulenc, Union Carbide

Brandverhalten von Kunststoffen

Kunststoffe werden in hohem Maße großflächig als Verkleidungen, Isolationen und als Bestandteile von Möbeln und Dekomaterial sowohl in Innenräumen als auch in Land-, Wasser- und Luftfahrzeugen eingesetzt.

Im Gefahrenfalle kommt den Eigenschaften von Kunststoffen bei Bränden besondere Bedeutung zu. Wichtigste Kriterien sind dabei:
- Zündtemperatur
- Zersetzungstemperatur
- Qualmbildung
- Toxizität der Zersetzungsprodukte
- Korrosion durch Zersetzungsprodukte

Zündtemperatur
Bei dieser Temperatur entzündet sich der Kunststoff von selbst in der Anwesenheit von Luftsauerstoff.

Zersetzungstemperatur
Im Bereich der Zersetzungstemperatur beginnt der Kunststoff, sich in einige oder alle Bestandteile aufzuspalten. Die Zersetzungsprodukte sind in der Regel gasförmig, kondensieren aber an kühleren Oberflächen.

Qualmbildung
Qualmbildung kann im Brandfall zu erheblicher Sichtbeeinträchtigung bis hin zum Orientierungsverlust führen. Qualmbildung kann deshalb die Auswahl eines für den beabsichtigten Anwendungszweck geeigneten Kunststoffes beeinflussen.

Toxizität der Zersetzungsprodukte
Die bei übermäßiger Hitze oder im Brandfall entstehenden, oft im Qualm enthaltenen Zersetzungsprodukte können spontan oder nachträglich erhebliche giftige oder letale Reaktionen beim Einatmen durch den Menschen zur Folge haben.

Korrosion durch Zersetzungsprodukte
Die bei übermäßiger Hitze oder im Brandfall entstehenden, oft im Qualm enthaltenen Zersetzungsprodukte können auf andere Materialien, speziell aber bei Metallen, zum Teil erhebliche Korrosionserscheinungen hervorrufen.

Identifikation von Kunststoffen

Die Identifikation von Kunststoffen nach ihrem Aussehen ist schwierig und nur bei wenigen Typen hinreichend erfolgreich. In der Regel wird man den Kunststoff außerhalb von einem gut ausgerüsteten Labor nur durch Zerstörung prüfen können. Eine relativ verlässliche Methode ist die Brennprobe, bei welcher der fragliche Kunststoff nach folgenden Kriterien geprüft wird:
- Schmelzverhalten
- Brennfähigkeit
- Farbe der Flammen
- Geruch

Eine weitere Möglichkeit, den fraglichen Kunststofftyp einzugrenzen, ist die Prüfung von:
- Farbe
- Härte
- Bruchverhalten
- Klang

Alle Prüfungen, insbesondere die Brennprobe, sind mit Sorgfalt durchzuführen. Bei der Brennprobe können toxische, aggressive Gase entstehen. Es empfiehlt sich deshalb, nur kleine Probestücke von wenigen mm² Querschnitt zu erhitzen. Wegen der Gefahr des Abtropfens brennender Bestandteile darf dies nur über einer feuerfesten Unterlage erfolgen. Um Verfälschungen zu vermeiden, sollen nichtrußende Zündflammen verwendet werden. Je nach Kunststofftyp sollte die Hitzeeinwirkung mindestens 10 Sekunden dauern, wobei die Flamme ca. 3 mm vom Probestreifen entfernt sein sollte.

Verarbeitung von Kunststoffen

Die Verarbeitung von Kunststoffen unterscheidet sich wesentlich von der Bearbeitung von Holz und Metallen. Zu beachten sind folgende Punkte:
- allgemeiner Werkzeugeinsatz
- spanlose Verformung
- spanende Bearbeitung
- Verbindungstechnik
- Schweißen

Allgemeiner Werkzeugeinsatz
Für die Bearbeitung von Kunststoffen können in der Regel die für Metall und Holz verwendeten Werkzeuge eingesetzt werden. Allerdings ist es wichtig, die Füll- oder Verstärkungsstoffe zu kennen, welche bestimmten Kunststoffen zur Optimierung ihrer Eigenschaften beigemengt sind. Die teilweise sehr abrasiven Eigenschaften dieser Füllstoffe (Glasfasern) haben entscheidenden Einfluss auf die Standzeit der Werkzeuge, dies muss bei der Auswahl der Werkzeuge berücksichtigt werden.

Spanlose Verformung
Spanlose Verformung ist nicht bei allen Kunststoffen möglich. Sie ist von Gruppe zu Gruppe und dort von Typ zu Typ unterschiedlich. Man unterscheidet wie folgt in:
- Elastomere
- Thermomere (fest, geschäumt)
- Duromere (fest, geschäumt)

Elastomere: Generell können Elastomere spanlos verformt werden, es ist ihre wichtigste Eigenschaft. Die Verformung ist in der Regel nicht bleibend, sondern wird durch äußere Einflüsse (spannen, einlegen in eine Form) erreicht. Elastomere, welche in einer Form hergestellt werden,

bleiben formtreu. Elastomere sind, ihrer Namensgebung entsprechend, elastisch.

Thermomere (fest, geschäumt): Viele feste Thermomere können bei Raumtemperatur spanlos verformt werden, wenn die Werkstückdimensionen (dünne Platten, Profile) dies gestatten. Je nach angewandter Technik und Formänderung ist die Verformung elastisch oder bleibend. In anderen Fällen ist es nötig, Thermomere auf ihre Verformungstemperatur zu erwärmen. Die Verformungstemperatur ist abhängig vom Kunststofftyp und liegt in der Regel zwischen 100 ... 180 °C. Bei diesen Temperaturen ist es möglich, Thermomere zu biegen, abzukanten oder über Formen zu ziehen, wobei die Formänderung nach dem Erkalten bleibend ist. Dabei können sowohl Postiv- als auch Negativtechniken (Vakuum) angewendet werden. Durch den Zieh- oder Biegevorgang kann werkstoffspezifisch oft eine erhebliche Verfestigung erreicht werden, welche für die Eigenschaften des fertigen Werkstückes günstig sind (z. B. Acrylglas-Kabinenhauben für Luftfahrzeuge).
   Bei Schaumstoffen aus Thermomeren (z. B. Polyethylen) besteht meist ein Verhalten wie bei Elastomeren.

Duromere (fest, geschäumt): Viele Duromere können bei Raumtemperatur nur dann spanlos verformt werden, wenn die Werkstückdimensionen (dünne Platten, Profile) dies gestatten. Die Formänderung ist in der Regel elastisch, nach Aufhebung der äußeren Einwirkung federt das Werkstück in seine ursprüngliche Form zurück. Duromere können allerdings während der Herstellung vor Ort in plastischem Zustand in nahezu jede gewünschte Form gebracht werden, welche nach dem Aushärten beibehalten wird. Für Schaumstoffe aus Duromeren (sogenannte Hartschäume) besteht dasselbe Verhalten: Sie können nur im Bereich ihrer durch die Dimensionen bestimmten Elastizität verformt werden.

Spanende Bearbeitung
Spanende Verformung ist grundsätzlich bei allen Kunststoffen möglich. Die Arbeitsverfahren und Einsatzwerkzeuge sind von Gruppe zu Gruppe und dort von

Typ zu Typ unterschiedlich. Auch hier unterscheidet man wie folgt in:
- Elastomere
- Thermomere (fest, geschäumt)
- Duromere (fest, geschäumt)

Elastomere: Elastomere werden in der Regel nicht spanend verarbeitet. Meist werden Elastomere getrennt, wozu bei manueller Anwendung einfache, scharfe Messer, bei maschinenunterstützter Anwendung meist rotierende oder gegenläufige Messer verwendet werden.

Thermomere (fest, geschäumt): Thermomere können mit den üblichen Techniken und Einsatzwerkzeugen bearbeitet werden. Hierbei ist jedoch zu beachten, dass sie die bei der Bearbeitung entstehende Wärme nur schlecht oder gar nicht abführen. Dies kann einerseits die Bearbeitungsqualität erheblich beeinflussen, wenn der Werkstoff im Bereich der Bearbeitungsspur (z. B. beim Sägen, Fräsen, Schleifen) anschmilzt, andererseits wird das Einsatzwerkstück unter Umständen bis zum Verlust seiner Eigenschaften erhitzt. Diesen Umständen muss durch die Wahl einer geeigneten Schnittgeschwindigkeit, einer entsprechenden Warmfestigkeit des Bearbeitungswerkzeuges und eventuell durch die Verwendung eines verträglichen Kühlmittels begegnet werden.

Geschäumte Thermoplaste werden den Elastomeren entsprechend bearbeitet oder gesägt.

Duromere (fest, geschäumt): Duromere können mit den für die Metallbearbeitung üblichen Techniken und Einsatzwerkzeugen bearbeitet werden. Hierbei ist jedoch zu beachten, dass sie die bei der Bearbeitung entstehende Wärme nur schlecht oder gar nicht abführen. Dies kann einerseits die Bearbeitungsqualität erheblich beeinflussen, wenn der Werkstoff im Bereich der Bearbeitungsspur (z. B. beim Sägen, Fräsen, Schleifen) anschmilzt, andererseits wird das Einsatzwerkstück unter Umständen bis zum Verlust seiner Eigenschaften erhitzt. Diesen Umständen muss durch die Wahl einer geeigneten Schnittgeschwindigkeit, einer entsprechenden Warmfestigkeit des Bearbeitungswerkzeuges begegnet werden. Zu-

sätzlich verfügen Duromere oft über Füllstoffe, welche die mechanische Festigkeit erheblich verbessern. Diese Füllstoffe sind meist mineralischen Ursprungs (Glas-Kohle-Aramidfasern, Glasballons, Quarzmehl) und haben einen stark abrasive Wirkung auf die Einsatzwerkzeuge. In diesen Fällen ist zur Bearbeitung hartmetallbestücktes Werkzeug einzusetzen. Die Anwendung von Kühlmitteln ist kritisch, weil Feuchtigkeit durch die Kapillarwirkung an den Faserwerkstoffen entlang in den Materialverbund eindringen kann, was nachteilig für die strukturellen Eigenschaften ist.

Geschäumte Duromere werden den Elastomeren entsprechend bearbeitet oder gesägt, bestimmte Styrolschäume können durch Hitze getrennt werden.

Verbindungstechnik
An Kunststoffen können alle üblichen Verbindungselemente eingesetzt werden. Zu beachten ist dabei, dass Kunststoffe oft elastisch sind und unter Druckeinwirkung „kriechen" oder ein sprödes Verhalten aufweisen können. Punktuelle Krafteinleitung ist zu vermeiden. Die vom Befestigungselement ausgehenden Kräfte müssen großflächig auf das Bauteil übertragen werden (Unterlagscheiben). Als besonders günstig erweisen sich Klebeverbindungen, die der Charakteristik von Kunststoffen am meisten entgegenkommen.

Schweißen
Schweißverbindungen eignen sich ausschließlich für themoplastische Kunststoffe. Durch Schweißen können homogene Schweißnähte mit hoher Qualität realisiert werden. Die Wärmeeinbringung erfolgt meist durch erhitzte Luft, welche durch Heißluftgebläse erzeugt wird, weniger durch den Kontakt mit erhitztem Metall. Wärmeeinbringung durch offene Flammen (Lötlampe, Schweißbrenner) ist nicht möglich.

Wegen der geringen Differenz zwischen Schweißtemperatur und der Temperatur, welche zur Zerstörung des Kunststoffes führt, sollten nur temperaturgeregelte Heißlufterzeuger verwendet werden. Als Schweißzusatz muss derselbe Kunststoff verwendet werden.

Guss- und Laminiertechnik

In der Kunststoffverarbeitung nimmt die Guss- und Laminiertechnik einen wichtigen Platz ein. Sie gestattet es, nahezu beliebig geformte Bauteile in fast allen Dimensionen herzustellen. Hierzu werden Kunstharze verwendet, deren Komponenten bei der Verarbeitung gemischt und zusammen mit verstärkenden Stoffen auf oder in Formen eingebracht werden und dort bis zum vollständigen Aushärten verbleiben. Dann erfolgt die Entformung. Die Qualität und die Eigenschaften des Bauteils hängen ab vom:

- Gießharztyp
- Laminatwerkstoff
- Füllmaterial
- Laminierverfahren
- Formgestaltung und Güte

Die Guss- und Laminiertechnik wird neben der industriellen Fertigung auch zu einem erheblichen Anteil handwerklich angewendet. Aus diesem Grunde wird auf die grundsätzliche Laminiertechnik und die Materialauswahl etwas ausführlicher eingegangen.

Gießharztyp

Die gebräuchlichsten Gießharztypen sind:

- Polyesterharze
- Epoxidharze

Sie haben unterschiedliche Eigenschaften, sowohl in ihrem Festigkeitsverhalten als auch in der Verarbeitung. Die Auswahl muss deshalb entsprechend dem Verwendungszweck getroffen werden und bei der Verarbeitung berücksichtigt werden.

Polyesterharze: Polyesterharze werden meist als UP-Harze bezeichnet. UP bedeutet ungesättigtes Polyesterharz. Polyesterharze sind in Styrol gelöst, was ihnen ihren typischen Geruch verleiht. Kalthärtende Polyesterharze härten bei Raumtemperatur durch Zugabe eines Härters (Katalysators) und eines Beschleunigers aus, der bei bestimmten Polyesterharzen bereits dem Harz beigemischt ist (vorbeschleunigte Harze). Warmhärtende Polyesterharze bestehen aus Harz und Härter, die Beschleunigung erfolgt durch die (von außen zugeführte) Wärme.

Mit der Mischung der Komponenten (Reihenfolge: Harz–Beschleuniger–Härter) beginnt die Aushärtung. Bis zur Gelierung des Harzes kann verarbeitet werden, danach nicht mehr („Topfzeit"). Die Topfzeit ist vom Mischungsverhältnis und der Temperatur abhängig.

Der Aushärtvorgang kann bei allen Polyesterharztypen durch die Verarbeitungstemperatur beeinflusst werden, höhere Temperaturen ergeben kürzere Aushärtzeiten. Üblich sind Aushärtzeiten zwischen 1...12 Stunden, wobei die Endfestigkeit erst nach mehreren Tagen eintritt. Der Aushärtvorgang selbst ist exotherm, erzeugt also Wärme. Entsteht zu viel Wärme, z. B. durch zu große Härtezugabe, wird das Polyesterharz irreversibel zerstört, es können Brände verursacht werden. Dies ist bei der Verarbeitung zu berücksichtigen.

Epoxidharze: Epoxidharze (EP-Harze) sind im Gegensatz zu UP-Harzen etwas schwieriger zu verarbeiten und sind kostenintensiver, erreichen aber bessere mechanische Eigenschaften. Sie werden deshalb für hochbelastete Bauteile (Flugzeugbau) verwendet und eignen sich hervorragend auch für Beschichtungsmaterial und Klebstoffe.

Epoxidharze härten je nach Typ kalt oder warm aus.

Mit der Mischung der Komponenten beginnt die Aushärtung. Bis zur Gelierung des Harzes kann verarbeitet werden, danach nicht mehr („Topfzeit"). Die Topfzeit ist vom Typ des Härters und der Temperatur abhängig.

Der Aushärtvorgang kann bei allen Epoxidharztypen durch die Verarbeitungstemperatur beeinflusst werden, höhere Temperaturen ergeben kürzere Aushärtzeiten. Die Aushärtezeiten sind länger als bei Polyesterharzen. Üblicherweise betragen sie bei kalthärtenden Harzen zwischen 12...24 Stunden (Klebstoffe auf Epoxidbasis ca. 10 Min...24 Stunden), wobei die Endfestigkeit erst nach mehreren Tagen eintritt. Der Aushärtvorgang selbst ist exotherm, erzeugt also selbst Wärme. Entsteht zuviel Wärme, wird das Epoxidharz irreversibel zerstört. Dies ist bei der Verarbeitung zu berücksichtigen.

Laminatwerkstoffe

Die Laminatwerkstoffe (Verstärkungsstoffe) bestimmen maßgeblich die mechanischen Eigenschaften des späteren Bauteils. Hier besteht eine Analogie zur Stahlarmierung von Beton. Entsprechend ihrer Struktur
– Fasern
– Gewirk
– Gewebe
und dem Werkstoff, aus dem sie bestehen
– Glas
– Kohle (Carbon)
– Aramid
– Mischfasern
haben sie großen Einfluss auf die Gestaltungsmöglichkeiten, die Festigkeit, Elastizität und die Kosten.

Fasern: Fasern werden gesponnen und zu sogenannten Rovings zusammengefasst. Sie haben nur längs der Fasern Festigkeit, man kann hierdurch Bauteilen in einer Vorzugsrichtung eine sehr hohe Festigkeit verleihen. Die Anwendung ist aufwendig und erfolgt meist nur industriell.

Gewirk: Wenn Fasern kurzer Länge in den unterschiedlichsten Richtungen miteinander „verwirkt" werden, entstehen Matten, welche das Standardmaterial für die Verstärkung von Kunstharzen darstellen. Die Dicke der Einzelfasern und die Dichte des Gewirks bestimmen den Einsatzbereich. Matten weisen in allen Richtungen dieselbe Festigkeit auf. Zur besseren Verarbeitbarkeit gibt es vorbehandelte (imprägnierte) Matten, welche sich aber nicht für EP-Harze eignen. Matten aus Gewirk sind einfach in der Anwendung und werden vorzugsweise für manuelle Verfahren angewendet. Die Einteilung der Gewirkmatten erfolgt nach Gewicht. Üblich sind Matten von 50...600 g/m².

Gewebe: Gewebe werden ähnlich Textilfasern aus Rovingsträngen gewoben. Die Dicke der Rovingstränge bestimmt die generelle Festigkeit in Längs- und Querrichtung. Durch unterschiedliche Webarten (Leinwand, Köper, Atlas) können entsprechend niedrigere oder höhere Gewerbfestigkeiten erzielt werden. Durch unterschiedliche Rovingstärken in Kette und

Faserverbundwerkstoffe
Faser- und Gewebetypen

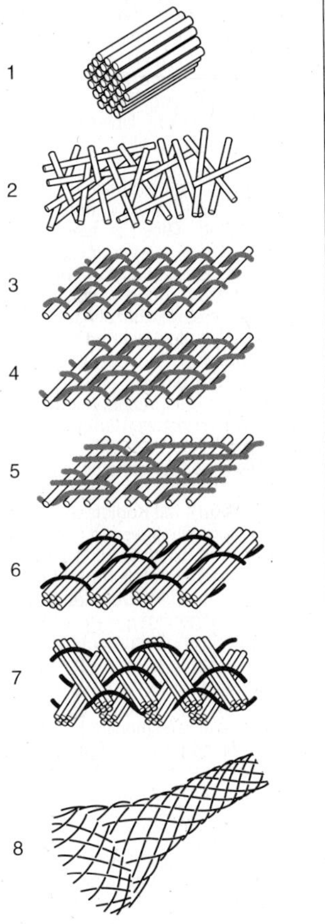

1 Rovingstrang
2 Fasermatte
3 Leinwandgewebe
4 Köpergewebe
5 Atlasgewebe
6 Unidirektionales Gewebe
7 Biaxiales Gewebe
8 Schlauchgewebe

EWL-GFK001/P

Schuss (webtechnische Begriffe) können Vorzugsrichtungen im Gewebe erzeugt werden. Diagonal ist die Festigkeit geringer. Gewebematten sind etwas aufwendiger in der Verarbeitung, bei gleichem Gewichtsanteil lassen sich aber gegenüber Gewirkmatten höhere Festigkeiten erreichen. Die Einteilung der Gewebematten erfolgt nach Gewicht. Üblich sind Matten von 20...1200 g/m².

Glas: Glas ist kostengünstig und deshalb der am meisten verwendete Verstärkungswerkstoff. Glas ist Namensgeber für GFK (GlasFaserverstärkter Kunststoff). Glasfasern werden aus Glasschmelze gezogen und versponnen. Der Durchmesser einer Einzelfaser liegt bei ca. 1/100 Millimeter. Die Farbe ist in laminiertem Zustand transparent. Innerhalb der Glassorten gibt es unterschiedliche Typen, welche entsprechend ihren Eigenschaften verwendet werden. Die typische Zugfestigkeit liegt bei ca. 1000...1800 N/mm², die Bruchdehnung bei ca. 2...3 %.

Kohle (Carbon): Mit Kohlefasern sind erheblich höhere Steifigkeiten der Bauteile möglich als mit Glasfasern. Sie sind aufwendiger in der Herstellung und deshalb kostenintensiv. Die Dehnfähigkeit der Kohlefaser ist geringer, ihre Sprödigkeit muss bei der Verarbeitung berücksichtigt werden. Die Farbe ist Schwarz, Kohlefasern leiten die Elektrizität und sind brennbar. Innerhalb der Gruppe der Kohlefasern gibt es unterschiedliche Typen mit unterschiedlichen Eigenschaften. Die typische Zugfestigkeit liegt bei ca. 2400...7000 N/mm², die Bruchdehnung bei ca. 0,5...2,3 %.

Aramid: Aramidfasern bestehen aus Polyamiden. Sie sind unter dem Markennamen Kevlar bekannt und werden auch für hochbeanspruchte Gewebe verwendet. Aramidfasern sind leicht und elastisch, neigen aber unter Lichteinfluss zur Alterung. Die Laminate müssen deshalb lichtschützend eingefärbt werden. Ihre Verarbeitung ist aufwendig. Wegen ihrem geringen Gewicht werden sie bei leichten Konstruktionen eingesetzt. Die typische Zugfestigkeit liegt bei ca. 2500...3500 N/mm², die Bruchdehnung bei ca. 2...4 %.

Mischfasern: Anwendungsspezifisch können verschiedene Faserwerkstoffe gemischt zur Anwendung kommen. Hierdurch lassen sich „maßgeschneiderte" Eigenschaften des fertigen Laminats erreichen.

Füllmaterial

Füllmaterialien dienen bei Kunststoffen dazu, Bauteilen ein leichteres spezifisches Gewicht, eine höhere Steifigkeit, bessere Verarbeitbarkeit und/oder ein dekoratives Aussehen zu verleihen. Typische Füllmaterialien sind:

- Thixotropiemittel
- Quarzmehl
- Glasballons
- Metallpulver
- Mineralien

Thixotropiemittel: Thixotropiemittel dienen dazu, das flüssige Kunstharz während der Topfzeit so einzudicken, dass es an senkrechten oder schrägen Arbeitsflächen nicht abläuft. Hierdurch können auch komplexe Bauteile rationell erstellt werden. Harze für Reparaturen sind meist thixotrop eingestellt, damit sie in allen Arbeitspositionen verwendet werden können. Thixotropiemittel sind z. B. unter dem Markennamen „Aerosil" im Handel.

Quarzmehl: Quarzmehl als Füllmaterial erhöht die Abriebfestigkeit und die Druckfestigkeit. Bei der spanenden Bearbeitung müssen hartmetallbestückte Einsatzwerkzeuge verwendet werden. Mit Quarzmehl versetzte Harze werden meist als Vergussmassen eingesetzt.

Glasballons: Glasballons, auch Microballons genannt, sind Hohlkugeln, welche aus Glas, aber auch aus Kunststoffen bestehen können. Die Durchmesser betragen Bruchteile eines Millimeters. Da sie hohl sind, erhöhen sie den thermischen Isolierfaktor des Laminats. Als Füllstoff verwendet erhöhen sie die Druckfestigkeit und machen Harze als Spachtelmassen geeignet.

Metallpulver: In Harze eingelagerte Metallpulver gestatten die Herstellung von Bauteilen mit dekorativem Aussehen. Die

Wärmeleitfähigkeit des Laminats wird verbessert.

Mineralien: Neben Quarz können auch andere Mineralien und Metall-Mineralverbindungen verwendet werden. Auch hier steht die dekorative Wirkung im Vordergrund, die Abriebfestigkeit und die Druckfestigkeit werden erhöht, die nachträgliche Bearbeitbarkeit schwieriger.

Laminierverfahren

Die Laminierverfahren richten sich nach der Anzahl der zu erstellenden Bauteile, der geforderten Qualität und der möglichen Kosten. Übliche Verfahren sind:
- Handauflegeverfahren
- Spritzverfahren
- Vakuumverfahren
- Geschlossene Form

Bei allen Laminierverfahren ist eine Form nötig, in der das Bauteil bis zur vollständigen Aushärtung verbleiben muss. Je nach Außen- oder Innenschicht werden unterschiedliche Harztypen verwendet, deren Eigenschaften der Verwendung entsprechen müssen. Da die Endfestigkeit des Laminates vom Anteil des Verstärkungsmaterials abhängt, ist es das Ziel des optimierten Laminierverfahrens, so viel Verstärkungsmaterial wie nötig, aber so wenig Harz wie möglich einzubringen.

Handauflegeverfahren: Harz und Verstärkungsmaterial werden manuell, Lage für Lage, in die Form eingebracht. Zum Harzauftrag dienen Pinsel, Walzen, Spritzpistolen, das Durchtränken der Matten erfolgt manuell mit entsprechenden Scheibenwalzen. Das Durchtränken ist arbeitsaufwendig, es muss mit relativ viel Harzüberschuss gearbeitet werden. Die manuelle Arbeit überwiegt, das Verfahren wird für geringe Stückzahlen angewendet.

Spritzverfahren: Beim Spritzverfahren werden Harz und gehäckselte Fasern in oder auf die Form gespritzt, die Durchtränkung erfolgt durch die kinetische Energie beim Aufprall. Das Verfahren ist schnell und kostengünstig, die erreichbaren Festigkeiten des Bauteils sind wegen der ungerichteten Fasern geringer als

beim Handauflegeverfahren, wo Gewebematten mit Vorzugsrichtung verwendet werden können. Auch bei diesem Verfahren muss mit Harzüberschuss gearbeitet werden.

Vakuumverfahren: Das Vakuumverfahren ist eine Ergänzung des Handauflege- oder Spritzverfahrens. Am Ende des Arbeitsganges wird die Form mit einer luftdichten Folie abgedeckt und die Luft aus dem Zwischenraum zwischen Folie, Laminat und Formwand abgesaugt. Der Luftdruck presst die Folie ganzflächig auf das Laminat, diese innig an die Form und sorgt dadurch für eine innige Verdichtung, was sich günstig auf die Festigkeit auswirkt. Durch den Pressvorgang wird überschüssiges Harz entfernt, wodurch ein günstiges Festigkeits-Gewichts-Verhältnis erreicht wird.

Geschlossene Form: Geschlossene Formen sind kostenaufwendig, ergeben aber bei hohen Stückzahlen und Serienteilen eine erhebliche Zeitersparnis bei gleichzeitig hoher und gleichmäßiger Qualität. Das Gemisch aus Harz, Verstärkungs- und Füllstoffen wird in die Form gespritzt (injiziert) und dann meist durch Wärmebehandlung ausgehärtet. Je nach Arbeitsverfahren kann dabei hoher Druck entstehen, was entsprechend stabile Formen nötig macht.

Faserverbundwerkstoffe

Faserverbundwerkstoffe sind im Gegensatz zu herkömmlichen Materialien wie Metall oder Holz ein Verbund aus Fasern, die in eine sie umgebende Matrix (Kunstharze oder Thermoplaste) eingebettet sind. Während die Faser die Verstärkungskomponente in dem entstehenden Werkstoff übernimmt, dient die Matrix dazu, die Fasern räumlich zu fixieren, die Kräfte gleichmäßig auf die Fasern zu übertragen, die Fasern vor Druckbeanspruchung und Umgebungsmedien zu schützen.Dass die endgültigen Eigenschaften erst nach der Herstellung vorliegen ist ein wesentlicher Unterschied gegenüber Konstruktionen aus Metall oder Holz.

Konstruktionsregeln

Die Konstruktion von Bauteilen aus Faserverbundwerkstoffen muss die für die verwendeten Fasern und Matrix bestehenden Regeln und deren Eigenschaften berücksichtigen. Hierzu zählen

– erreichbare mechanische Festigkeiten beachten
– zulässige Radien für Fasern beachten
– fasergerecht konstruieren
– Masseanhäufungen vermeiden
– geringe Wandstärken anstreben
– werkstoffgerechte Verbindungen vorsehen
– Hinterschneidungen vermeiden
– Fasergerecht

Zur optimalen Konstruktion müssen die künftigen Belastungen und Restriktionen des Bauteils bekannt sein. Hinweise und Beispielrechnungen für werkstoffgerechte Konstruktion und Gestaltung von Bauteilen aus Faserverbundwerkstoffen sind in Fachpublikationen und den Praxishandbüchern der Werkstofflieferanten enthalten.

Praxistipps Faserverbundwerkstoffe

Erfolgreiches Arbeiten mit Faserverbundwerkstoffen setzt Grundkenntnisse der Bauteilgestaltung voraus, von denen die Wichtigsten in der Folge dargestellt werden:

Wanddicken

Die Wanddicke und der Laminataufbau sollte möglichst gleichmäßig sein. Harzanreicherungen in Vertiefungen und an Kanten führen zu Eigenspannungen, Verzug und Rissbildung.

Entformungsschrägen

Die Seitenflächen der Form müssen ausreichende Schräge aufweisen, um ein gewaltfreies Entformen nach dem Aushärtvorgang zu ermöglichen. Dies gilt besonders für räumliche Bauteile. Hinterschneidungen müssen vermieden werden.

Ecken und Kanten

Zu kleine Radien sind zu vermeiden. Größere Radien fördern ein besseres Anliegen der Fasern an die Form und einen besseren Kraftübergang.

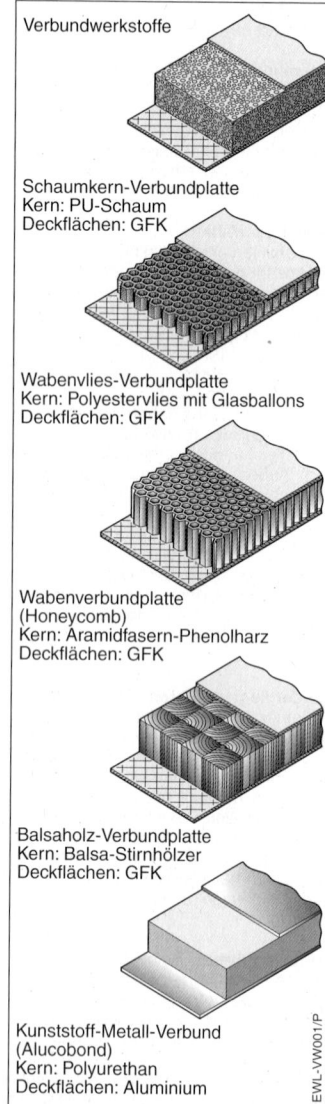

Verbundwerkstoffe

Schaumkern-Verbundplatte
Kern: PU-Schaum
Deckflächen: GFK

Wabenvlies-Verbundplatte
Kern: Polyestervlies mit Glasballons
Deckflächen: GFK

Wabenverbundplatte
(Honeycomb)
Kern: Aramidfasern-Phenolharz
Deckflächen: GFK

Balsaholz-Verbundplatte
Kern: Balsa-Stirnhölzer
Deckflächen: GFK

Kunststoff-Metall-Verbund
(Alucobond)
Kern: Polyurethan
Deckflächen: Aluminium

EWL-VW001/P

Versteifungen

Statt dickerem Schichtaufbau sollten Bauteile durch
– Sicken
– räumliche Gestaltung
– eingebettete Profile
– Verbundbauweise
versteift werden. Innerhalb dieser Möglichkeiten gibt es mehr oder weniger günstige Varianten.

Verbundbauweise

Durch die Verbundbauweise erreicht man eine optimale Steifigkeit bei geringem Gewicht für flächige Bauteile. Als Kernmaterial verwendet man Aramid- oder Aluminiumwaben, Hartschäume oder Balsaholz. Eine andere Möglichkeit stellt das Einbetten von Profilen dar.

Bearbeitung von Faserverbundwerkstoffen

Bauteile aus Faserverbundwerkstoffen werden in der Regel so hergestellt, dass eine nachträgliche Bearbeitung so wenig wie möglich erforderlich ist. Nachbearbeitungen beschränken sich daher meist auf die üblichen spanabhebenden Verfahren
– Bohren
– Fräsen
– Sägen
– Schleifen

Bohren

Bei geringer Lochzahl können die in der Metallbearbeitung üblichen Bohrer eingesetzt werden. Weil sie wegen des Glasanteils bei GFK jedoch relativ schnell stumpf werden müssen sie regelmäßig nachgeschliffen werden, da sonst durch Ausrisse der Faserverbund an der Bohrlochwand geschädigt wird. Beim häufigen Bohren sollten deshalb Bohrer mit scharfgeschliffenen Hartmetallschneiden eingesetzt werden (keine Gesteinsbohrer!).

Bohrungen über 15 mm Durchmesser bohrt man zweckmäßigerweise mit Lochsägen bzw. Bohrkronen. Auch hier sind Werkzeuge mit Hartmetallzähnen zweckmäßiger.

Als günstige Schnittgeschwindigkeit gelten 20...25 m/min. Wegen der Ausriß-

gefahr (Delamination) sollte das Bohren auf einer Hartholz- oder Sperrholzunterlagen erfolgen.

Fräsen

Die Fräswerkzeuge unterliegen einem sehr hohen Verschleiß. Aus diesem Grund ist die Verwendung von HSS-Fräsern unwirtschaftlich. Hartmetallbestückte Fräser haben eine höhere Standzeit. Bei häufigeren Fräsarbeiten sind Diamantbeschichtete Fräswerkzeuge wirtschaftlicher. Hierbei sind Schnittgeschwindigkeiten von 300...1000 m/min möglich. Als Vorschub werden ca. 0,2 mm/Umdrehung empfohlen. Zu hoher Vorschub kann zur Delamination führen. Während GFK und CFK weitgehend problemlos sind, neigt SFK (Aramidfaserverstärkung) zum Ausfransen.

Sägen

CV-Sägeblätter eignen sich nicht zum Sägen von Faserverbundwerkstoffen, es sollten ausschließlich Hartmetallbestückte Sägeblätter mit hoher Zähnezahl verwendet werden. Die Zahnstellung sollte neutral sein, Die Zahnform Trapez-Flachzahn. Hiermit lassen sich gute Schnittqualitäten bei hoher Standzeit erreichen. Die bei der Holzbearbeitung üblichen Wechselzähne stumpfen an ihren Zahnspitzen bei der Bearbeitung von Faserverbundwerkstoffen zu schnell ab. Der Vorschub beim Sägen sollte etwa 200...500 mm/min betragen.

Für groben Schliff eignen sich Schleifteller mit einer Beschichtung aus Hartmetallgranulat. Am Winkelschleifer.

Schleifen

Für den Feinschliff eignen sich Schwing- und Exzenterschleifer. Als Schleifmittel sollten beschichtete Schleifpapiere verwendet werden. Sie setzen sich weniger schnell mit Schleifstaub zu und erreichen dadurch höhere Standzeiten.

Beim Schleifen von Faserverbundwerkstoffen muss unbedingt Atemschutz, Schutzbrille und Hautschutz (Handschuhe) und Absaugung verwendet werden. Die im Schleifstaub enthaltenen Faseranteile können zu erheblichen Schädigungen der Atemwege und der Haut führen. Bei der Bearbeitung von CFK ist zu beachten, dass der Schleifstaub elektrisch leitend ist und zu Kurzschlüssen in elektrischen Geräten und Anlagen (auch im Elektrowerkzeug!) führen kann. Absaugung ist in diesem Falle zwingend!

Arbeitssicherheit

Die Verpackungen der Harze und Reaktionsmittel enthalten Gefahrenhinweise (R-Sätze) und Sicherheitsratschläge (S-Sätze), die beachtet werden müssen. Während von den Rohmaterialien eine gesundheitliche Gefährdung ausgehen kann, sind die ausgehärteten Formstoffe unschädlich. Die wichtigsten Hinweise sind:

Hautkontakt
Direkter Hautkontakt ist zu vermeiden. Es sollten Schutzhandschuhe und / oder Hautschutzcremes verwendet werden.

Hautverschmutzungen
Die betroffenen Stellen sind sofort mit Papiertüchern zu reinigen. Nach Waschungen mit einem geeigneten reinigungsmittel ist eine Hautschutzcreme aufzutragen.

Lösungsmittel
Das Reinigen der Haut darf nicht mit Lösungsmitteln erfolgen.

Atemschutz
Das Einatmen von Harz- und Härterdämpfen ist zu vermeiden. Das gilt auch für den Schleifstaub, besonders mit Faseranteilen und Epoxidharzmassen. Atemschutzmaske verenden und für belüfteten Arbeitsplatz sorgen. Gegebenenfalls Absauganlagen einsetzen.

Während der Arbeit nicht essen, trinken oder rauchen
Nach dem Arbeitsende und vor der Benützung der Toilette Hände gründlich reinigen.

Zusammenfassung

Kunststoffe unterliegen einer stetigen, anwendungsspezifischen Weiterentwicklung. Es ist deswegen schwierig, eine umfassende Listung aller verfügbaren Kunststofftypen mit längerer Gültigkeitsdauer zusammenzustellen. Aus diesem Grunde wurden in der vorliegenden Übersicht nur die wichtigsten und meistverwendeten Kunststoffe angeführt. Für Up-to-date-Informationen und bei allen besonderen Anwendungs- und Bearbeitungsfällen sind die technischen Informationsschriften der Hersteller zu empfehlen.

Praktischer Umgang mit Gieß- und Laminierharzen

Gießharze ermöglichen Bauteile hoher Komplexität und Festigkeiten bei - im Vergleich zum Holz- und Metallbau - relativ geringem handwerklichen Aufwand. Die Arbeitsschritte sind einfach und die notwendige Praxiserfahrung ist schnell erlernbar. Dennoch werden bei keinem anderen Arbeitsverfahren so viele Fehler gemacht und Lehrgeld bezahlt wie beim Umgang mit Gießharzen. Fast immer sind diese Fehler und die damit verbundenen Qualitätsmängel der Bauteile auf die Nichtbefolgung der Arbeitsanweisungen zurückzuführen. Die wichtigsten Regeln werden im Folgenden kurz beschrieben. Wer sein Wissen vertiefen möchte sei an dieser Stelle auf das vorzügliche, praxisorientierte Handbuch der Firma R&G Faserverbundwerkstoffe GmbH, Im Meißel 7, D-71111 Waldenbuch, info@r-g.de verwiesen.

UP-Harze (Polyesterharze)
Polyesterharze benötigen zur Kalthärtung (18...25 °C) die Zugabe eines Peroxid-Härters und die Zugabe eines Cobalt-Beschleunigers. Der Mischungsvorgang erfolgt zweckmässigerweise so, dass dem Harz zunächst der Beschleuniger beigemischt wird. Harz mit eingemischtem Beschleuniger ist über längere Zeit lagerfähig, es findet keine Reaktion statt. Der jeweils benötigten Verarbeitungsmenge wird dann der Härter zugesetzt.
Das direkte Mischen von Härter und Beschleuniger bewirkt eine explosionsartige

Reaktion und ist deshalb nicht zulässig. Für einfachere Verarbeitung werden aber auch vorbeschleunigte Harze geliefert, die dann zur Reaktion lediglich eine Härterzugabe benötigen. Die einmal begonnene Härtungsreaktion setzt sich von selbst fort und kann nicht mehr unterbrochen werden. Während der Härtungsreaktion wird Wärme freigesetzt. Bei dicken Wandstärken und Harzkonzentrationen kann es zu örtlicher Überhitzung kommen, welche zur Zerstörung des Bauteils führen. Da die Härtungsreaktion durch den Mischungsanteil des Härters in gewissen Grenzen beeinflusst werden kann, ist in diesen Fällen weniger Härteranteil zu wählen bzw. ein langsamhärtendes Harz zu verwenden. Umgekehrt können dünne Bauteile mit großer Oberfläche eine größere Härtermenge nötig machen bzw. es ist ein schnellhärtendes Harz zu verwenden. Es können Aushärtezeiten zwischen einer und mehreren Stunden eingestellt werden. Beim Aushärten von UP-Harzen tritt eine Schrumpfung auf, was bei der Bauteil- und Formdimensionierung berücksichtigt werden muss.

UP-Laminate
Der klassische Laminataufbau in der Form erfolgt stufenweise durch
– Deckschicht
– Tragschicht

Deckschicht
Die Deckschicht, auch Gelcoat oder Feinschicht genannt, hat die Aufgabe, das spätere Eindringen von Feuchtigkeit in das Laminat zu verhindern und gleichzeitig dem Fertigteil eine glatte, meist eingefärbte und glänzende Oberfläche mit erhöhter Chemikalien- und Witterungsbeständigkeit zu geben. Die Deckschicht wird zuerst in die Form eingebracht. Üblich sind Schichtdicken von ca. 0,2mm, entsprechend ca. 250 g/m².

Tragschicht
Nach ausreichender Härtezeit von ca. 1...2 Stunden kann mit dem Laminieren der Tragschicht begonnen werden. Bei zu frühem Auftrag kann die Deckschicht bei UP-Harzen anquellen, was zu dem typischen "Elefantenhaut" oder "Orangenhaut"- Effekt führt. An der Luft ausgehärtete UP-Harze zeigen im Gegensatz zu der auf der Form gehärteten Seite eine leicht klebrige Oberfläche. Diese Seite sollte später nicht mit Wasser in Berührung kommen, da sie an der Oberfläche etwas löslich bleibt. Das nachträgliche Aufbringen einer Versiegelung mit UP-Vorgelat beseitigt diese Eigenschaft.

EP-Harze (Epoxidharze)
EP-Harze härten duch die Zugabe eines Di- oder Polyamin-Härters aus, der im Gegensatz zu den UP-Harzen in einem festen, unveränderlichen Mischungsverhältnis zum Harz steht. Schnelleres oder langsameres Aushärten kann also nicht durch mehr oder weniger Härterzugabe erfolgen. Die Beeinflussung der Reaktionszeit ist ausschließlich durch unterschiedliche Härtertypen und niedrigere oder höhere Temperatur zu erreichen. Das vorgegebene Mischungsverhältnis ist genau (+/-2% !) einzuhalten. Werden dem Harz Füllstoffe beigemischt, so muss erst Harz und Härter miteinander gemischt werden. Erst dann dürfen die Füllstoffe zugesetzt werden, weil sonst das Mischungsverhältnis (Gewichtsbasis) nicht mehr stimmt.
EP-Harze härten langsam aus. Kalthärtende Harze benötigen ca. 24 Stunden zur Aushärtung, danach können die Bauteile entformt werden. Da die Reaktion jedoch erst nach ca. 7 Tagen völlig abgeschlossen ist, findet innerhalb dieser Zeit noch eine gewisse Nachverfestigung statt. Bauteile sollten also erst nach dieser Zeit voll belastet werden.
Beim Aushärten des EP-Harzes tritt praktisch kein Schwund auf.

EP-Laminate
Der Laminataufbau entspricht grundsätzlich dem der UP-Harze. Laminate bestehen also auch aus
Deckschicht und Tragschicht.
Im Gegensatz zu UP-Harzen ist es üblich, hochbelastete Bauteilen aus EP-Laminaten durch eine nachträgliche Wärmebehandlung zu
– Tempern,
und damit eine höhere Festigkeit zu geben.

Tempern

Hierzu werden die zunächst kalt ausgehärteten Bauteile innerhalb der nächsten Tage in einer wärmeisolierten Kammer (Schaumstoffbox, Folienzelt) langsam innerhalb von 3...4 Stunden auf eine
Temperatur von ca. 50° C erwärmt und
etwa 12 Stunden auf dieser Temperatur
gehalten. Danach weisen die Bauteile
eine wesentlich höhere Formfestigkeit bei
höheren Temperaturen auf.

Verklebungen

Sollen Bauteile später untereinander verklebt werden, empfiehlt es sich, die letzte
Laminatschicht mit einem sogenannten
"Abreissgewebe" zu versehen. Dieses
Nylongewebe lässt sich nach dem Aushärten "abreissen" und erzeugt dabei
durch seine Struktur eine definiert rauhe,
saubere und klebfreie Oberfläche, welche
für die Weiterverarbeitung günstig ist.

Wabensandwichlaminate

Laminate mit einem Wabensandwichauf-
bau haben eine hohe mechanische Steifigkeit bei geringem Gewicht. Das Prinzip
dieser Bauweise beruht darauf, dass zwischen zwei dünnen Decklagen ein leichtes, druckfestes Kernmaterial eingebracht
wird. Die Anwendung erfolgt insbesondere bei flächigen Bauteilen. Die Verar-
beitungsschritte sind folgende:
Zunächst wird das äußere Decklaminat
wie bei normalen Laminatbauteilen in die
Form laminiert. Bei sehr dünnen Deckschichten muss das äußere Decklaminat
vollständig aushärten, bevor der Wabenkern verklebt werden kann, weil sich
sonst die Wabenstruktur auf der Außenseite abzeichnet. Die Verklebung erfolgt
auf das angeschliffene (oder nach Entfernen des Abreißgewebes) Laminat durch
Aufbringen eines sehr dünnflüssigen La-
minierharzes, das zweckmässigerweise
mit einer Moltoprenwalze aufgebracht
wurde. Eine gute Verbindung ist nur dann
gewährleistet, wenn der Harzauftrag nicht
zu dick, sondern in erster Linie gleichmäßig ist. Solange das Harz aushärtet,
muss der Wabenkern fest und gleichmäßig auf das Decklaminat gepresst werden. Nach dem Aushärten der Klebung
wird der Wabenkern an den Stellen wo
später Kräfte eingeleitet werden und um

Bohrungen oder Durchbrüche lokal mit
einem Microballon-Harz-Gemisch gefüllt.
Das innere Decklaminat wird, bevor es
mit dem Wabenkern verklebt wird, auf einer Folie vorgetränkt. Damit wird vermieden, dass die Waben mit Harz vollaufen.

Praxistipps Kunststoffe

Faserverbundwerkstoffe
Entformungsschrägen

ungünstig

günstig

EWL-VW004/P

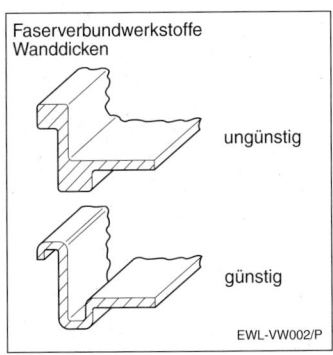

Faserverbundwerkstoffe
Wanddicken

ungünstig

günstig

EWL-VW002/P

Faserverbundwerkstoffe
Ecken und Kanten

ungünstig

günstig

EWL-VW003/P

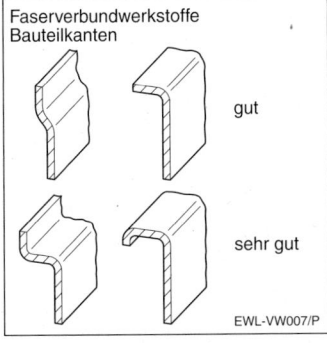

Faserverbundwerkstoffe
Bauteilkanten

gut

sehr gut

EWL-VW007/P

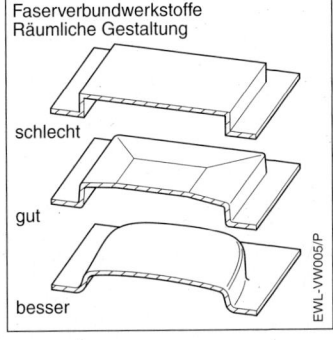

Faserverbundwerkstoffe
Räumliche Gestaltung

schlecht

gut

besser

EWL-VW005/P

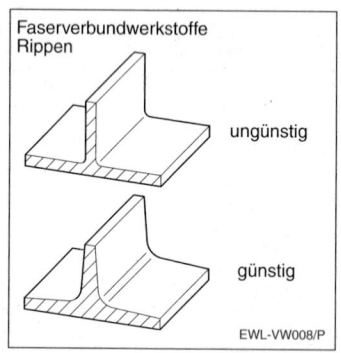

Faserverbundwerkstoffe
Rippen

ungünstig

günstig

EWL-VW008/P

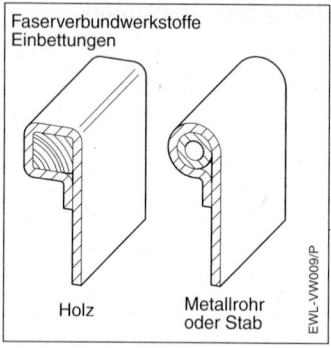

Faserverbundwerkstoffe
Einbettungen

Holz

Metallrohr
oder Stab

EWL-VW009/P

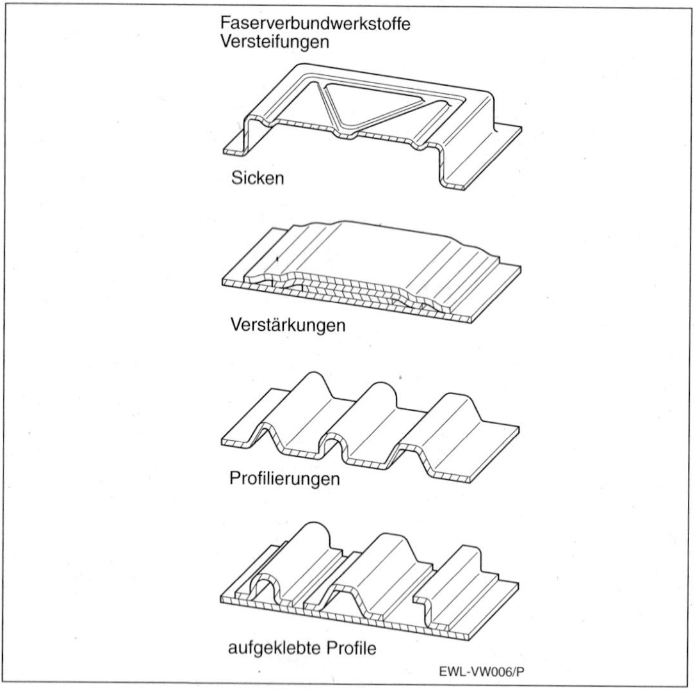

Faserverbundwerkstoffe
Versteifungen

Sicken

Verstärkungen

Profilierungen

aufgeklebte Profile

EWL-VW006/P

Mischtabelle für Kunstharze

Harzmenge in Gramm	Harzmenge in Gramm beim angegebenen Mischungsverhältnis (Harz immer 100 Teile)										
	100:1,5	100:2	100:3	100:5	100:12	100:15	100:17	100:18	100:19	100:20	100:23
10	0,2	0,2	0,3	0,5	1,2	1,5	1,7	1,8	1,9	2,0	2,3
20	0,3	0,4	0,6	1,0	2,4	3,0	3,6	3,8	4,0	4,6	4,6
30	0,5	0,6	0,9	1,5	3,6	4,5	5,1	5,4	5,7	6,0	6,9
40	0,6	0,8	1,2	2,0	4,8	6,0	6,8	7,2	7,6	8,0	9,2
50	0,8	1,0	1,5	2,5	6,0	7,5	8,5	9,0	9,5	10,0	11,5
60	0,9	1,2	1,8	3,0	7,2	9,0	10,2	10,8	11,4	12,0	13,8
70	1,1	1,4	2,1	3,5	8,4	10,5	11,9	12,0	13,6	14,4	15,2
80	1,2	1,6	2,4	4,0	9,6	12,0	13,6	14,4	18,0	19,0	20,0
90	14,	1,8	2,7	4,5	10,8	13,5	15,3	16,2	19,0	20,0	20,7
100	1,5	2,0	3,0	5,0	12,0	15,0	17,0	18,0	19,0	20,0	23,0
110	1,7	2,2	3,3	5,5	13,2	16,5	18,7	19,8	20,9	22,0	25,3
120	1,8	2,4	3,6	6,0	14,4	18,0	20,4	21,6	22,8	24,0	27,6
130	2,0	2,6	3,9	6,5	15,6	19,5	22,1	23,4	24,7	26,0	28,0
140	2,1	2,8	4,2	7,0	16,8	21,0	23,8	25,2	26,6	28,0	32,2
150	2,3	3,0	4,5	7,5	18,0	22,5	27,0	28,5	30,0	34,5	36,0
160	2,4	3,2	4,8	8,0	19,2	24,0	27,2	28,8	30,4	32,0	36,8
170	2,5	3,4	5,1	8,5	20,4	24,5	28,9	30;6	32,3	34,0	39,1
180	2,6	3,6	5,4	9,0	21,6	26,0	30,6	32,4	34,2	36,0	41,4
190	2,8	3,8	5,7	9,5	22,8	27,5	32,3	34,2	36,1	38,0	40,0
200	2,9	4,0	6,0	10,0	24,0	29,0	34,0	36,0	38,0	40,0	46,0
250	3,8	5,0	7,5	12,5	30,0	37,5	42,5	45,0	47,5	50,0	57,5
300	4,5	6,0	9,0	15,0	36,0	45,0	51,0	54,0	57,0	60,0	69,0
350	5,3	7,0	10,5	17,5	42,0	52,5	59,5	63,0	66,5	70,0	80,5
400	6,0	8,0	12,0	20,0	48,0	60,0	68,0	72,0	76,0	80,0	92,0
450	6,8	9,0	13,5	22,5	54,0	67,5	76,5	81,0	85,5	90,0	103,5
500	7,5	10,0	15,0	25,0	60,0	75,0	85,0	90,0	90,0	100,0	115,0

Mischtabelle für Kunstharze

Harzmenge in Gramm	Harzmenge in Gramm beim angegebenen Mischungsverhältnis (Harz immer 100 Teile)										
	100:24	100:25	100:35	100:38	100:40	100:48	100:50	100:52	100:55	100:60	100:63
10	2,4	2,5	3,5	3,8	4,0	4,8	5,0	5,2	5,5	6,0	6,3
20	4,8	5,0	7,0	7,6	8,0	9,6	10,0	10,4	11,0	12,0	12,6
30	7,2	7,5	10,5	11,4	12,0	14,4	15,0	15,6	16,5	18,0	18,9
40	9,6	10,0	14,0	15,2	16,0	19,2	20,0	20,8	22,0	24,0	25,2
50	12,5	12,5	17,5	19,0	20,0	24,0	25,0	26,0	27,5	30,0	31,5
60	14,4	15,0	21,0	22,8	24,0	28,8	30,0	31,2	33,0	36,0	37,8
70	16,8	17,5	24,5	26,6	28,0	33,6	35,0	36,4	38,5	42,0	44,1
80	19,2	20,0	28,0	30,4	32,0	38,4	40,0	41,6	44,0	48,0	50,4
90	21,6	22,5	31,5	34,2	36,0	43,2	45,0	46,8	49,5	54,0	56,7
100	24,0	25,0	35,0	38,0	40,0	48,0	50,0	52,0	55,0	60,0	63,0
110	26,4	27,5	38,5	41,8	44,0	52,8	55,0	57,2	60,5	66,0	69,3
120	28,8	30,0	42,0	45,6	48,0	57,6	60,0	62,4	66,0	72,0	75,6
130	31,2	32,5	45,5	49,4	52,0	62,4	65,0	67,6	71,5	78,0	81,9
140	33,6	35,0	49,0	53,2	56,0	67,2	70,0	72,8	77,0	84,0	88,2
150	36,0	37,5	52,5	57,0	60,0	72	75,0	78,0	82,5	90,5	94,5
160	38,4	40,0	56,0	60,8	64,0	76,8	80,0	83,2	88,0	96,0	100,8
170	40,8	42,5	59,5	64,6	68,0	81,6	85,0	88,4	93,5	102,0	107,1
180	43,2	45,0	63,0	68,4	72,00	86,4	90,0	93,6	99,0	108,0	113,4
190	45,6	47,5	66,5	72,7	76,0	91,2	95,0	98,8	104,5	114,0	119,7
200	48,0	50,0	70,0	76,0	80,0	96,0	100,0	104,0	110,0	120,0	126,0
250	60,0	62,5	87,5	95,0	100,0	120,0	125,0	130,0	137,5	150,0	157,5
300	72,0	75,0	105,0	114,0	120,0	144,0	150,0	156,0	165,0	180,0	189,0
350	84,0	87,5	122,5	133,0	140,0	168,0	175,0	182,0	192,5	210,0	220,5
400	96,0	100,0	140,0	152,0	160,0	192,0	200,0	208,0	220,0	240,0	252,0
450	106,0	112,5	157,5	171,0	180,0	216,0	225,0	234,0	247,5	270,0	283,5
500	120,0	120,0	175,0	190,0	200,0	240,0	250,0	260,0	275,0	300,0	316,0

Eigenschaften von Laminatwerkstoffen
(im Vergleich zu Metallen)

Eigenschaften	Maß-einheit	GFK	SFK	CFK	Metalle		
		Glas-laminat	Aramid-laminat	Carbon-laminat	Aluminium	Titan (Alpha)	Stahl
Dichte	g/cm³	2,1	1,4	1,5	2,7	4,5	7,8
Zugfestigkeit	MPa	720	800	900	350	800	1100
Elastizitäts-modul	GPa	30.000	45,000	88.000	75.000	110.000	210.000
Reißlänge	km	34	40	60	13	18	14

Eigenschaften von Fasern

Eigenschaften	Maßeinheit	Fasertyp		
		GF	SF	CF
		Glas	Aramid	Kohlenstoff
Dichte	g/cm³	2,6	1,45	1,78
Bruchdehnung	%	2...3	2...4	0,5...2,3
Zugfestigkeit	GPa	1,8...3	2,3...3,5	2,4...7
Elastizitätsmodul	GPa	70...80	60...130	230...700
Feuchtigkeitsaufnahme	%	0,1	3,5	0,1
Wärmeausdehnung längs	10^{-6} K^{-1}	5	-3,5...4,1	-0,1
Wärmeleitfähigkeit	W/mK	1	0,04...0,05	17
elektrisch leitfähig	typisch	nein	nein	ja
Zugmodul	Gpa	3,5...4,7	2,8...3,6	3,4..3,5
Biegemodul	Gpa	4,0...5,0	4,5...6,0	3,2...3,8

Eigenschaften von Gieß- und Laminierharzen

Eigenschaften	Maßeinheit	Harztyp		
		UP	EP	VE
Dichte	g/cm³	1,12...1,25	1,1...1,25	1,07
Schwund Verarbeitung	%	6...10	1...3	1
Schwund Aushärtung	%	< 3	< 1	< 1
Verarbeitungstemperatur	°C	> 18	> 18	> 18
Gebrauchstemperatur max*	°C	50...160	45...230	100...150
Zugfestigkeit	Mpa	50...70	70...90	75...85
Biegefestigkeit	Mpa	60...120	140...160	125...135
Wärmeleitfähigkeit	W/mK	1	0,04...0,05	17
Zugmodul	Gpa	3,5...4,7	2,8...3,6	3,4..3,5
Biegemodul	Gpa	4,0...5,0	4,5...6,0	3,2...3,8

* je nach Harztyp

Typen von Faserwerkstoffen

Typ	Eigenschaften	Anwendung
Rovings	parallele Fasern	Bei längsorientierten Baukörpern und rotationssymetrischen Wickelkörpern höchste Festigkeit in einer Vorzugsrichtung
Fasermatten	Vlies von Glasfasern oder ungleichmäßiger Länge	Gering belastete Bauköprer. Hoher Harzbedarf zur vollständigen Tränkung nötig.
Gewebe Leinwandbindung	gleichmäßige Verkreuzung von Kette und Schuss, dadurch schlechte Verformkeit.	Ebene Platten, in einer Richtung geformte Bauteile.
Gewebe Körperbindung	um einen Strang versetzte Verkreuzung von Kette und Schuss, dadurch bessere Verformbarkeit	Für sphärische Baukörper geeignet. Ebene Platten verziehen sich, wenn die Lagen nicht um 90 Grad versetzt verlegt werden.
Gewebe Altlasbindung	um drei Stränge versetzte Verkreuzung von Kette und Schuss, sehr gute Verformbarkeit.	Für sehr komplex geformte Bauteile geeignet.
Gewebe, Unidirektional	Fasern nur in Längsrichtung vernäht.	Für in einer Richtung hochbelastete Bauteile
Gewebe, Biaxial	Zwei um 45 Grad versetzte, vernähte Rovinggewebe. Sehr hohe Verformbarkeit.	Für sehr komplex geformte, hochbelastete Bauteile geeignet
Schlauchgewebe	Leinwandgewebe als Endlosschlauch gewebt.	Für rotationssymmetrische Bauteile

Faser- und Gewebetypen
Handelsformen

Typ	Bindung	Gewicht g/m2	Anwendung typisch
Glasmatte	Vlies	225,450	Behälter, Tanks, Fahrzeugbau, Bootsbau
Glasgewebe	Leinwand	25, 49, 58	Furnierbeschichtungen, Wabensandwich, Leiterplatten
	Leinwand	80	Beschichtungen, Sandwichbauteile, Luftfahrttechnik
	Köper	163	Modellbau, Fahrzeugbau, Luftfahrttechnik, Sporgeräte
	Atlas	296	Tragende Teile Fahrzeug-, Flugzeug-, Bootsbau
	Köper	390, 580	Tragende Teile Fahrzeug-, Flugzeug-, Bootsbau
Aramidgewebe	Leinwand	93	Luftfahrttechnik
	Köper	110, 170	Motorsport, Luftfahrttechnik, Sportgeräte
Carbongewebe	Leinwand	93	Luftfahrttechnik
	Köper	160, 200, 245	Motorsport, Luftfahrttechnik, Sportgeräte, Bootsbau
	Köper	410	Motorsport, Luftfahrttechnik, Sportgeräte, Bootsbau
	Biaxial	420	Motorsport, Flugzeug- u. Bootsbau, Torsionsteile
	Unidirektional	125	in einer Richtung hochbelastete Bauteile

Internationale Fachbegriffe für Kunststoffe

Fachbegriffe Kunststoffe Deutsch	Bedeutung	Technical terms for synthetic materials English	Termes techniques du materiels synthetiques Français	Términos técnicos para plásticos Español
Aushärtezeit	Zeitspanne, in der Reaktionskunststoffe nach Einsetzen der Reaktion die endgültigen Eigenschaften erhalten	curing time	temps de cuisson	tiempo de endurecimiento
Beschleuniger	Komponente von UP-Reaktionsharzen, mit welcher der Aushärtevorgang beeinflusst wird.	accelerator, activator	activateur	acelerador
Butadien	Ungesättigter Kohlenwasserstoff, Ausgangsmaterial für Kunstkautschuk	butadiene, divinyl	butadiène	butadieno
Butyl	Aus dem Kohlenwasserstoff abgeleiteter Stoff	butylene	butyle	butilo
Chloropren	Ungesättigter, chlorierter Kohlenwasserstoff	chloroprene	chloroprène	cloropreno
Duromere	Kunststoffe mit räumlich vernetztem Molekularaufbau. Auch bei Erwärmung sind sie nicht plastisch verformbar.	duromer	duromère	durómeros
Duroplaste	Kunststoffe mit räumlich vernetztem Molekularaufbau. Auch bei Erwärmung sind sie nicht plastisch verformbar.	duroplastic	résine thermodurcissable	duroplastos
Elastomere	Kunststoffe mit weitmaschig vernetztem Molekularaufbau. Bei Normaltemperatur gummi-elastisch verformbar.	elastomer	Elastomère	elastómeros
Elastoplaste	Kunststoffe mit weitmaschig vernetztem Molekularaufbau. Bei Normaltemperatur gummi-elastisch verformbar.	elastoplastic	résine élastoplastique	elastoplastos
Entflammbarkeit	Entzündungseigenschaft von Stoffen bei Erwärmung oder Einwirkung von Zündquellen (Flammen)	flammability	inflammabilité	inflamabilidad
EP-Harz	Reaktionsharz auf Epoxid-Basis	epoxy resin	résine Epoxid (EP)	resina de epoxi
Erweichungspunkt	Temperatur, an dem Stoffe plastisch verformbar werden oder ihre Härte und Festigkeit ändern, erweichen	softening point	point de ramollissement	punta de ablandamiento
Ester	Organische, chemische Verbindung aus Alkoholen und Säuren	ester	ester	éster
Flammpunkt	Temperatur, bei der Stoffe entflammen	flash point	point d'inflammation	punto de inflammatción
Feuchtigkeitsaufnahme	Aufnahmevermögen eines Stoffes für Feuchtigkeit aus der Umgebung, meist aus der Luftfeuchtigkeit	moisture absorption	reprise d'humidité	absorción de humedadt

Fachbegriffe Kunststoffe Deutsch	Bedeutung	Technical terms for synthetic materials English	Termes techniques du materiels synthetiques Français	Términos técnicos para plásticos Español
Folie	Sehr dünne Bänder oder Bahnen aus Kunststoff.	foil, Film	feuille	hoja o lámina
Füllstoffe	Dem Kunststoff beigegebene organische oder anorganische Stoffe, welche seine Eigenschaften beeinflussen	filling material, filler	matière de charge	materiales de relleno
GFK	Kurzbezeichnung für glasfaserverstärktes Kunstharz	fiber glass reinforced resin	matière plastique renforcée de fibres de verre (GFK)	resina sintética endurecida con fibra de vidrio
Gießharz	Sammelbegriff für Kunststoffe, welche bei der Anwendung aus mehreren flüssigen oder pastösen Komponenten gemischt werden, nach dem Mischvorgang verarbeitet werden und anschließend durch chemische Reaktion aushärten.	resin, cast resin	résine moulée	resina de fundición
Glasfasern	Sammelbegriff für Faserwerkstoffe, welche Kunststoffen zur Verbesserung ihrer Eigenschaften beigegeben werden.	glassfibre	fibres de verre	fibras de vidrio
Granulat	Meist Thermoplaste in körniger Form. Grundstoff zum Spritzgießen. Bei Erwärmung und Druck verschmilzt das Granulat zu einer homogenen Masse.	granule	granulat	granulado
Haftfestigkeit	Zusammenhaltkraft von Klebeflächen	adhesive strenght	force d'adhérence	fuerza de adherencia
Härter	Komponente (meist auf Peroxid-Basis) von Reaktionsharzen, welche die Aushärtung in Gang setzt.	hardener, activator	durcisseur	endurecedor
Imprägnierung	Durchdringung eines porösen Stoffes durch einen anderen, meist flüssigen Stoff	impregnation	imprégnation	impregnación
Isopren	Flüssiger Kohlenwasserstoff	isoprene	isoprène	isopreno
Kautschuk	Aus dem Saft (Latex) des „Gummibaumes" (Hevea Brasiliensis) durch Vulkanisation gewonnenes elastisches Material	natural rubber	caoutchouc	caucho
Kerbempfindlichkeit	Empfindlichkeit von Stoffen oder deren Oberflächen gegen Kerbwirkung, z.B. durch linienförmige Belastung	notch sensitivity	sensibilité à l'entaille	sensibilidad al entalle
Kerbschlagzähigkeit	Festigkeit gegenüber Kerbenwirkung	notch impact strength	résistance à l'entaille	resistencia a la rotura por entaille
Kunstharz	Populäre Bezeichnung für Polyester- und Epoxidharze	synthetic resin	résine artificielle	resina sintética

Internationale Fachbegriffe für Kunststoffe

Fachbegriffe Kunststoffe Deutsch	Bedeutung	Technical terms for synthetic materials English	Termes techniques du materiels synthetiques Français	Términos técnicos para plásticos Español
Kunstkautschuk	Mischpolymerisat aus verschiedenen Grundstoffen mit dem Naturkautschuk ähnlichen Eigenschaften	synthetic rubber	caoutchouc artificiel	caucho o goma sintética
Kunststoffe	Sammelbegriff für synthetisch (künstlich) hergestellte Werkstoffe	synthetics	matière synthétique	materiales sintéticos (plásticos)
MA-Harz	Reaktionsharz auf Methacrylat-Basis	methacrylate resin	résine composite (MA)	resina en la base de metacrilato
Makromoleküle	Verbindung von einer sehr hohen Anzahl gleichartiger Moleküle	macromolecule	macromolécule	macromoléculas
Mischpolymerisat	Aus verschiedenen Polymeren zusammengesetzter Kunststoff	copolymerisat	copolymère	polimerizado mixto
Molekularaufbau	Struktur und Zusammenhang der Moleküle im Kunststoff. Der Molekularaufbau bestimmt die Eigenschaften des Kunststoffes.	molecular structure	structure moléculaire	estructura molecular
Monomere	Gleichartige Basismoleküle	monomer	monomère	monomeros
Lichtbeständigkeit	Widerstandsfähigkeit eines Stoffes gegen Lichteinwirkung (Ausbleichen)	light resistance	résistance à la lumière	resistencia a la luz
Lichtdurchlässigkeit	Fähigkeit eines Stoffes, Lichtstrahlen durchzulassen. Die Lichtdurchlässigkeit nimmt mit der Dicke und der Dichte des Stoffes ab	light transmittance	translucidité	translucidez
Lösungsmittel	Mittel, mit dem bestimmte Stoffe angelöst oder aufgelöst werden können	solvent	solvant	disolvente
Plastomere	Kunststoffe mit fadenförmigem Molekularaufbau. Bei Erwärmung werden sie plastisch verformbar.	plastomer	plastomère	plastómeros
Polyaddition	Vereinigung von sehr reaktionsfähigen Monomeren ohne Abspaltung von Nebenprodukten.	polyaddition	polyaddition	poliadición
Polykondensation	Durch Abspaltung von (meist) Wasser wird im chemischen Prozess aus niedermolekularen Grundstoffen ein makromolekularer Kunststoff.	polycondensation	polycondensation	policondensación

Internationale Fachbegriffe für Kunststoffe

Fachbegriffe Kunststoffe Deutsch	Bedeutung	Technical terms for synthetic materials English	Termes techniques du materiels synthetiques Français	Términos técnicos para plásticos Español
Polymere	Verbindung von gleichartigen Monomeren zu größeren Molekülen (Makromoleküle)	polymeric	polymère	polímeros
Polymerbeton	Beton, bei dem die Zuschlagstoffe nicht mit Zement, sondern mit einem Polymer (z. B.Epoxidharz) verbunden sind.	concrete Polymer	béton au polymère	hormigón polimerizado
Polymerisat	Endprodukt der Polymerisation	polymer	produit de polymérisation	polimerizato
Polymerisation	Anlagern von „ungesättigten" Monomeren aneinander ohne Abspaltung von Nebenprodukten. Das Endprodukt sind „gesättigte" Monomere	polymerize	polymérisation	polimerización
Quellung	Volumenzunahme eines Stoffes durch die Aufnahme von Feuchtigkeit	swelling	gonflement	ampoyado
Reaktionsharze	Sammelbegriff für Kunstharze (EP-, MA-, UP-Harze), welche bei der Anwendung aus mehreren flüssigen oder pastösen Komponenten gemischt werden, nach dem Mischvorgang verarbeitet werden und anschließend durch chemische Reaktion aushärten.	reactive resins	résine de réaction	resinas de reacción
Schaumstoff	Durch Treibgase oder Katalysatoren hervorgerufene Porenbildung in Kunststoffen. Die Poren können sowohl offen als auch geschlossen sein.	cellular material, foamed material	produit alvéolaire	material alveolar o expandido
Schlagzähigkeit	Widerstandsfähigkeit gegen Schlageinwirkung	impact strength	résistance au choc	tenacidad a golpes
Schmelzpunkt	Temperatur, ab der Stoffe vom festen Zustand in den flüssigen Zustand übergehen, schmelzen	melting point	point de fusion	punto de fusión
Schwund	Schrumpfungsprozess von Reaktionsharzen während des Aushärtens. Der Schwund beträgt ca. 3...12 % und hängt vom Harztyp ab	contraction, shrinking	perte	pérdidas

Fachbegriffe Kunststoffe Deutsch	Bedeutung	Technical terms for synthetic materials English	Termes techniques du materiels synthetiques Français	Términos técnicos para plásticos Español
Silikone	Kunststoffe, bei denen die Kohlenwasserstoffe durch Silicium ersetzt sind und an deren Verbindung	silicon	silicone	siliconas
Spritzgießen	Einspritzen von plastifizierten oder verflüssigten Stoffen unter Druck und Hitze in geschlossene Formen	injection moulding	moulage par injection	moldeado por inyección
Strangpressen	Pressen von plastifizierten Stoffen unter hohem Druck durch Matrizen (Formen)	extrusion	extrusion	extrusión
Styrol	Durch Wasserstoffabspaltung aus Äthylbenzol hergestelltes Vinylbenzol	styrene	styrène	estirol
Thermoplaste	Kunststoffe mit fadenförmigem Molekularaufbau. Bei Erwärmung werden sie plastisch verformbar.	thermoplastics	matière thermoplastique	termoplásticos
Treibmittel	Zusätze, welche bei der Kunststoffherstellung ein leichtes, poröses Gefüge erzeugen.	sponging agent	gaz propulseur	agente aireador
UP-Harz	Reaktionsharz auf ungesättigter Polyester-Basis	unsaturated polyester resin	résines non plastifiées (UP)	resina de poliéster no saturado
Vulkanisation	Wärmebehandlung von Kautschuk unter Beimengung von Zusätzen (meist Schwefel) zur Verbesserung der Eigenschaften	vulcanizing, curing	vulcanisation	vulcanización
Warmhärtung	Herbeiführen der Reaktion von Reaktionskunststoffen durch Wärmeeinwirkung	thermosetting, thermocuring	thermodurcission	termoendurecimiento
Weichmacher	In bestimmten Kunststoffen (z.B. PVC) vorhandene Substanz, welche die Sprödigkeit vermindert und/oder den Kunststoff flexibler macht.	softener, plasticiser	plastifiant	agente de ablandamiento
Zellulose	Aus Pflanzen (Holz) gewonnener Rohstoff, welcher als Füllstoff bei Kunststoffen verwendet werden kann.	cellulose	cellulose	celulosa

Eigenschaften von Elastomeren

Die angegebenen Eigenschaften sind allgemeine Durchschnittswerte.
Vor kritischen Anwendungsfällen sind die exakten Daten vom Hersteller einzuholen.

Typ	FPM Fluor-elastomere	ACM Poly-acrylate	MQ Silikon-elastomere	FMQ Fluorsilikon-elastomere	PU Poly-urethane	NBR Nitrile	EPM Chlorsulfat-Ethylene	ECO Poly-chloroprene	EPM Ethylen-Propylene	IRR Butyl-elastomere	SBR Styrol-Butadien	NR Natur-kautschuk
Eigenschaften												
Mechanische Festigkeit	hoch	hoch	mittel	mittel	sehr hoch	hoch	mittel	hoch	hoch	hoch	hoch	hoch ... sehr hoch
Shore-Härte (A)	70 ... 90	50 ... 80	40 ... 85	40 ... 85	50A ... 500	40 ... 95	50 ... 95	40 ... 95	45 ... 90	40 ... 90	45 ... 100	35 ... 100
Elastizität	mittel	mittel	mittel	mittel	hoch	mittel–hoch	mittel	mittel–hoch	mittel–hoch	gering	hoch	sehr hoch
Bleibende Verformung	gut	gut	gut	gut	gut	gut	mittel	gut	gut	mittel	gut	gut
Abriebfestigkeit	mittel	mässig	mässig	mässig	sehr hoch	hoch	mittel	hoch	mittel	mittel	sehr hoch	hoch
Brennverhalten	selbst-erlöschend	brennt	brennt	brennt	brennt	brennt	selbst-erlöschend ...brennbar	selbst-erlöschend	brennt	brennt	brennt	brennt
Temperatur-bereich in Luft	-20...+200	-5...+150	-70...+180	-70...+180	-40...+80	-5...+100	-10...+90	-30...+90	-50...+120	-30...+90	-30...+70	-40...+70
Grenztemperatur in Wasserdampf	+150	–	+120	+120	–	–	+100	–	+130	+120	–	–
Grenztemperatur in Wasser	+150	+80	+120	+120	+40	+80	+100	+80	+130	+100	+80	+70
Grenztemperatur in Mineralöl	+200	+180	–	+180	+80	+120	–	–	–	–	–	–
Mineralöl-beständigkeit	hoch	hoch	mittel	mittel	hoch	hoch	mittel	mittel	gering	gering	gering	gering
Säuren-beständigkeit	sehr hoch	keine	keine	keine	keine	mittel	hoch	hoch	sehr hoch	hoch	weniger hoch	weniger hoch
Basen-beständigkeit	mittel	keine	keine	keine	keine	mittel	hoch	hoch	sehr hoch	hoch	weniger hoch	weniger hoch
Beständigkeit gegenüber aromatischen Kohlenwasserstoffen	ja											
Ozon-beständigkeit	hoch	hoch	hoch	hoch	hoch	gering	hoch	hoch	hoch	hoch	gering	gering
Gas-durchlässigkeit	niedrig	niedrig	hoch	hoch	sehr niedrig	niedrig	niedrig	niedrig	mittel	sehr niedrig	mittel	hoch

KU-T01

Erkennen von Kunststoffen

Das genaue Bestimmen von einzelnen Kunststofftypen ist nur durch die aufwendige Laboranalyse möglich. In vielen Fällen ist es jedoch möglich, die fraglichen Kunststofftypen anhand ihrer Eigenschaften hinreichend genau einzugrenzen. In der Regel ist es hierzu erforderlich, eine Werkstoffprüfung durchzuführen, bei der Eigenschaften des Kunststoffes durch die Zerstörung einer Probe festgestellt werden. Gebräuchlich sind hierfür Wärmeprüfungen und Brennproben. Bei Letzterer ist besonders darauf zu achten, dass gefährliche Zersetzungsprodukte entstehen können. Die Probestücke sind deshalb so klein wie möglich zu halten, der Platz, an dem die Brennprobe durchgeführt wird, muss so ausgerüstet sein, dass er nicht durch die Brennprobe gefährdet wird.

Brennprobe

Ergebnis der Brennprobe	brennt nicht	erlöscht nach Entfernen der Flamme	schwer entflammbar, brennt	brennt unregelmäßig in eigener Flamme	brennt mit knisterndem Geräusch	brennt unter Blasenbildung	brennt unter Tropfenbildung	Tropfen brennen weiter	brennt gut in eigener Flamme	brennt sehr gut in eigener Flamme
möglicher Kunststofftyp	PTFE, FEP, PA, PE PCTFE	PVC, PC, Nitrilelastomer, Chloroprenelastomer, Silikonelastomer, Chlorsulfoniertes Polyethylen	PA, PE,	Nitrilelastomer	PA, POM,	PA	POM, PA, PE, PMMA	POM, PE PMMA	Nitrilelastomer Butylelastomer	Naturkautschuk,

KU-T02

Flammprobe

Art und Farbe der Flamme	keine Flamme	knisternd	schwach rußend	stark rußend	leuchtend	spritzend	durchsichtig	farblos	gelblich	gelb	bläulich	blauer Rand	gelber Rand	grüner Rand
möglicher Kunststofftyp	PTFE	PA, PMMA, POM	PE, PMMA, POM	ABS, ASA, CA,EP,MF, PRO,PVC, PC, SB, SAN, UP, Naturkautschuk	PE	Nitrilelastomer	PA, POM	POM	PMMA	PVC, PC, PE, Naturkautschuk, Butylelastomer	POM, PA	PE	PA	PVC

KU-T03

Erwärmungsprobe

Ergebnis bei Erwärmung	schmilzt nicht, sondern verkohlt	schmilzt dünnflüssig	schmilzt sehr zähflüssig	schmilzt zähflüssig	schmilzt	Blasen in der Schmelze	Fettige Schmelze	Rückstand verkohlt	keine Rückstände
möglicher Kunststofftyp	Duroplaste	Thermoplaste	PTFE	PC, PMMA	PA, POM, PE	PA, PC, PMMA	PE	PTFE, POM, PVC, PC	PE, PMMA

KU-T04

Rauchprobe

Eigenschaften des Rauches	farblos	weiß	weiß-gelb	gelb-braun	Geruch stechend	Geruch sehr stechend (Ammoniak)	Geruch kratzend (Säure)	Geruch nach Paraffin	Geruch fruchtig	Geruch nach Phenol	harziger Geruch	süßlicher Geruch	Geruch nach brennendem Horn	Geruch nach brennendem Papier
möglicher Kunststofftyp	POM, PMMA	PE,POM, PA, PMMA, Silikonelastomer, Chlorsulfoniertes Polyethylen	PC	PVC	PTFE, POM,PVC, Chloropren, elastomer, Polyurethanelastomer	Fluorelastomer	PVC, Chlorsulfoniertes Polyethylen	PE, PP	PMMA	EP, PC, PF, MF	PC	ABS, ASA, PS, SAN, SB	PA	CA

KU-T05

Physikalische Prüfung

Eigenschaften	natürliche Farbe gedeckt, hell oder dunkel	natürliche Farbe transparent, klar (teilweise)	Oberfläche wachsartig	nicht bruchanfällig	zäh brechend	spröd brechend	Falltest: Klang scheppernd	Falltest: Klang dumpf
möglicher Kunststofftyp	alle	PMMA, PC, CA, PE, ABS, PA, PS, SAN	PE, PP	PE, PP	ABS, ASA, CA, PC, PRO, PVC, SB	EP, MF, PF, PMMA, POM, PS, SAN, UF	ABS, PE-hart, PP, PVC-hart	PE, PVC-weich

KU-T06

Brandverhalten von Kunststoffen

Generell haben die Dämpfe und der Qualm von allen brennenden Kunststoffen eine von der Konzentration abhängende toxische Wirkung. Wenn immer bei der Zersetzung Säuren abgespaltet werden, ist von einer hohen toxischen Wirkung auszugehen.

Kunst-stofftyp	Chemische Bezeichnung	Zünd-temperatur °C	Zersetzungs-temperatur °C	Brenn-eigen-schaft	Qualm-bildung	Toxische Wirkung	Korrosive Wirkung	Verbren-nung	Flamm-farbe	Qualm	Geruch
ABS	Acrylnitril-Butadien-Styrol	454	330...430	mittel	stark				leuchtend	stark rußend	süß, gummiartig
CA	Celluloseacetat	475	25...310	mittel...träge	gering			tropfend	gelbgrün		Essig
CAB	Cellulose-acetopropionat			mittel	gering				dunkelgelb, blauer Saum		ranzige Butter
CF	Cresolformaldehyd	590		träge	gering			schlecht, verkohlt			stechend, Formaldeyd
CN	Cellulosenitrat	140		gut	gering	stark	stark	heftig	hell	bräunlich	Kampfer
CR	Polychlorbutadien			mittel...träge	stark	stark	stark, Salzsäure				stechend
EC	Ethylcellulose	296		mittel	gering				gelb leuchtend		Papier
EP	Epoxidharz			mittel...träge	mittel				leuchtend	rußend	Phenol
EPS	Polystyrolschaum	490	300...400	gut...träge	stark				leuchtend	rußend	süßlich
MF	Melamin-formaldehydharz	630		träge	gering			schlecht, verkohlt			stechend, Ammoniak, Formaldeyd
NR	Naturkautschuk			mittel	stark				dunkelgelb	rußend	Gummi
PA	Polyamid	424	310...380	mittel	gering			tropft fädig	bläulich, gelber Rand		Horn
PC	Polycarbonat			mittel...träge	mittel			sprühend	dunkelgelb	rußend	Phenol

Kunststofftyp	Chemische Bezeichnung	Zündtemperatur °C	Zersetzungstemperatur °C	Brenneigenschaft	Qualmbildung	Toxische Wirkung	Korrosive Wirkung	Verbrennung	Flammfarbe	Qualm	Geruch
PE	Polyethylen	349	335...450	mittel	gering			tropft brennend	leuchtend, Kern blau		Paraffin
PF	Phenolformaldehydharz	575		mittel	gering			schlecht, verkohlt			stechend, Formaldehyd
PIR	Polisocyanuratschaum			gut...träge	gering...mittel				leuchtend		stechend
PMMA	Polymethylacrylat	450		mittel	gering			knisternd	leuchtend		fruchtig
PP	Polypropylen	570	328...410	mittel	mittel			tropft brennend	leuchtend, blauer Kern		Paraffin
PS	Polystyrol	490	300...400	mittel...träge	stark				leuchtend	rußend	süßlich
PTFE	Polytetrafluorethylen	530	508...538	träge		stark	stark, Flusssäure	schmilzt glühend			stechend
PUR	Polyurethan	416		mittel...träge					leuchtend		stechend
PVAC			213...325	mittel	mittel				leuchtend	rußend	Essig
PVC	Polyvinylchlorid	454	200...300	träge	mittel...stark	stark	stark, Salzsäure	sprühend	leuchtend, grüner Rand		stechend
PVDC	Polyvinylidenchlorid	532	225...275	träge	stark	stark	stark, Salzsäure	sprühend	leuchtend, grüner Rand		stechend
SAN	Styrol-Acrylnitril			mittel	stark				leuchtend	stark rußend	Gummi
SB	Styrol-Butadien		327...430	mittel	stark				leuchtend	stark rußend	süsslich
SI	Silikonelastomer	555		träge	gering...mittel					weißer Rauch	süßlich
UF	Harnstoffformaldehyd			träge				schlecht, verkohlt			stechend, Formaldehyd
UP, GFK	Ungesättigter Polyester	485		mittel...träge	mittel		verkohlt	leuchtend		rußend	süßlich

Eigenschaften von Kunststoffen
(Richtwerte, trocken)

Kunststoff	Kurzzeichen DIN 7728	Dichte DIN 53479 g/cm³	Elastizitätsmodul DIN 53457 N/mm²	Kugeldruckhärte DIN 53456 N/mm²	Gleitreibungszahl gegen Stahl dynamisch, trocken	Feuchtigkeitsaufnahme bei Normalklima %	Wärmeleitfähigkeit DIN 52612 W/K.m	Anwendungstemperatur höchst kurzzeitig °C	Anwendungstemperaturbereich dauernd °C	Die Elektrizitätszahl DIN 53483 ε_r	Durchschlagsfestigkeit DIN 53481 kv/mm
Polyamid	PA 6	1,14	3000	150	0,38	2,7	0,231	160	-40 / +100	3,7	100...150
Polyamid 6 + Glasfaser	PA 6 GF 30	1,35	8000	240	0,35	2,1	0,23	170	-30 / +100	3,8	60
Polyamid 66	PA 66	1,15	3300	170	0,35	2,7	0,23	170	-30 / +120	3,6	100...150
Polymid 66 + PE	PA 66 + PE	1,1	2700	140	0,18	2,3	0,23	170	-30 / +120	3,3	30t
Polyamid 11	PA 11	1,05	1200	-	0,32	1,2	0,29	130	-30 / +70	3,7	28
Polyamid 12	PA 12	1,02	1400	100	-	1	0,3	120	-40 / +70	3,8	55
Polyamid 12 + Glasfaser	PA 12 GF 30	1,21	35600	120	-	0,8	0,16	140	-40 / +110	4	90
Polyoximethylen	POM	1,41	3000	150	0,32	0,25	0,41	140	-40 / +100	4,6	60
Polyoximethylen + Glasfaser	POM GF 26	1,56	10500	200	0,5	0,2	0,41	140	-40 / +100	4,6	60
Polycarbonat	PC	1,2	2300	110	0,52	0,2	0,21	170	-40 / +135	3	35
Polycarbonat + Glasfaser	PC GF 30	1,44	5500	145	-	0,1	0,24	170	-40 / +140	3,3	35
Polyester (thermoplastisch)	PETP	1,37	3000	130	0,22	0,2	0,21	170	-40 / +135	4	>70
Polypropylen	PP	0,91	1300	64	0,3	0,1	0,22	140	-40 / +140	2,25	55...90

Kunststoff	Kurzzeichen DIN 7728	Dichte DIN 53479	Elastizitäts-modul DIN 53457	Kugeldruck-härte DIN 53456	Gleitrei-bungszahl gegen Stahl dynamisch, trocken	Feuchtig-keitsauf-nahme bei Normalklima	Wärmeleit-fähigkeit DIN 52612	Anwendungs-temperatur höchst kurzzeitig	Anwendungs-temperatur-bereich dauernd	Die Elektrizitäts-zahl DIN 53483	Durch-schlags-festigkeit DIN 53481
		g/cm³	N/mm²	N/mm²		%	W/K.m	°C	°C	er	kv/mm
Polyethylen (ultrahoch-molekular)	PE-UHMW	0,94	-	38	0,25	0	0,42	120	-20 / +100	2,3	90
Polyethylen (ultrahoch-molekular)	PE-HMW	0,95	1100	45	0,25	0	0,43	120	-200 / +80	2,3	90
Polyethylen	PE	0,95	1000	36	-	0	0,37	100	-200 / +80	2,4	80
Polyphenyl-enoxid	PPO	1,1	2400	85	0,3	0,08	0,16	110	-40 / +100	2,6	35
Polysulfon	PSU	1,24	2500	-	-	0,25	-	180	-40 / +150	2,7	>40
Polyether-sulfon	PES	1,37	2900	148	-	0,7	0,18	220	-40 / +180	3,5	63
Polyetherimid	PEI	1,27	3000	165	-	1,25	0,22	200	-40 / +170	3,15	33
Polyvenyl deflourid	PVDF	1,87	2000	100	0,3	0,04	0,13	150	-40 / +100	8	22
Polytetraflour-ethylen	PTFE	2,16	4000	25	0,02	0	0,23	300	-200 / +260	2,1	20...80
Acry-Butadien-Styro Copolymer	ABS	1,07	-	82	0,6	0	0,15	70	-35 / +58	2,4	>20
Polyvenyl-chlorid	PVC	1,42	3300	120	-	0,5	0,15	70	-20 / +60	3	35...50
Polyamid-Imid	PAI	1,45	-	-	-	0,4	-	270	-40 / +260	6	23
Schichtpress-stoff	PFCC	1,35	7000	170	-	1,2	0,2	-	-	5	5

Zersetzungsprodukte von Kunststoffen

Kunststofftyp	Zersetzungsprodukte (teilweise vom Füllmaterial abhängig)
Polyesterharze (ungesättigt)	Styrol, Styrolpolymere, Kohlenmonoxid
Epoxidharze	Ammoniak, Amine, Formaldehyd, Kohlenmonoxid
Melaminharze	Ammoniak, Amine, Formaldehyd, Kohlenmonoxid
Polyurethane	Alkohole, Amine, Ammoniak, Blausäure, Cyanate, Isocyanate
Polyvinylchlorid	Chlorgas, Chlorkohlenwasserstoff, Chlorwasserstoff, Dioxine, Furane, Kohlenmonoxid, Phosgen, Ruß
Polyacrilnitril	Acrylnitril, Ammoniak, Blausäure, Kohlenmonoxid
Phenolharze	Ameisensäure, Formaldehyd, Kohlenmonoxid, Phenol

KU-T08

Handelsnamen wichtiger Kunststoffe

Die Handelsnamen sind grundsätzlich eingetragene Warenzeichen. Sie sind deshalb hier nicht ausdrücklich gekennzeichnet. In vielen Fällen nutzen Hersteller denselben Namen für unterschiedliche Polymerisate. Dies führt zu Doppelnennungen, welche aber nicht dem gleichen Polimerisat angehören müssen.

Wenn der Kunststofftyp nicht eindeutig ermittelt werden kann, ist beim Hersteller Rückfrage zu halten. Die Entwicklung der Kunststoffe findet fortlaufend statt. Die folgende Liste kann daher nicht vollständig sein. Die Kurzzeichen sind weitgehend genormt, teilweise verwenden die Hersteller allerdings nicht genormte Kurzzeichen. Dies ist insbesondere bei neuentwickelten Kunststoffen sowie einigen Spezialitäten der Fall.

Kurzzeichen	Chemische Bezeichung	Handelsnamen
ABS	Acrylnitril-Butadien-Styrol	Abselex, Absinol, Abson, Afcoryl, Brandalit, Cycolac, Gehaplast, Lacqran, Lastilac, Lustran, Norsoran, Novodur, Paraloyd, Polysar, Ravikral, Restiran, Ronvalin, Terluran, Tybrene, Ugikral, Urtal, Vallade, Volkide
ACM	Polyacrylat-Kautschuk	Cyanacryl, Hycar, Vamac.
APE	Aromatischer Polyester	Apec, Arylef
ASA	Acrylnitril-Styrol-Acrylester	Luran-S
AU	Polyurethan-Kautschuk	Cyanaprene, Desmophan, Elastothane-455, Estane, Igulan, Pellethane, Urepan, Vibrathane, Vulkollan
BR	(herstellerspezifisch)	Meripol-CB, Budene, Buna-CB, Diene, Cis-4,Taktene, Tufsyn
CA	Celluloseacetat	Acétabel, Bergacell, Bexoid, Celastoid, Celawrap, Cellastine, Cellidor, Cellit, Cello, Cellon, Cellonex, Cimacell, Fortisan, Naxolite, Plastacele, Rhodaline, Rhodalite, Rhodopan, Saxetat, Tenite, Tortulit-T, Ultraphan
CAB	Celluloseacetobutyrat	Brandobutyrat, Cellidor, Tenite, Triafol
CABS	Celluloseacetobutyrat	Osstyrol
CF	Kresolformaldehyd	Chemoplast, Faturan, Trolitan, Vigorol
CM	Chloropolyäthylen-Kautschuk	Bayer-CM, Daisolac, Dow-CPE-CM, Hostapren, Tortulit-T
CMC	Carboximethylcellulose	Celso, Relatin
COC	Cycloolefincopolymere	Topas
CN	Cellulosenitrat	Ledasto, Xylonite
CP	Cellulosepropionat	Forticel, Tenite
CR	Chloropren-Kautschuk	Alloprene, Baypren, Butaclor, Denka-Chloropren-CR, Desmoflex, Nairit, Neoprene, Pattex, PetroTex-Neoprene, Resistit, Skyprene
CS	Chlorsulfoniertes Polyethylen	Erinoid, Galalith, Tyrin
CSM	Nachchloriertes PVC	Hypalon, Lutrigen
CTA	Cellulosetriacetat	Arnel, Triafol, Tricel
EAM	herstellerspezifisch	Elvax, Levapren, Lupolen-VC, Ultrahene, Vinnapas-E

Kurzzeichen	Chemische Bezeichnung	Handelsnamen
EC	Ethylcellulose	Etocel, Glutolin, Granubel
ECO	Epichlorhydin-Kautschuk	Herclor, Hydrin-200
EP	Epoxidharz	Araldit, Beckopox, Birakrit, Dobeckot, Dularit, Duralin, Duroxin, Epilox, Epi-Rez, Epocast, Epolite, Epon, Epoxin, Europox, Ferropox, Fibercast, Formolit, Geadur, Geaplast, Geapox, Hostapox, Lekutherm, Levepox, Metal-on, Resinit, Rütapox, Trolitax
EPDM	Ethylen-Propylen-Kautschuk	Buna-AP, Dutral, Epcar, EP-Total, Esprene, Keltan, Mitsui-EP, Nordel, Royalene, Vistalon
ETER		Hydrin-400
EU	Polyurethan-Kautschuk	Adiprene, Lycra
EVA		Levapren
FKM, FPM	Fluorkautschuk	Dai-El, Fluorel, Tecnoflon, Viton
GPO		Pare-58
HDPE	Hochdichtes Polyethylen	Akatherm.
HNBR	Hydrierter NBR	Therba, Zetpol
IIR	Isoprenkautschuk	Bucar, Enjay-Butyl, Petrotex-Butyl, Polysar-Butyl, Polisar-S
IR	Isoprenkautschuk	Ameripol-SN, Cariflex-IR, Natsyn, Shell-Isopren-rubber
LFT	Langfaserverstärkte Thermoplaste	Celstran
LPC	Flüssigkristalline Polymere	Vectra, Zenite
MC	Methylcellulose	Culminal, Metylan, Glutofix, Glutolin
MF	Melamin-Formaldehyd	Albamit, Bakelite, Birakrit, Biralit, Biramin, Cibanoid, Demilan, Desamin, Geax, Jägadukt, Keramin, Kermin, komponit, Lamelite, Ervamine, Luwipal, Madurit, Max-Platte, Melafilm, Melan, Melaplast, Melbrite, Melment, Melmex, Melocol, Melolam, Nikamelamine, Nikelet, Nyamin, PK-Tex, Pressal-Leim, Prodorit, Resartherm, Resipas, Resart, Resicart, Resipas, Resopal, Ricolit, Sacopal, Supraplast, S-Ultrapas, Trespa
MPF	Melamin-Phenol-Formaldehyd	Supraplast, Resiplast
MQ	Silikonkautschuk	Baysilon, Corotex, ICI-Silicone-Rubbers, KE, NG, Rhodorsil, SE, SH, SRX, Sicovin, Silastic, Silastomer, Silikon-E, Silicor, Silopten, TSE
MVQ	Silikonkautschuk	Rhodorsil, Silastic, Silopren
NBR	Acrylnitril-Butadien-Kautschuk	Breon, Buna-N, Brulon, Butacril, Chemigum, Elaprim, Europrene-M, Hycar, ISR-N, Krynac, Nipol, Perbunan-N, Polypren
PA	Polyamid	Äternamid, Alkoron, Brüggamid, Chemigum, Deca-plast, Degamid, Dorix, Dynyl, Eftrelon, Elvamide, Fostylon, Herox, Lactame-12, Lamigamid, Luron, Maranyl, Miramid, MXD-Faser, Nevanylon, Nivion, Nopalon, Nopalplast, Orgamide, Perfol, Perlon, Polyamid, Polyanyl, Quiana, Renyl, Sadethane, Sidamid, Stren, Supronyl, Sustamid, Technyl, Trelon, Trogamid, Tynex, Ultramid, Versaduct, Versalon, Versamid, Ve-stamid, Xylon, Zefran, Zellamid, Zytel

Kurzzeichen	Chemische Bezeichnung	Handelsnamen
PA-46	Polyamid 46	Stanyl
PA-6	Polyamid-6 (Caprolactam)	Akulon, Duretan-B, Grilon, Nivionplast, Perlon, Renyl, Sniamid, Technyl, Ultramid-B, Wellamid
PA-6-3-T	Polyamid amorph	Trogamid-T
PA-6-66	Copolyamid 6/66	Grilon-TSV, Ultramid-C, Technyl
PA-66	Poloyamid-66 (Hexamethylendiamid, Adipinsäure)	Akulon, Durethan-A, Minlon, Nivionplast, Nylon, Sniamid, Technyl, Ultramid-A, Wellamid, Zytel
PA-6/6T	Polyamid, teilaromatisch	Ultramid-T
PA-11	Polyamid 11 (11-Aminoundecansäure)	Rilsan-B
PA-12	Polyamid 12 (Laurinlactam)	Grilamid, Rilsan-A, Vestamid
PA-612	Polyamid 612, Polymere aus Hexamethyl-diamin und Dodecandisäure	Zytel
PA-X	Polyamid, teilaromatisch	Amodel-1.., Amodel-4.., Grivory GV, Grivory-HTV, IXEF, Ultramid-T, Zytel-HTN
PAI	Polyamidimid	Torlon
PAN	Polyacrylnitril	Crylor, Dolan, Dralon, Ercusol, Hycar, Leacril, Nandel, Nitrilon, Nitron, Orlon, Panlite, Prelena, Sadur, Sircil, Syelle, Wolcryon
PBT	Polybutylenterephthalat	Celanex, Crastin, Pibiter, Pocan, Ultradur, Vestodur
PC	Polycarbonat	Breon, Lexan, Makrovol, Macrolon, Orgalan, Pokalon, Polycarbafil, Rhiamer, Sinvet, Sustonat
PC (GFK)	Polycarbonat mit GF	Andoran
PE	Polyethylen	Alathon, Alkathene, Alkoron, Alkortylen, Baylon-V, Bendurlen, Bexthene, Brandalen, Carlona, Cimalen, Daplen, Ecepolen, Eltex, Elvax, Eraclene, Forti-flexthafoam, Etofil, Fertene, Fortiflex, Fortilene, Gölzathen, Griffolyn, Hagulen, Helioflex, Hi-Fax, Hilex, Hishi, Holoplast, Hostalen-G, Iolon, Lactene, Lamigadur, Latene, Lotrene, Lupolen, Microthene, Mincel, Mirason, Mirathen, Moplen-Ro, Natene, Nipolon, Novatec, Osnalen, Petrothene, Plastazote, Plastin, Plastothen, Plastotrans, Polyen, Prylene, Rhiamer, Riblene, Rigidex, Semperiten, Sirtene, Suprathen, Sustylen, Symalen, Tenite, Tezel, Tortu-len, Trespalen, Trofil, Trolen, Vestolen-A, Wolfin, Ykalon, Zetafin
PEEK	Polyätheratheraceton	Victrex
PEI	Polyätherimid	Ultem
PES	Polyäthersulfon	Victrex
PETF	Polytetrafluorethylen	Siron
PETFE	Polytetrafluorethylen-Etylen-Copolymer	Hostaflon-ET, Tefzel
PETP	Polyethylenterephthalat	Arnite-G, Atlas, Crastin, Dacron, Hostadur, Hostap-han, Idcal, Melinex, Mylar, Rynite, Sustodur, Trevira, Terlenka, Terylene, Vestan

Kurzzeichen	Chemische Bezeichnung	Handelsnamen
PF	Phenolformaldehydharz	Arophenal, Alnovol, Ambroin, Asplit, Atephen, Bakelite, Bascodur, Biradur, Birakrit, Biratex, Birax, Carta, Chemoplast, Cheratolo, Cimasit, Corephen, Dekorit, Durophen, Ervaphene, Faturan, Fenochhem, Fluosite, Geax, Gédélite, Gedopal, Genal, Glakresit, Hares, Harex, Imprenal, Isocord, Jägaphren, Kauresin, Kerit, Lacrinite, Laminex, Luphen, Mouldrite, Nopinol, Pagwood, Pertinax, Polyane, Progilite, Rapok, Resart, Resinit, Resinol, Résopjhène, Resydrol, Rhenital, Rhenopren, Ricolit, Sirfen, Tegofilm, Trolitan, Tentronit, Trolitax Trolitan Super, Troporit, Tungophen, Urbanit, Viaphen, Vigorol, Vigorx, Vitrosil, Vulkaresen, Vyncolite
PFA	Perfluoralkoxy	Teflon-PFA
PFEP ·	Tetrafluorethylen-Hexa-fluorpropylen-Copolymer	Teflon-FEP
PI	Polyimid	Kapton, Kinel, Pyre-ML, Pyrrone, QX-13, Vespel
PIB	Polyisobutylen	Repanol, Vestolen-BT
PIBI	(herstellerspezifisch)	Hycar, Oppanol-B, Rhiamer
PK	Polyketon	Carilon
PMCA	Acrylpolymerisate	Plastupalat, Plexigum, Plexilith, Pleximon, Plextol, Prodentil, Redontil, Resrix, Resydrol, Rearol, Residrol, Rohacell, Rohatex, Synthacryl, X-T-Polymer
PMMA	Polymethylmethacrylat	Acrifix, Acriplex, Acrylux, Acrytex, Baycryl, Chollacral, Corialgrund, Degalan, Degalan-S, Degaplast, Dewoglas, Edimet, Elvacite, Ignilux, Lacritex, Larodur, Lucite, Lucryl, Luprenal, Luvican, Macrynal, Paraglas, Perspex, Piacryl, Plexidur, Plexiglas, Plexisol, Plexit, Resarit, Resartglas, Rubex, Sumipex, Synthemul, Transpex, Vedril, Vos
PO	Polyolefine	TPX
POM	Polyoximethylen	Delrin, Formaldafil, Hostaform-C, Kematal, Rhiamer, Typar, Ultraform, Vestolen-P, Volkide, Wolfin, Ykalon
PP	Polypropylen	Bexthene, Carlona, Daplen, Edistir, Escon- 502, Hostaflex, Hostaplen-PP, Hostyren, Mopletan, Moplen, Osnalen, Pro-fax, Profil, Propafilm, Propathene, Propylsar, Prylene, Tenite, Tortulen, Trespapan, Trofil, Trolen-PP, Vestyron, Wolfin
PPA	Polyphthalamid, teilaromatisch	Amodel
PPE+SB	Polypropylenether + SB-Blend	Noryl, Luranyl
PPE+PA	Polypropylenether + PA-Blend	Noryl-GTX, Ultranyl, Vestoblend
PPS	Polyphenylensulfid	Craston, Fortron, Ryton, Tedur
PR	(herstellerspezifisch)	Taktene
PS	Polystyrol	Abstrex, Bextrene, Carniex, Celatron, Corblanit, Distrene, Edistir, Exporit, Ezolith, Frigolit, Gédex, Gedacxal, Grecoform, Helmapor, Hostyren, Isoport, Kaystrene, Kel-F, Kelon-F, Lastirol, Lorkacel, Lustran, Lustrex, Napryl, Naxolene, Neupora, Nobipor, Noblen, Norflex, Novolen, Pelaspan, Plastisol, Polyllomers Tenite, Poron, Porocell, Recopor, Restirolo, RIAG, Schalon, Sicostyrol, Siegapor, Snowpearl, Styroplasto, Styrafil, Styriso, Styrocell, Styrodur, Styrofan-D, Styroflex, Styromull, Styron, Styropor, Styvarèene, Süßbalit, Turporex, Verelite, Wolfin

Kurzzeichen	Chemische Bezeichnung	Handelsnamen
PSU	Polysulfon	Udel, Ultrason-S
PTFCE	Polytrifluorchlorethylen	Bexthene, Carlona, Daplen, Edistir, Escon-502, Hostaflex, Hostaplen-PP, Hostyren, Mopletan, Moplen, Osnalen, Pro-fax, Profil, Propafilm, Propathene, Propylsar, Prylene, Tenite, Tortulen, Trespapan, Trofil, Trolen-PP, Vestyron, Wolfin
PTFE	Polytetrafuorethylen	Algoflon, Ferrotron, Fertene, Fluon, Fluorofil, Fluorosint, Heydeflon, Hostaflon, Polyfluron, Soreflon, Teflon, Trevira, Vistram, Vitaprene, Vitathane, Vitel, Voranol
PUR	Polyurethan	Aclacell, Aclathan, Baydur, Bayflex, Beckacoat, Beckoform, Contex, Contipren, Desmopan, Elastollan, Griffine, Kaethan, Kailoc, Lamoltan, Moltopren, Pantaplast, Pantarin, Phoenopren, Polyaire, Quox, Semperpren, Sempuran, Uropol, Vinalit, Vistram, Vitel, Vitaprene, Vitathane, Walpol
PV	(herstellerspezifisch)	Elvanol, Mowiol, Polyviol
PVAC	Polyvinylacetat	Aclacell, Aclathan, Baydur, Bayflex, Beckacoat, Beckoform, Contex, Contipren, Griffine, Kaethan, Kailoc, Lamoltan, Moltopren, Pantaplast, Pantarin, Phoenopren, Polyaire, Quox, Semperpren, Sempuran, Uropol, Vinalit, Vistram, Vitel, Vitaprene, Vitathane, Walpol
PVAL	Polyvinylalcohol	Appretan, Hedon, Herbaplast, Mowicoll, Mowilith, Mowiton, Ponal, Ravemul, Rhodoviol, Vinalit, Vinnapas, Walpol
PVB	Polyvinylbutyral	Rhovinal, Trosifol
PVC	Polyvinylchlorid	Absella, Adretta, Afcodur, Afcovyls, Alcolène, Alkorfol, Astradzr, Astralon, Astratherm, Benedur, Benvic, Brandur, Carina, Cimavil, Continol, Contivyl, Covertex, Darvic, Decelith, Dynaplan, Dynarohr, Ekadur, Ekalon, Ekavin, Furnit, Genafol, Garbel, Genopac, Genotherm, Geon, Isodur, Kydene, Iso-Genopak, Isovyl, Kumy, Lacqvyl, Leavil, Leavin, Lucorex, Lucovil, Lutophan, Luvitherm, Macroplast, Movil, Nicaron, Nicolan, Nicotherm, Nicalet, Nicavinyl, Nipeon, Ospelon, Phoenolit, Pliovic, Plyvit, Polidro, Polysolit, Polwinit, Polytherm, Propiofan, Ravinil, Rhenadur, Rhenalon, Rhenamit-E, Rhenoplast, Rhodopas, Rhovilèene, Rhovilite, Sconater, Sicovinil, Sicron, Sirpol, Solvic, Sumilit, Sunprene, ternel, Tromiphon, Trosiplast, Trovidur, Trovilon, Trovitherm, Viclan, Vilit, Vestolit, Vinnol, Vinoflex, Vipla, Vipolit, Vitapol, Vixir, Volkaril, Vybak, Welvic, Wolfin, Zellidur
PVC-weich	Polyvinylchlorid	Afcoplast, Alcorcrom, Alkorit, Astraglas, Atlastik, Benecor, Bocato, Conrex, Contan, Contimatic, Contiplast, Contiplastex, Contivyl, Cowaplast, CV-than, d-c-fix, Deliplan, Deliplast, Dewopor, Ekalit, Ekazell, Febolit, Flex, Folioplast, Furnit-fix, Gerfils, Gerflex, Gurimur, Gutan, Guttagena, Guttasyn, Halvic, Helia, Heliofil, Howeflex, Howelon, Howeson, Howetex, Korso, Ledron, Letex, Lucolene, Lynicell, Marleyflex, Marleyflor, Mipolam, Mipoplast, Newiflex, Nevilan, Novitex, PC-Klebere, Peguform, Planatex, Plastapak, Plastapan-F, Plastoflex, Plypac, Polyflex, Poroplast, Prenite, Rhenofol, Rhenoglas, Supratherm, Velbex, Vinybel, Viplast

Kurzzeichen	Chemische Bezeichnung	Handelsnamen
PVDC	Polyvinylidenchlorid	Diofan-D, Geon, Ixan, Sconatex, Tygan, Vinitex
PVDF	Polyvenydenfluorid	Dyflor, Kynar, Solef
PVF	Polyvinylfluorit	Kel-F, Restil, Tedlar
PVFO		Rhovinal
SAN	Styrol-Acrylnitril-Cop	Kostil, Luran, Rhenostyrol, Tyril, Tyrillfoam, Vestoran, Vestypor
SB	Styrol-Butadien-Cop	Fosta-Tuf-Flex, Hostyren, Lipolan, Litex, Lustrex, Os-styrol, Vestyron
SBR	Styrol-Butadien-Kautschuk	Ameripol, Buna-EM, Buna-S, Butakon, Cariflex, Ca-rom, Diapol, Dunatex, Duranit, Europrene, Ker, Kra-lex, Krynol, Philprene, Plioflex, Pliolite, Polysar-S, Re-sopal-H, Solprene, Sumitomo-SBR, Synpol, Vitakon
SPS	Syndiotaktisches Polystyrol	Questra, Xarec
TPE-E	Thermoplastischer Elastomer auf Polyesterbasis	Arnitel, Hytrel, Riteflex
TPE-O	Thermoplastischer Elastomer auf Olefinbasis	Leraflex, Santoprene
TPE-S	Thermoplastischer Elastomer auf Styrolbasis	Cariflex, Evoprene, Kraton
UF	Harnstoffformaldehyd	Albertit, Bakelite, Beckaminol, Becurol, Cibanoid, De-surit, Gabrite, Inklurit, Iporka, Isoschaum, Kaurit, Komponit, Melopas, Novopan, Piaflor, Piatherm, Pia-durol, Pollopas, Resart, Resartherm, Resicart, Réso-phène Resydrol, Sacopal, Sirit, Siritle, Tegofilm, Ura-lite, Urbanit, Urecoll,Uresin-B, Uropal, Viamin
UP	Ungesättigte Polyester	Aldurol, Alpolit, Atlac, Bendurplast, Celipal, Dedika-nol, Dobeckan, Durodet, Ervamix, Ervapon, Estar, Eterplast, Fibron, Filon, Flomat, Gabraster, Geadur, Gel-Kote, Gremopal, Herboplex, Jägalyd, Jägapol, Keripol, Keripolat, Kunstharz, Legupren, Leguval, Norsodyne, Norsomix, Oldopal, Polastor, Palatal, Po-lydet, Polyeit, Preglas, Resipol, Resoform, Rhodester, Sirester, Stratyl, Surfatax, Suraplast, Verstopal, Via-pal, Vigopas, Vituf
UP (GFK)	Ungesättigte Polyester + GF	Acoplan, Acowell
UR		Estane, Prescollan
VF	Vulkanfiber	Dynopas, Dynos

Holz

Holz ist ein natürlicher, nachwachsender Rohstoff und einer der ältesten Werkstoffe der Menschheit überhaupt. Die besonderen Eigenschaften des Holzes – leichte Bearbeitbarkeit, hohe Festigkeit, geringes Gewicht und dekoratives Aussehen – machen es zu einem gleichwertigen Werkstoff mit nach wie vor hohem Entwicklungspotential neben Gestein, Metall und Kunststoff.

Aufbau

Als natürlicher, biologischer Werkstoff unterscheidet sich Holz in vielen Eigenschaften von anderen Werkstoffen:
– Zellstruktur
– Bestandteile
– Wuchs
– Schadensfälle
Die Eigenschaften sind innerhalb der Holzarten und Typen nicht einheitlich, sondern variieren, oft auch bei ein und derselben Holzart innerhalb großer Spielräume.

Zellstruktur

Wie bei biologischen Stoffen üblich besteht Holz aus vielen einzelnen Zellen, deren Inhalt (Zellflüssigkeit, Farbkörper) von der Zellwand umgeben sind. Während des Wachstums steuert der Zellkern die Vermehrung (Teilung) der Zellen sowie deren Größenwachstum. Jede Holzart hat eine für sie typische Zellstruktur, welche die Eigenschaften und das Aussehen der Holzart bestimmen.

Bestandteile

Die Grundstoffe des Holzes sind Kohlenstoff, Sauerstoff und Wasserstoff. Die Holzsubstanz besteht in der Hauptsache zu etwa 40 % aus Zellulose, etwa 30 % zelluloseähnlichen Stoffen und ca. 30 % Lignin. Daneben sind Anteile an organischen und anorganischen Stoffen im Holz enthalten.

Frisches („grünes") Holz enthält einen hohen Volumenanteil an Wasser (Zellflüssigkeit), welcher vor der Nutzung des Holzes durch Trocknung verringert werden muss.

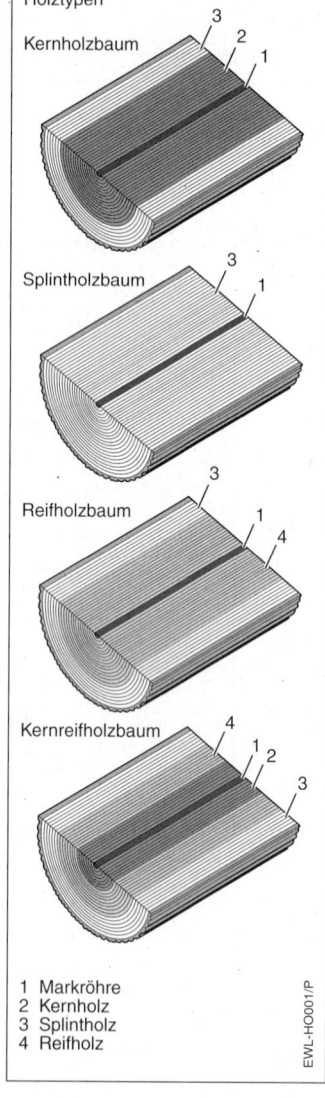

Holztypen

Kernholzbaum

Splintholzbaum

Reifholzbaum

Kernreifholzbaum

1 Markröhre
2 Kernholz
3 Splintholz
4 Reifholz

EWL-HO001/P

Wuchs

Als natürlicher Rohstoff ist Holz während der Wachstumsphase von vielen natürlichen Einflüssen abhängig, welche die Wachstumsgeschwindigkeit und die Holzstruktur nachhaltig beeinflussen. Dies kann für die spätere Verwendung sowohl positive als auch negative Auswirkungen haben. In den meisten Fällen sind schnell wachsende Holzarten meist weniger schwer und hart als langsam wachsende Holzarten. Innerhalb einer Holzart ist diejenige, welche auf Grund von natürlichen Einflüssen nur langsam wachsen konnte, härter und meist feiner strukturiert als die schneller wachsende.

Schadensfälle

Im Gegensatz zu künstlich hergestellten Werkstoffen ist Holz Schädigungen durch Insekten und Pilze ausgesetzt, welche seine Eigenschaften so verändern können, dass eine Verwendung nicht mehr möglich ist. Diese Schadensfälle können sowohl am frischen als auch am bereits verarbeiteten Holz auftreten. Typische Schadensfälle sind:
– Insektenfraß
– Pilzbefall

Insektenfraß: Insekten verursachen meist eine mechanische Schädigung des Holzes, wobei entweder das Holz als Nahrung dient oder als Brutstätte bzw. Behausung benützt wird (Termiten, „Holzwürmer", Käfer, marine Bohrwürmer, Teredo-Wurm). Je nach Befall kann die Schädigung, nachdem sie durch entsprechende Maßnahmen gestoppt wurde, toleriert werden, da sie meist lokal auftritt und das Holz neben der Befallstelle nicht verändert ist.

Pilzbefall: Pilze verbreiten sich über Sporen, sind überall in der Natur vorhanden und befallen Holz, wenn die Umstände (Feuchtigkeit, Wärme, Beschädigungen) dafür günstig sind. Sie verursachen meist eine chemische Zersetzung und sind nicht lokal begrenzt. Da Pilzbefall wie eine Krankheit auch „gesunde" Hölzer angreift und die mechanischen Eigenschaften nachhaltig zerstört, ist Holz mit Pilzbefall für die Verarbeitung nicht mehr geeignet.

Holzarten

Die Artenvielfalt der Hölzer ist außerordentlich groß. Man kann mit Sicherheit davon ausgehen, dass noch nicht alle auf der Erde vorkommenden Holzarten bekannt und erforscht sind. Die Unterscheidung der Holzarten ist kompliziert, weil die entsprechenden Bäume oft in vielen Ursprungsländern wachsen und demzufolge meist eine lokale Bezeichnung haben. Die in den einzelnen Ländern üblichen Handelsnamen sorgen teilweise durch Überschneidung mit anderen Holznamen für Verwirrung. Man hat deshalb meist die in den Haupterzeugungsländern übliche Bezeichnung zum Handelsnamen gewählt. Die präziseste Bezeichnung ist jedoch nach wie vor die botanische Klassifizierung in Typus und Spezies. Die botanische Bezeichnung erlaubt darüber hinaus auch einen Rückschluss auf die Eigenschaften innerhalb einer Typenfamilie. Bei häufigem Umgang mit dem Werkstoff Holz ist die Kenntnis der Bezeichnungssystematik vorteilhaft. Hierzu gibt es umfangreiche Fachliteratur.

Eigenschaften

Die Eigenschaften der Hölzer hängen von der Holzart und dem Einzeltyp ab. Sie können dabei auch innerhalb eines einzigen Typs erhebliche Unterschiede aufweisen, die dann zusätzlich noch von der Verarbeitung bzw. der Aufbereitung (Schnittart) abhängig sind. Es werden deshalb bei der Spezifizierung der Eigenschaften meist Durchschnittswerte angegeben. Die wichtigsten Holzeigenschaften sind:
– Typ
– Dichte
– Festigkeit
– Farbe
– Geruch
– Schwund
– Beständigkeit

Typ: Die Typisierung der Hölzer wird in der Praxis nicht einheitlich gehandhabt und kann nach mehreren Gesichtspunkten erfolgen:
– botanisch
– nach Gewicht
– nach Härte

Botanischer Typ: Man unterscheidet in Nadelhölzer und Laubhölzer. In Ländern mit relativ geringer Sortenvielfalt (z. B. Europa, Nordamerika) ist diese Typisierung sinnvoll und wird häufig angewendet.

Gewichtstyp: Bei dieser Typisierung unterscheidet man nach dem spezifischen Gewicht, der sogenannten Rohdichte. Da das Gewicht sehr stark vom Feuchtigkeitsgehalt abhängt, hat man die zum Vergleich benützte Rohdichte auf eine Restfeuchtigkeit von 12 % festgelegt (Rohdichte r12).

Man unterscheidet in leichte Hölzer mit einer Rohdichte r12 bis ca. 0,5 g/cm³, mittelschwere Hölzer zwischen 0,5 bis 0,8 g/cm³ und schwere Hölzer ab 0,8 g/cm³.

Härte: Die Härte ist eine relativ unpräzise Typisierung, da innerhalb einer Holzsorte je nach Standort und Wachstumsbedingungen erhebliche Härteunterschiede vorkommen können. Üblich ist die Einteilung in Weichhölzer und Harthölzer, wobei der Übergang zwischen den beiden Typen etwa bei einer Dichte r12 von 0,5 g/cm³ liegt.

Dichte: Mit der Dichte des Holzes bezeichnet man die Holzmasse der Zellwände im Verhältnis zum Holzvolumen. Da die Zellwände aller Holzarten aus der gleichen Substanz bestehen, ist die Dichte der Zellwände bei allen Holzarten gleich und kann nicht zum Vergleich herangezogen werden. Aus diesem Grund wird zur Unterscheidung von Hölzern die sogenannte Rohdichte verwendet, bei der nicht nur die Zellwände, sondern auch der Zellhohlraum mit seinem Wassergehalt in die Rechnung einbezogen wird. Da der Wassergehalt die Rohdichte entscheidend beeinflusst, geht man beim Vergleich von einem Restfeuchtigkeitsgehalt von 12 % aus. Die dazu passende Bezeichnung lautet: Rohdichte r12.

Festigkeit: Bei Festigkeitsangaben für Holz muss berücksichtigt werden, dass die Festigkeit längs und quer zur Faser unterschiedlich ist. Üblich ist die Angabe der Zugfestigkeit (N/mm²), Druckfestigkeit (N/mm²), Biegefestigkeit (N/mm²), Schubfestigkeit (N/mm²) und des Elastizitätsmoduls (N/mm²). Wie bei Holz üblich können diese Werte innerhalb ein und derselben Holzart unterschiedlich ausfallen. Wird Holz innerhalb seiner Festigkeitsgrenzen belastet und einer regelmäßigen Pflege unterzogen, tritt auch bei Dauerwechselbeanspruchung so gut wie keine Materialermüdung auf (hieraus resultiert auch die teilweise sehr hohe Lebensdauer von Schiffen und Leichtflugzeugen in Holzbauweise).

Schnittholzmaße

Bezeichnung	Form	Maße min. cm	max. cm	Normmaße cm	Querschnittseite min. cm	Länge m
Balken	Rechteck, Quadrat	10 × 20	20 × 24	–	20	–
Kantholz	Rechteck, Quadrat	6 × 6	16 × 18	–	–	–
Latten	Rechteck	–	–	2,4 × 4,8	–	–
				3 × 5	–	–
				4 × 6	–	–
Bohlen	Rechteck	4,4 × 7,5	7,5 × 30	–	–	1,5 ... 6
Bretter	Rechteck	1,6 × 7,5	7,5 × 30	–	–	1,5 ... 6

Farbe: Farbe und Maserung bestimmen das dekorative Aussehen und damit auch den Wert eines Holzes für bestimmte Anwendungszwecke (z. B. Möbelbau). Die Bandbreite umfasst nahezu alle Farben, wobei Brauntöne vorherrschen. Innerhalb einer Holzsorte ist die Färbung zwischen Splint- und Kernholz meist unterschiedlich, das Kernholz in der Regel dunkler. Bei der Angabe der Farbe ist deshalb zwischen Splintholzfarbe und Kernholzfarbe zu unterscheiden. Wichtigstes Farbkriterium ist die Kernholzfarbe. Unbehandelt neigen die meisten Holzarten zum Ausbleichen unter Lichteinwirkung.

Geruch: Holz hat meist einen ausgeprägten Geruch, welcher bei frischem Holz oder bei der Bearbeitung besonders intensiv sein kann. In der Regel ist der Geruch angenehm und kann bei bestimmten Holzarten erwünscht und qualitätsbestimmend sein (Zedern, Balsamkiefern, Sandelholz). Mit zunehmender Alterung verflüchtigen sich die Geruchsstoffe.

Schwund: Mit Schwund bezeichnet man die Eigenschaft des Holzes, sein Volumen entsprechend dem Restfeuchtegehalt zu ändern. Dieser Vorgang, auch „Arbeiten" des Holzes genannt, wirkt sich unterschiedlich in Richtung der Markstrahlen und der Jahresringe aus. Als Faustregel kann man den Schwund in Richtung der Jahresringe etwa doppelt so hoch ansetzen wie in Richtung der Markstrahlen, in Zahlen ausgedrückt je nach Holzart etwa 0,2 % bis 0,4 % je 1 % Restfeuchteänderung. Je nach Lage der Jahresringe im Verarbeitungszustand muss dies berücksichtigt werden.

Beständigkeit: Bei Beständigkeitsangaben unterscheidet man hauptsächlich in Beständigkeit gegenüber Pilzbefall und Insektenfraß. Im Allgemeinen sind schwere Hölzer beständiger als mittelschwere oder leichte Hölzer. Mit beeinflussend ist die Zusammensetzung der Zellflüssigkeit der entsprechenden Holzart. Je „giftiger" die Zellflüssigkeit ist, umso beständiger ist durch diese natürliche, typeigene „Imprägnierung" das Holz. Dies hat allerdings auch zur Folge, dass die Säfte und Bearbeitungsrückstände (Holzstäube) bestimmter Holzarten das Auftreten von Allergien auslösen und in Einzelfällen oder bei unsachgemäßer Verarbeitung zu starken toxischen Wirkungen, unter Umständen mit letalem Ausgang, führen können und bei langzeitlicher Einwirkung krebserregend wirken. Dies ist insbesondere bei insektenresistenten tropischen Edelhölzern der Fall und muss durch entsprechende Vorsicht und Anwendung von Arbeitsschutzmaßnahmen bei der Verarbeitung berücksichtigt werden.

Verwertung
Die Verwertung von Holz ist sehr vielfältig, wobei man grundsätzlich in Natur- oder Massivhölzer und in Holzwerkstoffe unterscheidet.
Bei der Holzverarbeitung entscheiden die Schnittarten über die Verwendungsmöglichkeiten als Massivholz oder als Zwischenprodukt für sogenannte Lagenhölzer.
Holzwerkstoffe bestehen in der Regel aus zerkleinertem Holz oder Holzabfällen, welche durch geeignete Füllstoffe und Bindemittel anwendungsoptimierte Eigenschaften erhalten.

Schnittarten
Die Schnittarten, mit denen aus Rohholz Bohlen, Kanthölzer, Bretter, Latten, Leisten und Furniere erzeugt werden, entscheiden über Qualität, Eigenschaften, Ausbeute und Kosten der entsprechenden Halbzeuge. Die genannten Faktoren verhalten sich teilweise konträr zueinander, man wird die Schnittart also nach der späteren Verwendung ausrichten.

Massivholz

Massivholz kommt in Form von Schnittholz auf den Markt, die Abmessungen und Bezeichnungen sind genormt, wobei die Normen länderspezifische Unterschiede haben können. Die folgenden Zuordnungen entsprechen den meisten europäischen Ländern.

Schnittholz

Brettarten

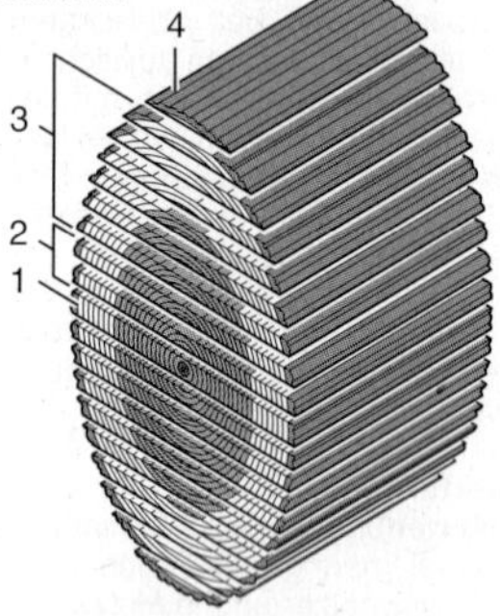

1 Kernbrett   3 Seitenbretter
2 Mittelbretter   4 Schwartenbretter

Schwundformen

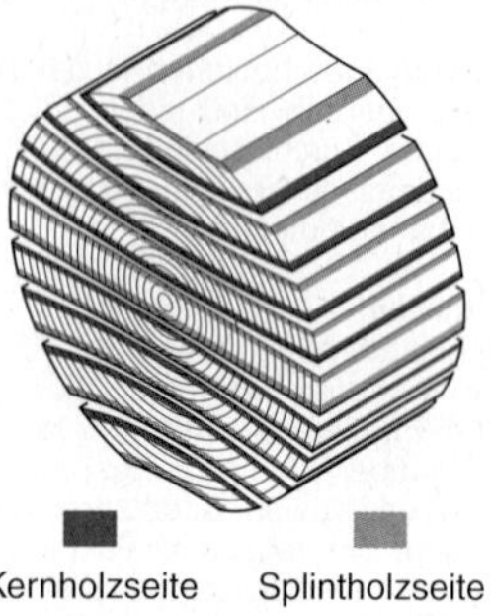

Kernholzseite   Splintholzseite

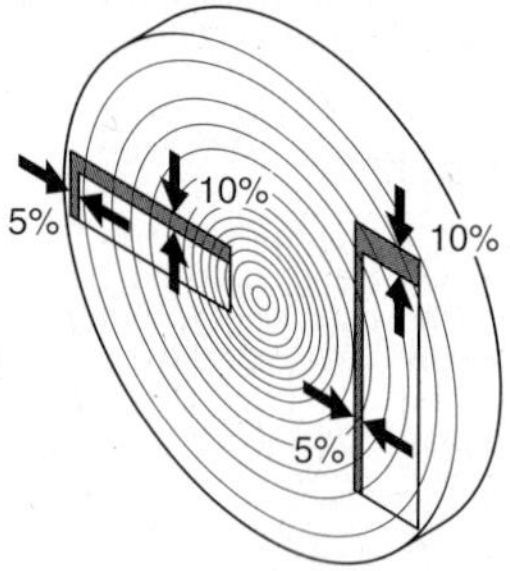

5%   10%   10%   5%

EWL-HO002/P

Holzeinschnitt
Schnitte für Kanthölzer

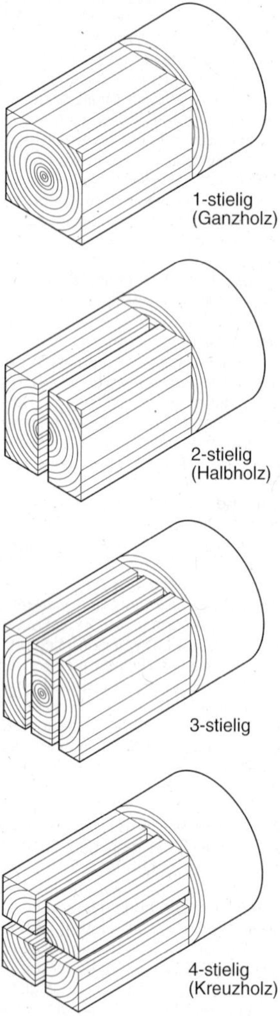

1-stielig
(Ganzholz)

2-stielig
(Halbholz)

3-stielig

4-stielig
(Kreuzholz)

EWL-HLZ001/P

Holzeinschnitt
Rundschnitt (Scharfschnitt)

EWL-HLZ002/P

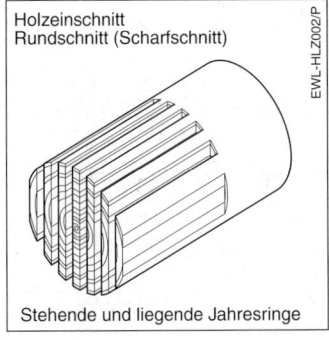

Stehende und liegende Jahresringe

Holzeinschnitt
Prismenschnitt

EWL-HLZ003/P

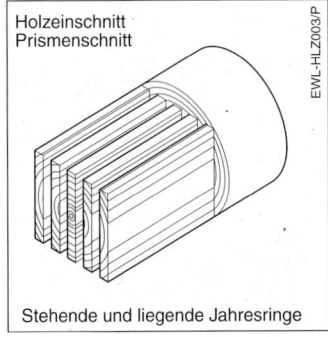

Stehende und liegende Jahresringe

Holzeinschnitt
Halbriftschnitt

EWL-HLZ004/P

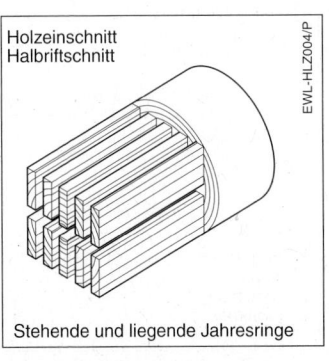

Stehende und liegende Jahresringe

Holzeinschnitt
Spiegelschnitt

EWL-HLZ005/P

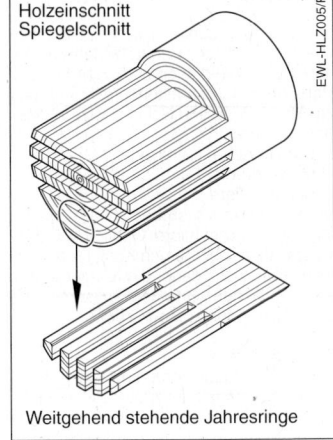

Weitgehend stehende Jahresringe

Holzeinschnitt
Quartierschnitt

EWL-HLZ006/P

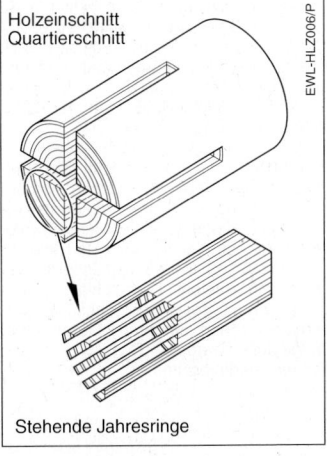

Stehende Jahresringe

Furniere

Furniere sind dünne Holzschichten welche nach ihrem Herstellverfahren benannt sind. Sie dienen zum Veredeln von Holz- oder Holzwerkstoffoberflächen und zur Herstellung von Schichthölzern. Man unterscheidet:
– Sägefurniere
– Messerfurniere
– Schälfurniere

Die Herstellverfahren bestimmen zusammen mit der Schnittform Qualität, Erscheinungsbild, Ausbeute und Kosten des Furniers. Man wählt daher die Furnierart aus wirtschaftlichen Gründen entsprechend dem Verwendungszweck aus.

Sägefurniere

Die Furnierblätter werden mit einer speziellen Gattersäge oder Kreissäge aus dem Block gesägt. Der Verschnitt ist bei dieser Methode sehr hoch, die Mindestdicke der Furnierblätter ca. 1 bis 1,5 mm.

Sägefurniere sind farbtreu, behalten ihre typische Maserung und sind von hoher Qualität, aber kostenintensiv.

Messerfurnier

Bei Messerfurnieren werden die Furnierblätter mit einer Art überdimensionalem Hobelmesser „abgemessert". Als Vorbehandlung muss das Holz gewässert oder gedämpft werden, damit es nicht reißt. Durch das Dämpfen kann eine Farbveränderung eintreten. Je nach Schnitt des zu messernden Holzblockes erhält man eine gestreifte (vom Viertelblock) oder gefladerte (vom Halbblock) Struktur der natürlichen Maserung.

Schnittführung: Durch Wahl des entsprechenden Verfahrens lassen sich unterschiedliche dekorative Wirkungen erzielen.Die Ausbeute ist bei Messerfurnieren sehr gut, da bis auf einen kleinen „Messerest" am Ende des messerns kein Verschnitt entsteht. Dies schlägt sich in günstigeren Kosten nieder. Messerfurniere können dünner als Sägefurniere hergestellt werden, Dicken von ca. 0,5 mm sind möglich.

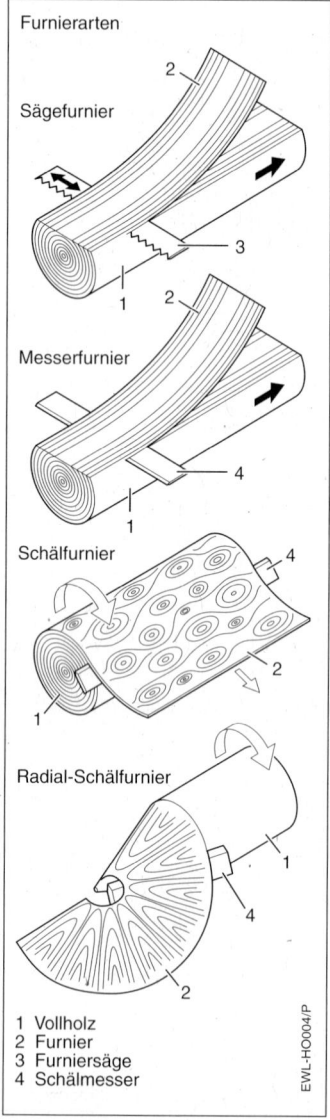

Furnierarten

Sägefurnier

Messerfurnier

Schälfurnier

Radial-Schälfurnier

1 Vollholz
2 Furnier
3 Furniersäge
4 Schälmesser

EWL-HO004/P

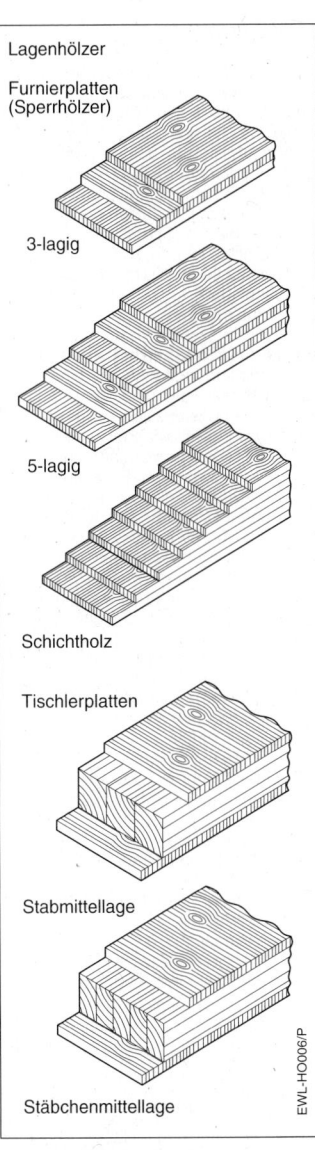

Lagenhölzer

Furnierplatten
(Sperrhölzer)

3-lagig

5-lagig

Schichtholz

Tischlerplatten

Stabmittellage

Stäbchenmittellage

EWL-HO006/P

Schälfurniere

Beim Schälen wird der rotierende Stamm gegen ein Schälmesser gleicher Länge gefahren, wodurch das Furnier am Stammumfang abgeschält wird. Der Vorgang entspricht in etwa dem Prinzip der Drechselbank. Wie beim Messerfurnier muss auch hier als Vorbereitung das Holz gedämpft werden. Das Schälen kann zentrisch um die Mittelachse des Stammes erfolgen, wobei ein endloses Furnierblatt (wie von einer Papierrolle) anfällt, welche in beliebige Abmessungen geschnitten werden kann. Diese Furniertechnik wird deshalb hauptsächlich zur Herstellung von Lagen- und Sperrhölzern verwendet, weshalb man sie auch als Absperrfurniere bezeichnet. Typische Dicken sind hierbei zwischen 1 bis 4 mm, wobei grundsätzlich Dicken zwischen 0,5 bis 10 mm, entsprechend der Holzart, möglich sind. Die Oberflächenzeichnung entspricht beim zentrischen Schälen nicht der natürlichen Maserung, kann aber, z. B. bei Ahorn („Vogelaugenahorn"), Aststrukturen dekorativ zur Wirkung bringen. Beim exzentrischen Schälen rotiert der Stamm außerhalb seiner Mittelachse. Bei diesem Verfahren fallen ähnlich dem Messerfurnier einzelne Furnierblätter an, welche je nach der eingestellten Exzentrizität eine dem Messerfurnier entsprechende Maserung bekommen können. Eine weitere Variante des Schälens ist das radiale Schälen, wodurch bei bestimmten Holzarten eine außergewöhnlich dekorative Struktur der Maserung entsteht, welche interessante Anwendungen im Möbelbau ermöglicht. Dieses Verfahren entspricht in seinem Prinzip dem Bleistiftspitzen.

Schälen ist das wirtschaftlichste Verfahren zur Furnierherstellung. Wie beim Messern besteht bis auf einen kleinen Schälrest kein Verschnitt.

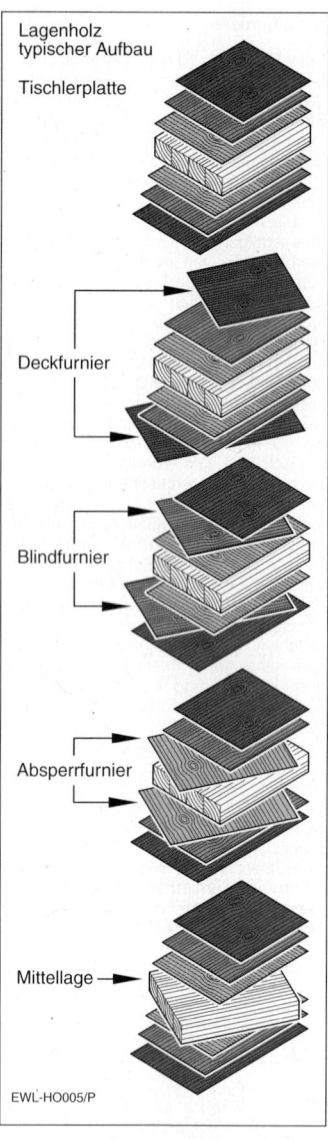

Lagenholz
typischer Aufbau

Tischlerplatte

Deckfurnier

Blindfurnier

Absperrfurnier

Mittellage

EWL-HO005/P

Holzwerkstoffe

Unter Holzwerkstoffen versteht man Produkte, deren Bestandteile überwiegend aus Holz bestehen. Es gibt Holzwerkstoffe, welche aus „Massivholzteilen" bestehen, und solche, deren Hauptbestandteile zerkleinertes Holz in Form von Spänen oder Fasern ist. Entsprechend ihrem Aufbau unterteilt man Holzwerkstoffe in:
– Furnierplatten (Sperrhölzer)
– Schichthölzer
– Verbundplatten (Tischlerplatten)
– Spanplatten
– Holzfaserplatten

Furnierplatten (Sperrhölzer)

Furnierplatten bestehen aus einer ungeraden Anzahl von mindestens 3 Lagen Furnier, die in kreuzweiser („gesperrter") Faserrichtung miteinander verleimt sind. Die beiden Deckfurnierplatten haben dabei immer denselben Faserverlauf und dieselbe Dicke. Die Dicke der Mittellagen kann unterschiedlich sein, ist aber stets symmetrisch. Sehr dicke Furnierplatten werden als Multiplexplatten bezeichnet. Furnierplatten sind maßhaltig, haben eine hohe Festigkeit und können mit dekorativen Deckfurnieren versehen werden. Durch Formverleimung können auch gebogene Platten oder Werkstücke hergestellt werden.

Der Typ der verwendeten Verleimung zwischen den Schichten hat Einfluss auf die Eigenschaften. Genormt sind folgende Verleimungsarten, deren Eigenschaften sich nur auf die Verleimung, jedoch nicht auf das Holz beziehen:

Innenanwendung (I)
– IF 20 nicht wetterfest, nicht dauernd wasserfest
– IW 67 nicht wetterfest, nicht dauernd wasserfest
Außenanwendung (A)
– A 100 begrenzt wetterfest, kochfest
– AW 100 wetterfest, kochfest

Holzfaserplatten

OSB-Platte

Einschichtplatte

Mehrschichtplatte

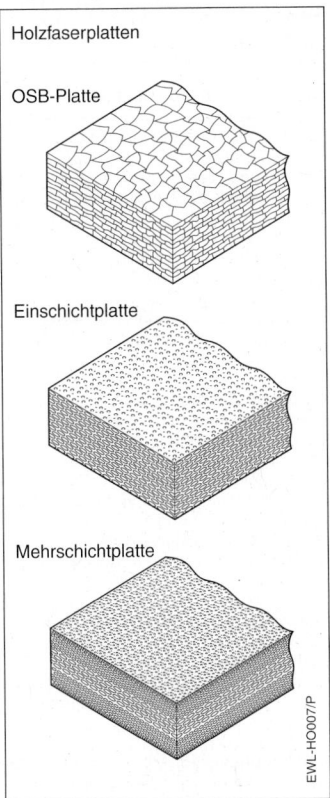

EWL-HO007/P

Schichthölzer

Im Gegensatz zu Sperrhölzern sind die Furnierlagen nicht „gesperrt", sondern liegen in gleicher Faserrichtung, aber mit entgegengesetzter Richtung der Jahresringe übereinander. Hierdurch wird eine hohe Festigkeit in Richtung des Faserverlaufes erzielt. Im Vergleich zu Massivhölzern gleicher Dicke werden weitaus höhere Festigkeiten erreicht und gleichzeitig die Riss- und Bruchgefahr erheblich verringert. Die Verleimungsarten entsprechen dem Sperrholz. Eine Besonderheit sind kunststoffverleimte Presshölzer aus besonders dünnen Furnierlagen, welche

in ihrer Endfestigkeit und in ihren Eigenschaften dem verwendeten Kunstharz gleichen.

Verbundplatten (Tischlerplatten)

Verbundplatten bestehen aus Deckfurnieren, mit einer Mittellage aus Massivholzstäben, -leisten oder -lamellen. Die Deckfurniere haben denselben Faserverlauf, der Faserverlauf der Mittellage ist quer dazu angeordnet. Verbundplatten haben durch eine ebene Oberfläche und ein kleines Schwundmaß. Wegen der geringen Lagenzahl ist der Leimanteil gering, wodurch die Tischlerplatten ein vergleichsweise geringes Gewicht haben. Mit dekorativem Furnier überfurniert werden Tischlerplatten bevorzugt im Möbelbau eingesetzt. Die Verleimungsarten entsprechen dem Sperrholz. Wegen des hohen Massivholzanteils sind Verbundplatten jedoch nicht im Außenbereich einsetzbar.

Spanplatten

Spanplatten stellen einen sehr wirtschaftlichen Holzwerkstoff dar, da als Rohstoff Holzspäne dienen, welche aus Abfallholz gewonnen werden können. Die Späne werden mit Leim benetzt und in Pressen unter Wärmeeinwirkung zu Platten geformt. Es können gleich große Späne verwendet werden, aber auch gezielt kleinere (Außenschicht) oder größere (Mittelbereich) Späne innerhalb der Platte verwendet werden. Dies und die Art der Füll- und Bindemittel (Quarzmehl) entscheiden über die späteren Eigenschaften.

Spanplatten haben ein homogenes Gefüge, und weisen in allen Richtungen die gleichen Festigkeitswerte auf und sind maß- und formbeständig. Die relativ lockere Gefügestruktur muss in der Verbindungstechnik entsprechend beachtet werden (Schrauben können ausreißen, Verleimungen brauchen große Oberflächen).

Genormt sind folgende Anwendungsqualitäten:
- V 20 für trockene Innenräume, nicht dauernd wasserfest
- V 100 für feuchte Innenräume, nicht dauernd wasserfest
- V 100 G A für Räume, in denen zusätz-

lich Verrottungsgefahr durch Pilzbefall besteht.

Einen Sondertyp stellt die sogenannte OSB- Platte dar. Diese Platten bestehen aus mehreren Lagen ausgerichteter Flachspäne (**O**riented **S**trand **B**oard), welche nur einen sehr geringen Leimanteil aufweisen. Die Platten sind leicht und haben ein dekoratives Aussehen. Sie werden im Innenbereich eingesetzt.

Holzfaserplatten

Holzfaserplatten bestehen aus zerfasertem Holz, dessen Fasern mit Leim benetzt und „verfilzt" werden, bevor sie in Pressen unter Hitzeeinwirkung zu Platten geformt werden.

Je nach Typ des Leimes oder Kunstharzes und der Dichte der Verfilzung erhält man unterschiedliche Eigenschaften. Genormt sind folgende Anwendungsqualitäten:

Poröse Holzfaserplatten
– BPH   bitumengetränkte Holzfaserplatten
– HFD   Holzfaserdämmplatten

Mittelharte Holzfaserplatten
– MDF   Medium Density Fiberboards

Harte Holzfaserplatten
– HFM   mittelharte Holzfaserplatten
– HFH   harte Holzfaserplatten
– HFE   extraharte Holzfaserplatten

Kunststoffbeschichtete Holzfaserplatten
– KH   phenolharzgebundene, harte kunststoffbeschichtete Holzfaserplatten

Je nach Herstellverfahren haben Holzfaserplatten ein sehr homogenes Gefüge und weisen je nach verwendetem Leim und Zuschlagstoff hohe Festigkeiten auf. Im Möbelbau haben sich insbesondere MDF-Platten durchgesetzt, da sie neben hoher Festigkeit ausgezeichnete Bearbeitungseigenschaften haben.

Bearbeitung von Holz und Holzwerkstoffen

Allgemeiner Werkzeugeinsatz

Bei der Verarbeitung von Holz und Holzwerkstoffen muss die Inhomogenität dieses Materials berücksichtigt werden. Die Ausrichtung der Fasern bestimmt den Werkzeugeinsatz, die Werkzeugbeschaffenheit, Vorschub- und Schnittgeschwindigkeit. Hierin unterscheidet sich die Holzbearbeitung wesentlich von der anderer Werkstoffe. Eine Ausnahme stellen Holzwerkstoffe dar, die bei entsprechender Zusammensetzung und Herstellverfahren nahezu homogene Eigenschaften aufweisen können.

Spanlose Bearbeitung

Holz kann unter bestimmten Voraussetzungen spanlos bleibend verformt werden. Je nach Arbeitsaufgabe muss hierbei:
– die geeignete Holzart
– der materialgerechte Verformungsgrad
– die Vorbehandlung
entsprechend beachtet werden. Unter Verformung wird in der Regel das Biegen verstanden.

Geeignete Holzarten: Leichte bis mittelschwere Hölzer eignen sich besser zur Verformung als schwere Hölzer. Zuschnitte mit möglichst parallel verlaufenden, langen Fasern begünstigen die Verformung.

Verformungsgrad: Mit vertretbarem Aufwand kann nur zweidimensional verformt werden. Der mögliche Verformungsgrad hängt neben der Holzart vor allem von der Dicke des zu verformenden Werkstückes ab. Je dünner das Werkstück, desto besser kann verformt werden. Längs der Faser kann weniger gut verformt werden, die Bruchgefahr beim Verformen ist geringer. Quer zur Faser kann besser verformt werden, die Bruchgefahr ist allerdings höher. Durch entsprechende Vorbehandlung kann die Verformungsmöglichkeit erheblich verbessert werden.

Vorbehandlungen: Durch entsprechende Vorbehandlung kann der mögli-

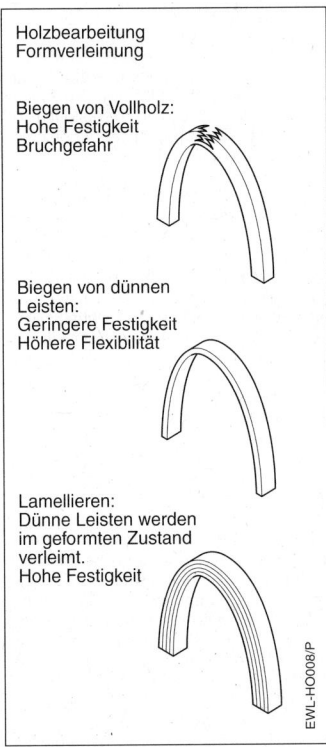

Holzbearbeitung
Formverleimung

Biegen von Vollholz:
Hohe Festigkeit
Bruchgefahr

Biegen von dünnen
Leisten:
Geringere Festigkeit
Höhere Flexibilität

Lamellieren:
Dünne Leisten werden
im geformten Zustand
verleimt.
Hohe Festigkeit

EWL-HO008/P

che Verformungsgrad von Holz erheblich beeinflusst werden.
Die wesentlichen Maßnahmen sind.
– Wässern
– Dämpfen
– Lamellieren

<u>Wässern:</u> Durch Anfeuchten oder intensives Wässern nehmen die Holzzellen Wasser auf und werden dadurch elastischer, was engere Biegeradien zulässt. Die dabei erreichte Verformung ist elastisch und geht deshalb nach Aufhebung der Biegekräfte weitestgehend zurück. Um eine bleibende Verformung zu erhalten müssen die Biegekräfte so lange bestehen bleiben, bis das Holz wieder

auf seinen Ursprungswert getrocknet ist. Auch dann wird ein „Rückfedern" erfolgen. Unter Umständen muss das Holz also in nassem Zustand stärker gebogen werden als im Endzustand erwünscht ist.

<u>Dämpfen:</u> Mit einer Behandlung durch Wasserdampf kann derselbe Effekt wie beim Wässern erzielt werden, allerdings mit geringerem Zeitaufwand. Der zusätzliche Wärmeeinfluss begünstigt die Verformbarkeit.

<u>Lamellieren:</u> Dicke Werkstücke können nur gering oder gar nicht verformt werden, ohne zu brechen. Wird dagegen das Werkstück aus dünnen Streifen (Lamellen) zusammengesetzt, sind höhere Verformungsgrade möglich. Die Einzellamellen werden in ihrer Dicke dem Biegeradius angepasst (kleine Biegeradien erfordern dünne Lamellen) und, mit Leim bestrichen, in einer Vorrichtung oder Form so lange fixiert, bis der Leim abgebunden hat. Danach wird das Werkstück entnommen und behält seine endgültige Form bei. Durch den schichtartigen Aufbau lassen sich komplexe Formen bei sehr hoher mechanischer Festigkeit erzielen, der Schichtaufbau selbst kann zur dekorativen Gestaltung dienen.

Spanende Bearbeitung
Die im Vergleich zu Metallen geringe Härte von Holz ermöglicht sehr hohe Schnittgeschwindigkeiten und damit hohe Arbeitsfortschritte ist, speziell in Faserrichtung, langspanend. Diese Faktoren erfordern spezielle Maßnahmen, um große und lange Spanmengen abzuführen. Aus diesem Grunde können Einsatzwerkzeuge für Metalle nur in Einzelfällen (Bohrer) und bei geringen Qualitätsansprüchen eingesetzt werden. Die Schneidwerkstoffe der Einsatzwerkzeuge richten sich nach der gewünschten Oberflächenqualität und der Standzeit. Je nach zu bearbeitender Holzart wird man im ersten Fall HSS-Einsatzwerkzeuge, im zweiten Fall eher hartmetallbestückte Einsatzwerkzeuge verwenden. Die typischen, mit handgeführten Elektrowerkzeugen ausgeführten Bearbeitungsmög-

lichkeiten sind:
– Bohren
– Sägen
– Fräsen
– Hobeln
– Schleifen
– Drechseln

Bohren: Bohrlöcher werden in Holzwerkstoffen hauptsächlich zum Herstellen von Verbindungen mittels Schrauben, Dübeln und anderer, spezieller Verbindungselemente benötigt. Dies bedeutet in den meisten Fällen eine präzise Positionierung des Bohrloches und die Einhaltung eines vorgegebenen Lochdurchmessers. Dies schließt die Verwendung von Spiralbohrern für die Metallanwendung aus. Durch die harten Jahresringgrenzen in Massivholz wird der Bohrer abgelenkt und verläuft aus der vorgesehenen Position. Im relativ lockeren Gefüge von Spanplatten findet der Bohrer dagegen keine Führung. Die Bohrlochränder neigen durch die für Metallbearbeitung optimierte Schneidengeometrie zum Ausreißen. Ein präzises Bohren in Holz ist also nur mit Bohrertypen möglich, die über eine Zentrierung und eine Kantenbegrenzung verfügen. Für Verdübelungen werden sehr oft tiefe und im Durchmesser große Bohrungen benötigt. Die Vorschubkräfte können in bestimmten Arbeitspositionen dann nicht mehr vom Anwender aufgebracht werden. In diesen Fällen müssen Bohrer eingesetzt werden, bei denen die Zentrierspitze mit einem Vorschubgewinde ausgestattet ist. Hierdurch wird der Bohrer weitgehend selbst in das Material gezogen, die vom Anwender aufzubringenden Vorschubkräfte sind dann sehr gering.

Große bis sehr große Bohrungen in Plattenmaterial werden zweckmäßigerweise mit Lochsägen hergestellt. Lochsägen haben eine topfförmige Schneide, mit welcher ein Ringspalt ins Material gesägt wird. Der Arbeitsfortschritt ist sehr hoch, die vom Elektrowerkzeug aufzubringenden Drehmomentkräfte ebenfalls.

Sägen: Sägeschnitte dienen dem Ablängen und Zuschneiden von Holz. Als Elektrowerkzeuge dienen:
– Hubsägen
– Rotationssägen
– Umlaufende Sägen

Jeder Sägetyp hat Eigenschaften, welche für die jeweilige Bearbeitungsaufgabe geeignet sein müssen. Die Anpassung an den jeweiligen Werkstofftyp erfolgt durch die Auswahl des geeigneten Einsatzwerkzeuges.

<u>Hubsägen:</u> Hubsägen arbeiten ähnlich der manuellen Sägen durch Hin- und Herbewegung, wobei die Hubhöhe den Einsatzbereich stark einschränkt. Bei Materialdicken oberhalb der zweifachen Hubhöhe wird das Sägemehl nicht mehr ausreichend aus dem Sägespalt gefördert, wodurch der Arbeitsfortschritt und die Schnittqualität stark zurückgeht. Der Einsatz von Hubsägen (typisch: Stichsäge) beschränkt sich daher auf relativ geringe Schnitttiefen. Die Handlichkeit der Hubsägen und die schmalen Sägeblätter ermöglichen Kurvenschnitte, für präzise, gerade Schnitte sind sie weniger geeignet.

<u>Rotationssägen:</u> Rotationssägen (Kreissägen) arbeiten mit scheibenförmigen Sägeblättern, an deren Umfang die Sägezähne angeordnet sind. Wegen der starren, scheibenförmigen Sägeblätter eignen sie sich nur für gerade Schnitte, welche mit hoher Präzision und Qualität durchgeführt werden können. Mittels hoher Drehzahlen lassen sich hohe Schnittgeschwindigkeiten und damit ein hoher Arbeitsfortschritt erreichen. Weil die Sägezähne stets aus dem Material austauchen, wird das Sägemehl sehr gut abgeführt.

<u>Umlaufende Sägen:</u> Umlaufende Sägen wie die (stationäre) Bandsäge oder die Kettensäge erreichen hohe Schnittgeschwindigkeiten und damit hohen Arbeitsfortschritt. Durch das endlos umlaufende Sägeband oder die Sägekette wird das Sägemehl sehr gut transportiert. Auf stationären Bandsägen lassen sich bei schmalen Sägebändern Kurvenschnitte durchführen, Kettensägen sind wegen der schwertförmigen Kettenführung nur für gerade Schnitte geeignet.

Fräsen: Handgeführte Oberfräsen werden zum Herstellen von Nuten und für die Kantenbearbeitung verwendet. Eine großflächige Oberflächenbearbeitung ist mit Einschränkungen möglich. Durch die Verwendung von Schablonen und Vorrichtungen (Zinkenfrässchablonen) können Wiederholteile mit hoher Präzision hergestellt werden.

Hobeln: Mit Elektrohobeln werden Kanten, Falze und Oberflächen mit hoher Oberflächengüte erzeugt. Hohe Schnittgeschwindigkeiten ermöglichen hohen Arbeitsfortschritt. Bei der Anwendung muss die Lage der Fasern beachtet werden, um gute Arbeitsergebnisse zu erreichen. Insbesondere an den Werkstückkanten müssen unter Umständen Maßnahmen gegen Ausriss getroffen werden.

Schleifen: Durch Schleifen kann die Oberfläche geglättet und feinstbearbeitet werden.

Die zum Schleifen eingesetzten Elektrowerkzeuge
– Schwingschleifer
– Exzenterschleifer
– Winkelschleifer
– Bandschleifer
zeichnen sich durch unterschiedliche Eigenschaften aus, die bei der Anwendung beachtet werden müssen.

Schwingschleifer: Schwingschleifer haben eine starre Schleifplatte, welche mit hoher Schwingungszahl, aber relativ kleiner Schwingbewegung hin- und herschwingt.

Der Arbeitsfortschritt ist relativ gering, die Schliffgüte dagegen hoch. Die starre Schleifplatte ermöglicht es, ebene Flächen mit hervorragender Güte zu schleifen.

Exzenterschleifer: Exzenterschleifer arbeiten wie der Schwingschleifer mit einer hohen Schwingungszahl, zusätzlich ist eine Rotationsbewegung überlagert. Die Schleifplatte ist deswegen rund. Die Kombination aus Schwing- und Rotationsbewegung ermöglicht eine hohe Schnittgeschwindigkeit des einzelnen Schleifkornes, wodurch sich ein hoher Arbeitsfortschritt ergibt. Die mögliche Oberflächengüte entspricht dem Schwingschleifer. Wegen der Möglichkeit, weiche Schleifplatten zu verwenden eignen sich Exzenterschleifer auch zur Bearbeitung konvexer oder konkaver Oberflächen.

Winkelschleifer: Winkelschleifer arbeiten ausschließlich durch Rotation. Wegen der hohen Drehzahlen ist die Anwendung in Holz problematisch: Der Arbeitsfortschritt ist extrem hoch, es besteht Überhitzungsgefahr an der Materialoberfläche. Wenn überhaupt, werden Winkelschleifer nur für grobe Schrupparbeiten eingesetzt.

Bandschleifer: Bandschleifer arbeiten mit einem endlos umlaufenden Schleifband, welches maschinenseitig durch eine starre Schleifplatte abgestützt wird. Bandschleifer eignen besonders für die Holzbearbeitung, weil das Schleifband in einer Richtung über die Werkstückoberfläche bewegt wird. Hierdurch lässt sich der Schleifvorgang in Faserrichtung durchführen, wobei die Oberflächenstruktur des Holzes nicht gestört wird. Die starre Schleifplatte erlaubt planes Bearbeiten von Oberflächen, die hohe Umlaufgeschwindigkeit des Schleifbandes ermöglicht hohen Arbeitsfortschritt.

Drechseln: Drechseln von Holz gleicht im Prinzip dem Drehen von Metall, wobei im Gegensatz dazu das Drechselmesser (Metallbearbeitung: Drehstahl) über eine Auflage an der Drechselmaschine mit der Hand geführt wird. Durch drechseln können rotationssymmetrische Werkstücke hergestellt werden, wobei der besseren Bearbeitbarkeit wegen u. U. eine Vorbehandlung (anfeuchten) des Holzes erfolgen muss.

Drechselmaschinen sind in der Regel Stationärmaschinen, für einfache Ansprüche ist der Antrieb durch Elektrowerkzeuge möglich.

Verbindungstechniken

Bei allen Hölzern und Holzwerkstoffen werden in der Regel folgende Verbindungstechniken angewendet:
- Schrauben
- Nageln
- Kleben
- formschlüssige Verbindungen

Letztere, auch „klassische" Holzverbindungen genannt, bilden nach wie vor ein großes Segment der Holzverbindungstechnik, stellen aber im Bezug auf Aufwand und Qualität teilweise erhebliche Anforderungen an den Ausführenden.

Schraubverbindungen

Holz lässt sich sowohl mit „Holzschrauben", Schnellbauschrauben und Maschinenschrauben lösbar verbinden. Hierbei ist zu beachten, dass Holz im Gegensatz zu Metall weich und elastisch ist. Verbindungen mit Maschinenschrauben sind deshalb nicht unbedingt langzeitbeständig. Zur Befestigung von Maschinenschrauben innerhalb von Holz müssen Gewindebüchsen eingesetzt werden.

Bei der Anwendung von Verbindungselementen aus Metall dürfen nur solche Werkstoffe verwendet werden, die nicht mit Holzbestandteilen wie Gerbsäure und Feuchtigkeit reagieren.

Nagelverbindungen

Nägel zählen zu den nicht lösbaren Verbindungen. Wegen der Keilwirkung beim Eintreiben der Nägel kann die Verbindung nicht randnah erfolgen, sonst kann das Holz an dieser Stelle reißen. Durch geeignete Nagelformen können sehr dauerhafte Verbindungen mit relativ geringem Aufwand hergestellt werden. Tackerklammern und -nägel zählen vom Prinzip her zu den Nagelverbindungen. Bezüglich der Materialwahl von Nägeln gilt dasselbe wie für Schraubverbindungen.

Klebeverbindungen

Dauerhafte Verbindung von Holz und Holzwerkstoffen erfolgt häufig durch Klebung, wobei verschiedene Klebstoffe und Klebetechniken zur Anwendung kommen können. Großflächige Klebungen werden zur Herstellung von Schichthölzern und zum Furnieren hergestellt, wobei gute Qualität nur durch die Anwendung stationärer Klebepressen zu erreichen ist.

Bei der Verbindung von Holzwerkstücken muss auf eine ausreichende Klebefläche geachtet werden, um die gewünschte Festigkeit zu erreichen. Bei Sichtoberflächen und wenn eine Oberflächenbeschichtung erfolgen soll, muss beachtet werden, dass Klebstoffreste eine störende Auswirkung haben können.

„Holzverbindungen"

Die Verbindung von Holzbauteilen durch Formschluss ohne Zugabe von Leim oder mechanischen Verbindungsmitteln hat eine lange Tradition und vereint im Idealfall Funktion mit dekorativem Aussehen. Richtig ausgeführt ist sie die aufwendigste Verbindungstechnik, bei der, auch wenn Maschinen eingesetzt werden, viel handwerkliches Know-how notwendig ist. (Siehe Kapitel „Holzverbindungstechnik")

Verleimung

Kern an Kern

Splint an Splint

gestützte Verleimung

EWL-HO009/P

Internationale Fachbegriffe Holz

Fachbegriffe Holz / Deutsch	Bedeutung	Technical terms for wood / English	Termes techniques pour les bois / Français	Términos técnicos para madera / Español
Arbeiten	Veränderungen von Volumen und Form auch verarbeiteter Hölzer durch Feuchtigkeitsaufnahme und -abgabe.	warping	travailler	trabajar
Äste	Natürliche Verzweigungen am Baum, im Schnittholz vermindern Äste in der Regel die Qualität	branches	branche	ramas de árboles
Astigkeit	Äste im Schnittholz	branch wood	ramification	marcas de forquetas
Balken	Schnittholz, größte Querschnittseite mindestens 200 mm breit.	beam	poutre	vigas
Bauholz	Holz, welches im Baugewerbe für Hilfskonstruktionen (Stützen, Schalungen) verwendet wird.	structural timber	bois de construction	madera de construcción
beizen	Verändern der natürlichen Holzfarbe unter Beibehaltung der Struktur. Beizen erfolgt durch Begasung (Ammoniak) oder Flüssigkeiten	staining	teinter	decapar, desoxidar
Bohlen	Schnittholz mit Seitenverhältnis bis 1:2, Dicke mindestens 40 mm.	planks	madriers	planchas
Bretter	Schnittholz mit einer Dicke zwischen 8...40 mm	boards	planches	tablas
Darrprobe	Messverfahren zum Feststellen der Holzfeuchte	drying test	mesure de la teneur en humidité	prueba de humedad
Deckfurnier	Deckfurniere dienen als Außenlagen an Holzerzeugnissen, sie sind meist dekorativ, ihre Dicke beträgt je nach Holzart und Zweck zwischen 0,5...3 mm	decorative veneer	feuille de placage	hoja de chapa externa
Dichte	Verhältnis von Holzmasse zu Holzvolumen ohne Zellhohlräume	density	densité	densidad
Drehwuchs	Wuchsfehler. Längsfaserverlauf schraubenförmig. Wegen starker Verzugsneigung geringer Nutzwert	twisted growth	croissance en spirale	crecimiento en espiral
Druckholz	Wuchsfehler bei Nadelholz, durch Winddruck verursacht Schlecht bearbeitbar, Verzug	compression wood	bois comprimé	madera tensionada por el viento
entharzen	Entfernen von Harzspuren durch Seifenlaugen, Lösungsmittel und mechanische Behandlung	derensinify	extraire la résine	remoción de resina

Fachbegriffe Holz Deutsch	Bedeutung	Technical terms for wood English	Termes techniques pour les bois Français	Términos técnicos para madera Español
exzentrischer Wuchs	Wuchsfehler, Mark nicht im Mittelpunkt vom Stammquerschnitt, Schnittholz verzieht sich	eccentric growth	croissance excentrique	crecimiento excéntrico
Falschkern	Wuchsfehler durch Pilzeinschluss bei Laubhölzern. Falschkernholz nicht verwendbar	false heartwood	faux cœur	madera con cerno falso
Färbung	Die Farbe des Holzes kann innerhalb einer Holzart variieren. Kernholz ist meist dunkler gefärbt als Splintholz	colour	coloration	coloración de la madera
Federn	Federn sind Verbindungsmittel für genutete Bauteile. Federn können auch an Bauteile angearbeitet sein.	tongues	languettes à rainure	resortes o muelles
Feinjährig	Langsam gewachsenes Holz mit schmalen Jahresringen. Meist hartes Holz hoher Qualität.	closely ringed	a couches annuelles serrées	madera de anillos estrechos
Flüssiges Holz	Mischung aus Schleifstaub und Nitrozelluloselack. Verwendung zum Ausbessern von Bearbeitungsfehlern	liquid wood	futée	madera líquida
Frostleiste	Wuchsfehler, verursacht durch Überwallung von Frostrissen. Geringer Nutzwert	chill fault	listel dû au gel	mancha de congelación en la madera
Furnier	Dünne Holzblätter, meist durch Schälen, Messern oder Sägen hergestellt	veneer	placage	chapa de madera para contrachapados
furnieren	Furnieren bedeutet Beschichten von Platten oder Bauteilen mit dünnen Holzblättern (meist aus edlerem Holz)	veneering	contreplaquer	contrachapar
Grobjährig	Schnell gewachsenes Holz mit breiten Jahresringen. Meist weiches Holz.	coarsely ringed	a cernes annuels larges	madera de anillos anchos
Halbfabrikate	Genormte Holzerzeugnisse, aus welchen z. B. Bauteile hergestellt werden	half-finished products	produit semi-fini	productos semi-acabados
Harzgallen	Harzeinschlüsse bei Kiefern, Fichten und Douglasien zwischen den Jahresringen	pitch pockets	poches de résine	bolsas de resina
Hirnendenschutz	In die Hirnenden (Stirnseiten) von Schnittholz eingeschlagene Wellbänder, welche das Einreißen bei der Trocknung verhindern sollen.	protection of cross-cut ends	protection de surface de bois de bout	protectores de tope
Hirnholz	Stirnfläche des quer zur Faserrichtung geschnittenen Holzes.	cross-cut wood	bois de bout	madera cortada de tope
Hirnschnitt	Schnitt quer zur Baumstammachse oder zur Faserrichtung	cross-cut wood	coupe de bout	corte de tijera

Internationale Fachbegriffe Holz (Fortsetzung)

Fachbegriffe Holz Deutsch	Bedeutung	Technical terms for wood English	Termes techniques pour les bois Français	Términos técnicos para madera Español
Holzfeuchte	Durch den Wassergehalt in den Zellen hervorgerufene Feuchte im Holz. Die Holzfeuchte bei Schnittholz wird durch Trocknung verringert.	wood moisture content	humidité du bois	humedad de la madera
Holzwerkstoffe	Aus Holzzuschnitten, Spänen oder Fasern unter Beigabe von Leimen und Zuschlägen hergestellte Plattenwerkstoffe	wood chines	matériaux dérivés du bois	derivados de madera
Jahresring	Während einer Wachstumsperiode (Jahr) am Umfang des Stammes gewachsene Schicht.	annual ring	cerne annuel	anillo de crecimiento
Kanthölzer	Quadratisches oder rechteckiges Schnittholz mit Seitenverhältnis bis 1:3, Seitenlänge mindestens 60 mm.	squared timber beams	bois équarri	viguetas
Kern	Zone des Baumes, welche keinen Saft oder Wasser mehr führt.	heart	cœur du bois	cerno o duramen
Kernholz	Aus der Kernholzzone eines Baumes geschnittenes Holz. Es ist härter und dauerhafter als Splintholz	heartwood	duramen	madera de cerno
Kernholzbäume	Baumart, welche zum größten Teil aus Kernholz besteht, z. B. Eiche, Kirsche, Kiefer, Nussbaum, Akazie, tropische Harthölzer.	heartwood trees	arbres à duramen	árboles de cerno
Klebstoffdurchschlag	Beim Furnieren durchschlagender Leim. Entfernung je nach Leimart nach Seifenlösungen, Säuren oder Lösungsmittel	bleed-through	coulures de colle	escapes de cola al ensamblar
Kreuzrahmen	Zum Kern kreuzförmig aufgeschnittenes Holz, Querschnitt mindestens 32 cm²	cross frame	cadres croisés	recortes cruzados
Langfurniere	Furniere, die parallel zur Stammstammachse geschnitten wurden	long veneers	bois de placage oblong	chapas aserradas longitudinalmente
Längsschnitt	Schnitt parallel zur Baumstammachse oder längs der Faserrichtung	straight cut	coupe longitudinale	recortes longitudinales
Latten	Schnittholz mit einer Breite bis 80 mm, Querschnitt bis 32 cm²	battens	lattes	tablillas o listones
Markröhre	In der Längsrichtung des Stammes verlaufendes im gewachsenen Holz	medulla	rayons médullaires	médula de la madera
Maserfurniere	Sonderfurniere aus Holz mit unregelmäßigem Zentrum Wuchs oder aus Wurzelknollen geschnitten	curled veneers	bois de placage madré.	hojas de chapa con nudos

Fachbegriffe Holz	Bedeutung	Technical terms for wood	Termes techniques pour les bois	Términos técnicos para madera
Deutsch		English	Français	Español
Maserknollen	Wuchsfehler durch Wucherungen. Schwer bearbeitbar, aber sehr dekorativ	curled bulbs	nodosité madrée	nudos de madera
Massivholz	Holz in natürlichem Zustand, das lediglich einer spanenden Bearbeitung unterzogen wurde	solid wood	bois brut	madera maciza
Messerfurnier	Beim Messerfurnier wird das gedämpfte Holz durch Messer in der gewünschten Stärke längs der Faser „abgehobelt". Je nach Schnittführung erhält man unterschiedliche Fasermuster.	sliced veneer	placage tranché	chapas de raja
Mondring	Wuchsfehler, meist bei Eichen durch Frosteinwirkung. Splintholzring im Kernholz	halo	lunure	anillo de luna
Oberflächenschutz	Holzschutzmittelwirkung nur an der Oberfläche	surface protection	agent de protection de surface	protector de superficie
Querschnitt	Schnitt quer zur Baumstammachse oder zur Faserrichtung	diagonal cut	coupe transversale	recorte transversal
Randschutz	Holzschutzmittelwirkung bis ca. 10 mm Eindringtiefe	fringe protection	agent de protection de bordure	protector de bordes
Risse	Fehlstellen im Holz, welche die Festigkeit verringern. Ursache meist Spannungen, Belastungen und Trockenfehler	cracks	fissure	grietas
Rohdichte	Verhältnis von Holzmasse zu Holzvolumen mit Zellhohlräumen, vom Wassergehalt abhängig. Angabe meist bei 12 % Wassergehalt	gross density	densité brute	densidad bruta
Sägefurnier	Hochwertigstes (und teuerstes) Furnier. Wird durch Sägen hergestellt, bleibt nahezu Rissfrei, auch bei astigen Hölzern. Dicke meist >1 mm.	sawn veneer	placage scié	chapas aserradas para contrachapados
Schälfurnier	Schälfurniere werden mittels Messer endlos vom gedämpften, meist rotierenden Stamm quer zur Faser „abgehobelt". Je nach Verfahren erhält man sehr dekorative Furniere von Dicken zwischen 0,5...10 mm.	peeled veneer	Placage déroulé	Chapas de desenrollo para contrachapado
Schwund	Volumenänderung des Holzes durch Verdunsten des in Holzzellen gebundenen Wassers. Unterschiedlich längs/ quer zur Faser	shrinkage	perte en eau	pérdidas
Spanrückigkeit	Wuchsfehler. Jahresringe verlaufen nicht kreisförmig, geringer Nutzwert	stress bending	annomalie de croissance	irregularidad de crecimiento de los anillos

Internationale Fachbegriffe Holz (Fortsetzung)

Fachbegriffe Holz Deutsch	Bedeutung	Technical terms for wood English	Termes techniques pour les bois Français	Términos técnicos para madera Español
Splint	Saft- und wasserführende Zone des Baumes.	alburnum	aubier	alburno
Splintholz	Aus der Splintholzzone eines Baumes geschnittenes Holz	sapwood	bois d'aubier	madera de alburno
Splintholzbäume	Baumart, welche, von einem kleinen Kern abgesehen, aus Splintholz besteht, z. B. Tanne, Birke, Ahorn, Weißbuche.	sapwood trees	arbres à bois d'aubier	árboles de alburno
Tiefenschutz	Holzschutzmittelwirkung von mehr als 10 mm Eindringtiefe	deep protection	protection en profondeur	protector de profundidad
Unterfurnier	Furnier unter dem Deckfurnier, es wird meist im Winkel zum Deckfurnier angeordnet und verhindert ein Reißen des Deckfurniers.	blind veneer	placage interne	contracara de contrachapados
Vollholz	Holz in natürlichem Zustand, das lediglich einer spanenden Bearbeitung unterzogen wurde	plain wood	bois massif	madera en bruto
Vollschutz	Volle Durchtränkung mit Holzschutzmittel	complete protection	agent de protection totale	protección total
Waldkante	Unbesäumte Kante bei Schnittholz, welche die Stammoberfläche bzw. Rinde zeigt.	wane	flache	borde en bruto
Wechseldrehwuchs	Entgegengesetzter Drehwuchs in den aufeinander-folgenden Jahresringen, meist bei tropischen Edelhölzern	interlocked grain	rubanage	torsión de crecimiento
Widerspänigkeit	Entgegengesetzter Faserverlauf, durch Wechseldreh-wuchs hervorgerufen. Die streifige Struktur ist dekorativ.	reverse fibers	fibrage inversé	fibras opuestas debido a la torsión del crecimiento
Wimmerwuchs	Unregelmäßiger Faserverlauf, Jahresringe verlaufen in konzentrischen Wellen, dekorativ	fluttering growth	fibrage irrégulier	fibras orientadas de manera irregular
Wirbel	Unregelmäßiger oder gewellter Faserverlauf	curly grain	ronce	fibras onduladas
Zugholz	Wuchsfehler bei Laubholz, durch Winddruck verursacht. Brauchbar, wo Verformung erwünscht ist.	tension wood	bois de tension	Madera traccionada por el viento

Internationale Handelsnamen der Hölzer

Die hier aufgeführten Benennungen dienen nur zur groben Einteilung der Holzarten. Eine detailliertere Einteilung würde den vorgegebenen Rahmen sprengen. In vielen Ländern werden die Holzarten provinzspezifisch bezeichnet. Hierdurch ergeben sich Doppelungen in der Bezeichnung.

Generell ist die Bezeichnung oft historisch und in Unkenntnis der speziellen Holzarten entstanden. Zur exakten Klassifizierung sollten die wissenschaftlichen Namen der Untergruppen herangezogen werden. Hierzu gibt es entsprechende Fachliteratur.

Die internationalen Handelsleitnamen sind durch Fettdruck dem entsprechenden Ursprungsland zugeordnet. Wo diese Zuordnung bei den Ursprungsländern fehlt handelt es sich um Handelsnamen, unter denen die Holzart im Exportverkehr gehandelt wird. Oft existieren im Ursprungsland neben dem internationalen Handelsleitnamen noch weitere Handelsnamen.

Als Suchbegriff dient der internationale Handelsleitname. Er stimmt nicht immer mit der populären Bezeichnung in den Verbraucherländern überein.

Internationaler Handelsleitname	Wissenschaftlicher Leitname	Botanische Familie	Handelsnamen in den Ursprungsländern	Typisches Herkunftsgebiet	Region
Alan-Batu	Shorea	Dipterocarpaceae	**Alan-Batu**, Alan-Paya, Maraka, Red Selangan, Selangan Merah	**Malaysia**, Sarawak	SOA
Abarco	Cariniana	Lecythidaceae	**Abarco**, Bacu	**Colombia**, Venezuela	MA
Abura, Bahia	Hallea	Rubiaceae	**Abura, Bahia**, Elelom Nzam, Elelon, Elolom, Mboi, Mivuku, Mvuku, Nzingu, Subaha, Vuku	Angola, Cameroun, Congo, Equatorialafrica, Gabon, Ghana, Ivory Coast, Nigeria, Sambia, Sierra Leone, Uganda, Zaire	AF
Acacu	Hura	Euphorbiaceae	**Acacu**, Assacu, Bois du Diable, Catahua, Ceiba Blanca, Ceiba Habillo, Ceiba Lechosa, Habilla, Habillo, Jabillo, Ochoho, Planta del Diabolo, Possentrie, Possum, Possum wood, Rakuda, Sablier, Sandbox, Urawood	Central America, Bolivia, **Brazil**, Colombia, Ecuador, French Guiana, Guyana, Peru, Surinam, Venezuela	MA, SA
Afrormosia	Pericopsis	Fabaceae	Assamela, Bohala, Kokrodua, Mohole, Obang, Ole, Oleo Pardo	Cameroun, Ghana, Ivory Coast, Zaire	AF
Agathis	Agathis	Araucariaceae	**Agathis**, Almaciga, Bendang, Bindang, Damar Bindang, East Indian Kauri, Kauri, Kauripine, Kaori, Menghilan, Pin de Kauri	Australia, India, **Indonesia**, Malaysia, New Caledonia, Papua New Guinea, Philippines, Sabah, Sarawak	AU, SOA
Aiele	Canarium	Burseraceae	Abe, Abel, Abeul, African Canarium, **Aiele**, Bendiwunua, Bidikala, Billi, Elemi, Mbidikala, Mbili, Mwafu, Ovili	Angola, Cameroun, Congo, Equatorial Guinea, Gabon, Ghana, **Ivory Coast**, Nigeria, Uganda, Zaire	AF
Akazie	Acacia	Leguminosaceae	Acacia, **Akazie**,	Europe, Germany, North Africa, North America	EU, NA, AF
Ako	Antiaris	Moraceae	Akede, **Ako**, Antiaris, Bong-kongo, Bongkonko, Chenchen, Kirundu, Kyenkyen, Mlulu, Mkuzu, Mumaka, Ogiovu, Oro	Angola, Cameroun, Congo, Ghana, **Ivory Coast**, Nigeria, Uganda, Tanzania, Zaire	AF
Akossika	Scottelia	Flacourtiaceae	**Akossika**, Korokon, Kruku, Ngobisolo, Odoko	Cameroun, Ghana, **Ivory Coast**, Liberia, Nigeria	AF

AF = Afrika, AS = Asien, AU = Australien, EU = Europa, MA = Mittel-Amerika, NA = Nord-Amerika, SA = Süd-Amerika, SOA = Süd-Ost-Asien

Internationaler Handelsleitname	Wissenschaftlicher Leitname	Botanische Familie	Handelsnamen in den Ursprungsländern	Typisches Herkunftsgebiet	Region
Alder	Alnus	Oleaceae	**Alder**, Alnus, Esche, Frene	Europe, **North America**, North Asia	EU, AS, NA
Alerce	Fizroya	Cupressaceae	**Alerce**, Lahuan	**Argentina**, Chile	SA
Amapa	Parahancornia	Apocynaceae	**Amapa**, Amapazinho, Dukali, Mapa, Naranja Podriga	**Brazil, Guyana**, French Guiana, Surinam	MA, SA
Amarante	Peltogyne	Caesalpiniaceae	**Amarante**, Bois Violet, Coata Quicava, Guarabu, Koroborelli, Morado, Nazareno, Pau Roxo, Pau Violeta, Purpleheart, Roxinho, Tananeo, Violet, Violettholz, Zapatero	Bolivia, Brazil, Colombia, **French Guiana**,Guyana, Surinam, Venezuela	MA, SA
Amberoi	Pterocymbium	Sterculiaceae	**Amberoi**, Paspita, Taluto	Indonesia, **Papua-New Guinea**, Philippines, Sabah	SOA
Amesclao	Trattinickia	Burseraceae	Amescla, **Amesclao**, Awaloepisi, Breu-Sucuruba, Carano, Encens,Gran-Moni, Morcegueira, Ollo, Pulgande, Tingimoni	**Brazil**, Ecuador, French Guiana, Guyana, Surinam, Venezuela	MA, SA
Andira	Andira	Fabaceae	Acapurana, Almendro, **Andira**, Andira Uchi, Angelim, Angelin, Barborosquillo, Bat Seed, Chigo, Congo, Cuilimbuco, Koraro, Maquilla, Mocha, Moton, Pilon, Quinillo Colorado, Rebhuhnholz, Rode Kabbes, Saint-Martin Rouge, Sarrapio Montanero	Central America, **Brazil**, Colombia, Ecuador, French Guiana, Guyana, Mexico, Peru, Surinam, Trinidad-Tobago, Venezuela	MA, SA
Andiroba	Carapa	Meliaceae	**Andiroba**, Andirobeira, Bastard Mahogany, Carapa, Cedro, Crabwood, Carapa, Crappo, Figueroa, Krappa, Masabalo, Mazabalo, Tangare	**Brazil**, Colombia Costa Rica, Ecuador, French Guiana, Honduras, Panama, Surinam, Trinidad-Tobago, Venezuela	MA, SA
Andoung	Monopetalanthus	Caesalpiniaceae	Andjung, **Andoung**, Ekop, Ekop-Mayo, N'Douma, Zoele	Cameroun, Equatorial Guinea, **Gabon**	AF
Angelim	Hymenolobium	Fabaceae	**Angelim**, Koraroballi, Makkakabes, Sandoe, Saint-Martin Jaune, Sapupira Amarela	Brazil, French Guiana, Guyana, Surinam	MA, SA
Angelim Rajado	Marmaroxylon	Mimosaceae	**Angelim Rajado**, Bois Serpent, Bostamarinde, Ingarana, Snakewood, Sneki-Oedoer	**Brazil**, French Guiana, Guyana, Surinam	MA, SA
Angelim Vermelho	Dinizia	Mimosaceae	Angelim Falso, Angelim Ferro, Angelim Pedra, **Angelim Vermelho**, Faveira Grande, Gurupa, Kuraru, Parakwa	**Brazil**, Guyana	MA, SA
Aningre	Aningeria	Sapotaceae	Aniegre, Aningeria, **Aningre**, Aningueri Blanc, Kali, Kararo, Landojan, M'Boul, Mukali, Mukangu, Muna, Osan, Tanganyika Noce, Tanganyika Nut, Tutu	Angola, Cameroun, Congo, Ethiopia, Ghana, **Ivory Coast**, Kenya, Nigeria, Uganda, Zaire	AF
Araracanga	Aspidosperma	Apocyanaceae	Alcarreto, **Araracanga**, Ararauba, Chapel, Chaperna, Chichica, Copachi, Gavetillo, Jacamin, Kiantoutiou, Kromanti Kopi, MyLady, Niello Negro, Pelmax, Pumaquiro, Quillo Caspi, Shibadan, Volador	Belize, Bolivia, **Brazil**, Colombia, French Guiana, Guatemala, Guyana, Honduras, Mexico, Panama, Peru, Surinam, Venezuela	MA, SA

AF = Afrika, AS = Asien, AU = Australien, EU = Europa, MA = Mittel-Amerika, NA = Nord-Amerika, SA = Süd-Amerika, SOA = Süd-Ost-Asien

Internationaler Handelsleitname	Wissenschaftlicher Leitname	Botanische Familie	Handelsnamen in den Ursprungsländern	Typisches Herkunftsgebiet	Region
Arariba	Centrolobium	Fabaceae	Amarelo, Amarillo, **Arariba**, Balaustre, Bloodwood, Canary Wood, Cartan, Colorado, Guyacan-Hobo, Kartang, Morosimo, Pau Rainha, Porcupine Wood, Putumuju, Red Wood, Satin Wood	**Brazil**, Colombia, Ecuador, Guyana, Panama, Paraguay, Peru, Venezuela	MA, SA
Aspe	Popolus	Salicaceae	**Aspe**, Espe, Tremble, Zitterpappel	Europe, North Asia	EU, AS
Avodire	Turraeanthus	Meliaceae	Apapaye, Apaya, **Avodire**, Blima-Pu, M'Fube, Lusamba,	Cameroun, Ghana, **Ivory Coast**, Liberia, Nigeria, Zaire	AF
Awoura	Paraberlinia	Caesalpiniaceae	**Awoura**, Ekop-Beli, Zebreli, Zebrano	Cameroun, **Gabon**	AF
Azobe (Bongossi)	Lophira	Ochnaceae	Akoga, **Azobe**, **Bongossi**, Bonkole, Eba, Ekki, Hendui, Kaku	Cameroun, Congo, Gabon, Equatorial Guinea, Ghana, **Ivory Coast**, Nigeria, Sierra Leone	AF
Bacuri	Platonia	Clusiaceae	**Bacuri**, Bacuxiuba, Geelhart, Matazama, Pakoeli, Parcouri	**Brazil**, Ecuador, French Guiana, Guyana, Surinam	MA, SA
Balau, Red	Shorea	Rubroshorea	Balau Laut, Belangeran, Chankhau, Damar Laut, Gisok, Guijo, Makata, Membatu, **Red Balau**, Red Selangan, Selangan Batu, Seraya, Semayur	Indonesia, Malaysia, Philippines, Sabah, Sarawak, Thailand	SOA
Balau, Yellow	Shorea	Shorea Meijer	Agelam, Balau, Balau Simantok, Bangkirai, Benuas, Brunas, Chan, Kedawang, Kumus, Malaykal, Pa Yom Dong, Pooti, Sal, Thita, Yakal, **Yellow Balau**	India, **Indonesia**, Malaysia, Myanmar, Philippines, Sabah, Sarawak, Sulawesi, Thailand	SOA
Balsa	Ochroma	Bombacaceae	Algodon, **Balsa**, Balso, Bois Flot, Gatillo, Guano, Lanilla, Lanu, Palo de Balsa, Pau de Balsa, Topa	Brazil, Colombia, **Ecuador**, Guatemala, Honduras, Nicaragua, Peru, Salvator, Trinidad, Tobago, Venezuela	MA, SA
Balsam Fir	Abies	Pinaceae	**Balsam Fir**, Balsamtanne	USA	NA
Balsamo	Myroxylon	Fabaceae	**Balsamo**, Cabreuva Vermelha, Estoraque, Incenso, Oleo Vermelho, Oleo de Balsamo, Pau de Balsamo, Quina, Sandalo	Argentina, Brazil, **Central America**, **Colombia**, Ecuador, Paraguay, Peru, Venezuela	MA, SA
Basralocus	Dicorynia		Angelica do Para, Angelique, Barakaroeballi, **Basralocus**, Tapaiuna, Teck de Guyane	Brazil, French Guyana, **Surinam**	MA, SA
Basswood	Tilia	Tiliaceae	**Basswood**, Linde, Tilleul	Europe, **USA**	EU, NA
Batibatra	Enterolobium	Mimosaceae	Acacia Franc, **Batibatra**, Bougou Bati Batra, Fava Orelha de Macaca, Fava Orelha de Negro, Fava de Rosca, Tamaren Prokoni, Timbauba, Timbo Rana	Brazil, **French Guiana**, Surinam	MA, SA
Benuang	Octomeles	Datiscaceae	**Benuang**, Binuang, Eremia, Ilimo, Libas, Sarrai	**Indonesia, Malaysia**, Papua-New Guinea, **Philippines, Sabah, Sarawak**	SOA
Berangan	Castanopsis	Fagaceae	**Berangan**, Caoi, Kata, Katia, Korcas, Malayan Chestnut, New Guinea Oak, Saninten, Thite	Indonesia, **Malaysia**, Myanmar, Papua-New Guinea, Sabah, Thailand, Vietnam	SOA

AF = Afrika, AS = Asien, AU = Australien, EU = Europa, MA = Mittel-Amerika, NA = Nord-Amerika, SA = Süd-Amerika, SOA = Süd-Ost-Asien

Internationaler Handelsleitname	Wissenschaftlicher Leitname	Botanische Familie	Handelsnamen in den Ursprungsländern	Typisches Herkunftsgebiet	Region
Bilinga	Nauclea	Rubiaceae	Akondok, Aloma, Badi, **Bilinga**, Bundui, Engolo, Kilingi, Kusia, N'Gulu-Maza, Opepe	Cameroun, Congo, Equatorial Guinea, **Gabon**, Ghana, Ivory Coast, Nigeria, Sierra Leone, Uganda, Zaire	AF
Billian	Eusideroxylon	Lauraceae	Belian, **Bilian**, Borneo Ironwood, Kajoe Besi, Leguno Ferro de Borneo, Onglen Ulin, Sakian, Tambulian, Tambusian	**Indonesia**, Malaysia, Philippines, Sabah	SOA
Bintangor	Calophyllum	Clusiaceae	Bansanghal, **Bintangor**, Bintangur, Calophyllum, Congo, Domba-Gass, Kaila, Kalophilum, Kathing, Mu-u, Poon, Tamanou, Tanghon, Tharapi, Vutalau	**Indonesia**, Malaysia, Myanmar, New Caledonia, Papua New Guinea, Philippines, Sabah, Solomon Islands	SOA
Birch	Fagus	Betulaceae	**Birch**, Birke, Bouleau	Europe, **North America**, North Asia	EU, AS, NA
Birnbaum	Pirus	Rosaceae	**Birnbaum**, Pear, Poirier	**Germany**, Europe, USA	EU, NA
Bitis	Madhuca	Sapotaceae	Betis, **Bitis**, Mahua, Maloba, Masang	India, **Malaysia**, Philippines, Thailand	SOA
Black Spruce	Picea	Pinaceae	**Black Spruce**, Schwarzfichte	Europe, **USA**	EU, NA
Bomanga	Brachystegia	Caesalpiniaceae	Ariella, **Bomanga**, Ekop-Evene, Epok-Leke, N'Zang, Yegna	Cameroun, Gabon, **Zaire**	AF
Bongossi	Lophira	Ochnaceae	Akoga, **Azobe, Bongossi**, Bonkole, Eba, Ekki, Hendui, Kaku	**Cameroun**, Congo, Equatorial Guinea, Gabon, Ghana, **Ivory Coast**, Nigeria, Sierra Leone	AF
Bosse	Guarea	Meliaceae	Black Guarea, Bolon, Bosasa, **Bosse**, Bosse Claire, Bosse Fonce, Diampi, Kwabohoro, Mutigbanaye, Obobo-Nofua, Obobo-Nekwi, Scented Guarea	Ghana, **Ivory Coast**, Nigeria, Kenya, Zaire	AF
Breu	Protium	Burceraceae	Almecega, Anime, Azucarito, **Breu**, Carano, Copal, Copal-Caspi, Currucay, Encens, Fontole, Fosforito, Haiawa, Icensio, Kurokay, Pom, Porokay, Tinguimoni, Tontol	Bolivia, **Brazil**, Central America, Colombia, Ecuador, French Guiana, Guyana, Peru, Surinam, Venezuela	MA, SA
Bubinga	Guibourtia	Caesalpiniaceae	Akume, **Bubinga**, Ebana, Essingang, Kevazingo, Ovend, Waka	**Cameroun**, Equatorial Guinea, Gabon, Zaire	AF
Buche	Fagus	Fagaceae	**Buche**, Hetre, Rotbuche	Europa, **Germany**	EU
Burmese Padouk	Pterocarpus macrocarpus	Fabaceae	**Burma Padouk**, Dan-Huong, False Amboina, Mai-Pradou, Maidou, Pradoo, Padouk, Padouk des Indes	Cambodia, Laos, **Myanmar**, Thailand	SOA
Caracoli	Anacardium	Anacardiaceae	Boscasjoe, Bouchi Cassoun, Caju, **Caracoli**, Caschou, Cashu, Espave, Espavel, Maranon, Mijao, Ubudi	Brazil, Central America, **Colombia, Ecuador**, French Guiana, Guyana, Peru, Surinam, **Venezuela**	MA, SA
Cardeiro	Scleronema	Bombacaceae	**Cardeiro**, Castanha de Paca, Cedrinho, Cedro Bravo	**Brazil**	SA
Cativo	Prioria	Caesalpiniaceae	Amasamujer, Camibar, **Cativo**, Cautivo, Copachu, Curucai, Floresa, Muramo, Trementino	**Colombia, Costa Rica, Panama**, Venezuela	MA

AF = Afrika, AS = Asien, AU = Australien, EU = Europa, MA = Mittel-Amerika, NA = Nord-Amerika, SA = Süd-Amerika, SOA = Süd-Ost-Asien

Internationaler Handelsleitname	Wissenschaftlicher Leitname	Botanische Familie	Handelsnamen in den Ursprungsländern	Typisches Herkunftsgebiet	Region
Caxinguba	Ficus	Moraceae	Aji, Bibosi, Caucho, Cauchillo, **Caxinguba**, Chilo, Corcho, Figueira, Gambo, Higuero, Higueron, Huacra-Renaco, Matapalo, Mata-Pau, Oje	Brazil, Bolivia, Colombia, Ecuador, Honduras, Panama, Peru, Venezuela	MA, SA
Cedar	Cedrus deodora	Pinaceae	**Cedar**, Cedre, Cedro dell Himalaya, Diar, Himalaya Cedar, Indian Deodar, Indian Deodar, Paludar	**India**	A
Cerejeira	Amburana	Fabaceae	Amburama, **Cerejeira**, Cumaru de Cheiro, Imburana, Ishpingo, Pablo Trebol, Roble de Pais, Soryoko	Argentina, Bolivia, **Brazil**, Paraguay, Peru	SA
Champaka	Michelia	Magnoliaceae	Bapu, Champak **Champaka**, Champapa, Gioi, Oulia Champa, Kempaka, Safan, Sagaea, Su	India, Indonesia, Myanmar, **Philippines**, Sri Lanka, Thailand, Vietnam	SOA
Chanul	Humiriastrum	Humiriaceae	Basra Bolletrie, Bastard Bulletwood, Blakaberi, Bois Rouge, Chanu, **Chanul**, Houmiri, Nina, Oloroso, Quinilla Colorada, Tabaniro, Tauroniro, Tawanonero, Umin	Brazil, **Colombia, Ecuador,** French Guiana, Guyana, Peru, Surinam, Venezuela	MA, SA
Chengal	Neobalanocarpus	Dipterocarpaceae	**Chengal**, Penak-Bunga, Penak-Sambu, Penak-Tembaga, Takian-Chan	Indonesia, **Malaysia**, Thailand	SOA
Chestnut	Aesculus	Fagaceae	**Chestnut**, Marronier, Rosskastanie	Europe, **USA**	EU, NA
Chicha	Sterculio	Sterculiaceae	Achicha, Anacaguita, Cacao de Mote, Camajura, Camoruco, Castano, **Chicha**, Guaniol, Huarmi-Caspi, Jahoballi, Kobe, Kobehe, Maho, Mahoe, Mani, Mayagua, Okro-Oedoe, Sapote, Saput, Tacacazeiro, Xixa, Zapote	Bolivia, **Brazil**, Central America, Cuba, Ecuador, French Guiana, Guyana, Peru, Porto Rico, Surinam, Trinidad-Tobago, Venezuela	MA, SA
Congotali	Letestua	Sapotaceae	**Congotali**, Kong-Afane	**Congo**, Gabon	AF
Copaiba	Copaifera	Caesalpiniaceae	Aceite, Balsam, Cabimo, Canime, Caniva, **Copaiba**, Copaibo, Cupay, Hepelhout, Koepajoewa, Maram, Pau-d'Oleo	**Belize**, Bolivia, **Brazil**, Colombia, French Guiana, Guyana, Panama, Paraguay, **Peru**, Surinam, Venezuela	MA, SA
Cordia, African	Cordia	Boraginaceae	African Cordia, Bon, **Cordia**, Ebais, Ebe, Mugoma, Mukebu, Mukumari, Omo, Suba	Cameroun, Gabon, Ivory Coast, Nigeria, Uganda, Zaire	AF
Corocao de Negro	Swartzia	Caesalpiniaceae	Agui, Banya, Bois Perdrix, Carrapatinho, **Coracao de Negro**, Ferreol, Gandoe, Gombeira, Ijizerhart, Panacoco, Wamara, Zwart Parelhout	**Brazil**, French Guiana, Guyana, Surinam	MA, SA
Cucumber Tree	Magnolia	Magnoliaceae	**Cucumber Tree**, Magnolia, Magnolie	Europe, **USA**	EU, NA
Cumaru	Dipteryx	Fabaceae	Amarillo, Almendrillo, Almendro Champanha, Charapilla, **Cumaru**, Cumarurana, Ebo, Gaiac de Cayenne, Koemaroe, Kumaru, Sarrapia, Shihuahuaco Amarillo, Tonka, Tonka Bean	Bolivia, **Brazil**, Central America, Cuba, Ecuador, French Guiana, Guyana, Peru, Surinam, Venezuela	MA, SA

AF = Afrika, AS = Asien, AU = Australien, EU = Europa, MA = Mittel-Amerika, NA = Nord-Amerika, SA = Süd-Amerika, SOA = Süd-Ost-Asien

Internationaler Handelsleitname	Wissenschaftlicher Leitname	Botanische Familie	Handelsnamen in den Ursprungsländern	Typisches Herkunftsgebiet	Region
Cupiuba	Goupia	Goupiaceae	Cachaceiro, Capricornia, Chaquiro, Congrio Blanco, Copi, Copiuva, **Cupiuba**, Goupi, Kabukalli, Koepi, Saino, Sapino	**Brazil**, Colombia, French Guiana, Guyana, Peru, Surinam, Venezuela	MA, SA
Cypress	Cupressus	Cupressaceae	**Cypress**, Echte Zypresse, True Cypress	**South Europe**, Middle East	EU
Dabema	Piptadeniastrum	Mimosaceae	Akboin, Atui, Bokungu, Bukundu, **Dabema**, Dahoma, Ekhimi, Guli, Likundu, Mbele, Mpewere, N'Singa, Tom, Toum	Angola, Cameroun, Congo, Equatorial Guinea, Gabon, Ghana, **Ivory Coast**, Liberia, Nigeria, Sierra Leone, Uganda, Zaire	AF
Dibetou	Lovoa	Meliaceae	African Walnut, Anamelia, Apopo, Bibolo, Bombulu, **Dibetou**, Dubini-Biri, Congowood, Embero, Eyan, Lifaki-Muindu, Mpengwa, Nivero, Noyer d'Afrique, Noyer du Gabon, Sida, Tigerwood	Cameroun, Congo, Equatorial Guinea, Gabon, Ghana, **Ivory Coast**, Nigeria, Sierra Leone, Zaire	AF
Doussie	Afzelia	Caesalpiniaceae	Afzelia, Alinga, Apa, Azodau, Bolengu, Chanfuta, **Doussie**, Kpendei, Lingue, Mbanga, Mbembakof, Mkoras, Mussacossa, N'Kokongo, Papao, Pauconta, Uvala	Angola, **Cameroun**, Congo, Equatorial Guinea, Gabon, Ghana, Guinea-Bissao, Ivory Coast, Moçambique, Nigeria, Senegal, Sierra Leone, Tansania, Zaire	AF
Duabanga	Duabanga	Sonneratiaceae	Duabanga, Kalam, Magas, Magasawith, Myaukngo, Lampati-Ramdala, Linkway, Loktob, Phay, Phay-Sung, Tagahas	India, Indonesia, Myanmar, **Papua New Guinea**, Philippines, Sabah, Thailand, Vietnam	SOA
Durian	Durio	Bombaceae	Bungal, Djeung-Djing, **Durian**, Duyin, True Durian	**Indonesia, Malaysia,** Myanmar, Thailand	SOA
Ebiara	Berlinia	Caesalpiniaceae	Abem, Berlinia, **Ebiara**, Ekpogoi, Essabem, Melegba, M'Possa, Pocouli	Angola, Cameroun, Congo, Equatorial Guinea, **Gabon**, Ivory Coast, Nigeria, Sierra Leone, Zaire	AF
Ebony	Diospyros	Ebenaceae	Andaman Ebony, Bolong-Eta, Ceylon Ebony, Coromandel Ebony, Ebene, **Ebony**, Ebono, Macassar Ebony, Marblewood, Makassar Ebene, Makleua, Thailand Ebony, Tuki	Andaman, India, Indonesia, **Papua New Guinea**, Philippines, Sri Lanka, Thailand	SOA
Ebony, African	Diospyros	Ebenaceae	Abokpo, **African Ebony**, Bingo, Ebano, Evila, Kanran, Mevini, Ngoubou, Nyareti	Cameroun, Central African Republic, Equatorial Guinea, Gabon, Nigeria	AF
Edelkastanie	Castanea	Fagaceae	Chataigne, **Edelkastanie**	**Europe**, USA	EU, NA
Eibe	Taxus		**Eibe**, If, Tasso, Yew	Asia, Europe, **Germany**, North Africa	AF, AS, EU
Ekaba	Tetraberlinia	Caesalpiniaceae	**Ekaba**, Ekop, Ekop-Ribi, Eko-Andalung, Gola, Hoh, Sikon, Tetraberlinia	Cameroun, Equatorial Guinea, Gabon, Liberia	AF
Ekoune	Coelocaryon	Myristicaceae	**Ekoune**, Ekun, Kikubi-Lomba, Lomba-Kumbi	Congo, Equatorial Guinea, **Gabon**, Zaire	AF

AF = Afrika, AS = Asien, AU = Australien, EU = Europa, MA = Mittel-Amerika, NA = Nord-Amerika, SA = Süd-Amerika, SOA = Süd-Ost-Asien

Internationaler Handelsleitname	Wissenschaftlicher Leitname	Botanische Familie	Handelsnamen in den Ursprungsländern	Typisches Herkunftsgebiet	Region
Emien	Alstonia	Apocynaceae	Ahun, Akuka, Alstonia, Awun, Ekuk, **Emien**, Kaiwi, Mujwa, Patternwood, Sindru, Stoolwood,Tsongati	Cameroun, Congo, Equatorial Guinea, **Emien**, Nigeria, Sierra Leone, Uganda, Zaire	AF
Essessang	Ricinodendron	Euphorbiaceae	Bofeko, Eho, Erimado, **Essessang**, Ezezang, Kisongo, Mungomo, Munguella, Nsezang, Sanga-Sanga, Wama	Angola, **Cameroun**, Congo, Equatorial Guinea, **Gabon**, Ghana, Ivory Coast, Moçambique, Nigeria, Senegal, Uganda, Zaire	AF
Eyong	Eribroma	Sterculiaceae	Bi, Bongele, Bongo, **Eyong**, N'chong, N'Zong, White Sterculia, Yellow Sterculia	**Cameroun**, Central African Republic, Equatorial Guinea, Gabon, Nigeria,	AF
Faro	Daniellia	Caesalpiniaceae	Bolengu, Daniellia, **Faro**, Gbessi, Lonlaviol, N'Dola, N'Su, Ogea, Oziya, Shedua, Sinfa	Cameroun, Congo, Equatorial Guinea, Gabon, Ghana, **Ivory Coast,** Nigeria, Sierra Leone, Zaire	AF
Faveira Amargosa	Vateira	Fabaceae	Amargo, Angelim Amargoso, Arisauro, Fava, **Faveira Amargosa**, Geli-Kabissi, Geli Kabbes, Inkassa, Maqui, Yongo	**Brazil**, Colombia, French Guiana, Guyana, Honduras, Panama, Surinam	MA, SA
Fernansanchez	Triplaris	Polygonaceae	Azucena, Chupon, **Fernansanchez**, Mishuquiro, Muchina, Palo Maria, Palo Mulato, Palo Santo, Roblon, Tangarana, Vara Santa, Uvero	**Colombia, Ecuador**, Mexico, Panama, Peru, Venezuela	MA
Fichte	Picea	Pinaceae	Epicea, European Fir, **Fichte**, Rottanne	Europe, **Germany**	EU
Framire	Terminalia	Combretaceae	Baji, Black Afara, Emeri, **Framire**, Idigbo, Lidia	Cameroun, Ghana, **Ivory Coast,** Liberia, Nigeria, Sierra Leone	AF
Freijo	Cordia	Boraginaceaea	Cordia Wood, **Freijo**, Frei-Jorge, Jenny Wood	**Brazil**	SA
Fuma	Ceiba	Bombacaceae	Araba, Banda, Ceiba, Doum, Enia, Fromager, **Fuma**, Kakantrie, Ngwe, Onyina, Okha, Silk Cotton Tree	Cameroun, **Congo**, Ghana, Ivory Coast, Nigeria, Sierra Leone, **Zaire**	AF
Geronggang	Cratoxylon	Hypericaceae	**Geronggang**, Gerunggang, Gonggang,Mapat, Mulu, Selunus, Serungan	**Indonesia**, Malaysia, Sabah	SOA
Gerutu	Parashorea	Dipterocarpaceae-Parashorea	**Gerutu**, Merant-Gerutu, Meruyun, Urat-Mata, White Meranti	Indonesia, **Malaysia**, Sabah, Sarawak	SOA
Gheombi	Sindoropsis	Caesalpiniaceae	**Gheombi**	**Gabon**	AF
Giam	Hopea	Diptercarpaceae	**Giam**, Red Balau, Selangan-Baty, Thakian, Thingan	**Malaysia**, Myanmar, Sarawak, Thailand	SOA
Goiaboa	Planchonella	Sapotaceae	Abiu Casca Grossa, Abiurana, Amarella, **Goiaboa**	**Brazil**	SA
Gommier	Dacryodes	Burseraceae	Animi, Copal, **Gommier**, Tabonuco	Ecuador, **Lesser Antilles**, Porto Rico	MA
Goncalo-Alvez	Astronium	Anacardiaceae	Cero, Ciruelo, Gateado, **Goncalo-Alvez**, Gusanero, Jobillo, Muira-catiara, Palo de Culebra, Palo Hobero, Ron-Ron, Tigerwood, Urunday-Para, Zebrawood	Brazil, Central America, Colombia, Ecuador, Mexico, Paraguay, Venezuela	MA, SA

AF = Afrika, AS = Asien, AU = Australien, EU = Europa, MA = Mittel-Amerika, NA = Nord-Amerika, SA = Süd-Amerika, SOA = Süd-Ost-Asien

Internationaler Handelsleitname	Wissenschaftlicher Leitname	Botanische Familie	Handelsnamen in den Ursprungsländern	Typisches Herkunftsgebiet	Region
Greenheart	Ocotea	Lauraceae	Beeberoe, Bibiru, **Greenheart**, Groenhart, Itauba Branca, Sipiroe, Viruviru	Brazil, **Guyana**, Surinam, Venezuela	MA, SA
Grenadill, African	Dalbergia	Fabaceae	African Blackwood, African Grenadill, Ebene, Ebene du Moçambique, **Grenadilla**, Mpingo, Mufunjo, Mukelete, Pau-Preto	**Moçambique**, Senegal, Sudan, Uganda, Tansania, Zimbabwe	AF
Haldu	Adina	Rubiaceae	Adina, Gao-Vang, **Haldu**, Hnaw, Kolon, Kwao, Kwau, Lasi, Meraga	Cambodia, **India**, Indonesia, Malaysia, Myanmar, Philippines, Sri Lanka, Thailand, Vietnam	SOA
Hemlock, Western	Tsuga	Pinaceae	Western Hemlock	**Canada, USA**	NA
Hickory	Hicoria	Juglandaceae	Bitternut, **Hickory**, Hickory Nut, Mockernut	**USA**	NA
Iatandza	Albizzia	Mimosaceae	Avienfo-Samina, Ayinre-Ogo, Elongwamba, Evousvous, **Iatandza**, Okuro, Sifou-Sifou, West African Albizia	Angola, Cameroun, Congo, Ghana, **Ivory Coast**, Nigeria, Zaire	AF
Idewa	Haplormosia	Fabaceae	**Idewa**, Larme, Liberian Black Gum	**Gabon**, Ivory Coast, Liberia	AF
Igaganga	Dacryodes	Burseraceae	Assas, Bamisa, Benhago, Boso Mokoba, **Igaganga**, Ibagko, Onumo, Orumo	Cameroun, **Gabon**, Nigeria	AF
Ilomba	Pycnanthus	Myristicaceae	Akomu, Calabo, Eteng, **Ilomba**, Kpoyei, Lifondo, Lolako, Otie, Pycnanthus, Walele	**Angola**, Cameroun, **Congo**, Equatorial Guinea, Gabon, Ghana, Ivory Coast, Nigeria, Sierra Leone, Zaire	AF
Imbuia	Ocotea	Lauraceae	Brazilian Walnut, Canela Imbuia, Embuia, **Imbuia**	**Brazil**	SA
Incense Cedar	Libocedrus	Cupressaceae	Bleistiftholz, Pencilwood, **Incense Cedar**	**USA**	NA
Inga	Inga	Mimosaceae	Bois Pagode, Bougouni, Chimbillo, Guaba, Guama, Guamo, **Inga**, Ingazeiro, Maporokon, Lebi Oueko, Pacay, Prokonie	**Argentina**, Bolivia, **Brazil**, Colombia, Ecuador, French Guiana, Guyana, Honduras, Peru, Surinam	MA, SA
Ipe	Tabebuia	Bignoniaceae	Acapro, Amapa Prieta, Canaguate, Cortes, Cortez, Ebano Verde, Ebene Verte, Groenhart, Guayacan, Hakia, **Ipe**, Iron Wood, Lapacho, Pau d'Arco, Polvillo, Puy, Tahuari Negro, Yellow Poui	**Bolivia, Brazil**, Central America, Colombia, French Guiana, Guyana, Paraguai, Peru, Surinam, Trinidad-Tobago, Venezuela	MA, SA
Iroko	Chlorophora	Moraceae	Abang, **Iroko**, Kambala, Lusanga, Mandji, Mokongo, Molundu, Moreira, Mvule, Mvuli, Odum, Rokko, Semli, Tule Mufala	Angola, Cameroun, Congo, Equatorial Guinea, Gabon, Ghana, **Ivory Coast**, Liberia, Moçambique, Nigeria, Sierra Leone, Zaire	AF
Itauba	Mezilaurus	Lauraceae	**Itauba**, Kaneelhout, Louro Itauba, Taoub Jaune	**Brazil**, French Guiana, Surinam	MA, SA
Izombe	Testulea	Ochnaceae	Ake, Akewe, **Izombe**, N'Gwaki, N'Komi, Rone	Cameroun, **Congo**, Gabon	AF

AF = Afrika, AS = Asien, AU = Australien, EU = Europa, MA = Mittel-Amerika, NA = Nord-Amerika, SA = Süd-Amerika, SOA = Süd-Ost-Asien

Internationaler Handelsleitname	Wissenschaftlicher Leitname	Botanische Familie	Handelsnamen in den Ursprungsländern	Typisches Herkunftsgebiet	Region
Jaboty	Erisma	Vochysiaceae	Cambara, Cedrinho, Felli Kouali, Jaboti, **Jaboty**, Manonti Kouali, Mureillo, Cuaruba Vermelha, Cuarubarana, Cuarubatinga, Singri-Kwari	Brazil, **French Guiana**, Surinam, Venezuela	MA, SA
Japanese Oak	Quercus	Fagaceae	**Japanese Oak**, Kashiwa Konara, Mizunara, Ohnara	**Japan**	OA
Jarra	Eucalyptus	Myrtaceae	**Jarra**, Karri	**Australia**	AU
Jatoba	Hymenae	Caesalpiniaceae	Algarrobo, Azucar-Huayo, Courbaril, Guapinol, Jatai, **Jatoba**, Jutai, Locust, Rode Lokus	**Brazil**, Central America, Colombia, French Guiana, Guyana, Peru, Surinam, Venezuela	MA, SA
Jelutong	Dyera	Apocynaceae	Andjaroetoeng, **Jelutong**, Letoeng, Melabuwai, Pantoeng, Red Jelutong, White Jelutong	**Indonesia, Malaysia, Sabah**	SOA
Jequitiba	Cariniana	Lecythidaceae	Estopeiro, **Jequitiba**, Yesquero	Bolivia, **Brazil**	SA
Jongkong	Dactylocladus	Melastomata	**Jongkong**, Medang-Tabak, Mentibu, Sampinur	Indonesia, Malaysia, **Sabah**, **Sarawak**	SOA
Kadam	Antocephalus	Rubiaceae	Jambon, Kaatoan-Bangkal, **Kadam**, Larari, Ma-Lettan-She, Sempayan	Indonesia, **Malaysia**, Myanmar, Philippines	SOA
Kamarere	Eucalyptus	Myrtaceae	Bagras, **Kamarere**, Leda	Indonesia, **Papua-New Guinea**, Philippines, **Solomon Islands**	SOA
Kanda	Beilschmiedia	Lauraceae	Bitehi, Bonzale, **Kanda**, Kanda Brun, Kanda Rose, Nkonengu	**Cameroun**, Gabon, Ivory Coast, Tanzania, Zaire	AF
Kapur	Dryobalanops	Dipterocarpaceae	Borneo Campherhout, **Kapur**, Keladan, Petanang, Swamp Kapur	**Indonesia, Malaysia**, Sabah	SOA
Kasai	Pometia	Sapindaceae	Agupanga, **Kasai**, Matoa, Malugai, Megan, Sibu, Taun, Truong, Tungaui	Indonesia, **Malaysia**, Papua-New Guinea, Philippines, **Sabah, Sarawak**, Solomon Isl., Vietnam	SOA
Kauri	Agatis	Araucariaceae	Agatis, Almaciga, Damar, Kaori, **Kauri**, Kauripine, Menghilan, Pin de Kauri	**Australia, New Zealand**	SOA
Kedondong	Canarium	Burseraceae	Cham, Dhup, Dhuwhite, Dulit, **Kedondong**, Kenari, Kiharpan, Ma-Kerm, Merdondong, Pili, Upi, White Dhup	Andaman, India, Indonesia, **Malaysia**, Philippines, Sarawak, Thailand	SOA
Kekatong	Cynometra	Caesalpiniaceae	Balibitan, Belangkan, Dila-Dila, Katong, **Kekatong**, Mangkha	**Malaysia**, Philippines, Thailand	SOA
Kekele	Holoptelea	Ulmaceae	Avep-Ele, Gomboul, **Kekele**, Mbosso, Mumuli, Nemba-Mbobolo	Cameroun, Central African Republic, Congo, **Ivory Coast**, Nigeria, Uganda, Zaire	AF
Kelat	Eugenia	Myrtaceae	Black Kelat, Chomphu, Common Kelat, Jaman, Jambu, Jamun Makasim, **Kelat**, Meralu, Nir-Naval, Obar, Plong, Thabye, Water Gum	Cambodia, India, Indonesia, **Malaysia**, Myanmar, Papua-New Guinea, Philippines, Sabah, Sarawak, Thailand, Vietnam	SOA
Keledang	Scapium	Moreaceae	Aini, Anubing, Bsang, Had, Jackwood, Kalulot, Kapiak, **Keledang**, Malakubi, Myauklok, Selanking, Tamgang	India, Indonesia, **Malaysia**, Myanmar, Papua-New Guinea, Philippines, Sarawak, Thailand, Vietnam	SOA

AF = Afrika, AS = Asien, AU = Australien, EU = Europa, MA = Mittel-Amerika, NA = Nord-Amerika, SA = Süd-Amerika, SOA = Süd-Ost-Asien

AF = Afrika, AS = Asien, AU = Australien, EU = Europa, MA = Mittel-Amerika, NA = Nord-Amerika, SA = Süd-Amerika, SOA = Süd-Ost-Asien

Internationaler Handelsleitname	Wissenschaftlicher Leitname	Botanische Familie	Handelsnamen in den Ursprungsländern	Typisches Herkunftsgebiet	Region
Kembang	Sterculiceae	Sterculiaceae	Impas, **Kembang**, Kempas, Menggereis, Mengris, Toemaling, Yuan	Indonesia, **Malaysia**, Papua-New Guinea, Sabah, Sarawak, Thailand	SOA
Kempas	Koompassia	Caesalpiniaceae	Impas, Kembang, **Kempas**, Menggereis, Mengris, Toemaling, Yuan	Indonesia, **Malaysia**, Papua-New Guinea, Sabah, **Sarawak**, Thailand	
Keranji	Dialium	Caeselpiniaceae	**Keranji**, Kerandjii, Kheling, Klag, Kuran	Indonesia, Malaysia, **Kalimantan**, Sumatra, Thailand	SOA
Keruing	Dipterocarpus	Dipterocarpaceae	Apitong, Gurjun, Kanyn, Keroeing, **Keruing**, Yang	Andaman, India, Indonesia, **Malaysia**, Myanmar, Philippines, Thailand	SOA
Khaya-Mahogany	Khaya	Meliaceae	Acajou, African Mahogany, Ahafo, Akuk, Benin Mahogany, Caoba del Galon, Eri Kire, Heavy African Mahogany, Khaya, Khaya Mahogany, Mangona, Munyama, N'Dola, N'Gollon, Undia Nuno, Zaminguila	Angola, Cameroun, Congo, Equatorialafrica, Equatorial Guinea, Gabon, Ghana, Ivory Coast, Nigeria, Uganda	AF
Kirschbaum	Prunus	Rosaceae	Ceresier, **Cherry**, Kirschbaum	**Germany**, Europe, USA	EU, NA
Kondroti	Rhodognaphalon	Bombacaceae	Alone, East African Bombax, **Kondroti**, Meguza, Mfume, Munguza, N'Demo	Congo, Gabon, **Ivory Coast**, Moçambique, Tanzania	AF
Kosipo	Entandrophragma	Meliaceae	Atom-Assie, Heavy Sapelle, Impompo, **Kosipo**, Kosipo-Mahogany, Lifuco, Omu, Penkwa-Akowaa	Angola, Cameroun, Congo, Ghana, **Ivory Coast**, Nigeria, Zaire	AF
Kotibe	Nesogordonia	Sterculiaceae	Aborbora, Danta, Kissinhungo, Kondofindo, **Kotibe**, Naouya, Otutu, Ovoe, Ovoui	Angola, Cameroun, Central African Republic, Gabon, Ghana, **Ivory Coast**, Nigeria, Zaire	AF
Koto	Pterygota	Sterculiaceae	African Pterygota, Ake, Anatolia, Awari, Ikame, Kakende, Kefe, **Koto**, Kyere, Poroposo, Pterygota	Central African Republic, Gabon, Ghana, **Ivory Coast**, Nigeria, Zaire	AF
Kulim	Scorodocarpus	Olacaceae	Bawang, Hutan, **Kulim**, Ugsunah	Indonesia, **Malaysia**, Sarawak	SOA
Kumbi	Lannea	Anacardiaceae	Ekoa, **Kumbi**, Kumenini, Loloti	**Congo**, Ghana, Ivory Coast, **Zaire**	AF
Kungkur	Pithecollobium	Mimosaceae	Medang, Keredas, **Kungkur**	**Malaysia**	SOA
Lärche	Larix	Pinaceae	Hondo Larch, Japanese Larch, Larch, **Lärche**, Mélèze	**Europe**, North Asia, Japan, USA	EU, AS, NA
Lati	Amphimas	Caesalpiniaceae	Bokanga, Edjin, Edzil, Edzui, **Lati**, Muizi	Cameroun, Congo, Gabon, **Ivory Coast**, Zaire	AF
Lauan, Light Red	Shorea almon, palosapis	Dipterocarpaceae	Almon, Bagtikan, **Light Red Lauan**, Mayapis, Philippine Mahogany	**Philippines**	SOA
Lauan, Red	Shorea negrosensis, agsaboensis	Dipterocarpaceae	Almon, **Red Lauan**, Tanguile, Tiaong	**Philippines**	SOA

AF = Afrika, AS = Asien, AU = Australien, EU = Europa, MA = Mittel-Amerika, NA = Nord-Amerika, SA = Süd-Amerika, SOA = Süd-Ost-Asien

Internationaler Handelsleitname	Wissenschaftlicher Leitname	Botanische Familie	Handelsnamen in den Ursprungsländern	Typisches Herkunftsgebiet	Region
Lauan, White	Shorea contorta	Dipterocarpaceae	Almon, Bagtikan, Light Red Lauan, Lauan Malaanonan, Mayapis, Philippine Mahogany, **White Lauan**	**Philippines**	SOA
Lauan, Yellow	Shorea kalunti	Dipterocarpaceae	Bonga, Kalunti, Litok, Mabagang, Malaanonang, Mangasinoro, **Yellow Lauan**	**Philippines**	SOA
Laurel	Terminalia	Combretaceae	Cay Cagan, **Laurel**, Mutti, Rokfa, Sain, Taukkian	**India**, Myanmar, Sri Lanka, Thailand	SOA
Limba, Frake	Terminalia	Combretaceae	Afara, Akom, Bariole, Black Afara, **Frake**, Kojagei, Korina, Light Afara, **Limba**, Limbo, Limba Blanc, Limba Noir, N'Ganga, Noyer du Mayombe, Ofram, White Afara	Angola, **Cabinda**, Cameroun, Central African Republic, **Congo**, Equatorial Guinea, Ghana, **Ivory Coast**, Nigeria, **Zaire**	AF
Limbali	Gilbertiodendron	Caesalpiniaceae	Abeaum, Ditshipi, Ekobem, Ekpagoi, Eze, Ligudu, **Limbali**, Vaa	Cameroun, Central African Republic, Gabon, Ivory Coast, Liberia, Nigeria, **Zaire**	AF
Loblolly Pine	Pinus	Pinaceae	**Loblolly Pine**, Weihrauchkiefer	**USA**	NA
Longhi	Gambeya	Sapotaceae	Abam, Akatio, Anandio, Asanfona, Bopambu, **Longhi**, MBebame	Cameroun, **Congo**, Gabon, Ghana, Ivory Coast, Zaire	AF
Lotofa	Sterculia	Sterculiaceae	Aye, Brown Sterculia, **Lotofa**, N'Kanang, Wawabima	Cameroun, Ghana, **Ivory Coast**, Nigeria	AF
Louro	Nectandra	Lauraceae	Aguacatillo, Amarillo, Canelo Amarillo, Cedre Apici, Kereti-Silverbally, Laurel, Laurier, **Louro**, Moena, Pisi, Tinchi	**Brazil**, Central America, Colombia, Ecuador, French Guiana, Guyana, Peru, Surinam, Trinidad-Tobago, Venezuela	MA, SA
Louro Vermelho	Ocotea	Lauraceae	Determa, Grignon Franc, **Louro Vermelho**, Louro Gamela, Red Louro, Teteroma, Wana Wane	**Brazil**, French Guiana, Guyana, Surinam	MA, SA
Lupuna	Chorisia	Bombacaceae	Bariguda, **Lupuna**, Paneira, Paneiro, Toborochi, Yuchan, Zamuhu	Argentina, Bolivia, Brazil, Paraguay, **Peru**, Uruguay	SA
Macaranduba	Manilkara	Sapotaceae	Balata, Beefwood, Bolletrie, Bulletwood, **Macaranduba**, Maparajuba, Massarandu, Nispero, Pamashto, Paraju, Pferdefleischholz, Quinilla Colorada	**Brazil**, Colombia, French Guiana, Guyana, Panama, Peru, Surinam, Venezuela	MA, SA
Machang	Mangifera	Anacardiaceae	Ailai, Asai, Asam, **Machang**, Mango, Mangowood, Ma-Muang-Pa, Pahutan, Sepam, Thayet	India, **Malaysia**, Myanmar, Kalimantan, Philippines, Sabah, Solomon Isl., Thailand	SOA
Makore	Tieghemelia	Sapotaceae	Abacu, Baku, Douka, **Makore**, Okolla	Equatorial Guinea, Gabon, Ghana, **Ivory Coast**	AF
Malagangai	Eusideroxylon	Lauraceae	**Malagangai**	**Malaysia, Sabah, Sarawak**	SOA
Malas	Homalium	Flacourtiaceae	Adanga, Aranga, Burma Lancewood, Delinse, Gia, **Malas**, Matobato, Miya, Myauckchaw, Takaliu	Indonesia, Malaysia, Myanmar, **Papua New Guinea**, Philippines, Sahba	SOA

AF = Afrika, AS = Asien, AU = Australien, EU = Europa, MA = Mittel-Amerika, NA = Nord-Amerika, SA = Süd-Amerika, SOA = Süd-Ost-Asien

Internationaler Handelsleitname	Wissenschaftlicher Leitname	Botanische Familie	Handelsnamen in den Ursprungsländern	Typisches Herkunftsgebiet	Region
Mambode	Detarium	Caesalpiniaceae	Aboranzork, Amouk, Boire, Bodo, Enouk, Enuk, Kpuyai, **Mambode**, Tambacoumbra	Cameroun, Equatorial Guinea, Gabon, **Guinea-Bissau**, Ivory Coast, Sierra Leone, Sudan, Zaire	AF
Mandioqueira	Qualea	Vochysiaceae	Berg Groenfoeloe, Florecillo, Gronfoeloe, Gonfolo, **Mandioqueira**	**Brazil**, French Guiana, Surinam, Venezuela	MA, SA
Manil	Symphonia	Clusiaceae	Anani, Azufre, Barillo, Bario, Brea Amarilla, Brea-Caspi, Canadi, Leche Amarilla, Machare, Mangue, Mani, **Manil**, Manil Marecage, Manni, Mataki, Paraman, Peramancillo, Punga, Zaputi	Bolivia, Brazil, Central America, Colombia, Ecuador, **French Guiana**, Guyana, Peru, Surinam, Trinidad-Tobago, Venezuela	MA, SA
Manio	Podocarpus	Podocarpaceae	**Manio**, Maniu	**Chile**	SA
Mansonia	Mansonia	Sterculiaceae	Aprono, Bete, Koul, **Mansonia**, Ofun	Cameroun, Ghana, Ivory Coast, Nigeria	AF
Maple	Acer	Aceraceae	Ahorn, Érable, **Maple**, Sycamore	Europe, Japan, **North America**	EU, NA, AS
Marupa	Simarouba	Simaroubaceae	Aceituno, Cedro Amargo, Cedro Blanco, Chiriunan, Cuna, Guitarro, **Marupa**, Negrito, Olivo, Guyana, Peru, Surinam, Paraiba, Parahyba, Simarouba, Simarupa, Soemaroeba, Tamanqueira, Xpasak	Bolivia, **Brazil**, Central America, Colombia, Ecuador, French Guiana, Trinidad-Tobago, Venezuela	MA, SA
Mata Ulat	Kokoona	Celastraceae	**Mata Ulat**	**Malaysia**	SOA
Medang	Dehaasia	Lauraceae	Batikulum-Surutan, Hoeroe Katjang, Kepla-Wangi, Kyese, **Medang**, Medang Padang, Teras	**Indonesia, Malaysia**, Myanmar, Philippines, **Sabah, Sarawak**	SOA
Mempening	Lithocarpus	Fagaceae	**Mempening**, Pangnan, Papua New Guinea Oak, Pasang, Spike Oak, Sunda Oak, Vak	Indonesia, **Malaysia**, Papua New Guinea, Philippines	SOA
Mengkulang	Hertiera	Sterculiaceae	Brown Tulip Oak, Chumprag, Don-Chem, Huynh, Kanze, Kembang, **Mengkulang**, Palapi, Red Tulip Oak, Teraling	Cambodia, Indonesia, **Malaysia**, Myanmar, Philippines, Sabah, **Sarawak**, Thailand, Vietnam	SOA
Meransi	Carallia	Rhizophoraceae	Anosep, Chiangprar, Karalli, Mani-Awga, **Meransi**	Indonesia, **Malaysia**, Myanmar, Philippines, Thailand	SOA
Meranti, Dark Red	Shorea roxburg	Dipterocarpaceae	Binatoh, **Dark Red Meranti**, Dark Red Seraya, Engbang-Chenak, Meranti, Meranti-Ketung, Nemesu, Obar Suluk, Red Meranti, Red Mertih, Seraya	**Indonesia, Malaysia**, Sabah, **Sarawak**	SOA
Meranti, Red Light	Shorea rubirosa	Dipterocarpaceae	Chan Hoi, Damar Siput, Engkawang, Kawang, **Light Red Meranti**, Meranti, Meranti-Bunga, Red Meranti, Sayá, Seraya	**Indonesia, Malaysia**, Sabah, **Sarawak**, Thailand	SOA
Meranti, White	Shorea anthoshorea	Dipterocarpaceae	Damar Puthi, Kabak Kau, Melapi, Meranti, Pa Nong, Pendan, **White Meranti**	**Indonesia, Malaysia**, Sabah, **Sarawak**, Thailand	SOA

AF = Afrika, AS = Asien, AU = Australien, EU = Europa, MA = Mittel-Amerika, NA = Nord-Amerika, SA = Süd-Amerika, SOA = Süd-Ost-Asien

Internationaler Handelsleitname	Wissenschaftlicher Leitname	Botanische Familie	Handelsnamen in den Ursprungsländern	Typisches Herkunftsgebiet	Region
Meranti, Yellow	Shorea roxbug	Dipterocarpaceae	Damar Hitam, Kalo, Lun Siput, Meranti, Selangan, **Yellow Meranti**, Yellow Seraya	**Indonesia, Malaysia**, Sabah, Sarawak, Thailand	SOA
Merawan	Hopea	Dipterocarpaceae	Gagil, Light Hopea, **Merawan**, Sau, Sengal, Selangan, Takian, Thingan	**Indonesia, Malaysia**, Myanmar, Papua New Guinea, Sabah, Sarawak, Thailand, Vietnam	SOA
Merbau	Intsia	Caesalpinaceae	Gonuo, Hintsy, Ipil, Ipil Laut, Kalabau, Komu, Kwila, Lum-Pae, **Merbau**, Mirabo, Moluccan, Ironwood	Australia, China, **Indonesia**, New Caledonia, Papua New Guinea, Philippines, Sabah, Thailand, Vietnam	SOA
Mercrusse	Androstachys	Euphorbiaceae	Lembobo Ironwood, **Mercrusse**, Mezimbite, Nsimbitsi	**Moçambique**, Transvaal, Zimbabwe	AF
Merpau	Swintonia	Anardardiaceae	Civit, Civit Taungthayet, **Merpau**, Merpauh, Muom, Thayet-Kin	Cambodia, India, **Malaysia**, Myanmar, Pakistan, Vietnam	SOA
Mersawa	Anissoptera	Dipterocarpaceae	Kaunghmu, Krabak, **Mersawa**, Palosapis, Pengiran, Pik	Indonesia, **Malaysia**, Myanmar, Papua New Guinea, Philippines, Sabah, Thailand	SOA
Moabi	Baillonella	Sapotaceae	Adjap, African Pearwood, Ayap, Dimpampi, M'Foi, **Moabi**, Muamba	Cameroun, Congo, Equatorial Guinea, Gabon, Zaire	AF
Mogno	Swietenia	Meliaceae	Acajou d'Amerique, Aguano, Araputanga, Brasilian Mahogany, Caoba, Chacalte, Mahogany, Mara, **Mogno**, Orura	Bolivia, **Brazil**, Central America, Colombia, Guatemala, Peru, Venezuela	MA, SA
Mora	Mora	Caesalpiniaceae	Alcornoque, **Mora**, Morabukea, Nato, Nato Rojo, Pracuuba	Brazil, Colombia, **French Guiana, Guyana**, Panama, **Surinam, Venezuela**	MA, SA
Moral	Chlorophora	Moraceae	Amoreira, Dinde Fustete, Fustic, Insira Caspi, Limorana, Limulana, Macano, Mora, **Moral**, Moral Amarillo, Palo de Mora, Palo Moral, Tatajuba de Espinho, Tatayiba	Argentina, Bolivia, Brazil, **Central America**, Colombia, **Ecuador**, Paraguay, Peru, **Venezuela**	MA, SA
Morototo	Didymopanax	Araliaceae	Ambay-Guazu, Anonilla, Borroho, Cafetero, Guarumo Macho, Guitarrero, Karohoro, Kasavehout, Mandiocai, Marupauba Falso, Matatauba, **Morototo**, Pata de Galina, Pavo, Platanillo, Pixixica, Sambacuim, Suntuch, Sun-Sun	Argentina, Bolivia, **Brazil**, Colombia, Ecuador, French Guiana, Guyana, Honduras, Panama, Peru, **Surinam**, Venezuela	MA, SA
Movingui	Distemonanthus	Caesalpiniaceae	Ayan, Ayanran, Barre, Bonsamdua, Distemonanthus, Eyen, **Movingui**	Cameroun, Equatorial Guinea, **Gabon**, Ghana, Ivory Coast, Nigeria	AF
Muhimbi	Cynometra	Caesalpiniaceae	Angu, **Muhimbi**, Utuna	**Uganda**, Zaire	AF
Muhuhu	Brachylaena	Asteraceae	Mkarambak, Muhugwe, **Muhuhu**	**Kenya**, Tansania, **Uganda**	AF
Muiratinga	Maquira	Moraceae	Capinuri, **Muiratinga**	**Brazil**	SA
Mukulungu	Autranella	Sapotaceae	Bouanga, Elang, Elanzok, Kungulu, Mfua, **Mukulungu**	Angola, Cameroun, Central African Republic, Congo, **Zaire**	AF
Mutenye	Guibourtia	Caesalpiniaceae	Benzi, Mbenge, M'Penze, **Mutenye**, Olive Walnut	Angola, Congo, **Zaire**	AF

AF = Afrika, AS = Asien, AU = Australien, EU = Europa, MA = Mittel-Amerika, NA = Nord-Amerika, SA = Süd-Amerika, SOA = Süd-Ost-Asien

Internationaler Handelsleitname	Wissenschaftlicher Leitname	Botanische Familie	Handelsnamen in den Ursprungsländern	Typisches Herkunftsgebiet	Region
N'Tene	Copaifera	Caesalpiniaceae	Anzem, Bengi, **M'Téné**	**Congo**, Gabon, Zaire	AF
Naga	Brachystegia	Caesalpiniaceae	Bogdei, Ekop-**Naga**, Meblo, Mendou, Okwen, Tebako	**Cameroun**, Congo, Ivory Coast, Liberia, Nigeria, Sierra Leone	AF
Niangon	Heritiera	Sterculiaceae	**Niangon**, Nyankom, Ogoue, Whismore, Yami	Gabon, **Ghana**, **Ivory Coast**, Liberia, Sierra Leone	AF
Niove	Staudtia	Myristicaceae	Bokapi, Kamashi, Menga-Menga, M'Bonda, M'Boun, **Niove**, Susumenga	Cameroun, Congo, **Gabon**, Equatorial Guinea, Zaire	AF
Nogal	Juglans	Juglandaceae	**Nogal**, Nuez, Palo de Nuez, Tocte, Tropical Walnut	**Argentina**, **Bolivia**, **Central America**, **Ecuador**, **Peru**	MA, SA
Nordmannstanne	Abies	Pinaceae	Nordmannstanne	Europe	EU, NA
Nyatoh	Palquium	Sapotaceae	Chay, Kha-Nunnok, Mayang, Nato, **Nyatoh**, Padang, Pali, Pencil Cedar, Rian, Taban	India, Indonesia, **Malaysia**, Papua New Guinea, Philippines, Sarawak, Thailand	SOA
Oak	Quercus	Fagaceae	Chêne, Eiche, **Oak**	Europe, **North America**, North Asia	EU, AS, NA
Obeche, Abachi	Triplochiton	Sterculiaceae	Abachi, Arere, Ayus, M'Bado, **Obeche**, Samba, Wawa	Cameroun, Central African Republic, Equatorial Guinea, Ghana, Ivory Coast, **Nigeria**	AF
Ohia	Celtis	Ulmaceae	Asan, Ba, Bolunde, Celtis, Esa, Kayombo, Luniumbu, Mukokukoma, Namanuka, Odou, **Ohia**, Shiunza	Cameroun, Ghana, Ivory Coast, **Nigeria**, Kenya, Uganda, Zaire	AF
Okan	Cylicodiscus	Mimosaceae	Adadua, Adoum, African Greenheart, Benya, Bokoka, Bouemon, Edoum, N'Duma, Oduma, **Okan**	Cameroun, Congo, Gabon, Ghana, Ivory Coast, **Nigeria**	AF
Okoume	Aucoumea	Burseraceae	Angouma, Gaboon, N'Goumi, N'Kumi, **Okoume**, Okume	Congo, Equatorial Guinea, **Gabon**	AF
Olivier	Olea	Oleaceae	Olive, **Olivier**	**South Europe**, Middle East, North Africa	EU, AF
Olon	Fagara	Rutaceae	Bongo, Kamasumu, M'Banza, **Olon**	Cameroun, Congo, **Gabon**, Zaire	AF
Onzabili	Antrocaryon	Anacardiaceae	Akoua, Angonga, Anguekong, Aprokuma, Mongongo, Mugongo, N'Gongo, **Onzabili**	Angola, Cameroun, Equatorial Guinea, **Gabon**, Ghana, Ivory Coast, Zaire	AF
Oregon	Pseudotsuga	Pinaceae	Douglas Fir, Douglasie, **Oregon**, Oregon Pine	Canada, Europe, **USA**	EU, NA
Oregon-Cedar	Chamaecyparis	Cupressaceae	**Oregoncedar**, Scheinzypresse	**USA**	NA
Ovengkol	Guibourtia	Caesalpiniaceae	Amazakoue, Anokye, Hyeduanini, Moçambique, **Ovengkol**, Palissandro	Equatorial Guinea, **Gabon**, Ghana, Ivory Coast	AF
Ozigo	Dacryodes	Burseraceae	Assia, **Ozigo**	Equatorial Guinea, **Gabon**	AF
Padauk, African	Pterocarpus	Fabaceae	African Padouk, Barwood, Camwood, Corail, Kisese, Mbel Mongola, Mukula, N'Gula, **Padauk**, Padoek, Paduk, Palo Rojo, Osun, Tacula	Angola, Cameroun, Congo, Equatorial Guinea, Gabon, Zaire	AF

AF = Afrika, AS = Asien, AU = Australien, EU = Europa, MA = Mittel-Amerika, NA = Nord-Amerika, SA = Süd-Amerika, SOA = Süd-Ost-Asien

Internationaler Handelsleitname	Wissenschaftlicher Leitname	Botanische Familie	Handelsnamen in den Ursprungsländern	Typisches Herkunftsgebiet	Region
Padouk	Pterocarpus	Fabaceae	Amboine, Amboina, Amboyna, Andanman-Padouk, Angsana, Linggua, Manila-Padouk, Narra, **Padouk**, Papua New Guinea-Rosewood, Pashu-Padauk, Sena, Onokembang, Vitali	Andaman Isl., Indonesia, Laos, Malaysia, Moluccan Isl., **Myanmar**, Papua New Guinea, **Philippines**	SOA
Paldao	Dracontro-melum	Anacardiaceae	Dao, Lamio, **Paldao**, Sengkulang, Ulandug	Malaysia, Philippines	SOA
Palisander	Dalbergia	Fabaceae	Burma Rosewood, Camlai, Cam Lai Bong, Ching-Chan, Leang, Neamg-Nuang, **Palisander**, Payung, Siam Rosewood, Tamalang	Cambodia, **Indonesia**, Myanmar, Thailand	SOA
Palisander, Ostindian	Dalbergia	Fabaceae	East Indian Rosewood, Java Palisander, Shima, Sonkeling	India, **Indonesia**	SOA
Pao Rosa	Swartzia	Caesalpini-aceae	Boto, Kisasamba, N'Guessa, Nsakala, Oken, Pau Ferro	Central African Republic, Congo, Gabon, Ivory Coast, Moçambique, Zaire	AF
Pappel	Populus	Salicaceae	Cottonwood, **Pappel**, Peuplier	**Germany**, Europe, USA	EU, NA
Paran-Pine	Araucaria	Araucariaceae	Araucaria, Brasilkiefer	Brazil	SA
Para-Para	Jacaranda	Bignoniaceae	Arabisco, Bois Pian, Carauba, Caroba, Chicharra Caspi, Chingale, Cola de Zorro, Foeti, Futui, Goebacha, Gualanday, Ishtapi, Jacaranda, Kuisip, Marupa Falso, **Para-Para**, Tambor de Montana, Tinto Blanco	Argentina, Bolivia, **Brazil**, Colombia, Ecuador, French Guiana, Guyana, Peru, Surinam, Venezuela	MA, SA
Pashaco	Schizolobium	Caesalpiniaceae	Cuiabano, Faveira Branca, Guapuruvu, Judio, Pachaco, Parica, **Pashaco**, Pino Blanco de Pampa, Pinho, Quon, Serebo, Tambor, Zora or Zorra	Bolivia, Brazil, Central America, Colombia, Ecuador, Mexico, **Peru**	MA, SA
Pau Amarelo	Euxylophora	Rutaceae	Amarello Cetim, Muirataua, **Pau Amarelo**, Pau Cetim, Pequia Cetim	**Brazil**	SA
Pau Kijang	Irvingia	Irvingiaceae	Cay-Cay, Kabok, Kalek, **Pau Kijang**, Perseh	**Malaysia**, Thailand	SOA
Pau Mulato	Calycophyl-lum	Rubiaceae	Alanzano, Araguato, Brasil Zitronenholz, Capirona, Capirona Negra, Citronnier Bresilien, Corusicaa, Gayabochi, Ibira-Moroti, Mulateiro, Palo Blanco, **Pau Mulato**, Polo Camaron	Argentina, Bolivia, **Brazil**, Colombia, Ecuador, Paraguay, Peru, Venezuela	MA, SA
Penaga	Mesua	Guttiferae	Bunnag, Bosneak, Ceylon Ironwood, Gangaw, Indian Rosechestnut, Indian Ironwood, Legno Ferro Lengapus, Mesua, Legno Ferro de L'Indie, Panagua, **Penaga**, Vap	Cambodia, India, Indonesia, **Malaysia**, Myanmar, Sri Lanka, Thailand, Vietnam	SOA
Perupok	Lopho-petalum	Celastraceae	Banati, **Perupok**, Songsalung, Songtrang, Taung-Yemanr	India, **Indonesia**, **Malaysia**, Myanmar, Thailand, Vietnam	SOA

AF = Afrika, AS = Asien, AU = Australien, EU = Europa, MA = Mittel-Amerika, NA = Nord-Amerika, SA = Süd-Amerika, SOA = Süd-Ost-Asien

Internationaler Handelsleitname	Wissenschaftlicher Leitname	Botanische Familie	Handelsnamen in den Ursprungsländern	Typisches Herkunftsgebiet	Region
Peterebi	Cordia	Boraginaceaea	Afata, Laurel, Laurel Negro, Ioro Negro, Louro Pardo, Louro Amarelo, Louro da Sera, Louro do Sul, Louro Mutamba, **Peterebi**, Peterevi, Piquana Blanca	**Argentina**, Bolivia, Brazil, Ecuador, Paraguay	SA
Pine	Pinus	Pinaceae	Föhre, Forche, Kiefer, Pin, **Pine**, Rotholz	**Europe**, North Asia, USA	EU, AS, NA
Pine, Yellow	Pinus	Pinaceae	Eastern White Pine, Strobe, Weymouth Pine, **Yellow Pine**	**Canada**, USA	NA
Piquia	Caryocar	Caryocaraceae	Almendra, Almendra con Espinas, Almendro, Almendron, Biqui, Cagui, Chawari, Huevo de Burro, Jigua, Kassagnan, **Piquia**, Piquiarana, Sawari, Sopo Oedoe	Bolivia, **Brazil**, Colombia, French Guiana, Guyana, Peru, Surinam, Venezuela	MA, SA
Pitch-Pine	Pinus	Pinaceae	Pechkiefer, **Pitch Pine**, Pinus Caribaea	Central America, USA	MA, NA
Planchonella, White	Planchonella	Sapotaceae	Keta, Northern Yellow Boxwood, Nythoh, Sesele, Sarosaro, Tadiri, Verure, **White Planchonella**	Australia, Fidji, Malaysia, **Papua New Guinea**, Solomon Islands	SOA
Platane	Platanus	Platanaceae	Platane, Platanus	Europe, North America	EU, NA
Podo	Podocarpus	Podocarpaceae	Blak Pine, Kayu-Cin, Melur, **Podo**, Podocarp	Indonesia, **Malaysia**, Papua New Guinea	SOA
Pulai	Alstonia	Apocynaceae	Chaitanwood, Chatian, Dita, Letok, Mike Wood, Mo-Cua, Pagoda Tree, Patternwood, **Pulai**, Sega, Sepati, Thia, White Cheesewood	Australia, India, Indonesia, **Malaysia**, Myanmar, Papua New Guinea, Philippines, Thailand, Vietnam	SOA
Punah	Teramerista	Terameristaceae	Amat, Bang Kalis, Entuyut, Paya, Peda, Ponga Punah, **Punah**, Tuyot	Indonesia, Malaysia, Sabah, Sarawak	SOA
Pyingkado	Xylia	Mimosaceae	Burma Ironwood, Cam-Xe, Deng, Irul, **Pyinkado**, Sokram	Cambodia, India, **Myanmar**, Thailand, Vietnam	SOA
Quaruba	Vochysia	Vochysiaceae	Barbara Chele, Bella Maria, Cambara, Chimbulla, Corosillo, Dormilon, Gomo, Iteballi, Kwari, Kouali, Laguno, Mayo, Palo de Chango, Plumero, **Quaruba**, Quarabutinga, Quillo, Quillosisa, Saladillo, Soroga, Tin-Tin, Watrakwari, Wiswiskari, Yemeri	Bolivia, **Brazil**, Central America, Colombia, Ecuador, French Guiana, Guyana, Peru, Surinam, Venezuela	MA, SA
Ramin	Gonystylus	Gonmystylaceae	Ahmin, Ainunura, Akenia, Fungunigalo, Garu-Buaja, Lantunan-Bagio, Latareko, Medang Keram, Melawis, Petata, **Ramin**, Ramin-Batu	Indonesia, Malaysia, Philippines, **Sarawak**, Solomon Islands	SOA
Red Cedar, Eastern	Juniperus	Cupressaceae	**Eastern Red Cedar**, Virginia-Bleistiftholz	**USA**	NA
Red Cedar, Western	Thuja	Cupressaceae	**Red Cedar**, Thuja, Rotzeder, Western Red Cedar	**USA**	NA
Red Maple	Acer	Aceraceae	**Red Maple**, Roter Ahorn	Europe, Japan, **North America**	EU, NA, AS
Red Spruce	Picea	Pinaceae	**Red Spruce**, Rotfichte	Europe, **USA**	EU, NA

AF = Afrika, AS = Asien, AU = Australien, EU = Europa, MA = Mittel-Amerika, NA = Nord-Amerika, SA = Süd-Amerika, SOA = Süd-Ost-Asien

Internationaler Handelsleitname	Wissenschaftlicher Leitname	Botanische Familie	Handelsnamen in den Ursprungsländern	Typisches Herkunftsgebiet	Region
Redwood	Sequoia	Taxodiaceae	Californian Redwood, **Redwood**, Sequoia, Vavona	**USA**	NA
Rengas	Gluta	Anacardiaceae	Borneo Rosewood, Gluta, Rak, **Rengas**, Son, Thitsi	India, **Indonesia**, **Malaysia**, Myanmar, Thailand, Vietnam	SOA
Resak	Vatica	Dipterocarpaceae	Chramas, Kiam, Marig, Pan-Thya, Puncham, **Resak**, Tay	Cambodia, **Indonesia**, **Malaysia**, Myanmar, Philippines, Thailand, Vietnam	SOA
Robinie	Robinia	Leguminosaceae	Falsche Akazie, Pseudoacacia, Robinia, Robinie	**Europe**, North America, North Asia, North Africa	EU, AS, NA, AF
Roble Pellin	Nothofagus	Fagaceae	**Roble Pellin**, Südamerikanische Buche	**Chile**	SA
Rubberwood	Hevea brasiliensis	Euporbiaceae	Hevea, **Rubberwood**	**Malaysia**	SOA
Safukala	Dacryodes	Burseraceae	Mouganga, N'Safu-Nkala, Safoukala, **Safucala**	**Angola**, Congo, Gabon, Zaire	AF
Sali	Tetragastris	Burseraceae	Amesclao, Breu Grande, Breu Preto, Breu Manga, Ences Rouge, Joeliballi-Tataroe, Haiawaballi, Masa, Palo de Aceite, Palo Cochino, **Sali**, Trementino Azucarero	Brazil, Colombia, Cuba, French Guiana, Guyana, Puerto Rico, **Surinam**	MA, SA
Salimuli	Cordia	Boraginaceae	Balu, Island Walnut, Kalamet, Salimoeli, **Salumuli**, Sandawa	**Indonesia**, Malaysia, Myanmar, Papua New Guinea, Philippines	SOA
Sande	Brosimum	Moraceae	Amapa, Amapa Amorgoso, Arbol, Arbol Vaca, Dokali, Guaimaro, Lechero, Leiteira, Marina, Palo de Vaca, **Sande**, Takina	Brazil, **Colombia**, Columbia, **Ecuador**, French Guiana, Panama, Peru, **Venezuela**	MA, SA
Santa Maria	Calophyllum	Clusiaceae	Aceite Cachicamo, Aceite Mario, Alfaro, Balsamaria, Bella Maria, Cachicamo, Calaba, Cedro do Pantano, Guanandi, Jacareuba, Kurahara, Lagarto-Caspi, Maria, Mario, Palo Maria, **Santa Maria**	**Bolivioa**, Brazil, **Central America**, Colombia, Ecuador, Guyana, Peru, Venezuela	MA, SA
Sapele	Entandrophragma	Meliaceae	Aboudikro, Assie-Sapeli, Lifaki, M'Boyo, Muyovu, Penkwa, **Sapele**, Sapeli-Mahogany, Undianuno	Angola, Cameroun, Central African Republic, Congo, Ghana, Ivory Coast, **Nigeria**, Uganda, Zaire	AF
Sapucaia	Lecythis	Lecythidaceae	Canari Macaque, Castana, Castanha sapucaia, Coco Cristal, Coco Mono, Guabillo, Kouatapatoe, Kouatapatou, Machin Mango, Monkey Pot, Olla de Mono, **Sapucaia**, Sapucaia Vermelha	**Brazil**, Colombia, Ecuador, French Guiana, Guyana, Peru, Surinam, Venezuela	MA, SA
Saqui-Saqui	Bombacopsis	Bombacaceae	Cedro, Ceiba Tolua, Murea, **Saqui-Saqui**	Central America, Colombia, **Venezuela**	MA
Satine	Brosimum	Moraceae	Amapa Rana, Bloodwood, Conduro, Doekaliballi, Falso Pao Brasil, Ferolia, Legno Satino, Muirapiranga, Palo de Oro, Pau Rainha, **Satine**, Satinholz, Satijnhout, Satinwood, Siton Paya	Brazil, **French Guiana**, Guyana, Surinam	MA, SA

AF = Afrika, AS = Asien, AU = Australien, EU = Europa, MA = Mittel-Amerika, NA = Nord-Amerika, SA = Süd-Amerika, SOA = Süd-Ost-Asien

Internationaler Handelsleitname	Wissenschaftlicher Leitname	Botanische Familie	Handelsnamen in den Ursprungsländern	Typisches Herkunftsgebiet	Region
Satinwood	Chloroxylon	Rutaceae	Bhera, Burutu, Citronnier Ceylon, Ceylon Satinwood, East Indian Satinwood, Halda, Salin, **Satinwood**, Sengel	**India, Sri Lanka**	SOA
Schwarzkiefer	Pinus	Pinaceae	Schwarzföhre, **Schwarzkiefer**	**Austria, Germany**	EU, NA
Sempilor	Dacrydium	Podocarpaceae	Binaton, Bukit, Dacrydium, Ekor, Huon Pine, Kirat, Kuda, Lokinai, Malor, Meloor, Melur, Rubukit, **Sempilor**, Yaka	Indonesia, Malaysia, Papua New Guinea, Philippines, **Sabah**, Sarawak, Solomon Isl., Tasmania	SOA
Sen	Kalopanax	Araliaceae	Hari-Giri, Japanischer Goldrüster, Nakoda, **Sen**, Sen-Noki, Sen-Oak, Sen-Rüster, Ts'Tsin	China, **Japan**	OA
Sepetir	Sindora	Caesalpinaceae	Kayu-Kalu, Krahton, Krakas, Makatea, Meketil, Petir, Petir-Sepetir Pay, Saputi, Sepeteh, **Sepetir**, Sepetir Pay, Sepetir Nin-Yaki, Supa, Swamp-Sepetir	Cambodia, Indonesia, **Malaysia**, Philippines, **Sabah**, Sarawak, Thailand	SOA
Seraya, White	Parashorea	Dipterocarpaceae	Bagtikan, Belutu, Pendan, Urat Mata, White Lauan, **White Seraya**	Indonesia, Malaysia, Philippines, **Sabah**, Sarawak	SOA
Sesendok	Endospermum	Euporbiaceae	Bakota, Endospermum-Sasa, Gubas, Hongopo, New Guinea Basswood, Sendok, Sendonk-Sendok, **Sesendok**, Terbulan	India, Indonesia, Malaysia, Papua New Guinea, Philippines, Sarawak, Solomon Islands	SOA
Simpoh	Dillenia	Dilleniaceae	Dillenia, Kapuchu, Katmon, Mudi, **Simpoh**, Simpur Jang-kang, Zinbyun	Indonesia, **Malaysia**, Myanmar, Papua New Guinea, Philippines, **Sabah**, Solomon Isl.	SOA
Sipo	Entandrophragma	Meliaceae	Abebay, Asseng-Assie, Assi, Kalungi, Liboyo, Mufumbi, **Sipo**, Sipo-Mahogany, Utile	Angola, Cameroun, Congo, Gabon, Equatorial Guinea, **Ivory Coast**, Nigeria, Uganda, Zaire	AF
Spruce, Sitka	Picea	Pinaceae	**Sitka Spruce**, Sitka-Fichte, Spruce	**Canada, USA**	NA
Spruce, Western White	Picea	Pinaceae	Alberta White Spruce, Spruce, **Western White Spruce**	**Canada, USA**	NA
Sugi	Cryptomeria	Taxodiaceae	Japanese Cedar, Liu-San, San-Sugi, **Sugi**	China, **Japan**, Taiwan	OA
Sumauma	Ceiba	Bombacaceae	Bonga, Bois Coton, Ceiba, Ceibon, Guambush, Huimba, Inup, Kankantrie, Koemaka, Kumaka, Mahot Coton, Mapajo, Panya, Paneira, Piton, Silk Cotton, **Sumauma**, Toborochi	Bolivia, **Brazil**, Central America, Colombia, Ecuador, French Guiana, Guyana, Peru, Surinam, Venezuela	MA, SA
Suren	Toona	Meliaceae	Burma Cedar, Calantas, Chomcha, Limpagna, Moulmein Cedar, Red Cedar, Surea-Bawang, **Suren**, Surian, Thitkado, Toon, Xoan-Moc, Yomhan	Australia, India, **Indonesia**, Malaysia, Myanmar, Papua New Guinea, Philippines, Thailand, Vietnam	SOA

AF = Afrika, AS = Asien, AU = Australien, EU = Europa, MA = Mittel-Amerika, NA = Nord-Amerika, SA = Süd-Amerika, SOA = Süd-Ost-Asien

Internationaler Handelsleitname	Wissenschaftlicher Leitname	Botanische Familie	Handelsnamen in den Ursprungsländern	Typisches Herkunftsgebiet	Region
Tali	Erythrophleum	Caesalpiniaceae	Alui, Elone, Elondo, Eloun, Erun, Gogbei, Kassa, Mancome, Missanda, Muave, Mwavi, N'Kassa, Potrodom, **Tali**	Cameroun, Congo, Gabon, Ghana, Guinea-Bissau, Equatorial Guinea, **Ivory Coast**, Moçambique, Nigeria, Sambia, **Senegal**, Sierra Leone, Tanzania, Uganda, Zaire	AF
Tamboril	Enterolobium	Mimosaceae	Camba-Camby, Carito, Caro-Caro, Conanaste, Conanaste Negro, Genicero, Guanacaste, Oreja de Negro, Orejero, Pich, **Tamboril**, Timbo, Timbo Colorado, Timbouva	Argentina, **Brazil**, Central America, Colombia, Paraguay, Venezuela	MA, SA
Tamo	Fraxinus	Oleaceae	Frene du Japon, Japanese Ash, Japanische Esche, **Tamo**, Yachidamo	China, **Japan**, Korea, Manchuria, Sibiria	OA
Tanne	Abies	Pinaceae	Edeltanne, Sapin, **Tanne**, Weißtanne	Europe, **Germany**	EU
Tasmanian Oak	Eucalyptus	Myrtaceae	Alpine Ash, Messmate Springbark, Mountain ash, **Tasmanian Oak**, White Mountain Ash	**Australia, Tasmania**	AU
Tasua	Amoora	Meliaceae	Amoora, Chaya-Kaya, Goi, Julungan, Katong-Haong, La-Kihan, Latmi, Lota-Amara, Manga-Den, Maota, Mawa, Namota, **Tasua**, Thiteni	Andaman Isl., India, Myanmar, Papua New Guinea, Philippines, Sarawak, Solomon Isl., **Thailand**, Vietnam	SOA
Tatajuba	Bagassa	Moraceae	Amarelao, Bagaceira, Bagasse, Cow-Wood, Jawahedan, Kaw-Oedoe, **Tatajuba**	**Brazil**, French Guiana, Guyana, Surinam	MA, SA
Tauari	Couratari	Lecythidaceae	Capa de Tabaco, Couatari, Imbirema, Ingipipa, Inguipipa, Maho Cigare, Tabari, Tampipio, **Tauari**, Wadara	**Brazil**, French Guiana, Guyana, Surinam	MA, SA
Tchitola	Oxystigma	Caesalpiniaceae	Akwaka, Emola, Kitola, Lolagbola, M'Babou, Tchibudimbu, **Tchitola**, Tola Chinfuta	Angola, **Congo**, Gabon, Nigeria, Zaire	AF
Teak	Tectona	Verbenaceae	**Teak**	**India, Indonesia, Myanmar, Thailand**	SOA
Tembusu	Fagraea	Potaliaceae	Anan, Burma Yellowheart, Kan Krao, Keramati, Meraing, Rerirang, Tam Sao, Tatrau, Temasuk, **Tembusu**, Trai, Urung	Brunei, Cambodia, **Indonesia**, **Malaysia**, Myanmar, Philippines, **Sabah, Sarawak**, Solomon Isl., Thailand,	SOA
Tento	Ormosia	Fabaceae	Agui, Barakaro, Buiucu, Caconnier Rouge, Chocho, Choco, Huaryoro, Kokriki, Neko-Oudou, Palo de Matos, **Tento**	**Brazil**, Colombia, French Guiana, Guyana, Lesser Antilles, Peru, Porto Rico, Surinam, Venezuela	MA, SA
Terap	Artocarpus	Moraceae	Kamansi, Kapiak, Pudau, Tampang, **Terap**, Upas	India, **Malaysia**, Papua New Guinea, Sarawak	SOA

AF = Afrika, AS = Asien, AU = Australien, EU = Europa, MA = Mittel-Amerika, NA = Nord-Amerika, SA = Süd-Amerika, SOA = Süd-Ost-Asien

Internationaler Handelsleitname	Wissenschaftlicher Leitname	Botanische Familie	Handelsnamen in den Ursprungsländern	Typisches Herkunftsgebiet	Region
Terentang	Campnosperma	Anacardiaceae	Carridan, Campnosperma, Karamati, Nangpren, Napan, **Terentang**, Terintang, Serentang	Indonesia, **Malaysia**, Papua New Guinea, Solomon Isl., Sri Lanka	SOA
Terminalia, Yellow	Terminalia	Combretaceae	Gaba, Ketapang, Kwisik, Malaka-Lumpit, Paga, Pak Terminalia, **Yellow Terminalia**	Indonesia, Malaysia, Papua New Guinea, Philippines, **Solomon Isl.**	SOA
Thitka, Melunak	Pentace	Tiliaceae	Daeng-Samaet, Kashit, **Melunak**, Pinang, Sisiet, Takalis, Tassit, **Thitka**	Cambodia, Indonesia, Malaysia, Myanmar, Sabah, Thailand	SOA
Thong, Tinyu	Pinus	Pinaceae	Benguet Pine, Khasi-pine, Khasya-Pine, Kia, Merkus-Pine, Mindoro-Pine, Saleng, Son, Sral, Tapulau, Tenasserim-Pine, **Thong, Tinyu,**	Assam, Cambodia, Indonesia, **Myanmar**, Philippines, Thailand, Vietnam, Tuam	SOA
Thuya	Tetraclinis	Cupressaceae	**Thuya de Barbarie**, Thuya-Maser	**North Africa**	AF
Tiama	Entandrophragma	Meliaceae	Abeubenge, Acuminata, Dongomaguila, Edinam, Gedu-Nohor, Kiluka, Lifaki, Liveri, Mukusu, **Tiama**, Tiama-Mahogany	Angola, Congo, Gabon, Ghana, Equatorial Guinea, **Ivory Coast**, Nigeria, Uganda, Zaire	AF
Tola	Gossweilerodendron	Caesalpiniaceae	Agba, Emolo, Ntola, Sinedon, **Tola**, Tola Blanc, Tola Branca	**Angola**, Cameroun, **Congo**, Gabon, Nigeria, Zaire	AF
Tornillo	Cedrelinga	Mimosaceae	Achapo, Cerdrorana, Chuncho, Don Cede, Huayra-Caspi, Seique, Seiqui, **Tornillo**, Tsaik	Brazil, Colombia, Ecuador, French Guiana, **Peru**	MA, SA
Ulme	Ulmus		Elm, Orme, Rüster, **Ulme**	Europe, **Germany**, N.-America	EU, NA
Urucurana	Hieronyma	Euphorbiaceae	Aguacatillo, Anoniwana, Aquacatillo, Bois de Vin, Cajuela, Calum-Calum, Cargamanto, Carne Asada, Casaco, Cedro Macho, Curtidor, Mascarey, Nancito, Pantano, Pilon, Puruancaspi, Quina Vermelha, Rosita, Soeradan, Sorodon, Suradan, Suradanni, Trompillo, **Urucurana**, Yackuchinum, Zapatero	**Brazil**, Colombia, Costa Rica, Cuba, Ecuador, French Guiana, Guyana, Honduras, Nicaragua, Panama, Peru, Porto Rico, Surinam, Venezuela	MA, SA
Virola	Virola	Myristicaceae	Baboen, Banak, Bogamani, Cajuena, Camaticaro, Chaliviande, Cebo, Cuajo, Cumala, Dalli, Nuanamo, Otivo, Palo de Sangre, Sangre Colorado, Sangrino, Sebo, Ucuuba, **Virola**, Yayamadou	Brazil, Central America, Colombia, Ecuador, French Guiana, Guyana, Peru, Surinam, Trinidad-Tobago, **Venezuela**	MA, SA
Wacapou	Vouacapoua	Caesalpiniaceae	Acapu, Bois Perdrix, Bounaati, Bruinhart, Épi de Blé, Partridge Wood, Ritangueira, Sara, Sarabebeballi, Wacapoe, **Wacapou**	Brazil, **French Guiana**, Guyana, Surinam	MA, SA

AF = Afrika, AS = Asien, AU = Australien, EU = Europa, MA = Mittel-Amerika, NA = Nord-Amerika, SA = Süd-Amerika, SOA = Süd-Ost-Asien

Internationaler Handelsleitname	Wissenschaftlicher Leitname	Botanische Familie	Handelsnamen in den Ursprungsländern	Typisches Herkunftsgebiet	Region
Walnut	Juglans	Juglandaceae	Noyer, Nussbaum, Walnuss, **Walnut**	Europe, **USA**	EU, NA
Walnut, Japanese	Juglans sieboldiana	Juglandaceae	Chiu, **Japanese Walnut**, Kurumi	China, Japan	OA
Walnut, Queensland	Endriana	Lauraceae	Australia Walnut, Oriental Wood, **Queensland Walnut**, Walnut Bean	**Australia**	AU
Weide	Salix	Saicaceae	Saule, **Weide**, Willow	Europe, **Germany**, North America	EU, NA
Weißbuche	Carpinus	Betulaceae	Charme, Hainbuche, **Weißbuche**	Europe, **Germany**	EU
Wenge	Millettia	Fabaceae	Awoung, Jambire, Mpande, Panga-Panga, **Wenge**	Cameroun, **Congo**, Moçambique, Tanzania, **Zaire**	AF
White Oak	Quercus	Fagaceae	Chêne blanc, Weißeiche, **White Oak**	Europe, **USA**	EU, NA
Whitewood	Liriodendron	Magnoliaceae	Tulpenbaum, **Whitewood**	**USA**	NA
Yemane	Gmelina	Verbenaceae	Gamari, Gumari, Gumhar, Gumhu, Saw, Sewan, Sor, **Yemane**	India, **Myanmar**, Thailand	SOA
Zingana	Microberlinia	Caesalpiniaceae	Allen Ele, Zebrawood, Zebrano, **Zingana**	Cameroun, **Gabon**	AF

AF = Afrika, AS = Asien, AU = Australien, EU = Europa, MA = Mittel-Amerika, NA = Nord-Amerika, SA = Süd-Amerika, SOA = Süd-Ost-Asien

Eigenschaften ausgewählter Hölzer

Die hier aufgelisteten Eigenschaften stellen lediglich eine Auswahl aus den wichtigsten Holzeigenschaften dar.

Wegen des beschränkten zur Verfügung stehenden Umfangs ist eine detaillierte Darstellung nicht möglich. Aus diesem Grunde sind die Hölzer auch nur mit ihren wichtigsten Handelsnamen aufgelistet. Die regionalen Handelsnamen können durch Quervergleich mit der Tabelle der Handelsnamen ermittelt werden. Um die folgende Tabelle so übersichtlich wie möglich zu gestalten, werden die folgenden Abkürzungen und Bezeichnungen gewählt:

Farbe
Die Farbe der Hölzer kann nur allgemein angegeben werden. Farbabweichungen durch unterschiedliche Wachstumseinflüsse sind möglich. Die angegebenen Farben sind die üblichen, häufigsten Farbtöne oder Farbkombinationen von frisch geschnittenem, unbehandeltem Holz.

Abhängig von der Lagerung und/oder der Weiterverarbeitung und Oberflächbehandlung können starke Farbabweichungen auftreten.

Die Farben werden mit folgenden Abkürzungen gekennzeichnet:

b	braun	py	gelbrosa
lb	hellbraun	rg	rotgrau
db	dunkelbraun	ol	olive
rb	rotbraun	gw	weißgrau
bw	weißbraun	pw	weißrosa
gb	goldbraun	oy	gelborange
pb	braunrosa	w	weiß
ob	braunorange	p	rosa
yb	gelbbraun	v	violet
gb	graubraun	y	gelb
blb	schwarzbraun	o	orange
bg	beige	g	grau
dr	dunkelrot	r	rot
bl	schwarz	str	gestreift
yw	weißgelb		

Farbunterschied
Zwischen Kernholz und Splintholz:
+ = deutlich
- = undeutlich

Natürliche Beständigkeit
Algemeine Beständigkeit gegen Pilzbefall, Schimmel und Insektenfraß.
-- = sehr schlecht
- = schlecht
0 = mittel
+ = gut
++ = sehr gut

Widerspänigkeit
o = keine
o/+ = manchmal
+ = oft
++ = immer

Furnier
s = Schälfurnier
m = Messerfurnier

Leimung
- = schlecht
o = mittel
o/+ = Vorbereitung nötig
+ = problemlos

Bearbeitbarkeit
Werkzeuge müssen stets scharf sein und für den Holztyp geeignete Geometrie haben.
- = schlecht
o = mittel
o/+ = Vorbereitung nötig
+ = problemlos

Oberflächenbearbeitung
- = schlecht
o = mittel
o/+ = Vorbereitung nötig
+ = problemlos

Bemerkungen
X = keine Information

Eigenschaften ausgewählter Hölzer

Internationaler handelsleitname	Wissenschaftlicher Leitname	Botanische Familie	Spezifische Dichte bei r=12 % (gr/mm³)	Elastizitäts-modul (N/mm²)	Druckfestigkeit (N/mm²)	Biegefestigkeit (N/mm²)	Farbe Kernholz	Farbunterschied zwischen Kernholz und Splintholz	Natürliche Beständigkeit	Widerspänigkeit	Furnier	Leimfähigkeit	Bearbeitbarkeit	Oberflächen-behandlung
Abarco	Carniana	Lecythidaceae	0.68	11.100	61	125	rb	+	0	0/+	s/m	+	+	+
Abura, Bahia	Hallea	Rubiaceae	0.56	9.500	43	75	p/bg	–	–¦	0/+	s	+	+	+
Acacia	Albiccia	Mimosaceae	0.7	X	X	X	db	+	++	–	–	+	–	+
Acacu	Hura	Euphorbiaceae	0.45	7.500	31	60	yw	–	–¦	0/+	s	+	0	–
Afrormosia	Pericopsis	Fabaceae	0.75	13.000	65	130	b	+	++	++	s/m	+	0	+
Agathis	Agathis	Araucariaceae	0.45	12.000	33	66	y	–	–	0/+	s/m	+	0	+
Aiele	Canarium	Burseraceae	0.49	8.400	36	82	pb	+	–¦	+	s/m	+	+	+
Ako	Antiaris	Moraceae	0.46	7.200	35	82	yw	–	–¦	++	s/m	+	–	+
Akossika	Scottelia	Flacourtiaceae	0.67	10.300	56	132	yw	–	–¦	+	–	+	+	+
Alan–Batu	Shorea	Dipterocarpaceae	0.8	13.600	57	114	ob	+	–	0	s/m	+	–	+
Alder	Alnus	Oleaceae	0.65	11.000	50	105	yw	–	0	0	–	+	+	+
Alerce	Fizroya	Cupressaceae	0.4	8.700	39	86	lb	+	0	0	s/m	+	+	+
Amapa	Parahancornia	Apocynaceae	0.51	10.600	44	89	bg	–	–¦	0	–	+	+	+
Amarante	Peltogyne	Caesalpiniaceae	0.87	16.800	79	155	v	+	+	+	s	+	+	+
Amberoi	Pterocymbium	Sterculiaceae	0.38	840	30	46	yw	–	–	0	m	+	0	+
Amesclao	Trattinickia	Burseraceae	0.58	11.600	47	94	gw	–	–¦	+	s	0/+	0/+	+

Eigenschaften ausgesuchter Hölzer

Internationaler Handelsleitname	Wissenschaftlicher Leitname	Botanische Familie	Spezifische Dichte bei r=12 % (gr/mm³)	Elastizitäts-modul (N/mm²)	Druckfestigkeit (N/mm²)	Biegefestigkeit (N/mm²)	Farbe Kernholz	Farbunterschied zwischen Kernholz und Splintholz	Natürliche Beständigkeit	Widerspänigkeit	Furnier	Leimfähigkeit	Bearbeitbarkeit	Oberflächen-behandlung
Andira	Andira	Fabaceae	0.78	16.300	74	143	pb	+	++	0/+	m	-	-/0	0/+
Andiroba	Carapa	Meliaceae	0.67	11.700	59	111	rb	+	-/0	0	s/m	+	+	+
Andoung	Monopetalanthus	Caesalpiniaceae	0.58	11.300	47	126	lb/rb	-	0	++	s	+	-¡	+
Angelim	Hymenolobium	Fabaceae	0.77	16.100	66	131	p/bg	-	0/+	+	m	+	+	+
Angelim Radajo	Marmaroxylon	Mimosaceae	1	21.000	83	177	yb/str	+	0	0/+	m	-/0	-	-/0
Angelim Vermelho	Dinizia	Mimosaceae	1.05	19.400	90	159	rb	+	++	0/+	-	-	-	+
Aningre	Aningeria	Sapotaceae	0.56	11.000	47	117	yw/pr	-	-	0	s	+	-	+
Apple	Pirus malus		0.75	X	50	100	pb	+	-	0	s/m	+	+	+
Araracanga	Aspidosperma	Apocyanaceae	0.95	20.900	91	172	o	+	++	0/+	m	+	+	+
Arariba	Centrolobium	Fabaceae	0.85	14.700	60	122	o/str	+	++	0/+	m	-/0	-/0	-
Araucaria	Araucaria	Araucariaceae	0.56	13.200	56	103	yw	-	+	0	s	+	+	+
Aspe	Popolus	Salicaceae	0.5	7.800	34	65	bg	-	-¡	0	s	+	+	+
Ash	Fraxinus	Oleaceae	0.75	11.600	50	110	yw	-	-	0	s/m	+	+	+
Avodire	Turraeanthus	Meliaceae	0.58	10.100	52	132	bg/y	-	0	0	m	+	+	+
Awoura	Paraberlinia	Caesalpiniaceae	0.77	14.300	68	179	pw-str	-	0	0	m	+	+	+
Azobe	Lophira	Ochnaceae	1.07	17.400	96	227	dr/v	+	++	+	-	-¡	-¡	+

208 Holz

Eigenschaften ausgesuchter Hölzer

Internationaler Handelsleitname	Wissenschaftlicher Leitname	Botanische Familie	Spezifische Dichte bei r=12 % (gr/mm³)	Elastizitäts-modul (N/mm²)	Druckfestigkeit (N/mm²)	Biegefestigkeit (N/mm²)	Farbe Kernholz	Farbunterschied zwischen Kernholz und Splintholz	Natürliche Beständigkeit	Widerspänigkeit	Furnier	Leimfähigkeit	Bearbeitbarkeit	Oberflächen-behandlung
Bacuri	Platonia	Clusiaceae	0.85	18.200	73	163	yb	+	+/++	0	m	+	+	+
Balau, Red	Shorea	Rubroshorea	0.85	16.000	60	130	p	-	0	0/+	m	+	-	+
Balau, Yellow	Shorea	Shorea Meijer	0.95	21.000	70	130	ob	-	++	0/+	-	+	-	+
Balsa	Ochroma	Bombacaceae	0.16	2.100	9	15	bg	-	--	0	-	+	0/+	+
Balsam Fir	Abies	Pinaceae	0.45	8.500	45	70	yw	-	-	-	s/m	+	+	+
Balsamo	Myroxylon	Fabaceae	0.95	16.600	85	165	rb	+	+/++	+	-	-	+	+
Basralocus	Dicorynia	Caesalpiniaceae	0.79	14.800	70	135	rb	+	0	0	s/m	+	-	+
Basswood	Tilia, american	Tiliaceae	0.44	10.100	33	60	w	-	--	0	-	+	+	+
Batibatra	Enterolobium	Mimosaceae	0.83	14.600	66	128	o	-	++	0/+	m	-/0	0/+	0/+
Beech, red	Fagus	Fagaceae	0.62	15.000	60	120	gb	-	-	-	s/m	+	0/+	+
Beech, white	Carpinus	Betulaceae	0.7–0.9	16.000	55–82	115–160	ws	-	+	0	-	+	+	+
Benuang	Octomeles	Datiscaceae	0.42	6.700	34	51	b	-	-	0/+	s	+	-	+
Berangan	Castanopsis	Fagaceae	0.75	13.400	50	100	y	-	0	0/+	s/m	+	+	+
Bilinga	Nauclea	Rubiaceae	0.76	11.800	62	134	y/oy	+	+	++	m	-	+	+
Billian	Eusideroxylon	Lauraceae	0.95	18.300	85	160	rb	+	++	0	m	+	-	0
Bintangor	Calophyllum	Clusiaceae	0.67	14.300	85	85	p	+	-	0/+	s/m	+	+	+

Eigenschaften ausgesuchter Hölzer

Internationaler Handelsleitname	Wissenschaftlicher Leitname	Botanische Familie	Spezifische Dichte bei r=12 % (gr/mm³)	Elastizitäts-modul (N/mm²)	Druckfestigkeit (N/mm²)	Biegefestigkeit (N/mm²)	Farbe Kernholz	Farbunterschied zwischen Kernholz und Splintholz	Natürliche Beständigkeit	Widerspänigkeit	Furnier	Leimfähigkeit	Bearbeitbarkeit	Oberflächen-behandlung
Birch	Betula	Betulaceae	0.65	14.900	52	134	yw	-	-	0	s / m	+	+	+
Birnbaum	Pirus	Rosaceae	0.72.	8.000	58	85	pb	-	-	0	s / m	+	+	+
Bitis	Madhuca	Sapotaceae	0.9	23.800	90	170	b	+	++	0	-	+	-	+
Bomanga	Brachystegia	Caesalpiniaceae	0.56	9.800	49	119	pb	+	+	++	s / m	+	¦	+
Bongossi	Lophira	Ochnaceae	1.07	17.400	96	227	dr / v	+	++	+	-	-	¦	+
Bosse	Guarea	Meliaceae	0.6 – 0.65	10.700	50	140	ob	+	0 / +	++	s / m	+	¦	0
Breu	Protium	Burceraceae	0.65	12.100	57	115	gbg	-	-	0	s	+	¦	+
Bubinga	Guibourtia	Caesalpiniaceae	0.93	16.000	75	192	rb	+	+	+	m	-	+	+
Buche	Fagus	Fagaceae	0.62	15.000	60	120	gb	+	-	-	s / m	+	-	+
Burmese Padouk	Pterocarpus macrocarpus	Fabaceae	0.85	11.600	52	126	p	+	+	+	m	+	+	+
Caracoli	Anacardium	Anacardiaceae	0.55	10.200	44	81	gbg	-	-	0 / +	s	+	-	+
Cardeiro	Scleronema	Bombacaceae	0.72	12.700	62	111	gb	-	-	0	s	+	+	+
Cativo	Prioria	Caesalpiniaceae	0.48	8.000	35	62	rb / str	+	-	0	s	+	+	0 / +
Caxinguba	Ficus	Moraceae	0.42	6.900	38	56	yw	-	-	0	s	-	+	+
Cedar	Cedrus deodora	Pinaceae	0.55	6.500	35	55	rb	+	0 / +	0 / +	s / m	+	+	+
Cerejeira	Amburana	Fabaceae	0.59	8.800	45	81	pb	0	0	0 / +	s / m	+	+	+

Eigenschaften ausgesuchter Hölzer

Internationaler Handelsleitname	Wissenschaftlicher Leitname	Botanische Familie	Spezifische Dichte bei r=12 % (gr/mm³)	Elastizitäts-modul (N/mm²)	Druckfestigkeit (N/mm²)	Biegefestigkeit (N/mm²)	Farbe Kernholz	Farbunterschied zwischen Kernholz und Splintholz	Natürliche Beständigkeit	Widerspänigkeit	Furnier	Leimfähigkeit	Bearbeitbarkeit	Oberflächen-behandlung
Champaka	Michelia	Magnoliaceae	0.6	9.500	39	68	yb	+	-	o	s/m	+	+	+
Chanul	Humiriastrum	Humiriaceae	0.95	18.800	86	168	db	-	++	o	m	+	+	+
Chengal	Neobalanocarpus	Dipterocarpaceae	0.9	19.600	75	149	r/o/b	-	++	o	-	+	+	+
Cherry	Prunus	Rosaceae	0.58	10.300	50	90	rb	-	o	o	s/m	+	+	+
Chestnut	Aesculus	Fagaceae	0.55	8.500	35	65	yb	-	-	o	s	+	+	+
Chestnut, edible	Castanea	Fagaceae	0.65	8.800	45	70	yb	-	+	o	s/m	+	+	+
Chicha	Sterculio	Sterculiaceae	0.64	12.600	54	103	bg	-	-/-	o	s	+	+	+
Citrus	Citrus	Rutaceae	0.8-1.1	X	70	116	y	+	-	o	s/m	+	+	+
Cocuswood	Brya		1.1	X	X	X	db	+	-/-	++	-	-	-	-
Congotali	Letestua	Sapotaceae	1.09	21.400	92	269	b	+	++	o/+	-	+	+	-
Copaiba	Copaifera	Caesalpiniaceae	0.5-0.8	7.600-15.800	35-80	70-160	or	+	-/o	o/+	s/m	+	¦	+
Cordia, African	Cordia	Boraginaceae	0.41	7.100	28	73	gb	-	o	o/+	-	+	o	o
Corocao de Negro	Swartzia	Caesalpiniaceae	1.2	26.300	110	224	blb	+	++	o/+	-	+	o	+
Cucumber Tree	Magnolia	Magnoliaceae	0.5	12.500	40	85	yw	+	-/-	o	s/m	+	+	+
Cumaru	Dipteryx	Fabaceae	1.07	22.000	105	199	o	+	++	++	m	-/o	-	+
Cupiuba	Goupia	Goupiaceae	0.84	14.700	62	122	pb	+	o/+	+	m	-/o	+	o

Eigenschaften ausgesuchter Hölzer

Internationaler Handelsleitname	Wissenschaftlicher Leitname	Botanische Familie	Spezifische Dichte bei r=12 % (gr/mm³)	Elastizitäts-modul (N/mm²)	Druckfestigkeit (N/mm²)	Biegefestigkeit (N/mm²)	Farbe Kernholz	Farbunterschied zwischen Kernholz und Splintholz	Natürliche Beständigkeit	Widerspänigkeit	Furnier	Leimfähigkeit	Bearbeitbarkeit	Oberflächen-behandlung
Cypress	Cupressus	Cupressaceae	0.59	7.000	53	54	pb	+	o/+	o	s/m	+	+	+
Dabema	Piptadeniastrum	Mimosaceae	0.69	12.300	57	137	gb	+	+	++	-	+	¦	+
Dibetou	Lovoa	Meliaceae	0.53	8.400	47	100	gb	+	+	o	s	+	-	+
Doussie	Afzelia	Caesalpiniaceae	0.8	12.000	70	160	rb	+	++	+	-	-	-	+
Duabanga	Duabanga	Sonneratiaceae	0.5	8.700	32	63	yb	+	-	o	s	-	+	+
Durian	Durio	Bombaceae	0.6–1.1	9.500–13.000	32–54	65–78	p	-	-	o	s	+	+	+
Ebiara	Berlinia	Caesalpiniaceae	0.72	11.160	59	137	pb	+	o/+	+	m	+	+	+
Ebony, African	Diospyros	Ebenaceae	1.05	12.400	53	144	bl	+	++	o	-	-	-	+
Ebony, Asian	Diospyros	Ebenaceae	1.1	15.000	70	140	bl/y	+	++	+	m	+	-	+
Edelkastanie	Castanea	Fagaceae	0.65	8.500	45	70	yb	+	+	o	s/m	+	+	-
Eibe	Taxus	Taxaceae	0.8	15.700	57	85	o	+	++	o	s/m	+	+	+
Ekaba	Tetraberlinia	Caesalpiniaceae	0.58	11.000	52	126	p	-	o	-	s	+	+	+
Ekoune	Coelocaryon	Myristicaceae	0.52	10.000	38	102	yo	-	-¦	o	s	+	¦	+
Elm	Ulmus	Ulmaceae	0.5-0.8	11.000	50	85	pb/str	+	o	-	s/m	+	+	+
Eisbeere	Sorbus		0.7	X	50	100	p	-	-	.	s	+	+	+
Emien	Alstonia	Apocynaceae	0.35	6.500	27	56	yw	-	-¦	o	s	+	+	+

Eigenschaften ausgesuchter Hölzer

Internationaler Handelsleitname	Wissenschaftlicher Leitname	Botanische Familie	Spezifische Dichte bei r=12 % (gr/mm³)	Elastizitäts-modul (N/mm²)	Druckfestigkeit (N/mm²)	Biegefestigkeit (N/mm²)	Farbe Kernholz	Farbunterschied zwischen Kernholz und Splintholz	Natürliche Beständigkeit	Widerspänigkeit	Furnier	Leimfähigkeit	Bearbeitbarkeit	Oberflächen-behandlung
Essessang	Ricinodendron	Euphorbiaceae	0.26	4.500	19	48	yw	-	-	0	-	+	+	+
Eyong	Eribroma	Sterculiaceae	0.68	12.700	49	122	yb	-	-	0	s / m	+	+	+
Faro	Daniellia	Caesalpiniaceae	0.55	7.500	37	90	pb	+	-	0	s	+	+	+
Faveira Amargosa	Vateira	Fabaceae	0.77	15.700	61	129	b	+	0 / +	0 / +	m	+	+	+
Fernansanchez	Triplaris	Polygonaceae	0.63	12.500	50	100	pw	-	-	0	s	+	+	+
Fir	Abies	Pinaceae	0.45	11.000	40	68	wy	-	-	0	s	+	+	+
Framire	Terminalia	Combretaceae	0.5	9.100	43	99	yb	+	0	0	s	+	+	+
Freijo	Cordia	Boraginaceae	0.59	12.000	54	97	gb	+	0 / +	0 / +	s / m	+	+	+
Fuma	Ceiba	Bombacaceae	0.31	4.100	21	50	w	-	-	0	s	+	+	+
Geronggang	Cratoxylon	Hypericaceae	0.45	8.000	18	40	p	+	-	0	s	+	-	+
Gerutu	Parashorea	Dipterocarpaceae-Parashorea	0.69	20.600	65	150	yb	+	0	+	-	+	-	+
Gheombi	Sindoropsis	Caesalpiniaceae	0.72	10.700	60	120	pb	+	0	+	s	+	-	+
Giam	Hopea	Dipterocarpaceae	0.9	16.500	59	122	ob	-	++	++	-	+	-	+
Ginko	Ginko		0.45	X	X	X	w	-	X	0	s / m	+	+	+
Goiaboa	Planchonella	Sapotaceae	0.91	13.400	68	136	yw	-	- / +	0	m	+	+	+
Gommier	Dacryodes	Burseraceae	0.61	11.700	51	102	gw	-	-	++	s / m	+	-	+

Eigenschaften ausgesuchter Hölzer

Internationaler Handelsleitname	Wissenschaftlicher Leitname	Botanische Familie	Spezifische Dichte bei r=12 % (gr/mm³)	Elastizitäts-modul (N/mm²)	Druckfestigkeit (N/mm²)	Biegefestigkeit (N/mm²)	Farbe Kernholz	Farbunterschied zwischen Kernholz und Splintholz	Natürliche Beständigkeit	Widerspänigkeit	Furnier	Leimfähigkeit	Bearbeitbarkeit	Oberflächen-behandlung
Goncalo–Alvez	Astronium	Anacardiaceae	0.88	17.100	76	133	rb / str	+	++	0	m	–	+	+
Greenheart	Ocotea	Lauraceae	0.97	24.500	98	240	olb	+	++	0	–	– / 0	o	+
Grenadill, African	Dalbergia	Fabaceae	1.25	16.000	72	226	bl	+	++	0	–	+	– / –	+
Haldu	Adina	Rubiaceae	0.66	10.000	50	90	yb	–	–	0 / +	–	+	– / +	+
Hemlock, Western	Tsuga	Pinaceae	0.55	10.500	45	75	lb	+	0	0	s / m	+	+	+
Hickory	Hicoria	Juglandaceae	0.8	15.300	60	130	rb	+	–	0	s / m	+	+	+
Iatandza	Albizzia	Mimosaceae	0.59	10.000	50	113	yb	+	0	++	s	+	–	+
Igaganga	Haplormosia	Fabaceae	0.87	13.600	70	185	yb	–	++	++	m	o	–	+
Ilomba	Pycnanthus	Myristicaceae	0.48	8.200	39	88	bg	+	–	0	s	+	–	+
Imbuia	Ocotea	Lauraceae	0.71	7.500	49	93	b	–	0	0 / +	s / m	+	+	+
Inga	Inga	Mimosaceae	0.66	12.200	57	107	pbg	+	–	+	s	– / 0	+	+
Ipe	Tabebuia	Bignoniaceae	1.05	18.800	95	184	olb	–	++	++	m	+	–	– / 0
Iroko	Chlorophora	Moraceae	0.65	9.900	57	118	b	o	++	++	m	+	–	+
Itauba	Mezilaurus	Lauraceae	0.85	16.200	62	124	pb	0	++	0	m	– / 0	o	+
Izombe	Testulea	Ochnaceae	0.72	10.500	61	139	py	–	+	0	m	+	+	+
Jaboty	Erisma	Vochysiaceae	0.6	12.500	54	102	pb	+	+	0	s / m	+	+	+

Eigenschaften ausgesuchter Hölzer

Internationaler Handelsleitname	Wissenschaftlicher Leitname	Botanische Familie	Spezifische Dichte bei r=12 % (gr/mm³)	Elastizitäts-modul (N/mm²)	Druckfestigkeit (N/mm²)	Biegefestigkeit (N/mm²)	Farbe Kernholz	Farbunterschied zwischen Kernholz und Splintholz	Natürliche Beständigkeit	Widerspänigkeit	Furnier	Leimfähigkeit	Bearbeitbarkeit	Oberflächen-behandlung
Japanese Oak	Quercus	Fagaceae	0.6	11.500	52	95	gb	+	+	o	s/m	+	+	+
Jarra	Eucalyptus	Myrtaceae	0.82	16.200	61	112	r	+	++	+	-	+	-	+
Jatoba	Hymenae	Caesalpiniaceae	0.95	20.800	107	198	rb	+	o/++	o/+	m	+	o	+
Jelutong	Dyera	Apocynaceae	0.46	8.100	27	50	w	-	--	o	-	+	+	+
Jequitiba	Cariniana	Lecythidaceae	0.63	12.300	46	93	pb	o	--	o	s	+	+	+
Jongkong	Dactylocladus	Melastomata	0.55	11.600	40	75	p	-	--	o	s/m	+	+	+
Kadam	Antocephalus	Rubiaceae	0.46	8.500	35	60	yw	-	--	o	s	+	+	+
Kamarere	Eucalyptus	Myrtaceae	0.75	16.000	70	106	r	+	o	o/+	s	+	+	-
Kanda	Beilschmiedia	Lauraceae	0.7	11.000	53	135	pb	-	+	o	s/m	+	+	+
Kapur	Dryobalanops	Dipterocarpaceae	0.77	15.500	65	120	b	+	o/+	o/+	s	+	+	+
Kasai	Pometia	Sapindaceae	0.73	15.000	32	85	rb	-	--	o	s	+	+	+
Kauri	Agatis	Araucariaceae	0.5-0.6	16.200	51	107	rb	+	--	o	-	+	+	+
Kedondong	Canarium	Burseraceae	0.6	12.500	43	81	gy	-	+	+	s/m	+	+	+
Kekatong	Cynometra	Caesalpiniaceae	0.9	18.400	67	135	rb	-	--	o	m	+	-	+
Kekele	Holoptelea	Ulmaceae	0.56	12.000	60	145	yb	-	--	+	s	+	-/+	-
Kelat	Eugenia	Myrtaceae	0.73	17.600	59	116	pb	+	+	+	-	+	-	+

Eigenschaften ausgesuchter Hölzer

Internationaler Handelsleitname	Wissenschaftlicher Leitname	Botanische Familie	Specific density at r=12 % (gr/mm²)	Modulus of elasticity (N/mm²)	Druckfestigkeit (N/mm²)	Biegefestigkeit (N/mm²)	Color of heartwood	Color difference between heartwood and sapwood	Natural durability	Interlocked grain	Veneer	Glueing	Machining	Finishing
Keledang	Scaplum	Moreaceae	0.8	13.500	55	100	b	+	–	–	–	+	–	–
Kembang	Sterculiceae	Sterculiaceae	0.52	16.000	51	92	y	–	–	0/+	s	+	+	+
Kempas	Koompassia	Caesalpiniaceae	0.8	18.600	66	126	r	+	–	+	m	+	–	+
Keranji	Dialium	Caesalpiniaceae	0.85	16.000	72	134	b	+	–	+	m	+	–	+
Keruing	Dipterocarpus	Dipterocarpaceae	0.8	17.000	65	120	rb	+	– / +	0	s	+	+	+
Khaya–Mahogany	Khaya	Meliaceae	0.56 – 0.73	9.500	47	102	rb	+	0 / +	+	s / m	+	0	+
Kingwood	Dalbergia cearensis	Fabaceae	0.95	13.000	70	140	rb /str	+	++	+	s / m	+	+	+
Kirschbaum	Prunus	Rosaceae	0.58	10.300	50	90	pb	+	0	0	s / m	+	+	+
Kondroti	Rhodognaphalon	Bombacaceae	0.46	7.000	35	82	yb	+	0	0	s	+	–	+
Kosipo	Entandrophragma	Meliaceae	0.69	9.000	53	122	db	+	0	+	m	+	+	+
Kotibe	Nesogordonia	Sterculiaceae	0.75	10.400	64	160	b	+	+	+	m	+	+	+
Koto	Pterygota	Sterculiaceae	0.61	12.000	55	140	bg	–	–	p / +	s / m	+	+	+
Kulim	Scorodocarpus	Olacaceae	0.9	14.900	63	115	b	+	– / +	+	–	+	–	+
Kumbi	Lannea	Anacardiaceae	0.4	X	45	100	wg	–	–	0 / +	s	+	+	+
Kungkur	Pithecollobium	Mimosaceae	0.67	10.700	44	89	rb	+	– / +	+	s	+	+	+
Larch	Larix	Pinaceae	0.7	13.500 .	48	93	pb	+	0	–	s / m	+	+	+

Eigenschaften ausgesuchter Hölzer

Internationaler Handelsleitname	Wissenschaftlicher Leitname	Botanische Familie	Spezifische Dichte bei r=12 % (gr/mm³)	Elastizitätsmodul (N/mm²)	Druckfestigkeit (N/mm²)	Biegefestigkeit (N/mm²)	Farbe Kernholz	Farbunterschied zwischen Kernholz und Splintholz	Natürliche Beständigkeit	Widerspänigkeit	Furnier	Leimfähigkeit	Bearbeitbarkeit	Oberflächenbehandlung
Lati	Amphimas	Caesalpiniaceae	0.8	13.000	68	158	yb	-	-	o	m	+	+	+
Lauan, Light Red	Shorea almon, palosapis	Dipterocarpaceae	0.57	10.000	53	85	lb	+	+	0/+	s/m	+	+	+
Lauan, Red	Shorea negrosensis, agaboen.	Dipterocarpaceae	0.56	10.000	53	85	rb	+	+	0/+	s/m	+	+	+
Lauan, White	Shorea contorta	Dipterocarpaceae	0.59	11.700	33	110	yg	-	-/-	0/+	s/m	+	+	+
Lauan, Yellow	Shorea kalunti	Dipterocarpaceae	0.56	9.700	29	58	yg	-	-/+	0	s/m	+	+	+
Laurel	Terminalia	Combretaceae	0.9	13.100	57	100	b	+	-	+	m	-	-	+
Limba, Frake	Terminalia	Combretaceae	0.54	9.500	47	114	yw	-	-	0/+	s/m	+	+	+
Limbali	Gilbertiodendron	Caesalpiniaceae	0.81	14.000	71	190	b	+	-	0/+	-	+	-	+
Linde	Tilia, platyphyllos	Tiliaceae	0.53	7.400	52	104	w	-	-	0	-	+	+	+
Longhi	Gambeya	Sapotaceae	0.75	14.000	66	158	yb	-	-	0/+	s/m	+	+	+
Lotofa	Sterculia	Sterculiaceae	0.84	15.000	72	186	db	+	-	0/+	-	+	-	+
Louro	Nectandra	Lauraceae	0.54	11.000	40	89	lb	0	0	+	s/m	+	+	+
Louro Vermelho	Ocotea	Lauraceae	0.66	11.400	51	90	pb	+	0/+	+	s/m	+	+	+
Lupuna	Chorisia	Bombacaceae	0.3	X	X	X	gb	-	-	+	s	+	+	+
Macaranduba	Manilkara	Sapotaceae	1.1	19.600	90	190	r	+	+/++	0	m	-/0	+	+
Machang	Mangifera	Anacardiaceae	0.61	10.000	40	75	yg	-	-	0	m	+	+	+

Eigenschaften ausgesuchter Hölzer

Internationaler Handelsleitname	Wissenschaftlicher Leitname	Botanische Familie	Spezifische Dichte bei r=12 % (gr/mm³)	Elastizitäts-modul (N/mm²)	Druckfestigkeit (N/mm²)	Biegefestigkeit (N/mm²)	Farbe Kernholz	Farbunterschied zwischen Kernholz und Splintholz	Natürliche Beständigkeit	Widerspänigkeit	Furnier	Leimfähigkeit	Bearbeitbarkeit	Oberflächen-behandlung
Mahogany	Swietenia		0.6	10.300	55	100	rb	+	+	++	s / m	+	+	+
Makore	Tieghemella	Sapotaceae	0.69	11.200	58	137	rb	+	+	+	s / m	+	+	+
Malagangai	Eusideroxylon	Lauraceae	0.8	15.000	69	135	ob	+	++	o	-	+	+	+
Malas	Homalium	Flacourtiaceae	0.85	19.000	84	152	yb	-	+	0 / +	-	o	o	+
Mambode	Detarium	Caesalpiniaceae	0.67	12.000	38	93	db	+	o	0 / +	m	+	-	+
Mandioqueira	Qualea	Vochysiaceae	0.73	14.000	69	125	o	+	o	+	s / m	+	+	+
Manil	Symphonia	Clusiaceae	0.7	12.400	56	117	yb	+	o	o	s / m	+	+	+
Mansonia	Mansonia	Sterculiaceae	0.65	11.000	59	150	db	+	+	o	m	+	+	+
Maple	Acer	Aceraceae	0.6	9.400	49	95	w	-	-!	o	s / m	+	+	+
Marupa	Simarouba	Simaroubaceae	0.41	8.400	36	68	y	-	-!	o	s / m	+	+	+
Mata Ulat	Kokoona	Celastraceae	0.89	16.300	53	102	p	-	o	+	-	+	+	+
Medang	Dehaasia	Lauraceae	0.56	11.000	45	80	b	-	-!	0 / +	s	+	-	+
Mempening	Lithocarpus	Fagaceae	0.65	18.500	55	112	lb	+	o	o	s / m	+	+	+
Mengkulang	Heritiera	Sterculiaceae	0.74	11.000	55	90	p	-	-!	0 / +	s / m	o	+	+
Meransi	Carallia	Rhizophoraceae	0.67	13.300	55	100	ob	-	o	o	-	o	-	+
Meranti, Dark Red	Shorea roxburg	Dipterocarpaceae	0.6 – 0.8	11.000–15.000	34–63	74–119	rb	+	-!	o	s / m	+	+	+

218 Holz

Eigenschaften ausgesuchter Hölzer

Internationaler Handelsleitname	Wissenschaftlicher Leitname	Botanische Familie	Spezifische Dichte bei r=12 % (gr/mm³)	Elastizitätsmodul (N/mm²)	Druckfestigkeit (N/mm²)	Biegefestigkeit (N/mm²)	Farbe Kernholz	Farbunterschied zwischen Kernholz und Splintholz	Natürliche Beständigkeit	Widerspänigkeit	Furnier	Leimfähigkeit	Bearbeitbarkeit	Oberflächenbehandlung
Meranti, Light Red	Shorea rubirosa	Dipterocarpaceae	0.4-0.7	8.400-10.500	30-50	63-85	ob	-	-	+	s/m	+	+	+
Meranti, White	Shorea anthoshorea	Dipterocarpaceae	0.4-0.6	11.500-19.400	55	90	yb	-	-	+	s/m	0	+	+
Meranti, Yellow	Shorea roxbug	Dipterocarpaceae	0.5-0.66	10.800	46	86	yb	-	-	0	s/m	0	+	+
Merawan	Hopea	Dipterocarpaceae	0.7	13.000	46	97	yb	-	+	0	s	+	+	+
Merbau	Intsia	Caesalpiniaceae	0.83	15.400	70	130	pb	+	++	0/+	m	+	+	+
Mercusse	Androstachys	Euphorbiaceae	0.92	X	67	181	b	-	++	0/+	-	+	+	+
Merpau	Swintonia	Anardardiaceae	0.7	16.000	50	98	pb	+	-	0	s	+	+	+
Mersawa	Anissoptera	Dipterocarpaceae	0.55-0.75	11.000	35	65	yw	-	-	0/+	s	+	+	0
Moabi	Baillonella	Sapotaceae	0.86	17.000	74	199	rg	+	++	0/+	s/m	+	+	+
Mogno	Swietenia	Meliaceae	0.62	8.900	55	98	p	+	0/+	0/+	s/m	+	+	+
Mora	Mora	Caesalpiniaceae	1.02	15.200	80	156	b	+	+/++	+	-	-/0	+	+
Moral	Chlorophora	Moraceae	0.88	17.600	91	167	yb	+	++	++	-	+	0	+
Morototo	Didymopanax	Araliaceae	0.55	10.100	41	75	bg	-	-	0	s/m	+	+	+
Movingui	Distemonanthus	Caesalpiniaceae	0.73	11.800	64	162	y	+	0	+	m	+	-	+

Eigenschaften ausgesuchter Hölzer

Internationaler Handelsleitname	Wissenschaftlicher Leitname	Botanische Familie	Spezifische Dichte bei r=12 % (gr/mm³)	Elastizitäts-modul (N/mm²)	Druckfestigkeit (N/mm²)	Biegefestigkeit (N/mm²)	Farbe Kernholz	Farbunterschied zwischen Kernholz und Splintholz	Natürliche Beständigkeit	Widerspänigkeit	Furnier	Leimfähigkeit	Bearbeitbarkeit	Oberflächen-behandlung
Muhimbi	Cynometra	Caesalpiniaceae	0.94	17.500	67	202	b	+	++	+	-	+	-	+
Muhuhu	Brachylaena	Asteraceae	0.93	10.900	65	149	ol	+	++	+	-	-	-	+
Muiratinga	Maquira	Moraceae	0.47	8.100	38	64	yw	-	-¦-	+	s / m	+	o	*
Mukulungu	Autranella	Sapotaceae	0.95	13.700	74	166	rb	+	++	0 / +	m	-	-	+
Mutenye	Guibourtia	Caesalpiniaceae	0.79	18.200	79	194	yb	+	o	* 0 / +	m	+	-	+
N'Tene	Copaifera	Caesalpiniaceae	0.58	10.000	56	117	pb	+	-	0 / +	s	+	-	+
Naga	Brachystegia	Caesalpiniaceae	0.7	10.400	55	130	gb	+	o	+	s / m	+	-	+
Niangon	Heritiera	Sterculiaceae	0.7	11.500	55	144	pb	+	o	o	s	+	-	+
Niove	Staudtia	Myristicaceae	0.89	13.000	89	214	rb	+	++	0 / +	m	+	+	+
Nogal	Juglans	Juglandaceae	0.61	7.600	36	63	g/b/str	+	o	0	s / m	+	+	+
Nyatoh	Palquium	Sapotaceae	0.67	16.000	55	100	b	+	-¦-	0 / +	s / m	-	+	+
Oak	Quercus	Fagaceae	0.7	11.500	52	95	gb	+	+	0	s / m	+	+	+
Obeche, Abachi	Triplochiton	Sterculiaceae	0.38	6.000	30	73	yw	-	-	0 / +	s / m	+	+	-/+
Ohia	Celtis	Ulmaceae	0.75	13.500	59	163	yw	-	-	0 / +	s	+	-	+

Eigenschaften ausgesuchter Hölzer

Internationaler Handelsleitname	Wissenschaftlicher Leitname	Botanische Familie	Spezifische Dichte bei r=12 % (gr/mm³)	Elastizitäts-modul (N/mm²)	Druckfestigkeit (N/mm²)	Biegefestigkeit (N/mm²)	Farbe Kernholz	Farbunterschied zwischen Kernholz und Splintholz	Natürliche Beständigkeit	Widerspänigkeit	Furnier	Leimfähigkeit	Bearbeitbarkeit	Oberflächen-behandlung
Okan	Cylicodiscus	Mimosaceae	0.91	18.000	82	187	b	+	++	+	-	+	-	+
Okoumé	Aucoumea	Burseraceae	0.44	7.800	36	87	pb	+	o	+	s/m	+	-	+
Olivier	Olea	Oleaceae	0.9	X	50	X	pb	+	+	o	s/m	+	+	+
Olon	Fagara	Rutaceae	0.52	10.000	45	109	y/o/str	-	o	+	s	+	-	+
Onzabili	Antrocaryon	Anacardiaceae	0.66	10.500	53	144	yw	-	o	+	s	+	-	+
Oregon	Pseudotsuga	Pinaceae	0.6	12.500	55	85	p	-	+	* o	s/m	+	+	+
Ovengkol	Guibourtia	Caesalpiniaceae	0.82	13.700	69	178	gb	+	++	0/+	m	+	-	+
Ozigo	Dacryodes	Burseraceae	0.58	11.200	52	128	wg	-	o	+	s	+	-	+
Padauk, African	Pterocarpus	Fabaceae	0.77	12.300	62	164	r	+	++	0/+	m	+	-	+
Padouk	Pterocarpus	Fabaceae	0.7	13.400	51	91	rb	+	o	+	s/m	+	-	+
Paldao	Dracontomelum	Anacardiaceae	0.7	13.000	62	107	ol b	-	--	0/+	m	+	+	+
Palisander	Dalbergia	Fabaceae	0.95	13.600	84	200	r	+	++	+	e	+	+	o
Palisander, east indian	Dalbergia	Fabaceae	0.9	13.000	63	120	v b	+	++	+	e	+	-	o
Pao Rosa	Swartzia	Caesalpiniaceae	1.01	17.000	89	208	pb	+	+	+	e	-+	-	+

Eigenschaften ausgesuchter Hölzer

Internationaler Handelsleitname	Wissenschaftlicher Leitname	Botanische Familie	Specific density at r=12 % (gr/mm³)	Modulus of elasticity (N/mm²)	Druckfestigkeit (N/mm²)	Biegefestigkeit (N/mm²)	Color of heartwood	Color difference between heartwood and sapwood	Natural durability	Interlocked grain	Veneer	Glueing	Machining	Finishing
Pappel	Populus	Salicaceae	0.45	8.800	32	65	bg	-	-	-	s	+	+	+
Paran–Pine	Araucaria	Araucariaceae	0.56	13.200	56	103	yw	-	+	o	s	+	+	+
Para–Para	Jacaranda	Bignoniaceae	0.42	9.000	31	60	bg	-	-	o	s / m	+	+	+
Pashaco	Schizolobium	Caesalpiniaceae	0.35	6.300	34	57	g	-	-	+	s	+	+	+
Pau Amarelo	Euxylophora	Rutaceae	0.81	15.700	79	132	y	+	++	0/+	-	+	o	+
Pau Kijang	Irvingia	Irvingiaceae	0.9	11.400	70	150	b	-	-	+	m	+	-	o
Pau Mulato	Calycophyllum	Rubiaceae	0.83	16.600	77	162	y	+	o	0/+	-	-	+	+
Pear	Pirus	Rosaceae	0.72	8.000	58	85	pb	-	-	o	s / m	+	+	+
Penaga	Mesua	Guttiferae	1	19.500	80	155	r	+	+	+	-	+	-	+
Perupok	Lophopetalum	Celastraceae	0.5-0.6	12.400	43	78	pb	-	-	o	s / m	+	+	+
Pine	Pinus	Pinaceae	0.6	12.000	45	80	yw	+	-	o	s	+	+	+
Piquia	Caryocar	Caryocaraceae	0.81	14.300	66	123	bg	-	o	++	-	-/o	-	-/o
Pitch–Pine	Pinus	Pinaceae	0.55	9.500	34	67	lb	+	o	o	s / m	+	+	+
Planchonella, White	Planchonella	Sapotaceae	0.5	12.600	26	106	g	-	-	o	s	+	+	+

222 Holz

Eigenschaften ausgesuchter Hölzer

Internationaler Handelsleitname	Wissenschaftlicher Leitname	Botanische Familie	Spezifische Dichte bei r=12 % (gr/mm³)	Elastizitäts-modul (N/mm²)	Druckfestigkeit (N/mm²)	Biegefestigkeit (N/mm²)	Farbe Kernholz	Farbunterschied zwischen Kernholz und Splintholz	Natürliche Beständigkeit	Widerspänigkeit	Furnier	Leimfähigkeit	Bearbeitbarkeit	Oberflächen-behandlung
Platane, Planetree	Platanus	Platanaceae	0.7	10.500	56	104	gr	+	-	0	s	+	+	+
Plum	Prunus domestica		0.8	X	55	80	pb	+	-	0	m	+	+	
Podo	Podocarpus	Podocarpaceae	0.4–0.6	10.500	49	101	y	-	-	0	s/m	+	+	+
Pulai	Alstonia	Apocynaceae	0.4	7.200	23	37	yw	-	--	0	s	+	+	+
Punah	Teramerista	Terameristaceae	0.6–0.8	15.400	50	87	yb	-	-	0	s	+	+	o
Pyingkado	Xylia	Mimosaceae	0.9	16.000	70	120	rb	+	++	+	-	-	-	o
Quaruba	Vochysia	Vochysiaceae	0.51	9.600	43	82	p	-	-/0	0/+	s	+	+	o
Quitte	Cydonia		0.8	X	X	X	y/o	+	+	0	s/m	+	+	+
Ramin	Gonystylus	Gonmystylaceae	0.66	15.000	61	110	yw	-	--	0	s/m	+	+	+
Red Cedar, Western	Cedrala	Meliaceae	0.53	6.500	38	70	rb	+	0/+	0	s/m	+	-	+
Red Maple	Acer rubrum	Aceraceae	0.61	11.300	45	92	w	-	--	0	s/m	+	+	+
Redwood	Sequoia	Taxodiaceae	0.45	7.400	35	60	rb	+	++	0	s/m	+	+	+
Rengas	Gluta	Anacardiaceae	0.8	14.900	59	110	r	+	+	0/+	m	+	+	+
Resak	Vatica	Dipterocarpaceae	0.85–0.95	14.000–18.000	40–60	80–105	yb	+	+/++	0	m	-	+	o

Eigenschaften ausgesuchter Hölzer

Internationaler Handelsleitname	Wissenschaftlicher Leitname	Botanische Familie	Spezifische Dichte bei r=12 % (gr/mm³)	Elastizitäts-modul (N/mm²)	Druckfestigkeit (N/mm²)	Biegefestigkeit (N/mm²)	Farbe Kernholz	Farbunterschied zwischen Kernholz und Splintholz	Natürliche Beständigkeit	Widerspänigkeit	Furnier	Leimfähigkeit	Bearbeitbarkeit	Oberflächen-behandlung
Robinie	Robinia	Leguminosaceae	0,7	13.300	65	130	y/ol	+	++	0	s/m	+	+	0
Rosewood	Dalbergia	Fabaceae	0,9	13.000	77	200	p/v/str	+	++	o/+	m	–	+	+
Rubberwood	Hevea brasiliensis	Euporbiaceae	0,55–0,72	9.200	32	66	yg	–	–	0	s	+	–	+
Safukala	Dacryodes	Burseraceae	0,66	13.000	62	158	gw	–	0	+	s	+	+	+
Sali	Tetragastris	Burseraceae	0,87	14.100	71	142	ob	+	+	++	–	+	–	+
Salimuli	Cordia	Boraginaceae	0,8	X	X	X	blb	+	–	0	m	+	+	+
Sande	Brosimum	Moraceae	0,68	15.000	64	118	yb	–	–	++	s/m	+	+	+
Santa Maria	Calophyllum	Clusiaceae	0,63	12.300	58	111	pb	0	+	++	s/m	+	0	+
Sapele	Entandrophragma	Meliaceae	0,68	11.200	62	142	rb	+	0	+	s/m	+	–	+
Sapucaia	Lecythis	Lecythidaceae	1,02	15.600	82	157	ob	+	++	o/+	–	+	0	+
Saqui–Saqui	Bombacopsis	Bombacaceae	0,6	9.600	39	72	gb	+	–/+	+	s	+	+	+
Satine	Brosimum	Moraceae	1,11	23.300	113	196	r	+	+	o/+	m	+	+	+
Satinwood	Chloroxylon	Rutaceae	0,89	14.200	70	116	yb	–	+	+	m	–	–	+
Schwarzkiefer	Pinus	Pinaceae	0,4–0,5	11.000	45	80	yb	+	0	–	s/m	+	+	+

Eigenschaften ausgesuchter Hölzer

Internationaler Handelsleitname	Wissenschaftlicher Leitname	Botanische Familie	Spezifische Dichte bei r=12 % (gr/mm³)	Elastizitäts-modul (N/mm²)	Druckfestigkeit (N/mm²)	Biegefestigkeit (N/mm²)	Farbe Kernholz	Farbunterschied zwischen Kernholz und Splintholz	Natürliche Beständigkeit	Widerspänigkeit	Furnier	Leimfähigkeit	Bearbeitbarkeit	Oberflächen-behandlung
Semplior	Dacrydium	Podocarpaceae	0.5	6.400	43	90	b	-	-	o	s/m	+	+	
Sen	Kalopanax	Araliaceae	0.56	8.500	37	70	yw	-	-	o	s/m	+	+	+
Sen	Kalopanax	Araliaceae	0.56	8.500	37	70	yb	-	-	o	s/m	+	+	+
Sepetir	Sindora	Caesalpinaceae	0.6-0.7	13.600	46	92	rb	+	-	o	s/m	+	+	+
Sequoia	Sequoiadendron		0.45	7.400	35	60	rb	+	++	o	s/m	+	+	+
Seraya, White	Parashorea	Dipterocarpaceae	0.45-0.65	10.000	45-53	75-81	lb	-	-	+	s	+	o	+
Sesendok	Endospermum	Euphorbiaceae	0.46	8.500	25	39	w	+	-	+	s	+	o	+
Simpoh	Dillenia	Dilleniaceae	0.75	14.300	39	76	pb	+	-	o	s/m	+	+	o
Sipo	Entandrophragma	Meliaceae	0.61	10.700	55	127	rb	+	o	+	s/m	+	-	+
Snakewood	Piratinera		1.3	X	X	X	rb	-	++	o	-	+	-	+
Black Spruce	Picea	Pinaceae	0.46	11.100	41	58	yw	-	-	o	s	+	-	+
Spruce, red	Picea	Pinaceae	0.4	9.200	38	46	yw	-	-	o	s	+	+	+
Spruce, Sitka	Picea	Pinaceae	0.36	9.900	36	64	yw	-	-	o	s	+	+	+
Spruce, Western White	Picea	Pinaceae	0.4	9.200	38	51	yw	-	-	o	s	+	+	+

Eigenschaften ausgesuchter Hölzer

Internationaler Handelsleitname	Wissenschaftlicher Leitname	Botanische Familie	Spezifische Dichte bei r=12 % (gr/mm³)	Elastizitäts-modul (N/mm²)	Druckfestigkeit (N/mm²)	Biegefestigkeit (N/mm²)	Farbe Kernholz	Farbunterschied zwischen Kernholz und Splintholz	Natürliche Beständigkeit	Widerspänigkeit	Furnier	Leimfähigkeit	Bearbeitbarkeit	Oberflächen-behandlung
Sugi	Cryptomeria	Taxodiaceae	0.44	7.500	35	65	rb	+	o	o	s / m	+	+	+
Sumauma	Ceiba	Bombacaceae	0.32	4.100	22	40	g	-	-|	+	s	+	+	+
Suren	Toona	Meliaceae	0.37–0.58	6.800	40	75	b	+	-	o	s / m	+	+	o
Sycamore, american	Platanus orientalis	Platanaceae	0.7	10.500	56	104	rb	+	-	+	s	+	+	+
Tali	Erythrophleum	Caesalpiniaceae	0.9	15.700	78	177	pb	+	++	+	-	-	-	+
Tamboril	Enterolobium	Mimosaceae	0.49	7.700	40	70	gb	+	-|	0 / +	s / m	+	+	+
Tamo	Fraxinus	Oleaceae	0.58	9.500	44	93	w	-	-	o	s / m	+	+	+
Tanne	Abies	Pinaceae	0.45	11.000	40	62	gw	-	-|	o	s	+	+	+
Tasmanian Oak	Eucalyptus	Myrtaceae	0.75	14.500	65	120	yb	+	o	o	-	+	+	-
Tasua	Amoora	Meliaceae	0.56	12.600	52	94	r	-	-|	o	s / m	+	+	+
Tatajuba	Bagassa	Moraceae	0.79	17.300	78	121	yb	+	++	+	m	+	+	+
Tauari	Couratari	Lecythidaceae	0.62	11.700	48	96	bg	-	-|	o	s / m	+	+	+
Tchitola	Oxystigma	Caesalpiniaceae	0.65	12.200	59	125	pb	+	o	0 / +	s / m	+	+	+
Teak	Tectona	Verbenaceae	0.7	11.000	70	106	yb	+	++	o	m	+	+	o

226 Holz

Eigenschaften ausgesuchter Hölzer

Internationaler Handelsleitname	Wissenschaftlicher Leitname	Botanische Familie	Spezifische Dichte bei l=12 % (gr/mm³)	Elastizitäts-modul (N/mm²)	Druckfestigkeit (N/mm²)	Biegefestigkeit (N/mm²)	Farbe Kernholz	Farbunterschied zwischen Kernholz und Splintholz	Natürliche Beständigkeit	Widerspänigkeit	Furnier	Leimfähigkeit	Bearbeitbarkeit	Oberflächen-behandlung
Tembusu	Fagraea	Potaliaceae	0.6-0.8	139.000	55	100	yb	-	++	0/+	-	+	-	+
Tento	Ormosia	Fabaceae	0.77	16.500	64	148	b/bg/str	+	0	++	s	+	0	o
Terap	Artocarpus	Moraceae	0.5	11.000	40	75	yb	-	-/-	0	s/m	+	+	+
Terentang	Campnosperma	Anacardiaceae	0.45	7.000	25	47	lb	-	-/-	0	s	+	+	+
Terminalia, Yellow	Terminalia	Combretaceae	0.5	10.500	42	70	yb	+	-/-	+	s/m	+	+	+
Thitka, Melunak	Pentace	Tiliaceae	0.5-0.7	10.400	47	87	r	-	0/+	0/+	s/m	+	0	+
Thong, Tinyu	Pinus	Pinaceae	0.53	11.000	43	80	pb	+	-/0	0	X	+	+	0
Tiama	Entandrophragma	Meliaceae	0.56	9.000	47	118	gb	+	-/+	+	s/m	+	-/+	+
Tigerwood	Astronium		1.05	X	60	100	o/str	+	++	+	m	+	-	+
Tola	Gossweilerodendron	Caesalpiniaceae	0.51	8.700	37	93	p/yb	-	0	0/+	s	+	+	+
Tomillo	Cedrelinga	Mimosaceae	0.4-0.64	8.800	38	79	g	-	0	0/+	s	+	+	+
Ulme	Ulmus	Ulmaceae	0.5-0.8	11.000	50	85	pb/str	+	0	-	s/m	+	+	-
Unucurana	Hieronyma	Euphorbiaceae	0.8	15.600	66	125	b	0	0/+	++	m	+	-	+
Virola	Virola	Myristicaceae	0.53	10.300	37	71	bg	-	-/-	0	s	+	+	+

Eigenschaften ausgesuchter Hölzer

Internationaler Handelsleitname	Wissenschaftlicher Leitname	Botanische Familie	Spezifische Dichte bei r=12 % (gr/mm²)	Elastizitäts-modul (N/mm²)	Druckfestigkeit (N/mm²)	Biegefestigkeit (N/mm²)	Farbe Kernholz	Farbunterschied zwischen Kernholz und Splintholz	Natürliche Beständigkeit	Widerspänigkeit	Furnier	Leimfähigkeit	Bearbeitbarkeit	Oberflächen-behandlung
Wacapou	Vouacapoua	Caesalpiniaceae	0.92	16.100	83	166	db	+	++	o	m	–/o	o	+
Walnut	Juglans regia	Juglandaceae	0.65	12.500	65	135	db	+	+	o	s/m	+	+	+
Walnut, american	Juglans nigra	Juglandaceae	0.7	11.500	40	135	db	+	–	o	s/m	+	+	+
Walnut, Queensland	Endriana	Lauraceae	0.65	12.400	53	94	b	–	–	+	s/m	+	–	+
Weide	Salix	Salicaceae	0.5	7.200	27	37	w	–	–/–	o	–	+	+	+
Weißbuche	Carpinus	Betulaceae	0.7 – 0.9	16.000	55 – 82	115 – 160	ws	–	+	o	–	+	+	+
Wenge	Millettia	Fabaceae	0.87	17.000	85	200	blb	+	++	o/+	s	–	–	+
Weymouth	Pinus	Pinaceae	0.4	8.500	28	55	b	+	–	s	m	+	+	+
White Oak	Quercus	Fagaceae	0.75	12.300	52	95	bg	+	o	o	s/m	+	+	+
Whitewood	Liriodendron	Magnoliaceae	0.5	10.300	37	85	bg	–	o	o	s/m	o	+	+
Yemane	Gmelina	Verbenaceae	0.6	8.000	36	68	y	+	–/–	o/+	–	+	+	+
Yew	Taxus	Taxaceae	0.8	15.700	57	85	o	–	++	o	m	+	+	+
Zapatero	Gossypiospermum	Flacourticeae	0.9–1.1	14.000	74	110	yw	+	o/+	o/+	s/m	+	+	+
Zebrawood	Microberlinia	Caesalpiniaceae	0.79	14.100	62	– 158	ybl/str	–	o/+	+	m	+	–	+

Bambus

Wie das „normale" Holz ist Bambus als Baustoff fest mit der Entwicklungsgeschichte des Menschen verbunden. In seinem Hauptverbreitungsgebiet, den subtropischen Ländern der Erde, geht seine Bedeutung als Bau- und Werkstoff weit über die des „normalen" Holzes hinaus. Bambus verdient es deshalb, als Werkstoff gleichrangig neben den Hölzern erwähnt zu werden.

Wuchsverhalten

Bambus gehört der Familie der Gräser an und unterscheidet sich in seinem Aufbau deshalb grundlegend von dem der Nadel- und Laubbäume. Der „Halm" verholzt mit zunehmendem Alter und bildet den „Stamm". Im Gegensatz zu Bäumen findet kein Dickenwachstum während der Lebensdauer des Halmes statt: Der Bambussproß durchstößt bereits mit dem endgültigen Durchmesser die Erde.

Das Längenwachstum vollzieht sich außerordentlich schnell, die endgültige Länge (Höhe) wird meist nach etwa einem Monat erreicht.

Bambus wächst nicht wie ein Baum als einzelner Stamm, sondern treibt aus einem Wurzelstock aus, der mit zunehmendem Alter dickere und längere Halme hervorbringt. Der Mengenwachstumsprozess verläuft also kontinuierlich, was auch eine kontinuierliche „Ernte" ermöglicht, wodurch der Bambus ein sehr ökonomisch nutzbarer Werkstoff ist. Die Lebensdauer einer Bambuspflanze beträgt je nach Typ zwischen 10 und 100 Jahren und endet mit der Bambusblüte. Die Erneuerung der Pflanze erfolgt durch Samen oder Stecklinge.

Aufbau

Der „Stamm" des Bambus besteht aus einer Folge aneinandergereihter Rohrsegmente, welche sich von der Wurzel zur Spitze kontinuierlich verjüngen. Die einzelnen Rohrsegmente werden durch Querwände, die sogenannten Nodien, abgeschlossen, das zwischen den Nodien liegende Rohrsegment wird als Internodie bezeichnet.

Die Anzahl der Segmente beträgt je nach Typus zwischen 20 und 50, wobei deren Länge in der Regel (ebenfalls typspezifisch) zwischen 0,3 und maximal 1,5 Metern betragen kann. Die maximale Gesamtlänge des Halmes kann je nach Typ bis zu 15 Metern betragen, unter günstigen Wuchsbedingungen mehr. Bambus kann je nach Typ an der Basis einen Durchmesser bis 10 cm, in Sonderfällen mehr erreichen.

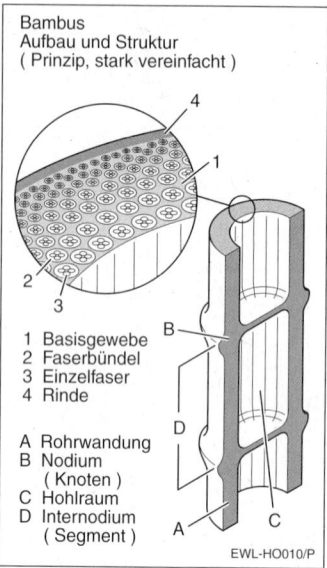

Bambus
Aufbau und Struktur
(Prinzip, stark vereinfacht)

1 Basisgewebe
2 Faserbündel
3 Einzelfaser
4 Rinde

A Rohrwandung
B Nodium
(Knoten)
C Hohlraum
D Internodium
(Segment)

EWL-HO010/P

Zellstruktur

Die Zellstruktur des Bambus unterscheidet sich grundlegend von derjenigen der Bäume. In einem Grundgewebe sind parallel verlaufende Faserbündel eingelagert, deren Anzahl von der Innenseite der „Rohrwandung" gesehen zum Rand hin zunimmt und deren größte Dichte in der Außenrandzone direkt unter der hautförmigen „Rinde" erreicht wird. Die Struktur hat damit ihre höchste Festigkeit im Bereich der bei Biegung größten Krafteinwirkung. Die Zugfestigkeit der Faserbündel ist außerordentlich hoch und erreicht die Werte von einfachem Baustahl. In die äußeren Zellschichten wird während des Wachstums und der Reife Kieselsäure eingelagert, wodurch die Randschicht eine größere Härte erreicht.

Eigenschaften

Die Eigenschaften des Bambus hängen vom Einzeltyp ab. Sie können dabei auch innerhalb eines einzigen Typs erhebliche Unterschiede aufweisen, die dann zusätzlich noch von der Verarbeitung bzw. der Aufbereitung (Schnittart) abhängig sind. Es werden deshalb bei der Spezifizierung der Eigenschaften meist Durchschnittswerte angegeben. Die Eigenschaften sind:
– Dichte
– Festigkeit
– Farbe
– Schwund
– Beständigkeit

Dichte

Die Dichte hängt neben dem Ausreifegrad hauptsächlich vom Wassergehalt ab, der je nach Wachstumsstandort auch innerhalb eines Typs sehr unterschiedlich sein kann. Durch Trocknung nach dem Fällen verliert Bambus ca. 30 % an Gewicht. Bei einer Restfeuchte von 12 % (r12) beträgt die Dichte zwischen 0,4...0,8 g/cm³. Hierbei ist auch entscheidend, aus welcher Zone das Material entnommen wird. Die äußere Randzone hat wegen der höheren Faserbündeldichte ein höheres spezifisches Gewicht als die weniger Faserbündel enthaltende innere Randzone.

Festigkeit

Beim Vergleich der Festigkeit zwischen Bambus und Massivholz ist zu beachten, dass Bambus im Ausgangsmaterial rohrförmig ist. Die Rohrwandung weist eine unterschiedliche Dichte auf, ebenso die Nodien. Für reproduzierbare Vergleiche und Angaben werden deshalb Bam-

busstäbe, also aus der Rohrwandung geschnittene Leisten verwendet. Die Festigkeit von Bambus wird durch folgende Einzelkriterien bestimmt:
- Zugfestigkeit
- Druckfestigkeit
- Scherfestigkeit
- Biegefestigkeit
- Elastizität

Zugfestigkeit

Die Faserbündel sind längs und parallel ausgerichtet, wobei die Packungsdichte der Faserbündel zur Außenwand hin höher ist. Somit ist die Zugfestigkeit an der Außenwand höher als an der Rohrinnenwand. Beim Vergleich von Bambus unterschiedlichen Durchmessers ist der Anteil der Außenfasern am Gesamtquerschnitt bei Bambus großen Durchmessers geringer als bei Bambus von geringerem Durchmesser.Im Vergleich zu normalen Baumhölzern ist die Zugfestigkeit von Bambus etwa zwei bis drei Mal so hoch.

Druckfestigkeit

Das Bambus"rohr" wird durch die Nodien in kurze Abschnitte unterteilt, was sich günstig auf die Druckfestigkeit auswirkt. Im Prinzip hat hier die Natur das Prinzip der „Finiten Elemente" der Konstruktionstechnik vorausentwickelt. Quer zur Faser ist im Bereich der Nodien die Druckfestigkeit etwa um die Hälfte höher als zwischen den Nodien. Im Vergleich zu Baumholz ist die Druckfestigkeit von Bambus bis etwa doppelt so hoch.

Scherfestigkeit

Wegen der Konzentration der Faserbündel im Außenwandbereich verhält sich die Scherfestigkeit wie die Zugfestigkeit umgekehrt zum Durchmesser des Bambus. Bambus geringeren Durchmessers hat eine höhere Scherfestigkeit als Bambus großen Durchmessers.Im Vergleich zu Baumholz ist die Scherfestigkeit von Bambus etwa drei Mal höher.

Biegefestigkeit
Die bei der Biegung auftretenden Kräfte wirken hauptsächlich auf die Außenwandung des Bambus"rohres". Da hier die höchste Faserdichte herrscht wird die Biegefestigkeit von Bambus wiederum vom Anteil der Fläche mit hoher Faserdichte zur Gesamtfläche bestimmt. Da Bambus kleinen Durchmessers einen spezifisch höheren Anteil an Fläche mit hoher Faserdichte hat, ist er biegesteifer als Bambus großen Durchmessers. Im Vergleich zu Baumholz ist die Biegefestigkeit bis etwa 4 mal höher

Elastizität
Die Elastizität des Bambus wird in erster Linie durch die Zugfestigkeit und die Biegefestigkeit bestimmt. Je höher der Anteil an hoher Faserdichte ist, umso elastischer ist Bambus. Dünner Bambus ist elastischer als dicker Bambus, Bambusleisten aus dem Bereich der Außenwand sind höher belastbar als Bambusleisten aus der Innenwandung. Bei der Verarbeitung von Bambusleisten ist darauf zu achten, dass eventuelle Zugkräfte an der Außenwand bzw. der Stelle mit der höchsten Faserdichte wirksam werden. Das Elastizitätsmodul ist etwa doppelt so groß wie bei Baumholz.

Bruchverhalten
Im Bruchverhalten unterscheidet sich Bambus wesentlich von Baumholz. Durch die strenge parallele Ausrichtung der Faserbündel findet bei Überlastung kein kompletter spontaner Bruch statt, sondern eine Umlenkung des Bruches einzelner Faserbündel in Längsrichtung. Das Versagen der Struktur erfolgt also nicht komplett sondern nur abschnittsweise, wobei der Bruch zunächst auf den abschnitt zwischen den Nodien beschränkt bleibt.

Farbe
Die Farbe von Bambus ist artspezifisch und reicht in der Rindenhaut von Grün über Oliv bis in den gelben Bereich. Es gibt Varietäten mit mehrfarbiger Zeichnung, die auch Rot und Schwarz enthalten können. Unterhalb der Rindenhaut ist die Farbe meist Weißlich Gelb bis Gelbbraun.

Schwund
Schwund und Quellung bei Feuchtigkeitsab- und -zunahme gleichen dem Verhalten von Baumhölzern. Bei zu schneller Trocknung kann Bambus längs der Faser auf ganzer Länge aufreißen, wodurch hohe mechanische Energie freigesetzt werden kann.

Beständigkeit
Als organischer Baustoff ist Bambus genauso wie Holz anfällig gegen Pilzbefall und Insektenfraß. Schutzimprägnierungen sind schwierig, da die Rindenhaut eine abdichtende Funktion hat. Durch Wärmebehandlung oder Räuchern tritt eine Veränderung der Oberflächenschicht ein, die gegen Insektenfraß wirksam sein kann. Die Dauerhaftigkeit von Bambus wird am wirtschaftlichsten (wie bei Baumholz) durch entsprechende Anwendungsmaßnahmen (gute Belüftung, keine stauende Nässe) erreicht.

Verwertung
Bambus wird in den Erzeugerländern sehr vielfältig verwertet und mit Recht als Universalbaustoff angesehen. Grob eingeteilt besteht die Verwertung aus
- Stangen
- Latten
- Leisten
Speziell Latten und Leisten bilden in der Vielfalt ihrer Schnittarten und geometrischen Abmessungen das Ausgangsmaterial für eine nahezu unbegrenzte Zahl von Anwendungen.

Stangen
Unter Stangen versteht man den kompletten Bambushalm bzw. daraus geschnittene transportable Längen. Die übliche Verwendung besteht im Konstruktionsbau.

Latten
Latten bestehen aus längsgespaltenen Stangen, welche als solche im Konstruktionsbau verwendet werden oder als Ausgangsmaterial für Leisten dienen.

Leisten

Leisten bestehen aus Latten, die nach den gleichen Grundsätzen aus Latten gespalten werden wie Bretter aus Baumhölzern gesägt werden. Es sind also Tangentialschnitte und Radialschnitte, sowohl mit als auch ohne Rindenhaut möglich. Durch die Wahl der Schnittlage kann die spätere Eigenschaft der Leiste bestimmt werden. Leisten aus der äußeren Randschicht haben eine größere Festigkeit und Härte.

Schnittarten und Aufbereitung von Bambus

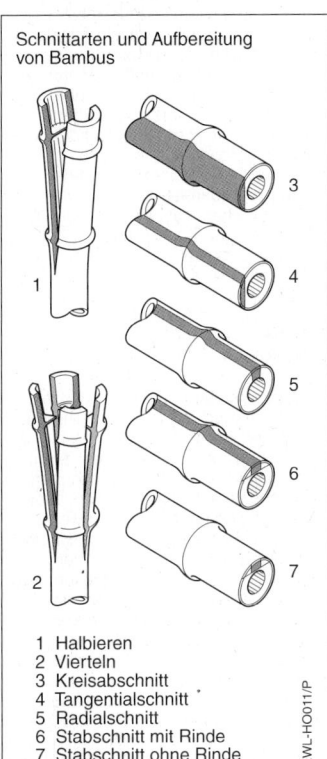

1 Halbieren
2 Vierteln
3 Kreisabschnitt
4 Tangentialschnitt
5 Radialschnitt
6 Stabschnitt mit Rinde
7 Stabschnitt ohne Rinde

EWL-HO011/P

Bearbeitung von Bambus

Obwohl Bambus letztlich ein Holz ist, unterscheidet sich die Bearbeitung in wesentlichen Punkten von derjenigen der Baumhölzer. Die Kenntnis der entsprechenden Unterschiede erleichtert den Umgang mit diesem interessanten Werkstoff und ermöglicht qualitativ bessere Arbeitsergebnisse.

Allgemeiner Werkzeugeinsatz

Bei der Bearbeitung von Bambus muss der Härteverlauf im Material und die konsequent längsgerichtete Faserstruktur dieses Baustoffes berücksichtigt werden. Insbesondere die Ausrichtung der Fasern bestimmt den Werkzeugeinsatz. Hierin unterscheidet sich die Bambusbearbeitung wesentlich von der Baumholzbearbeitung. Die in den äußeren Zellschichten der Faserbündel eingelagerte Kieselsäure wirkt extrem abrasiv auf die Werkzeugschneiden.

Spanlose Bearbeitung

Bambus wird in hohem Maße spanlos bearbeitet, wobei man unter spanloser Bearbeitung in erster Linie verstehen sollte, dass bei der Bearbeitung kein unerwünschter Materialverlust durch Späne (Abfall) auftritt.

Man unterteilt die spanlose Bearbeitung zweckmäßigerweise in
– Verformen
– Trennen

Verformen: Die Elastizität von Bambus gestattet eine wesentlich höhere spanlose Verformung, als dies mit Baumholz möglich wäre. Grundsätzlich gilt jedoch wie bei Baumholz: Je dünner das Werkstück, desto besser kann verformt werden. Durch entsprechende Vorbehandlung kann die Verformungsmöglichkeit erheblich verbessert werden. Die wichtigsten Maßnahmen sind
– Wässern
– Dämpfen
– Wärmebehandlung
– Rohrfüllungen

<u>Wässern:</u> Durch Anfeuchten oder intensives Wässern nehmen die Zellen und Faserbündel Wasser auf und werden dadurch elastischer, was engere Biegera-

dien zulässt. Die dabei erreichte Verformung ist elastisch und geht deshalb nach Aufhebung der Biegekräfte weitestgehend zurück. Um eine bleibende Verformung zu erhalten, müssen die Biegekräfte so lange bestehen bleiben, bis das Material wieder auf seinen Ursprungswert getrocknet ist. Auch dann wird ein Rückfedern" erfolgen. Unter Umständen muss das Werkstück also in nassem Zustand stärker gebogen werden als im Endzustand erwünscht ist.

Dämpfen: Wie bei der Bearbeitung von Baumhölzern wird die Verformung durch eine Behandlung des Werkstückes mit Dampf stark erleichtert. Sehr enge Biegeradien lassen sich durch die Behandlung mit überhitztem Dampf von ca. 200...300 °C erreichen

Wärmebehandlung: Auch durch reine Wärmebehandlung kann das Biegen erheblich erleichtert werden. Die Biegestelle muss hierzu auf ca. 150...250 °C erwärmt werden. Wegen der Einbrenngefahr sind offene Flammen ungünstig. Heißluftgebläsen sollte der Vorzug gegeben werden, zumal sich bei diesen die Heißlufttemperatur relativ genau einstellen und kontrollieren lässt. Auch hier gilt, dass die Biegung bis zum Erkalten bzw. bis zur Trocknung durch eine geeignete Vorrichtung aufrechterhalten werden muss. Eventuelles Auffedern muss durch Versuch ermittelt und berücksichtigt werden.

Rohrfüllungen: Beim Biegen mit sehr geringen Radien neigen Bambusrohre zum Einknicken. Sie verhalten sich damit analog zur Biegecharakteristik von Metallrohren. Ähnlich diesen kann man das Einknicken durch die Füllung des Bambusrohres im Biegebereich mit Sand bei engen Biegeradien verhindern. Zur Füllung müssen unter Umständen die Nodien (Knoten) durchbohrt werden. Wässern und/oder Wärmebehandlung sind notwendig.

Trennen: Wegen der parallel verlaufenden Faserstränge lässt sich Bambus wie kein anderes Material in Längsrichtung trennen. Das Trennen erfolgt durch Spalten, wobei der Verlauf der Spaltung durch die Nodien (Knoten) nicht beeinflusst wird. Vorteile des Spaltens gegenüber dem Sägen liegen in der Einfachheit und Schnelligkeit des Verfahrens sowie dem Fehlen von Abfall (Sägemehl). Feuchter Bambus lässt sich besser spalten als trockener Bambus. Als Einsatzwerkzeuge kommen dünne Messer und Keile zum Einsatz.

Spanende Bearbeitung
Im Vergleich zu Holz muss bei der spanenden Bearbeitung von Bambus in weit höherem Maße die parallele Faserstruktur berücksichtigt werden. Die setzt in jedem Falle außerordentlich scharfe Einsatzwerkzeuge voraus. Die hohe Oberflächenhärte und die eingelagerte Kieselsäure wirkt stark abnützend auf die Werkzeugschneiden, weshalb hartmetallbestückten Einsatzwerkzeugen der Vorzug zu geben ist.

Die typischen, mit handgeführten Elektrowerkzeugen ausgeführten Bearbeitungsmöglichkeiten sind:
– Bohren
– Sägen
– Fräsen
– Hobeln
– Schleifen

Bohren: Bambus muss grundsätzlich von der harten Seite (z. B. Rohraußenseite) her gebohrt werden, damit das Bohrloch nicht ausreisst und eventuell eine Spaltung eintritt. Bei durchgehenden Bohrungen durch ein Rohr muss deshalb von beiden Seiten her gebohrt werden.

Wegen der harten und meist konvexen Oberfläche verläuft der Bohrer gerne. Die Bohrstelle muss deshalb angekörnt werden oder der Bohrer muss über eine Zentrierspitze verfügen. Bohrer mit Vorschub-Zentrierspitze (Schlangenbohrer) eignen sich nicht zum Bohren von Bambus, da in diesem Fall das Einzugsgewinde der Zentrierspitze den Werkstoff verdrängt, was zu einer Spaltung führt. Flachfräsbohrer eignen sich besser. Generell sollte man dieselben Bohrer wie für die Metallbearbeitung verwenden, sie stellen den besten Kompromiss dar.

Mit Erfolg kann auch das sogenannte Brennbohren angewendet werden. Hier wird ein Bohrer mit konischer Vierkantspitze mit hoher Umdrehungszahl eingesetzt. Durch Reibungshitze zwischen Bohrerspitze und Werkstoff verbrennt der Bambus im Bereich des Bohrloches. Durch vorheriges Erhitzen (Glühendmachen) der Bohrerspitze wird der Bohrvorgang erleichtert. Vorbohren ist ratsam.

Sägen: Sägeschnitte werden hauptsächlich zur Bearbeitung quer zur Faser verwendet. Es ist unbedingt darauf zu achten, dass die Zähnezahl des Sägeblattes höher ist als diejenige für Baumhölzer. Günstige Ergebnisse werden mit Sägeblättern enger Zahnteilung für die Metallbearbeitung erzielt. Im Zweifelsfall sollte man mit dem Sägeblatt, welches die kleinsten Zähne hat, arbeiten.

Der Sägevorgang muss wegen der Ausrissgefahr stets von der harten Außenseite her erfolgen. Bei Rohren sollte aus diesem Grund entlang dem Umfang gesägt werden.

Fräsen: Fräsen von Bambus sollte stets mit hartmetallbestückten Fräsern und mit der höchstmöglichen Drehzahl erfolgen. Die Vorschubgeschwindigkeit ist so gering wie möglich zu wählen. Mehrschneidige Fräser sind vorteilhafter als Fräser mit nur zwei Schneiden. Fräser mit Spiralnuten führen zum Ausreißen der Rindenhaut. Wenn die zu bearbeitenden Werkstücke diese Rindenhaut aufweisen, sollten nur geradegenutete Fräser verwendet werden.

Hobeln: Hobeln kann zur Längsbearbeitung von Bambus eingesetzt werden. Es sollte allerdings die Überlegung vorausgehen, ob Spalten mit anschließendem Nachschliff nicht günstiger ist. Im Zweifelsfall sollte man vorher entsprechende Versuche anstellen.

Schleifen: Die Bearbeitungskanten fallen bei der Bambusbearbeitung meist mit bereits höherer Oberflächenqualität an als bei Baumholz. Die Schleifmittel können deshalb von vornherein mit feinerer Körnung gewählt werden, wenn eine Weiterbearbeitung erforderlich sein sollte. Wegen der in der Bambusoberfläche eingelagerten Kieselsäure sollte Schleifmittel gewählt werden, wie sie für die Metall- oder Steinbearbeitung üblich sind.

Polieren: Infolge der feinen Zellstruktur von Bambus können durch Polieren sehr glatte Oberflächen erzielt werden. Als Poliermittel sollten pflanzliche Wachse verwendet werden.

Verbindungstechniken

Bei Bambuswerkstücken und -bauteilen werden in der Regel folgende Verbindungstechniken angewendet:
– Schrauben
– Nageln
– Kleben
– Klassische Verbindungen

Schraubverbindungen
Wegen der spezifischen Zellstruktur sollte Bambus nicht mit „Holzschrauben" verbunden werden, da durch deren Keilwirkung das Material gespalten werden kann. Die Verwendung von Spanplattenschrauben (Vorbohren mit Kerndurchmesser) oder Maschinenschrauben sind deshalb günstiger.

Nagelverbindungen
Wegen der Keilwirkung beim Eintreiben der Nägel ist diese Verbindungstechnik für Bambus nicht geeignet. Möglich ist die Anwendung, um vorgebohrte Bambusteile mit anderen Holzwerkstoffen zu verbinden.

Klebeverbindungen
Bambus ist wegen seiner feinen und dichten Struktur (Rindenhaut) im Bezug auf die Klebetechnik kritischer als Baumhölzer. Klebstoffe, deren Zusammensetzung ein Eindringen in den Werkstoff erforderlich macht, können u.U. nicht verwendet werden. Reaktionsklebstoffe können dagegen meist mit gutem Resultat eingesetzt werden. Eine Klebeprobe sollte unbedingt vorgenommen werden. Die glatte und undurchlässige Rindenhaut muss in der Regel vor der Verklebung durch Anschliff entfernt werden.

Klassische Bambusverbindungen
Die klassische Verbindungstechnik für

Bambus ist das Binden, wobei meist Naturfasern, Bambusfasern aber auch Kunststofffasern verwendet werden. Bei Beachtung der bambusspezifischen Eigenschaften können diese Verbindungen hohe Lasten aufnehmen.

Einige wichtige Bambusverbindungen sind im Kapitel „Holzverbindungstechnik" dargestellt.

Arbeitsschutz

Für Bambus gelten dieselben Regeln wie für die Holzbearbeitung, was den Werkzeug- und Maschineneinsatz betrifft. Bambus selbst verhält sich unkritisch. Allerdings sollte beachtet werden, dass durch Bearbeitung und Spaltung entstandene Kanten messerscharf sein können und deshalb potentiell verletzungskritisch sind.

Zusammenfassung

Bambus ist ein Werkstoff, dessen Universalität und dessen enorme Festigkeitswerte denjenigen der Baumhölzer in vielen Fällen weit überlegen ist. Er stellt weltweit in den Erzeugerländern den wichtigsten Konstruktionswerkstoff dar. Sein Aufbau und seine Zellstruktur sind Vorbild für viele moderne Kompositbaustoffe. Als nachwachsender natürlicher Baustoff ist er ihnen gegenüber jedoch bezüglich der Kosten und der Umweltverträglichkeit weit im Vorteil.

Typische Eigenschaften von Bambus

Eingenschaften	Wert	Einheit	Bemerkungen
Dichte	0.4...0.85	gr/mm^3	abhängig von Lage und Bereich der Wandung
Zugfestigkeit	200...400	N/mm^2	abhängig vom Durchmesser und Dicke Wandung. Höherer Wert für äusseren Faserbereich
Druckfestigkeit	60...95	N/mm^2	abhängig vom Durchmesser
Elastizitätsmodul	17.000...22.000	N/mm^2	höherer Wert für äusseren Faserbereich
Biegefestigkeit	75...280	N/mm^2	höherer Wert für kleineren Durchmesser
Scherfestigkeit	15...22	N/mm^2	abhängig von der Schnittart

Kommerziell genutzte Bambussorten

Leitname	Typus	Variet	Typisches Herkunfts- gebiet	Handels name	Wuchs- länge (m)	Durch- messer (mm)	Farbe(n)*
Bambusa	arundinacea		India, SOA		16...25	100...150	grün
Dendro- calamus	giganteus		SEA		20...30	100...300	grün
Dendro- calamus	strictus		India		5...10	50...80	grün
Phyllostachys	bambus- oides	recticulata	China, Japan, SOA	Madake (J)	18...20	70...120	grün
Phyllostachys	bambus- oides	castillonis	China, Japan, SOA	Kimmeichiku (J)	8...10	60...80	gelb-grün
Phyllostachys	bambus- oides	holochrysa	China, Japan, SOA		8...10	60...100	gelb-grün
Phyllostachys	bambus- oides	marliacea			7...8	50...70	grün
Phyllostachys	bambus- oides	violascens	China, SOA		12...15	60...70	grün-olive- gelb
Phyllostachys	makinoi		China, SOA		6...12	30...60	grün
Phyllostachys	nigra	boryana	India, China, Japan, SEA	Unmonchiku (J)	16...18	70...110	grün-braun
Phyllostachys	nigra	henonis	India, China, Japan, SOA	Ha-chiku (J)	16...18	60...100	grün
Phyllostachys	pubescens		China, Japan	Moso-chiku (J)	15...28	80...130	grün
Phyllostachys	viridiglau- censes		China		5...12	40...70	grün
Phyllostachys	viridis		China, Japan, SOA	Kou-chiku (J)	14...18	60...100	grün
Phyllostachys	viridis sulfurea		China, Japan, SOA	Ouigon-kou- chiku (J)	14...19	60...101	gelb/ grün
Phyllostachys	angusta		China		6...8	40..50	hell-grün
Phyllostachys	aureosulcata		China		6...9	30..40	grün/gelb
Phyllostachys	decora		China	Mei-chu (C)	6...8	30...50	gelb
Phyllostachys	dulcis		China		6...12	50...70	grün
Phyllostachys	flexurosa		China		6...10	20...40	grün
Phyllostachys	glauca		China		6...8	30...50	grün
Phyllostachys	heteroclada		China		6...8	50...70	grün
Phyllostachys	humilis		China, Japan	Hime- hachiku (J)	3...5	15...25	grün
Phyllostachys	meyeri		China		8...9	50	grün
Pleibostachus	hindsii		Japan	Kanzan- chiku (J)	3...6	30...60	grün
Semiarun- dinaria	fastuosa		Japan	Narihira- dake (J)	5...8	30...70	rot-braun

Handelsnamen: (SOA) Süd Ost Asien (C) China   (J) Japan

BO-T01

*Farbe(n): In frischem Zustand. Farben sind generell wuchs- und standortabhängig

Steinwerkstoffe

Gestein ist in vielfältigen Formen ein seit dem Altertum vielbenützter Bau- und Konstruktionswerkstoff. Bei den mit Elektrowerkzeugen zu bearbeitenden Steinwerkstoffen unterscheidet man grundsätzlich zwischen:
– Naturgestein
– Kunstgestein

Naturgesteine sind von der Natur geschaffen und werden durch die Bearbeitung in ihrer Form verändert, die Eigenschaften sind jedoch von der Natur vorgegeben.

Kunstgestein wird im Gegensatz dazu aus natürlichen Rohstoffen (wozu Naturgestein zählt) durch menschliche Einflussnahme geschaffen. Seine Eigenschaften bestimmen sich aus den Eigenschaften der Einzelsubstanzen und dem angewandten Verarbeitungsprozess. Dadurch sind die Eigenschaften von Kunstgestein im Voraus definierbar.

Naturgestein

Naturgestein wird nach dem natürlichen Entstehungsprozess bezeichnet und in drei Gruppen eingeteilt:
– Eruptivgestein
– Sedimentgestein
– Metamorphes Gestein

Innerhalb dieser Gruppen gibt es zahlreiche Erscheinungsformen.

Naturgestein unterscheidet sich in der Art der Zusammensetzung voneinander. Innerhalb einer einzigen Gesteinssorte können auf Grund von Einflüssen bei der Entstehung Härte und Struktur erhebliche Unterschiede aufweisen. In früheren Zeiten wurde Naturgestein in unbearbeitetem und bearbeitetem Zustand als grundsätzliches Baumaterial benützt. Heute wird Naturgestein in der Regel für die dekorative Gestaltung von Bauwerken eingesetzt.

Eruptivgestein

Eruptivgestein entstand aus schmelzflüssigem Magma, welches aus dem Erdinneren durch Vulkanismus an die Oberfläche gelangte und erstarrte. Eruptivgestein wird deshalb auch als „Erstarrungsgestein" bezeichnet. Die wichtigsten Eigenschaften von Eruptivgestein sind
– gleichmäßige Struktur
– kristallines, oft feinkörniges Gefüge
– meist außerordentliche Härte

Die typischen Handelsformen sind Granit, Gneis, Basalt.

Sedimentgestein

Sedimentgestein entstand aus Ablagerungen von verwitterten mineralischen Stoffen, welche im Laufe der Zeit verdichtet wurden und meist auch eine chemische Veränderung erfahren haben. Sedimentsteine werden deshalb auch als „Ablagerungsgesteine" bezeichnet. Typische Merkmale von Sedimentgestein sind:
– weiche Beschaffenheit
– typspezifische Struktur

Die typischen Handelsformen sind: Kalkstein, Sandstein, Travertin.

Metamorphes Gestein

Metamorphes Gestein entstand durch die Umkristallisierung von Eruptiv- und Sedimentgestein unter hohen Temperaturen und hohem Druck, Zustände, welche bei der Entstehung der Gebirge auftraten. Hieraus leitet sich auch die Bezeichnung „Umwandlungsgestein" ab. Je nach Zusammensetzung sind die wichtigsten Eigenschaften:
– unterschiedliche Härte
– typspezifisches Gefüge
Handelsformen von metamorphem Gestein sind beispielsweise Schiefer, Marmor, Quarzit.

Kunstgestein

Kunstgestein besteht im Wesentlichen aus natürlichen Mineralien, welche einer physikalischen und chemischen Bearbeitung unterzogen werden.

Kunstgestein kann zweckentsprechend hergestellt werden und hat innerhalb seiner Handelsform gleichbleibende Eigenschaften. Diese Eigenschaften können vor der Herstellung genau definiert werden. Die Festigkeit von Kunstgestein ist in der Regel geringer als die der harten Naturgesteine. Die Rohdichte des Kunstgesteins bestimmt im Wesentlichen die Eigenschaften und die Anwendung. Steine mit geringer Rohdichte (spezifisches Gewicht ca. 0,8...1,5 kg/dm³) haben eine gute Wärmeisolation, aber eine schlechte Schalldämmung. Steine mit hoher Rohdichte (spezifisches Gewicht ca. 1,5...3,0 kg/dm³) haben eine schlechte Wärmeisolation, aber eine hohe Schalldämmung. In

der Handelsform unterscheidet man Vollsteine und Lochsteine. Vollsteine haben eine höhere Druckfestigkeit.

Kunstgestein stellt heute den am meisten verwendeten Baustoff dar und kann mit Elektrowerkzeugen und den geeigneten Einsatzwerkzeugen heutzutage problemlos bearbeitet werden.

Die Typenvielfalt von Kunstgesteinen ist außerordentlich groß und wird stetig erweitert. Im Folgenden sind deshalb nur die Basistypen tabellarisch erwähnt.

Eine Ausnahme bildet Beton. Im Gegensatz zu den typischen Kunst„steinen" kann er von jedermann in guter Qualität selbst hergestellt werden, wenn seine spezifischen Verarbeitungsregeln eingehalten werden. Aus diesem Grunde wird der Beschreibung des Betons ein etwas erweiterter Rahmen eingeräumt.

Kunstgestein
Typen, Herstellung und Eigenschaften

Handelsform	Bestandteile	Herstellung	Eigenschaften
Vollziegel	Lehm, Tonerde	Lehm oder Tonerde wird durch Wasserzugabe plastifiziert, geformt, luftgetrocknet und/oder einem Brennvorgang unterzogen. Luftgetrocknete Lehmziegel sind der älteste von Menschenhand geschaffene Baustoff.	Die durch den Brennvorgang ausgelösten chemischen Prozesse bestimmen Beständigkeit, Porösität, Festigkeit und Maßhaltigkeit.
Klinker	Lehm, Tonerde, Silikate	Wie Vollziegel, aber spezieller, oft mehrfacher Brennvorgang	Größere Härte und bessere Beständigkeit gegen Witterung und Chemikalien als normale Vollziegel
Hohlziegel	Lehm, Tonerde	Wie Vollziegel, aber entsprechende Formung vor dem Brennvorgang	Wie Vollziegel, aber bessere Isolationswirkung
Leichtziegel	Lehm, Tonerde, gastreibende Substanzen	Wie Vollziegel. Die beigemengten Substanzen setzen während des Brennvorgangs Gase (Kohlendioxid) frei, wodurch die Steinsubstanz eine poröse Struktur bekommt.	Wie Vollziegel, aber wesentlich bessere Isolationswirkung
Kalksandstein	Kalk, Quarzsand	Nach intensiver Mischung erfolgt Formgebung und Härtung unter Dampfdruck	Je nach Typ (Vollstein oder Hohlstein) sehr hohe Festigkeit
Leicht- oder Gasbeton	Sand, Kalk, Zement, gastreibende Substanzen	Nach intensiver Mischung erfolgt Formgebung und Härtung unter Dampfdruck. Die beigemengten Substanzen setzen während des Härtevorgangs Gase (Kohlendioxid) frei, wodurch der Gasbetonstein eine poröse Struktur erhält	Sehr gute thermische Isolationswirkung, wegen der geringen Rohdichte sind große Steinabmessungen möglich. Die geringe Härte muss bei der Anwendung von Befestigungsmitteln beachtet werden
Fliesen, Kacheln	Silikate, Keramik	Fliesen werden in der Form unter hohem Druck trockengepresst und anschließend bei hohen Temperaturen ein- oder mehrmals gebrannt.	Fliesen und Kacheln können sehr beständig hergestellt werden. Eine dekorative Oberfläche durch eingebrannte Glasuren ist möglich
Beton	Zement, Zuschlagstoffe	Zement und Zuschlagstoffe werden mit Wasser in einem geeigneten Mischungsverhältnis plastifiziert und frei oder in Formen (Schalungen) vergossen. Nach dem Aushärten durch chemische Reaktion werden die Formen entfernt	Beton ist außerordentlich hart und druckfest. Seine Zugfestigkeit kann durch Stahleinlagen (Bewehrung) erheblich gesteigert werden. Beton wird entweder an Ort und Stelle in die gewünschte Form gegossen oder als Fertigteil oder Betonstein verwendet.

SWK-T01

Beton

Beton ist ein universell einsetzbarer Steinwerkstoff. Er ist aus mehreren Einzelkomponenten gemischt, welche seine Eigenschaften maßgeblich beeinflussen und deren Zusammensetzung und Mischungsverhältnis exakt an die Baukonstruktion angepasst werden kann.

Beton ist im Verarbeitungszustand plastisch und kann in diesem Zustand geformt werden. Er bildet nach dem Aushärten einen weitgehend homogenen Steinwerkstoff mit vorausberechenbaren Eigenschaften.

Beton besteht in seiner einfachsten Form aus
– Zement
– Zuschlagstoffen
– Wasser

Innerhalb dieser Grundstoffe ermöglichen unterschiedliche Arten von Zementen und Zuschlagstoffen, die Eigenschaften des Betons genau zu bestimmen.

Zement

Zement ist das Bindemittel des Betons, mit welchen die Zuschlagstoffe aneinander gebunden werden und die Hohlräume zwischen den Zuschlagstoffen ausgefüllt werden. Der durch das Abbinden entstehende Zementstein „zementiert" die Zuschlagstoffe aneinander. Die Zementsorten sind nach DIN 1164 genormt und in folgende Gruppen eingeteilt:
– Portlandzement (PZ)
– Eisenportlandzement (EPZ)
– Hochofenzement (HOZ)
– Traßzement (TrZ)

Diese Zementgruppen unterscheiden sich durch ihre Zusammensetzung. Wichtigste Eigenschaft des Zements ist seine Druckfestigkeit. Sie ist in Klassen eingeteilt, aus die die Mindestdruckfestigkeit in kp/cm^2 nach einer Aushärtdauer von 28 Tagen hervorgeht. Die Zementklassen sind durch die Farbe der Säcke und des Aufdrucks gekennzeichnet.

Zuschlagstoffe: Die Zuschlagstoffe geben dem Beton Festigkeit. Sie können natürlichen, bearbeiteten oder künstlichen Ursprungs sein und unterschiedliche Korngrößen aufweisen. Die wichtigsten Zuschlagstoffe sind:
– Sand
– Kies
– Splitt
– Schotter
– Recycelter Beton
– Hochofenschlacke

Die Zuschlagstoffe werden in Korngrößen unterteilt, deren Kategorien in DIN 4226 festgelegt sind. Die Korngrößen werden durch Siebe mit entsprechenden Maschenweiten selektiert. Üblich sind Nenngrößen in den Bereichen 0,25; 0,5; 1; 2; 4; 8; 16; 32; 64 mm.

Korngrößen von 0,25...4 mm gelten als Sand, 4...32 mm als Kies und 32...64 mm als Grobkies.

Ein typisches Zuschlagsgemisch der Korngrößen 4...16 sagt aus, dass es sich hierbei um ein Grobsand-Kiesgemisch handelt, das die Korngrößen 4 bis 16 mm enthält. In der Praxis wird man die Korngröße so hoch wählen, wie es die Verarbeitung des Betons zulässt.

Wasser: Die Qualität des Wassers muss DIN 1045 entsprechen und wird in der Regel von Leitungswasser erfüllt. Wird natürliches Wasser verwendet, dann muss es frei von Schmutz und Chloriden (Salzwasser) sein.

Verarbeitung

Die Verarbeitung von Beton kann variieren. Je nachdem, ob der Beton fertig angeliefert wird oder ob man ihn an Ort und Stelle herstellt, wird er entsprechend bezeichnet:
– Baustellenbeton wird an der Baustelle direkt zubereitet
– Transportbeton vor oder während des Transportes zur Baustelle zubereitet und verarbeitungsfertig an der Baustelle angeliefert.

Nach der Art der Verarbeitung richtet sich die Konsistenz (Plastizität) des Betons. Man unterscheidet:
– steifen Beton
– plastischen Beton
– weichen Beton

Entsprechend der Konsistenz ergibt sich folgende Verwendung:

Steifer Beton (K1): Die Konsistenz K1 ist beim Schütten lose, hängt höchstens klumpig zusammen und ist nur geringfügig nasser als erdfeucht. Beton dieser Konsistenz kann nur durch kräftiges Stampfen und Rütteln verdichtet werden, um ein geschlossenes Gefüge zu erreichen. Steifer Beton kann nicht für Bauteile mit Bewehrung verwendet werden.

Plastischer Beton (K2): Die Konsistenz K2 ist beim Schütten zusammenhängend, die Verdichtung erfolgt durch Rütteln. Verwendung bei Bewehrung möglich.

Weicher Beton (K3): Die Konsistenz K3 ist beim Schütten schwach fließend und eignet sich deshalb zum Gießen komplex geformter Bauteile. Um ein geschlossenes Gefüge zu erreichen, muss nur wenig verdichtet werden. Verwendung bei Bewehrung möglich.

Zubereitung des Betons
Die Qualität eines Betons hängt maßgeblich vom Zementtyp und von dem Verhältnis der Bestandteile zueinander ab und ist in DIN 1045 verbindlich festgelegt. Ein Beton der Festigkeitsklasse Bn 250 besteht beispielsweise bei der Verwendung von Zement des Typs Z 350 und einer Zuschlags-Korngröße von maximal 16 mm sowie der Konsistenz K2 aus folgenden Gewichtsanteilen:
- Zement   ca. 14 %
- Wasser   ca. 6 %
- Zuschläge   ca. 80 %

Da Abweichungen von der anwendungsspezifischen Mischung gravierenden Einfluss auf die Statik haben können und damit sicherheitsrelevant sind, ist die Einhaltung der in DIN 1045 angegebenen Mischungsverhältnisse zwingend.

Nachbehandlung von Betonbauteilen
In Formen (Schalungen) gegossene Betonteile dürfen erst dann entformt (entschalt) werden, wenn der Beton soweit erhärtet ist, dass seine Festigkeit ausreicht, um das Bauteil und die auf es einwirkenden Lasten sicher zu tragen.

Für den Zeitpunkt der Entschalung gibt es Anhaltswerte, grundsätzlich sollten allerdings Stützen für Decken und tragende Bauteile so lange wie möglich, am besten 28 Tage lang stehen bleiben.

Festigkeitsklassen von Zement

Festig-keits-klasse	Druckfestigkeit		
	2 Tage min.kp/cm²	7 Tage min.kp/cm²	28 Tage min.kp/cm²
Z 250	–	100	250
Z 350 L	–	175	350
Z 350 F	100	–	350
Z 450 L	100	–	450
Z 450 F	200	–	450
Z 550	300	–	550

L = langsame, F = schnelle Anfangshärtung   *SWK-T03*

Kennzeichnung der Festigkeitsklassen

Festigkeitsklasse	Kennfarbe Sack oder Silo-Blatt	Kennfarbe Aufdruck
Z 250	violett	schwarz
Z 350 L	hellbraun	schwarz
Z 350 F	hellbraun	rot
Z 450 L	grün	schwarz
Z 450 F	grün	rot
Z 550	rot	schwarz

SWK-T04

Zementzusammensetzung

Zement-typ	Portlandze-mentklinker Gew.%	Hütten-sand Gew.%	Traß Gew.%
PZ	100	–	–
EPZ	65	35	–
HOZ	64 … 15	36 … 85	–
TrZ			20 … 40

SWK-T02

Ausschalfristen (Anhaltswerte)*

Zement-Festigkeits-klasse	Schalung		
	seitlich Wände	Decke	Stützen, Balken, Rahmen
	Tage	Tage	Tage
Z 250	4	10	28
Z 350 L	3	8	20
Z 350 F	2	5	10
Z 450 L	2	5	10
Z 450 F	2	3	6
Z 550	1	3	6

* abhängig von der Umgebungstemperatur

SWK-T05

Betonklassifizierung
Die wichtigste Eigenschaft des ausgehärteten Betons ist seine Druckfestigkeit. Sie
wird an Probewürfeln nach 28 Tagen Aushärtezeit ermittelt und ist nach DIN 1048
durchzuführen.
Die Festigkeitsklassen sind nach DIN
1045 zwei Betongruppen zugeordnet:
– Betongruppe B1 enthält die Festigkeitsklassen Bn 50 ... Bn 250
– Betongruppe B2 enthält die Festigkeitsklassen Bn 350 ... Bn 550

Beton-Festigkeitsklassen

Beton-gruppe	Festigkeits-klasse	Nennfestigkeit (28 Tage) kp/cm²
B 1	Bn 50 *	50
	Bn 100 *	100
	Bn 150	150
	Bn 250	250
B 2	Bn 350	350
	Bn 450	450
	Bn 550	550

* nur für unbewehrten Beton   SWK-T06

Betonbezeichnungen

Alt	Neu
B 15	C 12/15
B 25	C 20/25
B 35	C 30/37
B 45	C 40/50
B 55	C 50/60

SWK-T07

Zusammenfassung

*Beton ist einer der vielseitigsten minerali-
schen Baustoffe. Neben seiner rein statischen Aufgabe der Lastaufnahme bei
Bauwerken wird er in zunehmendem
Maße als Gestaltungselement im Innen-
und Außenbereich verwendet. Er ist kostengünstig sowie problemlos zu verarbeiten und zu bearbeiten. Moderne Recyc-
lingmethoden ermöglichen es, Altbeton
als Zuschlagstoff wiederzuverwenden.*

Technik

Elektrotechnik

Größen und Einheiten

Größe		SI-Einheit
A	Fläche	m^2
a	Abstand	m
B	magnetische Fluss-dichte, Induktion	$T = Wb/m^2 = V \cdot s/m^2$
C	elektrische Kapazität	$F = C/V$
D	elektrische Fluss-dichte, Verschiebung	C/m^2
E	elektrische Feld-stärke	V/m
F	Kraft	N
f	Frequenz	Hz
G	elektrischer Leitwert	$S = 1/\Omega$
H	magnetische Feld-stärke	A/m
I	elektrische Strom-stärke	A
J	magnetische Polari-sation	T
k	elektrochemisches Äquivalent[1]	kg/C
L	Induktivität	$H = Wb/A = V \cdot s/A$
l	Länge	m
M	elektrische Polarisa-tion	C/m^2
P	Leistung	$W = V \cdot A$
P_s	Scheinleistung[2]	$V \cdot A$
P_q	Blindleistung[3]	var
Q	Elektrizitätsmenge, Ladung	$C = A \cdot s$
q	Querschnittsfläche	m^2
R	elektrischer Wider-stand	$\Omega = V/A$
t	Zeit	s
r	Radius	m
U	elektrische Span-nung	V
V	magnetische Span-nung	A
W	Arbeit, Energie	$J = W \cdot s$
w	Windungszahl	–
X	Blindwiderstand (Reaktanz)	Ω
Z	Scheinwiderstand (Impedanz)	Ω
ε	Dielektrizitäts-konstante	$F/m = C/(V \cdot m)$
ε_0	elektrische Feld-konstante = $8{,}854 \cdot 10^{-12}$ F/m	
ε_r	Dielektrizitätszahl	–
Θ	elektrische Durch-flutung	A
μ	Permeabilität	$H/m = V \cdot s/(A \cdot m)$
μ_0	magnetische Feld-konstante = $1{,}257 \cdot 10^{-6}$ H/m	

Größe		SI-Einheit
μ_r	Permeabilitätszahl	–
ϱ	spezifischer elektrischer Wider-stand[4]	$\Omega \cdot m$
σ	spezifische elektri-sche Leitfähigkeit (= $1/\varrho$)	$1/(\Omega \cdot m)$
Φ	magnetischer Fluss	$Wb = V \cdot s$
φ	Phasenverschie-bungswinkel	° (Grad)
φ (P)	Potential im Punkt P	V
ω	Kreisfrequenz (= $2 \cdot \pi \cdot f$)	Hz

Weitere Formelzeichen und Einheiten im Text

Umrechnung nicht mehr zugelassener Einheiten
– magnetische Feldstärke H:
    1 Oe (Oersted) = 79,577 A/m
– magnetische Flussdichte B:
    1 G (Gauß) = 10^{-4} T
– magnetischer Fluss Φ
    1 M (Maxwell) = 10^{-8} Wb

Elektromagnetische Felder

Elektromagnetische Felder und deren Wirkungen sind Gegenstand der Elektrotechnik. Ursache dieser Felder sind elektrische Ladungen (jeweils ganzzahlige Vielfache der elektrischen Elementarladung). Ruhende Ladungen erzeugen ein elektrisches, bewegte zusätzlich ein magnetisches Feld. Die Verknüpfung der beiden Felder wird durch die Maxwellschen Gleichungen beschrieben. Der Nachweis der Felder gelingt durch ihre Kraftwirkung auf andere elektrische Ladungen. Die Kraft zwischen zwei Punktladungen Q_1 und Q_2 beschreibt das

---

[1]) Gebräuchliche Einheit ist g/C.
[2]) Scheinleistungen werden statt in W meist in V · A angegeben.
[3]) Blindleistungen werden statt in W meist in var (Voltamperereaktiv) angegeben.
[4]) Gebräuchliche Einheit ist Ω mm²/m, mit Drahtquerschnitt in mm² und Drahtlänge in m; Umrechnung: 1 Ω mm²/m = 10^{-6} m = 1 $\mu\Omega$m.

Coulombsche Gesetz:
$$F = Q_1 \cdot Q_2 / (4\pi \cdot \varepsilon_0 \cdot a^2)$$
Die Kraft auf eine bewegte Ladung im Magnetfeld wird durch die Lorentz-Kraft ausgedrückt:
$$F = Q \cdot \upsilon \cdot B \cdot \sin\alpha$$
ε_0 elektrische Feldkonstante, Q_1 und Q_2 Ladungen, a Abstand von Q_1 und Q_2, υ Geschwindigkeit der Ladung Q, B magnetische Induktion, a Winkel zwischen Bewegungsrichtung und Magnetfeld.

Elektrisches Feld

Das elektrische Feld lässt sich durch folgende Größen beschreiben:

Elektrisches Potential φ (P) bzw. Spannung U

Das elektrische Potential φ (P) im Punkt P gibt an, welche Arbeit pro Ladung erforderlich ist, um die Ladung Q von einem Bezugspunkt nach P zu bringen:
$$\varphi\ (P) = W\ (P)/Q$$
Die elektrische Spannung U ist die Potentialdifferenz (bei gleichem Bezugspunkt) zwischen zwei Punkten φ_1, φ_2:
$$U = \varphi\ (P_2) - \varphi\ (P_1)$$

Elektrische Feldstärke E

Die elektrische Feldstärke im Punkt P ist abhängig vom Ort P und den umgebenden Ladungen. Sie beschreibt die maximale Steigung des Potentialgefälles im Punkt P. Für die Feldstärke im Abstand a von einer punktförmigen Ladung Q gilt:
$$E = Q/(4\pi \cdot \varepsilon_0 \cdot a^2)$$
Auf eine Ladung Q wirkt im Punkt P die Kraft
$$F = Q \cdot E$$

Elektrisches Feld und Materie

Elektrische Polarisation M und Verschiebungsdichte D

Ein elektrisches Feld erzeugt in einem polarisierbaren Stoff (Dielektrika) elektrische Dipole (positive und negative Ladungen im Abstand a; $Q \cdot a$ heißt Dipolmoment). Das Dipolmoment pro Volumeneinheit heißt Polarisation M.

Die Verschiebungsdichte D gibt die Dichte des elektrischen Verschiebungsflusses an, es gilt:
$$D = \varepsilon \cdot E = \varepsilon_r \cdot \varepsilon_0 \cdot E = \varepsilon_0 \cdot E + M$$
Dabei ist:

ε: Dielektrizitätskonstante (DK) des Stoffes, $\varepsilon = \varepsilon_r \cdot \varepsilon_0$

ε_0: elektrische Feldkonstante DK des Vakuums)

ε_r: Dielektrizitätszahl (relative DK) für Luft ist $\varepsilon_r = 1$, für andere Werkstoffe

Kapazität C einiger Leiteranordnungen in F

Plattenkondensator mit n parallelen Platten	$C = (n-1)\dfrac{\varepsilon_r \cdot \varepsilon_0 \cdot A}{a}$	$\varepsilon_r, \varepsilon_0$ n A a	siehe oben Anzahl der Platten Oberfläche einer Platte in m^2 Plattenabstand in m
Parallele Leiter (Doppelleitung)	$C = \dfrac{\pi\varepsilon_r \cdot \varepsilon_0 \cdot l}{\ln\left(\frac{a-r}{r}\right)}$	l a r	Länge der Doppelleitung in m Leiterabstand in m Leiterradius in m
Konzentrische Leitung (Zylinderkondensator)	$C = \dfrac{2\pi \cdot \varepsilon_r \cdot \varepsilon_0 \cdot l}{\ln (r_2/r_1)}$	l r_1, r_2	Länge der Leitung in m Leiterradius in m mit $r_2 > r_1$
Leiter gegen Erde	$C = \dfrac{2\pi \cdot \varepsilon_r \cdot \varepsilon_0 \cdot l}{\ln (2\,a/r)}$	l a r	Länge des Leiters in m Abstand des Leiters von der Erde in m Leiterradius in m
Kugel gegen ferne Fläche	$C = 4\pi \cdot \varepsilon_r \cdot \varepsilon_0 \cdot r$	r	Kugelradius in m

Kondensator

Zwei durch ein Dielektrikum getrennte Elektroden heißen Kondensator. Beim Anlegen einer Spannung werden die Elektroden gleich stark, aber ungleichnamig aufgeladen. Für die aufgenommene Ladung Q gilt:

$$Q = C \cdot U$$

C heißt die Kapazität des Kondensators. Sie ist abhängig von der geometrischen Form der Elektroden, ihrem Abstand und der Dielektrizitätskonstanten des Dielektrikums.

Energieinhalt eines geladenen Kondensators:

$$W = Q \cdot U/2 = Q^2/(2\,C) = C \cdot U^2/2$$

Anziehungskraft zweier paralleler Platten (Fläche A) im Abstand a beträgt:

$$F = E \cdot D \cdot A/2 = \varepsilon_r \cdot \varepsilon_0 \cdot U^2 \cdot A/(2\,a^2)$$

Gleichstrom

Bewegte Ladungen bilden einen Strom I, der durch die Stromstärke charakterisiert wird. Sie wird in Ampere angegeben. Beim Gleichstrom sind Richtung und Größe des Stromes unabhängig von der Zeit.

Stromrichtung und Messung

Außerhalb der Stromquelle wird die Richtung vom Pluspol zum Minuspol als positiv bezeichnet (technische Stromrichtung; tatsächlich wandern die Elektronen vom Minus- zum Pluspol).

Die Strommessung erfolgt mit einem Amperemeter (A) im Stromweg, die Spannungsmessung mit einem Voltmeter (V) im Nebenschluss.

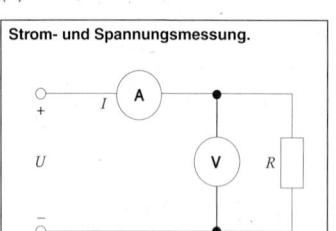

Strom- und Spannungsmessung.

R Verbraucher, A Amperemeter im Stromweg, V Voltmeter im Nebenschluss.

Ohmsches Gesetz

Es beschreibt den Zusammenhang zwischen Spannung und Strom in festen und flüssigen Elektrizitätsleitern.

$$U = R \cdot I$$

Die Proportionalitätskonstante R heißt Ohmscher Widerstand, die Angabe erfolgt in Ohm (Ω). Der Kehrwert des Widerstandes heißt Leitwert G

$$G = 1/R$$

Ohmscher Widerstand

Er ist vom Material und seinen Abmessungen abhängig.

Runddraht $R = \varrho \cdot l/q = l/(q \cdot \sigma)$
Hohlleiter $R = \ln(r_2/r_1)/(2\pi \cdot l \cdot \sigma)$
ϱ spezifischer Widerstand in $\Omega mm^2/m$
$\sigma = 1/\varrho$ elektrische Leitfähigkeit
l Drahtlänge in m
q Drahtquerschnitt in mm^2
r_2 und r_1 Drahtradien mit $r_2 > r_1$
In Metallen nimmt der Widerstand mit steigender Temperatur zu:

$$R_\vartheta = R_{20}\,[1 + \alpha\,(\vartheta - 20\,°C)]$$

R_ϑ Widerstand bei ϑ °C
R_{20} Widerstand bei 20 °C
α Temperaturkoeffizient in 1/K (= 1/°C)
ϑ Temperatur in °C
In der Nähe des absoluten Nullpunkts (−273 °C) geht der Widerstand vieler Metalle gegen Null (Supraleitfähigkeit).

Arbeit und Leistung

In einem stromdurchflossenen Widerstand gilt für die geleistete Arbeit bzw. für die entwickelte Wärmemenge:

$$W = U\,I \cdot t = R\ I^2 \cdot t$$

und damit für die Leistung:

$$P = U \cdot I = R \cdot I^2$$

Kirchhoffsche Gesetze

1. Knotenpunktregel
Für jeden Verzweigungspunkt (Knoten) ist die Summe der zufließenden gleich der Summe der abfließenden Ströme.

2. Maschenregel
Für jeden geschlossenen Kreis (Masche) eines Leiternetzes ist die Summe der Teilspannungen an den Widerständen gleich der Gesamtspannung.

Gleichstromkreise

Stromkreis mit Verbraucher
$U = (R_a + R_i) \cdot I$
R_a Verbraucher
R_i Leitungswiderstand

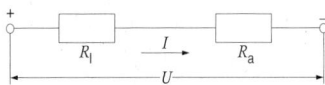

Ladung einer Batterie
$U - U_0 = (R_v + R_i) \cdot I$

U Netzspannung, U_0 Leerlaufspannung (Urspannung)[1] der Batterie, R_v Vorwiderstand, R_i Innenwiderstand der Batterie. Bedingung beim Laden: Ladespannung > Leerlaufspannung der Batterie

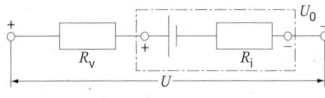

Auf- und Entladen eines Kondensators
Entscheidend für den Lade- und Entladevorgang eines Kondensators ist die Zeitkonstante $\tau = R \cdot C$.

Ladevorgang
$I = U/R \cdot \exp(-t/\tau)$
$U_C = U \,[1 - \exp(-t/\tau)]$

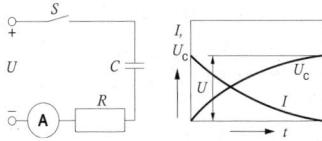

Schaltung, Spannungs- und Stromverlauf

Entladevorgang
$I = I_0 \cdot \exp(-t/\tau)$
$U_C = U_0 \cdot \exp(-t/\tau)$
U Ladespannung, I Ladestrom, U_C Kondensatorspannung, I_0 Anfangsstrom, U_0 Spannung bei Entladungsbeginn.

---

[1] Früher EMK (Elektromotorische Kraft).

Reihenschaltung von Widerständen
$R_{ges} = R_1 + R_2 + ...$
$U = U_1 + U_2 + ...$
Gleicher Strom in allen Widerständen.

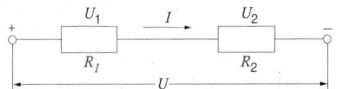

Parallelschaltung von Widerständen
$1/R_{ges} = 1/R_1 + 1/R_2$ oder
$G = G_1 + G_2$
$I = I_1 + I_2; I_1/I_2 = R_2/R_1$
An allen Widerständen liegt dieselbe Spannung (2. Kirchhoffsches Gesetz).

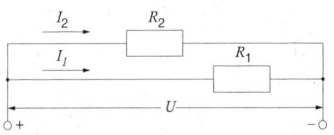

Messung eines Widerstandes
Sie kann durch Strom- und Spannungsmessung, direkt anzeigende Ohmmeter oder Brückenmessmethoden, z.B. Wheatstonesche Brücke, erfolgen. Wird das Galvanometer A der Wheatstoneschen Brücke durch den Schleifkontakt D stromlos eingestellt, dann gilt:
$I_1 \cdot R_x = I_2 \cdot \varrho \cdot a/q$
$I_1 \cdot R = I_2 \cdot \varrho \cdot b/q$
daraus: $R_x = R \cdot a/b$

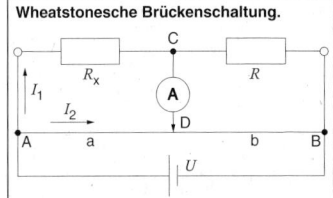

Wheatstonesche Brückenschaltung.

R_x unbekannter Widerstand,
R bekannter Widerstand, AB homogener Messdraht (spezifischer Widerstand ϱ) mit überall gleichem Querschnitt q,
A Galvanometer, D Schleifkontakt.

Elektrolytische Stromleitung

Stoffe, deren Lösungen oder Schmelzen (Salze, Säuren, Basen) den Strom leiten, heißen Elektrolyte. Im Gegensatz zur Stromleitung in Metallen ist hier der Stromdurchgang mit einer chemischen Zersetzung an den Elektroden verbunden. Die Zersetzung heißt Elektrolyse, die Elektroden Anode (Pluspol) und Kathode (Minuspol).

Beim Auflösen spaltet sich der Elektrolyt (Dissoziation) in verschiedene Ionen, die frei beweglich sind. Wird eine Spannung angelegt, wandern die positiven Ionen (Kationen) zur Kathode und die negativen Ionen (Anionen) zur Anode. Kationen sind z. B. alle Metallionen, aber auch Ammoniakionen (NH_4^+) und Wasserstoffionen (H^+). Anionen sind die Ionen der Nichtmetalle, Sauerstoff, Halogene, Säurerest- und OH-Ionen.

An den Elektroden neutralisieren sich die Ionen und werden abgeschieden. Der Zusammenhang zwischen abgeschiedener Stoffmenge und transportierter Ladung wird durch die Faradayschen Gesetze beschrieben:
1. Die abgeschiedene Masse ist proportional zur Stromstärke und Zeit

$$m = k \cdot I \cdot t$$

m Masse in g, I Strom in A, t Zeit in s, k elektrochemisches Äquivalent in g/C. Das elektrochemische Äquivalent k gibt an, wieviel g der Ionen von 1 Coulomb abgeschieden werden:

$$k = A/(F \cdot w) = 1{,}036 \cdot 10^{-5} \, A/w$$

A Atomgewicht, w Wertigkeit (s. Tabelle), F Faradaysche Konstante mit dem Wert F = 96485 C/g-Äquivalent. g-Äquivalent ist die Menge in g, die dem Äquivalentgewicht A/w entspricht.
2. Die durch gleiche Elektrizitätsmengen abgeschiedenen Massen verschiedener Elektrolyte verhalten sich entsprechend den Äquivalentgewichten.

Elektrolytische Polarisation

Für die Stromleitung in Elektrolyten gilt in guter Näherung das Ohmsche Gesetz. Bei der Elektrolyse scheiden sich jedoch die sog. inkonstanten Elemente an den Elektroden ab und bauen eine Spannung U_z auf, die der angelegten entgegengerichtet ist. Für den Strom in der Zelle mit dem Widerstand R gilt:

$$I = (U - U_z)/R$$

Die Veränderung der Elektroden wird als galvanische oder elektrolytische Polarisation bezeichnet. Sie kann durch oxydierende Chemikalien (sog. Depolarisatoren), z. B. Braunstein für H_2-Abscheidungen, weitgehend vermieden werden.

Galvanische Elemente

wandeln chemische in elektrische Energie um und bestehen aus zwei verschiedenen Metallen in einer oder zwei elektrolytischen Lösungen. Die Leerlaufspannung ist abhängig vom Elektroden- und Elektrolytmaterial.
Beispiele:

Weston-Normalelement
Elektroden: Cd + Hg(-) und
$Hg_2\,SO_4$ + Hg(+)
Elektrolyt: $CdSO_4$
Spannung: 1,0187 V bei 20 °C

Elektrochemisches Äquivalent k

Stoff	Wertig-keit w	elektrochemisches Äquivalent k 10^{-3} g/C
Kationen		
Aluminium Al	3	0,0932
Blei Pb	2	1,0735
Chrom Cr	3	0,1796
Cadmium Cd	2	0,5824
Kupfer Cu	1	0,6588
	2	0,3294
Natrium Na	1	0,2384
Nickel Ni	2	0,3041
	3	0,2027
Silber Ag	1	1,1180
Wasserstoff H	1	0,01044
Zink Zn	2	0,3387
Anionen		
Chlor Cl	1	0,3675
Sauerstoff O	2	0,0829
Hydroxyl OH	1	0,1763
Chlorat ClO_3	1	0,8649
Chromat CrO_4	2	0,6011
Karbonat CO_3	2	0,3109
Manganat MnO_4	2	0,6163
Permanganat MnO_4	1	1,2325
Nitrat NO_3	1	0,6426
Phosphat PO_4	3	0,3280
Sulfat SO_4	2	0,4978

Leclanché-Element (Trockenbatterien)
Elektroden: Zn(-) und C(+)
Depolarisator: MnO_2
Elektrolyt: NH_4Cl
Spannung: 1,5 V

Akkumulator bzw. Batterie (siehe Kapitel „Akkutechnik")

Wechselstrom

Ein Strom, der sich periodisch (häufig sinusförmig) in Größe und Richtung ändert, heißt Wechselstrom. Die besondere technische Bedeutung liegt in seinen günstigen Eigenschaften für die Energie-Fernübertragung, weil er durch Transformatoren auf hohe Spannungswerte transformiert werden kann.

Übliche Frequenzen für Wechselstromnetze:
Afrika 50 Hz, Asien meist 50 Hz, Australien 50 Hz, Europa 50 Hz, Nordamerika 60 Hz, Südamerika 50/60 Hz.
Bahnnetz: Deutschland, Norwegen, Österreich, Schweden, Schweiz 16 $^2/_3$ Hz, USA 20 Hz.

Elektrolytischer (galvanischer) Mittelwert des sinusförmigen Wechselstroms.

Er ist das arithmetische Mittel, d. h.
$$I_{galv} = 2\,\hat{\imath}/\pi = 0{,}64\,\hat{\imath}$$
$$U_{galv} = 2\,\hat{u}/\pi = 0{,}64\,\hat{u}$$
und entspricht in seinen elektrolytischen Wirkungen einem Gleichstrom dieser Größe.

<u>Effektivwerte</u> des sinusförmigen Wechselstroms:
$$I \;(= I_{eff}) = \hat{\imath}/\sqrt{2} = 0{,}71\,\hat{\imath}$$
$$U \;(= U_{eff}) = \hat{u}/\sqrt{2}\; 0{,}71\,\hat{u}$$
Sie geben an, mit welchen Gleichstromwerten die gleiche Wärmemenge erzeugt werden kann.

Im Wechselstromkreis wird zwischen 3 Leistungsangaben unterschieden:

Wirkleistung	$P = U \cdot I \cdot \cos\varphi$
Blindleistung	$P_q = U \cdot I \cdot \sin\varphi$
Scheinleistung	$P_s = U \cdot I$

Der Leistungsfaktor $\cos\varphi$ gibt an, welcher Teil der Scheinleistung effektiv verwertbar ist. Der Rest, die Blindleistung, pendelt nutzlos zwischen Stromquelle und Verbraucher hin und her, belastet jedoch die Leitungen.

Um die Leitungen nicht unnötig groß dimensionieren zu müssen, wird deshalb der Phasenwinkel φ meist mit Hilfe von Phasenschiebern (z. B. Kapazitäten) möglichst klein gehalten.

Wechselstromkreise

Wechselstromkreis mit Spulen
Eine Spule mit der Induktivität L wirkt wie ein Widerstand der Größe $R_L = \omega \cdot L$ (induktiver Widerstand). Da er keine Energie verbraucht, heißt er auch Blindwiderstand. Die induzierte Gegenspannung U_L hinkt dem Strom um 90° und dieser der angelegten Spannung um 90° hinterher.

$$U = U_L = \omega \cdot L \cdot I$$

Wechselstrom-Darstellung.

T Dauer einer ganzen Schwingung (Periode) in s, f Frequenz in Hz (f = 1/T), i Scheitelwert (Amplitude) des Stroms, $\hat{u}$ Scheitelwert (Amplitude) der Spannung, ω Kreisfrequenz in 1/s ($\omega = 2\pi \cdot f$), φ Phasenverschiebungswinkel (phasenverschoben heißt: Strom und Spannung erreichen zu verschiedener Zeit ihren Scheitelwert bzw. ihren Nulldurchgang) zwischen Strom und Spannung.

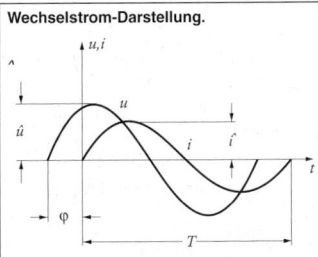

Für die Induktivität zusammengeschalteter Spulen gilt:

Spulen in Reihenschaltung	Spulen in Parallelschaltung
$L_{ges} = L_1 + L_2$	$\frac{1}{L_{ges}} = \frac{1}{L_1} + \frac{1}{L_2} + \dots$

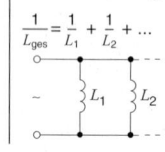

Wechselstromkreis mit Kondensator

Ein Kondensator mit der Kapazität C wirkt wie ein Widerstand der Größe $R_C = 1/(\omega \cdot C)$ (kapazitiver Widerstand); auch er verbraucht keine Leistung (Blindwiderstand). Die Gegenspannung U_C am Kondensator läuft dem Strom um 90° und dieser der angelegten Spannung U um 90° voraus.

$$U = U_C = I / (\omega \cdot C)$$

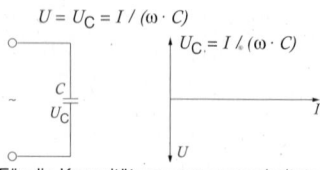

Für die Kapazität zusammengeschalteter Kondensatoren gilt:

Kondensator in Reihenschaltung	Kondensator in Parallelschaltung
$1/C_{ges} = 1/C_1 + 1/C_2$	$C_{ges} = C_1 + C_2 + \dots$

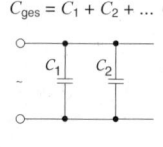

Ohmsches Gesetz für Wechselstrom

Im Wechselstromkreis mit Ohmschem Widerstand (R), Spule (Induktivität L) und Kondensator (Kapazität C) gelten für die elektrischen Kenngrößen Widerstand, Spannung und Strom die gleichen Gesetze wie im Gleichstromkreis.

Bei der Berechnung des Gesamtwiderstandes, der Spannung und des Stromes im Kreis ist jedoch deren Phasenlage zu berücksichtigen, d. h. die Werte müssen vektoriell addiert werden. Häufig geschieht dies mit Hilfe von Vektordiagrammen.

Reihenschaltung

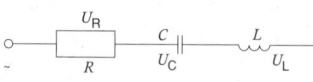

Vektordiagramme zur Bestimmung von U, Z, φ

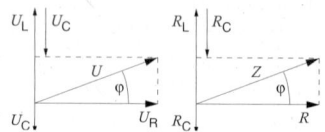

Das Ohmsche Gesetz lautet: $U = Z \cdot I$

Z heißt Impedanz oder Scheinwiderstand und ist die Vektorsumme der Einzelwiderstände.

$$Z = \sqrt{R^2 + X^2}$$

R Ohmscher Widerstand, X Reaktanz oder Blindwiderstand.

$$X = \omega \cdot L - 1/(\omega \cdot C)$$

$\omega \cdot L$ ist der induktive, $1/(\omega \cdot C)$ der kapazitive Widerstandsanteil.

Für die Phasenverschiebung φ zwischen Strom und Spannung gilt:

$$\tan \varphi = [\omega \cdot L - 1/(\omega \cdot C)]/R$$

Im Resonanzfall fließt der maximal mögliche Strom ($I = U/R$), die Bedingung hierfür lautet:

$$\omega^2 \cdot L \cdot C = 1 \; ; (\text{d. h. } X = 0)$$

Parallelschaltung

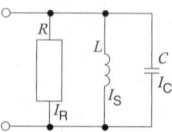

Vektordiagramme zur Bestimmung von I, Y, φ

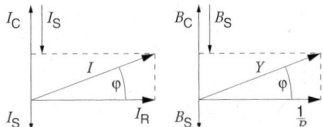

Für den Strom gilt: (Ohmsches Gesetz)
$$I = U \cdot Y$$
Y ist der komplexe Scheinleitwert
$$Y = \sqrt{G^2 + B^2}$$

G ($= 1/R$) Wirkleitwert
B [$= \omega \cdot C - 1/(\omega \cdot L)$] Blindleitwert

Für die Phasenverschiebung zwischen Strom und Spannung gilt:

$$\tan\varphi = R \cdot [\omega \cdot C - 1/(\omega \cdot L)]$$

Die Resonanzbedingung (minimaler Strom in der Hauptleitung) lautet wie bei der Reihenschaltung:

$$\omega^2 \cdot L \cdot C = 1 \text{ (d. h. } B = 0)$$

Drehstrom

Drehstrom nennt man ein System von drei um 120° gegeneinander verschobenen Wechselströmen: Zur Erzeugung dienen Drehstromgeneratoren mit drei voneinander unabhängigen Wicklungen, die um zwei Drittel einer Polteilung (120°) gegeneinander versetzt sind.
Zur Verringerung der Leiterzahl beim Spannungstransport von sechs auf drei bzw. vier werden die Teilspannungen verkettet, üblich sind die Dreieck- und Sternschaltung.

Sternschaltung
$$I = I_p$$
$$U = \sqrt{3} \cdot U_p$$

Dreieckschaltung

$$I = \sqrt{3} \cdot I_p$$

$$U = U_p$$
I Leiterstrom, I_p Phasen-(Strang-)Strom, U Leiterspannung, U_p Phasen-(Strang-)Spannung.

Die übertragene Leistung ist unabhängig von der Schaltung, für sie gilt:

Scheinleistung:

$$P_s = \sqrt{3} \cdot U \cdot I = 3 U_p \cdot I_p$$

Wirkleistung:

$$P = P_s \cdot \cos\varphi = \sqrt{3} \cdot U \cdot I \cdot \cos\varphi$$

Sternschaltung

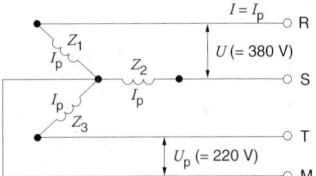

Dreieckschaltung

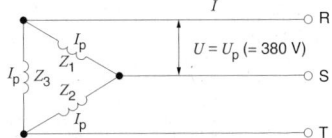

Magnetisches Feld

Magnetische Felder werden durch bewegte elektrische Ladungen, stromführende Leiter, magnetisierte Körper oder durch ein elektrisches Wechselfeld erzeugt.
Der Nachweis erfolgt über die Kraftwirkung auf bewegte elektrische Ladungen (Lorentz-Kraft) oder magnetische Dipole (gleichnamige Pole stoßen sich ab, ungleichnamige Pole ziehen sich an).
Zur Charakterisierung des magnetischen Feldes dient der Vektor der magnetischen Flussdichte B (Induktion). Die Bestimmung kann durch eine Kraftmessung oder durch eine Spannungsmessung erfolgen, weil durch ein sich änderndes Magnetfeld in einer Leiterschleife eine Spannung induziert wird.
$$U = \Delta (B \cdot q)/t$$

Δ $(B \cdot q)$ Änderung des Produkts aus magnetischer Induktion (in T) und Fläche der Leiterschleife (in m²), t Zeit (in s). Die Induktion B hängt mit den übrigen Feldgrößen wie folgt zusammen:

Magnetischer Fluss Φ

$\Phi = B \cdot q$

q Querschnitt in m²

Magnetische Feldstärke H

Im Vakuum gilt:

$B = \mu_0 \cdot H$

$\mu_0 = 1{,}257 \cdot 10^{-6}$ H/m, magnetische Feldkonstante

Magnetisches Feld und Materie

Die Induktion B setzt sich in der Materie formal aus einem Beitrag des angelegten Feldes ($\mu_0 \cdot H$) und aus einem Beitrag der Materie (J) zusammen (siehe auch Zusammenhang zwischen elektrischer Verschiebungsdichte und elektrischer Feldstärke).

$B = \mu_0 \cdot H + J$

J ist die magnetische Polarisation und beschreibt den Beitrag der Materie zur Flussdichte. Physikalisch bedeutet J das magnetische Dipolmoment je Volumeneinheit und ist im Allgemeinen eine Funktion der Feldstärke H. Für viele Werkstoffe ist $J \ll \mu_0 \cdot H$ und proportional zu H, dann gilt:

$B = \mu_r \cdot H$

μ_r Permeabilitätszahl, im Vakuum hat sie den Wert $\mu_r = 1$.

Entsprechend dem Wert für die Permeabilitätszahl werden die Werkstoffe in 3 Gruppen unterteilt:

Diamagnetische Stoffe $\mu_r < 1$
(z. B. Ag, Au, Cd, Cu, Hg, Pb, Zn, Wasser, organische Stoffe, Gase)
μ_r ist unabhängig von der magnetischen Feldstärke und kleiner als 1, die Werte liegen im Bereich

$(1 - 10^{-11}) > \mu_r > (1 - 10^{-5})$

Paramagnetische Stoffe $\mu_r > 1$
(z. B. O_2, Al, Pt, Ti)
μ_r ist unabhängig von der magnetischen Feldstärke und größer als 1, die Werte liegen im Bereich

$(1 + 4 \cdot 10^{-4}) > \mu_r > (1 + 10^{-8})$

Ferromagnetische Stoffe $\mu_r \gg 1$
(z. B. Fe, Co, Ni, Ferrite)
Bei diesen Werkstoffen erreicht die Polarisation sehr große Werte und ändert sich nicht linear mit der Feldstärke H; außerdem ist sie abhängig von der Vorgeschichte (Hysterese). Wählt man trotzdem, wie in der Elektrotechnik üblich, die Darstellung B = $\mu_r \cdot \mu_0 \cdot H$, so ist μ_r eine Funktion von H und zeigt Hysterese; die Werte für μ_r liegen im Bereich

$5 \cdot 10^5 > \mu_r > 10^2$

Die Hysteresekurve, die den Zusammenhang zwischen B und H bzw. J und H zeigt, wird wie folgt durchlaufen:

Befindet sich der Werkstoff im unmagnetischen Zustand ($B = J = H = 0$), wird er beim Anlegen eines Feldes H entlang seiner Neukurve (1) magnetisiert. Ab einer bestimmten, materialabhängigen Feldstärke sind alle magnetischen Dipole gerichtet und J erreicht den Wert der Sättigungspolarisation (materialabhängig), der nicht mehr erhöht werden kann. Wird H vermindert, nimmt J entlang dem Kurventeil (2) ab und schneidet bei $H = 0$ die B- bzw. J-Achse im Remanenzpunkt B_r bzw. J_r (es gilt $B_r = J_r$). Erst durch Anlegen eines Gegenfeldes der Feldstärke H_{cB} bzw. H_{cJ} wird die Flussdichte bzw. die Polarisation zu Null; diese Feldstärke heißt Koerzitivfeldstärke. Bei weiterer Erhöhung der Feldstärke wird die Sättigungspolarisation in der Gegenrichtung erreicht. Wird die Feldstärke wieder reduziert und das Feld umgekehrt, so wird die zu Kurventeil 2 symmetrische Kurve (3) durchlaufen.

Ferromagnetische Werkstoffe[1])

Dauermagnetwerkstoffe

Dauermagnetwerkstoffe haben hohe Koerzitivfeldstärken; die Werte liegen im Bereich

$H_{cJ} > 1 \quad \dfrac{kA}{m}$

Hysteresekurve (z.B. Hartferrit).

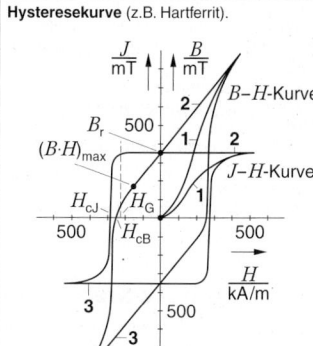

Die wichtigsten Kennwerte der Hysteresekurve sind:
– Sättigungspolarisation J_s,
– Remanenz B_r (bleibende Induktion für $H = 0$),
– Koerzitivfeldstärke H_{cB} (entmagnetisierende Feldstärke, bei der $B = 0$ wird) bzw.
– Koerzitivfeldstärke H_{cJ} (entmagnetisierende Feldstärke bei der $J = 0$ wird; nur für Dauermagnete von Bedeutung),
– Grenzfeldstärke H_G (bis zu dieser Feldstärke ist ein Dauermagnet stabil),
– μ_{max} (maximale Steigung der Neukurve, nur für Weichmagnete wichtig),
– Hystereseverlust (Energieverlust im Werkstoff bei einem Ummagnetisierungszyklus, entspricht der Fläche der B–H-Hysteresekurve; nur für Weichmagnete wichtig).

Damit können hohe entmagnetisierende Felder H auftreten, ohne dass der Werkstoff seine magnetische Polarisation verliert. Der magnetische Zustand und Ar-

beitsbereich eines Dauermagneten liegt im 2. Quadranten der Hysteresekurve, auf der sogenannten Entmagnetisierungskurve. In der Praxis liegt der Arbeitspunkt eines Dauermagneten nie im Remanenzpunkt, weil aufgrund der inneren Eigenentmagnetisierung immer ein entmagnetisierendes Feld vorliegt, das den Arbeitspunkt nach links verschiebt.

Der Punkt auf der Entmagnetisierungskurve, in dem das Produkt $B \cdot H$ den höchsten Wert erreicht, $(B \cdot H)_{max}$, ist ein Maß für die maximal erreichbare Luftspaltenergie. Dieser Wert ist neben der Remanenz und der Koerzitivfeldstärke wichtig zur Charakterisierung von Dauermagneten.

Die z. Z. technisch bedeutsamen Dauermagnete sind die AlNiCo-, Ferrit-, FeNdB (REFe)- und SeCo-Magnete; die Entmagnetisierungskurven zeigen die typischen Merkmale der einzelnen Sorten.

Weichmagnetische Werkstoffe

Weichmagnetische Werkstoffe haben eine niedrige Koerzitivfeldstärke ($H_C < 1000$ A/m), d. h. eine schmale Hysteresekurve. Die Flussdichte nimmt bereits für kleine Feldstärken hohe Werte an (große μ_r-Werte), so dass bei üblichen Anwendungen $J \gg \mu_0 \cdot H$ ist, d. h. in der Praxis braucht nicht zwischen $B(H)$- und $J(H)$-Kurven unterschieden zu werden.

Wegen der hohen Induktion bei niedrigen Feldstärken werden weichmagnetische Werkstoffe als Leiter für den magnetischen Fluss verwendet.

Für den Einsatz in magnetischen Wechselfeldern eignen sich besonders Werkstoffe mit niedriger Koerzitivfeldstärke, da bei ihnen die Ummagnetisierungsverluste (Hystereseverluste) klein bleiben.

Die Eigenschaften der weichmagnetischen Werkstoffe hängen weitgehend von der Vorbehandlung ab. Durch mechanische Bearbeitung (z. B. spanabhebend) steigt die Koerzitivfeldstärke an, d. h. die Hysteresekurve wird breiter.

---

[1] Zukünftig sollen die ferromagnetischen Stoffe in 3 Gruppen unterteilt werden:
– magnetisch weiche Stoffe $H_c \leq 1$ kA/m,
– magnetisch halbharte Stoffe 1 kA/m $< H_c \leq 30$ kA/m,
– magnetisch harte Stoffe $H_c > 30$ kA/m.

Mit einer werkstoffspezifischen Glühung bei höheren Temperaturen (magnetisches Schlussglühen) können diese Einflüsse wieder rückgängig gemacht werden. Für einige wichtige weichmagnetische Werkstoffe sind die Magnetisierungskurven, d. h. der B-H-Zusammenhang, angegeben.

Ummagnetisierungsverluste
In der folgenden Tabelle geben P1 und P1,5 den Ummagnetisierungsverlust bei einer Aussteuerung von 1 bzw. 1,5 Tesla mit 50 Hz bei 20 °C an. Die Verluste setzen sich aus den Hysterese- und Wirbelstromverlusten zusammen. Die Wirbelstromverluste werden durch Spannungen verursacht, die in den weichmagnetischen Kreisteilen bei der Wechselfeldmagnetisierung durch Flussänderungen induziert werden (Induktionsgesetz).

Mit folgenden Maßnahmen, die die elektrische Leitfähigkeit verringern, können die Wirbelstromverluste klein gehalten werden:
– Blechung des Kerns,
– Verwendung legierter Werkstoffe (z. B. Siliziumeisen),
– im Bereich höherer Frequenzen durch Unterteilung in isolierte Pulverteilchen (Pulverkerne),
– Verwendung keramischer Werkstoffe (Ferrite).

Der magnetische Kreis

Neben den Materialgleichungen sind für die Auslegung solcher Kreise folgende Gleichungen bestimmend:
1. Das Durchflutungsgesetz (magnetische Spannungsgleichung)

Blechsorte	Nenndicke	Ummagnetisierungs-verlust W/kg		B (für H = 10 kA/m)
	mm	P1	P1,5	T
M 270 – 35 A	0,35	1,1	2,7	1,70
M 330 – 35 A	0,35	1,3	3,3	1,70
M 400 – 50 A	0,5	1,7	4,0	1,71
M 530 – 50 A	0,5	2,3	5,3	1,74
M 800 – 50 A	0,5	3,6	8,1	1,77

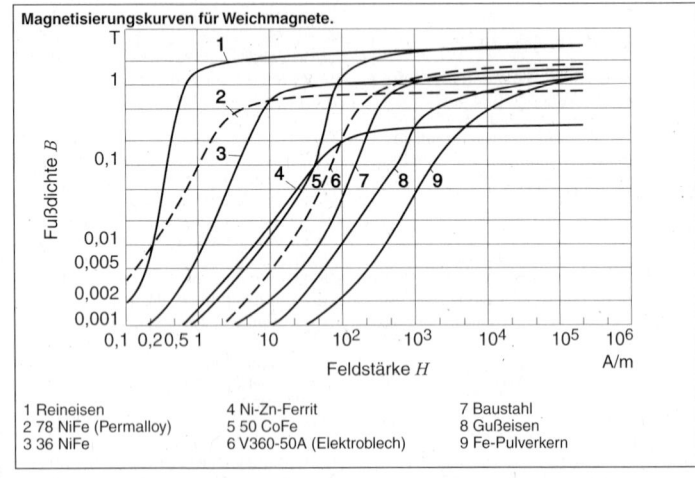

Magnetisierungskurven für Weichmagnete.

1 Reineisen
2 78 NiFe (Permalloy)
3 36 NiFe
4 Ni-Zn-Ferrit
5 50 CoFe
6 V360-50A (Elektroblech)
7 Baustahl
8 Gußeisen
9 Fe-Pulverkern

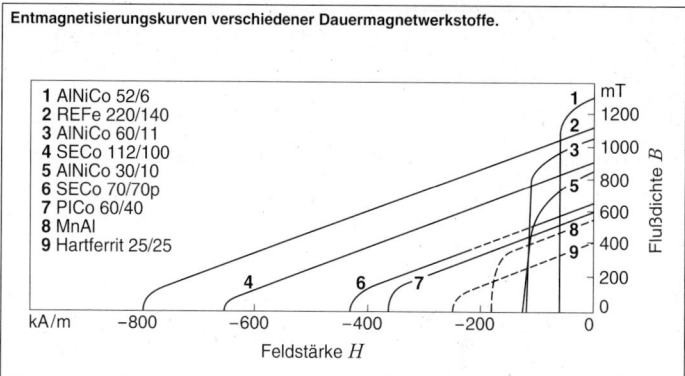

Entmagnetisierungskurven verschiedener Dauermagnetwerkstoffe.

1 AlNiCo 52/6
2 REFe 220/140
3 AlNiCo 60/11
4 SECo 112/100
5 AlNiCo 30/10
6 SECo 70/70p
7 PlCo 60/40
8 MnAl
9 Hartferrit 25/25

Feldstärke H

Bei einem geschlossenen Umlauf im magnetischen Kreis ist

$$\sum_i H_i \cdot l_i = V_1 + V_2 + ... + V_i = l \cdot w \text{ oder } 0,$$

je nachdem, ob eine Stromquelle im Kreis ist oder nicht.

$I \cdot w = \Theta$ Durchflutung (Amperewindungszahl)

$H_i \cdot l_i = V_i$ magnetische Spannung
($H_i \cdot l_i$ ist für Teilstrecken zu berechnen, in denen H_i konstant ist).

2. Das Kontinuitätsgesetz (magnetische Flussgleichung)

In den einzelnen Teilgebieten des Kreises fließt der gleiche magnetische Fluss
$\Phi \ (= B \cdot A)$:
$\Phi = \text{const oder } \Phi_1 = \Phi_2 = ... = \Phi_i$

Entscheidend für die Güte eines Kreises ist, wieviel Fluss im Arbeitsluftspalt zur Verfügung steht. Dieser Fluss wird Nutzfluss genannt; sein Verhältnis zum Gesamtfluss (Fluss des Dauer- bzw. Elektromagneten) heißt Streufaktor σ (praktische Werte für σ liegen zwischen 0,2 und 0,9). Der Streufluss, die Differenz zwischen Gesamt- und Nutzfluss, schließt sich außerhalb des Arbeitsluftspaltes und trägt nichts zur Arbeitsleistung des magnetischen Kreises bei.

Magnetisches Feld und elektrischer Strom

Bewegte Ladungen erzeugen ein Magnetfeld, d. h. stromdurchflossene Leiter sind von einem Magnetfeld umgeben. Die Stromrichtung ($\otimes$ Strom nach hinten, $\odot$ Strom nach vorne gerichtet) und die Richtung der magnetischen Feldstärke bilden eine Rechtsschraube.

Zwei parallele Leiter, die in gleicher Richtung vom Strom durchflossen werden, ziehen sich an; fließt der Strom entgegengesetzt, stoßen sie sich ab. Für die Kraft zwischen zwei Leitern im Abstand a und der Länge l, die von den Strömen I_1 bzw. I_2 durchflossen werden, gilt:

$$F = \frac{\mu_0 \cdot \mu_r \cdot I_1 \cdot I_2 \cdot l}{2\pi \cdot a} {}^1)$$

und in Luft näherungsweise

$$F \approx 0,2 \cdot 10^{-6} \cdot I_1 \cdot I_2 \cdot l/a \ {}^1)$$

In einem Magnetfeld B wird auf einen stromführenden Leiter (Strom I) der Länge l eine Kraft ausgeübt; für diese gilt, wenn der Stromleiter und das Feld den Winkel α miteinander bilden:

$$F = B \cdot I \cdot l \cdot \sin \alpha \ {}^1)$$

---

[1] F Kraft in N, I_1, I_2 und I Strom in A, l und a Länge in m; B Induktion in T.

Die Richtung der Kraft kann mit Hilfe der Dreifingerregel der rechten Hand gefunden werden (Daumen in Stromrichtung, Zeigefinger in Richtung des Magnetfeldes, dann zeigt der Mittelfinger in die Richtung der Kraft).

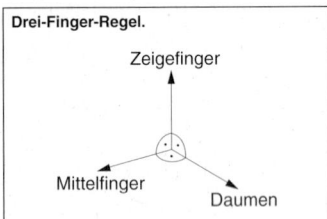

Drei-Finger-Regel.
Zeigefinger
Mittelfinger
Daumen

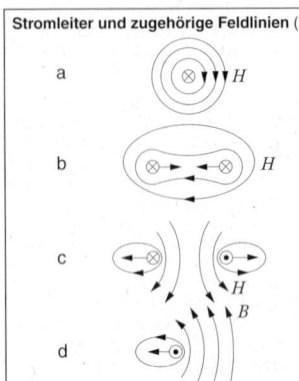

Stromleiter und zugehörige Feldlinien (H).

a) Einzelner stromdurchflossener Leiter mit Magnetfeld. b) Parallele Leiter ziehen sich an, wenn der Strom in gleiche Richtung fließt. c) Parallele Leiter stoßen sich ab, wenn der Strom in entgegengesetzte Richtung fließt. d) Ein Magnetfeld (B) übt Kraft auf einen stromführenden Leiter aus. Die Richtung der Kraft wird mit der Drei-Finger-Regel bestimmt.

Induktion. B Magnetfeld, C Richtung des bewegten Leiters, U_i induzierte Spannung.

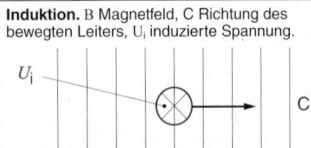

Induktionsgesetz

Ändert sich der von einer Leiterschleife umfasste magnetische Fluss Φ, beispielsweise durch Bewegen der Schleife oder durch Ändern der Stärke des Feldes, so wird in der Leiterschleife eine Spannung U_i induziert.

In einem im magnetischen Feld in Richtung C bewegten Leiter entsteht eine nach hinten gerichtete Spannung U_i:

$$U_i = B \cdot l \cdot v$$

U_i in V, B in T, l Leiterlänge in m, v Geschwindigkeit in m/s.

Bei der Gleichstrommaschine ist

$$U_i = p \cdot n \cdot z \cdot \Phi/(60a)$$

U_i in V, Φ von der Erregerwicklung (Feldwicklung) herrührender magnetischer Fluss in Wb, p Polpaarzahl, n Drehzahl in min^{-1}, z Drahtzahl auf der Ankeroberfläche, a halbe Anzahl der parallelen Ankerzweige.

Bei der Wechselstrommaschine ist

$$U_i = 2{,}22\, f \cdot z \cdot \Phi$$

U_i in V, Φ von der Erregerwicklung herrührender magnetischer Fluss in Wb, f Frequenz des Wechselstroms in Hz = $p \cdot n/60$, p Polpaarzahl, n Drehzahl in min^{-1}, z Drahtzahl auf der Ankeroberfläche.

Beim Transformator ist

$$U_1 = 4{,}44\, f \cdot w \cdot \Phi$$

U_1 in V, Φ magnetischer Fluss in Wb, ϕ Frequenz in Hz, w Windungszahl der Spule, die den Fluss Φ umfasst.

Die Klemmenspannung U ist um den Ohmschen Spannungsverlust in der Wicklung (etwa 5 %) kleiner (Generator) bzw. größer (Motor) als U_i. Bei Wechselspannung ist U_i der Effektivwert.

Selbstinduktion

Das magnetische Feld eines stromdurchflossenen Leiters oder einer Spule ändert sich bei Änderung des Leiterstroms. Im Leiter selbst wird dadurch eine der Stromänderung proportionale Spannung induziert, die der erzeugenden Stromänderung entgegenwirkt:

$$U_s = -L\, \frac{dI}{dt}$$

Feldstärke H einiger Leiteranordnungen

Kreisförmig gebogener Leiter	Im Kreismittelpunkt ist $H = I/(2a)$	H Feldstärke in A/m I Stromstärke in A a Leiterkreishalbmesser in m
Langer, gerader Leiter	Außerhalb des Leiters ist $H = I/(2\pi \cdot a)$ innerhalb des Leiters ist $H = I \cdot a/(2\pi \cdot r^2)$	a Entfernung von der Leiterachse in m r Leiterhalbmesser in m
Zylinderspule (Solenoid)	$H = I \cdot w/l$	w Windungszahl der Spule l Länge der Spule in m

Induktivität L einiger Leiteranordnungen

Zylinderspule	$L = \dfrac{1{,}257\,\mu_r}{10^6} \cdot \dfrac{w^2 \cdot q}{l}$	L Induktivität in H μ_r Permeabilitätszahl w Windungszahl q Spulenquerschnitt in m² l Spulenlänge in m
Doppelleitung (in Luft, $\mu_r = 1$)	$L = \dfrac{4l}{10^7} \cdot \ln(a/r)$	l Länge der Leitung in m a Leiterabstand in m r Leiterhalbmesser in m
Leitung gegen Erde (in Luft, $\mu_r = 1$)	$L = \dfrac{2l}{10^7} \cdot \ln(2a/r)$	l Länge der Leitung in m a Abstand des Leiters von der Erde in m r Leiterhalbmesser in m

Die Induktivität L ist abhängig von der Permeabilitätszahl μ_r, die für die meisten Werkstoffe praktisch gleich 1 und konstant ist, mit Ausnahme der ferromagnetischen Werkstoffe. Für Spulen mit Eisenkern hängt deshalb L stark von den Betriebsbedingungen ab.

Energie des magnetischen Feldes

$$W = \frac{1}{2}\,L\,I^2$$

Elektrische Effekte in metallischen Leitern

Kontaktspannung zwischen Leitern

Analog zur Reibungs- oder Kontaktelektrizität bei Isolatoren (z. B. Glas, Hartgummi) treten bei Leitern Kontaktspannungen auf. Verbindet man zwei verschiedene Metalle (gleicher Temperatur) leitend miteinander und trennt sie anschließend, so herrscht zwischen ihnen eine Kontaktspannung. Ursache sind verschieden hohe Austrittsarbeiten der Elektronen. Die Höhe der Spannung ist abhängig von der Stellung der Elemente in der Voltaschen Spannungsreihe. Verbindet man mehrere Leiter, so setzt sich die resultierende Kontaktspannung additiv aus den Einzelspannungen zusammen.

Kontaktspannungen

Werkstoffpaarung	Kontaktspannung
Zn/Pb	0,39 V
Pb/Sn	0,06 V
Sn/Fe	0,30 V
Fe/Cu	0,14 V
Cu/Ag	0,08 V
Ag/Pt	0,12 V
Pt/C	0,13 V
Zn/Pb/Sn/Fe	0,75 V
Zn/Fe	0,75 V
Zn/Pb/Sn/Fe/Cu/Ag	0,97 V
Zn/Ag	0,97 V
Sn/Cu	0,44 V
Fe/Ag	0,30 V
Ag/Au	– 0,07 V
Au/Cu	– 0,09 V

Thermoelektrizität

Auf Grund verschieden hoher Elektronenaustrittsarbeiten bildet sich an der Berührungsstelle zweier Leiter eine Potentialdifferenz, die Galvani-Spannung. In einem geschlossenen Leiterkreis (mit überall gleicher Temperatur) ist die Summe der Galvani-Spannungen Null. Eine Messung ist nur indirekt über ihre Temperaturabhängigkeit (thermoelektrischer Effekt, Seebeck-Effekt) möglich. Die Werte der Thermospannung zeigen starke Abhängigkeit von Verunreinigungen und der Vorbehandlung der Stoffe. Für kleine Temperaturdifferenzen gilt näherungsweise:

$$U_{th} = \Delta T \cdot a + \Delta T^2 \cdot b/2 + \Delta T^3 \cdot c/3$$

mit U_{th} Thermospannung

$\Delta T = T_1 - T_2$ Temperaturdifferenz
a, b, c Materialkonstanten

In der thermoelektrischen Spannungsreihe sind die differentiellen Thermokräfte gegen ein Bezugsmetall (meist Platin, Kupfer oder Blei) angegeben. An der erwärmten Lötstelle fließt der Strom vom Leiter mit der niedrigeren zu dem mit der höheren differentiellen Thermokraft. Die Thermokraft η für ein beliebiges Paar (Thermoelement) ist gleich der Differenz der differentiellen Thermokräfte.

Die Umkehrung des Seebeck-Effekts ist der Peltier-Effekt bei dem durch elektrische Energie eine Temperaturdifferenz erzeugt wird (Wärmepumpe).

Thermoelektrische Spannungsreihe
(bezogen auf Platin)

Werkstoff	Thermospannung 10^{-6} V/°C
Selen	1003
Tellur	500
Silizium	448
Germanium	303
Antimon	47 ... 48,6
Nickelchrom	22
Eisen	18,7 ... 18,9
Molybdän	11,6 ... 13,1
Cer	10,3
Kadmium	8,5 ... 9,2
Stahl (V2A)	7,7
Kupfer	7,2 ... 7,7
Silber	6,7 ... 7,9
Wolfram	6,5 ... 9,0
Iridium	6,5 ... 6,8
Rhodium	6,5
Zink	6,0 ... 7,9
Manganin	5,7 ... 8,2
Gold	5,6 ... 8,0
Zinn	4,1 ... 4,6
Blei	4,0 ... 4,4
Magnesium	4,0 ... 4,3
Aluminium	3,7 ... 4,1
Platin	±0
Quecksilber	−0,1
Natrium	−2,1
Kalium	−9,4
Nickel	−19,4 ... −12,0
Kobalt	−19,9 ... −15,2
Konstantan	−34,7 ... −30,4
Wismut ⊥ Achse	−52
Wismut ‖ Achse	−77

Gebräuchliche Thermoelemente [1]

Werkstoffpaarung		Temperatur
Kupfer-Konstantan	bis	600°C
Eisen-Konstantan	bis	900°C
Nickelchrom-Konstantan	bis	900°C
Nickelchrom-Nickel	bis	1200°C
Platinrhodium-Platin	bis	1600°C
Platinrhodium-Platinrhodium	bis	1800°C
Iridium-Iridiumrhodium	bis	2300°C
Wolfram-Wolframmolybdän[2]	bis	2600°C
Wolfram-Tantal[2]	bis	3000°C

[1] Außer zur Temperaturmessung wird das Thermoelement auch als Thermogenerator verwendet. Bisher erreichte Wirkungsgrade: ca. 10% (Anwendung in Satelliten).
[2] in reduzierter Atmosphäre.

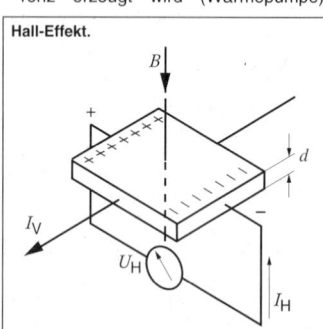

Hall-Effekt.

B Magnetfeld, I_H Hallstrom, I_V Versorgungsstrom, U_H Hallspannung, d Dicke des Leiters.

Schickt man Strom durch eine Leiterfolge A-B-A, so kühlt sich eine Lötstelle ab; die andere erwärmt sich, mehr als es der Jouleschen Wärmeentwicklung entspricht. Für die erzeugte Wärmemenge gilt:

$$\Delta Q = \pi \cdot I \cdot \Delta t$$

π Peltier-Koeffizient
I Stromstärke
Δt Zeitintervall

Zwischen dem Peltier-Koeffizienten und der Thermokraft η besteht der Zusammenhang

$$\pi = \eta \cdot T$$

mit T Temperatur

Die Wärmeerzeugung durch Strom ist auch im homogenen Leiter möglich, wenn man darin ein Temperaturgefälle $\Delta T/l$ aufrechterhält (Thomson-Effekt). Während die Joule-Leistung proportional zu I^2 ist, gilt für die durch den Thomson-Effekt erzeugte Leistung

$$P = -\sigma \cdot I \cdot \Delta T$$

σ Thomson-Koeffizient
I Stromstärke
ΔT Temperaturdifferenz

Die Umkehrung des Thomson-Effekts ist der Benedicks-Effekt, bei dem durch unsymmetrische Temperaturverteilung eine elektrische Spannung erzeugt wird (besonders an Stellen mit starker Querschnittsänderung).

Galvano- und thermomagnetische Effekte

Darunter versteht man Änderungen der elektrischen oder thermischen Durchströmung eines Leiters, die durch ein Magnetfeld hervorgerufen werden. Es gibt 12 Effekte dieser Art. Die bekanntesten sind der Hall-, Ettingshausen-, Righi-Leduc- und Nernst-Effekt.

Von besonderer technischer Bedeutung ist der Hall-Effekt (Hallsensor). Legt man an einen Leiter eine Spannung und senkrecht dazu ein Magnetfeld an, entsteht senkrecht zur Stromrichtung und zum Magnetfeld eine Spannung, die Hall-Spannung U_H:

$$U_H = R \cdot I_V \cdot B/d$$

R Hall-Konstante, I_V Versorgungsstrom, B Magnetfeld, d Dicke des Leiters

Aus der Hall-Konstanten kann die Teilchenzahldichte und Beweglichkeit der Elektronen bzw. Defektelektronen be-

stimmt werden. Bei ferromagnetischen Stoffen ist die Hall-Spannung von der Magnetisierung abhängig (Hysterese).

Gasentladung

Gasentladung ist der Durchgang des elektrischen Stromes durch einen von Gasen oder Dämpfen gefüllten Raum, zumeist unter Abgabe von Wärme, Licht und Schall.

Im Gas vorhandene freie Ladungsträger beschleunigen im Feld zwischen zwei geladenen Elektroden und erzeugen durch Stoßionisation Ladungsträgerlawinen und damit den Durchschlag, der abhängig von der Gasart, dem Druck und dem Abstand der Elektroden bei Zündspannungen von wenigen Volt bis zu 100 Millionen Volt (atmosphärischer Blitz) erfolgt. Setzt die Anregungsenergie aus dem Entladungsvorgang an der Kathode Elektronen frei, entsteht die selbständige Entladung, in der die weit geringere Brennspannung den Strom aufrechterhält. Die Glimmentladung bildet sich vorzugsweise bei niederem Gasdruck aus.

Ihre charakteristischen Leuchterscheinungen beruhen auf Transport- und Reaktionszonen, die durch Feldkräfte und Ionendiffusion bei kleinen Stromdichten entstehen. Bei höheren Stromstärken konzentriert thermische Ionisation im Plasma den Stromfluss, d. h. die Entladung schnürt sich ein.

Die thermische Elektronenemission aus der Kathode führt zum Übergang in die Bogenentladung. Die Stromstärke steigt, soweit dies der äußere Stromkreis erlaubt. Bei Temperaturen bis 10^4 K erfolgt eine intensive Lichtabgabe im Bereich der Elektroden und aus der dazwischen liegenden konvektionsbedingt bogenförmigen Plasmasäule. Die Brennspannung fällt auf wenige Volt. Bei Unterschreiten der für den momentanen Zustand charakteristischen Löschspannung endet die Entladung.

Technische Anwendungen: Funkenstrecke als Schaltelement, Lichtbogenschweißen, Funkenzündung für die Verbrennung von Gasen, Entladungslampen, Hochdruck-Bogenlampen.

Öffentliche Stromversorgungsnetze

Unter einem öffentlichen Netz versteht man in der einfachsten Form die elektrische Energieerzeugung in einem Kraftwerk, den Energietransport und die Verteilung über geeignete Leitungswege bis hin zum Verbraucher und dem Verbraucher selbst.

In der Praxis besteht das öffentliche Netz aus vielen Kraftwerken, welche über entsprechend viele Schaltanlagen und Leitungswege miteinander „vernetzt" sind.

Die effektive Spannung des öffentlichen Netzes beträgt in Deutschland an der Steckdose 230 Volt Wechselspannung mit einer Netzfrequenz von 50 Hertz im Falle von 1-Phasen-Wechselspannung bzw. 400 Volt Wechselspannung mit 50 Hertz Netzfrequenz im Falle von 3-Phasen-Wechselspannung. Netze mit 3-Phasen-Wechselspannung werden auch als Drehstromnetze bezeichnet.

Die mögliche Leistungsentnahme aus dem öffentlichen Netz wird lediglich durch die Querschnitte der Zuleitung und deren Absicherung bestimmt. Im Rahmen der für Elektrowerkzeuge üblichen Aufnahmeleistungen kann in der Regel davon ausgegangen werden, dass die Netzspannung und die Netzfrequenz auch unter der größtmöglichen Belastung konstant bleibt.

Länderspezifisch kann sowohl die Netzspannung als auch die Netzfrequenz andere Werte haben. Weltweit sind folgende Spannungen und Frequenzen im 1-Phasen-Netz üblich:
- 100 V 50 Hz sowie 100 V 60 Hz in Japan
- 115 V 60 Hz in Nordamerika und teilweise in Südamerika, Asien
- 220 V 50 Hz in Westeuropa und teilweise in Asien
- 220 V 60 Hz teilweise in Asien
- 230 V 50 Hz neue Standardspannung in Westeuropa
- 240 V 50 Hz Großbritannien, Australien, Neuseeland

In einigen Ländern existieren Netze mit unterschiedlichen Spannungen. Hierbei ist die zweite Spannung oft eine industriell genutzte Sonderspannung bzw. es handelt sich um veraltete Netze, welche sukzessive ersetzt werden. Wenn die zweite Spannung die höhere Spannung ist, ist dies ein Zeichen für die künftige Umstellung auf diese höhere Spannung. Bezüglich der Frequenz gilt in Japan 50 Hz für Ostjapan, 60 Hz für Westjapan. Die Vielfalt der in den einzelnen Ländern verwendeten Stecker liegt in der Anwendung begründet. Es existieren Stecker mit und ohne Schutzkontakt, je nach Schutzklasse und/oder Leistung der angeschlossenen Geräte nebeneinander.

Während die Informationen über elektrische Systeme der industrialisierten Länder zuverlässig und jederzeit zur Verfügung stehen, sind die Informationen aus Entwicklungsländern unterschiedlicher Qualität, häufig unzuverlässig und schwer nachzuprüfen. Darüber hinaus können sie völlig irrelevant sein, weil zum Beispiel industrielle und medizinische Komplexe, aber auch Computeranlagen aus eigenen Stromversorgungsanlagen gespeist werden können. Spannungs- und Frequenzschwankungen sind in diesen Ländern eher die Regel als die Ausnahme. Die hier gemachten Angaben bezüglich der Entwicklungsländer sind daher mit entsprechender Vorsicht zu beurteilen. Ebenso ist es in Entwicklungsländern üblich, dass oft mehrere Steckersysteme üblich sind, weil es keine Normen gibt, Geräte aus unterschiedlichen Herkunftsländern importiert werden, oder der Markt ganz einfach bestehende Regeln nicht beachtet. Es ist nicht ungewöhnlich, dass in diesen Ländern verschiedene Spannungen oder Frequenzen von Gebäude zu Gebäude vorkommen können. Die meisten Drittweltsysteme sind oft nicht geerdet, womit auch bei der Verwendung geerdeter Stecker keine Erdung stattfindet.

Nationale Normen
Einige Länder haben bezüglich der Steckergeometrie und des Schutzleiters nationale Normen, deren Inhalt im Folgenden kurz beschrieben wird.

Europa-Schutzkontaktstecker

Der Schutzkontaktstecker wird als Normstecker in Deutschland, Österreich, Holland, Belgien, Frankreich, Norwegen, Schweden, Finnland, Dänemark, Portugal und Spanien verwendet. Varianten davon gibt es in Osteuropa, in der GUS (Russland), Nordafrika und im Mittleren Osten.

Die Grundtypen der Europa-Schutzkontaktstecker sind

- CEE 7 / IV
- CEE 7 / VII

CEE 7 / IV

Der geerdete Schutzkontaktstecker hat 2 runde Stifte mit 4,8 mm Durchmesser im Abstand (Mitte-Mitte) von 19 mm. Seitlich am Stecker sind 2 Erdungsklammern. Der Stecker ist nicht polarisiert, Phasen- und Nulleiterlage sind nicht zugeordnet. Phasen- und Nulleiter können also beliebig vertauscht werden. Der Stecker passt nicht in die Steckdosen von Belgien und Frankreich.

CEE 7 / VII

Die Steckdosen von Belgien und Frankreich sind somit mit dem Stecker nach CEE 7 / IV kompatibel. Der Grund ist der Erdungsstift, welcher als runder Kontakt herausstehend in der Steckdose fest installiert ist. Der Schutzkontaktstecker nach CEE 7 / VII ist mit diesen Steckdosen kompatibel. Neben den 2 Erdungsklammern nach CEE 7 / IV verfügt er zusätzlich über eine Buchse zur Aufnahme des Erdungsstiftes der belgischen und französischen Steckdosen. Der Stecker ist polarisiert, Phasen- und Nulleiterlage sind eindeutig zugeordnet.

Britische Stecker

Die britische Norm schreibt einen dreipoligen Stecker mit Sicherung für alle Netzleitungen vor. Der Stecker ist polarisiert, Phasen- und Nulleiterlage sind eindeutig zugeordnet. Die Sicherung ist im Stecker eingebaut und zwingend notwendig, da in England die Stromnetze der Gebäude mit 35 A abgesichert sind und keine weitere Unterteilung in Einzelstromkreise erfolgt, welche mit 16 A abgesichert sind. Die Absicherung des Netzes erfolgt also durch die Sicherung im Stecker. Diese Sicherung ist nur nach Aufschrauben des Steckers zugänglich. Die Sicherungen unterliegen dem BS 1362 und sind wie folgt gekennzeichnet:

Nennstrom	Farbcode
3 A	rot
5 A	schwarz
13 A	braun

Die Sicherungen sind ca. 1 inch lang und unterscheiden sich dadurch von den internationalen 5x20 mm- Sicherungen.

Die Sicherung bei angespritzten Steckern befindet sich auf der Kontaktseite des Steckers.

England ist das einzige Land, in dem abgesicherte Netzstecker vorgeschrieben sind.

Die Britischen Steckdosen haben Klappblenden vor den Polkontakten um zu verhindern, dass man Fremdkörper in diese Öffnungen stecken kann. Durch den Erdstecker werden diese Klappblenden umgelegt und die Kontakte freigegeben. Die Steckerstifte sind teilisoliert.

Die früheren Stecksysteme nach BS 546 finden noch in Indien, Südafrika, Irland, Hongkong, Malysia und Singapore Anwendung.

Stecker nach BS 4343 verfügen über versenkt angeordnete Kontaktstifte. Diesen Steckern sind entsprechend ihrer Spannungsbereiche bestimmte Kennfarben zugeordnet:

Spannungsbereich	Kennfarbe
20 - 25 V	Violett
40 - 50 V	Weiss
100 - 130 V	Gelb
200 - 250 V	Blau
380 - 480 V	Rot
500 - 690 V	Schwarz

Dänische Stecker

Dänemark hat eine eigene Norm für Stecker mit Schutzkontakt. Neben den runden Kontaktstiften verfügt der Stecker über einen halbrunden Erdungsstift. Der Stecker ist polarisiert, Phasen- und Nulleiterlage sind eindeutig zugeordnet. In die dänische Steckdose passen auch die Stecker nach CEE 7 / IV und CEE 7 /

VII. Es wird dabei jedoch keine Schutzleiterverbindung hergestellt, denn für die dänische Steckdose muss der Stecker einen Erdungsstift haben.

Beim Anschluss von Geräten, welche Schutzerdung benötigen, muss aus Sicherheitsgründen in Dänemark also der dänische Stecker verwendet werden.

Für elektronische Datenverarbeitungsanlagen gibt es in Dänemark ein spezielles Stecker- Steckdosen-System. Hierdurch wird das Anschließen von Geräten mit normalem Stecker an die Stromversorgung von Computernetzen verhindert. Andrerseits kann der Sonderstecker in den normalen dänischen Steckdosen verwendet werden. Der Sonderstecker unterscheidet sich vom normalen Stecker durch zwei schräggestellte flache Kontaktstifte.

Amerikanische Stecker
In USA und Kanada wird allgemein das Steckersystem NEMA 5-15 verwendet. Es findet jedoch auch teilweise international Anwendung. In Mittelamerika, Kolumbien Venezuela und Ecuador ist dieses System die Norm für geerdete Verbindungen der Klasse 1. Der Stecker ist polarisiert, Phasen- und Nulleiterlage sind eindeutig zugeordnet. Ferner werden diese Stecker auch in Korea und Taiwan verwendet. Das Kontaktmuster von NEMA 5-15 passt auch in die japanischen Steckdosen und hat in diesem Land eine eigene Norm und ein eigenes Prüfzeichen.

Der NEMA 5-15 Stecker hat zwei flache Stifte und einen mittig versetzten runden Erdungsstift. Die geometrische Anordnung der Steckerstifte ist in Abhängigkeit von der zulässigen Stromstärke und der Netzspannung abhängig. Die entsprechenden Kontaktmuster sind in der Grafik dargestellt.

Japanische Stecker
Das japanische Stecker / Steckdosensystem ist in den nationalen Normen JIS C8308; C8358 beschrieben und wird ausschließlich in Japan verwendet. Die japanischen Schutzkontaktstecker haben neben 2 Flachstiften einen seitlich herausgeführten Erdungsclip, welcher mit einem Erdleiter verbunden werden muss. Der Erdungsclip ist meist in der Form eines Kabelschuhs.

Als weitere Variante ist in der japanischen Norm ein Stecker entsprechend NEMA-Konfiguration 5-15P enthalten. Dieser Stecker hat zwei Flachstifte und einen Rundstift. Der Stecker ist polarisiert, Phasen- und Nulleiterlage sind eindeutig zugeordnet.

Weltweit verwendete Spannungen, Frequenzen und Stecker
(nach Ländern geordnet)

Land	Spannung 1	Spannung 2	Frequ. 1	Frequ. 2	Stecker 1	Stecker 2	Stecker 3	Stecker 4
Acores (Portugal)	220		50		A	B		
Afghanistan	220		50		G			
Algeria	220	127	50		B	F		
Angola	220		50		A	B		
Anguilla (GB)	240		50		D			
Antigua	230		60		D	K	N	
Antilles (Netherland)	220	115	50	60	A	B	K	
Argentina	220		50		R	P		
Aruba	115	127	60		A	B	K	N

Weltweit verwendete Spannungen, Frequenzen und Stecker
(nach Ländern geordnet; ehem. UDSSR siehe GUS)

Land	Span-nung 1	Span-nung 2	Fre-qu. 1	Fre-qu. 2	Ste-cker 1	Ste-cker 2	Ste-cker 3	Ste-cker 4
Australia	240		50		C	P		
Austria	230		50		A	B		
Bahamas	120		60		K	N		
Bahrein	220		50		D	G		
Bangladesh	220		50		G			
Barbados	115		50		K	N		
Belgium	230		50		B	F		
Belize	110		60		K	N		
Benin	220		50		G			
Bermuda	120		60		K	N		
Bolivia	115	220	50		A	B		
Botswana	220		50		D	G		
Brasil	110	220	60		B	K	N	Q
Bulgaria	220		50		A	B		
Burkina-Faso	220		50		B			
Burma (Myanmar)	230		50		D	G		
Burundi	220		50		A	B		
Caiman Islands	120		60		K	N		
Cambodia	220	120	50		B			
Cameroun	230		50		B	F		
Canada	120		60		K	N		
Canary Islands	220		50		B	F		
Cap Verde Islands	220		50		A	B		
Central African Republic	220		50		B			
Chad	220		50		A	F		
Channel Islands	240		50		B	D		
Chile	220		50		B	I		
China (PRC)	220		50		R	N		
Christmas Island	240		50		C			
Cocos Island	240		50		C			
Columbia	220	110	60		N			
Congo	220		50		B			
Cook Islands (NZ)	240		50		C			
Costa Rica	120		60		K	N		
Cyprus	240		50		D			
Danmark	230		50		B	E		

Weltweit verwendete Spannungen, Frequenzen und Stecker
(nach Ländern geordnet; ehem. UDSSR siehe GUS)

Land	Spannung 1	Spannung 2	Frequ. 1	Frequ. 2	Stecker 1	Stecker 2	Stecker 3	Stecker 4
Dominica	230		50		D			
Djibuti	220		50		B	F		
Dominican Republic	110		60		K	N		
Egypt	220	-	50	-	B	-		
El Salvador	115		60		K	N		
Equator	120		60		K	N		
Fidji	240		50		C			
Finland (Suomi)	230		50		A	B		
France	230		50		B	F		
Gabon	220		50		B	F		
Gambia	220		50		D			
Germany	230		50		A	B		
Ghana	220		50		B	D	G	
Gibraltar (GB)	240		50		D			
Greece	230		50		A	B		
Greenland (Danmark)	220		50		B	E		
Grenada	230		50		D	G		
Guadeloupe	220		50		B	F		
Guam	110		60		K	N		
Guatemala	120		60		K	N		
Guayana (France)	220		50		B	F		
Guayana (France)	110		50	60	D	G		
Guinea Equatorial	220		50		B			
Guinea Equatorial	220		50		B	F		
Guinea-Bissao	220		50		A	B		
GUS (Russland)	220		50		A	B		
Haiti	110	120	50	60	K	N		
Honduras	110		50		K	N		
Hongkong	220		50		D	G		
Hungary	220		50		A			
Iceland	220		50		A	B		
Ile of Man	240		50		D			
India	220	240	50		G			
Indonesia	220		50		A	B		
Iran	220		50		A	B		
Iraq	220		50		D	G		

Weltweit verwendete Spannungen, Frequenzen und Stecker
(nach Ländern geordnet; ehem. UDSSR siehe GUS)

Land	Span- nung 1	Span- nung 2	Fre- qu. 1	Fre- qu. 2	Ste- cker 1	Ste- cker 2	Ste- cker 3	Ste- cker 4
Ireland	220		50		D			
Israel	230		50		B	H		
Italia	230		50		B	I		
Ivory Coast	220		50		B			
Jamaika	110		50		K	N		
Japan	100		50/60		J	M		
Jordan	220		50		A	B	D	
Kenia	240		50		D	G		
Korea (South)	220		60		A	K	N	B
Kuwait	240		50		D	G		
Laos	220		50		B	K	N	
Lebanon	220	110	50		B	D	G	
Lesotho	240		50		G			
Liberia	120		60		N			
Libya	230	127	50		G	I		
Liechtenstein	220		50		L			
Luxembourg	230		50		A	B		
Macao	220		50		B	G		
Madagascar	220		50		B	F		
Madeira	220		50		B	G		
Malawi	230		50		D			
Malaysia	240		50		D			
Maledive Islands	230		50		G			
Mali	220		50		B	F		
Mallorca	220		50		A	B		
Malta	240		50		D			
Marianas Islands	115		60		K	N		
Martinique	220		50		B	F		
Mauretania	220		50		B			
Mauritius	230		50		D	G		
Mexico	115		60		K	N		
Miquelon (France)	115		60		K	N		
Mocambique	220		50		A	B		
Monaco	220		50		A	B	F	
Mongolia	220		50		B			
Montserrat	230		60		D	K	N	

Weltweit verwendete Spannungen, Frequenzen und Stecker
(nach Ländern geordnet)

Land	Span-nung 1	Span-nung 2	Fre-qu. 1	Fre-qu. 2	Ste-cker 1	Ste-cker 2	Ste-cker 3	Ste-cker 4
Morocco	220		50		A	B	F	
Myanmar (Burma)	230		50		D	G		
Namibia	220	240	50		G			
Nepal	220		50		G			
Netherlands	230		50		A	B		
New Caledonia	220		50		B	F		
New Zealand	230		50		C			
Nicaragua	120		60		K	N		
Niger	220		50		B			
Nigeria	220		50		D	G		
Norfolk Islands (Austral.)	240		50		C			
Norway	230		50		A	B		
Okinawa	100		60		N			
Oman	240		50		D	G		
Pakistan	220		50		G			
Panama	115		60		K	N		
Papua-New Guinea	240		50		C	P		
Paraguay	220		50		B			
Peru	220	110	50	60	B			
Philippines	220		60		K	N		
Pitcairn (GB)	240		50		G			
Poland	220		50		A	B	F	
Portugal	220		50		A	B	G	
Puerto Rico	115		60		K	N		
Qatar	240		50		D	G		
Romania	115		50		A	B		
Rwanda	220		50		B			
Saint Christopher-Nevis	220		60		D	G		
Saint Vincent	220		50		D			
Saint-Pierre (France)	115		60		K	N		
Sambia	220		50		D			
Samoa (US)	240	120	60		C	K	N	
Samoa (West)	220		50		C			
Santa Lucia	240		50		D			
Saudi Arabia	220	110	50	60	A	F	K	
Senegal	220		50		F			

Weltweit verwendete Spannungen, Frequenzen und Stecker
(nach Ländern geordnet)

Land	Span-nung 1	Span-nung 2	Fre-qu. 1	Fre-qu. 2	Ste-cker 1	Ste-cker 2	Ste-cker 3	Ste-cker 4
Seychelles	240		50		D	G		
Sierra Leone	230		50		D	G		
Singapore	230		50		B	D	G	
Slowenia	220		50		B	F		
Somalia	220	110	50		B	F		
South Africa	220	240	50		G			
Spain	230		50		B	F		
Sri Lanka	220		50		G			
Sudan	240		50		B			
Surinam	115		60		A	B		
Swaziland	220		50		G			
Sweden	230		50		A	B		
Switzerland	230		50		L	B		
Syria	220		50		B			
Tahiti	220		50		F			
Taiwan (ROC)	110		60		K	N		
Tanzania	220		50		D	G		
Tchechenia	220		50		B	F		
Thailand	220		50		B	K	N	
Togo	220		50		B	F		
Tonga	115		60		C	G		
Trinidad, Tobago	115	220	60		D	G	K	N
Tunesia	220		50		B			
Turkey	220		50		A	B		
Uganda	240		50		G			
United Arab Emirates	220		50		D	G		
United Kingdom (GB)	240		50		D			
Uruguay	220		50		C			
USA	115		60		K			
Venezuela	115		60		K	N		
Vietnam	115	220	50		B	F	K	N
Virgin Islands	120		60		K	N		
Yemen	220		50		B	D	G	
Yugoslavia	220		50		A	B		
Zaire	220		50		F			
Zimbabwe	220		50		D	G		

Weltweit übliche Steckersysteme für 1-Phasen-Wechselspannung

Typ	Steckdose	Stecker	Typ	Steckdose	Stecker
A			J		
B			K		
C			L		
D			M		
E			N		
F			O		
G			P		
H			Q		
I			R		

Installationstechnik

CEE-Steckverbindungen

Leiterkontakte
Schutzkontakt

Spannung	110.....130V	220.....250V	380.....450V	.....380V	50.....250V
Stromart	AC ~	AC ~	AC ~	AC ~	DC —
Frequenz	50/60 Hz	50/60 Hz	50/60 Hz	50/60 Hz	Gleichstrom
Farbe	Gelb	Blau	Rot	Grau	Blau
Sonderfall	--	--	--	Ausgang Trenntrafo	--
3-polig					
4-polig					--
5-polig				--	--

EWL–INT001/P

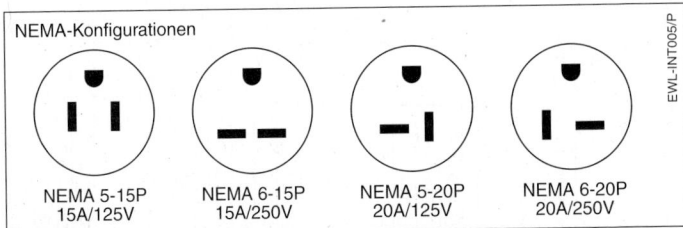

NEMA-Konfigurationen

NEMA 5-15P 15A/125V — NEMA 6-15P 15A/250V — NEMA 5-20P 20A/125V — NEMA 6-20P 20A/250V

EWL–INT005/P

Länderspezifische Steckertypen und Normen

Land	Bild	Norm	Steckstifte	Steckstift-Form	Erdkontakte	polarisiert	Strom max. A	Spannung max. V	Bemerkung
Argentina	C	IRAM 2063 / 1982	2	flach	-	ja	10	250	Wie Australischer Stecker, aber entgegengesetzte Polarität. Steckstifte für 20 A-Ausführung maßlich unterschiedlich.
Argentina	C	IRAM 2073 / 1982	3	flach	flach	ja	10;15;20	250	Wie Australischer Stecker, aber entgegengesetzte Polarität. Steckstifte für 20 A-Ausführung maßlich unterschiedlich.
Australia	C	AS 3112-1981	3	flach	flach	ja	7,5;10	250	bei medizinischen Geräten transparenter Stecker.
Australia	C	AS 3112-1981	3	flach	flach	ja	15	250	Erdungsstift breiter und länger.
Australia	C	AS 3112-1981	3	flach	flach	ja	20	250	Alle 3 Stifte sind größer.
Australia	P	AS 3112-1981	2	flach	flach	ja	7,5	250	
Australia	C	AS 3112-1981	3	flach	flach	ja	10	250	Erdungsstift vorhanden, aber nicht geschlossen.
Australia	C	AS 3112-1981	3	flach	flach	ja	15	250	Erdungsstift vorhanden, aber nicht geschlossen.
Brasil	Q	NRB 6147 / 80	3	flach	flach	ja	16	250	16A-Ausführung unterscheidet sich in den Stiftmaßen
China	R	GB 1002-1996	3	flach	-	-	10;16	125/220	
China	N	GB 1002-1996	2	flach	-	-	10	250	
Danmark	E	SRAF 1962	3	rund 4,8 mm	1 Halbrund 6 mm	ja	10	250	Datennetzstecker hat statt 2 Rundstifte, 2 schräggestellte Flachstifte
England	D	BS 1361 A	3	flach	1 Flachstift	-	3...13	240	Nur mit eingebauter Sicherung 3; 5; 13A zulässig.
Europa-Flachstecker	B	CEE 7 / XVI	2	rund 4,8 mm	-	-	2,5	250	Passt in Steckdosen 4..4,8 mm
Europa-Konturenstecker	(A)	CEE 7 / XVII	2	rund 4,8 mm	-	-	10	250	
Europa-Schutzkontaktstecker	A	CEE 7 / IV	2	rund 4,8 mm	2 Federn	-	16	250	
Europa-Schutzkontaktstecker	F	CEE 7 / VII	2	rund 4,8 mm	2 Federn + Buchse	ja	16	250	Frankreich Belgien
Israel	H	SI 32 10	3	flach 5x2,5 mm	flach 5x2,5 mm	ja	16	250	Nach Einführen in die Steckdose muss Stecker um 30° im Uhrzeigersinn gedreht werden.
Italia	I	CEI 23.16.S.11	3	rund 4 mm	1 Rundstift	-	10	250	
Italia	I	CEI 23.16.S.17	3	rund 5 mm	1 Rundstift	-	16	250	
Italia	I	CEI 23.16.S.10	2	rund 4 mm	-	-	10	250	
Italia	I	CEI 23.16.S.16	2	rund 5 mm	-	-	16	250	

Länderspezifische Steckertypen und Normen

	Bild	Norm	Steckstifte	Steckstift-Form	Erdkontakte	polarisiert	Strom max. A	Spannung max. V	
Japan	M	JIS C 3808, 8358	2	flach	-	-	7;12;15		
Japan	J	JIS C 3808, 8358	3	flach	halbrund	-	15	100/200	Ausführung mit Schutzkontakt und für Spannung 200 V
Schweiz	L	SNV 24507	3	rund 4 mm	1 Rundstift	ja	10	250	Über 10A Festanschluss oder Industrie Starkstromstecker
Schweiz	B	SNV 24506	2	rund 4 mm	-	-	10	250	
South Africa	G	SABS 164-1980 15	3	rund 7 mm	1 Rundstift 8,6 mm	ja	16	250	Stecker entspricht alter Norm England BS 546A
USA	K	NEMA 5-15...6-20	3	flach	halbrund	ja	15/20	125/250	Je nach Strom und Spannung unterschiedliche geometrische Anordnung (siehe gesonderte Tabelle). Bei medizinischen Geräten transparenter Stecker.
USA	N	NEMA 1-15	2	flach	-	-	15	125	
USA	N	NEMA 1-15	2	flach	-	ja	15	125	1 Flachstift 6,35 mm; 1 Flachstift 8 mm

Elektrische Installationen

Im Umgang mit der Elektrizität gibt es zahlreiche Gefahrenquellen, welche zu Unfällen führen können. Der Gesetzgeber und die von ihm beauftragten Organisationen haben deshalb für den Umgang mit der Elektrizität umfangreiche und bindende Vorschriften festgelegt. Hierin ist unter anderem festgelegt, dass nur ein speziell dazu autorisierter Personenkreis Arbeiten an elektrischen Installationen und Anlagen ausführen darf. Die folgenden Beiträge sind deshalb nicht als Arbeitsanleitung zu verstehen, sie dienen lediglich der Information und Übersicht.

Schutzarten und Klassen

Elektrische Anlagen und Geräte müssen je nach Konstruktion und Aufstellung Schutzmaßnahmen aufweisen, welche eine Gefährdung durch Berührung aktiver Teile und das Eindringen von Fremdkörpern und Wasser verhindert. Die dadurch gegebenen Schutzarten sind nach DIN 40 050 festgelegt. Eine zusätzliche Kennzeichnung bei Geräten in den Schutzklassen I, II, und III nach DIN VDE 0720. Hierbei bedeutet
- Schutzklasse I = Schutzleiter
- Schutzklasse II = Schutzisolierung
- Schutzklasse III = Schutzkleinspannung (AC: <50 V; DC: <120 V)

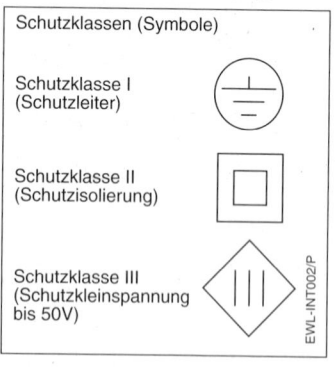

Schutzklassen (Symbole)

Schutzklasse I (Schutzleiter)

Schutzklasse II (Schutzisolierung)

Schutzklasse III (Schutzkleinspannung bis 50V)

EWL-INT002/P

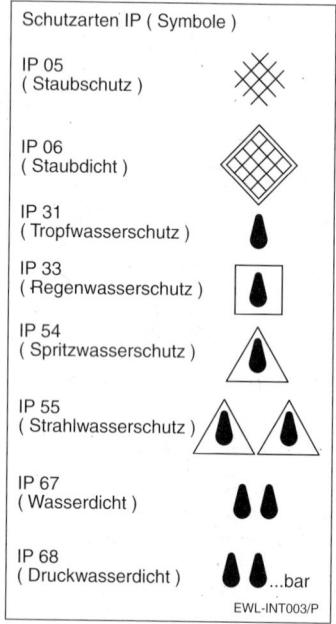

Schutzarten IP (Symbole)

IP 05 (Staubschutz)

IP 06 (Staubdicht)

IP 31 (Tropfwasserschutz)

IP 33 (Regenwasserschutz)

IP 54 (Spritzwasserschutz)

IP 55 (Strahlwasserschutz)

IP 67 (Wasserdicht)

IP 68 (Druckwasserdicht) ...bar

EWL-INT003/P

Belastbarkeit von elektrischen Leitungen

Elektrische Leitungen haben einen Eigenwiderstand, dessen Höhe von der Leitfähigkeit des Leiterwerkstoffes γ, dem Leiterquerschnitt A und der Leitungslänge l abhängt. Der Leitungswiderstand bewirkt einen Spannungsabfall ΔU über die Leitungslänge. Der durch die Leitung fließende Strom I ergibt im Produkt mit dem Spannungsabfall die Verlustleistung der Leitung, welche in Wärme umgesetzt wird. Da Strom nur bei geschlossenem Stromkreis fließen kann, muss in die Berechnung die Hinleitung und die Rückleitung einbezogen werden. Bei der Leitungslänge ist deshalb der Faktor 2 einzusetzen. Bei Wechselstrom ist zusätzlich der Blindleistungsfaktor $\cos \varphi$ zu berücksichtigen.

Die Formeln zur Berechnung des Spannungsabfalls lauten:

Für Gleichstrom

$$\Delta U = \frac{2 \times I \times I}{\gamma \times A}$$

Für Einphasenwechselstrom

$$\Delta U = \frac{2 \times I \times I \times \cos \varphi}{\gamma \times A}$$

Für Dreiphasenwechselstrom (Drehstrom)

$$\Delta U = \frac{\sqrt{3} \times I \times I \times \cos \varphi}{\gamma \times A}$$

Durch den Spannungsabfall liegt am Verbraucher eine geringere Spannung als an der Spannungsquelle. Hierdurch können bei spannungsempfindlichen Verbrauchern Störungen auftreten.

Die Verlustleistung der Leitung führt zur Erwärmung. Die Erwärmung darf einen vom Isoliermaterial abhängigen Wert nicht überschreiten. In der Praxis bedeutet dies, dass bei gegebenem Leitungsquerschnitt nur ein bestimmter Maximalstrom zulässig ist. Der Maximalstrom hängt von der Anzahl der belasteten Leitungen eines Kabels und von der Verlegungsart ab. Die wichtigsten Verlegungsarten sind
- A: unter Putz
- B2: in Installationsrohren und -kanälen
- C: auf Putz
- E: frei in der Luft

Liegen Spannungsabfall oder Strombelastbarkeit außerhalb der zulässigen Werte, so ist der nächsthöhere Leiterquerschnitt zu wählen.

Leitungsquerschnitte

Die Leitungsquerschnitte sind im Bereich der EC harmonisiert und genormt. Sie werden in mm² angegeben. Im englischen, insbesondere dem amerikanischen Sprachraum werden jedoch Draht- und Litzendurchmesser in Gauge angegeben. Beim Vergleich von Leiterdurchmessern und Querschnitten muss entsprechend umgerechnet werden. Hierbei muss zwischen AWG (American Wire Gauge) und SWG (Standard Wire Gauge) unterschieden werden.

Stecker und Kupplungen

Stecker und Kupplungen sind innerhalb der Länder der Welt nicht einheitlich genormt. Es herrscht eine erhebliche Vielfalt, welche dadurch noch verwirrender wird, weil innerhalb der einzelnen Länder zusätzlich noch verschiedene Stecker- und Kupplungstypen verwendet werden. Da weder eine europäische noch eine globale Normung absehbar ist, muss man sich beim Export/Import oder Aufenthalt in fremden Ländern vorher entsprechend informieren.

Spannungen und Netzfrequenzen

Wechselstromnetze haben sich weltweit durchgesetzt, nicht einheitlich sind jedoch die verwendeten Spannungen und Netzfrequenzen. Folgende Frequenzen und Spannungen sind bei Einphasennetzen üblich:
- 50 Hz
- 60 Hz
- 100 V
- 110/115 V
- 220 V
- 230 V
- 240 V

Wegen des steigenden Energiebedarfs hat man sich in Europa entschlossen, nach einer gewissen Übergangszeit die Spannung von 220 V über 230 V langfristig auf 240 V zu erhöhen. Durch die Spannungserhöhung ist bei den bestehenden Übertragungsnetzen eine höhere Leistungsübertragung zu erreichen.

Außerhalb von Europa sind die Spannungen und Frequenzen uneinheitlich verteilt und gehen teilweise auf den Einfluss früherer Kolonialmächte zurück. Auch hier gilt: Vor dem Export/Import oder Aufenthalt in fremden Ländern entsprechend informieren. Eine Informationstabelle über die in den Ländern der Welt üblichen Spannungen, Frequenzen und Steckersysteme befindet sich im Kapitel „Öffentliche Stromversorgungsnetze".

IP-Schutzarten von elektrischen Maschinen und Geräten

Berührungs-, Fremdkörper- und Wasserschutz nach DIN 40 050
(IP: International Protection)

1. Ziffer	Schutzumfang gegen Berührung	gegen Fremdkörper
0	ohne	ohne
1	großflächig, Hand	Fremdkörper bis 50 mm ⌀
2	Finger	Fremdkörper bis 12 mm ⌀
3	mit Werkzeug und Draht	Fremdkörper bis 2,5 mm ⌀
4	mit Werkzeug und Draht	Fremdkörper bis 1 mm ⌀
5	Vollständig	Staub
6	Vollständig	Staubdicht
–	–	–
–	–	–

2. Ziffer	Schutzumfang gegen Wasser
0	ohne
1	Tropfwasser, senkrecht
2	Tropfwasser, senkrecht, Neigung bis 15°
3	Sprühwasser, Neigung bis 60°
4	Spritzwasser aus allen Richtungen
5	Strahlwasser aus allen Richtungen
6	Wasserstrahl und Überflutung
7	Eintauchen
8	Untertauchen

ELT-T02

Beispiel: IP 21 = Schutz gegen Berührung mit den Fingern und Fremdkörpern bis 12 mm sowie gegen Tropfwasser senkrecht.

Verlegungsarten von Leitungen *(Auszug aus DIN VDE 0298 Teil 4)*

Verlegungstyp	Verlegungsart
A	Aderleitung oder mehradrige Leitung in wärmegedämmter Decke, Wand oder Fußboden
B 1	Aderleitung in Installationsrohren oder Installationskanälen auf der Wand oder der Decke oder im Mauerwerk
B 2	Mehradrige Leitung in Installationsrohren oder Installationskanälen auf Decken, Wänden oder Fußböden
C	Mehradrige Leitungen oder einadrige Mantelleitungen oder Stegleitung auf oder in der Decke, Wand oder Fußboden
E	Mehradrige Leitungen, frei in der Luft verlegt oder mit einem Abstand von mindestens 0,3 × Leitungsdurchmesser zur Wand.

ELT-T09

Elektrische Leitungen für Elektrogeräte und Elektrowerkzeuge
– Ausgewählte Typen nach DIN 57281

Typ-kurzzeichen	Nenn-Spannung Volt	Ader-Nennquerschnitt mm²	Ader-anzahl	Handels-bezeichnung	Verwendung
H 03 VV - F	300/300	0,5; 0,75	2; 3	Leichte PVC-Schlauchleitung	mechanisch gering belastete Haushaltsgeräte
H 03 VVH 2 - F	300/300	0,75	2		
H 05 VV - F	300/500	1; 1,5; 2,5	2; 3; 5	Mittlere PVC-Schlauchleitung	mechanisch mittel belastete Haushaltsgeräte, auch in Feuchträumen, Heimwerker-geräte
H 03 RT - F	300/300	0,75; 1; 1,5	2; 3	Gummi-Aderschnüre	mechanisch gering belastete Haushaltsgeräte
H 05 RR -F	300/500	0,75; 1; 1,5; 2,5	2; 3; 5	Leichte Gummi-Schlauchleitung	mechanisch gering belastete Haushaltsgeräte, handge-führte Elekrogeräte, leichte Elektrowerkzeuge
H 07 RN - F	450/750	ab 1,5 - 400 je nach Aderanzahl	1–5	Schwere Gummi-Schlauchleitung	mittel beanspruchte gewerb-liche Geräte und Maschinen Elektrowerkzeuge und Bau-geräte, auch in Feuchträu-men und im Freien

ELT-T05

Belastbarkeit von Leitungen
Strombelastbarkeit festverlegter PVC-Leitungen bei 30 °C nach DIN VDE 0298

Kupfer-Quer-schnitt mm²	Verlegungsart							
	A 2 Adern I (A)	A 3 Adern I (A)	B 2 2 Adern I (A)	B 2 3 Adern I (A)	C 2 Adern I (A)	C 3 Adern I (A)	E 2 Adern I (A)	E 3 Adern I (A)
1,5	15,5	13	15,5	14	19,5	17,5	20	18,5
2,5	19,5	18	21	19	26	24	27	25
4	26	24	28	26	35	32	37	34
6	34	31	37	33	46	41	48	43
10	46	42	50	46	63	57	66	60
16	61	56	68	61	85	76	89	80
25	80	73	90	77	112	96	118	101
35	99	89	110	95	138	119	145	126

ELT-T06

Kennzeichnung elektrischer Leitungen

Elektrische Leitungen und Kabel müssen innerhalb der EC-Länder einheitlichen Bestimmungen entsprechen. Die Bestimmungen sind harmonisiert und entsprechen DIN VDE 0281/0282.
Sie sind in einem aus Buchstaben und Zahlen bestehenden Schlüssel festgelegt.

Typkennzeichen von elektrischen Leitungen (EG-harmonisiert)

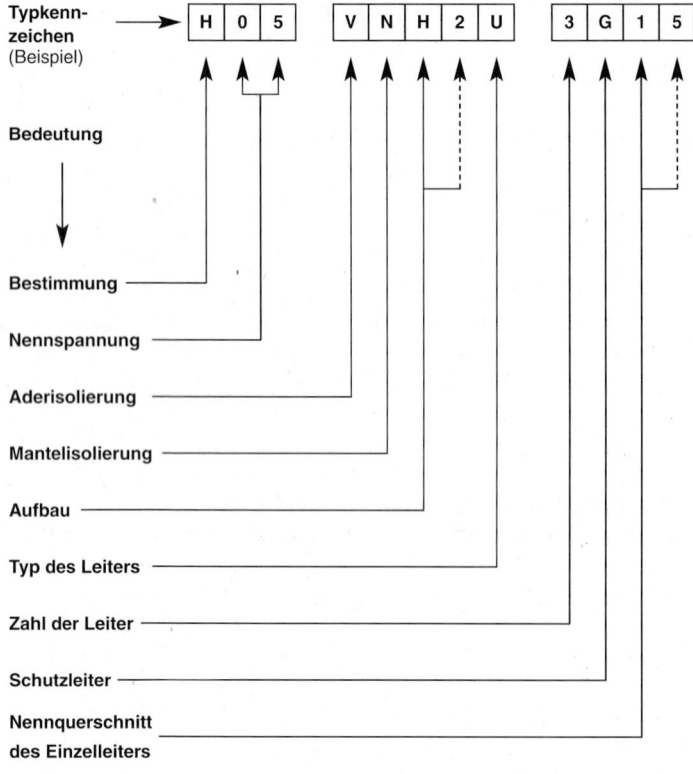

Beispiel:

H05 VNH2U 3G15 Harmonisiertes Kabel für 300/500 V, PVC-Aderisolierung mit Chloroprengummi-Mantelisolation, nicht teilbare Flachleitung, eindrähtig, 3 Leiter, mit Schutzleiter, Leiterquerschnitt 1,5 mm²

Codierung

Bestimmung	H	harmonisierter Typ
	A	nationaler Typ
Nennspannung	.03	300 V
	.05	300/500 V
	.07	450/750 V
	.11	600/1000 V
Aderisolierung	B	Ethylenpropylen-Gummi
	E	Polyethylen
	G	Ethylen-Vinlacetat-Copolymer
	N 2	Chloropren-Kautschuk
	R	Gummi
	S	Silikongummi
	V	PVC
	V 2	PVC, wärmebeständig (90 °C)
	V 3	PVC, kältebeständig
	V 4	PVC, vernetzt
	X, Z	vernetztes Polyethylen
Mantelisolierung	B	Ethylen-Propylen-Gummi
	J	Glasfasergeflecht
	N	Chloropren-Gummi
	N 2	Chloropren-Gummi (Schweißleitungen)
	N 4	Chloropren-Gummi (wärmebeständig)
	Q	Polyurethan
	R	Gummi
	T	Textilgeflecht
	T 2	Textilgeflecht, flammwidrig
	V	PVC
	V 2	PVC, wärmebeständig (90 °C)
	V 3	PVC, kältebeständig
	V 4	PVC, vernetzt
	V 5	PVC, erhöhte Ölbeständigkeit
Aufbau	C 4	Kupfergeflecht-Abschirmung
	D 3	Zugentlastung
	FM	zusätzliche Fernmeldeadern im Kabel
	H	Flachleitung, teilbar
	H 2	Flachleitung, nicht teilbar
	H 6	Flachleitung für Aufzüge
	H 7	zweischichtige Isolierhülle
	H 8	gewendelte (Spiral-)Leitung
Typ des Leiters	D	feindrähtig (Schweißleitungen)
	E	feinstdrähtig (Schweißleitungen)
	F	feindrähtig, flexibel
	H	feindrähtig, hochflexibel
	K	feinstdrähtig, für feste Verlegung
	R	mehrdrähtig
	U	eindrähtig
	Y	Lahnlitze
Zahl der Leiter	xxx	(entsprechende Anzahl)
Schutzleiter	X	ohne
	G	mit
Nennquerschnitt des Einzelleiters	x oder x,x	(in mm²)

Amerikanische Maßeinheit „Gauge"

Kleine Durchmesser von Drähten und Holzschrauben werden in Amerika in vielen Fällen in **Gauge**-Größen gemessen. Teilweise wird **Gauge** auch als Dickenmaß für dünne Bleche angegeben. Es existieren zwei unterschiedliche **Gauge**-Systeme: **A**merican **W**ire **G**auge (AWG) und **S**tandard **W**ire **G**auge (SWG = imperial dimensions)

Wire Gauge Vergleichstabelle für Volldrähte

Wire Gauge Größe	AWG-Durchmesser inches	AWG Querschnitt inch^2	AWG Durchmesser mm	AWG Querschnitt mm^2	SWG Durchmesser inches	SWG Querschnitt inch^2	SWG Durchmesser mm	SWG Querschnitt mm^2
0000	0,46	0,166	11,68	107,09	0,400	0,126	10,16	81,032
000	0,41	0,132	10,41	85,07	0,372	0,109	9,45	70,102
00	0,365	0,105	9,27	67,46	0,348	0,095	8,84	61,344
0	0,325	0,083	8,25	53,43	0,324	0,082	8,23	53,170
1	0,289	0,066	7,35	42,41	0,300	0,071	7,62	45,581
2	0,258	0,052	6,54	33,58	0,276	0,060	7,01	38,575
3	0,229	0,041	5,83	26,68	0,252	0,050	6,4	32,154
4	0,204	0,033	5,19	21,14	0,232	0,042	5,89	27,233
5	0,182	0,026	4,62	16,76	0,212	0,035	5,38	22,721
6	0,162	0,021	4,11	13,26	0,192	0,029	4,88	18,694
7	0,144	0,016	3,66	10,52	0,176	0,024	4,47	15,685
8	0,128	0,013	3,26	8,34	0,160	0,020	4,06	12,940
9	0,114	0,010	2,9	6,60	0,144	0,016	3,66	10,516
10	0,102	0,0082	2,59	5,27	0,128	0,013	3,25	8,292
11	0,091	0,0065	2,3	4,15	0,116	0,011	2,95	6,831
12	0,081	0,0052	2,05	3,30	0,104	0,0085	2,64	5,471
13	0,072	0,0041	1,83	2,63	0,092	0,0067	2,34	4,298
14	0,064	0,0032	1,63	2,09	0,080	0,0050	2,03	3,235
15	0,057	0,0026	1,45	1,65	0,072	0,0041	1,83	2,629
16	0,051	0,0020	1,29	1,31	0,064	0,0032	1,63	2,086
17	0,045	0,0016	1,15	1,04	0,056	0,0025	1,42	1,583
18	0,04	0,0013	1,02	0,82	0,048	0,0018	1,22	1,168
19	0,036	0,0010	0,91	0,65	0,040	0,0013	1,02	0,817
20	0,032	0,00080	0,81	0,52	0,036	0,0010	0,92	0,664
21	0,028	0,00062	0,72	0,41	0,032	0,00080	0,81	0,515
22	0,025	0,00049	0,64	0,32	0,028	0,00061	0,71	0,396
23	0,023	0,00042	0,57	0,26	0,024	0,00045	0,61	0,292
24	0,02	0,00031	0,51	0,20	0,022	0,00038	0,56	0,246
25	0,018	0,00025	0,45	0,16	0,020	0,00032	0,51	0,204
26	0,016	0,00020	0,4	0,13	0,018	0,00026	0,46	0,166
27	0,014	0,00015	0,36	0,10	0,016	0,00020	0,41	0,132
28	0,013	0,00013	0,32	0,080	0,015	0,00018	0,38	0,113
29	0,011	0,000095	0,29	0,066	0,014	0,00015	0,35	0,096
30	0,01	0,000079	0,25	0,049	0,012	0,00011	0,31	0,073
31	0,0089	0,000062	0,23	0,042	0,011	0,00010	0,29	0,066
32	0,008	0,000050	0,2	0,031	0,011	0,000089	0,27	0,057
33	0,0071	0,000040	0,18	0,025	0,010	0,000079	0,25	0,051
34	0,0063	0,000031	0,16	0,020	0,009	0,000064	0,23	0,041
35	0,0056	0,000025	0,14	0,015	0,008	0,000050	0,20	0,032
36	0,005	0,000020	0,13	0,013	0,007	0,000039	0,18	0,025
37	0,0045	0,000016	0,11	0,009	0,007	0,000035	0,17	0,023
38	0,004	0,000013	0,1	0,008	0,006	0,000027	0,15	0,018

Wire Gauge Vergleichstabelle für Litzen

AWG-Cable (Litzen)

Wire Gauge Größe AWG	Zahl der Einzeldrähte	Gauge-Größe der Einzel Drähte	Litzendurchmesser inches	Elektrischer Querschnitt inch²	Elektrischer Querschnitt mils	Litzendurchmesser mm	Elektrischer Querschnitt mm²
0000	2104	30	0,608	0,17	210400	15,4	107,00
000	1661	30	0,464	0,13	166100	11,8	84,20
00	1330	30	0,496	0,10	133000	12,6	67,40
0	1045	30	0,41	0,082	104500	10,4	53,00
1	817	30	0,328	0,064	81700	8,33	41,40
2	665	30	0,338	0,052	66500	8,59	33,70
4	133	25	0,257	0,033	4256	6,53	21,60
4	420	30	0,257	0,033	42000	6,53	21,30
6	133	27	0,21	0,021	26866	5,33	13,50
6	266	30	0,204	0,021	26600	5,18	13,50
8	133	29	0,166	0,013	17024	4,22	8,63
8	168	30	0,174	0,013	16800	4,42	8,51
10	37	26	0,112	0,0073	9361	2,84	4,74
10	105	30	0,13	0,0082	10500	3,3	5,32
12	19	25	0,09	0,0048	6080	2,29	3,08
12	65	30	0,091	0,0051	6500	2,31	3,29
14	19	27	0,071	0,0030	3838	1,8	1,94
14	41	30	0,077	0,0032	4100	1,96	2,08
16	7	24	0,058	0,0022	2828	1,47	1,43
16	19	29	0,057	0,0019	2426	1,45	1,23
16	26	30	0,06	0,0020	2600	1,25	1,32
16	65	34	0,06	0,0020	2580	1,25	1,32
18	7	26	0,048	0,0014	1771	1,22	0,90
18	16	30	0,046	0,0013	1600	1,17	0,81
18	19	30	0,05	0,0015	1900	1,27	0,96
18	41	34	0,047	0,0013	1627	1,19	0,82
20	7	28	0,038	0,00087	1113	0,965	0,56
20	10	30	0,036	0,00079	1000	0,914	0,51
20	19	32	0,04	0,00094	1197	1,02	0,61
20	26	34	0,037	0,00081	1032	0,94	0,52
22	7	30	0,031	0,00052	700	0,787	0,34
22	16	32	0,03	0,00050	635	0,762	0,32
22	19	34	0,032	0,00059	754	0,813	0,38
24	7	32	0,024	0,00035	448	0,61	0,23
24	10	34	0,023	0,00031	397	0,584	0,20
24	19	36	0,025	0,00037	475	0,635	0,24
26	7	34	0,019	0,00024	278	0,48	0,154
26	19	38	0,021	0,00024	304	0,533	0,154
28	7	36	0,015	0,00014	175	0,381	0,089
28	19	40	0,016	0,00014	182,6	0,406	0,093
30	7	38	0,012	0,000088	112	0,305	0,057
32	7	40	0,010	0,000079	67,3	0,254	0,051

Mobile Stromerzeuger

Überall dort, wo netzgespeiste Geräte betrieben werden müssen, ohne dass eine Energieversorgung durch das öffentliche Netz vorhanden oder möglich ist, muss die benötigte Energie mit der passenden Netzspannung und Netzfrequenz durch mobile Stromerzeuger erzeugt werden.

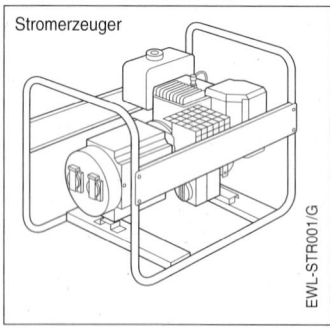

Stromerzeuger

EWL-STR001/G

Komponenten von Stromerzeugern

Die wichtigsten Komponenten eines Stromerzeugers sind:
– der Antriebsmotor
– der Generator
Zusammen bilden sie den Stromerzeuger.

Antriebsmotoren

Als Antriebsmotoren dienen in der Regel Benzinmotoren oder Dieselmotoren. Die Motoren arbeiten meist im Drehzahlbereich von 3000 min-1, wodurch ein niedriges Leistungsgewicht erzielt wird. Die Auswahl eines Stromerzeugers hängt im wesentlichen vom vorgesehenen Einsatz ab. Benzinmotoren sind für den mobilen Einsatz bei intermittierendem Betrieb zweckmäßig. Stromerzeuger mit Dieselmotoren sind schwerer, dafür aber robuster und wegen des geringeren spezifischen Kraftstoffverbrauches für den Dauerbetrieb besser geeignet.

Benzinmotoren

Bei Benzinmotoren besteht die Auswahlmöglichkeit zwischen dem 2-Takt- und 4-Taktprinzip.

2-Takt-Benzinmotoren

Benzinmotoren nach dem 2-Taktprinzip sind sehr einfach aufgebaut, sie benötigen keinen Ventiltrieb und keinen Ölvorrat zur Schmierung. Die Schmierung erfolgt durch Zusatz von Öl zum Treibstoff (Gemisch). Hierdurch sind 2-Taktmotoren extrem wartungsfreundlich, leicht und unkompliziert. Wegen der fehlenden Ölwanne können 2-Taktmotoren in fast jeder Position betrieben werden, weshalb sie für extreme Einsätze bei Hilfs- und Katastrophendiensten besonders geeignet sind. In ihrer Betriebscharakteristik reagieren 2-Taktmotoren empfindlich auf Belastungsänderungen, ihr Teillastverbrauch ist hoch. Da das dem Kraftstoff beigemischte Schmieröl mit diesem verbrennt, ist der 2-Taktmotor im Bezug auf die Umweltbelastung eher ungünstig.

4-Takt-Benzinmotoren

Benzinmotoren nach dem 4-Taktprinzip benötigen Ventile und Ventiltrieb zur Steuerung der Arbeitszyklen. Die Schmierung des Motors erfolgt aus einem Vorrat (Ölwanne). Die 4-Taktmotoren sind deshalb aufwendiger aufgebaut als 2-Taktmotoren. Durch konstruktive Weiterentwicklung erreichen heute 4-Taktmotoren dieselben Leistungsgewichte wie 2-Taktmotoren. Die Wartung ist aufwendiger (Ölstandskontrolle, Ölwechsel). Die Aufstellung muss wegen der prinzipbedingten Ölwanne weitgehend waagerecht erfolgen. Das Betriebsgeräusch und der spezifische Kraftstoffverbrauch sind geringer als beim 2-Taktmotor, das Stoßbelastungsverhalten ist ebenfalls günstiger.

Dieselmotoren

Dieselmotoren arbeiten stets nach dem 4-Taktprinzip. Wegen der höheren Verdichtungsdrücke des Dieselprinzips müssen die Motoren robuster und damit schwerer aufgebaut sein als Benzinmotoren gleicher Leistung. Sie benötigen schwerere Schwungmassen, was sich sehr günstig auf die Stoßbelastbarkeit auswirkt. Wegen der prinzipbedingten Kraftstoffeinspritzung mittels geregelter Einspritz-pumpe reagieren sie sehr günstig auf wechselnde Belastung. Der spezifische Kraftstoffverbrauch, besonders im Teil-lastbereich, ist wesentlich günstiger als der von Benzinmotoren. Für professio-nelle Einsatzbereiche ist der Dieselmotor der günstigste Antriebsmotor.

Generatoren

Für mobile Stromerzeuger haben sich 3 Typen von Generatoren durchgesetzt, welche sich durch Bauart und Eigen-schaften wesentlich unterscheiden:
– Asynchron-Generatoren
– Synchron-Generatoren (bürstenlos)
– Synchron-Generatoren

Asynchron-Generatoren
Kurzschlussfester Generatortyp, war-tungsfrei und kostengünstig, aber emp-findlich gegenüber hohen Anlaufströmen der angeschlossenen Verbraucher. Kann keine Blindleistung aufbringen und ist des-wegen nur bedingt als Energiequelle für Wechselstrommaschinen zu verwenden.

Funktion: Der zur Spannungserzeugung erforderliche magnetische Fluss entsteht im Asynchron-Generator durch die Diffe-renzgeschwindigkeit zwischen der im um-laufenden Läufer (Rotor) und der im fest-stehenden Ständer (Stator) vorhandenen magnetischen Durchflutung. Durch diese Differenz liegt die Frequenz unterhalb der Antriebsdrehzahl (asynchron). Dieser Sachverhalt ist namensgebend für den Asynchrongenerator.

Der Läufer benötigt keine herkömmli-chen Wicklungen. Im Eisenkern ist ledig-lich ein Kurzschlusskäfig vorhanden (siehe auch Kapitel „Elektrische Maschi-nen").

Beim Asynchron-Generator wird paral-lel zur Stromwicklung ein Kondensator geschaltet, der den vom Asynchron-Ge-nerator benötigten Erregerstrom als Blindstrom zuführt. Die Einleitung der Selbsterregung beginnt mit dem Rest-magnetismus im Läufer und schaukelt sich innerhalb von Sekunden zwischen Ständerwicklung und Kondensator auf, bis die Nennspannung erreicht ist.

Eigenschaften: Die Eigenschaften des Asynchron-Generators sind:
– wenig Bauteile
– robuste Bauweise
– keine Kohlebürsten
– absolut wartungsfrei
– kurzschlussfest
– bei ohmscher Belastung gute Span-nungs-und Frequenzstabilität
– Schutzart IP 44

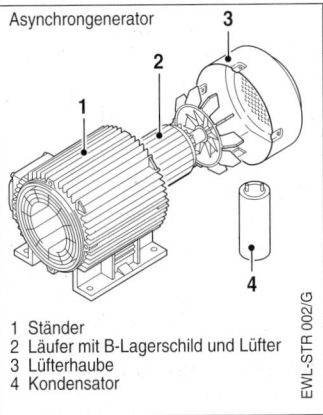

Asynchrongenerator

1 Ständer
2 Läufer mit B-Lagerschild und Lüfter
3 Lüfterhaube
4 Kondensator

EWL-STR 002/G

Synchron-Generatoren, (kohle)bürstenlos
Dieser Generatortyp kann als eine Kombination aus Asynchron- und Syn-chrongenerator betrachtet werden. Er ist vom Prinzip her nur als einphasige Ma-schine realisierbar. Er hat, wie der Asyn-chron-generator, keine Kohlebürsten und Schleifringe. Das Verhalten bei induktiven Verbrauchern mit höherem Anlaufstrom (z.B. Kurzschlussläufer-Motoren) ist bes-ser als beim Asynchrongenerator.

Funktion: Die Funktion des bürstenlosen Synchron-Generators ist etwas komple-xer, zur Erklärung muss zwischen Leer-lauf und belastetem Betrieb unterschie-den werden.

Leerlauf: Im Leerlauf wird die Selbsterre-gung durch den Restmagnetismus im Ei-senkern erreicht. Die in einer Hilfswicklung im Ständer (Stator) durch den Rest-magnetismus erzeugte Remanenzspan-nung erzeugt über den angeschlossenen Kondensator den Erregerstrom (Blind-strom). Der Erregerstrom baut das an-fängliche magnetische Feld auf. Es er-folgt, ähnlich dem Asynchron-Generator, ein Aufschaukeln der elektrischen und magnetischen Größen, bis die maximalen Werte erreicht sind. Das daraus gebildete Drehfeld erzeugt in den Erregerwicklun-gen des Läufers (Rotors) Ströme, die je-weils über eine Diode pro Wicklung gleichgerichtet werden. Das dabei entste-hende Magnetfeld baut in der Hauptwick-lung die Wechselspannung auf.

Belastung: Bei Belastung überlagern sich durch den Laststrom die magneti-schen Felder der Hauptwicklung und der um 90° versetzten Hilfswicklung. Sie er-zeugen in den Erregerwicklungen einen größeren Erregerstrom. Je höher der Last-strom ist, umso mehr wird dadurch auch der Erregerstrom verstärkt. Durch diese Selbstregelung bleibt auch bei Belastung die Generatorspannung über den Lei-stungsbereich des Generators konstant.

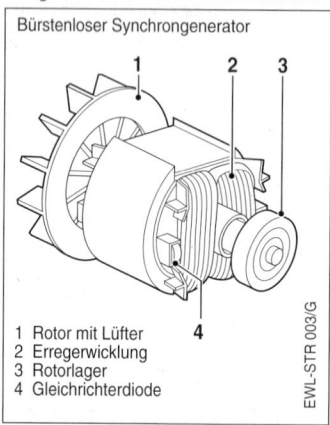

Bürstenloser Synchrongenerator

1 Rotor mit Lüfter
2 Erregerwicklung
3 Rotorlager
4 Gleichrichterdiode

EWL-STR 003/G

Eigenschaften: Die Eigenschaften des bürstenlosen Synchron-Generators sind:
– wenig Bauteile
– robuste Bauweise
– keine Kohlebürsten
– absolut wartungsfrei
– gute Spannungs- und Frequenzstabilität
– gutes Stoßlastverhalten

Synchrongeneratoren
Der Synchron-Generator kann ohne zu-sätzliche Maßnahmen Wirk- und Blindlei-stung abgeben. Eine Auslegung auf Scheinleistung mit einem Leistungsfaktor $\cos \varphi = 0,8$ ist problemlos möglich. Das Stoßlastverhalten gegenüber Verbrau-chern mit hohem Anlaufstrom ist sehr gut. Die Vorteile des Synchrongenerators wer-den durch eine aufwendigere Konstruk-tion (Schleifringe, Kohlebürsten) erkauft.

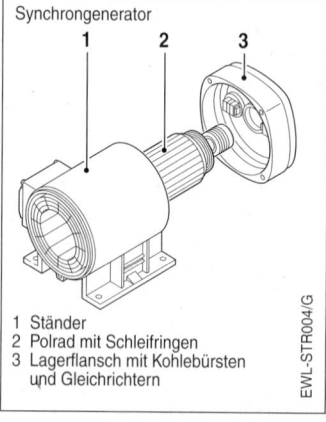

Synchrongenerator

1 Ständer
2 Polrad mit Schleifringen
3 Lagerflansch mit Kohlebürsten und Gleichrichtern

EWL-STR004/G

Funktion: Das Magnetfeld für die Erre-gung wird in einer Gleichstromwicklung im Polrad (Rotor) erzeugt, die über Schleif-ringe, Kohlebürsten und Gleichrichter aus einer Hilfserregerwicklung im Ständer (Stator) gespeist wird. Wie beim bürstenlo-sen Synchron-Generator überlagern sich bei Belastung durch den Laststrom die magnetischen Felder der Hauptwicklung und der um 90° versetzten Hilfswicklung. Sie erzeugen in den Erregerwicklungen ei-nen größeren Erregerstrom. Je höher der Laststrom ist, umso mehr wird dadurch auch der Erregerstrom verstärkt. Durch diese Selbstregelung bleibt auch bei Bela-stung die Generatorspannung über den

Leistungsbereich des Generators konstant.

Eigenschaften: Die Eigenschaften des Synchron-Generators sind:
– sehr guter Wirkungsgrad
– sehr gutes Stoßlastverhalten
– sehr gute Spannungskurvenform
– kann Blindleistung liefern
– verstärkte Phase möglich
– Compoundschaltung möglich
– Elektronische Regelung möglich
– Sehr gute Spannungs-und Frequenzstabilität

Kenndaten eines Generators

Leistung
Das wichtigste Beurteilungskriterium eines Stromerzeugers ist die Leistung, d. h. sein Vermögen, elektrische Energie für die angeschlossenen Verbraucher zu liefern.
Je nach Art und Wirkungsprinzip der Elektrogeräte wird unterschieden zwischen:
– Wirkleistung
  (Angabe in Watt oder Kilowatt)
– Blindleistung
– Scheinleistung
  (Angabe in VA oder kVA)

Wirkleistung
Die Wirkleistung erzeugt in elektrischen Verbrauchserzeugnissen eine direkt nutzbare Wirkung, z. B. Erwärmen einer Heizspirale, Lichtabstrahlen von Glühlampen oder das Arbeiten eines Elektromotors. Die aufgenommene Wirkleistung wird also in Wärme, Licht oder mechanische Arbeit umgesetzt.

Blindleistung
Die Blindleistung ist von Benutzern elektrischer Geräte nur indirekt verwertbar. Sie wird zum Aufbau der magnetischen Felder in den Spulen von Elektromotoren, Transformatoren und Vorschaltdrosseln, z. B. für Leuchtstofflampen, benötigt. Echt „verbraucht" wird die Blindleistung nicht. Sie fließt zwischen Generator und Verbraucher hin und her und wirkt ähnlich einem Katalysator – er verbraucht sich nicht, aber ohne ihn geht auch nichts. Sofern Elektrogeräte solche Baugruppen enthalten, nehmen sie neben Wirkleistung funktionsbedingt auch Blindleistung auf. Dagegen sind sämtliche Geräte, die elektrische Energie ausschließlich in Wärme umsetzen, also für ihre Funktion keine Magnetfelder benötigen, Wirkleistungsverbraucher. Sie benötigen also keine Blindleistung.

Scheinleistung
Die Scheinleistung ist die geometrische Summe von Wirk- und Blindleistung. Sie kann als Produkt von Spannung und Strom ermittelt werden. Stromerzeuger für universelle Anwendung müssen imstande sein, Wirk- und Blindleistung abzugeben. Qualitäts-Stromerzeuger zeichnen sich durch überdurchschnittlich großes Blindleistungsvermögen aus. Das bedeutet für die Praxis, dass nicht nur Heiz- oder Beleuchtungsgeräte mit Wirkleistung ausreichend versorgt werden. Auch die Motoren von Ölbrennern, Kühlgeräten, Waschmaschinen, Kreissägen, Pumpen u. a. laufen mit Qualitäts-Stromerzeugern problemlos an. Sie haben das richtige Leistungsverhältnis zwischen Wirk- und Scheinleistung (Watt zu Volt-Ampere) für den universellen Einsatz in Haus, Werkstatt und Betrieb. Dies ist bei „billigen" Stromerzeugern meist nicht der Fall. Die Wirkleistung ist um den Leistungsfaktor cos φ kleiner als die Scheinleistung.

Formeln und Beispiele zur Leistungsberechnung:

Formelzeichen
Strom I Angabe in A (Ampere)
Spannung U Angabe in V (Volt)
Leistung P Angabe in W (Watt)
Man unterscheidet jedoch drei verschiedene Leistungsangaben:
Scheinleistg. P_S Angabe in VA
                        oder kVA
Wirkleistg. P Angabe in W oder kW
Blindleistg. P_q Angabe in var

Beispiele
Die Scheinleistung errechnet sich z. B.:
$$P_S = U \times I = 230\,V \times 3\,A = 690\,VA$$

Die Wirkleistung errechnet sich z. B.:
$$P = U \times I \times \cos \varphi =$$
$$230 \text{ V} \times 3 \text{ A} \times 0,8 = 552 \text{ W}$$

Blindleistung

Die Blindleistung gibt an, welcher Teil der Scheinleistung verwertbar ist. Sie belastet die Leitungen, da sie zwischen Verbraucher und Erzeuger hin- und herpendelt.

Folgende Formel zeigt, wie die Blindleistung berechnet werden kann:

$$P_q = U \times I \times \sin \varphi$$

$$Q = \sqrt{P_s^2 - P^2}$$

$$= \sqrt{690^2 - 552^2} = 552 \text{ var}$$

Der Leistungsfaktor cos φ gibt an, welcher Teil der Scheinleistung effektiv verwertbar ist.

Leistungsfaktor cos φ

Alle induktiven Verbraucher, wie Motoren, Generatoren und Transformatoren, haben einen Leistungsfaktor, „cos φ" (cosinus phi).

In einer von Wechselstrom durchflossenen Spule baut sich ein Magnetfeld auf, dessen Kraftlinien die Windungen der eigenen Spule schneiden. Es wird in der Spule eine Selbstinduktionsspannung erzeugt, die ihrer Ursache entgegenwirkt. Strom und Spannung werden dadurch zeitlich verschoben. Man nennt diesen Vorgang eine Phasenverschiebung. Der Leistungsfaktor cos φ ist bei nicht induktiven Verbrauchern wie Glühlampen und elektrischen Heizgeräten = 1, bei induktiven Verbrauchern immer < 1.

Der Leistungsfaktor lässt sich durch das Verhältnis von Wirk- zu Scheinleistung ausdrücken.

$$\cos \varphi = \frac{P}{P_s}$$

Elektrowerkzeuge mit Universal-(Kollektor-)Motor haben einen Leistungsfaktor von etwa 0,9–1,0, er wird daher vernachlässigt!

Maschinen und Werkzeuge mit Dreh- und Wechselstrommotoren hingegen haben einen Leistungsfaktor von etwa 0,8, der immer berücksichtigt werden muss.

Spannung

Sie wird in Volt angegeben und muss der Spannung der elektrischen Verbraucher entsprechen. Die Nennspannung von Wechselstromgeräten beträgt in Deutschland 230 V, von Drehstromgeräten 400 V. Wird diese Nenngröße am Verbrauchsgerät merklich unterschritten, so vermindert sich das Leistungsvermögen des Gerätes. Überschreiten des Nennwerts verursacht zusätzliche Erwärmung und damit eine Überlastung.

Wird elektrische Energie vom Erzeuger zum Verbraucher übertragen, entstehen in den Leitungen Verluste, die zur Reduzierung der Spannung am Verbraucher führen.

Spannungstoleranz

Die öffentliche Energieversorgung bietet durch entsprechende Leistungsreserven im Rahmen der geplanten Bedarfsanforderungen in der Regel stabile Spannungsverhältnisse.

Im Aggregatebetrieb sollten vergleichbare Voraussetzungen vorliegen. Die Spannung muss unabhängig von der Art der Verbraucher, Umgebungseinflüssen und wechselnden Belastungen bis zur angegebenen Aggregateleistung innerhalb technischer Normwerte stabil bleiben. Durch technischen und materiellen Aufwand kann die Spannungstoleranz wesentlich beeinflusst werden. Dies ist mit Kosten verbunden. Die Spannungsstabilität von Qualitäts-Stromerzeugern ist im gesamten Leistungsbereich so optimiert, dass auch spannungsempfindliche Verbraucher ohne Störung betrieben werden können.

Elektrische Stromerzeugungsaggregate sollten, unabhängig vom Belastungszustand, eine Spannung abgeben, die den Netzverhältnissen annähernd gleich ist.

Die Kennzeichnung der elektrischen Leistungsabgabe eines Aggregats darf daher die auftretende Spannung nicht unberücksichtigt lassen. Maximale Leistungswerte, die ein Aggregat unterhalb der genannten Spannungsgrenzwerte abgeben kann, sind somit für die Beurteilung des Leistungsvermögens nicht maßgebend.

Spannungsverhalten von Generatoren

Die von Generatoren abgegebene Spannung soll einschließlich aller Toleranzen so ausgelegt sein, dass übliche Verbraucher bedenkenlos betrieben werden können. Sie soll mindestens innerhalb der von DIN 6280 empfohlenen Toleranz von B 10 % liegen.

Vier Systeme sind bei Generatoren des Leistungsbereichs bis 10 kW möglich, um eine brauchbare Spannungsstabilität zu erreichen.

Ungeregelte Generatoren
Allein durch Windungszahlen, Wicklungsanordnung, Eigenstabilität und -masse sowie den Luftspalt (Abstand zwischen Rotor und Stator) kann ohne Regelorgane bei diesen Generatoren eine Spannungstoleranz über den gesamten Lastbereich von +6/−10 % erreicht werden.

Vorteil:
– Kostengünstig, robust, unempfindlich.

Nachteile:
– Kleinere Spannungstoleranzen sind kaum möglich.

Compoundregelung
Sie bewirkt eine lastabhängige Erregung, d. h. sobald der Generator belastet wird, fließt der Laststrom durch einen Stromwandler (Compoundtransformator) und erzeugt auf der Sekundärseite einen Strom, der gleichgerichtet in der Zusatzerregerwicklung eine Erregerunterstützung bewirkt. Ohne Last hat die Compounderregung keine Wirkung. In diesem Fall ist allein die Grunderregung für die Aufrechterhaltung der richtigen Leerlaufspannung verantwortlich.

Vorteile:
– Gutes Spannungsverhalten (< B5 %)
– Gutes Stoßlastverhalten
– Robust
– Nicht störanfällig

Nachteile:
– Höhere Kosten
– Größeres Gewicht
– Größeres Volumen

Elektronische Regelung
In den Erregerkreis des Generators ist ein elektronischer Regler eingeschaltet, der je nach Spannungslage den Erregerstrom erhöht oder verringert. Auf diese Weise wird die Spannung über den gesamten Leistungsbereich mit einer Toleranz < B 2,5 % konstant gehalten.

Vorteil:
– Sehr gutes Spannungsverhalten

Nachteil:
– Höhere Kosten

Generator mit elektronischer Regelung und Compoundierung
Hierbei werden zwei Spannungsregelarten zu einem optimalen System kombiniert.

Vorteile:
– Sehr gutes Spannungsverhalten bei gutem Stoßlastverhalten

Nachteile:
– Technisch aufwendiges Verfahren.
– Nur bei sehr hohen Anforderungen gerechtfertigt.

Strom
Er wird in Ampere (A) angegeben. Sofern Spannung vorhanden ist, fließt durch die angeschlossenen Verbraucher entsprechend ihrem Widerstand elektrischer Strom. Der Strom verursacht in elektrischen Leitern und Geräten Erwärmung und Spannungsverluste. Seine rechnerische Größe dient u. a. zur Ermittlung der elektrischen Leistung. Hersteller, die ihre Aggregate dadurch kennzeichnen, dass sie das Produkt aus Maximalstrom und Nennspannung als Nennleistung angeben, täuschen eine Leistung vor, die im praktischen Betrieb oft gar nicht oder nur kurzzeitig zur Verfügung steht.

Frequenz
Sie beträgt in der öffentlichen Stromversorgung im Inland und in Europa einheitlich 50 Hertz (Hz). Sie bestimmt die Drehzahl elektrischer Motoren und Antriebe. Sie dient u. a. auch als Zeitnormal in elektrischen Uhren und Tongeräten. Ihre Konstanthaltung ist im öffentlichen Netz deshalb sehr wichtig. Bei Stromerzeugerbetrieb sollte die Frequenztoleranz ± 5 % nicht überschreiten. Die Frequenz eines

Stromerzeugers wird durch die Drehzahl der Antriebsmaschine bestimmt. Die Drehzahlgenauigkeit von Verbrennungsmotoren für den Stromerzeugereinsatz ist nur bei entsprechenden Leistungsreserven des Antriebsmotors ausreichend.

Zusammenfassung

In Kleinaggregaten bis ca. 10 kVA Leistung lassen sich sowohl Synchron- als auch Asynchron-Generatoren verwenden.

Der grundsätzlichen Eigenschaft des Generators, mit zunehmender Belastung an Spannung zu verlieren, muss durch entsprechende Maßnahmen entgegengewirkt werden.

Die Belastung mit (Blind-)Scheinleistung durch die angeschlossenen Verbraucher stellt eine zusätzliche Erschwernis dar.

Generatoren, die dafür nicht ausgelegt sind, reagieren empfindlich durch entsprechenden Spannungseinbruch. Die angeschlossenen Verbraucher sind dann nur noch eingeschränkt leistungsfähig oder fallen ganz aus.

Kurzzeitige Stoßbelastung – häufig verbunden mit zusätzlichem Blindleistungsbedarf – sollte der Generator aus seiner dynamischen Reserve schöpfen können. Hier ist der Synchron-Generator durch seine Speicherfähigkeit an magnetischer Energie gegenüber Asynchron-Generatoren im Vorteil.

Baugröße und Gewicht der aktiven Teile bestimmen die Leistungsfähigkeit und Betriebseigenschaften eines Generators. Kleine Außenabmessungen sind nicht immer ein Maß für den technischen Fortschritt, sondern häufig auch für verminderte Leistungsabgabe und geringe dynamische Reserven.

Praktischer Betrieb

Mobile Stromerzeuger unterscheiden sich vom öffentlichen Netz auch durch die besonderen Bedingungen, nach denen Verbraucher angeschlossen werden können.

Direktanschluss eines Verbrauchers

Bei Anschluss eines Verbrauchsgeräts darf die maximale Leitungslänge zwischen Generator und Verbraucher bei einem Leitungsquerschnitt von

$1,5$ mm² = 60 Meter
$2,5$ mm² = 100 Meter

betragen.

Direktanschluss mehrerer Verbraucher

Bei Anschluss mehrerer Verbraucher darf die maximale Leitungslänge zwischen Generator und den beiden am weitesten entfernten Verbrauchern bei einem Leitungsquerschnitt von

$1,5$ mm² 2×30 m =   60 Meter gesamt
$2,5$ mm² 2×50 m = 100 Meter gesamt

betragen.

Anschluss über Zwischenverteiler

Beim Anschluss mehrerer Verbraucher über einen beweglichen Zwischenverteiler (Kabeltrommel) darf die maximale Leitungslänge zwischen Generator und Verteiler plus die Leitungslänge zwischen den beiden am weitesten voneinander entfernten Verbrauchern bei einem Leitungsquerschnitt von

$1,5$ mm² 30 m + 2×15 m =   60 Meter
$2,5$ mm² 50 m + 2×25 m = 100 Meter

insgesamt betragen.

Stromerzeuger mit Isolationsüberwachung

Bei Stromerzeugern mit Isolationsüberwachung entfällt die Begrenzung einer Netzausdehnung von maximal 60 m bzw. 100 m sowie die Abschaltbedingung von 0,2 Sekunden bei Körperschluss. Deshalb darf die Leitungslänge bei einem Leitungsquerschnitt von

$1,5$ mm² = 150 Meter
$2,5$ mm² = 250 Meter

betragen.

Stromerzeuger mit zusätzlicher Kleinspannungswicklung für Batterieladung

Wenn ein Generator mit einer zusätzlichen Kleinspannungswicklung mit berührbaren Anschlussteilen, z. B. für Batterieladung, ausgestattet ist, muss diese Wicklung gegen andere Wicklungen elektrisch getrennt sein. (Oft verwendeter Fachbegriff hierfür: galvanisch getrennt).

Bei „billigen" Stromerzeugern ist dies oft nicht der Fall und stellt ein erhebliches Sicherheitsrisiko dar.

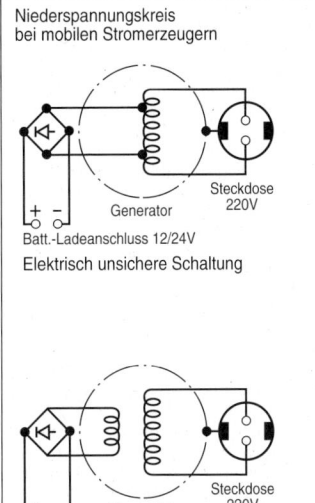

Niederspannungskreis
bei mobilen Stromerzeugern

Steckdose 220V

Generator

Batt.-Ladeanschluss 12/24V

Elektrisch unsichere Schaltung

Steckdose 220V

Generator

Batt.-Ladeanschluss 12/24V

Elektrisch sichere getrennte Wicklungen für Wechselspannungskreis 230 V und Gleichspannungskreis 12 V

EWL-STR006/G

Verbraucher

Elektrische Geräte nehmen je nach Funktionsprinzip Wirk- oder Scheinleistung auf. Die Summe des Leistungsbedarfs mehrerer Geräte lässt sich durch geometrische Addition der Wirk- oder Scheinleistungen der Einzelgeräte ermitteln. Hierbei ist zu beachten, dass die kW-Leistungsangaben auf elektrischen Motoren die mechanische Leistung an der Welle kennzeichnen. Die aufgenommene Scheinleistung kann als Produkt von Spannung und Strom bezeichnet werden.

Zusätzlich ist zu berücksichtigen, dass bestimmte Verbraucher während des Ein-

schaltens erhöhten Bedarf an Wirk- und Blindleistung bis zum Erreichen ihres normalen Betriebszustands benötigen.
Dazu gehören:
– Elektromotoren (z. B. in Kühlgeräten): erhöhter Bedarf an Wirk- und Blindleistung zum Aufbau des magnetischen Feldes und Hochlaufen bis zur Betriebsdrehzahl
– Schweißtransformatoren: Erhöhter Bedarf an Blindleistung zum Aufbau des magnetischen Feldes im Transformator
– Glühlampen hoher Leistung (Flutlichtstrahler): erhöhter Bedarf an Wirkleistung bis zum Erreichen der Betriebstemperatur:

Stromerzeuger, die zur Versorgung der genannten Verbraucher eingesetzt werden sollen, müssen deshalb kurzzeitig mit Wirk- und Blindleistung überlastbar sein.

Auswahlkriterien für Stromerzeuger

Wenn Stromerzeuger vorwiegend zum Betrieb von Schweißgeräten oder Verbrauchern mit hohen Anlaufströmen, wie z. B. Pumpen, eingesetzt werden, sind Aggregate mit Synchron-Generator zu empfehlen.

Soll der Stromerzeuger überwiegend für den Betrieb von Beleuchtungen, Heizgeräten, Elektrowerkzeugen und kleinen induktiven Verbrauchern eingesetzt werden, kann man einen Stromerzeuger mit Asynchron-Generator einsetzen.

Auswahl des Stromerzeugers

Um den richtigen Stromerzeuger für den jeweiligen Verwendungszweck zu bestimmen, sind folgende Punkte zu klären:
1. Wie hoch ist die aufgenommene Leistung der oder des Verbraucher(s)?
2. Um welche Arten von Verbrauchern handelt es sich?

a) ohmsche Verbraucher
b) induktive Verbraucher

Auswahl des richtigen Stromerzeugers für ohmsche Verbraucher

Bei Wirklastverbrauchern (ohmschen Verbrauchern), z. B.
– Glühlampen,
– Heizgeräten,
– Kochplatten sowie
– Elektrowerkzeugen und
– Küchengeräten
mit Universalmotoren ergibt die Summe aller angeschlossenen Verbraucher die erforderliche Stromerzeuger-Leistung in kW.

Addiert man die Anschlussleistungen der Verbraucher, erhält man die erforderliche Stromerzeuger-Leistung in kW.

Beispiel:
5 Glühlampen mit je 20 Watt und eine Kochplatte mit 500 Watt sollen mit Strom versorgt werden.
Die erforderliche Stromerzeuger-Leistung musn diesem Fall
  5×20 Watt = 100 Watt
  100 Watt + 500 Watt = 600 Watt
betragen.

Bei leistungsstarken Verbrauchern wie
– Winkelschleifern,
– Bohrmaschinen,
– Handkreissägen,
– Bohrhämmern
ist jedoch ein Zuschlag von ca. 50 % für erhöhten Einschaltbedarf (Hochlaufbedarf) und eventuelle Überlastfälle zu berücksichtigen.

Beim Einsatz der Stromerzeuger für die oben genannten Verbraucher ist ein Gerät mit wartungsfreiem Asynchron-Generator das richtige Aggregat.

Auswahl des richtigen Stromerzeugers für induktive Verbraucher

Bei induktiven Verbrauchern (Asynchron-Motoren) mit hohem Anlaufstrom gelten folgende Überschlagsformeln:

Anlauf ohne Last

Bei Direkteinschaltung und Leerlauf, d. h. wenn der Motor noch keine Leistung abgibt, muss die Typenleistung des Stromerzeugers etwa das 2fache der Nennleistung des Verbrauchers betragen.
Dies gilt z. B. für
– Lüfter
– Baukreissägen

– Häcksler
– Werkzeugmaschinen bei unbelastetem Werkzeug usw.

Lastanlauf

Bei Lastanlauf von Asynchron-Motoren, insbesondere mit Schütz- und Relaissteuerung, muss die Typenleistung des Stromerzeugers etwa 4- bis 5-mal höher sein als die Nennleistung des Verbrauchers.
Einige Beispiele:
Antriebe mit großen Massen, z. B.
– belastete Förderbänder
– Werkzeugmaschinen
– Kompressoren
– Pumpen mit Gegendruck
– Hochdruckreiniger
– belastete Förderbänder und Baumaschinen

Schweranlauf

Bei Anlauf unter Volllast, z. B. für Aufzüge oder Kranmotoren, liegt der Faktor unter Umständen bei 8.

Bei einer Stern-Dreieck-Schaltung für Leeranlauf ist eine Überdimensionierung des Stromerzeugers nicht erforderlich. Bei Teillastanlauf sollte seine Leistung etwa das 2fache der Aufnahmeleistung des Verbrauchers betragen.

Anlauf unter Volllast ist bei der Stern-Dreieck-Schaltung nicht möglich.

Bei Stromerzeugern, die vorwiegend zum Betrieb oben genannter Verbraucher sowie von Schweißtransformatoren eingesetzt werden, empfiehlt sich bei der Auswahl ein Aggregat mit Synchron-Generator.

Beispiel

Für den Direktanlauf von Asynchron- und Synchronmotoren kann überschlägig nach folgenden Formeln gerechnet werden:
Anschluss einer Beleuchtung mit 5 Glühlampen à 200 W/230 V und eines Drehstrommotors mit 2,0 kW/400 V.

Dieser Anschluss ist eine Mischform des Anschlusses eines induktiven und ohmschen Verbrauchers. Durch den Anschluss des Motors an die 380-V-Steckdose des Stromerzeugers tritt eine 3-phasige Belastung auf. Alle 5 Glühlampen werden an die 230-V-Steckdose ange-

schlossen.
Ermittlung der maximalen einphasigen Belastung:
Für die richtige Auswahl des Stromerzeugers muss zunächst die maximale einphasige Belastung ermittelt werden, um eine Generatorüberlastung (Schieflast) zu vermeiden.

Für den Motor muss der Stromerzeuger eine um den Faktor 1/cosφ größere Leistung zur Verfügung stellen. Cos φ ist der Leistungsfaktor des Drehstrommotors, der mit 0,8 angenommen wird. Die erforderliche Leistung des Stromerzeugers ergibt sich: 2 kW : 0,8 = 2,5 kVA

Unter Berücksichtigung eines Anlauffaktors AL von 3,5 und einer Überlastbarkeit des Synchron-Generators von 300 Prozent ergibt sich:

2,5 kVA $\times$ 3,5 = 8,75 kVA : 3 = 3,0 kVA

Somit entfällt auf eine Phase des Drehstromsystems eine Leistung von 1 kVA. Durch den Anschluss der Glühlampen mit 5 $\times$ 200 = 1000 W erhöht sich die einphasige Belastung auf 2,0 kVA. Es muss somit ein Stromerzeuger unter Berücksichtigung einer 20prozentigen Leistungsreserve von 1,20 + (3 $\times$ 2,0 kVA) = 7,2 kVA eingesetzt werden.

Höhenkorrektur

Die Leistung des Verbrennungsmotors ist abhängig vom vorhandenen barometrischen Luftdruck (hPa), von der relativen Luftfeuchtigkeit (%) und auch von der umgebenden Lufttemperatur (°C). Die bei einem Stromerzeuger angegebenen Leistungsdaten sind durch die drei Größen der vorhandenen Umgebungswerte gekennzeichnet.

Die Aufstellungshöhe und die dort herrschende, mittlere Umgebungstemperatur muss als bekannter Wert in die Formel eingesetzt werden. In den Fällen, in denen die relative Luftfeuchtigkeit nicht zu ermitteln ist, sollte man die Luftfeuchtigkeit mit 60 % annehmen. Die nachfolgenden drei Größen beeinflussen die Nennleistungsabgabe des Stromerzeugers, wobei die angegebenen Leistungsdaten den nachfolgenden Werten zugrunde liegen.

Luftdruck: 981 hPa entspricht 280 m über NN

Lufttemperatur: + 20 °C

Luftfeuchtigkeit: 60 % relativ

Weichen der Aufstellungsort und der Umgebungszustand von den genannten Werten ab, dann verändern sich die Leistungsdaten des Stromerzeugers.

Die abweichenden Daten beziehen sich nur auf den Verbrennungsmotor, zwangsläufig verändert sich dann auch die Antriebsleistung für den Generator. Das hat zur Folge, dass bei abweichenden Umgebungswerten sich auch die Nennabgabeleistung des Stromerzeugers verändert.

Es ist dann die abgegebene Leistungsabgabe mit einem „Reduktionsfaktor" zu multiplizieren nach der Formel:

$P_{20} = P_2 \times a$

P_{20} = tatsächlich entnehmbare Abgabeleistung des Stromerzeugers (kVA).

P_2 = Nennabgabeleistung (kVA)

a = Reduktionsfaktor

Der Reduktionsfaktor a kann mit Hilfe der Tabelle bestimmt werden.

Luftdruck und mittlere Umgebungstemperatur (°C) bestimmen maßgeblich den Reduzierungsfaktor a, wobei der Einfluss der Luftfeuchtigkeit wesentlich geringer ist. Ein Beispiel soll dies verdeutlichen.

Beispiel

Ein Stromerzeuger mit 5 kVA Nennabgabeleistung soll auf einer Baustelle in 2000 Meter Höhe bei einer mittleren Umgebungstemperatur von + 20 °C bei einer relativen Luftfeuchtigkeit zu 60 % betrieben werden.
Welche Nennabgabeleistung (kVA) ist zu erwarten?

Lösung nach der Formel:
P_{20} (kVA) = P_2 (kVA) $\times$ a
P_{20} (kVA) = 5 $\times$ 0,8
P_{20} = 4 kVA

Ermittlung des Reduktionsfaktors *a*

Für Verbrennungsmotoren liegen Nomogramme vor, aus denen der Reduktionsfaktor ermittelt werden kann. Das abgebildete Nomogramm gilt für die bei Stromerzeugern üblichen Saugmotoren. Bei Motoren mit Turboaufladung sind die entsprechenden Datenblätter der Motorenhersteller zu berücksichtigen. Das oben aufgeführte Beispiel ist in das abgebildete Kurvenblatt eingetragen um die Ermittlung des Reduktionsfaktors zu verdeutlichen.

Das oben aufgeführte Beispiel ist in das abgebildete Kurvenblatt eingetragen um die Ermittlung des Reduktionsfaktors zu verdeutlichen.

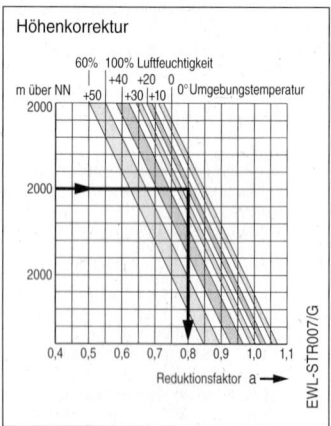

Zusammenfassung

Die Typenvielfalt der mobilen Stromerzeuger ermöglicht eine der Anwendung entsprechende Auswahl. Bei der Wahl der Leistungsklasse müssen mögliche Überlastfälle der angeschlossenen Verbraucher berücksichtigt werden. „Teure" Qualitätsstromerzeuger sind auf Grund der besseren Spannungskurvenform, der besseren Belastbarkeit und der höheren Sicherheit langfristig wirtschaftlicher als „billige" Stromerzeuger.

Auswahl von Stromerzeugern

Die empfohlene Stromerzeugerleistung basiert auf Erfahrungswerten und beinhaltet Reserven für das Anlaufverhalten und die mögliche Überlastung während des Betriebs. Stromerzeuger mit Dieselmotor sind in der Regel erst ab einer Nennleistung von 2000 Watt erhältlich. Selbstverständlich ist es immer möglich, an einen Stromerzeuger höherer Leistung Verbraucher mit geringerer Leistungsaufnahme anzuschließen. Wenn auch bei Dunkelheit gearbeitet werden soll, ist die Stromerzeugerleistung so zu wählen, dass durch den zusätzlichen Anschluss einer Beleuchtung keine Überlastung eintritt.

Bei vergleichbaren Typschildleistungen gibt es unterschiedliche Preispositionierungen im Markt. Markenfabrikate überzeugen durch höhere Fertigungsqualität und ausreichende Reserven in Güte und Material der Blechpakete und der Kupferwicklungen im Generator. Hierdurch wird ein gutes Überlastverhalten gewährleistet. Nur gute Qualität in diesen Komponenten garantiert eine harmonische Sinuskurve der Wechselspannung. Dies ist besonders wichtig, wenn an dem Stromerzeuger elektronische oder elektronisch geregelte Geräte angeschlossen werden sollen.

"Billige" NoName Stromerzeuger sind in vielen Fällen nicht besonders überlastfest, oft ist der Generator auch für die angegebene Dauerleistung nicht ausreichend dimensioniert.

Elektrowerk-zeugtyp	Nennlast (Watt)	Überlastfall (Watt)	Belastungs-art	Benzinmotor				Dieselmotor (erst ab 2000 W)	
				Asynchron-generator	Synchron-generator (bürstenlos)	Synchron-generator		Synchron-generator (bürstenlos)	Synchron-generator
				empfohlene Stromerzeugerleistung (Watt)					
Bohr-/Schlagbohrmaschinen	bis 600	1000	Universal-motor	1000	1000	1000		–	–

Auswahl von Stromerzeugern (Fortsetzung)

Elektrowerk-zeugtyp	Nennlast (Watt)	Überlastfall (Watt)	Belastungs-art	Benzinmotor			Dieselmotor (erst ab 2000 W)	
				Asynchron-generator	Synchron-generator (bürstenlos)	Synchron-generator	Synchron-generator (bürstenlos)	Synchron-generator
				empfohlene Stromerzeugerleistung (Watt)				
Bohr-/Schlag-bohrmaschinen	bis 1000	2000	Universal-motor	2000	1500	1500	–	–
Bohrhämmer	bis 700	1000		1000	1000	1000	–	–
	bis 1400	2000		2000	2000	2000	2000	2000
Schlaghämmer	bis 1000	1000		2000	1000	1000	–	–
Abbruch-hämmer	bis 2000	2000		4000	2000	2000	2000	2000
Winkelschleifer	bis 800	1500		2000	1600	1000	–	–
	bis 1000	2500		3000	2500	2500	2500	2000
	bis 1400	3000		4000	2500	2500	2500	2500
	bis 2000	4000		5000	3000	3000	3000	3000
	bis 2500	5000		6000	4000	4000	4000	4000
Schrauber	bis 500	750		1000	1000	1000	–	–
	bis 1000	1200		1500	1000	1000	–	–
Scheren, Nagen	bis 500	750		1000	1000	1000	–	–
	bis 1000	1200		1500	1000	1000	–	–
Hobel,	bis 800	1600		2000	1500	1500	–	–
Oberfräsen	bis 1700	2500		3000	2000	2000	2000	2000
Bandschleifer	bis 700	1200		1500	1000	1000	–	–
	bis 1000	1600		2500	1500	1500	–	–

Auswahl von Stromerzeugern (Fortsetzung)

STR-T01

Elektrowerkzeugtyp	Nennlast (Watt)	Überlastfall (Watt)	Belastungsart	Benzinmotor			Dieselmotor (erst ab 2000 W)	
				Asynchrongenerator	Synchrongenerator (bürstenlos)	Synchrongenerator	Synchrongenerator (bürstenlos)	Synchrongenerator
				empfohlene Stromerzeugerleistung (Watt)				
Schwingschleifer, Exzenterschleifer	bis 350	500	Universalmotor	1000	800	800	–	–
Stichsägen	bis 500	750		1000	800	800	–	–
Säbelsägen	bis 1200	1400		2000	1000	1000	–	–
Kreissägen	bis 500	1000		2000	1000	1000	–	–
	bis 1000	2000		3000	2000	2000		
	bis 1500	3000		4000	3000	3000		
Kettensägen	bis 1500	3000		4000	3000	3000		
Heckenscheren	bis 500	750		1000	800	800	–	–
Rasenmäher	bis 1000	1500	Wechselstrommotor	3000	2000	2000	2000	2000
Häcksler	bis 2000	3000		6000	4000	4000	3000	3000
Hochdruckreiniger	bis 2000	2000		5000	3000	3000	3000	2000
Baukreissägen	bis 2000	3000		6000	4000	4000	4000	3000
Pumpen	bis 1000	1000		3000	2000	2000	2000	2000
Beleuchtung	bis 500	500	Ohm'sche Belastung	500	500	500	–	–
	bis 1000	1000		1000	1000	1000	–	–
Heizgeräte	bis 1000	1000		1000	1000	1000	–	–
	bis 2000	2000		2000	2000	2000	2000	2000

Akkutechnik

Als Niederspannungsquellen kommen für den Betrieb von Elektrowerkzeugen zur Zeit vier Batteriesysteme zum Einsatz:
– Bleibatterien für höhere Stromentnahme über längere Zeit. Wegen Ihres Gewichtes meist in mobilen Geräten (Gartengeräte), nicht aber in portablen Geräten.
– Nickel-Cadmium-Batterien werden wegen ihres günstigen Leistungs-Gewicht-Verhältnisses vor allem für portable Geräte eingesetzt.
– Nickel-Metallhydrid-Batterien ersetzen zunehmend die umweltkritische Nickel-Cadmium-Technologie.
– Lithium-Ionen-Batterien haben durch ihre Zellenspannung und die geringe Selbstentladung interessante Anwendungsmöglichkeiten.
Bei allen den obengenannten Batteriesystemen handelt es sich um wiederaufladbare Batterien (Akkumulatoren). Nichtaufladbare Batterien kommen bei Elektrowerkzeugen, mit Ausnahme der elektronischen Messwerkzeuge, nicht zum Einsatz. Der Energieinhalt von Batteriesystemen wird technisch in VAh (Voltamperestunden) bzw. Wh (Wattstunden) angegeben, die Effizienz im Energieinhalt pro Volumen bzw. Gewicht, also in Wh je Volumeneinheit (Wh/l) oder in Wh je Gewichtseinheit (Wh/kg). Diese Werte sind bei der Anwendung zu berücksichtigen, d. h. nicht jedes Batteriesystem eignet sich für jeden Anwendungsfall.

Generell müssen Batteriesysteme für Elektrowerkzeuge besondere Eigenschaften haben. Hierzu zählen vor allem
– Anwendbarkeit in jeder Betriebslage
– Kein Elektrolytaustritt
– Wartungsfreiheit
– Möglichkeit, mit hohen Strömen laden und entladen zu können
Batteriesysteme auf Nickel-Cadmium- oder Nickel-Metallhydridbasis kommen diesen Forderungen am ehesten entgegen und haben sich deshalb durchgesetzt. Bei batteriebetriebenen Elektrowerkzeugen muss das Gerätekonzept, bestehend aus
– Energiespeicher (Akku)

– Antriebsmotor
– Triebstrang
aufeinander abgestimmt sein. Nur wenn die Komponenten in Leistung und Wirkungsgrad zusammenpassen, ist ein effizientes Werkzeug zu erwarten.
Batteriebetriebene Elektrowerkzeuge dürfen jedoch nicht direkt mit netzbetriebenen Elektrowerkzeugen verglichen werden, weil diese wegen der „unbegrenzten" Energiezufuhr konstruktiv und leistungsmäßig stets anders ausgelegt werden.

Bleibatterien

Bleibatterien bestehen aus einem isolierenden Gehäuse aus Kunststoff, in dem sich zwei durch Separatoren getrennte Plattensätze befinden. Die aktive Masse der Minus(pol)platte besteht aus einem hochporösen Bleischwamm, die aktive Masse der Plus(pol)platte aus Bleidioxid. Ein zwischen den Platten durch die Separatoren zirkulierender Elektrolyt (verdünnte Schwefelsäure) dient als Ionenleiter für Ladung und Entladung.
Die Nennspannung einer unbelasteten Zelle beträgt zwischen Minus-und Pluspol in geladenem Zustand 2 Volt. Bei fortschreitender Entladung wandeln sich die aktiven Massen der Minus- und der Plusplatten zunehmend in Bleisulfat um und die Säuredichte geht zurück. Dadurch verringert sich die Zellenspannung. Wird von außen eine Spannung an die Pole der Zelle gelegt, die höher ist als die Gegenspannung der Zelle, dann werden die aktiven Massen der Minus- und der Plusplatte wieder in den ursprünglichen Zustand (Minus = Blei, Plus = Bleidioxid) umgewandelt und die Säuredichte steigt an.
Entsprechend dem Zustand des Elektrolyts unterteilt man Bleibatterien in sogenannte "nasse" Batterien und Batterien mit "festgelegtem" Elektrolyt (sogenannte Gelbatterien). Zum Erreichen der gewünschten Batteriespannung werden entsprechend viele Zellen elektrisch in Reihe geschaltet.

Nasse Batterien
Als nasse Batterien bezeichnet man Bleibatterien, bei welchen der Elektrolyt

(verdünnte Schwefelsäure) in flüssiger, leicht beweglicher Form im Batteriebehälter vorhanden ist. Diese Ausführungsform kann nicht in jeder beliebigen Lage betrieben werden und ist daher im Zusammenhang mit Elektrowerkzeugen nur in Ausnahmefällen einsetzbar.

In nassen Batterien kann der Innenwiderstand sehr niedrig gehalten werden. Diese Eigenschaft ermöglicht hohe Lade- und Entladeströme. Nasse Bleibatterien werden deshalb vorzugsweise dort eingesetzt, wo gerade diese Eigenschaften benötigt werden, z.B. als Starterbatterien für Verbrennungsmotoren.

Nachteilig ist die "Flüssigkeit" des Elektrolyten. Nasse Batterien sind nur durch aufwendige konstruktive Gestaltung begrenzt kippsicher zu machen. Bei Beschädigung des Batteriebehälters läuft der Elektrolyt aus, macht die Batterie unbrauchbar und verursacht Sekundärschäden.

Akkutechnik
Bleibatterie (Nasszelle)

1 Gehäuse
2 Polanschlüsse
3 Verschlussstopfen der Zellen
4 Zellentrennwand
5 Negative Platte
6 Poröser Separator
7 Positive Platte
8 Zellenverbinder

EWL-BAT009/P

Gelbatterien (Batterien mit festgelegtem Elektrolyt)

Gelbatterien, auch als wartungsfreie Batterien bezeichnet, besitzen als Elektrolyt ebenfalls verdünnte Schwefelsäure. Im Gegensatz zu nassen Batterien ist der Elektrolyt aber nicht flüssig, sondern durch die Beigabe von Bindemitteln zu einer Paste eingedickt , welche als Gel bezeichnet wird. Gelbatterien sind kippsicher, können theoretisch in jeder Lage betrieben werden und sind auslaufsicher.

Durch den eingedickten Elektrolyt steigt der Innenwiderstand. Die Gelbatterie kann daher nicht so hohe Entladeströme liefern bzw. so hohe Ladeströme aufnehmen wie die nasse Batterie.

Diese Eigenschaften bestimmen die Verwendung: Gelbatterien dienen zur Energieversorgung von Geräten und Maschinen, bei denen statt hoher Ströme ein Bedarf an mittleren bis geringen Strömen über einen längeren Zeitraum besteht.

Wartung

Regelmäßige und typbezogene Wartung bestimmt das Leistungsvermögen und die Lebensdauer von Bleibatterien.

Grundsätzlich darf eine Bleibatterie nicht komplett (tief) entladen und in diesem Zustand gelagert werden. Der Entladevorgang ist zu beenden, wenn die Zellenspannung auf 1,75 Volt (bei einer 12-Volt-Batterie also auf 10,5 Volt) abgesunken ist. Sofort nach der Entladung muss die Bleibatterie wieder aufgeladen werden, da sonst die aktive Plattenmasse irreversibel in Bleisulfat umgewandelt wird (die Batterie hat "sulfatiert") und keine Ladung mehr aufnehmen kann. Am günstigsten für die Lebensdauer einer Bleibatterie ist eine ständige Ladung bei konstanter Spannung mit geringen Strömen, die sogenannte Erhaltungsladung.

Bei starken Ladeströmen und/oder hohen Temperaturen kann es zum Zersetzen und Verdunsten des Wasseranteils im Elektrolyt kommen. Dieser Wasserverlust ist bei "nassen" Batterien durch Nachfüllen von (destilliertem) Wasser zu ersetzen. Die Batterieplatten müssen stets vom Elektrolyt bedeckt sein. Bei Gelbatterien ist das Nachfüllen von Wasser nicht möglich. Hier reduziert ein interner Rekombinationsvorgang den Wasserverlust.

Überladung muss bei diesem Typ in jedem Fall verhindert werden.

Zur Ladung dürfen bei Gelbatterien nur speziell auf diesen Batterietyp angepasste Ladegeräte verwendet werden um die Batterien nicht zu schädigen. Unter solchen kontrollierten Ladebedingungen sind diese Batterien wartungsfrei.

Sicherheitshinweise für Bleibatterien

Bleibatterien entwickeln, besonders bei Überladung, explosive Wasserstoff / Sauerstoff- Gasgemische (Knallgas), welche sehr leicht entzündlich sind. Auch scheinbar geschlossene Systeme verfügen über Sicherheitsventile, welche diese Gase bei Überschreiten eines bestimmten Grenzdruckes freisetzen. Offenes Feuer oder Funkenbildung in Batterienähe ist zu vermeiden, auch muss der Aufstellungsort der Batterie gut durchlüftet sein. Eventuell austretender Elektrolyt ist stets ätzend.

Spannungsverhalten

Das Spannungsverhalten von Bleibatterien hängt von ihrer Größe (Kapazität) und vom Typ (Nass, Gel) ab. Je größer die Batteriekapazität ist, umso besser wird die Zellenspannung bei Belastung konstant bleiben. Nasse Batterien halten bei gleicher Kapazität die Spannung bei hohen Entladeströmen besser konstant als Gelbatterien.

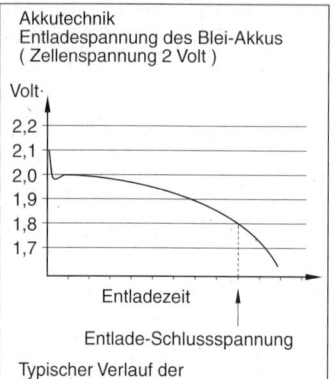

Akkutechnik
Entladespannung des Blei-Akkus
(Zellenspannung 2 Volt)

Typischer Verlauf der
Entladespannung eines Blei-Akkus.

EWL-BAT005/P

Stromverhalten

Das Stromverhalten von Bleibatterien hängt von ihrer Kapazität und vom Typ (Nass, Gel) ab. Je größer die Batterie(kapazität), um so höhere Ströme kann die Batterie bei Belastung liefern. Nasse Batterien können höhere Entladeströme liefern als Gelbatterien.

Selbstentladung

Bleiakkumulatoren entladen sich bei Lagerung selbst. Der Verlauf der Selbstentladung hängt hauptsächlich vom Elektrodenmaterial und von der Temperatur ab. Hohe Lagertemperaturen begünstigen die Selbstentladung. Gelbatterien haben eine wesentlich geringere Selbstentladung als nasse Batterien.

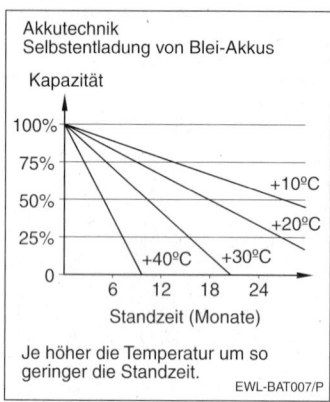

Akkutechnik
Selbstentladung von Blei-Akkus

Je höher die Temperatur um so geringer die Standzeit.

EWL-BAT007/P

Temperaturverhalten

Wie bei fast allen chemischen Prozessen verläuft die chemische Reaktion bei niedrigen Temperaturen langsamer als bei hohen Temperaturen. Bleibatterien können also bei tiefen Temperaturen weniger hohe Entladeströme liefern als bei hohen Temperaturen. Die untere Grenztemperatur wird durch den Gefrierpunkt des Elektrolyts bestimmt. Er ist bei entladener Batterie geringer (ca. - 5 °C) als bei geladener Batterie (ca. - 50 °C).

Ladeverfahren Bleiakkus

Regelmäßige und typentsprechende Ladung bestimmt das Leistungsvermögen und die Lebensdauer von Bleibatterien.

Grundsätzlich darf eine Bleibatterie nicht überladen werden.

Wird nach vollständiger Ladung weitergeladen, dann nimmt die Bleibatterie keine Energie mehr auf. Die Energie wird vielmehr zur Zersetzung des Elektrolyts in Sauerstoff und Wasserstoff umgesetzt. Diesen Zustand bezeichnet man als Gasung. Der Gasungszustand ist zu vermeiden, weil:
– der Wasseranteil im Elektrolyt vermindert wird
– Gasblasen das Gefüge der aktiven Massen verändern können
– das entstehende Sauerstoff-Wasserstoff-Gemisch („Knallgas") sich sowohl innerhalb als auch außerhalb der Batterie explosionsartig entzünden kann.

Ladegeräte für Bleibatterien müssen also so beschaffen sein, dass die Batterie in der kürzesten möglichen Zeit voll geladen werden können, die „Gasung" aber in jedem Fall sicher verhindert wird. In der Praxis haben sich hauptsächlich die folgenden Verfahren durchgesetzt:
– Ladung nach W- Kennlinie
– Ladung nach IU- Kennlinie
– Spezielle Ladeverfahren

Achtung: Wegen der extremen Empfindlichkeit der Gelbatterien gegen Gasung dürfen sie niemals mit den für Autobatterien üblichen Ladegeräten geladen werden, sondern nur mit speziellen Ladegeräten. Wenn Gelbatterien über den Generator („Lichtmaschine") geladen werden sollen (z. B. in Wohnmobilen oder Booten), ist ein spezieller Laderegler oder ein Vorschaltgerät erforderlich.

Ladung nach W-Kennlinie
Ladegeräte mit W-Kennlinie sind im unteren Preissegment typisch. Sie sind meist nicht geregelt. Der Ladestrom nimmt auf Grund des Ladegerät-Innenwiderstandes mit steigender Batteriespannung stetig ab. Ein Ladevorgang dauert typischerweise zwischen 12 und 15 Stunden. Nach dem Ende des Ladevorgangs und bei Eintritt der Gasung wird der Ladestrom nicht automatisch auf einen zulässigen Wert begrenzt, die Batterie „gast". Wird die Ladung nicht manuell unterbrochen, dann verbleibt die Batterie im Gasungszustand mit den entsprechenden negativen Folgeerscheinungen. Für sogenannte „wartungsfreie" Batterien oder Gelbatterien ist dieses Ladeverfahren nicht geeignet.

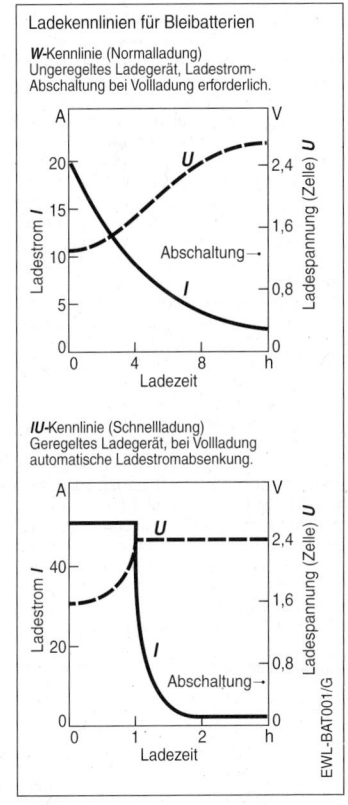

Ladekennlinien für Bleibatterien

W-Kennlinie (Normalladung)
Ungeregeltes Ladegerät, Ladestrom-Abschaltung bei Vollladung erforderlich.

IU-Kennlinie (Schnellladung)
Geregeltes Ladegerät, bei Vollladung automatische Ladestromabsenkung.

EWL-BAT001/G

Ladung nach IU-Kennlinie
Ladegeräte mit IU-Kennlinie laden die Batterie zunächst mit einem sehr hohen konstanten Strom. Die Batteriespannung

steigt dadurch relativ rasch bis zur Gasungsgrenze an. Beim Erreichen der Gasungsgrenze wird der Strom so weit zurückgeregelt, dass die Batteriespannung hart an der Gasungsgrenze gehalten wird, diese aber nicht überschreitet. Durch die hohen Anfangsladeströme sind mit diesen Ladegeräten kurze Ladezeiten erreichbar.

Ladung nach IUoU-Kennlinie
Ladegeräte mit IUoU-Kennlinie laden die Batterie zunächst mit dem Nennladestrom (I) auf. Nach Erreichen der Gasungsspannung wird mit konstanter Spannung (Uo), welche der Gasungsspannung entspricht, weitergeladen, wobei der Ladestrom kontinuierlich zurückgeht. Wenn die Batterie voll geladen ist, wird die Spannung auf die Erhaltungsladungsspannung (U) reduziert. Der dabei fließende, geringe Erhaltungsladungsstrom kompensiert die Eigenentladung der Batterie.

Ladegeräte mit IUoU-Kennlinie erfordern einen Temperaturfühler an der Batterie, da die Gasungsspannung temperaturabhängig ist.

Spezialverfahren
Speziell bei wartungsfreien, meist verschlossenen Batterien und Gelbatterien werden zur Optimierung von Ladezeit und Batterielebensdauer oft Ladegeräte eingesetzt, welche über eine Kombination verschiedener Ladekennlinien und über eine aufwendige Regelung verfügen.

Diese Ladegeräte werden entsprechend ihren Kennlinien (z.B. IUoU) bezeichnet. Die Spezialisierung beeinflusst auch hier die Gerätekosten, sichert aber auch eine lange Lebensdauer, gute Funktion und Wartungsfreiheit der Batterie und ist deshalb langfristig die bessere Investition.

Bei Batterien im saisonalen Betrieb ist ein Ladegerät mit Ladungserhaltungsfunktion empfehlenswert, das während der Lagerungszeit angeschlossen bleibt.

Pulsverfahren
Spezielle Pulsverfahren beim Laden können den Zustand teilsulfatierter Batterien wieder verbessern. Eine Vermeidung der Lagerung von Bleibatterien in ungeladenem oder teilgeladenem Zustand ist jedoch der beste Schutz zur Erhaltung der Leistungsfähigkeit.

Wundermittel
In den Medien werden immer wieder Zusatzmittel zur Batteriesäure angeboten, welche zu erheblicher Verlängerung der Lebensdauer führen sollen. In allen Fällen konnte ein solcher Effekt bei der wissenschaftlichen Nachprüfung nicht nachgewiesen werden. Aus diesen Gründen ist von der Anwendung dringend abzuraten.

Kennwerte
Blei-Batterien weisen sich durch die folgenden Kennwerte aus. Es wird hierbei zwischen hochstromfähigen Batterien, wie sie als Startbatterien für Verbrennungsmotoren und nicht hochstromfähigen Batterien, wie sie z.B. als Gelbatterien zum Einsatz kommen, unterschieden. Die sich in der Praxis ergebenden Werte können je nach Qualität und Bauweise der Batterie erheblich abweichen und sind typ- und herstellerspezifisch.

Blei-Akkumulatoren	Hochstromfähige Zellen z.B. Starterbatterien, Naß)	Nicht hochstromfähige Zellen z.B. Rasenmäherbatterien, GEL
Zellspannung	2,0 Volt	2,0 Volt
Wirkungsgrad	> 80 %	> 85 %
Zyklenzahl	250...300	500...600
Temperaturbereich	-40°...+70°C	-30°...+60°C
Energiedichte [Wh/kg]	35	25...30
Spezifische Leistung [W/kg]	200	150...200
Typische Lagerung	geladen	geladen

Umweltverträglichkeit

Bleibatterien enthalten neben Blei je nach Typ und Verwendung als Legierungsbestandteile auch andere Schwermetalle. Als Elektrolyt wird Säure verwendet. Sie sind daher in jedem Fall ordnungsgemäß zu entsorgen und zu recyclen. Der Gesetzgeber hat hierzu bindende Vorschriften erlassen.

Batterien auf Nickelbasis

Batterien auf Nickelbasis haben gegenüber den Bleibatterien Vorteile, welche sie für den Einsatz in Elektrowerkzeugen besonders geeignet machen. Hierzu zählt vor allem die hohe Betriebssicherheit und, bei entsprechender Bauweise, die Wartungsfreiheit.

Typische Vertreter dieser Batteriegattung sind:
– Nickel-Cadmium-Batterien
– Nickel-Metallhydrid-Batterien

Die Zellennennspannung beträgt 1,2 Volt. Zum Erreichen der gewünschten Batteriespannung werden entsprechend viele Zellen elektrisch in Reihe geschaltet.

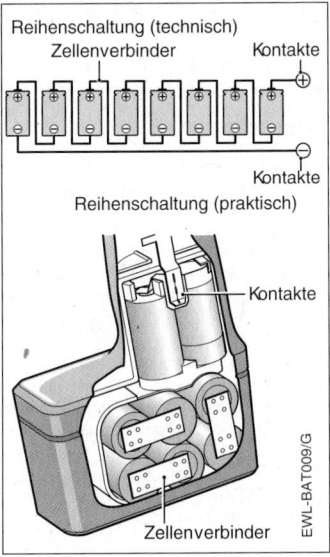

Typische Energieinhalte der gebräuchlichsten Akkutypen für Elektrowerkzeuge

Volt	Kapazität in Ah								
	1,0	1,2	1,4	1,7	2,0	2,5	2,8	3,0	3,5
	Leistungsfähigkeit in Wh								
7,2	7,2	8,6	10.1	12,2	14,4	18,0	20,2	21,6	25,5
9,6	9,6	11,5	13,4	16,3	19,2	24,0	26,9	28,8	33,6
12,0	12,0	14,4	16,8	20,4	24,0	30,0	33,6	36,0	42,0
14,4	14,4	17,3	20.1	24,5	28,8	36,0	40,6	43,2	50,4
16,8	16,8	20,2	23,5	28,6	33,6	42,0	47,0	50,4	58,8
18,0	18,0	21,6	25,2	30,6	36,0	45,0	50,4	54,0	63,0
24,0	24,0	28,8	33,6	40,8	48,0	60,0	67,2	72,0	84,0
36,0	36,0	43,2	50,4	61,2	72,0	90,0	100,8	108,0	126,0

Der Energieinhalt von Batterien ist das Produkt aus Spannung (V) und der Kapazität (Ah):

Volt × Amperestunden = Wattstunden.

Für Akkuwerkzeuge ergeben die üblichen Spannungen und Kapazitäten die in der Tabelle dargestellten Energieinhalte.

Nickel-Cadmium-Batterien (NiCd)

NiCd-Batteriezellen haben ein Gehäuse aus vernickeltem Stahlblech, welches gleichzeitig als Minuspol dient. Die eigentlichen Elektroden sind in Form von Folien oder in Sintertechnik aus Nickel- bzw. Cadmiumverbindungen mit einer isolierenden (Separator), aber für den Elektrolyten durchgängigen Schicht, als Wickel im Zellengehäuse untergebracht.

Der Elektrolyt selbst ist pastös und besteht zu einem großen Teil aus Wasser und Kaliumhydroxid (Kalilauge).

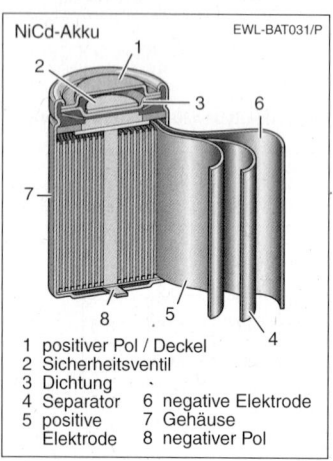

NiCd-Akku   EWL-BAT031/P

1 positiver Pol / Deckel
2 Sicherheitsventil
3 Dichtung
4 Separator   6 negative Elektrode
5 positive   7 Gehäuse
  Elektrode   8 negativer Pol

Die Zelle ist ein in sich geschlossenes System, welches nach außen hin abgedichtet ist. Dadurch kann kein Elektrolyt nach außen dringen, der beim normalen Laden und Entladen stattfindende Gasaustausch findet innerhalb des Elektrolyts statt. Bei abnormalen Betriebszuständen wie Kurzschluss oder zu hohen Ladeströmen kann wegen der sich dabei entwickelnden Wärme ein Überdruck in der Zelle entstehen. Um ein Bersten der Zelle mit den daraus entstehenden Folgeschäden zu verhindern, haben Qualitätszellen ein Überdruckventil, durch welches sich der Druck abbauen kann. Die Zellenspannung zwischen Minus- und Pluspol beträgt in geladenem, ruhendem Zustand 1,2 Volt.

Wartung

Die für Elektrowerkzeuge verwendeten NiCd-Akkus sind wartungsfrei. Sie können sowohl in geladenem als auch in ungeladenem Zustand gelagert werden. Ein sofortiges Wiederaufladen nach erfolgter Entladung ist nicht notwendig. Hierin besteht ein wesentlicher Unterschied zur Bleibatterie. Nickel-Cadmium-Batterien sollten nach Möglichkeit immer vollständig entladen werden, wobei sie nicht Tiefentladen werden sollten. Das Entladeende ist im Elektrowerkzeug dann erreicht, wenn die Leistung des Gerätes merklich sinkt. Ein Entladen bis zum Stillstand des Motors oder gar ein Entladen in einer Taschenlampe bis das Birnchen nicht mehr glimmt führt zur Tiefentladung und somit zur Schädigung der Batterie.

Strom-Spannungsverhalten

Das Strom-Spannungsverhalten von NiCd-Batterien hängt von ihrer Größe (Kapazität) und ihrer Bauweise ab. Je mehr eine Zelle auf Hochstromfestigkeit optimiert wurde, desto konstanter bleibt die Spannung beim Entladen. Vergleicht man Batterien gleicher Bauweise aber unterschiedlicher Kapazität miteinander, so weist in der Regel, aber nicht zwangsläufig, die Batterie höherer Kapazität auch eine höhere Hochstromfestigkeit auf. Durch strenge Prüf- und Selektionsmaßnahmen stellen Hersteller von Qualitätselektrowerkzeugen einen optimalen Kompromiss aus Kapazität und Hochstromfestigkeit sicher.

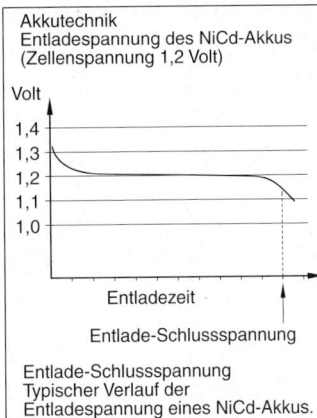

Akkutechnik
Entladespannung des NiCd-Akkus
(Zellenspannung 1,2 Volt)

Entlade-Schlussspannung
Typischer Verlauf der
Entladespannung eines NiCd-Akkus.
EWL-BAT006/P

Bei angeschlossenen Elektronikgeräten reagiert deren Spannungsstabilisierung darauf mit dem vorzeitigen Abschalten des Gerätes. Motorische Geräte wie z.B. Elektrowerkzeuge reagieren darauf mit einem Abfall der Drehzahl.

Ein nicht zu stark ausgeprägter Memoryeffekt ist reversibel. Hierzu müssen einige "normale" Entlade-Ladezyklen durchgeführt werden. Sogenannte Schnelladegeräte mit hohen Ladeströmen müssen dazu verwendet werden.

Selbstentladung
Nickel-Cadmium-Akkumulatoren entladen sich bei Lagerung selbst. Der Verlauf der Selbstentladung hängt hauptsächlich von der Temperatur ab. Hohe Lagertemperaturen begünstigen die Selbstentladung. Bei Raumtemperatur geht man von einer Entladezeit von ca. 3 bis 4 Monaten aus.

Memory-Effekt
Nickel-Cadmium-Batterien sollten bei der Anwendung stets vollständig entladen werden, bevor sie wieder aufgeladen werden. Wird von dieser Regel wiederholt abgewichen, kann sich ein sogenannter Memory-Effekt einstellen. Bei solchen Teilentladungen und den darauf folgenden Teilaufladungen kann es zu Kristallbildungen an der negativen Elektrode kommen, wodurch die ursprüngliche Kapazität verringert wird und ein Spannungsabfall beim Entladen erfolgt.

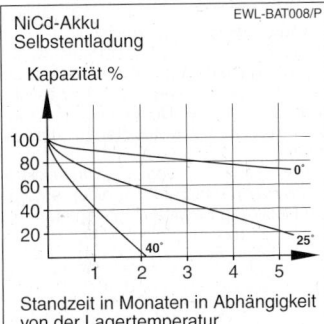

NiCd-Akku
Selbstentladung
EWL-BAT008/P

Kapazität %

Standzeit in Monaten in Abhängigkeit von der Lagertemperatur

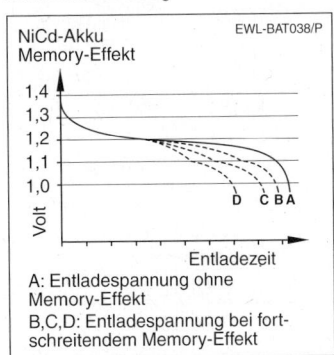

NiCd-Akku
Memory-Effekt
EWL-BAT038/P

A: Entladespannung ohne
Memory-Effekt
B,C,D: Entladespannung bei fortschreitendem Memory-Effekt

Temperaturverhalten
Wie bei fast allen chemischen Prozessen verläuft die chemische Reaktion bei niedrigen Temperaturen langsamer als bei hohen Temperaturen. Dies ist besonders bei den eingedickten Elektrolyten von NiCd-Akkus der Fall. Sie können also bei tiefen Temperaturen weniger hohe Entladeströme liefern als bei Raumtemperatur. Ebenso können sie bei niedrigen Temperaturen nicht mit hohen Strömen geladen werden. Die untere Grenztemperatur liegt bei ca. -15 °C.

Kennwerte

NiCd-Batterien weisen sich durch die folgenden Kennwerte aus. Es wird hierbei zwischen hochstromfähigen Batterien, wie sie im Elektrowerkzeug zum Einsatz kommen, und nichthochstromfähigen Batterien, wie sie z.B. im Walkman zum Einsatz kommen, unterschieden.

Die sich in der Praxis ergebenden Werte können je nach Qualität und Bauweise der Batterie erheblich abweichen und sind typ- und herstellerspezifisch.

Umweltverträglichkeit

Nickel-Cadmium-Batterien enthalten neben reinem metallischem Nickel auch das Schwermetall Cadmium. Bei nicht fachgerechter Entsorgung kann das Cadmium hochgiftige Verbindungen eingehen, welche die Umwelt gefährden können. NiCd-Batterien sind daher am Ende ihrer Lebensdauer in jedem Fall ordnungsgemäß zu entsorgen und zu recyclen. Der Gesetzgeber hat hierzu bindende Vorschriften erlassen.

Bei Fachgerechter Entsorgung ist die Recyclingquote von NiCd-Batterien die im Vergleich mit anderen Batteriesystemen die höchste. Durch das Recycling verhalten sich NiCd-Batterien umweltneutral.

Die Hersteller von Qualitätselektrowerkzeugen haben hierzu einen speziellen Recycling-Service eingerichtet.

Nickel-Metallhydrid-Batterien (NiMh)

NiMH-Batteriezellen haben meist ein vernickeltes Stahlblech als Gehäuse, welches gleichzeitig als Minuspol dienen kann. Die eigentlichen Elektroden können in unterschiedlichen Verfahren hergestellt werden. Die entsprechenden Verfahren sind als Mesh- (Gitter), Sinter- oder Foam-(Metallschaum)- Technologie benannt. Die Technologie wirkt sich entscheidend auf die Zelleneigenschaften und die Herstellkosten aus. Die teuerste Technologie

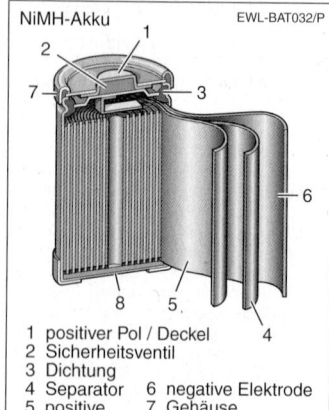

1 positiver Pol / Deckel
2 Sicherheitsventil
3 Dichtung
4 Separator
5 positive Elektrode
6 negative Elektrode
7 Gehäuse
8 negativer Pol

Nickel Cadmium-Akkumulatoren	Hochstromfähige Zellen	Nicht hochstromfähige Zellen
Zellspannung	1,2 Volt	1,2 Volt
Wirkungsgrad	< 85 %	< 85 %
Zyklenzahl	300...1000	500...1000
Temperaturbereich	- 15°...+ 55° C	- 15°...+ 55° C
Energiedichte [Wh/kg]	40...50	50...80
Spezifische Leistung [W/kg]	450...550	100...250
Typische Lagerung	ungeladen	ungeladen

(Foam) ermöglicht die größte spezifische Kapazität. Der Wasserstoff befindet sich nicht als freies Gas in der Zelle, sondern ist in eine Elektrodenlegierung eingelagert und bildet dabei das namensgebende Metallhydrid. Die Zellenspannung zwischen Minus und Pluspol beträgt in geladenem, ruhendem Zustand 1,2 Volt.

Wartung

Die für Elektrowerkzeuge verwendeten NiMh-Akkus sind wartungsfrei. Sie sollen in geladenem Zustand gelagert werden. Ein sofortiges Wiederaufladen nach erfolgter Entladung ist empfehlenswert. Sie gleichen hierin der Bleibatterie.

Nickel-Metallhydrid-Batterien müssen im Gegensatz zu Nickel-Cadmium-Batterien nicht immer vollständig entladen werden, sie können auch ohne Schädigung im Teilentladenen Zustand geladen werden. Jedoch sollte wie bei Nickel-Cadmium-Batterien ein Tiefentladen vermieden werden.

Strom-Spannungsverhalten

Das Strom-Spannungsverhalten von NiMH-Batterien hängt von ihrer Größe (Kapazität) und ihrer Bauweise ab. Je mehr eine Zelle auf Hochstromfestigkeit optimiert wurde, desto konstanter bleibt die Spannung beim entladen. Vergleicht man Batterien gleicher Bauweise aber unterschiedlicher Kapazität miteinander, so weist in der Regel, aber nicht Zwangsläufig, die Batterie höhrer Kapazität auch eine höhere Hochstromfestigkeit auf.

Durch strenge Prüf- und Selektionsmassnahmen stellen Hersteller von Qualitätselektrowerkzeugen einen optimalen Kompromiss aus Kapazität und Hochstromfestigkeit sicher.

Memory-Effekt

Nickel-Metallhydrid-Batterien weisen gegenüber den Nickel-Cadmium-Batterien einen wesentlich geringer ausgeprägten Memory-Effekt aus. Bei ordnungsgemäßer Anwendung der Batterien hat er in der Praxis so gut wie keinen negativen Einfluß.

Selbstentladung

Nickel-Metallhydrid-Akkumulatoren entladen sich bei Lagerung selbst. Der Verlauf der Selbstentladung hängt hauptsächlich von der Temperatur und der Güte der Batterie ab. Hohe Lagertemperaturen und schlechte Qualität der Batterien begünstigen die Selbstentladung. Bei Raumtemperaturen geht man von einer Entladezeit von ca. 3 bis 4 Monaten aus.

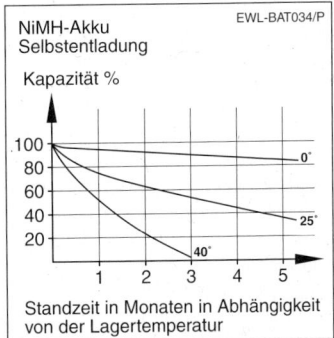

NiMH-Akku
Selbstentladung

Kapazität %

Standzeit in Monaten in Abhängigkeit von der Lagertemperatur

NiMH-Akku
Entladespannung
(Zellenspannung 1,2V)

Volt

Entladezeit

Entlade-Schlussspannung

Typischer Verlauf der Entladespannung eines NiMH-Akkus

Temperaturverhalten

Wie bei fast allen chemischen Prozessen verläuft die chemische Reaktion bei niedrigen Temperaturen langsamer als bei hohen Temperaturen. Dies ist besonders bei den eingedickten Elektrolyten von NiMh-Akkus der Fall. Sie können also bei tiefen Temperaturen weniger hohe Entladeströme liefern als bei Raumtemperatur. Ebenso können sie bei niedrigen Temperaturen nicht mit hohen Strömen geladen werden. Die untere Grenztemperatur liegt bei ca. - 10 °C.

Kennwerte
NiMh-Batterien weisen sich durch die folgenden Kennwerte aus. Es handelt sich hierbei um Maximalwerte. Die sich in der Praxis ergebenden Werte liegen meist darunter und sind typspezifisch.

Umweltverträglichkeit
Nickel-Metallhydrid-Batterien enthalten neben reinem metallischem Nickel auch spezielle mineralisch-metallische Sonderlegierungen. Alle diese Materialien verhalten sich umweltneutral, gehen also auch bei unfachmännischer Entsorgung keine giftigen Verbindungen ein. Allerdings sind die Legierungsbestandteile so kostspielig, dass NiMh-Batterien am Ende ihrer Lebensdauer in jedem Fall recycelt werden sollten. Die Hersteller von Qualitätselektrowerkzeugen haben hierzu einen speziellen Recycling-Service eingerichtet.

Ladeverfahren für NiCd- und NiMh-Akkus

Akkus auf Nickelbasis unterscheiden sich in Aufbau, Wirkungsweise und in ihren elektrochemischen Vorgängen grundlegend von Bleiakkus. Sie können daher nicht mit ein und demselben Ladeverfahren geladen werden. Darüber hinaus haben die in Elektrowerkzeugen verwendeten Akkus auf Nickelbasis im Unterschied zur Bleibatterie ein völlig anderes Einsatzgebiet, dem auch beim Ladeverfahren Rechnung zu tragen ist.

Ladegeräte für die in kabellosen Elektrowerkzeugen verwendeten Nickel-Cadmium- und Nickel-Metallhydrid-Akkus müssen folgende Anforderungen erfüllen:
- kurze Ladezeiten
- schonende Akkuladung
- Erfassen der Akkutemperatur
- geringe Erwärmung des Akkus
- Erkennen von Akkudefekten
- einfache Bedienung
- Handlichkeit
- kostengünstig

Diese Anforderungen stehen teilweise im Widerspruch zueinander. Je mehr Forderungen miteinander in Einklang gebracht werden müssen, umso größer ist der dafür nötige elektronische Aufwand. Es haben sich deshalb fünf Ladeverfahren im Markt durchgesetzt:
- Dauerstromladung
- thermisch gesteuerte Ladung
- zeitgesteuerte Ladung
- prozessorgesteuerte Ladung
- Ladegeräte mit "Fuzzy"-Control

Nickel Metallhydrid-Akkumulatoren	Hochstromfähige Zellen	Nicht hochstromfähige Zellen
Zellspannung	1,2 Volt	1,2 Volt
Wirkungsgrad	> 85 %	> 85 %
Zyklenzahl	300...800	800...1000
Temperaturbereich	- 10°...+ 55° C	- 5°...+ 55° C
Energiedichte [Wh/kg]	60...70	60...100
Spezifische Leistung [W/kg]	350...650	100...250
Typische Lagerung	geladen	geladen

Neben dem Ladeverfahren ist die richtige Behandlung des Akkus im Neuzustand oder nach mehrmonatigen Betriebspausen wichtig. Die aktive Masse der Zellenelektroden kann sich mit der Zeit deaktivieren, wodurch ein scheinbarer Kapazitätsverlust auftritt. Durch mehrmalige Entlade- und Ladezyklen (durch normale Benützung) wird die aktive Masse der Zellenelektroden wieder "formiert". Nach 3...5 Zyklen wird dann wieder die Nennkapazität erreicht.

Nur ein formatierter Akku hat die volle Leistung

Leer

Akku neu

1. Lade / Entladezyklus

2. Lade / Entladezyklus

3. Lade / Entladezyklus

4. Lade / Entladezyklus

Volle Kapazität

EWL-BAT010/G

Dauerstromladung

Bei der Dauerstromladung wird der Akku mit einem geringen, konstanten Strom (ca. 100...150 mA) geladen. Daraus ergeben sich Ladezeiten bis ca. 12 Stunden. Verbleibt der Akku nach Vollladung weiter im Ladegerät, so wird die überschüssige Ladung in Wärme umgesetzt. Diese Wärme wird soweit abgestrahlt, dass der Akku nicht unzulässig überhitzt wird. Bei entsprechendem Verhältnis von Ladestrom zu Akkukapazität wird der Akku nicht geschädigt.

Dauerstrom-Ladegeräte sind meist sogenannte "Steckerlader", d. h. das Ladegerät besteht aus einem kleinen Transformator mit nachgeschaltetem Gleichrichter, sein Gehäuse ist gleichzeitig der Netzstecker. Diese Art von Ladegerät ist kostengünstig, nachteilig sind die langen Ladezeiten.

Thermisch gesteuerte Ladung

Prinzipiell ist es möglich, mit einem höheren Ladestrom zu laden und die nach Vollladung entstehende Wärme für einen Steuer- oder Schaltvorgang auszunützen. Wegen der Abhängigkeit von äußeren Temperatureinflüssen wird dieses Ladeverfahren nicht angewendet.

Zeitgesteuerte Ladung

Bei der zeitgesteuerten Ladung wird beim Ladebeginn ein Zeitmesser in Gang gesetzt, welcher nach einer konstruktiv festgesetzten Zeit den Ladevorgang beendet. In der Praxis wird mit einem konstanten Strom (ca. 1...2 A) geladen. Nach Ablauf der vorgegebenen Zeit (meist eine Stunde) wird der Ladestrom sprunghaft auf die sogenannte "Erhaltungsladung", ein Strom von ca. 50 mA, reduziert.

Dadurch kann der Akku weiterhin am Ladegerät bleiben, ohne geschädigt zu werden. Die Ladezeit beträgt meist 1 Stunde. Wenn der Akku beispielsweise eine Kapazität von 1 Ah hat und bei Ladebeginn "leer" war, dann ist er beim Ladungsende nach einer Stunde voll.

Der Nachteil des zeitgesteuerten Ladeverfahrens ist offensichtlich: Wird ein Akku größerer Kapazität geladen, dann ist er nach Ablauf der fixierten Zeit nicht voll. Die durch die sehr niedrige "Erhaltungsladung" und benötigt unter Umständen weitere 12 Stunden Ladezeit. Ist dagegen der zu ladende Akku beispielsweise nur halb entladen, dann lädt das zeitgesteuerte Ladegerät auch dann mit dem (hohen) Konstantstrom weiter, wenn der Akku bereits "voll" ist. Der hohe Ladestrom wird in Wärme umgesetzt und erhitzt den Akku über das zulässige Maß hinaus. Dieser prinzipbedingte Nachteil erfordert eine thermische Überwachung des Akkus. Dies wird über einen Temperatursensor (NTC-Widerstand) im Akku realisiert, der ein Temperatursignal über einen separaten Kontakt dem Ladegerät mitteilt.

Erreicht der Akku eine vorher festgelegte Zellen-Grenztemperatur (meist 45 °C), dann schaltet das Ladegerät vom hohen Ladestrom auf den geringen Erhaltungsladestrom zurück und verhindert so eine weitere Erwärmung des Akkus. Zeitgesteuerte Ladegeräte benötigen also zum Schutz des Akkus eine zusätzliche Temperaturüberwachung des Akkus als Sicherheitsfunktion.

Üblicherweise bestehen diese Ladegeräte aus einem Transformator, Gleichrichter und einer nachgeschalteten Elektronik mit dem Timer und zur Konstantstromladung und Temperaturüberwachung. Reine zeitgesteuerte Ladeverfahren haben ihre marktbedeutung verloren.

dung erfolgt. Wegen des geringen Ladestromes kann das Ladegerät kostengünstig in Form eines Steckerladegerätes realisiert werden.

Prozessorgesteuerte Ladung

Bei der prozessorgesteuerten Ladung gleichen einfache Ladegeräte in ihrem Basisaufbau den zeitgesteuerten Ladegeräten. Der Timer ist in diesem Falle aber durch eine weitere Überwachungsschaltung ersetzt, welche das Spannungsverhalten des Akkus während des Ladevorganges erfasst. Am Ende der Vollladung ergibt sich sowohl beim NiCd- als auch beim NiMH-Akku ein typischer Spannungsverlauf (ΔV = Delta Volt). Hierbei kommt es gegen Ende der Ladung zu einem ausgeprägten Anstieg der Zellenspannung ($+\Delta V$), danach zu einem charakteristischen Abfall ($-\Delta V$) der Zellenspannung.

NiCd / NiMh Ladeverfahren mit Konstantstrom, zeitgesteuert.

$I_{L(t)}$
ca. 0,4A

0A

$U_{Z(t)}$
ca. 1,4V

0V

0'   180'

I_L = Ladestrom
U_Z = Zellenspannung
t = Zeit
Ladung mit niedrigem Konstantstrom, Abschaltung zeitgesteuert.

EWL-BAT003/G

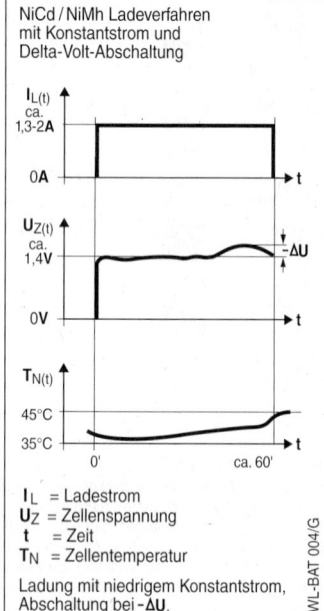

NiCd / NiMh Ladeverfahren mit Konstantstrom und Delta-Volt-Abschaltung

$I_{L(t)}$
ca. 1,3-2A

0A

$U_{Z(t)}$
ca. 1,4V ΔU

0V

$T_{N(t)}$

45°C
35°C

0'   ca. 60'

I_L = Ladestrom
U_Z = Zellenspannung
t = Zeit
T_N = Zellentemperatur

Ladung mit niedrigem Konstantstrom, Abschaltung bei $-\Delta U$.

EWL-BAT 004/G

Eine Variante dieser Ladegeräte sind sogenannte "Booster"-Lader. Hier wird mit einem mäßig erhöhten Strom (ca. 500 mA) zeitlich begrenzt nach manueller Einschaltung für ca. 3 Stunden geladen, bevor die Umschaltung auf Erhaltungsla-

Dies wird durch die Elektronik erkannt und zur Steuerung des Ladezustandes ausgenützt. Beim Eintreten von $-\Delta V$ wird die Ladung mit hohem Strom auf Erhaltungsladung umgeschaltet.

Eindeutiger Vorteil dieser Ladetechnik ist es, Akkus unterschiedlichen Ladezustandes oder unterschiedlicher Kapazitätsgröße laden zu können, weil das Ladegerät die Ladung stets dann beendet, wenn der Akku "voll" geladen ist, ohne von einer vorgegebenen Zeit abhängig zu sein. Das Temperatursignal des Akkus wird eigentlich nicht mehr benötigt. Man behält es aber als zusätzliche Sicherheit bei, weil man dadurch die Ladung eines zu kalten (Minustemperaturen) oder eines zu heißen Akkus (z.B. durch vorhergehende Hochstromladung oder Sonneneinwirkung) verhindern kann.

Ladegeräte mit "Fuzzy"-Control

Prozessorgesteuerte Ladegeräte mit "Fuzzy"-Control Funktion erfassen neben den Basisfunktionen wie Akkuspannung und Akkutemperatur auch weitere Parameter, welche charakteristisch für die Unterschiede zwischen den einzelnen Akkus, auch gleichen Typs sind.

Hierzu zählt der Verlauf der Akkuspannung während der Ladung, sowohl absolut als auch ΔU (Delta U), der Verlauf der Temperaturentwicklung während der Ladung sowohl absolut als auch ΔT (Delta T) sowie das Verhalten des Akkus während einer kurzen Prüfladung. Diese Werte sind vom Alterungszustand, seinem Typ und seiner Kapazität abhängig und werden vom Prozessor bei der Regelung des Ladevorganges berücksichtigt.

In modernen Ladegeräten wird hierzu in zunehmendem Maße das Prinzip der "Fuzzy"-Logic eingesetzt, welche nicht mit einer "starren" Steuerung arbeitet, sondern ihr Steuer- und Regelverhalten flexibel auf den zu ladenden Akku abstimmt. Trotz Schnellladung wird mittels "Fuzzy-Control" ein so schonendes Ladeverfahren erreicht, dass die höchstmögliche Zyklenzahl (Lebensdauer) des Akkus erreicht wird.

Je nach Akkutyp wird mit Strömen zwischen 6...10 A geladen, wobei der Ladestrom zum Ladeende akkuspezifisch zurückgenommen wird. Nach Vollladung

erfolgt die Umschaltung auf Erhaltungsladung.

Prozessorgesteuerte Ladegeräte arbeiten mit sogenannten Schaltnetzteilen. Dies bedeutet, dass sie keinen Netztransformator mehr besitzen, sondern mit moderner Halbleitertechnologie die Netzspannung herabsetzen und gleichrichten. Dadurch sind diese Ladegeräte für einen breiten Eingangsspannungsbereich, z. B. 100...120 V oder 200...240 V, geeignet, ohne daß eine Umschaltung erfolgen muss. Ebenso ist es möglich, diese Ladegeräte für eine Eingangsspannung von 12 V zu konstruieren. Hierdurch ergibt sich die Möglichkeit, NiCd- und NiMh-Akkus aus dem Kfz-Bordnetz zu laden.

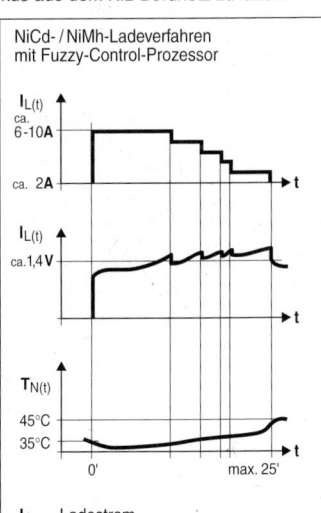

NiCd- / NiMh-Ladeverfahren mit Fuzzy-Control-Prozessor

I_L = Ladestrom
U_Z = Zellenspannung
t = Zeit
T_N = Zellentemperatur

Ladung mit hohem Strom, welcher kontinuierlich angepasst wird. Der Fuzzy-Control-Prozessor überwacht ständig T_N, ΔT_N, U_2, ΔU_Z.

EWL-BAT005/G

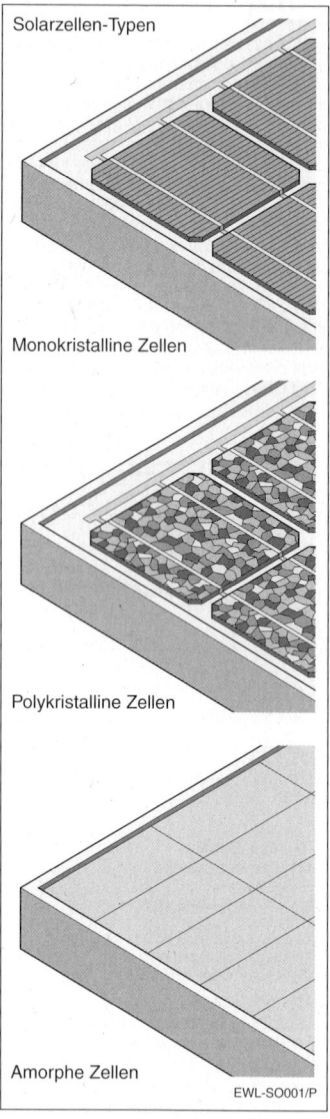

Solarzellen-Typen

Monokristalline Zellen

Polykristalline Zellen

Amorphe Zellen

EWL-SO001/P

Solar-Ladegeräte

Solar-Ladegeräte benützen als Energie-quelle Solarzellen. Im einfachsten Falle werden kostengünstige amorphe Zellen (braune Farbe) verwendet. Ihre Energie-ausbeute ist relativ gering. Monokristal-line und Polykristalline Zellen haben ei-nen höheren Wirkungsgrad. Die erzeugte Energie gelangt direkt in den zu ladenden Akku. Eine Überladung kann nicht erfol-gen, wenn die Energieausbeute über die Fläche der Solarzellen begrenzt wird.

Eine Sperrdiode lässt den Strom nur in Richtung von den Solarzellen zum Akku fließen. Die Ladung ist naturgemäß vom Sonnenlicht abhängig, die Ladezeiten sind deshalb lang und unregelmäßig. So-larladegeräte mit monokristallinen Zellen (blaue Farbe) sind wesentlich leistungs-fähiger, aber auch erheblich kostenintensiver.

Bei entsprechender Größe sind sie in der Lage, hohe Ladeströme zu liefern. In diesen Fällen muss zwischen Solarpanel und Akku ein separater Laderegler ge-schaltet werden. Bei entsprechender Sonneneinstrahlung lassen sich damit kurze Ladezeiten erreichen.

Batterien auf Lithium-Basis

Batterien auf Lithium-Basis zählen zu der noch relativ jungen Klasse von Batterie-systemen, die auf Lithiumelektroden ba-sieren. Praxistaugliche Systeme wurden Anfang der 90iger Jahre des 20. Jahrhun-derts eingeführt. Diese Technologie ist somit ca. 60 Jahre jünger als Nickel-Cad-mium-Batterien. Die beiden wichtigsten Grundtypen sind
- Lithiom-Polymer-Batterien
- Lithium-Ionen- Batterien

Je nach angewendeter Technologie lassen sich aus diesen Grundtypen Ak-kus mit einer Zellenspannung von 2...4 Volt herstellen. Zur Energieversorgung von Elektrowerkzeugen werden Lithium-Ionen-Batterien eingesetzt. Batterien auf Lithium-Basis verlangen bei der Herstel-lung sehr hohe Qualitätsstandards. Nur dann sind sie selbstsicher. Unter "selbst-sicher" versteht man Sicherheit gegen thermische Selbstzerstörung. Batterien niedriger Qualität, wie sie bei NoName Herstellern leider üblich sind, führen zu

Akkus, welche nicht selbstsicher sind. Da nicht selbstsichere Batterien zu Explosionen, Bränden und schweren Verletzungen führen können, ist bei der Auswahl der Batterien auf besondere Sorgfalt zu achten. Es ist daher sehr wichtig, Markenbatterien nur über den entsprechend qualifizierten Fachhandel zu erwerben.

Lithiumionen-Batterien (LiIon)

Lithiumionen-Batterien zeichnen sich dadurch aus, dass Lithium in zwei als Wirtsmaterial dienende Elektroden ein- bzw. ausgelagert wird. Weitere Verbesserungen der Elektrodenmaterialien und Konstruktive Maßnahmen führten zu selbstsicheren Batterien. Die in Elektrowerkzeugen eingesetzten Lithiumionenbatterien haben eine Nennspannung von 3,6 V pro Zelle.

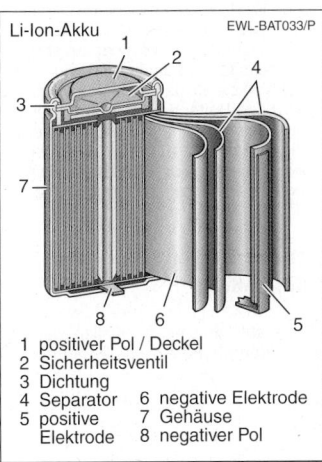

Li-Ion-Akku   EWL-BAT033/P

1 positiver Pol / Deckel
2 Sicherheitsventil
3 Dichtung
4 Separator   6 negative Elektrode
5 positive   7 Gehäuse
  Elektrode   8 negativer Pol

Wartung
Die für Elektrowerkzeuge verwendeten LiIon-Akkus sind wartungsfrei. Sie können in jedem beliebigen Ladezustand gelagert werden.

LiIon-Batterien müssen im Gegensatz zu Nickel-Cadmium-Batterien nicht immer vollständig entladen werden, sie können auch ohne Schädigung im teilentladenen Zustand geladen werden. Bei LiIon-Batterien muss allerdings in jedem Fall ein Tiefentladen oder ein Überladen verhindert werden. Dieses wird bei Qualitätselektrowerkzeugen durch Elektronik im Werkzeug und Ladegerät und/oder im Batteriepack sichergestellt. Lithiumionen-Batterien können deshalb nur mit Original Ladegeräten geladen und auch nur in den dafür vorgesehenen Werkzeugen betrieben werden.

Strom-Spannungsverhalten
Das Strom-Spannungsverhalten von LiIon-Batterien hängt von ihrer Größe (Kapazität) und ihrer Bauweise ab. Je mehr eine Zelle auf Hochstromfestigkeit optimiert wurde, desto konstanter bleibt die Spannung beim Entladen. Vergleicht man Batterien gleicher Bauweise aber unterschiedlicher Kapazität miteinander, so weist in der Regel, aber nicht zwangsläufig, die Batterie höherer Kapazität auch eine höhere Hochstromfestigkeit auf. Durch strenge Prüf- und Selektionsmassnahmen stellen Hersteller von Qualitätselektrowerkzeugen einen optimalen Kompromiss aus Kapazität und Hochstromfestigkeit sicher.

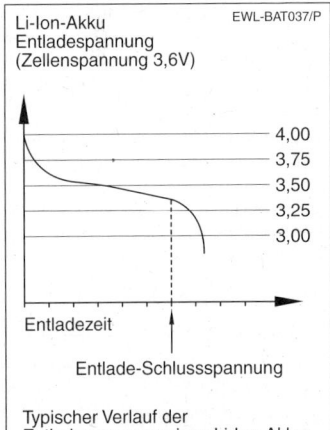

Li-Ion-Akku   EWL-BAT037/P
Entladespannung
(Zellenspannung 3,6V)

— 4,00
— 3,75
— 3,50
— 3,25
— 3,00

Entladezeit

Entlade-Schlussspannung

Typischer Verlauf der
Entladespannung eines Li-Ion-Akkus

Selbstentladung

Lithium Ionen-Akkumulatoren bestechen durch ihre äußerst geringe Selbstentladung. Der Verlauf der Selbstentladung hängt hauptsächlich von der Temperatur und der Güte der Batterie ab. Hohe Lagertemperaturen und schlechte Qualität der Batterien begünstigen die Selbstentladung. Bei Raumtemperaturen geht man von einer Selbstentladung von 0,5-3% pro Monat aus. Damit verfügen LiIonen-Batterien über die z.Z. geringste Selbstentladung unter den bei Elektrowerkzeugen verwendeten Batteriesystemen.

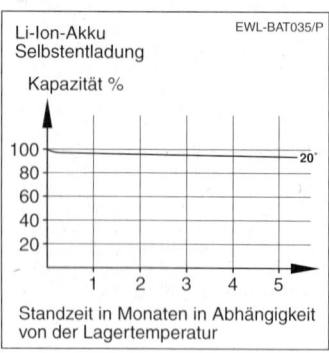

Li-Ion-Akku Selbstentladung   EWL-BAT035/P

Kapazität %

Standzeit in Monaten in Abhängigkeit von der Lagertemperatur

Temperaturverhalten

Wie bei fast allen chemischen Prozessen verläuft die chemische Reaktion bei niedrigen Temperaturen langsamer als bei hohen Temperaturen. Dies gilt wie für jedes andere Batteriesystem auch für LiIon-Batterien. Sie können also bei tiefen Temperaturen weniger hohe Entladeströme liefern als bei Raumtemperatur. Ebenso können sie bei niedrigen Temperaturen nicht mit hohen Strömen geladen werden. Die untere Grenztemperatur liegt bei ca. -10 bis -15 °C.

Kennwerte

Lithiumionen-Batterien weisen sich durch die folgenden Kennwerte aus. Es wird hierbei zwischen hochstromfähigen Batterien, wie sie im Elektrowerkzeug zum Einsatz kommen, und nicht hochstromfähigen Batterien, wie sie z.B. in Mobiltelefonen und Laptops zum Einsatz kommen, unterschieden.

Die sich in der Praxis ergebenden Werte können je nach Qualität und Bauweise der Batterie erheblich abweichen und sind typ- und herstellerspezifisch.

Umweltverträglichkeit

Lithium-Batterien enthalten neben Lithiumverbindungen auch spezielles Material hohen Wertes. Alle diese Materialien verhalten sich umweltneutral, gehen also auch bei unfachmännischer Entsorgung keine giftigen Verbindungen ein. Allerdings sind die Bestandteile so kostspielig, dass LiIon-Batterien am Ende ihrer Lebensdauer in jedem Fall recycelt werden sollten. Die Hersteller von Qualitätselektrowerkzeugen haben hierzu einen speziellen Recycling-Service eingerichtet.

Ladeverfahren für LiIon-Akkus

Akkus auf Lithiumbasis stellen während der Ladung hohe Ansprüche an die Be-

Lithium-Ionen-Akkumulatoren	Hochstromfähige Zellen	Nicht hochstromfähige Zellen
Zellspannung	3,6 Volt	3,6 Volt
Wirkungsgrad	> 99 %	> 99 %
Zyklenzahl	400...1000	200...2000
Temperaturbereich	- 10°...+ 55° C	- 5°...+ 55° C
Energiedichte [Wh/kg]	85...95	120...150
Spezifische Leistung [W/kg]	500...1000	100...300
Typische Lagerung	geladen	geladen

grenzung der Ladespannung. Zu hohe Ladespannungen können zur Zerstörung des Akkus führen. Hierin gleichen sie in gewisser Weise den Bleibatterien, bei denen eine bestimmte Ladespannung wegen der Gasung nicht überschritten werden darf. Zusätzlich ist eine strenge Temperaturüberwachung notwendig.

In der Praxis wird für LiIon-Akkus ein modifiziertes I/U-Ladeverfahren eingesetzt. Hierbei wird zunächst mit konstantem Strom (I) geladen, bis die Lade-Endspannung der Batterie erreicht ist. Diese Ladeendspannung (U) wird dann konstant gehalten. Im weiteren Zeitverlauf geht dann der Ladestrom kontinuierlich zurück. Beim Unterschreiten eines festgelegten Wertes schaltet das Ladegerät völlig ab, es findet also keine Erhaltungsladung statt. Das Ladegerät bzw. die Batterie müssen über präzise Sensoren für den Ladezustand und die Temperatur der Batterie verfügen.

LiIon-Batterien und die dazu passenden Ladegeräte bilden ein System. Sie sind nicht mit anderen Akkus und Ladegeräten kompatibel.

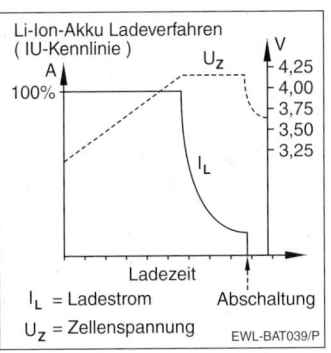

Li-Ion-Akku Ladeverfahren
(IU-Kennlinie)

I_L = Ladestrom   Abschaltung
U_z = Zellenspannung   EWL-BAT039/P

Zellentechnik bei Akkumulatoren für Elektrowerkzeuge

Die Akkuzellen sind in Elektrowerkzeugen besonderen Belastungen unterworfen. Die typischen Beanspruchungsarten sind

- hohe Entladeströme bei Motorblockade
- hohe thermische Belastung beim Laden und Entladen
- Vibrationen

Akkus für Elektrowerkzeuge müssen konstruktiv auf diese Beanspruchungen ausgelegt sein um eine hohe Betriebslebensdauer zu erreichen.

Strombelastbarkeit

In Akkuwerkzeugen verwenden Qualitätshersteller sogenannte "Hochstromzellen". Sie sind vom Elektrodenaufbau her geeignet, hohe Entladeströme zu liefern und hohe Ladeströme aufzunehmen.

Kontaktierung

Neben dem internen Zellenaufbau spielt die Kontaktierung eine entscheidende Rolle. Die Kontaktierung der elektrisch hintereinandergeschalteten Zellen untereinander erfolgt durch sogenannte Zellenverbinder. In der Regel sind dies Blechstreifen, welche durch Punktschweißung mit den Polen der Einzelzellen verbunden werden. Die Qualität der Blechstreifen (Nickel oder Nickellegierungen) sowie die Güte und Anzahl der Schweißpunkte sind die wichtigsten Qualitätskriterien.

Die Übergangskontakte zwischen Akku und Werkzeug unterliegen besonderer Beanspruchung. Sie sind Bewegungen durch Vibrationen ausgesetzt, müssen die Lade- und Entladeströme ohne nennenswerten Übergangswiderstand und damit Erwärmung ermöglichen, gleichzeitig dürfen sie den Akkuwechsel nicht beeinträchtigen. Im Gegensatz zu den internen Zellenverbindern sind sie zusätzlich einer eventuellen Verschmutzung ausgesetzt. Die Kontakte sind aus diesen Gründen meist als Mehrfachkontakte ausgelegt und mit einer besonders leitfähigen Beschichtung versehen (bei Werkzeugen sehr hoher Leistung versilbert). Die Geometrie ist derart gestaltet, dass beim Akkuwechsel eine gewisse Selbstreinigung stattfindet.

Temperaturverteilung

Akkus bestehen aus einer Anzahl von Zellen, welche in einem gemeinsamen Gehäuse untergebracht sind. Bei hohen Akkuspannungen beträgt die Zellenzahl bis zu 20 Zellen. Bei diesen Zellenzahlen werden die in der Gehäusemitte befindlichen Zellen thermisch stärker belastet als die Zellen, welche an den Wandungen des Batteriegehäuses angeordnet sind. Die Mittelzellen unterliegen also einer höheren Temperaturbelastung. Um die Temperaturverteilung anzugleichen und damit die Mittelzellen zu entlasten werden bei den Akkus der Qualitätshersteller Wärmeausgleichselemente angeordnet. Dadurch wird die Wärme auf die Außenzellen verteilt und durch diese abgeführt. Die dadurch gleichmäßigere Wärmebelastung aller Akkuzellen wirkt sich günstig auf die Lade- und Entladecharakteristik aus und verlängert die Akkulebensdauer wesentlich.

Elektrische Sicherheit bei Akkugeräten

Akkugeräte arbeiten durchweg im Bereich der Kleinspannung unterhalb 42 Volt. Die typischen Betriebsspannungen reichen von 7,2 Volt bis 36 Volt. Diese Betriebsspannungen stellen bei Berührung keine unmittelbare Gefahr dar. Dieser Umstand kann dazu führen, dass der Gefahr von Kurzschlüssen der Batteriepole nicht genügend Bedeutung beigemessen wird, wodurch es zu Unfällen kommen kann. Verschmutzte, beschädigte oder oxidierte Kontakte können durch die an ihnen entstehenden Übergangsverluste zu unzulässiger Erwärmung führen.

Kurzschlussströme von Akkumulatoren

Je nach verwendetem Akkutyp können unterschiedlich hohe Ströme auftreten, wenn durch einen Defekt oder Leichtsinn die Batteriepole kurzgeschlossen werden.

Bleibatterien

Bleibatterien haben meist eine hohe Kapazität (im Bereich der Rasenmäher- Anwendung 12...36 Ah). Die bei einem Kurzschluss auftretenden Ströme können 300...800 Ampere betragen, wodurch Leitungen und Polverbinder innerhalb von Sekunden schmelzen können. Die dabei entstehenden Lichtbögen können Sekun-

därschäden verursachen. Austretender Elektrolyt (Schwefelsäure) kann zu Verätzungen führen.

Nickel-Cadmium-Batterien
Nickel-Metallhydrid-Batterien
Lithium-Ionen-Batterien

Diese Batterien haben zwar eine vergleichsweise geringe Kapazität von 1,2...3 Ah, trotzdem können die bei einem Kurzschluss auftretenden Ströme bis zu 100 Ampere betragen, wodurch Leitungen und Polverbinder innerhalb von Sekunden schmelzen können. Die dabei entstehenden Lichtbögen können Sekundärschäden verursachen. Der Kurzschlussstrom führt innerhalb der Akkuzellen zu einer schlagartigen Überdruckbildung durch verdampfendes Elektrolyt, wodurch bei Zellen ohne Sicherheitsventil Explosionsgefahr bestehen kann.

Zusammenfassung

Die Bedeutung von Akkumulatoren als Stromversorgung für netzunabhängige Elektrowerkzeuge nimmt ständig zu. Bei der Anwendung müssen die akkuspezifischen Eigenschaften beachtet werden. Moderne Schnellladeverfahren ermöglichen eine schonende Aufladung und hohe Zyklenzahlen. In bestimmten Anwendungsbereichen dominieren akkubetriebene Elektrowerkzeuge einzelne Marktsegmente und erreichen hier mit netzbetriebenen Geräten vergleichbare Arbeitsfortschritte. Die künftige Akkuentwicklung tendiert zu umweltfreundlichen Technologien und Steigerung der Kapazität. Die neu hinzugekommenen Lithium-Ionen-Akkumulatoren ermöglichen in naher Zukunft neue Leistungsdimensionen für akkubetriebene Elektrowerkzeuge.

Internationale Fachbegriffe Akkutechnik

Fachbegriffe Akkutechnik Deutsch	Bedeutung	Technical terms battery technology English	Termes techniques pour batteries Français	Términos técnicos para acumuladores Español
Akkumulator	elektrochemischer Energiespeicher, welcher wiederholt geladen und entladen werden kann	accumulator	accumulateur	acumulador
Aktive Masse	Elektrodenmaterial, welches am elektrochemischen Prozess teilnimmt	active mass	masse active	masa activa
Ampere	Maßeinheit für den elektrischen Strom	ampere	ampere	amperio
Amperestunde, Ah	Maßeinheit für die Kapazität (Speichervermögen) eines Akkumulators	ampere-hour	ampere-heure	amperio hora
Arbeitsspannung	Spannung, welche sich beim Anschluss eines Verbrauchers an den Akku einstellt	operating voltage	tension de travail	tensión de trabajo
Ausgleichsladung	nach dem vollständigen Aufladen eines Akkus weiter fortgesetzte Ladung (mit geringem Strom), wodurch ungleichmäßige Ladezustände der Einzelzellen einer Akkubatterie ausgeglichen („symmetriert") werden	compensating charge	tension d'égalisation	carga de igualación
Batterie	Zusammenschaltung von zwei oder mehr einzelnen Zellen	battery	batterie	batería
Belastbarkeit	Maximale Stromentnahme über einen definierten Zeitraum ohne Unterschreiten der Entladeschlussspannung	load factor	capacité de charge	descarga máxima
Blei	Chemisches Element und Schwermetall, Kurzzeichen Pb	lead	plomb	plomo
Bleiakku	Akkumulator, dessen Elektrodenmaterial aus Blei und Bleiverbindungen besteht	lead acid battery	batterie au plomb	bateria de plomo-ácido
Cadmium	Chemisches Element und Schwermetall, Kurzzeichen Cd	cadmium	cadmium	cadmio
Elektrode	Teil der Akkuzelle, in welcher beim Laden und Entladen elektrochemische Reaktionen erfolgen. Eine Akkuzelle verfügt stets über zwei Typen von Elektroden: positive und negative Elektrode	electrode	electrode	electrodo

Internationale Fachbegriffe Akkutechnik

Fachbegriffe Akkutechnik Deutsch	Bedeutung	Technical terms battery technology English	Termes techniques pour batteries Français	Términos técnicos para acumuladores Español
Elektrolyt	flüssige oder pastöse Substanz in der Akkuzelle, welche den Ladungsaustausch zwischen den Elektroden ermöglicht	electrolyt	elektrolyte	electrolito
Elektronen	Elementarteilchen mit elektrisch negativer Ladung	electrons	electrons	electrones
Energie, elektrische	Arbeit, welche bei der Entladung einer Batterie unter Nennbedingungen freigegeben werden kann. Maßeinheit ist die Wattstunde (Wh)	electrical energy	energie électrique	energía eléctrica
Energiedichte	Energieinhalt eines Akkusystems im Verhältnis zum Gewicht oder zum Volumen des Akkusystems	energy density	densité de flux d'énergie	densidad energética
Entladeschluss-spannung	Untergrenze der Zellen- oder Batteriespannung, bis zu der entladen werden darf, ohne dass eine Beschädigung des Akkus erfolgt	discharge voltage, minimal	tension minimale de décharge	tensión final de descarga
Entladestrom	Strom, mit dem ein Akku entladen wird. Für jeden Akkutyp gibt es einen maximalen Entladestrom, der nicht überschritten werden darf, weil sonst irreversible Schäden im Akku auftreten	discharge current	courant de décharge	corriente de descarga
Entladung	Umwandlung von chemischer Energie in elektrische Energie. Abgabe der im Akku gespeicherten Energie an einen Verbraucher	discharge	décharge	descarga
Erhaltungsladung	über die Volladung hinaus folgende, ständige Ladung mit sehr geringem Strom, wodurch die Selbstentladung ausgeglichen wird.	trickle charge	charge d'entretien	carga de mantenimiento
Formieren	bei der Inbetriebnahme von neuen Akkus: mehrere, aufeinander folgende Entlade-Ladezyklen, durch welche die gesamte Elektrodenmasse aktiviert wird	conditioning	activer	formación

Internationale Fachbegriffe Akkutechnik

Fachbegriffe Akkutechnik Deutsch	Bedeutung	Technical terms battery technology English	Termes techniques pour batteries Français	Términos técnicos para acumuladores Español
Gasung	Entwicklung von Zersetzungsgasen (meist Sauerstoff und Wasserstoff) aus dem Elektrolyt beim Überladen von Akkus	gassing	dégagement gazeux	gaseo
Gasungsspannung	beim Laden entstehende Spannung, ab deren Erreichen die Gasung einsetzt	gas formation voltage	tension du début de dégagement gazeux	tensión de gaseo
Gel, Gelelektrolyt	Elektrolyt, der durch Zusätze (z.B. Kieselsäure bei Bleiakkus) eingedickt und pastös ist	gel battery	gel d'électrolyte	electrolito de gel
Gelbatterie	Bleibatterie mit eingedicktem Elektrolyt. Dadurch ist die Batterie kippsicher und wartungsfrei	gel battery	batterie sèche	batería de gel
Gitterplatte	Elektrodenform, bei der die aktive Masse in ein gitterförmiges Trägergerüst eingelagert ist	grid frame	plaque à grille	rejilla
Hochstromentladung	Entladung mit einem Strom, welcher höher als der einstündige Kapazitätsstrom ist. Beispiel: Ein Akku mit einer Kapazität von 1 Ah Kapazität wird mit einem Strom von mehr als 5 Ampere entladen	high current discharge	décharge de forte intensité	descarga rápida
Hochstromladung	Ladung mit einem Strom, welcher höher als der einstündige Kapazitätsstrom ist. Beispiel: Ein Akku mit einer Kapazität von 1 Ah Kapazität wird mit einem Strom von mehr als 5 Ampere geladen	high current charging	charge de forte intensité	carga rápida
Innenwiderstand	innerer Widerstand eines Akkus (in Ohm)	internal resistance	résistance interne	resistencia interna
Kapazität	verfügbarer Energieinhalt (Elektrizitätsmenge) eines Akkus. Maßeinheit ist die Amperestunde (Ah)	capacity	capacité	capacidad
Kapazitätsverlust	Verringerung der Nennkapazität eines Akkus durch Alterung und/oder Fehlbehandlung	capacity, loss off	perte de capacité	pérdida de capacidad

Internationale Fachbegriffe Akkutechnik

Fachbegriffe Akkutechnik Deutsch	Bedeutung	Technical terms battery technology English	Termes techniques pour batteries Français	Términos técnicos para acumuladores Español
Knallgas	Sauerstoff-Wasserstoffgemisch. Bei der Gasung aus Bleibatterien entstehendes, hochentzündliches und hochexplosives Gas	oxyhydrogen gas	gaz explosif, gaz oxhydrique	hidrógeno
Konstantstromladung	Laden mit konstanter Stromstärke	constant current charging	charge à courant constant	carga a corriente constante
Konstantspannungsladung	Laden mit konstanter Spannung	constant voltage charging	charge à tension constante	carga a tensión constante
Kurzschluss	niederohmige innere oder äußere Verbindung der beiden Zellen- oder Batteriepole. Kann durch Erhitzung und/oder Gasung des Elektrolyten zur Zerstörung des Akkus führen	short circuit	court-circuit	cortocircuito
Ladeschlussspannung	Spannung, nach deren Erreichen die Gasung einsetzt bzw. die Ladung beendet werden muss, damit der Akku nicht geschädigt wird	charging voltage, maximum permissible	tension maximale de charge	tensión final de carga
Memory-Effekt	Temporärer bis bleibender Kapazitätsverlust bei Nickel-Cadmium-Akkus, wenn sie wiederholt nur teilentladen und teilgeladen werden	memory effect	effet mémoire	efecto memoria
Minuspol	Negativer Pol eines Akkus	cathode	cathode, pôle négatif	cátodo
Kapazität	verfügbarer Energieinhalt (Elektrizitätsmenge) eines Akkus bei einer definierten Stromentnahme über einen bestimmten Zeitraum. Maßeinheit ist die Amperestunde (Ah)	capacity	capacité	capacidad
Nennkapazität	herstellungsseitig definierte Kapazität bei definierten Entladeströmen und definierter Entladezeit	rated capacity	capacité nominale	capacidad nominal
Nennspannung	Standardspannung einer Akkuzelle oder, bei einer Batterie, ein Vielfaches davon	rated voltage	tension nominale	tensión nominal

Internationale Fachbegriffe Akkutechnik

Fachbegriffe Akkutechnik Deutsch	Bedeutung	Technical terms battery technology English	Termes techniques pour batteries Français	Términos técnicos para acumuladores Español
Nickel-Cadmium-Akku	Akku, bei dem die aktiven Elektrodenmassen aus Nickel-Hydroxid (+Pol) und Cadmium (-Pol) bestehen. Als Elektrolyt dient flüssige oder eingedickte Kalilauge	Nickel-Cadmium battery	batterie au Nickel-Cadmium	acumulador de níquel-cadmio
Nickel-Eisen Akku	Akku, bei dem die aktiven Elektrodenmassen aus Nickel-Hydroxid (+Pol) und Eisenverbindungen (-Pol) bestehen. Als Elektrolyt dient flüssige oder eingedickte Kalilauge	Nickel-Eisen battery	batterie au Nickel-Fer	acumulador de níquel-metal
Nickel-Metallhydrid-Akku	Akku, bei dem die aktiven Elektrodenmassen aus Nickel und Nickelverbindungen bestehen, in welche Wasserstoff eingelagert ist.	Nickel-Metallhydrid battery	batterie au Nickel-Metalhydride	acumulador de níquel-metal-hidruro
Notstromakku	Akkumulator, der durch Erhaltungsladung in ständiger Bereitschaft gehalten wird, um bei Notfällen mit voller Kapazität zur Verfügung zu stehen	backup battery	batterie de secours	acumulador en flotación
Parallelschaltung	Verbinden der gleichnamigen Pole von zwei oder mehreren Akkuzellen. Durch die Parallelschaltung wird die Kapazität entsprechend der Zellenzahl vervielfacht, die Spannung bleibt gleich	parallel connected battery	montage en dérivation	conexión en paralelo
Pluspol	Positiver Pol eines Akkus	anode	anode, pôle positif	ánodo
Reihenschaltung	Verbinden der ungleichnamigen Pole von zwei oder mehreren Akkuzellen hintereinander. Durch die Reihenschaltung wird die Spannung entsprechend der Zellenzahl vervielfacht, die Kapazität bleibt gleich	series connected battery	montage en série	conexión en línea
Säuredichte	Dichte (spezifisches Gewicht) der Schwefelsäure im Bleiakku	density of acid	densité acide	densidad del ácido
Säuredichte	spezifisches Gewicht der Schwefelsäure im Bleiakku (nasser Typ). Die Säuredichte ist ein Maß für den Ladezustand: Voll = 1,2 kg/l, Entladen = 1,1 kg/l	acid density	teneur en acide	densidad del ácido

Internationale Fachbegriffe Akkutechnik

Fachbegriffe Akkutechnik Deutsch	Bedeutung	Technical terms battery technology English	Termes techniques pour batteries Français	Términos técnicos para acumuladores Español
Schnellladung	Ladung mit dem für den Akkutyp maximal höchsten Strom, ohne dass der Akku geschädigt wird	express-charge	charge rapide	carga rápida
Selbstentladung	Selbsttätiger, ständiger Ladungsverlust eines Akkus durch innere chemische Reaktionsvorgänge, ohne dass er nach außen Energie abgibt. Die Höhe der Selbstentladung ist vom Akkutyp und von der Temperatur abhängig	self-discharging	décharge naturelle	autodescarga
Serienschaltung	Verbinden der ungleichnamigen Pole von zwei oder mehreren Akkuzellen hintereinander. Durch die Reihenschaltung wird die Spannung entsprechend der Zellenzahl vervielfacht, die Kapazität bleibt gleich	series connected battery	couplage en série	conexión en serie
Sicherheitsventil	Ventil, durch welches ein im Defektfall in gasdichten Akkuzellen entstehender Überdruck entspannt wird	safety valve	soupape de sécurité	válvula de seguridad
Sinterplatte	Elektrode aus gesintertem Metallpulver, welche die aktive Masse enthält	sintered electrode	electrode frittée	electrodo sinterizado
Solarbatterie	Spezialakku zum Speichern von mit Solarzellen gewonnener Energie. Entladung mit gleichmäßigen, kleinen bis mittleren Strömen bei hoher Zyklenzahl. Sehr geringe Selbstentladung	solar battery	batterie solaire	batería solar
Starterbatterie	Spezialakku zum Starten von Verbrennungsmotoren. Starterbatterien können kurzzeitig sehr hohe Entladeströme abgeben, haben aber eine hohe Selbstentladung	automotive battery	batterie d'amorçage	batería de arranque
sulfatieren	Kapazitätsverlust durch Bleisulfatrekristallisation in Bleiakkus. Dadurch wird die aktive Masse deaktiviert. Typische Folge von längeren Tiefentladungszuständen	sulfatation	sulfatage	sulfatación

Internationale Fachbegriffe Akkutechnik

Fachbegriffe Akkutechnik Deutsch	Bedeutung	Technical terms battery technology English	Termes techniques pour batteries Français	Términos técnicos para acumuladores Español
Tiefentladung	Spannungsrückgang unter die Entladeschlussspannung durch fortdauernde Entladung	deep discharge	décharge profonde	descarga profunda
Traktionsbatterie	Spezialakku zur Entladung mit gleichmäßigen, mittleren Strömen bei hoher Zyklenzahl. Verwendung meist bei motorischen Antrieben. Geringe Selbstentladung	traction battery	batterie de traction	batería de tracción
Überladung	Fortsetzen der Ladung mit hohem Strom, nachdem der Akku voll geladen ist.	overcharging	surcharge	sobrecarga
Umpolung	Vorgang bei in Reihe geschalteten Akkuzellen bei tiefer Entladung und ungleichmäßigem Ladezustand der Einzelzellen	cell reversal	inversion polaire	inversión de polaridad
Volt	Maßeinheit für die elektrische Spannung	volt	volt	voltio
Wartungsfreie Batterie	Akku, bei welchem der Elektrolyt weder kontrolliert noch ergänzt werden muss	maintenance-free battery	batterie sans entretien	batería sin mantenimiento
Wirkungsgrad	Verhältnis der entladbaren Energiemenge zur hineingeladenen Energiemenge eines Akkus	charge efficiency	rendement effectif	rendimiento de carga
Zelle	Einzeleinheit einer Batterie	cell	cellule	celda
Zyklenfestigkeit	Verträglichkeit von ständigen Lade- und Entladevorgängen	cycle stability	stabilité aux cycles de charge/décharge	ciclaje
Zyklenzahl	Anzahl der möglichen Entlade- und Ladezyklen während der Akkulebensdauer	cyclical service life	nombre de cycles de charge/décharge	número de ciclos
Zyklus	Vorgang eines Entlade- und Ladevorgangs	cycle	cycle	ciclo

tab nnn 15

Elektrische Maschinen

Elektrische Maschinen wandeln elektrische Energie in mechanische Energie (Elektromotoren) oder mechanische Energie in elektrische Energie (Generatoren) um. Die Antriebsquelle für Elektrowerkzeuge sind Elektromotoren. Sie bestehen aus einem feststehenden Teil (Stator, Polschuh) und einem rotierenden Teil (Rotor, Anker). Im Stator und Rotor werden durch Dauermagnete und/oder eine oder mehrere elektrische Spulen (Wicklungen) zwei magnetische Felder erzeugt, welche zwischen Stator und Rotor eine Kraft und damit ein Drehmoment am Rotor bewirken. Zur Führung der magnetischen Felder bestehen Stator und Rotor (oder Teile davon) aus Eisen. Bei zeitveränderlichen magnetischen Flüssen (Wechselspannung) muss dieses Eisen aus voneinander isolierten Blechen aufgebaut sein. Die räumliche Anordnung der Spulen, ihre elektrische Verschaltung und die Wahl des Stromsystems (Gleich-, Wechsel-, Drehstrom) führen zu verschiedenen Bauarten von Elektromotoren. Sie unterscheiden sich in ihrem Betriebsverhalten teilweise erheblich und haben deshalb unterschiedliche Anwendungsbereiche.

Drehstrommotoren

Aufbau

Der Stator des Drehstrommotors besteht im einfachsten Fall aus drei Wicklungen, meistens jedoch ein Vielfaches davon, welche symmetrisch am Umfang angeordnet sind. Die drei Phasen des Drehstromes erzeugen ein sich drehendes Magnetfeld (Drehfeld), dessen Umdrehungszahl sich aus der Frequenz des Drehstromes und der Zahl der Polpaare ergibt.

Die Drehzahl kann nicht durch die Höhe der angelegten Spannung verändert werden, sondern nur durch Verändern der Polpaarzahl und/oder der Frequenz des Drehstromes.

Für den Rotor sind grundsätzlich mehrere Varianten möglich: Der sogenannte „Kurzschlussläufer" („Schleifringläufer"), „Käfigläufer" oder das sogenannte Polrad. Die Eigenschaften des Drehstrommotors werden durch diese Rotor-(„Läufer"-)Arten entscheidend bestimmt. Davon abgeleitet werden die Drehstrommotoren in die Typen
– Asynchronmotor
– Synchronmotor
unterschieden.

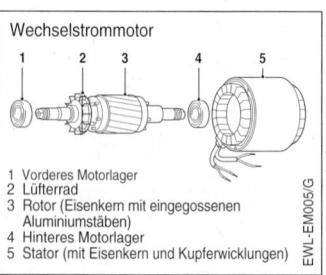

Wechselstrommotor

1 Vorderes Motorlager
2 Lüfterrad
3 Rotor (Eisenkern mit eingegossenen Aluminiumstäben)
4 Hinteres Motorlager
5 Stator (mit Eisenkern und Kupferwicklungen)

EWL-EM005/G

Asynchronmotor

In seiner einfachsten Form besteht der Asynchronmotor neben dem Stator mit seinen Wicklungen aus einem Rotor, welcher aus einem geblechten Eisenkern besteht, in dessen Nuten Stäbe aus Aluminium oder Kupfer eingegossen oder eingepresst sind. Diese Stäbe sind an den beiden Stirnseiten des Rotors durch Ringe aus demselben Material verbunden und damit elektrisch kurzgeschlossen. Betrachtet man diese Stäbe ohne den Eisenkern, so gleichen sie in etwa einem Käfig, weshalb diese Art von Rotor auch als „Käfigläufer" bezeichnet wird.

Besteht dagegen der Rotor aus einem geblechten Eisenkern, in dessen Nuten Wicklungen eingebracht sind, dann spricht man von sogenannten „Kurzschlussläufern" oder „Schleifringläufern", weil die Wicklungen über Kohlebürsten an den Schleifringen entweder direkt oder über elektrische Widerstände kurzgeschlossen werden.

Weicht die Rotordrehzahl von der Drehzahl des Drehfeldes ab, so werden in den kurzgeschlossenen Wicklungen oder Stäben Spannungen induziert. Diese haben Ströme zur Folge, welche ein Drehmoment am Rotor erzeugen.

Die Abweichung der Rotordrehzahl von der Drehfelddrehzahl gibt dem Motor den Namen: Die Drehzahlen verhalten sich asynchron. Die Abweichung wird als Schlupf bezeichnet. Je höher der Schlupf, umso höher die Verluste im Motor und damit die Wärmeentwicklung. Im praktischen Betrieb muss der Asynchronmotor so bemessen sein, dass der Schlupf bei Nennlast weniger als 5% beträgt.

Da der Schlupf beim Anlauf aus dem Stillstand am höchsten ist, entstehen beim Anlauf sehr hohe Verlustleistungen und damit sehr hohe Anlaufströme, welche das Stromnetz und auch die Motorwicklungen extrem belasten. Bei größeren Asynchronmotoren, welche für eine Betriebsspannung von 400 Volt ausgelegt sind, wendet man deshalb die sogenannte Stern-Dreieck-Umschaltung an.

der Motor seine Nenndrehzahl erreicht, werden die Wicklungen auf Dreieck geschaltet. Jetzt liegt an ihnen 400 Volt und der Motor kann bei Belastung sein volles Drehmoment abgeben.

Die Drehrichtung des Asynchronmotors wird durch Vertauschen zweier Phasen geändert.

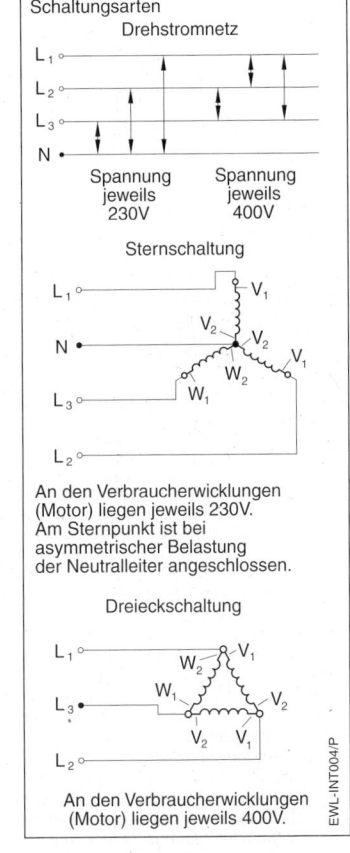

Drehstrom Schaltungsarten
Drehstromnetz

L₁
L₂
L₃
N

Spannung jeweils 230V   Spannung jeweils 400V

Sternschaltung

An den Verbraucherwicklungen (Motor) liegen jeweils 230V. Am Sternpunkt ist bei asymmetrischer Belastung der Neutralleiter angeschlossen.

Dreieckschaltung

An den Verbraucherwicklungen (Motor) liegen jeweils 400V.

EWL-INT004/P

Drehrichtungswechsel beim
3-Phasen Wechselstrommotor

Umpolen der Erregerwicklung

L₁
L₂
L₃

L₁
L₂
L₃

⟳ Rotor (Anker)

⟲ Elektromagnet (Polschuh)

EWL-EM006/G

Der Anlauf erfolgt in der Sternschaltung. Hierbei liegen (beim 230/400 Volt-System) an den Wicklungen 230 Volt. Der Strom ist dementsprechend geringer. Hat

Der Asynchronmotor ist vom Aufbau her einer der einfachsten Elektromotoren. Er ist nahezu wartungs- und verschleißfrei, kostengünstig und hat speziell im Stationärbetrieb hervorragende Eigenschaften. Er zählt zu den am häufigsten eingesetzten Elektromotoren in der Antriebstechnik.

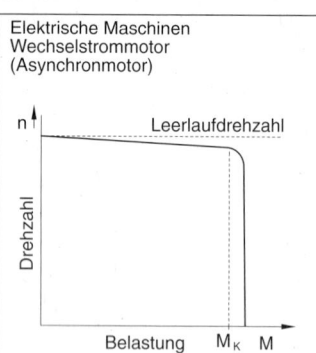

Elektrische Maschinen
Wechselstrommotor
(Asynchronmotor)

Die Drehzahl ändert sich nur sehr wenig mit zunehmender Belastung. Beim Erreichen des so genannten „Kippmoments" Mk bleibt der Motor stehen.

EWL-EM004/P

Asynchronmotoren für Hochfrequenz-Elektrowerkzeuge
Die Bezeichnung Hochfrequenz-Elektrowerkzeuge wurde in den zwanziger Jahren bei der Markteinführung dieser Geräte geprägt. Im Grunde genommen bezieht sich dieser Ausdruck auf Asynchronmotoren, welche statt mit Drehstrom der Netzfrequenz 50 Hz mit Drehstrom erhöhter Frequenz von 200 bzw. 300 Hz betrieben werden. Durch die Erhöhung der Frequenz kann die Drehzahl gesteigert werden, die Motoren der „Hochfrequenz-Werkzeuge" werden dadurch bei gleicher Leistung bedeutend kleiner und damit für handgeführte Elektrowerkzeuge geeignet.

Rein physikalisch betrachtet besteht also zwischen diesen Werkzeugen und der elektrischen Hochfrequenz-Technik die sich beispielsweise mit Nachrichten- und Rundfunktechnik beschäftigt, keinerlei Beziehung. Hochfrequenz-Elektrowerkzeuge sind aber unter diesem Namen zu einem Begriff geworden.

Synchronmotor
Der Stator des Synchronmotors entspricht dem des Asynchronmotors. Im Rotor, welcher beim Synchronmotor Polrad genannt wird, werden die Pole mit Gleichstromspulen oder Dauermagneten magnetisiert. Der dazu notwendige Gleichstrom wird dem Polrad über Schleifringe und Kohlebürsten zugeführt. Der Eisenkern des Polrades braucht nicht aus voneinander isolierten, geschichteten Blechen bestehen, da die Erregung mit Gleichstrom erfolgt. Er kann also aus Massivmaterial bestehen, während der Stator, durch dessen Spulen Wechselstrom fließt, aus Blechen bestehen muss. Wenn sich das Polrad mit derselben Drehzahl (synchron) wie das Drehfeld bewegt, entsteht ein vom Polradwinkel abhängiges Drehmoment. Beim Abweichen von der Synchronität (Drehzahl von Drehfeld im Stator und Drehzahl des Rotors) ergeben sich unzulässig hohe Ströme. Der Synchronmotor könnte deshalb nicht von selbst anlaufen. Durch konstruktive Hilfsmaßnahmen, einer Art „Hilfskäfig" (Asynchronmotor), kann jedoch ein Selbstanlauf erreicht werden. Die Drehzahländerung kann beim Synchronmotor genauso wie beim Asynchronmotor nur durch die Polpaarzahl und/oder die Netzfrequenz, nicht aber durch die Spannung beeinflusst werden. Drehrichtungsumkehr erfolgt wie beim Asynchronmotor durch Vertauschen zweier Phasen.

Synchronmotoren werden überall dort verwendet, wo man Antriebe mit belastungsunabhängiger, konstanter Drehzahl benötigt.

Einphasen-Wechselstrommotoren

Unter Einphasen-Wechselstrommotoren versteht man Motoren, welche im Gegensatz zu Drehstrommotoren am Einphasen-Wechselstromnetz (Lichtnetz) betrieben werden. Einphasen-Wechselstrommotoren benötigen zum Betrieb einen Kondensator, welcher eine Phasenverschiebung in einer Wicklung bewirkt, wodurch ein Drehfeld erzeugt wird. Man nennt sie deshalb auch Kondensator-Motoren. Mögliche Motorentypen sind der Einphasen-Asynchronmotor mit Käfigläufer sowie Spaltpolmotoren. Letztere werden für Antriebe kleiner und kleinster Leistungen verwendet.

Elektronisch kommutierte Drehstrommotoren (EC-Motoren)

Synchronmotoren können nur mit Drehstrom, nicht aber mit Gleichstrom betrieben werden, da Gleichstrom kein Drehfeld in den Statorwicklungen erzeugt.

Will man Drehstrommotoren dennoch mit Gleichstrom betreiben, so muss man diesen durch Wechselrichter in Drehstrom umformen. Durch moderne Halbleiter- und Regeltechnik kann man dies heute in fast allen Leistungsbereichen realisieren.

Wichtigste Bestandteile des „elektronisch kommutierten Gleichstrommotors" (EC-Motor) sind ein durch Dauermagnet (Permanentmagnet) erregtes Polrad, ein Sensor, welcher die Stellung des Polrades innerhalb des Stators erfasst und die Steuer- und Leistungselektronik mit der Drehzahl- und Positionsinformation versorgt.

Durch das polradpositionsabhängige Weiterschalten der Ströme in den Statorwicklungen wird ein drehstromähnliches Drehfeld erzeugt, dessen Drehzahl (Frequenz) durch die Steuerelektronik bzw. durch die Höhe der am Wechselrichter gelegten Spannung in einem weiten Bereich einstell- und regelbar ist. Zusätzlich kann die Motorcharakteristik durch die Änderung des Kommutierungswinkels beeinflusst werden.

EC-Motoren haben, wenn man vom Aufwand für Regel- und Leistungselektronik absieht, folgende Vorteile: Hohe Einsatzflexibilität, geringes Leistungsgewicht, weiter Drehzahlstellbereich, generatorisches Bremsen. Sie sind geräuscharm und bis auf die Polradlagerung verschleißfrei.

Ihr Einsatzgebiet reicht von Anwendungen in der Elektronik über den Werkzeugmaschineneinsatz bis hin zu Antrieben von Unterseebooten.

Lebensdauer von Wechselstrommotoren

Abgesehen von Schleifringmotoren gibt es bei Wechselstrommotoren keine Verschleißteile. Die Lebensdauer ist nur durch die Rotorlager, welche auswechselbar sind, begrenzt. Bei Schleifringmotoren findet ein stetiger Stromübergang statt, welcher nur einen sehr geringen Verschleiß zur Folge hat. Auch in diesem Fall ist die Lebensdauer höher als bei vergleichbaren Kollektormotoren.

Gleichstrommotoren

Gleichstrommotoren unterscheiden sich in Universalmotoren, welche sowohl an Gleichspannung als auch an Wechselspannung betrieben werden können (Reihenschlussmotoren) und reine Gleichstrommotoren, deren Betrieb ausschließlich an Gleichspannung möglich ist. Hierzu zählen Nebenschlussmotoren und Kollektormotoren mit Dauermagnet

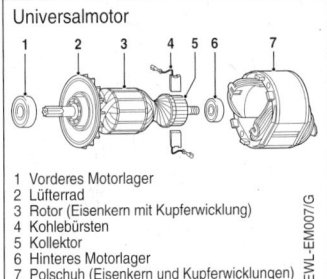

Universalmotor

1 Vorderes Motorlager
2 Lüfterrad
3 Rotor (Eisenkern mit Kupferwicklung)
4 Kohlebürsten
5 Kollektor
6 Hinteres Motorlager
7 Polschuh (Eisenkern und Kupferwicklungen)

EWL-EM007/G

Aufbau

Der Stator eines elektrisch erregten Gleichstrommotors enthält mindestens zwei (oder ein Vielfaches davon) Pole, welche durch Gleichstrom-Erregerwicklungen magnetisiert werden. Im Rotor, hier Anker genannt, sind die Wicklungen in den Nuten eines geblechten Eisenpaketes untergebracht und an einen Kommutator (Kollektor) angeschlossen. Im Statorgehäuse isoliert fixierte Kohlebürsten schleifen auf dem Kommutator und übertragen den Gleichstrom in die Ankerwicklungen. Durch die Drehbewegung des Ankers, und damit des Kommutators, wechselt die Stromrichtung in den Spulen. Je nach Verschaltung der Ankerwicklung und der Polschuhwicklung (Erregerwicklung) ergibt sich ein unterschiedliches Betriebsverhalten.

Eigenschaften

Das Betriebsverhalten von elektrisch erregten Gleichstrommotoren werden durch die Schaltung der Rotorwicklung zur Statorwicklung bestimmt. Elektrisch gesehen sind dies die Reihenschaltung (Reihenschlussmotor) und die Parallelschaltung (Nebenschlussmotor). Im Großmotorenbau sind auch Kombinationen dieser Schaltungsarten üblich.

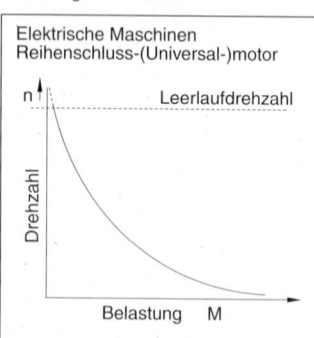

Elektrische Maschinen
Reihenschluss-(Universal-)motor

n — Leerlaufdrehzahl

Drehzahl

Belastung M

Die Drehzahl des Reihenschlussmotors ist sehr stark lastabhängig. Das Drehmoment nimmt mit steigender Belastung zu.

Schaltung:
Erregerwicklung in Reihe zum Anker.

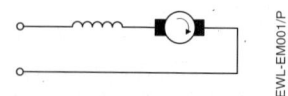

EWL-EM001/P

Reihenschlussmotor (Universalmotor)

Werden Rotorwicklung und Statorwicklung elektrisch in Reihe geschaltet, so bezeichnet man den Motor als Reihenschlussmotor. In dieser Schaltungsart hat der Motor ein sehr hohes Anlaufdrehmoment, welches mit steigender Drehzahl geringer wird. In der Praxis bedeutet dies, dass der Motor eine hohe Leerlaufdrehzahl hat. Die Drehzahl wird jedoch mit steigender Belastung niedriger, während das Drehmoment gleichzeitig ansteigt. Hieraus ergibt sich für jeden Belastungszustand eine dazu passende Drehzahl. In der Praxis werden diese Motoren so ausgelegt, dass sie bei ihrer Nennbelastung (Dauerbelastung) etwa 60% ihrer Leerlaufdrehzahl erreichen. Beim Abbremsen bis zum Stillstand erreicht der Motor sein höchstes Drehmoment. Dieses hohe Drehmoment aus dem Stillstand ist günstig für das Anlaufverhalten einer Maschine unter Last, führt aber wegen der hohen Ströme bei längerem Blockieren des Motors zur Überlastung und zum Durchbrennen. Andrerseits ist der Reihenschlussmotor vom Prinzip her instabil. Ohne Belastung steigert er seine Drehzahl so lange, bis der Rotor sich durch die Fliehkräfte zerlegt. Deshalb müssen Reihenschlussmotoren stets belastet werden, damit sie nicht „durchgehen". Bei kleinen Motoren, z. B. in Elektrowerkzeugen, reicht hierzu die Getriebereibung und die Leistungsaufnahme des fest auf der Rotorwelle montierten Lüfters aus. Bei Großmotoren macht man dies durch starre Kopplung an die Last.

Die Drehzahl des Reihenschluss- oder Universalmotors kann prinzipiell über die an ihn gelegte Spannung beeinflusst werden. Niedrige Spannung bedeutet niedrige Drehzahl und niedriges Drehmoment. Hohe Spannung bedeutet hohe Drehzahl mit lastabhängigem Drehmoment. Durch weiteres Erhöhen der Spannung über die Nennspannung hinaus kann die Drehzahl bis zur Zerstörung des Rotors durch die Fliehkräfte gesteigert werden.

Drehrichtungsänderung:

Die Drehrichtung kann durch zwei Maßnahmen umgekehrt werden:

1. Durch elektrisches Umpolen entweder des Rotors oder des Stators.
2. Durch Ändern der Kohlebürstenstel-

lung zur Magnetfeldachse (Verdrehen der Kohlebürsten).

schlussmotor nicht an Wechselspannung betrieben werden.

Drehrichtungswechsel beim Universalmotor

Umpolen der Erregerwicklung

Ändern der Kohlebürstenstellung

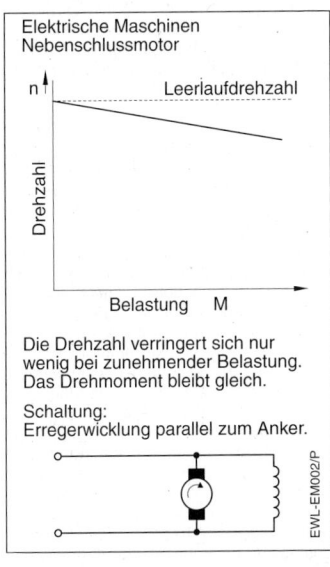

◯ Rotor (Anker)

⊶○○○○○⊷ Elektromagnet (Polschuh)

EWL–EM008/G

Nebenschlussmotor

Werden Rotorwicklung und Statorwicklung elektrisch parallel geschaltet, so bezeichnet man den Motor als Nebenschlussmotor. In dieser Schaltungsart hat der Motor ein stabiles Drehzahl-/Drehmomentverhalten. Dies bedeutet in der Praxis, dass sich unter Belastung die Drehzahl nur unwesentlich ändert. Im Gegensatz zum Reihenschlussmotor kann der Nebenschlussmotor im Normalbetrieb bei Wegnahme der Last nicht „durchgehen". Er hat somit ein stabiles Verhalten. Er wird daher bei Antrieben eingesetzt, wo es auf Drehzahlkonstanz ankommt, wenn die Belastung wegfällt. Im Gegensatz zum Reihenschlussmotor kann der Neben-

Elektrische Maschinen
Nebenschlussmotor

Die Drehzahl verringert sich nur wenig bei zunehmender Belastung. Das Drehmoment bleibt gleich.

Schaltung:
Erregerwicklung parallel zum Anker.

EWL–EM002/P

Die Drehzahl des Nebenschlussmotors kann prinzipiell über die an ihn gelegte Spannung beeinflusst werden. Niedrige Spannung bedeutet niedrige Drehzahl und niedriges Drehmoment. Hohe Spannung bedeutet hohe Drehzahl mit höherem Drehmoment.

Im Gegensatz zum Reihenschlussmotor lässt sich die Drehzahl des Nebenschlussmotors auch ohne Erhöhung der Nennspannung steigern, indem man die an die Statorwicklung gelegte Spannung individuell verringert, die Spannung an der Rotorwicklung aber beibehält. Durch die Schwächung des Magnetfeldes in der Statorwicklung ergibt sich ein höherer Stromfluss durch die Rotorwicklung, welche zu höherer Drehzahl führt (Feldschwächmethode). Wird die Spannung an der Statorwicklung unter einen kritischen Wert vermindert oder die Erregerwicklung versehentlich unterbrochen, dann kann auch der Nebenschlussmotor außer Kontrolle geraten und „durchgehen".

Drehrichtungsänderung: Die Drehrichtung kann durch zwei Maßnahmen umgekehrt werden:
1. Durch elektrisches Umpolen entweder des Rotors oder des Stators.
2. Durch Ändern der Kohlebürstenstellung zur Magnetfeldachse.

Gleichstrommotoren mit Dauermagnet (Permanentmagnetmotoren)

Aufbau: Der Aufbau dieser Motoren entspricht grundsätzlich dem klassischen Gleichstrommotor mit dem Unterschied, dass der Stator mit seinen Erregerwicklungen durch einen oder mehrere Dauermagnete ersetzt wird. Er kann deshalb nur an Gleichspannung, nicht aber an Wechselspannung betrieben werden.

Elektrisch/magnetisch gesehen handelt es sich beim Gleichstrommotor mit Dauermagnet um einen Nebenschlussmotor. Das Drehzahl-/Drehmomentverhalten ist auch hier weitgehend lastunabhängig.

Die Drehzahlbeeinflussung kann alleine über die angelegte Spannung erfolgen. Weil das Magnetfeld des Dauermagneten im Betrieb nicht beeinflusst werden kann, ist es nicht möglich, die „Feldschwächmethode" des Nebenschlussmotors mit elektromagnetischer Erregung anzuwenden.

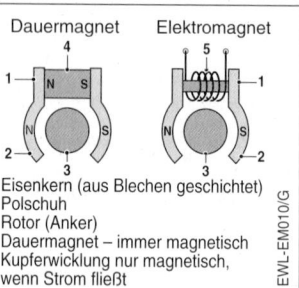

1 Eisenkern (aus Blechen geschichtet)
2 Polschuh
3 Rotor (Anker)
4 Dauermagnet – immer magnetisch
5 Kupferwicklung nur magnetisch, wenn Strom fließt

EWL-EM010/G

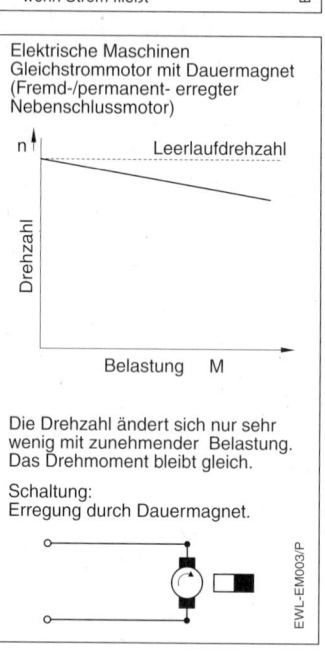

Elektrische Maschinen
Gleichstrommotor mit Dauermagnet (Fremd-/permanent- erregter Nebenschlussmotor)

Die Drehzahl ändert sich nur sehr wenig mit zunehmender Belastung. Das Drehmoment bleibt gleich.

Schaltung:
Erregung durch Dauermagnet.

EWL-EM003/P

Gleichstrommotor

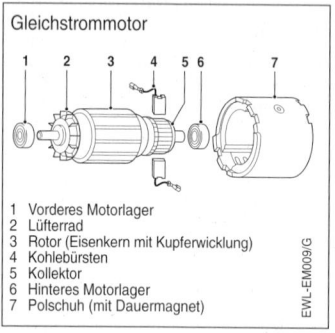

1 Vorderes Motorlager
2 Lüfterrad
3 Rotor (Eisenkern mit Kupferwicklung)
4 Kohlebürsten
5 Kollektor
6 Hinteres Motorlager
7 Polschuh (mit Dauermagnet)

EWL-EM009/G

Drehrichtungsänderung: Die Drehrichtungsumkehr des Gleichstrommotors erfolgt einfach durch Umpolen der an ihn gelegten Spannung.

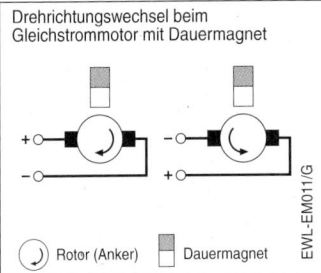

Drehrichtungswechsel beim
Gleichstrommotor mit Dauermagnet

EWL-EM011/G

○ Rotor (Anker) ▢ Dauermagnet

Dauermagnete

Dauermagnete behalten ihren Magnetismus dauernd bei. Sie werden entweder während der Herstellung oder nach der Montage durch elektrischen Strom magnetisiert. Im Gegensatz dazu weisen Elektromagnete nur dann ein magnetisches Feld auf, wenn sie von elektrischem Strom durchflossen werden.

Die Eigenschaften und Einsatzmöglichkeiten von Dauermagneten werden bestimmt durch:
– Magnetmaterial
– Formgebung
– Magnetisierung
Diese Faktoren stehen in engem Zusammenhang miteinander.

Magnetmaterial

Magnete können aus unterschiedlichen Werkstoffen bestehen, die wichtigsten Magnetmaterialien sind:
– Stahl
– Metall-Legierungen
– Oxidkeramiken
– Seltene-Erden-Magnetwerkstoffe
Das Magnetmaterial ist der wichtigste Einflussfaktor. Die wichtigsten Kenngrößen sind die Remanenzinduktion (Magnetfeldstärke) und die Koerzitivfeldstärke (Ummagnetisierungsfeldstärke). Letztere entscheidet über die Überlastungsempfindlichkeit.

Stahl: Der in der Frühzeit der Elektrotechnik verwendete gehärtete, magnetisierte Stahl ermöglicht nur sehr schwache Magnetfelder. Er wird nicht mehr verwendet und gehört der Vergangenheit an.

Metall-Legierungen: Legierte metallische Magnetwerkstoffe bestehen hauptsächlich aus den Metallen Aluminium, Nickel und Cobalt (Alnico).

Alnico zeichnet sich durch eine hohe Remanenzinduktion, jedoch sehr geringe Koerzitivfeldstärke aus. Alnico-Magnete vertragen eine sehr hohe Einsatztemperatur bis ca. 450 °C.

Oxidkeramik: Magnete aus Oxidkeramik werden auch als Hartferrite oder Ferritmagnete bezeichnet. Ihre Bestandteile sind Eisenoxid, Strontium- oder Bariumoxid. Ferritmagnete sind kostengünstig, ermöglichen aber nur eine geringe Remanenzinduktion und haben eine geringe Koerzitivfeldstärke. Sie sind dadurch anfällig gegen Überlastung. Die maximale Anwendungstemperatur beträgt bis ca. 200 °C, bei tiefen Temperaturen besteht die Gefahr der Entmagnetisierung.

Seltene-Erden-Magnetwerkstoffe: Diese Magnetwerkstoffe bestehen aus Neodym-Eisen-Bor- oder Samarium-Cobalt-Legierungen. Die Seltene-Erden-Neodym und insbesondere Samarium sind sehr kostenintensiv. Seltene-Erden-Magnetwerkstoffe sind auf Grund ihrer Zusammensetzung sehr reaktionsfreudig und müssen deshalb gegen Korrosion geschützt werden.

Samarium-Cobalt-Legierungen haben eine hohe Remanenzinduktion und eine hohe Koerzitivfeldstärke. Je nach Zusammensetzung können diese Magnetwerkstoffe bis ca. 350 °C eingesetzt werden, auch bei tiefen Temperaturen tritt keine Entmagnetisierung ein.

Neodym-Eisen-Bor-Legierungen haben gegenüber Samarium-Cobalt-Legierungen eine höhere Remanenzinduktion und eine höhere Koerzitivfeldstärke bei etwas geringeren Kosten. Je nach Zusammensetzung können diese Magnetwerkstoffe bis ca. 220 °C eingesetzt werden.

Formgebung

Magnetwerkstoffe können durch Sintern geformt werden. Der Pressvorgang erlaubt jedoch nur eine relativ einfache Formgebung, durch den Sinterprozess ist die Maßhaltigkeit meist nicht sehr präzise.

Gesinterte Magnetwerkstoffe sind in der Regel sehr hart und spröde, weshalb die Formgebung nach dem Sintern nur durch Schleifen oder Erodieren erfolgen kann.

Kunststoffgebundene Magnete bestehen aus pulverförmigem Magnetmaterial, welches mit geeigneten Kunststoffen gemischt und in Formen gespritzt oder gepresst wird. Durch das Spritzgussverfahren lassen sich auch komplexe Formen maßhaltig realisieren. Pressen erlaubt nur eine einfache Formgebung, ermöglicht aber hohe Anteile an magnetisch aktivem Material.

Magnetisierung

Die zur Magnetisierung von Dauermagnetwerkstoffen erforderlichen Magnetfelder werden durch elektrische Ströme erzeugt. In vielen Fällen genügt hierzu ein kurzer, starker Stromstoß (Impulsmagnetisierung). Die Magnetisierung kann am fertig geformten Magnet, aber auch innerhalb der Werkzeugform erfolgen. Durch die Magnetisierung innerhalb der Werkzeugform können die magnetischen Eigenschaften beeinflusst werden.

Kollektorlose Gleichstrommotoren

Diese Motoren werden so bezeichnet, weil man sie an Gleichspannung betreiben kann. Technisch gesehen handelt es sich um Drehstrommotoren mit elektronischer Kommutierung, sogenannte EC-Motoren (siehe Drehstrommotoren).

Lebensdauer von Gleichstrommotoren

Alle Motoren mit Kollektor haben eine konstruktiv bedingte Lebensdauer, welche durch den Verschleiß der Kollektorlamellen, durch die Kohlebürstenreibung und die Funkenentwicklung der Kommutierung bestimmt wird. Aus diesem Grunde ist es bei Großmotoren üblich, dass der Kollektor ausgewechselt werden kann. Bei den kleinen, in Elektrowerkzeugen üblichen Motoren ist dies konstruktiv nicht möglich. Die

Kollektoren dieser Motoren sind in ihrer Lebensdauer meist so ausgelegt wie die Gesamtlebensdauer des Gerätes.

Belastbarkeit von Elektromotoren

Die Belastbarkeit eines Elektromotors ist durch die in ihm entstehende Verlustwärme und, bei Motoren mit Dauermagnet, durch deren Wärmebeständigkeit begrenzt.

Die Verlustwärme ist durch den Wirkungsgrad physikalisch bedingt und kann nicht gänzlich verhindert werden. Dies bedeutet, dass ein Motor, dessen Verlustwärme nicht abgeführt wird, sich so lange erhitzt, bis die Wicklungsisolation schmilzt und der Motor durch den dann entstehenden Wicklungskurzschluss „durchbrennt". Diese Verlustwärme muss also aus dem Motor entfernt werden. Je besser die Verlustwärme abgeführt wird, umso weniger oder langsamer erhitzt sich der Motor und umso weniger oder später wird er zum „Durchbrennen" neigen.

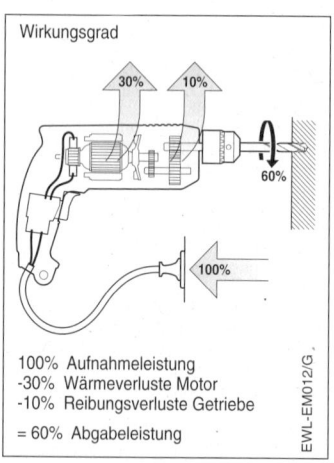

Wirkungsgrad

100% Aufnahmeleistung
-30% Wärmeverluste Motor
-10% Reibungsverluste Getriebe
= 60% Abgabeleistung

EWL-EM012/G.

Zur Wärmeabfuhr oder, praxisgerechter ausgedrückt, zur Kühlung dienen in erster

Linie zwei Verfahren:
- Wärmeabstrahlung (Konvektion)
- Zwangskühlung mittels Lüfter

Wärmeabstrahlung
Die Funktion entspricht einem Heizkörper: Der Motor strahlt die Wärme an die ihn umgebenden Bauteile und an die Luft ab. Der Effekt ist sehr gering, da der Motor meist sehr kompakt in das Maschinengehäuse eingebaut ist und die Kühlluftöffnungen aus Sicherheitsgründen (Berührung spannungsführender oder rotierender Bauteile) nicht beliebig groß sein dürfen. Durch Abstrahlung wird also nur ein sehr geringer Kühleffekt erreicht.

Zwangskühlung mittels Lüfter
Eine wesentlich bessere Kühlung wird durch einen Lüfter erreicht. Der Kühlluftstrom kann durch die Gestaltung der Luftkanäle so optimiert werden, dass bei geringer Lüfterleistung eine bessere Wärmeabfuhr stattfinden kann. Bei Elektrowerkzeugen befindet sich das Lüfterrad aus konstruktiven Gründen stets auf der Rotorachse und rotiert deshalb mit derselben Drehzahl wie der Motor. Die Lüfterleistung ist so bemessen, daß die vom Motor bei Nennlast (= 100% Dauerleistung) erzeugte Verlustwärme soweit abgeführt wird, dass sich der Motor auch im Dauerbetrieb nicht über ein zulässiges Maß hinaus erwärmt. Wird der Motor mehr oder weniger über seine Nennleistung hinaus belastet, dann kann die zusätzlich entstehende Verlustwärme nicht mehr vollständig abgeführt werden, der Motor wird sich also früher oder später bis zum Durchbrennen erhitzen, wenn die Belastung nicht zurückgenommen wird.

Nachteilig für die Motorkühlung mit der Motordrehzahl ist, dass mit steigender Belastung die Drehzahl zurückgeht. Damit hat man einen gegenläufigen Effekt: Je stärker sich der Motor erhitzt, umso schlechter wird er gekühlt, weil die Lüfterleistung mit sinkender Drehzahl drastisch zurückgeht. Die Lüfterleistung steht im Quadrat zur Drehzahl. In der Praxis bedeutet dies, dass die Lüfterleistung bei halber Drehzahl nicht 50 % beträgt, sondern nur noch 25 %! Bleibt die Überbelastung bestehen, dann wird der Motor nach entsprechender Zeit durchbrennen.

Ein größerer Motor kann mehr Wärme „zwischenspeichern", kann also zeitlich länger überlastet werden als ein kleiner Motor. Er braucht dann aber auch länger, um sich wieder abzukühlen. Bei kleinen Motorgrößen ist die Oberfläche im Verhältnis zum Motorvolumen größer, die Abkühlung erfolgt also schneller.

Nach der Überlastung muss der Motor dann für einige Zeit Gelegenheit haben, mit wenigar als der Nennlast, am besten im Leerlauf und mit hoher Drehzahl zu laufen, damit er sich wieder abkühlen kann.

Wenn der Motor durch eine geeignete Elektronik so geregelt wird, dass er auch bei höherer Belastung seine Drehzahl beibehält, erreicht man durch die gleichbleibende Kühlleistung einen langsameren Temperaturanstieg und damit eine höherer Belastbarkeit.

Lüfterformen
Als Lüfter für die in Elektrowerkzeugen verwendeten Motoren werden
- Axiallüfter
- Radiallüfter
verwendet. Ihre Auswahl richtet sich nach den räumlichen Voraussetzungen am Einbauort. Wegen der geringen Baugrößen und der notwendigen hohen Lüfterleistung sind hohe Drehzahlen nötig. Die Lüfter sind deshalb direkt auf der Ankerwelle des Motors angeordnet.

Axiallüfter
Axiallüfter gleichen einer Luftschraube mit hoher Flügelzahl. Vorzugsweise werden sie dort angewendet, wo der Luftstrom weiter in axialer Richtung durch das Maschinengehäuse oder den Motor gefördert werden muss. Typische Anordnung ist im Ansaugbereich der Frischluft. Sie sind konstruktiv einfach herzustellen, haben aber bei sehr hohen Drehzahlen durch Strömungsablösungen einen verminderten Wirkungsgrad. Leithülsen um den Axiallüfter vermindern Strömungsverluste. Sie können entweder fest im Maschinengehäuse angeordnet sein oder stellen als Ringmantel ein Teil des Axiallüfters dar. Der Geräuschpegel von Axiallüftern ist relativ gering.

Radiallüfter

Radiallüfter, auch Schleudergebläse genannt, fördern die Luftströmung radial zu ihrer Antriebsachse. Sie sind deshalb für solche Anwendungen geeignet, wo die geförderte Luft am Umfang des Lüfterrades durch Öffnungen im Maschinengehäuse direkt entweichen kann. Typische Anordnung ist im Ausströmbereich der Kühlluft. Um gute Wirkungsgrade zu erreichen bedarf es einer komplexer Lüftergeometrie, die auch gezielt zur Geräuschverminderung der prinzipiell lauteren Radiallüfter eingesetzt wird. Zur Optimierung der Anströmrichtung der Kühlluft können Leithülsen nötig sein. Sie sind entweder im Maschinengehäuse oder auf dem Lüfterrad selbst angeordnet. Hierdurch lassen sich auch Verbesserungen des Wirkungsgrades erreichen.

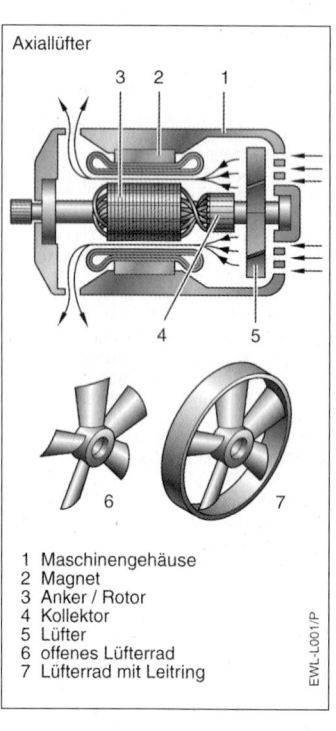

Axiallüfter

1 Maschinengehäuse
2 Magnet
3 Anker / Rotor
4 Kollektor
5 Lüfter
6 offenes Lüfterrad
7 Lüfterrad mit Leitring

EWL-L001/P

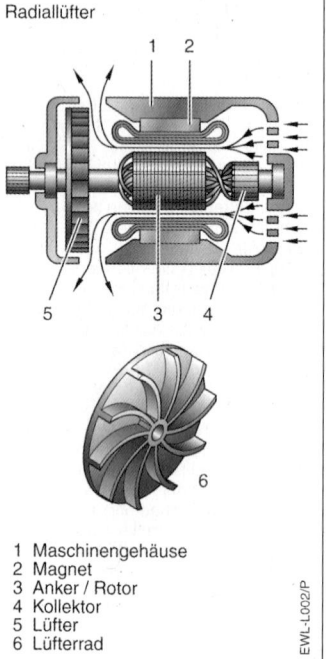

Radiallüfter

1 Maschinengehäuse
2 Magnet
3 Anker / Rotor
4 Kollektor
5 Lüfter
6 Lüfterrad

EWL-L002/P

Radiallüfterarten

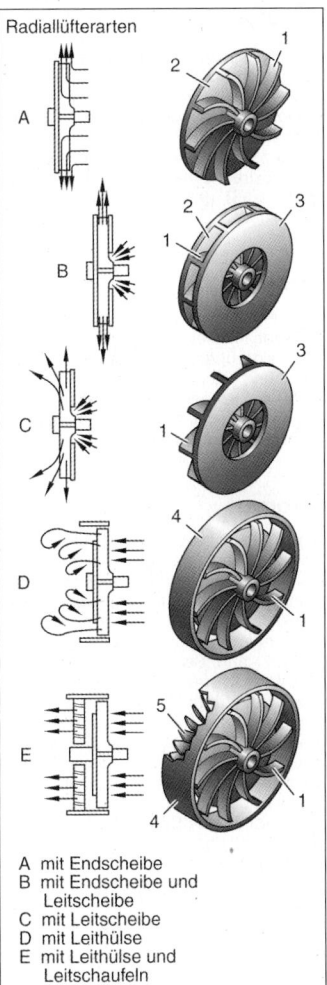

A mit Endscheibe
B mit Endscheibe und
   Leitscheibe
C mit Leitscheibe
D mit Leithülse
E mit Leithülse und
   Leitschaufeln

1 Lüfterflügel
2 Endscheibe
3 Leitscheibe
4 Leithülse
5 Leitschaufeln

EWL-L003/P

Überlastschalter

Prinzipiell besteht die Möglichkeit, den Motor durch einen temperaturabhängigen Schalter zu schützen. Nachteilig ist jedoch, dass nach Auslösen des Überlastschalters der Motor stehen bleibt und so nicht mehr gekühlt wird. Die Abkühlung des Motors dauert somit sehr lange. Wenn die Temperatur etwas abgesunken ist, lässt der Überlastschalter wieder ein Einschalten zu. Wird der noch nicht vollständig abgekühlte Motor dann wieder überlastet, löst der Überlastschalter erneut aus. Dieses Wechselspiel wurde vom Anwender als lästig empfunden und wird deshalb fast nicht mehr angewendet.

Zusammenfassung

Die in Elektrowerkzeugen hauptsächlich eingesetzten Universalmotoren zeichnen sich durch ein hohes Durchzugsvermögen bei niedrigen Drehzahlen aus. Sie passen sich damit günstig an die typischen Belastungsfälle an. Durch die Wahl hoher Motordrehzahlen kann ein günstiges Leistungsgewicht erreicht werden. Sie sind robust gegen kurzzeitige Überlastung. Wegen der Verschleißteile (Kohlebürsten, Kollektor) ist ihre Lebensdauer im Gegensatz zu Wechselstrommotoren konstruktiv begrenzt.

Gefahren der Elektrizität

Bei der Berührung spannungsführender Gegenstände durch den Menschen können durch den dann über ihn fließenden Strom gefährliche Situationen entstehen. Als Folgen können vorübergehende Schädigungen, bleibende Schädigungen oder der Tod eintreten. Das Maß der Gefährdung hängt ab:
- von der Berührungsspannung
- vom elektrischen Widerstand des Körpers
- vom Strom durch den Körper
- von der Stromart
- von der Einwirkungsdauer

Die Berührungsspannung ist im Wesentlichen von der elektrischen Anlage oder der Netzspannung abhängig, der Stromfluss durch den Körper hängt vom individuellen Körperwiderstand und den die Isolation gegen Erde beeinflussenden Kleidungsstücken (z. B. Handschuhe, Schuhe) und dem Standpunkt ab.

Die Schädigung tritt durch die Beeinflussung des Nervensystems (welches auf Grund von elektrochemischen Vorgängen funktioniert) und durch physiologische Auswirkungen wie Stromwärme und Lichtbögen ein. Durch die Reizüberflutung, insbesondere des Nervensystems, kann es zu Sekundäreffekten kommen, durch welche weitere Unfallsituationen entstehen können. Typisch sind hier Schreckreaktionen beim Eintreten des elektrischen „Schlages", z. B. Fallen vom Gerüst oder der Leiter oder unbeabsichtigte Fehlbedienung von Werkzeugen und Vorrichtungen.

Berührungsspannung

Als ungefährlich werden Spannungen bis 50 Volt eingestuft, Spannungen oberhalb von 50 Volt müssen grundsätzlich als gefährlich angesehen werden, ab dieser Spannung kann es zu Unfällen mit Todesfolge kommen.

Körperwiderstand

Der elektrische Widerstand des Körpers hängt stark vom Zustand im Berührungszeitpunkt ab (z. B. Schweiß) und ist nicht einheitlich. Zur Bemessung der Gefährdungsbereiche wird deshalb ein mittlerer Widerstand angesetzt, welcher, zwischen den Extremitäten (Hand – Hand oder Hand – Fuß) gemessen, bei etwa 1000 Ohm liegt.

Strom

Der durch den Körper fließende Strom verursacht die eigentliche Schädigung. Er ist direkt abhängig von der Berührungsspannung und dem elektrischen Widerstand des Körpers vom Berührungspunkt gegen Erde oder einen weiteren Leiter bei mehrphasigen Netzen.

Stromart

Man unterscheidet grundsätzlich zwischen Gleichstrom und Wechselstrom. Bei Wechselstrom kann die Netzfrequenz zum Verkrampfen führen, wodurch ein selbstständiges Lösen vom elektrischen Berührungspunkt unmöglich gemacht werden kann. Besonders gefährdend ist bei Wechselstrom die Möglichkeit der Herzrhythmusstörungen über das Herzkammerflimmern bis hin zum Herzstillstand. Bei Gleichstrom hängt die Gefährdung in starkem Maße davon ab, zu welchem Zeitpunkt des Herzzyklus die Erstberührung erfolgt ist. Die Gefährdung muss also für die Stromarten:
- Wechselstrom
- Gleichstrom

getrennt betrachtet werden.

Auswirkungen des elektrischen Stroms nach DIN VDE 0140-479

Wechselstrom 15......100Hz

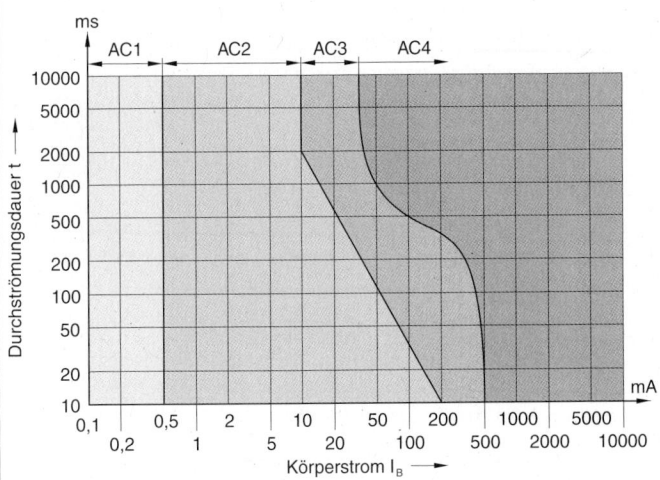

AC 1 Keine Auswirkungen.
AC 2 Normalerweise keine schädlichen physiologischen Auswirkungen.
AC 3 Normalerweise keine organischen Schäden. Bei höheren Strömen jedoch Herzkammerflimmern möglich.
AC 4 Herzkammerflimmern wahrscheinlich. Bei längerer Einwirkung und höheren Strömen Herzstillstand, Atemstillstand und innere Verbrennungen.

EWL-ESI003.1/P

Wechselstrom

Stromstärken bis 0,5 mA verursachen in der Regel keine Auswirkungen, zwischen den Stromstärken von ca. 2...10 mA kommt es jedoch zu individuell starken Empfindungen, welche Schreckreaktionen und damit Sekundärunfälle (z.B. Sturz von einer Leiter) auslösen können. Oberhalb von 10 mA kann es durch Fehlreaktionen der Nerven zu Muskelverkrampfungen kommen, welche ein Loslassen des spannungsführenden Gegenstandes unmöglich machen können. Die hieraus resultierende längere Einwirkungsdauer kann unter Umständen zu Herzkammerflimmern und Störungen der Atemfrequenz führen, oberhalb von 50 mA bei hoher Wahrscheinlichkeit mit Herzkammerflimmern, bei längerer Einwirkungszeit ist mit Herzstillstand und Atemlähmungen zu rechnen. Hinzu kommen Verbrennungen bei höheren Stromstärken

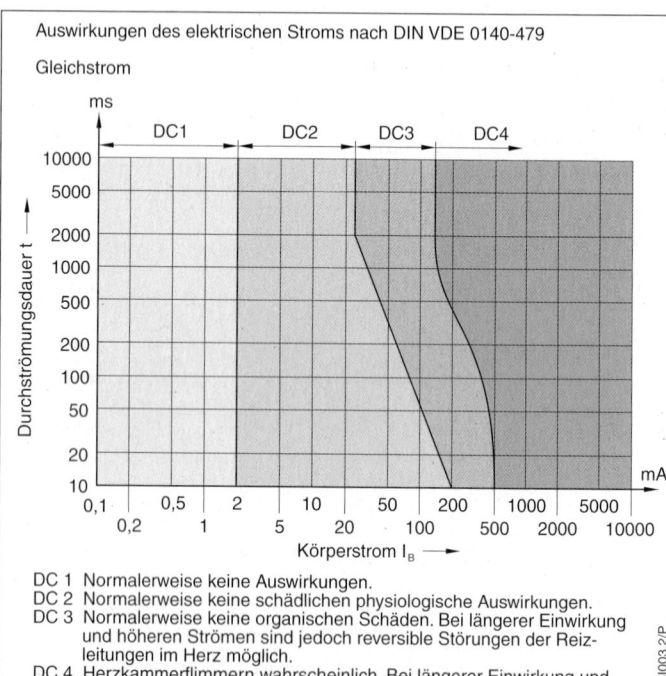

Auswirkungen des elektrischen Stroms nach DIN VDE 0140-479

Gleichstrom

DC 1 Normalerweise keine Auswirkungen.
DC 2 Normalerweise keine schädlichen physiologische Auswirkungen.
DC 3 Normalerweise keine organischen Schäden. Bei längerer Einwirkung und höheren Strömen sind jedoch reversible Störungen der Reizleitungen im Herz möglich.
DC 4 Herzkammerflimmern wahrscheinlich. Bei längerer Einwirkung und höheren Strömen Herzstillstand, Atemstillstand und schwere Verbrennungen möglich.

EWL-ESI003.2/P

Gleichstrom

Bei Gleichstrom ist die Beeinflussung des Herzrhythmus vom Zeitpunkt der Erstberührung im Herzzyklus entscheidend. Besonders gefährdend ist, wenn die Erstberührung in die aufsteigende Phase des Elektrokardiogramms fällt. Für kurze Einwirkungsdauer sind deshalb die Auswirkungen bei Gleichstrom etwas günstiger, wegen der Gefahr von Lichtbögen können die thermischen Auswirkungen jedoch größer sein als bei Wechselstrom.

Einwirkungsdauer

Grundsätzlich steigt die Gefährdung mit der Einwirkungsdauer an. Hieraus folgt, dass auch relativ geringe Berührungsspannungen letale Folgen haben können, wenn die Einwirkungsdauer entsprechend lang ist. Dieser Effekt ist insbesondere bei Wechselströmen stark ausgeprägt.

Akkumulatoren

Elektrische Unfälle mit Akkumulatoren werden weniger durch das Berühren spannungsführender Teile als durch Kurzschlüsse verursacht. Von den dabei entstehenden Temperaturen und Lichtbögen geht eine hohe Verbrennungsgefahr aus. Beim Austritt des chemisch aggressiven Elektrolyts kann es zu Verätzungen kommen.

Auswirkungen von Elektrounfällen

Die typischen Auswirkungen von Elektrounfällen betreffen meist das Herz und, in schweren Fällen, die Atmung. Wenn diese Grundfunktionen gestört werden, kann es zum Kreislaufzusammenbruch kommen, wodurch die Sauerstoffzufuhr zum Gehirn versagen kann. In diesem Falle kann das Gehirn die wichtigsten Steuer- und Überwachungsfunktionen noch wenige Minuten aufrechterhalten, danach treten irreversible Schädigungen ein. Die Zeitspanne ist individuell bedingt und beträgt ca. 3...5 Minuten. Bei niedrigen Temperaturen kann die Zeitspanne länger sein. Hieraus folgt, dass im Falle eines Elektrounfalles eine Reanimation durch Ersthelfer (Atemspende, Herzmassage) entscheidend ist und absolute Priorität hat. Arbeiten an elektrischen Anlagen sollten deshalb grundsätzlich nicht alleine durchgeführt werden. Vorrangig ist die Trennung des Verunfallten von der Spannungsquelle, wobei mit Notabschaltung und isolierenden Hilfsmitteln sowie mit äußerster Vorsicht vorgegangen werden muss. Über die entsprechenden Notmaßnahmen halten die dazu befähigten Organisationen regelmäßige Seminare ab.

Wenig bekannt ist, dass auch glimpflich verlaufende Elektrounfälle („einen Schlag bekommen") bei empfindlichen Personen noch nach Stunden lebensgefährliche Spätreaktionen hervorrufen können. Betroffene sollten deshalb anderen Personen sofort jeden Elektrounfall mitteilen, damit diese im Krisenfall sofort Hilfsmaßnahmen in die Wege leiten können.

Zusammenfassung

Beim Umgang mit der Elektrizität können Unfälle entstehen, deren Auswirkungen im Voraus nicht absehbar sind. Arbeiten und vor allem Reparaturen an elektrischen Geräten sind deshalb nur durch solche Personen zulässig, welche die dafür notwendige Fachkenntnis besitzen und darüber den gesetzlich erforderlichen Nachweis erbracht haben. Bei erfolgten Unfällen sind die Sofortmaßnahmen lebensentscheidend.

Elektrische Sicherheit

Sicherheit hat im Zusammenhang mit Elektrizität einen sehr hohen Stellenwert. Wichtigstes Kriterium ist es, das Fließen von elektrischem Strom durch den menschlichen Körper von vornherein zu verhindern oder, im Schadensfall, zumindest in seiner Stärke und/oder zeitlich zu begrenzen.

Mögliche Maßnahmen erfolgen
− im Gerät (Elektrowerkzeug)
− in der Stromversorgung

Gerätesicherheit

Die Gerätesicherheit wird durch die Konstruktion und die Fertigungsqualität sichergestellt. Konstruktive Möglichkeiten hierzu sind:
− Betriebsisolation
− Schutzerdung
− Schutzisolation
− Vollisolation

Betriebsisolation

Die Betriebsisolation elektrischer Geräte und ihrer Einzelkomponenten ist notwendig, um die Funktion, den Betrieb des Gerätes sowohl physikalisch als auch durch den Anwender zu ermöglichen. Die Betriebsisolation muss dabei in all den Einsatzfällen sicher gewährleistet sein, für die das Gerät vorgesehen ist.

Schutzerdung

An jedem technischen Gerät können Defekte auftreten, durch welche der Anwender gefährdet werden könnte. Bei Schäden an der Betriebsisolation ist deshalb nicht auszuschließen, dass der Anwender spannungsführende Teile des Gerätes berührt und damit ein Strom über ihn zur Erde fließen könnte. Bei der Schutzerdung werden deshalb alle vom Anwender berührbaren Metallteile des Gerätes mit dem Schutzleiter (Nullleiter, Erdung) des Stromnetzes verbunden. Im Schadensfall nimmt der Strom den Weg über den Schutzleiter statt über den Anwender und bringt die Leitungsabsicherung zum Ansprechen. Voraussetzung (und Nachteil) für die Schutzwirkung ist, dass der Schutzleiter sicher und mit ausreichendem Querschnitt angeschlossen ist. Dies ist besonders beim Reparaturfall zu beachten.

Schutzisolation

Bei der Schutzisolation werden die elektrischen Gerätekomponenten zusätzlich zur Betriebsisolation nochmals innerhalb des Gerätegehäuses von allen berührbaren Metallteilen isoliert. Bei Elektrowerkzeugen ist dies grundsätzlich auch die Antriebsspindel. Sollte nun ein Defekt der Betriebsisolation auftreten, so bleibt der Isolationsschaden auf die elektrischen Komponenten begrenzt und tritt nicht nach außen in Erscheinung. Der Anschluss eines Schutzleiters kann hierbei entfallen.

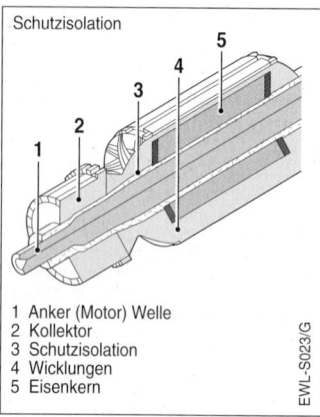

Schutzisolation

1 Anker (Motor) Welle
2 Kollektor
3 Schutzisolation
4 Wicklungen
5 Eisenkern

EWL-S023/G

Vollisolation

Gefahr kann bei der Verwendung von Elektrowerkzeugen entstehen, wenn versehentlich spannungsführende Teile bei der Anwendung berührt werden (z.B. Anbohren von elektrischen Leitungen unter Putz). Hierdurch kann elektrische Spannung über die Antriebsspindel, das Getriebe auf ein metallisches Maschinengehäuse übertragen werden und den Anwender gefährden. Durch die Verwendung vollständiger Kunststoffgehäuse

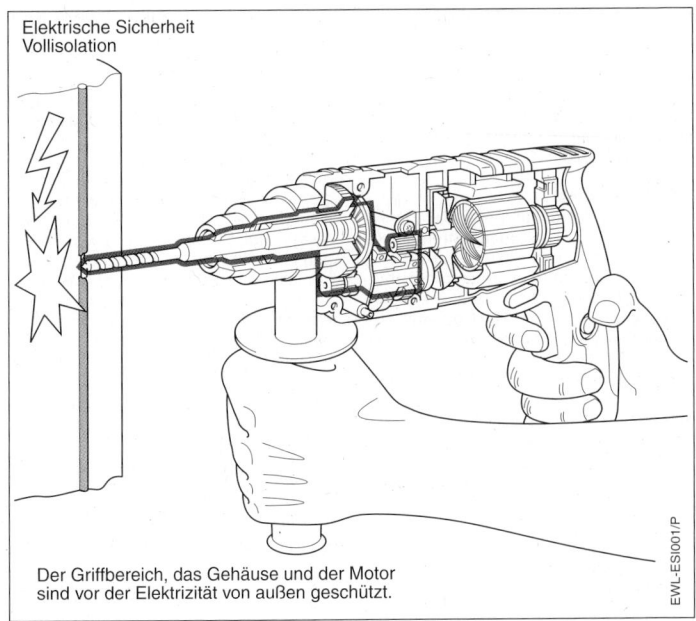

Elektrische Sicherheit
Vollisolation

EWL-ESI001/P

Der Griffbereich, das Gehäuse und der Motor
sind vor der Elektrizität von außen geschützt.

kann der Griffbereich des Anwenders vollständig geschützt werden.

Generelle Schutzmaßnahmen für ein- und mehrphasige Stromnetze

Die möglichen Schutzmaßnahmen lassen sich unterteilen in:
Schutzmaßnahmen ohne Abschalteinrichtung:
– Schutzisolierung (VDE 0100 – § 7N)
– Kleinspannung 42 V (VDE 0100 – § 8N)
– Schutztrennung (VDE 0100 – § 14N)

Schutzmaßnahmen mit Abschalteinrichtung:
– Schutzerdung (VDE 0100 – § 9N)
– Nullung (VDE 0100 – § 10N)

Schutzerdung und Nullung
In den Fällen Schutzerdung und Nullung erfolgt die Abschaltung durch Sicherungen oder entsprechende Stationsschutzschalter mit thermisch-magnetischer Auslösung.

Durch zusätzliche Anwendung von Fehlerstrom-(FI-)Schutzschaltern wird größtmöglicher Schutz erreicht.

Schutzisolierung
Die Schutzisolierung nach VDE 0100 – § 7N ist bei Hochfrequenz-Elektrowerkzeugen nicht eingeführt, da sie prinzipbedingt am Rotor des Asynchronmotors nicht nötig ist.

Kleinspannung
Die Kleinspannung 42 Volt nach VDE 0100 – § 8N wird nur in Sonderfällen angewendet, wenn sie aufgrund bestehender Vorschriften nicht zu umgehen ist. Sie ist bei der Übertragung großer Leistungen wegen der hohen Ströme hinsichtlich Kabel-

Querschnitt, Schalter, Stecker usw. sehr problematisch, eine Ausnahme bilden Kleinschrauber. Man setzt dann besser die Schutztrennung ein, bei der jedes Werkzeug seinen eigenen Trenntransformator benötigt. Die Anwendung der Schutztrennung sollte nur auf zwingende Fälle beschränkt bleiben.

Schutztrennung

Bei der Schutztrennung wird die Erdverbindung des öffentlichen Stromnetzes durch einen zwischen Netz und Elektrowerkzeug geschalteten Trenntransformator aufgehoben, das Elektrowerkzeug also „galvanisch" vom Netz getrennt. Es kann somit bei schadhaftem Gerät kein Strom über den Anwender zur Erde fließen. Voraussetzung für sichere Funktion ist, dass das Gerät fest mit dem Trenntransformator verbunden ist und kein weiteres Gerät an den Trenntransformator angeschlossen wird.

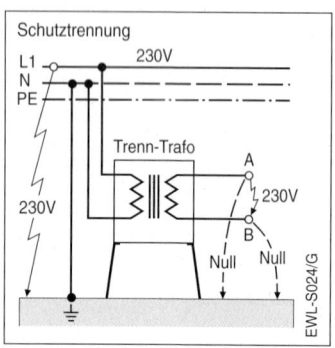

Nullung

Die Nullung wird vorwiegend für Hochfrequenz-Elektrowerkzeug-Anlagen angewendet. Die Nullung soll konstant zu hohe Berührungsspannungen an nicht zum Betriebsstromkreis gehörenden Anlagenteilen verhindern; sie erfordert einen unmittelbar geerdeten Mittel- oder Sternpunktleiter und wird durch den Anschluss der zu schützenden Anlageteile an den Nullleiter oder an einen mit dem Nullleiter in Verbindung stehenden besonderen Schutzleiter hergestellt.

Durch die Schutzmaßnahme „Nullung" wird somit ein Abschalten fehlerhafter Teile der Anlage erreicht, weil die unmittelbar der Fehlerstelle vorgeschaltete Sicherung aktiv wird.

Damit die Sicherung wirklich anspricht, müssen bestimmte Nullungsbedingungen gemäß VDE 0100 – § 10 N eingehalten werden. Die wichtigste Nullungsbedingung lautet: Die Querschnitte der Leitungen zwischen Stromerzeuger oder Transformator und Stromverbraucher sind so zu bemessen, dass mindestens der Abschaltstrom I_A des nächsten vorgeschalteten Überstromschutzorganes nach Tafel I VDE 0100 – § 9 N zum Fließen kommt, wenn an irgendeiner Stelle des Leitungsnetzes ein vollkommener Kurzschluss zwischen einem Außenleiter und dem Nullleiter entsteht.

Zusätzlich kann man die Fehlerstrom-(FI)-Schutzschaltung gemäß Abb. 003 anwenden (der Einfachheit halber für Einphasenstrom gezeichnet).

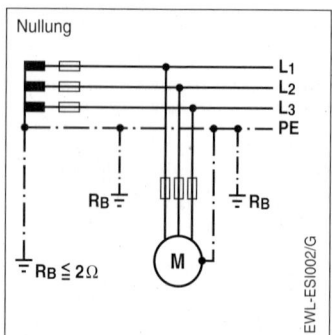

FI-Schutzschalter

Der FI-Schutzschalter erhält seinen Impuls von einem Stromwandler, durch den alle Zuleitungen einschließlich Nullleiter geführt werden. Die Sekundärspule des Stromwandlers liefert den Betätigungsstrom für die Relaisspule des FI-Schutzschalters. Die vom Stromwandler umschlossenen Leitungen erzeugen im Wandlerkern ein magnetisches Wechselfeld, wenn sich die Summe aller Ströme

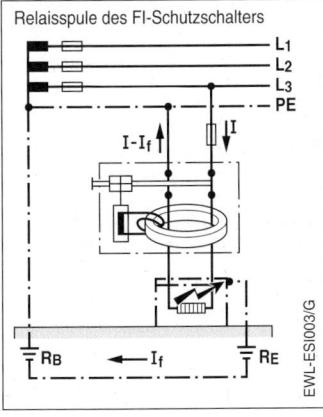

Relaisspule des FI-Schutzschalters

$I - I_f$ ↑   ↓ I

R_B ← I_f R_E

EWL-ESI003/G

nicht aufhebt (Abb. 004).

Bei fehlerfreiem Zustand des FI-Schutzschalters ist der zum Verbraucher hinfließende Strom genauso groß wie der von ihm zurückfließende. Damit heben sich die Ströme auf. Es erfolgt keine Induktion auf die Sekundärspule des Stromwandlers, sodass die Relaisspule des FI-Schutz-

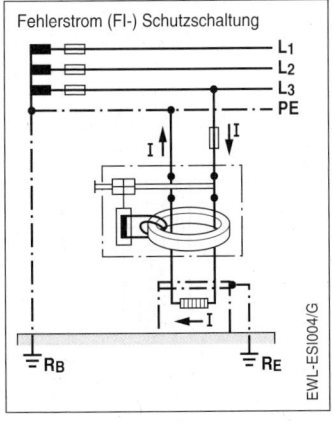

Fehlerstrom (FI-) Schutzschaltung

I ↑   ↓ I

R_B ← I R_E

EWL-ESI004/G

schalters stromlos bleibt. (Abb. 003).

Bei fehlerhaftem Zustand des FI-Schutzschalters fließt ein Fehlerstrom über die Erde ab; im Stromwandler heben sich nicht alle Ströme gegenseitig auf, sodass Induktion entsteht. Auf der Sekundärseite des Wandlers wird Spannung induziert. Die Relaisspule des FI-Schutzschalters spricht an (Abb. 004).

Elektrische Sicherheit bei Hochfrequenzanlagen
(Drehstrom erhöhter Frequenz)

Die elektrische Sicherheit ist bei Hochfrequenz-Elektrowerkzeugen durch den Schutzleiter gemäß EN 50144 nach Schutzklasse I gegeben. Bei der in Stern geschalteten Sekundärwicklung des Umformers ist der Stern- oder Nullpunkt herausgeführt. Dieser Nullpunkt ist geerdet (Erdungswiderstand $R_B \le 2$ Ohm) und über die Schutzleiter mit dem metallischen Gehäuse der Elektrowerkzeuge verbunden, sodass bei 265 V Betriebsspannung die Gefahrenspannung zwischen Phase und Erde im ungünstigsten Fall nur

$$\frac{265\,V}{1{,}73} = 153\,V \text{ beträgt}$$

Bei Betriebsspannungen von 135 V oder 72 V ist die Gefahrenspannung zwischen Phase und Erde dagegen nur

$$\frac{135\,V}{1{,}73} = 78\,V \qquad \text{oder} \qquad \frac{72\,V}{1{,}73} = 42\,V$$

wobei 1,73 den Verkettungsfaktor $\sqrt{3}$ darstellt.

Die Wirksamkeit der Schutzerdung wird durch die Verwendung entsprechend robuster und im elektrischen Aufbau einwandfreier Steckvorrichtungen sowie widerstandsfähiger Kabel gewährleistet. Ebenso wichtig ist eine sorgfältige Wartung. Das Elektrowerkzeug selbst muss in seiner Konstruktion den hohen Anforderungen in der industriellen Fertigung entsprechen. Im Normalfall verhält man sich nach der vorstehenden Beschreibung, also nach der Schutzmaßnahme „Nullung" nach VDE 0100 – § 10 N.

Bei 265 V/200 Hz-Drehstrom gibt es FI-Schutzschalter für 45 mA. FI-Schutzschalter für Drehstrom anderer Spannungen und Frequenzen sind bei den betreffenden Herstellern besonders anzufordern! Im Übrigen gelten die Maßnahmen für 3-Phasen-Netze.

Elektrische Sicherheit bei Stromerzeugern

Bei Stromerzeugern gibt es folgende Maßnahmen zum Schutz der Bedienpersonen:
– Schutz gegen direktes Berühren
– Schutz gegen indirektes Berühren

Folgende einschlägige Normen und VDE-Bestimmungen sind für den Bau und Einsatzzweck von mobilen Netzersatzanlagen von Bedeutung:
– DIN 6280 Teil 10
  (Hubkolben-Verbrennungsmotoren)
– DIN 57100/VDE 0100 Teil 728
  (Ersatzstromversorgungsanlagen)
– DIN 57100/VDE 0100 Teil 410
  (Schutz gegen gefährliche Körperströme)

Schutz gegen direktes Berühren
Alle Teile von Qualitäts-Stromerzeugern, bei denen eine Spannung von mehr als 24 V Nennwechsel- bzw. 60 V Nenngleichspannung auftreten kann, sind so gebaut und umschlossen, dass ausreichender Schutz gegen zufällige Berührung unter Spannung stehender Teile besteht.

Für den mobilen Einsatz von Stromerzeugungsaggregaten lassen die einschlägigen Normen und Sicherheitsvorschriften (DIN 6280 Teil 10; VDE 0100 Teil 728 u. a.) verschiedene Schutzmaßnahmen zu.

Die am häufigsten verwendete Schutzmaßnahme bei mobil eingesetzten Stromerzeugern ist die Schutztrennung. Qualitäts-Stromerzeuger sind im Serienlieferzustand ohne weitere Maßnahmen durch den Betreiber als Netzersatzanlagen geeignet, weil sie die Schutzmaßnahme „Schutztrennung" erfüllen.

Wenn die allgemeinen Sicherheitsbestimmungen und die der Berufsgenossenschaften nichts anderes vorschreiben und die Geräte für keine Arbeiten mit erhöhtem Sicherheitsanspruch eingesetzt werden, ist diese Schutzmaßnahme voll ausreichend.

Bedeutung von Schutzmaßnahme und Schutztrennung

Im Gegensatz zum öffentlichen Netz, bei dem meist der Neutralleiter (N) mit dem Schutzleiter (PE) und Erde verbunden ist, darf dies bei der Schutztrennung nicht der Fall sein. Durch die Schutztrennung soll verhindert werden, dass sekundärseitig zwischen dem Gehäuse des angeschlossenen Verbrauchers und Erde eine Berührungsspannung auftritt, wenn das Werkzeug Körperschluss hat.

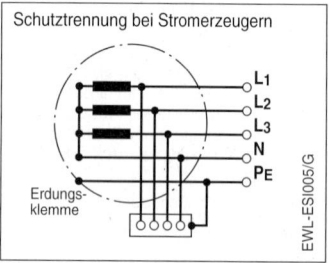

Schutztrennung bei Stromerzeugern

L1
L2
L3
N
PE

Erdungsklemme

EWL-ESI005/G

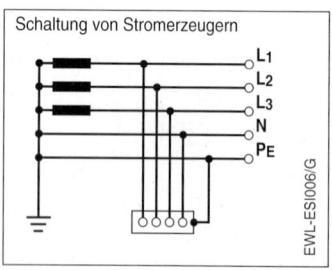

Schaltung von Stromerzeugern

L1
L2
L3
N
PE

EWL-ESI006/G

Schutz durch Spannungsabsenkung oder -abschaltung
Bei Körperschluss muss innerhalb von 0,2 Sekunden die Spannung unter 50 V absinken. Dies kann durch das Generatorsystem oder durch das Abschalten über einen Sicherungsautomaten erfolgen. Damit der Auslösestrom sicher aufgebracht wird, darf der Widerstand aller angeschlossenen Leitungen (Verlängerungskabel, Kabeltrommel usw.), also der Schleifenwiderstand, nicht größer als 1,5 Ohm sein, d. h. bei Verwendung von Verlängerungsleitungen oder beweglichen Verteilungsnetzen darf deren Gesamtlänge für Querschnitt 1,5 mm^2 nicht mehr als 60 m, für 2,5 mm^2 nicht mehr als 100 m betragen.

Anwendung
Stromerzeuger sind im Anlieferzustand ohne weitere Maßnahmen einsatzbereit. Die Maßnahme ist einfach, preiswert und ausreichend sicher für alle normalen Arbeiten.

Sie bleibt auch erhalten, wenn mehrere Verbraucher gleichzeitig betrieben werden.

Eine zusätzliche Erdung, z. B. über Staberder, ist für die elektrische Funktion des Stromerzeugers nicht erforderlich. Lediglich als Blitzschutz können Staberder eingesetzt werden.

Im Hinblick auf besondere Gefährdung, zum Beispiel beim
– Nassschleifen
– Rohrleitungsbau
– Stahlhochbau
– Arbeiten in Kesseln usw.,
ist diese Schutzmaßnahme nicht ausreichend.

Erweiterte Schutzmaßnahme „Schutztrennung mit Isolationsüberwachung"
Schutzmaßnahme nach GW 308, einer Richtlinie des DVGW (Deutscher Verein des Gas- und Wasserfaches e.V.)

Bei dieser Schutzmaßnahme wird der Isolationswiderstand zwischen aktiven Teilen und dem Potentialausgleichsleiter (entspricht dem Schutzleiter) während des Betriebs ständig überwacht. Sinkt dieser unter 100 Ohm/V (bei 230 V = 23000 Ohm), werden die angeschlossenen Verbraucher innerhalb einer Sekunde selbsttätig vom Generator abgeschaltet.

Eine Begrenzung der Netzausdehnung (max. 60 m bzw. 100 m) sowie die Abschaltbedingung bei Körperschluss, d. h. Absinken der Spannung innerhalb von 0,2 Sekunden auf weniger als 50 V, kann hierbei entfallen.

Geltungsbereich
Zum Schutz bei indirektem Berühren für die Ausrüstung, das Aufstellen und den Betrieb von mobilen Ersatzstromerzeugern für Dreh- oder Wechselstrom mit Nennspannungen über 42 bis 400 V, die bei Rohrleitungsarbeiten und -instandsetzungen zur Versorgung elektrischer Verbrauchsmittel ohne Baustromverteiler eingesetzt werden.

Vorteile
Die Vorteile der Schutztrennung sind wesentlich erhöhte Sicherheit bei den folgenden Anwendungen:
– Nassschleifen
– Rohrleitungsbau
– Stahlhochbau
– Arbeiten in Stahlkesseln
– Anschluss mehrerer Verbraucher aus dem obengenannten Einsatzbereich
– Das Herstellen und Überprüfen einer Erdung (mit Staberder) entfällt
– Die Leitungslänge darf wesentlich erhöht werden, da die Abschaltkriterien für Körperschluss entfallen
– Diese Schutzmaßnahme lässt sich daher auch von Beschäftigten anwenden, die weder Elektrofachkräfte noch elektrotechnisch unterwiesene Personen sind
– Die Sicherheitseinrichtung kann mit einer Testtaste jederzeit geprüft werden.

Stromerzeuger mit Isolationsüberwachung dürfen jedoch nicht als Notstromanlage zur Einspeisung in Netze eingesetzt werden, in denen ein FI-Schutzschalter vorhanden ist.

Fehlerstrom-(FI)-Schutzeinrichtung
Die FI-Einrichtung ist eine Schaltung, bei der ein FI-Schutzschalter selbsttätig auslöst, wenn gegen Erde, Erdklemme, über Schutzleiter oder Körper ein Fehlerstrom fließt, der den Nennfehlerstrom des Schalters überschreitet.

Der FI-Schutzschalter ist ein Schaltglied, das über einen Summenstrom-wandler die Ströme richtungsabhängig überwacht, die in die zu schützende Anlage hineinfließen. Beim Auftreten eines Fehlers fließt ein Teil des Stroms nicht über den Summenstromwandler, sondern über Erde zur Stromquelle zurück. Das entstehende Ungleichgewicht im Wandler ist das Auslösekriterium für den FI-Schutzschalter.

Die Trennung des Verbrauchers vom Netz erfolgt innerhalb von 0,2 Sekunden.

Wird ein Stromerzeuger auf Schutz-maßnahme „FI-Schutzschalter" einge-setzt, muss der Stromerzeuger mit einem Erdungsspieß geerdet werden.

Stromerzeuger mit zusätzlicher Kleinspannungswicklung für Batterieladung

Wenn ein Generator mit einer zusätzli-chen Kleinspannungswicklung mit berühr-baren Anschlussteilen, z. B. für Batteriela-dung, ausgestattet ist, muss diese Wick-lung gegen andere Wicklungen elektrisch getrennt sein. (Oft verwendeter Fachbe-griff hierfür: „galvanisch getrennt".) Bei „billigen" Stromerzeugern ist dies oft nicht der Fall, wodurch eine Gefährdung des Anwenders möglich sein kann.

Schutzarten

Einfache Schutztrennung

Bei der einfachen Schutztrennung erfolgt der Spannungsabfall auf unter 50 V im Fehlerfall innerhalb von 0,2 Sekunden. Es ist kein Erdungsspieß erforderlich.

Schutztrennung mit Isolationsüberwachung

Bei dieser Schutzart werden innerhalb von 1 Sekunde die angeschlossenen Ver-braucher selbständig von der Stromver-sorgung getrennt. Es ist kein Erdungs-spieß erforderlich.

FI-Schutzschalter

Der FI-Schutzschalter bewirkt eine selbst-tätige Abschaltung der angeschlossenen Verbraucher innerhalb von 0,2 Sekunden. Ein Erdungsspieß ist erforderlich

Wichtig: Für die störungsfreie Funktion eines FI-Schutzschalters muss die Aufhe-bung der Schutztrennung erfolgen.

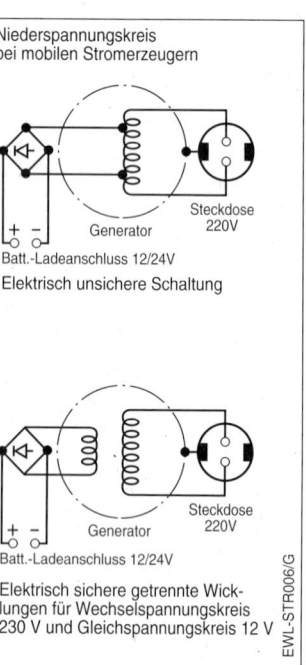

Niederspannungskreis bei mobilen Stromerzeugern

Steckdose 220V

Generator

Batt.-Ladeanschluss 12/24V

Elektrisch unsichere Schaltung

Steckdose 220V

Generator

Batt.-Ladeanschluss 12/24V

Elektrisch sichere getrennte Wick-lungen für Wechselspannungskreis 230 V und Gleichspannungskreis 12 V

EWL-STR006/G

Elektrische Sicherheit bei Akkugeräten

Akkugeräte arbeiten durchweg im Bereich der Kleinspannung unterhalb 42 Volt. Die typischen Betriebsspannungen reichen von 7,2 Volt bis 24 Volt. Diese Betriebsspannungen stellen bei Berührung keine unmittelbare Gefahr dar. Dieser Umstand kann dazu führen, dass der Gefahr von Kurzschlüssen der Batteriepole nicht genügend Bedeutung beigemessen wird, wodurch es zu Unfällen kommen kann. Verschmutzte, beschädigte oder oxidierte Kontakte können durch die an ihnen entstehenden Übergangsverluste zu unzulässiger Erwärmung führen.

Kurzschlussströme von Akkumulatoren

Je nach verwendetem Akkutyp können hohe Ströme auftreten, wenn durch einen Defekt oder Leichtsinn die Batteriepole kurzgeschlossen werden.

Bleibatterien

Bleibatterien haben meist eine hohe Kapazität (im Bereich der Rasenmäher-Anwendung 12...36 Ah). Die bei einem Kurzschluss auftretenden Ströme können 300…800 Ampere betragen, wodurch Leitungen und Polverbinder innerhalb von Sekunden schmelzen können. Die dabei entstehenden Lichtbögen können Sekundärschäden verursachen. Austretender Elektrolyt (Schwefelsäure) kann zu Verätzungen führen.

Nickel-Cadmium-Batterien
Nickel-Metallhydrid-Batterien

Diese Batterien haben zwar eine vergleichsweise geringe Kapazität. Trotzdem können die bei einem Kurzschluss auftretenden Ströme bis zu 100 Ampere betragen, wodurch Leitungen und Polverbinder innerhalb von Sekunden schmelzen können. Die dabei entstehenden Lichtbögen können Sekundärschäden verursachen. Der Kurzschlussstrom führt innerhalb der Akkuzellen zu einer schlagartigen Überdruckbildung durch verdampfendes Elektrolyt, wodurch bei Zellen ohne Sicherheitsventil Explosionsgefahr bestehen kann.

Lithium-Ionen-Batterien

Bei diesen Batterien sind Kurzschlüsse und Entladungen mit sehr hohen Strömen zu vermeiden. Im Qualitätselektrowerkzeug werden die beim Blockieren des Motors entstehenden Ströme elektronisch begrenzt. Die Ladung darf nur mit speziellen Ladegeräten erfolgen, welche beim Ladeschluss die Ladung abschalten (keine Erhaltungsladung). Typfremde Ladegeräte dürfen nicht verwendet werden, da es hierbei zur thermischen Selbstzerstörung der Zellen kommen kann.

Zusammenfassung

Obwohl Batterien über eine ungefährliche Kleinspannung verfügen, können im Kurzschlussfall gefährlich hohe Ströme auftreten. Im Umgang mit geladenen Batterien sind deshalb mit der selben Sorgfalt vorzugehen wie im Umgang mit Netzspannung!

Elektronik

Grundlagen der Halbleiter-technik

Elektrische Leitfähigkeit von Festkörpern

Zahl und Beweglichkeit der freien Ladungsträger in den verschiedenen Stoffen bestimmen ihre spezifische Eignung zur Stromleitung. Die elektrische Leitfähigkeit fester Körper hat bei Raumtemperatur die Variationsbreite von 24 Zehnerpotenzen. Das führt zur Einteilung in drei elektrische Stoffklassen (Beispiele):

Leiter Metalle	Halbleiter	Nichtleiter Isolatoren
Silber Kupfer Aluminium	Germanium Silizium Gallium-arsenid	Kunststoff Quarzglas Aluminium-oxid

Metalle, Isolatoren, Halbleiter

Alle Festkörper haben je cm^3 rund 10^{22} Atome, die durch elektrische Kräfte zusammengehalten werden.

In Metallen ist die Zahl der freien Ladungsträger sehr groß (je Atom ein freies Elektron), ihre Beweglichkeit ist mäßig, die elektrische Leitfähigkeit hoch. Leitfähigkeit guter Leiter: 10^6 Siemens/cm.

In Isolatoren ist die Zahl der freien Ladungsträger praktisch null und dementsprechend die elektrische Leitfähigkeit verschwindend klein. Leitfähigkeit guter Isolatoren: 10^{-18} Siemens/cm.

Die elektrische Leitfähigkeit der Halbleiter liegt zwischen der von Metallen und Isolatoren. Sie ist – im Gegensatz zur Leitfähigkeit von Metallen und Isolatoren – stark abhängig von Druck (beeinflusst Beweglichkeit der Ladungsträger), Temperatur (Zahl und Beweglichkeit der Ladungsträger), Belichtung (Zahl der Ladungsträger) und zugefügten Fremdstoffen (Zahl und Art der Ladungsträger).

Druck-, Temperatur- und Lichtempfindlichkeit der Halbleiter macht sie als Sensoren geeignet.

Durch Dotieren (kontrollierter Einbau von elektrisch wirksamen Fremdstoffen) lässt sich die Leitfähigkeit von Halbleitern definiert und lokalisiert einstellen. Dies bildet Grundlage der Halbleiterbauelemente von heute. Die durch Dotieren sicher zu fertigende elektrische Leitfähigkeit von Silizium reicht von 10^4 bis 10^{-2} Siemens/cm.

Elektrische Leitfähigkeit von Halbleitern

Im Folgenden wird von Silizium gesprochen. Silizium bildet im festen Zustand ein Kristallgitter, in dem jedes Siliziumatom jeweils vier gleich weit entfernte Nachbaratome hat. Jedes Siliziumatom hat 4 Außenelektronen. Die Bindung mit den Nachbaratomen erfolgt durch je zwei gemeinsame Elektronen. In diesem Idealzustand besitzt das Silizium keine freien Ladungsträger, ist also ein Nichtleiter. Das ändert sich gundlegend durch geeignete Zusätze und bei Energiezufuhr.

N-Dotierung: Einbau von Fremdatomen mit 5 Außenelektronen (z. B. Phosphor) liefert freie Elektronen; denn zur Bindung in das Siliziumgitter werden nur 4 Elektronen benötigt. Jedes eingebaute Phosphoratom liefert also ein freies, negativ geladenes Elektron. Das Silizium wird N-leitend: N-Silizium.

P-Dotierung: Einbau von Fremdatomen mit 3 Außenelektronen (z. B. Bor) erzeugt Elektronenlücken („Löcher"); denn zur vollständigen Bindung in das Siliziumgitter fehlt dem Boratom ein Elektron. Diese Bindungslücke heißt Loch oder Defektelektron.

Löcher (Defektelektronen) sind im Silizium beweglich; in einem elektrischen Feld wandern sie in entgegengesetzter Richtung wie die Elektronen. Löcher verhalten sich wie freie positive Ladungsträger. Jedes eingebaute Boratom liefert also ein freies, positiv geladenes Defektelektron (Loch). Das Silizium wird P-leitend: P-Silizium.

Eigenleitung: Durch Wärmezufuhr oder Lichteinstrahlung werden auch im undotierten Silizium freie bewegliche Ladungsträger erzeugt: Elektron-Loch-Paare, die zu einer Eigenleitfähigkeit des Halbleiters führen. Sie ist im Allgemeinen klein gegenüber der durch Dotieren erzeugten Leitfähigkeit. Mit steigender Temperatur nimmt die Zahl der Elektron-Loch-Paare exponentiell zu und verwischt schließlich die durch Dotieren erzeugten elektrischen Unterschiede zwischen P- und N-Gebieten. Dadurch ergeben sich Grenzen für die maximale Betriebstemperatur von Halbleiterbauelementen:

Germanium	90 ... 100 °C
Silizium	150 ... 200 °C
Galliumarsenid	300 ... 350 °C

Im N- wie im P-Halbleiter sind stets eine kleine Zahl von Ladungsträgern entgegengesetzter Polarität vorhanden. Diese Minoritätsladungsträger sind für die Arbeitsweise fast aller Halbleiterbauelemente wesentlich.

PN-Übergang im Halbleiter
Der Grenzbereich zwischen einer P-leitenden Zone und einer N-leitenden Zone im selben Halbleiterkristall wird PN-Übergang genannt. Seine Eigenschaften sind grundlegend für die meisten Halbleiterbauelemente.

PN-Übergang ohne äußere Spannung
Im P-Gebiet sind sehr viele Löcher (m), im N-Gebiet sind sehr viele Elektronen (), im P-Gebiet extrem wenige. Dem Konzentrationsgefälle folgend diffundieren die beweglichen Ladungsträger ins jeweils andere Gebiet (Diffusionsströme).
  Durch den Verlust an Löchern lädt sich das P-Gebiet negativ auf; durch den Verlust an Elektronen lädt sich das N-Gebiet positiv auf. Dadurch bildet sich zwischen P- und N-Gebiet eine Spannung aus (Diffusionsspannung), die der Ladungsträgerwanderung entgegenwirkt. Der Ausgleich von Löchern und Elektronen kommt hierdurch zum Stillstand.
  Ergebnis: Am PN-Übergang entsteht eine an beweglichen Ladungsträgern verarmte, elektrisch schlecht leitende Zone, die Raumladungszone oder Sperrschicht. In ihr herrscht ein starkes elektrisches Feld.

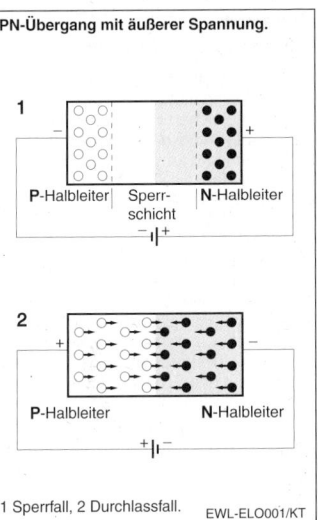

PN-Übergang mit äußerer Spannung.

1

P-Halbleiter   Sperr- schicht   N-Halbleiter

2

P-Halbleiter   N-Halbleiter

1 Sperrfall, 2 Durchlassfall.   EWL-ELO001/KT

PN-Übergang mit äußerer Spannung

Sperrfall: Minuspol am P-Gebiet und Pluspol am N-Gebiet verbreitern die Raumladungszone.
  Infolgedessen ist der Stromfluss gesperrt bis auf einen geringen Rest (Sperrstrom), der von den Minoritätsladungsträgern herrührt.

Durchlassfall: Pluspol am P-Gebiet und Minuspol am N-Gebiet baut die Sperrschicht ab, Ladungsträger überschwemmen den PN-Übergang, und es fließt ein großer Strom in Durchlassrichtung.

Durchbruchspannung: Spannung in Sperrrichtung, von der ab eine geringe Spannungserhöhung einen steilen Anstieg des Sperrstroms hervorruft. Ursache: Herauslösen gebundener Elektronen aus dem Kristallgitter in der Raumladungszone infolge hoher Feldstärke (Zenerdurchbruch) oder infolge von Stößen beschleunigter Elektronen, die andere Elektronen aus ihren Bindungen schlagen, was zu lawinenartiger Ladungsträgervermehrung führt (Lawinendurchbruch).

Diskrete Halbleiterbauelemente

Die Eigenschaften des PN-Übergangs und die Kombination mehrerer PN-Übergänge im gleichen Halbleiterkristall-Plättchen (Chip) sind die Basis einer immer noch wachsenden Fülle von Halbleiterbauelementen, die klein, robust, zuverlässig und kostengünstig sind.

Ein PN-Übergang führt zu Dioden, zwei PN-Übergänge führen zu Transistoren, drei und mehr PN-Übergänge zu Thyristoren. Die durch Planartechnik mögliche Zusammenfassung einer Vielzahl solcher Funktionselemente auf einem Chip führt zu der außerordentlich wichtigen Familie der integrierten Halbleiterschaltungen; diese sind Bauelement und Schaltung zugleich.

In der Regel sind die wenige Quadratmillimeter messenden Halbleiter-Chips in genormte Gehäuse (Metall, Keramik, Plastik) montiert.

Dioden

Halbleiterbauelemente mit einem PN-Übergang. Das spezifische Verhalten wird durch den jeweiligen Verlauf der Dotierungskonzentration im Kristall bestimmt. Dioden mit mehr als 1 A Durchlassstrom heißen Leistungsdioden.

Gleichrichterdiode: Sie wirkt wie ein Stromventil und ist deshalb das geeignete Bauelement zur Gleichrichtung von Wechselströmen. Der Strom in Sperrrichtung (Sperrstrom) kann etwa 10^7 mal kleiner sein als der Durchlassstrom. Er wächst mit steigender Temperatur stark an.

Gleichrichter für hohe Sperrspannung:
Hohe Sperrspannung erfordert, dass mindestens eine Zone niedrige Leitfähigkeit hat (hoher Widerstand in Durchlassrichtung und damit zu starke Erwärmung). Durch Einschalten einer sehr schwach dotierten Zone (I) zwischen zwei hochdotierten P- und N-Zonen entsteht ein PIN-Gleichrichter, der hohe Sperrspannung, aber niedrigen Durchlasswiderstand hat (Leitfähigkeitsmodulation).

Schaltdiode: Vorzugsweise für rasches Umschalten von hoher auf niedrige Impedanz und umgekehrt. Die Schaltzeit wird durch zusätzliche Diffusion von Gold verkürzt (begünstigt die Rekombination von Elektronen und Löchern).

Z-Diode: Halbleiterdiode, bei der im Fall wachsender Spannung in Rückwärtsrichtung von einer bestimmten Spannung ab ein steiler Anstieg des Stroms infolge Zener- oder/und Lawinendurchbruchs eintritt. Z-Dioden sind für Dauerbetrieb im Bereich dieses Durchbruchs konstruiert.

Kapazitätsdiode: Die Raumladungszone am PN-Übergang wirkt wie ein Kondensator; Dielektrikum ist das von Ladungsträgern entblößte Halbleitermaterial. Erhöhung der angelegten Spannung verbreitert die Sperrschicht und verkleinert die Kapazität; Spannungserniedrigung vergrößert die Kapazität.

Schottky-Diode: Halbleiterdiode mit einem Metall-Halbleiter-Übergang. Weil Elektronen leichter aus N-Silizium in die Metallschicht gelangen als umgekehrt, entsteht im Halbleiter eine an Elektronen verarmte Randschicht: Schottky-Sperrschicht. Ladungstransport erfolgt ausschließlich durch Elektronen; dadurch extrem schnelles Umschalten, weil keine Minoritäten-Speichereffekte auftreten.

Fotodiode: Halbleiterdiode, bei der der Sperrschichtfotoeffekt ausgenutzt wird. Am PN-Übergang liegt Sperrspannung. Einfallendes Licht löst Elektronen aus der Gitterbindung. Es entstehen dadurch zusätzlich freie Elektronen und Löcher. Sie erhöhen den Sperrstrom (Fotostrom) proportional zur Lichtintensität.

Fotoelement: Siehe Solarzelle

Leuchtdiode: Lichtwellen aussendende Halbleiterdiode.

Transistoren

Zwei eng benachbarte PN-Übergänge führen zum Transistoreffekt und zu Bauelementen, die elektrische Signale verstärken oder als Schalter wirken.

Bipolare Transistoren: Bipolare Transistoren bestehen aus drei Zonen unterschiedlicher Leitfähigkeit: PNP oder NPN.

Die Zonen (und ihre Anschlüsse) heißen: Emitter E, Basis B und Kollektor C.

Nach Einsatzgebieten unterscheidet man: Kleinsignaltransistoren (bis 1 Watt Verlustleistung), Leistungstransistoren, Schalttransistoren, NF-Transistoren, HF-Transistoren, Mikrowellentransistoren, Fototransistoren usw. Sie heißen bipolar, weil Ladungsträger beider Polaritäten (Löcher und Elektronen) beteiligt sind. Im NPN-Transistor steuern positive Ladungsträger (Löcher) des Basisstroms etwa die 100fache Menge von negativen Ladungsträgern (Elektronen), die vom Emitter zum Kollektor fließen.

<u>Wirkungsweise eines Bipolartransistors:</u>
(erklärt für NPN-Transistor): Der Emitter-Basis-Übergang (EB) wird in Durchlassrichtung gepolt. Dadurch werden Elektronen in die Basiszone injiziert.

Der Basis-Kollektor-Übergang (BC) wird in Sperrrichtung gepolt. Dadurch bildet sich eine Raumladungszone mit einem starken elektrischen Feld aus. Eine merkliche Kopplung (Transistoreffekt) tritt ein, wenn die beiden PN-Übergänge sehr nahe beieinander liegen (im Silizium ≈ 10 µm). Dann diffundieren die bei EB injizierten Elektronen durch die Basis zum Kollektor. Sobald sie in die Reichweite des elektrischen Feldes von BC kommen, werden sie ins Kollektorgebiet hinein beschleunigt und fließen als Kollektorstrom weiter. Das Konzentrationsgefälle in der Basis bleibt also bestehen und damit auch die Ursache für weitere Elektronenwanderungen vom Emitter zum Kollektor. Bei üblichen Transistoren geraten 99 % und mehr aller vom Emitter ausgehenden Elektronen in die Raumladungszone und werden zum Kollektorstrom. Die wenigen fehlenden Elektronen sind beim Durchwandern der P-dotierten Basis in die dort befindlichen Elektronenlücken geraten. Sofern nichts anderes geschieht, laden sie die Basis negativ auf, und durch Abstoßungskräfte würde binnen kürzester Zeit (50 ns) das Nachfließen weiterer Elektronen überhaupt verhindert. Ein kleiner Basisstrom aus positiven Ladungsträgern (Löchern) kompensiert beim Transistor diese negative Aufladung ganz oder teilweise. Kleine Änderungen im Basisstrom bewirken somit

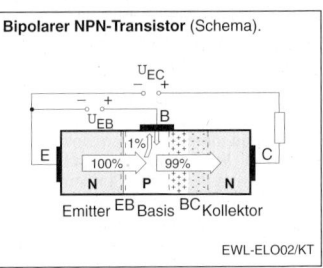

Bipolarer NPN-Transistor (Schema).

EWL-ELO02/KT

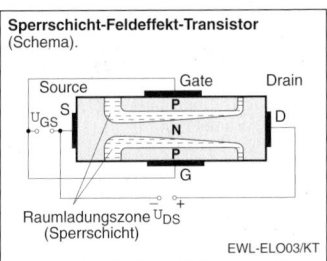

Sperrschicht-Feldeffekt-Transistor (Schema).

Raumladungszone (Sperrschicht)

EWL-ELO03/KT

große Änderungen im Emitter-Kollektor-Strom. Der NPN-Transistor ist ein bipolares, stromgesteuertes, verstärkendes Halbleiterbauelement.

Feldeffekt-Transistoren (FET): Bei ihnen wird der Strom in einem leitenden Kanal im Wesentlichen durch ein elektrisches Feld gesteuert, das durch eine über eine Steuerelektrode angelegte Spannung entsteht. Im Gegensatz zum bipolaren Transistor arbeiten Feldeffekt-Transistoren nur mit Ladungsträgern einer Sorte (Elektronen oder Löcher), daher auch die Bezeichnung Unipolartransistoren. Unterscheidung:
– Sperrschicht-Feldeffekt-Transitoren (Junction-FET, JFET).
– Isolierschicht-Feldeffekt-Transitoren, insbesondere MOS-Feldeffekt-Transistoren (MOSFET), kurz: MOS-Transistoren.

MOS-Transistoren eignen sich gut für hochintegrierte Schaltungen. Leistungs-FET sind für viele Anwendungen ernst zu nehmende Konkurrenten zu bipolaren Leistungstransistoren. Anschlüsse: Gate G, Source S, Drain D.

Wirkungsweise eines Sperrschicht-FET (erklärt für N-Kanal-Typ): An den Enden eines N-leitenden Kristalls liegt Gleichspannung. Elektronen fließen von Source zu Drain. Die Breite des Kanals wird von zwei seitlich eindiffundierten P-Zonen und der an diesen anliegenden negativen Spannung bestimmt. Erhöht man die negative Gate-Spannung, dehnen sich die Raumladungszonen stärker in den Kanal hinein aus und schnüren die Strombahn ein. Die Spannung an der Steuerelektrode G steuert somit den Strom zwischen Source S und Drain D. Für die Funktion des FET sind nur Ladungsträger einer Polarität notwendig. Die Steuerung des Stromes erfolgt nahezu leistungslos. Der Sperrschicht-FET ist also ein unipolares, spannungsgesteuertes Bauelement.

Wirkungsweise eines MOS-Transistors (für P-Kanal-Anreicherungstyp): MOS steht für die typische Schichtenfolge: **M**etal-**O**xide-**S**emiconductor. Ohne Spannung an der Gate-Elektrode fließt zwischen Source und Drain kein Strom: die PN-Übergänge sperren. Durch eine negative Spannung am Gate werden im N-Gebiet unter dieser Elektrode die Elektronen in das Kristallinnere verdrängt und Löcher – die ja als Minoritätsladungsträger auch im N-Silizium immer vorhanden sind – an die Oberfläche gezogen. Es entsteht eine schmale P-leitende Schicht unter der Oberfläche: ein P-Kanal. Zwischen beiden P-Gebieten (Source und Drain) kann jetzt Strom fließen. Er besteht nur aus Löchern. Da die Gate-Spannung über eine isolierende Oxidschicht wirkt, fließt kein Strom im Steuerkreis: die Steuerung erfolgt leistungslos. Der MOS-Transistor ist also ein unipolares, spannungsgesteuertes Bauelement.

PMOS-, NMOS-, CMOS-Transistoren: Neben dem P-Kanal-MOS-Transistor, kurz PMOS-Transistor, gibt es durch Vertauschen der Dotierung den NMOS-Transistor. NMOS-Transistoren sind wegen der höheren Beweglichkeit der Elektronen schneller als PMOS-Transistoren, die aus physikalischen Gründen leichter herstellbar und daher zuerst verfügbar waren.

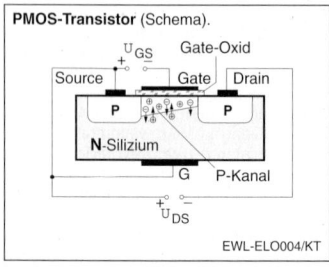

PMOS-Transistor (Schema).

U_{GS} Gate-Oxid

Source Gate Drain

P P

N-Silizium

G P-Kanal

U_{DS}

EWL-ELO004/KT

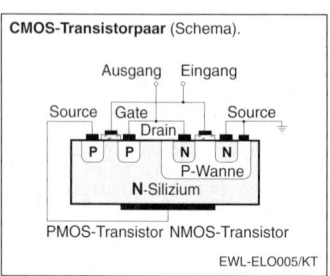

CMOS-Transistorpaar (Schema).

Ausgang Eingang

Source Gate Source

Drain

P P N N

P-Wanne

N-Silizium

PMOS-Transistor NMOS-Transistor

EWL-ELO005/KT

Wenn PMOS- und NMOS-Transistoren paarweise im selben Silizium-Chip hergestellt werden, so spricht man von komplementärer MOS-Technik oder **C**omplementary **MOS**-Transistoren, kurz CMOS-Transistoren. Besondere Vorteile von CMOS-Transistoren: sehr niedrige Verlustleistung, hohe Störsicherheit, unkritische Versorgungsspannung, Eignung für Analogsignalverarbeitung und Hochintegration.

BCD-Mischprozess: Steigende Bedeutung gewinnen integrierte Leistungsstrukturen. Sie werden auf einem Silizium-Chip mit Bipolar- und MOS-Bauelementen realisiert und können damit die Vorteile beider Techniken nutzen. Ein für die Automobilelektronik wichtiger Herstellungprozess, der auch MOS-Leistungsbauelemente (DMOS) ermöglicht, ist der BCD-Mischprozess (**B**ipolar/**C**MOS/**D**MOS).

Thyristoren

Drei aufeinanderfolgende PN-Übergänge führen zum Thyristoreffekt und zu Bauelementen, die – durch elektrische Signale getriggert – wie Kippschalter wirken. Die Benennung „Thyristor" wird als Oberbegriff für alle Arten von Bauelementen benutzt, die von einem Sperrzustand in einen Durchlasszustand (oder umgekehrt) umgeschaltet werden können. Einsatzgebiet in der Leistungselektronik: Drehzahl- und Frequenzsteuerung; Gleichrichtung und Umrichtung; Schalter. Im speziellen Sprachgebrauch bezeichnet „Thyristor" die rückwärtssperrende Thyristortriode.

Vierschichtdiode: Nach DIN: rückwärtssperrende Thyristortriode. Bauelement mit zwei Anschlüssen (Anode A, Katode K) und mit Schaltereigenschaften. Sie hat vier Schichten wechselnder Dotierung. Ihr elektrisches Verhalten lässt sich verstehen, wenn man sich die Vierschichtstruktur als zwei Transistorstrecken T_1 und T_2 vorstellt. Wird die Spannung zwischen A und K erhöht, so steigen die Sperrströme beider Transistoren. Bei einem bestimmten Spannungswert von U_{AK} (Schaltspannung) wird schließlich der Sperrstrom des einen Transistors so groß, dass er den anderen ein wenig aufsteuern kann; umgekehrt erfolgt das Gleiche. Beide Transistoren steuern sich so gegenseitig sehr schnell auf, und die Vierschichtdiode wird leitend: Thyristoreffekt.

Thyristoren mit Steueranschluss: Nach DIN: Thyristortrioden (auch SCR: silicon controlled rectifier), steuerbare Bauteile mit Schaltereigenschaften. Sie bestehen aus vier Zonen wechselnden Leitfähigkeitstyps und haben wie die Vierschichtdiode zwei stabile Zustände (hochohmig und niederohmig). Das Umschalten von einem Zustand in den anderen ist über einen Steueranschluss G (Gate) steuerbar.

GTO-Thyristor: Nach DIN: Abschaltthyristor (GTO: gate turn off), der sich durch einen positiven Steuerimpuls zünden und mit einem negativen Steuerimpuls am gleichen Gate wieder löschen lässt.

Triac: Nach DIN: Zweirichtungs-Thyristortriode (Triac triode alternating current switch), ein steuerbarer Thyristor mit drei Anschlüssen. Er hat zwei Schaltrichtungen, in denen er im Wesentlichen gleiche Eigenschaften hat.

Solarzellen-Photovoltaik

Photovoltaik bezeichnet die direkte Umwandlung von Lichtenergie in elektrische Energie.

Die Bauelemente der Photovoltaik sind die Solarzellen, die im Wesentlichen aus Halbleitermaterialien bestehen. Bei Lichteinwirkung entstehen aufgrund des „Inneren Photoeffekts" im Halbleiter freie Ladungsträger (Elektron/Loch-Paare). Befindet sich im Halbleiter ein PN-Übergang, so werden in dessen elektrischem Feld die Ladungsträger getrennt und zu den Metallkontakten an den Oberflächen des Halbleiters geleitet. Es entsteht je nach Halbleitermaterial eine elektrische Gleichspannung (Photospannung) zwischen den Kontakten von 0,5 ... 1,2 V. Bei Anschluss

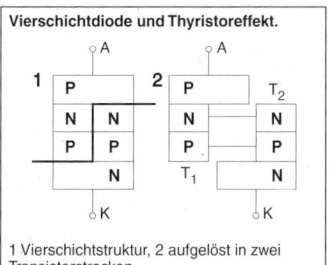

Vierschichtdiode und Thyristoreffekt.

1 Vierschichtstruktur, 2 aufgelöst in zwei Transistorstrecken.

EWL-ELO006/KT

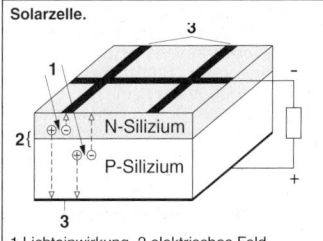

Solarzelle.

1 Lichteinwirkung, 2 elektrisches Feld, 3 Metallkontakt.

EWL-ELO007/KT

eines Verbrauchswiderstands fließt ein Strom (Photostrom) z. B. 2,8 A für eine 100 cm² große Si-Solarzelle bei 0,58 V.

Der Wirkungsgrad der Umwandlung von eingestrahlter Lichtenergie in elektrische Energie (Angaben in Prozent) hängt davon ab, wie gut die Halbleitereigenschaften zur spektralen Verteilung des Lichtes passen und wie gut die entstandenen freien Ladungsträgerpaare getrennt und zu den entsprechenden Kontakten an der Oberfläche geleitet werden.

Damit die freien Ladungsträgerpaare nicht wieder rekombinieren, sollten die Wege im Halbleiter kurz sein (dünne Schichten von einigen μm bis 300 μm) und das Material möglichst wenig störende Kristallgitterfehler und Verunreinigungen aufweisen. Die Herstellprozesse umfassen Verfahren, wie sie auch z. T. bei der Mikroelektronik-Fertigung eingesetzt werden. Das am meisten verwendete Material für Solarzellen ist Silizium. Es wird in einkristalliner, polykristalliner oder amorpher Modifikation verwendet.

Beispiele für die im Labormaßstab erreichten Wirkungsgrade sind für:

Silizium	– einkristallin	24 %
	– polykristallin	17 %
	– amorph	12 %
CdS/Cu$_2$S		9 %
CuInSe$_2$		17 %
GaAs[1]		26 %
Si/GaAs-Tandem[1]		37 %.

Soweit diese Solarzellentypen in Serie hergestellt werden, sind die erzielten Wirkungsgrade durchschnittlich um ca. ein Drittel niedriger.

Die hohen Wirkungsgrade der „Tandemzellen" ergeben sich durch zwei hintereinander geschichtete Solarzellen aus verschiedenen Materialien, die Licht aus unterschiedlichen Spektralbereichen in Ladungsträger umwandeln.

Die einzelnen Solarzellen werden zu Solar-Modulen zusammengeschaltet. Die abgegebene Spannung ist immer eine Gleichspannung, die sich durch Wechselrichter in Wechselspannung umwandeln lässt (z. B. für Netzeinspeisung). Die

---

1) konzentriertes Sonnenlicht.

Solarzellen-Typen

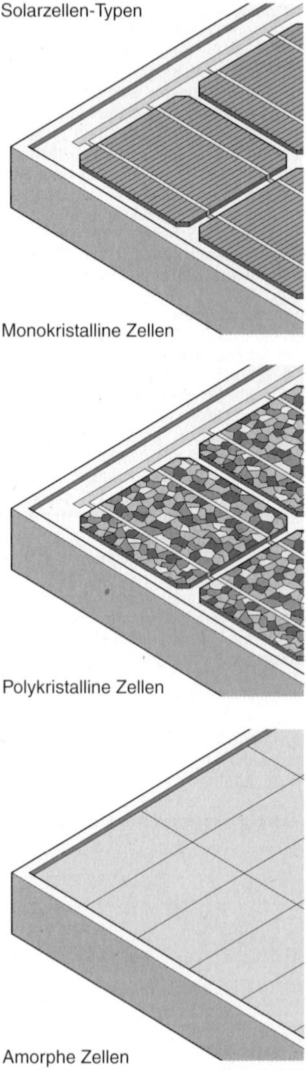

Monokristalline Zellen

Polykristalline Zellen

Amorphe Zellen

EWL-SO001/P

Kenndaten eines Moduls sind dessen Ausgangsspannung und die Leistung bezogen auf volle Sonneneinstrahlung. Die volle Sonneneinstrahlung beträgt ca. 1000 W/m². Hieraus ist die Flächenleistung der Solarzellen entsprechend dem typischen Wirkungsgrad bestimmbar.

Partielle Beschattung von Solarpanels wirken sich durch die Serienschaltung der einzelnen Solarzellen ungünstig aus und müssen vermieden werden.

Ziel der Solarzellenherstellung sind großflächige, in kostengünstigen Prozessen herstellbare Bauelemente. Neben den erprobten Verfahren wie Kristallziehen aus der Schmelze oder Kristallgießen mit anschließendem Sägen der Kristallstäbe bzw. Blöcke in einzelne Scheiben werden Bandziehen, Foliengießen und Abscheiden dünner Halbleiterschichten untersucht. Sind die Kosten von photovoltaisch erzeugter Energie heute noch höher als bei konventionellen Kraftwerken, so werden durch Verbessern der Zellenherstellung, Anhebung der Wirkungsgrade und Massenproduktion weitere Kostenreduzierungen möglich sein. Für manche Anwendungsfälle wie Inselbetrieb (Verbraucher ohne Netzanschluss) oder bei kleinen Leistungen (Uhren, Taschenrechnern) ist die Photovoltaik heute schon die günstigste Lösung.

Zusammenfassung

Elektronische Bauelemente sind einer rasanten Entwicklung unterworfen. Die Vielzahl neuer Bauelemente oder die Verbesserung bestehender Eigenschaften macht es notwendig, sich bei Bedarf durch entsprechende Fachliteratur zu informieren. Eine ausgezeichnete Informationsquelle sind auch die technischen Datenblätter der Hersteller. Durch das immer günstiger werdende Preis/Leistungsverhältnis von Elektronikkomponenten werden diese zunehmend in Konsumgütern eingesetzt.

Elektronik im Elektrowerkzeug

Im Elektrowerkzeug wird elektrische Energie in mechanische Energie umgesetzt, mit welcher die beabsichtigte Arbeitsaufgabe durchgeführt wird. In den weitaus meisten Fällen dient als Energiewandler ein Elektromotor, dessen Drehbewegung durch mechanische Getriebe an die Arbeitsaufgabe angepasst wird. Meist findet eine Drehzahlumsetzung statt oder die Drehbewegung wird in Hub-, Schwing- oder Schlagbewegungen umgesetzt.

Der Elektromotor wird dabei in zunehmendem Maße durch elektronische Komponenten gesteuert, welche entweder selbsttätig oder durch Anwenderbedienung die Eigenschaften des Elektrowerkzeuges maßgeblich beeinflussen.

Im Folgenden werden die wichtigsten elektrischen und elektronischen Komponenten von Elektrowerkzeugen in Aufbau und prinzipieller Funktion beschrieben.

Gründe für den Einsatz von Elektronik im Elektrowerkzeug

Der Einsatz der Elektronik im Elektrowerkzeug ermöglicht es, dessen Eigenschaften optimal an die Arbeitsaufgabe anzupassen. Durch diese Anpassung erreicht man:
– hohe Arbeitsqualität
– hohen Arbeitsfortschritt
– längere Standzeit des Einsatzwerkzeugs
– insgesamt höhere Wirtschaftlichkeit
Die Summe aller Vorteile wiegt die durch die Elektronik verursachten Mehrkosten bei weitem auf, sodass eine Wirtschaftlichkeitsrechnung zwischen einem Elektrowerkzeug ohne und einem Elektrowerkzeug gleichen Typs, aber mit Elektronikausrüstung, stets zugunsten der Elektronik ausfällt.

Grundbegriffe

Die Kenntnis elektrischer Grundbegriffe ermöglicht es, elektrische und elektronische Vorgänge zu verstehen. Hierzu gibt es ein weites Spektrum an Fachliteratur unterschiedlichsten Anspruchs, dessen Lektüre beim Bedarf der Wissensvertiefung empfohlen wird. An dieser Stelle werden die Grundbegriffe deshalb nur in sehr knapper Form beschrieben.
Die wichtigsten Begriffe sind:
– Spannung
– Strom
– Leistung

Spannung
Der Potentialunterschied zwischen zwei Polen einer elektrischen Spannungsquelle (z. B. Akku, Lichtnetz) wird als elektrische Spannung bezeichnet. Die Maßeinheit der elektrischen Spannung ist Volt (V).

Strom
Elektrischer Strom fließt, wenn die zwei Pole einer Spannungsquelle so mit einem Verbraucher verbunden sind, dass der Stromkreis geschlossen ist. Voraussetzungen für den Stromfluss sind das Vorhandensein einer elektrischen Spannung und ein geschlossener Stromkreis. Die Maßeinheit für den elektrischen Strom ist Ampere (A).

Leistung
Die elektrische Leistung ist bei Gleichspannung das Produkt aus elektrischer Spannung und dem elektrischen Strom. Bei Wechselspannung ist die Art der Leistung abhängig vom Typ des angeschlossenen Verbrauchers. Man unterscheidet dann zwischen:
– Wirkleistung
– Scheinleistung
– Blindleistung

Wirkleistung
(Angabe in Watt oder Kilowatt)
Die Wirkleistung erzeugt in elektrischen Verbrauchern eine direkt nutzbare Wirkung, z. B. Erwärmen einer Heizspirale, Lichterzeugung von Glühlampen oder das Arbeiten eines Elektromotors. Die aufgenommene Wirkleistung wird also in Wärme, Licht oder mechanische Arbeit umgesetzt. Bei Gleichspannung entsteht im Gegensatz zur Wechselspannung immer Wirkleistung.

Blindleistung

Die Blindleistung ist von Benutzern elektrischer Geräte nur indirekt verwertbar. Sie wird zum Aufbau der magnetischen Felder in den Wicklungen von Elektromotoren, Transformatoren und Vorschaltdrosseln, z. B. für Leuchtstofflampen, benötigt. Wirklich „verbraucht" wird die Blindleistung nicht. Sie fließt zwischen Generator und Verbraucher hin und her und wirkt ähnlich einem Katalysator: Sie verbraucht sich nicht, aber ohne sie geht auch nichts. Sofern Elektrogeräte solche Baugruppen enthalten, nehmen sie neben Wirkleistung funktionsbedingt auch Blindleistung auf.

Dagegen sind sämtliche Geräte, die elektrische Energie ausschließlich in Wärme umsetzen, also für ihre Funktion keine Magnetfelder benötigen, Wirkleistungsverbraucher. Sie benötigen also keine Blindleistung.

Scheinleistung *(Angabe in VA oder kVA)*

Die Scheinleistung ist die geometrische Summe von Wirk- und Blindleistung. Sie kann als Produkt von Spannung und Strom ermittelt werden

Leistungsfaktor cos φ

Alle induktiven Verbraucher, wie Motoren, Generatoren und Transformatoren, haben einen Leistungsfaktor, „cos φ" (cosinus phi)

In einer von Wechselstrom durchflossenen Wicklung baut sich ein Magnetfeld auf, dessen Kraftlinien die Windungen der eigenen Spule schneiden. Es wird in der Spule eine Spannung induziert, die ihrer Ursache entgegenwirkt. Strom und Spannung sind dadurch zeitlich verschoben. Man nennt diesen Vorgang die Phasenverschiebung. Der Leistungsfaktor cos φ ist bei nicht induktiven und nicht kapazitiven Verbrauchern wie Glühlampen und elektrischen Heizgeräten stets =1, bei induktiven Verbrauchern immer <1.

Der Leistungsfaktor cos φ lässt sich durch das Verhältnis von Wirk- zu Scheinleistung ausdrücken.

Elektrowerkzeuge mit Universal (Kollektor- oder Kommutator-) Motor haben einen Leistungsfaktor von etwa cos φ = 0,9...1,0, er kann daher vernachlässigt werden.

Maschinen und Werkzeuge mit Asynchronmotoren hingegen haben einen Leistungsfaktor von etwa cos φ = 0,8, der immer berücksichtigt werden muss.

Energiequellen

Als Energiequellen für Elektrowerkzeuge kommen
– öffentliche Netze
– mobile Stromerzeuger
– Batterien (Akkumulatoren)
in Frage. Jede dieser Energiequellen hat unterschiedliche Eigenschaften, welche bei der Auswahl für das entsprechende Elektrowerkzeug eine wichtige Rolle spielen und die bei der Anwendung beachtet werden müssen. Die Beschreibung hierzu findet sich in den entsprechenden Kapiteln.

Elektronische Bauteile

Die elektronischen Steuer- und Regeleinrichtungen bestehen meist aus in sich geschlossenen Baugruppen, die an geeigneter Stelle, meist in der Schalterbaugruppe, untergebracht sind. Innerhalb dieser Baugruppen finden elektronische Bauteile wie:
– Schalter
– Widerstände
– Dioden
– Transistoren
– Thyristoren
– Integrierte Schaltkreise
– Prozessoren
– Sensoren
Verwendung. Für detaillierte Beschreibungen von Typen, Aufbau und Funktion gibt es umfangreiche Fachliteratur. Im Folgenden wird deshalb nur auf die grundsätzliche Funktion eingegangen.

Schalter

Im Elektrowerkzeug werden elektromechanische Schalter verwendet: Zwei Kontakte werden durch mechanische Betätigung miteinander verbunden oder getrennt. Entsprechend wird der Stromkreis geschlossen oder unterbrochen. Je nach Art und Konstruktion werden die Schalter durch Drehbewegung, Schwenkbewegung oder einer Kombination von Bewegungen betätigt.

Der Schalter ist einer eventuell vorhandenen Elektronik vorgeschaltet. Schalter können ein- oder mehrstufig sein. Bei Elektronikgeräten ist der Schalter gleichzeitig der Sollwertgeber für die Drehzahl, indem die Schaltermechanik einen Stellwiderstand betätigt, dessen Wert die Elektronik steuert. Ebenso können mit dem Schalter Verriegelungen verbunden sein, welche die Schalterbetätigung sperren oder lösen können.

Widerstände

Elektrische Widerstände dienen der Begrenzung von Strömen, dienen als Spannungsteiler und finden innerhalb der elektronischen Schaltungen Verwendung. Als Einzelbauteil finden Widerstände nur in der Anlaufstrombegrenzung von großen Winkelschleifern Verwendung.

Dioden

Dioden sind Halbleiterbauelemente, welche den Stromfluss nur in einer Richtung gestatten. Sie sind mechanisch mit einem Rückschlagventil vergleichbar. Dioden werden in der Wechselstromtechnik zum Durchlassen oder Sperren von Wechselstrom-Halbwellen verwendet.

Varianten der Dioden sind sogenannte Leuchtdioden (LED), die beim Anlegen von Spannung sichtbares Licht aussenden, welches für Anzeige- und Signalzwecke verwendet werden kann, Fotodioden, welche auf Lichteinfall reagieren, und Laserdioden, mit welchen Laserstrahlung erzeugt werden kann.

Transistoren

Transistoren sind „aktive" Bauelemente, welche durch ein entsprechendes Steuersignal den Stromfluss ermöglichen, beeinflussen oder sperren können.

Transistoren kommen als gesteuerte Schaltelemente bei Akkuwerkzeugen und bei Ladegeräten zur Anwendung.

Thyristoren

Thyristoren sind wie Transistoren „aktive" Bauelemente, welche durch ein entsprechendes Steuersignal eingeschaltet werden und damit den Stromfluss ermöglichen, aber nicht durch ein Steuersignal

ausgeschaltet werden können. Sie kennen nur die Schaltzustände „ein" und „aus". Wenn die an sie gelegte Spannung auf null zurückgeht (Wechselspannung!), fallen sie stets in den Schaltzustand „aus" zurück.

Thyristoren und Triacs (auf einem Halbleiterchip verschaltete Thyristorenkombination) sind die zentralen Steuerelemente in elektronischen Steuer- und Regelanlagen für Wechselspannung.

Integrierte Schaltkreise

Unter integrierten Schaltkreisen versteht man die Zusammenfassung von elektronischen Bauelementen, meist aber Transistoren, auf einen einzigen oft nur wenige Millimeter großen Halbleiterchip. Die Anzahl der in einem Chip angeordneten Transistoren kann von wenigen Hundert bis zu mehreren Millionen (Mikroprozessoren) betragen.

Prozessoren

Prozessoren sind meist integrierte Mikroprozessoren, die aufgrund von äußeren Signalen und/oder eingespeicherten Programmen selbständig Rechenoperationen ausführen. Prozessoren dienen zum Steuern von Mess- und Regelfunktionen im Elektrowerkzeug. Eine Sonderform stellen sogenannte „Fuzzy"-Prozessoren dar. Diese Prozessoren arbeiten nicht nach starren, einprogrammierten Regeln, sondern reagieren innerhalb vorgegebener Freiräume flexibel.

Sensoren

Sensoren dienen dem Erfassen von Messgrößen, um sie zur Anzeige zu bringen oder als Steuergröße bzw. Rückmeldung eines momentanen Betriebszustandes einer Regeleinrichtung zuzuführen. Im Elektrowerkzeug typische Sensoren erfassen beispielsweise die Temperatur oder die Drehzahl (Tachogenerator).

Möglichkeiten der Drehzahl- und Leistungsbeeinflussung von Elektrowerkzeugen

Elektrowerkzeuge werden für die unterschiedlichsten Arbeitsaufgaben eingesetzt. Dabei können unterschiedliche Drehzahlen oder Drehmomente gefordert sein, um entweder hohe Arbeitsqualität, hohen Arbeitsfortschritt, Sicherheit für den Anwender oder alle Forderungen zusammen zu gewährleisten.

In der Praxis werden diese Forderungen durch Verändern der Drehzahl, des Stromes durch den Motor oder beides erreicht.

Steuern von Drehzahlen

Für die Steuerung der Drehzahl gibt es drei grundsätzliche Methoden, mit denen sich die Forderungen an die Einsatzflexibilität des Elektrowerkzeuges typentsprechend realisieren lassen.

In Stufen: Diese Methode wird angewendet, wenn die Eigenschaften des Elektrowerkzeuges damit so beeinflusst werden können, dass die Praxisanforderungen voll erfüllt werden. Die Stufenfolge ist üblicherweise langsam – mittel – schnell. Typische Anwendung der Stufenschaltung ist beispielsweise der Elektroschaber.

In Bereichen: Es gibt Elektrowerkzeuge, die nur oberhalb einer bestimmten Mindestdrehzahl den erforderlichen Arbeitsfortschritt erbringen können oder durch Fehlbedienung unterhalb einer Grenzdrehzahl so stark belastet werden können, dass die Kühlleistung des mit der Motordrehzahl rotierenden Lüfters die im Motor entstehende Erwärmung nicht mehr ausreichend abführen kann (Beispiel: Winkelschleifer). Daneben gibt es auch Elektrowerkzeuge (Oberfräsen, Hobel), bei denen eine zu geringe Drehzahl das Einsatzwerkzeug zu stark belastet oder gar zerstört, in jedem Falle aber die geforderte Arbeitsqualität nicht mehr bringt. Typische Stellbereiche sind zwischen 30 % und 100 % bzw. zwischen 50 % und 100 % der Höchstdrehzahl.

Stufenlos: Stufenlose Drehzahlsteller ermöglichen jede beliebige Drehzahleinstellung zwischen Stillstand und Höchstdrehzahl. Diese Variante ermöglicht bei bestimmten Werkzeugtypen (Bohrmaschinen, Schrauber, Hubsägen) ein punktgenaues Ansetzen der Maschine an das Werkstück und damit einen sicheren, präzisen Arbeitsbeginn. Nach dem Eingriff des Einsatzwerkzeuges sollte die Drehzahl zügig auf das erforderliche Maß gesteigert werden. Wird die Maschine zu lange und mit zu hoher Belastung bei niedrigsten Drehzahlen betrieben, kommt es durch den Mangel an Kühlleistung zum Durchbrennen des Motors oder zur Entmagnetisierung bei Dauermagneten.

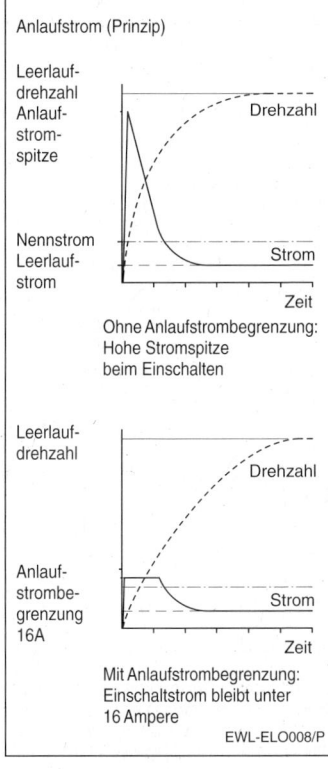

Ohne Anlaufstrombegrenzung:
Hohe Stromspitze
beim Einschalten

Mit Anlaufstrombegrenzung:
Einschaltstrom bleibt unter
16 Ampere

EWL-ELO008/P

Steuern von Strömen

Beim Einschalten eines Elektromotors muss das magnetische Feld aufgebaut werden, die rotierenden Teile (Motor, Getriebe, Einsatzwerkzeug) aus dem Stillstand auf die Leerlaufdrehzahl beschleunigt werden.

Für diesen Vorgang nimmt ein Elektromotor je nach Bau- und Betriebsart kurzzeitig bis zum 5fachen seiner Nennleistung auf. Da die an ihn beim Einschalten gelegte Spannung sich nicht wesentlich ändert, bedeutet dies, dass kurzzeitig der Strom auf das 5fache ansteigen kann. In der Praxis bedeutet dies, dass ein Winkelschleifer, welcher bei 230 Volt Betriebsspannung eine Nennleistungsaufnahme von 2.300 Watt und damit einen Nennstrom von 10 Ampere hat, im Anlauf einen Strom von ca. 50 Ampere zieht.

Dieser hohe Anlaufstrom, der bei jedem Einschalten erneut auftritt, hat folgende Wirkungen:
– Die Schalterkontakte, die Kohlebürsten und die Kollektorlamellen müssen diesen Strom übertragen und haben in dieser Phase einen erhöhten Verschleiß.
– Der Motor stützt das hohe Anlaufdrehmoment über das Maschinengehäuse auf den Anwender ab. Dieses „Aufbäumen" der Maschine ist unangenehm und kann, wenn das Elektrowerkzeug nicht sicher geführt wird, für den Anwender gefährlich sein.
– Die Sicherung des Lichtnetzes sind in der Regel mit 16 Ampere (teilweise nur 10 Ampere) abgesichert. Die Sicherung erkennt den hohen Anlaufstrom nach einer gewissen Zeit als Kurzschluss und löst aus.

Anlaufstrombegrenzung

Alle obengenannten Folgen des Anlaufstromes sind unerwünscht. Durch eine Anlaufstrombegrenzung können sie vermieden werden. Es gibt grundsätzlich zwei Methoden der Anlaufstrombegrenzung:
– vollelektronisch
– elektromechanisch mittels Widerstand

Elektronisch: Bei der elektronischen Anlaufstrombegrenzung kann man durch entsprechende Schaltungsmaßnahmen dafür sorgen, dass bei jedem Einschalter die an den Motor gelegte Spannung von null an „langsam" auf den Nennwert erhöht wird. Der Motor beschleunigt dadurch etwas langsamer, die Folge ist ein verminderter Anlaufstrom.

Die elektronische Anlaufstrombegrenzung wird immer dann angewendet, wenn das betreffende Elektrowerkzeug ohnehin mit einer Regelelektronik ausgerüstet ist.

Elektromechanisch mittels Widerstand: Es gibt Elektrowerkzeuge, die man wegen ihrer hohen Leistungsreserven oder ihrer Anwendungsart nicht mit einer Regelelektronik ausrüsten muss (große Winkelschleifer). In diesem Fall wird ein mechanischer Schalter verwendet, der bei jedem Einschalten automatisch mit einer kleinen Zeitverzögerung über zwei Stufen schaltet: In der ersten Einschaltstufe fließt der Anlaufstrom über einen Widerstand, welcher den Strom auf 16 Ampere begrenzt. Mit diesem Strom beschleunigt der Motor ca. 1...1,5 Sekunden lang. Damit erreicht er eine genügend hohe Drehzahl, damit in der folgenden Schaltstufe, bei der der Motor direkt an die Netzspannung gelegt wird, den Wert von 16 Ampere ebenfalls nicht mehr überschreitet.

Drehmomentbegrenzung

Drehmomentbegrenzung ist bei bestimmten Elektrowerkzeugtypen sinnvoll, um
– den Arbeitsprozess zu optimieren
– die Sicherheit zu erhöhen
Drehmomentbegrenzung kann beim Elektrowerkzeug mechanisch durch Rutschkupplungen oder Überrastkupplungen erfolgen (Schrauber, Bohrhämmer), aber auch elektronisch. Im Folgenden soll nur auf die elektronische Drehmomentbegrenzung eingegangen werden.

Mit der elektronischen Drehmomentbegrenzung ist es verhältnismäßig leicht und kostengünstig möglich, ein mit einer Regelelektronik ausgerüstetes Elektrowerkzeug zusätzlich mit Funktionen auszustatten, welche mechanisch nur mit relativ hohem und kostenintensivem Aufwand möglich wären. Wird beispielsweise eine Schlagbohrmaschine mit einer einstellbaren Drehmomentbegrenzung ausgerüstet, so ergibt sich folgende Erweiterung des Anwendungsbereiches:

Die Maschine kann, in begrenztem Umfang (weiche Schraubfälle), zum Einschrauben von Holzschrauben mit Senkkopf verwendet werden. Die Drehmomentbegrenzung (auch Power Control oder Torque Control genannt) wird dabei so vorgewählt, dass die Maschine in dem Moment abgeschaltet wird, in dem die Schraube durch bündiges Eindringen des Senkkopfes in das Holz das eingestellte Grenzdrehmoment aufnimmt. Bei gleichmäßiger Holzbeschaffenheit und langsamen, gefühlvollem Arbeiten ist eine hohe Wiederholgenauigkeit des Schraubvorganges gegeben.

Beim Bohren in armiertem Beton kann es im Schlagbohrbetrieb vorkommen, dass der Bohrer durch einen Armierungstreffer blockiert. Durch entsprechende Drehmomentvorwahl kann die Drehmomentbegrenzung hier die Funktion einer Sicherheitskupplung übernehmen und stehen bleiben, wobei ein Herumschleudern der Maschine und eine Verletzungsgefahr verringert wird.

Überlastbegrenzung

Bei bestimmten Elektrowerkzeugen bzw. Anwendungen kann es zum Blockieren des Einsatzwerkzeuges und damit des Antriebsmotors kommen. Typische Fälle sind das Klemmen von Kreissägeblättern oder von Trennscheiben, wenn das Material unter Spannungen steht oder nicht fachgerecht gearbeitet wird. Im Blockadefall fließt etwa der 5fache Nennstrom durch eine Wicklung des Motors und kann diese innerhalb von Sekunden zerstören.

Mit einer elektronischen Überlastbegrenzung kann man den Motorstrom derart überwachen, dass er im Blockierfall durch Spannungsabsenkung am Motor auf einen weniger hohen Wert zurückgeregelt wird. Der Anwender gewinnt dadurch erheblich mehr an Reaktionszeit, während der er den Überlastzustand erkennen und beenden kann.

Steuern von Spannungen

Steuern von Spannungen bedeutet beim Elektrowerkzeug das Anlegen von Spannungen zwischen null und der vollen Netzbzw. Batteriespannung an den Antriebsmotor. Dies kann stetig-variabel erfolgen, dann spricht man bei Elektrowerkzeugen von „Gasgebefunktion", oder durch festes vorheriges Einstellen an einem Stellelement, dann spricht man bei Elektrowerkzeugen von „Drehzahlvorwahl".

Das Steuern von Spannungen ist bei Wechselspannung erheblich einfacher als bei Gleichspannung, weil die Wechselspannung im Verlauf ihrer periodischen Nulldurchgänge automatisch die zur Spannungsänderung verantwortlichen Elektronikbauteile steuert.
Es gibt grundsätzlich zwei Möglichkeiten:
– die „elektronische Gangschaltung" mit 2 Geschwindigkeitsstufen
– die variable Geschwindigkeitssteuerung.

Elektronische „Gangschaltung"

Bei der „elektronischen Zweigang-Schaltung", auch Diodenschaltung genannt, wird der Motor im ersten (langsamen) Gang nur mit einer Halbwelle der Wechselspannung betrieben. Die sich im Mittelwert dadurch ergebende Spannung am Motor beträgt die Hälfte der Nennspannung 230 Volt, die Drehzahl wird dadurch auf etwa 50 % reduziert.

Im zweiten (schnellen) Gang wird der Motor mit beiden Halbwellen der Wechselspannung betrieben, der Motor dreht mit voller Drehzahl.

Funktion

Man verwendet einen 2-stufigen Schalter. In der ersten Schaltstufe wird der Motor über einen einfachen Gleichrichter (Diode) an die Netzspannung gelegt. Dieser Gleichrichter lässt eine der Halbwellen der Wechselspannung zum Motor durch, die andere Halbwelle der Wechselspannung wird gesperrt. In der zweiten Schaltstufe wird der Gleichrichter vom Schalter überbrückt, dadurch fließen jetzt beide Halbwellen zum Motor.

Eigenschaften

Vorteil: Es ist für mit Wechselspannung betriebene Universalmotoren die preiswerteste Art, zwei unterschiedliche Drehzahlstufen zu erhalten.

Nachteile: Man hat nur zwei feste Drehzahlstufen zur Verfügung, in der langsamen Schaltstellung verfügt der Motor nur über wenig Kraft.

Steuerelektronik

Die Steuerelektronik ist eine Möglichkeit, die Drehzahl oder Hubzahl eines Elektrowerkzeuges durch manuellen Eingriff des Benutzers innerhalb eines bestimmten Bereiches oder von null bis zum Höchstwert zu steuern. Mögliche Ausführungsformen sind die Halbwellenelektronik und die Vollwellenelektronik.

Steuerelektronik (Prinzip)

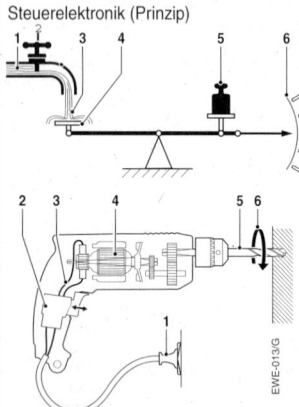

EWE-013/G

Am Wasserkraft-Beispiel werden die elektrischen Vorgänge klar. Der Wasserstrom drückt die Prallplatte nach unten, über den Waagebalken wird das Gewicht in der Schwebe gehalten. Ein Zeiger am Waagebalken zeigt die Stellung an.

Pos.	Prinzip	„Wassermodell"	Realität
1	Energiequelle	Wasserleitung	Steckdose/Akku
2	Verstellmöglichkeit	Wasserhahn	Steuerelektronik
3	Energiestrom	Wassermenge	elektr. Strom
4	Energiewandler	Aufprallschale	Motor
5	Energieaufnahme	Gewicht	Belastung (Drehmoment)
6	Anzeige	Waagenskala	Drehzahl

EWL-ELO010/G

Elektronische 2-Gang-Schaltung

Wechselspannungsverlauf

Schalterstellung und Stromfluss

Schalterstellung 1: Diode lässt nur die positive Halbwelle durch.
Stromfluss: Nur während positiver Halbwelle.
Drehzahl: Halbe Drehzahl.

Wechselspannungsverlauf

Schalterstellung und Stromfluss

Schalterstellung 2: Beide Halbwellen liegen direkt am Motor.
Stromfluss: Nur während beider Halbwellen.
Drehzahl: Volle Drehzahl.

EWL-ELO009/G

Halbwellenelektronik

Bei der Halbwellenelektronik wird nur eine der beiden Halbwellen der Wechselspannung ausgenützt.

Vollwellenelektronik

Bei der Vollwellenelektronik werden beide Halbwellen der Wechselspannung ausgenützt.

Vergleich Halbwellenelektronik – Vollwellenelektronik

Bei richtiger Auslegung von Motor und Elektronik haben beide Arten ihre Vorteile und Berechtigung.

Die Halbwellenelektronik hat den Vorteil der geringeren Kosten, sie wird deswegen hauptsächlich bei der Steuerelektronik verwendet.

Die Vollwellenelektronik ist aufwendiger, ermöglicht aber eine bessere Effizienz bei Regel- oder Konstantelektronik.

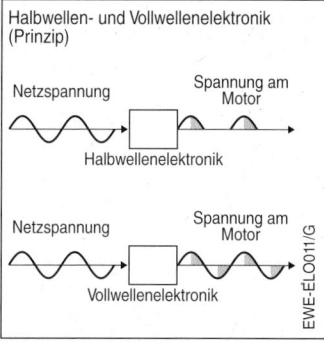

Halbwellen- und Vollwellenelektronik (Prinzip)

Netzspannung   Spannung am Motor

Halbwellenelektronik

Netzspannung   Spannung am Motor

Vollwellenelektronik

EWE-ELO011/G

Funktion der Steuerelektronik bei Wechselspannung

Innerhalb der Steuelektronik ermöglichen steuerbare Halbleiter (Thyristoren, Triacs) zu einem genau definierten Zeitpunkt innerhalb der Laufzeit einer Halbwelle der Wechselspannung den Stromfluss durch den Motor zu ermöglichen. Mit dem Ende der Halbwelle, also wenn die Netzspannung durch null geht, unterbricht sich die Elektronik selbsttätig und schaltet damit auch den Stromfluss zum Motor aus, um bei der nächsten Halbwelle wie vorher zum bestimmten Zeitpunkt den Motor wieder „einzuschalten". Durch Verändern („Steuern") des Einschaltpunktes innerhalb der Halbwelle kann die Zeit, während durch den Motor Strom fließt, ihm also Energie zugeführt wird, verkürzt oder verlängert werden. Fließt innerhalb der Halbwelle nur kurz Strom durch den Motor, sind sein Drehmoment und auch die Drehzahl ge-

ring. Fließt innerhalb der Halbwelle längere Zeit Strom durch den Motor, sind sein Drehmoment und die Drehzahl größer.

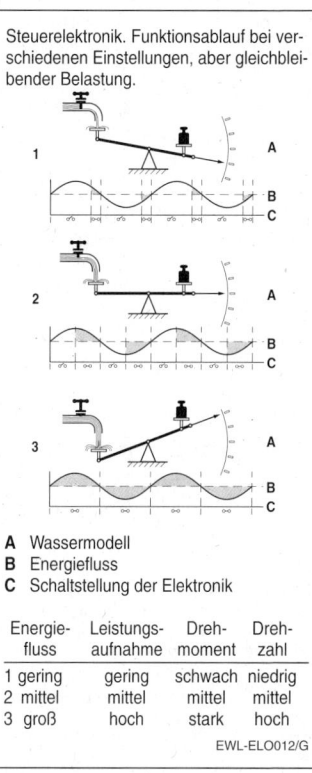

Steuerelektronik. Funktionsablauf bei verschiedenen Einstellungen, aber gleichbleibender Belastung.

1

2

3

A
B
C

A Wassermodell
B Energiefluss
C Schaltstellung der Elektronik

Energie-fluss	Leistungs-aufnahme	Dreh-moment	Dreh-zahl
1 gering	gering	schwach	niedrig
2 mittel	mittel	mittel	mittel
3 groß	hoch	stark	hoch

EWL-ELO012/G

Wird nun der Motor bei einer bestimmten Drehzahl belastet und ist die Belastung höher als das Drehmoment, welches der Motor aufbringen kann, fällt die Drehzahl weiter zurück, unter Umständen bis zum Stillstand. Dem kann dadurch gegengesteuert werden, dass der Anwender „mehr Gas gibt" und dadurch dem Motor mehr Energie zur Verfügung stellt. Da dieses „Gasgeben" nicht automatisch erfolgt, sondern vom Anwender „gesteuert" werden muss, nennt man diese Art der Elektronik „Steuerelektronik".

Steuerelektronik. Funktionsablauf bei gleicher Einstellungen, aber unterschiedlicher Belastung.

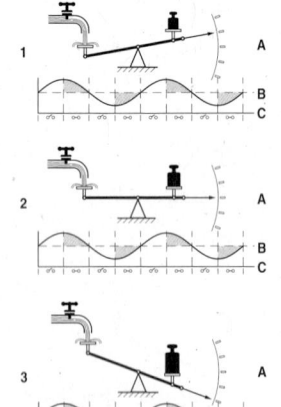

A Wassermodell
B Energiefluss
C Schaltstellung der Elektronik

Energie-fluss	Leistungs-aufnahme	Dreh-moment	Dreh-zahl
1 mittel	gering	gering	hoch
2 mittel	mittel	mittel	mittel
3 mittel	hoch	hoch	niedrig

EWL-ELO013/G

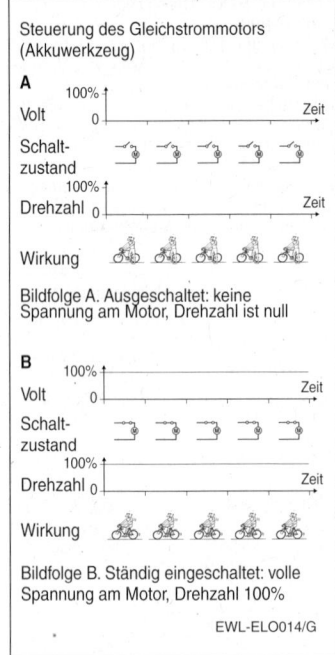

Steuerung des Gleichstrommotors (Akkuwerkzeug)

Bildfolge A. Ausgeschaltet: keine Spannung am Motor, Drehzahl ist null

Bildfolge B. Ständig eingeschaltet: volle Spannung am Motor, Drehzahl 100%

EWL-ELO014/G

Steuerelektronik bei Gleichspannung (Akkumaschinen)

Die Steuerelektronik bei Gleichspannung ist komplizierter als bei Wechselspannung, weil die Gleichspannung ja gleich bleibt und nicht wie die Wechselspannung durch null geht. Die Schaltung ist also aufwendiger, weil die Elektronik neben dem Einschaltvorgang auch den Abschaltvor-

gang machen muss.

Ihre Funktion ist wie folgt: Die Elektronik ist im Grunde genommen ein Ein-/Ausschalter. Sie schaltet die Akkuspannung für einen Sekundenbruchteil an den Motor. Nach wenigen Millisekunden schaltet die Elektronik wieder aus, der Motor jedoch dreht durch seine Schwungmasse (und mit Hilfe des in der Rotorwicklung gespeicherten Stromes, welcher über eine sogenannte Freilaufdiode weiterfließt) weiter. Dann, nach einer Pause von wenigen Millisekunden, wiederholt sich der Vorgang. Wenn die Zeitspanne, in welcher der Motor „eingeschaltet" ist, länger wird, erhöht sich seine Drehzahl. Wenn die Zeitspanne, in welcher der Motor „ausgeschaltet" ist, größer wird, verringert sich die Motordrehzahl. Technisch ausgedrückt heißt dies, dass die Motordrehzahl durch eine Veränderung des Taktverhältnisses (so nennt man das Verhältnis zwischen „ein" und „aus") gesteuert wird.

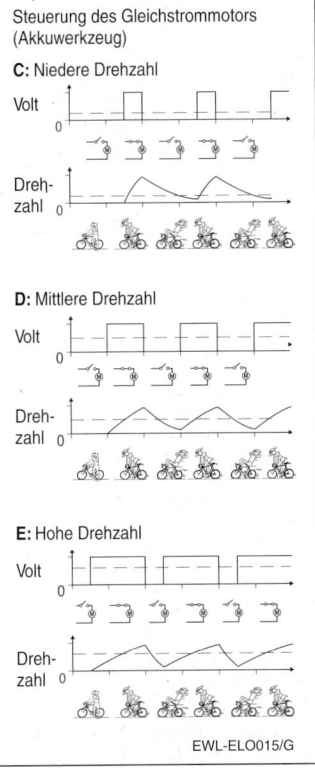

Steuerung des Gleichstrommotors (Akkuwerkzeug)

C: Niedere Drehzahl

Volt

Drehzahl

D: Mittlere Drehzahl

Volt

Drehzahl

E: Hohe Drehzahl

Volt

Drehzahl

EWL-ELO015/G

Um einen gleichmäßigen Motorlauf zu erreichen, folgen die Ein- und Ausschaltvorgänge zeitlich sehr schnell aufeinander, so etwa 10 000-mal pro Sekunde. Als Schaltelemente verwendet man eine spezielle Art von Transistoren, die nahezu verlustlos schalten. Damit man die begrenzte Energie des Akkus bei Volllast besonders gut ausnützt, wird beim vollen Betätigen des Griffschalters, also in der Volllaststellung, die Elektronik durch einen mechanischen Kontakt überbrückt, die Elektronik also umgangen.

Eigenschaften der Steuerelektronik

Die Steuerelektronik gestattet dem Anwender, die Drehzahl an bestimmte Arbeitsvorgänge anzupassen. So kann beispielsweise beim Arbeitsbeginn (Anbohren mit der Bohrmaschine, Ansägen mit der Stichsäge) mit niedriger Drehzahl oder Hubzahl gearbeitet werden, bis das Einsatzwerkzeug richtig „gefasst" hat. Das Arbeitsergebnis wird dadurch qualitativ besser, eine unter Umständen vorhandene Unfallgefahr drastisch vermindert. Typisch für die Steuerelektronik ist, dass die bei Belastung sinkende Drehzahl vom Anwender manuell nachzustellen („steuern") ist.

Steuern von Strömen

Der Stromfluss durch einen elektrischen Verbraucher ist abhängig von der an ihn gelegten elektrischen Spannung und / oder dem elektrischen Widerstand des Verbrauchers. Der Strom durch den Verbraucher kann also gesteuert werden durch:
– die Veränderung der Spannung
– die Veränderung des elektrischen Widerstandes des Verbrauchers.
Die letztere Möglichkeit wird meist durch umschaltbare Motorwicklungen realisiert, kommt aber bei den in Elektrowerkzeugen verwendeten Motoren so gut wie nie vor.

Regelelektronik

Die Regelelektronik unterscheidet sich von der Steuerelektronik in einem Elektrowerkzeug dadurch, dass eine vorgegebene Drehzahl oder Hubzahl weitgehend unabhängig von einer Änderung des Lastzustandes konstant eingehalten wird. Diese Regelung erfolgt selbsttätig und stetig, ohne dass der Anwender eingreift.

Die Konstanthaltung einer einmal eingestellten Drehzahl erlaubt effiziente Nutzung des Einsatzwerkzeuges bei hohem Wirkungsgrad und mit hohem Arbeitsfortschritt

Mögliche Ausführungsformen sind:
– Drehzahlkonstanthaltung über einen manuell und kontinuierlich vorgebbaren Bereich
– Drehzahlkonstanz über eine manuell in

Stufen voreinstellbare Drehzahl
– Drehzahlkonstanz einer konstruktiv fix
vorgegebenen Drehzahl

Kontinuierliche Drehzahlregelung
Wie bei der Steuerelektronik wird die gewünschte Drehzahl manuell vorgegeben. Der jeweils vorgegebene Wert wird dann konstant gehalten. Dies ist auch dann der Fall, wenn während des Betriebes die Einstellung verändert wird: Die Regelung folgt also stets der manuellen Vorgabe. Diese Art der Regelung ist typisch für Elektrowerkzeuge, welche beim Ansetzen an das Werkstück von der Drehzahl null an langsam hochgefahren werden, beispielsweise Bohrmaschinen, Diamant-Kernbohrmaschinen und Stichsägen.

Regelung der Drehzahl in Stufen
Diese Methode wird angewendet, wenn die Arbeitsaufgabe ein ständiges Ändern der Drehzahl nicht erforderlich macht. Dieses ist beispielsweise bei Bohr- und Schlaghämmern, bei Kreissägen, Oberfräsen und bei kleinen Winkelschleifern der Fall. Die Einstellung erfolgt über ein vom Schalter getrenntes Einstellrad, welches üblicherweise in 6 Stufen eingeteilt ist, wobei Zwischenstellungen möglich sind.

Festdrehzahlregelung
Hobel, Trennschleifer, Mauernutfräsen und kleine Winkelschleifer werden meist mit voller Drehzahl betrieben, sodass hier eine Drehzahlvoreinstellung nicht benötigt wird. In diesen Fällen wird eine fix vorgegebene Drehzahl (die Höchstdrehzahl) durch die Regelung konstant gehalten. Diese Variante der Regelung wird auch als „Constant-Electronic" bezeichnet.

Funktion
Die direkte Drehzahlbeeinflussung des Motors funktioniert bei der Regelelektronik genau so wie bei der Steuerelektronik. Das heißt: Die Spannung am Motor wird durch Verringern oder Verlängern der Einschaltzeit während der Halbwellen (bei der Regelelektronik werden in der Regel beide Halbwellen, also eine Vollwellenelektronik, verwendet) verändert. Diesem Regler gibt man von Hand über den Schaltergriff oder

ein Stellrad eine bestimmte Drehzahl vor, beziehungsweise eine fixe Drehzahl ist in diesen Regler einprogrammiert.

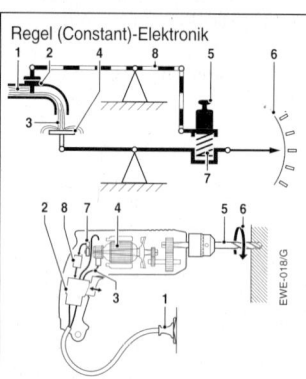

Regel (Constant)-Elektronik

EWE-018/G

Am Wasserkraft-Beispiel werden die elektrischen Vorgänge klar. Der Wasserstrom drückt die Prallplatte nach unten, über den Waagebalken wird das Gewicht in der Schwebe gehalten. Ein Zeiger am Waagebalken zeigt die Stellung an.

Pos.	Prinzip	„Wassermodell"	Realität
1	Energiequelle	Wasserleitung	Steckdose
2	Verstellmöglichkeit	Verstellschieber	Elektronik
3	Energiestrom	Wassermenge	elektr. Strom
4	Energiewandler	Aufprallschale	Motor
5	Energieaufnahme	Gewicht	Belastung (Drehmoment)
6	Anzeige	Waagenskala	Drehzahl
7	Belastungssensor	Feder	Tachogenerator
8	Rückführung der Belastung	Übertragungsgestänge	Regler

EWL-ELO016/G

Damit dieser Regler regeln kann, braucht er ein Signal, wie schnell sich der Motor gerade dreht. Also ist in einem Elektrowerkzeug mit Regelelektronik zusätzlich ein Sensor (Drehzahlmesser) eingebaut, welcher die Motordrehzahl misst.

Regel (Constant)-Elektronik. Funktion bei steigender Belastung und mittlerer Drehzahleinstellung

A Wassermodell **B** Energiefluss
C Schaltstellung der Elektronik

EWL-ELO017/G

Die Regelelektronik verfügt also über einen geschlossenen Regelkreis: Die tatsächliche Drehzahl (Istwert) des Motors wird erfasst und mit der vom Anwender vorgegebenen Drehzahl (Sollwert) verglichen. Im ausgeregelten Zustand muss die tatsächliche Drehzahl der vorgegebenen Drehzahl entsprechen. Vermindert sich durch steigende Belastung die Ist-Drehzahl, dann erhöht die Regelelektronik die Spannung am Motor so

lange, bis dieser die Solldrehzahl wieder erreicht. Wird die Belastung plötzlich geringer, dann steigt die Ist-Drehzahl an und wird höher als die Solldrehzahl. Dies wird vom Regler erkannt, der dann die Spannung am Motor so lange vermindert, bis die Ist-Drehzahl wieder der Solldrehzahl entspricht.

Diese Regelvorgänge spielen sich laufend und in so schneller Reihenfolge mehrmals pro Sekunde ab, dass es der Anwender nicht wahrnimmt. Für ihn entsteht damit in der Praxis der Eindruck einer konstanten Drehzahl.

Die Genauigkeit einer Regelelektronik wird wesentlich von der Genauigkeit der Drehzahl-Istwerterfassung beeinflusst. Je nach gewünschter Regelgüte kommen für die Drehzahlerfassung im Elektrowerkzeug zwei Verfahren in Frage:
– ohne Tachogenerator
– mit Tachogenerator

Regelung ohne Tachogenerator
Bei diesem Verfahren wird die Drehzahl aus der Spannungsverteilung zwischen Erregerwicklung und Ankerwicklung des Universalmotors ermittelt. Man nützt hier die Eigenschaft des Universalmotors aus, bei dem sich die Gesamtspannung in die Erregerspannung und die Ankerspannung aufteilt. Das Spannungsverhältnis ist nicht konstant, sondern teilt sich entsprechend der Drehzahl auf. Einfach ausgedrückt wirkt sich das so aus, dass bei niedrigen Drehzahlen eine höhere Spannung an der Erregerwicklung, aber eine niedrigere Spannung am Anker anliegt. Bei Höchstdrehzahl ist es umgekehrt (beide Spannungen, vektoriell addiert, ergeben stets die Gesamtspannung). Indem man dieses Spannungsverhältnis erfasst und auswertet, bekommt man ein Signal für die Drehzahl des Motors. Weil man keine zusätzlichen Bauteile benötigt, ist dieses Verfahren kostengünstig. Wegen der Motortoleranzen ist dieses Verfahren nicht hundertprozentig exakt, aber bei geringeren Ansprüchen an die Regelgüte durchaus brauchbar. Es lassen sich damit Drehzahlen auf etwa 10–15 % genau regeln. Dies ist beispielsweise für die Regelung von Exzenterschleifern und Schwingschleifern akzeptabel.

Regelung mit Tachogenerator

Dieses Verfahren gestattet die höchste Regelgüte. Die Drehzahl wird mittels eines separaten Sensors, des Tachogenerators, direkt an der Rotorwelle erfasst. Der Tachogenerator ist ein Drehzahlmesser, welcher berührungslos auf induktivem (magnetischem) Wege bei jeder Umdrehung des Rotors ein Signal an den Regler gibt. Dadurch kann die Ist-Drehzahl exakt ermittelt werden.

Drehzahl-/Lastverhalten beim geregelten Universalmotor (Konstantelektronik) (stark vereinfacht)

EWL-ELO018/G

Allerdings ist der Tachogenerator ein eigenständiges Bauteil und deshalb kostenintensiv. Es lassen sich damit Drehzahlen auf etwa 5 % genau regeln. Drehzahlregelung mit Tachogenerator wird beispielsweise bei Oberfräsen, kleinen Winkelschleifern, Kreissägen, Kernbohrmaschinen, großen Bohrhämmern und hochwertigen Stichsägen angewendet.

Wirkungsweise

Die zur Verfügung stehende Netzspannung kann im Belastungsfall des Elektrowerkzeuges nicht erhöht werden. Andererseits kann die Motordrehzahl bei steigender Belastung nur dann konstant gehalten werden, wenn die Spannung am Motor erhöht wird. Bei geregelten Motoren wird deshalb folgende Technik angewendet:

Der Motor einer 230-V-Maschine wird konstruktiv so ausgelegt, dass er seine Nennleistung schon bei einer geringeren Spannung, z. B. bei 180 V, erbringt. Dies bedeutet, dass die Regelelektronik dem Motor bei der Nennleistung oder darunter eine Spannung von 180 Volt oder weniger anbietet. Steigt nun die Belastung über die Nennleistung hinaus an, so wird in gleichem Maße durch die Regelelektronik die Spannung erhöht. Dies ist bis zum Wert der vollen Netzspannung von 230 Volt möglich (dies entspricht etwa der 2fachen Nennleistung des Motors). Bis zu diesem Wert ist also eine Konstanthaltung der Drehzahl möglich. Steigt die Belastung darüber, dann geht die Drehzahl wie beim ungeregelten Motor zurück. Da sich dieser Vorgang im hohen Lastbereich abspielt, wird meist eine Zusatzfunktion in den Regler eingebaut, welche die Motorspannung schlagartig auf den Minimalwert reduziert. Dadurch bemerkt der Anwender sofort den Überlastfall und kann diesen Zustand beenden, bevor es zum Durchbrennen des Motors kommt.

Eigenschaften der Regelelektronik

Die Eigenschaften der Regelelektronik im Elektrowerkzeug summieren sich zu folgenden Vorteilen:
– Die an den Werkstoff oder an die Arbeitsaufgabe angepasste Drehzahl bleibt konstant = gleichbleibende, bessere Arbeitsqualität
– Das Einsatzwerkzeug wird bestmöglich ausgenützt
– Schnellerer Arbeitsfortschritt
– Höhere Überlastbarkeit
– Bessere Motorkühlung
Insgesamt betrachtet ergibt sich dadurch

eine bessere Wirtschaftlichkeit des Elektrowerkzeuges.

Betriebsgrenzen

Die Regelelektronik gestattet es, das Elektrowerkzeug auch bei niedrigen Drehzahlen mit hoher Belastung zu betreiben, ohne dass die dabei bestehende Überlastung sonderlich bemerkt wird. Da aber mit der niedrigen Motordrehzahl auch die Lüfterdrehzahl und damit dessen Kühlleistung niedriger ist, muss bei diesen Betriebszuständen regelmäßig eine „Abkühlpause" eingelegt werden, bei der sich der Motor im Leerlauf und bei hoher Drehzahl wieder abkühlen kann. Wird dies nicht beachtet, dann besteht bei diesen Betriebszuständen die Gefahr des Durchbrennens.

Elektronik für Bohr/Meißelhämmer

Ein Bohrhammer benötigt im Hammerbohrbetrieb ca. 30 % der verfügbaren Motorleistung für den Drehantrieb des Bohrers. Nur 70 % der Motorleistung stehen somit für den Antrieb des Schlagwerkes zur Verfügung. Im Meißelbetrieb wird daher die Motorleistung bei konventionellen Bohrhämmern nicht vollständig ausgenützt, weil man diese Leistungsreserve nur im Hammerbohrbetrieb braucht. In der Praxis bedeutet dies, dass innerhalb derselben Gewichts- und Leistungsklasse Bohrhämmer in der Meißelstellung eine geringere Einzelschlagstärke aufweisen als reine Meißelhämmer. Durch Elektronik kann dies kompensiert werden.

Funktion

Die „Elektronik" besteht im Wesentlichen aus einer zusätzlichen Stufe in der Regelelektronik des Bohrhammers, die über die Drehstopstellung des Meißelumschalters freigegeben wird. In dieser zusätzlichen Stufe wird die Motorspannung erhöht, wodurch dessen Drehzahl und damit auch die Schlagfrequenz des Hammerschlagwerkes erhöht wird. Mit der daraus resultierenden höheren Geschwindigkeit des Schlägers wird eine höhere Einzelschlagstärke erreicht.

Über die Drehzahlerhöhung mittels Elektronik steigt die Leistungsaufnahme des Schlagwerks soweit an, dass die Gesamtleistungsaufnahme des Motors im Meißelbetrieb wieder 100% beträgt. Die Freigabe dieser Funktion darf nur im Meißelbetrieb erfolgen. Wäre diese Drehzahlerhöhung auch im Hammerbohrbetrieb wirksam, könnte es durch den Leistungsbedarf der Rotationsbewegung zu einer Überlastung kommen.

Zusammenfassung

Durch den Einsatz der Elektronik im Elektrowerkzeug kann man dieses in seinem Drehzahl- und Lastverhalten optimal an die Arbeitsaufgabe anpassen. Man erreicht hierdurch eine bessere Ausnutzung und damit auch Standzeitverlängerung des Einsatzwerkzeuges. Gleichzeitig erreicht man einen höheren Arbeitsfortschritt, was zu kürzeren Bearbeitungszeiten führt. Bei gleichem Motorgewicht sind höhere Leistungen realisierbar, wodurch das Elektrowerkzeug ergonomisch günstiger wird. Werden alle diese Faktoren in eine Wirtschaftlichkeitsrechnung einbezogen, dann ist trotz der geringfügig höheren Einstandskosten das Elektrowerkzeug mit Elektronik das preiswertere Gerät.

Elektrowerkzeuge

Handgeführte Elektrowerkzeuge sind in der Norm DIN/EN 50144-1, VDE 0740 wie folgt definiert:

Handgeführte Elektrowerkzeuge sind elektromotorisch oder elektromagnetisch angetriebene Maschinen, die zur Ausführung mechanischer Arbeiten bestimmt und so gebaut sind, dass Motor und Maschine eine Baueinheit bilden, die leicht an ihren Einsatzort gebracht werden kann und die während des Gebrauchs von Hand geführt wird oder in einer Halterung befestigt ist.

Handgeführte Elektrowerkzeuge können auch mit einer biegsamen Welle ausgerüstet sein, wobei der Motor fest angebracht oder ortsveränderlich ist.

In den Anwendungsbereich obiger Norm fallen handgeführte, elektromotorisch angetriebene Werkzeuge, auch als Elektrowerkzeuge bezeichnet, die ohne wesentliche Veränderung zum Gebrauch wie ortsfeste Werkzeuge in einer Halterung befestigt werden können. Die Verwendung kann sowohl in Innenräumen als auch im Freien erfolgen. Die Norm gilt auch, soweit sinngemäß anwendbar, für solche Elektrowerkzeuge, die nach grundlegend neuen Prinzipien gebaut sind. Elektrowerkzeuge mit eingebautem Heizkörper gehören zum Anwendungsbereich dieser Norm, müssen aber auch der EN 60335-1 entsprechen, soweit diese anwendbar ist.

Die Norm gilt nicht für Werkzeuge zur Herstellung und Zubereitung von Speisen sowie nicht für batteriebetriebene Werkzeuge.

Für Elektrowerkzeuge, die zur Verwendung an Orten bestimmt sind, wo besondere Verhältnisse vorliegen, wie auf Schiffen, Fahrzeugen und an gefährlichen Orten, wo zum Beispiel Explosionsgefahr besteht, kann eine besondere Bauweise erforderlich sein.

Kennzeichnung von Elektrowerkzeugen

Elektrowerkzeuge müssen entsprechend der Norm gekennzeichnet sein. Die Kennzeichnung erfolgt auf dem (oder den) Typschild(ern).

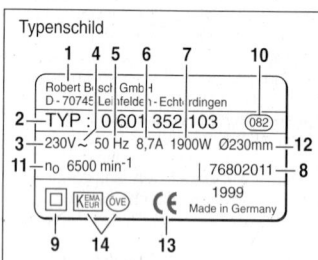

1 Firmenname oder Logo
2 10-stellige Typ-Teile-Nummer
3 Nennspannung (V)
4 Symbol für die Stromart
5 Nennfrequenz (Hz)
6 Nennstrom (A)
7 Nennaufnahmeleistung (W)
8 Fertigungsdatum und Seriennummer
  (1. - 3. Stelle = Fertigungsdatum;
  4. - 8. Stelle = Seriennummer)
9 Schutzklassen
10 Werkskennzahl
11 Nenn-Leerlaufdrehzahl (1/min)
12 hier: max. Scheibendurchmesser
13 CE = Certificat Europa
  (EG Konfirmitätszeichen)
14 Länderspezifische Prüfzeichen

EWL-T007/G

Typschildangaben

Wie jedes technische Gerät müssen auch Elektrowerkzeuge ein Typschild mit den wichtigsten Merkmalen tragen. Unter anderem sind folgende Angaben Pflicht:
- Namen des Herstellers oder Warenzeichen
- Anschrift des Herstellers oder Ursprungsland
- Modell- oder Typbezeichnung des Herstellers und Seriennummer (falls vorhanden)
- die Betriebsspannung bzw. Betriebsspannungsbereiche

- Kennzeichen der Stromart
- Betriebsfrequenz in Hertz (Hz), es sei denn, das Elektrowerkzeug ist nur für Gleichstrom oder für Wechselstrom mit Frequenzen bis 60 Hz bestimmt
- Aufnahmeleistung (Nennleistung) in Watt (W) oder Kilowatt (kW), falls sie höher als 25 W ist
- Nennstrom in Ampère (A), falls er höher als 10 A ist
- Jedes verbindliche Prüfzeichen, das die Übereinstimmung mit der gesetzlichen Forderung unter Berücksichtigung dieser Norm bestätigt
- Leerlaufdrehzahl in Umdrehungen pro Minute, falls diese höher als 10 000 U/min ist
- Symbol für Aufbau der Schutzklasse II, falls das Elektrowerkzeug der Schutzklasse II entspricht
- Symbol für den Grad des Schutzes gegen Feuchtigkeit, falls zutreffend

Wegen ihrer Bedeutung werden die Schutzklassen hier erläutert:

Schutzklassen

Elektrowerkzeuge werden nach der Art des Schutzes eingeteilt. Die elektrischen Schutzklassen für Elektrowerkzeuge werden in die Schutzkassen I, II, und III unterteilt.

Nach dem Grad des Schutzes gegen Feuchtigkeit erfolgt die Unterteilung in abgedeckte, spritzwassergeschützte und wasserdichte Elektrowerkzeuge.

Schutzklasse I

Elektrowerkzeuge der Schutzklasse I sind Elektrowerkzeuge, die durchgehend mindestens Basisisolierung haben und entweder einen Gerätestecker mit Schutzkontakt oder eine feste Anschlussleitung mit Schutzleiter haben. Elektrowerkzeuge der Schutzklasse I können Teile mit doppelter Isolierung oder verstärkter Isolierung haben oder Teile, die mit Sicherheitskleinspannung betrieben werden.

Schutzklasse II

Elektrowerkzeuge der Schutzklasse II sind Elektrowerkzeuge, die durchgehend doppelte und/oder verstärkte Isolierung besitzen und keine Anschlussmöglichkeiten für einen Schutzleiter haben.

Solche Elektrowerkzeuge können nach den folgenden Arten gebaut sein:

Als Elektrowerkzeug, das eine dauerhafte und praktisch vollständige Umhüllung aus Isolierstoff hat, welche alle Metallteile umschließt, ausgenommen kleine Teile, wie Leistungs- oder Hinweisschilder, Schrauben und Nieten, die von spannungführenden Teilen durch eine der verstärkten Isolierung mindestens gleichwertige Isolierung getrennt sind; solch ein Elektrowerkzeug wird isolierstoffumschlossenes Elektrowerkzeug der Schutzklasse II genannt.

Oder: Ein Elektrowerkzeug, das aus einer praktisch vollständigen Umhüllung aus Metall besteht und durchgehend doppelte Isolierung hat, ausgenommen bei solchen Teilen, wo verstärkte Isolierung verwendet wird, da die doppelte Isolierung offensichtlich nicht anwendbar ist; solch ein Elektrowerkzeug wird metallumschlossenes Elektrowerkzeug der Schutzklasse II genannt.

Oder: Eine Kombination der eben beschriebenen Bauarten.

Das Gehäuse eines isolierstoffumschlossenen Elektrowerkzeugs der Schutzklasse II kann teilweise oder vollständig die zusätzliche oder verstärkte Isolierung bilden. Enthält ein Elektrowerkzeug mit durchgehender doppelter Isolierung und/oder verstärkter Isolierung eine Schutzleiter-Anschlussklemme oder einen Schutzkontakt, so wird es als ein Elektrowerkzeug mit Aufbau der Schutzklasse I angesehen. Elektrowerkzeuge der Schutzklasse II können Teile haben, die mit Sicherheitskleinspannung betrieben werden.

Schutzklasse III

Elektrowerkzeuge der Schutzklasse III sind zum Betrieb mit Sicherheitskleinspannung gebaute Elektrowerkzeuge, die weder innere noch äußere Stromkreise haben, die mit einer anderen als der Sicherheitskleinspannung arbeiten.

Die Sicherheitskleinspannung ist eine Bemessungsspannung bis 42 V zwischen den Leitern und zwischen den Leitern und der Erde oder bei Drehstrom bis 24 V zwischen den Leitern und dem Neutralleiter, wobei die Leerlaufspannung 50 V bzw. 29 V nicht übersteigt.

Wird die Sicherheitskleinspannung dem Netz entnommen, dann muss dies über einen Sicherheitstransformator oder einen Umformer mit getrennten Wicklungen erfolgen. Die angegebenen Spannungsgrenzen setzen voraus, dass der Sicherheitstransformator mit seiner Bemessungsnetzspannung arbeitet.

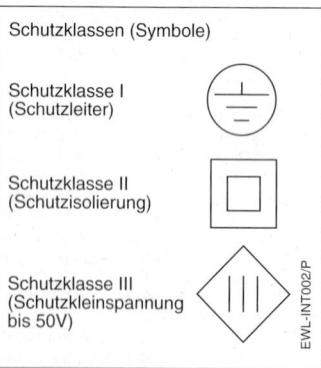

Schutzklassen (Symbole)

Schutzklasse I
(Schutzleiter)

Schutzklasse II
(Schutzisolierung)

Schutzklasse III
(Schutzkleinspannung
bis 50V)

EWL-INT002/P

Anforderungen

Elektrowerkzeuge müssen entsprechend der Norm bestimmten Anforderungen genügen. Die wichtigsten Anforderungen betreffen:
– Schutz gegen elektrischen Schlag
– Erwärmung
– Dauerhaftigkeit
– unsachgemäßer Betrieb
– Höchstdrehzahl
– mechanische Gefährdung
– mechanische Festigkeit

Schutz gegen elektrischen Schlag (auszugsweise)
Elektrowerkzeuge müssen so gebaut sein und umhüllt sein, dass ein zuverlässiger Schutz gegen zufällige Berührung von aktiven Teilen sichergestellt ist.

Erwärmung
Elektrowerkzeuge dürfen bei sachgemäßem Gebrauch keine überhöhten Temperaturen annehmen.

Dauerhaftigkeit
Elektrowerkzeuge müssen so gebaut sein, dass bei längerem sachgemäßem Gebrauch keine elektrischen oder mechanischen Fehler auftreten, die Übereinstimmung mit der Norm beeinträchtigen könnten. Die Isolierung darf nicht beschädigt werden, Kontakte und Verbindungen dürfen sich durch Erwärmung oder Erschütterung nicht lockern.

Unsachgemäßer Betrieb
Elektrowerkzeuge müssen so gebaut sein, dass Brandgefahr, mechanische Beschädigung, welche die Sicherheit beeinträchtigt, oder die Gefahr eines elektrischen Schlages bei unsachgemäßem oder unachtsamen Betriebs soweit als möglich verhindert wird.

Höchstdrehzahl
Elektrowerkzeuge mit eingebauten elektronischen Vorrichtungen zur Beeinflussung der Drehzahl müssen so gebaut sein, dass im Fehlerfall sich die Drehzahl nicht in dem Maße erhöht, dass daraus eine Gefahr entstehen könnte.

Mechanische Gefährdung
Die sich bewegenden Teile eines Elektrowerkzeuges müssen, soweit das mit dem Gebrauch und der Wirkungsweise des Elektrowerkzeuges vereinbar ist, so angeordnet und abgedeckt sein, dass im sachgemäßen Gebrauch ausreichender Schutz des Benutzers gegenüber Verletzungen gewährleistet ist.

Mechanische Festigkeit
Elektrowerkzeuge müssen ausreichende mechanische Festigkeit aufweisen und so gebaut sein, dass sie der im sachgemäßen Gebrauch zu erwartenden rauen Behandlung standhalten.

Funktionsweisen von Elektrowerkzeugen

Die Funktionsweisen von Elektrowerkzeugen basieren auf den Grundfunktionen, welche auch mit Handwerkzeugen ausgeführt werden können:
– Rotation
– Schwingung
– Hubbewegung

Daneben ist auch die Anwendung von Wärme möglich. Durch die Kombination von diesen Grundfunktionen sind Elektrowerkzeuge für nahezu alle Arbeitsaufgaben geeignet.

Rotation

Rotation ist die am meisten verwendete Funktion. Typische Anwendung für die Rotation sind:
– Bohren
– Schrauben
– Schleifen
– Trennen
– Sägen
– Fräsen
– Hobeln

Schwingung

Schwingbewegungen werden in den meisten Fällen zur Oberflächenbearbeitung (Schleifen) oder zum Rütteln eingesetzt.

Hubbewegung

Hubbewegungen werden wie die Rotation sehr vielseitig eingesetzt. Typische Anwendungen sind:
– Sägen
– Scheren
– Nagen
– Schaben

Eine Sonderform der Hubbewegung ist die Schlagbewegung. Hierbei erfolgt der Hub meist impulsartig mit großer Kraft in einer Richtung. Die Schlagbewegung verwendet man bei
– Schlagbohrern
– Hämmern
– Nadelabklopfern
– Tackern
– Naglern

Wärme

Die mit Elektrowerkzeugen erreichbaren Wärmemengen reichen zum Verformen thermoplastischer Materialien und zum Schmelzen niedrigschmelzender Metalle aus. Die Wärme kann durch Heißluft oder durch Kontaktwärme übertragen werden. Typisch sind
– Heißluftgebläse
– Lötkolben
– Lötpistolen
– Klebepistolen

Bewegungsumsetzung

Von der Funktion „Wärme" abgesehen werden die Funktionen von Elektrowerkzeugen durch Motoren realisiert. Grundlage ist die Rotation.

Für die mittels Rotation funktionierenden Elektrowerkzeuge wird die Motordrehzahl auf die notwendige Spindeldrehzahl reduziert. Hierzu werden ein- oder mehrstufige Zahnradgetriebe verwendet, die bei bestimmten Elektrowerkzeugen als Winkeltrieb realisiert sind. Wenn große Achsabstände zu überbrücken sind, werden Riementriebe eingesetzt.

Zur Erzeugung von Hubbewegungen wird die Drehbewegung über Kurbeltriebe in eine hin- und hergehende Linearbewegung umgesetzt. Je nach Elektrowerkzeugtrieb werden hierbei unterschiedliche Techniken eingesetzt (siehe Kapitel „Getriebe"). Dem Kurbeltrieb ist meist ein Zahnradgetriebe zur Drehzahlreduzierung vorgeschaltet.

Schwingbewegungen werden direkt aus der Drehbewegung durch Exzenter erzeugt.

Wenn Kombinationen der Funktionsweisen vorliegen, ist es in bestimmten Fällen üblich, die Funktionsbewegungen durch Kupplungen auch als Einzelfunktionen verfügbar zu haben. Typisch für diese Kombifunktionen sind Bohrhämmer mit Drehstop und Schlagstop.

In Werkzeugen, bei denen durch Fehlbedienung hohe Rückdrehmomente entstehen können, werden Sicherheitskupplungen verwendet, die das maximal auftretende Drehmoment in geeigneter Weise begrenzen. Die Kupplungen können sowohl in das Getriebe integriert werden als auch direkt an der Abtriebsspindel angeordnet sein.

Funktionsweisen von Elektrowerkzeugen

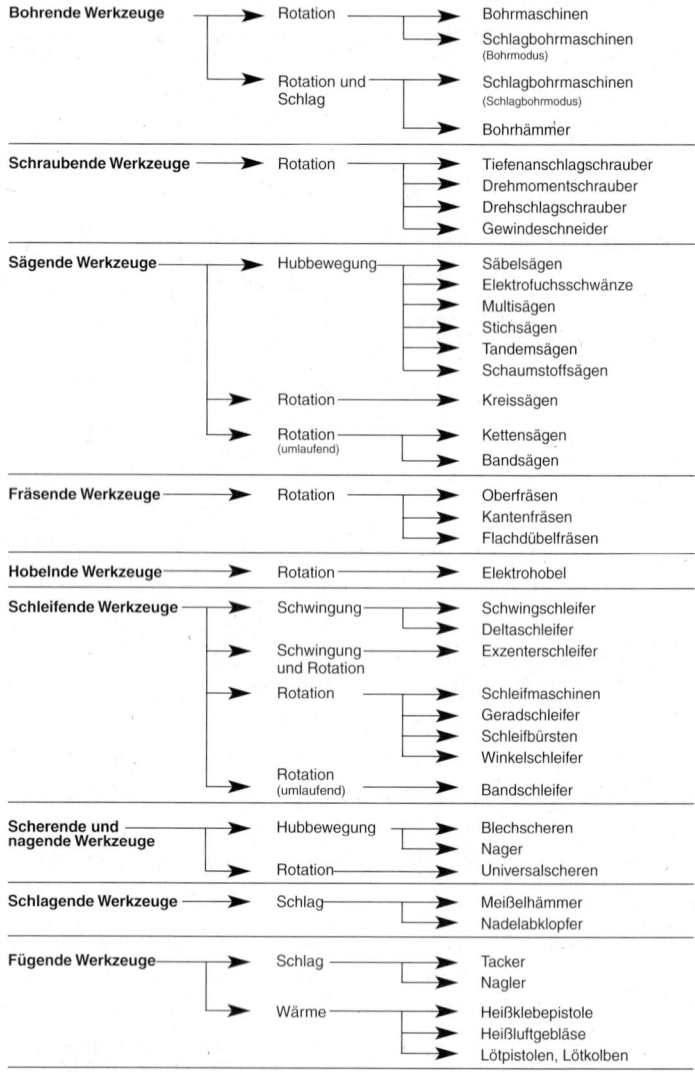

Bohrende Werkzeuge
→ Rotation
→ Bohrmaschinen
→ Schlagbohrmaschinen (Bohrmodus)
→ Rotation und Schlag
→ Schlagbohrmaschinen (Schlagbohrmodus)
→ Bohrhämmer

Schraubende Werkzeuge → Rotation
→ Tiefenanschlagschrauber
→ Drehmomentschrauber
→ Drehschlagschrauber
→ Gewindeschneider

Sägende Werkzeuge
→ Hubbewegung
→ Säbelsägen
→ Elektrofuchsschwänze
→ Multisägen
→ Stichsägen
→ Tandemsägen
→ Schaumstoffsägen
→ Rotation → Kreissägen
→ Rotation (umlaufend)
→ Kettensägen
→ Bandsägen

Fräsende Werkzeuge → Rotation
→ Oberfräsen
→ Kantenfräsen
→ Flachdübelfräsen

Hobelnde Werkzeuge → Rotation → Elektrohobel

Schleifende Werkzeuge
→ Schwingung
→ Schwingschleifer
→ Deltaschleifer
→ Schwingung und Rotation → Exzenterschleifer
→ Rotation
→ Schleifmaschinen
→ Geradschleifer
→ Schleifbürsten
→ Winkelschleifer
→ Rotation (umlaufend) → Bandschleifer

Scherende und nagende Werkzeuge
→ Hubbewegung
→ Blechscheren
→ Nager
→ Rotation → Universalscheren

Schlagende Werkzeuge → Schlag
→ Meißelhämmer
→ Nadelabklopfer

Fügende Werkzeuge
→ Schlag
→ Tacker
→ Nagler
→ Wärme
→ Heißklebepistole
→ Heißluftgebläse
→ Lötpistolen, Lötkolben

Anwendung

Elektrowerkzeuge werden von unterschiedlichen Anwendergruppen benutzt. Man kann diese Anwendergruppen in vier Kategorien einteilen:
- Heimwerker
- Handwerk
- Industrie
- Stationärgeräte

Da jede dieser Anwendergruppen unterschiedliche Anforderungen an die Elektrowerkzeuge stellt, werden Elektrowerkzeuge von der Konzeption her auf diese drei Anwendergruppen zugeschnitten.

Elektrowerkzeuge für Heimwerker

Heimwerken mit Elektrowerkzeugen hat sich in Ländern mit hohem Freizeitangebot zu einer beliebten Beschäftigung im privaten Bereich entwickelt. Die hierbei vom Anwender an das Gerät geforderten Eigenschaften sind in erster Linie:
- Anwendungsinformation
- Universalität
- Leistungsfähigkeit
- Qualität
- Herstellersupport
- Niedriger Kaufpreis

Anwendungsinformation

Die meisten Heimwerker, insbesondere aber „Einsteiger" verfügen oft nicht über die notwendigen Informationen, das für ihre geplante Anwendung geeignetste Gerät auszuwählen. Neben der Kauf- und Anwendungsberatung durch Fachverkäufer im Handel stellen Markenhersteller in ihren Katalogen, Prospekten und Geräteverpackungen Funktion und typische Anwendungsmöglichkeiten ihrer Erzeugnisse zusammen mit den Leistungsdaten dar. Individuelle Beratung, sowohl vor als auch nach dem Kauf, durch kostengünstige Telefonauskunft, auch an Wochenenden, gehörten zum selbstverständlichen Service kundenorientierter Markenhersteller.

Universalität

Im Gegensatz zu den handwerklichen Forderungen soll das typische Heimwerkergerät möglichst vielseitig sein. In der Frühzeit der Heimwerkzeuge wurde dies preisgünstig durch Vorsatzgeräte für Bohrmaschinen realisiert. Eine Optimierung war auf diese Weise natürlich nicht möglich, wodurch Arbeitsqualität und Arbeitsfortschritt oft hinter den Erwartungen zurückblieben. Heutzutage wird Universalität durch eingebaute Zusatzfunktionen wie beispielsweise die Funktionen „Bohren", „Hammerbohren" und „Meißeln" bei Bohrhämmern realisiert. Durch eine Vielzahl an Einsatzwerkzeugen kann (fast) jeder Werkstoff bearbeitet werden.

Leistungsfähigkeit

Heimwerker legen in hohem Maße Wert auf hohe bis höchste Maschinenleistungen, ganz im Gegensatz zum gewerblichen Anwender, bei dem die Funktion für die betreffende Arbeitsaufgabe im Vordergrund steht. Dies führt bei den Geräten für Heimwerker oft zu einem „Leistungswettbewerb" in bestimmten Gerätekategorien, ohne in den meisten Fällen dem praktischen Nutzen zu dienen. Wie überall sind auch hierbei ausgewogene Leistungsverhältnisse am günstigsten. Der informierte Fachverkäufer kann hier dem Anwender den für dessen Einsatzbereich tauglichsten Leistungsbereich empfehlen.

Qualität

Der Qualitätsanspruch des Heimwerkers ist traditionell sehr hoch, er erwartet in der Regel eine Funktionstüchtigkeit des Gerätes über Jahrzehnte hinweg. Diese Lebensdauerqualität wird von den Geräten der Markenhersteller auch erreicht, wenn das Gerät seinem Verwendungszweck entsprechend benutzt wird und Fehlbedienungen unterbleiben. Prinzipiell machen seriöse Markenhersteller bei der Herstellqualität, vor allem was die elektrische und mechanische Sicherheit betrifft, im Vergleich zum gewerblich genutzten Gerät keine Abstriche. Hier gilt derselbe hohe Qualitätsstandard. Bei der Auslegung der Standzeit sind Heimwerkergeräte auf ihre Anwendung hin optimiert, woraus sich der Preisabstand zum gewerblich genutzten Gerät ergibt. Hierzu nur ein kleines Beispiel: Ein Heimwerker bohrt in seiner gesamten „Tätigkeit" vielleicht durchschnittlich 500 Dübellöcher, der Handwerker erreicht diese Zahl oft schon innerhalb einer Woche! Bei Markenherstellern ist das Elektrowerkzeug für den Heimwerker meist qualitativ überdimensioniert!

Herstellersupport

Unter Herstellersupport versteht man alle Leistungen, die ein Hersteller über den Verkauf des Gerätes hinaus noch bietet. Hierunter versteht man kostengünstige und schnelle Reparaturmöglichkeiten, langfristige Ersatzteilverfügbarkeit und Kulanzleistungen nach Ablauf der Garantiezeit. Im Heimwerkerbereich zusätzlich Informationen und Seminare zum praktischen Umgang mit Elektrowerkzeugen und zur weiterführenden Vermittlung von Arbeitstechniken. Informationsverfügbarkeit (auch an Wochenenden) durch Kundentelefone (Hotlines) und E-Mail sind für Markenhersteller selbstverständlich.

Kaufpreis

Der Preis ist eines der wichtigsten Kriterien bei der Kaufentscheidung. Typischerweise beeinflussen niedrige Preise die Kaufentscheidung zunächst positiv, da der Heimwerker auch beim Kauf des Elektrowerkzeuges Geld sparen will. Wie bereits erwähnt stehen die Forderungen nach guten Eigenschaften grundsätzlich konträr zu niedrigen Preisen. Es existieren deshalb im Bereich der Heimwerkerwerkzeuge unterschiedliche Preissegmente, welche wie folgt eingeteilt werden:
– unteres Preissegment
– mittleres Preissegment
– oberes Preissegment

Unteres Preissegment: Das untere Preissegment – auch Einstiegssegment genannt – soll denjenigen Anwender bedienen, der gelegentliche Arbeiten durchführt, dabei mit der Grundfunktion des Gerätes zufrieden ist und auf Bedienungskomfort und Leistungsreserven zu verzichten bereit ist. Erfahrungsgemäß steigen mit zunehmender Benützungsdauer dieser Basisgeräte die Ansprüche, denen Geräte des unteren Preissegmentes nicht immer gerecht werden können. Der niedrige Preis hat in diesem Fall zwar

beim Kauf kurzfristig befriedigt, mit zunehmender Benützungsdauer stellt sich aber Unzufriedenheit ein.

Mittleres Preissegment: Das mittlere Preissegment umfasst Geräte mit ausgewogenen Eigenschaften, die dem Leistungs- und Komfortbedürfnis des typischen Heimwerkers entsprechen. Der Ausstattungsgrad liegt deutlich über den Einstiegsmodellen, wobei die Preisdifferenz mit ca. 20...30 % über den Einstiegsmodellen ein sehr gutes Preis-Leistungs-Verhältnis ergibt. Da das Angebot an Systemzubehören für das mittlere Preissegment bereits sehr umfangreich ist, sind die Geräte bei steigenden Anwendungsansprüchen entsprechend ausbaufähig.

Oberes Preissegment: Für Heimwerker, welche ihr Hobby zu einem „zweiten Beruf" gemacht haben und höchste Ansprüche an Arbeitsqualität, Arbeitsfortschritt und Komfort stellen, gibt es ein oberes Preissegment von Elektrowerkzeugen, welche in ihren Eigenschaften den Geräten für den gewerblichen Anwendungsbereich fast in nichts nachstehen. Das Preisniveau liegt etwa 30...40 % über dem mittleren Preissegment. Die höhere Leistungsfähigkeit dieser Geräte führt bei größeren Bauvorhaben im Heimwerkerbereich (z. B. Eigenheimbau, Altbausanierungen) zu entsprechender Zeitersparnis, wodurch sich auch für den Heimwerker eine günstige Amortisation ergibt.

Zusammenfassung

Bei Elektrowerkzeugen für den Heimwerker spielt der Preis eine entscheidende Rolle. Ohne fachliche Beratung wird meist das vermeintlich preisgünstigste Gerät gewählt, welches in der Folge den Ansprüchen nicht genügt und damit für stetiges Ärgernis sorgen kann. Es muss daher Aufgabe des Fachverkäufers sein, den Einsatzzweck des Anwenders festzustellen, ihm die Eigenschaften des Gerätes zu erklären und ihn schließlich davon zu überzeugen, dass ein Gerät des mittleren oder oberen Preissegmentes trotz des höheren Kaufpreises auf Grund der besseren Eigenschaften wesentlich „preiswerter" sein kann als ein „billiges" Gerät.

Elektrowerkzeuge für das Handwerk

Gewerbliche Anwender stellen an Elektrowerkzeuge andere Ansprüche als Heimwerker. Für sie ist das Elektrowerkzeug Mittel zum Zweck. Durch den Einsatz des Elektrowerkzeuges soll Gewinn erzielt werden. Die hierfür maßgeblichen Faktoren sind:
– Arbeitsqualität
– Arbeitsfortschritt
– Maschinenqualität
– Herstellersupport
– Preiswürdigkeit

Arbeitsqualität

Handwerkliche Leistungen sind Dienstleistungen, welche vom Auftraggeber an ihrer Arbeitsqualität gemessen werden. Der gewerbliche Anwender braucht deshalb Elektrowerkzeuge, die als Arbeitsgerät diesem Anspruch gerecht werden. Die beste Arbeitsqualität wird mit Geräten erbracht, die speziell auf die betreffende Arbeitsaufgabe abgestimmt wurden. Im Gegensatz zum Heimwerkerbereich, wo dem Universalgerät eine höhere Bedeutung zugemessen wird, dominieren deshalb bei gewerblichen Anwendern Einzweckgeräte. Dies hat eine relativ hohe Vielfalt an Typen zur Folge, die allerdings alle ihre Existenzberechtigung haben. Hier zwei Beispiele aus dem Programm der BOSCH-Elektrowerkzeuge: Bei Hämmern stehen 15 gewerblichen Typen 4 Heimwerkergeräte, bei großen Winkelschleifern 16 gewerblichen Typen 2 Heimwerkergeräte gegenüber. Wegen dieser vielen gewerblichen Einzeltypen lassen sich deren Eigenschaften auf höchste Arbeitsqualität für die jeweilige Arbeitsaufgabe abstimmen.

Arbeitsfortschritt

Der mit einem Elektrowerkzeug erzielbare Arbeitsfortschritt geht direkt in den Zeitbedarf und damit in Wirtschaftlichkeit ein, mit der eine Arbeitsaufgabe erledigt werden kann. Auch hier gilt also, wie bei der Betrachtung der Arbeitsqualität, dass die große Auswahl an spezialisierten Typen einen wirtschaftlichen und damit gewinnbringenden Einsatz ermöglicht, wenn man für die gegebene Aufgabe das am meisten geeignete Gerät auswählt und einsetzt. Neben der reinen Betrachtung der Leistungsdaten sollten Wirkungsgrad und Ergonomie zusätzlich berücksichtigt werden. Geräte mit hohem Wirkungsgrad sind kleiner und leichter als gleichstarke Geräte mit schlechterem Wirkungsgrad. Ergonomisch gut gestaltete Elektrowerkzeuge führen weniger schnell zur Ermüdung bei längerem Maschineneinsatz (z. B. Schleifarbeiten), wodurch wegen kürzerer oder weniger Arbeitspausen am Ende wieder ein schnellerer Arbeitsfortschritt steht.

Maschinenqualität

Das Elektrowerkzeug ist für den gewerblichen Anwender ein Arbeitsgerät, mit dem er die ihm gestellte Arbeitsaufgabe erledigen muss. Fällt das Elektrowerkzeug während der Arbeit aus, dann bedeutet dies nicht nur Zeitverlust, sondern unter Umständen auch Verdienstausfall. Die Maschinenqualität muss also für den harten Dauerbetrieb, auch bei ungünstigen Arbeitsbedingungen, ausgelegt sein. Im Handwerk entspricht dies dem 1-schichtigen Betrieb pro Tag. Während der Betriebszeit stellt sich an bestimmten Werkzeugteilen (z. B. Kohlebürsten, Schmierstoffen, Werkzeughaltern) Verschleiß ein. Diese Teile müssen deshalb leicht und kostengünstig ersetzt werden können, damit der ursprüngliche Gebrauchsnutzen wieder hergestellt wird. Regelmäßige und vor allem rechtzeitige Wartung steht deshalb, wie beim Automobil, in direktem Zusammenhang mit der Qualität. Hieraus folgt, dass die Gesamtnutzungsdauer eines Elektrowerkzeuges neben der eigentlichen Maschinenqualität auch in hohem Maße vom Wartungsbewusstsein des Anwenders abhängt.

Herstellersupport

Zeit ist Geld, deswegen sind schnelle Ersatzteilversorgung und sehr kurze Reparaturzeiten eine Selbstverständlichkeit, die der gewerbliche Anwender vom Elektrowerkzeughersteller erwartet. Darüber hinaus sind eine langfristige Ersatzteilverfügbarkeit und Kulanzleistungen auch nach Ablauf der Garantiezeit für ihn wichtig.

Preiswürdigkeit

Preiswert ist nicht mit dem Begriff „billig" gleichzusetzen! Der gewerbliche Anwender erwirbt das Elektrowerkzeug nicht, um damit Geld zu sparen (wie der Heimwerker). Es ist für ihn Arbeitsgerät, mit dem er Geld verdienen will! Rein betriebswirtschaftlich gerechnet spielt also weniger der Kaufpreis eine Rolle als die Möglichkeit, durch die Leistungsfähigkeit des Gerätes den Kaufpreis in kürzester Zeit zu amortisieren. Hierzu ein Beispiel:

Ein kleiner Winkelschleifer ohne Elektronik hätte den Kostenfaktor 100 und erbringt die Abtragsleistung 100. Im Vergleich hierzu kostet ein kleiner Winkelschleifer mit Constantelektronik den Kostenfaktor 130. Bei gleichem Gewicht und gleichen Abmessungen hat er aber dank der Constantelektronik eine Nennleistung und damit Abtragsleistung von 130; also 30 % mehr. Vom Preis-Leistungs-Verhältnis wäre dies zunächst kostenneutral. Wird aber mit dem Gerät gearbeitet, dann ergibt sich, überschlägig gerechnet, eine Zeitersparnis von 30 %, wodurch sich das anfangs „teurere" Gerät schon nach wenigen Stunden amortisiert hat und dann dabei hilft, über die eingesparte Arbeitszeit zusätzlich Geld zu „verdienen". Als Nebeneffekt hat der Winkelschleifer mit Constantelektronik ein besseres Überlastverhalten und, wegen der belastungsunabhängig konstant bleibenden Schleifscheibendrehzahl, eine bessere Ausnützung des Schleifmittels zur Folge. Alles in allem liegt der Gebrauchsnutzen in diesem Fall bei etwa 200!

Man erkennt aus diesem Beispiel, dass sich die Anschaffung des höherwertigen Gerätes für den gewerblichen Anwender stets im wahrsten Sinn des Wortes „bezahlt" macht, wenn man den Zusammenhang zwischen Kaufpreis und Maschinennutzen betriebswirtschaftlich bis zum Ende rechnet! Bei der Produktempfehlung kann gerade in solchen Fällen der informierte Fachverkäufer dem gewerblichen Anwender durch Erklärung dieser Zusammenhänge wertvolle und kompetente Beratung bieten.

Zusammenfassung

Bei Elektrowerkzeugen für den gewerblichen Anwender spielt, bei betriebswirtschaftlicher Betrachtung, der Gerätepreis eher eine untergeordnete Rolle. Bei einem Elektrowerkzeug, mit dem Geld verdient werden muss, stehen die erzielbare Arbeitsqualität und der erreichbare Arbeitsfortschritt neben einer hohen Maschinenqualität eindeutig im Vordergrund. Ohne fachliche Beratung wird meist das vermeintlich preisgünstigste Gerät gewählt, welches in der Folge den Ansprüchen nicht genügt und damit für stetiges Ärgernis und Verdienstausfall sorgen kann. Es muss daher Aufgabe des Fachverkäufers sein, den Einsatzzweck des Anwenders festzustellen, ihm die Vorteile eines bestimmten Gerätes zu erklären und ihn schließlich über betriebswirtschaftliche Beispiele von dem empfohlenen Gerät zu überzeugen.

Stationäre Elektrowerkzeuge

Unter dem Begriff "Stationäre Elektrowerkzeuge" (englisch: "benchtop" = auf der Werkbank) sind Elektrowerkzeuge zusammengefasst, welche

– stationär betrieben werden
– transportabel sind

Wegen ihrer stationären Betriebsweise ist mit ihnen eine höhere Arbeitspräzision zu erreichen als mit handgeführten Werkzeugen. Ihre kompakten Abmessungen gestatten ein hohes Maß an Mobilität.

Definition
Stationäre Elektrowerkzeuge sind Maschinenwerkzeuge, welche bei der Anwendung nicht in der Hand gehalten werden, sondern sich auf einer festen Unterlage wie einem Untergestell oder einer Werkbank befinden. Sie können auch ortsveränderlich angewendet werden. Sie sind Einzweckgeräte. Leistungsvermögen, Präzision und Ausstattung sind auf den Einsatzzweck hin optimiert. Bezüglich ihrer Anwendung gelten teilweise die Empfehlungen und Vorschriften für Stationärmaschinen (Werkzeugmaschinen).

Einsatzbereiche
Stationäre Elektrowerkzeuge werden sowohl in der Werkstatt als auch auf der Baustelle eingesetzt. In der Werkstatt ergänzen sie die dort fest installierten Maschinen für kleinere Produktionsarbeiten und bei der Einzelanfertigung von Werkstücken. In kleinen Werkstattbetrieben sind sie eine kostengünstige Alternative zu den eigentlichen Stationärmaschinen Auf der Baustelle haben Stationäre Elektrowerkzeuge den Vorteil höherer Präzision und des im Gegensatz zu handgeführten Werkzeugen auch einen schnelleren Arbeitsfortschritt. Speziell für sich wiederholende Arbeitsvorgängen ist ein wirtschaftlicher Einsatz gegeben.

Eigenschaften
Stationäre Elektrowerkzeuge verfügen über ein Maschinengehäuse, welches gleichzeitig den Arbeitstisch bildet oder mit einem Arbeitstisch fix oder beweglich verbunden ist. Der Arbeitstisch verfügt über Bohrungen und Spannfüße, mit denen er permanent oder temporär auf einer Arbeitsplatte befestigt werden kann. Der Antriebsmotor ist ein fester Bestandteil des Werkzeuges. Er ist fest oder schwenkbar im Maschinengehäuse oder an einem Schwenkarm angebracht. Je nach Einsatzzweck werden stationäre Elektrowerkzeuge durch Universalmotoren oder mit Einphasen-Wechselstrommotoren angetrieben. Wegen des günstigeren Drehmomentverlaufes und dem niedrigeren Gewichtes bei gleicher Leistungsaufnahme sind Universalmotoren besser geeignet. Die Leistungsaufnahmen betragen ca. 1,5...2,5 kW. In Ausnahmefällen, wo es auf eine hohe Einsatzflexibilität bei leichten Arbeitsaufgaben ankommt, werden stationäre Elektrowerkzeuge auch mit akkubetriebenen Gleichstrommotoren ausgestattet.

Werkzeugtypen
Zu den häufigsten Anwendungen im handwerklichen Bereich zählen Säge- und Trennarbeiten. Innerhalb dieser Arbeitsaufgaben gibt es spezielle Anwendungen, für welche die folgenden stationäre Elektrowerkzeuge optimiert sind:
– Kapp- und Gehrungssägen
– Paneelsägen
– Trennschleifer
– Tischkreissägen
Ihre prinzipiellen Funktionen werden im Folgenden beschrieben.

Kapp- und Gehrungssägen
Kapp- und Gehrungssägen haben einen mittig in der Grundplatte angeordneten Drehtisch, an welchem ein Schwenkarm angeordnet ist. Am Schwenkarm ist der Antriebsmotor mit dem Sägeblatt befestigt. Der Drehtisch ist nach rechts und links verstellbar. Der Verstellbereich liegt bei ca. 100 Grad, wodurch Gehrungsschnitte nach links und rechts bis jeweils über 45 Grad hinaus möglich sind. Der Verstellbereich ist in den wichtigsten Gehrungswinkel gerastet, wodurch eine schnelle Einstellung für die am häufigsten vorkommenden Arbeiten gegeben ist. Zwischenstellungen können manuell eingestellt und fixiert werden. Anschläge und Spannvorrichtungen ermöglichen eine sichere Werkstückpositionierung.

Der Schwenkarm ist in einem Doppelgelenk gelagert. Dies erlaubt einerseits die Kappfunktion im Winkel von 90 Grad zur Grundplattenebene, andererseits kann ein Neigungswinkel zwischen 0...47 Grad nach links von der Senkrechten eingestellt werden.

Der Schwenkarm wird durch eine vorgespannte Feder in der ausgeschwenkten Stellung (= Ruhelage) gehalten und automatisch verriegelt. Zum Einschwenken muss die Verriegelung mittels eines Hebels am Schwenkgriff manuell gelöst werden. Ein am Schwenkgriff angebrachter Absaugstutzen gestattet die Verwendung eines Staubbehälters oder einer externen Staubabsaugung.

Der Schwenkarm trägt den Antriebsmotor. Bei den netzgespeisten Geräten sind Aufnahmeleistungen zwischen 1,5...2 kW üblich. Akkubetriebene Geräte haben eine Betriebsspannung von 24 Volt.

Die maximale Schnitthöhe und die maximale Schnittbreite hängen in erster Linie vom Durchmesser des Sägeblattes ab. Typischerweise ergeben sich bei einem

- Sägeblattdurchmesser 254 mm eine Schnitthöhe 89mm und Schnittbreite147mm
- Sägeblattdurchmesser 305 mm eine Schnitthöhe 104mm und Schnittbreite 190mm

Zum Schutz des Sägeblattes dient eine Schutzhaube, welche das Sägeblatt so bedeckt, das nur die der Schwenkstellung entsprechende Schnitthöhe freigegeben wird. In ausgeschwenktem Zustand ist das Sägeblatt völlig abgedeckt.

Typisches Anwendungsgebiet ist das Ablängen von Leisten, Latten, Kanthölzern und schmalen Brettern. Mit einem entsprechenden Sägeblatt können auch Kunststoff und NE-Metallprofile getrennt werden.

Akkubetriebene Geräte werden im Aussenbereich oder im Rohbau (Dachausbau) und im Messebau eingesetzt, also überall dort, wo eine Unabhängigkeit von der Stromversorgung zweckmäßig ist.

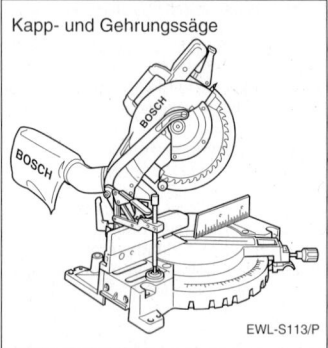

Kapp- und Gehrungssäge

EWL-S113/P

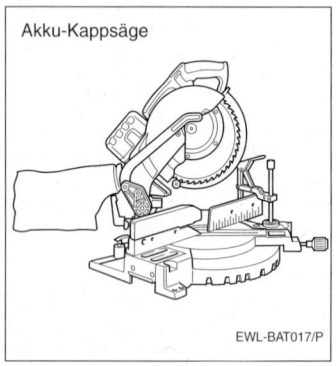

Akku-Kappsäge

EWL-BAT017/P

Paneelsägen

Paneelsägen haben dieselben Grundfunktionen wie Kapp- und Gehrungssägen und gleichen ihnen weitgehend im Aufbau. Sie unterscheiden sich von ihnen durch den Schwenkarm. Er ist mittels eines Doppelzuges neben der Schwenkfunktion auch horizontal verschiebbar, wodurch eine wesentlich größere Schnittbreite als bei der Kapp- und Gehrungssäge erreicht wird.

Der horizontale Doppelzug lässt sich innerhalb des Zugbereiches in jeder Stellung fixieren, wodurch die Paneelsäge auch als Kapp- und Gehrungssäge einsetzbar ist.

Die maximale Schnitthöhe und die maximale Schnittbreite hängen in erster Linie vom Durchmesser des Sägeblattes ab. Typischerweise ergeben sich bei einem Sägeblattdurchmesser von 254 mm eine Schnitthöhe von 87mm und eine Schnittbreite von 305mm.

Typisches Anwendungsgebiet ist das Ablängen von Paneelen und Brettern. Mit einem entsprechenden Sägeblatt können auch Kunststoff und NE-Metallpaneele getrennt werden.

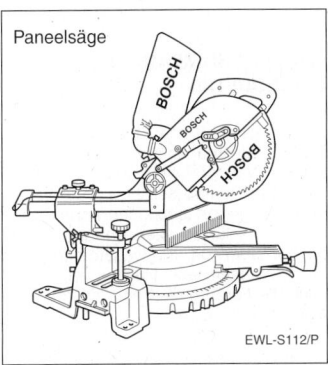

Paneelsäge

EWL-S112/P

Trennschleifer

Trennschleifer, auch als "Cut off"- Maschinen bezeichnet, gleichen im Grundaufbau den Kappsägen, haben aber im Gegensatz zu diesen keinen neigbaren Schwenkarm. Es können also nur Schnitte im Winkel von 90 Grad zur Horizontalen durchgeführt werden. Anstelle eines Drehtisches in der Grundplatte verfügen sie über einen Schraubstock, mit dem Winkelschnitte bis 45 Grad möglich sind.

Trennschleifer können sowohl mit Sägeblättern als auch mit Trennscheiben ausgerüstet werden. Bei Durchmessern von 355mm können maximale Schnittiefen bis 125mm erreicht werden.

Zum Trennen verwendet man Trennscheiben. Hierbei ist zu beachten, dass sich der Durchmesser der Trennscheiben durch Verschleiß verringert, wodurch die maximale Schnittiefe geringer wird. Wie bei den Kappsägen ist die Trennscheibe

von einer automatisch ausschwenkenden Schutzhaube abgedeckt. Der Leistungsbedarf beim Trennen von Metall ist höher als beim Trennen von Holzwerkstoffen. Trennschleifer werden deshalb mit Antriebsmotoren höherer Leistungen ausgerüstet. Die typische Aufnahmeleistung beträgt 2...2,5 kW.

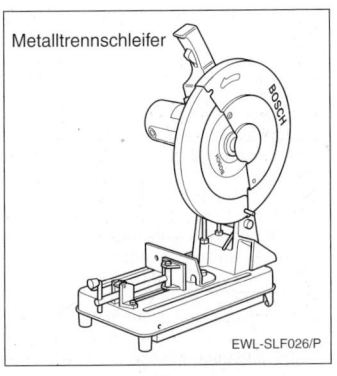

Metalltrennschleifer

EWL-SLF026/P

Tischkreissägen

Stationäre Kreissägen zeichnen sich durch hohe Arbeitspräzision und schnellsten Arbeitsfortschritt aus. Sie sind damit den handgeführten Kreissägen weit überlegen. Nachteilig ist ihr stationäres Einsatzgebiet: Sie sind ortsgebunden.

Die sogenannten Tischkreissägen ergänzen die stationären Kreissägen und die handgeführten Kreissägen in idealer Weise: Sie sind auf Grund ihrer Bauweise in den Leistungsbereichen bis 2 kW mobil einsetzbar ohne auf die Vorteile der stationären Kreissägen verzichten zu müssen.

Tischkreissägen verfügen über ein Maschinengehäuse in welchem der Antriebsmotor untergebracht ist. Der Sägeblattantrieb ist schwenk- und höhenverstellbar. Die Oberfläche des Maschinengehäuses bildet den sogenannten Sägetisch. Der Sägetisch verfügt über Längs- und Quernuten, in welchem Längs- und Queranschläge verstellbar geführt werden.

Das Sägeblatt ist durch eine transparente Schutzhaube abgedeckt. Sie weicht beim Durchschieben des Werkstückes nach oben aus und deckt den über das Werkstück herausragenden Teil des Sägeblattes ab. Ein Spaltkeil (welcher auch die Abdeckung hält) verhindert ein Klemmen des Werkstückes am Sägeblatt. Die beim Sägen entstehenden Späne können abgesaugt werden.

Im Gegensatz zu Kappsägen werden Tischkreissägen mit Dauereinschaltung betrieben. Sie müssen deshalb mit einem Maschinen-Schutzschalter ausgerüstet sein. Dieser beinhaltet eine Not-Aus-Funktion und einen Wiederanlaufschutz nach Stromunterbrechung bei eingeschalteter Maschine.

Typisches Anwendungsgebiet der Tischkreissäge ist das Zusägen von Plattenmaterial, Brettern und Balken. Ihrer Bezeichnung entsprechend werden Tischkreissägen auf einer Arbeitsplatte, typischerweise einer Werkbank betrieben. Durch spezielle Untergestelle lassen sie sich unabhängig von einer festen Unterlage verwenden, wodurch sie auf Baustellen universell einsetzbar sind.

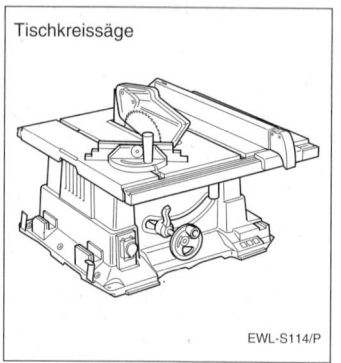

Tischkreissäge

EWL-S114/P

Zusammenfassung

Stationäre Elektrowerkzeuge sind überall dort eine sinnvolle Ergänzung handgeführter Elektrowerkzeuge, wo es auf sehr hohe Präzision bei gleichzeitig hohem Arbeitsfortschritt ankommt. Sie können stationär verwendet werden, sind aber wegen ihrer kompakten Abmessungen und des relativ geringen Gewichtes leicht transportierbar und deswegen sehr flexibel bezüglich ihres Aufstellungsortes.

Elektrowerkzeuge für die Industrie

Die Anwendung von Elektrowerkzeugen in der Industrie unterscheidet sich wesentlich von der Anwendung im Handwerk. Der Betrieb der Werkzeuge erfolgt in der Regel ortsgebunden an bestimmten Arbeitsplätzen oder Arbeitsstationen, hierbei aber oft im Dauerbetrieb und Mehrschichteinsatz. Hieraus leiten sich folgende Forderungen an Werkzeug und Hersteller ab:

– Anlagenplanung

– Arbeitsqualität

– Arbeitsfortschritt

– Lebensdauer

– Herstellersupport

Die Kosten für die industriell eingesetzten Elektrowerkzeuge gehen in die Gesamtinvestitionsrechnung der Fertigungsanlage ein und sind Teil einer dementsprechenden Wirtschaftlichkeitsbetrachtung.

Anlagenplanung

Elektrowerkzeuge sind bei industrieller Anwendung meist Teil einer Gesamtanlage, welche sorgfältig konzipiert, berechnet und schließlich installiert werden muss. Hierbei muss mit großer Sorgfalt und Erfahrung vorgegangen werden. Der Anwender wird in diesen Fällen von erfahrenen Ingenieuren des Werkzeugherstellers bei der Planung unterstützt, Problemlösungen werden gemeinsam erarbeitet. In der Praxis bedeutet dies, dass meist keine Standardlösungen, sondern oft individuell optimierte Lösungen zum Einsatz kommen.

Arbeitsqualität

Im industriellen Bereich wird mit hoher Präzision und geringen Toleranzen gearbeitet, Teilarbeiten gehen in vielen Fällen sicherheitsrelevant in die Gesamtanlage ein. Ein typisches Beispiel hierfür sind Montageplätze, an denen Schraubverbindungen hergestellt werden. Die Spezialisierung des Elektrowerkzeuges auf die Arbeitsaufgabe hin ist sehr detailliert, weshalb in vielen Fällen „maßgeschneiderte" Geräte verwendet werden müssen. Nur so ist die geforderte hohe Arbeitsqualität zu erreichen.

Arbeitsfortschritt

Der mit dem eingesetzten Elektrowerkzeug erzielbare Arbeitsfortschritt muss auch im Langzeitbetrieb garantiert werden können, weil er direkt in die Taktzeiten von Montageplätzen bzw. Arbeitsplätzen eingeht. Die Zeitreserven sind in der Regel äußerst gering gehalten, die verwendeten Elektrowerkzeuge müssen also genügend Leistungsreserven haben, eine Überlastung darf bei industrieller Anwendung nicht vorkommen.

Lebensdauer

Qualität ist bei der industriellen Anwendung von Elektrowerkzeugen meist mit extrem langer Lebensdauer gleichzusetzen. Viele Arbeitsaufgaben bleiben über Jahre, teilweise über Jahrzehnte, gleich. Es wird daher in der Regel eine gleichlange Nutzungsdauer des Elektrowerkzeuges vorausgesetzt. Auch wenn, im Gegensatz zur Anwendung im Handwerk, im Industriebetrieb eine regelmäßige Wartung und der Austausch von Verschleißteilen erfolgt, so ist die Beanspruchung, oft im Mehrschichtbetrieb, ein Vielfaches gegenüber der nichtindustriellen Anwendung. Die geforderte hohe Lebensdauer lässt sich nur mit speziellen „Industriewerkzeugen" erreichen, welche, früher meist mit Druckluft, in zunehmendem Maße jedoch meist mit Drehstrom erhöhter Frequenz angetrieben werden.

Herstellersupport

Zeit ist Geld, deswegen sind schnelle Ersatzteilversorgung und sehr kurze Reparaturzeiten eine Selbstverständlichkeit, die der industrielle Anwender vom Elektrowerkzeughersteller erwartet. In den meisten Fällen jedoch werden Wartung und Reparatur aus obengenannten Gründen direkt im Industriebetrieb vollzogen. Das hierfür vorgesehene Personal wird in speziellen Seminaren, meist direkt vor Ort, vom Werkzeughersteller ausgebildet.

Zusammenfassung

Anwendungen von Elektrowerkzeugen in der Industrie setzen meist maßgeschneiderte Lösungen voraus, die einer individuellen Bearbeitung durch Spezialisten des Elektrowerkzeugherstellers bedürfen. Elektrowerkzeuge für die Industrie müssen den hohen Lebensdaueranforderungen der Anwender entsprechen.

Hochfrequenzwerkzeuge

Grundlagen

Handgeführte Hochfrequenz-Elektrowerkzeuge unterscheiden sich in ihrer Technik grundlegend von den im Handwerk und im Heimwerkerbereich üblichen Elektrowerkzeugen mit Universalmotor. Als Stromversorgung dient 3-Phasen-Wechselstrom, auch Drehstrom genannt. Wegen der erhöhten Frequenz des für diese Werkzeuge verwendeten Drehstromes werden sie auch als Hochfrequenz-Werkzeuge bezeichnet, obwohl dieser Begriff technisch nicht korrekt ist. Als hochfrequent bezeichnet man Wechselströme im Bereich der Funkfrequenzen. Die bei den sogenannten Hochfrequenz (HF) Werkzeugen verwendeten Wechselströme werden technisch korrekt als Wechselströme erhöhter Frequenz oder Drehströme erhöhter Frequenz bezeichnet. Der Begriff HF-Werkzeuge hat sich jedoch seit langer Zeit im Markt etabliert und wird deshalb generell verwendet.

Zum Verständnis der Besonderheiten von HF-Werkzeugen ist die Kenntnis der Begriffe

– Wechselstrom
– Drehstrom
– Frequenz
– Spannung
– Strom
– Scheinleistung
– Wirkleistung
– Blindleistung
– Cosinus phi

sowie ihrer Definition und Bedeutung nötig.

Wechselstrom
Als Wechselstrom bezeichnet man einen Strom, der sich in Größe und Richtung ändert. Sein Spannungswert geht beim Wechsel der Polarität durch Null.

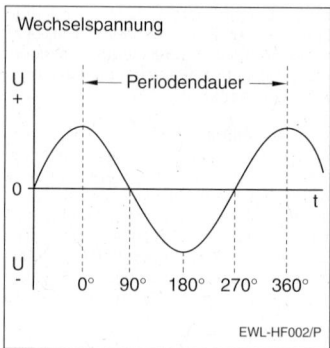

Wechselspannung

EWL-HF002/P

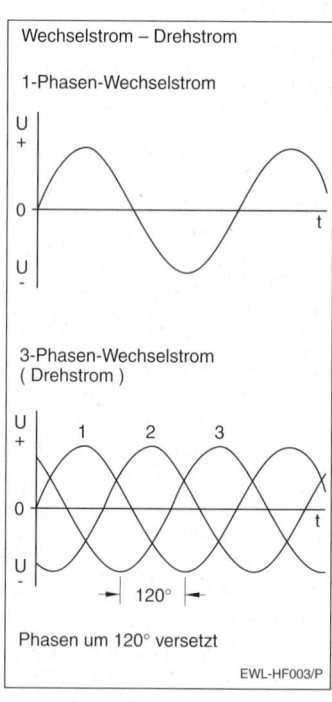

Wechselstrom – Drehstrom

1-Phasen-Wechselstrom

3-Phasen-Wechselstrom
(Drehstrom)

Phasen um 120° versetzt

EWL-HF003/P

Drehstrom

Drehstrom nennt man ein System von drei um 120° gegeneinander verschobenen Wechselströmen.

Spannung

Die elektrische Spannung (U) ist ein Maß für den Potentialunterschied an den Polen einer elektrischen Energiequelle. Sie wird in Volt (V) angegeben.

Wird elektrische Energie vom Erzeuger zum Verbraucher übertragen, entstehen in den Leitungen Verluste, die zur Reduzierung der Spannung am Verbraucher führen.

Strom

Sofern Spannung vorhanden ist, fließt bei geschlossenem Stromkreis durch die angeschlossenen Verbraucher entsprechend ihrem Widerstand elektrischer Strom (I). Er wird in Ampere (A) angegeben. Der Strom verursacht in elektrischen Leitern und Geräten Erwärmung und Spannungsverluste. Seine rechnerische Größe dient zusammen mit der Spannung zur Ermittlung der elektrischen Leistung.

Frequenz

Als Frequenz (f) bezeichnet man in der Elektrotechnik die Anzahl der Perioden (Spannungswechsel) pro Zeiteinheit. Die Maßeinheit ist Hertz (Hz). Sie beträgt in der öffentlichen Stromversorgung weltweit mehrheitlich 50 Hertz (Hz). In manchen Ländern, darunter die USA, sind 60 Hz üblich.

Leistung

Das wichtigste Beurteilungskriterium eines Verbrauchers ist die Leistung (P), d. h. sein Vermögen, elektrische Energie aufzunehmen und in eine andere Energieform umzusetzen. Die Leistungseinheit ist das Watt (W).

Die von der Energiequelle aufgenommene Leistung (Eingangsleistung) wird je nach Art und Wirkungsprinzip unterschieden in

– Wirkleistung
– Scheinleistung
– Blindleistung

Der Leistungsermittlung liegen folgende Formelzeichen zu Grunde

– Strom I Angabe in A (Ampere)
– Spannung U Angabe in V (Volt)
– Leistung P Angabe in W (Watt)

Man unterscheidet jedoch drei verschiedene Leistungsangaben:

– Scheinleistung P_s in VA oder kVA
– Wirkleistung P in W oder kW
– Blindleistung P_q in var

Wirkleistung

Die Wirkleistung erzeugt in elektrischen Verbrauchserzeugnissen eine direkt nutzbare Wirkung, z. B. Erwärmen einer Heizspirale, Lichtabstrahlen von Glühlampen oder das Arbeiten eines Elektromotors. Die aufgenommene Wirkleistung wird also in Wärme, Licht oder mechanische Arbeit umgesetzt.

Die Wirkleistung errechnet sich z. B.:

$$P = U \times I \times cos\varphi =$$
$$230\ V \times 3\ A \times 0,8 = 552\ W$$

Blindleistung

Die Blindleistung wird zum Aufbau der magnetischen Felder in den Spulen von Elektromotoren, Transformatoren und Vorschaltdrosseln, z. B. für Leuchtstofflampen, benötigt. Echt „verbraucht" wird die Blindleistung nicht. Sie fließt zwischen Generator und Verbraucher hin und her und wirkt ähnlich einem Katalysator – er verbraucht sich nicht, aber ohne ihn geht auch nichts. Die Blindleistung gibt an, welcher Teil der Scheinleistung verwertbar ist. Sie belastet die Leitungen, da sie zwischen Verbraucher und Erzeuger hin- und herpendelt. Die Blindleistung wird nach folgender Formel berechnet:

$$P_q = U \times I \times sin\varphi$$
$$Q = \sqrt{P_S^2 - P^2}$$

Der Leistungsfaktor $cos\varphi$ gibt an, welcher Teil der Scheinleistung effektiv verwertbar ist.

Scheinleistung

Die Scheinleistung ist die geometrische Summe von Wirk- und Blindleistung. Sie kann als Produkt von Spannung und Strom ermittelt werden. Die Wirkleistung ist um den Leistungsfaktor $\cos\varphi$ kleiner als die Scheinleistung.

Die Scheinleistung errechnet sich nach der Formel:

$$P_S = U \times I = 230 \text{ V} \times 3 \text{ A} = 690 \text{ VA}$$

Leistungsfaktor
Cosinusφ (phi)

Alle induktiven Verbraucher, wie Motoren, Generatoren und Transformatoren, haben einen Leistungsfaktor, „$\cos\varphi$" (cosinus phi). Der Leistungsfaktor $\cos\varphi$ gibt an, welcher Teil der Scheinleistung effektiv verwertbar ist.

Der Leistungsfaktor lässt sich durch das Verhältnis von Wirk- zu Scheinleistung ausdrücken.

$$\cos\varphi = \frac{P}{P_S}$$

Elektrowerkzeuge mit Universal-(Kollektor-) Motor haben einen Leistungsfaktor von etwa 0,9 . . . 1,0, er wird daher vernachlässigt. Maschinen und Werkzeuge mit Dreh- und Wechselstrommotoren hingegen haben einen Leistungsfaktor von etwa 0,8, der immer berücksichtigt werden muss.

Elektromotoren

Elektrische Motoren wandeln elektrische Energie in mechanische um. Sie bestehen aus einem feststehenden Teil (Stator, Polschuh) und einem rotierenden Teil (Rotor, Anker). Im Stator und Rotor werden durch elektrische Spulen (Wicklungen) magnetische Felder erzeugt, welche zwischen Stator und Rotor eine Kraft und damit ein Drehmoment am Rotor bewirken. Zur Führung der magnetischen Felder bestehen Stator und Rotor (oder Teile davon) aus Eisen. Bei zeitveränderlichen magnetischen Flüssen (Wechselspannung) muss dieses Eisen aus voneinander isolierten Blechen aufgebaut sein. Die räumliche Anordnung der Spulen, und

ihre elektrische Verschaltung führen zu verschiedenen Bauarten von Elektromotoren. Sie unterscheiden sich in ihrem Betriebsverhalten teilweise erheblich und haben deshalb unterschiedliche Anwendungsbereiche.

Drehstrommotoren

Der Stator des Drehstrommotors besteht im einfachsten Fall aus drei Wicklungen, meistens jedoch ein Vielfaches davon, welche symmetrisch am Umfang angeordnet sind. Die drei Phasen des Drehstromes erzeugen ein sich drehendes Magnetfeld (Drehfeld), dessen Umdrehungszahl sich aus der Frequenz des Drehstromes und der Zahl der Polpaare ergibt.

Die Drehzahl kann nicht durch die Höhe der angelegten Spannung verändert werden, sondern nur durch Verändern der Polpaarzahl und/oder der Frequenz des Drehstromes.

Für den Rotor sind grundsätzlich mehrere Varianten möglich: Der sogenannte „Kurzschlussläufer" („Schleifringläufer"), „Käfigläufer" oder das sogenannte Polrad. Die Eigenschaften des Drehstrommotors werden durch diese Rotor-(„Läufer"-)Arten entscheidend bestimmt. Davon abgeleitet werden die Drehstrommotoren in die Typen

– Synchronmotor
– Asynchronmotor

unterschieden.

Synchronmotor

Der Stator des Synchronmotors enthält Kupferwicklungen auf einem Eisenkern. Im Rotor, welcher beim Synchronmotor Polrad genannt wird, werden die Pole mit Gleichstromspulen oder Dauermagneten magnetisiert. Der dazu notwendige Gleichstrom wird dem Polrad über Schleifringe und Kohlebürsten zugeführt. Der Eisenkern des Polrades braucht nicht aus voneinander isolierten, geschichteten Blechen bestehen, da die Erregung mit Gleichstrom erfolgt. Er kann also aus Massivmaterial bestehen, während der Stator, durch dessen Spulen Wechselstrom fließt, aus Blechen bestehen muss.

Wenn sich das Polrad mit derselben

Drehzahl (synchron) wie das Drehfeld bewegt, entsteht ein vom Polradwinkel abhängiges Drehmoment. Beim Abweichen von der Synchronität (Drehzahl von Drehfeld im Stator und Drehzahl des Rotors) ergeben sich unzulässig hohe Ströme.

Der Synchronmotor könnte deshalb nicht von selbst anlaufen. Durch konstruktive Hilfsmaßnahmen, einer Art „Hilfskäfig" (Asynchronmotor), kann jedoch ein Selbstanlauf erreicht werden. Die Drehzahländerung kann beim Synchronmotor genauso wie beim Asynchronmotor nur durch die Polpaarzahl und/oder die Netzfrequenz, nicht aber durch die Spannung beeinflusst werden. Die Drehrichtungsumkehr erfolgt wie beim Asynchronmotor durch Vertauschen zweier Phasen.

Synchronmotoren werden überall dort verwendet, wo man Antriebe mit belastungsunabhängiger, konstanter Drehzahl benötigt.

Asynchronmotor

In seiner einfachsten Form besteht der Asynchronmotor neben dem Stator mit seinen Wicklungen aus einem Rotor, welcher aus einem geblechten Eisenkern besteht, in dessen Nuten Stäbe aus Aluminium oder Kupfer eingegossen oder eingepresst sind. Diese Stäbe sind an den beiden Stirnseiten des Rotors durch Ringe aus demselben Material verbunden und damit elektrisch kurzgeschlossen. Betrachtet man diese Stäbe ohne den Eisenkern, so gleichen sie in etwa einem Käfig, weshalb diese Art von Rotor auch als „Käfigläufer" bezeichnet wird. Besteht dagegen der Rotor aus einem geblechten Eisenkern, in dessen Nuten Wicklungen eingebracht sind, dann spricht man von sogenannten „Kurzschlussläufern" oder „Schleifringläufern", weil die Wicklungen über Kohlebürsten an den Schleifringen entweder direkt oder über elektrische Widerstände kurzgeschlossen werden.

Weicht die Rotordrehzahl von der Drehzahl des Drehfeldes ab, so werden in den kurzgeschlossenen Wicklungen oder Stäben Spannungen induziert. Diese haben Ströme zur Folge, welche ein Drehmoment am Rotor erzeugen.

Die Abweichung der Rotordrehzahl von der Drehfelddrehzahl gibt dem Motor den Namen: Die Drehzahlen verhalten sich asynchron.

Die Abweichung wird als Schlupf bezeichnet. Je höher der Schlupf, umso höher die Verluste im Motor und damit die Wärmeentwicklung. Im praktischen Betrieb muss der Asynchronmotor so bemessen sein, dass der Schlupf bei Nennlast weniger als 5 % beträgt.

Da der Schlupf beim Anlauf aus dem Stillstand am höchsten ist, entstehen beim Anlauf sehr hohe Verlustleistungen

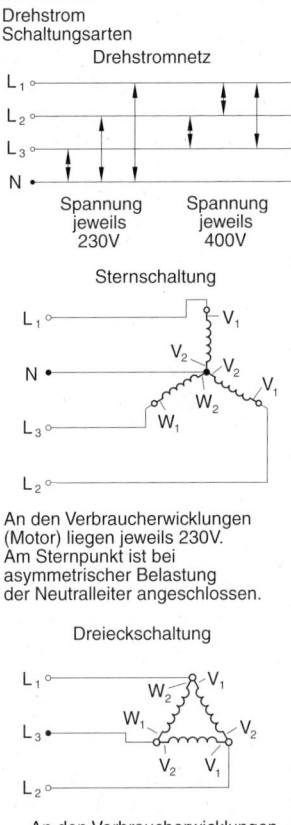

Drehstrom Schaltungsarten

Drehstromnetz

L_1
L_2
L_3
N

Spannung jeweils 230V

Spannung jeweils 400V

Sternschaltung

An den Verbraucherwicklungen (Motor) liegen jeweils 230V. Am Sternpunkt ist bei asymmetrischer Belastung der Neutralleiter angeschlossen.

Dreieckschaltung

An den Verbraucherwicklungen (Motor) liegen jeweils 400V.

EWL-INT004/P

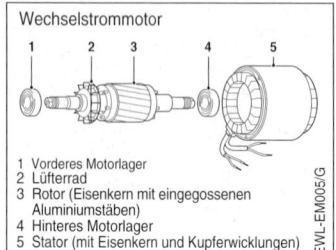

Wechselstrommotor

1 Vorderes Motorlager
2 Lüfterrad
3 Rotor (Eisenkern mit eingegossenen
  Aluminiumstäben)
4 Hinteres Motorlager
5 Stator (mit Eisenkern und Kupferwicklungen)

EWL-EM005/G

und damit sehr hohe Anlaufströme, welche das Stromnetz und auch die Motorwicklungen extrem belasten. Bei größeren Asynchronmotoren, welche für eine Betriebsspannung von 400 Volt ausgelegt sind, wendet man deshalb die sogenannte Stern-Dreieck-Umschaltung an. Der Anlauf erfolgt in der Sternschaltung.

Hierbei liegen (beim 230/400 Volt-System) an den Wicklungen 230 Volt. Der Strom ist dementsprechend geringer. Hat der Motor seine Nenndrehzahl erreicht, werden die Wicklungen auf Dreieck geschaltet. Jetzt liegt an ihnen 400 Volt und der Motor kann bei Belastung sein volles Drehmoment abgeben.

Der Asynchronmotor ist vom Aufbau her einer der einfachsten Elektromotoren. Er ist nahezu wartungs- und verschleißfrei, kostengünstig und hat speziell im Stationärbetrieb hervorragende Eigenschaften. Er zählt zu den am häufigsten eingesetzten Elektromotoren in der Antriebstechnik.

Asynchronmotoren für Hochfrequenz-Elektrowerkzeuge
Die Antriebsmotoren für HF-Werkzeuge werden statt mit Drehstrom der Netzfrequenz 50 Hz mit Drehstrom erhöhter Frequenz von 200 bzw. 300 Hz betrieben. Durch die Erhöhung der Frequenz kann die Drehzahl gesteigert werden, die Motoren der "Hochfrequenz-Werkzeuge" werden dadurch bei gleicher Leistung bedeutend kleiner und damit für handgeführte Elektrowerkzeuge geeignet.

Elektronisch kommutierte Drehstrommotoren (EC-Motoren)
Synchronmotoren können nur mit Dreh-

strom, nicht aber mit Gleichstrom betrieben werden, da Gleichstrom kein Drehfeld in den Statorwicklungen erzeugt. Will man Drehstrommotoren dennoch mit Gleichstrom betreiben, so muss man diesen durch Wechselrichter in Drehstrom umformen. Durch moderne Halbleiter- und Regeltechnik kann man dies heute in fast allen Leistungsbereichen realisieren. Wichtige Bestandteile des "elektronisch kommutierten Gleichstrommotors" (EC-Motor) sind ein durch Dauermagnet (Permanentmagnet) erregtes Polrad, ein Sensor, welcher die Stellung des Polrades innerhalb des Stators erfasst und die Steuer- und Leistungselektronik mit der Drehzahl- und Positionsinformation versorgt. Durch das polradpositionsabhängige Weiterschalten der Ströme in den Statorwicklungen wird ein drehstromähnliches Drehfeld erzeugt, dessen Drehzahl (Frequenz) durch die Steuerelektronik bzw. durch die Höhe der an den Wechselrichter gelegten Spannung in einem weiten Bereich einstell- und regelbar ist. Zusätzlich kann die Motorcharakteristik durch die Änderung des Kommutierungswinkels beeinflusst werden.

EC-Motoren haben, wenn man vom Aufwand für Regel- und Leistungselektronik absieht, folgende Vorteile: Hohe Einsatzflexibilität, geringes Leistungsgewicht, weiter Drehzahlstellbereich, generatorisches Bremsen. Sie sind geräuscharm und bis auf die Polradlagerung verschleißfrei. Ihr Einsatzgebiet reicht von Anwendungen in der Elektronik über den Werkzeugmaschineneinsatz bis hin zu Antrieben von Unterseebooten.

Abschirmung
Beim Betreiben von Elektromotoren mit Wechselströmen erhöhter Frequenz entstehen elektromagnetische Störstrahlungen. Aus diesem Grunde müssen die Motoren magnetisch abgeschirmt werden. Man erreicht dies, indem man die Motoren mit einem Metallgehäuse umgibt. Im Gegensatz zu Elektrowerkzeugen mit Universalmotor haben also HF-Werkzeuge stets ein Metallgehäuse. Wo dies aus ergonomischen Gründen sinnvoll ist, wird das (innere) Metallgehäuse mit einem (äußeren) Kunststoffgehäuse ummantelt.

Hochfrequenz-Drehschlagschrauber

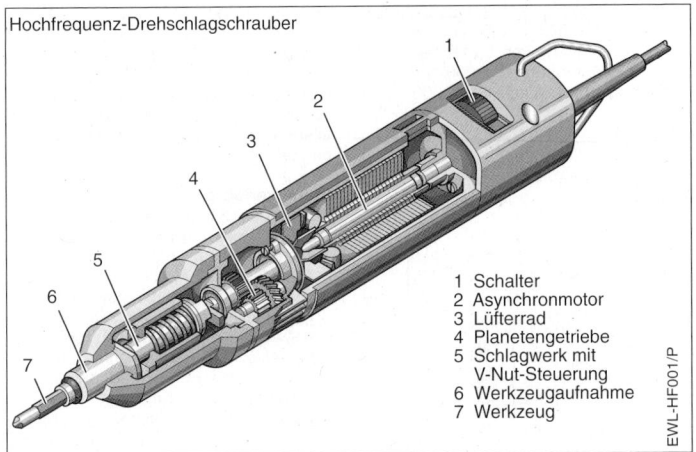

1 Schalter
2 Asynchronmotor
3 Lüfterrad
4 Planetengetriebe
5 Schlagwerk mit
  V-Nut-Steuerung
6 Werkzeugaufnahme
7 Werkzeug

EWL-HF001/P

Drehmoment

Mit zunehmender Belastung bleibt der Rotor hinter dem Drehfeld des Stators zurück, der Schlupf wird also größer. Der Motor versucht dies durch eine Stromerhöhung auszugleichen, wodurch das Drehmoment ansteigt. Mit steigender Belastung steigt also auch das Drehmoment an.

Allerdings geht diese Steigerung nicht unbegrenzt. Steigt die Belastung weiter, dann wird beim Erreichen eines bestimmten Höchstmomentes, dem sogenannten Kippmoment, der Schlupf schließlich so groß, dass der Rotor dem Drehfeld nicht mehr folgen kann. Das Drehmoment des Motors bricht schlagartig zusammen, der Motor bleibt stehen.

Drehzahlen

Wird die Ständerwicklung des Motors an das Drehstromnetz angeschlossen, so bildet sich ein magnetisches Feld, das durch die Anordnung der Wicklung die Eigenschaft hat, im Motor umzulaufen. Man spricht von einem Drehfeld, das von der Polpaarzahl und der Frequenz abhängig ist.

Frequenz und Drehzahl in Abhängigkeit von der Polpaarzahl des Motors

Polpaarzahl des Motors	Motordrehzahl bei 50 Hz	Motordrehzahl bei 60 Hz	Motordrehzahl bei 200 Hz	Motordrehzahl bei 300 Hz	Motordrehzahl bei 400 Hz*
	min $^{-1}$	min $^{-1}$	min $^{-1}$	min $^{-1}$	min $^{-1}$
1	3000	3600	12000	18000	24000
2	1500	1800	6000	9000	12000
4	750	900	3000	4500	6000
6	500	600	2000	3000	4000

* häufig verwendete Frequenz in der Militärtechnik
sowie in der Luft- und Raumfahrt

Bei Anwendung der kleinstmöglichen Polpaarzahl ergibt sich beispielsweise bei einer Frequenz von 50 Hz die Drehfeld- bzw. Läuferdrehzahl 3000 1/min, bei einer Frequenz von 200 Hz 12000 1/min

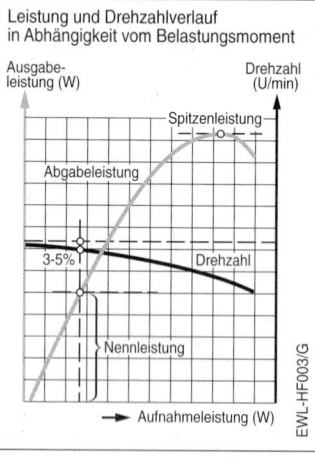

Leistung und Drehzahlverlauf
in Abhängigkeit vom Belastungsmoment

EWL-HF003/G

und bei 300 Hz 18000 1/min.

Der Drehzahlabfall beträgt bei Nennlast nur 3-5%, und die Spitzenleistung liegt etwa beim 2 1/2fachen Wert der Nennleistung. Kurzzeitige Überlastungen sind möglich, wenn sie nicht zur Überschreitung der zulässigen Wicklungstemperatur führen.

Steuerverfahren
Hochfrequenz-Elektrowerkzeuge werden meist mit fixer Drehzahl betrieben. Die Werkzeugdrehzahl hängt damit von der Polpaarzahl des Motors, der Frequenz und der Getriebeuntersetzung ab.

Prinzipiell kann jedoch die Drehzahl gesteuert werden, indem man über einen elektronischen Wechselrichter die Frequenz variiert. Bei schraubenden HF-Werkzeugen kann zur Begrenzung des Drehmoments der Anstieg des Motorstromes bei steigender Belastung herangezogen werden.

Drehrichtungssteuerung
Zur Änderung der Drehrichtung muss die Richtung des Drehfeldes umgekehrt werden. Dies wird beim Drehstrommotor durch das Vertauschen zweier Phasen an der Statorwicklung erreicht.

Kippmomentsteuerung
Wird die Belastung des Drehstrommotors bis zum Kippmoment gesteigert, dann steigt der Strom entsprechend der Belastung in charakteristischer Weise an. Dieser Stromanstieg kann zu Steuerungszwecken herangezogen werden. Hierzu ist ein externes Steuergerät nötig. Die dem Drehmoment proportionale Stromaufnahme wird mit einen einstellbaren Wert verglichen. Erreicht der Motorstrom den vorgegebenen Wert, wird der Stromkreis zum Werkzeug abgeschaltet, der Motor bleibt stehen.

Belastbarkeit von Elektromotoren

Die Belastbarkeit eines Elektromotors ist generell durch die in ihm entstehende Verlustwärme begrenzt. Die Verlustwärme ist durch den Wirkungsgrad phy-

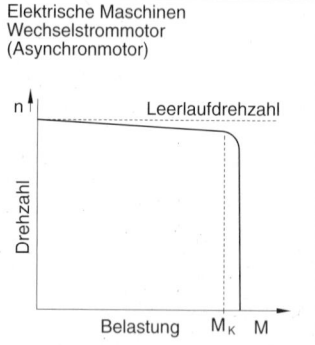

Elektrische Maschinen
Wechselstrommotor
(Asynchronmotor)

Die Drehzahl ändert sich nur sehr wenig mit zunehmender Belastung. Beim Erreichen des so genannten „Kippmoments" Mk bleibt der Motor stehen.

EWL-EM004/P

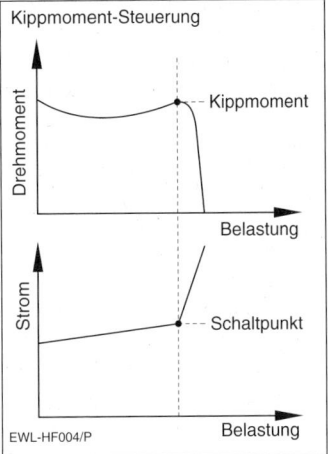

Kippmoment-Steuerung

Drehmoment — Kippmoment

Belastung

Strom — Schaltpunkt

Belastung

EWL-HF004/P

luftöffnungen aus Sicherheitsgründen (Berührung spannungsführender oder rotierender Bauteile) nicht beliebig groß sein dürfen. Durch Abstrahlung wird also nur ein sehr geringer Kühleffekt erreicht.

Zwangskühlung mittels Lüfter

Eine wesentlich bessere Kühlung wird durch einen Lüfter erreicht. Der Kühlluftstrom kann durch die Gestaltung der Luftkanäle so optimiert werden, dass bei geringer Lüfterleistung eine bessere Wärmeabfuhr stattfinden kann. Bei Elektrowerkzeugen befindet sich das Lüfterrad aus konstruktiven Gründen stets auf der Rotorachse und rotiert deshalb mit derselben Drehzahl wie der Motor. Die Lüfterleistung ist so bemessen, dass die vom Motor bei Nennleistung (= 100% Dauerleistung) erzeugte Verlustwärme soweit abgeführt wird, dass sich der Motor auch im Dauerbetrieb nicht über ein zulässiges Maß hinaus erwärmt. Wird der Motor über seine Nennleistung hinaus belastet, dann kann die zusätzlich entstehende Verlustwärme nicht mehr vollständig abgeführt werden, der Motor wird sich also früher oder später bis zum Durchbrennen erhitzen, wenn die Belastung nicht zurückgenommen wird. Nachteilig für die Motorkühlung mit der Motordrehzahl ist, dass mit steigender Belastung die Drehzahl zurückgeht. Damit hat man einen gegenläufigen Effekt:

Je stärker sich der Motor erhitzt, umso schlechter wird er gekühlt, weil die Lüfterleistung mit sinkender Drehzahl drastisch zurückgeht.

Die Lüfterleistung steht im Quadrat zur Drehzahl. In der Praxis bedeutet dies beispielsweise, dass die Lüfterleistung bei halber Drehzahl nicht 50% beträgt, sondern nur noch 25%! Bleibt die Überbelastung bestehen, dann wird der Motor nach entsprechender Zeit durchbrennen.

Die Lüfterleistung steht im Quadrat zur Drehzahl. In der Praxis bedeutet dies beispielsweise, dass die Lüfterleistung bei halber Drehzahl nicht 50% beträgt, sondern nur noch 25%! Bleibt die Überbelastung bestehen, dann wird der Motor nach entsprechender Zeit durchbrennen.

Ein größerer Motor kann mehr Wärme "zwischenspeichern", kann also zeitlich länger überlastet werden als ein kleiner

sikalisch bedingt und kann nicht gänzlich verhindert werden. Dies bedeutet in der Praxis, dass ein Motor, dessen Verlustwärme nicht abgeführt wird, sich so lange erhitzt, bis die Wicklungsisolation schmilzt und der Motor durch den dann entstehenden Wicklungskurzschluss "durchbrennt". Die Verlustwärme muss also aus dem Motor entfernt werden. Je besser die Verlustwärme abgeführt wird, umso weniger oder langsamer erhitzt sich der Motor und umso weniger oder umso später wird er zum "Durchbrennen" neigen.

Kühlung

Zur Wärmeabfuhr oder, praxisgerechter ausgedrückt, zur Kühlung dienen in erster Linie zwei Verfahren:

– Wärmeabstrahlung
– Zwangskühlung mittels Lüfter

Wärmeabstrahlung

Die Funktion entspricht einem Heizkörper: Der Motor strahlt die Wärme an die ihn umgebenden Bauteile und an die Luft ab. Der Effekt ist sehr gering, da der Motor meist sehr kompakt in das Werkzeuggehäuse eingebaut ist und die Kühl-

Motor. Er braucht dann aber auch länger, um sich wieder abzukühlen. Bei kleinen Motorgrößen ist die Oberfläche im Verhältnis zum Motorvolumen größer, die Abkühlung erfolgt daher schneller.

Nach der Überlastung muss der Motor dann für einige Zeit Gelegenheit haben, mit weniger als der Nennlast, am besten im Leerlauf zu laufen, damit er sich wieder abkühlen kann.

Als Kühlverfahren für zwangsgekühlte Motoren haben sich folgende Verfahren durchgesetzt:

– Außenkühlung
– Direkte Innenkühlung
– Indirekte Innenkühlung

Außenkühlung

Bei der Außenkühlung wird die Kühlluft durch einen außerhalb liegenden Lüfter durch Leitbleche am stark verrippten Motorgehäuse entlanggeblasen. Das Innere des Motorgehäuses ist meist völlig geschlossen. Diese Kühlart ist unempfindlich gegen Staub, aber wenig wirksam, weil die Motorwärme erst bis zur Gehäuseoberfläche durchdringen muss. Diese Kühlungsart ist typisch für Stationärmaschinen.

Direkte Innenkühlung

Bei dieser Kühlungsart wird die Kühlluft direkt durch den Motor geblasen, sie ist deshalb besonders wirksam, weil die Luft den Rotor und den Stator direkt umströmt. Nachteilig ist, dass in der Luft befindlicher Staub mit durch den Motor geblasen wird und dort auf Dauer die Wicklungen beschädigen kann. Die direkte Innenkühlung ist typisch für Elektrowerkzeuge mit Universalmotor, deren Kollektor sich im Betrieb prinzipbedingt sehr stark erhitzt.

Indirekte Innenkühlung

Bei dieser Kühlungsart wird die Kühlluft zwischen Motorgehäuse und Statorwicklung geblasen. Da bei Wechselstrommotoren die Wärme hauptsächlich in den Statorwicklungen entsteht, eignet sich diese Kühlungsart sehr gut für diese Motoren. Der Vorteil ist, dass der in der Kühlluft enthaltene Staub nicht mit den rotierenden Motorteilen in Berührung kommt, wodurch eine sehr lange Lebensdauer der solcherart gekühlten Motoren erreicht wird. Diese Kühlungsart hat sich für HF-Werkzeugmotoren als besonders vorteilhaft erwiesen.

Getriebe

Von wenigen Ausnahmen abgesehen, weicht die durch die Polzahl und die Netz-

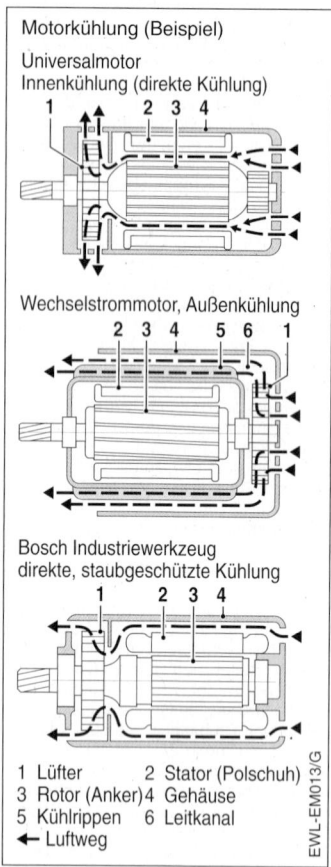

Motorkühlung (Beispiel)

Universalmotor
Innenkühlung (direkte Kühlung)

Wechselstrommotor, Außenkühlung

Bosch Industriewerkzeug
direkte, staubgeschützte Kühlung

1 Lüfter　　　　2 Stator (Polschuh)
3 Rotor (Anker)　4 Gehäuse
5 Kühlrippen　　6 Leitkanal
← Luftweg

EWL-EM013/G

frequenz bestimmte Nenndrehzahl des Motors von der gewünschten Drehzahl des Einsatzwerkzeuges (Spindeldrehzahl) ab. Zur Anpassung der beiden Drehzahlen werden in der Praxis Zahnradgetriebe verwendet. Je nach Einsatzart und Maschinentyp sind bestimmte Getriebebauarten besonders vorteilhaft. Zur Anwendung kommen

– Stirnradgetriebe
– Planetengetriebe

HF-Anlagen

Hochfrequenzanlagen sind gegenüber dem öffentlichen Versorgungsnetz als eigenständige Anlagen zu betrachten, welche über eine eigene Energiequelle und ihre spezifischen Verbraucher verfügt. Sie müssen deshalb autonom geplant werden.

Leistungsbedarf

HF-Anlagen verfügen über ihre eigene Energiequelle, einem Frequenzumformer. Die sekundäre Leistungsabgabe des Umformers bzw. seine Größe wird wie folgt ermittelt:
Die vorgesehenen Hochfrequenz-Elektrowerkzeuge werden nach Motorgrößen und Anzahl gruppenweise zusammengestellt, sodass man ihre Nennstromaufnahmen addieren kann. Aus der Summe der Nennströme lässt sich durch Multiplikation mit der Betriebsspannung und dem Faktor gVVV3 die gesamte Scheinleistungsaufnahme der Werkzeuge errechnen.
Die Formel lautet:

$$P_S = \sqrt{3} \times U \times I = 1,73 \times U \times I$$

Der so errechnete Scheinleistungswert muss noch mit dem Gleichzeitigkeitsfaktor G multipliziert werden, um die sekundäre Leistungsabgabe des Umformers zu erhalten. Der Gleichzeitigkeitsfaktor G berücksichtigt den Einsatzgrad aller Werkzeuge, weil üblicherweise nicht sämtliche Geräte gleichzeitig betrieben werden.

Gleichzeitigkeitsfaktor

Der Gleichzeitigkeitsfaktor gibt an, wie viele Werkzeuge eines Betriebes im Durchschnitt gleichzeitig betrieben werden. Der Gleichzeitigkeitsfaktor hängt von der Art des Einsatzbereiches ab. Für den Gleichzeitigkeitsfaktor G liegen folgende Erfahrungswerte vor:

– Karosseriebau 0,4
– Motorenbau 0,30
– Apparatebau 0,40
– Werkzeug- und Formenbau 0,25
– Stahlbau 0,50
– Gießerei 0,60

Diese Werte gelten nur bei größerer Maschinenzahl. Bei einer geringeren Anzahl von Maschinen wird der Gleichzeitigkeitsfaktor von den größten und am meisten eingesetzten Geräten bestimmt.
Bei der Planung einer Hochfrequenz-Elektrowerkzeug-Anlage wird der Frequenzumformer stets mit einer Reserve ausgelegt. Diese Reserve muss wegen der Anlaufströme beim Einschalten, besonders bei Kleinanlagen, so berechnet werden, dass die Leistungsabgabe mindestens zweimal so groß ist wie die Nennleistungsaufnahme des stärksten angeschlossenen Hochfrequenz-Elektrowerkzeuges. Nur dadurch kann ein einwandfreier Anlauf der Werkzeuge gewährleistet werden. Auch ist dann im Fall einer kurzzeitigen Überlastung der Spannungsabfall im Frequenzumformer nicht zu groß.

Berechnungsbeispiel

In einer Gießerei sollen 3 Hochfrequenz-Winkelschleifer 200 V, 300 Hz, 10 A mit und 3 Hochfrequenz-Geradschleifer 200 V, 300 Hz, 6,4 A eingesetzt werden. (Die Strom- und Spannungswerte sind den Katalogdaten entnommen.)

Berechnung:

Gruppe 1:
3 Winkelschleifer 3 × 10 A = 30,0 A

Gruppe 2:
3 Geradschleifer 3 × 6,4 A = 19,2 A

Summe 49,2 A

Daraus ergibt sich die Scheinleistung:

$P_S = 1,73 \times U \times I$
$P_S = 1,73 \times 200\,V \times 49,2\,A$
$P_S = ca.\ 17023\,VA$
$P_S = ca.\ 17\,kVA$

Dieser Wert muss noch mit dem Gleichzeitigkeitsfaktor G = 0,6 für Gießereien multipliziert werden:

Umformer-Scheinleistung:

$P_S \times G = 17\,kVA \times 0,60 = 10,2\,kVA$

In diesem Fall wird ein Umformer mit 11 kVA Sekundärleistung gewählt, damit noch eine Leistungsreserve von ca. 10% vorhanden ist.

Frequenzwahl

Drehstrom mit erhöhter Frequenz von 200 bzw. 300 Hz ermöglicht bei Handwerkzeugen hohe elektrische Leistungen bei geringem Motorgewicht. Mit zunehmender Frequenz des Drehstroms erhöht sich im gleichen Verhältnis die Motordrehzahl und damit die Leistung der Asynchronmotoren. Diese wird durch die maximal zulässige Umfangsgeschwindigkeit (Arbeitsdrehzahl) der Werkzeuge begrenzt.

Ein optimales Leistungsgewicht weisen die Hochfrequenz-Werkzeuge auf, die mit einer Frequenz von 200 bis 300 Hz betrieben werden. Bei größeren Unterschieden zwischen Motor- und Arbeitsdrehzahl werden größere Getriebe notwendig. Dadurch wird die Gewichtsersparnis beim Drehstromantrieb durch das höhere Gewicht der Übersetzungsgetriebe aufgehoben.

Hochfrequenz-Anlagen, die ausschließlich mit Schleifern bestückt sind, sollten mit 300 Hz betrieben werden. Hierdurch ergeben sich bei hohen Drehzahlen günstige Getriebeabstufungen.

Netzgruppe

Als Netzgruppen (Frequenzen mit zugehöriger Spannung) haben sich sechs Kombinationen durchgesetzt. Die ideale, am weitesten verbreitete Netzgruppe ist die Gruppe 2. Daraus ist ersichtlich, dass ein Werkzeug für 300 Hz, 200 Volt ebenso (ohne Änderung) auch an 200 Hz, 135 Volt betrieben werden kann und umgekehrt. Man sollte deshalb nach Möglichkeit bei 200 Hz 135 V Spannung und bei 300 Hz 200 V Spannung wählen.

Der Betrieb an den unterschiedlichen Spannungen innerhalb derselben Netzgruppe ist möglich, da wegen des frequenzabhängigen Scheinwiderstandes (Wechselstromwiderstandes) der Statorwicklungen bei der höheren Frequenz ein geringerer Strom durch die Wicklungen fließt, als bei der niedrigeren Spannung bei der niedrigen Frequenz. Da das Produkt aus Strom und Spannung, die Leistungsaufnahme, in beiden Fällen gleich ist, wird der Motor nicht überlastet.

Zu beachten ist allerdings, dass sich die Motordrehzahl entsprechend der angewendeten Frequenz ändert. Bei Schleifgeräten hat diese Drehzahländerung unter Umständen Einfluss auf die Sicherheit und muss unter allen Umständen beachtet werden!

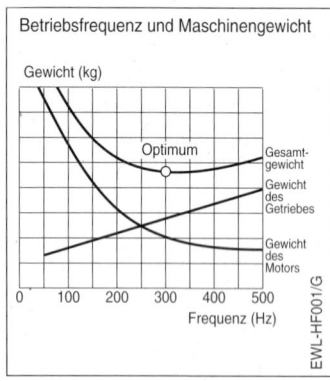

Betriebsfrequenz und Maschinengewicht

Gewicht (kg)

Optimum

Gesamtgewicht

Gewicht des Getriebes

Gewicht des Motors

0   100   200   300   400   500

Frequenz (Hz)

EWL-HF001/G

Netzgruppen

Netzgruppen Kennzahl	Frequenz 200 Hz Spannung	Frequenz 300Hz Spannung
1	265 V	-
2	135 V	200 V
3	72 V	110 V
4	-	72 V
7	-	42 V
10	42 V	-

▨ Ideale Netzgruppe

Sind in einer Netzgruppe zwei Spannungen angegeben, dann kann ein- und dasselbe Werkzeug mit beiden Spannungs/Frequenzkombinationen betrieben werden. (Ausnahme: Schleifgeräte - höhere Frequenz = höhere Drehzahl!)

Umformersysteme

Die Umformeranlage für Hochfrequenz-Werkzeuge kann nach unterschiedlichen Kriterien ausgelegt werden, die auf den Einsatzfall im Betrieb abgestimmt sein müssen. Es ergeben sich meist mehrere Möglichkeiten, deren Vor- und Nachteile gegeneinander abzuwägen sind. Folgende Umformer werden bei HF-Werkzeugen eingesetzt:

– Statische Umformer
– Dynamische Umformer

Statische Umformer
Bei diesem Umformertyp, auch Wechselrichter genannt, wird die angelegte Netzspannung zunächst gleichgerichtet und dann elektronisch in die gewünschte Frequenz umgeformt. Diese Wechselrichter arbeiten mit Leistungshalbleitern und haben keine beweglichen Teile, welche einem Verschleiß unterworfen sind.

Statische Umformer werden vorwiegend für Kleinanlagen im Bereich bis ca. 5 kW eingesetzt. Da sie keine Geräusch-

entwicklung haben können sie direkt am Arbeitsplatz eingesetzt werden.

Dynamische Umformer
Dynamische Umformer, auch rotierende Umformer genannt, bestehen aus einem Motor, welcher mit der Netzfrequenz betrieben wird und einem Generator, welcher die Hochfrequenz erzeugt. Sie sind die am häufigsten eingesetzten Umformer für HF-Werkzeuge.

Die technisch günstigste Lösung stellt die Kombination aus Asynchronmotor und Synchrongenerator dar. Die Umformer sind sogenannte Einwellenaggregate, d. h. Motor und Generator sind auf einer Welle zu einer Einheit zusammengebaut.

Die Formel zur Berechnung der Sekundärfrequenz lautet:

$$f_2 = f_1 \times p_2 / p_1$$

$f_1 =$ Primärfrequenz des Drehstromnetzes
$f_2 =$ Sekundärfrequenz für Hochfrquenz-Elektrowerkzeuge
$p_1 =$ Polpaarzahl des Antriebsmotors
$p_2 =$ Polpaarzahl des Generators

Frequenzumformer mit einer Leistungsabgabe über 4 kVA sollten in der Regel nicht direkt, sondern mittels Sterndreieckschalter in das Netz geschaltet werden. Bei direkter Einschaltung tritt ein kurzzeitiger Stromstoß auf, der die Zuleitungen bei Umformern über 4 kVA zu stark belasten und die vorgeschalteten

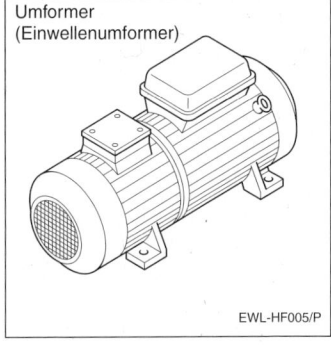

Umformer
(Einwellenumformer)

EWL-HF005/P

Sicherungen auslösen könnte. Bei Anwendung der Sterndreieckschaltung wird der Stromstoß reduziert, da bei dieser, im Vergleich zur direkten Schaltung, nur ein Drittel des Stromes fließt. Mit dem Sterndreieckschalter schaltet man die Wicklung des Antriebsmotors über Stern (Einschaltvorgang) auf Dreieck (Betriebsstellung). Ein Frequenzumformer, der an einem 400-V-Netz mit einem Sterndreieckschalter betrieben werden soll, muss unbedingt für 400 V im Dreieck ausgelegt sein. Wenn ein derartiger Umformer nur für 230 V im Dreieck ausgelegt ist, kann er am 400-V-Netz nur direkt im Stern, also ohne Sterndreieckschalter eingeschaltet werden. Dies ist bei der Auslegung einer neuen Anlage unbedingt zu berücksichtigen.

Schaltanlagen

Zur Erhöhung der Wirtschaftlichkeit der Gesamtanlage werden an Stelle eines großen Umformers meist zwei oder mehrere kleine Umformer verwendet, welche über eine Schaltanlage gesteuert werden. Zum Ausgleich von Belastungsspitzen können Frequenzumformer parallel geschaltet werden. Man erreicht damit eine optimale Anpassung an die eingesetzten Geräte. Bei Frequenzumformern mit Synchrongenerator können unterschiedliche Leistungsgrößen ohne besondere Vorkehrungen parallel betrieben werden.

Als weiteren Vorteil gestatten Schaltanlagen die vorübergehende Abschaltung einzelner Umformer zur Durchführung von Wartungsarbeiten, ohne dass die Gesamtanlage stromlos gemacht werden muss.

Blindstromkompensation
Jeder induktive Verbraucher ist mit einem induktiven Blindstrom behaftet, der keine effektive Arbeit leistet, sondern nur die Leitungen belastet. Frequenzumformer und Hochfrequenz-Elektrowerkzeuge sind ebenfalls induktive Verbraucher.

Eine Kompensierung des Blindstromes auf der Sekundärseite des Umformers ist nur mit großem Aufwand durchzuführen, weil jedes Werkzeug einzeln kompensiert

werden müsste. Je nach Anzahl und Leistung der einzelnen Hochfrequenz-Werkzeuge ist mit einem Gesamtleistungsfaktor $\cos\varphi$ von 0,5 bis 0,85 zu rechnen. Auf der Primärseite des Frequenzumformers kann der Leistungsfaktor $\cos\varphi$ erheblich verbessert werden, wenn eine Kompensation des Blindstromes von Antriebsmotor und Generator vorgenommen wird. Durch Zuschalten von entsprechend bemessenen Kondensatoren ist es möglich, die primärseitige Blindleistung des Umformers bei Leerlauf praktisch vollständig und bei Belastung so weit zu kompensieren, dass sich ein Leistungsfaktor größer als $\cos\varphi = 0{,}9$ ergibt.

Leitungssysteme
Die Leitungssysteme für HF-Anlagen unterscheiden sich grundlegend von den Leitungssystemen der üblichen Netzfrequenzen von 50 oder 60 Hz. Die Gründe hierfür sind die bei höheren Frequenzen wirksamen Effekte

– Skineffekt
– Elektromagnetische Abstrahlung.

Die genannten Effekte haben Einfluss auf die Dimensionierung und Aufbau der Leitungen und die Art der Installation.

Skineffekt

Mit dem Begriff Skineffekt ("Hauteffekt") bezeichnet man die Eigenschaft des elektrischen Stromes, sich bei steigender Frequenz zunehmend in die Außenbereiche des Leiters zu verlagern. Im Extremfall (bei sehr hohen Frequenzen) bedeutet dies, dass nur noch auf der Oberfläche ("Skin") des Leiters Strom fließt, während sich die Querschnittsfläche im Inneren des Leiters wie ein Isolator verhält. Man nennt diese Auswirkungen auch "induktiver Widerstand" eines Leiters. Bei höheren Frequenzen muss deshalb der Durchmesser des Leiters größer sein, um den effektiven Verlust an Leiterquerschnitt auszugleichen.

Elektromagnetische Abstrahlung

Leitungen, welche Wechselströme führen, strahlen elektromagnetische Wellen ab. Sie wirken praktisch wie Sendeantennen. Die elektromagnetische Abstrahlung kann, speziell bei höheren Frequenzen, zu Störungen empfindlicher elektrischer Anlagen (z. B. Funk- und Fernsehstörungen) führen. Die Antennenwirkung kann verhindert werden, in dem man die Leitungen elektromagnetisch abschirmt. In der Regel erfolgt dies durch ein geerdetes Metallgeflecht im Kabelmantel.

Installationsvorgaben

Das HF-Verteilernetz darf keinerlei Verbindungen zu dem bestehenden 50-Hz-Versorgungsnetz aufweisen. Daher sind auch besondere CEE-Steckverbindungen

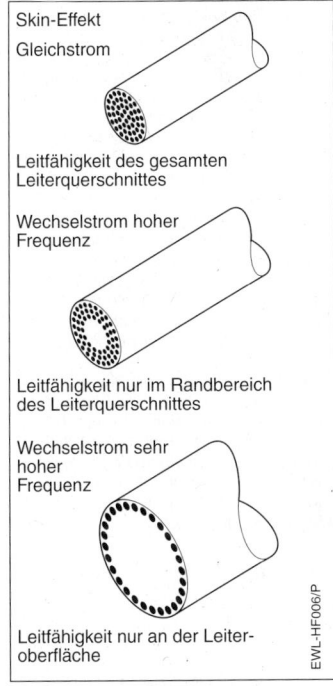

Skin-Effekt

Gleichstrom

Leitfähigkeit des gesamten Leiterquerschnittes

Wechselstrom hoher Frequenz

Leitfähigkeit nur im Randbereich des Leiterquerschnittes

Wechselstrom sehr hoher Frequenz

Leitfähigkeit nur an der Leiteroberfläche

EWL-HF006/P

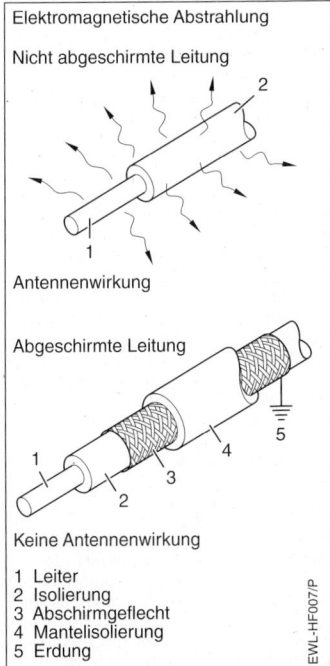

Elektromagnetische Abstrahlung

Nicht abgeschirmte Leitung

2

1

Antennenwirkung

Abgeschirmte Leitung

5

1

2

3

4

Keine Antennenwirkung

1 Leiter
2 Isolierung
3 Abschirmgeflecht
4 Mantelisolierung
5 Erdung

EWL-HF007/P

nach DIN 49462/63 und DIN 49465 für Frequenzen zwischen 100 und 300 Hz vorgeschrieben. Die Gehäusefarbe der Stecker, Kupplungs- und Wandsteckdose ist Grün. Durch die andere Bauform dieser Steckverbindungen ist gewährleistet, dass bestehende 50-Hz-Steckvorrichtungen weder mit Steckern noch mit Kupplungsdosen kombinierbar sind.

Für das Verteilernetz zwischen Frequenzumformer und den einzelnen Hochfrequenz-Elektrowerkzeugen können bewegliche oder festgelegte Leitungen je nach Anforderungen verwendet werden.

Die Übertragung größerer Leistungen bei kleiner Spannung ist in weitverzweigten Anlagen unwirtschaftlich. Entweder fallen aufgrund großer Leiterquerschnitte hohe Installationskosten an oder es werden Transformatoren notwendig, die erst am Einsatzort des Werkzeuges die höhere Spannung herabsetzen. Unter der Voraussetzung konstanter Übertragungsleistung, festgelegtem Spannungsabfall und gleichbleibender Leitungslänge ändert sich der Leitungsquerschnitt entsprechend der Spannung, das heißt beispielsweise, die halbe Spannung bedingt den vierfachen Leiterquerschnitt.

Dimensionierung des Leitungsnetzes

Zur einfachen Dimensionierung des Leitungsnetzes einer HF-Anlage bedient man sich am besten bewährter Tabellen und Nomogramme. So können beispielsweise die erforderlichen Querschnitte anhand der folgenden Abbildungen einfach bestimmt werden. Die Leiterquerschnitte werden unter Berücksichtigung des zulässigen Spannungsabfalls von 5% aus dem Ohmschen Widerstand, der zulässigen Erwärmung und des Spannungsabfalles aus dem induktiven Widerstand (Skineffekt) ermittelt. Die Vorgehensweise wird in den folgenden Beispielen dargestellt.

Berechnungsbeispiele
Kabel-Querschnitt in Abhängigkeit von Spannung und Leitungslänge

Mit dem Wert der zu übertragenden Leistungen geht man je nach Stromart von links oder rechts waagerecht bis zum Schnitt mit der Linie für die Spannung, von dort aus senkrecht nach unten bis zum Schnitt mit der Linie für die Leitungslänge (einfache Länge) und dann wieder waagerecht nach links oder rechts. (Abb. HF 008/G)

Kabel-Querschnitt in Abhängigkeit von Spannung und Leistungsfaktor

Der in der vorherigen Abbildung ermittelte Querschnitt wird nun auf Erwärmung überprüft. Mit dem Wert der zu übertragenden Leistung geht man von links waagerecht bis zum Schnitt mit der Linie für die Spannung, dann senkrecht nach unten bis zum Schnitt mit der Linie für den Leistungsfaktor cos φ, schließlich waagerecht nach rechts, um dort je nach Leitungsart den Querschnitt abzulesen. (Abb. HF 009/G)

Kabel-Querschnitt in Abhängigkeit von Frequenz und induktivem Widerstand

Ergibt sich bei Drehstrom aus den vorherigen Abbildungen ein Querschnitt von über 10 mm², so geht man zur Berücksichtigung des induktiven Spannungsabfalls mit dem exakt ermittelten Wert in die nächste Abbildung, dort von der waagerechten Grundlinie aus senkrecht nach oben bis zum Schnitt mit der Kurve für die Frequenz und dann waagerecht nach links oder rechts.

Von den ermittelten Kabelquerschnitten ist für die Bemessung der Leitung der größere Wert maßgebend.

Der induktive Widerstand wirkt sich besonders bei größeren Kabelquerschnitten aus. Diese sind wiederum erforderlich bei niedriger Spannung bzw. bei höherer Frequenz.

Bei der Berechnung der Kurven in den Abbildungen wurde für die Verbraucher ein Leistungsfaktor von cos φ von 0,7 zugrundegelegt. Bei Einphasen-Wechselstrom-Anlagen mit einem Leistungsfaktor cos φ = 1 kann der induktive Widerstand auch bei größeren Kabel-Querschnitten vernachlässigt werden.

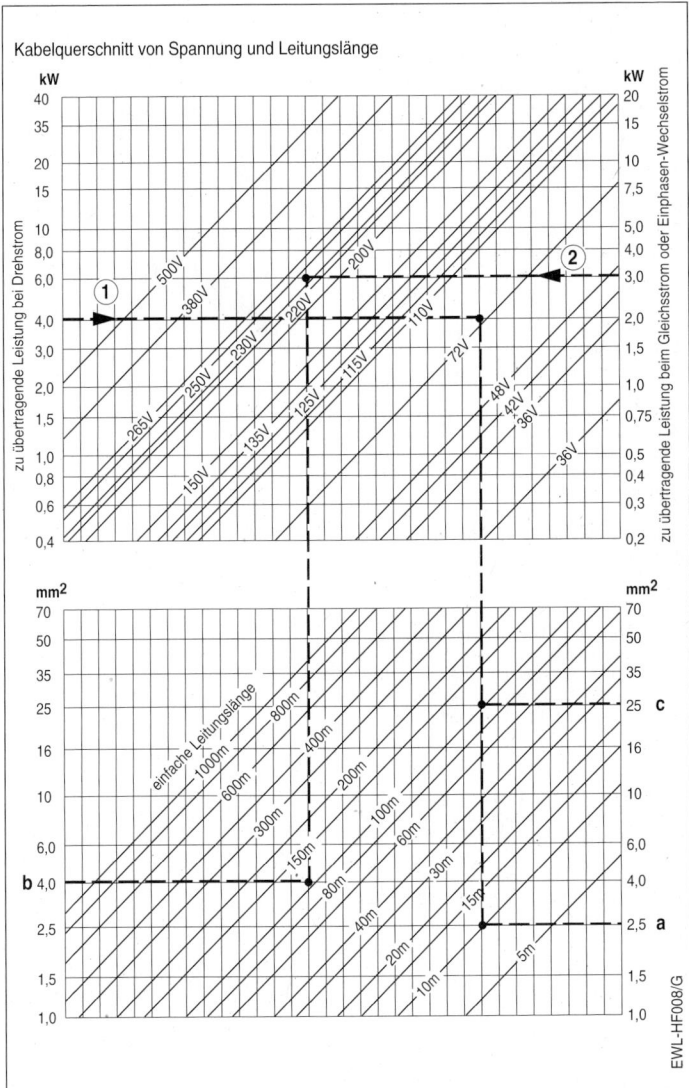

Kabelquerschnitt von Spannung und Leitungslänge

EWL-HF008/G

Beispiel 1
Übertragung von 4 kW, 72 V Drehstrom, cosφ = 0,8, Leitungslänge (einfach): 10 m

Ermittelter Kabel-Querschnitt nach Abb. HF 008/G: 2,75 mm²

Ermittelter Kabel-Querschnitt nach Abb. HF 009/G: 4,8 mm² (gewählter Querschnitt 6 mm)

Der nach Abb. HF 008/G und HF 010/G ermittelte Kabel-Querschnitt von 2,75 mm2 reicht nicht aus, es würde zu einer zu hohen Erwärmung des Kabels kommen.

Eine Überprüfung nach Abb. HF 010/G ist nicht erforderlich, da der Querschnitt unter 10 mm² liegt.

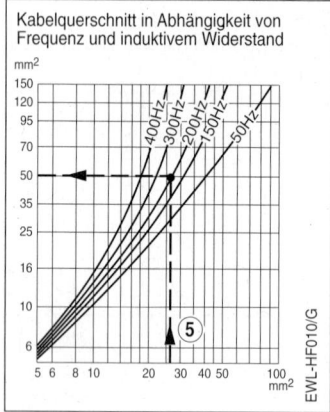

Kabelquerschnitt in Abhängigkeit von Frequenz und induktivem Widerstand

Beispiel 2
Übertragung von 3 kW, 220 V Einphasen-Wechselstrom cosφ = 0,9, Leitungslänge (einfach): 100 m

Ermittelter Kabel-Querschnitt nach Abb. HF 008/G: 4 mm²
Ermittelter Kabel-Querschnitt nach Abb. HF 009/G: 0,9 mm²

Nach Abb. HF 008/G ist ein Querschnitt von 4 mm² erforderlich. Dieser ist maßgebend, da nach Abb. HF 009/G nur 0,9 mm² für das Kabel resultieren und somit keine zu große Erwärmungsgefahr besteht.

Beispiel 3
Wie bei Beispiel 1, jedoch 200 Hz Drehstrom bei 100 m Leitungslänge ermittelter Kabelquerschnitt aus Abb. HF 008/G: 27 mm²
Dieser Wert muss nach Abb. HF 010/G überprüft werden. In diesem Fall ist der größere Querschnitt von 50 mm² zu wählen.

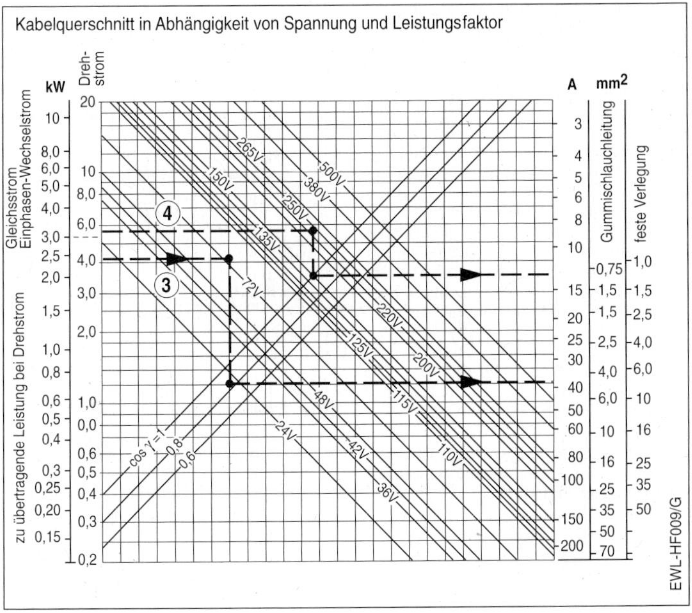

Kabelquerschnitt in Abhängigkeit von Spannung und Leistungsfaktor
kW
Dreh-strom
Gleichsstrom Einphasen-Wechselstrom
zu übertragende Leistung bei Drehstrom
A
mm2
Gummischlauchleitung
feste Verlegung
265V
500V
150V
380V
250V
135V
72V
220V
125V
200V
115V
48V
24V
42V
110V
36V
cos γ = 1
0,8
0,6
3
4
EWL-HF009/G

Nullung
L1 L2 L3 PE
M
RB
RB
RB ≦ 2 Ω
EWL-HF008/P

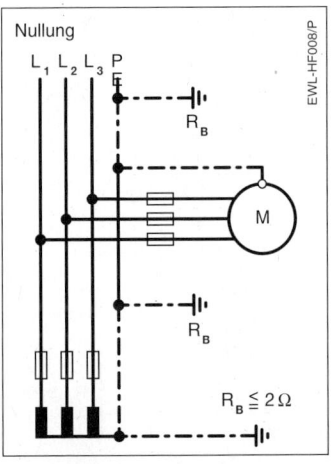

Elektrische Sicherheit bei Hochfrequenzanlagen (Drehstrom erhöhter Frequenz)

Die elektrische Sicherheit ist bei HochfrequenzElektrowerkzeugen durch den Schutzleiter gemäß EN 50144 nach Schutzklasse I gegeben. Bei der in Stern geschalteten Sekundärwicklung des Umformers ist der Stern- oder Nullpunkt herausgeführt. Dieser Nullpunkt ist geerdet (Erdungswiderstand RB_2 Ohm) und über die Schutzleiter mit dem metallischen Gehäuse der Elektrowerkzeuge verbunden, so dass bei 265 V Betriebsspannung die Gefahrenspannung zwischen Phase und Erde im ungünstigsten Fall nur

$$\frac{265\ V}{1{,}73} = 153\ V$$

beträgt.

Bei Betriebsspannungen von 135 V oder 72 V ist die Gefahrenspannung zwischen Phase und Erde dagegen nur

$$\frac{135}{1{,}73} = 78\ V$$

oder

$$\frac{72\ V}{1{,}73} = 42\ V$$

wobei 1,73 den Verkettungsfaktor $\sqrt{3}$ bei Dreiphasen-Drehstrom darstellt.

Die Wirksamkeit der Schutzerdung muss durch die Verwendung entsprechend robuster und im elektrischen Aufbau einwandfreier Steckvorrichtungen sowie widerstandsfähiger Kabel gewährleistet werden. Ebenso wichtig ist eine sorgfältige Wartung. Das Elektrowerkzeug selbst muss in seiner Konstruktion den hohen Anforderungen in der industriellen Fertigung entsprechen.

Im Normalfall verhält man sich nach der vorstehenden Beschreibung, also nach der Schutzmaßnahme "Nullung" nach VDE 0100 - § 10 N. Bei 265 V/200 Hz-Drehstrom gibt es FI-Schutzschalter für 45 mA. FI-Schutzschalter für Drehstrom anderer Spannungen und Frequenzen sind bei betreffenden Herstellern besonders anzufordern! Im Übrigen gelten die Maßnahmen für 3-Phasen-Netze.

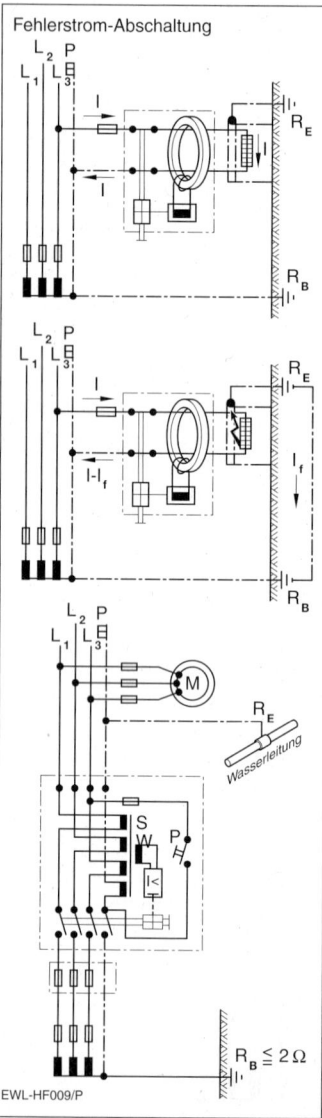

Fehlerstrom-Abschaltung

EWL-HF009/P

Handgeführte Hochfrequenzwerkzeuge

Die Anlagekosten eines HF-Systems stellen eine hohe Anfangsinvestition dar, welche für den handwerklichen Betrieb nicht in jedem Falle wirtschaftlich sind. Handgeführte Hochfrequenzwerkzeuge werden deshalb bevorzugt im industriellen Bereich eingesetzt. Wesentliche Faktoren hierfür sind:

--- Lebensdauer
--- Konstantdrehzahl
--- Überlastverhalten
--- Ergonomie
--- Arbeitssicherheit
--- Betriebskosten

Lebensdauer

Die in HF-Werkzeugen verwendeten Drehstrommotoren haben keinen Kollektor und keine Kohlebürsten. Sie sind deshalb verschleißfrei. Bei regelmäßigem Schmierstoffwechsel der Lager und Getriebe und fachgerechter Anwendung können durchschnittliche Standzeiten über mehrere Jahrzehnte erreicht werden. Hierdurch eignen sich HF-Werkzeuge sehr gut für kontinuierlichen Betrieb, auch Mehrschichtbetrieb, in der Industrie.

Konstantdrehzahl

Eine Charakteristik der Drehstrommotoren ist die Konstanz der Drehzahl über einen weiten Lastbereich, wodurch sich eine Drehzahlregelung erübrigt. In der Praxis bedeutet dies, dass das Einsatzwerkzeug stets im optimalen Drehzahlbereich arbeitet und hierdurch den höchsten Arbeitsfortschritt erbringt. Insbesondere bei Schleifarbeiten wirkt sich dies als besonders wirtschaftlich aus.

Überlastverhalten

HF-Werkzeuge bleiben bei Überlastung über das sogenannte Kippmoment hinaus plötzlich stehen, wodurch der Überlastfall dem Anwender unverkennbar signalisiert wird.

Ergonomie

Drehstrommotoren haben ein deutlich geringeres Laufgeräusch, welches sich besonders im Industriebetrieb, wo viele HF-Werkzeuge im Einsatz sind, positiv auswirkt.

Arbeitssicherheit

Wegen des Verkettungsfaktors von Drehstromsystemen betragen die Spannungen gegen Erde bei einer Betriebsspannung von 200 Volt nur 153 Volt und bei einer Betriebsspannung von 135 Volt nur 78 Volt und liegen damit deutlich unter dem der 230-V-Elektrowerkzeuge mit Universalmotor. Da im Industriebetrieb häufig Metall bearbeitet oder in Metallumgebung gearbeitet wird, ist dies ein zusätzlicher Sicherheitsfaktor.

Betriebskosten

Die laufenden Betriebskosten einer HF-Anlage sind äußerst günstig, da keine Energie bevorratet werden muss wie beispielsweise in einem Druckluftsystem. Der Wartungsaufwand ist minimal. Leckverluste, wie bei Druckluftanlagen üblich, entfallen. Zusätzliche Verbraucheranschlüsse sind ohne viel Aufwand herstellbar. Die relativ hohen Anfangsinvestitionen amortisieren sich nach kurzer Zeit.

Werkzeugtypen

Prinzipiell kann jedes Elektrowerkzeug auch mit einem HF-Motor ausgerüstet werden. In der Praxis beschränkt man sich jedoch meist auf die folgenden Werkzeugsegmente:

– Bohrmaschinen
– Gewindeschneider, Schrauber
– Schleifgeräte
– Spezialwerkzeuge

Daneben werden im Baubereich auch Abbruchhämmer sowie Innen- und Außenrüttler mit HF-Motor eingesetzt.

Bohrmaschinen

HF-Bohrmaschinen zeichnen sich gegenüber solchen mit Universalmotor durch eine wesentlich geringere Baugröße bei gleicher mechanischer Leistung aus.

Wegen der beim Bohrbetrieb üblichen

niedrigen Drehzahlen werden bei überwiegendem Bohrmaschinen- und Schraubereinsatz im Industriebetrieb Geräte mit der Betriebsfrequenz 200 Hz eingesetzt, weil wegen der dann möglichen niedrigeren Motordrehzahlen einfachere Getriebe eingesetzt werden können.

Typische Bauformen sind Bohrpistolen im unteren bis mittleren Leistungsbereich, Maschinen mit Spatengriff oder Kreuzgriff im mittleren bis hohen Leistungsbereich.

Bohrmaschinen – Bauformen
(nicht maßstäblich)

Pistolengriff

Spatengriff

Kreuzgriff

EWL–HF010/P

Gewindeschneider

Gewindeschneider werden in der Montagetechnik dazu benutzt, Innengewinde in vorgebohrte Bauteile zu schneiden. Ein häufiges Anwendungsgebiet ist auch das Nachschneiden von Gewinden, welche durch Nachbehandlung des Werkstückes (Beschichtung, Lackierung) gangbar gemacht werden müssen.

Gewindeschneider gleichen Bohrmaschinen, haben aber im Gegensatz zu diesen ein automatisches Umkehrgetriebe. Das Umkehrgetriebe wird über den Andruck der Maschine gesteuert. Im Leerlauf geht die Spindel automatisch in den Linkslauf. Beim Ansetzen und bei mäßigem Andruck kommt die Spindel zum Stillstand. Bei weiterem Andruck findet eine Drehrichtungsumkehr in den Rechtslauf statt. Hierdurch wird der Gewindebohrer eingedreht. Beim Zurücknehmen der Andruckkraft nach Beendigung des Gewindeschneidvorganges geht die Spindel in den Linkslauf über, wodurch der Gewindebohrer aus dem Gewinde gedreht wird. Bei der Verwendung des Gewindeschneiders im Bohrständer mit Tiefenanschlag geschieht bei richtiger Einstellung die Umschaltung automatisch, wodurch auch Sacklöcher mit Gewinden versehen werden können.

Schrauber

HF-Schrauber stellen neben den Schleifgeräten das umfassendste Segment der HF-Werkzeuge dar. Sie werden vorzugsweise zur Serienmontage in Fertigungsbetrieben eingesetzt. Die Typen der Schrauber unterscheiden sich in Funktionsprinzip und Bauart. Wegen der hohen Vielfalt der Schraubfälle kommen entsprechend viele unterschiedliche Typen zur Anwendung.

Wegen der beim Schraubbetrieb üblichen niedrigen Drehzahlen werden bei überwiegendem Schraubereinsatz im Industriebetrieb Geräte mit der Betriebsfrequenz 200 Hz eingesetzt, weil wegen der dann möglichen niedrigeren Motordrehzahlen einfachere Getriebe eingesetzt werden können.

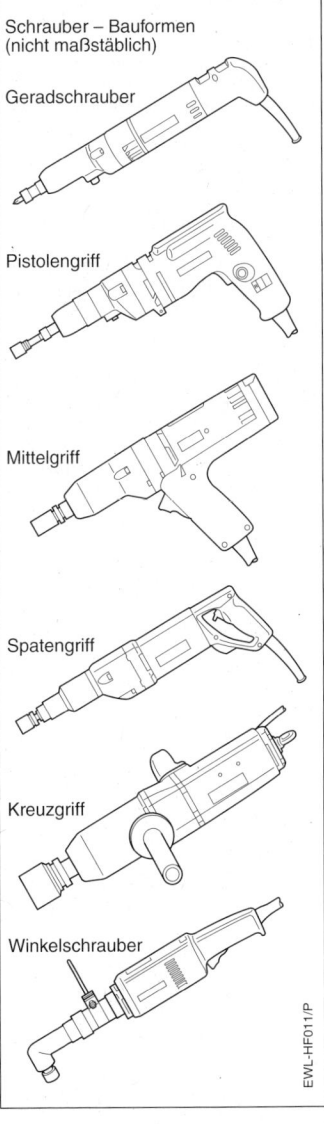

Schrauber – Bauformen
(nicht maßstäblich)

Geradschrauber

Pistolengriff

Mittelgriff

Spatengriff

Kreuzgriff

Winkelschrauber

EWL-HF011/P

Bauformen

Aus ergonomischen Gründen und wegen der teilweise sehr speziellen Einsatzfälle gibt es Hochfrequenzschrauber in unterschiedlichen Bauformen wie:

– Geradschrauber
– Mittelgriffschrauber
– Winkelschrauber

Wegen der bei einigen Funktionsprinzipien auftretenden Rückdrehmomente sind die Bauformen innerhalb der betreffenden Leistungsbereiche sorgfältig auszuwählen.

Geradschrauber

Geradschrauber werden überall dort eingesetzt, wo ein geringes Eckenmaß Voraussetzung ist. Sie eignen sich deshalb besonders gut für kleinste Schraubanwendungen in der Feinmechanik oder bei schwer zugänglichen Schraubstellen. Im Montage-betrieb eignen sie sich besonders für -senkrechte Schraubvorgänge. Geradschrauber gibt es in den Leistungsklassen

– 80 Watt
– 125 Watt
– 180 Watt
– 250 Watt

In den höheren Leistungsklassen wird das verfügbare Drehmoment meist auf Werte zwischen 0,1...10 Nm begrenzt, da sonst für den Anwender von Schraubern mit Überrastkupplung unangenehme Rückdrehmomente auftreten könnten.

Pistolenschrauber

Schrauber in Pistolenform gleichen der bei Universalwerkzeugen üblichen Form von Bohrmaschinen. Sie sind handlich und gestatten bei gleichen Drehmomentwerten ein ergonomisch günstigeres Arbeiten, wenn der Schraubvorgang in waagrechter Lage erfolgt.

Mittelgriffschrauber

Mittelgriffschrauber erlauben den Einsatz höherer Dremomente, weil die entsprechenden Rückdrehmomente ergonomisch günstiger aufgenommen werden.

Üblich sind Drehmomente zwischen 10...50 Nm.
Mittelgriffschrauber gibt es in den Leistungsklassen

– 250 Watt
– 260 bis 550 Watt

Spatengriffschrauber

Der Spatengriff befindet sich normalerweise im Bereich der Werkzeugachse. Er erlaubt eine gute zentrische Führung des Werkzeuges, muss aber bei höheren Drehmomenten unbedingt in Kombination mit einem Zusatzhandgriff verwendet werden, damit die Rückdrehmomente gefahrlos beherrscht werden können.

Kreuzgriffschrauber

Höhere Drehmomente führen in der Regel auch zu höheren Rückdrehmomenten auf den Anwender. Sie können nur mit dem beidhändig geführten Kreuzgriff sicher beherrscht werden. Üblicherweise sind die beiden Griffe um 90° zur Mittelachse versetzt und in der Länge gestaffelt angeordnet. Da es sich bei Kreuzgriffschraubern um schwere Geräte der hohen Leistungsklasse handelt, werden sie meist im Geräteschwerpunkt an Federzügen aufgehängt.

Winkelschrauber

Winkelschrauber werden überall dort verwendet, wo beengte Platzverhältnisse herrschen und Geradschrauber oder Mittelgriffschrauber nicht eingesetzt werden können. Winkelschrauber bestehen aus einem Geradschrauber mit vorgesetztem Winkeltrieb. Wegen des langen Hebelarmes der Griffbereiche zur Schraubspindel lassen sich auch sehr hohe Drehmomente sicher beherrschen. Die Leistungsklassen sind:

– 170 Watt
– 260 Watt
– 400 Watt

Die Drehmomentbereiche gehen von 10...100 Nm.

Schraubertypen

Entsprechend ihrem Einsatzzweck werden die HF-Schrauber unterschiedlicher Funktionsprinzipien eingesetzt, welche sie für den jeweiligen Einsatz besonders geeignet machen. Die wichtigsten Funktionsprinzipien sind:

– Abschaltschrauber
– Überrastschrauber
– Drehschlagschrauber
– Kippmomentschrauber

Innerhalb der Funktionsprinzipien gibt es verschiedene Bauarten und Kombinationen.

Drehmomentschrauber mit Abschaltkupplung

Drehmomentschrauber mit Abschaltkupplung arbeiten nach dem Prinzip der Überrastkupplung. Wie bei dieser wird das Drehmoment über eine einstellbare Klauen- oder Rollenkupplung begrenzt. Im

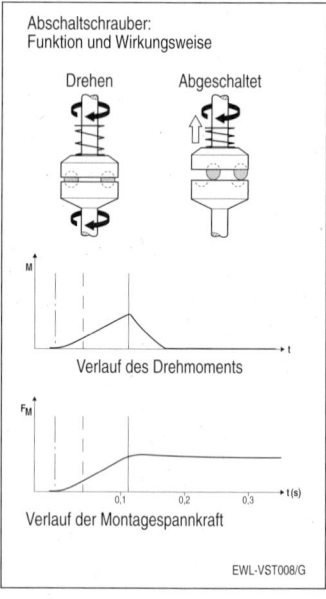

Abschaltschrauber:
Funktion und Wirkungsweise

Drehen　　Abgeschaltet

Verlauf des Drehmoments

Verlauf der Montagespannkraft

EWL-VST008/G

Unterschied zur Überrastkupplung bleiben aber die Kupplungshälften nach dem ersten Überrasten getrennt. Dadurch ist keine Schraubzeitabhängigkeit des Drehmomentes gegeben. Die Lärmentwicklung und die Abnutzung der Kupplung ist sehr gering. Der konstruktive Aufwand ist verhältnismäßig hoch und damit kostenintensiv. Die Anwendung erfolgt vorzugsweise bei Schraubfällen, wo eine hohe Drehmomentgenauigkeit gefordert wird, zum Beispiel Maschinenschrauben und Muttern.

Die automatische Abschaltkupplung wird nach vorausgegangenen Schraubversuchen für den spezifischen Schraubfall eingestellt und in dieser Position fixiert. Hierdurch ist gewährleistet, dass sie im Betrieb durch den Anwender nicht mehr verändert werden kann.

Drehmomentschrauber mit Abschaltkupplung und Abschaltumgehung

Diese Variante des Drehmomentschraubers mit Abschaltkupplung erweitert den Anwendungsbereich dieses Schraubertyps. Das höhere Drehmoment durch Umgehen des Abschaltens gestattet ein manuell beeinflussbares Drehmoment bei der Anwendung kritischer Schraubfälle, die einen unterschiedlichen Drehmomentbedarf aufweisen. Typische Beispiele sind Blechschrauben, Bohrschrauben, Teks und Holzschrauben. Durch das Umgehen der Abschaltkupplung können auch korrodierte oder festsitzende Schrauben gelöst werden.

Bei Umgehung der Abschaltkupplung wirkt allerdings das volle Rückdrehmoment auf den Anwender ein. Die Drehmomentwerte können aus diesem Grunde nicht beliebig hoch gewählt werden.

Drehmomentschrauber mit Überrastkupplung

Der Drehmomentschrauber mit Überrastkupplung ist der gebräuchlichste Schraubertyp. Die Überrastkupplung ist ein-

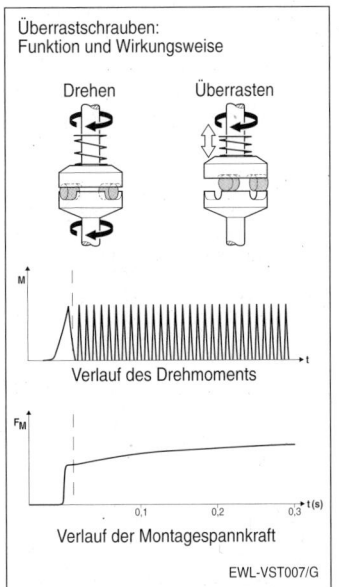

Überrastschrauben:
Funktion und Wirkungsweise

Drehen   Überrasten

M

Verlauf des Drehmoments

F_M

0,1   0,2   0,3 t(s)

Verlauf der Montagespannkraft

EWL-VST007/G

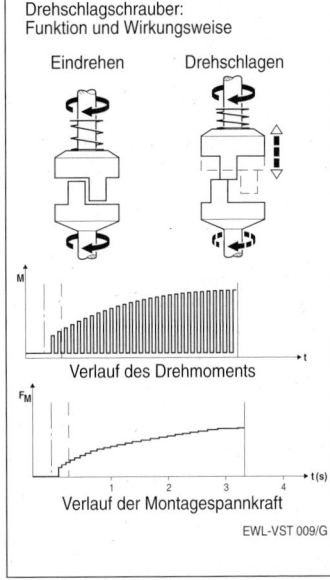

Drehschlagschrauber:
Funktion und Wirkungsweise

Eindrehen   Drehschlagen

M

Verlauf des Drehmoments

F_M

1   2   3   4 t(s)

Verlauf der Montagespannkraft

EWL-VST 009/G

stellbar. Beim Erreichen des über die Kupplungsfeder vorgegebenen Drehmomentes werden die Kupplungshälften über schräge Klauen, Rollen oder Kugeln auseinandergedrückt. Solange der Schrauber betätigt und angedrückt wird, wirken die Momentspitzen der eingestellten Drehmomenthöhe auf den Schraubvorgang ein, was sich bei einem eventuellen Setzverhalten der Schraube günstig auswirkt. Durch kurze oder lange Überrastzeiten kann beschränkt Einfluss auf das Drehmoment genommen werden, da die auftretenden Drehschläge eine geringfügige Drehmomenterhöhung bewirken.

Überrastkupplungen sind kostengünstig, hinreichend genau und bei sorgfältiger Konstruktion verschleißarm. Das Überrastmoment kann allerdings nicht beliebig hoch angesetzt werden, da es sich über die Maschine auf den Anwender überträgt. Ist diese Rückwirkung zu hoch, kann der Schraubvorgang für den Anwender unangenehm werden. Aus diesem Grund sind bei Drehmomentschraubern mit Überrastkuplung die Höchstdrehmomente meist auf ca. 30 Nm begrenzt.

Drehschlagschrauber

Drehschlagschrauber arbeiten mit einem entkoppelten Massenschlagwerk, wodurch selbst bei hohen Drehmomenten praktisch keine Drehmomentrückwirkung auf den Anwender erfolgt. Die Drehmomenteinwirkung erfolgt schlagweise mit charakteristischem, lautem Geräusch. Die Höhe des Drehschlagmomentes ist konstruktiv vorgegeben. Die Begrenzung erfolgt über die Anzahl der Drehschläge (Schlagzeit) oder über zwischen Schrauberspindel und Steckschlüssel befindliche Begrenzungselemente (Torsionsstäbe). Drehschlagschrauber sind bei entsprechender Qualität robust und langlebig. In der Praxis ist das maximal mögliche Drehmoment durch das Schlagwerksgewicht und die Maschinengröße begrenzt. Bei handgeführten Hochfrequenzwerkzeugen sind Drehmomente bis 2000 Nm üblich.

Kippmomentschrauber

Beim Kippmomentschrauber erfolgt eine Abschaltung des Motors beim Erreichen eines vorgegebenen Stromwertes, welcher proportional zum gewünschten Drehmoment ist. Kippmomentschrauber benötigen aus diesem Grunde ein externes Steuergerät, welches den Motorstrom erfasst, mit einem einstellbaren Vorgabewert vergleicht und den Schaltvorgang auslöst. Erreicht der Motorstrom den vorgegebenen Wert, wird der Stromkreis zum Werkzeug abgeschaltet, der Motor bleibt stehen.

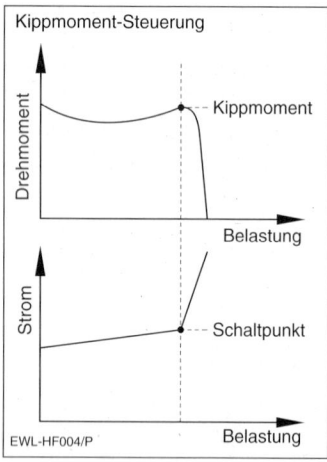

EWL-HF004/P

Schleifgeräte

HF-Schleifgeräte zeichnen sich durch sehr hohe Robustheit und hohe Leistung bei kleinsten Abmessungen aus. Da die Kühlluft bei indirekter Kühlungsart nicht mit den rotierenden Motorteilen in Berührung kommt, ist auch der Betrieb in stark staubhaltiger Umgebungsluft möglich, ohne dass die Lebensdauer stark beeinträchtigt wird.

Die Schleifgeräte lassen sich in drei Hauptgruppen einteilen:

– Geradschleifer
– Vertikalschleifer
– Winkelschleifer

HF-Vertikalschleifer stellen eher ein untergeordnetes Typsegment dar.

Wegen der beim Schleifbetrieb üblichen hohen Drehzahlen werden bei überwiegendem Schleifereinsatz im Industriebetrieb Geräte mit der Betriebsfrequenz 300 Hz eingesetzt, weil wegen der dann möglichen höheren Motordrehzahlen einfachere Getriebe eingesetzt werden können.

Geradschleifer

Geradschleifer stellen das größte Segment der HF-Schleifer dar. Motor und Schleifspindel sind in einer Achse ange-

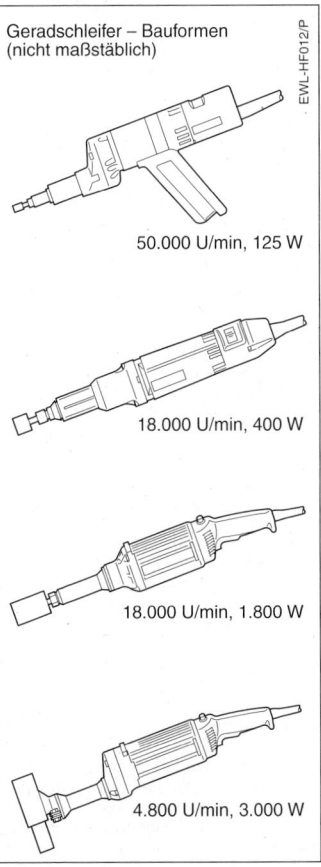

Geradschleifer – Bauformen (nicht maßstäblich)

EWL–HF012/P

50.000 U/min, 125 W

18.000 U/min, 400 W

18.000 U/min, 1.800 W

4.800 U/min, 3.000 W

ordnet, wobei das Motor- und Spindelgehäuse gleichzeitig als Handgriff dient. Bei Geradschleifern des hohen Leistunsbereiches ist der Spindelhals als zusätzlicher Handgriff ausgeformt. Diese Schleifer müssen stets beidhändig geführt werden. Für höhere Aufnahmeleistungen ist der Spindelhals als Zusatzhandgriff geformt. Diese Geradschleifer müssen stets beidhändig geführt werden. Geradschleifer geringer Leistung können für sehr hohe Drehzahlen bis ca. 50000 U/min ausgelegt werden, ihre geringen Abmessungen gestatten fein-fühliges Arbeiten in der Feinmechanik und im Werkzeug- und Formenbau. Geradschleifer werden fast ausschließlich mit Schleifstiften oder rotierenden Feilen (Frässtiften) bestückt. Sie werden meist einhändig bedient

Vertikalschleifer

Vertikalschleifer werden zum Oberflächenschliff eingesetzt und in vertikaler Position bedient. Motor und Schleifspindel sind in einer Achse angeordnet, die Haltepositionen für den Anwender sind als Mittelgriff oder Pistolengriff im rechten Winkel zum Schleifergehäuse gestaltet. Vertikalschleifer sehr hoher Leistung verfügen über zwei Handgriffe, die ebenfalls im rechten Winkel zum Schleifergehäuse und winklig gegeneinander angeordnet sind. Hierdurch lassen sich auch sehr hohe Rückdrehmomente sicher beherrschen.

Die Leistungsbereiche reichen von 800 Watt bis 1300 Watt.

Vertikalschleifer

EWL–HF014/P

Winkelschleifer

Die HF-Winkelschleifer entsprechen in Aufbau und Handhabung den Winkelschleifern mit Universalmotor. Die typischen Leistungsabgaben liegen im Bereich von 500...3800 Watt. HF-Winkelschleifer werden überall dort eingesetzt, wo auf robustes Betriebsverhalten und auf hohe Leistung Wert gelegt wird.

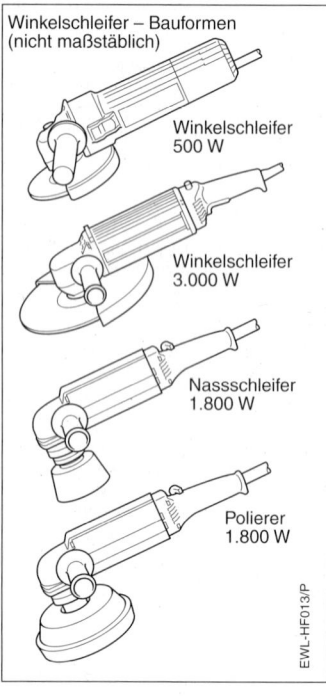

Winkelschleifer – Bauformen
(nicht maßstäblich)

Winkelschleifer
500 W

Winkelschleifer
3.000 W

Nassschleifer
1.800 W

Polierer
1.800 W

EWL-HF013/P

**Zuordnung der Drehzahl
zum Scheibendurchmesser**

Scheibendurch-messer		typische Drehzahl
mm	inch	U/min
100	4	12 000
115	4 1/2	11 000
125	5	11 000
150	6	9 300
180	7	8 500
230	9	6 500
300	12	5 000

Bauwerkzeuge

Im Baubereich werden neben Elektrowerkzeugen mit Universalmotor folgende Typen von HF-Werkzeugen eingesetzt:

– Rüttler
– Abbruchhämmer

Rüttler stellen den weitaus größten Anteil der HF-Baugeräte. Wegen der dabei geforderten kleinen Maschinenmaße von Innenrüttlern bei gleichzeitig hohen Leistungen hat sich die Betriebsfrequenz 200 Hz durchgesetzt.

Rüttler

Rüttler dienen dem Verdichten von Beton durch Vibration. Durch den Rüttelvorgang werden Luftblasen aus dem Beton getrieben und Hohlräume in komplexen Formen und Schalungen aufgefüllt, wodurch der Beton eine bessere Homogenität und eine höhere Festigkeit bekommt. Üblicherweise werden hierzu die beiden Typen

– Innenrüttler
– Außenrüttler

eingesetzt. Sie unterscheiden sich in ihrer Bauart. Die Rütteldauer hängt vom Betongemisch ab und ist zeitlich begrenzt, damit keine Entmischung der Zuschlagstoffe erfolgt.

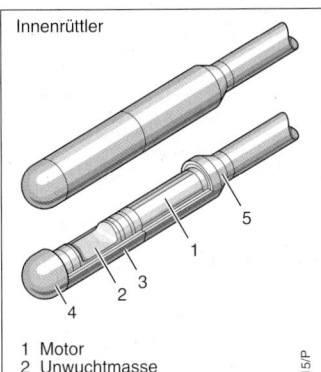

Innenrüttler

1 Motor
2 Unwuchtmasse
3 Stahlmantel
4 Stahlkappe
5 Anschlussschlauch

EWL-HF015/P

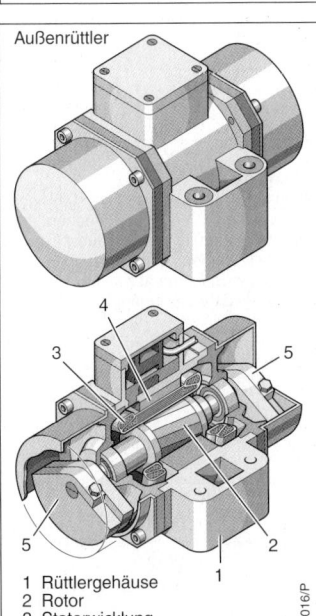

Außenrüttler

1 Rüttlergehäuse
2 Rotor
3 Statorwicklung
4 elektrischer Anschluss
5 einstellbare Unwuchtmasse

EWL-HF016/P

Abbruchhämmer

Abbruchhämmer in der HF-Ausführung sind wegen der günstigen Eigenschaften des Drehstrommotors äußerst robust und wartungsarm. Sie werden meist für die Betriebsfrequenz 200 Hz konzipiert. Sie können dann an den gleichen Drehstromerzeugern verwendet werden, wie sie für Rüttler üblich sind. Darüber hinaus gibt es 400-Hz-Varianten. Sie gestatten den Betrieb an den im Militärbereich üblichen Bordsystemen, welche auf 400 Hz ausgelegt sind.

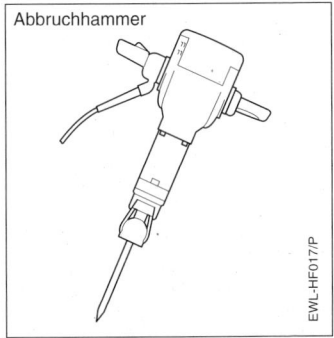

Abbruchhammer

EWL-HF017/P

Systemzubehör

Hochfrequenz-Elektrowerkzeuge verfügen ähnlich wie Elektrowerkzeuge mit Universalmotor über umfangreiches Zubehör, welches zur Erfüllung der spezifischen Arbeitsaufgabe nötig ist. In erster Linie handelt es sich hierbei um die üblichen Einsatzwerkzeuge wie beispielsweise Bohrer, Schleifmittel und Schrauberbits, welche universell einsetzbar sind. Daneben gibt es das sogenannte Systemzubehör der HF-Elektrowerkzeuge, welches speziell im industriellen Anwendungsbereich Verwendung findet. Im Besonderen sind dies

– Messwertaufnehmer
– Prüfgeräte
– Steuergeräte
– Vorschaltgeräte
– Spindelverlängerungen
– Federzüge

Prüf- und Steuergeräte

An Schraubverbindungen für sicherheitsrelevante Maschinenelemente werden im Bezug auf Einhaltung der vorgesehenen Grenzwerte besondere Anforderungen gestellt. Dies macht eine Prüfung des Anzugsmomentes bzw. eine fortlaufende Überwachung des Schraubvorganges erforderlich. Die Überwachung kann dabei manuell oder protokollarisch durch EDV erfolgen. Zur Prüfung benötigt man

– Messwertaufnehmer (Sensor)
– Prüfgerät (Auswert- und Anzeigegerät)
– Steuergerät

Das ermittelte Signal kann auch zur eigentlichen Steuerung des Schraubvorganges verwendet werden. Typische Messbereiche sind Drehmomentwerte zwischen 01...2000 Nm.

Messwertaufnehmer

Der Messwertaufnehmer wird zwischen Schrauberbit (oder Steckschlüssel) und Antriebsspindel angeordnet. Im Messwertaufnehmer ist meist ein Torsionsstab angeordnet, dessen Verdrehung proportional dem eingeleiteten Drehmoment erfolgt. Die mechanische Verdrehung wird durch Sensoren in ein elektrisches Signal umgewandelt, welches dem Prüfgerät zugeführt wird. Die Anforderungen an das Messsignal sind hoch. Temperaturschwankungen, Störfelder und Vibrationen dürfen keinen Einfluss haben.
Als Sensoren werden Dehnmessstreifen oder magnetische Sensoren (Hall-Sensoren, Wirbelstromsensoren) verwendet.

Prüfgerät

Das vom Messwertaufnehmer in analoger oder digitaler Form vorliegende Signal wird im Prüfgerät zu einer Anzeige gebracht. Dem Prüfgerät können bestimmte Grenzwerte eingegeben werden, mit welchen das eingehende Messsignal verglichen wird. Durch den Vergleich können Schaltvorgänge ausgelöst werden, welche den Schraubvorgang überwachen.

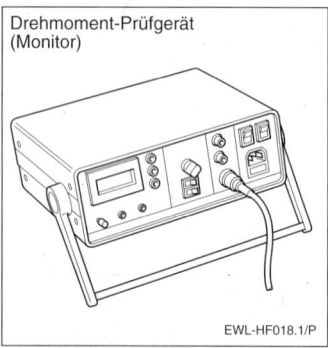

Drehmoment-Prüfgerät (Monitor)

EWL-HF018.1/P

Steuergerät

Neben Prüf- und Überwachungsfunktionen kann das Signal des Messwertgebers auch direkt zur Steuerung des Schraubvorganges verwendet werden. Das Messsignal wird hierzu einem Steuergerät zugeführt, das seinerseits den Schraubvorgang beendet, wenn

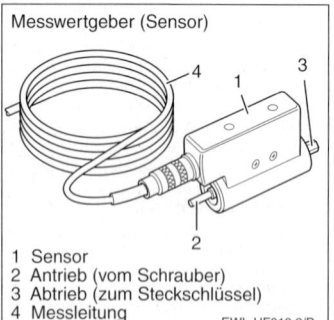

Messwertgeber (Sensor)

1 Sensor
2 Antrieb (vom Schrauber)
3 Abtrieb (zum Steckschlüssel)
4 Messleitung

EWL-HF018.2/P

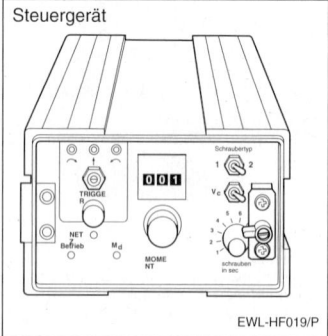

Steuergerät

EWL-HF019/P

das Messsignal einen voreingestellten Grenzwert im Steuergerät erreicht.

Schlagzeit-Einstellgerät
Bei Drehschlagschraubern kann das Anziehmoment durch die Anzahl der Schläge bzw. die sogenannte Schlagzeit beeinflusst werden. Hierzu wird ein Vorschaltgerät benötigt. Dem Vorschaltgerät wird die Leerlaufstromaufnahme des Schraubers beim Eindrehen der Schraube eingegeben. Mit dem Beginn der Drehschläge steigt die Stromaufnahme des Schraubers an. Dieser Stromanstieg löst eine Zeitmessung aus. Nach Ablauf einer voreingestellten Zeitspanne unterbricht das Vorschaltgerät die Stromzufuhr.

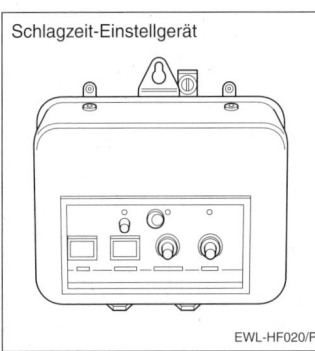

Schlagzeit-Einstellgerät

EWL-HF020/P

Spindelverlängerungen
Im Maschinenbau gibt es bei der Nachbearbeitung von Guss- und Schweißteilen Arbeitssituationen, welche eine Verlängerung der Werkzeugspindel erforderlich machen. Hierzu zählen beispielsweise Luft- und Gaskanäle von Turbinen. Neben der reinen Spindelverlängerung werden hohe Ansprüche an die Rundlaufgenauigkeit gestellt. Dies macht im Gegensatz zu biegsamen Wellen eine starre und dabei hochpräzise Lagerung nötig. Spindelverlängerungen, welche diese Ansprüche erfüllen, stellen in sich komplette Maschinenelemente dar. Sie werden starr an der Antriebsmaschine befestigt, die Welle wird über eine elastische Kupplung mit der Werkzeugspindel verbunden.

Federzüge
Federzüge dienen dazu, das HF-Werkzeug im Griffbereich des Anwenders zu halten und gleichzeitig das Maschinengewicht auszugleichen. Typischerweise werden im Produktionsbetrieb die HF-Werkzeuge (meist Schrauber) mit Federzügen von der Decke her abgehängt. Die Zugkraft lässt sich exakt auf das Maschinengewicht einstellen, wodurch es in vertikaler Richtung mit sehr geringem Kraftaufwand bewegt werden kann. Das Aufhängeseil rollt sich dabei innerhalb des Federzuges entsprechend auf und ab. Als Folge davon muss der Anwender kaum noch Vertikalkräfte zur Werkzeugbedienung aufbringen, Ermüdung wird dadurch wesentlich vermindert.

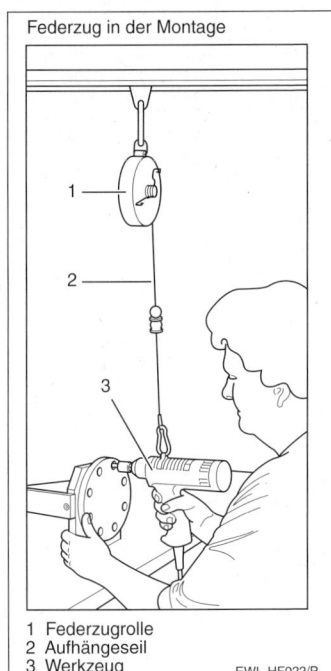

Federzug in der Montage

1 Federzugrolle
2 Aufhängeseil
3 Werkzeug

EWL-HF022/P

Zusammenfassung

Hochfrequenzwerkzeuge zeichnen sich durch einfachen Aufbau und fast verschleißfreie Antriebsmotoren aus. Sie sind deshalb ausgezeichnet geeignet, im industriellen Dauerbetrieb verwendet zu werden. Bei entsprechender Dimensionierung sind sie für hohe Dauerbelastungen geeignet. Wegen des für Asynchronmotoren typischen Kippmoments bleiben sie bei Überlastung schlagartig stehen und signalisieren dadurch deutlich Fehlanwendungen. Wegen des Verkettungsfaktors ist die Gefahrenspannung gegen Erde bei einer Betriebsspannung von 265 Volt (135 Volt) nur 153 Volt (78 Volt), wodurch Hochfrequenzwerkzeuge auch elektrisch sehr sicher sind. Das Stromversorgungsnetz der Hochfrequenzwerkzeuge ist wie andere Stromnetze auch fast wartungsfrei. Die Sonderspannung bzw. höhere Frequenz macht den Betrieb der Werkzeuge am normalen 50 Hz Stromnetz unmöglich, was sich als günstiger Schutz gegen Werkzeugdiebstahl auswirkt.

Auswahlhilfe für Hochfrequenz-Schrauber

Auswahl von HF-Schraubern (1)

Schraubertyp	Schrauber mit einstellbarer Abschaltkupplung							Schrauber mit einstellbarer Überrastkupplung							Schraubertyp
Verwendung	Für Schraubverbindungen mit hoher Drehmomentgenauigkeit							Für normale Schraubverbindungen mit mittlerer Drehmomentgenauigkeit							Verwendung
Eigenschaften	Maximales Drehmoment wegen Reaktionswirkung auf den Anwender begrenzt							Drehmoment wegen Rückwirkung begrenzt							Eigenschaften
Anwendereinfluss	Kein Anwendereinfluss auf das Drehmoment							Anwendereinfluss auf Drehmoment							Anwendereinfluss
Bauform	Geradschrauber					Pistole	Mittelgriff	Geradschrauber				Pistole	Mittelgriff	Spatengriff	Bauform
Leistungsklasse	80 W	125 W	170 W	250 W	200...400 W	200 W		80 W	120 W	180 W	250 W		250 W	600 W	Leistungsklasse
Schrauben- messer Güte 8.8	Dreh- mo- ment DIN VDI (2230)											Dreh- mo- ment DIN VDI (2230)			Schrauben- durch- messer Güte 8.8
0,1 Nm															**0,1 Nm**
M 2															M 2
M 2,2															M 2,2
M 2,5															M 2,5
1 Nm															**1 Nm**
M 3															M 3
M 3,5															M 3,5
M 4															M 4
M 5															M 5
M 6															M 6
10 Nm															**10 Nm**
M 8															M 8
M 10															M 10
M 12															M 12
100 Nm															**100 Nm**
M 14															M 14
M 16															M 16
M 18															M 18
M 20															M 20
M 22															M 22
M 24															M 24
1000 Nm															**1000 Nm**
M 30															M 30

Auswahlhilfe für Hochfrequenz-Schrauber

Auswahl von HF-Schraubern (2)

Schraubertyp	Schrauber mit Kippmomentsteuerung			Drehschlagschrauber					Schraubertyp
Verwendung	Für mittlere bis hohe Drehmomente			Für hohe bis sehr hohe Drehmomente					Verwendung
Eigenschaften	Durch Winkeltrieb gute Drehmomentbeherrschung			Nahezu reaktionsfrei					Eigenschaften
Anwendereinfluss	Kein Anwendereinfluss			geringer Anwendereinfluss					Anwendereinfluss
Bauform	Winkel-trieb	Winkel-trieb	Winkel-trieb	Stab-griff	Stab-griff	Mittel-griff	Spaten-griff	Kreuz-griff	Bauform
Leistungsklasse	170 W	260 W	400 W	80 W	170...250 W	260...550 W	850 W	950 W	Leistungsklasse

Schrauben-durch-messer Güte 8.8	Dreh-moment DIN VDI (2230)									Dreh-moment DIN VDI (2230)	Schrauben-durch-messer Güte 8.8
	0,1 Nm									0,1 Nm	
M 2											M 2
M 2,2											M 2,2
M 2,5	↓									↓	M 2,5
	1 Nm									1 Nm	
M 3											M 3
M 3,5											M 3,5
M 4											M 4
M 5											M 5
M 6	↓									↓	M 6
	10 Nm									10 Nm	
M 8											M 8
M 10											M 10
M 12	↓									↓	M 12
	100 Nm									100 Nm	
M 14											M 14
M 16											M 16
M 18											M 18
M 20											M 20
M 22											M 22
M 24	↓									↓	M 24
	1000 Nm									1000 Nm	
M 30											M 30

Auswahlhilfe für Hochfrequenz-Bohrmaschinen
für Schnittgeschwindigkeiten

20 ... 25 m/min Stahl bis 600 N/mm² 80 ... 120 m/min Alu

Bohrdurchmesser Stahl	Alu	Pistolengriff										Spatengriff					Kreuzgriff	
Leistungsklasse →		250 Watt			400 Watt							600 Watt					950 Watt	1450 Watt
Drehzahl →		4000	3300	2500	3700	2000	1350	1000	2400/1600	1500/900	2000	1500	850	500	2200/1500	950 Watt 500/200	1450 Watt 750/350
2	5	▓																
3	7		▓															
4	9			▓														
5	10				▓													
6	10					▓												
8	10							▓										
10	13								▓									
12	13												▓					
13	13													▓				
16	23														▓			

PNW-T07

Auswahlhilfe für Hochfrequenz-Geradschleifer

Drehzahl	Leistungs-klasse	Formschleifen Entgraten			Innen-schleifen		Grobschliff (Schruppen)				Schrupp-schmirgeln (Sanding)		Bürs-ten	Po-lieren	Nass-schleifen
		Schleifstifte	Hartmetallfräser	Fächerschleifer	Schleifstifte	Schleifscheiben, konisch	Schleifscheiben, gerade	Schleifscheiben, konisch	Schruppscheiben	Trennscheiben	Fiberscheiben	Fächerscheiben	Topfbürsten	Lammfellhauben	Topfbürsten
50.000	100 W														
	250 W														
	500 W														
30.000	100 W														
	250 W														
	500 W														
18.000	500 W														
	1.000 W														
	1.500 W														
	1.800 W														
12.000	250 W														
	500 W														
	1.000 W														
	1.500 W														
	1.800 W														
10.000	1.200 W														
	1.800 W														
9.000	1.000 W														
8.600	1.200 W														
	1.800 W														
6.800	1.500 W														
	2.000 W														
	3.000 W														
5.700	2.000 W														
	3.000 W														
4.800	2.000 W														
	3.000 W														

Auswahlhilfe für Hochfrequenz-Vertikalschleifer

Drehzahl	Leistungsklasse	Formschleifen Entgraten			Innenschleifen	Grobschliff (Schruppen)					Schruppschmirgeln (Sanding)		Bürsten	Polieren	Nassschleifen
		Schleifstifte	Hartmetallfräser	Fächerschleifer	Schleifstifte	Schleifscheiben, konisch	Schleifscheiben, gerade	Schleifscheiben, konisch	Schruppscheiben	Trennscheiben	Fiberscheiben	Fächerscheiben	Topfbürsten	Lammfellhauben	Topfbürsten
6.000	1.000 W										▓	▓			
5.500	1.300 W										▓	▓			
3.500	850 W										▓	▓			

Auswahlhilfe für Hochfrequenz-Winkelschleifer

Drehzahl	Leistungsklasse	Formschleifen Entgraten			Innenschleifen	Grobschliff (Schruppen)					Schruppschmirgeln (Sanding)		Bürsten	Polieren	Nassschleifen
		Schleifstifte	Hartmetallfräser	Fächerschleifer	Schleifstifte	Schleifscheiben, konisch	Schleifscheiben, gerade	Schleifscheiben, konisch	Schruppscheiben	Trennscheiben	Fiberscheiben	Fächerscheiben	Topfbürsten	Lammfellhauben	Topfbürsten
12.000	500 W								▓						
	1.000 W								▓						
8.500	1.000 W								▓						
	1.500 W								▓						
	2.000 W								▓						
	3.000 W								▓						
6.500	1.000 W								▓						
	1.500 W								▓						
	2.000 W								▓						
	3.000 W								▓						
5.000	3.000 W												▓		
	3.800 W												▓		
4.200	3.000 W														
1.750	1.200 W													▓	▓

Druckluftwerkzeuge

Grundlagen

Medium Druckluft

Druckluft wird im industriellen Anwendungsbereich als Energieträger benutzt, analog anderen Energieträgern wie Druckflüssigkeit in der Hydraulik und dem elektrischen Strom in der Elektrotechnik. Alle genannten Energieträger haben eins gemeinsam:

– ihr Energievermögen ist das Produkt aus Menge pro Zeiteinheit und Druck (Spannung bei Elektrizität)

Die Leistungsfähigkeit von Druckluft als Energieträger ist also umso höher:

– je mehr davon pro Zeiteinheit zur Verfügung steht
– je höher der Druck ist

Systemvorteile

Vorteile von Druckluftanlagen

Druckluftanlagen haben gegenüber anderen Energieformen Eigenschaften, welche sie für bestimmte Anwendungen vorteilhafter machen.

Arbeitsmedium

Luft steht überall in beliebiger Menge zur Verfügung. Es ist kein regelmäßiger Medienwechsel, wie z. B. bei der Hydraulik, erforderlich. Das verringert die Kosten und den Wartungsaufwand und erhöht die Laufzeiten. Druckluft hinterlässt bei Leitungsdefekten keine Verunreinigungen.

Energietransport

Druckluft lässt sich in Rohrleitungen über große Entfernungen transportieren. Das ermöglicht die Einrichtung von zentralen Erzeugerstationen, die über Ringleitungen die Verbrauchsstellen mit konstantem Arbeitsdruck versorgen. Die in der Druckluft gespeicherte Energie ist auf diese Weise weit verteilbar. Da die Abluft ins Freie entweicht, sind Rückleitungen nicht notwendig. Elektrische und hydraulische Systeme erfordern eine Rückführung zur Quelle.

Energiespeicherung

Druckluft kann in den dafür vorgesehenen Behältern ist problemlos gespeichert werden. Steht in einem Druckluftnetz ein Speicherbehälter zur Verfügung, arbeitet der Kompressor nur, wenn der Druck unter einen kritischen Wert sinkt. Darüber hinaus ermöglicht das vorhandene Druckpolster die Beendigung eines begonnenen Arbeitsvorgangs für eine gewisse Zeit, auch wenn das Energienetz ausfällt. Transportable Druckluftflaschen machen auch den Einsatz an Orten ohne Rohrleitungssystem möglich.

Physikalische Grundlagen

Das Verständnis der Drucklufttechnik setzt die Kenntnis der physikalischen Grundlagen voraus. Die wichtigsten Punkte sind hierbei:

– Definition von Druckluft
– die Einheiten und Formelzeichen
– physikalisches Verhalten von Druckluft

Definition von Druckluft

Druckluft ist verdichtete atmosphärische Luft. Sie ist ein Träger von Wärmeenergie und Strömungsenergie. Druckluft kann gespeichert werden und über Rohrleitungen transportiert werden. Durch Energieumwandlung mittels Motoren und Zylindern kann Druckluft Arbeit leisten. Die wichtigsten Begriffe des Druckes sind:

– Atmosphärischer Druck
– Überdruck
– Absolutdruck

Atmosphärischer Druck p_{amb} [bar]

Der atmosphärische Druck wird erzeugt durch das Gewicht der Lufthülle, die auf uns ruht. Er ist abhängig von der Dichte und der Höhe der Lufthülle.

In Meereshöhe gelten:

$$1\ 013\ mbar = 1{,}01325\ bar$$
$$= 760\ mm/Hg\ [\,Torr\,]$$
$$= 101\ 325\ Pa$$

Bei konstanten Bedingungen nimmt der atmosphärische Druck mit zunehmender Höhe des Messortes ab.

Überdruck p$_ü$ [bar$ü$]
Der Überdruck ist der Druck über dem atmosphärischen Druck. In der Drucklufttechnik wird der Druck meist als Überdruck angegeben, und zwar in bar ohne den Index "ü".

Absolutdruck p$_{abs}$ [bar]
Der absolute Druck pabs ist die Summe aus dem atmosphärischen Druck pamb und dem Überdruck pü .

Der Druck wird nach dem SI-System in Pascal [Pa] angegeben. In der Praxis ist zurzeit noch die Bezeichnung "bar" üblich. Die alte Bezeichnung atü (1 atü = 0,981 bar$_ü$) gibt es nicht mehr.

Einheiten und Formelzeichen
In der Drucklufttechnik werden von den Basiseinheiten abgeleitet. Die wichtigsten Größen sind in der folgenden Tabelle aufgeführt.

Physikalische Einheiten

Einheit	Formelzeichen	Zeichen	Benennung
Länge	l	m	Meter
Fläche	A	m^2	Quadratmeter
Volumen	V	m^3 (l)	Kubikmeter (Liter)
Masse	m	kg	Kilogramm
Dichte	ϱ	kg/m^3	Kilogramm pro Kubikmeter
Zeit	t	s	Sekunde
Temperatur	T	K	Kelvin
Kraft	F	N	Newton
Geschwindigkeit	V	m/s	Meter pro Sekunde
Arbeit	W	J	Joule
Leistung	P	W	Watt
Frequenz	f	Hz	Hertz

Physikalisches Verhalten von Druckluft

Das physikalische Verhalten von Druckluft wird durch

- Temperatur
- Volumen
- Druck
- Volumenstrom
- Strömungsverhalten

bestimmt. Die Zusammenhänge werden wie folgt beschrieben.

Temperatur-Volumen-Druckverhalten
Die Temperatur gibt den Wärmezustand eines Körpers an. Sie wird entweder in °C angezeigt oder in Kelvin (K) umgerechnet.

$$T\,[K] = t\,[°C] + 273,15$$

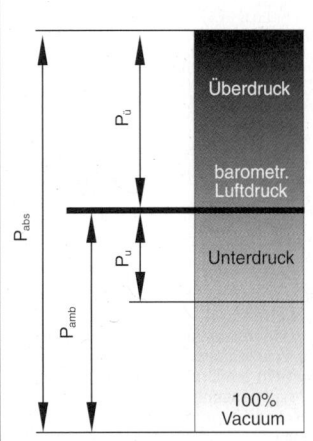

Druckbereiche

Überdruck

barometr. Luftdruck

Unterdruck

100% Vacuum

P$_{amb}$ = Atmosphärischer Luftdruck
P$_ü$ = Überdruck
P$_u$ = Unterdruck
P$_{abs}$ = Absoluter Druck

EWL-D004/P

Wird bei konstantem Volumen die Temperatur erhöht, so steigt der Druck.

$$\frac{P_0}{P_1} = \frac{T_0}{T_1}$$

Wird bei konstanter Temperatur das Volumen verkleinert, so steigt der Druck.

$$p_0 \times V_0 = p_1 \times V_1$$

Wird bei konstantem Druck die Temperatur erhöht, so steigert sich das Volumen.

$$\frac{V_0}{V_1} = \frac{T_0}{T_1}$$

Volumen
Das Volumen ergibt sich z. B. aus den Abmessungen eines Druckbehälters, Zylinders oder eines Leitungssystems. Es wird in l oder m3 gemessen und auf 20 °C und 1 bar bezogen.

Normvolumen
Das Normvolumen ist auf den physikalischen Normzustand nach DIN 1343 bezogen. Es ist 8 % kleiner als das Volumen bei 20 °C.

760 Torr = 1,01325 bar$_{abs}$

           = 101 325 Pa

273,15 K = 0 °C

Betriebsvolumen $V_{Betrieb}$ [Bl, Bm³]
Das Volumen im Betriebszustand ist auf den tatsächlichen Zustand bezogen. Temperatur, Luftdruck und Luftfeuchtigkeit müssen als Bezugspunkte berücksichtigt werden. Bei Nennung des Betriebsvolumens ist immer der Druck anzugeben, z. B. 1 m³ bei 7 bar$_ü$ bedeutet, dass 1 m³ entspannte Luft auf 7 bar$_ü$ = 8 bar$_{abs}$ verdichtet ist und nur noch $\frac{1}{8}$ des ursprünglichen Volumens einnimmt.

Volumenstrom V [l/min, m³/min, m³/h]
Als Volumenstrom wird das Volumen (l oder m³) pro Zeiteinheit (Minuten oder Stunden) bezeichnet. Man unterscheidet zwischen

– Hubvolumenstrom (Ansaugleistung)

– Volumenstrom (Liefermenge)

eines Drucklufterzeugers (Kompressor).

Hubvolumenstrom V_{Hub} [l/min, m³/min, m³/h] (Ansaugleistung)
Der Hubvolumenstrom ist eine rechnerische Größe bei Kolbenkompressoren. Er ergibt sich aus dem Produkt von Zylinderinhalt (Hubraum), Kompressordrehzahl (Anzahl der Hübe) und Anzahl der ansaugenden Zylinder. Der Hubvolumenstrom wird angegeben in l/min, m³/min bzw. m³/h.

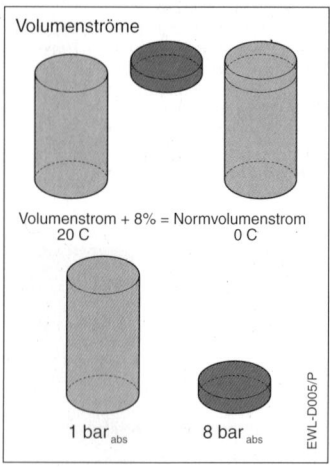

Volumenströme

Volumenstrom + 8% = Normvolumenstrom
20 C   0 C

1 bar$_{abs}$ 8 bar$_{abs}$

EWL-D005/P

Volumenstrom V [l/min, m³/min, m³/h] (Liefermenge)
Im Gegensatz zum Hubvolumenstrom ist der Volumenstrom kein errechneter, sondern ein am Druckstutzen des Kompressors gemessener und auf den Ansaugzustand zurückgerechneter Wert. Der Volumenstrom wird gemessen nach VDMA 4362, DIN 1945, ISO 1217 oder PN2 CPTC2 und angegeben in l/min, m³ /min bzw. m³ /h. Der effektive Volumenstrom, also die tatsächlich nutzbare Liefermenge, ist eine wesentliche Größe für die Auslegung eines Kompressors.

Norm-Volumenstrom V_{Norm} [Nl/min, Nm³/min, Nm³/h]
Genau wie der Volumenstrom wird auch der Norm-Volumenstrom gemessen. Er bezieht sich aber nicht auf den Ansaugzustand, sondern auf einen theoretischen Vergleichswert. Beim physikalischen Norm-Zustand sind die theoretischen Werte:

Temperatur = 273,15 K (0 °C)
Druck   = 1,01325 bar (760 mm Hg)
Luftdichte = 1,294 kg/m3 (trockene Luft)

Betriebs-Volumenstrom $V_{Betrieb}$ [Bl/min, Bm³/min, Bm³/h]
Der Betriebs-Volumenstrom gibt den effektiven Volumenstrom der verdichteten Luft an. Um den Betriebs-Volumenstrom mit anderen Volumenströmen vergleichen zu können, muss neben der Dimension Bl/min, Bm³/min bzw. Bm³/h immer der Druck der verdichteten Luft angegeben werden.

Drucklufterzeugung

Zur Drucklufterzeugung werden Kompressoren verwendet. Zur Auswahl des geeigneten Kompressors müssen der Druckbereich und die benötigte Druckluftmenge pro Zeiteinheit bekannt sein.

Druckluftverzeuger
Druckluftverzeuger werden ihrem Funktionsprinzip entsprechend in

– Strömungsmaschinen
– Verdrängungsmaschinen

unterteilt. Innerhalb dieser Gruppen gibt es unterschiedliche Kompressortypen, welche ganz spezifische Eigenschaften haben, welche bei der Auswahl berücksichtigt werden müssen.

Strömungsmaschinen

Strömungsmaschinen arbeiten ausschließlich nach dem Rotationsprinzip. Zur Drucklufterzeugung werden

– Axialverdichter

– Radialverdichter

eingesetzt. Sie werden auch als dynamische Verdichter oder Turboverdichter bezeichnet. Bei diesen Verdichtertypen beschleunigen mit Schaufeln versehene Lauträder die Luft. Feststehende Leitapparate an den Schaufeln wandeln Geschwindigkeitsenergie in Druckenergie um. Gemeinsames Merkmal der Turboverdichter sind sehr große Fördermengen bei kleinen Förderdrücken.

Axialverdichter
Axialverdichter sind Strömungsmaschinen, bei denen die Luft in axialer Richtung abwechselnd durch eine Reihe rotierender und stationärer Schaufeln strömt.
Die Luft wird zunächst beschleunigt und dann verdichtet. Die Schaufelkanäle bilden diffusorartig erweiterte Kanäle, in denen die durch den Umlauf erzeugte kinetische Energie der Luft verzögert und in Druckenergie umgesetzt wird. Typische Eigenschaften von Axialverdichtern sind:

– gleichmäßige Förderung
– ölfreie Luft
– empfindlich bei Belastungsänderungen
– Mindestfördermengen erforderlich.

Radialverdichter
Radialverdichter sind Strömungsmaschinen, bei denen die Luft dem Zentrum des rotierenden Laufrades zugeführt wird. Die Luft schleudert aufgrund der Fliehkraft gegen die Peripherie.
Der Druckanstieg wird dadurch bewirkt, dass man die beschleunigte Luft vor Erreichen des nächsten Laufrades durch einen Diffusor leitet. Die kinetische Energie (Geschwindigkeitsenergie) wandelt sich dabei in statischen Druck um. Typische Eigenschaften von Radialverdichtern sind:

– gleichmäßige Förderung
– ölfreie Luft
– empfindlich bei Belastungsänderungen
– Mindestfördermengen erforderlich

Verdrängungsmaschinen

Verdrängungsmaschinen arbeiten sowohl mittels Rotation als auch mittels oszillierender (hin- und hergehender) Bewegung. Zur Drucklufterzeugung werden nach dem Rotationsprinzip

– Vielzellenkompressoren
– Schraubenkompressoren
– Rootsverdichter
– Flüssigkeitsringkompressoren

verwendet. Die Druckluftverdichtung verläuft dabei weitgehend kontinuierlich, teilweise mit mehr oder weniger stark ausgeprägter Pulsation. Typische Bauformen des oszillierenden Prinzips sind

– Hubkolbenkompressoren
– Membrankompressoren
– Freikolbenkompressoren

Bei diesen Kompressortypen verläuft die Druckluftverdichtung stets pulsierend.
Bei Kompressoren der Verdränger-Bauart schließt der Verdichtungsraum nach dem Ansaugen der Luft vollständig. Unter Krafteinwirkung wird das Volumen verkleinert und die Luft verdichtet. Gemeinsames Merkmal von Kompressoren der Verdrängerbauart sind kleine Fördermengen und große Förderdrücke.

Vielzellenkompressoren

Der Vielzellenkompressor wird auch als Lamellen- bzw. Drehschieberkompressor bezeichnet und ist ein rotierend arbeitender Verdrängerverdichter.

In einem geschlossenen Gehäuse dreht sich ein zylindrischer Rotor, der exzentrisch gelagert ist. Der Rotor ist über die gesamte Länge mit radialen Längsschlitzen versehen. In den Schlitzen bewegen sich Schieber in radialer Richtung. Ab einer bestimmten Drehzahl des Läufers werden die Schieber durch die Zentrifugalkraft nach außen gegen die Innenwand des umgebenden Gehäuses gedrückt. Der zwischen Rotor und Gehäuse liegende Verdichtungsraum unterteilt sich durch die Schieber in einzelne Zellen (Arbeitsräume).

Durch die exzentrische Anordnung des Rotors vergrößert bzw. verkleinert sich das Volumen während einer Umdrehung. Die Druckräume werden durch Verlustschmierung oder Öleinspritzung geschmiert. Durch das Einspritzen großer Ölmengen in den Verdichtungsraum erreicht man neben der Schmierung auch eine Kühlung und eine Abdichtung der Schieber gegen die Gehäuseinnenwand. Das eingespritzte Öl kann man nach der Verdichtung aus dem Luft-/ Ölgemisch wieder separieren und in den Ölkreislauf zurückführen. Typische Eigenschaften der Vielzellenkompressoren sind:

– sehr ruhiger Lauf
– stoßfreie und gleichmäßige Förderung der Luft
– geringer Platzbedarf
– einfache Wartung
– geringer Wirkungsgrad
– hohe Instandhaltungskosten durch Verschleiß der Schieber

Schraubenkompressoren

Der Schraubenkompressor ist ein rotierend arbeitender Verdrängerverdichter. Zwei parallele, mit unterschiedlichem Profil versehene Drehkolben arbeiten gegenläufig in einem Gehäuse. Die von der Kompressorstufe des Schraubenkompressors angesaugte Luft wird auf ihrem Weg durch den Kompressor zum Druckstutzen in sich stetig verkleinernder Kammern bis auf den Enddruck verdichtet und anschließend in den Druckstutzen ausgeschoben. Die Kammern bilden die Gehäusewandungen und die ineinander greifenden Gänge der beiden Rotoren. Bei ölfrei verdichtenden Schraubenkompressoren, bei denen die zu verdichtende Luft im Druckraum nicht mit Öl in Berührung kommt, sind die beiden Rotoren durch ein Gleichlaufgetriebe verbunden, so dass sich die Profiloberflächen nicht berühren.

Bei Schraubenkompressoren mit Öleinspritzkühlung wird nur der Hauptläufer angetrieben. Der Nebenläufer dreht sich berührungsfrei mit. Typische Eigenschaften von Schraubenverdichtern sind:

– geringe Baugröße
– kontinuierliche Luftförderung
– niedrige Verdichtungsendtemperatur (bei Öleinspritzkühlung)

Roots-Verdichter

Der Roots-Verdichter ist ein Verdränger-verdichter. Er ist nach seinem Erfinder benannt. In einem zylindrischen Raum rotieren gegenläufig zwei symmetrisch geformte Drehkolben. Sie sind über ein Gleichlaufgetriebe verbunden und arbeiten berührungsfrei. Die zu verdichtende Luft wird von der Saugseite in das Verdichtergehäuse geführt. Sie ist in der Kammer zwischen Flügel und Gehäuse eingeschlossen. In dem Augenblick, in dem der Kolben die Kante zur Druckseite hin freigibt, strömt das Gas in den Druckstutzen und füllt die Druckkammer auf.

Beim Weiterdrehen des Flügels wird der Inhalt der Förderkammer gegen den vollen Gegendruck ausgeschoben. Es erfolgt keine ständige Verdichtung. Der Verdichter muss immer gegen den vollen Staudruck arbeiten.Typische Eigenschaften des Roots-Kompressors sind:

– kein Verschleiß der Drehkolben
– keine Schmierung erforderlich
– ölfreie Luft
– empfindlich gegen Staub und Sand

Flüssigkeitsringkompressor

Der Flüssigkeitsringkompressor ist ein rotierend arbeitender Verdrängerverdichter. Die exzentrisch im Gehäuse gelagerte Welle mit festen radialen Schaufeln versetzt die Sperrflüssigkeit in Drehung. Es bildet sich der Flüssigkeitsring, der die zwischen den Schaufeln liegenden Räume gegen das Gehäuse abdichtet. Der Rauminhalt ändert sich durch die Exzentrizität mit der Wellendrehung, dadurch wird Luft angesaugt, verdichtet und gefördert. Als Flüssigkeit setzt man im Allgemeinen Wasser ein. Typische Eigenschaften der Flüssigkeitsringkompressoren sind:

– ölfreie Luft (durch ölfreies Fördermittel)
– geringe Empfindlichkeit gegen Verschmutzungen und chemische Angriffe
– Flüssigkeitsabscheider erforderlich, weil die Hilfsflüssigkeit kontinuierlich in den Druckraum gefördert wird
– niedriger Wirkungsgrad

Hubkolbenkompressor

Der Hubkolbenkompressor ist ein oszillierend arbeitender Verdrängungsverdichter. Hubkolbenkompressoren saugen die Luft durch auf- und abgleitende Kolben an, verdichten sie und stoßen sie wieder aus. Die Vorgänge steuern Saug- und Druckventile.

Durch Hintereinanderschalten mehrerer Verdichtungsstufen können verschiedene Drücke und durch Anordnung mehrerer Zylinder können unterschiedliche Luftmengen erzeugt werden. Die typischen Eigenschaften der Hubkolbenkompressoren sind

– hoher Wirkungsgrad
– hohe Drücke.

Die Hubkolbenkompressoren können konstruktiv in unterschiedlichen Varianten gestaltet werden. Zylinderanordnungen stehend, liegend, V-förmig, W-förmig oder in Boxer-Bauart sind möglich.

Membrankompressoren

Der Membrankompressor ist ein oszillierend arbeitender Verdrängungsverdichter. Beim Membrankompressor wird mittels Pleuel und elastischer Membran die Verdichtung erzeugt. Im Gegensatz zum Kolbenkompressor, dessen Kolben sich linear zwischen zwei Endlagen bewegt, wird die Membran in nicht lineare Schwingungen versetzt. Die Membran ist an ihrem Rand befestigt. Eine Pleuelstange bewegt sie. Der Hub der Pleuelstange ist abhängig von der Verformbarkeit der Membran. Die typischen Eigenschaften des Membrankompressors sind:

– großer Zylinderdurchmesser kleiner Hub
– wirtschaftlich bei kleinen Liefermengen und niedrigen Drücken
– Erzeugen von Vakuum

Freikolbenkompressor

Der Freikolbenkompressor ist ein oszillierend arbeitender Verdrängungsverdichter. Vom Prinzip her ist er ein Zweitaktdieselmotor mit zusammengebautem Verdichter. Druckluft wirkt auf die in Außenstellung gebrachten Kolben, schleudert diese nach innen und lässt dadurch den Verdichter an-

Kompressorarten
EWL-D003/P

Typ	Symbol	Funktionsbild	Druckbereich [bar]	Volumenstrom [m³/h]
Tauchkolben-kompressor			10 (1-stufig) 35 (2-stufig)	120 600
Kreuzkopf-kompressor			10 (1-stufig) 35 (2-stufig)	120 600
Membran-kompressor			gering	klein
Freikolben-kompressor			begrenzter Einsatz als Gasgenerator	
Vielzellen-kompressor			16	4.500
Flüssigkeits-ringkompressor			10	
Schrauben-kompressor			22	750
Roots-Verdichter			1,6	1200
Axial-verdichter			10	200.000
Radial-verdichter			10	200.000

laufen. Die dadurch im Motorzylinder komprimierte Verbrennungsluft treibt bei Verbrennung des eingespritzten Kraftstoffes die Kolben wieder auseinander. Die eingeschlossene Luft verdichtet. Nach Abzug der erforderlichen Spülluft wird die verdichtete Luft zum größten Teil durch ein Druckhaltungsventil ausgeschoben. Die Saugventile saugen wieder neue Luft an. Die typischen Eigenschaften des Freikolbenkompressors sind:

– hoher Wirkungsgrad
– erschütterungsfreier Lauf
– einfaches Prinzip

Druckbereiche und Einsatzbereiche der Drucklufterzeuger

Druckbereiche
In Druckluftsystemen unterscheidet man die Druckbereiche in

– Niederdruckbereich
– Mitteldruckbereich
– Hochdruckbereich
– Höchstdruckbereich

Niederdruckbereich bis 10 bar
Die meisten Anwendungsbereiche der Druckluft in Industrie und Handwerk liegen im Druckbereich bis maximal 10 bar. Der Niederdruckbereich ist der typische Druckbereich für Druckluftwerkzeuge.

	Niederdruckbereich bis 10 bar	Mitteldruckbereich 10...15 bar	Hochdruckbereich 15...40 bar	Höchstdruckbereich 40...400 bar
	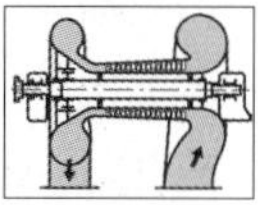	 2-stufig	 mehrstufig	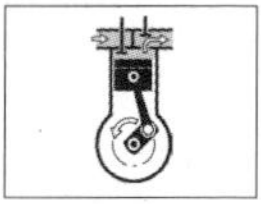 3...4-stufig
	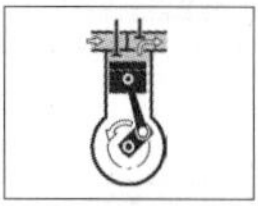	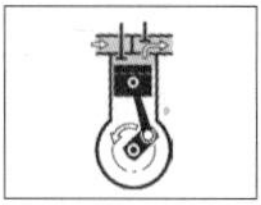 2-stufig	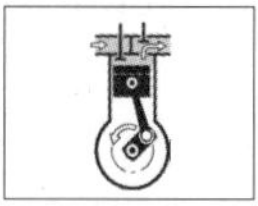 2...3-stufig	

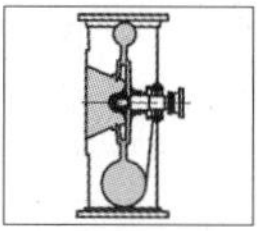

Fördermenge

Mitteldruckbereich bis 15 bar
Der Mitteldruckbereich wird typischerweise für Drucklufsysteme im Fahrzeugbereich verwendet.

Hochdruckbereich bis 40 bar
Der Hochdruckbereich kommt bei Maschinen zur Kunststoffbearbeitung (Blasverfahren), beim Anlassen von großen Dieselmotoren und zum Abdrücken von Rohrleitungen zur Anwendung.

Höchstdruckbereich bis 400 bar
Der Höchstdruckbereich ist Spezialanwendungen vorbehalten wie beispielsweise Atem- und Tauchgeräten und zur Verdichtung und Speicherung technischer Gase.

Druckregelung
Das Ziel der Regelung ist die Minimierung von Energieverbrauch und Verschleiß und die Maximierung der Verfügbarkeit. Es gibt verschiedene Regelgrößen, abhängig von Bauart, Größe und Einsatzbereich:

– der Verdichtungs-Enddruck
  (Netzdruck)
– der Saugdruck
– der geförderte Volumenstrom die auf genommene elektrische Leistung des Verdichtermotors
– die Luftfeuchtigkeit hinter dem Verdichter

Die Regelung des Verdichter-Enddruckes hat gegenüber allen anderen Regelgrößen die größte Bedeutung.

Druckdefinitionen
Im Zusammenhang mit der Druckregelung ist es wichtig, die Definitionen des Druckes in einem Drucklufsystem zu kennen. Die wichtigsten Definitionen sind wie folgt beschrieben:

Netzdruck p_N [bar$_ü$]
Der Netzdruck pN ist der Druck am Kompressorausgang hinter dem Rückschlagventil. Dabei handelt es sich um den Druck im Leitungsnetz.

Ausschaltdruck p_{max} [bar$_ü$]
Der Ausschaltdruck pmax ist der Druck, bei dessen Überschreiten der Kompressor abschaltet. Der Ausschaltdruck pmax sollte bei

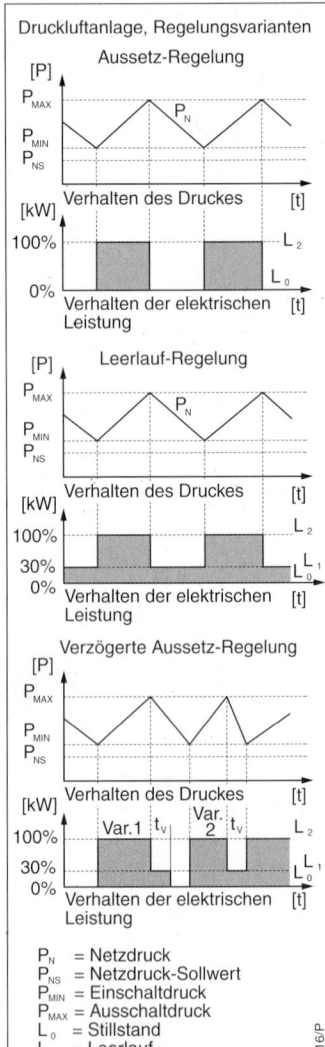

Druckluftanlage, Regelungsvarianten

P_N = Netzdruck
P_{NS} = Netzdruck-Sollwert
P_{MIN} = Einschaltdruck
P_{MAX} = Ausschaltdruck
L_0 = Stillstand
L_1 = Leerlauf
L_2 = Lastlauf
t_V = Zeitelement

EWL-D016/P

Kolbenkompressoren ca. 20% über dem Einschaltdruck liegen (z. B. Einschaltdruck 8 bar, Ausschaltdruck 10 bar).
Bei Schraubenkompressoren sollte der Ausschaltdruck pmax 0,5 bis 1 bar über dem Einschaltdruck liegen (z. B. Einschaltdruck 9 bar, Ausschaltdruck 10 bar).

Systemdruck p_S [bar$_ü$]
Der Systemdruck p_S ist der Druck im Innern eines Schraubenkompressors bis zum Mindestdruck-Rückschlagventil.

Einschaltdruck p_{min} [bar$_ü$]
Der Einschaltdruck pmin ist der Druck, bei dessen Unterschreiten der Kompressor einschaltet. Der Einschaltdruck pmin sollte mindestens 0,5 bar über dem Sollwert des Netzdrucks p liegen.

Druckluftaufbereitung

Die in der Umgebungsluft vorhandenen Verunreinigungen sind mit dem bloßen Auge meist nicht sichtbar. Trotzdem können sie die zuverlässigen Funktionen des Druckluftnetzes und der Druckluftwerkzeuge beeinträchtigen. 1 m³ Umgebungsluft enthält eine Vielzahl von Verunreinigungen wie z. B.:

– bis zu 180 Millionen Schmutzpartikel, Größe zwischen 0,01 und 100 µm
– 5-40 g/m³ Wasser in Form von Luftfeuchtigkeit
– 0,01 bis 0,03 mg/m³ Öl in Form von Mineralölaerosolen und unverbrannten Kohlenwasserstoffen

– Spuren von Schwermetallen wie Blei, Cadmium, Quecksilber, Eisen

Kompressoren saugen die Umgebungsluft und damit die Luftverunreinigungen an und konzentrieren sie auf ein Vielfaches. Bei einer Verdichtung auf 10 bar$_ü$ (10 bar Überdruck = 11 bar absolut) erhöht sich die Konzentration der Schmutzpartikel auf das 11fache. In 1 m³ Druckluft befinden sich dann bis zu 2 Milliarden Schmutzpartikel. Dabei gelangen noch zusätzlich Schmieröl und Abriebteilchen aus dem Kompressor in die Druckluft. Bleiben diese Verunreinigungen und das Wasser aus der Umgebungsluft in der Druckluft, kann dies negative Auswirkungen auf das Leitungsnetz und die Verbraucher haben.

Druckluft-Qualitätsklassen nach DIN ISO 8573-1

Die Qualität der Druckluft ist in Klassen unterteilt, die sich hinsichtlich der Anforderungen des Verwendungszweckes unterteilen. Sie erleichtern dem Anwender die Definition seiner Anforderungen und die Auswahl der Aufbereitungskomponenten. Die Norm basiert auf den Herstellerangaben, die erlaubte Grenzwerte bezüglich der Druckluftreinheit für ihre Anlagen und Maschinen ermittelt haben. Die Norm DIN ISO 8573-1 definiert die Qualitätsklassen der Druckluft bezüglich:

Partikelgröße und Dichte
Festlegung von Größe und Konzentration der Feststoffteilchen, die noch in der Druckluft enthalten sein dürfen.

Druckluft-Qualitätsklassen, nach DIN ISO 8573-1

Klasse	max. Restwassergehalt		max. Reststaubgehalt		max. Ölgehalt
	Restwasser g/m³	Drucktaupunkt °C	Staubdichte mg/m³	Staubgröße mg/m³	mg/m³
1	0,003	- 70	0,1	0,1	0,01
2	0,117	- 40	1	1	0,1
3	0,88	- 20	5	5	1
4	5,953	+ 3	8	15	5
5	7,732	+ 7	10	40	25
6	9,356	+ 10	-	-	- *EWL-PN 05*

Ölgehalt

Festlegung der Restmenge an Aerosolen und Kohlenwasserstoffen, die in der Druckluft enthalten sein dürfen.

Drucktaupunkt

Festlegung der Temperatur, auf die man die verdichtete Luft abkühlen kann, ohne dass der in ihr enthaltene Wasserdampf kondensiert. Der Drucktaupunkt verändert sich mit dem Luftdruck.

Luftverunreinigung

Umgebung	Durchschnitt mg/m³	Grenzwert mg/m³
Natur	15	50
Stadt	50	100
Industriegebiete	100	500
Fabrikanlagen	200	900

EWL-PN 03

Festkörperpartikel in der Druckluft

Verschleißwirkung in Pneumatikanlagen: Staub und andere Partikel führen zu Abrieb. Wenn Partikel mit Schmieröl oder Fett eine Schleifpaste bilden, wird diese Wirkung noch verstärkt. Problematisch sind besonders Gesundheitsschädliche Partikel und chemisch aggressive Partikel.

Öl in der Druckluft

Alt- und Fremdöl in der Pneumatikanlage kann verharzen und damit zu Durchmesserreduzierung und Blockaden in Rohrleitungen führen. Das hat erhöhten Strömungswiderstand zur Folge.

Wasser in der Druckluft

Durch Wasser entsteht Korrosion in der Pneumatikanlage und führt zu Leckagen. In den Druckluftwerkzeugen führt Wasser zu unterbrochenen Schmierfilmen, die Folge davon sind mechanische Defekte. Bei niedrigen Temperaturen kann das Wasser im Druckluftnetz gefrieren und dort Frostschäden, Durchmesserreduzierung und Blockaden verursachen.
Die Aufbereitung der Druckluft ist deshalb wichtig und hat Vorteile:

Kühlung

Bei allen Verdichtungsvorgängen entsteht Wärme. Der Grad der Erwärmung ist abhängig vom Enddruck des Kompressors. Je höher der Enddruck ist, desto höher ist auch die Verdichtungstemperatur. Laut Unfallverhütungsvorschrift darf die Verdichtungsendtemperatur einen festgelegten Wert (meist zwischen 160...200 °C) nicht überschreiten. Der größte Teil der Verdichtungswärme muss somit abgeführt werden. Zu hohe Drucklufttemperaturen bedeuten eine Gefahr, denn ein geringer Teil des zur Schmierung eingesetzten Öles gelangt als Restöl während der Verdichtung in die Druckluft. Es kann sich entzünden. Ein Leitungsbzw. Kompressorbrand wäre möglich. Von bestimmten Temperaturen an ist gerade bei der Druckluft die Explosionsgefahr besonders groß, denn auf das Volumen bezogen enthält sie weit mehr Sauerstoff als die Umgebungsluft. Damit möglichst kalte Druckluft erzeugt wird, ist jeder Kompressorstufe ein Zwischen- und Nachkühler nachgeschaltet. Beim Verdichten bzw. Abkühlen der Druckluft fällt innerhalb des Kühlers Kondensat aus. Das Kondensat wird aufgrund der Strömungsgeschwindigkeit der Druckluft aus dem Nachkühler in das Leitungsnetz bzw. den nachgeschalteten Druckluftbehälter mitgerissen.

Wassergehalt der Luft

Minustemperaturen				Plustemperaturen	
Taupunkt °C	max. feuchte g/m³	Taupunkt °C	max. feuchte g/m³	Taupunkt °C	max. feuchte g/m³
- 5	3,238	0	4,868	5	6,79
- 10	2,156			10	9,356
- 15	1,38			15	12,739
- 20	0,88			20	17,148
- 25	0,55			25	22,83
- 30	0,33			30	30,078
- 35	0,198			35	39,286
- 40	0,117			40	50,672
- 45	0,067			45	64,848
- 50	0,038			50	82,257
- 55	0,021			55	103,453
- 60	0,011			60	129,02
- 70	0,0033			70	196,213
- 80	0,0006			80	290,017
- 90	0,0001			90	417,935

EWL-PN 04

Trocknung

In der atmosphärischen Luft befinden sich immer gewisse Mengen Wasserdampf. Der Gehalt schwankt zeitlich und örtlich und wird als Luftfeuchtigkeit (Feuchte) bezeichnet. Bei jeder Temperatur kann ein bestimmtes Luftvolumen nur eine Höchstmenge Wasserdampf enthalten. Erhöht sich die Temperatur, dann kann mehr Wasser pro Volumen gehalten werden, verringert sich die Temperatur, dann kann der Wasserdampf nicht mehr gehalten werden. Er fällt dann als Kondensat aus.
Für den Wasserdampfgehalt verwendet man den Begriff "Feuchte". Er beinhaltet folgende Unterbegriffe:

– maximale Feuchte
– absolute Feuchte
– relative Feuchte
– atmosphärischer Taupunkt
– Drucktaupunkt

Maximale Feuchte f_{max} [g/m³]
Unter der maximalen Feuchte fmax (Sättigungsmenge) versteht man die maximale Menge Wasserdampf, die 1 m³ Luft bei einer bestimmten Temperatur enthalten kann. Die maximale Feuchte ist druckunabhängig.

Absolute Feuchte f [g/m³]
Unter der absoluten Feuchte f versteht man die in 1 m³ Luft tatsächlich enthaltene Menge Wasserdampf.

Relative Feuchte φ [%]
Unter der relativen Feuchte φ versteht man das Verhältnis der absoluten zur maximalen Feuchte. Da die maximale Feuchte f_{max} temperaturabhängig ist, ändert sich mit der Temperatur die relative Feuchte, auch wenn die absolute Feuchte konstant bleibt. Bei einer Abkühlung bis zum Taupunkt steigt die relative Feuchte auf 100 %.

Atmosphärischer Taupunkt [°C]
Unter atmosphärischem Taupunkt versteht man die Temperatur, auf die atmosphärische Luft (1 bar$_{abs}$) abgekühlt werden kann, ohne dass Wasser ausfällt. Der atmosphärische Taupunkt ist für Drucklucksysteme von untergeordneter Bedeutung.

Drucktaupunkt [°C]
Unter dem Drucktaupunkt versteht man die Temperatur, auf die verdichtete Luft abgekühlt werden kann, ohne dass Kondensat ausfällt. Der Drucktaupunkt ist abhängig vom Verdichtungs-Enddruck. Bei sinkendem Druck sinkt auch der Drucktaupunkt. Zur Ermittlung des Drucktaupunktes der Druckluft nach der Verdichtung verwendet man Diagramme.
Luft enthält immer Wasser in Form von Dampf. Da Luft komprimierbar ist, Wasser aber nicht komprimierbar, fällt bei der Verdichtung das Wasser in Form von Kondensat aus. Die maximale Feuchte der Luft ist temperatur- und volumenabhängig. Sie ist nicht mengenabhängig.

Trocknungsmethoden
Druckluft kann nach verschiedenen Methoden getrocknet werden. Mögliche Methoden sind:

– Kondensation ist die Wasserabschei-

dung durch die Unterschreitung des Taupunkts
– Diffusion ist die Trocknung durch Molekültransfer
– Absorption ist die Trocknung durch Feuchtigkeitsentzug

Kondensationsverfahren
Die Wasserabscheidung nach dem Kondensationsverfahren ist nach folgenden Methoden möglich:

– durch Überverdichtung
– durch Kältetrocknung

Überverdichtungsverfahren
Bei der Überverdichtung wird die Luft weit über den benötigten Druck hinaus komprimiert, anschließend abgekühlt und auf den Betriebsdruck entspannt.
Funktionsprinzip:
Die Luft kann mit zunehmendem Druck und damit abnehmendem Volumen immer weniger Wasser speichern. Bei der Vorverdichtung auf einen hohen Druck scheidet viel Kondensat aus. Dieses Kondensat wird abgeleitet. Die absolute Feuchte der Luft nimmt ab. Wird die Druckluft nun entspannt, sinkt die relative Feuchte und damit der Drucktaupunkt.

Eigenschaften:
– einfaches Verfahren mit kontinuierlichem Volumenstrom

– keine aufwendigen Kühl- und Trocknungsanlagen

– wirtschaftlich nur für kleine Liefermengen

– sehr hoher Energieverbrauch

Kältetrocknungsverfahren
Bei sinkenden Temperaturen verringert sich die Fähigkeit der Luft, Wasser mit sich zu führen. Um den Feuchtegehalt zu verringern, kann Druckluft in einem Kältetrockner abgekühlt werden.
Funktionsprinzip: Die Druckluft wird durch ein Kältemittel in einem Wärmeaustauscher gekühlt. Dabei scheidet der in der Druckluft enthaltene Wasserdampf in Form von Kondensat aus. Die ausfallende Kondensatmenge steigt mit der Differenz

zwischen der Drucklufteintritts- und -austrittstemperatur.

Eigenschaften:
– hohe Wirtschaftlichkeit, für ca. 90 % aller Anwendungsfälle für Trockner ist die Kältetrocknung das wirtschaftlichste Verfahren

– Abscheidung von Fremdstoffen, nahezu 100 % aller Feststoffpartikel und Wassertröpfchen, die größer als 3 µm sind, werden abgeschieden

– geringer Druckverlust im Trockner

Trocknen durch Diffusion
Das Prinzip des Membrantrockners beruht darauf, dass Wasser eine speziell beschichtete Hohlfaser über 20000 mal schneller durchdringt als Luft. Der Membrantrockner besteht aus einem Bündel von tausenden beschichteter Hohlfasermembranen. Diese Hohlfasern sind aus einem festen, temperatur- und druckbeständigen Kunststoff hergestellt. Ihre Innenoberfläche ist mit einer ultradünnen Schicht eines zweiten Kunststoffes beschichtet. Die Hohlfasern (Membranen) sind in ein Rohr eingearbeitet, wobei der Innenkanal der Fasern am Ende offen ist.
Funktionsprinzip: Die feuchte Druckluft durchströmt das Innere der Hohlfasern (Innenstrom). Der in der Druckluft enthaltene Wasserdampf dringt dabei durch den beschichteten Mantel der Hohlfasern nach außen. Dazu ist ein Konzentrationsgefälle des Wasserdampfes zwischen dem Inneren und dem Äußeren der Hohlfaser nötig. Vom getrockneten Hauptvolumenstrom des Kompressors wird ein Spülluftstrom abgezweigt und entspannt. Da die maximale Luftfeuchtigkeit volumenabhängig ist, sinkt die relative Luftfeuchtigkeit. Die Spülluft wird sehr trocken. Der trockene Spülluftstrom umfließt die Hohlfasern und sorgt für das nötige Konzentrationsgefälle des Wasserdampfes. Der Spülluftstrom kann ungefiltert ins Freie entweichen. Dem Membrantrockner muss jedoch immer ein Filter vorgeschaltet werden, der Partikel bis zu einer Größe von 0,01 µm ausfiltert. Bei einer Installation direkt hinter dem Kompressor ist dem Filter ein Zyklonabscheider vorzuschalten.

Trocknungsverfahren von Druckluft

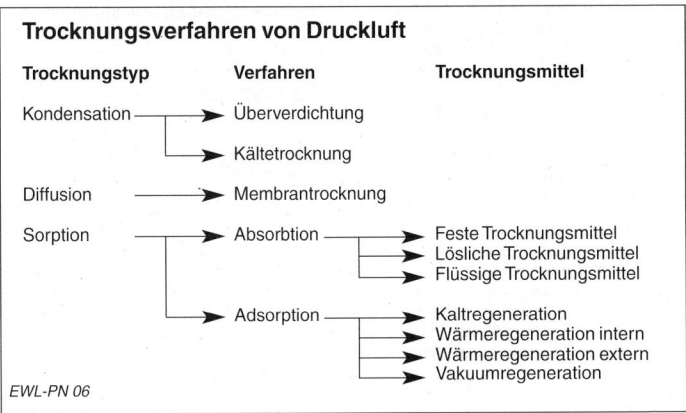

Trocknungstyp **Verfahren** **Trocknungsmittel**

Kondensation ──────► Überverdichtung

──────► Kältetrocknung

Diffusion ──────► Membrantrocknung

Sorption ──────► Absorbtion ──────► Feste Trocknungsmittel
──────► Lösliche Trocknungsmittel
──────► Flüssige Trocknungsmittel

──────► Adsorption ──────► Kaltregeneration
──────► Wärmeregeneration intern
──────► Wärmeregeneration extern
──────► Vakuumregeneration

EWL-PN 06

Eigenschaften:

– geringe Partikelbelastung der Luft

– geringer Druckverlust im Trockner

– kompakte Bauweise

– der Trockner kann als Teilstück der Rohrleitung installiert werden

– kein Wartungsaufwand

– im Trockner gibt es keine beweglichen Teile

– kein Kondensatausfall bei der Trocknung

– keine zusätzlichen Energiekosten

– geräuschfrei

– kein Kühlmittel nötig

– keine beweglichen Teile

– kein Antrieb nötig

Trocknung durch Absorption

Bei der Absorptionstrocknung wird der Wasserdampf durch eine chemische Reaktion mit einem hygroskopischen Trocknungsmittel ausgeschieden. Da die Absorptionsfähigkeit des Trocknungsmittels mit der Zeit nachlässt, ist eine periodische Erneuerung notwendig. Zu unterscheiden sind dabei 3 unterschiedliche Trocknungsmitteltypen. Die löslichen Trocknungsmittel verflüssigen sich mit fortschreitender Absorption. Die festen und flüssigen Trocknungsmittel reagieren mit dem Wasserdampf, ohne ihren Aggregatzustand zu verändern.

Funktionsprinzip: Bei der Absorption durchströmt die Druckluft von unten nach oben ein Trocknungsmittelbett. Dabei gibt sie einen Teil des Wasserdampfes an das Trocknungsmittel ab. Ein Ableiter führt das anfallende Kondensat aus einem Bodenbehälter ab. Der Drucktaupunkt wird um 8-12 % gesenkt.

Eigenschaften:

– niedrige Eintrittstemperatur notwendig

– stark korrosive Wirkung der Trocknungsmittel

– die getrocknete Druckluft kann Trocknungsmittel ins Druckluftnetz mitreißen, dort können erhebliche Schäden durch Korrosion auftreten

– keine Zufuhr von Fremdenergie nötig

Anordnung des Trockners
Für die Anordnung eines Drucklufttrockners gibt es zwei grundsätzliche Möglichkeiten.

– vor dem Druckluftbehälter
– nach dem Druckluftbehälter

Beide Varianten haben spezifische Eigenschaften.

Trockner vor dem Druckluftbehälter

Vorteile:

– getrocknete Luft im Druckluftbehälter

– es gibt keinen Kondensatausfall im Druckluftbehälter

– gleichbleibende Druckluftqualität

– auch bei schlagartiger, hoher Druckluftentnahme bleibt der Drucktaupunkt der Druckluft unverändert

Nachteile:

– der Trockner muss nach der effektiven Gesamtliefermenge der vorgeschalteten Kompressors ausgelegt werden bei niedrigem Verbrauch ist der Trockner oft überdimensioniert

– Trocknung pulsierender Druckluft. Das belastet den Trockner

– Trocknung eines Teilluftstroms ist nicht möglich

– große Kondensatmenge

– bei Kompressor-Mehrfachanlagen muss jedem Kompressor ein Trockner nachgeschaltet werden

Trockner nach dem Druckluftbehälter

Vorteile:

– günstige Dimensionierung des Trockners

– der Trockner kann nach dem tatsächlichen Druckluftverbrauch oder einem zu trocknenden Teilstrom der Druckluft dimensioniert werden

– Volumenstrom pulsiert nicht

– niedrige Druckluft-Eintrittstemperatur, die Druckluft hat Gelegenheit, sich im Druckluftbehälter weiter abzukühlen

– kleine Kondensatmengen

Nachteile:

– Kondensat im Druckluftbehälter, Korrosionsgefahr

– bei schlagartiger, hoher Druckluftentnahme wird der Trockner überlastet. Der Drucktaupunkt der Druckluft steigt.

In den meisten Fällen empfiehlt es sich, den Trockner hinter dem Druckluftbehälter zu installieren. Dafür sprechen besonders wirtschaftliche Gründe. Es kann üblicherweise ein kleinerer Trockner gewählt werden, der besser ausgelastet ist.

Kondensatentsorgung
Überall, wo Kondensat im Druckluftsystem anfällt, muss es auch abgeleitet werden. Geschieht dies nicht, reißt es der Luftstrom wieder mit und es gelangt ins Leitungsnetz.

Kondensat ist aufgrund der hohen Schadstoffbelastung äußerst umweltschädlich und muss aus diesem Grund fachgerecht entsorgt werden.

Filterung

Die Auswahl des zur Anwendung passenden Filters in einem Druckluftsystem setzt die Kenntnis der relevanten Größen und Faktoren voraus. Dies sind:

– Filterabscheidegrad
– Partikelkonzentration
– Druckabfall
– Volumenstrom

Filterabscheidegrad

Der Filterabscheidegrad gibt den Konzentrationsunterschied der Schmutzpartikel vor und nach dem Filter an. Er wird vielfach auch als Wirkungsgrad bezeichnet. Der Filterabscheidegrad ist ein Maß für die Wirksamkeit des Filters. Dabei muss immer die minimale Korngröße [μm] angegeben werden, die der Filter noch ausfiltern kann.

Partikelkonzentration

Die Konzentration der Partikel wird meist in Gewichtsanteilen pro Volumeneinheit [/m^3] der Druckluft gemessen. Bei schwächeren Konzentrationen bestimmt man die Konzentration meist durch Auszählen der Teilchen pro Volumeneinheit [Z/cm^3]. Besonders bei der Bestimmung des Abscheidegrades von Hochleistungsfiltern werden fast immer die Teilchen pro Volumeneinheit ermittelt. Um die Gewichtsanteile pro Volumeneinheit in ausreichender Genauigkeit zu ermitteln, wäre der Messaufwand unverhältnismäßig hoch.

Druckabfall

Der Druckabfall ist der strömungstechnisch bedingte Druckunterschied vor und nach dem Filter. Der Druckabfall im Filter wächst durch Anlagern von Staub- und Schmutzpartikeln im Filterelement mit der Zeit an. Der Druckabfall für neue Filterelemente liegt je nach Filterart zwischen 0,02 und 0,2 bar.

Der wirtschaftlich vertretbare Grenzwert für den Druckabfall liegt bei ca. 0,6 bar. Um den Druckabfall im Filter festzustellen, wird in die meisten Filter ein Druckdifferenzmessgerät eingebaut. Überschreitet der Druckabfall den Grenzwert, ist eine Reinigung des Filters oder ein Aus-

tausch des Filterelements notwendig.

Volumenstrom

Der maximale Volumenstrom eines Filters bezieht sich immer auf den Normdruck $p_{ü}$ = 7 bar. Bei verändertem Druck ändert sich die maximale Durchflussmenge des Filters. Die Änderung der Durchflussmenge lässt sich mit Hilfe der entsprechenden Umrechnungsfaktoren leicht ermitteln.

Filtertypen

Je nach Staubanfall und geforderter Druckluftqualität kommen folgende Filtertypen zum Einsatz:

– Zyklonabscheider
– Vorfilter
– Hochleistungsfilter
– Aktivkohlefilter

Die Filter werden meist in Kombination miteinander verwendet.

Zyklonabscheider

Der Zyklonabscheider arbeitet nach dem Massenträgheitsprinzip. Er besteht aus einem Wirbeleinsatz und einem Auffangbehälter.

Der Wirbeleinsatz ist so gestaltet, dass er die Druckluft in eine Drehbewegung versetzt. Feste und flüssige Bestandteile der Luft werden durch ihre eigene Massenträgheit nach außen gegen die Behälterinnenwand geschleudert. Dadurch scheiden schwere Schmutzteilchen und Wassertröpfchen aus. Die ausgeschiedenen Fremdstoffe fließen an einer Prallscheibe vorbei in den Sammelbehälter. Die Prallscheibe verhindert auch, dass der Luftstrom die abgeschiedene Flüssigkeit und Partikel wieder mitreißt. Aus dem Sammelraum kann das Kondensat automatisch oder von Hand abgelassen und fachgerecht entsorgt oder wieder aufbereitet werden.

Eigenschaften:

– nahezu vollständiges Abscheiden von Wassertröpfchen

– Ausfiltern von schweren Staub- und Schmutzpartikeln

– das Abscheidevermögen der Zyklon
abscheider steigt mit zunehmender
Strömungsgeschwindigkeit

Vorfilter

Vorfilter filtern feste Verunreinigungen bis
zu einer Partikelgröße von ca. 3 μm aus
der Druckluft, während sie Öl und Feuchte
nur in sehr geringem Maß ausfiltern. Vorfilter entlasten jedoch bei sehr staubhaltiger
Luft Hochleistungsfilter und Trockner. Sind
die Anforderungen an die Qualität der
Druckluft gering, kann auf feinere Filter
verzichtet werden.

Funktionsprinzip: Vorfilter arbeiten nach
dem Prinzip der Oberflächenfiltration. Sie
haben eine reine Siebwirkung. Die Poren-
größe gibt dabei die Partikelgröße an, die
gerade noch ausgefiltert werden kann. Die
Verunreinigungen bleiben nur an der
äußeren Oberfläche der Filterelemente
zurück.

Das Filterelement wird von außen nach
innen durchströmt. Eine umgekehrte Strömungsrichtung würde die abgeschiedenen Partikel im Inneren des Filterelementes
aufbauen. Die ansteigende Feststoffan-
sammlung würde die wirksame Filterfläche zusetzen.

Eigenschaften:
– Regenerierbar. Da die Partikelabscheidung der Vorfilter nur auf der
Oberfläche des Filterelements stattfindet, ist das Reinigen der Filterele –
mente möglich.

Hochleistungsfilter

Hochleistungsfilter kommen zum Einsatz, wenn hohe Ansprüche an die Qualität
der Druckluft gestellt werden. Sie reduzieren den Restöl-Gehalt der Druckluft auf
0,01 mg/m3 und liefern damit technisch ölfreie Druckluft. Schmutzpartikel werden
mit einem Abscheidegrad von 99,9999 %
bezogen auf 0,01 μm ausgefiltert. Es wirken drei entscheidende Mechanismen zusammen:

– Direkte Berührung. Größere Teilchen
und Tropfen treffen direkt auf Fasern
des Filtermaterials und werden gebunden.

– Aufprall. Teilchen und Tropfen treffen
auf Fasern des Filtermaterials. Dort
prallen sie ab, werden aus der Strö-
mungsbahn geleitet und von der
nächsten Faser absorbiert.

– Aufprall. Teilchen und Tropfen treffen
auf Fasern des Filtermaterials. Dort
prallen sie ab, werden aus der Strö-
mungsbahn geleitet und von der
nächsten Faser absorbiert.

– Diffusion. Kleine und kleinste Partikel
koalieren im Strömungsfeld und
schließen sich aufgrund der Molekul-
arbewegung zu immer größer werd
nen Partikeln zusammen. Diese Partikel scheiden dann aus.

Funktionsprinzip: Hochleistungsfilter arbeiten nach dem Prinzip des Tiefenfilters.
Der Tiefenfilter besteht aus feinsten Einzelfasern und bildet eine poröse Struktur.
Die Partikelabscheidung erfolgt während
des gesamten Weges, den die Druckluft
durch das Filterelement zurücklegt. Tiefenfilter werden von innen nach außen
durchströmt. Die Flüssigkeitsphase aus Öl
und Wasser lagert sich beim Durchströmen des Filters am Faservlies an. Die Luftströmung treibt dann das Kondensats und
die größer werdenden Tropfen weiter
durch den Filter nach außen. Ein Teil des
Kondensats verlässt durch diesen Effekt
das Filterelement wieder. Der Schwerkraft
folgend sammelt sich das Kondensat im
Sammelraum des Filters.

Eigenschaften:

– Abscheiden von Öl in der Flüssig-
phase. Die Öltropfen werden nahezu
100 % ausgefiltert, nicht aber Öl-
dampf

– Der Abscheidegrad des Filters sinkt
mit steigender Betriebstemperatur.
Ein Teil der Öltropfen verdampft und
durchdringt den Filter. Bei einem
Temperaturanstieg von + 20° und +
30° strömt bereits die 5fache Ölmenge durch den Filter.

– Recycelbar.

Aktivkohlefilter

Nach dem Einsatz von Hochleistungsfiltern und Trocknern enthält die technisch ölfreie Druckluft immer noch Kohlenwasserstoffe sowie diverse Geruchs- und Geschmacksstoffe. Es gibt zahlreiche Druckluftanwendungen, bei denen diese Rückstände zu Produktionsstörungen, Qualitätsbeeinträchtigungen und Geruchsbelästigungen führen würden.

Ein Aktivkohlefilter entfernt die Kohlenwasserstoffdämpfe aus der Druckluft. Der Restöl-Gehalt kann bis auf 0,005 mg/m³ reduziert werden. Die Druckluftqualität ist dann besser als nach DIN 3188 für Atemluft gefordert.

Funktionsprinzip: Die Filterung der Druckluft durch Adsorption ist ein rein physikalischer Vorgang. Die Kohlenwasserstoffe werden durch Adhäsionskräfte an die Aktivkohle gebunden. Dabei kommt es zu keiner chemischen Verbindung. Die getrocknete und vorgefilterte Druckluft wird durch ein plissiertes Aktivkohle-Filterelement geleitet, die Druckluft von innen nach außen durch das Filterelement geleitet.

Eigenschaften:

– Vorfilterung ist erforderlich. Einem Aktivkohle-Filter muss immer ein Hochleistungsfilter und ein Trockner vorgeschaltet sein. Verunreinigte Druckluft zerstört das Adsorbat und reduziert die Filterwirkung.

– Keine Regenerierung. Die Aktivkohle füllung lässt sich nicht regenerieren. Je nach Sättigungsgrad muss sie aus getauscht werden.

Dimensionierung einer Druckluftanlage

Grundsätzlich ist bei der Dimensionierung einer Druckluftanlage der voraussichtliche Luftbedarf zu ermitteln. Hierbei ist neben der Anzahl und dem Verbrauch der angeschlossenen Luftverbraucher (z. B. Druckluftwerkzeuge) auch deren Einsatzpraxis zu bewerten. Nach Vorliegen der entsprechenden Informationen kann dann Zahl und Größe der Kompressorstationen und der Druckbehälter festgelegt werden.

Druckluftbedarf

Der erste Schritt zur Auslegung einer Kompressorstation und des dazugehörigen Druckluftnetzes ist die Ermittlung des Druckluftverbrauchs und daraus folgend die benötigte Liefermenge des Kompressors. Für die Dimensionierung einer Kompressorstation ist zuerst der erwartete Gesamtverbrauch zu ermitteln. Der Druckluftverbrauch der Einzelverbraucher wird addiert und mit Hilfe einiger Multiplikatoren den Betriebsbedingungen angepasst. Der Kompressor kann dann entsprechend der ermittelten Liefermenge ausgewählt werden. Bei der Dimensionierung von Rohrleitungen verfährt man ähnlich. Zuerst erfolgt die Festlegung von Art und Anzahl der Druckluftverbraucher an einem bestimmten Leitungsstrang. Der Druckluftverbrauch der einzelnen Geräte wird addiert und mit den entsprechenden Multiplikatoren korrigiert. Auf der Grundlage dieses Ergebnisses kann der Durchmesser des entsprechenden Leitungsstrangs dimensioniert werden. Auch die Leckverluste sind beim Ermitteln des zu erwartenden Druckluftverbrauchs zu berücksichtigen.

Gesamtluftverbrauch

Der theoretische Gesamtdruckluftverbrauch ist die Summe aus dem Druckluftverbrauch der automatischen Verbraucher und der allgemeinen Verbraucher. Zur Dimensionierung des Kompressors und der Rohrleitungen ist der Gesamtdruckluftverbrauch jedoch noch nicht geeignet. Dafür müssen noch einige Zuschläge berücksichtigt werden. Um von dem Gesamtverbrauch einer Anzahl von Verbrauchern auf die tatsächlich benötigte Liefermenge eines Kompressors zu kommen, müssen noch Zuschläge für

– Verluste
– Reserven
– Fehleinschätzungen

berücksichtigt werden.

Verluste

Verluste durch Leckage und Reibung treten in allen Teilen des Druckluftsystems auf. Bei neuen Druckluftsystemen muss man ca. 5 % der Gesamtliefermenge als Verluste veranschlagen. Da mit zunehmendem Alter die Leckagen und Reibungsverluste in Druckluftsystemen erfahrungsgemäß zunehmen, sollten bei älteren Netzen Verluste bis zu 25 % angenommen werden.

Reserven

Die Dimensionierung eines Druckluftsystems erfolgt aufgrund der aktuellen Einschätzung des Druckluftverbrauchs. Erfahrungsgemäß steigt der Verbrauch in der Zukunft an. Es ist ratsam, kurz- und mittelfristige Erweiterungen des Netzes bei der Dimensionierung des Kompressors und der Hauptleitungen zu berücksichtigen. Geschieht dies nicht, kann die spätere Erweiterung unnötige Kosten mit sich bringen. Je nach Perspektiven können bis zu 100 % für die Reserve veranschlagt werden.

Fehleinschätzungen

Der zu erwartende Druckluftverbrauch ist trotz sorgfältiger Bestimmung meist noch mit Fehlern behaftet. Einen exakten Wert kann man aufgrund der meist unklaren Randbedingungen selten bestimmen. Da ein zu klein ausgelegtes Druckluftsystem später ausgebaut werden muss und damit Kosten (Stillstandszeiten) verursacht, ist ein Zuschlag von 5-15 % für Fehleinschätzungen ratsam. Zur Berechnung der benötigten Liefermenge werden zum ermittelten Gesamtverbrauch 5 % für Verluste, 10 % für Reserven und 15 % für Fehleinschätzungen zugeschlagen.

Kompressorgröße

Die grundsätzliche Entscheidung bei der Einrichtung einer Kompressorstation ist die Festlegung der Kompressorbauart. Für fast alle Einsatzbereiche von Druckluftwerkzeugen sind Schrauben- oder Kolbenkompressoren die richtige Wahl. Schraubenkompressoren sind dür bestimmte Einsatzbereiche besonders gut geeignet bei

– hoher Einschaltdauer

– kontinuierlichem Druckluftverbrauch ohne große Lastspitzen (ED = 100 %)

– großen Liefermengen

– pulsationsfreien Volumenströmen

– Verdichtungsdrücken zwischen 5...14 bar

Schraubenkompressoren eignen sich hervorragend als Grundlast-Maschinen in Kompressorverbundsystemen. Bei großen Liefermengen ist der Schraubenkompressor die wirtschaftlichste Variante.

Kolbenkompressoren haben ebenfalls ihre speziellen Einsatzbereiche. Sie ergänzen sich mit denen der Schraubenkompressoren. Ihre Stärken liegen bei:

– intermittierendem Bedarf

– Lastspitzen

– häufigem Lastwechsel

– kleinen Liefermengen

– Verdichtungsdrücken bis 35 bar

Kolbenkompressoren eignen sich für schwankenden Druckluftverbrauch mit Lastspitzen. Sie können als Spitzenlastmaschinen in einem Kompressorverbundsystem eingesetzt werden. Bei häufigen Lastwechseln sind Kolbenkompressoren die beste Wahl. Bei kleinen Liefermengen arbeitet der Kolbenkompressor wirtschaftlicher als der Schraubenkompressor. Wenn ein Betrieb mit schwankendem Druckluftverbrauch rechnet und spätere Erweiterungen plant, wird er einen Kompressor benötigen, der für stark intermittierenden Betrieb ausgelegt ist. Hier bietet sich ein Kolbenkompressor an. Kann die Liefermenge des Kompressors den konstanten Druckluftbedarf decken, sollte ein Schraubenkompressor eingesetzt werden. Kolbenkompressoren arbeiten im Aussetzbetrieb. Sie haben keinen Leerlauf. Schraubenkompressoren müssen durch ihre geringe Schaltdifferenz und den relativ kleinen Druckluftbehälter automatisch im Leerlaufbetrieb fahren, um viele Motorschaltspiele zu vermeiden. Die Wahl des richtigen Systems sollte nicht vom Kaufpreis abhängig sein, denn dieser amortisiert sich schnell, wenn laufende Betriebskosten gespart werden. Laufende Betriebskosten sind nicht nur die Energiekosten für die Drucklufterzeugung, sondern auch die Leerlaufkosten.

Kompressorhöchstdruck

Grundlage für den Höchstdruck (Ausschaltdruck) ist die Schaltdifferenz (zwischen maximalem und minimalem Druck) der Kompressorsteuerung, der höchste Arbeitsdruck der Druckluftverbraucher und die Summe der Druckverluste im Netz.

Der Behälterdruck, der zwischen maximalem und minimalem Druck schwankt, muss immer deutlich über den Arbeitsdrücken der Verbraucher im Netz liegen. Da es in Drucklufsystemen immer zu Druckverlusten kommt, muss man die Druckverluste, die durch die verschiedenen Komponenten eines Druckluftsystems verursacht werden, berücksichtigen. Folgende Werte für den Druckverlust sind bei der Festlegung des Ausschaltdrucks zu berücksichtigen:

– Normale Druckluftnetze sollten so aus gelegt sein, dass die Summe der Druckverluste des gesamten Rohrleitungsnetzes 0,1 bar nicht überschreitet.

– Bei großen und weit verzweigten Druckluftnetzen, z. B. in Bergwerken, Steinbrüchen oder auf Großbaustellen, kann man einen Druckabfall bis 0,5 bar zulassen.

– Druckluftaufbereitung durch Trockner oder Membran-Drucklufttrockner mit Filter bis 0,6 bar.

– Adsorptions-Drucklufttrockner mit Filter bis 0,8 bar

– Zyklonabscheider bis 0,05 bar

– Filter allgemein bis 0,6 bar. Der Druckabfall durch Filter steigt während des Einsatzes durch Verschmutzung. Angegeben ist der Grenzwert, bei dem das Filterelement spätestens ausgetauscht werden muss.

– Schaltdifferenz Schraubenkompressoren 0,5...1 bar

– Schaltdifferenz   Kolbenkompressoren

p maximal - 20 %

– Reserven. Während des Betriebes kommt es im Druckluftsystem immer wieder zu unvorhergesehenen Druck verlusten. Aus diesem Grund sollte im mer eine ausreichende Druckreserve eingeplant werden, um Leistungsverluste zu vermeiden.

Arbeitsdruck

Der Arbeitsdruck von Druckluftverbrauchern sollte immer eingehalten werden. Die Leistung eines Druckluftverbrauchers nimmt überproportional ab, wenn der Netzdruck unter die Arbeitsdrücke der Verbrauchers sinkt.

Wenn einige Verbraucher mit geringem Druckluftbedarf einen deutlich höheren Arbeitsdruck benötigen als die Mehrzahl der Verbraucher, sollte man eine zweite, kleine Kompressorstation mit einem separaten Druckluftnetz und entsprechend höherem Ausschaltdruck einrichten, weil die unnötige Überverdichtung des Hauptvolumenstroms des Druckluftsystems erhebliche Kosten verursacht. Diese zusätzlichen Kosten rechtfertigen in den meisten Fällen die Installation eines zweiten Druckluftnetzes. Das separate Netz amortisiert sich durch die Reduzierung der Betriebskosten im Regelfall recht schnell.

Mehrfachkompressorsysteme

Für Druckluftanwender mit hohem, stark schwankendem Verbrauch ist es ungünstig, einen einzelnen Großkompressor zu installieren. In diesen Fällen ist die Alternative ein Kompressorverbundsystem, das aus mehreren Kompressoren besteht. Man erreicht hierdurch eine größere Betriebssicherheit und eine höhere Wirtschaftlichkeit. Ein oder mehrere Kompressoren decken den kontinuierlichen Grundbedarf an Druckluft (Grundlast). Steigt der Bedarf, werden nacheinander weitere Kompressoren zugeschaltet (Mittellast und Spitzenlast), bis die Liefermenge den Bedarf wieder deckt. Sinkt der Bedarf, werden die Kompressoren nacheinander wieder abgeschaltet. Die Hauptvorteile eines Verbundsystems sind

– Betriebssicherheit

– Günstige Wartungsmöglichkeiten

– Wirtschaftlichkeit

Betriebe, die stark von Druckluft abhängig sind, können durch ein Kompressorverbundsystem ihre Versorgung zu jeder Zeit sicherstellen. Fällt ein Kompressor aus oder sind Wartungsarbeiten nötig, übernehmen die anderen Kompressoren die Versorgung.

Mehrere kleine Kompressoren können leichter dem Druckluftverbrauch angepasst werden als ein großer Kompressor. Aus dieser Tatsache ergibt sich die höhere Wirtschaftlichkeit.

Wird nur im Teillastbetrieb gearbeitet, fallen nicht die hohen Leerlaufkosten eines großen Kompressors an, sondern die niedrigen Leerlaufkosten des kleinen Bereitschaftskompressors im Verbundsystem.

Druckbehältergröße

Druckluftbehälter werden entsprechend der Liefermenge des Verdichters, dem Regelsystem und dem Druckluftverbrauch dimensioniert. Druckluftbehälter im Druckluftnetz haben verschiedene, wichtige Aufgaben zu erfüllen.

Der Kompressor baut im Druckluftbehälter ein Speichervolumen auf. Der Druckluftverbrauch kann zeitweise aus diesem Speichervolumen gedeckt werden. Der Kompressor liefert in dieser Zeit keine Druckluft. Er steht in Bereitschaft und verbraucht keinen Strom. Darüber hinaus wird schwankende Druckluftentnahme im Netz ausgeglichen und Spitzenbedarf abgedeckt.

Der Motor schaltet seltener und der Motorverschleiß wird reduziert. Unter Umständen werden auch mehrere Druckluftbehälter benötigt, um ein ausreichendes Speichervolumen aufzubauen. Sehr große Druckluftnetze verfügen meist über ein ausreichendes Speichervolumen. In diesem Fall können entsprechend kleinere Druckluftbehälter gewählt werden. Kolbenkompressoren erzeugen, aufgrund ihrer speziellen Funktionsweise, einen pulsierenden Volumenstrom. Diese Druckschwankungen beeinträchtigen die Funk-

tion verschiedener Verbraucher. Besonders Regelschaltungen und Messeinrichtungen reagieren mit Fehlern auf einen pulsierenden Volumenstrom. Der Druckluftspeicher wird zum Glätten dieser Druckschwankungen eingesetzt. Bei Schraubenkompressoren entfällt diese Aufgabe weitestgehend, da sie einen fast gleichmäßigen Volumenstrom erzeugen. Die Bestimmung des Druckluftbehältervolumens erfolgt meist durch die praxisnahen Erfahrungswerte der Hersteller. Es sollten, wenn immer möglich, Behälter aus der Normreihe gewählt werden. Der maximale Druck, für den ein Behälter ausgelegt ist, liegt aus Sicherheitsgründen immer mindestens 1 bar über dem maximalen Kompressorhöchstdruck. Auf diesen Wert wird das Sicherheitsventil eingestellt. Das Volumen des Druckluftnetzes kann als Teil des Behältervolumens mit berücksichtigt werden.

Leitungssystem

Eine zentrale Druckluftversorgung macht ein Rohrleitungsnetz notwendig, das die einzelnen Verbraucher mit Druckluft versorgt. Um den zuverlässigen und kostengünstigen Betrieb der einzelnen Verbraucher zu gewährleisten, muss das Rohrleitungsnetz verschiedene Bedingungen erfüllen:

– ausreichender Volumenstrom

Jeder Verbraucher des Rohrleitungsnetzes muss zu jeder Zeit mit dem benötigten Volumenstrom versorgt werden.

– notwendiger Arbeitsdruck

Bei jedem Verbraucher des Rohrleitungsnetzes muss zu jeder Zeit der notwendige Arbeitsdruck anliegen.

– Druckluftqualität

Jeder Verbraucher des Rohrleitungsnetzes muss zu jeder Zeit mit Druckluft der entsprechenden Qualität versorgt werden.

– geringer Druckabfall

Der Druckabfall im Rohrleitungsnetz muss aus wirtschaftlichen Gründen so gering wie möglich sein.

– Betriebssicherheit

Die Druckluftversorgung sollte mit der höchstmöglichen Sicherheit gewährleistet sein. Bei Leitungsschäden, Reparaturen und Wartungen darf nicht das gesamte Netz ausfallen.

– Sicherheitsvorschriften

Alle einschlägigen Sicherheitsvorschriften müssen beachtet werden. Die Verteilerleitungen werden durch den gesamten Betrieb verlegt und bringen die Druckluft in die Nähe der Verbraucher. Sie sollten nach Möglichkeit immer eine Ringleitung sein. Dadurch wird die Wirtschaftlichkeit und die Betriebssicherheit des Rohrleitungsnetzes erhöht. Der Druckabfall in den Verteilerleitungen sollte 0,03 bar nicht überschreiten.

Ringleitung
Eine Ringleitung bildet einen geschlossenen Verteilungsring. Es ist möglich, einzelne Abschnitte des Rohrleitungsnetzes abzusperren, ohne dabei die Druckluftversorgung anderer Bereiche zu unterbrechen. Dadurch ist die Druckluftversorgung

der meisten Verbraucher, auch bei Wartungs-, Reparatur- und Erweiterungsarbeiten, immer gewährleistet. Bei der Druckluftversorgung durch einen Verteilungsring muss die Druckluft einen kürzeren Weg zurücklegen als bei Stichleitungen. Das bedingt einen geringeren Druckabfall. Bei der Dimensionierung der Ringleitung kann mit der halben strömungstechnischen Rohrlänge und dem halben Volumenstrom gerechnet werden.

Stichleitung
Die Verteilerleitungen werden durch den gesamten Betrieb verlegt und bringen die Druckluft in die Nähe der Verbraucher. Sie können auch eine Stichleitung sein. Der Druckabfall in den Verteilerleitungen sollte 0,03 bar nicht überschreiten. Stichleitungen zweigen von größeren Verteilerleitungen oder der Hauptleitung ab und enden am Verbraucher. Durch Stichleitungen können abseits stehende Verbraucher versorgt werden. Es ist aber auch möglich, die gesamte Druckluftversorgung über Stichleitungen zu realisieren. Sie haben den Vorteil, dass sie weniger Material benötigen als Ringleitungen. Sie haben aber auch den Nachteil, dass sie größer als Ringleitungen dimensioniert werden müssen und häufig hohe Druckverluste verursachen. Stichleitungen sollten grundsätzlich durch ein Absperrventil vom Netz ab-

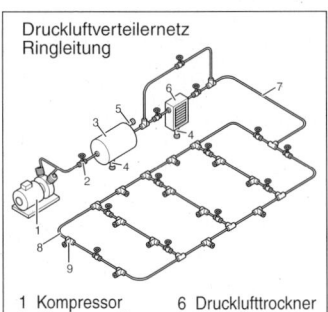

Druckluftverteilernetz
Ringleitung

1 Kompressor	6 Drucklufttrockner
2 Absperrventil	7 Hauptleitung
3 Druckluftbehälter	8 Ringleitung
4 Kondensatableiter	9 Verbraucher-
5 Sicherheitsventil	anschluss

EWL-D017/P

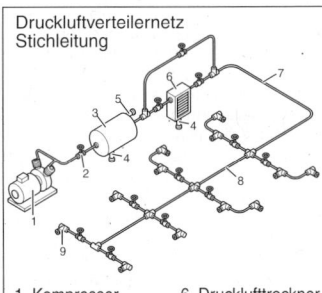

Druckluftverteilernetz
Stichleitung

1 Kompressor	6 Drucklufttrockner
2 Absperrventil	7 Hauptleitung
3 Druckluftbehälter	8 Stichleitung
4 Kondensatableiter	9 Verbraucher-
5 Sicherheitsventil	anschluss

EWL-D018/P

trennbar sein. Dadurch werden Reparaturen, Wartungen u. Ä. erleichtert.

Rohrleitungsnetze

Druckluftleitungen sind möglichst gradlinig zu verlegen. Bei nicht zu vermeidenden Ecken sollten keine Knie- und T-Stücke eingebaut werden. Lange Bögen und Hosenstücke sind strömungstechnisch günstiger und verursachen dadurch einen geringeren Druckabfall. Auch abrupte Querschnittsveränderungen sind aufgrund des hohen Druckabfalls zu vermeiden.

Große Rohrleitungsnetze sind in mehrere Abschnitte zu unterteilen, von denen jeder mit einem Absperrventil ausgerüstet wird. Die Möglichkeit, Teile des Netzes stillzulegen, ist besonders für Inspektionen, Reparaturen und Umbauten wichtig. Unter Umständen ist bei großen Netzen auch eine zweite Kompressorstation vorteilhaft, die das Rohrleitungsnetz von einer anderen Stelle aus versorgt. Dadurch legt die Druckluft kurze Wege zurück. Der Druckabfall ist kleiner. Hauptleitungen und große Verteilerleitungen sind mit V-Nähten zu verschweißen. Dadurch werden scharfe Kanten und Schweißperlen im Inneren der Rohre vermieden. Das setzt den Strömungswiderstand der Rohre herab und verhindert die überflüssige Belastung der Filter und Werkzeuge durch die Schweißreste.

Rohrleitungsnetze ohne Trockner

Durch die Verdichtung fällt die in der Luft enthaltene Feuchtigkeit in Form von Wassertröpfchen (Kondensat) aus. Wird auf eine Aufbereitung der Druckluft durch einen Drucklufttrockner verzichtet, muss mit Wasser im gesamten Rohrleitungsnetz gerechnet werden.

In diesem Fall sind bei der Installation des Netzes verschiedene Richtlinien zu beachten, um Schäden an den Druckluftverbrauchern zu vermeiden:

– Rohrleitungen mit Gefälle. Die Rohrleitungen müssen mit ca. 1,5-2 ‰ Gefälle in Strömungsrichtung verlegt werden.

– Senkrechte Hauptleitung. Das bei Abkühlung anfallende Kondensat kann dann in den Druckluftbehälter zurückfließen.

– Kondensatableiter am tiefsten Punkt des Druckluftnetzes, um das Kondensat abzuführen.

– Anschlussleitungen müssen nach oben, in Strömungsrichtung abzweigen.

Es sollte immer eine Wartungseinheit mit Filter, Wasserabscheider und Druckminderer installiert werden. Je nach Anwendungsfall ist noch ein Druckluftöler vorhanden.

Rohrleitungsnetze mit Trockner

Bei einem Drucklufttrockner mit entsprechendem Filtersystem im Druckluftnetz kann auf einen Großteil der Maßnahmen verzichtet werden, die das Kondensat im Druckluftnetz betreffen.

Die Installation des Rohrleitungsnetzes wird dadurch erheblich preiswerter. Teilweise rechtfertigen schon die hier eingesparten Kosten die Anschaffung eines Drucklufttrockners.

Strömungsverhalten von Druckluft

Bei bewegter Druckluft ergeben sich andere Gesetzmäßigkeiten als bei der stationären Druckluft. Der Volumenstrom wird berechnet aus der Fläche und der Geschwindigkeit. Beim Übergang von einem Leitungsquerschnitt zum anderen ergibt sich:

$$V = A1 \times V1 = A2 \times V2$$

$$\frac{A_1}{A_2} = \frac{V_2}{V_1}$$

V	= Volumenstrom
A_1, A_2	= Querschnitt
V_1, V_2	= Geschwindigkeit

Aus der Formel ergibt sich, dass die Strömungsgeschwindigkeit umgekehrt proportional zum Querschnitt ist. Die Strömungen können dabei laminar oder turbulent (Rückströmungen und Verwirbelungen) sein.

Leitungswiderstände

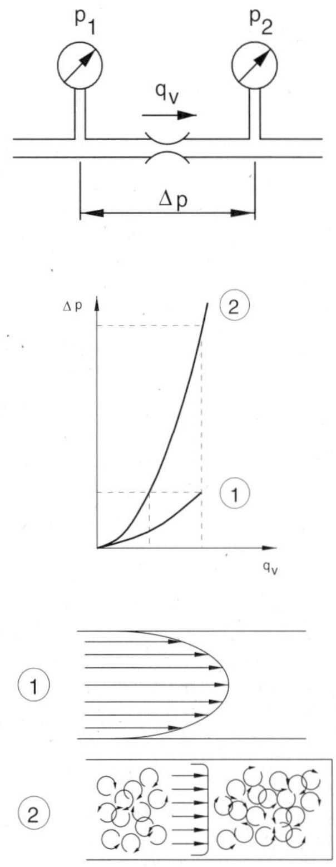

AT/VSZ 272.0

Laminare Strömung
Unter einer laminaren Strömung versteht man eine gleichmäßige, gleichgerichtete Strömung, bei der die Stromfäden parallel zueinander ausgerichtet sind. Die laminare Strömung zeichnet sich aus durch:

– geringen Druckabfall
– geringen Wärmeübergang

Turbulente Strömung
Unter einer turbulenten Strömung versteht man eine verwirbelte Strömung, bei der die Stromfäden nicht mehr parallel zueinander ausgerichtet sind, sondern wild durcheinanderströmen. Die turbulente Strömung zeichnet sich aus durch:

– hohen Druckabfall
– großen Wärmeübergang

Leitungswiderstände
Entsprechend dem Strömungsgesetz steigt der Druckabfall p mit dem Quadrat des Volumenstromes. Bei einer kritischen Geschwindigkeit wechselt die Strömungsart von laminar in turbulent, wobei die Leitungswiderstände sprunghaft ansteigen.
Bei der Dimensionierung von Leitungen ist deshalb laminare Strömung anzustreben.

Druckabfall im Leitungsnetz
Jede Veränderung der Leitungsführung behindert die Strömung der Druckluft innerhalbder Rohrleitungen. Es kommt zu Störungen der laminaren Strömung und höherem Druckabfall. Die Höhe des Druckabfalls wird durch folgende Komponenten und Gegebenheiten des Rohrleitungsnetzes beeinflusst:

– Rohrlänge
– Rohrinnendurchmesser
– Druck im Rohrleitungsnetz
– Abzweige und Rohrkrümmer
– Verengungen und Erweiterungen
– Ventile, Armaturen und Anschlüsse
– Filter und Trockner
– Leckagestellen
– Oberflächenqualität der Rohrleitungen

Bei der Planung von Rohrleitungsnetzen müssen diese Faktoren berücksichtigt werden, da sonst ein erhöhter Druckabfall auftritt. Zur Vereinfachung werden die Strömungswiderstände der verschienen Armaturen und Rohrkrümmer in die gleichwertige Rohrlängen umgerechnet. Diese Werte müssen der realen Rohrlänge zugeschlagen werden, um die strömungstechnische Rohrleitungslänge zu erhalten. In der Regel liegen bei Planungsbeginn eines Rohrleitungsnetzes noch keine kompletten Angaben über Armaturen und Rohrkrümmer vor. Aus diesem Grund berechnet man die strömungstechnische Rohrlänge L durch Multiplizieren der geraden Rohrlänge mit dem Faktor 1,6.

Druckluftanlagen
Installationsregeln

strömungstechnisch ungünstig

Knie-Stück

strömungstechnisch günstig

Hosenstück   Bogen

Rohrverlegung

D α
          r

falsch d

richtig

α = ca. 30° $r = 6d$

EWL-D019/P

Korrekturfaktoren im Leitungsnetz
Armaturen und Fittings haben einen erhöhten Strömungswiderstand zur Folge. Nach Praxiserfahrung ergeben sich dafür entsprechende Längenfaktoren, welche als zusätzliche Rohrlänge in Meter in die Leitungsnetzberechnung einbezogen werden müssen.

Rohrleitungen
Für das Leitungssystem können verschiedene Werkstoffe eingesetzt werden. Mögliche Leitungswerkstoffe sind:

– Stahlrohre mit Gewinde
– Nahtlose Stahlrohre
– Edelstahlrohre
– Kunststoffrohre

Die Eigenschaften der unterschiedlichen Werkstoffe müssen beachtet werden.

Stahlrohre mit Gewinde
Gewinderohre nach DIN 2440, DIN 2441 und DIN 2442 (mittelschwere und schwere Ausführung) aus Stahl. Der Betriebsdruck ist max. 10...80 bar, die max. Betriebstemperatur 120 °C.
Vorteile:
Gewinderohre sind kostengünstig und schnell zu montieren. Die Verbindungen sind wieder lösbar und die Einzelteile können wiederverwendet werden.
Nachteile:
Gewinderohre haben einen hohen Strömungswiderstand. Die Verbindungen neigen mit der Zeit zum Lecken. Die Verlegung erfordert Erfahrung. Unverzinkte Gewinderohre sollten bei Druckluftnetzen ohne Drucklufttrocknung nicht eingesetzt werden, da sie korrodieren.

Nahtlose Stahlrohre
Nahtlose Stahlrohre nach DIN 2448 werden meist in schwarzer oder verzinkter Ausführung eingesetzt. Der zulässige Betriebsdruck beträgt max. 12,5...25 bar, die max. Betriebstemperatur 120 °C.
Vorteile:
Bei fachgerechter Verlegung sind Leckagen nahezu ausgeschlossen. Die Rohre sind preisgünstig.
Nachteile:
Die Verlegung erfordert Erfahrung, da die Rohre verschweißt bzw. geflanscht werden müssen. Unverzinkte Stahlrohre sollten bei Druckluftnetzen ohne Drucklufttrocknung nicht eingesetzt werden, da sie korrodieren.

Edelstahlrohre

Edelstahlrohre nach DIN 2462 und DIN 2463 werden bei höchsten Qualitätsanforderungen eingesetzt. Der zulässige Betriebsdruck beträgt max. 80 bar, die max. Betriebstemperatur 120°C.

Vorteile:

Die Edelstahlrohre sind korrosionsbeständig und haben nur einen geringen Strömungswiderstand. Bei fachgerechter Verlegung sind Leckagen nahezu ausgeschlossen.

Nachteile:

Die Verlegung erfordert Erfahrung, da die Rohre verschweißt bzw. geflanscht werden müssen. Der Kosteneinsatz ist hoch.

Kunststoffrohre

Kunststoffrohre sind üblicherweise aus Polyamid für große Drücke und aus Polyäthylen für große Querschnitte.

Vorteile:

Da Kunststoffrohre nicht korrodieren, können alle Arten von Schutzüberzügen entfallen. Sie sind bis zu 80 % leichter als Stahl. Die innere Oberfläche ist sehr glatt. Der Strömungswiderstand ist gering, Ablagerungen wie Kalk, Rost und Ölkohle haben kaum eine Chance sich festzusetzen. Der Druckverlust und die Leckage in Kunststoffleitungen ist im Allgemeinen sehr gering.

Nachteile:

Der maximale Betriebsdruck von 12,5 bar bei 25 °C ist sehr gering. Der maximale Betriebsdruck von Kunststoffrohren nimmt bei steigender Temperatur stark ab. Sie dürfen keiner Wärmequelle ausgesetzt sein. Die Resistenz gegenüber bestimmten Kondensaten und Ölsorten ist nicht bei allen Kunststoffen gewährleistet.

Anschlussleitungen

Die Anschlussleitungen gehen von den Verteilerleitungen ab. Sie versorgen die Druckluftverbraucher mit Druckluft. Da die Verbraucher oft mit unterschiedlichen Drücken betrieben werden, ist im Normalfall eine Wartungseinheit mit Druckregler vor dem Verbraucher zu installieren. Mit Hilfe des Druckreglers wird der Netzdruck auf den Arbeitsdruck des Verbrauchers reduziert.

Der Druckregler ist meist mit weiteren Komponenten wie Filter, Abscheider und Öler kombiniert und wird als Wartungseinheit bezeichnet. Der Druckabfall in den Anschlussleitungen sollte 0,03 bar nicht überschreiten. Im industriellen Bereich wird für Anschlussleitungen die Rohrgröße DN 25 (1") empfohlen. Diese Rohrgröße hat gegenüber kleineren Abmessungen kaum Kostennachteile und gewährleistet fast immer eine sichere Druckluftversorgung. Verbraucher mit einem Druckluftbedarf bis zu 1800 l/min können, bei einer Leitungslänge bis 10 m, ohne

Tabelle Anschlussleitungen

Armatur oder Fitting	entspricht einer geraden Rohrlänge in Meter						
	bei einer Rohr- bzw. Armaturen-Nennweite (DN)						
	DN 25	DN 40	DN 50	DN 60	DN 100	DN 125	DN 150
Absperrventil	8	10	15	25	30	50	60
Membranventil	1,2	2	3	4,5	6	8	30
Asperrschieber	0,3	0,5	0,7	1	1,5	2	2,5
Kniebogen 90°	1,5	2,5	3,5	5	7	10	15
Rundbogen 90°, R = d	0,3	0,5	0,6	1	1,5	2	2,5
Rundbogen 90°, R = 2d	0,15	0,25	0,3	0,5	0,8	1	1,5
T-Stück	2	3	4	7	10	15	20
Reduzierstück D = 2d	0,5	0,7	1	2	2,5	3,5	4

EWL-PN T 07

nennenswerte Druckverluste versorgt werden.

Systeme erfordern eine Rückführung zur Quelle.

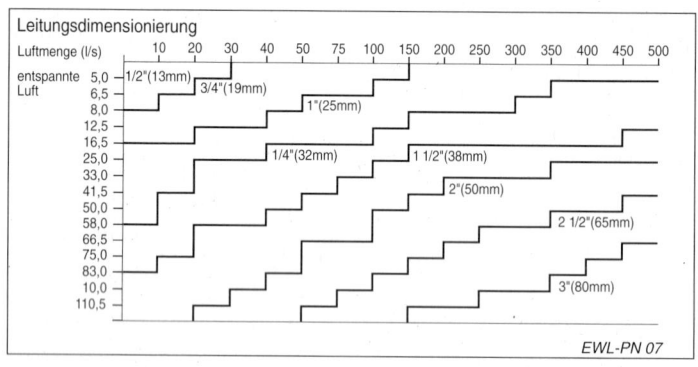

Leitungsdimensionierung

EWL-PN 07

Druckluftwerkzeuge

Die Entscheidung für Druckluftwerkzeuge setzt die Kenntnis ihrer prinzipiellen Unterschiede gegenüber anderen Antriebsarten wie beispielsweise Elektrowerkzeuge voraus. Druckluftwerkzeuge haben gegenüber anderen Antriebsarten Vorteile, welche sie für bestimmte Anwendungsbereiche besonders geeignet machen.

Arbeitsmedium
Luft steht überall in beliebiger Menge zur Verfügung. Es ist kein regelmäßiger Medienwechsel, wie z. B. bei der Hydraulik erforderlich. Das verringert die Kosten und den Wartungsaufwand und erhöht die Laufzeiten. Druckluft hinterlässt bei Leitungsdefekten keine Verunreinigungen.

Energietransport
Druckluft lässt sich in Rohrleitungen über große Entfernungen transportieren. Das ermöglicht die Einrichtung von zentralen Erzeugerstationen, die über Ringleitungen die Verbrauchsstellen mit konstantem Arbeitsdruck versorgen. Die in der Druckluft gespeicherte Energie ist auf diese Weise weit verteilbar. Da die Abluft ins Freie entweicht, sind Rückleitungen nicht notwendig. Elektrische und hydraulische

Energiespeicherung
Druckluft kann in den dafür vorgesehenen Behältern problemlos gespeichert werden. Steht in einem Druckluftnetz ein Speicherbehälter zur Verfügung, arbeitet der Kompressor nur, wenn der Druck unter einen kritischen Wert sinkt. Darüber hinaus ermöglicht das vorhandene Druckpolster die Beendigung eines begonnenen Arbeitsvorgangs für eine gewisse Zeit, auch wenn das Energienetz ausfällt. Transportable Druckluftflaschen machen bei geringem Leistungsbedarf auch den Einsatz an Orten ohne Rohrleitungssystem möglich.

Einfachheit
Aufbau und Funktion der Druckluftgeräte sind gegenüber elektrischen Geräten sehr einfach. Aus diesem Grund sind sie sehr robust und nicht störanfällig. Geradlinige Bewegungen können ohne aufwendige mechanische Bauteile wie Hebel, Exzenter, Kurvenscheiben, Schraubenspindeln u.ä. erzeugt werden.

Ergonomie
Pneumatische Geräte sind im Regelfall wesentlich leichter als vergleichbare Maschinen mit elektrischem Antrieb. Das macht sich besonders bei Hand- und Schlagwerkzeugen (Druckluftschrauber und Drucklufthämmer) positiv bemerkbar.

Es entsteht keine Verlustwärme, Druckluftgeräte erhitzen sich nicht.

Betriebssicherheit
Aufbereitete Druckluft arbeitet auch bei
großen Temperaturschwankungen und
extremen Temperaturen sowie in feuchter
Umgebung einwandfrei. Sie ist auch bei
sehr hohen Temperaturen einsetzbar. Undichte Druckluftgeräte und Leitungen beeinträchtigen die Sicherheit und Funkti-
onsfähigkeit der Anlage nicht. Druckluftanlagen und Bauteile zeigen im allgemeinen
einen sehr geringen Verschleiß. Daraus
folgt eine hohe Lebensdauer und eine geringe Ausfallwahrscheinlichkeit.

Arbeitssicherheit
Druckluftwerkzeuge sind in Bezug auf
Brand-, Explosions- und Elektrogefahren-
momente sehr sicher. Auch in feuer-, ex-
plosions- und schlagwettergefährdeten
Bereichen können Druckluftwerkzeuge
ohne teure und voluminöse Schutzeinrichtungen betrieben werden. In feuchten
Räumen oder im Freien ist der Einsatz von
Druckluftwerkzeugen ebenfalls gefahrlos
möglich. Mit Abdichtung versehen sind sie
auch unter Wasser einsetzbar.

Überlastsicher
Druckluftgeräte und pneumatische Ar-
beitselemente können ohne Schaden zu
nehmen bis zum Stillstand belastet werden. Aus diesem Grund gelten sie als überlastsicher. Ein Druckluftnetz kann, im Gegensatz zu einem Stromnetz, bedenkenlos durch Entnahme überlastet werden.
Fällt der Druck zu stark, kann die verlangte
Arbeit nicht mehr ausgeführt werden. Es
treten aber keine Schäden am Netz und an
den Arbeitselementen auf.

Wärmeverhalten
Wenn sich Druckluft entspannt kühlt sie
sich ab. In der Praxis bedeutet dies, dass
sich Druckluftwerkzeuge im Bereich des
Motors je nach Luftdurchsatz mehr oder
weniger stark abkühlen. Sie unterscheiden sich dadurch wesentlich von Elektrowerkzeugen, die sich während des Betriebs durch die elektrischen Verluste mehr
oder weniger stark erwärmen. Bei der
Benützung von Druckluftwerkzeugen in
kalter Umgebung sind daher Geräte mit

isolierendem Kunststoffgehäuse vorzuziehen.

Antriebsmotoren

Die Antriebsmotoren von Druckluftwerkzeugen werden, genau wie bei den
Drucklufterzeugern (Kompressoren, Verdichter), grundsätzlich in die beiden Funktionsprinzipien:

– Strömungsmaschinen
– Verdrängermaschinen

eingeteilt. Im Gegensatz zu den Drucklu-
ferzeugern sind aber nicht alle Varianten
für den Einsatz in Druckluftwerkzeugen
geeignet.

Strömungsmaschinen
Motoren nach dem Prinzip der Strömungs-
maschinen bezeichnet man als Turbinen.
Es gibt grundsätzlich die beiden Varianten

– Axialturbinen
– Radialturbinen

Für beide Turbinenarten ist charakteristisch, dass sie die Strömungsenergie der
Druckluft ausschließlich in eine Rotationsbewegung umsetzen.
Strömungsmaschinen kommen meist in
Spezialtypen von Druckluftwerkzeugen
zum Einsatz, meist dort, wo hohe Drehzahlen, einfacher Aufbau und kleine Baugrößen gefordert sind, also bei kleinen,
hochtourigen Schleifgeräten. Typischer
Einsatzbereich ist der Werkzeug- und Formenbau sowie die Zahnmedizin.

Axialturbinen
Axialturbinen werden axial, d. h. längs zur
Achse von der Druckluft durchströmt, wobei der Energieübergang durch Schaufel-
räder erfolgt. Axialturbinen haben üblicherweise einen kleinen Durchmesser, bei
mehreren Schaufelradstufen aber eine
entsprechend große Länge.

Radialturbinen
Radialturbinen werden radial, d. h. quer zur
Achse angeströmt, wobei die Druckluft
tangential eingeleitet wird. Typisch für Radialturbinen ist der relativ große Durchmesser, die Baulänge dagegen ist kurz.

Verdrängermaschinen

Motoren nach dem Prinzip der Verdrängermaschinen können, wie im Abschnitt "Grundlagen-Drucklufterzeuger" beschrieben, in einer Vielfalt von Varianten realisiert werden. Typisch für Verdrängermaschinen ist, dass die Strömungsenergie der Druckluft sowohl in eine Linearbewegung als auch in eine Rotationsbewegung umgesetzt werden kann. Man unterscheidet deshalb innerhalb der Verdrängermaschinen für Druckluftwerkzeuge in

– Linearmotoren
– Rotationsmotoren

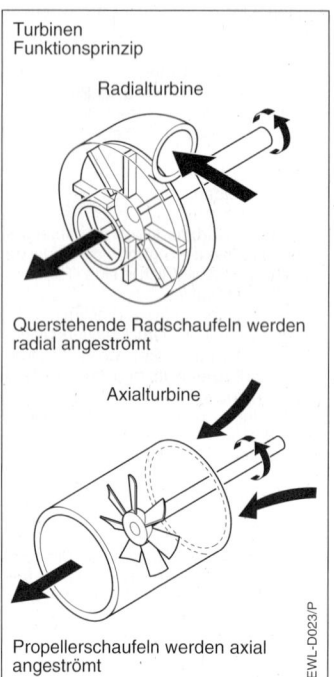

Turbinen
Funktionsprinzip

Radialturbine

Querstehende Radschaufeln werden radial angeströmt

Axialturbine

Propellerschaufeln werden axial angeströmt

EWL–D023/P

Linearmotoren

Linearmotoren setzen die Strömungsenergie der Druckluft in eine geradlinige mechanische Bewegung um. Innerhalb der Linearmotoren gibt es Varianten, von denen die wichtigsten beiden als

– Druckluftzylinder
– Oszillierende Linearmotoren

bezeichnet werden. Ihr wesentliches Unterscheidungsmerkmal ist die Art ihrer Steuerung.

Druckluftzylinder

Druckluftzylinder sind die einfachsten Linearmotoren. In einem geschlossenen Zylinder wird ein Kolben durch einströmende Druckluft verschoben (verdrängt). Die Bewegung des Kolbens im Zylinder wird durch eine abgedichtete Kolbenstange nach außen hin übertragen. Typisch für Druckluftzylinder ist, dass die Steuerung der Kolbenbewegung außerhalb des Zylinders durch separate Steuerelemente (z. B. Ventile) erfolgt. Typisches Anwendungsgebiet der Druckluftzylinder ist das Bewegen von Lasten und Maschinenelementen.

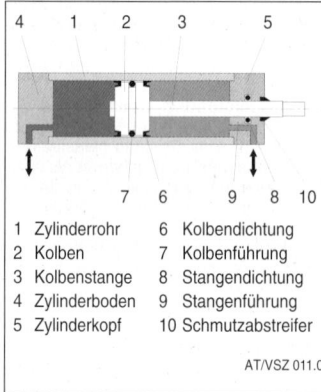

1 Zylinderrohr	6 Kolbendichtung
2 Kolben	7 Kolbenführung
3 Kolbenstange	8 Stangendichtung
4 Zylinderboden	9 Stangenführung
5 Zylinderkopf	10 Schmutzabstreifer

AT/VSZ 011.0

Oszillierende Linearmotoren

Oszillierende Linearmotoren sind dem Prinzip nach Druckluftzylinder, die Steuerung der Luftströme innerhalb des Zylinders erfolgt aber im Gegensatz zu diesen im Zylinder selbst durch dort entsprechend angeordnete Ventile. Oszillierende Linearmotoren führen also während ihres

Betriebes eine selbsttätige hin- und herge-hende Bewegung aus, deren Frequenz durch die Bauart des Motors und die durchgesetzte Luftmenge bestimmt wer-den kann.

Typisches Anwendungsgebiet der oszillie-renden Linearmotoren sind Schlaghäm-mer ("Presslufthämmer"), Nadelabklopfer, Niethämmer und pneumatische Meißel.

Linearmotor pneumatisch, oszillierend

1 Einsatzwerkzeug
2 Kolben (Schläger)
3 Wechselventil
4 Entlüftung
5 Überströmkanal
6 Arbeitshubvolumen
7 Rückstellhubvolumen

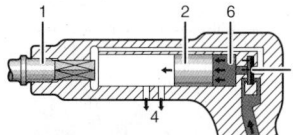

Arbeitshub (Beginn)

Druckluft strömt in den Zylinder und beschleunigt den Kolben vorwärts. Der vor dem Kolben liegende Zylinderteil wird ent-lüftet.

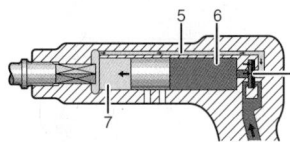

Arbeitshub

Die Druckluft beschleunigt den Kolben weiter nach vorne, die Entlüftung wird geschlossen. Der vor dem Kolben liegende Zylinderteil entlüftet jetzt über den Überströmkanal in Richtung Wechselventil.

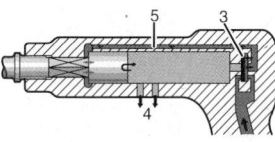

Schlagabgabe und Umsteuerung

Der Kolben prallt auf das Ein-satzwerkzeug und gibt seine Energie ab. Der Druck hinter dem Kolben baut sich durch die Entlüftung ab, das Wechsel-ventil steuert um.

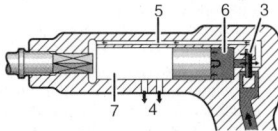

Rückstellhub

Das Ventil lässt Druckluft durch den Überströmkanal in den vorderen Zylinderteil strömen, wodurch der Kolben zurück-geführt wird. Der Kolben baut im hinteren Zylinderteil Druck auf, wodurch das Wechselventil wieder umgesteuert wird.

EWL-D002/P

Rotationsmotoren nach dem Verdrängerprinzip

Rotationsmotoren setzen die Strömungsenergie der Druckluft in eine drehende mechanische Bewegung um. Innerhalb der Rotationsmotoren nach dem Verdrängerprinzip gibt es Varianten, von denen die wichtigsten beiden als

– Lamellenmotoren (Drehschiebermotoren)
– Kolbenmotoren

bezeichnet werden.

Die Motordrehzahl entspricht nicht immer der an der Arbeitsspindel des Werkzeugs geforderten Drehzahl. Die Anpassung der Drehzahlen erfolgt in diesen Fällen über ein Getriebe.

Lamellenmotoren

Lamellenmotoren, auch Drehschiebermotoren genannt, bestehen aus einem zylindrischen Gehäuse, in dem sich ein exzentrisch gelagerter Läufer befindet. Der Läufer ist geschlitzt. In den Schlitzen befinden sich beweglich angeordnete Lamellen, an den Stirnseiten des Läufers befinden sich Dichtplatten, die das zylindrische Gehäuse nach beiden Seiten abschließen. Durch die exzentrische Anordnung des Rotors zum Zylinder entsteht ein sichelförmiger Arbeitsraum, der durch die Lamellen in einzelne Kammern unterteilt ist. Diese Kammern werden gegenseitig abgedichtet, weil die Lamellen während des Laufes durch eigene Fliehkraft gegen die Zylinderinnenwand drücken. Die durch den Einlasskanal einströmende Druckluft drückt auf die Kammern und bewirkt, dass sich der Rotor dreht. In Abhängigkeit von der gewünschten Drehrichtung sind Lufttein- und Luftaustritt angeordnet. Um auf die jeweils richtige Arbeitsgeschwindigkeit zu kommen, ist in der Regel dem Motor ein Planetengetriebe vorgeschaltet.

Die typischen Merkmale bezüglich

– Drehmomentverhalten
– Regelmöglichkeit

machen den Druckluftmotor zum idealen Antriebselement auf den verschiedensten Einsatzgebieten.

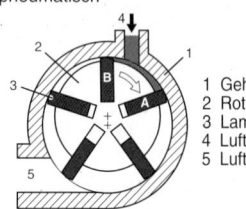

Drehschiebermotor (Lamellenmotor) pneumatisch

1 Gehäuse
2 Rotor
3 Lamellen
4 Luftzufuhr
5 Luftauslass

Luft strömt in eine Kammer und dreht den Rotor in Richtung der größeren Lamellenfläche

Drehbewegung wird fortgesetzt, Luft strömt in die nächstfolgende Kammer

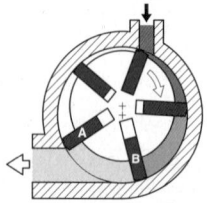

Die Kammer passiert die Auslassöffnung, die Luft entweicht

Kolbenmotoren

Kolbenmotoren sind konstruktiv relativ aufwendig und damit kostenintensiv. Sie werden deshalb in der Regel nicht bei handgeführten Druckluftwerkzeugen eingesetzt. Sie gleichen in ihrer Bauweise ventilgesteuerten 2-Taktmotoren und müssen mehrzylindrisch ausgeführt werden, wenn sie ohne Hilfsvorrichtung selbstanlaufend sein sollen. Bei der Anordnung der Zylinder wird oft das Prinzip des Sternmotors angewendet. Ihr typisches Anwendungsgebiet ist der Antrieb von Großmaschinen, z. B. im Bergbau und bei Sonderfahrzeugen.

Drehmomentverhalten

Der Druckluft-Motor hat für unterschiedliche Anwendungen ein stets günstiges Drehmomentverhalten. Mit zunehmender Belastung und sinkender Drehzahl steigt das Drehmoment bis zu einem Maximum bei Stillstand an, dies wird z. B. bei Schraubern ausgenützt. Der Betrieb des Motors ist bis zum Stillstand möglich; daher ist ein Ausfall durch Überlastung ausgeschlossen.

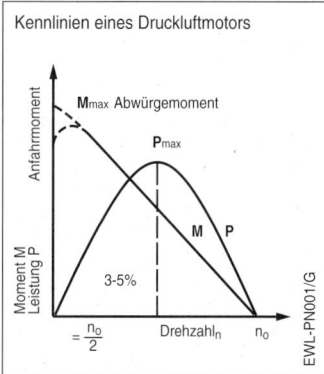

Kennlinien eines Druckluftmotors

M_{max} Abwürgemoment

P_{max}

M   P

3-5%

$= \frac{n_0}{2}$ Drehzahl$_n$ n_0

EWL-PN001/G

Drehzahlregelung

Durch Regeln des Druckes der zufließenden Druckluft (Druckregler) ist das Stillstand-Drehmoment stufenlos regelbar. Durch Regeln der Durchflussmenge (Drosselventil) ist die Drehzahl stufenlos einstellbar. Der feinfühlige Drehzahlregler ermöglicht eine nahezu konstante Arbeitsdrehzahl und damit ein Schleifen im richtigen Bereich bei gleichbleibender Umfangsgeschwindigkeit. Bei zunehmender Drehzahl schwenken die Reglergewichte (1 und 2) nach außen; dadurch verkleinert der Ventilkörper (3) den Einströmerquerschnitt. Verringert sich die Drehzahl, überwiegt die Kraft der Rückstellfeder (4) und der Querschnitt wird größer.

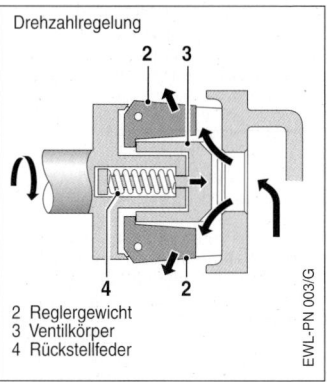

Drehzahlregelung

2   3

4   2

2 Reglergewicht
3 Ventilkörper
4 Rückstellfeder

EWL-PN 003/G

Die Drehzahlregelung bringt folgende Vorteile:

– Luftersparnis im Leerlauf
– Geringere Leerlaufdrehzahl
– Verminderter Lamellenverschleiß
– Geringere Geräuschentwicklung
– Höherer Arbeitsfortschritt
– Bessere Arbeitsqualität

Das Betriebsverhalten des Lamellenmotors ist also für Druckluftwerkzeuge sehr günstig. Die robuste, unkomplizierte Ausführung gewährleistet lange Laufzeit und geringe Störanfälligkeit. Ein weiterer

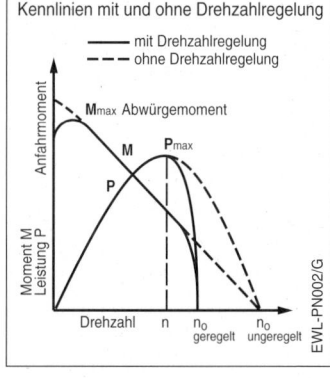

Kennlinien mit und ohne Drehzahlregelung

—— mit Drehzahlregelung
- - - ohne Drehzahlregelung

M_{max} Abwürgemoment

M P_{max}

P

Drehzahl   n n_0 n_0
                geregelt   ungeregelt

EWL-PN002/G

Vorzug ist die Unempfindlichkeit gegenüber äußeren Einflüssen wie Staub und Feuchtigkeit. Die Mehrzahl aller Druckluftwerkzeuge wird von Lamellenmotoren angetrieben. Aus diesem Grunde wurde dieser Motortyp an dieser Stelle detaillierter beschrieben.

Getriebe

Bei der Auslegung von Druckluftmotoren müssen Kompromisse eingegangen werden. Großvolumige Motoren haben zwar hohe Drehmomente, sind aber wegen ihrer Baugröße nicht dazu geeignet, kleine ergonomisch geformte Druckluftwerkzeuge anzutreiben. Folglich müssen kleine Druckluftmotoren mit hohen Drehzahlen laufen, damit ein günstiges Leistungsgewicht erreicht werden kann. Die hohe Motordrehzahl wird dann durch ein nachgeschaltetes Zahnradgetriebe auf die geforderte Abtriebsdrehzahl reduziert, wobei im Verhältnis der Getriebe- Drehzahluntersetzung eine entsprechende Drehmomenterhöhung eintritt.
Die üblichen Getriebetypen sind

– Stirnradgetriebe
– Planetengetriebe

Luftbedarf

Die Ermittlung des Gesamtdruckluftverbrauchs der angeschlossenen Verbraucher ist aufgrund fehlender Angaben für die einzelnen Geräte oft schwierig. Die wichtigsten Richtwerte für den Druckluftbedarf einzelner Geräte wie

– Düsen
– Farbspritzpistolen
– Strahldüsen
– Druckluftwerkzeuge

werden in den folgenden Tabellen angegeben.
Bei den dabei gemachten Angaben zum Druckluftverbrauch handelt es sich um Durchschnittswerte. Für genaue Berechnungen sind die technischen Unterlagen des Herstellers zu beachten.

Ermittlung des Luftbedarfs einer Anlage

Um den Druckluftbedarf eines Druckluftnetzes zu ermitteln, ist nicht nur der Druckluftverbrauch der einzelnen Geräte zu addieren. Folgende Faktoren haben starken Einfluss auf den Druckluftverbrauch:

– Mittlere Einschaltdauer
– Gleichzeitigkeitsfaktor

Mittlere Einschaltdauer
Die meisten Druckluftgeräte sind nicht ununterbrochen im Einsatz. Sie werden je nach Bedarf ein- und wieder ausgeschaltet.
Für eine repräsentative Bedarfsermittlung ist es daher wichtig die mittlere Einschaltdauer **ED** zu ermitteln. Zur Ermittlung der mittleren Einschaltdauer **ED** dient folgende Formel :

$$ED = \frac{\text{Einsatzzeit (Minuten)}}{\text{Bezugszeit (60 Minuten)}} \times 100\,\%$$

Beispiel:
Ein halbautomatischer Schrauber ist im Laufe einer Stunde 25 min lang in Betrieb. Die Einschaltdauer ED des Schraubers beträgt in diesem Falle 41,6 %.
Die mittlere Einschaltdauer ED einiger häufig verwendeter Druckluftverbraucher ist in der Tabelle angegeben. Die Werte basieren auf allgemeinen Erfahrungswerten und können in speziellen Fällen stark abweichen.

Mittlere Einschaltdauer von Druckluftwerkzeugen
Durchschnittliche Praxiswerte

Werkzeugtyp	mittlere Einschaltdauer
Schlaghämmer	30 %
Bohrmaschinen	30 %
Schrauber	25 %
Schleifmaschinen	40 %
Spritzpistolen	40 %
Ausblaspistolen	10 %

Gleichzeitigkeitsfaktor

In Betrieben, welche über eine größere Anzahl von Druckluftwerkzeugen verfügen, zeigt die Erfahrung, dass meistens nie alle Werkzeuge gleichzeitig benützt werden. Die meisten Arbeitsvorgänge laufen nur zeitweise ab. Die Verbraucher sind also im allgemeinen zeitversetzt im Einsatz. Der Zeitanteil, an dem theoretisch alle Verbraucher gleichzeitig benützt werden, geht als sogenannter Gleichzeitigkeitsfaktor zusammen mit der Einschaltdauer als bedarfsmindernder Multiplikator in die Berechnung ein.

Gleichzeitigkeitsfaktor

Durchschnittliche Praxiswerte

Zahl der Werkzeuge	Multiplikator
1	1
2	0.94
3	0,89
4	0,86
5	0,83
6	0,8
7	0,77
8	0,75
9	0,73
10	0,71
12	0,68
14	0,66
16	0,63

EWL-PNW-T 06

Düsen

Der Druckluftverbrauch von Düsen hängt von verschiedenen Faktoren ab:

– Düsendurchmessser. Je größer der Durchmesser, desto größer der Druck luftverbrauch.
– Arbeitsdruck. Je höher der Arbeits druck, desto größer der Druckluftver brauch.
– Form der Düse. Zylindrische Düsen haben einen wesentlich geringeren Druckluftverbrauch als konische Düsen oder Expansionsdüsen (Laval-Düse).

– Oberflächenqualität. Hohe Oberflächengüte bedeutet höheren Luftverbrauch wegen der besseren Strömungsverhältnisse.

Ausblaspistolen mit einfacher, zylindrischer Düse erzeugen bei der ausströmenden Druckluft starke Verwirbelungen. Die Ausströmgeschwindigkeit wird dadurch verringert. Der Druckluftverbrauch ist vergleichsweise niedrig. Anhaltswerte für den Druckluftverbrauch in Abhängigkeit von Arbeitsdruck sind aus der Tabelle ersichtlich.

Druckluftverbrauch von Düsen (l/min)

Düsen Ø	Arbeitsdruck (bar)						
mm	2	3	4	5	6	7	8
0,5	8	10	12	15	18	22	28
1	25	35	45	55	65	75	85
1,5	60	75	95	110	130	150	170
2	105	145	180	220	250	290	330
2,5	175	225	280	325	380	430	480
3	230	370	400	465	540	710	790

EWL-PNW-T 01

(Sand)Strahldüsen

Beim Strahlen muss das Arbeitsmedium mit großer kinetischer Energie, d. h. mit hoher Geschwindigkeit, auf das Werkstück auftreffen um die gewünschte Wirkung zu erzielen. Aus diesem Grund werden die Düsen beim Strahlen für eine extrem hohe Aus-trittsgeschwindigkeit der Druckluft ausgelegt, was zu einem vergleichsweise hohen Druckluftverbrauch führt. Anhaltswerte für den Druckluftverbrauch von Strahldüsen in Abhängigkeit von Arbeitsdruck und Düsendurchmesser sind aus der Tabelle *PNW-T 03* ersichtlich.

Druckluftverbrauch von (Sand)strahldüsen (l/min)

Düsen Ø	Arbeitsdruck (bar)				
mm	2	3	4	5	6
3	300	380	470	570	700
4	450	570	700	840	1000
5	640	840	1050	1270	1500
6	920	1250	1600	1950	2200
8	1800	2250	2800	3350	4000
10	2500	3200	4000	4800	6000

EWL-PNW-T 03

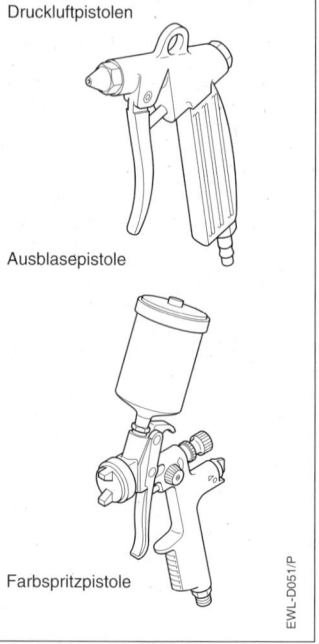

Druckluftpistolen

Ausblasepistole

Farbspritzpistole

EWL-D051/P

Farbspritzpistolen
Düsen von Farbspritzpistolen haben einen expandierenden, turbulenzfreien Volumenstrom mit hoher Austrittsgeschwindigkeit. Der Druckluftverbrauch liegt deutlich über dem von zylindrischen Düsen. Konsistenz und die gewünschte Auftragsmenge der verwendeten Farbe bestimmen Arbeitsdruck und Düsendurchmesser.

Anhaltswerte für den Druckluftverbrauch von Farbspritzpistolen in Abhängigkeit von Arbeitsdruck, Düsendurchmesser und Strahlform sind aus der Tabelle *PNW-T 02* ersichtlich.

Druckluftverbrauch von Farbspritzpistolen (l/min)
Düsenform: Flach- und Breitstrahl (Rundstrahl)

Düsen Ø	Arbeitsdruck (bar)				
mm	2	3	4	5	6
0,5	100 (75)	115 (90)	135 (105)	160	185
0,8	110 (85)	130 (100)	155 (120)	180	185
1	125 (95)	150 (115)	175 (135)	200	240
1,2	140 (110)	165 (125)	185 (150)	210	250
1,5	160 (120)	180 (140)	200 (155)	225	260
1,8	175	200	220	250	280
2	185	210	235	265	295
2,5	210	230	260	300	340
3	230	250	290	330	375

EWL-PNW-T 02

Druckluftwerkzeuge

Der Luftverbrauch von Druckluftwerkzeugen ist uneinheitlich und hängt stark vom Werkzeugtyp und, innerhalb einer Typengruppe, von der Werkzeuggröße ab. Die folgende Tabelle gibt Richtwerte für den Druckluftverbrauch einer Auswahl von Druckluftwerkzeugen an. Hierbei handelt es sich um Durchschnittswerte. Druckluftwerkzeuge benötigen meistens einen Arbeitsdruck von 6 bar. Je nach Einsatzgebiet und Leistung können aber auch andere Arbeitsdrücke vorkommen. Zur genauen Kalkulation sind die spezifischen Luftverbräuche aus den Katalogen der Hersteller heranzuziehen.

Druckluftverbrauch von handgeführten Werkzeugen (l/min)
Durchschnittsverbrauch bei einem Arbeitsdruck von 6 bar

Werkzeugtyp	Luftverbrauch l/min
Abbruchhämmer	700...3000
Schlaghämmer	200...400
Niethämmer	200...700
Meißelhämmer	200...700
Nadelabklopfer	100...250
Nagler	50...300
Tacker	10...60
Bohrhämmer	400...3000
Bohrmaschinen	200...1500
Schrauber	180...1000
Geradschleifer	300...3000
Vertikalschleifer	250...700
Winkelschleifer	300...700
Stichsägen	300
Scheren, Nager	400...900

EWL-PNW-T 04

Handgeführte Druckluftwerkzeuge

Innerhalb der Gruppe der Druckluftwerkzeuge gibt es alle diejenigen grundsätzlichen Werkzeugtypen, die beispielsweise auch als Elektrowerkzeuge existieren. Darüber hinaus gehören zu den Druckluftwerkzeugen auch Großgeräte, wie sie im Bergwerk- und Tunnelbau Verwendung finden. Im Rahmen dieser Druckschrift werden die wichtigsten Typen der handgeführten Druckluftwerkzeuge beschrieben. Dies sind:
- Nagler und Tacker
- Schlaghämmer
- Nadelabklopfer
- Bohrhämmer
- Bohrmaschinen
- Schrauber
- Schleifer
- Sägen
- Scheren, Nager

Nagler, Tacker
Nagler und Tacker werden durch Druckluftzylinder angetrieben, die über einen Schlagbolzen Nägel oder Klammern in das Werkstück treiben. Druckluftbetriebene Nagler und Tacker werden immer dann eingesetzt, wenn viele Arbeitsvorgänge erforderlich sind und eine erhebliche Zeitersparnis wichtig ist. Typisches Anwendungsgebiet ist die Komponentenfertigung und Montage im Baubereich.

Schlaghämmer
Schlaghämmer werden durch einen oszillierenden Linearmotor angetrieben, welcher das Einsatzwerkzeug in schlagende Bewegung versetzt. Je nach ihrer Größe werden Schlaghämmer im Aufbruch- und Abbruchbereich ("Presslufthämmer") oder als Meißelhämmer in der Metallbearbeitung eingesetzt. Varianten von Schlaghämmern werden als Niethämmer eingesetzt. Gegenüber vergleichbaren Schlaghämmern mit elektromotorischen Antrieb zeichnen sie sich im Verhältnis zu ihrer Leistung durch geringe Baugrößen aus.

Nadelabklopfer
Nadelabklopfer werden durch einen oszillierenden Linearmotor angetrieben, welcher ein Bündel von Stahlnadeln in schwingend-stoßende Bewegung versetzt. Beim Aufprallen auf die Werkstückoberfläche werden lose Bestandteile abgetragen. Nadelabklopfer werden in erster Linie zum Entrosten und zum Abtragen von alten Farbanstrichen und zum Entschlacken von Schweißnähten verndet.

Drucklufт-Schlagwerkzeuge

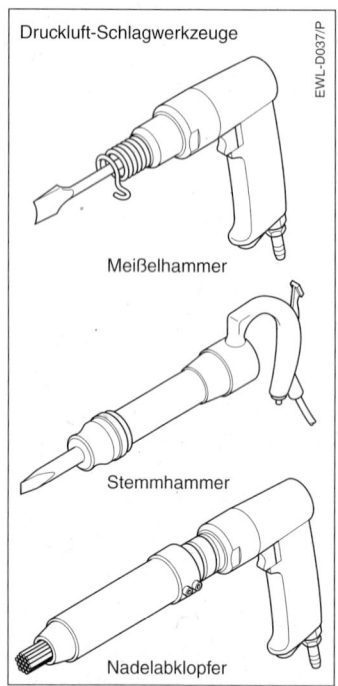

Meißelhammer

Stemmhammer

Nadelabklopfer

Bohrhämmer
Bohrhämmer mit Druckluftantrieb sind im unteren Leistungsbereich der handgeführten Bohrhämmer mechanisch entsprechend der elektropneumatischen Bohrhämmer aufgebaut und entsprechen diesen im Leistungsvermögen. Die Schlagbewegung wird nicht unmittelbar mittels der Druckluft erzeugt, sondern über ein konventionelles pneumatisches Kolbenschlagwerk, welches mechanisch angetrieben wird. Lediglich der Elektromotor ist in diesem Falle durch einen Druckluftmotor ersetzt. Typische Einsatzbereiche druckluftbetriebener Bohrhämmer ist der Feuchtraumbereich.

Druckluft-Bohrhammer

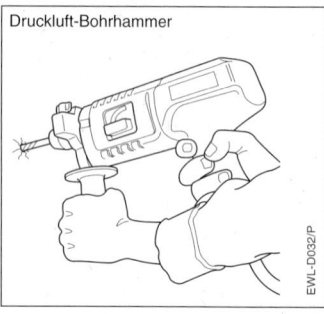

Bohrmaschinen
Bohrmaschinen mit Druckluftantrieb zeichnen sich gegenüber solchen mit elektromotorischem Antrieb durch eine wesentlich geringere Baugröße bei gleicher mechanischer Leistung aus. Sie werden deshalb im Produktionsbetrieb bevorzugt eingesetzt. Typischerweise haben sie Pistolenform, weil hierbei die besonders bei

Druckluft-Bohrmaschinen

Stabform

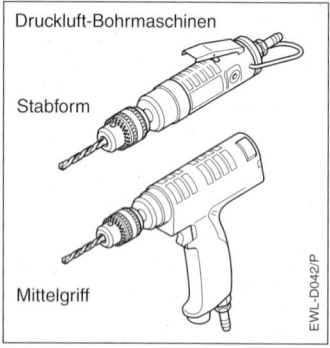

Mittelgriff

klemmendem Bohrer auftretenden Rückdrehmomentkräfte sicherer beherrscht werden können. Stabförmige Bohrmaschinen werden nur bei geringen Bohrdurchmessern und besonders beengten Arbeitsverhältnissen eingesetzt. Druckluftbetriebene Bohrmaschinen verfügen über eine oder zwei Festdrehzahlen, welche dann durch entsprechende Schaltstellungen abgerufen werden können. Bohrmaschinen mit Drehzahlregler sind stets vorzuziehen, weil hierbei unter anderem auch das Einsatzwerkzeug eine längere Standzeit erreicht. Die üblichen Leistungsbereiche reichen von 200...700 Watt. Die Drehzahlbereiche gehen meist von 400...6000 Umdrehungen pro Minute. Winkelbohrköpfe und Gewindeschneidvorsätze erweitern als Systemzubehör den Einsatzbereich.

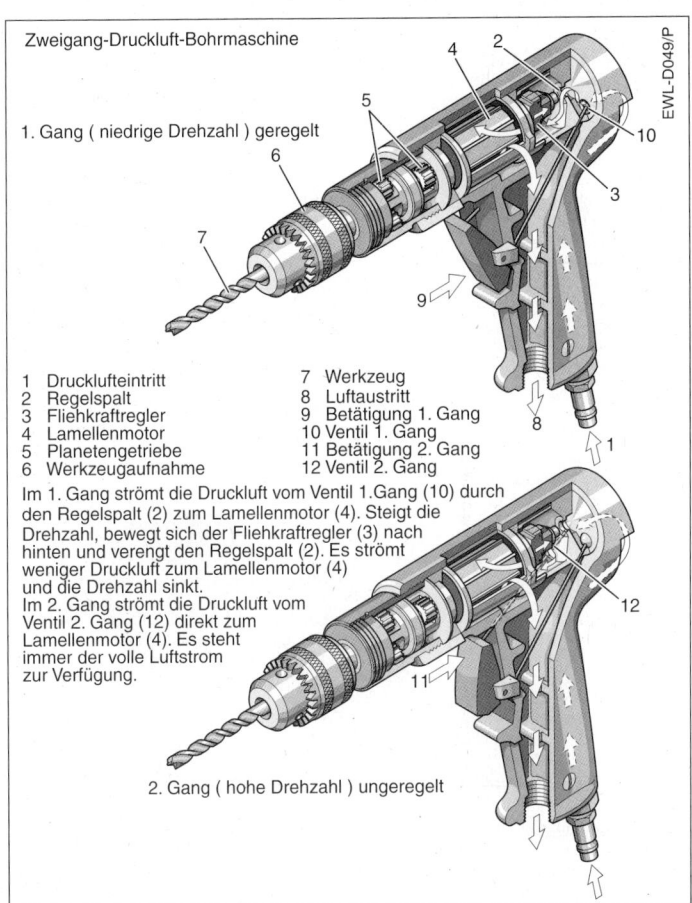

Zweigang-Druckluft-Bohrmaschine

EWL-D049/P

1. Gang (niedrige Drehzahl) geregelt

1	Drucklufteintritt	7	Werkzeug
2	Regelspalt	8	Luftaustritt
3	Fliehkraftregler	9	Betätigung 1. Gang
4	Lamellenmotor	10	Ventil 1. Gang
5	Planetengetriebe	11	Betätigung 2. Gang
6	Werkzeugaufnahme	12	Ventil 2. Gang

Im 1. Gang strömt die Druckluft vom Ventil 1.Gang (10) durch den Regelspalt (2) zum Lamellenmotor (4). Steigt die Drehzahl, bewegt sich der Fliehkraftregler (3) nach hinten und verengt den Regelspalt (2). Es strömt weniger Druckluft zum Lamellenmotor (4) und die Drehzahl sinkt.
Im 2. Gang strömt die Druckluft vom Ventil 2. Gang (12) direkt zum Lamellenmotor (4). Es steht immer der volle Luftstrom zur Verfügung.

2. Gang (hohe Drehzahl) ungeregelt

Schrauber

Druckluftschrauber stellen das umfassendste Segment der Druckluftwerkzeuge dar. Sie werden vorzugsweise zur Serienmontage in Fertigungsbetrieben eingesetzt. Daneben werden sie auch im Servicebereich verwendet. Druckluftschrauber unterscheiden sich in Funktionsprinzip und Bauart. Wegen der hohen Vielfalt der Schraubfälle kommen entsprechend viele unterschiedliche Typen zur Anwendung.

Schraubertypen

Entsprechend ihrem Einsatzzweck werden Druckluftschrauber unterschiedlicher Funktionsprinzipien eingesetzt, welche sie für den jeweiligen Einsatz besonders geeignet machen. Die wichtigsten Funktionsprinzipien sind:

- Stillstandschrauber
- Abschaltschrauber
- Überrastschrauber
- Impulsschrauber
- Drehschlagschrauber
- Ratschenschrauber

Innerhalb der Funktionsprinzipien gibt es verschiedene Bauarten und Kombinationen.

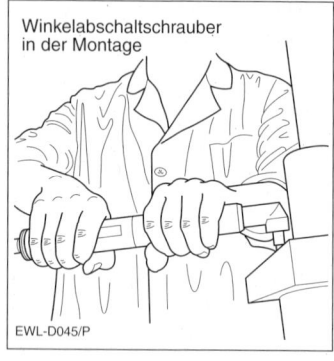

Winkelabschaltschrauber in der Montage

EWL-D045/P

Stillstandschrauber

Unter Stillstandschrauber versteht man die Technik, den Motor zum Ende des Einschraubvorganges "abzuwürgen", wobei das erreichbare Drehmoment von der Motorleistung und der Ausgangsdrehzahl (Schwungmoment!) abhängt. Eine Kupplung ist also nicht vorhanden. Stillstandschrauber sind nur mit Werkzeugen zu realisieren, deren Motor ohne Schaden zu nehmen blockiert werden kann, wie das

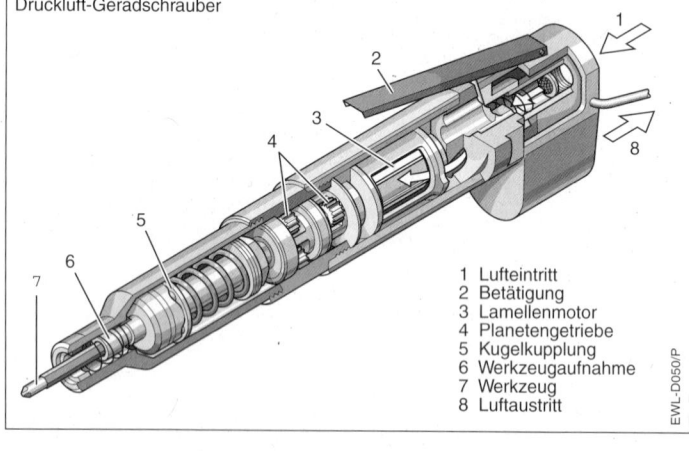

Druckluft-Geradschrauber

1 Lufteintritt
2 Betätigung
3 Lamellenmotor
4 Planetengetriebe
5 Kugelkupplung
6 Werkzeugaufnahme
7 Werkzeug
8 Luftaustritt

EWL-D050/P

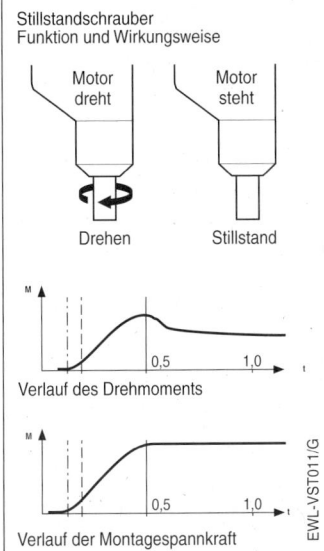

Stillstandschrauber
Funktion und Wirkungsweise

Motor dreht

Motor steht

Drehen

Stillstand

Verlauf des Drehmoments

Verlauf der Montagespannkraft

EWL-VST011/G

ist sehr gering. Der konstruktive Aufwand ist verhältnismäßig hoch und damit kostenintensiv. Die Anwendung erfolgt vorzugsweise bei Schraubfällen, wo eine hohe Drehmomentgenauigkeit gefordert wird, zum Beispiel Maschinenschrauben und Muttern.

Die automatische Abschaltkupplung wird nach vorausgegangenen Schraubversuchen für den spezifischen Schraubfall eingestellt und in dieser Position fixiert. Hierdurch ist gewährleistet, dass sie im Betrieb durch den Anwender nicht mehr verändert werden kann.

Drehmomentschrauber mit Abschaltkupplung und Abschaltumgehung.

Diese Variante des Drehmomentschraubers mit Abschaltkupplung erweitert den Anwendungsbereich dieses Schraubertyps. Das höhere Drehmoment durch umgehen des Abschaltens gestattet ein manuell beeinflussbares Drehmoment bei der

bei Druckluftmotoren der Fall ist. Das Drehmoment wird über die Drosselung der Luftzufuhr eingestellt. Das Drehmoment kann beliebig lange stehen bleiben, was sich bei einem eventuellen Setzverhalten der Schraube günstig auswirkt. Allerdings wirkt das Drehmoment im Stillstand als Rückdrehmoment in voller Höhe auf den Anwender, weshalb Stillstandschrauber nur für relativ geringe Drehmomente verwendet werden.

Drehmomentschrauber mit Abschaltkupplung

Drehmomentschrauber mit Abschaltkupplung arbeiten nach dem Prinzip der Überrastkupplung. Wie bei dieser wird das Drehmoment über eine einstellbare Klauen- oder Rollenkupplung begrenzt. Im Unterschied zur Überrastkupplung bleiben aber die Kupplungshälften nach dem ersten Überrasten getrennt. Dadurch ist keine Schraubzeitabhängigkeit des Drehmomentes gegeben. Die Lärmentwicklung und die Abnützung der Kupplung

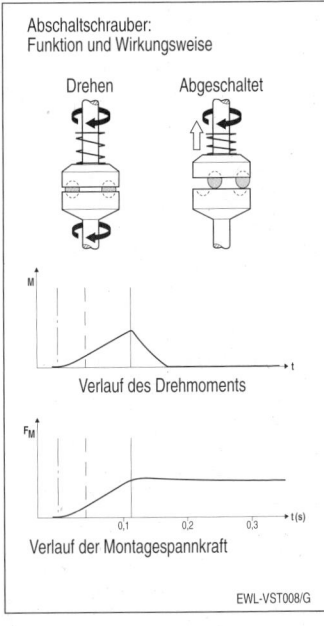

Abschaltschrauber:
Funktion und Wirkungsweise

Drehen

Abgeschaltet

Verlauf des Drehmoments

Verlauf der Montagespannkraft

EWL-VST008/G

Anwendung kritischer Schraubfälle, die einen unterschiedlichen Drehmomentbedarf aufweisen. Typische Beispiele sind Blechschrauben, Bohrschrauben, Teks- und Holzschrauben. Durch das Umgehen der Abschaltkupplung können auch korrodierte oder festsitzende Schrauben gelöst werden.

Bei Umgehung der Abschaltkupplung wirkt allerdings das volle Rückdrehmoment auf den Anwender ein. Die Drehmomentwerte können aus diesem Grunde nicht beliebig hoch gewählt werden.

Drehmomentschrauber mit Überrastkupplung

Der Drehmomentschrauber mit Überrastkupplung ist der gebräuchlichste Schraubertyp. Die Überrastkupplung ist einstellbar.

Beim Erreichen des über die Kupplungsfeder vorgegebenen Drehmomentes werden die Kupplungshälften über schräge Klauen, Rollen oder Kugeln aus-

einandergedrückt. Solange der Schrauber betätigt und angedrückt wird, wirken die Momentspitzen der eingestellten Drehmomenthöhe auf den Schraubvorgang ein, was sich bei einem eventuellen Setzverhalten der Schraube günstig auswirkt. Durch kurze oder lange Überrastzeiten kann beschränkt Einfluss auf das Drehmoment genommen werden, da die auftretenden Drehschläge eine geringfügige Drehmomenterhöhung bewirken. Überrastkupplungen sind kostengünstig, hinreichend genau und bei sorgfältiger Konstruktion verschleißarm. Das Überrastmoment kann allerdings nicht beliebig hoch angesetzt werden, da es sich über die Maschine auf den Anwender überträgt. Ist diese Rückwirkung zu hoch, kann der Schraubvorgang für den Anwender unangenehm werden. Aus diesem Grund sind bei Drehmomentschraubern mit Überrastkuplung die Höchstdrehmomente meist auf ca. 30 Nm begrenzt.

Impulsschrauber

Impulsschrauber arbeiten mechanisch-hydraulisch. Beim Impulsschrauber wird wie beim Drehschlagschrauber das Drehmoment stoßweise erzeugt. Im Unterschied zum Drehschlagschrauber wird der Schlag jedoch nicht durch Kupplungsklauen übertragen, sondern pro Schlag durch Kolbenverdichtung eine Ölmenge in einem Ölumlaufschlagwerk durch eine einstellbare Engstelle gepresst. Durch eine Drosselschraube in der Engstelle kann das Drehmoment bequem von außen eingestellt werden. Impulsschrauber sind konstruktionsbedingt kostenintensiv, aber verschleißärmer, genauer und leiser als Drehschlagschrauber. Sie werden hauptsächlich in der industriellen Montagetechnik eingesetzt. Üblich sind Drehmomente bis ca. 50 Nm.

Impulsschrauber mit Abschaltung

Diese Variante des Impulsschraubers verfügt über eine automatische Abschaltkupplung auf dem Fliehkraftprinzip. Impulsschrauber mit Abschaltkupplung eignen sich für Schraubfälle von hoher Genauigkeit, bei denen ein "Nachschlagen" nicht zweckmässig ist.

Überrastschrauben:
Funktion und Wirkungsweise

Drehen   Überrasten

M

Verlauf des Drehmoments

F_M

0,1   0,2   0,3 t(s)

Verlauf der Montagespannkraft

EWL-VST007/G

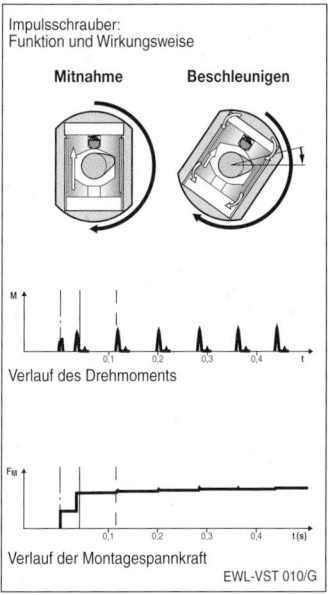

Impulsschrauber:
Funktion und Wirkungsweise

Mitnahme   **Beschleunigen**

Verlauf des Drehmoments

Verlauf der Montagespannkraft

EWL-VST 010/G

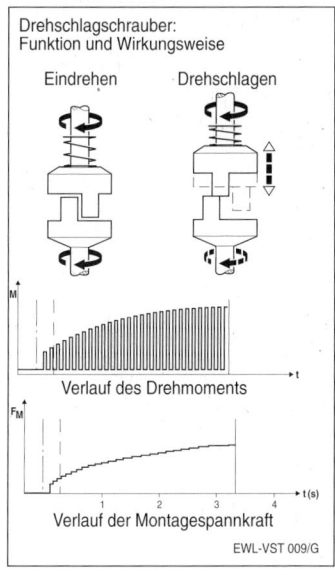

Drehschlagschrauber:
Funktion und Wirkungsweise

Eindrehen   Drehschlagen

Verlauf des Drehmoments

Verlauf der Montagespannkraft

EWL-VST 009/G

Drehschlagschrauber

Drehschlagschrauber arbeiten mit einem entkoppelten Massenschlagwerk, wodurch selbst bei hohen Drehmomenten praktisch keine Drehmomentrückwirkung auf den Anwender erfolgt. Die Drehmomenteinwirkung erfolgt schlagweise mit charakteristischem, lautem Geräusch. Die Höhe des Drehschlagmomentes ist konstruktiv vorgegeben. Die Begrenzung erfolgt über die Anzahl der Drehschläge (Schlagzeit) oder über zwischen Schrauberspindel und Steckschlüssel befindliche Begrenzungselemente (Torsionsstäbe). Drehschlagschrauber sind bei entsprechender Qualität robust und langlebig. In der Praxis ist das maximal mögliche Drehmoment durch das Schlagwerksgewicht und die Maschinengröße begrenzt. Bei handgeführten Druckluftwerkzeugen d Drehmomente bis 2000 Nm üblich.

Ratschenschrauber

Ratschenschrauber werden meist im Servicebereich verwendet und ersetzen dabei den normalerweise benützten Hand-Ratschenschlüssel. Ratschenschrauber arbeiten mit geringer Drehzahl und sind bei maximalen Drehmomenten bis ca. 60 Nm zum Festziehen von Schrauben bis M 10 geeignet.

Druckluft-Ratschenschrauber

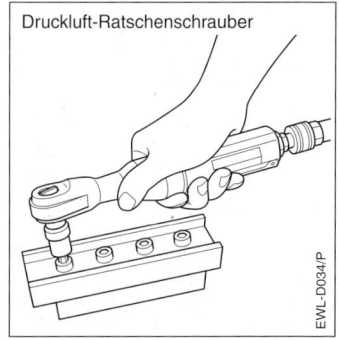

EWL-D034/P

Bauformen

Aus ergonomischen Gründen und wegen der teilweise sehr speziellen Einsatzfälle gibt es Druckluftschrauber in unterschiedlichen Bauformen wie:
- Geradschrauber
- Mittelgriffschrauber
- Winkelschrauber

Wegen der bei einigen Funktionsprinzipien auftretenden Rückdrehmomente sind die Bauformen innerhalb der betreffenden Leistungsbereiche sorgfältig auszuwählen.

Geradschrauber

Geradschrauber werden überall dort eingesetzt, wo ein geringes Eckenmaß Voraussetzung ist. Sie eignen sich deshalb besonders gut für kleinste Schraubanwendungen in der Feinmechanik oder bei schwer zugänglichen Schraubstellen. Geradschrauber gibt es in den Leistungsklassen
- 20 Watt
- 120 Watt
- 180 Watt
- 400 Watt

In den höheren Leistungsklassen wird das verfügbare Drehmoment meist auf Werte zwischen 0,06...20 Nm begrenzt, da sonst für den Anwender von Schraubern mit Überrastkupplung oder bei Stillstandschraubern unangenehme Rückdrehmomente auftreten könnten.

Mittelgriffschrauber

Mittelgriffschrauber erlauben den Einsatz höherer Dremomente, weil die entsprechenden Rückdrehmomente ergonomisch günstiger aufgenommen werden. Üblich sind Drehmomente zwischen 1,2...35 Nm Mittelgriffschrauber gibt es in den Leistungsklassen

- 180 Watt
- 400 Watt

Bei Impulsschraubern ist prinzipbedingt das Rückdrehmoment geringer, hier sind Drehmomente bis 60 Nm auch bei kleinen Geräteabmessungen möglich.

Drehschlagschrauber haben grundsätzlich Mittelgriff. Obwohl Drehmomente

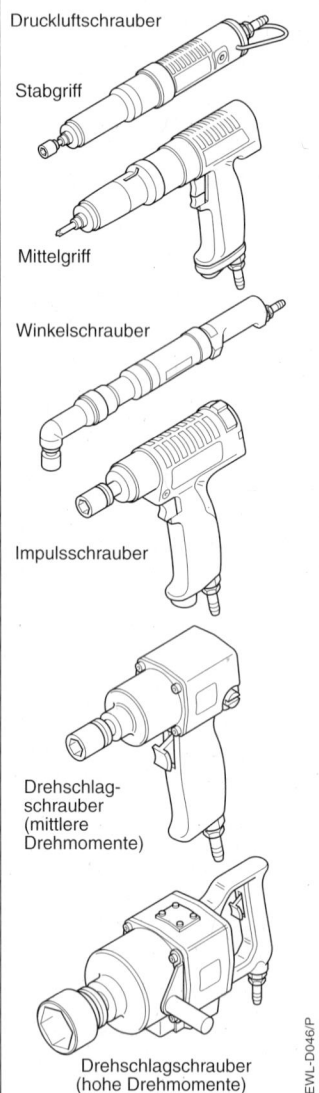

Druckluftschrauber

Stabgriff

Mittelgriff

Winkelschrauber

Impulsschrauber

Drehschlagschrauber (mittlere Drehmomente)

Drehschlagschrauber (hohe Drehmomente)

EWL-D046/P

von 50...2000 Nm üblich sind, ist das Rückdrehmoment prinzipbedingt relativ gering.

Winkelschrauber

Winkelschrauber werden überall dort verwendet, wo beengte Platzverhältnisse herrschen und Geradschrauber oder Mittelgriffschrauber nicht eingesetzt werden können. Winkelschrauber bestehen aus einem Geradschrauber mit vorgesetztem Winkeltrieb. Wegen des langen Hebelarmes der Griffbereiche zur Schraubspindel lassen sich auch sehr hohe Drehmomente sicher beherrschen. Die Leistungsklassen sind:

- 180 Watt
- 370 Watt
- 400 Watt
- 740 Watt

Die Drehmomentbereiche gehen von 1,5...110 Nm.

Schleifgeräte

Druckluftbetriebene Schleifgeräte zeichnen sich durch sehr hohe Robustheit und hohe Leistung bei kleinsten Abmessungen aus. Die mit Druckluftmotoren erreichbaren Drehzahlen sind extrem hoch, mit elektrischem Antrieb ist dies nur über Getriebe zu realisieren. Wie alle druckluftbetriebenen Geräte ist die gefahrlose Blockiermöglichkeit ein wichtiger Sicherheitsaspekt beim Schleifen. Hauptanwendung von druckluftbetriebenen Schleifern ist deshalb der allgemeine Werkzeugbau. Die druckluftbetriebenen Schleifer lassen sich in zwei Hauptgruppen einteilen:

- Geradschleifer
- Vertikalschleifer

Druckluftbetriebene Winkelschleifer stellen eher ein untergeordnetes Typsegment dar.

Geradschleifer

Geradschleifer stellen das größte Segment der druckluftbetriebenen Schleifer dar. Motor und Schleifspindel sind in einer Achse angeordnet, wobei das Motor- und Spindelgehäuse gleichzeitig als Handgriff dient. Da die Rückdrehmomente sich we-

gen des geringen Hebelarmes ungünstig auf die Hand des Anwenders auswirken können ist die Abgabeleistung meist auf Werte unterhalb 500 Watt begrenzt. Geradschleifer geringer Leistung können für sehr hohe Drehzahlen bis ca. 85.000 U/min ausgelegt werden, ihre geringen Abmessungen gestatten feinfühliges Arbeiten in der Feinmechanik und im Werkzeug- und Formenbau. Geradschleifer werden fast ausschließlich mit Schleifstiften oder rotierenden Feilen (Frässtiften) bestückt. Sie werden meist einhändig bedient.

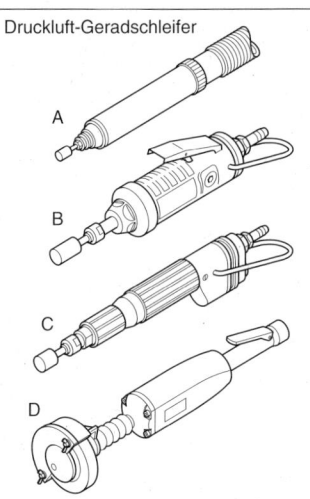

Druckluft-Geradschleifer

A Drehzahlen 50.000 – 80.000 U/min
  Leistung 50 W
B Drehzahlen 15.000 – 30.000 U/min
  Leistung 400 W
C Drehzahl 20.000 U/min
  Leistung 450 W
D Drehzahl 6.000 U/min
  Leistung 2.500 W

EWL-D040/P

Vertikalschleifer

Vertikalschleifer werden zum Oberflächenschliff eingesetzt und in vertikaler Position bedient. Motor und Schleifspindel sind in einer Achse angeordnet, die Haltepositionen für den Anwender sind als Mittelgriff oder Pistolengriff im rechten Winkel zum Schleifergehäuse gestaltet. Vertikalschleifer sehr hoher Leistung verfügen über zwei Handgriffe, die ebenfalls im rechten Winkel zum Schleifergehäuse und winklig gegeneinander angeordnet sind. Hierdurch lassen sich auch sehr hohe Rückdrehmomente sicher beherrschen. Die Leistungsbereiche reichen von 400 Watt bis 3.500 Watt.

Eine Variante der Vertikalschleifer sind Schwingschleifer und Exzenterschleifer. Sie gleichen in Aufbau und Formgebung den elektrisch angetriebenen Geräten, können aber im Gegensatz zu diesen auch für Nassschliff verwendet werden. Typische Anwendung im Fahrzeug- und Karosseriebau.

Winkelschleifer

Druckluftbetriebene Winkelschleifer stellen ein relativ kleines Typensegment dar. Aufbau und Handhabung entsprechen den kleinen elektrisch angetriebenen Winkelschleifern. Die typischen Leistungsabgaben liegen im Bereich um 500 Watt. Druckluftbetriebene Winkelschleifer werden überall dort eingesetzt wo ein Druckluftnetz ohnehin vorhanden ist und wo eher auf robustes Betriebsverhalten als auf hohe Leistung Wert gelegt wird.

Druckluft-Schleifgeräte

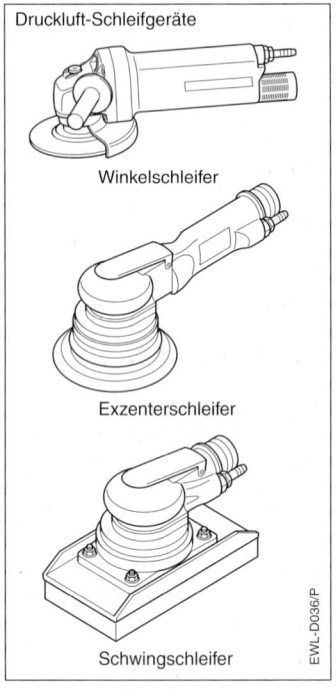

Winkelschleifer

Exzenterschleifer

Schwingschleifer

EWL–D036/P

Druckluft-Vertikalschleifer

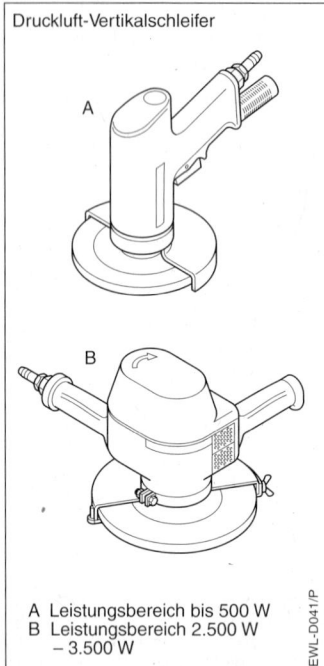

A

B

A Leistungsbereich bis 500 W
B Leistungsbereich 2.500 W
– 3.500 W

EWL–D041/P

Sägen

Als handgeführte Druckluftwerkzeuge haben sich im Segment der Sägen hauptsächlich die Stichsäge und die Schaumstoffsäge durchgesetzt. Für Sonderanwendungen gibt es Kreissägen. Die technische Ausführung entspricht den elektrisch angetriebenen Geräten, wobei der Elektromotor durch einen Druckluftmotor ersetzt ist.

Scheren, Nager

Scheren und Nager haben als druckluftbetriebene Geräte im Metallbau ihren Einsatzschwerpunkt. Im Gegensatz zu den Anschlusskabeln der elektrisch angetriebenen Scheren und Nagern sind die Druckluftschläuche relativ robust und weniger durch die Berührung mit scharfen Blechkanten gefährdet. Aufbau und Funktion der Scheren und Nager entspricht den elektrisch angetriebenen Typen.

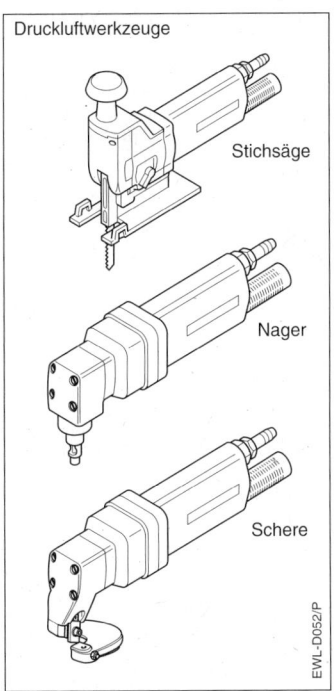

Druckluftwerkzeuge

Stichsäge

Nager

Schere

EWL-D052/P

Systemzubehör

Druckluftwerkzeuge verfügen über ein umfangreiches Systemzubehör, welches für ihren praktischen Einsatz unverzichtbar ist.

Das typische Systemzubehör umfasst:

- Wartungseinheit
- Kupplungen
- Schlauchleitungen
- Federzüge
- Schalldämpfer

Wartungseinheit
Unter einer Wartungseinheit versteht man eine Kombination von

- Absperrhahn
- Filter mit Kondensatsammler
- Druckminderer
- Öldosiereinrichtung (wenn notwendig)

Die Wartungseinheit ist an der Verbrauchsstelle an das Rohrleitungsnetz angeschlossen und gestattet den Anschluss von einem oder mehreren Verbrauchern.

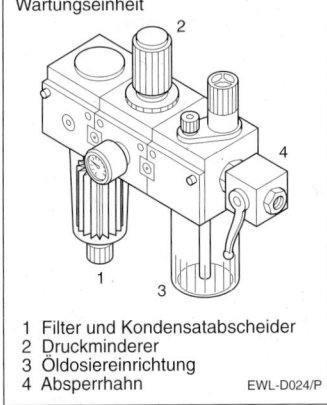

Wartungseinheit

1 Filter und Kondensatabscheider
2 Druckminderer
3 Öldosiereinrichtung
4 Absperrhahn

EWL-D024/P

Absperrhahn
Der Absperrhahn dient dazu, die Verbraucherseite vom Druckluftnetz zu trennen, den Kondensatbehälter bzw. den Filter zu

reinigen und/oder den Ölvorrat der Öldosiereinrichtung (Öler) zu ergänzen.

Filter
Der Filter hält Rückstände aus dem Rohrleitungssystem wie beispielsweise Rost, Schweißrückstände, aber auch Kondensat (Wasser) zurück.

Druckminderer
Der Druckminderer erlaubt eine Anpassung des Druckes für bestimmte Verbraucher gegenüber dem Druck im Rohrleitungsnetz.

Öldosiereinrichtung
Die Öldosiereinrichtung ermöglicht es, der Druckluft zum Verbrauch eine genau bemessene Ölmenge beizugeben, um den Druckluftmotor, z. B. eines Druckluftwerkzeuges, zu schmieren.

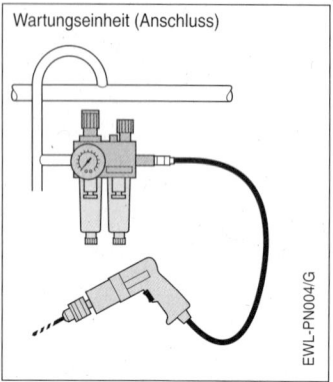

Wartungseinheit (Anschluss)

EWL-PN004/G

Kupplungen
Kupplungen dienen dazu, Schlauchleitungen untereinander und mit dem Verbraucher, dem Druckluftwerkzeug, lösbar zu verbinden. Man unterscheidet:

- Schraubkupplungen
- Steckkupplungen

Schraubkupplungen
Schraubkupplungen werden typischerweise dort verwendet, wo der Verbraucher ortsfest betrieben wird.

Steckkupplungen
Steckkupplungen (Schnellkupplungen) gestatten auf einfache Weise das werkzeuglose Trennen von Schlauchverbindungen, z. B. vom Rohrleitungsnetz oder vom Druckluftwerkzeug. Sie werden deshalb dort angewendet, wo man in der Anwendung flexibel bleiben muss.

Die Anwendung von Steckkupplungen ist für den Anwender bequem und wird deshalb sehr häufig angewendet. Steckkupplungen gestatten das Lösen der Verbindung auch unter Druck, weshalb von ihnen eine erhebliche Gefahr ausgehen kann. Die Gefahr besteht durch

- die mechanische Energie der Druckluft im Schlauch
- das Geräusch der entweichenden Druckluft

In den Schlauchleitungen herrscht im Moment des Lösens der Kupplung der Betriebsdruck, die Menge der im Schlauch befindlichen Druckluft hängt von der Länge des Schlauches ab und kann unter Umständen erheblich sein. Beim Lösen der Kupplung strömt diese Luftmenge

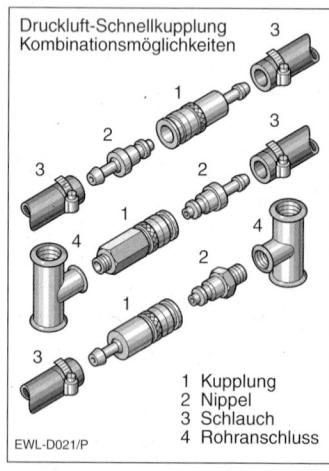

Druckluft-Schnellkupplung
Kombinationsmöglichkeiten

1 Kupplung
2 Nippel
3 Schlauch
4 Rohranschluss

EWL-D021/P

schlagartig aus. Der dabei entstehende Rückstoß kann einem dabei das Schlauchende aus der Hand reißen. Der dann hin- und herschlagende Schlauch kann schwere Unfälle verursachen.

Das laute, zischende Geräusch der entweichenden Druckluft ist nicht nur unangenehm, es kann zur Schädigung des Gehörs führen.

Vor dem Lösen von Kupplungen ist es deshalb Vorschrift, die Leitung zunächst drucklos zu machen. Dies kann durch Absperren der Versorgungsstelle (Wartungseinheit) und anschließendem, kurzen Betrieb des Druckluftwerkzeuges erfolgen, wodurch die in der Schlauchleitung gespeicherte Druckluft verbraucht wird. Bei Schlauchdurchmessern über 16 mm oder Schlauchlängen über 3 m sollten grundsätzlich Sicherheitsnippel verwendet werden, damit der Druckluftaustritt kontrolliert erfolgt.

Schlauchleitungen

Die Schlauchleitungen dienen dem flexiblen Anschluss des Verbrauchers (dem Druckluftwerkzeug) an das Rohrleitungsnetz. Da in den Schlauchleitungen durch Strömungsverluste (Reibungsverluste) ein Druckabfall eintritt, dürfen Schlauchleitungen zum Verbraucher nicht zu lange ausfallen. In der Regel sollte eine Länge von 10 Metern nicht überschritten werden. Die für diese Länge geltenden Schlauch-Nenndurchmesser sind entsprechend dem Luftverbrauch des Druckluftwerkzeuges in den werkzeugspezifischen Datenblättern angegeben. Werden längere Schlauchleitungen angewendet, dann muss der Nenndurchmesser des Schlauches entsprechend größer sein, damit am Verbraucher noch der notwendige Fließdruck der Druckluft vorhanden ist.

Betriebsdruck

Der Druck in einem Druckluftsystem beeinflusst in besonderem Maße die Leistung und die Sicherheit der angeschlossenen Verbraucher. Im Allgemeinen beträgt der Betriebsdruck von Druckluftwerkzeugen 6 bar. Da jedoch sowohl im Rohrleitungssystem als auch an den Anschlüssen, Wartungseinheiten, Kupplungen und Schlauchleitungen durch Reibungsverluste eine Druckminderung der strömenden Druckluft eintritt, muss im Drucklufsystem ein höherer Druck herrschen, welcher dann zum Verbraucher hin in der Wartungseinheit soweit vermindert wird, dass sich am Druckluftwerkzeug im Betrieb der sogenannte Fließdruck von 6 bar einstellt.

Fließdruck

Unter Fließdruck versteht man den Druck der Luft direkt am Verbraucher, wenn sich dieser in dem Betriebszustand befindet, in dem er seinen höchsten Luftverbrauch erreicht. Bei ungeregelten Geräten ist dies

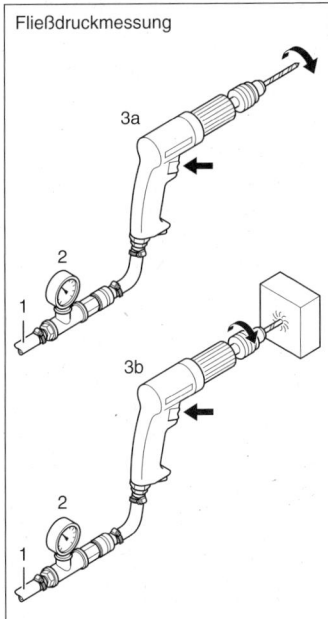

Fließdruckmessung

1   Anschlussschlauch
2   Manometer
3a Druckluftwerkzeug im Leerlauf (ungeregelt)
3b Druckluftwerkzeug unter Volllast (geregelt)

EWL-D026/P

meist im Leerlauf der Fall, weil hier der Druckluftmotor mit der höchsten Drehzahl dreht, der Druckluftmotor also seinen höchsten Luftdurchsatz erreicht.

Das Manometer für die Druckmessung muss bei der Messung des Fließdruckes direkt am Verbraucher angeschlossen sein. Dann ist der Druckminderer an der Wartungseinheit bei laufendem Verbraucher so einzustellen, dass das Manometer den vorgeschriebenen Fließdruck anzeigt.

Federzüge

Federzüge dienen dazu, das Druckluftwerkzeug im Griffbereich des Anwenders zu halten und gleichzeitig das Maschinengewicht auszugleichen. Typischerweise werden im Produktionsbetrieb die Druckluftwerkzeuge (meist Schrauber) mit Federzügen von der Decke her abgehängt.

Die Zugkraft lässt sich exakt auf das Maschinengewicht einstellen, wodurch es in vertikaler Richtung mit sehr geringem Kraftaufwand bewegt werden kann. Das Aufhängeseil rollt sich dabei innerhalb des Federzuges entsprechend auf und ab. Als Folge davon muss der Anwender kaum noch Vertikalkräfte zur Werkzeugbedienung aufbringen, Ermüdung wird dadurch wesentlich vermindert.

Schalldämpfer

Nach dem Durchströmen des Motors tritt die entspannte Luft aus dem Druckluftwerkzeug aus. Dabei entsteht durch die Strömungsgeschwindigkeit der Luft ein charakteristisches Geräusch. Im Dauerbetrieb oder an Produktionsstätten, an denen viele Druckluftwerkzeuge im Einsatz sind, kann dies störend sein. In der Regel

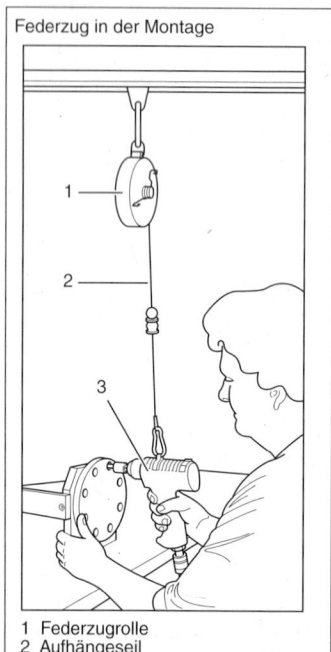

Federzug in der Montage

1 Federzugrolle
2 Aufhängeseil
3 Werkzeug

EWL-D030/P

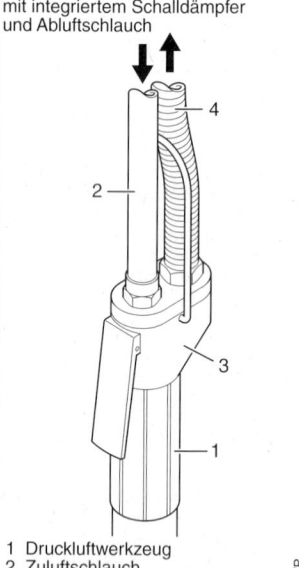

Druckluftwerkzeuge mit integriertem Schalldämpfer und Abluftschlauch

1 Druckluftwerkzeug
2 Zuluftschlauch
3 Integrierter Schalldämpfer
4 Abluftschlauch (wirkt zusätzlich schalldämpfend)

EWL-D048/P

werden Schalldämpfer verwendet. Sie sind entweder im Gerätegriff integriert

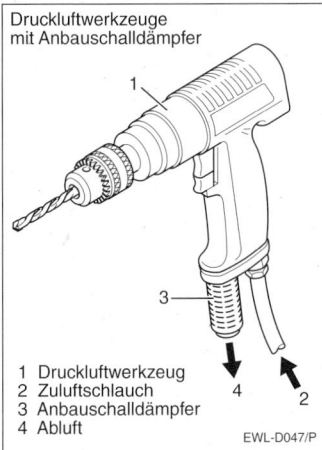

Druckluftwerkzeuge
mit Anbauschalldämpfer

1 Druckluftwerkzeug
2 Zuluftschlauch
3 Anbauschalldämpfer
4 Abluft

EWL-D047/P

oder zusätzlich angebracht. Wenn eine optimale Schalldämpfung gewünscht wird, wird die Abluft zusätzlich über einen separaten Abluftschlauch abgeleitet, wodurch eine bessere Dämpfung erreicht wird und die Abluft vom Arbeitsplatz abgeführt wird.

Sicherheit
Systembedingt sind Druckluftwerkzeuge sehr sicher und für fast alle Arbeitsbedingungen geeignet. Bezüglich der Anwendung gelten natürlich alle die Regeln, die im Umgang mit drehenden, schlagenden und schneidenden Werkzeugen üblich sind. Im Unterschied zu elektrisch angetriebenen Werkzeugen ist beim Umgang mit Druckluft deren Kompressibilität zu beachten. In Drucklufsystemen, insbesondere im Druckluftbehälter, aber auch in Rohr- und Schlauchleitungen sind erhebliche Luftmengen unter hohem Druck gespeichert. Bei unsachgemäßer Bedienung können diese Energiemengen schlagartig freigesetzt werden, welche zu Unfällen führen können. Es ist deshalb zwingend notwendig, dass die für Druckluftanlagen bestehenden Vorschriften und Sicherheitsmaßnahmen eingehalten werden.

Die entsprechenden Informationen sind von den Berufsgenossenschaften und den Gewerbeaufsichtsämtern zu bekommen.

Wartung
Hauptursache von Störungen bei Druckluftwerkzeugen und Drucklufsystemen ist mangelnde Wartung. Wartungsschwerpunkte sind Korrosions- und Dichtigkeitskontrollen. Eine Druckluftanlage verrät Undichtigkeiten größerer Art durch Zischgeräusche, welche eine Lokalisierung des Defekts einfach machen. Wie kostspielig Undichtigkeiten sind, zeigt die folgende Tabelle.

Energieverluste durch undichte Leitungen

Leckdurch-messer		Luftverlust bei 8 bar	Energie bedarf
Größe	mm	l/sec	kWh
₀	1	1,2	0,6
◦	1,5	2,5	1,3
○	2	4,3	2,0
○	3	10	4,4
○	4	18,3	8,8
●	5	28,3	13,2

Zusammenfassung

Druckluftwerkzeuge sind in Aufbau und Wirkungsweise einfache, aber robuste Werkzeuge. Als Arbeitswerzeuge im industriellen Bereich und bei extremen Einsatzbedingungen sind sie für hohe Dauerbeanspruchung geeignet. Wegen des Fehlens elektrischer Komponenten sind sie sehr sicher. Bei Überlastung bleiben sie stehen und erzeugen keine Rückdrehmomente mehr. Lineare Antriebe sind einfach realisierbar. Drucklufterzeugung und die notwendigen Leitungsnetze sind aufwendig und verlangen regelmäßige Wartung.

Auswahlhilfe für Druckluftschrauber

Schraubertyp	**Schrauber mit Abschaltkupplung**											Schraubertyp
Verwendung	Für Schraubverbindungen mit hoher Drehmomentgenauigkeit.											Verwendung
Eigenschaften	Max. Drehmoment wegen Reaktionswirkung auf den Anwender begrenzt.											Eigenschaften
Anwendereinfluss	Kein Anwendereinfluss auf das Drehmoment.											Anwendereinfluss
Bauform	Geradschrauber				Mittelgriff		Winkelschrauber					Bauform
Leistungsklasse	20 W	120 W	180 W	400 W	180 W	400 W	180 W	370 W	400 W	740 W		Leistungsklasse
Luftverbrauch (*)	2,5 l/s	3,5 l/s	5,5 l/s	10 l/s	5,5 l/s	10 l/s	5 l/s	11 l/s	11 l/s	18 l/s		Luftverbrauch (*)

Schraubendurchmesser		Drehmoment											Drehmoment	Schraubendurchmesser	
Güte 8.8	Güte 6.6	(DIN VDI 2230)											(DIN VDI 2230)	Güte 6.6	Güte 8.8
	M 1,4													M 1,4	
M 1,2		↓											↓		M 1,2
	M 1,6													M 1,6	
		0,1 Nm													
M 1,4															M 1,4
M 1,6	M 1,8													M 1,8	M 1,6
M 1,8															M 1,8
	M 2													M 2	
M 2															M 2
M 2,2	M 2,5													M 2,5	M 2,2
M 2,5															M 2,5
	M 3	↓											↓	M 3	
		1 Nm													
M 3															M 3
	M 4													M 4	
M 3,5															M 3,5
M 4															M 4
	M 5													M 5	
M 5															M 5
M 18															M 18
	M 6	↓											↓	M 6	
M 6															M 6
		10 Nm													
	M 8													M 8	M 8
M 8															
	M 10													M 10	
M 10	M 12	↓											↓	M 10	M 12
M 12	M 14													M 14	M 12
		100 Nm													
M 14	M 16													M 16	M 14
	M 18													M 18	
M 16															M 16
	M 20													M 20	
M 18															M 18
	M 22													M 22	
M 20	M 24													M 24	M 20
M 22															M 22
M 24		↓											↓		M 24
		1000 Nm													
	M 30													M 30	
M 30															M 30

Auswahlhilfe für Druckluftschrauber

Schraubertyp			Schrauber mit Überrastkupplung							Schraubertyp
Verwendung			Für normale Schraubverbindungen mit mittlerer Drehmomentgenauigkeit							Verwendung
Eigenschaften			Drehmoment wegen Rückwirkung begrenzt.							Eigenschaften
Anwendereinfluss			Anwendereinfluss auf Drehmoment							Anwendereinfluss
Bauform			Geradschrauber			Mittelgriff				Bauform
Leistungsklasse			120 W	180 W	400 W	180 W	400 W			Leistungsklasse
Luftverbrauch (*)			3,5 l/s	5 l/s	10 l/s	5 l/s	10 l/s			Luftverbrauch (*)
Schrauben-durchmesser		Dreh-moment						Dreh-moment	Schrauben-durchmesser	
Güte 8.8	Güte 6.6	(DIN VDI 2230)						(DIN VDI 2230)	Güte 6.6	Güte 8.8
	M 1,4		M 1,4							
M 1,2			M 1,2							
	M 1,6		M 1,6							
		0,1 Nm								
M 1,4										M 1,4
M 1,6	M 1,8								M 1,8	M 1.6
M 1,8										M 1,8
	M 2								M 2	
M 2										M 2
M 2,2	M 2,5								M 2,5	M 2,2
M 2,5										M 2,5
	M 3								M 3	
		1 Nm								
M 3										M 3
	M 4								M4	
M 3,5										M 3,5
M 4										M 4
	M 5								M5	
M 5										M5
M 18										M18
	M 6								M 6	
M 6										M 6
		10 Nm								
				M 8						
	M 8								M 8	M 8
M 8										
	M 10								M 10	
M 10	M 12								M 10	M 12
M 12	M 14								M 14	M 12
		100 Nm								
M 14	M16								M 16	M 14
	M 18								M 18	
M 16										M 16
	M 20								M 20	
M 18										M 18
	M 22								M 22	
M 20	M 24								M 24	M 20
M 22										M 22
M 24										M 24
		1000 Nm								
	M 30								M 30	
M 30										M 30

Auswahlhilfe für Druckluftschrauber

Schraubertyp	Impulsschrauber	Drehschlagschrauber					Schraubertyp
Verwendung	Für mittlere Drehmomente	Für hohe bis sehr hohe Drehmomente					Verwendung
Eigenschaften	Nahezu reaktionsfrei	Nahezu reaktionsfrei					Eigenschaften
Anwendereinfluss	gering	gering					Anwendereinfluss
Bauform	Gerade	Mittelgriff	Mittelgriff				Bauform
Leistungsklasse	400 W	300 W	M 12	M 18	M 22	M 30	Leistungsklasse
Luftverbrauch (*)	11 l/s	8 l/s	6 l/s	9 l/s	12 l/s	23 l/s	Luftverbrauch (*)

Schraubendurchmesser Güte 8.8	Güte 6.6	Drehmoment (DIN VDI 2230)						Drehmoment (DIN VDI 2230)	Schraubendurchmesser Güte 6.6	Güte 8.8
	M 1,4								M 1,4	
M 1,2										M 1,2
	M 1,6								M 1,6	
		0,1 Nm								
M 1,4										M 1,4
M 1,6	M 1,8								M 1,8	M 1,6
M 1,8										M 1,8
	M 2								M 2	
M 2										M 2
M 2,2	M 2,5								M 2,5	M 2,2
M 2,5										M 2,5
	M 3								M 3	
		1 Nm								
M 3										M 3
	M 4								M4	
M 3,5										M 3,5
M 4										M 4
	M 5								M5	
M 5										M5
M 18										M18
	M 6								M 6	
M 6										M 6
		10 Nm								
	M 8								M 8	
	M 8								M 8	
M 8										M 8
	M 10								M 10	
M 10	M 12								M 10	M 12
M 12	M 14								M 14	M 12
		100 Nm								
M 14	M16								M 16	M 14
	M 18								M 18	
M 16										M 16
	M 20								M 20	
M 18										M 18
	M 22								M 22	
M 20	M 24								M 24	M 20
M 22										M 22
M 24										M 24
	M 30								M 30	
M 30										M 30

Auswahlhilfe für Druckluftschleifer

Geradschleifer

Schleifertyp ➡	Geradschleifer						⬅ Schleifertyp
Verwendung ➡	Werkzeug- und Formenbau			Allgemeiner Metallbau			⬅ Verwendung
Eigenschaften ➡	extrem handlich			robust und universell			⬅ Eigenschaften
Leistungsklasse ➡	50 Watt	100 Watt	120 Watt	220 Watt	240 Watt	400 Watt	⬅ Leistungsklasse
Drehzahlbereiche ➡	55.000/ 85.000	50.000	50.000	33.000	21.000	15.000/ 21.000/ 26.000	⬅ Drehzahl/ Schwingungen
Schleifkörper- durchmesser ➡	10 mm/ 6 mm	13 mm	13 mm	20	40 mm	50 mm/ 40 mm/ 30 mm	⬅ Schleifkörper- durchmesser
Luftverbrauch (*) ➡	2 l/s	3 l/s	3 l/s	6 l/s	6 l/s	11 l/s	⬅ Luftverbrauch (*)

Vertikalschleifer

Schleifertyp ➡	Vertikalschleifer					⬅ Schleifertyp
Verwendung ➡	Allgemeiner Metallbau			Gießereien		⬅ Verwendung
Eigenschaften ➡	robust und handlich bei Horizontalschliff					⬅ Eigenschaften
Leistungsklasse ➡	320 Watt	400 Watt	550 Watt	2500 Watt	3500 Watt	⬅ Leistungsklasse
Drehzahlbereiche ➡	19.000	5.400	13.000	6.500 8.500	6.500 8.500	⬅ Drehzahl/ Schwingungen
Schleifkörper- durchmesser ➡	75 mm	170 mm (Fiber)	115 mm	230 mm/ 180 mm	230 mm/ 180 mm	⬅ Schleifkörper- durchmesser
Luftverbrauch (*) ➡	9 l/s	11 l/s	13 l/s	45 l/s	60 l/s	⬅ Luftverbrauch (*)

Winkelschleifer / Exzenterschleifer / Schwingschleifer

Schleifertyp ➡	Winkelschleifer		Exzenter- schleifer	Schwing- schleifer	⬅ Schleifertyp
Verwendung ➡	Allgemein		Lackiererei		⬅ Verwendung
Eigenschaften ➡	klein, handlich		Nassschliffgeeignet		⬅ Eigenschaften
Leistungsklasse ➡	550 Watt	550 Watt	170 Watt	170 Watt	⬅ Leistungsklasse
Drehzahlbereiche ➡	7.000	12.000	9.000	6.000	⬅ Drehzahl/ Schwingungen
Schleifkörper- durchmesser ➡	125 mm	125 mm	150 mm	95 x 185 mm	⬅ Schleifkörper- durchmesser
Luftverbrauch (*) ➡	15 l/s	15 l/s	10 l/s	10 l/s	⬅ Luftverbrauch (*)

(*) Luftverbrauch: Der Luftverbrauch ist sehr stark von der Bauart des Druckluftmotors abhängig. Die angegebenen Werte sind deshalb nur als ungefährer Anhaltspunkt zu betrachten. Er bezieht sich auf den Betrieb unter Last bei 6 bar Fließdruck.

Elektronische Messwerkzeuge

Elektronische Messgeräte im Anwendungsbereich von Elektrowerkzeugen

Im Umfeld der Anwendung von Elektrowerkzeugen verlagert sich die Messtechnik von der herkömmlichen mechanisch-manuellen Handhabung in zunehmendem Maße hin zur „intelligenten" Messtechnik, worunter die Anwendung elektronischer oder durch Elektronik unterstützter Messgeräte und Messwerkzeuge zu verstehen ist. Intelligente Messtechnik gestattet schnellere und genauere Messvorgänge, wodurch sich sowohl im gewerblichen als auch im privaten Bereich die Arbeitsaufgabe wirtschaftlicher durchführen lässt.

Grundlagen

Die im Anwendungsbereich von Elektrowerkzeugen erforderlichen Messvorgänge konzentrieren sich auf wenige grundsätzliche Messungen wie
– Längenmessung
  – Neigungsmessung
  – Winkelmessung
  – Ortung
  – Nivellieren
  – Elektrische Größen
  Innerhalb dieser Messungen, welche auch erweitert (Länge–Fläche–Volumen) oder miteinander kombiniert angewendet werden, kommen je nach Anwendungsfall oder Aufgabenstellung unterschiedliche Verfahren zur Anwendung. Die Grundlagen dieser Verfahren werden im Folgenden kurz dargestellt.

Längenmessung

Die Längenmessung ist eine der am häufigsten angewendeten Messungen. Sie kommt in praktisch allen Bereichen und Anwendungen vor. Die meisten Längenmessungen werden mit rein mechanischen Messwerkzeugen (Maßband, Zollstock, Messlatte) durchgeführt. In zunehmendem Maße jedoch gelangen elektronische Längenmessgeräte zur Anwendung, deren Vorteile in erster Linie in der Einfachheit des Messvorganges, der absoluten Anzeige des Messergebnisses und der Weiterverwendung der Messwerte begründet liegen.

Messverfahren
Als Messverfahren für die Längenmessung können im Wesentlichen vier Verfahren in der Praxis eingesetzt werden:
– Elektromechanische Messverfahren
– Akustische Messverfahren
– Optische Messverfahren
– Mikrowellen-Messverfahren
Jedes Verfahren hat prinzipbedingte Eigenschaften, welche es für bestimmte Anwendungen besser oder weniger gut geeignet machen. Die Kenntnis dieser Eigenschaften ist für den optimalen Einsatzbereich entscheidend. Die gewünschte Reichweite und Genauigkeit der Längenmessgeräte geht in den technischen Aufwand und damit in die Kosten ein.

Elektromechanische Messverfahren
Elektromechanische Messverfahren werden benützt, um den mechanischen Auszug eines Maßbandes in absoluten Zahlen auf einem Display darzustellen. Durch die Umwandlung des mechanischen Längensignals in ein elektrisches Signal ist es mit geringem Elektronikaufwand möglich, gemessene Werte zu speichern oder einfache Rechenoperationen (Addieren, Umrechnen von m in ft) durchzuführen. Dies sind eindeutige Vorteile gegenüber der rein mechanischen Messmethode. Neben dem Bedienungsvorteil der elektronischen Messwertanzeige ist auch ein rein mechanisches Messen möglich, ein Vorteil bei Batterieproblemen.

Verfahren: Elektromechanische Längenmesswerke arbeiten meist nach dem Prinzip der inkrementalen Messwerterfassung. Inkremental bedeutet, dass der Messwert in einzelnen „Stufen" erfasst wird. Die Aufsummierung der Inkremente ergibt dann den absoluten Messwert (Beispiel: das Maß 1 cm besteht aus 10 Inkrementen zu je 1 mm).

Elektromechanische Längenmessung
(Prinzip)

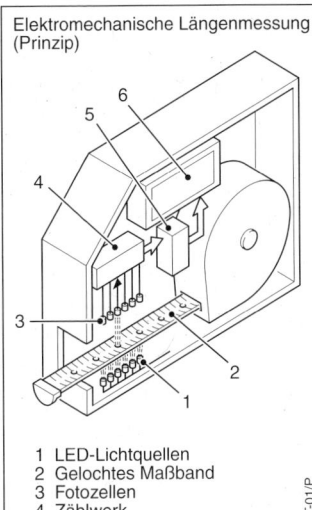

1 LED-Lichtquellen
2 Gelochtes Maßband
3 Fotozellen
4 Zählwerk
5 Speicher
6 Display

EWL-IMT-01/P

Akustische Messverfahren (Ultraschall)

Akustische Messverfahren gestatten das berührungslose Messen von Längen über größere Entfernungen. Dem Messwerk ist eine Auswertelektronik zugeordnet, welche die Messsignale umsetzt und die ermittelte Länge in absoluten Zahlen auf einem Display anzeigt. Mit geringem Elektronikaufwand ist es möglich, gemessene Werte zu speichern oder einfache Rechenoperationen (Addieren, Umrechnen von m in ft) durchzuführen. Akustische Messverfahren sind immer auch vollelektronische Messverfahren, welche zu ihrer Funktion eine Energiequelle (Batterie) benötigen.

Verfahren: Akustische Längenmessung erfolgt durch das Aussenden und Empfangen des reflektierten Schallsignals. Die Zeit, welche zwischen dem Aussenden und dem Empfangen vergeht, ist proportional zu der zu messenden Länge. Das Zeitsignal wird durch ein elektronisches Messwerk in eine entsprechende Längenanzeige umgewandelt.

Funktion: Ein mechanisches Maßband ist mit einer hochpräzisen Lochung oder Zahnung versehen. Beim Ausziehen oder Einfahren des Maßbandes werden mittels der Lochung oder der Zahnung Impulse erzeugt, welche als Inkremente der Länge dem elektronischen Zählwerk eingegeben werden. Bei präziser Konstruktion von Maßband und Messwerk lassen sich hohe Wiederholgenauigkeiten erreichen. Typische Genauigkeiten liegen im Bereich von ca. +/- 1 Millimeter bei Messbereichen von 5 Metern.

Betriebsgrenzen: Wegen des mechanischen Aufwandes ist der Messbereich meist auf 5 Meter beschränkt. Nur in Sonderfällen wird man größere Messbereiche anwenden.

Anwendungsbereich: Überall dort, wo seither mit konventionellen Maßbändern und Zollstöcken gemessen wurde.

Ultraschall-Entfernungsmessung
(Prinzip)

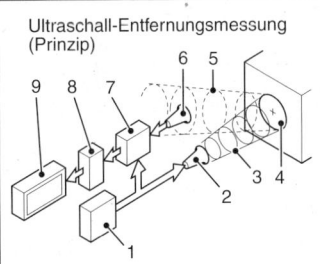

1 Oszillator
2 Utraschallsender
3 gesendete Schallimpulse
4 Messziel
5 reflektierte Schallimpulse (Echo)
6 Ultraschallempfänger
7 Laufzeitvergleich
8 Speicher
9 Display

EWL-IMT-02/P

Funktion: Der Messvorgang wird durch einen Akustikimpuls (Schallsignal) ausgelöst, der von einem piezoelektrischen Schwinger (ein kleiner kristall-elektrischer „Lautsprecher") erzeugt wird. Die Frequenz dieses „akustischen Senders" liegt im für den Menschen unhörbaren Frequenzbereich von ca. 40 kHz. Schallfrequenzen von dieser Höhe lassen sich relativ gut bündeln und breiten sich in einer Keulenform von ca. 10 Grad Öffnungswinkel aus.

Das vom zu messenden Gegenstand zurückgeworfene akustische „Echo" wird in einem mechanisch mit dem „Sender" verbundenen „Empfänger" (Mikrofon) aufgefangen und registriert. Das Messwerk misst die Laufzeit des Schallsignals vom Aussenden bis zum Empfang, berücksichtigt die dem Messverfahren zugrundeliegende doppelte Distanz (Hinweg und Rückweg des Signals) und stellt die gemessene Entfernung in m oder ft auf einem Display dar.

Betriebsgrenzen: Das Messverfahren unterliegt den physikalischen Gesetzen der Akustik. Es eignet sich in erster Linie zum Messen von Distanzen in ungestörter Umgebung bis max. ca. 20 m. Wegen der Kürze der Laufzeiten ist die minimale Messdistanz begrenzt und erst ab ca. 0,5 m möglich. Bei „gestörter" Messstrecke, beispielsweise an Säulen, abgehängten Leuchten, können Nebenechos auftreten, welche das Messergebnis verfälschen. Ebenso können schräge Messungen an akustisch „harten" Flächen zu Schallreflexionen (Ping-Pong-Effekt) und damit Fehlmessungen führen. Ist die anzumessende Fläche akustisch dämpfend (z.B. Stoffbespannung), dann kann die maximale Messdistanz drastisch zurückgehen. Die Messgenauigkeit liegt bei optimalen Messbedingungen bei ca. ± 0,5 %.

Anwendungsbereich: Kostengünstiges, grobes Ausmessen und Erstellen von Aufmaßen in leeren, nicht möblierten Räumen, im Rohbau, zum Errechnen von Flächen und Volumen.

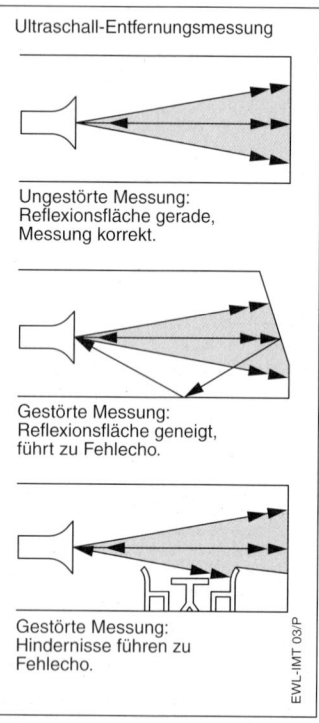

Ultraschall-Entfernungsmessung

Ungestörte Messung:
Reflexionsfläche gerade,
Messung korrekt.

Gestörte Messung:
Reflexionsfläche geneigt,
führt zu Fehlecho.

Gestörte Messung:
Hindernisse führen zu
Fehlecho.

EWL-IMT 03/P

Optische Messverfahren (Laser)
Optische Messverfahren gestatten das berührungslose Messen von Längen über größere Entfernungen. Dem Messwerk ist eine Auswertelektronik zugeordnet, welche die Messsignale umsetzt und die ermittelte Länge in absoluten Zahlen auf einem Display anzeigt. Mit geringem Aufwand ist es möglich, gemessene Werte zu speichern oder einfache Rechenoperationen (Addieren, Multiplizieren, Winkelfunktionen und Umrechnen von m in ft) durchzuführen. Optische Messverfahren sind immer auch vollelektronische Messverfahren, welche zu ihrer Funktion eine Energiequelle (Batterie) benötigen.

Laser - Entfernungsmessgerät

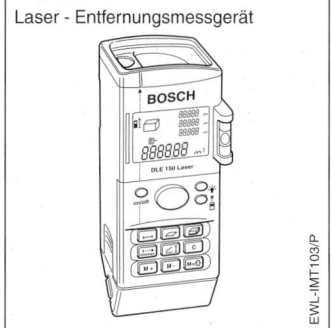

EWL-IMT103/P

Verfahren: Optische Längenmessung erfolgt durch das Aussenden und Empfangen eines reflektierten Lichtsignals. Die Zeit, welche zwischen dem Aussenden und dem Empfangen vergeht, ist proportional zu der zu messenden Länge. Das Zeitsignal wird durch ein elektronisches Messwerk in eine entsprechende Längenanzeige umgewandelt. Der zum Messen verwendete Lichtstrahl muss möglichst eng fokussiert sein, um von Hindernissen nicht beeinflusst zu werden. Deshalb wird für die optische Längenmessung ein Laserstrahl verwendet.

Laserprinzip: Laser erzeugen einen scharf gebündelten Lichtstrahl im sichtbaren oder unsichtbaren Bereich. Der Lichtstrahl kann in einen Festkörper (Kristall, Halbleiter) oder in einem Gas (Gaslaser) erzeugt werden. Der Begriff „Laser" ist ein Kunstwort und bedeutet: **L**ight **a**mplification by **s**timulated **e**mmission of **r**adiation.

Im Prinzip bestehen Laser aus einer Substanz, welche das durch sie fließende Licht durch äußere Energiezufuhr verstärken können. Die Funktion eines Festkörperlasers erfolgt, extrem vereinfacht, etwa nach folgendem Schema:

Einem geeigneten Kristall (Rubin, Yttrium-Aluminium-Kristall) mit planparallel geschliffenen Flächen wird Energie in Form von Licht aus einer Blitzlichtröhre oder mehreren speziellen Leuchtdioden zugeführt. Dadurch wird der Laser zum Aussenden von Licht in einer für das La-

sermedium charakteristischen Wellenlänge (Farbe) angeregt. Durch an den Stirnseiten des Kristalls angebrachten teil- oder totalreflektierende Spiegel wird der im Laser erzeugte Lichtstrahl durch die Hin-und-Her-Reflektion weiter verstärkt. Die Lichtmenge, welche an der teilreflektierenden Spiegelfläche austritt, ist der nutzbare Laserstrahl.

Zum Laserprinzip und zur praktischen Funktion sind zahlreiche Fachbücher und Fachschriften erschienen. Bei detaillierterem Informationsbedarf wird deren Lektüre empfohlen.

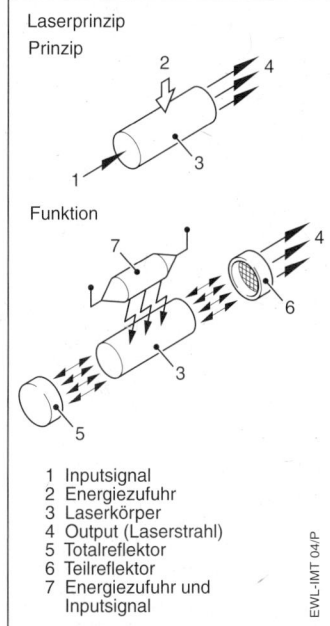

Laserprinzip

Prinzip

Funktion

1 Inputsignal
2 Energiezufuhr
3 Laserkörper
4 Output (Laserstrahl)
5 Totalreflektor
6 Teilreflektor
7 Energiezufuhr und Inputsignal

EWL-IMT 04/P

Die Erzeugung des Laserstrahles in der Messtechnik erfolgt mit sogenannten Festkörperlasern. Diese Art von Lasern, auch Laserdioden genannt, sind kleine, kompakte Bauelemente mit einem Volumen von meist weniger als 1 cm^3. Der aus der Laserdiode austretende Laserstrahl wird durch optische Linsensysteme fokussiert. Durch Steuerung der Energiequelle kann der Laserstrahl gepulst (moduliert) werden.

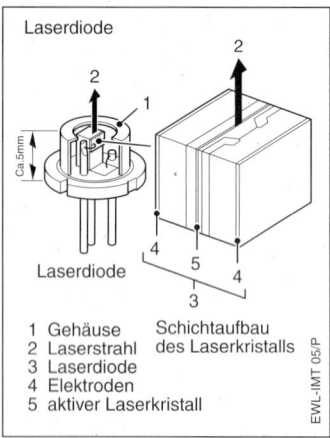

Laserdiode

1 Gehäuse
2 Laserstrahl
3 Laserdiode
4 Elektroden
5 aktiver Laserkristall

Schichtaufbau des Laserkristalls

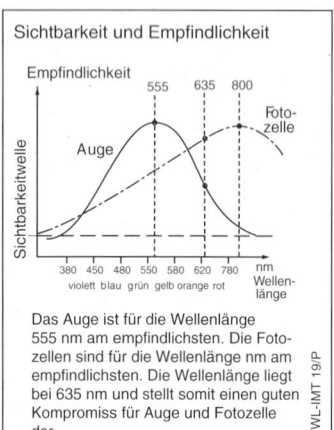

Sichtbarkeit und Empfindlichkeit

Das Auge ist für die Wellenlänge 555 nm am empfindlichsten. Die Fotozellen sind für die Wellenlänge nm am empfindlichsten. Die Wellenlänge liegt bei 635 nm und stellt somit einen guten Kompromiss für Auge und Fotozelle dar.

Je nach Wellenlänge des ausgestrahlten Laserstrahles hat er – im sichtbaren Bereich – eine bestimmte Farbe, welche die Wahrnehmung entscheidend beeinflusst.

Das menschliche Auge ist im Bereich der Wellenlänge ca. 550 nm (Nanometer) am empfindlichsten. Dies entspricht der Farbe Grün/Gelb. Das Empfindlichkeitsmaximum der für Messwerkzeuge verfügbaren Fotozellen (Fotodioden und Fototransistoren) liegt jedoch im Bereich von ca. 800 Nm, also im für das menschliche Auge unsichtbaren Infrarotbereich. Als Kompromisslösung hat sich für Mess-und Übertragungswerkzeuge die Farbe Rot bei einer Wellenlänge von 635 Nm als Laserlicht durchgesetzt. Diese Farbe ist sowohl vom menschlichen Auge als auch von den verfügbaren Fotodioden gut erkennbar.

Der Laserstrahl ist auf einen kleinen Durchmesser konzentriert. Die Energiedichte kann deshalb erheblich sein. Mit Hochenergielasern ist Schweißen und Trennen von Metall möglich, die Sicherheitsvorschriften sind entsprechend. Für Messzwecke setzt man Laser der Klasse II ein. Hier ist die Leistung auf 1 mW begrenzt und wird als ungefährlich eingestuft. Trotzdem sollte grundsätzlich kein Laserstrahl, auch nicht durch Reflexionen, in das menschliche Auge gelangen.

Funktion: Der Messvorgang wird durch einen Lichtimpuls ausgelöst, der von einem Halbleiterlaser (Laserdiode) erzeugt wird. Dieser Laserstrahl wird mit einer bestimmten Frequenz gepulst (moduliert). Die Frequenz kann automatisch entsprechend der zu messenden Distanz geändert werden. Der Laserstrahl lässt sich optisch relativ gut bündeln und erzeugt in ca. 30 Metern Entfernung einen Messpunkt mit einem Durchmesser von ca. 15 mm.

Das vom zu messenden Gegenstand reflektierte Laserlicht wird in einem mechanisch mit dem „Laser-Sender" verbundenen „Empfänger" (optische Sammellinsen und Fotozelle) aufgefangen und registriert. Ein Prozessor steuert den Messvorgang und misst die Laufzeit des Laserlichtes vom Aussenden bis zum Empfang, berücksichtigt die dem Messverfahren zugrundeliegende doppelte Distanz (Hinweg und Rückweg des Signals) und stellt die gemessene Entfernung in m oder ft auf einem Display dar.

Beim Beginn der Messung kann durch den vom Laserstrahl erzeugten Lichtpunkt die Lage des Messpunktes genau definiert werden. Beim Auslösen des eigentlichen Messvorganges wird der Laserstrahl zunächst über eine innerhalb des optischen Systems befindliche Messstrecke geführt, deren fixe Länge genau definiert ist. Nach dieser Referenzmessung ("Eichstrecke") findet automatisch die eigentliche Messung statt.

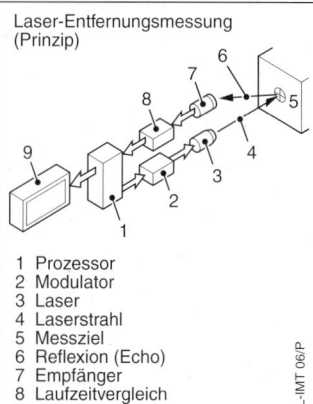

Laser-Entfernungsmessung (Prinzip)

1 Prozessor
2 Modulator
3 Laser
4 Laserstrahl
5 Messziel
6 Reflexion (Echo)
7 Empfänger
8 Laufzeitvergleich
9 Display

EWL-IMT 06/P

Betriebsgrenzen: Das Messverfahren unterliegt den physikalischen Gesetzen der Optik. Es eignet sich in erster Linie zum Messen von Distanzen bis max. ca. 50 Metern. Wegen der Kürze der Laufzeiten ist die minimale Messdistanz begrenzt und erst ab ca. 0,3 m möglich. Bei "gestörter" Messstrecke, beispielsweise direkte Sonneneinstrahlung, Rauch, Nebel, Staub, Regen, können Absorptionen des Laserstrahles auftreten, welche das Messergebnis verfälschen. Ebenso können Messungen kurzer Distanz an stark spiegelnden Oberflächen zum "Blenden" des Laserlichtempfängers und damit zu Fehlmessungen führen. In diesem Fall muss die Reflexion vermindert werden, beispielsweise durch Auflegen eines Papiers. Ist die anzumessende Fläche optisch dämpfend (z. B. schwarze Stoffbespannung), dann kann die maximale

Messdistanz drastisch zurückgehen. Hier ist Abhilfe durch spezielle Reflektortafeln möglich.

Die Messgenauigkeit liegt bei optimalen Verhältnissen unter +/– 3 mm.

Anwendungsbereich: Sehr präzise Messungen in allen Messbereichen bei hohem Bedienungskomfort. Im Innen- und Außenbereich anwendbar. Direkte und indirekte, sowie laufende Entfernungs- und Längenmessung.

Automatisches Messen von Flächen und Volumen. Ersetzt konventionelle Längenmessgeräte und eröffnet neue Messmöglichkeiten.

Mikrowellen-Messverfahren (Radar)
Mikrowellen-Messverfahren gestatten wie das optische Messverfahren ein berührungsloses Messen von Längen über größere Entfernungen. An Stelle des Laserstrahles werden Mikrowellen verwendet. Die Erzeugung und Abstrahlung der Mikrowellen erfordert einen relativ hohen elektronischen Aufwand, der sich in den Kosten niederschlägt.

Verfahren: Die Längenmessung mittels Mikrowellen erfolgt durch das Aussenden und Empfangen eines Hochfrequenzsignals (Mikrowellen). Die Zeit, welche zwischen den Aussenden und dem Empfangen vergeht, ist proportional von der zu messenden Länge. Das Zeitsignal wird durch ein elektronisches Messwerk in eine entsprechende Längenanzeige umgewandelt. Der zum Messen verwendete Mikrowellenstrahl muss möglichst eng gebündelt sein, um von Hindernissen nicht beeinflusst zu werden.

Funktion: Der Messvorgang wird durch einen Hochfrequenzimpuls ausgelöst, der von einem Mikrowellensender (Radardiode, Magnetron) erzeugt und über eine geeignete Antenne abgestrahlt wird.

Die vom zu messenden Gegenstand reflektierten Mikrowellen werden über eine Antenne (meist die Sendeantenne, welche umgeschaltet wird) erfasst und einem Empfänger zugeführt. Ein Prozessor steuert den Messvorgang und misst die Laufzeit des Hochfrequenzimpulses vom Aussenden bis zum Empfang, berücksichtigt die dem Messverfahren zugrundeliegende doppelte Distanz (Hinweg und Rückweg des Signals) und stellt die gemessene Entfernung in m oder ft auf einem Display dar.

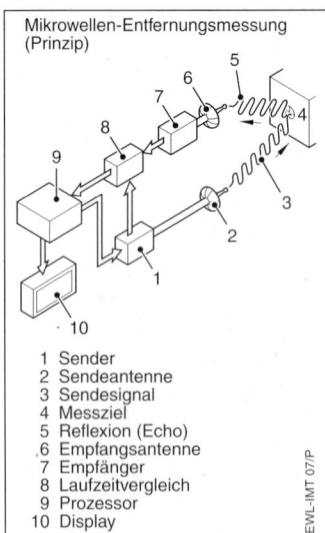

Mikrowellen-Entfernungsmessung (Prinzip)

1 Sender
2 Sendeantenne
3 Sendesignal
4 Messziel
5 Reflexion (Echo)
6 Empfangsantenne
7 Empfänger
8 Laufzeitvergleich
9 Prozessor
10 Display

EWL-IMT 07/P

Betriebsgrenzen: Das Messverfahren unterliegt den physikalischen Gesetzen der Wellenausbreitung. Es eignet sich in erster Linie zum Messen von Distanzen in ungestörter Umgebung. Bei „gestörter" Messstrecke, beispielsweise Säulen, abgehängten Leuchten, können wie beim Ultraschall-Entfernungsmesser Nebenechos auftreten, welche das Messergebnis verfälschen. Ebenso können schräge Messungen an elektromagnetisch „harten" Flächen zu Reflexionen (Ping-Pong-Effekt) und damit Fehlmessungen führen. Ist die anzumessende Fläche elektromagnetisch passiv (z.B. Kunststoff, Holz), dann kann die maximale Messdistanz drastisch zurückgehen. Wegen obengenannter Eigenschaften und dem relativ hohen Aufwand von präzisen, für Messzwecke geeigneten Mikrowellen-Entfernungsmessern hat sich dieses Messverfahren in der Praxis nicht für die allgemeine Anwendung durchgesetzt. Im Bereich der Messung großer Distanzen dagegen ist die Mikrowellentechnik (Radar) ein unentbehrlicher Bestandteil moderner Navigationsverfahren im nautischen und aeronautischen Bereich geworden.

Neigungsmessung

Die Messung einer Neigung, präziser: die Messung der Abweichung von der Horizontalen (Waagrechten) oder Vertikalen (Senkrechten) ist nach der Längenmessung die zweithäufigste Messung. Sie kommt in praktisch allen Bereichen und Anwendungen vor. Die weitaus meisten Neigungsmessungen werden mit rein mechanischen Messwerkzeugen (Wasserwaage, Schlauchwasserwaage) durchgeführt. Weil der Messwert nicht absolut dargestellt wird, ist die Messung interpretationsbedürftig und deswegen nur annähernd genau.

Elektronische Neigungsmessgeräte erlauben wegen der absoluten Anzeige der gemessenen Abweichung eine seither nicht mögliche Präzision des Messvorganges. Wegen der elektronischen Verarbeitung des Messsignals durch einen Prozessor sind Messungen in verschiedenen Einheiten wie %, Grad sowie Messwertspeicherung möglich. Durch Kalibriermöglichkeiten ist eine hohe Langzeitgenauigkeit möglich.

Messverfahren

Alle Messverfahren zur Neigungsmessung setzen eine Referenzlage (also die Waagrechte oder die Senkrechte) voraus, von der aus die Abweichung gemessen wird. Diese Referenzlage muss innerhalb des Messwerkes künstlich erzeugt werden. Von ihrer Präzision hängt die erreichbare Genauigkeit des Messverfahrens ab.

Als Messverfahren für die Neigungsmessung gibt es im Wesentlichen drei Verfahren:
– Mechanische Messverfahren
– Elektrooptische Messverfahren
– Kapazitive Messverfahren
Jedes Verfahren hat prinzipbedingte Eigenschaften, welche es für bestimmte Anwendungen besser oder weniger gut

geeignet machen. Die Messverfahren unterscheiden sich in Praxistauglichkeit und vor allem im konstruktiven Aufwand und damit in den Kosten erheblich. Dementsprechend sind die Messverfahren bestimmten Einsatzbereichen zugeordnet.

Mechanische Messverfahren

Mechanische Messverfahren verlangen, wenn man eine zuverlässige und robuste Funktion fordert, einen hohen konstruktiven Aufwand und sind damit kostenintensiv. Aus diesem Grunde werden sie nur in Sonderfällen eingesetzt. In Messwerkzeugen für den allgemeinen Gebrauch finden sie deshalb nur in ihrer einfachsten Form, als
– Wasserwaage
– Schlauchwasserwaage
– Senklot
Verwendung. Ihre Funktion ist deshalb nur der Vollständigkeit halber erwähnt.

Wasserwaage: Ein leicht gekrümmtes Glasrohr ist so weit mit einer geeigneten Flüssigkeit gefüllt, dass eine kleine Luftblase verbleibt. Die Luftblase hat die Tendenz, dem höchsten Punkt der gekrümmten Libelle zuzustreben und zeigt damit die Lage der skalierten Libelle zur Waagrechten an. Je schwächer die Libelle gekrümmt ist, umso genauer zeigt sie an, aber umso kleiner ist ihr Messbereich. Je stärker die Libelle gekrümmt ist, umso ungenauer zeigt sie an, aber umso größer ist ihr Messbereich. Da der Messwert nicht absolut angezeigt wird, ist die Genauigkeit so hoch, wie der Messwert vom Anwender „eingeschätzt" wird.

Schlauchwasserwaage: Die Schlauchwasserwaage verfügt über zwei skalierte Messbehälter, welche durch einen Schlauch beliebiger Länge miteinander verbunden sind. Das System ist mit Wasser gefüllt. Nach dem physikalischen Gesetz der verbundenen Röhren wird der Wasserspiegel in beiden Messbehältern stets gleich hoch stehen. Anhand der Skalierung kann eine Abweichung zweier unterschiedlicher Messpunkte voneinander festgestellt werden. Das offene System ist empfindlich, unhandlich, benötigt zwei Messstellen und hat nur einen geringen Messbe-

reich. Wie bei der Wasserwaage ist die Genauigkeit so hoch, wie der Messwert vom Anwender „eingeschätzt" wird.

Senklot: Das Messverfahren unterliegt den physikalischen Gesetzen der Schwerkraft: Ein Lot richtet sich zum Erdmittelpunkt aus, seine Achse steht damit exakt im Winkel von 90° zur (theoretischen) Erdoberfläche und damit zur Waagrechten. Senklote können so aufgebaut werden, dass sie die Lage der Senkrechten auf einer Skala anzeigen. Wenn hohe Genauigkeit gewünscht wird, ist ein mechanisch komplexer Aufbau nötig. Bei einfachen Loten ist die Bedienung sehr umständlich, da nur die Senkrechte angezeigt wird, die Neigung dagegen vom Anwender interpretiert werden muss.

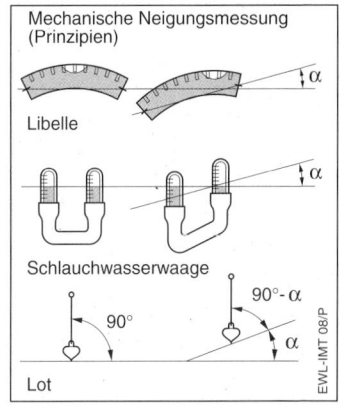

Mechanische Neigungsmessung (Prinzipien)

Libelle

Schlauchwasserwaage

90°

90°- α

Lot

EWL-IMT 08/P

Elektrooptische Messverfahren

Elektrooptische Messverfahren können bei hinreichender Genauigkeit sehr robust ausgeführt werden und verfügen über keine mechanisch beweglichen Bauelemente. Sie sind kostengünstig herstellbar, haben aber den Nachteil, dass mit zunehmender Genauigkeit der Messbereich zur Waagrechten oder Senkrechten immer mehr eingeschränkt wird.

Verfahren: Das Referenzsignal wird durch Wasserwaagenlibelle („Referenzplattform") erzeugt, die fest im Messgerätegehäuse gelagert ist und deren Luftblase sich waagrecht ausrichtet. Die Abweichung des Messgerätes von der Luftblasenstellung wird von Fotozellen erfasst und im elektronischen Messwerk ausgewertet und zur Anzeige gebracht.

bare Bereich wird allerdings kleiner.

Mechanisch fest sind auf der Libelle Fotozellen angebracht, welche die Lage der Luftblase berührungslos erfassen und dem Messwerk mitteilen. Zur Erfassung der Waagrechten und Senkrechten benötigt man 2 getrennte Libellen, welche im Winkel von 90° zueinander angeordnet sein müssen.

Betriebsgrenzen: Das Messverfahren ist zwar recht einfach und robust, aber der minimale Messbereich schränkt die Brauchbarkeit für die Praxis sehr stark ein. Das Elektrooptische Messverfahren wird daher im Wesentlichen nur als Referenzplattform für Nivelliergeräte bzw. zum Nivellieren von optischen Mess- und Übertragungsgeräten (Nivellierlaser, Rotationslaser) verwendet.

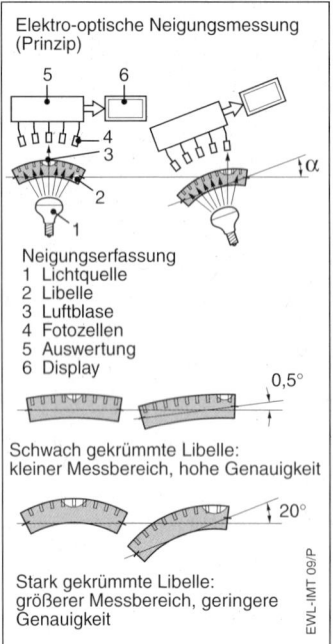

Elektro-optische Neigungsmessung (Prinzip)

Neigungserfassung
1 Lichtquelle
2 Libelle
3 Luftblase
4 Fotozellen
5 Auswertung
6 Display

Schwach gekrümmte Libelle:
kleiner Messbereich, hohe Genauigkeit

Stark gekrümmte Libelle:
größerer Messbereich, geringere Genauigkeit

EWL–IMT 09/P

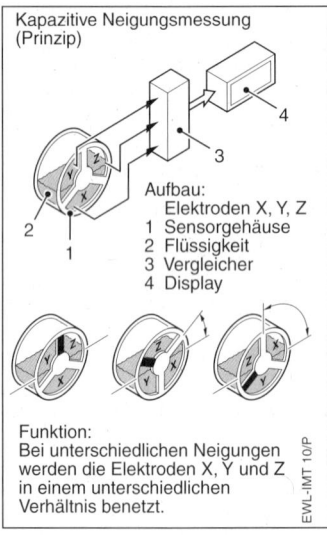

Kapazitive Neigungsmessung (Prinzip)

Aufbau:
Elektroden X, Y, Z
1 Sensorgehäuse
2 Flüssigkeit
3 Vergleicher
4 Display

Funktion:
Bei unterschiedlichen Neigungen werden die Elektroden X, Y und Z in einem unterschiedlichen Verhältnis benetzt.

EWL–IMT 10/P

Funktion: Die Luftblase in der mit einer leicht beweglichen Flüssigkeit teilgefüllten, leicht gebogenen Glaslibelle richtet sich stets waagrecht aus. Je stärker die Libelle gebogen ist, umso geringer ist die Abweichung (und damit die Genauigkeit) der Luftblase, aber umso größer ist der Messbereich.

Je schwächer die Libelle gebogen ist, um so größer ist die Abweichung (und damit die Genauigkeit) der Luftblase bei gleicher Lageveränderung. Der mess-

Kapazitive Messverfahren

Kapazitive Messverfahren können bei hoher Genauigkeit sehr robust ausgeführt werden und verfügen über keine mechanisch beweglichen Bauelemente. Sie sind kostengünstig herstellbar und haben einen uneingeschränkten Messbereich um eine Achse.

Verfahren: Das Referenzsignal wird durch einen kapazitiven Sensor („Referenzplattform") erzeugt, der fest im Messgerätegehäuse gelagert ist und in dem sich eine geeignete Flüssigkeit auf Grund der Schwerkraft waagerecht ausrichtet. Die Lage der Flüssigkeit wird kapazitiv erfasst und im elektronischen Messwerk ausgewertet und zur Anzeige gebracht.

Funktion: Der Neigungssensor hat die Form einer geschlossenen Dose, in der mehrere Metallsegmente angeordnet sind. Die Dose ist teilweise mit einer leicht beweglichen Flüssigkeit gefüllt, welche teilweise die Metallsegmente benetzt. Wird die Lage verändert, dann ändert sich auch das Verhältnis der benetzten Segmentflächen und damit deren Kapazität zueinander. Diese relative Veränderung der Kapazität der einzelnen Segmente zueinander ist das Messsignal, welches durch einen elektronischen Prozessor ausgewertet und zur Anzeige gebracht wird. Die Langzeitgenauigkeit wird durch die Möglichkeit, das Messwerk kalibrieren zu können, gewährleistet.

Digitaler Neigungsmesser

1 Elektronikmodul und Display
2 Libellen

EWL-N003/G

Betriebsgrenzen Das Messverfahren ist einfach und robust und der Messbereich beträgt 360°. Diese Eigenschaften machen das kapazitive Messverfahren in hohem Maße praxistauglich. Der Gebrauchsnutzen, die Präzision und die Möglichkeit, Messwerte zu speichern oder in anderen Einheiten (Grad, %) anzuzeigen, gehen weit über den einer „normalen" Wasserwaage hinaus, deshalb dürfen „digitale Neigungsmesser" von der Kostenseite her nicht mit einer Wasserwaage verglichen werden.

Winkelmessung

Die Messung von Winkeln ist ebenso wie die Neigungsmessung ein bei allgemeinen Anwendungen häufig vorkommender Fall. Mechanische Winkelmessgeräte können zwar mit sehr hoher Präzision hergestellt werden, allerdings muss das Messresultat vom Anwender visuell erfasst und interpretiert werden. Bei eingeschränkter Sicht auf die Winkelskala (Beleuchtung, Verschmutzung, Brillenträger!) kann die praktische Genauigkeit stark eingeschränkt werden.

Elektronische Winkelmessgeräte erlauben wegen der absoluten Anzeige des gemessenen Winkels eine sehr hohe Präzision des Messvorganges. Wegen der elektronischen Verarbeitung des Messsignals durch einen Prozessor ist eine Messwertspeicherung möglich. Bestimmte Messverfahren verfügen über eine automatische Kalibrierung während des Messvorgangs. Dadurch ist eine hohe Langzeitgenauigkeit möglich.

Messverfahren

Alle Verfahren zur Winkelmessung erfolgen elektromechanisch, teilweise mit optischen Übertragungselementen. Es haben sich zwei Messverfahren in der Praxis durchgesetzt:
– Elektromechanischer Winkelsensor
– Elektrooptischer Rotationssensor
Jedes Verfahren hat prinzipbedingte Eigenschaften, welche die Messgenauigkeit und die Konstanz der Messgenauigkeit über die Lebensdauer und damit auch die Praxistauglichkeit entscheidend beeinflussen.

Elektromechanischer Winkelsensor
Bei diesem direkten Messverfahren wird der gemessene Winkel direkt in ein (meist) analoges elektrisches Signal umgesetzt und auf einem Display angezeigt.

Elektromechanische Winkelmessung (Prinzip)

Prinzip:
1 Klappschenkel
2 Basisschenkel
3 Schleifkontakt am Klappschenkel
4 elektr. Widerstand
5 Messwertumformer
6 Display

Arbeitsweise:
Die Schleifkontaktposition ändert sich entsprechend der Winkelposition.

EWL-IMT 11/P

Verfahren: Die Winkelstellung wird innerhalb des Messwerkes mechanisch auf einen Dreh-oder Schiebewiderstand (Potentiometer) übertragen. Die an ihm abgegriffene Spannung ist ein Maß für den gemessenen Winkel.

Funktion: Die Elektronik des Messwerkes legt an den Messwiderstand eine stabilisierte elektrische Spannung. Der bewegliche Schenkel des Winkelmessers positioniert entsprechend der Winkelstellung einen Abgreifkontakt auf dem Messwiderstand. Die an dem Abgreifkontakt erfasste Spannung ist analog der Winkelstellung und wird über eine einfache elektronische Schaltung auf einem Display angezeigt.

Betriebsgrenzen: Das Messverfahren unterliegt den physikalischen Gesetzen der Mechanik. Bei einfachem, kostengünstigem Aufbau können Lagerspiel und natürlicher Verschleiß die Anzeigegenauigkeit erheblich beeinflussen. Schockbeanspruchungen (Fall) können die Grundeinstellung des Messwerkes ebenso unmerklich verstellen wie die Alterung des Messpotentiometers. Eine exakte Messung ist dann nicht mehr möglich.

Elektrooptischer Drehsensor
Bei diesem Messverfahren wird der gemessene Winkel mit dem Winkel eines Vollkreises verglichen. Aus dem Verhältnis beider Winkel zueinander wird das Messergebnis ermittelt und auf einem Display angezeigt.

Verfahren: Eine rotierende Nockenscheibe unterbricht zwei Lichtschranken, von denen eine fest, die andere dem gemessenen Winkel entsprechend beweglich im Messwerk angeordnet sind. Das Verhältnis der Durchlaufzeiten der Nockenscheibe dient als Maß für den gemessenen Winkel

Funktion: Bei jedem Umlauf der Nockenscheibe wird die feste Lichtschranke unterbrochen. Jede dieser Unterbrechungen signalisiert über die dafür benötigte Zeit dem Messwerk, dass die Nockenscheibe eine Drehung um 360° durchgeführt hat. Innerhalb dieses Umlaufes unterbricht die

Elektrooptische Winkelmessung
mit Drehsensor,
Zeitverhältnismessung
(Prinzip)

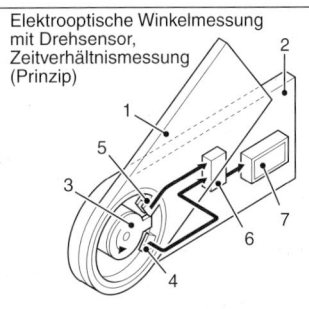

Prinzip des Drehsensors
1 Klappschenkel
2 Basisschenkel
3 Rotor mit Nocke
4 Lichtschranke am Basisschenkel
5 Lichtschranke am Klappschenkel
6 Zeitverhältnismesser
7 Display

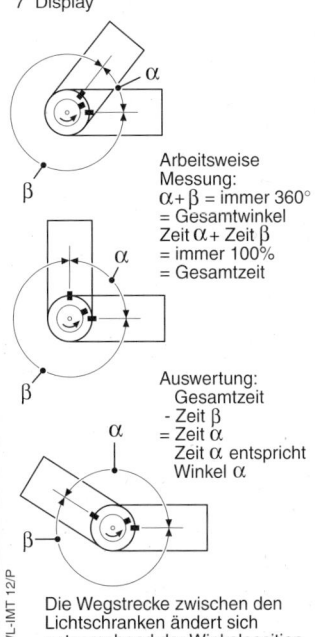

Arbeitsweise
Messung:
$\alpha + \beta$ = immer 360°
= Gesamtwinkel
Zeit α + Zeit β
= immer 100%
= Gesamtzeit

Auswertung:
Gesamtzeit
- Zeit β
= Zeit α
Zeit α entspricht
Winkel α

Die Wegstrecke zwischen den
Lichtschranken ändert sich
entsprechend der Winkelposition.

EWL–IMT 12/P

Winkelmesser

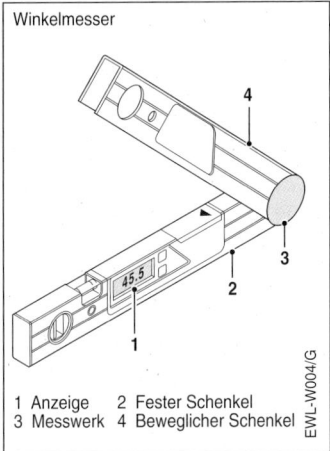

1 Anzeige   2 Fester Schenkel
3 Messwerk   4 Beweglicher Schenkel

EWL-W004/G

Nockenscheibe auch jedesmal die beweglich angeordnete Lichtschranke. Die Teilzeiten, welche die Nockenscheibe vom Passieren der festen Lichtschranke zur beweglich angeordneten Lichtschranke und wieder weiter zur festen Lichtschranke benötigt, werden in das Verhältnis zur Zeit für einen Gesamtumlauf gesetzt.

Hieraus kann mit sehr hoher Genauigkeit der gemessene Winkel ermittelt werden. Da keine direkten, absoluten Zeiten, sondern winkelanaloge Zeitverhältnisse gemessen werden, ist die Genauigkeit von der Drehzahl der Nockenscheibe unabhängig.

Betriebsgrenzen: Das Messverfahren ist robust bei gleichzeitig hoher Präzision. Der Einfluss mechanischer Abnützung wird durch die relative Vergleichsmessung kompensiert. Während eines Umlaufes kontrolliert sich das Messwerk selbst.

Ortungsgeräte

Ortungsgeräte dienen der Lokalisierung von gefährlichen oder hinderlichen Einbettungen in Baustoffen. Typische Fälle sind unter Putz verlegte Leitungen für Elektrizität, Gas, Wasser und Bewehrungen im Beton. Treffer auf diese Einbettungen können neben der Personengefährdung erhebliche Folgeschäden (z.B. Wasserschäden) verursachen. Zuverlässige und präzise Ortungsgeräte können also einen wichtigen Beitrag zum wirtschaftlichen Elektrowerkzeugeinsatz leisten.

Ortungsverfahren

Präzision und Zuverlässigkeit stehen in direktem Zusammenhang zum konstruktiven Aufwand eines Ortungsgerätes, und dieser ist wiederum abhängig vom gewählten Ortungsverfahren.
Bewährt haben sich

- induktive Ortungsgeräte
- kapazitive Ortungsgeräte

Induktive Ortungsgeräte haben günstige Kosten, aber prinzipbedingte Nachteile in der Präzision und Ortungsqualität. Kapazitive Ortungsgeräte erfordern einen deutlich höheren technischen Aufwand, haben aber, was die Ortungsqualität anbetrifft, so deutliche Vorteile, dass sich der höhere Kostenaufwand schon nach kürzester Zeit amortisiert.

Induktive Ortungsgeräte

Induktive Ortung

Induktive Ortungsverfahren ermöglichen das berührungslose Lokalisieren von magnetisch wirksamen Einbettungen (Metallen) und unter Wechselspannung stehenden Leitungen und Kabeln in nichtmetallischen Baustoffen. Nichtmetallische Einbettungen können nicht geortet werden.

Funktion: Die im Gerät befindlichen induktiven Schwingkreise eines Oszillators (Schwingungserzeugers) werden bei Annäherung an Metalle, insbesondere an magnetische Metalle und Wechselstromfelder verstimmt. Der Verstimmungsgrad ist ein Maß für die Nähe des Ortungsgerätes zum Störgegenstand und wird optisch und/oder akustisch angezeigt.

Gerätetechnik: Wichtigste Komponente des Gerätes sind die Anzahl, Güte und Anordnung der Schwingkreisspulen (Schwingkreisinduktivitäten). Sie bestimmen im Wesentlichen die Qualität und damit die Messgenauigkeit des Gerätes. Bei einfacher Spulenanordnung weist das Gerät unterschiedliche Empfindlichkeiten beim senkrechten und beim waagrechten

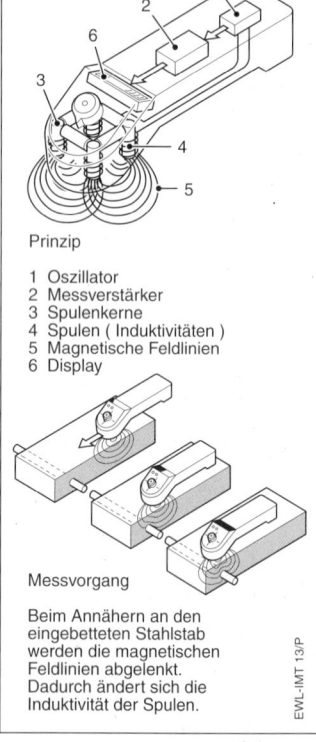

Induktive Ortung

Prinzip

1 Oszillator
2 Messverstärker
3 Spulenkerne
4 Spulen (Induktivitäten)
5 Magnetische Feldlinien
6 Display

Messvorgang

Beim Annähern an den eingebetteten Stahlstab werden die magnetischen Feldlinien abgelenkt. Dadurch ändert sich die Induktivität der Spulen.

EWL-IMT 13/P

Metallortungsgerät

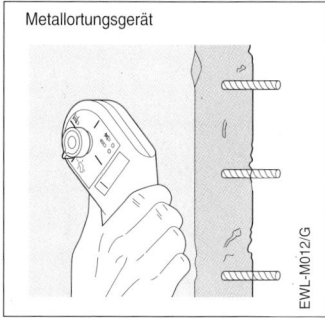

EWL-M012/G

Verfahren über das Messobjekt aus. Bei kreuzförmiger Anordnung von vier Spulen ist in jeder Verfahrensrichtung die Empfindlichkeit gleich hoch. 5 cm in Beton, die Ortungspräzision entspricht dem Kostenaufwand. Mit genügend Praxiserfahrung beim Messen ermöglichen induktive Geräte bei begrenzten Anforderungen eine hinreichend sichere Ortung.

Anwendung: Wegen der induktiven Arbeitsweise können nichtmetallische Gegenstände nicht und unmagnetische Metalle nur unzureichend geortet werden.

Bohrtiefenmessung

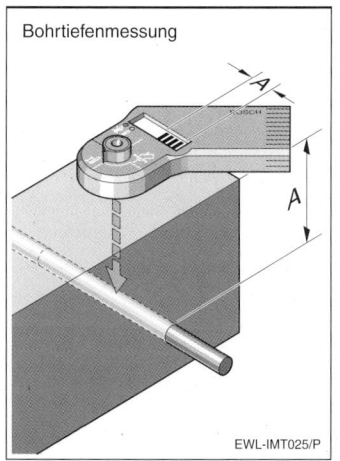

EWL-IMT025/P

Des Weiteren müssen die zu ortenden Gegenstände in einem nichtmetallischen Baustoff eingebettet sein. Elektrische Leitungen werden nur dann sicher erfasst, wenn an ihnen eine Wechselspannung liegt.

Bei vertretbarem technischem Aufwand liegt die Ortungstiefe bei ca. 5 cm in Beton, die Ortungspräzision entspricht dem Kostenaufwand. Mit genügend Praxiserfahrung beim Messen ermöglichen induktive Geräte eine hinreichend sichere Ortung.

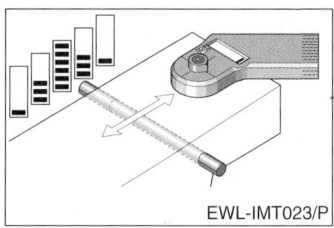

EWL-IMT023/P

Ortungspraxis: In der Praxis wird das induktive Ortungsgerät zunächst eingeschaltet, damit es sich kalibrieren (neutralisieren) kann. Erst dann wird es auf der zu untersuchenden Fläche aufgesetzt und darüber verfahren. Die Annäherung wird optisch angezeigt. Durch entsprechendes Verfahren über die Maximalanzeige wird der Störkörper lokalisiert und seine Lage eingegrenzt. Je nach Gerätetyp ist es durch Umschalten in einen weiteren Messmodus möglich, die ungefähre Tiefe des Störkörpers.

Kapazitive Ortungsgeräte

Die Ortung verborgener Gegenstände mittels kapazitiver Messtechnik setzt einen relativ hohen technischen Aufwand von der Geräteseite her voraus. Die Erzeugung und Auswertung des Messsignales ist komplex und damit kostenintensiv. Typisch für dieses Ortungsverfahren ist die allerdings überaus hohe Präzision und Sicherheit. Durch so genanntes "Scannen" kann mittels einer entsprechenden Anzeige ein "Schnittbild" durch den Baukörper erstellt werden. Die sehr hohe Güte von Messung und Anzeige rechtfertigen allerdings den höheren Aufwand bei weitem.

Gerätetechnik: Zur Gerätefunktion muss über die zu untersuchende Fläche verfahren werden. Das Gerät ist aus diesem Grund mit Führungsrollen ausgerüstet, die bei der Anwendung die Richtungsstabilität gewährleisten und ein leichtes Verfahren auch über weniger glatte Oberflächen ermöglichen. Zur Unterseite hin ist der Sensor angeordnet, die dem Anwender zuweisende Oberseite enthält die Bedienungselemente und die Anzeige. In das Gerätegehäuse ist ein Handgriff integriert, welcher eine ergonomisch günstige Handhabung ermöglicht.

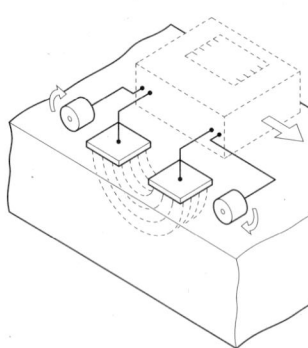

Ortungsgerät, kapazitiv
Wirkungsweise

Keine Einschlüsse im Baukörper. Das elektrische Feld bleibt ungestört.

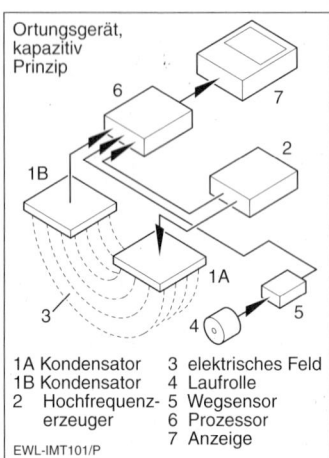

Ortungsgerät, kapazitiv Prinzip

1B Kondensator
1A Kondensator
2 Hochfrequenzerzeuger
3 elektrisches Feld
4 Laufrolle
5 Wegsensor
6 Prozessor
7 Anzeige

EWL-IMT101/P

Funktion: Die kapazitive Ortung erfolgt durch hochfrequente elektrische Felder, welche bei Annäherung an Gegenstände unterschiedlicher Dichte und elektrischer Eigenschaften verändert werden. Das Maß der Veränderung ist abhängig von der Entfernung des Gegenstandes unter der Oberfläche und seiner Beschaffenheit.

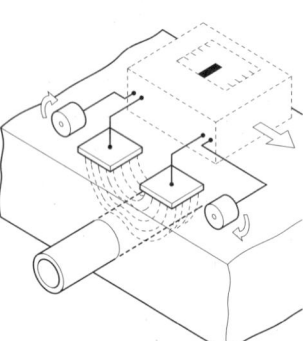

Einschlüsse im Baukörper. Das elektrische Feld verändert sich. Über die Laufrollen wird die Verfahrensposition ermittelt und daraus die Position des Einschlusses zur Geräteposition ermittelt und angezeigt.

EWL-IMT102/P

Anwendung: Die kapazitive Messtechnik ermöglicht die Ortung aller Materialien, wobei deren Dichteverhältnis zum umgebenden Material die Messgröße darstellt. Es können also im Gegensatz zum induktiven Messverfahren auch unmagnetische und nichtmetallische Fremdkörper im Baustoff detektiert werden, ebenso werden Hohlräume im Baustoff in Lage und Tiefe angezeigt. Die angezeigten Werte können dokumentiert werden. Hierdurch sind die Anwendungsmöglichkeiten und damit der Gebrauchsnutzen in allen Baubereichen außerordentlich hoch. Typische Anwendungen sind im Installationsbereich, Sanitär und Elektrotechnik und und in der Befestigungstechnik und und in der Kontrolle von Baukörpern und im Gutachtenwesen.

Ortungspraxis: In der Praxis wird das Gerät auf die zu untersuchende Fläche aufgesetzt und darauf in einer Ebene verfahren ("gescannt"). Bei der Hinbewegung nimmt das Gerät die Dichteunterschiede auf, bei der Rückbewegung werden die Dichteunterschiede entsprechend auf dem Display angezeigt udn gespeichert. Je nach Untergrund des Baukörpers und der Einschlüsse sind verschiedene Messmodi möglich, welche

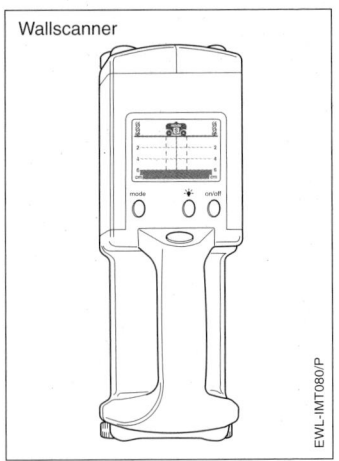

Wallscanner

EWL-IMT080/P

Zwischenschichten konstanter Dichte, wie sie beispielsweise im Trockenbau vorkommen, ausblenden; wodurch das Messergebnis einfacher zu interpretieren ist. Die folgenden Abbildungen zeigen verschiedene Anwendungsfällte und die entsprechenden Displayanzeigen.

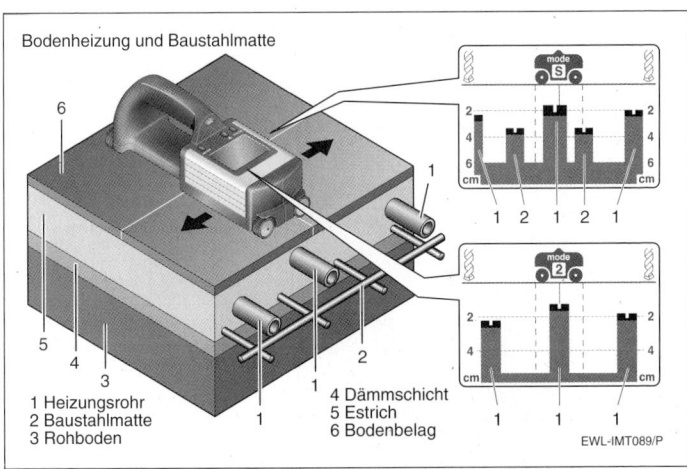

Bodenheizung und Baustahlmatte

1 Heizungsrohr
2 Baustahlmatte
3 Rohboden
4 Dämmschicht
5 Estrich
6 Bodenbelag

EWL-IMT089/P

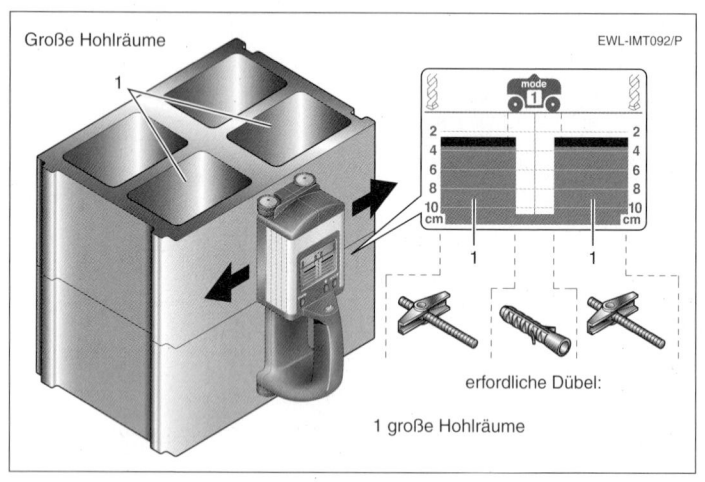

Große Hohlräume

EWL-IMT092/P

erfordliche Dübel:

1 große Hohlräume

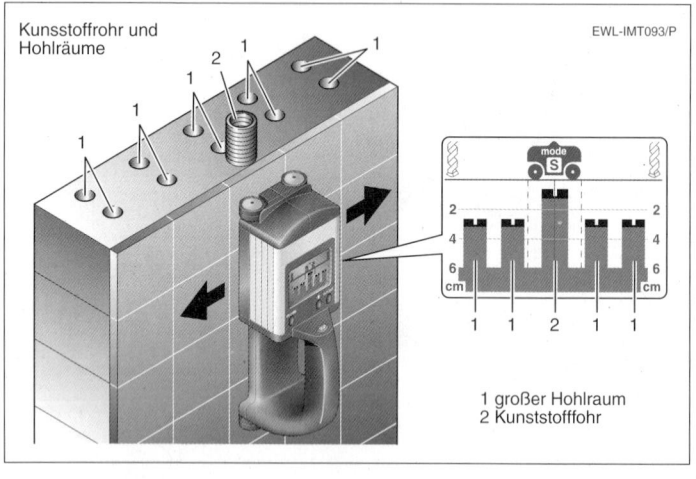

Kunststoffrohr und Hohlräume

EWL-IMT093/P

1 großer Hohlraum
2 Kunststoffrohr

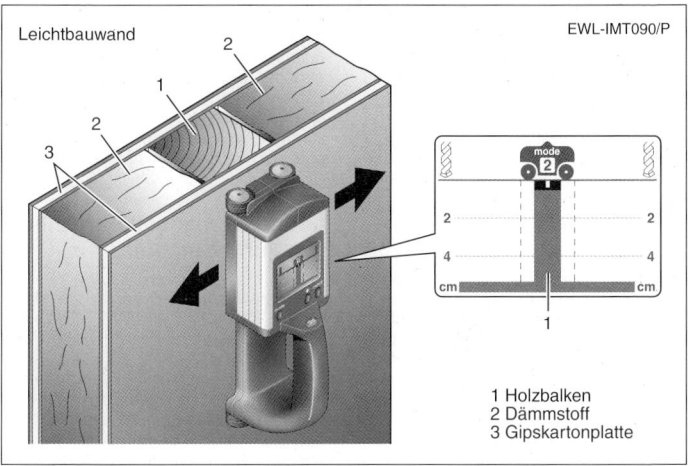

Leichtbauwand

EWL-IMT090/P

1 Holzbalken
2 Dämmstoff
3 Gipskartonplatte

Nivelliergeräte

Die Nivellierung und Übertragung von Höhen ist ein mit großer Häufigkeit im Baugewerbe angewendeter Vorgang. Manuelle Nivelliergeräte sind umständlich zu bedienen, meist ungenau und brauchen in der Regel zwei Personen zur Bedienung. Sie werden deshalb in stark zunehmendem Maße durch elektronische Nivelliergeräte abgelöst. Übertragungsmedium ist ein Laserstrahl. Für die sogenannten "Baulaser" kommen meist Laser der Klasse II zur Anwendung.

Gerätekategorien
Wie allgemein üblich erfordern höherer Bedienungskomfort, höhere Präzision und fortschreitender Automatisierungsgrad einen entsprechenden konstruktiven Aufwand und damit entsprechende Kosten. Um einen wirtschaftlichen Einsatz bei den unterschiedlichsten Anwendungsfällen zu gewährleisten, haben sich drei Gerätekategorien am Markt etabliert:

– Laser mit manueller Nivellierung
– Laser mit manueller Nivellierung und Rotation
– Laser mit automatischer Nivellierung und Rotation

Optische Zubehöre wie Umlenk- und Strahlenteilerprismen und Reflexionstafeln sowie Fernbedienungen und Empfangsgeräte ermöglichen eine Erweiterung oder Vereinfachung der Anwendungsmöglichkeiten.

Punktlaser mit manueller Nivellierung

Laser mit manueller Nivellierung werden überall dort benützt, wo an häufig wechselnden Arbeitsaufgaben der Einsatz eines Rotationslasers zu aufwendig wäre. Die Präzision der Messpunktübertragung hängt in erster Linie vom Geschick und der Erfahrung des Anwenders ab. Laser mit manueller Nivellierung sind klein, leicht und handlich. Sie eignen sich deshalb sehr gut für Kontrollmessungen, auch im Außenbereich.

Verfahren: In einem meist stabförmigen Gerät· ist waagrecht ein Halbleiterlaser untergebracht und mechanisch mit einer Wasserwaagenlibelle verbunden. Das Gerät wird manuell nivelliert.

Funktion: Der Halbleiterlaser ist mit seiner optischen Fokussierung und seinem Elektroniktreiber zu einer mechanisch fixen Einheit zusammengebaut. Je nach Erzeugnisqualität ist eine Präzisionslibelle im Gerätegehäuse oder, was qualitativ hochwertiger ist, fest in die Lasereinheit integriert.

Das Gerätegehäuse verfügt über drei Auflagepunkte, von denen einer mittels einer Stellschraube zum Nivellieren verstellt werden kann. Die Präzision der Nivellierung hängt von der Sorgfalt der manuellen Einstellung ab.

Anwendung: Kostengünstige Übertragung von Messpunkten, wenn an Bedienungskomfort und Arbeitsfortschritt nur geringe Ansprüche gestellt werden. Bei Lageveränderung oder beim Schwenken des Lasers muss manuell nachnivelliert werden. Die Reichweite des Laserstrahles beträgt in der Regel zwischen 20 und 30 m.

Laser mit manueller Nivellierung und Rotation

Für Arbeitsaufgaben, bei denen Messpunkte fortlaufend waagerecht projiziert werden müssen, ist es vorteilhaft, einen Rotationslaser stationär auf einem Stativ oder einer anderen geeigneten Unterlage zu installieren. Die Nivellierung des Rotationslasers erfolgt manuell, wobei die Genauigkeit der Nivellierung durch entsprechende Anzeigen eingestellt werden kann. Die Rotation kann durch Bedienungselemente am Laser beeinflusst werden, es kann punktförmig, als Strich

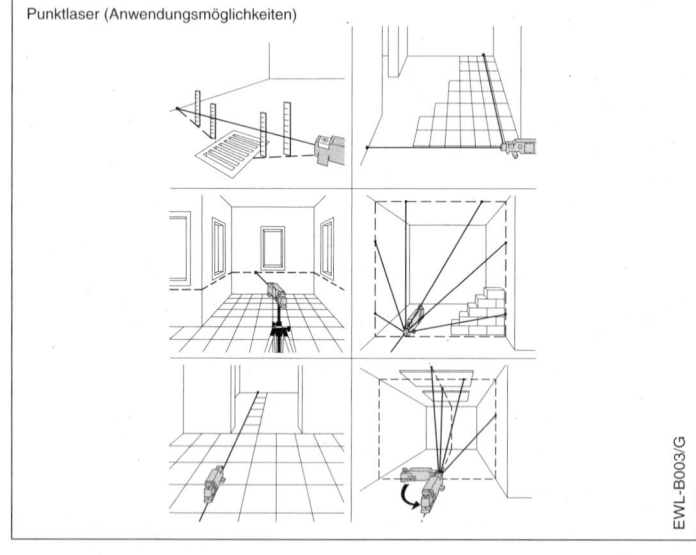

Punktlaser (Anwendungsmöglichkeiten)

EWL-B003/G

und fortlaufend projiziert werden, wobei Geschwindigkeit und Strichlänge variabel sind.

Verfahren: In einem zylindrischen Gerät ist senkrecht ein Halbleiterlaser untergebracht. Sein Strahl wird über ein rotierendes 90° Umlenkprisma waagrecht abgestrahlt. Die Nivellierung erfolgt manuell, der Nivelliervorgang wird mittels einer LED-Anzeige kontrolliert.

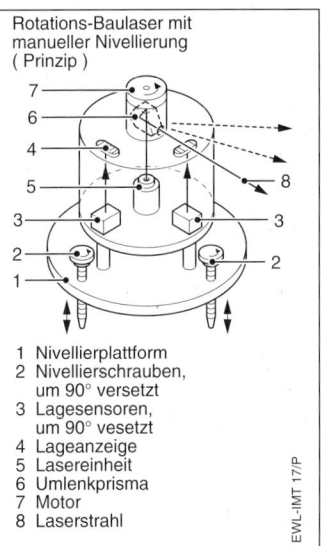

Rotations-Baulaser mit manueller Nivellierung (Prinzip)

7
6
4
5
3 — 3
2 — 2
1
8

1 Nivellierplattform
2 Nivellierschrauben, um 90° versetzt
3 Lagesensoren, um 90° vesetzt
4 Lageanzeige
5 Lasereinheit
6 Umlenkprisma
7 Motor
8 Laserstrahl

EWL-IMT 17/P

Funktion: Der Halbleiterlaser ist mit seiner optischen Fokussierung und seinem Elektroniktreiber zu einer mechanisch fixen Einheit zusammengebaut. Das strahlumlenkende Prisma ist axial über dem Laserelement angeordnet und wird durch einen kleinen Elektromotor gedreht. Die Drehzahl des Elektromotors kann eingestellt werden, ebenso ist eine hin-und-hergehende Bewegung möglich, mit welcher der Laserstrahl in Form einer Linie projiziert werden kann. Als Umlenkprisma wird ein Pentaprisma verwendet. Obwohl wesentlich kostenintensiver als ein Umlenkspiegel

hat es den entscheidenden Vorteil, dass der umgelenkte Strahl stets im rechten Winkel zum Eingangsstrahl ist. Ungenauigkeiten bei der Montage (oder bei Aufsetzen des Prismas bei anderen Lasertypen) haben dabei keinen Einfluss. Ein Spiegel dagegen würde bei Ungenauigkeiten den Strahl nicht mehr exakt um 90° ablenken.

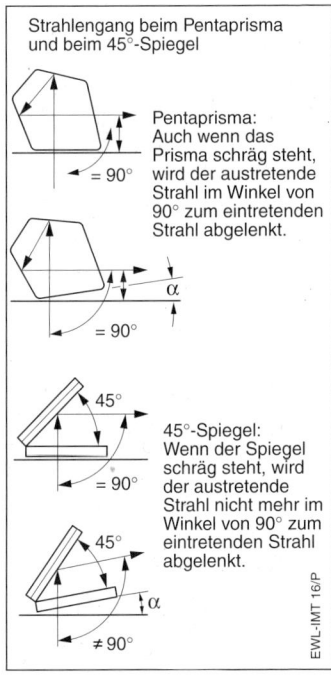

Strahlengang beim Pentaprisma und beim 45°-Spiegel

= 90°

α
= 90°

Pentaprisma: Auch wenn das Prisma schräg steht, wird der austretende Strahl im Winkel von 90° zum eintretenden Strahl abgelenkt.

45°
= 90°

45°
α
≠ 90°

45°-Spiegel: Wenn der Spiegel schräg steht, wird der austretende Strahl nicht mehr im Winkel von 90° zum eintretenden Strahl abgelenkt.

EWL-IMT 16/P

Das Gerätegehäuse ist über drei Auflagepunkte in einem Nivellierteller gelagert. Zum Nivellieren kann einer der Auflagepunkte verstellt werden. Der Nivelliervorgang wird durch eine Reihe von Leuchtdioden unterstützt, welche den Nivelliervorgang sichtbar machen. Als Referenzquelle für die Waagrechte dient ein elektrooptischer Lagesensor, welcher mechanisch fest mit dem Laserelement verbunden ist. Die Präzision der Nivellierung hängt zwar auch von der Sorgfalt der manuellen Einstellung ab, ist aber durch die Lageanzeige wesentlich komfortabler in der Bedienung und genauer einzuhalten.

Anwendung: Kostengünstige Übertragung von Messpunkten, wenn an Bedienungskomfort mittlere Ansprüche gestellt werden. Bei Lageveränderung des Lasers muss manuell nachnivelliert werden. Die Reichweite beträgt bis ca. 50 m, zur Sichtbarmachung des Messpunktes kann es je nach Helligkeit des Messobjektes erforderlich sein, eine Laser-Sichtbrille oder einen speziellen Empfänger für den Laserstrahl zu benützen.

Laser mit automatischer Nivellierung und Rotation

Laser mit automatischer Nivellierung und Rotation entsprechen in ihren Funktionen weitgehend dem Laser mit manueller Nivellierung, die Nivellierung selbst erfolgt jedoch innerhalb eines bestimmten Bereiches (ca. ± 6°) von der Senkrechten oder Waagerechten. Üblich ist in dieser Erzeugnisklasse auch die Möglichkeit, alle Laserfunktionen über eine Fernbedienung zu steuern. Hierdurch und durch die Nivellierungsautomatik wird ein hoher Bedienungskomfort erreicht.

Verfahren: In einem zylindrischen Gerät ist senkrecht ein Halbleiterlaser untergebracht. Sein Strahl wird über ein rotierendes 90°-Umlenkprisma waagerecht abgestrahlt und/oder senkrecht nach oben projiziert. Die Nivellierung erfolgt automatisch. Nach Abschluss des Nivelliervorgangs meldet sich das Gerät betriebsbereit und startet selbsttätig den Rotationsvorgang.

Funktion: Der Halbleiterlaser ist mit seiner optischen Fokussierung und seinem Elektroniktreiber zu einer mechanisch fixen Einheit zusammengebaut. Das strahlumlenkende Prisma ist axial über dem

Laserelement angeordnet und wird durch einen kleinen Elektromotor gedreht. Die Drehzahl des Elektromotors kann eingestellt werden, ebenso ist eine hin-undhergehende Bewegung möglich, mit welcher der Laserstrahl in Form einer Linie projiziert werden kann.

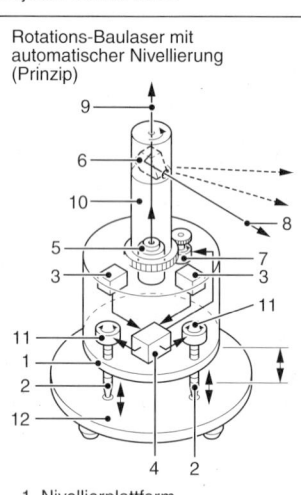

Rotations-Baulaser mit automatischer Nivellierung (Prinzip)

1 Nivellierplattform
2 Nivellierschraube
3 Lagesensoren,
   um 90° versetzt
4 Prozessor
5 Lasereinheit
6 Umlenkprisma mit
   Strahlenteiler
7 Rotationsmotor für
   Umlenkprisma
8 Waagerechter Laserstrahl
9 Senkrechter Laserstrahl
10 Hohlwelle für Umlenkprisma
11 Nivelliermotoren,
   um 90° versetzt
12 Gehäuseplattform

EWL-IMT 18/P

Das Umlenkprisma wird über eine Hohlwelle angetrieben, hierdurch ist eine senkrechte Projektion des Laserstrahles möglich. Wird an Stelle des 90°-Umlenkprismas ein Strahlenteilerprisma verwendet, so kann gleichzeitig senkrecht und waagerecht projiziert werden. Innerhalb des Gerätegehäuses ist das Laserelement über drei Auflagepunkte gelagert. Zum automatischen Nivellieren werden zwei der Auflagepunkte motorisch verstellt. Die Stellmotoren werden über eine Regelelektronik angesteuert, welche ihr Referenzsignal für die Waagrechte von einem elektrooptischen Lagesensor erhält, welcher mechanisch fest mit dem Laserelement verbunden ist.

Anwendung: Komfortabelste Übertragung von Messpunkten, Fernbedienung ermöglicht rationellen Arbeitsfortschritt mit nur einer Bedienperson. Bei Lageveränderung des Lasers wird automatisch nachnivelliert. Die Reichweite beträgt bis ca. 100 m, zur Sichtbarmachung des Messpunktes kann es je nach Helligkeit des Messobjektes erforderlich sein, eine Laser-Sichtbrille oder einen speziellen Empfänger für den Laserstrahl zu benützen.

Messen elektrischer Größen

Beim Messungen in der Elektrotechnik unterscheidet man Messungen, bei denen es lediglich um den Nachweis von Elektrizität oder aber den elektrischen Größen Spannung, Strom und Widerstand geht. Die dafür geeigneten Messgeräte sind:
– Leitungsprüfer
– Spannungsprüfer
– Spannungsmesser
– Strommesser
– Widerstandsmesser

Die Messgeräte können Einzelfunktion haben, werden aber meist als Mehrfach-Messgeräte (Multimeter) ausgeführt. Die Anzeige kann je nach Messzweck sowohl akustisch als auch optisch, analog oder digital erfolgen.

Analoge Messgeräte haben den Vorteil, dass ihre Grundfunktionen (Spannungsmessung, Strommessung) auch ohne externe Energiequelle (Batterie) funktionieren. Im Störungsfall sind sie mit einfachen Mitteln reparierbar. Ihre Anzeige ist im Verhältnis zur Nulllage auch im Störungsfall interpretierbar. Digitale Meßgeräte geben den exakten Messwert an, der nicht

weiter interpretiert werden muss. Allerdings benötigen diese Instrumente eine externe Stromversorgung. Bei deren Ausfall (Erschöpfung der Batterie) erlöschen alle Funktionen.

Messgeräte für elektrische Größen sind hinreichend bekannt und in der Fachliteratur beschrieben. Bei Vielfach-Messgeräten sind Strom, Spannungswiderstandsmessung und Durchgangsprüfung innerhalb eines Gerätes zusammengefasst. Bei der Anwendung wird entsprechend dem gewünschten Messvorgang das Messgerät umgeschaltet.

Zusammenfassung

Die elektronische Messtechnik verdrängt in zunehmendem Maße auch im handwerklichen Bereich die rein mechanischen Messmethoden. Gründe hierfür sind die meist höhere Genauigkeit, die einfachere Handhabung und die Möglichkeit, die angezeigten Messergebnisse zu speichern und mittels Rechenoperationen weiterzuverwenden. Hierdurch erhöht sich die Wirtschaftlichkeit elektronischer Messgeräte gegenüber manuell-mechanischen Messmethoden. Die elektronische Messtechnik stellt somit eine logische Ergänzung bei der Anwendung von Elektrowerkzeugen dar.

Spannwerkzeuge

Spannwerkzeuge sind das Bindeglied im System Elektrowerkzeug–Einsatzwerkzeug.

Durch das Spannwerkzeug wird das Einsatzwerkzeug kraftschlüssig mit der Antriebsmaschine verbunden. Das Spannwerkzeug muss dabei die folgenden Forderungen erfüllen:

– das Einsatzwerkzeug muss sicher gehalten werden
– das höchste während des Betriebs vorkommende Drehmoment muss sicher übertragen werden
– es darf kein Schlupf auftreten (wenn Schlupf konstruktiv vorgegeben ist, muss dieser sich in den vorgegebenen Grenzen halten)
– der Spannschaft des Einsatzwerkzeuges darf nicht beschädigt werden
– Spannen und Lösen muss leicht und sicher durchführbar sein
– nach Möglichkeit sollen keine Hilfswerkzeuge erforderlich sein

Die Anforderungen sind also sehr vielfältig und stark von der Antriebsmaschine, dem Einsatzwerkzeug und dem Einsatzfall abhängig. In der Praxis bedeutet dies, dass unterschiedliche Spannsysteme erforderlich sind. Die bei den Elektrowerkzeugen üblichen Spannsysteme sind:
– Spannflansche
– Spannzangen
– Backenfutter
– Kegelverbindungen
– Systemverbindungen

Spannflansche

Spannflansche sind typische Spannmittel für scheibenförmige Einsatzwerkzeuge wie Schleif- und Trennscheiben an Schleifgeräten und Kreissägeblättern an Kreissägen. Spannflansche werden stets paarweise verwendet, wobei ein Flansch meist formschlüssig das Drehmoment von der Maschinenspindel aufnimmt. Er wird deshalb auch als Mitnahmeflansch oder Mitnehmerflansch bezeichnet. In der Regel besitzt er einen Bund, durch welchen das Einsatzwerkzeug zentriert wird. Der andere Flansch dient der Befestigung des Einsatzwerkzeuges und presst, indem er auf das Spindelgewinde aufgeschraubt wird, das Einsatzwerkzeug gegen den Mitnehmerflansch. Dieser Flansch wird dann als Spannflansch oder als Spannmutter bezeichnet. Die Gewinderichtung wird dabei so gewählt, dass sich der Flansch in der Arbeitsdrehrichtung bei Belastung fester zieht, wodurch ein Lösen unter Belastung unmöglich wird. Je nach Drehrichtung des Einsatzwerkzeuges werden also Rechtsgewinde oder Linksgewinde eingesetzt. Das Lösen im Betrieb kann auch dadurch verhindert werden, dass auch der Spannflansch auf der Spindel Formschluss hat. Die Anpresskraft wird dann über eine separate Schraube oder Mutter erzeugt. Letztere Lösung ist für Kreissägen typisch.

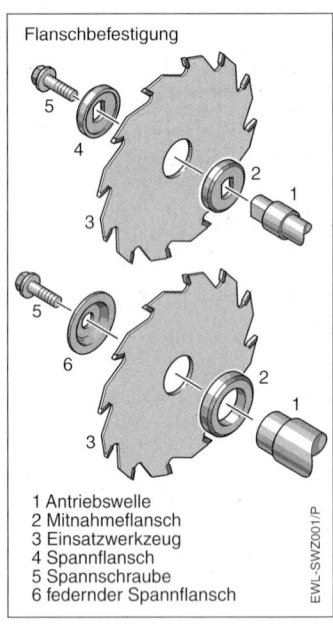

Flanschbefestigung

1 Antriebswelle
2 Mitnahmeflansch
3 Einsatzwerkzeug
4 Spannflansch
5 Spannschraube
6 federnder Spannflansch

EWL-SWZ001/P

Mit Spannflanschen lassen sich konstruktiv einfache Überlastsicherungen realisieren. Zu diesem Zweck werden einer oder beide Sapnnflansche durch entsprechende Formgebung als Tellerfedern ausgebildet. Der Kraftschluss zum dazwischen befindlichen Einsatzwerkzeug wird durch die Federvorspannung erzeugt. Übersteigt das am Einsatzwerkzeug entstehende Drehmoment dasjenige, welches von den federn anliegenden Flanschen übertragen werden kann, dann wird die Drehmomentdifferenz in Schlupf umgesetzt. Typische Anwendung dieser Art Flanschverbindung sind Kreissägen. Beim Einsatz dieser Werkzeuge kann es häufig zur plötzlichen Blockade des Kreissägenblattes im Werkstück kommen. Das plötzlich und unerwartet auftretende Rückdrehmoment könnte den Anwender gefährden bzw. die Zahnräder im Getriebe überlasten. Durch federnde Spannflansche kann in diesem Fall das Sägeblatt blockiert werden und der Motor trotzdem mit verringerter Drehzahl weiter drehen.

Spannflansche sind einfach, kostengünstig und sicher. Zum Festziehen und Lösen werden allerdings Hilfswerkzeuge (z. B. Spannschlüssel) benötigt. Ein werkzeugloser Spannvorgang kann realisiert werden, wenn die Spannmutter als einseitig selbst-

hemmendes Spannelement ausgebildet ist (z. B. BOSCH SDS-clic). Spannflansche sind auf einen bestimmten Lochdurchmesser des Einsatzwerkzeuges ausgelegt, eine gewisse Universalität ist durch die Verwendung von Distanzringen innerhalb bestimmter Durchmesserbereiche möglich.

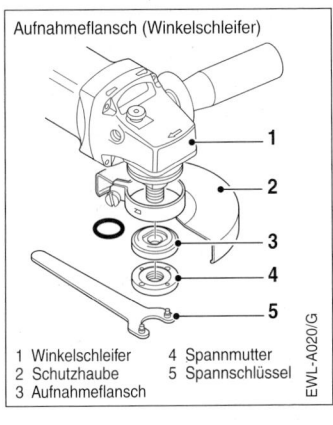

Aufnahmeflansch (Winkelschleifer)

1 Winkelschleifer 4 Spannmutter
2 Schutzhaube 5 Spannschlüssel
3 Aufnahmeflansch

EWL-A020/G

Schnellspannmutter

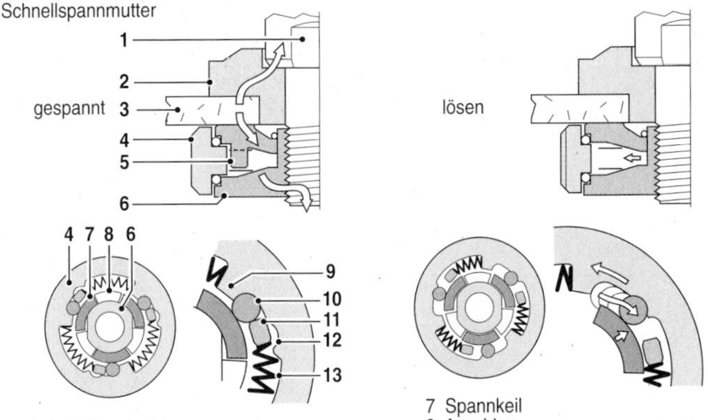

gespannt / lösen

1 Antriebsspindel
2 Zentrier- und Mitnahmeflansch
3 Schleifscheibe
4 Schaltring
5 Spannscheibe
6 Mutter

7 Spannkeil
8 Anschlag
9 Nocke im Schaltring
10 Rolle
11 Gleitstück
12 Tasche im Schaltring
13 Feder

EWL-S027/G

Spannzangen

Spannzangen dienen zum Spannen von Rundschäften eines einzelnen bestimmten Durchmessers. Sie sind das typische Spannwerkzeug für Oberfräsen und Geradschleifer. Sie haben prinzipbedingt eine sehr hohe Rundlaufgenauigkeit und eignen sich deshalb für sehr hohe Drehzahlen.

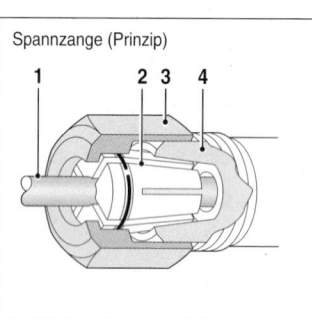

Spannzange (Prinzip)

1 Einsatzwerkzeug (z. B. Fräser)
2 Spannzange mit Außenkonus geschlitzt
3 Überwurfmutter (Spannmutter)
4 Innenkonus (in Antriebsspindel)

EWL-S040/G

Spannzangen

für Oberfräse

für Geradschleifer

EWL-S041/G

Die Funktion beruht darauf, dass eine geschlitzte Hülse, die innen zylindrisch, außen jedoch konisch ist, mittels einer Überwurfmutter in den hohlen, konischen Spindelschaft gedrückt wird. Dabei wird der Durchmesser der Spannzange vermindert, wodurch eine reib- und kraftschlüssige Verbindung zwischen Spindel und Werkzeugschaft entsteht. Spannzangen sind für einen einzigen Durchmesser geeignet. Beim Spannen anderer Durchmesser müssen andere Spannzangen verwendet werden.

Zum Festziehen und Lösen sind Hilfswerkzeuge (Gabelschlüssel) nötig.

Backenfutter

Backenfutter werden typischerweise zum Spannen von Einsatzwerkzeugen in Bohrmaschinen verwendet. Sie haben den Vorteil, dass Werkzeugschäfte unterschiedlichen Durchmessers gespannt werden können. Man unterscheidet in
– Zahnkranzbohrfutter
– Schnellspannbohrfutter
Die beiden Arten unterscheiden sich in der Bedienung und im konstruktiven Aufbau, vom Spannprinzip her sind sie gleich. Backenfutter haben eine relativ große Masse und bewegliche Spannteile, weswegen sie im Regelfall nur für relativ niedrige Drehzahlen (maximal ca. 3000…5000 U/min je nach Zulassung) geeignet sind.

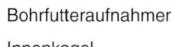

Innenkegel
(DIN oder Jacobs)

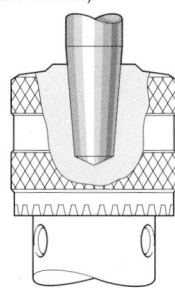

Innengewinde
(Zoll oder metrisch)
Rechtsgewinde

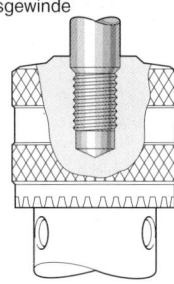

Innengewinde
(Zoll oder metrisch)
Mit Sicherungsschraube
(Linksgewinde)

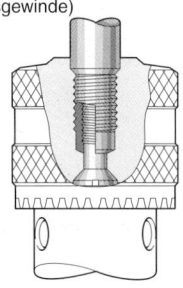

EWL-SWZ002/P

Zahnkranzbohrfutter

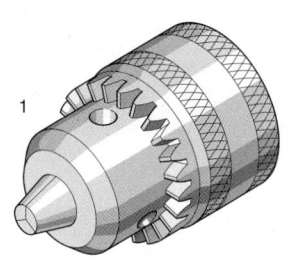

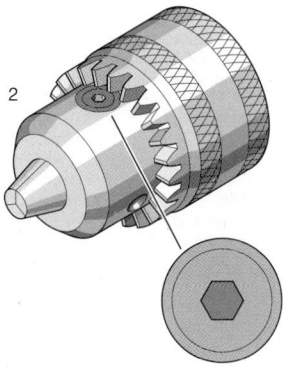

1 Zahnkranzbohrfutter
  ohne Spannkraftsicherung

2 Zahnkranzbohrfutter
  mit Spannkraftsicherung

EWL-SWZ003/P

Zahnkranzbohrfutter: Zahnkranzbohrfutter werden mittels eines zahnradförmi-
gen Bohrfutterschlüssels über einen
außen liegenden Zahnkranz gespannt
und gelöst, wobei die üblicherweise vorhandenen 3 Spannbacken nach dem Anziehen durch Umstecken des Bohrfutterschlüssels in die 3 Bohrungen des Futters
individuell festgezogen werden müssen,

damit das Einsatzwerkzeug rund läuft und sicher fixiert ist.

Schnellspannbohrfutter: Bei Schnellspannbohrfuttern ist ein separater Bohrfutterschlüssel nicht erforderlich. Sie werden über eine entsprechend griffig gestaltete Außenhülse manuell festgezogen und gelöst. Es gibt zwei grundsätzliche Arten von Schnellspannfuttern:
– Zweihülsige Schnellspannfutter
– Einhülsige Schnellspannfutter

Zweihülsige Schnellspannfutter: Beim zweihülsigen Schnellspannfutter ist die Außenhülse zweiteilig. Eine Hülse dient zum Festhalten, die andere zum Festziehen und Lösen. Man benötigt deshalb zur Bedienung beide Hände.

Einhülsige Schnellspannfutter: Bei einhülsigen Schnellspannfuttern wird für den Festzieh- und Lösevorgang nur eine Hand benötigt, die Bedienung wird hierdurch sehr stark erleichtert. Wegen der größeren Umgriffsfläche ist die mögliche Festziehkraft höher als bei zweihülsigen Schnellspannfuttern. Zur Funktion ist es notwendig, dass die Maschinenspindel blockiert wird. Dies kann sowohl manuell als auch durch eine Automatik erfolgen.

Schnellspannbohrfutter

Zweihülsig, schwere Ausführung

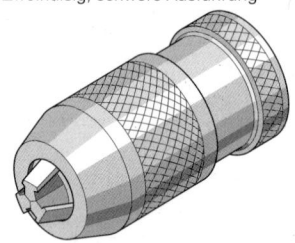

Zweihülsig, leichte Ausführung

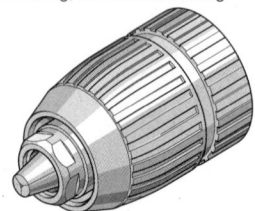

Einhülsig, schwere Ausführung

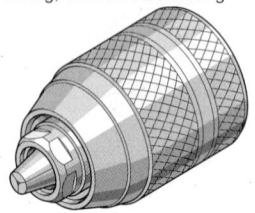

Einhülsig, leichte Ausführung

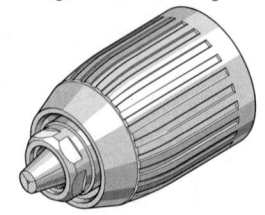

EWL–SWZ004/P

Bohrfutter
Prinzipieller Aufbau

Zahnkranzbohrfutter

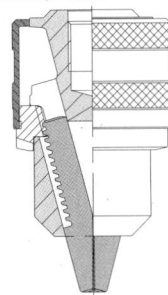

Schnellspannbohrfutter zweihülsig

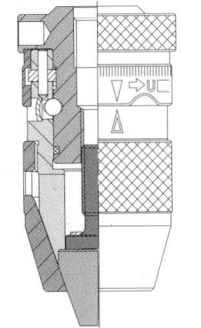

Schnellspannbohrfutter einhülsig

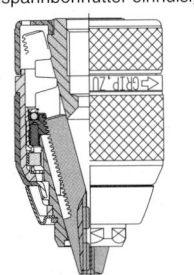

EWL-SWZ005/P

Funktion von Dreibackenfuttern: Dreibackenfutter zeichnen sich durch selbsttätige Zentrierung des Einsatzwerkzeuges und damit durch guten Rundlauf aus. Das Funktionsprinzip ist Reibschluss: Die drei Spannbacken verfügen über gehärtete Spannflächen, welche an den Einsatzwerkzeugschaft gepresst werden. Hierbei kann dieser geringfügig elastisch verformt werden, wodurch die Spannkraft erhöht wird. Bei ungünstiger Werkstoffpaarung (weicher Bohrerschaft) und beim Durchrutschen wegen zu geringem Anzugsmoment kann es zu Beschädigungen des Einsatzwerkzeugschaftes kommen.

Das Spannen und Lösen erfolgt durch axiales Verschieben der Spannbacken im kegeligen Bohrfutterkörper durch Gewindegänge, welche durch den Zahnkranz oder die Spannhülse gedreht werden.

Funktion von Zweibackenfutter: Zweibackenfutter werden dann verwendet, wenn sehr hohe Drehmomente übertragen werden müssen. Dies ist beispielsweise bei Gewindebohrern der Fall, weshalb die Futter hauptsächlich bei Gewindeschneidern eingesetzt werden.

Zweibackenfutter arbeiten nach dem Prinzip des Formschlusses: Die beiden Spannbacken sind V-förmig ausgefräst und umschließen dadurch teilweise den Vierkantschaft von Gewindebohrern. Das Spannen und Lösen geschieht über eine Schnecke mit gegenläufigen Gewinden, durch welche die beiden Spannbacken zugestellt werden. Eine Beschädigung des Einsatzwerkzeugschaftes erfolgt nicht.

Zweibackenfutter

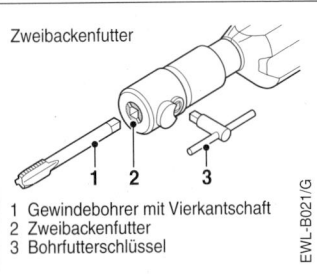

1 Gewindebohrer mit Vierkantschaft
2 Zweibackenfutter
3 Bohrfutterschlüssel

EWL-B021/G

Kegelverbindungen

Verbindungen zwischen Antriebsmaschinen und Einsatzwerkzeugen werden häufig durch Kegelschäfte und Kegelhülsen hergestellt. Sie haben gegenüber den Klemmverbindungen mittels Spannbacken den Vorteil der genauen Zentrierung und damit des besseren Rundlaufes. Bei Kegelverhältnissen um ca. 1:20 besteht Selbsthemmung, wodurch das Drehmoment ohne besondere Mitnehmer übertragen werden kann. Zum Herstellen der Kegelverbindungen werden Schaft und Hülse manuell ohne besonderes Werkzeug zusammengeschoben. Zum Lösen wird der Schaft mittels eines Austreibkeils aus der Hülse gelöst. Wenn besonders sichere Kegelverbindungen gefordert werden, wird zusätzlich ein Anzuggewinde benützt. Kegeldorne und Kegelhülsen sind in ihren Abmessungen im metrischen und im angelsächsischen Maßsystem genormt und in bestimmte Größen eingeteilt. Die Herstellung von Kegelverbindungen ist engen Toleranzen unterworfen und ist deshalb kostenintensiv.

Kegel
Schäfte und Hülsen

1 Kegelschaft mit Austreiblappen
2 Kegelhülse mit Austreiböffnung
3 Kegelschaft mit Anzuggewinde
4 Kegelhülse mit Anzugbohrung

EWL-K043/P

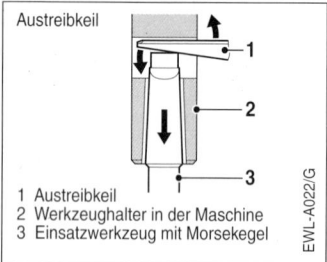

Austreibkeil

1 Austreibkeil
2 Werkzeughalter in der Maschine
3 Einsatzwerkzeug mit Morsekegel

EWL-A022/G

Kegelaufnahmen

Kegelschäfte mit Austreibdorn oder Anzuggewinde

Kegelschaft	Größe	Konus	Maße und Dimensionen								
			d 1	d 2	d 3	d 4	d 5	a	l 1	l 2	α/2
Metrisch	ME 4	1:20	4	4,1	2,9	–	–	2	23	–	1,432°
	ME 6	1:20	6	6,2	4,4	–	–	3	32	–	1,432°
Morse	MK 0	1:19,212	9,045	9,2	6,4	–	6,1	3	50	56,5	1,491°
	MK 1	1:20,047	12,065	12,2	9,4	M 6	9	3,5	53,5	62	1,429°
	MK 2	1:20,020	17,78	18	14,6	M 8	14	5	64	75	1,431°
	MK 3	1:19,992	23,825	24,1	19,8	M 10	19,1	5	81	94	1,438°
	MK 4	1:19,254	31,267	31,6	25,9	M 12	25,2	6,5	102,5	117,5	1,488°
	MK 5	1:19,002	44,399	44,7	37,6	M 16	36,5	6,5	129,5	149,5	1,507°
	MK 6	1:19,180	63,348	63,8	53,9	M 20	52,4	8	182	210	1,493°

Kegelhülsen mit Austreibdorn oder Anzuggewinde

Kegelhülse	Größe	Konus	Maße und Dimensionen					
			d 1	d 4	d 6	l 3	l 4	α/2
Metrisch	ME 4	1:20	4	–	3	25	20	1,432°
	ME 6	1:20	6	–	4,6	34	28	1,432°
Morse	MK 0	1:19,212	9,045	–	6,7	52	45	1,491°
	MK 1	1:20,047	12,065	M 6	9,7	56	47	1,429°
	MK 2	1:20,020	17,78	M 8	14,9	67	58	1,431°
	MK 3	1:19,992	23,825	M 10	20,2	84	72	1,438°
	MK 4	1:19,254	31,267	M 12	26,5	107	92	1,488°
	MK 5	1:19,002	44,399	M 16	38,2	135	118	1,507°
	MK 6	1:19,180	63,348	M 20	54,8	188	164	1,493°

SWZ-T01

Systemverbindungen

Unter Systemverbindungen versteht man Werkzeughalterungen, welche z. B. von einem Elektrowerkzeughersteller für einen bestimmten Elektrowerkzeugtyp entworfen wurden. Bei entsprechender Markteinführung und/oder durch Lizenznahme und Kooperationsverträge mit Mitbewerbern entwickeln sich Systemverbindungen häu-

fig zu weltweiten Standards, wodurch Hersteller, Handel und Endverwender gleichermaßen Nutzen davon haben.

Typische Beispiele solcher Systemverbindungen sind die werkzeuglosen Spannsysteme SDS-plus, SDS-top und SDS-max für Bohr- und Schlaghämmer, wobei die Bezeichnung SDS von BOSCH geprägt wurde und „**S**pannen **D**urch **S**ystem" oder „**S**pecial **D**irect **S**ystem" bedeutet.

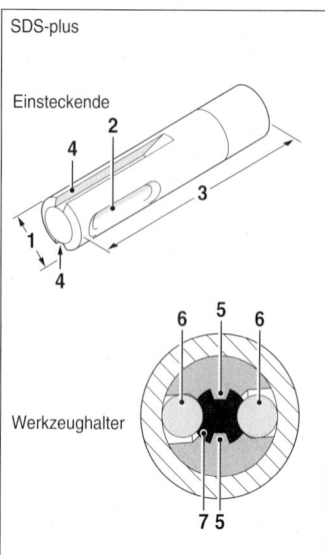

SDS-plus

Einsteckende

Werkzeughalter

1 Schaftdurchmesser 10 mm
2 geschlossene Nuten für die automatische Verriegelung
3 hohe Rundlaufgenauigkeit durch eine ca. 40 mm lange Werkzeugführung
4 2 offene Nuten mit ca. 75 mm² Auflagefläche für verschleißfreie Kraftübertragung
5 2 Mitnahmekeile im Werkzeughalter mit ca. 75 mm² Auflagefläche
6 2 Verriegelungskugeln für sicheren Halt der Werkzeuge
7 Einsteckende des Bohrers/Meißels

EWL-S029/G

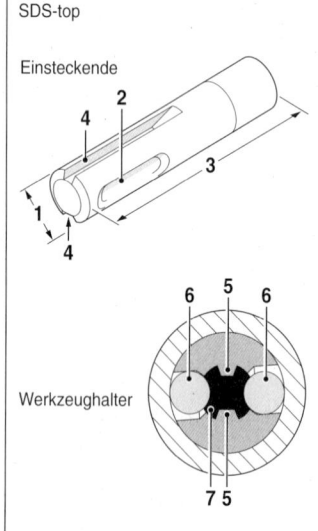

SDS-top

Einsteckende

Werkzeughalter

1 Schaftdurchmesser 14 mm
2 geschlossene Nuten für die automatische Verriegelung
3 hohe Rundlaufgenauigkeit durch eine ca. 70 mm lange Werkzeugführung
4 2 offene Nuten mit ca. 212 mm² Auflagefläche für verschleißfreie Kraftübertragung
5 2 Mitnahmekeile im Werkzeughalter mit ca. 212 mm² Auflagefläche
6 2 Verriegelungskugeln für sicheren Halt der Werkzeuge
7 Einsteckende des Bohrers/Meißels

EWL-S030/G

Zusammenfassung

Spannvorrichtungen haben die Aufgabe, das Einsatzwerkzeug fest im Elektrowerkzeug zu fixieren. Sie müssen alle im Betrieb vorkommenden Kräfte sicher aufnehmen. Die Verbindung muss leicht fixierbar und lösbar sein. Nach Möglichkeit sollte zur Bedienung der Spannvorrichtung kein zusätzliches Handwerkzeug nötig sein.

SDS-max

Einsteckende

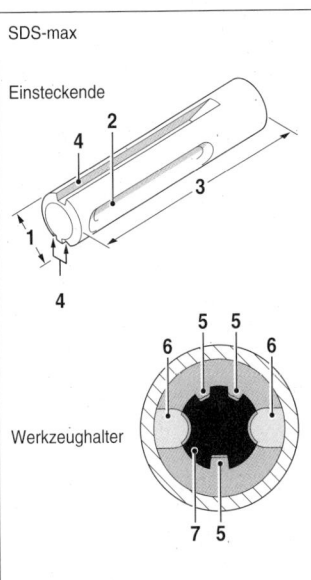

Werkzeughalter

1 Schaftdurchmesser 18 mm
2 geschlossene Nuten für die automatische Verriegelung
3 hohe Rundlaufgenauigkeit durch eine ca. 90 mm lange Werkzeugführung
4 3 offene Nuten mit ca. 389 mm² Auflagefläche für verschleißfreie Kraftübertragung
5 3 Mitnahmekeile im Werkzeughalter mit ca. 389 mm² Auflagefläche
6 Verriegelungssegmente für sicheren Halt der Werkzeuge
7 Einsteckende des Bohrers/Meißels

EWL-S028/G

Stichsäge
SDS-Verriegelung (Prinzip)

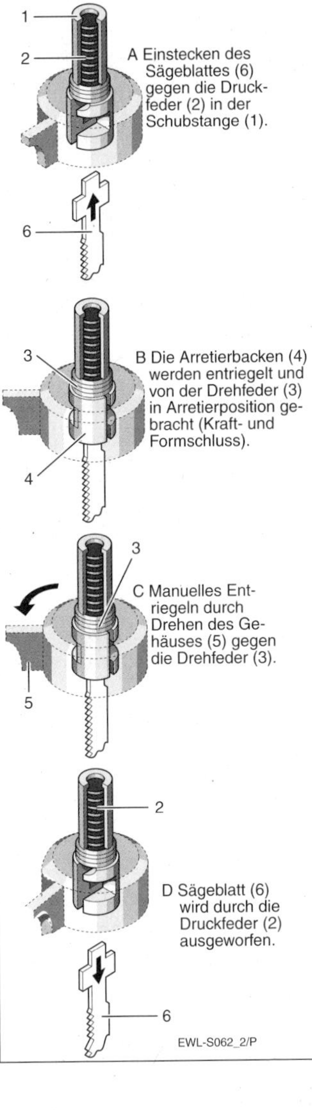

A Einstecken des Sägeblattes (6) gegen die Druckfeder (2) in der Schubstange (1).

B Die Arretierbacken (4) werden entriegelt und von der Drehfeder (3) in Arretierposition gebracht (Kraft- und Formschluss).

C Manuelles Entriegeln durch Drehen des Gehäuses (5) gegen die Drehfeder (3).

D Sägeblatt (6) wird durch die Druckfeder (2) ausgeworfen.

EWL-S062_2/P

Diamant-Einsatz-werkzeuge

In zunehmendem Maße werden diamant-bestückte Einsatzwerkzeuge zusammen mit Elektrowerkzeugen verwendet. Speziell in der Steinbearbeitung haben sich diamantbestückte Einsatzwerkzeuge wie Trennscheiben, Schleifscheiben und Bohrkronen als wirtschaftlichste Lösung erwiesen: Lange Standzeit, hohe Abtragsleistung und hervorragende Arbeitsqualität sind die entscheidenden Vorteile. Diese Vorteile hängen wiederum von vielen Einzelfaktoren ab, welche letztlich die Qualität und damit die Wirtschaftlichkeit von diamantbestückten Einsatzwerkzeugen ausmachen.

Diamanteigenschaften

Diamanten stellen den härtesten bekannten Werkstoff dar. Mit ihnen können, unter bestimmten Voraussetzungen, alle anderen Werkstoffe bearbeitet werden.
Die Eigenschaften des Diamanten sind abhängig von seiner Entstehung und seiner Struktur. Man unterscheidet:
– natürliche Diamanten
– synthetische Diamanten
– monokristalline Diamanten
– polykristalline Diamanten
Entstehung und Struktur bestimmen Geometrie und Härte und haben deshalb großen Einfluss auf die Verwendbarkeit in Einsatzwerkzeugen.

Diamant-Eigenschaften

Kriterium	Natur-diamant	Syntheti-scher Diamant
Verfügbarkeit	mittel	hoch
Herstellung	nicht beeinflussbar	beeinflussbar
Kosten	mittel...hoch	niedrig...hoch
Reinheits-grad	hoch	niedrig...hoch
Geometrie	unregelmäßig	beeinflussbar
Sortenvielfalt	gering	sehr hoch
Festigkeit	sehr hoch	mittel...hoch
Thermische Belastbarkeit	sehr hoch	gering...hoch
Haftung	sehr hoch	mittel...hoch
Oberfläche	rau	rau...glatt

DIA-T01

Ritzhärte und Schleifhärte

Werkstoff/ Schleifmittel	Ritzhärte Mohs *)	Schleifhärte Rosiwell
Talg	1	0,03
Gips	2	1,25
Marmor	3	4,25
Silber, Fluorit	4	5
Glas, Stahl, Türkis	5	6,5
Porzellan, Glas	6	37
Granit, Bergkristall	7	120
Hartmetall, Topas, Smaragd	8	175
Siliciumcarbid, Korund, Saphir	9	1000
Diamant	10	140000

*) Mohs ist kein absolutes Maß, die Einteilung bedeutet nur, dass die höhere Härte die niedrigere ritzt.

DIA-T02

Natürliche Diamanten

Natürliche Diamanten werden in Diamantminen im Tage- und Untertagebau sowie im Unterwasserabbau (aus Sedimenten) gewonnen. Etwa 95 % der Naturdiamanten werden industriell eingesetzt, Hauptanwendung ist in der Feinbearbeitung und teilweise im sägenden Bereich. Die Struktur der Naturdiamanten ist nicht veränderbar, weshalb nach der Bearbeitung für den Werkzeugeinsatz nur ein geringer brauchbarer Anteil übrig bleibt.

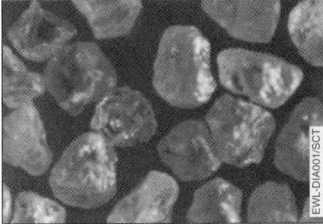

Naturdiamanten

Synthetische Diamanten

Synthetische Diamanten werden aus Graphit und einem Katalysator unter hohem Druck (ca 60.000 bar) und hohen Temperaturen (ca. 1.800 °C) hergestellt. Der technische Aufwand ist enorm, was sich in den Kosten niederschlägt. Die Struktur der synthetischen Diamanten (monokristallin oder polykristallin) kann beeinflusst werden, eine Anpassung an die Erfordernisse des Arbeitseinsatzes ist möglich. Die weltweite Jahresproduktion lag im Jahr 2000 bei ca. 50 Tonnen, die Tendenz ist steigend.

Synthetische Diamanten

Kubisches Bornitrid

Durch Zusätze von Bor (B) und Stickstoff (N) zum Kohlenstoff (C) kann man nach dem selben Verfahren CBN (Cubic Boron Nitrite) herstellen, kubisch kristallines Bornitrid. Die Härte ist geringer als die des Diamanten, aber noch deutlich höher als die Härte von Siliciumcarbid.

Der Vorteil von CBN ist, dass es beim Arbeitsprozess nicht mit den Eisenanteilen im Stahl reagiert. Während Diamant bei der Bearbeitung von Metallen Probleme bereitet, kann CBN hervorragend zur Metallbearbeitung (z. B. Trennen) auch von harten und chromhaltigen Stählen eingesetzt werden.

Härtevergleich

Schleifmittel	Kurz-zeichen	Knoop-Härte N/mm^2
Diamant	D	70.000
Kubisches Bornitrid	CBN	45.000
Siliciumcarbid	SiC	25.000
Edelkorund	A	20.000

DIA-T03

Monokristalline Diamanten

Monokristalline Diamanten haben die größte Härte, eignen sich deshalb besonders zur Bearbeitung harter Werkstoffe. Die geringe Bruchgefahr sichert eine lange Standzeit, die geringe Reibungsfläche an den klar strukturierten Schneidkanten ermöglicht den Einsatz bei geringen Maschinenleistungen. Die Herstellkosten entsprechen den Eigenschaften: Sie sind hoch.

Monokristalline Diamanten

Polykristalline Diamanten (PKD)

Polykristalline Diamanten bestehen aus einem Verbund von Einzelkristallen, welcher insgesamt nicht dieselbe Festigkeit wie eine monokristalline Struktur aufweist: Polykristalline Diamanten sind bruchempfindlicher, weicher. Ihre Standzeit ist deutlich geringer. Die Vielzahl der Einzelkristalle hat mehr scharfe Schneidkanten und einen besseren Freischnitt. Dies ermöglicht einen schnelleren Arbeitsfortschritt als bei monokristallinen Diamanten. Die Anwendung erfolgt hauptsächlich in weicheren Werkstoffen, wo dieser Vorteil voll zur Geltung kommt. Die Herstellverfahren sind unterschiedlich, meistens wird Diamantstaub mit Keramikkomponenten als Grundwerkstoff verwendet. Die Produktionskosten sind geringer als bei monokristallinen Diamanten.

Polykristalline Diamten

Eigenschaften synthetischer Diamanten

Kriterium	Mono-kristallin	Polykristal-lin
Belastbarkeit	hoch	niedrig
Standzeit	hoch	niedrig
Reibfläche	klein	groß
Bruchfestigkeit	hoch	niedrig
Freischneidend	nein	ja
Arbeitsfort-fortschritt	mittel	schnell
Kosten	hoch	niedrig

DIA-T04

Diamantgeometrie

Die Geometrie der Diamanten ist entscheidend für den späteren Verwendungszweck und auch ein Qualitätsmerkmal. Mögliche Formen reichen vom 6-flächigen Würfel bis zum 8-flächigen Oktaeder. Innerhalb dieser Formen haben Qualitätsdiamanten klar definierte Kanten und glatte Flächen, was sich auf die Schneidleistung günstig auswirkt. Innerhalb einer Formsorte muss eine möglichst hohe Gleichmäßigkeit herrschen.

Diamantgeometrie
Kristallformen

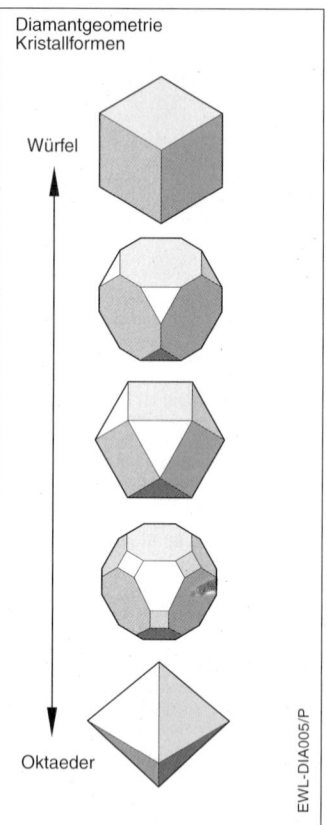

Würfel

Oktaeder

EWL-DIA005/P

Temperaturverhalten

Diamanten bestehen aus Kohlenstoff und haben einen Schmelzpunkt von ca. 3800 °C im Vakuum. In normaler Atmosphäre (Luft) verbrennen Diamanten bei ca. 1300 °C. Diese Eigenschaft kann die Standzeit erheblich vermindern. Wenn während des Arbeitseinsatzes die Temperatur niedrig gehalten werden kann (Kühlung), kann mit hohen Standzeiten gerechnet werden.

Synthetische Diamanten sind temperaturempfindlicher als Naturdiamanten, weil der an ihrem Herstellprozess beteiligte Katalysator in den Diamantkristall eingebunden wird. Auf Grund unterschiedlichen Temperaturverhaltens neigen sie deshalb bei Temperaturen ab ca. 900 °C zur Rissbildung.

Je nach Herstellverfahren ergibt sich eine höhere oder niedrigere Temperaturempfindlichkeit. Dementsprechend werden die mit höheren Temperaturen belastbaren Diamanten für Trockenanwendungen, die temperaturempfindlicheren Diamanten für Nassanwendungen verwendet.

Diamantgewicht

Die Gewichtseinheit des Diamanten ist das Carat und gilt für Schmuck-und Industriediamanten gleichermaßen.

1 Carat (ct) entspricht 0,2 Gramm. Ein Schmuckdiamant hat beispielsweise im Idealschliff bei einem Gewicht von 1ct einen Durchmesser von 6,4 mm. Die Dichte des Diamanten ist 3,5 g/cm³.

Korngröße

Die Maßeinheit für die Korngröße ist Mesh.

Die Zahl der Korngröße basiert auf der Anzahl der Maschenweiten pro Inch eines Siebes. Die Zahl 40 Mesh bedeutet, dass die Maschenweite das Maß 1/40 Inch hat, oder: 40-mal die Maschenweite ergibt 1 Inch. Neben der Maßeinheit Mesh, welche in angelsächsischen Ländern üblich ist, gibt es die europäische Maßeinheit

Korngrößenvergleich FEPA – US mesh

Korngröße	FEPA	US mesh
fein	46	325/400
	54	270/325
	64	230/270
	76	200/230
	91	170/200
	107	140/170
	126	120/140
	151	100/120
	181	80/100
	213	70/80
	301	50/60
	357	45/50
	427	40/50
	502	35/45
	602	30/40
grob	852	20/30

DIA-T04

Grit-Korngrößenvergleich

Mesh USS*	Grit	Microns	Inches	mm
3,5	4	4750...5600	0,1870	4,750
4	5	4000...4750	0,1570	3,988
5	6	3350...4000	0,1320	3,353
6	7	2800...3350	0,1110	2,819
7	8	2210	0,0870	2,210
8	10	1854	0,0730	1,854
10	12	1600	0,0630	1,600
12	14	1346	0,0530	1,346
14	16	1092	0,0430	1,092
16	20	940	0,0370	0,940
20	24	686	0,0300	0,762
25	30	559	0,0270	0,686
30	36	483	0,0220	0,559
40	46	356	0,0140	0,356
45	54	305	0,0120	0,305
50	60	254	0,0100	0,254
60	70	203	0,0080	0,203
70	80	165	0,0065	0,165
80	90	145	0,0057	0,145
100	100	122	0,0048	0,122
120	120	102	0,0040	0,102
150	150	89	0,0035	0,089
170	180	76	0,0030	0,076
200	220	63	0,0025	0,064

* USS = U.S.Standard Sieve   DIA-T05

Microgrit-Korngrößenvergleich

Mesh USS*	Micro-Grit **	Microns	Inches	mm
200	240	50...53,5	0,00200	0,051
–	280	40,5...44	0,00154	0,039
–	320	32,5...36	0,00122	0,031
–	360	25,8...28,8	0,00115	0,029
–	400	20,6...23,6	0,00087	0,022
–	500	16,7...19,7	0,00075	0,019
–	600	13,0...16,0	0,00063	0,016
–	800	9,8...12,3	0,00047	0,012
–	1000	6,8...9,3	0,00028	0,007
–	1200	4,5...6,5	0,00230	0,058
–	CF 1	48	0,00189	0,048
–	F	40	0,00160	0,041
–	FF	33	0,00130	0,033
–	FFF-coarse	25	0,00099	0,025
–	FFF	19	0,00075	0,019
–	FFFF	11	0,00043	0,011

* USS = U.S.Standard Sieve

** Korngröße entsprechen AINSI-Norm B 74.18 bei 50 %

DIA-T06

FEPA (Fédération Européenne des Fabricants des Produits Abrasifs). Im Gegensatz zu Mesh bedeutet eine niedrige Zahl bei FEPA eine kleine Korngröße, eine hohe Zahl eine große Korngröße. Die Korngrößeneinheit entspricht etwa dem Korngrößenenddurchmesser in µm. Eine FEPA-Körnung von 126 entspricht damit einem Durchmesser von ca. 0,126 mm.

Der Korngröße ist bei FEPA der Zusatz D für Diamant und B für Kubisches Bornitrid vorgesetzt.

Einfluss der Korngröße

Bei einer großen Korngröße sind weniger Diamanten pro Volumeneinheit im Segment enthalten, der einzelne Diamant wird dadurch beim Arbeitseinsatz stärker belastet, was auf Kosten der Standzeit geht. Bei kleinen Korngrößen sind mehr Diamanten im Segment enthalten, die Belastung pro Diamant ist geringer, die Standzeit deshalb höher. Man wählt deshalb für die Bearbeitung harter Werkstoffe kleinere Korngrößen als für die Bearbeitung von weichen Werkstoffen.

Bruchverhalten

Das Bruchverhalten der verwendeten Diamanten ist ein wichtiges Qualitätsmerkmal. Es beeinflusst wesentlich den Arbeitsfortschritt.

Durch das Abbrechen kleiner Teile erhält der Diamant stets scharfe Schneidkanten, er schärft sich durch diese Art der Abnützung also stetig selbst. Da das Abbrechen zum richtigen Zeitpunkt, also beim Stumpfwerden der Schneidkanten, erfolgen muss, spielen die Kristallart, Geometrie, Festigkeit und Korngröße eine entscheidende Rolle. Der Diamanttyp muss also genau auf das zu bearbeitende Material abgestimmt sein.

Diamantbeschichtung

In besonderen Einsatzbereichen ist es zweckmäßig, die einzelnen Diamanten mit einer Beschichtung zu versehen. Die Beschichtung erfolgt durch Bedampfung im Vakuum, als Beschichtungsmaterial werden Titan, Chrom oder Nickel verwendet.

Es ergeben sich hierdurch folgende Vorteile:
- Bessere Kristallhaftung im Segment = längere Standzeit
- Erhöhung des Kornüberstandes = höhere Abtragsleistung
- Verhindert Oxidation des Diamanten = höhere Standzeit

In der Summe kann durch beschichtete Diamanten die Standzeit um ca. 30 % erhöht werden bei gleichzeitig doppeltem Arbeitsfortschritt.

Die Beschichtung ist kostenintensiv.

Beschichteter Diamant

Diamanten im Einsatzwerkzeug

Die Diamanten müssen im Einsatzwerkzeug so angebracht werden, dass ihre Vorteile voll zur Geltung kommen und an das zu bearbeitende Material angepasst sind. In der Regel sind die Diamanten in Segmenten untergebracht, welche sich am Umfang des Einsatzwerkzeuges befinden. Die wichtigsten Kriterien sind:
– Segmentbestandteile
– Bindungshärte
– Diamantverteilung
– Diamantkonzentration
– Segmentaufbau
– Segmentform
– Segmentverbindung
– Stammblattmaterial
Alle diese Kriterien wirken sich nur dann vorteilhaft aus, wenn sie aufeinander abgestimmt und an den Arbeitsvorgang angepasst sind.

Segmentbestandteile:
Die Diamanten sind in ein Trägermaterial (Matrix) eingebunden, aus dem die Segmente geformt sind. Man kann, um es zu verdeutlichen, sich die Diamanten als Rosinen verteilt in einem Kuchen vorstellen, bei dem der Teig die Bindung besorgt.

Die Bindung umschließt die einzelnen Diamanten und verbindet sich mechanisch und teilweise auch chemisch damit. Im praktischen Betrieb muss sich die Bindung nun so abnützen, dass nach Stumpfwerden der „arbeitenden" Diamanten diese ausbrechen und neue, scharfe Diamanten als „Ablösung" an die Schneidfläche gelangen. Da die Abnutzung der Diamanten vom zu bearbeitenden Material abhängt, muss auch die Bindung entsprechend abgestimmt sein.

Als Bindungsmaterial wird eine Mixtur aus Metallen verwendet, deren Zusammensetzung anwendungsoptimiert sein muss. Typische Bestandteile sind: Wolframcarbid, Mangan, Wolfram, Zinn, Cobalt; Zink, Chrom, Eisen, Molybdän, Vanadium, Blei, Nickel, Aluminium, Magnesium, Kupfer, Tantal, Titan.

Die Bestandteile sind pulverförmig, werden mit den Diamanten gemischt, in Formen gepresst und anschließend gesintert.

Bindungshärte
Die Härte der Bindung richtet sich nach dem zu bearbeitenden Material. Man unterscheidet zwischen:
– harter Bindung
– weicher Bindung

Harte Bindung: Weiches Material benötigt eine harte Bindung. Der Kornüberstand ist groß, dadurch dringen die Diamanten tief in den Werkstoff ein. Vor dem Diamanten bleibt ein kleiner Raum zwischen Werkstoff und Bindung. Hier entsteht durch die wegen der großen Eindringtiefe entstandenen großen Partikel („Späne") viel abrasive Reibung. Durch diese Reibung wird die Bindung abgenützt. Die Abnützung darf nicht zu schnell vor sich gehen, da sonst der Diamant zu früh freigelegt wird und damit ausbricht, bevor seine Schneidkanten abgenützt sind. Die Bindung bei weichen Werkstoffen muss deshalb hart sein, damit die Diamanten länger in der Bindung gehalten werden.

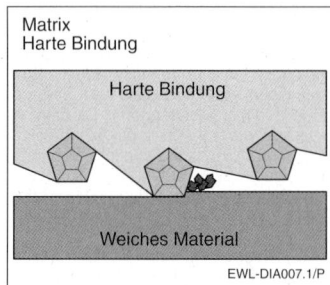

Matrix
Harte Bindung

Harte Bindung

Weiches Material

EWL-DIA007.1/P

Weiche Bindung: Hartes Material benötigt weiche Bindung. Der Kornüberstand ist klein, dadurch dringen die Diamanten nicht sehr tief in den Werkstoff ein. Vor dem Diamanten bleibt ein wesentlich kleinerer Raum zwischen Werkstoff und Bindung. Hier entsteht durch die wegen der kleinen Eindringtiefe entstandenen kleinen Partikel („Späne") wenig abrasive Reibung. Durch diese Reibung würde die Bindung nur sehr wenig abgenützt. Durch das harte Material werden die Diamanten schnell stumpf und müssen rechtzeitig ausbrechen, damit neue Diamanten die Schneidarbeit übernehmen können. Die Bindung muss also weich sein, damit dieser Vorgang stattfinden kann.

Es gibt allerdings Materialien, auf welche die Bindung nicht immer optimal eingestellt werden kann. In diesen Fällen werden die Segmente „geschärft", indem man kurz ein sehr abrasives Material, z. B. Sandstein oder spezielle Schärfsteine, bearbeitet, welches neue Diamanten freilegt.

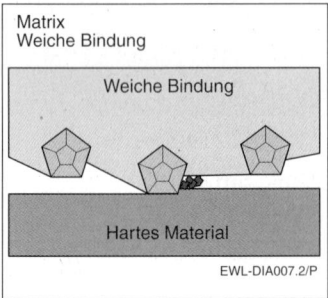

Matrix
Weiche Bindung

Weiche Bindung

Hartes Material

EWL-DIA007.2/P

Segment-Eigenschaften

Kriterium	Weicher Werkstoff	Harter Werkstoff
Segmentbindung	hart	weich
Diamant-Korngröße	groß	klein
Diamant-Kornüberstand	groß	klein
Diamant-Eindringtiefe	groß	klein
Diamant-Bruchneigung	hoch	gering
Diamant-Geometrie	ungleichmäßig	gleichmäßig
Diamanttyp	polykristallin	monokristallin
Diamant-Beschichtung	keine	wenn nötig
Diamantqualität	nieder–mittel	hoch
Kosten	niedriger	höher

DIA-T07

Diamantverteilung

Die Diamantverteilung ist für den Arbeitsfortschritt entscheidend und stellt ein wichtiges Qualitätsmerkmal dar. Je regelmäßiger die Diamanten in der Segmentbindung verteilt sind, umso besser ist der Arbeitsfortschritt.

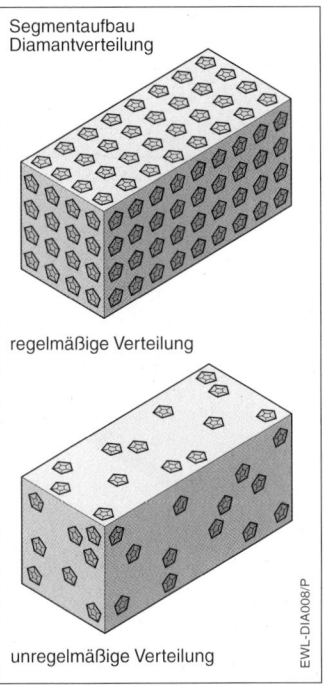

Segmentaufbau
Diamantverteilung

regelmäßige Verteilung

unregelmäßige Verteilung

EWL-DIA008/P

Diamantkonzentration

Die ideale Diamantkonzentration ergibt den besten Arbeitsfortschritt. Ideal bedeutet, dass die Diamantkonzentration an das zu bearbeitende Material angepasst sein muss.

Zu hohe Diamantkonzentration führt zu hohen Vorschubkräften, welche wiederum zu hoher thermischer Belastung führen. Zu geringe Diamantkonzentration bedeutet geringe Standzeit und zu langsamen Arbeitsfortschritt.

Da höhere Diamantkonzentration auch mit höheren Kosten verbunden ist, liegt die wirtschaftliche Konzentration bei allgemeiner Anwendung meist im unteren bis mittleren Bereich.

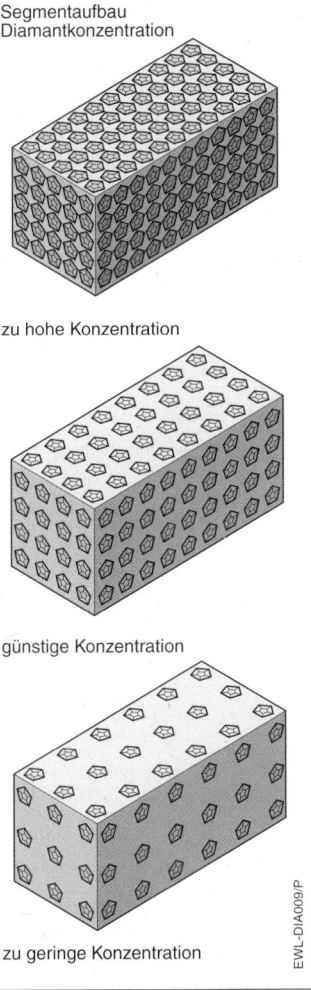

Segmentaufbau
Diamantkonzentration

zu hohe Konzentration

günstige Konzentration

zu geringe Konzentration

EWL-DIA009/P

Die Maßeinheit der Diamantkonzentration ist das Caratgewicht je cm³ Segmentvolumen (ct/cm³). Die Konzentrationsangabe wird mit C, gefolgt von einer Zahl, angegeben. C 50 bedeutet beispielsweise 2,2 Carat Diamant je cm³ Segmentvolumen. Umgerechnet ergibt dies ca. 0,44 Gramm Diamant oder ein Diamantvolumen von 0,125 cm³, was wiederum etwa einen Volumenanteil von 12,5 % im Segment bedeutet.

Üblicherweise haben Trennscheiben eine Konzentration von C 15...C 20, Bohrkronen von C 25...C 60.

Anstelle der Bezeichnung C = Carat wird im deutschsprachigen Raum auch die Bezeichnung K = Karat verwendet.

Kornkonzentration

Bezeichnung	Karat-volumen ct/cm³	Belag-volumen %
C 25	1,1	6,00
C 50	2,2	12,50
C 75	3,3	18,75
C 100	4,4	25,00
C 125	5,5	31,25
C 150	6,6	37,50
C 175	7,7	43,75
C 200	8,8	50,00

DIA-T08

Segmentaufbau

Der Segmentaufbau ist, wie die anderen Kriterien auch, entscheidend für die Qualität, Standzeit und den Arbeitsfortschritt. Entsprechend der konstruktiven Gestaltung des Segmentes unterscheidet man die Begriffe:
– Nutzhöhe
– Bauweisen

Nutzhöhe: Die Nutzhöhe ist die Segmenthöhe, die für den Arbeitsprozess zur Verfügung steht. Sie kann sich wesentlich von der Gesamthöhe des Segmentes unterscheiden. Hohe Nutzhöhen haben ihren Preis und sind daher in der Regel nur bei Qualitätsherstellern zu finden. Scheinbar hohe Segmenthöhen, welche in Wirklichkeit aber nur eine geringe Nutzhöhe aufweisen, werden deshalb von weniger seriösen Herstellern (Noname) für Billigprodukte oft als Täuschung benützt. Die wirksame Segmenthöhe lässt sich dabei erst nach Ausfall des Einsatzwerkzeuges feststellen.

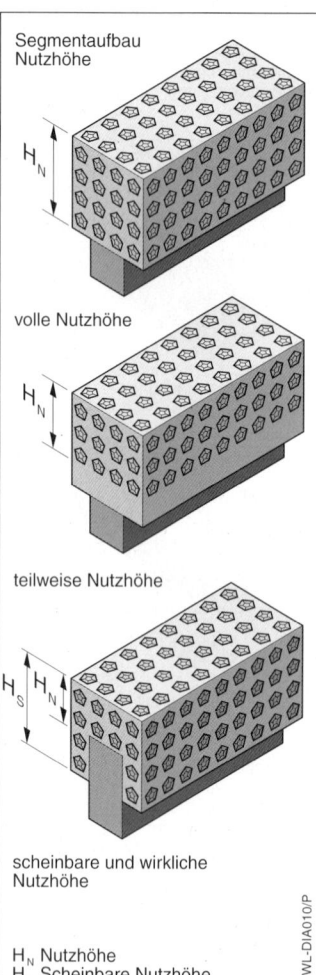

Segmentaufbau
Nutzhöhe

H_N

volle Nutzhöhe

H_N

teilweise Nutzhöhe

H_S H_N

scheinbare und wirkliche Nutzhöhe

H_N Nutzhöhe
H_S Scheinbare Nutzhöhe

EWL-DIA010/P

Bauweisen: Die Bauweisen sind von der Segmentform, dem Anwendungsfall und der Befestigung auf dem Stammblatt abhängig und deshalb unterschiedlich. So werden in Segmente diamantfreie Verbindungszonen eingebaut, um bestimmte Schweiß- oder Lötverfahren einsetzen zu können.

Randverstärkte Segmente sind dort sinnvoll, wo bevorzugt harte Werkstoffe getrennt werden. Ohne diese Randverstärkung (meist andere Diamantkonzentration und/oder Bindung) würde der Segmentrand mit der Zeit rund, was seine Oberfläche und damit auch die Vorschubkraft (und Hitzeentwicklung) vergrößern würde.

Segmentform
Die Segmentform muss dem zu bearbeitenden Material und dem Verfahren (trocken, nass) angepasst sein. Die grundsätzlichen Ausführungen, ob an Trennscheiben oder Bohrkronen, sind:
– Ringsegmente
– Unterbrochene Segmente
– Sondersegmente (z. B. Turbo)

Segmentaufbau
Bauweisen

Normalform

Segment mit Verbindungszone
zum Stammblatt

Segment mit verstärkten
Randzonen

EWL–DIA011/P

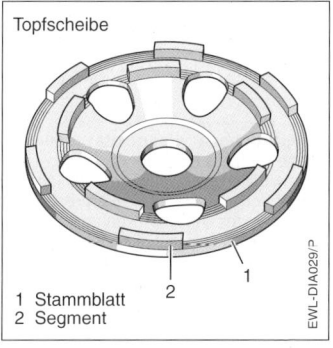

Topfscheibe

1 Stammblatt
2 Segment

EWL–DIA029/P

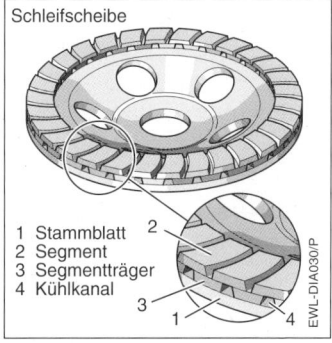

Schleifscheibe

1 Stammblatt
2 Segment
3 Segmentträger
4 Kühlkanal

EWL–DIA030/P

Ringsegmente: Ringsegmente sind ununterbrochene Segmente am Umfang von Trennscheiben oder der Stirnseite von Bohrkronen. Die typischen Anwendungen sind:
– Trennen dünner, harter Werkstoffe
– Trennen im Nassverfahren
– Bohren kleiner Durchmesser

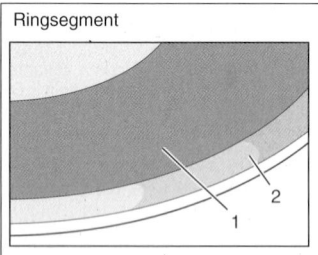

Ringsegment

1 Stammblatt
2 Ununterbrochenes Ringsegment

EWL-DIA012/P

Unterbrochene Segmente: Unterbrochene Segmente können breite oder schmale Schlitze zwischen den Segmenten haben, welche die Wärmedehnung während des Arbeitsvorganges aufnehmen. Ohne diese „Dehnungsschlitze" würden sich die Trennscheiben beim Einsatz durch die Wärmeentwicklung verziehen und die Arbeit unmöglich machen.

Unterbrochene Segmente

1 Stammblatt
2 Segment
3 Dehnungsschlitze

EWL-DIA013/P

Unterbrochene Segmente sind daher typisch für trockene Arbeitsverfahren, bei denen eine stärkere Erwärmung stattfindet als bei nassen Arbeitsverfahren.

Bei hartem Material (Beton) werden kleine Schlitze verwendet, um mehr Segmentvolumen unterzubringen. Bei weichen Materialien (Asphalt) genügt weniger Segmentvolumen, die Schlitze sind daher breiter.

Sondersegmente: Sondersegmente werden anwendungsspezifisch gefertigt. Die sogenannten „Turbo"-Segmente sind eine Kombination aus Ringsegment und unterbrochenem Segment: Das umlaufende Ringsegment ist mit radialen, geraden oder schräg verlaufenden Vertiefungen („Rillen") versehen, durch die beim Rotieren ein Kühlluftstrom entsteht, der einen schnellen und trotzdem schonenden Schnitt, speziell in dünnem Material, ermöglicht.

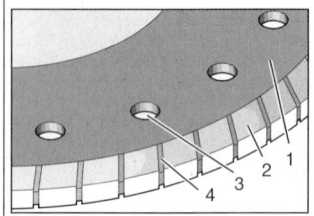

Sondersegment

1 Stammblatt
2 Segmentband
3 Löcher zur Schwingungsdämpfung
4 Nuten im Segment

EWL-DIA014/P

Segmentverbindung
Die Verbindung der Segmente mit dem Stammblatt (oder Rohrkörper bei Bohrkronen) muss die vom Elektrowerkzeug abgegebene mechanische Leistung auf das Segment übertragen, die Rotationsfliehkräfte aufnehmen und bei Fehlbedienung genügend Sicherheitsreserven aufweisen. Die üblichen Verbindungstechniken sind:

– Aufsintern
– Laserschweißen
– Reibungsschweißen
– Löten

Jedes einzelne dieser Verfahren hat Eigenschaften, welche es für bestimmte Anwendungen besser geeignet machen als andere Verfahren.

Aufsintern: Aufsintern ist das einzige Verfahren, welches sich für die Verbindung von umlaufenden Ringsegmenten mit dem Stammblatt eignet.

Das Stammblatt wird in eine Form gelegt, das Bindungs-Diamantgemisch hinzugefügt und durch Druck und Hitze verfestigt und mit dem Stammblatt verbunden.

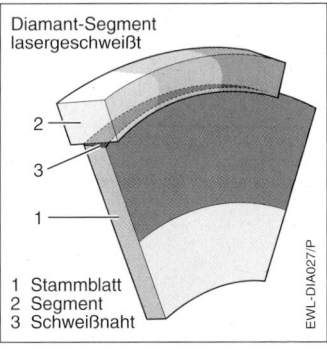

Diamant-Segment
lasergeschweißt

2
3
1

1 Stammblatt
2 Segment
3 Schweißnaht

EWL-DIA027/P

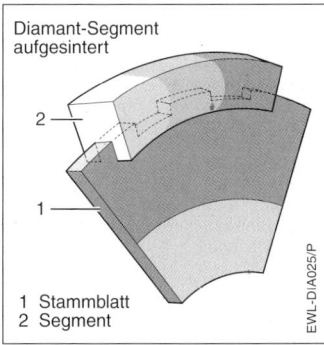

Diamant-Segment
aufgesintert

2
1

1 Stammblatt
2 Segment

EWL-DIA025/P

Laserschweißen: Qualitativ hochwertige, unterbrochene Segmente an Trennscheiben werden ausschließlich durch Laserschweißung mit dem Stammblatt verbunden, lediglich im niedrigen Preissegment und bei Noname-Produkten werden Einzelsegmente aufgesintert.

Die Laserschweißnaht ist im Gegensatz zu anderen Schweißverfahren schmal, aber tief, wodurch das Segment an der Schweißnaht ohne Überhitzung nahtlos mit dem Stammblatt verschmilzt.

Reibungsschweißen: Reibschweißverfahren werden dann angewendet, wenn die Segmente nicht am Umfang, sondern radial an der Fläche einer Scheibe angebracht sind. Dies ist bei Schleifscheiben für Betonschleifer der Fall. Die Reibschweißtechnik ist dem Lötverfahren bei dieser Anwendung überlegen, weil wenig Prozesswärme erzeugt wird, wodurch ein Verziehen der Scheibe vermieden werden kann.

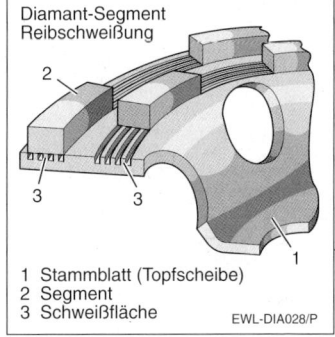

Diamant-Segment
Reibschweißung

2
3   3
1

1 Stammblatt (Topfscheibe)
2 Segment
3 Schweißfläche

EWL-DIA028/P

Löten: Beim Löten wird neben dem Stammblatt und dem Segment als Verbindungsmittel ein hochschmelzendes Lot (Hartlot) benötigt, wobei es während des Lötprozesses wichtig ist, die maximal zulässige Diamant-Grenztemperatur nicht zu überschreiten. Lötverbindungen sind immer dann zweckmäßig, wenn Reparaturen (Ersatz von Segmenten) möglich sein sollen.

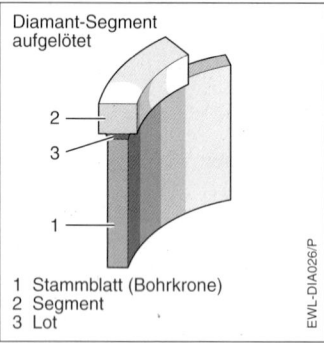

Diamant-Segment aufgelötet

2
3

1

1 Stammblatt (Bohrkrone)
2 Segment
3 Lot

EWL-DIA026/P

Laserschmelzverfahren
Ein neuentwickeltes Verfahren zur Her-

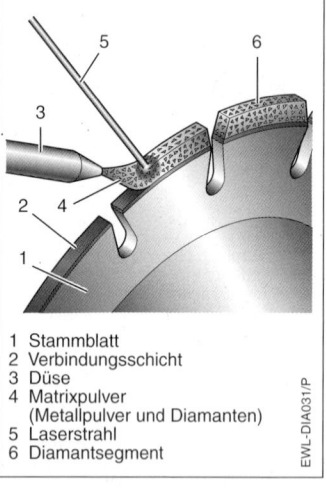

Diamantwerkzeuge Laserschmelzverfahren

5   6
3
2 4
1

1 Stammblatt
2 Verbindungsschicht
3 Düse
4 Matrixpulver
  (Metallpulver und Diamanten)
5 Laserstrahl
6 Diamantsegment

EWL-DIA031/P

stellung von Segmenten ist das sogenannte Laserschmelzverfahren. Hierbei wird die Matrix in pulverförmigem Zustand durch eine Düse direkt auf das Stammblatt gesprüht und gleichzeitig durch einen Laserstrahl aufgeschmolzen. Vorteile des Laserschmelzverfahrens ist ein besserer Halt der Matrix auf dem Stammblatt und eine dadurch robustere Qualität. Ein schnellerer Arbeitsfortschritt ergibt sich durch die gleichmäßigere Verteilung der Diamanten im Bindematerial. Der höhere Aufwand des Laserschmelzverfahrens wird durch eine sehr hohe Fertigungsflexibilität kompensiert.

Stammblattmaterial
Insbesondere bei tiefen Trennschnitten wird das Stammblatt durch die Schleifstaubreibung und durch Bedienungsfehler (Verkanten) belastet. Für besondere Ansprüche können vergütete CV-Stammblätter eingesetzt werden, welche eine hohe Wärmebeständigkeit und Formstabilität aufweisen. Solche Stammblätter können nur in Verbindung mit der Laserschweißtechnik verwendet werden, andere Verfahren (Sintertechnik) scheiden aus, weil deren höhere Prozesswärme die Stammblatteigenschaften negativ beeinflussen würden.

Anwendung von Diamant-Einsatzwerkzeugen

Die Erwartungen des Anwenders zu Standzeit und Arbeitsfortschritt sind bei diamantbestückten Einsatzwerkzeugen – nicht zuletzt wegen der höheren Anschaffungskosten – sehr hoch. Wie in diesem Kapitel beschrieben, hängen Standzeit und Arbeitsfortschritt jedoch von vielen Einzelkriterien ab, welche an die Arbeitsaufgabe angepasst sein müssen. In der Praxis bedeutet dies, daß z.B. von ein und demselben Einsatzwerkzeug (Trennscheiben) eine hohe Anzahl von verschiedenen Typen existieren. Hieraus ist der passende Typ anhand der Herstellerspezifikationen auszuwählen. Typische Auswahlmöglichkeiten bestehen im Bezug auf
– den zu bearbeitenden Werkstoff
– den Arbeitsfortschritt

– die Standzeit
Während die Auswahl dem zu bearbeitenden Werkstoff entsprechen muss, sind Arbeitsfortschritt und Standzeit eine eindeutige Funktion der Kosten. Die „teurere" Scheibe wird einen wesentlich höheren Arbeitsfortschritt und/oder längere Standzeit haben als eine „billige" Scheibe. Sie ist damit letztlich die wirtschaftlichere Lösung.

Ein weiteres Kriterium, welches Standzeit und Arbeitsfortschritt wesentlich beeinflusst, ist die richtige Handhabung. Häufigste Ursache bei zu geringer Standzeit sind Anwendungsfehler. Wie so oft sollte deshalb den Betriebsanleitungen der Werkzeughersteller mehr Aufmerksamkeit gewidmet werden.

Anwendungskriterien

Bei der Anwendung ist zu beachten, dass diamantbestückte Einsatzwerkzeuge mit höherer Sorgfalt angewendet werden müssen, damit diese Vorteile auch voll erhalten bleiben. Insbesondere sind folgende Kriterien bei der Anwendung zu beachten:
– Werkzeugzentrierung
– Maschinenverschleiß
– Scheibentyp
– Drehzahl
– Werkzeugansatz
– Vorschub
– Maschinenleistung
– Armierungstreffer
– Werkzeugverschleiß

Werkzeugzentrierung
Trennscheiben haben mitunter Aufnahmebohrungen, welche größer sind als der Spindeldurchmesser des Elektrowerkzeuges. Die Anpassung erfolgt in diesen Fällen über sogenannte Zwischenringe, mit denen die Durchmesserdifferenz überbrückt wird. Daneben dienen die Zwischenringe in diesen Fällen auch der Zentrierung der Trennscheibe auf die Maschinenspindel. Dem exakten Einpassen der Zwischenringe ist besondere Aufmerksamkeit zu widmen. Unrunder Lauf wegen fehlender Zentrierung hat erhebliche Vibrationen zur Folge, welche eine potentielle Gefahr für den

Anwender darstellen und zu hohem Verschleiß oder Ausfall des Elektrowerkzeuges führen. An der Trennscheibe selbst kommt es zu rapidem partiellem Verschleiß an den Segmenten.

Maschinenverschleiß
Unter Maschinenverschleiß ist hier die Abnutzung der Antriebsspindel und/oder der Spindellagerung zu verstehen. Beides kann zu unrundem, vibrierendem Lauf führen, welcher den Maschinenverschleiß beschleunigt und am Trennscheibenumfang zu partiellem, frühzeitigem Verschleiß führt.

Scheibentyp
Der Scheibentyp, d. h. die Zusammensetzung der Matrix (des Segmentes) muss an den zu bearbeitenden Werkstoff angepasst sein. Trennscheiben für härtere Werkstoffe wie Beton oder Granit müssen eine höhere Diamantkonzentration, eine weichere Bindung und verschleißfestere Diamanten aufweisen als Trennscheiben für weichere Werkstoffe wie Mauerwerk oder Asphalt. Wenn unangepasste Trennscheiben verwendet werden, kann es zum Abstumpfen der Diamanten oder zu überhöhtem Segmentverschleiß kommen, eventuell durch Überhitzung der Scheibe zu wellenförmigem Verzug des Stammblattes.

Drehzahl
Die Einsatzwerkzeuge, insbesondere Trennscheiben, sind ihrem Durchmesser entsprechend auf die üblichen Elektrowerkzeuge wie Trennschleifer und Winkelschleifer abgestimmt. Deren Drehzahlen entsprechen Schnittgeschwindigkeiten von ca. 60...80 m/s.

Bei Hohlbohrkronen können jedoch an ein und derselben Maschine unterschiedliche Durchmesser zum Einsatz kommen. Die Maschinendrehzahl muss dann mittels der passenden Getriebestufe oder Einstellung der Elektronik so gewählt werden, dass die Schnittgeschwindigkeit der Segmente im optimalen Bereich liegt.

Werkzeugansatz
Beim Ansetzen an das zu bearbeitende Werkstück sollte zunächst behutsam vorgegangen werden, bis durch eine gewisse

Schnitttiefe, die etwa der Segmenthöhe entsprechen sollte, das Einsatzwerkzeug im Werkstückmaterial geführt wird. Erst dann sollte auf die endgültige Vorschubkraft gesteigert werden. Ruckartiges Ansetzen, speziell wenn das Werkzeug noch keine Führung hat, kann zu Segmentbeschädigung oder zum Segmentverlust führen.

Vorschub

Die Vorschubkraft und damit die Vorschubgeschwindigkeit wirkt sich direkt auf die Belastung des Elektrowerkzeuges und die Belastung der Segmente aus. Zu starker Vorschub kann zur Überlastung des Elektrowerkzeuges und zum Abstumpfen der Segmente oder zu deren Überhitzung führen.

Maschinenleistung

Die Segmente sind in ihrer Zusammensetzung auf eine bestimmte Schnittgeschwindigkeit hin optimiert. In Fällen, wo die Maschinenleistung nicht hoch genug für die Schnitttiefe (bei Trennscheiben) oder den Durchmesser (bei Bohrkronen) ist, kann die Maschinendrehzahl und damit die Schnittgeschwindigkeit drastisch zurückgehen. Neben einer Überlastung des Elektrowerkzeuges kann dies zur Folge haben, dass die Segmente abstumpfen. Insbesondere bei großen Schnitttiefen kann es günstiger sein, die endgültige Schnitttiefe durch mehrere Durchgänge mit steigernder Tiefeneinstellung zu erreichen.

Generell sollten Elektrowerkzeuge, an welchen diamantbestückte Einsatzwerkzeuge verwendet werden, mit einer Constant- oder Regelelektronik ausgerüstet sein. Hierdurch wird ein zu starker Drehzahlrückgang bei steigender Belastung vermieden, wodurch die optimale Schnittgeschwindigkeit des Einsatzwerkzeuges erhalten bleibt.

Armierungstreffer

Im Trockenschnitt wirken sich Armierungstreffer bei Bohrkronen und Trennscheiben ungünstig auf die Segmente aus. Durch die Reibungshitze reagieren die Diamanten mit dem Armierungsstahl und verbrennen. Armierung darf deswegen nur im Nassschliff durchtrennt wer-

den, weil hier die Diamantsegmente ausreichend gekühlt werden. Dennoch stellen Armierungstreffer eine sehr hohe Belastung dar, die sich entsprechend auf den Verschleiß auswirkt. In diesen Fällen ist es günstig, die Vorschubkraft und damit die Vorschubgeschwindigkeit stark zu reduzieren.

Werkzeugverschleiß

Einsatzwerkzeuge, welche bereits fortgeschrittenen Verschleiß aufweisen oder beschädigt sind, können neben Auswirkungen auf die Arbeitsqualität und den Arbeitsfortschritt auch zur Überlastung des Elektrowerkzeuges führen. Vor der Anwendung sollte das Einsatzwerkzeug stets einer Inspektion unterzogen werden, wobei bei Trennscheiben insbesondere der Segmentzustand und eventueller Verzug des Stammblattes zu prüfen ist.

Bei Hohlbohrkronen ist entsprechend zu verfahren. Neben dem Segmentzustand ist hier besonders das Einsteckende auf seinen Zustand hin zu prüfen, ebenso der Rundlauf der Bohrkronenhülse.

Diamantwerkzeug-Einflussgrößen

Kriterium	Eigenschaft	Arbeitsfortschritt	Standzeit
Bindung	hart	–	+
	weich	+	–
Segmentbreite	schmal	+	–
	breit	–	+
Kühlung	schlecht	–	–
	gut	+	+
Anpressdruck	angepasst	+	+
	nicht angepasst	–	–
Abrasivität	stark	+	–
	schwach	–	+
Diamantqualität	niedrig	–	–
	hoch	+	+

DIA-T09

Typische Schadensbilder

Vorzeitige Ausfälle und Schadensfälle an diamantbestückten Einsatzwerkzeugen berufen fast immer auf Anwendungsfehlern und/oder unsachgemäßen Einsatz, wie falsche Auswahl des Werkzeugtyps zum bearbeitenden Material. Im folgenden Atlas der Schadensbilder werden typische Schadensfälle und ihre Ursachen an Trennscheiben und Hohlbohrkronen dargestellt.

Diamant-Trennscheiben

Schadensfall:
Starker Verschleiss des Diamantbelages

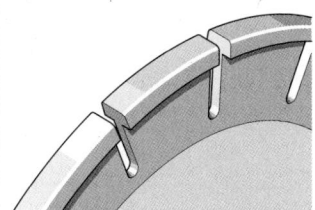

Ursachen:
Nicht angepasster Scheibentyp
Zu hohe Vorschubgeschwindigkeit
Spindellagerung nicht in Ordnung
Zu niedrige Spindeldrehzahl

EWL-DIA019/P

Diamant-Trennscheiben

Schadensfall:
Stumpfer Diamantbelag

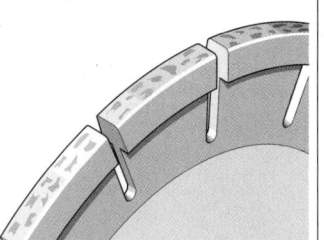

Ursachen:
Nicht angepasster Scheibentyp
Zu hohe Spindeldrehzahl
Zu schwache Motorenleistung
und zu geringer Vorschub

EWL-DIA018/P

Diamant-Trennscheiben
Schadensfall:
Übermäßiger seitlicher
Verschleiß
der Segmente

Ursachen:
Nicht angepasster Scheibentyp
Übermäßiger Planschlag
Trennscheibe nicht senkrecht zur
Schnittrichtung
Trennscheibe und Schnittrichtung
nicht parallel

EWL-DIA020/P

Diamant-Trennscheiben

Schadensfall:
Blaue Anlaufbereiche am Stammblatt und an den Segmenten

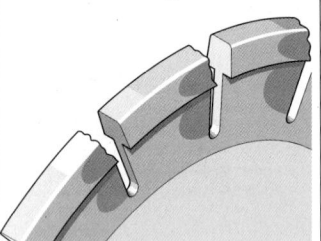

Ursachen:
Zu hohe Spindeldrehzahl
Schnitt in armierten Beton
Zu hohe Werkzeugbelastung
Nicht angepasster Scheibentyp

EWL-DIA021/P

Diamant-Trennscheiben

Schadensfall:
Abnutzung des Stammblattes
unterhalb des Segmentes

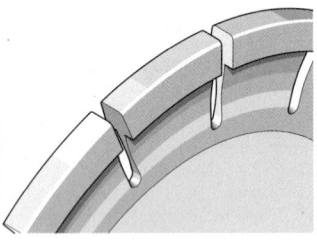

Ursachen:
Zu hohe Spindeldrehzahl
Unterhalb des zu schneidenden
Materials stößt die Trennscheibe
auf abrasives Material
Stark abrasives Material

EWL-DIA023/P

Diamant-Trennscheiben

Schadensfall:
Teller- oder wellenförmig ver-
bogenes Stammblatt

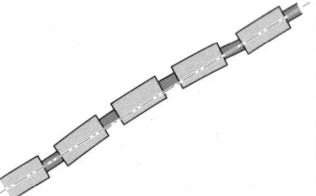

Ursachen:
Nicht angepasster Scheibentyp
Übermäßig große Schnittfläche
Seitlich stark abgenutzte Segmente
Trennscheibe wird vom getrennten
Material eingeklemmt
Trennscheibe und Schnittrichtung
nicht parallel

EWL-DIA022/P

Diamant-Trennscheiben

Schadensfall:
Risse im Stammblatt von den
Nuten ausgehend

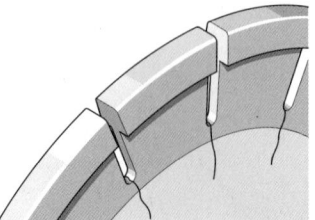

Ursachen:
Zu hartes Ansetzen
Zu hohe Spindeldrehzahl
Trennscheibe nicht senkrecht zur
Schnittfläche

EWL-DIA024/P

Diamant-Trennscheiben

Schadensfall:
Querrissbildung innerhalb des
Segmentes

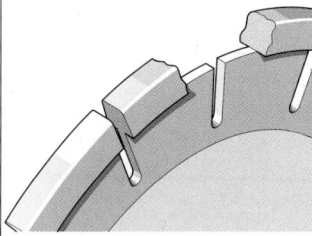

Ursachen:
Nicht angepasster Scheibentyp
Zu hohe Umdrehungszahl

EWL–DIA016/P

Diamant-Trennscheiben

Schadensfall:
Verlust von Segmenten

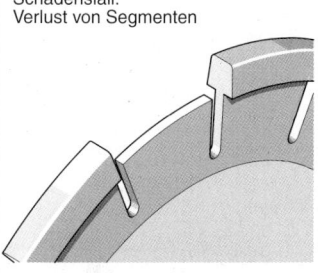

Ursachen:
Aufschlagen der Trennscheibe
Hartes Aufsetzen
Verkanten der Trennscheibe
Verschieben des Werkstückes
Nicht angepasster Scheibentyp
Falsche Drehrichtung
Zu große Schnitttiefe

EWL–DIA015/P

Diamantbohrkrone

Schaden:
Segmentverlust, ein oder mehrere
Schneidsegmente sind ausgefallen
Die Höhe der Schneidsegmente
ist > 3 mm. Es liegen keine
weitere Merkmale vor, die auf
einen Anwendungsfehler oder
Gewalteinwirkung schließen lassen.

> 3 mm

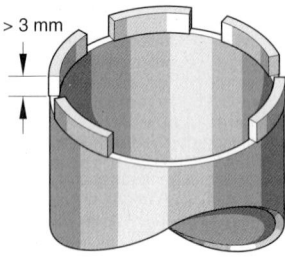

Ursache:
Es liegt ein Materialfehler vor.

Schaden:
Segmentverlust, ein oder mehrere
Schneidsegmente sind ausgefallen
Die Höhe der Schneidsegmente
ist < 3 mm.

< 3 mm

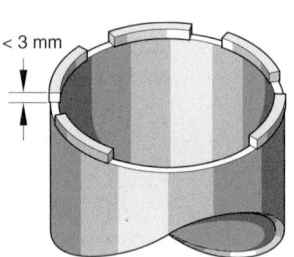

Ursache:
Verschleiß. Es liegt kein Frühausfall
vor der auf Fabrikations- oder
Materialfehler zurückzuführen ist.

EWL-B041/P

Diamantbohrkrone

Neuzustand

7 mm

normaler Verschleißzustand

Diamantkronen können eingesetzt
werden, bis die Diamant-Segmente
vollständig aufgebraucht sind.

EWL-B040/P

Diamantbohrkrone

Schaden:
Ausbruch an einem oder mehreren
Schneidsegmenten.

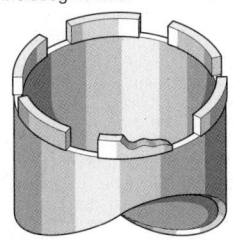

Ursachen:
Ausbrüche an Schneidsegmenten
können auftreten durch Einhaken
im Bohrbetrieb, z.B. beim Durch-
trennen von Eisenarmierungen
wenn diese lose werden.

EWL-B042/P

Sicherheit

Diamanttrennscheiben sind besonders
hoch belastet und müssen daher Sicher-
heitsstandards aufweisen, die bei ordnungsgemäßer Anwendung einen Segmentverlust unmöglich machen.

Die Standards sind in Deutschland in
der UVV VBG 49 (Unfall-Verhütungs-Vor-
schrift des Verbandes Beruflicher Genos-
senschaften Nr. 49) festgelegt.

Die Prüfung umfasst unter anderem
Fliehkrafttests mit 1,8facher Nenndrehzahl, Segment-Biegeprüfungen und Kontrolle der Scheibengeometrie.

Beim freihändigen Trennen (z. B. mittels
Winkelschleifer oder Trennschleifer) ist es
Vorschrift, dass durch einen sogenannten
Trennschlitten oder Führungsschlitten ein
Verkanten vermieden wird, welches zum
Segmentverlust führen kann.

Zusammenfassung

*Diamantbestückte Einsatzwerkzeuge für
die Anwendung an handgeführten Elektrowerkzeugen sind in bestimmten Anwendungsbereichen unentbehrlich geworden
und haben konventionelle Einsatzwerkzeuge weitgehend ersetzt. Die herausragenden Vorteile sind die höhere Standzeit,
die bessere Maßhaltigkeit und der meist
schnellere Arbeitsfortschritt bei geringerer
Geräuschentwicklung. Die vorgenannten
Eigenschaften machen diamantbestückte
Einsatzwerkzeuge trotz des etwas höheren Einstandspreises erheblich wirtschaftlicher bei der Anwendung als konventionelle Einsatzwerkzeuge.*

Grundlagen der Hydraulik

Die Hydraulik ist zu einem festen Bestandteil des Maschinenbaus und der Werkzeugtechnik geworden. Hydraulisch lassen sich lineare und rotierende Bewegungen sicher beherrschen, sowohl hinsichtlich größter Kräfte als auch extremer Genauigkeit von Weg und Geschwindigkeit. Die in diesem Kapitel zusammengefassten Informationen zeigen die theoretischen Grundlagen, ergänzt mit praktischen Hinweisen. Inhaltlicher Schwerpunkt ist die Beschreibung der Bauelemente und ihre Funktion innerhalb hydraulischer Systeme. Zum besseren Verständnis wurde hierbei die bildliche Darstellung in den Vordergrund gestellt.

Definition

Der Begriff „Hydraulik" leitet sich aus dem griechischen Wort „Hydor" ab, was „Wasser" bedeutet. Hydraulik ist im wissenschaftlichen Sinne die Lehre von ruhenden (hydrostatischen) und strömenden (hydrodynamischen) Flüssigkeiten. Auf die technische Anwendung bezogen versteht man unter Hydraulik die praktische Anwendung in den Bereichen der Leistungsübertragung sowie der Steuer- und Regelungstechnik.

Hydraulik und Elektrowerkzeug

Mit hydraulischen Bauelementen lassen sich sehr hohe Leistungsdichten, d. h. hohe Leistungen bei kleinstem Bauvolumen realisieren. Bei der Kombination hydraulischer Bauelemente mit elektrischen Antrieben lassen sich elektrohydraulische Werkzeuge konzipieren, welche in speziellen Anwendungsfeldern den reinen Elektrowerkzeugen überlegen sind. Hierzu gehören beispielsweise Impulsschrauber, Bolzenschneider und Nietzangen. Die Kombination Hydraulik-Elektrowerkzeug ist noch ein sehr junges Anwendungsfeld, welches aber in der Zukunft an Bedeutung zunehmen wird.

Systemvergleich

Die Hydraulik steht als Mittel zur Leistungsübertragung und der Steuer- und Regeltechnik neben der Mechanik, Elektrotechnik und Elektronik sowie der Pneumatik sowie im Wettbewerb zu diesen zueinander, die Systeme ergänzen sich aber auch und werden deshalb oft miteinander kombiniert. Es ist üblich, für den Energiefluss einer Anlage die Hydraulik zu verwenden, den Signalfluss aber elektrisch auszuführen. Die richtige Entscheidung für eine bestimmte Systemkombination setzt die Kenntnis der Vor- und Nachteile der Einzelsysteme voraus. Anhand der von der Anwendung vorgegebenen Beispiele, bei denen alle Randbedingungen feststehen, ist eine meist eindeutige Entscheidung möglich. Im Grenzfall entscheiden Einzelkriterien wie Betriebssicherheit, Wartungsverhalten und Kosten.

Prinzip eines Hydrauliksystems

Bei ölhydraulischen Systemen wird zunächst mechanische Energie in hydraulische Energie umgewandelt, in dieser Form transportiert und gesteuert und schließlich wieder in mechanische Arbeit umgesetzt. Entsprechend diesen Funktionen lassen sich die Bauelemente der Hydraulik wie folgt einordnen:
– Energieträger
– Energieumwandlung
– Energietransport
– Energiesteuerung
– Messgeräte

Systemvergleich Leistungsübertragung

Kriterium	Mechanik	Elektrik / Elektronik	Pneumatik	Hydraulik
Energieträger	Wellen, Gestänge, Riemen, Ketten, Zahnräder	Elektronen	Luft	Flüssigkeiten (Öl)
Energie-transport	Wellen, Gestänge, Riemen, Ketten, Zahnräder	elektrische Leiter (Drähte, Kabel)	Rohre, Schläuche, Bohrungen	Rohre, Schläuche, Bohrungen
Energieum-wandlung in mechanische Energie v/v	nicht nötig	Generatoren, Motoren, Linearmotoren, Magnete, Batterien	Verdichter, Motoren, Zylinder	Pumpen, Motoren, Zylinder
Wichtigste Kenngrößen	Kraft, Drehmoment, Drehzahl, Geschwindigkeit	Spannung, Strom	Druck, Volumenstrom	Druck, Volumenstrom
Leistungs-dichte	**gut** keine Energieum-wandlung nötig Einschränkungen, wenn hohe Anforde-rungen an Steuer- und Regelbarkeit bestehen	**ungünstig** hohe Generatoren- und Motorenge-wichte. Schaltelemente da-gegen sehr günstig	**gut** Einschränkungen durch niederen Betriebsdruck von 6 bar	**sehr gut** durch hohe Betriebs-drücke bis 400 bar kleine, kostengünstige Bauelemente
Weg- und Stell-genauigkeit	**sehr gut** durch Form-, Kraft-, Stoffschluss (Verzahnungen etc.)	**weniger gut** wegen Hysterese, Schlupf. Besser bei Synchron- und Schrittmotoren	**weniger gut** Luft ist kompressibel	**sehr gut** Flüssigkeiten nahezu inkompressibel
Wirkungsgrad	**gut** keine Energieum-wandlung nötig, nur Reibungs-verluste	**gut** wenn Elektrizität bereits als Primär-energie zur Verfügung steht	**weniger gut** volumetrische Ver-luste und Reibungs-verluste bei primärer und sekundärer Energie-umwandlung, sowie bei Steuerung und Regelung in den Ventilen	**weniger gut** volumetrische Ver-luste und Reibungs-verluste bei primärer und sekundärer Energie-umwandlung sowie bei Steuerung und Regelung in den Ventilen
Steuer- und Regelbarkeit, Signal-verarbeitung	**weniger gut** Getriebe, Hebel, Nocken	**gut ... sehr gut** Schalter, Relais, Halbleiter, Widerstände etc.	**sehr gut** Ventile, mechanische und elektrische Steuerungen	**sehr gut** Ventile, Verstellpum-pen, Servosteuerun-gen, elektrische Steuerungen
Linear-bewegungen	**einfach** Kurbeltriebe, Spindeln	**weniger einfach** Linearmotoren, Spindeln	**sehr einfach** Zylinder	**sehr einfach** Zylinder
Typische Anwen-dungen	Allgemeine Energieübertragung über geringe Entfernungen, Rotationsantriebe, Spindelantriebe Vorschubantriebe	Allgemeine Energieübertragung über sehr große Entfernungen, Rotationsantriebe, Spindelantriebe Vorschubantriebe	Energieübertragung geringer Kräfte auf kurze Entfernungen für Montage-einrichtungen und Handling	Energieübertragung sehr großer Kräfte auf kurze Entfernungen für Montage-einrichtungen, Bearbeitungsein-richtungen und Antriebe

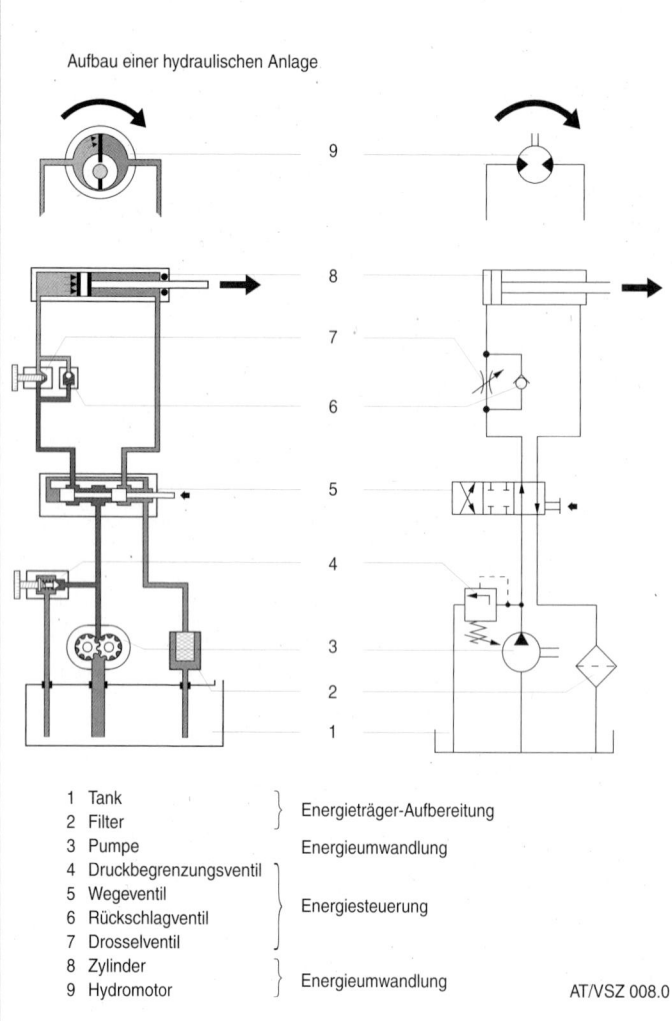

Aufbau einer hydraulischen Anlage

1 Tank
2 Filter } Energieträger-Aufbereitung

3 Pumpe } Energieumwandlung

4 Druckbegrenzungsventil
5 Wegeventil
6 Rückschlagventil } Energiesteuerung
7 Drosselventil

8 Zylinder
9 Hydromotor } Energieumwandlung

AT/VSZ 008.0

Energieträger-Aufbereitung

Unter Aufbereitung des Energieträgers
versteht man
– die Auswahl der Hydraulikflüssigkeit
– die Unterbringung der Hydraulikflüssigkeit
– die Filterung der Hydraulikflüssigkeit
– die Kühlung der Hydraulikflüssigkeit
Bei der Aufbereitung ist bereits mit größter Aufmerksamkeit vorzugehen. Nachlässigkeiten in diesen Stufen des Hydrauliksystems können später nur schwer zu beseitigende Störungen hervorrufen.

Auswahl der Hydraulikflüssigkeit

Aufgaben der Hydraulikflüssigkeit
Die einwandfreie Funktion, Lebensdauer, Betriebssicherheit und Wirtschaftlichkeit einer Hydraulikanlage wird entscheidend von der Auswahl der geeigneten Hydraulikflüssigkeit beeinflusst.
Im allgemeinen werden Flüssigkeiten auf der Basis von Mineralölen eingesetzt, die man als Hydrauliköle bezeichnet. Neben diesen Ölen kommen schwer entflammbare Flüssigkeiten zur Verwendung, wobei u. U. die Einsatzbedingungen der Geräte einzuschränken sind. Zunehmend werden auch umweltschonende, biologisch abbaubare Flüssigkeiten eingesetzt.
Die Aufgaben der Hydraulikflüssigkeit sind sehr vielfältig. Im Einzelnen sind dies:
– Übertragung der hydraulischen Leistung von der Pumpe zum Hydromotor bzw. Zylinder
– Schmierung beweglicher Teile, wie z. B. Kolben- und Schiebegleitflächen, Lager, Schaltelemente
– Korrosionsschutz der benetzten Metalloberflächen
– Abführung von Verunreinigungen, Abrieb, Wasser, Luft
– Abführung von Verlustwärme, entstanden durch Leck- und Reibungsverluste
Entsprechend diesen Aufgaben ist auf bestimmte Eigenschaften zu achten, die teilweise in genormten Kenngrößen zum Ausdruck gebracht werden.

Arten von Hydraulikflüssigkeiten

Hydrauliköle auf Mineralölbasis: Entsprechend den DIN-Normen 51 524 und 51 525 sind folgende Hydrauliköle definiert. Eine endgültige und umfassende Normung nach ISO ist noch nicht vollständig abgeschlossen. Die Unterscheidung erfolgt in die Typen:
– H
– HL
– HLP
– HV

Typ H: Hydrauliköle ohne Wirkstoffzusätze. Entsprechen in ihren Eigenschaften den Schmierölen C nach DIN 51 517. Diese Öle werden in der Hydraulik kaum noch verwendet.

Typ HL: Hydrauliköle mit Wirkstoffzusätzen zur Erhöhung des Rostschutzvermögens und der Alterungsbeständigkeit. Diese Öle werden allgemein in der Hydraulik bis zu Betriebsdrücken von ca. 200 bar eingesetzt und genügen den üblichen thermischen Belastungen.

Typ HLP: Hydrauliköle mit besonderen Hochdruckzusätzen und dadurch erhöhtem Verschleißschutz. Diese Öle finden in Anlagen mit Betriebsdrücken über 200 bar Verwendung.

Typ HV: Hydrauliköle mit besonders geringer Viskositäts-Temperatur-Abhängigkeit. Sonstige Eigenschaften wie bei HLP-Ölen.

Darüber hinaus werden in mobilen Anwendungsfällen aus Gründen der leichten Beschaffung Motoren- und Getriebeöle nach SAE-Klassifizierung eingesetzt. Erwähnt seien hier auch ATF-Öle (Automatic Transmission Fluid), wie sie in hydrodynamischen Wandlern verwendet werden.

Schwer entflammbare Hydraulik-flüssigkeiten:

Hydraulikflüssigkeiten auf Mineralölbasis sind brennbar. Deshalb werden in Anwendungsfällen mit erhöhtem Brandrisiko schwerentflammbare Hydraulikflüssigkeiten eingesetzt. Für den Steinkohlebergbau ist der Einsatz dieser Produkte behördlich vorgeschrieben. Auch über Tage werden schwerentflammbare Hydraulikflüssigkeiten verwendet, und zwar in Fällen, in denen die Druckflüssigkeit bei Leckage oder Leitungsbrüchen mit glühendem oder stark erhitztem Metall oder mit offenem Feuer in Berührung kommen kann. Dies betrifft z. B. Druckgießmaschinen, Schmiedepressen, Regeleinrichtungen von Kraftwerksturbinen, Hütten und Walzwerksanlagen. Weitere Aspekte für den Ersatz von Hydraulikflüssigkeiten auf Mineralölbasis durch stark wasserhaltige Flüssigkeiten sind Kostengründe sowie Fragen des Umweltschutzes.

Schwerentflammbare Hydraulikflüssigkeiten werden nach VDMA, CETOP in folgende Gruppen eingeteilt:
– HFA
– HFB
– HFC
– HFD

<u>Typ HFA:</u> Öl-in-Wasser-Emulsionen mit einem brennbaren Anteil von max. 20 Vol.%. Zusatzstoffe für Korrosionsschutz. Sehr niedrige Viskosität und dadurch hohe Leckverluste. Sehr preiswert. Einsatz vorwiegend unter Tage. Antrieb über Zentraleinheit mit Speichern üblich (Presswasser-Hydraulik).

<u>Typ HFB:</u> Wasser-in-Öl-Emulsionen mit einem brennbaren Anteil von max. 60 Vol.%. Zusatzstoffe für Korrosionsschutz. Verwendung selten, da brandtechnische Prüfvorschriften nicht immer erreicht werden.

<u>Typ HFC:</u> Polyglykol-Wasserlösung (wässrige Polymer-Lösung). Wassergehalt und Rostschutzzusätze müssen laufend überwacht werden. Verschleißschutz besser als bei HFA und HFB. Verträglich mit den meisten Standarddichtungen. Am häufigsten verwendete schwer entflammbare Flüssigkeit. Einsatz von Standard-Hydraulikgeräten bei geringfügig eingeschränkten Betriebsarten möglich.

<u>Typ HFD:</u> Wasserfreie synthetische Flüssigkeiten.
a) Phosphatester
b) chlorierte Kohlenwasserstoffe
Mischungen aus a) und b) sowie mit Mineralölen. Hohe Alterungsbeständigkeit und guter Verschleißschutz. Einsetzbar in großen Betriebstemperaturbereichen. Schlechte Verträglichkeit mit konventionellen Dichtungen und Farbanstrichen. Vitondichtungen erforderlich. Problematisch bezüglich Umweltschutz, da insbesondere chlorierte Kohlenwasserstoffe sehr giftig sind.

Umweltschonende Hydraulikflüssigkeiten: Umweltschonende, biologisch abbaubare Flüssigkeiten für die Hydraulik werden inzwischen von vielen Flüssigkeits-Herstellern angeboten. Aufgrund des gestiegenen Umweltbewusstseins und auch wegen behördlicher Auflagen wird zunehmend die Frage nach der Zuverlässigkeit dieser Flüssigkeiten im Einsatz mit Hydraulik-Komponenten gestellt. Die Anwendungsbereiche sind Hydraulikanlagen in Wasserschutzgebieten, Land- und Forstwirtschaft, Stationäranlagen in der Lebensmittelindustrie. Derzeit werden Flüssigkeiten auf unterschiedlicher Basis angeboten:
– HPG Polyglykole
– HTG Pflanzliche Öle
– HAT Synthetische Ester

<u>HPG Polyglykole (synthetisch, wasserfrei):</u> Biologisch abbaubar, Wassergefährdungsklasse 0, gut wasserlöslich. Sonstige Eigenschaften ähnlich Flüssigkeiten auf Mineralölbasis, nicht mit Mineralöl mischbar

<u>HTG Pflanzliche Öle (Rapsöle, TG-Triglyceride):</u> Biologisch gut abbaubar, Wassergefährdungsklasse 0, nicht wasserlöslich. Gegenüber Mineralölen eingeschränkter Temperaturbereich und Alterungsbeständigkeit, mit Mineralöl mischbar (biologische Abbaubarkeit reduziert sich!).

Synthetische Ester: Biologisch bestens abbaubar, Wassergefährdungsklasse 0, nicht wasserlöslich. Sonstige Eigenschaften ähnlich Flüssigkeiten auf Mineralölbasis.

Im Allgemeinen können alle drei Flüssigkeiten in Verbindung mit Standard-Hydraulikgeräten eingesetzt werden. Erkenntnisse aus der Langzeiterprobung liegen noch nicht in vollem Umfang vor. Einschränkungen sind bezüglich Temperaturbereich und Alterungsbeständigkeit zu beachten.

Technische Daten von Druckflüssigkeiten
Die Beschreibung einer Hydraulikflüssigkeit erfolgt durch folgende Daten:
– Viskosität
– Viskositäts-Temperaturverhalten
– Viskositätsklassen
– SAE/ISO – Vergleich
– Viskositäts-Druckverhalten
– Volumenelastizität
– Dichte
– Volumenzunahme
– Schmierfähigkeit
– Luftabscheidevermögen
– Alterungsbeständigkeit
– Sondereigenschaften

Viskosität v: Die bedeutendste Kenngröße einer Hydraulikflüssigkeit ist ein Maß für deren Zähflüssigkeit. Die Viskosität wird nach genormten Verfahren bestimmt, indem die Durchlaufzeit einer Flüssigkeit durch eine kalibrierte Kapillare gemessen wird. Die Maßeinheit für die (kinematische) Viskosität ist mm²/s (früher cSt).

Viskositäts-Temperaturverhalten: Die Viskosität ändert sich praktisch bei allen Druckflüssigkeiten in Abhängigkeit von der Temperatur. Diese Abhängigkeit wird im v-T-Diagramm dargestellt. Bei einem doppelt logarithmischen Maßstab für die v-Achse ergeben sich gerade Kennlinien für die einzelnen Viskositätsklassen.

Viskositätsklassen: Die Angaben der Viskosität beziehen sich nach ISO auf 40 °C. Hiervon abgeleitet sind die Viskositätsklassen VG 15, 22, 32, 46, 68, 100 und 150. Diese Angabe wird der Ölbezeichnung hinzugefügt, z. B. HLP 46.

SAE/ISO-Vergleich: Motoren- und Getriebeöle werden nach SAE-Normen eingeteilt. Ein Vergleich zwischen SAE-Klassen und ISO-Viskositätsklassen ist tabellarisch dargestellt.

Viskositäts-Druckverhalten: Die Viskosität von Hydraulikölen steigt mit dem Druck, was insbesondere bei Drücken >200 bar zu beachten ist.
Bei ca. 400 bar ist etwa mit einer Verdoppelung zu rechnen.

Viskositätsvergleich

ISO - VG	SAE
100	30
68	
	20, 20 W
46	
32	10 W
22	5 W

Viskositäten

Viskosität v mm²/s	Eigenschaften, Eignung

1	⟶	Wasser
12	⟶	Minimalwert für Pumpen (Schmierprobleme)
20		
㊱	⟶	ideale Viskosität, Bezugspunkt für Messungen
100		

▦ Empfohlener Bereich für Dauerbetrieb

Volumenelastizität (Kompressibilität): Bei großen Drücken und Volumina kann die Kompressibilität des Hydrauliköles nicht immer vernachlässigt werden. So sind hiervon z. B die Weggenauigkeit, Ansprechzeiten bei Regel- und Steuervorgängen abhängig. Es entstehen Entspannungsschläge, wenn große Druckräume schnell entsperrt werden.

Die Kompressibilität wird bestimmt durch den Elastizitätsmodul, der für die üblichen Druckbereiche mit $E = 1,4 \times 10^4$ [bar] angenommen wird.

Dichte: Die Dichte für Hydrauliköl auf Mineralölbasis liegt bei 0,9 kg/dm³. Wasserhaltige Flüssigkeiten nähern sich 1 kg/dm³. HFD-Flüssigkeiten erreichen Werte bis ca. 1,4 g/dm³, was bei den Ansaugverhältnissen zu berücksichtigen ist.

Volumenzunahme: Unter atmosphärischem Druck erhöht sich bei Temperaturanstieg um 10 °C das Volumen von Hydrauliköl um jeweils ca. 0,7 %. Dieser Einfluss ist für Anlagen mit großen Füllmengen von Bedeutung. Zum Beispiel erhöht sich eine Umlaufmenge von 200 l bei 60 °C Temperaturanstieg um ca. 8 l.

Schmierfähigkeit: Zur Schmierung aller bewegten Innenteile der Hydraulikgeräte, insbesondere von Pumpen, muss die Druckflüssigkeit eine ausreichende Schmierfähigkeit und Oberflächenhaftung besitzen. Wenn der Schmierfilm infolge zu geringer Viskosität oder zu großer Flächenpressung abreißt, kommt es zur Berührung gegeneinander gleitender Teile. Die ständige Zunahme der Drücke bei verringerten Passungstoleranzen erhöht die Anfälligkeit der Hydraulikgeräte. Dieser kann teilweise durch Einsatz von Hochdruck-Ölen (HLP) begegnet werden.

Luftabscheidevermögen: Hydrauliköle enthalten unter normalen atmosphärischen Bedingungen ca. 9 Vol.% Luft in gelöster Form. Diese führt zu keiner Beeinträchtigung der hydraulischen Anlage. Das Lösungsvermögen steigt mit Zunahme des Druckes und der Temperatur und beträgt bei ca. 50 bar und 50 °C ca. 500 Vol.%. Bei einem Druckabfall, etwa an Drosselstellen oder bei Unterdruck in Saugleitungen, wird die Sättigungsgrenze unterschritten. Gelöste Luft fällt in Form von Luftblasen aus. Luft kann auch über undichte Saugleitungen oder Wellendichtungen von Pumpen in das System gelangen. Diese ungelöste Luft, sichtbar als Schaum, ist für hydraulische Anlagen äußerst schädlich und führt insbesondere an Pumpen und Ventilen zur gefürchteten Kavitation. Dies äußert sich in Materialabtragungen, verbunden mit Druckstößen und Geräuschen. Ungelöste Luft erhöht auch die Kompressibilität des Öles, wodurch die Weggenauigkeit der Zylinder beeinträchtigt wird. Schaumbildung im Ölbehälter muss also weitgehend verhindert werden. Dies ist einmal möglich durch entsprechende Gestaltung und Dimensionierung des Ölbehälters und der Leitungen. Andererseits sollte auch das Öl selbst so beschaffen sein, dass Luftblasen, sofern sie an der Oberfläche angelangt sind, platzen und die Luft entweichen kann.

Alterungsbeständigkeit: Unter Alterung bei Hydraulik-Ölen versteht man chemische Veränderungen unter dem Einfluß von hohen Temperaturen und katalytisch wirkenden Metallen (insbesondere Kupferlegierungen). Als Faustregel gilt, dass sich oberhalb 70 °C die Alterungsgeschwindigkeit bei Zunahme um 10 °C jeweils verdoppelt. Die Alterung wird ferner durch Verunreinigungen wie Wasser, Rost, Abrieb, Staub usw. gefördert. Gealtertes Öl färbt sich dunkel; es bilden sich Säuren und harzige Rückstände, die auch zum Kleben von Ventilschiebern führen können. Die Alterungsbeständigkeit wird durch oxidationshemmende Wirkstoffe erhöht.

Sondereigenschaften: Entsprechend den Einsatzbedingungen sind zusätzlich noch folgende Kennwerte eines Hydraulik-Öles von Bedeutung:
– Wasserabscheidung
– Korrosionsschutz
– Verträglichkeit mit Kupferlegierungen
– Verträglichkeit mit Dichtungen und Schläuchen
– Fitrierbarkeit
– Stockpunkt (Pourpoint)
– Siedepunkt
– Flammpunkt

Diese Sondereigenschaften sind teilweise nach genormten Verfahren zu bestimmen und können durch geeignete Wirkstoffzusätze beeinflusst werden.

Unterbringung der Hydraulikflüssigkeit
Zu jeder Hydraulikanlage gehört ein Ölbehälter, der folgende Aufgaben zu erfüllen hat.
– Aufnahme des Flüssigkeitsvorrates
– Abführen der Verlustwärme
– Abscheiden von Luft
– Absetzen von Verunreinigungen
– Abscheiden von Kondenswasser
– u. U. Aufnahme von Pumpe und Antriebsmotor sowie Ventile

Aufnahme des Flüssigkeitsvorrates:
Der Behälter sollte das gesamte im System vorhandene Ölvolumen aufnehmen können. Die Pumpe saugt hieraus an; vom Verbraucher gelangt der Ölstrom hierher zurück.

Abführung von Verlustwärme: Die Leistungsverluste in einer Hydroanlage führen zur Erwärmung des Öls. Diese Wärme wird zu einem großen Teil über die Flächen des Ölbehälters abgestrahlt. Dieser ist entsprechend groß zu gestalten, evtl. mit Kühlrippen zu versehen und an einem günstigen Standort aufzustellen.

Abscheiden von Luft: Luftblasen in verschäumtem Öl führen zu lästigen Geräuschbildungen und Schäden, insbesondere in der Pumpe (Kavitation). Sie entstehen, wenn bei Unterdruck die Sättigung für gelöste Luft überschritten wird oder gelangen über undichte Stellen in der Saugleitung in das System. Verwirbelungen im Rücklauf führen ebenfalls zu Schaumbildung. Als weiterer Nachteil für zu hohe Luftanteile im Öl ist erhöhte Kompressibilität und dadurch verminderte Weggenauigkeit zu nennen. Ferner ergibt sich eine erhöhte Öltemperatur durch Verdichten der Luftblasen. Ungelöste Luft wird im Ölbehälter ausgeschieden, weshalb eine möglichst große Ölfläche und lange Verweildauer des Öles anzustreben ist.

Absetzen von Verunreinigungen: Alterungsprodukte und kleinste Verunreinigungen, die nicht über das Filter ausgeschieden werden, setzen sich am Boden des Behälters ab. Dieser sollte geneigt ausgeführt werden.

Abscheiden von Kondenswasser: Infolge von Temperaturschwankungen bildet sich im Behälter Kondenswasser, das im Öl nur in geringem Maße gelöst wird. Aus ungelöstem Wasser entsteht zusammen mit dem Öl eine Emulsion oder wird ausgeschieden. Es sammelt sich am tiefsten Punkt des Behälters.

Aufnahme von Pumpe und Antriebsmotor sowie des Ventilaufbaus: Bei kleineren und mittleren Aggregaten werden der Antrieb und die Ventilsteuerung im Allgemeinen direkt auf dem Tank aufgebaut. Dieser ist deshalb entsprechend stabil auszuführen, nicht zuletzt, um dadurch die Geräuschentwicklung günstig zu beeinflussen.

Behältergröße
Um obige Aufgaben erfüllen zu können, sollte der Behälter möglichst groß sein. Insbesondere in mobilen Anlagen ist jedoch der Einbauraum begrenzt. Bei stationären Anwendungen ist dies nicht so entscheidend. Die Grenze setzt hier der Preis für die Ölfüllung. Im Allgemeinen wird die Behältergröße in Abhängigkeit von dem Förderstrom der Pumpe dimensioniert.

Dabei gilt folgende Faustformel:

$V = 3...5 \times q_v$ für stationäre Anlagen

$V = $ ca. $1 \times q_v$ für mobile Anlagen

V in l; q_v in l/min

Zusätzlich zum Nennvolumen ist ein Luftpolster von 10... 15% vorzusehen, das Schwankungen des Flüssigkeitsspiegels aufnehmen kann. Niveauänderungen ergeben sich insbesondere bei einfachwirkenden Plunger-Zylindern bzw. Zylindern mit ungleichen Flächen als Verbraucher. Auf jeden Fall sollte der Behälter die gesamte im System vorhandene Ölmenge einschließlich der Leitungs- und Zylindervolumina aufnehmen.

Gestaltung des Ölbehälters

Bei der konstruktiven Gestaltung des Öl-
behälters müssen folgende Konstruk-
tionsdetails beachtet werden:
– Saug- und Rücklaufleitung
– Umlenk- und Beruhigungsbleche
– Einfüllstutzen und Belüftungsfilter
– Ölstandsanzeige
– Behälterdeckel
– Reinigungsöffnungen
– Ölablass

Aus wirtschaftlichen und funktionstechni-
schen Gründen muss sicher gelegentlich
das eine oder andere Detail vernachlässigt werden. Dies sollte aber immer mit
der entsprechenden Vorsicht unter Beachtung der möglichen Beeinträchtigun-
gen erfolgen.

Saug- und Rücklaufleitung: Diese beiden Leitungen sollten möglichst weit
voneinander entfernt liegen, so dass ein
Austausch des umlaufenden Flüssigkeitsvolumens gewährleistet ist. Beide
Leitungen enden deutlich unterhalb des
niedrigsten Flüssigkeitsspiegels. Um das
Ansaugen bzw. Aufwirbeln von Bodensatz zu vermeiden, sollte jedoch ein Abstand von 2...5 fachen Rohrdurchmes-
ser zum Boden eingehalten werden.

Umlenk- und Beruhigungsbleche:
Saug- und Rücklaufbereich sollten möglichst durch ein Blech getrennt werden,
welches dicht am Boden aufliegt und in
der Höhe bis zum Flüssigkeitsstand
reicht. Dieses Blech erzwingt eine Strömung und führt das Rücklauföl zur Kühlung an den Seitenflächen des Tanks
entlang. Es ermöglicht eine lange Ver-
weilzeit des Öles und somit eine wir-
kungsvollere Schmutz-, Wasser- und
Luftabscheidung.

Einfüllstutzen, Belüftungsfilter: Das
Befüllen des Tanks sollte über ein Ein-
füllsieb oder noch besser über ein
spezielles Filteraggregat erfolgen. Zum
Druckausgleich bei schwankendem
Flüssigkeitsstand ist der Tank zu be-
lüften.

Dies erfolgt über ein Luftfilter, welches
häufig mit dem Einfüllstutzen kombiniert
ist. In staubiger Umgebung werden spezielle Nassfilter eingesetzt.

Ölstandsanzeige: Je nach Wichtigkeit
der Anlage erfolgt die Kontrolle des Flüs-
sigkeitsstandes über Ölstandsrohre, Öl-
standsaugen oder elektrische Schwim-
merschalter. In jedem Falle sind Markie-
rungen für das Minimum und Maximum
erforderlich.

Behälterdeckel: Die Ausführung des
Behälterdeckels ist abhängig von den
Aufbauten. Wird die Pumpe z. B. im
Behälter unterhalb des Flüssigkeitsspiegels untergebracht, ist er abnehmbar
auszuführen. Beim Aufbau von Antriebs-
gruppen ist der Deckel stabil und schwin-
gungsfrei auszuführen, um Lärmentwicklung einzuschränken. Der Antrieb
selbst ist elastisch aufzuhängen (Isolation von Körperschall). Häufig werden
Rücklauffilter im Tankdeckel integriert,
um eine leichte Wartung zu gewährleisten. Ein Leckölrand um den Behälterdeckel ist besonders bei einer aufgebau-
ten Steuerung zu empfehlen, so dass
beim Austausch von Geräten Öl aufgefangen wird.

Reinigungsöffnungen: Bei nicht ab-
nehmbarem Deckel sind seitlich ange-
brachte Reinigungsöffnungen (Mann-
löcher) erforderlich, über welche alle
Stellen des Behälters erreichbar sein
sollten und gesäubert werden können.

Ölablass: Der Behälterboden sollte geneigt sein, sodass sich der Bodensatz
(Schlamm, Wasser) an der tiefsten Stelle
des Behälters sammeln kann und dort
über eine Ölablassschraube oder einen
Ölablasshahn abgelassen werden kann.

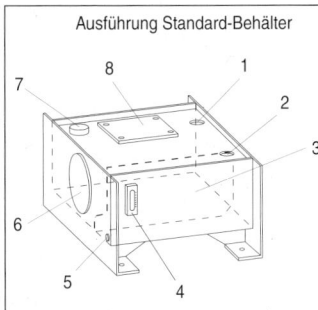

Ausführung Standard-Behälter

AT/VSZ 241.0

1 Saugleitung
2 Rücklaufleitung
3 Umlenk- und Beruhigungsbereich
4 Ölstandsanzeige
5 Ölablass
6 Reinigungsöffnung
7 Einfüllstutzen
8 Deckel mit Aufnahme für Antriebsgruppe

Filterung der Hydraulikflüssigkeit

In ölhydraulischen Anlagen durchströmen große Volumenströme unter hohen Drücken extrem kleine Spalte. Deshalb sind diese Anlagen gegenüber den im Öl enthaltenen Verunreinigungen wesentlich empfindlicher. Erfahrungsgemäß sind über die Hälfte der in ölhydraulischen Anlagen auftretenden vorzeitigen Ausfälle auf verschmutzte Druckflüssigkeit zurückzuführen. Aufgabe der Hydrofilter ist es, diese Verschmutzung auf ein zulässiges Maß bezüglich Größe und Konzentration der enthaltenen Schmutzteilchen zu reduzieren, um dadurch die Bauelemente vor übermäßigem Verschleiß zu schützen.

Auswirkung der Verschmutzung: Die Schmutzpartikel selbst sind z. B. Sand, Staub, Metall- und Rostteilchen, sie fördern den Abriebverschleiß der in den Hydraulikbauelementen gegeneinander bewegten Metallteile und Dichtungen. Von der Verschmutzung betroffen sind z. B. die Lager, Flügel, Zahnflanken und Kolben der Hydromotoren und -pumpen sowie die Kolben, Kolbenstangen und Buchsen der Arbeitszylinder. Der Verschleiß der Gleitflächen vergrößert die Passungen und hat erhöhte innere Leckage, verringerte Förderleistung und erhöhte Temperaturen zur Folge. Während relativ große Feststoffteilchen (>50 μm) häufig plötzliche Maschinenausfälle kurz nach der Erstinbetriebnahme verursachen, führen Verunreinigungen kleinerer Partikelgrößen (>10 μm) allgemein zu schleichendem Verschleiß mit langsamer Schadensentwicklung. Der schädliche Einfluss fester Verunreinigungen hängt von der Härte, Größe und Konzentration der Teilchen sowie von der Schmutzempfindlichkeit der einzelnen Bauelemente ab. Zu Verschleiß führen insbesondere die Feststoffteilchen, deren Größe annähernd der Passung der aufeinander gleitenden Teile entspricht.

Definition des Verschmutzungsgrades: Um den Grad der Verschmutzung einer Hydraulikflüssigkeit zu definieren, wird die Größe und Konzentration der Schmutzpartikel angegeben. Auszählungen haben ergeben, dass die Häufigkeit mit abnehmender Größe der Partikel zunimmt. Die Einteilung des Verschmutzungsgrades erfolgt nach den Normen:
– NAS 1638
– ISO 4406

Verschmutzung nach NAS 1638: Es werden folgende Teilchengrößen ausgezählt:
– 5...15 μm
– 15...25 μm
– 25...50 μm
– 50...100 μm
– > 100 μm
Die Häufigkeit der einzelnen Teilchen, in einem logarithmischen Maßstab dargestellt, ergibt gerade Linien, die mit einer Ordnungszahl versehen werden.

Verschmutzung nach ISO 4406: Es werden folgende Teilchengrößen ausgezählt:
– > 5 μm
– > 100 μm
Die Häufigkeit beider Größengruppen wird mit je einer Ordnungszahl versehen. Der Verschmutzungsgrad wird somit über zwei Zahlen definiert.

Filterfeinheit: Die Feinheit eines Filters wurde bisher nach der tatsächlichen Poren- bzw. Maschenweite, aber auch nach statistischen Rückhaltewerten benannt. Angaben über absolute, mittlere und nominale Filterfeinheiten wurden der Praxis oft nur teilweise gerecht. Unregelmäßige Porenweiten verschiedener Filterwerkstoffe sowie unregelmäßige Formen von Schmutzteilchen werden durch die Definition „ß-Wert" am ehesten berücksichtigt.

Der ß-Wert: Diese Definition beruht auf dem Multipass-Test nach ISO 4572 und berücksichtigt die Tatsache, dass Schmutzteilchen oft erst nach mehreren Filterdurchgängen erfasst werden. Ausgehend von einer Anzahl zugeführter Schmutzteilchen einer bestimmten Größe wird die Anzahl der durchgelassenen Teilchen ermittelt. Zur Definition der Rückhalterate wird meist das Verhältnis 75:1 herangezogen. $ß_{10}$=75 bedeutet z. B., dass von 75 Teilchen der Größe 10 μm ein Teilchen statistisch durchgelassen wird. Die prozentuale Rückhalterate beträgt hierbei 98,66 %. Dies entspricht etwa der Definition „Absolute Filterfeinheit"

Filterkenngrößen: Aus der Größe des Filters, also der wirksamen Filterfläche, leiten sich zusammen mit der Filterfeinheit folgende Werte ab:
– Standzeit
– Nenndurchfluss
– Differenzdruck

Standzeit: Die Standzeit gibt die Einsatzdauer im praktischen Betrieb an, bis das Filter einen so hohen Verschmutzungsgrad erreicht hat, dass der zulässige Durchflusswiderstand überschritten wird.

Nenndurchfluss und Differenzdruck: Diese miteinander im Zusammenhang stehenden Werte werden zweckmäßigerweise in einem p-q_v-Diagramm angegeben. Der maximale Differenzdruck bzw. Durchflusswiderstand wird meist durch ein Umgehungsventil begrenzt (Bypass-Ventil).

Filterarten: Filter werden nach Bauart und verwendetem Filterwerkstoff eingeteilt. Zum Filtern der Hydraulikflüssigkeit gibt es folgende Filter:
– Oberflächenfilter
– Tiefenfilter

Oberflächenfilter: Oberflächenfilter bestehen aus einer dünnen Gewebeschicht, z. B. Metall-, Zellulose- oder Kunststoffgewebe oder aus Papier. Die Filterschicht ist zur Vergrößerung der Oberfläche sternförmig gefaltet. Gewebefilter können mehrfach gereinigt werden. Papierfilter sind Einwegfilter. Den Oberfächenfiltern werden auch die Siebfilter und die Spaltfilter zugerechnet. Letztere bestehen aus aufeinanderliegenden Metallscheiben und lassen sich durch Schmutzabstreifer ohne Betriebsunterbrechung reinigen.

Tiefenfilter: Tiefenfilter bestehen aus zusammengepressten Textil-, Zellulose-, Kunststoff-, Glas oder Metallfasern bzw. aus mehreren Faserschichten oder enthalten einen Sintermetalleinsatz.

Auch bei kleiner Porenweite erreicht man hiermit relativ günstige Durchflusswiderstände.

Filteranordnung: Die Anordnung der Filter im Hydrauliksystem kann nicht willkürlich gewählt werden, weil sie Rückwirkungen auf das Gesamtsystem hat. Ebenso bestimmt die Filteranordnung den Filtertyp. Die vier wichtigsten Filteranordnungen sind:
– Rücklauffilter
– Saugfilter
– Druckfilter
– Teilstromfilterung

Rücklauffilter: Die häufigste Anordnung des Filters ist im Rücklauf. Sie ist preiswert, unproblematisch und erfasst den gesamten Volumenstrom im System. Nachteilig hierbei jedoch ist, dass die Verunreinigung erst bei Verlassen des Kreislaufs erfasst wird. Man geht bei dieser Anordnung davon aus, dass insbesondere kleinere Schmutzpartikel erst nach mehrmaligem Durchlaufen des Systems eine Schädigung der Bauelemente bewirken und deren Aussonderung im Rücklauf erreicht wird.

Rücklauffilter werden allgemein als Hauptstromfilter mit nebengeschaltetem Umgehungsventil verwendet.

Rücklauffilter werden überwiegend in den Tank eingebaut, kommen aber auch als Leitungsfilter zur Anwendung.

Saugfilter: Viele ölhydraulischen Anlagen sind neben dem Rücklauffilter auf der Saugseite mit einem Drahtsieb versehen, um die Hydraulikpumpe gegen Beschädigung durch grobe Verunreinigungen zu schützen. Feinporige Filter sind an dieser Stelle problematisch, da der von den meisten Pumpen verlangte maximale Unterdruck in der Saugleitung von 0,7 bar (absolut) hiermit nur schwer zu erreichen ist. Dies gilt insbesondere bei kaltem Öl und verschmutztem Saugfilter. Um den Sinn des Saugfilters, nämlich bereits die Pumpe am Eingang zu schützen, nicht durch Ansaugprobleme und daraus folgende Kavitation in Frage zu stellen, sollte dieser mit einer wirksamen Verschmutzungsanzeige versehen und wartungsfreundlich montiert sein.

Druckfilter: Diese werden nach der Pumpe eingesetzt und haben meist die Aufgabe, spezielle empfindliche Ventile, wie z. B. Servoventile, zu schützen. Diese Filter erfordern ein druckfestes Gehäuse und sind relativ kostspielig.

Teilstromfilterung: Um mit relativ kleinen Filtern auszukommen, wird oft die Teilstromfilterung eingesetzt. Statistisch gesehen wird hierbei auch die gesamte Flüssigkeitsmenge des Systems nach mehreren Durchgängen gereinigt. Man erreicht Teilstromfilterung z. B. durch Anstauen und lässt den Reststrom über einen Nebenschluss fließen oder über eine spezielle Förderpumpe.

Einbau von Filtern: Man unterscheidet im Wesentlichen Leitungseinbau und Tankeinbau. Letzterer stellt insbesondere bei Anordnung im Rücklauf eine wartungsfreundliche Lösung dar, da bei einer Reinigung oder einem Patronenaustausch keine Verschmutzung durch auslaufendes Lecköl auftritt.

Wartung: Filter sind die Bauelemente einer Hydraulikanlage, welche regelmäßig gewartet werden müssen. Sie können sonst ihre Aufgabe, den Schutz des Hydrauliksystems vor Schmutz, nicht erfüllen. Die Praxiserfahrung lehrt, dass die Wartung der Filter oft vernachlässigt wird, was wiederum zu schweren Störungen führen kann. Deshalb sei an dieser Stelle besonders empfohlen:
– Filter gut zugänglich anordnen
– Verschmutzungsanzeige vorsehen

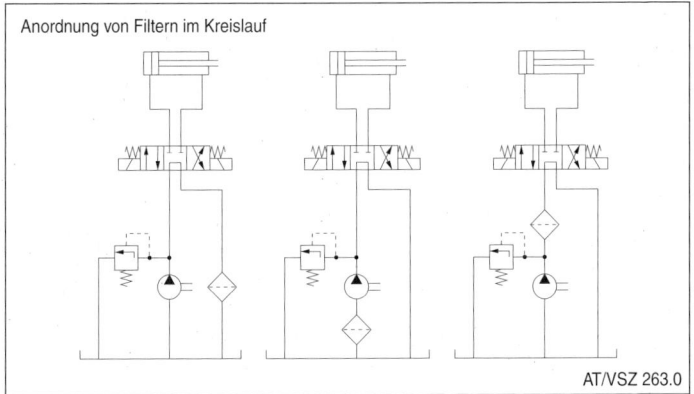

Anordnung von Filtern im Kreislauf

AT/VSZ 263.0

– Anpassung der Filtergröße an den Schmutzanfall, um ausreichende Standzeit zu gewährleisten
– Eventuell Doppelfilter vorsehen, damit bei Filterwechsel die Maschine nicht stillgelegt werden muss
– Nach der ersten Inbetriebnahme oder nach Komponententausch tritt die größte Verschmutzung auf
– Kontroll-, Wechsel- und Reinigungsintervalle in der Betriebsanleitung oder, besser, auf der Hydraulikanlage deutlich sichtbar vermerken

Filterempfehlung: Eine Zuordnung von Verschmutzungsklasse bzw. ß-Wert, sowie eine Empfehlung für verschiedene Hydrauliksysteme kann nach Tabelle erfolgen.

Kühlung

In einer hydraulischen Anlage entstehen Leistungsverluste (bei Energieumwandlung, Transport und Steuerung), welche zu einer Erwärmung des Druckmittels führen.

Die Viskosität der Hydraulikflüssigkeit hängt stark von deren Temperatur ab und soll gewisse Grenzen nicht über- bzw. unterschreiten, um einen störungsfreien Betrieb der Anlage zu gewährleisten. Zu hohe Viskosität bei niedrigen Temperaturen führen zu Kavitationsschäden an Pumpen und erhöhten Reibungsverlusten an Drosselstellen und in Leitungen. Zu niedrige Viskosität bei hohen Temperaturen bewirken erhöhte Leckverluste und verringern die Stärke des Schmierfilms zwischen gleitenden Teilen und damit den Verschleißschutz. Ferner haben erhöhte Temperaturen vorzeitige Alterung der Hydraulikflüssigkeit und

Zerstörung elastischer Dichtungen zur Folge. Veränderliche Viskositätswerte während des Betriebes einer Maschine verringern die Genauigkeit der Vorschubgeschwindigkeiten und beeinträchtigen das Arbeitsergebnis einer Maschine. Aufgabe von Kühleinrichtungen ist es, die Temperaturwerte der Hydraulikflüssigkeit innerhalb der zulässigen Toleranzen zu halten.

Die Wärme wird normalerweise über den Tank, die Leitungen und die Bauelemente durch Strahlung oder Konvektion an die Umgebung abgegeben. Die Temperatur der Hydraulikflüssigkeit steigt also während der Anlaufphase an und erreicht schließlich eine konstante Beharrungstemperatur. Diese ist umso höher, je geringer die Kühlkapazität der Anlage ist. Reicht die Kühlleistung von Tank, Leitungen usw. nicht aus, so ist ein zusätzlicher Kühler zu installieren. Hierbei finden
– Öl-Luft-Kühler
– Öl-Wasser-Kühler
Verwendung.

Öl-Luft-Kühler: Die Hydraulikflüssigkeit fließt hierbei aus dem Rücklauf kommend durch eine Rohrschlange oder einen Lamellenblock, der über einen Lüfter gekühlt wird. Das Lüfterrad wird meist von einem Elektromotor angetrieben. Eine sehr kompakte Lösung wird durch Anordnung des Lüfters auf der Wellenkupplung der Pumpe erzielt. Ein Vorteil des Öl-Luft-Kühlers ist die einfache Installation. Besonders bei größeren Anlagen und je nach Aufstellungsort wirken das Lüftergeräusch, der Luftzug und die Erwärmung der Umgebung störend.

Filterempfehlung

Verschmutzungsklasse		zu erreichen mit einem Filter			Hydrauliksystem
NAS	ISO	$\beta_x = 75$	Material	Anordnung	
6	15 / 12	3	anorganisch (Glasfaser)	Druckkreis	– Servoventile
7	16 / 13	5			– Regelventile
8	17 / 14	10		Druckkreis oder Rücklauf	– Proportionalventile
9	18 / 15	20	organisch (Papier)		– Pumpen/Ventile allg. P > 160 bar
10	19 / 16	25			– Pumpen/Ventile allg. P < 160 bar
11	20 / 17	25…40		Rücklauf, Teil- oder Saugstrom	– Niederdrucksysteme in der Mobilhydraulik und Schwerindustrie
12	21 / 18	25…40			

Öl-Wasser-Kühler: Dieser Kühler wird sowohl von der zu kühlenden Hydraulikflüssigkeit als auch vom Kühlwasser (oder einem anderen Kühlmittel) durchströmt. Die Trennung der beiden Medien erfolgt über wärmeleitende Kühlrohrschlangen oder Lamellen. Über Öl-Wasser-Kühler können größere Verlustleistungen abgeführt werden und wirken am Aufstellungsort nicht störend.

Die Versorgung mit Kühlwasser bedingt jedoch eine entsprechende Installation und ist mit höheren Betriebskosten verbunden. Luft- wie auch Wasserkühler werden über Thermostate gesteuert, um eine möglichst konstante Temperatur des Hydrauliksystems zu gewährleisten.

Berechnung von Ölkühlern: Für die Bestimmung der erforderlichen Kühlergröße sind folgende Faktoren von Bedeutung:
– abzuführende Wärmeleistung (Watt oder kcal/h)
– Ölstrom
– Kühlwasserstrom bzw. Luftdurchsatz
– Ein- und Austrittstemperatur des Öles
– Ein- und Austrittstemperatur des Kühlwassers bzw. der Kühlluft
– Wärmeübergang zwischen Öl und Kühlwasser bzw. Luft
Die Kühlerhersteller stellen Berechnungsdiagramme zur Verfügung, mit welchen die Kühler auf grafischem Wege dimensioniert werden können.

Grundsätzlich ist zu sagen, dass der Kühler umso kleiner sein kann, je größer die Temperaturdifferenz zwischen dem Öl und dem Kühlmittel ist. Die vom Öl abgegebene Wärmeleistung ist jedoch immer mit der vom Kühlmedium aufgenommenen und abgeführten Leistung identisch. Es sollte bei jedem Kühlereinsatz geprüft werden ob es nicht möglich ist, bereits das Entstehen von Leistungsverlusten zu vermeiden (etwa durch Einsatz geeigneter Verstellpumpen usw.), anstatt entstandene Verlustwärme aufwendig abzuführen.

Energieumwandlung

Die Umwandlung von mechanischer Energie in hydraulische Energie und umgekehrt erfolgt durch
– Hydraulikpumpen
– Hydraulikmotoren
– Hydraulikzylinder
Hydraulikpumpen und -motoren arbeiten nach dem Rotationsprinzip. Es gibt Pumpentypen, welche auch motorisch arbeiten können. Sie werden deshalb am besten zusammen beschrieben.

Hydraulikzylinder ermöglichen eine lineare Bewegungsumsetzung. Von kleinen Handpumpen für Prüfzwecke abgesehen, werden Hydraulikzylinder zur Umsetzung von hydraulischer Energie in eine Stellbewegung eingesetzt.

Hydraulikpumpen und Hydraulikmotoren
Je nach Bauart und Funktionsprinzip haben Hydraulikpumpen und -motoren Eigenschaften, welche sie für bestimmte Anwendungen besonders geeignet machen. Die Benennungen und Sinnbilder sind tabellarisch dargestellt. Bei der Berechnung von Hydraulikpumpen und Hydraulikmotoren werden folgende Größen benützt:
– Volumenstrom q_v
– Drehzahl n
– Verdrängungsvolumen V
Der Zusammenhang dieser drei Größen wird bestimmt durch die Gleichung:

$$q_v = n \times V$$

Leckverluste werden durch den volumetrischen Wirkungsgrad berücksichtigt. Dieser ist entsprechend der Berechnung einer Hydropumpe oder eines Hydromotors anzuwenden.

Formeln zur Berechnung
von Pumpen und Hydromotoren

AT/VSZ 038.1

Formeln zur Berechnung
von Pumpen und Motoren

$$q_v = n \cdot V$$

Pumpen-Förderstrom:

$$q_v = n \cdot V \cdot \eta \cdot 10^{-5}$$

Hydromotor-Schluckstrom:

$$q_v = \frac{n \cdot V}{\eta_v} \cdot 10^{-5}$$

Volumenstrom	q_v	[l/min]
Drehzahl	n	[U/min]
Verdrängungs-volumen	V	[cm³/U]
Wirkungsgrad	η	[%]

AT/VSZ 038.2

Hydraulikpumpen

Die Hydraulikpumpe saugt die Hydraulikflüssigkeit in der Regel aus einem Vorratsbehälter an (Saugseite) und fördert sie zum Pumpenauslass (Druckseite). Von hier aus wird sie über Ventile zum Verbraucher (Zylinder oder Hydromotor) und zurück zum Behälter geführt. Infolge der auf den Zylinder oder Hydromotor wirkenden Last baut sich im Hydrauliköl ein Druck auf, der so hoch ansteigt, wie zur Überwindung dieser Widerstandskräfte erforderlich ist. Der Flüssigkeitsdruck in einem Hydrauliksystem wird also nicht schon von vornherein durch die Hydraulikpumpe erzeugt, sondern er baut sich erst auf, entsprechend den Widerständen, die sich dem Flüssigkeitsstrom entgegensetzen.

Diese Widerstände sind gegeben durch die äußere Belastung am Verbraucher (Nutzlast und mechanische Reibung) und die Flüssigkeitsreibung in den Leitungen, Verschraubungen und Ventilen.

Bei Hydraulikpumpen sind folgende Kriterien wichtig:
– Kosten
– Druck
– Geräusch
– Lebensdauer
– Schmutzunempfindlichkeit
– Wirkungsgrade
– Kavitationsempfindlichkeit (Saugverhältnisse)
– Verträglichkeit mit bestimmten Druckmedien
– Regelzeiten von Verstellpumpen
– Drehzahlbereich

Die ersten drei Kriterien sind für die Auswahl am wichtigsten. Sie werden am besten vor der Auswahl tabellarisch bewertet, wobei man zwischen
– Konstantpumpen und
– Verstellpumpen
unterscheidet.

Praktisch alle in der Hydraulik eingesetzten Pumpenkonstruktionen beruhen auf dem Verdrängerprinzip, im Gegensatz zu den Strömungsmaschinen wie Kreiselpumpen und Turbinen.

Bei der Betrachtung von Hydraulikpumpen sind folgende Kriterien wichtig:
– Verdrängungsvolumen V
– Betriebsdruck
– Unterdruck in Saugleitungen
– Kavitation

Benennungen und Sinnbilder von Hydraulikpumpen und -motoren

Verdrängungsvolumen	Stromrichtungen	Sinnbild
Hydropumpe mit konstantem Verdrängungsvolumen	eine	
	zwei	
Hydropumpe mit veränderbarem Verdrängungsvolumen	eine	
	zwei	
Hydromotor mit konstantem Verdrängungsvolumen	eine	
	zwei	
Hydromotor mit veränderbarem Verdrängungsvolumen	eine	
	zwei	
Hydrostatisches Getriebe	reversibel	

Verdrängungsvolumen V: Das Verdrängungsvolumen (auch Förder- oder Schluckvermögen genannt) ist die wichtigste Kenngröße für Hydropumpen und -motoren. Es ist ein Maß für die Größe und gibt das Förder- bzw. Schluckvermögen für eine Umdrehung an (cm³/U). Bei Kolbenmaschinen entspricht dies dem Hubraum $A \times h$, bei Verstellpumpen und -motoren ist dieser Wert variabel.

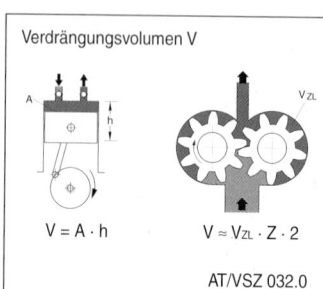

Verdrängungsvolumen V

$V = A \cdot h$

$V \approx V_{ZL} \cdot Z \cdot 2$

AT/VSZ 032.0

Betriebsdruck: Bei den Drücken im Hydrauliksystem unterscheidet man in den
– Dauerdruck p_1
– Höchstdruck p_2
– Spitzendruck p_3
Zu p_2 sind stets Angaben über die absolute und relative Einschaltdauer zu machen. P_3 darf nur kurzzeitig, z. B. beim Ansprechen eines Druckbegrenzungsventils vorkommen.

Hydraulikpumpen im Vergleich

Bauart	Pumpe (P), Motor (M)	Bauform	Symbol	Druck bar	Geräusch	Kosten	Volumenstrombereich	Drehzahlbereich U/min	Wirkungsgrad
Konstant	P/M	Außenzahnrad		0…250	hoch	gering	groß	500…3000	0,9
	P	Innenzahnrad		0…300	sehr gering	mittel	groß	500…3000	0,9
	M	Gerotor		0…250	gering	mittel	groß	< 10…750	0,75
	P/M	Flügelzellen		0…150	gering	hoch	mittel	600…3000	0,9
Verstellbar	P	Flügelzellen		0…150	gering	sehr hoch	mittel	600…3000	0,9
	P/M	Radialkolben		0…350	hoch	sehr hoch	sehr groß	500…3000	0,85…0,9
	P/M	Axialkolben (Schrägachse)		0…450	hoch	sehr hoch	sehr groß	P: 500…4000 M: 100…5000	0,9
	P/M	Axialkolben (Schrägscheibe)		0…450	hoch	sehr hoch	sehr groß	P: 500…4000 M: 100…5000	0,9

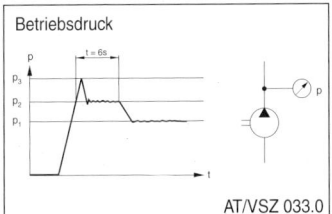

AT/VSZ 033.0

Unterdruck in Saugleitungen: Wird eine Hydropumpe oberhalb des Flüssigkeitsspiegels installiert, so muss die Pumpe beim Ansaugen einen Unterdruck überwinden. Der Unterdruck ergibt sich aus der Saughöhe und dem spezifischen Gewicht der Druckflüssigkeit. Weitere Ursachen für Unterdruck in Saugleitungen können Drosselverluste durch Armaturen, Krümmer und Filter sein. Die minimal zulässigen Werte liegen bei ca. 0,8...0,7 bar absolut.

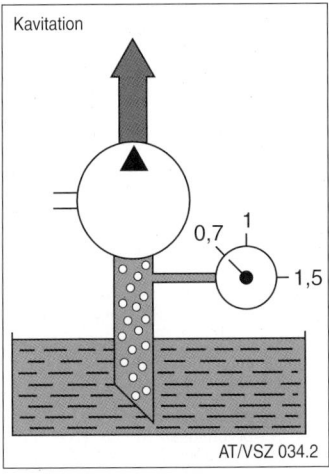

AT/VSZ 034.2

Kavitation: Bei unzulässig niedrigen Saugdrücken kommt es zu Kavitationserscheinungen mit entsprechender Geräuschentwicklung in der Pumpe. Durch die Kavitation wird in der Druckflüssigkeit gelöste Luft ausgeschieden, es entstehen Blasen, welche ausschließlich auf der Hochdruckseite unter hoher Temperatur wieder komprimiert werden.

Zahnradpumpen
Konstruktiver Aufbau: Die Pumpe besteht im Wesentlichen aus dem Zahnradpaar (1), das in vier Lagerbuchsen (2) mit Axialfelddichtung (7) gelagert ist, sowie dem Gehäuse (3) mit vorderem und hinterem Deckel (4.1 und 4.2). Durch den vorderen Deckel wird die über einen Wellendichtring (5) abgedichtete Antriebswelle durchgeführt. Die Lagerkräfte werden von sogenannten DU-Buchsen mit Tefloneinlagerungen (6) aufgenommen. Die Zahnräder haben 12 Zähne, wodurch die Förderstrompulsation bzw. Geräuschemission niedrig gehalten wird.

Funktion: Die Druckflüssigkeit wird in den Zahnlücken eingeschlossen und außen, am Gehäuse entlang, vom Sauganschluss zum Druckanschluss gefördert. Der für den Ansaugvorgang erforderliche Unterdruck im Saugraum bildet sich durch Volumen-Vergrößerung, wenn jeweils ein Zahn und eine Zahnlücke außer Eingriff kommen. Im Druckraum tauchen Zähne und Zahnlücken wieder ineinander und verdrängen die Flüssigkeit in den Auslass, wobei der Förderstrom einer Pulsation unterliegt. Das Fördervolumen (Verdrängervolumen) pro Umdrehung entspricht in grober Annäherung etwa der Summe der Zahnlücken-Volumina der beiden Räder.

Aufbau Zahnradpumpe

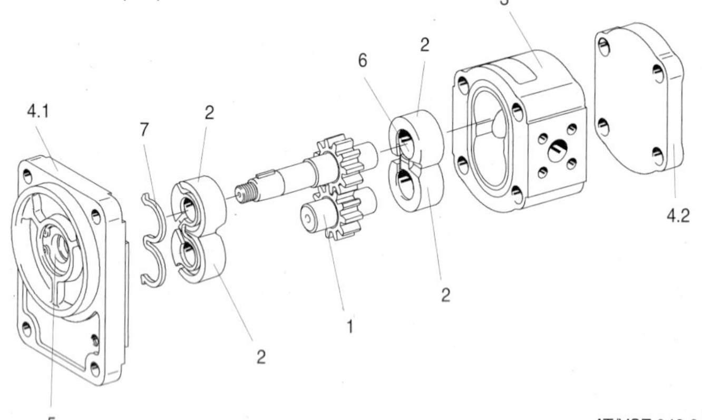

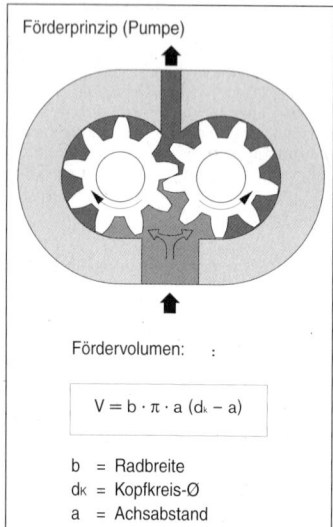

AT/VSZ 043.0

Förderprinzip (Pumpe)

Fördervolumen: :

$$V = b \cdot \pi \cdot a \, (d_k - a)$$

b = Radbreite
d_k = Kopfkreis-Ø
a = Achsabstand

AT/VSZ 044.0

Radialkolbenpumpen

Konstruktiver Aufbau: Die Antriebsbewegung der Welle (1) wird über eine Kreuzscheiben-Kupplung (2) auf den Zylinderstern (3) übertragen. Dieser rotiert um einen in das Gehäuse eingeschrumpften Steuerzapfen (4). Die radial im Zylinderstern angeordneten Kolben (5) stützen sich über Gleitschuhe (6) am nicht rotierenden Hubring (7) ab. Kolben und Gleitschuhe sind über ein Kugelgelenk miteinander verbunden. Die Gleitschuhe werden durch 2 übergreifende Ringe (8) auf der Laufbahn des Hubringes geführt.

Funktion: Bei Rotation des Zylindersterns führen die Kolben eine Hubbewegung in Abhängigkeit von der Exzentrizität des Hubringes aus. Die Exzentrizität des Hubringes wird von den beiden einander gegenüberliegenden Stellkolben bestimmt. Die Zu- und Abführung des Ölstromes in und aus den Zylinderräumen erfolgt über den Steuerzapfen.

Aufbau – Radialkolbenpumpe

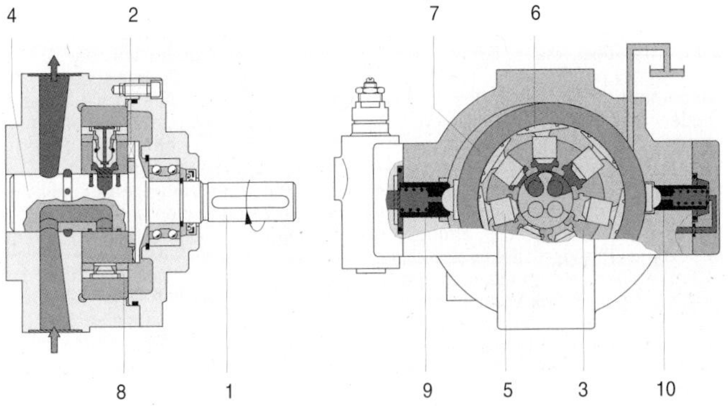

4   2   7   6

8   1   9   5   3   10

AT/VSZ 059.0

Axialkolbenpumpen

Axialkolbenpumpen sind Verdrängungsmaschinen, in welchen die Kolben parallel zur Drehachse in einer Zylindertrommel angeordnet sind. Die Umsetzung der Antriebsdrehbewegung in eine Kolben-Hubbewegung erfolgt nach den drei unterschiedlichen Grundprinzipien:
– Schrägscheibenpumpe
– Schrägachsenpumpe
– Taumelscheibenpumpe
Alle Ausführungen eignen sich sowohl für den Pumpen- als auch für den Motorbetrieb.

Schrägscheibenpumpe

Konstruktiver Aufbau: Die Zylindertrommel (1) wird angetrieben, wobei sich die darin geführten Kolben (2) ebenfalls in Drehung versetzen. In axialer Richtung wird die Bewegung der Kolben von einer im Gehäuse gelagerten Schrägscheibe (3) bestimmt, welche um die Senkrechte der Antriebsachse geschwenkt wird. Die rotierenden Kolben bewegen sich auf einer Ellipsenbahn gegen die feststehende Schwenkscheibe. Reibung wird durch Gleitschuhe (4) oder Axiallager beherrscht.

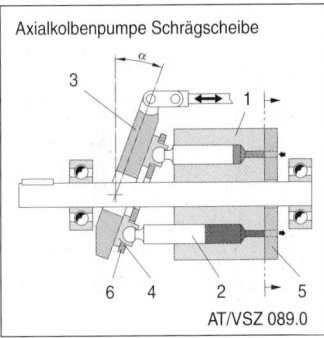

Axialkolbenpumpe Schrägscheibe

AT/VSZ 089.0

Funktion: Während der Saugphase bewegen sich die Kolben nach außen und werden über eine Rückhalteeinrichtung (6) gegen die Schrägscheibe gehalten, während der Druckphase von dieser nach innen gedrückt.

Die Richtung der einzelnen Kolben-Förderströme bzw. die Zuordnung zu einem Druck- und Sauganschluss erfolgt über eine Schlitzsteuerung. Diese ist in einer feststehenden Steuerplatte (5) angeordnet, gegen welche die Zylindertrommel mit ihrer freien Stirnfläche rotiert.

Schrägachsenpumpe (Prinzip Thoma)
Konstruktiver Aufbau: Die Zylindertrommel (1) wird über die Kolben (5) und diese wiederum über den Triebflansch (2) angetrieben. Die Zylindertrommel ist entweder über einen Mittelzapfen (3) oder über Nadellager am Umfang geführt und wird aus der Achse der Antriebswelle geschwenkt. Das Verdrängervolumen verändert sich mit diesem Schwenkwinkel. Das Prinzip ermöglicht reversierbare Pumpen. Die Verbindung zwischen Kolben und Triebflansch erfolgt über eine Kugelgelenk-Verbindung (6), über welche die Kolben während der Saugphase angezogen und während der Druckphase in die Zylinderbohrungen gedrückt werden. Zwischen dem eigentlichen Kolben und dem Kugelgelenk ist eine weitere Gelenkverbindung erforderlich (Ausgleich von Kreis- und Ellipsenbahn).

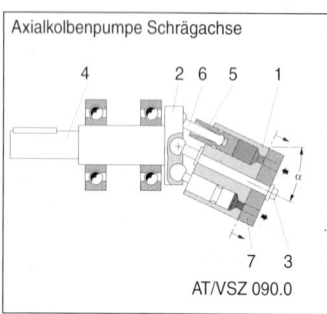

Axialkolbenpumpe Schrägachse

AT/VSZ 090.0

Funktion: Die Trennung von Saug- und Druckseite erfolgt wie bei der Schrägscheibenpumpe über eine Schlitzsteuerung. Die Steuerplatte (7) (flach oder sphärisch) schwenkt mit der Zylindertrommel, d. h. der Druckanschluss muss durch das Schwenklager hindurch oder über eine dichtende Gleitführung der Steuerplatte geführt werden. Das Ansaugen ist direkt aus dem umgebenden Gehäuse möglich (nur bei einer Förderrichtung). Bei Varianten der beschriebenen Ausführung erfolgt der Antrieb der Zylindertrommel über ein Kardangelenk oder über Kegelräder.

Taumelscheibenpumpe
Konstruktiver Aufbau: Von der Antriebswelle (1) wird eine Taumelscheibe (2) angetrieben, welche ihre axiale Bewegung auf die nicht rotierenden Kolben (4) überträgt. Die Kolben werden über Federn (5) an die Taumelscheibe gedrückt.

Zwischen den sich gegeneinander bewegenden Teilen Kolben und Taumelscheibe überträgt ein Axiallager (3) die Druckkräfte.

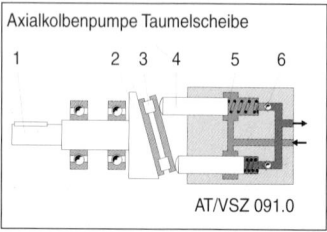

Axialkolbenpumpe Taumelscheibe

AT/VSZ 091.0

Funktion: Die Gleichrichtung der einzelnen Kolben-Förderströme erfolgt über eine Ventilsteuerung (6) oder über Schlitzsteuerung an den einzelnen Kolben. Der Winkel der rotierenden Taumelscheibe ist nicht veränderlich, d. h. das Verdrängervolumen dieser Geräte ist konstant.

Flügelzellenpumpen
Flügelzellenpumpen können sowohl für konstantes Verdrängervolumen als auch für veränderliches Verdrängervolumen ausgelegt werden

Flügelzellenpumpe mit konstantem Verdrängervolumen
Konstruktiver Aufbau: Am Umfang des angetriebenen Rotors (1) sind in radial angeordneten Schlitzen Flügel geführt. Diese werden bei Drehung durch die Fliehkräfte und Druckbeaufschlagung nach außen gegen die Laufbahn des Stators (2) gedrückt. Der Stator hat die Form einer Ellipse (doppelexzentrisch).

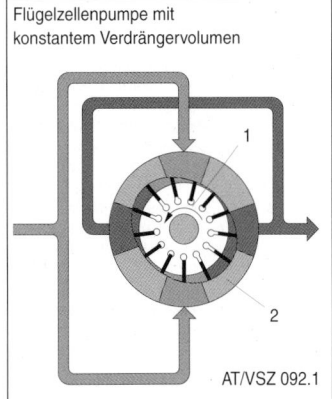

Flügelzellenpumpe mit
konstantem Verdrängervolumen

AT/VSZ 092.1

Funktion: Bei Rotation entstehen zwischen den Flügeln je zwei größer werdende Saugräume und zwei sich verkleinernde Druckräume, wodurch die Förderung erfolgt. Die radialen Lagerkräfte des Rotors werden durch die Bauart kompensiert. Die Trennung von Saug- und Druckkammern erfolgt über Steuerschlitze in stirnseitig angeordneten Steuerplatten. Von dort führen Kanäle im Gehäuse zum Saug- und Druckanschluss.

<u>Flügelzellenpumpe mit
veränderlichem Verdrängervolumen</u>
Funktion: Anstelle des doppelexzentrischen Stators wird hier ein kreisförmiger Hubring (1) verwendet, dessen Exzentrizität und damit das Verdrängervolumen der Pumpe stufenlos verändert werden kann. Bei diesem Pumpenprinzip liegen je eine Druck- und Saugseite gegenüber. Die Radialkräfte des Rotors werden durch geeignete Lager beherrscht. Der Hubring wird durch die Wirkung des Systemdruckes nach rechts gedrückt und rollt beim Verstellen im Gehäuse ab. Die Trennung von Saug- und Druckseite erfolgt über Steuerschlitze in stirnseitig angeordneten Steuerplatten.

Hydraulikmotoren

Hydraulik-Motoren wandeln die von den Pumpen abgegebene hydraulische Energie wieder in mechanisch verwertbare Arbeit mit drehender Bewegung um. Die Drehzahl des Motors ist – bei konstantem Schluckvolumen – von der Größe des zugeführten Stromes, das Drehmoment dagegen vom Betriebsdruck abhängig. Viele Pumpen, z. B. Zahnradpumpen oder Axialkolbenpumpen, können ohne konstruktive Veränderungen auch als Hydromotoren verwendet werden. Zur Verbesserung der Wirkungsgrade werden sie jedoch häufig konstruktiv modifiziert. Andere Pumpen hingegen sind prinzipiell nicht als Hydromotor einsetzbar, z. B. die Radialkolbenpumpe. Häufig werden Hydromotoren ausschließlich auf ihre Aufgabe zugeschnitten, z.B. Gerotor-Motoren.

Bei der Auswahl der Hydraulikmotoren unterscheidet man:
– Hydromotoren für eine Drehrichtung oder für zwei Drehrichtungen (Reversiermotoren)
– Hydromotoren mit konstantem oder veränderlichem Schluckvolumen zur Erweiterung des Drehzahlbereiches ohne nachgeschaltetes Stufengetriebe
– Schnellläufer für pumpenübliche Drehzahlen von 1.000 ... 4.000 U/min
– Langsamläufer mit „hydraulischer Untersetzung" für Drehzahlen von 50 ... 500 U/min bei erhöhtem Drehmoment. Damit können Untersetzungsgetriebe vermieden werden.
– Hydrostatische Getriebe, Kombinationen aus Pumpen und Hydromotoren, arbeiten im Reversierbereich in vier verschiedenen Betriebszuständen.

Bauarten von Hydraulikmotoren
Aus der Vielzahl der Hydraulikmotoren sind wegen dem Umfang des Stoffes nur die wichtigsten Basistypen
– Zahnradmotoren
– Gerotor-Motor
– Axialkolbenmotor
beschrieben

Zahnradmotoren

Zahnradmotoren sind kostengünstig und ermöglichen hohe Drehzahlen. Man unterscheidet in Zahnradmotoren für
– eine Drehrichtung
– beide Drehrichtungen

Motoren für eine Drehrichtung: Das Verdrängerprinzip von Zahnradpumpen kann umgekehrt werden. Wird der Einheit Drucköl zugeführt, so kann an der herausgeführten Welle eines der beiden Zahnräder eine Drehbewegung abgenommen werden. In der Praxis sind jedoch einige Besonderheiten zu beachten. Zahnradpumpen sind unsymmetrisch aufgebaut, d. h. Hoch- und Niederdruckseite sind festgelegt. Beim Motorbetrieb ist die Hochdruckseite beizubehalten, Reversierbetrieb ist dabei nicht möglich. Die Drehrichtung ist je nach Pumpen- oder Motorenbetrieb entgegengesetzt.

Um einen guten Wirkungsgrad zu gewährleisten, ist für Motoren ein anderes Einlaufverfahren notwendig, weshalb die Einheiten nicht willkürlich im Pumpen- oder Motorenbetrieb einzusetzen sind. Das anfallende Lecköl wird intern zum Ablauf abgeführt. Eine Druckbelastung des Ablaufes wird durch die Wellenabdichtung eingeschränkt.

Motoren für beide Drehrichtungen: Reversierbare Motoren sind symmetrisch aufgebaut. Die Zahnräder werden zusammen mit den entsprechend geformten Lagerbuchsen je nach Wirkrichtung des Hochdruckes gegen die eine oder andere Seite des Gehäuses gedrückt. Entsprechend der Drehrichtung ergeben sich gegenüberliegende Dichtzonen zur Radialspaltabdichtung. Die Druckfelder zur Axialspaltabdichtung werden von ebenfalls symmetrisch liegenden Formdichtringen begrenzt. Das an den Lagern anfallende Lecköl wird über einen separaten Leckölanschluss im Gehäusedeckel abgeführt, wobei die beiden Stirnseiten über eine Bohrung in der nicht nach außen geführten Welle zusammengefasst werden. Durch diese externe Leckölabführung wird der jeweilige Ablauf belastbar (Reihenschaltung mehrerer Motoren).

Gerotor-Motor

Das Kernstück des Motors besteht aus einem feststehenden Verdrängerring (1), dessen Innenverzahnung aus 7 Rollen (2) gebildet wird, sowie einem beweglichen Zahnrad (3) mit einer Außenverzahnung von sechs Zähnen. Durch Druckbeaufschlagung der Zahnkammern wird das Zahnrad in Rotation versetzt und kreist gleichzeitig exzentrisch um die Mitte des Zahnkranzes. Die beiden Bewegungsrichtungen sind gegenläufig. Bei einem Zähneverhältnis von 7:6 ergibt sich eine Untersetzung von 6:1, d. h. während jeder Umdrehung der Welle wird jede Kammer 6-mal mit Druck beaufschlagt und entlastet. Auf diese Weise ergibt sich die Wirkung einer Untersetzung; der Motor wird auch als Langsamläufer bezeichnet. Die Rotationsbewegung des Zahnrades wird über eine Gelenkwelle (4), welche die exzentrische Bewegung ausgleicht, zur Abtriebswelle (5) geführt. Die Steuerung des Zu- und Ablaufstromes erfolgt über eine Schlitzsteuerung, die auf einer rotierenden Steuerhülse (6) angeordnet ist. Diese wird über einen Stift (7) von der Abtriebswelle mitgenommen. Zwei Rückschlagventile im Gehäuse führen das interne Lecköl ab.

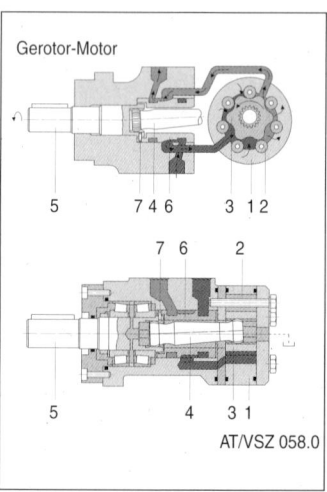

Gerotor-Motor

5   7 4 6   3 1 2

7 6   2

5   4   3 1

AT/VSZ 058.0

Axialkolbenmotoren

Axialkolbenmotoren sind Verdrängungsmaschinen, in welchen die Kolben parallel zur Drehachse in einer Zylindertrommel angeordnet sind. Die Umsetzung der Kolben-Hubbewegung in eine Antriebsdrehbewegung erfolgt nach den drei unterschiedlichen Grundprinzipien:
– Schrägscheibenpumpe
– Schrägachsenpumpe
– Taumelscheibenpumpe
Die Motorfunktion erfolgt umgekehrt zur Pumpenfunktion. (Siehe Beschreibung „Axialkolbenpumpen").

Zylinder

Während der Hydromotor hydraulische Leistung in mechanische Leistung mit drehender Bewegung umsetzt, erzeugt der Zylinder geradlinige Bewegungen. Deshalb wird er auch als hydraulischer Linearmotor bezeichnet. Diese Aufgabe, die Erzeugung geradliniger (translatorischer) Bewegungen, erfüllt der Zylinder bei einem Minimum an konstruktivem Aufwand bei größter Leistungsdichte. Kräfte und Geschwindigkeiten können über den gesamten Hub konstant gehalten werden. Hierin unterscheidet er sich wesentlich von mechanischen Lösungen wie z. B. Kurbeltriebe.

Wirkungsweise

Die Wirkungsweise beruht darauf, dass Drucköl über die Anschlüsse im Zylinderboden bzw. Zylinderkopf auf die Kolbenfläche des hydraulischen Arbeitszylinders wirkt und die Bewegung über die Kolbenstange an die Maschine weitergeleitet wird. Um eine einwandfreie Dichtung an Kolben und Kolbenstange zu gewährleisten, werden die Funktionen Führung und Dichtung konstruktiv getrennt.

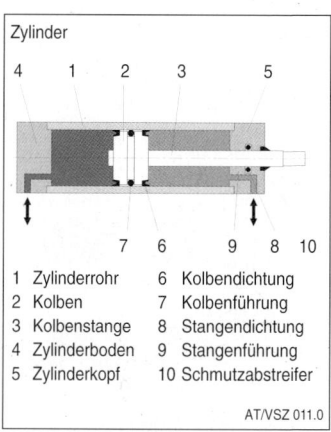

Zylinder

1	Zylinderrohr	6	Kolbendichtung
2	Kolben	7	Kolbenführung
3	Kolbenstange	8	Stangendichtung
4	Zylinderboden	9	Stangenführung
5	Zylinderkopf	10	Schmutzabstreifer

AT/VSZ 011.0

Endlagendämpfung

Um einen harten Aufprall am Hubende zu vermeiden, wird häufig eine Endlagendämpfung angewandt. Diese beruht darauf, dass vor Erreichen des Hubendes ein Ölvolumen über eine Drosselstelle verdrängt wird. Um in der Gegenrichtung beim Anfahren nicht mit verminderter Kolbenfläche aus dem Dämpfungsbereich fahren zu müssen, ist in der Regel ein zusätzliches Rückschlagventil eingebaut.
v = Geschwindigkeit
s = Dämpfungsstrecke

Endlagendämpfung

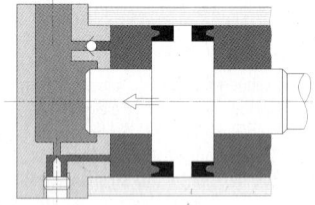

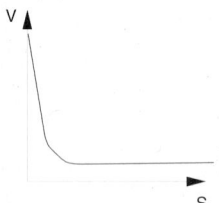

Gleichbleibender Dämpfungsspalt

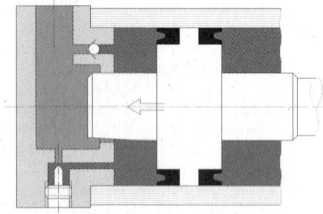

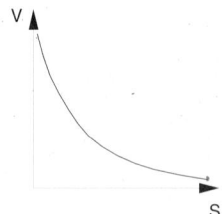

Progressiver Dämpfungsspalt

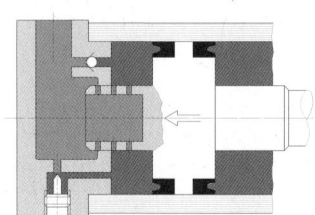

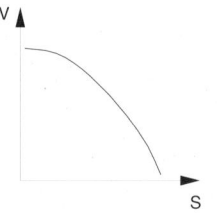

Lochringdämpfung

AT/VSZ 018.0

Bauformen und Schaltzeichen

Benennung	Sinnbild	Merkmale
Plungerzylinder	 A	Kraftwirkung nur in einer Richtung Kolben und Stange haben gleichen Durchmesser Bsp.: Radbremszylinder
Einfach wirkender Zylinder mit einseitiger Kolbenstange	 A	Kraftwirkung nur in einer Richtung Rückstellung durch äußere Kraft
Doppelt wirkender Zylinder mit einseitiger Kolbenstange	 A B	Kraftwirkung in beiden Richtungen Ungleiche Flächen Häufigste Bauform
Gleichgangzylinder mit zweiseitiger Kolbenstange	 A B	Gleiche Flächen in beiden Richtungen Bsp.: Lenkungszylinder
Teleskopzylinder	 A	Kurze Bauform bei langem Hub Bsp.: LKW-Kipper
Sonderzylinder	 A B C	Mehrere wirksame Flächen für Eilgang, Arbeitsgang Bsp.: Pressen AT/VSZ 012.0

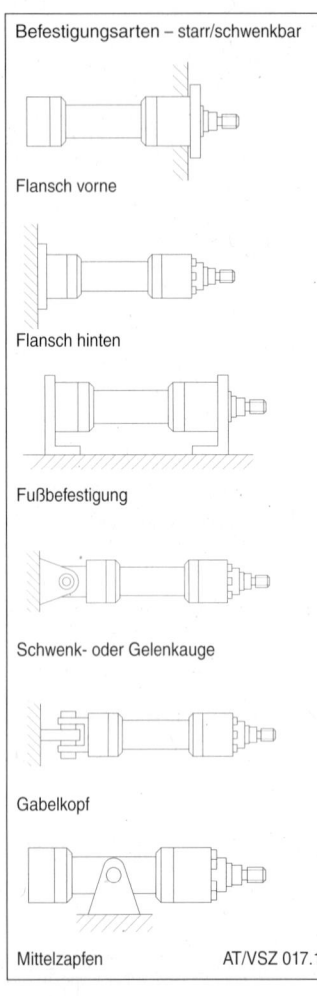

Befestigungsarten – starr/schwenkbar

Flansch vorne

Flansch hinten

Fußbefestigung

Schwenk- oder Gelenkauge

Gabelkopf

Mittelzapfen   AT/VSZ 017.1

Bauarten
Entsprechend den Einsatzbedingungen sind verschiedene Bauarten möglich. Sie betreffen hauptsächlich die Befestigung. Diese wird entweder in die Zylinderköpfe bzw. -böden integriert oder im Rahmen eines Baukastensystems an einem Grundzylinder montiert. Die Bauarten unterliegen verschiedenen nationalen und internationalen Normen, z. B. ISO, DIN.

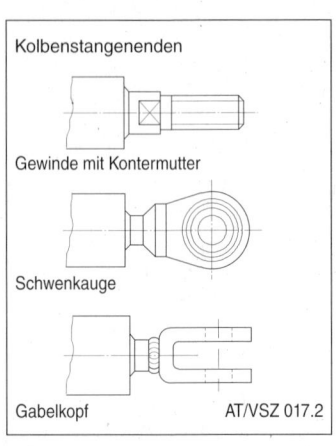

Kolbenstangenenden

Gewinde mit Kontermutter

Schwenkauge

Gabelkopf   AT/VSZ 017.2

Energietransport

Die Verknüpfung der einzelnen Komponenten einer Hydraulikanlage untereinander und damit der Transport hydraulischer Energie erfolgt über Rohre, Schläuche, Bohrungen in Steuerblöcken usw.

Bei der Dimensionierung der Anlage müssen bezüglich des Energietransportes folgende Punkte besonders berücksichtigt werden:
– Strömungsgeschwindigkeit
– Leitungsquerschnitte
– Leitungswiderstände
– Rohrdimensionierung
– Schlauchverbindungen
– Verbindungsmittel
– Druckverluste in Verschraubungen

Strömungsgeschwindigkeit: Um Reibungsverluste zu minimieren, sollen gewisse Strömungsgeschwindigkeiten nicht überschritten werden. In der Praxis haben sich für die verschiedenen Leitungsabschnitte folgende Richtwerte als zweckmäßig erwiesen:

Saugleitungen
$w = 0{,}5...1{,}5$ m/s

Druckleitungen
< 50 bar   : $w = 4...5$ m/s
50...100 bar : $w = 5...6$ m/s
> 100 bar   : $w = 6...7$ m/s

Rücklaufleitungen
$w = 3$ m/s

Leitungsquerschnitte: Der Zusammenhang zwischen Volumenstrom q_v, Strömungsgeschwindigkeit w und Leitungsquerschnitt A wird durch die Kontinuitätsgleichung bestimmt.

$$q_v = \times w$$

Der Leitungsquerschnitt A (Fläche) wird aus dem Durchmesser d ermittelt nach der Formel:

$$A = \frac{\pi \times d^2}{4}$$

Für die Berechnung mit einfachen Hilfsmitteln gilt folgende Größengleichung:

$$W = \left(\frac{q_v}{6 \times d^2 \times \frac{\pi}{4}} \right) \times 10^2$$

Durchmesser d (mm)
Volumenstrom q_v (l/min)
Strömungsgeschwindigkeit w (m/s)

Leitungswiderstände: Entsprechend dem Strömungsgesetz (siehe Kapitel Stromventile) steigt der Druckabfall Δp mit dem Quadrat des Volumenstromes q_v. Bei einer bestimmten kritischen Geschwindigkeit wechselt die Strömungsart von laminar (1) in turbulent (2), wobei die Leitungswiderstände sprunghaft ansteigen. Bei der Dimensionierung von Leitungen wird im Allgemeinen laminare Strömung angestrebt.

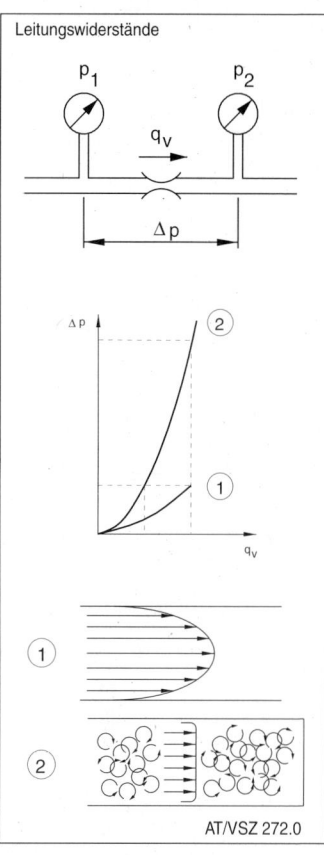

AT/VSZ 272.0

Rohrdimensionierung: Für starre Verbindungen bei unterschiedlichen Leitungslängen werden vorwiegend nahtlose Präzisionsstahlrohre nach DIN 2391 eingesetzt. Die zulässigen Drücke in Abhängigkeit vom Außendurchmesser und der Wandstärke sind nach DIN 2445 definiert.

Neben dem Nenndruck wird der maximal anwendbare Druck (Berechnungsdruck) erwähnt. Diesem liegt eine schwellende Belastung von ± 45 bar zugrunde. Der Berstdruck liegt beim 2...3fachen des Nenndruckes.

Dimensionierung von Hydraulikrohren (DIN 2445)

p nom = Betriebsdruck   D = Außendurchmesser
p max = Maximaldruck   d = Innendurchmesser
p max = p nom + 45 bar   s = Wandstärke

p nom = 100 bar p max = 145 bar		p nom = 160 bar p max = 205 bar		p nom = 250 bar p max = 295 bar		p nom = 320 bar p max = 365 bar		p nom = 400 bar p max = 445 bar	
D	s	D	s	D	s	D	s	D	s
6	1	6	1	6	1	6	1	6	1,5
8	1	8	1	8	1,5	8	1,5	8	2
10	1	10	1	10	1,5	10	1,5	10	2
12	1	12	1,5	12	2	12	2	12	2,5
16	1,5	16	1,5	16	2	16	2,5	16	3
20	1,5	20	2	20	2,5	20	3	20	4
25	2	25	2,5	25	3	25	4	25	5
30	2,5	30	3	30	4	30	5	30	6
38	3	38	4	38	5	38	6	38	8
50	4	50	5	50	6	50	8	50	10

Schlauchverbindungen: Schläuche werden als biegsame Verbindungen zwischen gegeneinander beweglichen Hydraulikgeräten oder bei räumlich ungünstiger Verbindung eingesetzt. Sie dienen zugleich der Geräusch- und Schwingungsdämpfung. Die Verbindungsmittel an den Schlauchenden richten sich nach dem vorhandenen System, sie werden entweder vom Hersteller oder vom Anwender konfektioniert.

Grundregeln für das Verlegen von Schlauchleitungen

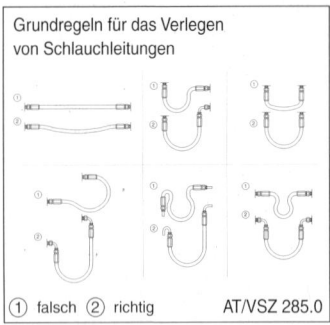

① falsch ② richtig   AT/VSZ 285.0

Verbindungsmittel: Die Verbindung zwischen Rohr und Gerät bzw. dessen Anschlussplatte sowie Verknüpfungen von Rohren untereinander erfolgt über Rohr-

verschraubungen und Flanschverbindungen. Hierbei sind verschiedene Konstruktionsprinzipien im Einsatz:
– 24°-Schneidringverschraubung ISO/DIS 8434-1. Diese ist am weitesten verbreitet und genügt bei durchschnittlichen Ansprüchen.
– 37° Bördelverschraubung ISO/DIS 8434-2
– 90° O-Ringverschraubung ISO/DIS 8434-3 Endstück mit Rohr verlötet
– 24° Dichtkegelverschraubung ISO/DIS 8434-3 Dichtkegel mit Rohr verschweißt
Eine Weiterentwicklung der Schneidringverschraubung stellt die leckfreie Verschraubung mit zusätzlichen Dichtelementen dar.

Rohrverschraubung (leckfrei)

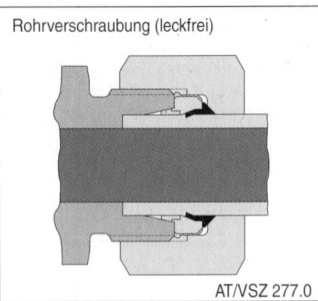

AT/VSZ 277.0

Rohrverschraubungen

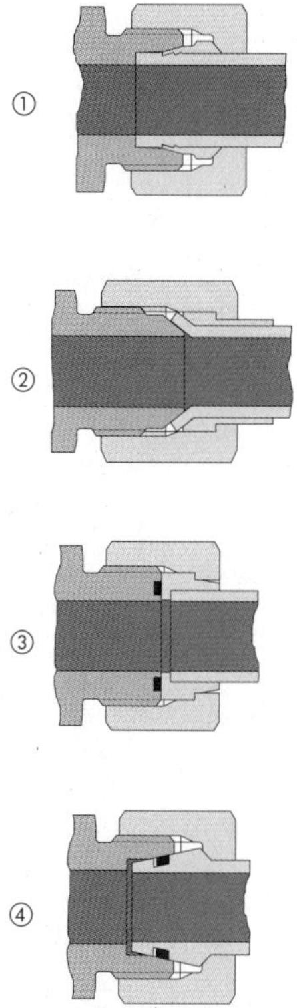

① Schneidringverschraubung
② Bördelverschraubung
③ O-Ringverschraubung
④ Dichtkegelverschraubung

AT/VSZ 276.0

Druckverluste in Verschraubungen:
Der Druckverlust in geraden Rohrleitungen ist relativ gering. Widerstände in Verschraubungen und Krümmern dagegen wirken sich stärker aus. Der Druckabfall wird meist graphisch dargestellt.

Baureihen und Druckstufen für Hydraulikverschraubungen

Baureihe	Rohr-Außendurchmesser mm	Nenndruck bar
LL (sehr leicht)	4, 5, 6, 8	100
L	6, 8, 10, 12, 15	250
(leicht)	18, 22	160
	28, 35, 42	100
S	6, 8, 10, 12	630
(schwer)	16, 20, 25	400
	30, 38	250

Energiesteuerung

Die Energiesteuerung in der Hydraulik erfolgt durch Ventile, welche manuell, mechanisch oder elektrisch betätigt werden können oder voreingestellt sind und dann im Rahmen ihrer Funktion beim Eintreffen eines Ereignisses selbsttätig reagieren.

Ihre Funktionen können grundsätzlich in die folgenden Basisaufgaben eingeteilt werden:
– Begrenzung des Systemdruckes
– Sperren oder Entsperren bestimmter Strömungsrichtungen
– Steuern von Strömungsrichtungen
– Volumensteuerung des Energiestromes
Die Varianten der in der Hydraulik eingesetzten Ventile, ihrer Funktionen und durch die unterschiedliche Konstruktion gegebenen Charakteristiken sind vielfältig. Ihre komplette Beschreibung würde den Rahmen dieser Schrift sprengen. Aus diesem Grunde werden im Folgenden nur Basistypen und Funktionen vorgestellt.

Begrenzung des Systemdruckes
Der Druck in einem Hydrauliksystem darf eine bestimmte, von der Anlagenauslegung vorgegebene Höchstgrenze aus Sicherheitsgründen nicht überschreiten, weil sonst Anlagenkomponenten zerstört werden. Folglich muss in jedem Hydrauliksystem der Druck begrenzt werden. Die Begrenzung des Systemdruckes erfolgt durch Druckbegrenzungsventile.

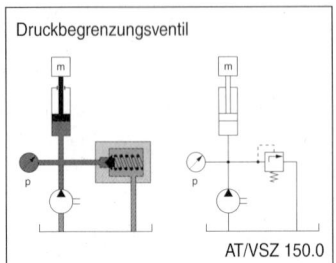

Druckbegrenzungsventil

AT/VSZ 150.0

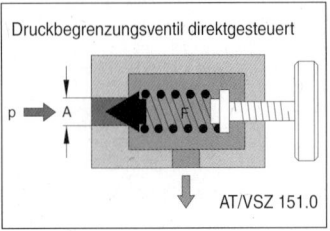

Druckbegrenzungsventil direktgesteuert

AT/VSZ 151.0

Druckbegrenzungsventile: Dieses Ventil hat in erster Linie die Aufgabe, den Druck in einer Anlage zu begrenzen und so die einzelnen Komponenten und Leitungen vor dem Bersten und vor Überlastung zu schützen. Entsprechend dieser Aufgabe spricht man auch vom Maximaldruckventil oder Sicherheitsventil. Diese Begrenzung erfolgt dadurch, dass das zunächst geschlossene Ventil beim Erreichen des vorgegebenen Druckes öffnet und den überschüssigen Förderstrom der Pumpe zum Tank abführt.

Bei dieser Anwendung ist das Druckbegrenzungsventil im Nebenschluss (By-Pass) angeordnet.

Achtung! Der unter Druck p über das Druckbegrenzungsventil abfließende Strom q_v entspricht einer Verlustleistung:

$$P = p \times q_v$$

Diese Leistung wird von der Antriebsmaschine dem Hydraulik-System zugeführt und geht in Ölerwärmung über.

Funktion: Die grundsätzliche Funktion wird an einem direkt gesteuerten Druckbegrenzungsventil dargestellt:

Der Eingangsdruck p wirkt auf eine Messfläche A und die daraus resultierende Kraft F wird mit der einer Feder verglichen. Übersteigt der Druck den an der Feder eingestellten Wert, so bewegt sich der Ventilkörper gegen die Feder und öffnet eine Verbindung zwischen Zu- und Ablauf.

Bauarten: Man unterscheidet im wesentlichen zwischen Sitzventilen und Schieberventilen. Sie haben unterschiedliche Eigenschaften.

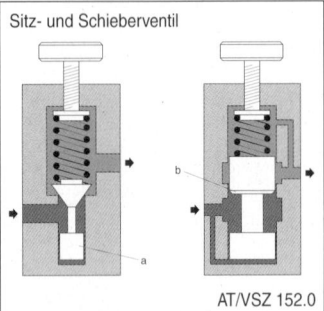

Sitz- und Schieberventil

AT/VSZ 152.0

Sitzventile: Sitzventile haben den Vorteil kleiner Stellwege und somit kurzer Ansprechzeiten sowie der absoluten Dichtheit. Um ein Flattern des Ventilkegels zu verhindern, wird dieser meist mit einem Dämpfungskolben (a) kombiniert.

Schieberventile: Druckventile in Schieberbauweise besitzen die Möglichkeit der Feinsteuerung: Sind die Steuerkanten (b) mit Kerben versehen, so wird beim Öffnen des Ventils zunächst ein kleiner Öffnungsquerschnitt freigegeben und dadurch Regelgüte und Stabilität des Ventils erhöht. Die Überdeckung ist ein Kompromiss zwischen Dichtheit und Ansprechgeschwindigkeit.

Sinnbild: Druckventile allgemein werden im Schaltplan durch ein Quadrat mit einem Pfeil dargestellt. Die Lage des Pfeils, welcher die Durchflussrichtung zeigt, gibt an, ob das Ventil offen oder geschlossen ist. Wie das Ventil durch Federn und Drücke beeinflusst wird, ist außerhalb des Quadrates dargestellt. Im Falle des Druckbegrenzungsventils wirkt der Eingangsdruck gegen die Feder. Das Ventil wird in seiner Ruhestellung, also geschlossen, dargestellt.

Sperren oder Entsperren bestimmter Strömungsrichtungen

Innerhalb fast jeden Hydrauliksystems müssen bestimmte Strömungsrichtungen automatisch gesperrt oder geöffnet werden, um bestimmte Systemabschnitte mit Drucköl zu versorgen, den Druck zu halten oder unbeabsichtigte Bewegungen wie beispielsweise den Rücklauf von Hydraulikzylindern nach Abschalten der Pumpe zu verhindern. Die zu diesem Zweck verwendeten Ventile werden als Sperrventile oder Rückschlagventile bezeichnet.

Rückschlagventile: Rückschlag- oder Sperrventile haben die Aufgabe, einen Volumenstrom in einer Richtung zu sperren, und gestatten in der Gegenrichtung freien Durchfluss. Die Absperrung soll absolut leckfrei sein, weshalb diese Ventile in Sitzbauweise ausgeführt sind.

Als Dichtelemente werden Kugeln (1), Kegel (2), Ventilteller (3) und Patronen (4) verwendet. Diese werden in Sperrrichtung gegen eine relativ schwache Schließfeder geöffnet. Das Grundprinzip geht aus dem Schaltzeichen eindeutig hervor.

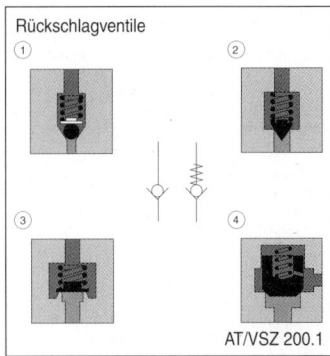

Rückschlagventile

AT/VSZ 200.1

Doppelt wirkendes Rückschlagventil (Wechselventil): Als hydraulisches „Oder-Glied" wirkt das sogenannte Wechselventil, ein Rückschlagventil mit 2 Ventilsitzen und 3 Anschlüssen. Es wird z. B. zum Abgreifen von Drücken bei wechselnden Druckseiten eingesetzt. Es kann auch aus 2 normalen Rückschlagventilen zusammengesetzt werden.

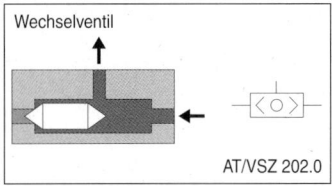

Wechselventil

AT/VSZ 202.0

Entsperrbares Rückschlagventil: Um einen Zylinder, auf den äußere Kräfte einwirken, fest in seiner Position zu halten, genügt es im Allgemeinen nicht, die Arbeitsanschlüsse an den Wegeventilen in Schieberbauweise zu sperren. Leckagen in diesen Schaltpositionen führen zu einem Absinken der Last bzw. zu einem Kriechen des Zylinders. Um dies zu vermeiden, werden entsperrbare Rückschlagventile eingesetzt.

Bei den entsperrbaren Rückschlagventilen kann die Sperrstellung durch Aufsteuern des Ventilkegels aufgehoben und damit der Durchfluss in der vorher gesperrten Richtung freigegeben werden.

Das Aufsteuern des Ventilkegels erfolgt über einen Stößel durch einen hydraulisch betätigten Kolben, der über den Steueranschluss Z beaufschlagt wird. In der dargestellten Anwendung wird der Steuerdruck aus der gegenüberliegenden Zylinderleitung entnommen. Im Sinnbild wird die Entsperrbarkeit durch einen Steueranschluss verdeutlicht.

Einsatz von Rückschlagventilen: Die Verwendung von Rückschlagventilen ist sehr vielseitig. Dies zeigen einige typische Beispiele:
– (1) Absinkende Last wird daran gehindert, Pumpe anzutreiben
– (2) Stromventil nur in einer Richtung wirksam (Drosselrückschlagventil)
– (3) Nachsaugventil bei Pressen
– (4) Nachsaugventil bei rotierender Masse
– (5) Umgehung verschmutzter Saugfilter $\Delta p < 0,1$ bar
– (6) Umgehung verschmutzter Rücklauffilter Δp 1…3 bar
– (7) Graetz-Gleichrichter-Schaltung für Stromregler
– (D) Einspeisung in geschlossenen Kreislauf

Entsperrbares Rückschlagventil

AT/VSZ 203.0

Einsatz von Rückschlagventilen

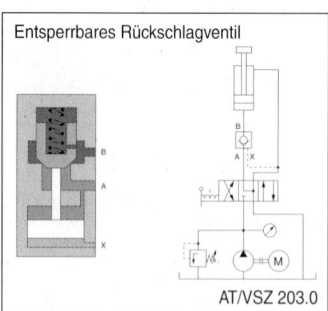

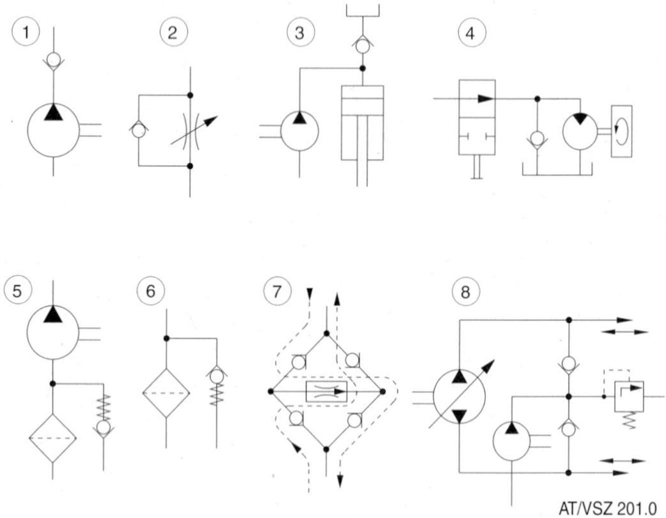

AT/VSZ 201.0

Steuern von Strömungsrichtungen

Strömungsrichtungen werden in Hydraulikanlagen durch sogenannte Wegeventile gesteuert.

Aufgabe der Wegeventile ist es, verschiedene hydraulische Leitungen gegeneinander abzusperren oder freizugeben und laufend wechselnde Leitungsverknüpfungen herzustellen. Auf diese Weise wird die Wirkungsrichtung von Drücken und Volumenströmen beeinflusst und somit der Verbraucher (Zylinder oder Hydromotor) bezüglich Start, Stop und Bewegungsrichtung gesteuert.

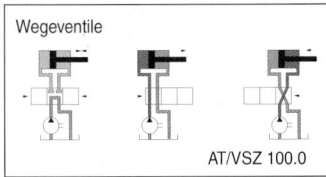

Wegeventile

AT/VSZ 100.0

Wegeventile: Die Eigenschaften, Bauarten, Betätigungen und Montagearten von Wegeventilen sind außerordentlich vielfältig. Eine komplette Übersicht kann deshalb an dieser Stelle nicht gegeben werden, die Beschreibung bleibt daher auf die wichtigsten Grundlagen innerhalb der Begriffe
– Benennungen
– Schaltstellungen
– Bauarten
– Betätigung
– Steuerungen
– Montage
– Verkettungen
beschränkt. Weiterführende Information kann man in den technischen Druckschriften der Hersteller für Hydraulikkomponenten finden.

Benennungen: Wegeventile werden mit genormten Sinnbildern gekennzeichnet, aus denen ihre Funktion eindeutig und international hergeleitet werden kann. (DIN/ISO 1219).

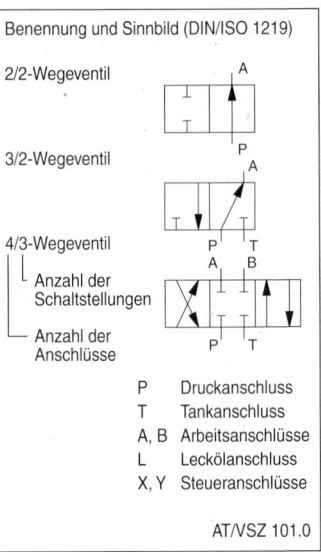

Benennung und Sinnbild (DIN/ISO 1219)

2/2-Wegeventil

3/2-Wegeventil

4/3-Wegeventil

└ Anzahl der Schaltstellungen

── Anzahl der Anschlüsse

P   Druckanschluss
T   Tankanschluss
A, B   Arbeitsanschlüsse
L   Leckölanschluss
X, Y   Steueranschlüsse

AT/VSZ 101.0

Schaltbild: Jede Schaltstellung wird durch ein Quadrat dargestellt. Pfeile und Striche innerhalb eines Quadrats machen die Verknüpfung zwischen den Anschlüssen deutlich. Das gesamte Schaltzeichen besteht aus mehreren aneinandergereihten Quadraten. Die einfachste Form eines Wegeventils hat 2 Anschlüsse und 2 Schaltstellungen.

Die Wirkung der verschiedenen Schaltstellungen wird deutlich, wenn man (wie oben dargestellt) das gesamte Schaltzeichen gegen die feststehenden Leitungsanschlüsse verschiebt. Die Bezeichnung der Anschlüsse erfolgt an dem der Ruhestellung bzw. Ausgangsstellung zugeordneten Rechteck.

Die Wirkung der verschiedenen Schaltstellungen wird deutlich, wenn man (wie oben dargestellt) das gesamte Schaltzeichen gegen die feststehenden Leitungsanschlüsse verschiebt. Von besonderer Bedeutung ist die Zahl der Anschlüsse und der Schaltstellungen eines Wegeventils. Diese wird bei der Benennung vorangestellt.

Varianten der Durchflusssinnbilder:
Die Verknüpfungen zwischen den einzelnen Anschlüssen sind entsprechend den praktischen Anforderungen sehr vielfältig. Nachstehend einige Beispiele:

Varianten der Durchfluss-Sinnbilder

AT/VSZ 102.0

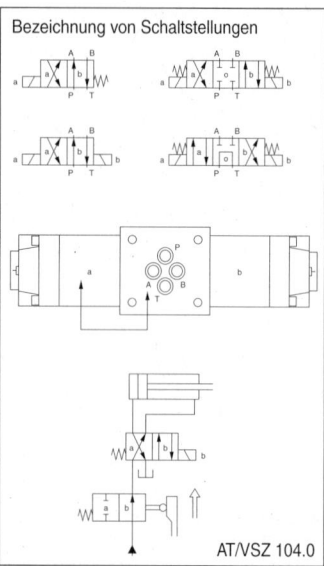

Bezeichnung von Schaltstellungen

AT/VSZ 104.0

Schaltstellungen: Die Schaltstellungen sowie deren zugehörige Betätigungsorgane werden mit a, b, … bezeichnet. In waagerechter Darstellung ist die Reihenfolge der Schaltstellungen grundsätzlich entsprechend dem Alphabet von links nach rechts. Die Grundstellung bei Ventilen mit mehr als zwei Schaltstellungen wird mit 0 bezeichnet (Zentrierstellung). Die Bezeichnungen a, b, … an den Betätigungsorganen beziehen sich auf die Lage der Arbeitsanschlüsse A und B im Ventilgehäuse. Ein Zusammenhang zwischen Kennzeichnung eines Betätigungsorgans und Durchflussrichtung ist nicht gegeben. Entscheidend ist der konstruktive Aufbau des Wegeventils.

Normalerweise werden in Schaltplänen die Wegeventile in ihrer Grundstellung dargestellt. Gelegentlich weicht die Ausgangsstellung hiervon ab. Z. B. wenn ein Rollenstößelventil als Startvoraussetzung bereits betätigt sein muss.

Bauarten: Wie bei den Druckventilen unterscheidet man auch bei den Wegeventilen zwischen Sitzventilen und Schieberventilen. Sie haben unterschiedliche Eigenschaften.

Sitzventile: Der Vorteil der Sitzventile mit Kegel oder Kugel als steuerndes Element liegt in der absoluten Dichtheit. Als Nachteil ist anzuführen, dass ein axialer Druckausgleich nur begrenzt möglich ist und komplexe Sinnbilder kaum zu realisieren sind.

Bauarten Sitzventil – Schieberventil

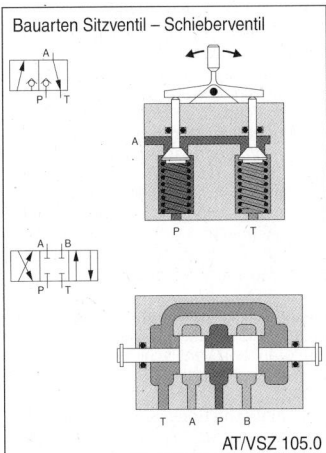

AT/VSZ 105.0

Steuerschieber – Sinnbild-Varianten

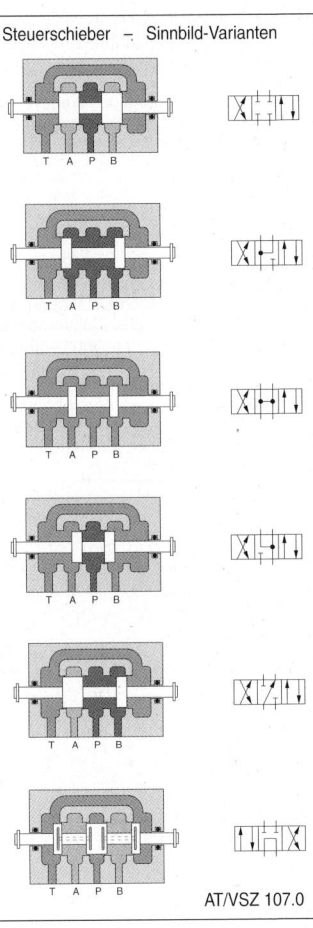

AT/VSZ 107.0

Schieberventile: In einer zylindrischen Gehäusebohrung mit mehreren Ringnuten, entsprechend der Anzahl der Ventilanschlüsse, bewegt sich ein Ventilschieber (Ventilkolben). Dieser hat an seinem Umfang ebenfalls verschiedene Ringnuten, sodass sich je nach Position des Schiebers unterschiedliche Verknüpfungen zwischen den Anschlüssen ergeben.

Aufgrund des konstruktiven Aufbaus können Schieberventile nie absolut dicht gebaut werden. Die Abdichtung von gegeneinander abgesperrten Anschlüssen erfolgt über Ringspalte s zwischen Ventilschieber und Gehäuse. Das Schieberspiel ist ein Kompromiss zwischen Fertigungskosten, Schmutzempfindlichkeit und Leckrate und liegt bei ca. 5…15 μm. In der Fertigung werden Schieber und Gehäuse paarig ausgesucht.

Die Länge der Überdeckung ü ist ein Kompromiss zwischen Baugröße, Betätigungsweg und Dichtheit. Während bei elektromagnetischer Betätigung kurze Hubwege und somit geringe Überdeckung erforderlich ist, werden Wegeventile mit Handhebelbetätigung mit längeren Hubwegen und Überdeckungen ausgeführt, um bessere Feinsteuerung im Übergangsbereich zu ermöglichen.

Betätigung: Wegeventile werden durch äußere Schaltbefehle in ihre verschiedenen Schaltstellungen gebracht, d. h. betätigt.

Die Art der Betätigung des Wegeventils wird ebenfalls im Sinnbild ausgedrückt. Wegeventile werden
– elektromagnetisch
– hydraulisch
– pneumatisch
– mechanisch
– manuell
betätigt. Wegeventile für Plattenanschluss werden vorwiegend elektrisch angesteuert. Einer direkten Betätigung des Ventilschiebers durch den Elektromagneten sind jedoch Grenzen gesetzt und wird deshalb nur bei NG6 (NG =Nenngröße) und NG10 angewandt. Die größeren Ventile NG16 und NG25 werden vorgesteuert, d. h. die Hauptstufe wird hydraulisch betätigt und von einem Vorsteuerventil (Pilotventil) NG6 angesteuert.

Betätigung	
manuell allgemein	
Handhebel mit Rastung	
Rollenstößel	
Pedal	
hydraulisch	
pneumatisch	
elektromagnetisch	
Federrückstellung (und Elektromagnet)	
Federzentrierung (und Elektromagnete)	
vorgesteuert (elektrisch gesteuert, hydraulisch betätigt)	

AT/VSZ 103.0

Elektromagnetische Betätigung: Bei der elektromagnetischen Betätigung wird der Ventilschieber durch Elektromagnete bewegt. Die Magnete haben auswechselbare Spulen, welche um ein Druckrohr gesteckt um $3 \times 90°$ versetzt angeordnet werden können. Im Druckrohr, das in das Ventilgehäuse eingeschraubt wird, bewegt sich der Magnetanker, der seine Kraft über einen Stößel auf den Ventilschieber überträgt. Die Rückstellung bzw. Zentrierung erfolgt über Federn und Anschlagscheiben. Über eine Handnotbetätigung kann das Ventil auch mechanisch geschaltet werden.

Hydraulische Betätigung: Der hydraulische Steuerdruck wirkt über einen Kolben direkt auf den Ventilschieber.
Pst == 2…200 bar

Pneumatische Betätigung: Der pneumatische Steuerdruck wirkt über einen Kolben und Stößel auf den Ventilschieber.
P == 2…10 bar

Mechanische Betätigung durch Rollenstößel: Die Rolle wird von einem Nocken oder dergleichen angefahren und überträgt ihre Bewegung über eine Stößel auf den Ventilschieber.
Fst == 30…60 N

Manuelle Betätigung durch Handhebel: Die Bewegung des Handhebels wird über einen Stößel auf den Ventilschieber übertragen. Die Rückstellung erfolgt über eine Feder. Eine Rastung ist hier nicht im Ventil, sondern in der Betätigungseinrichtung untergebracht.

Montage
Hydraulikventile wurden ursprünglich vorwiegend über Verrohrungen miteinander verknüpft. Geräte für Rohranschluss haben hierzu Anschlüsse mit Gewindebohrungen im Gehäuse und lassen sich so leicht bei geringem Raumbedarf in die Verrohrung einer Anlage einfügen. Bei einem eventuellen Austausch sind jedoch Rohrverschraubungen bzw. Schläuche zu lösen. Verspannte Rohre erschweren jedoch einen raschen Ventilwechsel. Ferner lassen sich z. B. Schneidringverschraubungen nicht beliebig oft lösen und wieder dicht montieren. Man wählt daher

meist die Montage der Ventile auf genormten Platten.

Wegeventile für Plattenanschluss: Bei Ventilen für Plattenanschluss wird das Anschlussgewinde vom eigentlichen Ventil (1) getrennt. Die Anschlüsse werden in eine gemeinsame Flanschfläche geführt und das Gerät auf eine Anschlussplatte (2) mit spiegelbildlichem Lochbild geschraubt. In der Anschlussplatte befinden sich die Anschlussgewinde für die Rohrverschraubung (3). Die Abdichtung der Trennfläche erfolgt durch O-Ringe (4). Dieses System hat sich wegen seiner Vorteile, insbesondere im stationären Bereich, eindeutig durchgesetzt. Es erlaubt bequemes Auswechseln der Geräte ohne Demontage der Verrohrung sowie übersichtliche Anordnung an Montagewänden. Ferner ist es möglich, die Geräte direkt auf Steuerblöcke zu flanschen. Hierbei werden die Leitungsverbindungen in Form von Bohrungen in Metallblöcken dargestellt.

Die Größe und Anordnung der Bohrungen ist in Form von „Lochbildern" standardisiert.

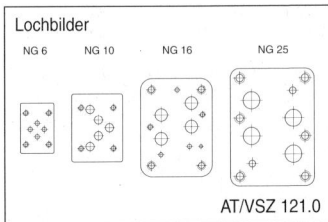

Wegeventil für Plattenanschluss

AT/VSZ 120.0

Lochbilder
Um eine Austauschbarkeit der Ventile verschiedener Hersteller zu gewährleisten, sind die Anschlusslochbilder auf nationaler, europäischer und internationaler Ebene standardisiert. Die genauen Abmessungen für Wegeventile sind in den Normen DIN 24340, Form A, CETOP R 35 H und ISO 4401 festgehalten.

Die Zahlenwerte der Bezeichnungen NG6, NG10 usw. beziehen sich auf die Größe der Anschlüsse und entsprechen etwa den Durchmessern der Anschlussbohrungen in mm. Die wichtigsten Nenngrößen entsprechen in etwa folgenden maximalen Durchflusswerten:

NG 6: q_v = 40… 90 l/min
NG 10: q_v = 60…130 l/min
NG 16: q_v = 100…300 l/min
NG 25: q_v = 200…700 l/min

Lochbilder

NG 6   NG 10   NG 16   NG 25

AT/VSZ 121.0

Ventilverkettung: Die Verknüpfung von Ventilen unter Verwendung von Rohren, Schläuchen und Verschraubungen erfüllt nicht immer alle Anforderungen nach kompakten, preiswerten und betriebssicheren Lösungen. Verrohrungsaufwand und Platzbedarf werden wesentlich reduziert, wenn Geräte direkt über
– Sammelanschlussplatten
– Zwischenplatten
– Blockwegeventile
– Steuerblöcke
zusammengefasst werden.

Sammelanschlussplatten: Parallel liegende Wegeventile für Plattenanschluss mit gemeinsamem Zu- und Rücklauf werden kompakt auf Sammelanschlussplatten montiert.

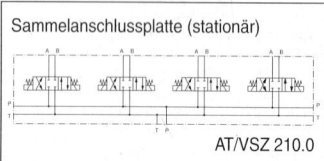

Sammelanschlussplatte (stationär)

AT/VSZ 210.0

Zwischenplatten-Ventile: Druck-, Strom-
und Sperrventile können als Zwischenplatten-Ventile zwischen einem Wegeventil und dessen Anschlussplatte angeordnet werden. Diese Zwischenplatten
enthalten die Ventilfunktionen sowie
Durchgangsbohrungen für die übrigen
Kanäle des Wegeventils. Die Abdichtung
der Flanschflächen erfolgt über O-Ringe.

Die Darstellung der Schaltpläne kann
konventionell oder unter Berücksichtigung
der räumlichen Anordnung der Ventile erfolgen.

Blockwegeventile: In der Fahrzeughy-
draulik, wo häufig mehrere Funktionen zu
steuern sind, werden Wegeventile in
Scheibenbauweise über Zuganker zu einem Block zusammengefasst. Die Abdichtung der Flanschflächen erfolgt über
O-Ringe.

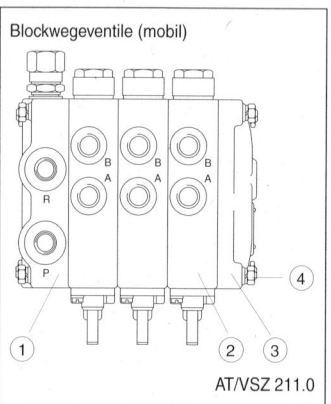

Blockwegeventile (mobil)

AT/VSZ 211.0

Steuerblöcke: Ein Steuerblock enthält die
Verknüpfungen einer komplexen Steuerung. Die Ventile werden an die Außen-
fläche angeflanscht. Geräte in Einsteck-
oder Einschraubausführung (Patronen)
können auch in Bohrungen des Steuer-
blockes untergebracht werden. Die kon-
sequente Weiterentwicklung dieser Technik ist die Blockeinbau-Technik mit genormten Einbauventilen. Steuerblöcke
sind normalerweise auf einen speziellen
Anwendungsfall abgestimmt und erfordern einen Konstruktionsaufwand, der
durch eine gewisse Stückzahl zu rechtfertigen ist.

Standard-Schaltungen bestimmter
Branchen wie z. B. Pressen können in vor-
gefertigten Steuerblock-Segmenten realisiert werden. Diese werden entsprechend
den individuellen Anforderungen mit Ventilen und Zusatzeinrichtungen bestückt.

Volumensteuerung des Energiestromes
In bestimmten Anwendungen kann es erforderlich sein, die Bewegungsgeschwin-
digkeit von Hydraulikzylindern oder die
Drehzahl von Hydraulikmotoren zu steuern. Hierzu muss der Energiefluss, d. h. die
Menge des Drucköls, gesteuert werden. Dies geschieht durch den
Einbau oder die Einschaltung einer (gegebenenfalls variablen) Drossel in den betreffenden Systemabschnitt. Je nach Ausführung spricht man von einer Blende oder
einem Stromventil. Bei der Planung muss
das Strömungsgesetz beachtet werden.

Strömungsgesetz: Rohrleitungen sowie
Drosselstellen in Ventilen, Verschraubungen, Umlenkstücken usw. stellen für einen
Volumenstrom hydraulische Widerstände
dar, an denen Reibungsverluste entstehen. Diese äußern sich durch Druckabfall
und Wärmeentwicklung. Eine Einheit für
den hydraulischen Widerstand – ähnlich
dem Ohmschen Widerstand in der Elektrik – ist in der Praxis nicht üblich. Man bewertet ihn durch den Druckabfall, bezogen auf einen Volumenstrom. Die Druckverluste an einer Drosselstelle sind
abhängig von
– Strömungsgeschwindigkeit (und somit
vom Verhältnis Volumenstrom zu Querschnittsfläche)
– Leitungs- bzw. Drossel-Länge

– Drossel-Form
– Viskosität des Strömungsmediums
– Dichte des Strömungsmediums
– Strömungsart (laminar oder turbulent)

Die Zusammenhänge werden durch das Hagen-Poiseuillesche Gesetz beschrieben. Eine allgemeine Formel hierüber lautet:

$$q_v = \alpha \times A \times \sqrt{\frac{2 \times \Delta p}{\varrho}}$$

Hierbei ist

Drosselfläche: A in m²
Druckabfall: Δp in Pa
Dichte der Flüssigkeit: ϱ in kg/m³

Stark vereinfacht gilt:

$$q_v^2 \sim \Delta p$$

Dies bedeutet, dass der Durchflussstrom an einer Drossel von der Differenz der Drücke vor und hinter dem Drosselquerschnitt abhängig ist. Der Zusammenhang ist quadratisch und äußert sich graphisch als eine Kennlinie mit parabolischem Verlauf.

Drosselstellen: Der Einfluss der Viskosität an einer Drosselstelle wird wesentlich durch deren Form bestimmt. Er ist umso stärker, je größer die benetzte Fläche im Verhältnis zum Drosselquerschnitt ist.

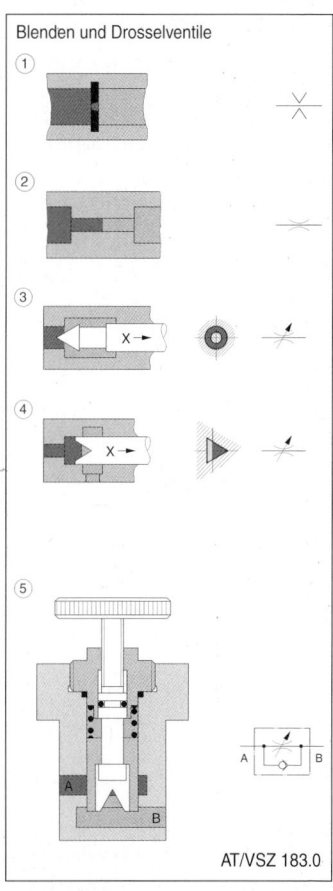

Blenden und Drosselventile

AT/VSZ 183.0

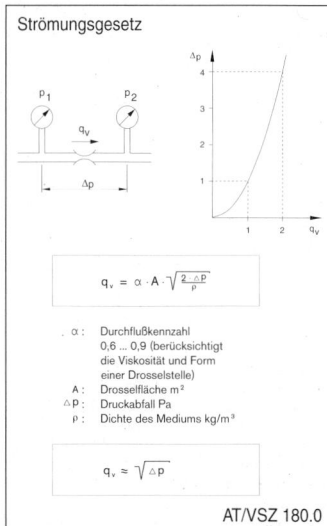

Strömungsgesetz

$$q_v = \alpha \cdot A \cdot \sqrt{\frac{2 \cdot \Delta p}{\rho}}$$

α : Durchflußkennzahl
0,6 ... 0,9 (berücksichtigt die Viskosität und Form einer Drosselstelle)
A : Drosselfläche m²
Δp : Druckabfall Pa
ρ : Dichte des Mediums kg/m³

$$q_v \approx \sqrt{\Delta p}$$

AT/VSZ 180.0

Eine ideale, d. h. möglichst viskositätsunabhängige Drosselstelle ist die kreisrunde Blende bei möglichst kurzer Drosselstrecke. Bei dieser Form ist das Verhältnis aus Fläche und Umfang ein Maximum. Bei langen Drosselstellen ist eine starke Viskositätsabhängigkeit zu beachten.

Veränderliche Drosselquerschnitte: Einstellbare Nadeldrosseln haben speziell im kleinen Einstellbereich ein ungünstiges Verhältnis von Fläche zum Umfang, sind also stark viskositätsabhängig und haben dazu noch eine schlechte Auflösung bei kleinen Einstellungen.

Ein akzeptabler Kompromiss wird durch das gleichseitige Dreieck erreicht, was mit Kolbendrosseln realisiert werden kann.

Blenden
Eine einfache Ermittlung von Daten für kurze Blenden mit kreisrundem Querschnitt erfolgt anhand eines Diagramms, dem das Durchflussgesetz zugrunde liegt.

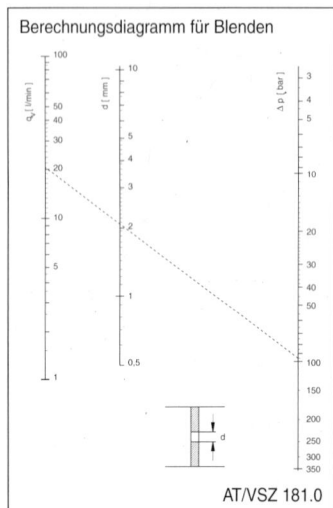

Berechnungsdiagramm für Blenden

AT/VSZ 181.0

Stromventile: Die Aufgabe der Stromventile ist es, den Volumenstrom q_v durch Veränderung eines Drosselquerschnittes zu beeinflussen, um so Geschwindigkeiten von Zylindern und Hydromotoren zu steuern. Der von der Pumpe geförderte Überschuss-Strom wird durch das Druckbegrenzungsventil zum Tank abgeführt.

Verstellpumpen regeln entsprechend zurück. Bei diesen Vorgängen entstehen Leistungsverluste, die in Wärme umgesetzt werden.

In der Praxis wird der Zulaufdruck p_1 meist durch ein Druckbegrenzungsventil oder durch den Druckregler einer Verstellpumpe konstant gehalten. Schwankungen der Druckdifferenz Δp ergeben sich durch unterschiedliche Belastungen am Verbraucher und somit unterschiedliche Ablaufdrücke p_2. Einfache Drosselventile können also nur dann eingesetzt werden, wenn sich die Belastungsdrücke p_2 wenig ändern oder wenn eine von der Belastung abhängige Verbrauchergeschwindigkeit in Kauf genommen wird bzw. erwünscht ist.

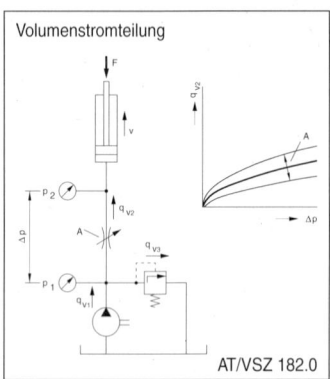

Volumenstromteilung

AT/VSZ 182.0

Messgeräte

Zur Fehlerdiagnose sind Messungen im Hydrauliksystem unumgänglich. Im Wesentlichen werden die Größen
– Druck
– Volumenstrom
gemessen. Daneben wird meist noch die Temperatur des Drucköles erfasst. Zu unterscheiden ist zwischen anzeigenden Messgeräten und Messwertschreibern. Letztere stellen den Verlauf von Messwerten über einer Zeitskala dar und werden meist elektronisch realisiert. Darüber hinaus sind Sensoren zu erwähnen, die den Messwert in elektrische Signale

wandeln. Zusammen mit der Auswertelektronik und der Anzeigeeinheit bilden sie das Messgerät. Signale von Sensoren werden häufig, ohne angezeigt zu werden, in Regel-Prozessoren weiterverarbeitet.

Druckmessung
Die Druckmessung ist die wichtigste Messung im hydraulischen System. Sie kann sowohl mechanisch als auch elektrisch erfolgen.

Mechanische Systeme
Mechanische Systeme dienen meist der direkten Anzeige des Druckes. Die bekanntesten Geräte sind die sogenannten „Manometer", d. h. analoge Zeigerinstrumente.

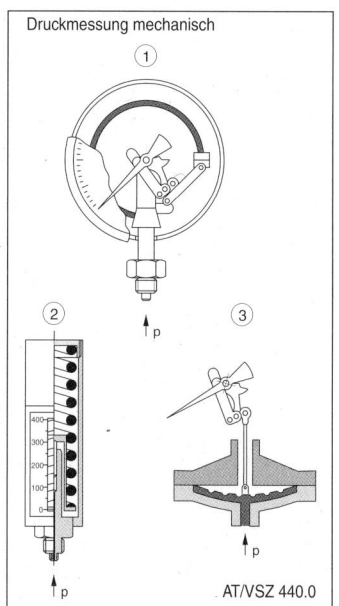

Druckmessung mechanisch

① ② ③

AT/VSZ 440.0

Federrohr-Manometer: Dieses in der Hydraulik am häufigsten verwendete Messgerät beruht auf der Verformung eines gebogenen Metallrohres. Diese vom Druck ausgelöste Verformung wird über ein Hebelsystem auf einen Zeiger übertragen. Kontakt-Manometer mit elektrischen Sprung-Kontakten werden ebenfalls auf der Basis des Federrohres ausgeführt.

Kolben-Manometer: Dieses Prinzip wird für höhere Drücke sowie für Druckschalter eingesetzt. Es beruht auf dem Kräftevergleich eines beaufschlagten Druckkolbens mit einer Spiralfeder. Der Auslenkweg ist ein Maß für den Druck.

Membran-Manometer: Dieses Prinzip wird nur bei kleinen Druckbereichen angewandt. Bei einseitiger Druckbelastung an einer Membran entsteht eine elastische Druckbiegung, die auf ein Zeigersystem übertragen wird.

Elektrische Systeme
Elektrische Systeme werden immer dann angewendet, wenn das Drucksignal neben einer optischen Anzeige noch in weiteren Steuer- und Regelkreisen Verwendung finden soll. Üblich sind Dehnmessstreifen und piezoelektrische Druckaufnehmer.

Dehnmessstreifen (DMS): Dehmessstreifen können sowohl auf metallischer oder Halbleiterbasis aufgebaut sein.
Der metallische DMS verändert seinen elektrischen Widerstand proportional zur mechanischen Dehnung, zum anderen verändert sich auch der spezifische Widerstand mit der Dehnung. Bei der Druckmessung wird der DMS auf eine Membran aufgebracht, die vom Druck verformt wird.
Bei Halbleitermaterialien ist der piezoresistive Effekt sehr viel ausgeprägter als bei Metallen. Die Versorgung und Auswertung dieses Prinzips erfolgt ähnlich wie beim metallischen DMS.

Piezoelektrische Druckaufnehmer: Piezoelektrische Stoffe, wie Kristalle oder Keramik, bauen bei Kraftbelastung zwischen bestimmten Flächen ihres Kristallgitters elektrische Ladungen auf. Bei Druckmessungen wird durch die Verformung des piezoelektrischen Stoffes eine dem Druck entsprechende elektrische Spannung erzeugt.

Druckmessung elektrisch/elektronisch

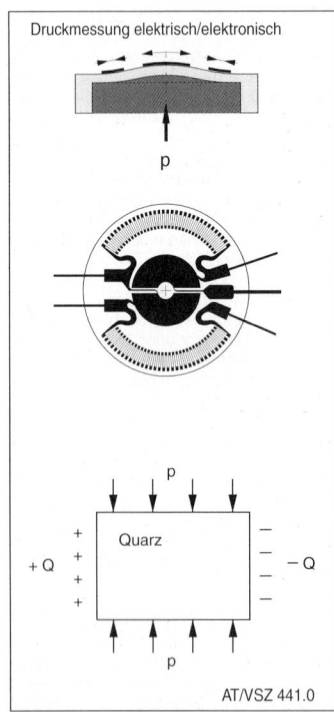

AT/VSZ 441.0

Volumenstrommessung

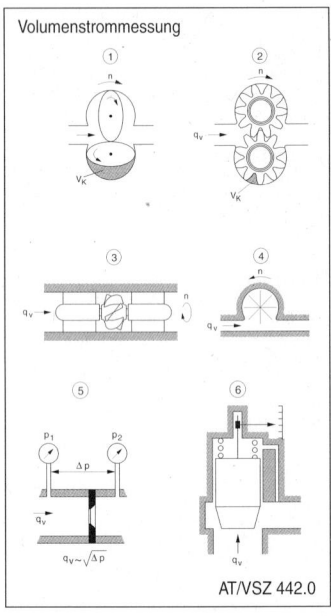

AT/VSZ 442.0

Volumenstrommessung

Die meisten Messgeräte für den Volumenstrom sind im Grunde genommen Motoren, welche durch das durch sie hindurchströmende Medium in Drehbewegung versetzt werden, wobei die Geschwindigkeit der Drehbewegung ein Maß für den Volumenstrom ist. Sie können nach dem Verdrängerprinzip oder dem Turbinenprinzip oder statisch arbeiten. Wichtig ist dabei, dass der Messwertaufnehmer möglichst geringe Verluste aufweist und reibungsarm läuft.

Verdrängerprinzip: Beim Verdrängerprinzip finden Ovalradzähler und Zahnradzähler Verwendung. Die Drehzahl wird meist elektrisch über Impulszähler ausgewertet.

Turbinenzähler: Der Turbinenzähler nutzt die Geschwindigkeit des strömenden Mediums aus, um ein Schaufelrad bei axialer Anströmung in Rotation zu versetzen. Auch bei diesen Verfahren wird die Drehzahl der Turbine elektrisch ausgewertet.

Flügelradzähler: Beim Flügelradzähler wird die Impulskraft eines Flüssigkeitsstrahls ausgenutzt, um ein Flügelrad bei radialer Anströmung in Rotation zu versetzen. Dieses Prinzip ist stark abhängig von der Viskosität.

Statische Messverfahren

Bei statischen Messverfahren werden meist Differenzdrücke zur Messung des Volumenstromes herangezogen.

Differenzdruck an Messblenden: Hierbei wird der Volumenstrom durch Ermittlung des Differenzdruckes an einer Normblende ermittelt, entsprechend dem Strömungsgesetz.

<u>Schwebekörper:</u> Bei diesem Verfahren wird die Druckdifferenz konstant gehalten und der Strömungsquerschnitt verändert. Die Auslenkung des Schwebekörpers ist dabei ein Maß für den Volumenstrom.

Sonstige Messmethoden: Neben den genannten Methoden wird der Volumenstrom auf der Basis von Geschwindigkeitsmessung unter Verwendung von Ultraschall und Laser sowie mit Hitzdrahtsensoren ermittelt.

Messanschlüsse
Zum Anschluss der Messgeräte müssen an geeigneten Stellen der Hydraulikanlage sogenannte Messanschlüsse vorhanden sein.

Volumenstrom-Messgeräte sind in die Leitungen zu integrieren. Der Einbau erfordert einen erheblichen Montageaufwand, insbesondere wenn Anschlussgrößen anzupassen sind (Zwischenflansche).

Druck-Messgeräte werden meist über spezielle Messkupplungen (Minimess-Kupplung) angeschlossen. Diese werden in Rohr- und Geräteanschlüsse eingeschraubt.

Standardschaltungen

In Hydrauliksystemen sind vielfach Standardschaltungen vorhanden, deren Konzeption sich in der Praxis bewährt hat. Die wichtigsten Standardschaltungen werden wie folgt kurz beschrieben.

Druckabsicherung
Der Druck in jeder Hydroanlage muss begrenzt werden, um die einzelnen Komponenten und Leitungen vor Überlastung und Bersten zu sichern. Hierzu dient das Druckbegrenzungsventil, welches unmittelbar hinter der Pumpe im Nebenschluss angeordnet wird. Ein Manometer in der Druckleitung zeigt den jeweiligen Betriebsdruck an. Der Maximaldruck tritt nur auf, wenn die Last dessen Grenze erreicht, z. B. wenn ein Zylinder gegen Endanschlag fährt. Wird anstelle einer Konstantpumpe eine Verstellpumpe mit Druckregler eingesetzt, so ist das System zusätzlich mit einem Druckbegrenzungsventil abzusichern. Dieses spricht normalerweise

nicht an und ist deutlich höher als der Druckregler der Pumpe einzustellen. Beim Abbremsen großer Massen durch plötzliches Schließen eines Wegeventils treten Drücke in den Verbraucherleitungen auf, welche durch das Druckbegrenzungsventil bei der Pumpe nicht abgesichert sind. Ähnliches gilt bei Stößen auf den Zylinder, wenn das Wegeventil geschlossen ist. Um eine Überlastung zu vermeiden, sind u. U. zusätzliche Druckbegrenzungsventile in den Verbraucherleitungen anzuordnen. Deren Ablauf kann mit dem Tank oder mit der gegenüberliegenden Leitung verbunden werden. Ein Öl-Defizit kann über Nachsaugventile ausgeglichen werden.

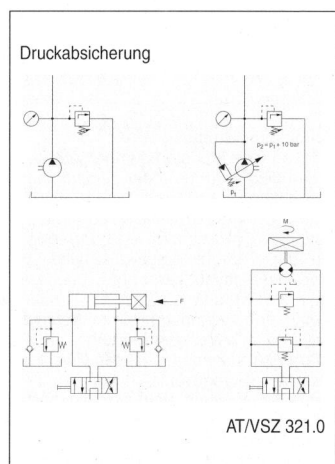

Druckabsicherung

AT/VSZ 321.0

Pumpen-Abschaltung
Wird vom Verbraucher kein Drucköl benötigt, so ist der Förderstrom der Pumpe möglichst drucklos zum Tank zu führen oder dessen Erzeugung ganz zu vermeiden. Wird der Förderstrom unter Druck über das Druckbegrenzungsventil abgeführt, so bedeutet dies eine Umsetzung der Antriebsleistung in Verlustwärme, also Energieverschwendung. Nur bei längeren Betriebspausen einer Maschine ist es zweckmäßig, den Pumpenantrieb ganz auszuschalten. Zu beachten ist hierbei, dass die Anlage unter Um-

ständen nicht sofort nach dem Wiedereinschalten betriebsbereit ist, weil z. B. die Öltemperatur zu weit abgefallen ist oder die Pumpe nicht unter Druck gestartet werden kann. Bei kürzeren Pausen ist es zweckmäßig, die Pumpe weiter anzutreiben, aber einen drucklosen Umlauf zu ermöglichen.

Pumpenabschaltung

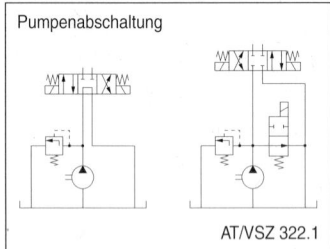

AT/VSZ 322.1

Druckloser Umlauf

Der von einer Konstantpumpe geförderte Strom wird drucklos (oder zumindest bei minimalem Druck) zum Tank abgeführt. Eine geringe Verlustleistung entsteht durch die verbleibende Reibung, gegen die der Ölstrom umgewälzt wird. Ein druckloser Umlauf kann auf folgende Arten erzielt werden:
– über eine Verbindung P-T im Wegeventil für die Richtungssteuerung
– über ein speziell für diesen Zweck installiertes Wegeventil
– durch Entlastung eines vorgesteuerten Druckbegrenzungsventils mit Hilfe eines kleinen Wegeventils
– über einen Neutralumlauf durch einen Wegeventilblock hindurch bei mobilen Anwendungen

Allerdings bricht bei diesen Lösungen der Systemdruck zusammen, sobald die Pumpe auf drucklosen Umlauf geschaltet ist. Soll der Druck z. B. für eine Spannfunktion erhalten werden, so bieten sich folgende Lösungen an:
– der Druck wird von einem Speicher aufrechterhalten
– die Hauptpumpe wird durch ein Abschaltventil entlastet, der Druck von einer kleinen Zusatzpumpe aufrechterhalten

Druckloser Umlauf

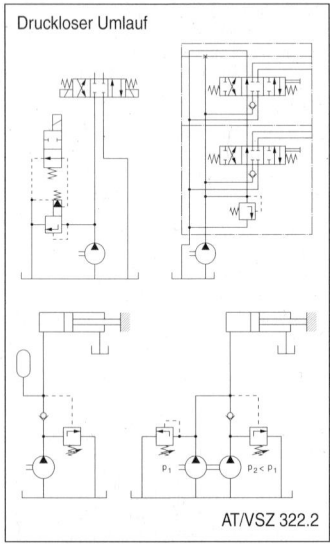

AT/VSZ 322.2

Abregeln von Verstellpumpe mit Druckregler

Die Verstellpumpe regelt ab, d. h. fördert keinen Strom mehr, sobald die Druckleitung abgesperrt und der am Druckregler eingestellte Wert erreicht ist.
– Vorteil: Der Druck bleibt aufrechterhalten
– Nachteil: Leckverluste in der Pumpe erfordern eine ständige Leistungszufuhr

Abregeln von Verstellpumpe mit Druckregler

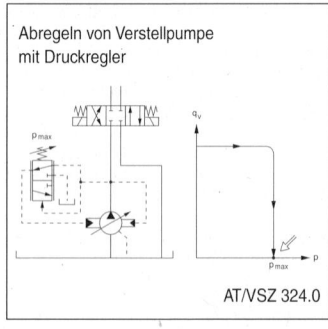

AT/VSZ 324.0

Entlasten des Druckreglers
Soll kein Druck aufrechterhalten werden, so können ansteuerbare Druckregler abgeschaltet werden. Auf diese Weise wird die Verlustleistung in der Pumpe weiter verringert. Bei diesem Betriebszustand – ohne Druck und Förderstrom – sind die Einsatzbedingungen der jeweiligen Pumpe zu beachten. (Erwärmung des Pumpengehäuses.) Die Schaltung wird z. B. angewandt, um den Antriebsmotor leichter starten zu können.

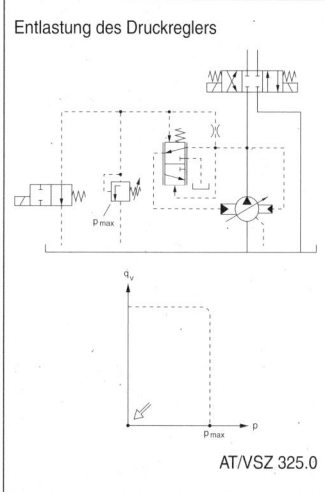

Entlastung des Druckreglers

AT/VSZ 325.0

Richtungssteuerung mit Wegeventilen
Die Richtung sowie Start und Stop eines Zylinders oder Hydromotors wird vorwiegend durch Wegeventile gesteuert. Im Folgenden werden einige einfache Grundschaltungen gezeigt:

Einfachwirkender Zylinder: Die Steuerung von „auf" und „ab" eines belasteten Zylinders durch ein 2/2-Wegeventil in Verbindung mit einem Rückschlagventil. „Halt" in einer Zwischenstellung ist nur bei abgeschalteter Pumpe möglich.

Die Steuerung von „auf" und „ab" eines belasteten Zylinders durch ein 3/2-Wegeventil.

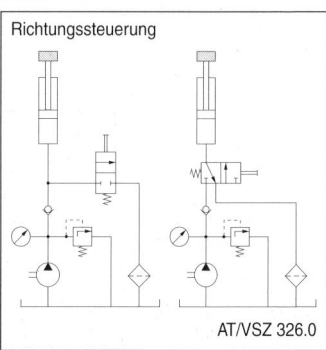

Richtungssteuerung

AT/VSZ 326.0

Doppeltwirkender Zylinder ohne Zwischenhalt: Möglichkeit 1: Durch ein elektrisch betätigtes 4/2-Wegeventil mit Federrückstellung. Einfahren des Zylinders in Ausgangsstellung, wenn Magnet nicht erregt (Stromausfall).

Möglichkeit 2: Durch ein elektrisch betätigtes 4/2-Wegeventil mit 2 Magneten und Rastung (Impulsventil). Beendigung des Zylinderhubes, auch wenn Magnet stromlos. Anwendung bei Spannfunktionen.

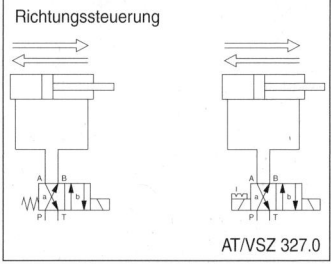

Richtungssteuerung

AT/VSZ 327.0

Geschwindigkeitssteuerungen
Die von der Leistungsbilanz her günstigste Steuerung der Geschwindigkeit lässt sich mit einer Verstellpumpe erzielen. Die Pumpe fördert durch direkte Verstellung exakt den Förderstrombedarf des Ver-

brauchers. Nachteilig sind die mit dieser Lösung verbundenen hohen Kosten der Verstellpumpe. Als Alternative bietet sich die Geschwindigkeitssteuerung durch Stromregelventile an.

Die Steuerung der Geschwindigkeiten von Zylindern und Hydromotoren durch Drosselung des Volumenstromes q_v ist zwangsläufig mit Verlusten verbunden. Die Größe dieser Verluste und die Möglichkeiten, sie zu minimieren, werden hier gezeigt:

2-Wege-Stromregelventil und Konstantpumpe: Die dargestellte Anordnung setzt voraus, dass die Pumpe einen Stromüberschuss liefert, der über das Druckbegrenzungsventil abgeführt wird. Da dessen Einstellwert p_1 stets über dem von der Last bestimmten Arbeitsdruck p_2 liegt, entsteht auch ein Drucküberschuss. Es liegt also ein Leistungsüberschuss vor, der teils an der Drossel, teils am Druckbegrenzungsventil vernichtet, d. h. in Wärme umgesetzt wird.

Um den Leistungsverlust zu minimieren, ist es also sinnvoll, den Überschuss an Volumenstrom q_v (Pumpengröße) und Druck p (Einstellwert) möglichst klein zu halten. Dies ist im Hinblick auf andere Phasen im Arbeitszyklus jedoch nicht immer möglich.

Für diesen Sachverhalt ist es bedeutungslos, ob der Volumenstrom durch eine Drossel oder ein 2-Wege-Stromregelventil bestimmt wird und ob diese im Zulauf oder im Ablauf angeordnet sind.

3-Wege-Stromregelventil und Konstantpumpe: Beim 3-Wege-Stromregelventil wird der Überschussstrom nicht über das Druckbegrenzungsventil, sondern über den dritten Anschluss zum Tank abgeführt. Dies erfolgt jedoch nicht unter einem eingestellten Maximaldruck, sondern unter dem jeweiligen Arbeitsdruck zuzüglich der an der Messblende des Stromreglers anfallenden Druckdifferenz. Diese wird von der Druckwaage konstant gehalten. Hierdurch wird die wesentlich verbesserte Leistungsbilanz erreicht.

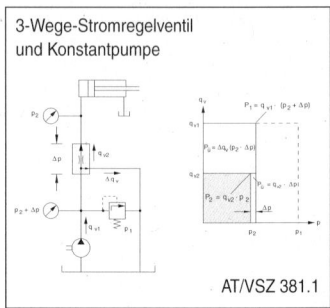

3-Wege-Stromregelventil und Konstantpumpe

AT/VSZ 381.1

2-Wege-Stromregelventil im By-pass: Ähnliche Verhältnisse wie beim 3-Wege-Stromregelventil liegen vor, wenn ein 2-Wege-Stromregelventil im By-pass angeordnet wird.

Bei beiden Anordnungen kann nur ein Verbraucher aus einer Pumpe versorgt werden. Eine Verwendung des Reststromes ist möglich.

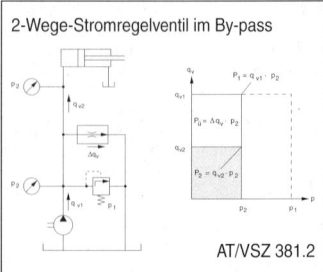

2-Wege-Stromregelventil im By-pass

AT/VSZ 381.2

2-Wege-Stromregelventil und Konstantpumpe

AT/VSZ 380.0

2-Wege-Stomregelventil und Verstellpumpe mit Druckregler: Die Verstellpumpe mit Druckregler kann jeden beliebigen Zwischenwert anfahren. In Verbindung mit einem Stromregelventil passt sie sich automatisch an den eingestellten Volumenstrom an und erzeugt keinen Überschuss. Das Abregeln erfolgt allerdings erst bei dem am Druckregler eingestellten Druck p_1, welcher stets über dem jeweiligen Arbeitsdruck p_2 liegt. Die Pumpe fördert also gegen einen Drucküberschuss, wodurch wieder eine gewisse Verlustleistung entsteht. Diese kann durch entsprechend niedrige Einstellung am Druckregler minimiert werden. Ein zusätzliches Druckbegrenzungsventil hat reine Sicherheitsfunktion. Bei diesem System ist wieder die parallele Anordnung mehrerer Stromregelventile möglich.

2-Wege-Stromregelventil und Mehrfachpumpen: Die Anpassung an den vom Stromregler bestimmten Volumenstrom kann auch stufenweise durch Mehrfachpumpen erreicht werden. Überschüssige Förderströme werden entweder über Wegeventile oder Abschaltventile drucklos zum Tank abgeleitet.

Verstellpumpe mit kombinierter Druck-Stromregelung: Ein Stromregler besteht aus einer Messblende und einer Druckwaage. Während normalerweise der Drosselquerschnitt der Druckwaage den Hauptstrom beeinflusst, um die Druckdifferenz an der Messblende konstant zu halten, wirkt sie hier auf die Pumpen-Verstellung ein. Dies bedeutet, dass der Pumpen-Förderstrom sich automatisch an den von der Messblende bestimmten Wert anpasst, und zwar völlig unabhängig vom jeweiligen Arbeitsdruck. Dieses Prinzip ist auch unter dem Begriff „Load-Sensing" bekannt. Wie aus dem p-q_v-Diagramm zu ersehen ist, ergibt sich eine sehr günstige Leistungsbilanz. Lediglich die Druckdifferenz an der Messblende stellt, mit dem Strom q_{v2} multipliziert, eine relativ geringe Verlustleistung dar. Der Stromregelung ist ein Druckregler überlagert, der die Pumpe veranlasst, beim eingestellten Druckwert abzuregeln. Die erzielbare Genauigkeit des Förderstromes ist sehr gut, da die Messblende diesen direkt abtastet. Wirkungsgradveränderungen bei Druckschwankungen werden dadurch voll ausgeregelt. Es ist allerdings zu erwähnen, dass jeweils nur ein Verbraucher aus einer Pumpe gleichzeitig versorgt werden kann.

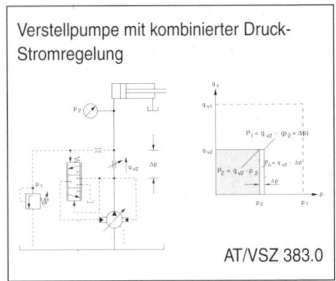

Verstellpumpe mit kombinierter Druck-Stromregelung

AT/VSZ 383.0

Geschlossener Kreislauf

Während im offenen Kreislauf der vom Verbraucher rückfließende Strom zum Tank abgeführt wird und die Pumpe wieder aus dem Tank ansaugt, wird im geschlossenen Kreis der Ablauf des Verbrauchers mit dem Sauganschluss der Pumpe direkt verbunden. Dies ist jedoch nur mit Verbrauchern möglich, bei denen der Zulaufstrom mit dem Ablaufstrom identisch ist, und wird vorwiegend auf Hydromotoren angewandt.

Eine Kombination aus einer verstellbaren Pumpe und einem Hydromotor wird als hydrostatisches Getriebe oder hydrostatischer Wandler bezeichnet, dessen Untersetzungsverhältnis stufenlos verändert werden kann. Es wird für Rotationsantriebe mit stufenloser Beschleunigung und Verzögerung eingesetzt und ermöglicht auch Energie-Rückgewinnung bei Bremsvorgängen. Besonders verbreitet ist es als Fahrantrieb für Arbeitsfahrzeuge. Das im geschlossenen Kreis umlaufende Ölvolumen muss wegen der äußeren Leckagen laufend ersetzt werden. Ferner ist es zweckmäßig, den Druck im Sauganschluss der Pumpe auf ca. 10…15 bar vorzuspannen, um druck- und temperaturbedingte Volumenänderungen auszugleichen. Die im Hauptkreis anfallende Verlustwärme wird über eine Spülung abgeführt. Schließlich ist noch eine Druckabsicherung erforderlich. Im Einzelnen werden diese Funktionen durch folgende Bauelemente erfüllt:

(1) Speisepumpe
(2) Einspeise-Rückschlagventile
(3) Speisedruck-Begrenzungsventil I
(4) Spülschieber
(5) Speisedruck-Begrenzungsventil II
(6) Hochdruck-Begrenzungsventile

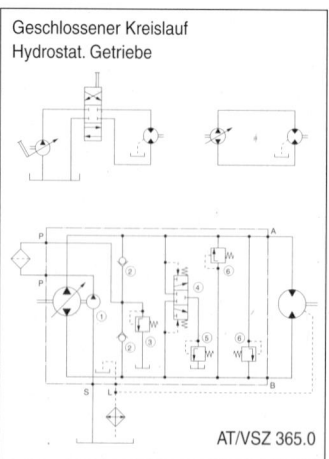

Geschlossener Kreislauf
Hydrostat. Getriebe

AT/VSZ 365.0

Speicher

Hydraulische Speicher dienen als Energiespeicher. Sie dämpfen Druckspitzen und Pulsation. Sie können als Federelement verwendet werden. Hydraulikspeicher bestehen aus einem druckfesten Stahlbehälter. Sein Innenvolumen ist durch eine feste oder flexible Membran in zwei Kammern aufgeteilt, welche die Hydraulikflüssigkeit von einem Füllgas trennen.

Je nach Bauart unterscheidet man
- Blasenspeicher
- Membranspeicher
- Kolbenspeicher

Blasenspeicher

Die Gasfüllung befindet sich in einer Blase, welche das Füllgas von der Hydraulikflüssigkeit trennt. Je nach dem Füllungsgrad durch die Hydraulikflüssigkeit komprimiert diese das Gas in der Blase, wodurch deren Volumen entsprechend kleiner wird. Das komprimierte Gas übt einen stetigen Druck auf die Hydraulikflüssigkeit aus. Damit hat das Gas die Funktion einer Druckfeder, welche den Druck im System erhält bzw. Druckschwankungen ausgleicht.

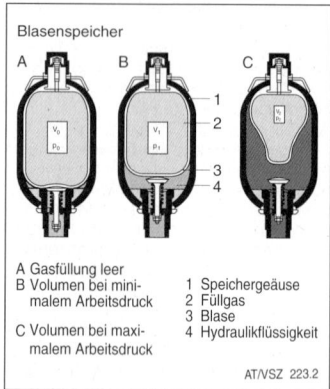

Blasenspeicher

A Gasfüllung leer
B Volumen bei minimalem Arbeitsdruck

C Volumen bei maximalem Arbeitsdruck

1 Speichergeäuse
2 Füllgas
3 Blase
4 Hydraulikflüssigkeit

AT/VSZ 223.2

Membranspeicher

Der Speicher ist durch eine flexible Membran in zwei Teilvolumen aufgeteilt. Je nach dem Füllungsgrad durch die Hydraulikflüssigkeit komprimiert diese das Gas, indem sich der Raum für die Hydraulikflüssigkeit vergrößert und derjenige für das Gas sich entsprechend verkleinert. Das komprimierte Gas übt einen stetigen Druck auf die Hydraulikflüssigkeit aus. Damit hat das Gas die Funktion einer Druckfeder, welche den Druck im System erhält bzw. ausgleicht.

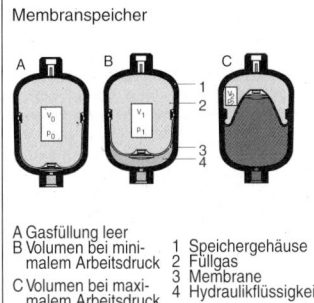

Membranspeicher

A Gasfüllung leer
B Volumen bei mini-
  malem Arbeitsdruck
C Volumen bei maxi-
  malem Arbeitsdruck

1 Speichergehäuse
2 Füllgas
3 Membrane
4 Hydraulikflüssigkeit

AT/VSZ 223.1

Kolbenspeicher

Der Speicher ist durch einen Kolben in zwei separate Kammern geteilt. Je nach dem Füllungsgrad durch die Hydraulikflüssigkeit komprimiert diese das Gas, indem der Kolben zurückgeschoben wird und damit den Raum für das Gas entsprechend verkleinert. Das komprimierte Gas übt einen stetigen Druck auf die Hydraulikflüssigkeit aus. Damit hat das Gas die Funktion einer Druckfeder, welche den Druck im System erhält bzw. ausgleicht. Im Gegensatz zu den beiden vorgenannten Speichertypen benötigt der Kolbenspeicher zusätzliche Dichtungen am Kolben, wodurch sein aufbau komplexer wird.

Funktion

Durch den Druck der Hydraulikflüssigkeit wird das Füllgas (Stickstoff) komprimiert und wirkt wie eine Gasfeder. Hydraulikspeicher verlangen einen minimalen Systemdruck, der mindestens 10% über dem Fülldruck des Gases liegt. Der Unterschied zwischen dem Fülldruck des Gases und dem maximalen Systemdruck sollte bei Blasenspeichern und Membranspeichern nicht höher als 1:4 sein. Bei Kolbenspeichern darf er bis 1:10 reichen. Über Füllventile lässt sich der Druck des Füllgases einstellen.

Sicherheit

Hydraulikspeicher sind Druckbehälter und unterliegen den am Aufstellungsort gültigen Unfallverhütungsvorschriften. Wegen der im Druckbehälter gespeicherten Energie (Hydraulikflüssigkeit, Füllgas) müssen installations- und Wartungsarbeiten mit größtmöglicher Sorgfalt erfolgen. Grundsätzlich muss vor jeder Arbeit an einem Hydrauliksystem die Anlage drucklos gemacht werden.

Hydraulikpraxis

Wie bei allen technischen Anlagen sind theoretische Kenntnisse und praktische Erfahrung im Umgang mit hydraulischen Systemen unabdingbar. Einige allgemeingültige Hinweise zur Praxis werden an dieser Stelle wiedergegeben. Die Hinweise umfassen die Themen:
– allgemeine Sicherheitshinweise
– Inbetriebnahme
– Wartung
– Instandsetzung

Allgemeine Sicherheitshinweise

Der störungsfreie Betrieb einer jeden Maschine oder Anlage setzt eine Befolgung der Betriebs- und Wartungsanleitung des Herstellers voraus.

Hydraulische Anlagen können sehr unterschiedlich ausgeführt sein und unterliegen als Bestandteil von Maschinen den unterschiedlichsten Betriebsanleitungen. Eine allgemeine Betriebs- und Wartungsanleitung für hydraulische Anlagen kann zwar wertvolle Hinweise für die Inbetriebnahme und Instandhaltung geben, ist aber durch spezielle Herstelleranweisungen im Einzelfall zu ergänzen.

Vorsicht: Hochdruck! Aus Gründen der Sicherheit dürfen keine Leitungsverschraubungen, Anschlüsse und Geräte gelöst werden, solange die Anlage unter Druck steht. Es sind zuvor Lasten abzusenken, Pumpen auszuschalten und Druckspeicher zu entlasten.

Sauberkeit: Arbeiten Sie nicht mit öligen Händen. Bei allen Arbeiten ist auf größte Sauberkeit zu achten, denn Schmutz ist der Feind jeder Hydraulik. Vor dem Lösen von Verschraubungen ist die äußere Umgebung zu reinigen. Alle Öffnungen sind mit Schutzkappen zu verschließen, damit kein Schmutz ins System eindringen kann. Beim Reinigen von Ölbehältern ist möglichst keine Putzwolle zu verwenden. Befüllen der Anlage mit Öl nur über Filter.

Beschädigungen: Beschädigte Rohre und Schlauchleitungen sind sofort zu ersetzen. Hierbei ist auf die richtige Druckstufe (Wandstärke, Material) zu achten. Es ist nur nahtloses Präzisionsstahlrohr zu verwenden. Auch beim Ersatz von Armaturen ist auf die richtige Druckstufe zu achten. Beim Austausch von Geräten ist auf die genaue Typ-Bezeichnung zu achten. Bei der Montage sind die vorgeschriebenen Anzugsmomente einzuhalten. Dichtringe in den Anschlüssen sind zu erneuern. Einstellbare Ventile und Pumpenregler sind neu zu justieren. Beim Spritzen und Streichen mit Lacken, insbesondere auf Nitro-Basis, sind alle elastischen Dichtungen und Lagerungen von bewegten Teilen abzudecken.

Inbetriebnahme
Bei mobilen Anlagen erfolgt sowohl die Montage und Verrohrung der Hydraulikgeräte als auch die Inbetriebnahme durch den Maschinenhersteller. Für stationäre Anlagen werden häufig vorgefertigte Baugruppen und Aggregate geliefert. Eine Inbetriebnahme erfolgt teils beim Maschinenhersteller, ist aber häufig erst am endgültigen Standort möglich. Sie hat durch qualifizierte und dazu berechtigte Fachleute zu erfolgen.
Im Einzelnen sind bei der Inbetriebnahme folgende Punkte zu beachten:

Sichtprüfung auf Transportschäden und Verunreinigungen

Aufstellen und Befestigen von Aggregaten und Baugruppen, Anschluss der hydraulischen Verbraucher an die Maschine. Bei Rohr- und Schlauchinstallation längere Leitungen spülen. Geschweißte Rohre sind zu beizen.

Elektro-Installation für Antrieb und Steuerung nach vorheriger Prüfung der Anschlusswerte. Antriebsdrehrichtung von Pumpen vor dem Einschalten prüfen.

Füllen des Ölbehälters mit der vorgeschriebenen oder einer geeigneten Druckflüssigkeit.

Sauberkeit: Auf größte Sauberkeit achten! Einfüllschraube und Verschluss an Transport- und Lagerbehältern vor dem Öffnen reinigen. Ölbehälter auf Verschmutzung prüfen und gegebenenfalls reinigen. Druckflüssigkeit auf etwa eingedrungenes Wasser prüfen. Filtersieb am Einfüllstutzen bzw. Filtereinsatz bei Einbaufiltern beim Einfüllen keinesfalls entfernen. Möglichst Füllvorrichtung mit speziellem Filter verwenden. Maximalen Flüssigkeitsstand beachten.

Öffnen von Hähnen in Saugleitungen: Vor dem Einschalten von Pumpen die Hähne von Saugleitungen öffnen, Saugleitungen gegebenenfalls entlüften.

Ventileinstellung: Druckregler, Stromventile und Druckregler von Verstellpumpen zunächst auf möglichst niedere Einstellwerte. Wegeventile in Ruhestellung.

Speicher auf vorgeschriebenen Gas-Vorspanndruck füllen.

Antriebsmotor langsam starten, E-Motor im Tipp-Betrieb, Verbrennungsmotor im Leerlauf. Drehrichtung prüfen.

Entlüften der Anlage an den Verbraucherleitungen am höchsten Punkt. Richtungsventile betätigen und Verbraucher mehrfach aus- und einfahren. Belastung langsam steigern. Einstellwerte von Druckventilen bzw. Druckreglern erhöhen. Entlüftung ist gewährleistet, wenn kein Ölschaum im Behälter, keine ruckartigen Bewegungen am Verbraucher und keine abnormalen Geräusche auftreten.

Flüssigkeitsstand prüfen und nach beendeter Entlüftung gegebenenfalls nachfüllen.

Endgültige Einstellungen der Ventile und Einfahren der Maschine nach Angaben des Herstellers.

Temperaturüberwachung, wenn Maschine mehrere Stunden voll in Betrieb ist. Beim Erwärmen über 70 °C Ursache feststellen, Kühlung prüfen.

Beseitigen von Leckstellen meist durch einfaches Nachziehen von Verschraubungen nach einigen Betriebsstunden.

Filter reinigen bzw. Einsatz wechseln. Erfahrungsgemäß tritt in den ersten Betriebsstunden die größte Schmutzabsonderung auf.

Inspektion und Wartung

Durch regelmäßige Inspektion und Wartung wird die Funktionstüchtigkeit der Anlage erhalten und die Betriebssicherheit gewährleistet. Während die Inspektion sich auf die Prüfung einer Anlage durch Beobachtungen und Messungen beschränkt, umfasst die Wartung auch Reinigungsarbeiten und den Austausch bestimmter Bauelemente (Ölwechsel, Filtereinsätze). Der Umfang und zeitliche Intervalle für Inspektionen und Wartungen werden im Allgemeinen vom Maschinenhersteller in einem entsprechenden Plan festgelegt. Die wichtigsten Punkte für eine Hydraulikanlage sind folgend zusammengefasst.

Zur Durchführung der Inspektions- und Wartungsarbeiten nachstehend noch einige praktische Hinweise:

Ölprobe: Wassergehalt wird nachgewiesen, indem man eine Probe in das Reagenzglas abfüllt. Das Wasser setzt sich nach einer gewissen Zeit am Boden ab. Eine Trübung des Öls deutet ebenfalls auf Wassergehalt hin. Verunreinigungen durch Fremdkörper und Oxydation bewirken eine Dunkelfärbung des Öls. Die Färbung wird durch Vergleich mit dem Originalöl beurteilt. Nachweis von Verunreinigungen und Oxydation ist auch möglich, indem ein Tropfen auf ein weißes Löschpapier gegeben wird. Sind genauere Untersuchungen erforderlich, können Ölproben zu Labortests an den Ölhersteller eingesandt werden.

Öltemperatur: Die ideale Öltemperatur liegt bei 50 °C. In der Praxis sind jedoch Temperaturen von 60...80 °C durchaus üblich. Es ist zu beachten, dass bei ansteigenden Temperaturen die Alterung des Öls beschleunigt wird. Bei Überhitzung ist unbedingt nach der Ursache zu suchen.

Filter: Beim Reinigen und Austausch von Filtereinsätzen ist auch der Filtertopf gründlich zu säubern.

Instandsetzung

Die Instandsetzung umfasst die Fehlersuche, also das Feststellen eines Schadens, Ermitteln und Lokalisieren der Schadensursache.

Schadensbehebung hat den Austausch oder die Reparatur defekter Komponenten und die Behebung der primären Ursache zum Inhalt.

Fehlersuche: Hydraulische Systeme sind meist Bestandteil kostenintensiver Werkzeuge, Maschinen, Anlagen und Fahrzeuge. In vielen Fällen sind sie sicherheitsrelevant. Störungen müssen deshalb so schnell wie möglich erfasst, eingegrenzt und beseitigt werden.

Die erfolgreiche Fehlersuche innerhalb einer hydraulischen Anlage setzt genaue Kenntnisse über den Aufbau und die Wirkungsweise der einzelnen Komponenten sowie der gesamten Anlage voraus. Sie wird ferner erleichtert durch die Fähigkeit, Schaltpläne und Funktionsdiagramme zu lesen sowie logische Überlegungen anzustellen. Besondere Bedeutung kommt natürlich der praktischen Erfahrung zu.

Schaltpläne, Funktionsdiagramme und sonstige Unterlagen über die Anlage sollten verfügbar sein. Ausreichende Messstellen und entsprechende Messgeräte erleichtern die Fehlersuche erheblich. Insbesondere in stationären Anlagen werden Steuerungen elektrohydraulisch ausgeführt. Die Kombination der beiden Medien Elektrik und Hydraulik erschwert erfahrungsgemäß die Fehlersuche und setzt Kooperation zwischen dem Elektriker und Hydrauliker voraus.

Ein allgemeingültiges Rezept zur Fehlersuche kann bei der Vielfalt der Anlagen nicht gegeben werden. Eine grundsätzliche Vorgehensweise kann jedoch entsprechend der Tabelle erfolgen.

Schadensbehebung: Das Beheben des Schadens geschieht vor Ort vorwiegend durch Austausch der defekten Komponenten. Deren Reparatur wird im Allgemeinen durch den Hersteller oder dessen Vertragswerkstätten vorgenommen.

Als häufiger Schaden in Hydraulikanlagen sind Undichtigkeiten zu nennen. Sofern diese an Rohrverbindungen auftreten, können sie oft durch einfaches Nachziehen beseitigt werden. Bei Undichtigkeiten an Komponenten besteht oft die Möglichkeit, Dichtungen auszuwechseln.

Nach Behebung des eigentlichen Schadens sollte unbedingt auch die primäre Ursache beseitigt werden. So sind z. B. beim Ausfall von Geräten aufgrund von Schmutz die Hydraulikflüssigkeit und die Filter zu wechseln.

Zusammenfassung

Mittels der Hydraulik lassen sich im Bereich von Werkzeugmaschinen, der Automations-, Fahrzeugtechnik und der Handwerkzeuge Lösungen realisieren, die mit anderen Energiemedien in dieser Form nicht möglich wären. Keine andere Technik ermöglicht derart hohe Leistungsdichten bei vergleichsweise hoher Robustheit. Eine Kombination der Hydraulik mit Elektrowerkzeugen findet bereits bei Spezialwerkzeugen Anwendung. Die hier dargestellten Informationen sollen den Anwender mit den Grundlagen der Ölhydraulik vertraut machen.

Fachbegriffe Hydraulik / Deutsch	Begriffserklärung	Technical terms for hydraulic systems / English	Termes techniques dans l'hydraulique / Français	Términos técnicos para sistemas hidráulicos / Español
Vorsteuerventil	Ventil, welches zur Steuerung eines nachgeschalteten Ventils benützt wird	pilot valve	vanne pilote	válvula-piloto
Wechselventil	Sperrventil mit zwei Eingängen und einem Ausgang. Der jeweils unter Druck stehende Eingang wird mit dem gemeinsamen Ausgang verbunden	Shuttle valve	Vanne à deux voies de sélection de circuit	Válvula de vaivén
Wegeventil	Ventil zur Beeinflussung der Durchflussrichtung	Directional control	Distributeur valve	Válvula reguladora del sentido de flujo

Inspektions- und Wartungsintervalle von Hydraulikanlagen

Systemabschnitt	Intervalle						
	laufend täglich	wöchentlich 40 Stunden	monatlich 160 Stunden	3 Monate 500 Stunden	6 Monate 1000 Stunden	1 Jahr 2000 Stunden	2 Jahre 4000 Stunden
Druckflüssigkeit							
Flüssigkeitsstand	●						
Temperatur	●						
Zustand (Ölproben)	○	●					
Flüssigkeitswechsel							●
Filter							
Wechsel von Filtern ohne Verschmutzungsanzeige				●	●		
Überwachung von Verschmutzungsanzeige	●						
Reinigen von Belüftungsfiltern Öl-Luftfilter					●	●	
Einstellwerte							
Ventile, Regler				●		●	
Kühler							
Wärmetauscher reinigen					●	●	
Sonstige Kontrollen							
äußere Leckagen	●						
Verschmutzung	●						
Beschädigungen	●						
Geräusche	●						
Messgeräte							●

Legende: ● Dauerbetrieb ○ Einlaufphase

Fehlerursachen und Auswirkungen in hydraulischen Anlagen

Fehler	mechanischer Antrieb 1	Ansaug-verhältnisse 2	Pumpe 3	Druckleitung 4	Rückleitung 5
A übermäßige Geräusche	1. Fehlerhaft ausgerichtete Kupplung 2. Kupplung lose 3. Kupplung defekt 4. Befestigung von Motor oder Pumpe lose 5 sonstige Übertragungs-elemente defekt 6. Pumpe oder Motor defekt 7. Drehrich-tung falsch 8. Aufbau nicht geräusch-optimiert	Widerstand in der Saugleitung zu groß, weil: 1. Hahn in Saugleitung nicht oder nur teilweise geöffnet 2. Saugfilter verstopft oder zu klein 3. Saugleitung verstopft oder undicht 4. Saugleitung zu dünn oder zu viele Krümmungen 5. Flüssig-keitsspiegel zu niedrig	1. Pumpen-drehzahl zu hoch 2. Pumpen-Maximaldruck überschritten 3. Speise-pumpe defekt 4. Wellenab-dichtung oder Dichtungen auf der Saug-seite defekt 5. Pumpe defekt 6. Druck und Rücklauf verkehrt angeschlossen 7. Schwin-gungen im Reglersystem 8. wie 1 A (8)	1. Rohr-befestigung fehlt oder lose 2. unsach-gemäße Verlegung 3. Zu kleine Querschnitte 4. Wie 4 C	1. Rohr-befestigung fehlt oder lose 2. unsach-gemäße Verlegung 3. Zu kleine Querschnitte 4. Wie 4 C 5. Rücklauf endet oberhalb des Flüssigkeits-spiegels 6. Rücklauffilter verstopft
B ungenügender Druck, ungenügende Kräfte am Abtrieb	1. Kraftübertra-gung defekt 2. Antriebs-riemen rutscht 3. Dreh-richtung falsch 4. Motor defekt 5. Keil auf Pumpe oder Motor abgeschert	wie 2 A	1. innere Leck-mengen durch Verschleiß 2. ungeeig-neter Typ 3. Pumpe defekt 4. Abregel-druck zu nieder oder Regel-organ defekt	1. Leckstellen 2. zu hoher Leitungs-widerstand 3. Druckfilter verstopft	1. Zu hoher Leitungs-widerstand 2. Filter verstopft
C ruckartige Zylinder- oder Motor-bewegungen	wie 1 A (1...7)	wie 2 A	1. Bei Regel-pumpen Reg-ler defekt 2. Pumpe defekt 3. systembe-dingte Rück-wirkungen auf die Pumpen-regler 4. vorge-steuerte Ven-tile ungeeignet	1. Anlage nicht vollständig entlüftet	wie 5 B

Fehlerursachen und Auswirkungen in hydraulischen Anlagen

Druckventile 6	Stromventile 7	Wegeventile 8	Druck-flüssigkeit 9	Abtrieb (Motor, Zylinder) 10	Sonstiges 11
1. Ventil flattert, Ventilsitz verschmutzt oder ausgeschlagen 2. ungenügende Dämpfung, ungeeigneter Typ 3. Strömungsgeräusche beim Ansprechen 4. Kennlinie ungünstig 5. falsche Auslegung	1. Ventil schwingt und regt andere Regler zum Schwingen an 2. Strömungsgeräusche	1. Ventil flattert, da Magnet defekt oder Spannung zu niedrig 2. Ventildefekt durch Verschleiß oder Schmutz 3. zu großer Durchfluss 4. Steuerdruckschwankungen 5. Bei Ventilen mit einstellbarer Dämpfung Einstellung nicht durchgeführt 6. elektrische Steuerung defekt	1. Ansaugschwierigkeiten, da a) Flüssigkeitsstand zu nieder b) Viskosität zu groß (Temperatur zu niedrig) 2. Flüssigkeit verschmutzt und deshalb Beschädigung und Verstopfung von Geräten 3. Flüssigkeit verschäumt	1. Lauflächenverschleiß	–
1. Betriebsdruck zu nieder eingestellt 2. innere Leckmengen durch Verschleiß 3. Ventilsitz verschmutzt oder beschädigt 4. Feder gebrochen 5. ungeeigneter Typ, Einstellbereich zu nieder	1. Zu hohe Druckverluste 2. falsche Einstellung 3. Ventil defekt 4. ungeeigneter Typ	1. Falsche Schaltstellung, z. B. druckloser Umlauf schaltet nicht ab 2. Magnet defekt 3. innere Leckmengen durch Verschleiß 4. zu hoher Stömungs widerstand 5. Schieber klemmt	1. Viskosität zu nieder und dadurch Leckmengen zu groß 2. Viskosität zu hoch, dadurch zu hohe Strömungswiderstände 3. Flüssigkeit verschäumt	1. Innere Leckmengen wegen Verschleiß 2. siehe 10 A 3. zu hohe Reibung, schlechter mechanischer Wirkungsgrad	1. Fehler im Regeloder Steuerkreis bei Drucksteuerungen (-regelungen) 2. Anzeigeinstrument defekt
wie 6 A (1...2) 3. Zu lange ungedämpfte FernSteuerleitung 4. ungesteuertes Fernsteuerventil	1.Ventil verschmutzt 2. Wie 7 A (1)	wie 8 A	1. Druckflüssigkeit verschmutzt 2. Druckflüssigkeit verschäumt	1. Stick-Slip-Effekt (Reibung der Zylinderdichtungen zu groß) 2. Grenzdrehzahl des Hydromotors unterschritten	1. Fehler im Regeloder Steuerkreis bei Drucksteuerungen (-regelungen) 2.Anzeigeinstrument defekt

Fehlerursachen und Auswirkungen in hydraulischen Anlagen

Fehler	mechanischer Antrieb 1	Ansaugverhältnisse 2	Pumpe 3	Druckleitung 4	Rückleitung 5
D Abtrieb läuft nicht oder zu langsam	wie 1 A (1…7)	wie 2 A	1. Innere Leckmengen durch Verschleiß 2. Pumpe defekt 3. Zu- und Rücklauf verkehrt angeschlossen	wie 4 B	wie 5 B
E zu hohe Betriebstemperatur	–	–	1. Wirkungsgradverlust infolge Abnützung 2. bei Regelpumpen Regler defekt 3. Drehzahl bzw. Förderstrom zu groß	1. Zu geringe Leitungsquerschnitte und dadurch Reibungswiderstände 2. Druckfilter verstopft	wie 4 E
F Verschäumen der Druckflüssigkeit	–	1. Saugleitung undicht 2. Flüssigkeitsspiegel zu nieder 3. falsche Behälterkonstruktion	1. Wellenabdichtung oder Dichtungen auf der Saugseite defekt 2. Lecköllleitung nicht unter Flüssigkeitsspiegel	–	1. Rücklauf endet oberhalb des Flüssigkeitsspiegels 2. Strudelwirkung durch falsche Verlegung

Fehlerursachen und Auswirkungen in hydraulischen Anlagen

Druckventile 6	Stromventile 7	Wegeventile 8	Druck-flüssigkeit 9	Abtrieb (Motor, Zylinder) 10	Sonstiges 11
wie 6 B bei Folge-steuerung 6. Zuschaltven-til zu hoch eingestellt oder defekt	1. Auf zu geringen Durchfluss eingestellt 2. ungeeig-neter Typ (Einstellbereich zu nieder) 3. Ventil verstopft (verschmutzt)	wie 8 B 4. Schieber klemmt 6. Handventile (Hähne) nicht in Durch-gangsstellung	wie 9 B	wie 10 B 4. Antrieb blockiert (z. B. Kolben-fresser)	1. ungenügende Lastgegenhaltung auf der Rückseite des Abtriebes
1. Zu hoher Dauerförder-strom 2. unge-eigneter Ventiltyp (Querschnitte zu klein) 3. Druck-einstellung zu hoch 4. Ansprechzeit zu lang	1. Auf zu geringen Durchfluss eingestellt (Pumpe för-dert zu viel über das Druckbegren-zungsventil) 2. Ventil defekt	1. zu hohe Leckverluste 2. druckloser Umlauf schal-tet nicht ein 3. Schieber klemmt	wie 9 B	1. Wirkungs-gradverluste durch Abnützung 2. zu hohe Reibung (schlechter Wirkungsgrad) 3. innere Leckverluste	1. Regler defekt 2. elektrische Verbindungen unterbrochen 3. Signalgeber falsch eingestellt oder defekt
–	–	–	1. ungeeig-neter Typ	–	1. Kühlleistung zu klein 2. Fehlen eines drucklosen Umlau-fes bei zu langen Ar-beitspausen und laufender Pumpe 3. zu wenig Druck-flüssigkeit in der Anlage 4. Kühlthermostat schaltet nicht 5. Kühlthermostat zu hoch eingestellt 6. Versagen der Kühleinrichtung 7. Kühlmitteltem-peratur zu hoch 8. Umgebungstem-peratur zu hoch 9. Kühler verstopft 10. ungenügende Wärmeabstrahlung

Fehlerursachen und Auswirkungen in hydraulischen Anlagen

Fehler	mechanischer Antrieb 1	Ansaugverhältnisse 2	Pumpe 3	Druckleitung 4	Rückleitung 5	Druckventile 6	Stromventile 7	Wegeventile 8	Druckflüssigkeit 9	Abtrieb (Motor, Zylinder) 10	Sonstiges 11
G Zylinder läuft nach	–	–	–	1. Schlauchleitungen zu elastisch 2. Leitungen nicht entlüftet	–	–	–	1. Schalteinstellung zu langsam 2. Magnet defekt, Leckmengen 3. Ventil verschmutzt	–	1. innere Leckmengen 2. mangelnde Entlüftung	1. entsperrbares Rückschlagventil schließt nicht sofort, da: a) der Sitz verschmutzt oder defekt, b) schaltungstechnischer Fehler 2. der Endschalter wird überfahren
H Leitungsschläge bei Schaltvorgängen	–	–	–	wie 4 A 1. zu großes Speichervolumen des Leitungssystems	1. Leitungen lose	1. Schaltet zu schnell 2. Drosseln oder Blenden beschädigt	–	1. Schalteinstellung zu schnell 2. ungeeigneter Typ (zu rasche Änderung des Öffnungsquerschnittes)	1. Druckflüssigkeit verschäumt	1. Zu hohe Massen und Kräfte 2. keine Dämpfung	1. Bei Speicheranlagen fehlende Drosseln vor den Schaltventilen
I Zu- und Abschalthäufigkeit der Pumpe zu hoch	–	–	1. Pumpe defekt 2. bei Speicheranlagen: Pumpe zu klein	–	–	1. Zu- oder Abschaltventil falsch eingestellt oder defekt	–	–	–	–	1. Bei Anlagen mit Druckspeicher: Gas-Vorspanndruck zu niedrig. 2. Blase (Membran) defekt: Druckschalter falsch eingestellt

Internationale Fachbegriffe der Hydraulik

Fachbegriffe Hydraulik	Begriffserklärung	Technical terms for hydraulic systems	Termes techniques dans l'hydraulique	Términos técnicos para sistemas hidráulicos
Deutsch		**English**	**Français**	**Español**
Abscheide-grad	Maß für die Schmutzmenge, die ein Filter innerhalb seiner Betriebsgrenzen aufnehmen kann	filter efficiency	degré d'efficacité du filtre	eficiencia del filtro
Abstreifer	Vorrichtung an Hydrozylindern, welche ein Eindringen von Schmutz entlang der Kolbenstange verhindert	scrapper	racleur	raspador
Außenzahn-radpumpe	Pumpe mit außenverzahnten Zahnrädern, die sich kämmend gegeneinander trennen	external gear pump	pompe à engrenages externes	bomba de engrenaje externa
Axialkolben-motor	Hydraulikmotor mit mehreren Kolben, die parallel zur Antriebswelle angeordnet sind	axial piston motor	moteur à piston axial	motor de émbolo axial
Axialkolben-pumpe	Pumpe mit mehreren Kolben, die parallel zur Antriebswelle angeordnet sind	axial piston pump	pompe à piston axial	bomba de émbolo axial
Berechnungs-druck	Druck, für den die Komponenten einer Hydraulikanlage zum Erfüllen ihrer Funktion berechnet sind	calculated pressure	pression théoretique	presión calculada
Berstdruck	Druck, bei dem die Rohr- oder Schlauchleitungen einer Hydraulikanlage zerstört werden	bursting pressure	pression d'éclatement	presión de explosión
Beta-Wert	Maß für die Wirksamkeit eines Filters	beta value	valeur bêta	Valor beta
Betriebsdruck	Druck, der während des Betriebes zu einem bestimmten Zeitpunkt an einer bestimmten Stelle eines Hydrauliksystems herrscht	operating pressure	pression de service	presión de operación
Blende	Querschnittsverengung, bei welcher die Öffnung größer als die Länge der Öffnung ist	diaphragm	obturateur	diafragma
Block-bauweise	Ventilanordnung als Funktionsgruppen an einen Block montiert	block design (of Valves)	montage-bloc	design en bloco (de válvulas)
Bypass	Nebenstrom	bypass	dérivation à bypass	bypass

Internationale Fachwörter der Hydraulik

Fachbegriffe Hydraulik Deutsch	Begriffserklärung	Technical terms for hydraulic systems English	Termes techniques dans l'hydraulique Français	Términos técnicos para sistemas hidráulicos Español
Dämpfung (von Zylindern)	Abbremsen der Kolbengeschwindigkeit von Hydrozylindern am Ende des Hubweges	damping (of cylinder motion)	amortissement	amortiguamiento (del movimiento del cilindro)
Dichtspalt	Spalt geringster Toleranzen zwischen zwei Räumen unterschiedlichen Druckes	sealing gap	interstice d'étanchéité	holgura de vedación
Doppelt wirkender Zylinder	Zylinder, auf dessen Kolben von beiden Seiten Druck einwirken kann	double action cylinder	vérin à double effet	cilindro de doble acción
Drei-Wege Ventil	Ventil mit drei gesteuerten Anschlüssen	three way valve	vanne à trois voies	válvula de tres pasos
Drosselrückschlagventil	Kombination von Drossel und Rückschlagventil	throttling check valve	clapet anti-retour avec étranglement	válvula de estrangulación
Drosselventil	Stromventil mit festem oder einstellbarem Drosselquerschnitt	flow control valve	soupape d'étranglement	válvula reguladora de flujo
Druckabfall	Druckveränderung von einem höheren auf einen niedrigeren Wert	pressure drop	chute de pression	caída de presión
Druckanstieg	Druckveränderung von einem niedrigeren auf einen höheren Wert	pressure rise	montée en pression	subida de presión
Druckbegrenzungsventil	Ventil, das den Anstieg des Druckes über einen bestimmten Wert verhindert.	relief valve	soupape de limitation de pression	válvula de alivio
Druckfilter	Filter in der Hochdruckleitung	pressure filter	filtre sous pression	filtro de presión
Druckflüssigkeit	Flüssigkeit zum Energietransport in hydraulischen Systemen	operating fluids	fluide sous pression	flúidos auxiliares
Druckschalter	Schalter, der durch einen vorbestimmten Druck betätigt wird	pressure switch	interrupteur manométrique	interruptor de presión

Fachbegriffe Hydraulik Deutsch	Begriffserklärung	Technical terms for hydraulic systems English	Termes techniques dans l'hydraulique Français	Términos técnicos para sistemas hidráulicos Español
Druckventil	Ventil zur Beeinflussung des Systemdruckes	pressure valve	contrôleur de pression	válvula de presión
Druckverlust	bleibende Druckminderung in einem System durch den Durchflusswiderstand	pressure loss	perte de pression	pérdida de presión
Duopumpe	Zahnradpumpe mit zwei gegeneinander versetzten Zahnradpaaren	duo pump	pompe duo	bomba doble
Durchfluss-widerstand	Reibungswiderstand in Leitungen und Ventilen	flow restriction	résistance à la circulation	resistencia a la fricción de tuberías y válvulas
Eigen-gesteuertes Ventil	Vorgesteuertes Ventil, welches das für die Steuerbewegung nötige Druckmedium aus dem eigenen Druckkreislauf entnimmt	internally piloted valve	soupape commandée	válvula de regulación interna
Einfach wirkender Zylinder	Zylinder, bei dem nur die Zustellbewegung über den Flüssigkeitsdruck erfolgt. Die Rückstell-bewegung wird durch eine Feder oder die äußere Last bewirkt	single action cylinder	vérin à simple effet	cilindro de sentido único
Einschraub-ventil	Ventilbauart, bei der die Ventileinheit direkt in Block eingeschraubt wird	plug-in valve	clapet à vis	válvula plug-in
Einstellbare Pumpe	Verstellpumpe, deren Verdrängungsvolumen auf einen bestimmten Volumenstrom eingestellt werden kann	adjustable displacement pump	pompe à débit variable	bomba de desplazamiento ajustable
Elektro-hydraulik	Hydraulikbereich, in dem die Steuerung und Sig-nalverarbeitung elektrisch oder elektronisch erfolgt	electro-hydraulics	electro-hydraulique	electro-hidráulica
Endlagen-dämpfung	Geschwindigkeitsverringerung der Kolben-bewegung zur Endlage in Hydraulikzylindern	damping	amortissement par fin de course	amortiguamiento
Entlüftung	Entfernen von Luft aus einem hydraulischen System	desaeration	purge de l'air	desaeración

Internationale Fachwörter der Hydraulik

Fachbegriffe Hydraulik Deutsch	Begriffserklärung	Technical terms for hydraulic systems English	Termes techniques dans l'hydraulique Français	Términos técnicos para sistemas hidráulicos Español
Entlüftungs-ventil	Ventil zum Entfernen von Lufteinschlüssen in einem Hydrauliksystem	aeration valve	soupape de purge d'air	válvula de aeración
Feindrossel	Drosselventil mit sehr guter Einstellbarkeit im Bereich kleiner Durchflussströme	fine throttle	clapet d'étranglement à réglage micrométrique	estrangulador fino
Filter	Gerät zum Zurückhalten von Verunreinigungen	filter	filtre	filtro
Fluide	Sammelbegriff für flüssige oder gasförmige Medien in der Hydraulik und Pneumatik	fluids	fluides	flúidos
Fluidtechnik	Bereich der Technik, in der Fluide zur Übertragung von Energie eingesetzt werden	fluidics	technique des fluides	fluidica
Förder-volumen	Durch Hub oder Drehbewegung verdrängtes Volumen in der Hydraulik	displacement volume	volume déplacé	volume de desplazamiento
Fremdgesteu-ertes Ventil	Ventil, welches das für die Steuerbewegung nötige Druckmedium aus externem System entnimmt	piloted valve	soupape pilotée	válvula piloteada
Geschlosse-ner Kreislauf	Hydrauliksystem, in dem der Flüssigkeitsumlauf direkt von der Pumpe zum Motor und wieder zurück zur Pumpe erfolgt	closed circuit	circuit fermé	circuito cerrado
Hauptstrom-filter	Filter, welches vom gesamten Volumenstrom durchflossen wird	main circuit filter	filtre à huile en circuit principal	filtro de circuito principal
Hochdruck-filter	Filter, welches im Hochdruckkreis angeordnet ist	high pressure filter	filtre haute pression	filtro de alta presión
Hydraulik-motor	Gerät, das hydraulische Energie in mechanische Energie umformt	hydrostatic motor	moteur hydraulique	motor hidrostático

Fachbegriffe Hydraulik	Begriffserklärung	Technical terms for hydraulic systems	Termes techniques dans l'hydraulique	Términos técnicos para sistemas hidráulicos
Deutsch		**English**	**Français**	**Español**
Hydraulik-pumpe	Gerät, das mechanische Energie in hydraulische Energie umformt	hydrostatic pump	pompe hydraulique	bomba hidrostática
Hydraulik-zylinder	Gerät, das hydraulische Energie in eine mechanische Linearbewegung umformt	hydraulic cylinder	vérin hydraulique	cilindro hidráulico
Hydraulische Energie	Energiewirkung der Druckflüssigkeit	hydrostatic energy	energie hydraulique	energía hidrostática
Impuls	Einmaliger, stoßförmiger Vorgang	momentum	implusion	par
Innenzahn-radpumpe	Zahnradpumpe, bei der ein kleiners Zahnrad innerhalb eines größeren Hohlrades abläuft	internal gear pump	pompe à engrenages internes	bomba de engrenajes internas
Kavitation	Hohlraumbildung infolge Druckminderung bis zum Erreichen der Dampfspannung der betroffenen Flüssigkeit, tritt meist an Drosselstellen auf	cavitation	cavitation	cavitación
Kegelsitz-ventil	Ventil mit einem (meist federbelasteten) Kegel als Sperrelement	bevel seat valve	soupape à siège conique	válvula de compuerta
Kolben-motor	Motor, bei dem das Druckmedium auf einen oder mehrere Kolben einwirkt	piston motor	moteur à piston	motor de émbolo
Kolben-pumpe	Pumpe, in der das Druckmedium durch einen oder mehrere Kolben verdrängt wird	piston pump	pompe à piston	bomba de émbolo
Kompres-sibilität	Eigenschaft einer Flüssigkeit, unter Druckeinwirkung ihr Volumen zu ändern	compressibility	compressibilité	capacidad de compresión
Konstant-motor	Hydraulikmotor mit konstantem Schluckvermögen	constant displacement motor	moteur à cylindrée constante	motor de desplazamiento constante
Konstant-pumpe	Hydraulikpumpe mit konstantem Volumenstrom	constant displacement pump	pompe à cylindrée constante	bomba de desplazamiento

Internationale Fachwörter der Hydraulik

Fachbegriffe Hydraulik Deutsch	Begriffserklärung	Technical terms for hydraulic systems English	Termes techniques dans l'hydraulique Français	Términos técnicos para sistemas hidráulicos Español
Konstant-stromsystem	Hydrauliksystem, bei dem der Volumenstrom unabhängig vom Lastdruck konstant bleibt	constant flow system	dispositif à courant constant	sistema de flujo constante
Kugelventil	Ventil mit einer (meist federbelasteten) Kugel als Sperrelement	ball valve	soupape à bille	válvula de esferas
Leckleitung	Leitung, mit der Leckflüssigkeit drucklos zum Voratsbehälter zurückgeführt wird	leakage return pipe, drain pipe	conduite de purge	tubería de drenaje
Lecköl	Volumenstrom, der trotz Abdichtungen an den Dichtungen vorbei aus Druckräumen austritt	leakage	huile de fuite	escapes
Leistungs-dichte	Verhältnis der übertragenen Leistung zum Gerätevolumen	power density	puissance volumique	densidad de potencia
Leitungs-verbinder	Bauelemente zum Verbinden von Leitungen	pipe connectors	connecteur	conectores para tuberías
Linearmotor	Gerät zur direkten Erzeugung einer Linearbewegung (z. B. Hydrozylinder)	linear motor	moteur linéaire	motor linear
Lochbilder	Grafische Darstellung der Anschlussmaße	hole pattern	configuration de perçage	configuración de conectores
Manometer	Gerät zum Messen von Drücken	pressure gauge	manomètre	medidor de presión
Mehrfach-pumpe	Pumpenblock, aus mehreren Einzelpumpen mit gemeinsamer Antriebswelle bestehend	multiple pump	pompes en série à entraînement unique	bomba múltipla
Minimaldruck	Niedrigster Druck, bei dem eine hydraulische Anlage noch funktionsfähig ist	minimal pressure	pression minimale	presión mínima
Mobil-hydraulik	An Fahrzeugen eingesetzte Hydraulikanlagen	mobile hydraulics	installation hydraulique mobile	hidráulica móvil

Fachbegriffe Hydraulik Deutsch	Begriffserklärung	Technical terms for hydraulic systems English	Termes techniques dans l'hydraulique Français	Términos técnicos para sistemas hidráulicos Español
Nebenstrom-filter	Filteranordnung in einem vom Hauptstrom getrennten Nebenkreislauf	bypass filter	filtre à huile en circuit secondaire	filtro by-pass
Niederdruck	In der Hydraulik: Drücke unter 100 bar	low pressure	basse pression	baja presión
Offener Kreislauf	Hydraulikkreislauf, bei dem die Druckflüssigkeit nach ihrer Energieabgabe drucklos in ein offenes Vorratsgefäß zurückgeführt wird	open circuit	circuit ouvert	circuito abierto
Öffnungs-druck	Zum Auslösen einer Gerätefunktion nötiger Mindestdruck	opening pressure	pression d'ouverture	presión inicial
Ölhydraulik	Hydrauliksysteme, bei welchen die Druckflüssig-keit aus Mineralöl oder dessen Bestandteilen besteht	oil hydraulics	oléohydraulique	hidráulica de aceite
Pilotventil	Vorgesteuertes Ventil	pilot valve	commutation pilote	válvula-piloto
Proportional-ventil	Stetig wirkende Ventile. Die hydraulisch wirkende Ausgangsgröße ist proportional der Steuergröße	proportional valve	soupape proportionnelle	válvula proporcional
Pumpen-förderstrom	Förderstrom einer Pumpe	pump output flow	débit de pompe	capacidad de suministro
Pumpen-umlaufventil	Ventil, welches immer dann auf drucklosen Umlauf schaltet, wenn der Pumpenförderstrom nicht benötigt wird	circulation valve	soupape de pompe	válvula de circulación
Radialkolben-motor	Hydraulikmotor mit radial angeordneten Kolben	radial piston motor	moteur à pistons radiaux	motor de pistones radiales
Radialkolben-pumpe	Hydraulikpumpe mit radial angeordneten Kolben	radial piston pump	pompe à pistons radiaux	bomba de pistones radiales
Reversier-pumpe	Verstellpumpe, bei der ohne Drehrichtungsän-derung die Förderrichtung reversiert werden kann	reversing pump	pompe auxiliaire	bomba reversible
Rückschlag-ventil	Ventil, welches den Volumenstrom in einer Rich-tung sperrt, in der anderen Richtung jedoch freigibt	non return valve	clapet anti-retour	válvula sin retorno

Internationale Fachwörter der Hydraulik

Fachbegriffe Hydraulik	Begriffserklärung	Technical terms for hydraulic systems	Termes techniques dans l'hydraulique	Términos técnicos para sistemas hidráulicos
Deutsch		**English**	**Français**	**Español**
Schieber-ventil	Ventil, bei dem die Anschlüsse durch ein gleitendes Element (Ventilkolben) miteinander verbunden oder getrennt werden	sliding valve	soupape à coulisse	válvula de pistón
Stockpunkt	Temperatur, bei der eine Flüssigkeit beim Abkühlen unter kontrollierten Bedingungen nicht mehr durch Einwirkung ihrer eigenen Masse fließfähig ist	pour point	point de solidification	ponto de goteo
Schluck-volumen	Das von einem Hydromotor während einer Umdrehung aufgenommene Druckflüssigkeitsvolumen	displacement volume	débit de dimensionnement	volumen de desplazamiento
Schnellläufer	Hydromotoren oder -pumpen mit einer Drehzahl über 1000 U/min	high speed hydrostatic machines	installation hydraulique à vitesse élevée	máquinas hidrostáticas de alta velocidad
Schwenk-motor	Gerät zum Erzeugen von Dreh- bzw. Schwenkbewegungen bis ca. 270°	oscillating motor	moteur oscillant	motor oscillante
Sitzventil	Ventil, bei dem die Anschlüsse durch Aufsetzen oder Abheben eines abdichtenden Elements verbunden oder getrennt werden	seat valve	soupape à siège	válvula de pantalla
Sperrblock	Entsperrbares Sperrventil in Zwillingsausführung	blocking valve	bloc de retenue	válvula de cierre
Sperrventil	Ventil, welches den Volumenstrom in einer Richtung sperrt, in der anderen Richtung jedoch freigibt	non return valve	soupape d'arrêt	válvula sin retorno
Steuerdruck	Druck welcher nötig ist, um eine Funktion einzuleiten oder aufrechtzuerhaltenS	actuating pressure	pression motrice	presión pilote
Stromregel-ventil	Drosselventil mit einstellbarer Drossel	flow control valve	vanne de régulation	válvula reguladora de flujo

Fachbegriffe Hydraulik — Deutsch	Begriffserklärung	Technical terms for hydraulic systems — English	Termes techniques dans l'hydraulique — Français	Términos técnicos para sistemas hidráulicos — Español
Strömungsmaschinen	Sammelbegriff für Maschinen, welche nach dem hydrodynamischen Prinzip arbeiten	hydrokinetic machines	turbomachines	máquinas hidrocinéticas
Stromventil	Ventil zur Verringerung eines gegebenen Volumenstromes	throttle	régulateur de débit	estrangulador
Teleskopzylinder	Zylinder mit mehreren teleskopartig ineinander laufenden Kolben	telescope cylinder	cylindre télescopique	cilindro telescópico
Tellersitzventil	Ventil mit einer (meist federbelasteten) Platte als Sperrelement	disc valve	soupape à siège plan	válvula de pantalla
Umlaufventil	Ventil, das den Pumpenvolumenstrom dann, wenn er nicht benötigt wird, direkt in den Vorratsbehälter leitet	circulatin valve	régulateur de circulation	válvula de circulación
Verdrängermaschinen	Hydraulische Maschinen, bei denen die hydrostatische Leistungsumsetzung nach dem Verdrängerprinzip erfolgt	displacement machines	machines volumétriques	máquinas de desplazamiento
Volumenstrom	Fluidisches Volumen, welches in einer Zeiteinheit eine Querschnittsfläche durchströmt	volume flow	flux volumique	flujo
Vorgesteuertes Ventil	Ventil (meist) großen Querschnitts, das wegen der größeren Betätigungskräfte durch ein vorgeschaltetes, kleineres Ventil betätigt wird	piloted valve	soupape prépilotée	válvula piloteada
Vorsteuerventil	Ventil, welches zur Steuerung eines nachgeschalteten Ventils benützt wird.	pilot valve	vanne pilote	válvula-piloto
Wechselventil	Sperrventil mit zwei Eingängen und einem Ausgang. Der jeweils unter Druck stehende Eingang wird mit dem gemeinsamen Ausgang verbunden	Shuttle valve	Vanne à deux voies de sélection de circuit	Válvula de vaivén
Wegeventil	Ventil zur Beeinflussung der Durchflussrichtung	Direction control valve	Distributeur	Válvula reguladora del sentido de flujo

Konstruktionstechnik

Der Konstruktion von technischen Geräten und damit auch von Elektrowerkzeugen liegen grundlegende Techniken und Verfahren zu Grunde. Bei der Neuentwicklung von technischen Produkten verfährt die Industrie nach bewährten Instrumentarien, deren chronologischer Ablauf sich über Zeiträume von üblicherweise 2...10 Jahren erstreckt, je nachdem, ob es sich um schnelllebige Konsumgüter oder hochwertige Maschinenanlagen und Investitionsgüter handelt.

Entwicklung, Konstruktion und Markteinführung eines Produktes erfolgen in der Regel nach folgendem, in der Industrie bewährtem Grobschema:
– Marktstudie
– Produktkonzept
– Pflichtenheft
– Entwurf
– Funktionsmuster
– Entwicklungsmuster
– Praxiserprobung
– Fertigungsentwicklung
– Praxiserprobung
– Gutheißung
– Fertigungsfreigabe
– Markteinführung

Innerhalb dieses Schemas sind weitere, produkt- und herstellerspezifische Stufen möglich.

Marktstudie

Der Entwicklung eines jeden Produktes muss eine Marktuntersuchung vorausgehen. Mit den daraus gewonnenen Erkenntnissen muss die spätere Vermarktung des Produktes abgesichert werden. Die Marktstudie erstreckt sich vom Kundenwunsch über die Innovation, die Marktlücke, die mögliche Weiterentwicklung und Modellpflege bis hin zum Mitbewerberumfeld.

Produktkonzept

Das Produktkonzept ist das Ergebnis der Marktstudie und umfasst neben den Designvorgaben und der Marktpositionierung auch die möglichen Bedarfsziele.

Pflichtenheft

Nach der Festlegung des Produktkonzeptes wird das sogenannte Pflichten- und Lastenheft erstellt. In ihm sind neben dem Produktkonzept die technischen Einzelanforderungen, mögliche Peripheriegeräte und die Qualitätsvorgaben enthalten.

Entwurf

Entsprechend dem Inhalt des Pflichtenheftes wird ein technischer Entwurf erstellt, anhand dessen die Realisierbarkeit geprüft wird.

Funktionsmuster

Basierend auf dem Entwurf wird mittels eines Funktionsmusters die grundsätzliche Gebrauchstüchtigkeit des künftigen Produktes untersucht. Hierbei werden besonders Leistung, Sicherheit, Handhabung, Herstellqualität und die eventuelle Umweltbelastung geprüft.

Entwicklungsmuster

Das Entwicklungsmuster gleicht im Wesentlichen schon dem endgültigen Produkt und dient dazu, seine Gebrauchs- und Funktionstüchtigkeit in umfangreichen Test- und Prüfprogrammen festzulegen. Weiterhin dient das Entwicklungsmuster dazu, neben der Kostenrechnung auch Fertigungsverfahren, Fertigungsschritte und Prüfprogramme zu optimieren.

Praxiserprobung

In einer sogenannten Vorserie werden in genügender Anzahl Testmuster hergestellt, welche einer erweiterten Erprobung in der Praxis ausgesetzt werden.

Pilotserie

Die Produkte der Pilotserie werden neben intensiver Praxiserprobung Dauerläufen und Überlastungstests ausgesetzt, die zur Absicherung der Funktionstüchtigkeit und der endgültigen Fertigungsqualität dienen. Die daraus gewonnenen Erkenntnisse fließen direkt in die Feinkorrektur der Fertigungseinrichtungen ein.

Gutheißung

Neben den länderübergreifenden EG-Richtlinien gibt es in vielen Ländern nationale Richtlinien, denen technische Geräte entsprechen müssen. Hierzu we-

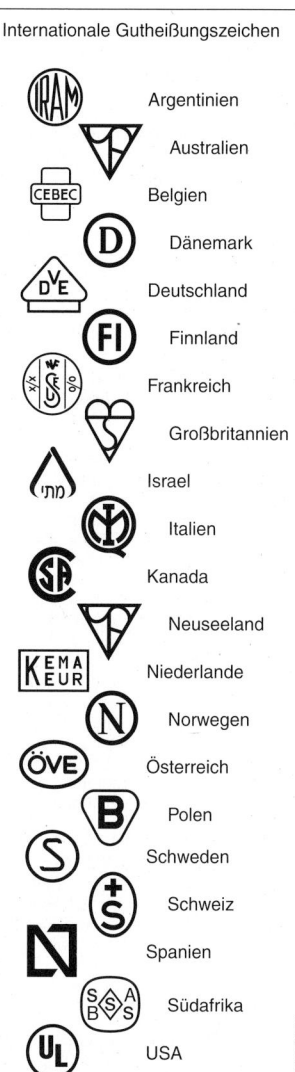

Internationale Gutheißungszeichen

Argentinien

Australien

Belgien

Dänemark

Deutschland

Finnland

Frankreich

Großbritannien

Israel

Italien

Kanada

Neuseeland

Niederlande

Norwegen

Österreich

Polen

Schweden

Schweiz

Spanien

Südafrika

USA

EWL-ESI005/P

den den nationalen Behörden Mustergeräte zur Verfügung gestellt, anhand derer die entsprechende Gutheißung erfolgt.

Fertigungsfreigabe
Die Fertigungsfreigabe erfolgt, wenn alle festgesetzten Kriterien vom Produkt erfüllt werden.

Markteinführung
Die Marktfreigabe erfolgt, wenn die Produkte der ersten Serie in weiteren Tests die vorgegebene Qualität erfüllen.

Konstruktionselemente

Im Rahmen dieses Buches werden einzelne technische Konstruktionselemente, soweit sie für Elektrowerkzeuge oder deren Anwender relevant sind, in kurzer und übersichtlicher Form beschrieben und dargestellt. Es handelt sich hierbei unter anderem um folgende Themen:
– Qualität
– Festigkeitsberechnung
– Wärmetechnik
– Akustik
– Steuer- und Regelungstechnik
– Ergonomie
– Schwingungsdämpfung
– Gleitlager
– Wälzlager
– Zahnradgetriebe
– Riementriebe
– Kurbeltriebe
– Winkeltriebe
– Sicherheitskupplungen
– Bremsen
– Schlagwerke
– Schmierstoffe
– Ketten und Seilzüge
Die obigen Themen sind ebenso geeignet, dem ambitionierten Nichttechniker grundlegende Informationen über technische Zusammenhänge zu geben.

Qualität

Qualität ist das Maß, in dem die Kundenerwartungen erfüllt oder gar übertroffen werden. Den Sollwert für die Qualität setzt der Kunde. Er bestimmt durch seine Forderungen und Erwartungen, was Qualität ist – sowohl bei Erzeugnissen als auch bei Dienstleistungen. Da Wettbewerb zu steigenden Kundenerwartungen führt, ist Qualität eine dynamische Größe. Zur Beschreibung der Qualität dienen erzeugnis- und dienstleistungsbezogene Kenngrößen, die sich quantitativ oder qualitativ fassen lassen. Voraussetzungen zur Erzielung hoher Qualität sind:
– Qualitätspolitik: Unternehmerischer Wille, Qualität als eines der obersten Unternehmensziele festzulegen,
– Mitarbeiterführung: Maßnahmen zur Motivation der Mitarbeiter,
– Qualitätssicherung.

Qualitätsmanagement

Qualitätsmanagementsystem
Alle Elemente eines Qualitätsmanagementsystems und alle Qualitätssicherungsmaßnahmen müssen systematisch geplant werden. Die jeweiligen Aufgaben, Kompetenzen und Verantwortlichkeiten sind schriftlich festzulegen (QM-Handbuch). Auch internationale Normen, z. B. DIN-ISO 9001 bis 9004, beschreiben Qualitätssicherungssysteme.

Gestiegene Anforderungen an die Fehlerfreiheit der Produkte (Null-Fehler-Zielsetzung) und wirtschaftliche Überlegungen (Fehler vermeiden statt auslesen und nacharbeiten oder verschrotten) zwingen zur Anwendung vorbeugender Maßnahmen der Qualitätssicherung.
Diese haben folgende Ziele:
– Produkte entwickeln, die unempfindlich gegen Fertigungsschwankungen sind.
– Fertigungsprozesse einrichten, die Qualitätsanforderungen mit Sicherheit innerhalb der zulässigen Grenzen erfüllen.
– Methoden anwenden, die Fehlerquellen frühzeitig erkennen und rechtzeitig regelnd in den Fertigungsprozess eingreifen.
Zur regelmäßigen Überwachung aller Elemente eines Qualitätsmanagementsystems dienen drei Arten von „Audits":

– Systemaudit: Beurteilung der Wirksamkeit eines Qualitätsmanagementsystems hinsichtlich seiner Vollständigkeit und der praktischen Anwendung der einzelnen Elemente.
– Verfahrensaudit: Beurteilung der Wirksamkeit von QM-Elementen, Bestätigung der Qualitätsfähigkeit, der Einhaltung und Zweckmäßigkeit bestimmter Verfahren und die Ermittlung von Verbesserungsmaßnahmen.
– Produktaudit: Beurteilung der Wirksamkeit von QM-Elementen durch die Untersuchung von Endprodukten oder deren Teilen.

Qualitätsmanagement in der Entwicklung
Am Anfang eines neuen Produkts, das die vom Kunden erwarteten Anforderungen an Qualität und Zuverlässigkeit erfüllen muss, steht ein Pflichtenheft.

Ausgehend von seinem Inhalt werden schon in der Definitionsphase alle erforderlichen Mustererprobungen und Dauerläufe geplant, die zum Nachweis der Funktionstüchtigkeit und Zuverlässigkeit des neuen Produkts erforderlich sind.

Qualitätsbewertung: Nach Abschluss bestimmter Entwicklungsschritte werden sämtliche bis dahin verfügbaren Informationen über Qualität und Zuverlässigkeit einer Qualitätsbewertung unterzogen und notwendige Korrekturmaßnahmen eingeleitet. Mit dieser Qualitätsbewertung werden Mitarbeiter der Entwicklung, der Fertigungsvorbereitung und der Qualitätssicherung beauftragt, unterstützt durch Spezialisten aus Fachabteilungen.

Fehlermöglichkeits- und Fehlereinfluss-Analyse (FMEA)
Dieses Verfahren zur Risikovermeidung und Kostenminderung eignet sich zur Untersuchung der Fehlerarten von Systemkomponenten und deren Auswirkungen auf das System.

Qualitätsmanagement bei der Beschaffung
Sie darf sich nicht nur auf die Eingangsprüfung beschränken, sondern stellt ein ganzes System dar. Es muss sicherstellen, dass die von Lieferanten bezoge-

nen Komponenten dazu beitragen, vereinbarte Technische Spezifikationen für das Fertigerzeugnis zuverlässig zu erfüllen.

Dabei muss die Qualitätsfähigkeit der Zulieferer durch moderne Techniken der vorbeugenden Qualitätssicherung (z. B. Statistische Prozessregelung SPC oder FMEA) gewährleistet sein. Damit der Zulieferer selbst die Qualitätsforderungen vollständig erfüllen und eine Beurteilung der Produkte zweifelsfrei vornehmen kann, sind alle Einzelforderungen an ein Produkt eindeutig zu spezifizieren. Dies geschieht in der Regel in Zeichnungen, Bestellvorschriften, Normen, Rezepturen usw.

Eine Erstmusterprüfung wird z. B. zunächst vom Hersteller eines Lieferprodukts selbst vorgenommen. Sie ist jedoch vom Abnehmer des Produkts (vor allem im Zusammenspiel mit seinen Fertigungsprozessen und mit dem Fertigerzeugnis) nachzuvollziehen und durch Wareneingangsprüfung zu bestätigen.

Die End- oder Ausgangsprüfung eines Zulieferers kann an die Stelle der Eingangsprüfung des Abnehmers treten, wenn der Hersteller Spezialkenntnisse besitzt und nur er die Qualitätsprüfung aufgrund seiner technischen Ausrüstung vornehmen kann. Der Zulieferer bestätigt in Qualitätsprüfzertifikaten nach DIN 55 350 oder Bescheinigungen über Materialprüfungen nach DIN 50049 die entsprechenden Qualitätsprüfungen an den Produkten. Die erzielten Prüfergebnisse sollen dem Abnehmer mitgeteilt werden.

Qualitätsmanagement in der Fertigungsvorbereitung

Die Fertigungsplanung schafft die Voraussetzungen für die Herstellung einer gesicherten Qualität. Folgende Punkte müssen erfüllt werden:
– Planung des Fertigungsablaufs und Materialflusses.
– Planung des Betriebsmittelbedarfs.
– Auswahl und Beschaffung geeigneter Fertigungsverfahren und Fertigungseinrichtungen sowie der zugehörigen Messplätze (z. B. für SPC).
– Untersuchung der Fertigungsverfahren, Fertigungseinrichtungen und Maschinen auf Maschinen- und Prozessfähigkeit.
– Dokumentation des Fertigungsablaufs im Arbeitsplan.
– Festlegung der notwendigen Mitarbeiterqualifikation.
– Bereitstellung der Zeichnungsunterlagen und Stücklisten.

Mögliche Fehler im Fertigungsprozess können mittels einer Prozess-FMEA methodisch vorausgedacht und ihre Auswirkungen auf die Qualität des Merkmals oder Erzeugnisses beurteilt werden. Die Prozess-FMEA ist zum Erkennen von Fehlerquellen und zum Vermeiden der

FMEA-Arbeitsgruppe.

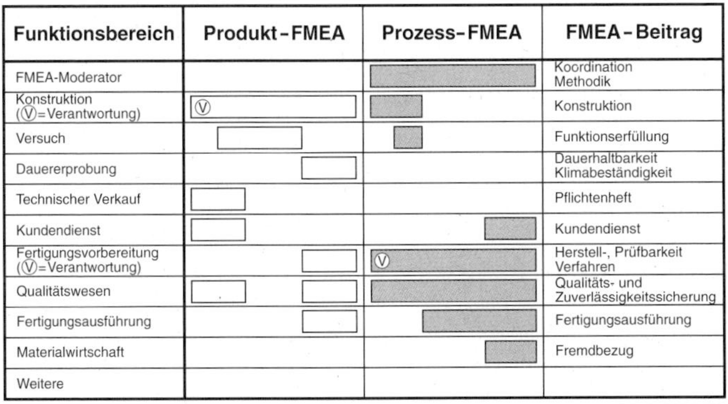

Funktionsbereich	Produkt-FMEA	Prozess-FMEA	FMEA-Beitrag
FMEA-Moderator		�	Koordination Methodik
Konstruktion (Ⓥ=Verantwortung)	Ⓥ		Konstruktion
Versuch		▓	Funktionserfüllung
Dauererprobung	☐		Dauerhaltbarkeit Klimabeständigkeit
Technischer Verkauf	☐		Pflichtenheft
Kundendienst		▓	Kundendienst
Fertigungsvorbereitung (Ⓥ=Verantwortung)		Ⓥ	Herstell-, Prüfbarkeit Verfahren
Qualitätswesen			Qualitäts- und Zuverlässigkeitssicherung
Fertigungsausführung		▓	Fertigungsausführung
Materialwirtschaft	☐		Fremdbezug
Weitere			

Fehler oder zum Mindern der Fehlerauswirkungen geeignet. Somit lassen sich notwendige fertigungs- und prüftechnische Maßnahmen zur Fehlervermeidung einleiten.

Die Prüfplanung umfasst folgende Punkte:
– Analyse der zu prüfenden Funktionen.
– Festlegung der Prüfmerkmale.
– Auswahl geeigneter Prüfmethoden und -mittel.
– Festlegung des Prüfumfangs und der Prüfhäufigkeit.
– Dokumentation des Prüfablaufs im Prüfplan.
– Planung der Erfassung und Dokumentation von Qualitätsdaten (z.B. in Qualitätsregelkarten für SPC).
– Planung der Prüfmittelüberwachung.
– Eventuelle Planung einer Dokumentation von Qualitätsdaten.

Grundsätzlich sollten die festgelegten Prüfkriterien alle Merkmale der gefertigten Produkte erfassen.

Zur Beurteilung der Qualität von Erzeugnissen oder Teilen davon und zur Steuerung der Fertigungsprozesse ist eine geeignete Erfassung und Auswertung der Prüfergebnisse vorzusehen. Die Prüfdaten sollten so aufbereitet werden, dass sie zur Prozessregelung oder -steuerung, Fehleranalyse und Fehlerabstellung geeignet sind.

Maschinen- und Prozessfähigkeit
Die Untersuchung der Maschinenfähigkeit soll folgende zwei Nachweise erbringen:
– Die zu untersuchende Maschine muss mit erkennbarer Gesetzmäßigkeit fertigen. Diese Gesetzmäßigkeit ist gegebenenfalls mit Hilfe statistischer Kenngrößen zu formulieren, z. B. als Normalverteilung mit Mittelwert $\bar{x}$ und Standardabweichung s.
– Die Maschine muss in der Lage sein, innerhalb vorgegebener Toleranzen zu fertigen. Dieser Nachweis kann nur über die oben erwähnte Gesetzmäßigkeit erbracht werden.

Die Maschinenfähigkeit ist eine kurzfristige Untersuchung; es sollen nur maschinenbedingte Einflüsse auf den Fertigungsprozess untersucht werden. Dabei ist jedoch zu beachten, dass eine vollständige Trennung von maschinenbedingten und nicht maschinenbedingten Einflüssen (z. B. Einflüssen von Material oder Methoden) im allgemeinen nicht möglich ist. Im einzelnen wird untersucht, ob
– ungewöhnliche Ergebnisfolgen zu erkennen sind,
– Mittellage und Streuung der Messreihe stabil sind (bei dieser Untersuchung kommen die Kontrollgrenzen der statistischen Prozessregelung zur Anwendung).

Liegen keine ungewöhnlichen Ergebnisfolgen vor und sind Mittellage und Streuung stabil, so ist der Prozess beherrscht; die Fähigkeit der Maschine wird dann über die bekannten statistischen Kennwerte c_m bzw. c_{mk} beschrieben. Der Wert c_m berücksichtigt nur die Streuung der Maschine und berechnet sich nach folgender Formel:

$$c_m = (OGW - UGW)/(6 \cdot \hat{\sigma})$$

Demgegenüber berücksichtigt der Kennwert c_{mk} neben der Streuung der Maschine zusätzlich auch die Lage des Mittelwerts innerhalb der Toleranz. Seine Berechnung ist bei Fertigungseinrichtungen, die nicht oder nur schlecht einstellbar sind, unentbehrlich. Er berechnet sich wie folgt:

$$c_{mk} = (\bar{\bar{x}} - UGW)/(3 \cdot \hat{\sigma}) \text{ bzw.}$$
$$c_{mk} = (OGW - \bar{\bar{x}})/(3 \cdot \hat{\sigma})$$

wobei der kleinere Wert gilt. Hierbei bedeuten:
$\bar{\bar{x}}$ Gesamtmittelwert
UGW unterer Grenzwert der Toleranz
OGW oberer Grenzwert der Toleranz
$\hat{\sigma}$ Schätzwert für die Prozessstreuung

Bosch bezeichnet eine Fertigungseinrichtung nur dann als fähig, das geforderte Merkmal eines Produkts sicher zu fertigen, wenn c_{mk} mindestens 1,67 beträgt.

Liegen ungewöhnliche Ergebnisfolgen vor oder sind Mittellage oder Streuung instabil, so ist der Prozess nicht beherrscht. In diesem Fall wirken nicht-zufällige Einflüsse (Störungen) auf den Prozess ein. Sie müssen beseitigt oder kompensiert werden. Danach wird die Maschinenfähigkeitsuntersuchung wiederholt.

Verläuft die Maschinenfähigkeitsuntersuchung positiv, so folgt anschließend die Untersuchung der <u>Prozessfähigkeit</u>. Das Ziel dieser Untersuchung ist der Nachweis, dass der zu untersuchende Fertigungsprozess in der Lage ist, die an ihn gestellten Qualitätsanforderungen dauerhaft zu erfüllen.

Die Prozessfähigkeitsuntersuchung ist eine längerfristige Untersuchung. Sämtliche Änderungen des Prozesses (z. B. Materialwechsel, Werkzeugwechsel oder methodische Änderungen) werden durch geeignete Festlegung des Stichprobenumfangs und der Prüfintervalle berücksichtigt und in die Untersuchung miteinbezogen.

Die gewonnenen Daten werden ähnlich wie bei der Maschinenfähigkeit statistisch untersucht. Insbesondere wird geprüft, ob Prozessmittellage und Prozesssteuerung stabil sind, d. h. ob der Prozess beherrscht ist. Ist der Prozess beherrscht, so wird über die bekannten statistischen Kennwerte c_p und c_{pk} seine Prozessfähigkeit nachgewiesen. Die Berechnung dieser Kennwerte erfolgt in gleicher Weise wie die von c_m und c_{mk}, wobei die Werte $\bar{x}$ und $\hat{\sigma}$ aus der Prozessuntersuchung eingesetzt werden.

Ist der Prozess nicht beherrscht, so ist eine Berechnung von c_p und c_{pk} nicht zulässig. In diesem Fall müssen die Ursachen für die Instabilität des Prozesses beseitigt oder kompensiert werden. Anschließend wird die Prozessfähigkeitsuntersuchung wiederholt.

Bosch bezeichnet einen Prozess, in dessen Ablauf das geforderte Merkmal eines Produkts sicher gefertigt wird, nur dann als fähig, wenn c_{pk} mindestens 1,33 beträgt.

Maschinen- und Prozessfähigkeitsuntersuchungen sind notwendige Voruntersuchungen bei der Einführung der SPC. Beide Untersuchungen sind aber auch bei nicht SPC-geführten Prozessen wichtig, da die entsprechende Fähigkeit bei jedem Prozesstyp nachgewiesen werden muss.

Statistische Prozessregelung (SPC)
SPC ist ein Prozessregelsystem, das mithelfen soll, Fehler und zugehörige Kosten zu vermeiden. SPC wird in der Fertigung eingesetzt und für funktionswichtige Merkmale angewendet.

Prüfmittel

Mit Prüfmitteln muss beurteilt werden können, ob die Prüfmerkmale der gefertigten Produkte die vorgegebenen Spezifikationen erfüllen. Prüfmittel werden überwacht, kalibriert und instandgehalten. Bei Benutzung der Prüfmittel ist deren Messunsicherheit zu beachten. Sie muss klein sein gegenüber der Toleranz des Prüfmerkmals. Für Prüfmittel ist zu beachten:
– Festlegen der durchzuführenden Messungen, der geforderten Genauigkeit und der geeigneten Prüfmittel.
– Sicherstellen der notwendigen Präzision der Prüfmittel, d.h. sie dürfen in der Regel eine Messunsicherheit von 10 % der Toleranz nicht überschreiten.
– In einem Prüfplan müssen alle für die

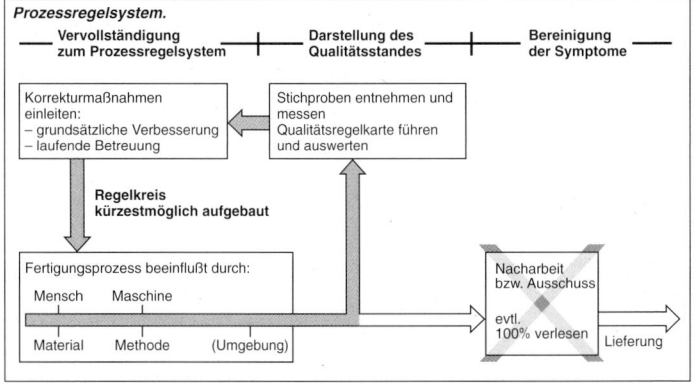

Prozessregelsystem.

| Vervollständigung zum Prozessregelsystem | Darstellung des Qualitätsstandes | Bereinigung der Symptome |

Korrekturmaßnahmen einleiten:
– grundsätzliche Verbesserung
– laufende Betreuung

Stichproben entnehmen und messen
Qualitätsregelkarte führen und auswerten

Regelkreis kürzestmöglich aufgebaut

Fertigungsprozess beeinflußt durch:

Mensch   Maschine

Material   Methode   (Umgebung)

Nacharbeit bzw. Ausschuss

evtl. 100% verlesen   Lieferung

Produktqualität notwendigen Prüfmittel und Messeinrichtungen vorgeschrieben sein, sie müssen gekennzeichnet und in vorgeschriebenen Prüfintervallen kalibriert und justiert werden.

– Festlegen von Kalibrierverfahren mit Einzelheiten über Gerätetyp, Kennzeichnung, Einsatzort, Kalibrierintervall sowie von durchzuführenden Maßnahmen im Fall nicht zufriedenstellender Ergebnisse.

– Versehen der Prüfmittel mit einer geeigneten Kennzeichnung zum Nachweis des Kalibrierzustands.

– Anfertigen von Aufzeichnungen (Historie) über die Kalibrierung.

– Sicherstellen von geeigneten Umgebungsbedingungen für die durchzuführenden Kalibrierungen, Prüfungen und Messungen.

– Sicherstellen von gleichbleibender Genauigkeit und Gebrauchsfähigkeit der Prüfmittel durch geeigneten Schutz und zweckmäßige Lagerung.

– Sichern der Prüfmittel und der Software für die Prüfung gegen jegliche Veränderungen, die das Kalibrierergebnis ungültig machen könnten.

Art und Umfang der Prüfmittelüberwachung

Eine ausreichende Überwachung der Prüfmittel erstreckt sich auf alle Messsysteme, die in der Entwicklung, Fertigung, Montage und im Kundendienst benutzt werden. Sie umfasst Lehren, Maßverkörperungen, Instrumente, Messwertaufnehmer, spezielle Prüfeinrichtungen und zugehörige Rechnersoftware. Zusätzlich werden Vorrichtungen, Spannmittel und Instrumente überwacht, die zur Prozesslenkung eingesetzt werden.

Zur Kontrolle der Beherrschung eines Messvorgangs dienen Verfahren, welche die Ausrüstung und die Fertigkeiten der Bediener einschließen. Messabweichungen werden mit den Qualitätsforderungen verglichen. Geeignete Abhilfemaßnahmen sind dann zu ergreifen, wenn die Anforderungen bezüglich der Präzision und Funktionalität der Prüfmittel nicht mehr erfüllt werden.

Eichpflichtige Messgeräte

Nach dem Eichgesetz sind im „geschäftlichen Verkehr" bestimmte Messgeräte dann eichpflichtig, wenn ihre Messergebnisse bei der Lieferung von Waren oder Energie maßgebend für die Festlegung des Preises sind. Dazu gehören unter anderem Messgeräte zur Bestimmung von Länge, Fläche, Volumen, Masse und thermischer oder elektrischer Energie. Liegen solche Verhältnisse vor, müssen die entsprechenden Messgeräte amtlich geeicht sein und durch amtliche oder amtlich zugelassene Dienststellen laufend überwacht werden.

Zusammenhang zwischen Messergebnissen, statistischer Auswertung und Prozessfähigkeit.

Vorgang	←—Toleranz T—→	Status	Prozessfähigkeit
Einzelwerte		unsicher	nicht berechnet
Statistische Auswertung		Ergebnis schlecht, da Streuung zu groß	$C_p = \dfrac{T}{6s} = 0{,}67$ 4,6 % außerhalb von T
Mindestanforderung		Ergebnis in Ordnung, kleine Streuung Mitte eingehalten	$C_p = 1{,}33$ 63 ppm außerhalb von T
Toleranzmitte verfehlt		Ergebnis schlecht trotz kleiner Streuung	$C_p = 2{,}0$ aber $C_{pk} = \dfrac{D}{3s} = 0{,}67$ d.h. 2,3 % außerhalb von T

Festigkeitsberechnung

Formelzeichen und Einheiten

Größe		Einheit
A	Querschnittsfläche	mm²
E	Elastizitätsmodul	N/mm²
F	Kraft, Belastung	N
G	Schubmodul	N/mm²
I_a	axiales Flächenträgheitsmoment	mm⁴
I_p	polares Flächenträgheitsmoment	mm⁴
l	Länge	mm
M_b	Biegemoment	N · mm
M_t	Drehmoment	N · mm
q	Streckenlast	N/mm
R	Krümmungsradius der neutralen Faser	mm
R_{dm}	Druckfestigkeit	N/mm²
R_e	Streckgrenze	N/mm²
R_m	Zugfestigkeit	N/mm²
$R_{p0,2}$	0,2-Dehngrenze[1])	N/mm²
S	Sicherheitsfaktor	–
s	größte Durchbiegung	mm
W_b	Widerstandsmoment bei Biegung	mm³
W_t	Widerstandsmoment bei Torsion	mm³
$\alpha_{,k}$	Formzahl (Kerbfaktor)	–
$\beta_{,k}$	Kerbwirkungszahl	–
γ	elastische Schiebung	rad
δ, A	Bruchdehnung	%
ε	elastische Dehnung bzw. Stauchung	%
ν	Querzahl	–
σ	Normalspannung	N/mm²
σ_{zdw}	Zug-Druck-Wechselfestigkeit	N/mm²
σ_{gr}	Grenzspannung	N/mm²
σ_D	Dauerschwingfestigkeit = Dauerfestigkeit	N/mm²
σ_W	Wechselfestigkeit (Zug/Druck)	N/mm²
σ_a	Spannungsamplitude	N/mm²
σ_{bB}	Biegefestigkeit	N/mm²
σ_{bF}	Biegefließgrenze	N/mm²
σ_{bW}	Biegewechselfestigkeit	N/mm²
τ	Schubspannung	N/mm²
τ_t	Torsionsspannung	N/mm²
τ_{gr}	Torsionsgrenzspannung	N/mm²
τ_{tB}	Torsionsfestigkeit	N/mm²
τ_{tF}	Torsionsfließgrenze	N/mm²
τ_{tW}	Torsionswechselfestigkeit	N/mm²
ψ	Drehwinkel	rad

Die Gleichungen dieses Abschnitts sind allgemeine Größengleichungen, d.h. sie gelten auch bei der Wahl anderer Einheiten, mit Ausnahme der Gleichungen für Knickung.

Mechanische Spannungen

Zug und Druck
(senkrecht zur Querschnittsfläche)

Zug-(Druck-)Spannung $\Delta = \dfrac{F}{A}$

Dehnung (Stauchung) $\varepsilon = \dfrac{\Delta l}{l}$

Δl Verlängerung (bzw. Verkürzung)
l ursprüngliche Länge

Elastizitätsmodul $E = \dfrac{\sigma}{\varepsilon}$ [2])

Auf Druck beanspruchte lange und dünne Stäbe müssen auch auf Knickfestigkeit untersucht werden.

Biegung
Bei längeren Biegebalken können die Auswirkungen einer Querkraft vernachlässigt werden. Zur Berechnung von Biegespannungen (aufgrund von Biegemomenten ohne Querkraft) kann damit aus Symmetriegründen (Balkenachse wird kreisbogenförmig) vorausgesetzt werden, dass ebene Querschnitte eben bleiben. Außerdem ergibt sich, dass die neutrale Faser (Nulllinie) bei jedem denkbaren Querschnitt durch seinen Schwerpunkt geht.
Unter diesen Voraussetzungen gilt:

$$M_b = \frac{E \cdot I}{R}$$

Randspannung $\sigma_b = \dfrac{M_b}{I} \cdot e = \dfrac{M_b}{W}$

wenn $W = \dfrac{I}{e}$

I axiales Trägheitsmoment: Summe der Produkte aller Querschnittsteilchen mit dem Quadrat ihrer Abstände von der Nulllinie.
W Widerstandsmoment eines Querschnittes: zeigt für die Randspannung das innere Moment, mit welchem der Querschnitt einer äußeren Biegebelastung widerstehen kann.
Q Querkraft: Summe aller senkrecht zur Balkenachse wirkenden Kräfte rechts oder links eines betrachteten Querschnittes; Q beansprucht den Balken auf Schub. Bei kurzen Biegebalken müssen auch die durch Q erzeugten Schubspannungen berechnet werden.
e Abstand der äußersten Randfaser von der neutralen Faser.

Tabelle 1. Belastungsfälle für Biegung

Formeln	Durchbiegung	Skizze
$F_A = F$ $M_{b\,max} = l \cdot F$	$s = \dfrac{l^3}{3} \cdot \dfrac{F}{E \cdot I_a}$	
$F_A = \dfrac{b}{l} F$; $F_B = \dfrac{a}{l} F$ $M_{b\,max} = \dfrac{a\,b}{l} F$	$s = \dfrac{a^2 \cdot b^2}{3l} \cdot \dfrac{F}{E \cdot I_a}$	
$F_A = q \cdot l$ $M_{b\,max} = \dfrac{q \cdot l^2}{2}$	$s = \dfrac{l^4}{8} \cdot \dfrac{q}{E \cdot I_a}$	
$F_A = F_B = \dfrac{q \cdot l}{2}$ $M_{b\,max} = \dfrac{q \cdot l^2}{8}$	$s \approx \dfrac{l^4}{77} \cdot \dfrac{q}{E \cdot I_a}$	

Knickung

Bei gedrückten Stäben muss die Druckspannung $\sigma = F/A$ stets kleiner sein als die zulässige Knickspannung

$$\sigma_{kzul} = \sigma_k / S$$

da sonst der Stab seitlich ausknickt.

Je nach Mittigkeit des Kraftangriffs Sicherheitsfaktor $S \geq 3 \ldots \geq 6$ wählen.

Schlankheitsgrad $\lambda = l_k / \sqrt{I_a / A}$

l_k freie Knicklänge (s. Bild)

Knickspannung $\sigma_k = \pi \dfrac{E}{\lambda^2} \approx 10 \dfrac{E \cdot I_a}{l_k^2 \cdot A}$

Die obenstehende Gleichung für σ_k (Euler-Formel) gilt nur für schlanke Stäbe mit
$\lambda \geq 100$ bei Stahl St 37,
$\lambda \geq \pi \sqrt{E / R_e}$ bei Stählen mit anderen R_e als St 37,
$\lambda \geq 80$ bei Grauguss GG 25,
$\lambda \geq 100$ bei Nadelholz.

Für kleinere λ-Werte gilt nach Tetmajer:
– für Stahl St 37 $\sigma_k = (284 - 0.8\,\lambda)$ N/mm²,
– für Stahl St 52 $\sigma_k = (578 - 3.74\,\lambda)$ N/mm²,
– für Grauguss GG 25
 $\sigma_k = (760 - 12\,\lambda + 0.05\,\lambda^2)$ N/mm² und
– für Nadelholz $\sigma_k = (29 - 0.19\,\lambda)$ N/mm².

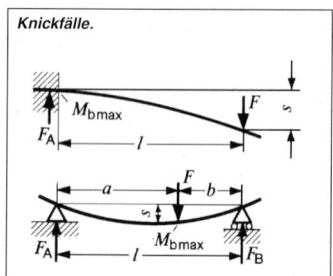

Knickfälle.

[1] 0,2-Dehngrenze: Spannung, bei der die bleibende Dehnung 0,2 % beträgt.

[2] Hookesches Gesetz, gilt nur für elastische Formänderung, d. h. praktisch angenähert bis zur Fließgrenze (Streckgrenze, Biegefließgrenze, Torsionsfließgrenze).

[3] Gilt für ideale Einspannung und ohne Exzentrizität der Einspannstellen. Sicherer ist die Berechnung nach Fall 2.

Schub

Schubspannung $\tau = F/A$

τ Schubkraft je Flächeneinheit eines Körperquerschnitts. Die Spannung wirkt in Richtung des Flächenelements. Die Schiebung γ ist die Winkeländerung am Körperelement infolge von Schubspannung.

Schubmodul (Gleitmodul) $G = \tau / \gamma^1$).

Torsion (Verdrehung)

Torsionsspannung $\tau_t = M_t / W_t$,
Widerstandsmomente W_t.
Drehmoment M_t = Drehkraft · Hebelarm.
Das Drehmoment erzeugt in jeder Querschnittsebene über jedem Durchmesser den dargestellten Schubspannungsverlauf.

Drehwinkel $\psi = \dfrac{l \cdot M_t}{G \cdot I_p} = \dfrac{l \cdot W_t \cdot \tau}{I_p \cdot G}$

Der Drehwinkel „ ist der Verdrillwinkel in rad eines Stabes von der Länge l (Umrechnung: 1 rad $\approx 57{,}3°$).
Polare Flächenträgheitsmomente I_p.

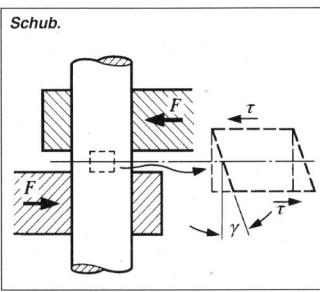

Schub.

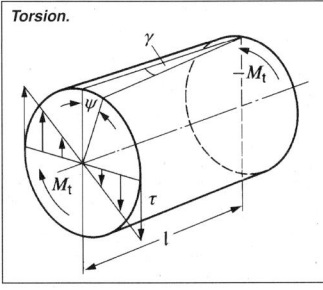

Torsion.

Kerbwirkung

Die bisher genannten Gleichungen gelten für glatte Stäbe; wenn Kerben vorhanden sind, ergeben diese Gleichungen die (auf den Restquerschnitt bezogen) Nennspannungen

$\sigma_{zn} = F/A$ bei Zug (s. Bild) bzw. Druck,
$\sigma_{bn} = M_b/W_b$ bei Biegung,
$\sigma_{tn} = M_t/W_t$ bei Torsion.

Kerben (wie Rillen, Bohrungen) und Querschnittsänderungen (Absätze, Kröpfungen) sowie Einspannungen erzeugen örtliche Spannungsspitzen σ_{max}, die meist weit über die Nennspannungen hinausgehen:

$$\sigma_{max} = \alpha_k \cdot \sigma_n$$

(α_k = Formzahl),

Kerben vermindern die Zeit- und die Dauerhaltbarkeit der Bauteile (Gestaltfestigkeit), bei spröden Stoffen auch deren Schlagfestigkeit; bei zähen Stoffen tritt die erste bleibende (plastische) Verformung früher ein. Die Formzahl α_k ist umso größer, je schärfer und je tiefer die Kerbe ist (Spitzkerben, Haarrisse, schlecht bearbeitete Oberflächen) und je scharfkantiger Querschnittsänderungen sind.

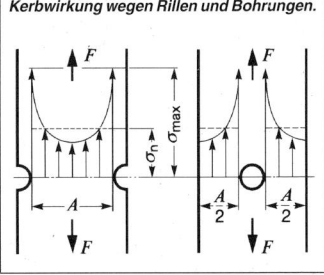

Kerbwirkung wegen Rillen und Bohrungen.

---

[1] Zwischen Schubmodul G und Elastizitätsmodul E gilt

$G = \dfrac{E}{2(1 + \nu)}$ mit ν = Querzahl

Bei metallischen Werkstoffen mit $\nu \approx 0{,}3$ gilt $G \approx 0{,}385\, E$.

Zulässige Beanspruchungen

Die Gleichungen in den Abschnitten „Mechanische Spannungen" und „Kerbwirkung" gelten nur im elastischen Bereich; in der Praxis kann angenähert bis zur Fließgrenze bzw. 0,2-Grenze damit gerechnet werden. Die zulässigen Beanspruchungen werden durch Werkstoffprüfung und Festigkeitslehre bestimmt und

richten sich nach Werkstoff, Werkstoffzustand (zäh, spröde), Proben- bzw. Bauteilform (Kerben) und Beanspruchungsart (ruhend, wechselnd).

R_m Zugfestigkeit. Für Stahl bis $\approx$ 600 HV gilt R_m (in N/mm^2) $\approx$ 3,3 $\neq$ HV-Wert.

R_e Spannung an der Fließgrenze (bei Zug speziell σ_s Streckgrenze).

‰ (bzw. A) Bruchdehnung.

Tabelle 2. Grenzspannungen σ_{gr}, τ_{gr} bei ruhender Beanspruchung.
Die Grenzspannungen σ_{gr} und σ_{gr}, bei denen ein Versagen des Werkstoffes (bleibende Verformung oder Bruch) eintritt, dürfen im Allgemeinen (s. unten) in der Praxis nicht erreicht werden. Je nach Genauigkeit der Beanspruchungsrechnung oder -messung und je nach Werkstoff und Beanspruchungsart und den möglichen Schäden im Falle des Versagens muss ein Sicherheitsfaktor $S = \sigma_{gr} / \sigma_{zul}$ berücksichtigt werden (σ_{zul} zulässige maximale Spannung im Betrieb). Bei zähen Werkstoffen $S = 1,2...2$ (...4), bei spröden Werkstoffen $S = (1,2...)$ 2...4 (...10) wählen.
Es muss sein $\sigma_{max} \leq \sigma_{zul}$ (σ_{max} größte Spannung, Spannungsspitze im Betrieb).

Grenzspannung	zähe Werkstoffe	spröde Werkstoffe
bei Zug	σ_{gr} = Streckgrenze R_e (P Grenze der elastischen Dehnung). Bei Stahl bis etwa R_m = 600 N/mm^2 und kaltgewalzten Metallen ist R_e = 0,6...0,8 R_m. σ_{gr} = 0,2-Dehngrenze $R_{p0,2}$ (s. Fußnote 1, S. 43). Bei Metallen ohne ausgeprägte Streckgrenze, z. B. Stahl mit $R_m \geq$ 600 N/mm^2, Cu, Al.	σ_{gr} = Zugfestigkeit R_m
bei Druck	σ_{gr} = Stauchgrenze σ_{dF} (Grenze der elastischen Stauchung, entspricht etwa R_e).	σ_{gr} = Druckfestigkeit R_{dm}.
bei Druck mit Knickgefahr	σ_{gr} = Knickspannung σ_k.	σ_{gr} = Knickspannung σ_k.
bei Biegung	σ_{gr} = Biegefließgrenze σ_{bF} (Grenze der federnden Durchbiegung). σ_{bF} entspricht etwa der Steckgrenze R_e bei Zug. Bei Überschreitung von σ_{bF} bleibende Krümmung.	σ_{gr} = Biegefestigkeit σ_{bB} P R_m. Für Grauguss GG 40 jedoch σ_{bB} = 1,4...2,0 R_m, da $\varepsilon = \sigma / E$ nicht gilt wegen der Verschiebung der neutralen Faser.
bei Torsion	τ_{gr} = Torsionsfließgrenze τ_{tF} (Grenze der elastischen Verdrehung). Torsionsgrenze $\tau_{tF} \approx$ 0,5...0,6 R_e. Bei Überschreiten bleibende Verdrehung.	τ_{gr} = Torsionsfestigkeit τ_{tB}. Es ist τ_{tB} = 0,5...0,8 σ_B, für Grauguss bis GG 25 jedoch τ_{tB} = 1...1,3 σ_B.
bei Schub	τ_{gr} = Schubfließgrenze τ_{sF} = 0,6 τ_S.	τ_{gr} = Schubfestigkeit τ_{sB}.

Wenn keine plastische Verformungen zulässig sind, kann bei zähen Werkstoffen die Beanspruchung bis über die Biege- bzw. Torsionsfließgrenze ausgedehnt werden. Auch die inneren Bereiche eines Querschnitts werden dabei bis zu ihrer Fließgrenze beansprucht und stützen die Randfasern. Bei Rechteckbiegestäben ist dadurch eine Steigerung des Biegemomentes um maximal 1,5 möglich, bei runden Torsionsstäben eine Steigerung des Torsionsmomentes um maximal 1,33.

Grenzspannungen bei schwingender Beanspruchung

Wechselt die Beanspruchung zwischen zwei Spannungswerten, so sind andere (geringere) Grenzspannungen σ_{gr} gültig: Die größte um eine gegebene Mittelspannung schwingende Spannungsamplitude, die „unendlich" oft, ohne Bruch und ohne unzulässige Verformung ertragen wird, heißt Dauer(schwing)festigkeit σ_D. Mit Versuchen wird σ_D mit Hilfe schwingender Beanspruchung von Proben bis zum Bruch bestimmt; mit sinkender Beanspruchung werden dabei die Bruch-Lastspielzahlen größer: „Wöhler-Kurve". Bei Stahl verläuft die Wöhler-Kurve ab 2...10 Millionen, bei Nichteisenmetallen ab etwa 100 Millionen Lastspielen nahezu waagerecht; Schwingbeanspruchung hier = Dauerfestigkeit.

Kommen im Betrieb keine Zusatzeinflüsse vor (Verschleiß, Korrosion, mehrfache Überlastungen u.Ä.), dann tritt nach dieser „Grenzlastspielzahl" kein Bruch mehr ein. Es ist zu beachten, dass $S \cdot \sigma_a \leq \sigma_W$ bzw. bei erhöhten Mittelspannungen $S \cdot \sigma_a \leq \sigma_D$; Sicherheitsfaktor $S = 1{,}25... \geq 3$ (Beanspruchungswerte haben kleine, Dauerfestigkeitswerte haben große Indizes). Ein Dauerbruch zeigt im Allgemeinen keine plastische Verformung. Bei Kunststoffen kann die Grenzlastspielzahl nicht immer angegeben werden, da hier große überlagerte Kriecheinflüsse wirksam werden. Bei höherfesten Stählen können sich fertigungsbedingte Eigenspannungen stark auf die Dauerfestigkeit auswirken.

Dauerfestigkeitsschaubild

Für jede Unterspannung σ_u oder Mittelspannung σ_m lässt sich die größte „unendlich" oft ertragene Spannungsamplitude aus dem Dauerfestigkeitsschaubild (s. Bild) ablesen. Dieses Schaubild wird aus mehreren Wöhler-Kurven mit verschiedenen Mittelspannungen erstellt.

Sonderfälle der Dauerfestigkeit

Wechselfestigkeit σ_W

Die Spannung wechselt zwischen zwei entgegengesetzt gleich großen Grenzwerten; die Mittelspannung ist dabei null.

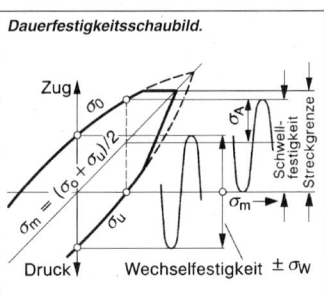

Dauerfestigkeitsschaubild.

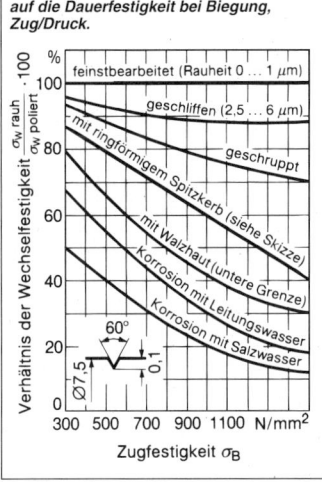

Einfluss der Oberflächenbeschaffenheit auf die Dauerfestigkeit bei Biegung, Zug/Druck.

Die Wechselfestigkeit σ_W beträgt etwa:

Bean-spruchung	bei Stahl	bei Nicht-eisenmetallen
Zug/Druck	$0{,}30...0{,}45\ R_m$	$0{,}2...0{,}4\ R_m$
Biegung	$0{,}40...0{,}55\ R_m$	$0{,}3...0{,}5\ R_m$

Schwellfestigkeit σ_{sch}

Bezeichnet die unendlich oft ertragbare Doppelamplitude bzw. Schwingbreite, wenn die Unterspannung null ist (siehe Dauerfestigkeitsschaubild).

Tabelle 3. Relaxation bei verschiedenen Werkstoffen.

Werkstoff	Bauteil	σ_B N/mm²	Anfangs- spannung N/mm²	Temperatur °C	Zeit h	Relaxation %
GD-Zn Al4 Cu 1	Gewinde	280	150[1]	20	500	30
GD-Mg Al8 Zn 1	Druck- probe	157	60	150	500	63
GD-Al Si12 (Cu)		207	60	150	500	3,3
Cq35	Schraube	800	540	160	500	11
40Cr Mo V 47	Zugstab	850	372	300	1000	12

Zulässige schwingende Beanspruchung an gekerbten Bauteilen

Die Dauerfestigkeit gekerbter Bauteile ist meist höher, als mit der Formzahl α_k berechnet wird. Außerdem sind die Werkstoffe gegenüber Kerbwirkung und Dauer(schwing)beanspruchung verschieden empfindlich, z.B. Federstähle, hochvergütete Baustähle, hochfeste Bronzen mehr als Gusseisen, rostbeständiger Stahl und ausgehärtete Aluminiumlegierungen. Statt α_k gilt bei Dauer(schwing)beanspruchung die Kerbwirkungszahl β_k, so dass z.B. bei $\sigma_m = 0$ der wirksame Spannungsausschlag am Bauteil $\sigma_{wn}\beta_k$ ist (σ_{wn} auf Restquerschnitt bezogene Nennwechselspannung). Es muss sein

$$\sigma_{wn}\beta_k \leq \sigma_{wzul} = \sigma_w/S$$

Es wurde vielfach versucht, β_k aus α_k abzuleiten, wobei z.B. Thum eine Kerbempfindlichkeit η_k einführte und festlegte

$$\beta_k = 1 + (\alpha_k - 1) \eta_k$$

η_k ist jedoch keine Werkstoffkonstante und ist auch abhängig vom Werkstoffzustand, der Bauteilgeometrie (Kerbschärfe) und von der Beanspruchungsart (z.B. wechselnd oder schwellend).

Wechselfestigkeitswerte

σ_w werkstoffabhängig.

Formzahlen

α_k kerbformabhängig.

Gestaltfestigkeit

Bei vielen Bauteilen ist es schwierig oder gar nicht möglich, eine Formzahl α_k und daraus eine Kerbwirkungszahl β_k zu bestimmen. Man muss hier die Dauerfestigkeit des ganzen Bauteils („Gestaltfestigkeit" z.B. in N Schwinglast und N·m Schwingmoment) durch Versuche ermitteln bzw. mit Versuchsergebnissen aus der Literatur zu vergleichen. Weiterhin kann die örtliche Beanspruchung z.B. mit Dehnungsmessstreifen gemessen werden. Alternativ bzw. zur Vorauslegung kann mit der Finiten-Elemente-Methode die Spannungsverteilung numerisch berechnet und mit der jeweiligen Grenzspannung verglichen werden.

Zeitstandverhalten

Wenn Werkstoffe bei erhöhten Temperaturen und/oder hohen Spannungen über lange Zeiten beansprucht werden, tritt Kriechen bzw. Relaxation auf. Sind die dabei auftretenden, im Allgemeinen sehr kleinen Verformungen unerwünscht, dann muss das „Zeitstandverhalten" berücksichtigt werden:

Kriechen: Bleibende Verformung bei gleichbleibender Belastung, d.h. (mindestens annähernd) gleichbleibender Spannung (Beispiel: Turbinenschaufel).

Relaxation: Nachlassen der Spannkräfte und der Spannungen bei Konstanthalten der anfänglich aufgebrachten (meist rein elastischen) Verformung (Beispiele s. Tabelle 3).

Bei schwingender Beanspruchung (mit $\sigma_a \leq 0,1 \; \sigma_B$) und Oberspannungen und Temperatur gemäß statischen Relaxationsversuchen treten die Verformungen bzw. Kraftverluste gemäß den statischen Versuchen erst nach ca. 10facher Zeit oder mehr auf.

---

[1] Im Spannungsquerschnitt der Stahlschraube.

Formzahl a_k für verschiedene Kerbformen

Formzahlen für Flachstäbe

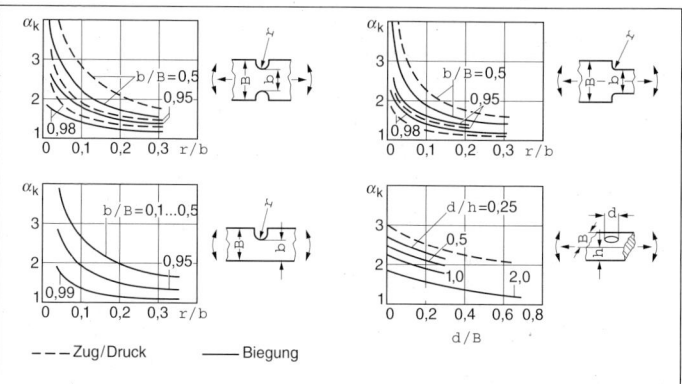

Formzahlen für Rundstäbe

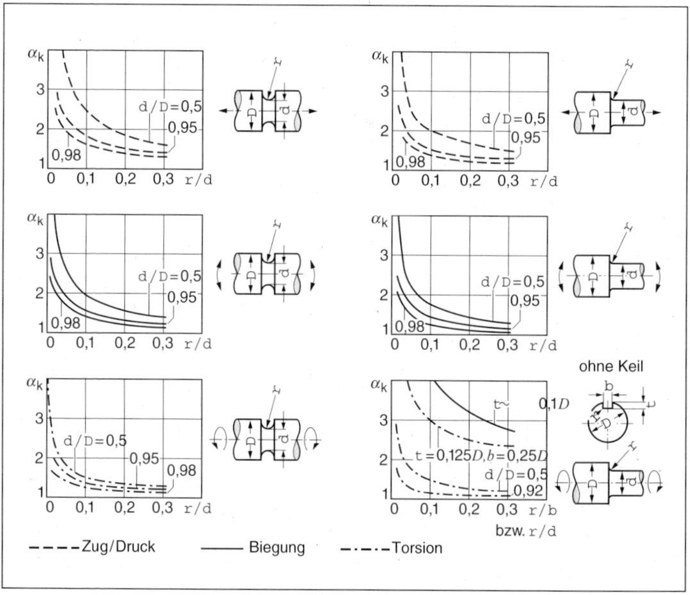

Widerstandsmomente und Flächenträgheitsmomente

NL = „Neutrale Faser"

	Widerstandsmoment W_b bei Biegung W_t bei Torsion	Flächenträgheitsmoment I_a axial, bezogen auf NL I_p polar, bezogen auf den Schwerpunkt
	$W_b = 0,098\, d^3$ $W_t = 0,196\, d^3$	$I_a = 0,049\, d^4$ $I_p = 0,098\, d^4$
	$W_b = 0,098\, (d^4 - d_0^4)/d$ $W_t = 0,196\, (d^4 - d_0^4)/d$	$I_a = 0,049\, (d^4 - d_0^4)$ $I_p = 0,098\, (d^4 - d_0^4)$
	$W_b = 0,098\, a^2 \cdot b$ $W_t = 0,196\, a \cdot b^2$	$I_a = 0,049\, a^3 \cdot b$ $I_p = 0,196\, \dfrac{a^3 \cdot b^3}{a^2 + b^2}$
	$W_b = 0,098\, (a^3 \cdot b - a_0^3 \cdot b_0)/a$ $W_t = 0,196\, (a \cdot b^3 - a_0 \cdot b_0^3)/b$	$I_a = 0,049\, (a^3 \cdot b - a_0^3 \cdot b_0)$ $I_p = 0,196\, \dfrac{n^3(b^4 - b_0^4)}{n^2 + 1}$ für $\dfrac{a}{b} = n \geq 1$; $\dfrac{a}{a_0} = \dfrac{b}{b_0}$
	$W_b = 0,118\, a^3$ $W_t = 0,208\, a^3$	$I_a = 0,083\, a^4$ $I_p = 0,140\, a^4$
	$W_b = 0,167\, b \cdot h^2$ $W_t = x \cdot b^2 \cdot h$ (Bei Torsion bleiben ursprünglich ebene Stabquerschnitte nicht eben.)	$I_a = 0,083\, b \cdot h^3$ $I_p = \eta \cdot b^3 \cdot h$
	$W_b = 0,104\, d^3$ $W_t = 0,188\, d^3$	$I_a = 0,060\, d^4$ $I_p = 0,115\, d^4$
	$W_b = 0,120\, d^3$ $W_t = 0,188\, d^3$	$I_a = 0,060\, d^4$ $I_p = 0,115\, d^4$
	$W_b = \dfrac{h^2(a^2 + 4a \cdot b + b^2)}{12(2a + b)}$	$I_a = \dfrac{h^3(a^2 + 4a \cdot b + b^2)}{36(a + b)}$
	$W_b = \dfrac{b \cdot h^3 - b_0 \cdot h_0^3}{6h}$	$I_a = \dfrac{b \cdot h^3 - b_0 \cdot h_0^3}{12}$
	$W_b = \dfrac{b \cdot h^3 + b_0 \cdot h_0^3}{6h}$	$I_a = \dfrac{b \cdot h^3 + b_0 \cdot h_0^3}{12}$

Tabelle zur Zeile mit rechteckigem Querschnitt:

$h:b$	x	η
1	0,208	0,140
1,5	0,231	0,196
2	0,246	0,229
3	0,267	0,263
4	0,282	0,281

Wärme

Formelzeichen und Einheiten
Namen der Einheiten, Umrechnung von Wärmeeinheiten, Wärmedehnung, Schmelzwärme, Verdampfungswärme (siehe Kapitel „Grundlagen" und „Stoffwerte")

Größe		SI-Einheit
A	Fläche, Querschnitt	m^2
c	spez. Wärmekapazität	$J/(kg \cdot K)$
	c_p isobare (Druck konst.)	
	c_v isochore (Vol. konst.)	
k	Wärmedurchgangskoeffizient	$W/(m^2 \cdot K)$
m	Masse	kg
p	Druck	N/m^2
H	Enthalpie (Wärmeinhalt)	J
Q	Wärme	J
$\dot{Q}$	Wärmestrom $= Q/z$	W
R	molare Gaskonstante	$J/(mol \cdot K)$
	$= 8,314$ J/mol $\cdot$ K	
	(für alle Gase gleich)	
R_i	spezielle Gaskonstante	$J/(kg \cdot K)$
	$R_i = R/M$ (M = Molekular-	
	gewicht)	
S	Entropie	J/K
s	Abstand	m
T	thermodynam. Temperatur	K
	$T = t + 273$	
	T_1 höhere, T_2 tiefere	
ΔT	Temperaturunterschied	K
	$= T_1 - T_2 = t_1 - t_2$	
t	Celsius-Temperatur	$°C$
	t_1 höhere, t_2 tiefere	
V	Volumen	m^3
v	spezifisches Volumen	m^3/kg
W	Arbeit	J
z	Zeit	s
α	Wärmeübergangskoeffizient	$W/(m^2 \cdot K)$
	a_a außen, a_i innen	
ε	Emissionsgrad	
λ	Wärmeleitfähigkeit	$W/(m \cdot K)$
ϱ	Dichte	kg/m^3

Umrechnung nicht mehr zugelassener Einheiten
1 kcal (Kilokalorie) = 4186,8 J
≈ 4200 J $\approx 4,2$ kJ
1 kcal/(m $\cdot$ h $\cdot$ grd) = 1,163 W/(m $\cdot$ K)

Enthalpie (Wärmeinhalt)

$$H = m \cdot c \cdot T$$

Enthalpiedifferenz (ΔH) ist die freiwerdende Wärme (Q) bei Temperaturänderung ($\Delta T = T_1 - T_2$)

$$\Delta H = H_1 - H_2 = Q$$
$$= m \cdot c \cdot \Delta T = V \cdot \varrho \cdot c \cdot \Delta T$$

Wärmeübertragung

Man unterscheidet drei Formen des Wärmetransportes:

Wärmeleitung: Wärme wird innerhalb eines festen, flüssigen oder gasförmigen Körpers durch Berührung der Teilchen weitergeleitet.

Konvektion: Wärme wird durch die Teilchen eines bewegten flüssigen oder gasförmigen Körpers mitgeführt. Bei freier Konvektion wird der Bewegungszustand durch Auftriebserscheinungen hervorgerufen, bei erzwungener Konvektion wird er künstlich aufrechterhalten.

Strahlung: Wärme wird durch elektromagnetische Wellen ohne stofflichen Träger von einem Körper zum anderen übertragen.

Wärmeleitung
Der in einem Körper von konstantem Querschnitt A zwischen zwei parallelen Querschnittsebenen im Abstand s bei einem Temperaturunterschied ΔT herrschende Wärmestrom ist

$$\dot{Q} = \frac{\lambda}{s} A \cdot \Delta T$$

Wärmestrahlung
Strahlungsdurchlässig sind der leere Raum und Luft. Strahlungsundurchlässig sind feste Körper, die meisten Flüssigkeiten und verschiedene Gase in bestimmten Wellenlängenbereichen.

Die von der Fläche A mit der Temperatur T ausgesandte Wärmestrahlung ist

$$\dot{Q} = e \cdot s \cdot A \cdot T^4$$

Dabei ist $\sigma = 5,67 \cdot 10^{-8}$ W/m^2 $\cdot$ K^4 die Strahlungskonstante des Schwarzen Strahlers und ε der Emissionsgrad der Fläche (folgende Tabelle).

Emissionsgrad ε
im Bereich bis 300 °C (573 K)

Schwarzer Strahler[1])	1
Aluminium, roh	0,07
Aluminium, poliert	0,04
Eis	0,9
Emaillack, weiß	0,91
Glas	0,93
Gusseisen, rau, oxydiert	0,94
Gusseisen gedreht	0,44
Holz, glatt	0,9
Kalkmörtel, rau, weiß	0,93
Kupfer, oxydiert	0,64
Kupfer, poliert	0,05
Messing, matt	0,22
Messing, poliert	0,05
Nickel, poliert	0,07
Öl	0,82
Papier	0,80
Porzellan, glasiert	0,92
Ruß	0,93
Silber, poliert	0,02
Stahl, matt, oxydiert	0,96
Stahl, poliert, ölfrei	0,06
Stahl, poliert, geölt	0,40
Wasser	0,92
Ziegelsteine	0,93
Zink, matt	0,23
Zink, poliert	0,05
Zinn, poliert	0,06

Wärmedurchgang durch eine Wand
Der durch eine Wand mit der Fläche A
und der Dicke s bei einem Temperaturunterschied ΔT gehende Wärmestrom ist

$$\dot{Q} = k \cdot A \cdot \Delta T$$

Der Wärmedurchgangskoeffizient k wird
errechnet aus

$$1/k = 1/\alpha_i + s/\lambda + 1/\alpha_a$$

Wärmedurchlasswiderstand
Er setzt sich zusammen aus den Wär-
medurchlasswiderständen der einzelnen
Wandschichten:

$$s/\lambda = s_1/\lambda_1 + s_2/\lambda_2 +$$

Wärmeleitfähigkeit: stoffabhängig

[1]) Ein „Schwarzer Strahler" ist dadurch gekennzeichnet, dass er die auf ihn fallende Licht- und
Wärmestrahlung restlos verschluckt und daher,
wenn er erhitzt wird, das Maximum an Licht aussendet, das ein Körper auszustrahlen vermag.
Ein schwarzer Strahler ist z. B. die Öffnung eines
Kohlenrohrs.

Wärmeübergangskoeffizienten
(Konvektion + Strahlung)

Art des Stoffes, der Wandfläche usw.	α_i bzw. α_a W/m² $\neq$ K
Natürliche Luftbewegung in geschlossenem Raum	
Wandflächen, Innenfenster	8
Außenfenster	11
Fußboden, Decken	
von unten nach oben	8
von oben nach unten	6
Zwangsbewegte Luft an ebener Wand	
mittl. Windgeschwindigkeit $w = 2$ m/s	15
mittl. Windgeschwindigkeit $w > 5$ m/s	$6,4 \cdot w^{0,75}$
Wasser an ebener Wand	
ruhend	500 ... 2000
bewegt	2000 ... 4000
siedend	2000 ... 6000

**Wärmedurchlasswiderstand von Luft-
schichten** s/λ
(Leitung + Konvektion + Strahlung)

Lage der Luftschicht	Dicke der Luftschicht mm	Wärmedurchlass-widerstand s/λ m² K/W
Luftschicht senkrecht	10	0,14
	20	0,16
	50	0,18
	100	0,17
	150	0,16
Luftschicht waagerecht		
Wärmestrom	10	0,14
von unten	20	0,15
nach oben	50	0,16
Wärmestrom	10	0,15
von oben	20	0,18
nach unten	50	0,21

**Wärmebedarf für die Heizung von
Wohnhäusern**
Für 1 m² beheizte Wohnfläche benötigt
man 50 bis 60 W.

Technische Temperaturmessung

(VDE/VDI-Richtlinie 3511)

Messanordnung	Messbereich	Wirkungsweise	Anwendungsbeispiele
Flüssigkeits-Glasthermometer	- 200 ... 1000 °C	Wärmedehnung der Flüssigkeit wird in Glasröhrchen angezeigt. Füllung: Pentan (– 200 ... 30 °C). Alkohol (–100 ... 210 °C). Toluol (– 90 ... 100 °C). Quecksilber (– 38 ... 600 °C), Gallium (...1000 °C).	Für Flüssigkeiten und Gase, zur Überwachung von Dampf-, Heiz- und Trockenanlagen; Kühlanlagen; in Rohrleitungen strömende Medien.
Feder-thermometer	- 50 ... 500 °C	Eine Flüssigkeit in einem Tauchgefäß betätigt über eine Rohrfeder durch ihren Ausdehnungsdruck (Quecksilber, Toluol) oder Dampfdruck (Äther, Hexan, Toluol, Xylol) einen Zeiger oder ein Schreibgerät.	Zur Temperaturüberwachung und Registrierung (Fernanzeige bis 35 m) in Kraftwerken, Fabriken, Heizungsanlagen, Kühlräumen.
Stab-ausdehnungs-thermometer	0 ... 1000 °C	Unterschiedliche Wärmedehnung zweier Metalle (Stab in Rohr).	Temperaturregler.
Bimetall-thermometer	- 50 ... 400 °C	Krümmung eines aus zwei verschiedenen Metallen bestehenden Streifens.	Temperaturregler.
Widerstands-thermometer	- 220 ... 850 °C	Widerstandsänderung bei Temperaturunterschied. Pt-Drähte – 220 ... 850 °C, Ni-Drahte – 60 ... 150 °C, Cu-Drähte – 50 ... 150 °C, Halbleiter – 40 ... 180 °C.	Temperaturmessungen an Maschinen, Wicklungen, Kühlanlagen. Fernübertragung möglich.
Heißleiter (Thermistoren)	0 ... 500 °C (2200°)	Starke Verringerung des elektrischen Widerstandes bei steigender Temperatur.	Messung kleiner Temperaturdifferenzen, da hohe Messempfindlichkeit.
Thermoelemente	- 200 ... 3000 °C	Thermospannung zweier Metalle, deren Verbindungsstellen verschiedene Temperatur haben.	Temperaturmessungen an und in Maschinen, Fernübertragung möglich.
Strahlungs-thermometer (Pyrometer, Infrarotkamera, Hochgeschwindigkeits-Pyrometer)	> 600 °C (speziell auch ab - 40 °C)	Die von einem Körper ausgesandte Strahlung dient als Temperaturmaß. Sie wird mit Thermo- oder Photoelementen oder durch Leuchtdichtevergleich ermittelt. Emissionsgrad muss beachtet werden.	Schmelz- und Glühöfen. Oberflächentemperatur. Objekte in Bewegung. Thermografimetrie, sehr kurze Ansprechzeit.
Temperatur-messfarben Temperatur-messstifte	40 ... 1350 °C	Farbumschlag bei Überschreiten bestimmter Temperaturen. Es gibt Farben und Stifte mit 1 Umschlag und mit mehreren (bis 4) Umschlägen. Umschlagfarbe bleibt nach Erkalten bestehen.	Temperaturen an umlaufenden Teilen, an unzugänglichen Stellen, bei Zerspanungsvorgängen; Warnung vor Übertemp.; Werkstoffprüfung (Risse).
Absaugthermometer, -pyrometer	1800 ... 2800 °C	Gas wird aus der Flamme abgesaugt.	Flammtemperaturmessung (Anzeige träge).

Andere Temperaturmessmethoden: Spektroskopie, Interferometrie, Quarzthermometrie, Rauschthermometrie, Flüssigkristalle, akustische und magnetische Thermometer.

Akustik

Bei der Arbeit mit Elektrowerkzeugen entsteht zwangsläufig eine Geräuschemission, deren Ursache sich aus den zwei Komponenten
– Maschinengeräusch
– Arbeitsgeräusch
zusammensetzt. Das Maschinengeräusch kann innerhalb eines bestimmten Bereiches konstruktiv beeinflusst werden. Mögliche Maßnahmen sind:
– mechanische Entkopplung geräuscherzeugender Komponenten
– geräuschdämmende Werkstoffe
– konstruktive Gestaltung (z.B. Kühlluftgebläse)
– Verändern der Frequenzlage
Das Arbeitsgeräusch, beispielsweise das Eindringen eines Meißels in Gestein, kann in der Regel nicht beeinflusst werden. Hier sind lediglich passive Maßnahmen (Tragen von Gehörschutz) möglich.

Messen des Maschinengeräusches

Nach VDE 0740 EN 50144 erfolgt die Messung des Maschinengeräusches durch fünf räumlich im Abstand von einem Meter zur Maschine angeordnete Mikrofone. Aus den gemessenen Werten werden der Schallleistungspegel L_{WA} und der Schalldruckpegel L_{pA} ermittelt. Die hierzu verwendete Formel lautet:

Schalldruckpegel L_{pA} + 13 dB
= Schallleistungspegel L_{WA}

wobei die 13 dB ein konstantes Schallflächenmaß darstellen.
Zum besseren Verständnis werden die allgemeinen Begriffe der Akustik im Folgenden erklärt.

Begriffe der Akustik

Schall
Unter Schall versteht man mechanische Schwingungen und Wellen eines elastischen Mediums, insbesondere im hörbaren Frequenzbereich von 16 bis 20.000 Hertz. Als Ultraschall bezeichnet man Schwingungen oberhalb des vom Menschen hörbaren Frequenzbereiches.

Schallausbreitung
Der Schall breitet sich im Allgemeinen kugelförmig aus einer Schallquelle aus. Im freien Schallfeld nimmt der Schalldruckpegel mit der Entfernung von der Schallquelle ab, und zwar bei jeder Entfernungsverdoppelung um 6 dB. Reflektierende Objekte im Schallfeld beeinflussen diese, wodurch die Abnahme des Pegels geringer wird.

Schallgeschwindigkeit c
Die Ausbreitungsgeschwindigkeit und die Wellenlänge der Schallwellen hängen von dem Medium ab, in welchem sich die Schallwellen ausbreiten. Generell nimmt die Schallgeschwindigkeit mit der Dichte des Mediums zu.

Spezifische Schallimpedanz Z
Die spezifische Schallimpedanz kennzeichnet die Übertragungseigenschaften eines Mediums für die Schallwellen. Für Luft von 20 °C bei 1013 hPa (760 Torr) ist $Z = 415$ Ns/m³, für Wasser von 10 °C ist $Z = 1,44 \times 10^6$ Ns/m³.

Schallschnelle v
Die Schallschnelle ist die Wechselgeschwindigkeit eines schwingenden Teilchens.

Schalldruck p
Der Schalldruck ist der im Medium hervorgerufene Wechseldruck. Er wird meist als Effektivwert gemessen. Im freien Schallfeld gilt: $p = v \times Z$

Schallleistung P
Von einer Schallquelle abgegebene Schallleistung in Watt.

Schallspektrum
Darstellung der Abhängigkeit des Schalldruckpegels von der Frequenz.

Messgrößen für Geräuschemissionen

Unter Geräuschemission versteht man das von einer Geräuschquelle ausgehende Geräusch. Üblicherweise werden Schallfeldgrößen als Effektivwerte und nach einer frequenzabhängigen Bewertung (A-Bewertung) angegeben. Dies wird durch den Index A an dem betreffenden Formelzeichen ausgedrückt.

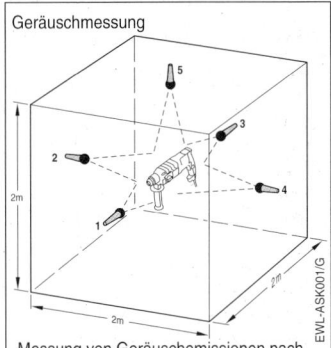

Geräuschmessung

Messung von Geräuschemissionen nach VDE EN 50144-1
1 bis 5: Anordnung der Messmikrofone im Abstand von 1m von der Geräuschquelle.

EWL-ASK001/G

Schallleistungspegel L_W

Die Schallleistung einer Schallquelle wird durch den Schallleistungspegel L_W beschrieben. Er ist der zehnfache Zehnerlogarithmus des Verhältnisses aus berechneter Schallleistung zu der Bezugsschallleistung $P_0 = 10^{-12}$ W. Die Schallleistung ist nicht direkt messbar. Sie wird aus Größen des Schallfeldes, welches sich um die Schallquelle herum bildet, berechnet. Üblicherweise werden dazu nach DIN 45 635 die Schalldruckpegel L_p an bestimmten Positionen um die Schallquelle herum herangezogen. Auch aus Schallintensitätspegeln L_i, gemessen auf Teilflächen einer gedachten Hüllfläche um die Schallquelle, ist die Berechnung von L_W möglich. Tritt die gesamte Geräuschabstrahlung gleichmäßig durch eine Fläche von $S_0 = 1$ m² hindurch, dann haben auf dieser Fläche Schalldruck-

pegel L_p und Schallintensitätspegel L_i den Wert des Schallleistungspegels L_W.

Schalldruckpegel L_p

Der Schalldruckpegel ist der zehnfache Zehnerlogarithmus des Verhältnisses aus dem Quadrat des Schalldruckeffektivwertes und dem Quadrat des Bezugsschalldruckes. Die Angabe erfolgt in Dezibel (dB).

Als frequenzabhängig A-bewerteter Schalldruckpegel L_{pA} wird er für einen Messabstand von d = 1 m häufig zur Charakterisierung von Schallquellen benützt.

Schallintensitätspegel L_i

Der Schallintensitätspegel ist der zehnfache Zehnerlogarithmus des Verhältnisses aus Schallintensität und Bezugsschallintensität.

Mehrere Schallquellen

Beim Zusammenwirken mehrerer Schallquellen müssen die Schallintensitäten oder die Schalldruckquadrate addiert werden. Der Gesamtschallpegel ergibt sich dann wie folgt aus den Einzelschallpegeln:

Zusammenwirken mehrerer Schallquellen

Differenz zwischen zwei Einzelschallpegeln	Gesamtschallpegel = höherer Einzelschallpegel + Zuschlag von:
0 dB	3' dB
1 dB	2,5 dB
2 dB	2,1 dB
3 dB	1,8 dB
4 dB	1,5 dB
6 dB	1 dB
8 dB	0,6 dB
10 dB	0,4 dB

Messgrößen für Geräuschimmissionen

Unter Geräuschimmission versteht man das auf einen Gegenstand oder den Menschen einwirkende Geräusch. Die Geräuscheinwirkung auf den Menschen wird nach DIN 45 645 mit dem Beurteilungspegel L_r bewertet. Er ist ein Maß für die mittlere Geräuschimmission während einer Beurteilungszeit (z. B. 8 Arbeitsstunden), und er wird bei schwankenden Geräuschen entweder mit integrierenden Messgeräten direkt gemessen oder aus einzelnen Schalldruckpegelmessungen und den dazugehörigen Zeitspannen der einzelnen Schalleinwirkungen errechnet. Besonderheiten des einwirkenden Geräusches wie beispielsweise Impulshaltigkeit oder Tonhaltigkeit können dabei durch entsprechende Pegelzuschläge berücksichtigt werden.

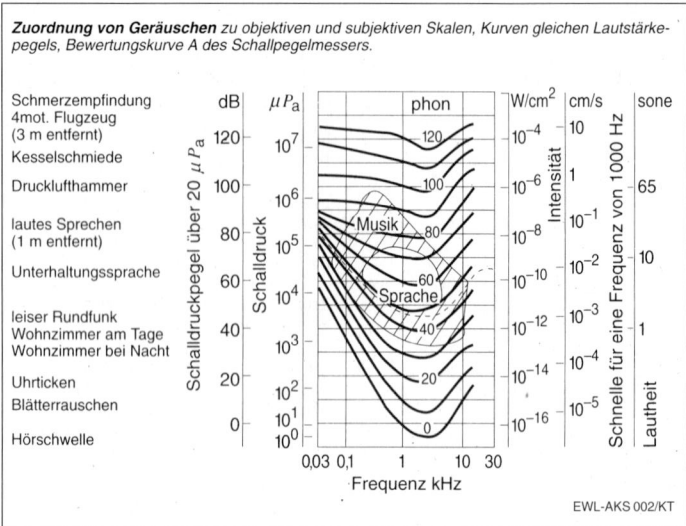

Zuordnung von Geräuschen zu objektiven und subjektiven Skalen, Kurven gleichen Lautstärkepegels, Bewertungskurve A des Schallpegelmessers.

EWL-AKS 002/KT

Richtwerte TA-Lärm
gemessen vor dem nächstgelegenen Wohnhaus 0,5 m vor dem geöffneten Fenster

Beurteilungsgebiet	tagsüber dB (A)	nachts dB (A)
Industriegebiet	70	70
vorwiegend Industriegebiet	65	50
Mischgebiet	60	45
vorwiegend Wohngebiet	55	40
Wohngebiet	50	35
Krankenhäuser, Kurgebiete	45	35

**Energieäquivalenter
Dauerschallpegel** L_{Aeq}
Bei zeitlich schwankenden Geräuschen
ist der aus den Schalldruckpegeln unter
Berücksichtigung ihrer Einwirkungszeit
gebildete mittlere A-bewertete Schalldruckpegel gleich dem energieäquivalen-
ten Dauerschallpegel, wenn er die mittlere Einwirkungsenergie in der gesamten
Beurteilungszeit beschreibt. Für den Beurteilungspegel gibt es nach TA-Lärm entsprechende Richtwerte.

Subjektive
Geräuschbewertung

Das menschliche Gehör ist in der Lage,
etwa 300 Lautstärkestufen und ca.
3000...4000 Frequenzstufen (Töne) dynamisch in hoher zeitlicher Auflösung zu unterscheiden und nach komplexen Mu-
stern auszuwerten. Lautstärkeempfin-
dungen gehen darum nicht mit den
energieorientierten technischen Schall-
pegeln parallel. A-bewertete Schallpegel,
welche die Frequenzabhängigkeit der
menschlichen Hörempfindlichkeit berücksichtigen, das phon-Maß und die Laut-
heits-Bestimmung in sone geben näherungsweise Maßzahlen für die subjektive
Lärmempfindung an. Lästigkeit und Stör-
potential von technischen Geräuschen
können aber nicht alleine mit Lautstärken-
maßen beschrieben werden. Selbst ein in
lauter Umgebung kaum hörbares
Geräusch kann bei ruhiger Umgebung als
sehr störend empfunden werden.

Lautstärkepegel L_s
Der Lautstärkepegel ist das Vergleichs-
maß für die Stärke der subjektiven Wahrnehmung eines Schallereignisses in
phon. Der Lautstärkepegel eines Schalles
wird durch Hörvergleich mit dem Standardschall ermittelt. Standardschall ist
dabei eine von vorne auf den Kopf des
Beobachters treffende ebene Schallwelle
mit der Frequenz 1000 Hz. International
wird der Lautstärkepegel mit „loudness le-
vel" bezeichnet. Ein Unterschied von
8...10 phon wird als doppelt bzw. halb so
laut empfunden.

phon
Der als gleich laut empfundene Standardschall hat einen bestimmten Wert in dB.
Dieser Wert wird als Lautstärkepegel des
Testschalles mit der Benennung phon angegeben. Weil das menschliche Schall-
empfinden frequenzabhängig ist, stimmen
z.B. für Töne die dB-Werte des Testschalles mit Ausnahme der Bezugsfrequenz
1000 Hz nicht mit den dB-Werten des
Standardschalles überein, wohl aber die
phon-Zahlen.

Lautheit S **in** *sone*
Die Lautheit ist ein Maß für die Größe der
subjektiven Schallempfindung, bei welcher man von der Frage ausging, um wie
viel lauter oder leiser ein Geräusch empfunden wird, wenn man es mit einem anderen vergleicht.
Der Lautstärkepegel von $L_s = 40$ *phon*
entspricht nach der Festlegung der Lautheit $S = 1$ *sone*. Verdopplung oder Hal-
bierung der Lautheit ergibt Unterschiede
im Lautstärkepegel von ca. 10 *phon*. Für
stationären Schall gibt es nach ISO ein
genormtes Berechnungsverfahren der
Lautheit nach Terzpegeln. Es berücksichtigt sowohl die Frequenzgewichtung als
auch Verdeckungseffekte des Gehörs.

Tonheit, Schärfe
Das Spektrum des hörbaren Schalles
kann in 24 gehörorientierte Frequenz-
gruppen eingeteilt werden. Sie stellen
Tonheiten, Bereiche der Tonhöhenemp-
findung dar. Aus der Lautheits-Tonheits-
Verteilung lassen sich Maßzahlen für an-
dere subjektive Hörempfindungen, z. B.
Schärfe eines Geräusches, ähnlich dem
Terzspektrum, ableiten.

Zusammenfassung

*Die Geräuschempfindung und damit die
Lästigkeit von Lärm wird subjektiv empfunden. Sie ist stark frequenzabhängig,
was bei Messungen berücksichtigt werden muss. Bei Elektrowerkzeugen kann
nur das Maschinengeräusch konstruktiv
beeinflusst werden. Gegen das Arbeitsgeräusch muss man sich mit passiven
Maßnahmen schützen.*

Steuerungs- und Regelungstechnik

Die Steuer- und Regelungstechnik wird angewendet, um technische Geräte und Vorgänge in ihrer Funktion und ihrer Wirkung zu beeinflussen. Die Unterschiede zwischen
– Steuerung
– Regelung
wird entsprechend DIN 19226 wie folgt definiert:

Steuerung

Steuern ist der Vorgang in einem System, indem eine oder mehrere Größen als Eingangsgrößen andre Größen als Ausgangsgrößen auf Grund der dem System eigentümlichen Gesetzmäßigkeit beeinflussen. Kennzeichen für das Steuern ist der offene Wirkungsablauf über das einzelne Übertragungsglied oder die Steuerkette. Die Benennung Steuerung wird vielfach nicht nur für den Vorgang des Steuerns, sondern auch für die Gesamtanlage verwendet, in der die Steuerung stattfindet.

Steuerkette

Eine Steuerkette ist die Anordnung von Gliedern (Systemen),die in der Struktur einer Kette auf einander einwirken. Eine Steuerkette als Ganzes kann innerhalb eines übergeordneten Systems mit weiteren Systemen in beliebigem wirkungsmäßigem Zusammenhang stehen. Durch eine Steuerkette kann nur die Auswirkung einer Störgröße bekämpft werden, die von dem Steuergerät erkannt bzw. gemessen wird. Andere Störgrößen wirken sich ungehindert aus. Die Steuerkette wird unterteilt in
– Steuereinrichtung
– Steuerstrecke
wobei im Beispielsfall eines Elektrowerkzeuges damit folgende Komponenten gemeint sind:

Steuereinrichtung
Die Steuereinrichtung besteht aus
– dem Steuergerät, in diesem Falle der Anwender
– dem Stellglied, in diesem Falle die Phasenanschnittsteuerung im Elektronik schalter

Steuerstrecke
Die Steuerstrecke ist im Beispielsfall der Antriebsmotor im Elektrowerkzeug

Praxisverhalten der Steuerung
Bei der Steuerung findet kein automatischer Ausgleich der von Störgrößen verursachten Drehzahl- oder Hubzahländerungen statt. Der Anwender muss diese Änderungen akustisch, optisch oder gefühlsmäßig wahrnehmen und dann das Stellglied (z.B. den Elektronikschalter) manuell beeinflussen. Nach Wegfall der Störgröße muss wiederum das Stellglied betätigt werden um auf die Ausgangsdrehzahl zurückzukommen.

Typische Anwendung der Steuerung
Elektrowerkzeuge mit Steuerelektronik sind bei Anwendungen vorteilhaft, wo in der Anfangsphase des Arbeitsvorganges eine niedrige Drehzahl oder Hubzahl erwünscht ist. Dies trägt zur Qualität des Arbeitsganges, aber auch zur Sicherheit des Anwenders bei. Die Steuerelektronik wird wegen ihrer günstigen Kosten hauptsächlich bei
– Bohrmaschinen
– Schlagbohrmaschinen
– Kleinen Bohrhämmern
– Stichsägen
– Elektrofuchsschwanz

des unteren bis mittleren Preissegmentes eingesetzt.

Steuerkette

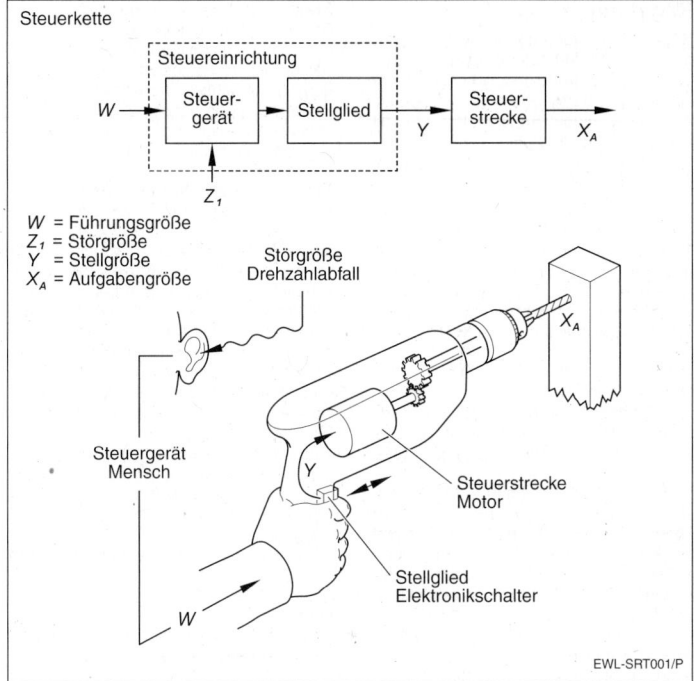

W = Führungsgröße
Z_1 = Störgröße
Y = Stellgröße
X_A = Aufgabengröße

EWL-SRT001/P

Regelung

Regeln ist ein Vorgang, bei dem die zu regelnde Größe fortlaufend erfasst und mit der Führungsgröße verglichen wird und abhängig vom Ergebnis dieses Vergleichs im Sinne einer Angleichung an die Führungsgröße beeinflusst wird. Der sich dabei ergebende Wirkungsablauf findet in einem geschlossenen Kreis, dem sogenannten Regelkreis statt.

Die Regelung hat die Aufgabe, trotz störender Einflüsse den Wert der Regelgröße an den durch die Führungsgröße vorgegebenen Wert anzugleichen, auch wenn dieser Angleich im Rahmen gegebener Möglichkeiten nur unvollkommen geschieht.

Regelkreis

Der Regelkreis wird gebildet durch die Gesamtheit aller Glieder, die an dem geschlossenen Wirkungsablauf der Regelung teilnehmen.

Der Regelkreis ist ein in sich geschlossener Wirkungsweg mit einsinniger Wirkungsrichtung. Die Regelgröße wirkt in einer Kreisstruktur im Sinne einer Gegenkopplung auf sich selbst zurück. Im Gegensatz zur Steuerung berücksichtigt die Regelung den Einfluss aller Störgrößen im Regelkreis. Der Regelkreis wird unterteilt in
– Regeleinrichtung
– Regelstrecke
wobei im Beispielsfall eines Elektrowerkzeuges damit folgende Komponenten gemeint sind:

Regeleinrichtung

Die Regeleinrichtung besteht aus
– dem Regler, in diesem Falle ein Prozessor im Elektronikschalter
– dem Stellglied, in diesem Falle der Phasenanschnittsteuerung im Elektronikschalter
– dem Sensor, in diesem Falle der Drehzahlerfassung am Motor

Regelstrecke

Die Regelstrecke ist im Beispielsfall der Antriebsmotor im Elektrowerkzeug.

Praxisverhalten der Regelung

Bei der Regelung findet ein selbstständiger, automatischer Ausgleich der von Störgrößen (unterschiedlichen Belastungen) verursachten Drehzahl- oder Hubzahländerungen statt. Der Anwender muss das Stellglied (z.B. den Elektronikschalter) nicht manuell beeinflussen.

Typische Anwendung der Regelung

Elektrowerkzeuge mit Regel- oder Konstantelektronik werden bevorzugt für Arbeitsaufgaben eingesetzt, wo eine konstante Drehzahl oder Hubzahl für den Arbeitsfortschritt und die Arbeitsqualität wichtig sind. Besonders gut wirken sich die Eigenschaften aus, wenn durch besondere Arbeitsumstände das Elektrowerkzeug häufig im Grenzlastbereich oder Überlastbereich betrieben wird. Die Regel- oder Konstantelektronik wird hauptsächlich bei
– großen Schlagbohrmaschinen
– großen Bohrhämmern
– kleinen Winkelschleifern
– Kreissägen
– Kettensägen
– Stichsägen der oberen Leistungsklasse
– Oberfräsen
– Elektrohobeln
angewendet.
Besonders vorteilhaft ist die Verwendung von Elektrowerkzeugen mit Regel- oder Konstantelektronik im stationären Betrieb wie beispielsweise in
– Bohrständern
– Untergestellen
– Mehrzwecktischen
– Drechselgeräten
Bei diesen Anwendungen werden meist beide Hände für die Vorschubbewegung und zum Halten des Werkstücke benötigt, sind also nicht für eventuelles Drehzahlnachstellen verfügbar.

Regelkreis

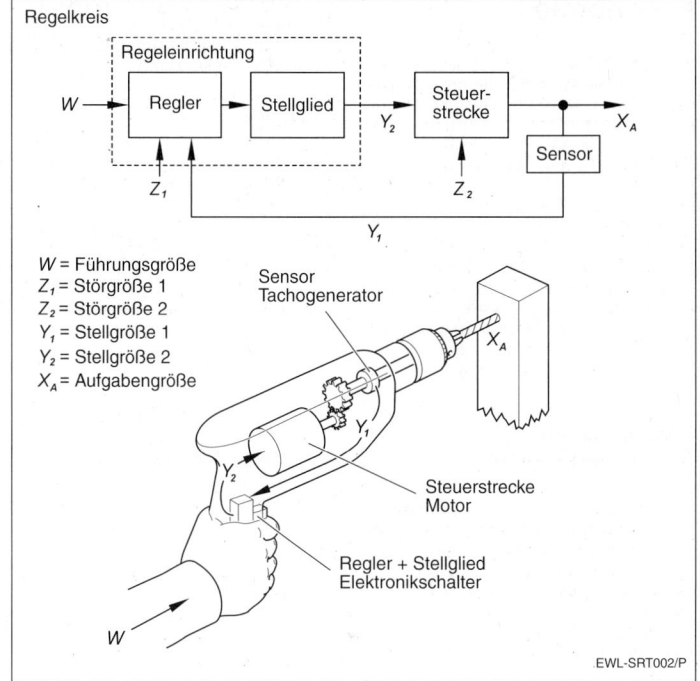

W = Führungsgröße
Z_1 = Störgröße 1
Z_2 = Störgröße 2
Y_1 = Stellgröße 1
Y_2 = Stellgröße 2
X_A = Aufgabengröße

Sensor
Tachogenerator

Steuerstrecke
Motor

Regler + Stellglied
Elektronikschalter

.EWL-SRT002/P

Ergonomie

Der Begriff „Ergonomie" setzt sich aus den griechischen Wörtern „ergon" (Arbeit, Werk) und „nomos" (Gesetz, Regel, Lehre) zusammen. Er hat in der technischen Umgangssprache die Bedeutung „Lehre von der anwenderbezogenen Gestaltung von Arbeitswerkzeugen und Gerätschaften". Der Begriff „Ergonomie" entstand 1950 im Rahmen eines wissenschaftlichen Kongresses in Cambridge, GB, mit dem Thema: Mensch – Maschine – Umgebung – Arbeitsaufgabe und Auswirkungen auf Berufskrankheiten.

Zielsetzung der Ergonomie ist, das Werkzeug an den Menschen anzupassen, nicht den Menschen an das Werkzeug.

Ergonomie bei Elektrowerkzeugen

Ein ergonomisch konstruiertes Elektrowerkzeug verfügt über viele Einzeleigenschaften, welche in ihrer Summe den Gebrauchsnutzen ausmachen. Typische Ansatzpunkte für die Ergonomie sind:
– Gewicht
– Formgestaltung
– Werkzeugoberfläche
– Farbe
– Erwärmung
– Vibration
– Geräuschentwicklung

Gewicht
Elektrowerkzeuge mit hohem Gewicht sind „schwerer" zu handhaben. Als Beispiel sei hier der Bohrhammer erwähnt. Der erste elektrisch betriebene Bohrhammer wurde 1932 von BOSCH entwickelt. Er hatte ein Gewicht von fast 10 kg und eine Schlagleistung um etwa 1,5 Joule. Ein vergleichbarer Bohrhammer der heutigen Generation hat bei einem Maschinengewicht von ca. 2,5 kg eine Schlagleistung von etwa 2,2 Joule.

Hohe Maschinengewichte führen bei Arbeiten in Zwangslagen, z. B. über Kopf, zu frühzeitiger Ermüdung, worunter der Arbeitsfortschritt und die Arbeitsqualität leiden. Ebenso ist Ermüdung ein Unsi-

cherheitsfaktor. Ziel der Ergonomie ist es, Maschinen mit günstigem Leistungsgewicht, also hoher Leistung bei geringem Gewicht, zu konstruieren.

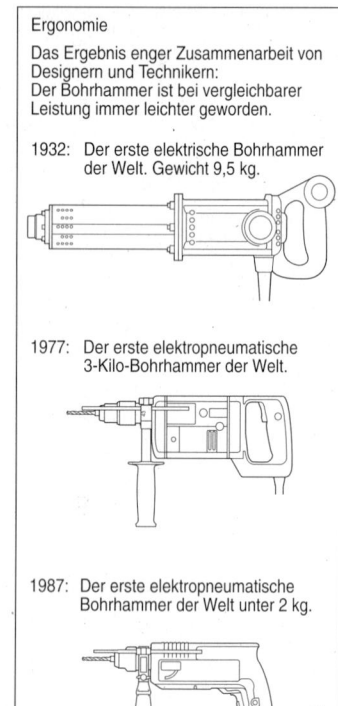

Ergonomie

Das Ergebnis enger Zusammenarbeit von Designern und Technikern:
Der Bohrhammer ist bei vergleichbarer Leistung immer leichter geworden.

1932: Der erste elektrische Bohrhammer der Welt. Gewicht 9,5 kg.

1977: Der erste elektropneumatische 3-Kilo-Bohrhammer der Welt.

1987: Der erste elektropneumatische Bohrhammer der Welt unter 2 kg.

EWL-E008/G

Formgestaltung
Die Formgestaltung eines Gerätes ist die wichtigste Einflussgröße, wenn es um die Begriffe „Handlichkeit" und „leichte Bedienbarkeit" geht. Die Formgestaltung ist demnach gewissermaßen die Schnittstelle zwischen der reinen Maschinenfunktion und dem Maschinenanwender Mensch.

Wichtig für die Formgestaltung sind also
– Handlichkeit
– Oberfläche
– Farbe

Handlichkeit

Elektrowerkzeuge haben Griffbereiche, mittels derer der Anwender die Maschine hält, führt und Vorschubkräfte einleitet. Am Beispiel des in die Maschine integrierten Griffes und des Zusatzhandgriffes einer Schlagbohrmaschine sei dies verdeutlicht:
Die Aufgabe der Hand beim Bohren ist:
– Halten
– Führen
– Andrücken
– Schalten
Ohne Arbeitsunterbrechung, Griffwechsel und vorzeitige Ermüdung müssen diese Funktionen vom Anwender erfüllbar sein. Ergonomischer Schwerpunkt einer Maschine sind deshalb stets die Griffbereiche.

Haltefunktion: Der Designer geht bei der Gestaltung von der natürlichen Handhaltung beim Greifen aus. Wenn sich die geöffnete Hand langsam schließt, bilden die Handinnenflächen beim Zufassen eine leichte Schräge. Die Finger decken bei geschlossener Hand eine unterschiedlich lange Fläche ab. Von oben betrachtet ist eine leicht ovale Form zu erkennen. Diese drei wesentlichen Fakten muss der Designer bei der Gestaltung des Griffes zunächst berücksichtigen. Mit anderen Worten: Die Griffform muss der natürlichen Form der Handinnenflächen entgegenkommen. Die Kontaktflächen der Finger zeigen, dass der längste wie der kürzeste Finger eine ausreichende Auflagefläche haben muss, um die unterschiedlichen Kräfte, die von jedem Finger übertragen werden, aufzunehmen. Aus der geschlossenen Handform ergibt sich dann auch ganz selbstverständlich die grobe Form des Griffes. Sie ist folgerichtig nahezu oval.

Ergonomie
Der Weg zum ergonomischen Handgriff

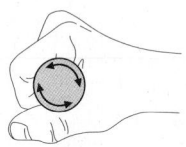

Runder Griffquerschnitt: Entspricht nicht der natürlichen Formbildung der geschlossenen Hand.
Unsichere Maschinenführung.
Der Griff dreht sich zu leicht in der Hand (Pfeile)

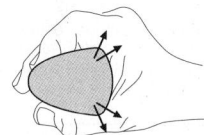

Dreieckgriff: Der Griff ist zu breit.
Behinderung beim Umfassen.
Die Ecken des Griffs drücken auf die Hand (Pfeile)

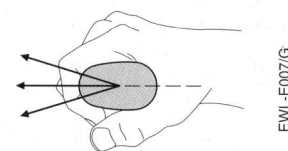

Nahezu ovaler Griff: Richtungsorientiertes Arbeiten (Pfeile) bei idealem Form- und Reibschluss.

EWL-E007/G

Ergonomie
Form- und Reibschluss am Handgriff

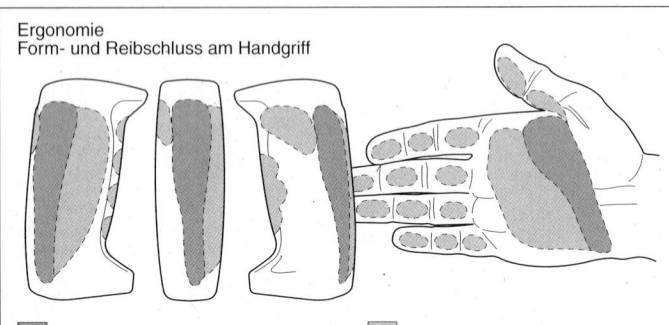

Formschluss / Zugriff. Der Druck liegt
Nur auf einem schmalen Streifen des
Griffs. Bereits jetzt können Kräfte über
den Griff eingeleitet werden.

Reibschluss / Umgriff. Er wird erreicht
durch das Umgreifen der Finger.
Jetzt kann ein erheblicher Teil der
Kräfte nach vorne und zur seitlichen
Führung wirksam werden.

EWL-ERG001/P

Ergonomie
Griffschräge

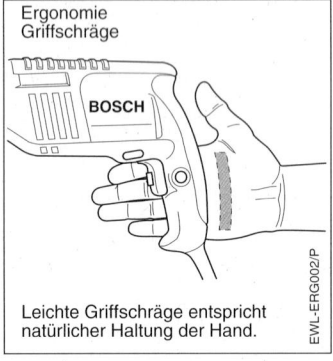

Leichte Griffschräge entspricht
natürlicher Haltung der Hand.

EWL-ERG002/P

Führungsfunktion: Die Hand muss nicht
nur die Maschine halten, sondern auch
führen. Beim Führen wird die Form eines gut
gestalteten Griffes spürbar. Die Hand muss
Spielraum haben, um sich zu bewegen und
dennoch die Maschine festhalten zu können. Der ergonomisch richtig geformte Griff
erlaubt dies, ein falsch geformter Griff lässt
die Hand verkrampfen. Dies wird besonders
in schwierigen Arbeitspositionen deutlich.

Ergonomie
Sichere Führung der Maschine

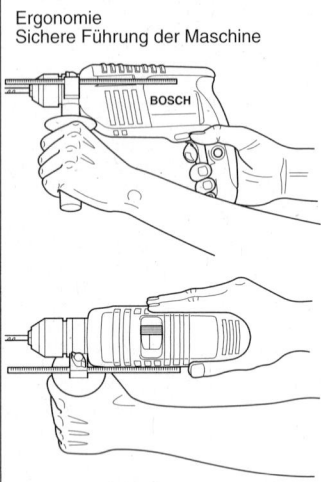

Durch optimale Griffpositionen sichere
Maschinenführung und Drehmoment-
beherrschung.

EWL-ERG003/P

Anpressdruck: Wenn hoher Anpressdruck erforderlich ist, muss er in Richtung der Bohrerachse erfolgen. Bei richtig gestalteter Maschine heißt dies, dass der Pistolengriff nach oben in der Verlängerung der Bohrerachse zu einer Griffmulde führt und die Hand dort durch unmittelbaren Druck auf die Bohrerstelle die optimale Krafteinleitung erlaubt.

Ergonomie
Krafteinleitung beim Andruck

BOSCH

Seitenansicht der
Griffmulde

Daumen und Zeigefinger haben in Der Griffmulde festen Kontakt zur Maschine. Bohrachse und Unterarmachse bilden eine waagerechte Linie für direkte Krafteinleitung in Richtung Bohrstelle.

EWL-ERG004/P

Griffposition: Die Positionierung des Handgriffes am Maschinengehäuse kann aus obengenannten Gründen bei ein und demselben Werkzeugtyp unterschiedlich ausfallen, je nachdem, für welche Arbeitsaufgabe die Maschine verwendet wird. Dies ist besonders bei Bohrschraubern der Fall. Beim Schrauben ist meist nur ein geringer Andruck nötig, dafür soll die Schwerpunktlage ausgeglichen sein. Durch die Positionierung als „Mittelgriff" wird dies ermöglicht. Beim Bohren ist da-

gegen eine hohe Andruckkraft erforderlich, man wird in diesem Falle die Form des „Pistolengriffes" verwenden.

Bedienelemente: Sicheres Arbeiten setzt voraus, dass die Maschine in jeder Arbeitsposition sicher ein- und ausgeschaltet werden kann. Der oder die Finger sollen den Schalter nicht suchen müssen, sondern ihn sofort „blind" erreichen. Schalter dürfen deshalb nicht irgendwo versteckt angebracht sein, sondern müssen deutlich hervortreten, so dass man selbst mit Handschuhen mühelos schalten kann. Bei richtiger Gestaltungskombination von Griff und Schalter können sich die Finger leicht zum Schalter bewegen und die Maschine lässt sich trotzdem sicher halten und ohne Schwierigkeiten führen.

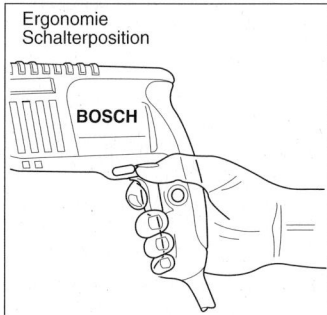

Ergonomie
Schalterposition

BOSCH

Die Finger erreichen die griffgünstig angeordneten Schalter, ohne danach „suchen" zu müssen. Der Zeigefinger bedient den Rechts-/Linkslauf und den Ein-/Ausschalter bzw. den Schalter zum „Gasgeben". Der Daumen bedient den Feststellknopf und den Rechts-/Linkslauf.

EWL-ERG005/P

Oberfläche
Glatte Oberflächen sind ungünstig für die Handhabung, die Hände „kleben" unangenehm am Griff, bei Schweiß oder öl- bzw. fettverschmutzten Händen oder Handschuhen ist kein sicherer Griff mehr gewährleistet.

Ist die Oberfläche mit zu dominanten Noppen oder Konturen versehen, dann ist die Griffsicherheit besser, jedoch graben diese sich unter den Andruckkräften auf die Dauer schmerzhaft in die Handoberfläche ein.

Eine leicht aufgeraut strukturierte Oberfläche dagegen ergibt eine gute Griffsicherheit und lässt die Haut „atmen". Durch die Luft zwischen Hand und Maschinenoberfläche wird die Schweißbildung verringert.

Farbe

Die Farbe hat keine direkte Auswirkung auf die Ergonomie, sie wirkt indirekt psychologisch auf den Anwender. Es ist bekannt, dass Farben entscheidend das Gefühl des Menschen beeinflussen können. Schwarz gilt als „schwere" Farbe, Weiß wird dagegen als „leicht" empfunden. Die Farbe Rot gilt beispielsweise als „aggressiv", bestimmte Blau- und Grüntöne dagegen werden als „beruhigend" empfunden. Diese Wirkungen müssen vom Designer beachtet werden, wenn es um die Farbgebung eines Elektrowerkzeuges geht. Mattes Grün oder Blau ist aus farbpsychologischer Sicht die erste Wahl. Matte Oberflächen spiegeln nicht, Grün und Blau reflektieren das Licht nur sehr begrenzt. Die Pupille wird nicht überreizt und braucht sich nicht ständig wechselnden Lichtverhältnissen anzupassen. Die Augen ermüden dadurch weniger schnell. Unter diesem Aspekt gesehen fördert die richtige Farbgebung die Sicherheit, weil der intensive Blickkontakt zum Werkzeug über längere Zeit unerlässlich ist.

Erwärmung

In der Frühzeit der Elektrowerkzeuge wurden Maschinengehäuse aus Metall verwendet. Metalle sind gute Wärmeleiter. Mit zunehmender Betriebsdauer werden Metallgehäuse durch die Wärmeentwicklung des Motors erst warm, dann oft unerträglich heiß. Eine sichere (und schmerzlose) Handhabung der Maschine ist dann nicht mehr gegeben. Bei der Verwendung von Kunststoffummantelungen oder vollständigen Kunststoffgehäusen wirkt sich deren besseres Wärmeisolationsvermögen günstig aus: Die Erwärmung der Maschinenoberflächen hält sich in angenehmen Grenzen.

Geräuschentwicklung

Geräusche können, je nach Stärke und Frequenz, unangenehm bis stark störend sein und sich langfristig gesundheitsschädlich auswirken. Während das Arbeitsgeräusch meist nicht beeinflussbar ist, kann das Maschinengeräusch durch geeignete Maßnahmen stark reduziert werden. Die Hauptgeräuschquelle eines Elektrowerkzeuges ist der Lüfter des Kühlluftgebläses, von dem ein unangenehmer Sirenenton ausgehen kann. Durch optimale Gestaltung der Kühlluftkanäle und der Schaufeln des Lüfterrades können die Frequenzen so in den unhörbaren Ultraschallbereich verschoben werden („Ultrasonic"-Lüfter), dass die übrig bleibenden, angenehm niedrigen Frequenzen nicht mehr als störend empfunden werden.

Zusammenfassung

Elektrowerkzeuge werden für Menschen gemacht, die mit ihnen in der kürzestmöglichen Zeit das beste Arbeitsergebnis erzielen wollen. Hierzu ist es unerlässlich, dass das Design an den Menschen angepasst ist. Handhabungssicherheit und Ermüdungsfreiheit stehen hierbei im Vordergrund. Ergonomie ist somit einer der wichtigsten Faktoren bei der Konstruktion eines Elektrowerkzeuges und aus dem modernen Maschinendesign nicht mehr wegzudenken.

Schwingungsdämpfung

Die Dämpfung von Schwingungen an Elektrowerkzeugen ist eigentlich ein Bestandteil der Ergonomie. Ihr Einfluss hat aber in so zunehmendem Maße an Bedeutung gewonnen, dass eine getrennte Behandlung dieses Themas notwendig wird. Zur Darstellung des Themas werden folgende Kriterien beschrieben:
– Grundlagen
– Ursachen
– Auswirkungen
– Dämpfungsmaßnahmen
Abschließend werden typische Dämpfungsmaßnahmen an verschiedene Werkzeugtypen vorgestellt und die wirtschaftlichen Aspekte erwähnt.

Grundlagen
Schwingungen können in unterschiedlicher Form, Größe und Richtung auftreten. Neben ihren mechanischen Auswirkungen erzeugen Schwingungen in der Regel auch Geräusche (Lärm). Die wichtigsten Kenngrößen sind
– Amplitude
– Beschleunigung
– Frequenz
– Richtung

Amplitude
Die Amplitude ist das Maß für die Stärke einer Schwingung. Je höher die Amplitude, umso größer der Weg, um den ein beliebiger Punkt eines Gegenstandes um seine Ruhestellung schwingt. Als Maß dienen Längenmaße wie beispielsweise Millimeter (mm).

Beschleunigung
Unter Beschleunigung versteht man den Geschwindigkeitszuwachs je Zeiteinheit, den ein schwingender Gegenstand erfährt, wenn er aus seiner Ruhestellung zu seiner Endstellung ausschwingt. Als Maßeinheit wird die Erdbeschleunigung (g) verwendet. Sie wird in m/s^2 gemessen.

Frequenz
Die Frequenz einer Schwingung ist die Häufigkeit, mit der die Schwingung pro Zeiteinheit erfolgt. Die Maßeinheit der Frequenz ist die Anzahl der Ereignisse pro Sekunde. Die Bezeichnung ist Hertz

(Hz). Beispiel: 50 Schwingungen pro Sekunde entsprechen einer Frequenz von 50 Hz.

Richtung
Die Richtung von Schwingungen kann eingeteilt werden in
– längsgerichtete
– kreisförmige
Schwingungsrichtung sowie in die entsprechenden Mischformen.

Längsgerichtete Schwingungen treten längs zur Werkzeugachse auf. Sie sind eine Folge von linearen, d.h. hin- und hergehenden Bewegungen, wie sie typischerweise bei Schlagwerkzeugen und Hubwerkzeugen auftreten. Schlaghämmer sind linearen Schwingungen niedriger Frequenz, abergroßer Amplitude ausgesetzt, Säbelsägen und Stichsägen dagegen mittlerer Frequenz und niedriger bis großer Amplituden.

Kreisförmige Schwingungen treten am Umfang der Werkzeugachse auf. Sie können zentrischer Natur sein wie beispielsweise Drehschwingungen bei Bohrmaschinen, Schraubern und bei Gerad- und Winkelschleifern. Sie können exzentrischer Natur sein wie bei Schwingschleifern und Exzenterschleifern.

Gemischte Schwingungen treten an den meisten Werkzeugen durch Überlagerung der vorgenannten Schwingungsarten auf, wobei sie in ihrer Frequenz und Amplitude sowohl gleich hoch als auch unterschiedlich sein können. Typische Fälle von Mischvibrationen treten an folgenden Geräten auf:
– Schlagbohrmaschinen
– Bohrhämmer
– Winkelschleifern

Ursachen
Ursächlich für Schwingungen sind bewegte Massen. Man kann bei Elektrowerkzeugen vier Ursachenfelder unterscheiden:
– Das Elektrowerkzeug
– Das Einsatzwerkzeug
– Den Bearbeitungsvorgang
– Den zu bearbeitenden Werkstoff

Elektrowerkzeugbedingte Schwingungen

Ursachen dieser Schwingungen können Unwuchten sein, die an den rotierenden oder hin- und hergehenden Bauteilen während des Betriebs auftreten. Durch konstruktive Maßnahmen und durch eine hohe Fertigungsqualität können diese Schwingungen eliminiert oder auf ein unbedeutendes Maß begrenzt werden.

Statische Unwucht: Die sogenannte statische Unwucht tritt bei rotierenden Körpern dann auf, wenn die Ablenkkraft quer zur Rotationsachse auftritt. Bedingung ist hierbei, dass der Kraftangriff genau im Massenschwerpunkt des Rotationskörpers erfolgt.

Dynamische Unwucht: Tritt die quer zur Rotationsachse wirkende Kraft nicht genau im Massenschwerpunkt auf, spricht man von einer dynamischen Unwucht. Sie bewirkt stets eine Pendelbewegung des Rotationskörpers um seinen Massenschwerpunkt.

Kurbeltriebe: Bei der Umformung einer Rotationsbewegung in eine Linearbewegung kommen typischerweise Kurbeltriebe zur Anwendung. Sie verursachen eine statische oder dynamische Unwucht quer zur Rotationsachse ihres Antriebs.

Getriebe: In Getrieben entstehen Drehschwingungen. Sie entstehen bei durch Beschleunigungsunterschiede beim abwälzen der Zahnradzähne aufeinander. Die Amplitude der Drehschwingungen ist abhängig vom Spiel der Zahnflanken beim abwälzen.

Einsatzwerkzeugabhängige Schwingungen

Einsatzwerkzeuge wie beispielsweise Meißel, Bohrer und Schleifscheiben übertragen die Energie des Antriebsmotors auf das Werkstück, wo sie den Bearbeitungsvorgang bewirken. Die Einsatzwerkzeuge müssen hierzu in Bewegung versetzt werden. Dies kann eine Rotationsbewegung, eine Linearbewegung, eine Schwingbewegung, eine Schlagbewegung oder eine Kombination aller dieser Bewegungen sein. Beim Übergang der

Energie treten in der Regel Schwingungen auf. Als Beispiele seien genannt:
– Unwuchten durch Abnützung an rotierenden Einsatzwerkzeugen (Schleifscheiben)
– Eigenschwingungen von Schlagwerkzeugen
– Eigenschwingungen von Sägeblättern
– Torsionsschwingungen von Bohr-und Schraubwerkzeugen

Bearbeitungsabhängige Schwingungen

Bearbeitungsvorgänge erzeugen ebenfalls Vibrationen. Typische Beispiele hierfür sind raue Oberflächen, über welche die bearbeitende Schleifscheibe gleiten muss, die unebene Oberfläche, welche von einem Meißel bearbeitet wird oder der wechselnde Zahneingriff bei Sägeblättern. In ungünstigen Fällen kann es zu Eigenschwingungen kommen, welche selbstverstärkend wirken (Resonanzfall). Diese Schwingungen können meist durch Drehzahl- / Hubzahlwechsel oder Änderung der Andruckkraft rückgängig gemacht werden.

Werkstoffeinfluss

Der zu bearbeitende Werkstoff trägt dazu bei, Schwingungen zu dämpfen oder zu verstärken. Typischerweise treten bei der Bearbeitung dünner, harter Werkstoffe Schwingungen auf, die sich über das Einsatzwerkzeug auf das Maschinenwerkzeug und den Anwender übertragen. Schwere, massive Werkstoffe dagegen können Schwingungen des Einsatzwerkzeuges absorbieren oder dämpfen.

Wirkungen von Schwingungen

Die Auswirkungen von Schwingungen sind in erster Linie von ihrer Stärke und Dauer abhängig und wirken sich dementsprechend auf den Anwender von Werkzeugen aus. Maßgebend für die Wirkungen sind neben der Einsatzart des Maschinenwerkzeuges weitere Faktoren, wie,
– Halte- und Greifkräfte
– Ergonomie der Maschine
– Rauchgewohnheiten
– Kälte, etc.

Wirkungen auf den Anwender

Über die gesundheitlichen Wirkungen von Schwingungen liegen abgesicherte Studien vor. Auch hierbei unterscheidet man in

– Kurzfristige Wirkungen
– Langfristige Wirkungen.

Kurzfristige Einwirkungen: Kurzfristigen Einwirkungen von Schwingungen ist aus physiologischer Sicht vernachlässigbar. Sie werden zwar als unangenehm empfunden, wirken sich aber nicht nachweisbar aus.

Langfristige Einwirkungen: Langfristige Einwirkungen von Schwingungen können Schäden an den Gefäßen und / oder peripheren Nerven der betreffenden Hand verursachen. Diese Wirkung als "Weißfingerkrankheit" und "traumatisches Raynaud-Phänomen" bekannt, wird unter dem Begriff "Vibrationsbedingtes Vasospastisches Syndrom (VVS)" zusammengefasst. Dieses Krankheitsbild ist z.B. bei Waldarbeitern und im Bergbau bekannt.

Wirkungen auf die Werkzeuglebensdauer

Durch Schwingungen entstehen zusätzliche Beanspruchungen des Werkzeuges und seiner Konstruktionselemente. Befestigungsmittel wie Schrauben oder Steckverbindungen können losgerüttelt werden, an Werkzeughaltern und anderen hochbeanspruchten Konstruktionselementen können Dauerbrüche und Risse auftreten. Konstruktiv lassen sich hier zwar Bauelemente entsprechend robust auslegen, aber meist ist dies mit einem höheren Gewicht verbunden. Ein von vorneherein schwingungsarmes Werkzeug lässt sich konstruktiv und ergonomisch besser optimieren.

Grenzwerte

Die Auswirkungen von Schwingungen sind, wie beschrieben, in erster Linie abhängig von

– Schwingungsenergie
– Einwirkungsdauer

Um die Auswirkungen zu begrenzen sollten die Einflussfaktoren möglichst gering sein. Allerdings steht dem Entgegen,

dass bestimmte Anwendungen wie beispielsweise Schlagbohren, Meißeln oder Hammerbohren prinzipiell eine höhere Schwingungsenergie erzeugen. Drei mögliche Lösungen sind

– aktive oder passive Maßnahmen zur Vibrationsreduzierung am Werkzeug
– Steigerung der Effizienz des Werkzeuges, so dass die Arbeitsaufgabe schneller beendet werden kann.
– In besonders kritischen Fällen die Begrenzung der Einwirkdauer pro Mann und Tag.

Im Jahre 2002 wurde vom Europäischen Parlament eine Richtlinie veröffentlicht, welche ab Mitte 2005 als nationales Recht in den Mitgliedsländern umgesetzt wird. Hierin sind Grenzwerte genannt, für die jedoch Übergangszeiten vorgesehen sind. Die Meßmethoden sind in den europäischen Normen für Elektrowerkzeuge festgelegt.

Dämpfungsverfahren

Die Dämpfung der Schwingungen am Elektrowerkzeug erfolgt durch eine Kombination von Verfahren, die sich in

– aktive
– passive

Maßnahmen unterscheiden.

Aktive Maßnahmen

Als aktiv kann man alle die Maßnahmen bezeichnen, die konstruktiv im Werkzeug zur Verhinderung von Schwingungen vorgesehen werden. Hierzu gehören vor Allem Auswuchtmaßnahmen an den bewegten Massen, insbesondere am rotierenden Motoranker und an den hin und hergehenden Kurbeltrieben. Zu den aktiven Maßnahmen zählen

– Auswuchten der rotierenden Massen
– Vermeiden von Eigenfrequenzen
– Reduktion von Getriebetoleranzen
– Ausgleichsgewichte bei Kurbeltrieben
– Hohe Fertigungsqualität
– Automatische Ausgleichsmassen

Auswuchten der rotierenden Massen

Bei den in Elektrowerkzeugen verwendeten Universalmotoren betragen die Ankerdrehzahlen je nach Werkzeugtyp 12.000 ... 30.000 U/min. Da bei diesen hohen Drehzahlen schon eine geringe Unwucht zu unzulässig hohen Schwingungen führen würde, werden die Motoranker bei der Herstellung sorgfältig sowohl statisch als auch dynamisch ausgewuchtet.

Vermeiden von Eigenfrequenz

Schwingende Maschinenteile können andere Teile des Werkzeuges zu Eigenschwingungen anregen, wodurch sich die Schwingungen wesentlich verstärken können. Diese Eigenschwingungen ("Resonanz") müssen durch Entkopplung der Bauteile und / oder durch Verlegen ihrer Eigenfrequenz in einen anderen Bereich verhindert werden.

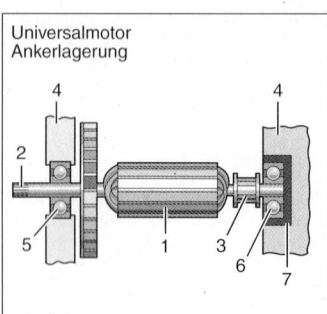

Universalmotor
Ankerlagerung

1 Anker
2 Ankerritzel
3 Kollektor
4 Gehäuse
5 Festlager
6 Lager in Gummibuchse
7 Gummibuchse

EWL-EM011/P

Getriebetoleranzen

Die Neigung zu Drehschwingungen in Getrieben kann nur durch entsprechende Verzahnungspräzision und Verzahnungsformen verringert werden. Dies erklärt auch den hohen Anteil an Vibrationen bei billigen (NoName) Elektrowerkzeugen.

Fertigungsqualität

Die erwähnten Kriterien machen klar, dass mit hoher Fertigungsqualität und konstruktiven Aufwand die maschinenseitigen Schwingungen soweit verhindert werden können, dass sie in der Praxis keine Rolle mehr spielen. Typische Maß-

nahmen sind
– perfekt ausgewuchtete Anker
– Verwendung von Wälzlagern hoher Güte
– Zahnräder mit optimaler Verzahnungsgeometrie
– Zahnspieleinstellungen
– verwindungssteife Gehäuse
um nur Einige zu nennen. Klar ist auch, dass dieser Aufwand mit Kosten verbunden ist und die lange Erfahrung von Markenherstellern und deren Forschungs- und Entwicklungsabteilungen voraussetzt. NoName Produkte können diese Voraussetzungen nicht erfüllen, auch wenn sie als illegale Raubkopie oft den Markenprodukten zum Verwechseln ähnlich sehen.

Ausgleichsmassen bei Kurbeltrieben

Schwingungen in Kurbeltrieben lassen sich in hohem Maße durch Gegengewichte bzw. gegenläufige Massen vermindern. Allerdings lassen sich in den meisten Fällen diese sogenannten Ausgleichsmassen aus konstruktiven Gründen nicht direkt in der selben Bewegungsachse anordnen, wodurch eine geringe Pendelmomente bleiben. Da Kurbeltriebe in der Regel hin und hergehende Einsatzwerkzeuge (Hubsägeblätter) an-

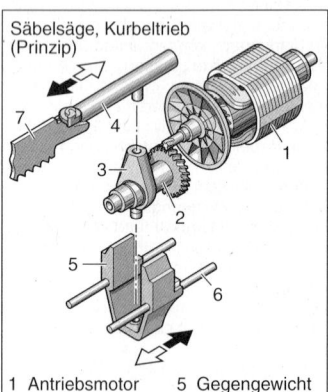

Säbelsäge, Kurbeltrieb
(Prinzip)

1 Antriebsmotor	5 Gegengewicht
2 Antriebswelle	6 Führung
3 Taumelschwinger	7 Sägeblatt
4 Schubstange	

EWL-GET018/P

treiben, muss die Masse des Einsatzwerkzeuges (z.B. das Sägeblatt) als
ebenfalls hin- und hergehende Masse bei
der Dimensionierung der Ausgleichs-
masse berücksichtigt werden. Wegen der
unterschiedlichen Einsatzwerkzeugmas-
sen(Sägeblattlängen!) kann hierbei nur
ein Mittelwert berücksichtigt werden.

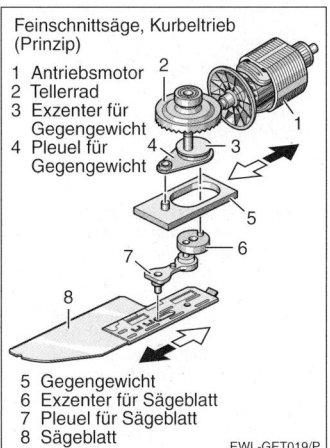

Feinschnittsäge, Kurbeltrieb
(Prinzip)

1 Antriebsmotor
2 Tellerrad
3 Exzenter für Gegengewicht
4 Pleuel für Gegengewicht
5 Gegengewicht
6 Exzenter für Sägeblatt
7 Pleuel für Sägeblatt
8 Sägeblatt

EWL-GET019/P

**Automatische Ausgleichsmassen
(Autobalancer)**
Zur Vibrationsreduzierung können Ausgleichsmassen verwendet werden, die einer vorhandenen Unwucht automatisch
entgegenwirken. Sie bestehen beispielsweise aus einem kugellagerähnlichem
Bauteil, in der sich frei bewegliche Kugeln
befinden. Auf Grund ihrer Bestrebung in
eine Lage zu gelangen, mit dem größtmöglichen Abstand von der Rotationsachse, wandern die Kugeln auf die der
Unwucht gegenüberliegende Seite und
wirken als Gegenmasse. Sie eignen sich
daher hervorragend für die Anwendung
bei gleichförmigem Betrieb. Für Handmaschinen, welche häufigen Lastwechseln
durch den Anwender ausgesetzt sind,
sind sie nicht sehr wirksam.

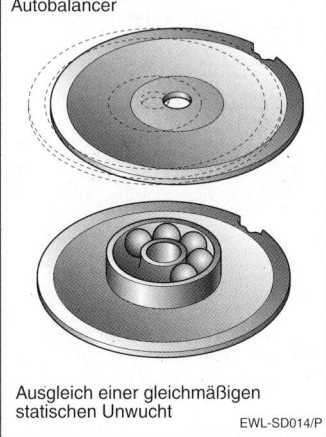

Autobalancer

Ausgleich einer gleichmäßigen
statischen Unwucht

EWL-SD014/P

Passive Maßnahmen
Als passiv bezeichnet man die Maßnahmen, mit denen verhindert wird, dass
nachträglich entstehende Schwingungen,
wie sie beispielsweise durch die Wirkung
des Einsatzwerkzeuges am Werkstück
hervorgerufen werden, gedämpft werden.
Hierzu zählen

– Absorption im Griffbereich
– Entkopplung der Griffbereiche
– Werkzeugunabhängige Maßnahmen

Absorption im Griffbereich
Die Griffbereiche sind die Schnittstelle
zwischen dem Maschinenwerkzeug und
dem Anwender. Sie sind damit auch genau die Maschinenteile, welche eventuelle Schwingungen übertragen können.
Als wirkungsvolle Maßnahme bei Schwingungen höherer Frequenz haben sich
schwingungsabsorbierende Beläge in
den Griffbereichen bewährt. Sorgfalt
muss hierbei auf die Auswahl des Dämp-
fungsmaterials gelegt werden, es muss
seine besten Dämpfungseigenschaften
im Bereich der werkzeugtypischen
Schwingungsfrequenz haben. Daneben
muss es verschleißfest sein und darf sich
durch umwelt- und Anwendungseinflüsse
nicht verändern. Profilierung und Ober-

flächenstruktur müssen ein hautsympatisches und griffgünstiges Verhalten aufweisen.

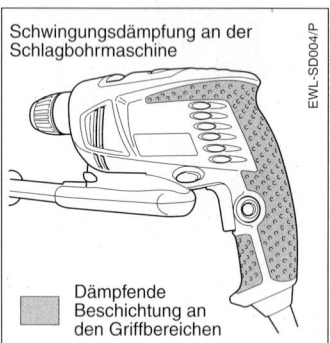

Schwingungsdämpfung an der Schlagbohrmaschine

☐ Dämpfende Beschichtung an den Griffbereichen

EWL-SD004/P

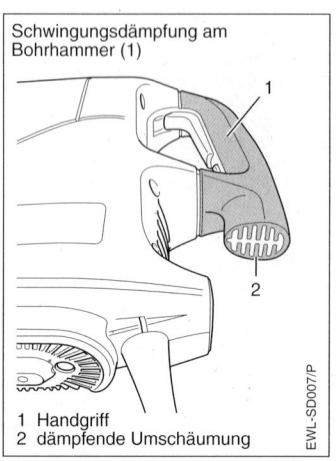

Schwingungsdämpfung am Bohrhammer (1)

1 Handgriff
2 dämpfende Umschäumung

EWL-SD007/P

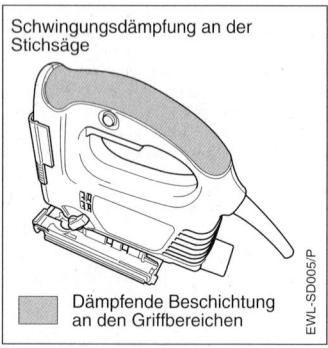

Schwingungsdämpfung an der Stichsäge

☐ Dämpfende Beschichtung an den Griffbereichen

EWL-SD005/P

Entkopplung der Griffbereiche

Schwingungen mit niedriger bis mittlerer Frequenz aber großer Amplitude können am besten mit entkoppelten Griffbereichen vom Anwender ferngehalten werden. Bewährt haben sich hierbei Zwischenlagen aus Elastomeren sowie Federn, deren konstruktive Gestaltung auf die Schwingungsfrequenz und -Amplitude abgestimmt ist. Sie stellen eine äußerst wirksame Maßnahme dar, um die Übertragung von Schwingungen zu dämpfen. Die wichtigste Sicherheitsmaßnahme bei entkoppelten Griffbereichen ist, dass die Sicherheit in der Maschinenführung auch im Defektfall gewährleistet ist. Beim Bruch des Dämpfungselementes darf also der Kraftschluss zum Werk-

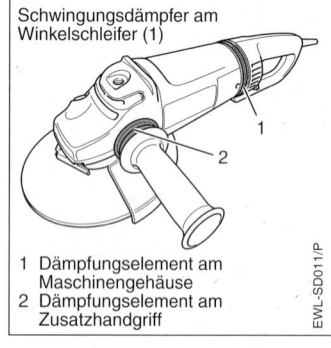

Schwingungsdämpfer am Winkelschleifer (1)

1 Dämpfungselement am Maschinengehäuse
2 Dämpfungselement am Zusatzhandgriff

EWL-SD011/P

zeug auf keinen Fall verloren gehen. Meist werden hierzu Schrauben verwendet, welche aber nicht an der Dämpfungsfunktion beteiligt sind. Bosch Elektrowerkzeuge bieten Lösungen, die beide Forderungen sehr gut erfüllen.

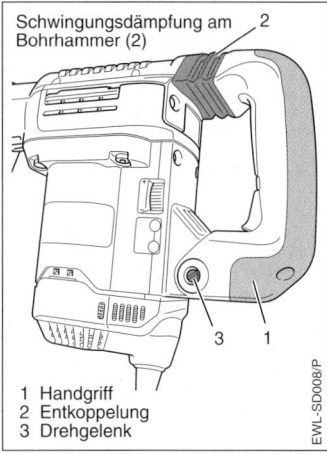

Schwingungsdämpfung am Bohrhammer (2)

1 Handgriff
2 Entkoppelung
3 Drehgelenk

EWL-SD008/P

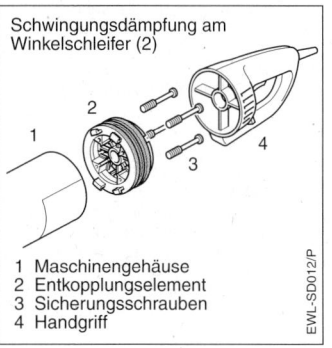

Schwingungsdämpfung am Winkelschleifer (2)

1 Maschinengehäuse
2 Entkopplungselement
3 Sicherungsschrauben
4 Handgriff

EWL-SD012/P

Werkzeugunabhängige Dämpfungsverfahren

Werzeugabhängige Dämpfungsverfahren haben den Vorteil, dass sie auch bei vorhandenen, ungedämpften Werkzeugen verwendet werden können. Ein Beispiel sind Handschuhe mit gelgefüllten Futtereinlagen. Dem erwähnten Vorteil stehen allerdings eine Reihe von Nachteilen gegenüber: Die Handschuhe sind aus hygienischen Gründen personenbezogen, sie sind für bestimmte Anwendungen zu unhandlich und bei hohen Aussentemperaturen unbequem. Zudem verlangen sie eine gewisse Benutzungsdisziplin beim Anwender, auch können sie zweckentfremdet werden oder verloren gehen.

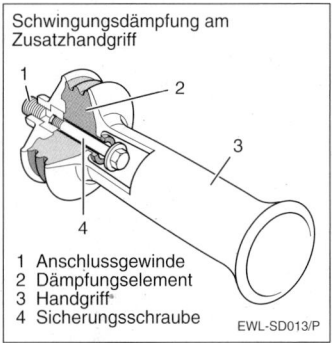

Schwingungsdämpfung am Zusatzhandgriff

1 Anschlussgewinde
2 Dämpfungselement
3 Handgriff
4 Sicherungsschraube

EWL-SD013/P

Wirtschaftliche Aspekte

Die Schwinuangsdämpfungsmaßnahmen am Elektrowerkzeug stellen nicht nur einen Beweis für die Innovationskraft eines Markenherstellers dar, sondern dienen in erster Linie dazu, die Arbeit mit dem Werkzeug zu erleichtern und damit seinen Nutzen zu mehren. Dies wirkt sich im Wesentlichen aus auf:

– Anwenderzufriedenheit
– Arbeitsqualität
– Arbeitsfortschritt
– Kosten

Schwingungsdämpfung am Abbruchhammer

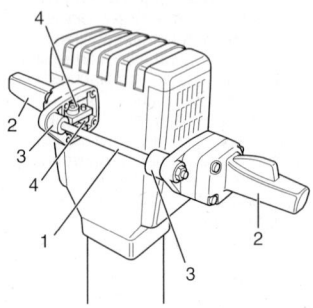

1 Verbindungswelle
2 Handgriffe
3 Hülsenfedern
4 Gummipuffer

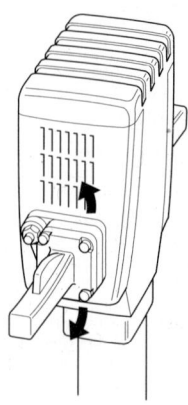

Die Griffe können sich mit der Verbindungswelle bis zum Anschlag am oberen bzw. unteren Gummipuffer gegen die Kraft der Hülsenfedern drehen. Dadurch machen die Griffe nicht den gesamten Auf- bzw. Abwärtsweg des Hammers mit.

EWL-SD010/P

Schwingungsdämpfung am Bohrhammer (3)

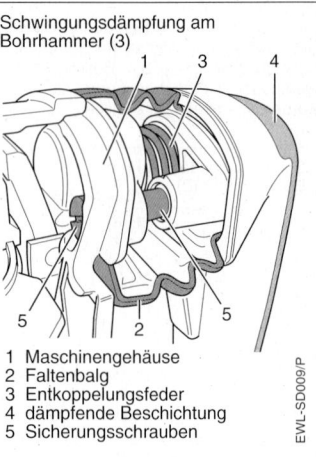

1 Maschinengehäuse
2 Faltenbalg
3 Entkoppelungsfeder
4 dämpfende Beschichtung
5 Sicherungsschrauben

EWL-SD009/P

Anwenderzufriedenheit
Zwei wesentliche Kriterien der Wirtschaftlichkeit, Arbeitsqualität und Arbeitsfortschritt, werden von der Zufriedenheit des Anwenders mit dem Gerät beeinflusst. Im Vergleichsfall wird der Anwender mit einem optimal an ihn selbst und die Arbeitsaufgabe angepasstem Gerät zufriedener sein als mit einem kompromisslos auf "billig" getrimmten NoName-Produkt.

Arbeitsqualität
Das qualitative Ergebnis einer handwerklichen Arbeit ist langfristig existenzbestimmend. Qualitativ einwandfreie Ergebnisse können nur dann erzielt werden, wenn das Werkzeug an den Anwender angepasst ist. Hierzu trägt die Dämpfung von Schwingungen in entscheidendem Maße bei. Schwingungsarme Werkzeuge erleichtern dem Anwender die Arbeit erheblich, wodurch er sich mehr auf die Ausführung der Arbeit konzentrieren kann.

Arbeitsfortschritt

Werkzeugmaschinen hat bei handgeführten Maschinenwerkzeugen wie beispielsweise Elektrowerkzeuge der Anwender einen entscheidenden Einfluss auf den Arbeitsfortschritt. Hierbei ist die Ermüdung ein wesentlicher Faktor. Mit zunehmender Ermüdung geht der Arbeitsfortschritt dramatisch zurück, wobei neben den erwähnten physiologischen Gründen auch psychologische Aspekte zum Tragen kommen, wenn die Ermüdung durch Werkzeugschwingungen verursacht wird. Werden schwingungsgedämpfte Werkzeuge verwendet, ist die Ermüdung im Allgemeinen geringer.

Kostenfaktoren

Im Gegensatz zu industrieller Fertigung stehen bei den handwerklichen Gewerken die manuelle Tätigkeit und damit die Arbeitszeit als wichtigster Kostenfaktor im Vordergrund. Der durchschnittliche Kostenaufwand für ein professionelles Elektrowerkzeug im mittleren Leistungsbereich beträgt ca. 6 Stundensätze und kann nahezu vernachlässigt werden. Der Kostenfaktor Arbeitszeit ist dagegen in der Auftragskalkulation der wichtigste Einzelposten. Er kann, wie beschrieben, durch die Qualität des Arbeitsgerätes stark beeinflusst werden.

Gesamtwirtschaftliche Bedeutung

Die Auswirkung von ergonomisch optimierten Werkzeugen wird oft nicht in ihrer ganzen Bedeutung bei der Beschaffung berücksichtigt. Dies giltinsbesondere für schwingungsgedämpfte Werkzeugtypen. Wenn man die genannten Faktoren in die betriebswirtschaftliche Gesamtrechnung einbezieht erkennt man klar, dass das „billige" Werkzeug schon nach kurzer Zeit durch die schlechte Gesamtleistung unwirtschaftlich teuer zu stehen kommt. Das bei oberflächlicher Betrachtung „teurere" Werkzeug stellt sich dagegen schon nach kurzer Anwendungsdauer als die preiswertere und letztlich wirtschaftlichere Entscheidung dar.

Zusammenfassung

Schwingungsdämpfung ist ein Teil der Ergonomie von Handwerkzeugen. Gerade bei leistungsfähigen Elektrowerkzeugen ist Schwingungsdämpfung nicht nur ein Qualitätsmerkmal, sondern auch ein überaus wichtiges Kriterium für den wirtschaftlichen Einsatz im Handwerk. Die geringen Mehrkosten eines qualitativ hochwertigen Werkzeuges werden durch die deutlichen Vorteile in kürzester Frist amortisiert. Künftige Grenzwerte des Gesetzgebers werden den Einsatztrend zum Schwingungsarme Werkzeug nachhaltig beeinflussen.

Gleit- und Wälzlager

Gleit und Wälzlager dienen dazu, feste Konstruktionselemente mit beweglichen Konstruktionselementen so zu verbinden, dass sie gegeneinander beweglich sind. Die wichtigsten Anforderungen sind dabei:
– möglichst geringe Reibung
– möglichst spielfreie Führung
– geringer Schmiermittelbedarf
– geringe Wartungsansprüche
– lange Lebensdauer
Die klassischen Lagertypen, mit denen diese Forderungen in der Praxis erfüllt werden, sind:
– Gleitlager
– Wälzlager

Gleitlager

Die Gruppe der Gleitlager lässt sich in die drei Grundtypen einteilen, welche nach dem Bereich der Lagerreibung benannt sind:

– Lager mit Festkörperreibung
– Lager mit Mischreibung
– Lager mit Flüssigkeitsreibung

Die Übergänge von einem Lagertyp zum anderen sind fließend, es gibt Mischtypen.
Gleitlager sind sehr laufruhig und eignen sich auch für Anwendungsfälle, wo eine axiale Bewegung der Welle erforderlich oder gewünscht ist. Bei entsprechender konstruktiver Gestaltung können Gleitlager Dichtfunktionen übernehmen. Sie sind relativ unempfindlich gegen Staubeinflüsse.

Lager mit Festkörperreibung
Diese Lager, auch Trockengleitlager genannt, laufen ohne wirksamen Schmierfilm, also trocken. Sie sind in der Regel aus Materialien hergestellt, welche gute Gleiteigenschaften haben. Sie sind weniger gut für hohe Drehzahlen geeignet und werden deshalb hauptsächlich bei niedrigen Drehzahlen und bei hin- und hergehenden Bewegungen eingesetzt. Sie werden entsprechend den verwendeten Lagerwerkstoffen benannt:

– Vollpolymerlager aus Thermoplasten
– Polymerlager aus Duroplasten und Elastomeren
– Verbundlager
– Kunstkohlelager
– Metallkeramische Lager

Vollpolymerlager aus Thermoplasten: Lager aus Thermoplasten bestehen meist aus den Werkstoffen POM, PA, PET, PBT oder PEEK. Zur Verstärkung werden, wenn nötig, Glasfasern (GF) oder Kohlefasern (CF) beigemischt. Dem Lagerwerkstoff können Schmierstoffe wie Graphit, PTFE oder Silikone zugesetzt werden, wodurch sich die Gleiteigenschaften in weiten Grenzen variieren lassen. Vollpolymerlager aus Thermoplasten sind kostengünstig und haben gute Gleiteigenschaften gegenüber Metall. Nachteilig sind die geringen möglichen Betriebstemperaturen, die hohe Wärmeausdehnung und das Quellen durch Feuchtigkeit.

Polymerlager aus Duroplasten und Elastomeren: Die verwendeten Duroplaste wie Phenolharze und Epoxidharze und Polyimid haben eine relativ hohe Eigenreibung und müssen wegen ihrer Sprödigkeit mit Faserwerkstoffen verstärkt werden. Polyimid zeichnet sich

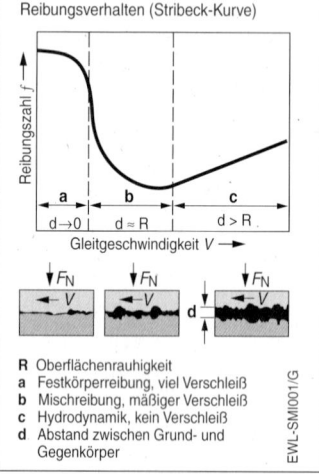

Reibungsverhalten (Stribeck-Kurve)

Reibungszahl f

Gleitgeschwindigkeit V →

a $d \rightarrow 0$
b $d \approx R$
c $d > R$

R Oberflächenrauhigkeit
a Festkörperreibung, viel Verschleiß
b Mischreibung, mäßiger Verschleiß
c Hydrodynamik, kein Verschleiß
d Abstand zwischen Grund- und Gegenkörper

F_N F_N F_N
← V ← V d

EWL-SMI001/G

durch hohe thermische und mechanische
Belastbarkeit aus.

Verbundlager: Verbundlager sind Kombinationen von Polymerwerkstoffen, Faserwerkstoffen und Metallen. Verbundlager
gibt es in vielfältiger Form und Zusammensetzung, welche auf den jeweiligen
Einsatzzweck hin optimiert werden können. Dadurch ergeben sich gegenüber
„einfachen" Polymerlagern Vorteile bezüglich der Gleiteigenschaften, der Belastbarkeit und der Wärmeleitung.

Kunstkohlelager: Auf Grund ihres Her-
stellungsverfahrens zählen sie zu den ke-
ramischen Lagern. Basismaterial sind
verschiedene Kohlenstoffpulver und Bindemittel. Wegen dieser Werkstoffe sind
hohe Lagertemperaturen (350...500 °C)
möglich. Vorteilhaft sind die guten Gleiteigenschaften, die hohe Wärmeleitfähigkeit, Korrosionsbeständigkeit und die
thermische Schockbelastbarkeit. Nachteilig ist die hohe Sprödigkeit.

Metallkeramische Lager: Metallkeramische Lager bestehen aus pulvermetallur-
gisch hergestelltem Material (Bronze, Eisen, Nickel), das zusätzlich Festschmier-
partikel (Graphit, MoS_2) enthält.
Metallkeramische Lager sind hoch belastbar bei gleichzeitig selbstschmierenden
Eigenschaften.

Lager mit Mischreibung
Diese Lager, nach ihrem Herstellverfahren auch Sinterlager genannt, bestehen
aus gesinterten Metallen mit einem
verbleibenden Porenvolumen, welches
mit flüssigen Schmierstoffen imprägniert
wird. Durch die beim Betrieb erzeugte
Reibungswärme tritt das Schmiermittel
aus den Poren aus und erzeugt im Lage-
rungsbereich eine Mischreibung. Während der Abkühlphase nach Stillstand
wird das Schmiermittel durch Kapillarwirkung wieder in die Poren eingelagert. Die
Leistungsfähigkeit und Standzeit der Sinterlager ist eng an den Schmierstoff gekoppelt, optimal ist eine ständige
Schmierstoffversorgung aus einem Re-
servoir (z.B. Fett/Ölvorrat im Getriebegehäuse), aus welchem der Schmierstoff
ergänzt wird.

Gleitlager
aus homogenen Werkstoffen

A Bronze-Gleitlage

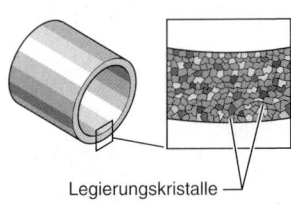

Legierungskristalle

B Bronze-Gleitlager
mit Schmiertaschen

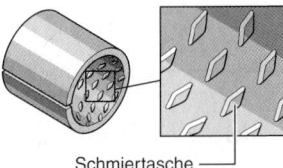

Schmiertasche

C Sinterbronze-Gleitlager

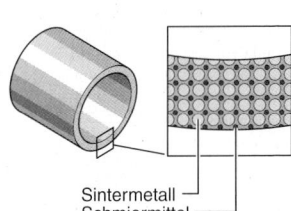

Sintermetall
Schmiermittel

D PFTE-Polyamid-Gleitlager

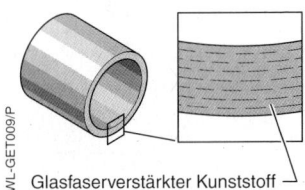

Glasfaserverstärkter Kunststoff

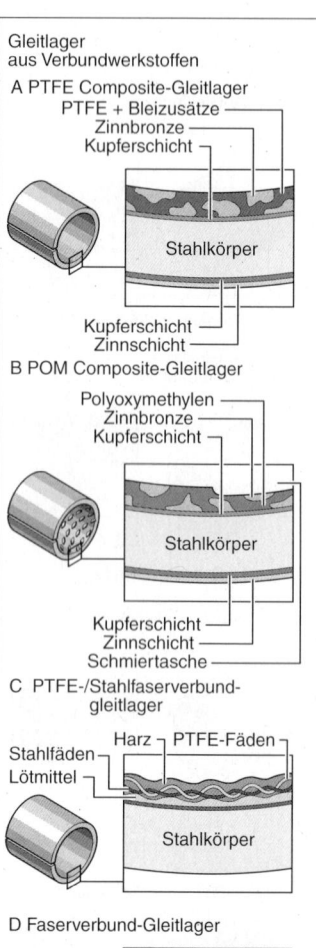

Gleitlager
aus Verbundwerkstoffen

A PTFE Composite-Gleitlager

PTFE + Bleizusätze
Zinnbronze
Kupferschicht

Stahlkörper

Kupferschicht
Zinnschicht

B POM Composite-Gleitlager

Polyoxymethylen
Zinnbronze
Kupferschicht

Stahlkörper

Kupferschicht
Zinnschicht
Schmiertasche

C PTFE-/Stahlfaserverbund-
gleitlager

Stahlfäden
Lötmittel
Harz — PTFE-Fäden

Stahlkörper

D Faserverbund-Gleitlager

Glasfaserverstärkter Kunststoff

EWL-GET010/P

Lager mit Mischreibung stellen einen günstigen Kompromiss aus Präzision, Wartungsfreiheit, Standzeit und Kosten dar.

Lager mit Flüssigkeitsreibung

Dieser auch als hydrodynamisches Lager bezeichnete Typ benötigt für den störungsfreien Betrieb einen geschlossenen, flüssigen Schmierfilm, welcher den Lagerwerkstoff vom Wellenwerkstoff trennt. Die Welle „schwimmt" gewissermaßen auf dem Schmierfilm und hat, weil die mechanische Berührung fehlt, eine äußerst geringe Reibung. Der Aufbau des Schmierfilms verlangt folgende Voraussetzungen:

– Vorhandensein eines Schmiermittels
– laufende Ergänzung des Schmiermittels
– geeignete Lagergeometrie

Bei Betriebsbeginn läuft ein hydrodynamisches Lager zunächst mit Trockenreibung, dann, mit zunehmendem Schmierfilmaufbau, über die Mischreibung schließlich mit Flüssigkeitsreibung. Ab einer bestimmten Lagerbelastung muss durch Fremdaggregate (Ölpumpe) der Schmierfilm vor Inbetriebnahme aufgebaut werden, um einen Lagerschaden zu verhindern.

Um den Bereich der Trocken- und Mischreibung ohne Einbuße der Standzeit durchfahren zu können, sind hydrodynamische Lager mit Lagerwerkstoffen (Bronzen, Weißmetalle) ausgestattet, die ein günstiges Reibungsverhalten haben. Hierzu gibt es entsprechende Verfahren.

Zusammenfassung

Gleitlager sind bei relativ einfachem mechanischem Aufbau robust und für viele Lagerungsanwendungen hervorragend geeignet. Durch komplexe Materialmischungen im Bereich der Lauffläche kann unter bestimmten Bedingungen auf zusätzliche Schmiermittel verzichtet werden. Das Verhältnis von Tragfähigkeit zur Lagergröße ist außerordentlich günstig.

Eigenschaften wartungsfreier, selbstschmierender Gleitlager

	Sinterlager ölgetränkt		Polymerlager		Verbundlager Laufschicht		Kunstkohle
	Sintereisen	Sinterbronze	Thermoplast Polyamid	Duroplast Polyimid	PTFE + Zusatz	Acetalharz	
Druckfestigkeit N/mm²	80...180		70	110	250	250	100...200
Max. Gleitgeschwindigkeit m/s	10	20	2	8	2	3	10
Typische Belastung N/mm²	1...4 (10)		15	50 (bei 50 °C) 10 (bei 200 °C)	20...50	20...50	50
Zul. Betriebstemp. °C	−60...180 (ölabhängig)		−130...100	−100...250	−200...280	−40...100	−200...350
Kurzzeitig	200		120	300	130	500	
Reibungszahl ohne Schmierung	mit Schmierung 0,04...0,2		0,2...0,35	0,2...0,5 / 0,1...0,4 (gefüllt)	0,04...0,2 (ungefüllt)	0,07[1]...0,2 [1) PTFE gefüllt]	0,1...0,35
Wärmeleitfähigkeit $W/(m \times K)$	20...40		0,3	0,4...1	46	2	10...65
Korrosionsbeständigkeit	weniger gut	gut	sehr gut		gut	gut	sehr gut
Chem. Beständigkeit	nein		sehr gut		bedingt	bedingt	gut
Max. $p \times v$ (N/mm²) × (m/s)	20		0,05	0,2	1,5...2		0,4...1,8
Einbettfähigkeit von Schmutz und Abrieb	weniger gut		gut		weniger gut	gut	weniger gut

Wälzlager

Bei Wälzlagern findet die Übertragung zwischen dem feststehenden und beweglichen Maschinenteil nicht zwischen Welle und Lager, sondern in den meisten Fällen innerhalb des Lagers selbst statt. Hierin unterscheiden sich Wälzlager grundlegend von Gleitlagern. Die Übertragung erfolgt durch Wälzkörper, die den einzelnen Wälzlagergruppen ihren Namen geben:

– Kugellager
– Zylinderrollenlager
– Kegelrollenlager
– Nadellager

Innerhalb dieser Typen gibt es, je nach Art der Abwälzbahn, eine entsprechende Vielfalt von Untergruppen.

Eine Wälzlagerung umfasst nicht nur die Wälzlager, sondern auch die unmittelbar an die Lager anschließenden Bauteile (Welle, Gehäuse usw.). Daneben kommt besonders dem Schmierstoff große Bedeutung zu. Außerdem müssen in den meisten Fällen auch Dichtungen vorgesehen werden, um das Austreten von Schmierstoff und das Eindringen von Feuchtigkeit oder festen Fremdstoffen zu verhindern.

Wälzlager
Radiallager

A Rillenkugellager
B Schrägkugellager
C Nadellager
D Zylinderrollenlager
E Kegelrollenlager
F Pendelrollenlager

1 Außenring	4 Rolle
2 Innenring	5 Nadel
3 Kugel	6 Käfig

EWL-GWL001/P

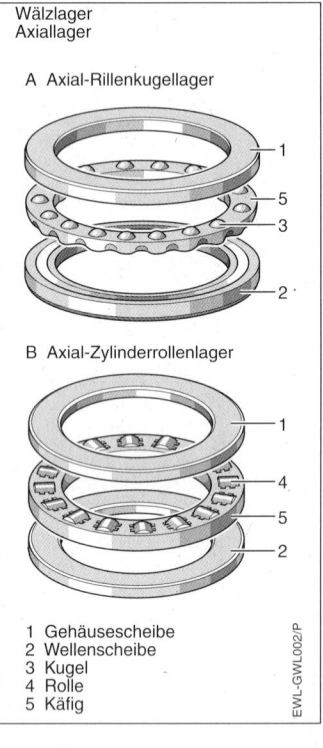

Wälzlager
Axiallager

A Axial-Rillenkugellager

B Axial-Zylinderrollenlager

1 Gehäusescheibe
2 Wellenscheibe
3 Kugel
4 Rolle
5 Käfig

EWL-GWL002/P

Wälzlagerprinzip

Die Übertragung der Lagerkräfte findet innerhalb des Lagers statt und erfolgt über die Wälzkörper, welche sich auf einer inneren und einer äußeren Wälzbahn abwälzen. Die äußere Wälzbahn (Außenring) ist in der Regel mit dem feststehenden Maschinenteil verbunden, die innere Wälzbahn (Innenring) mit dem rotierenden Maschinenteil.

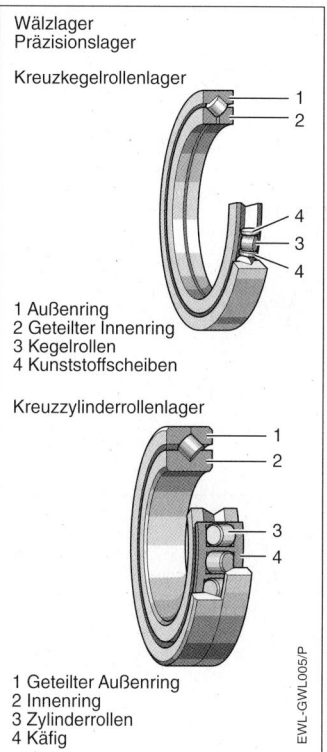

Wälzlager
Präzisionslager

Kreuzkegelrollenlager

1 Außenring
2 Geteilter Innenring
3 Kegelrollen
4 Kunststoffscheiben

Kreuzzylinderrollenlager

1 Geteilter Außenring
2 Innenring
3 Zylinderrollen
4 Käfig

EWL–GWL005/P

Lagerwerkstoffe
Wälzlager werden größtenteils aus chromlegierten Sonderstählen hergestellt, für besondere Einsatzfälle kommen aber auch Kunststoffe (Polyamide, Polyamid-Imid) und Keramische Werkstoffe in Betracht. Die Wälzkörper werden innerhalb des Lagers von sogenannten Käfigen geführt, welche aus reibungsarmen Werkstoffen, je nach Anwendungsfall Messing, Stahl oder Kunststoffen gefertigt sind.

Lagerungsarten

Jede Lagerart weist aufgrund ihrer Konstruktion charakteristische Eigenschaften auf, die sie für einen bestimmten Anwendungsfall mehr oder weniger geeignet machen.

In vielen Fällen ist mindestens eine der Hauptabmessungen des Lagers – meist der Bohrungsdurchmesser – durch die Gesamtkonstruktion bereits festgelegt. Für kleine Wellendurchmesser kommen in der Hauptsache alle Arten von Kugellagern, vor allem Rillenkugellager, und außerdem Nadellager in Frage. Für große Wellendurchmesser stehen in erster Linie Zylinderrollenlager, Pendelrollenlager und Kegelrollenlager, daneben aber auch Rillenkugellager zur Verfügung. Bei radial beschränktem Einbauraum müssen Lager mit kleinem Querschnitt, d. h. vor allem mit geringer Querschnittshöhe, gewählt werden. Wenn in axialer Richtung wenig Platz zur Verfügung steht, kommen für radial und kombiniert belastete Lagerungen bestimmte Reihen von einreihigen Zylinderrollenlagern und Rillenkugellagern, für rein axial belastete Lagerungen Axial- Nadelkränze und -Nadellager oder auch Axial-Rillenkugellager bzw. Axial-Zylinderrollenlager in Frage.

Da aber in vielen Fällen bei der Wahl der Lagerart mehrere Faktoren berücksichtigt und gegeneinander abgewogen werden müssen, lassen sich keine allgemeingültigen Regeln aufstellen.

Weitere wichtige Kriterien für den Entwurf einer Lagerung sind:

– Lageranordnung
– Belastung
– Steifigkeit
– Verschiebbarkeit
– Tragfähigkeit
– Lebensdauer
– Drehzahl
– Reibung
– Schmierung
– Abdichtung

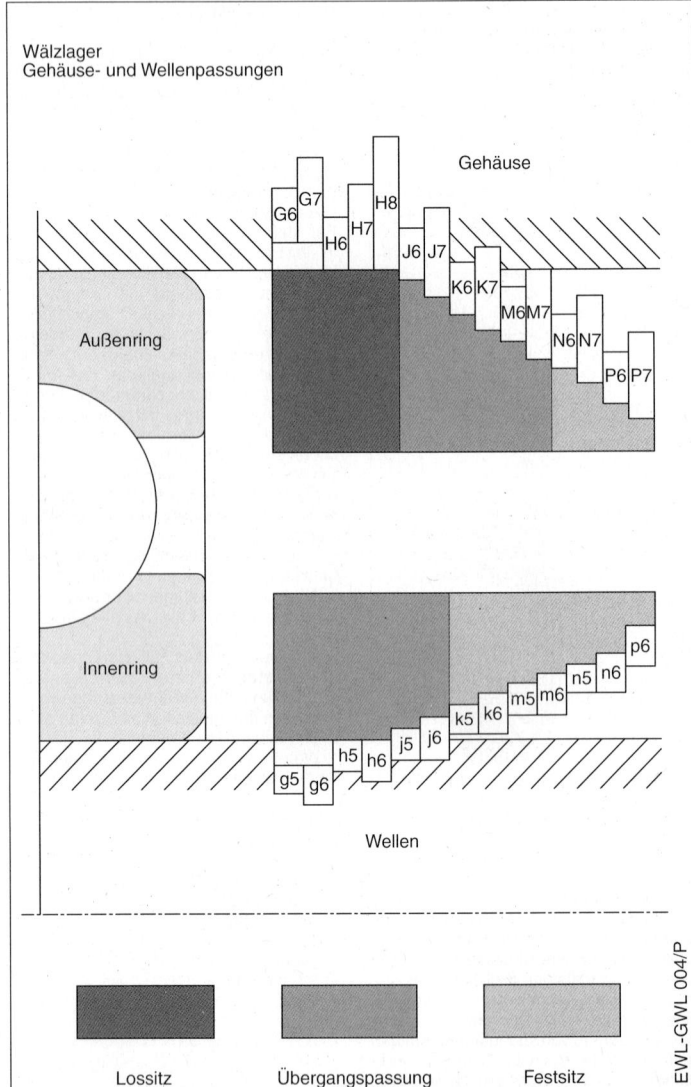

Wälzlager
Gehäuse- und Wellenpassungen

Gehäuse

Außenring

Innenring

Wellen

Lossitz   Übergangspassung   Festsitz

EWL-GWL 004/P

Lageranordnung

Für die Lagerung eines umlaufenden Maschinenteils, z. B. einer Welle, sind im allgemeinen zwei Lager erforderlich, die es gegenüber dem stillstehenden Teil, z. B. dem Gehäuse, in radialer und axialer Richtung abstützen und führen:

– ein Festlager
– ein Loslager

Festlager: Das Festlager an dem einen Wellenende übernimmt die radiale Abstützung und gleichzeitig die axiale Führung in beiden Richtungen. Es muss daher sowohl auf der Welle als auch im Gehäuse seitlich festgelegt werden.

Loslager: Das Loslager am entgegengesetzten Wellenende übernimmt nur die radiale Abstützung. Es muss außerdem axiale Verschiebungen zulassen, damit ein gegenseitiges Verspannen der Lager, z. B. bei Längenänderungen der Welle infolge Wärmedehnungen, verhindert wird. Die Axialverschiebung erfolgt entweder im Lager selbst oder zwischen einem der Lagerringe und seinem Gegenstück, z. B. bei einem Pendelrollenlager zwischen Außenring und Gehäusebohrung.

Lagersitze

Wälzlager können auf unterschiedliche Weise im Gerätegehäuse und auf der welle befestigt werden. Je nach Anwendungsfall werden die Innenringe und/oder die Aussenringe auf den wellen und im Gehäuse festgelegt, damit sie sich unter Belastung nicht auf ihren Gegenstücken abwälzen oder verschieben.

Relativbewegungen zwischen den Lagerringen und Wellen und Gehäusen werden durch Befestigungen mit entsprechend festen Passungen vermieden. Diese feste Passung ist auch deshalb nötig, damit sich die relativ dünnen Laufringe nicht unter der Belastung verformen, sondern auf ihrem gesamten Umfang abgestützt werden. Nur dann kann die vom Hersteller angegebene Tragfähigkeit des Lagers voll ausgenützt werden. Um die Montage und eine eventuelle Demontage zu ermöglichen, muss eine entsprechende Passung gewählt werden.

Passung

Mit Passung wird der Sitz des Lagers auf der Welle und im Gehäuse bezeichnet. Je nach der Toleranz der Passung spricht man von Lossitz, Übergangspassung oder Festsitz. Die Passungen sind genormt, wodurch sich die für den jeweiligen Anwendungsfall vorgesehen Passungen genau einhalten lassen.

Belastung

Die Größe der Belastung ist in erster Linie für die Bestimmung der Lagergröße maßgebend. Generell gilt jedoch, dass Rollenlager bei gleichen äußeren Abmessungen höhere Belastungen als Kugellager aufnehmen können, wobei Lager in vollkugeliger bzw. vollrolliger Ausführung wiederum höher belastbar sind als die entsprechenden Lager mit Käfig. Bei kleinen und mittleren Belastungen werden demnach meist Kugellager, bei höheren Belastungen und gleichzeitig größeren Wellendurchmessern häufig Rollenlager verwendet.

Bei der Art der Belastung unterscheidet man in:

– Radiale Belastung
– Axiale Belastung
– Kombinierte Belastung
– Momentenbelastung
– Schiefstellung

Radiale Belastung

Mit Ausnahme der Zylinderrollenlager mit einem bordfreien Ring und der Radial-Nadellager, die nur rein radial belastet werden können, nehmen alle übrigen Radiallagerarten außer radialen auch axiale Belastungen auf (siehe „Kombinierte Belastung").

Axiale Belastung

Für kleine oder mittlere, rein axial gerichtete Belastungen eignen sich Axial- Rillenkugellager und Vierpunktlager. In der Ausführung als einseitig wirkende Lager können ein die Axial-Rillenkugellager nur in einer Richtung, in der Ausführung als beidseitig wirkende Lager in beiden Richtungen belastet werden. Axial-Schrägkugellager nehmen mittlere Axialbelastungen bei höheren Drehzahlen auf, wobei die einseitig wirkenden Lager gleichzeitig auch radial belastbar sind, während die zweiseitig wirkenden Lager in der Regel nur als Axiallager verwendet werden. Für hohe bis sehr hohe Axialbelastungen in einer Richtung eignen sich Axial-Nadellager, einseitig wirkende Axial-Zylinderrollenlager und Axial-Kegelrollenlager sowie Axial- Pendelrollenlager. Letztere nehmen zusätzlich zur Axialbelastung auch Radialbelastungen auf. Zur Aufnahme hoher Axialbelastungen wechselnder Richtung werden zwei Axial-Zylinderrollenlager oder Axial-Pendelrollenlager nebeneinander angeordnet.

Kombinierte Belastung
Eine kombinierte Belastung liegt vor, wenn auf ein Lager gleichzeitig eine Radiallast und eine Axiallast wirken. Bei kombinierter Belastung werden vor allem ein- und zweireihige Schrägkugellager oder einreihige Kegelrollenlager, aber auch Rillenkugellager und Pendelrollenlager verwendet.

Bei überwiegender Axialbelastung kommen Vierpunktlager, Axial-Pendelrollenlager und Kreuzkegelrollen- oder Kreuzzylinderrollenlager in Frage.

Einreihige Schrägkugellager und Kegelrollenlager, Zylinderrollenlager und Axial-Pendelrollenlager nehmen nur in einer Richtung Axialbelastungen auf. Bei wechselnder Lastrichtung müssen diese Lager stets zusammen mit einem zweiten Lager eingebaut werden.

Die für eine Lagerart oder für einzelne Lager gültigen Axialfaktoren den Lagertabellen des Hersteller entnommen werden. Bei Rillenkugellagern hängt die axiale Belastbarkeit auch noch von der Lagerluft ab.

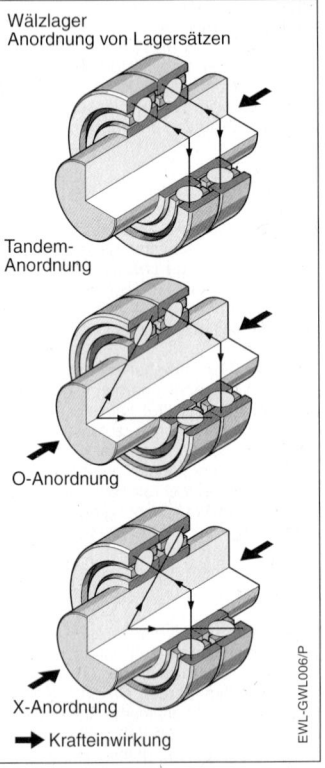

Wälzlager
Anordnung von Lagersätzen

Tandem-Anordnung

O-Anordnung

X-Anordnung

➡ Krafteinwirkung

EWL-GWL006/P

Momentenbelastung
Bei exzentrischem Kraftangriff werden Lager durch Kippmomente belastet. Zur Aufnahme von Kippmomenten eignen sich neben zweireihigen Lagern, z. B. Rillen- oder Schrägkugellagern, vor allem einreihige, in X- oder besser noch in O-Anordnung zusammengepaßte Schrägkugellager oder Kegelrollenlager, besonders aber auch Kreuzzylinderrollenlager und Kreuzkegelrollenlager.

Wälzlager
Belastungsrichtungen

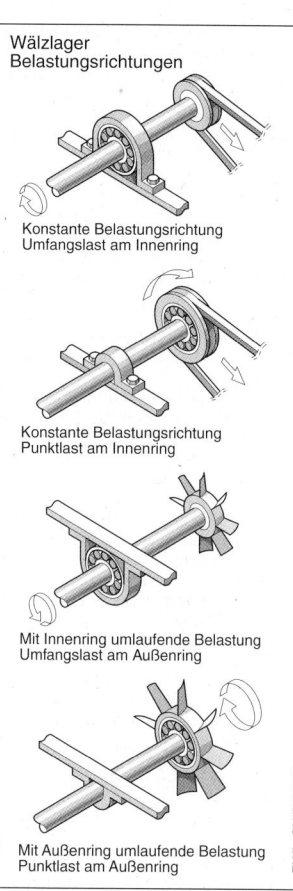

Konstante Belastungsrichtung
Umfangslast am Innenring

Konstante Belastungsrichtung
Punktlast am Innenring

Mit Innenring umlaufende Belastung
Umfangslast am Außenring

Mit Außenring umlaufende Belastung
Punktlast am Außenring

EWL-GWL003/P

Schiefstellung

Schiefstellungen zwischen Welle und Gehäuse treten z. B. dann auf, wenn die Welle sich unter der Betriebsbelastung durchbiegt, wenn die Lagersitze im Gehäuse nicht in einer Aufspannung bearbeitet werden konnten oder wenn Wellen in weit voneinander entfernten Gehäusen gelagert sind. Die sogenannten „starren" Lager lassen ohne Zwang entweder keine oder nur geringfügige Schiefstellungen zu.

Dagegen ermöglichen die winkelbeweglichen Lager, d. h. Pendelkugellager, Pendelrollenlager und Axial-Pendelrollenlager, den Ausgleich von Schiefstellungen unter Betriebsbelastung ebenso wie den Ausgleich von Schiefstellungen infolge fertigungs- oder montagebedingter Fluchtungsfehler.

Steifigkeit

Die Steifigkeit eines Wälzlagers ist durch die Größe der elastischen Verformungen (Federung) im belasteten Lager gekennzeichnet. Im allgemeinen sind die Verformungen sehr klein und können daher meist vernachlässigt werden. Nur in wenigen Fällen, etwa bei Arbeitsspindellagerungen in Werkzeugmaschinen oder bei Ritzellagerungen, ist die Steifigkeit der Lager von Bedeutung. Grundsätzlich haben Rollenlager, z. B. Zylinder- oder Kegelrollenlager, aufgrund der Berührungsverhältnisse zwischen Wälzkörpern und Laufbahnen eine größere Steifigkeit als Kugellager.

Verschiebbarkeit

Die Lagerung einer Welle oder eines sonstigen Maschinenteils besteht im allgemeinen aus einem Fest- und einem Loslager.

Festlager führen das gelagerte Maschinenteil axial in beiden Richtungen. Als Festlager geeignet sind hauptsächlich die Lagerarten, die kombinierte Belastungen aufnehmen und allein oder zusammen mit einem zweiten Lager die Axialführung übernehmen können. Loslager sind in Achsrichtung verschiebbar und verhindern ein gegenseitiges Verspannen der Lager, z. B. bei Längenänderungen der Welle infolge Wärmedehnungen. Als Loslager eignen sich vor allem Nadellager und Zylinderrollenlager mit einem bordfreien Ring und einige Bauformen von vollrolligen Zylinderrollenlagern. Diese Lagerarten ermöglichen nämlich Axialverschiebungen zwischen den Wälzkörpern und einer der Laufbahnen; Innen- und Außenring können in diesem Fall mit fester Passung eingebaut werden. Werte für die zulässige Axialverschiebung sind in den Lagertabellen angegeben. Wenn selbsthaltende Lager (z. B. Rillenkugellager oder Pendelrollenlager) als Loslager verwendet werden, muss einer der beiden Lagerringe eine lose Passung erhalten.

Tragfähigkeit

Die für eine bestimmte Lagerung erforderliche Lagergröße wird zunächst anhand der Tragfähigkeit des Lagers im Verhältnis zu den auftretenden Belastungen und den Anforderungen an die Lebensdauer und Betriebssicherheit bestimmt. Als Maß für die Tragfähigkeit werden bei der Lagerberechnung die sogenannten Tragzahlen verwendet:
– die dynamische Tragzahl C
– die statische Tragzahl C_O.
Werte für die Tragzahlen sind in den Tabellen des Lagerherstellers angegeben.

Dynamische Tragzahl

Die dynamische Tragzahl C wird bei der Auswahl dynamisch beanspruchter Lager verwendet, d. h. von Lagern, die unter Belastung umlaufen. Sie gibt diejenige Lagerbelastung an, bei der sich gemäß ISO-Definition eine nominelle Lebensdauer von einer Million Umdrehungen ergibt. Dabei wird vorausgesetzt, daß die Lagerbelastung nach Größe und Richtung unveränderlich ist und bei Radiallagern rein radial, bei Axiallagern rein axial und zentrisch wirkt.

Statische Tragzahl

Die statische Tragzahl C_O wird der Auswahl von Wälzlagern zugrunde gelegt, die mit sehr niedriger Drehzahl umlaufen, langsame Schwenkbewegungen ausführen oder im Stillstand belastet werden. Sie ist außerdem zu berücksichtigen, wenn auf ein umlaufendes, d. h. dynamisch beanspruchtes Lager kurzzeitig starke Stöße wirken.

Die statische Tragzahl C_O ist nach ISO 76 – 1987 definiert. Vorausgesetzt ist auch hier, daß die Belastung bei Radiallagern rein radial und bei Axiallagern rein axial und zentrisch wirkt.

Bestimmung der Lagergröße nach der statischen Tragfähigkeit

Die statische Tragzahl C_O sollte, wie bereits erwähnt, der Auswahl eines Wälzlagers dann zugrunde gelegt werden, wenn einer der nachstehend genannten Fälle vorliegt:

– Das Lager steht still und wird dabei dauernd oder kurzzeitig (stoßartig) belastet
– Das Lager führt langsame Schwenk- oder Einstellbewegungen unter Belastung aus
– Das Lager läuft unter Belastung mit sehr niedriger Drehzahl um und muss nur für eine kurze Lebensdauer ausgelegt werden
– Das Lager läuft um und muss zusätzlich zur normalen Betriebsbelastung während des Bruchteils einer Umdrehung eine hohe Stoßbelastung aufnehmen

In allen diesen Fällen wird die zulässige Belastung des Lagers nicht durch die Werkstoffermüdung, sondern durch die belastungsbedingten bleibenden Verformungen an den Berührungsstellen zwischen Wälzkörpern und Laufbahnen bestimmt. Belastungen im Stillstand oder bei langsamen Schwenkbewegungen rufen ebenso wie Stoßbelastungen, die während einer Umdrehung auf ein umlaufendes Lager wirken, an den Wälzkörpern Abflachungen und in den Laufbahnen Eindrückungen hervor. Die Eindrückungen sind ungleichmäßig oder im Abstand der Wälzkörper über die Laufbahnen verteilt. Wirkt die Belastung während mehrerer Umdrehungen auf das Lager, dann erstrecken sich die Verformungen gleichmäßig über den gesamten Laufbahnumfang. Als Folge der bleibenden Verformungen kommt es zu Schwingungen im Lager, zu geräuschvollerem Lauf und zu erhöhter Reibung, eventuell vergrößert sich auch die Lagerluft oder die Passungsverhältnisse ändern sich. Deshalb muß durch Wahl eines Lagers mit entsprechend hoher statischer Tragfähigkeit sichergestellt werden, daß bleibende Verformungen nicht oder nur in sehr begrenztem Umfang auftreten können.

Lebensdauer

Als Lebensdauer eines Wälzlagers wird die Anzahl Umdrehungen (oder Anzahl Betriebsstunden bei unveränderlicher Drehzahl) bezeichnet, die das Lager erreicht, bis sich erste Anzeichen von Werkstoffermüdung (Abblätterungen) an einer Laufbahn oder einem Wälzkörper bemerkbar machen.

Drehzahl

Wälzlager können nicht mit beliebig hohen Drehzahlen umlaufen. Im allgemeinen ist die Drehzahl nach oben hin durch die Betriebstemperatur des Lagers begrenzt, die mit Rücksicht auf den verwendeten Schmierstoff oder den Werkstoff der Lagerteile zulässig ist. Die Drehzahl, die im Hinblick auf diese Betriebstemperatur erreicht werden kann, hängt von der im Lager erzeugten Reibungswärme (einschließlich der dem Lager eventuell von außen zugeführten Wärme) einerseits und der aus dem Lager abgeführten Wärmemenge andererseits ab.

Lagerarten mit niedriger Reibung und entsprechend geringer Wärmeentwicklung im Lager sind daher für hohe Drehzahlen am besten geeignet. Bei radialer Belastung werden mit Rillenkugellagern, bei kombinierter Belastung mit Schrägkugellagern die höchsten Drehzahlen erreicht. Das gilt vor allem für Lager mit höherer Genauigkeit und besonderer Käfigausführung. Axiallager lassen aufgrund ihrer Konstruktion grundsätzlich nicht so hohe Drehzahlen zu wie Radiallager.

Neben der Lagerart und -größe, der inneren Konstruktion, der Belastung, den Schmierungsverhältnissen und den Kühlbedingungen spielen für die zulässige Drehzahl auch die Käfigausführung, die Genauigkeit und die Lagerluft eine Rolle. Bezüglich der Drehzahl wird unterschieden in

– Bezugsdrehzahl

und Sonderfälle wie:

– niedrige Drehzahlen
– oszillierende Drehbewegungen
– Stillstand

Bezugsdrehzahl

In den Tabellen der Lagerhersteller sind Bezugsdrehzahlen für Fett- und für Ölschmierung angegeben. Die Bezugsdrehzahl ist jeweils so festgelegt, dass bei einer Belastung, die einer Lebensdauer von 150 000 Betriebsstunden entspricht, und bei einer gegenüber der Umgebungstemperatur erhöhten Lagertemperatur sich ein Wärmegleichgewicht einstellt, d.h. dass über die Welle, das Gehäuse und eventuell auch durch den Schmierstoff gerade soviel Wärme abgeführt wird, wie im Lager durch Reibung entsteht. Die angegebenen Bezugsdrehzahlen gelten für den Fall, daß der Lagerinnenring umläuft. Bei umlaufendem Außenring kann es erforderlich werden, die Bezugsdrehzahl herabzusetzen.

Niedrige Drehzahlen

Bei sehr niedrigen Drehzahlen kann sich noch kein hydrodynamischer Schmierfilm in den Berührungsflächen zwischen Wälzkörpern und Laufbahnen ausbilden. In Anwendungsfällen mit niedrigen Betriebsdrehzahlen muss daher meist ein Schmierstoff mit besonderen Zusätzen gewählt werden (siehe Kapitel „Schmiermittel").

Oszillierende Drehbewegungen

Bei dieser Art von Bewegungen (Schwenk- oder Pendelbewegungen) wechselt die Drehrichtung jeweils nach weniger als einer vollen Umdrehung des Lagers. Da in den Umkehrpunkten die Drehgeschwindigkeit auf Null zurückgeht, kann ein trennender hydrodynamischer Schmierfilm nicht aufrechterhalten werden. In solchen Fällen ist es deshalb besonders wichtig, einen Schmierstoff zu verwenden, der entsprechend wirksame Zusätze enthält, um tragfähige Grenzschmierschichten bilden zu können.

Stillstand

Wenn Wälzlager während längerer Stillstandszeiten durch von außen auf die Lagerung wirkende Kräfte zu Schwingungen angeregt werden, kommt es aufgrund von Mikrobewegungen in den Berührungsflächen zwischen Wälzkörpern und Laufbahnen zu Oberflächenschäden, die sich später im Betrieb in einer deutlichen Zunahme des Laufgeräusches bemerkbar machen und zu einem vorzeitigen Lagerausfall infolge Werkstoffermüdung führen können.

Reibung

Die Reibung in einem Wälzlager ist ausschlaggebend für die Wärmeentwicklung im Lager und damit für dessen Betriebstemperatur. Sie hängt außer von der Belastung von einer Reihe weiterer Faktoren ab, vor allem von der Lagerart und -größe, der Betriebsdrehzahl und den Eigenschaften des Schmierstoffs sowie von der Schmierstoffmenge. Der gesamte Laufwiderstand eines Lagers setzt sich zusammen aus der Roll- und Gleitreibung in den Wälzkontakten, in den Berührungsflächen zwischen den Wälzkörpern und dem Käfig sowie in den Führungsflächen für die Wälzkörper oder den Käfig, aus der Schmierstoffreibung und aus der Gleitreibung von schleifenden Dichtungen bei abgedichteten Lagern.

Bei Lagern mit schleifenden Dichtungen sind die durch die Dichtung bedingten Reibungsverluste unter Umständen höher als die Reibungsverluste im Lager. Das Anlauf-Reibungsmoment tritt nur am Anfang des Arbeitsspiels auf. Bei intermittierendem Betrieb mit hoher Zyklenzahl muss es jedoch in der Reibungsbilanz berücksichtigt werden. Unter dem Anlauf-Reibungsmoment eines Wälzlagers wird dasjenige Reibungsmoment verstanden, das überwunden werden muß, um das Lager aus dem Stillstand heraus in Umdrehung zu versetzen. Im allgemeinen ist das Anlauf- Reibungsmoment etwa doppelt so hoch wie das lastabhängige Reibungsmoment

Schmierung

Damit Wälzlager zuverlässig ihre Funktion erfüllen, ist eine ausreichende Schmierung erforderlich, die die unmittelbare metallische Berührung zwischen Wälzkörpern, Laufbahnen und Käfig verhindert und damit den Verschleiß verringert, gleichzeitig aber auch die Oberflächen vor Korrosion schützt. Für jeden einzelnen Lagerungsfall ist daher die Wahl eines geeigneten Schmierstoffs und Schmierverfahrens sehr wichtig.

Für die Schmierung von Wälzlagern steht ein großes Angebot von Schmierfetten und -ölen zur Verfügung, außerdem noch Festschmierstoffe für Sonderfälle, z. B. bei extremen Temperaturverhältnissen. Welcher Schmierstoff gewählt wird, hängt in erster Linie von den Betriebsbedingungen, d. h. dem Temperaturbereich und den Drehzahlen, aber auch von den Umgebungseinflüssen ab. Die günstigste Betriebstemperatur stellt sich dann ein, wenn dem Lager die kleinstmögliche Schmierstoffmenge zugeführt wird, die für eine zuverlässige Schmierung gerade ausreicht. Wenn der Schmierstoff allerdings zusätzliche Aufgaben, wie Abdichtung oder Wärmeabfuhr, zu erfüllen hat, ist auch die erforderliche Schmierstoffmenge größer.

Fettschmierung

Bei normalen Betriebsverhältnissen können Wälzlager in der Mehrzahl der Anendungsfälle mit Fett geschmiert werden. Schmierfett hat gegenüber Schmieröl den Vorteil, dass es leichter in der Lagerstelle zurückgehalten werden kann, vor allem auch bei schräger oder senkrechter Anordnung der Lagerachse; außerdem trägt es zur Abdichtung der Lagerstelle gegenüber Verunreinigungen, Feuchtigkeit oder Wasser bei.

Bei zu großer Schmierfettmenge steigt vor allem bei höheren Drehzahlen die Betriebstemperatur stark an. Im allgemeinen soll daher das Lager ganz und der freie Raum im Gehäuse nur zum Teil (etwa 30 bis 50 %) mit Fett gefüllt werden. Bei Lagern, die nur langsam umlaufen, aber gut gegen Korrosion geschützt sein müssen, wird das Gehäuse am besten ganz mit Fett gefüllt.

Ölschmierung

Ölschmierung wird für Wälzlager im allgemeinen dann vorgesehen, wenn hohe Drehzahlen oder Betriebstemperaturen eine Schmierung mit Fett nicht mehr zulassen, wenn Reibungs- oder Fremdwärme aus der Lagerstelle abgeführt werden soll oder wenn benachbarte Maschinenteile (Getriebe usw.) mit Öl geschmiert werden.

Abdichtung

Dichtungen für Wälzlagerungen haben die Aufgabe, das Eindringen von festen Verunreinigungen und von Feuchtigkeit in die Lager zu verhindern und gleichzeitig den Schmierstoff im Lager oder in der Lagerstelle zurückzuhalten. Ihre Wirksamkeit soll – auch unter ungünstigsten Betriebsbedingungen – bei einem Minimum an Reibung und Verschleiß gewährleistet sein, damit weder die Funktion noch die Lebensdauer der Lager beeinträchtigt wird.

Auswahl der Dichtung

Für die einwandfreie Funktion eines Lagers ist die Auswahl der Dichtung von ausschlaggebender Bedeutung. Daher müssen die Anforderungen an die Dichtung ebenso wie die äußeren Bedingungen genau definiert werden.

Für die Abdichtung von Wälzlagerungen kommen normalerweise zwei Arten von Dichtungen in Betracht, die sich in ihrer Wirkungsweise unterscheiden:
– nichtschleifende (berührungsfreie) Dichtungen
– schleifende (berührende) Dichtungen

Nichtschleifende Dichtungen

Die Wirkungsweise nichtschleifender Dichtungen beruht im Prinzip auf der Dichtwirkung enger Spalte zwischen umlaufenden und stillstehenden Teilen. Die Dichtspalte können dabei radial, axial oder gleichzeitig radial und axial oder in Form einer Gewindesteigung angeordnet sein. Im letzteren Fall ist die Schutzwirkung drehrichtungsabhängig.

Nichtschleifende Dichtungen weisen praktisch keine Reibung und keinen Verschleiß auf und sind in der Regel unempfindlich gegen Beschädigungen durch feste Verunreinigungen. Sie eignen sich vor allem bei hohen Drehzahlen und Temperaturen. Die Dichtwirkung kann durch Einpressen von Schmierfett in den Dichtspalt verbessert werden.

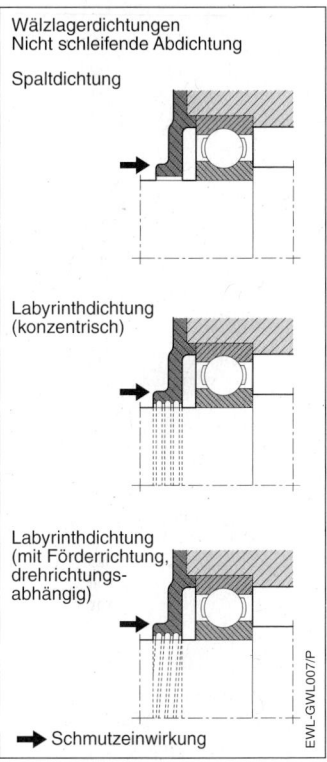

Wälzlagerdichtungen
Nicht schleifende Abdichtung

Spaltdichtung

Labyrinthdichtung (konzentrisch)

Labyrinthdichtung (mit Förderrichtung, drehrichtungsabhängig)

➡ Schmutzeinwirkung

EWL-GWL007/P

Schleifende Dichtungen

Die Wirkungsweise schleifender Dichtungen beruht darauf, dass das Dichtelement entlang einer relativ schmalen Dichtlippe oder -fläche mit einem bestimmten Anpressdruck an der Gegenfläche anliegt und so Verunreinigungen oder Feuchtigkeit abhält und/oder den Austritt von Schmierstoff verhindert.

Schleifende Dichtungen dichten in der

Dichtungen dynamisch
Bauarten und Anwendungen

A Radial-Wellendichtring

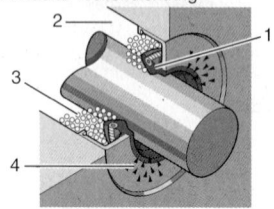

B Radial-Wellendichtring
gegenseitig

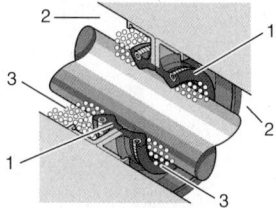

C Gleitringdichtung

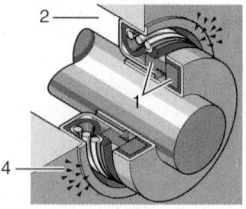

D Labyrinthdichtung

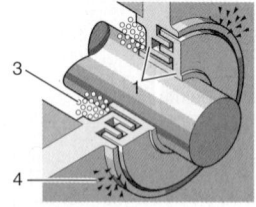

1 Dichtelement
2 Abgedichteter Raum
3 Schmiermittel
4 Schmutzeinwirkung

EWL-GWL011.1/P

Dichtungen dynamisch
Bauarten und Anwendungen

A V-Ring-Dichtung

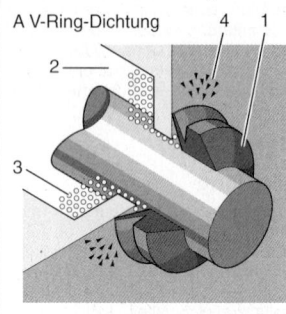

B Filzringdichtung

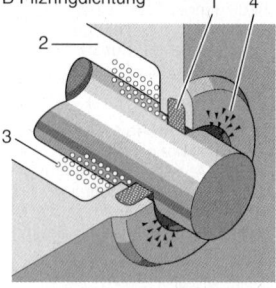

C Stopfbüchse

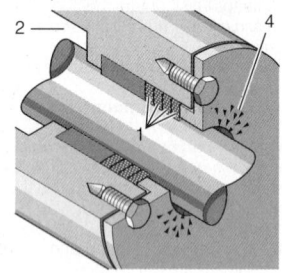

1 Dichtelement
2 Abgedichteter Raum
3 Schmiermittel
4 Schmutzeinwirkung

EWL-GWL011.2/P

Regel sehr zuverlässig ab, vor allem wenn bei entsprechender Oberflächenqualität der Gegenlauffläche und Schmierung der Dichtkante der Verschleiß gering ist. Nachteilig sind dagegen die Reibung der Dichtung auf der

Wälzlagerdichtungen
Schleifende Abdichtung

Abgedichtetes Lager
Dichtwirkung nach innen

Abgedichteter Lagersitz
Dichtwirkung nach innen

Abgedichteter Lagersitz
Dichtwirkung nach außen

➡ Druckseite

Gegenlauffläche und die dadurch hervorgerufene Temperaturerhöhung. Schleifende Dichtungen sind deshalb auch nur bis zu bestimmten Umfangsgeschwindigkeiten verwendbar. Außerdem sind sie empfindlich gegen mechanische Beschädigungen, z. B. bei unsachgemäßem Einbau oder durch feste Fremdkörper. Um Beschädigungen durch Fremdkörper zu

verhindern, wird häufig eine nichtschleifende Dichtung vorgeschaltet, die grobe Verunreinigungen von der schleifenden Dichtung abhalten soll.

Als wirtschaftliche, platzsparende Lösung für viele Abdichtungsprobleme gibt es abgedichtete Lager mit Deck- oder Dichtscheiben auf einer oder beiden Seiten des Lagers. Die beidseitig abgedichteten Lager sind mit Fett gefüllt und in der Regel wartungsfrei.

Einbau von Lagern

Vom fachgerechten Einbau der Lager hängt die Lebensdauer entscheidend ab. Sachkenntnis und Sauberkeit sind beim Einbau von Wälzlagern Voraussetzung dafür, dass die Lager einwandfrei ihre Funktion erfüllen und nicht vorzeitig ausfallen. Als Präzisionsprodukte sollten Wälzlager beim Einbau entsprechend sorgsam behandelt werden. Dazu gehört vor allem, dass das richtige Einbauverfahren gewählt und geeignete Werkzeuge verwendet werden.

Der Einbau soll möglichst in einem staubfreien, trockenen Raum vorgenommen werden. Der Arbeitsplatz darf nicht in der Nähe von spanabhebenden Werkzeugmaschinen oder stauberzeugenden Maschinen liegen. Vor dem Einbau der Lager sollten alle benötigten Teile, Werkzeuge und Hilfsmittel bereitgelegt werden. Außerdem empfiehlt es sich, anhand von Montagezeichnungen oder Einbau-Anweisungen festzulegen, in welcher Reihenfolge die einzelnen Teile einzubauen sind.

Zusammenfassung

Wälzlagen können auf Grund ihrer hohen Anzahl an Varianten und Größen nahezu alle vorkommenden Lagerungsanwendungen erfüllen. Ihre Hauptvorteile sind geringe Reibung sowohl bei geringen als auch bei hohen Drehzahlen und ihr eher bescheidene Schmiermittelbedarf. Die Empfindlichkeit von Wälzlagern gegenüber Verschmutzung macht besondere Dichtmaßnahmen erforderlich.

Getriebe

Getriebe passen die Drehzahl und das Drehmoment (am Beispiel eines Elektrowerkzeuges) des Motors so an die Bedürfnisse des Einsatzwerkzeuges an, dass sowohl Motor als auch Einsatzwerkzeug im optimalen Arbeitspunkt betrieben werden. In der Regel muss hierbei die hohe Motordrehzahl auf eine niedrigere Drehzahl umgesetzt werden, wobei gleichzeitig eine Erhöhung des Drehmomentes erfolgt. Weitere Einsatzbereiche von Getrieben sind die Drehrichtungsumkehr und die Umwandlung der Rotationsbewegung in eine Linearbewegung.

Als typische Getriebeformen kommen hierzu

– Zahnradgetriebe
– Riementriebe
– Kurbelgetriebe

zum Einsatz. Von Getrieben wird ein möglichst hoher Wirkungsgrad, also nur geringe Übertragungsverluste, und eine lange Lebensdauer bei geringer Geräuschentwicklung verlangt. Maximalforderungen sind, wie überall in der Technik, kostenintensiv. Getriebe werden in Typ und Auslegung deshalb auf den Einsatzzweck hin optimiert.

Zahnradgetriebe

Zahnradgetriebe übertragen Drehzahlen durch ineinanderkämmende Zahnräder synchron (ohne Schlupf) von der Antriebsseite zur Abtriebsseite. Das Verhältnis der Zähnezahlen der Zahnräder untereinander bestimmt das Verhältnis der Drehzahlen und der Drehmomente von Antriebs- und Abtriebsseite.

Kann die gewünschte Drehzahlumsetzung aus konstruktiven Gründen nicht innerhalb einer Getriebestufe erreicht werden, dann müssen zwei- oder mehrstufige Getriebe verwendet werden. Die Größe der einzelnen Zahnräder und ihrer Zähne sowie das verwendete Zahnprofil müssen an die auftretenden Drehzahlen und Drehmomente angepasst sein. Die Achsabstände von Zahnradgetrieben werden von den Durchmessern der verwendeten Zahnräder bestimmt und sind deshalb nicht in jedem Falle frei wählbar. Zur Überbrückung großer Achsabstände sind unter Umständen Zwischenräder erforderlich, wobei die bei jeder Stufe erfolgende Drehrichtungsumkehr berücksichtigt werden muss. Durch das Abwälzen der Zähne aneinander entsteht Reibung, die durch entsprechende Materialpaarung der Zahnräder (Kunststoff-Metall-Kombinationen) oder Schmierung minimiert werden muss.

Zahnräder

Zahngrößen und Zahnprofile sind genormt, wobei die Zahngrößen in „Modul" angegeben werden. Alle Zahnräder mit gleichem Modul (und gleichem Eingriffswinkel) können unabhängig von der Zähnezahl mit den gleichen Werkzeugen hergestellt werden, wodurch eine hohe Wirtschaftlichkeit erreicht wird. Die Modulreihe ist in DIN 780 festgelegt.

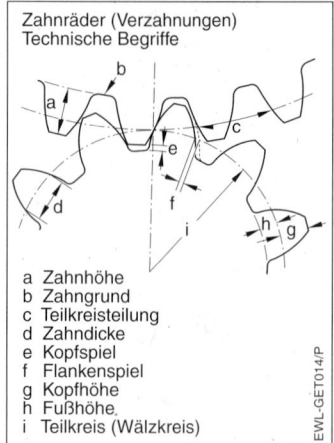

Zahnräder (Verzahnungen)
Technische Begriffe

a Zahnhöhe
b Zahngrund
c Teilkreisteilung
d Zahndicke
e Kopfspiel
f Flankenspiel
g Kopfhöhe
h Fußhöhe
i Teilkreis (Wälzkreis)

EWL-GET014/P

Modul

Das Modul wird in einem Längenmaß angegeben (mm). Je größer das Modul, umso größer die Zahnteilung und das Zahnprofil. Zur Bestimmung des Moduls benötigt man
– die Zähnezahl z,
– den Teilkreisdurchmesser d,
– und die Zahnteilung p.
Der Teilkreisdurchmesser errechnet sich nach der Formel

$$d = \frac{z \times \pi}{\pi} \qquad m = \frac{p}{\pi}$$

Der Modul errechnet sich (bei Geradverzahnung) aus

$$d = z \times m$$

Modulreihe für Stirn- und Kegelräder
in mm (Auszug aus DIN 780)

0,3	**1**	**3**	**10**	**32**
0,35	1,125	3,5	11	36
0,4	**1,25**	**4**	**12**	**40**
0,45	1,375	4,5	14	45
0,5	**1,5**	**5**	**16**	**50**
0,55	1,75	5,5	18	55
0,6	**2**	**6**	**20**	**60**
0,65	2,25	7	22	70
0,7	**2,5**	**8**	**25**	
0,75	2,75	9	28	
0,8				
0,85				
0,9				
0,95				

Fettgedruckte Moduln bevorzugen.

Bei amerikanischen Zahnrädern wird an Stelle des Moduls die Zähnezahl je inch Teilkreisdurchmesser P (diametral pitch) verwendet. Die Zahnteilung wird im Teilkreis mit CP (circular pitch) bezeichnet. Die entsprechenden Formeln lauten:

$$P = z : d$$

Modul m = 25,4 : P

$$CP = \frac{1 \text{ inch}}{P} \times \pi$$

wobei bei Normalzähnen (full depth teeth) die Zahngeometrie von DIN abweichen kann. Bei Stumpfzähnen (stub teeth) wird für die Berechnung der Zahnhöhe ein anderer Modul verwendet als für die übrigen Abmessungen.

Diametral Pitches *P* und daraus errechnete Moduln.

Diametral Pitch P 1/inch	entspricht Modul m mm
20	1,27000
18	1,41111
16	1,58750
14	1,81429
12	2,11667
11	2,30909
10	2,54000
9	2,82222
8	3,17500
7	3,62857
6	4,23333
5,5	4,61818
5	5,08000
4,5	5,64444
4	6,35000
3,5	7,25714
3	8,46667
2,75	9,23636
2,5	10,16000
2,25	11,28889
2	12,70000
1,75	14,51429
1,5	16,93333
1,25	20,32000
1	25,40000
0,875	29,02857
0,75	33,86667
0,625	40,64000
0,5	50,80000

Zahnradgetriebearten

Die Wahl der Getriebeart richtet sich nach der zu übertragenden Drehzahl, dem Drehmoment, der Übertragungsrichtung und dem konstruktiv zur Verfügung stehenden Raum. Eine Auswahl der wichtigsten Typen sind:

– Stirnradgetriebe
– Kegelradgetriebe
– Schneckenradgetriebe

wobei bei Stirnradgetrieben die Variante
– Planetengetriebe

möglich ist. Stirnradgetriebe und Kegelradgetriebe können sowohl mit gerader

648 Konstruktionstechnik

Verzahnung als auch mit Schrägverzahnung realisiert werden. Schrägverzahnungen sind meist laufruhiger als gerade Verzahnungen, erzeugen aber einen zusätzlichen, belastungsabhängigen Axialschub, der durch konstruktive Maßnahmen aufgefangen werden muss. Sie sind in der Herstellung kostenintensiver.

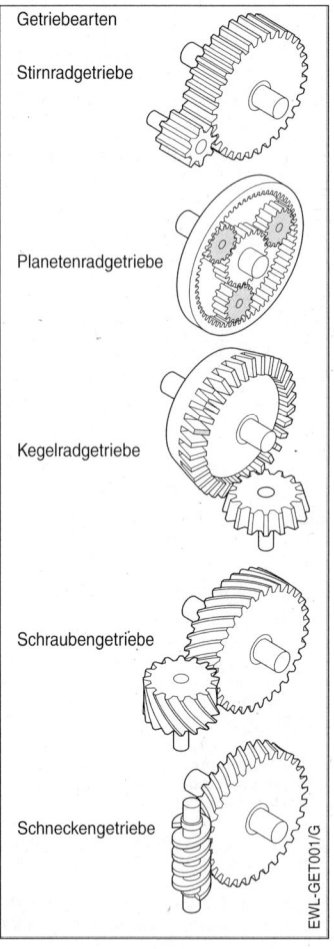

Getriebearten

Stirnradgetriebe

Planetenradgetriebe

Kegelradgetriebe

Schraubengetriebe

Schneckengetriebe

EWL-GET001/G

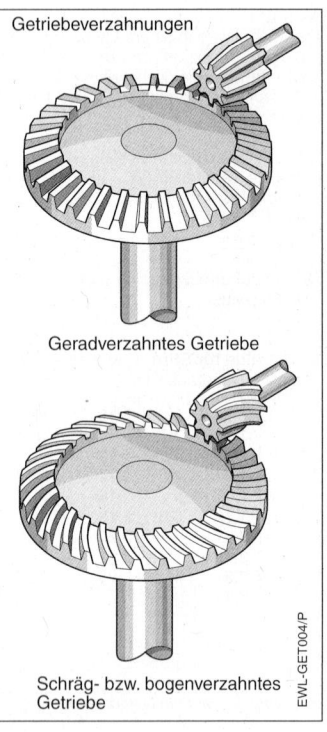

Getriebeverzahnungen

Geradverzahntes Getriebe

Schräg- bzw. bogenverzahntes Getriebe

EWL-GET004/P

Stirnradgetriebe
Stirnradgetriebe stellen die Urform eines Getriebes dar und benötigen nur wenige Bauteile. Die Achsen liegen parallel. Es lassen sich mehrere Stufen hintereinanderschalten, wobei bei jeder Stufe eine Drehrichtungsumkehr auftritt. Wird eins der Zahnräder als Hohlrad (topfförmiges Zahnrad mit Innenverzahnung) ausgeführt, bleibt die Drehrichtung erhalten. Schaltgetriebe lassen sich sehr einfach realisieren. Bei sehr großen Unterschieden im Durchmesser zweier Zahnräder einer Stufe wird das kleinere Zahnrad als Ritzel bezeichnet. Die Mindestzähnezahl für ein Ritzel sind 5...4 Zähne.

Eingängiges Getriebe

$$\frac{n_1}{n_2} = \frac{M_2}{M_1}$$

$$M_2 = \frac{n_1 \times M_2}{n_2}$$

$$n_1 \times M_1 = M_2 \times n_2$$

n_1 = Motorendrehzahl
M_1 = Motorendrehmoment
n_2 = Spindeldrehzahl
M_2 = Spindeldrehmoment

EWL-G008/G

Hohlradgetriebe

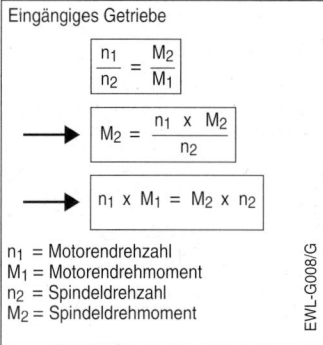

1 Hohlrad
2 Antriebsritzel

EWL-GET003/G

Eingängiges Getriebe
(Einstufiges Getriebe, Prinzip)

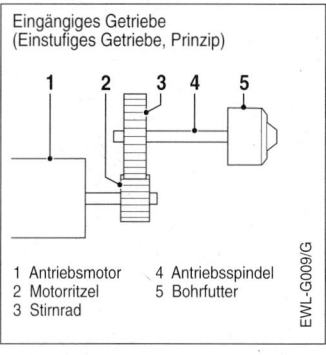

1 Antriebsmotor   4 Antriebsspindel
2 Motorritzel   5 Bohrfutter
3 Stirnrad

EWL-G009/G

Kegelradgetriebe innenverzahnt

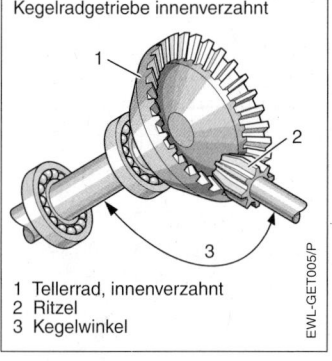

1 Tellerrad, innenverzahnt
2 Ritzel
3 Kegelwinkel

EWL-GET005/P

Hohlradgetriebe

Beim Hohlradgetriebe liegt die Achse des Antriebsritzels innerhalb des Hohlrades. Durch diese Anordnung kann der Achsabstand zwischen antreibender Achse und angetriebener Achse deutlich verringert werden, wodurch kompaktere Getriebe möglich sind. Durch die gleichsinnige Kämmung von Ritzel und Hohlrad ist die Berührungsfläche der Zähne größer bzw. es sind mehr Zähne im Eingriff. Es kann somit ein höheres Drehmoment übertragen werden. Die Drehrichtung ändert sich bei Hohlradgetrieben nicht. Hohlräder sind durch spanende Bearbeitung nur mit sehr hohem Kostenaufwand herzustellen und sind deshalb erst durch die Anwendung der Sintertechnik bei der Herstellung des Hohlrades wirtschaftlich geworden.

Planetengetriebe

Planetengetriebe bestehen in ihrer einfachsten Form aus einem Sonnenrad, dem Hohlrad und den auf einem Steg montierten Planetenrädern

Die Anordnung ist koaxial, durch Kupplungen und Bremsen am Hohlrad oder dem Steg der Planetenräder lassen sich unterschiedliche Gangstufen realisieren, wobei die Umschaltung unter Last erfolgen kann.

Im Planetengetriebe sind unter Last stets mehrere Zähne und Zahnräder im Eingriff. Bei gleicher Belastung kann das Planetengetriebe deshalb kleiner dimensioniert werden als ein konventionelles Stirnradgetriebe.

Kegelradgetriebe

Kegelradgetriebe dienen dazu, den Kraftfluss in einem beliebigen Winkel, jedoch meist um 90° zum Antrieb umzulenken. Hierbei kann auch eine Drehzahlumsetzung erfolgen. Die Achsen kreuzen und schneiden sich in der Regel. Bei speziellen Kegelradgetrieben (Hypoidgetrieben) kreuzen sich die Achsen, ohne sich zu schneiden. Die Zahnräder haben eine kegelförmige Geometrie. Wenn beide Zahnräder etwa gleiche Größe haben, bezeichnet man sie als Kegelräder, bei erheblicher Größendifferenz wird das größere Zahnrad als Tellerrad, das kleinere Zahnrad als Ritzel bezeichnet. Das Tellerrad kann auch als glockenförmiges Hohlrad ausgeführt werden. In diesem Falle findet keine Drehrichtungsumkehr statt.

Schneckengetriebe

Mit Schneckengetrieben lassen sich innerhalb einer Getriebestufe sehr hohe Übersetzungen erzielen, wobei das Schneckenrad stets auf der Antriebsseite und damit der schnellen Drehzahlseite ist. Schneckengetriebe sind stets auch Winkelgetriebe, wobei sich die Achsen kreuzen, aber nicht schneiden. Der mechanische Wirkungsgrad von Schneckengetrieben ist geringer, es tritt ein hoher Axialschub auf. Schneckengetriebe sind in der Regel selbsthemmend, das Getriebe kann also von der Abtriebsseite her nicht durchgedreht werden.

Kegelradgetriebe
Technische Begriffe

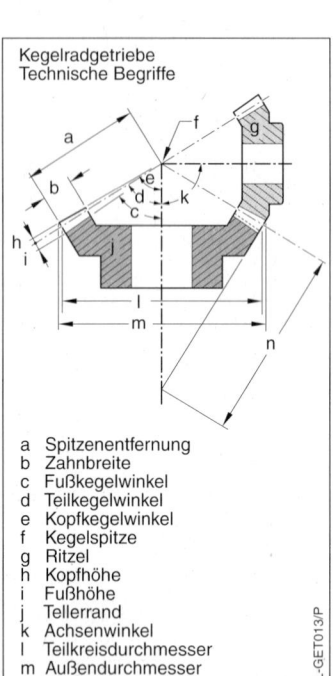

a Spitzenentfernung
b Zahnbreite
c Fußkegelwinkel
d Teilkegelwinkel
e Kopfkegelwinkel
f Kegelspitze
g Ritzel
h Kopfhöhe
i Fußhöhe
j Tellerrand
k Achsenwinkel
l Teilkreisdurchmesser
m Außendurchmesser
n Rückenkegelhöhe

EWL-GET013/P

Schneckengetriebe

mit Schneckenritzel und Tellerrad

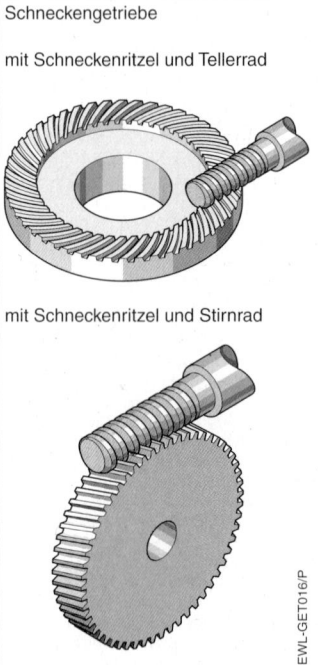

mit Schneckenritzel und Stirnrad

EWL-GET016/P

Schaltgetriebe

Bei Anwendungen mit wechselnden Drehzahl- oder Drehmomentanforderungen sind mechanische Schaltgetriebe vorteilhaft. Ähnlich wie die Schaltgetriebe im Automobil gestatten sie eine bessere Anpassung der Motorcharakteristik an die Erfordernisse des Einsatzwerkzeuges. Typischer Anwendungsfall für Schaltgetriebe sind Bohrwerkzeuge. Bei den Schaltgetrieben unterscheidet man entsprechend der Gangwechselfunktion in

– Ziehkeilgetriebe
– Synchrongetriebe

Ziehkeilgetriebe lassen sich während des Laufes in den höheren (schnelleren) Gang umschalten. Die Umschaltung in den niederen Gang muss im Stillstand erfolgen.

Synchrongetriebe gestatten den Gangwechsel während des Laufes in beide Richtungen. Planetengetriebe verhalten sich je nach Bauart entsprechend dem Synchrongetriebe.

Planetengetriebe mit Übersetzungsvarianten.
A Sonnenrad, B Hohlrad, C Steg mit Planetenrädern.

Grundgleichung des einfachen Planetengetriebes:
$$n_A + (Z_B/Z_A) \times n_B - [1 + Z_B/Z_A] \times n_c = 0$$

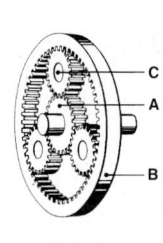

Eingang	Ausgang	Fest	Übersetzung	Bemerkung
A	C	B	$i = 1 + Z_B/Z_A$	$2{,}5 \leq i \leq 5$
B	C	A	$i = 1 + Z_A/Z_B$	$1{,}25 \leq i \leq 1{,}67$
C	A	B	$i = \dfrac{1}{1 + Z_B/Z_A}$	$0{,}2 \leq i \leq 0{,}4$ Schnellgang
C	B	A	$i = \dfrac{1}{1 + Z_A/Z_B}$	$0{,}6 \leq i \leq 0{,}8$ Schnellgang
A	B	C	$i = - Z_B/Z_A$	Standgetriebe mit Drehrichtungsumkehr $-4 \leq i \leq -1{,}5$
B	A	C	$i = - Z_A/Z_B$	Standgetriebe mit Drehrichtungsumkehr $-0{,}25 \leq i \leq -0{,}67$

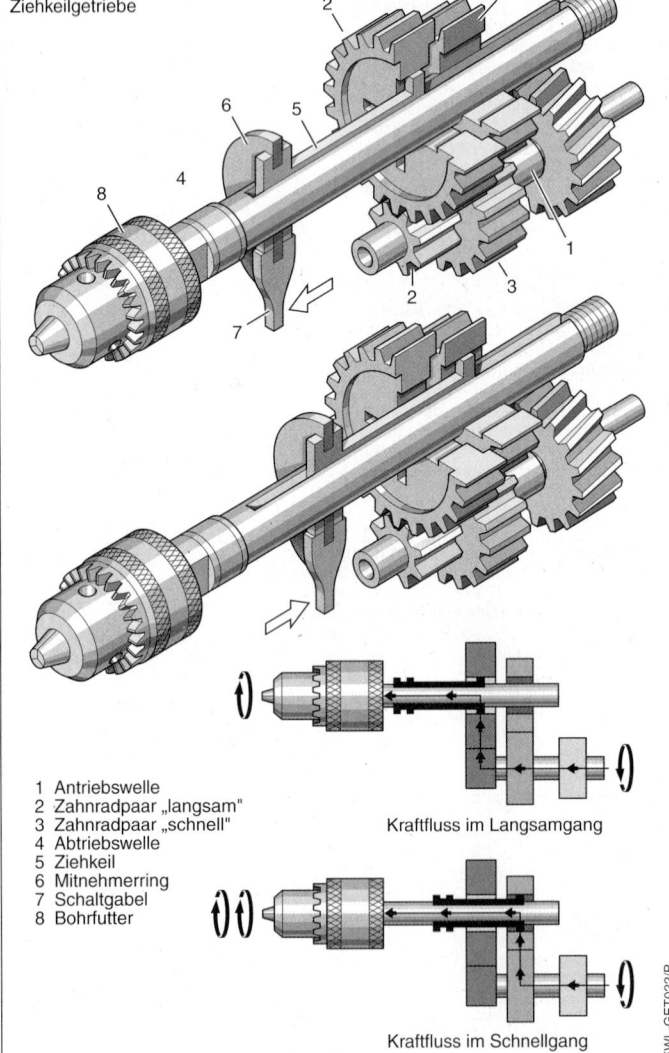

Schaltgetriebe
Ziehkeilgetriebe

1 Antriebswelle
2 Zahnradpaar „langsam"
3 Zahnradpaar „schnell"
4 Abtriebswelle
5 Ziehkeil
6 Mitnehmerring
7 Schaltgabel
8 Bohrfutter

Kraftfluss im Langsamgang

Kraftfluss im Schnellgang

EWL-GET022/P

Schaltgetriebe
Synchrongetriebe (unter Last schaltbar)

1 Antriebswelle
2 Mitnehmernocken
3 Antriebszahnrad „schnell"
4 Abtriebszahnrad „schnell"
5 Antriebszahnrad „langsam"
6 Abtriebszahnrad „langsam"
7 Rastkugeln
8 Druckfeder
9 Bohrspindel
10 Bohrfutter

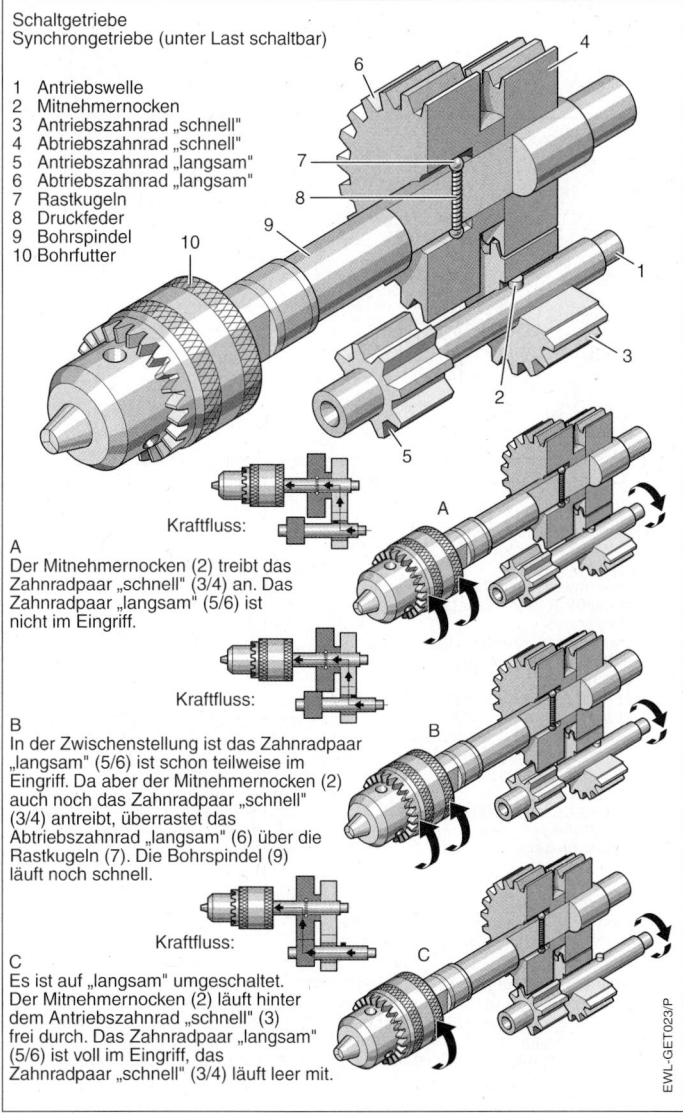

Kraftfluss:

A
Der Mitnehmernocken (2) treibt das
Zahnradpaar „schnell" (3/4) an. Das
Zahnradpaar „langsam" (5/6) ist
nicht im Eingriff.

Kraftfluss:

B
In der Zwischenstellung ist das Zahnradpaar
„langsam" (5/6) ist schon teilweise im
Eingriff. Da aber der Mitnehmernocken (2)
auch noch das Zahnradpaar „schnell"
(3/4) antreibt, überrastet das
Abtriebszahnrad „langsam" (6) über die
Rastkugeln (7). Die Bohrspindel (9)
läuft noch schnell.

Kraftfluss:

C
Es ist auf „langsam" umgeschaltet.
Der Mitnehmernocken (2) läuft hinter
dem Antriebszahnrad „schnell" (3)
frei durch. Das Zahnradpaar „langsam"
(5/6) ist voll im Eingriff, das
Zahnradpaar „schnell" (3/4) läuft leer mit.

EWL-GET023/P

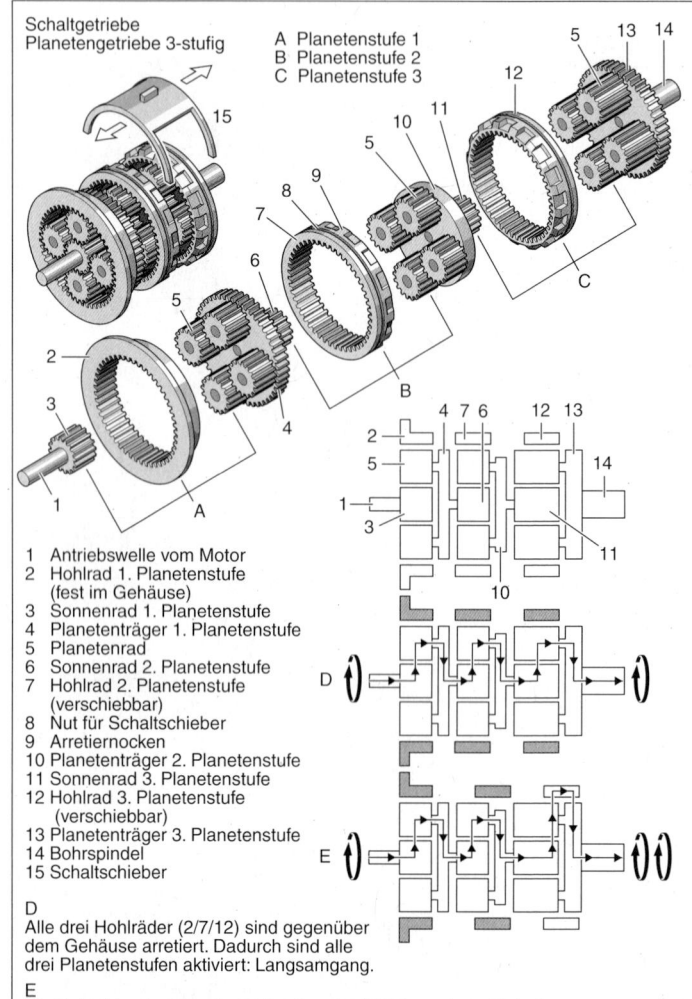

Schaltgetriebe
Planetengetriebe 3-stufig

A Planetenstufe 1
B Planetenstufe 2
C Planetenstufe 3

1 Antriebswelle vom Motor
2 Hohlrad 1. Planetenstufe
   (fest im Gehäuse)
3 Sonnenrad 1. Planetenstufe
4 Planetenträger 1. Planetenstufe
5 Planetenrad
6 Sonnenrad 2. Planetenstufe
7 Hohlrad 2. Planetenstufe
   (verschiebbar)
8 Nut für Schaltschieber
9 Arretiernocken
10 Planetenträger 2. Planetenstufe
11 Sonnenrad 3. Planetenstufe
12 Hohlrad 3. Planetenstufe
   (verschiebbar)
13 Planetenträger 3. Planetenstufe
14 Bohrspindel
15 Schaltschieber

D
Alle drei Hohlräder (2/7/12) sind gegenüber
dem Gehäuse arretiert. Dadurch sind alle
drei Planetenstufen aktiviert: Langsamgang.

E
Die Hohlräder der Planetenstufen 2 und 3 (7/12) werden mittels des
Schaltschiebers (15) verschoben. Das Hohlrad der 2. Planetenstufe (7) bleibt
durch die Arretiernocken (9) gegenüber dem Gehäuse arretiert. Das Hohlrad
der 3. Planetenstufe greift in die Außenverzahnung des Planetenträgers (13)
ein und läuft frei mit. Dadurch ist die 3. Planetenstufe deaktiviert: Schnellgang.

EWL–GET0024/P

Riementriebe

Bei Riementrieben wird die Drehkraft zwischen zwei Riemenscheiben durch ein endlos umlaufendes Band, den Riemen, übertragen. Riementriebe gestatten die Überbrückung großer Achsabstände. Sie sind laufruhig, benötigen keine Schmierung und sind für hohe Drehzahlen geeignet. Je nach verwendetem Riemenscheiben- und Riemenprofil lassen sich Riementriebe mit
– Kraftschluss
oder
– Formschluss
realisieren. Bei der Auswahl stellen die zu übertragenden Drehkräfte, die Kosten und die Kriterien Schlupf und Synchronität die wichtigsten Einflussgrößen dar.

Riementriebe

Keilriementrieb

Keilrippen-
riementrieb

Zahnriementrieb

EWL-GET002/G

Kraftschlüssige Riementriebe
Kraftschlüssige Riementriebe übertragen die Drehkraft durch die Reibung der treibenden Riemenscheibe auf den Riemen und von dort auf die angetriebene Riemenscheibe. Dies erfordert eine Vorspannkraft, welche zu einer Belastung der Riemenscheibenlager führt. Bei hohen Drehzahlen müssen zusätzliche Fliehkräfte berücksichtigt werden. Bei unterschiedlichen Riemenscheibendurchmessern muss eine ausreichende Umschlingung der kleineren Riemenscheibe, eventuell durch entsprechende Platzierung einer Spannrolle, gewährleistet sein. Riemengeschwindigkeit, Vorspannkraft und Schlupf bestimmen die Lebensdauer eines kraftschlüssigen Riementriebs. Je nach Geometrie der Riemenscheiben und des Riemens unterscheidet man
– Flachriemen
– Keilriemen
– Keilrippenriemen
Bei richtig ausgelegten Riementrieben liegt der Schlupf unter 1 % bei Wirkungsgraden von 94...97 %.

Flachriemen: Flachriemen stellen den klassischen Riementrieb dar und eignen sich auf Grund ihrer geringen Masse besonders gut für hohe Drehzahlen. Wegen ihrer geringen Dicke sind sie besonders flexibel und daher für Riemenscheiben geringen Durchmessers und komplexe Riemenführungen besonders gut geeignet. Um Flachriemen auf einer Riemenscheibe zu halten, bedarf es einer besonderen Formgebung (ballig) der Riemenscheiben-Lauffläche oder einer seitlichen Führung.

Keilriemen: Keilriemen legen sich mit ihren Flanken an die Seiten der entsprechend profilierten Riemenscheiben an und übertragen dadurch die Drehkraft. Es ist hierzu eine bestimmte Flankenhöhe erforderlich. Das Verhältnis obere Breite zur Höhe beträgt bei Normalkeilriemen 1,6, bei Schmalkeilriemen 1,2.

Normalkeilriemen eignen sich für rauen und stoßweisen Betrieb, weil sie hohe Zug- und Querkräfte vertragen. Sie können allerdings nur geringere Drehkräfte als Schmalkeilriemen übertragen. Riemengeschwindigkeiten bis 30 m/s sind zulässig. Die Riemenscheiben entsprechen DIN 2217.

Schmalkeilriemen haben eine geringere Breite, da der Mittelteil an der Leistungsübertragung ohnehin nur wenig beteiligt ist. Im Vergleich zum Normalkeilriemen gleicher Breite ist eine höhere Leistungsübertragung möglich. Riemengeschwindigkeiten bis 42 m/s sind zulässig. Die Riemenscheiben entsprechen DIN 2211. Gezahnte Keilriemen sind flexibler, wodurch die Walkarbeit vermindert wird. Mit ihnen sind kleinere Riemenscheiben realisierbar.

Flankenoffene Keilriemen sind bei Normalkeilriemen und bei Schmalkeilriemen möglich. Quer ausgerichtete Fasern im Riemenunterbau ergeben bei hoher Quersteifigkeit eine hohe Flexibilität und große Abriebfestigkeit. Die Zugstränge sind besonders gut abgestützt und präpariert. Hierdurch sind die Leistungsübertragung und die Lebensdauer höher als bei konventionellen Keilriemen.

und sind deswegen hochflexibel. Mit ihnen sind hohe Drehzahlen möglich. Es können Riemenscheiben kleinen Durchmessers angewendet werden, die Riemenführung kann sehr komplex ausgelegt werden, denn zusätzlich kann die Riemenoberseite, entsprechend einem Flachriemen, ebenfalls zur Leistungsübertragung herangezogen werden. Die notwendige Vorspannkraft liegt um 20 % höher als bei Schmalkeilriemen. Die Riemenscheiben entsprechen DIN 7867.

Formschlüssige Riementriebe
Formschlüssige Riementriebe arbeiten nach dem Prinzip der Raupenkette und weisen deshalb keinen Schlupf auf. Dadurch ist eine drehzahlsynchrone Leistungsübertragung möglich. Das verwendete Übertragungselement wird als Zahnriemen bezeichnet.

Zahnriemen: Zahnriemen gleichen einem Flachriemen, haben aber eine gezahnte Lauffläche, welche über entsprechend gezahnte Riemenscheiben (Zahnriemenscheiben) laufen. Die Zahnung kann sowohl trapezförmig als auch abgerundet sein. Zahnriemen müssen auf beiden Seiten geführt werden, damit sie nicht von der Riemenscheibe ablaufen. Hierfür werden entweder eine Zahnriemenscheibe mit zwei Bordscheiben oder zwei Zahnscheiben mit je einer Bordscheibe wechselseitig verwendet.

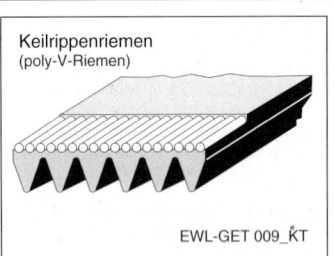

Keilriemenarten

1 ummantelte Normalkeilriemen
2 ummantelter Schmalkeilriemen
3 flankenoffener Schmalkeilriemen

EWL-GET 008/KT

Keilrippenriemen
(poly-V-Riemen)

EWL-GET 009_KT

Keilrippenriemen: Keilrippenriemen gleichen im Profil mehreren längsparallelen Keilriemen. Sie weisen im Verhältnis zu ihrer Breite nur eine geringe Dicke auf

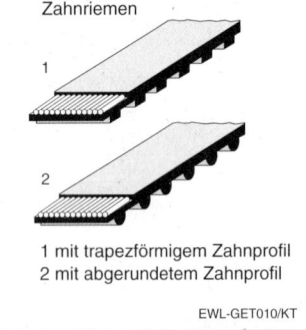

Zahnriemen

1
2

1 mit trapezförmigem Zahnprofil
2 mit abgerundetem Zahnprofil

EWL-GET010/KT

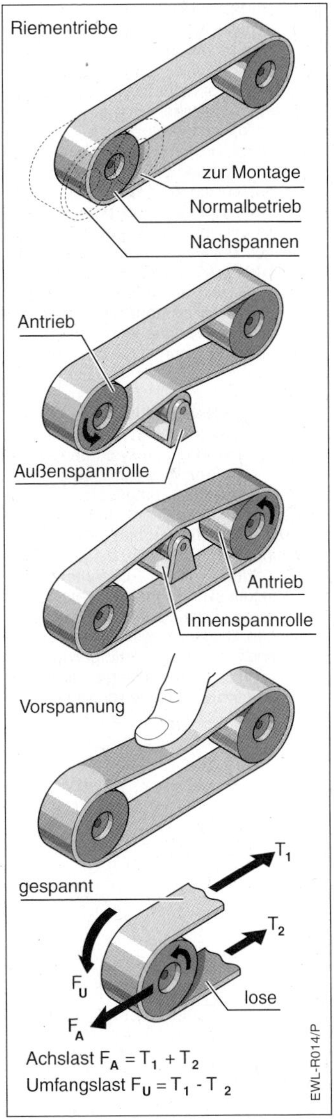

Riementriebe

zur Montage
Normalbetrieb
Nachspannen

Antrieb

Außenspannrolle

Antrieb
Innenspannrolle

Vorspannung

gespannt

T_1

T_2

F_U

lose

F_A

Achslast $F_A = T_1 + T_2$
Umfangslast $F_U = T_1 - T_2$

EWL-R014/P

Zahnriemen verbinden die Vorteile des Riementriebs (beliebiger Achsabstand, geräuscharmer Lauf und geringe Wartung) mit den Vorteilen der formschlüssigen Leistungsübertragung (synchroner Lauf, geringe Lagerkräfte). Die Riemenscheiben entsprechen DIN/ISO 5294.

Kurbeltriebe

Kurbeltriebe dienen dazu, Drehbewegungen in Linearbewegungen (Hin- und Herbewegungen) umzusetzen. Linearbewegungen sind bei vielen Elektrowerkzeugen immer dort Funktionsgrundlage, wo das Einsatzwerkzeug eine Hubbewegung vollzieht. Typische Anwendungen sind Hubsägen, Scheren, Nager und Heckenscheren.

Bei Bohr- und Schlaghämmern funktioniert das Schlagwerk auf der Basis von Kolben- oder Hebelbewegungen.

Kurbeltriebe können mechanisch unterschiedlich aufgebaut sein, am häufigsten werden die folgenden Typen verwendet:
– Kurbelwelle und Pleuel
– Kurbelschleifentriebe
– Kulissensteuerung
– Rotationsschwinger
– Exzenter

Die Eigenschaften der genannten Kurbeltriebe sind unterschiedlich. Eine Auswahl erfolgt deshalb nach den gestellten Anforderungen.

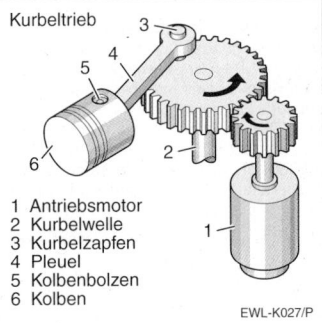

Kurbeltrieb

1 Antriebsmotor
2 Kurbelwelle
3 Kurbelzapfen
4 Pleuel
5 Kolbenbolzen
6 Kolben

EWL-K027/P

Kurbelwelle und Pleuel

Kurbelwelle und Pleuel stellen den am meisten verwendeten Kurbeltrieb dar. Die Rotationsbewegung wird durch den exzentrischen Kurbelzapfen der Kurbelwelle über ein Pleuel auf einen Kolben oder eine Schubstange übertragen. Die kolbenseitige Lagerung des Pleuels ist drehbar (Kolbenbolzen). Das Pleuel führt während des Kurbelzyklus eine Schwingbewegung aus. Der in einem Zylinder geführte Kolben oder die in einer starren Lagerung geführte Hubstange führen eine Linearbewegung aus.

Kurbeltriebe mit Kurbelwelle und Pleuel sind relativ reibungsarm und eignen sich für hohe Drehzahlen. Sie sind (auch aus diesem Grund) Grundlage des Verbrennungsmotors. Bei Elektrowerkzeugen finden sie typischerweise in pneumatischen Schlagwerken Verwendung.

Kurbelschleifentriebe

Kurbelschleifentriebe bestehen aus einer Kurbelwelle mit exzentrisch angeordnetem Kurbelzapfen. Das Pleuel ist konstruktiv mit der Hubstange zusammengefasst. Um die Bewegungsrichtung umzusetzen, läuft der Kurbelzapfen in einer so genannten Kurbelschleife. Dem konstruktiv einfacheren Aufbau steht eine erhöhte Lagerreibung sowohl des Kurbelzapfens als auch der Hubstange gegenüber. Kurbelschleifentriebe werden deshalb bei relativ geringen Hubzahlen eingesetzt. Typische Elektrowerkzeuge mit Kurbelschleife sind Heckenscheren und Tandemsägen.

Kurbelwelle mit Kulisse

Die Bewegungsumsetzung mittels Kurbelwelle und Kulisse entspricht prinzipiell dem Kurbelschleifentrieb, ist aber im Gegensatz zu diesem etwas schmäler gebaut. Aus diesem Grunde eignet er sich vor allem für Antriebe, bei denen die Baugröße eine wichtige Rolle spielt. Die Eigenschaften gleichen dem Kurbelschleifentrieb. Die bevorzugte Anwendung dieser Getriebeart ist in der Stichsäge.

Rotationsschwinger

Der prinzipielle Aufbau eines Kurbeltriebes mit Rotationsschwinger ähnelt dem Kurbeltrieb mit Kurbelwelle und Pleuel. Kernelement ist dabei ein schräg auf der Welle angeordnetes Wälzlager. Eine Besonderheit des Rotationsschwingerantriebs ist, dass Antriebswelle und Hubstange oder Kolben parallel zueinander angeordnet sind. Hierdurch lassen sich sehr kompakte Kurbeltriebe realisieren. Bezüglich des Drehzahlund Reibungsverhaltens ähneln sie dem Kurbeltrieb mit Pleuel, wegen der hohen Belastung des schräg angeordneten Kugellagers wird der Rotationsschwinger meist nur bei kleinen Übertragungsleistungen verwendet. Typische Anwendungen bei kleinen Bohrhämmern und bei Säbelsägen.

Exzenter mit Hebelschwinger

Exzenterantriebe eignen sich sehr gut zum Betätigen von Hebelsystemen, wo relativ kleine Exzenterbewegungen in große Pendelbewegungen umgesetzt werden können. Zur kompletten Umsetzung in eine reine Linearbewegung bedarf es jedoch einer geführten Hubstange oder eines Kolbens. Der Exzenterantrieb selbst ist robust und konstruktiv einfach zu lösen, worin seine hauptsächlichen Vorteile liegen. Die Reibungsverluste des Systems sind bei kleinen Leistungen äußerst gering. Bei Elektrowerkzeugen dient der Exzenterantrieb mit Hebelschwinger zum Antrieb des Schlagwerkes bei leichten Bohrhämmern.

Kurbeltriebe
Typische Anwendungen im Elektrowerkzeug

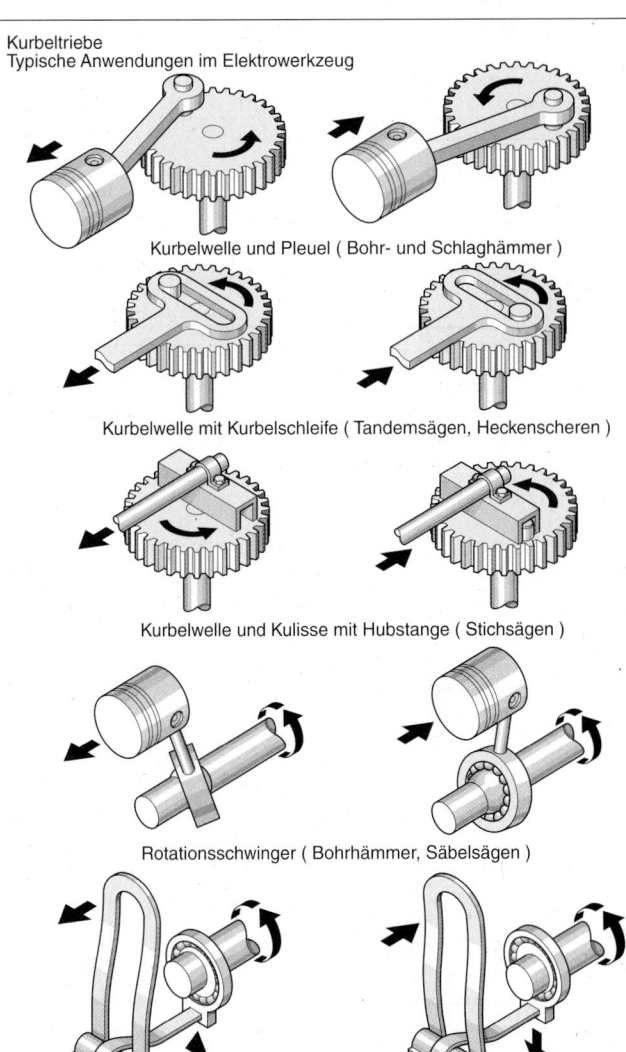

Kurbelwelle und Pleuel (Bohr- und Schlaghämmer)

Kurbelwelle mit Kurbelschleife (Tandemsägen, Heckenscheren)

Kurbelwelle und Kulisse mit Hubstange (Stichsägen)

Rotationsschwinger (Bohrhämmer, Säbelsägen)

Exzenter mit Hebelschwinger (Bohrhämmer)

EWL-GET006/P

Getriebe im Elektrowerkzeug

Werkzeugtyp	max. Abtrieb-drehzahlen U/min	Getriebetyp	Stufen	Abtrieb-bewegungen	Bewegungs-umsetzung
Gewindeschneider	350...600	Stirnrad	3	rotierend/autoreversierend	Reversier-automatik
Heckenscheren	3000	Stirnrad	1	hub	Kurbeltrieb, Kurbelschleife
Hobel	10000...18000	Zahnriemen	1	rotierend	–
Kernbohr-maschinen	900...2500	Stirnrad	2	rotierend	–
Kettensäge	2500	Stirnrad	1	rotierend	–
Kreissäge	4000...5000	Stirnrad	1	rotierend	–
leichte Bohrhämmer	800...1000	Stirnrad	2	rotierend, schlagend	Rotations-schwinger
Mauernutfräsen	5000...11000	Kegelrad	1	rotierend	–
Multisäge	3800	Kegelrad	1	hub	Kurbeltrieb, Kulisse
Nager	1500...2500	Stirnrad/Planetenrad	1...2	hub	Kurbeltrieb
Oberfräsen	24000...27000	direkt	–	rotierend	–
Säbelsäge	2700	Stirnrad	1	hub	Rotations-schwinger
Schaumstoffsäge	3000	Stirnrad	2	hub, gegenlauf	Kurbeltrieb, Kulisse
Scheren	800...2500	Stirnrad/Planetenrad	1...2	hub	Kurbeltrieb
Schlagbohr-maschinen	2000...3000	Stirnrad	1...2	rotierend, schlagend	Rastenscheibe
Schlaghämmer	–	Stirnrad, Kegelrad	2	schlagend	Kurbeltrieb, Kolbenschlag-werk
Schleifbürsten	10000	Kegelrad	1	rotierend	–
Schrauber	600...4000	Stirnrad	2...3	rotierend	Kupplungen
schwere Bohr-hämmer	120...400	Stirnrad, Kegelrad	2	rotierend, schlagend	Kurbeltrieb, Kolbenschlag-werk
Schwingschleifer	11000	direkt	-	schwingend	Exzenter
Stichsägen	3000	Stirnrad	2	hub	Kurbeltrieb, Kulisse
Varioschleifer	500	Kegelrad	1	rotierend	–
Winkelbohr-maschinen	600..8000	Stirnrad, Kegelrad	2	rotierend	–
Winkelschleifer	5000...11000	Kegelrad	1	rotierend	–

Getriebe im Elektrowerkzeug

Werkzeugtyp	max. Abtrieb-drehzahlen U/min	Getriebetyp	Stufen	Abtrieb-bewegungen	Bewegungs-umsetzung
Akku-Bohr-hammer	1000	Stirnrad	2	rotierend, schlagend	Hebelschwinger
Akku-Bohr-schrauber	500...15000	Planetenrad	3	rotierend	–
Akku-Drehschlag-schrauber	3000	Hohlrad	1	rotierend	Massenschlag-werk
Astsägen	750	Kegelrad	1	rotation	–
Bandschleifer	500	Kegelrad	1	rotierend	–
Bandschleifer, groß	500	Zahnriemen	1	rotierend	–
Bohrmaschinen	250...4000	Stirnrad	1...4	rotierend	–
Drehschlag-schrauber	500...1300	Stirnrad	2...3	drehschlag	Massenschlag-werk
Elektrofuchs-schwanz	2600	Stirnrad	1	hub	Kurbeltrieb, Kurbelschleife
Elektroschaber	8000	Kegelrad	1	hub	Kurbeltrieb, Kulisse
Exzenterschleifer	12000	direkt	–	rotierend/schwingend	Exzenter
Feinschnittsäge	2800	Kegelrad	1	hub	Kurbeltrieb
Flachdübelfräse	11000	Kegelrad	1	rotierend	–
Gartenhäcksler	120	Planentenrad	2	rotation	–
Geradschleifer	6000...27000	Stirnrad/direkt	0...1	rotierend	–

Sicherheitskupp- lungen

Bohrende Elektrowerkzeuge der oberen Leistungsklasse können beim Blockieren des Bohrwerkzeuges erhebliche Rück- drehmomente entwickeln. Wenn diese Rückdrehmomente unerwartet auftreten kann es vorkommen, dass der Anwender die Gewalt über das Werkzeug verliert, wodurch Unfälle entstehen können. In Er- ster Linie können Rückdrehmomente bei Bohrhämmern auftreten. Ursächlich sind neben den obengenannten Kriterien Un- regelmäßigkeiten im zu bearbeitenden Werkstoff wie harte Kiesel oder Bewehr- rungen. Diese können vom Anwender nicht vorausgesehen werden. Bohrhäm- mer, gleich welcher Leistungsklasse, wer- den deshalb stets mit sogenannten Si- cherheitskupplungen ausgerüstet. Beim Überschreiten eines je nach Leistungs- klasse und Griffgeometrie vorgegebenen Drehmomentes wird der Kraftfluss vom Motor zum Werkzeughalter begrenzt oder unterbrochen. Die gebräuchlichsten Kupplungstypen sind
– Rutschkupplung
– Sicherheits-Überrastkupplung
Beide Kupplungstypen können bei geeig- neter konstruktiver Auslegung den An- wender vor zu hohen Rückdrehmomen- ten schützen und Schäden am Trieb- strang der Werkzeuges oder am Einsatzwerkzeug (Bohrerbrüche) verhin- dern.

Rutschkupplung

Rutschkupplungen sind mechanisch rela- tiv einfach und kostengünstig aufgebaut. Sie bestehen im Wesentlichen aus zwei Kupplungshälften, von denen je eine auf der Antriebsseite und der Abtriebsseite des Triebstranges angebracht sind. Beide Kupplungshälften werden durch Feder- vorspannung aneinander gedrückt. Der Kraftschluss der Kupplungshälften erfolgt durch Reibschluss. Überschreitet das Drehmoment den Reibschluss der Kupp- lung, so erfolgt ein "durchrutschen" der Kupplungshälften. Antriebs- und Ab- triebsseite haben nun unterschiedliche

Drehzahlen, im Extremfall hat die An- triebsseite die Nenndrehzahl, die Ab- triebsseite die Drehzahl Null. Die Dreh- zahldifferenz wird dabei in Wärme umge- setzt. Geht das Drehmoment unter den Grenzwert zurück, dann überwiegt der Reibschluss der Kupplung und die Rota- tion wird wieder synchron übertragen.
Vorteile der Rutschkupplung als Sicher- heitskupplung:
– sanfter Übergang vom eingekuppelten in den rutschenden Betrieb und revers
– geräuscharm
– konstruktiv einfach
– kostengünstig
Nachteile der Rutschkupplung:
– keine Langzeitkonstanz durch Abnüt- zung der Kupplungshälften beim "Rut- schen"
– dadurch kann sich das Ansprechverhal- ten nach höheren oder tieferen Drehmo- mentwerten verändern
– Ansprechschwelle oft nicht eindeutig spürbar, dadurch unkontrollierter Betrieb im Grenzbereich möglich.

Sicherheits-Überrastkupplung

Die Sicherheits-Überrastkupplung be- steht vom Prinzip her aus zwei sich ge- genüberliegenden Kupplungsscheiben, in denen sich taschenförmige Vertiefungen befinden. In diesen Taschen sind Kugeln oder Walzen gelagert. Über sie erfolgt durch Formschluss die Kraftübertragung zwischen den beiden Kupplungsschei- ben. Durch Federkraft wird die Kupplung zusammengedrückt. Die Vorspannkraft der Federn wird entsprechend der Lei- stungsklasse gewählt. Sie bestimmt das zum Überrasten nötige Drehmoment. Die beiden Kupplungshälften können dabei je nach Bauart in Reihe oder konzentrisch angeordnet sein.
Beim Erreichen des eingestellten Drehmomentes werden die Kupplungs- hälften durch die Formgebung der Ta- schen über die Rollen oder Kugeln aus- einandergedrückt, trennen den Kraftfluss und werden bis zur nächsten Tasche wei- tergerollt. Hier rasten sie ein und übertra- gen wieder Kraft. Wird das vorgegebene Drehmoment wieder erreicht, dann wie- derholt sich das "Überrasten", und zwar solange, bis der Drehmomentbedarf des

Sicherheitskupplungen
Ansprech- und Langzeitverhalten

1. Ansprechverhalten

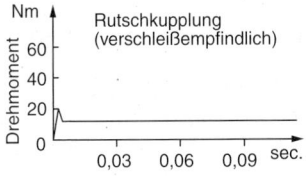

Rutschkupplung
(verschleißempfindlich)

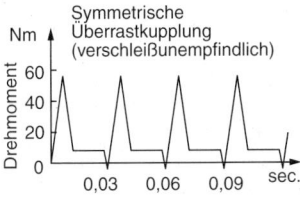

Symmetrische
Überrastkupplung
(verschleißunempfindlich)

2. Langzeitverhalten

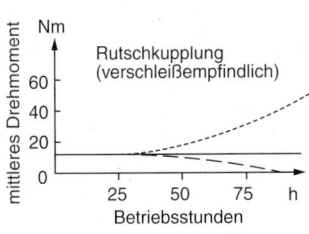

Rutschkupplung
(verschleißempfindlich)

——— Idealverhalten
----- zunehmende Verschleißrauhigkeit
— —abnehmende Reibung

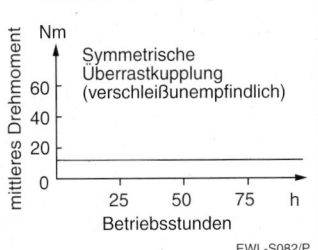

Symmetrische
Überrastkupplung
(verschleißunempfindlich)

EWL-S082/P

Einsatzwerkzeuges wieder unterhalb des vorgegebenen Grenzwertes ist. Hierbei entsteht das für diesen Kupplungstyp typische schnarrende Geräusch.

Vorteile der Überrastkupplung als Sicherheitskupplung:
– Sehr gute Langzeitkonstanz, keine Änderung des Überrastmomentes
– Kein "schleichendes" Durchrutschen
– Geräusch und Überrasten signalisiert deutlich das Ansprechen der Kupplung

Nachteile der Überrastkupplung
– konstruktiv aufwendig
– höhere Kosten

Ansprechverhalten in der Praxis

Die Funktion von Sicherheitskupplungen ist stark vom Anwenderverhalten abhängig. Das Werkzeug ist während des Betriebes fest zu halten und sicher zu führen. Der Anwender muss über eine sichere Arbeitsposition verfügen. Ein lässig geführtes Werkzeug kann trotz einwandfrei funktionierender Sicherheitskupplung im Blockierfall Rückdrehmomente erzeugen, welche dann nicht mehr beherrscht werden können. Durch ungesicherte Arbeitspositionen, beispielsweise auf Gerüsten, können Sekundärschäden eintreten.

Zusammenfassung

Sicherheitskupplungen können Anwender und Werkzeug wirksam vor zu hohen Rückdrehmomenten schützen. Ihre Funktion setzt jedoch die in der Betriebsanleitung vorgegebene Arbeitsweise voraus. Obwohl konstruktiv und kostenmäßig aufwendiger, ist die Sicherheits-Überrastkupplung präziser im Ansprechverhalten und von besserer Langzeitkonstanz.

Bremsen

Maschinenwerkzeuge, deren Einsatzwerkzeuge eine große Schwungmasse besitzen wie beispielsweise Kreissägen, Kettensägen, Rotationsschleifer bleiben nach dem Abschalten nicht sofort stehen, sondern haben eine längere Auslaufzeit, die bei älteren, gut eingelaufenen Maschinen bis zu einer Minute betragen kann. Wenn der Anwender diesen Umstand nicht entsprechend beachtet, kann es durch das Einsatzwerkzeug eine Gefährdung ausgehen. Eine Zwangsbremsung des Auslaufs kann die Zeitspanne zum Stillstand erheblich verkürzen wodurch ein hohes Sicherheitsniveau erreicht wird. Der Bremsvorgang kann dabei durch verschiedene technische Möglichkeiten erreicht werden. Bevorzugt verwendet man
- elektrische Bremsen
- mechanische Bremsen
jeder Bremsentyp hat spezielle Eigenschaften. Sie werden im Folgenden in ihrer Grundfunktion beschrieben.
Bremsen an Werkzeugmaschinen sind sicherheitsrelevante Bauteile. Sie müssen über die gesamte Lebensdauer des Werkzeuges ausfallsicher sein. Ihre Betätigung muss entsprechend ihrer Bestimmung als

– Notbremse
– Betriebsbremse

erfolgen können, während der Anwender das Werkzeug benützt.

Notbremsen
Notbremsen sind im Normalbetrieb unwirksam. Sie dienen lediglich dazu, eine plötzlich entstehende Gefährdung des Anwenders zu verhindern. Typisches Beispiel sind Rückschläge durch Bedienungsfehler an der Kettensäge. Zur Auslösung der Bremse wird hierbei die Rückschlagbewegung der Säge und die Reflexbewegung des Anwenders benützt. Die Bremse wird dabei in der Bremsstellung verriegelt. Zur erneuten Ingangsetzung der Säge muss die Bremse manuell gelöst ("entsichert") werden.

Betriebsbremsen
Betriebsbremsen sind bei jedem Abschalten des Werkzeuges wirksam. Ihre Funktion ist also ein Teil der natürlichen Betriebsfunktion des Werkzeuges. Ihre Auslösung ist in der Regel mit dem Betriebsschalter des Werkzeuges gekoppelt. Beim Abschalten wird der Bremsvorgang ausgelöst.

Bremsentypen
In Elektrowerkzeugen kommen

– Elektrische Bremsen
– Mechanische Bremsen

zum Einsatz. Sie haben unterschiedliche Eigenschaften.

Elektrische Bremsen
Elektrische Bremsen zeichnen sich durch ihren geringen konstruktiven Aufwand aus. Sie sind deshalb kostengünstig und haben einen geringen Platzbedarf. Ihre Auslösung kann automatisch mit der Funktion des Ein-Ausschalters erfolgen. Man unterscheidet ihrer Wirkungsweise nach in

– Kurzschlussbremsung
– Umpolbremsung

Kurzschlussbremsung
Die Kurzschlussbremsung erfolgt dadurch, dass der Antriebsmotor nach Ausschalten der Maschine durch einen zusätzlichen Kontakt im Schalter in dessen Ruhestellung (Aus-Stellung) kurzgeschlossen wird. Hierdurch wirkt der sich im Auslauf noch drehende Antriebsmotor als Generator, der durch das vom Kurzschlußstrom erzeugte Gegendrehmoment abgebremst wird. Das Bremsmoment ist dabei im Anfangsmoment sehr hoch, lässt aber dann mit fallender Drehzahl schnell sehr stark nach. Der Motor wird also nicht bis auf Nulldrehzahl abgebremst, sondern läuft nach rapider Anfangsbremsung noch etwas nach. Typische Bremszeiten sind im Bereich von etwa 1,5...4 Sekunden. Durch den Anfangs sehr hohen Kurzschlussstrom werden die Schalterkontakte und die Kohlebürsten zusätzlich belastet. Typische Anwendung bei Akku-Bohrschraubern,

Kreissägen, Kettensägen, Heckenscheren.

Umpolbremsung

Der Bremsvorgang wird durch ein Umpolen des Motors beim Ausschalten eingeleitet. Einfach ausgedrückt wird hier der Motor elektrisch in den "Rückwärtsgang" geschaltet. Die Bremsenergie wird hierbei der Stromquelle (Netzanschluss) entnommen. Der sehr hohe Bremsstrom muss dabei durch eine geeignete Elektronikschaltung begrenzt werden um die Leitungssicherung nicht zum Auslösen zu bringen. Das Bremsmoment ist ausserordentlich hoch. Bremszeiten von weniger als 1 Sekunde sind realisierbar. Wenn der Motor zum Stillstand gekommen ist, muss durch eine entsprechende Schaltungstechnik dafür gesorgt werden, dass der Motor nicht in die Gegenrichtung beschleunigt. Der Schaltungsaufwand ist also wesentlich größer als bei der Kurzschlussbremsung. Durch das sehr hohe Bremsmoment kann sich das Einsatzwerkzeug im Werkzeughalter lösen, wenn es nicht durch formschlüssige Mitnehmerflansche gehalten wird. Unter Umständen sind also für diese Bremsungsart geänderte Spannvorrichtungen erforderlich.

Mechanische Bremsen

Rein mechanische Bremsen haben den Vorteil, dass durch sie mit vollem Bremsmoment bis zum Stillstand verzögert werden kann und dass das Einsatzwerkzeug auch bei Stillstand gebremst gehalten wird. Bei Elektrowerkzeugen werden zur Bremsung

– Bandbremsen
– Backenbremsen

eingesetzt. Mit beiden Bremsentypen lassen sich sehr kurze Bremszeiten von 0,5 ...2,5 Sekunden erreichen. Generell sind mechanische Bremsen mit höherem konstruktiven Aufwand verbunden, wodurch höhere Kosten entstehen.

Bandbremsen

Die Funktion der Bandbremse erfolgt durch ein sogenanntes Bremsband, welches in einer Schlinge um eine auf der Abtriebsachse befindlichen Bremstrommel geführt ist. In gelöster Stellung berührt das Bremsband die Bremstrommel nicht, ist aber durch eine starke Feder vorgespannt. In dieser Stellung wird es durch einen Nocken gehalten. Beim Auslösen wird durch das Zurückgleiten des Nockens das Bremsband freigegeben. Die Feder zieht das Bremsband straff über die Bremstrommel, durch Reibschluss wird die Bremstrommel und damit der Antrieb schlagartig abgebremst. Zum Lösen der Bremse muss die Feder manuell vorgespannt und der Nocken zum Eingriff gebracht werden.
Typische Anwendung der Bandbremse ist, zusammen mit Kurzschlussbremse, in der Kettensäge.

Backenbremse

Bei der Backenbremse beruht die Funktion auf das Anliegen von einer oder mehrere Bremsbacken gegen die Innenseite oder Außenseite einer Bremstrommel. Wenn die Berührungsfläche von Backe und Trommel in Laufrichtung gesehen vor dem Aufhängepunkt der Backe liegt ("auflaufende Backe") erreicht man eine selbstverstärkende Wirkung.
Bremsbacken und Bremstrommel haben bei hohen Bremsleistungen einen erheblichen Platzbedarf. Eine Lösungsmöglichkeit ist, auf eine getrennte Bremse zu verzichten und stattdessen den Antriebsmotor selbst als Bremse auszulegen. Hierzu wird ein Teil des feststehenden Polschuhs als bewegliche Bremsbacke ausgebildet, der Anker selbst wird als Bremstrommel benützt. Im Ruhezustand liegen die Bremsbacken durch starken Federdruck auf dem Anker auf und halten ihn fest. Beim Einschalten zieht das Magnetfeld des Polschuhs die Bremsbacken zurück und gibt den Anker frei. Beim Abschalten bricht das Magnetfeld in Sekundenbruchteilen zusammen. Die Bremsbacken werden durch Federdruck auf den Anker gepresst und bremsen diesen bis zum Stillstand ab. Die Bremswirkung ist rein mechanisch, die Auslösung erfolgt elektrisch.
Typische Anwendung: Winkelschleifer

Zusammenfassung

Die Bremsung des Maschinenauslaufs nach dem Abschalten erhöht die Sicherheit für den Anwender wesentlich. Je nach Maschinentyp werden elektrische oder mechanische Bremsen eingesetzt. Elektrische Bremsen haben einen geringen konstruktiven Aufwand und sind daher kostengünstig. Das Bremsmoment wirkt allerdings funktionsbedingt nicht bis zu Stillstand. Mechanische Bremsen können sowohl als Notbremse als auch Betriebsbremse verwendet werden. Sie zeichnen sich durch kurze Bremszeiten aus und bremsen bis zum Stillstand. Sie sind konstruktiv aufwendiger und deshalb kostenintensiver.

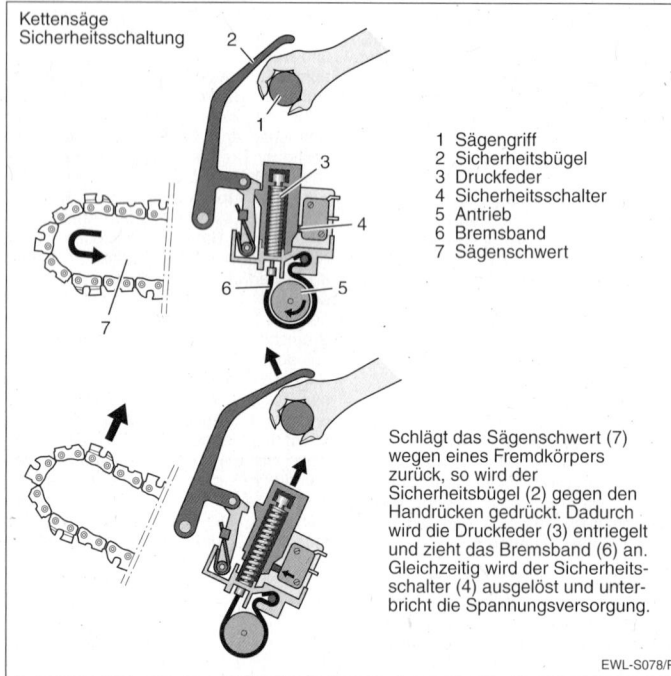

Kettensäge
Sicherheitsschaltung

1 Sägengriff
2 Sicherheitsbügel
3 Druckfeder
4 Sicherheitsschalter
5 Antrieb
6 Bremsband
7 Sägenschwert

Schlägt das Sägenschwert (7) wegen eines Fremdkörpers zurück, so wird der Sicherheitsbügel (2) gegen den Handrücken gedrückt. Dadurch wird die Druckfeder (3) entriegelt und zieht das Bremsband (6) an. Gleichzeitig wird der Sicherheitsschalter (4) ausgelöst und unterbricht die Spannungsversorgung.

EWL-S078/P

Backenbremse am Winkelschleifer

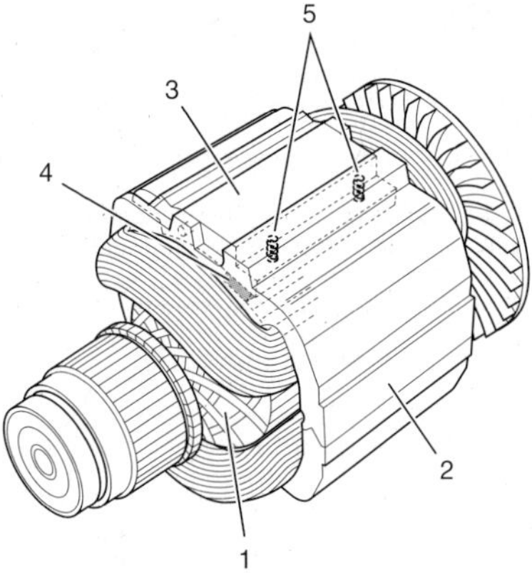

EWL-BR001/P

5

3

4

2

1

1 Anker
2 Polschuh
3 bewegliches
  Polschuhsegment
4 Bremsbelag
5 Druckfeder

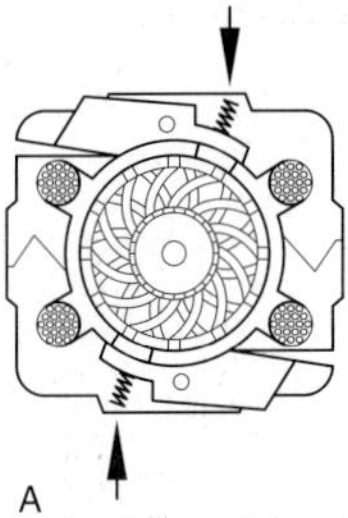

A
Ruhestellung (stromlos)
Die beweglichen Polschuhsegmente werden durch
die Druckfedern auf den
Anker gedrückt.

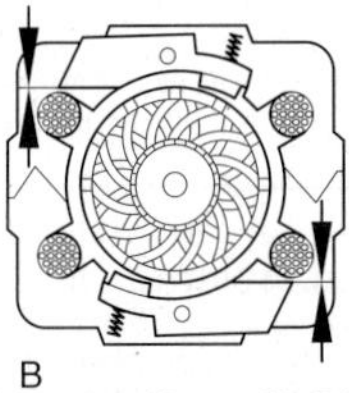

B
Betrieb (Strom fließt)
Die beweglichen Polschuhsegmente werden durch
Magnetkraft angezogen,
der Anker ist freigegeben.

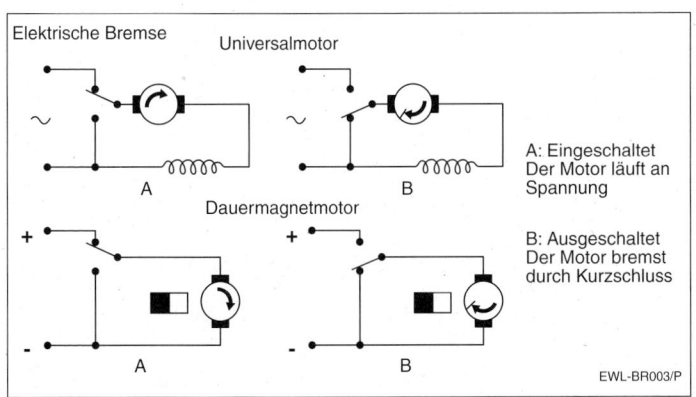

Elektrische Bremse

Universalmotor

A

B

A: Eingeschaltet
Der Motor läuft an
Spannung

Dauermagnetmotor

A

B

B: Ausgeschaltet
Der Motor bremst
durch Kurzschluss

EWL-BR003/P

Schlagwerke

Schlagwerke dienen bei handgeführten Maschinenwerkzeugen dazu, die kontinuierliche Leistungsabgabe des Antriebsmotors in Form von kurzen Schlagimpulsen auf das Einsatzwerkzeug weiterzuleiten. Diese impulsförmige Leistungsabgabe ist für die Bearbeitung von Steinwerkstoffen günstig, bei der Herstellung von Schraubverbindungen können hohe Drehmomente erzielt werden. Je nach ihrer Wirkrichtung unterscheidet man die Schlagwerke in

– Linearschlagwerke (Hammerschlagwerke)
– Drehschlagwerke

Innerhalb dieser Grundtypen kommen verschiedene Systeme zur Anwendung.

Linearschlagwerke

Unter bestimmten Umständen ist eine Bearbeitung von Gestein und Steinwerkstoffen nur mittels Schlag möglich. Durch die Schlageinwirkung wird der Gefügeverbund gelockert oder aufgebrochen, wodurch der Arbeitsfortschritt entsteht. Die hierbei eingesetzten Elektrowerkzeuge sind meist

– Schlagbohrmaschinen
– Bohrhämmer
– Schlaghämmer

Sie sind mit sogenannten Schlagwerken ausgestattet, welche die kontinuierliche Drehbewegung des Antriebsmotors in einen längsgerichteten Schlagimpuls umwandeln. Hierbei kann die Drehbewegung zusätzlich beibehalten werden (Schlagbohrmaschinen, Bohrhämmer) oder auf sie verzichtet werden (Schlaghämmer, Meißelhämmer).
Die grundsätzlichen Schlagwerktypen sind

– Rastenschlagwerke
– Massenschlagwerke
– Federschlagwerke
– Pneumatische Schlagwerke
– Winkelschlagwerke

Die Federschlagwerke und pneumatischen Schlagwerke werden auch als

– Hammerschlagwerke

bezeichnet. Ihre Energieabgabe ist höher als die der Rastenschlagwerke und Massenschlagwerke.

Rastenschlagwerk

Rastenschlagwerke stellen konstruktiv die einfachste und kostengünstigste Möglichkeit dar, eine längsgerichtete Schlagbewegung zu erzeugen. Sie zeichnen sich durch eine relativ geringe Einzelschlagstärke aus. Aus diesem Grunde benötigt man zum Erzielen eines praxisgerechten Arbeitsfortschrittes eine hohe Schlagfrequenz wodurch sich zusammen mit der Funktionsweise des Rastenschlagwerkes eine sehr hohe Geräuschentwicklung ergibt. Hinzu kommt eine unangenehm hohe Frequenzlage des Arbeitsgeräusches.
Die typische Anwendung des Rastenschlagwerkes ist in der Schlagbohrmaschine.

Funktion
Das Rastenschlagwerk besteht aus zwei Scheiben, welche an ihren gegeneinander zugewandten Stirnseiten eine mit keilförmigen Zähnen, den sogenannten Rasten, versehenen Profilierung aufweisen. Eine der beiden verzahnten und gehärteten Rastenscheiben sitz auf dem rückwärtigen Ende der Bohrspindel und wird über das Getriebe durch den Motor angetrieben, die andere Rastenscheibe ist fest mit dem Maschinengehäuse verbunden. In der Schlagstellung wälzen sich die beiden Rastenscheiben durch den Anpressdruck des Anwenders aufeinander ab, wobei durch die Schrägen der einzelnen Rasten eine Längsbewegung der Bohrspindel erfolgt.
Die Anzahl der einzelnen Rasten auf

Schlagbohrmaschine, Funktionsweise

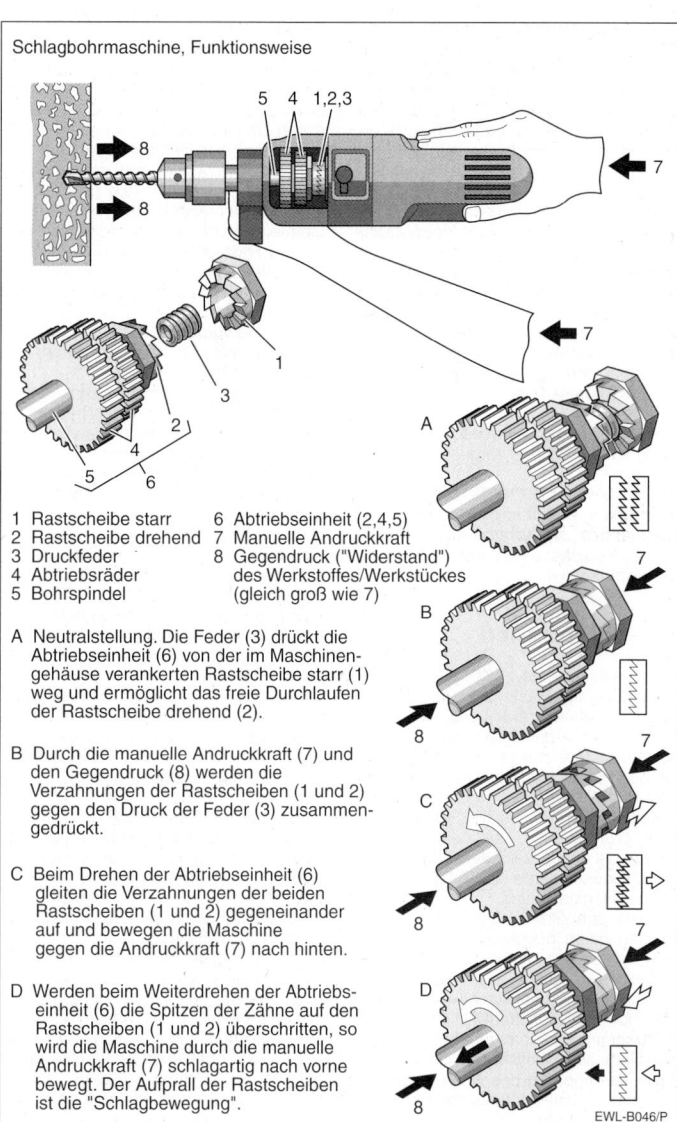

1 Rastscheibe starr
2 Rastscheibe drehend
3 Druckfeder
4 Abtriebsräder
5 Bohrspindel
6 Abtriebseinheit (2,4,5)
7 Manuelle Andruckkraft
8 Gegendruck ("Widerstand")
  des Werkstoffes/Werkstückes
  (gleich groß wie 7)

A Neutralstellung. Die Feder (3) drückt die
  Abtriebseinheit (6) von der im Maschinengehäuse verankerten Rastscheibe starr (1)
  weg und ermöglicht das freie Durchlaufen
  der Rastscheibe drehend (2).

B Durch die manuelle Andruckkraft (7) und
  den Gegendruck (8) werden die
  Verzahnungen der Rastscheiben (1 und 2)
  gegen den Druck der Feder (3) zusammengedrückt.

C Beim Drehen der Abtriebseinheit (6)
  gleiten die Verzahnungen der beiden
  Rastscheiben (1 und 2) gegeneinander
  auf und bewegen die Maschine
  gegen die Andruckkraft (7) nach hinten.

D Werden beim Weiterdrehen der Abtriebseinheit (6) die Spitzen der Zähne auf den
  Rastscheiben (1 und 2) überschritten, so
  wird die Maschine durch die manuelle
  Andruckkraft (7) schlagartig nach vorne
  bewegt. Der Aufprall der Rastscheiben
  ist die "Schlagbewegung".

EWL-B046/P

dem Scheibenumfang bestimmt die Schlagzahl, wobei Schlagzahlen, je nach Maschinentyp, zwischen 30 000 und 50 000 Schläge pro Minute üblich sind.

Da sich die Längsbewegung über das Einsatzwerkzeug am Werkstück abstützt, erfolgt ein großer Teil der Längsbewegung durch die Maschine in Richtung auf den Anwender. Dessen Anpressdruck überträgt sich beim ablaufen der Rastenscheiben auf die Rückbewegung der Maschinenmasse und damit den Aufprall auf den Rastengrund. Diese Rückbewegung ("Rückprall") der Maschine erzeugt die eigentliche Energieübertragung auf das Einsatzwerkzeug und damit den Arbeitsfortschritt. Ein typische Eigenschaft des Rastenschlagwerkes ist daher die Abhängigkeit vom Anpressdruck.

– je stärker der Anpressdruck, umso stärker die Schlagenergie

Zur Funktion des Schlagwerkes muss die Bohrspindel eine Längsbewegung machen können, die Abtriebsspindel (Bohrspindel) also über einen Lossitz in den Lagern verfügen.

Massenschlagwerk

Massenschlagwerke stellen eine Weiterentwicklung der Rastenschlagwerke dar. Ziel dieser Weiterentwicklung war, die für einen hohen Arbeitsfortschritt im Rastenschlagwerk nötige Anpresskraft zu verringern. Hierdurch sollte ein angenehmeres Arbeitsverhalten für den Anwender ermöglicht werden. Da die Schlagerzeugung grundsätzlich wie beim Rastenschlagwerk erfolgt, zeichnet sich das Massenschlagwerk durch eine relativ geringe Einzelschlagstärke aus.

Aus diesem Grunde benötigt man zum Erzielen eines praxisgerechten Arbeitsfortschrittes eine hohe Schlagfrequenz wodurch sich zusammen mit der Basisfunktion des Rastenschlagwerkes eine sehr hohe Geräuschentwicklung ergibt. Hinzu kommt eine unangenehm hohe Frequenzlage des Arbeitsgeräusches.

Der Verringerung des Anpressdruckes liegt eine Teilentkopplung der Schlagerzeugung zu Grunde.

Funktion

Die eigentliche Schlagerzeugung erfolgt wie beim Rastenschlagwerk durch zwei Scheiben, welche an ihren gegeneinander zugewandten Stirnseiten eine mit keilförmigen Zähnen, den sogenannten Rasten, versehenen Profilierung aufweisen. Eine der beiden verzahnten und gehärteten Rastenscheiben sitz auf dem rückwärtigen Ende der Bohrspindel und wird über das Getriebe durch den Motor angetrieben, die andere Rastenscheibe ist fest mit einer Gewichtsmasse verbunden, welche im Maschinengehäuse längsbeweglich gelagert ist, sich aber nicht mitdrehen kann. Durch eine vorgespannte Feder legt sich die Gewichtsmasse an die rotierende Rastenscheibe an.

In der Schlagstellung wälzen sich die beiden Rastenscheiben durch den Anpressdruck der Feder aufeinander ab, wobei durch die Schrägen der einzelnen Rasten eine Vorwärtsbewegung der Bohrspindel bei gleichzeitiger Rückwärtsbewegung der Gewichtsmasse erfolgt.

Der Anpressdruck der Feder überträgt sich beim ablaufen der Rastenscheiben auf die Rückbewegung der Gewichtsmasse und damit den Aufprall auf den Rastengrund. Diese Rückbewegung ("Rückprall") der Masse erzeugt zusammen mit dem Anpressdruck des Anwenders die eigentliche Energieübertragung auf das Einsatzwerkzeug und damit den Arbeitsfortschritt. Zur Funktion des Schlagwerkes muss die Bohrspindel eine Längsbewegung machen können, die Abtriebsspindel (Bohrspindel) also über einen Lossitz in den Lagern verfügen.

Ein typische Eigenschaft des Massenschlagwerks ist die Verringerung des Anpressdruckes durch den Anwender. An seine Stelle ist die Gewichtsmasse getreten. Diesem Vorteil stehen allerdings Betriebsgrenzen entgegen. Zur Funktion ist eine präzise Abstimmung von Federkraft und Massengewicht notwendig. Im Zusammenhang mit der Spindeldrehzahl und damit der Schlagzahl ergibt sich physikalisch bedingt nur ein relativ schmaler Drehzahl- und damit Schlagzahlbereich, in dem Federkraft und Massengewicht ein optimal schwingfähiges Gebilde darstellen. Bei der anwendungsüblichen Abweichung von diesem Idealzustand ergeben

Massenschlagwerk

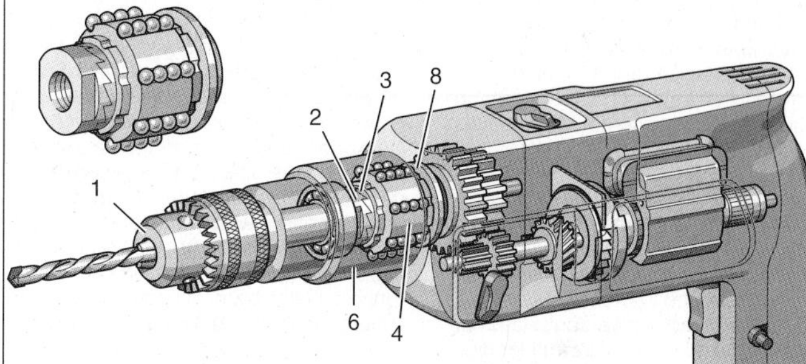

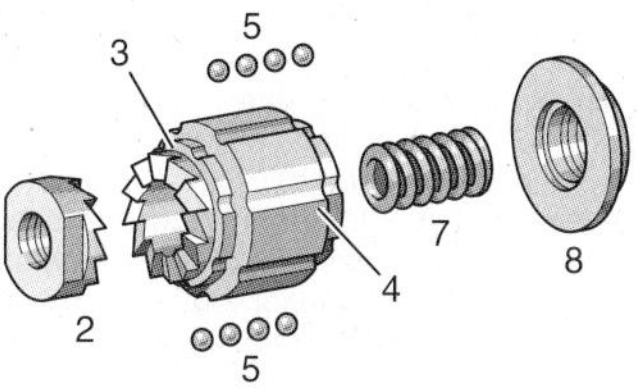

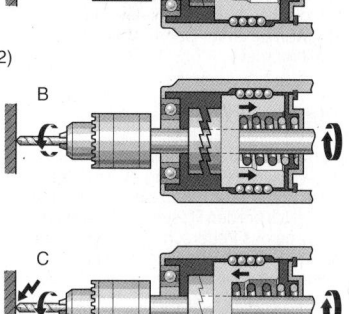

1 Bohrfutter
2 Rastenscheibe auf Bohrspindel
3 Rastenscheibe auf Schlägermasse
4 Schlägermasse, nur Längsbewegung möglich
5 Führungskugeln
6 Maschinengehäuse
7 Druckfeder
8 Stützscheibe

A Ruhestellung
Die Druckfeder (7) drückt die Schlägermasse (4)gegen die Rastscheibe der Bohrspindel.

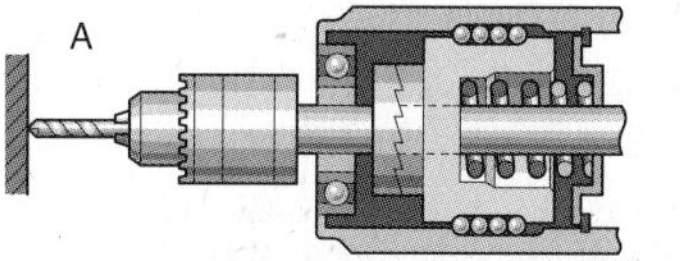

B Bohrspindel dreht sich
Die bohrspindelseitige Rastenscheibe (2) gleitet an der schlägermassenseitigen Rastscheibe (3) auf. Dadurch wird die Schlägermasse (4) gegen die Druckfeder (7) nach hinten geschoben.

C Schlagwirkung
Beim Weiterdrehen gleiten die Zahnspitzen der Rastenscheiben übereinander. Durch die Druckfeder (7) beschleunigt, „fällt" die Schlägermasse (4) auf den Grund der bohrspindelseitigen Rastenscheiben (2) und überträgt so seine Energie auf die Bohrspindel und damit auf den Bohrer. Die Schlagfrequenz entspricht dem Produkt aus der Zähnezahl der Rastscheiben und der Bohrspindeldrehzahl.

EWL-B055/P

sich keine Betriebsvorteile gegenüber dem einfachen und weniger kostenintensiven Rastenschlagwerk. Zusätzlich erhöht die Gewichtsmasse auch das Gesamtgewicht der Maschine. Nach vorübergehender Marktpräsenz in den 80er Jahren hat sich dieses Schlagwerk aus den genannten Gründen nicht dauerhaft durchsetzen können.

Hammerschlagwerke

Hammerschlagwerke unterscheiden sich in Konstruktion und Wirkung grundlegend von den Rastenschlagwerken. Hammerschlagwerke sind konstruktiv aufwendiger und deshalb kostensensibler. Sie zeichnen sich durch eine relativ hohe Einzelschlagstärke aus. Aus diesem Grunde benötigt man zum Erzielen eines praxisgerechten Arbeitsfortschrittes nur eine niedrige Schlagfrequenz wodurch sich zusammen mit der Funktionsweise der Hammerschlagwerke eine relativ geringe Geräuschentwicklung ergibt. Hinzu kommt eine als angenehmer empfundenen niedrige Frequenzlage des Arbeitsgeräusches. Die bei Elektrowerkzeugen angewendeten Hammerschlagwerke sind

– Federschlagwerke
– pneumatische Schlagwerke

Die typische Anwendung des Hammerschlagwerkes ist im Bohrhammer und im Meißelhammer.

Federschlagwerk

Federschlagwerke ermöglichen relativ kostengünstig die Erzeugung einer Schlagbewegung, deren Einzelschlagenergie höher ist als bei den Rastenschlagwerken. Grundlage des Federschlagwerkes ist die Entkopplung von Schlagerzeugung und Anpresskraft. Die Anwendung dieses Schlagwerktyps erfolgt dort, wo hauptsächlich Betonwerkstoffe bearbeitet werden und für die gelegentliche Anwendung eine gutes Kosten/Nutzenverhältnis angestrebt wird, z. B. im Heimwerkerbereich.

Funktion
Zur Energiespeicherung wird eine mechanische Feder eingesetzt. Hierbei wird ein Federstahlwinkel durch einen Exzenterantrieb in eine hin-und hergehende Bewegung versetzt. Die Feder treibt dabei eine frei bewegliche Masse (Hammerkolben) in Längsrichtung vor und zurück, wobei in der Rückbewegung die vom Hammerkolben abgegebene Rückprallenergie von der Feder gespeichert und der Vorwärtsbewegung zugeführt wird. Durch diesen Selbstverstärkungseffekt und den frei beweglichen Hammerkolben ergeben sich hohe Einzelschlagstärken. Wegen der mechanischen Entkopplung von Hammerkolben und Antriebsfeder ist nur eine geringe Andruckkraft nötig, wodurch der Anwender deutlich weniger belastet wird als dies beim Rastenschlagwerk der Fall ist. Wegen der Massekräfte, die auf das Federschlagwerk einwirken, ergeben sich Anwendungsbereiche bei eher kleineren Bohrhämmern. Bei Bohrhämmern oberhalb der 2kg-Klasse sind Federschlagwerke hohen Wirkungsgrades nur mit sehr hohem Aufwand zu realisieren, weil die Größe der hin- und hergehenden Massen in zunehmendem Maße problematischer werden. Zur Funktion des Schlagwerkes muss der Werkzeughalter eine Längsbewegung des Einsatzwerkzeuges ermöglichen.

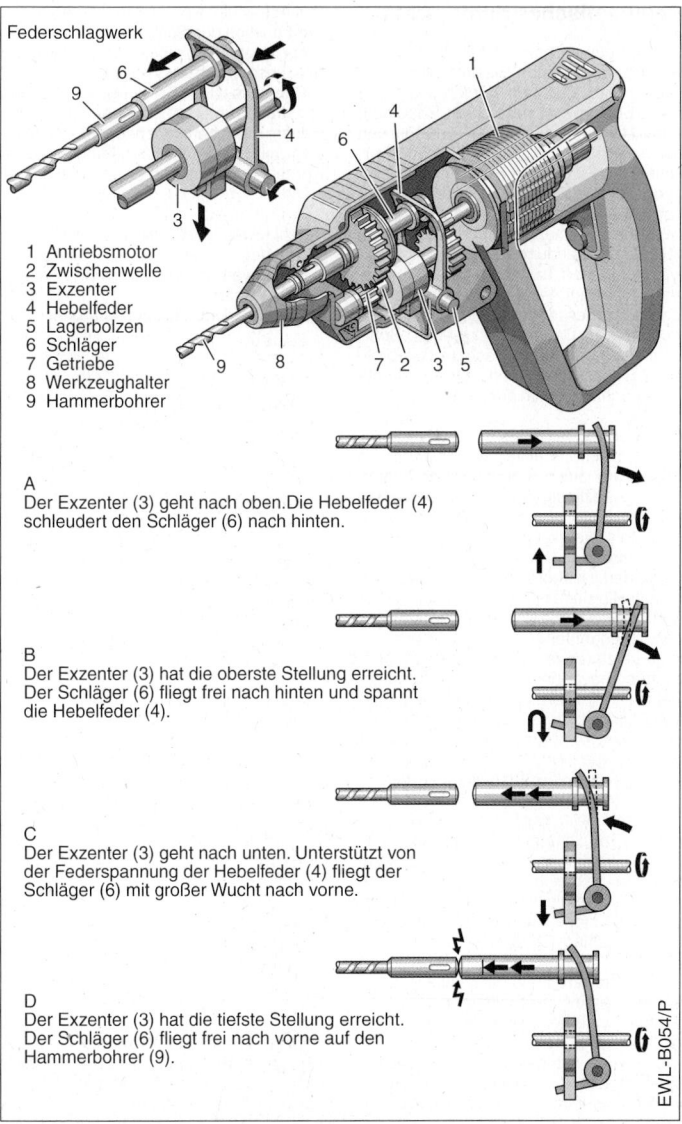

Federschlagwerk

1 Antriebsmotor
2 Zwischenwelle
3 Exzenter
4 Hebelfeder
5 Lagerbolzen
6 Schläger
7 Getriebe
8 Werkzeughalter
9 Hammerbohrer

A
Der Exzenter (3) geht nach oben. Die Hebelfeder (4)
schleudert den Schläger (6) nach hinten.

B
Der Exzenter (3) hat die oberste Stellung erreicht.
Der Schläger (6) fliegt frei nach hinten und spannt
die Hebelfeder (4).

C
Der Exzenter (3) geht nach unten. Unterstützt von
der Federspannung der Hebelfeder (4) fliegt der
Schläger (6) mit großer Wucht nach vorne.

D
Der Exzenter (3) hat die tiefste Stellung erreicht.
Der Schläger (6) fliegt frei nach vorne auf den
Hammerbohrer (9).

EWL–B054/P

Pneumatisches Schlagwerk

Das pneumatische Schlagwerk wird, wenn es durch einen Elektromotor angetrieben wird, auch als "Elektropneumatisches Schlagwerk" bezeichnet. Pneumatische Hammerschlagwerke ermöglichen bei einem guten Kosten / Leistungsverhältnis die Erzeugung einer Schlagbewegung, deren Einzelschlagenergie sehr hoch sein kann und deutlich über derjenigen des mechanischen Schlagwerkes liegt. Die Anwendung dieses Schlagwerktyps erfolgt dort, wo hauptsächlich Betonwerkstoffe bearbeitet werden und große Bohrdurchmesser und / oder häufige Anwendung im Dauereinsatz erfolgt. Bohrhämmer der 2-10kg-Klasse im Gewerblichen Einsatzbereich sind mit pneumatischen Schlagwerken ausgerüstet.

Funktion

Pneumatische Schlagwerke bestehen im Prinzip aus einen Antriebskolben und einem freifliegendem Arbeitskolben ("Schläger"), die sich gemeinsam, aber mechanisch entkoppelt in einem Zylinderrohr bewegen. Der Antriebskolben wird durch den Elektromotor angetrieben, wobei die Hin-und Herbewegung durch eine Kurbelwelle-Pleuel-Einheit oder durch einen sogenannten Rotationsschwinger erfolgt. Letzterer wird der günstigen Eigenschaften bei geringer Baugröße vorzugsweise in Hämmern der 2kg-Klasse eingesetzt. Der Arbeitskolben ("Schläger") wird durch ein komprimiertes Luftpolster in eine Vorwärts-Rückwärtsbewegung versetzt. Bei der Vorwärtsbewegung gibt er beim Aufprall auf einen Schlagbolzen seine Energie an das Einsatzwerkzeug ab. Die Rückprallenergie wird bei der Rückwärtsbewegung im Luftpolster durch Kompression gespeichert und verstärkt dadurch die Energie der Vorwärtsbewegung. Typische Eigenschaft des pneumatischen Hammerschlagwerkes sind

– hohe bis sehr hohe Einzelschlagstärke
– relativ geringes Arbeitsgeräusch
– hohe Dauerbelastungsfähigkeit

wie das mechanische Schlagwerk benötigt auch das pneumatische Schlagwerk nur geringen Anpressdruck wodurch

der Anwender weniger schnell ermüdet. Zur Funktion des Schlagwerkes muss der Werkzeughalter eine Längsbewegung des Einsatzwerkzeuges ermöglichen.

Pneumatische Schlagwerke können konstruktiv unterschiedlich gestaltet sein. Neben dem bereits erwähnten Schlagwerk mit Flugkolben und Antriebskolben werden noch folgende Varianten angewendet:

– Schlagwerk mit Flugkolben und Kolben zylinder
– Schlagwerk mit Schlagtopf und Antriebskolben
– Schlagwerk mit Hülsensteuerung

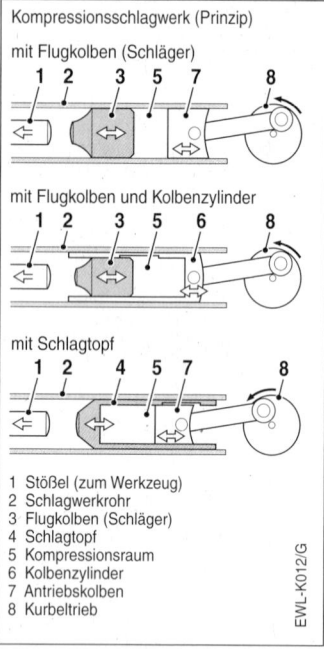

Kompressionsschlagwerk (Prinzip)

mit Flugkolben (Schläger)

mit Flugkolben und Kolbenzylinder

mit Schlagtopf

1 Stößel (zum Werkzeug)
2 Schlagwerkrohr
3 Flugkolben (Schläger)
4 Schlagtopf
5 Kompressionsraum
6 Kolbenzylinder
7 Antriebskolben
8 Kurbeltrieb

EWL-K012/G

Prinzipiell werden Schlagwerke so ausgelegt, dass im Leerlauf keine Schlagwirkung erfolgt. So genannte Leerschläge, bei denen die Schlagenergie statt vom

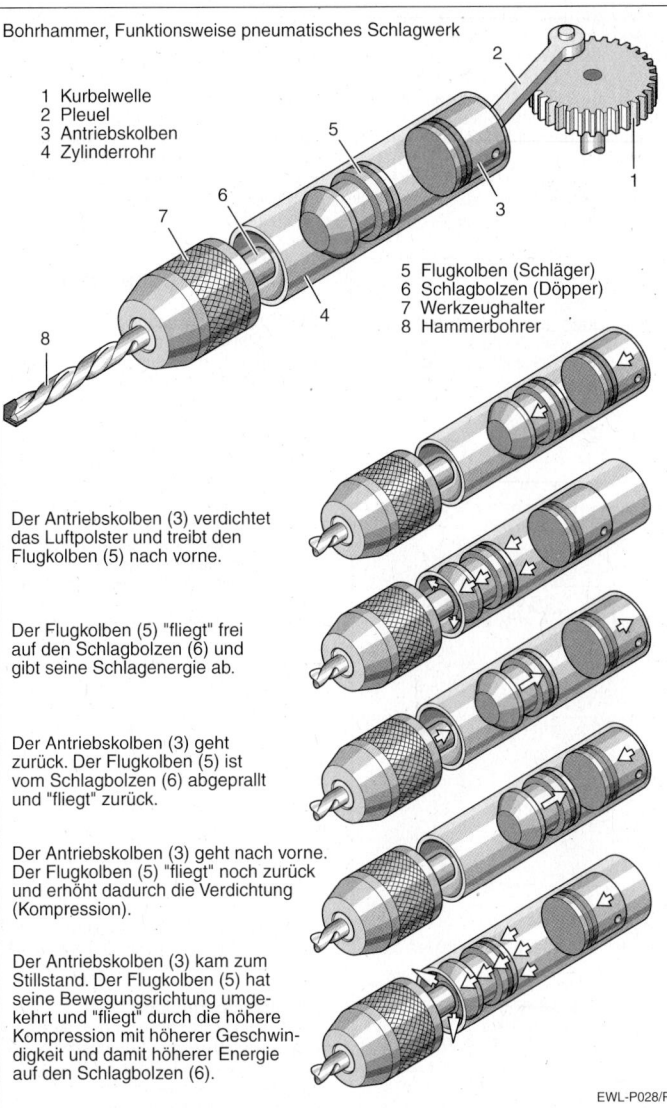

Bohrhammer, Funktionsweise pneumatisches Schlagwerk

1 Kurbelwelle
2 Pleuel
3 Antriebskolben
4 Zylinderrohr

5 Flugkolben (Schläger)
6 Schlagbolzen (Döpper)
7 Werkzeughalter
8 Hammerbohrer

Der Antriebskolben (3) verdichtet das Luftpolster und treibt den Flugkolben (5) nach vorne.

Der Flugkolben (5) "fliegt" frei auf den Schlagbolzen (6) und gibt seine Schlagenergie ab.

Der Antriebskolben (3) geht zurück. Der Flugkolben (5) ist vom Schlagbolzen (6) abgeprallt und "fliegt" zurück.

Der Antriebskolben (3) geht nach vorne. Der Flugkolben (5) "fliegt" noch zurück und erhöht dadurch die Verdichtung (Kompression).

Der Antriebskolben (3) kam zum Stillstand. Der Flugkolben (5) hat seine Bewegungsrichtung umgekehrt und "fliegt" durch die höhere Kompression mit höherer Geschwindigkeit und damit höherer Energie auf den Schlagbolzen (6).

EWL-P028/P

Einsatzwerkzeug vom Werkzeughalter aufgenommen würden, könnten zur Zerstörung des Werkzeughalters führen. Leerlaufbedingungen herrschen immer dann, wenn das Einsatzwerkzeug nicht mit dem zu bearbeitenden Material im Eingriff ist. Man nutzt deshalb die Längsbewegung des Werkzeughalters aus, um die Schlagfunktion zu steuern. Beim Andruck des Einsatzwerkzeuges an das Werkstück wird dessen Längsbewegung über den Werkzeughalter auf eine Steuerhülse (Hülsensteuerung) oder eine mechanische Kupplung übertragen. Im Falle der Hülsensteuerung wird der Antriebskolben weiterhin bewegt, aber durch entsprechend geöffnete Dekompressionsbohrungen kann im Zylinder keine Kompression stattfinden. Im Falle einer mechanischen Kupplung wird der Antriebsstrang zur Kurbelwelle oder zum Rotationsschwinger unterbrochen.

Winkel-Schlagübertragung

Bei beengten Platzverhältnissen, z. B. hinter Installationen, können Bohrhämmer oft deshalb nicht eingesetzt werden, weil die Maschinenlänge größer als der zur Verfügung stehende Platz ist. Für rein manuelles Bohren mittels Handdübelbohrer und Hammer fehlt ebenfalls der zum Ausholen nötige Platz. Durch die Verwendung eines Hammer-Winkelbohrkopfes wird neben der Rotation auch die Schlagbewegung um 90° umgelenkt. Der Winkel-Hammerbohrkopf ist ein Vorsatzgerät, welches auf dem 43mm Spindelhals von SDS-plus-Bohrhämmern der 2-kg-Klasse befestigt wird.

Die Schlagumlenkung lässt sich nicht durch herkömmliche mechanische Getriebe realisieren. Es ist in diesem Fall eine Sonderkonstruktion erforderlich, welche hohe Ansprüche an die Materialgüte und die Oberflächenbearbeitung der Übertragungselemente stellt.

Funktion
Der Winkel-Hammerbohrkopf überträgt die Funktionen

– Rotation
– Schlag

getrennt, wobei die dazu nötigen mechanischen Elemente teilweise zu Baugruppen zusammengefasst sind.

Rotationsübertragung
Die Drehbewegung wird über ein Kegelradpaar übertragen. Antriebsseitig wird das Kegelrad durch einen SDS-plus -Aufnahmeschaft mitgenommen, der innerhalb der Kegelradnabe verschiebbar ist.

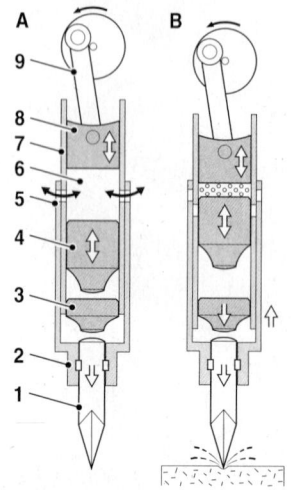

Hülsensteuerung (Prinzip)

A Leerlauf, Meißel nicht auf Werkstück, Dekompressionsöffnungen offen
B Belastung, Meißelandruck verschiebt Steuerhülse, Dekompressionsöffnungen geschlossen

1 Meißel
2 Steuerhülse (vom Werkzeughalter betätigt)
3 Zwischendöpper
4 Flugkolben (Schläger)
5 Dekompressionsöffnung
6 Luftraum (Verdichtungsraum)
7 Schlagwerkzylinder
8 Arbeitskolben (Antriebskolben)
9 Kurbeltrieb

EWL-H009/G

Abtriebsseitig versetzt das zweite Kegelrad den SDS-plus-Werkzeughalter des Hammerbohrkopfes in Rotation.

Schlagübertragung

Das Schlagwerk des Bohrhammers überträgt den Schlag auf den SDS-plus Aufnahmeschaft des Winkel- Hammerbohrkopfes. Der SDS-plus-Aufnahmeschaft stößt mit seinem vorderen Ende durch die Kegelradnabe auf einen mittels Kugeln und Nuten verdrehsicher geführten Schlagbolzen, welcher an seinem gegenüberliegenden Ende eine 45°-Schräge hat. Ein zweiter Schlagbolzen ist im Winkel von 90° in gleicher Weise angeordnet, er verfügt ebenfalls über eine 45°-Schräge. Die Schrägen haben eine speziell geformte Mikrokontur, damit die Gleitreibung minimiert wird.

Die Vorwärtsbewegung (Schlagbewegung) des vom Bohrhammer angetriebenen Schlagbolzens schiebt dieser mit seiner Schräge schlagartig den zweiten Schlagbolzen in seiner Führung nach unten, wobei dieser die Schlagbewegung an das Einsatzwerkzeug weiter gibt. Die Rückstellung der Schlagbolzen in die Ausgangslage erfolgt zwischen den Einzelschlägen durch den manuellen Andruck des Bohrkopfes an den Steinwerkstoff.

Eigenschaften

Die Übertragung über die Schrägen der Schlagbolzen ist vom Prinzip her einfach, erfordert aber eine sehr hohe Fertigungspräzision und besondere Werkstoffe um die Reibungsverluste so gering wie möglich zu halten. Wirkungsgrade von ca. 60% sind möglich. Die Verlustleistung wird in Wärme umgesetzt. Der Winkelschlagkopf ist deshalb nicht für Dauerbetrieb geeignet. Bei der Anwendung sind Pausen einzulegen, um eine Überhitzung zu verhindern.

Wegen der mechanisch starren Winkelübertragung findet keine vollständige Schlagentkopplung mehr statt, es ist daher ein relativ starker manueller Andruck in der Bohrrichtung notwendig. Der Anpressdruck wird vom Anwender mittels der Hand auf den Winkelkopf erzeugt.

Winkelschlagwerk
Aufbau

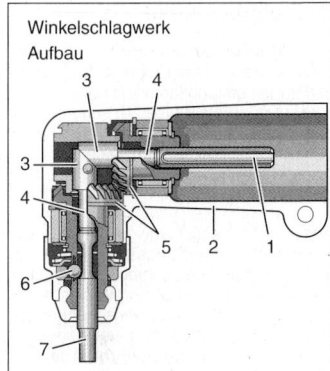

1 SDS-plus-Aufnahmeschaft
2 Gehäuse
3 Schlagbolzen
4 Schiebesitz im Kegelrad
5 Kegelräder
6 SDS-plus-Werkzeugaufnahme
7 Einsatzwerkzeug (Bohrer)

Funktion

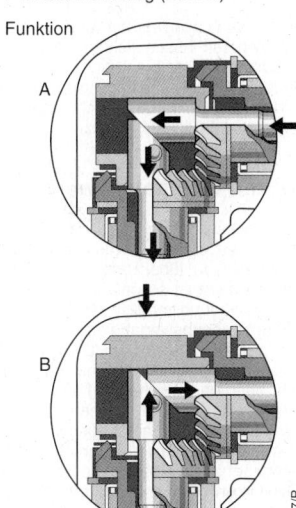

A Schlagbewegung
B Rückstellbewegung
 (durch manuellen Andruck)

EWL-GET007/P

Drehschlagwerke

Drehschlagwerke ermöglichen die Freisetzung hoher Drehmomente bei relativ geringem Leistungsaufwand auf fast rückdrehmomentfreie Weise. Sie werden bei

- Drehschlagschraubern (Schlagschraubern)
- Impulsschraubern

eingesetzt. Drehschlagwerke setzen die kontinuierliche Leistungsabgabe des Antriebsmotor in einen schlagförmigen Drehimpuls um, wobei die Energieabgabe des Motors in einer Masse zwischengespeichert wird und schlagartig mittels eines Impulses hoher Leistungsintensität an das Einsatzwerkzeug weitergegeben wird. Die grundsätzlichen Drehschlagwerktypen sind

- Nockenschlagwerk
- V-Nutenschlagwerk
- Hydraulisches Impulsschlagwerk

Mit Nockenschlagwerken und V-Nutenschlagwerken lassen sich hohe bis höchste Drehmomente bis über 1000 Nm erzeugen. Hydraulische Impulsschlagwerke werden eher im unteren Drehmomentbereich bis ca. 50 Nm eingesetzt.

Nocken-Drehschlagwerk

Beim Nockenschlagwerk wird die Drehbewegung auf eine Gewichtsmasse (Drehschlaggewicht) übertragen. Das Drehschlaggewicht ist so gelagert, dass eine Längsbewegung möglich ist. Die Steuerung der Längsbewegung erfolgt durch einen oder mehrere Nocken. Die Rückstellbewegung erfolgt durch eine Feder. Die Komponenten, welche den Drehschlag übertragen, sind sehr hohen mechanischen Beanspruchungen ausgesetzt. Zur Gewährleistung einer langen Betriebslebensdauer ist eine sehr hohe Fertigungspräzision und eine hohe Materialgüte notwendig.

Funktion

Die Drehbewegung wird vom Antriebsmotor über einen hohlen Antriebsrotor mittels einer Längsverzahnung auf das ebenfalls längsverzahnte Drehschlaggewicht übertragen. Es befindet sich also ständig in Rotation. Solange kein besonderes Drehmoment erforderlich ist, drückt eine Feder das Drehschlaggewicht in Richtung Antriebsmotor. Über die Mitnehmerkugel wird die Rotation auf die Nockenwelle übertragen. Die Nockenwelle ist über Formschluss mit der Abtriebswelle verbunden.

Liegt die einzudrehende Schraube am Werkstück an, dann kommt die Rotation der Abtriebswelle und damit der Nockenwelle zum Stillstand.

Das weiterdrehende Drehschlaggewicht wird durch das Abwälzen der Mitnehmerkugel über die Nocke gegen den Federdruck nach Vorne gedrückt. Hierbei treffen die Antriebsnocken des Drehschlaggewichtes auf die Abtriebsnocken der Abtriebswelle. Beim Auftreffen dieser Nocken aufeinander überträgt das Drehschlaggewicht seine durch die Rotation gespeicherte Energie auf die Abtriebswelle. Anschließend überwindet die Mitnehmerkugel den Nockengipfel der Nockenwelle, wodurch das Drehschlaggewicht von der Federkraft wieder in Richtung Antriebsmotor gedrückt wird. Nach einer Umdrehung (beim 1-Nocken-Schlagwerk) trifft das Drehschlaggewicht mittels seiner Mitnehmerkugel wieder auf die Nocke der Nockenwelle, wodurch sich die Folgesequenz wiederholt.

Schlagschrauber mit Nockensteuerung

1 Antriebsrotor
2 Drehschlaggewicht
3 Mitnehmerkugel
4 Nockenwelle
5 Druckfeder
6 Antriebsnocken
7 Abtriebsnocken
8 Abtriebswelle
9 Werkzeug
10 Schraube

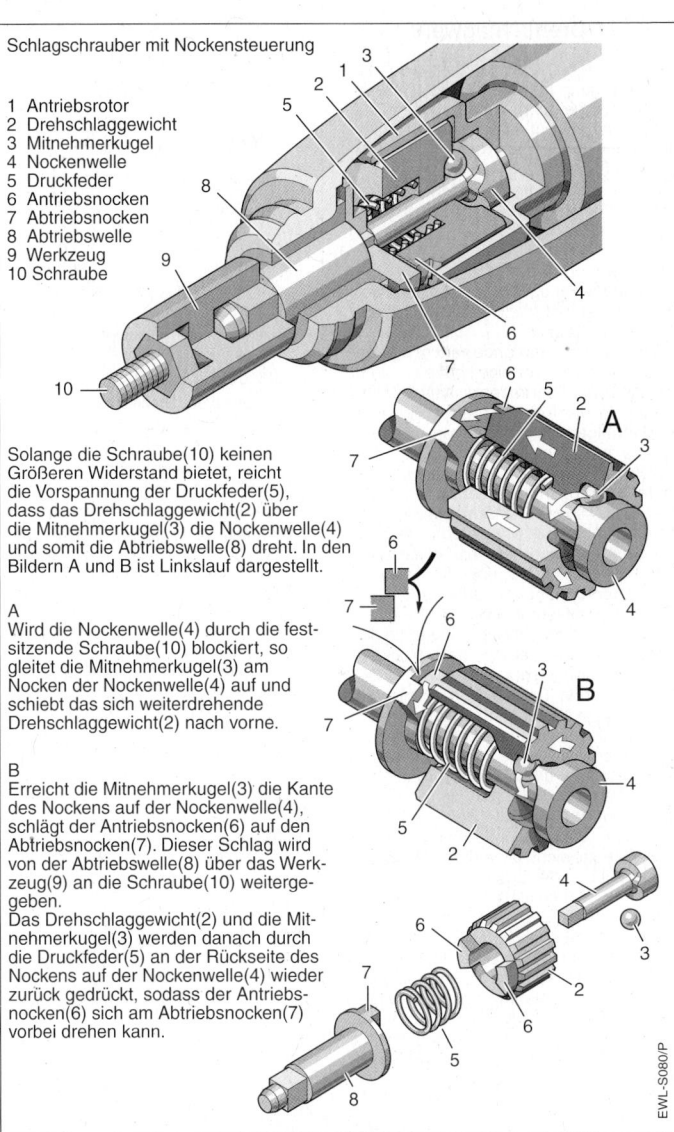

Solange die Schraube(10) keinen
Größeren Widerstand bietet, reicht
die Vorspannung der Druckfeder(5),
dass das Drehschlaggewicht(2) über
die Mitnehmerkugel(3) die Nockenwelle(4)
und somit die Abtriebswelle(8) dreht. In den
Bildern A und B ist Linkslauf dargestellt.

A
Wird die Nockenwelle(4) durch die festsitzende Schraube(10) blockiert, so
gleitet die Mitnehmerkugel(3) am
Nocken der Nockenwelle(4) auf und
schiebt das sich weiterdrehende
Drehschlaggewicht(2) nach vorne.

B
Erreicht die Mitnehmerkugel(3) die Kante
des Nockens auf der Nockenwelle(4),
schlägt der Antriebsnocken(6) auf den
Abtriebsnocken(7). Dieser Schlag wird
von der Abtriebswelle(8) über das Werk-
zeug(9) an die Schraube(10) weitergegeben.
Das Drehschlaggewicht(2) und die Mit-
nehmerkugel(3) werden danach durch
die Druckfeder(5) an der Rückseite des
Nockens auf der Nockenwelle(4) wieder
zurück gedrückt, sodass der Antriebs-
nocken(6) sich am Abtriebsnocken(7)
vorbei drehen kann.

EWL–S080/P

V-Nuten-Drehschlagwerk

Beim V-Nuten-Drehschlagwerk wird die Drehbewegung auf eine Gewichtsmasse (Drehschlaggewicht) übertragen. Das Drehschlaggewicht ist so gelagert, dass eine Längsbewegung möglich ist. Die Steuerung der Längsbewegung erfolgt durch V-förmige Nuten und Mitnehmerkugeln. Die Rückstellbewegung erfolgt durch eine Feder.

Funktion

Die Drehbewegung wird vom Antriebsmotor auf die Antriebswelle des Drehschlagwerkes übertragen.

An ihrem vorderen Ende verfügt die Antriebswelle über V-förmige Nockenkanten. Diese Kanten übertragen mittels Mitnehmerkugeln die Rotationsbewegung über die V-förmigen Nuten des Drehschlaggewichtes auf dieses. Es befindet sich also ständig in Rotation. Solange kein besonderes Drehmoment erforderlich ist, drückt eine Feder das Drehschlaggewicht in Richtung Abtriebswelle. Hierbei übertragen die Antriebsnocken des Drehschlaggewichtes die Rotation über die Antriebsnocken der Antriebswelle auf dieselbe.

Liegt die einzudrehende Schraube am Werkstück an, erhöht sich schlagartig die Drehmomentanforderung und blockiert die Drehbewegung der Abtriebswelle. Das weiterdrehende Drehschlaggewicht wird nun durch die Mitnehmerkugeln innerhalb der V-Nuten durch deren Geometrie gegen den Federdruck nach Hinten gedrückt. Hierbei treffen die Antriebsnocken des Drehschlaggewichtes auf die Abtriebsnocken der Abtriebswelle. Beim Auftreffen dieser Nocken aufeinander überträgt das Drehschlaggewicht seine durch die Rotation gespeicherte Energie auf die Abtriebswelle. Durch diese Längsbewegung rutschen die Antriebsnocken nach hinten an den Abtriebsnocken hoch und gleite über sie hinweg. Nach Überwindung dieses Vorganges wird das Drehschlaggewicht durch die V-Nut-Führung und die Federkraft wieder nach Vorne gedrückt, wo es nach einer halben Umdrehung wieder auf die Abtriebsnocken triff wodurch sich die Folgesequenz wiederholt.

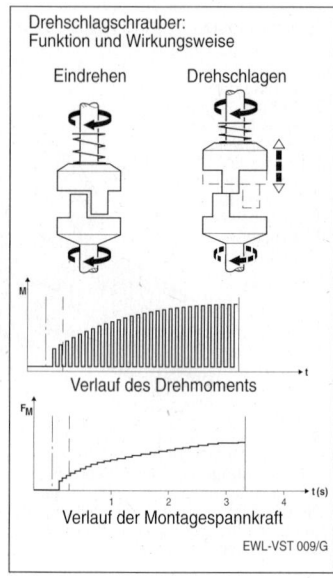

Drehschlagschrauber:
Funktion und Wirkungsweise

Eindrehen   Drehschlagen

Verlauf des Drehmoments

Verlauf der Montagespannkraft

EWL-VST 009/G

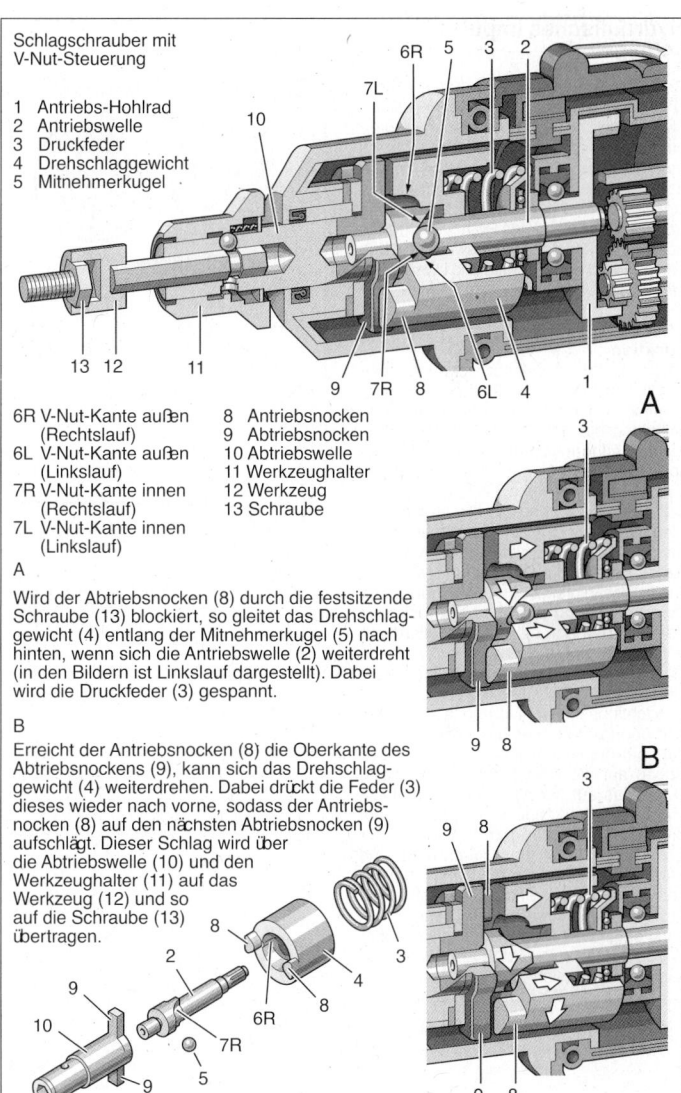

Schlagschrauber mit
V-Nut-Steuerung

1 Antriebs-Hohlrad
2 Antriebswelle
3 Druckfeder
4 Drehschlaggewicht
5 Mitnehmerkugel

6R V-Nut-Kante außen (Rechtslauf)	8 Antriebsnocken
6L V-Nut-Kante außen (Linkslauf)	9 Abtriebsnocken
7R V-Nut-Kante innen (Rechtslauf)	10 Abtriebswelle
7L V-Nut-Kante innen (Linkslauf)	11 Werkzeughalter
	12 Werkzeug
	13 Schraube

A

Wird der Abtriebsnocken (8) durch die festsitzende
Schraube (13) blockiert, so gleitet das Drehschlaggewicht (4) entlang der Mitnehmerkugel (5) nach
hinten, wenn sich die Antriebswelle (2) weiterdreht
(in den Bildern ist Linkslauf dargestellt). Dabei
wird die Druckfeder (3) gespannt.

B

Erreicht der Antriebsnocken (8) die Oberkante des
Abtriebsnockens (9), kann sich das Drehschlaggewicht (4) weiterdrehen. Dabei drückt die Feder (3)
dieses wieder nach vorne, sodass der Antriebsnocken (8) auf den nächsten Abtriebsnocken (9)
aufschlägt. Dieser Schlag wird über
die Abtriebswelle (10) und den
Werkzeughalter (11) auf das
Werkzeug (12) und so
auf die Schraube (13)
übertragen.

EWL-S079/P

Hydraulisches Impuls-schlagwerk

Beim Hydraulischen Impulsschlagwerk wird die Drehbewegung auf einen Rotor übertragen, in dessen Innerem sich quer zur Rotationsachse ein Zylinder befindet. Innerhalb des Zylinders kann sich ein Kolben durch den Druck einer Hydraulikflüssigkeit hin- und herbewegen. Der Kolben überträgt seine und des Rotors Bewegung auf den Nocken der Abtriebswelle. Die Kolbenweg wird durch Ventile und Überströmkanäle gesteuert.

Funktion

Hydraulische Impulsschlagwerke speichern die Drehenergie ähnlich wie die mechanischen Drehschlagwerke in einer Gewichtsmasse. Innerhalb der Gewichtsmasse befindet sich eine abgedichtete Zylinderbohrung mit einem Kolben, der den Zylinderraum in zwei mit Hydraulikflüssigkeit gefüllte Hälften teilt. Der Kolben hat eine Aussparung, in diese greift der exzentrisch angeordnete Nocken der Abtriebswelle. Bei der Drehbewegung der Gewichtsmasse gleitet der Kolben über seine Innenkontur und den Exzenternocken in der Zylinderbohrung entlang. Hierdurch entsteht in einem der Zylinderräume ein Hochdruck in der Hydraulikflüssigkeit. Über diesen Flüssigkeitsdruck wird die Gewichtsmasse schlagartig abgebremst und überträgt hierbei ihre Rotationsenergie über die Hydraulikflüssigkeit und den Koben auf die Nocke der Abtriebswelle. Durch das auf der Abtriebswelle befindliche Einsatzwerkzeug wird die Energie auf die Schraube übertragen.

Hydraulische Impulsschlagwerke sind bei niedrigen bis mittleren Drehmomenten konstruktiv relativ einfach aufgebaut und arbeiten geräuscharm. Das Drehmoment kann eingestellt werden und ist von hoher Wiederholgenauigkeit. Die Anwendung erfolgt hauptsächlich in Industriewerkzeugen mit Druckluft- oder Akkubetrieb.

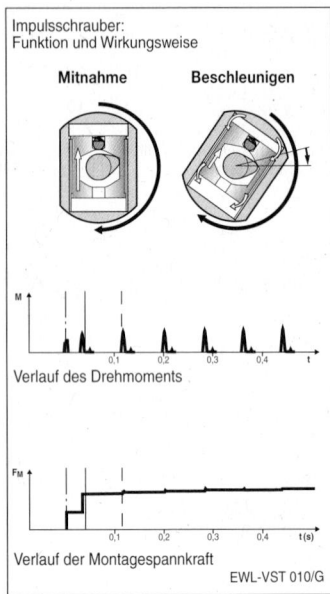

Impulsschrauber:
Funktion und Wirkungsweise

Verlauf des Drehmoments

Verlauf der Montagespannkraft

EWL-VST 010/G

Impulsschrauber

EWL-S115/P

Aufbau
1 Zylindergehäuse
2 Antriebszapfen
3 Kolben
4 Rückschlagventil
5 Deckel
6 Nockenwelle mit
  Werkzeugaufnahme
7 Werkzeug
8 Schraube
9 Fliehgewicht
10 Einstellschraube
11 Druckfeder
12 Abschaltkolben
13 oberer Zylinderraum
14 unterer Zylinderraum
15 Hydraulikäl
16 Abschaltstange

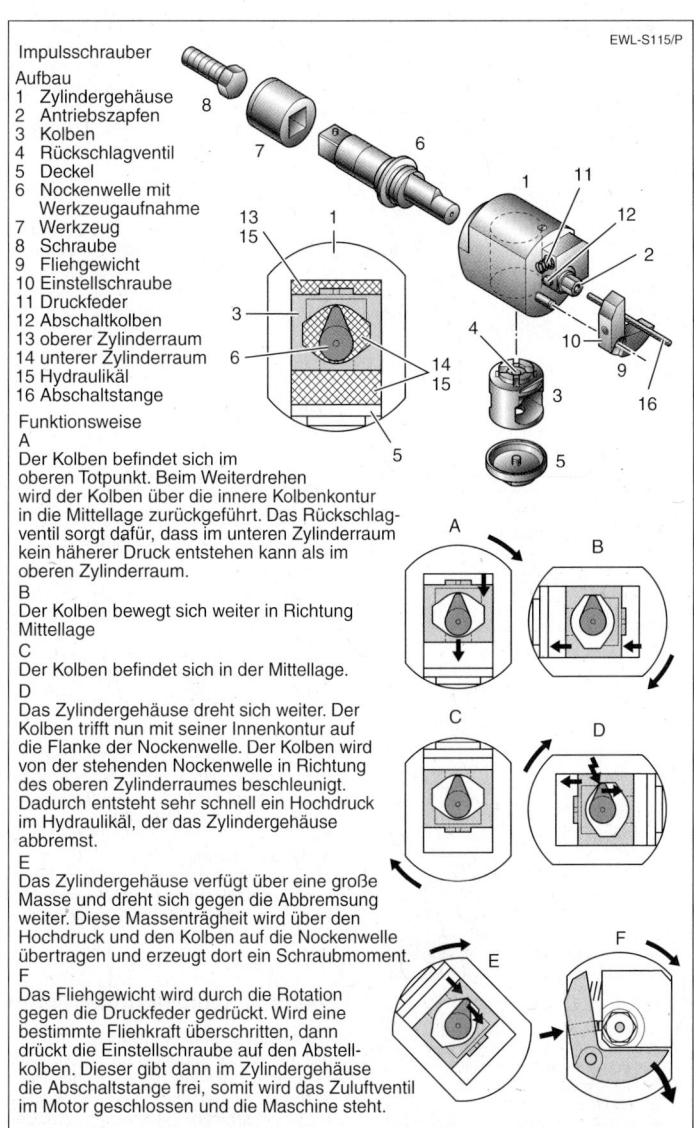

Funktionsweise

A
Der Kolben befindet sich im
oberen Totpunkt. Beim Weiterdrehen
wird der Kolben über die innere Kolbenkontur
in die Mittellage zurückgeführt. Das Rückschlagventil sorgt dafür, dass im unteren Zylinderraum
kein häherer Druck entstehen kann als im
oberen Zylinderraum.

B
Der Kolben bewegt sich weiter in Richtung
Mittellage

C
Der Kolben befindet sich in der Mittellage.

D
Das Zylindergehäuse dreht sich weiter. Der
Kolben trifft nun mit seiner Innenkontur auf
die Flanke der Nockenwelle. Der Kolben wird
von der stehenden Nockenwelle in Richtung
des oberen Zylinderraumes beschleunigt.
Dadurch entsteht sehr schnell ein Hochdruck
im Hydraulikäl, der das Zylindergehäuse
abbremst.

E
Das Zylindergehäuse verfügt über eine große
Masse und dreht sich gegen die Abbremsung
weiter. Diese Massenträgheit wird über den
Hochdruck und den Kolben auf die Nockenwelle
übertragen und erzeugt dort ein Schraubmoment.

F
Das Fliehgewicht wird durch die Rotation
gegen die Druckfeder gedrückt. Wird eine
bestimmte Fliehkraft überschritten, dann
drückt die Einstellschraube auf den Abstell-
kolben. Dieser gibt dann im Zylindergehäuse
die Abschaltstange frei, somit wird das Zuluftventil
im Motor geschlossen und die Maschine steht.

Schmierstoffe

Schmierstoffe dienen als Trennmedium zwischen zwei relativ gegeneinander in Bewegung stehenden Reibpartnern, in der Regel also einer Achse und einem Lager oder zwischen zwei Zahnrädern. Aufgabe des Schmierstoffes ist es, den direkten Kontakt zwischen den Reibpartnern zu verhindern und damit den Verschleiß herabzusetzen. Zusätzliche Funktionen des Schmierstoffes können Kühlung, Abdichtung und Geräuschverminderung an der Reibstelle sein. In vielen Fällen dient der Schmierstoff auch als Korrosionsschutz.

Die üblichen Schmierstoffe können dabei
– fest
– pastös
– flüssig

sein. Schmierstoffe bestehen in den seltensten Fällen aus einem einzigen Stoff. Sie sind meistens aus mehreren Stoffen „legiert" und erhalten durch bestimmte Zusätze, die sogenannten Additive, ihre charakteristischen Eigenschaften.

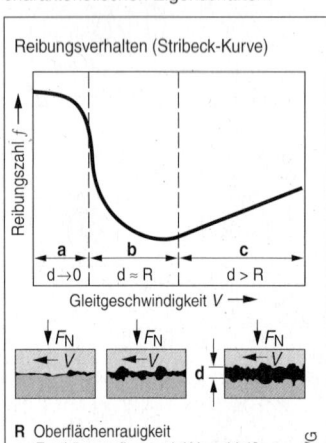

Reibungsverhalten (Stribeck-Kurve)

Reibungszahl f

| a | b | c |
| $d \to 0$ | $d \approx R$ | $d > R$ |

Gleitgeschwindigkeit $V \longrightarrow$

F_N ← V / F_N ← V / F_N ← V — d

R Oberflächenrauigkeit
a Festkörperreibung, viel Verschleiß
b Mischreibung, mäßiger Verschleiß
c Hydrodynamik, kein Verschleiß
d Abstand zwischen Grund- und Gegenkörper

EWL-SMI001/G

Die Auswahl des geeigneten Schmierstoffes für den jeweiligen Anwendungsfall richtet sich nach der konstruktiven Gestaltung der zu schmierenden Stelle, der Materialpaarung, den Service- und Wartungsbedingungen, den Umgebungsbedingungen und vor allem nach der Beanspruchung der Reibstelle.

Additive
Additive verbessern bestimmte Eigenschaften von Schmierstoffen sowohl chemisch als auch physikalisch. Typischerweise werden die Fließeigenschaften, das Oxidationsverhalten und die Reibungscharakteristik verändert. Um schädliche Wechselwirkungen zu vermeiden, müssen die Additive genauestens aufeinander und auf den Schmierstoff abgestimmt sein.

Feste Schmierstoffe

Als feste Schmierstoffe werden hauptsächlich Graphit (Kohlenstoff) und Molybdändisulfid (MoS_2) verwendet. Beide Schmierstoffe haben eine Schichtgitterstruktur, deren Bindungskräfte zwischen den Schichten sehr gering ist. Die Schmierwirkung wird dadurch erreicht, dass ein Verschieben der Schichten gegeneinander schon bei relativ geringen Scherkräften möglich ist.

Graphit
Graphit braucht zur Schmierwirkung Feuchtigkeit, wozu auch Wasser (Luftfeuchtigkeit) geeignet ist. Im Vakuum besteht keine Schmierwirkung.

Molybdändisulfid
Molybdändisulfid braucht zur Schmierwirkung ein Bindemittel. Hierzu werden Öle, Fette oder Lacke (MoS_2 – Gleitlack) verwendet.

Pastöse Schmierstoffe (Fette)

Schmierfette sind eingedickte Schmieröle. Wichtigste Eigenschaft ist die Charakteristik, dass sie nicht von der Reibstelle weglaufen und damit aufwendige Dichtmaßnahmen vermieden werden

können. Dieser Umstand macht die Fettschmierung service- und wartungsfreundlich. Schmierfette bestehen im Wesentlichen aus den Komponenten
– Grundöl
– Verdicker
– Additiv

Grundöl: Als Grundöl werden meist Mineralöle verwendet, bei besonderen Anforderungen aber auch vollsynthetische Öle. Letztere haben eine bessere Alterungsbeständigkeit, ein besseres Tieftemperatur-Fließverhalten und ein besseres Viskositäts-Temperaturverhalten. Synthetische Öle sind jedoch kostenintensiver.

Verdicker: Verdicker dienen dazu, das Grundöl zu binden und damit eine pastöse Konsistenz herzustellen. Als Verdicker werden meist sogenannte Metallseifen verwendet. Sie binden das Öl in einem schwammartigen Seifengerüst (Mizellen) durch Einschlüsse und Wechselwirkungskräfte. Je höher der Verdickeranteil ist, umso höher ist die Konsistenz.

Additive: Die Additive dienen der gezielten chemisch-physikalischen Veränderung des Schmierfettes zu einer bestimmten Charakteristik, beispielsweise einer Verbesserung der Oxidationsbeständigkeit, der Erhöhung der Tragfähigkeit oder zur Verringerung von Reibung oder Verschleiß. Ebenso können für bestimmte Anwendungsfälle Festschmierstoffe zugesetzt werden.

Einteilung der Fette
Neben vielen Sonderfetten mit teilweise sehr eingeschränktem, speziellem Anwendungsbereich gibt es Standardfette, welche in ihren Eigenschaften auf die am häufigsten vorkommenden Einsatzfälle eingestellt sind. Man unterscheidet in:
– Schmierfette
– Gleitlagerfette
– Wälzlagerfette
– Getriebefette
– Korrosionsschutzfette

Schmierfette: Allgemeine Bezeichnung für Fette, deren Hauptaufgabe die Schmierung von beweglichen Teilen ist. Schmierfette dienen der allgemeinen Anwendung für normal beanspruchte Schmierstellen mit geringer relativer Bewegung. Ihre Eigenschaften werden meist nicht besonders erwähnt. Sie werden oft als Universalfett bezeichnet.

Gleitlagerfette: Fette, die neben der Reibungsminderung meist auch noch eine abdichtende Funktion übernehmen. Gleitlagerfette werden häufig so eingestellt, dass sie innerhalb eines bestimmten Temperaturbereiches wasserbeständig sind (Staufferfett, Wasserpumpenfett, Dampfzylinderfett). Sie eignen sich dann besonders in der Feuchtraumanwendung sowie zum Schmieren von Armaturen.

Wälzlagerfette: Schmierfette, welche speziell auf die Bedürfnisse von Wälzlagern eingestellt sind. Wälzlagerfette werden in abgedichteten Wälzlagern oft als

Schmierfettbestandteile

Grundöle		Verdicker			Additive
mineralisch	synthetisch	Seifen (Normal-, Hydroxin-, Komplex-)	organisch (seifenfrei)	anorganisch	
Paraffine Naphthaline Aromaten	Alkylaromaten Alkohole Ether Ester Fluorkohlenwasserstoffe Perlfluorether Polymerisate Silikon	Aluminium Barium Calcium Lithium Natrium	Polyharnstoffe PTFE PE	Bentonite Siliziumoxide	Hochdruckzusätze Verschleißverminderer Reibungsverminderer Adhäsionsverbesserer Oxidationsinhibitoren Korrosionsinhibitoren Molybdändisulfid Graphit

Dauerschmiermittel angewendet und müssen über die gesamte Lebensdauer des Wälzlagers die Schmierung gewährleisten. Für diese Alterungsbeständigkeit sind besondere Additive zugefügt.

Getriebefette: Getriebefette benötigen eine hohe Tragfähigkeit und müssen bei der Anwendung in schnelllaufenden Getrieben ein gutes Haftvermögen („langziehend") haben. Sie müssen in der Lage sein, den Abrieb von Zahnrädern binden zu können.

Korrosionsschutzfette: Korrosionsschutzfette dienen weniger der Schmierung als der Konservierung von Metallteilen. Ihnen sind besondere Korrosionsschutzstoffe zugesetzt. Typischer Einsatz ist an Schraub- und Polverbindungen (Akkumulatoren) in der Elektrotechnik.

Anwendung von Schmierfetten im Elektrowerkzeug
In Elektrowerkzeugen werden fast ausschließlich Fette zur Schmierung verwendet. Die Gründe hierfür sind, dass meist nur eine Schmieraufgabe besteht, die Wärmeabfuhr hat meist untergeordnete Bedeutung. Typische Schmierstellen sind Gleit- und Wälzlager, Zahnradgetriebe, Hubstangen, Kolben und Zylinder. Die dabei eingesetzten Fette müssen über ein gutes Fließverhalten verfügen, dürfen andererseits auch nicht von mit hoher Drehzahl rotierenden Getriebeteilen weggeschleudert werden. Je nach Anwendungsfall werden hochspezialisierte Fließfette oder langziehende Fette verwendet. Dies bedeutet im Servicefall, dass nur der vom Hersteller vorgeschriebene Fetttyp die Einsatzforderungen garantiert.

Flüssige Schmierstoffe (Öle)

Öle dienen im Maschinenbau wie die Schmierfette zur Schmierung von relativ gegeneinander bewegten Teilen. Im Gegensatz zu Schmierfetten werden Schmieröle in fast allen Fällen des Maschinenbaus zusätzlich dazu benützt, Wärme von den Reibstellen, aber auch anderen wärmeerzeugenden Stellen des Gerätes abzuführen. Dies kann auf „natürliche" Weise durch die Bewegung von Zahnrädern, Wellen, Pleueln und Kolben erfolgen, aber auch durch forcierten Umlauf über spezielle Kanäle und Ölpumpen. Öle erfahren dadurch eine höhere thermische und mechanische Beanspruchung als Schmierfette. Die Forderungen an die Eigenschaften von Schmierölen sind deshalb sehr hoch. Die Viskosität muss derart sein, dass die Schmierfähigkeit sowohl in kaltem Zustand, z. B. bei Maschinenstart, als auch in heißem Zustand gleichermaßen gewährleistet ist. Schmieröle müssen eine hohe Alterungsbeständigkeit haben. Bei der Anwendung in Getrieben soll die Druckfestigkeit besonders hoch sein bei einer möglichst geringen Neigung zur Schaumbildung. Üblicherweise soll das Schmieröl auch die Korrosion verhindern. Zusätzlich muss das Schmieröl mit den üblichen Dichtungsmaterialien verträglich sein. Diese Maximalforderungen sind mit einfachen Ölen nicht zu erreichen. Öle für hohe Anforderungen werden deshalb mit Additiven „legiert".

Grundöle: Als Grundöle werden sowohl Mineralöle als auch teilsynthetische und vollsynthetische Öle verwendet. Mit Ausnahme der vollsynthetischen Öle hängt die Qualität vom Ausgangstyp und der Raffination ab. Die speziellen Eigenschaften, welche letztlich die Gesamtqualität des Öls ausmachen, werden von den Additiven bestimmt.

Konsistenzeinteilung der Schmierfette nach DIN 51 818

Konsistenz NLGI-Klasse	Walkpenetration (DIN / ISO 2137) 0,1 mm
000	445...475
00	400...430
0	355...385
1	310...340
2	265...295
3	220...250
4	175...205
5	130...160
6	85...150

Additive: Die Additive dienen dazu, das Grundöl für einen bestimmten Einsatzzweck zu optimieren. Typische Additive sind:
– Viskoseindexverbesserer
– Stockpunktverbesserer
– Oxidationsinhibitoren
– Korrosionsinhibitoren
– Hochdruckzusätze
– Reibungsverminderer
– Schaumdämpfer

Einteilung der Öle
Öle werden nach ihrem Anwendungsbereich eingeteilt. Innerhalb der Anwendungsbereiche gibt es spezifische Zuordnungen. Üblich sind die folgenden Klassifizierungen:
– Motorenöle
– Getriebeöle
– Hydrauliköle
– Industrieöle
– Kühlöle
– Schneidöle

Motorenöle: Motorenöle dienen als Schmieröle in Verbrennungsmotoren. Sie müssen zusätzlich die Aufgabe der Kühlung übernehmen und sind mechanisch und thermisch hochbelastet. Je nach Anwendungszweck sind sie als Einbereichsöle, Mehrbereichsöle und Leichtlauföle eingestellt.

Getriebeöle: Getriebeöle verfügen über Additive, welche sie mechanisch hochbelastbar machen. Getriebeöle werden hauptsächlich in der Kraftfahrzeugtechnik, aber auch im Maschinenbau angewendet.

Hydrauliköle: Hydrauliköle dienen als Übertragungsmedium in hydraulischen Systemen. Die wichtigsten Anforderungen bei dieser Anwendung sind geringe Viskosität, hohe Druckfestigkeit sowie Hitze- und Alterungsbeständigkeit.

Industrieöle: Industrieöle werden im allgemeinen Maschinenbau eingesetzt. Sie sind zu diesem Zweck in eine Reihe genormter Viskositätsklassen eingeteilt. Die Auswahl erfolgt entsprechend dem Anwendungszweck.

Kühlöle: Kühlöle dienen der Wärmeabfuhr. Sie haben eine niedrige Viskosität und verfügen in der Regel über Korrosionsschutzinhibitoren. Die Anwendung erfolgt im Maschinenbau und zur separaten Kühlung von Wärmekraftmaschinen.

Schneidöle: Schneidöle dienen in der industriellen Fertigung zur Kühlung und Schmierung von Einsatzwerkzeugen hochbelasteter Werkzeugmaschinen. Sie sind niedrigviskos eingestellt und haben zusätzlich die Aufgabe, die bei der spanabhebenden Bearbeitung entstehenden Späne und Rückstände von der Werkzeugschneide und vom Werkstück wegzuspülen.

Anwendung von Schmierölen im Elektrowerkzeug
Öle werden in Elektrowerkzeugen nur dann verwendet, wenn eine hohe thermische Belastung vorliegt und der Einsatz von Fett nicht ausreichend zur Kühlung beitragen kann. Ölschmierung verlangt aufwendige Dichtmaßnahmen und besondere Aufmerksamkeit bei Wartungs- und Servicearbeiten. Die Anwendung erfolgt daher nur in speziellen Anwendungsfällen und bei einzelnen Werkzeugtypen (z. B. Bohrhämmern).

Industrieschmieröle
Viskositätsklassen nach ISO 3448 (DIN 51 519)

Viskositätsklasse ISO ISO VG	Mittelpunktsviskosität 40 °C mm²/s	Kinematische Grenzviskosität	
		40 °C mm²/s min.	40 °C mm²/s max.
2	2,2	1,98	2,42
3	3,2	2,88	3,52
5	4,6	4,14	5,06
7	6,8	6,12	7,48
10	10	9	11
15	15	13,5	16,5
22	22	19,8	24,2
32	32	28,8	35,2
46	46	41,4	50,6
68	68	61,2	74,8
100	100	90	110
150	150	135	165
220	220	198	242
320	320	288	352
460	460	414	506
680	680	612	748
1000	1000	900	1100
1500	1500	1350	1650

Wechselwirkungen

Schmiermittel müssen in die Gesamtkonstruktion eines Gerätes einbezogen werden, um möglichen schädlichen Wechselwirkungen vorzubeugen. Die Eigenschaften und Beständigkeiten von Dichtstoffen und Kunststoffteilen (Elastomeren, Polymeren) müssen berücksichtigt werden. Typische Wechselwirkungen sind: Quellung, Schrumpfung, Versprödung, Spannungsrissbildung, Festigkeitsveränderungen und Polymerabbau.

Ebenso müssen Mischungen unterschiedlich aufgebauter Schmierstoffe vermieden werden, weil sich dadurch die Eigenschaften wesentlich verändern können.

Alterung

Schmierstoffe altern und ändern dadurch ihre Schmiereigenschaften. Gründe für die Alterung können sein
– Oxidationsprozesse
– Verschmutzung
– Überhitzung
– Austrocknung

Oxidation
Die Oxidation ist zeitabhängig und kann durch Hitze und Lichtzutritt beschleunigt werden. Verantwortlich ist in erster Linie der Sauerstoffgehalt der Umgebung; geschlossene Schmiersysteme mit kleinem Luftvolumen verhalten sich hier günstiger als offene Schmiersysteme.

Verschmutzung
Schmutz durch äußere Einwirkung wie z. B. Staub oder innere Einwirkung durch Verschleiß und Abrieb an der Lagerstelle können dünne Schmiermittel eindicken. Die Schmierfähigkeit geht damit zurück und der Alterungsprozess wird beschleunigt.

Überhitzung
Überhitzung kann separierend und/oder zersetzend auf die Schmiermittelbestandteile wirken. Als Folge davon können sich die Schmiereigenschaften verschlechtern und zum Ausfall der Schmierstelle führen. Ein anderes typisches Erscheinungsbild der Überhitzung kann Dampfblasenbildung sein, wodurch der Schmierfilm an der Schmierstelle zusammenbrechen kann.

Austrocknung
Bei nicht gekapselten oder abgedichteten Schmierstellen kann es zeitabhängig durch die Verflüchtigung leichter Schmierstoffbestandteile zur Eindickung des Schmiermittels kommen, wodurch die Schmierfähigkeit stark zurückgeht.

Schmierstoffwechsel

Wie erwähnt, unterliegen Schmierstoffe der Alterung. Um die Schmiereigenschaften zu erhalten, muss das Schmiermittel von Zeit zu Zeit ergänzt oder gewechselt werden. Die Intervalle sind abhängig von der Zeit und von der Belastung des Schmiermittels. Als Faustregel gilt bei ständig belasteten Schmierstellen ein laufzeitabhängiges Wechselintervall, bei gering belasteten oder nicht ständig belasteten Schmierstellen ein zeitabhängiges Wechselintervall.

Die Wechselintervalle müssen dabei stets dann erfolgen, wenn die Schmiereigenschaften noch ausreichend sind. Ein zu spätes Wechselintervall, beispielsweise nach Ausfall der Schmiereigenschaft, hat meistens schon eine Beschädigung der Schmierstelle (Lagerausfall, Verschleiß) verursacht!

Fettschmierung
Der Wechsel bzw. die Ergänzung von Schmierfett ist dann durchzuführen, wenn die vorgesehene Zeitspanne abgelaufen ist, bzw. während zwischenzeitlicher Wartung des Gerätes.

Nachschmieren
Fettschmierungen sollten nur dann ergänzt werden, wenn durch Wartungsarbeiten innerhalb der Schmierfristen Fettmenge verlorengegangen ist. Hierbei ist zu beachten, dass die ursprüngliche Fettmenge nicht überschritten wird und dass dieselbe Fettsorte verwendet wird.

Fettwechsel
Das Schmierfett muss außerhalb der Wechselfristen immer dann ersetzt werden, wenn es durch Beimengungen von eingedrungenem Staub oder durch Me-

tallabrieb verschmutzt ist. In diesem Fall muss das gesamte Schmierfett aus dem Lager bzw. Maschinengehäuse entfernt werden. Wo die mechanische Entfernung nicht vollständig möglich ist, müssen zurückgebliebene Fettreste ' ausgewaschen werden.

Ölschmierung
Bezüglich der Intervalle für Ergänzung oder Wechsel gelten dieselben Grundsätze wie für die Fettschmierung.

Nachfüllen
Nachfüllen von Schmierölen kommt meist nur in den Fällen in Frage, wo das Öl neben der Schmierwirkung auch eine abdichtende Funktion hat. Durch die Dichtstellen kann Öl über die Zeit entweichen. Die verlorene Ölmenge ist dann regelmäßig zu ergänzen. Bei reinen Schmieraufgaben wird das Öl durch externe Dichtungen an der Schmierstelle gehalten, in diesen Fällen entfällt in der Regel das Nachfüllen.

Ölwechsel
Die Ölwechselintervalle sind meist laufzeit- oder zeitabhängig und erfolgen meist bei allgemeinen Wartungsintervallen. Die Zeitspanne ist auch hier davon abhängig, ob das Öl ausschließlich der Schmierung dient, oder ob daneben noch andere Aufgaben wie Kühlung oder Abdichtung erfüllt werden müssen. Bei reinen Schmieraufgaben kann die Zeit zwischen den Ölwechseln sehr lange sein, insbesondere dann, wenn das Luftvolumen um die Schmierstelle (z. B. Getriebegehäuse) gering ist.

Schmierstoffwechsel bei Elektrowerkzeugen
Elektrowerkzeuge haben relativ kleine Schmierstoffvolumen und werden vorwiegend mit Fett geschmiert, wodurch die Schmierung weitgehend lagenunempfindlich wird. Bei den meisten Werkzeugtypen sind Schmierstoffwechsel nur dann nötig, wenn auch ein Wechsel der Kohlebürsten erforderlich ist. Dies ist je nach Werkzeugtyp alle 150...300 Laufstunden erforderlich. Bei Werkzeugen, wo das Schmiermittel zusätzliche Dichtaufgaben erfüllt, z. B. bei Bohr- und Schlaghämmern, müssen

diese Wechselintervalle zur Erhaltung der Leistungsfähigkeit zwingend eingehalten werden. Bei jedem Schmierstoffwechsel sind zusätzlich auch die Dichtmittel wie z. B. Dichtringe (O-Ringe) auszuwechseln.

Zusammenfassung

Durch die richtige Auswahl und Optimierung von Schmierstoffen lässt sich die Leistungsfähigkeit von Erzeugnissen mit relativ gegeneinander bewegten Reibpartnern wie Getrieben, Kolben, Zylindern Gleitlagern und Wälzlagern erheblich steigern. Die Schmierstoffe sind dabei ein Teil des Gerätesystems und müssen von Anfang an in die Konstruktion mit einbezogen werden.

Schmierfette

Auswahl von Schmierfetten, wie sie beispielsweise in BOSCH-Elektrowerkzeugen Verwendung finden

Anwendungstyp	Lieferform	Farbe	Additive	Grundöl	Verdicker	Tropfpunkt DIN/ISO 2176 °C	Temperatur-bereich °C	Konsistenz DIN 51818 NLGI-Klasse	Walk-penetration DIN/ISO 2137 (...)' 0,1mm	Korrosions-schutzeigen-schaften DIN 51 802 Emcor-Test	Wasser-beständigkeit DIN 51 807 Bewertungsstufe	BOSCH-Bezeichnung
Schmierfett	weich bis flüssig, glatt	braun, transparent	–	Mineralöl	Natrium-seife	150	-25...+100		435 +/-15	–	–	VS 14 996 Ft
Schmierfett	pastös	hellbraun	–	Mineralöl	Lithiumseife	> 185	-30...+130		280 +/-15	0	1–90	VS 14 995 Ft
Schmierfett	glatt, geschmeidig	braun	Oxidations-inhibitor, E.P.Wirkstoffe	Mineralöl	Lithiumseife	> 180	-40...+130	1	310...340	0	–	VS 14 432 Ft
Gleitlagerfett	leicht ziehend, guthaftend	naturfarben	–	Mineralöl	Lithiumseife Bleiseife	160...180	-25...+100	0	345...385	–	–	Ft 1 v 23
Gleitlagerfett (Staufferfett)	salbenartig	gelb	–	Mineralöl	Calciumseife	min. 85	-20...-50	2...3	240...270	–	1a (20 °C)...1a (50 °C)	Ft 1 v 3
Wälzlagerfett	glatt	naturfarben	Korrosions-inhibitor	Mineralöl	Natrium-komplexseife	min. 220	-20...+130	2	265...295	0	1a (20 °C) 2 (50 °C) 3 (90 °C)	Ft 1 v 34
Wälzlagerfett	salbenartig	blau	Oxidations-inhibitor	Mineralöl	Lithiumseife Bleiseife	min. 170	-20...+100	3...4	220...230	0	1a (20 °C) 1a (50 °C) 3 (90 °C)	Ft 1 v 26
Sonderwälz-lagerfett	salbenartig	rot	–	Mineralöl	Natriumseife	> 180	-40...-80	3	220...250	–	–	Ft 1 v 8
Getriebefett	glatt, langziehend	violett	–	Mineralöl	Natriumseife Bleiseife	> 140	-20...+100	1	310...340	–	–	Ft 1 v 27
Getriebefett	kompakt	naturfarben	–	Mineralöl	Natriumseife	160...180	-20...+100	–	290...325	–	–	Ft 1 v 5
Getriebefett	dünn	naturfarben	–	Mineralöl	Natriumseife	min. 140	-20...+100	0...1	340...380	–	–	Ft 1 v 11
Sonder-getriebefett	pastös	grauschwarz, glänzend	Oxidations-inhibitor, Korrosions-inhibitor MoS_2	Mineralöl Dieseröl	Lithiumseife Bleiseife	ca. 150	-35...+85	0	366	–	–	Ft 1 v 29

Schmieröle

Viskositätsklassen für Motoren-/Getriebeöle nach SAE J300

Viskosität SAE 90	Viskosität ASTM D 5293 mP × s bei °C max.	Grenzpumpviskosität ASTM D 4684 mP × s bei °C max.	Kinematische Viskosität ASTM D 445 mm²/s bei 100°C min.	max.	Viskosität bei hoher Scherung ASTM D 4683; ASTM D741; CEC L3A- mP × s bei 150°C und 10^6 s⁻¹ min.
0W	3250 bei -30	6000 bei -40	3,8	-	-
5 W	3500 bei -25	6000 bei -35	3,8	-	-
10 W	3500 bei -20	6000 bei -30	4,1	-	-
15 W	3500 bei -15	6000 bei -25	5,6	-	-
20 W	4500 bei -20	6000 bei -20	5,6	-	-
25 W	6000 bei -5	6000 bei -15	9,3	-	-
20	-	-	5,6	< 9,3	2,6
30	-	-	9,3	< 12,5	2,9
40	-	-	12,5	< 16,3	2,9 (0W-40; 5W-40; 10W-40)
40	-	-	12,5	< 16,3	3,7 (15W-40; 20W-40; 25W-40)
50	-	-	16,3	< 21,9	3,7
60	-	-	21,9	< 26,1	3,7

Ketten und Seilzüge

Ketten und Seile werden im handwerklichen Bereich zum Heben und Sichern von Lasten eingesetzt. Zur sicheren Handhabung ist die Kenntnis der wichtigsten technischen Daten erforderlich. Dies sind in erster Linie:
– Systematik einfacher Seilzüge
– die Belastung von Umlenkrollen
– Anschlagarten
– Mängel und Verschleiß an Ketten und Seilen
– die Tragkraft von Ketten und Seilen

Seilzüge
Durch Seilzüge lassen sich bei entsprechender Anordnung der Umlenkrollen eine Verringerung der notwendigen Zugkräfte bei gegebener Last erreichen. Um den Faktor der Zugkraftverringerung verringert sich auch der Weg der bewegten Last. Durch Anzahl und Anbindung der Umlenkrollen können Seilzüge auf den jeweiligen Verwendungszweck hin optimiert werden.

Belastung von Umlenkrollen
In der Praxis müssen Seile, aber auch Ketten umgelenkt werden. Hierzu werden entsprechend geeignete Umlenkrollen benützt. Die Belastung an der Umlenkrollenbefestigung ist hierbei vom Umlenkwinkel abhängig und muss entsprechend beachtet werden.

Einfache Seilzüge und ihre Eigenschaften							
Beispiele	1	2	3	4	5	6	7
Systembild	S_L S_Y F W						
Gewicht **W**	1	1	1	1	1	1	1
Zugkraft **F**	1	0,5	0,25	0,3333	0,125	0,125	0,125
Lastweg S_L	1	1	1	1	1	1	1
Kraftweg S_Y	1	2	4	3	8	8	8
Vorteil	nur Umlenkung					Zweifache Hubhöhe von Beispiel 5	Gleiche Zugkraft wie Beispiel 5 + 6, aber nur 3 Rollen nötig
Nachteil	keine Kraftverstärkung				Anordnung gestattet nur geringe Hubhöhen		

EWL-000/G

Tragkraft von Ketten und Seilen
Die Tragkräfte sind in den entsprechenden Normen den Abmessungen und den
Werkstoffen von Ketten und Seilen zugeordnet. Die Tragkräfte werden im Allgemeinen mit 4facher Sicherheit ausgewie-
sen und gelten nur für Ketten und Seile,
welche ohne Fehler und Verschleiß sind.

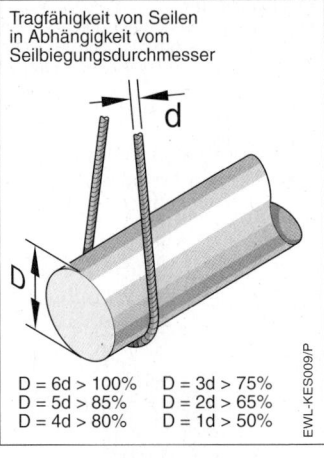

Tragfähigkeit von Seilen
in Abhängigkeit vom
Seilbiegungsdurchmesser

D = 6d > 100%	D = 3d > 75%
D = 5d > 85%	D = 2d > 65%
D = 4d > 80%	D = 1d > 50%

EWL-KES009/P

Belastung von Umlenkrollen

Zug / Umlenkung	gerade	30°	45°	60°
Beispiel Zugrichtung am Seil				
Lastfaktor an der Umlenkrolle	0	0,52	0,76	1
Zugkraft F_Z	100%	100%	100%	100%
Belastung F_B	0%	52%	76%	100%

Zug / Umlenkung	90°	120°	150°	180°
Beispiel Zugrichtung am Seil				
Lastfaktor an der Umlenkrolle	1,41	1,73	1,93	2
Zugkraft F_Z	100%	100%	100%	100%
Belastung F_B	141%	173%	193%	200%

EWL-KSZ001/G

Anschlagarten
Viele Bauteile können nur durch Anwendung mehrerer Anschlagpunkte sicher bewegt werden. Je nach Anschlagart ergeben sich unterschiedliche Lastverteilungen, welche zu berücksichtigen sind. Hierbei ist die Tragfähigkeitsminderung durch den Neigungswinkel zu beachten.

Belastungen bei unterschiedlichen Anschlagarten

Einsträngige Aufhängung

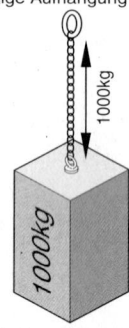

Die Last darf so groß sein wie die Tragfähigkeit des Einzelstranges.

Die Last wird mit zwei Ketten angeschlagen.

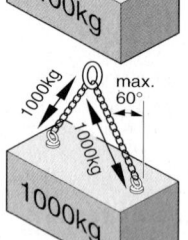

Entsprechend dem Neigungswinkel reduziert sich deren Tragfähigkeit.

EWL-KES005.1/P

Belastungen bei unterschiedlichen Anschlagarten

Wird eine Last mit einer Kranzkette, deren beide Enden an einem gemeinsamen Ring befestigt sind, so angeschlagen, dass die Kette im Hängegang knickfrei um die Last liegt und der Neigungswinkel vernachlässigt werden kann, darf jeder Strang als voll tragend angesehen werden. Bei Abweichungen bis 7° darf dies unberücksichtigt bleiben.

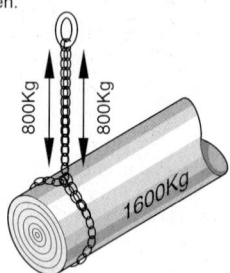

Wird eine Kranzkette im Schnürgang um die Last gelegt, muss die Tragfähigkeit wegen der Biegebeanspruchung im Schnürpunkt auf 80% der Tragfähigkeit des Doppelstrangs verringert werden.

EWL-KES005.2/P

Verschleiß und Mängel

Seile und Ketten unterliegen während des Gebrauchs einer Abnutzung. Der Grad der Abnutzung muss regelmäßig vor der Benützung kontrolliert werden. Bei Beschädigungen darf keine Verwendung mehr erfolgen. Verschleiß und Beschädigung kann sich durch Längen (nach einer Überbelastung), Abrieb, Draht- oder Faserbrüche und durch Korrosion oder Verwitterung bemerkbar machen.

Werden korrodierte Ketten mit einer neuen Korrosionsschutzschicht versehen, z. B. durch Feuerverzinkung, kann es durch die Wärmeeinwirkung zu einer Verringerung der Belastbarkeit kommen. Die genormten Tragkräfte werden dann nicht mehr erreicht.

Verschleißformen von Seilen

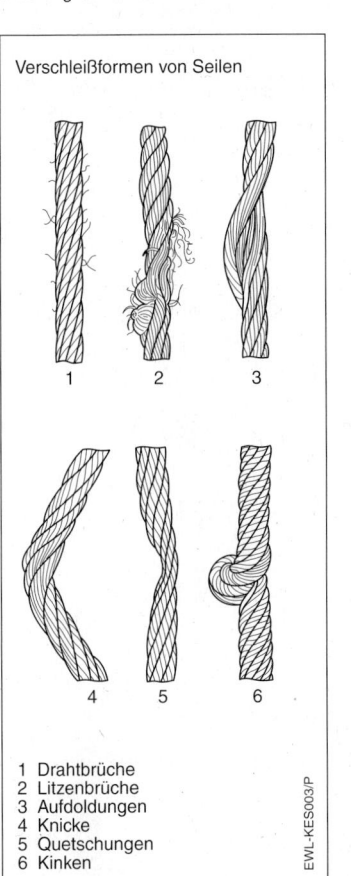

1 Drahtbrüche
2 Litzenbrüche
3 Aufdoldungen
4 Knicke
5 Quetschungen
6 Kinken

EWL-KES003/P

Verschleißformen von Ketten

1 Kette steifgezogen
2 Kette abgenützt

3 Die Abnützungsgrenze ist erreicht, wenn ein oder mehr Glieder außen um 3 % oder mehr gelängt sind.
4 Die Abnützungsgrenze ist erreicht, wenn die mittlere Dicke an einer Stelle um 10 % oder mehr abgenommen hat.

EWL-KES004/P

Schlag von Seilen

Die Eigenschaften von Seilen hängt von der Art des Schlages ab. Man unterscheidet in Seile mit
– Gleichschlag
– Kreuzschlag

Geschlagene Seile werden aus allen Seilmaterialen hergestellt. Sie können sehr gut gespleißt werden.

Gleichschlagseile

Beim Gleichschlag verlaufen die Drähte in den Litzen und die Litzen im Seil verlaufen in der selben Richtung. Seile im Gleichschlag haben eine geringere innere Reibung, haben aber einen stärkeren Drall.

Kreuzschlagseile

Beim Kreuzschlag verlaufen die Drähte in den Litzen entgegen der Richtung der Litzen im Seil.
Seile im Kreuzschlag haben eine größere innere Reibung, sind aber drallärmer.

Geflochtene Seile

Geflochtene Seile haben eine hohe Flexibilität und keinen herstellungsbedingten Drall. Sie eignen sich deshalb vorzüglich für manuelle Handhabung wie beispielsweise im Bergsport und der Seefahrt.

Durch besondere Verfahren lassen sich extrem reckarme Seile herstellen. Eine Sonderform sind geschlagene Seile mit einer geflochtenen Mantelhülle.
Geflochtene Seile werden meist aus nichtmetallischen Fasern hergestellt. In der Regel sind sie nicht spleißfähig.

Spleißen von Seilen

Unter Spleißen versteht man das Verbinden von Seilen ohne Knoten. Typische Spleißarbeiten sind verbinden zweier Seile durch Verflechten der Litzen untereinander und das Herstellen von Seilschlingen (Augspleiß) beziehungsweise das Einspleißen von Kauschen. Bei handwerklich sauberer Ausführung erhält man hohe Festigkeiten ohne das Seil zu schwächen.

Seilaufbau

1 Einlage	4 Litze
2 Mitteldraht	5 Seil
3 Draht	

EWL-KES008/P

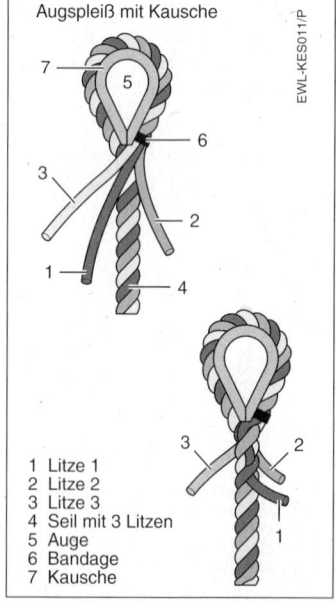

Augspleiß mit Kausche

EWL-KES011/P

1 Litze 1
2 Litze 2
3 Litze 3
4 Seil mit 3 Litzen
5 Auge
6 Bandage
7 Kausche

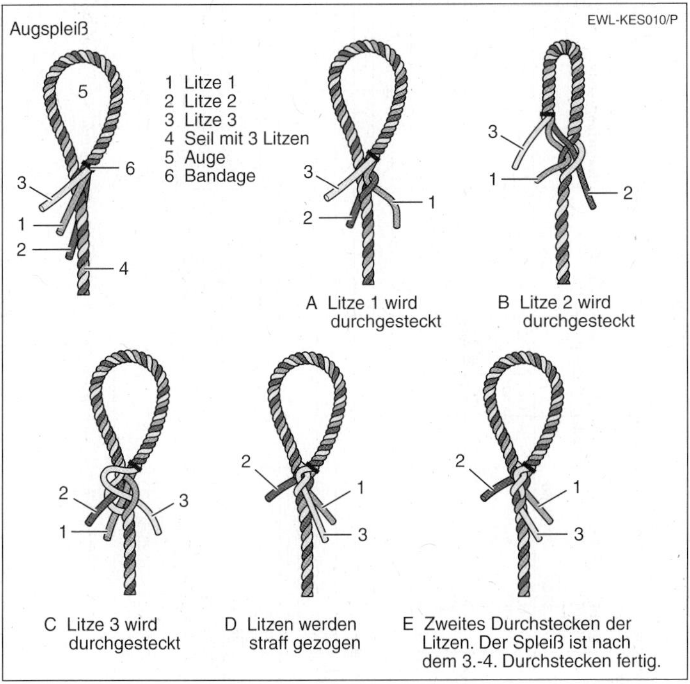

Augspleiß

EWL-KES010/P

1 Litze 1
2 Litze 2
3 Litze 3
4 Seil mit 3 Litzen
5 Auge
6 Bandage

A Litze 1 wird
durchgesteckt

B Litze 2 wird
durchgesteckt

C Litze 3 wird
durchgesteckt

D Litzen werden
straff gezogen

E Zweites Durchstecken der
Litzen. Der Spleiß ist nach
dem 3.-4. Durchstecken fertig.

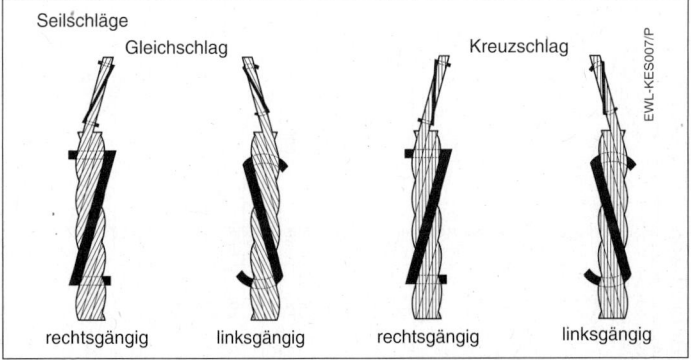

Seilschläge

Gleichschlag

Kreuzschlag

EWL-KES007/P

rechtsgängig   linksgängig   rechtsgängig   linksgängig

Belastbarkeit von Seilen

Auswahl gebräuchlicher Seile: Die Seile können sich konstruktiv unterscheiden. Dies kann Einfluß auf die Bruchkraft haben, in jedem Falle aber die Tragkraft beeinflussen. Vor Anwendung sind daher vom Seilhersteller verbindliche Informationen einzuholen. In der Regel liegt die zulässige Tragkraft bei ca 25% der Mindestbruchkraft (4-fache Sicherheit)! Angaben entsprechen DIN.

Seiltyp	Edelstahl 1.4401 (1570 N/mm²)		Stahl, verzinkt (1770 N/mm²)		Stahl (1770 N/mm²) DIN 3088	Stahl (1770 N/mm²) DIN 3088	Chemiefaserseile, Trossenschlag, gedreht			Naturfaserseile, Trossenschlag	
	Typ 1 19	Typ 7 19	Typ 1 19	Typ 1 37	Typ N (Normal)	Typ K (Kabelschlag)	Polyester DIN 83 331	Polypropylen Sorte 2 DIN 83 332	Polypropylen Sorte 1 DIN 83 329	Manila DIN 83 3232	Hanf DIN 83 325
Durchmesser mm	Mindesttragkraft ca. kg	Mindesttragkraft ca. kg	Mindesttragkraft ca. kg	Mindesttragkraft ca. kg	Mindesttragkraft ca. kg	Mindesttragkraft ca. kg	Mindesttragkraft ca. kg	Mindesttragkraft ca. kg	Mindesttragkraft ca. kg	Mindesttragkraft ca. kg	Mindesttragkraft ca. kg
3	180	100	200	200	–	–	–	–	–	–	–
4	300	200	350	350	–	–	–	–	–	–	–
5	500	320	570	550	–	–	–	–	–	–	–
6	720	450	820	800	–	–	–	–	–	–	–
8	1300	820	–	1450	560	–	–	–	–	–	–
10	2000	1300	–	2250	850	–	–	–	–	–	–
12	2600	2000	–	3250	1250	–	–	–	–	–	–
14	3500	–	–	–	1700	–	–	–	–	–	–
16	4600	–	–	–	2240	–	560	450	220	250	210
20	6000	–	–	–	3550	–	850	710	350	400	310
22	7500	–	–	–	4250	–	–	–	–	–	–
24	–	–	–	–	5000	2500	1250	1000	500	560	450
28	–	–	–	–	6700	3200 (27mm)	1700	1320	650	750	630
32	–	–	–	–	9000	4750 (33mm)	2120	1700	850	1000	800

Typ 1 19 = 19 Einzeldrähte, starres Seil

Typ 7 19 = 7 Einzelseile zu je 19 Einzeldrähten, flexibles Seil

KES-T02

Ketten und Seilzüge

Belastbarkeit von Ketten

Belastbarkeit von Ketten: Auswahl gebräuchlicher Ketten, kurzgliedrig, einsträngig, gerade Zugrichtung. Bezüglich der Tragkraft und der Bruchkraft sind vor Anwendung vom Kettenhersteller verbindliche Informationen einzuholen. In der Regel liegt die zulässige Tragkraft bei ca 25% der Mindestbruchkraft (4fache Sicherheit)! Anhaltswerte entsprechend DIN

Stärke des Ketten-gliedes	Ketten-Gewicht ca.	Stahl						Edelstahl, Maße nach DIN 766			
		Güteklasse 2 DIN 766		Güteklasse 5 DIN 5688		Güteklasse 8 DIN EN 818		1.4401		1.4571 [1)]	
		Tragkraft	Bruchkraft	Tragkraft	Bruchkraft	Tragkraft	Bruchkraft	Tragkraft	Bruchkraft	Tragkraft	Bruchkraft
mm	kg/m	kg	kg	kg	kg	kg	kg	kg	kg	kg	kg
6	0,8	350	1400	750	3000	1000	4000	400	1600	600	2400
8	1,4	630	2500	1250	5000	2000	8000	800	3200	1000	4000
10	2,3	1000	4000	2000	8000	3200	12800	1250	5000	1600	6400
13	3,9	1600	6300	3200	12800	5000	20000	2000	8000	2700	10800
16	5,7	2500	10000	5000	20000	8000	32000	–	–	–	–
18	7,3	3200	12800	6300	25200	10000	40000	–	–	–	–
20	9,0	4000	16000	8000	32000	12500	50000	–	–	–	–

1) Seewasserbeständig

KES-T01

Zusammenfassung

Ketten und Seile werden zum Heben und Ziehen von Lasten und zum Fixieren beweglicher Gegenstände verwendet. Seile sind, je nach Seilwerkstoff, flexibler als Ketten. Die Spezifikationen von Ketten und Seilen unterliegen der Normung, woraus sich Tragkräfte berechnen lassen. Da Ketten und Seilzüge meist sicherheitsrelevante Baugruppen darstellen ist der Wartung und dem Verschleiss eine hohe Priorität einzuräumen.

Praxisanwendungen

Verbindungstechnik

Bei der Herstellung von Werkstücken, Bauteilen, Geräten und Maschinen spielt die Verbindungstechnik eine herausragende Rolle. Werkstoffeigenschaften und konstruktive Anforderungen an die Verbindungsstelle bestimmen die Wahl der geeigneten Verbindungstechnik. Wichtige technische Forderungen sind beispielsweise:
– Festigkeit
– Sicherheit
– Herstellbarkeit
– Anwendbarkeit
Daneben stehen Forderungen nach
– Wirtschaftlichkeit
– Fertigungseignung
Die im handwerklichen Bereich am häufigsten eingesetzten Verbindungstechniken sind:
– Lösbare Verbindungen
– Nicht lösbare Verbindungen
wobei teilweise Kombinationen verschiedener Techniken möglich sind und auch angewendet werden.
Bezüglich der Verbindungstechniken gibt es spezielle Anwendungen in der Industrie, bei denen Verbindungen zwischen Antriebselementen hergestellt werden müssen, sowie klassische Verbindungstechniken im Holzbereich. Diese Verbindungstechniken sind teilweise sehr komplex und würden den Rahmen dieses Kapitels sprengen. Informationen hierzu sind in der entsprechenden Fachliteratur zu finden.

Lösbare Verbindungstechniken

Lösbare Verbindungen zeichnen sich im Idealfall dadurch aus, dass sich mit ihnen den nicht lösbaren Verbindungen entsprechende Festigkeiten erreichen lassen. Sie werden auch dann verwendet, wenn eine Lösbarkeit nicht gefordert ist, weil die Anwendung und Montage in der Regel schnell und mit geringem Aufwand möglich ist. Bei Wechselbeanspruchung müssen lösbare Verbindungen gegen unbeabsichtigtes oder selbsttätiges Lösen gesichert werden. Die am häufigsten angewendete lösbare Verbindungstechnik ist die Verschraubungstechik. Weitere lösbare Verbindungstechniken basieren auf Formschluss (z. B. Bajonettverschlüsse, Verzapfungen mit Hinterschnitt) oder Reibschluss (Spannzangen, Bohrfutter).

Nicht lösbare Verbindungstechniken

Typische Eigenschaft der nicht lösbaren Verbindungstechniken ist, dass die Verbindung nur durch die Zerstörung des Verbindungselementes oder mechanisches Trennen der Verbindungsstelle rückgängig gemacht werden kann. Üblicherweise wird dadurch das Werkstück beschädigt oder unbrauchbar. Wechselbeanspruchungen werden meist gut vertragen. Die am häufigsten verwendeten nicht lösbaren Verbindungstechniken sind:
– Kleben
– Nageln
– Nieten
– Löten
– Schweißen
Die einzelnen Verbindungstechniken sind meist schwerpunktmäßig den Werkstoffgruppen zugeordnet, bei denen sie die besten Anwendungseigenschaften aufweisen.

Eigenschaften von Verbindungstechniken

Verbindungstechniken werden neben der Eignung für die zu verbindenden Werkstoffe nach ihren mechanischen Eigenschaften ausgewählt. Die wichtigsten Eigenschaften sind:

Festigkeit
Die Festigkeit der meisten Verbindungstechniken kann im Voraus berechnet werden, wenn die wichtigsten Daten der gewünschten Verbindung wie z. B. Werkstoffeigenschaften und Beanspruchungsart bekannt sind. Anhand der Verbindungsmitteleigenschaften kann eine entsprechende Dimensionierung von Verbindungsmittel und Verbindungsstelle erfolgen.

Sicherheit

In die Dimensionierung von Verbindungen müssen Sicherheitszuschläge eingebracht werden, um ein Versagen im Überlastfall auszuschließen oder den Schaden zu begrenzen. Dies gilt insbesondere bei sicherheitsrelevanten Bauteilen wie beispielsweise Hebezeugen oder in der Fahrzeugtechnik.

Prüfbarkeit

In bestimmten Fällen ist es nötig, die geforderte Festigkeit einer Verbindung nach ihrer Herstellung zu prüfen. In diesen Fällen müssen Verbindungstechniken angewendet werden, bei denen eine zerstörungsfreie Prüfung möglich ist.

Korrosionsverhalten

Das Korrosionsverhalten einer Verbindungstechnik spielt immer dann eine Rolle, wenn die Verbindung einer aggressiven Atmosphäre oder aggressiven Medien (z. B. Laugen, Säuren, Seewasser) ausgesetzt ist. In diesen Fällen ist eine geeignete Verbindungstechnik zu wählen oder die Verbindungsstelle entsprechend zu schützen.

Elastizität

Neben statischer Belastung gibt es Betriebsfälle, bei denen eine Wechselbeanspruchung auf die Verbindung einwirkt (z. B. Fahrzeugbau) oder wo sich die zu verbindenden Bauteile durch Wärmeeinfluss dehnen oder zusammenziehen (z. B. Stahlkonstruktionen, Eisenbahnschienen). Die dabei entstehenden zusätzlichen Belastungen müssen von der gewählten Verbindungstechnik sicher beherrscht werden.

Temperaturverhalten

Zum Verbinden von Bauteilen bei extrem tiefen oder extrem hohen Temperaturen (z. B. Kühltechnik, Gasturbinen) müssen geeignete Verbindungstechniken angewendet werden, die bei den zu erwartenden Temperaturen noch die berechnete Festigkeit aufweisen.

Dichtigkeit

Dichtigkeit wird zum Beispiel bei Behältern oder deren Verschlüssen gefordert. Je nach der geforderten Dichtigkeit (flüssigkeitsdicht, gasdicht, druckdicht) müssen Verbindungsmittel mit separaten Dichtstoffen oder homogene Verbindungstechniken (z. B. Schweißen) gewählt werden.

Isolierfähigkeit

Von Verbindungen kann elektrische und/oder thermische Isolierung der zu verbindenden Bauteile gefordert werden. Hierzu bieten sich Verbindungstechniken an, bei denen dies durch isolierende Zwischenlagen oder das Verbindungsmittel selbst erfolgt (z. B. Klebetechnik).

Herstellbarkeit

Unter Herstellbarkeit versteht man die Möglichkeit, die Verbindung unter den gegebenen Bedingungen wirtschaftlich realisieren zu können. Die Herstellbarkeit kann z. B. beeinflusst werden durch die Lage der Verbindungsstelle, die Verfügbarkeit von Energiequellen und die maximal zulässigen Kosten.

Anwenderqualifikation

Bestimmte Verbindungstechniken setzen eine hohe Qualifikation des Personals voraus (z. B. Schweißen), die eine Anwendung nicht zulässt, wenn qualifiziertes Personal nicht zur Verfügung steht.

Wirtschaftlichkeit

Verbindungstechniken im Bereich der Gebrauchstechnologie setzen Wirtschaftlichkeit voraus. Dies gilt insbesondere im Bereich der Serienfertigung.

Demontierbarkeit

Demontierbarkeit ist immer dann ein Entscheidungskriterium, wenn es sich um temporäre Verbindungen handelt, wie sie beispielsweise in der Montagetechnik, im Kranbau oder im Maschinenbau gefordert werden.

Zusammenfassung

In der Verbindungstechnik stehen unterschiedliche Verfahren zur Verfügung. Wegen ihrer spezifischen Eigenschaften können sie für bestimmte Anwendungen geeignet oder nicht geeignet sein. Einer Anwendung geht deshalb stets die Feststellung der geforderten Eigenschaften voraus.

Verbindungstechnik – Systemvergleich

Verfahren	Schrauben	Kleben	Nageln	Nieten	Löten	Schweißen
Werkstoff						
Metall	sehr gut	möglich	nein	sehr gut	sehr gut	sehr gut
Kunststoff	möglich, aber Fließverhalten unter Belastung	sehr gut... nicht möglich (werkstoffspezifisch)	nein	möglich, aber Fließverhalten unter Belastung	nein	sehr gut... nicht möglich (werkstoffspezifisch)
Holz	möglich, aber Setzverhalten unter Belastung	sehr gut	sehr gut	nein	nein	nein
Steinwerkstoffe	nur mittels Befestigungszusätzen (Dübel)	möglich (Kleber, Zemente)	mit Spezialnägeln möglich	nein	nein	nein
Verbindungseigenschaften						
Lösbarkeit	ja	nein	nein	nein	nein	nein
Verbindung	Kraft- u. Reibschluss	Adhäsion und Kohäsion	Kraft- u. Reibschluss	Kraft- u. Reibschluss	Legierungsübergang	homogen
Festigkeit	hoch, dimensionierungsabhängig	sehr hoch, werkstoff- und klebeflächenabhängig	bei Wechselbeanspruchung gering	hoch, dimensionierungsabhängig	sehr hoch	sehr hoch, entspricht Bauteilwerkstoff
Spannungsverteilung, Kraftübertragung	Spannungsspitzen an der Schraube	gleichmäßig	Spannungsspitzen am Nagel	Spannungsspitzen am Niet	annähernd gleichmäßig	annähernd gleichmäßig
Sicherheit	berechenbar	berechenbar	nicht berechenbar	berechenbar	berechenbar	berechenbar
Prüfbarkeit	direkt möglich (zerstörungsfrei)	nur durch Zerstörung der Verbindung möglich	nur durch Zerstörung der Verbindung möglich	nur durch Zerstörung der Verbindung möglich	nur indirekt möglich (z.B. Röntgenstrahlen, Ultraschall)	nur indirekt möglich (z. B. Röntgenstrahlen, Ultraschall)

VBT-T01.1

Verfahren	Schrauben	Kleben	Nageln	Nieten	Löten	Schweißen
Verbindungseigenschaften						
Korrosionsverhalten	kritisch wenn Werkstoff des Befestigungsmittels vom Werkstoff des Bauteils abweicht	sehr gut	hängt vom Korrosionsverhalten des Nagelwerkstoffes ab	kritisch wenn Werkstoff des Befestigungsmittels vom Werkstoff des Bauteils abweicht	kritisch in feuchtem oder aggressivem Medium	sehr gut bei Verwendung des passenden Schweißzusatzes
Temperaturverhalten	gut, Dehnung bzw. Schrumpfung bei sehr hohen und sehr tiefen Temperaturen beachten	bei normalen Umgebungstemperaturen gut, bei Kälte oder Wärme Versprödung bzw. Erweichung	vom Temperaturverhalten des Bauteilwerkstoffes abhängig	gut, Dehnung bzw. Schrumpfung bei hohen und tiefen Temperaturen beachten	gut, vom Erweichungs- bzw. Schmelzpunkt des Lotes abhängig	sehr gut, entspricht Bauteilwerkstoff
Elastizitätsverhalten	gut	sehr gut	gering	gut	gut	gut, entspricht Bauteilwerkstoff
Dichtfähigkeit	Dichtung erforderlich	sehr gut	nein	hängt vom Nietverfahren ab	sehr gut	sehr gut
Isolationsfähigkeit	Isoliermaßnahmen erforderlich	ja	nein	nein	nein	nein
Verbinden unterschiedlicher Werkstoffe	ja, Wärmedehnungskoeffizient muss beachtet werden	ja, wenn Werkstoffe zum Kleben geeignet	ja	ja, Wärmedehnungskoeffizient muss beachtet werden	nur innerhalb bestimmter Metallgruppen	nur innerhalb bestimmter Metall- und Kunststoffgruppen
Kombination mit anderen Verbindungstechniken	mit Kleben	mit Nageln, Schrauben und Nieten	mit Kleben	mit Kleben	nein	nein

VBT-T01.2

Verbindungstechnik – Systemvergleich

Verfahren	Schrauben	Kleben	Nageln	Nieten	Löten	Schweißen
Verbindungseigenschaften						
Demontage	ohne Zerstörung des Verbindungsmittels möglich	großflächig nicht möglich, Bauteil wird zerstört	durch Zerstörung des Verbindungsmittels	durch Zerstörung des Verbindungsmittels	in begrenztem Umfang durch Wärmeapplikation	durch Trennen der Verbindungsstelle
Recycling des Verbindungsmittels	ja	nein	nein	nein	nein	nein
Herstellungsaufwand						
Arbeitsvorbereitung	Bohren, event. Gewindeschneiden	Oberfläche vorbereiten, Kleber auftragen	in der Regel keine	Bohren, beim Warmnieten Niet erhitzen	Oberfläche vorbereiten	Schweißkanten vorbereiten
Werkzeugaufwand	gering	gering	sehr gering	gering bis hoch (vom Verfahren abhängig)	gering (beim handwerklichen Löten)	hoch bis sehr hoch
Endfestigkeit	sofort	nach Aushärtung (oft mehr als 24 Stunden)	sofort	sofort	sofort nach Abkühlung	sofort nach Abkühlung
Anwenderqualifikation	gering	mittel	gering	mittel	mittel	sehr hoch
Arbeitsaufwand	gering	gering... mäßig	sehr gering	gering... mäßig	hoch	sehr hoch
Energieaufwand	gering	sehr gering	sehr gering	gering	hoch	sehr hoch
Nachbearbeitung	keine	keine	keine	keine	gering	gering bis hoch
besondere Sicherheitsmaßnahmen	Schutzmaßnahmen beim Bohren	Atemschutz und Hautschutz bei bestimmten Klebern und großen Klebermengen	keine	Schutzmaßnahmen beim Bohren, Gehörschutz beim Nieten	Atemschutz und Hitzeschutz, Schutzbrillen beim Hochtemperaturlöten	Aufwendig: Schutzbrillen, Schutzschilde, Schutzkleidung, Atemschutz, Arbeitsplatzsicherung

VBT-T01.3

Befestigungstechnik in Steinwerkstoffen

Befestigungselemente in Gestein, Beton und Mauerwerk unterliegen den Besonderheiten dieser Werkstoffe. Sie unterscheiden sich deshalb wesentlich von der im Holz- und Metallbereich üblichen Technik. Steinwerkstoffe sind in der Regel spröde, vertragen keine Zugkräfte und neigen zum Ausbrechen. Dies erfordert in den weitaus meisten Anwendungsfällen, dass das eigentliche Befestigungselement – die Schraube – über ein spezielles Verbindungselement – den Dübel – die notwendigen Haltekräfte in den Steinwerkstoff einleitet.

Die kraftschlüssige Verbindung

Die Haltekräfte zwischen dem Werkstoff und dem Dübel werden in den weitaus meisten Anwendungsfällen durch drei Prinzipien erreicht:
– Reibschluss
– Formschluss
– Stoffschluss

Der Kraftschluss zwischen Schraubverbindung und Dübel wird durch ein Gewinde (Formschluss) hergestellt. Das zur Schraubverbindung passende Gewinde ist entweder am Dübel vorhanden oder wird durch das Eindrehen einer geeigneten Schraube in den plastischen Dübelwerkstoff beim Einschraubvorgang hergestellt.

Reibschluss

Der Reibschluss zwischen Dübel und Werkstoff wird durch Aufspreizen des Dübels beim Einschraubvorgang hergestellt. Die erreichbaren Haltekräfte hängen vom Aufspreizvermögen und der Werkstoffbeschaffenheit ab. „Weiche" Werkstoffe benötigen eine größere Aufspreizung des Dübels als harte Werkstoffe (z. B. Beton). Für hohe Belastungen werden Metalldübel eingesetzt, sogenannte Schwerlastanker. Die Auszugskräfte lassen sich je nach Dübeltyp und Baustoff exakt be-

rechnen. Dübel mit Reibschluss eignen sich deshalb für hängende Belastung.

Reibschluss zwischen Dübel und Baustoff

EWL-BST 2A

EWL-BST 2591

EWL-BST 2845

Formschluss

Formschlüssige Verbindungen sind immer dort nötig, wo der Kraftschluss mittels Reibschluss nicht erreicht werden kann. Typischerweise ist dies bei geringen Materialstärken der Fall, wie dies bei Hohlwänden bzw. Hohlsteinen auftritt.

Die Dübel sind derart gestaltet, dass beim Eindrehen der Befestigungsschraube oder durch einen Kippmechanismus eine Aufspreizung hinter der Werkstückoberfläche stattfindet und gleichzeitig der Dübel gegen Verdrehen gesichert wird. Die erreichbaren Haltekräfte hängen neben der Festigkeit der

Schraubverbindung vor allem von der Festigkeit des Hohlmaterials ab.

Die Auszugskräfte lassen sich je nach Dübeltyp und Baustoff exakt berechnen. Dübel mit Formschluss eignen sich deshalb für hängende Belastung.

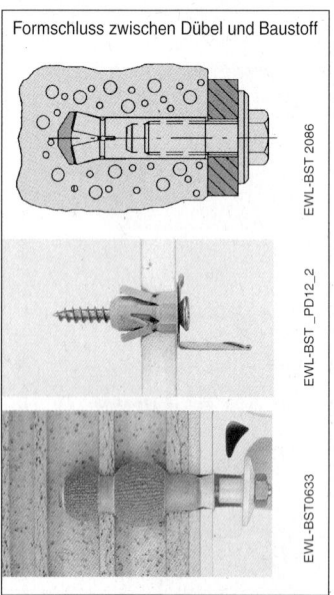

Formschluss zwischen Dübel und Baustoff

EWL-BST 2086

EWL-BST_PD12_2

EWL-BST0633

Stoffschluss

Stoffschlüssige Verbindungen haben sich dort durchgesetzt, wo auf eine Lösbarkeit oder Entfernbarkeit des Dübels und der Schraube verzichtet werden kann. Der eigentliche Dübel („Klebeanker") besteht hierbei aus einen Kunstharz- oder Zementgemisch, welches in plastischem Zustand gleichzeitig mit dem Befestigungselement (meist ein Gewindebolzen) in das Dübelloch eingebracht und dabei gemischt wird. Durch chemische Reaktion findet eine Aushärtung statt, der Dübelwerkstoff verbindet sich hierbei innig sowohl mit dem Befestigungselement als auch mit dem Baustoff. Da keine Spreizkräfte auf den Baustoff einwirken, eignet sich der Dübel mit Stoffschluss auch für

Befestigungen im randnahen Bereich ohne die Gefahr der Rissbildung im Baustoff.

Die Auszugskräfte lassen sich nicht exakt berechnen. Dübel mit Stoffschluss eignen sich deshalb nicht für hängende Belastung.

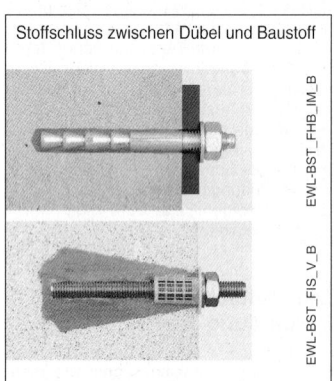

Stoffschluss zwischen Dübel und Baustoff

EWL-BST_FHB_IM_B

EWL-BST_FIS_V_B

Montagearten

Die unterschiedlichen Dübelarten, Baumaterialien und vor allem der spezielle Befestigungsfall können unterschiedliche Montagearten erforderlich machen. Typische Montagearten sind:
– Vorsteckmontage
– Durchsteckmontage
– Abstandsmontage

Vorsteckmontage

Bei der Vorsteckmontage müssen an den Befestigungspunkten die Löcher in Bauteil und Baustoff separat gebohrt werden. Der Dübel wird in das im Baustoff gebohrte Loch bündig eingesetzt, das Bauteil genau darüber gehalten und die Befestigungsschraube durch das Loch im Bauteil hindurch in den Dübel eingeschraubt. Das Bohrloch im Baustoff entspricht dem Außendurchmesser des Dübels, das Bohrloch im Bauteil der Schraubengröße.

Vorsteckmontage

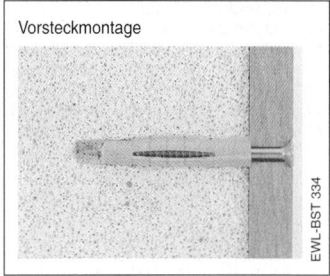

EWL-BST 334

Durchsteckmontage
Bei der Durchsteckmontage wird der Dübel durch das Bauteil hindurch in den Baustoff gesteckt. Das Bohrloch hat sowohl im Bauteil als auch im Baustoff den Außendurchmesser des Dübels. Die Bohrlöcher können sowohl einzeln in Bauteil und Baustoff als auch in einem Zug durch das am Baustoff anliegende Bauteil hindurch in den Baustoff gebohrt werden. Die Durchsteckmontage verkürzt die Montagezeiten erheblich und eignet sich besonders zum Befestigen von Unterkonstruktionen und Rahmen.

Durchsteckmontage

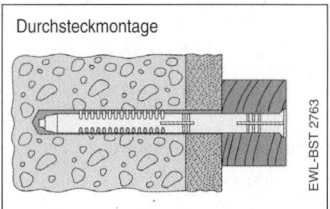

EWL-BST 2763

Abstandsmontage
Bei der Abstandsmontage wird das Bauteil in einem bestimmten Abstand zum Baustoff fixiert. Die Abstandsmontage wird beispielsweise bei der Befestigung von Paneelwänden und bei Fassaden-Unterkonstruktionen verwendet.

Abstandsmontage

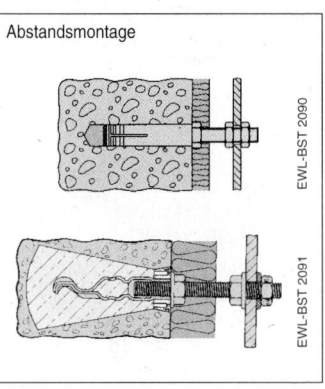

EWL-BST 2090

EWL-BST 2091

Montagetechnik

Wie eingangs erwähnt können die Festigkeitswerte bei vielen Dübelarten und Anwendungen rechnerisch vorausbestimmt werden. Diese Festigkeitswerte können allerdings nur dann erreicht werden, wenn die vom Dübelhersteller vorgegebene Montagemethode genau eingehalten wird. Neben der Durchmessertoleranz der Bohrung (die bei der Verwendung von billigen „No-Name"-Bohrern oft nicht eingehalten wird) spielt auch die verwendete Schraube sowohl nach Länge und Durchmesser eine wichtige Rolle. Daneben sind die Kriterien
– Dübellänge
– Schraubendurchmesser
– Schraubenlänge
– Dübelpositionierung
– Dübelbelastung
von entscheidender Bedeutung.

Dübellänge
Die Dübellänge ist so zu bemessen, dass eine genügende Verankerungstiefe erreicht wird. Bei der Durchsteckmontage setzt sich die Dübellänge aus der Summe der Verankerungstiefe und der Klemmdicke zusammen.

Befestigungstechnik in Gestein
Verankerungstiefe

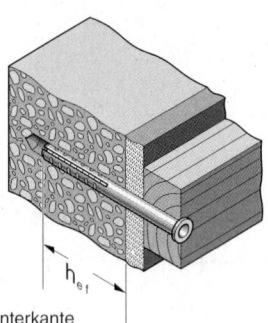

Unterkante
Spreizteil

Oberkante
Bauteil

Verankerungstiefe (h_{ef})
= Distanz zwischen Oberkante
des tragenden Bauteils bis
zur Unterkante des Spreizteils

EWBS-BFT007/P

Befestigungstechnik in Gestein
Dübellänge

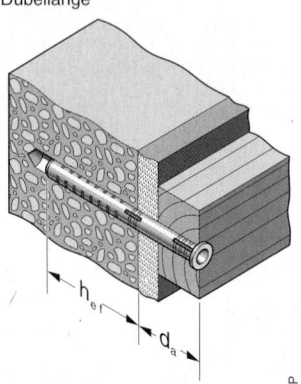

h_{ef} = Verankerungstiefe

d_a = Nutzlänge (Klemmdicke)

$h_{ef} + d_a$ = Dübellänge

EWBS-BFT009/P

Schraubendurchmesser

Der Durchmesser der Schraube muss zum Dübel passen. Meistens sind ein bis zwei verschiedene Schraubendurchmesser für eine Dübelgröße geeignet, wobei der größere Schraubendurchmesser die höherer Haltekraft ergibt. Die Angaben der Dübelhersteller sind strikt einzuhalten.

Befestigungstechnik in Gestein
Schraubenlänge

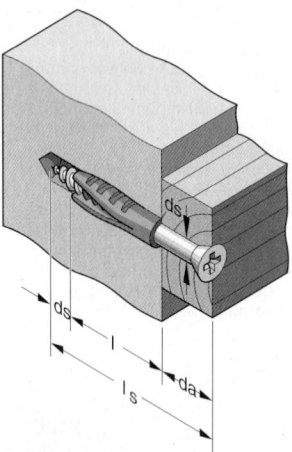

Formel zur Ermittlung der
Mindestschraubenlänge l_S:

$$l_S = d_S + l + d_a$$

A = Schraubendurchmesser

Beispiel:
Schraubendurchmesser d_S := 6mm
+ Dübellänge l: = 50mm
+ Dicke des Bauteils d_a: = 20mm
= Gesamtlänge der
Schraube l_S : = 76mm

Bei der Wahl der Schraubenlänge ist auf die passende Standardlänge aufzurunden. Das wäre in diesem Beispiel = 80mm

EWBS-BFT010/P

Schraubenlänge
Die Schraubenlänge richtet sich neben der Dübellänge nach der Dicke des zu befestigenden Bauteils inklusive eventueller Unterkonstruktionen. Generell gilt, dass die Schraube in fixiertem Zustand den Dübel in voller Länge ausfüllen muss.

Die Mindestschraubenlänge kann nach folgender Formel vom Anwender selbst bestimmt werden. An folgendem Beispiel wird dies erklärt:

Schraubendurchmesser A	=	6 mm
+ Dübellänge B	=	50 mm
+ Dicke des Bauteils C	=	20 mm

Gesamtlänge der Schraube	=	76 mm

Bei der Wahl der Schraubenlänge ist auf die passende Standardlänge aufzurunden.
Das wäre in diesem Beispiel = 80 mm

Dübelpositionierung
Bei der Mehrfachanwendung von Dübeln müssen bestimmte Achsabstände eingehalten werden, um eine Rissbildung des Bauteils oder Absprengungen im Randbereich durch die Spreizkräfte des Dübels zu vermeiden. Für allgemeine Anwendungsfälle gibt es hierzu Formeln, bei denen das Maß der Verankerungstiefe als Basisgröße verwendet wird.

Bei geringen Bauteildicken und/oder in Randnähe sind deshalb Dübel mit Formschluss günstiger, weil von ihnen nur geringe oder keine Spreizkräfte ausgehen. Ebenso ist die Lastverteilung auf eine größere Zahl von Dübeln sinnvoll.

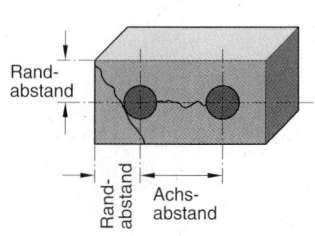

Befestigungstechnik in Gestein
Rand- und Achsabstand

Randabstand

Randabstand   Achsabstand

Abplatzen vermeiden durch genügend Rand- und Achsabstand:
Randabstand = 2 x h_{ef}
Achsabstand = 4 x h_{ef}
(h_{ef} = Verankerungstiefe)

EWBS-BFT008/P

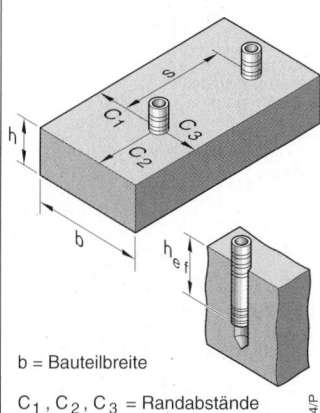

Befestigungstechnik in Gestein

Abmessungen von Bauteil und Befestigungselement

s
C_1 C_3
h C_2
b
h_{ef}

b = Bauteilbreite

C_1, C_2, C_3 = Randabstände

s = Achsabstand

h_{ef} = Verankerungstiefe

EWBS-BFT014/P

Befestigungstechnik in Gestein
Versagensarten des Baustoffs

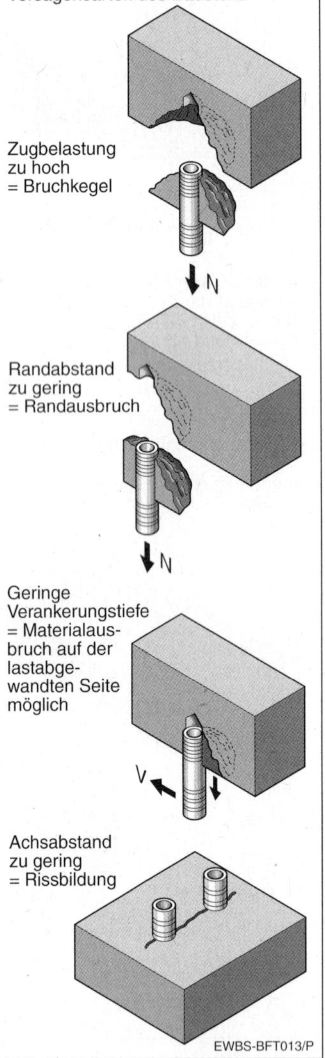

Zugbelastung
zu hoch
= Bruchkegel

Randabstand
zu gering
= Randausbruch

Geringe
Verankerungstiefe
= Materialaus-
bruch auf der
lastabge-
wandten Seite
möglich

Achsabstand
zu gering
= Rissbildung

EWBS-BFT013/P

Dübelbelastung

Die Belastungsart des Dübels ist von der
Befestigungsaufgabe abhängig. Sie lässt
sich in
– Zugkräfte
– Querkräfte
– Biegung
sowie in Kombinationen dieser Kräfte ein-
teilen. Der Dübel bzw. die Montageart ist
so auszuwählen, dass die Belastung die
Befestigung nicht gefährdet.

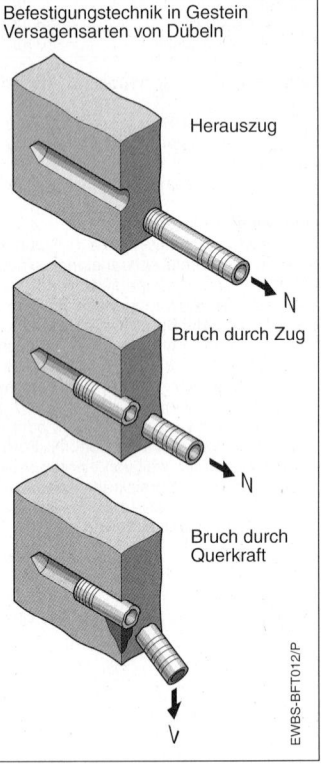

Befestigungstechnik in Gestein
Versagensarten von Dübeln

Herauszug

Bruch durch Zug

Bruch durch
Querkraft

EWBS-BFT012/P

Befestigungstechnik in Gestein
Belastungsarten

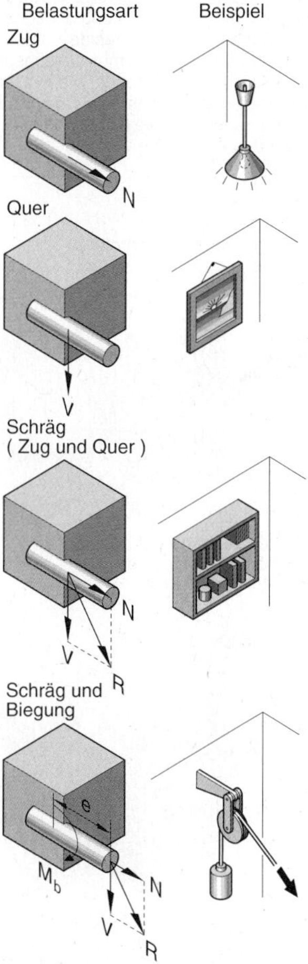

Belastungsart	Beispiel

Zug

Quer

Schräg
(Zug und Quer)

Schräg und Biegung

N = Normalkraft / Zug
V = Vertikal- / Querkraft
R = Schrägzug
    (zentrische Zug- und Querkraft)
M_b = Biegemoment
e = Biegehebel

EWBS-BFT011/P

Bohrverfahren für Steinwerkstoffe

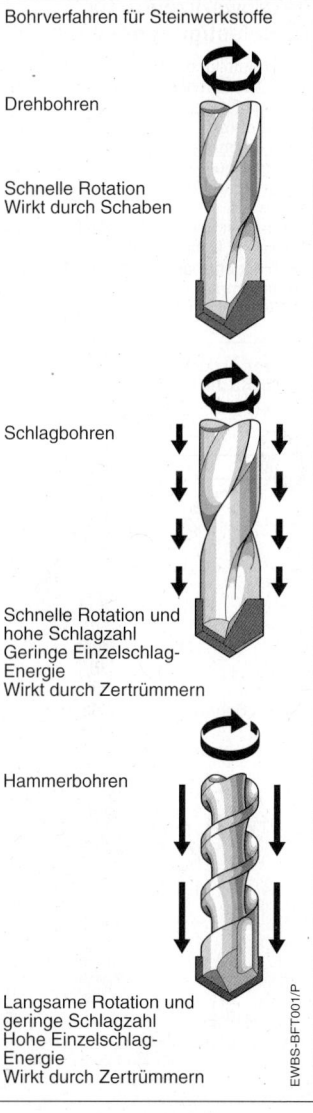

Drehbohren

Schnelle Rotation
Wirkt durch Schaben

Schlagbohren

Schnelle Rotation und
hohe Schlagzahl
Geringe Einzelschlag-
Energie
Wirkt durch Zertrümmern

Hammerbohren

Langsame Rotation und
geringe Schlagzahl
Hohe Einzelschlag-
Energie
Wirkt durch Zertrümmern

EWBS-BFT001/P

Elektrowerkzeuge für die Befestigungstechnik

Zur Herstellung von Dübellöchern in Steinwerkstoffen kommen folgende Methoden in Frage:
– Drehbohren
– Schlagbohren
– Hammerbohren
Die entsprechenden Elektrowerkzeuge sind
– Bohrmaschine oder Schlagbohrmaschine in Bohrstellung
– Schlagbohrmaschine in Schlagstellung
– Bohrhammer
Der Einsatz ist materialabhängig.

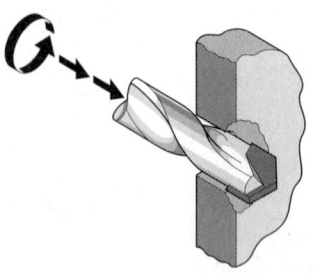

Bohren in dünnem Plattenmaterial
(z. B. Kacheln, Gipskartonplatten)

Schlagbohren: Material bricht an der Rückseite aus

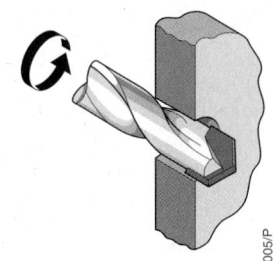

Drehbohren: Material bricht an der Rückseite nicht aus

EWBS-BFT005/P

Drehbohren
„Weiche" Steinwerkstoffe werden mittels Rotation gebohrt. Der Materialabtrag erfolgt durch die Schabewirkung der scharfgeschliffenen Bohrerschneide, welche aus Hartmetall bestehen muss. Insbesondere bei dünnen Baustoffen wie Plattenmaterialien und Kacheln sowie bei strukturierten Baustoffen wie Hohlkammersteinen werden Ausbrüche vermieden.

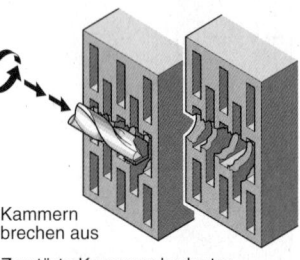

Bohren in Hohlgestein

Schlag- oder Hammerbohren

Kammern brechen aus

Zerstörte Kammern bedeuten Nacharbeit (Gips) oder Injektionsdübel (teuer)

Drehbohren

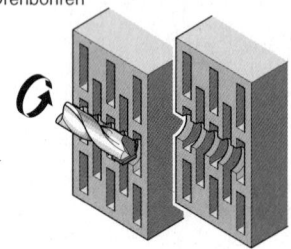

Kammern brechen nicht aus

Universaldübel hält (kostengünstig)

EWBS-BFT006/P

Schlagbohren
Löcher in „harten" Steinbaustoffen lassen sich nur durch Schlag- und Drehbewegung herstellen. Durch den Schlag wird

das Gefüge aufgebrochen, durch die gleichzeitige Drehbewegung wird der Staub aus dem Bohrloch gefördert. Wegen der geringen Einzelschlagstärke der Schlagbohrmaschine muss die Schlagzahl sehr hoch sein, woraus ein unangenehmes Schlaggeräusch resultiert. Der Arbeitsfortschritt ist von der manuellen Andruckkraft abhängig und in Beton oder hartem Naturstein relativ gering.

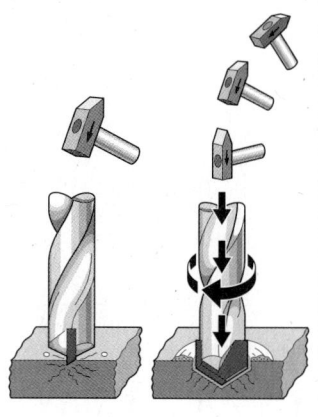

Bohren durch Zertrümmern (Schlag) und Drehbewegung in hartem Gestein

A Durch Schlageinwirkung wird das Gestein zertrümmert

B Durch gleichzeitige Dreh- und Schlagbewegung wird ein Loch erzeugt und das Bohrmehl aus dem Bohrloch gefördert

EWBS-BFT002/P

Bohren in Gestein

Schlagbohrmaschine

Hohe Rotationsgeschwindigkeit
Hohe Schlagzahl
Hoher Geräuschpegel
Geringe Einzelschlagenergie
geringer Arbeitsfortschritt in hartem Gestein

Bohrhammer

Geringe Rotationsgeschwindigkeit
Geringe Schlagzahl
Geringer Geräuschpegel
Hohe Einzelschlagenergie Hoher Arbeitsfortschritt in hartem Gestein

EWBS-BFT003/P

Hammerbohren

Hammerbohren unterscheidet sich vom Schlagbohren durch die wesentlich höhere Einzelschlagstärke und die geringere Schlagzahl, wodurch der Geräuschpegel wesentlich geringer als bei der Schlagbohrmaschine ist. Der Bohrfortschritt bei harten Werkstoffen ist sehr hoch und nicht vom manuellen Andruck abhängig.

Weiterführende Informationen, auch über die Einsatzwerkzeuge, befinden sich im Teil „Praxisanwendungen", Kapitel „Bohren".

Befestigungstechnik in Steinwerkstoffen – der logische Weg.

Ausgangspunkt ist immer der Baustoff. Er bestimmt die anzuwendende Bohrtechnik und daraus folgend den Bohrertyp und das Elektrowerkzeug.

Die Auswahl des richtigen Dübels oder Ankers erfolgt stets nach folgendem Schema:

– In welchem Baustoff soll befestigt werden?
– Was soll befestigt werden?
– Welcher Art ist das Befestigungsmittel (Schraube, Mutter...)?
– Wie hoch ist die Last?

Die Auswahl wird durch die Produktkataloge der Dübelhersteller wesentlich erleichtert.

Im Folgenden wird deshalb nur eine kurze Auswahl der wichtigsten Dübelbefestigungen dargestellt.

Befestigungstechnik in Steinwerkstoffen

Der logische Weg zum richtigen Bohrverfahren

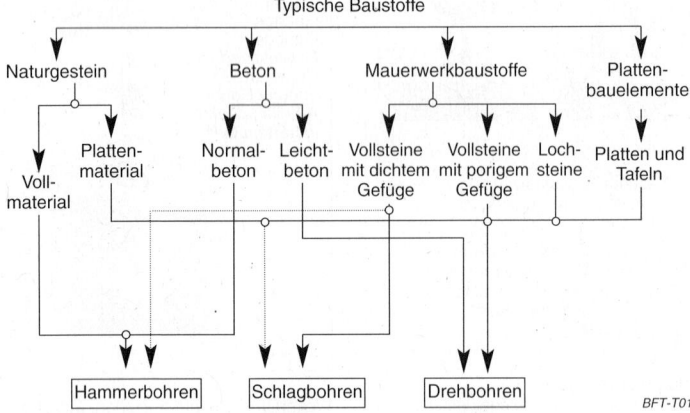

BFT-T01

Befestigungstechnik in Steinwerkstoffen

Der logische Weg zum richtigen Bohrer und Elektrowerkzeug

Baustoff	Handelsform	Bauteil	Bohrvorgang	Bohrertyp	Elektrowerkzeug
Naturgestein	Granit	Vollmaterial	hämmernd	Hammerbohrer	Bohrhammer
		Tafeln	drehend	Drehbohrer	Schlagbohrmaschine in Bohrstellung
	Marmor	Vollmaterial	hämmernd	Hammerbohrer	Bohrhammer
		Tafeln	drehend	Drehbohrer	Schlagbohrmaschine in Bohrstellung
	Travertin	Vollmaterial	drehend	Drehbohrer	Schlagbohrmaschine in Bohrstellung
		Tafeln	drehend	Drehbohrer	Schlagbohrmaschine in Bohrstellung
	Sandstein	Vollmaterial	drehend	Drehbohrer	Schlagbohrmaschine in Bohrstellung
Beton	Normalbeton	Vollmaterial	hämmernd	Hammerbohrer	Bohrhammer
		Tafeln	drehend	Drehbohrer	Schlagbohrmaschine in Bohrstellung
	Fertigbeton	Vollmaterial	hämmernd	Hammerbohrer	Bohrhammer
		Tafeln	drehend	Drehbohrer	Schlagbohrmaschine in Bohrstellung
	Leichtbeton	Vollmaterial	drehend	Drehbohrer	Schlagbohrmaschine in Bohrstellung
Vollbausteine mit dichtem Gefüge	Vollziegel		drehend	Drehbohrer	Schlagbohrmaschine in Bohrstellung
	Kalksandstein	leicht	drehend	Drehbohrer	Schlagbohrmaschine in Bohrstellung
		schwer	schlagend	Schlagbohrer	Schlagbohrmaschine in Schlagstellung

BFT-T02

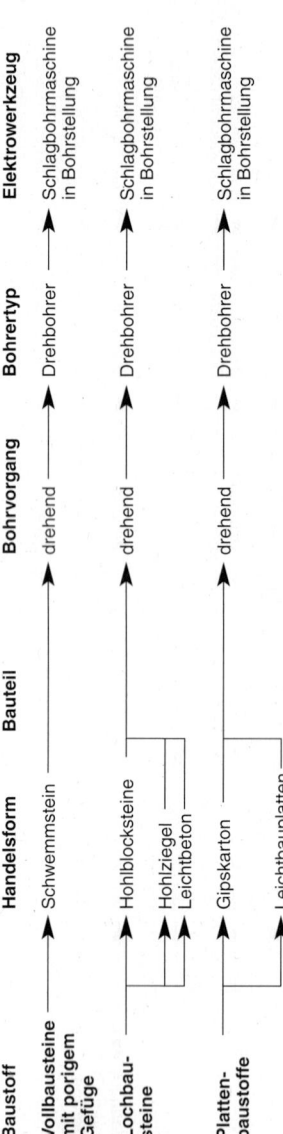

Baustoff	Handelsform	Bauteil	Bohrvorgang	Bohrertyp	Elektrowerkzeug
Vollbausteine mit porigem Gefüge	Schwemmstein →		drehend →	Drehbohrer →	Schlagbohrmaschine in Bohrstellung
Lochbausteine	Hohlblocksteine Hohlziegel Leichtbeton →		drehend →	Drehbohrer →	Schlagbohrmaschine in Bohrstellung
Plattenbaustoffe	Gipskarton Leichtbauplatten →		drehend →	Drehbohrer →	Schlagbohrmaschine in Bohrstellung

BFT-T02

Montagetechniken

Allgemeine Anwendungen
Baustoff: Beton, Mauerwerk, Lochziegel, Hohlblock

Bauteil: Alle Bauteile, welche mit Holz oder Spanplattenschrauben befestigt werden

Dübel: Polyamid-Universaldübel

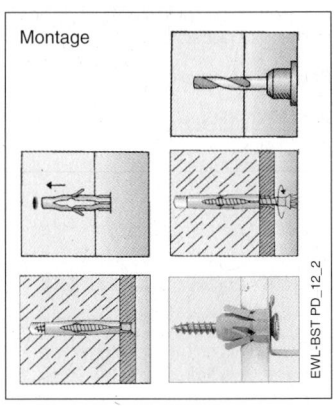

Montage

EWL-BST PD_12_2

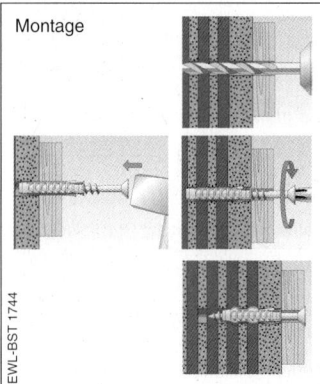

Montage

EWL-BST 1744

Baustoff: Beton, Mauerwerk, Lochziegel, Hohlblock, Gasbeton, Gipskarton, Plattenbaustoffe ab 6 mm

Bauteil: Alle Bauteile, welche mit Holz oder Spanplattenschrauben befestigt werden

Dübel: Polyamid-Universaldübel

Baustoff: Porenbeton (Gasbeton)

Bauteil: Fasaden- und Dachunerkonstruktionen aus Holz und Metall, Fenstern, Türen, Gittern, Konsolen, Rohrleitungen untergehänten Decken u.a.

Dübel: Gasbetondübel

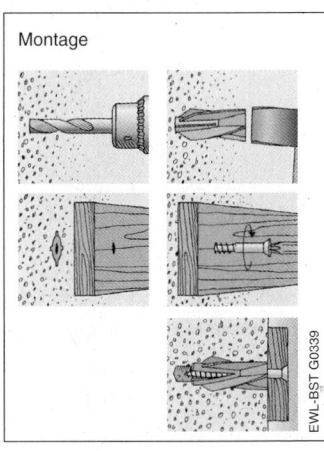

Montage

EWL-BST G0339

Baustoff: Beton, Mauerwerk, Lochziegel, Hohlblock, Gasbeton

Bauteil: Rohrschellen, Installationen

Dübel: Metall-Spreizdübel

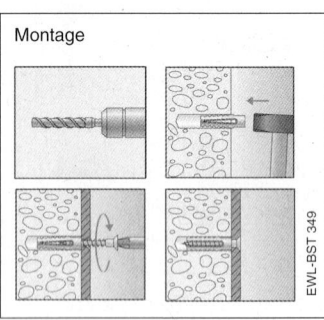

Montage

EWL–BST 349

Baustoff: Beton, Mauerwerk, Lochziegel, Hohlblock, Gasbeton

Bauteil: Konstruktionselemente, Maschinen, Kernbohrtechnik,

Dübel: Nylon-Gewindedübel – metrisch

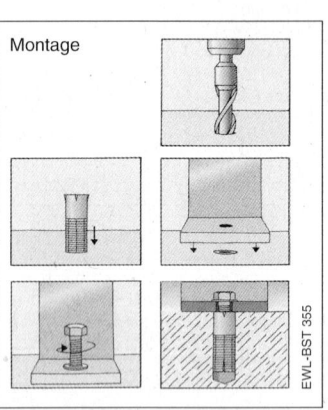

Montage

EWL–BST 355

Baustoff: Beton, Mauerwerk, Lochziegel, Hohlblock, Gasbeton

Bauteil: Unterkonstruktionen, Verlattungen, Rahmen, Profile, Fassaden.

Dübel: Universal-Rahmendübel

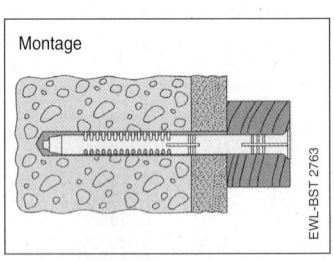

Montage

EWL–BST 2763

Hohlraummontagen

Baustoff: Gipskarton, Glasfaserplatten, Faserzementplatten, Leichtbauplatten, Hohlkörperdecken.

Bauteil: Wohnungseinrichtungen, Regale, Schränke.

Dübel: Hohlraum-Metalldübel

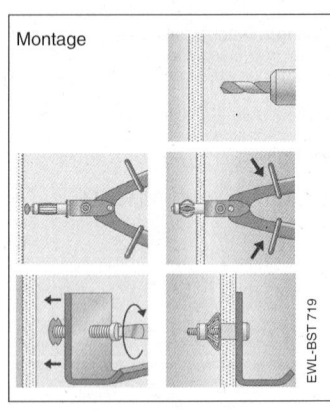

Montage

EWL–BST 719

Baustoff: Beton, Mauerwerk, Lochziegel, Hohlblock, Gasbeton

Bauteil: Unterkonstruktionen, Verlattungen, Rahmen, Profile, Fassaden, auf Abstand montiert.

Dübel: Abstandsdübel

Montage

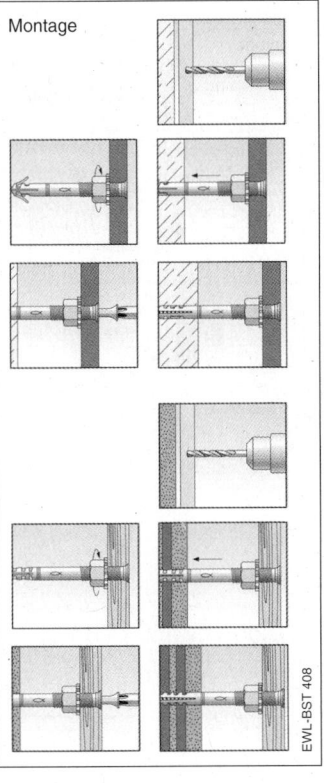

EWL-BST 408

Schwerlastbefestigungen

Baustoff: Beton, Naturstein mit dichtem Gefüge

Bauteil: Stahlkonstruktionen, Maschinen, Geländer, Treppenläufe, Ankerschienen, Schwerlast, Klettersport.

Schwerlastanker: Stahl-Hinterschnittanker

Montage

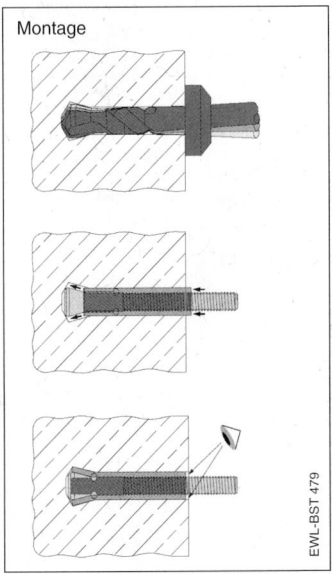

EWL-BST 479

Baustoff: Beton, Naturstein mit dichtem Gefüge

Bauteil: Stahlkonstruktionen, Maschinen, Geländer, Treppenläufe, Ankerschienen, Schwerlast.

Schwerlastanker: Stahl-Ankerbolzen.

Baustoff: Beton, Naturstein mit dichtem Gefüge

Bauteil: Stahlkonstruktionen, Maschinen, Geländer, Treppenläufe, Ankerschienen, Schwerlast.

Schwerlastdübel: Stahl-Schwerlastdübel.

Montage

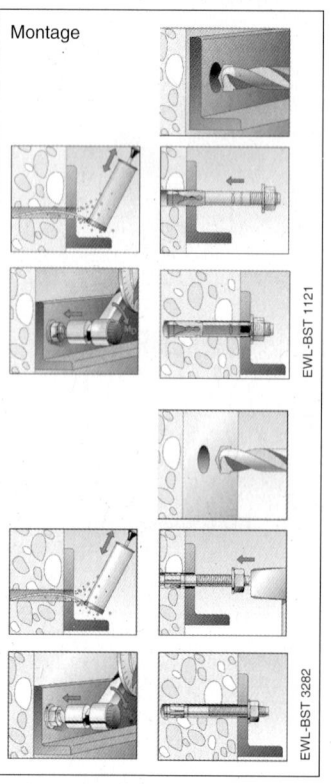

EWL-BST 1121

EWL-BST 3282

Montage

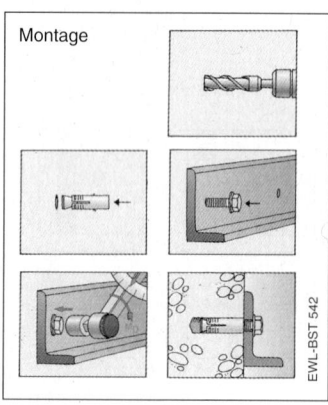

EWL-BST 542

Baustoff: Beton, Naturstein mit dichtem Gefüge

Bauteil: Stahlkonstruktionen, Maschinen, Geländer, Treppenläufe, Anschlussbewehrungen.

Klebeanker: Reaktionsanker mit Gewindestange.

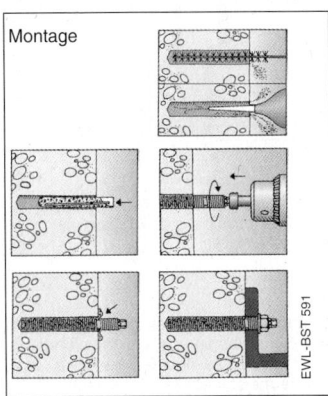

Montage

EWL-BST 591

Baustoff: Hohlsteine, Hohlkörperdecken, Hohlstegdielen, Gasbeton

Bauteil: Stahlkonstruktionen, Maschinen, Geländer, Sanitärbereich.

Klebeanker: Injektionsanker mit Ankerhülse.

Montage

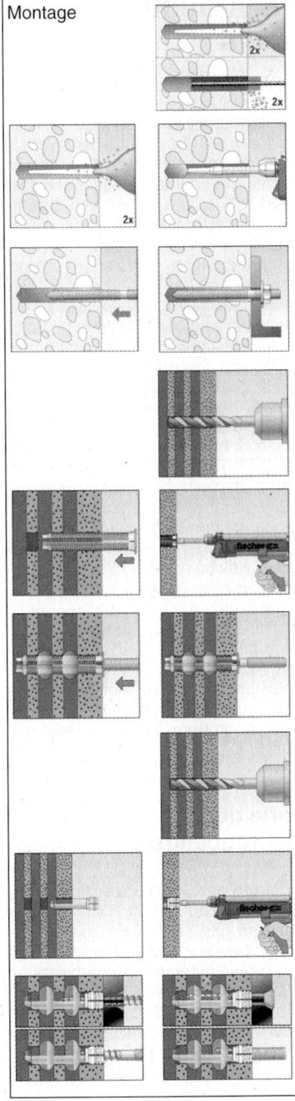

EWL-BST 3287

EWL-BST 3288

EWL-BST 3291

Verschraubungstechnik

Die Verschraubungstechnik nimmt unter den Verbindungstechniken eine Sonderstellung ein. Mit ihr sind lösbare Verbindungen möglich, ohne dass das Verbindungselement oder die zu fügenden Teile beschädigt oder zerstört werden. Das typische Verbindungselement für diesen Einsatz ist die Schraube.

Verschraubungen entstehen grundsätzlich durch den Formschluss des Schraubengewindes, die Festigkeit der Schraubverbindung wird jedoch durch den Kraftschluss der Pressung zwischen Schraube und den Fügeteilen erreicht.

Wegen des Formschlusses sind prinzipiell zwei ineinandergreifende Verbindungselemente nötig. Eins davon wird durch die Schraube und ihr Gewinde gebildet, das andere durch ein Gewinde im Werkstoff (typisch für „Holz"schrauben) oder, als separates Element, durch eine Schraubenmutter. Unter dem Oberbegriff „Schraube" gibt es im Wesentlichen zwei Gruppen, welche populär als
- Holzschrauben (gewindeformende Schrauben)
- Maschinenschrauben (oder Gewindeschrauben)

bezeichnet werden. Von diesen zwei Gruppen stellen die Maschinenschrauben die wichtigste Gruppe dar. Ihnen ist deshalb der größere Teil dieses Beitrages gewidmet.

Theorie der Verschraubungstechnik

Grundlagen der Schraubverbindung

Schrauben sollen die zu verbindenden Teile mit so großen Kräften zusammenspannen, dass auch bei den höchsten im Betrieb vorkommenden Betriebskräften keine Verschiebung der Fügeteile eintreten kann. Schrauben dürfen dabei jedoch niemals auf Scherung beansprucht werden!

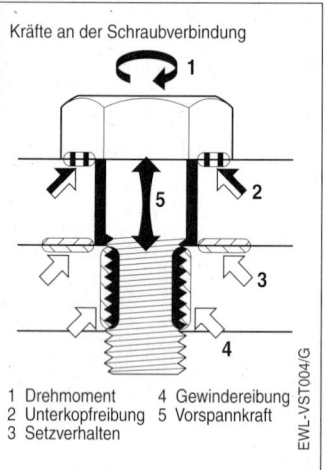

Kräfte an der Schraubverbindung

1 Drehmoment   4 Gewindereibung
2 Unterkopfreibung 5 Vorspannkraft
3 Setzverhalten

EWL-VST004/G

Spannkräfte: Von den etwa in Richtung der Schraubenachse auf die verspannten Teile einwirkenden und in ihrer Größe meist wechselnden Betriebskräfte muss die Schraube bei richtiger Vorspannung nur einen geringen Teil aufnehmen. Möglichst starre zu verbindende Teile und elastische Schrauben ergeben die kleinste Dauerschwingbeanspruchung der Schrauben. Das Erzeugen großer Vorspannungen ist auch die beste Maßnahme gegen Lockern (nachträgliches Setzen in den Fugen) und Losdrehen. Besonders günstig verhalten sich hierbei lange und im Schaft auf den Kerndurchmesser des Schraubengewindes reduzierte Schrauben der Güteklassen 8.8 bis 12.9 mit optimaler Spannkraft.

Als Faustregel kann bei einer 8.8-Schraube mit einer Verminderung der Montagespannkraft durch Setzen von ca. 10...20 % gerechnet werden, wenn die Temperatur maximal 100 °C beträgt und die verspannten Teile aus Metallen mit mindestens 300 N/mm² Zugfestigkeit bestehen. Der gespannte Teil der Schraube soll mindestens eine freie Gewindelänge von 0,5, besser jedoch 1,0 des Gewindeaußendurchmessers haben.

Sicherungselemente: Werden Sicherungselemente wie z. B. Federringe verwendet, so muss deren Federkraft im flachgedrückten Zustand ebenso groß wie die Spannkraft der Schraube sein. Bei Schrauben der Festigkeitsklasse 8.8 und freien Schraubendehnlängen größer als das 2,5fache des Gewindeaußendurchmessers und metallischen Fügeteilen sind Federringe meist nachteilig. Bei Schrauben der Güteklassen 4.8, 5.6 und 5.8 sind Federringe bei Dehnlängen größer als das 5fache des Gewindeaußendurchmessers im Allgemeinen nicht notwendig.

Flächenpressung: Die Flächenpressungen unter Kopf und Mutter dürfen die Quetschgrenze (entspricht mindestens der Streckgrenze bzw. der 0,2%-Dehngrenze) des Werkstoffes der verspannten Bauteile nicht überschreiten. Wenn

nötig, sind hier große Unterlagscheiben oder Flachflanschschrauben zu verwenden. Flansche sollten mit mindestens 4 Schrauben befestigt werden. Solche Verbindungen sind sicherer als Flanschverbindungen mit 3 um 120° versetzten Schrauben, weil hier der Bruch einer Schraube einen Totalausfall der Flanschverbindung bedeutet.

Festigkeitsklassen
Schrauben und Muttern werden unterschiedlich gekennzeichnet.

Schrauben: Das Bezeichnungssystem für Schrauben besteht nach DIN EN aus zwei durch einen Punkt getrennten Zahlen. Die erste Zahl gibt $1/100$ der Nennzugfestigkeit in N/mm² an, die zweite das 10fache des Verhältnisses von Mindeststreckgrenze (bzw. 0,2%-Dehngrenze) zu Nennzugfestigkeit.

Festigkeitswerte und Kennzeichnung von Schrauben
Schrauben aus borlegierten Stählen mit niedrigem C-Gehalt haben bei Festigkeitsklasse 10.9 unter dem Kennzeichen einen Strich: <u>10.9</u> (s. a. DIN-EN 20 898, Teil 1).

Festigkeitsklasse		3.6	4.6	4.8	5.6	5.8	6.8	8.8	10.9	12.9
Zugfestigkeit σ_B N/mm²	min	330	400	420	500	520	600	800	1040	1220
	max ≈	490	550		700			800	1000	1200	1400
Untere Streckgrenze R_{el} N/mm²	min	180	240	320	300	400	480	–	–	–
0,2%-Dehngrenze $\sigma_{0,2}$	min	–	–	–	–	–	–	640	900	1080
Vickershärte HV 30	min	95	120	130	155	160	190	250	320	385
	max	250						320	380	435

VST-T01

Dehngrenzen für Schrauben aus anderen Werkstoffen

Werkstoff	Kennzeichnung	Gewinde	0,2 %-Dehngrenze N/mm²
X5CrNi 1911	A2-70	≤ M20	450
CuZn37	Cu2	≤ M 6	340
		M 8 ... M 39	250
CuSn6	Cu4	≤ M 12	340
		M 14 ... M 39	200
AlMgSi 1	Al 3	≤ M 39	250

VST-T02

Muttern: Die Festigkeitsklassen von Normalmuttern werden mit einer Zahl entsprechend dem $^1/_{100}$ der Prüfspannung in N/mm² bezeichnet. Die Prüfspannung entspricht der Mindestzugfestigkeit einer Schraube der gleichen Festigkeitsklasse. Das Ertragen der Prüfspannung wird mit einem Schraubengewinde größerer Festigkeit und einer Härte von mindestens 45 HRC geprüft. Nach Entlasten von der Prüfspannung muss die Mutter auf dem Gewinde noch beweglich sein.

Bezeichnungen: Ab 5 mm Gewindedurchmesser müssen
– Schrauben aller Festigkeitsklassen bei Sechskant-, bei Zylinderschrauben mit Innensechskant für 8.8 und größer
– Muttern aller Festigkeitsklassen
auf dem Schraubenkopf bzw. der Mutternstirnfläche gekennzeichnet sein. Bei kleinen Schrauben kann der Punkt zwischen den Zahlen entfallen. Bei Muttern kann auch nach einem Codesystem mit Kerben und Punkten auf den Fasen gekennzeichnet werden.

Festigkeitsklassen für Muttern:

4	5	6	8	10	12

für Muttern mit eingeschränkter Belastbarkeit:

04	05	(z. B. flache Muttern)

Anzugsmomente
Die notwendigen Anzugsmomente können durch die
– Drehmomentmethode
oder die
– Winkelanzugsmethode
erzeugt werden. Die Drehmomentmethode ist bei maschinellem Anziehen einfacher zu realisieren als die Winkelanzugsmethode, welche höheren Aufwand erfordert, aber dafür präzisere Ergebnisse liefert.

Drehmomentmethode: Die erforderlichen Anziehdrehmomente können mit Schraubendrehern bis M5 (8.8), mit Innensechskant- oder Torxschlüsseln bis maximal M8 (10.9) und mit Ringschlüsseln bis maximal M12 (10.9) sicher von Hand erreicht werden.
Beim Anziehen von Schraubverbindungen mit konventionellen Reibwertmessungen treten in der Spannkraft Streuungen von ca. 1:2 auf, und zwar wegen
– der Streuung der Reibungszahlen des mittleren Reibbeiwertes für Gewinde- und Kopf- bzw. Mutter-Auflage (μ_G) und der Streuung des Reibbeiwertes für die Kopf- bzw. Mutter-Auflage (μ_K).
– Streuungen des Anziehdrehmomentes (bei Handmontage und bei Schraubern).
Bei μ_G = μ_K = 0,1 beträgt das Nutzmoment zur Erzeugung der Spannkraft 17%, bei μ_G = μ_K = 0,2 nur noch 9,5% des Anziehdrehmomentes.

Winkelanzugsmethode: Mit der Winkelanzugsmethode und dem streckgrenzgesteuerten Anziehen können die höchstmöglichen Spannkräfte von Schraubverbindungen mit sehr kleinen Streuungen erreicht werden.
Für diese Verfahren, die vorzugsweise ab der Güteklasse 8.8 verwendet werden, sind jedoch Vorberechnungen und Versuche bzw. elektronisch gesteuerte Spezialschrauber notwendig.
Für streckgrenzgesteuertes Anziehen sollte die Klemmlänge (Gesamtdicke der verspannten Teile ohne Mutterngewinde) mindestens dem Nenndurchmesser der

Schraube entsprechen und der Schraubendurchmesser sollte mindestens M4 sein.

Ermittlung der Anzugskräfte (Drehmomentmethode): Es wird maximal eine Montagespannkraft zugelassen, die eine Vergleichsspannung von $0,9 \times$ Mindestdehngrenze ergibt. Diese (axiale) Montagespannkraft wird F_{sp} genannt. Die Vergleichsspannung wird für den Spannungsquerschnitt

$$A_s = \frac{\pi}{4} \cdot \left(\frac{d_2 + d_3}{2} \right)^2$$

errechnet, mit dem die statischen, axialen Zugspannungen und die Torsionsspannungen der Gewindereibung so betrachtet werden können, als wäre eine glatte Bohrung vorhanden (der Spannungsquerschnitt A_s ist wegen der Verformungsbehinderung durch die Gewindegänge größer als der Kernquerschnitt). Damit wird die axiale Montagespannkraft:

$$F_{sp} = \frac{0,196 \, (d_2 + d_3)^2 \cdot 0,9 \cdot \sigma_{0,2}}{\sqrt{1 + 4,86 \left(\frac{P \, \mu_G \cdot 3,63 \, d_2}{d_2 + d_3} \right)^2}}$$

Mit dieser Formel werden für verschiedene Gewindereibbeiwerte μ_G die Montagespannkräfte F_{sp} in der Tabelle VST-T05 errechnet.
Die früher übliche Methode war, zur Bestimmung der Anziehdrehmomente $\mu_G = \mu_K = \mu_{ges}$ anzunehmen, um zu der vereinfachten Formel:

$$M_{sp} = F_{sp} \left[0,16 \, P + \mu_{ges} \left(0,58 \, d_2 + \frac{D_{Km}}{2} \right) \right]$$

oder entsprechenden Diagrammen zu gelangen. Bei unterschiedlichen Kopf- und Gewindebeiwerten können mit dieser Formel die notwendigen Anziehdrehmomente jedoch nicht richtig festgelegt werden. (siehe Tabelle VST-T03)

Es ist praktikabler, zur Berechnung der Anziehdrehmomente mit den verschiedenen Reibbeiwerten μ_G und μ_K die K-Methode (in USA üblich, in Deutschland nach VDI-Richtlinie 2230/1977) anzu-

wenden. Das Montageanziehdrehmoment ist danach:

$$M_M = K \cdot F_M \cdot d$$

und für die 90%ige Dehngrenzenausnützung

$$M_{sp} = K \cdot F_{sp} \cdot d$$

wobei

$$K = \frac{0,16 \cdot P + \mu_G \cdot 0,58 \cdot d_2 + \mu_K \cdot D_{Km}/2}{d}$$

ist. Für verschiedene Reibbeiwerte μ_G und μ_K und einen großen Schrauben-Abmessungsbereich kann K unabhängig von d in Tabellenform angegeben werden. (siehe Tabelle VST-T03)

Reibbeiwerte
Die Reibbeiwerte werden getrennt voneinander und nacheinander anhand der beiden Reibbeiwerte für Kopf- bzw. Mutterauflage μ_K und der Gewindereibung μ_G bestimmt. (siehe Tabelle VST-T04)

Sperrzahnschrauben, Zwischenscheiben, Zahnscheiben und Sicherungsmuttern können die Reibbeiwerte stark erhöhen. Solche Schraubverbindungen müssen nach besonderen Vorschriften angezogen werden.

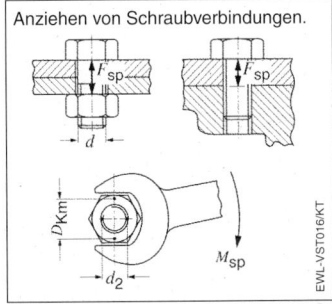

Anziehen von Schraubverbindungen.

EWL-VST016/KT

K-Werte.

Die K-Werte gelten für Regelgewinde von M1,4...M42 und für Kopf- bzw. Muttergrößen entsprechend Sechskantschrauben DIN/EN/ISO 4014, 4017; Zylinderschrauben mit Schlitz DIN/EN/ISO 1207, Innensechskantschrauben DIN/EN/ISO 4762, Muttern DIN/EN/ISO 4032.

Für Gewinde M16...M42 ist der K-Wert um 5% zu verringern, da zwischen M14 und M16 ein deutlicher Sprung der Gewindefeinheit d/P vorliegt.

Zwischenwerte können mit ausreichender Genauigkeit interpoliert werden.

Anmerkung: Wenn in Sonderfällen bisher nur μ_{ges} ermittelt wurde, wird der K-Wert mit $\mu_K = \mu_G = \mu_{ges}$ bestimmt (siehe Abschnitt „Anziehen von Schraubverbindungen").

		Reibbeiwert für Schraubenkopf- bzw. Mutterauflage μ_K										
		0,04	0,06	0,08	0,10	0,12	0,14	0,16	0,18	0,20	0,24	0,28
Reibbeiwert für Gewinde μ_G	0,08	0,094	0,108	0,120	0,134	0,148	0,162	0,176	0,190	0,204	0,232	0,260
	0,10	0,104	0,118	0,132	0,146	0,158	0,172	0,186	0,200	0,214	0,242	0,270
	0,12	0,114	0,128	0,142	0,156	0,170	0,184	0,196	0,210	0,224	0,252	0,280
	0,14	0,124	0,138	0,152	0,166	0,180	0,194	0,208	0,222	0,234	0,262	0,290
	0,16	0,134	0,148	0,162	0,176	0,190	0,204	0,218	0,232	0,246	0,272	0,300
	0,18	0,146	0,160	0,172	0,186	0,200	0,214	0,228	0,242	0,256	0,284	0,312
	0,20	0,156	0,170	0,184	0,198	0,210	0,224	0,238	0,252	0,266	0,294	0,322
	0,24	0,176	0,190	0,204	0,218	0,232	0,246	0,260	0,274	0,286	0,314	0,342
	0,28	0,198	0,212	0,224	0,238	0,252	0,266	0,280	0,294	0,308	0,336	0,362

VST-T03

Reibungszahlen μ_K **und** μ_G **für verschiedene Oberflächen- und Schmierzustände.**
Mit $\mu_{G\,min}$ (kleinerer Wert aus dieser Tabelle) wird die Spannkraft F_{sp} in Tabelle VST-T05 ermittelt.

Oberflächen am Gegenbauteil: Auflagefläche am Bauteil (μ_K) bzw. *Muttergewinde* (μ_G)	Schmierzustand	Oberflächen an der Schraube: Schraubenkopf- oder Mutterunterseite (μ_K) bzw. *Schraubengewinde* (μ_G)		
		Stahl, geschwärzt oder Zn-phosph. gepresst gerollt	gedreht geschnitten	Stahl verzinkt 6 µm
Stahl, gewalzt		0,13...0,19	0,10...0,18	0,10...0,18
gedreht, geschnitten gehobelt, gefräst		0,10...0,18	–	0,10...0,18
geschliffen		0,16...0,22	0,10...0,18	0,10...0,18
GG gehobelt, gefräst gedreht, geschnitten		0,10...0,18	–	0,10...0,18
GTS, geschliffen		0,16...0,22	0,10...0,18	0,10...0,18
Stahl, verkadmet 6 µm	leicht geölt	0,08...0,16	0,08...0,16	–
verzinkt 6 µm		0,10...0,18	0,10...0,16	0,16...0,20
verzinkt, Innengewinde		–	–	0,10...0,18
geschliffen, gewalzt, phosphatiert		0,12...0,20	–	–
spanend bearbeitet, phosphatiert		0,10...0,18	–	–
Al-Mg-Legierung, bearbeitet, geschnitten		0,08...0,20	–	–
Stahl, verkadmet 6 µm	trocken	0,08...0,16	–	–
verkadmet, Innengewinde		0,08...0,14	–	–
verzinkt 6 µm		0,10...0,18	–	0,20...0,30
verzinkt, Innengewinde		0,08...0,16	–	0,12...0,20

Spannkräfte F_{sp} in 10^3 N für Regelgewinde und Reibungszahlen μ_G im Gewinde (bei 90% Ausnutzung von $\sigma_{0,2}$ bzw. σ_s).

Abmessung (Steigung)	Festig-keits-klasse	F_{sp} (10^3 N) bei Reibungszahlen μ_G im Gewinde									
		0,06	0,08	0,10	0,12	0,14	0,16	0,18	0,20	0,24	0,28
M 4 (0,7)	4.8	2,3	2,2	2,1	2,0	1,9	1,9	1,8	1,7	1,6	1,4
	5.8	2,8	2,7	2,6	2,5	2,4	2,3	2,2	2,1	2,0	1,8
	8.8	4,5	4,4	4,2	4,1	3,9	3,7	3,6	3,4	3,2	2,9
	10.9	6,4	6,2	5,9	5,7	5,5	5,3	5,0	4,8	4,4	4,1
	12.9	7,7	7,4	7,1	6,9	6,6	6,3	6,0	5,8	5,3	4,9
M 5 (0,8)	4.8	3,7	3,6	3,5	3,3	3,2	3,1	2,9	2,8	2,6	2,4
	5.8	4,6	4,5	4,3	4,2	4,0	3,8	3,6	3,5	3,2	3,0
	8 8	7,4	7,2	6,9	6,6	6,4	6,1	5,9	5,6	5,2	4,8
	10.9	10,4	10,1	9,7	9,4	9,0	8,6	8,3	7,9	7,3	6,7
	12.9	12,5	12,1	11,7	11,2	10,8	10,3	9,9	9,5	8,7	8,1
M 6 (1,0)	4.8	5,2	5,1	4,9	4,7	4,5	4,3	4,1	4,0	3,7	3,4
	5.8	6,6	6,3	6,1	5,9	5,6	5,4	5,2	5,0	4,6	4,2
	8.8	10,5	10,1	9,8	9,4	9,0	8,6	8,3	7,9	7,3	6,7
	10.9	14,7	14,2	13,7	13,2	12,7	12,1	11,7	11,2	10,3	9,5
	12.9	17,7	17,1	16,5	15,8	15,2	14,6	14,0	13,4	12,3	11,4
M 8 (1,25)	4.8	9,6	9,3	8,9	8,6	8,3	7,9	7,6	7,3	6,7	6,2
	5.8	12,0	11,6	11,2	10,8	10,3	9,9	9,5	9,1	8,4	7,7
	8.8	19,2	18,6	17,9	17,2	16,5	15,7	15,2	14,6	13,4	12,4
	10.9	27,0	26,1	25,2	24,2	23,2	22,3	21,4	20,5	18,9	17,4
	12.9	32,4	31,3	30,2	29,0	27,9	26,8	25,7	24,6	22,6	20,9
M 10 (1,5)	4.8	15,3	14,8	14,2	13,7	13,2	12,6	12,1	11,6	10,7	9,9
	5.8	19,0	18,5	17,8	17,1	16,5	15,9	15,1	14,5	13,4	12,3
	8.8	30,5	29,5	28,5	27,4	26,3	25,3	24,2	23,2	21,4	19,7
	10.9	42,9	41,5	40,1	38,5	37,0	35,5	34,1	32,7	30,1	27,7
	12.9	51,5	49,8	48,1	46,2	44,4	42,6	40,1	39,2	36,1	33,2
M 12 (1,75)	4.8	22,2	21,5	20,8	20,0	19,2	18,4	17,7	16,9	15,6	14,4
	5.8	27,8	26,9	25,9	25,0	24,0	23,0	22,1	21,2	19,5	18,0
	8.8	44,5	43,0	41,5	40,0	38,4	36,8	35,3	33,9	31,2	28,7
	10.9	62,5	60,5	58,4	56,2	54,0	51,8	49,7	47,7	43,8	40,4
	12.9	75,0	72,6	70,0	67,4	64,8	62,2	59,6	57,2	52,6	48,5
M 14 (2,0)	4.8	30,5	29,6	28,5	27,4	26,4	25,3	24,3	23,3	21,4	19,7
	5.8	38,1	36,9	35,6	34,3	32,9	31,6	30,3	29,1	26,8	24,7
	8.8	61,0	59,1	57,0	54,9	52,7	50,6	48,5	46,5	42,8	39,5
	10.9	85,8	83,1	80,1	77,1	74,1	71,2	68,3	65,5	60,2	55,5
	12.9	103	99,7	96,2	92,6	89,0	85,4	81,9	78,5	72,3	66,6
M 16 (2,0)	4.8	41,8	40,5	39,2	37,7	36,3	34,8	33,4	32,1	29,5	27,2
	5.8	52,3	50,7	48,9	47,2	45,4	43,6	41,8	40,1	36,9	34,0
	8.8	83,6	81,1	78,3	75,5	72,3	69,7	66,9	64,2	59,0	54,4
	10.9	118	114	110	106	102	98,0	94,1	90,2	83,0	76,5
	12.9	141	137	132	127	122	118	113	108	99,6	91,9
M 20 (2,5)	4.8	65,3	63,3	61,2	59,0	56,7	54,5	52,2	50,1	46,1	42,5
	5.8	81,7	79,2	76,5	73,7	70,9	68,1	65,3	62,7	57,7	53,2
	8.8	131	127	122	118	113	109	105	100	92,3	85,1
	10.9	184	178	172	166	159	153	147	141	130	120
	12.9	220	214	206	199	191	184	176	169	156	144

Gegenüber 5.8-Schrauben sind die Spannkräfte F_{sp} bei Schrauben anderer (auch NE-) Festigkeitsklassen gemäß deren Streck- bzw. Dehngrenzen umzurechnen; z. B. für M6-Cu2-Schraube und $\mu_G = 0{,}10$ ist $F_{sp} = (340/400) \cdot 6{,}1 \cdot 10^3 \approx 5{,}2 \cdot 10^3$N. $\quad$ VST-T05

Axiale Spannkräfte von Schraubverbindungen

Geltungsbereich der Tabellen:
Für die Montagespannkräfte gilt die Tabelle VST-T05 mit Einschränkungen nur für
- Schrauben mit Regelgewinde
- Schrauben einem Verhältnis von Schaftdurchmesser d_1 zu Kerndurchmesser d_3 >- 1,5
- Festigkeitsmäßig richtige Paarung von Schraube und Mutter bzw. Gewinde im Werkstück
- Mutternhöhe mindestens 8,8 × Gewindedurchmesser bzw. entsprechend lange Gewinde im Werkstück

Korrekturfaktoren: Je nach Schrauben- und Mutterntyp ergeben sich Korrekturfaktoren für die Spannkräfte und Reibwerte. folgend werden die wichtigsten Faktoren erwähnt, für spezielle Schrauben geben die Schraubenhersteller Auskunft.

Flache Muttern: Flache Muttern mit einer Höhe von 0,5 × d und gleicher Festigkeit (Härte) wie die Schraube erlauben nur eine Spannkraft von 80 % der Tabellenwerte. Bei flachen Muttern niedriger Festigkeit auf Schrauben der Güteklasse 10.9 ist nur eine Spannkraft von 33 % zulässig.

Sonderformen: Bei Schraubenköpfen und Muttern mit kleineren oder größeren Auflageflächen sowie bei Stell- und Fixierschrauben, welche nicht mit dem Kopf aufliegen, muss der μ_K-Wert im Verhältnis verkleinert oder vergrößert werden, in dem der mittlere Reibdurchmesser ihrer Auflageflächen zum mittleren Reibdurchmesser der obengenannten normmäßigen Sechskantmuttern und -schrauben steht. Nur mit diesem korrigierten, fiktiven μ_K-Wert wird dann der K-Wert bestimmt (Tabelle VST-T04: μ_K ab 0,04).

Bei Senkschrauben muss zusätzlich die Konuswirkung des Senkwinkels, aber auch die größere Elastizität des Kopfaußenrandes berücksichtigt werden. Bei normgemäßen Senkschrauben (Senkwinkel 90°) erhöht sich daher μ_K fiktiv um den Faktor 1,25.

Vorteile der K-Methode:
- Mit der K-Methode ist die Berücksichtigung von verschiedenen Reibbeiwerten μ_K und μ_G ohne großen Aufwand möglich. Dadurch sichere Auslegung bzw. größere minimale Montagespannkraft erzielbar (siehe Beispiel).
- Um die in der Tabelle VST-T04 aufgeführten Werte als μ_{ges}-Werte anzugeben, wären umfangreiche Tabellenwerke erforderlich.
- Die K-Methode dient der genauen Festlegung der Anziehdrehmomente beim Anziehen mit Drehmomentschlüsseln und ist ein vorteilhafter Ersatz für die bisherigen, sehr komplexen Tabellen.

Bestimmung der Spannkräfte und Anziehdrehmomente
Hierbei wird unterschieden in
- die maximal erreichbare Montagespannkraft
- das maximal zulässige Montageanziehdrehmoment
- das kleinste Montageanziehdrehmoment
- die kleinste Montagespannkraft

Maximal erreichbare Montagespannkraft: Die maximal erreichbare Montagespannkraft $F_{sp\,max}$ wird mit dem kleinsten Gewindereibbeiwert μ_G und nach Tabelle VST-T05 bestimmt. Von dem in den Schraubenschaft eingeleiteten Drehmoment wird der größte Teil zur Überwindung der Gewindereibung verbraucht, nur der Rest wandelt sich gemäß der Gewindesteigung in Spannkraft um. Beim Größtwert dieses Drehmomentes und dem kleinsten darf die maximal zulässige Spannkraft μ_G nicht überschritten werden.

Maximal zulässiges Montageanziehdrehmoment: Das maximal zulässige Montageanziehdrehmoment $M_{sp\,max}$ wird mit dem K-Wert aus den niedrigsten Werten für μ_K und μ_G berechnet, denn beim Zusammentreffen des größten Anziehdrehmomentes mit den kleinsten Reibbeiwerten darf die maximal zulässige Spannkraft nicht überschritten werden. Es gilt die Formel:

$$M_{sp\,max} = K_{min} \cdot F_{sp\,max} \cdot d$$

Kleinstes Montageanziehdrehmoment:
Das kleinste Montageanziehdrehmoment $M_{sp\ min}$ ergibt sich aus der Güte des Anziehverfahrens bzw. der dafür verwendeten Geräte. Bei guter Schrauberqualität bzw. sorgfältigem Anziehen des Drehmomentschlüssels von Hand ist eine Streuung von +/- 10% des Nenndrehmomentes üblich. Damit wird das kleinste Montageanziehdrehmoment

$$M_{sp\ min} \approx 0{,}8 \cdot M_{sp\ max}$$

Kleinste Montagespannkraft: Die möglicherweise kleinste auftretende Montagespannkraft $F_{sp\ min}$ wird mit dem K-Wert aus den beiden Reibbeiwerten μ_K und μ_G dann nach folgender Formel ermittelt:

$$F_{sp\ min} = M_{sp\ min} / (K_{max} \cdot d)$$

Rechenbeispiel: Das Beispiel erklärt die Anwendung der Tabellen.

Mit der K-Methode ist die Berücksichtigung von verschiedenen Reibbeiwerten μ_K und μ_G ohne großen Aufwand möglich. Dadurch sichere Auslegung bzw. größere minimale Montagespannkraft erzielbar (siehe Beispiel). Das Beispiel wird mit μ_{ges} = μ_G gerechnet. Dadurch ergibt sich eine unzulässige Erhöhung der maximalen Spannkraft bis knapp an die Dehngrenze. Würde dagegen mit μ_{ges} = μ_K gerechnet, dann wäre das Anziehdrehmoment kleiner und die minimale Spannkraft nur 68 % von 14 800 N.

Beispiel: Eine M10-8.8-Schraube (gepresst und gerollt, phosphatiert) verspannt ein geschliffenes Stahlteil auf einem AlMg-Gehäuse mit Gewindesacklöchern; die Teile sind leicht geölt.

Aus VST-T04:　　μ_K　=　0,16 . . .　　0,22

　　　　　　　　μ_G　=　0,08 . . .　　0,20　➤　mit μ_G = 0,08 wird nach Tabelle VST-T04:
　　　　　　　　　　　　　　　　　　　　　　　$F_{sp\ max}$ = 29 500 N

Aus VST-T03:　　K_{min} = 0,176　K_{max} = 0,280

　　　　　　　　　　　　　　　　　➤　$M_{sp\ max}$ = 0,176 · 29 500 · 0,010 = 51,9 N · m
　　　　　　　　　　　　　　　　　　　$M_{sp\ min}$ = 0,8 · $M_{sp\ max}$　　　= 41,5 N · m
　　　　　　　　　　　　　　　　➤　$F_{sp\ min}$ = 41,5/(0,280 · 0,010)　= 14 800 N
　　　　　　　　　　　　　　　　　　(mit d in m)

Schraubenformen

Den vielfältigen Anwendungen entsprechend existiert ein breites Typenspektrum. Hierbei kann grundsätzlich zwischen zwei Typfamilien unterschieden werden:
- Gewindeformende Schrauben
- Gewindeschrauben (Maschinenschrauben

Innerhalb der Typgruppen sind die Schrauben weitgehend genormt. Daneben existieren Sonderschrauben für bestimmte Anwendungsfälle. Diese unterliegen nicht immer einer Normung. Ihre Spezifikationen sind herstellerspezifisch.

Schrauben (2)

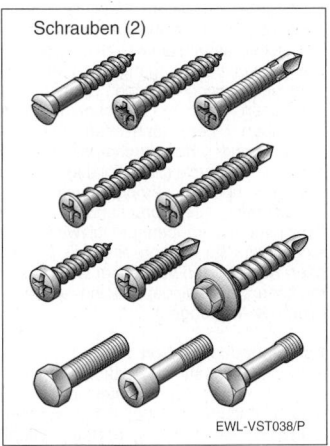

EWL-VST038/P

Schrauben (1)

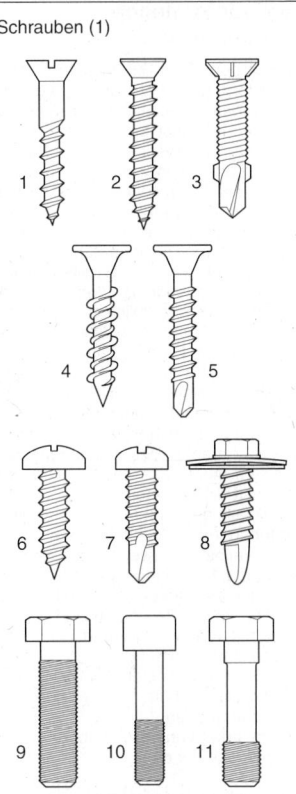

1 Holzschraube, Senkkopf
2 Spanplattenschraube
3 Flügelbohrschraube
4 Schnellbauschraube
  Hi-Lo-Gewinde
5 Schnellbauschraube
  Bohrspitze
6 Blechschraube
7 Bohrschraube
8 Fassadenschraube
9 Maschinenschraube
  sechskant
10 Maschinenschraube
  innensechskant
11 Dehnschraube

EWL-VST037/P

Gewindeformende Schrauben

Mit dem populären Sammelbegriff „Holz-schrauben" und „Blechschrauben" wer-den Schrauben bezeichnet, welche sich ihr Gewinde selbst formen und deshalb ohne Muttern verwendet werden. Sie kön-nen deshalb nur in weichen oder elasti-schen Werkstoffen oder dünnen Metalltei-len verwendet werden. Typischerweise haben Holzschrauben eine große Gewin-desteigung mit auseinandergezogenen Gängen und scharfen Gewindeflanken, das Schraubenende ist angespitzt. Als Kopfform sind alle üblichen Schrauben-kopfformen gebräuchlich. Bei der Anwen-dung ist es bei kleinen Schraubendurch-messern in Holz üblich, ohne Vorbohren direkt in den Werkstoff zu schrauben. Bei größeren Schraubendurchmessern oder bei Anwendungen in Hartholz ist Vorboh-ren zweckmäßig. Bei Anwendungen in Kunststoff muss stets vorgebohrt werden oder das Loch vorgeformt sein.

Innerhalb des Sammelbegriffes „Holz-schrauben" und „Blechschrauben" gibt es eine Reihe verwendungsoptimierter Schrauben, bei denen teilweise der Mar-kennamen zur Bezeichnung geführt hat. Die gebräuchlichsten Typen sind
– allgemeine Holzschrauben
– Spanplattenschrauben
– Schnellbauschrauben
– Einschraubmuttern
– Blechschrauben
– Form- und Schneidschrauben
– Sonderschrauben

Allgemeine Holzschrauben
Holzschrauben dienen der Verbindung von Holz und Holzwerkstoffen sowie zum Befes-tigen von Beschlägen. Sie haben gegenü-ber anderen Holzverbindungen (Nageln, Kleben) den Vorteil der Lösbarkeit. Holz-schrauben schneiden (bei härteren Höl-zern) oder formen (bei weicheren Hölzern) sich ihr Gegengewinde selbst beim Ein-schraubvorgang. Bezüglich der Ein-schraubdrehmomente reagieren Holzwerk-stoffe empfindlich. Ein zu hohes Drehmo-ment führt zum Ausreißen der Gewin-degänge im Holz, wodurch die Verschrau-bung zerstört wird. Wenn immer möglich, sollte deshalb beim Maschineneinsatz mit

Tiefenanschlag gearbeitet werden. Bei har-ten Tropenhölzern sollte Drehmomentab-schaltung angewendet werden.

Holzschrauben haben zu $1/3$ ihrer Länge Schaft und zu $2/3$ Gewinde. Das zu befesti-gende Bauteil muss mit dem Nenndurch-messer der Schraube vorgebohrt sein.

Beim Einsatz in Hartholz sollte mit dem Kerndurchmesser des Gewindeteils auf etwa $2/3$ der Länge vorgebohrt werden. Als Werkstoffe für Holzschrauben kom-men Stahl und Ne-Metalle, unbeschichtet oder beschichtet, zur Anwendung. Holz-schrauben aus Ne-Metallen werden meist aus Korrosionsschutzgründen und für de-korative Zwecke verwendet

Spanplattenschrauben
Spanplattenschrauben bestehen in der Regel aus gehärtetem Stahl, sind ober-flächenbeschichtet und haben einen zy-lindrischen Schaft, auf welchem sich ganz oder teilweise ein eingängiges oder zwei-gängiges Gewinde befindet. Spanplatten-schrauben haben im Gegensatz zu Holz-schrauben einen Dünnschaft, Flanken-winkel und Kerndurchmesser sind geringer, wodurch die Aufplatzgefahr an der Schraubstelle verringert wird. Ihrer Bezeichnung entsprechend werden Spanplattenschrauben für Holzwerkstoffe eingesetzt. Sie können ebenfalls in wei-chen Kunststoffen verwendet werden (oft mit anderem Gewindeprofil und mit spezi-ellen Bezeichnungen)

Schnellbauschrauben
Schnellbauschrauben werden zum Befes-tigen von Gipskartonpatten auf Holz- oder Metallunterkonstruktionen verwen-det. Sie bestehen aus gehärtetem Stahl, haben eine sehr scharfe Spitze (oder, für Metall, eine Bohrspitze) und eine der Spanplattenschraube ähnliche Gewinde-form.

Die Besonderheit der Schnellbau-schraube liegt in der Kopfform. Es ist vom Prinzip her eine Senkkopfform, allerdings mit trompetenförmigem Kopfprofil („Trom-petenkopfschraube"). Durch diese Profi-lierung legt sich der Deckkarton ohne ein-zureißen unter den Schraubenkopf und bewirkt dadurch, dass der Gipskarton si-cher befestigt wird. Wichtig hierbei ist, dass der Schraubenkopf nicht bündig, sondern bis ca. 0,1 mm tiefer als die Gipskartonoberfläche eingeschraubt wird, damit die Schraubstelle überspachtelt werden kann. Dringt die Schraube tiefer ein, dann besteht die Gefahr, dass die Kartonschicht reißt. Die Schraube hat dann in dem weichen Gips keinen Halt mehr und die Verschraubung wird sich früher oder später lösen. Hieraus folgt die Regel: Nur mit präzise eingestelltem Tiefenanschlag (und automatischer Kupplung) arbeiten!

Schnellbauschrauben sind mit einer vor Korrosion schützenden Beschichtung versehen, welche beim Schraubvorgang nicht beschädigt werden darf. Wenn möglich, nicht mit magnetischen Bithaltern arbeiten. Metallischer Abrieb setzt sich dann an der Bitspitze ab und könnte die Oberflächenbeschichtung der Schraube beschädigen. Regelmäßiger, rechtzeitiger Bitwechsel ist wichtig.

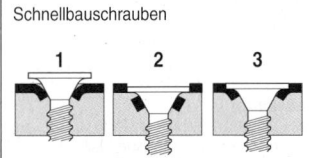

Schnellbauschrauben

1   2   3

Verschrauben von Gipskartonplatten

1 Schraubenkopf zu hoch: kein Halt.
2 Schraubenkopf zu tief: Karton reißt ein, kein Halt.
3 Einschraubtiefe richtig: Karton nimmt Schraubkraft auf, Verschraubung hält.

EWL-VST002/G

Einschraubmuttern
Einschraubmuttern haben die Form einer Hülse, haben an der Außenseite ein grobes Holzschraubengewinde und im inneren ein metrisches Gewinde. Sie werden verwendet, wenn hohe Haltekräfte in relativ dünne Fügeteile eingebracht werden müssen. Häufiger Anwendungsfall sind Befestigungen in Bauteilen, welche gelegentlich demontierbar sein müssen. Typische Anwendung im Möbelbau.

Blechschrauben
Die sogenannten Blechschrauben dienen zum Verbinden dünnwandiger Fügeteile wie z. B. Bleche untereinander. Herkömmliche Gewinde können nicht verwendet werden, da die Gewindetiefe im Verhältnis zur Blechstärke zu gering wäre. Man verwendet deswegen Schrauben mit einem holzschraubenähnlichen Profil. Die Schrauben sind aus gehärtetem Stahl und formen sich Gewinde spanlos im vorgebohrten Loch selbst.

Form- und Schneidschrauben
Zur Befestigung von Fügeteilen in Kunststoff werden spezielle Schrauben verwendet, die im Gewindeprofil den Spanplattenschrauben und den Blechschrauben ähneln. Sie bestehen aus gehärtetem Stahl und formen oder schneiden sich ihr Gegengewinde in vorgebohrte oder eingespritzte Löcher selbst. Je nach verwendetem Kunststoff und Gewindelänge werden auch bei kleinen Schraubendurchmessern sehr hohe Haltekräfte erreicht, wodurch in fast allen Fällen eingesetzte Gewindebuchsen mit metrischem Gewinde ersetzt werden können.

Sonderschrauben
In der Montagetechnik werden sehr oft Sonderschrauben verwendet, die teilweise keiner Normung unterliegen. In diesen Fällen sind die Herstellerspezifikationen zu beachten.

Eine typische Sonderschraube ist die Räum- oder Flügelschraube ("Wingteks"). Sie findet bei der Holz-Metallverbindung Anwendung. Ihrer Form nach ist die Flügelschraube eine Bohrschraube, hinter deren Bohreranschliff "Flügel" angestanzt sind. Die Flügel vergrößern beim Durchgang durch das Holz den Bohrlochdurchmesser so weit, dass das Schraubengewinde keinen Halt findet und dadurch das Holz nicht in die Gewindegänge gezogen wird. Beim Auftreffen der Flügel auf das Metall werden die Flügel abgeschert, die Schraube dringt in das Metall ein und schneidet sich ihr Gewinde. Die unter dem Schraubenkopf angestanzten Nocken fräsen sich die Ansenkung für den Schraubenkopf selbst in das Holz. Bei der Verwendung dieser Schrauben spart man die Arbeitsgänge Bohren, Ansenken und Gewindeschneiden mit separaten Werkzeugen ein.

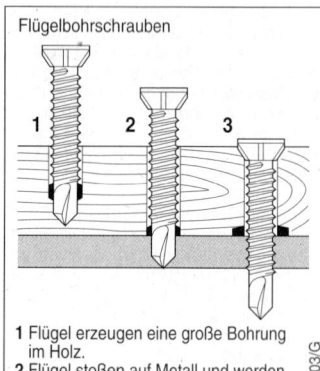

Flügelbohrschrauben

1 2 3

1 Flügel erzeugen eine große Bohrung im Holz.
2 Flügel stoßen auf Metall und werden abgeschert.
3 Schraube schneidet Gewinde im Metall Fräsrippen erzeugen Einsenkung.

EWL-VST003/G

Maschinenschrauben

Schrauben, insbesondere Maschinenschrauben, sind Massenartikel, welche in nahezu allen Technikbereichen eingesetzt werden. In den meisten Fällen sind sie ein Teil der Konstruktion und müssen standardisierte Eigenschaften haben, um sie, insbesondere in sicherheitsrelevanten Konstruktionen, berechenbar zu machen. Wichtigste Kriterien sind hierbei
– die Kräfte an der Schraube
– Festigkeitsklassen
– Anzugsmomente
– Reibungsbeiwerte
– konstruktionsbedingte Korrekturfaktoren Maschinenschrauben haben genormte Formen und Abmessungen. Die Gewinde sind überwiegend metrisch, lediglich in USA, GB und deren anhängigen Wirtschaftsräumen existieren noch Gewinde nach dem Zollsystem. Die Gewinde sind untereinander nicht kompatibel. Beim Export/Import muss dies beachtet werden. Eine Ausnahme bilden die sogenannten Rohrgewinde. Hier hat das Zollsystem (Whitworth) weltweit einen hohen Anteil.

Gewindetypen

Es gibt unterschiedliche Arten von Gewinden, welche innerhalb ihrer Typklasse genormt sind.

Man unterscheidet zunächst in Bewegungsgewinde, welche hauptsächlich für Linearantriebe und Hebezeuge eingesetzt werden. Je nach Typ und Gewindesteigung sind sie leichtgängig bis selbstverstellend. Zu ihnen zählen vor allem Trapezgewinde. Im Gegensatz dazu verwendet man in der Verschraubungstechnik selbsthemmende Gewinde. Diese Gewinde lösen sich, einmal festgezogen, unter normalen Bedingungen nicht mehr von selbst, sondern nur nach äußerer Drehmomenteinwirkung. Die wichtigsten Unterscheidungsmerkmale der Gewinde sind
– Drehrichtung
– Gewindeprofil
– Steigung
Innerhalb dieser Unterscheidungsmerkmale gibt es Unterschiede. Eine Besonderheit stellen die Rohrgewinde dar.

Drehrichtung
Die grundsätzliche Drehrichtung zum Festziehen der Gewinde ist, auf den Schraubenkopf gesehen, der Uhrzeigersinn, also die Drehung nach rechts. Die genaue Bezeichnung hierfür lautet „Rechtsgewinde". Da dieser Drehsinn in überwiegendem Maße angewendet wird, wird er nicht besonders gekennzeichnet.

Ist der Drehsinn, auf den Schraubenkopf gesehen, entgegen dem Uhrzeigersinn, also nach links, dann wird das entsprechende Gewinde als „Linksgewinde" bezeichnet. Linksgewinde werden dann verwendet, wenn an rotierenden Bauteilen in einer bestimmten Drehrichtung kein Lösen der Schraubverbindung erfolgen darf. Weitere Einsatzfälle sind sicherheitsrelevante Verschraubungen, bei denen Verwechslungsgefahr vorliegt und, in Kombination mit Rechtsgewinde, bei Spannschlössern. Das Kurzzeichen für Linksgewinde ist LH.

Gewindeprofil
Spitzgewinde sind die wichtigsten Befestigungsgewinde. Das Profil ist dreieckförmig mit einen Flankenwinkel von 60°

bei metrischen und USA-Gewinden und mit 55° bei Whitworth-Rohrgewinden. Das Kurzzeichen für Spitzgewinde ist **M** (metrisch) oder **R** (Whitworth-Rohrgewinde).

Sägengewinde sind trapezförmig und haben unterschiedliche Flankenwinkel von 30° und 3°. Sie können bei Belastung auf die flachen Gewindeflanke sehr hohe Kräfte aufnehmen, sind aber sehr leicht lösbar. Das Kurzzeichen für Sägengewinde ist **S**.

Rundgewinde haben einen Flankenwinkel von 30° und besitzen einen gewissen Selbstreinigungseffekt. Sie werden dort eingesetzt, wo starke Verschmutzung andere Gewindeprofile schädigen könnte. Das Kurzzeichen für Rundgewinde ist **Rd**.

Gewindeprofile

Metrische Gewinde
Normalgewinde — Feingewinde
60° — 60°

Zoll-Gewinde
USA-Gewinde — Whitworth-Gewinde
60° — 55°

Sägengewinde (3°, 30°) — Trapezgewinde (30°) — Rundgewinde (30°)

EWL-VST018/G

Steigung
Die Steigung bestimmt die Einschraubtiefe je Umdrehung sowie die Tiefe des Gewindes und damit den Kerndurchmesser. Gewinde mit Steigungen, welche kleiner als die des „normalen" Regelgewindes sind, werden als Feingewinde bezeichnet. Bei Feingewinde sind die Prüf- und Bruchkräfte größer als bei Regelgewinde.

Die Steigung der Regelgewinde ist genormt. Bei Feingewinden können jedoch für ein und denselben Durchmesser unterschiedliche Steigungen angewendet werden, die ihrerseits in ihren Abstufungen genormt sind. Bei der Gewindeangabe von Feingewinden wird deshalb die Steigung der Durchmesserbezeichnung nachgesetzt (z. B. M24 × 1,5; M24 × 2).

Rohrgewinde
Rohrgewinde basieren sowohl auf dem metrischen als auch auf dem Zollsystem. Im Bereich der Installationstechnik ist das Rohrgewinde nach Witworth üblich. Wegen der geringen Wandstärke von Rohren hat es eine vom Durchmesser unabhängige, relativ geringe Gewindetiefe. Das Außengewinde kann sowohl zylindrisch als auch konisch (Kegel 1:16) sein. Das Innengewinde ist stets zylindrisch. Beim Zusammenschrauben auf ein konisches Außengewinde findet zusammen mit einem Dichtmittel eine sehr gute Abdichtung statt, wodurch es für die Verbindung von Gasleitungen (Gasrohrgewinde) sehr gut geeignet ist. Rohrgewinde werden nach der Nennweite des Rohres (entspricht nur in etwa dem Innendurchmesser) gemessen. Die Auswahl zueinander passender Gewinde erfordert Aufmerksamkeit.

Rohrverschraubungen
Bei der Verschraubung von Rohren und Fittings kleinerer Durchmessers, hauptsächlich im Bereich der Hydrauliktechnik, gibt es zylindrische und konische Gewinde sowohl metrisch als auch nach dem Zollsystem. Die Gewindeabmessungen sind innerhalb der Systeme genormt. Wegen der oft nur geringfügigen Unterschiede ist eine gewisse Verwechslungsgefahr gegeben. Zur genauen Gewindeidentifizierung sollte man sich der in den Herstellerkatalogen befindlichen Maßtabellen bedienen.

Gewinde (Auswahl)

Metrisches ISO-Gewinde
(DIN 13); Nennmaße

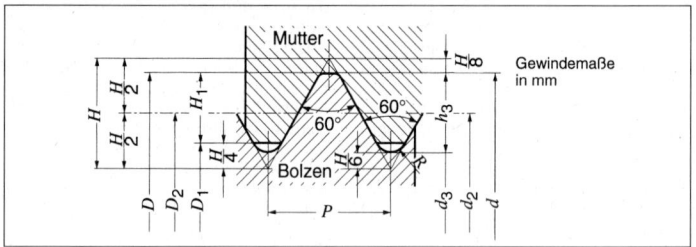

bosch1.tif

Metrisches Regelgewinde
Bezeichnungsbeispiel: M8 (Gewinde-Nenn-∅ 8 mm)

Gewinde-Nenn-[3] $d = D$	Steigung P	Flanken-∅ $d_2 = D_2$	Kern-∅ d_3	D_1	Gewindetiefe h_3	H_1	Spannungs-querschnitt A_s in mm²
3	0,5	2,675	2,387	2,459	0,307	0,271	5,03
4	0,7	3,545	3,141	3,242	0,429	0,379	8,78
5	0,8	4,480	4,019	4,134	0,491	0,433	14,2
6	1	5,350	4,773	4,917	0,613	0,541	20,1
8	1,25	7,188	6,466	6,647	0,767	0,677	36,6
10	1,5	9,026	8,160	8,376	0,920	0,812	58,0
12	1,75	10,863	9,853	10,106	1,074	0,947	84,3
14	2	12,701	11,546	11,835	1,227	1,083	115
16	2	14,701	13,546	13,835	1,227	1,083	157
20	2,5	18,376	16,933	17,294	1,534	1,353	245
24	3	22,051	20,319	20,752	1,840	1,624	353

VST-T07

Metrisches Feingewinde
Bezeichnungsbeispiel: M8 x 1 (Gewinde-Nenn-≥ 8 mm und Steigung 1 mm)

Gewinde-Nenn-∅ $d = D$	Steigung P	Flanken-∅ $d_2 = D_2$	Kern-∅ d_3	D_1	Gewindetiefe h_3	H_1	Spannungs-querschnitt A_s in mm²
8	1	7,350	6,773	6,917	0,613	0,541	39,2
10	1,25	9,188	8,466	8,647	0,767	0,677	61,2
10	1	9,350	8,773	8,917	0,613	0,541	64,5
12	1,5	11,026	10,160	10,376	0,920	0,812	88,1
12	1,25	11,188	10,466	10,647	0,767	0,677	92,1
16	1,5	15,026	14,160	14,376	0,920	0,812	167
18	1,5	17,026	16,160	16,376	0,920	0,812	216
20	2	18,701	17,546	17,835	1,227	1,083	258
20	1,5	19,026	18,160	18,376	0,920	0,812	272
22	1,5	21,026	20,160	20,376	0,920	0,812	333
24	2	22,701	21,546	21,835	1,227	1,083	384
24	1,5	23,026	22,160	22,376	0,920	0,812	401

VST-T08

Rohrgewinde für nicht im Gewinde dichtende Verbindungen
(DIN ISO 228, Teil 1); zylindrisches Innen- und Außengewinde; Nennmaße

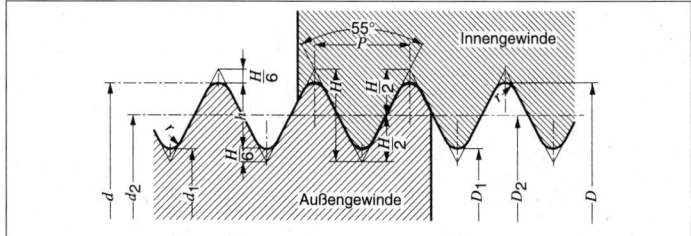

bosch3.tif

Bezeichnungsbeispiel: G1/2 (Gewinde-Nenngröße 1/2)

Gewinde-Nenngröße	Gangzahl auf 25,4 mm	Steigung P mm	Gewinde-tiefe h mm	Außendurch-messer $d = D$ mm	Flanken-durchmesser $d_2 = D_2$ mm	Kerndurch-messer $d_1 = D_1$ mm
$^1/_4$	19	1,337	0,856	13,157	12,301	11,445
$^3/_8$	19	1,337	0,856	16,662	15,806	14,950
$^1/_2$	14	1,814	1,162	20,955	19,793	18,631
$^3/_4$	14	1,814	1,162	26,441	25,279	24,117
1	11	2,309	1,479	33,249	31,770	30,291

VST-T09

Whitworth-Rohrgewinde für Gewinderohre und Fittings
(DIN 2999); zylindrisches Innen- und kegeliges Außengewinde; Nennmaße (in mm)

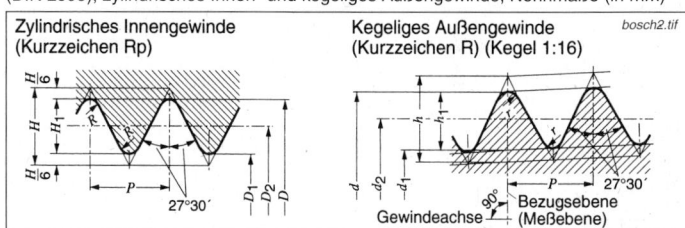

bosch2.tif

Kurzzeichen		Außen-durch-messer $d = D$	Flanken-durch-messer $d_2 = D_2$	Kern-durch-messer $d_1 = D_1$	Steigung P	Gangzahl auf 25,4 mm Z
Außen-gewinde	Innen-gewinde					
R $^1/_4$	**Rp $^1/_4$**	13,157	12,301	11,445	1,337	19
R $^3/_8$	**Rp $^3/_8$**	16,662	15,806	14,950	1,337	19
R $^1/_2$	**Rp $^1/_2$**	20,955	19,793	18,631	1,814	14
R $^3/_4$	**Rp $^3/_4$**	26,441	25,279	24,117	1,814	14
R 1	**Rp 1**	33,249	31,770	30,291	2,309	11

Anwendungsgebiete: Verbindungen von zylindrischen Innengewinden an Armaturen, Fittings, Gewindeflanschen usw. mit kegeligen Außengewinden.

VST-T10

Praxis der Schraub-verbindungen

Die praktische Durchführung von Ver-schraubungen verlangt vorab die Kennt-nis der folgenden Kriterien:
– Welcher Schraubfall liegt vor?
– Einschraubtiefe oder Drehmoment?
– Welcher Schraubentyp?
Erst die Kenntnis dieser Kriterien kann zur richtigen Anwendung des geeigneten Elektrowerkzeuges führen, wobei für die Auswahl des geeigneten Schraubers die Eigenschaften der verfügbaren Schrau-bertypen bekannt sein müssen.

Schraubfall

Grundsätzlich kann man Schraubfälle in
– weiche Schraubfälle
und in
– harte Schraubfälle
unterscheiden. Durch diese Grobaus-wahl ist es möglich, eine Vorentschei-dung für die zu wählende Schraubme-thode zu treffen.

Weicher Schraubfall: Ein weicher Schraubfall liegt vor, wenn das direkt un-ter dem Schraubenkopf (oder der Mutter) liegende Fügeteil nachgibt, wenn die Schraube nach Anliegen des Schrauben-

kopfes weiter eingedreht wird und die Schraube durch diese weitere Drehbe-wegung in das Fügeteil hineingezogen wird. Der typische weiche Schraubfall ist das Eindrehen einer Schraube in Holz: Wird nach Aufsitzen des Schrauben-kopfes weiter ein Drehmoment einge-bracht, dann zieht sich die Schraube tie-fer in das Holz hinein. Hieraus folgt, dass bei einem weichen Schraubfall die Ein-schraubtiefe begrenzt werden muss. Am Beispiel einer Holzschraube mit Senk-kopf ergibt sich daraus ein typischer Drehmomentverlauf.

Harter Schraubfall: Ein harter Schraub-fall liegt vor, wenn das direkt unter dem Schraubenkopf (oder der Mutter) lie-gende Fügeteil nicht nachgibt, auch wenn weiter ein Drehmoment auf die Schraube einwirkt. Der typische harte Schraubfall ist das Eindrehen einer Schraube ein Metallgewinde: Wird nach Aufsitzen des Schraubenkopfes weiter ein Drehmoment eingebracht, dann kann sich die Schraube nicht weiter in das Me-tall hineinziehen. Wenn das Drehmo-ment hoch genug ist und weiterhin ein-wirkt, wird die Schraube abreißen. Hier-aus folgt, dass bei einem harten Schraubfall das Einschraubdrehmoment

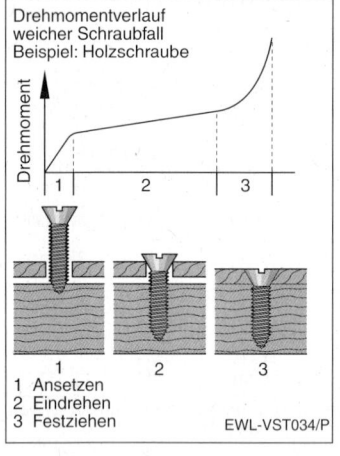

Drehmomentverlauf weicher Schraubfall Beispiel: Holzschraube

1 Ansetzen
2 Eindrehen
3 Festziehen

EWL-VST034/P

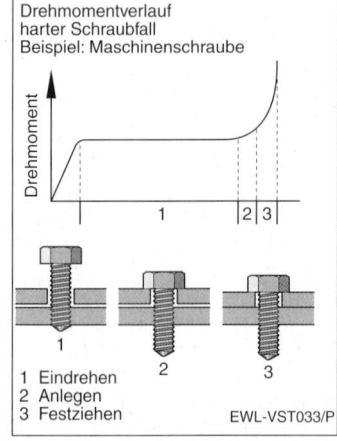

Drehmomentverlauf harter Schraubfall Beispiel: Maschinenschraube

1 Eindrehen
2 Anlegen
3 Festziehen

EWL-VST033/P

begrenzt werden muss. Dies gilt auch für für Schraubfälle, wo zwischen harten Füge- oder Befestigungselementen elastische Zwischenlagen (z. B. Dichtungen) vorhanden sind. Sie unterliegen den gleichen Regeln wie ein harter Schraubfall. Am Beispiel einer Maschinenschraube in Metall ergibt sich ein typischer Drehmomentverlauf.

Verschraubungsmethoden

Wenn geklärt ist, um welchen Schraubfall es sich handelt, kann die dazu passende Verschraubungsmethode gewählt werden. Zur Wahl stehen die folgenden Methoden:

– Schrauben mit Tiefenbegrenzung
– Schrauben mit Drehmomentbegrenzung

Innerhalb dieser Methoden gibt es unterschiedliche Elektrowerkzeugtypen. Professionelle Schrauber sind immer Einzweckmaschinen, weil mit ihnen das beste Arbeitsergebnis in der kürzesten Zeit zu erreichen ist. Bohrmaschinen eignen sich nur für gelegentliche Schraubarbeiten im Heimwerkerbereich. Eine Ausnahme bilden hier lediglich die akkubetriebenen Bohrschrauber.

Schrauben mit Tiefenbegrenzung: Für das Schrauben auf Tiefe werden sogenannte Tiefenanschlagschrauber eingesetzt. Charakteristisch für diesen Schraubertyp ist, dass die Schrauberspindel sich im Leerlauf der Maschine nicht dreht, sondern erst durch den Andruck an das Werkstück eingekuppelt wird.

Beim Schrauben auf Tiefe wird die Schraube mit dem vollen Drehmoment des Werkzeugs eingeschraubt, bis der Schraubenkopf auf dem Material aufliegt bzw. bei Schrauben mit Senkkopf soweit in den Werkstoff eindringt, bis der Schraubenkopf bündig mit der Werkstoffoberfläche ist. Ist dieser Punkt erreicht, dann wird der Schraubvorgang gestoppt. Das Stoppen muss in Sekundenbruchteilen erfolgen, damit die Einschraubtiefe exakt eingehalten wird. Signal für den Stopvorgang ist ein mit Vorhalt eingestellter Tiefenanschlag, der nach Erreichen der Materialoberfläche einen weiteren Vorschub der Maschine begrenzt. Die federnd gelagerte Schrauberspindel dreht

sich zunächst noch weiter, wodurch die Schraube um den Weg des Vorhalts weiter in das Material eindringt. Nach Aufbrauch des Vorhaltewegs trennt eine Kupplung die Schrauberspindel vom Antrieb, der im Leerlauf weiterdreht während die Schrauberspindel zu einem sofortigen Stop kommt. Wenn der Tiefenanschlag exakt eingestellt ist, wird jede folgende Schraube auf die gleiche Tiefe eingeschraubt, wobei Inhomogenitäten im Werkstoff keine Rolle spielen. Dies ist insbesondere bei Verschraubungen in Holz (oder Holzunterlagen bei Gipskartonplatten) wichtig. Würde hier mit Drehmomentvorgabe geschraubt, dann würden die Schrauben entweder zu hoch oder zu tief eingedreht, wenn die Schrauben auf härtere oder weichere Stellen im Holz treffen. Für den Kupplungsvorgang sind zwei Verfahren üblich:

– Überrastkupplung
– Abschaltkupplung

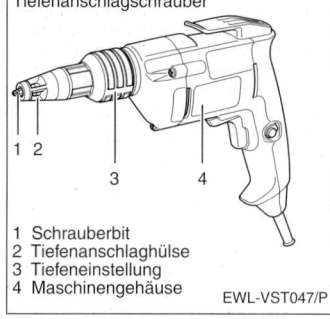

Tiefenanschlagschrauber

1 Schrauberbit
2 Tiefenanschlaghülse
3 Tiefeneinstellung
4 Maschinengehäuse

EWL-VST047/P

Überrastkupplung: Bei diesem Kupplungstyp werden die Klauen der Kupplung durch die nachrückende Spindel beim Aufsitzen des Tiefenanschlages so lange auseinandergezogen, bist die Klauen übereinander hinweggleiten. Ab diesem Moment wird kein Drehmoment mehr übertragen, allerdings werden Vibrationen auf den Schrauberbit übertragen. Durch das Übereinandergleiten der Kupplung entsteht ein typisches Geräusch, welches das Ende des Einschraubvorgangs signalisiert. Die Überrastkupplung ist kostengünstig. Nachteilig ist das Geräusch und der Verschleiß der Kupplungsklauen sowie (geringfügig) des Schrauberbits.

Abschaltkupplung: Abschaltkupplungen bestehen aus mehreren hintereinander angeordneten Klauenkupplungen welche beim Andrücken der Schrauberspindel einrasten und vorgespannt werden. Beim Auskuppelvorgang werden die Kupplungsscheiben ruckartig auseinandergezogen und völlig voneinander getrennt. Dadurch wird ein Übereinandergleiten der Kupplungsklauen verhindert. Das Ende des Einschraubvorganges wird durch ein kurzes klicken und den Leerlauf der Maschine signalisiert. Die Abschaltkupplung ist kostenintensiver. Vorteilhaft ist jedoch die Geräuschlosigkeit ("Leisekupplung") und die völlige Verschleißfreiheit.

Schrauben mit Drehmomentbegrenzung: Für das Schrauben mit Drehmomentbegrenzung werden sogenannte Drehmomentschrauber eingesetzt. Typisch für diesen Schraubertyp ist, dass das maximale Drehmoment für den betreffenden Schraubvorgang vorher an der Maschine eingestellt ist. Beim Eindrehen der Schraube (oder Mutter) ist der Drehmomentbedarf zunächst gering, steigt aber mit dem Aufsitzen des Schraubenkopfes (oder der Mutter) auf dem Werkstück sprunghaft an. Beim Erreichen des voreingestellten Drehmomentwertes trennt die Kupplung die Schrauberspindel vom Antrieb, welcher im Leerlauf weiterläuft. Je nach Schrauberprinzip lassen sich unterschiedliche Eigenschaften und Drehmomente erreichen. Gebräuchlich

sind:
– Überrastkupplungen
– Abschaltkupplungen
– Drehschlagkupplungen
– Impulskupplungen
– Stillstandschrauber
– Elektronische Drehkraftbegrenzung

Drehmomentschrauber

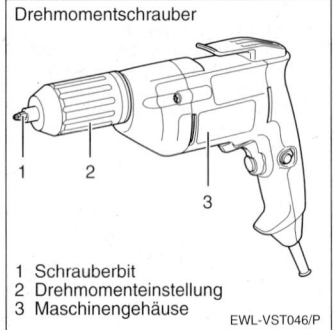

1 Schrauberbit
2 Drehmomenteinstellung
3 Maschinengehäuse

EWL-VST046/P

Drehschlagschrauber

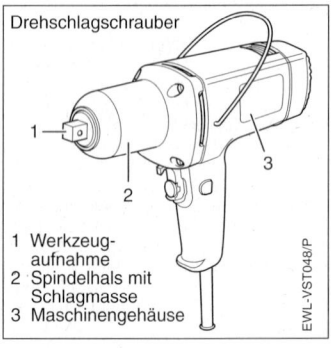

1 Werkzeugaufnahme
2 Spindelhals mit Schlagmasse
3 Maschinengehäuse

EWL-VST048/P

Kupplungen für Drehschrauber
Überrastkupplungen

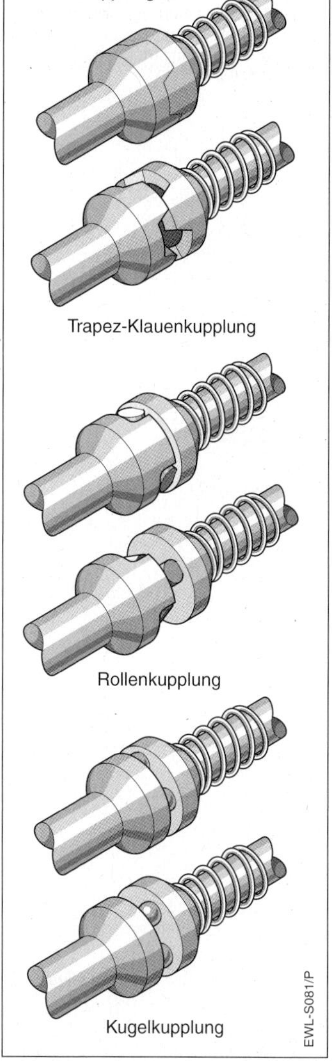

Trapez-Klauenkupplung

Rollenkupplung

Kugelkupplung

EWL-S081/P

Drehmomentschrauber mit Überrastkupplung: Der Drehmomentschrauber mit Überrastkupplung ist der gebräuchlichste Schraubertyp.

Die Überrastkupplung ist einstellbar. Beim Erreichen des über die Kupplungsfeder vorgegebenen Drehmomentes werden die Kupplungshälften über schräge Klauen, Rollen oder Kugeln auseinandergedrückt. Solange der Schrauber betätigt und angedrückt wird, wirken die Momentspitzen der eingestellten Drehmenthöhe auf den Schraubvorgang ein, was sich bei einem eventuellen Setzverhalten der Schraube günstig auswirkt. Überrastkupplungen sind kostengünstig, hinreichend genau und bei sorgfältiger Konstruktion verschleißarm. Das Überrastmoment kann allerdings nicht beliebig hoch angesetzt werden, da es sich über die Maschine auf den Anwender überträgt. Ist diese Rückwirkung zu hoch, kann der Schraubvorgang für den Anwender unangenehm werden. Aus diesem Grund sind bei Drehmomentschraubern mit Überrastkuplung die Höchstdrehmomente meist auf ca. 30 Nm begrenzt.

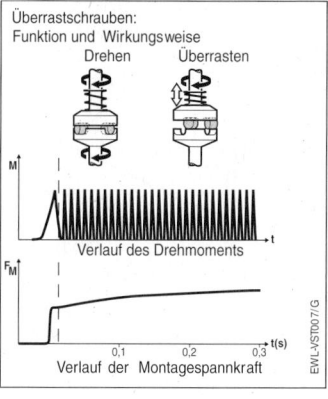

Überrastschrauben:
Funktion und Wirkungsweise

Drehen   Überrasten

M

Verlauf des Drehmoments

F_M

0,1   0,2   0,3   t(s)
Verlauf der Montagespannkraft

EWL-VST007/G

Drehmomentschrauber mit Abschalt-kupplung: Drehmomentschrauber mit Abschaltkupplung arbeiten nach dem Prinzip der Überrastkupplung. Wie bei dieser wird das Drehmoment über eine einstellbare Klauen- oder Rollenkupplung begrenzt. Im Unterschied zur Überrast-kupplung bleiben aber die Kupplungshälf-ten nach dem ersten Überrasten getrennt. Dadurch ist keine Schraubzeitabhängig-keit des Drehmomentes gegeben. Die Lärmentwicklung und die Abnutzung der Kupplung ist sehr gering. Der konstruktive Aufwand ist verhältnismäßig hoch und da-mit kostenintensiv.

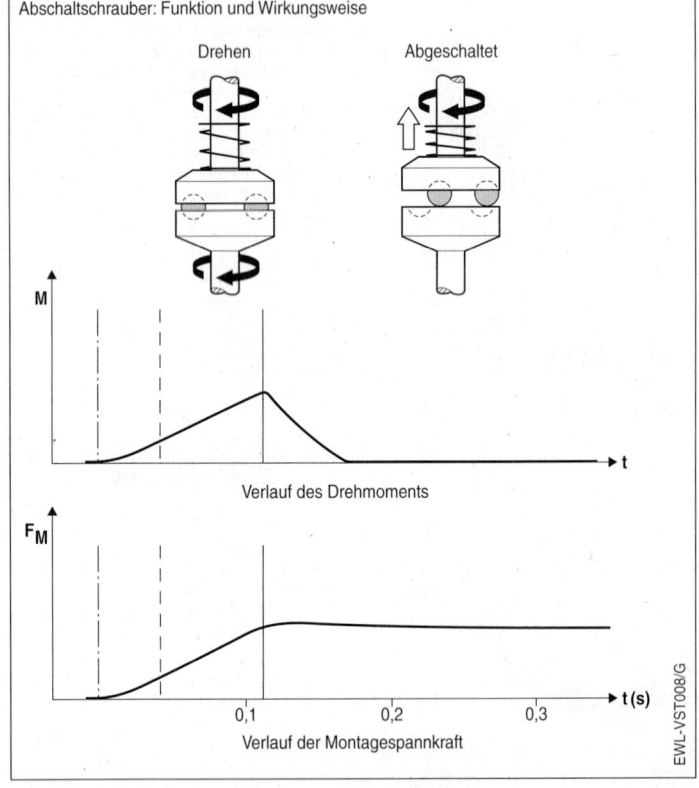

Abschaltschrauber: Funktion und Wirkungsweise

Drehen

Abgeschaltet

M

Verlauf des Drehmoments

F_M

0,1   0,2   0,3   t (s)

Verlauf der Montagespannkraft

EWL-VST008/G

Drehschlagschrauber: Drehschlagschrauber arbeiten mit einem entkoppelten Massenschlagwerk, wodurch selbst bei hohen Drehmomenten praktisch keine Drehmomentrückwirkung auf den Anwender erfolgt. Die Drehmomenteinwirkung erfolgt schlagweise mit charakteristischem, lautem Geräusch. Die Höhe des Drehschlagmomentes ist konstruktiv vorgegeben. Die Begrenzung erfolgt über die Anzahl der Drehschläge (Schlagzeit) oder über zwischen Schrauberspindel und Steckschlüssel befindliche Begrenzungselemente (Torsionsstäbe).

Drehschlagschrauber sind bei entsprechender Qualität robust und langlebig. In der Praxis ist das maximal mögliche Drehmoment durch das Schlagwerksgewicht und die Maschinengröße begrenzt. Bei handgeführten Elektrowerkzeugen sind Drehmomente bis 1000 Nm üblich.

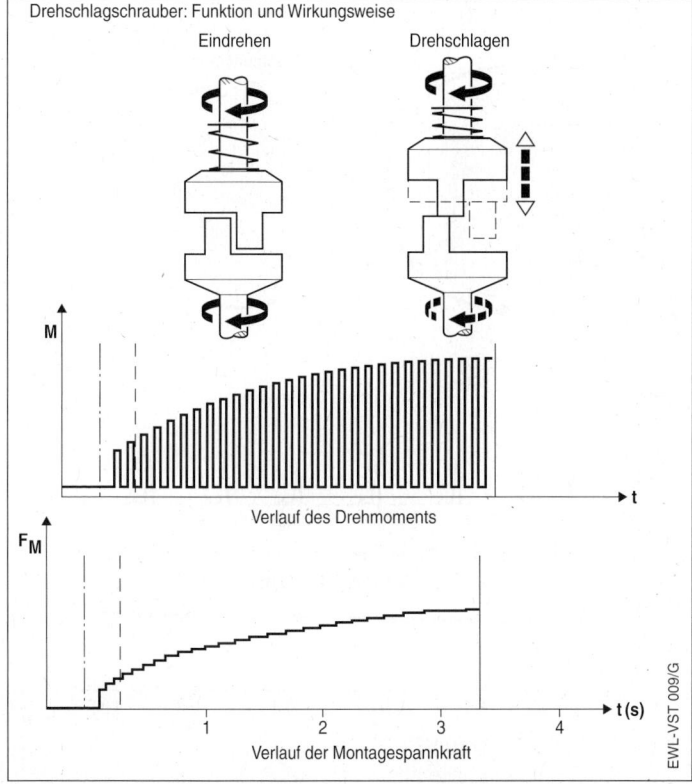

Drehschlagschrauber: Funktion und Wirkungsweise

Eindrehen   Drehschlagen

M

Verlauf des Drehmoments

F_M

Verlauf der Montagespannkraft

EWL-VST 009/G

Impulsschrauber: Impulsschrauber arbeiten mechanisch-hydraulisch. Beim Impulsschrauber wird wie beim Drehschlagschrauber das Drehmoment stoßweise erzeugt. Im Unterschied zum Drehschlagschrauber wird der Schlag jedoch nicht durch Kupplungsklauen übertragen, sondern pro Schlag durch Kolbenverdichtung eine Ölmenge in einem Ölumlaufschlagwerk durch eine einstellbare Engstelle gepresst. Durch eine Drosselschraube in der Engstelle kann das Drehmoment bequem von außen eingestellt werden. Impulsschrauber sind konstruktionsbedingt kostenintensiv, aber verschleißärmer, genauer und leiser als Drehschlagschrauber. Sie werden hauptsächlich in der industriellen Montagetechnik eingesetzt. Üblich sind Drehmomente bis ca. 50 Nm.

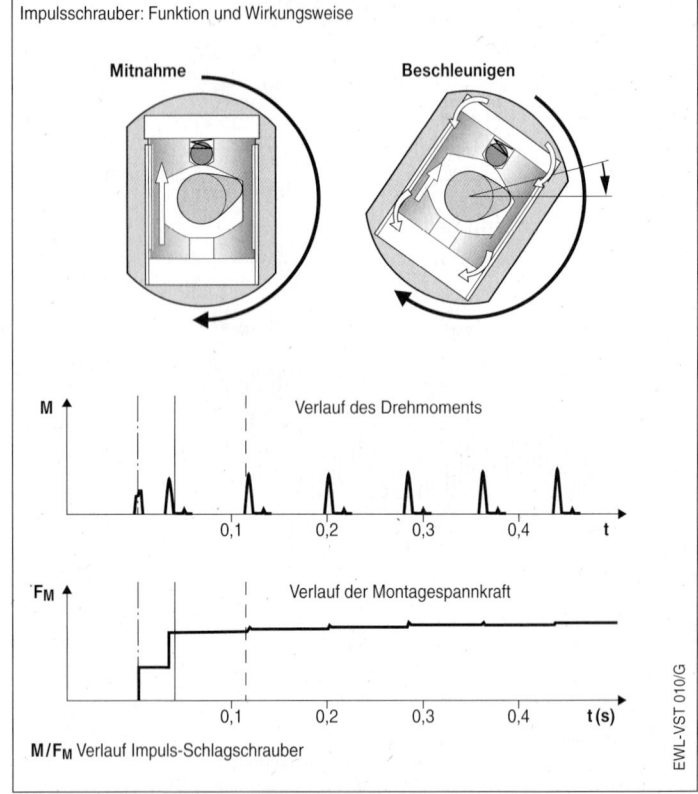

Impulsschrauber: Funktion und Wirkungsweise

Mitnahme

Beschleunigen

M — Verlauf des Drehmoments

F_M — Verlauf der Montagespannkraft

M/F_M Verlauf Impuls-Schlagschrauber

EWL-VST 010/G

Stillstandschrauber: Unter Stillstandschrauber versteht man die Technik, den Motor zum Ende des Einschraubvorganges „abzuwürgen", wobei das erreichbare Drehmoment von der Motorleistung und der Ausgangsdrehzahl (Schwungmoment!) abhängt. Eine Kupplung ist also nicht vorhanden. Stillstandschrauber sind nur mit Druckluftwerkzeugen zu realisieren, deren Motor ohne Schaden zu nehmen blockiert werden kann. Das Drehmoment wird über die Drosselung der Luftzufuhr eingestellt. Das Drehmoment kann beliebig lange stehen bleiben, was sich bei einem eventuellen Setzverhalten der Schraube günstig auswirkt. Allerdings wirkt das Drehmoment im Stillstand als Rückdrehmoment in voller Höhe auf den Anwender, weshalb Stillstandschrauber nur für relativ geringe Drehmomente verwendet werden.

Elektronische Drehmomentbegrenzung
Bei Bohr- und Schlagbohrmaschinen mit der Typbezeichnung „Torque Control" oder „Power Control" wird der Antriebsmotor beim Erreichen einer voreinstellbaren Drehmomentbelastung (über die proportional dazu ansteigende Stromaufnahme ausgelöst) abgeschaltet. Bei weichen Schraubfällen und langsamen Motordrehzahlen ist die Anwendung möglich. Da die gesamte Schwungmasse der rotierenden Maschinenteile und des Motors in die Schwungenergie eingeht, ist diese Art der Drehmomentbegrenzung sehr ungenau. Bei harten Schraubfällen darf die elektronische Drehmomentbegrenzung niemals angewendet werden, da die beim schlagartigen Blockieren der Antriebsspindel auftretenden Kräfte unkontrollierbar auf den Anwender einwirken.

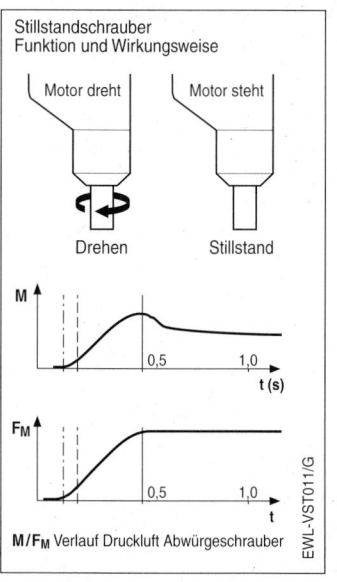

Stillstandschrauber
Funktion und Wirkungsweise

Motor dreht   Motor steht

Drehen   Stillstand

M/F_M Verlauf Druckluft Abwürgeschrauber

EWL-VST011/G

Erreichbare Drehmomentgenauigkeit

Das bei einer Schraubverbindung erzielbare Drehmoment ist von der Art des Schraubfalles abhängig. Um eine Vergleichsmöglichkeit zu haben, werden alle Daten von Schraubern bei harten Schraubfällen unter standardisierten Bedingungen ermittelt. Bei nachgiebigen Schraubfällen liegen die erreichbaren Werte zum Teil erheblich unter den Nennwerten. Zusätzlich nimmt die Drehmoment-Streuung zu. Wegen der Vielfalt der möglichen Schraubfälle können keine Angaben mit absoluten Werten gemacht werden. Es sollten deshalb vorab stets Versuche durchgeführt werden. Tabellen können deshalb nur einen tendenziellen Zusammenhang zwischen Schraubfall und angewendeter Technik vermitteln.

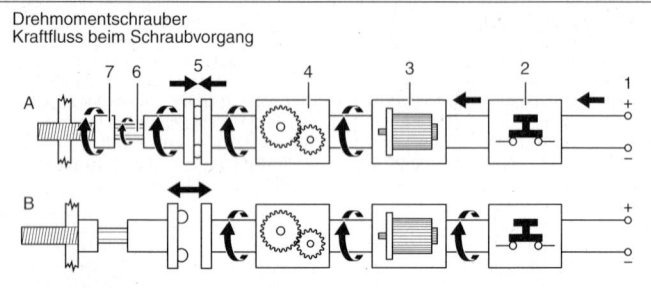

Drehmomentschrauber
Kraftfluss beim Schraubvorgang

1 Spannungsquelle
2 elektrischer Schalter
3 Antriebsmotor
4 Getriebe
5 Überrastkupplung
6 Schrauberbit
7 Schraube

A Schraubvorgang
    Der Kraftfluss ist geschlossen bis zur Schraube.
B Die Schraube ist festgezogen.
    Der Kraftfluss wird an der Kupplung unterbrochen, der Motor dreht weiter.

EWL-VST049/P

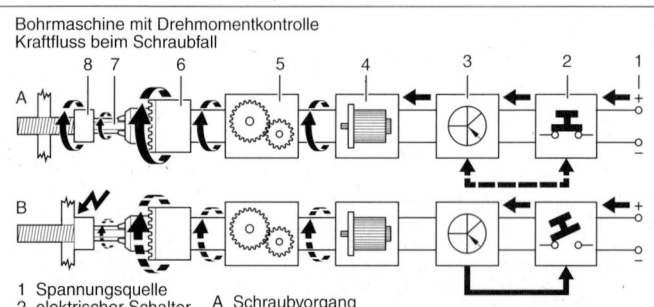

Bohrmaschine mit Drehmomentkontrolle
Kraftfluss beim Schraubfall

1 Spannungsquelle
2 elektrischer Schalter
3 Elektronik
4 Antriebsmotor
5 Getriebe
6 Bohrfutter
7 Schrauberbit
8 Schraube

A Schraubvorgang
    Der Kraftfluss ist geschlossen bis zur Schraube.
B Die Schraube ist festgezogen.
    Die Elektronik erkennt das Schraubende und schaltet den Stromfluss zum Antriebsmotor ab. Die Schwungmassen von Motor, Getriebe und Bohrfutter wirken weiter auf die Schraube ein.

EWL-VST050/P

Drehmomentgenauigkeit in Abhängigkeit vom Schraubfall und vom Schraubertyp

Schraubfall		Drehmomentverlauf	Drehwinkel zum Erreichen des Maximaldrehmoments	erreichbare Drehmomentgenauigkeit der Schraubertypen				
Beschreibung	Beispiel	über Umdrehungen	Winkelgrade	Überrastschrauber	Abschaltschrauber	Drehschlagschrauber	Impulsschrauber	Stillstandschrauber
harter Schraubfall			bis ca. 30°	befriedigend	sehr gut	gering (je nach verlangter Genauigkeit)	befriedigend	gering
harter Schraubfall mit Federscheibe			bis ca. 60°	gering	gut bis sehr gut	gering	befriedigend	gering
harter Schraubfall mit elastischer oder plastisch verformbarer Zwischenlage (z. B. Dichtung)			über 60°	gering	gut, wenn Abschaltfunktion noch gewährleistet ist	gering	befriedigend	gering
selbstschneidende Schraube (Gewindeschneidschraube, Gewindefurchschraube)			nicht definierbar	gering	gut, wenn Abschaltfunktion noch gewährleistet ist	gering	befriedigend	gering
Blechschraube			nicht definierbar	gering	gut, wenn Abschaltfunktion noch gewährleistet ist	gering	befriedigend	gering
Holzschraube			nicht definierbar	befriedigend, wenn Funktion noch gewährleistet ist	gut, wenn Abschaltfunktion noch gewährleistet ist	gering, wenn Schraube noch gedreht wird	gering	weniger geeignet

Einsatzwerkzeuge für Schrauber

Einsatzwerkzeuge werden benötigt, um die Drehkraft des Schraubers auf die Schraube zu übertragen. Die Kraftübertragung erfolgt durch Formschluss. Dies bedeutet, dass das Einsatzwerkzeug in Form und Größe zur Schraube (oder Mutter) passen muss.

Die Einsatzwerkzeuge für Schrauber werden als
– Schrauberbits
– Steckschlüssel
bezeichnet. Sie unterscheiden sich teilweise von den üblichen Handwerkzeugen.

Schrauberbits

Als Schrauberbits bezeichnet man Einsatzwerkzeuge für die kleineren Schraubengrößen, insbesondere für Schlitzschrauben, Kreuzschlitzschrauben, Innensechskant- und Torxschrauben.

Es gibt sie in unterschiedlicher Härte und Formgebung sowie in unterschiedlichen Herstellverfahren. Die am Markt angebotenen Qualitätsstufen sind unterschiedlich. Die billigsten Bits sind erfahrungsgemäß die schlechtesten, vom Kauf ist abzuraten, weil sie Schraube und Werkstück beschädigen können.

Einsteckenden von Schrauberbits

Neben international standardisierten Einsteckenden gibt es teilweise herstellerspezifische Einsteckenden, welche nur in spezielle Schrauber passen. Hier sind die Zubehörlisten der Hersteller zu beachten, da „fremde" Einsteckenden zur Beschädigung der Werkzeughalter führen können.

Weltweit sind Einsteckenden mit $1/4"$ Sechskantschaft am gebräuchlichsten, wobei hier zwischen Sprengringsicherung und Kugelsicherung zu unterscheiden ist. Bits für Sprengringsicherung haben in Werkzeughaltern mit Kugelsicherung keinen sicheren Halt. Bits für Kugelsicherung können in Werkzeughaltern mit Sprengringsicherung zur Blockade führen, der Bit kann dann nicht mehr aus dem Werkzeughalter entfernt werden.

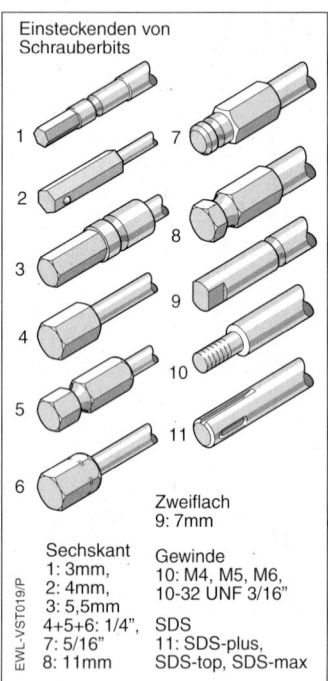

Einsteckenden von Schrauberbits

Zweiflach
9: 7mm

Sechskant
1: 3mm,
2: 4mm,
3: 5,5mm
4+5+6: 1/4",
7: 5/16"
8: 11mm

Gewinde
10: M4, M5, M6,
10-32 UNF 3/16"

SDS
11: SDS-plus,
SDS-top, SDS-max

EWL-VST019/P

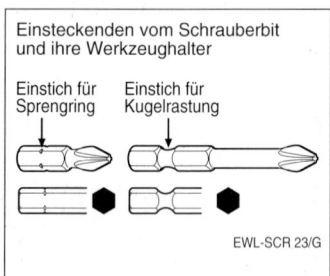

Einsteckenden vom Schrauberbit und ihre Werkzeughalter

Einstich für Sprengring   Einstich für Kugelrastung

EWL-SCR 23/G

Einansteckenden von Schrauberbits

Einsteckenden von Schrauberbits

Einsteckenden von Schrauberbits

Einsteckende Profil	Bildnummer	Maß	Fixierung am Bit	Fixierung im Werkzeughalter	Normung	Kompatibel zu Elektro-, Druckluft oder HF-Werkzeugen folgender Hersteller
Sechskant	1	3 mm	Ringnut am Rundschaft	maschinenspezifisch	DIN 3126 Form A 3 ISO 1173	Biax; BOSCH; Desoutter
	2	4 mm	Kugel	maschinenspezifisch	DIN 3126 Form C 4 ISO 1173	Perret
	3	5,5 mm	Ringnut am Rundschaft	maschinenspezifisch	DIN 3126 Form A 5,5 ISO 1173	Atlas-Copco; BOSCH; HolzHer; Kress; Metabo; Weidmüller; Phönix
	4	1/4"	glatt	maschinenspezifisch	DIN 3126 Form C 6,3 ISO 1173	BOSCH; Fein; HolzHer; Lecureux; Metabo
	5	1/4"	Ringnut	Kugel	DIN 3126 Form E 6,3 ISO 1173	ARO; Atlas-Copco; Biax; Black & Decker; BOSCH; Buckeye Tools; Chicago Pneumatic; Cleo; Deprag; Desoutter;Fein; Fuji Air Tools; Gardner Denver; Hios; Hitachi; Ingersoll-Rand; Iwema, Keller; Makita; Mall; Metabo; NPK-Air Tools; Pneutec; Rockwell; Ryobi; Skil; Stanley; Thor Power Tool; Tonichi; Totor; Uryu; UPT-Weller; Van Dorn; Virax; Wolf
	6	1/4"	Einstich	Sprengring	DIN 3126 Form D 6,3 ISO 1173	ARO; Atlas-Copco; Biax; Black & Decker; BOSCH; Buckeye Tools; Chicago Pneumatic; Cleo; Deprag; Desoutter; Fein; Fuji Air Tools; Gardner Denver, Hios; Hitachi; Ingersoll-Rand; Iwema, Keller; Makita; Mall; Metabo; NPK-Air Tools; Pneutec; Rockwell; Ryobi; Skil; Stanley; Thor Power Tool; Tonichi; Totor; Uryu; UPT-Weller; Van Dorn; Virax; Wolf

VST-T12.1

Einsteckenden von Schrauberbits (Fortsetzung)

Einsteckende Profil	Bildnummer	Maß	Fixierung am Bit	Fixierung im Werkzeughalter	Normung	Kompatibel zu Elektro-, Druckluft oder HF-Werkzeugen folgender Hersteller
Sechskant	7	5/16"	Andrehung, Ringnut	maschinenspezifisch	–	Buckeye Tools; Demag-Pokorny; Desoutter; Fiam; Grasso; Rupes; Suhner
	8	11 mm	Ringnut	Kugel	DIN 3126 Form E 11 ISO 1173	ARO: Atllas-Copco; Black & Decker; BOSCH; Buckeye Tools; Chicago Pneumatic; Cincinnati Electric; Clark; Demag Pokorny, Fein; HolzHer; Ingersoll-Rand; Keller; Milwaukee; Rotor Tool; Star; Stanley; Thor Power Tool; US-Electric; Van Dorn; Virax
Vierkant	9	7 mm	Vierkant	maschinenspezifisch	DIN 3126 Form G 7 ISO 1173	Baier; Fein
Gewinde	10	M4	Außengewinde	Innengewinde		
		M5				
		M6				
		UNF 10-32 3/16"				Duofast; HolzHer; Uniquick; USM-DVSG; Weber
SDS	11	SDS-plus 10 mm Ø	2-Nut-symmetrisch			leichte Bohrhämmer mit SDS-plus Werkzeughalter
		SDS-top 14 mm Ø	2-Nut-asymmetrisch			mittlere Bohrhämmer mit SDS-top Werkzeughalter
		SDS-max 18 mm Ø	3-Nut-asymmetrisch			schwere Bohrhämmer mit SDS-max Werkzeughalter

VST-T12.2

Schrauberbits
Ausführungen

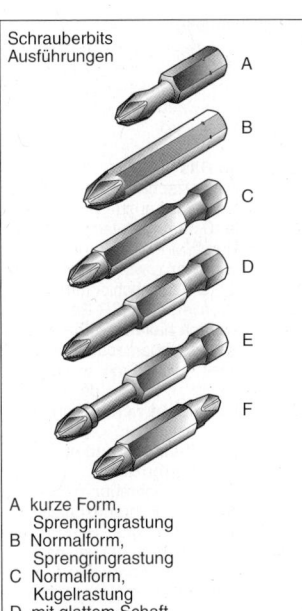

A kurze Form,
  Sprengringrastung
B Normalform,
  Sprengringrastung
C Normalform,
  Kugelrastung
D mit glattem Schaft
E mit Torsionsschaft
F Doppelbit

EWL-VST039/P

Schrauberbits mit micro-rauher
Oberfläche

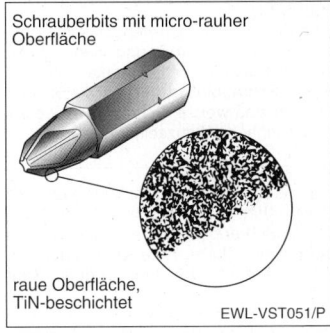

raue Oberfläche,
TiN-beschichtet

EWL-VST051/P

Schrauberbits
Herstellverfahren

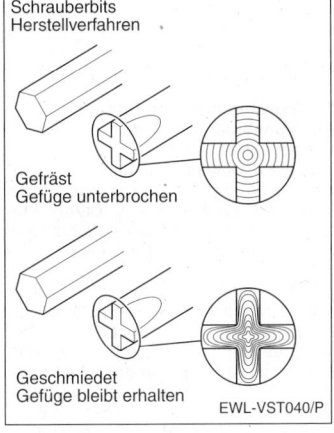

Gefräst
Gefüge unterbrochen

Geschmiedet
Gefüge bleibt erhalten

EWL-VST040/P

ACR Schrauberbits

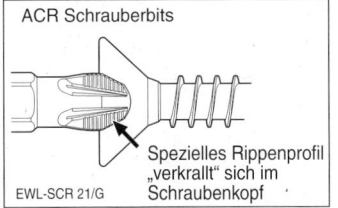

Spezielles Rippenprofil
„verkrallt" sich im
Schraubenkopf

EWL-SCR 21/G

Harte Bits
Harte Bits nutzen sich weniger schnell ab, sind aber relativ spröde und können durch den plötzlichen Drehmomentanstieg bei harten Schraubfällen brechen. Ihr Einsatzbereich sind weiche Schraubfälle, wo sie eine sehr hohe Stanzzeit erreichen.

Weiche Bits
Weiche Bits nutzen sich schneller ab, sind aber zäher. Sie werden bevorzugt bei harten Schraubfällen eingesetzt, wo man die etwas höhere Abnützung zugunsten einer besseren Bruchfestigkeit in Kauf nimmt.

Zähharte Bits (*ISO*-Temp)
Zähharte Bits haben durch eine spezielle Wärmebehandlung bei harter Oberfläche einen zähharten Kern. Sie erreichen sehr hohe Standzeiten und sind für harte und weiche Schraubfälle gleichermaßen geeignet.

Schlagschrauberfeste Bits (Torsionsbits)
Hierbei handelt es sich um Bits aus besonders vergütetem Stahl und einem speziell geformten Schaft, der die hohen Drehmomentspitzen von Drehschlagschraubern auch bei harten Schraubfällen problemlos übertragen kann.

Gefräste Bits
Aus dem Vollen gefräste Bits benötigen einen höheren Materialeinsatz und längere Bearbeitungszeiten (spanend) in der Herstellung, was sich in den Kosten niederschlägt. Wegen der spanabhebenden Bearbeitung sind scharfe Kanten und eine unterbrochene Gefügestruktur. Die scharfen Kanten können die Oberflächenbeschichtung der Schraube beschädigen.

Geschmiedete Bits
Beim Schmieden der Bits wird die Gefügestruktur nicht unterbrochen, die Kanten sind leicht abgerundet. Geschmiedete Bits sind dadurch langlebiger und günstiger für die Schraube. Die Bearbeitungszeit in der Fertigung ist kurz, die hohen Kosten für die Umformwerkzeuge werden durch die hohen Stückzahlen ausgeglichen.

Beschichtete Bits
Bits können an der Oberfläche beschichtet werden. Beschichtungen dienen in erster Linie der Verbesserung der Oberflächenhärte, wodurch eine höhere Standzeit erzielt wird.

Strukturierte Bits
Speziell bei Kreuzschlitzbits besteht die Gefahr, das der Bit bei zu geringem Andruck aus der Schraube rutscht. Man versucht dem durch eine Strukturierung der Bitflanken entgegenzuwirken. Dies kann durch eine Quarzbeschichtung oder durch eine Profilierung (ACR-Bit) erreicht werden. Hierdurch halten die Bits besser in der Schraube. Oberflächenbeschichtete Schrauben sollten mit diesen Bits nicht eingedreht werden, da die Beschichtung beschädigt werden könnte.

Bits für Kreuzschlitzschrauben
Im Kopfprofil von Kreuzschlitzschrauben zentriert sich der Schrauberbit selbst, benötigt also keine Führungshülse. Für einen sicheren Halt des Bits in der Schraube ist eine Andruckkraft notwendig. Bei zu geringer Andruckkraft kann der Schrauberbit aus dem Schraubenkopf herausrutschen, wodurch Bit und Schraube beschädigt werden können. Bei den Kopfprofilen von Kreuzschlitzschrauben unterscheidet man in
- Phillips Kreuzschlitz
- Pozidriv Kreuzschlitz

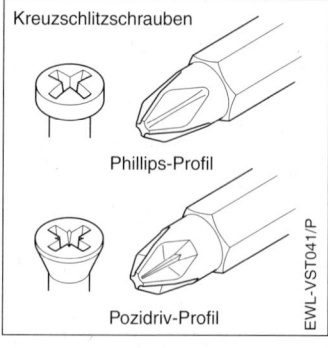

Kreuzschlitzschrauben

Phillips-Profil

Pozidriv-Profil

EWL-VST041/P

Phillips® Kreuzschlitz

Als das erste Kreuzschlitzprofil ist das Phillips-Profil sehr weit verbreitet. Die Profilflanken sind leicht konisch, wodurch der Bit zwar sehr gut zentriert, aber bei geringem Andruck leicht aus dem Schraubenkopf rutschen kann. Bits mit Phillips-Profil sind nicht für Pozidriv Schrauben geeignet.

Pozidriv® Kreuzschlitz

Das Pozidriv-Profil ist eine Weiterentwicklung des Phillips-Profils. Es besteht aus einem Haupt- und einem Nebenprofil. Die Profilkanten des Hauptprofiles sind parallel, wodurch der Bit weniger zum Abrutschen neigt. Zusammen mit dem Nebenprofil ergibt sich eine größere Eingriffsfläche für bessere Drehmomentübertragung. Bits mit Pozidriv-Profil können nicht für Phillips-Schrauben verwendet werden.

Bits für Innensechskantschrauben:

Bei Innensechskantschrauben (populär "Inbusschrauben") sind die Profilflanken parallel. Zusammen mit der großen Übertragungsfläche können bei relativ kleinen Schlüsselweiten hohe Drehmomente übertragen werden.

Bits für Innensechsrundschrauben:

Das Innensechsrund-Profil (populär "Torx"®) ist eine Weiterentwicklung des Innensechskantprofiles. Im Unterschied zu diesem erfolgt die Drehmomentübertragung nicht durch die Profilkanten, sondern flächig, wodurch höhere Drehmomente als beim Innensechskant und bei kleineren Schlüsselweiten übertragen werden können.

Bits für Sonderschrauben:

Sonderschrauben haben meist modifizierte Kopfprofile. Sie dienen z. B. dazu, Schrauben an sicherheitsrelevanten Bauteilen und Erzeugnissen festzuziehen. Es gibt Typen, die nur festziehbar, aber nicht mehr lösbar sind oder das Festziehen und Lösen nur mit Sonderwerkzeugen ermöglichen. Typisch ist zum Beispiel das Sechsrundprofil mit mittigem Sicherungsstift, welches einen entsprechenden Bit mit Mittelbohrung erforderlich macht.

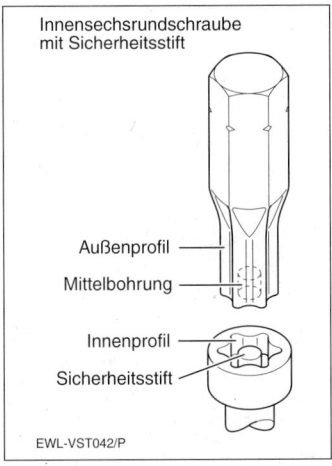

Innensechsrundschraube mit Sicherheitsstift

Außenprofil —
Mittelbohrung —

Innenprofil —
Sicherheitsstift —

EWL-VST042/P

Bits für Sechskantschrauben:

Unter Sechskantschrauben versteht man im Allgemeinen Schrauben mit einem Sechskant-Außenprofil. Die hierbei verwendeten Bits werden als "Steckschlüssel" (oder populär als "Stecknüsse") bezeichnet.

Man unterscheidet in zwei Arten:

– Steckschlüssel für
– Drehmomentschrauber
– Steckschlüssel für Drehschlagschrauber

Steckschlüssel für Drehmomentschrauber

Bei der Verwendung von Drehmomentschraubern haben die Steckschlüssel einen kurzen Schaft mit Sechskant-Einsteckende. Als Alternative können auch Steckschlüssel mit Innenvierkant verwendet werden. In diesem Falle ist ein entsprechender Werkzeughalter erforderlich, der die passenden Einsteckenden aufweist.

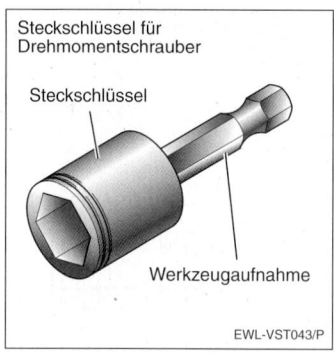

Steckschlüssel für
Drehmomentschrauber

Steckschlüssel

Werkzeugaufnahme

EWL-VST043/P

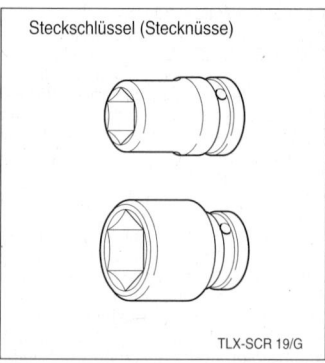

Steckschlüssel (Stecknüsse)

TLX-SCR 19/G

Steckschlüssel für Drehschlagschrauber

Zur Verwendung in Drehschlagschraubern sind nur besondere, drehschlagfeste Steckschlüssel geeignet, da die beim Drehschlag in den Steckschlüssel eingeleiteten Drehmomentspitzen erheblich sind.

Steckschlüssel für Drehschlagschrauber haben verstärkte Wandungen. Dünnwandige Steckschlüssel für manuelle Anwendung und vor allem die so genannten 12-kant-Nüsse können bei der Anwendung platzen. Glanzverchromte Steckschlüssel sind ungeeignet, weil die Beschichtung durch die dynamische Verformung der Steckschlüssel abplatzen kann.

Steckschlüssel für Drehschlagschrauber verfügen über eine Innenvierkantaufnahme in einer der genormten Zollabmessungen 1/4"; 3/8"; 1/2"; 3/4"; 1". Bei akkubetriebenen Drehschlagschraubern kommen auch Steckschlüssel mit 1/4" Sechskantaufnahme zum Einsatz.

Bits für Schlitzschrauben

Die Bedeutung von Schlitzschrauben geht immer mehr zurück. Trotzdem gibt es Anwendungsfälle, wo Schlitzschrauben maschinell eingeschraubt werden müssen. Hierbei besteht die Problematik, dass der Bit seitlich aus dem Schraubenschlitz herausgleitet. Aus diesem Grund müssen die betreffenden Bits mit einer Führungshülse benützt werden, deren Innendurchmesser sich nach dem Außendurchmesser des Schraubenkopfes richtet.

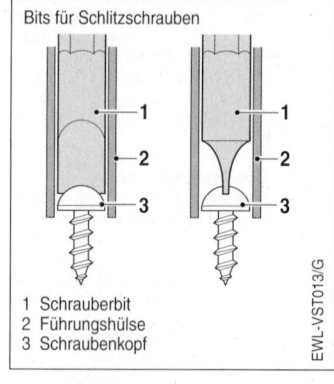

Bits für Schlitzschrauben

1 — Schrauberbit
2 — Führungshülse
3 — Schraubenkopf

EWL-VST013/G

Auswirkung der Kopfform auf das Drehmoment

Typ	6-Kant Außen	6-Kant Außen	6-Kant Innen	Torx Innen
Form				
Werkzeug	Gabelschlüssel	Steckschlüssel	Stiftschlüssel	Torx-Stiftschlüssel
Wirkungs-geometrie	Kraft = 200% 60° r wirksamer Hebelarm = 50%	Kraft = 200% 60° r wirksamer Hebelarm = 50%	60° Kraft = 400% 0,5·r wirksamer Hebelarm = 50%	15° Kraft = 207% wirksamer Hebelarm = 48% 0,5·r
Zahl der Angriffsflächen	2	6	6	6
Angriffsflächen				
Einzelkraft pro Fläche	100%	33,3%	66,7%	34,5%
Örtliche Beanspruchung				

schmaler Kraftangriff mit hoher örtlicher Beanspruchung durch Linienberührung zwischen Kante und Fläche

breiterer Kraftangriff mit niedriger Beanspruchung durch aneinander anliegende Flächen

EWL-VST014/G

Sicherung von Schraubverbindungen

Stoffschluss

Mikroverkapselter Klebstoff

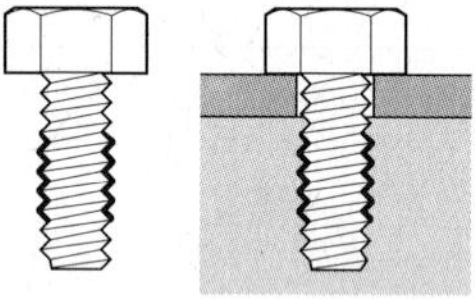

Kraftschluss

Federring	Elastik-Stoppmutter	Kontermutter

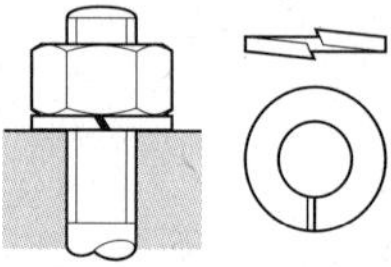

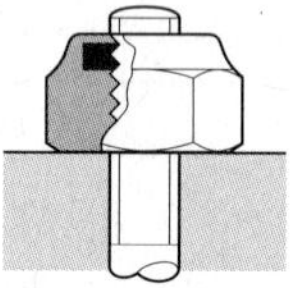

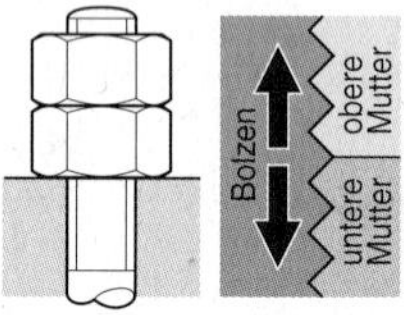

Formschluss

Sicherungsblech mit Lappen	Drahtsicherungen	Kronenmutter mit Splint

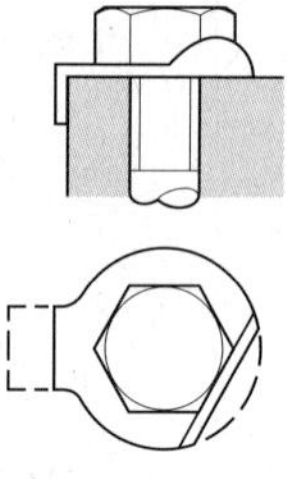

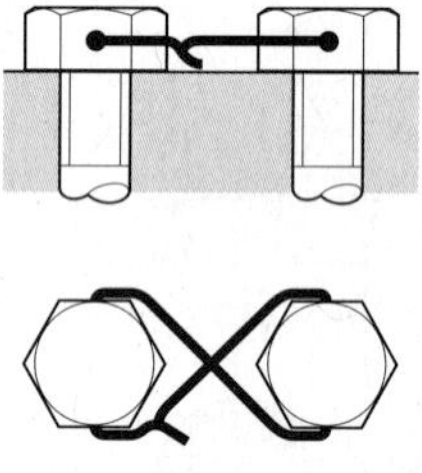

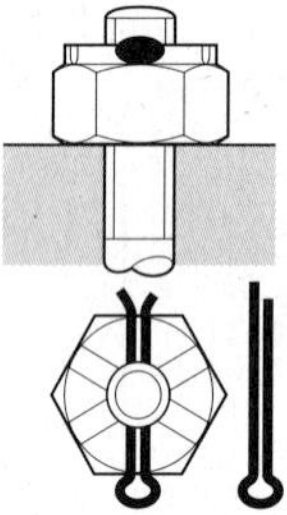

EWL–VST015/G

Sicherung von Schraubverbindungen

Schraubverbindungen können sich lösen, wenn ungünstige Betriebsbedingungen auf sie einwirken. Wenn sich eine Schraubverbindung löst können die auf die Fügeteile einwirkenden Kräfte nicht mehr durch Kraftschluss aufgenommen werden. Die Kräfte wirken dann als Scherkräfte auf die Schraube ein, wodurch sie zerstört werden kann. Auslösende Faktoren können sein:
– Vibrationen
– Wechselbeanspruchung
– Temperaturbedingte Ausdehnung
– Setzverhalten der Werkstoffe
Richtige Schraubendimensionierung und Anzugsdrehmomente vorausgesetzt, können Schraubverbindungen durch entsprechende Maßnahmen wirkungsvoll geschützt werden.

Die wichtigsten Maßnahmen basieren auf
– Stoffschluss
– Kraftschluss
– Formschluss

Sicherung durch Stoffschluss
Sicherungen durch Stoffschluss basieren auf geeigneten Klebstoffen, welche vor dem Verschrauben auf das Gewinde aufgebracht werden und nach Festziehen der Schraube aushärten. Die Klebstoffe können auch in Form einer mikroverkapselten Beschichtung auf der Schraube aufgetragen sein.

Beim Eindrehen der Schraube kann durch den Klebstoff ein geringfügig höheres Drehmoment erforderlich sein.

Beim beabsichtigten Lösen der Verschraubung wird der Klebstoff zerstört.

Sicherungen durch Kraftschluss basieren auf der elastischen Formveränderung der Sicherungselemente beim Anziehen der Schraubverbindung. Hierdurch wird der Reibbeiwert so stark erhöht, dass ein selbsttätiges Lösen nicht mehr erfolgt. Typische Sicherungselemente sind
– Federscheiben
– Federringe
– Zahnscheiben
– Fächerscheiben

– Sicherungsmuttern
– Kunststoffeinlagen
Durch Gegeneinanderziehen von zwei Muttern („Kontermutter") wird ebenfalls eine zuverlässige Losdrehsicherung erreicht, bei zu starkem „Kontern" können allerdings die Gewindegänge der Schraube geschädigt werden.

Beim Eindrehen der Schraube kann wegen der Verformung des Sicherungselementes ein erheblich höheres Drehmoment erforderlich sein.

Beim beabsichtigten Lösen der Verschraubung wird, je nach Typ, das Sicherungselement meist beschädigt und darf nicht mehr wiederverwendet werden.

Sicherung durch Formschluss
Beim Sichern durch Formschluss sind meist speziell dafür geeignete Schrauben und Muttern zu verwenden. Eine typische Sicherung durch Formschluss ist die Verwendung von Splinten in quer durchbohrten Schrauben zusammen mit Kronenmuttern. Schrauben in der Nähe von Werkstückkanten können durch umgelegte Sicherungsbleche am Drehen gehindert werden.

Formschlüssige Sicherungselemente ändern das Anziehdrehmoment nicht. können aber eine bestimmte Positionierung der Schraube oder der Mutter zueinander erforderlich machen.

Beim beabsichtigten Lösen der Verschraubung wird, je nach Typ, das Sicherungselement meist beschädigt und sollte nicht mehr verwendet werden.

Zusammenfassung

Die Verschraubungstechnik ist eine der wichtigsten Verbindungstechniken. Verschraubungen haben vorausberechenbare Eigenschaften. Sie können von Hand oder maschinell hergestellt werden. Die Verbindungsmittel sind vielfältig, standardisiert und können für die jeweiligen Anwendungsfälle optimiert werden. Zur Auswahl und Bestimmung der jeweiligen Verschraubungstechnik gibt es umfangreiche Herstellerunterlagen und Fachliteratur.

Schlitzschrauben
Auswahl von Führungshülsen

Gewindedurchmesser mm										Schraubkopf Ø	Nennmaß
für Gewinde- und Gewinde-Schneid-Schrauben				für Blechschrauben			für Holzschrauben				
DIN/EN/ISO 1207	1580	2009	2010	DIN/EN/ISO 1481	1482	1483	DIN 95	DIN 96	DIN 97	Ømm	mm
1,6		1,6	1,6				1,6		1,6	3,0	
								1,6		3,2	
(1,8)										3,4	0,5 x 3,0
										3,5	
2		2	2				2		2	3,8	
								2		4,0	0,5 x 4,0
		2,2								4,0	
					2,2	2,2				3,8	
2,3										4,4	0,6 x 3,5
2,5										4,5	
		2,5	2,5				2,5		2,5	4,7	
2,6								2,5		5,0	0,6 x 4,5
3					2,9	2,9				5,5	0,8 x 4,0
		2,9								5,6	
3,5								3		6,0	
		7,3	7,3				3,5		3,5	6,5	0,8 x 5,5
								3,5		7,0	

VST-T13.1

Schlitzschrauben (Fortsetzung)
Auswahl von Führungshülsen

| Gewindedurchmesser mm | | | | | | | | | | Schraub-kopf Ø | Nennmaß |
| für Gewinde- und Gewinde-Schneid-Schrauben | | | | für Blechschrauben | | | für Holzschrauben | | | | |
DIN/EN/ISO 1207	1580	2009	2010	DIN/EN/ISO 1481	1482	1483	DIN 95	DIN 96	DIN 97	Ømm	mm
					3,5	3,5				7,3	
				3,5						7,0	
4										7,0	
		4,8	4,8	3,9	3,9	3,9	4		4	7,5	1,0 x 5,5
	4							4		8,0	
							4,5		4,5	8,3	
								4,5		9,0	
					4,2	4,2				8,4	
				4,2						8,0	1,2 x 6,5
		9,3	9,3				5		5	9,2	
				4,8	4,8	4,8				9,5	
5										8,5	
	5									9,5	1,2 x 8,0
							(5,5)		(5,5)	10,2	
								(5,5)		11,0	
					5,5	5,5				10,8	1,6 x 8,0
		6	6							11,3	
6										10,0	
				5,5						11,0	
								6		12,0	1,6 x 10,0
					6,3	6,3				11,3	
				6,3						12,0	

Bitgrößen für Kreuzschlitzschrauben

Kreuzschlitzgröße	Metrische Schrauben			Blechschrauben			Holzschrauben			Sonderschrauben
	DIN/EN/ISO 7046-1* 7046-2**	7047	7045	DIN/EN/ISO 7049	7050	7051	DIN 7995	DIN 7996	DIN 7997	Schnellbauschrauben, Spanplattenschrauben, Bohrschrauben
Phillips Pozidriv	M	M	M	mm	mm	mm	mm	mm	mm	mm
0	1,6	1,6	1,6	2,2	2,2	2,2	–	2	–	–
1	2,5	2,5	2	2,9	2,9	2,9	2,5	2,5	2,5	2,1...3
	3	3	2,5	–	–	–	3	3	3	
	–	–	3	–	–	–	–	–	–	
2	3,5	3,5	3,5	3,5	3,5	3,5	3,5	3,5	3,5	3,1...5,2
	4	4	4	–	3,9	4	4	4	4	
	5	5	5	4,2	4,2	4,2	4,5	4,5	4,5	
	–	–	–	4,8	4,8	4,8	5	5	5	
3	6	6	6	5,5	5,5	5,5	5,5	5,5	5,5	5,3...7,2
	–	–	–	6,3	6,3	6,3	6	6	6	
	–	–	–	–	–	–	7	7	7	
4	8	8	8	8	8	8	–	–	–	7,3...12,7
	10	10	10	9,5	9,5	9,5	–	–	–	

* (4.8) ** (8.8)   Phillips ®, Pozidriv ®   VST-T31

Bitgrößen für Schlitzschrauben

Schneidenmaß DIN 5264	Schrauben-Kopfdurchmesser	Metrische Schrauben				Blechschrauben		
	mm	M	M	M	M	mm	mm	mm
0,4×2	3	–	1,6	1,6	1,6	–	–	–
0,4 × 2,5	3,2	1,6	1,6	1,8	–	–	–	–
0,5 × 3	4	2	2	2	2	2,2	2,2	2,2
0,6 × 3,5	5	2,5	2,5	2,5	2,5	2,2	–	–
0,8 × 4	5,6	3	3	3	3	2,9	2,9	2,9
1 × 5,5	6	3,5	3,5	4	4	3,5...3,9	3,5...3,10	3,5...3,11
1,2 × 6,5	9,5	4	4...5	4...5	4...5	4,8	4,2...4,8	4,2...4,8
1,2 × 8	10,2	5	4...5	4...5	–	4,2...4,8	–	4,8
1,6 × 8	11,3	–	–	6	6	–	5,5...6,3	5,5...6,3
1,6 × 10	12	6	6	–	–	5,5...6,3	–	6,3
2 × 12	16	8	8	8	8	8	8	8
2,5 × 14	20	10	10	10	10	9,5	9,5	9,5

VST-T34

Schlüsselweiten

Gewinde M...	Kopfform								
	Sechskant				Innen	Sechsrund (Torx) metrische Schrauben			
	Außen	Außen	Innen	Innen	Innen	Außen	Außen	Innen	Innen
	DIN/EN/ISO 4014	DIN / ISO 272	DIN/EN ISO 4762	Senkkopf DIN/EN/ISO 7791	Gewindestift DIN 913-915	DIN/EN ISO 4017	DIN 34801	DIN 34802	DIN/EN/ISO 10664
	mm	mm	mm	mm	mm	Größe	Größe	Größe	Größe
1,4	–	–	1,3	–	0,7	–	–	–	–
1,6	–	–	1,6	–	0,7	–	–	T 6 / T 7*	–
1,8	–	–	–	–	0,7	–	–	–	–
2	–	–	1,6	–	0,9	–	–	T 6 / T 7*	–
2,5	–	–	2	–	1,3	–	–	T 8	T 8
3	–	–	2,5	2	1,5	E 4	–	T 10	T 10
3,5	–	–	–	–	–	–	–	–	T 15
4	7	7	3	2,5	2	E 5	E 6	T 20	T 20
5	8	8	4	3	2,5	E 6	E 8	T 25	T 25
Sonderschrauben	–	–	–	–	–	E 7	E 7	T 27	T 27
6	10	10	5	4	3	E 8	E 10	T 30	T 30
7	11	11	–	–	–	–	–	–	–
8	13	13	6	5	4	E 10	E 12	T 40	T 40
Sonderschrauben	–	–	–	–	–	–	–	T 45	T 45
10	16	16	8	6	5	E 12	E 14	T 50	T 50
12	18	18	10	8	6	E 14	E 18	T 55	T 55
Sonderschrauben	–	–	–	–	–	E 16	E 16	–	–
14	21	21	12	10	6	E 18	E 20	T 60	–
16	24	24	14	10	8	E 20	–	–	–
18	27	27	14	12	10	–	–	–	–
20	30	30	17	12	10	–	–	–	–
22	34	34	17	14	12	–	–	–	–
24	36	36	19	14	12	–	–	–	–
27	41	41	19	–	–	–	–	–	–
30	46	46	22	–	–	–	–	–	–
33	50	50	24	–	–	–	–	–	–
36	55	55	27	–	–	–	–	–	–
42	65	65	32	–	–	–	–	–	–
48	75	75	36	–	–	–	–	–	–
52	80	80	–	–	–	–	–	–	–

* für Hartmetall-Wendeplatten

VST-T32

Schlüsselweiten, internationaler Vergleich

Schlüsselweite imperial	metrisch	Abmessungen Inch	Millimeter
1/4 AF		0,25	6,35
	7 mm	0,276	7,0
5/16 AF		0,313	7,95
	8 mm	0,315	8,00
11/32 AF		0,344	8,74
1/8 Wworth		0,344	8,74
	9 mm	0,354	9,0
3/8 AF		0,375	9,53
	10 mm	0,394	10,0
	11 mm	0,433	11,0
7/16 AF		0,438	11,13
3/16 Wworth		0,445	11,30
1/4 BSF		0,445	11,30
	12 mm	0,472	12,0
1/2 AF		0,5	12,70
	13 mm	0,512	13,00
1/4 Wworth		0,525	13,34
5/16 BSF		0,525	13,34
	14 mm	0,551	14,00
9/16 AF		0,563	14,3002
	15 mm	0,591	15,0
5/16 Wworth		0,6	15,24
3/8 BSF		0,6	15,24
5/8 AF		0,625	15,875
	16 mm	0,63	16,0
	17 mm	0,669	17,0
11/16 AF		0,686	17,42
	18 mm	0,709	18,0
3/8 Wworth		0,71	18,03
7/16 BSF		0,71	18,03
	19 mm	0,748	19,0
3/4 AF		0,75	19,05
	20 mm	0,787	20,0
3/16 AF		0,813	20,65
7/16 Wworth		0,82	20,83
1/2 BSF		0,82	20,83
	21 mm	0,826	21,0
	22 mm	0,866	22,0
7/8 AF		0,875	22,23
	23 mm	0,905	23,0
1/2 Wworth		0,92	23,37
9/16 BSF		0,92	23,37
15/16 AF		0,938	23,83
	24 mm	0,945	24,0
	25 mm	0,984	25,0
1 AF		1	25,40
9/16 Wworth		1,01	25,65
5/8 BSF		1,01	25,65
	26 mm	1,024	26,01
	27 mm	1,063	27,00
1 1/16 AF		1,063	27,00
5/16 Wworth		1,1	27,94
11/16 BSF		1,1	27,94
1 1/8 AF		1,125	28,58
	30 mm	1,181	30,0
11/16 Wworth		1,2	30,48

Schlüsselweite imperial	metrisch	Abmessungen Inch	Millimeter
3/4 BSF		1,2	30,48
1 1/4 AF		1,25	31,75
	32 mm	1,26	32,004
3/4 Wworth		1,3	33,02
7/8 BSF		1,3	33,02
1 5/16 AF		1,313	33,35
13/16 Wworth		1,39	35,31
15/16 BSF		1,39	35,31
	36 mm	1,417	36,0
1 7/16 AF		1,418	36,02
7/8 Wworth		1,48	37,59
1 BSF		1,48	37,59
1 1/2 AF		1,5	38,10
	40 mm	1,575	40,01
15/16 AF		1,575	40,01
	41 mm	1,614	41,0
1 5/8 AF		1,625	41,28
1 Wworth		1,67	42,42
1 1/8 BSF		1,67	42,42
1 11/16 AF		1,688	42,88
	46 mm	1,811	46,0
1 13/16 AF		1,813	46,05
1 1/8 Wworth		1,86	47,24
1 1/4 BSF		1,86	47,24
1 7/8 AF		1,875	47,63
	50 mm	1,969	50,0
2 AF		2	50,80
1 1/4 Wworth		2,05	52,07
1 3/8 BSF		2,05	52,07
	55 mm	2,165	55,0
	60 mm	2,362	60,0

VST-T35

Schlüsselweiten

Torx Blechschrauben

Innen ISO 7049	Innen ISO 1482; 1483; 7050; 7051	Gewindegröße
Größe	Größe	mm
T 8	T 8	2,9
T 9	–	2,9
T 10	T 10	3,5
T 15	T 15	3,9
T 20	T 20	4,2
T 25	T 25	4,8
T 25	T 25	5,5
T 30	T 30	6,3

VST-T33

Schraubtechnik

Verbindungselemente aus korrosionsbeständigen Stählen

In aggressiver Umgebung ist die Verwendung von Befestigungselementen aus korrosionsbeständigen Stählen (Edelstählen) sinnvoll. Zur richtigen Auswahl ist es wichtig, die geeignete Stahlsorte zu bestimmen und die notwendige Güteklasse auszuwählen. Hierfür sind die folgenden Tabellen bestimmt. Weiterführende Information über korrosionsbeständige Stähle befinden sich im Kapitel Werkstoffe – Metall.

Verbindungselemente aus Edelstahl nach DIN-ISO 3506

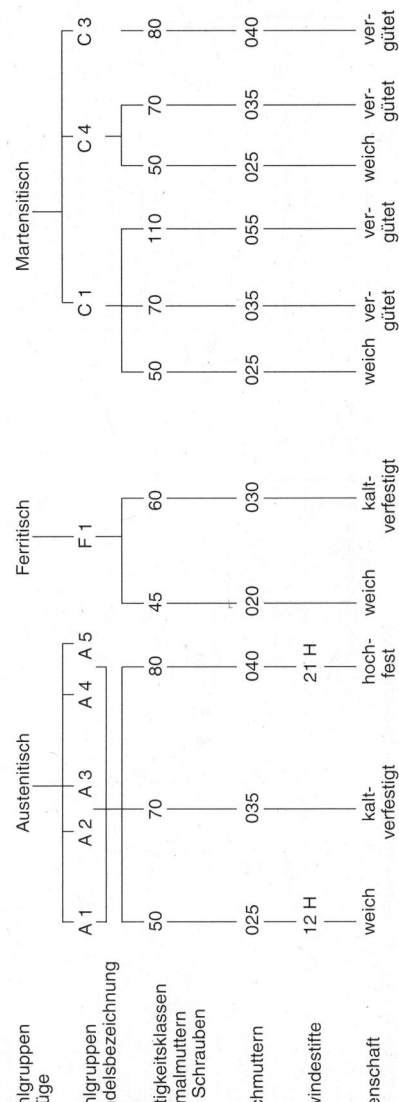

	Austenitisch			Ferritisch		Martensitisch					
Stahlgruppen-Bezeichnungen											
Stahlgruppen Gefüge	Austenitisch			Ferritisch		Martensitisch					
Stahlgruppen Handelsbezeichnung	A 1	A 2 A 3	A 4 A 5	F 1		C 1			C 4		C 3
Festigkeitsklassen Normalmuttern und Schrauben	50	70	80	45	60	50	70	110	50	70	80
Flachmuttern	025	035	040	020	030	025	035	055	025	035	040
Gewindestifte	12 H		21 H								
Eigenschaft	weich	kalt-verfestigt	hoch-fest	weich	kalt-verfestigt	weich	ver-gütet	ver-gütet	weich	ver-gütet	ver-gütet

VST-T14

Edelstähle für Verbindungselemente
Zusammensetzung, Stahlgruppen, Legierungsbestandteile

Werkstoff-nummer	Handels-namen Stahlgruppe	Typ	wichtigste Legierungsbestandteile				Verwendung
			Cr %	Ni %	Mo %	andere %	
1.4016	F 1	ferritisch	16...18	...0.5	–	–	Kaltumformung, Verbindungselemente
1.4113	F 1	ferritisch	16...18	–	0.9...1.3	–	Kaltumformung
1.4006	C 1	martensitisch	11.5...14	1	–	–	Kaltumformung, Verbindungselemente
1.4021	C 1		12...14	1	–	–	Verbindungselemente
1.4028	C 1		12...14	1	–	–	Verbindungselemente
1.4034	C 1		12.5...14.5	1	–	–	Verbindungselemente
1.4057	C 3		16...18	1.5...2.5	–	–	Kaltumformung, Verbindungselemente
1.4301	A 2	austenitisch	17...19	8...11	–	–	Kaltumformung, Verbindungselemente
1.4303	A 2		17...19	11...13	–	–	Kaltumformung, Verbindungselemente
1.4305	A 1		17...19	8...10	...0.6	–	Befestigungstechnik
1.4306	A 2		17...19	9...12	–	–	Kaltumformung, Verbindungselemente
1.4541	A 2		17...19	9...12	–	Ti	Kaltumformung, Verbindungselemente
1.4550	A 2		17...19	9...12	–	Nb	Kaltumformung, Verbindungselemente
1.4401	A 4		16...18.5	10.5...14	2...2.5	–	Kaltumformung, Verbindungselemente
1.4404	A 4		16...16.5	11...14	2...2.5	–	Kaltumformung, Verbindungselemente
1.4435	A 4		16...18.5	11.5...14.5	2.5...3	–	Verbindungselemente
1.4436	A 4		16...18.5	11...14.5	2.5...3	–	Verbindungselemente
1.4571	A 4		16...18.5	10.5...14	2...2.5	Ti	Kaltumformung, Verbindungselemente
1.4580	A 4		16...18.5	10.5...14	2...2.5	Nb	Kaltumformung, Verbindungselemente

VST-T15

Mechanische Eigenschaften von Schrauben aus korrosionsbeständigen Stahlsorten

Stahlgruppe	Stahlsorte	Festigkeits-klasse	Durch-messer-bereich [3]	Zug-festigkeit R_m [1] Schraube N/mm²	0,2%-Dehn-grenze $R_{p\,0,2}$ [1] Schraube N/mm²	Bruch-dehnung A [2] Schraube mm	Prüf-spannung S_p Mutter N/mm²	Härte HB	Härte HRC	Härte HV
Austenitisch	A1	50	< M 39	500	210	0,6 d	500	–	–	–
	A2, A3, A4	70	< M 24	700	450	0,4 d	700	–	–	–
	A5	80	< M 24	800	600	0,3 d	800	–	–	–
Martensitisch	C1	50	–	500	250	0,2 d	500	147...209	–	155...220
		70	–	700	410	0,2 d	700	209...314	20...34	220...330
		110 [4]	–	1100	820	0,2 d	–	–	36...45	350...440
	C3	80	–	800	640	0,2 d	700	228...323	21...35	240...340
	C4	50	–	500	250	0,2 d	450	147...209	–	155...220
		70	–	700	410	0,2 d	600	209...314	20...34	220...330
Ferritisch	F1	45	< M 24	450	250	0,2 d	450	128...209	–	135...220
		60	< M 24	600	410	0,2 d	600	171...271	–	180...285

[1] auf den Spannungsquerschnitt bezogen
[2] an der jeweiligen Länge der Schraube und nicht an abgedrehten Proben bestimmt. d = Nenndurchmesser
[3] ab d=24mm nach Vereinbarung
[4] vergütet, Anlasstemperatur mind. 275 °C

VST-T16

Schraubtechnik

Verbindungselemente aus Edelstahl nach DIN-ISO 3506

Mindestbruchdrehmomente
Orientierungswerte für Schrauben aus austenitischem Stahl mit Regelgewinde M1,6...M16

Gewinde	Festigkeitsklasse		
	50	70	80
	austenitischer Stahl Drehmoment		
	Nm	Nm	Nm
M 1,6	0,15	0,2	0,24
M 2	0,3	0,4	0,48
M 2,5	0,6	0,9	0,96
M 3	1,1	1,6	1,8
M 4	2,7	3,8	4,3
M 5	5,5	7,8	8,8
M 6	9,3	13	15
M 8	23	32	37
M 10	46	65	74
M 12	80	110	130
M 16	210	290	330

VST-T17

Einsatz bei tiefen Temperaturen
Anwendungstemperaturen für Schrauben aus austenitischem Stahl

Edelstahl-Sorte	Schrauben-typ	untere Grenz-temperatur
A2	allgemein	- 200 °C
A4	Schrauben*	- 60 °C
A4	Stift-schrauben	- 200 °C

* In Verbindung mit dem Legierungselement Mo und größeren Umformungsgraden verschiebt sich die Anwendungstemperatur nach oben.

VST-T18

Vorspannkräfte und Anziehdrehmomente

Orientierungswerte für Schrauben der Stahlgruppen A2, A4

Gewinde	Festigkeitsklasse 70		Festigkeitsklasse 80	
	Vorspannkraft N	Anziehmoment Nm	Vorspannkraft N	Anziehmoment Nm
M 5	3000	3,5	4750	4,7
M 6	6200	6	6700	8
M 8	12200	16	13700	22
M 10	16300	32	22000	43
M 12	24200	56	32000	75
M 16	45000	135	60000	180
M 20	71000	280	95000	370
M 24	105000	455	140000	605
M 30	191000	1050	255000	1400

Reibwert: 0,12; Streckgrenze : 0,2;   70 = 450 N/mm^2 80 = 600 N/mm^2

VST-T19

Einsatz bei hohen Temperaturen

Einfluss der Temperatur auf die Streckgrenze und Dehngrenze für die Festigkeitsklassen 70 und 80

Edelstahl-Sorte	Streckgrenze R_{eL} und Dehngrenze $R_{p0,2}$ in % zu den Werten bei Raumtemperatur			
	+ 100 °C	+ 200 °C	+ 300 °C	+ 400 °C
A2	85	80	75	70
A4	85	80	75	70
C1	95	90	80	65
C3	90	85	80	60

VST-T20

Gewindearten

Weltweit sind unterschiedliche Gewinde gebräuchlich, welche nicht miteinander kompatibel sind. Die Unterschiede sind teilweise minimal und nicht ohne Weiteres erkennbar. Die Gewindearten lassen sich in drei Gruppen einteilen:
– Gewinde nach DIN/ISO
– Gewinde nach BS (Whitworth)
– Gewinde nach UN (USA)

Gewinde nach DIN/ISO

Panzerrohrgewinde
Für Elektrokabel-Schutzrohre

Kabeldurchm. Millimeter	Gewinde Kennung	Außen Millimeter	Kern Millimeter	Steigung
6	Pg 7	12,5	11,3	1,27
8	Pg 9	15,5	13,9	1,41
10	Pg 11	18,6	17,3	1,41
12	Pg 13,5	20,4	19,1	1,41
14	Pg 16	22,5	21,2	1,41
18	Pg 21	28,3	26,8	1,59
25	Pg 29	37	35,5	1,59
32	Pg 36	47	45,5	1,59
38	Pg 42	54	52,5	1,59
43	Pg 48	59,3	57,8	1,59

VST-T21

Panzerrohrgewinde
Für Elektrokabel-Verschraubungen und Dichtmuffen

Kabel-Durchmesser Millimeter	Gewinde Kennung	Montageloch Durchmesser Millimeter	Gewinde Länge Millimeter	Schlüsselw. Muffe Millimeter	Schlüsselw. Mutter Millimeter
3,0 – 6,5	Pg 7	12,5	8	15	19
4,0 – 8,0	Pg 9	15,2	8	19	22
5,0 – 10,0	Pg 11	18,6	8	22	24
6,0 – 12,0	Pg 13,5	20,4	9	24	27
13,0 – 18,0	Pg 16	22,6	9,7	27	30
18,0 – 25,0	Pg 21	28,4	11	30	36
18,0 – 25,0	Pg 29	37,4	11	42	46

VST-T22

Gewindeformer

(Metrisch ISO DIN 13)

Gewinde M	Steigung mm	Kernloch ⌀ mm
1	0,25	0,90
1,1	0,25	1,00
1,2	0,25	1,10
1,4	0,30	1,25
1,6	0,35	1,45
1,7	0,35	1,55
1,8	0,35	1,65
2	0,40	1,80
2,2	0,40	2,00
2,3	0,45	2,10
2,5	0,45	2,30
2,6	0,45	2,40
3	0,50	2,80
3,5	0,60	3,25
4	0,70	3,70
5	0,80	4,65
6	1,00	5,55
8	1,25	7,45
10	1,50	9,35
12	1,75	11,20
14	2,00	13,10
16	2,00	15,10
18	2,50	16,90
20	2,50	18,90

GEW-T 01

Gewindebohrer

Metrisches ISO Gewinde DIN 13

Gewinde M	Steigung mm	Kernloch Mutter ⌀ mm	**Kernloch DIN 336 ⌀ mm**
1	0,25	0,785	0,75
1,1	0,25	0,885	0,85
1,2	0,25	0,985	0,95
1,4	0,3	1,142	1,10
1,6	0,35	1,321	1,25
1,8	0,35	1,521	1,45
2	0,4	1,678	1,60
2,2	0,45	1,838	1,75
2,5	0,45	2,138	2,05
3	0,5	2,599	2,50
3,5	0,6	3,010	2,90
4	0,7	3,422	3,30
4,5	0,75	3,878	3,70
5	0,8	4,334	4,20
6	1	5,153	5,00
7	1	6,153	6,00
8	1,25	6,912	6,80
9	1,25	7,912	7,80
10	1,5	8,676	8,50
11	1,5	9,676	9,50
12	1,75	10,441	10,20
14	2	12,210	12,00
16	2	14,210	14,00
18	2,5	15,744	15,50
20	2,5	17,744	17,50
22	2,5	19,744	19,50
24	3	21,252	21,00
27	3	24,252	24,00
30	3,5	26,771	26,50
33	3,5	29,771	29,50
36	4	32,270	32,00
39	4	35,270	35,00
42	4,5	37,799	37,50
45	4,5	40,799	40,50
48	5	43,297	43,00
52	5	47,297	47,00
56	5,5	50,796	50,50
60	5,5	54,796	54,50
64	6	58,305	58,00
68	6	62,305	62,00

GEW-T 02

Gewindebohrer Metrisches ISO Feingewinde DIN 13

Gewinde ∅ × Steigung M × mm	Kernloch Mutter ∅ mm	**Kernloch DIN 336** ∅ mm	Gewinde ∅ × Steigung M × mm	Kernloch Mutter ∅ mm	**Kernloch DIN 336** ∅ mm
2 × 0,25	1,774	1,75	22 × 2	20,210	20
2,2 × 0,25	1,974	1,95	24 × 1	23,153	23
2,3 × 0,25	2,071	2,05	24 × 1,5	22,676	22,5
2,5 × 0,35	2,184	2,15	24 × 2	22,210	22
2,6 × 0,35	2,252	2,20	25 × 1	24,153	24
3 × 0,35	2,684	2,65	25 × 1,5	23,676	23,5
3,5 × 0,35	3,184	3,15	26 × 1,5	24,676	24,50
4 × 0,35	3,684	3,65	27 × 1,5	25,676	25,5
4 × 0,5	3,599	5,5	27 × 2	25,210	25
5 × 0,5	4,599	4,5	28 × 1,5	26,676	26,5
6 × 0,5	5,599	5,5	28 × 2	26,210	26
6 × 0,75	5,378	5,2	30 × 1	29,153	29
7 × 0,75	6,378	6,2	30 × 1,5	28,676	28,5
8 × 0,5	7,599	7,5	30 × 2	28,210	28
8 × 0,75	7,378	7,2	32 × 1,5	30,676	30,5
8 × 1	7,153	7	33 × 1,5	31,676	31,5
9 × 0,75	8,378	8,2	33 × 2	31,210	31
9 × 1	8,153	8	34 × 1,5	32,676	32,5
10 × 0,5	9,599	9,5	35 × 1,5	33,676	33,5
10 × 0,75	9,378	9,2	36 × 1,5	34,676	34,5
10 × 1	9,153	9	36 × 2	34,210	34
10 × 1,25	8,912	8,8	36 × 3	33,252	33
11 × 1	10,153	10	38 × 1,5	36,676	36,5
12 × 0,75	11,378	11,2	39 × 1,5	37,676	37,5
12 × 1	11,153	11	39 × 2	37,210	37
12 × 1,25	10,912	10,8	39 × 3	36,252	36
12 × 1,5	10,676	10,5	40 × 1,5	38,676	38,5
13 × 1	12,153	12	40 × 2	38,210	38
14 × 1	13,153	13	40 × 3	37,252	37
14 × 1,25	12,912	12,8	42 × 1,5	40,676	40,5
14 × 1,5	12,676	12,5	42 × 2	40,210	40
15 × 1	14,153	14	42 × 3	39,252	39
15 × 1,5	13,676	13,5	45 × 1,5	43,676	43,5
16 × 1	15,153	15	45 × 2	43,210	43
16 × 1,5	14,676	14,5	45 × 3	42,252	42
18 × 1	17,153	17	48 × 1,5	46,676	46,5
18 × 1,5	16,676	16,5	48 × 2	46,210	46
18 × 2	16,210	16	48 × 3	45,252	45
20 × 1	19,153	19	50 × 1,5	48,676	48,5
20 × 1,5	18,676	18,5	50 × 2	48,210	48
20 × 2	18,210	18	50 × 3	47,252	47
22 × 1	21,153	21	52 × 1,5	50,676	50,5
22 × 1,5	20,676	20,5	52 × 2	50,210	50
			52 × 3	49,252	49

Whitworth Rohrgewinde
Eigenschaften: Zylindrisch, außen = G

Gewinde-kennung	Durchmesser Inch	Durchmesser außen mm	Durchmesser Mutter, Kern mm	Durchmesser Kernloch mm	Gänge je Inch
G 1/8"	1/8"	9,73	8,85	8,80	28
G 1/4"	1/4	13,16	11,89	11,80	19
G 3/8"	3/8	16,66	15,39	15,25	19
G 1/2	1/2	20,95	19,17	19,00	14
G 5/8"	5/8	22,91	21,13	21,00	14
G 3/4"	3/4	26,44	24,66	24,50	14
G 7/8"	7/8	30,20	28,42	28,25	14
G 1"	1	33,25	30,93	30,75	11
G 1 1/8"	1 1/8	37,90	35,58	35,30	11
G 1 1/4"	1 1/4	41,91	35,59	39,25	11
G 1 3/8"	1 3/8	44,32	42,00	41,70	11
G 1 1/2"	1 1/2	47,80	45,48	45,25	11
G 1 3/4"	1 3/4	53,74	51,43	51,10	11
G 2"	2	59,61	57,29	57,00	11
G 2 1/4"	2 1/4	65,71	63,39	63,10	11
G 2 1/2"	2 1/2	75,18	72,86	72,60	11
G 2 3/4"	2 3/4	81,53	79,21	78,90	11
G 3"	3	87,88	85,56	85,30	11
G 3 1/4"	3 1/4"	93,98	91,66	91,50	11
G 3 1/2"	3 1/2	100,33	98,01	97,70	11
G 3 3/4"	3 3/4	106,68	104,36	104,00	11
G 4"	4	113,03	110,71	110,40	11

VST-T24

Whitworth Rohrgewinde
Eigenschaften: Zylindrisch, außen = G
Eigenschaften: Zylindrisch, innen = Rp
Eigenschaften: Kegel 1:16, außen = R

Gewinde-kennung	Aussen mm	Innen mm	Gänge je Inch
R 1/8	9,72	8,57	28
R 1/4	13,16	11,45	19
R 3/8	16,66	14,95	19
R 1/2	20,96	18,63	14
R 3/4	26,44	24,18	14
R 1	33,25	30,29	11
R 1 1/4	41,9	38,95	11
R 1 1/2	47,8	44,85	11
R 2	59,6	56,66	11
R 2 1/2	75,15	72,23	11
R 3	87,88	84,93	11

VST-T25

Whitworth Feingewinde
Eigenschaften: Zylindrisch, Flanken-winkel 55 Grad

Gewinde-kennung	Durch-messer Inch	Durch-messer mm	Gänge je Inch
BFS 3/16"	3/16	4,76	32
BFS 7/32"	7/32	5,55	28
BFS 1/4"	1/4	6,35	26
BFS 9/32"	9/32	7,14	26
BFS 5/16"	5/16	7,94	22
BFS 3/8"	3/8	9,53	20
BFS 7/16"	7/16	11,11	18
BFS 1/2"	1/2	12,7	16
BFS 9/16"	9/16	14,23	16
BFS 5/8"	5/8	15,88	14
BFS 11/16"	11/16	17,46	14
BFS 3/4"	3/4	19,05	12
BFS 13/16"	13/16	20,63	12
BFS 7/8"	7/8	22,23	11
BFS 1"	1	25,4	10

VST-T26

Whitworth Regelgewinde BS 84
Eigenschaften: Zylindrisch, Flankenwinkel 55 Grad

Gewinde-kennung	Durchmesser Inch	Durchmesser außen mm	Durchmesser Mutter, Kern mm	Durchmesser Kernloch mm	Gänge je Inch
W 1/16"	1/16	1,61	1,23	1,15	60
W 3/32"	3/32	2,40	1,9	1,80	48
W 1/8"	1/8	3,20	2,59	2,60	40
W 5/32"	5/32	4,00	3,21	3,10	32
W 3/16"	3/16	4,79	3,74	3,60	24
W 7/32	7/32	5,59	4,54	4,40	24
W 1/4"	1/4	6,39	5,22	5,10	20
W 5/16 "	5/16	7,98	6,66	6,50	18
W 3/8 "	3/8	9,57	8,05	7,90	16
W 7/16"	7/16	11,17	9,38	9,30	14
W 1/2 "	1/2	12,75	10,61	10,50	12
W 9/16"	9/16	14,34	12,18	12,00	12
W 5/8"	5/8	15,93	13,60	13,50	11
W 3/4"	3/4	19,10	16,54	16,50	10
W 7/8"	7/8	22,28	19,41	19,25	9
W 1"	1	25,47	22,18	22,00	8
W 1 1/8"	1 1/8	28,64	24,88	24,75	7
W 1 1/4"	1 1/4	31,82	28,05	27,75	7
W 1 3/8"	1 3/8	35,01	30,55	30,20	6
W 1 1/2"	1 1/2	38,18	33,73	33,50	6
W 1 5/8"	1 5/8	41,36	35,92	35,50	5
W 1 3/4"	1 3/4	44,53	39,09	38,50	5
W 1 7/8"	1 7/8	47,71	41,65	41,50	4,5
W 2"	2	50,89	44,82	44,50	4,5
W 2 1/4"	2 1/4	57,24	50,42	50,00	4
W 2 1/2"	2 1/2	63,59	56,77	56,60	4
W 2 3/4"	2 3/4	69,94	62,11	62,00	3,5
W 3"	3	76,29	68,46	68	3,5

U.S.A – UNF-Gewinde ANSI B1.1 (*uni*fied *f*ine-Feingewinde)
Eigenschaften: Zylindrisch, Flankenwinkel 60 Grad

Gewinde-kennung	Durch-messer Inch	Durchmesser außen mm	Durchmesser Mutter, Kern mm	Durchmesser Kernloch mm	Gänge je Inch
0 – 80	–	1,52	1,30	1,25	80
1 – 72	–	1,85	1,61	1,55	72
2 – 64	–	2,18	1,91	1,90	64
3 – 56	–	2,51	2,19	2,15	56
4 – 48	–	2,84	2,45	2,40	48
5 – 44	–	3,17	2,74	2,70	44
6 – 40	–	3,50	3,01	2,95	40
8 – 36	–	4,16	3,59	3,50	36
10 – 32	–	4,82	4,16	4,10	32
12 - 28	–	5,48	4,71	4,70	28
1/4"-28 UNF	1/4"	6,35	5,56	5,50	28
5/16"-24 UNF	5/16"	7,94	6,99	6,90	24
3/8"-24 UNF	3/8"	9,53	8,56	8,50	24
7/16"-20 UNF	7/16"	11,11	9,94	9,90	20
1/2"-20 UNF	1/2"	12,70	11,52	11,50	20
9/16"-18 UNF	9/16"	14,23	12,97	12,90	18
5/8"-18 UNF	5/8"	15,88	14,55	14,50	18
3/4"-16 UNF	3/4"	19,05	17,54	17,50	16
7/8"-14 UNF	7/8"	22,23	20,49	20,40	14
1"-12 UNF	1"	25,4	23,36	23,25	12
1 1/8"–12 UNF	1 1/8"	28,57	26,54	26,50	12
1 1/4"–12 UNF	1 1/4"	31,75	29,71	29,50	12
1 3/8"–12 UNF	1 3/8"	34,92	32,89	32,75	12
1 1/2"–12 UNF	1 1/2"	38,10	36,06	36,00	12

VST-T28

U.S.A - UNEF-Gewinde
(*uni*fied *e*xtra *f*ine - Feinstgewinde)

Gewindekennung	Durchmesser Inch	Durchmesser Millimeter	Gänge je Inch
1/4"-32 UNEF	1/4"	6,35	32
5/16"-32 UNEF	5/16"	7,94	32
3/8"-32 UNEF	3/8"	9,53	32
7/16"-28 UNEF	7/16"	11,11	28
1/2"-28 UNEF	1/2"	12,7	28
9/16"-24 UNEF	9/16"	14,23	24
5/8"-24 UNEF	5/8"	15,88	24
3/4"-20 UNEF	3/4"	19,05	20
7/8"-20 UNEF	7/8"	22,23	20
1"-20 UNEF	1"	25,4	20

VST-T29

Einschraubgewinde und Rohrverschraubungen

Identifizierungshilfe für die Gewindegröße

Gewinde	Außen-durch-messer	Kern-durch-messer
	mm	mm
G 1/8 A	9,73	8,57
G 1/4 A	13,16	11,45
G 3/8 A	16,66	14,95
G 1/2 A	20,96	18,68
G 3/4 A	26,44	24,12
G 1 A	33,25	30,29
G 1 1/4 A	41,91	38,95
G 1 1/2 A	47,8	44,85

VST-T36

Gewinde	Außen-durch-messer	Kern-durch-messer
	mm	mm
7/16-20 UNF-2B	11,11	9,74
9/16-18 UNF-2B	14,29	12,76
3/4-16 UNF-2B	19,05	17,33
7/8-14 UNF-2B	22,23	20,26
1 1/16 12 UN-2B	26,99	24,69
1 5/16 12 UN-2B	33,34	31,04
1 5/8 12 UN-2B	41,28	38,99
1 7/8 12 UN-2B	47,63	45,33

VST-T37

Gewinde für Rohrverschraubungen

Metrisches Gewinde nach DIN 13
Kurzzeichen: M
Gewindeart:
Innen gewinde zylindrisch
Außen gewinde zylindrisch
Anwendung:
Regelgewinde oder Feingewinde,
für nicht im Gewinde dichtende
Verbindungen .

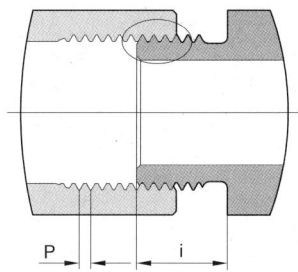

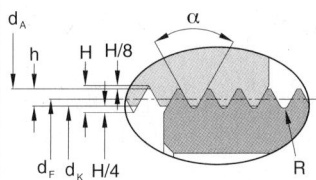

d_A Außendurchmesser
d_F Flankendurchmesser
d_K Kerndurchmesser
α Flankenwinkel $=60°$
R Fußrundung $=H/6=0{,}14434 \times P$
H Höhe des Profildreiecks $=0{,}86603 \times P$
h Gewindehöhe $=0{,}54127 \times P$
P Gewindesteigung
i Nutzbare Gewindelänge

EWL-VST020/P

Gewinde für Rohrverschraubungen

Metrisches kegeliges
Außengewinde nach DIN 158
Kurzzeichen: M keg
Gewindeart:
Innengewinde zylindrisch
(M-Gewinde nach DIN 13)
Außengewinde kegelig
(Kegel 1:16)
Anwendung:
Kegeliges Aussengewinde für
Rohrverschraubungen, mit
Dichtmittel im Gewinde dichtend.

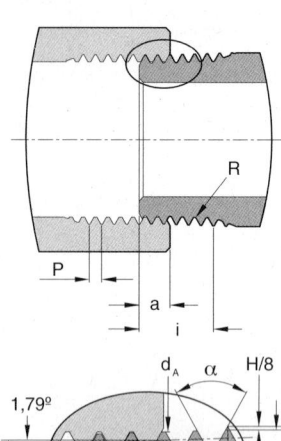

Profilstellung senkrecht
zur Achse

d_A Außendurchmesser
d_F Flankendurchmesser
d_K Kerndurchmesser
α Flankenwinkel =60°
R Fußrundung =H/6=0,14434xP
H Höhe des Profildreiecks
   =0,86603xP
h Gewindehöhe =0,61343xP
P Gewindesteigung
i Nutzbare Gewindelänge
a Bezugsebene

EWL-VST021/P

Gewinde für Rohrverschraubungen

Whitworth-Rohrgewinde
nach DIN/ISO 228
Kurzzeichen: G
Gewindeart:
Innengewinde zylindrisch
Außengewinde zylindrisch
(Toleranzklasse A)
Anwendung:
Rohrgewinde für nicht im
Gewinde dichtende Verbindungen.

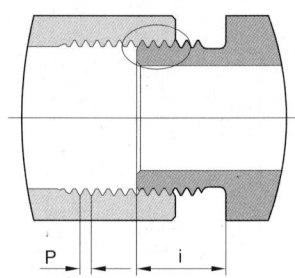

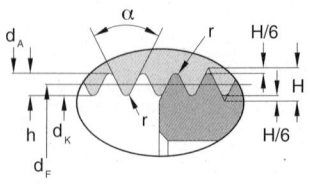

d_A Außendurchmesser
d_F Flankendurchmesser
d_K Kerndurchmesser
α Flankenwinkel =55°
r Kopf- und Fußrundung
   =0,137329xP
H Höhe des Profildreiecks
   =0,960491xP
h Gewindehöhe =0,640327xP
P Gewindesteigung
i Nutzbare Gewindelänge

EWL-VST022/P

Gewinde für Rohrverschraubungen

Whitworth-Rohrgewinde
nach DIN 2999
Kurzzeichen: Rp, R
Gewindeart:
Innengewinde zylindrisch
Außengewinde kegelig
(Kegel 1:16)
Anwendung:
Rohrgewinde für Gewinderohre und
Fittinge, mit Dichtmittel im Gewinde
dichtend.

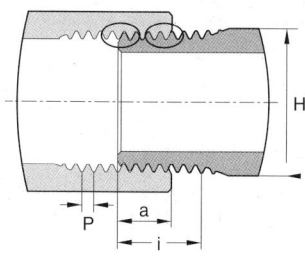

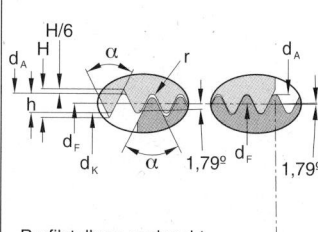

Profilstellung senkrecht
zur Achse

d_A Außendurchmesser
d_F Flankendurchmesser
d_K Kerndurchmesser

α Flankenwinkel =55°
r   Kopf- und Fußrundung
    =0,137327xP
H   Höhe des Profildreiecks
    =0,960491xP
h   Gewindehöhe =0,640327xP
P   Gewindesteigung
i   Nutzbare Gewindelänge
a   Bezugsebene

EWL-VST023/P

Gewinde für Rohrverschraubungen

Whitworth-Rohrgewinde
nach DIN 3858
Kurzzeichen: Rp, R
Gewindeart:
Innengewinde zylindrisch
Außengewinde kegelig
(Kegel 1:16)
Anwendung:
Rohrgewinde
für Rohrverschraubungen, mit
Dichtmittel im Gewinde dichtend.

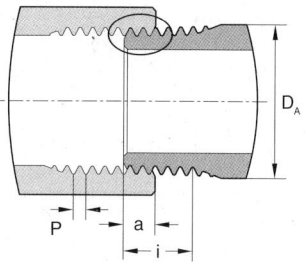

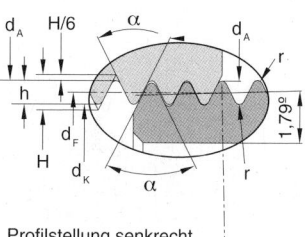

Profilstellung senkrecht
zur Achse

D_A Rohraußendurchmesser
d_A Außendurchmesser
d_F Flankendurchmesser
d_K Kerndurchmesser
α Flankenwinkel =55°
r   Kopf- und Fussrundung
    =0,137327xP
H   Höhe des Profildreiecks
    =0,960491xP
h   Gewindehöhe =0,640327xP
P   Gewindesteigung
i   Nutzbare Gewindelänge
a   Bezugsebene

EWL-VST024/P

Gewinde für Rohrverschraubungen

Amerikanisches kegeliges
Rohrgewinde
nach ANSI/ASME B 1.20.1 - 1983
Kurzzeichen: NPT
Gewindeart:
Innengewinde kegelig
Außengewinde kegelig
(Kegel 1:16)
Anwendung:
Rohrgewinde für Gewinderohre und
Rohrverschraubungen, mit Dicht-
mittel im Gewinde dichtend.

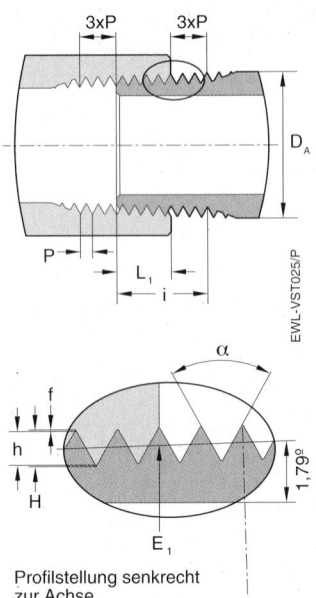

Profilstellung senkrecht
zur Achse

D_A Rohraußendurchmesser
E_1 Flankendurchmesser
α Flankenwinkel $=60°$
f Abflachung min.$=0{,}033 \times P$
H Höhe des Profildreiecks $=0{,}866 \times P$
h Gewindehöhe $=0{,}8 \times P$
P Gewindesteigung
i Nutzbare Gewindelänge
L_1 Bezugsebene

Einschraubzapfen und
Einschraublöcher

Mit metallischer Abdichtung
durch Dichtkante

Nach DIN 3852-Teil1:
Mit zylindrischem metrischem
Gewinde nach DIN 13

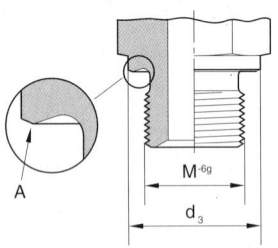

Einschraubzapfen Form B

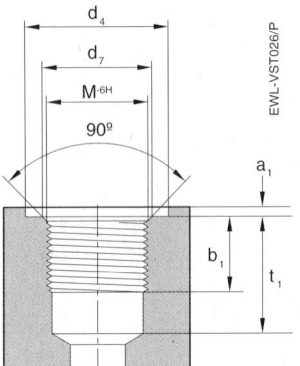

Einschraubloch Form X
für Einschraubzapfen
Form B und C

M Gewindedurchmesser
d_3 Durchmesser Dichtkante
d_4 Durchmesser Dichtfläche
d_7 Durchmesser Absenkung
a_1 Tiefe der Dichtflächensenkung
b_1 Nutzbare Gewindetiefe
t_1 Bohrungstiefe
A Metallische Dichtkante

Einschraubzapfen und
Einschraublöcher

Mit metallischer Abdichtung
durch Dichtkante

Nach DIN 3852-Teil2:
Mit zylindrischem Whitworth-
Rohrgewinde nach DIN/ISO 228

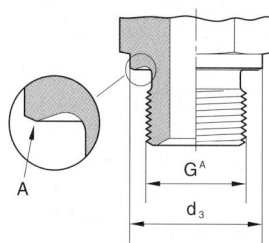

Einschraubzapfen Form B

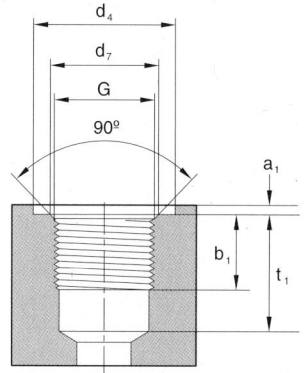

Einschraubloch Form X
für Einschraubzapfen
Form B und C

G Gewindedurchmesser
d_3 Durchmesser Dichtkante
d_4 Durchmesser Dichtfläche
d_7 Durchmesser Absenkung
a_1 Tiefe der Dichtflächensenkung
b_1 Nutzbare Gewindetiefe
t_1 Bohrungstiefe
A Metallische Dichtkante

EWL-VST027/P

Einschraubzapfen und
Einschraublöcher

Mit Abdichtung durch
Weichdichtung

Nach DIN 3852-Teil1:
Mit zylindrischem metrischem
Gewinde nach DIN 13

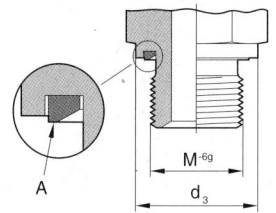

Einschraubzapfen mit
Weichdichtung

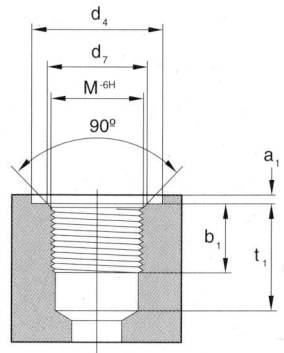

Einschraubloch Form X
für Einschraubzapfen
mit Weichdichtung

M Gewindedurchmesser
d_3 Durchmesser Dichtkante
d_4 Durchmesser Dichtfläche
d_7 Durchmesser Absenkung
a_1 Tiefe der Dichtflächensenkung
b_1 Nutzbare Gewindetiefe
t_1 Bohrungstiefe
A Weichdichtring

EWL-VST028/P

Einschraubzapfen und
Einschraublöcher

Mit Abdichtung durch
Weichdichtung

Nach DIN 3852-Teil2:
Mit zylindrischem Whitworth-
Rohrgewinde nach DIN/ISO 228

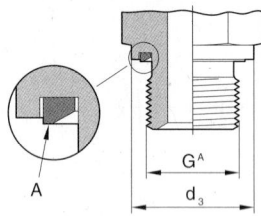

Einschraubzapfen mit
Weichdichtung

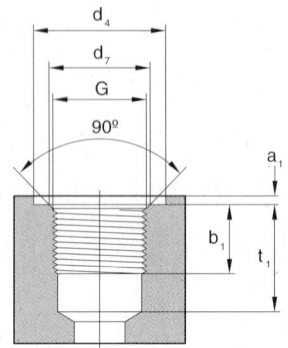

Einschraubloch Form X
für Einschraubzapfen
mit Weichdichtung

G   Gewindedurchmesser
d_3 Durchmesser Dichtkante
d_4 Durchmesser Dichtfläche
d_7 Durchmesser Absenkung
a_1 Tiefe der Dichtflächensenkung
b_1 Nutzbare Gewindetiefe
t_1 Bohrungstiefe
A   Weichdichtring

EWL-VST029/P

Einschraubzapfen und
Einschraublöcher

Mit Dichtmittel im
Gewinde dichtend

Nach DIN 3852-Teil1:
Zapfen
Mit kegeligem metrischem
Gewinde nach DIN 158
Einschraubloch
mit zylindrischem metrischem
Gewinde nach DIN 13

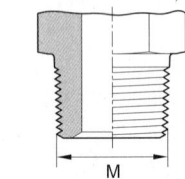

Einschraubzapfen Form C

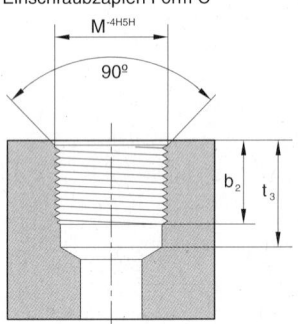

Einschraubloch Form Z nur für
Einschraubzapfen Form C

M   Gewindedurchmesser
b_2 Nutzbare Gewindetiefe
t_3 Bohrungstiefe

EWL-VST030/P

Einschraubzapfen und
Einschraublöcher

Mit Dichtmittel im
Gewinde dichtend

Nach DIN 3852-Teil2:
Zapfen
Mit kegeligem Whitworth-
Rohrgewinde nach DIN 3858
Einschraubloch
mit zylindrischem Whitworth-
Rohrgewinde nach DIN 3858

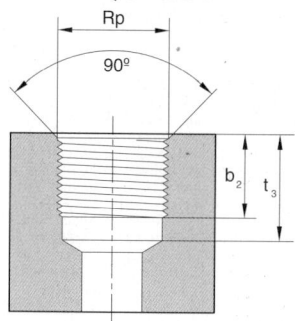

Einschraubzapfen Form C

Einschraubloch Form Z nur für
Einschraubzapfen Form C

R   Gewindedurchmesser Zapfen
Rp Gewindedurchmesser
    Einschraubloch
b_2 Nutzbare Gewindetiefe
t_3 Bohrungstiefe

EWL-VST031/P

Einschraubzapfen und
Einschraublöcher

Mit Dichtmittel im
Gewinde dichtend

NPT:
Zapfen und Einschraubloch
mit kegeligem NPT-Gewinde
nach ANSI/ASME B 1.20.1-1983

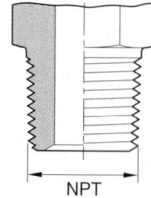

Einschraubzapfen Form C

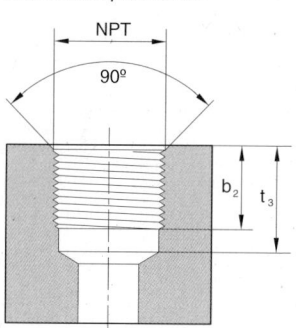

Einschraubloch Form Z nur für
Einschraubzapfen Form C

NPT Gewindedurchmesser
b_2 Nutzbare Gewindetiefe
t_3 Bohrungstiefe

EWL-VST032/P

Internationale Gewindebezeichnungen

Kurz-zeichen	Herkunft	Flanken-winkel	Deutsch	English	Français	Español
symbol / *symbol* / *symbolo abreviado*	*origin* / *original* / *original*	*thread angle* / *angule de filetage* / *ánguio de flanco*				
NC	USA	60°	National Grobgewinde	national coarse	filetage US à pas gros	rosca gruesa nacional
UNC	USA	60°	Unifiziertes Grobgewinde	unified national coarse	filetage US à pas gros unifié	rosca gruesa nacional unificada
NF	USA	60°	National Feingewinde	national fine	filetage US à pas fin	rosca fina nacional
UNF	USA	60°	Unfiziertes Feingewinde	Unified National Fine	Filetage US à pas fin unifié	Rosca fina nacional unificada
UNEF	USA	60°	Unifiziertes Extra Feingewinde	unified national extra fine	filetage US à pas extra-fin unifié	rosca extra-fina nacional unificada
UN	USA	60°	Unifiziertes 8-, 12- und 16-Gang-Fein-gewinde	unified national 8-, 12- and 16 pitch series	filetage US à pas fin unifié de 8, 12 et 16	rosca fina unificada de 8, 12 y 16 pasos
UNS	USA	60°	Spezialgewinde der National-Form	special threads of american national form	filetage US spécifique de forme nationale	rosca especial de la forma nacional
NPT	USA	60°	Kegeliges Gasrohr-gewinde 1:16	national taper pipe 1:16	filetage US conique au pas gaz 1:16	rosca cónica para tubería de gas 1:16
NPTF	USA	60°	Kegeliges Gas-rohrgewinde trocken dichtend 1:16	national taper pipe dryseal 1:16	filetage US conique au pas gaz sec étanche 1:16	rosca cónica para tubería de gas 1:16 para sellado en seco
NPS	USA	60°	Zylindrisches Standard Gas-gewinde für Innengewinde	national standard straight pipe	filet US gaz cylindrique standard pour filetage intérieur	rosca interna normalizada cilíndrica para gas
NPSM	USA	60°	Zylindrisches Standard Gas-gewinde für Außengewinde	national standard straight pipe for free fitting mechanical	filet US gaz cylindrique standard pour filetage extérieur	rosca externa normalizada cilíndrica para gas
NPSF	USA	60°	Zylindrisches Standard Gas-gewinde für Innengewinde, trocken dichtend	national standard internal straight pipe dryseal	filet US gaz cylindrique standard pour filetage intérieur, sec étanche	rosca interna normalizada cilíndrica para gas con sellado en seco

Internationale Gewindebezeichnungen (Fortsetzung)

Kurz- zeichen *symbol* *symbol* *símbolo* *abreviado*	Herkunft *origin* *original* *original*	Flanken- winkel *thread angle* *angule* *de filetage* *ángulo* *de flanco*	Deutsch *English* *Français* *Español*			
BSW	GB	55°	Britisches Standard Whitworth Grobgewinde	british standard whitworth coarse	filetage UK whitworth standard à pas gros	rosca gruesa whitworth según norma británica
BSF	GB	55°	Britisches Standard Feingewinde	british standard fine	filetage UK standard à pas fin	rosca fina whitworth según norma británica
BSP	GB	55°	Zylindrisches Britisches Standard Gasgewinde	british standard pipe	filetage UK gaz cylindrique standard	rosca para gas cilíndrica según norma británica
BSPT	GB	55°	Kegeliges Britisches Standard Gasgewinde	british standard pipe taper	filetage UK gaz conique standard	rosca para gas cónica según norma británica
BSA	GB	47°	Britisches Association Standard Gewinde	british standard association	association britanique des filetages standards	rosca BSA según norma británica

VST-FW01de

Klebetechnik

Die Klebetechnik ist ein Teilbereich der Fügetechnik. Unter Kleben versteht man das nichtlösbare Verbinden von Bauteilen durch Adhäsion und Kohäsion.

Die Klebetechnik hat sich zu einer zuverlässigen Fügetechnik entwickelt, deren Eigenschaften vorausbestimmbar sind und die in hohem Maße sowohl industriell als auch handwerklich eingesetzt wird.

Die wirtschaftliche Anwendung setzt grundlegende Kenntnisse über die Eigenschaften des Klebstoffes, seine Wirkungsweise und das angewendete Verfahren voraus, wobei eine Abhängigkeit vom Werkstoff der zu verklebenden Bauteile besteht.

Vorteile von Klebeverbindungen

Die Vorteile von Klebeverbindungen gegenüber anderen Fügetechniken sind:
– Keine Gefügeänderung
– Beliebige Werkstoffkombinationen
– Wenig Passarbeit erforderlich
– Verbinden von sehr dünnen Bauteilen (z.B. Folien) möglich
– Gewichtsersparnis
– Schwingungsdämpfend
– Gleichmäßige Spannungsverteilung
– Elektrische und thermische Isolierung der Verbindungsschicht

Einschränkungen

Klebeverbindungen haben gegenüber anderen Fügetechniken Einschränkungen, welche bei der Anwendung einzuplanen sind:
– Große Klebeflächen nötig
– Thermisch begrenzte Formbeständigkeit
– Begrenzte Festigkeitsberechnungen
– Geringe Schälfestigkeiten
– Einfluss der Zeit auf den Verfahrensablauf
– Vorbehandlung der Fügeteile nötig

Prinzip des Klebens

Kleben ist eine nichtlösbare Verbindung von Teilen durch eine Klebstoffschicht, welche durch Verdunsten des Lösungsmittels, Trocknung oder chemische Reaktion aushärtet und damit die Klebung zusammenhält. Der Zusammenhalt erfolgt durch zwei Kräfte:
– Adhäsion
– Kohäsion

Adhäsion

Als Adhäsion werden die Bindungskräfte zwischen dem Klebstoff und den Materialoberflächen bezeichnet. Die Adhäsion ist umso stärker, je inniger der Kontakt des Klebstoffes mit den Materialoberflächen ist. Dies setzt voraus, dass die Klebefläche sauber, entfettet und staubfrei ist. Ist eine Klebefläche nicht sauber, dann ist der Kraftschluss zwischen Materialoberfläche und Klebstoff unterbrochen und damit die Klebung geschwächt. In der Regel muss deshalb eine Klebefläche vorbehandelt werden, damit ein optimales Ergebnis erreicht wird.

Kohäsion

Unter Kohäsion versteht man die molekularen Bindungskräfte innerhalb der Klebstoffschicht des Klebstoffes. Optimale Nutzung der Kohäsionskräfte erreicht man durch eine dünne und gleichmäßige Klebstoffschicht.

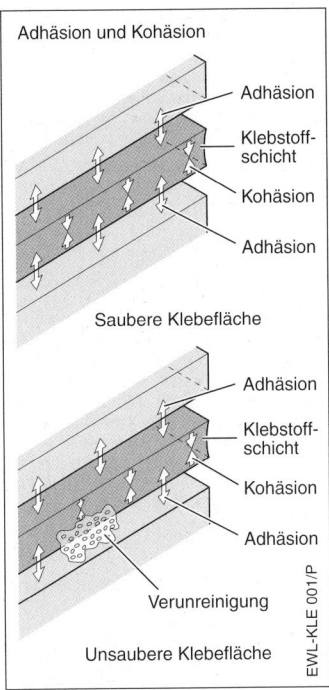

Adhäsion und Kohäsion

Adhäsion
Klebstoffschicht
Kohäsion
Adhäsion

Saubere Klebefläche

Adhäsion
Klebstoffschicht
Kohäsion
Adhäsion

Verunreinigung

Unsaubere Klebefläche

EWL-KLE 001/P

Wirkungsweisen der Klebstoffe

Grundsätzlich unterscheidet man zwei Wirkungsweisen der Klebstoffe:
– Physikalische Abbindung
– Chemisch reagierend (Reaktionsklebstoffe)
Jeder Wirkungsweise sind verschiedene Klebertypen zugeordnet, welche ganz spezifische Eigenschaften aufweisen.

Physikalisch abbindende Kleber
Physikalisch abbindende Kleber erfahren während des Abbindens keine stoffliche Veränderung. Das Abbinden wird durch die physikalischen Vorgänge Trocknen, Druck oder Erstarren ausgelöst. Physikalisch abbindende Kleber sind:

– Nasskleber
– Kontaktkleber
– Haftkleber
– Schmelzkleber

Nasskleber: Nasskleber werden meist nur auf ein Fügeteil aufgetragen, die Fügeteile werden sofort miteinander verklebt. Eine Haftung tritt erst dann ein, wenn das Lösungsmittel oder Wasser (meist als Trägersubstanz des Klebstoffes) verdunstet ist. Hieraus ergibt sich die Forderung, dass die Fügeteile ein Verdunsten ermöglichen müssen. Typischerweise werden Nasskleber zum Verkleben poröser Fügeteile (z. B. Holz, Pappe, Papier) verwendet.
Typische Nasskleber sind:
– Dispersionsklebstoffe
– Lösungsmittelklebstoffe

Dispersionsklebstoffe: Dispersionsklebstoffe enthalten die Klebeharze als Partikel fein verteilt in Wasser (Dispersion). Das Abbinden erfolgt durch die Verdunstung des Wassers, wozu die Möglichkeit bestehen muss. Durch Zusätze von Katalysatoren kann die Wasserfestigkeit und die Wärmefestigkeit des abgebundenen Klebstoffes erheblich gesteigert werden. Dispersionsklebstoffe reagieren mit Stahl und fördern dessen Korrosion, sind aber in hohem Maße umweltverträglich.

Lösungsmittel-Nasskleber: Lösungsmittel-Nasskleber basieren auf den Rohstoffen wie Polyvinylacetat, Polyacrylat, Polychlorproprene, Styrol Butadien, Cellulosenitrat etc. Nach Kleberauftrag sind die Klebestellen sofort zusammenzufügen, nach Verdunsten des Lösungsmittels bindet der Kleber ab. Die Lösungsmittel werden nicht von jedem Werkstoff vertragen, sie können Anlösungen und/oder Verfärbungen hervorrufen.

Kontaktkleber: Kontaktkleber werden auf beide Fügeteile aufgetragen. Nach einer kurzen Ablüftzeit werden die Fügeteile kurzzeitig mit hohem Druck zusammengepresst. Es tritt eine Soforthaftung ein, welche eine schnelle Weiterbearbeitung bzw. Nutzung des Werkstückes erlaubt. Kontaktkleber sind lösungsmittelhaltig.

Haftkleber: Haftkleber bestehen aus dauerhaft klebrigen, d. h. ständig klebfähigen Stoffen. Hauptanwendungsgebiet dieser Kleber sind lösbare Verbindungen, die immer wieder verwendet werden können. Die Klebkraft ist auf diese Anwendungen hin optimiert.

Schmelzkleber: Schmelzkleber sind lösungsmittelfrei. Sie werden in Form von Folien, Netzen, Pulver, Granulaten oder den bekannten Klebesticks angewendet. Durch Erwärmung (z. B. Bügeleisen, Heißklebepistole) werden die Schmelzkleber verflüssigt und verbinden sich dadurch mit den Fügeteilen. Die Endfestigkeit wird nach dem Erkalten auf Raumtemperatur erreicht. Durch erneutes Erwärmen kann die Klebestelle wieder getrennt werden.

Reaktionsklebstoffe
Reaktionsklebstoffe härten durch eine chemische Reaktion aus, welche bei Raumtemperatur erfolgen kann (kalthärtend) oder welche zum Aushärten für einen bestimmten Zeitraum eine Erwärmung benötigt (warmhärtend). Die chemische Reaktion setzt dann ein, wenn der Klebeprozess beginnt oder wenn zwei oder mehrere Komponenten des Klebstoffes zusammengebracht werden. Man unterscheidet die Reaktionskleber deshalb auch in:
– Einkomponentenkleber
– Zwei- oder Mehrkomponentenkleber

Einkomponentenkleber: Die sogenannten Einkomponentenkleber bestehen aus Klebstoffsubstanz, welche, solange sie sich in ihrem Gebinde befindet, inaktiv ist. Sie beginnen dann auszuhärten, wenn sie aktiviert werden. Die Aktivierung kann durch
– Luftfeuchtigkeit (aerob)

– Katalytische Wirkung (anaerob)
– UV-Bestrahlung (anaerob)
– Wärme

erfolgen. Es ist also auch bei den Einkomponentenklebern eine zweite Komponente für den Aushärtvorgang erforderlich. Die typischen „Einkomponentenkleber" sind
– Cyanacrylate
– Anaerobe Kleber
– Phenolharze
– Polyimidklebstoffe
– Polyurethanklebstoffe
– Silikonklebstoffe
– Epoxidharze

Aerob aushärtende Klebstoffe: Aerob aushärtende Klebstoffe benötigen zur Reaktion Feuchtigkeit, welche sie aus der Luft (aerob) beziehen. Die normale Luftfeuchtigkeit reicht aus. Der Aushärtvorgang beginnt von der Außenseite (Hautbildung) her und setzt sich (bei dicken Klebefugen langsamer) in die Tiefe fort. Typische aerobische Kleber sind
– Polyurethane
– Silikonkautschuk

Kleb-Dichtstoffe: In der Montagetechnik werden in zunehmendem Maße sogenannte Kleb-Dichtstoffe eingesetzt. Neben der mechanischen Funktion des Klebens wird vom Kleber eine zusätzliche Dichtfunktion erwartet. Die hierfür eingesetzten Klebstoffe auf Polyurethan- oder MS-Polymerbasis sind so eingestellt, dass sie nach dem Aushärten elastomere Eigenschaften haben. Mit Kleb-Dichtstoffen können große Spalte überbrückt werden, der im Spalt befindliche Kleb-Dichtstoff erfüllt neben dem Fixieren und Abdichten zusätzlich noch Funktionen wie Temperaturisolierung, Wärmedehnungsausgleich und Schwingungsdämpfung.

Ausgangsstoffe für Kleb-Dichtstoffe sind Polyurethane und Silikonkautschuk, meist auf Einkomponentenbasis.

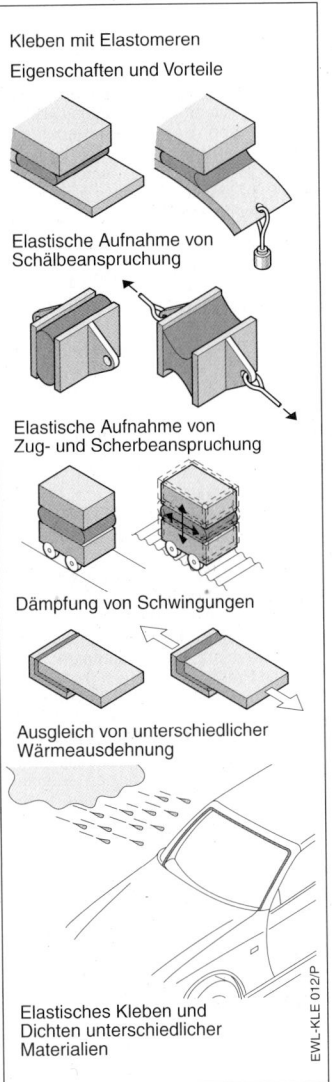

Kleben mit Elastomeren

Eigenschaften und Vorteile

Elastische Aufnahme von
Schälbeanspruchung

Elastische Aufnahme von
Zug- und Scherbeanspruchung

Dämpfung von Schwingungen

Ausgleich von unterschiedlicher
Wärmeausdehnung

Elastisches Kleben und
Dichten unterschiedlicher
Materialien

EWL-KLE 012/P

Anaerobe Klebstoffe: Anaerobe Klebstoffe benötigen zum Aushärten einen Katalysator, der die chemische Reaktion in Gang setzt. Dies kann der Kontakt mit einer Metalloberfläche sein. Sogenannte „aktive" Metalle unterstützen den Vorgang. Bei „passiven" Werkstoffen wie anodisierte, verzinkte oder nichtrostende Stähle oder bei Edelmetallen und nichtmetallischen Stoffen ist die Zugabe eines Aktivators nötig.

Cyanacrylate: Cyanacrylate („Sekundenkleber") sind schnell reagierende Klebstoffe, welche auch unter Luftabschluss (anaerob) mit Hilfe von Feuchtigkeitsspuren auf der Oberfläche der Fügeteile aushärten, welche auf jeder Oberfläche vorhanden sind, die der Luft ausgesetzt war. Sie stellen somit einen Sondertyp unter den Klebstoffen dar. Der Aushärtvorgang verläuft spontan, die natürliche Feuchtigkeit der Hautoberfläche reicht beispielsweise aus, um mit Klebstoff benetzte Finger zu verkleben.

Warmaushärtende Einkomponentenkleber: Bei warmaushärtenden Klebern wird der Aushärtvorgang durch längere Zeit einwirkende Erwärmung ausgelöst.

Zwei- oder Mehrkomponentenkleber
Die Kleber bestehen aus zwei oder mehr flüssigen oder pastösen Komponenten, welche in einem bestimmten Verhältnis zueinander vor dem Klebeprozess innig miteinander gemischt werden müssen. Der Aushärtevorgang beginnt während des Mischens und ist temperaturabhängig. Die Anwendung des Klebstoffes kann nur innerhalb einer (temperaturabhängigen) Verarbeitungszeit („Topfzeit") erfolgen, danach wird der Kleber unbrauchbar. Während der Verarbeitungszeit besitzt der Kleber keine Klebkraft, die Fügeteile müssen deshalb bis zum völligen Aushärten fixiert werden. Mehrkomponentenkleber gibt es sowohl kalt- als auch warmaushärtend. Typische Mehrkomponentenkleber sind
– Epoxidharze
– Acrylate
– Polyurethane
– Silikonkautschuk

Klebepraxis

Neben dem geeigneten Kleber hängt die Qualität einer Verklebung von der angewendeten Klebetechnik ab. Hierzu zählen vor allem:
– Vorrichten der Fügeteile
– Vorbehandlung der Klebefläche
– Entfetten der Fügeteile
– Klebstoffauftrag
– Zusammenfügen

Vorrichten der Fügeteile

Die Klebeflächen der Fügeteile müssen eben sein, um die Klebstoffschicht dünn halten zu können. Grate, welche aus einer spanenden oder spanlosen Formung stammen, müssen vollständig beseitigt werden. Bauteile, welche eine Eigenspannung aufweisen, müssen vor der Verklebung entspannt werden, um die Festigkeit nicht zu beeinträchtigen.

Vorbehandlung der Klebefläche

Die Klebeflächen müssen vor der Verklebung vorbehandelt werden. Hierzu eignen sich mechanische Verfahren wie Schleifen, Bürsten, Sandstrahlen oder chemische wie Reinigen, Entfetten, Beizen.

Bei geringen Anforderungen an die Festigkeit der Verklebung genügt meist eine einfache Reinigung der Klebeflächen. Mechanische Verfahren bewirken jedoch, besonders bei Metallen, ein Aufrauen, welches zu einer besseren Verzahnung des Klebstoffes und, wegen der damit verbundenen Oberflächenvergrößerung, einer Verbessung der Verklebung führt. Zu grobes Aufrauen verschlechtert jedoch durch die Riefen- und Rillenbildung die Adhäsion wieder.

Entfetten der Fügeteile

Das Entfetten der Fügeteile ist eine der wichtigsten Vorbereitungen. Es ist deshalb mit besonderer Sorgfalt, vor allem bei Metallteilen, durchzuführen. Es ist am wirkungsvollsten, den Entfettungsvorgang am Ende der Klebevorbereitungen, kurz vor dem Klebeauftrag, durchzuführen. Da nahezu alle Entfettungsmittel auf Lösungsmittelbasis arbeiten, sind hierbei die Anwendungshinweise der Hersteller bezüglich Arbeitssicherheit besonders zu beachten.

Klebstoffauftrag

Die höchste Klebekraft wird erreicht, wenn der Klebefilm so dünn wie möglich ist. Er sollte nach Möglichkeit 0,3 mm nicht überschreiten. Bei zu dicken Klebeschichten nimmt die Bindefestigkeit ab. Wenn für den verwendeten Kleber keine besonderen Angaben vorliegen, ist eine Schichtdicke von ca. 0,1 mm anzustreben. Die Klebeschicht muss gleichmäßig aufgetragen werden.

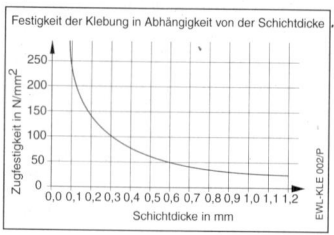

Festigkeit der Klebung in Abhängigkeit von der Schichtdicke

Zusammenfügen

Beim Zusammenfügen muss zwischen Nassverklebung und Kontaktverklebung unterschieden werden.

Bei der Nassverklebung werden die Fügeteile nach dem Klebstoffauftrag fixiert, damit sich die Teile während des Abbindens nicht mehr bewegen können. Man verwendet hierzu meist Klammern, Zwingen und Pressen. Der durch die Fixierungen ausgeübte Druck muss gleichmäßig sein, um eine ungleiche Schichtdicke zu vermeiden. Nach der Anfangshaftung ist es bei verschiedenen Klebstoffen möglich, die Fixierung zu entfernen. Allerdings darf die Klebenaht erst nach dem endgültigen Abbinden oder Aushärten belastet werden. Durch Wärmezufuhr kann bei Reaktionsklebstoffen die Aushärtezeit verkürzt und die Endfestigkeit gesteigert werden.

Bei Kontaktverklebungen ist eine Fixierung nicht erforderlich. Nach der Ablüftzeit werden die Fügeteile durch einen kurzen, hohen Anpressdruck zusammengefügt. Dabei ist nicht die Dauer, sondern die Höhe des Anpressdruckes entscheidend. Der Anpressdruck bewirkt eine Soforthaftung; die endgültige Belastung ist jedoch auch bei der Kontaktverklebung erst nach Erreichen der Endfestigkeit möglich.

Beanspruchung der Klebeverbindung

In der Praxis unterliegen Klebeverbindungen typischen Beanspruchungen, welche einzeln, aber auch in Kombination miteinander auftreten können. Bestimmte Beanspruchungsarten sind weniger günstig als andere. Typische Beanspruchungsarten sind:
– Druck
– Zug
– Zugscheren
– Schälen
– Spalten
– Torsion

Druck

Druckbelastungen sind die günstigste Belastungsart für Klebeverbindungen, da sie in derselben Wirkrichtung verlaufen wie die Klebekraft. Klebeverbindung können mit Druckbeanspruchung am höchsten belastet werden.

Zug

Zugbelastungen sind ungünstig, weil ihre Wirkrichtung der Klebekraft entgegengesetzt ist. Meistens kommen noch Biegemomente hinzu, wodurch eine abschälende Wirkung entsteht.

Zugscheren

Die Zugscherbeanspruchung ist für Klebeverbindungen günstig, weil die Kräfte in derselben Ebene verlaufen wie die Kleberschicht und die gesamte Klebefläche gleichmäßig belasten.

Schälen

Schälende Beanspruchung ist für Klebeverbindungen besonders ungünstig, weil sie ein Einreißen der Klebenaht zu Folge hat. Im Verlauf des Abschälvorganges wird die Klebenaht immer mehr geschwächt.

Spalten

Spaltende Beanspruchung ist wie die schälende Beanspruchung für Klebeverbindungen besonders ungünstig, weil sie ein Einreißen der Klebenaht zu Folge hat. Im Verlauf des Spaltvorganges wird die Klebenaht immer mehr geschwächt.

Torsion

Torsionsbeanspruchung wirkt sich wie eine Scherbeanspruchung entlang des Umfangs aus. Sie wirkt auf die Klebeverbindung günstig, weil die Kräfte in derselben Ebene verlaufen wie die Kleberschicht und die gesamte Klebefläche gleichmäßig belasten.

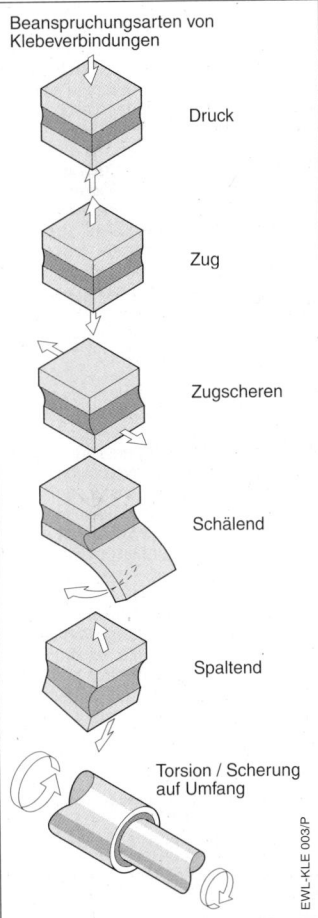

Beanspruchungsarten von Klebeverbindungen

Druck

Zug

Zugscheren

Schälend

Spaltend

Torsion / Scherung auf Umfang

EWL-KLE 003/P

Optimierung von Klebeverbindungen

Durch entsprechende Gestaltung der Klebeflächen können Klebeverbindungen in ihrer Festigkeit optimiert werden. Die wirkungsvollsten Maßnahmen sind:
– Verhindern des Abschälens
– Vergrößerung der Klebefläche

Verhindern des Abschälens

Abschälen kann durch Vergrößern der Klebefläche oder durch Versteifungen vermindert werden. Umbördeln oder zusätzliches Vernieten oder Verschrauben verhindert Abschälen.

Vergrößerung der Klebefläche

Bei einer reinen Stoßverbindung (stumpfer Stoß) ist die Klebefläche klein, sie ist zur Kraftübertragung nicht geeignet. Höhere Übertragungskräfte lassen sich nur über eine Vergrößerung der Klebefläche erreichen. Hierzu bieten sich an:
– Schäftung
– Einfache Überlappung
– Doppelte Überlappung
– Einfache Lasche
– Doppelte Lasche

Schäftung

Geschäftete Verbindungen sind, wenn sie diagonal verlaufen, für dynamische Beanspruchung beonders günstig, der Querschnitt der Fügeteile bleibt unverändert. Im Metallbereich kann die Schäftung nur bei großen Blechstärken realisiert werden.

Einfache Überlappung

Die einfache Überlappung kann auch bei dünnen Querschnitten angewendet werden. Nachteilig sind die exzentrischen Belastungen, welche für ein zusätzliches Biegemoment sorgen. Der Querschnitt der Fügeteile verdoppelt sich im Bereich der Klebefläche.

Doppelte Überlappung

Die doppelte Überlappung ergibt sehr hohe Festigkeitswerte. Vorteilhaft ist der symmetrische Kraftverlauf. Es treten keine exzentrischen Belastungen auf. Bei halber Materialstärke der Überlappungen verdoppelt sich der Querschnitt im Bereich der Klebefläche.

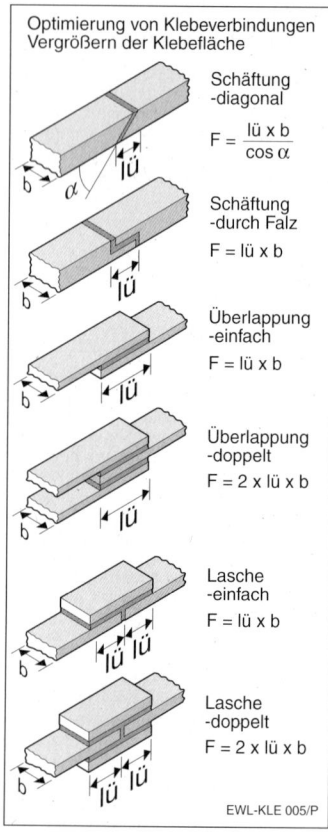

Optimierung von Klebeverbindungen
Vergrößern der Klebefläche

Schäftung -diagonal

$$F = \frac{lü \times b}{\cos \alpha}$$

Schäftung -durch Falz

$$F = lü \times b$$

Überlappung -einfach

$$F = lü \times b$$

Überlappung -doppelt

$$F = 2 \times lü \times b$$

Lasche -einfach

$$F = lü \times b$$

Lasche -doppelt

$$F = 2 \times lü \times b$$

EWL-KLE 005/P

Einfache Lasche

Die einfache Lasche ermöglicht eine gute Kraftübertragung. Nachteilig sind die exzentrischen Belastungen, welche zu Schälkräften führen. Der Querschnitt der Fügeteile vergrößert sich im Bereich der Klebefläche um die Stärke der Lasche.

Doppelte Lasche

Die doppelte Lasche ergibt sehr hohe Festigkeitswerte. Vorteilhaft ist der symmetrische Kraftverlauf. Es treten keine exzentrischen Belastungen auf. Der Querschnitt der Fügeteile vergrößert sich im Bereich der Klebefläche um die Stärke der Laschen.

Optimierung von Klebeverbindungen
Hilfsmaßnahmen bei
Schälbeanspruchung

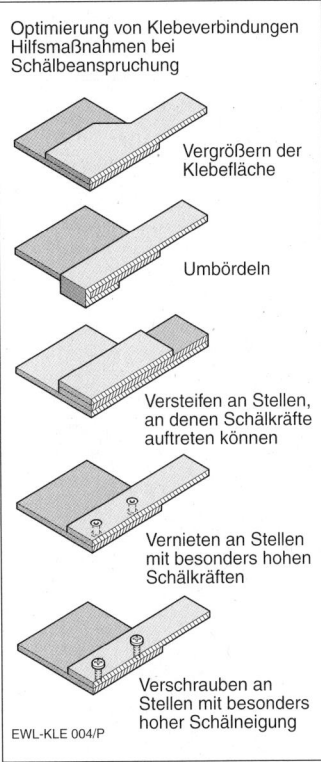

Vergrößern der
Klebefläche

Umbördeln

Versteifen an Stellen,
an denen Schälkräfte
auftreten können

Vernieten an Stellen
mit besonders hohen
Schälkräften

Verschrauben an
Stellen mit besonders
hoher Schälneigung

EWL-KLE 004/P

Der logische Weg zur richtigen Klebeverbindung

Klebeverbindungen sollten nicht nach dem Zufallsprinzip oder durch Versuch und Misserfolg ausgewählt werden. Alle Klebstoffhersteller geben so präzise Informationen über die Eignung ihrer Klebstoffe, dass bei deren Beachtung sichere Verklebungen realisierbar sind.

Es ist praktikabel, im Anwendungsfall nach einer Checkliste vorzugehen:
– Welche Werkstoffe sollen miteinander verklebt werden?
– Welche Klebefläche ist vorhanden?
– Welchen Oberflächenzustand hat die Klebefläche?
– Welche Oberflächenbehandlung der Klebestelle ist nötig und welche ist möglich?
– Welche Passgenauigkeit der Klebefläche ist vorhanden, muss nachgearbeitet werden?
– Welche Beanspruchungsart liegt vor?
– Welche Aushärtezeiten sind möglich?
– Welche Erfahrungen mit ähnlichen Klebefällen liegen vor?
Für die Praxisanwendung bieten die Kleberhersteller Anwendungsübersichten an, auf denen die Zuordnungen von Werkstoffen und den dazu passenden Klebertypen grafisch in übersichtlicher Form dargestellt sind.

Berechnung von Klebestellen

Klebestellen lassen sich durch vorherige Berechnung dimensionieren bzw. optimieren.

Eine zuverlässige Berechnung setzt voraus, dass die Eigenschaften der zu verklebenden Werkstoffe, des verwendeten Klebers und die Verklebungsart bekannt sind. Die Berechnung setzt ebenfalls voraus, dass die ihr zu Grunde liegenden Dimensionierungen der Klebefläche, die Dicke der Kleberschicht und die Vorbereitung der Klebefläche sowie die Einhaltung von Mischungsverhältnissen, Abbindezeiten und Temperaturen in der Praxis eingehalten werden. Je nach Realisierbarkeit dieser Vorgaben sind entsprechende Sicherheitszuschläge zu machen. Dies gilt insbesondere dann, wenn die Klebestelle sicherheitsrelevanten Einfluss auf die Gesamtkonstruktion hat. In diesen Fällen ist eine Konsultation des Klebstoffherstellers sinnvoll.

Die folgenden Beispiele erläutern die Vorgehensweisen bei typischen Klebefällen.

Festigkeitsberechnung

Typ: Stumpf-Stoß-Verklebung
Beanspruchung: Zug

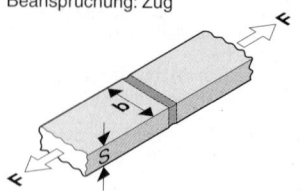

Beispiel:
Wie hoch ist die zulässige Zugkraft?

Gegeben: $\sigma_{z\,zul}$ =20 N/mm²

Formel:
$$\text{Zugspannung } (\sigma) = \frac{\text{Zugkraft (N)}}{\text{Querschnittsfläche (A)}}$$

Lösung:

$$F = \sigma_z \times b \times s$$

$$F = \frac{20N \times 25mm \times 5mm}{mm^2}$$

$$F = 2500N$$

EWL-KLE 006/P

Festigkeitsberechnung

Typ: Überlappte Verklebung von Metall
Beanspruchung: Zugscherung

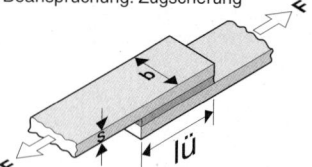

Beispiel 1:
Wie hoch ist die zulässige Zugscherung?

Gegeben: lü = 12mm
b = 25mm
s = 5mm
F = 6000N

Formel: $\dot{\tau}_a = \dfrac{F}{A} = \dfrac{F}{l\ddot{u} \times b}$

Lösung: $\tau_a = \dfrac{F}{l\ddot{u} \times b}$

$$\tau_a = \frac{6000N}{12mm \times 25mm}$$

$$\tau_a = 20 \text{ N/mm}^2$$

Beispiel 2:
Wie hoch ist die zulässige Zugkraft?

Gegeben: τ_a = 20 N/mm²
lü = 12mm
b = 25mm

Formel: $F = \tau_a \times b \times l\ddot{u}$

Lösung: $F = \dfrac{20N \times 25mm \times 12mm}{mm^2}$

Beispiel 3:
Wie hoch ist die Spannung in den Fügeteilen?

Gegeben: F = 6000N

Formel $\sigma_{z\,vorh.} = \dfrac{F}{A}$

Lösung: $\sigma_{z\,vorh.} = \dfrac{F}{b \times s}$

$$\sigma_{z\,vorh.} = \frac{6000N}{25mm \times 5mm}$$

$$\sigma_{z\,vorh.} = 48N / mm^2$$

EWL-KLE 007/P

Festigkeitsberechnung

Typ: Klebeverbindung mit Doppellasche
Beanspruchung: Zugscherung

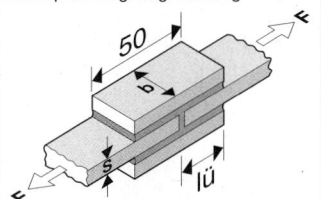

Beispiel:
Wie hoch ist die vorhandene
Zugscherung?

Gegeben: s = 2mm
          b = 20mm
          lü = 25mm
          F = 10000N

Formel: $\tau_{a\,vorh.} = \dfrac{F}{lü \times b}$

Lšung: $\tau_{a\,vorh.} = \dfrac{10000N}{25mm \times 2 \times 20mm}$

         $\tau_{a\,vorh.} = 10N / mm^2$

EWL-KLE 008/P

Festigkeitsberechnung

Typ: Wellen-Naben-Verbindung
Beanspruchung: Torsion / Scherung
auf Umfang

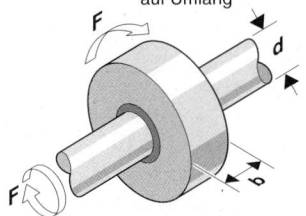

Beispiel:
Wie hoch ist das übertragbare
Drehmoment bei Torsion / Scherung
auf Umfang?

Gegeben: d = 20mm
          b = 30mm
          $\tau_{azul.}$ = 10N / mm^2

Formel: $M_{t\,max} = \tau_{azul.} \times \dfrac{\pi \times d^2 \times b}{2}$

Lösung:

$M_{t\,max} = 10N / mm^2 \times \dfrac{3.14 \times 400mm^2 \times 30mm}{2}$

$M_{t\,max} = $ 188400Nmm = 118.4 Nm

EWL-KLE 011/P

Arbeitsschutz

Bei Klebearbeiten werden Klebstoffe verwendet, welche im Einzelfall besondere Schutzmaßnahmen erforderlich machen können. Die Schutzmaßnahmen sind stark von der Menge und dem Typ des angewendeten Klebstoffes abhängig. Speziell in der kommerziellen Anwendung von Klebeverbindungen müssen daher die Sicherheitshinweise der Klebstoffhersteller und der Berufsgenossenschaften eingehalten werden. Die Umverpackung der Klebstoffe ist mit den wichtigsten Hinweisen gekennzeichnet. Dies sind:
– R-Sätze
– S-Sätze
– Flammpunkt

Flammpunkt

Unter Flammpunkt versteht man die niedrigste Temperatur einer brennbaren Flüssigkeit oder eines Lösungsmittels, bei der unter normalem atmosphärischem Druck so viel verdampft, dass dieser Dampf im Gemisch mit Luft durch Fremdzündung entflammt werden kann.
Der Flammpunkt gibt somit Auskunft über den Grad der Feuergefährlichkeit. Die Einteilung erfolgt in zwei Gruppen:
– Gruppe A
– Gruppe B

Gruppe A: Hierzu zählen Flüssigkeiten, die einen Flammpunkt von weniger als 100 °C haben und die hinsichtlich der Wasserlöslichkeit nicht die Eigenschaf-

Festigkeitsberechnung

Typ: Überlappte Verklebung von Metall
Beanspruchung: Zugscherung

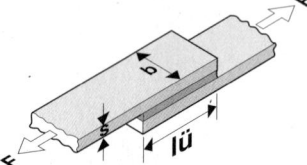

Beispiel:
Wie groß ist die erforderliche
Überlappungslänge lü?

Gegeben: $\tau_{a\,zul.}$ = 20N / mm²

b = 25mm
s = 5mm
F = 6000N

Lösung: $l\ddot{u} = \dfrac{F}{\tau_{a\,zul.} \times b}$

$l\ddot{u} = \dfrac{6000N \times mm^2}{20N \times 25mm}$

$l\ddot{u}$ = 12mm

EWL-KLE 010/P

Festigkeitsberechnung

Typ: Wellen-Naben-Verbindung
Beanspruchung: Zugscherung

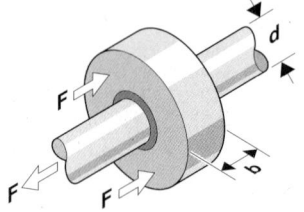

Beispiel:
Wie hoch ist die vorhandene
Zugscherung bei axialer Belastung?

Gegeben: d = 20mm
b = 30mm
F = 5000N

Formel: $\tau_{a\,vorh.} = \dfrac{F}{A} = \dfrac{F}{d \times \pi \times b}$

Lösung: $\tau_{a\,vorh.} = \dfrac{5000N}{20mm \times 3.14 \times 30mm}$

$\tau_{a\,vorh.}$ = 2.65N / mm²

EWL-KLE 009/P

ten der Gruppe B haben. Innerhalb der Gruppe A gibt es drei Gefahrenklassen:

– Gefahrenklasse I
  Flüssigkeiten mit einem Flammpunkt unter 21 °C
– Gefahrenklasse II
  Flüssigkeiten mit einem Flammpunkt von 21...55 °C
– Gefahrenklasse III
  Flüssigkeiten mit einem Flammpunkt von über 55...100 °C

Gruppe B: Zu dieser Gruppe gehören Flüssigkeiten mit einem Flammpunkt unter 21 °C, die sich bei 15 °C in jedem beliebigen Verhältnis in Wasser lösen oder deren brennbare, flüssige Bestandteile

sich bei 15 °C in jedem beliebigen Verhältnis in Wasser lösen.

Die Verordnung legt für jede Gefahrenklasse umfangreiche Sicherheitsvorschriften über die Lagerung und den Versand fest.

Zusammenfassung

Kleben ist ein unverzichtbarer Bestandteil der Füge- und Befestigungstechnik mit stetig zunehmender Bedeutung. Kleben ermöglicht die Verbindung unterschiedlicher Werkstoffe. Sowohl im handwerklichen Bereich als auch in der industriellen Anwendung ist Kleben problemlos und mit relativ geringem Aufwand durchführbar. Festigkeit und Eigenschaften der Klebung können im Voraus bestimmt werden.

Bezeichnung der Gefahren bei gefährlichen Stoffen

R-Sätze
Unter den R-Sätzen versteht man die Bezeichnungen der besonderen Gefahren bei gefährlichen Stoffen.

R-Satz	Gefahr
R 10	Entzündlich
R 11	Leichtentzündlich
R 20	Gesundheitsschädlich beim Einatmen
R 21	Gesundheitsschädlich bei Berührung mit der Haut
R 22	Gesundheitsschädlich beim Verschlucken
R 23	Giftig beim Einatmen
R 24	Giftig bei Berührung mit der Haut
R 25	Giftig beim Verschlucken
R 26	Sehr giftig beim Einatmen
R 27	Sehr giftig bei Berührung mit der Haut
R 28	Sehr giftig beim Verschlucken
R 33	Gefahr kumulativer Wirkung
R 34	verursacht Verätzung
R 35	Verursacht schwere Verätzung
R 36	Reizt die Augen
R 37	Reizt die Atmungsorgane
R 38	Reizt die Haut
R 39	ernste Gefahr irreversibler Schäden
R 40	Irreversibler Schaden möglich
R 42	Sensibilisierung durch Einatmen möglich
R 43	Sensibilisierung durch Hautkontakt möglich

KLE-T01.1

S-Sätze
Unter den S-Sätzen versteht man die Sicherheitsratschläge für gefährliche Stoffe.

Sicherheitshinweise für gefährliche Stoffe

S-Satz	Sicherheitshinweise
S 7	Behälter dicht geschlossen halten
S 16	Von Zündquellen fernhalten, nicht rauchen
S 22	Staub nicht einatmen
S 23	Gas, Rauch, Dampf, Aerosol nicht einatmen
S 24	Berührung mit der Haut vermeiden
S 25	Berührung mit den Augen vermeiden
S 26	Bei Berührung mit den Augen gründlich mit Wasser spülen und Arzt konsultieren
S 27	Beschmutzte, getränkte Kleidung sofort ausziehen
S 28	Bei Berührung mit der Haut sofort mit viel Wasser und Seife abwaschen
S 36	Geeignete Schutzkleidung tragen
S 37	Geeignete Schutzhandschuhe tragen
S 39	Schutzbrille, Gesichtsschutz tragen
S 44	Bei Unwohlsein Arzt konsultieren, dabei R- und S-Sätze und Stoffe angeben

KLE-T01.2

Schmelzkleber

Typ		Heißkleber
Basis		EVA-Polymerisat
Klebetechnik		Schmelz-/Heißkleben
Vikosität	dPas	fest
Verarbeitungszeit	bei 20 °C	ca. 15 sec bei 120 °C
Aushärten, Abbinden	Handfest	–
	Funktionsfest	wenige Minuten
	Endfest	nach Abkühlung
Temperaturbeständigkeit	°C	40 . . . 50
Beständigkeit in ausgehärtetem Zustand	Wasser	bedingt
	Lösungsmittel	bedingt
	Alterung	gut
Wasseraufnahme	%	n. a.
Nicht geeignet für		PE, PP, PTFE, Silikon

Zweikomponenten-Reaktionskleber

Typ		langsam härtend	schnell härtend
Basis		Epoxidharz	Epoxidharz
Klebetechnik		Nasskleben	Nasskleben
Vikosität	dPas	400 Binder, 300 Härter	300 Binder, 175 Härter
Topfzeit	bei 20 °C	2 . . . 3 h	2 . . .8 min.
Aushärten, Abbinden	Handfest	3 h	10 min
	Funktionsfest	12 h	1 h
	Endfest	24 h	24 h
Festigkeit nach 24 h	Zug-scherung N/cm^2	8000 . . . 12000	1200 . . . 1600
Temperaturbeständigkeit	°C	180 kurzzeitig	180 kurzzeitig
Beständigkeit in und ausgehärtetem Zustand	Wasser	Dauereinwirkung und heißes Wasser weicht auf – gegen Unterwanderung gut	Dauereinwirkung heißes Wasser weicht auf – gegen Unterwanderung gut
	Lösungs-mittel	gut	gut
Alterungsbeständig	Alterung	gut	gut
Nicht geeignet für		Thermoplaste: PE, PP, PVC-weich, PTFE, PS	Thermoplaste: PE, PP, PVC-weich, PTFE, PS

Dispersionsklebstoffe

797 Praxistabellen Klebetechnik

Typ		Standard	Express	Wasserfest	Spezial	Parkett
Basis		Polyvinylester	Polyvinylester	Polyvinylester	Polyvinylester/Ethylen	Polyvinylester
Klebetechnik		Nasskleben	Nasskleben	Nasskleben	Nasskleben	Nasskleben
Viskosität	dPas	110…130	110…130	100…200	120…160	100…200
Verarbeitungszeit	bei 20 °C	10…15 min	5…10 min	10…15 min	10…15 min	5…10 min
Aushärten,	Handfest	20 min	10 min	20 min	30 min	20 min
Abbinden	Funktionsfest	1 h	1 h	1 h	2 h	1 h
	Endfest	12 h	12 h	12 h	12 h	12 h
Festigkeit nach 24 h	Zugscherung N/cm²	800…1000	800…1000	800…1000	600…800	800…1000
Temperaturbeständigkeit	ca. °C	80	80	80	100…130	100…200
Verbrauch	ca. g/m²	150…250	150…250	180…250	150…300	180…250
Beständigkeit in ausgehärtetem Zustand	Wasser	D2, EN 204	D2, EN 204	D3, EN 204	beschränkt	B3, EN 204
	Lösungsmittel	Mineralöle	Mineralöle	Mineralöle	Mineralöle	Mineralöle
	UV	k. A.	k. A.	k. A.	k. A.	k. A.
	Alterung	gut	gut	gut	gut	gut
Nicht geeignet für		Kunststoffe und nichtsaugende Materialien	Kunststoffe und nichtsaugende Materialien	Kunststoffe und nichtsaugende Materialien	Kunststoffe und nichtsaugende Materialien	Kunststoffe und nichtsaugende Materialien

Lösungsmittelklebstoffe

Typ		Alleskleber	Alleskleber	Alleskleber	Alleskleber	Harkleber	Kontaktkleber	Polystyrol-schaumkleber	Plastikkleber
Basis		Polyvinylester	Styrol-Buta-dien-Rubber	Polyurethan-Elastomere	Cellulosenitrat	Polychloro-prene	Kunst-kautschuk	Polyacrylat
Klebetechnik		Nasskleben	Spühkleben	Nass- und Kontaktkleben	Nasskleben	Nass- und Kontaktkleben	Kontaktkleben	Nasskleben
Vikosität	dPas	30...45	–	70...90	80...110	35...45, thixotrop	120...150	20...25
Verarbeitungs-zeit	bei 20 °C	max. 1 min	3...15 min	10 min	sofort fügen	7...12 min	5...20 min	sofort fügen
Aushärten, Abbinden	Handfest	30 min.	sofort	15 min	5 min	15 min	5...10 min	5...10 min
	Funktionsfest	3 h	10...15 min	3 h	1 h	3 h	1 h	1 h
	Endfest	24 h	12 h	24 h	12 h	24 h	12 h	24 h
Temperatur-beständigkeit	ca. °C	70	60	70...90	−20...+90	−20...+125	−30...+70	−30...+90
Verbrauch	ca. g/m²	300	100 ml	120...250	300	200...300	150...250	250
Beständigkeit in ausgehärtetem Zustand	Wasser	weitgehend beständig	nein	Unterwasser-verklebung möglich	beständig	bedingt	beständig	beständig
	Lösungs-mittel	gut	nein	nein	nein	nein	nein	nein
Alterungs-beständig	UV	gut	bedingt	begrenzt	begrenzt	begrenzt	begrenzt	begrenzt
	Alterung	gut	begrenzt	gut	gut	gut	gut	gut
Nicht geeignet für		Kunststoffe	PE, PTFE, PP, Silikone	PE, PTFE, PP, Silikone	PA, PE, PP, PTFE, PS, Silikone	PE, PP, PTFE, PS, PVC-weich, Silikone	PE, PP, PTFE, Silikone	PA, PE, PP, PTFE, PS, Silikone

KLE-T05

Praxistabellen Klebetechnik 799

Einkomponenten-Reaktionskleber

Typ		Cyanacrylat	PU-1-Komponente für Holz	Montagekleber	Montagekleber	Montagekleber	Montagekleber	Montagekleber	Montagekleber
Basis		Cyanacrylsäureester	Polyurethan-Vorpolymerisat	CR-Kautschuk	SBR-Kautschuk	MS-Polymer	Acrylatpolymer	Chloropren-Kautschuk	
Klebetechnik		Nasskleben	Nasskleben	Nasskleben, Kontaktkleben	Nasskleben, Kontaktkleben	Nasskleben	Nasskleben	Nasskleben, Kontaktkleben	
Vikosität	dPas	0,1...2	2...3, sowie thixotrop	pastös	pastös	pastös	pastös	pastös	
Verarbeitungszeit	bei 20 °C	keine, sofort fügen	30 min	5...20 min (Kontaktkleben)	3...5 min (Kontaktkleben)	10 min	10...15 min	5...20 min (Kontaktkleben)	
Aushärten, Abbinden	Handfest	10...120 sec	2 h	–	–	4 h berührtrocken	–	4 h berührtrocken	
	Funktionsfest	–	8 h	–	–	–	–	–	
	Endfest	12 h	24 h	24 h	24 h	24 h	24 h	24 h	
Temperaturbeständigkeit	ca. °C	80...100	– 30...+100	– 20...+100	– 40...+80	– 40...+100	– 20...+90	– 20...+100	
Verbrauch	ca. g/m²	nur für Spotklebung	200...300	350...500	350...500	350...500	350...500	350...500	
Beständigkeit in ausgehärtetem Zustand	Wasser	kurzzeitig	seewasserfest	bedingt	bedingt	bedingt	nein	bedingt	
	Lösungsmittel	kurzzeitig	gut (EN 204 D4)	bedingt	nein	bedingt	nein	nein	
	UV	begrenzt	gut	begrenzt	nein	ja	nein	begrenzt	
Alterungsbeständig	Alterung	gut	gut	gut	bedingt	gut	ja	gut	
Nicht geeignet für		Thermoplaste: PE, PP, PVC-weich, PTFE, Silikone, Glas	Thermoplaste: PE, PP, PVC-weich, PTFE, PS, Silikone, Glas	Thermoplaste: PE, PP, PTFE, Silikone	Thermoplaste: PE, PP, PTFE, Silikone	Thermoplaste: PP, PP, PTFE, Silikone	Thermoplaste: PE, PP, PTFE, Silikone	Thermoplaste: PE, PP, PTFE, Silikon	

Internationale Fachbegriffe Klebetechnik

Fachbegriffe Klebetechnik Deutsch	Begriffserklärung	Technical terms for bonding technique English	Termes techniques dans le collage Français	Términos técnicos para técnicas de encolado Español
abbinden	Verfestigung des Klebstoffes (Aushärtung) durch physikalische oder chemische Prozesse	curing	polymériser	cementar
Abbindezeit	Zeitspanne, innerhalb der die Klebefuge eine für die auftretende Belastung ausreichende Festigkeit erreicht	curing time	temps de polymérisation	tiempo de cementación
Ablüftzeit	Zeitspanne beim Kontaktkleben, während der das Lösungsmittel aus dem beidseitig aufgetragenen Klebstofffilm verdunsten muss, um eine Soforthaftung zwischen den Fügeteilen zu ermöglichen	ventilation time	temps de séchage	tiempo de ventilación
Adhäsion	Bindekräfte zwischen den Fügeteilen und der Klebstoffschicht	adhesion	adhérence	adhesión
Aerobe Klebstoffe	Klebstoffe, welche durch Lufteinwirkung aushärten	aerobic glues	colles aérobies	adhesivos aerobios
Anaerobe Klebstoffe	Klebstoffe, welche unter Luftabschluss durch katalytische Wirkung (eines Metalls) aushärten	anaerobic glues	colles anaérobies	adhesivos anaeróbicos
Anfangshaftung	Abbindezustand innerhalb einer Zeitspanne, nach der die Fixierungen von der Klebestelle entfernt werden können, die endgültige Belastung der Klebestelle aber noch nicht erfolgen darf	initial adhesiviness	début d'adhérence	encolado inicial
Anpressdruck	Druck auf die Klebeverbindung bei Kontaktklebern, damit die Klebeverbindung zustande kommt	contact pressure	pression d'application	fuerza de presión
Auftrag	Beschichtung der Klebefläche mit dem Klebstoff	layer, coating	couche	puesta de la cola

Fachbegriffe Klebetechnik Deutsch	Begriffserklärung	Technical terms for bonding technique English	Termes techniques dans le collage Français	Términos técnicos para técnicas de encolado Español
Aushärtezeit	Zeitspanne, welche ein Reaktionsklebstoff benötigt um zu einer vollständig ausgehärteten Kunststoffschicht zu polymerisieren. Die Aushärtezeit beginnt bei Einkomponentenklebern mit dem Auftragen des Klebers auf die Klebefläche, bei Zwei- oder Mehrkomponentenklebern mit dem Mischen der Komponenten	cure time	temps de durcissement	tiempo de cura
Binder	Komponente, welche bei Mehrkomponenten-Reaktionsklebstoffen den Grundstoff darstellt	binder, cement	liant	agente adhesivo
Dispersion	In einer Flüssigkeit eingelagerte (nicht gelöste) Feststoffpartikel	dispersion	dispersion	dispersión
Endfestigkeit	Maximale Festigkeit nach dem Aushärten des Klebstoffes	final strength	résistance finale	dureza final
fixieren	Zusammenhalten der Fügeteile mittels Hilfsmitteln (Klammern, Zwingen, Pressen) während des Aushärtens	fixing	fixer	fijar
Flammpunkt	Niedrigste Temperatur, bei der eine Substanz (Lösungsmittel) durch Verdampfung ein zündfähiges Gemisch erzeugen kann	flash point	température d'inflammation	punto de combustión
Fugendicke	Durchschnittlicher Abstand der verklebten Fügeteile = Dicke der Klebstoffschicht	thickness of joint	épaisseur de colle	espesor de la película de adhesivo
Fügeteile	Die zu verklebenden oder verklebten Werkstückteile	joint parts	pièces d'assemblage	piezas encoladas
Grundstoff	Hauptsächlicher Bestandteil eines Klebstoffes, welcher wesentlich die Eigenschaften bestimmt	basic material	matière première	material básico

Internationale Fachbegriffe Klebetechnik

Fachbegriffe Klebetechnik Deutsch	Begriffserklärung	Technical terms for bonding technique English	Termes techniques dans le collage Français	Términos técnicos para técnicas de encolado Español
Härter	Komponente, welche bei Mehrkomponenten-Reaktionsklebstoffen das Aushärten bewirkt	hardening agent	durcisseur	agente endurecedor
Harz	Grundstoff von Klebstoffen	resin	résine	resina
Indikator	Stoff, der durch Farbwechsel eine chemische Reaktion anzeigt	indicator	indicateur	indicador
Kaltkleber	Klebstoffe, deren Aushärttemperatur bei Raumtemperatur (20 °C) liegt	cold setting glue	colle à froid	adhesivos en frío
Katalysator	Stoff, der eine chemische Reaktion auslöst, ohne sich selbst dabei zu verändern.	catalyst	catalysateur	catalizador
Kitt	Pastöser Dichtstoff, der je nach Zusammensetzung sowohl hart als auch elastisch aushärten kann und heben der Dichteigenschaft auch Klebeeigenschaften haben kann	putty	mastic	mástique
Kleb-Dichtstoffe	Klebstoffe, die zusätzlich als elastische Dichtstoffe wirken	bonding - sealing agent	substance d'étanchéité adhésive	adhesivos de sellado
Klebefläche	Die zu klebende oder verklebte Fläche der Fügeteile	adherend surface	surface adhésive	superficie de encolado
Klebefuge	Spalt (Raum) zwischen den Fügeteilen		Interstice de collage	juntura encolada
Klebeschicht	Die auf eine Klebefläche aufgetragene Klebstoffschicht	adherend joint	couche adhésive	capa de encolado
Klebstofffilm	Die auf eine Klebefläche aufgetragene Klebstoffschicht	adhesive film	film adhésif	film de adhesivo
Klebstoffschicht	Zwischen den Fügeteilen befindlicher Klebstoff	adhesive layer	couche de colle	capa de adhesivo

Fachbegriffe Klebetechnik Deutsch	Begriffserklärung	Technical terms for bonding technique English	Termes techniques dans le collage Français	Términos técnicos para técnicas de encolado Español
Kohäsion	Bindekraft innerhalb der Klebstoffschicht	coherence	cohésion	cohesión
Kontakt-klebezeit	Zeitspanne eines Kontaktklebers, innerhalb der die scheinbar trockenen Klebstoffschichten noch miteinander verbunden werden können (offene Zeit)	contact time for adhesives	temps de collage des colles contact	tiempo de contacto
kriechen	Ein last- und/oder zeitabhängiges Verformungsverhalten von Polymerschichten. Eine solche Klebeschicht erfährt auch unter ruhender Beanspruchung eine Formveränderung. Bei Belastung nimmt die Formveränderung der Klebstoffschicht infolge des Kriechens allmählich zu.	creeping	fluage sous contrainte	deformación plástica
Kunstharz	Künstliche Adhäsionsvermittler bei Klebstoffen sowie Komponente bei Reaktionsklebstoffen (Phenolharze, Epoxidharze, Polyesterharze)	synthethic resin	Résine artificielle	Resina sintética
Lagerfähig-keit	Zeitspanne zwischen dem Herstellen des Klebstoffes und dem Zeitpunkt, bis zu welchem der Klebstoff unter Einhaltung der vom Hersteller vorgeschriebenen Lagerungsbedingungen (Verpackung, Temperatur, Luftfeuchtigkeit) seine vorgesehenen Eigenschaften beibehält.	shelf life, storage life	durée de conservation	capacidad de almacenaje
Leim	Ursprünglich Klebstoff auf Eiweißbasis. Undifferenzierter Unterbegriff der Bezeichnung Klebstoff, meist im holzverarbeitenden Gewerbe. Der Begriff schließt Klebstoffe auf tierischer, pflanzlicher und synthetischer Basis ein.	glue	colle	adhesivo

Internationale Fachbegriffe Klebetechnik

Fachbegriffe Klebetechnik Deutsch	Begriffserklärung	Technical terms for bonding technique English	Termes techniques dans le collage Français	Términos técnicos para técnicas de encolado Español
Lösungs- mittel	Flüchtige (verdunstende) Flüssigkeiten, die als Hilfsmittel im Klebstoff enthalten sind, um ihn verarbeitbar zu halten. Sie sind in der Regel leicht entzündlich. Mit dem Verdunsten der Lösungsmittel bindet der Klebstoff ab.	solvent	agent de dissolution	disolvente
Mischungs- verhältnis	Verhältnis, in dem die Komponenten von Zwei- und Mehrkomponentenklebern und eventuelle Füllstoffe miteinander gemischt werden müssen, um das gewünschte Klebeergebnis zu erhalten	ratio of mixture	dosage	relación de la mezcla
Nassklebe- zeit	Zeitspanne, innerhalb der eine Nassverklebung möglich ist	contact time for liquid adhesives	temps de collage des colles à froid	tiempo de pega en úmedo
Naturharz	Zähflüssiger Ausscheidungsstoff von Nadel- bäumen, welcher als Grundstoff für Klebstoffe, Lacke und Kitte verwendet wird	natural resin	résine naturelle	resina natural
Offene Zeit	Zeitspanne eines Kontaktklebers, innerhalb der die scheinbar trockenen Klebstoffschichten noch mit- einander verbunden werden können	reaction time	temps de réaction	tiempo abierto
Polymere	Makromoleküle, die als Basisstoff in Klebstoffen die Kohäsion bewirken	polymer	polymère	polímeros
Polymeri- sation	Bei der Polymerisation verbinden sich kleine Moleküle (Monomere) zu Riesenmolekülen (Polymere), ohne ihre Zusammensetzung dabei wesentlich zu ändern.	polymerisation	polymérisation	polimerización

Fachbegriffe Klebetechnik Deutsch	Begriffserklärung	Technical terms for bonding technique English	Termes techniques dans le collage Français	Términos técnicos para técnicas de encolado Español
Topfzeit	Zeitspanne vom Mischen von Zwei- oder Mehrkomponentenklebstoffen bis zum Gelieren der Mischung. Es ist die Zeitspanne, in der die Mischung verarbeitet werden kann. Kalthärtende Klebstoffsysteme haben meist kurze Topfzeiten (Minuten...Stunden), warmhärtende Systeme haben meist lange Topfzeiten (Stunden...Tage)	potlife, working life	durée limite d'emploi	tiempo de espera
Warmhärtend	Aushärten bei (künstlich) erhöhter Temperatur	thermosetting	thermodurcissable	cementación en caliente

Verbindungstechnik Metall

Neben den (lösbaren) Schraubverbindungen werden Metalle bevorzugt unlösbar verbunden. Die hierbei üblichen Verfahren sind
– Klebetechnik
– Niettechnik
– Löttechnik
– Schweißtechnik
Die Verfahren sind nicht frei wählbar, sondern müssen entsprechend dem Werkstoff, den Werkstückdimensionen, der vorgesehenen Belastung und der Werkstückgestaltung ausgewählt werden. Dies gilt sowohl für die industrielle als auch für die handwerkliche Anwendung. Die Möglichkeiten der Klebeverbindungen sind im Abschnitt „Klebetechnik" beschrieben.

Nietverbindungen

Nieten ist eine geschichtlich sehr alte Verbindungstechnik. Mit ihr können auch unterschiedliche Metalle dauerhaft miteinander verbunden werden. Hinsichtlich ihrer Verwendung und konstruktiven Ausbildung unterteilen sich Nietverbindungen in
– feste Verbindungen
– feste und dichte Verbindungen
– extrem dichte Verbindungen
Feste Nietverbindungen werden im allgemeinen Maschinenbau, im Fahrzeugbau, im Stahlhochbau und im Anlagenbau angewendet.
Feste und dichte Nietverbindungen findet man üblicherweise im Behälter- und Kesselbau, im Schiffbau sowie in der Luftfahrttechnik.
Extrem dichte Nietverbindungen werden im Rohrleitungsbau, in der Hochdruck- und Vacuumtechnik angewendet.
Die Niettechnik unterliegt einer ständigen Weiterentwicklung. Deshalb muss zur näheren Betrachtung in folgende Gruppen eingeteilt werden:
– Konventionelle Niettechnik
– Spezielle Nietverfahren

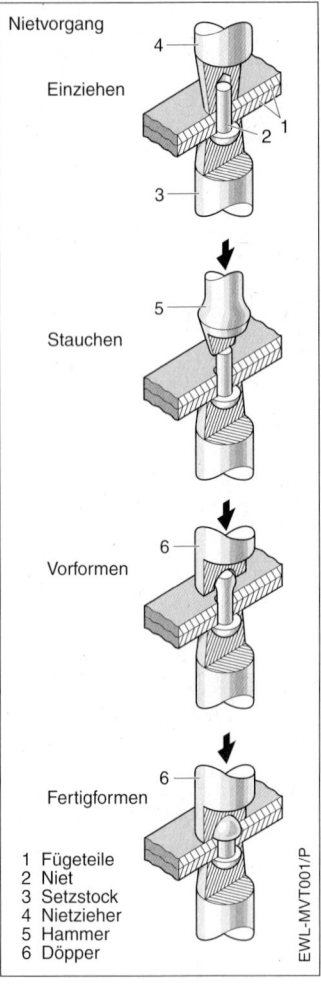

Nietvorgang

Einziehen

Stauchen

Vorformen

Fertigformen

1 Fügeteile
2 Niet
3 Setzstock
4 Nietzieher
5 Hammer
6 Döpper

EWL-MVT001/P

Konventionelle Niettechnik

Bei der konventionellen Niettechnik ist das Verbindungselement, der Niet, ein eigenständiges Bauteil. Die zu verbindenden Konstruktionsteile müssen an der zu verbindenden Stelle passgenau vorgebohrt werden. Die typischen Verfahren der konventionellen Niettechnik sind
– Nieten
– Blindnieten und Nietmuttern
– Schließringbolzen

Nieten

Der durch die Bohrung gesteckte Niet wird eingezogen und, je nach Verfahren, gestaucht und mit einem Schließkopf versehen. Je nach der Temperatur, mit der die Niete geschlagen werden, unterscheidet man zwischen Kalt- und Warmnietung. Kaltgenietet wird bis zu einem Nietdurchmesser von 10 mm, Niete über 10 mm werden warm geschlagen.

Beim Kaltnieten wirken im Nietschaft keine Zugkräfte. Der Niet wird daher auf Scherung beansprucht.

Beim Warmnieten müssen die Bohrungen in den Fügeteilen um die Wärmeausdehnung des Niets größer gebohrt werden. Der Niet wird auf ca. 800...1000 °C erwärmt, in die Fügeteile gesteckt und verformt. Da der Niet beim Abkühlen kürzer (und dünner) wird, treten bei der Warmnietung keine Scherkräfte auf, die Fügeteile werden durch die Zugspannung im Nietschaft zusammengehalten.

Die gebräuchlichsten Nietformen sind Vollnieten mit Halbrund-, Senk-, Linsenkopfform. Daneben sind Hohlniete und Rohrniete üblich. Bei allen vorgenannten Nietformen ist es erforderlich, dass die Werkstücke von beiden Seiten zugänglich sind, da beim Stauch- und Formprozess der Niet gegengehalten werden muss. Vollniete werden hauptsächlich bei Metallkonstruktionen im Stahlhochbau, Behälter- und Fahrzeugbau eingesetzt.

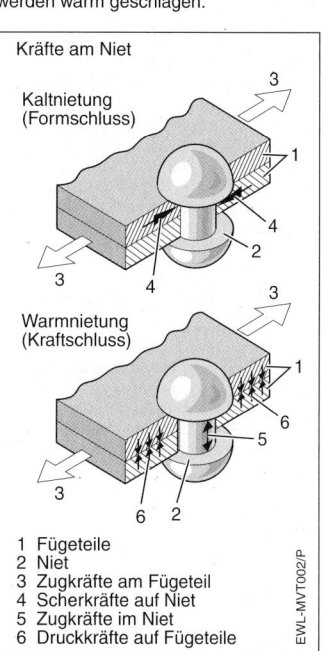

Kräfte am Niet

Kaltnietung (Formschluss)

Warmnietung (Kraftschluss)

1 Fügeteile
2 Niet
3 Zugkräfte am Fügeteil
4 Scherkräfte auf Niet
5 Zugkräfte im Niet
6 Druckkräfte auf Fügeteile

EWL–MVT002/P

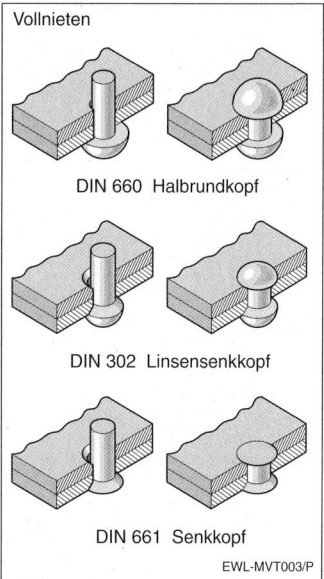

Vollnieten

DIN 660 Halbrundkopf

DIN 302 Linsensenkkopf

DIN 661 Senkkopf

EWL-MVT003/P

Blindnieten

Ist das Werkstück nur von einer Seite zugänglich, dann muss im Blindnietverfahren gearbeitet werden. Vorläufer war der sogenannte Sprengniet, der auf ein Patent des Flugzeugherstellers Heinkel in den 30er Jahren zurückgeht. Eine im hohlen Schaft des Niets befindliche Treibladung wird durch Wärmeeinwirkung gezündet und formt hierdurch den Setzkopf. Heute werden als Blindniete hauptsächlich Hohlniete verwendet, die durch Dorne oder Stifte aufgetrieben werden. Eine Variante der Blindniete ist die Nietmutter. Das Einziehen und Stauchen erfolgt durch ein Spezialwerkzeug mittels eines eingeschraubten Gewindebolzens. Die Nietmutter wird bei Bauteilen angewendet, wo wegen des Werkstoffes oder zu geringer Werkstoffdicke kein tragfähiges Gewinde eingeschnitten werden kann. Als Setzwerkzeug werden spezielle Zangen mit manueller, pneumatischer oder hydraulischer Betätigung verwendet. Um Korrosionswirkungen zu vermeiden, sollte der Niet aus demselben Werkstoff wie die zu fügenden Bauteile bestehen. Blindniete finden hauptsächlich zur Verbindung dünner Metallteile und Bleche Verwendung, wo Schweißen oder Löten wegen des dabei entstehenden Verzuges nicht möglich ist. Beispiele hierzu sind der Apparatebau, Fahrzeugbau und vor allem der Flugzeugbau, wobei interessant ist, dass in einem modernen Verkehrsflugzeug einige Millionen Niete gebraucht werden.

Schließringbolzen

Im Gegensatz zu den klassischen Nieten sind Schließringbolzen zweiteilige Verbindungselemente. Der Nietbolzen hat im Bereich der Fügeteile (auf deren Dicke er abgestimmt sein muss) einen glatten Schaft. Außerhalb der Fügestelle ist der Schaft mit Ringkerben versehen. Nach Durchstecken durch die Fügestelle wird eine Buchse (Schließring) über den Schaft geschoben. Durch das Setzwerkzeug werden die Fügeteile zusammengezogen und der Schließring über die Ringkerben verpresst (Fließpressverfahren). Beim Erreichen der konstruktiv vorgegebenen Spannkraft reißt der Nietbolzen an einer Sollbruchstelle ab.

Schließringbolzen werden für hochfeste Verbindungen eingesetzt bis in den Bereich des Warmnietverfahrens. Anwendungsbeispiele sind der Nutzfahrzeugbau, Konstruktionsbau und Stahlhochbau.

Blindnieten

Sprengniet

Blindniet offene Form

Blindniet geschlossene Form (Becherniet)

Blindnietmutter (Nach Einziehen der Blindnietmutter den Zugbolzen ausdrehen)

EWL-MVT004/P

Schließringbolzen

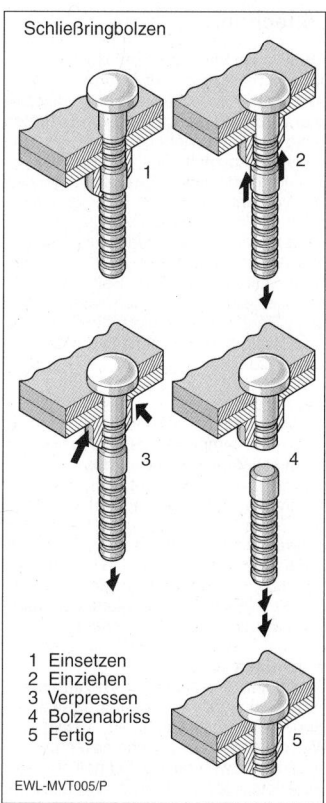

1 Einsetzen
2 Einziehen
3 Verpressen
4 Bolzenabriss
5 Fertig

EWL-MVT005/P

Spezielle Nietverfahren

Nieten ist in der industriellen Fertigung ein relativ zeitaufwendiger Vorgang. Zur Integration in eine automatisierte Fertigung wurden zwei neue Verfahren entwickelt:
– Stanznieten
– Druckfügen
Beide Verfahren sind nietähnliche Vorgänge, bei welchen die Vorbereitung der Nietstelle entfällt und der Fügevorgang selbst automatisch ausgeführt werden kann.

Stanznieten

Bei der Stanznietung erfolgt der Nietvorgang ohne vorheriges lochen der Bauteile. Das Lochen erfolgt während des Stanz-Nietvorgangs durch den Niet selbst.

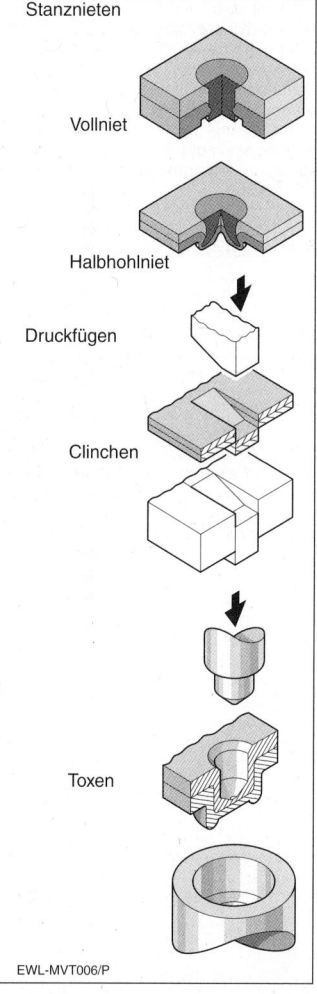

Stanznieten

Vollniet

Halbhohlniet

Druckfügen

Clinchen

Toxen

EWL-MVT006/P

Beim Stanznieten werden die zu fügenden Bauteile auf eine Matrize gelegt, der von einem Stempel geführte Niet fährt einschließlich eines Niederhalters nach unten und wird vom Stempel in einem Stanzvorgang durch die Bauteile gedrückt. Der Setzkopf ist ein Teil der Matrize, durch ihn wird der Niet entsprechend geformt. Das Verfahren ist sowohl für Vollnieten als auch für Hohlnieten anwendbar. Stanznieten eignet sich für eine Gesamtwerkstoffdicke bei Stahl bis ca. 6,5 mm und für Aluminium bis ca. 11 mm Dicke. Für den Stanznietvorgang sind hohe Kräfte erforderlich, das Verfahren beschränkt sich auf maschinelle Anwendung.

Zusammenfassung

Durch Nieten wird der Werkstoff der zu fügenden Bauteile nicht beeinflusst. Es können unterschiedliche Werkstoffe miteinander verbunden werden. Die Neigung zu Kontaktkorrosion bei unterschiedlichen Werkstoffen und Spaltkorrosion ist zu beachten. Die Nietung erfordert Überlappung der Bauteile, welche durch die für das Nieten erforderliche Lochung geschwächt werden. Nieten ist je nach Verfahren ein handwerklicher oder maschineller Vorgang. Bei sachgemäßer Anwendung verziehen sich die Werkstücke nicht.

Löttechnik

Löten ist ein Verfahren zum Herstellen einer nicht lösbaren Verbindung von zwei oder mehr Werkstücken aus gleichen oder verschiedenen, jedoch für das Löten geeigneten Metallen unter Verwendung eines Zusatzmaterials (Lot), dessen Schmelzpunkt unter dem der zu fügenden Metalle liegt. Zusätzlich kommen Flussmittel und/oder ein Lötschutzgas zur Anwendung, um eine Oxidbildung an der Lötstelle zu verhindern. Die Lötverbindung entsteht durch feste Benetzung des Lotes an den Fügeflächen, wobei es in deren Randzone einlegiert. Die Einteilung der Lötverfahren erfolgt nach der Arbeitstemperatur in
– Weichlöten
– Hartlöten
– Hochtemperaturlöten
Die Arbeitstemperatur ist die niedrigste Oberflächentemperatur des Werkstückes, bei der das Lot sich benetzen, ausbreiten und sich am Werkstück binden kann. Vorteilhaft gegenüber der Schweißtechnik ist, dass das Lot sich durch Kapillarwirkung in engen Spalten (ca. 0,05...0,2 mm) hineinzieht und hierdurch, z. B. bei Rohrverlötungen, eine großflächige Verbindung schafft.

Weichlöten
Weichlöten findet bei Temperaturen unterhalb von 450 °C statt. Als Lot werden Zinn oder Zinn-/Blei-Lote verwendet. Weichlote mit einer Schmelztemperatur bis 200 °C werden als Schnelllote oder Sickerlote bezeichnet. Die Wärmezufuhr erfolgt bei kleinen Werkstücken durch Kolbenlötung mittels eines elektrisch oder mit Brennstoff betriebene Lötkolbens. Großflächige Werkstücke werden durch Flammlötung (gasbetriebene Lötbrenner) erhitzt. Andere Weichlötverfahren sind das Tauchlöten oder Schwalllöten, welche bei der Leiterplattenbestückung in der Elektronikindustrie angewendet werden.

Hartlöten
Hartlötungen sind Verbindungen mit Loten, deren Schmelzpunkt über 450 °C liegt. Hierzu werden Lote aus Kupfer/Zink (Messinglote) oder Kupfer/Zink/Silber

(Silberlote) verwendet. Hartlötungen erfolgen durchweg als Flammlötung.

Hochtemperaturlöten
Hochtemperaturlöten erfolgt mit sehr hoch schmelzenden Loten bei Temperaturen über 900 °C. Bei diesen Temperaturen muss die Oxidation der Lötfläche durch ein geeignetes Schutzgas oder durch Lötung im Vakuum verhindert werden.

Flussmittel
Flussmittel sind nötig, um nach vorhergegangener Reinigung der Lötstelle die Bildung einer den Lötvorgang behindernden Oxidschicht zu vermeiden, damit das Lot die Fügeflächen vollständig benetzen kann. Mit Ausnahmen von Kolophonium (Harz), welches bei Weichlötungen in der Elektrotechnik verwendet wird, sind Flussmittel aggressiv. Nach Beendigung des Lötvorganges müssen grundsätzlich alle Flussmittelreste neutralisiert und entfernt werden.

Zusammenfassung

Durch Lötung lassen sich die meisten Metalle unlösbar miteinander verbinden. Je nach verwendetem Lot müssen die zu lötenden Oberflächen erwärmt oder erhitzt werden. Dies kann in bestimmten Fällen die Anwendung der Löttechnik einschränken. Bei Lotverbindungen kann die Verbindungsfestigkeit des Grundwerkstoffes erreicht werden. Ursache hierfür ist eine Verformungsbehinderung des Lotes durch den angrenzenden, festeren Grundwerkstoff.

Durch Hart- oder Hochtemperaturlötungen lassen sich dem Schweißen vergleichbare Festigkeiten erreichen.

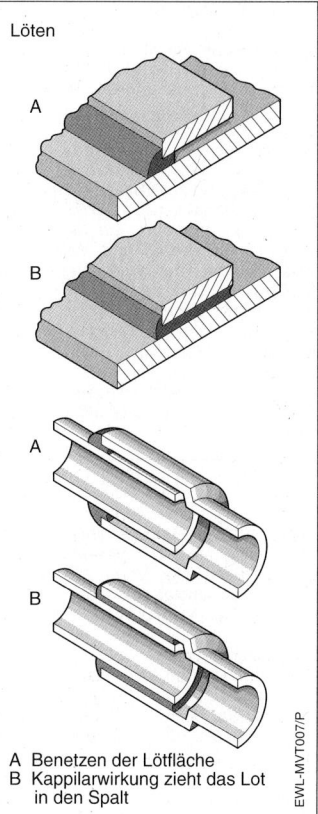

Löten

A Benetzen der Lötfläche
B Kappilarwirkung zieht das Lot
   in den Spalt

EWL-MVT007/P

Schweißtechnik

Die Schweißtechnik ist wie die Verschraubungstechnik eine der wichtigsten Verbindungstechniken in der Metallbearbeitung. In eingeschränktem Maße wird die Schweißtechnik in der Kunststoffbearbeitung verwendet. Schweißverbindungen sind unlösbare Verbindungen. Die Schweißverbindung (Schweißnaht) hat, je nach Schweißverfahren, ähnliche oder gleiche Eigenschaften wie der Grundwerkstoff. Schweißen von Metallen ist stets Hochtemperaturschweißen, wobei der Grundwerkstoff an der Schweißstelle auf Schmelztemperatur erhitzt werden muss. Die Schweißung kann bei bestimmten Schweißverfahren und Schweißnahtformen ohne Zusatzwerkstoff (Schweißzusatz) erfolgen, meist jedoch wird ein Schweißwerkstoff zugeführt.

Zu den am häufigsten eingesetzten Schweißtechniken gehören
– Schmelzschweißen
– Widerstandsschweißen

Innerhalb dieser Gruppen gibt es weitere Verfahren, deren Wirkungsweise und Einsatzbereich im Folgenden kurz vorgestellt wird. Hierbei erfolgt eine Beschränkung auf die im Handwerk üblichen Verfahren.

Schmelzschweißen

Schmelzschweißen bezeichnet das Verbinden von Werkstoffen mit Hilfe eines örtlich auf die Schweißstelle begrenzten Schmelzflusses unter Einwirkung von außen zugeführter Wärme ohne Druck. Da bei hohen Temperaturen der in der Umgebungsluft enthaltene Sauerstoff durch Oxidbildung eine schädliche Auswirkung auf die Schweißung hat, muss beim Schmelzschweißen die Sauerstoffzufuhr zur Schweißstelle verhindert werden. Dies kann durch Abdecken der Schweißstelle mit einem Pulver (Unterpulverschweißen), Schweißen im Vakuum oder durch eine Schutzgasatmosphäre erfolgen. Letzteres ist im handwerklichen Bereich praxisgerechter. Die typischen Schmelzschweißverfahren sind:
– Gasschmelzschweißen (autogenes Schweißen)
– Lichtbogenschmelzschweißen
– Laserschweißen

Alle Schweißverfahren setzen eine umfassende Ausbildung und Erfahrung voraus, die durch regelmäßige Prüfung vor den verantwortlichen Organisationen bestätigt werden muss. Dies gilt insbesondere dann, wenn die Schweißnähte sicherheitsrelevante Funktionen haben.

Gasschmelzschweißen: Beim Gasschmelzschweißen (autogenes Schweißen) wird die Schweißstelle durch die Flamme eines Sauerstoff-Brenngasgemisches erhitzt. Als Brenngas dient in der Regel Acetylen, mit dem eine Flammentemperatur von 3200 °C erreicht wird. Die Gase werden in der Mischdüse des Brenners gemischt und verbrennen außerhalb der Schweißdüse, deren Größe den Gasdurchsatz und damit die erzeugte Wärmemenge pro Zeiteinheit bestimmt. Innerhalb der Schweißflamme herrschen verschiedene Temperaturen, was beim Schweißvorgang zu beachten ist. Durch die Schweißflamme wird der Luftsauerstoff von der Schweißnaht ferngehalten. Je nach dem (einstellbaren) Mischungsverhältnis von Sauerstoff und Brenngas erhält man eine neutrale Flamme oder eine Verbrennung mit Gasüberschuss (grünliche Flamme) oder Sauerstoffüberschuss (bläuliche Flamme). Ersterer bewirkt durch Aufkohlung der Schweißnaht eine Härtung, letztere eine Versprödung durch Sauerstoffaufnahme. Der Zusatzwerkstoff wird in Form eines Drahtes oder Stabes zugeführt. Mit dem Gasschmelzschweißverfahren können fast alle Metalle miteinander verbunden werden, Leichtmetalle und ihre Legierungen jedoch nur unter Einschränkungen oder gar nicht.

Der Umgang mit Sauerstoff und Brenngas sowie die offenen, stetig brennenden Schweißflamme erfordert besondere persönliche und räumliche Schutzmaßnahmen. Vorteilhaft ist die Möglichkeit, durch entsprechende Wahl der Flammengröße auch dünnste Materialien und kleinste Werkstücke (Goldschmied!) kontrolliert schweißen zu können. Gasschmelzschweißverfahren sind unabhängig von der Elektrizität und eignen sich deshalb auch für Schweißungen im Außenbereich und sogar unter Wasser.

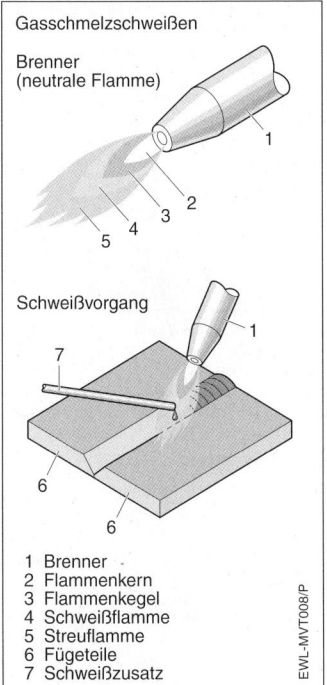

Gasschmelzschweißen

Brenner
(neutrale Flamme)

Schweißvorgang

1 Brenner
2 Flammenkern
3 Flammenkegel
4 Schweißflamme
5 Streuflamme
6 Fügeteile
7 Schweißzusatz

EWL-MVT008/P

Lichtbogenschmelzschweißen: Bei diesem Verfahren, populär auch „Elektroschweißen" genannt, wird die zum Schweißen nötige Wärme durch einen elektrischen Lichtbogen erzeugt. Der Lichtbogen entsteht zwischen Elektroden, von denen eine Elektrode durch das Werkstück selbst gebildet wird. Die Gegenelektrode wird durch den Schweißzusatz („Elektrode" oder Draht) oder durch eine „neutrale" Elektrode gebildet. Im letzteren Fall wird der Schweißzusatz als Draht oder Stab zugeführt. Beim Lichtbogenschmelzschweißen kommen vielfältige Varianten zur Anwendung, die wichtigsten hierbei sind
– „Elektrodenschweißen" (Lichtbogen-Handschweißen)
– Schutzgasschweißen

„Elektrodenschweißen":
Unter dieser populären Bezeichnung versteht man die einfachste Art des Lichtbogenschmelzschweißens. Durch Aufsetzen der Elektrode auf das Werkstück entstehen hohe Temperaturen, welche die Elektrodenspitze zum Schmelzen bringen. Beim Abheben der Elektrode bildet sich zwischen Werkstück und Elektrodenspitze der Lichtbogen.

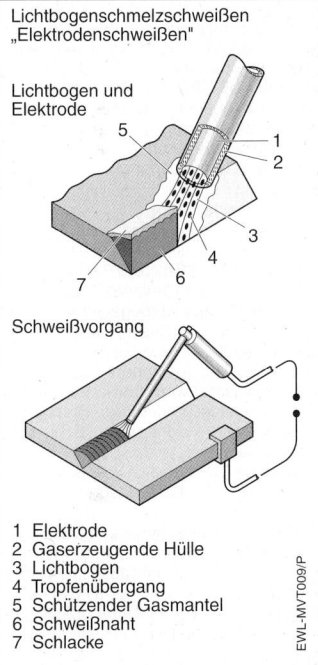

Lichtbogenschmelzschweißen
„Elektrodenschweißen"

Lichtbogen und
Elektrode

Schweißvorgang

1 Elektrode
2 Gaserzeugende Hülle
3 Lichtbogen
4 Tropfenübergang
5 Schützender Gasmantel
6 Schweißnaht
7 Schlacke

EWL-MVT009/P

Beim Gleichstromschweißen entstehen am Pluspol (Werkstück) Temperaturen von ca. 4200 °C, am Minuspol (Elektrode) ca. 3600 °C. Der zwischen Elektrode und Werkstück brennende Lichtbogen schmilzt das Werkstück an der Schweißstelle auf. Gleichzeitig schmilzt die Elektrode ab und tropft in die Schweißstelle, wodurch die Schweißnaht gebildet wird.

Um den Luftsauerstoff von der Schweißstelle abzuhalten, ist die Elektrode mit einer Umhüllung versehen, welche sich im Lichtbogen verflüssigt und im Lichtbogen eine Art Schutzgas bildet. Sie „schwimmt" auf der Schweißnaht und erkaltet zur „Schlacke", wodurch die Schweißnaht vor zu schnellem Auskühlen geschützt wird. Zum Elektrodenschweißen wird nur minimale Ausrüstung (Elektrodenzange, Umformer [Transformator], Schweißschild) benötigt, wodurch das Elektrodenschweißen besonders für kleinere Arbeiten im Baustellenbereich ein wirtschaftliches Verfahren darstellt. Das Schweißen von dünnen Werkstücken >2 mm ist selbst für geübte Schweißer problematisch. Elektrodenschweißen wird bei Eisenmetallen angewendet, andere Metalle verlangen Sonderverfahren.

Schutzgasschweißen:
Unter der populären Bezeichnung „Schutzgasschweißen" versteht man Lichtbogenschmelzschweißen mit separat zugeführtem Schutzgas. Das Schutzgas umhüllt den Lichtbogen und legt sich über die Schweißstelle, wodurch der Luftsauerstoff an der Reaktion mit der Schweißstelle gehindert wird. Der Schweißzusatz wird entweder manuell oder automatisch durch den Brenner zugeführt. Die wichtigsten Schutzgasschweißverfahren sind
– Wolfram-Inertgas-Schweißen
– Metall-Schutzgasschweißen

Wolfram-Inertgasschweißen (WIG; TIG):
Bei diesem Verfahren brennt der Lichtbogen zwischen einer nicht abschmelzenden Wolframelektrode und dem Werkstück. Als Schutzgas dienen Argon oder Helium bzw. Mischgase. Der Schweißzusatz in Stabform wird seitlich zugeführt. Die Zündung erfolgt mit überlagerter Hochfrequenz, der Lichtbogen selbst wird bei Eisenmetallen mit Gleichstrom, bei Aluminium mit Wechselstrom gespeist. Bei diesem Verfahren kann, Erfahrung vorausgesetzt, die Schweißnaht auch bei manuellem Schweißen so sauber ausgeführt werden, dass eine Nachbearbeitung nicht mehr erforderlich ist. Hauptanwendungsgebiet dieses Schweißverfahrens ist die Verbindung dünnwandiger Werkstücke

aus korrosionsbeständigen Stählen und Aluminiumlegierungen.

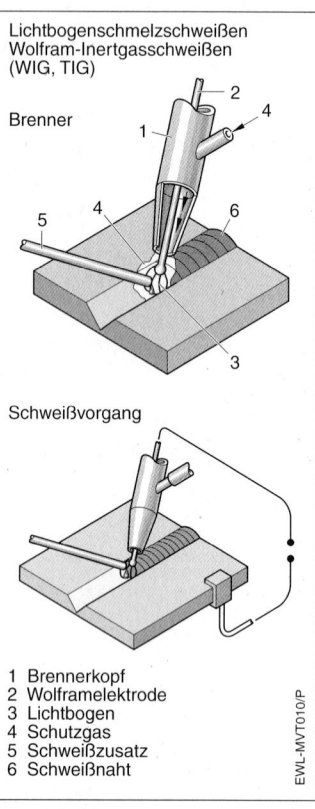

Lichtbogenschmelzschweißen Wolfram-Inertgasschweißen (WIG, TIG)

Brenner

Schweißvorgang

1 Brennerkopf
2 Wolframelektrode
3 Lichtbogen
4 Schutzgas
5 Schweißzusatz
6 Schweißnaht

EWL-MVT010/P

Metall-Schutzgasschweißen: Beim Metall-Schutzgasschweißen brennt der Lichtbogen zwischen einer abschmelzenden Drahtelektrode und dem Werkstück. Der Schweißstrom fließt über Schleifkontakte innerhalb des Brenners zur Drahtelektrode, welche von einem Vorschubgerät im Schweißgerät durch das hohle Brennerkabel zur Schweißdüse geführt wird. Das Schutzgas wird durch den Brenner geführt, kühlt diesen und umgibt den Lichtbogen und die Schweißstelle. Das

Metall-Schutzgasschweißen gestattet schnelles Schweißen sowohl dünner als auch dicker Schweißnähte und hat sich zu einem wirtschaftlichen Standard-Schweißverfahren entwickelt.

Lichtbogenschmelzschweißen
Metall-Schutzgasschweißen
(MIG, MAG)

Brenner

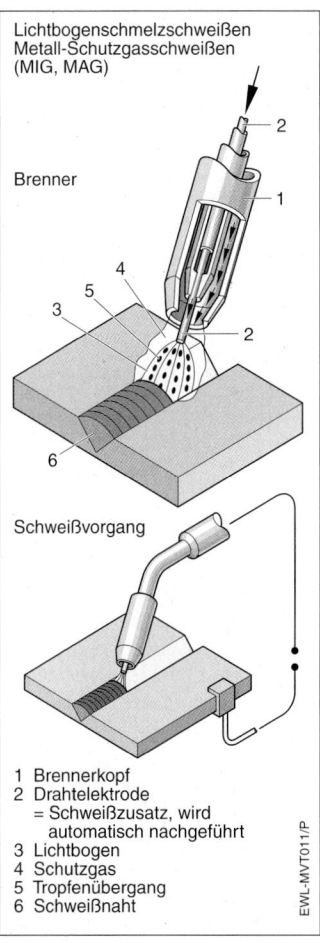

Schweißvorgang

1 Brennerkopf
2 Drahtelektrode
  = Schweißzusatz, wird
    automatisch nachgeführt
3 Lichtbogen
4 Schutzgas
5 Tropfenübergang
6 Schweißnaht

EWL-MVT011/P

Nachteilig gegenüber dem Elektrodenschweißen sind der höhere Geräteaufwand und die Notwendigkeit des mitzuführenden Schutzgases. Vorteile jedoch sind die bessere Schweißnahtqualität, der Wegfall der Schlacke und die Möglichkeit, auch relativ dünne Bleche bis 1 mm Dicke sicher zu schweißen. Bei guter Schweißpraxis erübrigt sich in vielen Fällen eine Nachbearbeitung der Schweißnaht. Je nach dem zu schweißenden Material kommen die Verfahren
– Metall-Inertgasschweißen
– Metall-Aktivgasschweißen
zur Anwendung. Der Unterschied liegt im Typ des verwendeten Schutzgases.

Metall-Inertgasschweißen (MIG): Beim Metall-Inertgasschweißen (MIG für Metall Inert Gas) wird als Schutzgas ein „inertes" (reaktionsträges) Gas verwendet. Inerte Gase sind die Edelgase Argon, Helium oder Gemische daraus. Das Verfahren wird zum Schweißen von Aluminiumlegierungen und bestimmter korrosionsbeständiger Metalle verwendet.

Metall-Aktivgasschweißen (MAG): Beim Metall-Aktivgasschweißen (MAG für Metall Aktiv Gas) wird als Schutzgas ein „aktives" (reaktionsfreudiges) Gas verwendet. Aktive Gase sind Kohlendioxid (CO_2) oder Gemische aus CO_2, Argon und Sauerstoff. Das Verfahren wird zum Schweißen von niedrig- und hochlegierten Eisenmetallen sowie einigen korrosionsbeständigen Stählen verwendet. Je nach Werkstoff ist bei Mischgasen der CO_2-Gehalt entsprechend zu wählen (Edelstähle).

Laserschweißen:
Das Schweißen mit einem Laserstrahl ist vom Prinzip her ein Schmelzschweißverfahren, bei dem die zur Verflüssigung der Schweißstelle nötige Energie durch einen Laserstrahl eingebracht wird. Hauptvorteil der Laserschweißung gegenüber den konventionellen Verfahren ist die enge Begrenzung der Wärmeeinwirkung auf die Schweißnaht. Es lassen sich günstige Breiten/Tiefen-Verhältnisse erreichen (z. B. 5 mm Nahttiefe bei 1 mm Nahtbreite). Die Schweißung erfolgt unter Schutzgas. Laserschweißungen stellen extrem hohe Anforderungen an die Nahtvorbereitung, der Fügespalt muss nahezu null sein.

Laserschweißen wird in erster Linie im industriellen Bereich angewendet, eine handwerkliche Anwendung ist wegen des notwendigen Geräteaufwandes und der Sicherheitsvorkehrungen noch nicht verbreitet. Das Verfahren wird deshalb nur der Vollständigkeit halber erwähnt, weil dieses Schweißverfahren bei der Herstellung von Einsatzwerkzeugen in bestimmten Bereichen ein besonderes Qualitätsmerkmal darstellt.

Laserprinzip
Prinzip

Funktion

1 Inputsignal
2 Energiezufuhr
3 Laserkörper
4 Output (Laserstrahl)
5 Totalreflektor
6 Teilreflektor
7 Energiezufuhr und Inputsignal

EWL-IMT 04/P

Laserstrahlerzeugung: Der Laserstrahl wird in einem Aggregat erzeugt, über Spiegelsysteme gerichtet und durch Fokussiereinrichtungen konzentriert. Im Fokuspunkt beträgt der Durchmesser des Laser-Brennflecks ca. 0,3…0,5 mm. Durch diese Fokussierung lassen sich je nach Laserleistung Intensitäten von $10^6…10^8$ W/cm^2 erreichen (10^6 W/cm^2 entsprechen 1 Million Watt pro cm^2!). Erfolgt die Fokussierung auf eine Werkstückoberfläche, so schmilzt diese und verdampft innerhalb von Millisekunden.

Als Laserstrahlquelle werden für die Metallbearbeitung hauptsächlich zwei Lasertypen verwendet:
– Festkörperlaser
– Gas-Laser
Bei den meisten Anwendungen werden die zu fügenden Werkstücke direkt und ohne Schweißzusatz miteinander verschweißt. Besonders hohe Schweißgüten erreicht man durch Schweißung im Vakuum. Typisches Merkmal des Laserschweißverfahrens ist die hohe Eindringtiefe im Verhältnis zur Schweißnahtbreite.

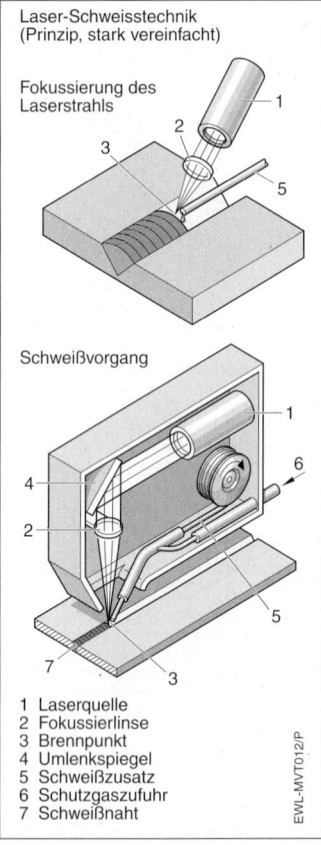

Laser-Schweisstechnik
(Prinzip, stark vereinfacht)

Fokussierung des
Laserstrahls

Schweißvorgang

1 Laserquelle
2 Fokussierlinse
3 Brennpunkt
4 Umlenkspiegel
5 Schweißzusatz
6 Schutzgaszufuhr
7 Schweißnaht

EWL-MVT012/P

Festkörperlaser:
Hier wird ein Laserkristall aus einen Neodym-Yttrium-Aluminium-Granat (Nd:YAG) verwendet. Dieser Kristall emittiert einen Strahl im infraroten Bereich des Spektrums mit einer Wellenlänge von 1,6 mm. Diese Wellenlänge lässt sich durch Lichtleiter übertragen, was sich vorteilhaft auf die Anwendungsflexibilität auswirkt. Die üblichen Laserleistungen liegen im Bereich von 400...1200 Watt. Es wird hauptsächlich im Pulsbetrieb gearbeitet. Die möglichen Schweißtiefen liegen im Zehntelmillimeterbereich. Die Anwendung erfolgt hauptsächlich bei hohen Genauigkeitsanforderungen in der Feinwerktechnik.

Gas-Laser:
Beim Gas-Laser dient als aktives Medium molekulares CO_2-Gas. Die Wellenlänge des Laserstrahles liegt im mittleren Infrarotbereich zwischen 9,2 ...10,9 mm. Die üblichen Laserleistungen liegen im Bereich von 2000...8000 Watt. Es wird hauptsächlich im Dauerbetrieb gearbeitet. Neben der Schweißanwendung werden Gas-Laser auch zum Schneiden von Materialien und Stahlblechen bis 10 mm Dicke verwendet.

Widerstandsschweißen
Die bekannteste Art des Widerstandsschweißens ist das sogenannte Punktschweißen, ein Verfahren, das auch im handwerklichen Bereich angewendet wird. Beim Widerstandspunktschweißen werden die zu verbindenden Fügeteile an der Berührungsfläche durch elektrischen Strom örtlich begrenzt bis zum teigigen oder schmelzflüssigen Zustand erwärmt und miteinander verbunden. Die Zuführung des Schweißstromes erfolgt über die Punktschweißelektroden, die gleichzeitig die Anpresskraft auf die zu verbindenden Werkstücke übertragen. Die erzeugte Wärmemenge ist eine Funktion von Stromstärke, Widerstand und Zeit.
Je nach Art der Stromzuführung unterscheidet man
– zweiseitiges, direktes Widerstandpunktschweißen
– einseitiges, indirektes Widerstandpunktschweißen

Die Auswahl des Verfahrens und der Punktschweißelektroden erfolgt entsprechend der Fügeaufgabe. Die Fügeteile müssen durch entsprechende Vorbereitung frei von Oxidschichten, Verunreinigungen und Beschichtungen sein.

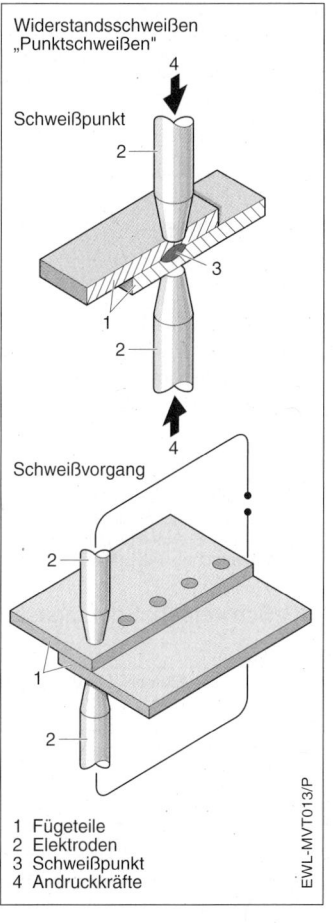

Widerstandsschweißen „Punktschweißen"

Schweißpunkt

Schweißvorgang

1 Fügeteile
2 Elektroden
3 Schweißpunkt
4 Andruckkräfte

EWL-MVT013/P

Zusammenfassung

Schweißen ist die klassische Metallverbindung. Sie kann bei fast allen Metallen angewendet werden. Bei entsprechender Schweißqualität hat die Schweißnaht dieselben Eigenschaften wie das Grundmetall. Schweißen ermöglicht die Herstellung von Bauteilen und Konstruktionen, die mit anderen Verbindungstechniken nicht möglich sind. Schweißen ist stets mit dem Einbringen von Wärme verbunden, was bei der Werkstückgestaltung und bei der Anwendung zu berücksichtigen ist.

Praxistipps Schweißen

Schutzgas

Schutzgas-Volumenstrom
Die Einstellung der richtigen Schutzgasmenge ist entscheidend für die Schweißqualtiät. Die Einstellung am Druckminderventil ist oft ungenau. Besser ist die Verwendung eines Schutzgas-Durchflussmessers. Dieser wird fest auf die Mündung des Schutzgasbrenners gedrückt. Dann wird der Brenner bei abgeschaltetem Drahtvorschub (MIG/MAG) solange

betätigt, bis sich der Schwebekörper eingependelt hat. Wegen der unterschiedlichen Schutzgasdichten sind für die jeweiligen Schutzgase (Argon, Corgon, CO_2) unterschiedliche Durchflußmesser erforderlich.

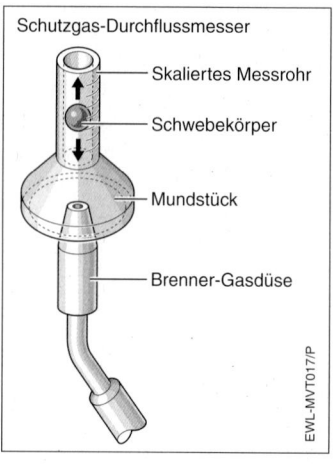

Schutzgas-Durchflussmesser

— Skaliertes Messrohr

— Schwebekörper

— Mundstück

— Brenner-Gasdüse

EWL-MVT017/P

WIG-Schweißen, Schutzgasbedarf

Schweißstrom	Schutzgasmenge in l/min					
Amperes	Edelstahl	Nickel	Aluminium	Magnesium	Titan	Kupfer, sauerstofffrei
70...80	5	7	6	6		
90...110	5	8	7	6	7	
110...130	5	9	8	8	7	8
130...150	6	10	8	8	7	8
150...170	7	10	9	9	7	8
170...190	7	10	10	10	7	8
190...210	7		12	10	8	8 (Ar; 14 (He)
210...250	8		14	11	10	8 (Ar; 14 (He)
250...300	9		15	14	18	17(He)
300...400	9		17	17	20	25 (He)

WIG-Schweißen, Elektroden

Zusammensetzung	Typ	Kennfarbe	Bevorzugte Verwendung
Wolfram, rein	W	grün	Al; Mg;
1% ceriert	WC 10	rosa	
2% ceriert	WC 20	grau	Al; Mg; Cu; Ti; Ni
1% thoriert	WT 10	gelb	
2% thoriert	WT 20	rot	
3% thoriert	WT 30	lila	
4% thoriert	WT 40	orange	
0,8 % zirkonisiert	WZ 8	weiß	
1% lanthanisiert	WL 10	schwarz	Cu; Ti; Ni;

WIG-Schweißen, Schutzgasart, Stromart

Werkstoff	Schutzgas	Stromart
Edelstahl	Argon	Gleichstrom
Nickel	Argon	Gleichstrom
Aluminium	Argon	Wechselstrom
Magnesium	Argon	Wechselstrom
Titan	Argon	Wechselstrom
Kupfer (sauerstofffrei)	Argon; Helium	Gleichstrom

Arbeitstechniken beim Schweißen

Die Güte (und das Aussehen) einer Schweißnaht hängen entscheidend von der für den Anwendungsfall gewählten Nahtform, der Nahtvorbereitung, dem gewählten Schweißverfahren und vor allem von den praktischen Kenntnissen des Schweißers ab (Schweißer ist ein Fachberuf). Wegen der Komplexität des Themas kann im Rahmen dieser Schrift nicht darauf eingegangen werden. Zum Thema Schweißen gibt es entsprechende Fachliteratur und Lehrgänge. Die folgenden Abbildungen über Schweißnähte und deren Gestaltung dienen nur der groben Übersicht.

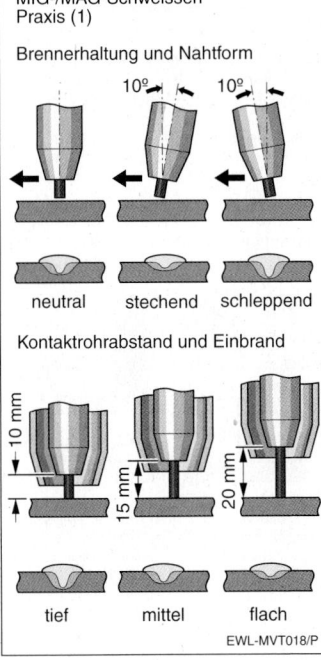

MIG-/MAG-Schweissen Praxis (1)

Brennerhaltung und Nahtform

neutral   stechend   schleppend

Kontaktrohrabstand und Einbrand

10 mm   15 mm   20 mm

tief   mittel   flach

EWL-MVT018/P

MIG-/MAG-Schweissen
Praxis (2)

Schutzgasmenge

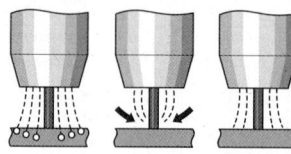

zu hoch · zu gering · richtig

Brennerhaltung

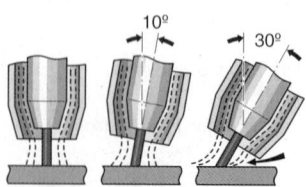

10º · 30º

senkrecht · geneigt · falsch zu stark geneigt

Schutzgasdüse

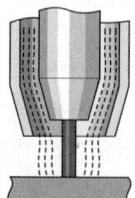 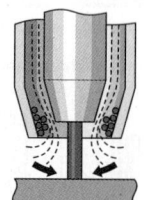

sauber -laminare Strömung · durch Schweiss-spritzer verunreinigt -verwirbelte Strömung

EWL-MVT019/P

Typische Schweißnahtformen
nach DIN 1912

Stumpfstoß:

V-Naht

V-Naht mit
Wurzellage

X-Naht

T-Stoß:

Kehlnaht
einfach

Kehlnaht
doppelt

K-Naht (mit
Doppelkehlnaht)

Eckstoß:

Eck-Stumpfnaht

Ecknaht

Eck-X-Naht

Bördelnaht:

Stirn-Flachnaht

Stirn-Fugennaht

Lochschweißung:

Kehlnaht
einfach

EWL-MVT014/P

Gestaltung von Schweißnähten

Günstige Gestaltung	Ungünstige Gestaltung

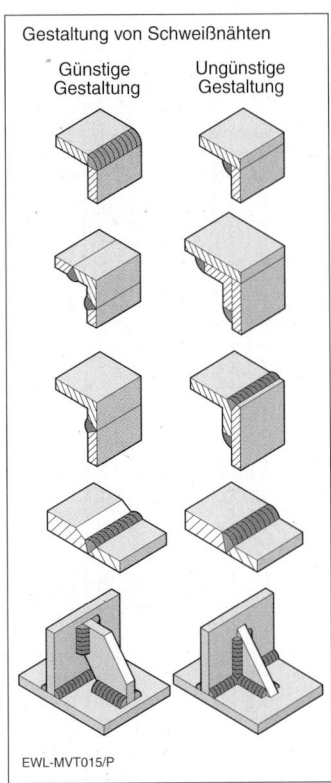

EWL-MVT015/P

Brennschneiden
Schneidgeschwindigkeit

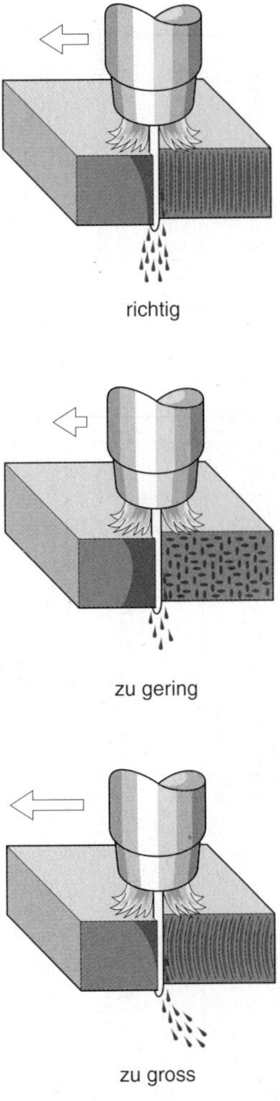

richtig

zu gering

zu gross

EWL-MVT021/P

Lote

Weichlote (Auswahl aus DIN 1707)

Lotart	Kurzname	wesentliche Legierungsbestandteile Mittelwerte Massenanteil in %	Schmelz-bereich des Lotes °C	Mindesttemperatur am Werkstück °C	Eigenschaften vorzugsweise Verwendung
Blei-Zinn-weichlote	L-PbSn 20 Sb 3	20 Sn; max. 3 Sb; Rest Pb	186 ... 270	270	Weichlöten im Karosseriebau.
	L-PbSn 12 Sb	12 Sn; max. 0,7 Sb; Rest Pb	250 ... 295	295	Weichlöten von Kupfer im Kühlerbau.
	L-PbSn 40 (Sb)	40 Sn; max. 0,5 Sb; Rest Pb	183 ... 235	235	Verzinnen; Weichlöten von Feinblechpackungen.
	L-PbSn 8 (Sb)	8 Sn; max. 0,5 Sb; Rest Pb	280 ... 305	305	Weichlöten von Elektromotoren; Kühlerbau.
Zinn-Blei-weichlote	L-Sn 63 Pb	63 Sn; Rest Pb	183	183	Wellenlöten von gedruckten Schaltungen. Verzinnen von Kupfer und -legierungen in der Elektroindustrie.
	L-Sn 60 Pb	60 Sn; Rest Pb	183 ... 190	190	
Zinn-Blei-weichlote mit Ag-, Cu- oder P-Zusatz	L-Sn 63 PbAg	63 Sn; max. 1,5 Ag; Rest Pb	178	178	Wellenlöten von gedruckten Schaltungen.
	L-Sn 60 PbCu 2	60 Sn; max. 2 Cu; Rest Pb	183 ... 190	190	Kolbenlöten von Kupfer und -legierungen in der Elektroindustrie.
	L-Sn 60 PbCuP	60 Sn; max. 0,2 Cu; max. 0,004 P; Rest Pb	183 ... 190	190	Tauchlöten von Kupfer und -legierungen in der Elektroindustrie.
Sonder-weichlote	–	57 Bi; 26 In; Rest Sn	79	79	Weichlöten von wärmeempfindlichen Teilen; Schmelzsicherungen.
	L-SnIn 50	50 Sn; Rest In	117 ... 125	125	Weichlöten von Glas/Metall.
	L-SnAg 5	max. 5 Ag; Rest Sn	221 ... 240	240	Weichlöten von Kupfer in der Elektroindustrie und bei der Wasserinstallation.
	L-SnSb 5	max. 5,5 Sb; Rest Sn	230 ... 240	240	Weichlöten von Kupfer in der Kältetechnik und bei der Wasserinstallation.
	L-SnCu 3	max. 3,5 Cu; Rest Sn	230 ... 250	250	Weichlöten von Kupfer bei der Wasserinstallation.
	L-SnZn 10	max. 15 Zn; Rest Sn	200 ... 250	250	Ultraschall-Weichlöten von Aluminium und Kupfer ohne Flussmittel.
	L-ZnAl 5	max. 6 Al; Rest Zn	380 ... 390	390	

MVT-T01

MVT-T02

Lotart	Kurzname	wesentliche Legierungsbestandteile Mittelwerte Massenanteil in %	Schmelzbereich des Lotes °C	Mindesttemperatur[1]) am Werkstück °C	Eigenschaften vorzugsweise Verwendung
Hart- und Hochtemperaturlote (Auswahl aus DIN 8513 bzw. ISO 3677)					
Aluminium-basislote	L-AlSi 12 L-AlSi 10 L-AlSi 7,5	12 Si; Rest Al 10 Si; Rest Al 7,5 Si; Rest Al	575 … 590 575 … 595 575 … 615	590 595 615	Hartlöten von Al und Al-Legierungen mit ausreichend hohem Schmelzpunkt.
silberhaltige Lote Ag < 20 %	BCu 75AgP 643 L-Ag 15 P	18 Ag; 7,25 P; Rest Cu 15 Ag; 5 P; Rest Cu	643 650 … 800	650 710	Hartlöten von Cu/Cu ohne Flussmittel.
	L-Ag 5	5 Ag; 55 Cu; 0,2 Si; Rest Zn	820 … 870	860	Hartlöten von Stahl, Cu, Ni und -legierungen mit Flussmittel.
silberhaltige Lote Ag 20 %	L-Ag55Sn L-Ag44	55 Ag; 22 Cu; 5 Sn; Rest Zn 44 Ag; 30 Cu; Rest Zn	620 … 660 675 … 735	650 730	Hartlöten von Stahl, Cu und Cu-Legierungen, Ni und Ni-Legierungen mit Flussmittel.
	L-Ag49	49 Ag; 16 Cu; 7,5 Mn; 4,5 Ni; Rest Zn	625 … 705	690	Hartlöten von Hartmetall, Stahl, W, Mo, Ta mit Flussmittel.
	BAg 60 CuIn 605-710 BAg 60 CuSn 600-700 L-Ag 72 BCu 58 AgNi 780-900	60 Ag; 13 In; Rest Cu 60 Ag; 10 Sn; Rest Cu 72 Ag; Rest Cu 40 Ag; 2 Ni; Rest Cu	605 … 710 600 … 720 780 780 … 900	710 720 780 900	Hartlöten von Cu, Ni, Stahl im Vakuum oder unter Schutzgas.
	BAg 68 CuPd 807-810 BAg 54 PdCu 901-950 BAg 95 Pd 970-1010 BAg 64 PdMn 1180-1200	68 Ag; 5 Pd; Rest Cu 54 Ag; 21 Pd; Rest Cu 95 Ag; Rest Pd; 64 Ag; 3 Mn; Rest Pd	807 … 810 901 … 950 970 … 1010 1180 … 1200	810 950 1010 1200	Hartlöten von Stahl, Ni- und Co-Legierungen, Mo, W, Ti im Vakuum oder unter Schutzgas.
	L-Ag 56 InNi L-Ag 85	56 Ag; 14 In; 4 Ni; Rest Cu 85 Ag; Rest Mn	620 … 730 960 … 970	730 960	Hartlöten von Cr- und Cr/Ni-Stählen im Vakuum oder unter Schutzgas.
Kupfer-basislote	BCu 86 SnP 650-700	6,75 P; 7 Sn; Rest Cu	650 … 700	690	Hartlöten von Cu und Cu-Legierungen mit Flussmittel. Nicht für Fe- und Ni-Legierungen oder S-haltige Medien.

[1]) Abhängig vom Verfahren.

MVT-T03

Hart- und Hochtemperaturlote (Fortsetzung)

Lotart	Kurzname	wesentliche Legierungsbestandteile Mittelwerte Massenanteil in %	Schmelz-bereich des Lotes °C	Mindesttem-peratur[1] am Werkstück °C	Eigenschaften vorzugsweise Verwendung
Kupfer-basislote (Fortsetzung)	L-CuP 8	8 P; Rest Cu	710 … 740	710	Hartlöten von Cu/Cu ohne Flussmittel. Nicht für Fe- und Ni-Legierungen oder S-haltige Medien.
	L-CuZn 40	60 Cu; 0,2 Si; Rest Zn	890 … 900	900	Hartlöten von Stahl, Cu, Ni und -legierungen mit Flussmittel.
	L-CuSn 6 L-SFCu	6 Sn max; 0,4 P; Rest Cu 100 Cu	910 … 1040 1083	1040 1100	Hartlöten von Stahl im Vakuum oder unter Schutzgas.
	BCu 86 MnNi 970-990 BCu 87 MnCo 980-1030 BCu 96,9 NiSi 1090-1100	2 Ni; 12 Mn; Rest Cu 3 Co; 10 Mn; Rest Cu 0,6 Si; 2,5 Ni; Rest Cu	970 … 990 980 … 1030 1090 … 1100	990 1020 1100	Hartlöten von Hartmetall, Stahl, W, Mo, Ta im Vakuum mit Schutzgas-Partialdruck.
Nickel-basislote	L-Ni6 L-Ni1 L-Ni5	11 P; Rest Ni 3 B; 14 Cr; 4,5 Fe; 4,5 Si; Rest Ni 19 Cr; 10 Si; Rest Ni	880 980 … 1040 1080 … 1135	925 1065 1150	Hartlöten von Ni, Co und ihren Legierungen, unlegierten, niedrig und hoch legierten Stählen im Vakuum oder Wasserstoff-Schutzgas.
Gold-basislote	BAu 80 Cu 910	20 Cu; Rest Au	910	910	Hartlöten von Cu, Ni, Stahl im Vakuum oder unter Schutzgas.
	BAu 82 Ni 950	18 Ni; Rest Au	950	950	Hartlöten von W, Mo, Co, Ni, Stähle im Vakuum oder unter Schutzgas.
titanhaltige Aktivlote	– – –	72,5 Ag; 19,5 Cu; 5 In; Rest Ti 70,5 Ag; 26,5 Cu; Rest Ti 96 Ag; Rest Ti	730 … 760 780 … 805 970	850 850 1000	Direkthartlöten von nicht metallisierter Keramik unter sich oder kombiniert mit Stahl im Vakuum oder unter Argon-Schutzgas.

[1] Abhängig vom Verfahren.

Festigkeit von Blindnietmuttern

(Richtwerte, verarbeitungs- und herstellerabhängig)

Klemmbereich: Abhängig von der Schaftlänge, Lochdurchmesser: Schaftdurchmesser + 0,1 mm

Nietmutter-Werkstoff	Durchmesser	Anzugs-moment	max. Scherkraft	max. Zugkraft
	M	kN	ca. kN	ca. kN
Aluminium (AlMg 3)	3	0,6	1	2,8
	4	2	1,4	4,8
	5	4	1,8	6,5
	6	6,0	2,6	8,3
	8	15	4,3	13
	10	27	6,6	20
	12	45	9	28
Stahl	3	1,2	2,5	5
	4	3,1	3	8
	5	6,2	3,3	11
	6	10,2	4,4	15
	8	24,2	6,5	28
	10	48,5	8	38
	12	86	11,6	56
rostfreier Stahl 1.4305 1.4404	3	1,2	2,8	6
	4	3,1	3,3	9
	5	6,2	3,6	12
	6	10,2	5	16
	8	24,2	7,3	30
	10	48,5	8,6	40
	12	86	12	60

MVT-T04

Festigkeit von Blindnieten
(Pop-Nieten)

Niet-werkstoff	Durch-messer	max. Scher-kraft	max. Zugkraft
	mm	ca. N	ca. N
Aluminium (AlMg 3)	2,4	340	450
	3	800	900
	4	1400	2000
	4 (ab 12 mm Länge)	850	1000
	5	2100	2800
	6	3100	3500
Kupfer	3	800	1000
	4	1600	2200
Stahl	3	1100	1200
	4	2000	2300
	5	3400	4000
rostfreier Stahl 1.4301/ 1.4541	3	2200	2300
	4	4700	4750
	5	6300	7500

MVT-T05

Aluminium-Zusatzwerkstoffe

Schweißzusatzwerkstoffe

DIN	Werkstoff Nr.
S-Al 99,5	3.0259
S-Al 99,8	3.0286
S-AlMn	3.0805
S-AlMg 3	3.3536
S-AlMg 4,5 Mn	3.3548
S-AlMg 5	3.3556
S-AlSi 5	3.2245
S-AlSi 12	3.2585

MVT-T06

Schweißzusätze für Aluminiumlegierungen

Germany DIN	Germany Werkstoff-Nr	geeignete Schweißzusätze Werkstoff-Nummer		
Al 99	3.0205	3.0259	–	–
Al 99,5	3.0255	3.0259	–	–
Al 99,7	3.0275	3.0286	–	–
Al 99,8	3.0285	3.0286	3.0259	–
Al 99,9	3.0305	–	3.0286	–
Al Mg 1	3.3315	3.3536	3.0516	–
Al Mg 2,5	3.3523	3.3536	3.3556	–
Al Mg 3	3.3535	3.3536	3.3556	–
Al Mg 4,5 Mn	3.3547	3.3548	3.3556	–
Al Mg 5	3.3555	3.3556	3.3548	–
Al Mg Si 0,5	3.3206	3.3548	3.3556	–
Al Mg Si 1	3.2315	3.3548	3.3556	–
Al Mg 1 Si Cu	3.3211	3.3548	3.3556	3.2245
Al Zn 4,5 Mg 1	3.4335	3.3548	3.3556	3.2245

MVT-T07

Schweißzusätze für korrosionsbeständige Stähle

Grundwerkstoff Wk.Nr.	DIN	geeignete Schweißzusätze Werkstoff-Nummer			
1.4113	X 6 CrMo 17-1	1.4302	1.4316	1.4430	1.4551
1.4016	X 8 Cr 17	1.4302	1.4316	1.4430	1.4551
1.4006	X 10 Cr 13	1.4009	1.4302	1.4502	1.4551
1.4021	X 20 Cr 13	1.4302	1.4316	1.4502	1.4551
1.4028	X 30 Cr 13	2.4806			
1.4057	X 17CrNi 16-2	1.4302	1.4502	1.4551	2.4806
1.4125	X 105 CrMo 17	–	–	–	–
1.4305	X 8 CrNi 18-9	–	–	–	–
1.4301	X 5 CrNi 18-10	1.4302	1.4316	1.4551	–
1.4303	X 4 CrNi 18-12	1.4302	1.4316	1.4551	–
1.4306	X 2CrNi 19-11	1.4316	1.4551	–	–
1.4541	X 6 CrNiTi 18-10	1.4316	1.4551	1.4576	–
1.4550	X 6 CrNiNb 18-10	1.4316	1.4551	1.4576	–
1.4401	X 5 CrNiMo 17-12-2	1.4403	1.4430	1.4576	–
1.4404	X 2 CrNiMo 17-12-2	1.4430	1.4455	1.4576	–
1.4435	X 2 CrNiMo 18-14-3	1.4430	1.4576	–	–
1.4436	X 3 CrNiMo 17-13-3	1.4403	1.4430	1.4576	–
1.4438	X 2 CrNiMo 18-15-4	1.4440	1.4438	–	–
1.4539	X 1 NiCrMoCuN 25-20-5	1.4440	–	–	–
1.4571	X 6 CrNiMoTi 17-12-2	1.4430	1.4576	–	–
1.4580	X 6 CrNiMoNb 17-12-2	1.4430	1.4576	–	–

MVT-T08

Internat. Vergleichsliste für Schweißzusätze korrosionsbeständiger Stähle

Wk-Nr	EN	B.S.
1.4009	X 8Cr 13 KE	
1.4302	X 6 CrNi 20 10 KE	308 S 96
1.4316	X 2 CrNi 20 10 KE	308 S 93
1.4403	X 6 CrNiMo 19 13 02 KE	316 S 96
1.4430	X 2 CrNiMo 19 13 03 KE	316 S 92 (93)
1.4455	X 2 CrNiMnMoNb 20 15 08 KE	–
1.4502	X 6 Cr 17 KE	–
1.4551	X 5 CrNiNb 20 10 KE	–
1.4576	X 5 CrNiMnMoNb 19 12 03 KE	318 S 96 (97)
2.4806	–	NA 35

MVT-T09

Verbindungstechnik Holz

In der Holzverbindungstechnik gibt es lösbare und nicht lösbare Verbindungstechniken. Die lösbaren Verbindungstechniken sind in der Regel Schraubverbindungen. Gemessen an der Zahl der Holzverbindungen nehmen sie nur einen geringen Teil in Anspruch. Wegen des Setzverhaltens von Holzwerkstoffen ist das Langzeitverhalten von Schraubverbindungen teilweise problematisch. Wegen ihrer Analogie zu den allgemeinen Schraubverbindungen werden sie an dieser Stelle nicht beschrieben. Die weitaus meisten Holzverbindungen sind jedoch nicht lösbare Verbindungen. Neben den Nagelverbindungen werden meist Verleimungen angewendet. Die klassische Verleimung wird hierbei durch traditionelle Holzverbindungstechniken unterstützt. In Kombination miteinander ergeben sich hochwertige und auch sehr dekorative Holzverbindungen.

Praxistechniken

Holzverbindungen lassen
– manuell mit Handwerkzeugen
– mit Elektrowerkzeugen
– mit Stationärmaschinen
  herstellen

Einsatz von Elektrowerkzeugen
Mit dem Einsatz von Elektrowerkzeugen kann die Herstellung von Holzverbindungen, auch in kleinen Serien, wirtschaftlich und in guter Qualität möglich sein, wenn der Anwender die grundlegenden Verbindungstechniken theoretisch und handwerklich beherrscht. Hauptvorteil des Einsatzes von Elektrowerkzeugen und des dazugehörigen Systemzubehörs ist der erheblich verringerte Zeitbedarf und die meist höhere Qualität gegenüber der rein manuellen Technik. Die hierbei eingesetzten Elektrowerkzeugtypen sind hauptsächlich:
– Bohrmaschinen
– Kreissägen
– Gehrungssägen
– Feinschnittsägen
– Oberfräsen
– Flachdübelfräsen
– Elektrohobel
– Bandschleifer
Die Elektrowerkzeuge werden, weil für ein und dieselbe Holzverbindung oft mehrere Arbeitsgänge erforderlich sind, meist in Kombination miteinander eingesetzt.

Einsatz von Stationärmaschinen
Der Einsatz von Stationärmaschinen ergibt grundsätzlich die höchste Qualität und die kürzesten Verarbeitungszeiten. Nachteilig sind die Ortsgebundenheit der Stationärmaschinen und die hohen Investitionskosten. Bei kleineren Stückzahlen können hier Elektrowerkzeuge mit Stationärzubehör (Sägetische, Frästische, Untergestelle und Zinkenfräsgeräte) eine vergleichsweise günstige Kompromisslösung darstellen.

Manuelle Technik
Die rein manuelle Herstellung von Holzverbindungen mittels Handwerkzeugen wie Sägen und Stecheisen ist prinzipiell in hoher Qualität möglich, was durch die teilweise hervorragende Qualität antiker Möbel bewiesen ist. Allerdings setzt dies umfangreiche handwerkliche Kenntnisse und Fähigkeiten sowie einen hohen Zeitaufwand voraus. Die manuelle Technik wird deshalb nur in Einzelfällen (z. B. Restaurierarbeiten) angewendet, insbesondere dann, wenn ein Maschineneinsatz nicht möglich ist.

Zusammenfassung

Holzverbindungen basieren fast vollständig auf historisch erprobten Techniken, deren Anwendung ein hohes Maß an handwerklichen Fähigkeiten voraussetzt. In Verbindung damit kann der Einsatz von Elektrowerkzeugen zu einer erheblichen Zeitersparnis bei hoher Arbeitsqualität führen. Im Gegensatz zur Verbindungstechnik bei Kunststoffen und Metallen müssen die Besonderheiten des „lebenden" Werkstoffes Holz in hohem Maße berücksichtigt werden.

Anlängen

Beim Anlängen werden die Bauteile in Richtung ihrer Fasern miteinander verbunden. Weil hierbei die Stirnseiten (Hirnholz) aneinander stoßen und die Verbindungsfläche klein ist, sind Längsverbindungen grundsätzlich kritisch. Für eine sichere Verbindung muss deshalb die Klebefläche vergrößert werden, wobei es günstig ist, wenn die Holzfasern der zu verbindenden Bauteile auf eine gewisse Länge parallel verlaufen. Hierzu gibt es eine Reihe bewährter Techniken.

1 Hirnholzverleimung.
Klebefläche gering, Haltbarkeit gering, Ausrichten und in Position Fixieren schwierig.

2 Hirnholzverleimung mit Runddübel.
Klebefläche und Haltbarkeit vergrößert, Positionierung der Dübellöcher nur mit Hilfsvorrichtung sicher herzustellen. Positionsfixierung nach dem Leimauftrag eindeutig. Keine Nachjustierung während des Positionierens möglich.

3 Hirnholzverleimung mit Flachdübel.
Positionierung der Dübelschlitze mit Flachdübelfräse relativ einfach, Klebefläche und Haltbarkeit vergrößert, Positionsfixierung nach dem Leimauftrag einfach. Nachjustierung während des Positionierens möglich.

4 Hirnholzverleimung mit Flachzunge.
Klebefläche und Haltbarkeit vergrößert, Positionierung und Herstellung der Aussparungen sehr aufwendig. Positionsfixierung nach dem Leimauftrag eindeutig. Keine Nachjustierung während des Positionierens möglich.

5 Verleimung mit Nut und Feder.
Klebefläche und Haltbarkeit vergrößert. Herstellung einfach. Positionsfixierung nach dem Leimauftrag einfach. Nachjustierung während des Positionierens in Querrichtung möglich. Nut-und-Feder-Profil an beiden Schmalseiten sichtbar.

6 Verleimung mit abgeschrägter Nut und Feder.
Klebefläche und Haltbarkeit vergrößert. Herstellung der Nut aufwendig. Positionsfixierung nach dem Leimauftrag einfach. Nachjustierung während des Positionierens nicht möglich. Nut-und-Feder-Profil an einer Schmalseite sichtbar.

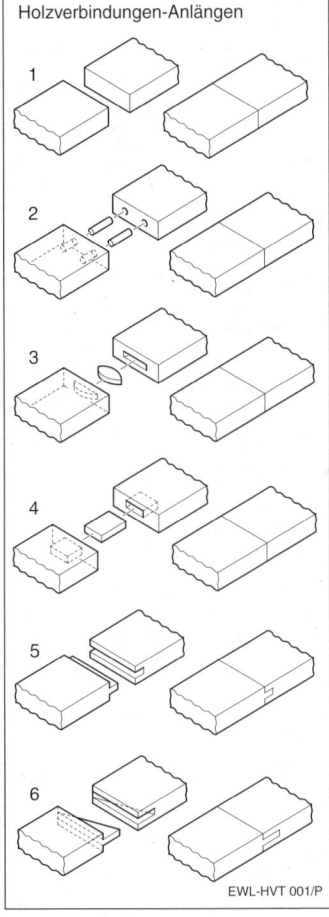

Holzverbindungen-Anlängen

EWL-HVT 001/P

830 Verbindungstechnik

Anlängen

7 Verleimung mit diagonaler Überlappung.
Klebefläche und Haltbarkeit sehr groß.
Herstellung mit mittlerem Aufwand.
Positionsfixierung nach dem Leimauftrag eindeutig. Nachjustierung während des Positionierens nicht möglich.
Überlappung an beiden Schmalseiten sichtbar.

8 Verleimung mit horizontal diagonaler Überlappung und Verriegelung.
Klebefläche und Haltbarkeit sehr groß.
Herstellung sehr aufwendig. Positionsfixierung nach dem Leimauftrag eindeutig und in Dicke-, Längs- und Querrichtung selbstverriegelnd. Nachjustierung während des Positionierens nicht möglich. Überlappung an beiden Schmalseiten sichtbar. Sehr gute Zugkraftaufnahme.

9 Verleimung mit vertikal diagonaler Überlappung und Längsverriegelung.
Klebefläche und Haltbarkeit sehr groß.
Herstellung aufwendig. Positionsfixierung nach dem Leimauftrag in Längsrichtung selbstverriegelnd. Nachjustierung während des Positionierens in Querrichtung möglich. Überlappung an beiden Schmalseiten sichtbar. Sehr gute Zugkraftaufnahme.

10 Verleimung mit vertikal diagonaler Überlappung und Längs- und Querverriegelung.
Klebefläche und Haltbarkeit sehr groß.
Herstellung sehr aufwendig. Positionsfixierung nach dem Leimauftrag eindeutig und in Quer- und Längsrichtung selbstverriegelnd. Nachjustierung während dem Positionieren nicht möglich. Überlappung an beiden Schmalseiten sichtbar. Sehr gute Zugkraftaufnahme.

11 Verleimung von Rundhölzern mittels um 90° versetzter Viertelsegmente.
Klebefläche und Haltbarkeit sehr groß.
Herstellung sehr aufwendig. Positionsfixierung nach dem Leimauftrag eindeutig. Überlappung an Außenseiten sichtbar. Sehr gute Torsionsaufnahme.

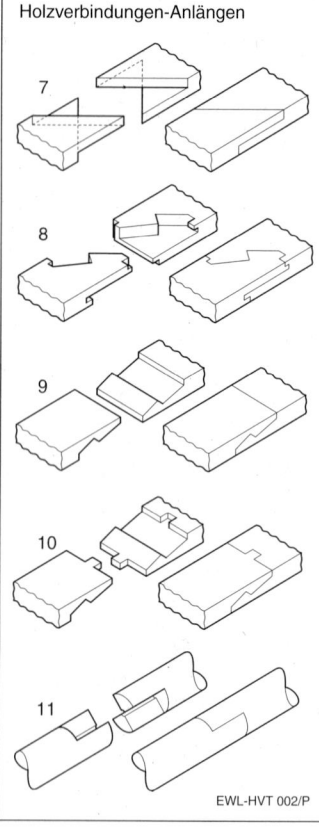

Holzverbindungen-Anlängen

EWL-HVT 002/P

Breitenverbindungen

Bei Breitenverbindungen, z. B. von Brettern, verlaufen die Fasern an den zu verleimenden Längsseiten parallel, wodurch sich, zusammen mit der relativ großen Klebefläche, eine sichere Verbindung erreichen lässt. Bei Breitenverbindungen ist eine Berücksichtigung der Jahresringe und des Holztyps (Splintholz, Kernholz) besonders wichtig, um später eine möglichst ebene und verzugsarme Oberfläche zu erreichen.

1 Längsseitenverleimung.
  Klebefläche gering, Haltbarkeit gering.
  Ausrichten und Positionieren schwierig.

2 Längsseitenverleimung mit V-Profil.
  Klebefläche gering, Haltbarkeit gering,
  Ausrichten einfach. Positionsfixierung
  in Dickenrichtung. In Längsrichtung
  kann ausgerichtet werden. Herstellung
  aufwendig.

3 Längsseitenverleimung mit Überlappung.
  Klebefläche groß, Haltbarkeit groß,
  Ausrichten aufwendig. In Längsrichtung
  kann ausgerichtet werden. Herstellung
  einfach.

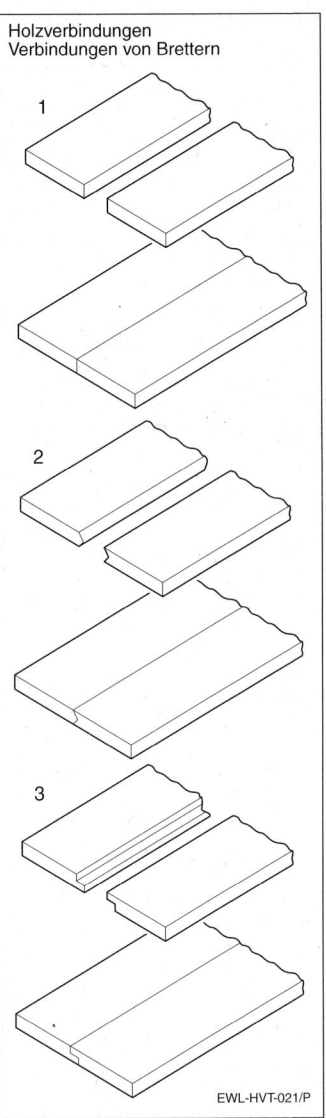

Holzverbindungen
Verbindungen von Brettern

EWL-HVT-021/P

Breitenverbindungen

4 Längsseitenverleimung mit Nut und Feder.
Klebefläche groß, Haltbarkeit groß, Ausrichten einfach. Positionsfixierung in Dickenrichtung. In Längsrichtung kann ausgerichtet werden. Herstellung einfach.

5 Längsseitenverleimung mit Runddübel. Klebefläche und Haltbarkeit vergrößert. Positionierung der Dübellöcher nur mit Hilfsvorrichtung sicher herstellbar. Positionsfixierung nach dem Leimauftrag eindeutig. Keine Nachjustierung während des Positionierens möglich.

6 Längsseitenverleimung mit Flachdübel. Positionierung der Dübelschlitze mit Flachdübelfräse relativ einfach, Klebefläche und Haltbarkeit vergrößert, Positionsfixierung nach dem Leimauftrag einfach. Ausrichtung in Längsrichtung während des Positionierens möglich.

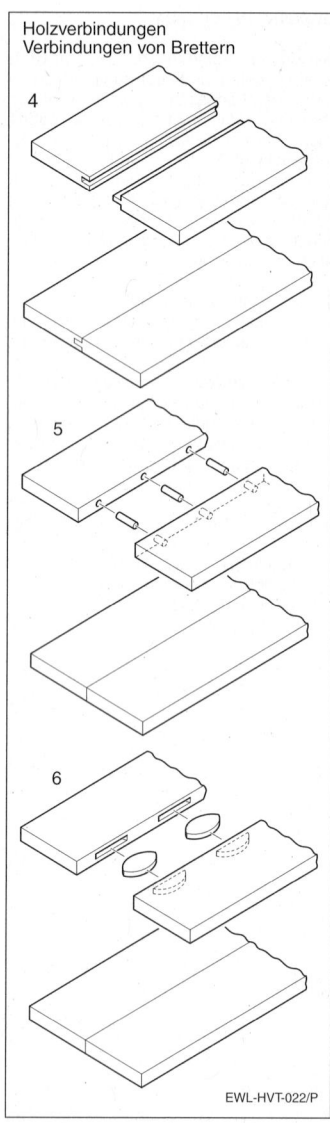

Holzverbindungen
Verbindungen von Brettern

4

5

6

EWL-HVT-022/P

Breitenverbindungen

7 Längsseitenverleimung durch Falz in den Brettern und eingelegte Federn. Klebefläche und Haltbarkeit hoch. Herstellung einfach. Positionierung einfach. In Längsrichtung kann ausgerichtet werden.

8 Längsseitenverleimung mit Nuten in den Brettern und separater Feder. Klebefläche groß, Haltbarkeit groß, Ausrichten einfach. Positionsfixierung in Dickenrichtung eindeutig. In Längsrichtung kann ausgerichtet werden. Herstellung einfach.

9 Längsseitenverleimung mit Schwalbenschwanznut und entsprechend geformter Feder. Klebefläche groß, Haltbarkeit sehr groß. Positionierung eindeutig. In Längsrichtung kann ausgerichtet werden. Herstellung sehr aufwendig. Hält auch ohne Leim.

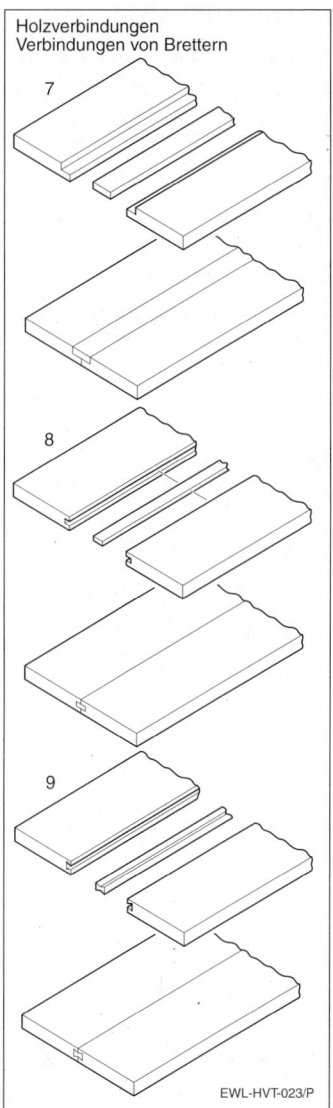

Holzverbindungen
Verbindungen von Brettern

EWL-HVT-023/P

Rahmenverbindungen

Rahmenverbindungen, Gestellverbindungen und Sprossenverbindungen werden verwendet, wenn Kanthölzer, Latten oder Leisten über Eck, über Kreuz oder als T-Stoß miteinander verbunden werden sollen. In der Regel stoßen hierbei Stirnseiten (Hirnholz) und Längsseiten aneinander. Für eine sichere Verbindung muss deshalb die Klebefläche vergrößert werden. Die hierbei angewendeten Techniken entsprechen im Wesentlichen denen beim Anlängen.

1 Leimverbindung mit einfacher Überlappung.
Klebefläche und Festigkeit hoch. Herstellung einfach. Positionierung einfach. Hirnholzflächen halbseitig versetzt sichtbar.

2 Leimverbindung mit einfacher, auf Gehrung geschnittener Überlappung.
Klebefläche und Festigkeit hoch. Herstellung einfach. Positionierung einfach. Die Hälfte einer Hirnholzfläche sichtbar.

3 Leimverbindung mit doppelter Überlappung.
Klebefläche und Festigkeit sehr hoch. Herstellung aufwendig. Positionierung einfach. Hirnholzflächen halbseitig versetzt sichtbar.

4 Leimverbindung mit doppelter, auf Gehrung geschnittener Überlappung.
Klebefläche und Festigkeit hoch. Herstellung aufwendig. Positionierung einfach. Ein Drittel einer Hirnholzfläche sichtbar.

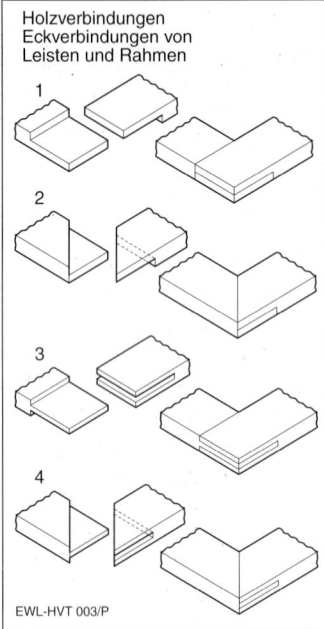

Holzverbindungen
Eckverbindungen von
Leisten und Rahmen

1

2

3

4

EWL-HVT 003/P

Rahmenverbindungen

5 Leimverbindung mit auf Gehrung geschnittener Überlappung und Feder.
Klebefläche und Festigkeit hoch. Herstellung einfach. Positionierung einfach. Die Hälfte einer Hirnholzfläche der Feder sichtbar. Dekorative Wirkung.

6 Leimverbindung mit auf Gehrung geschnittener Überlappung und Flachdübel.
Klebefläche und Festigkeit hoch. Herstellung mittels Flachdübelfräse sehr einfach. Positionierung einfach. Keine Hirnholzflächen sichtbar. Dekorative Wirkung.

7 Leimverbindung mit auf Gehrung geschnittenen Rahmen und Überlappung durch aufgesetzte Feder.
Klebefläche und Festigkeit hoch. Herstellung einfach. Positionierung einfach. Je nach Schnitt der Feder Hirnholzflächen sichtbar. Dekorative Wirkung.

8 Leimverbindung mit auf Gehrung geschnittenen und genuteten (Grat, Schwalbenschwanz) Rahmen und einer aufgesetzten Feder.
Klebefläche und Festigkeit hoch. Herstellung sehr aufwendig. Positionierung eindeutig. Hirnholzflächen der Feder sichtbar. Hält auch ohne Verleimung.

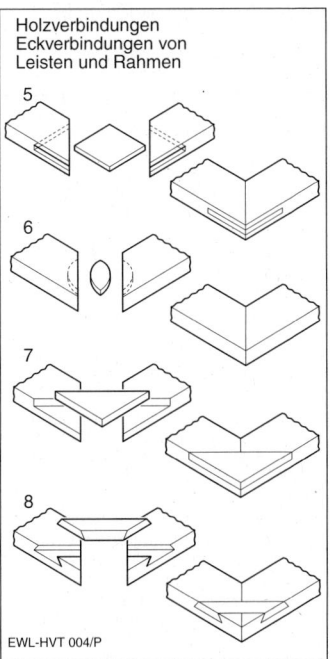

Holzverbindungen
Eckverbindungen von
Leisten und Rahmen

5

6

7

8

EWL-HVT 004/P

Eckverbindungen von Kanthölzern

1 Leimverbindung mit einfacher, auf Gehrung geschnittener Überlappung.
Klebefläche und Festigkeit mäßig hoch. Herstellung einfach. Positionierung einfach. Die Hälfte einer Hirnholzfläche sichtbar.

2 Leimverbindung mit doppelter, auf Gehrung geschnittener Überlappung mit Zapfen.
Klebefläche und Festigkeit hoch. Herstellung aufwendig. Positionierung einfach. Hirnholzflächen des Zapfens sichtbar.

3 Leimverbindung mit doppelter, auf Gehrung geschnittener Überlappung und verdecktem Zapfen.
Klebefläche und Festigkeit hoch. Herstellung aufwendig. Positionierung einfach. Keine Hirnholzfläche sichtbar. Dekorativ.

4 Leimverbindung mit auf Gehrung geschnittener Überlappung und Federn.
Klebefläche und Festigkeit sehr hoch. Herstellung einfach. Positionierung einfach. Die Hälfte einer Hirnholzfläche der Federn sichtbar. Dekorative Wirkung.

5 Leimverbindung mit doppelter Überlappung.
Klebefläche und Festigkeit sehr hoch. Herstellung aufwendig. Positionierung einfach. Hirnholzflächen halbseitig versetzt sichtbar.

Holzverbindungen
Eckverbindungen von Kanthölzern

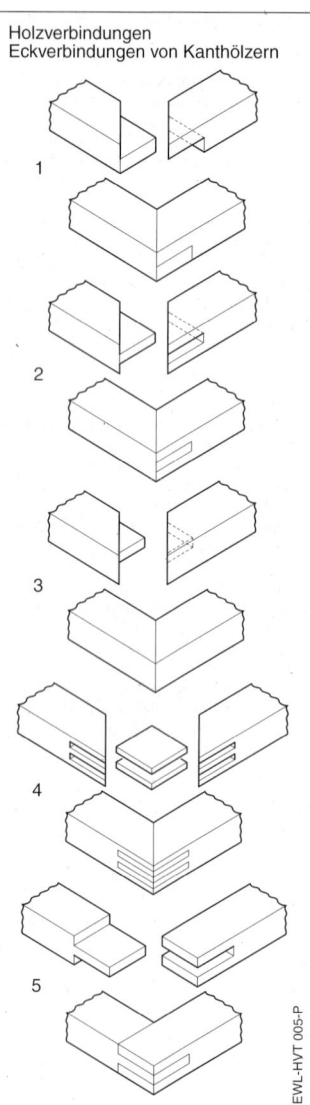

EWL-HVT 005-P

T-Verbindungen von Leisten und Rahmen

1 Verleimung mit halbseitiger, durchgehender Überlappung.
Klebefläche und Haltbarkeit groß. Positionierung einfach. Herstellung einfach. Hirnholz des Querholzes zur Hälfte sichtbar.

2 Verleimung mit doppelter, durchgehender Überlappung.
Klebefläche und Haltbarkeit groß. Positionierung einfach. Herstellung einfach. Hirnholz des Querholzes zur Hälfte sichtbar.

3 Verleimung mit halbseitiger, durchgehender symmetrischer Schwalbenschwanzüberlappung.
Klebefläche und Haltbarkeit groß. Positionierung eindeutig. Herstellung einfach. Hirnholz des Querholzes zur Hälfte sichtbar. Zugbelastungen werden gut aufgenommen.

4 Verleimung mit halbseitiger, nicht durchgehender symmetrischer Schwalbenschwanzüberlappung.
Klebefläche und Haltbarkeit groß. Positionierung eindeutig. Herstellung aufwendig. Hirnholz des Querholzes verdeckt. Zugbelastungen werden gut aufgenommen.

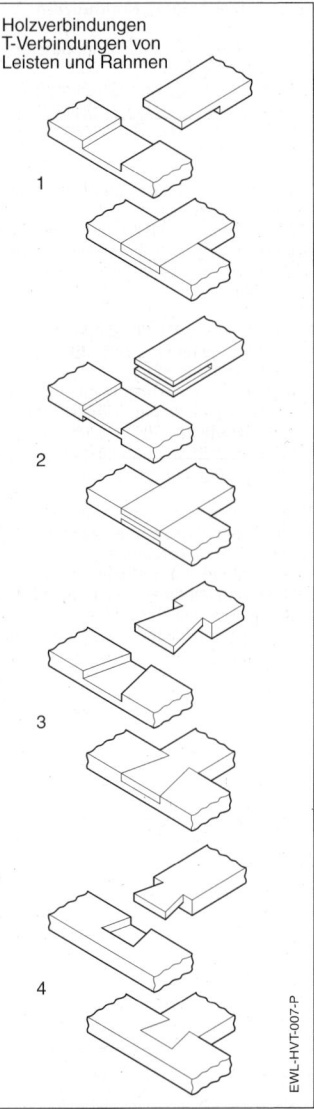

Holzverbindungen
T-Verbindungen von
Leisten und Rahmen

1

2

3

4

EWL-HVT-007-P

T-Verbindungen von Kanthölzern

1 Verleimung mit halbseitiger, durchgehender Überlappung.
Klebefläche und Haltbarkeit groß. Positionierung einfach. Herstellung einfach. Hirnholz des Querholzes zur Hälfte sichtbar.

2 Verleimung mit doppelter, durchgehender Überlappung.
Klebefläche und Haltbarkeit groß. Positionierung einfach. Herstellung einfach. Hirnholz des Querholzes zur Hälfte sichtbar.

3 Verleimung mit halbseitiger, durchgehender symmetrischer Schwalbenschwanzüberlappung.
Klebefläche und Haltbarkeit groß. Positionierung eindeutig. Herstellung einfach. Hirnholz des Querholzes zur Hälfte sichtbar. Zugbelastungen werden gut aufgenommen.

4 Verleimung mit halbseitiger, nicht durchgehender symmetrischer Schwalbenschwanzüberlappung.
Klebefläche und Haltbarkeit groß. Positionierung eindeutig. Herstellung aufwendig. Hirnholz des Querholzes verdeckt. Zugbelastungen werden gut aufgenommen.

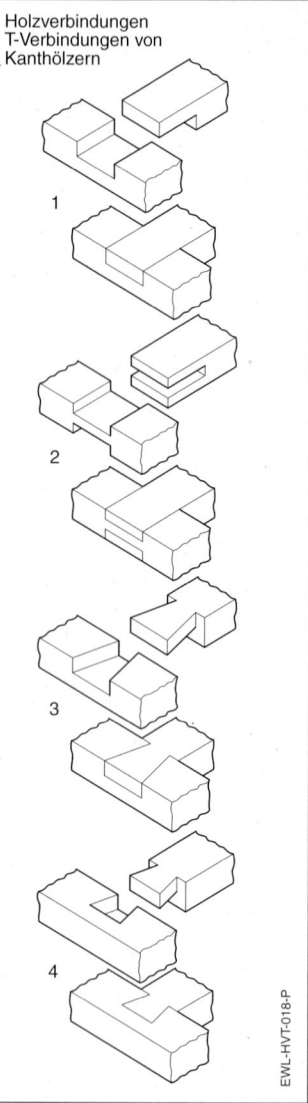

Holzverbindungen
T-Verbindungen von Kanthölzern

1

2

3

4

EWL-HVT-018-P

T-Verbindungen von Kanthölzern

5 Verleimung mit halbseitiger, durchgehender asymmetrischer Schwalbenschwanzüberlappung.
Klebefläche und Haltbarkeit groß. Positionierung eindeutig. Herstellung einfach. Hirnholz des Querholzes zur Hälfte sichtbar. Zugbelastungen werden gut aufgenommen.

6 Verbindung mit Schrägzapfen, Anschlagkante und Keil.
Positionierung eindeutig und einfach. Herstellung sehr aufwendig. Hirnholz des Querholzes und des Zapfens sichtbar. Zugbelastungen werden gut aufgenommen. Verbindung kann sofort belastet werden und hält auch ohne Verleimung.

7 Verbindung mit genutetem Zapfen und Keilen.
Positionierung eindeutig und einfach. Herstellung sehr aufwendig. Hirnholz des Querholzes und der Zapfen sichtbar. Zugbelastungen werden gut aufgenommen. Verbindung kann sofort belastet werden und hält auch ohne Verleimung.

8 Verbindung mit verdecktem Zapfen und Querdübel.
Positionierung eindeutig und einfach. Herstellung sehr aufwendig. Hirnholz des Querholzes verdeckt, Hirnholz des Dübels sichtbar. Zugbelastungen werden gut aufgenommen. Verbindung kann sofort belastet werden und hält auch ohne Verleimung.

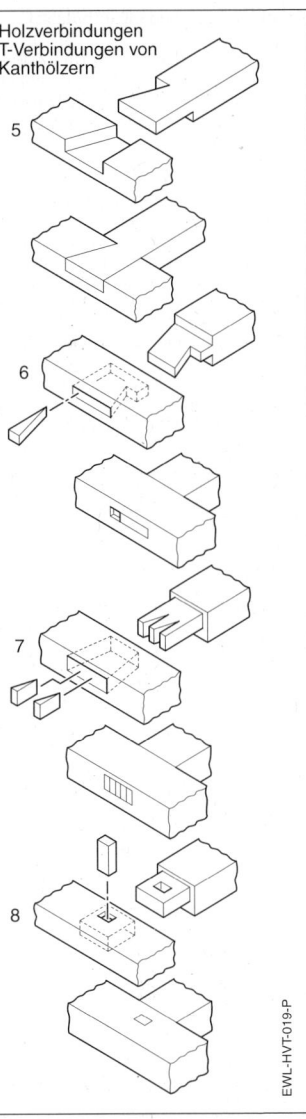

Holzverbindungen
T-Verbindungen von
Kanthölzern

EWL-HVT-019-P

T-Verbindungen von Kanthölzern

9 Verleimung mit verdecktem Zapfen.
Klebefläche groß. Positionierung eindeutig und einfach. Herstellung aufwendig. Hirnholz des Querholzes verdeckt.

10 Verleimung mit Dübeln.
Klebefläche groß. Positionierung der Dübellöcher nur mit Hilfsvorrichtung sicher herzustellen. Positionierung eindeutig und einfach. Herstellung aufwendig. Hirnholz des Querholzes verdeckt.

11 Verleimung mit verdecktem, genutetem Zapfen.
Klebefläche sehr groß. Positionierung eindeutig und einfach. Herstellung sehr aufwendig. Hirnholz des Querholzes verdeckt.

12 Verleimung mit durchgehendem Zapfen und symmetrisch angeschrägter Stirnfläche des Querholzes.
Klebefläche groß. Positionierung eindeutig und einfach. Herstellung aufwendig. Hirnholz des Querholzes sichtbar. Dekoratives Aussehen.

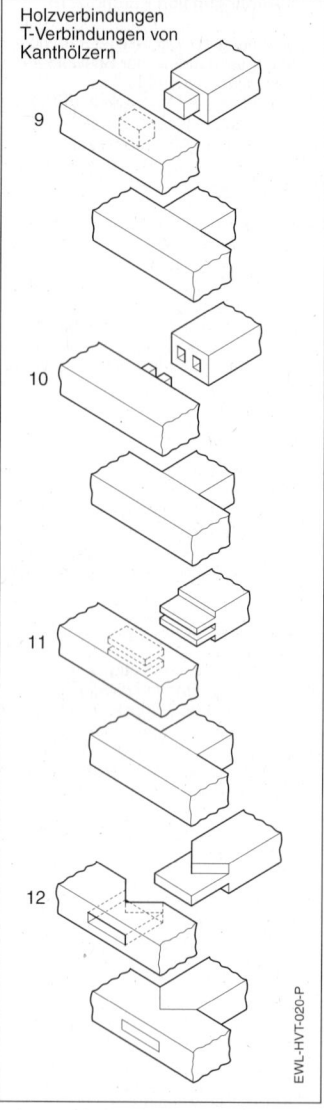

Holzverbindungen
T-Verbindungen von
Kanthölzern

9

10

11

12

EWL-HVT-020-P

T-Verbindungen von Brettern

werden vorzugsweise im Möbelbau verwendet. Hierbei stoßen meist die Schmalseiten von Brettern oder Platten aneinander, woraus sich eine ähnliche Problematik ergibt wie beim Anlängen. Neben den beim Anlängen üblichen Verbindungstechniken sind die „gezinkten" Eckverbindungen eine „klassische" Holzverbindung, von der neben hoher Festigkeit auch eine sehr hohe dekorative Wirkung ausgeht.

1 Nagel- oder Schraubverbindung auf Stumpfstoß.
Herstellung einfach, Haltbarkeit gering, da Nagel oder Schraube im Hirnholz halten muss. Positionierung schwierig. Festigkeit kann durch zusätzliche Verleimung gesteigert werden.

2 Leimverbindung mittels Runddübel.
Positionierung der Dübellöcher nur mit Hilfsvorrichtung sicher herzustellen. Positionsfixierung nach dem Leimauftrag eindeutig. Keine Nachjustierung während des Positionierens möglich. Klebefläche und Festigkeit höher. Verdeckte Dübellöcher möglich.

3 Leimverbindung mittels Flachdübel.
Positionierung der Dübellöcher mittels Flachdübelfräse einfach herzustellen. Positionsfixierung nach dem Leimauftrag einfach. Justagemöglichkeit gegeben. Klebefläche und Festigkeit hoch.

4 Leimverbindung mittels Nut im Längsbrett.
Klebefläche und Festigkeit relativ gering. Herstellung einfach. Positionierung einfach.

5 Leimverbindung mittels Nut im Längsbrett und Falz im Querbrett.
Klebefläche und Festigkeit relativ gering. Herstellung einfach. Positionierung einfach.

6 Leimverbindung mittels Grat (Schwalbenschwanz) in Längs- und Querbrett.
Klebefläche höher und zusätzliche Festigkeit durch Formschluss. Herstellung aufwendiger. Positionierung eindeutig. Hält auch ohne Verleimung.

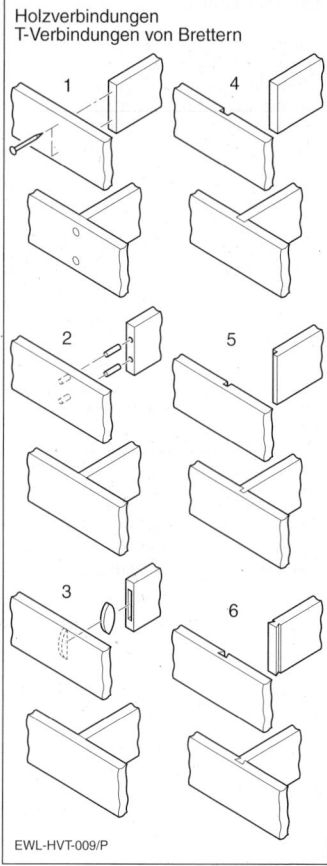

Holzverbindungen
T-Verbindungen von Brettern

EWL-HVT-009/P

Eckverbindungen

1 Nagel- oder Schraubverbindung von Quer und Längsseite.
Positionierung schwierig. Haltbarkeit gering, kann durch zusätzliche Verleimung erhöht werden. Herstellung einfach. Eine Hirnholzfläche sichtbar.

2 Nagel- oder Schraubverbindung von Quer- und Längsseite. Einseitig gefalzt. Positionierung einfach. Haltbarkeit gering, kann durch zusätzliche Verleimung erhöht werden. Herstellung einfach. Ein Teil der Hirnholzfläche sichtbar.

3 Leimverbindung von Quer- und Längsseite mittels Falz und Nut.
Klebefläche und Haltbarkeit groß. Positionierung eindeutig. Herstellung einfach. Eine Hirnholzfläche sichtbar.

4 Leimverbindung von Quer- und Längsseite mittels Gehrung und Schrägfalz.
Klebefläche und Haltbarkeit gering, aber deutlich höher als bei einfacher Gehrung. Positionierung einfach. Herstellung aufwendig. Hirnholzflächen verdeckt: Dekorative Wirkung.

Holzverbindungen
Eckverbindungen von Brettern

EWL-HVT-015/P

Eckverbindungen

5 Nagel- oder Schraubverbindung von Quer- und Längsseite mit einfacher Überlappung.
Herstellung und Positionierung einfach. Haltbarkeit gering, kann durch zusätzliche Verleimung erhöht werden. Je eine Hirnholzfläche im Wechsel sichtbar.

6 Nagel- oder Schraubverbindung von Quer- und Längsseite mit gezinkter Überlappung.
Herstellung einfach. Positionierung eindeutig. Haltbarkeit etwas günstiger, kann durch zusätzliche Verleimung erhöht werden. Je eine Hirnholzfläche im Wechsel sichtbar.

7 Leimverbindung mittels Fingerzinken.
Klebefläche und Haltbarkeit hoch. Herstellung aufwendig. Positionierung eindeutig. Hirnholzflächen im Wechsel sichtbar. Dekorative Wirkung.

8 Leimverbindung mittels hoher Anzahl von Fingerzinken.
Klebefläche und Haltbarkeit sehr hoch. Herstellung handwerklich aufwendig, mit Zinkenfräsgerät jedoch sehr einfach. Positionierung eindeutig. Hirnholzflächen im Wechsel sichtbar. Sehr dekorative Wirkung.

9 Leimverbindung mittels halbverdeckter Gratverbindung (Schwalbenschwanz).
Klebefläche und Haltbarkeit sehr hoch. Herstellung handwerklich extrem aufwendig, mit Zinkenfräsgerät jedoch sehr einfach. Positionierung eindeutig. Eine Hirnholzfläche sichtbar. Sehr dekorative Wirkung.

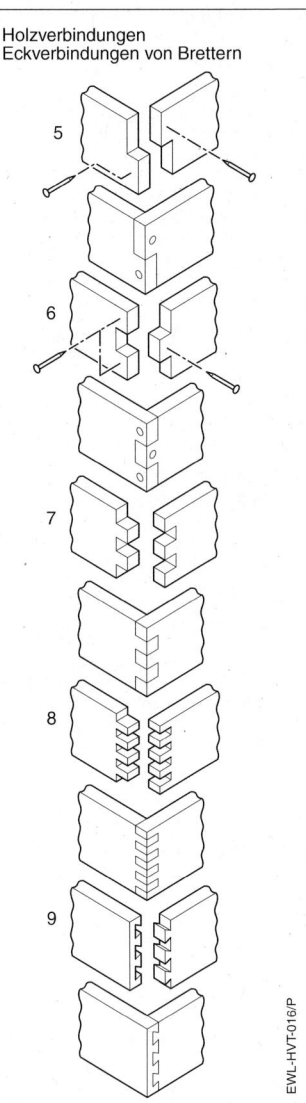

Holzverbindungen
Eckverbindungen von Brettern

EWL-HVT-016/P

Eckverbindungen

10 Leimverbindung von Quer- und Längsseite mittels beidseitigem Falz. Klebefläche und Haltbarkeit mäßig groß. Positionierung einfach. Herstellung einfach. Ein Teil einer Hirnholzfläche sichtbar.

11 Leimverbindung von Quer- und Längsseite mittels Gehrung und Zapfen. Klebefläche und Haltbarkeit groß. Positionierung eindeutig. Herstellung aufwendig. Hirnholzflächen verdeckt. Dekorativ.

12 Leimverbindung von Quer- und Längsseite mittels Gehrung und Runddübeln.
Positionierung der Dübellöcher nur mit Hilfsvorrichtung sicher herzustellen. Nur für dickere Bretter geeignet. Klebefläche und Haltbarkeit groß. Positionierung eindeutig. Herstellung aufwendig. Hirnholzflächen verdeckt. Dekorativ.

13 Leimverbindung von Quer- und Längsseite mittels Gehrung und Flachdübeln.
Positionierung der Dübelnuten mit Flachdübelfräse sehr einfach herzustellen. Nur für dickere Bretter geeignet. Klebefläche und Haltbarkeit groß. Positionierung einfach, Justage möglich. Hirnholzflächen verdeckt. Dekorativ.

Holzverbindungen
Eckverbindungen von Brettern

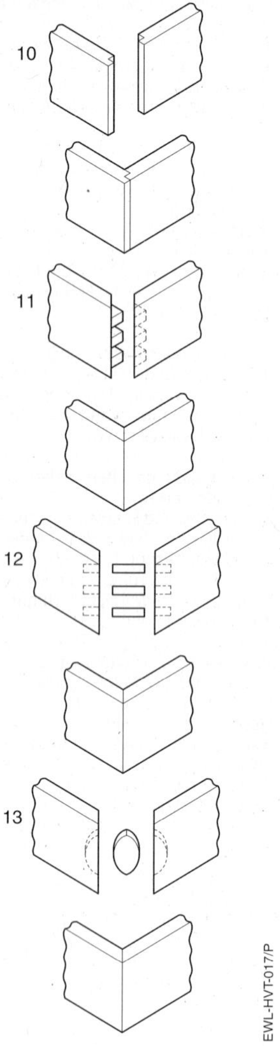

10

11

12

13

EWL-HVT-017/P

Eckverbindungen

14 Leimverbindung mittels Schwalbenschwanz-Fingerzinken.
Klebefläche und Haltbarkeit sehr hoch. Herstellung handwerklich aufwendig. Hält auch ohne Leimung. Positionierung eindeutig. Hirnholzflächen im Wechsel sichtbar. Sehr dekorative Wirkung.

15 Leimverbindung mittels Schwalbenschwanz-Fingerzinken und Gehrung an Stirnseite.
Klebefläche und Haltbarkeit sehr hoch. Herstellung handwerklich aufwendig. Hält auch ohne Leimung. Positionierung eindeutig. Hirnholzflächen im Wechsel sichtbar. Sehr dekorative Wirkung, speziell an Stirnseite.

16 Leimverbindung mittels asymmetrischer Schwalbenschwanz-Fingerzinken.
Klebefläche und Haltbarkeit sehr hoch. Herstellung handwerklich aufwendig. Hält auch ohne Leimung. Positionierung eindeutig. Hirnholzflächen im Wechsel sichtbar. Sehr dekorative Wirkung.

17 Leimverbindung mittels konischer Federn und Gehrung.
Klebefläche und Haltbarkeit gegenüber reiner Gehrung verbessert. Herstellung handwerklich einfacher als Fingerzinken. Positionierung eindeutig, Nur jeweils eine Hirnholzfläche der Federn sichtbar. Dekorative Wirkung.

18 Leimverbindung mittels einfacher Federn und Gehrung.
Klebefläche und Haltbarkeit gegenüber reiner Gehrung verbessert. Herstellung handwerklich sehr einfach. Nur jeweils eine Hirnholzfläche der Federn sichtbar. Dekorative Wirkung.

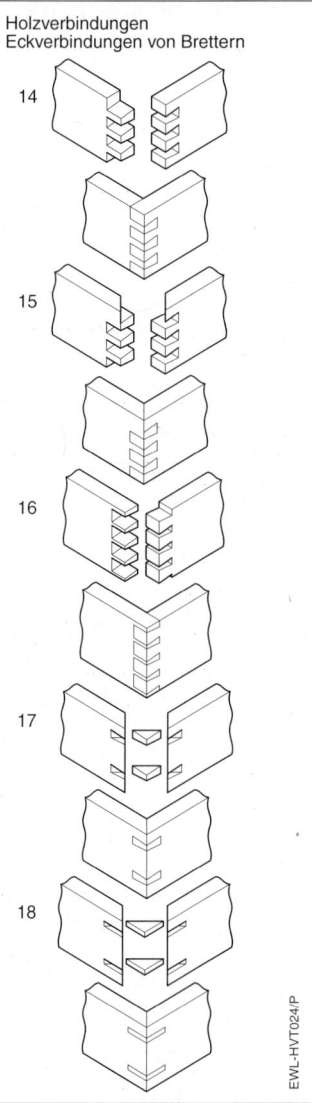

Holzverbindungen
Eckverbindungen von Brettern

EWL-HVT024/P

Verbindungstechnik Bambus

Die wichtigsten Verbindungstechniken für den Werkstoff Bambus sind die klassischen Verbindungstechniken, wie sie in den Erzeugerländern üblich sind. Diese Verbindungstechniken sind werkstoffgerecht, zweckoptimiert, umweltfreundlich und den vorgesehenen Beanspruchungen gewachsen. Sie haben sich seit Jahrtausenden bewährt. Bauteile und Verbindungsmittel sind in der Regel aus demselben Werkstoff.

Die weitaus häufigsten Verbindungstechniken sind:
– Stecken
– Bindung
– Kombinationstechniken

Merkmal der traditionellen Bambusverbindungstechnik ist, dass sie mit wenigen Grundtechniken und Verbindungsmitteln auskommt.

Steckverbindungen

Wegen des rohrförmigen, leicht konischen Ausgangsmaterials können Bambusstangen der Länge nach ineinandergesteckt werden, wobei allerdings bei fester Passung die Hülse gegen die Spaltwirkung durch eine Bandage gesichert werden muss.

Verbindungen ohne Spaltwirkung können durch das Einsetzen von Holzpflöcken realisiert werden.

Quer-Steckverbindungen erfolgen durch Querbohrungen im Bambusrohr, durch welche Pflöcke, oder, modern, Gewindebolzen gesteckt werden. Allerdings muss durch geeignete Lage und Maßnahmen eine Rissbildung vermieden werden. Gegebenenfalls sind die Bambusrohre in diesem Bereich durch eingesetzte Pflöcke verstärkt oder die Bohrungen sind in den Bereich des Nodiums (Knotens) zu setzen.

Bindetechnik

Bei dieser Verbindungstechnik werden die Bauteile durch Schnüre oder Faserstränge, aber auch durch dünnen Bambusstreifen miteinander verbunden, wobei das Bindematerial gegebenenfalls durch Wässerung zunächst geschmeidig gemacht wird, wodurch auch später durch die Schrumpfung beim Trocknen die Bindekräfte verstärkt werden.

In den Erzeugerländern wird in zunehmendem Maße mit Kunstfasern (Nylon) gebunden. Vorteile sind die hohe Elastizität und damit der gleichbleibende Anpressdruck. Nachteilig ist die Versprödung durch UV-Bestrahlung.

Bei der Bindetechnik ist es entscheidend, dass die natürliche Geometrie des Bambus in die Verbindungstechnik mit einbezogen wird. In der Praxis werden daher die Bauteile so zugerichtet, dass die Nodien (Knoten) in die Verbindung mit einbezogen werden und so den Kraftschluss durch Formschluss ergänzen.

Beispiele: Verbindung durch Schnürung. Hohlkehle des Querholmes am Nodium. Verbindungsschnürung durch Bohrung hinter dem Nodium des Querholmes. Ringbandage verhindert Spaltung an der Hohlkehle. Senkrechte Belastung des Querholmes nur in Richtung des Nodiums des Längsholmes.

Kombinationstechniken

Mit Kombinationen aus Steckverbindungen und Bindetechniken werden komplexe Konstruktionen ermöglicht, bei denen sich die Trennung von Formschluss (Steckverbindungen) und Kraftschluss (Bindetechnik) vorteilhaft einsetzen lässt.

Beispiel: Verbindung durch Überlappung und umgreifende Schnürung mit Hohlkehlen am durchgehenden Querholm zwischen dessen Nodien. Der Nodienabstand des Querholmes muss entsprechend dem Umfang des Längsholmes ausgesucht werden. Belastung des Querholmes nur in Richtung des Nodiums des Längsholmes.

Beispiel: Verbindung durch Schnürung. Hohlkehlen der Querholme am Nodium. Verbindungsschnürung durch Bohrung hinter dem Nodium der Querholme. Senkrechte Belastung der Querholme nur in Richtung des Nodiums des Längsholmes.

Anlängen

1 Anlängen durch Ineinanderstecken. Einfachste, lösbare Verbindungsart. Nur dann gegen Spaltung des dickeren Holmes sicher, wenn Keilwirkung durch das Einschieben des dünneren Holmes in den dickeren durch dessen Nodium begrenzt wird. Eventuell Ringbandage anbringen. Nicht für Zugkräfte.

2 Anlängen durch Aneinanderstecken mittels Zapfen. Einfache, lösbare Verbindungsart. Nur dann gegen Spaltung des dickeren Holmes sicher, wenn keine Keilwirkung durch den Zapfen erfolgt. Nicht für Zugkräfte.

3 Anlängen durch formschlüssige Überlappung mit Fixierungsbandage, kann durch zusätzlich eingeschobenen Zapfen montagefreundlicher gemacht werden.

4 Anlängen durch Überlappung, wobei der Formschluss durch Quernuten in den Holmen und Dübel hergestellt wird. Hohe Festigkeit, welche von der Bandagenqualität gesichert wird.

5 Anlängen durch Überlappung, wobei die Festigkeit durch den Formschluss der Nodien hergestellt wird. Die Qualität der Bandage ist für die Festigkeit entscheidend. Bei der Beanspruchungsart (Zug oder Druck) muss die Lage der Bandagen zu den Nodien beachtet werden.

Rahmenverbindungen

1 T-Verbindung durch Bindetechnik. Längsbindung dient der Fixierung, die Querumbindung verhindert das Aufspalten. Bindung durch Bohrungen wegen scharfer Kanten bei Lastwechselbeanspruchung ungünstig. Die Verbindung findet stets im Nodiumbereich statt. Senkrechte Schubkräfte werden vom Nodium der Längsstange aufgenommen.

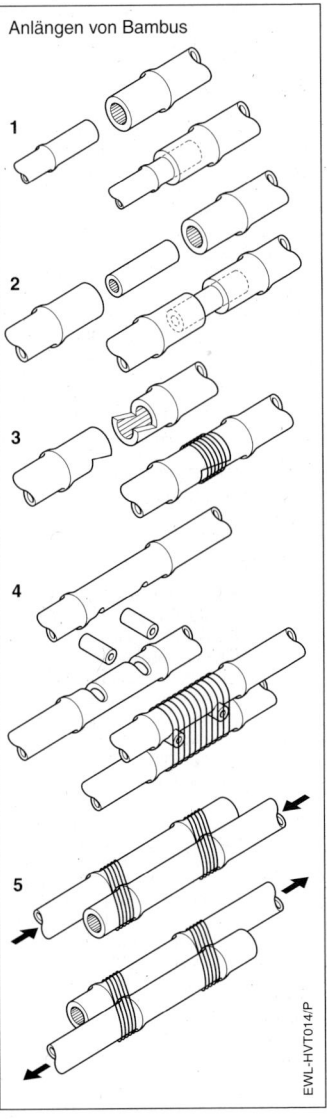

Anlängen von Bambus

EWL-HVT014/P

2 T-Verbindung durch Bindetechnik und Dübel. Längsbindung dient der Fixierung, die Querumbindung verhindert das Aufspalten. Krafteinleitung der Längsbindung über Dübel günstiger wegen größerem Binderadius, wodurch Bindungsverschleiß geringer ist. Die Verbindung findet stets im Nodiumbereich statt, Senkrechte Schubkräfte werden vom Nodium der Längsstange aufgenommen.

3 T-Verbindung durch Lasche und Bindetechnik. Materialgerechte Technik. Durch die Fixierung mittels Lasche erübrigt sich die Längsbindung. Es ist nur eine Querbindung erforderlich. Keine Spaltkräfte, Biegung der Lasche erfordert Vorbehandlung (Hitze oder Dampf). Keine Bohrungen nötig. Handwerklich und materialspezifisch beste Lösung. Die Verbindung findet stets im Nodiumbereich statt, Senkrechte Schubkräfte werden vom Nodium der Längsstange aufgenommen.

4 Eckverbindung mit Lasche und Bindetechnik. Materialgerechte Technik. Durch die Fixierung mittels Lasche erübrigt sich die Längsbindung. Es ist nur eine Querbindung erforderlich. Keine Spaltkräfte, Biegung der Lasche erfordert eventuell Vorbehandlung (Hitze oder Dampf). Keine Bohrungen nötig. Handwerklich und materialspezifisch beste Lösung. Die Verbindung findet stets im Nodiumbereich statt, Senkrechte Schubkräfte werden vom Nodium der Längsstange aufgenommen.

5 Eckverbindung durch Bindetechnik. Bindung durch Bohrungen wegen scharfer Kanten bei Lastwechselbeanspruchung ungünstig. Die Verbindung findet stets im Nodiumbereich statt, Senkrechte Schubkräfte werden vom Nodium der Längsstange aufgenommen.

Rahmenverbindung von Bambus

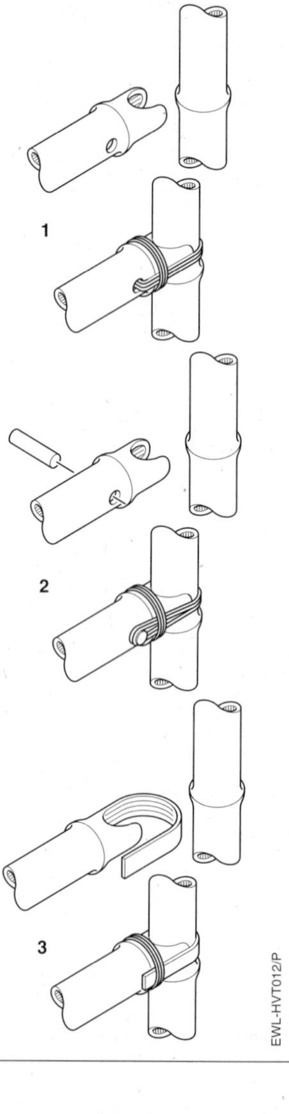

1

2

3

EWL-HVT012/P

Rahmenverbindung von Bambus

4

5

EWL–HVT013/P

Einsatz von Elektrowerkzeugen

Für die Herstellung von Bambusverbindungen sind nur wenige Elektrowerkzeugtypen nötig. Sie dienen weniger der direkten Verbindung als vielmehr für vorbereitende Arbeiten. Wie bei der Bearbeitung von Baumhölzern besteht der Hauptvorteil im erheblich verringerten Zeitbedarf und der meist höheren Qualität gegenüber der rein manuellen Technik. Die hierbei eingesetzten Elektrowerkzeugtypen sind hauptsächlich:
– Bohrmaschinen
– Säbelsägen
– Feinschnittsägen
– Stichsägen
– Schleifbürsten (in Verbindung mit Schleifhülsen)
– Varioschleifer

Den Einsatzwerkzeugen ist besondere Beachtung zu widmen. Einsatzwerkzeuge für Metall eignen sich besser für die Bearbeitung von Bambus als diejenigen für Holzbearbeitung.

Zusammenfassung

Die traditionellen Verbindungstechniken für Bauteile aus Bambus werden hauptsächlich im Konstruktionsbereich eingesetzt. Ihre Zweckmäßigkeit ist bewiesen und materialgerecht. Ihre Anwendung setzt Materialkenntnis und, trotz ihrer scheinbaren Einfachheit, umfangreiches Praxiswissen und handwerkliche Fertigkeit voraus.

Bearbeitungstechnik

Bohren

Bohren ist eine spanabhebende Bearbeitungsmethode, mit der Bohrungen (Löcher) in Werkstücken erzeugt werden. Bohrungen sind zylindrisch. Bohrungen durch das Werkstück werden als Durchgangsbohrungen bezeichnet, Bohrungen, deren Tiefe weniger als die Materialstärke des Werkstückes betragen, bezeichnet man als Sackbohrungen oder Sacklöcher. Bohrungen mit einer Tiefe von mehr als dem 5fachen Bohrerdurchmesser werden als Tiefbohrungen bezeichnet. Man unterscheidet:
– Bohren ins Volle
– Aufbohren (von vorgebohrten Löchern) und die dem Bohren ähnliche Varianten
– Senken
– Gewindebohren
  (siehe Verschraubungstechnik)
Die wichtigsten Kriterien zur Herstellung einer Bohrung sind
– Auswahl des geeigneten Bohrers
– Wahl der geeigneten Schnittgeschwindigkeit (Drehzahl)
– Wahl der geeigneten Vorschubkraft (Andruckkraft)
Die obengenannten Kriterien müssen auf den zu bearbeitenden Werkstoff abgestimmt sein, die Antriebsmaschine muss in der Lage sein, die notwendige Schnittgeschwindigkeit und die notwendige Drehkraft (Drehmoment) für den gegebenen Anwendungsfall aufzubringen.

Um Bohrer, Drehzahl und Andruckkraft optimal auszuwählen, müssen deshalb folgende Fakten bekannt sein:
– Welches Material soll gebohrt werden?
– Welchen Durchmesser hat die Bohrung?
– Handelt es sich um eine Durchgangsbohrung, eine Sackbohrung, eine Tiefbohrung?
Sind diese Fakten bekannt, dann kann anhand von Tabellen die richtige Auswahl getroffen werden. Hierbei ist jedoch zu unterscheiden, ob zur Herstellung einer Bohrung eine stationäre Bohrmaschine (Säulenbohrmaschine) oder ein handgeführtes Elektrowerkzeug als Antriebsmaschine dient. Die folgenden Informationen haben in der Regel Allgemeingültigkeit. Auf elektrowerkzeugtypische Anwendungen wird entsprechend hingewiesen.

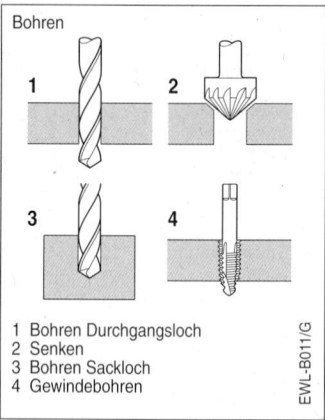

Bohren

1 Bohren Durchgangsloch
2 Senken
3 Bohren Sackloch
4 Gewindebohren

EWL-B011/G

Bohren in Metall

Beim Bohren in Metall werden fast ausschließlich Wendelbohrer verwendet. Als populäre Bezeichnung hat sich der Begriff „Spiralbohrer" eingeprägt. Aus diesem Grund wird im Folgenden diese Bezeichnung beibehalten.

Bohrer
Bei Bohrungen in Metall stehen folgende Forderungen im Vordergrund:
– die Bohrung muss maßhaltig sein
– der Arbeitsfortschritt soll so hoch wie möglich sein
– der Bohrer soll eine möglichst hohe Standzeit (Lebensdauer) erreichen
Alle drei Forderungen werden durch das Material des Bohrers, seiner Schneidengeometrie und seiner Herstellweise bestimmt. Bohrungen größeren Durchmessers werden in dünne Werkstoffe in der Regel nicht mehr voll gebohrt, sondern als Ringspalt mit sogenannten Hohlbohrkronen (eigentlich Fräser) oder Lochsägen hergestellt.

Bohrermaterial
Beim Bohren in Metall ist von der Verwendung von Bohrern aus einfachem Werkzeugstahl abzuraten. Diese Bohrer verlieren nach kurzer Benützungszeit ihre Maßhaltigkeit, stumpfen ab und sind

für wirtschaftliches und präzises Bohren in Metall nicht geeignet. Sie sind ihr Geld nicht wert. Dies gilt auch für den Heimwerkerbereich.

Für das Bohren in Metall werden heutzutage ausschließlich Bohrer aus Hochleistungs-Schnellarbeitsstählen (HSS) verwendet. Diese Bohrer weisen eine höhere Härte und damit Maßhaltigkeit sowie eine höhere Warmfestigkeit auf, welche ohne Standzeitverlust einen schnelleren Arbeitsfortschritt zulässt. Neben Standardtypen für den Gebrauch an Elektrowerkzeugen gibt es spezielle Legierungen für den Einsatz in der industriellen Fertigung. Für die Bearbeitung korrosionsbeständiger Stähle sollten nur cobaltlegierte Bohrer verwendet werden. In den Tabellen im Anhang sind die Bohrertypen für allgemeine Anwendung aufgeführt.

Bohrerbeschichtungen
Die Bohreroberfläche kann zur Verbesserung der Eigenschaften mit einer Beschichtung versehen werden. Durch die Härte der Beschichtung wird die Reibung vermindert und dadurch weniger Wärme erzeugt. Als Beschichtung wird meist Titannitrid verwendet.

Im handwerklichen Bereich, wo ohne Kühlung gearbeitet wird, dürfen titannitridbeschichtete Bohrer nicht zur Bearbeitung von Aluminiumlegierungen eingesetzt werden. Durch die Affinität zwischen Aluminium und Titan legiert sich das Aluminium in die Beschichtung ein. Es bildet sich praktisch sofort eine Aufbauschneide und die Bohrerwendel verstopft. Der Bohrer ist danach nicht mehr verwendbar.

Schneidengeometrie
Die Auswahl der geeigneten Schneidengeometrie hängt von der Art der Bohrung und dem zu bohrenden Material ab. Der Schneidenschliff, Spitzenwinkel und Drallnutenwinkel bestimmen weitgehend die Eigenschaften des Bohrers.

Schneidenschliff
Die einfachste Schliffform der Schneide ist der Kegelmantelschliff, bei dem der Übergang der zwei Schneidkanten durch die sogenannte Querschneide erfolgt.

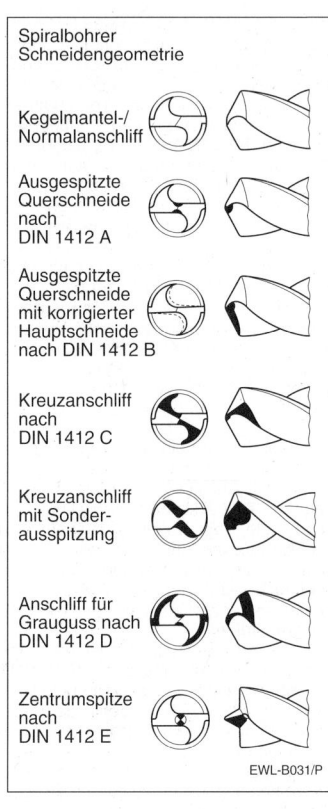

Spiralbohrer
Schneidengeometrie

Kegelmantel-/
Normalanschliff

Ausgespitzte
Querschneide
nach
DIN 1412 A

Ausgespitzte
Querschneide
mit korrigierter
Hauptschneide
nach DIN 1412 B

Kreuzanschliff
nach
DIN 1412 C

Kreuzanschliff
mit Sonder-
ausspitzung

Anschliff für
Grauguss nach
DIN 1412 D

Zentrumspitze
nach
DIN 1412 E

EWL-B031/P

Die Querschneide liegt an der Spitze in der Mittelachse des Bohrers und hat dadurch (fast) keine Umfangsgeschwindigkeit. Durch diesen Umstand und „stumpfe" Schneidenform nimmt die Querschneide am eigentlichen Bohrvorgang nicht teil, sondern reibt lediglich auf der Oberfläche des Materials und verdrängt es zur Seite hin. Speziell beim Anbohren erhält der Bohrer dadurch keine exakte Führung und kann trotz des Ankörnens der Bohrposition „verlaufen". Beim Bohren ins Volle muss die Reibung der Querschneide durch erhöhte Andruckkraft überwunden werden. Sie macht bis zu 60 % der gesamten Andruckkraft aus! Die Erwärmung des Bohrers ist höher, der Arbeitsfortschritt geringer. Bohrer mit Querschneide sollten deshalb nur zum Aufbohren vorgebohrter Löcher verwendet werden, wobei der Durchmesser der Vorbohrung der Breite der Querschneide des zum Aufbohren verwendeten Bohrers entsprechen sollte.

Andere mögliche Schliffformen sind der Kreuzschliff bzw. die ausgespitzte Bohrerspitze. Diese Schliffe sind kostenintensiver und machen dadurch den Bohrer teurer, vermeiden aber die Nachteile der Querschneide. Die bessere Bohrlochqualität, die geringere Bohrerbelastung (und damit höhere Standzeit) zusammen mit dem schnelleren Arbeitsfortschritt amortisieren die höheren Einstandskosten schon nach wenigen Bohrungen.

Der größte Vorteil des Kreuzschliffes für den Einsatz in handgeführten Elektrowerkzeugen liegt in der drastisch verringerten Andruckkraft, weil hier die Andruckkräfte rein manuell aufgebracht werden müssen und nicht wie in stationären Bohrmaschinen durch Hebelwirkung unterstützt werden können.

Spitzenwinkel

Der Spitzenwinkel entscheidet über die Länge der Bohrerschneide im Werkstoff. Ein kleiner Spitzenwinkel ergibt eine längere Bohrerschneide, wodurch die Wärmeabfuhr besser wird. Dies kann bei Tiefbohrungen ins Volle vorteilhaft sein. Andererseits ist aber die dadurch „dünnere" Spitze höher belastet und damit bruchgefährdeter. Die Führungsfasen kommen erst später zum Eingriff, der Bohrer wird damit anfangs schlechter geführt. Bei Durchgangsbohrungen in dünnen Blechen tritt dadurch oft die Bohrerspitze aus dem Material aus, bevor die Führungsfasen in das Material eindringen. Die Folge davon ist das gefürchtete „Verkakeln" des Bohrers im Blech, von dem eine hohe Verletzungsgefahr für den Anwender ausgehen kann. Eine unsaubere Bohrung und eine hohe Bruchgefährdung des Bohrers kommen hinzu.

Ein großer Spitzenwinkel hat eine kürzere Schneidenlänge zur Folge, wodurch der Drehmomentbedarf des Bohrers

zurückgeht und gleichzeitig die Führungsfasen früher in das Material eindringen und dadurch dem Bohrer eine bessere Anfangsführung verleihen. Dies ist besonders für flache Bohrungen und für Durchgangsbohrungen in dünne Bleche wichtig, weil hierdurch das gefürchtete „Verhakeln" verringert bzw. vermieden werden kann.

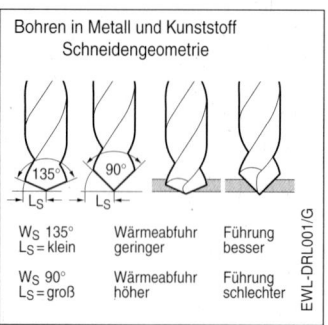

Bohren in Metall und Kunststoff
Schneidengeometrie

W_S 135° L_S = klein	Wärmeabfuhr geringer	Führung besser
W_S 90° L_S = groß	Wärmeabfuhr höher	Führung schlechter

EWL-DRL001/G

Drallnutenwinkel

Durch den Drallnutenwinkel wird der Keilwinkel der Bohrerschneide beeinflusst. Durch Variation des Drallnutenwinkels kann der Bohrer auf die Zerspanbarkeit des zu bohrenden Werkstoffes eingestellt werden. „Weiche" Werkstoffe wie Leichtmetalllegierungen und Kupfer und Kupfer-Zinn-Legierungen sind langspänig und benötigen deshalb große Drallnutenwinkel von ca. 27...40°. Sie werden als Typ W bezeichnet.

„Harte" Werkstoffe wie legierte und hochlegierte Stähle benötigen kleine Drallnutenwinkel von ca. 10...19°. Die Typbezeichnung lautet H. Messing, eigentlich ein eher „weicherer" Werkstoff, benötigt wegen seiner extremen Kurzspänigkeit besonders geringe Drallnutenwinkel. Für allgemeine Anwendung, vorzugsweise in Baustählen, wird ein mittlerer Drallnutenwinkel von ca. 19...40° gewählt. Die entsprechende Typbezeichnung ist N.

Drehzahl (Schnittgeschwindigkeit)

Die Drehzahl und damit die Schnittgeschwindigkeit des Bohrers richtet sich

Spiralbohrer
Wendelgeometrie Seitenspanwinkel

Normalbohrer Typ N

16°-30° Seitenspanwinkel

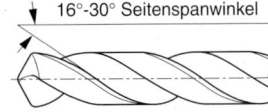

Für allgemeine Baustähle, weichen Grauguss, mittelharte Nichteisenmetalle

Kurzdrallbohrer Typ W

35°-40° Seitenspanwinkel

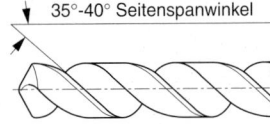

Für weiche und zähe, langspanende Werkstoffe

Langdrallbohrer Typ H

8°-15° Seitenspanwinkel

Für härtere und zähharte, kurzspanende Werkstoffe

Tieflochbohrer Typ ATN

35°-40° Seitenspanwinkel

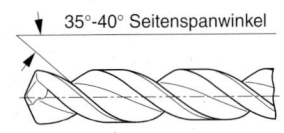

Für grosse Bohrtiefen und erschwerte Einsatzbedingungen. Mit weiten Spannuten und sehr gerundeten Rückenkanten

EWL-B032/P

nach dem Bohrungsdurchmesser und dem zu bohrenden Material. Hierbei muss differenziert werden: Die Schnittgeschwindigkeit ist rein materialspezifisch und damit für ein-und denselben Werkstoff konstant. Andererseits hängt die Schnittgeschwindigkeit natürlich vom Bohrerdurchmesser (Schneidenumfang) ab. Durch entsprechende Drehzahlwahl muss deshalb die werkstoffspezifische Schnittgeschwindigkeit eingehalten werden. Hieraus folgt die Auswahlregel:
– die mögliche Schnittgeschwindigkeit hängt vom Werkstoff ab
– kleine Bohrdurchmesser benötigen eine höhere Drehzahl als grosse Bohrdurchmesser, damit die ideale Schnittgeschwindigkeit eingehalten wird.
Die idealen Schnittgeschwindigkeiten und damit Drehzahlen lassen sich mit stationären Bohrmaschinen durch entsprechende, stufenlose Getriebe, konstante Antriebe und Drehzahlanzeigen recht gut einhalten. Bei handgeführten Elektrowerkzeugen ist die Drehzahl (mit Ausnahme konstantgeregelter Motoren) meist lastabhängig und damit nicht genau einzuhalten. In der Realität bedeutet dies, dass die Drehzahl und damit die Schnittgeschwindigkeit meist nicht optimal realisiert werden kann. Praxiserfahrung kann in diesem Fall hilfreich sein.

Andruckkraft (Vorschub)
Die Andruckkraft (Vorschubkraft) hängt, wie bereits erwähnt, vom Schliff der Bohrerspitze ab. Zusätzlich kommt noch eine materialspezifische Komponente dazu. Harte Werkstoffe erfordern grundsätzlich höhere Andruckkräfte als weiche Materialien. Wird z. B. bei harten, korrosionsbeständigen Stählen mit zu geringer Andruckkraft gearbeitet, dann „gleitet" die Bohrerschneide nur über die Werkstoffoberfläche. Sie dringt dadurch nicht ein und „schneidet", sondern reibt nur darüber und überhitzt sich dabei sehr schnell, weil keine wärmeabführenden Späne entstehen. Dies führt dann sehr schnell zum „Ausglühen" der Bohrerspitze, wodurch der Bohrer unbrauchbar wird.
Gleichzeitig erfolgt bei korrosionsbeständigen Stählen im Bereich der Bohrstelle eine Kaltverfestigung, welche

den weiteren Bohrfortschritt erschwert. Deshalb gleich von Anfang an mit geringer Drehzahl, aber zügiger und hoher Andruckkraft bohren.

Neben der Höhe der Andruckkraft ist die Richtung derselben äußerst wichtig. Zum Erreichen eines hohen Bohrfortschrittes und einer guten Bohrqualität ist wichtig, dass die Andruckkraft zentral zur Bohrerachse (der Maschinen-Bohrspindel) erfolgt. Diese Richtung der Andruckkraft wird durch ergonomisch gut durchkonstruierte Bohrmaschinengehäuse wesentlich erleichtert. Allerdings wird die optimale Handhaltung vom Benutzer nicht immer angewendet, weil ihr meist zu wenig Bedeutung beigemessen wird. Die Folge sind meist unpräzise Bohrungen, erhöhter Kraftaufwand und bei kleinen Bohrerdurchmessern häufig abgebrochene Bohrer!

In der Praxis der handgeführten Elektrowerkzeuge gilt wieder, wie so oft, dass die richtige Andruckkraft eine Sache der Erfahrung ist.

Bohrerkühlung

Beim Bohren entsteht an der Bohrerschneide Wärme. Diese Wärme wird durch die Späne abgeführt, teils durch den Bohrerschaft aufgenommen und teils im Werkstoff selbst gespeichert. Speziell bei Tiefbohrungen und schlechter Spanabfuhr kann diese Wärmeabfuhr nicht mehr ausreichend sein. Als Folge davon überhitzt der Bohrer und wird unbrauchbar. Bei Leichtmetallen kann es wegen deren Eigenschaft zum „Schmieren", zur Verstopfung der Spannuten kommen, wodurch im einfachsten Fall eine unsaubere Bohrung entsteht oder, im gar nicht so seltenen Extremfall, der Bohrer abgerissen wird. Durch den Einsatz eines Kühlmittels kann dies verhindert und der Bohrfortschritt gesteigert werden. Kühlmittel sollten deshalb neben der kühlenden auch eine schmierende Wirkung aufweisen. Wasser ist deshalb (auch wegen der Korrosionsgefahr) in den meisten Fällen ungeeignet. Typische Kühlmittel sind meist Emulsionen (Bohröle) oder Fette. Die Zusammensetzung der Kühlmittel richtet sich nach dem zu bearbeitenden Werkstoff.

Spezialbohrer

Neben den Spiralbohrern werden in der handwerklichen Metallbearbeitung Bohrer in Sonderformen eingesetzt. Hierzu zählen vor Allem:
- Blechschälbohrer
- Stufenbohrer
- Lochsägen

Diese Bohrer sind speziell für das Herstellen von Bohrungen großen Durchmessers in dünnen Werkstoffen (Bleche) geeignet. Sacklöcher können mit ihnen nicht hergestellt werden. Sie benötigen langsam laufende Antriebsmaschinen und hohe Drehmomente.

Blechschälbohrer

Der Schneidkörper von Blechschälbohrern ist kegelförmig. Er verfügt seitlich über eine oder zwei Spannuten, deren Kanten die Schneide bilden. Der Durchmesser geht dabei kontinuierlich von einem kleinen Anfangsdurchmesser in den Enddurchmesser über. Typisch sind Durchmesserbereiche von
- 3...15 mm
- 5...20 mm
- 5...30 mm

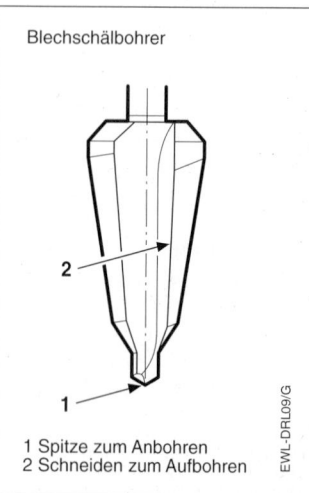

Blechschälbohrer

1 Spitze zum Anbohren
2 Schneiden zum Aufbohren

EWL-DRL09/G

Beim Bohrvorgang erzeugt die angeschliffene Bohrerspitze zunächst ein Führungsloch im Werkstück, danach übernehmen die Schneidkanten die Erweiterung des Loches. Durch die Kegelform des Schneidkopfes wird der Durchmesser des Bohrloches umso größer, je tiefer der Schneidkopf in das Werkstück eindringt. Wegen der großen Schaftflächen ist die Führung sehr gut, die Reibung aber sehr hoch. Wegen der meist geraden Spannuten ergibt sich bei dickeren Blechen und bei der Aluminiumbearbeitung ein Spanstau wenn nicht genügend geschmiert wird.

Stufenbohrer

Beim Stufenbohrer erfolgt der Übergang vom kleinen zum großen Durchmesser nicht kontinuierlich, sondern in Stufen. Der Bohrerkörper verfügt über zwei Spannuten, deren Kanten die Schneiden bilden. Der Übergang von Stufe zu Stufe ist abgeschrägt. Durch die Stufen in der Kegelform des Schneidkörpers wird der Durchmesser des Bohrloches stufenweise umso größer, je tiefer der Schneidkopf in das Werkstück eindringt. Die Stufenhöhe bestimmt die maximal zu bohrende Materialdicke.

Typische Durchmesserabstufungen sind:
– 4...12 mm
– 4...20 mm
– 4...30 mm
– 4...40 mm

wobei die Stufensprünge 2 mm betragen. Bezüglich der Spanabnahme und der Schmierung verhält sich der Stufenbohrer wie der Blechschälbohrer. Mit Titannitrid beschichtete Bohrer (meist goldfarben) eignen sich nicht zur Aluminiumbearbeitung, weil durch die Affinität des Titannitrids zu Aluminium sofort eine Aufbauschneide bzw. eine raue Oberflächenschicht auf dem Bohrer entsteht. Durch die schrägen Übergänge von Stufe zu Stufe wird das Bohrloch im gleichen Arbeitsgang einseitig entgratet.

Lochsägen

Lochsägen benützt man zum Herstellen von Löchern sehr großen Durchmessers. Weil dabei nur ein Ringspalt mit relativ geringem Querschbnitt gebohrt wird, sind die aufzuwendenden Kräfte und auch die Spanmenge entsprechend gering.

Lochsägen bestehen aus einer becherförmigen Hülse welche an ihrem offenen

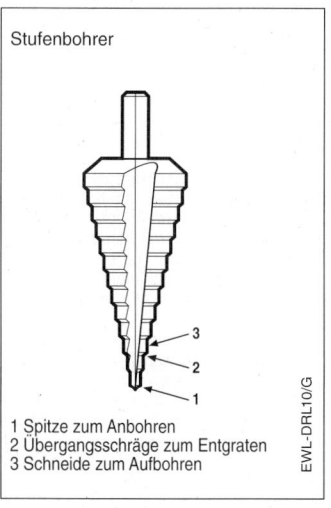

Stufenbohrer

1 Spitze zum Anbohren
2 Übergangsschräge zum Entgraten
3 Schneide zum Aufbohren

EWL-DRL10/G

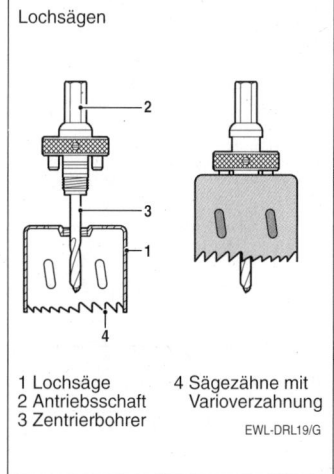

Lochsägen

1 Lochsäge
2 Antriebsschaft
3 Zentrierbohrer
4 Sägezähne mit Varioverzahnung

EWL-DRL19/G

Ende mit Sägezähnen versehen ist. Am geschlossenen Ende befindet sich ein fester, durch Gewinde oder Systemverriegelung lösbarer Antriebsschaft. Ein Zentrierbohrer fixiert die Position der Lochsäge zum Werkstück bevor die Sägezähne der Lochsäge in das Werkstück eindringen. Die beim Bohren anfallenden Späne verbleiben teilweise innerhalb der Lochsäge. Bei Anwendung in Metall ist Kühlung nötig.

Senken

Senker werden zum Entgraten von Bohrlöchern oder zum Versenken von Schraubenköpfen verwendet. Der Spitzenwinkel zum Entgraten beträgt 60°, zum Versenken 90°. Man unterscheidet zwischen Flachsenken und Tiefsenken. Kegelsenker haben eine ungerade Anzahl von Schneiden, um ein Rattern zu vermeiden. Für dünne Bleche und speziell für langspanende Werkstoffe (Aluminiumlegierungen) verwendet man Querlochsenker. Sie haben einen absolut ratterfreien

Senken
Kegelsenker
Flachsenker
Tiefsenker
Querlochsenker

EWL-DRL005/G

Schnitt, eignen sich aber nur zum Flachsenken.

Bohren in Kunststoff

Zum Bohren in Kunststoff werden in der Regel dieselben Bohrer wie für Metall verwendet. Generell gilt also bezüglich der Einzelkriterien das bereits im Abschnitt „Bohren in Metall" Erwähnte. Es gibt allerdings Kunststoffe, welche eine besondere Schneidengeometrie und/oder einen besonderen Schneidenwerkstoff erforderlich machen. Dies gilt insbesondere dann, wenn stets derselbe Kunststoff und/oder in der industriellen Fertigung gebohrt werden muss.

In erster Linie ergeben sich gegenüber der Anwendung in Metall Änderungen in der Drehzahl, der Andruckkraft und der Schneidengeometrie.

Kunststoffe sind schnellen Entwicklungsphasen unterworfen, d. h. es kommen ständig neue Kunststoffe und Kunststoff-Verbundmaterialien auf den Markt. Die Tabellen im Anhang geben deshalb nur den gegenwärtigen Stand wieder. Neue Materialien können völlig neue Anforderungen an die Bohrwerkzeuge stellen. Es ist in diesen Fällen wenig ratsam, kostspielig eigene Erfahrungen zu sammeln. Hier sollte man grundsätzlich die Verarbeitungshinweise der Hersteller anfordern. Wenn man sie beachtet, sind meist auf Anhieb gute Arbeitsergebnisse zu erzielen. Die folgenden Hinweise sind als generelle Hinweise für typische Kunststoffgruppen zu verstehen.

Thermoplaste (Thermomere)

Thermoplastische Kunststoffe zählen eher zu den weichen Kunststoffen. Oberstes Gebot sind Bohrer mit scharfen Schneiden. Bohrer, welche bereits für Metall benützt worden sind, eignen sich nicht mehr für qualitativ hochwertige Bohrungen in Thermoplaste.

Duroplaste (Duromere)

Duroplaste verhalten sich bezüglich der Schneidenschärfe nicht so kritisch wie Thermoplaste. Dennoch sollten separate Bohrer benützt werden.

Glasfaserverstärkte Kunststoffe (GFK)

GFK üben wegen der im Kunststoff enthaltenen Glasfasern eine stark abstumpfende Wirkung auf die Bohrerschneiden aus. Stumpfe Schneiden quetschen den Werkstoff mehr als dass sie ihn schneiden. Als Folge davon liegen die Glasfasern in „ausgefransten" Bohrlöchern relativ frei, wodurch bei Feuchtigkeitseinfluss eine erhöhte Kapillarwirkung eintritt. Die eindringende Feuchtigkeit kann im Bereich des Bohrloches den Glasfaser-Kunststoff-Verbund mürbe machen, eventuelle Verbindungsmittel verlieren dann mit der Zeit an dieser Stelle ihre Haltekraft. Man kann dieses Problem dadurch umgehen, indem man die Bohrer häufiger nachschärft (was umständlich ist), oder man verwendet spezielle Bohrer mit scharfgeschliffenen Hartmetallschneiden (keine HM-Schlagbohrer!).

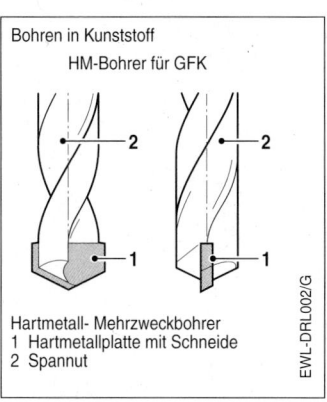

Bohren in Kunststoff
HM-Bohrer für GFK

Hartmetall- Mehrzweckbohrer
1 Hartmetallplatte mit Schneide
2 Spannut

EWL-DRL002/G

Mineralguss

Unter Mineralguss versteht man Kunststoffe, denen man zur Erhöhung der Druckfestigkeit oder einer dekorativen Wirkung wegen (Küchenplatten) mineralische Füllstoffe zugesetzt hat. Wegen der Härte der mineralischen Bestandteile müssen wie bei GFK scharfgeschliffene Hartmetallbohrer verwendet werden.

Hochleistungskunststoffe

Unter Hochleistungskunststoffen versteht man Kunststoffe mit speziellen Eigenschaften. Dies können relativ weiche Kunststoffe wie PTFE oder sehr harte Kunststoffe wie PAI sein. Teilweise muss hier mit Sonderwerkzeugen gearbeitet werden. Diesbezügliche Informationen vom Kunststoffhersteller!

Bohrerkühlung

Kunststoffe führen die beim Bohren entstehende Wärme so gut wie nicht ab. Dies kann zur Folge haben, dass der Bohrer überhitzt wird und/oder der Kunststoff im Bereich des Bohrloches anschmilzt. Abhilfe bringen nur reduzierte Drehzahlen und/oder zügiger Vorschub. Ist der Vorschub zu gering, d. h. dreht der Bohrer zu lange auf einer Stelle, entstehen keine wärmeabführenden Späne und es kommt zu örtlicher Überhitzung. Eventuell sind vom Kunststoffhersteller zugelassene Kühlmittel zu verwenden.

Bohren in Holz

Bohrer für Holz und Holzwerkstoffe unterscheiden sich wesentlich von den für Metall verwendeten Bohrern. Zwar ist es grundsätzlich möglich, Spiralbohrer für die Metallbearbeitung auch an Holz zu verwenden, die Bohrlochqualität wird jedoch nie befriedigend sein. Hauptgrund hierfür ist, dass Holz ein natürlicher Werkstoff mit variabler Struktur und Härte ist, wobei Holz nicht homogen ist, sondern einen Faseraufbau hat. Hierdurch wird die Bohrerspitze konventioneller Spiralbohrer beim Ansetzen, aber auch während des Bohrens abgelenkt. Durch den Spitzenwinkel wird ein Teil des (weichen) Werkstoffes verdrängt, was die bekannten Ausrisse am Austritt der Bohrung zur Folge hat. Aus demselben Grund kann bei Bohrungen im Randbereich das Material aufplatzen. Holzbohrer brauchen also eine spezielle Geometrie. Die wichtigsten Kriterien sind:
– Zentrierung
– Randbegrenzung
– Vorschub
– Spanabfuhr
– Bohrerschaft
Bohrungen größeren Durchmessers werden in der Regel nicht mehr voll gebohrt, sondern als Ringspalt mit sogenannten Lochsägen hergestellt.

Zentrierung

Wegen der Inhomogenität des Holzes brauchen Holzbohrer eine scharfe Zentrierspitze mit extrem kleinem Spitzenwinkel, die in des Holz eindringen kann, ohne von den harten Stellen der Maserung abgelenkt zu werden. Die Zentrierspitze muss deutlich über die Bohrerschneide hinausstehen, damit sie Führung übernehmen kann, bevor die Schneiden in das Holz eindringen.

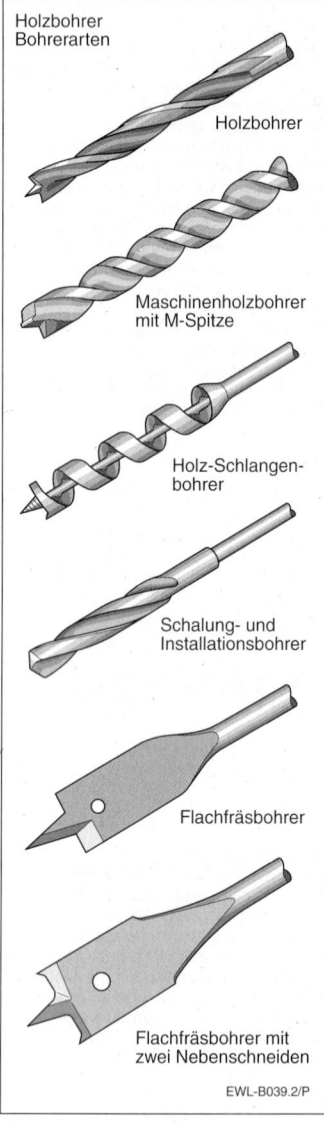

Holzbohrer
Bohrerarten

Holzbohrer

Maschinenholzbohrer
mit M-Spitze

Holz-Schlangen-
bohrer

Schalung- und
Installationsbohrer

Flachfräsbohrer

Flachfräsbohrer mit
zwei Nebenschneiden

EWL-B039.2/P

Randbegrenzung

Beim Bohren in Holz muss der Bohrlochrand scharf begrenzt werden, damit ein sauberes, kreisrundes Loch ohne Ausrisse entsteht. Die Begrenzung erfolgt im einfachsten Fall durch einen negativen „Spitzenwinkel" der spanabhebenden Bohrerschneide. Für bessere Bohrqualität und bei größeren Bohrerdurchmessern befinden sich für diesen Zweck am Umfang der Bohrerspitze ein oder zwei Vorschneider, welche in das Holz eindringen, bevor die Schneiden Späne abnehmen.

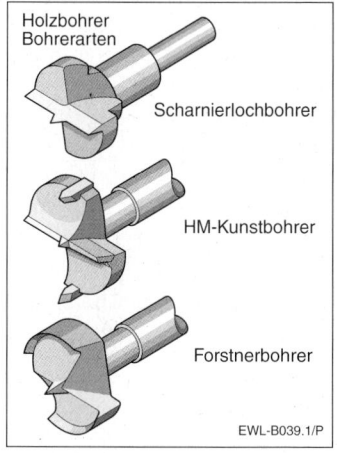

Holzbohrer
Bohrerarten

Scharnierlochbohrer

HM-Kunstbohrer

Forstnerbohrer

EWL-B039.1/P

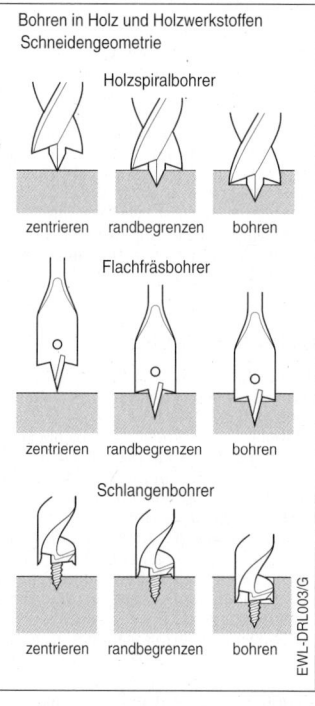

Bohren in Holz und Holzwerkstoffen
Schneidengeometrie

Holzspiralbohrer

zentrieren   randbegrenzen   bohren

Flachfräsbohrer

zentrieren   randbegrenzen   bohren

Schlangenbohrer

zentrieren   randbegrenzen   bohren

EWL-DRL003/G

Vorschub

Bei der Holzbearbeitung werden sehr oft große Durchmesser gebohrt. Hierbei können die notwendigen Vorschubkräfte so groß werden, dass sie bei handgeführten Elektrowerkzeugen nicht mehr vom Anwender aufgebracht werden können. Als Folge davon kann der Bohrfortschritt, insbesondere bei Tiefbohrungen, zum Stillstand kommen. In diesen Fällen verwendet man Bohrer, deren Zentrierspitze über ein Gewinde verfügen. Diese „Zentriergewinde" zieht den Bohrer in das Holz hinein und übernimmt ca. 80 % der Vorschubkräfte.

Bohrer
Schlangenbohrertypen

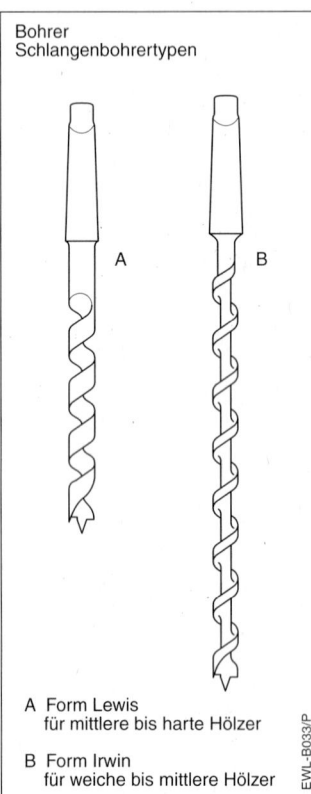

A

B

A Form Lewis
für mittlere bis harte Hölzer

B Form Irwin
für weiche bis mittlere Hölzer

EWL-B033/P

Spanabfuhr
Holz ist im Vergleich zu Metall ein weicher Werkstoff. Hohe Schnittgeschwindigkeiten und Vorschübe sind möglich, wodurch eine große Menge meist langfaseriger Späne entstehen. Um diese Spanmenge aus dem Bohrloch zu fördern, sind die Spannuten bei Bohrern für Holz großräumiger als die von Bohrern für Metall.

Bohrerschaft
Bohrer für Holz haben in der Regel bis 16 mm Bohrdurchmesser einen Rundschaft, dadurch sind sie mit dem bei Bohrmaschinen üblichen 3-Backen-Bohrfutter spannbar. Ab 8 mm Bohrerdurchmesser werden Bohrer mit 6-Kant-Schäften angeboten. Ihnen ist der Vorzug zu geben, weil sich so das Drehmoment der Bohrmaschine besser übertragen lässt. Im Bereich von 16...20 mm Bohrerdurchmesser werden sehr oft auf 10 bzw. 13 mm abgedrehte Schäfte angeboten. Die Verwendung solcher Bohrer kann nicht empfohlen werden. Das für diese großen Bohrdurchmesser nötige Drehmoment der Bohrmaschine führt häufig zum Durchrutschen des Bohrerschaftes im Bohrfutter, wodurch beide beschädigt werden können.

Bohrerkühlung
Holz führt die beim Bohren entstehende Wärme so gut wie nicht ab. Dies kann zur Folge haben, dass der Bohrer überhitzt wird und/oder das Holz im Bereich des Bohrloches anbrennt. Abhilfe bringt nur zügiger Vorschub. Ist der Vorschub zu gering, d. h. dreht der Bohrer zu lange auf einer Stelle, kommt es zu örtlicher Überhitzung. Kühlmittel werden bei Holz grundsätzlich nicht angewendet, weil sie die Eigenschaften des Werkstoffes Holz negativ beeinflussen können.

Bohren in Gestein

Bohrer für Gestein unterscheiden sich grundsätzlich von Bohrern für Metall, Kunststoff oder Holz.

Gestein ist ein Werkstoff, welcher keine Späne bildet. Er kann deshalb nicht spanabhebend bearbeitet werden. Arbeitsprinzip ist das Zertrümmern des Gefüges durch Schabewirkung oder Schlag. In beiden Fällen wird der (spröde) Gefügeverbund zerstört und das entstehende Bohrmehl durch Rotationsbewegung über die „Span"nuten des Bohrers aus dem Bohrloch transportiert.

Steinwerkstoffe mit leichtem, porösem Verbund (Gasbeton, Porenziegel) können durch Drehbewegung schabend bearbeitet werden, Steinwerkstoffe mit festem Verbund und/oder harten Zuschlagstoffen nur durch Schlag- und Drehbewegung. Die wichtigsten Unterscheidungsmerkmale der Bohrer für die Steinbearbeitung sind:

– Schneidenwerkstoff
– Schneidengeometrie
– Spannutenform
– Einsteckende
– Staubabsaugung

Zum „Bohren" von Gestein sind zahlreiche Bohrertypen unterschiedlicher Qualität am Markt. Die besten Ergebnisse wird mit speziell an den Werkstoff angepassten Bohrern erreicht. Die billigsten Bohrer haben generell die schlechtesten Eigenschaften.

Bohrungen größeren Durchmessers werden in der Regel nicht mehr voll gebohrt, sondern als Ringspalt mit sogenannten Bohrkronen. Die Schneiden („Zähne") der Bohrkronen bestehen entweder aus eingesetzten Hartmetallschneiden oder aus diamantbestückten Segmenten. Letztere werden nur mit Rotation ohne Schlageinwirkung betrieben.

Schneidenwerkstoff
Steinwerkstoffe und/oder ihre Zuschlagstoffe haben meist eine größere Härte als die für Bohrer üblichen hochlegierten Stähle. Bohrer für Steinwerkstoffe haben deshalb Hartmetallschneiden, welche in Form von Plättchen in die Bohrerspitze eingesetzt sind oder als Bohrerspitze dienen. Die verwendeten Hartmetalle unterscheiden sich bei Qualitätsbohrern durch an das zu bearbeitende Material angepasste Hartmetallzusammensetzungen, wodurch gegenüber „Billigbohrern" ein Vielfaches an Standzeitverlängerung erreicht wird.

Schneidengeometrie
Zum Bohren leichter, poröser Steinwerkstoffe können scharfgeschliffene Hartmetallschneiden verwendet werden. In diesem Fall darf nur Rotation, aber kein Schlag angewendet werden. Der Arbeitsfortschritt entsteht durch Schabewirkung. Schlageinwirkung könnte die scharfgeschliffenen Hartmetallschneiden zum Ausbrechen bringen.

Zum Bohren harter Steinwerkstoffe muss die Bohrerschneide einen meißelförmigen Anschliff haben, damit sie unter der Schlageinwirkung nicht ausbricht. Ohne Schlageinwirkung ist mit dieser Schneidengeometrie kein Arbeitsfortschritt zu erreichen.

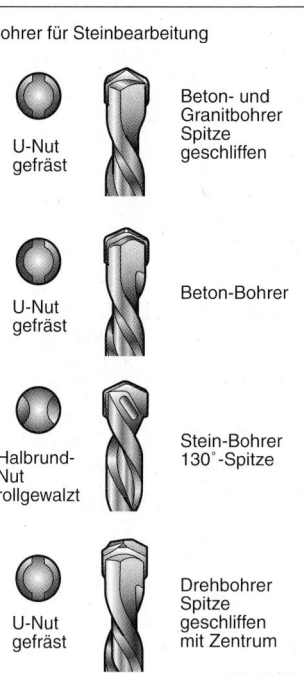

Bohrer für Steinbearbeitung

U-Nut gefräst — Beton- und Granitbohrer Spitze geschliffen

U-Nut gefräst — Beton-Bohrer

Halbrund-Nut rollgewalzt — Stein-Bohrer 130°-Spitze

U-Nut gefräst — Drehbohrer Spitze geschliffen mit Zentrum

EWL-B064/P

Für besseren Rundlauf, höhere Bohrqualität und schnelleren Arbeitsfortschritt werden neben den klassischen 2-Schneiden-Bohrern bei größeren Durchmessern sogenannte 4-Schneider eingesetzt.

Für beide Schneidenformen hat es sich als zweckmäßig erwiesen, die Geometrie an das zu bearbeitende Material anzupassen. Es gibt also in der Schneidengeometrie kleine, aber wichtige Unterschiede. Beim Einsatz des „richtigen", spezialisierten Bohrers erreicht man einen deutlich höheren Arbeitsfortschritt.

Spannutenform

Steinwerkstoffe erzeugen beim Bohren keine Späne, welche durch die Spannuten gleiten können, sondern Staub unterschiedlicher und stets scharfkantiger Körnung. Hierdurch entsteht beim Transport durch die Spannuten ein erhebliches Maß an Reibung, wodurch der Bohrer an den Führungsfasen und in den Nuten einem stetigen Verschleiß ausgesetzt ist. Dies hat dazu geführt, unterschiedliche, an das zu bearbeitende Material angepasste Nutformen zu entwickeln. Gesteinsbohrer, welche an Bohrhämmern betrieben werden (Hammerbohrer) erzeugen einen Staub gröberer Körnung als Gesteinsbohrer an Schlagbohrmaschinen. Hier sind besondere Nutformen notwendig, um einen reibungsarmen Staubtransport zu ermöglichen.

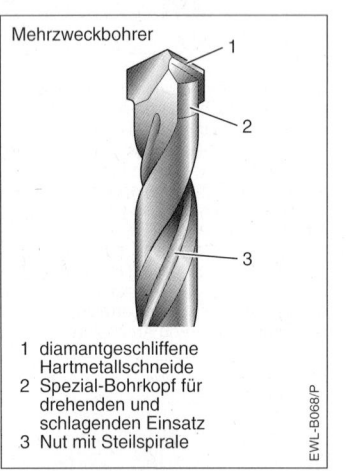

Hammerbohrer mit S4-Nut

1 Schneidkopf
2 Hauptwendel
3 Nebenwendel
4 Zentrierspitze

EWL-B065/P

Mehrzweckbohrer

1 diamantgeschliffene Hartmetallschneide
2 Spezial-Bohrkopf für drehenden und schlagenden Einsatz
3 Nut mit Steilspirale

EWL-B068/P

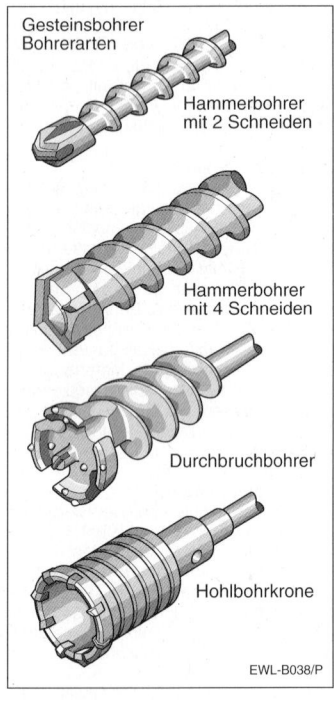

Gesteinsbohrer
Bohrerarten

Hammerbohrer mit 2 Schneiden

Hammerbohrer mit 4 Schneiden

Durchbruchbohrer

Hohlbohrkrone

EWL-B038/P

Gesteinsbohrer
Schaftreibung

Hammerbohrer 2 Schneiden

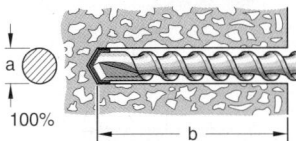

a

100%

b

Hammerbohrer 4 Schneiden

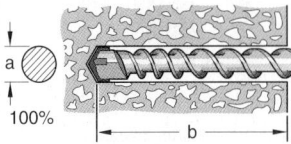

a

100%

b

Durchbruchbohrer

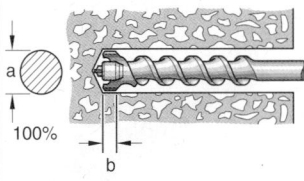

a

100%

b

Hohlbohrkrone

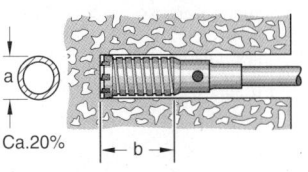

a

Ca.20%

b

◍ gebohrte Fläche
a Bohrdurchmesser
b Schaftreibungslänge

EWL-B037/P

Einsteckende

Das Einsteckende ist an das Bohrprinzip angepasst. Es unterscheidet sich in Einsteckenden für
– Schlagbohrbetrieb
– Hammerbohrbetrieb
– Diamant-Kernbohrtechnik

Schlagbohrbetrieb

Bohrer für Schlagbohrbetrieb haben bis 16 mm Bohrdurchmesser einen Rundschaft, dadurch sind sie mit dem bei Schlagbohrmaschinen üblichen 3-Backen-Bohrfutter spannbar. Ab 16 mm Bohrerdurchmesser werden im Spannbereich 6-Kant-Schäfte verwendet, weil sich so das Drehmoment der Bohrmaschine besser übertragen lässt. Im Bereich von 16...20 mm Bohrerdurchmesser werden sehr oft auf 10 bzw. 13 mm abgedrehte Schäfte angeboten. Die Verwendung solcher Bohrer kann nicht empfohlen werden. Das für diese großen Bohrdurchmesser nötige Drehmoment der Bohrmaschine führt häufig zum Durchrutschen des Bohrerschaftes im Bohrfutter, wodurch beide beschädigt werden können.

Hammerbohrbetrieb

Das Arbeitsprinzip von Bohrhämmern setzt voraus, dass sich der Bohrer im

Bohrkrone für Schlagbohrbetrieb

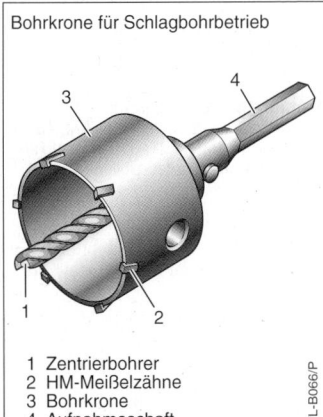

1 Zentrierbohrer
2 HM-Meißelzähne
3 Bohrkrone
4 Aufnahmeschaft

EWL-B066/P

Werkzeughalter axial bewegen kann. Es werden deshalb Schäfte verwendet, bei denen die Funktionen „Verriegeln" und „Drehmomentübertragung" getrennt sind. Die historischen Systeme auf 6-Kant-Basis oder Keilwelle haben ihrer Nachteile wegen an Bedeutung verloren. Die weltweiten Standardsysteme sind SDS-plus (10 mm) für leichte Bohrhämmer, SDS-top (14 mm) für mittlere Bohrhämmer und SDS-max (18 mm) für schwere Bohrhämmer.

Bohrkrone für Drehbohrbetrieb

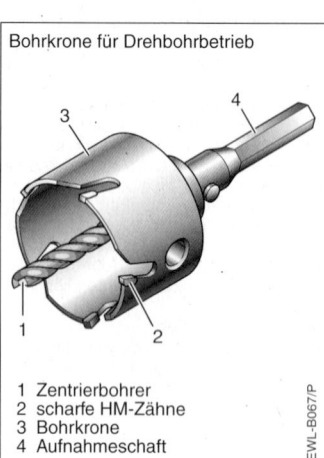

1 Zentrierbohrer
2 scharfe HM-Zähne
3 Bohrkrone
4 Aufnahmeschaft

EWL-B067/P

Diamant-Kernbohrtechnik
Je nach Durchmesser und Antriebssystem werden unterschiedliche Werkzeugaufnahmen eingesetzt. Üblich sind
– R $\frac{1}{2}$"
– 1 $\frac{1}{4}$" UNC
– Schnellspannsysteme (SDS-DI)
Innerhalb der Systeme besteht über entsprechende Adapter eine Kompatibilität.

Vergleich Bohrbild 2-Schneider und 4-Schneider

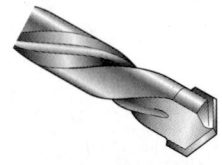

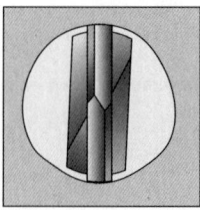

Beim 2-Schneider ist das Bohrbild in weichen oder dünnen Materialien meistens nicht ganz rund, da der Bohrer nur an zwei Punkten geführt wird.

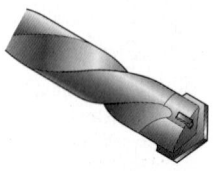

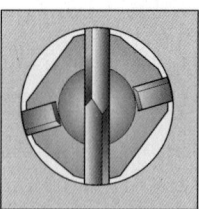

Beim 4-Schneider ist das Bohrbild immer exakt rund, da der Bohrer an vier Punkten geführt wird.

EWL-B071/P

Staubabsaugung

Die beim Bohren in Gestein anfallenden Stäube sind teilweise aggressiv, stets aber lästig und sollten, wenn immer möglich, abgesaugt werden. Einfache Methoden saugen den Staub ab, nachdem er vom Bohrer aus dem Bohrloch herausgefördert wurde. Die eleganteste und effektivste Methode besteht darin, den an der Bohrerspitze entstehenden Staub direkt durch den hohlen Bohrerschaft mittels spezieller Absaug-Bohrhämmer oder externer Staubsauger abzusaugen. Da der Bohrer jetzt keine Wendel mehr benötigt, erfährt er durch den runden Schaft nur noch sehr wenig Reibung. Dies ist bei extrem tiefen Bohrungen (400...800 mm) ein entscheidender Vorteil. Die außen am Bohrerschaft ins Bohrloch nachströmende Luft kühlt sehr effektiv den Bohrer. Prinzipbedingt eignen sich diese Bohrer nur für trockene Baustoffe.

Bei der Verwendung von Bohrkronen in Mauerwerk muss generell abgesaugt werden, da der Staubanfall erheblich ist. Dies gilt insbesondere für diamantbestückte Hohlbohrkronen, welche einen sehr feinen und damit aggressiven Staub erzeugen. Der Luftstrom bei der Absaugung bewirkt auch die bei diamantbestückten Bohrkronen notwendige Kühlung beim Bohren in Mauerwerk

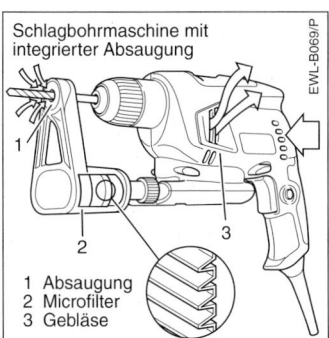

Schlagbohrmaschine mit integrierter Absaugung

EWL-B069/P

1 Absaugung
2 Microfilter
3 Gebläse

Kühlung

Generell werden beim Bohren von Gestein keine flüssigen Kühlmittel eingesetzt, da sie mit dem Bohrmehl einen schlecht zu beseitigenden Schlamm erzeugen. Eine Ausnahme stellen diamantbestückte Bohrkronen dar, die beim Bohren in Beton und Hartgestein gekühlt werden müssen. Hierzu wird Wasser eingesetzt, welches beim Austritt aus der Bohrung durch geeignetes Systemzubehör aufgefangen wird.

Elektrowerkzeuge für die Anwendung Bohren

Die am Einsatzwerkzeug, dem Bohrer, erforderliche Drehzahl und Drehkraft muss durch das Elektrowerkzeug aufgebracht werden. Innerhalb der Typenvielfalt ist das geeignete Gerät auszuwählen. Für den Bereich Bohren stehen folgende Geräte zur Verfügung:
– Bohrmaschinen
– Schlagbohrmaschinen
– Bohrhämmer
– Kernbohrmaschinen
Die Auswahl erfolgt entsprechend der Arbeitsaufgabe.

Bohrmaschinen

Bohrmaschinen haben als Funktion ausschließlich Rotation. Die Bohrspindel kann deswegen hochpräzise in Festlagern gelagert werden, wodurch sich eine hohe Rundlaufgenauigkeit ergibt. Bohrmaschinen sind in ihrer Drehzahllage auf den Bohrbetrieb in Metall abgestimmt. Für reine Bohraufgaben, insbesondere in Metall, ist daher der Bohrmaschine der Vorzug zu geben. Die Leistung und Drehzahllage der Bohrmaschine soll der typischen Arbeitsaufgabe entsprechen.

Schlagbohrmaschinen

Schlagbohrmaschinen haben die Funktionen Rotation sowie Rotation und Schlagbewegung. Die Funktionen sind umschaltbar. Die Bohrspindel muss im Schlagbohrbetrieb eine Längsbewegung ausführen. Sie ist deshalb in Loslagern geführt. Loslager ergeben prinzipbedingt eine geringere Rundlaufgenauigkeit als Festlager. Die Rundlaufgenauigkeit kann sich durch natürlichen Verschleiß verschlechtern. Die Drehzahllage ist durchweg höher als bei Bohrmaschinen und auf das Bohren in Holz und Gestein abgestimmt. Die Schlagleistung ist relativ gering und in erster Linie vom manuellen Andruck abhängig, wobei der Anwender starken Vibrationen ausgesetzt ist. Wegen der geringen Einzelschlagstärke ist eine hohe Schlagfrequenz nötig, durch welche ein unangenehmes Geräusch verursacht wird. Schlagbohrmaschinen sollte deshalb nur dann der Vorzug gegeben werden, wenn der gemischte Arbeitseinsatz eine universell einsetzbare Maschine erfordert. Dies ist vor allem im handwerklichen Baustellenbereich und im Heimwerkerbereich der Fall.

Bohrhämmer

Bohrhämmer haben die Funktionen Rotation und Schlag. Die Funktionen sind je nach Typ kombiniert oder einzeln möglich und umschaltbar. Im Gegensatz zur Schlagbohrmaschine muss die Werkzeugaufnahme keine Längsbewegung ausführen, die Schlagbewegung erfolgt durch den hohlen Werkzeughalter direkt auf das Einsatzwerkzeug. Im Rotationsmodus (Schlagstop) kann prinzipiell auch gebohrt werden, allerdings muss in den meisten Fällen ein Bohrfutteradapter verwendet werden, dessen Schaft entsprechend dem SDS-Einsteckende ein Längsspiel und somit eine schlechte Rundlaufgenauigkeit hat. Wenn diese prinzipbedingte Eigenschaft nicht in Kauf

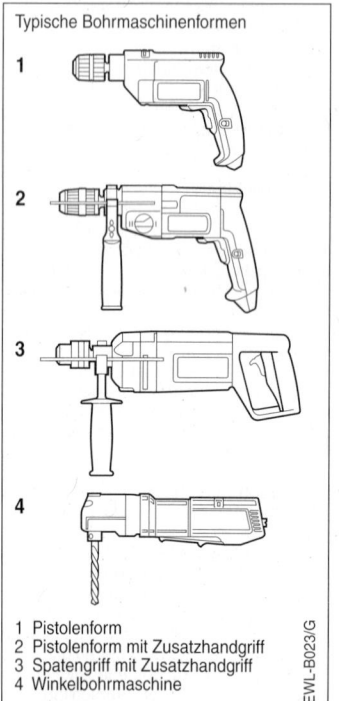

Typische Bohrmaschinenformen

1
2
3
4

1 Pistolenform
2 Pistolenform mit Zusatzhandgriff
3 Spatengriff mit Zusatzhandgriff
4 Winkelbohrmaschine

EWL-B023/G

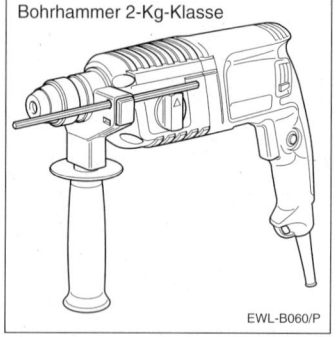

Bohrhammer 2-Kg-Klasse

EWL-B060/P

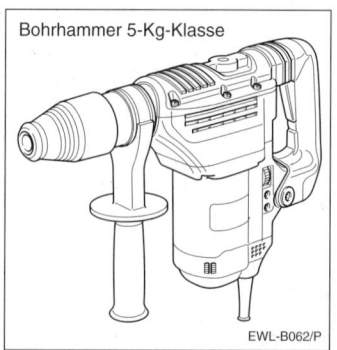

Bohrhammer 5-Kg-Klasse

EWL-B062/P

genommen werden soll, muss ein Bohrhammertyp gewählt werden, bei dem der SDS-Werkzeughalter gegen einen Werkzeughalter mit Rundschaftbohrfutter ausgetauscht werden kann. Hierdurch wird eine hohe Rundlaufgenauigkeit erreicht und der Bohrhammer universell einsetzbar. Bohrhämmer haben allerdings eine tiefere Drehzahllage als Schlagbohrmaschinen. Dies muss bei der Anwendung berücksichtigt werden. Bohrhämmer verfügen über eine hohe Einzelschlagstärke, weswegen die Schlagfrequenz gering sein kann. Dies äußert sich in einem angenehmeren, tieferen Geräuschpegel als bei der Schlagbohrmaschine. Im Gegensatz zu dieser sind die auf den Anwender einwirkenden Vibrationen gering, der Arbeitsfortschritt ist durch die Besonderheit des Schlagwerkes so gut wie nicht vom manuellen Andruck abhängig. Bohrhämmern ist immer dann der Vorzug zu geben, wenn hauptsächlich in Beton oder Hartgestein gebohrt werden muss. Die Leistungen im Bohrbetrieb oder beim Schrauben stellen einen Kompromiss dar. Große Bohrhämmer sind prinzipiell Einzweckgeräte, die sich nur zum Hammerbohren und zum Meißeln eignen.

Werkzeugaufnahme ist je nach angewendeter Technik auf Trockenbohren oder Nassbohren abgestimmt, ein Bohrfutter für Rundschaft- oder Hammerbohrer kann nicht angebracht werden. Kernbohrmaschinen sind spezialisierte Einzweckmaschinen.

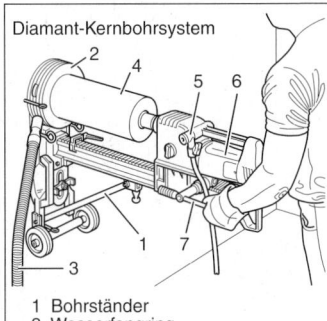

Diamant-Kernbohrsystem

1 Bohrständer
2 Wasserfangring
3 Absaugung
4 Diamant-Bohrkrone
5 Spindellager mit Wasserzufuhr
6 Kernbohrmaschine
7 Vorschubhebel

EWL-B058/P

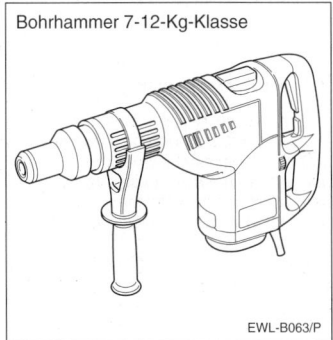

Bohrhammer 7-12-Kg-Klasse

EWL-B063/P

Kernbohrmaschinen
Kernbohrmaschinen haben als Funktion ausschließlich Rotation. Sie sind in Drehzahllage und Leistung auf die Anforderungen der Kernbohrtechnik abgestimmt. Die

Systemzubehör

Durch Systemzubehör kann der Anwendungsbereich „Bohren" wesentlich erweitert werden. Neben den Einsatzwerkzeugen sind folgende Systemzubehöre typisch
– Bohrständer für stationären Einsatz
– Magnetbohrständer für mobilen Einsatz im Stahlbau
– Bohrwinkelcontroller für winkelgenaues Bohren
– Externe Staubabsaug-Adapter
– Biegsame Wellen
– Winkelbohrköpfe (auch für leichte Bohrhämmer)
– Bohrerschärfgeräte (Kegelmantelschliff)
– Drechselgerät für kleinere Drechselteile
– Tiefenanschläge

Magnetbohrsystem

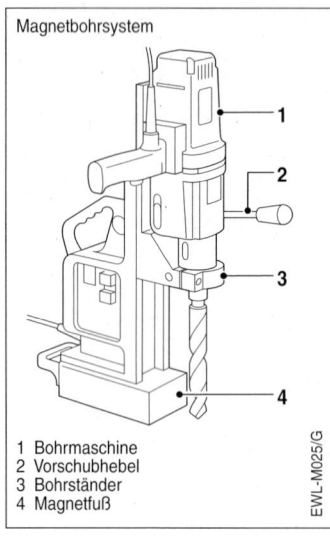

1 Bohrmaschine
2 Vorschubhebel
3 Bohrständer
4 Magnetfuß

EWL-M025/G

Winkelbohrköpfe

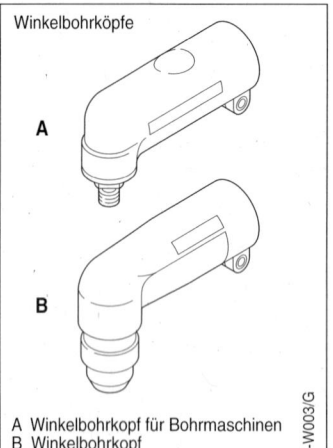

A

B

A Winkelbohrkopf für Bohrmaschinen
B Winkelbohrkopf
  für Bohrhämmer der 2-kg-Klasse

EWL-W003/G

Bohrständer

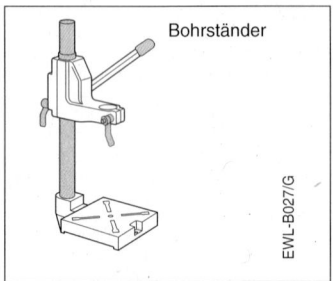

EWL-B027/G

Arbeitsschutz beim Bohren

Prinzipiell sollte man auch beim Bohren, insbesondere aber beim Schlagbohren und Hammerbohren eine Schutzbrille tragen. Bei der Steinbearbeitung ist wegen der prinzipbedingten Geräuschentwicklung ein Gehörschutz empfehlenswert. Staubabsaugung sollte, wo immer möglich, besonders aber bei der Steinbearbeitung eingesetzt werden. Bei der Nassbohrtechnik muss ein Trenntransformator oder ein FI-Schalter verwendet werden. Auf Baustellen ist das Tragen der üblichen Schutzkleidung (Helm, Schuhe, Handschuhe) teilweise Vorschrift. (Siehe auch Kapitel „Arbeitsschutz")

Zusammenfassung

Bohrmaschine und Einsatzwerkzeug müssen an das zu bearbeitende Material und die Arbeitsaufgabe angepasst werden um optimale Arbeitsqualität und Arbeitsfortschritt zu erreichen. Im Bereich der Einsatzwerkzeuge sollte von innovativer Technik Gebrauch gemacht werden. „Billige" Einsatzwerkzeuge sind im praktischen Betrieb weitgehend unbrauchbar.

Bohren in Holz

Richtwerte für Holz-Spiralbohrer aus CV-Stahl für Durchgangslöcher
Vorschubwerte für Stationärmaschinen

Bohrerdurchmesser mm	Drehzahl 1^{-min}	Vorschub Weichholz mm/Umdrehung	Vorschub Hartholz mm/Umdrehung
bis 4	2000	0,5	0,4
5	1800	0,4	0,4
6	1800	0,4	0,3
8	1800	0,4	0,3
10	1800	0,4	0,3
12	1400	0,4	0,25
14	1000	0,3	0,15
16	1000	0,3	0,15
20	900	0,25	0,15
22	900	0,25	0,15
26	600	0,25	0,15
30	500	0,25	0,15
über 30	anpassen	anpassen	anpassen

DRL-T10

Der logische Weg zum richtigen Bohrer für Metall und Kunststoff

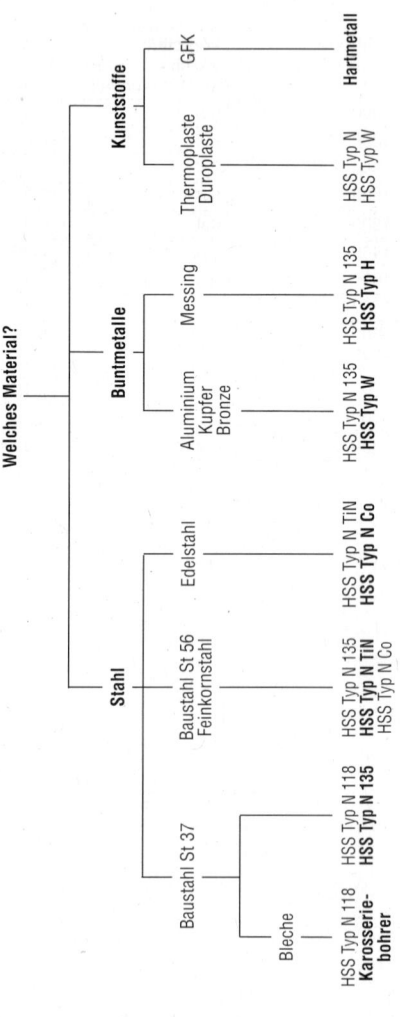

Welches Material?

Stahl

Baustahl St 37

Bleche

HSS Typ N 118
HSS Typ N 135

HSS Typ N 118
**Karosserie-
bohrer**

Baustahl St 56
Feinkornstahl

HSS Typ N 135
HSS Typ N TiN
HSS Typ N Co

Edelstahl

HSS Typ N TiN
HSS Typ N Co

Buntmetalle

Aluminium
Kupfer
Bronze

HSS Typ N 135
HSS Typ W

Messing

HSS Typ N 135
HSS Typ H

Kunststoffe

Thermoplaste
Duroplaste

HSS Typ N
HSS Typ W

GFK

Hartmetall

Vorzugstypen
Standardtypen

DRL-T02

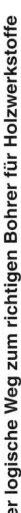

DRL-T05

Der logische Weg zum richtigen Bohrer für Holzwerkstoffe

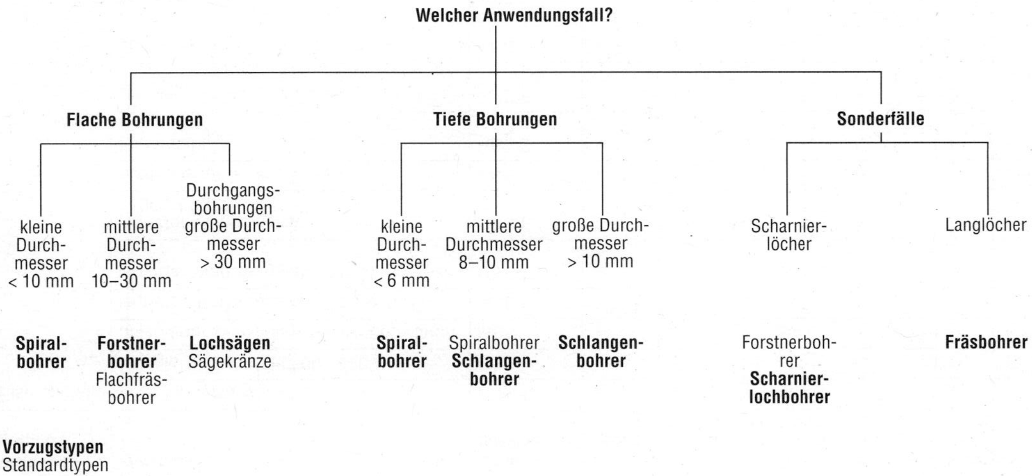

Welcher Anwendungsfall?

Flache Bohrungen

- kleine Durchmesser < 10 mm → **Spiralbohrer**
- mittlere Durchmesser 10–30 mm → **Forstnerbohrer** / Flachfräsbohrer
- Durchgangsbohrungen große Durchmesser > 30 mm → **Lochsägen** / Sägekränze

Tiefe Bohrungen

- kleine Durchmesser < 6 mm → **Spiralbohrer**
- mittlere Durchmesser 8–10 mm → Spiralbohrer / **Schlangenbohrer**
- große Durchmesser > 10 mm → **Schlangenbohrer**

Sonderfälle

- Scharnierlöcher → Forstnerbohrer / **Scharnierlochbohrer**
- Langlöcher → **Fräsbohrer**

Vorzugstypen
Standardtypen

Spiralbohrer
Empfohlene Anwendung und Schnittgeschwindigkeiten für normale Bedingungen
(Umrechnung Schnittgeschwindigkeit in Drehzahl siehe Tabelle T07.1...T07.2)

Werkstoff-gruppe	Werkstoff	Bohrer-qualität	Co-legiert	Ti-be-schich-tet	Schnittge-schwindig-keit m/min	Bohrer-typ	Spitzen-winkel	Schmierung
Eisenmetalle	unlegierter Baustahl bis 500 N/mm²	HSS		+	30...40	N	118°	Emulsion
	unlegierter Baustahl 500...800 N/mm²	HSS		+	25...35	N	118°	Emulsion
	unlegierter Werkzeugstahl bis 800 N/mm²	HSS	+	+	20...30	N	118°	Emulsion
	legierter Werkzeugstahl 700...900 N/mm²	HSS	+	+	10...15	N	118°	Emulsion
	legierter Werkzeugstahl 900...1100 N/mm²	HSS/E	+		8...12	N	135°	Emulsion/Schneidöl
	legierter Vergütungsstahl 1100...1400 N/mm²	HSS/E	+		6...10	N	135°	Emulsion/Schneidöl
	Manganstahl > 10% Mn	HSS/E	+		3...5	H	135°	trocken
	Federstahl	HSS/E	+		5...10	N	135°	Emulsion/Schneidöl
	korrosionsbeständiger Stahl (austenitisch)	HSS/E	+	+	3...8	N	135°	Emulsion/Schneidöl
	Grauguss bis 250 HB	HSS	+	+	15...25	N	118°	trocken/Druckluft
	Temperguss	HSS	+	+	15...26	N	118°	trocken/Druckluft
	Hartguss bis 350 HB	HSS/E	+	+	5...15	N	118°	trocken/Druckluft

DRL-T06.1

Werkstoff-gruppe	Werkstoff	Bohrer-qualität	Co-legiert	Ti-be-schich-tet	Schnittge-schwindig-keit m/min	Bohrer-typ	Spitzen-winkel	Schmierung
NE-Metalle	Hüttenkupfer	HSS			35...65	W	135°	Emulsion/Schneidöl
	Elektrolytkupfer	HSS			20...35	N	135°	Emulsion/Schneidöl
	Kupferlegierungen	HSS			10...32	N	135°	Emulsion/Schneidöl
	Messing kurzspanend (z. B. MS 58)	HSS			60...80	H	118°	trocken/Druckluft
	Messing langspanend (z. B. MS 63)	HSS			35...60	H	118°	Emulsion/Schneidöl
	Aluminium	HSS			40...100	W	135°	Emulsion
	Aluminiumlegierungen	HSS			40...65	W	135°	Emulsion
	Magnesiumlegierungen	HSS	+		60...100	W	135°	trocken/Druckluft
	Titan und Titanlegierungen	HSS			3...6	N	135°	trocken/Druckluft
	Elektron, Beryllium	HSS			60...100	H / W	135°	keine
	Blei, Zinn	HSS			60...100	W	135°	Emulsion
	Zink	HSS			35...50	N	118°	Emulsion

DRL-T06.2

Spiralbohrer
Empfohlene Anwendung und Schnittgeschwindigkeiten für normale Bedingungen (Fortsetzung)
(Umrechnung Schnittgeschwindigkeit in Drehzahl siehe Tabelle T07.1...T07.2)

Werkstoff-gruppe	Werkstoff	Bohrer-qualität	Co-legiert	Ti- be-schicht-et	Schnittge-schwindig-keit m/min	Bohrer-typ	Spitzen-winkel	Schmierung
Kunststoffe	Thermomere	HSS		+	20...40	W	80°	trocken/Druckluft
	Duromere	HSS / HM		+	10...20	HK	80°	trocken/Druckluft
	Acrylglas	HSS		+	15...25	HK	80°	Wasser
	Hartgummi	HSS		+	15...35	HK	80°	trocken/Druckluft
	Schichtpressstoffe quer zur Schichtung	HSS		+	15...25	HK	80°	trocken/Druckluft
	Schichtpressstoffe längs zur Schichtung	HSS		+	15...26	W	135°	trocken/Druckluft
	Faserzement	HM			3...5	HK	80°	trocken/Druckluft

DRL-T06.3

Richtwerte für die materialbezogene Bohrerdrehzahl bei handgeführten Bohrmaschinen in Abhängigkeit von Werkstoff und Bohrerdurchmesser.

Durchmesser in mm	3	5	8	10	12	16	20*	30*	40*	50*	60*	80*	100*
Material													
weiches Holz	4500	3500	2600	2300	2000	1500	1000	1000	800	800	600	400	300
hartes Holz	4000	3200	2400	2000	1600	1200	900	900	700	700	500	350	250
Kunststoffe	3000	2400	1800	1500	1200	900	800	800	600	600	400	300	200
Aluminium	4500	3500	2600	2300	2000	1500	660	420	330	250	220	160	130
Kupfer	4000	3200	2400	2000	1600	1200	580	380	290	230	200	140	110
Baustahl	2000	1600	1200	1000	800	550	440	280	220	170	140	110	80
Feinkornstahl	1900	1400	1000	800	650	300	240	150	120	100	80	60	50
Edelstahl	1800	1200	700	600	500	270	220	140	110	80	70	50	40

Achtung: Die angegebenen Drehzahlen sind Mittelwerte aus den einschlägigen Tabellen. In der Praxis sind diese Drehzahlen aus vielerlei Gründen oft nicht realisierbar. Man wähle in der Anwendung dann den nächstliegenden möglichen Wert. Die Drehzahlwerte für Holzwerkstoffe gelten als Annäherungswert, da ein und dasselbe Holz oft unterschiedliche Eigenschaften aufweist. Alle Arbeiten setzen scharfe Bohrer voraus.
Bei Kunststoffen sollte man auf Grund der unterschiedlichsten Eigenschaften stets an einem Materialrest Probebohrungen machen.
Die mit * gekennzeichneten Durchmesser beziehen sich auf die Verwendung von Lochsägen!

DRL-T01

Drehzahltabelle für Bohrer

Werkzeug-durchmesser	Drehzahlen in Umdrehungen/Minute (abgerundet) bei Schnittgeschwindigkeit in Metern/Minute															
mm	5	8	10	15	20	25	40	50	60	65	70	80	90	100	110	150
1	1500	2500	3100	4700	6300	7900	12000	15000	19000	20000	22000	25000	28000	31000	35000	47000
1,5	1000	1600	2100	3100	4200	5300	8400	10000	12000	13000	14000	16000	19000	21000	23000	31000
2	790	1200	1500	2300	3100	3900	6300	7900	9500	10000	11000	12000	14000	15000	17000	23000
2,5	630	1000	1200	1900	2500	3100	5000	6300	7600	8200	8900	10000	11000	12000	14000	19000
3	530	840	1000	1500	2100	2600	4200	5300	6300	6900	7400	8400	9500	10000	11000	15000
3,5	450	720	900	1300	1800	2200	3600	4500	5400	5900	6300	7200	8100	9000	10000	13000
4	390	630	790	1100	1500	1900	3100	3900	4700	5100	5500	6300	7100	7900	8700	11000
4,5	350	560	700	1000	1400	1700	2800	3500	4200	4600	4900	5600	6300	7000	7700	10000
5	310	500	630	950	1200	1500	2500	3100	3800	4100	4400	5000	5700	6300	7000	9500
5,5	280	460	570	860	1100	1400	2300	2800	3400	3700	4000	4600	5200	5700	6300	8600
6	260	420	530	790	1000	1300	2100	2600	3100	3400	3700	4200	4700	5300	5800	7900
6,5	240	390	480	730	970	1200	1900	2400	2900	3100	3400	3900	4400	4800	5300	7300
7	220	360	450	680	900	1100	1800	2200	2700	2900	3100	3600	4000	4500	5000	6800
8	190	310	390	590	790	990	1500	1900	2300	2500	2700	3100	3500	3900	4300	5900
9	170	280	350	530	700	880	1400	1700	2100	2300	2400	2800	3100	3500	3800	5300
10	150	250	310	470	630	790	1300	1500	1900	2000	2200	2500	2800	3100	3500	4700
11	140	230	280	430	570	720	1100	1400	1700	1800	2000	2300	2600	2800	3100	4300
12	130	210	260	390	530	660	1000	1300	1500	1700	1800	2100	2300	2600	2900	3900
13	120	190	240	360	480	610	970	1200	1400	1500	1700	1900	2200	2400	2600	3600
14	110	180	220	340	450	560	900	1100	1300	1400	1500	1800	2000	2200	2500	3400
15	100	160	210	310	420	530	840	1000	1200	1300	1400	1600	1900	2100	2300	3100

Werkzeug-durchmesser	Drehzahlen in Umdrehungen/Minute (abgerundet) bei Schnittgeschwindigkeit in Metern/Minute															
mm	5	8	10	15	20	25	40	50	60	65	70	80	90	100	110	150
16	90	150	190	290	390	490	790	990	1100	1200	1300	1500	1700	1900	2100	2900
17	90	140	180	280	370	460	740	930	1100	1200	1300	1400	1600	1800	2000	2800
18	80	140	170	260	350	440	700	880	1000	1100	1200	1400	1500	1700	1900	2600
19	80	130	160	250	330	410	670	830	1000	1000	1100	1300	1500	1600	1800	2500
20	70	120	150	230	310	390	630	790	950	1000	1100	1200	1400	1500	1700	2300
22	70	110	140	210	280	360	570	720	860	940	1000	1100	1300	1400	1500	2100
24	60	100	130	190	260	330	530	660	790	860	920	1000	1100	1300	1400	1900
26	60	100	120	190	250	310	500	630	760	820	890	1000	1100	1200	1400	1900
28	50	90	110	170	220	280	450	560	680	730	790	900	1000	1100	1200	1700
30	50	80	100	150	210	260	420	530	630	690	740	840	950	1000	1100	1500
35	40	70	90	130	180	220	360	450	540	590	630	720	810	900	1000	1300
40	30	60	70	110	150	190	310	390	470	510	550	630	710	790	870	1100
45	30	50	70	100	140	170	280	350	420	460	490	560	630	700	770	1000
50	30	50	60	90	120	150	250	310	380	410	440	500	570	630	700	950
60	20	40	50	70	100	130	210	260	310	340	370	420	470	530	580	790
70	20	30	40	60	90	110	180	220	270	290	310	360	400	450	500	680
80	10	30	30	50	70	90	150	190	230	250	270	310	350	390	430	590
100	10	20	30	40	60	70	120	150	190	200	220	250	280	310	350	470

DRL-T07

Blechschälbohrer und Stufenbohrer
Empfohlene Drehzahlen
Wegen der hohen Reibung ist stets zu schmieren!

Bohrertyp	Bohrer-durchmesser	Werkstoff, Dicke, Drehzahl			
		Kunststoffe ...10 mm[1] U/min	NE-Metalle 0,1...6 mm[1] U/min	Baustahl 0,1...4 mm U/min	rostfreie Stähle 0,1...2 mm U/min
Schälbohrer	3...15	3000...2000	2000...1500	800...500	600...400
	5...20	2000...1500	1500...800	600...300	400...200
	5...30	1500...1000	1000...500	400...200	200...100
	15...30	1500...1001	1000...500	400...200	200...100
	25...40	1000...500	500...300	300...150	100...80
	35...49	500...200	300...200	200...100	80...50
	40...60	300...150	200...100	100...50	50...25
Stufenbohrer	4...12	1500...500	2400...800	1300...500	1000...400
	4...20	1500...300	2400...500	1300...300	1000...200
	4...30	1500...200	2400...300	1300...180	1000...100
	6...40	800...150	1500...250	800...150	600...100

[1] bei Stufenbohrern wegen Stufenhöhe bis 4 mm !

DRL-T08

Drehzahltabellen für Lochsägen

Durchmesser		Panzerrohr-gewinde	HSS-Bimetall-Lochsägen Drehzahl U/min Werkstoff				Lochsägen mit Hartmetallzähnen Drehzahl U/min Werkstoff	
mm	inch	PG	Baustahl	Edelstahl	Aluminium	Messing	Baustahl	Edelstahl
16	5/8"	PG 9	550	300	900	800	700	400
19	3/4"	PG 11	450	250	700	600	550	350
21	13/16"	PG 13	400	200	650	550	550	350
22	7/8"	PG 16	400	200	650	550	550	350
25	1"	–	350	150	500	450	500	300
29	1 1/8"	PG 21	300	125	450	400	400	280
37	1 7/16"	PG 29	250	100	350	300	300	230
48	1 7/8"	PG 36	200	80	300	250	250	180
54	2 1/8"	PG 42	150	70	250	200	220	170
59	2 5/16"	PG 48	150	70	250	200	190	150
70	2 3/4"	–	120	60	180	160	160	120
80	3 1/8"	–	100	50	150	130	130	100
100	4"	–	90	40	130	120	100	70
120	4 3/4"	–	70	30	100	80	90	50
150	6"	–	50	25	80	70	70	40

DRL-T03

Die angegebenen Drehzahlen sind Richtwerte bei der Verwendung von Kühlflüssigkeit.
Die Drehzahlen für abweichende Durchmesser sind auszumitteln.
Die PG-Durchmesser finden in Schaltschränken Verwendung.

Kegelsenker
Empfohlene Schnittgeschwindigkeiten und Drehzahlen

Werkstoffgruppe	Werkstoff	Schnittgeschwindigkeit m/min	Schmierung	durchmesserabhängige Drehzahlempfehlung in U/min						
				6,3 mm	8,3 mm	10,4 mm	12,4 mm	16,5 mm	20,5 mm	25 mm
Eisenmetalle	unlegierter Stahl bis 700 N/mm²	20...28	Emulsion	750	550	450	380	290	230	200
	unlegierter Stahl bis 900 N/mm²	18...25	Emulsion	500	350	300	250	190	150	120
	legierter Stahl bis 1250 N/mm²	6...10	Emulsion	300	230	180	150	100	90	70
	korrosionsbeständiger Stahl bis 800 N/mm²	5...12	Emulsion	300	230	180	150	120	90	70
	Grauguss bis 200 HB	14...25	keine	600	450	350	300	230	180	150
	Grauguss bis 240 HB	8...14	keine	400	300	250	200	150	120	100
NE-Metalle	Kupfer und Kupferlegierungen	36...50	Emulsion/Schneidöl	750	600	450	350	300	250	200
	Messing kurzspanend (z. B. MS 58)	50...80	Emulsion/Schneidöl	1000	750	600	500	350	300	250
	Messing langspanend (z. B. MS 63)	30...50	Emulsion/Schneidöl	750	600	450	350	300	250	200
	Aluminiumlegierungen kurzspanend	25...50	Emulsion	1200	950	750	650	500	400	300
	Aluminiumlegierungen langspanend	40...80	Emulsion	2000	1500	1200	1000	700	600	500
	Magnesiumlegierungen	60...100	keine	2000	1500	1200	1000	700	600	500
Kunststoffe	Thermomere	20...40	keine/Druckluft	1000	750	600	500	380	300	250
	Duromere	10...20	keine/Druckluft	750	550	450	350	300	200	200

DRL-T09

Drehzahlempfehlungen
Richtwerte für BOSCH-Diamantbohrkronen

Bohrtechnik	Nassbohren				Trockenbohren		
Schnittgeschwindigkeit	2 m/s	3 m/s	4 m/s	5 m/s	4 m/s	5 m/s	6 m/s
Bohrkronendurchmesser !	Drehzahl				Drehzahl		
mm	min^{-1}	min^{-1}	min^{-1}	min^{-1}	min^{-1}	min^{-1}	min^{-1}
10	3800	–	–	–	–	–	–
16	2400	3600	–	–	–	–	–
25	1500	2250	3000	3750	–	–	–
32	–	–	–	–	2400	3000	3600
40	950	1425	1900	2370	–	–	–
42	900	1350	1800	2250	1800	2250	2700
52	750	1125	1500	1870	1500	1870	2250
63	600	900	1200	1500	1200	1500	1800
67	570	850	1140	1420	1140	1420	1710
87	440	660	880	1100	880	1100	1320
100	380	570	760	950	–	–	–
102	–	–	–	–	740	920	1100
112	340	510	680	850	680	850	1020
132	290	430	580	720	580	720	870
152	–	–	–	–	500	620	750
160	240	360	480	600	–	–	–
250	150	220	300	370	–	–	–
400	95	140	190	240	–	–	–

DRL-T11

Praxistipps Bohren

Außermittige Bohrungen
an Rundprofilen

Falsch: ohne Beilage
- Bohrer verläuft

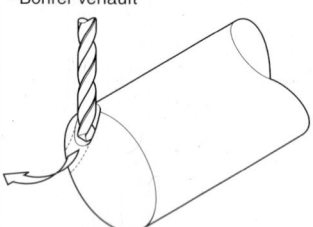

Richtig: Beilage anfertigen
Durch Beilage bohren
Bohrer verläuft nicht

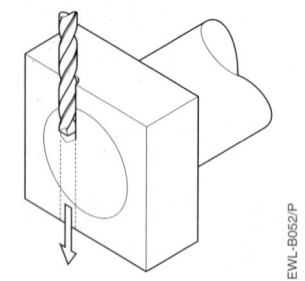

EWL-B052/P

Bohren von sehr dünnen
Werkstücken

Falsch: ohne Beilagen
Bohrung reißt aus

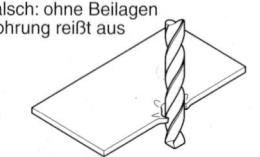

Richtig: mit Beilagen
Bohrung reißt nicht aus

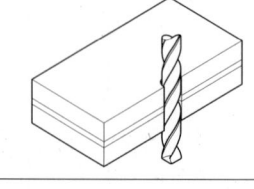

EWL-B051/P

Vorbohren bei größeren
Bohrdurchmessern

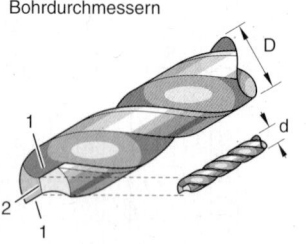

1 Hauptschneiden D = großer Bohrer
2 Querschneide   d = kleiner Bohrer

Beim Vorbohren soll der Durchmesser des kleineren Bohrers
der Querschneidenlänge des
großen Bohrers entsprechen.

EWL-B053/P

Schärfen von Bohrern

Folgende Winkel sind beim Schärfen von Bohrern einzuhalten:

Spitzenwinkel

Bohrerschleiflehre

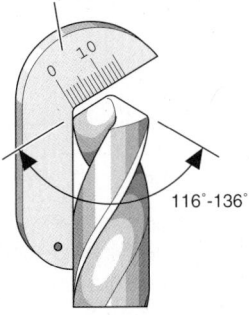

116°-136°

Freiwinkel

6°-9°

Querschneidenwinkel

Querschneide

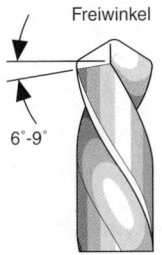

55°-58°

EWL-B034/P

Schärfen von Bohrern
Praktisches Schärfen

58°-68°

Fehler beim Schärfen

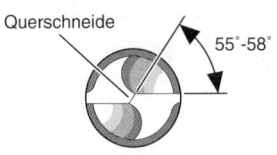

Schneiden ungleich lang
> Bohrung zu groß

Schneidenwinkel ungleich
> Nur eine Schneide schneidet

Schneiden und Schneidenwinkel ungleich
> Bohrung stufig und zu groß

EWL-B035/P

Gesteinsbohrer
Schadensfälle an Bohrern
mit Hartmetallschneiden

Festgestellter Schaden
a Hartmetallschneideplatte seitlich
  stark verschlissen.

Neuzustand

Verschleißzustand

b Hartmetallschneideplatte stumpf
  mit runden Ecken. Verschleiß
  gleich oder grösser als 2/3 der
  Plattendicke.

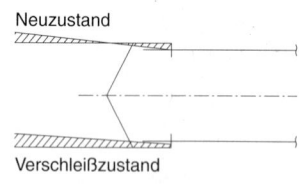

Neuzustand   Verschleißzustand
   1/3   2/3

Ursachen
a/b Normaler Verschleiß, Schneid-
     platte nicht nachgeschliffen
     (dadurch evtl. auch Bruch des
     Bohrers).

                   Verschleiß
   1/3   2/3

Festgestellter Schaden
a Hartmetallschneideplatte hat sich
  einseitig oder durchgehend
  gelöst, ist herausgefallen.

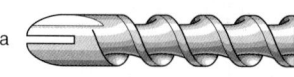

b Bohrergrund ist bis Plattengrund
  ausgebrochen (keine unsachge-
  mäße Verwendung/Behandlung
  feststellbar).

Ursachen
a/b Fehlerhafte Lötung; Materialfehler.

EWL-B036.2/P

Gesteinsbohrer
Schadensfälle an Bohrern
mit Hartmetallschneiden

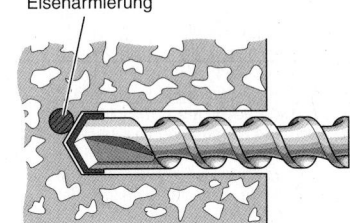

Eisenarmierung

Festgestellter Schaden
a Beschädigte / zertrümmerte
  Hartmetallschneideplatte,
  umlaufende Fressspuren am
  Bohrerkopf.
b Schlag-/Druckspuren und
  Kerben am Wendelschaft.

Ursachen
a Mit dem Bohrer wurde auf
  Eisenarmierung oder ähnlichem
  gebohrt und die Schneide
  dabei überlastet.
b Steckengebliebener Bohrer
  wurde mit Hammer oder
  Rohrzange befreit.

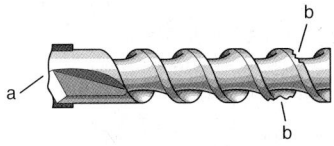

z.B. Holz
bei Durchsteckmontagen

Festgestellter Schaden
a Spiralschaft ist über die
  Wendelnutlänge hinaus blank
  und verschlissen.
  Dadurch evtl. auch Bohrerkopf
  oder Schaft gebrochen.
b Wendelnuten mit Schmutz, Teer
  oder ähnlichem gefüllt.
  Dadurch evtl. auch Bohrerkopf
  oder Schaft gebrochen.

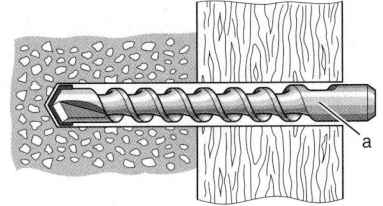

Ursachen
a Mit dem Bohrer wurde über die
  Wendelnutlänge hinaus gebohrt.
  Bohrmehlabfuhr ist verhindert.
  Der Bohrmehlstau führt zu Über-
  lastung/Überhitzung und auch
  zum Bruch des Bohrers.
b Beim Durchbohren von weichen
  oder zähen Baustoffen verschmieren und verkleben die
  Wendelnuten.
  Der Bohrmehlstau führt zu Über-
  lastung/Überhitzung und auch
  zum Bruch des Bohrers.

z.B. Bitumen

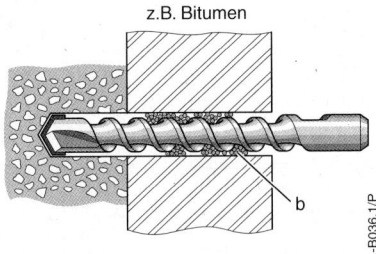

EWL-B036.1/P

Gewindeschneiden

Unter dem Oberbegriff Gewindeschneiden versteht man die Herstellung von Innen- und Außengewinden durch spanabhebende Bearbeitung. Erfolgt die Herstellung eines Gewindes spanlos, so spricht man vom Gewindeformen. Im folgenden Beitrag wird die Herstellung von Innengewinden mittels Elektrowerkzeugen beschrieben. Weitere Informationen zum Thema Gewinde sind im Kapitel „Verschraubungstechnik" zu finden.

Prinzip des Innengewindeschneidens

In eine mit dem Gewinde-Kerndurchmesser versehene Bohrung wird das Gewindeprofil mittels eines Gewindebohrers durch Rechtsdrehung (bei Rechtsgewinden) eingeschnitten. Nach Beendigung des Schneidvorganges wird der Gewindebohrer durch Linksdrehung aus dem Bohrloch entfernt. Diese Technik eignet sich sowohl für Durchgangsgewinde als auch für Gewinde in Sacklöchern.

Beim Gewindeformen wird das Gewindeprofil durch spanlose Verformung des Werkstoffes hergestellt, der Durchmesser der Vorbohrung ist dabei der Mittelwert zwischen Gewinde-Kerndurchmesser und Gewinde-Außendurchmesser. Die Anwendung ist nur in „weichen" Metallen wie Kupferlegierungen und Leichtmetalllegierungen möglich. Die maximale Materialstärke darf den 1,5fachen Gewindedurchmesser nicht überschreiten

Einsatzwerkzeuge

Entsprechend dem Einsatzzweck unterscheiden sich Gewindebohrer hauptsächlich in:
– der Form der Nuten
– dem Spanwinkel
– dem Zahnbesatz
– der Beschichtung

Nutform
Die Spannuten können gerade (längs der Bohrerachse), linksgängig oder rechtsgängig angeordnet sein.
Gewindebohrer mit geraden Spannuten eignen sich für universelle Anwendung.
Gewindebohrer mit Linksspiralnuten fördern die Späne nach vorne in Richtung zur Bohrerspitze. Sie eignen sich deshalb für Durchgangslöcher.

Gewinde, Kernlöcher

Gewindebohrer   Gewindeformer

1 Gewinde-Außendurchmesser
2 Gewinde-Kernlochbohrung

EWL-VST019/G

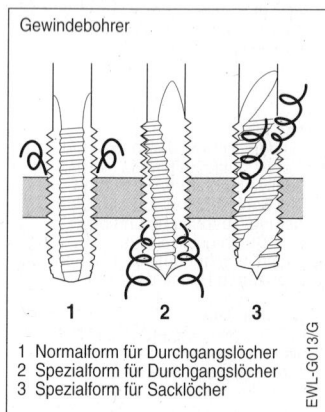

Gewindebohrer

1   2   3

1 Normalform für Durchgangslöcher
2 Spezialform für Durchgangslöcher
3 Spezialform für Sacklöcher

EWL-G013/G

Gewindebohrer mit Rechtsspiralnuten fördern die Späne nach hinten in Richtung Bohrerschaft. Sie werden deshalb für Sacklöcher verwendet.

Spanwinkel

Die Spanwinkel von Gewindebohrern müssen auf das zu bearbeitende Material abgestimmt sein.

Gewindebohrer für harte Materialien benötigen kleinere Spanwinkel als solche für weiche Materialien.

Zahnbesatz

Im Normalfall haben Gewindebohrer einen gleichmäßigen, der Steigung entsprechenden Besatz an Zähnen. Bei „weichen", schmierenden Werkstoffen kann es günstiger sein, Gewindebohrer mit „ausgesetzten" Zähnen zu benützen. Hierdurch wird die Oberflächengüte des Gewindes erheblich verbessert.

Beschichtung

Zur Verbesserung der Eigenschaften, insbesondere bei harten und zähharten Werkstoffen, werden Gewindebohrer mit Titannitrid beschichtet. Die Schnittgeschwindigkeit kann erheblich gesteigert werden. Wegen der besonderen Affinität zwischen Titan und Aluminium dürfen titannitridbeschichtete Gewindebohrer nicht für die Bearbeitung von Aluminiumlegierungen eingesetzt werden. Durch die sich auf den Schneiden bildende Aluminiumumschicht wird der Gewindeschneider sofort unbrauchbar.

Gewindeformer

Gewindeformer formen das Gewinde spanlos, indem die natürliche Verformbarkeit des zu bearbeitenden Materials ausgenützt wird. Sie eignen sich hervorragend für Aluminium- und Kupferlegierungen, wobei durch den Gefügeerhalt die Gewinde eine höhere Festigkeit und bessere Oberflächenqualität als geschnittene Gewinde aufweisen. Vorteile der Gewindeformer sind:
– höhere Standzeiten als genutete Gewindebohrer
– keine Späne

– bessere Maßhaltigkeit
– doppelte Arbeitsgeschwindigkeit

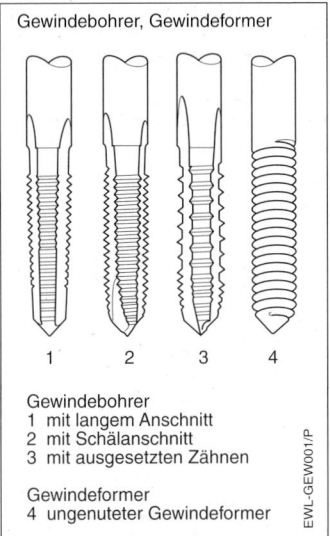

Gewindebohrer, Gewindeformer

Gewindebohrer
1 mit langem Anschnitt
2 mit Schälanschnitt
3 mit ausgesetzten Zähnen

Gewindeformer
4 ungenuteter Gewindeformer

EWL-GEW001/P

Elektrowerkzeuge für die Anwendung „Gewindeschneiden"

Gewindeschneider

Gewindeschneider gleichen Bohrmaschinen, haben aber im Gegensatz zu diesen ein automatisches Umkehrgetriebe. Das Umkehrgetriebe wird über den Andruck der Maschine gesteuert. Im Leerlauf geht die Spindel automatisch in den Linkslauf. Beim Ansetzen und bei mäßigem Andruck kommt die Spindel zum Stillstand. Bei weiterem Andruck findet eine Drehrichtungsumkehr in den Rechtslauf statt. Hierdurch wird der Gewindebohrer eingedreht. Beim Zurücknehmen der Andruckkraft nach Beendigung des Gewindeschneidvorganges geht die Spindel in den Linkslauf über, wodurch der Gewindebohrer aus dem Gewinde gedreht wird. Bei der Verwendung des Gewindeschneiders im Bohrständer mit Tiefenanschlag geschieht bei richtiger Einstellung die Umschaltung automatisch, wodurch auch Sacklöcher mit Gewinden versehen werden können.

Gewindeschneider

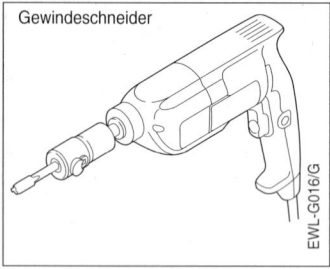

EWL-G016/G

Gewindeschneider
Funktion der automatischen Kupplung

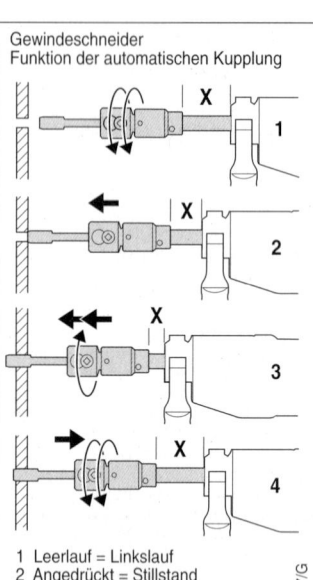

1 Leerlauf = Linkslauf
2 Angedrückt = Stillstand
3 Vorschubdruck = Rechtslauf
4 Rückzug = Linkslauf
X = Kupplungsweg der Spindel

EWL-G017/G

Das Umkehrgetriebe ist so ausgelegt, dass im Rechtslauf mit geringer Drehzahl, aber mit hohem Drehmoment geschnitten wird. Im Linkslauf, zum Ausdrehen des Gewindebohrers, wird mit der doppelten Drehzahl gearbeitet.

Die Gewindebohrfutter besitzen ein Gelenk, welches beim Verkanten der Maschine verhindert, dass der Gewindebohrer abbricht.

Die beim Gewindeschneiden auftretenden Drehmomente sind sehr hoch. Aus diesen Gründen beschränkt man sich bei handgeführten Gewindeschneidern auf Gewindedurchmesser bis maximal M 10 … M 12. Um auch mit kleineren Gewindedurchmessern sicher arbeiten zu können, sollte unterhalb von M 6 zwischen Spindel und Bohrfutter eine drehmomentbegrenzende Rollenkupplung angebracht werden. Mit ihr kann das Ausrastmoment so eingestellt werden, dass auch Gewindebohrer mit kleinen Durchmessern gegen Bruch geschützt werden.

Bohrschrauber
mit Drehmomentbegrenzung
Prinzipiell besteht die Möglichkeit, Gewindebohrer auch an (Akku-)Bohrschraubern zu verwenden. Wenn auch in Einzelfällen eine erfolgreiche Verwendung möglich ist, so ist doch generell vom Gebrauch abzuraten. Die Gründe hierfür sind:
– Starre Verbindung des Bohrfutters. Hierdurch werden beim Verkanten der Maschine Biegekräfte auf den Gewindebohrer übertragen, welche meist zum Bruch des Gewindebohrers führen.
– Dreibackenfutter. Die drei Backen der üblichen Bohrfutter können den Vierkant am Ende des Gewindebohrerschaftes nicht spannen. Die Spannkraft wird deshalb auf den (harten) Rundschaft des Gewindebohrers eingeleitet. Für die erforderlichen, sehr hohen Drehmomente genügt diese Spannkraft nicht, das Bohrfutter rutscht über den Gewindebohrerschaft.
Bohrschrauber (und auch Bohrmaschinen) eignen sich aus diesen Gründen nicht zum professionellen Gewindeschneiden.

Systemzubehör

Für den Gewindeschneider gibt es folgende Systemzubehöre:
– Rollenkupplung
– Schnellwechselfutter
– Stehbolzenfutter

Rollenkupplung
Die Rollenkupplung wird zwischen dem Gewindebohrfutter und der Spindel des Gewindeschneiders angebracht. Ihr Ausrastdrehmoment kann eingestellt und fixiert werden. Durch die Rollenkupplung wird das Abbrechen von Gewindebohrern kleinen Durchmessers sicher verhindert.

Schnellwechselfutter
Das Schnellwechselfutter wird anstelle des Zweibacken-Gewindebohrfutters eingesetzt, um den schnellen Wechsel von Stehbolzenfuttern oder Schrauberbits zu ermöglichen.

Stehbolzenfutter
Stehbolzenfutter eignen sich zusammen mit dem Gewindeschneider durch dessen automatisches Umschaltgetriebe hervorragend zum Einschrauben von Stehbolzen oder Gewindestangen. Die Mechanik des Stehbolzenfutters ermöglicht hierbei das Eindrehen auf sehr gewindeschonende Weise, löst sich dabei aber im Linkslauf mühelos.

Arbeitsschutz beim Gewindeschneiden

Beim Arbeiten mit dem Gewindeschneider treten bei großen Gewindedurchmessern sehr hohe Rückdrehmomente auf. Der Gewindeschneider muss deshalb mit dem Zusatzhandgriff und beiden Händen benützt werden.

Wegen der Gefahr von Bohrerbrüchen ist eine Schutzbrille zu tragen.

Zusammenfassung

Mit Gewindeschneidern kann gegenüber dem manuellen Gewindeschneiden von Hand ein so hoher Arbeitsfortschritt erzielt werden, dass die Gerätekosten nach kürzester Zeit amortisiert sind. Durch Verwendung im Bohrständer und mit geeigneten Vorrichtungen kann das Gerät für kleine Serienfertigungen eingesetzt werden. Durch die Möglichkeit, Stehbolzenfutter rationell anzuwenden, können die Einsatzmöglichkeiten erweitert werden.

Praxistipps Gewindeschneiden

Gewindeschneiden verlangt eine besondere Arbeitssorgfalt, da Gewindeverbindungen (Schraubverbindungen) sehr oft sicherheitsrelevant sind. Kritische Faktoren beim Gewindeschneiden sind:
– Winkeltreue des Gewindes
– Qualität des Kernloches
– Gewindeanfang und -ende
– Qualität der Gewindegänge
Beim handwerklichen Schneiden von Gewinden können diese Faktoren größtenteils vom Anwender beeinflusst werden.

Winkeltreue des Gewindes
Gewinde müssen senkrecht zur Werkstückoberfläche positioniert werden. Es müssen daher vor Beginn der Kernlochbohrung Maßnahmen getroffen werden, die eine winkeltreue Bohrung garantieren. Dies kann durch die Verwendung von stationären Bohrmaschinen (Handbohrmaschine im Bohrständer, Tischbohrmaschinen, Säulenbohrmaschinen) erfolgen. Hierbei wird mit geringstem Aufwand eine gute Winkeltreue gewährleistet.

Qualität des Kernloches
Idealerweise sollte das Kernloches maßhaltig sein und eine glatte Wandung aufweisen. Beim Bohren mit der handgeführten Bohrmaschine kann es zu einer unpräzisen Bohrung kommen. Es empfiehlt sich, hier zunächst mit einem kleineren Bohrerdurchmesser vorzubohren und anschließend in einem zweiten Arbeitsgang mit dem passenden Bohrerdurch-

messer aufzubohren. Auch hier gilt, dass nur eine einwandfreier, scharfer Bohrer die erforderliche Qualität liefert.

Gewindeanfang

Um ein einwandfreies Ansetzen und Eindrehen des Gewindebohrers zu ermöglichen darf das Kernloch keinen Grat aufweisen. Durch einen Grat nach Schneiden des Gewindes kann dieser von der Schraube in die Gewindegänge eingezogen werden und es kann zu Klemmwirkung und zur Zerstörung von Gewindegängen kommen. Nach dem Bohren des Kernloches muss dieses also vor dem Ansetzen des Gewindebohrers angesenkt werden.

Qualität der Gewindegänge

Für die Qualität der Gewindegänge sind neben den bereits erwähnten Faktoren folgende Kriterien maßgebend:
– Auswahl des Gewindebohrers
– Schmierung
– Spanabfuhr

Auswahl des Gewindebohrers

Bei der Bearbeitung bestimmter Werkstoffe Stahl, Edelstahl, Leichtmetalle, Kupferlegierungen sollte man auf die entsprechenden Spezialtypen zurückzugreifen. Die Vorteile im Einsatz überwiegen die geringfügig höheren Investitionskosten bei Weitem.

Schmierung

Durch Reibung können, speziell bei Edelstahl und Leichtmetallen Ausrisse an den Gewindegängen entstehen. Hierdurch kann des Gewinde später schwergängig werden und zum "festfressen" der Schraubverbindung führen. Dieser Effekt kann verhindert werden, wenn bei Schneiden des Gewindes geschmiert wird. Spezielle Schneidfette sind im Werkzeughandel erhältlich

Spanabfuhr

Der Spanabfuhr beim Gewindeschneiden ist besondere Sorgfalt zu widmen, speziell wenn es sich um tiefe Durchgangsgewinde oder Sacklochgewinde handelt. ie Bohrung kann verstopfen, wodurch der Gewindebohrer blockiert wird und brechen kann. Andrerseits können die Späne in bereits geschnittene Gewindegänge gelangen und diese beim weiteren Eindrehen des Gewindebohrers beschädigen. Für den Gewindeschneidvorgang mit Handmaschinen sollten deshalb unbedingt Gewindebohrer mit gewendelten Spannuten verwendet werden. Je nach Wendelsteigung sind sie für das Schneiden von Durchgangsgewinden oder Sacklochgewinden vorgesehen. Bei Gewindebohrern mit geraden Spannuten müssen durch wiederholtes Ein- und Ausdrehen die Spannuten und das Gewinde von den Spänen gereinigt werden.

Praxistabellen

Gewindeformer
(Metrisch ISO DIN 13)

Gewinde M	Steigung mm	Kernloch ≥ mm
1	0,25	0,90
1,1	0,25	1,00
1,2	0,25	1,10
1,4	0,30	1,25
1,6	0,35	1,45
1,7	0,35	1,55
1,8	0,35	1,65
2	0,40	1,80
2,2	0,40	2,00
2,3	0,45	2,10
2,5	0,45	2,30
2,6	0,45	2,40
3	0,50	2,80
3,5	0,60	3,25
4	0,70	3,70
5	0,80	4,65
6	1,00	5,55
8	1,25	7,45
10	1,50	9,35
12	1,75	11,20
14	2,00	13,10
16	2,00	15,10
18	2,50	16,90
20	2,50	18,90

GEW-T 01

Gewindebohrer
Metrisches ISO Gewinde DIN 13

Gewinde M	Steigung mm	Kernloch Mutter ≥ mm	Kernloch DIN 336 ≥ mm
1	0,25	0,785	0,75
1,1	0,25	0,885	0,85
1,2	0,25	0,985	0,95
1,4	0,3	1,142	1,10
1,6	0,35	1,321	1,25
1,8	0,35	1,521	1,45
2	0,4	1,678	1,60
2,2	0,45	1,838	1,75
2,5	0,45	2,138	2,05
3	0,5	2,599	2,50
3,5	0,6	3,010	2,90
4	0,7	3,422	3,30
4,5	0,75	3,878	3,70
5	0,8	4,334	4,20
6	1	5,153	5,00
7	1	6,153	6,00
8	1,25	6,912	6,80
9	1,25	7,912	7,80
10	1,5	8,676	8,50
11	1,5	9,676	9,50
12	1,75	10,441	10,20
14	2	12,210	12,00
16	2	14,210	14,00
18	2,5	15,744	15,50
20	2,5	17,744	17,50
22	2,5	19,744	19,50
24	3	21,252	21,00
27	3	24,252	24,00
30	3,5	26,771	26,50
33	3,5	29,771	29,50
36	4	32,270	32,00
39	4	35,270	35,00
42	4,5	37,799	37,50
45	4,5	40,799	40,50
48	5	43,297	43,00
52	5	47,297	47,00
56	5,5	50,796	50,50
60	5,5	54,796	54,50
64	6	58,305	58,00
68	6	62,305	62,00

GEW-T 02

Gewindebohrer Metrisches ISO Feingewinde DIN 13

Gewinde ≥ × Steigung M × mm	Kernloch Mutter ≥ mm	**Kernloch DIN 336 ≥ mm**	Gewinde ≥ × Steigung M × mm	Kernloch Mutter ≥ mm	**Kernloch DIN 336 mm**
2 × 0,25	1,774	1,75	22 × 2	20,210	20
2,2 × 0,25	1,974	1,95	24 × 1	23,153	23
2,3 × 0,25	2,071	2,05	24 × 1,5	22,676	22,5
2,5 × 0,35	2,184	2,15	24 × 2	22,210	22
2,6 × 0,35	2,252	2,20	25 × 1	24,153	24
3 × 0,35	2,684	2,65	25 × 1,5	23,676	23,5
3,5 × 0,35	3,184	3,15	26 × 1,5	24,676	24,50
4 × 0,35	3,684	3,65	27 × 1,5	25,676	25,5
4 × 0,5	3,599	5,5	27 × 2	25,210	25
5 × 0,5	4,599	4,5	28 × 1,5	26,676	26,5
6 × 0,5	5,599	5,5	28 × 2	26,210	26
6 × 0,75	5,378	5,2	30 × 1	29,153	29
7 × 0,75	6,378	6,2	30 × 1,5	28,676	28,5
8 × 0,5	7,599	7,5	30 × 2	28,210	28
8 × 0,75	7,378	7,2	32 × 1,5	30,676	30,5
8 × 1	7,153	7	33 × 1,5	31,676	31,5
9 × 0,75	8,378	8,2	33 × 2	31,210	31
9 × 1	8,153	8	34 × 1,5	32,676	32,5
10 × 0,5	9,599	9,5	35 × 1,5	33,676	33,5
10 × 0,75	9,378	9,2	36 × 1,5	34,676	34,5
10 × 1	9,153	9	36 × 2	34,210	34
10 × 1,25	8,912	8,8	36 × 3	33,252	33
11 × 1	10,153	10	38 × 1,5	36,676	36,5
12 × 0,75	11,378	11,2	39 × 1,5	37,676	37,5
12 × 1	11,153	11	39 × 2	37,210	37
12 × 1,25	10,912	10,8	39 × 3	36,252	36
12 × 1,5	10,676	10,5	40 × 1,5	38,676	38,5
13 × 1	12,153	12	40 × 2	38,210	38
14 × 1	13,153	13	40 × 3	37,252	37
14 × 1,25	12,912	12,8	42 × 1,5	40,676	40,5
14 × 1,5	12,676	12,5	42 × 2	40,210	40
15 × 1	14,153	14	42 × 3	39,252	39
15 × 1,5	13,676	13,5	45 × 1,5	43,676	43,5
16 × 1	15,153	15	45 × 2	43,210	43
16 × 1,5	14,676	14,5	45 × 3	42,252	42
18 × 1	17,153	17	48 × 1,5	46,676	46,5
18 × 1,5	16,676	16,5	48 × 2	46,210	46
18 × 2	16,210	16	48 × 3	45,252	45
20 × 1	19,153	19	50 × 1,5	48,676	48,5
20 × 1,5	18,676	18,5	50 × 2	48,210	48
20 × 2	18,210	18	50 × 3	47,252	47
22 × 1	21,153	21	52 × 1,5	50,676	50,5
22 × 1,5	20,676	20,5	52 × 2	50,210	50
			52 × 3	49,252	49

Gewindebohrer

Whitworth Regelgewinde BS 84
Eigenschaften: Zylindrisch, Flankenwinkel 55 Grad

Gewinde-kennung	außen ⌀ Inch	außen ⌀ mm	Mutter, Kernloch ⌀ mm	**Kernloch** ⌀ **mm**	Gänge je Inch
W $1/16$"	$1/16$	1,61	1,23	1,15	60
W $1/32$"	$3/32$	2,40	1,9	1,80	48
W $1/8$"	$1/8$	3,20	2,59	2,60	40
W $5/32$"	$5/32$	4,00	3,21	3,10	32
W $3/16$"	$3/16$	4,79	3,74	3,60	24
W $7/32$"	$7/32$	5,59	4,54	4,40	24
W $1/4$"	$1/4$	6,39	5,22	5,10	20
W $5/16$"	$5/16$	7,98	6,66	6,50	18
W $3/8$"	$3/8$	9,57	8,05	7,90	16
W $7/16$"	$7/16$	11,17	9,38	9,30	14
W $1/2$"	$1/2$	12,75	10,61	10,50	12
W $9/16$"	$9/16$	14,34	12,18	12,00	12
W $5/8$"	$5/8$	15,93	13,60	13,50	11
W $3/4$"	$3/4$	19,10	16,54	16,50	10
W $7/8$"	$7/8$	22,28	19,41	19,25	9
W 1"	1	25,47	22,18	22,00	8
W $1 1/8$"	$1 1/8$	28,64	24,88	24,75	7
W $1 1/4$"	$1 1/4$	31,82	28,05	27,75	7
W $1 3/8$"	$1 3/8$	35,01	30,55	30,20	6
W $1 1/2$"	$1 1/2$	38,18	33,73	33,50	6
W $1 5/8$"	$1 5/8$	41,36	35,92	35,50	5
W $1 3/4$"	$1 3/4$	44,53	39,09	38,50	5
W $1 7/8$"	$1 7/8$	47,71	41,65	41,50	4,5
W 2"	2	50,89	44,82	44,50	4,5
W $2 1/4$"	$2 1/4$	57,24	50,42	50,00	4
W $2 1/2$"	$2 1/2$	63,59	56,77	56,60	4
W $2 3/4$"	$2 3/4$	69,94	62,11	62,00	3,5
W 3"	3	76,29	68,46	68	3,5

GEW-T 04

Gewindebohrer

U.S.A – UNC-Gewinde ANSI B1.1 (*un*ified *c*oarse-Grobgewinde)
Eigenschaften: Zylindrisch, Flankenwinkel 60 Grad

Gewinde-kennung⌀ Inch	außen ⌀ mm	außen ⌀ mm	Mutter, Kernloch ⌀ mm	Kernloch je Inch	Gänge
N 1–64	–	1,85	1,58	1,55	64
N 2–56	–	2,18	1,87	1,85	56
N 3–48	–	2,51	2,14	2,10	48
N 4–44	–	2,84	2,38	2,35	44
N 5–40 UNC	–	3,18	2,70	2,65	40
N 6–32 UNC	–	3,50	2,90	2,85	32
N 8–32 UNC	–	4,17	3,53	3,50	32
N 10–24 UNC	–	4,83	3,95	3,90	24
N 12–24 UNC	–	5,49	4,59	4,50	24
1/4"–20 UNC	1/4"	6,35	5,25	5,10	20
5/16"–18 UNC	5/16"	7,94	6,68	6,60	18
3/8"–16 UNC	3/8"	9,53	8,08	8,00	16
7/16"–14 UNC	7/16"	11,11	9,44	9,40	14
1/2"–13 UNC	1/2"	12,70	10,88	10,80	13
9/16"–12 UNC	9/16"	14,23	12,30	12,20	12
5/8"–11 UNC	5/8"	15,88	13,69	13,50	11
3/4"–10 UNC	3/4"	19,05	16,62	16,50	10
7/8"– 9 UNC	7/8"	22,23	19,52	19,50	9
1"– 8 UNC	1"	25,40	22,34	22,25	8
1 1/8"– 7 UNC	1 1/8"	28,57	25,08	25,00	7
1 1/4"– 7 UNC	1 1/4"	31,75	28,26	28,00	7
1 3/8"– 6 UNC	1 3/8"	34,92	30,85	30,75	6
1 1/2"– 6 UNC	1 1/2"	38,10	34,03	34,00	6
1 3/4"– 5 UNC	1 3/4"	44,45	39,56	39,50	5
2"–4 1/2 UNC	2"	50,80	45,37	45,00	4,5
2 1/4"–4 1/2 UNC	2 1/4"	57,15	51,72	51,50	4,5
2 1/2"– 4 UNC	2 1/2"	63,5	57,39	57,25	4
2 3/4"– 4 UNC	2 3/4"	69,85	63,74	63,50	4
3"– 4 UNC	3"	76,2	70,09	70,00	4
3 1/4"– 4 UNC	3 1/4"	82,55	76,44	76,20	4
3 1/2"– 4 UNC	3 1/2"	88,9	82,79	82,60	4
3 3/4"– 4 UNC	3 3/4"	95,25	89,14	88,90	4
4"– 4 UNC	4"	101,6	95,48	95,25	4

GEW-T 05

Gewindebohrer

U.S.A – UNF-Gewinde ANSI B1.1 (*un*ified *f*ine-Feingewinde)
Eigenschaften: Zylindrisch, Flankenwinkel 60 Grad

Gewinde-kennung	außen ∅ Inch	außen ∅ mm	Mutter, Kernloch ∅ mm	**Kernloch** ∅ **mm**	Gänge je Inch
0–80	–	1,52	1,30	1,25	80
1–72	–	1,85	1,61	1,55	72
2–64	–	2,18	1,91	1,90	64
3–56	–	2,51	2,19	2,15	56
4–48	–	2,84	2,45	2,40	48
5–44	–	3,17	2,74	2,70	44
6–40	–	3,50	3,01	2,95	40
8–36	–	4,16	3,59	3,50	36
10–32	–	4,82	4,16	4,10	32
12–28	–	5,48	4,71	4,70	28
1/4"–28 UNF	1/4"	6,35	5,56	5,50	28
5/16"–24 UNF	5/16"	7,94	6,99	6,90	24
3/8"–24 UNF	3/8"	9,53	8,56	8,50	24
7/16"–20 UNF	7/16"	11,11	9,94	9,90	20
1/2"–20 UNF	1/2"	12,70	11,52	11,50	20
9/16"–18 UNF	9/16"	14,23	12,97	12,90	18
5/8"–18 UNF	5/8"	15,88	14,55	14,50	18
3/4"–16 UNF	3/4"	19,05	17,54	17,50	16
7/8"–14 UNF	7/8"	22,23	20,49	20,40	14
1"–12 UNF	1"	25,4	23,36	23,25	12
11/8"–12 UNF	11/8"	28,57	26,54	26,50	12
11/4"–12 UNF	11/4"	31,75	29,71	29,50	12
17/8"–12 UNF	17/8"	34,92	32,89	32,75	12
11/2"–12 UNF	11/2"	38,10	36,06	36,00	12

GEW-T 06

HSS-Gewindebohrer
Spanwinkel, Schnittgeschwindigkeit und Kühlung

zu bearbeitender Werkstoff	Eigenschaften	Spanwinkel Grad (°)	Schnittge-schwindigkeit m/min	Kühlung
unlegierter Stahl	< 700 N/mm²	10° … 12°	16	Emulsion, Schneidöl
unlegierter Stahl	> 700 N/mm²	6° … 8°	10	Emulsion, Schneidöl
legierter Stahl	< 1000 N/mm²	6° … 8°	10	Emulsion, Schneidöl
Guss	< 250 HB	5° … 6°	10	Emulsion, Petroleum, trocken
Guss	> 250 HB	0° … 3°	8	Emulsion, Petroleum, trocken
Messing, kurzspanend	z. B. Ms 58	2° … 4°	25	Emulsion, Schneidöl, Luft
Messing, langspanend	z. B. Ms 63	12° … 14°	16	Emulsion, Bohröl
Aluminiumlegierungen	–	16° … 22°	16 … 20	Emulsion

GEW-T 07

Meißeln

Unter Meißeln versteht man, je nach dem zu bearbeitenden Werkstoff, das Trennen, Spanabheben oder Zertrümmern mittels Schlagwirkung.

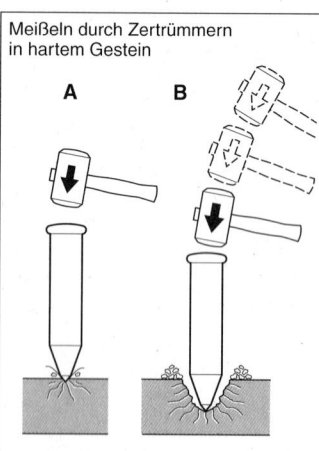

Meißeln durch Zertrümmern in hartem Gestein

A B

A Durch Schlagbewegungen wird das Gestein zertrümmert.
B Durch fortgesetztes Schlagen und gleichzeitiger Meißeldrehung wird ein Loch erzeugt.

EWL-MEI006/G

Einsatzwerkzeuge

Die Einsatzwerkzeuge verfügen über ein zum Elektrowerkzeug passendes Einsteckende, dem Schaft und am Werkzeugende eine Schneide. Je nach dem zu bearbeitenden Material bestehen Unterschiede in:
– Schneidengeometrie
– Schneidenmaterial

Schneidengeometrie
Die Werkzeugschneide ist grundsätzlich keilförmig, wobei bei Meißeln zur Holzbearbeitung ein einseitiger Anschliff angewendet wird. Bei Meißeln zur Metallbearbeitung und zur Steinbearbeitung ist die Spitze beidseitig doppelt keilförmig geschliffen, wobei bei der Metallbearbeitung meist kleinere Keilwinkel als bei der Steinbearbeitung verwendet werden.

Bei Meißeln zur Strukturierung von Oberflächen werden spezielle Schneidenprofile (z. B. „Zahneisen") verwendet.

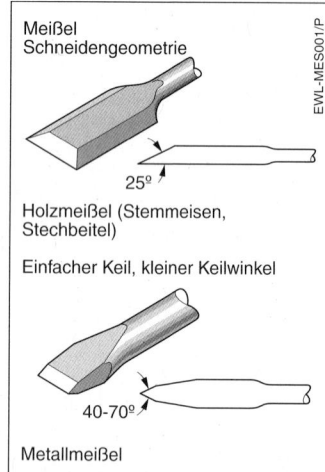

Meißel Schneidengeometrie

EWL-MES001/P

25°

Holzmeißel (Stemmeisen, Stechbeitel)

Einfacher Keil, kleiner Keilwinkel

40-70°

Metallmeißel

Doppelkeil, Keilwinkel werkstoffabhängig:
für Stahl 60°.....70°
für Kupferlegierungen 50°.....60°
für Aluminiumlegierungen 40°.....50°

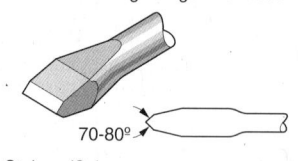

70-80°

Steinmeißel

Doppelkeil, großer Keilwinkel

Schneidenmaterial

Typische Meißel bestehen vom Einsteckende bis zur Schneide aus ein und demselben Material, meist werden hochlegierte Werkzeugstähle verwendet, welche einer Wärmebehandlung unterzogen werden, um sie im Schneidenbereich oder durchgehend zu härten. Bei Spezialmeißeln werden mitunter die Schneiden hartmetallbestückt.

Einsatzbereiche

Typische Einsatzbereiche des Meißelns sind die Bearbeitung von
– Metall
– Holz
– Steinwerkstoffen
wobei die Steinbearbeitung den häufigsten Einsatzbereich darstellt.

Metallbearbeitung

Meißeln in Metall ist eine spanabhebende Bearbeitungsart. Häufigste Anwendungsart ist das Trennen von Werkstücken und Werkstückverbindungen wie Nieten, Schrauben, Schweißnähten und Blechen. Die Werkzeugschneiden sind doppelt keilförmig angeschliffen, aus Festigkeitsgründen darf der Keilwinkel nicht zu klein sein. Folgende Keilwinkel sind üblich:
– Stahlbearbeitung 60...70°
– Kupferlegierungen 50...60°
– Aluminiumlegierungen 40...50°
Die Anwendung erfolgt je nach Einsatzfall manuell oder durch den Einsatz von Druckluftwerkzeugen. Prinzipiell wäre der Einsatz auch durch Elektrowerkzeuge möglich, jedoch sind diese wegen ihrer größeren Dimensionen gegenüber dem Druckluftwerkzeug unhandlicher. Typische Einsatzbereiche sind der Fahrzeugbau (Reparaturen!) und die Blechbearbeitung.

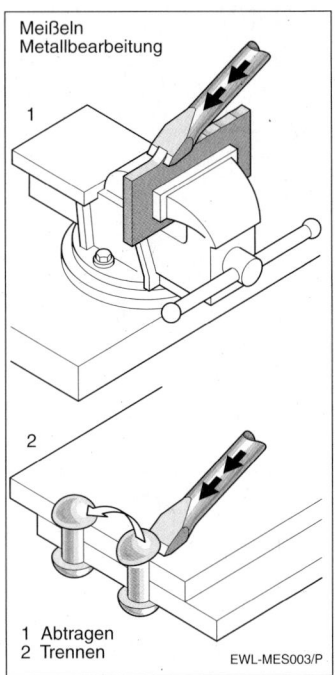

Meißeln
Metallbearbeitung

1

2

1 Abtragen
2 Trennen

EWL-MES003/P

Holzbearbeitung

Meißeln in Holz ist eine spanabhebende Bearbeitungsart. Sie wird typischerweise bei der Herstellung von rechteckigen Aussparungen, der Herstellung von Zapfen und bei der Herstellung von Kunstgegenständen eingesetzt.

Die hierbei verwendeten Einsatzwerkzeuge werden als Holzmeißel, Stecheisen oder „Stechbeitel" bezeichnet. Ihre Schneide ist einseitig angeschliffen, wodurch sie materialgerecht eingesetzt und ohne großen Aufwand nachgeschärft werden kann. Der Keilwinkel ist sehr klein, wodurch die Schneide sehr gut und ohne hohen Kraftaufwand in das Material eindringen kann. Üblich sind Keilwinkel von 25°.

Meißeln
Holzbearbeitung

1 Nuten
2 Kanten säubern

EWL-MES002/P

Bei der Arbeitsrichtung ist auf den Faserverlauf des Werkstoffes zu achten. Vor Arbeitsbeginn sollte die Schneide stets nachgeschärft werden, um eine hohe Arbeitsqualität zu erreichen. Die überwiegende Anwendung erfolgt manuell. Durch den Einsatz von Elektrowerkzeugen (Meißelhämmer bzw. Bohrhämmer in Meißelstellung) kann der Arbeitsfortschritt erheblich erhöht werden. Typische Einsatzbereiche sind im Zimmereibetrieb und bei der Altbausanierung.

Steinbearbeitung

Meißeln ist eine typische Bearbeitungsart für Steinwerkstoffe. Steinwerkstoffe bilden keine Späne und können deshalb nicht spanabhebend bearbeitet werden. Arbeitsprinzip ist das Zertrümmern des Gefüges durch Schlageinwirkung. Hierbei wird der spröde Gefügeverbund gelockert (Rissbildung) und durch Keilwirkung aufgesprengt. Der Materialabtrag findet in Form von Staub und Materialsplittern unterschiedlicher Größe bei jedem einzelnen Schlag statt.

Die Werkzeugschneiden sind doppelt keilförmig angeschliffen, aus Festigkeitsgründen ist der Keilwinkel größer als bei der Metallbearbeitung, er liegt üblicherweise im Bereich von 60...70°.

Neben breiten Meißelschneiden kommen angespitzte Schneiden („Spitzmeißel") zum Einsatz. Sie werden vorwiegend für Abbrucharbeiten eingesetzt. Nur bei kleinem Arbeitsumfang und in „weichen" Steinwerkstoffen wird manuell gemeißelt. Allgemein hat sich das Elektrowerkzeug in Form von Bohr- und Schlaghämmern durchgesetzt. Bei groben Abrissarbeiten werden Drucklufthämmer eingesetzt, in schweren Anwendungsfällen hydraulische Hämmer an Baumaschinen.

Elektrowerkzeuge für die Anwendung „Meißeln"

Die für das Meißeln nötigen Schlagkräfte können nicht wie bei Schlagbohrmaschinen mit einfachen Rastenschlagwerken erzeugt werden. Es werden also in jedem Fall Hammerschlagwerke eingesetzt. Typische Elektrowerkzeug zum Meißeln sind also:
– Schlag- oder Meißelhämmer
– Bohrhämmer
– Abbruchhämmer

Schlag- und Meißelhämmer

Diese Hämmer sind Einzweckgeräte, deren Funktion ausschließlich auf der Schlagwirkung beruht. Sie haben keine Rotationsbewegung, wodurch die Konstruktion einfacher und kostengünstig ist. Sie können als Einzweckgerät ergonomisch günstig gestaltet werden. Traditionsgemäß erfolgt die Einteilung in Gewichtsklassen, wobei Gewichte zwischen 3...12 kg üblich sind. Moderne Schlaghämmer verfügen über eine elektronisch vorwählbare Schlagkraft, einen in variablen Positionen fixierbaren Werkzeughalter und das werkzeuglose Spannsystem SDS-top oder SDS-max.

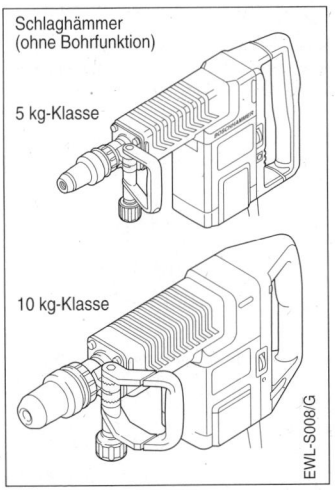

Schlaghämmer
(ohne Bohrfunktion)

5 kg-Klasse

10 kg-Klasse

EWL-S008/G

Meißeln in Steinwerkstoffen

Durchbruchmeißeln

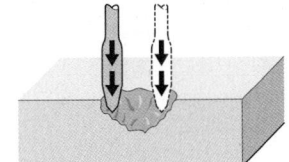

Ansetzen

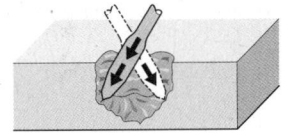

Regelmäßig umsetzen

Abbruchmeißeln

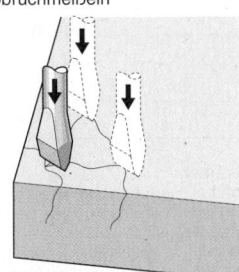

Ansetzen
(Rissbildung fördern)

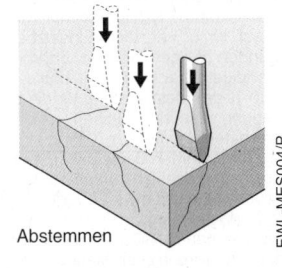

Abstemmen

EWL-MES004/P

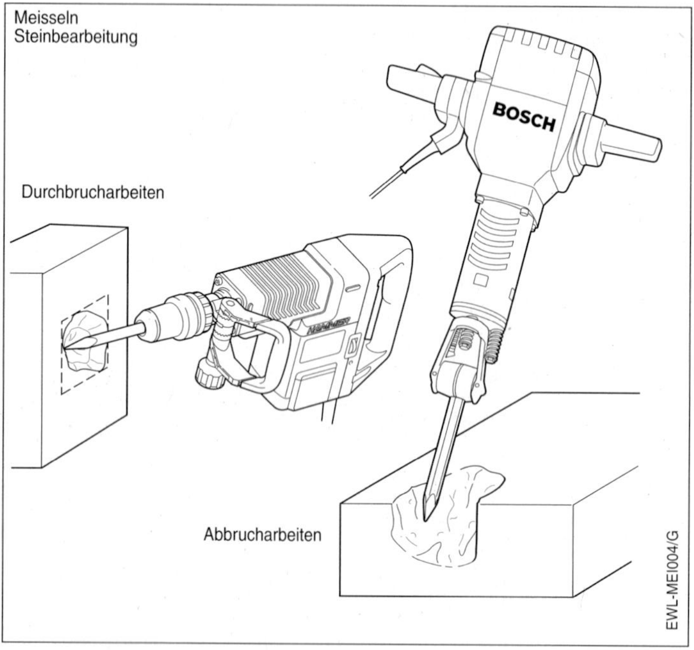

Meisseln
Steinbearbeitung

Durchbrucharbeiten

Abbrucharbeiten

BOSCH

EWL-MEI004/G

Bohrhämmer

Bohrhämmer verfügen, speziell in den höheren Gewichtsklassen, über einen sogenannten Drehstop, wodurch die Rotationsbewegung abgeschaltet werden kann. In dieser Schaltposition sind sie dann wie Schlaghämmer einsetzbar. Wegen des Rotationswerkes sind sie jedoch schwerer, unhandlicher und kostenaufwendiger als vergleichbare Schlaghämmer. Ihr Vorteil liegt im universellen Einsatzbereich begründet. Wegen des im Bohrbetrieb notwendigen Drehmomentes müssen ca. 25...30 % der Motorleistung für die Drehbewegung reserviert bleiben, welche im Schlagbetrieb nicht zur Verfügung stehen. Bohrhämmer derselben Gewichtsklasse haben deshalb gegenüber Schlaghämmern eine um etwa 25...30 % geringere Schlagleistung.

Bei der neuen BOSCH-Bohrhammergeneration wird dieser Mangel dadurch ausgeglichen, dass im Meißelbetrieb die Drehzahl und damit die Aufnahmeleistung des Motors so weit erhöht wird,

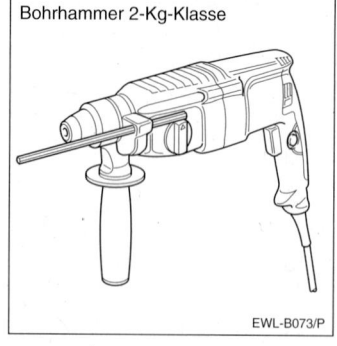

Bohrhammer 2-Kg-Klasse

EWL-B073/P

dass über die Anhebung der Kolbenge-schwindigkeit im Schlagwerk dieselbe Schlagleistung wie bei reinen Meißel-hämmern erreicht wird. Die Schaltung ist so verriegelt, dass im Bohrhammerbe-trieb die Leistung so zurückgenommen wird, dass eine Überlastung (z. B. durch klemmende Bohrer) nicht erfolgen kann. Moderne Bohrhämmer verfügen über eine elektronisch vorwählbare Drehzahl und Schlagkraft, einen in variablen Posi-tionen fixierbaren Werkzeughalter und das werkzeuglose Spannsystem SDS-plus, SDS-top oder SDS-max.

Abbruchhammer

1 Motorgehäuse
2 gefederte Handgriffe
3 Schlagwerksgehäuse
4 Werkzeughalter
5 Einsatzwerkzeug

EWL-MEI005/G

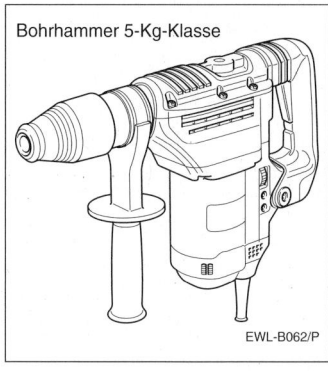

Bohrhammer 5-Kg-Klasse

EWL-B062/P

Abbruchhämmer

Abbruchhämmer sind Schlaghämmer der Gewichtsklassen von 12...30 kg. Ihre Form weicht deutlich von den kleineren Gewichtsklassen ab, sie werden meist schräg oder senkrecht nach unten benützt. Ihre Abtragsleistungen entspre-chen denen der Drucklufthämmer ("Presslufthämmer"). Sie sind diesen gegenüber aber flexibler einsetzbar, weil sie keine Kompressoren und Luftschläu-che benötigen. Mit Aufnahmeleistungen von maximal ca. 2000 Watt können sie am Lichtnetz oder an leichten Stromer-zeugern betrieben werden.

Die Dimensionierung des Werkzeug-halters entspricht der 27 mm Sechskant-aufnahme der Drucklufthämmer, wodurch die Einsatzwerkzeuge zum Teil aus-tauschbar sind.

Systemzubehör

Als Systemzubehör gibt es neben den vielfältigen Meißelformen für Bohr-, Schlaghämmer und Abbruchhämmer
– Stampfer- und Rüttelplatten
– Gleisstopfer
– Keile und Keilhülsen
– Erdnageleintreiber
– Meißelvorsätze

Stampfer- und Rüttelplatten
Zum Verdichten von Erdreich und Betonmischungen werden Stampfer- und Rüttelplatten eingesetzt.

Gleisstopfer
Mit Gleisstopfern wird bei kleineren Sanierungsarbeiten von Schienennetzen der Schotter unter die Schienenschwellen „gestopft".

Keile und Keilhülsen
Zum Aufbrechen großer Steinblöcke wird das Gestein in regelmäßigen Abständen entlang einer Linie angebohrt. In die Bohrlöcher werden die Keilhülsen eingesetzt, danach mit dem Schlaghammer die Keile eingetrieben. Durch die Keilwirkung entlang der Bohrlochlinie wird das Gestein abgesprengt.

Erdnageleintreiber
Erdnägel werden zur Befestigung von Zelten und mobilen Anlagen im Bereich des Katastrophenschutzes und im Schaustellergewerbe benützt.
Erdnageleintreiber sind Setzwerkzeuge, mit denen Erdnägel und Erdungsspieße mobiler elektrischer Anlagen in Erdreich und Asphalt eingetrieben werden können.

Meißelvorsätze
Kleine Bohrhämmer sind meist nicht mit einem Drehstop ausgerüstet. Sogenannte Meißelvorsätze übertragen die Schlagwirkung, die Übertragung der Drehbewegung wird dagegen unterbrochen. Damit können auch mit leichten Bohrhämmern kleinere Meißelarbeiten ausgeführt werden.

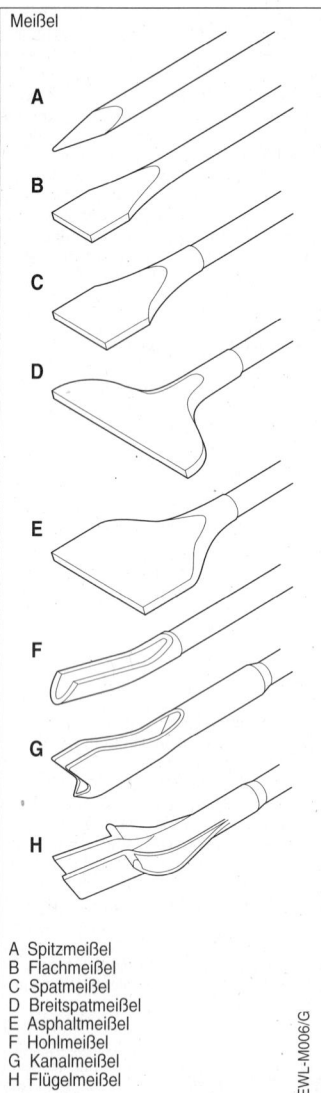

Meißel

A Spitzmeißel
B Flachmeißel
C Spatmeißel
D Breitspatmeißel
E Asphaltmeißel
F Hohlmeißel
G Kanalmeißel
H Flügelmeißel

EWL-M006/G

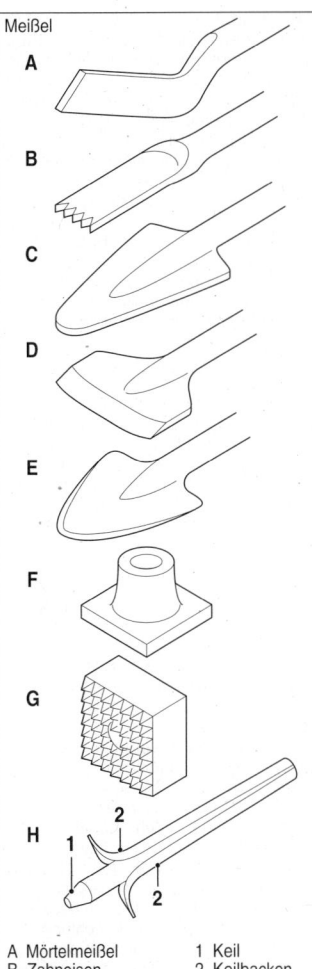

Meißel

A Mörtelmeißel
B Zahneisen
C Spaten mit Spitzblatt
D Hohlspaten
E Schaufelmeißel
F Stampferplatten
G Stockerplatten
H Spaltwerkzeug

1 Keil
2 Keilbacken

EWL-M007/G

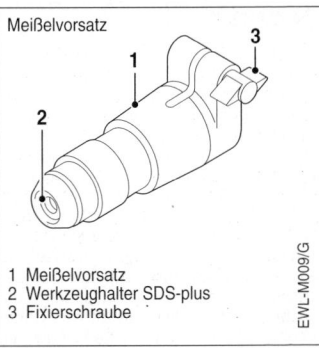

Meißelvorsatz

1 Meißelvorsatz
2 Werkzeughalter SDS-plus
3 Fixierschraube

EWL-M009/G

Arbeitsschutz

Der Arbeitsschutz beim Meißeln besteht in der Regel aus passiven Maßnahmen zum Personenschutz. Die Abtragung des Materials erfolgt bei Steinwerkstoffen splitternd und unberechenbar. Augen und Kopf müssen durch Schutzbrillen und Helm gesichert werden. Das Arbeitsgeräusch ist erheblich und kann prinzipbedingt nicht verringert werden, Gehörschutz ist daher zwingend.

Bei der Metallbearbeitung ist auf scharfkantige Späne und Werkstückränder zu achten, Augen- und Handschutz ist unerlässlich. Bei der Bearbeitung von Holzwerkstoffen ist die Gefährdung durch die scharfen Werkzeugschneiden zu beachten.

Zusammenfassung

Die Bearbeitungsart Meißeln findet hauptsächlich im Bau- und Baunebengewerbe statt, typischer Anwendungsfall ist die Bearbeitung von Steinwerkstoffen in Form von Durchbrüchen, Zuricht- und Abbrucharbeiten. Entsprechend der Arbeitsaufgabe stehen Schlag- und Bohrhämmer verschiedener Gewichts- und Leistungsklassen zur Verfügung.

Sägen

Sägen ist wie das Bohren eine historisch sehr alte Bearbeitungsart. Sägen dienen zum Trennen, Ablängen und Zurichten von Werkstoffen und Bauteilen. Der Vorgang des Sägens ist spanabhebend. Beim Sägen entsteht ein Materialverlust in Form von Spänen. Der beim Sägen entstehende Spalt (Sägespur) entspricht der Schnittbreite des verwendeten Sägeblattes. Je nach dem Prinzip und dem Typ der Säge können Kurvenschnitte und Geradschnitte oder nur Geradschnitte ausgeführt werden. Die Qualität des Sägeschnittes ist vom verwendeten Sägeblatt, dem Sägeprinzip und der Praxiskenntnis des Anwenders abhängig. Der Arbeitsfortschritt wird weitgehend vom Sägeprinzip bestimmt.

Prinzip der sägenden Geräte

Sägen sind Handwerkzeuge oder Einsatzwerkzeuge, bei denen die spanabhebenden Schneiden (Zähne) in einer Reihe angeordnet sind und nacheinander zum Eingriff kommen. Die Bezeichnung für das Einsatzwerkzeug ist „Sägeblatt". Im Falle von motorisch angetriebenen Sägen erfolgt die Bewegung des Sägeblattes nach einem der drei Grundprinzipien:
– Hub
– Rotation
– Umlauf
Die Sägeblätter werden meist nicht nach dem Prinzip, sondern nach dem entsprechenden Antriebswerkzeug benannt.

Hubsägen

Bei Hubsägen wird das Sägeblatt hin- und herbewegt. Je nach Zahngeometrie schneidet dabei das Sägeblatt nur in einer Richtung (meistens) oder bei beiden Bewegungsrichtungen. Die Sägeblätter schneiden meist auf Zug. Vorteilhaft ist dabei, dass die Maschine sich am Werkstück abstützen kann und das Sägeblatt nur in Zugrichtung belastet wird. Beim Schneiden auf Druck wird die Maschine vom Werkstück weggedrückt, wodurch stärkere Festhaltekräfte erforderlich sind. Das Sägeblatt wird auf Druck bean-

sprucht, wodurch es starken Biegekräften ausgesetzt ist. Schneidet das Sägeblatt in beiden Richtungen, dann werden Sägeblatt und Maschine einer Wechselbeanspruchung ausgesetzt, welche durch entsprechende Festhaltekräfte ausgeglichen werden muss. Bei Hubsägen mit zwei gegenläufigen Sägeblättern gleichen sich die Reaktionsmomente weitgehend aus, weshalb nur geringe Haltekräfte erforderlich sind. Für alle Hubsägen gilt, dass die Hubgeschwindigkeit nicht konstant ist. Sie ist in der Mitte der Hubbewegung am höchsten und beträgt in den Umkehrpunkten null. Hieraus ergibt sich eine relativ geringe mittlere Hubgeschwindigkeit, welche sich nachteilig auf den Arbeitsfortschritt auswirkt. Die Hubgeschwindigkeit ist wegen der Fliehkraftwirkung am Sägeblatt und im Kurbeltrieb der Antriebsmaschine auf relativ niedrige Werte begrenzt. Hubsägeblätter werden bei Maschinenantrieb (mit Ausnahme der Tandemsägen) nur auf einer Seite geführt. Hierdurch neigen sie bei inhomogenem Material und geringer Sägeblattdicke dazu, von der gewünschten Schnittrichtung abzukommen. Diese Tendenz ist systembedingt und muss durch entsprechende Praxisfertigkeit manuell kompensiert werden. Bei geringer Sägeblattbreite ist es mit Hubsägen möglich, enge Kurvenradien mit hoher Genauigkeit zu schneiden.

Rotationssägen

Bei Rotationssägen sind die Sägezähne am Umfang eines kreisförmigen Stammblattes angeordnet. Diese Sägeblattkonstruktion ist mechanisch sehr stabil und deswegen sehr hoch belastbar. Die Drehzahlen können sehr hoch gewählt werden, wodurch sich über die hohe Schnittgeschwindigkeit ein rascher Arbeitsfortschritt ergibt. Die Schnittbewegung erfolgt stets in einer Richtung, was sich günstig auf die Standzeit der Sägezähne auswirkt. Durch die wirksame Fläche des Sägeblattes im Sägespalt haben die Sägeblätter eine sehr gute Führung. Sie eignen sich deshalb sehr gut für präzise, gerade Schnitte. Kurvenschnitte können aber deshalb prinzipbedingt nicht ausgeführt werden.

Umlaufende Sägen

Bei umlaufenden Sägen sind die Sägezähne entweder an der Stirnseite eines
endlosen Bandes (Bandsäge) oder einer
Kette (Sägekette) angebracht. Band oder
Kette werden über zwei Rollen geführt, wobei ihre Drehrichtung jeweils um 180° umgelenkt wird. Eine Rolle dient dem Antrieb,
die andere der Führung und Spannung.
Dazwischen läuft bei der Bandsäge das
Sägeband frei oder mit einer Quer- und
Längsführung im Schnittbereich. Bei der
Kettensäge wird die Sägekette auf der gesamten Länge in der Nut einer schwertförmigen Führung („Schwert") geführt. Bei
umlaufenden Sägen lassen sich hohe
Schnittgeschwindigkeiten und damit ein
rascher Arbeitsfortschritt erreichen. Wegen der Fliehkraftwirkung auf Sägeband
oder Sägekette sind die Umlaufgeschwin-
digkeiten (auf allerdings hohem Niveau)
begrenzt. Kurvenschnitt ist bei schmalen
Sägebändern und Bandsägen möglich.
Sägeketten eignen sich wegen des breiten
Führungsschwertes nur für gerade
Schnitte.

Einsatzwerkzeuge

Wie bei allen Einsatzwerkzeugen zur span-
abhebenden Bearbeitung werden die Ei-
genschaften weitgehend durch die Geo-
metrie der Werkzeugschneide bestimmt.
Folgende Einzelkriterien bestimmen Ar-
beitsfortschritt, Schnittgüte, Standzeit, Ma-
terialtauglichkeit und Vorschubkräfte:
– Spanwinkel
– Freiwinkel
– Keilwinkel
– Schnittwinkel
– Freischnitt
– Zahnwerkstoff
– Zahnform
– Zahngröße
– Zähnezahl
– Zahnanordnung
– Eintrittswinkel
– Austrittswinkel
Die Leistungsfähigkeit eines Sägeblattes
hängt von der Optimierung der Einzelkri-
terien auf das zu bearbeitende Material
und das Sägeprinzip ab.

Kreissägeblätter
Geometrie des Zahns

1 Freiwinkel α
2 Keilwinkel β
3 Spanwinkel γ
4 Flugkreis
5 Zahnbrust (Spanfläche)
6 Spanraum
7 Freifläche
8 Zahnrücken

EWL-K041/P

Spanwinkel

Große Spanwinkel begünstigen das Eindringen des Zahnes in den Werkstoff,
kleine oder negative Spanwinkel erschweren das Eindringen. Je größer der
Spanwinkel ist, umso geringere Vorschubkräfte sind erforderlich. Kleinere
oder negative Spanwinkel erhöhen die
Vorschubkräfte. Die Auslegung des Spanwinkels ist deshalb weitgehend vom zu
bearbeitenden Material abhängig.

Freiwinkel

Große Freiwinkel machen die Zahnspitze
aggressiv, aber auch bruchgefährdet. Die
Reibung des Zahnrückens im Material ist
gering. Kleine Freiwinkel erhöhen die
Festigkeit der Zahnspitze, erhöhen aber
auch die Reibung des Zahnrückens im
Material, wodurch höhere Vorschubkräfte
erforderlich werden.

Keilwinkel

Zu große Spanwinkel ergeben kleine Keilwinkel, wodurch der Zahn gegen Bean-

spruchung empfindlicher wird. Die Stabilität und die Wärmeabfuhr verringern sich stark. Durch Verringerung des Freiwinkels kann bei großen Spanwinkeln der Keilwinkel vergrößert und damit die Zahnbelastbarkeit erhöht werden.

Schnittwinkel
Der Schnittwinkel wird durch den Spanwinkel und die Stellung des Zahnes zur Materialoberfläche gebildet. Kleine Schnittwinkel erleichtern das Eindringen des Zahnes in den Werkstoff, größere erschweren es.

Freischnitt
Der Freischnitt ist notwendig, damit der Sägeblattrücken im Sägeschnitt nicht klemmt. Der Freischnitt kann durch Schränkung oder Wellen der Zähne sowie durch Hinterschliff oder breitere Zähne (HM) erfolgen. Je größer der Freischnitt, umso kurvengängiger ist das Sägeblatt bei Hubsägen.

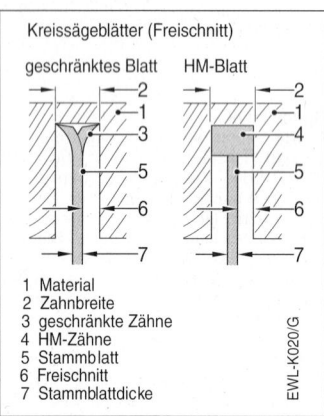

Kreissägeblätter (Freischnitt)

geschränktes Blatt   HM-Blatt

1 Material
2 Zahnbreite
3 geschränkte Zähne
4 HM-Zähne
5 Stammblatt
6 Freischnitt
7 Stammblattdicke

EWL-K020/G

Zahnwerkstoff
Als Zahnwerkstoff kommen CV-Stähle, HSS oder Hartmetalle zur Anwendung. Bei CV-Zähnen lassen sich größere Span- und Freiwinkel realisieren, was zu scharfen, aggressiven, aber nur gering belastbaren Sägeblättern führt. Die Verwendung von HSS lässt eine ähnliche

Geometrie zu, die Zähne sind höher belastbar, neigen aber wegen ihrer Härte zum Sprödbruch.

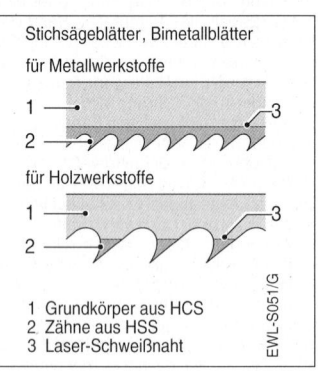

Stichsägeblätter, Bimetallblätter

für Metallwerkstoffe

für Holzwerkstoffe

1 Grundkörper aus HCS
2 Zähne aus HSS
3 Laser-Schweißnaht

EWL-S051/G

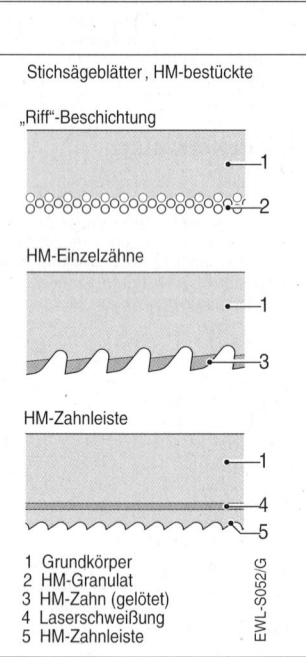

Stichsägeblätter, HM-bestückte

„Riff"-Beschichtung

HM-Einzelzähne

HM-Zahnleiste

1 Grundkörper
2 HM-Granulat
3 HM-Zahn (gelötet)
4 Laserschweißung
5 HM-Zahnleiste

EWL-S052/G

Bei Bimetallsägeblättern (Stammblatt aus CV, Zahn aus HSS) lassen sich Elastizität und Härte gut kombinieren. Mit HM bestückte Sägeblätter eignen sich für höchste Belastung, wegen der hohen Sprödigkeit von HM sind jedoch bestimmte Mindestgrößen für Zähne und Keilwinkel notwendig.

Zahnform
Die Zahnform bestimmt Schnittqualität und Belastbarkeit. Man unterscheidet in Grundformen und Kombinationen. Die wichtigsten Grundformen sind:
– Spitzzähne
– Grobzähne
– Flachzähne
– Wechselzähne
– Trapezzähne
– Dachhohlzähne
sowie Mischgeometrien. Spitzzähne und Grobzähne werden bei CV, HSS und Bimetallblättern verwendet, die anderen Zahnformen werden bei HM-bestückten Sägeblättern angewendet. Die besten Schnittqualitäten werden meist mit Kombinationen unterschiedlicher Zahnformen erzielt, welche wegen des aufwendigen Schleifverfahrens kostenintensiver sind.

Kreissägeblätter
Zahnformen

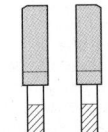

Typ WZ:
Wechselzähne

Verwendung:
Universaleinsatz in Weich- und Hartholz, Plattenmaterialien, Faserwerkstoffen, MDF. Besonders sauberer und kantengerechter Schnitt.

Typ FZ-WZ:
Flachzahn/
Wechselzahn

Verwendung:
Weich- und Hartholz, Dickholzplatten, Spanplatten. Sauberer Schnitt mit klaren Kanten. Längs- und Querschnitt ohne Sägeblattwechsel.

Typ TR-F:
Trapez/Flachzähne

Verwendung:
Verbundstoffe, Spanplatten, Kunststoffe, Plexiglas, NE-Metalle, Hartholz.

Typ FWF:
Flachzähne mit wechselseitiger Anfasung

Verwendung:
Bauholz, Schalungsbretter, Gasbeton, Spanplatten. Hohe Widerstandskraft auch gegenüber Fremdkörpern im Werkstoff.

EWL-K028.1/P

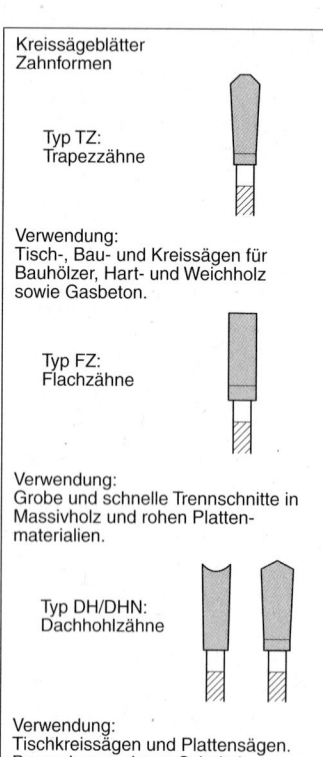

Kreissägeblätter
Zahnformen

Typ TZ:
Trapezzähne

Verwendung:
Tisch-, Bau- und Kreissägen für
Bauhölzer, Hart- und Weichholz
sowie Gasbeton.

Typ FZ:
Flachzähne

Verwendung:
Grobe und schnelle Trennschnitte in
Massivholz und rohen Platten-
materialien.

Typ DH/DHN:
Dachhohlzähne

Verwendung:
Tischkreissägen und Plattensägen.
Besonders sauberer Schnitt in
beschichteten oder furnierten
Plattenmaterialien. Schneidet
absolut saubere und präzise Kanten.

EWL-K028.2/P

Zahngröße
Die Zahngröße bestimmt die beim einma-
ligen Durchgang durch den Werkstoff abgetragene Material- und damit Spanmenge. Bei gegebener Schnittlänge wird
das Material im Sägeschnitt also durch
wenige große oder viele kleine Zähne zer-
spant. Wenige große Zähne ergeben eine
schlechtere Schnittqualität, viele kleine
Zähne eine bessere.

Zähnezahl/Zahnteilung
Bei gegebener Sägeblattgröße wird die
Zähnezahl durch die Zahngröße be-
stimmt. Pro Hub oder Umdrehung sind
entweder weniger oder mehr Zähne im
Eingriff, die Schnittqualität nimmt mit der
Anzahl der Zähne zu. Wenige große
Zähne bei gegebener Sägeblattlänge er-
geben eine große Zahnteilung, viele
kleine Zähne eine kleine Zahnteilung.
Weniger Zähne sind kostengünstiger,
mehr Zähne verursachen höhere Kosten.

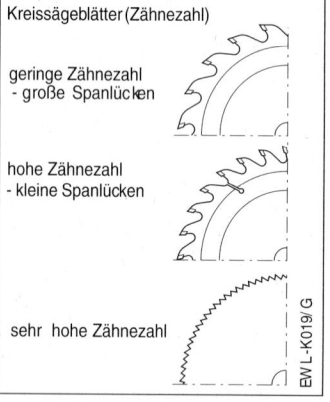

Kreissägeblätter (Zähnezahl)

geringe Zähnezahl
- große Spanlücken

hohe Zähnezahl
- kleine Spanlücken

sehr hohe Zähnezahl

EWL-K019/G

Zahnanordnung
Die Zähne können gleichmäßig entlang
des Sägeblattes oder seines Umfanges
angeordnet werden oder in einer Kombination verschiedener Zahngrößen, d. h.
mit unterschiedlicher Zahnteilung. Dies
kann sich vorteilhaft auf den Arbeitsfortschritt, die Anwendungsvielfalt, die
Schnittqualität oder alle drei Faktoren zusammen auswirken. Typische Anordnungen sind:
– Standardverzahnung
– Varioverzahnung
– Progressivverzahnung
– Dualverzahnung

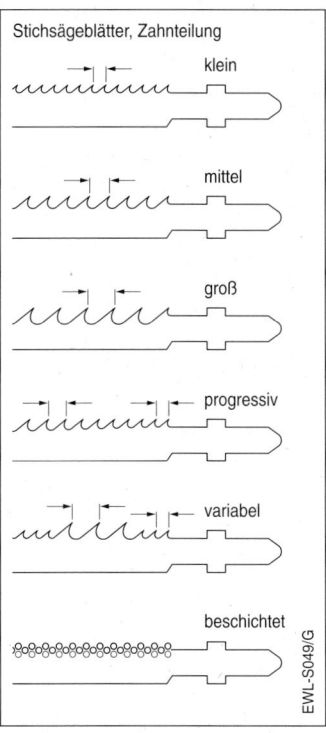

Stichsägeblätter, Zahnteilung

klein

mittel

groß

progressiv

variabel

beschichtet

EWL-S049/G

Dualverzahnung: Die Dualverzahnung wird bei Kreissägeblättern angewendet und entspricht etwa der Varioverzahnung bei Hubsägeblättern. Im Gegensatz zu dieser erfolgt die Anordung segmentweise. Die Dualverzahnung ermöglicht die Anwendung bei Längs- und Querschnitten im Holz mit guter Schnittqualität und Arbeitsfortschritt.

Eintrittswinkel und Austrittswinkel
Eintritts- und Austrittswinkel der Zähne im Material sind bei Kreissägen durch die Tiefeneinstellung des Sägeblattes vom Anwender bestimmbar. Je nach Einstellung kann dadurch die Schnittkante (der Einsetzpunkt der Zähne) an die Oberkante oder die Unterkante des Werkstückes verlegt werden, wodurch sich die Schnittgüte wesentlich beeinflussen lässt. Voraussetzung für eine zweckoptimierte Einstellung ist, dass die verfügbare Schnitttiefe des Sägeblattes wesentlich größer ist als die Werkstückdicke.

Varioverzahnung: Bei der Varioverzahnung wechselt die Zahnteilung mehrmals über die Länge des Sägeblattes, wodurch kleine und große Zähne gebildet werden. Hierdurch wird ein hoher Arbeitsfortschritt bei vibrationsarmem Lauf erreicht. Anwendung bei Hubsägeblättern.

Progressivverzahnung: Bei der Progressivverzahnung beginnt das Hubsägeblatt an der Maschinenseite mit kleinen Zähnen, welche zum Ende des Blattes hin progressiv größer werden. Hierdurch kann ein und dasselbe Sägeblatt für Schnitte sowohl in dünnem als auch in dickem Material verwendet werden, ohne dass Schnittqualität und Arbeitsfortschritt verringert werden.

Kreissägeblätter
Einfluss von Ein- und Austrittswinkel auf die Schnittgüte

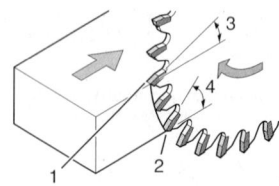

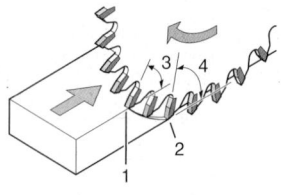

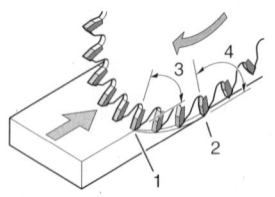

1 Austrittskante
2 Eintrittskante
3 Austrittswinkel
4 Eintrittswinkel

Eintrittswinkel klein:
 Günstig für Eintrittskante
Eintrittswinkel groß:
 Ungünstig für Eintrittskante
Austrittswinkel klein:
 Ungünstig für Austrittskante
Austrittswinkel groß:
 Günstig für Austrittskante

EWL-K-042-P

Sägeketten

Bei Kettensägen sind die Zähne entlang der Kettenglieder angeordnet oder bilden selbst die Kettenglieder. Die Zähne „hobeln" das Holz entlang der Schnittbahn ab. Die Spandicke wird durch sogenannte Tiefenbegrenzer vorgegeben, welche sowohl vor dem Hobelzahn als auch auf den Zwischengliedern angeordnet sind. Die Anzahl der Zähne pro Kettenlänge bestimmt das Arbeitsvermögen, aber auch die Kosten der Sägekette. Im Regelfall sind bei Universalketten zwischen den zahntragenden Kettengliedern zwei bis drei Verbindungsglieder angeordnet. Bei professionellen Hochleistungsketten der Forstwirtschaft ist zwischen den zahntragenden Kettengliedern nur je ein Verbindungsglied angeordnet.

Sägekette (Aufbau)

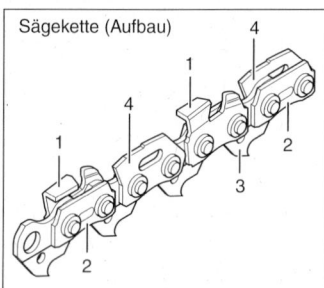

1 Schneidezähne (abwechselnd rechts und links schneidend)
2 Verbindungsglieder
3 Antriebsglieder mit Führung
4 Verbindungsglieder mit Tiefenbegrenzung

EWL-S058/P

Schärfen von Sägeketten: Die Sägezähne stumpfen während des Gebrauches ab und müssen deshalb von Zeit zu Zeit nachgeschärft werden. Hierbei müssen die vom Kettenhersteller vorgegebenen Winkel und Schneidenformen erhalten bleiben. Durch die Verwendung spezieller Schärfwerkzeuge und Schärfvorrichtungen kann dies gewährleistet werden. Wenn durch den Schärfvorgang die Spandicke verändert wird, muss durch entsprechendes Zurücksetzen der Tiefenbegrenzer der Spandickenverlust ausgeglichen werden.

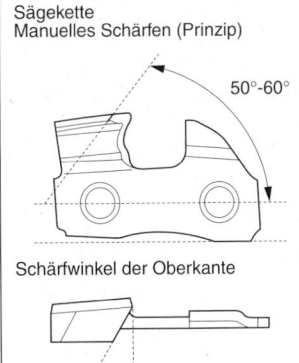

Sägekette
Manuelles Schärfen (Prinzip)

50°-60°

Schärfwinkel der Oberkante

25°-30°

Anschliff der Oberkante

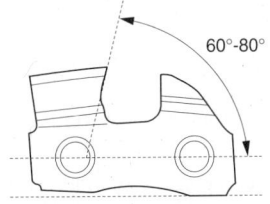

60°-80°

Schärfwinkel der Seitenkante

Die exakten Schärfwinkel sind
den Betriebsanleitungen der
Sägenhersteller zu entnehmen!

EWL-S059/P

Sägen von Metall

Handgeführte Elektrosägen können zum
Sägen von FE- und NE-Metallen verwendet werden, wobei ihre Eignung weitgehend vom Sägeprinzip beeinflusst wird.
Hubsägen eignen sich, mit Ausnahme der
gegenläufigen Tandemsäge, hervorragend, Kettensägen überhaupt nicht zum
Sägen von Metall. Rotationssägen und
Bandsägen stellen besondere Anforderungen an das Einsatzwerkzeug.

Materialeigenschaften
Metalle sind hart, haben ein zähes Gefüge und bilden bei der Bearbeitung
Späne, welche den größten Teil der bei
der Bearbeitung entstehenden Wärme
abführen. Bestimmte Metalle wie Aluminiumlegierungen können sich beim Spanen
an die Zähne des Sägeblattes anlagern
und diese verstopfen. Das geeignete Sägeblatt ist deshalb entsprechend dem zu
bearbeitenden Metall auszuwählen.

Schneidenwerkstoff
Als Schneiden- oder Zahnwerkstoff wird
bei handgeführten Elektrowerkzeugen
ausschließlich HSS oder HM, eventuell im
Verbund mit einem CV-Stammblatt verwendet. Bei Hubsägen wird HSS für NE-
Metalle und für Baustähle verwendet, HM
für die Bearbeitung von korrosionsbeständigen Stählen. Bei Rotationssägen
finden ausschließlich HM-bestückte
Zähne Verwendung.

Zahngeometrie
Kreissägeblätter für die Anwendung in Metallen sind meist für Kupferlegierungen
(Buntmetalle) und Aluminiumlegierungen
(Leichtmetalle) ausgelegt. Bei der Verwendung in Stahl müssen hierfür geeignete Spezialblätter verwendet werden. In
der handwerklichen Praxis ist die Bearbeitung von Leichtmetallen die häufigste Anwendungsart. Hierfür werden meist sogenannte Universal- oder Multimaterialblätter eingesetzt. Wichtigste Merkmale sind:
– Zahnform
– Zahnstellung
– Zahnteilung (Zähnezahl)

Kreissägeblätter
Flach-Trapezzahnung

Schneidet Verbundwerkstoffe,
Spanplatten, Kunststoffe,
NE-Metalle, Hartholz.

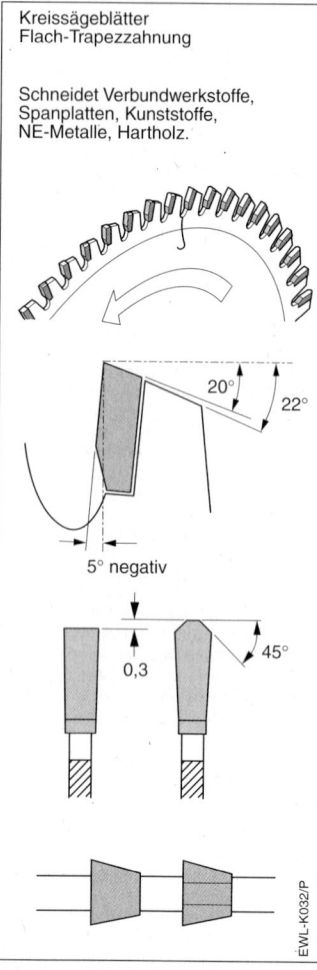

Zahnform: Für die Bearbeitung von Metallen werden bei Kreissägen meist Trapez-Flachzähne verwendet, die wegen der ausgeglichenen Zahnbelastung eine gute Standzeit haben. Bei Hubsägeblättern werden meistens HSS-Spitzzähne verwendet.

Zahnstellung: Die Zahnstellung ist bei Sägeblättern für Metalle meist neutral oder leicht negativ, weil hierdurch eine geringe Zahnspitzenbelastung bei der Bearbeitung erreicht wird, wodurch die Standzeit verlängert wird. Bei Hubsägeblättern werden grundsätzlich positive Zahnstellungen verwendet, weil sonst das Rückstoßmoment zu groß würde.

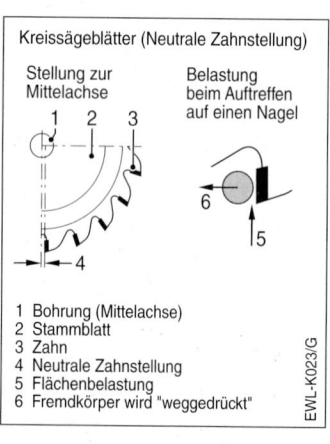

Kreissägeblätter (Neutrale Zahnstellung)

Stellung zur
Mittelachse

Belastung
beim Auftreffen
auf einen Nagel

1 Bohrung (Mittelachse)
2 Stammblatt
3 Zahn
4 Neutrale Zahnstellung
5 Flächenbelastung
6 Fremdkörper wird "weggedrückt"

Zahnteilung (Zähnezahl): Die Zahnteilung oder Zähnezahl richtet sich nach der Werkstückdicke und den Werkstoffeigenschaften. Da immer zwei bis drei Zähne im Eingriff sein sollen, benötigt man für dünne Werkstücke mehr (kleinere) Zähne pro Längeneinheit als für dickere Werkstücke. Weiche Metalle können mit größeren Zähnen, harte Metalle müssen mit kleineren Zähnen bearbeitet werden.

Spantiefenbegrenzung
Beim Sägen von Eisenmetallen ist es zweckmäßig, die Tiefe des je Zahn abgehobenen Spanes zu begrenzen, um eine Überlastung des Zahnes und die Rückschlaggefahr bei zu starkem Vorschub zu verhindern. Bei Kreissägeblättern für Eisenmetalle ist deswegen der Zahnrücken länger und begrenzt so die mögliche Spantiefe pro Eingriff.

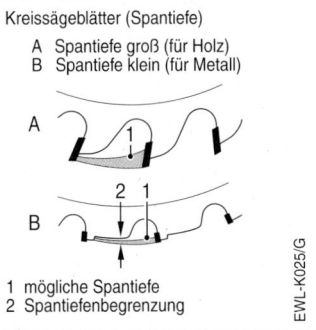

Kreissägeblätter (Spantiefe)

A Spantiefe groß (für Holz)
B Spantiefe klein (für Metall)

1 mögliche Spantiefe
2 Spantiefenbegrenzung

EWL-K025/G

Schnittgeschwindigkeit

Beim Sägen von Metallen ist die Schnittgeschwindigkeit gegenüber der Holzbearbeitung auf etwa die Hälfte zu reduzieren. Weil durch die verringerte Drehzahl trotz hoher Belastung bei Kreissägen die Kühlung stark beeinträchtigt wird, sollte man die Drehzahl so hoch wie bei Holzbearbeitung einstellen und stattdessen ein Sägeblatt mit geringerem Durchmesser verwenden. Hierdurch wird bei gleichbleibend hoher Motordrehzahl eine gute Kühlwirkung erreicht, durch den geringeren Sägeblattdurchmesser aber die Umfangsgeschwindigkeit und damit die Schnittgeschwindigkeit wie gewünscht reduziert.

Vorschub

Beim Sägen von Metall sollte die Hubzahl oder Drehzahl der Säge keinesfalls deutlich zurückgehen, weil sonst die Stoßbelastung auf die einzelnen Zähne zu groß würde. Als Folge davon könnten sich Zahnbrüche und Getriebeschäden in der Maschine einstellen. Die richtige Vorschubgeschwindigkeit ist deshalb vom Werkstoff, seiner Dicke und der eingestellten Hub- oder Drehzahl abhängig. Sie ist durch Versuche zu ermitteln.

Kühlung

Bei Hubsägen konzentriert sich im Gegensatz zu Rotationssägen prinzipbedingt die Reibung auf einen kleinen Teil des Sägeblattes, welcher sich dadurch stark erhitzt. Hier kann durch geeignete Kühlung die Standzeit und Schnitthaltigkeit des Sägeblattes erheblich verlängert werden. Die Kühlung kann entweder durch ein gut haftendes Schneidfett auf dem Sägeblatt oder durch tropfenweises Zuführen einer Kühlflüssigkeit aus einem an der Säge befestigtem Behälter erfolgen (Stichsäge).

Bei Kreissägen ist das Bestreichen des Sägeblattes mit einem Schneidfett sinnvoll. Hierdurch erhält man eine bessere Schnitthaltigkeit, die Neigung zum Verstopfen durch Späne bei der Bearbeitung von Aluminiumlegierungen wird hinausgezögert.

Spanabfuhr

Die Spanabfuhr beim Sägen von Metall kann kritisch sein. Einerseits sind die Späne heiß (insbesondere bei Stahl) und sehr scharfkantig, andererseits kleben sie bei der Verwendung von Kühlmittel oft aneinander. Man muss deshalb im Einzelfall durch Versuch herausfinden, ob Absaugen zweckmäßig und möglich ist.

Sägen von Kunststoff

Kunststoffe können in den meisten Fällen problemlos gesägt werden. Mit Ausnahme der Kettensäge sind alle Sägetypen einsetzbar. Tandemsägen mit gegenläufigen Sägeblättern können lediglich bei einigen Thermomeren und Kunststoffschäumen wegen deren Schmelzkleberwirkung nicht eingesetzt werden.

Materialeigenschaften

Kunststoffe sind, an Metall gemessen, verhältnismäßig weich, können aber durch Füll- und Verstärkungsstoffe wie Glasfasern oder Mineralien besondere Eigenschaften haben, die bei der Auswahl der geeigneten Einsatzwerkzeuge, der Schnittgeschwindigkeit und des Vorschubes zu beachten sind. Beim eigentlichen Sägevorgang entsteht relativ wenig Wärme. Problematisch hingegen ist die Reibung des Sägeblattes im Sägespalt und den darin verbleibenden Spänen.

Schneidenwerkstoff

Als Zahnwerkstoffe können sowohl HC, HSS und HM verwendet werden. Bei weichen Kunststoffen können bei geringer Schnittgeschwindigkeit HC-Zähne verwendet werden, bei härteren Duromeren sind HSS-Zähne länger schnitthaltig. Glasfaserverstärkte Kunststoffe (GFK) sowie Kunststoffe mit mineralischen Füllstoffen sollten mit HM-Zähnen bearbeitet werden. Kreissägeblätter werden ausschließlich mit HM-bestückten Zähnen für die Kunststoffbearbeitung eingesetzt.

Zahngeometrie

Sägeblätter für die Anwendung in Kunststoffen sollten bei industrieller Anwendung nach Anweisung der Kunststoffhersteller für den spezifischen Einsatzzweck optimiert sein. In der handwerklichen Praxis werden dagegen meist sogenannte Universal- oder Multimaterialblätter eingesetzt. Wichtigste Merkmale sind:
– Zahnform
– Zahnstellung
– Zahnteilung (Zähnezahl)

Zahnform: Für die Bearbeitung von Kunststoffen werden bei Kreissägen meist Trapez-Flachzähne verwendet, die wegen der ausgeglichenen Zahnbelastung eine gute Standzeit haben. Die Sägeblätter gleichen somit denjenigen zur NE-Metallbearbeitung (Abbildung: siehe dort). Bei Hubsägeblättern werden meistens Spitzzähne oder HM-bestückte Wolfszähne verwendet.

Zahnstellung: Die Zahnstellung ist bei Sägeblättern für Kunststoff meist neutral oder leicht negativ, weil hierdurch eine geringe Zahnspitzenbelastung bei der Bearbeitung von Duromeren erreicht wird. Bei der Bearbeitung weicher Thermomere sind auch positive Zahnstellungen möglich. Bei Hubsägeblättern werden grundsätzlich positive Zahnstellungen verwendet, weil sonst das Rückstoßmoment zu groß würde.

Zahnteilung (Zähnezahl): Die Zahnteilung oder Zähnezahl richtet sich nach der Werkstückdicke. Da immer zwei bis drei Zähne im Eingriff sein sollen, benötigt man für dünne Werkstücke mehr (kleinere) Zähne pro Längeneinheit als für dickere Werkstücke.

Schnittgeschwindigkeit

Die Wahl der passenden Schnittgeschwindigkeit ist beim Sägen von Kunststoffen außerordentlich wichtig. Zu hohe Schnittgeschwindigkeiten führen zu Anschmelzungen der Materialränder und der Späne, wodurch keine befriedigende Schnittqualität möglich ist. Da Kunststoffart und Zahngeometrie des Sägeblattes hier in enger Einflussnahme zueinander stehen, sind Versuche an Materialresten unerlässlich. Empfohlene Richtwerte der Kunststoffhersteller können als Ausgangsbasis dienen.

Vorschub

Für den Vorschub gelten wegen der Vielfalt der Kunststoffe grundsätzlich dieselben Regeln wie bei der Wahl der Schnittgeschwindigkeit: Probieren geht über Studieren!

Kühlung

Das Kühlen des Sägeblattes ist bei Kunststoffen problematisch, weil durch das Kühlmittel eine Verfärbung des Kunststoffes eintreten kann. Man wird deshalb meist auf Kühlung verzichten. Der beim Absaugen der Späne entstehende Luftstrom wirkt sich günstig aus, Absaugung sollte also wenn immer möglich erfolgen.

Spanabfuhr

Die Spanabfuhr sollte möglichst ungehindert möglich sein und wird am besten durch Absaugung unterstützt. Im Sägespalt verbleibende Späne können sich um die Zähne legen oder in der Sägespur verbleiben, was zur Verstopfung bzw. zum Anschmelzen führen kann. Zusammengeschmolzene Späne können zur Verstopfung der Spankanäle (bei Kreissägen) führen. Durch die Spanabnahme und die Reibung des Sägeblattes können sich die Späne bestimmter Kunststoffarten elektrostatisch aufladen, wodurch sie an Werkstattgegenständen und an der Kleidung haften bleiben. Die Reinigung ist dann sehr umständlich. Aus diesem Grunde sollte beim Bearbeiten von Kunststoffen grundsätzlich eine Absaugeinrichtung verwendet werden.

Sägen von Holz

Alle Hölzer können problemlos gesägt werden, für alle Holzarten gibt es geeignete Sägeblätter. Alle Sägetypen sind verwendbar. Wegen ihrer Zahngeometrie eignet sich die Kettensäge besonders für Schnitte in frischem ("grünem") Holz.

Materialeigenschaften

Hölzer haben eine relativ geringe Härte und lassen sich gut zerspanen. Bei zu hohen örtlichen Temperaturen neigen sie zum Anbrennen. Die beim Schnitt entstehende Wärme muss also möglichst minimiert werden. Wichtigste Voraussetzung für kühlen Schnitt sind scharfe Sägezähne. Die Elastizität, speziell bei langfaserigen, weichen Hölzern, übt eine gewisse Klemmwirkung auf das Sägeblatt (Stammblatt) aus, welche in zusätzliche Reibungswärme umgesetzt wird. Die beim Schnitt entstehenden Späne führen fast keine Wärme ab.

Schneidenwerkstoff

Hölzer sind im Gegensatz zu Metallen schlechte Wärmeleiter und nehmen, speziell bei schnelllaufenden Kreissägeblättern, die bei der Spanabnahme entstehende Wärme so gut wie nicht auf. Die Zahnspitzen werden deshalb, besonders bei dicken Werkstücken, thermisch hoch belastet. Aus den vorgenannten Gründen sollten, wenn immer möglich, bei Kreissägeblättern Zähne mit Hartmetallschneiden verwendet werden. Kreissägeblätter mit Zähnen aus CV-Stahl ergeben bei weichen Hölzern eine etwas bessere Oberflächenqualität, stumpfen aber schnell ab (bei Verwendung in Hartholz sehr schnell!) und neigen dann zum Überhitzen ("Ausglühen"). Bei Hubsägen werden relativ niedrige Schnittgeschwindigkeiten erreicht, weshalb hier HC- oder HSS-Zähne bei sehr guter Schnittqualität lange Standzeiten haben.

Zahngeometrie

Die meisten der auf dem Markt verfügbaren Sägeblätter sind für die Anwendung in Holz optimiert. Die große Auswahl ermöglicht die optimale Zuordnung zum verwendeten Holz und der betreffenden Arbeitsaufgabe. Wichtigste Merkmale sind:

– Zahnform
– Zahnstellung
– Zahnschliff
– Zahnteilung (Zähnezahl)

Zahnform: Die Zahnformen und Zahnanordnungen für die Bearbeitung von Holz sind außerordentlich vielfältig. Für die Bearbeitung von Holz werden bei Kreissägen meist Wechselzähne verwendet, deren spitzwinklige Außenschneiden eine gute Schnittqualität ergeben. Bei Hubsägeblättern werden meistens Spitzzähne verwendet.

Zahnstellung: Die Zahnstellung ist bei Sägeblättern für Holz grundsätzlich positiv, weil hierdurch ein leichtes, rissfreies Eindringen in den Werkstoff ermöglicht wird und die Späne günstig abfließen können. Lediglich bei Kappsägen werden neutrale bis leicht negative Zahnstellungen verwendet, weil hierdurch das Werkstück fest an die Anschläge gedrückt und nicht in das Sägeblatt gezogen wird.

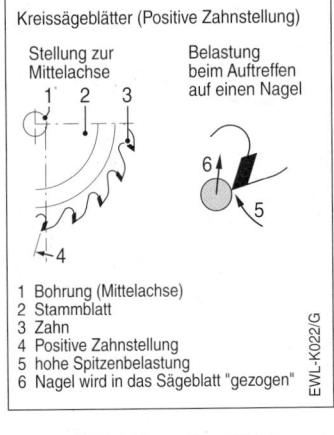

Kreissägeblätter (Positive Zahnstellung)

Stellung zur Mittelachse
1 2 3

Belastung beim Auftreffen auf einen Nagel
6 5

1 Bohrung (Mittelachse)
2 Stammblatt
3 Zahn
4 Positive Zahnstellung
5 hohe Spitzenbelastung
6 Nagel wird in das Sägeblatt "gezogen"

EWL-K022/G

Zahnschliff: Neben dem üblichen, in Schnittrichtung rechtwinkligen Schliff der Zahnvorderkante verwendet man zur Steigerung der Schnittqualität auch schräg- oder hohlgeschliffene Zähne.

Kreissägeblätter
Wechselzahn
Ausführung für hohe
Lebensdauer.

Brust-Achswinkelschliff für exakten
konturgenauen Schnitt.
Schneidet Holzplatten, Plattenmaterialien, Faserwerkstoffe, Sperrholz, Press-Schichtstoffe.

Kreissägeblätter
Wechselzahn
für Normalschnitt

Schneidet Weich- und Hartholz,
Spanplatten, Press-Schichtholz,
Tischlerplatten.

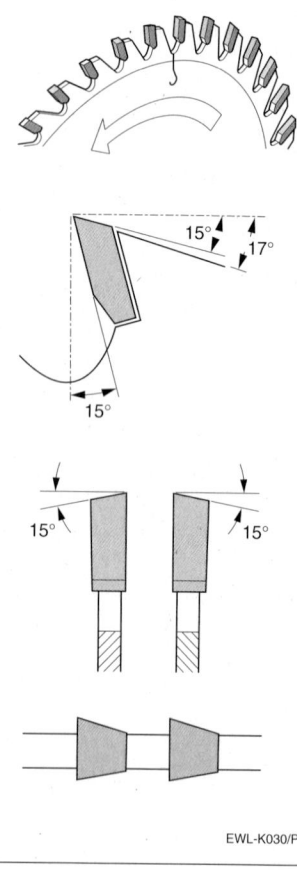

EWL-K029/P

EWL-K030/P

Kreissägeblätter
Dualverzahnung für
Längs- und Querschnitt

Schneidet Massiv-, Weich- und
Hartholz sowie Dickholz-, Span-
und Tischlerplatten. Jeweilige
Zahnfolge im 5er Zahnsegment.

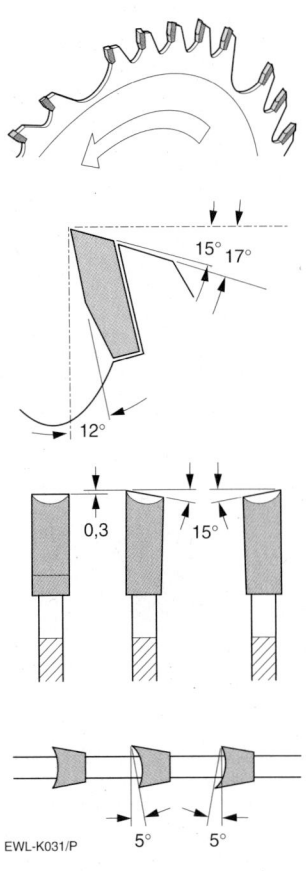

EWL-K031/P

Kreissägeblätter
Flachzähne mit wechsel-
seitiger Anfasung

Die breite Abstützung im Zahnrücken
gibt hohe Widerstandskraft und ist
unempfindlich gegen Fremdkörper
wie Nägel und Betonreste im Material.
Schneidet Baustellenmaterialien,
Schalungsbretter, Bauhölzer,
Gasbetonsteine.

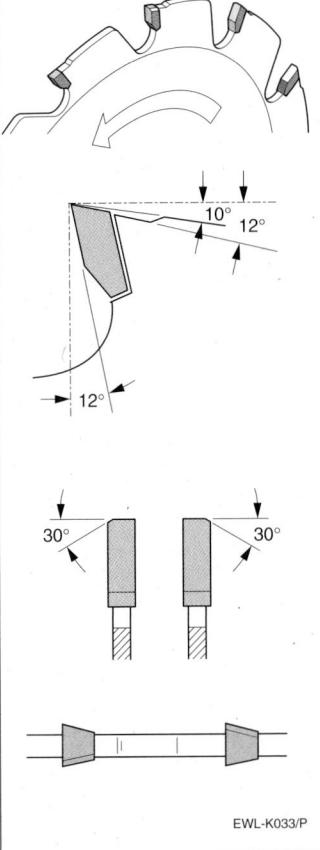

EWL-K033/P

Kreissägeblätter
Flachzahn

Geeignet für schnelle Trennschnitte (längs und quer) in
Holz und Plattenwerkstoffen
sowie Bauhölzern. Grobe
Schnittqualität.

Kreissägeblätter
Sägeblatt mit Spitzzahn

Geeignet für feine Zuschnitte
in Weichholz (quer zum
Faserverlauf), Sperrholz und
Paneele. Chrom-Vanadium-
Ausführung.

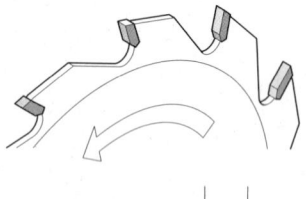

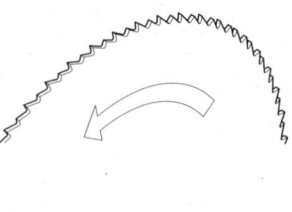

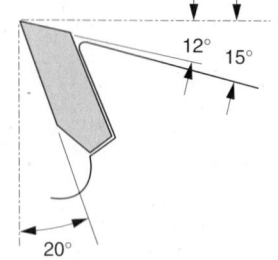

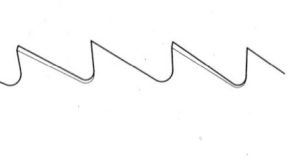

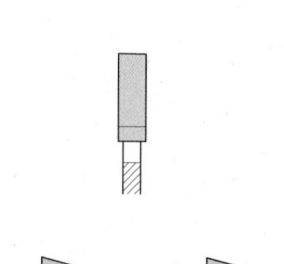

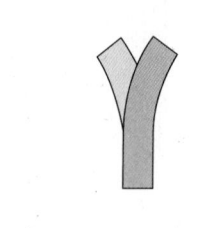

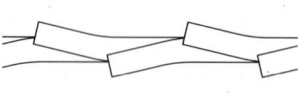

EWL-K034/P

EWL-K035/P

Kreissägeblätter
Sägeblatt mit Grobzahn
(Schwedenzahn)

Geeignet für schnelle und
grobe Schnitte (längs und
quer) in Bauholz, Brettern
und Weichholz. Chrom-
Vanadium-Ausführung.

Kreissägeblätter
Längsschnitt-Wechselzähne
mit Abweiser (Rückschlagarm)

Geeignet für Weich-, Hart- und
Bauholz, Schalungs- und
Rohspanplatten.

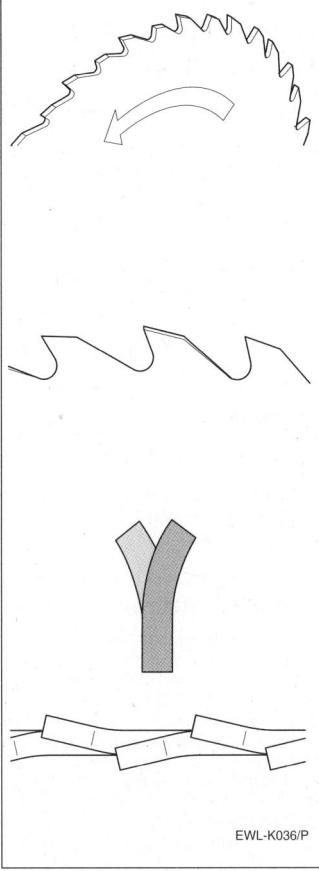

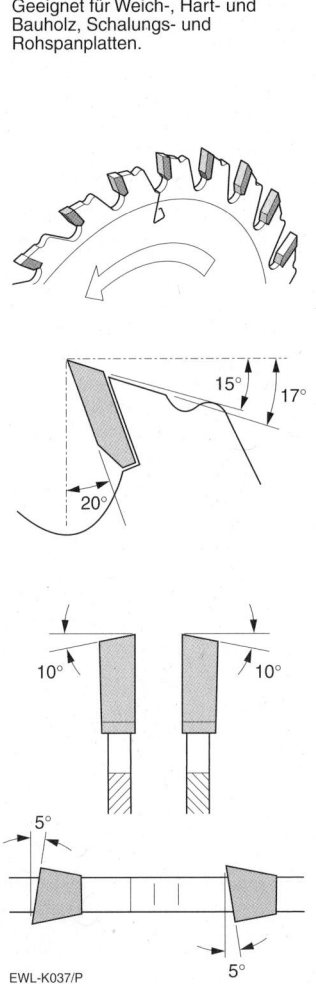

EWL-K036/P

EWL-K037/P

Kreissägeblätter
Flachfasenzähne

Beidseitig angefaste Schneidkanten
gegen Hartmetallausbrüche. Für
Bauhölzer, Bretter, Gasbetonsteine,
Faserplatten.

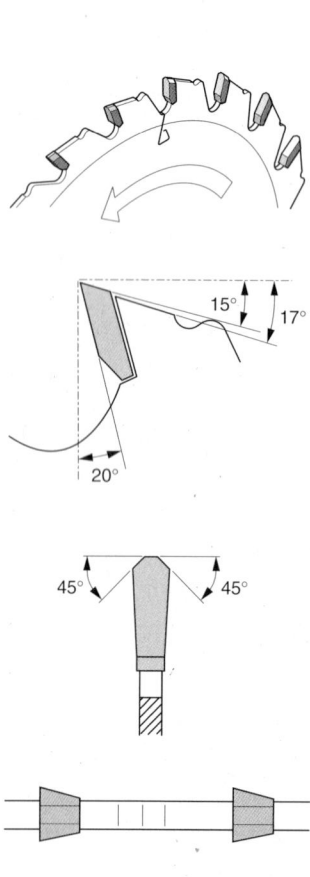

EWL-K038/P

Zahnteilung (Zähnezahl): Die Zahnteilung oder Zähnezahl richtet sich nach der Schnittrichtung und der Werkstückdicke. Da immer zwei bis drei Zähne im Eingriff sein sollen, benötigt man für dünne Werkstücke mehr (kleinere) Zähne pro Längeneinheit als für dickere Werkstücke. Bei Schnitten quer zur Faser sind die Späne kurz, das für Querschnitte geeignete Sägeblatt muss also eine höhere Zähnezahl haben als das Sägeblatt für Längsschnitte, wo die Einzelspäne länger sind.

Schnittgeschwindigkeit
Beim Sägen von Holz wird mit hohen Schnittgeschwindigkeiten gearbeitet. Weichhölzer gestatten höhere Schnittgeschwindigkeiten als Harthölzer.

Vorschub
Bei der Bearbeitung von Holz ist zügiger Vorschub, möglichst ohne Unterbrechung, wichtig, um örtliche Überhitzung und damit Brandflecken zu vermeiden.

Kühlung
Beim Sägen von Holz wird ohne Kühlung gearbeitet. Der beim Absaugen der Späne entstehende Luftstrom wirkt sich günstig aus, Absaugung sollte also, wenn immer möglich, erfolgen.

Spanabfuhr
Die Spanabfuhr muss ungehindert möglich sein, am besten durch Absaugung unterstützt. Im Sägespalt verbleibende Späne können sich um die Zähne legen, was zur Verstopfung bzw. zu Brandflecken führen kann.

Sägen von Steinwerkstoffen

Steinwerkstoffe können nur dann im eigentlichen Sinn des Wortes „gesägt" werden, wenn der Werkstoff deutlich „weicher" ist als der Schneidenwerkstoff des Einsatzwerkzeuges. In allen anderen Fällen muss durch Tiefenschliff der Werkstoff getrennt werden. Die für diesen Zweck angebotenen „Steinsägen" sind spezialisierte Trennschleifer mit diamantbestückten Trennscheiben. (siehe Kapitel „Schleifen" und „Diamant-Einsatzwerkzeuge")

Materialeigenschaften

Die zum „Sägen" geeigneten Steinwerkstoffe wie beispielsweise Gasbeton und einfach gebrannte Ziegel haben ein lockeres und sprödes Gefüge. Von den Bearbeitungsrückständen (Splitter, Staub) geht eine stark abrasive Wirkung auf das Einsatzwerkzeug aus. Der Steinwerkstoff selbst nimmt nur einen sehr geringen, vernachlässigbaren Teil der bei der Bearbeitung entstehenden Wärme auf.

Schneidenwerkstoff

Der Schneidenwerkstoff muss härter als das zu bearbeitende Material sein. Für die oben genannten Werkstoffe müssen die Zähne deswegen aus Hartmetall oder mit Hartmetall bestückt sein.

Zahngeometrie

Die Geometrie der Zähne ist bei den (fast ausschließlich verwendeten) Hubsägeblättern dreieckförmig-symmetrisch. Hierdurch wird beim Vorwärts- und beim Rückwärtshub Arbeitsfortschritt erzielt. Eine Pendelbewegung ist deshalb nicht erforderlich. Die Zahnform ergibt eine negative Zahnstellung, wodurch die Zahnung gegen Stoßbelastung sehr stabil ist. Allerdings sind deshalb diese Sägeblätter nur für Steinwerkstoffe, keinesfalls aber für Metall, Kunststoff oder Holz geeignet. Deshalb müssen die zu bearbeitenden Steinwerkstoffe frei von metallischer Bewehrung sein.

Schnittgeschwindigkeit

Die Schnittgeschwindigkeit wird durch den Hubweg und die Hubzahl der Säge bestimmt. Es kann in der Regel mit höchster Hubzahl gearbeitet werden. Üblich sind Hübe von 35...55 mm bei Hubzahlen von ca. 850...2000 Hüben/min.

Vorschub

Der Vorschub oder Andruck ist so zu wählen, dass die Maschinenhubzahl nicht wesentlich zurückgeht und ein guter Staubtransport stattfindet. Hierzu ist eventuell ein Hin- und Herbewegen der Säge in Hubrichtung nötig.

Kühlung

Durch den porösen Strukturaufbau des Werkstoffes entsteht beim „Zerspanen" nicht viel Wärme. Besondere Kühlmaßnahmen sind deshalb nicht erforderlich.

Staubabfuhr

Durch die Hin- und Herbewegung der Hubsägen lässt sich eine wirksame Staubabsaugung fast nicht realisieren. Die von den Elektrowerkzeugherstellern teilweise angebotenen Vorrichtungen sollten aber trotzdem angewendet werden. Der hierdurch erreichte Absauggrad von ca. 60...80 % (je nach Arbeitsfall) kann die Arbeit für den Anwender spürbar erleichtern.

Elektrowerkzeuge für die Anwendung „Sägen"

Hubsägen

Hubsägen haben als Funktionsprinzip sich hin- und herbewegende Sägeblätter, der Bewegungsablauf gleicht dem Arbeiten mit der Handsäge. Die meisten Hubsägen und ihre Sägeblätter sind so eingerichtet, dass meist nur in einer Hubrichtung gesägt wird. Die bevorzugte Sägerichtung ist auf Zug, weil hierdurch die Maschine besser beherrscht wird und das Sägeblatt keinen Druck- und damit Knickkräften ausgesetzt ist. In Zugrichtung kann bei den meisten Hubsägen dem Sägeblatt eine Pendelbewegung überlagert werden, wodurch mehr Zähne zum Eingriff kommen und damit der Arbeitsfortschritt bei gleichzeitig geringeren Vorschubkräften wesentlich gesteigert wird. Typische Vertreter der Hubsägen sind:
- Säbelsäge
- Fuchsschwanz
- Multisäge
- Feinschnittsäge
- Stichsäge
- Tandemsäge
- Schaumstoffsäge

Säbelsäge: Säbelsägen haben Motor und Sägeblatt in einer Richtung angeordnet, woraus sich der Name ergeben hat. Sie werden an einem Spatengriff am Maschinenende gehalten und am Maschinenhals oder einem Zusatzhandgriff geführt. Qualitativ hochwertige Säbelsägen haben einen inneren Massenausgleich zur aktiven Vibrationsdämpfung und ein werkzeugloses Spannsystem für das Sägeblatt. Die Maschinenleistungen betragen zwischen 500...1500 Watt, die Schnitttiefe richtet sich nach der Länge des verwendeten Sägeblattes. Zur Verbesserung des Sägefortschrittes kann eine Pendelbewegung des Sägeblattes zugeschaltet werden. Bei Hohlprofilen sind Schnitttiefen bis 250 mm möglich. Typische Verwendung der Säbelsäge: Sanitärbereich, leichter Stahlbau, Palettenrecycling.

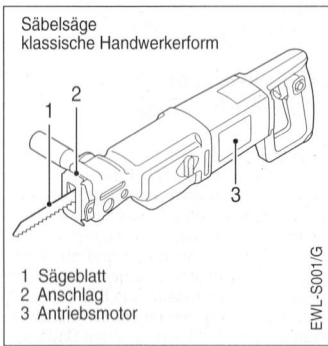

Säbelsäge
klassische Handwerkerform

1 Sägeblatt
2 Anschlag
3 Antriebsmotor

EWL-S001/G

Fuchsschwanz: Der sogenannte Elektrofuchsschwanz hat das gleiche Sägeblattsystem wie die Säbelsäge, der Motor ist allerdings im rechten Winkel zur Sägeblattachse angeordnet. Hierdurch ergibt sich für bestimmte Anwendungen eine günstigere Griffform und wegen des einfacheren Getriebes ein Kostenvorteil. Wie die Säbelsäge wird der Elektrofuchsschwanz zweihändig betrieben. Die Antriebsleistungen liegen zwischen 500 … 800 Watt. Die Schnitttiefe richtet sich nach der Länge des verwendeten Sägeblattes. Bei Hohlprofilen sind Schnitttiefen bis 250 mm möglich. Zur Verbessung des Sägefortschrittes kann eine Pendelbewegung des Sägeblattes zugeschaltet werden. Typische Verwendung des Elektrofuchsschwanzes: Universelle Sägearbeiten, Palettenrecycling.

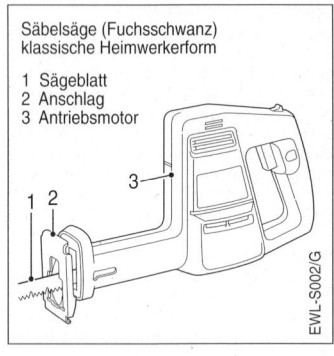

Säbelsäge (Fuchsschwanz)
klassische Heimwerkerform

1 Sägeblatt
2 Anschlag
3 Antriebsmotor

EWL-S002/G

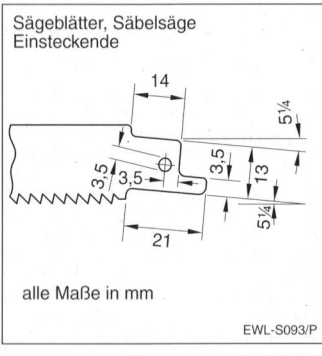

Sägeblätter, Säbelsäge
Einsteckende

alle Maße in mm

EWL-S093/P

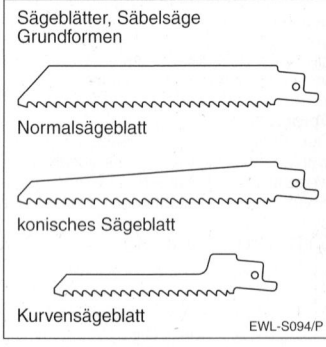

Sägeblätter, Säbelsäge
Grundformen

Normalsägeblatt

konisches Sägeblatt

Kurvensägeblatt

EWL-S094/P

Sägeblätter, Säbelsäge
Zahnformen

Normalzahnung (Holz + Metall)

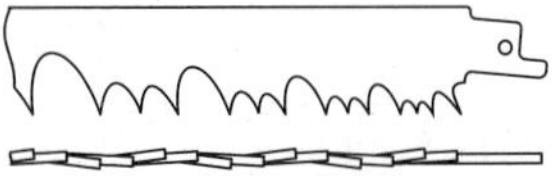

Progressivzahnung (Metall)

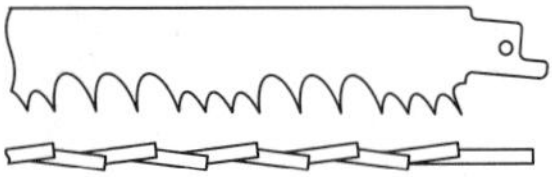

Variozahnung (Metall)

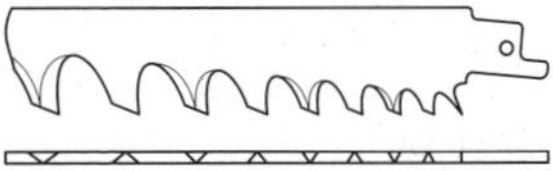

Progressivzahnung (Holz)

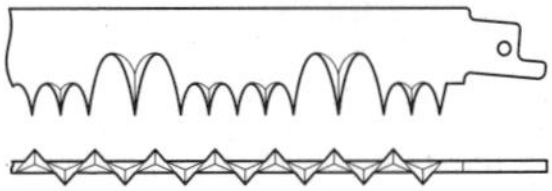

Wolfszahnung (Holz)

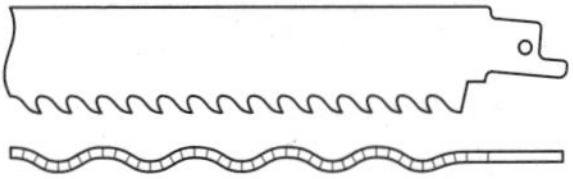

gewellte Feinzahnung (Metall)

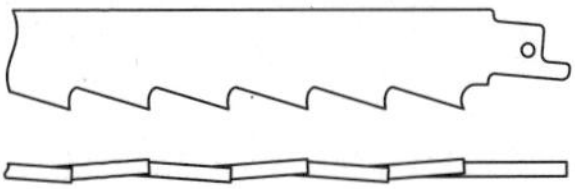

Edelstahlblätter (Gefriergut)

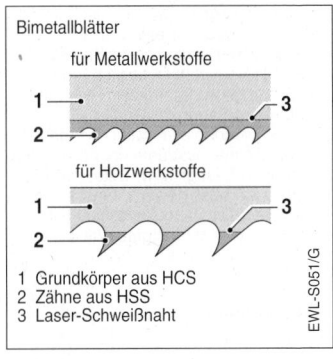

Bimetallblätter

für Metallwerkstoffe

für Holzwerkstoffe

1 Grundkörper aus HCS
2 Zähne aus HSS
3 Laser-Schweißnaht

Multisäge: Die Multisäge gleicht in Aussehen und Funktion der Säbelsäge, verwendet aber das kleinere Sägeblattsystem der Stichsägen.

Wegen der geringeren Maschinenleistung von ca. 400 Watt ist die Multisäge sehr klein und handlich, wodurch sie auch im Einhandbetrieb für diffizile Arbeiten an komplexen Werkstücken verwendet werden kann. Wegen ihrer Handlichkeit lässt sich die Multisäge sehr gut zum Bearbeiten bereits bestehender Bauteile, auch an senkrechten Flächen und zum Entasten im Gartenbereich einsetzen. Zur Verbesserung des Sägefortschrittes kann eine Pendelbewegung des Sägeblattes zugeschaltet werden.

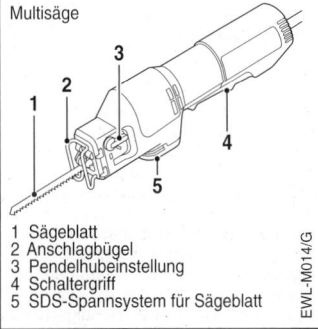

Multisäge

1 Sägeblatt
2 Anschlagbügel
3 Pendelhubeinstellung
4 Schaltergriff
5 SDS-Spannsystem für Sägeblatt

Feinschnittsäge: Die Feinschnittsäge gleicht im Aussehen etwa der Multisäge, verwendet aber ein spezielles Sägeblattsystem. Das Sägeblatt ist seitlich am Motorgehäuse angeordnet, wodurch ein maschinenbündiges Sägen möglich ist. Die Sägeblätter verwenden symmetrische, dreieckförmige Zähne, wodurch in beiden Hubrichtungen gesägt wird. Eine Pendelbewegung ist aus diesem Grunde nicht vorgesehen. Die Zahnung ist sehr fein, wodurch eine hohe Schnittgüte erreicht wird.

Sie ist für Holz und Kunststoffbearbeitung, nicht aber für Metalle geeignet. Wegen der Dreieckzähne sind Quer- und Gehrungsschnitte gut, Längsschnitte aber nicht gut möglich.

Feinschnittsäge

1 Säge
2 Sägeblatt
3 Gehrungslade

EWL-F006/G

Feinschnittsäge „Bündigsägen"

EWL-F007/G

Sägeblätter, Feinschnittsäge
Einsteckende und Sägeblattführung

1 Sägeblatt
2 Sägeblattführung

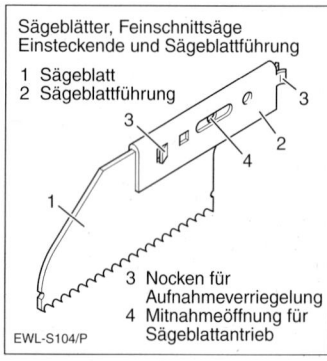

3 Nocken für
 Aufnahmeverriegelung
4 Mitnahmeöffnung für
 Sägeblattantrieb

EWL-S104/P

Neben Freihandanwendung wird die Feinschnittsäge meist in einer Gehrungslade betrieben, wodurch winkeltreue Gehrungsschnitte möglich sind. Mit Maschinenleistungen von ca. 350 Watt sind Feinschnittsägen leicht und handlich. Die maximalen Werkstückabmessungen richten sich nach dem zu sägenden Gehrungswinkel. Typisches Anwendungsgebiet der Feinschnittsäge sind Zuricht- und Einpassarbeiten sowie Bündigschnitte.

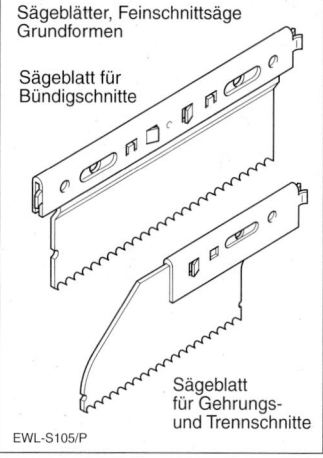

Sägeblätter, Feinschnittsäge
Grundformen

Sägeblatt für
Bündigschnitte

Sägeblatt
für Gehrungs-
und Trennschnitte

EWL-S105/P

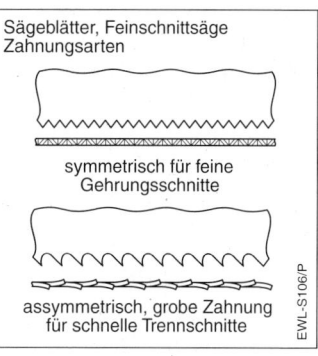

Sägeblätter, Feinschnittsäge
Zahnungsarten

symmetrisch für feine
Gehrungsschnitte

assymmetrisch, grobe Zahnung
für schnelle Trennschnitte

EWL-S106/P

Stichsäge: Die Stichsäge ist neben der Kreissäge die meistbenutzte Säge. Sie verbindet in idealer Weise Handlichkeit und universelle Einsatzmöglichkeiten miteinander. Motor und Sägeblatt sind im rechten Winkel zueinander angeordnet, das Motorgehäuse (in Stab- oder Bügelform) bildet den Handgriff. Die Stichsäge geht auf eine Erfindung der BOSCH- Tochterfirma SCINTILLA von 1946 zurück, das speziell für die Stichsäge entwickelte Sägeblattsystem mit Ein-Nocken-Schaft hat sich weitestgehend zum Weltstandard entwickelt. Die Maschinenleistungen bewegen sich zwischen 300...750 Watt, zur Verbesserung des Sägefortschrittes kann eine mehrstufige Pendelbewegung des Sägeblattes zugeschaltet werden. Die Schnitttiefen betragen bis über 100 mm, wobei aber bei Schnitttiefen oberhalb der doppelten Hubhöhe (üblicherweise beträgt der Hub ca. 25 mm, also Schnitttiefe ca. 50 mm) aus physikalischen Gründen der Sägespänetransport systembedingt aus dem Sägespalt so behindert wird, dass der Arbeitsfortschritt deutlich zurückgeht.

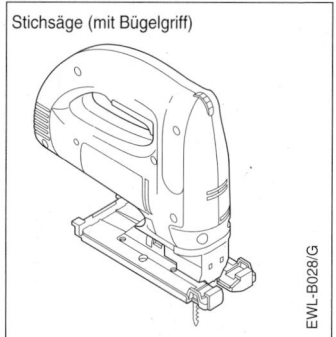

Stichsäge (mit Bügelgriff)

EWL-B028/G

Durch eine schwenkbare Fußplatte sind Gehrungsschnitte möglich. Die Stichsäge eignet sich insbesondere für komplexe Arbeiten mit Kurvenschnitten in allen Materialien. Sie verfügt unter allen Sägen über die größte Auswahl an universellen und speziellen Sägeblättern.

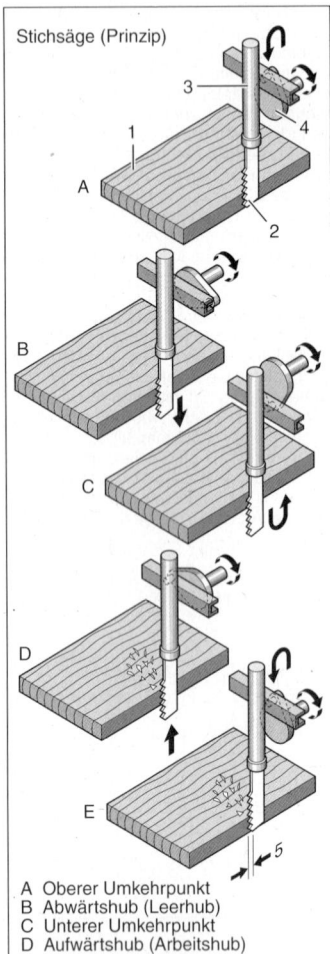

Stichsäge (Prinzip)

A Oberer Umkehrpunkt
B Abwärtshub (Leerhub)
C Unterer Umkehrpunkt
D Aufwärtshub (Arbeitshub)
E Ende des Aufwärtshubes
  (oberer Umkehrpunkt)

1 Werkstück
2 Sägeblatt
3 Hubstange
4 Exzenterantrieb
5 Sägefortschritt

EWL-S060/P

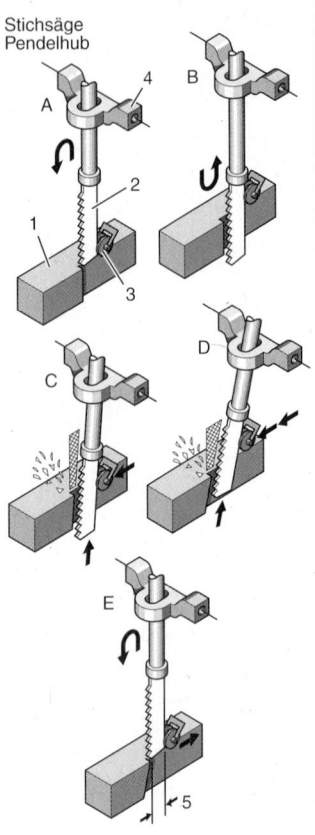

Stichsäge Pendelhub

A Oberer Umkehrpunkt
B Unterer Umkehrpunkt
C Aufwärtshub-Anfang
D Aufwärtshub-Mitte
E Unterer Umkehrpunkt

1 Werkstück
2 Sägeblatt
3 Stütz- und Pendelrolle
4 Schwenklager
▨ Eingriff der Sägezähne
5 Sägefortschritt

EWL-S061/P

Tandemsäge: Bei der Tandemsäge werden zwei Sägeblätter in einer schwertförmigen Führung gegenläufig bewegt. Die Zahngeometrie der Sägezähne ist symmetrisch, die Sägeblätter schneiden im Vorwärts- und im Rückwärtshub. Eine Pendelbewegung findet deshalb nicht statt. Wegen der Gegenlaufbewegung der Sägeblätter arbeitet die Tandemsäge momentfrei, d. h. beim Ansetzen und Sägen wird die Säge weder an das Werkstück gezogen noch weggestoßen, wodurch die Handhabung der Säge sehr sicher ist. Wegen der starren Führung der Sägeblätter im Schwert ist die Tandemsäge nur für gerade Schnitte geeignet. Bei Aufnahmeleistungen von 1200...1600 Watt und Sägeblatthüben von 35...55 mm beträgt die Sägeblattlänge 300...350 mm.

Stichsäge
Eintauchfunktion

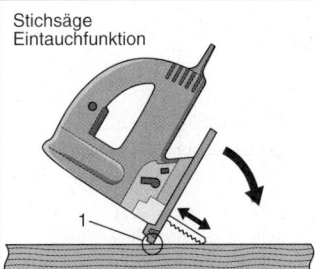

Maschine mit dem Stütz-/Drehpunkt (1) aufsetzen und einschalten.

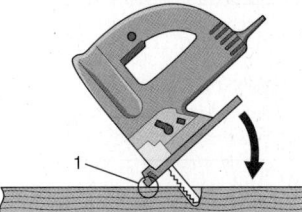

Maschine ohne Vorschub um den Stütz-/Drehpunkt schwenken.

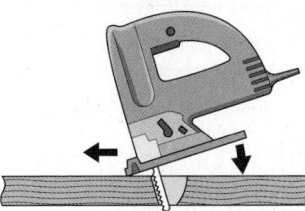

Mit wenig Vorschub weiterschwenken

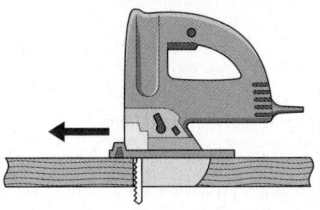

Mit normalem Vorschub weiterarbeiten.

EWL-S063/P

Sägeblätter, Stichsäge
Einnockeneinsteckende

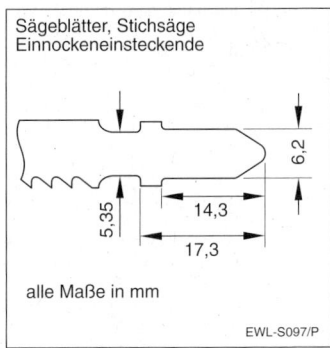

alle Maße in mm

EWL-S097/P

Sägeblätter, Stichsäge
Einsteckenden

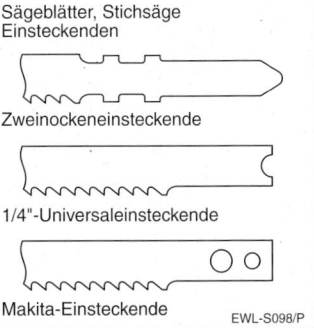

Zweinockeneinsteckende

1/4"-Universaleinsteckende

Makita-Einsteckende

EWL-S098/P

Die Tandemsäge ist in erster Linie für die Bearbeitung von Holz im Zimmereibereich vorgesehen. Wegen der Dreieckzähne sind Quer- und Gehrungsschnitte gut, Längsschnitte aber nicht gut möglich. Mit Hartmetall-Sägezähnen bestückte Sägeblätter eignen sich jedoch auch zum Sägen weicher und poröser Steinwerkstoffe wie Gasbeton und Leichtziegel. Die Sägeblätter können werkzeuglos gewechselt werden. Metalle können mit der Tandemsäge prinzipbedingt nicht gesägt werden: Die Metallspäne, welche zwischen die Sägeblätter und in die Schwertführung gelangen, würden durch Reibschweißung die Sägeblätter festsetzen. Kunststoffe können mit Einschränkung gesägt werden: Die Späne und Stäube geschäumter Thermoplaste, besonders auf Styrolbasis, erhitzen sich durch Reibung zwischen den Sägeblättern und der Führung. Nach Abkühlung blockieren sie die Sägeblätter durch Schmelzklebereffekt.

Sägeblätter, Stichsäge
Grundformen

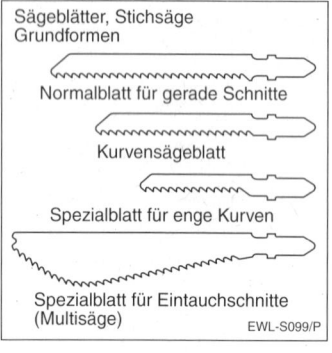

Normalblatt für gerade Schnitte

Kurvensägeblatt

Spezialblatt für enge Kurven

Spezialblatt für Eintauchschnitte
(Multisäge)

EWL-S099/P

Sägeblätter, Stichsäge
Zahnungsarten

EWL-S100/P

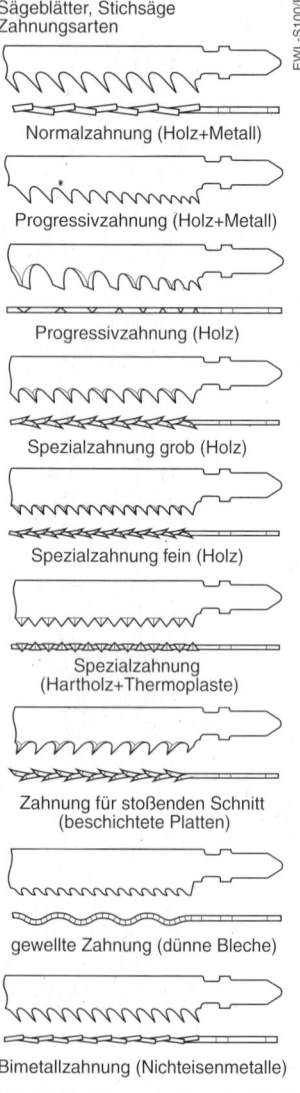

Normalzahnung (Holz+Metall)

Progressivzahnung (Holz+Metall)

Progressivzahnung (Holz)

Spezialzahnung grob (Holz)

Spezialzahnung fein (Holz)

Spezialzahnung
(Hartholz+Thermoplaste)

Zahnung für stoßenden Schnitt
(beschichtete Platten)

gewellte Zahnung (dünne Bleche)

Bimetallzahnung (Nichteisenmetalle)

Sägeblätter, Stichsäge
Messer

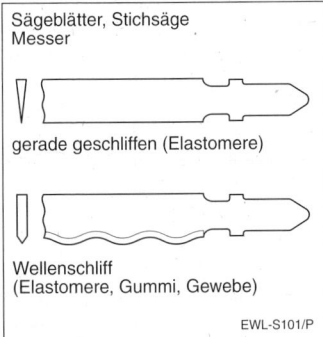

gerade geschliffen (Elastomere)

Wellenschliff
(Elastomere, Gummi, Gewebe)

EWL-S101/P

Sägeblätter, Tandemsäge
Einsteckende

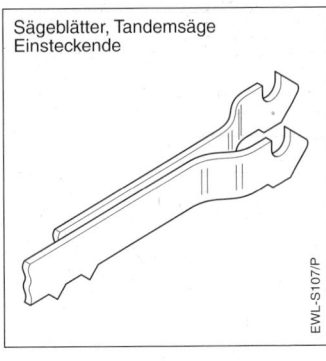

EWL-S107/P

Sägeblätter, Stichsäge
Hartmetall

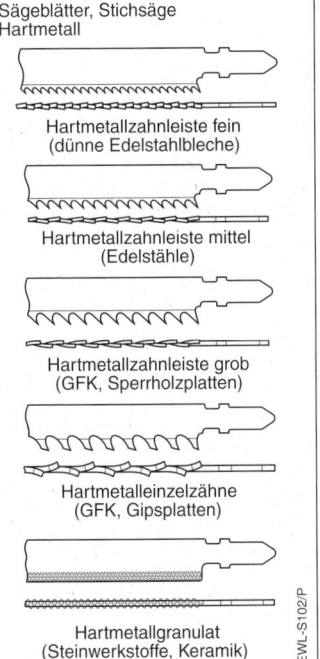

Hartmetallzahnleiste fein
(dünne Edelstahlbleche)

Hartmetallzahnleiste mittel
(Edelstähle)

Hartmetallzahnleiste grob
(GFK, Sperrholzplatten)

Hartmetalleinzelzähne
(GFK, Gipsplatten)

Hartmetallgranulat
(Steinwerkstoffe, Keramik)

EWL-S102/P

Sägeblätter, Tandemsäge
Zahnungsarten

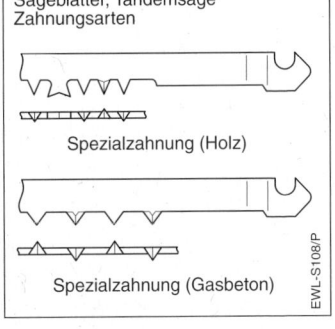

Spezialzahnung (Holz)

Spezialzahnung (Gasbeton)

EWL-S108/P

Schaumstoffsäge:
Die Schaumstoffsäge ist vom Prinzip her
wie die Tandemsäge aufgebaut, hat aber
im Gegensatz zu dieser keine Sägeblätter, sondern gezahnte Messer, die in einer Führung hin- und hergleiten. Am
Ende der Führung befindet sich ein Gleitschuh, der eine bequeme Führung der
Schaumstoffsäge ermöglicht. Geschnitten werden kann prinzipiell nur elastisches Material wie Kunststoff- und Gum-
mischäume oder Stofflagen, welche nach
dem Trennvorgang seitlich an der
Führung vorbeigleiten können. Sogenannte Hartschäume (z. B. auf Styrol-
oder PU-Basis) können nicht getrennt
werden. Je nach Verwendungszweck
werden Messer von 70...300 mm an der

Schaumstoffsäge eingesetzt. Die Aufnahmeleistung beträgt ca. 300 Watt. Das Gerät ist klein und handlich, es wird am Motorgehäuse gehalten und geführt. Die Messer können werkzeuglos gewechselt werden, mit einer speziellen Vorrichtung sind sie nachschärfbar.

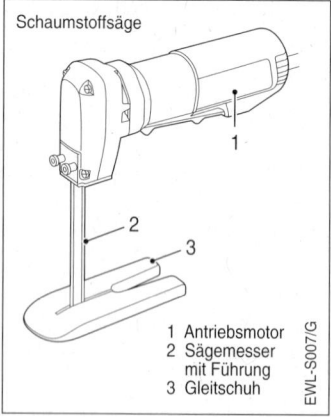

Schaumstoffsäge

1 Antriebsmotor
2 Sägemesser
  mit Führung
3 Gleitschuh

EWL-S007/G

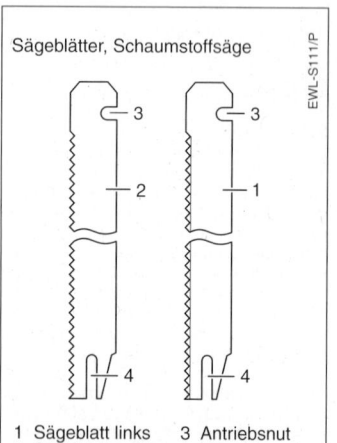

Sägeblätter, Schaumstoffsäge

EWL-S111/P

1 Sägeblatt links   3 Antriebsnut
2 Sägeblatt rechts 4 Führungsnut

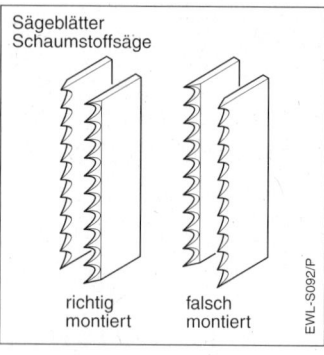

Sägeblätter Schaumstoffsäge

richtig montiert   falsch montiert

EWL-S092/P

Rotationssägen

Rotationssägen arbeiten mit einem scheibenförmigen Sägeblatt, an dessen Umfang sich die Sägezähne befinden. Die durch das Prinzip erreichbaren, hohen Schnittgeschwindigkeiten erlauben wesentlich bessere Schnittqualitäten und Arbeitsfortschritte, als dies bei handgeführten Hubsägen möglich ist. Prinzipbedingt sind bei allen Rotationssägen nur gerade Schnitte möglich. Bis auf wenige Ausnahmen ist der Motor in der Rotationsachse des Sägeblattes oder, bei Vorhandensein eines Reduziergetriebes, seitlich versetzt davon angeordnet. Die Vorschubrichtung ist stets im Gegenlauf, d. h. gegen die Rotationsrichtung des Sägeblattes. Die typische Rotationssäge ist die Kreissäge.

Kreissäge: Die handgeführte Kreissäge ist das wichtigste Elektrowerkzeug zur Holzbearbeitung. Die erste handgeführte elektrische Kreissäge wurde von der BOSCH-Tochterfirma SKIL 1924 in den USA entwickelt. Kreissägen gibt es in universell verwendbaren und speziellen Ausführungen. Die wichtigsten handgeführten Kreissägen sind:
– Handkreissägen
– Handkreissägen mit Eintauchfunktion
– Tauchsägen
– Kapp- und Gehrungssägen
– Paneelsägen
– Steinsägen
Der größte Teil der handgeführten Kreissägen hat üblicherweise Schnittiefen von

40...85 mm. Die Leistungsaufnahme beträgt zwischen 350...1600 Watt. Schnitttiefen bis über 100 mm werden im Zimmereibereich eingesetzt, allerdings ist die Handhabung derart großer Handkreissägen wegen der starken Rückdrehmomente im Falle von Sägeblattklemmern nicht unkritisch. Handkreissägen mit einstellbarer Drehzahl und elektronischer Konstantregelung können optimal auf das zu bearbeitende Material eingestellt werden und halten die eingestellte Drehzahl auch unter wechselnder Belastung bei. Hierdurch ergibt sich eine bessere Schnittqualität bei höherem Arbeitsfortschritt. Das zu sägende Material bestimmt Aufbau und Geometrie des Kreissägeblattes. Es können nahezu alle Werkstoffe bearbeitet werden.

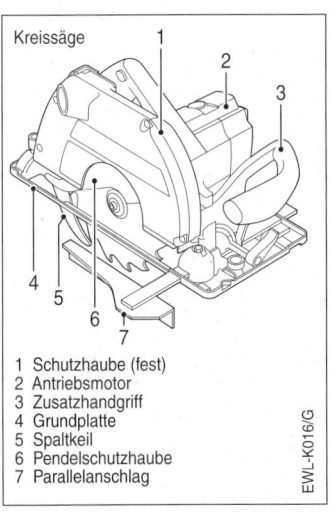

Kreissäge

1 Schutzhaube (fest)
2 Antriebsmotor
3 Zusatzhandgriff
4 Grundplatte
5 Spaltkeil
6 Pendelschutzhaube
7 Parallelanschlag

EWL-K016/G

Handkreissägen: Typische Handkreissägen sind auf einer Grundplatte so montiert, dass die Motor-Getriebe-Sägeblatteinheit in der Höhe und auch im Winkel zur Grundplatte verstellt werden können. Hierdurch ist eine Einstellung der Schnitttiefe und des Gehrungswinkel (meist bis 45°) möglich. Um die Rückschlagsgefahr durch Klemmen des Sägeblattes im Werkstoff zu verhindern, ist in Sägerichtung hinter dem Sägeblatt ein sogenannter Spaltkeil angebracht. Die Berührung des Sägeblattes vor und nach dem Sägen wird durch eine beim Ansetzen selbsttätig ausschwenkende Pendelschutzhaube verhindert. Die Handkreissäge darf nur mit funktionsfähiger Pendelschutzhaube und richtig eingestelltem Spaltkeil betrieben werden. Eine Manipulation dieser wichtigen Schutzvorrichtungen ist nicht zulässig. Serienmäßig verfügen Handkreissägen über einen einfachen Parallelanschlag. Handkreissägen mit entsprechend profilierter Grundplatte können entlang einer Führungsschiene betrieben werden, wodurch der Schnittverlauf präziser wird.

Handkreissägen mit Eintauchfunktion: Handkreissägen mit Eintauchfunktion verfügen über einen Schwenkmechanismus, mit dem das Sägeblatt durch die Grundplatte der Säge in die Werkstoffoberfläche „eingetaucht" werden kann, wodurch sogenannte „Taschenschnitte" ermöglicht werden. Das Eintauchen ist mit einem feststehenden Spaltkeil, wie er bei Handkreissägen üblich und in den meisten Ländern vorgeschrieben ist, nicht möglich. Handkreissägen mit Eintauchfunktion haben aus diesem Grunde einen Spaltkeil, der während des Eintauchens zurückgeschwenkt wird und dadurch den Eintauchvorgang nicht behindert. Wenn die Säge nach dem Eintauchvorgang weitergeschoben wird, schwenkt der Spaltkeil automatisch in den Sägespalt zurück. Wegen der Zusatzfunktionen ist das Kostenniveau höher als das der „normalen" Handkreissägen, die Mehrkosten amortisieren sich aber durch die erweiterten Anwendungsmöglichkeiten.

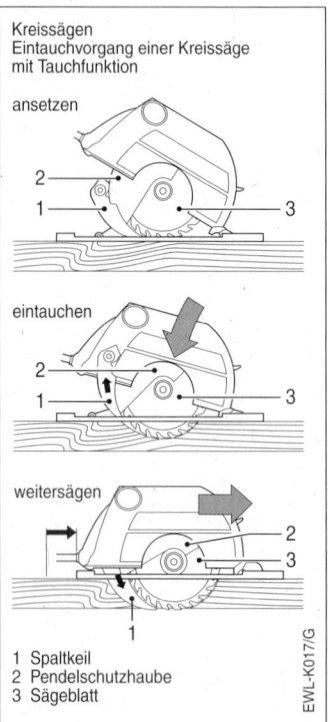

Kreissägen
Eintauchvorgang einer Kreissäge
mit Tauchfunktion

ansetzen

eintauchen

weitersägen

1 Spaltkeil
2 Pendelschutzhaube
3 Sägeblatt

EWL-K017/G

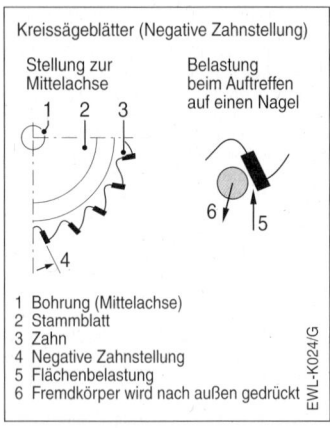

Kreissägeblätter (Negative Zahnstellung)

Stellung zur
Mittelachse

Belastung
beim Auftreffen
auf einen Nagel

1 Bohrung (Mittelachse)
2 Stammblatt
3 Zahn
4 Negative Zahnstellung
5 Flächenbelastung
6 Fremdkörper wird nach außen gedrückt

EWL-K024/G

Tauchsägen: Sogenannte „Tauchsägen"
sind spezielle Handkreissägen, bei denen
die Schnitttiefe über eine Säulenführung
erfolgt. Gegen eine Federvorspannung
kann das Sägeblatt durch die Grundplatte
in die Materialoberfläche eintauchen. Wegen der präzisen Säulenführung ist der
Eintauchvorgang einfach durchzuführen.
Zum Eintauchen muss der Spaltkeil abgenommen werden, zum „normalen" Sägen
jedoch wieder montiert und justiert werden.
Für universellen Einsatz sind deshalb reine
Tauchsägen nicht ergonomisch genug.

Kappsägen: Kappsägen sind stationär
eingesetzte Kreissägen, welche über einen Schwenkmechanismus auf einem
Kapptisch nach unten geschwenkt werden können und dabei das auf dem Kapptisch befindliche Werkstück (Leisten,
Kanthölzer, Balken) ablängen (kappen).
Die Werkstücke werden dabei an einen
Anschlag gedrückt oder durch diesen fixiert. Neben rechtwinkligen Schnitten
sind Winkelschnitte, meist bis 45°, möglich. Zur Erhöhung der Arbeitssicherheit
verwendet man für Kappsägen Sägeblätter mit neutraler oder leicht negativer
Zahnstellung. Dies unterstützt das Anpressen des Werkstückes an den Geräte-
anschlag und verhindert ein unkontrol-
liertes „Einziehen" des Werkstückes
durch das Sägeblatt.

Paneelsägen: Paneelsägen sind ähnlich
wie Kappsägen stationär eingesetzte
Kreissägen, welche statt über ein
Schwenkgelenk über Säulen horizontal
betätigt werden. Die Zustellbewegung erfolgt horizontal. Neben rechtwinkligen
und Winkelschnitten bis 45° kann im gleichen Arbeitsgang zusätzlich auch auf
Gehrung geschnitten werden. Bezüglich
der verwendeten Sägeblätter gilt dasselbe wie für Kappsägen.

Steinsägen: Steinsägen sind vom Prinzip her Trennschleifer, gleichen aber in ihrem konstruktiven Aufbau der Handkreissäge. Sie verwenden als Einsatzwerkzeug diamantbestückte Trennscheiben, der Arbeitsvorgang ist Tiefenschliff. Je nach Anwendungsfall und Einsatzwerkzeug wird trocken oder nass „gesägt". Im Falle des Nassbetriebes muss die Steinsäge hierfür geeignet sein und über einen Trenntransformator oder einen FI-Schalter betrieben werden.

Umlaufende Sägen

Umlaufende Sägen haben, wie die Rotationssägen, eine meist sehr hohe Schnittgeschwindigkeit, wodurch sich ein hoher Arbeitsfortschritt ergibt. Bei handgeführten Sägen unterscheidet man in:
– Bandsägen
– Kettensägen

Bandsägen: Bandsägen sind überwiegend Stationärgeräte. Als handgeführtes Elektrowerkzeug sind sie nicht sehr häufig. Der konstruktive Aufwand ist relativ hoch, was sich deutlich in den Kosten niederschlägt. Die Bedienung ist kompliziert, je nach Maschinengröße muss das Gerät von zwei Personen bedient werden. Anwendung hauptsächlich im Zimmereibetrieb. Der zum Sägen dienende Teil des Sägebandes liegt frei, der Rücklauf erfolgt aus Sicherheitsgründen meist innerhalb des Maschinengehäuses.

Kettensägen:

Kettensägen dienen dem schnellen Ablängen und Kappen von Balken und Kanthölzern sowie von frischem („grünem") Holz in der Garten- und Forstwirtschaft. Die an den Gliedern der Sägekette befindlichen Zähne sind sogenannte Hobelzähne, welche einen breiten Span abtragen, der genügend Freischnitt für die relativ breite Kette erzeugt. Die Sägekette wird über eine starres Schwert geführt und liegt dabei sowohl im Vorlauf als auch im Rücklauf völlig frei. Aus diesem Grunde ist eine Zweihandbedienung und das Tragen einer entsprechenden Schutzausrüstung zwingend vorgeschrieben. Als Elektrowerkzeug verfügen Kettensägen über eine Sicherheitsarretierung des Schalters, eine Notausschaltung sowie eine sehr schnelle elektromechanische Bremse. Die üblichen Schwertlängen liegen zwischen 300...400 mm, die Leistungsaufnahme zwischen 1000...1500 Watt.

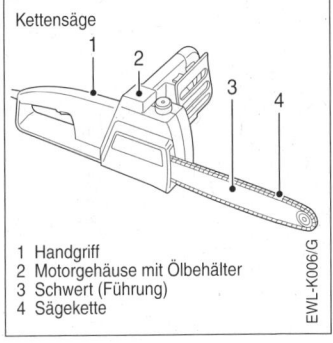

Kettensäge

1 Handgriff
2 Motorgehäuse mit Ölbehälter
3 Schwert (Führung)
4 Sägekette

EWL-K006/G

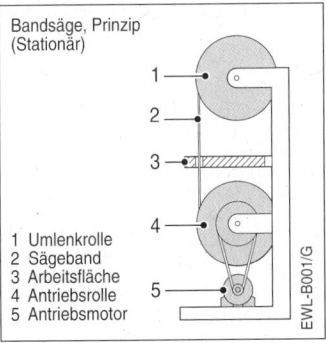

Bandsäge, Prinzip (Stationär)

1 Umlenkrolle
2 Sägeband
3 Arbeitsfläche
4 Antriebsrolle
5 Antriebsmotor

EWL-B001/G

Systemzubehör

Die Systemzubehöre der sägenden Elektrowerkzeuge dienen in erster Linie zur Verbesserung der Arbeitsqualität und der Vereinfachung der Anwendung bei bestimmten Arbeitsaufgaben. Wichtigste Systemzubehöre sind:
– Parallelanschläge
– Führungsschienen
– Zirkelvorsätze
– Winkelanschläge
– Gehrungsladen
– Rohrspanner
– Sägetische
– Spanreißschutz
– Schärfvorrichtungen
– Kühlmittelbehälter

Parallelanschläge
Parallelanschläge erleichtern das parallele Besäumen von Plattenwerkstoffen und Brettern. Parallelanschläge werden direkt an der Säge (Kreissäge, Stichsäge, Multisäge) befestigt. Da nur eine einseitige Führung vorhanden ist, muss die Säge neben der Vorschubrichtung deshalb auch mit ihrem Anschlag an das Werkstück gedrückt werden. Die Schnittparallelität ist deshalb stark von der Aufmerksamkeit des Anwenders abhängig. Mit Kreissägen lassen sich gute Ergebnisse erzielen. Prinzipbedingt ist die Anwendung mit Stichsägen und Multisägen bei Längsschnitten oft nicht befriedigend, weil das Sägeblatt nur einseitig geführt und dazu noch recht elastisch ist, wodurch es von den Holzfasern abgelenkt wird. Eine gewisse Verbesserung bei Längsschnitten ist durch nur geringen Vorschub und die Verwendung geschränkter Sägeblätter möglich.

Führungsschienen
Führungsschienen erlauben Schnitte höchster Präzision ohne Rücksicht auf die Faserrichtung des Werkstoffes. Die Führungsschiene wird mit geeigneten Spannmitteln direkt auf dem Werkstück befestigt. Durch die beidseitige Führung muss lediglich Vorschubarbeit geleistet werden. Wegen der besseren Arbeitsergebnisse ist die Führungsschiene stets dem Parallelanschlag vorzuziehen. Bezüglich der Verwendung mit Stich- und

Multisägen gelten dieselben Einschränkungen wie beim Parallelanschlag.

Zirkelvorsätze
Zirkelvorsätze gestatten die Herstellung runder Werkstücke mittels Stich- und Multisägen. In Schichthölzern sind relativ gute Ergebnisse zu erzielen, bei Massivholz tritt die Faserrichtung oft negativ in Erscheinung, weil sie die nur einseitig geführten Sägeblätter der o. a. Sägen ablenken kann. Eine gewisse Verbesserung ist nur durch geringen Vorschub und die Verwendung geschränkter Sägeblätter möglich.

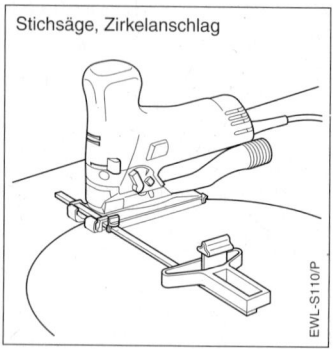

Stichsäge, Zirkelanschlag

EWL-S110/P

Winkelanschläge
Winkelanschläge werden an Multisägen verwendet, um winkeltreue Schnitte von 90° und 45° an Leisten, Latten und Kanthölzern herzustellen.

Gehrungsladen
Gehrungsladen sind das Standardzubehör für die Feinschnittsäge. Durch vielseitige Einstell- und Justagemöglichkeiten können Gehrungs- und Winkelschnitte höchster Präzision realisiert werden.

Rohrspanner
Rohrspanner werden an Säbelsägen verwendet, um in der Installationstechnik rechtwinklige Schnitte an Profilen und Rohren durchzuführen.

Sägetische

Sägetische erlauben die stationäre Anwendung von Kreissägen und Stichsägen. Die Sägetische müssen zu diesem Zweck mit einem Maschinenschutzschalter mit Wiederanlaufsperre ausgerüstet sein. Bei der Anwendung von Kreissägen ist eine Abdeckhaube für das Sägeblatt vorgeschrieben. Längs- und Queranschläge vervollständigen die Ausrüstung der Sägetische.

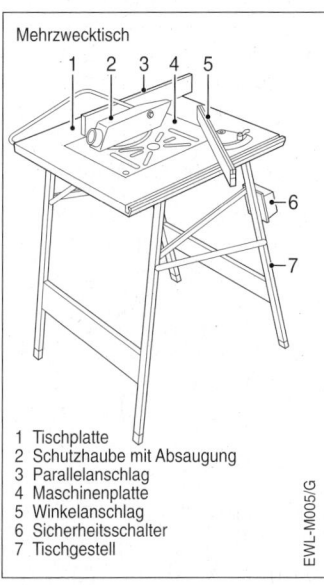

Mehrzwecktisch

1 Tischplatte
2 Schutzhaube mit Absaugung
3 Parallelanschlag
4 Maschinenplatte
5 Winkelanschlag
6 Sicherheitsschalter
7 Tischgestell

EWL-M005/G

Spanreißschutz

Der Spanreißschutz wird als Einlage in die Grundplatte der Stichsäge verwendet und verhindert weitgehend das Ausreißen der Materialoberfläche beim Aufwärtshub des Sägeblattes.

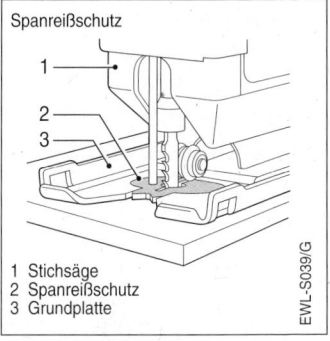

Spanreißschutz

1 Stichsäge
2 Spanreißschutz
3 Grundplatte

EWL-S039/G

Schärfvorrichtungen

Schärfvorrichtungen gibt es für die Messer der Schaumstoffsäge und die Sägezähne der Kettensäge. Schärfvorrichtungen für Kettensägen können sowohl manuell (Feilen) als auch motorisch (kleine Geradschleifer mit speziellen Schleifstiften) funktionieren. Kreissägeblätter können in Werkzeugschleifereien nachgeschärft werden.

Kühlmittelbehälter

Stichsägen können bei der Metallbearbeitung mit einem Kühlmittelbehälter ausgerüstet werden, dessen Inhalt fein dosierbar durch ein Röhrchen vor das Sägeblatt tropft. Die Standzeit der Sägeblätter, insbesondere bei der Bearbeitung von korrosionsbeständigen Stählen, kann dadurch vervielfacht werden.

Arbeitsschutz beim Sägen

Schwerpunkt des Arbeitsschutzes beim Sägen sind die scharfgezahnten Einsatzwerkzeuge sowie die teilweise sehr hohen Umfangsgeschwindigkeiten bei Rotationssägen. Im praktischen Betrieb liegen die Einsatzwerkzeuge bei vielen Anwendungen prinzipbedingt frei. Lediglich Rotationssägen können mit Schutzhauben ausgerüstet werden.

Schnitttiefenverstellung

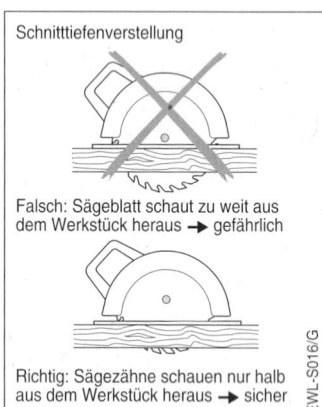

Falsch: Sägeblatt schaut zu weit aus dem Werkstück heraus → gefährlich

Richtig: Sägezähne schauen nur halb aus dem Werkstück heraus → sicher

EWL-S016/G

Diese dürfen vom Anwender nicht entfernt oder manipuliert werden. Durch die teilweise sehr hohen Maschinenleistungen können sich sehr starke Rückdrehmomente, speziell bei Kreissägen und Kettensägen, entwickeln. Die Schutzbrille sollte grundsätzlich getragen werden, bei längeren Arbeiten ist ein Gehörschutz zweckmäßig. Bei der Verwendung von Sägen in Stationäreinrichtungen müssen Maschinenschutzschalter mit Wiederanlaufsperre verwendet werden. Die Einsatzwerkzeuge sollten, von Kreissägen abgesehen, prinzipiell nach Beendigung der Arbeit aus dem Elektrowerkzeug entfernt werden. Bei Kettensägen ist die Schutzhülle über die Kette zu schieben.

Zusammenfassung

Für die Arbeitsaufgabe „Sägen" steht eine sehr große Typenvielfalt an Elektrowerkzeugen und Einsatzwerkzeugen zur Verfügung. Es gibt für nahezu alle Werkstoffe geeignete Sägeblätter und Sägewerkzeuge. Durch die hierdurch mögliche Spezialisierung lassen sich wirtschaftlich hohe Bearbeitungsqualitäten bei raschem Arbeitsfortschritt erzielen. Durch Stationäreinrichtungen und Systemzubehör kann die Bearbeitungsqualität gesteigert und die Bedienung vereinfacht werden.

Sägen
Spaltkeil

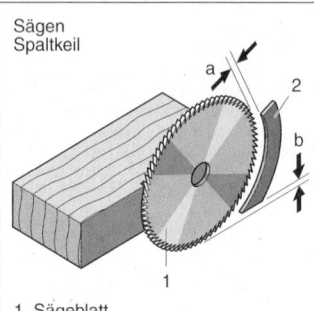

1 Sägeblatt
2 Spaltkeil
a = maximal 10 mm
b = ca. 2 mm

Der Spaltkeil verhindert das Klemmen des Sägeblattes im Sägespalt, indem er den Sägespalt hinter dem Sägeblatt offen hält.

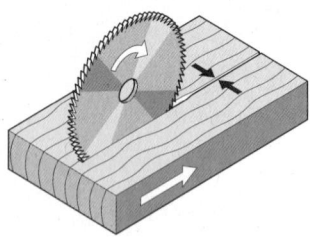

Ohne Spaltkeil:
Sägeblatt klemmt

Mit Spaltkeil:
Klemmen wird verhindert

EWL-S077c/P

Kettensäge
Sicherheitsschaltung

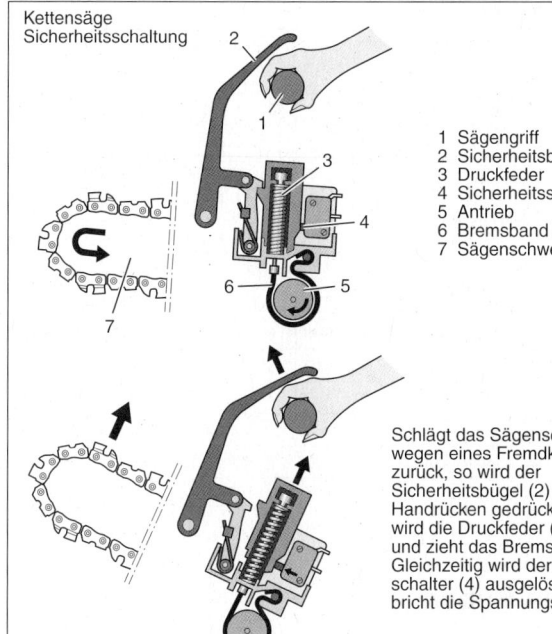

1 Sägengriff
2 Sicherheitsbügel
3 Druckfeder
4 Sicherheitsschalter
5 Antrieb
6 Bremsband
7 Sägenschwert

Schlägt das Sägenschwert (7) wegen eines Fremdkörpers zurück, so wird der Sicherheitsbügel (2) gegen den Handrücken gedrückt. Dadurch wird die Druckfeder (3) entriegelt und zieht das Bremsband (6) an. Gleichzeitig wird der Sicherheitsschalter (4) ausgelöst und unterbricht die Spannungsversorgung.

EWL-S078/P

Drehzahltabelle für Kreissägen

Werk-zeug-ø mm	Drehzahlen in Umdrehungen/Minute (aufgerundet) Bei Schnittgeschwindigkeit in Metern/Sekunde										
	10	16	25	30	35	40	45	48	60	80	100
30	6400	10200	16000	19200	22300	25500	28700	30600	38300	51000	63700
35	5500	8800	13700	16400	19200	21900	24600	26300	32800	43700	54600
40	4800	7700	12000	14400	16800	19200	21500	23000	28700	38300	47800
50	3900	6200	9600	11500	13400	15300	17200	18400	23000	30600	38300
75	2600	4100	6400	7700	9000	10200	11500	12300	15300	20400	25500
100	2000	3100	4800	5800	6700	7700	8600	9200	11500	15300	19200
115	1700	2700	4200	5000	5900	6700	7500	8000	10000	13300	16700
125	1600	2500	3900	4600	5400	6200	6900	7400	9200	12300	15300
150	1300	2100	3200	3900	4500	5100	5800	6200	7700	10200	12800
180	1100	1700	2700	3200	3800	4300	4800	5100	6400	8500	10700
230	900	1400	2100	2500	3000	3400	3800	4000	5000	6700	8400
300	700	1100	1600	2000	2300	2600	2900	3100	3900	5100	6400

S-T01

Praxistipps Hubsägen

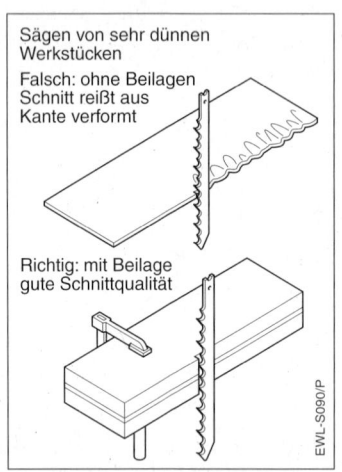

Sägen von sehr dünnen Werkstücken

Falsch: ohne Beilagen Schnitt reißt aus Kante verformt

Richtig: mit Beilage gute Schnittqualität

EWL-S090/P

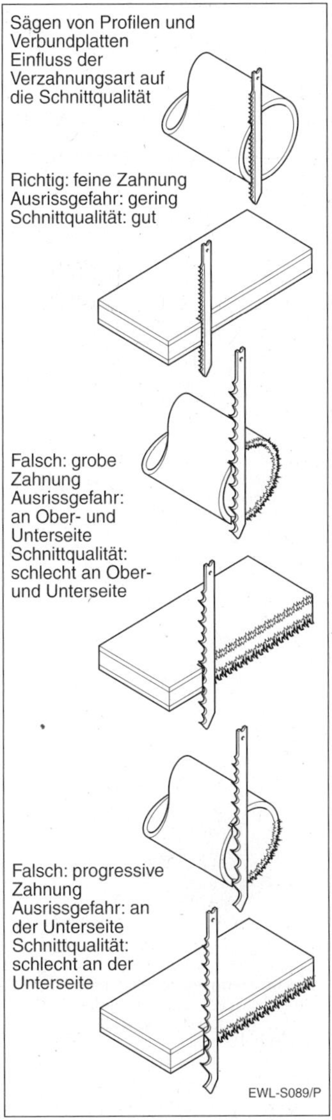

Sägen von Profilen und
Verbundplatten
Einfluss der
Verzahnungsart auf
die Schnittqualität

Richtig: feine Zahnung
Ausrissgefahr: gering
Schnittqualität: gut

Falsch: grobe
Zahnung
Ausrissgefahr:
an Ober- und
Unterseite
Schnittqualität:
schlecht an Ober-
und Unterseite

Falsch: progressive
Zahnung
Ausrissgefahr: an
der Unterseite
Schnittqualität:
schlecht an der
Unterseite

EWL-S089/P

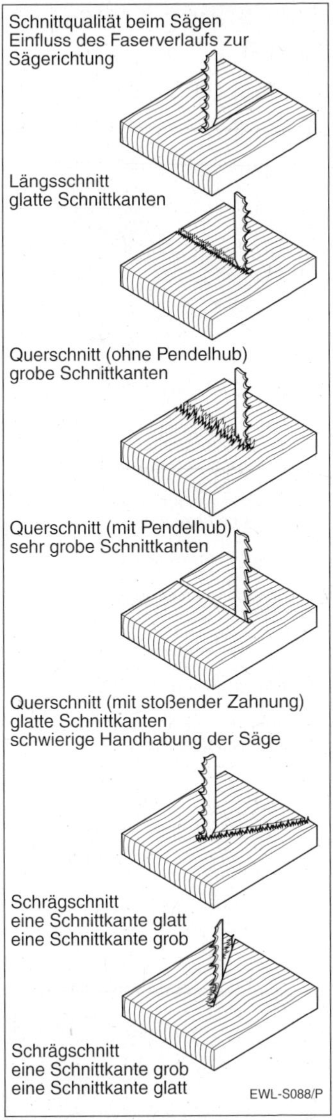

Schnittqualität beim Sägen
Einfluss des Faserverlaufs zur
Sägerichtung

Längsschnitt
glatte Schnittkanten

Querschnitt (ohne Pendelhub)
grobe Schnittkanten

Querschnitt (mit Pendelhub)
sehr grobe Schnittkanten

Querschnitt (mit stoßender Zahnung)
glatte Schnittkanten
schwierige Handhabung der Säge

Schrägschnitt
eine Schnittkante glatt
eine Schnittkante grob

Schrägschnitt
eine Schnittkante grob
eine Schnittkante glatt

EWL-S088/P

Praxistipps Kreissägen

Sägen
Spanwinkel

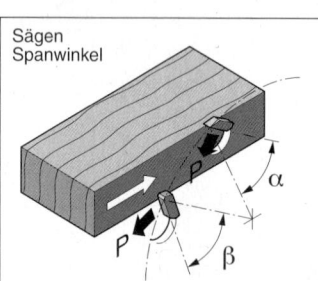

Positiver Spanwinkel (α):

- leichte Zerspanung
- geringe Motorleistung
- Schnittkräfte vorwiegend
  gegen Auflage
- Oberkante sauber
- Unterkante unsauber

Negativer Spanwinkel (β):

- Schnittkräfte mehr gegen
  Vorschub
- schwere Zerspanung
- Unterkante verbessert
- reduzierte Schnittgüte
  an der Oberkante

P: Schnittkraft rechtwinklig
   zur Schneidenbrust

EWL-S068c/P

Kappsägen
Spanwinkel

Positiver Spanwinkel (α):

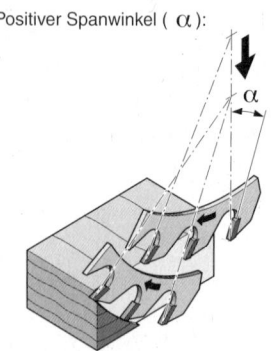

Sägeblätter mit positivem
Spanwinkel neigen durch den
agressiven Zahnein- und austritt zu Ausrissen und Ab-
splitterung der Schnittkante.

Negativer Spanwinkel (β):

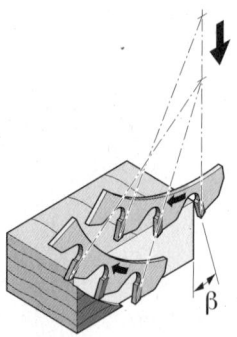

Sägeblätter mit negativem
Spanwinkel haben einen
sanften, reduzierten Ein- und
Austrittswinkel. Dies verhindert
ein Ausreissen und Absplittern
der Schnittkante.
Die Rückschlagsicherheit ist
optimiert.

EWL-S069/P

Praxistipps Kettensägen

Kettensäge
Schnittführung

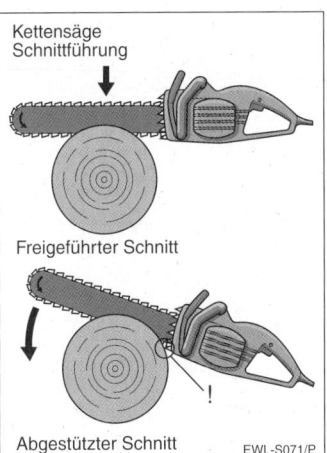

Freigeführter Schnitt

Abgestützter Schnitt

EWL-S071/P

Kettensäge
Entlastungs-/Trennschnitt

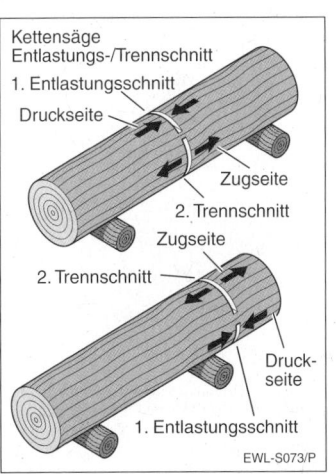

1. Entlastungsschnitt

Druckseite

Zugseite

2. Trennschnitt

Zugseite

2. Trennschnitt

Druck-
seite

1. Entlastungsschnitt

EWL-S073/P

Kettensäge
Schneiden

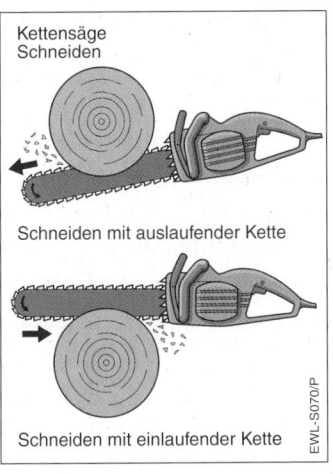

Schneiden mit auslaufender Kette

Schneiden mit einlaufender Kette

EWL-S070/P

Kettensäge
Schnittarten

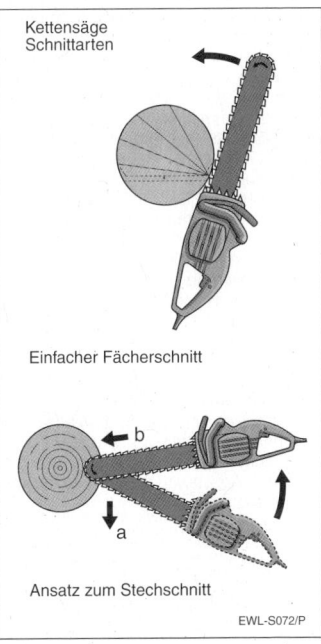

Einfacher Fächerschnitt

Ansatz zum Stechschnitt

EWL-S072/P

Fräsen

Der Vorgang des Fräsens ist eine spanabhebende Oberflächenbearbeitung. Typische Anwendungen sind dabei die Kantenbearbeitung und das Herstellen von Nuten. Beim Fräsen entsteht ein Materialverlust in Form von Spänen.

Prinzip der Fräse

Handgeführte Fräsen werden vornehmlich zur Holzbearbeitung eingesetzt. Aus diesem Grunde behandeln die folgenden Ausführungen in erster Linie die handgeführte Oberfräse mit ihren Einsatzwerkzeugen. Sie bestehen im Prinzip aus einem senkrecht angeordneten Antriebsmotor, welcher senkrecht auf an einer Grundplatte angebrachten Führungssäulen zum Einstellen der Frästiefe verschoben werden kann. Zur Führung der Oberfräse sind an den Seiten des Motorgehäuses Handgriffe und die Bedienungselemente angebracht. Die Motorachse tritt am unteren Ende aus dem Motorgehäuse aus. An ihr befindet sich eine Spannzange, mit welcher der Schaft des Einsatzwerkzeuges (Fräser) eingespannt wird. Durch die mit einer Öffnung versehene Grundplatte kann der Fräser zugestellt werden. Das Arbeitsprinzip der Fräse ist die Rotation. Wegen der relativ kleinen Fräserdurchmesser muss mit hohen Drehzahlen (20 000 … 30 000 U/min) gearbeitet werden, um die erforderlichen Schnittgeschwindigkeiten zu erreichen. Handgeführte Oberfräsen haben deshalb meist einen Direktantrieb, d. h. der Fräser dreht sich mit der Motordrehzahl.

Das Fräsen in Metall erfolgt mit handgeführten Elektrowerkzeugen mittels Geradschleifern, in deren Spannzangen sogenannte Frässtifte (rotierende Feilen) eingespannt sind. Sie werden in einem späteren Abschnitt dieses Kapitels beschrieben.

Einsatzwerkzeuge

Wie bei allen Einsatzwerkzeugen zur spanabhebenden Bearbeitung werden die Eigenschaften weitgehend durch die Geometrie der Werkzeugschneide bestimmt. Folgende Einzelkriterien bestimmen Arbeitsfortschritt, Schnittgüte, Standzeit, Materialtauglichkeit und Vorschubkräfte:
- Spanwinkel
- Freiwinkel
- Keilwinkel
- Schnittwinkel
- Freischnitt
- Spantiefenbegrenzung
- Schneidenzahl
- Nutform
- Schneidenwerkstoff
- Anlaufzapfen
- Anlaufrollen

Die Leistungsfähigkeit eines Fräsers hängt von der Optimierung der Einzelkriterien auf das zu bearbeitende Material ab.

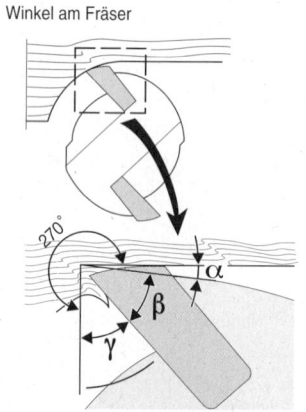

Winkel am Fräser

270°

α β γ

Zusammenwirken der verschiedenen Winkel: Der Spanwinkel g beeinflusst den Spanauswurf, der Keilwinkel b des Fräszahns die Standzeit und der Freiwinkel a die Schnittqualität.
Der Schnittwinkel ergibt sich aus b und g.

EWL-F018/G

Spanwinkel

Große Spanwinkel begünstigen das Eindringen der Schneide in den Werkstoff, kleine oder negative Spanwinkel erschweren das Eindringen. Je größer der Spanwinkel ist, umso geringere Vorschubkräfte sind erforderlich und desto besser die Schnittqualität bei der Bearbeitung von Hirnholz. Kleinere Spanwinkel erhöhen die Vorschubkräfte und ergeben eine schlechtere Schnittqualität bei Hirnholz. Der Spanwinkel beeinflusst den Spanauswurf. Die Auslegung des Spanwinkels ist deshalb weitgehend vom zu bearbeitenden Material abhängig.

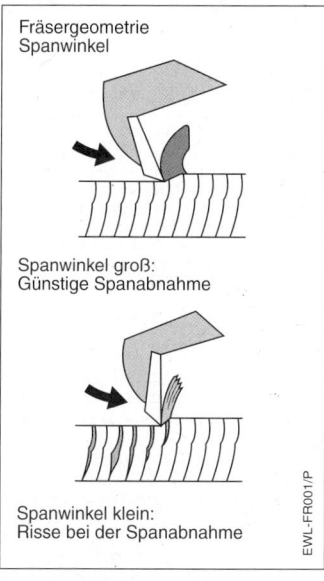

Fräsergeometrie
Spanwinkel

Spanwinkel groß:
Günstige Spanabnahme

Spanwinkel klein:
Risse bei der Spanabnahme

EWL-FR001/P

Freiwinkel

Große Freiwinkel machen die Schneidenkante aggressiv, aber auch bruchgefährdet. Die Reibung des Schneidenrückens im Material ist gering. Kleine Freiwinkel erhöhen die Festigkeit der Schneide, erhöhen aber die Reibung im Material, wodurch eine höhere Erwärmung des Schneidortes auftritt. Der Freiwinkel bestimmt somit die Schnittqualität.

Fräsergeometrie
Freiwinkel

Kleiner Freiwinkel:
Höhere Reibung im Werkstoff

Großer Freiwinkel:
Geringe Reibung im Werkstoff

EWL-FR002/P

Keilwinkel

Zu große Spanwinkel ergeben kleine Keilwinkel, wodurch die Schneide gegen Beanspruchung empfindlicher wird. Die Stabilität und die Wärmeabfuhr verringern sich stark. Durch Verringerung des Freiwinkels kann bei großen Spanwinkeln der Keilwinkel verringert und damit die Schneidenbelastbarkeit erhöht werden. Der Keilwinkel beeinflusst also die Standzeit des Fräsers.

Schnittwinkel

Der Schnittwinkel wird durch den Spanwinkel und die Stellung der Schneide zur Materialoberfläche gebildet. Kleine Schnittwinkel erleichtern das Eindringen der Schneide in dem Werkstoff, größere erschweren es.

Freischnitt

Der Freischnitt ist notwendig, damit der Fräser beim Nutenfräsen nicht klemmt. Der Freischnitt wird durch Hinterschliff oder breitere Zähne (HM) realisiert.

Spantiefenbegrenzung und Spanlückenweite

Die Begrenzung der Spantiefe und der Spanlückenweite dient der Unfallverhütung. Eine geringe Spantiefe und kleine Spanlückenweite verringert die Rückschlaggefahr. Dies ist besonders bei Fräsern großen Durchmessers von Bedeutung. Die Berufsgenossenschaften haben hierfür bindende Vorschriften erlassen. Die Spandicke ist auf maximal 1,1 mm begrenzt.

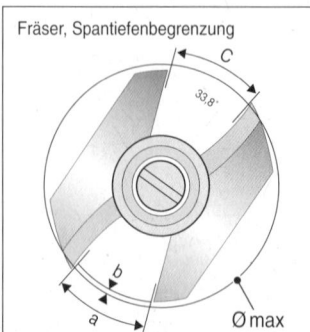

Fräser, Spantiefenbegrenzung

33,8°

Die Vorschriften der deutschen Holz-Berufsgenossenschaft: Begrenzung der Spanlückenweite a (abhängig vom Werkzeugdurchmesser), Begrenzung der Spandicke b max. 1,1mm und „weitgehend kreisrunde Form" (C = 0,6 x Ø max) für sicheres rückschlagarmes Arbeiten.

EWL-F020/G

Schneidenzahl

Die meisten Fräser besitzen zwei gegenüberliegende Schneiden, wodurch sich große Spannuten ergeben, welche besonders beim Bearbeiten von langspänigen Werkstoffen einen günstigen Spantransport gewährleisten. Sonderfräse (z. B. für Aluminium) und Fräser geringen Durchmessers besitzen oft nur eine Spannut, um einen einwandfreien Spantransport zu gewährleisten. Bei Fräsern mit geringen Spanabnahmen, z. B. Bündigfräsern, werden zum Teil 3-schneidige Fräser verwendet, um eine hohe Oberflächengüte zu erreichen.

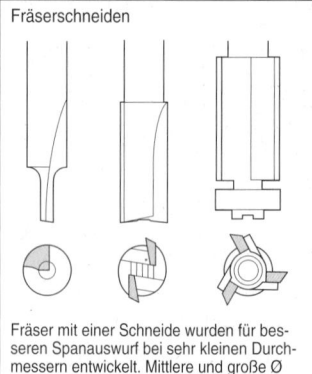

Fräserschneiden

Fräser mit einer Schneide wurden für besseren Spanauswurf bei sehr kleinen Durchmessern entwickelt. Mittlere und große Ø mit 2 Schneiden sind die Regel und erlauben das Anlöten von HM-Schneiden. Mit 3-schneidigen Fräsern lassen sich bei kleinen Schnittkräften sehr saubere Oberflächen erzielen.

EWL-F019/G

Nutform

Die Spannuten sind meist gerade, d. h. parallel zur Fräserachse. Man erreicht hier ein sehr gutes Kosten-Nutzen-Verhältnis. Bei Fräsern für Nuten oder zum Eintauchen (Dübellochfräser) werden gewendelte Nuten verwendet (ähnlich dem Spiralbohrer). Durch die Wendelsteigung werden die Späne sehr gut aus der Frässpur gefördert. Bei Fräsern mit HM-Schneiden werden oft schräge Spannuten angewendet, die technisch leichter zu realisieren sind. Durch schräge oder gewendelte Schneiden wird ein ziehender Schnitt erzeugt, welcher eine bessere Oberflächenqualität ergibt.

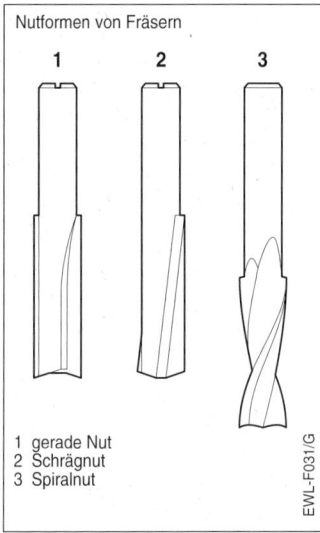

Nutformen von Fräsern

1   2   3

1 gerade Nut
2 Schrägnut
3 Spiralnut

EWL-F031/G

Schneidenwerkstoff

Als Schneidenwerkstoff kommen HSS oder Hartmetalle zur Anwendung. Bei der Verwendung von HSS wird der gesamte Fräser aus diesem Werkstoff hergestellt. Mit HSS lassen sich größere Span- und Freiwinkel realisieren, was zu scharfen, aggressiven, aber nur gering belastbaren Schneiden führt. Mit HM bestückte Fräser eignen sich für höchste Belastung, wegen der hohen Sprödigkeit von HM sind jedoch bestimmte Keilwinkel notwendig, was Einfluss auf die Oberflächengüte haben kann.

Anlaufzapfen

Anlaufzapfen dienen zur Führung von Formfräsern, wobei der Zapfen die Funktion eines Anschlages übernimmt und den Kantenkonturen folgt. Er ist im Durchmesser klein gehalten und poliert, um bei reduzierter Umfangsgeschwindigkeit wenig Reibung zu erzeugen. Dennoch ist ein sehr zügiger Vorschub nötig, um keine Brandspuren zu erzeugen. Ein Verweilen am Ort führt sofort zu Brandflecken am

Holz. Fräser mit Anlaufzapfen sollten nicht für Kunststoffe verwendet werden, da sich der Zapfen in das Material einschmelzen kann, wodurch der Fräser aus der Bahn gerät und das Werkstück beschädigt. Der geringe Zapfendurchmesser ermöglicht es, auch komplexen Kantenstrukturen zu folgen.

Anlaufrolle

Bei Fräsern mit Anlaufrolle wird anstelle des Anlaufzapfens ein abgedichtetes Kugellager verwendet, wodurch die Nachteile des Anlaufzapfens vermieden werden. Dieser Umstand macht die höheren Kosten der Anlaufrolle mehr als wett. Durch die Wahl verschieden großer Kugellager-Außendurchmesser kann das Fräsprofil beeinflusst werden.

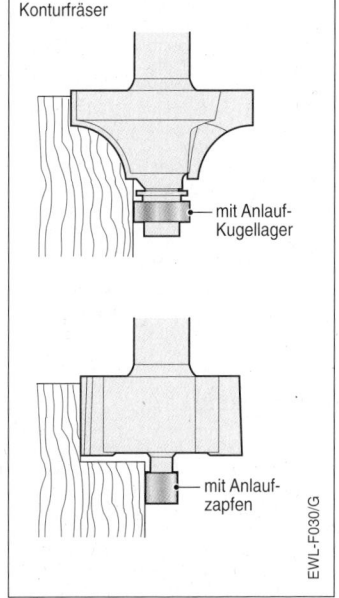

Konturfräser

mit Anlauf-Kugellager

mit Anlaufzapfen

EWL-F030/G

Vorschubrichtung

Die Vorschubrichtung ist bei handgeführten Oberfräsen sicherheitsrelevant. Man unterscheidet in
– Gleichlauffräsen
– Gegenlauffräsen
Die richtige Fräsrichtung entscheidet maßgeblich über die sichere Maschinenführung bei allen Fräsvorgängen entlang von Kanten. Beim Fräsen von Nuten, wenn beide Fräserschneiden im Eingriff sind, ist die Vorschubrichtung prinzipiell unwichtig, die Fräsrichtung allerdings qualitätsentscheidend.

Gleichlauffräsen

Beim Gleichlauffräsen entspricht die Vorschubrichtung der Drehrichtung des Fräsers. Der Radeffekt des Fräsers bewirkt ein „Fortlaufen" des Fräsers auf der Werkstückoberfläche, wodurch die Oberfräse nicht mehr kontrolliert geführt werden kann. Handgeführte Oberfräsen werden deshalb nicht im Gleichlauf betrieben.

Gegenlauffräsen

Beim Gegenlauffräsen ist die Vorschubrichtung entgegen der Drehrichtung des Fräsers. Hierdurch wird die Fräserschneide in das Material gezogen, zusammen mit Anschlägen oder Führungsrollen ergibt sich dadurch eine sichere Maschinenführung. Die Vorschubkräfte sind naturgemäß hoch, können aber dadurch besser kontrolliert werden.

Fräsrichtung

Die Fräsrichtung entscheidet über die Schnittqualität bei Faserwerkstoffen wie z. B. Holz. Je nach Faserverlauf kann es bei einer bestimmten Lage der Faser zur Fräsrichtung zu besserer oder schlechterer Schnittqualität bzw. Ausrissen führen. Wenn irgendwie möglich sollte dies bei der Materialauswahl oder Werkstückgestaltung berücksichtigt werden.

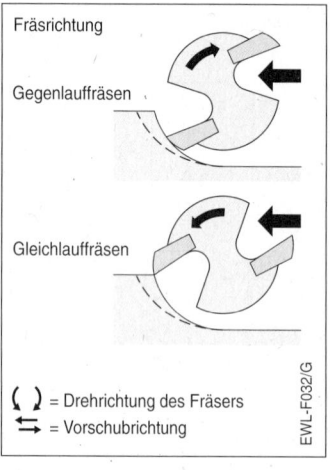

Fräsrichtung

Gegenlauffräsen

Gleichlauffräsen

$(\ )$ = Drehrichtung des Fräsers
$\leftrightarrow$ = Vorschubrichtung

EWL-F032/G

Fräsen von Metall

Materialeigenschaften

Metalle sind spanbare Werkstoffe meist hoher Festigkeit und großer Härte. Leichtmetalllegierungen und einige Buntmetalle können mit der handgeführten Oberfräse bearbeitet werden. Eisenmetalle können mit handgeführten Elektrowerkzeugen nur mit Frässtiften (rotierenden Feilen) an Geradschleifern bearbeitet werden. Die folgenden Ausführungen beschränken sich deshalb auf die Anwendung der Oberfräse in Leichtmetalllegierungen und des Geradschleifers an Eisenmetallen. Bei der Anwendung der Oberfräsen muss beachtet werden, dass die Anwendung in Metallen eine sehr hohe Beanspruchung darstellt. Dies geht in die Lebensdauer der Maschine negativ ein. Die Späne nehmen einen großen Teil der beim Schnitt entstehenden Wärme auf und führen sie ab.

Fräsen mit der Oberfräse

Schneidenwerkstoff: Die in handgeführten Oberfräsen üblicherweise verwendeten Spiralnutfräser für Aluminiumlegierungen bestehen aus HSS. Bei geeigneter Schneidenstellung können einige Formfräser mit HM-Schneiden ebenfalls an Aluminiumlegierungen verwendet werden.

Schneidengeometrie: Spiralnutfräser für Aluminium sind einschneidig. Sie haben eine Spiralschneide mit einer zusätzlichen Hobelschneide zum Eintauchen in dünne Bleche und Profile. Die Spannut ist gewendelt, wodurch die langen Aluminiumspäne gut nach oben abgeführt werden.

Wenn HM-Fräser verwendet werden, müssen solche mit schräger Spannut ausgewählt werden, damit die Späne leicht nach oben ausgeworfen werden. Fräser mit parallel zur Achse verlaufenden Spannuten transportieren die Späne nicht aus dem Fräser heraus, er verstopft dadurch sofort.

Fräser für Aluminium

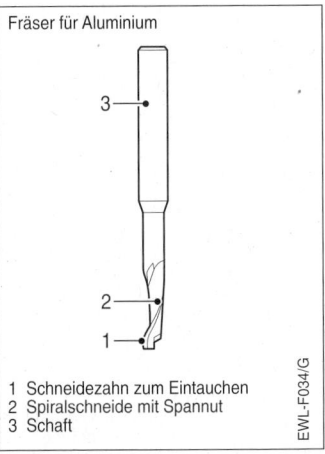

1 Schneidezahn zum Eintauchen
2 Spiralschneide mit Spannut
3 Schaft

EWL-F034/G

Schnittgeschwindigkeit: Die Schnittgeschwindigkeit ist generell gegenüber der Anwendung in Holz zu reduzieren. Da sich die einzelnen Leichtmetalllegierungen unterschiedlich verhalten, ist die günstigste Drehzahl entsprechend dem Fräserdurchmesser und dem Material durch Versuch zu ermitteln.

Vorschub: Generell ist mit geringem Vorschub zu fräsen. Insbesondere bei Formfräsern großen Durchmessers muss der Vorschub sehr langsam und gefühlvoll erfolgen.

Kühlung: Beim Fräsen von Metall muss der Fräser gekühlt und geschmiert werden. Wegen der hohen Drehzahlen ist es günstig, ein spezielles, gut haftendes Schneidfett zu verwenden. Die Schmierung ist in kurzen Abständen zu wiederholen, sonst fällt der Fräser durch Aufbauschneidenbildung aus.

Spanabfuhr: Die Spanabfuhr muss ungehindert möglich sein, am besten durch Absaugung unterstützt. Im Fräsbereich verbleibende Späne können sich um die Schneiden legen, was zu Verstopfung der Spannut führt.

Fräsen mit dem Geradschleifer

Schneidenwerkstoff: Die Frässtifte für den Einsatz in Geradschleifern bestehen aus HSS oder Hartmetall. Wegen der geringen Werkzeugdurchmesser besteht der Schaft in der Regel aus demselben Material wie die Schneiden.

Schneidengeometrie: Wichtigstes Kriterium der Schneidengeometrie bei Frässtiften ist die Zahnungsart, welche auf das zu bearbeitende Material abgestimmt sein muss. Die Zahnungsarten sind mit Ziffern gekennzeichnet, hinzu kommt die Bezeichnung für den zu bearbeitenden Werkstoff (z. B. Alu, NE, FE) sowie herstellerspezifische Bezeichnungen. Generell gilt: Je härter der zu bearbeitende Werkstoff, desto feiner muss die Zahnung sein. Frässtifte zur Bearbeitung von Leichtmetalllegierungen können auch in Kunststoffen verwendet werden.

Je nach der Spanbildung des zu bearbeitenden Werkstoffes ist die Zahnung unterbrochen (Spanbrecher), um einen günstigeren Spanabfluss aus dem Frässtift zu erreichen.

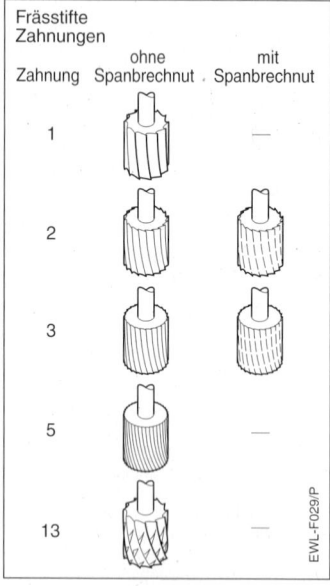

Frässtifte
Zahnungen

Zahnung	ohne Spanbrechnut	mit Spanbrechnut
1		—
2		
3		
5		
13		—

EWL-F029/P

Schnittgeschwindigkeit: Die Schnittgeschwindigkeit ist, nicht zuletzt wegen der geringen Werkzeugdurchmesser, bei normaler Anwendung sehr hoch und beträgt bei HSS ca. 300 m/min, bei HM ca. 450 m/min. Hierdurch ergeben sich, je nach Werkzeugdurchmesser, Drehzahlen von 6000...30 000 U/min. Die Schnittgeschwindigkeit hängt zusätzlich noch vom Eingriff des Frässtiftes (und damit der Spanabnahme) ab. Bei leichter Oberflächenarbeit (z. B. beim Entgraten) kann die Schnittgeschwindigkeit deutlich erhöht werden (bei HM-Frässtiften bis zum doppelten Wert). Bei Werkstoffen mit schlechtem Wärmeleitverhalten (z. B. korrosionsbeständige Stähle, Titanlegierungen) muss die Drehzahl z. T. bis auf die Hälfte reduziert werden.

Vorschub: Generell ist mit geringem Vorschub zu fräsen. Bei Metallen, welche zur Kaltverfestigung neigen (z. B. korrosionsbeständige Stähle), muss mit konsequent stetigem Andruck gearbeitet werden.

Kühlung: Die beim Fräsen entstehende Wärme wird hauptsächlich durch die Späne abgeführt. Bei zähen, schmierenden Werkstoffen ist die Verwendung von Schmierstoffen (Fett, Schneidöl, Kreide) nötig, damit die Zahnung nicht verstopft.

Spanabfuhr: Die Spanabfuhr erfolgt durch die Rotation des Frässtiftes und die daraus resultierende Fliehkraft. Es ist darauf zu achten, dass die Frässtifte nicht magnetisiert sind (z. B. durch Lagerung zusammen mit magnetischen Schrauberbithaltern). Gegebenenfalls sind sie vor Gebrauch zu entmagnetisieren.

Fräsen von Kunststoff

Materialeigenschaften
Kunststoffe haben bei der Spanabnahme ein eher zähes Verhalten bei relativ geringer Härte. Bei zu hohen örtlichen Temperaturen neigen sie zum Anschmelzen (Thermomere) oder zur Zersetzung (Duromere). Die beim Schnitt entstehende Wärme muss also möglichst minimiert werden. Wichtigste Voraussetzung für kühlen Schnitt sind scharfe Werkzeugschneiden. Die Elastizität des Kunststoffes übt eine gewisse Klemmwirkung auf den Fräser aus, welche in zusätzliche Reibungswärme umgesetzt wird. Die beim Schnitt entstehenden Späne führen fast keine Wärme ab.

Schneidenwerkstoff
Kunststoffe sind im Gegensatz zu Metallen schlechte Wärmeleiter und nehmen die beim Fräsen entstehende Wärme so gut wie nicht auf. Die Fräserschneide wird deshalb thermisch hochbelastet. Bei glasfaserverstärkten Kunststoffen wirken die Glasfasern in hohem Maße abrasiv und abstumpfend. Aus den vorgenannten Gründen sollten, wenn immer möglich, Fräser mit Hartmetallschneiden verwendet werden.

Schneidengeometrie
In der Regel wird man für die Kunststoffverarbeitung Fräser mit derselben Schneidengeometrie wie für Holz verwenden. Bei ausschließlichem Einsatz in bestimmten Kunststoffen sollten Fräser mit der vom Kunststoffhersteller empfohlenen Schneidengeometrie verwendet werden.

Schnittgeschwindigkeit

Die Schnittgeschwindigkeit ist gegenüber der Anwendung in Holz unter Umständen zu reduzieren. Da sich die einzelnen Kunststofftypen unterschiedlich verhalten, ist die günstigste Drehzahl entsprechend dem Fräserdurchmesser und dem Material durch Versuch zu ermitteln. Hierbei ist besonders das Anschmelzen der Späne bei bestimmten Thermomeren (z. B. Acrylglas) zu beachten. Bei Sonderwerkstoffen sollte den Empfehlungen des Kunststoffherstellers gefolgt werden.

Vorschub

Ähnlich wie die Schnittgeschwindigkeit ist auch der Vorschub unter Umständen durch Versuch zu ermitteln. Zügiger Vorschub, möglichst ohne Unterbrechung, ist wichtig, um örtliche Überhitzung zu vermeiden.

Kühlung

Die Kühlung beim Fräsen von Kunststoffen ist kritisch, da die üblichen Kühlmittel mit dem Kunststoff negativ reagieren können. Man wird daher ohne Kühlung arbeiten müssen. Der beim Absaugen der Späne entstehende Luftstrom wirkt sich günstig aus, Absaugung sollte also wenn immer möglich erfolgen.

Spanabfuhr

Die Spanabfuhr muss ungehindert möglich sein, am besten durch Absaugung unterstützt. Im Fräsbereich verbleibende Späne können sich um die Schneiden legen oder in der Frässpur verbleiben, was zur Verstopfung bzw. zum Anschmelzen führen kann.

Fräsen von Holz

Materialeigenschaften

Hölzer haben eine relativ geringe Härte und lassen sich gut zerspanen. Bei zu hohen örtlichen Temperaturen neigen sie zum Anbrennen. Die beim Schnitt entstehende Wärme muss also möglichst minimiert werden. Wichtigste Voraussetzung für kühlen Schnitt sind scharfe Werkzeugschneiden. Die Elastizität, speziell bei langfaserigen, weichen Hölzern, übt eine gewisse Klemmwirkung auf den Fräser aus,

welche in zusätzliche Reibungswärme umgesetzt wird. Die beim Schnitt entstehenden Späne führen fast keine Wärme ab.

Schneidenwerkstoff

Hölzer sind im Gegensatz zu Metallen schlechte Wärmeleiter und nehmen die beim Fräsen entstehende Wärme so gut wie nicht auf. Die Fräserschneide wird deshalb thermisch hoch belastet. Aus den vorgenannten Gründen sollten, wenn immer möglich, Fräser mit Hartmetallschneiden verwendet werden. Fräser aus HSS ergeben bei weichen Hölzern eine etwas bessere Oberflächenqualität, stumpfen aber schnell ab und neigen dann zum Überhitzen („Ausglühen").

Schneidengeometrie

Die meisten der auf dem Markt verfügbaren Fräser sind für die Anwendung in Holz optimiert. Die große Auswahl ermöglicht die optimale Zuordnung zum verwendeten Holz und der betreffenden Arbeitsaufgabe.

Schnittgeschwindigkeit

Beim Fräsen von Holz wird mit hohen Schnittgeschwindigkeiten gearbeitet, wobei generell gilt, dass kleinere Fräserdurchmesser höhere Drehzahlen als Fräser großen Durchmessers erfordern, um die empfohlenen Schnittgeschwindigkeiten an der Werkzeugschneide zu erreichen. Weichhölzer gestatten höhere Schnittgeschwindigkeiten als Harthölzer.

Vorschub

Bei der Bearbeitung von Holz ist zügiger Vorschub, möglichst ohne Unterbrechung, wichtig, um örtliche Überhitzung und damit Brandflecken zu vermeiden.

Kühlung

Beim Fräsen von Holz wird ohne Kühlung gearbeitet. Der beim Absaugen der Späne entstehende Luftstrom wirkt sich günstig aus, Absaugung sollte also wenn immer möglich erfolgen.

Spanabfuhr

Die Spanabfuhr muss ungehindert möglich sein, am besten durch Absaugung unterstützt. Im Fräsbereich verbleibende Späne können sich um die Schneiden legen oder in der Frässpur verbleiben, was zur Verstopfung bzw. zu Brandflecken führen kann.

Fräsrichtungen

Massivholz ist ein Werkstoff mit ausgeprägter Faserrichtung. Deshalb ist die Fräsrichtung bzw. die Rotationsrichtung des Fräsers zur Faser von ausschlaggebender Bedeutung für die Schnittgüte.

In den Fällen, wo man in der Wahl der Fräsrichtung Freiheit hat, sollte man die für die Schnittqualität günstigste Fräsrichtung wählen. Die typischsten Fräsrichtungen sind:
– längs der Faser
– quer zur Faser
– schräg zur Faser
wobei bei der Fräsrichtung diagonal zur Faser die Drehrichtung des Fräsers zur Faser für die Schnittqualität entscheidend ist.

Daneben ist beim Fräsen von Nuten mit Hilfe des Parallelanschlages die Unterstützung der Anschlagwirkung zu beachten.

Fräsen mit dem Parallelanschlag

Beim Fräsen mit dem Parallelanschlag wird prinzipiell im Gegenlauf gefräst, wenn Außenkanten bearbeitet werden. Beim Fräsen von Nuten ist die Fräsrichtung theoretisch gleichgültig, weil auf der einen Nutseite die Schneide stets im Gegenlauf, auf der anderen Nutseite stets im Gleichlauf arbeitet. Es sollte aber auch hier stets im Gegenlauf (zur Außenkante gesehen) gearbeitet werden, weil diese Fräsrichtung das Anpressen des Parallelanschlages an die Werkstückkante unterstützt.

Fräsen längs der Faser

Fräsen längs der Faser ergibt eine hohe Schnittgüte. Beim Fräsen von Kanten kann die Schnittgüte noch etwas verbessert werden, wenn man zunächst wie üblich im Gegenlauf fräst, allerdings noch nicht auf Fertigmaß. Man lässt etwa $1/10 \ldots 1/20$ mm stehen und fräst diesen Rest im letzten Fräsgang im Gleichlauf auf Maß. Bei diesen geringen Spandicken kann die Oberfräse auch im Gleichlauf noch sicher beherrscht werden. Diese Methode bewährt sich auch beim Besäumen von Furnierüberstän-

den, weil dadurch ein Einreißen des Furniers verhindert wird.

Bei Fräsen von Nuten, welche in einem Arbeitsgang mit dem entsprechenden Fräserdurchmesser hergestellt werden, arbeitet der Fräser auf einer Nutseite stets im Gleichlauf, auf der anderen Nutseite stets im Gegenlauf. Man erzielt auch hierbei eine hohe Schnittgüte, die allerdings durch in der Nut zurückbleibende Späne etwas schlechter ist als eine vergleichbare Fräsung an der Werkstückaußenkante. Absaugung verbessert hier die Schnittgüte.

Fräsen quer zur Faser

Bei allen Stirnflächen („Hirnholz") hat man austretende Fasern, die quer zur Fräsrichtung stehen. Werkstoffbedingt ist die Schnittgüte deshalb weniger gut als in Längsrichtung, die Oberfläche ist rauer. An dieser Tatsache kann nichts geändert werden. Verbesserungsmöglichkeiten bietet beim Fräsen von Kanten auch hier das Fräsen in mehreren Stufen, wobei zum Schluss nur noch ein sehr dünner Span genommen werden sollte. Bewährt hat sich ein kurzes Anfeuchten der gefrästen Kante nach dem letzten Durchgang. Nach Abtrocknen richten sich die Fasern etwas auf. Wenn man dann nochmals mit gleicher Einstellung überfräst, erreicht man eine geringfügige Verbesserung der Schnittqualität. Grundvoraussetzung ist in jedem Falle ein scharfer Fräser. Schon geringfügig abgenützte Fräser beeinträchtigen deutlich das Ergebnis.

Fräsen schräg zur Faser

Beim Fräsen schräg zur Faserrichtung entscheidet die Drehrichtung des Fräsers zur Faser die Schnittqualität. Hierbei sind zwei Fälle möglich:
– Schnitt schräg *gegen* die Faserrichtung
– Schnitt schräg *mit* der Faserrichtung
(siehe auch die entsprechende Beschreibung im Kapitel „Hobeln")

Schnitt schräg *gegen* die Faserrichtung:
Bei diesem Schnittverlauf löst sich der Faserverbund durch die Spaltwirkung der eindringenden Schneide etwas, wodurch die Schnittgüte sehr rau werden kann. Hierbei gibt es Unterschiede je nach Holzart. Harte Hölzer haben bei dieser

Fräsart meist eine bessere Oberflächengüte als weiche Hölzer. Da die Drehrichtung der Oberfräse und damit des Fräsers nicht geändert werden kann, sollte man, wenn immer man die Wahl hat, diese Fräsrichtung vermeiden.

Schnitt schräg *mit* der Faserrichtung: Bei diesem Schnittverlauf werden beim Fräsvorgang die Fasern aneinandergepresst, wodurch Ausrisse vermieden werden. Die erreichbare Schnittqualität ist deshalb sehr hoch. Wenn man die Wahl hat, sollten Fräsarbeiten stets schräg mit der Faserrichtung erfolgen.

Fräsen von Steinwerkstoffen

Steinwerkstoffe und Verbundwerkstoffe, welche harte mineralische Einschlüsse (z. B. Kiesel) aufweisen, können mit den handgeführten Oberfräsen und den konventionellen Einsatzwerkzeugen zur Zeit nicht bearbeitet werden.

Elektrowerkzeuge für die Anwendung „Fräsen"

Zum handgeführten Fräsen werden je nach Einsatzbereich Oberfräsen oder Geradschleifer verwendet.

Oberfräsen dienen in der Regel zur Holz- und Kunststoffbearbeitung, der Einsatz bei Leichtmetallegierungen ist möglich.

Geradschleifer dienen in erster Linie zur Metallbearbeitung, der Einsatz an Kunststoffen ist möglich, ebenso für kleine Fräsarbeiten an komplex geformten Werkstücken aus Holz.

Oberfräsen

Handgeführte Oberfräsen unterscheiden sich in Verwendungszweck und Leistungsaufnahme voneinander. Üblich sind
– Multifunktionsgeräte
– Kantenfräsen
– Eigentliche Oberfräsen

Multifunktionsgeräte: Multifunktionsgeräte bestehen aus einem stabförmigen Motor, welcher alleine als Geradschleifer verwendet werden kann. Auf einen Fräsvorsatz montiert wird er zur voll funktionsfähigen Oberfräse, allerdings mit ergonomischen Kompromissen. Multifunktionsgeräte sind meist im Heimwerkerbereich zu finden, die Leistungsaufnahme beträgt meist ca. 600 Watt.

Kantenfräsen: Kantenfräsen haben statt einer geraden Grundplatte einen verstellbaren Winkelanschlag, mit dem sie an Werkstückkanten entlanggeführt werden können. Die Leistungsaufnahme geht meist bis ca. 700 Watt, Kantenfräsen sind anwendungsoptimiert und handlich.

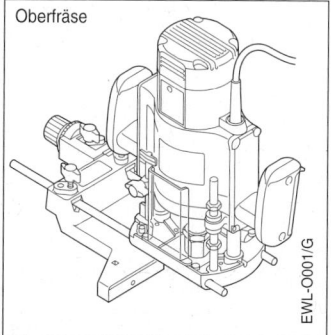

Oberfräse

EWL-0001/G

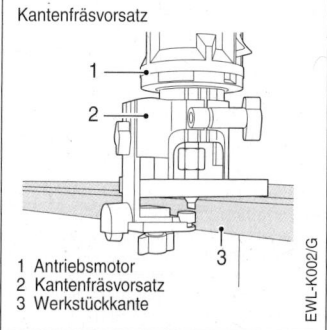

Kantenfräsvorsatz

1 Antriebsmotor
2 Kantenfräsvorsatz
3 Werkstückkante

EWL-K002/G

Eigentliche Oberfräsen: Die eigentlichen Oberfräsen sind Einzweckgeräte, die konstruktiv und ergonomisch auf ihre Anwendung hin optimiert sind. Die Leistungsbereiche gehen von ca. 800 … 2000 Watt. Die üblichen Drehzahlbereiche gehen von ca. 12 000 … 27 000 U/min, wobei Zwischendrehzahlen eingestellt werden können. Als Werkzeugaufnahme dienen Spannzangen für Schaftdurchmesser von 6; 8; 10; 12 mm Durchmesser bzw. $1/4"$; $3/8"$; $1/2"$.

Systemzubehör für Oberfräsen

Für die meisten Arbeiten mit der Oberfräse müssen Systemzubehöre verwendet werden. Die wichtigsten Systemzubehöre sind:
– Führungsschiene
– Parallelanschlag
– Zirkeleinrichtung
– Kopierhülsen
– Kopierschablonen
– Kurvenanschlag
– Frästische
– Zinkenfrässchablone

Führungsschiene, Führungsschienenadapter: Die Führungsschiene garantiert zusammen mit dem Führungsschienenadapter exaktes Fräsen unabhängig von den Werkstückkanten. Durch die beidseitige Führung wird die Oberfräse sehr sicher und präzise geführt. Die Führungsschiene wird mit geeigneten Schraubzwingen am Werkstück befestigt.

Frästische: Handgeführte Oberfräsen können durch die Montage in einem Frästisch als Stationärgeräte benützt werden. Dies ist speziell bei komplexen Frästeilen vorteilhaft, weil eine höhere Bearbeitungsqualität erreicht werden kann. Durch die bequemere Handhabung der Frästeile wird eine höhere Arbeitssicherheit erreicht.

Kopierhülsen: Kopierhülsen gestatten die formtreue Herstellung von Serienteilen nach Schablonen. Weil die Führung nur einseitig ist, muss für sicheres und präzises Fräsen die Oberfräse mit der Kopierhülse fest gegen die Schablone ge-

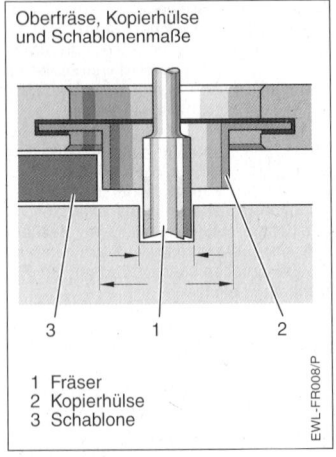

Oberfräse, Kopierhülse und Schablonenmaße

3   1   2

1 Fräser
2 Kopierhülse
3 Schablone

EWL-FR008/P

drückt werden.

Kopierschablonen: Kopierschablonen werden zusammen mit Kopierhülsen verwendet. Die Kopierschablonen werden meist selbst hergestellt, wobei der Fräser- bzw. Kopierhülsendurchmesser bei der Dimensionierung berücksichtigt werden muss. Beschlaghersteller liefern meist passende Kopierschablonen für ihre Erzeugnisse.

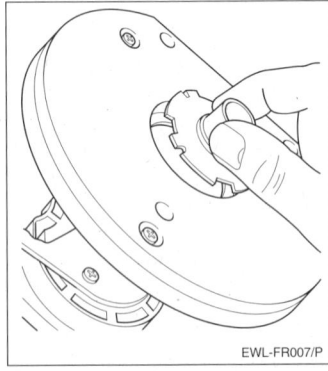

EWL-FR007/P

Kurvenanschlag: Der Kurvenanschlag ist ein Adapterteil für den Parallelanschlag und wird wie dieser verwendet. Er ermöglicht die Führung entlang gebogenen und geschwungenen Kanten.

Parallelanschlag: Der Parallelanschlag ermöglicht paralleles Fräsen zu den Werkstückkanten. Weil die Führung nur einseitig ist, muss für sicheres und präzises Fräsen die Oberfräse mit dem Anschlag fest gegen das Werkstück gedrückt werden.

Zirkeleinrichtung: Mit der Zirkeleinrichtung können Radien bzw. kreisrunde Werkstücke gefräst werden.

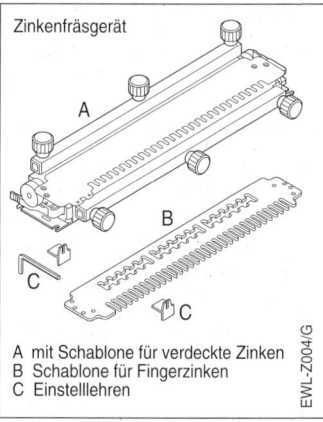

Zinkenfräsgerät

A mit Schablone für verdeckte Zinken
B Schablone für Fingerzinken
C Einstelllehren

EWL-Z004/G

Oberfräse
Arbeiten mit dem Fräszirkel

EWL-FR009/P

Zinkenfrässchablone: Zinkenfrässchablonen ermöglichen die rationelle und präzise Herstellung der klassischen Holzverbindungen mit Fingerzinken und Schwalbenschwanz in Verbindung mit speziellen Fräsern und Kopierhülsen.

Arbeitsschutz beim Fräsen mit Oberfräsen

Beim Arbeiten mit Oberfräsen müssen vor allem die für schnelllaufende Holzbearbeitungsmaschinen bindenden Vorschriften eingehalten werden.

Die Schutzbrille sollte grundsätzlich getragen werden, bei längerem Arbeiten ist ein Gehörschutz zweckmäßig. Da der Staub bestimmter Holzarten zu Erkran-kungen der Atemwege führen kann, ist ein Atemschutz und die Absaugung der Späne in bestimmten Bereichen vorgeschrieben. Die Oberfräse muss grundsätzlich mit beiden Händen geführt werden, das Werkstück ist sicher festzuspannen. Werkzeugwechsel nur bei gezogenem Netzstecker. Wegen der Verletzungsgefahr sollte nach Gebrauch der Fräser ausgespannt werden und nicht in der Maschine verbleiben. Wegen der geringen Maßunterschiede zwischen den metrischen und Zollabmessungen der Spannzangen muss man diesen besondere Aufmerksamkeit widmen.

Zusammenfassung

Oberfräsen zählen auf Grund der vielfältigen Fräserformen und Systemzubehöre zu den kreativsten Elektrowerkzeugen für die Holzbearbeitung. Der Umgang mit der Oberfräse setzt profunde Kenntnisse der zu bearbeitenden Werkstoffe voraus. Praxiserfahrung ist zum Erreichen eines zufriedenstellenden Arbeitsergebnisses unerlässlich. Praxiskenntnis kann vom ambitionierten Heimwerker im Rahmen von Oberfräsen-Seminaren der Elektrowerkzeughersteller erworben werden.

Geradschleifer

Geradschleifer werden mit Frässtiften bestückt, welche auch als rotierende Feilen bezeichnet werden. Sie werden mit der Hand geführt. Die Anwendung erfolgt mit sehr hohen Drehzahlen. Als Werkzeugaufnahme werden Spannzangen benutzt, welche eine sehr hohe Rundlaufgenauigkeit ermöglichen.

Für universelle Anwendung werden Geradschleifer mit direktem Antrieb verwendet. Hierbei ist die Spannzange direkt an der verlängerten Motorachse angebracht.

Für präzises Arbeiten verwendet man Geradschleifer mit separat gelagerter Spindel. Die Rundlaufgenauigkeit ist wesentlich besser. Über den kalibrierten Spindelhals können diese Geradschleifer auch stationär (z. B. an Drehmaschinen) eingesetzt werden.

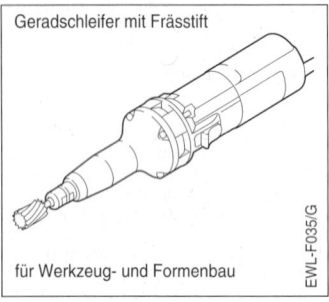

Geradschleifer mit Frässtift

für Werkzeug- und Formenbau

EWL-F035/G

Arbeitsschutz beim Fräsen mit Geradschleifern

Beim Arbeiten mit Geradschleifern müssen vor allem die für schnellläufende Schleifmaschinen bindenden Vorschriften eingehalten werden.

Die Schutzbrille muss grundsätzlich getragen werden, bei längeren Arbeiten ist ein Gehörschutz zweckmäßig. Da der Staub bestimmter Metalllegierungen zu Erkrankungen der Atemwege führen kann, ist in diesen Fällen eine Atemmaske zu benutzen. Der Geradschleifer muss grundsätzlich mit beiden Händen geführt werden, das Werkstück ist sicher festzuspannen. Werkzeugwechsel nur bei gezogenem Netzstecker. Wegen der Verletzungsgefahr sollte nach Gebrauch der Fräser ausgespannt werden und nicht in der Maschine verbleiben. Es dürfen nur spezielle Frässtifte benutzt werden. Die im DIY- Bereich üblichen rotierenden Feilen sind nur für den Einsatz in Bohrmaschinen geeignet. Bei der Verwendung in den hochtourigen Geradschleifern besteht akute Unfallgefahr! Wegen der geringen Maßunterschiede zwischen den metrischen und Zollabmessungen der Spannzangen muss man diesen besondere Aufmerksamkeit widmen.

Zusammenfassung

Geradschleifer werden zusammen mit Frässtiften für die kleinflächige Bearbeitung hauptsächlich metallener Werkstücke benützt. Typische Anwendung ist im Werkzeugbau und Formenbau. Spezielle Geradschleifer können stationär an Werkzeugmaschinen betrieben werden.

Fräsen in Holz

Empfohlene Schnittgeschwindigkeiten

Holzwerkstoff	HSS-Fräser m/s	HM-Fräser m/s
Weichhölzer	50...80	60...90
Harthölzer	40..60	50...80
Spanplatten	–	60...80
Tischlerplatten	–	60...80
Hartfaserplatten	–	40...60
beschichtete Platten	–	40...60

FR-T01

Schnittgeschwindigkeiten für Frässtifte

Empfohlene Schnittgeschwindigkeiten: Die angegebenen Schnittgeschwindigkeiten sind Anhaltswerte. Da die Hersteller von Frässtiften teilweise firmeneigene Sonderverzahnungen anbieten, sollten darüber hinaus die Schnittgeschwindigkeitsempfehlungen der Hersteller beachtet werden.

Material	Zahnung 1 (DIN C)		Zahnung 13 (Alu)	Zahnung 2		Zahnung 3 (DIN MY; MX)		Zahnung 4		Zahnung 5 (DIN F)		Zahnung 6	Zahnung 9
	HSS	HM	HM	HSS	HM	HSS	HM	HSS	HM	HSS	HM	HM	HM
	m/min	m/min	m/min	m/min	m/min	m/min	m/min	m/min	m/min	m/min	m/min	m/min	m/min
Stahl	–	–		80	450..600	80	450..600	80	450..600	80	350..500	600..900	–
Stahlguss	–	–		60...100	450..600	60...180	450..600	60...100	350..500	60...100	350...500	450...600	–
korrosionsbeständige Stähle	–	–	–	–	200..300	–	200...300	–	200...300	–	150...250	350...400	–
NE-Buntmetalle	300	600...900	300...500	250	–	220	–	–	–	220	–	–	700...900
Aluminium	300	600...900	300...500	150...300	–	–	–	–	–	–	–	–	700...900
Kunststoffe	200...300	–	300...500	–	–	–	–	–	–	–	–	–	700...900

FR-T04

Fräsertypen

Fräserarten

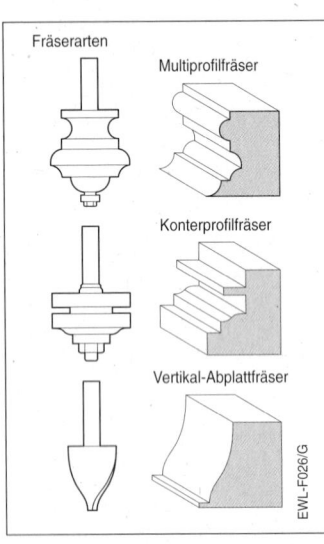

Multiprofilfräser

Konterprofilfräser

Vertikal-Abplattfräser

EWL-F026/G

Fräserarten

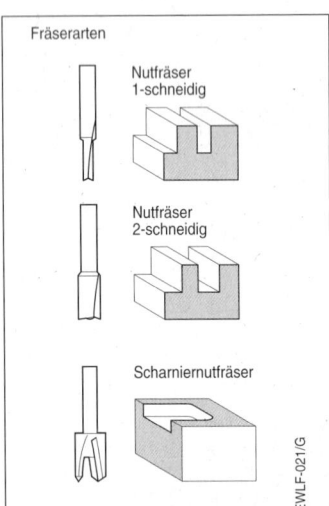

Nutfräser
1-schneidig

Nutfräser
2-schneidig

Scharniernutfräser

EWLF-021/G

Fräserarten

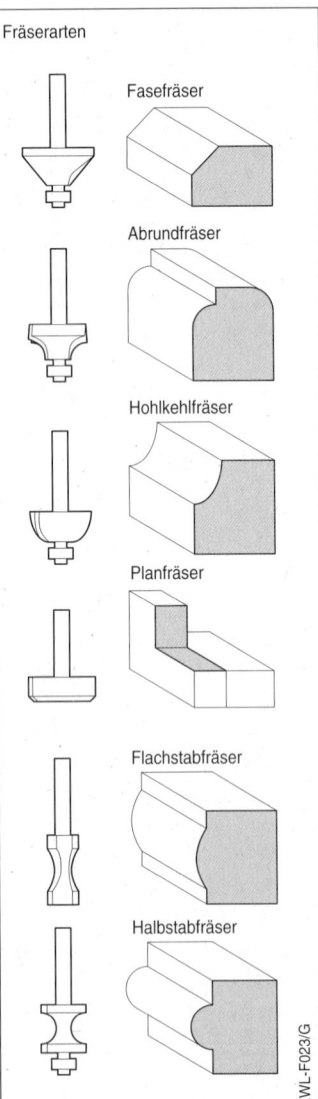

Fasefräser

Abrundfräser

Hohlkehlfräser

Planfräser

Flachstabfräser

Halbstabfräser

EWL-F023/G

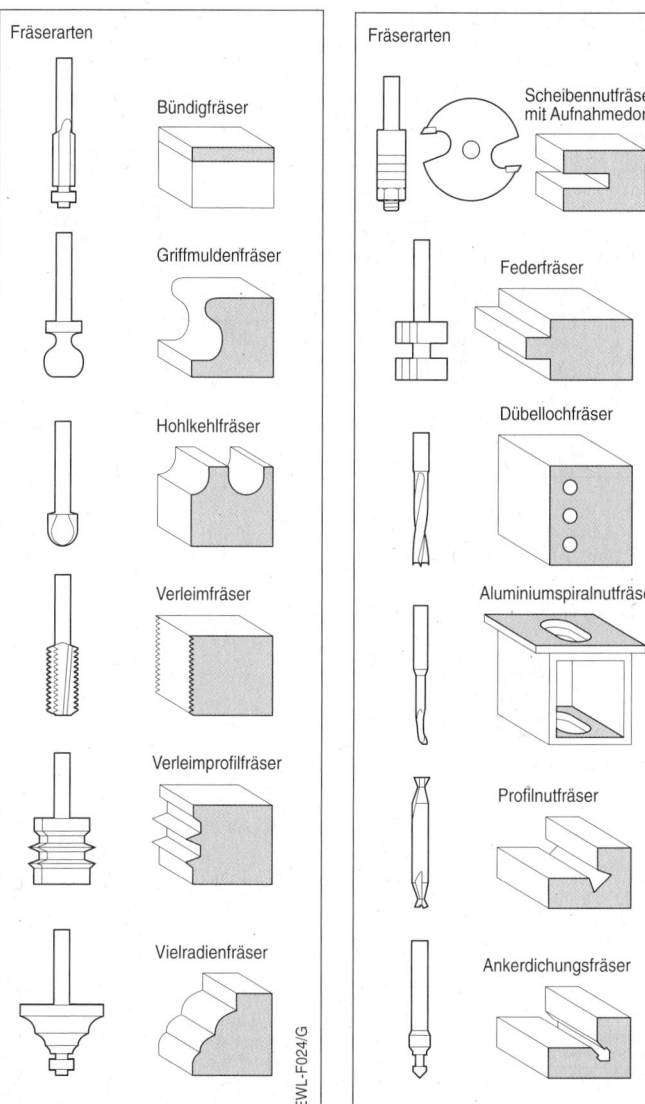

Fräserarten

Bündigfräser

Griffmuldenfräser

Hohlkehlfräser

Verleimfräser

Verleimprofilfräser

Vielradienfräser

EWL-F024/G

Fräserarten

Scheibennutfräser mit Aufnahmedorn

Federfräser

Dübellochfräser

Aluminiumspiralnutfräser

Profilnutfräser

Ankerdichungsfräser

EWL-F025/G

Praxistipps Fräsen

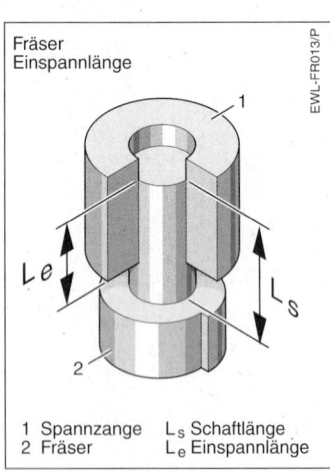

Fräser
Einspannlänge

EWL-FR013/P

1 Spannzange L_s Schaftlänge
2 Fräser L_e Einspannlänge

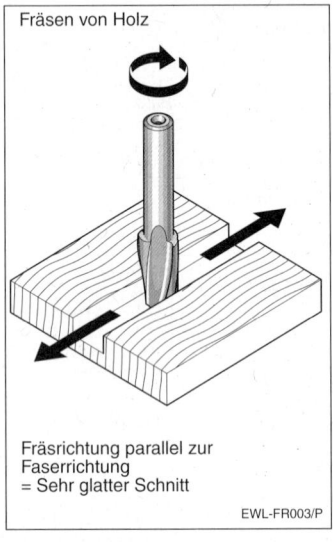

Fräsen von Holz

Fräsrichtung parallel zur
Faserrichtung
= Sehr glatter Schnitt

EWL-FR003/P

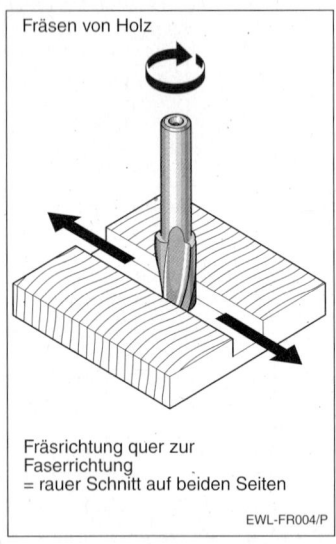

Fräsen von Holz

Fräsrichtung quer zur
Faserrichtung
= rauer Schnitt auf beiden Seiten

EWL-FR004/P

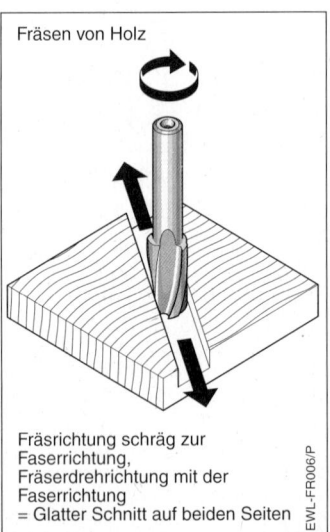

Fräsen von Holz

Fräsrichtung schräg zur
Faserrichtung,
Fräserdrehrichtung mit der
Faserrichtung
= Glatter Schnitt auf beiden Seiten

EWL-FR006/P

Fräsen von Holz

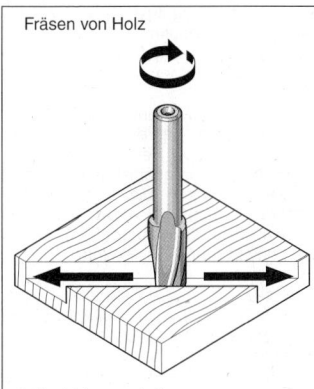

Fräsrichtung schräg zur Faserrichtung, Fräserdrehrichtung gegen die Faserrichtung = Rauer Schnitt auf beiden Seiten

EWL-FR005/P

Kantenbearbeitung von Leisten Erscheinungsbild in Abhängigkeit vom Faserverlauf

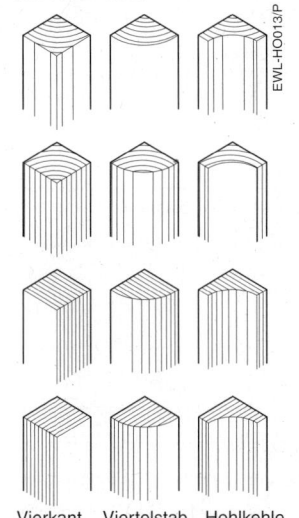

EWL-HO013/P

Vierkant   Viertelstab   Hohlkehle

Vorschubrichtungen

optimale Vorschubrichtung beim Nutfräsen

optimale Vorschubrichtung beim Kantenfräsen

( ) = Drehrichtung des Fräsers

⇄ = Vorschubrichtung

EWL-F033/G

Hobeln

Der Vorgang des Hobelns ist eine spanabhebende Oberflächenbearbeitung. Typische Anwendungen sind das Glätten und Abrichten, aber auch das Strukturieren von Oberflächen. Beim Hobeln entsteht ein Materialverlust in Form von Spänen.

Prinzip des Hobelns

Handgeführte Elektrohobel bestehen im Prinzip aus einem waagerecht angeordneten Antriebsmotor, welcher quer zur Arbeitsrichtung angeordnet ist und über einen Riementrieb die Hobelwelle (Hobelkopf) antreibt, an deren Umfang ein oder mehrere Messer (Hobelmesser) angeordnet sind. Die Grundplatte des Hobels ist zweiteilig, das vordere Teil kann zur Einstellung der Spandicke verstellt werden. Hobel dienen der Oberflächenbearbeitung. Das Arbeitsprinzip des Elektrohobels ist die Rotation. Je nach Durchmesser der Hobelwelle liegen die Drehzahlen bei 10 000...18 000 U/min

Einsatzwerkzeuge

Neben den für spanabhebende Werkzeuge üblichen Winkeln können Hobelmesser längs ihrer Schneidkante ein besonderes Profil haben, welches direkten Einfluss auf die zu bearbeitende Oberfläche hat. Folgende Kriterien bestimmen die Werkzeugeigenschaften:
– Spanwinkel
– Freiwinkel
– Keilwinkel
– Schnittwinkel
– Schneidenwerkstoff
– Schneidenprofil
– Messeranordnung
– Anzahl der Messer
Die erreichbare Oberflächengüte hängt von der Optimierung der Einzelkriterien auf das zu bearbeitende Material ab.

Spanwinkel: Große Spanwinkel begünstigen das Eindringen der Schneide in den Werkstoff, kleine oder negative Spanwinkel erschweren das Eindringen. Je größer der Spanwinkel ist, umso geringere Vorschubkräfte sind erforderlich.

Kleinere oder negative Spanwinkel erhöhen die Vorschubkräfte. Die Auslegung des Spanwinkels ist deshalb weitgehend vom zu bearbeitenden Material abhängig.

Freiwinkel: Große Freiwinkel machen die Schneidenkante aggressiv, aber auch bruchgefährdet. Die Reibung des Schneidenrückens im Material ist gering. Kleine Freiwinkel erhöhen die Festigkeit der Schneide, erhöhen aber die Reibung im Material, wodurch eine höhere Erwärmung des Schneidortes auftritt.

Keilwinkel: Zu große Spanwinkel ergeben kleine Keilwinkel, wodurch die Schneide gegen Beanspruchung empfindlicher wird. Die Stabilität und die Wärmeabfuhr verringern sich stark. Durch Verringerung des Freiwinkels kann bei großen Spanwinkeln der Keilwinkel verringert und damit die Schneidenbelastbarkeit erhöht werden.

Schnittwinkel: Der Schnittwinkel wird durch den Spanwinkel und die Stellung der Schneide zur Materialoberfläche gebildet. Kleine Schnittwinkel erleichtern das Eindringen der Schneide in den Werkstoff, größere erschweren es.

Alle hier genannten Einflüsse der Winkel entsprechen im Wesentlichen denen an der Fräserschneide (siehe auch Kapitel „Fräsen")

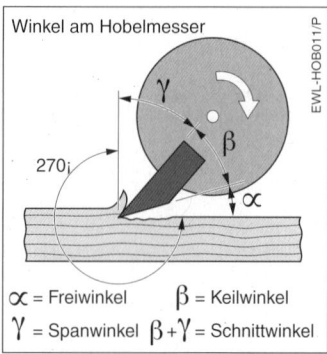

Winkel am Hobelmesser

270

EWL-HOB011/P

α = Freiwinkel β = Keilwinkel
γ = Spanwinkel $\beta + \gamma$ = Schnittwinkel

Schneidenwerkstoff: Als Schneidenwerkstoff kommen HSS oder Hartmetalle zur Anwendung. Bei der Verwendung von HSS ist die Möglichkeit des Nachschärfens gegeben. Mit HSS lassen sich größere Span- und Freiwinkel realisieren, was zu scharfen, aggressiven, aber nur gering belastbaren Schneiden führt. HM-Messer eignen sich für höchste Belastung, wegen der hohen Sprödigkeit von HM sind jedoch bestimmte Keilwinkel notwendig, was bei bestimmten Werkstoffen Einfluss auf die Oberflächengüte haben kann.

Messerprofil: Die Messerprofile sind in den meisten Fällen rechteckig, wodurch sich auch Falze herstellen lassen. Für das Hobeln großer Oberflächen sind Hobel-

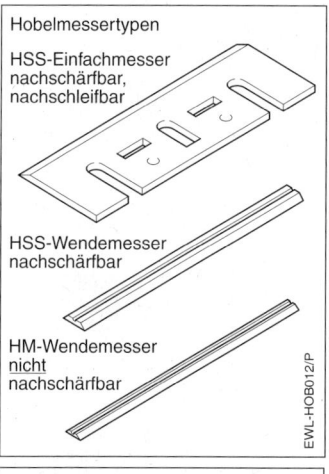

Hobelmessertypen

HSS-Einfachmesser
nachschärfbar,
nachschleifbar

HSS-Wendemesser
nachschärfbar

HM-Wendemesser
nicht
nachschärfbar

EWL-HOB012/P

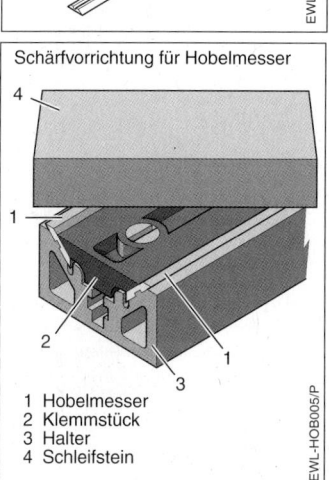

Schärfvorrichtung für Hobelmesser

1 Hobelmesser
2 Klemmstück
3 Halter
4 Schleifstein

EWL-HOB005/P

Hobelmesser

Einfluss der Messergeometrie auf das Hobelergebnis, wenn die zu bearbeitende Fläche breiter als das Messer ist.
(Unterschiede zwischen den Hobelbahnen überhöht dargestellt!)

Gerade Hobelmesser

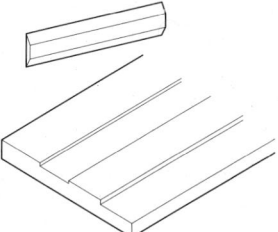

Stufen zwischen den einzelnen Hobelbahnen, schwierig zu überschleifen.

Hobelmesser mit gerundeten Ecken

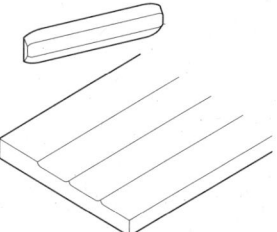

Übergänge zwischen den einzelnen Hobelbahnen können einfach überschliffen werden.

EWL-H010/P

messer mit gerundeten Kanten günstiger, weil sich hierdurch bessere Übergänge entlang der Hobelspur realisieren lassen. Zur Erzeugung eines „antiken" Oberflächenbildes gibt es Messer mit gewelltem Schneidenprofil (sogenannte „Rustikalmesser").

Rustikal-Hobelmesser

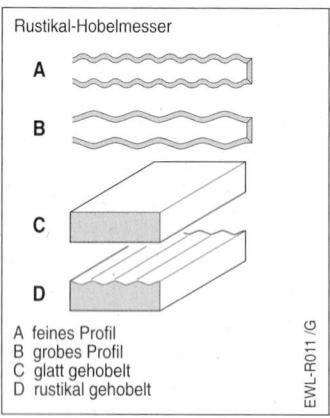

A   feines Profil
B   grobes Profil
C   glatt gehobelt
D   rustikal gehobelt

EWL-R011 /G

Messerzahl: Es gibt Hobelwellen für Elektro-Handhobel mit einem Messer oder

Kraftbedarf im Vergleich bei Hobeln mit 1 oder 2 Messern

Arbeitspunkt mit 2 Messern

Arbeitspunkt mit 1 Messer

Kraftbedarf [N/mm²]

80 · 60 · 40 · 20

0,05   0,2   0,4   [mm]

Mittlere Spandicke

EWL-HOB007/P

Spannverfahren für Hobelmesser

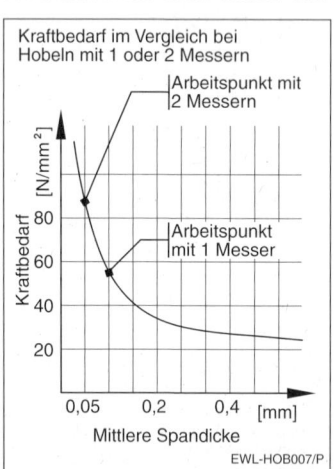

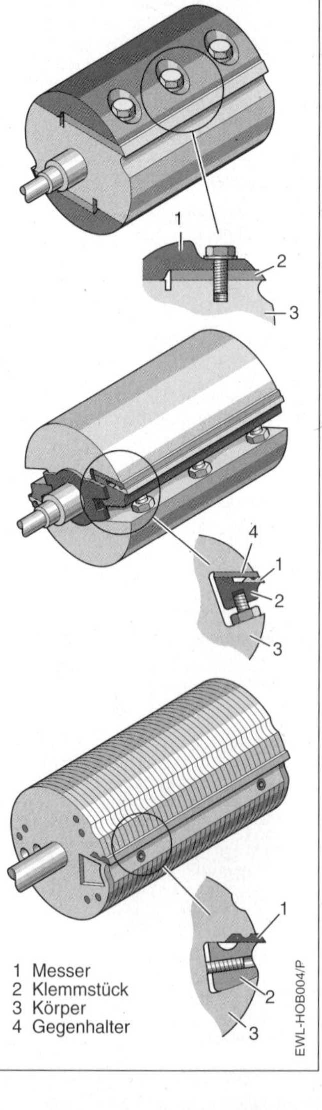

1   Messer
2   Klemmstück
3   Körper
4   Gegenhalter

EWL-HOB004/P

Hobeln, Flugkreis und Messerschlag

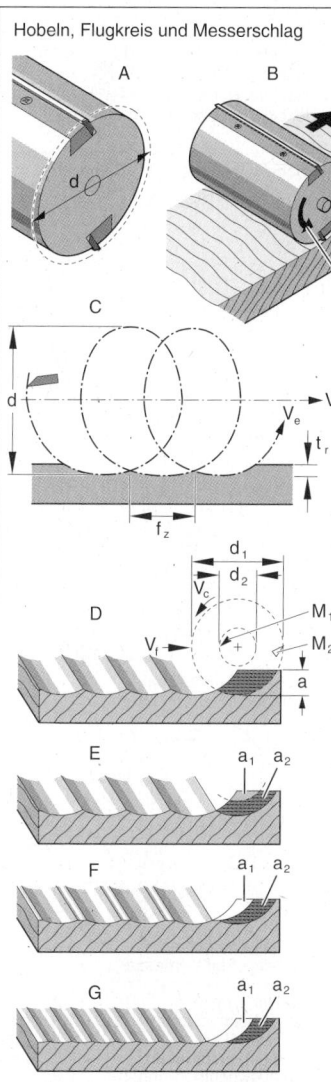

d   Flugkreisdurchmesser
V_f Vorschub
V_c Umfangsgeschwindigkeit
V_e reale Messerbewegung
f_z Messerschlagweite
t_r Messerschlagtiefe
M_1 Messer 1
M_2 Messer 2
d_1 Flugkreis Messer 1
d_2 Flugkreis Messer 2
a   Spandicke
a_1 Span Messer 1
a_2 Span Messer 2

Die Messer bewegen sich auf dem Flugkreisdurchmesser (A) in einer zusammengesetzten Bewegung aus Vorschub und Umfangsgeschwindigkeit (B). Daraus ergibt sich eine reale Messerbewegung in Form eines Zykloides mit einer gleichen Messerschlagweite für jedes Messer (C).

Sind die Messer nicht gleich eingestellt, so ergibt sich eine Flugkreisdifferenz. Ist die Flugkreisdifferenz größer als die Spandicke, so schneidet das Messer mit dem kleineren Flugkreis überhaupt nicht (D).

Liegt die Flugkreisdifferenz innerhalb Der Spandicke aber oberhalb der Messerschlagtiefe, so schneidet das zweite Messer zwar, bildet sich aber Im Material nicht ab (E).

Liegt die Flugkreisdifferenz unterhalb Der Messerschlagtiefe, bildet sich das zweite Messer ab, es entstehen aber unterschiedlich tiefe Schläge (F).

Ohne Flugkreisdifferenz bilden sich beide Messer gleichmäßig im Material ab, es entsteht eine Oberfläche mit geringer Messerschlagtiefe (G).

EWL-HOB008/P

zwei gegenüberliegenden Messern.

Der Unterschied im Arbeitsfortschritt ist bei den üblichen Hobelwellendurchmessern der Elektro-Handhobel minimal, die Oberflächengüte bei Hobelwellen mit nur einem Messer ist bei geringer bis mittlerer Vorschubgeschwindigkeit besser, nur bei sehr hohen Vorschubgeschwindigkeiten ist die Hobelwelle mit zwei Hobelmessern etwas günstiger. Bei Stationärmaschinen, wo mit großen Hobelwellendurchmessern und hohen Vorschubgeschwindigkeiten gearbeitet wird, werden stets zwei Hobelmesser oder ein Vielfaches davon verwendet.

Hobelmesser-Position
Rechtwinkliger und ziehender Schnitt

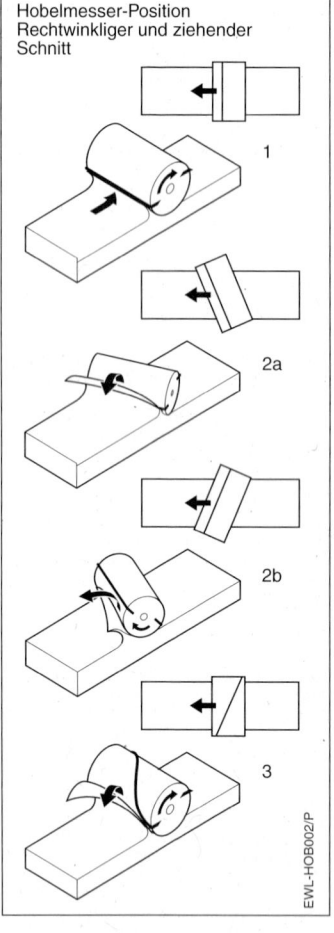

1

2a

2b

3

EWL-HOB002/P

Hobelwellen-Messersysteme

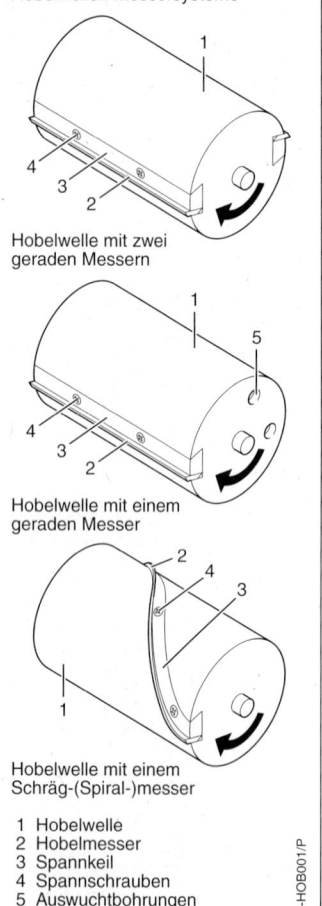

1

4
3
2

Hobelwelle mit zwei
geraden Messern

1
5

4
3
2

Hobelwelle mit einem
geraden Messer

2 4
3
1

Hobelwelle mit einem
Schräg-(Spiral-)messer

1 Hobelwelle
2 Hobelmesser
3 Spannkeil
4 Spannschrauben
5 Auswuchtbohrungen
↙ Drehrichtung

EWL-HOB001/P

Messeranordnung: Im Normalfall sind die Messer parallel zur Hobelwellenachse angeordnet (1). Diese Lösung ist kostengünstig, weil Messer und Messerhalter eine einfache Geometrie haben. Um einen „ziehenden" Schnitt zu erreichen, muss der Hobel schräg zur Vorschubrichtung geführt werden. Je nach Stellung des Hobels ist dabei ein ziehender Schnitt nach rechts oder nach links möglich (2a, 2b).

Werden das oder die Messer schräg zur Hobelwellenachse angeordnet, so ergibt sich bei gerader Ausrichtung des Hobels zur Vorschubrichtung ein „ziehender" Schnitt (3). Dieser ist allerdings nur in eine Richtung wirksam, weshalb sich bei der Bearbeitung von beidseitig furnierten Stirnseiten Ausrissprobleme ergeben können. Die Messer- und Messerhaltergeometrie ist gekrümmt und deshalb kostenintensiver.

Schnittgeschwindigkeit: Die Schnittgeschwindigkeit des Elektrohobels ist durch die Festdrehzahl des Elektrowerkzeuges und den Hobelwellendurchmesser vorgegeben und kann nicht verändert werden. Sie ist auf die Bearbeitung der gebräuchlichsten Hölzer und Holzwerkstoffe abgestimmt.

Hobeln von Metall

Elektrische Handhobel können nicht für die Metallbearbeitung eingesetzt werden. Sie sind weder konstruktiv noch sicherheitstechnisch dafür konzipiert.

Hobeln von Kunststoff

Materialeigenschaften
Kunststoffe haben (gegenüber Holz) eine homogene Struktur und sind, insbesondere Duromere, härter als Holz. Das Hobeln von Flächen ist deshalb nicht möglich. Geringe Hobelbreiten (z. B. Stirnseiten von Profilen und Platten bis ca. 20 mm) können meist bearbeitet werden.

Schneidenwerkstoff
Für alle Duromere und glasfaserverstärkte Thermomere sollten HM-Hobelmesser verwendet werden, um eine ausreichende Standzeit zu bekommen. Bei unverstärkten Thermomeren kann der Einsatz von HSS-Hobelmessern eine bessere Oberflächengüte ergeben. Voraussetzung ist allerdings ein regelmäßiges Nachschärfen der Hobelmesser.

Vorschub
Die Vorschubgeschwindigkeit ist so zu wählen, dass die Drehzahl des Hobels nicht wesentlich zurückgeht und dadurch Rattermarken entstehen. Sie darf allerdings auch nicht zu gering sein, weil dies lokale Überhitzung des Werkstoffes im Arbeitsbereich des Hobelmessers zur Folge haben kann.

Hobelwellen
Bauarten

EWL-HOB019/P

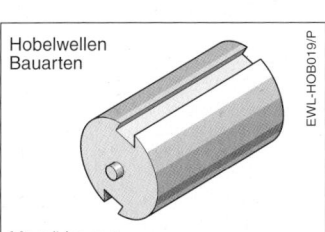

Massivbauart
Hobelwelle aus einem Stück. Es ist eine aufwändige spanabhebende Bearbeitung nötig. Die Gestaltungsmöglichkeiten sind begrenzt.

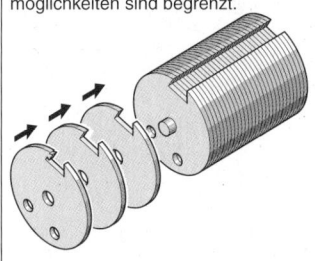

Lamellenbauart
Die Hobelwelle ist aus vielen gestanzten "Blättchen" (Lamellen) zusammengesetzt. Einfache Herstellung durch Stanzen mit vielfältigen Gestaltungsmöglichkeiten.

Kühlung
Die bei der Spanabnahme entstehenden
Späne führen etwas die Wärme ab.

Spanabfuhr
Durch die Spanabnahme und die Reibung in den Spanführungskanälen des
Hobels können sich die Späne bestimmter Kunststoffarten elektrostatisch aufladen, wodurch sie an Werkstattgegenständen und an der Kleidung haften bleiben.
Die Reinigung ist dann sehr umständlich.
Aus diesem Grunde sollte beim Bearbeiten von Kunststoffen grundsätzlich eine
Absaugeinrichtung verwendet werden.

Hobeln von Holz

Materialeigenschaften
Holz ist im Vergleich zu anderen Materialien relativ weich und kann deshalb hervorragend spanabhebend bearbeitet werden. Als „gewachsener" Werkstoff ist es
faserig strukturiert und durch Wachstumseinflüsse weist es Inhomogenitäten
auf. Dies muss beim Geräteeinsatz
berücksichtigt werden, weil es auf die
Oberflächenqualität Einfluss hat.

Schneidenwerkstoff
Mit den serienmäßig vorhandenen HM-Ho-
belmessern lassen sich bei allen Holzarten
gute bis sehr gute Oberflächen erzielen,
die Standzeit der Messer ist hoch und wird
auch durch harte Einschlüsse wie Äste
nicht beeinträchtigt. HM-Messer werden
nicht nachgeschärft, sondern nach Abnutzung gewendet („Wendemesser") oder ersetzt. Mit HSS-Hobelmessern lassen sich
bei sehr weichen Hölzern hervorragende
Oberflächen erzielen, allerdings ist regelmäßiges Nachschärfen unerlässlich.

Hobelrichtung
Die Hobelrichtung ist nach Möglichkeit so
zu wählen, dass nicht entgegen dem Fa-
seraustritt gehobelt wird, weil dies die
Oberflächengüte beeinträchtigen kann.
Beim Hobeln von Hirnholz besteht an der
Austrittskante Ausrissgefahr. Hier muss
durch handwerkliche Praktiken (Ansetzen
von beiden Seiten, Anklemmen eines Ma-
terialrestes vor dem Hobelgang) Vorsorge
getroffen werden. Durch leicht schräges

Ansetzen des Hobels kann ein „ziehender"
Schnitt erreicht werden, was sich vorteilhaft auf die Oberflächengüte auswirkt.

Kühlung
Bei der Bearbeitung von Holz sind keine
Kühlmaßnahmen notwendig.

Spanabfuhr
Die beim Hobeln produzierte Spanmenge
ist erheblich, weshalb am Gerät befindliche Spanbehälter nur für kleinere Hobel-
arbeiten sinnvoll sind. Es sollte deshalb in
jedem Falle eine externe Spanabsaugung
mittels für Holz zugelassener Staubsauger verwendet werden.

Elektrowerkzeuge für die Anwendung „Hobeln"

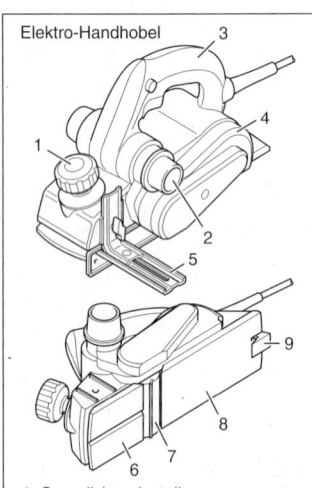

Elektro-Handhobel

1 Spandickeneinstellung
2 Spanauswurf
3 Handgriff
4 Maschinengehäuse
5 Parallelanschlag
6 vordere Hobelsohle (einstellbar)
7 Hobelwelle mit Hobelmesser
8 hintere Hobelsohle (fest)
9 Parkschuh

EWL/HOB013/P

Elektrohobel

Elektrohobel werden entsprechend ihrer Hobelbreite und maximalen Spandicke eingeteilt.

Die gebräuchlichste Hobelbreite ist 82 mm. Hobel mit einer Hobelbreite über 100 mm werden als Breithobel bezeichnet. Die mögliche Spandicke ist von der Motorleistung des Hobels abhängig. Üblich sind Motorleistungen von 550...1000 Watt und maximale Spandicken von 1,5...3,5 mm. Hobel mit elektronischer Konstantregelung der Motordrehzahl sind vorteilhafter, weil die Drehzahl der Hobelwelle auch unter wechselnder Belastung konstant bleibt. Hierdurch wird neben einem schnelleren Arbeitsfortschritt auch eine gleichmäßigere Oberflächengüte erzielt.

Systemzubehör

Das Systemzubehör des Elektrohobels beschränkt sich im Wesentlichen auf:
– Umrüstsätze für Messer
– Falzanschläge
– Untergestell
– Dickenhobeleinrichtung

Umrüstsätze für Messer

Neben den serienmäßigen, rechteckigen HM-Wendemessern können mit demselben Messerhalter auch HM-Messer mit abgerundeten Ecken für die großflächige Oberflächenbearbeitung eingesetzt werden. Beim Umrüsten auf HSS-Messer und HSS-Rustikalmesser müssen jeweils auch die dazu passenden Messerhalter verwendet werden. Nach dem Einsetzen der Messerhalter in die Hobelwelle müssen die Messerhalter einmalig justiert werden.

Falzanschläge

Mit dem Falztiefenanschlag kann die Falztiefe, mit dem Falzbreitenanschlag die Falzbreite voreingestellt werden.

Untergestell

Wenn der Hobel auf ein Untergestell montiert wird, kann er für stationäre Abrichtarbeiten eingesetzt werden. Mit einem Winkelanschlag können auch Gehrungen gehobelt werden, eine schwenkbare Messerschutzeinrichtung (Vorschrift!) gibt nur die jeweils benötigte Hobelbreite frei.

Dickeneinrichtung

Die Dickenhobeleinrichtung gestattet neben dem Abrichten auch das Hobeln von Latten und kleinen Kanthölzern auf Dicke.

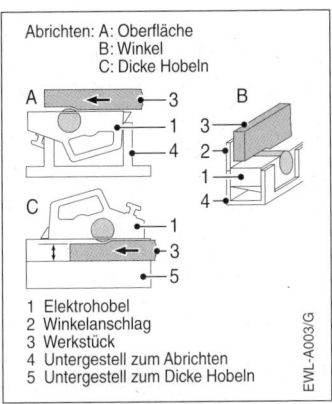

Abrichten: A: Oberfläche
B: Winkel
C: Dicke Hobeln

1 Elektrohobel
2 Winkelanschlag
3 Werkstück
4 Untergestell zum Abrichten
5 Untergestell zum Dicke Hobeln

EWL-A003/G

Arbeitsschutz beim Hobeln

Wegen der hohen Umdrehungszahlen und der Masse der Hobelwelle ergeben sich nach dem Ausschalten des Hobel lange Auslaufzeiten. Grundsätzlich sollte daher der Hobel erst nach dem Stillstand abgesetzt werden. Bei Hobeln mit einem sogenannten „Parkschuh" kann der Hobel zwar auch im Auslauf abgesetzt werden, aber nur auf glatten Oberflächen. Da auf

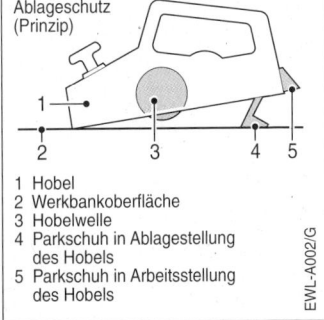

Ablageschutz (Prinzip)

1 Hobel
2 Werkbankoberfläche
3 Hobelwelle
4 Parkschuh in Ablagestellung des Hobels
5 Parkschuh in Arbeitsstellung des Hobels

EWL-A002/G

Werkbänken erfahrungsgemäß fast immer Werkstückreste und Handwerkzeuge zur Ablage kommen, sollten auch Hobel mit Parkschuh grundsätzlich erst nach Stillstand abgesetzt werden.

Zusammenfassung

Der Elektrohobel ist ein Standardgerät zur Holzbearbeitung. Mit ihm werden Oberflächen bearbeitet und Kanten besäumt. Mit Hilfe des Systemzubehörs sind Falzarbeiten, Abrichten und Auf-Dicke-Hobeln möglich. Beim Einsatz von HM-Wendemessern ist kein Nachschärfen erforderlich. Eine Neujustage der Messer beim Wenden oder beim Ersatz ist nicht notwendig.

Praxistipps Hobeln

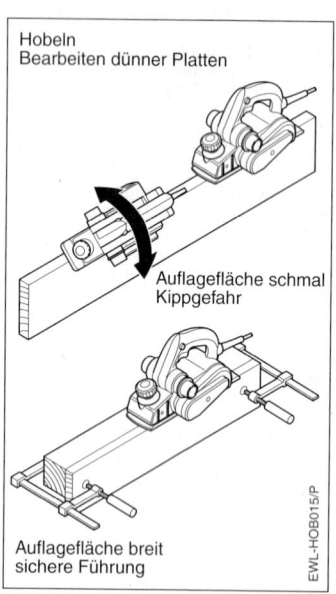

Hobeln
Bearbeiten dünner Platten

Auflagefläche schmal
Kippgefahr

Auflagefläche breit
sichere Führung

EWL-HOB015/P

Hobel, Stationärgestell
Messerschutz

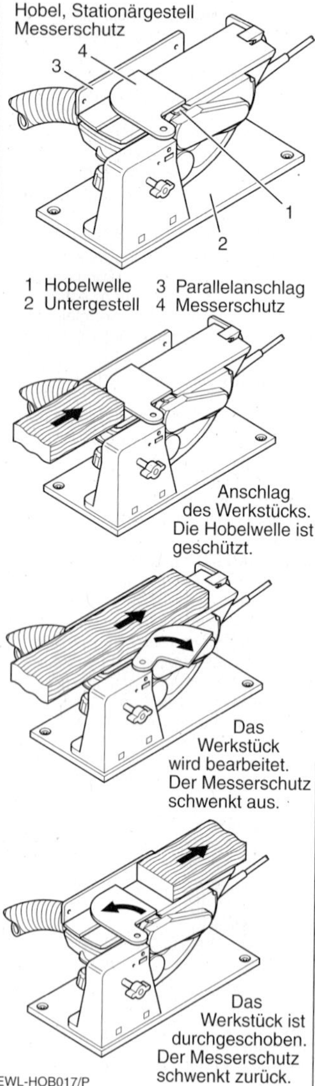

1 Hobelwelle   3 Parallelanschlag
2 Untergestell   4 Messerschutz

Anschlag des Werkstücks. Die Hobelwelle ist geschützt.

Das Werkstück wird bearbeitet. Der Messerschutz schwenkt aus.

Das Werkstück ist durchgeschoben. Der Messerschutz schwenkt zurück.

EWL-HOB017/P

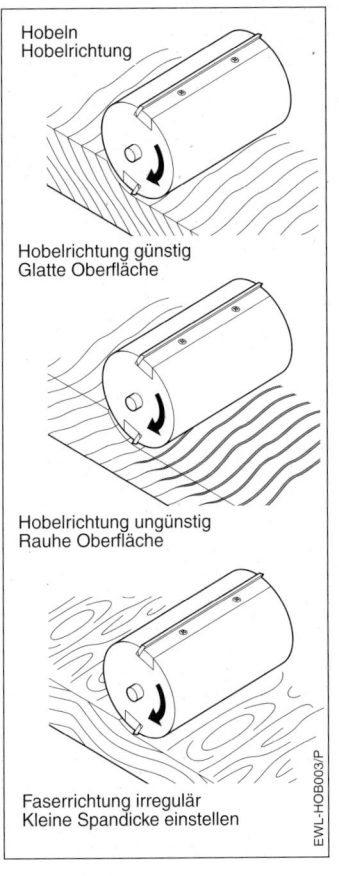

Hobeln
Hobelrichtung

Hobelrichtung günstig
Glatte Oberfläche

Hobelrichtung ungünstig
Rauhe Oberfläche

Faserrichtung irregulär
Kleine Spandicke einstellen

EWL–HOB003/P

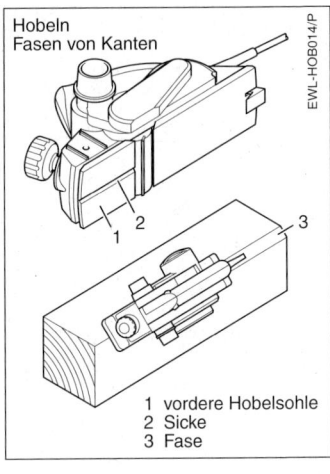

Hobeln
Fasen von Kanten

EWL–HOB014/P

1 vordere Hobelsohle
2 Sicke
3 Fase

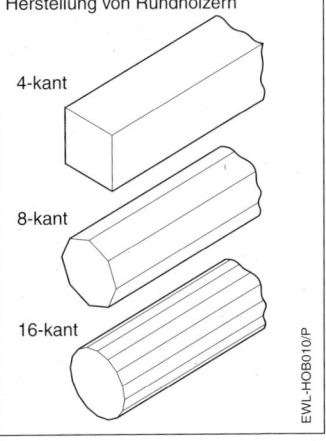

Herstellung von Rundhölzern

4-kant

8-kant

16-kant

EWL–HOB010/P

Hobeln von Stirnholz

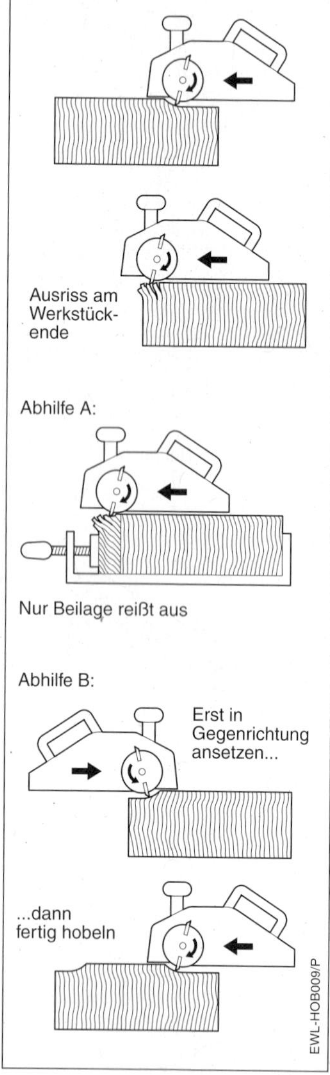

Ausriss am
Werkstück-
ende

Abhilfe A:

Nur Beilage reißt aus

Abhilfe B:

Erst in
Gegenrichtung
ansetzen...

...dann
fertig hobeln

EWL-HOB009/P

Gestaltsabweichungen beim Hobeln

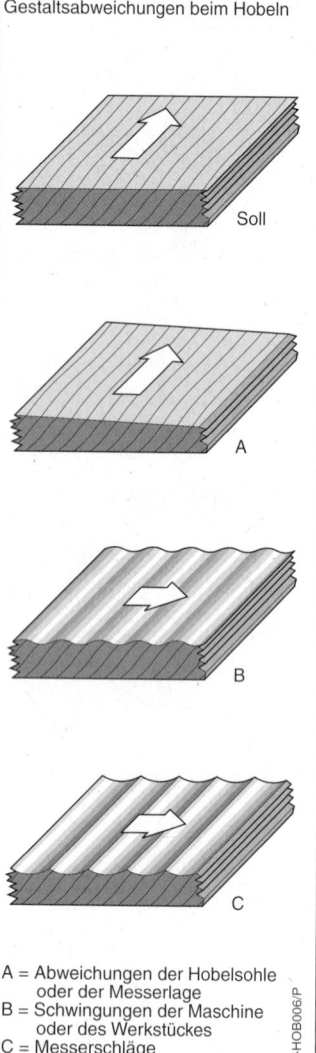

Soll

A

B

C

A = Abweichungen der Hobelsohle
    oder der Messerlage
B = Schwingungen der Maschine
    oder des Werkstückes
C = Messerschläge

EWL-HOB006/P

Hobeln von Schrägen

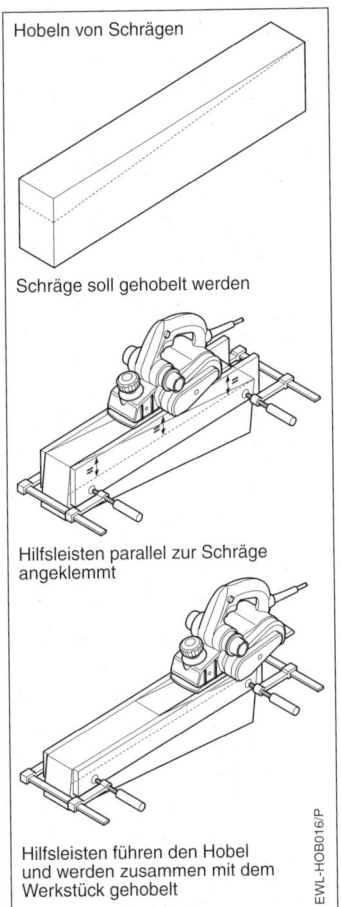

Schräge soll gehobelt werden

Hilfsleisten parallel zur Schräge
angeklemmt

Hilfsleisten führen den Hobel
und werden zusammen mit dem
Werkstück gehobelt

EWL-HOB016/P

Hobelführung

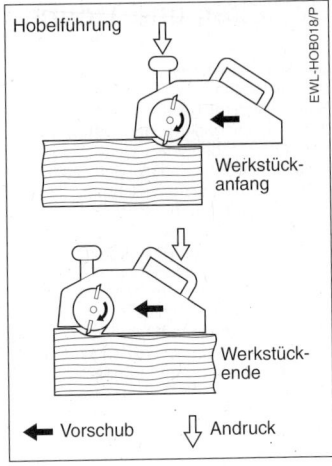

Werkstück-
anfang

Werkstück-
ende

← Vorschub   ⇩ Andruck

EWL-HOB018/P

Schleifen und Trennen

Schleifen ist wie das Bohren und Sägen eine historisch sehr alte Bearbeitungsart. Schleifen dient der Oberflächenbearbeitung, insbesondere der Verbesserung der Oberflächengüte. Das eigentliche Einsatzwerkzeug beim Schleifen sind körnige Schleifmittel, welche mittels ihrer Kanten das Material in Form von Staub abtragen. Je nach dem Prinzip und dem Typ des Schleifgerätes können ebene, gewölbte oder beide Oberflächenformen bearbeitet werden. Im Allgemeinen versteht man unter Schleifen die Bearbeitung der Oberfläche (Oberflächenschliff). Wenn in die Tiefe geschliffen wird spricht man vom Tiefen- oder Trennschleifen.

Schleifen

Materialabtrag beim Schleifen

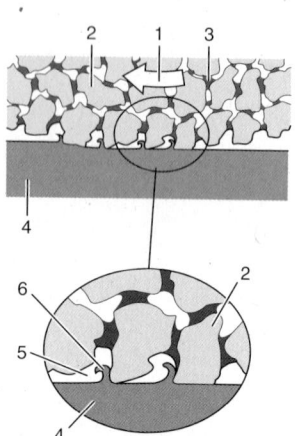

1 Vorschub (Rotation) des Schleifmittels
2 Schleifkorn
3 Bindung
4 Werkstoff (Werkstück)
5 Hohlräume
6 Spanbildung

EWL-SLF001/P

Schleifen

Vorgänge am Schleifkorn

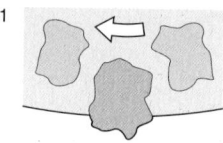

1

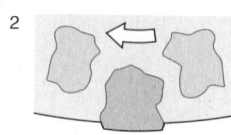

2

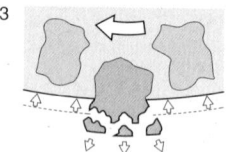

3

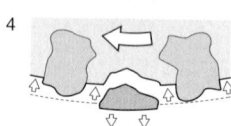

4

1 „Scharfes" Schleifkorn
2 Schleifkorn stumpft ab.
3 Schleifkorn schärft sich selbst (durch Ausbruch neue, scharfe Kanten), Bindung nützt sich ab.
4 Bindung nützt sich weiter ab, „verbrauchtes" Schleifkorn bricht aus, „neue" Schleifkörner kommen zum Eingriff.

EWL-SLF002/P

Prinzip der schleifenden Geräte

Das den eigentlichen Schleifvorgang durchführende Schleifmittel (Schleifkorn) muß auf der Werkstückoberfläche eine Relativbewegung ausführen. Diese Bewegung kann nach den folgenden Grundprinzipien erreicht werden:
– Schwingung
– Schwingung und Rotation
– Rotation
– Umlauf
Innerhalb dieser Prinzipien gibt es unterschiedliche Ausführungen der Elektrowerkzeuge.

Schwingung

Bei Schwingschleifern wird das Schleifmittel meist kreisförmig schwingend hin- und herbewegt. Hierzu wird die elastisch gelagerte, sogenannte Schleifplatte über einen Exzenter angetrieben. Der Schwingradius ist sehr klein (ca. 1,5…3 mm), die Schwingfrequenz dagegen hoch (ca. 12 000 Hübe). Wegen der geringen Relativgeschwindigkeit des Schleifkornes ist der Materialabtrag gering und der Staubtransport schlecht, weswegen sich im Vergleich zu anderen Schleifprinzipien nur eine relativ geringe Abtragsleistung realisieren lässt. Die Schleifplatte ist starr. Hierdurch lassen sich ebene Oberflächen hoher Güte erzielen, bei gewölbten Flächen oder an Kanten besteht dagegen die Gefahr des punktuellen Durchschliffes.

Schwingung und Rotation

Bei Exzenterschleifern wird das Schleifmittel kreisförmig hin- und herbewegt, zusätzlich wird die rotationssymmetrische Schleifplatte in eine Drehbewegung versetzt. Beide Bewegungen überlagern sich und erzeugen ein komplexes Schleifmuster, mit welchem sich eine hervorragende Oberflächenqualität erzielen lässt. Durch die Rotation werden hohe Relativgeschwindigkeiten des Schleifkornes auf der Werkstückoberfläche möglich, wodurch sich bei gutem Staubtransport eine hohe Abtragsleistung ergibt. Im Gegensatz zum Schwingschleifer kann die Schleifplatte elastisch sein, wodurch auch das Schleifen gewölbter Oberflächen möglich ist.

Rotation

Bei Rotationsschleifern ist das Schleifmittel mittels geeigneter Träger- und Bindemittel rotationssymmetrisch (z. B. zylindrisch, kegelig, scheibenförmig) geformt. Diese Schleifmittelgeometrie ist mechanisch stabil und hoch belastbar. Die Drehzahlen können sehr hoch gewählt werden, wodurch sich über die hohe Schnittgeschwindigkeit ein rascher Arbeitsfortschritt und guter Staubtransport ergibt. Geschliffen wird meist am Umfang des Schleifmittels. Wegen der runden Schleifmittel ist das Schleifen ebener Oberflächen nur in sehr grobem Umfang möglich.

Umlauf

Bei umlaufenden Schleifern ist das Schleifmittel auf der Oberfläche eines

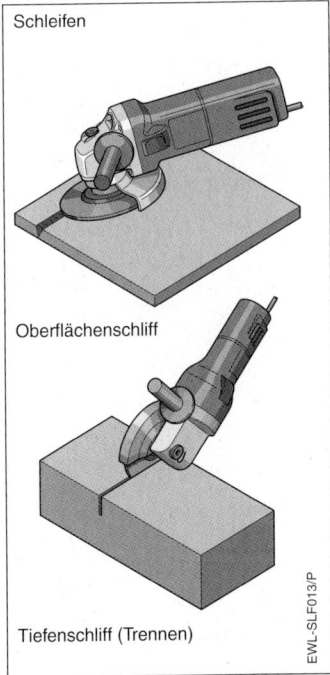

Schleifen

Oberflächenschliff

Tiefenschliff (Trennen)

EWL-SLF013/P

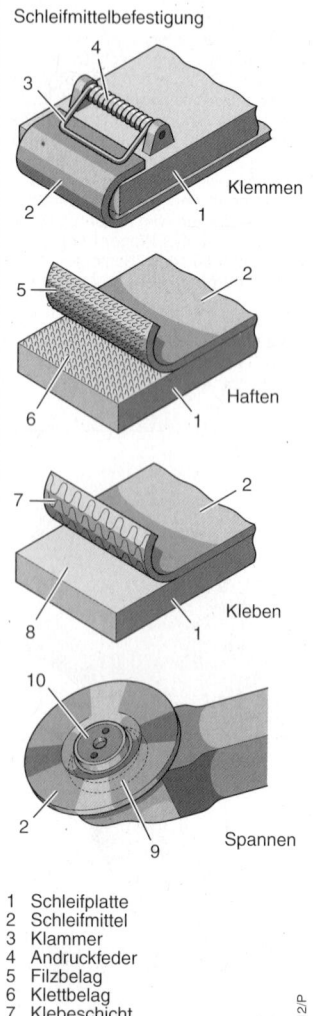

Schleifmittelbefestigung

Klemmen

Haften

Kleben

Spannen

1 Schleifplatte
2 Schleifmittel
3 Klammer
4 Andruckfeder
5 Filzbelag
6 Klettbelag
7 Klebeschicht
8 Glatte Oberfläche
9 Zentrier- u. Mitnahmeflansch
10 Spannmutter

EWL-SLF012/P

endlosen Bandes (Bandschleifer) angebracht. Das Band wird über zwei Rollen geführt, wobei die Drehrichtung jeweils um 180° umgelenkt wird. Eine Rolle dient dem Antrieb, die andere der Führung und Spannung. Dazwischen läuft das Band über eine starre Platte (Schleifplatte). Hierdurch können ebene Oberflächen geschliffen werden, bei gewölbten Flächen oder an Kanten besteht dagegen die Gefahr des punktuellen Durchschliffes. Bei umlaufenden Schleifern lassen sich hohe Bandgeschwindigkeiten und damit ein rascher Arbeitsfortschritt erreichen. Die Schleifrichtung erfolgt in stetiger Längsbewegung, was sich je nach Schleifaufgabe und zu bearbeitendem Material positiv auf die Oberflächenstruktur auswirken kann.

Einsatzwerkzeuge

Die Geometrie der Schleifmittel richtet sich nach dem angewendeten Schleifprinzip und dem dazu verwendeten Elektrowerkzeug. Man unterscheidet generell in
– Schleifmittel auf Unterlage
– Schleifmittel ohne Unterlage
– Hartmetallbestückte Schleifmittel
– Diamant-Schleifmittel
Innerhalb dieser Gruppen sind die Schleifmittel maschinen- und anwendungsspezifisch geformt.

Schleifmittel auf Unterlage
Bei Schleifmitteln auf Unterlage ist das Schleifmittel auf der Oberfläche eines Trägermaterials aufgebracht. Das Trägermaterial überträgt die Bewegung des Elektrowerkzeugs auf das Schleifmittel und gibt ihm mechanischen Halt. Während des Betriebs ändert das Schleifmittel auf Unterlage seine Abmessungen nicht. Schnitt- bzw. Umfangsgeschwindigkeiten bleiben also erhalten. Wenn das Schleifmittel abgestumpft, ausgebrochen oder verstopft ist, wirtschaftliches Schleifen also nicht mehr möglich ist, ist das Schleifmittel verbraucht. Die Unterlage kann
– rechteckig (Schwingschleifer)
– dreieckig (Deltaschleifer)
– rund (Exzenterschleifer, Winkelschleifer)
– fächerförmig (Winkelschleifer, Schleifbürste)

Schleifpapiertypen

Naturleimbindung

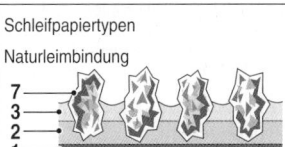

7
3
2
1

Kunstharzbindung

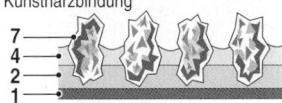

7
4
2
1

Vollkunstharzbindung

7
4
2
1

Wirkstoffbeschichtet

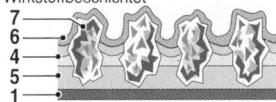

7
6
4
5
2
1

1 Unterlage
2 Naturleim-Grundbindung
3 Naturleim-Deckbindung
4 Kunstharz-Deckbindung
5 Kunstharz-Grundbindung
6 Wirkstoffschicht
7 Schleifkorn

EWL-S015/G

Fächerschleifteller
(Schleifmopteller)

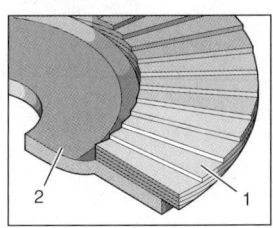

2   1

1 Dachziegelartig übereinander
  liegende Schleifblätter (Fächer)
2 Grundkörper
  (Schleifmittelträger)

EWL-F030/P

– bandförmig (Bandschleifer, Varioschleifer)
sein. Daneben sind Sonderausführungen
möglich.

Fiberscheibe

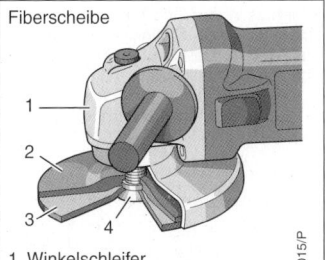

1
2
3   4

1 Winkelschleifer
2 Stützteller (Gummiteller)
3 Fiberscheibe
4 Konische Spannmutter

EWL-SLF015/P

Schleifvlies

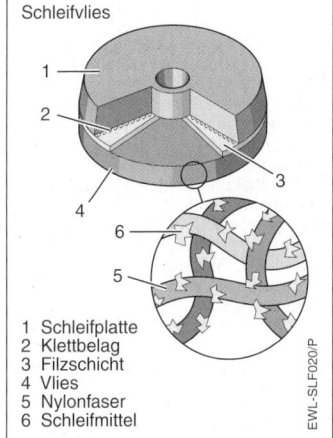

1
2
        3
4
    6
5

1 Schleifplatte
2 Klettbelag
3 Filzschicht
4 Vlies
5 Nylonfaser
6 Schleifmittel

EWL-SLF020/P

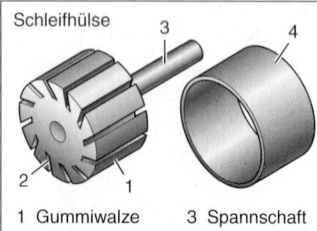

Schleifhülse

1 Gummiwalze   3 Spannschaft
2 schräge Schlitze   4 Schleifhülse

A Angetriebene Schleifwalze
Die Gummiwalze spreizt sich auf
und verstärkt die Spannkraft. Die
Schleifhülse sitzt fest.

B Stehende Schleifwalze
Die Schleifhülse wird in Schleifrichtung gedreht - die Spannkraft
lässt nach. Die Schleifhülse kann
abgenommen werden.

EWL-SLF025/P

Schleifmittel ohne Unterlage

Bei Schleifmitteln ohne Unterlage ist das
Schleifmittel mit einem geeigneten Bindemittel und eventuellen Verstärkungseinla-
gen geformt und verfestigt und stellt so
eine schleifende und lastaufnehmende
Einheit dar. Bei der Anwendung werden
Schleifmittel und Bindemittel gleichzeitig
„verbraucht", wodurch das Schleifmittel
seine geometrischen Abmessungen ändert (es wird kleiner). Wenn die Abmessungen der Befestigungsteile erreichen
bzw. durch den Verschleiß die Umfangsgeschwindigkeit unwirtschaftlich gering
wird, ist das Schleifmittel verbraucht.
Schleifmittel ohne Unterlage können unterschiedliche Formen haben:

– Schleifscheiben
(Schleifmaschinen, Geradschleifer)

– Schleifstifte (Geradschleifer,
Schleifbürsten)
– Trenn- und Schruppscheiben
(Winkelschleifer)

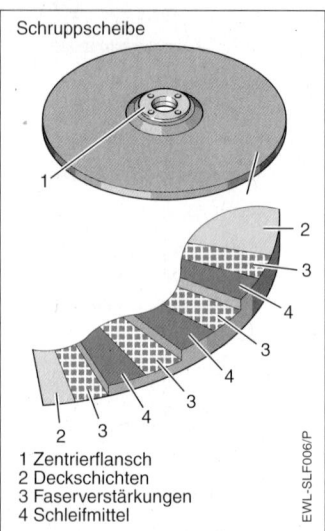

Schruppscheibe

1 Zentrierflansch
2 Deckschichten
3 Faserverstärkungen
4 Schleifmittel

EWL-SLF006/P

Hartmetallbestückte Schleifmittel

Hartmetallbestückte Schleifmittel bestehen aus einer Metallunterlage, auf der
scharfkantiges Hartmetallgranulat in geeigneter Weise angebracht ist. Durch die
Verschleißfestigkeit des Hartmetalles und
die innige Verbindung zum Trägermaterial
erreichen diese Schleifmittel sehr hohe
Standzeiten. Bei Verstopfung lassen sie
sich leicht mechanisch oder chemisch
säubern. Ihre Anwendung ist auf nichtmetallische, nichtmineralische Werkstoffe
begrenzt.

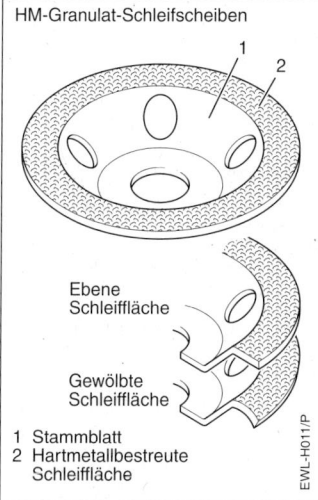

HM-Granulat-Schleifscheiben

1 — Stammblatt
2 — Hartmetallbestreute Schleiffläche

Ebene Schleiffläche

Gewölbte Schleiffläche

EWL-H011/P

Diamant-Schleifmittel

Bei Schleifmittell mit Diamantbestückung handelt es sich um Schleifkörper, an deren Umfang durchgehend oder in Segmentform Diamanten oder diamantähnliche Schleifmittel in geeigneter Weise eingelagert sind. Diamant-Schleifmittel sind teilweise komplex aufgebaut, ihnen ist deshalb ein besonderes Kapitel gewidmet. Für die Anwendung an Elektrowerkzeugen werden in erster Linie
– Trennscheiben
– Schleifscheiben
– Bohrkronen
verwendet. (siehe Kapitel „Diamant-Einsatzwerkzeuge")

Schleifmittelwerkstoffe

Die an Elektrowerkzeugen verwendeten Schleifmittel bestehen meist aus folgenden Materialien:
– Naturkorund
– Siliciumcarbid
– Aluminiumoxid
– Zirkonkorund
Entsprechend ihren Eigenschaften haben sie spezifische Einsatzfelder.

Naturkorund

Naturkorund ist ein historischer Schleifmittelwerkstoff, der den Anforderungen an maschinenbetriebene Schleifmittel meist nicht mehr genügt. Er wird gelegentlich noch für geringwertige, handbetriebene Schleifmittel verwendet.

Siliciumcarbid (SiC)

SiC besitzt eine harte, scharfkantige Struktur und eignet sich besonders zum Bearbeiten harter und zäher Werkstoffe, aber auch für Gestein, Lacke und Kunststoffe.

Aluminiumoxid (Al_2O_3)

Aluminiumoxid (oder Edelkorund) ist sehr hart und zäh. Es eignet sich besonders zur Bearbeitung langspanender Werkstoffe wie Holz und Metall.

Zirkonkorund

Die mikrokristalline Struktur von Zirkonkorund setzt bei Abnutzung immer wieder neue und scharfe Bruchkanten frei, wodurch ein selbstschärfender Effekt eintritt. Aus diesem Grund eignet es sich besonders für zähharte Werkstoffe wie z. B. korrosionsfeste Stähle.

Struktur

Schleifmittel mit dichter Struktur haben eine hohe Standzeit, neigen aber bei weichen oder elastischen Werkstoffen zum Verstopfen. Durch die hohe Dichte von Bindemittel und Schleifkorn wird beim Schleifen entsprechend viel Wärme in das Werkstück eingebracht. Schleifmittel mit offener Struktur haben eine kürzere Standzeit, eignen sich aber besser für weiche, elastische Werkstoffe und ergeben einen „kühleren" Schliff.

Bindung

Mit Bindung bezeichnet man die Eigenschaften der Bindemittel von Schleifkörpern ohne Unterlage. Das Bindemittel muss einerseits die auf das Schleifmittel einwirkenden mechanischen Kräfte aushalten, andererseits abgestumpfte Schleifmittelkörner freigeben, damit neue Schleifmittelkörner an die Oberfläche kommen können. Generell benötigen Schleifmittel für harte Werkstoffe eine weiche Bindung, Schleifmittel für weiche Werkstoffe eine harte Bindung.

Beschichtung

Für bestimmte Anwendungszwecke können Schleifmittel auf Unterlage beschichtet werden, damit das Schleifmittel weniger Neigung zum Verstopfen hat. Dies wirkt sich besonders beim Feinschliff von lackierten Oberflächen günstig auf die Standzeit aus.

Oberflächenschliff

Oberflächen können sowohl manuell, mit Elektrowerkzeugen als auch mit stationären Werkzeugmaschinen geschliffen werden. Entsprechend vielfältig sind die hierbei eingesetzten Schleifmittel und Methoden. Die folgenden Informationen beziehen sich auf die Anwendung von Elektrowerkzeugen.

Schleifen von Metallen

Schleifen mittels Rotation ist die günstigste Bearbeitungsart, weil hiermit hohe Umfangsgeschwindigkeiten und damit hoher Arbeitsfortschritt erreicht werden können. Durch die Zentrifugalkräfte werden das abgenützte Schleifkorn und der Abtrag aus dem Schleifbereich gefördert.

Schleifen mittels Schwingung oder Umlauf ist ungünstig, weil der Schleifstaub und ausgebrochenes Schleifkorn nicht schnell genug aus dem Abtragsbereich gefördert wird und dadurch Riefen in der Oberfläche entstehen. Exzenterschleifer bieten zusammen mit Schleifvliesen eine gute Kompromisslösung bei der Feinbearbeitung von Metalloberflächen.

Staubabfuhr: Das beim Schleifen von Metall abgetragene Material ist bei der Verwendung von Winkelschleifern und Geradschleifern sehr stark erhitzt (Funkenflug), eine Absaugung direkt am Elektrowerkzeug ist deshalb in der Regel nicht möglich, weil hitzeresistente, relativ starre Metallschläuche verwendet werden müssen. Bewährt haben sich offene Schleifka-

binen und geeignete Raumteiler, welche den Funkenflug auf benachbarte Arbeitsplätze verhindern. Bei der Verwendung von Schwingschleifern, Exzenterschleifern und Bandschleifer können geräteinterne und externe Absaugtechniken verwendet werden.

Schleifen von Kunststoffen

Typischerweise verformen sich die meisten Kunststoffe unter Wärmeeinwirkung. Bei zu starker Erhitzung schmelzen oder zersetzen sich Kunststoffe. Hieraus folgt, dass beim Schleifen von Kunststoffen die Wärmeentwicklung möglichst gering gehalten werden muss. In der Praxis muss deshalb mit geringem Andruck und geringer Umfangsgeschwindigkeit geschliffen werden. Schleifmittel mit offener Struktur entwickeln beim Abtrag weniger Wärme und sind deshalb günstiger. Bei Schleifarbeiten größeren Umfangs ist es günstig, das zu entfernende Material mit möglichst grobem Schleifkorn abzutragen und nur zum Abschluss auf feines Schleifkorn umzusteigen. Grobes Schleifkorn verstopft weniger schnell und der kühlere Schliff des groben Kornes verringert das Anschmelzen des Kunststoffes.

Staubabfuhr: Das Absaugen von Kunststoffstäuben stellt keine Probleme dar. Es können geräteinterne und externe Absaugtechniken verwendet werden. Kritische Stäube entstehen bei der Bearbeitung von glasfaserverstärkten Kunststoffen (GFK) durch den Anteil an Glasfaserpartikeln, welche eine Gefahr für die Atmungsorgane darstellen. Bei diesen Bearbeitungsfällen *muss* mit geeigneten Geräten abgesaugt werden.

Schleifen von Holz

Hölzer und Holzwerkstoffe sind vergleichsweise weich. Sie schmelzen unter Wärmeeinwirkung nicht, können sich aber verfärben. Hieraus folgt, dass beim Schleifen von Holz und Holzwerkstoffen die Wärmeentwicklung durch Verringern der Umfangsgeschwindigkeit und des Anpressdruckes (z. B. beim Einsatz von Rotationsschleifern) möglichst gering gehalten werden muss. Schleifmittel mit offener

Struktur entwickeln beim Abtrag weniger Wärme und sind deshalb günstiger. Die Faserstruktur von Holz muss beim Schleifen beachtet werden. Beim Schleifen quer zur Faser (bei Rotationsschleifern unvermeidbar) entstehen ein schneller Materialabtrag und eine raue Oberfläche. In solchen Fällen muss unter Umständen von vornherein mit feinerer Körnung gearbeitet werden, was allerdings zeitaufwendiger ist. Ungünstig wirken sich Harzeinschlüsse aus, weil sie das Schleifmittel verstopfen und die Oberfläche verschmieren. In solchen Fällen sind entsprechende Vorarbeiten wie ausfräsen oder auflösen mittels geeigneter Verdünnungsmittel nötig.

Staubabfuhr: Das Absaugen von Holzstäuben stellt keine Probleme dar. Es können geräteinterne und externe Absaugtechniken verwendet werden. Kritische Stäube entstehen bei der Bearbeitung von Harthölzern wie Buche und Eiche sowie allen insekten- und pilzresistenten Edelhölzern, deren Stäube bei langfristiger Einwirkung Allergien auslösen und Krebs erregend wirken können. Bei diesen Bearbeitungsfällen *muss* mit dafür zugelassenen Geräten abgesaugt werden.

Schleifen von Farbbeschichtungen

Farben und Lackbeschichtungen verhalten sich teilweise wie Kunststoffe, bei zu starker Erhitzung können sie schmelzen oder sich zersetzen, wodurch die Oberflächenqualität erheblich verändert (und verschlechtert) wird. Hieraus folgt, dass beim Schleifen von Farben und Lacken die Wärmeentwicklung möglichst gering gehalten werden muss. In der Praxis muss deshalb mit geringem Andruck und geringer Umfangsgeschwindigkeit geschliffen werden. Schleifmittel mit offener Struktur entwickeln beim Abtrag weniger Wärme und sind deshalb günstiger. Beschichtete Schleifmittel neigen weniger zum Zusetzen und haben deshalb erheblich längere Standzeiten.

Lackierte Oberflächen werden in der Praxis sehr oft nur fein angeschliffen ("stumpfgeschliffen"), um eine neue Lackschicht auftragen zu können (typisch: Kfz-Reparatur). Hierbei darf die ursprünglich vorhandene hohe Oberflächenqualität nicht durch den Schleifvorgang verschlechtert werden. Verbleibt Schleifstaub an der Schleifstelle, so kann dies zu wiederholten Anschmelz- und Abreißvorgängen führen, was die Oberflächengüte stark beeinträchtigt. Auch intensive Absaugung kann dies nicht in allen Fällen, insbesondere aber nicht bei sehr feinen Körnungen, verhindern. Gebräuchlich ist in diesen Fällen der Nassschliff, der aber in der Nachbereitung (Säubern und Trocknen der Schleiffläche) umständlich ist. Wirtschaftlicher ist die Anwendung von Schleifvliesen im Trockenschliff. Der Schleifstaub kann sich in das lose Gewirk des Vlieses einlagern, wodurch er nicht mehr auf die zu schleifende Oberfläche gedrückt wird.

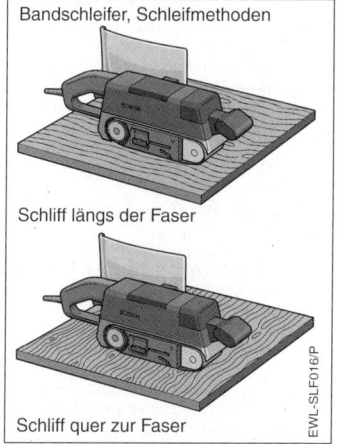

Bandschleifer, Schleifmethoden

Schliff längs der Faser

Schliff quer zur Faser

EWL–SLF016/P

Staubabfuhr: Das Absaugen von Farb- und Lackstäuben stellt keine Probleme dar. Es können geräteinterne und externe Absaugtechniken verwendet werden. Kritische Stäube entstehen bei der Bearbeitung von giftigen Farbstoffen zum Korrosionsschutz und Fäulnisschutz sowie Schutzanstriche im Unterwasserbereich von Booten und Schiffen, deren Stäube gesundheitsschädigend wirken können. Bei diesen Bearbeitungsfällen *muss* mit geeigneten Geräten abgesaugt werden.

Schleifen von Gesteinen

Gesteine zeichnen sich durch große Härte aus, wodurch der Arbeitsfortschritt bei der Oberflächenbearbeitung, gemessen an anderen Werkstoffen, relativ gering ist. Man wird deshalb aus wirtschaftlichen Gründen stets eine stationäre Bearbeitung vornehmen und den Einsatz von Elektrowerkzeugen auf Anpass- und Reparaturarbeiten beschränken. Grobe Arbeiten werden mit Spezialausführungen von Winkelschleifern (Nassschleifer, Betonschleifer) durchgeführt, wobei Schleiftöpfe bzw. diamantbestückte Topfscheiben verwendet werden. Schleiftöpfe werden vorzugsweise im Nassschliff eingesetzt, wodurch sich den Schliff begünstigende Schlämme bilden. Im Gegensatz zu den vorgenannten Werkstoffen kann das abgetragene Gesteinsmaterial in den Schleifprozess einbezogen werden. Durch den ständigen Kontakt mit der gleichharten Oberfläche und dem harten Schleifmittelmaterial wird seine Struktur immer feiner (Schlämme), wodurch eine sehr gute Oberflächenqualität erreicht wird. Zur Feinstbearbeitung werden Schleifmittel auf Unterlage und Schleifvliese eingesetzt.

Staubabfuhr: Das Absaugen von Gesteinsstäuben stellt keine Probleme dar. Es können geräteinterne und externe Absaugtechniken verwendet werden. Kritische Stäube entstehen bei der Bearbeitung von silikat- und quarzhaltigen Baustoffen, deren Stäube bei langfristiger Einwirkung gesundheitsschädigend wirken können. Bei der Verwendung leistungsstarker Betonschleifer sind die Staubmengen erheblich. Bei diesen Bearbeitungsfällen *muss* mit geeigneten Geräten abgesaugt werden.

Polieren

Polieren ist vom Prinzip her ein Schleifvorgang mit Schleifmitteln sehr feiner Körnung (ca. ab Körnung 1200) und kann auf allen geschlossenporigen Oberflächen (also nicht auf unbehandelten Hölzern) erfolgen. Die besten Ergebnisse werden mit sogenannten Polierpasten erzielt, bei denen das Schleifkorn in einem Wachs oder einer Paste aufgeschlämmt ist. Die Paste wird auf den Werkstoff oder das Einsatzwerkzeug (Filzscheibe) aufgetragen, die Bearbeitung erfolgt meist durch Rotation. Eine Hochglanzpolitur muss in mehreren Stufen erfolgen, wobei von Stufe zu Stufe das verwendete Poliermittel eine feinere Körnung aufweisen muss. Weil sich das Poliermittel in das Einsatzwerkzeug (z.B. Filzscheibe) einlagert, muss für jede Poliermittelkörnung ein separates Einsatzwerkzeug verwendet werden. Die Werkstückoberfläche ist zwischen jedem Poliergang sorgfältig zu reinigen.

Polieren mit Elektrowerkzeugen ist, wenn eine makellose Oberfläche erzielt werden soll, ein prinzipbedingt zeitaufwendiger Vorgang. Wenn immer möglich sollte man industriell polierte Werkstücke (z. B. Bleche) verwenden, die Oberfläche während der Bearbeitung schützen und nur die Bearbeitungsstellen (z. B. Werkstückränder oder Schweißnähte) nachbearbeiten.

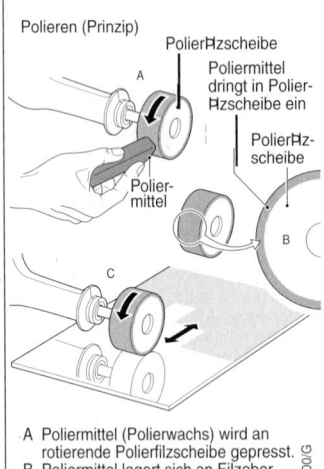

Polieren (Prinzip)

PolierﬁIzscheibe

Poliermittel dringt in Polier-ﬁIzscheibe ein

PolierﬁIzscheibe

Poliermittel

A Poliermittel (Polierwachs) wird an rotierende Polierfilzscheibe gepresst.
B Poliermittel lagert sich an Filzoberfläche an.
C Polierfilzscheibe trägt Poliermittel auf Werkstückoberfläche auf.

EWL-00-000/G

Trennschleifen

Unter Trennschliff versteht man das Schleifen in die Tiefe. Als Arbeitsprinzip dient Rotation. Die Schleifarbeit findet an der Stirnseite, am Umfang des Schleifmittels (der Trennscheibe), statt. Das verwendete Elektrowerkzeug ist meist ein Winkelschleifer oder eine Trennmaschine. Das Verfahren ähnelt dem Sägen mit einer Kreis- oder Kappsäge.

Trennen von Metallen: Trennen von Metallen durch Tiefenschliff mit Trennscheiben ist Stand der Technik und kann in vielen Fällen im Freihandbetrieb erfolgen. Bei der Verwendung von Vorrichtungen (z. B. Winkelschleifer im Trennständer) werden gute und maßgenaue Ergebnisse erzielt. Die Scheibenstandzeit begrenzt die Schnitttiefe, weil der Scheibendurchmesser mit zunehmender Abnutzung geringer wird. Durch die dadurch zwangsläufig geringer werdende Umfangsgeschwindigkeit (Schnittgeschwindigkeit) gehen die Schleifmitteleffizienz und der Arbeitsfortschritt zurück. Der Leistungsbedarf hängt vom Querschnitt des Trennspaltes (und damit der Trennscheibendicke) ab. Moderne Trennscheiben mit Scheibendicken um ca. 1 mm erlauben schnelle Schnitte bei geringer Wärmeentwicklung.

Staubabfuhr: Bezüglich der Staubabfuhr gilt dasselbe wie für den Oberflächenschliff von Metallen mit Winkelschleifern. Die Arbeitsrichtung ist so zu wählen, dass der Funkenstrahl vom Anwender weggerichtet ist.

Trennen von Kunststoffen: Beim Trennen von Kunststoffen mittels Trennscheiben entsteht entlang der im Eingriff befindlichen Trennscheibenflächen Reibungswärme, die vom Kunststoff nicht abgeführt werden kann. Die Folge sind lokale Überhitzung und Schmelzvorgänge. Bestimmte Kunststoffe zersetzen sich durch die Hitze und verändern dadurch Farbe und Eigenschaften. Durch die Schmelz- oder Zersetzungsprodukte setzt sich das Schleifmittelgefüge zu, wodurch das Schleifmittel unbrauchbar wird. Trennschleifen findet deshalb bei Kunst-stoffen (mit Ausnahme dünnwandiger Profile) meist keine Anwendung.

Trennen von Holz: Beim Trennen von Holz mittels Trennscheiben entsteht entlang der im Eingriff befindlichen Trennscheibenflächen Reibungswärme, die vom Werkstoff Holz nicht abgeführt werden kann. Die Folge sind lokale Überhitzung und Branderscheinungen. Trennschleifen findet deshalb bei Holz und Holzwerkstoffen keine Anwendung.

Trennen von Gesteinen: Trennen von Gesteinen und Steinwerkstoffen durch Tiefenschliff mit herkömmlichen Trennscheiben ist zwar ohne weiteres möglich, aber sehr unwirtschaftlich. Die Scheibenstandzeit begrenzt die Schnitttiefe, weil der Scheibendurchmesser mit zunehmender Abnützung geringer wird. Durch die dadurch zwangsläufig geringer werdende Umfangsgeschwindigkeit (Schnittgeschwindigkeit) gehen die Schleifmitteleffizienz und der Arbeitsfortschritt schnell sehr stark zurück. Wirtschaftliches Trennschleifen in Gestein und Steinwerkstoffen erfolgt deshalb in zunehmendem Maße durch diamantbestückte Trennscheiben, die eine bis zu hundertfach längere Standzeit (bei annähernd gleichbleibendem Durchmesser und damit gleichbleibender Umfangsgeschwindigkeit) als herkömmliche Trennscheiben aufweisen. (Siehe auch Kapitel „Diamantbestückte Einsatzwerkzeuge")

Staubabfuhr: Beim Trennen von Gestein werden sehr große Staubmengen erzeugt. Die Körnung ist bei der Anwendung diamantbestückter Trennscheiben sehr fein. Zusätzlich wird der Staub durch die Reibungshitze sehr stark getrocknet, wodurch er beim Einatmen aggressiv mit der Feuchtigkeit der Atemwege reagiert. Kritische Stäube entstehen bei der Bearbeitung von silikat- und quarzhaltigen Baustoffen, deren Stäube bei langfristiger Einwirkung gesundheitsschädigend wirken können. Der beim Trennen von Gestein entstehende Staub *muss* deshalb grundsätzlich und mit geeigneten Geräten abgesaugt werden.

Elektrowerkzeuge für die Anwendung "Schleifen"

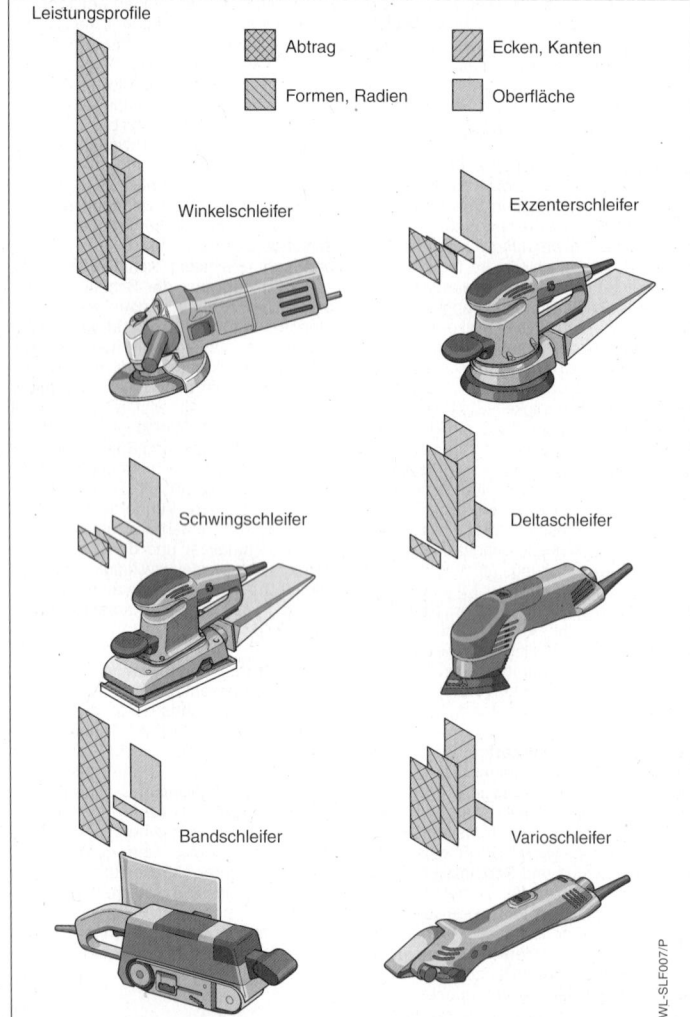

Leistungsprofile

Abtrag

Ecken, Kanten

Formen, Radien

Oberfläche

Winkelschleifer

Exzenterschleifer

Schwingschleifer

Deltaschleifer

Bandschleifer

Varioschleifer

EWL-SLF007/P

Schwingschleifer

Prinzip der Schwingschleifer ist eine hin- und herschwingende Schleifplatte, welche elastisch am Maschinengehäuse befestigt ist und über einen Exzenter angetrieben wird. Schwingschleifer haben eine recht- eckige Schleifplatte, deren Elastizität rela- tiv gering sein muss, damit die den Schleif- prozess bewirkenden Schwingungen möglichst verlustlos vom Antrieb auf das Schleifmittel übertragen werden können. Die Motordrehzahl kann elektronisch ein- gestellt werden. Wegen der starren Schleifplatte eignen sich Schwingschleifer nur zur Bearbeitung ebener Oberflächen. An Rundungen oder Kanten findet eine punktförmige Belastung statt, wodurch Werkstück und Schleifplatte beschädigt werden können. Die Befestigung des Schleifmittels erfolgt über Klammern und/oder Klettbeläge. Schleifplatte und Schleifmittel haben eine übereinstim- mende Lochung, wenn Absaugung einge- setzt wird. Hierbei müssen Kompromisse geschlossen werden, denn: Je weniger Löcher, umso mehr Schleifmittel im Ein- griff, aber desto geringer die Absaugwir- kung. Je mehr Löcher, umso weniger Schleifmittel im Eingriff, aber desto besser die Absaugwirkung. Die Schwingkreisra- dien sind typabhängig. Sie betragen meist 1,5...3 mm. Je nach Form und Anordnung der elastischen Schleifplattenlagerung er- hält man eine symmetrische oder gerich- tete Form der Schwingungen. Hierdurch kann die Schwingcharakteristik für be- stimmte Anwendungen wie Schleifen ent- lang von Kanten optimiert werden.

Schwingschleifer

Je nach Ausführung haben sie Leistungs- aufnahmen zwischen 200...400 Watt, die Schleifplattenmaße 80 ×130; 93 × 230 und 115 × 280 mm, stellen die am mei- sten verwendeten Standardgrößen dar. Bei gegebenem Schwingkreisradius und Schwingungszahl ergeben sich zusam- men mit der gewählten Leistungsaufnah- me aus physikalischen Gründen ver- gleichbare Abtragsleistungen. Man ent- scheidet sich dann innerhalb der Gerätegruppe sinnvollerweise für das er- gonomischste, vibrationsärmste Gerät.

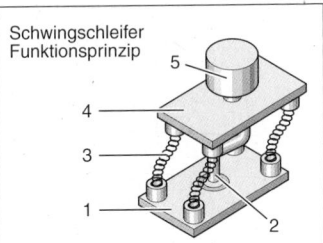

Schwingschleifer
Funktionsprinzip

1 Schleifplatte
2 Exzenter (Prinzip)
3 Schwinglager
4 Gehäuse-Grundplatte
5 Antriebsmotor
. Theoretische Neutralstellung

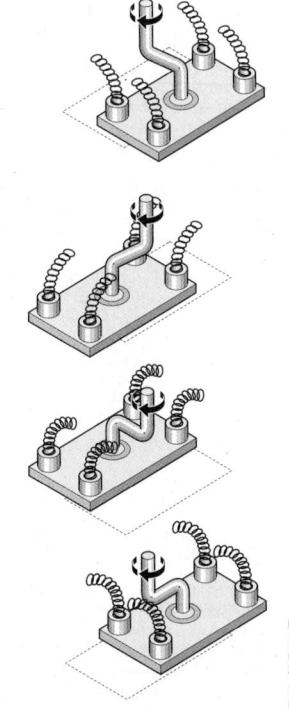

EWL–SLF011/P

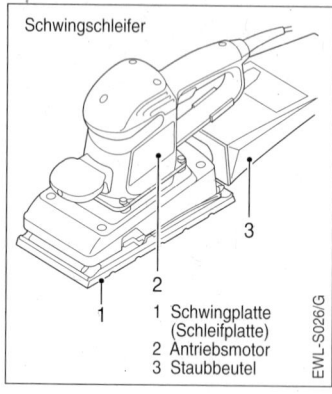

Schwingschleifer

1 Schwingplatte (Schleifplatte)
2 Antriebsmotor
3 Staubbeutel

EWL-S026/G

Ausführung haben sie Leistungsaufnahmen zwischen 250...550 Watt, der Schleiftellerdurchmesser kann 115, 125 oder 150 mm betragen. Bei gegebenem Schwingkreisradius und Schleiftellerdurchmesser ergeben sich zusammen mit der gewählten Leistungsaufnahme wegen physikalischer Gesetzmäßigkeit vergleichbare Abtragsleistungen. Man entscheidet sich dann innerhalb der Gerätegruppe sinnvoller Weise für das ergonomischste, vibrationsärmste Gerät. Exzenterschleifer können entweder
– freilaufend oder
– zwangslaufend
ausgelegt sein. Freilaufende Exzenterschleifer sind kostengünstig, zwangslaufende Exzenterschleifer eignen sich für bestimmte Arbeitsaufgaben besser. Wie bei Schwingschleifern ist eine elektronische Motordrehzahleinstellung möglich.

Deltaschleifer

Deltaschleifer sind prinzipiell Schwingschleifer. Sie sind sehr klein und handlich und eignen sich auf Grund der kleinen dreieckförmigen Schleifplatte für diffizile Schleifarbeiten an schlecht zugänglichen Stellen und Ecken sowie an komplex geformten Werkstücken.

Deltaschleifer

EWL-D001/G

Exzenterschleifer

Exzenterschleifer ermöglichen die Schliffgüte von Schwingschleifern bei wesentlich höherer Abtragsleistung. Wegen ihres runden Schleiftellers und der unterschiedlichen Härtegrade desselben lassen sich auch konkav und konvex geformte Oberflächen bearbeiten. Je nach

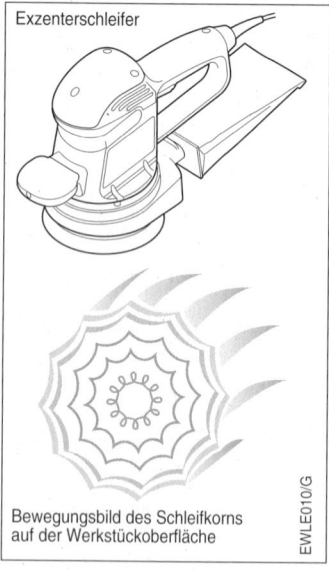

Exzenterschleifer

Bewegungsbild des Schleifkorns auf der Werkstückoberfläche

EWLE010/G

Freilaufend: Bei freilaufenden Exzenterschleifern wird die Rotationsdrehzahl (und damit die Abtragsleistung) über die

Exzenterschleifer
Funktionsprinzip Freilaufend

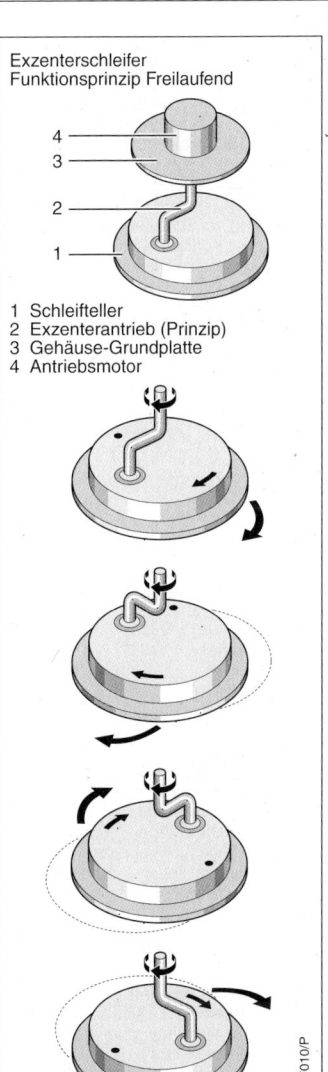

1 Schleifteller
2 Exzenterantrieb (Prinzip)
3 Gehäuse-Grundplatte
4 Antriebsmotor

EWL-SLF010/P

Exzenterschleifer
Funktionsprinzip Zwangsmitnahme

1 Schleifteller
2 Hohlrad
3 Exzentrischer Antrieb
4 Gehäuse-Grundplatte
5 Antriebsmotor

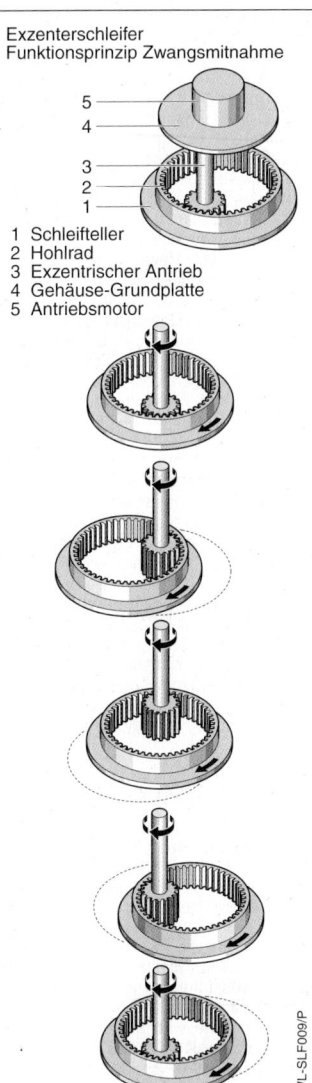

EWL-SLF009/P

Fliehkraftwirkung der Exzentrizität erzeugt. Es besteht keine feste Rotationsübertragung vom Motor her. Die Rotationsdrehzahl des Schleiftellers wird über die Andruckkraft bestimmt. Je geringer der Andruck, umso höher die Drehzahl und damit die Abtragsleistung. Je größer die Andruckkraft, umso geringer die Drehzahl und Abtragsleistung. Diese ungewöhnliche Funktionscharakteristik ist gewöhnlich bedürftig. Um beim Ansetzen der Maschine keine zu hohen Drehzahlen zu haben, sind freilaufende Exzenterschleifer in der Regel mit einer eingebauten Bremse versehen, welche die Leerlaufdrehzahl nach oben hin begrenzt („gebremster Freilauf"). Freilaufende Exzenterschleifer eignen sich für allgemeine Oberflächenschliffe und zeichnen sich durch ihre kleinere Baugröße und Handlichkeit aus.

Zwangslaufend: Bei Exzenterschleifern mit Zwangsmitnahme wird die Rotation des Schleiftellers durch ein Getriebe vom Antriebsmotor erzeugt. Die Rotationsdrehzahl ist damit von der Andruckkraft unabhängig. Dies ist dann wichtig, wenn mit hohen Andruckkräften gearbeitet werden muss wie beispielsweise beim Grobschliff oder beim Polieren. Exzenterschleifer mit Zwangsmitnahme des Schleiftellers sind meist so ausgelegt, dass sie durch Umschalten oder Umrüsten sowohl freilaufend als auch zwangslaufend betrieben werden können.

Rotationsschleifer

Schleifmaschinen

Schleifmaschinen ist der Überbegriff für stationäre Schleifmaschinen. Im Bereich der Elektrowerkzeuge zählt hierzu die Doppelschleifmaschine, der sogenannte „Schleifbock". Sie bestehen typischerweise aus einem Wechselstrommotor, an dessen Achsstummeln links und rechts je eine Schleifscheibe angeflanscht ist. Die Schleifmaschine wird auf der Werkbank befestigt oder auf ein spezielles Gestell in Arbeitshöhe montiert. Typische Anwendung ist das Schärfen und Schleifen von Werkzeugen und das Entgraten kleinerer

Werkstücke. Wegen des Einsatzes von Wechselstrommotoren ist die Drehzahl durch die Motorbauart und die Netzfrequenz bestimmt. Sie beträgt bei 50 Hz Netzfrequenz meist ca. 3000 U/min. Wegen der Netzfrequenzabhängigkeit darf ein 50-Hz-Motor niemals mit 60 Hz betrieben werden, weil es dann durch die zwangsläufig höhere Drehzahl von ca. 3600 U/min zu Schleifscheibenzerlegern kommen kann. Dies ist beim Export der Geräte zu berücksichtigen.

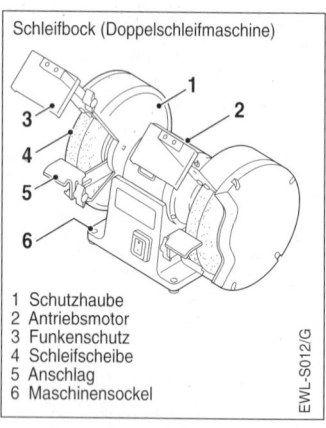

Schleifbock (Doppelschleifmaschine)

1 Schutzhaube
2 Antriebsmotor
3 Funkenschutz
4 Schleifscheibe
5 Anschlag
6 Maschinensockel

EWL-S012/G

Geradschleifer

Geradschleifer bestehen im Wesentlichen aus einem Motor, an dessen Abtriebswelle über eine Spannvorrichtung rotationssymmetrische Schleifkörper (oder Frässtifte, rotierende Feilen) angebracht sind. Motor und Schleifmittel liegen axial hintereinander. Für universelle Anwendung werden Geradschleifer mit direktem Antrieb verwendet. Hierbei ist die Spannzange direkt an der verlängerten Motorachse angebracht.

Für präzises Arbeiten verwendet man Geradschleifer mit separat gelagerter Spindel. Die Rundlaufgenauigkeit ist wesentlich besser. Über den kalibrierten Spindelhals können diese Geradschleifer auch stationär (z. B. an Drehmaschinen) eingesetzt werden. Größere, leistungsstärkere Geradschleifer verfügen über eine Flanschaufnahme für Schleifscheiben. Je nach Schleifmitteldurchmesser erfolgt der Antrieb direkt mit der Motordrehzahl (bis ca. 30 000 U/min) oder über ein Reduziergetriebe. Bei Geradschleifern mit mittleren bis hohen Drehzahlen werden als Werkzeugaufnahme Spannzangen benützt, welche eine sehr hohe Rundlaufgenauigkeit ermöglichen.

Die Leistungsaufnahmen von Geradschleifern betragen 600...3900 Watt (Industriewerkzeuge). Die leistungsschwächeren Geräte dienen meist zum Werkzeug- und Formenbau. Sie verfügen zu diesem Zweck über eine elektronische Regelung bei einstellbarer Drehzahl.

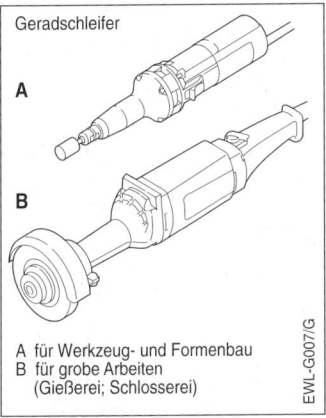

A für Werkzeug- und Formenbau
B für grobe Arbeiten
(Gießerei; Schlosserei)

EWL-G007/G

Schleifbürsten
Die sogenannten Schleifbürsten stellen den Übergang zwischen Geradschleifer und Winkelschleifer dar: Die Schleifspindel ist im Winkel von 45° zur Motorachse angeordnet. Diese Anordnung erleichtert die Beherrschung der beim Schleifen auftretenden Reaktionskräfte bei höheren Maschinenleistungen besser als beim Geradschleifer. Schleifbürsten werden überall dort angewendet, wo die Zugänglichkeit mit Geradschleifern oder Winkelschleifern schwierig oder nicht möglich ist, beispielsweise an Kanten, in Ecken oder Profilen sowie bei komplex geformten Werkstücken. Vom Arbeitsfortschritt

her sind Schleifbürsten eher für kleinere bis mittlere Arbeiten geeignet. Die Leistungsaufnahme beträgt 500...1000 Watt bei einstellbarer Drehzahl. Die Geräte der höheren Leistungsklasse haben eine elektronische Regelung.

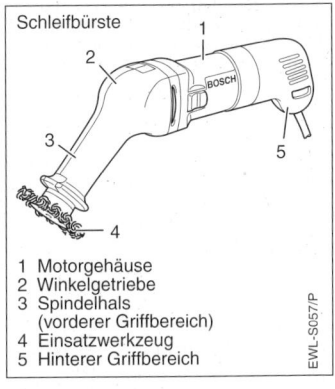

1 Motorgehäuse
2 Winkelgetriebe
3 Spindelhals
  (vorderer Griffbereich)
4 Einsatzwerkzeug
5 Hinterer Griffbereich

EWL-S057/P

Winkelschleifer
Bei Winkelschleifern sind Motor und Schleifkörper im (rechten) Winkel von 90° zueinander angeordnet. Diese Anordnung erlaubt auch bei hohen Maschinenleistungen bis 3900 Watt (Industriewerkzeuge!) eine sichere Beherrschung der beim Schleifen auftretenden Reaktionskräfte. Im Winkelgetriebe wird die Motordrehzahl

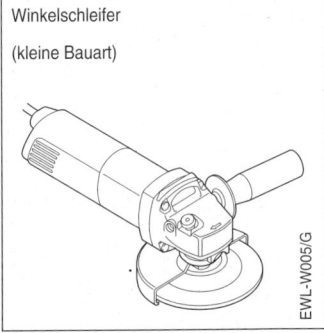

Winkelschleifer

(kleine Bauart)

EWL-W005/G

entsprechend dem verwendeten Schleifmitteldurchmesser untersetzt, üblich sind Drehzahlen von 5000 … 11 000 U/min. Für Sondergeräte werden geringere Drehzahlen verwendet. Winkelschleifer werden vorzugsweise in der Metallbearbeitung eingesetzt und zählen in diesem Bereich zum am meisten verwendeten Gerätetyp. Moderne Winkelschleifer verfügen über ein werkzeugloses Spannsystem, bei höheren Leistungsaufnahmen über eine Anlaufstrombegrenzung.

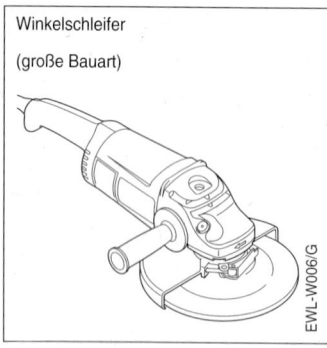

Winkelschleifer

(große Bauart)

EWL-W006/G

Trennschleifer

Trennschleifer sind Winkelschleifer, an welchen bei einer Drehzahl von 5000 U/min Trennscheiben von 300 mm

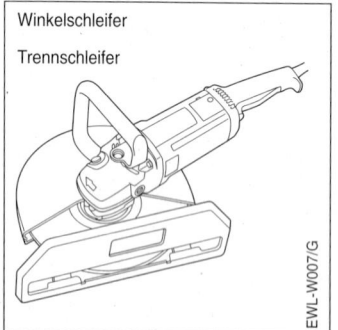

Winkelschleifer

Trennschleifer

EWL-W007/G

Durchmesser betrieben werden.

Der große Trennscheibendurchmesser ergibt hierbei die für Trennarbeiten meist erforderliche große Schnitttiefe. Trennschleifer werden zum Trennen von Gesteinswerkstoffen mit einem Trennschlitten ausgerüstet, der winkeltreue Trennschnitte ermöglicht und das Verkanten der Trennscheibe im Material weitgehend verhindern hilft.

Nassschleifer

Nassschleifer sind Sonderausführungen von Winkelschleifern zum Bearbeiten von Gesteinsoberflächen. Als Einsatzwerkzeuge werden sogenannte Schleiftöpfe verwendet, die Drehzahl liegt bei ca. 2000 U/min. Um Staubentwicklung beim Schleifen zu vermeiden und um den Schleiftopf zu spülen, wird über ein abgedichtetes Zwischenlager am Getriebeflansch während des Betriebes kontinuierlich durch die hohle Spindel Wasser zugeführt. Aus Sicherheitsgründen ist beim Nassschliff ein Trenntransformator oder ein FI-Schalter von der Berufsgenossenschaft zwingend vorgeschrieben. Die Schleiftöpfe werden entweder direkt oder über einen Schnellspannflansch auf der Schleifspindel befestigt.

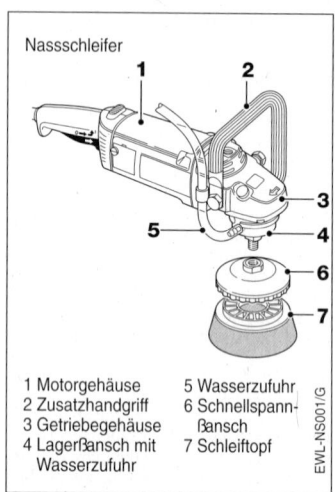

Nassschleifer

1 Motorgehäuse
2 Zusatzhandgriff
3 Getriebegehäuse
4 Lagerflansch mit Wasserzufuhr
5 Wasserzufuhr
6 Schnellspannflansch
7 Schleiftopf

EWL-NS001/G

Polierer
Polierer sind Sonderausführungen von Winkelschleifern zur Feinstbearbeitung von Oberflächen. Da die zu polierenden Oberflächen aus Metall, aber auch aus wärmeempfindlichen Lackschichten bestehen können, haben Polierer einstellbare Drehzahlen im Bereich von ca. 700 … 3000 U/min. Als Einsatzwerkzeuge werden Filz-, Leinen- und Lammfellscheiben verwendet, das Schleifmittel wird in Form einer Paste oder als Wachs aufgetragen.

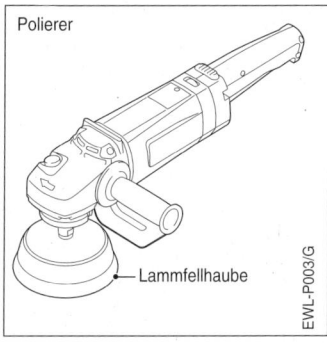

Polierer

Lammfellhaube

EWL-P003/G

Schlitzfräsen
Als Schlitzfräsen werden Trennschleifer bezeichnet, welche zum Ziehen von tiefen Schlitzen in Gestein, Beton und Mauerwerk verwendet werden. Sie sind konstruktiv speziell für diese Anwendungsfälle ausgelegt und können nicht für allgemeine Schleifarbeiten eingesetzt werden. Schlitzfräsen verfügen über einen in die Maschinenkonstruktion integrierten Trennschlitten mit Absaug- Schutzhaben und Tiefenanschlägen. Als Einsatzwerkzeug dienen diamantbestückte Trennscheiben mit Durchmessern bis 300 mm. Die Leistungsaufnahme der meist elektronisch geregelten Maschinen geht bis ca. 2500 Watt. Wegen der extrem hohen Staubentwicklung muss zwingend abgesaugt werden.

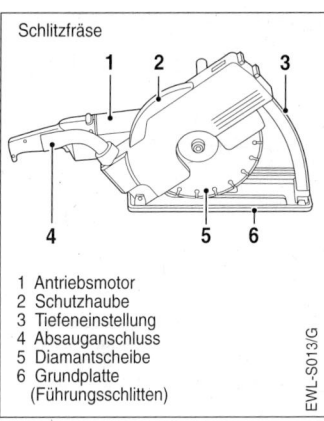

Schlitzfräse

1 Antriebsmotor
2 Schutzhaube
3 Tiefeneinstellung
4 Absauganschluss
5 Diamantscheibe
6 Grundplatte
  (Führungsschlitten)

EWL-S013/G

Steinsägen
Zum Trennen von dünnem Plattenmaterial aus Steinwerkstoffen werden sogenannte Steinsägen verwendet. Es handelt sich hierbei um spezialisierte Einzweckgeräte, welche sowohl für wassergekühlten Nass-

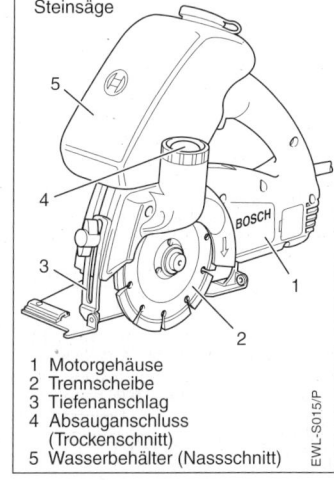

Steinsäge

1 Motorgehäuse
2 Trennscheibe
3 Tiefenanschlag
4 Absauganschluss
  (Trockenschnitt)
5 Wasserbehälter (Nassschnitt)

EWL-S015/P

schnitt als auch für Trockenschnitt verwendet werden können. Steinsägen zeichnen sich durch besondere Handlichkeit aus.

Nutfräsen

Nutfräsen oder Mauernutfräsen besitzen denselben prinzipiellen Aufbau wie Schlitzfräsen, sind aber im Gegensatz zu diesen mit zwei Trennscheiben ausgerüstet. Bei der Anwendung werden hierdurch zwei parallele Schlitze gezogen, der dabei entstehende Mittelsteg wird anschließend manuell ausgebrochen. Wegen der doppelten Belastung durch zwei Trennscheiben ist die maximale Schnitttiefe geringer als bei Schlitzfräsen. Bei Leistungsaufnahmen bis ca. 2500 Watt beträgt die maximale Nuttiefe ca. 65 mm. Wegen der extrem hohen Staubentwicklung muss zwingend abgesaugt werden.

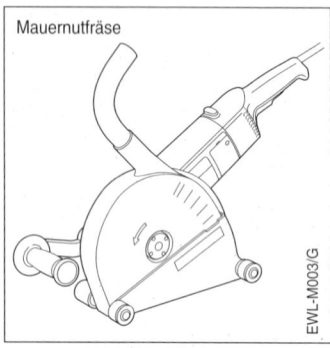

Mauernutfräse

EWL-M003/G

Betonschleifer

Betonschleifer sind Sonderausführungen von kleinen Winkelschleifern zum Flachschleifen und Bearbeiten von Gesteinsoberflächen. Als Einsatzwerkzeug werden diamantbestückte Schleifteller eingesetzt. Der Schliff erfolgt trocken mit Drehzahlen bis 11 000 U/min. Wegen des Trockenschliffs und der sehr hohen Drehzahl werden hohe Abtragsleistungen erzielt, welche eine extrem hohe Staubentwicklung zur Folge haben. Betonschleifer sind deswegen mit einer geschlossenen Absaug-Schutzhaube ausgestattet und dürfen nur zusammen mit

einer leistungsstarken und zugelassenen Staubabsaugung betrieben werden.

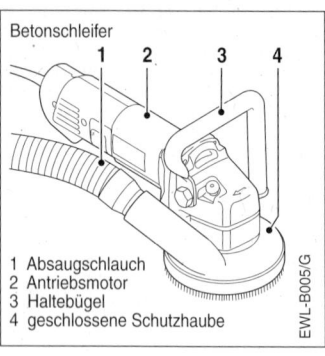

Betonschleifer

1 Absaugschlauch
2 Antriebsmotor
3 Haltebügel
4 geschlossene Schutzhaube

EWL-B005/G

Umlaufende Schleifer

Bandschleifer

Die Bewegungsrichtung des Schleifbandes erfolgt linear über die Schleifplatte des Bandschleifers. Er ist damit das einzige Schleifgerät, mit dem ein linearer Schliff möglich ist. Bei Werkstoffen mit Vorzugsrichtung, z. B. Holz, ist dies vorteilhaft, weil damit längs zur Faser geschliffen werden kann. Wegen der hohen Schleifbandgeschwindigkeit sind hohe Abtragsleistungen möglich. Der Bandschleifer eignet sich hierdurch auch für

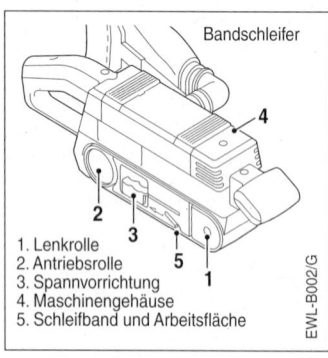

Bandschleifer

1. Lenkrolle
2. Antriebsrolle
3. Spannvorrichtung
4. Maschinengehäuse
5. Schleifband und Arbeitsfläche

EWL-B002/G

grossflächiges Arbeitern. Die typischen Schleifbandbreiten betragen 65; 75 und 100 mm. Die Leistungsaufnahmen betragen ca. 400...1200 Watt.

Varioschleifer
Der Varioschleifer ist vom Prinzip her ein Bandschleifer, dessen Schleifband über eine keilförmige Schleifplatte abläuft. Hierdurch kann auf beiden Seiten geschliffen werden, einmal in ziehender, einmal in drückender Weise. Varioschleifer sind sehr handlich und eignen sich für schnelle Schleifarbeiten an schlecht zugänglichen Werkstückflächen wie Ecken oder Kanten. Die Leistungsaufnahme ist im Bereich von 350 Watt.

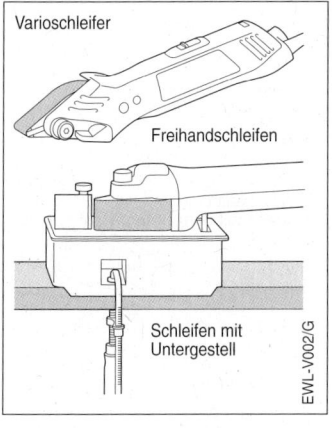

Varioschleifer

Freihandschleifen

Schleifen mit Untergestell

EWL-V002/G

Systemzubehör

Neben der Vielfalt der Einsatzwerkzeuge gibt es für Schleifgeräte Systemzubehöre, welche den jeweiligen Einsatzbereich erweitern bzw. bestimmte Arbeiten erst möglich machen. Die wichtigsten Systemzubehöre sind:
– Trennschlitten
– Absaughauben
– Trennständer
– Untergestelle
– Schleifrahmen
– Lamellenvorsätze
– Schleifplatten

Führungsschlitten
Trennschlitten und Führungsschlitten ermöglichen winkelgenaues Freihandtrennen mit Winkelschleifern. Die Gefahr des Verkantens, welches zum Scheiben- oder Segmentbruch bei Trennscheiben führen kann, wird hierdurch stark vermindert. Die Verwendung von Trennschlitten sind zum Freihandtrennen von Steinwerkstoffen vorgeschrieben.

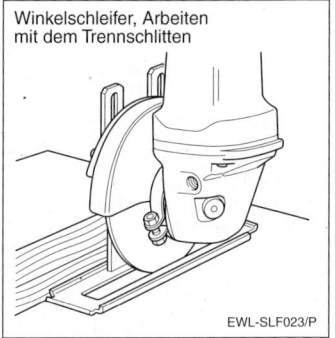

Winkelschleifer, Arbeiten mit dem Trennschlitten

EWL-SLF023/P

Absaughauben
Absaughauben für Winkelschleifer ermöglichen den Anschluss von externen Staubsaugern beim Trennen von Gestein. Es gibt Absaughauben mit integriertem Trennschlitten.

Trennständer

Trennständer oder Trenntische ermöglichen die stationäre Verwendung von Winkelschleifern. Sie sind mit einer Spannvorrichtung für Profile ausgerüstet. Ein verstellbarer Anschlag gestattet Winkelschnitte von 45°…90°.

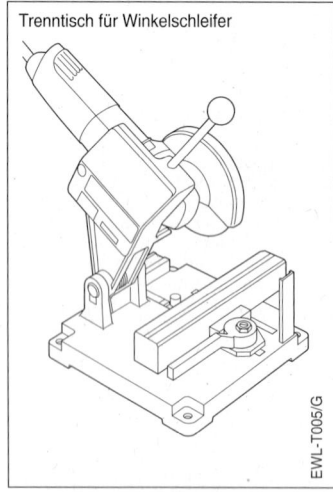

Trenntisch für Winkelschleifer

EWL-T005/G

Untergestelle

Untergestelle ermöglichen die stationäre Verwendung von Bandschleifern und Varioschleifern. Sie sind mit verstellbaren Anschlägen für Längs-, Quer- und Winkelschliff ausgerüstet.

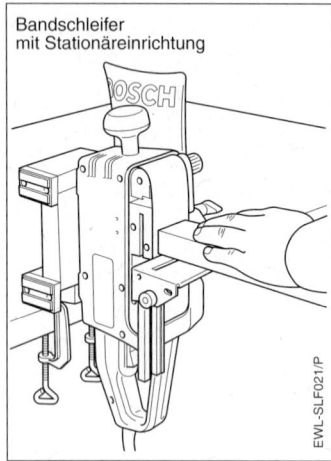

Bandschleifer
mit Stationäreinrichtung

EWL-SLF021/P

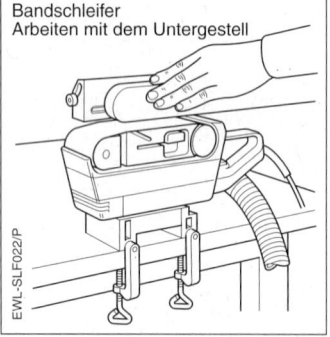

Bandschleifer
Arbeiten mit dem Untergestell

EWL-SLF022/P

Schleifrahmen

Schleifrahmen sind das wichtigste Systemzubehör für Bandschleifer. Mit ihnen lassen sich durch Voreinstellung der Schlifftiefe große Flächen eben schleifen.

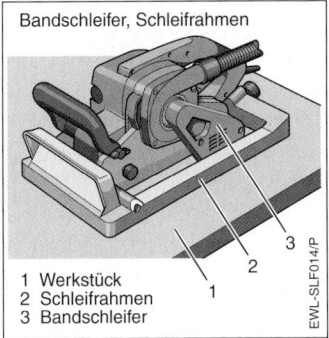

1 Werkstück
2 Schleifrahmen
3 Bandschleifer

Lamellenvorsätze
Lamellenvorsätze für Schwingschleifer und Deltaschleifer gestatten den Schliff in engen Spalten, z. B. zwischen den Lamellen von Fensterläden.

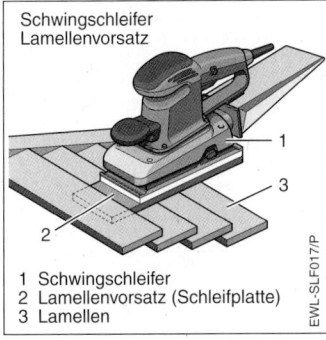

1 Schwingschleifer
2 Lamellenvorsatz (Schleifplatte)
3 Lamellen

Schleifplatten
Bei Exzenterschleifern stehen Schleifplatten unterschiedlicher Härte zur Verfügung. Bei konvexen oder konkaven Werkstücken sind weiche Schleifplatten günstiger. Harte Schleifplatten eignen sich für ebene Flächen.

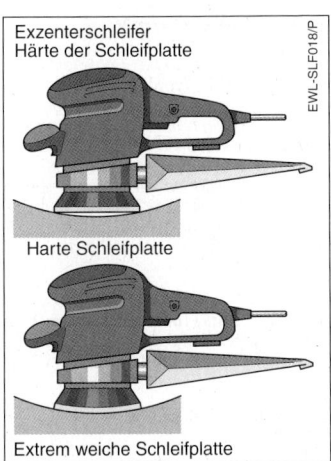

Exzenterschleifer
Härte der Schleifplatte

Harte Schleifplatte

Extrem weiche Schleifplatte

Arbeitsschutz beim Schleifen

Schwerpunkt des Arbeitsschutzes beim Schleifen sind die teilweise sehr hohen Umfangsgeschwindigkeiten der Einsatzwerkzeuge bei Schleifen nach dem Rotationsprinzip und die je nach Gerätetyp erhebliche Entwicklung von Schleifstaub.

Herstellerseitig sind die entsprechenden Elektrowerkzeugtypen mit typspezifischen Schutzhauben ausgerüstet, die vom Anwender nicht entfernt oder manipuliert werden dürfen. Darüber hinaus haben die zuständigen Berufsgenossenschaften und Organisationen eine Vielzahl von anwendungsspezifischen Arbeitsvorschriften erlassen, deren Befolgung bindend ist. Dies gilt auch für die Aufbewahrung und Handhabung bestimmter Schleifmittel.

Beim Schleifen entstehender Staub sollte grundsätzlich abgesaugt werden, nicht nur dann, wenn es bindend vorgeschrieben ist. Für alle vorkommenden Stäube sind entsprechend zugelassene Geräte im Markt erhältlich. Die Anwendung von Sicht- und Atemschutzmitteln ist obligatorisch.

Zusammenfassung

Für die Arbeitsaufgabe „Schleifen" steht eine sehr große Typenvielfalt an Elektrowerkzeugen und Einsatzwerkzeugen zur Verfügung. Durch die hierdurch mögliche Spezialisierung lassen sich wirtschaftlich hohe Bearbeitungsqualitäten bei raschem Arbeitsfortschritt erzielen. Durch Neuentwicklungen im Bereich der Einsatzwerkzeuge und neue Schleifmittelwerkstoffe eröffnen sich stetig neue Einsatzbereiche.

Kennzeichnung der maximalen Umfangsgeschwindigkeit von Schleifmitteln mittels Farbstreifen auf dem Typetikett.

max Umfangs- geschwindigkeit	Kennfarbe	
m/s	Streifen 1	Streifen 2
50	blau	–
63	gelb	–
80	rot	–
100	grün	–
125	blau	gelb
140	blau	rot
160	blau	grün
180	gelb	rot
200	gelb	grün
225	rot	grün
250	blau	blau
280	gelb	gelb
320	rot	rot
360	grün	grün

SLF–T01

Schleifmittel

Kurzzeichen	Bedeutung
A	Normalkorund
AN	Normalkorund
AD	Edelkorund rot
AR	Edelkorund rosa
AW	Edelkorund weiß
ADW	Mischung AD + AW
AWN	Mischung AW + AN
ARN	Mischung AR + AN
CN	Siliciumcarbid grün
CU	Siliciumcarbid grau
Z	Zirkonkorund

Körnung

Kurzzeichen	Bedeutung
6 ... 24	grob
30 ... 60	mittel
80 ... 180	fein
200 ... 1200	sehr fein

Härte

Kurzzeichen	Bedeutung
A; B; C; D	extrem weich
E; F; G	sehr weich
H; I; J; K	weich
L; M; N; O	mittel
P; Q; R; S	hart
T; U; V; W	sehr hart
X; Y; Z	extrem hart

Bindung

Kurzzeichen	Bedeutung
V	keramisch
B	Kunstharz
BF	Kunstharz faserverstärkt

Gefüge

Kurzzeichen	Bedeutung
0	geschlossen
↓	↓
14	offen

SLF–T05

Praxistipps Schleifen

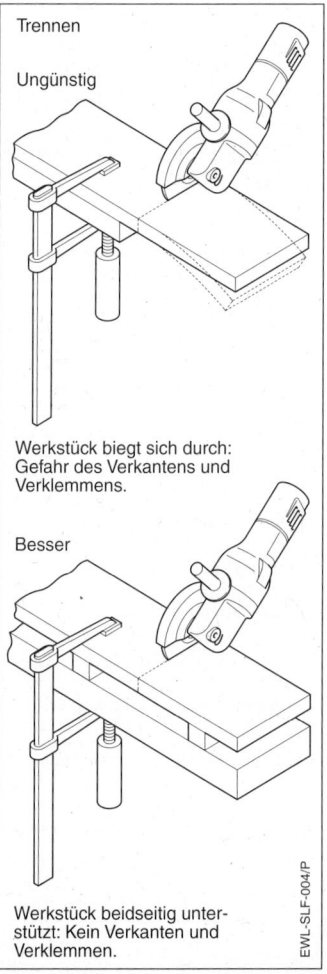

Trennen

Ungünstig

Werkstück biegt sich durch:
Gefahr des Verkantens und
Verklemmens.

Besser

Werkstück beidseitig unterstützt: Kein Verkanten und
Verklemmen.

EWL-SLF-004/P

Schleifen mit Fächerschleifscheibe
(Schleifmop)

Richtig

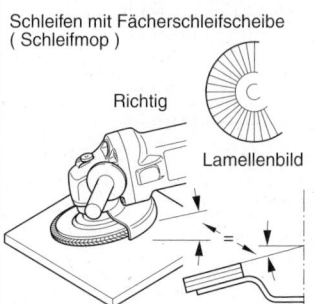

Lamellenbild

Anstellwinkel=Schleifmittelwinkel:
Optimale Standzeit, optimaler
Arbeitsfortschritt.

Zu steil

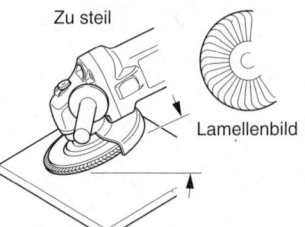

Lamellenbild

Scheibe nützt sich zu stark am
Aussenrand ab: Geringe Standzeit, geringer Arbeitsfortschritt.

Zu flach

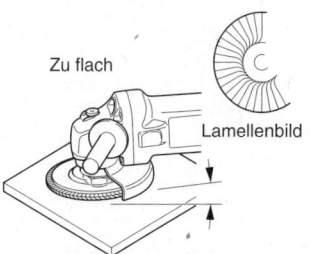

Lamellenbild

Scheibe nützt sich zu stark am
Innenrand ab: Geringe Stand-
zeit, geringer Arbeitsfortschritt.
Spindelmutter berührt Werkstück.

EWL-SLF005/P

Kennzeichnung von nicht baumusterprüfpflichtigen Schleifmitteln

Firma/Warenzeichen
Sonstige Angaben
Zul. Drehzahl und Arbeitshöchstgeschwindigkeit
Handgeführt/Freihand — Zwangsgeführt
1/min. .... / 1/min. ....
m/s. .... / m/s. ....
Masse
Werkstoff
Sonstige Angaben[1]
Geprüft nach §15 Abs.1 UVV VBG49

Etikettdurchmesser mindestens 10mm größer als Mindestdurchmesser der Spannflansche

Firma/Warenzeichen		
Sonstige Angaben		
Masse		
Werkstoff		
	Hand-geführt/Freihand	Zwangsgeführt
Zulässige Drehzahl	1/min.	1/min. ....
Arbeitshöchstgeschwindigkeit	m/s	m/s. ....
Sonstige Angaben[1]		
Geprüft nach §15 Abs.1 UVV VBG49		

Mindestmaße (Höhe x Breite)
52 x 74 mm (DIN A8)

[1] Bei Schleifkörpern mit Magnesitbindung und Außendurchmesser D>1000mm: Herstellungsdatum

EWL-S056.1/P

Kennzeichnung von baumusterprüfpflichtigen Schleifmitteln

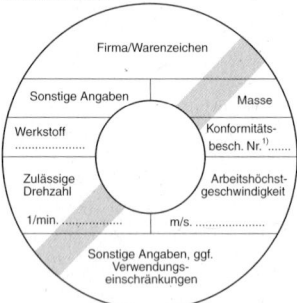

Firma/Warenzeichen
Sonstige Angaben — Masse
Werkstoff — Konformitätsbesch. Nr.[1].....
Zulässige Drehzahl — Arbeitshöchstgeschwindigkeit
1/min. .... — m/s. ....
Sonstige Angaben, ggf. Verwendungseinschränkungen

Etikettdurchmesser mindestens 10 mm größer als Mindestdurchmesser der Spannflansche

Firma/Warenzeichen
Sonstige Angaben
Masse
Werkstoff
Konformitätsbesch. Nr.[1]...............
Zulässige Drehzahl 1/min. ....
Arbeitshöchstgeschwindigkeit m/s ....
Sonstige Angaben, ggf. Verwendungseinschränkungen

Mindestmasse (Höhe x Breite)
52 x 74 mm (DIN A8)

[1] vormals DSA-Zulassungsnummer

EWL-S056.2/P

Schleifen mit Schruppscheibe

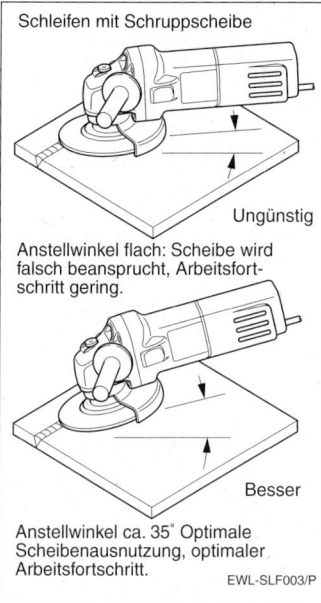

Ungünstig

Anstellwinkel flach: Scheibe wird falsch beansprucht, Arbeitsfortschritt gering.

Besser

Anstellwinkel ca. 35° Optimale Scheibenausnutzung, optimaler Arbeitsfortschritt.

EWL-SLF003/P

Trennschnitte:
Funkenflug in Abhängigkeit von der Werkzeughaltung

Funkenflug zum Anwender hin:
keine Sichtkontrolle

Funkenflug vom Anwender weg:
Sichtkontrolle

EWL-ASI004/P

Trennschnitte, Maschinenführung
Gefahr des Funkenfluges

Funkenflug zum Anwender:
Brandgefahr

Funkenflug am Anwender vorbei:
Brandgefahr unbemerkt

EWL-ASI005_1/P

Trennschnitte, Maschinenführung

Funkenflug in Sichtrichtung des Anwenders:
Stellwand stoppt Funkenflug

EWL-ASI005_2/P

Kennzeichnung und Eigenschaften von Schleifstiften

Farbe	Schleifmittel	Bindung	Härtegrad	Umfangs-geschw. m/s	Anwendung
weiß/blau	Mischkorund	keramisch	H	25...50	weicher Schliff
weiß	Edelkorund	keramisch	I	25...50	hoher Abtrag
rosa/blau	Mischkorund	keramisch	K	25...50	Flächenschliff
rot/weiß	Mischkorund	keramisch	M	20...40	universal
rosa	Edelkorund	keramisch	O	15...40	universal
grün	Siliciumcarbid	keramisch	F	10...20	für Aluminium
grün	Siliciumcarbid	keramisch	J	5...40	harte Werkstoffe
grau	Siliciumcarbid	keramisch	R	20...40	Gusshaut
dunkelbraun	Mischkorund	Kunstharz	L	25...50	universal
braun	Normalkorund	Kunstharz	N	20...40	hohe Standzeit

SLF-T03

Drehzahltabelle für Schleifmittel

Werk-zeug-ø mm	Drehzahlen in Umdrehungen/Minute (aufgerundet) Bei Schnittgeschwindigkeit in Metern/Sekunde										
	10	16	25	30	35	40	45	48	60	80	100
3	63700	102000	160000	192000	223000	255000	287000	306000	383000	510000	637000
5	38300	61200	95600	115000	134000	153000	172000	184000	230000	306000	383000
10	19200	30600	47800	57400	66900	76500	86000	91800	115000	153000	192000
15	12800	20400	31900	38300	44600	51000	57400	61200	76500	102000	128000
20	9600	15300	23900	28700	33500	38300	43000	45900	57400	76500	95600
25	7700	12300	19200	23000	26800	30600	34400	36700	45900	61200	76500
30	6400	10200	16000	19200	22300	25500	28700	30600	38300	51000	63700
35	5500	8800	13700	16400	19200	21900	24600	26300	32800	43700	54600
40	4800	7700	12000	14400	16800	19200	21500	23000	28700	38300	47800
50	3900	6200	9600	11500	13400	15300	17200	18400	23000	30600	38300
75	2600	4100	6400	7700	9000	10200	11500	12300	15300	20400	25500
100	2000	3100	4800	5800	6700	7700	8600	9200	11500	15300	19200
115	1700	2700	4200	5000	5900	6700	7500	8000	10000	13300	16700
125	1600	2500	3900	4600	5400	6200	6900	7400	9200	12300	15300
150	1300	2100	3200	3900	4500	5100	5800	6200	7700	10200	12800
180	1100	1700	2700	3200	3800	4300	4800	5100	6400	8500	10700
230	900	1400	2100	2500	3000	3400	3800	4000	5000	6700	8400
300	700	1100	1600	2000	2300	2600	2900	3100	3900	5100	6400

SLF-T02

Schnittgeschwindigkeiten für HM-Granulatbeschichtete Schleifkörper

zu bearbeitender Werkstoff	Eignung	empfohlene Schnitt- geschwindigkeiten	optimale Drehzahlen für Scheibendurchmesser	
			125 mm	180 mm
		m /s	U/min	U/min
Metalle	–	–		
Putz	+++	10 … 40	1500 … 6000	1000 … 4500
Mörtel	+++	10 … 40	1500 … 6000	1000 … 4500
Ziegel	+++	10 … 40	1500 … 6000	1000 … 4500
Leichtziegel	+++	10 … 40	1500 … 6000	1000 … 4500
Bimsstein	+++	10 … 40	1500 … 6000	1000 … 4500
Gasbeton	+++	20 … 50	3000 … 7500	2000 … 5500
Frischbeton (max. 7 Tage)	+	20 … 50	3000 … 7500	2000 … 5500
Gummi	++	30 … 50	4500 … 7500	3000 … 5500
PU-Schäume	++	30 … 50	4500 … 7500 ·	3000 … 5500
Holz	+++	24 … 40	3500 … 6000	2500 … 4500
Thermomere	++	10 … 40	1500 … 6000	1000 … 4500
Duromere	++	30 … 50	4500 … 7500	3000 … 5500
GFK	+++	30 … 50	4500 … 7500	3000 … 5500
Dicht- und Vergussmassen	++	20 … 40	3000 … 6000	2000 … 4500

SLF-T04

Schleif- und Trennscheiben für Winkelschleifer

Leerlaufdrehzahl des Schleifers Umdrehungen / Minute	Scheibendurchmesser	
	mm	inch
11.000	100	4
11.000	115	4 1/2
11.000	125	5
9.300	150	6
8.500	180	7
6.500	230	9
5.000	300	12

SLF-T05

Rotationsbürsten

Mit rotierenden Bürsten werden Oberflächen bearbeitet. Der Arbeitsvorgang ist eine vorbereitende Maßnahme (meist Säuberung) für eine weitere Bearbeitungsstufe oder dient der Oberflächenveredelung als abschließende Maßnahme.

Prinzip der rotierenden Bürsten

Beim Bearbeiten von Oberflächen mittels Bürsten können gleichzeitig die zwei Arbeitsgänge:
– spanabhebend
– spanlos formend
stattfinden, wobei die Anteile stark von der ursprünglichen Oberflächenbeschaffenheit, dem Werkstoff des Bauteils und dem Werkstoff der Bürste abhängen.

Spanabhebende Bearbeitung

Die Spitzen des Bürstenbesatzes (Borsten/Drähte) sind gleich hart oder härter als die zu bearbeitende Werkstoff und tragen bei ihrem Auftreffen auf die Werkstückoberfläche Material ab. Dieser Effekt ist umso stärker, je geringer der Andruck ist, weil hierbei nur die scharfen Besatzspitzen den Werkstoff berühren. Bei in den Besatz eingelagerten Schleifmitteln (Nylonbürsten) erfolgt die Spanabnahme durch Schleifvorgänge.

Spanlos formend

Materialüberstände durch Bearbeitungsriefen oder der Grat an Werkstückkanten werden durch das ständige Auftreffen der Besatzspitzen plastisch verformt und, je nach Werkstoff, dadurch an der Oberfläche kaltverfestigt. Durch diesen Vorgang kann eine gewisse Glanzbildung erreicht werden.

Einsatzwerkzeuge

Die Eigenschaften von rotierenden Bürsten werden bestimmt durch
– die Geometrie
– den Besatz

Geometrie der rotierenden Bürsten

Die Geometrie der verwendeten Bürsten richtet sich nach der Arbeitsaufgabe und dem verwendeten Elektrowerkzeug. Man unterscheidet generell in:
– Scheibenbürsten
– Kegelbürsten
– Topfbürsten
– Pinselbürsten

Scheibenbürsten: Bei Scheibenbürsten ist der Besatz radial zur Bürstenachse angeordnet. Der Arbeitsangriff erfolgt am Bürstenumfang, weshalb die Arbeitsfläche relativ klein ist. Scheibenbürsten werden deshalb meist nicht für großflächige Arbeiten eingesetzt, sondern mehr zur Bearbeitung von Profilen, Hinterschnitten und komplex geformten Werkstücken.

Kegelbürsten: Kegelbürsten stellen den Übergang von der Scheibenbürste zur Topfbürste dar. Der Besatz ist im Winkel von ca. 45°...60° zum Bürstenschaft angeordnet. Durch die Fliehkraftwirkung bei Arbeitsdrehzahl wird der Besatz radial fast waagrecht ausgeweitet. Hierdurch können sehr gut winklige Werkstücke und Profile bearbeitet werden, ohne dass die Besatzverstärkung am Bürstenkopf mit dem Werkstück in Berührung kommt. Flächige Werkstücke können ebenfalls bearbeitet werden.

Topfbürsten: Bei Topfbürsten ist der Besatz axial zum Bürstenschaft angeordnet. Die Bürste wird mit der Stirnseite auf das Werkstück gesetzt. Durch die Fliehkraftwirkung bei Arbeitsdrehzahl wird der Besatz radial etwas ausgeweitet, wodurch an winkligen Werkstücken eine Bearbeitung möglich ist. Flächige Werkstücke können ebenfalls sehr rationell bearbeitet werden.

Pinselbürsten: Pinselbürsten sind vom Prinzip her Topfbürsten mit geringem Durchmesser, haben aber im Verhältnis zum Durchmesser einen langen Besatzüberstand. Im Ruhezustand ist der Durchmesser gering, bei Arbeitsdrehzahl spreizt sich der Besatz durch die Fliehkraftwirkung nach außen, wodurch sich der Durchmesser erheblich vergrößert.

Bürstentypen

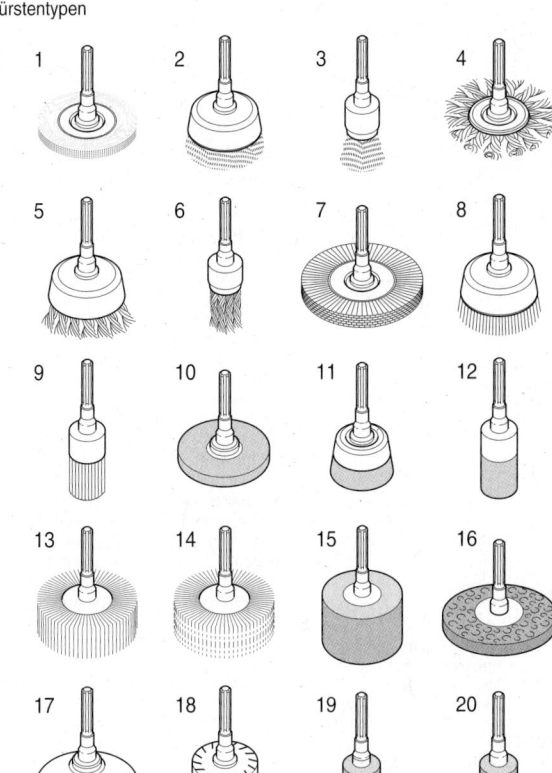

EWL-RBS001/G

1 Scheibenbürste ge wellt
2 Topfbürste gewellt
3 Pinselbürste ge wellt
4 Scheibenbürste gezopft
5 Topfbürste gezopft
6 Pinselbürste gezopft
7 Scheibenbürste Nylon
8 Topfbürste Nylon
9 Pinselbürste Nylon
10 Scheibenbürste kunststoffgebunden

11 Topfbürste kunststoffgebunden
12 Pinselbürste
13 Fächerschleifer
14 Fächerbürste
15 Vliesbürste
16 Powervlies
17 Gummischleifteller
18 Gummispannkörper mit Schleifbändern
19 kugelförmige Schleifstifte
20 zylindrische Schleifstifte

Dieser Effekt wirkt sich beim Bearbeiten von Bohrungen, Hohlräumen und den Innenseiten von Rohren günstig aus. In diesen Bearbeitungsfällen wird die Maschine erst nach dem Einführen der Pinselbürste in den Hohlraum eingeschaltet. Wegen der geringen Arbeitsfläche eignen sich Pinselbürsten nicht für großflächige Bearbeitung.

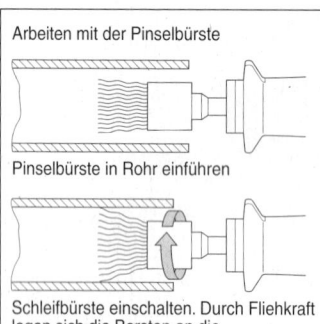

Arbeiten mit der Pinselbürste

Pinselbürste in Rohr einführen

Schleifbürste einschalten. Durch Fliehkraft legen sich die Borsten an die Rohrwandung an.

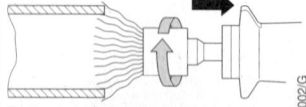

Rotierende Pinselbürste langsam aus dem Rohr ziehen. Innenkante des Rohres wird gesäubert und entgratet.

Bürstenbesatz

Unter Besatz versteht man diejenigen Teile der Bürste, die auf der Werkstoffoberfläche die Arbeit verrichten. In der einfachsten Form sind dies die Borsten der Bürste. Der Besatz unterscheidet sich in
– der Form
– der Dichte
– dem Material

Besatzform

Die Besatzform bestimmt neben dem Besatzmaterial die Aggressivität der Bürste. Typische Besatzformen sind:
– gewellter Draht
– gezopfter Draht
– gebundene Bürsten

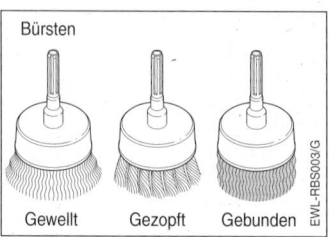

Bürsten

Gewellt   Gezopft   Gebunden

Gewellter Draht: Gewellter Drahtbesatz und geringe Durchmesser der Einzelborsten machen die Bürsten flexibel, wodurch sie zur Bearbeitung komplex geformter Werkstücke und Profile besonders geeignet sind. Die Aggressivität hängt weitgehend vom verwendeten Drahtdurchmesser ab. Dickere Drähte (0,6 mm) ergeben einen höheren Arbeitsfortschritt als dünnere Drähte (0,4 mm). Die erreichbare Oberflächengüte ist eher mittel bis fein.

Gezopfter Draht: Bei gezopftem Drahtbesatz werden Gruppen von Einzeldrähten zu sogenannten „Zöpfen" zusammengedreht. Durch das „Zopfen" werden diese Bürsten sehr starr und unflexibel, wodurch ein hoher Arbeitsfortschritt erreichbar ist. Die erreichbare Oberflächengüte ist eher grob.

Gebundene Bürsten: Bei Bürsten mit gebundenem Besatz sind die Drahtborsten in Kunststoff eingebettet und behalten deshalb beim Berühren der Werkstückoberfläche ihre Form bei und spreizen sich nicht durch die Fliehkraftwirkung auf. Sie eignen sich deshalb für örtlich begrenzte, punktförmige Bearbeitung.

Besatzdichte

Von der Besatzdichte hängen (neben der Besatzform) die Elastizität, das Arbeitsvermögen und die Standzeit der Bürste ab. Je nach Besatzdichte ergeben sich folgende Eigenschaften:

Loser Besatz: Bürsten mit losem Besatz sind flexibler, die Standzeit ist durch die hohe Beanspruchung der Einzelborsten kürzer.

Dichter Besatz: Dichter Besatz macht die Bürste unflexibler, die Standzeit wird durch die geringere spezifische Belastung der Einzelborste erhöht.

Besatzmaterial

Durch die Wahl des Besatzmaterials können Bürsten optimal an das zu bearbeitende Material angepasst werden. Folgende Werkstoffe kommen als Besatzmaterial in Frage:
– Metall
– Kunststoff
– Naturborsten

Metall: Am häufigsten wird bei Bürsten ein metallischer Besatz verwendet. Metall zeichnet sich durch ein hohes Arbeitsvermögen (Aggressivität) und lange Standzeit aus. Typische Besatzwerkstoffe sind
– Werkzeugstahl
– HSS
– vermessingter Stahl
– korrosionsbeständiger Stahl
– Messing
Bei der Verwendung ist es unbedingt erforderlich, dass das Besatzmaterial zum zu bearbeitenden Werkstückmaterial passt, um ein qualitativ befriedigendes Arbeitsergebnis zu bekommen.

<u>Werkzeugstahl:</u> Borsten aus Werkzeugstahl haben relativ geringe Standzeiten und werden deshalb im professionellen Bereich weniger eingesetzt. Sie eignen sich zum Reinigen von verschmutzten Stahloberflächen. Die für den Einsatz in Bohrmaschinen vorgesehenen Rotationsbürsten haben häufig einen Werkzeugstahl-Besatz.

<u>HSS:</u> Borsten aus HSS sind das am häufigsten verwendete Besatzmaterial zur Bearbeitung und Säuberung von Stahloberflächen. Die Härte von HSS ergibt guten Arbeitsfortschritt bei hoher Standzeit.

<u>Vermessingter Stahl:</u> Messingbeschichtete Stahlborsten unterscheiden sich in Arbeitsvermögen und Standzeit nicht von den Eigenschaften des Grundmaterials. Die Beschichtung dient der besseren Beständigkeit gegen Korrosion (Rost) während der Lagerung und Benützung bei hoher Luftfeuchtigkeit (Tropen).

<u>Korrosionsbeständiger Stahl:</u> Borsten aus korrosionsbeständigem („rostfreiem") Stahl können zur Bearbeitung aller Werkstoffe, insbesondere aber für „Edelstähle", Aluminium- und Kupferlegierungen eingesetzt werden.

<u>Messing:</u> Messingbürsten werden zur Bearbeitung aller „weichen" Werkstoffe eingesetzt. Für Aluminiumlegierungen und Edelstahl dürfen sie nicht verwendet werden.

Kunststoff: Bei Kunststoffborsten handelt es sich meist um Polyamide, in die mineralische Schleifmittel (z. B. Korund) eingelagert sind. Der Kunststoff ist also nur Trägermaterial. Kunststoffbürsten dienen der Feinbearbeitung. Wegen des neutralen Verhaltens von Trägermaterial und Schleifmittel können alle Werkstoffe bearbeitet werden.

Naturborsten: Borsten aus Naturwerkstoffen sind sehr weich und flexibel. Sie werden deshalb nur für Reinigungszwecke an sehr filigranen und empfindlichen Werkstücken eingesetzt.

Anwendung der Rotationsbürsten

Maßgebend für den Arbeitsfortschritt und die Standzeit sind bei Rotationsbürsten die Faktoren:
– Umfangsgeschwindigkeit
– Andruckkraft

Umfangsgeschwindigkeit

Das Arbeitsvermögen der Rotationsbürste ist etwa proportional der Umfangsgeschwindigkeit und damit der Drehzahl. Hohe Drehzahl bedeutet hohen Arbeitsfortschritt, niedrige Drehzahl niedrigen Arbeitsfortschritt. Je nach Bürstentyp ist die Höchstdrehzahl begrenzt. Sie darf niemals überschritten werden.

Andruckkraft

Die Andruckkraft entscheidet über Arbeitsfortschritt und Standzeit der Bürste. Der Anpressdruck darf nur so stark sein, dass die Borstenspitzen gerade die Werkstückoberfläche berühren. Ist der Anpressdruck zu stark, dann biegen sich die Borsten um und berühren mit ihrer Längsseite die Oberfläche. Die Bürste verschleißt dann schneller, ohne den gewünschten Arbeitsfortschritt zu erbringen.

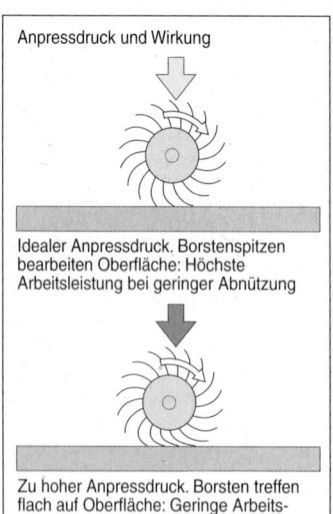

Anpressdruck und Wirkung

Idealer Anpressdruck. Borstenspitzen bearbeiten Oberfläche: Höchste Arbeitsleistung bei geringer Abnützung

Zu hoher Anpressdruck. Borsten treffen flach auf Oberfläche: Geringe Arbeitsleistung bei hohem Bürstenverschleiß.

EWL-RBS004/G

Entgraten

1. Bearbeitungsgrat (z. B. Stanzgrat)

   Grat an Werkstückkante

2. Sekundärgrat (z. B. nach Abschleifen)

   Grat abgeschliffen

3. Kante mit Bürste entgratet

   Grat mit Bürste entfernt

EWL-RBS005/G

Bearbeiten von Kunststoffen

Typischerweise verformen sich die meisten Kunststoffe unter Wärmeeinwirkung, bei zu starker Erhitzung schmelzen oder zersetzen sich Kunststoffe. Hieraus folgt, dass beim Bürsten von Kunststoffen die Wärmeentwicklung möglichst gering gehalten werden muss. In der Praxis muss deshalb mit geringem Andruck und geringer Umfangsgeschwindigkeit gearbeitet werden.

Die Bearbeitung von Kunststoffen mittels rotierender Bürsten ist eher selten.

Bearbeiten von Metallen

Beim Bearbeiten von Metallen muss das Bürstenmaterial gleich hart oder härter als das zu bearbeitende Material sein. Wichtigstes Kriterium ist allerdings die Verträglichkeit von Bürstenmaterial und Werkstückwerkstoff, um Oberflächenveränderungen durch Korrosion zu verhindern. Beim Bearbeiten können sich Abriebrückstände der Bürste in die Werkstückoberfläche einlagern und dadurch Kontaktkorrosion verursachen. Als Faustregel gilt: „Edelstähle" und Aluminiumlegierungen nur mit „Edelstahlbürsten" oder Kunststoffbürsten bearbeiten, Kupferlegierungen nur mit „Edelstahl"-, Messing- oder Kunststoffbürsten.

Bearbeiten von Holz

Durch die Bearbeitung mit Bürsten wird die Holzoberfläche ungleichmäßig abgetragen: Die weichen Bestandteile werden stärker abgetragen als die harten Ränder der Jahresringe. Hierdurch kann man die Holzoberfläche strukturieren. Die Strukturierung kann nur in Faserrichtung erfolgen. Bei Bearbeitung quer zur Faser wird die Holzoberfläche zerstört. Bürstenabrieb kann sich in die Holzoberfläche einlagern und dort mit der Luft- und Holzfeuchtigkeit korrodieren (rosten), wodurch die Holzoberfläche sich verfärben und Schaden erleiden kann. Dies trifft insbesondere bei gerbstoffreichen Hölzern wie z. B. Eiche auf.

Hölzer sollten also grundsätzlich nur mit „Edelstahl"-, Messing- oder Kunststoffbürsten bearbeitet werden.

Bearbeiten von Farbbeschichtungen

Farben und Lackbeschichtungen verhalten sich teilweise wie Kunststoffe, bei zu starker Erhitzung können sie schmelzen, wodurch sie zum Schmieren neigen. Hieraus folgt, dass beim Entfernen von Farben und Lacken die Wärmeentwicklung möglichst gering gehalten werden muss. In der Praxis muss deshalb mit geringem Andruck und geringer Umfangsgeschwindigkeit gearbeitet werden. Grobe, gezopfte Bürsten eignen sich für dicke, alte Farbschichten besser. Die Auswahl des Bürstenmaterials richtet sich nach dem Werkstoff des Werkstückes.

Bearbeiten von Steinwerkstoffen

Steinwerkstoffe werden meist nur zum Säubern und als Vorbereitung für weitere Arbeitsschritte (z. B. Beschichtungen) mit Bürsten bearbeitet. Wegen der starken abrasiven Wirkung von Steinwerkstoffen werden meist aggressive, gezopfte Bürsten verwendet.

Strukturieren

Rotationsbürsten eignen sich hervorragend zum Strukturieren von Oberflächen. Bei radialem Ansetzen der Bürste kann eine Längsstruktur („Bürstenstrich") erzielt werden. Diese Anwendung erfolgt auf Metall und auf Holz. Bei axialem Ansetzen der Bürste können kreisförmige Muster erzielt werden. Diese Anwendungsart kann nur auf Metall angewendet werden, bei der Anwendung auf Holz würde die Faserstruktur zerstört.

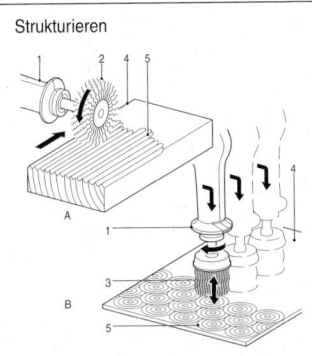

Strukturieren

A Strukturieren von Holz: nur in Längsrichtung verfahren. Weiche Schichten werden abgetragen, harte Schichten bleiben stehen.

B Strukturieren von Metall: gebundene Topfbürste wird senkrecht auf die Oberfläche aufgesetzt. Eine Struktur wird an die andere gesetzt.

1. Elektroschleifbürste
2. Scheibenbürste
3. Gebundene Topfbürste
4. Oberfläche unbearbeitet
5. Oberfläche strukturiert

EWL-RBS006/G

Elektrowerkzeuge für die Anwendung „Bürsten"

Die zur Anwendung von Rotationsbürsten geeigneten Geräte sind:
– Geradschleifer
– Schleifbürsten
– Winkelschleifer
Bohrmaschinen, für welche mitunter Rotationsbürsten empfohlen werden, sind wegen der schlechten Handhabung und der geringen Drehzahlen für diesen Arbeitszweck nicht geeignet. Aus wirtschaftlichen Gründen ist ihr Einsatz kaum vertretbar.

Geradschleifer
Für die Verwendung von Rotationsbürsten wählt man Geradschleifer mit separat gelagerter Spindel. Der deswegen längere Spindelhals erlaubt ein sicheres Führen der Maschine mit zwei Händen. Außerdem ist die Rundlaufgenauigkeit wesentlich besser und die im Betrieb mit Rotationsbürsten vorkommenden Stoßbelastungen werden durch die separate Spindellagerung besser aufgenommen. Wegen der geringeren Höchstdrehzahlen der Rotationsbürsten dürfen keine hochtourigen Geradschleifer verwendet werden. Dies ist beim Einsatz ebenso zu beachten wie die Qualität der verwendeten Bürsten. Es müssen unbedingt hochwertige, genügend drehzahlfeste Bürsten verwendet werden.

Die Leistungsaufnahmen der zum Bürsten verwendeten Geradschleifer sollte ca. 1000 Watt nicht übersteigen, weil sonst die stoßförmigen Rückdrehmomente beim „Hakeln" der Bürste unter Umständen nicht mehr sicher beherrscht werden können. Günstig sind Geradschleifer mit elektronischer Regelung bei einstellbarer Drehzahl.

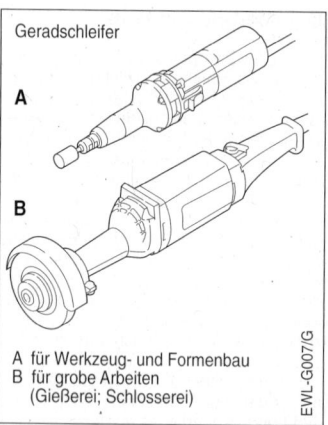

Geradschleifer

A
B

A für Werkzeug- und Formenbau
B für grobe Arbeiten
  (Gießerei; Schlosserei)

EWL-G007/G

Schleifbürsten
Die sogenannten Schleifbürsten stellen den Übergang zwischen Geradschleifer und Winkelschleifer dar: Die Schleifspindel ist im Winkel von 45° zur Motorachse angeordnet. Diese Anordnung erleichtert die Beherrschung der bei der Anwendung von Rotationsbürsten auftretenden Reaktionskräfte grundsätzlich besser als beim Geradschleifer. Schleifbürsten werden überall dort angewendet, wo die Zugänglichkeit mit Geradschleifern oder Winkelschleifern schwierig oder nicht möglich

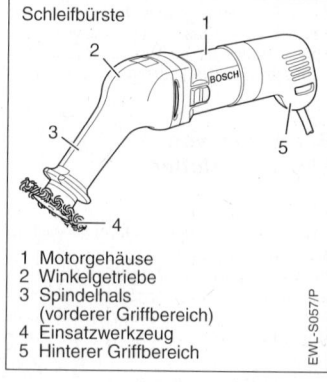

Schleifbürste

1 Motorgehäuse
2 Winkelgetriebe
3 Spindelhals
  (vorderer Griffbereich)
4 Einsatzwerkzeug
5 Hinterer Griffbereich

EWL-S057/P

ist, beispielsweise an Kanten, in Ecken oder Profilen sowie bei komplex geformten Werkstücken. Die Leistungsaufnahme beträgt 500…1000 Watt ist einstellbarer Drehzahl. Die Geräte der höheren Leistungsklasse haben eine elektronische Regelung.

Winkelschleifer

Bei Winkelschleifern sind Motor und Schleifkörper im (rechten) Winkel von 90° zueinander angeordnet. Diese Anordnung erlaubt auch bei hohen Maschinenleistungen eine sichere Beherrschung der bei Rotationsbürsten auftretenden Reaktionskräfte. Winkelschleifer werden vorzugsweise in der großflächigen Metallbearbeitung zusammen mit Topfbürsten eingesetzt und zählen in diesem Arbeitsbereich wegen des hohen Arbeitsfortschrittes zu dem am meisten verwendeten Gerätetyp. Wegen der hohen Aufnahmeleistungen bis über 2000 Watt ist bei der Benützung sehr viel Umsicht gefordert.

Systemzubehör

Bei der Anwendung von Rotationsbürsten wird außer dem Einsatzwerkzeug selbst meist kein spezifisches Systemzubehör angewendet. Eine Verwendung von Schutzhauben ist in den meisten Fällen nicht möglich und auch nicht vorgeschrieben. Lediglich beim Einsatz von Topfbürsten an großen Winkelschleifern können die für den Betrieb von Schleiftöpfen vorgesehenen, einstellbaren Schutzhauben verwendet werden.

Bei großen Geradschleifern ist bei der Anwendung von Scheibenbürsten in manchen Fällen die Verwendung der für Schleifscheiben benützten Schutzhauben möglich.

Arbeitsschutz bei Rotationsbürsten

Schwerpunkt des Arbeitsschutzes beim Arbeiten mit rotierenden Bürsten sind die teilweise sehr hohen Umfangsgeschwindigkeiten der Einsatzwerkzeuge, deren „Fangvermögen" durch die Borsten und die zum Teil erhebliche Entwicklung von Staub. Daneben sind abbrechende Drahtstückchen gefährlich, weil sie durch die Fliehkraftwirkung mit zum Teil erheblicher Geschwindigkeit radial weggeschleudert werden.

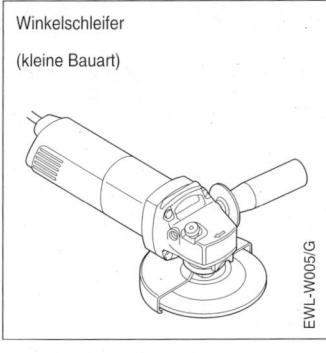

Winkelschleifer

(kleine Bauart)

EWL-W005/G

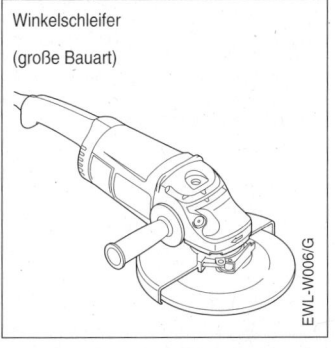

Winkelschleifer

(große Bauart)

EWL-W006/G

Bei Rotationsbürsten muss besonders das „Fangvermögen" beachtet werden. Schon leichte Berührung mit losen Kleidungsstücken führt zum Einfangen und Aufwickeln derselben, was bei hohen Maschinenleistungen sehr gefährlich werden kann.

Beim Bearbeiten von Werkstückkanten muss erhöhte Vorsicht walten, es ist stets im Gegenlauf zu arbeiten, weil durch Verhaken der Bürste ruckartig unerwartet hohe Rückdrehmomente auftreten können.

Die Anwendung von Sicht- und Atemschutzmitteln, Handschuhen und eng anliegender Schutzkleidung (Lederschürze) ist obligatorisch.

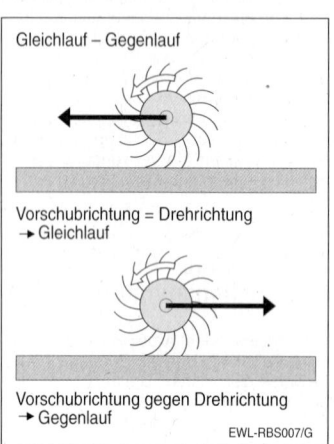

Gleichlauf – Gegenlauf

Vorschubrichtung = Drehrichtung → Gleichlauf

Vorschubrichtung gegen Drehrichtung → Gegenlauf

EWL-RBS007/G

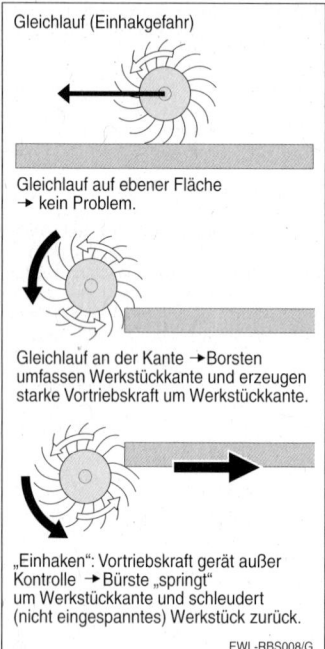

Gleichlauf (Einhakgefahr)

Gleichlauf auf ebener Fläche → kein Problem.

Gleichlauf an der Kante →Borsten umfassen Werkstückkante und erzeugen starke Vortriebskraft um Werkstückkante.

„Einhaken": Vortriebskraft gerät außer Kontrolle → Bürste „springt" um Werkstückkante und schleudert (nicht eingespanntes) Werkstück zurück.

EWL-RBS008/G

Zusammenfassung

Die Verwendung von Rotationsbürsten ergänzt in vielen Fällen die Anwendung „Schleifen". Speziell beim Entgraten ist die Anwendung der Bürste dem Schleifen vorzuziehen, weil die Kantenrundung günstiger ist. Zum Säubern, Vor- und Nachbearbeiten von Werkstücken ist die Anwendung von Rotationsbürsten die wirtschaftlichste Arbeitsweise.

Praxistipps Bürsten

Der logische Weg zur richtigen Metallbearbeitung

Werkstoff	Werkstück	Bearbeitung	Bürstentyp	Bürstenart
↓	↓	↓	↓	↓

Metall	Stahl	grob	gezopft	➤ **Stahl**
		mittel	gewellt	➤ **Stahl**
		fein		➤ **Kunststoff**
	Edelstahl	grob	gezopft	➤ **Edelstahl**
		mittel	gewellt	➤ **Edelstahl**
		fein		➤ **Kunststoff**
	Buntmetall (Messing, Kupfer)	grob	gezopft	➤ **Edelstahl**
		mittel	gewellt	➤ **Edelstahl**
		fein		➤ **Kunststoff**
	Aluminium	grob	gezopft	➤ **Edelstahl**
		mittel	gewellt	➤ **Edelstahl**
		fein		➤ **Kunststoff**

RBS-T01

Der logische Weg zur richtigen Holzbearbeitung

Werkstoff	Werkstück	Bearbeitung	Bürstentyp	Bürstenart
↓	↓	↓	↓	↓

Holz	Weichholz	grob	gewellt	➤ **Stahl, vermessingt**
		fein		➤ **Kunststoff**
	Hartholz		gewellt	➤ **Stahl, vermessingt**
	Eiche		gewellt	➤ **Edelstahl**
	Edelhölzer		gewellt	➤ **Edelstahl**

RBS-T02

Scheren und Nagen

Durch die Arbeitsvorgänge Scheren und Nagen werden Bleche geschnitten oder getrennt. Die Arbeitsvorgänge erfolgen nach den beiden Grundprinzipien
– Scheren
– Nagen
Sie unterscheiden sich im Schneidverhalten, Leistungsaufwand und in der Anwendungsmöglichkeit voneinander.

Scheren

Prinzip des Scherens
Beim Scheren wird ein bewegliches Obermesser in einer Hubbewegung an einem feststehenden Untermesser vorbeigeführt. Auf das dazwischen befindliche Material wird eine so hohe Scherspannung ausgeübt, dass ein Quetschriss erfolgt. Hierdurch wird das Material abgeschert. Die gesamte Scherkraft des Obermessers muss über die Halterung des Untermessers aufgenommen werden. Diese muss daher robust und aus hochbelastbaren Stählen gefertigt sein, was sich auf die Gerätekosten auswirkt. Der dabei entstehende Span wird unter den Messerfuß geführt, wobei sich das abgescherte Material verformt. Das abgescherte Material ist deshalb nicht mehr weiter verwendbar.

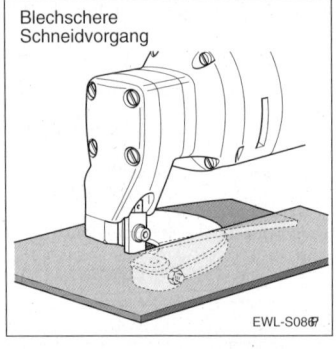

Blechschere
Schneidvorgang

EWL-S086?

Geometrie des Schneidwerkzeuges
Das Schneidwerkzeug besteht aus einem beweglichen Obermesser und einem feststehenden Untermesser. Die Geometrie der Werkzeugschneiden ist vom Hersteller festgelegt. Beim eventuellen Nachschärfen (von nachschärfbaren Schermessern) dürfen die entsprechenden Winkel nicht verändert werden.

Für den Arbeitsfortschritt und die Schnittqualität sind die folgenden Kriterien wichtig:
– waagrechter Messerabstand
– senkrechter Messerabstand (im oberen Umkehrpunkt)
Die entsprechenden Werte können bei bestimmten Scherentypen eingestellt werden.

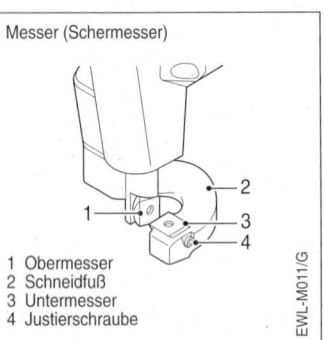

Messer (Schermesser)

1 Obermesser
2 Schneidfuß
3 Untermesser
4 Justierschraube

EWL-M011/G

Messerabstand waagrecht: Der waagrechte Messerabstand bestimmt den Schneidspalt. Bei zu großem Schneidspalt werden die Messer zu stark auf Biegung beansprucht, wodurch sie brechen können. Ebenso besteht die Gefahr, dass das Blech zwischen die Schneiden gezogen wird. Bei zu kleinem Schneidspalt besteht die Gefahr des Klemmens durch erhöhte Reibung. Als Faustregel gilt die Formel: Messerabstand = $^1/_{10}$ der zu schneidenden Blechstärke. Der ideale Abstand zum Schneiden eines 2 mm starken Bleches ist also 0,2 mm.

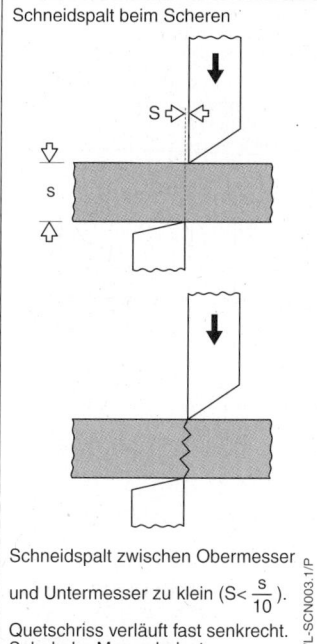

Schneidspalt beim Scheren

Schneidspalt zwischen Obermesser und Untermesser zu klein ($S < \frac{s}{10}$).

Quetschriss verläuft fast senkrecht. Sehr hohe Messerbelastung.

EWL–SCN003.1/P

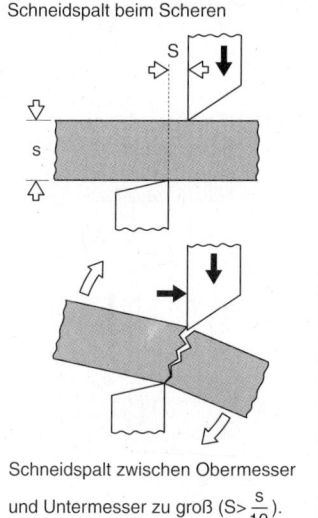

Schneidspalt beim Scheren

Schneidspalt zwischen Obermesser und Untermesser zu groß ($S > \frac{s}{10}$).

Quetschriss verläuft schräg. Grosses Hebelmoment führt zum Verkanten des Werkstückes. Sehr hohe seitliche Belastung des Obermessers, schlechte Schnittqualität.

EWL–SCN003.2/P

Messerabstand senkrecht: Der senkrechte Messerabstand wird im oberen Umkehrpunkt (oberer Totpunkt) des beweglichen Obermessers eingestellt. Mit ihm wird die Größe des Schnittquerschnittes bestimmt. Der größtmögliche Schnittquerschnitt ist erreicht, wenn sich das zu schneidende Blech gerade noch *nicht* zwischen den Messern durchschieben lässt. Ist der Abstand so groß, dass sich das zu schneidende Blech durchschieben lässt, dann besteht beim Ansetzen der Schere an das Werkstück und bei zügigem Vorschub die Gefahr dass das Obermesser mit der rückwärtigen Schneidenkante in das Material eindringt. Durch die hieraus entstehende hohe Spitzenbelastung kann das Obermesser brechen, in jedem Fall aber wird das Werkstück an der Eindringstelle

stark verformt.

Andererseits führt ein zu geringer Schnittquerschnitt dazu, dass die mögliche Schnittkapazität der Schere nicht ausgenützt wird, wodurch der Arbeitsfortschritt geringer ist.

Schnittgeschwindigkeit

Die maximale Schnittgeschwindigkeit wird durch die maximale Hubzahl und den Schnittquerschnitt des Obermessers zum Untermesser bestimmt und ist somit abhängig von der Einstellung des Obermessers und/oder der Dicke des zu schneidenden Materials.

Vorschubkraft

Bei der Schere wird der abgeschnittene Span unter den Messerfuß (oder, bei Schlitzscheren: über das Mittelmesser)

Schneidspalt beim Scheren

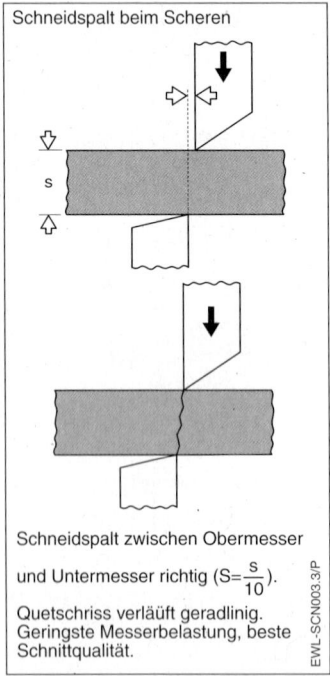

Schneidspalt zwischen Obermesser

und Untermesser richtig $(S = \frac{s}{10})$.

Quetschriss verläuft geradlinig.
Geringste Messerbelastung, beste
Schnittqualität.

EWL–SCN003.3/P

Senkrechter Abstand
(oberer Umkehrpunkt
des Obermessers)

1 Obermesser
2 Untermesser
3 Blech

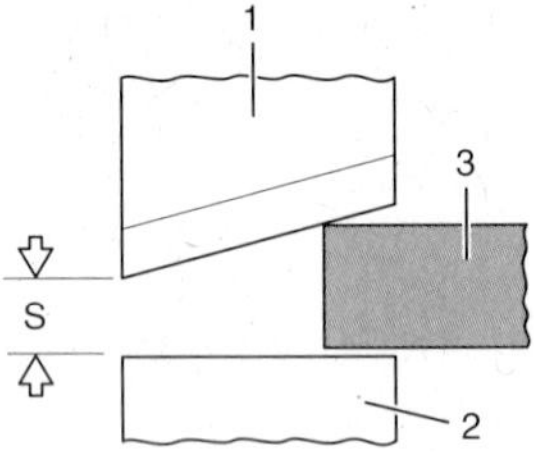

S = viel kleiner als s
zu klein
Arbeitsfortschritt gering

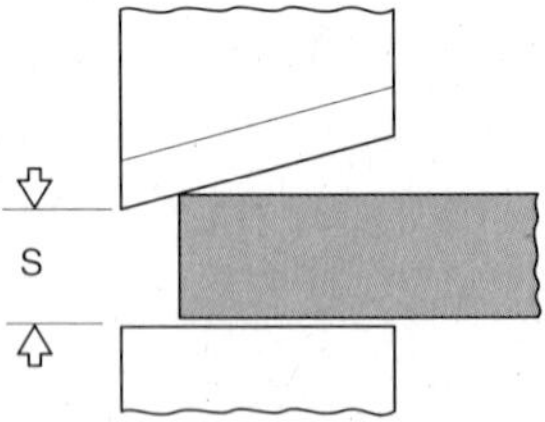

S = etwas kleiner als s
richtig

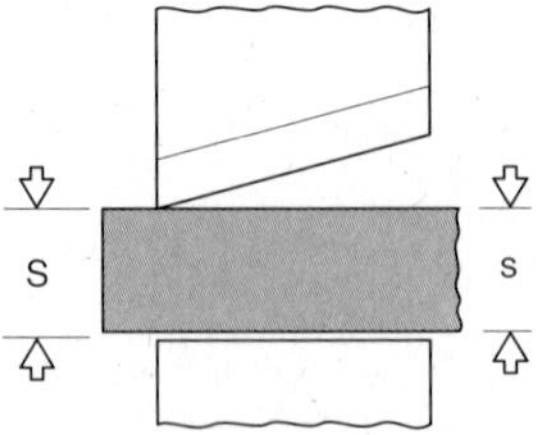

S ≥ s
zu gross
Spitzenbelastung

EWL–SCN001.2/P

Schlitzscheren: über das Mittelmesser)
geführt. Dies ist nur möglich, wenn der
abgeschnittene Span verformt wird. Die
zur Verformung notwendige Kraft bestimmt maßgeblich die Vorschubkraft. Bei
großen Materialstärken sind deshalb erhebliche Vorschubkräfte erforderlich.

Schmierung, Kühlung
Elektrische Handblechscheren haben
keine Niederhalter, die ein Einziehen des
Bleches in den Schneidspalt verhindern
könnten. Das Einziehen muss deshalb
durch die „normale" Reibung des Bleches
auf dem Untermesser verhindert werden.
Aus diesem Grunde ist eine Schmierung
nicht zweckmäßig.

Nagen

Prinzip des Nagens

Beim Nagen wird ein beweglicher Stempel mit einer Hubbewegung durch eine feststehende Matrize gestoßen. Auf das dazwischen befindliche Material werden so hohe Scherspannungen ausgeübt, dass der unter dem Stempel befindliche Materialquerschnitt abgeschert und durch die Matrize gedrückt wird. Die gesamte Stanzkraft des Stempels muss über die Halterung der Matrize aufgenommen werden. Diese muss daher robust und aus hochbelastbaren Stählen gefertigt sein, was sich auf die Gerätekosten auswirkt. Nach dem Aufwärtshub des Stempels wird das Schneidwerkzeug um den Stempelquerschnitt nach vorne geschoben und der Vorgang wiederholt sich. Das Nagen ist also ein Aneinanderreihen von Stanzvorgängen. Es entsteht im Werkstück eine Schneidspur (Materialverlust), das ausgestanzte Material fällt in Form von Spänen an. Die Späne haben die Form und Größe des Stempelquerschnittes (oder, bei Rundstempeln, die Form der Schneidkante). Das bearbeitete Material ist links und rechts der Schneidspur nicht verformt, Verschnitte können also unter Umständen anderweitig verwendet werden.

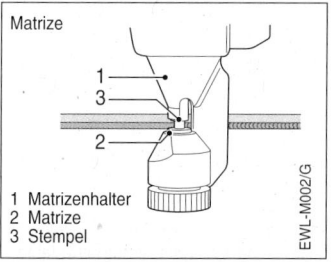

1 Matrizenhalter
2 Matrize
3 Stempel

EWL-M002/G

Geometrie des Schneidwerkzeuges

Das Schneidwerkzeug besteht aus einem beweglichen Stempel und einer feststehenden Matrize. Die Geometrie der Werkzeugschneiden ist vom Hersteller festgelegt. Der Stempelquerschnitt kann sowohl rechteckig (Rechteckstempel) als auch rund (Rundstempel) sein. Die dazugehörigen Matrizen sind entsprechend geformt. Rechteckstempel sind robust und erlauben einen hohen Arbeitsfortschritt. Die Herstellung ist kostenaufwendiger. Rundstempel haben nur eine relativ kleine Schneidkante, das Schneidprofil ist mondsichelförmig, wodurch eine erhöhte Reibung beim Stanzvorgang entsteht. Rundstempel und Matrizen sind bei stoßendem Stanzvorgang kostengünstig herstellbar. Sie eignen sich, bei ziehendem Stanzvorgang, hervorragend für Kurvenschnitte, sind dann aber mit hohen Herstellkosten belastet.

Stanzvorgang

Der Stanzvorgang kann sowohl stoßend als auch ziehend erfolgen.

Stoßender Stanzvorgang: Bei diesem Verfahren erfolgt der Stanzvorgang beim Abwärtshub des Stempels. Das ausgestanzte Material wird durch die Matrize nach unten ausgestoßen. Der Spantransport wird durch die Schwerkraft unterstützt. Der Matrizenhalter muss die Stanzkräfte aufnehmen und deshalb dementsprechend robust sein. Es lassen sich deshalb nur feststehende Matrizenhalter verwenden. Bei rechteckigen Stempelquerschnitten lassen sich hohe Arbeitsfortschritte erzielen, die rechteckigen Stanzspäne sind ungefährlich und deshalb einfach zu entsorgen. Bei Rundstempeln ist der Arbeitsfortschritt pro Hub deutlich geringer, die scharfkantige Sichelform der Späne birgt eine Verletzungsgefahr, weshalb die Entsorgung aufwendiger ist.

Ziehender Stanzvorgang: Bei diesem Verfahren erfolgt der Stanzvorgang beim Aufwärtshub des Stempels. Das ausgestanzte Material wird durch die Matrize nach oben gezogen. Der Spantransport verläuft entgegen der Schwerkraft, die Späne stauen sich am Matrizenaustritt. Der Matrizenhalter muss zwar auch hier die Stanzkräfte aufnehmen, kann sie aber direkt am Maschinengehäuse abstützen. Es treten somit am Matrizenhalter keine Zugkräfte auf, weshalb der Matrizenhalter relativ klein gebaut werden kann. Eine drehbare Lagerung ist möglich. Für den ziehenden Stanzvorgang

Stanzvorgang beim Nagen

Stoßend, Rechteckstempel

Stoßend, Rundstempel

Ziehend, Rundstempel

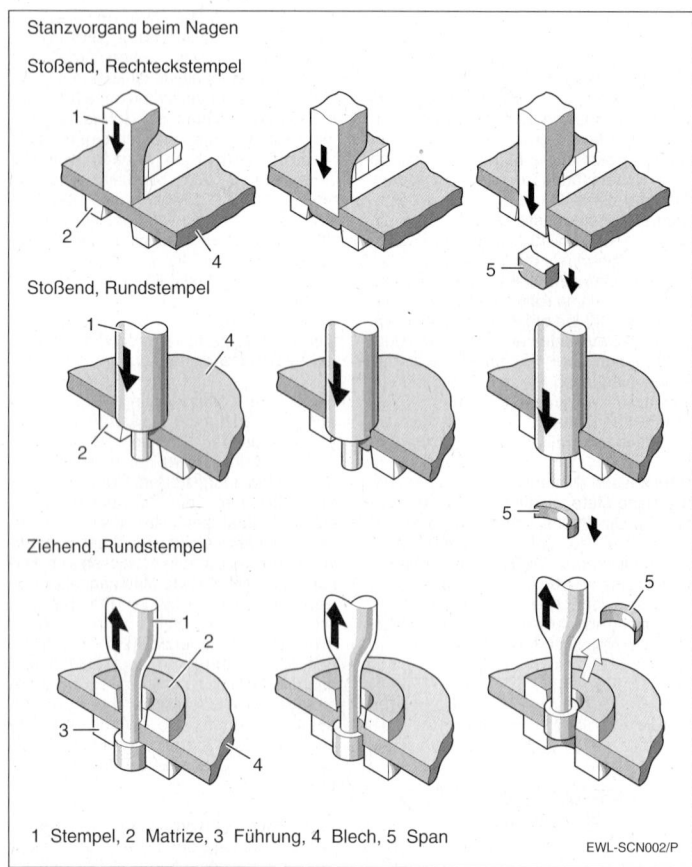

1 Stempel, 2 Matrize, 3 Führung, 4 Blech, 5 Span

EWL-SCN002/P

werden fast ausschließlich Rundstempel verwendet, dabei ist der Arbeitsfortschritt pro Hub gering, die scharfkantige Sichelform der Späne birgt eine Verletzungsgefahr, weshalb die Entsorgung aufwendiger ist.

Schnittgeschwindigkeit

Die maximale Schnittgeschwindigkeit wird durch die maximale Hubzahl und den Querschnitt des Stempels (bei Rundstempeln: der Spanbreite) bestimmt und ist damit konstruktiv festgelegt. Pro Hub kann der Nager um diesen Betrag weitergeschoben werden. Prinzipbedingt ist die Schnittgeschwindigkeit nicht von der Dicke des zu schneidenden Materials abhängig, aus Gründen der Motorleistungsbemessung reduziert man allerdings die Schnittgeschwindigkeit bei dickeren Materialien.

Vorschubkraft

Die Vorschubkraft ist bei Nagern äußerst gering, im Grunde muss der Nager nur geführt werden. Prinzipbedingt ist die Vorschubkraft nicht von der Dicke des zu schneidenden Materials abhängig.

Schmierung, Kühlung

Beim Stanzprinzip des Nagers taucht der Stempel durch die Matrize und schiebt dabei den ausgestanzten Span hindurch. Durch diesen Vorgang entsteht Reibung und somit Wärme. Aus diesem Grund ist für eine Schmierung der Schneidwerkzeuge (z. B. durch ein zähes Öl) zu sorgen. Insbesondere bei harten und/oder zähen Werkstoffen hängt hiervon die Standzeit der Schneidwerkzeuge ab. Nager mit Rundstempel und/oder ziehendem Stanzvorgang reagieren empfindlich auf Mangelschmierung.

Anwendung

Die Schneidkapazität von Scheren und Nagern wird für Stahlbleche mit einer Festigkeit von 400 N/mm² angegeben. Für Bleche höherer Festigkeit ist die Schneidkapazität entsprechend geringer (bei Blechen mit 800 N/mm² nur halbe Blechdicke!). Die Standzeit der Schneidwerkzeuge ist umgekehrt proportional der Materialdicke. Maschinenseitig treten kaum Überlastungen auf.

Scheren und Nagen in Stahl

Die Anwendung von Scheren und Nagern in Feinblechen und Tiefziehblechen von 400…600 N/mm² ist unproblematisch. Zunderschichten und Walzhäute auf den Blechen (Schwarzblech) wirken sehr schnell abstumpfend auf die Schneidkanten.

Scheren und Nagen in korrosionsbeständigen Stählen

Die üblichen austenitischen Stähle haben Festigkeiten von 600…800 N/mm². Die Abnützung ist dementsprechend größer, die Standzeit geringer. Als Faustregel setzt man bei korrosionsbeständigen Stählen die halbe Schnittkapazität (aufgerundet) an wie bei Baustählen.

Scheren und Nagen in NE-Metallen

Das von Scheren und Nagern bearbeitete Metall muss eine gewisse Festigkeit und Härte haben, damit der Scher- oder Stanzvorgang stattfinden kann. Dies setzt bei NE-Metallen zumindest die Walzfestigkeit (Kaltverfestigung durch den Walzvorgang, sogenannte „Walzhärte") voraus. Bei weichgeglühtem Kupfer oder Aluminiumblech „schmiert" das Material und kann so zum Klemmen der Schneidwerkzeuge führen. Die maximale Schnittkapazität richtet sich bei Nagern nach der Festigkeit. Bei Scheren, wo sich der Span verformen muss, können bei stark rückfedernden Aluminiumlegierungen sehr hohe Vorschubkräfte nötig sein. Hier muss unter Umständen die Schnittkapazität von Baustahl als Maßstab genommen werden.

Elektrowerkzeuge für die Anwendung „Scheren"

Bei den Scheren handelt es sich in erster Linie um Blechscheren für die ausschließliche Anwendung an Metall. Man unterscheidet hierbei in die zwei Typen
– Scheren
– Schlitzscheren
Scheren und Nager dürfen keine Elektronik für variable Motordrehzahl besitzen und müssen stets mit voller Hubzahl an das Material geführt werden. Würde man die Maschinen an das Material ansetzen und dann erst einschalten oder die Motor-

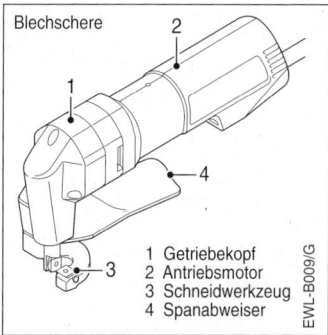

Blechschere

1 Getriebekopf
2 Antriebsmotor
3 Schneidwerkzeug
4 Spanabweiser

EWL-B009/G

drehzahl langsam hochfahren, könnte es zur Überlastung des Motors und des Schneidwerkzeuges kommen.

Neben den „Blechscheren" wird an dieser Stelle auch die

– Universalschere

vorgestellt. Sie gehört keiner bestimmten Produktfamilie an und ist als Einzelgerät deshalb nicht präzise zuzuordnen.

Scheren

Unter Scheren versteht man im allgemeinen Blechscheren, mit denen Bleche besäumt werden können. Trennschnitte (sogenannte Tafelschnitte im Material) sind, von sehr dünnen Blechstärken abgesehen, nicht möglich. Die Leistungsaufnahme von Scheren liegt bei Schneidkapazitäten von 1,6...4,5 mm etwa zwischen 350...1000 Watt. Sonderausführungen von handgeführten Scheren sind bis ca. 10 mm möglich. In der am häufigsten verwendeten Kategorie bis 1,6 mm werden Schneidsysteme mit Wendemessern gleicher Geometrie für Ober- und Untermesser bei konstruktiv vorgegebenen Universaleinstellungen benützt, wodurch eine hohe Anwendungsvereinfachung erreicht wird.

Schlitzscheren

Schlitzscheren haben im Gegensatz zu „normalen" Scheren zwei nebeneinander liegende Untermesser, zwischen deren Scherspalt ein Mittelmesser eine Schwenkbewegung vollzieht. Der Schervorgang findet bei der Aufwärtsbewegung des Mittelmessers statt, der dabei abgescherte Span hat die Breite des Scherspaltes und rollt sich wie eine Spiralfeder über dem Mittelmesser auf. Die gesamte Verformung findet an diesem Span statt, die Blechkanten links und rechts der Untermesser bleiben unverformt. Hierdurch eignet sich die Schlitzschere zum Trennen von Blechtafeln.

Zur Erhöhung der Kurvengängigkeit ist das Mittelmesser relativ schlank ausgeführt, die Schnittkapazität ist hierdurch begrenzt.

Schlitzscheren haben bei Leistungsaufnahmen von ca. 400 Watt eine Schnittkapazität von ca. 1,6 mm.

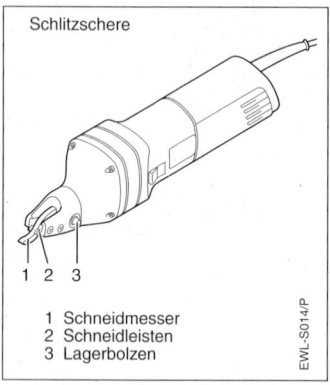

Schlitzschere

1 2 3

1 Schneidmesser
2 Schneidleisten
3 Lagerbolzen

EWL-S014/P

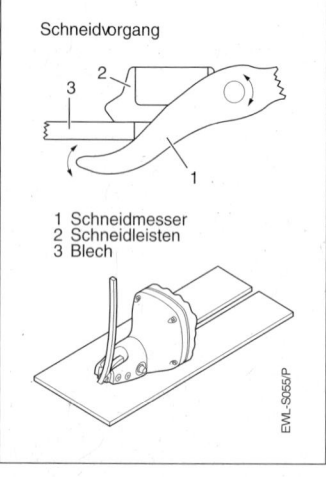

Schneidvorgang

2
3
1

1 Schneidmesser
2 Schneidleisten
3 Blech

EWL-S055/P

Universalscheren

Universalscheren dienen zum Schneiden weicher Materialien wie Elastomeren, Geweben, Leder, Pappe und Bodenbelägen. Der Schneidvorgang findet durch die Rotation eines Rund- oder Vieleckmessers gegen ein Untermesser statt. Im Gegensatz zu den Blechscheren ist dadurch der Schneidvorgang kontinuierlich. Entsprechend ihrem Einsatzbereich ist der Leistungsbedarf gering, wodurch Universalscheren, schon aus Gründen der Handlichkeit, für Akkubetrieb ausgelegt sind.

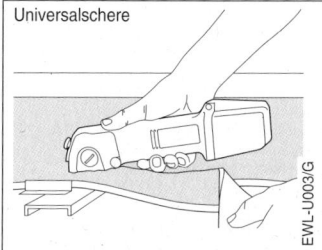

Universalschere

EWL-U003/G

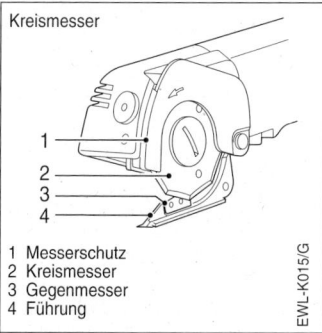

Kreismesser

1
2
3
4

1 Messerschutz
2 Kreismesser
3 Gegenmesser
4 Führung

EWL-K015/G

Elektrowerkzeuge für die Anwendung „Nagen"

Nager werden ausschließlich zur Blechbearbeitung eingesetzt. Neben den bereits erwähnten Arbeitsverfahren gibt es im Wesentlichen die drei folgenden Gruppen:
– Standardnager
– Trapezblechnager
– Kurvenschnittnager

Standardnager
In dieser Gruppe dominieren Nager mit stoßendem Stanzverfahren, wodurch diese Nager sehr robust und kostengünstig sind. Nager mit Rechteckstempel haben prinzipbedingt den besseren Arbeitsfortschritt, Nager mit Rundstempel dagegen die kostengünstigeren Schneidwerkzeuge (Drehteile). Bei Leistungsaufnahmen von 350…600 Watt lassen sich Schneidkapazitäten bis 3,5 mm erreichen. Für Sonderzwecke können Nager bis zu Schnittstärken von 10 mm hergestellt werden. Bei den am häufigsten eingesetzten Nagern bis ca. 1,6 mm Blechstärke verzichtet man auf nachschärfbare Stempel. Stattdessen werden Einwegstempel verwendet.

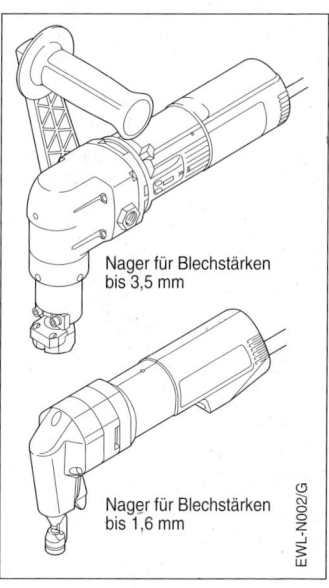

Nager für Blechstärken bis 3,5 mm

Nager für Blechstärken bis 1,6 mm

EWL-N002/G

Trapezblechnager
Bei Trapezblechnagern ist das Schneidwerkzeug an einem verlängerten Werkzeughalter angeordnet und der Matrizenhalter ist entsprechend hinterformt, wodurch den Werkstückkonturen sehr gut gefolgt werden kann. Die Schneidkapazität liegt bei ca. 1,5...2 mm.

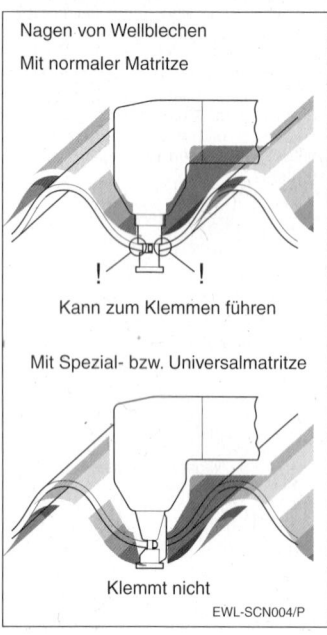

Nagen von Wellblechen

Mit normaler Matritze

! Kann zum Klemmen führen !

Mit Spezial- bzw. Universalmatritze

Klemmt nicht

EWL-SCN004/P

Kurvenschnittnager
Nager für Kurvenschnitte basieren auf dem ziehenden Stanzverfahren. Der Matrizenhalter kann bei diesem System drehbar angeordnet werden, dadurch folgt er beim Kurvenschnitt wie eine Lenkrolle der Vorschubrichtung. Aufgrund ihres Stanzverfahrens sind Kurvenschnittnager, insbesondere bei der Bearbeitung korrosionsbeständiger Stähle, empfindlicher, bei Mangelschmierung anfälliger gegen Stempelbruch und wegen des komplex geformten Schneidwerkzeuges kostenintensiver. Ihr Einsatz bleibt deswegen auf spezielle Anwendungen begrenzt. Üblich sind Schneidkapazitäten bis 2 mm, Sonderausführungen bis 8 mm sind möglich.

Systemzubehör

Scheren und Nager sind Einzweckgeräte, für gibt es verhältnismäßig wenig Systemzubehör. Üblich sind:
– Spanabweiser
– Einstelllehren
– Kurvenschnittstempel und Matrizen
– Winkelanschlag
– Streifenschneidanschlag

Spanabweiser
Spanabweiser dienen bei Blechscheren dazu, den abgescherten Span aus dem Griffbereich zu leiten und eventuelle Handverletzungen zu verhindern. Spanabweiser sind insbesondere bei der Dünnblechbearbeitung zu verwenden, weil hierbei eine besonders starke Spanverformung eintritt.

Einstelllehren
Einstelllehren für Blechscheren bestehen aus einer Gruppe unterschiedlich dicker Fühlerlehren und einer Schleifschablone. Sie dienen bei Blechscheren mit einstellbaren Messern dazu, den seitlichen Abstand zwischen Obermesser und Untermesser präzise einzustellen. Die Schleifschablone dient der Kontrolle der Winkel an der Messerschneide beim Nachschärfen.

Kurvenschnittstempel und Matrizen
Aus Gründen der Stabilität müssen die Matrizen von Nagern mit einem kräftig dimensionierten Steg am Schneidwerkzeug befestigt sein. Hierunter ist die Kurvenschnittfähigkeit begrenzt. Mit den relativ grazil geformten Kurvenschnittstempeln und Matrizen können geringere Kurvenradien geschnitten werden, die Belastbarkeit ist allerdings deutlich geringer, weswegen man sie nur in Sonderfällen verwenden werden.

Winkelanschlag
Der Winkelanschlag für Universalscheren gestattet exakten Beschnitt von verlegten Bodenbelägen entlang der Wandkanten.

Er kann sowohl für Rechts- als auch für Linksschnitte verwendet werden.

Streifenanschlag
Der Streifenanschlag ermöglicht zusammen mit Universalscheren das Herstellen von Materialstreifen, z. B. von Bodenbelägen.

Arbeitsschutz beim Scheren und Nagen

Scheren und Nager sind besonders sichere Geräte, da ihre Schneidwerkzeuge sehr klein sind und die unbeabsichtigte Berührung mit ihnen so gut wie nicht, bei Nagern generell überhaupt nicht möglich ist.

Gefahr geht von den Blechkanten aus, die durch den unvermeidlichen Scheroder Stanzgrat messerscharf sind. Das Arbeiten mit Scheren und Nagern darf deshalb, wie auch überall bei der Blechbearbeitung, niemals ohne geeignete Handschuhe erfolgen. Die Späne von Rundstempelnagern sind auf Grund ihrer Sichelform sehr scharfkantig, man sollte sie sofort nach Durchführung des Schnittes entsorgen.

Zusammenfassung Nager

Scheren und Nager sind Spezialisten für dei Blechbearbeitung. Wegen ihrer unterschiedlichen Eigenschaften ergänzen sie sich hervorragend und gehören zur Standardausrüstung des blechverarbeitenden Gewerbes.

Praxistipps Nager

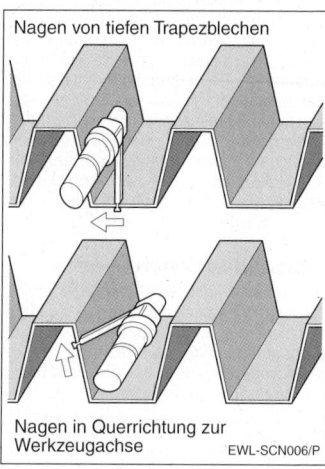

Nagen von tiefen Trapezblechen

Nagen in Querrichtung zur Werkzeugachse

EWL-SCN006/P

Drechseln

Drechseln ist eine spanabhebende Oberflächenbearbeitung. Typische Anwendung ist das Herstellen rotationssymmetrischer Werkstücke aus Holz und Holzwerkstoffen. Beim Drechseln entsteht ein Materialverlust in Form von Spänen. Das zum Drechseln verwendete Gerät wird als „Drechselbank" oder Holzdrehmaschine bezeichnet. Neben Stationärgeräten können Elektrowerkzeuge als Antriebsmaschinen für Drechseleinrichtungen verwendet werden.

Prinzip des Drechselns

Beim handwerklichen Drechseln dreht sich das Werkstück an einer handgeführten Werkzeugschneide vorbei, welche in Längsrichtung oder Querrichtung oder einer Kombination aus diesen Richtungen am Werkstück entlanggeführt wird. Der Vorgang des Drechselns entspricht prinzipiell dem Vorgang des Drehens von Metall auf der Drehmaschine („Drehbank")

Einsatzwerkzeuge

Die Einsatzwerkzeuge zum Drechseln werden als Handdrehstähle bezeichnet. Sie haben, ihrem Verwendungszweck entsprechend, eine unterschiedliche Geometrie. Ihre Form ist in vielen Fällen namensgebend.

Geometrie der Werkzeugschneide

Die Geometrie der Handdrehstähle wird im Wesentlichen von
– der Form der Schneide
– der Lage der Schneide
– dem Anschliff der Schneide
– dem Profil des Schaftes
bestimmt. Sie richtet sich nach der Anwendung und dem zu bearbeitenden Holz. Neben grundlegenden Werkzeugformen ist es üblich, dass die Geometrie durch individuellen Schliff vom Anwender selbst beeinflusst wird.

Schneidenform

Die Form der Schneide kann gerade, schräg, rund oder in Form einer Hohlkehle sein. In der Praxis wird sich der Anwender die für seine Arbeiten günstigsten Schneidenformen selbst herstellen.

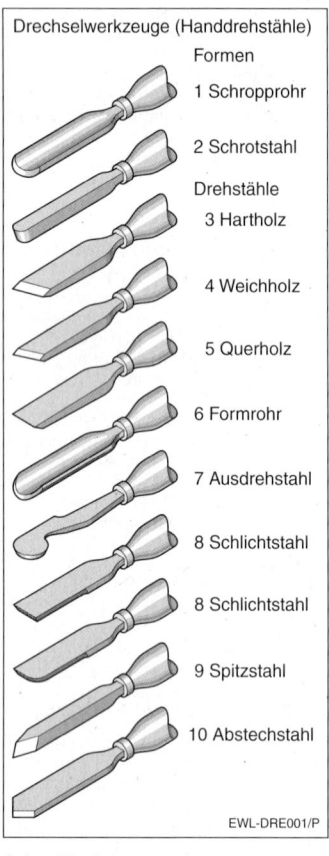

Drechselwerkzeuge (Handdrehstähle)

Formen

1 Schropprohr

2 Schrotstahl

Drehstähle

3 Hartholz

4 Weichholz

5 Querholz

6 Formrohr

7 Ausdrehstahl

8 Schlichtstahl

8 Schlichtstahl

9 Spitzstahl

10 Abstechstahl

EWL-DRE001/P

Schneidenlage

Die Schneide ist meist an der Stirnseite und kann sowohl gerade als auch gerundet sein sowie zusätzlich an einer oder beiden Längskanten entlangführen.

Schneidenanschliff

Der Schneidenanschliff wird vom Material, von der Arbeitsaufgabe und vom Schaftprofil bestimmt, wobei die herstellerseitige Schliffform eine Empfehlung darstellt, welche der Anwender im Regel-

Drechselwerkzeuge
(Handdrehstähle)
Werkzeugschliff

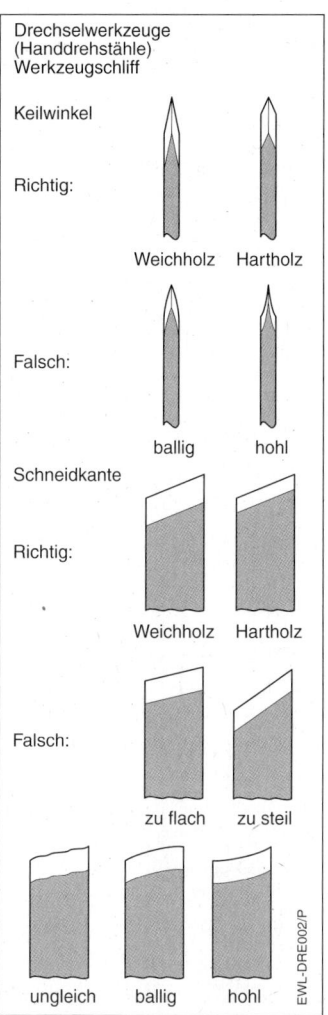

Keilwinkel

Richtig:

Weichholz   Hartholz

Falsch:

ballig   hohl

Schneidkante

Richtig:

Weichholz   Hartholz

Falsch:

zu flach   zu steil

ungleich   ballig   hohl

EWL–DRE002/P

fall auf seine Arbeitsaufgabe und –methodik hin meist modifiziert. Hierbei sind gewisse Grundregeln des Werkzeugschliffes einzuhalten. Zum Erzielen einer hohen Oberflächengüte ist es grundsätzlich notwendig, die Werkzeuge nach dem Schärfen nochmals auf einem Abziehstein „abzuziehen".

Werkzeugwerkstoff
Als Werkstoff werden hochlegierte Werkzeugstähle verwendet. Sie haben die notwendige Zähigkeit für kleine Keilwinkel, müssen aber wegen der nicht allzugroßen Härte regelmäßig nachgeschärft werden.

Drechselmethoden

Gedrechselt wird grundsätzlich in Holz und Holzwerkstoffen. Der Handdrehstahl wird auf einer eng zum Werkstück eingestellten Auflage in Längsrichtung oder Querrichtung von Hand geführt, wobei der Anstellwinkel, die Zustelltiefe und die Zustellgeschwindigkeit vom Anwender manuell bestimmt werden.
   Kunststoffe und Metalle werden nicht gedrechselt, sondern grundsätzlich auf Metall-Drehmaschinen ("Drehbänken") bearbeitet.

Materialeigenschaften
Holz ist im Vergleich zu anderen Materialien relativ weich und kann deshalb hervorragend spanabhebend bearbeitet werden. Als „gewachsener" Werkstoff ist es faserig strukturiert und durch Wachstumseinflüsse weist es Inhomogenitäten auf. Dies muss beim Drechseln berücksichtigt werden, weil es auf die Bearbeitbarkeit und die Oberflächenqualität großen Einfluss hat. Vor Arbeitsbeginn muss das zu drechselnde Holz ausgewählt und vorbereitet werden. Zur besseren Bearbeitbarkeit des Holzes kann eine vorherige Wässerung vorteilhaft sein. Frisches Holz kann sehr gut gedrechselt werden, muss aber wegen der Rissneigung sehr langsam getrocknet werden.

Drechselmethoden
Grundsätzlich wird in die zwei Methoden
– Längsdrechseln
– Querdrechseln (Plandrechseln)
unterschieden. Ausschlaggebend ist die Lage der Holzfasern zur Drehachse der Drechselbank.

Längsdrechseln: Beim Längsdrechseln liegen die Fasern parallel zur Längsachse der Drechselbank. Am Umfang des Werkstückes zeigt sich Langholz (bei Rundlingen) oder wechselweise Lang- und Querholz (bei Kanthölzern), an der Flachseite dagegen immer Hirnholz.

Geeignet sind Rundlinge aus Stamm- und Astabschnitten bis ca. 200 mm Durchmesser sowie Kanthölzer aus Bohlen oder Brettern. Ab ca. 40 mm Durchmesser müssen deren Kanten vor dem Drechseln gebrochen werden (z. B. durch Hobeln). Das Holz muss gut abgelagert sein, ein Dämpfen vor der Bearbeitung erleichtert die Spanabnahme.

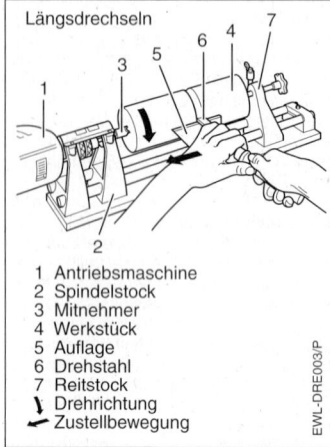

Längsdrechseln

1 Antriebsmaschine
2 Spindelstock
3 Mitnehmer
4 Werkstück
5 Auflage
6 Drehstahl
7 Reitstock
↘ Drehrichtung
⬅ Zustellbewegung

EWL-DRE003/P

Querdrechseln: Beim Querdrechseln liegen die Fasern quer zur Längsachse der Drechselbank. Am Umfang des Werkstückes zeigt sich im Wechsel Hirnholz und Langholz, an der Flachseite dagegen immer Querholz.

Am günstigsten für das Querdrechseln eignen sich Seitenbretter, weil sie bei großflächigen Werkstücken durch ihre lebhafte Maserung sehr dekorativ wirken.

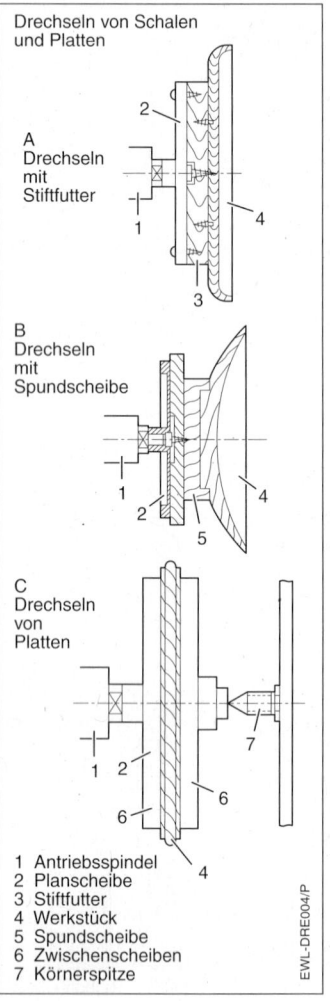

Drechseln von Schalen und Platten

A Drechseln mit Stiftfutter

B Drechseln mit Spundscheibe

C Drechseln von Platten

1 Antriebsspindel
2 Planscheibe
3 Stiftfutter
4 Werkstück
5 Spundscheibe
6 Zwischenscheiben
7 Körnerspitze

EWL-DRE004/P

Werkzeuganwendung

Die Anwendung der Handdrehstähle erfordert eine gewisse Praxis, bevor befriedigende Arbeitsergebnisse erzielt werden können. Die entsprechenden Kenntnisse

lässt man sich am besten von erfahrenen Handwerkern vermitteln. Grundlegende Regeln beziehen sich auf die
– Stellung
– Auswahl
– Vorschubrichtung
des Handdrehstahls zum Werkstück.

Stellung: Die richtige Stellung („Anstellwinkel") des Stahles richtet sich nach dem zu verwendenden Holztyp. Bei weichen Hölzern kann eine positivere Stahlstellung günstiger sein, bei härteren Hölzern eine weniger positive bis neutrale Stahlstellung.

Drechseln

Drehstahlhaltung

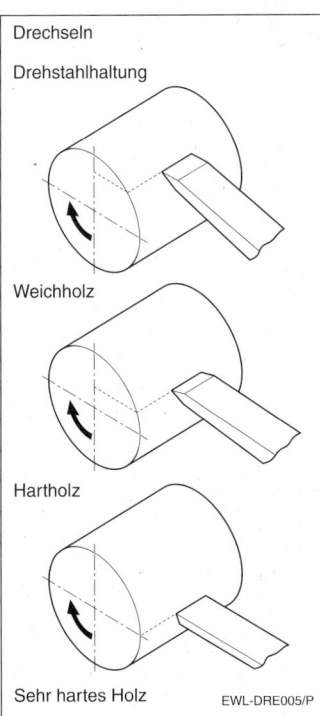

Weichholz

Hartholz

Sehr hartes Holz   EWL-DRE005/P

Auswahl: Die Auswahl richtet sich nach dem Arbeitsgang:
– Schruppen (Schroppen)
– Schlichten
– Ausdrehen
– Stechen
Neben diesen Grundformen existieren viele Übergangsformen.

Schruppen: Schruppen ist eine grobe Bearbeitungsform, mit der das Werkstück vorbearbeitet wird. Hierzu werden röhrenförmige oder abgerundete Werkzeuge verwendet.

Schlichten: Unter Schlichten versteht man die Feinbearbeitung. Die Werkzeugschneide ist hierzu gerade, schräg oder gerundet und oft beidseitig geschliffen.

Ausdrehen: Mittels Ausdrehen werden konkave Wölbungen und Aushöhlungen im Werkstück erzeugt, wobei die Formgebung meist individuell erfolgt.

Stechen: Mit Einstechstählen werden Werkstücke genutet, mit Abstechstählen werden Werkstücke auf ihre vorgesehene Länge „abgestochen", d. h. abgedreht.

Vorschubrichtung: Die Vorschubrichtung ist stets gegen die Antriebsseite der Drechselbank gerichtet, weil hier die Mitnahme des Werkstückes erfolgt, gegen die der Anpressdruck gerichtet sein muss.

Feinbearbeitung
Die Feinbearbeitung der gedrechselten Oberflächen erfolgt meist durch eine Nachbearbeitung mit Schleifpapier feinster Körnung am rotierenden Werkstück. Eine eventuelle Politur erfolgt ebenfalls am rotierenden Werkstück.

Spanabfuhr
Die beim Drechseln produzierte Spanmenge ist erheblich. Es sollte deshalb in jedem Falle eine externe Spanabsaugung mittels für Holz zugelassener Staubsauger verwendet werden. Ein geeigneter Ansaugtrichter kann mit einfachen Mitteln selbst hergestellt werden.

Kugeldrechseln

Präzise Kugelformen sind im Freihandverfahren nur sehr schwer herzustellen. Hier muss man sich mit individuellen Hilfskonstruktionen eine bogenförmige Führung für den Drechselstahl schaffen. Entsprechende Fachkenntnis vorausgesetzt können kleine Oberfräsen in eine schwenkbare Hilfskonstruktion eingesetzt werden. Hierbei ist jedoch strengstens auf die entsprechende Sicherheistvorschriften zu achten.

Die Hilfskonstruktion kann auch ohne zusätzliche Oberfräse benützt werden. In diesem Fall benützt man die Vorrichtung als Führung und Stütze des handgeführten Drechselstabes. Insbesonders bei kleinen Werkstücken ist das handgeführte Verfahren vorzuziehen.

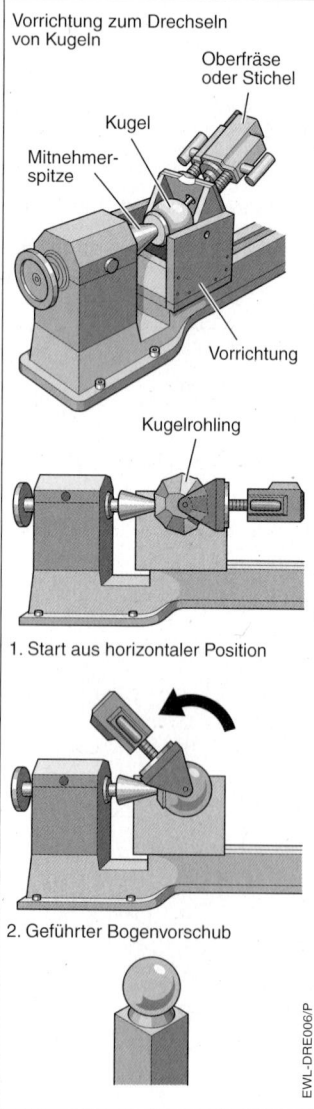

Vorrichtung zum Drechseln von Kugeln

Oberfräse oder Stichel

Kugel

Mitnehmerspitze

Vorrichtung

Kugelrohling

1. Start aus horizontaler Position

2. Geführter Bogenvorschub

EWL–DRE006/P

Elektrowerkzeuge für die Anwendung „Drechseln"

Für die handwerkliche Herstellung von Drechselteilen eignen sich stationäre Drechselmaschinen am besten. Die hohen Investitionskosten werden durch die rationellen Arbeitsmöglichkeiten bei größeren Werkstückmengen (und Abmessungen) kompensiert. Für kleine Werkstücke und gelegentlichen Einsatz sind Drechseleinrichtungen für Elektrowerkzeuge sinnvoll und wirtschaftlich.

Drechseleinrichtungen

Drechseleinrichtungen bestehen in ihrer grundlegenden Ausführung aus einer Einspannvorrichtung für die Antriebsmaschine und dem Reitstock (Gegenlager für das Werkstück), welche durch eine oder mehrere Säulen miteinander verbunden sind. An den Säulen ist die verschieb- und einstellbare Auflage für die Handdrehstähle angebracht.

Höherwertige Drechseleinrichtungen haben stets zwei Säulen und einen von der Antriebsmaschinenhalterung getrennten Spindelstock, in dem der Mitnehmer für das Werkstück gelagert ist.

Antriebsmaschinen

Als Antriebsmaschinen für Drechseleinrichtungen eignen sich 2-Gang-Bohrmaschinen und Schlagbohrmaschinen (in Bohrstellung) ab etwa 850 Watt Leistungsaufnahme und mit vorwählbarer Drehzahleinstellmöglichkeit und Regelelektronik. Die Leistungsgröße ist nötig, damit die Maschine im unteren Drehzahlbereich genügend Reserven besitzt und länger betrieben werden kann, ohne zu überhitzen. Es ist zwingend notwendig, eine Maschine mit Regelelektronik (Konstantelektronik) zu benützen. Maschinen ohne Regelelektronik fallen in ihrer Drehzahl bei Belastung zu stark ab und nehmen bei zurückgehender Belastung wieder an Drehzahl zu. Mit derart schwankenden Drehzahlen kann nicht gedrechselt werden.

Systemzubehör

Das Systemzubehör der Drechseleinrichtung besteht im Wesentlichen aus:
– Mitlaufender Körnerspitze
– Planscheibe
– Handdrehstählen

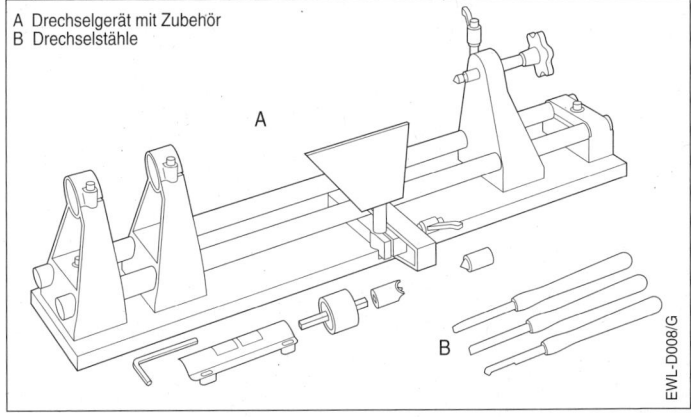

A Drechselgerät mit Zubehör
B Drechselstähle

EWL-D008/G

Mitlaufende Körnerspitze

Das Gegenlager am Reitstock wird als Körnerspitze bezeichnet. Zur Reibungsminderung kann diese Körnerspitze wälzgelagert sein, wodurch sich keine Überhitzung und damit Brandstellen am Werkstück einstellen.

Planscheibe

Die Planscheibe wird anstelle des Mitnehmers am Spindelstock verwendet, wenn flache Werkstücke wie z. B. Schalen und Teller gedrechselt werden sollen.

Handdrehstähle

Üblich sind die erwähnten Standardformen, welche im Handel erhältlich sind. Grundsätzlich sind die besten Qualitäten kostenintensiv, aber auf lange Sicht am wirtschaftlichsten. Zur Selbstherstellung von Handdrehstählen eignen sich hervorragend alte, bereits abgenützte Feilen, welche entsprechend beschliffen werden, wobei Hitzeentwicklung durch geeignete Kühlung verhindert werden muss.

Arbeitsschutz beim Drechseln

Grundsätzlich sollten die ersten Drechselversuche nur unter Anleitung erfolgen. Nur dadurch kann die richtige Haltung der Handdrehstähle und das Einstellen der richtigen Drehzahl erlernt werden.

Enge Kleidung ist wichtig, ebenso sollten keine Handschuhe getragen werden, weil auch diese vom rotierenden Werkstück erfasst werden könnten. Eine Schutzbrille ist absolut notwendig. Die Stahlauflage muss so dicht wie möglich an das Werkstück eingestellt werden.

Praxistipps Drechseln

Handwerkliches Drechseln ist eine kreative Holzbearbeitung mit oft hohem künstlerischen Anspruch.

Die aufwendige Bearbeitung und die meist wertvollen Holzarten stellen eine verhältnismäßig hohe Investition an Arbeitszeit und Kosten dar. Umso mehr ist es wichtig, das fertige Produkt durch entsprechende Behandlung in seinem Wert

zu erhalten. Zu Beachten sind:
– Holzzustand bei der Bearbeitung
– Trocknen des Werkstückes

Holzzustand

Bereits abgelagertes Holz hat den Vorteil, dass keine nachträglichen Trocknungsrisse mehr entstehen. Es kann nach der Bearbeitung mit der endgültigen Oberflächenbehandlung versehen werden. Nachteilig ist, dass das Drechseln von trockenem Holz eine etwas geringere Oberflächengüte ergibt, wodurch die Nachbehandlung aufwendiger ist.

Feuchtes (frisches) Holz lässt sich leichter drechseln und ergibt eine bessere Oberflächengüte. Nachteilig ist, dass bei der anschließenden Trocknung Risse im fertigen Werkstück auftreten können.

Trocknen

Risse durch Trocknen entstehen vom Rand bzw. von der Oberfläche her, weil die Verdunstung der Restfeuchte an der Oberfläche stattfindet. Das Holz schwindet deshalb in diesem Bereich stärker als im Innern. Der Maßausgleich erfolgt durch das Reißen des Holzes. Das fertige, aus feuchtem oder frischem Holz gedrechselte Werkstück sollte deshalb in einer Klimakammer langsam und kontrolliert getrocknet werden. Daneben hat sich in der Praxis auch ein weniger aufwendiges Trocknungsverfahren bewährt. Hierzu sammelt man die feuchten Drechselspäne in einer Kiste. Nach dem Drechseln wird das Werkstück in diese Späne bedeckt eingelagert. Im Abstand von mehreren Tagen werden die Späne neu aufgemischt und das Werkstück wieder eingelagert. Diese Art von Lagerung ist bis zur endgültigen Trocknung fortzusetzen. Durch das Einlagern in die Späne entsteht um das Werkstück ein Mikroklima mit sehr geringem Feuchtigkeitsunterschied, wodurch die Trocknung langsam und rissfrei erfolgen kann. Der Vorgang ist zwar zeitaufwendig, verhindert aber Trocknungsschäden am Werkstück.

"Fliegendes" Drechseln

Speziell beim Querdrechseln besteht das Problem, dass das Werkstück nur einseitig gespannt werden kann. Beim Bearbeiten der gegenüberliegenden Seite muss das Werkstück auf der bereits bearbeiteten Seite gespannt werden. Dies ist bei komplex geformten Werkstücken oft nicht ohne Weiteres möglich. Hier bewährt es sich, das Werkstück auf ein spannbares Hilfsteil aufzukleben, welches dann seinerseits auf die Drechselmaschine gespannt wird. Die Klebestelle ist leicht lösbar, wenn man beide Klebestellen dünn mit Weißleim bestreicht und als Zwischenlage ein Stück normales Tageszeitungspapier verwendet. Nach dem Fertigdrechseln kann man die Zeitungspapierlage mühelos mit einem Federmesser spalten und das Werkstück abnehmen.

Zusammenfassung

Die Drechselvorrichtung ist zusammen mit dem Elektrowerkzeug ein außerordentlich kreatives Werkzeug zur Holzbearbeitung, mit dem sich bei relativ niedrigen Einstandskosten sowohl kunstgewerbliche Gegenstände als auch Werkstücke für die allgemeine Verwendung herstellen lassen. Befriedigende Arbeitsergebnisse setzen handwerkliches Geschick und Praxiskenntnisse voraus, welche man sich in entsprechenden Seminaren aneignen kann.

Absaugtechnik

In zunehmendem Maße werden bei Arbeiten mit Elektrowerkzeugen die dabei entstehenden Stäube und Späne abgesaugt. Die Gründe hierfür sind:
– Gesundheitsgefährdung durch Stäube
– Gesetzliche Vorschriften
– Höhere Werkzeugeffizienz
– Sauberkeit am Arbeitsplatz

Staubtypen

Die Gefährlichkeit von Stäuben bestimmter Werkstoffe für die Atemwege ist seit langem bekannt. Die Gefährdung durch Stäube kann
– mechanisch
– toxisch
– Krebs erregend
sein. Kombinationswirkungen aller Faktoren sind möglich. Neben der toxischen Wirkung können auch allergische Reaktionen auftreten.

Mechanische Gefährdung
Die mechanische Gefährdung durch Stäube kann sowohl die Augen, die Haut und die Atemwege betreffen. Sie erfolgt in erster Linie durch mineralische Stäube. Der Staub wird bei der Entstehung, z.B. durch Diamanttrennscheiben, hoch erhitzt und dadurch getrocknet. Beim Zusammenkommen mit Körperflüssigkeiten in Schleimhäuten und Lungenbläschen kann es zu Reaktionen kommen.

Toxische Gefährdung
Toxische (Vergiftungs-)Gefahr tritt immer dann auf, wenn die betreffenden Stoffe in die Blutbahn des Menschen gelangen. Dies erfolgt in der Regel über die Schleimhäute und die Atmungsorgane, weniger durch die Haut und Verletzungen. Gefährlich sind vor allem Stäube tropischer Edelhölzer, Stäube von bestimmten Kunststoffen, Lack- und Farbstäube sowie die Stäube bestimmter Metalle, hier besonders von Nickel, Chrom, Beryllium und der klassischen Schwermetalle.

Krebs erregende Stäube
Die Gefährdung durch Krebs erregende Stäube erfolgt in der Regel langfristig, wird nicht spontan bemerkt und ist deshalb besonders gefährlich. Als Krebs erregend sind speziell Mineralfasern wie Asbest, aber auch Stäube bestimmter Hartholzarten wie Buche, Eiche und tropischer Edelhölzer bekannt.

Gesetzliche Vorschriften

Der Gefährdung durch Stäube ist wissenschaftlich abgesichert. In zunehmendem Maße wird dieser Tatsache Rechnung getragen, indem man Grenzwerte für die Staubkonzentration an der Arbeitsstelle festgelegt hat. Diese Konzentrationen müssen bindend eingehalten werden und werden von den zuständigen Aufsichtsbehörden auf Einhaltung überwacht und dienen vor allem dem Schutz der sich in einem abhängigen Arbeitsverhältnis befindlichen Personen. Die Richtwerte werden eingeteilt in:
– MAK-Wert
– TRK-Wert
Für den Heimwerkerbereich wird im Interesse an der eigenen Gesundheit die freiwillige Befolgung der gewerblichen Vorschriften dringend empfohlen.

MAK-Wert
Durch den MAK-Wert (**M**aximale **A**rbeitsplatz-**K**onzentration) wird die höchstzulässige Konzentration bestimmter Stoffe (Schwebstoffe, Staub, Gase, Dämpfe) in der Luft am Arbeitsplatz festgelegt. Diese Konzentration bedeutet nach dem gegenwärtigen Kenntnisstand auch bei langanhaltender Einwirkung im allgemeinen keine Gesundheitsgefährdung oder unzumutbare Belästigung der Beschäftigten.

TRK-Wert
Der TRK-Wert (**T**echnische **R**icht**k**onzentration) ist diejenige Konzentration eines gefährlichen Stoffes in der Luft (Schwebstoffe, Staub, Gase, Dämpfe), die nach dem Stand der Technik erreicht werden kann. Diese Konzentration ist Maßstab für die zu treffenden Schutzmaßnahmen und die messtechnische Überwachung am Arbeitsplatz.

TRK-Werte werden für Krebs erzeugende und krebsverdächtige Stoffe aufgestellt, für die keine MAK-Werte bestehen.

Werkzeugeffizienz

Moderne Elektrowerkzeuge verfügen über hohe Abtragsleistungen, wodurch große Staub- und Spanmengen pro Zeiteinheit entstehen. Werden diese gleich beim Entstehen an der Bearbeitungsstelle abgesaugt, so unterstützen sie die Effizienz des Elektrowerkzeuges entscheidend, weil sie Verstopfungen und Verschmutzungen schon im Ansatz verhindern.

Sauberkeit

Sauberkeit am Arbeitsplatz ist ein positiver Nebeneffekt der Absaugung. Arbeitsmittel werden geschont, die Übersicht bleibt erhalten, wodurch die Unfallgefahr sinkt, und das mit einem lästigen (und kostenträchtigen) Zeitaufwand verbundene Aufräumen geht auf ein Minimum zurück.

Geräte zur Staubabsaugung

Die Geräte zur Staubabsaugung können in drei Kategorien eingeteilt werden:
– Staubsauger
– Integrierte Absaugung
– Absaugzubehör
Die beiden ersten Kategorien können auch als aktive Absauggeräte bezeichnet werden. Die Absaugung vom Elektrowerkzeug selbst geschieht immer mit einer Kombination des Absaugzubehörs und einem Staubsauger oder der in das Elektrowerkzeug integrierten Absaugung.

Staubsauger

Im weitesten Sinne sind Staubsauger Elektrowerkzeuge: Ein Elektromotor treibt ein kräftiges Sauggebläse an, das für Unterdruck in einem kesselförmigen Staubbehälter sorgt. Der Unterdruck fördert durch eine flexible Schlauchleitung Staub und Späne je nach Ausführung in einen separaten Staubbehälter (welcher die entsprechende Filterwirkung aufweist) oder direkt in das Saugergehäuse.

Der Einlaufkanal in den Saugerbehälter ist meist tangential angebracht, wodurch sich eine günstige Zyklonwirkung ergibt, durch welche die schweren Staubteilchen rasch abgesondert werden. Das Sauggebläse fördert die Luft über einen Filter staubfrei ins Freie. Prinzipiell können die meisten Sauger auch zum Aufsaugen von verschmutztem Süßwasser verwendet werden. Beim Ansteigen des Flüssigkeitsspiegels im Saugerbehälter verschließt ein Schwimmerventil die Ansaugöffnung des Sauggebläses und verhindert so Beschädigungen durch Wasserschlag. Der Elektromotor wird in der Regel durch ein separates Lüfterrad gekühlt, um die Kühlung vom Filterverschmutzungsgrad unabhängig zu machen.

Unterscheidungsmerkmale der Staubsauger sind
– Saugleistung
– Fassungsvermögen
– Zulassungskategorie
– Ausstattungsgrad

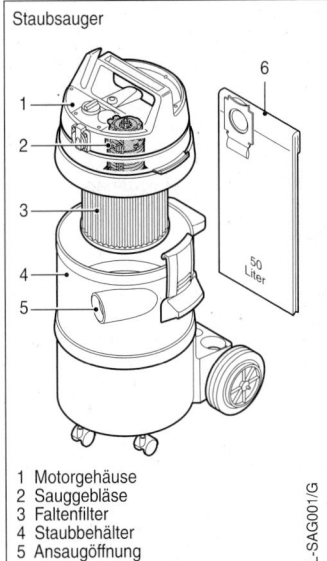

Staubsauger

1 Motorgehäuse
2 Sauggebläse
3 Faltenfilter
4 Staubbehälter
5 Ansaugöffnung
6 separater Staubsack

EWL-SAG001/G

Saugleistung: Die Saugleistung ist ein entscheidendes Leistungsmerkmal. Sie setzt sich zusammen aus:
– Luftdurchsatz
– erzieltem Unterdruck
Entscheidend für die Saugleistung ist nicht die absolute Höhe eines Merkmals, sondern das Produkt aus beiden Leistungsmerkmalen.

<u>Luftdurchsatz:</u> Die angesaugte Luftmenge bestimmt den Luftdurchsatz durch den Sauger und ist unter anderem für die Strömungsgeschwindigkeit im Saugschlauch verantwortlich, beeinflusst also das subjektiv empfundene Ansaugvermögen.
Der Luftdurchsatz wird in Liter/Minute oder in m³/Stunde angegeben.

<u>Unterdruck:</u> Der durch das Sauggebläse erzielbare Unterdruck bestimmt die Saughöhe, speziell beim Aufsaugen von Flüssigkeiten. Der Unterdruck wird, um ein international vergleichbares, standardisiertes Maß zu haben, in Millimeter Wassersäule (mm$_{Ws}$) angegeben. Er ist ein Maß dafür, bis zu welchem Höhenunterschied zwischen Flüssigkeitsspiegel und Sauggebläseeinlass noch angesaugt werden kann.

Fassungsvermögen: Durch das Fassungsvermögen des Staubbehälters wird die Staubmenge bestimmt, die der Staubsauger bis zur Entleerung aufnehmen kann. Behältergrößen von 20...50 Liter stellen einen günstigen Kompromiss zwischen Einsatzdauer und Größe dar. Bei großvolumigem Sauggut wie beispielsweise Hobelspänen ist prinzipiell die Wahl des größtmöglichen Staubbehälters vorzusehen.

Zulassungskategorie: Staubsauger werden nach Zulassungskategorien eingeteilt, welche von den Zulassungsorganisationen nach der Gefährlichkeit der Stäube eingeteilt wurden. Innerhalb der Kategorien sind bestimmte Mindestabscheidegrade der Filter (sowohl der Staubsäcke als auch der Haupt-(Falten-)Filter festgelegt.
Die Kategorien sind aufsteigend. Staubsauger der höherwertigen Kategorie schließen niedrigere Kategorien mit ein, aber nicht umgekehrt.

Ausstattungsgrad: Staubsauger können zusätzlich mit
– Rüttelvorrichtung
– Fernschaltung
ausgerüstet sein, wodurch die Anwendung komfortabler wird.

Einteilung der Absauggeräte nach Verwendungskategorien

Verwendungskategorie	Filter-Durchlassgrad %	Filter-Flächenbelastung m³/h	geeignet für Stäube	Entsorgung
U	< 5	< 500	MAK > 1 mg/m³	ohne Vorschrift
S	< 1	< 200	MAK > 0,1 mg/m³	staubarm
G	< 0,5	< 200	mit MAK-Werten	staubfrei
C	< 0,1	< 200	mit MAK-Werten, von Krebs erregenden Stoffen (§ 35, Gefahrstoffverordnung) ausgenommen besonders gefährliche Krebs erregende Stoffe (§ 15, Gefahrstoffverordnung)	staubfrei
K 1	< 0,05	< 200	mit MAK-Werten, von Krebs erregenden Stoffen (§ 35, Gefahrstoffverordnung)	staubfrei
K 2	< 0,05	< 200	mit MAK-Werten, mit Krankheitserregern	staubfrei
B 1	je nach Verwendungszweck Kategorie S; G; C oder K			

Einteilung der Absauggeräte nach Staubklassen

Staubklasse	Verwendungs-kategorie	Filter-Durchlassgrad m³ / h	geeignet für Stäube	Entsorgung
L	U	< 5	MAK > 1 mg/m³	ohne Vorschrift
M	G; S	< 1	MAK > 0,1 mg/m³	staubarm
H	K 1; C	< 0,005	mit MAK-Werten, von Krebs erregenden Stoffen (§ 35, Gefahrstoffverordnung) und mit Krankheitserregern	staubfrei
Zusätzlich	B 1	Je nach Staubklasse M oder H	brennbare Stäube aller Staubexplosions-klassen in Zone 11, Asbeststaub im Geltungsbereich der TRGS 519	

SAG-T02

Rüttelvorrichtung: Beim direkten Einsaugen des Staubes in den Saugerbehälter ohne internen Staubsack lagert sich der Feinstaub am Filter ab und verstopft diesen mit der Zeit, wodurch die Saugleistung drastisch zurückgeht. Mittels der Rüttelvorrichtung werden beim Stillstand des Saugers kräftige Vibrationen erzeugt, durch welche der Staub aus den Filterfalten losgerüttelt wird. Dadurch steht wieder aktive Filterfläche zur Verfügung und die Saugleistung erhöht sich wieder.

Fernschaltung: Die Fernschaltung ist die ideale Ergänzung eines Staubsaugers beim Betrieb mit Elektrowerkzeugen. Das Elektrowerkzeug wird über eine Steckdose am Staubsauger versorgt, in welcher ein belastungsabhängiger Schalter eingebaut ist. Beim Einschalten des Elektrowerkzeuges bewirkt der dann fließende Strom einen Schaltvorgang, mit dem der Staubsauger selbsttätig eingeschaltet wird. Nach dem Ausschalten des Elektrowerkzeuges wird auch der Staubsauger automatisch mit ausgeschaltet.

Integrierte Absaugung
Unter integrierter Absaugung versteht man die Kombination von Elektrowerkzeug und Sauggebläse. Der technische Aufbau ist meist so realisiert, dass ein separates Sauggebläse parallel zum Motorkühlgebläse auf der Ankerachse angebracht ist. Der Staub wird am Entstehungsort abgesaugt und gelangt über eine Schlauchleitung (z. B. bei Bohrhäm-

mern) oder über in das Gerätegehäuse integrierte Kanäle (z. B. bei Exzenterschleifern und Schwingschleifern) auf die Ansaugseite des Sauggebläses. Das Sauggebläse fördert dann den Staub in einen Staubbehälter, welcher am Elektrowerkzeug angebracht ist. Die während des Absaugvorganges geförderte Luftmenge verlässt über eingebaute Filter oder die poröse Umhüllung des Staubbehälters das Elektrowerkzeug. Der abgesaugte Staub verbleibt im Sammelbehälter und wird von Zeit zu Zeit entsorgt.

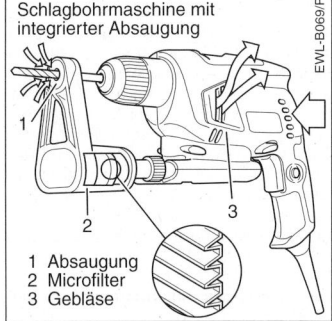

Schlagbohrmaschine mit integrierter Absaugung

1 Absaugung
2 Microfilter
3 Gebläse

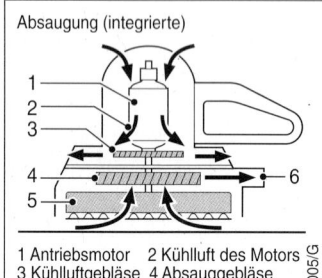

Absaugung (integrierte)

1 Antriebsmotor 2 Kühlluft des Motors
3 Kühlluftgebläse 4 Absauggebläse
5 Gelochte Schleifplatte
6 Absaugluft mit Staub

EWL-A005/G

Absaugzubehör
Das Absaugzubehör ist notwendiger Bestandteil bei der Staubabsaugung und besteht aus den folgenden Komponenten:
– Anschlussadaptern
– Schlauchverbindungen
– Absaugadaptern
– Staubbehältern
– Mikrofiltern
Das Absaugzubehör wird werkzeugspezifisch eingesetzt und ist deswegen meist als Systemzubehör einzuordnen. Einige Komponenten können auch universell eingesetzt werden.

Anschlussadapter: Anschlussadapter stellen die Verbindung vom Elektrowerkzeug zum Saugschlauch des Staubsaugers her. Sie bestehen meist aus Kunststoff- oder Gummiformteilen, welche auf einer Seite an die Absaugöffnung des Elektrowerkzeuges, an der anderen Seite auf den Durchmesser des Absaugschlauches angepasst sind.

Schlauchverbindungen: Der Absaugschlauch stellt die Verbindung zwischen dem Elektrowerkzeug und dem Staubsauger her. Die Anforderungen an den Schlauch sind vielfältig:
– er soll möglichst flexibel sein, damit die Benutzung des Elektrowerkzeuges nicht behindert wird
– aus demselben Grund soll der Durchmesser möglichst klein sein

– bei der Absaugung von Spänen darf es nicht zu Verstopfungen kommen
– er darf durch den Unterdruck nicht einknicken
Man sieht, dass sich die Anforderungen zum Teil widersprechen. Hieraus folgt, dass der Absaugschlauch anwendungsspezifische Eigenschaften haben muss.

Für grobe Späne, wie sie beispielsweise bei Hobel und Oberfräse entstehen, muss ein Schlauch mit großem Durchmesser (ca. 30...40 mm) verwendet werden, damit es nicht zur Verstopfung kommt.

Bei feinem Staub, wie er typischerweise bei Schleifgeräten entsteht, genügen kleine Durchmesser (ca. 15...25 mm), welche je nach Gerätegröße ausgewählt werden.

Grundsätzlich gilt jedoch: Je größer der Schlauchdurchmesser, umso verlustärmer ist das Absaugsystem.

Absaugadapter: Unter Absaugadaptern versteht man Zubehör, mit dem der Staub am Entstehungsort aufgefangen und in das Absaugsystem eingeleitet wird. Typischer Vertreter der Absaugadapter ist der „Saugfix", eine am Tiefenanschlag von Bohrhämmern angebaute Vorrichtung, welche den vom Bohrer oder der Bohrkrone aus dem Bohrloch geförderten Staub auffängt.

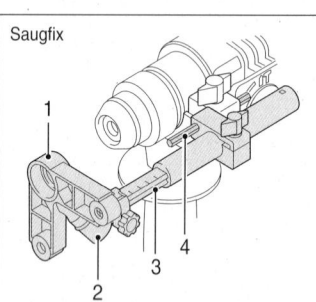

Saugfix

1 Saugglocke für Bohrer
2 Anschluß für Staubsaugerschlauch
3 Tiefenanschlag
4 Befestigung (am Zusatzhandgriff)

EWL-S003/G

Der Staub wird dann über eine kurze Schlauchverbindung zur integrierten Staubabsaugung oder über einen Saugschlauch zum Staubsauger gefördert. Zu den Absaugadaptern zählen auch sogenannte „Staubschalen", welche bei kleineren Bohrarbeiten den Staub direkt auffangen.

Staubbehälter: Bei integrierter Staubabsaugung wird der Staub in kleine, am Elektrowerkzeug befestigte Behälter gefördert. Gewöhnlich waren dies Leinwandsäcke, welche nach Füllung durch einen Reißverschluss oder eine Klammer zur Wiederverwendung entleert wurden. Die Porendichte der Leinwand ist relativ groß, wodurch eine erhebliche Menge an Feinstaub nicht zurückgehalten wird. Leinensäcke sind deshalb eher für Späne als für Staub geeignet.
   Papierbeutel haben den Vorteil kleinerer Poren, wodurch Feinstäube besser zurückgehalten werden. Papierbeutel sind für die Einmalverwendung ausgelegt und werden mit dem darin befindlichen Staub entsorgt. Das Hüllmaterial Papier macht sie empfindlich gegen Beschädigungen bei der Arbeit.

Mikrofilter: Mikrofiltersysteme werden bei BOSCH-Schleifgeräten wie beispielsweise Schwingschleifern und Exzenterschleifern verwendet. Sie bestehen aus einem starren Kunststoffbehälter, welcher am Elektrowerkzeug angebracht wird. Die Absaugluft wird über ein dem Automobil-Luftfilter ähnlichen Mikrofilter geführt, welcher auch Feinstäube im Behälter zurückhält. Durch die Schwingbewegung des Schleifgerätes wird der Staub kompaktiert. Hierdurch kann der relativ kleine Staubbehälter verhältnismäßig große Staubmengen aufnehmen. Durch Öffnen kann der Staub im Bedarfsfall entsorgt werden, wodurch eine Wiederverwendung des Mikrofiltersystems möglich ist.
   Zusatznutzen des Mikrofilters ist, dass der aufgefangene Holzstaub, mit einem geeigneten Bindemittel auf Zellulosebasis angerührt, als plastischer Holzkitt wieder verwendet werden kann („Flüssiges Holz").

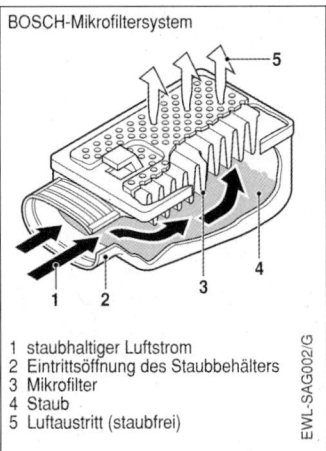

BOSCH-Mikrofiltersystem

1 staubhaltiger Luftstrom
2 Eintrittsöffnung des Staubbehälters
3 Mikrofilter
4 Staub
5 Luftaustritt (staubfrei)

EWL-SAG002/G

Zusammenfassung

Staubabsaugung ist die logische Konsequenz bei der Benützung von Elektrowerkzeugen, insbesondere wenn bei der Bearbeitung gefährliche Stäube entstehen. Bei der professionellen Bearbeitung von Steinwerkstoffen, Mineralfasern, Beschichtungen und bestimmten Holzarten müssen die entsprechenden Staubsauger von den zuständigen Aufsichtsbehörden für die jeweilige Anwendung zertifiziert sein.

Arbeitssicherheit

Die Arbeitssicherheit steht bei der Anwendung von Elektrowerkzeugen an erster Stelle. Arbeitssicherheit setzt sich aus vielen Komponenten zusammen, für die nicht nur der Hersteller, sondern auch der Anwender in gleichem Maße verantwortlich ist. Zum Themenkomplex Arbeitssicherheit, der sich in viele Einzelbereiche aufgliedert, haben die zuständigen Organisationen und Berufsgenossenschaften Empfehlungen und bindende Vorschriften erarbeitet, die weit über die hier erwähnten, zum besseren Verständnis sehr allgemein gehaltenen Informationen hinausgehen. Dem gewerblichen Betrieb stehen diese umfangreichen Informationen zur Verfügung. Da in ihnen auch sehr viele praktische Hinweise zur Durchführung spezifischer Arbeitsaufgaben enthalten sind, sei auch dem ambitionierten Heimwerker ein Zugriff auf diese, oft gegen eine geringe Schutzgebühr erhältlichen, Informationen empfohlen.

Produktbezogene Sicherheit

Einen großen Teil der die technische Sicherheit betreffenden Faktoren empfindet man eigentlich als selbstverständlich für ein modernes Elektrowerkzeug. Allerdings ist es Tatsache, dass diese Selbstverständlichkeit für einen sehr hohen Anteil von No-Name-Produkten und täuschend ähnlich nachgemachte Raubkopien nicht zutrifft. Hier erlaubt der geringe Preis weder die gleiche Konstruktionsnoch Fertigungssorgfalt, wie sie bei den Erzeugnissen seriöser Markenhersteller vorhanden ist.

Es muss aber auch an dieser Stelle bemerkt werden, dass in vielen Fällen zusätzliche Sicherheitselemente, welche die Kosten und damit den Verkaufspreis oft wirklich nur unerheblich erhöhen, vom Anwender wegen kurzsichtigem Kostendenken oft nicht wahrgenommen werden.

Elektrische Sicherheit

Wie bei allen elektrischen Geräten steht die elektrische Sicherheit bei Elektrowerkzeugen im Vordergrund. Folgende Faktoren sind hierfür verantwortlich:
– Betriebsisolation
– Isolationsklasse
– Schutzisolation
– Vollisolation
– Fallsicherheit
Im Kapitel „Elektrotechnik" sind im Abschnitt „Elektrische Sicherheit" ausführliche Informationen zu diesem Themenkomplex zu finden. An dieser Stelle ist deswegen nur das Wichtigste kurz wiederholt.

Betriebsisolation
Die Betriebsisolation betrifft die Isolierung soweit, dass ein störungsfreier Betrieb möglich ist. Sie schützt, in unbeschädigtem Zustand, bereits den Anwender.

Isolationsklasse
Die Isolationsklasse umschreibt die physikalischen Eigenschaften, insbesondere die Wärmefestigkeit, der Betriebsisolation. Sie hängt vom gewählten Isoliermaterial ab. Je höher die Isolationsklasse gewählt wird, umso höher kann das Gerät thermisch belastet werden, ohne „durchzubrennen".

Schutzisolation
Als schutzisoliert wird ein Gerät bezeichnet, wenn seine mechanischen Konstruktionselemente (z. B. Getriebe, Werkzeugaufnahme) von den Elektrizität führenden Teilen elektrisch isoliert sind. Bei Elektrowerkzeugen ist dies typischerweise die Isolierung zwischen den elektrischen Motorteilen und der Motorachse. Durch die Schutzisolation wird auch bei Ausfall der Betriebsisolation der Anwender sicher geschützt.

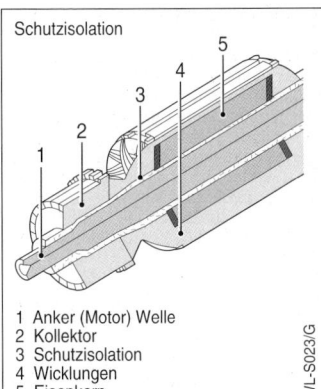

Schutzisolation

1 Anker (Motor) Welle
2 Kollektor
3 Schutzisolation
4 Wicklungen
5 Eisenkern

EWL-S023/G

Vollisolation

Unter Vollisolation versteht man die vollständige äußere Gestaltung des Elektrowerkzeuges aus elektrisch isolierendem Material. Hierdurch wird verhindert, dass bei Berührung spannungsführender Gegenstände durch das Einsatzwerkzeug Elektrizität in den Griffbereich des Anwenders gelangt.

Elektrische Sicherheit
Vollisolation

Der Griffbereich, das Gehäuse und der Motor sind vor der Elektrizität von außen geschützt.

EWL-ESI001/P

Fallsicherheit

Die Fallsicherheit eines Elektrowerkzeuges ist ein wesentliches, praxisnahes Qualitätsmerkmal eines Elektrowerkzeuges. Ein Qualitätselektrowerkzeug muss so beschaffen sein, dass nach dem Fall aus einer genormten Höhe auch bei nachhaltiger Beschädigung des Gehäuses keine Elektrizität führenden Teile (z. B. Motor, Schalter, Leitungsanschlüsse) so exponiert sind, dass sie vom Anwender berührt werden könnten.

Mechanische Sicherheit

Mechanische Sicherheit ist ein wesentliches Merkmal der sehr oft unter extrem harten Bedingungen eingesetzten Elektrowerkzeuge. Die mechanische Sicherheit wird unter anderem hauptsächlich durch folgende Merkmale bestimmt:
– Gehäusegestaltung
– Werkstoffwahl
– Dimensionierung
– Spannvorrichtungen
– Schutzeinrichtungen

Gehäusegestaltung

Die Gehäusekonturen müssen so gestaltet sein, dass keine scharfkantigen Konturen oder hervorstehende Konstruktionselemente zur Beeinträchtigung oder gar zur Verletzung des Anwenders führen können. Kühlluftöffnungen sind so zu gestalten, dass keine rotierenden oder elektrische Spannung führenden Teile berührt werden können.

Werkstoffwahl

Die in und am Elektrowerkzeug verwendeten Werkstoffe müssen für ihren Funktionszweck geeignet sein. Dies bedeutet beispielsweise geringe Wärmeleitfähigkeit und gute Griffeigenschaften für das Gehäuse, andererseits ein hohes Kraftaufnahmevermögen, Bruchsicherheit und Langzeitstabilität.

Dimensionierung

Die Dimensionierung der konstruktiven Bauteile und Baugruppen eines Elektrowerkzeuges müssen dergestalt sein, dass alle beim ordnungsgemäßen Betrieb (und typischen Überlastfällen) auftretenden Belastungen sicher beherrscht werden.

Spannvorrichtungen

Spannvorrichtungen haben die Kraft des Elektrowerkzeuges während aller Einsatzbedingungen, auch im Überlastfall, sicher in das Einsatz- oder Arbeitswerkzeug einzuleiten und dürfen sich nicht von alleine lockern oder lösen. Sie dürfen in ihrer Qualität der des Elektrowerkzeuges nicht nachstehen. Fehlbedienungen, beispielsweise durch fehlende Hilfswerkzeuge (Zahnkranzbohrfutterschlüssel) können durch werkzeuglose Spannvorrichtungen (z. B. SDS) ausgeschlossen werden.

Schutzeinrichtungen

Schutzeinrichtungen müssen so gestaltet sein, dass sie bei maximalem Schutz für den Anwender die eigentliche Arbeitsaufgabe des Gerätes nicht mehr als vermeidbar beeinträchtigen und, wenn eine Verstellmöglichkeit gegeben ist, dass diese bequem und möglichst ohne zusätzliches Hilfswerkzeug durchzuführen ist (sonst werden sie eventuell aus Bequemlichkeit vom Anwender entfernt).

Eigenschaften

Die sich auf die Sicherheit auswirkenden Eigenschaften sind das Ergebnis eines kontinuierlichen (und kostspieligen) Entwicklungsprozesses, bei dem viele Einzelmaßnahmen in ihrer Summe hohe Leistung mit größtmöglicher Sicherheit für den Anwender verbinden. Sicherheitsrelevant sind hierbei vor allem die ergonomischen Faktoren:
– Wärmeentwicklung
– Geräuschentwicklung
– Anlaufdrehmomente
– Sicherheitskupplungen
– Vibrationsdämpfung

Wärmeentwicklung

Die Wärmeentwicklung in den Griffbereichen moderner Elektrowerkzeuge wird durch konstruktive Optimierung der Kühlluftführungen und durch die Ummantelung der Metallteile mit wärmeisolierenden Kunststoffen auf geringe, verträgliche Temperaturen begrenzt und trägt somit zur Griffsicherheit bei.

Geräuschentwicklung

Hauptgeräuschquelle für das Maschinengeräusch ist das Kühlluftgebläse. Durch komplexe aerodynamische Gestaltung der Lüfterflügel werden nicht nur der Geräuschpegel wesentlich vermindert, sondern auch unangenehme Frequenzen unterdrückt. Bei leistungsstarken Geräten mit hohem Luftdurchsatz können durch nachfolgende Leitschaufelkränze turbulenzarme Luftführungen mit verminderter Geräuschentwicklung realisiert werden.

Anlaufdrehmomente

Beim Einschalten bewirkt das Anlaufdrehmoment ein gleichgroßes Rückdrehmoment („Aufbäumen"), welches vom Anwender abgefangen werden muss. Speziell bei Geräten mit hoher Leistungsaufnahme und großen Einsatzwerkzeugmassen (große Winkelschleifer mit Scheibendurchmessern von 230...300 mm) werden von den Herstellern gegen geringe Mehrkosten Ausführungen mit Anlaufstrombegrenzung angeboten. Wegen der wesentlich geringeren Anlaufdrehmomente sind diese Ausführungen handhabungssicherer.

Sicherheitskupplungen

Bei Maschinen hoher Leistungsaufnahme können beim plötzlichen Blockieren des Einsatzwerkzeuges (typisch: Armierungstreffer bei Bohrhämmern) sehr hohe Rückdrehmomente auftreten, welche, speziell bei Arbeitspositionen in Zwangslagen, vom Anwender nicht mehr beherrscht werden können. Die entsprechenden Maschinentypen sind deshalb mit festeingestellten Sicherheitskupplungen ausgerüstet, welche das Rückdrehmoment auf einen sicheren, beherrschbaren Wert begrenzen.

Vibrationsdämpfung

Vibrationen führen neben schnellerer Ermüdung zur Verringerung der Haltekräfte. Dies stellt besonders beim Langzeitbetrieb (z. B. Schleifgeräte) ein erhöhtes Gesundheitsrisiko dar. Durch absorbierende Beschichtungen oder dämpfende Aufhängung der Gehäuseteile im Griffbereich werden Vibrationen wirksam vermindert.

Strahlungssicherheit

Die Norm DIN/EN 50144-1, VDE 0740 fordert, dass von Elektrowerkzeugen keine für den Anwender gefährliche Strahlung ausgehen darf. Dies betrifft in erster Linie:
– Wärmeabstrahlung
– Laserstrahlung
– Elektromagnetische Strahlung
Letztere ist vor allem im Zusammenhang mit elektronischen Messgeräten zu beachten.

Wärmeabstrahlung
Elektrowerkzeuge dürfen bei sachgemäßem Gebrauch keine überhöhten Temperaturen annehmen und abstrahlen. Durch die Verwendung wärmeisolierender Werkstoffe und optimierter Kühlluftführungen wird das Problem der Wärmeabstrahlung technisch beherrscht.

Laserstrahlung
Laserstrahlen können wegen ihrer hohen Leistungskonzentration bleibende Augenschädigungen hervorrufen. Eine Abschirmung des Strahles kann aber nicht erfolgen, weil der Strahl selbst Werkzeug oder Funktionsmedium ist. Die Sicherheit gegenüber den Einflüssen der Laserstrahlung muss deshalb durch passive Maßnahmen auf der Anwenderseite erfolgen. Ob und welche Maßnahmen erforderlich sind, hängt von der Klassifizierung des Lasers, der Laserklasse, ab. Die Klassifizierung ist in der Norm DIN/EN 60 825-1 VDE 0837 festgelegt. Generell kann davon ausgegangen werden, dass für die Laserklassen I...II keine besonderen Schutzmaßnahmen erforderlich sind. Ab Laserklasse III sind dann Sondermaßnahmen wie Schutzbrillen, Sicherheitsschalter, Absperrungen, Bedienung durch entsprechend ausgebildetes Personal und Betriebswarneinrichtungen erforderlich. Auch wenn keine besonderen Schutzmaßnahmen vorgesehen sind, sollte ein direkter Augenkontakt mit dem Laserstrahl unbedingt vermieden werden.

EMV-Eigenschaften
Mit dem Begriff *EMV* bezeichnet man die *E*lektro-*M*agnetische-*V*erträglichkeit. Durch moderne Kommunikationsmittel wird die Umwelt mit einer rapide zunehmenden Konzentration elektromagnetischer Wellen belastet, deren Auswirkungen auf den Menschen noch wenig bekannt sind und die in Expertenkreisen teilweise kontrovers diskutiert werden. Nahezu jedes elektrische und elektronische Gerät sendet Störstrahlen aus, die in ihrer Intensität durch geeignete Maßnahmen stark verringert oder abgeschirmt werden können. Neben der seit Jahrzehnten bekannten „Funkentstörung" von Elektromotoren werden z. B. bei komplexen elektronischen Messwerkzeugen aufwendige elektromagnetische Abschirmungen angewendet.

Umweltsicherheit

Neben der Sicherheit für den Anwender wird es immer wichtiger, durch die ansteigende Flut von Konsumgütern und Arbeitswerkzeugen die Umwelt nicht noch mehr zu belasten. Dies hat bei den Markenherstellern von Elektrowerkzeugen dazu geführt, durch entsprechende Maßnahmen dieser Forderung entgegen zu kommen. Die hierbei angewendeten Maßnahmen sind in erster Linie:
– umweltfreundliche Konstruktion
– umweltfreundliche Herstellung
– umweltfreundliche Vermarktung
– umweltfreundliche Entmarktung
Wenn auch diese Maßnahmen keinen direkten Einfluss auf die Arbeitssicherheit des einzelnen Anwenders haben, so dienen sie doch zur langfristigen Sicherung unserer aller Gesundheit. Dabei darf an dieser Stelle nicht unerwähnt bleiben, dass diese Maßnahmen, vor allem in der Industrie, Kosten verursachen. Aus diesen Gründen kann man davon ausgehen, dass die Hersteller von No-Name- Produkten und Raubkopien sich aus Kostengründen nicht um den Erhalt unserer Umwelt kümmern können. Insofern stellt der Kauf dieser Produkte an den Anwender die Gewissensfrage…!

Umweltfreundliche Konstruktion
Umweltfreundliche Konstruktion hat als Merkmal, dass komplexe Verbundteile und Stoffkombinationen, welche später nur sehr aufwendig wieder zu trennen wären, vermieden werden. Angestrebt

werden Lösungen, die mit wenigen, recycelbaren Materialien auskommen und durch deren Wiederverwendung Werkstoffe und Energie eingespart werden können.

Umweltfreundliche Herstellung
Im Herstellprozess können in steigendem Maße umweltfreundliche Techniken eingesetzt werden. Einige Beispiele: Kühl- und Schmierstoffe für Werkzeugmaschinen werden in geschlossenen Kreisläufen recycelt, Das Härten von hochbeanspruchten Metallteilen erfolgt heute nicht mehr mit giftigen Zyanidsalzen, sondern durch umweltfreundliche Gasprozesse. Die Prozessabwärme wird über Wärmetauscher zurückgewonnen und für Heizzwecke verwendet.

Umweltfreundliche Vermarktung
Die fertigen Produkte müssen transportiert und gelagert werden, bevor sie zum Anwender gelangen. Durch Verkleinern der Verpackung können sowohl Lagerflächen als auch Transportwege wesentlich entlastet werden. Problematische Verpackungsmaterialien wie Kunststoffschäume lassen sich weitgehend eliminieren, Tragekästen können als Verpackung und Aufbewahrungsmittel mit Zusatznutzen dienen.

Umweltfreundliche Entmarktung
Zu irgendeinem Zeitpunkt ist jedes technische Produkt verbraucht, so auch ein Elektrowerkzeug. Hier muss dann der Kreislauf geschlossen werden. Der Übergang vom verbrauchten Produkt zum neuen Produkt wird durch die Entmarktung, das Recycling, geschlossen. Über eine für den Anwender bequeme Rückgabemöglichkeit werden die verbrauchten Elektrowerkzeuge der Markenhersteller über das Händlernetz an die Hersteller zur Aufbereitung und Wiederverwendung der Rohstoffe zurückgegeben.

Sicherheitskommunikation

Sicherheitsrelevante Information muss vom Hersteller zum Anwender kommuniziert werden. Die klassischen Methoden hierzu sind:
– Bedienungsanleitung
– Sicherheitshinweise
– Hotline
– Seminare
Die Methoden ersetzen einander nicht, sondern sie ergänzen sich.

Bedienungsanleitung
Bedienungsanleitungen sind die bekannteste Art, Informationen vom Hersteller an den Anwender weiterzugeben. Der Inhalt von Bedienungsanleitungen unterliegt einer standardisierten Struktur und ist – bei Markenherstellern – fehlerfrei und eindeutig in der Landessprache des Anwenders abgefasst. Leider werden Bedienungsanleitungen vom Anwender oft nur in sehr eingeschränktem Maße studiert und beachtet, wodurch Fehlbedienungen und damit Unzufriedenheiten entstehen können und das Sicherheitsniveau verringert wird.

Sicherheitshinweise
Sicherheitshinweise ergänzen die Bedienungsanleitung, wenn immer dies erforderlich ist. Ihnen gebührt besondere Aufmerksamkeit. Bezüglich der Nutzung durch den Anwender gilt dasselbe wie für die Bedienungsanleitung.

Hotline
Seriöse Elektrowerkzeughersteller bieten kompetente und kostengünstige Kundentelefone („Hotlines") und E-Mail-Verbindungen an, über die der Anwender in Anwendungs- und Sicherheitsfragen weitergehende, individuelle Information bekommen kann.

Seminare
Seminarangebote, insbesondere für den ambitionierten Heimwerker, bieten darüber hinaus maßgeschneiderte und produktbezogene praktische Informationen, welche neben höherer Arbeitsqualität speziell sicherheitsrelevantes Wissen vermitteln.

Anwendungsbezogene Sicherheit

Zur Sicherheit im praktischen Umgang mit Elektrowerkzeugen, der anwendungsbezogenen Sicherheit, ist die Kenntnis offensichtlicher und auch versteckter Gefahren notwendig. Hat man diese Kenntnis, dann lassen sich Gefahrensituationen schon im Voraus erfolgreich vermeiden. Die entsprechenden Kenntnisse lassen sich am besten durch praktisches Lernen unter fachkundiger Anleitung sowie durch entsprechende Lektüre der einschlägigen und zahlreich vorhandenen Fachliteratur problemlos erwerben. Das vorliegende Kapitel bietet in diesem Sinne nur allgemeine Information, es ersetzt nicht die Fachliteratur!

Mögliche Gefahrenquellen sind
– Elektrowerkzeuge
– Einsatzwerkzeuge
– Spannwerkzeuge
– Späne, Staub
– Geräusch
– Kleidung
– Schmuck
– Psychologische Faktoren

Wenn an dieser Stelle auch die Elektrowerkzeuge und ihre Einsatzwerkzeuge erwähnt sind, dann bedeutet dies nicht, dass sie als solche potentiell gefährlich sind. Ein Automobil ist als solches auch nicht gefährlich. Erst durch die zweckentfremdete Verwendung oder falsche Bedienung, sei es mutwillig oder unachtsam, wird das Automobil für einen selbst oder für andere zur Gefahrenquelle. So und nicht anders verhält es sich mit jedem technischem Gerät, zu dem nun auch mal ein Elektrowerkzeug zählt!

Elektrowerkzeuge

Elektrowerkzeuge sind bei bestimmungsgemäßer Anwendung sehr sicher. Gefahren können bei unsachgemäßer Anwendung und bei Überlastung auftreten. Speziell bei Blockadefällen können sehr starke Rückdrehmomente auftreten. Bei der Anwendung sind die vom Hersteller empfohlenen Griffpositionen (Zusatzhandgriff!) zu verwenden.

Einsatzwerkzeuge

Einsatzwerkzeuge haben zur Erfüllung ihrer Arbeitsaufgabe meist sehr scharfe Schneiden oder Zähne. Im Neuzustand lassen sich hierdurch mit geringem Andruck hohe Arbeitsfortschritte erzielen. Bei abstumpfenden Schneiden tendiert man dazu, den geringer werdenden Arbeitsfortschritt durch höhere Andruckkräfte zu kompensieren. Hierdurch kann es zu Werkzeugbrüchen kommen.

Spannwerkzeuge

Falsche oder unvollständige Befestigung im Werkzeughalter von Elektrowerkzeugen kann zum Verlust des Einsatzwerkzeuges während des Betriebs führen. Speziell bei Holzbearbeitungswerkzeugen mit hohem Drehzahlniveau können hierbei erhebliche Energien freigesetzt werden.

Späne, Staub

Späne sind meist scharfkantig und werden, wie Stäube und Partikel, oft mit hoher Restenergie weggeschleudert.

Geräusch

Die Arbeitsgeräusche erreichen mitunter ein unangenehmes Frequenzspektrum und hohe lokale Lautstärken, welche langfristig die Hörorgane schädigen können.

Kleidung

Unpassende Kleidung stellt bei der Benützung von Elektrowerkzeugen eine erhebliche Gefahrenquelle dar. Lose, weite Kleidungsstücke können von rotierenden Werkzeugteilen erfasst werden, wodurch das Werkzeug in gefährliche Körpernähe gezogen werden kann. Insbesondere von Krawatten und Halstüchern geht eine lethale Strangulationsgefahr aus.

Schmuck

Die Statistik von Arbeitsunfällen beweist, dass das Tragen von Schmuckstücken, hierbei insbesondere von Ringen (auch Eheringen!), ein extremes Sicherheitsrisiko darstellt. Wenn Schmuckstücke von Maschinenteilen erfasst werden, ist meist mit dem Verlust der entsprechenden Finger zu rechnen!

Psychologische Gefahrenquellen

Der erstmalige Umgang mit ungewohnten Maschinen, speziell Geräten hoher Leistungsaufnahme (große Winkelschleifer) oder gefährlichem Aussehen (Kettensägen), kann über das Unterbewusstsein ungewollt zu Angstgefühlen führen. Am besten lernt man den Umgang mit diesen Geräten unter fachkundiger Anleitung.

Schutzmaßnahmen

Als Schutzmaßnahmen werden diejenigen Maßnahmen bezeichnet, die der Anwender anwenden kann, um eine Gefährdung durch die Arbeitsaufgabe so gering wie möglich zu halten oder, nach Möglichkeit, auszuschließen. Der Maßnahmenkatalog kann, grob gesehen, in zwei Gruppen eingeteilt werden:
– Aktive Schutzmaßnahmen
– Passive Schutzmaßnahmen
Beide Maßnahmen sind unverzichtbar und ergänzen sich in der Praxis.

Aktive Schutzmaßnahmen

Als aktive Schutzmaßnahmen bezeichnet man alle Maßnahmen, welche vom Anwender aktiv vor und während der Arbeit vorgenommen werden, um das Entstehen gefährlicher Arbeitssituationen von vornherein zu vermeiden. Zur Themengruppe der aktiven Schutzmaßnahmen gehören insbesondere
– Werkzeugseitige Schutzmaßnahmen
– Werkzeugwechsel
– Maschinenfixierung
– Werkstückfixierung
– Kritische Werkstückgrößen
– Spanabfuhr
– Staubabfuhr
– Arbeitsplatzordnung
– Arbeitsplatzbeleuchtung
– Brandschutz
– Erste Hilfe
– Kommunikationsmittel

Werkzeugseitige Schutzmaßnahmen:

Die werkzeugseitigen, vom Hersteller vorgesehenen Schutzmaßnahmen wie Schutzhauben, Messerschutz, Schalterverriegelungen und Sicherheitsanschläge dürfen niemals entfernt, manipuliert oder durch Fremdfabrikate ersetzt werden. Darüber hinaus bieten die Elektrowerkzeughersteller oft zusätzliches Sicherheitszubehör an, das in vielen Fällen auch die Anwendung bequemer und präziser macht. Dies ist zwar meist mit zusätzlichen Kosten verbunden, welche man anfangs scheut, nach erlittenem Problemfall aber gerne zu zahlen bereit gewesen wäre.

Werkzeugwechsel:

Der Wechsel des Einsatzwerkzeuges darf grundsätzlich nur bei ausgeschalteter Maschine *und* abgezogenem Netzstecker vorgenommen werden. Ein unbeabsichtigtes Anlaufen, aus welchen Gründen auch immer, hätte sonst, im wahrsten Sinn des Wortes, fatale Folgen. Selbstverständlich sollten Elektrowerkzeuge nicht mit eingespanntem Einsatzwerkzeug aufbewahrt werden. Erstens besteht erhöhte Verletzungsgefahr durch die scharfen Werkzeugschneiden beim Transport. Zweitens muss man vor dem nächsten Gebrauch meist ohnehin das Einsatzwerkzeug wechseln. Falls kein werkzeugloses Spannsystem (z. B. SDS) vorhanden ist, sollte man stets die vorgesehenen Hilfswerkzeuge benützen. Die Verwendung von Rohrzangen und Kombizangen zeugt von Leichtsinn und Unprofessionalität!

Maschinenfixierung:

Untergestelle für Handmaschinen (wozu auch "einfache" Bohrständer zählen) sollten grundsätzlich fixiert werden, da die darein gespannten Maschinen meist in Dauerlaufstellung betrieben werden. Durch Umfallen oder Rückdrehmomente können sonst unberechenbare Gefahrenmomente auftreten. Die Verwendung eines "Nullspannungsschalters", in den Ein- und Ausschalterfunktion integriert ist, ist in vielen Fällen Vorschrift. Er verhindert, dass bei unbeabsichtigter Stromunterbrechung (z.B. zufälligem Ziehen des Netzsteckers) nach Wiederherstellen der Verbindung die Maschine unkontrolliert anläuft.

Werkstückfixierung:

Grundsätzlich lassen sich nur fixierte Werkstücke präzise und vor allem sicher bearbeiten. Hierzu sind geeignete Spannmittel erhältlich. Bei der Fixierung ist zu beachten, dass die Spannmittel sich nicht im vorgesehenen Werkzeugpfad befinden.

Kritische Werkstückgrößen: Werkstücke lassen sich unter einer bestimmten Mindestgröße nicht mehr vernünftig festspannen, wodurch ein sicheres Arbeiten unmöglich wird. Bei der Auslegung solcher Teile sollte dies berücksichtigt werden. Durch vorübergehendes Fixieren kleiner Werkstücke mittels geeigneter Kleber auf größeren Materialteilen lassen sich solche Probleme oft umgehen.

Spanabfuhr: Späne gibt es nicht nur wo gehobelt wird. Die meisten Elektrowerkzeuge erzeugen Späne. Neben der Beeinträchtigung der Gesundheit (z. B. durch Metallspäne) können Elektrowerkzeuge durch Späneansammlungen verstopfen, schwergängig werden oder thermisch überlastet werden. Neben regelmäßiger Reinigung sollten, wenn immer möglich, die Späne abgesaugt werden.

Staubabfuhr: Speziell an räumlich begrenzten Arbeitsplätzen muss der Staub abgesaugt werden, um gesundheitliche Schäden zu vermeiden und die Gefahr von Staubexplosionen durch kritische Staub-Luftgemische zu verhindern. Die Industrie bietet hierzu für jede Werkstattgröße geeignete Anlagen oder Staubsauger an.

Arbeitsplatzordnung: Aufgeräumte Arbeitsplätze sind übersichtlich und damit sicher. Man findet Werkzeuge, Hilfsmittel und Werkstoffe sofort. Der vermeintliche Zeitverlust durch das Aufräumen wird durch zügigeres und sicheres Arbeiten nach kurzer Zeit aufgeholt.

Arbeitsplatzbeleuchtung: Präzises und sicheres Arbeiten ist nur bei ausreichender Beleuchtungsstärke möglich. Bei der Wahl und Anordnung der Beleuchtungskörper muss eine eventuelle Schattenbildung oder Blendwirkung durch Werkstück oder Arbeitmaschine berücksichtigt werden. Bei der Verwendung von zwei oder mehr Leuchtstoffröhren sollten diese jeweils an einer anderen Phase des Wechselstromnetzes angeschlossen werden. Hierdurch lassen sich Stroboskopeffekte vermeiden, welche bei bestimmten Drehzahlen ein Stillstehen des Einsatzwerkzeuges vortäuschen könnten.

Brandschutz: Brände können auf vielfache Weise, am Anfang oft unbemerkt, durch Funkenflug (z. B. Schleifarbeiten an Metall, Sägemehl) entstehen. Bestes Vorbeugungsmittel ist eine saubere Werkstatt, ein aufgeräumter Hobbykeller und sorgfältige Arbeitsvorbereitung wie beispielsweise das Aufstellen von Schutzblenden. Über die Auswahl eines für den jeweiligen Zweck geeigneten Feuerlöschers geben die lokalen Feuerwehren kompetente und unabhängige Auskunft.

Erste Hilfe: Was im professionellen Bereich und für das Kraftfahrzeug Vorschrift ist, sollte auch im privaten Bereich, insbesondere in der Hobbywerkstatt, nicht fehlen: Eine Ausrüstung zur ersten Hilfe. Darüber hinausgehend ist eine Augendusche zweckmäßig. Sinnvollerweise ist auch im privaten Bereich eine Erste-Hilfe-Ausbildung für alle Familienmitglieder wichtig. Die zuständigen Hilfsorganisationen halten hierüber regelmäßig Kurse ab.

Kommunikationsmittel: Kommunikationsmittel erhöhen die Sicherheit dadurch, dass Gefahren oder Gefahrenfälle Kollegen, Mitarbeitern, aber auch Rettungstrupps mitgeteilt werden können. Neben Warnaufgaben (z. B. im Außenbereich) können durch geeignete Kommunikationsmittel Folgeschäden bei eingetretener Gefahrensituation verringert oder verhindert werden.

Passive Schutzmaßnahmen
Die passiven Schutzmaßnahmen sollen die Einwirkung des nicht beeinflussbaren Gefährdungspotentials ausschließen oder zumindest verringern. Zu diesen Maßnahmen zählen vor allem:
– Sichtschutz
– Atemschutz
– Gehörschutz
– Handschutz
– Schutzkleidung
Neben der eigentlichen Schutzaufgabe vermitteln diese Maßnahmen darüber hinaus noch die psychologisch wichtige Funktion des „Sich-sicher-Fühlens", welche sich positiv auf die Einstellung zur Arbeitsaufgabe auswirkt.

Sichtschutz: Der Sichtschutz dient dazu, die Augen des Arbeitenden vor den Auswirkungen seiner Tätigkeit zu schützen. Auswirkungen sind in der Regel Staub, Späne oder Splitter bei spanabhebenden Arbeiten sowie Helligkeit und ultraviolette oder infrarote Strahlung bei Schweiß- und Lötprozessen oder bei der Anwendung von Werkzeuglasern ab der Laserklasse III.

Augenschutz

1 Aufsteck-Schutzgläser für hohe allgemeine Lichtintensität
2 Brille mit Seitenschutz für allgemeine Anwendungen
3 Geschlossene Brille, Schutz gegen Staub und Flüssigkeitsspritzer
4 Schweißerschutzbrille (autogenes Schweißen) mit hochklappbaren Schutzgläsern.

EWL–ASI001/P

Als Sichtschutz sind geeignet:
– Schutzbrillen und Visiere gegen Staub und Partikel
– Schutzbrillen und Schutzschilde mit Lichtschutzgläsern gegen Schweißflammen und Lichtbögen
– Spezialbrillen gegen Laserstrahlen
Der beste Schutz ist stets ein geschlossenes System, welches auch das seitliche Eindringen von reflektierten Partikeln oder Strahlung verhindert. Die Sichtschutzmittel sind entsprechend ihrer Schutzwirkung in Kategorien eingeteilt und unterliegen einer Normung. Ihre spezifische Verwendung ist verbindlich festgelegt. Neben den passiven Lichtschutzsystemen gibt es für Schweißarbeiten automatische Systeme, welche bei normalem Licht volle Durchlässigkeit gewähren, nach dem Zünden des Lichtbogens jedoch innerhalb von Millisekunden die Sichtscheibe (Flüssigkristall) auf den vorgeschriebenen Wert verdunkeln. Der Kostenaufwand für automatische Systeme ist wesentlich höher, macht sich aber durch den hohen Anwendungsnutzen nach kurzer Zeit bezahlt.

Atemschutz: Der Atemschutz dient dazu, die Atmungsorgane des Arbeitenden vor
– Staub
– Spänen
– Splittern
bei spanabhebenden Arbeiten sowie vor
– chemischen Dämpfen
– Zersetzungsprodukten
z. B. bei Schweiß- und Lötprozessen oder bei der Verarbeitung lösungsmittelhaltiger Produkte zu schützen. Die entsprechenden Produkte reichen von einfachen Halbmasken bis hin zu geschlossenen Systemen. Die Atemschutzmittel sind entsprechend ihrer Schutzwirkung in Kategorien eingeteilt und unterliegen einer Normung. Ihre spezifische Verwendung ist verbindlich festgelegt.

Atemschutz

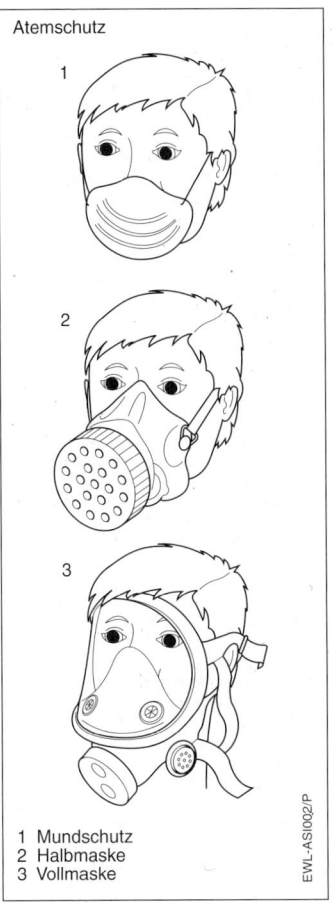

1 Mundschutz
2 Halbmaske
3 Vollmaske

EWL-AS/002/P

siblen Hörorgane akkumulierend und irreversibel vollzieht. Dies bedeutet, dass sich die Schädigungen durch Geräuscheinwirkung über die Jahre unmerklich addieren, wobei die Schädigung nicht rückgängig gemacht werden kann. Während das Maschinengeräusch herstellerseitig so gering wie konstruktiv machbar gehalten wird, ist das eigentliche Arbeitsgeräusch, speziell bei
– schlagenden Arbeitsweisen
– beim Schleifen und Trennen
durch das Tragen eines geeigneten Gehörschutzes wie
– Ohrstöpsel
– Passiver Gehörschutzkopfhörer
– Aktiver Gehörschutzkopfhörer
soweit wie möglich einzudämmen. Während passive Systeme lediglich die in das Ohr dringende Lautstärke durch den Einsatz von Dämmstoffen reduzieren, leiten aktive Systeme ein gegenphasiges Signal gleicher Lautstärke und Frequenz an das Ohr weiter, wobei sich Signal und Gegensignal gegeneinander aufheben. Der Kostenaufwand für aktive Systeme ist wesentlich höher.

Handschutz: Die Hände sind das komplexeste, sensibelste und vielseitigste „Arbeitswerkzeug" des Menschen. Gleichzeitig sind sie auch das am meisten gefährdete. Die Hände müssen deshalb vor allem vor
– mechanischen Gefährdungen
– thermischen Einwirkungen
– chemischen Einflüssen
geschützt werden. Als Schutz dienen in erster Linie Handschuhe, deren Material, Design und Beschaffenheit optimale Schutzbedingungen schaffen soll, ohne die Funktion der Hände wesentlich zu beeinflussen. Entsprechend der verlangten Schutzwirkungen sind die entsprechenden Typen und Materialien auszuwählen. Es muss jedoch beachtet werden, dass bei bestimmten Arbeiten an und mit umlaufenden Werkzeugen und Maschinen keine Schutzhandschuhe verwendet werden dürfen, weil das Handschuhmaterial von den sich bewegenden Maschinenteilen erfasst und in die Maschine gezogen werden könnte. Auskünfte über solche Einschränkungen geben die entsprechenden Berufsgenossenschaften.

Gehörschutz: Die Geräuscheinwirkung hat auf das Gehör keine spontane, sondern eine eher langfristige Wirkung. Die Gesundheitsgefahr wird deshalb nicht als direkt empfunden. Dieser Umstand macht die Geräuscheinwirkung besonders heimtückisch und gefährlich. Verschlimmert wird dieser Umstand durch die Tatsache, dass sich die Schädigung der sen-

Schutzkleidung: Schutzkleidung ist der Sammelbegriff für zweckmäßige, an die Arbeitsaufgabe angepasste Kleidung. Ihre Aufgabe besteht darin, den Menschen möglichst gut und komfortabel vor den Auswirkungen seiner Arbeitsaufgabe (und auch Witterungseinflüssen) zu schützen. Zur Schutzkleidung zählen beispielsweise
– Schürzen
– Jacken
– Hosen
– Overalls
– Schuhe
– Helm
Die Variations- und Kombinationsmöglichkeiten sind außerordentlich hoch. Für jede Arbeitsaufgabe und jedes Gewerk gibt es heutzutage zufriedenstellende Schutzkleidung.

Werkstoffbezogene Maßnahmen

Die Kenntnis der Werkstoffeigenschaften trägt direkt zum sicheren Arbeiten bei, weil dadurch Sicherheitsrisiken von vornherein berücksichtigt werden können. Folgend werden einige typische Sicherheitsmaßnahmen beschrieben für:
– kurzspanende Werkstoffe
– langspanende Werkstoffe
– splitternde Werkstoffe
– brennbare Werkstoffe
– giftige Werkstoffe
Die Maßnahmen sind allgemeiner Art und meist leicht zu realisieren.

Kurzspanende Werkstoffe
Kurzspanende Werkstoffe wie z. B. Messing MS erzeugen je nach Schnittgeschwindigkeit einen aggressiv „sprühenden" Späneflug. Die Späne können an Werkstückkanten reflektiert werden und dadurch in alle Richtungen „weiterfliegen". Wegen dieses unberechenbaren Spänefluges ist eine Absaugung, wenn immer möglich, anzuraten. Schutzbrille ist obligatorisch.

Langspanende Werkstoffe
Zu den langspanenden Werkstoffen zählen z. B. Stähle und bestimmte Kupfer- und Aluminiumlegierungen. Die wen-

delfederförmigen Späne werden vom Einsatzwerkzeug sehr oft wieder erfasst und dann herumgewirbelt. Hierdurch kann eine Gefährdung des Anwenders eintreten. Durch kurzzeitige Unterbrechung des Vorschubes kann der Span kürzer gehalten („gebrochen") werden. Wichtig: Niemals die Späne bei laufender Maschine entfernen. Da die Späne extrem scharfkantig sind, auch in Arbeitspausen die Späne niemals mit bloßer Hand, sondern immer nur mit Hilfsmitteln (z. B. Spänehaken) entfernen.

Splitternde Werkstoffe
Hierzu gehören vor allem mineralische Werkstoffe, am häufigsten also Gestein und Beton im Bereich der Bearbeitung mit Elektrowerkzeugen. Charakteristisch ist eine unterschiedliche Korngröße, teilweise recht hohe Restenergie und scharfe Kanten. Im Gegensatz zu metallischen und hölzernen Werkstücken wird zu einem sehr hohen Anteil in waagrechter oder Überkopfposition gearbeitet, wobei durch die Schwerkraftwirkung (Staub fällt auf den Anwender) die Gefährdungsmöglichkeit steigt. Da es inzwischen geeignete Absaugmöglichkeiten gibt, sollte von diesen Möglichkeiten Gebrauch gemacht werden. Schutzbrille ist obligatorisch.

Brennbare Werkstoffe
Werkstoffe sind dann besonders gefährlich, wenn sie selbst oder ihre Späne zum Brennen neigen. Die Bearbeitung von Holz ist, obwohl es brennbar ist, relativ ungefährlich, weil beim Bearbeitungsprozess selbst die Erwärmung gering ist. Magnesiumspäne hingegen haben bei Überhitzung (auch durch äußere Wärmeeinwirkung) ein hohes Entzündungspotential und erzeugen dann wegen der extrem hohen Brenntemperaturen Sekundärbrände. Löschversuche müssen mit Sand oder Graugussspänen erfolgen, da sich Wasser durch die hohen Temperaturen in Knallgas aufspaltet, was dann zu unkontrollierbaren Bränden führt. Bei der Verarbeitung von Magnesiumlegierungen sind deshalb besondere Vorschriften zu beachten.

Holz-, Aluminium- und Magnesiumstäube halten sich wegen ihres geringen spezifischen Gewichts relativ lange in der Schwebe und können sich bei Vorhandensein einer Funkenquelle (elektrischer Schalter), statischer Elektrizität oder offener Flammen explosionsartig entzünden und verheerende Druckwellen entwickeln (Staubexplosionen). Durch Absaugung muss also die Staubkonzentration in geschlossenen Räumen so niedrig wie möglich gehalten werden.

Giftige Werkstoffe

Von bestimmten Werkstoffen können toxische Wirkungen ausgehen, wenn sie in geeigneter Form mit dem menschlichen Organismus in Berührung kommen. Bei der spanabhebenden Bearbeitung sind dies in erster Linie Stäube, deren Eindringen in die Atmungsorgane durch geeignete Maßnahmen wie Absaugung und Atemschutzmasken verhindert werden muss. Die meisten Werkstoffe sind in solider Form ungiftig. In Staubform können sie jedoch eine Gefährdung darstellen. Neben Mineralien (Silikate, Asbest) sind auch die Stäube von Harthölzern (Eiche, Buche sowie alle insekten- und pilzresistenten Edelhölzer) bei entsprechender Einwirkungszeit Krebs erregend. Bei den Metallen wirken vor allem die Stäube von Schwermetallen, Nickel, Aluminiumlegierungen, Berylliumlegierungen und korrosionsbeständigen Stählen („Edelstähle") gefährdend.

Psychologische Faktoren

Wie bei allen Dingen des täglichen Lebens beeinflussen auch psychologische Faktoren in erheblichem Maße die Sicherheit bei der Anwendung von Elektrowerkzeugen. Trotz ihrer Wichtigkeit werden diese Faktoren oft nicht in der gebührenden Weise berücksichtigt, in den meisten Fällen werden sie schlichtweg verdrängt. Umso mehr ist man der nachträglichen Analyse von Arbeitsunfällen überrascht, welch hohen Anteil psychologische Faktoren an der Unfallentwicklung haben. Typische Faktoren sind:
– Bedienungsinformation
– Ergonomie
– Gerätetyp
– Zwangslagen
– Ermüdung
– Arbeitseinstellung
– Erfahrungsmangel
– Routine
– Drogen
– „Home Run"
– „Man hat es kommen sehen"
Aus diesen Faktoren lassen sich Regeln ableiten, welche maßgeblich zur Arbeitssicherheit beitragen. Im übertragenen Sinn lassen sich diese Regeln für alle Situationen des täglichen Lebens anwenden.

Bedienungsinformation

Zugegeben: Meistens lesen wir die Bedienungsanleitung nicht!

Wir alle trauen uns zu, jedes Gerät auch ohne Bedienungsanleitung in Betrieb setzen zu können. Erst wenn wir nicht mehr weiterkommen, wird um Rat gesucht. Allerdings macht die technische Entwicklung vor unserem Basiswissen nicht Halt. Auch relativ einfache, tausendmal benützte Geräte (z. B. eine Bohrmaschine) unterliegen einer Weiterentwicklung, was neue Bedienungseigenschaften zur Folge haben kann.

Deshalb: *Vor der ersten Inbetriebnahme eines neuen Gerätes (und sei es noch so einfach) stets die Bedienungsanleitung und die beigefügten Sicherheitshinweise sorgfältig durchlesen und beachten.*

Ergonomie

Wenn die Ergonomie nicht stimmt, kann das Gerät nicht optimal beherrscht werden, die Bedienung führt zu vorzeitiger Ermüdung.

Deshalb: *Verwende nur Geräte, welche gut in der Hand liegen, leicht zu beherrschen sind und von denen die geringste Geräusch-, Wärme- und Vibrationsbelästigung ausgeht.*

Gerätetyp

In vielen Fällen können Elektrowerkzeuge für unterschiedliche Arbeitaufgaben eingesetzt werden, sind also universell anwendbar. Allerdings hat die Universalität ihre Grenzen, sie sind in den Katalogangaben und der Bedienungsanleitung erwähnt. Werden Geräte mit ungeeigneten Einsatzwerkzeugen (z. B. Kreissägeblatt an Winkelschleifer) betrieben, so besteht höchste Unfallgefahr.

Deshalb: *Wähle stets das für die Arbeitsaufgabe geeignete Gerät und dieses nur mit den dafür zulässigen Einsatzwerkzeugen.*

Zwangslagen

Über Kopf, in engen Arbeitssituationen oder bei der Nacharbeit an bereits montierten Werkstücken verzichtet man aus Gewohnheit (nur mal eben …) meist auf sicheren Stand, sichere Haltung des Gerätes oder Fixierung des Werkstückes. Vom unbefriedigenden Arbeitsergebnis abgesehen bedeutet dies stets erhöhte Unfallgefahr.

Deshalb: *Vermeide Zwangslagen wenn immer möglich. Demontiere Werkstücke zur Nacharbeit. Auf der Werkbank oder dem Arbeitstisch geht es sicherer und besser. Wenn Zwangslagen unvermeidlich sind, sorge stets für sicheren Stand und sichere Maschinenbeherrschung.*

Ermüdung

Ermüdung erfolgt meist durch unergonomische Geräte, Arbeiten in Zwangslagen und Unterschätzen des Arbeitsumfangs. Ermüdung verlangsamt die sicherheitsrelevanten Körperreaktionen und führt daher direkt zur Unsicherheit. Ermüdung kann sowohl körperlicher als auch geistiger Natur sein: Vorausgegangene mentale Herausforderungen tragen zu Ermüdungserscheinungen ebenso bei wie körperliche Beanspruchung.

Deshalb: *Gehe nur in ausgeruhtem und entspanntem Zustand mit Elektrowerkzeugen um. Jede Arbeit ermüdet. Regelmäßige Pausen fördern die Arbeitsqualität und vor allem die Sicherheit.*

Arbeitseinstellung

Hektik, Frust und Wut haben noch nie zu einem sicheren, guten Arbeitsergebnis beigetragen. Meistens haben diese Faktoren fremde Ursachen, die nichts mit der auszuführenden Arbeit zu tun haben. Typischerweise führen solche Situationen dazu, ein Arbeitsergebnis mit „Gewalt" zu erzwingen, was meistens auf Kosten des Arbeitsergebnisses, der Leistungsgrenzen von Gerät und Einsatzwerkzeug und stets auch der Sicherheit geht.

Deshalb: *Lasse niemals schlechte Stimmung an der Arbeitsaufgabe, dem Werkstück, dem Gerät oder dem Einsatzwerkzeug aus. Sie können nichts dafür!*

Erfahrungsmangel

Wenn das Arbeitsergebnis mal nicht so ausfällt, wie man es sich vorgestellt hat, dann hat die Gründe, welche man bei kritischer Betrachtung des „Warum" relativ leicht analysieren kann. Einer der meist vielfältigen Gründe kann sein, dass man seine Fähigkeiten überschätzt hat. Diese Ursache zuzugeben verlangt ein hohes Maß an Ehrlichkeit sich selbst gegenüber. Dabei braucht man sich überhaupt nicht zu schämen: Viele handwerkliche Fertigkeiten werden oft in jahrelanger Lehrpraxis vermittelt; wenn man alles „aus dem Stand" beherrschen würde, wäre man ein (seltenes) Genie …

Deshalb: *Erfahrungsmangel einzugestehen ist keine Schande. Jeder hat einmal angefangen … Durch Information, Anleitung und Weiterbildung hat heute jeder die Chance, sich das zur erfolgreichen Ausführung der Arbeitsaufgabe nötige Fachwissen und die dazu nötigen Praxiskenntnisse in vernünftigem Zeitrahmen anzueignen. Übung macht den sicheren Meister!!!*

Routine

Die tägliche Routine erfolgreich durchgeführter Arbeitsaufgaben erweist sich immer wieder als bedeutendes Sicherheitsrisiko: Arbeitsaufgabe und Maschinenbedienung werden mit schlafwandlerischem Sicherheitsgefühl beherrscht. Und dann passiert das Unerklärliche: Eine Sekunde Unaufmerksamkeit oder eine (bewusste oder unbewusste) Ablenkung setzt eine

Kette von Ereignissen in Gang, an deren Ende eine Unfall stehen kann.

Deshalb: *Führe jede Arbeitsaufgabe mit der gleichen Aufmerksamkeit durch wie beim ersten Mal. Schalte alle Ablenkungsfaktoren aus. Reagiere auf (auch gutgemeinte) Störungen erst nach Abschalten des Gerätes.*

Drogen

Arbeiten mit Elektrowerkzeugen nach Drogengenuss ist Beihilfe zum Selbstmord. Dies kann nicht deutlich genug erwähnt werden. In diesem Zusammenhang ist auch Alkohol als Droge zu betrachten.

Deshalb: *Am besten schmeckt das „Bierchen" nach der Arbeit!*

„Home Run"

Fast fertig, nur noch ein Loch bohren, eine Nut fräsen, noch ein Brett absägen … ich bin gleich fertig … das Essen steht schon auf dem Tisch … Typische Situation, die jeder durchmacht – und genau in dem Moment passiert es…

Der Arbeitsvorgang ist erst dann beendet, wenn das Elektrowerkzeug ausgeschaltet ist. Zum Ende von Arbeitsvorgängen eilen die Gedanken oft dem tatsächlichen Arbeitsfortschritt voraus, man beschäftigt sich mental schon mit anderen Dingen. Dies ist ursächlich für die Häufung von Arbeitunfällen kurz vor Beendigung der Arbeit.

Deshalb: *Auch Restarbeiten konzentriert durchführen und keine Hektik zum Arbeitsende!*

„Man hat es kommen sehen"

Arbeitsunfälle passieren nicht, sie werden verursacht.

Zusätzlich kann an dieser Stelle erwähnt werden: Arbeitsunfälle kündigen sich an. In der Ursachenanalyse von Arbeitsunfällen ist stets eine Situation zu finden, bei der man impulsiv bemerkt hat: „Hier könnte etwas passieren". Das können beispielsweise gewagte Zwangslagen sein, zweckentfremdete Anwendungen oder manipulierte Schutzeinrichtungen. Meistens geht es dann trotzdem gut, aber eben nicht immer!

Deshalb: *Wenn immer man bemerkt dass etwas schief laufen könnte: Arbeit einstellen, Fehler oder Fehlverhalten berichtigen. Es lohnt sich!*

Zusammenfassung

Arbeitssicherheit mit Elektrowerkzeugen ist ein komplexes Thema, für das Hersteller und Anwender in gleichem Maße verantwortlich sind. Von den Qualitätsherstellern werden Elektrowerkzeuge mit großer Sorgfalt auf die höchstmögliche Sicherheit hin entwickelt, konstruiert und gefertigt. Diese Sorgfalt kann nicht „billig" sein. No-Name-Produkte und Raubkopien lassen diese Sorgfalt auf Grund ihrer Kostenstruktur nicht zu, wie unabhängige Tests von Verbraucherorganisationen bewiesen haben. Sogenannte Sicherheitszertifikate können im Extremfall erschlichen oder schlicht manipuliert sein. Wenn es um die eigene Sicherheit geht, ist das „teurere" Markengerät letztlich die „preiswertere" Lösung

Die Arbeitssicherheit in der Praxis hängt in hohem Maße vom Anwender selbst ab. Bei bestimmungsgemäßem Einsatz unter Beachtung der sicherheitsrelevanten Herstellerinformationen und Befolgung der bindenden Sicherheitsvorschriften und, nicht zuletzt, des gesunden Menschenverstandes ermöglicht das Elektrowerkzeug die rationale und sichere Erledigung vielfältiger Arbeitsaufgaben.

IP-Schutzklassen von elektrischen Maschinen und Geräten
Berührungs-, Fremdkörper- und Wasserschutz nach DIN 40 050
(IP: International Protection)

1. Ziffer	Schutzumfang gegen Berührung	gegen Fremdkörper
0	ohne	ohne
1	großflächig, Hand	Fremdkörper bis 50 mm ⌀
2	Finger	Fremdkörper bis 12 mm ⌀
3	mit Werkzeug und Draht	Fremdkörper bis 2,5 mm ⌀
4	mit Werkzeug und Draht	Fremdkörper bis 1mm ⌀
5	Vollständig	Staub
6	Vollständig	Staubdicht
–	–	–
–	–	–

2. Ziffer	Schutzumfang gegen Wasser
0	ohne
1	Tropfwasser, senkrecht
2	Tropfwasser, senkrecht, Neigung bis 15°
3	Sprühwasser, Neigung bis 60°
4	Spritzwasser aus allen Richtungen
5	Strahlwasser aus allen Richtungen
6	Wasserstrahl und Überflutung
7	Eintauchen
8	Untertauchen

Beispiel: IP 21 = Schutz gegen Berührung mit den Fingern und Fremdkörpern bis 12 mm sowie gegen Tropfwasser senkrecht.

ASI-T22

Einsatzbereiche von Augenschutzsystemen

Risiko	Tragegestell	Sichtscheiben
mechanische Partikel	Gestellbrille mit Seitenschutz	Sicherheitsscheiben mit oder ohne Filterwirkung
Grobstaub > 5 μm	Maskenbrille, weich anliegend	Sicherheitsscheiben ohne Filterwirkung
Feinstaub < 5 μm	Maskenbrille, weich anliegend, gasdichter Augenraum	Sicherheitsscheiben ohne Filterwirkung
tropfende und spritzende Flüssigkeiten	Maskenbrille, weich anliegend	Sicherheitsscheiben ohne Filterwirkung
Gase	Maskenbrille, weich anliegend, gasdichter Augenraum	Sicherheitsscheiben ohne Filterwirkung
Sonnenschutz	Gestellbrille	Sichtscheiben mit Filterwirkung
Störlichtbögen	Gestellbrille mit Seitenschutz, außer Scharnieren keine Metallteile	Sicherheitsscheiben mit Filterwirkung
Lichtbogenschweißen	Schutzhaube	Sicherheitsscheiben mit Filterwirkung
Metallschmelzen	Schutzhaube	Sicherheitsscheiben mit Filterwirkung

ASI-T01

Gesichts- und Augenschutz

Gefährdungs-bereich	Schadensursache	Schädigung	Schutzaus-rüstung	zuständige Norm
mechanische Schäden	Späne, Splitter, Staub	mechanische Verletzungen	Schutzbrillen	DIN EN 166
chemische Schäden	feste, staubförmige, flüssige und gasförmige Chemikalien	Verätzungen	Schutzbrillen	DIN EN 166
thermische Schäden	Hitze	Verbrennungen	Schutzbrillen	DIN EN 169
	Kälte	Tränen	–	–
optische Schäden	Wellenlänge 380…780 nm sichtbares Licht, hohe Leuchtdichten bei geringer Beleuchtung, Sonne	Beeinträchtigung der Sehfähigkeit	Schutzbrillen	DIN EN 172
	Wellenlänge 100…3780 nm ultraviolette Strahlung Elektroschweißen	Verblitzen der Augen	Schutzschilde	DIN EN 169; 170; 379
	Wellenlänge 780 nm…1 mm Infrarote Strahlung	Verbrennungen, Erblindung (Feuerstar)	Schutzbrillen	DIN EN 171
	Wellenlänge 400…1400 nm Laserstrahlung	Verbrennungen der Netzhaut	Schutzbrillen	DIN EN 207; 208

ASI-T02

Arbeitsschutz

Schutzbrillen und Schutzgläser in der Schweißtechnik
Elektrisches Schweißen und Schneiden

Schutzstufen in Abhängigkeit vom Schweißverfahren und Strom nach DIN/EN 166 und 169

Schweiß-verfahren	Schutzstufe						
	9	10	11	12	13	14	15
	Schweißstrom in Ampere						
Elektro-den-Hand-schweißen	< 40	40...80	80...175	175...300	300...500	> 500	–
MIG-Stahl	–	< 100	100...175	175...300	300...500	> 500	–
MIG-Aluminium	–	< 100	100...175	175...250	250...350	350...500	> 500
MAG-Stahl	–	40...80	80...125	125...175	175...300	300...450	> 450
WIG (TIG)	5...20	20...40	40...100	100...175	175...250	250...400	–
Plasma-schneiden	–	–	< 150	150...250	250...400	–	–

ASI-T03

Autogenes Schweißen und Brennen

Schutzstufen in Abhängigkeit vom Schweißverfahren und Sauerstoff-/Acetylen-Gasverbrauch nach DIN/EN 166 und 169

Verfahren	Schutzstufe						
	2,5 A 1	3 A 1	4 A 1	5 A 1	6 A 1	7 A 1	8 A 1
	A = Acetylenverbrauch in L/h			O = Sauerstoffverbrauch in L/h			
Brenn- u. Schneid-arbeiten	leichte	mittlere	O = 900	O = 900 ...2000	O = 2000 ...4000	O = 4000 ...8000	O > 8000
Gas-schweißen	–	–	A = 70	A = 70 ...200	A = 200 ...800	A > 800	–

ASI-T04

Kennzeichnung der Laserklassen (nach DIN EN 60825-1)

Klasse neu	Klasse alt	Wellenlänge des Laserstrahles	Beschreibung	Kennzeichnung/Aufschrift	Schutzgehäuse	Fernbedienung	Schlüsselschalter	Strahlwarnung	Laserschutzbeauftragter	Warnzeichen	Ausbildung	Augenschutz
1	1	alle	augensicher unter vernünftigerweise vorhersehbaren Bedingungen	LASER KLASSE 1	nötig	nicht nötig	nicht nötig	nicht nötig	nicht nötig	nicht nötig	nicht nötig	nicht nötig
1 M	nicht sichtbarer Teil der Klasse 3A und Geräte, die wegen der Leistungsgrenze in Klasse 3B waren	302,5… 4000 nm	wie Klasse 1, außer dass die Benutzung von optischem Gerät gefährlich sein kann (Strahl kann mit Lupen oder mit Fernrohren unsicher sein)	LASERSTRAHLUNG NICHT MIT FERNROHREN DIREKT IN DEN STRAHL BLICKEN LASER KLASSE 1M oder: LASERSTRAHLUNG STRAHL NICHT MIT VERGRÖSSERNDEN OPTISCHEN INSTRUMENTEN BETRACHTEN LASER KLASSE 1M	nötig	nicht nötig	nicht nötig	nicht nötig	nicht nötig	nicht nötig	nötig	nicht nötig
2	2	400… 700 nm	niedrige Leistung, augensicher durch Lidschlussreflex	LASERSTRAHLUNG NICHT IN DEN STRAHL BLICKEN LASERKLASSE 2	nötig	nicht nötig	nicht nötig	nicht nötig	nicht nötig	nicht nötig	nicht nötig	nicht nötig
2 M	sichtbarer Teil der Klasse 3A und Geräte, die wegen der Leistungsgrenze in Klasse 3B waren	400… 700 nm	wie Klasse 2, außer dass die Benutzung von optischem Gerät gefährlich sein kann (Strahl kann mit Lupen oder mit Fernrohren unsicher sein)	LASERSTRAHLUNG NICHT IN DEN STRAHL BLICKEN ODER STRAHL MIT FERNROHREN DIREKT BETRACHTEN LASER KLASSE 2M	nötig	nicht nötig	nicht nötig	nicht nötig	nicht nötig	nicht nötig	nötig	nicht nötig

Klasse neu	Klasse alt	Wellenlänge des Laserstrahles	Beschreibung	Kennzeichnung/Aufschrift	Schutzgehäuse	Fernbedienung	Schlüsselschalter	Strahlwarnung	Laserschutzbeauftragter	Warnzeichen	Ausbildung	Augenschutz
3 R	3 B	302,5... 400 nm 400... 700 nm 700... 10⁶ nm	Direktes Blicken in den Strahl kann gefährlich sein	LASERSTRAHLUNG, NICHT DEM STRAHL AUSSETZEN LASER KLASSE 3R	nötig	nicht nötig	nicht nötig	nötig	nicht nötig	nicht nötig	nötig	nicht nötig
3 B	3 B ohne 3 R	302,5... 10⁶ nm	Direktes Blicken in den Strahl ist normalerweise gefährlich	LASERSTRAHLUNG, NICHT DEM STRAHL AUSSETZEN LASER KLASSE 3B	nötig	nötig	nötig	nötig	nötig	nötig	nötig	nötig
4	4	302,5... 10⁶ nm	Hohe Leistung. Gefährlich auch durch diffuse Reflexionen. Verletzungen der Haut sind möglich, Brandgefahr	LASERSTRAHLUNG, BESTRAHLUNG VON AUGE ODER HAUT DURCH DIREKTE ODER STREUSTRAHLUNG VERMEIDEN, LASER KLASSE 4	nötig	nötig	nötig	nötig	nötig	nötig	nötig	nötig

Grenzleistungen:
Die Grenzleistungen innerhalb der Klassen hängen von der Einwirkungsdauer und der Wellenlänge des Strahles ab. Sie sind in der DIN EN 60825-1 detailliert aufgelistet

ASI-T05

Atemschutz
Kennzeichnung von Kombinationsfiltern

Schutzklasse	Verwendung	Kennfarbe
A1	Organische Gase und Dämpfe	braun
P3	Partikel, auch giftige	weiß
A1 - P2	Organische Gase und Partikel	braun/weiß
B1 - P2	Anorganische Gase und Partikel	grau/weiß
A2;B2;E2;K2	Organische, anorganische, saure Gase + Ammoniak	braun/grau/gelb/grün
A2, B2 - P3	Organische, anorganische Gase und Partikel	braun/grau/weiß

ASI-T06

Filterklassen und Anwendungsgebiete

Filterklasse	Kennfarbe	Anwendung
A	braun	Organische Gase und Dämpfe
B	grau	Anorganische Gase und Dämpfe
E	gelb	Schwefeldioxid
K	grün	Ammoniak
P1	weiß	Feinstäube bis 4facher MAK-Wert
P2	weiß	Feinstäube bis 10facher MAK-Wert
P3	weiß	Feinstäube bis 30facher MAK-Wert

ASI-T07

Gefahrstoffe beim Schweißen

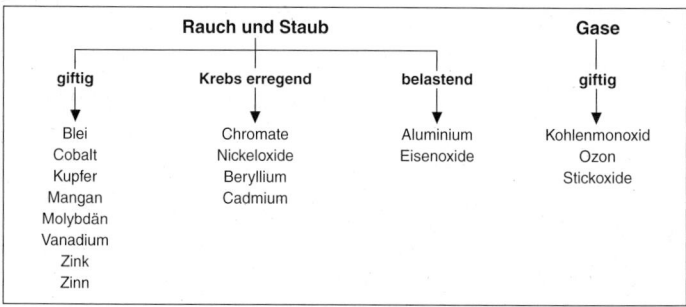

ASI-T09

Der logische Weg zur richtigen Filterklasse

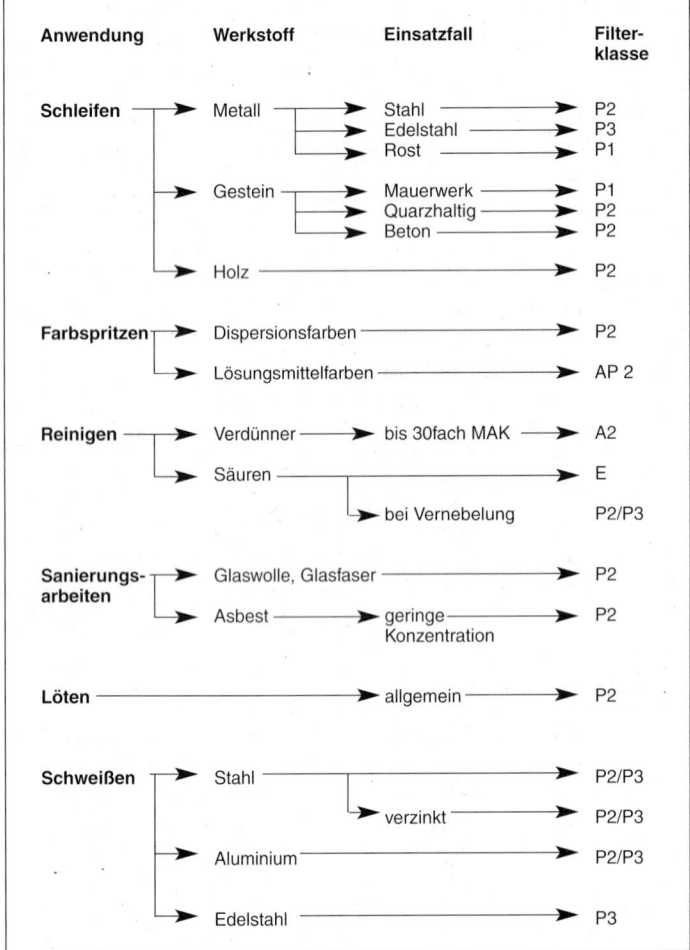

Anwendung	Werkstoff	Einsatzfall	Filter-klasse
Schleifen	Metall	Stahl	P2
		Edelstahl	P3
		Rost	P1
	Gestein	Mauerwerk	P1
		Quarzhaltig	P2
		Beton	P2
	Holz		P2
Farbspritzen	Dispersionsfarben		P2
	Lösungsmittelfarben		AP 2
Reinigen	Verdünner	bis 30fach MAK	A2
	Säuren		E
		bei Vernebelung	P2/P3
Sanierungs-arbeiten	Glaswolle, Glasfaser		P2
	Asbest	geringe Konzentration	P2
Löten		allgemein	P2
Schweißen	Stahl		P2/P3
		verzinkt	P2/P3
	Aluminium		P2/P3
	Edelstahl		P3

ASI-T08

Absaugtechnik

Einteilung der Absauggeräte nach Verwendungskategorien

Verwen-dungs-kategorie	Filter-Durchlass-grad	Filter-Flächen-belastung	geeignet für Stäube	Entsorgung
	%	m³/h		
U	< 5	< 500	MAK > 1 mg/m³	ohne Vorschrift
S	< 1	< 200	MAK > 0,1 mg/m³	staubarm
G	< 0,5	< 200	mit MAK-Werten	staubfrei
C	< 0,1	< 200	mit MAK-Werten, von Krebs erregenden Stoffen (§ 35, Gefahrstoffverordnung), ausgenommenbesonders gefährliche Krebs erregende Stoffe (§ 15, Gefahrstoff-verordnung)	staubfrei
K 1	< 0,05	< 200	mit MAK-Werten, von Krebs erregenden Stoffen (§ 35, Gefahrstoffverordnung)	staubfrei
K 2	< 0,05	< 200	mit MAK-Werten, mit Krankheitserregern	staubfrei
B 1	je nach Verwendungszweck Kategorie S; G; C oder K			

ASI-T10

Absaugtechnik

Einteilung der Absauggeräte nach Staubklassen

Staub-klasse	Verwen-dungs-kategorie	Filter-Durchlass-grad	geeignet für Stäube	Entsorgung
		%		
L	U	< 5	MAK > 1 mg/m³	ohne Vorschrift
M	G; S	< 1	MAK > 0,1 mg/m³	staubarm
H	K 1; C	< 0,005	mit MAK-Werten, von Krebs erregenden Stoffen (§ 35, Gefahrstoffverordnung) und mit Krankheitserregern	staubfrei
Zusätzlich	B 1	Je nach Staub-klasse M oder H	brennbare Stäube aller Staubexplosions-klassen in Zone 11, Asbeststaub im Geltungsbereich der TRGS 519	

ASI-T11

Richtwerte TA-Lärm
gemessen vor dem nächstgelegenen
Wohnhaus 0,5 m vor dem geöffneten
Fenster

Beurteilungsgebiet	tags-über dB (A)	nachts dB (A)
Industriegebiet	70	70
vorwiegend Industrie-gebiet	65	50
Mischgebiet	60	45
vorwiegend Wohn-gebiet	55	40
Wohngebiet	50	35
Krankenhäuser, Kurgebiete	45	35

ASI-T12

Gehörschutz

Maßnahme	Anwendung	Dämpfung	Eigenschaften	Vorteile	Nachteile
Gehörschutz-stöpsel	im Gehörgang	20...30 dB	vorgeformte oder verform-bare Pfropfen	klein, leicht, individuell anpassbar	Hygiene
Gehörschutz-kapseln	wie Kopfhörer	35...45 dB	umschließen das gesamte Ohr	durch großes Volumen Druckausgleich beim Sprechen	bei falscher Anpassung unbequem
Schallschutz-helme	wie Motorrad-helme	35...45 dB	umschließen die Ohren und den Kopf	Kopfschutz und Gehör-schutz kombiniert	schwer, bei warmer Umgebung unbequem
Schallschutz-anzüge	wie Overalls	> 45 dB	umschließen den ganzen Körper	sehr gute Ab-schirmung bei extremen Geräuschen	aufwendig

ASI-T13

Bezeichnung der Gefahren bei gefährlichen Stoffen

Sicherheitshinweise für gefährliche Stoffe

R-Sätze

S-Sätze

R-Satz	Gefahr
R 10	Entzündlich
R 11	Leicht entzündlich
R 20	Gesundheitsschädlich beim Einatmen
R 21	Gesundheitsschädlich bei Berührung mit der Haut
R 22	Gesundheitsschädlich beim Verschlucken
R 23	Giftig beim Einatmen
R 24	Giftig bei Berührung mit der Haut
R 25	Giftig beim Verschlucken
R 26	Sehr giftig beim Einatmen
R 27	Sehr giftig bei Berührung mit der Haut
R 28	Sehr giftig beim Verschlucken
R 33	Gefahr kumulativer Wirkung
R 34	Verursacht Verätzung
R 35	Verursacht schwere Verätzung
R 36	Reizt die Augen
R 37	Reizt die Atmungsorgane
R 38	Reizt die Haut
R 39	Ernste Gefahr irreversibler Schäden
R 40	Irreversibler Schaden möglich
R 42	Sensibilisierung durch Einatmen möglich
R 43	Sensibilisierung durch Hautkontakt möglich

S- Satz	Sicherheitshinweise
S 7	Behälter dicht geschlossen halten
S 16	Von Zündquellen fernhalten, nicht rauchen
S 22	Staub nicht einatmen
S 23	Gas, Rauch, Dampf, Aerosol nicht einatmen
S 24	Berührung mit der Haut vermeiden
S 25	Berührung mit den Augen vermeiden
S 26	Bei Berührung mit den Augen gründlich mit Wasser spülen und Arzt konsultieren
S 27	Beschmutzte, getränkte Kleidung sofort ausziehen
S 28	Bei Berührung mit der Haut sofort mit viel Wasser und Seife abwaschen
S 36	Geeignete Schutzkleidung tragen
S 37	Geeignete Schutzhandschuhe tragen
S 39	Schutzbrille, Gesichtsschutz tragen
S 44	Bei Unwohlsein Arzt konsultieren, dabei R- und S-Sätze und Stoffe angeben

Schädigung der Haut

Hautschädigung	Wirkung	Auftreten	Auslösende Stoffe
degenerative Kontaktekzeme	Zerstörung des Säureschutzmantels der Haut	ständiger oder wiederholter Kontakt	Säuren, Laugen, Reinigungsmittel, organische Lösungsmittel, Schmierstoffe, Öle
toxische Kontaktekzeme	Zerstörung der Haut	von der Dauer des Kontaktes und von der Konzentration abhängig	konzentrierte Säuren und Laugen
allergische Hautekzeme	Sensibilisierung	je nach Anfälligkeit bereits bei Erstkontakt möglich	Additive von Schmierstoffen, Latexderivate, Holzteer, Terpentin, Kunstharzbestandteile, Chrom, Nickel, Cobalt
Vergiftungen	Hautresorption (Giftstoffe gelangen durch die Haut in den Körper)	ständiger oder wiederholter Kontakt	Aniline, Phenole, Benzole, Planzen- und Holzschutzmittel, Antifouling-Farben
Mikroverletzungen	Eindringen von Schmutz und Bakterien	ständiger oder wiederholter Kontakt	Metallspäne, Schleifstaub, verunreinigte Kühlflüssigkeiten

ASI-T18

Schutz der Haut

Hautschutzmittel	Schutzwirkung bei
Wasserlöslich	organische Lösungsmittel, Mineralöle, Mineralfette, Ölfarben, Lacke, Kunstharze
Wasserunlöslich	Säuren, Laugen, wässrige Lösungen, Schmier- und Kühlemulsionen, Abbeizmittel, Stäube, Wasch- und Reinigungsmittel

ASI-T19

Fußschutz

Schutz-kriterien	Bezeichnung		
	Berufs-schuhe	Schutz-schuhe	Sicher-heits-schuhe
Normung	DIN EN 347	DIN EN 346	DIN EN 345
Kurzbe-zeichnung	O	P	S
Schutz-merkmal	ohne Zehen-kappen	Zehen-kappen	Zehen-kappen
Prüfkraft	–	100 Joule	200 Joule

ASI-T22

Eigenschaften von Schutzhandschuhen

Handschuh material	Eigenschaften			Beständigkeit
	Elastizität	Abriebverhalten	Durchstich-festigkeit	Ozon/ Sonnenlicht
Naturlatex	+++	- - -	- - -	
Nitril	++	+++	+++	O
Neopren	++			+++
PVC	+			

ASI-T20

Quellbeständigkeit von Schutzhandschuhen

Substanz	Handschuhwerkstoff				
	Natur-latex NR	Chloro-pren CR	Nitril NBR	Viton	Butyl
Abbeizfluid	−	−	−	−	−
Aceton	o	−	−	−	+
Akkusäure	+	+	+	+	+
Ammoniak 10%	+	+	o	+	+
Ammoniak 25%	+	o	o	+	+
Benzin	−	−	o	+	−
Benzin super	−	−	o	+	−
Benzol	−	−	−	+	−
Blechreiniger	−	−	−	−	−
Bohröl	−	−	+	+	+
Bremsflüssigkeit	o	o	−	−	+
Butylacetat	−	−	−	−	o
Butylalkohol	o	+	o	+	+
Calciumhydroxid	+	+	+	+	+
Carbolineum	−	−	−	+	o
Chlorbenzol	−	−	−	+	−
Dieselkraftstoff	−	−	+	+	−
Dioxan	−	−	−	−	+
Eisen-3-chlorid	+	+	+	+	+
Essigsäure 10%	o	+	o	+	+
Essigsäure 50%	o	o	−	+	+
Essigsäure konz.	−	o	−	+	+
Essigsäurebutylester	−	−	−	−	o
Ethanol	+	+	−	+	+
Ethylalkohol	+	+	−	+	+
Fette – pflanzlich	o	+	+	+	o
Fette – tierisch	o	+	+	+	o
Flusssäure 10%	o	+	o	+	+
Flusssäure 40%	o	+	o	+	+
Formaldehyd 37%	+	+	o	+	+
Gerbsäure 10%	+	+	+	+	+
Gerbsäure konz.	+	+	o	+	+
Glycerin	+	+	+	+	+
Glycol	+	+	+	+	+
Hydrauliköl	o	o	+	+	+
Isopropylalkohol	+	+	o	+	+
Kalilauge 10%	+	+	+	+	+
Kalilauge konz.	+	+	+	+	+
Kalkmilch	+	+	+	+	+
Kaltreiniger	−	−	+	+	−
Kerosin	−	−	+	+	−
Königswasser	o	+	o	+	+
Lötwasser	+	+	+	+	+
Methanol	+	o	−	−	+

+ = gut
o = mäßig
− = schlecht
z = Zerstörung

Quellbeständigkeit von Schutzhandschuhen (Fortsetzung)

Substanz	Handschuhwerkstoff				
	Natur-latex NR	Chloro-pren CR	Nitril NBR	Viton	Butyl
Methylenchlorid	−	−	−	−	−
Mineralöl	−	o	+	+	o
Natronlauge	+	+	+	+	+
Nitroverdünnung	−	−	−	−	−
Öl – mineralisch	−	o	+	+	o
Öl – pflanzlich	o	+	+	+	o
Öl – tierisch	o	+	+	+	o
Oxalsäure	+	+	o	+	+
Paraffin (flüssig)	−	+	+	+	o
Petroleum	−	−	+	+	−
Phenol	o	o	−	+	+
Phosphorsäure	+	+	+	+	+
Propylenglykol	+	+	+	+	+
Salpetersäure 10%	o	+	o	+	+
Salpetersäure 50%	o	o	−	+	+
Salpetersäure, konz.	z	z	z	+	z
Salzsäure 10%	+	+	+	+	+
Salzsäure 20%	o	+	+	+	+
Sanitärreiniger	o	o	o	+	+
Schalungsöl 10%	o	+	+	+	+
Schalungsöl konz.	−	o	+	+	o
Schwefelsäure 10%	+	+	+	+	+
Schwefelsäure 50%	−	+	+	+	+
Schwefelsäure konz.	z	−	z	+	+
Terpentinersatz	−	−	o	+	−
Tetrachlorkohlenstoff	−	−	o	+	−
Toluol	−	−	−	+	−
Wasser	+	+	o	+	+
Wasserglas	+	+	+	+	+
Wasserstoffperoxid 10%	+	+	o	+	+
Wasserstoffperoxid 30%	+	+	o	+	+
Wollfett	o	+	+	+	+
Xylamon	−	−	o	+	−
Xylol	−	−	−	+	−

ASI-T21

+ = gut
o = mäßig
− = schlecht
z = Zerstörung

Brandverhalten von Kunststoffen

Kunststoffe unterliegen in ihrer Entwicklung und Herstellung einem ständigen Optimierungsprozess und bestehen deshalb oft aus Kompositionen unterschiedlichster Kunststofftypen. Dadurch ist das Brandverhalten nicht einheitlich. Die in dieser Tabelle angegebenen Eigenschaften können deshalb nicht als verbindliche Richtwerte herangezogen werden. Bei kritischen Anwendungen ist stets der Hersteller unter Angabe des Verwendungszweckes zu konsultieren. Generell haben die Dämpfe und der Qualm von allen brennenden Kunststoffen eine von der Konzentration abhängende toxische Wirkung. Wenn immer bei der Zersetzung Säuren abgespaltet werden, ist von einer hohen toxischen Wirkung auszugehen.

Kunststoff-typ	Chemische Bezeichnung	Zünd-temperatur °C	Zerset-zungstemp. °C	Brenn-eigenschaft	Qualm-bildung	Toxische Wirkung	Korrosive Wirkung	Verbren-nung	Flammfarbe	Qualm	Geruch
ABS	Acrylnitril-Butadien-Styrol	454	330...430	mittel	stark				leuchtend	stark rußend	süß, gummiartig
CA	Celluloseacetat	475	25...310	mittel–träge	gering			tropfend	gelbgrün		Essig
CAB	Cellulose-acetopropionat			mittel	gering				dunkelgelb, blauer Saum		ranzige Butter
CF	Cresol-formaldehyd	590		träge	gering			schlecht, verkohlt			stechend, Formaldehyd
CN	Cellulosenitrat	140		gut	gering	stark	stark	heftig	hell	bräunlich	Kampfer
CR	Polychlor-butadien			mittel–träge	stark	stark	stark, Salzsäure				stechend
EC	Ethylcellulose	296		mittel	gering				gelb leuchtend		Papier
EP	Epoxidharz			mittel–träge	mittel				leuchtend	rußend	Phenol
EPS	Polystyrol-schaum	490	300...400	gut–träge	stark				leuchtend	rußend	süßlich
MF	Melaminform-aldehydharz	630		träge	gering			schlecht, verkohlt			stechend, Ammoniak, Formaldehyd
NR	Naturkautschuk			mittel	stark				dunkelgelb	rußend	Gummi
PA	Polyamid	424	310...380	mittel	gering			tropf-fädig	bläulich, gelber Rand		Horn
PC	Polycarbonat			mittel–träge	mittel			sprühend	dunkelgelb	rußend	Phenol

ASI-T17.2

Kunststoff-typ	Chemische Bezeichnung	Zünd-temperatur °C	Zersetzungstemp. °C	Brenn-eigenschaft	Qualm-bildung	Toxische Wirkung	Korrosive Wirkung	Verbrennung	Flammfarbe	Qualm	Geruch
PE	Polyethylen	349	335...450	mittel	gering			tropft brennend	leuchtend, Kern blau		Paraffin
PF	Phenolform-aldehydharz	575		mittel	gering			schlecht, verkohlt			stechend, Form-aldehyd
PIR	Polisocyan-uratschaum			gut–träge	gering bis mittel				leuchtend		stechend
PMMA	Polymethyl-acrylat	450		mittel	gering			knisternd	leuchtend		fruchtig
PP	Polypropylen	570	328...410	mittel	mittel			tropft brennend	leuchtend, blauer Kern		Paraffin
PS	Polystyrol	490	300...400	mittel–träge	stark				leuchtend	rußend	süßlich
PTFE	Polytetrafluor-ethylen	530	508...538	träge			stark, Flusssäure	schmilzt glühend			stechend
PUR	Polyurethan	416		mittel–träge		stark			leuchtend		stechend
PVAC			213...325	mittel	mittel				leuchtend	rußend	Essig
PVC	Polyvinyl-chlorid	454	200...300	träge	mittel bis stark	stark	stark, Salzsäure	sprühend	leuchtend, grüner Rand		stechend
PVDC	Polyvinyliden-chlorid	532	225...275	träge		stark	stark, Salzsäure	sprühend	leuchtend, grüner Rand		stechend
SAN	Styrol-Acrylnitril			mittel	stark				leuchtend	stark rußend	Gummi
SB	Styrol-Butatien		327...430	mittel	stark				leuchtend	stark rußend	süßlich
SI	Silikon-elastomer	555		träge	gering bis mittel					weißer Rauch	
UF	Harnstoff-formaldehyd			träge				schlecht, verkohlt			stechend, Form-aldehyd
UP, GFK	Ungesättigter Polyester	485		mittel–träge	mittel			verkohlt	leuchtend	rußend	süßlich

Zersetzungsprodukte von Kunststoffen

Kunststofftyp ·	Zersetzungsprodukte (teilweise vom Füllmaterial abhängig)
Polyesterharze (ungesättigt)	Styrol, Styrolpolymere, Kohlenmonoxid
Epoxidharze	Ammoniak, Amine, Formaldehyd, Kohlenmonoxid
Melaminharze	Ammoniak, Amine, Formaldehyd, Kohlenmonoxid
Polyurethane	Alkohole, Amine, Ammoniak, Blausäure, Cyanate, Isocyanate
Polyvinylchlorid	Chlorgas, Chlorkohlenwasserstoff, Chlorwasserstoff, Dioxine, Furane, Kohlenmonoxid, Phosgen, Ruß
Polyacrilnitril	Acrylnitril, Ammoniak, Blausäure, Kohlenmonoxid
Phenolharze	Ameisensäure, Formaldehyd, Kohlenmonoxid, Phenol

KU-T08

Begriffslexikon
Index

Internationale Fachbegriffe Elektrowerkzeuge und Anwendungen

Fachbegriffe Deutsch	Begriffserklärung	Technical terms English	Termes techniques Français	Términos técnicos Español
Abbruchhammer	Meißelhammer der Gewichtsklasse über 12 kg	Demolition hammer, breaker	Marteau de démolition	Martillo de demolición
Abgabeleistung	Leistung, welche beispielsweise eine Bohrmaschine an der Bohrspindel abgibt	Power output	Puissance débitée	Potencia útil
Abrichthobel-vorrichtung	Vorrichtung für Elektro-Handhobel zum winkelgetreuen Bearbeiten von Werkstücken, beispielsweise Brettern und Kanthölzern	Surface planning attachment	Dispositiv de fixation avec dégauchisseuse	Dispositivo de cepillar y regruesar
Absaughammer	Hammer (meist Bohrhammer) mit integrierter Staubabsaugung	Dust extraction hammer	Perforateur à aspiration intégrée des poussières	Martillo aspirador
Absaugung	Einrichtung zum Sammeln und Entfernen des beim Arbeitsvorgang entstehenden Staubes oder der Späne	Suction	Aspiration	Aspiración
Absaugung, integrierte	Absaugvorrichtung, welche in das Gerät integriert ist, also eine konstruktive Einheit mit ihm bildet	Integrated suction	Aspiration intégrée	Aspiración integrada
Abscheren	Trennen von Materialien, vorzugsweise von Blechen und Geweben durch zwei gegeneinander geführte Schermesser	Shear	Cisailler	Cizallado
Absicherung, elektrische	Vorrichtung, um eine elektrische Leitung vor Überlastung, beispielsweise im Kurzschlussfall, zu schützen	Electrical fuse protection	Sécurité électrique	Protección eléctrica
Abtragsleistung	Die von einem Gerät, beispielsweise einer Schleifmaschine, in einer bestimmten Zeit abgetragene Werkstoffmenge	Removal rate	rendement, puissance d'abrasion	Rendimiento en arranque de material
Abziehstein	Schleifkörper sehr hoher Härte. Wird gegen rotierende Schleifmittel gehalten, wodurch deren Oberfläche abgerichtet wird	Whetstone	Pierre à adoucir	Piedra para rectificar
Adapter	Vorrichtung, um beispielsweise Zubehörteile an Geräten anzubringen oder unterschiedliche Teile aneinander anzupassen	Adapter	Adapteur	Adaptores

Fachbegriffe Deutsch	Begriffserklärung	Technical terms English	Termes techniques Français	Términos técnicos Español
Akku	Wiederaufladbare Batterie (Zelle). Kurzform von Akkumulator	Recharchable batterie	Accumulateur	Acumulador
Akku-Ladegerät	Gerät zum Aufladen von Akkumulatoren	Battery charger	Chargeur	Cargador de acumulador
Akkuspannung	Elektrische Nennspannung eines Akkumulators. Abhängig vom Akkutyp und von der Anzahl der Akkuzellen	Batterie voltage	tension de accumulateur	Tensión de acumulador
Allstrommotor	Elektromotor, der sowohl mit Wechselspannung als auch mit Gleichspannung betrieben werden kann	AC/DC motor	Moteur tous courants	Motor de corriente universal
Alphanumerisch	Darstellung von Bezeichnungen durch Buchstaben und Zahlen	Aphanumeric	Alphanumerique	Alfanumérico
Ampere	Maßeinheit des elektrischen Stromes, Stromstärke	Ampere	Ampère	Amperio
Amperestunden	Maßeinheit für das Speichervermögen einer Batterie(Zelle)	Amperehour	Ampère/h	Amperio/h
Analog	Bezeichnung bei Messwerten oder Regeleinrichtungen für einen kontinuierlichen Verlauf oder Anzeige	Analog	Analogue	Analógico
Analoganzeige	Anzeige, bei der der gemessene Wert als Teil des gesamten Messbereiches angezeigt wird. Typische Beispiele sind Messgeräte mit Zeiger wie Tachometer und Uhren	Analog display	Indicateur analogique	Indicador analógico
Analog-Digital-Wandler	Einrichtung (meist in der Elektronik), welche ein stetiges analoges Signal in ein abgestuftes digitales Signal umformt	A/D - Converter	Convertisseur analogique/digital	Conversor analógico/digital
Analoge Messtechnik	Erfassung und Anzeige von Messwerten in analoger Form	Analog measuring technique	Technique de mesure analogique	Técnica de medición analógica
Analoge Steuerung	Kontinuierliche Steuerung von Einrichtungen, Maschinen oder Teilen davon. Beispiel: Drehzahlsteuerung eines Elektromotors durch einen einstellbaren Vorwiderstand	Analog control	Contrôle analogique	Control analógico
Anbaugeräte	Zubehörteile, welche an Maschinen angebaut werden, um deren Einsatzbereich zu erweitern	Accessories	Accessoires supplémentaires	Aparatos acoplables

Internationale Fachbegriffe Elektrowerkzeuge und Anwendungen

Fachbegriffe Deutsch	Begriffserklärung	Technical terms English	Termes techniques Français	Términos técnicos Español
Anbohrhilfe	Vorrichtung, beispielsweise in der Kernbohrtechnik, mit der in der Anfangsphase des Bohrvorganges eine sichere Werkzeugführung möglich ist	Starting aid	Foret d'amorçage	Ayuda para perforar
Anker (elektrisch)	Rotierender Teil eines Universalmotors oder eines Gleichstrommotors	Armature	Induit	Inducido
Anlaufmoment	Drehmoment, welches erforderlich ist, um einen Motor nach dem Start auf eine bestimmte Drehzahl zu beschleunigen	Starting torque	Couple de démarrage	Par de arranque
Anlaufstrom	Strom, welcher im Moment des Einschaltens durch einen Elektromotor fließt, um diesen vom Stillstand hochzubeschleunigen	Starting current	Courant de démarrage	Corriente de arranque
Anlaufstrom-begrenzung	Begrenzung des Anlaufstromes auf einen vorbestimmten Maximalwert	Starting current limiter	Limitation de courant de démarrage	Limitación de corriente de arranque
Anschlussgewinde	Gewinde am Abtriebsspindel eines Gerätes. Bei einer Bohrmaschine beispielsweise das Gewinde der Bohrspindel, welche das Bohrfutter aufnimmt	Connecting thread	Filetage	Rosca de adaptación
Anschlussleitung	Elektrische Leitung, mit der das Gerät an die Stromversorgung angeschlossen wird	Connecting cable	Cables électriques d'alimentation	Cable de conexión
Anschlusswert	Wert der von der Stromversorgung für das angeschlossene Gerät aufzubringenden elektrischen Leistung	Connecting wattage	Puissance connectée	valor des conexión eléctrica
Antriebsritzel	Direkt auf der Ankerwelle angebrachtes oder eingearbeitetes kleines Zahnrad, mit dem die Drehbewegung des Motors auf das Getriebe übertragen wird.	Drive pinion	Pignon d'entraînement	Pinion motriz
Antriebsschaft	Motor- oder Getriebewelle, an welcher das Einsatzwerkzeug befestigt wird	Drive side	Côté d'entraînement	Lado accionamiento
Anzugsmoment	Moment beim Festziehen von Schrauben. Abhängig von der Schraubengröße, der Schraubengüte und der Art der Schraubverbindung	Fixing torque	Serrage des vis	Pares de apriete

Fachbegriffe	Begriffserklärung	Technical terms	Termes techniques	Términos técnicos
Deutsch		English	Français	Español
Arbeitshub	Hubbewegung, beispielsweise bei Hubsägen, bei welcher ein Werkstoffabtrag stattfindet. Bei Stichsägen ist dies beispielsweise der Abwärtshub	Working stroke	Course de travail	Carrera de trabajo
Arbeitslänge	Für den Arbeitsfortschritt wirksame Länge eines Einsatzwerkzeuges. Bei Spiralbohrern beispielsweise die genutete Länge	Working length	Longueur de travail	longitud de trabajo
Arbeitspunkt	Punkt innerhalb eines Arbeitsbereiches, in dem ein Gerät betrieben wird. Kann sowohl in einem Drehzahlbereich als auch in einem Drehmomentbereich liegen	Operating point	Plage de travail	Régimen de trabajo
Astsäge	Säge zum Beschneiden von Bäumen und Sträuchern, vornehmlich zum Trennen von Ästen	Tree pruner	Coupe-branche électrique	Podaroda
Asynchronmotor	Wechselstrommotor, dessen Drehzahl von der durch das Drehfeld vorgegebenen Drehzahl bei steigender Belastung abweicht. Die Abweichung wird Schlupf genannt	Asynchronous motor	Moteur asynchrone	Motor asincrónico
Atemschutz	Schutzvorrichtung, meist Masken, mit denen die Atemorgane vor Staub, Dämpfen und Gasen geschützt werden	Breath protection	Protection antipoussière	Protección de aspiración
Aufnahmeflansch	Scheibenförmiges Spannmittel, um meist scheibenförmige Einsatzwerkzeuge auf der Gerätespindel zu befestigen. Typisch bei Schleifgeräten und Rotationssägen	Mounting flange	Flasque	Bridas de apoyo
Aufnahmeleistung	Leistung, welche eine Gerät der Energiequelle entnimmt. Die Aufnahmeleistung ist stets höher als die Abgabeleistung	Power input	Puissance absorbée	Potencia absorbida
Augenschutz	Schutzeinrichtung, meist Brillen oder Visiere, mit denen die Augen vor Staub, Spänen und Dämpfen geschützt werden können	Eye protection	Protection des yeux	Protección de ojos
Ausgleichsgewichte	Gewichte, die sich bei hin- und hergehenden oder rotierenden Maschinenteilen in der entgegengesetzten Richtung bewegen, um Schwingungen zu vermeiden und eine höhere Laufruhe zu erreichen	Counterbalance weights	Contre-poids d'équilibre	Contrapesos

Internationale Fachbegriffe Elektrowerkzeuge und Anwendungen

Fachbegriffe Deutsch	Begriffserklärung	Technical terms English	Termes techniques Français	Términos técnicos Español
Ausrastkupplung	Kupplung, die beim Erreichen eines vorgegebenen Drehmomentes den Kraftschluss kurzzeitig oder dauernd unterbricht	Release clutch	Débrayage	Embrague de desacoplamiento
Außenwerkzeuge	Populäre Bezeichnung für Werkzeuge, welche vorzugsweise im Außenbereich, also außerhalb von geschlossenen Räumen eingesetzt werden. Beispiel: Gartengeräte	Outdoor tools	Outils d'extérieur	herramientas para el exterior
Aussetzbetrieb	Betrieb eines Gerätes in der Weise, dass Einschalt- und Ausschaltzeiten während des typischen Arbeitseinsatzes sich in einem bestimmten Zeitverhältnis folgen	Intermittent duty	Service périodique	Régimen intermitente
Austreibkeil	Hilfswerkzeug zum Trennen von Keil- und Konusverbindungen	Extractor wedge	Chasse-foret	Cuna extractora
Auswuchten	Bearbeitungsmaßnahme, meist durch Gewichtsausgleich, um Schwingungen bei Rotationskörpern zu verringern oder zu vermeiden	Balancing	Equilibrage	Equilibrado
Automatisch	Bezeichnung für Abläufe, die nach vorgegebenen Regeln selbsttätig ablaufen, ohne dass eine fremde Steuerung nötig ist	Automatic	Automatique	Automático
Axialspiel	Beweglichkeit einer Achse oder Welle längs ihrer Richtung. Kann sowohl für die Funktion des Gerätes erwünscht oder unerwünscht sein	Axial play	Jeu axial	Holgura axial
Bandsäge	Säge mit bandförmigem, endlosem Einsatzwerkzeug (Sägeband), welches beim Arbeitseinsatz umläuft	Band saw	Scie à ruban	Sierra de cinta
Bandschleifer	Schleifgerät mit bandförmigem, endlosem Einsatzwerkzeug (Schleifband), welches beim Arbeitseinsatz umläuft	Belt sander	Ponceuse à bande	Lijadora d banda
Batterie	Zusammenschaltung von einzelnen elektrischen Elementen (Zellen). Es gibt wiederaufladbare und nicht wieder aufladbare Batterien	Batteries	Batteries	Baterías

Fachbegriffe (Deutsch)	Begriffserklärung	Technical terms (English)	Termes techniques (Français)	Términos técnicos (Español)
Bauhammer	Populäre Bezeichnung für Bohr- und Meißelhämmer im Gewichtsbereich ab 3 kg	Construction hammer	Marteau de chantier	Martillo de construcción
Baukastensystem	System standardisierter, in sich funktionsfähiger Konstruktionssysteme aus Einzelkomponenten, welche in Kombination mit anderen Bauelementen ein funktionsfähiges Gerät ergeben	System of standardized units	Système de standardisation	Construcción e standardizade per piecas
Baulaser	Populäre Bezeichnung für Lasersysteme zum Nivellieren im Baubereich	Laser level	Laser de chantier	Láser de construcción
Bedienungsanleitung	Zu jedem technischen Gerät gehörende Beschreibung, in der dem Anwender für die sichere Bedienung des Gerätes entsprechende Hinweise in Schrift- und Bildform gegeben werden	Operating instructions	Notice d'instruction de service	Instrucciónes de manejo
Bedienungsfehler	Durch Unwissenheit oder Fahrlässigkeit verursachte Fehlbedienung eines Gerätes	Operator's error	Erreur d'utilisation	Error de usario
Befestigungstechnik	Oberbegriff für alle erforderlichen Bohr- und Verbindungsarbeiten im Hoch- und Tiefbau	Fastening technology	Technique de fixation	Técnica de fijación
Berufsgenossenschaft	Träger der beruflichen Unfallversicherung. Legt zu den bestehenden Sicherheitsvorschriften ergänzende Vorschriften fest	Trade association	Caisse de prévoyance contre les accidents	Asociaciones profesionales
Berührungsschutz	Fest oder beweglich an einem Gerät angeordnete Vorrichtungen oder Einrichtungen, die ein Berühren mit mechanischen oder elektrischen Teilen erschweren oder verhindern soll	Contact guards	Protection contre des accidents	Protección contra contacto
Betonschleifer	Schleifgerät zur Oberflächenbearbeitung von Steinwerkstoffen und Beton	Concrete grinder	Ponceuse à béton	Lijadora de hormigón
Betriebsarten	Bezeichnung für die Art, wie eine Maschine eingesetzt wird. Man unterscheidet grob in Dauerbetrieb und unterbrochenen Betrieb	operating mode	Types de service	Modos de funcionamiento

Internationale Fachbegriffe Elektrowerkzeuge und Anwendungen

Fachbegriffe Deutsch	Begriffserklärung	Technical terms English	Termes techniques Français	Términos técnicos Español
Betriebsisolation	Isolation, die für ein elektrisches Gerät funktionswichtig ist. Beispiel: die Isolation der Einzeldrähte in einer Wicklung	Insulation	Isolation double	Protección, aislamiento de
Betriebssicherheit	Eigenschaft eines Gerätes, die verhindert, dass während des Betriebes eine Gefahr für den Anwender besteht	Operating safety	Sécurité de service	Seguridad de operación
Biegewelle	Flexible Welle, die in einer Ummantelung geführt wird und welche eine Drehbewegung von einer beliebig ange-ordneten Antriebsmaschine auf ein in einem handlichen Bedienteil angeordnetes Einsatzwerkzeug überträgt	Flexible shaft	Arbre flexible	Árbol flexible
Bildmarke	Bildmarken sind grafische Darstellungen, die eine typische Wiedererkennung eines Unternehmens gewährleisten und einen hohen Aufmerksamkeitswert erzielen	Symbol	Symbole	Símbolo
Bi-Metall	Verbundwerkstoff aus zwei Metallen unterschiedlicher Eigenschaften	Bi-metal	Bimétal	Bimetálica
Bindung	Bei Einsatzwerkzeugen die Befestigung oder Einbettung des für den Arbeitsprozess aktiven Materials in einen Trägerwerkstoff	Bonding, matrix	Liant	Aglomerante
Bit	Kurzbezeichnung für kleine Einsatzwerkzeuge wie Schraubendreherklingen	Bit	Bits	Bit
Bitaufnahme	Werkzeughalter für Bits	Bit mounting	Porte-embouts	Alojamiento de la lámina
Blechschälbohrer	Konusförmige Bohrer mit einer oder zwei Schneiden für dünne Bleche	One lip drill bit	Foret progressif	Brocas para chapa delgada
Blechschere	Hand- oder Maschinenwerkzeug zum Trennen von Blechen	Sheet metal shear	Cisaille	Cizalla para chapa
Blechschrauben	Schrauben, welche sich ihr Gewinde beim Einschrauben in vorgebohrte, dünne Bleche selbst formen	Sheet metal screws	Vis à tôle	Tornillos para chapa

Fachbegriffe	Begriffserklärung	Technical terms	Termes techniques	Términos técnicos
Deutsch		English	Français	Español
Blockierschutz	Vorrichtung, meist in Bohrhämmern, die beim Blockieren des Einsatzwerkzeuges den Kraftfluss zum Motor zum Einsatzwerkzeug zeitweise oder dauernd unterbrechen	Safety release clutch	Système anti-blocage	Protección contra bloqueo
Bohren	Bezeichnung für den Arbeitsvorgang zum Herstellen von Durchgangs- oder Sacklöchern	Drilling	Perforation	Perforación
Bohrer	Einsatzwerkzeug zum Herstellen von Bohrungen	Drill bit	Foret progressif	Brocas
Bohrerschärfgerät	Bei Elektrowerkzeugen meist Vorsatzgerät zum winkelgenauen Schärfen von Spiralbohrern	Drill bit sharpener	Affûteuse	Aparato para afilado de brocas
Bohrfortschritt	Arbeitsleistung beim Bohren, erzielte Bohrtiefe pro Zeiteinheit	Drilling progress	Progression de perçage	Progresión al taladrar
Bohrfutter	Werkzeughalter zur Aufnahme von Bohrern	Drill chuck	Mandrin	Portabrocas
Bohrhammer	Werkzeug mit kombiniert rotierend/schlagender Bewegung des Einsatzwerkzeuges zum Herstellen von Löchern in Steinwerkstoffen	Rotary hammer	Marteau- perforateur	Martillo perforador
Bohrkronen	Bohrwerkzeuge mit ringförmiger Schneide	Core cutters	Couronnes-trépans	Coronas perforadoras
Bohrmaschine	Maschinenwerkzeug zum Herstellen von Bohrungen	Drill	Perceuse	Taladora
Bohrschraube	Schraube mit bohrerförmig angeschliffener, gehärteter Spitze. Bohrt sich ihr Durchgangsloch in Plattenmaterial selbst	Self drilling screw	Vis autoforeuse	Tornillo autoperforante
Bohrschrauber	Maschinenwerkzeug zum Herstellen von Bohrungen, durch einstellbare Drehmomentkupplung auch zum Schrauben verwendbar	Driver-drill	Perceuse-Visseuse	Atornilladora taladradora
Bohrspindel	Antriebswelle einer Bohrmaschine. Auf ihr wird das Bohrfutter befestigt	Drill spindle	Broche de perçage	Husillo de taladrar
Bohrständer	Vorrichtung zum Einspannen von handgeführten Bohrmaschinen, wodurch Stationärbetrieb ermöglicht wird	Drill stand	Support de perçage	Sporto para taladrar

Internationale Fachbegriffe Elektrowerkzeuge und Anwendungen

Fachbegriffe Deutsch	Begriffserklärung	Technical terms English	Termes techniques Français	Términos técnicos Español
Brustplatte	Andruckplatte bei großen Bohrmaschinen. Der Andruck erfolgt mit dem Oberkörper	Breast plate	Plaque pectoral	Placa pectoral
Bügelgriff	Bügelförmiger Handgriff an Maschinenwerkzeugen	D-handle	Poignée étrier	Empuñadura de puente
Bündigfräser	Fräser zur Kantenbearbeitung furnierter Oberflächen	Laminate trim bit	Fraises à araser	Fresa de enrasar
Bürsten, elektrisch	Auch Kohlebürsten genannt. Dienen der Stromzufuhr zum rotierenden Anker eines Universal- oder Gleichstrommotors	Brushes, electrical	Balais	Escobillas
Bürsten, mechanisch	Einsatzwerkzeuge mit einem Besatz aus Metall- oder Kunststoffdrähten zur Oberflächenbearbeitung	Brushes, mechanical	Brosses	Cepillos
Bürstenfeuer	Funken beim Kontaktübergang zwischen Kohlebürsten und Kollektor beim Universal- oder Gleichstrommotor	Brush arcing	Crachement aux balais	Fogueo de escobillas
CE-Kennzeichnung	Kennzeichnung der Communautés Européennes für die Konformität eines Erzeugnisses mit den geltenden Europäischen Richtlinien	CE-certification	Marquage CE	Conformidad CE
Constant-Electronic	Elektronische Regeleinrichtung, die eine einstellbare Drehzahl oder eine fest vorgegebene Drehzahl auch bei Belastungsänderungen konstant hält	Constant-electronic	Régulation électronique constante	Eletrónica constant
Dauerbetrieb	Betriebszustand, bei dem das Maschinenwerkzeug über einen längeren Zeitraum, mindestens aber während des gesamten Arbeitsvorganges ohne Unterbrechung in Betrieb ist	Continuus running duty	Service continu	Régimen permanente
Dauereinsatz	Einsatzzustand, bei dem das Maschinenwerkzeug während eines gesamten Arbeitstages in Betrieb ist	Continuus operation	utilisation en permanente	Utilización permanente
Dauerlauf	Betriebszustand, bei dem das Maschinenwerkzeug während eines gesamten Arbeitstages eingeschaltet bleibt	Uninterrupted duty	Fonctionnement en continu	Esayos de durabilidad

Fachbegriffe Deutsch	Begriffserklärung	Technical terms English	Termes techniques Français	Términos técnicos Español
Dauerlaufschalter	Schalter mit zwei einrastenden Schaltstellungen	Continuus running switch	Interrupteur de fonctionnement en continu	Interruptor para functionimiento continuo
Dauermagnet	Magnetwerkstoff, der bei seiner Herstellung einmalig magnetisiert wurde und seine Magnetkraft auf Dauer beibehält	Permanent magnet	Aimant permanent	Imanes permanemtes
Deltaschleifer	Schwingschleifer mit deltaförmiger, (dreieckförmiger) Schleifplatte	Delta sander	Ponceuse delta	Lijadora delta
Delta-Volt Ladeverfahren	Ladeverfahren, welches eine Spannungsänderung (Delta-Volt) beim Ladeende von Akkus auf Nickelbasis dazu ausnützt, den Ladevorgang zu steuern	Delta volt charging procedure	Processus de recharge delta volt	Proceso de recharge delta volt
Diamantbohrkrone	Bohrkrone, deren Schneiden mit Diamanten besetzt ist	Diamond core cutter	Couronnes-trépans diamantées	Coronas perforadoras diamante
Diamant-Bohrmaschine	Bohrmaschine, deren Eigenschaften zum Bohren mit Diamantbohrkronen optimiert sind	Diamond drill	Perceuse de forage diamant	Taladrora de diamante
Diamanttrennscheibe	Trennscheibe, welche am Umfang durchgehend oder in Segmenten mit Diamanten besetzt ist	Diamond cutting disk	Discque à tronconner diamantées	Disco para tronzar diamantadas
Dickenhobel	Vorrichtung für Elektro-Handhobel zur planparallelen Dickenbearbeitung von Brettern und Leisten	Panel planing attachment	Dégauchisseuse	Acepilladora para planar
Digital-Analog-Wandler	Einrichtung, welche digitale Signale (z. B. Impulse) in ein stetiges, analoges Signal umwandelt	Digital/Analog-converter	Convertisseur digital/analog	Conversore digital/analógico
Digitales Messen	Messverfahren, in dem entweder direkt digital gemessen wird oder analoge Signale in digitale Signale umgewandelt und in digitaler Form angezeigt werden	Digital measuring	Mesure digital	Medicaí digital
DIN	Deutsche Industrie Norm	German industry standard	Norme industrielle allemande	Norme industrial aleman
Direktantrieb	Antriebsform, bei dem das Einsatzwerkzeug ohne Zwischengetriebe mit der Motorwelle verbunden wird, beispielsweise bei Oberfräsen	Direct drive	Entraînement direct	Accionamiento directo

Internationale Fachbegriffe Elektrowerkzeuge und Anwendungen

Fachbegriffe Deutsch	Begriffserklärung	Technical terms English	Termes techniques Français	Términos técnicos Español
Doppelisolaton	Doppelt isolierte Geräte haben außer der üblichen Betriebsisolation eine weitere unabhängige und gleichwertige Isolation. Im Gefahrenfall müssten zwei Isolationen überbrückt werden, erst dann entstünde möglicherweise eine Gefahr für den Bedienenden.	Double insulation	Isolation double	Protección, aislamiento de
Doppel-schleifmaschine	Stationäre Schleifmaschine (Schleifbock), an deren beiden Seiten je eine Schleifscheibe angebracht ist	Double grinder, bench grinder	Meuleuse double	Esmeril de banco
Drechselgerät	Vorsatzgerät für Elektrowerkzeuge zum Drechseln von Holz	Lathe kit	Tours	Torno para madera
Drechselstähle	Einsatz- und Bearbeitungswerkzeuge zum Drechseln von Holz	Lathe tools	Gouges de tournage	Cuchillas de tornear madera
Drehmoment	Produkt aus Kraft und Hebelarm um eine Drehachse	Torque	Couple	Par de giro
Drehmoment-begrenzung	Einrichtung, um das Drehmoment beim Erreichen eines vorgegebenen Grenzwertes zu begrenzen	Torque limitation	Limitation du couple	Limitación del par de giro
Drehmomentvorwahl	Einrichtung, um das maximale Drehmoment einer Maschine im Voraus einzustellen	Preselection of torque	Présélection du couple de reglage	Preselección de la fuerza de giro
Drehrichtung	Die Drehrichtung eines Elektrowerkzeuges wird in Blickrichtung auf die Richtung des Kraftflusses definiert. Drehrichtung im Uhrzeigersinn wird als Rechtslauf bezeichnet	Rotational direction	Sense de rotation	Sentido de giro
Drehrichtungs-schalter	Elektrischer oder mechanischer Schalter, mit dem die Drehrichtung einer Maschine umgeschaltet werden kann	Reverse switch	Interrupteur du sense de rotation	Interruptor reversible
Drehschlagschrauber	Schrauber, dessen Wirkung durch Drehschläge auf das Einsatzwerkzeug erfolgt. Populäre Bezeichnung ist Schlagschrauber	Impact wrench	Bouloneuse	Atornilladora de impacto
Drehschrauber	Schrauber, dessen Wirkung durch Rotation erfolgt	Rotary screwdriver	Visseuse / Devisseuse	Atornilladora rotativa

Fachbegriffe	Begriffserklärung	Technical terms	Termes techniques	Términos técnicos
Deutsch		English	Français	Español
Drehstopp	Schaltmodus bei Bohrhämmern. Wenn die Drehbewegung abgeschaltet ist wirkt der Bohrhammer als Schlaghammer	Rotation stop	Stop de rotation	Parade de giro
Drehstrommotor	Wechselstrommotor, der an einem dreiphasigen Wechselstromnetz betrieben wird	Three-phase-motor	Moteur triphasé	Motor trifásio
Drehzahlregelung	Verfahren, die Drehzahl eines Motors durch eine Regeleinrichtung selbstständig innerhalb vorgegebenen Werte an wechselnde Belastungen anzupassen	Speed governor	Régulation de la vitesse de rotation	Régulación del número de revoluciones
Drehzahlsteuerung	Verfahren, die Drehzahl eines Motors durch einmalige oder ständige Beeinflussung zu steuern. Die Steuerung reagiert im Gegensatz zur Regelung nicht selbstständig auf wechselnde Belastungen	Speed control	Contrôle de la vitesse de rotation	Controle del número de revolutiones
Dreieckschleifer	Schwingschleifer mit dreieckförmiger Schleifplatte	Triangular sander	Ponceuse triangulaire	Lijadora triangular
Druckbegrenzer	Einrichtung, welche den Druck in einem System auf einen vorgewählten Maximalwert begrenzt und/oder konstant hält. Häufig Funktion eines Sicherheitsventils	Pressure limiter	Limiteur de pression	Limitador de presion
Druckluft	Bezeichnung für komprimierte (verdichtete) Luft. Bei Arbeitsmaschinen wird Druckluft als Energiemedium benützt	Compressed air	Air comprimé	Aire comprimido
Druckluftöler	Gerät, um die Druckluft für Arbeitsmaschinen mit einem Ölanteil zu versetzen. Das Öl dient der Schmierung von Druckluftmaschinen	Air lubricator	Lubrificant pour air comprimé	Lubricador de aire comprimido
Druckluftversorgung	System, bestehend aus Kompressor, Druckluftaufbereitung und Rohrleitungsnetz in Druckluftanlagen	Compressed air supply	Alimentation en air comprimé	Alimentación de aire comprimido
Druckluftwerkzeuge	Maschinenwerkzeuge, deren Motor als Energiequelle Druckluft (komprimierte Luft) benützt	Airtools, pneumatic tools	Outils à air comprimé, outils pneumatique	Herramientas neumáticas
Druckminderventil	Einstellbares Gerät, welches in einem Druckluftsystem an der Entnahmestelle den Systemdruck auf den vom Verbraucher benötigten Druck herabsetzt	Pressure control valve	Clapet réducteur de pression	Válvuela reguladora de presión

Internationale Fachbegriffe Elektrowerkzeuge und Anwendungen

Fachbegriffe Deutsch	Begriffserklärung	Technical terms English	Termes techniques Français	Términos técnicos Español
Dübel	Element für die Befestigung von Bauteilen in Steinwerkstoffen	Wall plug	Cheville	Taco
Durchflussmenge	Menge eines Mediums (Flüssigkeiten, Gase), welche pro Zeiteinheit durch eine Leitung fließt	Flow capacity	Débit	Cantidad de flujo
Eckenmaß	Wichtiges Maß eines Maschinenwerkzeuges. Bei einer Bohrmaschine ist das Eckenmaß der Abstand zwischen Oberkante des Maschinengehäuses und der Mittelachse der Bohrspindel. Das Eckenmaß bestimmt also den kleinstmöglichen Abstand vom Bohrloch zur Wand (oder zur Ecke)	Corner offset	Surangle	Distancia en esquina
Edelmetalle	Metalle, welche auf Grund ihrer Eigenschaften (physikalische Eigenschaften, Aussehen, Seltenheit) begehrt und/oder teuer sind	Precious metals	Métaux précieux	Metales preciosos
Edelstahl	Populäre Bezeichnung für hochlegierte, meist korrosionsbeständige Stähle	Stainless steel	Inox	Acero inoxidable
Eigenabsaugung	In das Werkzeug integrierte Absaugvorrichtung	Integrated suction	Aspiration intégrée	Aspiración integrada
Ein-/Ausschalter	Wichtigster Schalter eines elektrischen Gerätes. Verbindet und trennt das Gerät von der Energieversorgung	On/off switch	Interrupteur	Interruptor
Einphasen-Wechselstrom	Energieversorgung aus einer Phase des dreiphasigen Drehstromnetzes	AC single phase	Courant alternatif monophasé	Corriente alterna monofásica
Einsatzwerkzeug	Das eigentliche, von der Maschine angetriebene Werkzeug, welches das Werkstück bearbeitet. Beispiel: Ein Bohrer ist das Einsatzwerkzeug der Bohrmaschine	Insertion tool	Outil à emmanchement	Útil de inserción
Einschaltdauer	Zeitspanne, während der ein Gerät während des Arbeitszyklus eingeschaltet ist	Length of operation	Temps du marche effective	Duración de marche
Einschaltsperre	Mechanische oder elektrische Einrichtung, welche das unbeabsichtigte Einschalten eines Gerätes verhindert	Safety lock	Verrouillage de sécurité	Bloqueo de seguridad

Fachbegriffe Deutsch	Begriffserklärung	Technical terms English	Termes techniques Français	Términos técnicos Español
Einzelschlagstärke	Schlagenergie eines einzelnen Schlagimpulses, z. B. bei Bohrhämmern, Schlaghämmern u. Schlagbohrmaschinen	Individual Impact force	Puissance de frappe coup par coup	Intensidad del impacto individual
Eisbohrer	Bohrer, dessen Schneiden- und Wendelgeometrie speziell auf das Bohren von Löchern in Eis und gefrorenem Schnee geeignet ist, z. B. zum Setzen von Slalomstangen	Ice drill bit	Foret à glace	Barrena para hielo
Elektrische Sicherheit	Konstruktionseigenschaft eines elektrisch betriebenen Gerätes. Entsprechend den unterschiedlichen Anforderungen gibt es unterschiedliche Klasseneinteilungen für die elektrische Sicherheit	Electrical safety	Sécurité électrique	Seguridad eléctrica
Elektropneumatik	Kombination von elektrischen und pneumatischen Wirkfunktionen in einem Gerät. Beispiel: Das Schlagwerk in einem Bohrhammer arbeitet pneumatisch, aber der Antrieb des Schlagwerkes erfolgt durch einen Elektromotor	Electric pneumatics	Electropneumatique	Electroneumático
Elektroschaber	Gerät mit messer- oder spachtelförmigen Einsatzwerkzeugen. Durch die schabende Wirkung können Oberflächen gereinigt oder bearbeitet werden	Scraper	Racloir	Rascador
Elektrowerkzeug	(Meist handgeführtes) Maschinenwerkzeug, welches durch einen Elektromotor angetrieben wird	Electric power toll	Outil électroportatif	Herramienta eléctrica
Emission	Kontrollierte oder unkontrollierte Freigabe von Stoffen oder Energie (Geräusche, Wärme) an die Umwelt	Emission	Emission	Emision
Energie	Das Vermögen, Arbeit zu leisten. Je nach ihrem Ursprung versteht man darunter elektrische, magnetische, chemische, kinetische Energie	Energy	Énergie	Energía
Energieversorgung	Erzeugung, Verteilung und Transport der elektrischen Energie an den jeweiligen Verbraucher	Energy supply	Alimentation en énergie	Energía, abastecimiento de
Entstörung	Einrichtung, die Emission von elektromagnetischer Energie zu unterdrücken. Wird auch als Radio-/ Fernsehentstörung bezeichnet.	Interference suppression	Déparasitage	Antiparasitaje

Internationale Fachbegriffe Elektrowerkzeuge und Anwendungen

Fachbegriffe (Deutsch)	Begriffserklärung	Technical terms (English)	Termes techniques (Français)	Términos técnicos (Español)
Ergonomie	Lehre von der anwenderbezogenen Gestaltung von Arbeitswerkzeugen und Gerätschaften	Ergonomics	Ergonomies	Ergonomía
Erregerwicklung	Feststehender Teil eines Universal- oder Reihenschluss- oder Nebenschluss-Elektromotors	Exitor	Bobinage	Devanado de campo
Exzenter	Exzentrizität ist der Abstand zweier Bewegungszentren voneinander, von denen eines den Mittelpunkt darstellt	Eccentric	Ecentrique	Excéntrico
Exzenterschleifer	Schwingschleifer, dessen runde Schleifplatte zusätzlich eine Rotationsbewegung ausübt. Die Summe der Bewegungsrichtung ist eine exzentrische Kreisbewegung der Schleifplatte	Random orbital sander, finishing sander	Ponceuse excentrique	Lijadora excéntrica
Exzentrizität	Maß für die Abweichung einer Exzenterbewegung um einen Drehpunkt	Random orbit	Excentricité	Excentricidad
Fächerscheibe	Tellerförmige Schleifscheibe, bei der das Schleifmittel auf fächerförmig überlappenden Lamellen kreisringförmig aufgebracht ist	Sanding brush plate	Pateau à lamelle	Plato lijador segmentado
Fächerschleifteller	Tellerförmige Schleifscheibe, bei der das Schleifmittel auf fächerförmig überlappenden Lamellen kreisringförmig aufgebracht ist	Sanding brush plate	Pateau à lamelle	Plato lijador segmentado
Feder	Elastisches Bauelement im Maschinenbau	Spring	Ressort	Muelle
Fehlerstromschalter	Schalter, welche elektromechanisch den Stromkreis trennt, wenn z. B. durch einen Isolationsdefekt ein „Fehlerstrom" über die Bedienungsperson fließen würde	FI-protection switch	Disjoncteur de protection FI	Interruptores de seguridad FI
Feinschliff	Schleifvorgang bei der Endbearbeitung von Oberflächen. Körnung des Schleifmittels meist höher als 240	Fine sanding	Ponçage de finition	Lijado fino
Feinschnittsäge	Sägewerkzeug mit fein gezahnten Sägeblättern für hohe Schnittgüte. Wird mit winkelverstellbarem Kapptisch (Gehrungslade) und zum Bündigsägen benützt	Tenon saw	Scie à araser	Sierra para cortes finos

Fachbegriffe / Deutsch	Begriffserklärung	Technical terms / English	Termes techniques / Français	Términos técnicos / Español
Feldwicklung	Feststehender Teil eines Universal- oder Reihenschluss- oder Nebenschluss-Elektromotors	Exitor	Bobinage	Devanado de campo
Fernbedienung	Einrichtung zum Auslösen von Schaltvorgängen an einem räumlich vom Anwender entfernten Gerät	Remote control	Télécommande	Mando a distancia
Fernschaltautomatik	Einrichtung, um durch den Betrieb eines Elektrowerk- zeuges ein weiteres Gerät einzuschalten. Beispiel: Beim Einschalten eines Schleifgerätes schaltet sich der Staub- sauger zur Staubabsaugung selbsttätig ein	Remote control	Commande auto- matique à distance	Teleconexión automática
Fiberschleifblatt	Schleifmittel, welches auf einer phenolharzgetränkten Gewebeplatte aufgebracht ist. Wird auf einer Stützscheibe am Winkelschleifer verwendet	Fibre sanding disc	Disques abrasifs sur fibres	Hoja lijadora de fibra
Filter	Gerät oder Teil eines Gerätes, dessen Aufgabe darin besteht, Verunreinigungen (Späne, Stäube, Flüssigkeiten, Gase) zurück zu halten	Filter	Filtre	Filtro
Filterelement	Austauschbares Element eines Filters	Filter element	Matière du filtre	Material de filtro
FI-Schutzschalter	Schalter, welche elektromechanisch den Stromkreis trennt, wenn z. B. durch einen Isolationsdefekt ein „Fehlerstrom" über die Bedienungsperson fließen würde	FI-protection switch	Disjoncteur de protection FI	Interruptores de seguridad FI
Flachdübel	Elliptisch geformte Pressholzplättchen zum Verbinden von Holzteilen. Zur Anwendung werden in die Bauteile Nuten gefräst, in welche die mit Leim versehenen Flachdübel eingelegt werden	Flat biscuits	Chevilles plâtes	Espigas planas
Flachdübelfräse	Gerät zur Herstellung der für Flachdübel benötigten Nuten	Bisquit jointer	Entailleuse-rainureuse	Fresadora para espigas planas
Flachmeißel	Meißel mit flacher Meißelschneide	Flat chisel	Burin plat	Cincel plano
Flansch	Scheibenförmiges Befestigungselement. Wird zum Spannen von scheibenförmigen Einsatzwerkzeugen (Sägeblätter, Schleifscheiben) verwendet. Auch Verbindungselement in der installationstechnik	Flange	Flasque	Brida

Internationale Fachbegriffe Elektrowerkzeuge und Anwendungen

Fachbegriffe	Begriffserklärung	Technical terms	Termes techniques	Términos técnicos
Deutsch		English	Français	Español
Flugkreisdurchmesser	Schnittkreisdurchmesser eines Kreissägeblattes, Hobelmessers oder Fräsers. Größter Abstand der gegenüberliegenden Schneidenkanten oder Zahnspitzen	Operational cutting diameter	Diamètre circulaire	Diámetro descriptivo
Flussmittel	Chemikalie, welche den Löt- oder Schweißvorgang durch das Verhindern oder Entfernen von Oxidschichten erleichtert oder ermöglicht	Flux	Décapant	Fundente
Förderleistung	Bezeichnung für die Leistungsfähigkeit von Geräten, mit denen Medien wie Feststoffe, Flüssigkeiten oder Gase gefördert werden. Zur Angabe gehört stets das geförderte Volumen pro Zeiteinheit bei einem definierten Druck	Output	Débit	Sumistro, capacidad de
Fräser	Mit einer oder mehreren Schneiden besetztes Rotationswerkzeug zur spanabhebenden Bearbeitung von Werkstoffen	Router bit	Fraise	Fresa
Fräsermittelpunktsbahn	Bahn, welche der Mittelpunkt des Fäsers auf einer vorgezeichneten Linie abfährt	Central routing path	Guidage du point central de la fraise	Fresadora, escala de profundidad
Fräskorbhub	Maximale Tiefenverstellung der Oberfräse bei eingesetztem Fräswerkzeug	Plunge depth	Course de berceau	Fresadora, carrera de
Frästisch	Untergestell, um eine handgeführte Oberfräse stationär zu betreiben	Router table	Table de fraisage	Fresadora, mesa de
Fremdabsaugung	Absaugung des Staubes oder der Späne vom Elektrowerkzeug mittels einer externen Absaugvorrichtung, beispielsweise eines Staubsaugers	External suction	Aspiration externe	Aspiración externa
Frequenz	Maß für die Anzahl von in sich abgeschlossenen Vorgängen oder Schwingungen pro Zeiteinheit	Frequency	Fréquence	Frequencia
Frequenzumformer	Elektromotorisches oder rein elektronisches Gerät, welches Wechselspannung einer bestimmten Frequenz in eine andere Frequenz umformt	Frequency converter	Convertisseur de fréquence	transformadora de frequencia

Fachbegriffe Deutsch	Begriffserklärung	Technical terms English	Termes techniques Français	Términos técnicos Español
Fuchsschwanz	Populäre Bezeichnung für eine bestimmte Form der Handsäge. Wird als Elektrowerkzeug mit Elektrofuchsschwanz bezeichnet	Sabre saw	Scie sabre	Sierra sable
Garantie	Gewährleistungsanspruch, den der Anwender beim Hersteller dann geltend machen kann, wenn innerhalb einer festgelegten Zeitspanne Material-, Konstruktions- oder Fertigungsfehler trotz ordnungsgemäßem Gebrauch zum Ausfall des Gerätes geführt hat	Warranty	Garantie	Garantía
Gartenwerkzeuge	Maschinenwerkzeuge zur Anwendung im Gartenbereich, beispielsweise Rasentrimmer, Heckenscheren	Garden tools	Outillage pour le jardin	Herramientas de jardín
Gehörschutz	Passive Schutzmaßnahme, um die Einwirkung von Lärm auf das Gehör zu verringern oder zu vermeiden	Ear protection	Protection auditive	Protección de oídos
Gerät	Oberbegriff für ein funktionsfähiges technisches Erzeugnis	Appliance	Appareil	Aparato
Gerätekennwerte	Technische Angaben, welche die wichtigsten elektrischen und mechanischen Leistungsmerkmale eines Gerätes kennzeichnen	Tool specifications	Characteristiques d'un appareil	Característica técnicas
Gesamtwirkungsgrad	Bei Geräten, die aus mehreren Komponenten bestehen, ist der Gesamtwirkungsgrad das Produkt aller Einzelwirkungsgrade der einzelnen Gerätekomponenten	Total efficiency	Degré d'efficacité global	Rendimiento final
Gesteinstaubfilter	Spezieller Filter für die Staubabsaugung in der Steinbearbeitung	Masonry dust filter	Filtres à poussières fines	Filtro para polvo de piedra
Getriebe	Getriebe dienen der Richtungsumkehr und der Drehzahl- und Drehmomentumwandlung. Man unterscheidet in Rädergetriebe, Riementriebe und Kurbeltriebe	Transmission, gear	Engrenage	reductora
Gewerbliche Elektrowerkzeuge	Elektrowerkzeuge für Anwendungen im handwerklich professionellen Bereich	Professional power tools	Outils de la gamme professionelle	Herramientas industriales
Gewindebohrer	Einsatzwerkzeug zur spanenden Herstellung von Innengewinden	Tap drill	Taraud	Machos de rocar

Internationale Fachbegriffe Elektrowerkzeuge und Anwendungen

Fachbegriffe Deutsch	Begriffserklärung	Technical terms English	Termes techniques Français	Términos técnicos Español
Gewindebohrfutter	Werkzeugaufnahme mit zwei Spannbacken zur Aufnahme des Vierkantschaftes von Gewindebohrern	Tapping chuck	Mandrin de taraudage	Mandril de machos de roncar
Gewindeformer	Einsatzwerkzeug zur spanlosen Herstellung von Innengewinden	Thread former	Taraud sans élèvement de copaux	Moldeado de roscas sin tensión
Gewindeschneider	Maschinenwerkzeug zum Gewindeschneiden	Tapper	taraudeuse	Roscadora
Gleason-Verzahnung	Herstellungsverfahren für Zahnräder. Ergibt besonders verschleißarmen, ruhigen Lauf	Gleason type teeth	Denture gleason	Dentado gleason
Gleitlager	Lager bei denen der sich drehende, in ihm gelagerte Zapfen auf Gleitflächen in feststehenden Lagerschalen gleitet	Sliding bearing	Palier glisseur	Cojinete de fricción
Gleitschuh	Weiche, meist aus Kunststoff geformte Auflage auf dem Maschinenfuß von Stichsägen, Oberfräsen. Soll Beschädigungen der Werkstückoberfläche verhindern	Dapteur	Antidérappant	Zapata deslizante
Griff	Teil von Werkzeugen und Geräten, welches zum Einleiten der Andruckkraft, zur Führung und zum Halten durch den Anwender speziell ausgeformt ist	Handle	Poignée	Empañadura
Grundplatte	Auflagefläche, mit der das Werkzeug auf das Werkstück aufgesetzt wird	Baseplate	Plaque de base	Placa base
Gummischleifteller	Flexible, runde Schleifplatte, die als Stütze für Fiberschleifblätter am Winkelschleifer dient	Rubber sanding plate	Plateau caoutchouc souple	Plato lijador de goma
Gurthalteclip	Bügelförmiges Teil am Werkzeug, mit dem es an Leibgurt befestigt werden kann	Belt clip	Clip d'attache à la ceinture	Clip de sujeción al cinturón
Häcksler	Gerät zum Zerkleinern von biologischem Schnittgut wie beispielsweise Ast- und Krautwerk im Gartenbereich	Shredder	Broyeur	Desmenuzadora

Fachbegriffe	Begriffserklärung	Technical terms	Termes techniques	Términos técnicos
Deutsch		English	Français	Español
Halbleiter	Bezeichnung für eine Gruppe von Elektronikbauteilen, welche beim Anlegen von Spannung unterschiedliche elektrische Leitungszustände annehmen können. Typischer Halbleiter: Transistor	Semiconductor	Semiconducteur	Semiconductores
Hammer	Klassisches Schlagwerkzeug im Handwerk. Daneben auch populäre Bezeichnung für schlagende Elektrowerkzeuge wie Bohr- und Meißelhämmer	Hammer	Marteau	Martillo
Handschutz	Abweiser oder Hauben an Maschinenwerkzeugen, welche das Berühren der Einsatzwerkzeuge oder von Werkstückteilen mit der Hand vermeiden sollen	Hand protection	Protège-mains	Protección para las manos
Handwerkzeug	Oberbegriff für handgeführte Werkzeuge	Handtools	Outillage à main	Herramientas manuales
Härten	Wärmebehandlung mit anschließendem schnellem Abkühlen bei Eisenmetallen	Hardening	Dureté	Dureza
Härteverfahren	Bezeichnung für unterschiedliche Verfahren zur Erlangung größerer Härte bei Eisenmetallen	Hardening process	Processus de trempage	Proceso de endurecimiento
Hartmetall	Metalllegierungen aus teils hochschmelzenden Metallen wie Wolfram, Cobalt, Tantal und aus Carbiden	Tungsten carbide	Carbure de tungsten	Metal duro
Heckenschere	Gerät mit vielzahniger, gegeneinanderlaufender Messerleiste zum Beschneiden von Hecken und Gesträuch	Hedge trimmer	Taille-haies	Tijera cortasetos
Heimwerker	Personen, welche in ihrer Freizeit Hand- und Maschinenwerkzeuge für kreative Tätigkeiten benützen	Do-it-yourself enthusiasts	Bricoleurs	Aficionado
Heimwerkzeuge	Maschinenwerkzeuge, die konstruktiv auf die Bedürfnisse der Heimwerker abgestimmt sind	Do-it-yourself tools	Outils destinés aux bricoleurs	Herramientas para aficionados
Heißklebepistole	Gerät zur Verarbeitung von Schmelzklebesticks. Besteht aus Heizpatrone mit Schmelzdüse und Vorschubeinrichtung in pistolenförmigem Gehäuse	Glue gun	pistolet à colle	Pistola para pagar en callente

Internationale Fachbegriffe Elektrowerkzeuge und Anwendungen

Fachbegriffe	Begriffserklärung	Technical terms	Termes techniques	Términos técnicos
Deutsch		English	Français	Español
Heißluftgebläse	Gerät zur Erzeugung eines Luftstromes mit Temperaturen von ca. 50…550 Grad Celsius	Heat gun, Hot air blower	Décapeur thermique	Decapador por aire caliente
Hobel	Hand- oder Maschinenwerkzeug zur spanabhebenden Oberflächenbearbeitung mittels parallel zur Werkstückoberfläche arbeitendem Messer oder Messerwelle	Planer	Rabot	Cepillo
Hohlbohrkrone	Rohrförmiges Bohrwerkzeug, an dessen Stirnseite sich zahnförmige Schneiden befinden. Statt des gesamten Durchmessers wird energiesparend nur ein Ringspalt gebohrt	Core bit	Couronnes trépans	Corona perforada hueca
Hyperkritisches System	Je höherentwickelt ein System ist, umso weniger sind seine Zustände beherrschbar. Zufällige Störgrößen können zur Eigendynamisierung komplexer Vorgänge und damit zum Kontrollverlust führen. Typische Eigenschaften eines hyperkritischen Systems sind, dass der Informationsgehalt des Algorithmus, der zu seiner Beschreibung erforderlich ist, dem Informationsgehalt des Gesamtsystems annähernd gleich ist, das Überwiegen rein stochastischer Prozesse und die Unmöglichkeit, aus beliebig vielen bekannten Zuständen n einen künftigen Zustand n^+1 zu prognostizieren.	Hypercritical system	Système hypercritical	Sistemo hypercritical
Impuls	Einmaliger, meist kurzer Vorgang	Impulse	Impulsion	Impulso
Impulsschrauber	Schrauber, bei dem das Einsatzwerkzeug nicht kontinuierlich, sondern durch Drehimpulse angetrieben wird	Impulse wrench	Visseuse à impulsions	Atornilladora de impulso
Indirektes Messverfahren	Umwandlung einer Messgröße in eine andere, um sie besser erfassen oder darstellen zu können. Beispielsweise wird eine an sich unsichtbare elektrische Größe in eine sichtbare mechanische Größe wie den Ausschlag eines Zeigers umgewandelt	Indirect measuring	Procédé de mesure indirecte	Mediciar indirecta
Integrierte Staubabsaugung	Staubabsaugung, die in ein Gerät eingebaut und damit ein fester Bestandteil des Gerätes ist	Integrated dust extraction	Aspiration intégrée	Aspiración integrada

Fachbegriffe	Begriffserklärung	Technical terms	Termes techniques	Términos técnicos
Deutsch		English	Français	Español
Inkrement	Einzelne, meist kleine Stufen einer Messgröße. Beispiel: Eine Treppe (Größe) besteht aus vielen einzelnen Treppenstufen (Inkremente)	Increment	Incrémentation	Incremento
Inkrementales Messverfahren	Addition oder Subtraktion von Inkrementen (z. B. Impulsfolgen)	Incremental measuring	Procédé de mesure par incrémentation	Midiciar por incrementos
Instandhaltung	Maßnahmen zur Wert- und Leistungserhaltung von technischen Geräten. Wichtige Teilkomponenten der Instandhaltung sind: Inspektion, Wartung, Instandsetzung	Maintenance	Entretien	Mantenimiento
Intelligente Systeme	Populäre Bezeichnung für Systeme, welche in der Lage sind, die ihnen durch Sensoren übermittelten Informationen selbsttätig zu verarbeiten und im Rahmen ihrer Vorgaben für Steuer- und Regelaufgaben anzuwenden	Intelligent systems	Systèmes intelligents	Systema inteligente
Interface	Internationaler Fachbegriff für Schnittstelle. Beispiel: Die Schnittstelle zwischen Elektrowerkzeug und Energieversorgung ist das Anschlusskabel	Interface	Interface	Interfaz
Isolierstoffe	Stoffe, welche den elektrischen Strom nicht leiten	Insulating materials	materiaux isolantes	Aislantes
Isolierstoffklassen	Insolierstoffe werden unter anderem entsprechend ihrer Temperaturbeständigkeit in Klassen eingeteilt	Insulation material classes	Classes des materiaux isolantes	Aislantes, classe de
Istwert	Tatsächlich vorhandener mechanischer oder elektrischer Wert, der gemessen werden kann	Actual value	Valeur réelle	Valor actual
Joule	Maß für die Einzelschlagstärke bei Bohr- und Schlaghämmern. Beispiel: Ein Gewicht von 100 g fällt aus einer Höhe von 1 m. Die durch die Fallbeschleunigung gespeicherte Energie wird beim Aufprall frei und beträgt 1 Joule	Joule	Joule	Joule
Kalibrieren	Präzises Einstellen, z. B. eines Messwerkzeuges	Calibration	Calibrer	Calibrar
Kanalmeißel	Meißel mit hohlkehliger Schneide zum Herstellen von Nuten und Kanälen in Steinwerkstoffen	Gouge	Gouge condée	Cincel a calado

Internationale Fachbegriffe Elektrowerkzeuge und Anwendungen

Fachbegriffe	Begriffserklärung	Technical terms	Termes techniques	Términos técnicos
Deutsch		English	Français	Español
Kantenfräsvorsatz	Vorsatzgerät für Geradschleifer und Antriebsmotoren. Ermöglicht den Einsatz von Fräsern bei der Kanten bearbeitung	Laminate trimmer attachment	Set d'affleurage	Dispositivo para fresado de cantos
Kapazität	Fassungsvermögen. Elektrisch: Speichervermögen, z. B. von Akkumulatoren	Capacity	Capacité	Capacidad
Kegeldorn	Zwischenstück, bestehend aus kegelförmigem Schaft mit Anschlussgewinde. Gestattet die Verwendung von Bohrfuttern mit Gewindeanschluss auf Bohrmaschinen mit Kegelaufnahme	Tapered arbor	Broche conique	Mandril cónico
Kegelradgetriebe	Getriebe, mit dem die Wirkrichtung, meist um 90°, umgelenkt wird	Angular gear	Engrenage angulaire	Engrana de rueda
Keilwelle	Welle mit Keilnuten am Umfang. Durch die Keilnuten können hohe Drehmomente bei kleinen Wellendurchmessern formschlüssig übertragen werden	Spline shank	Cannelés	Eje estriado
Kennlinien	Kennlinien sind die grafische Darstellung des Betriebsverhaltens eines technischen Gerätes	Characteristic curves	valeurs courbes de fonctionnement	Curvas características
Kennwerte	Kennwerte sind die numerische Darstellung des Betriebsverhaltens eines technischen Gerätes .	Characteristic values	Paramètres	Valores características
Kerndurchmesser	Durchmesser des Kernes bei Gewindebohrern und bei Außengewinden	Core diameter	Diamètre	Diametro
Kettenbremse	Einrichtung zum raschen Abbremsen der Sägekette bei Kettensägen	Chain brake	Frein de chaîne	Freno de las cadena
Kettensäge	Säge mit umlaufender, endloser Sägekette, welche in der Nut einer schwertförmigen Führung läuft. Werkzeug für schnelle, grobe Schnitte in vorzugsweise frischem Holz	Chain saw	Tronçonneuse	Sierra de cadena
Klammern	Befestigungsmittel. U-förmig gebogene Nägel, welche mit Tackern in das Werkstück eingeschlagen werden	Staples	Agrafes	Grapas

Fachbegriffe	Begriffserklärung	Technical terms	Termes techniques	Términos técnicos
Deutsch		English	Français	Español
Klauenkupplung	Kraftübertragung zwischen zwei Wellen durch Formschluss. Meist nur im Stillstand ein- und auskuppelbar	Dog clutch	Accouplement à crabots	Embrague de garras
Klebepistole	Gerät zur Verarbeitung von Schmelzklebesticks. Besteht aus Heizpatrone mit Schmelzdüse und Vorschubeinrichtung in pistolenförmigem Gehäuse	Glue gun	pistolet à colle	Pistola para pagar en callente
Klebesticks	Stabförmig gepresster Schmelzkleber zur Verwendung in Klebepistolen	Glue sticks	Bâton de colle	Sticks de adhesivo
Klettverschluss	Verschluss durch Schlingen und Häkchen an der Oberflächen beispielsweise von Schleifplatten und Schleifpapieren	Hook-loop backing, Velcro	Système auto-grippant	Cierre de cardillo o „velcro"
Kohlebürsten	Auch Bürsten genannt. Dienen der Stromzufuhr zum rotierenden Anker eines Universal- oder Gleichstrommotors	Brushes, electrical	Balais	Escobillas
Kollektor	Auch Kommutator genannt. Lamellierte Kontaktwalze auf dem Anker von Universal- und Gleichstrommotoren. Dient dem Stromübergang in die Ankerwicklungen	Commutator	Collecteur	Colector, comutador
Kollektormotor	Überbegriff für Universal- und Gleichstrommotoren	Motor with commutator	Moteur électrique à collecteur	Motor con colector
Kompressor	Gerät zum Verdichten gasförmiger Medien. Beispiel: Druckluftkompressor	Compressor	Compresseur	Compresor
Koordinaten	Zahlenwerte, welche die Lage eines Punktes in der Ebene und/oder im Raum angeben	Coordinates	Coordinées	Coordenadas
Körperschall	Leitung des Schalls in Festkörpern, beispielsweise in Mauerwerk oder in Rohrnetzen	Sound, transmitted in solids	Onde de choc	Transmisión del sonico en sólidos
Korund	Auch Karborundum genannt. Vielseitiges Schleifmittel auf der Basis von gebrannter Tonerde	Carborundum	Corindon	Carborundum
Kraft	Produkt aus Masse und Beschleunigung	Force	Force	Fuerza

Internationale Fachbegriffe Elektrowerkzeuge und Anwendungen

Fachbegriffe Deutsch	Begriffserklärung	Technical terms English	Termes techniques Français	Términos técnicos Español
Kraftfluss	Bei Maschinenwerkzeugen Weg der Kraft vom Antriebsmotor über das Getriebe zum Einsatzwerkzeug	Power train	Parcours de la force	Flujo de fuerza
Kreiselpumpe	Populärer Begriff für Turbopumpe oder Radialpumpe	Turbo pump	Pompe turbo	Turbo bomba
Kreismesser	Kreisförmiges, rotierendes Einsatzwerkzeug an Universalscheren	Circular knife	Cisaille à couteau rotatif	Cizalla circular
Kreissäge	Rotationssäge, nach dem kreisförmigen Sägeblatt benannt. Säge für schnellen, geraden Schnitt hoher Güte.	Circular saw	Scie circulaire	Sierra circular
Kreuzgriff	Griffanordnung bei schweren Bohrmaschinen. Die Griffe sind um 180° versetzt angeordnet, wodurch die Rückdrehmomente vom Anwender sicher gehalten werden können	Cross mounted handle	Poignée en croix	Empuñadura en cruz
Kugellager	Wälzlager, bei dem die Wälzkörper aus Kugeln bestehen	Ball bearing	Roulement à billes	Roudamiento de bolas
Kunststoffe	Künstlich hergestellte Werkstoffe, deren Grundbestandteile Naturstoffe, meist Mineralöle sind. Durch chemotechnische Verfahren lassen sich Kunststoffe mit (fast) beliebigen Eigenschaften herstellen	Synthetics	Matériaux synthétiques	Materiales sintéticos
Kupplung	Technischer Begriff für Trennstelle im Kraftfluss von Maschinen, an der der Antrieb vom Abtrieb getrennt werden kann	Clutch	Embrayages	Embrague
Kurvenschere	Schere (Blechschere), deren Schermesser so geformt sind, dass Kurvenschnitte möglich sind	Curve cutting shear	Cisaille pour traces courbes	Cizalla a curvas
Kurzschluss	Direkte Verbindung von elektrischen Polen oder Leitern unterschiedlicher Polarität ohne zwischengeschalteten Verbraucher. Die daraus resultierenden hohen Ströme führen in der Regel zu Schäden	Short circuit	Court-circuit	Cortocircuito

Fachbegriffe Deutsch	Begriffserklärung	Technical terms English	Termes techniques Français	Términos técnicos Español
Kurzschlussstrom	Im Kurzschlussfall auftretender, meist sehr hoher Strom	Short circuit current	Courant de court-circuit	Corriente en corto circuito
Kurzzeitbetrieb	Betriebsart, bei der während des Arbeitszyklus die Einschaltdauer im Verhältnis zur Ausschaltzeit kurz ist	Intermittend usage	Utilisation intermittent	Utilización intermitente
Labyrinthdichtung	Dichtsystem ohne direkte Berührung zwischen den abzudichtenden Teilen, daher verschleißfrei. Dichtwirkung hängt neben der Geometrie von der Präzision der Dichtflächen ab	Labyrinth seal	Joint d'étanchéité labyrinthe	Estanqueidad laberíntica
Ladegerät	Gerät zum Aufladen von Akkumulatoren	Charger	Chargeur	Aparato de carga
Lagerung	Bauelement zwischen einem feststehenden und einem beweglichen Maschinenteil	Bearing	Palier	Apoyo
Lamellenmotor	Typischer Antriebsmotor für Druckluftwerkzeuge. Der exzentrisch im Motorzylinder gelagerte Rotor besitzt radial angeordnete Lamellen, welche ein wesentlicher Bestandteil der Motorfunktion sind	Slide valve motor	Moteur à chemise tiroir	Motor sin válvulas
Laser	Kunstwort aus „Light Amplification by Stimulated Emission of Radiation". Erzeugt je nach Typ einwellige Lichtstrahlung im sichtbaren und unsichtbaren Bereich des Spektrums, welche sich auf sehr geringe Strahlquerschnitte konzentrieren lässt	Laser	Laser	Laser
Laser-Entfrenungsmesser	Hochpräziser Entfernungsmesser. Die Reflexion eines ausgesandten Laserstrahls wird zeitlich gemessen und daraus die Distanz errechnet	Laser rangefinder	Laser télémétric	Laser telémetro
Laser-Sichtbrille	Brille, welche das vom Laser ausgesandte Licht besser sichtbar macht. Achtung: Es ist keine Schutzbrille für Laserstrahlen	Laser glasses	Lunette du vision laser	Gafas de visión laser
Lastdrehzahl	Drehzahl einer Arbeitsmaschine unter Belastung, meist unter Nennlast	Load speed	Vitesse en charge	Revoluciones bajo carga

Internationale Fachbegriffe Elektrowerkzeuge und Anwendungen

Fachbegriff	Begriffserklärung	Technical terms	Termes techniques	Términos técnicos
Deutsch		English	Français	Español
Lebensdauer	Oberbegriff für die Zeitspanne, während der eine Arbeitsmaschine oder ein Werkzeug die für seinen ordnungsgemäßen Gebrauch vorgegebenen Eigenschaften hat	Service life	Longévité	Vida útil
Leichtmetall	Metall, dessen spezifisches Gewicht (Dichte) unterhalb der von Eisen (7,87 g/cm³) liegt	Light alloy	Métaux légers	Metalos legeros
Leistungsabgabe	Leistung, welche ein Gerät an seinem Wirkungsort abgibt. Beispiel: Bohrmaschine an der Bohrspindel. Die Leistungsabgabe ist stets geringer als die Leistungsaufnahme	Power output	Puissance débitée	potencia útil
Leistungsaufnahme	Leistung, welche ein Gerät der Energiequelle entnimmt. Beispiel: Bohrmaschine an der Steckdose. Die Leistungsaufnahme ist stets höher als die Leistungsabgabe	Power input	Puissance absorbée	potencia absorbida
Leistungsgewicht	Verhältnis der Leistung eines Gerätes oder eines Motors zu seinem Gewicht. Beispiel: Ein Motor mit einer Leistung von 100 kW und einem Gewicht von 20 kg hat ein Leistungsgewicht von 5 kW/kg	Power/weight ratio	Rapport puissance/poids	Relación potencia/peso
Libelle	Leicht gebogenes, teilweise flüssigkeitsgefülltes Schauglas bei Wasserwaagen. Die Lage der Luftblase im Schauglas ist ein Maß für die Abweichung von der Waagrechten oder Senkrechten	Level	Bulle d'air	Niveles
Lithium-Ionen Akku	Wiederaufladbarer Akku mit Elektroden auf der Basis von Lithiumverbindungen. Zeichnet sich durch hohe Zellenspannung und geringe Selbstentladung aus	Lithium-Ion accu	Accumulateur Lithium-Ion	Acumulador Lithium-Ion
Lochsäge	Topfförmiges Bohrwerkzeug, an dessen Stirnseite sich Sägezähne befinden. Statt des gesamten Durchmessers wird energiesparend nur ein Ringspalt gesägt (gebohrt)	Hole saw	Scie cloche	Corona de aserrar

Fachbegriffe	Begriffserklärung	Technical terms	Termes techniques	Términos técnicos
Deutsch		English	Français	Español
Lot	Metalllegierung mit niedrigem Schmelzpunkt. Es verbindet sich in flüssigem Zustand mit dem zu verbindenden Metall	Solder	Etain à souder	Metal de Soldadura
Lötkolben	Durch eine Heizpatrone elektrisch beheiztes Gerät, welches durch Kontakt der Lötspitze die Hitze auf den zu lötenden Gegenstand überträgt	Soldering iron	Fer à souder	Soldador eléctrico
Lötpistole	Durch Stromdurchgang wird die Lötspitze erhitzt. Durch Kontakt wird die Hitze auf den zu lötenden Gegenstand übertragen	Soldering gun	Pistolet à souder	pistola para solda
Magnetbohrständer	Ortsveränderlicher Bohrständer, welcher durch einen zuschaltbaren Magneten lageunabhängig an Stahlkonstruktionen befestigt werden kann	Magnetic drill stand	Support de perçage magnétique	Soporto de taldar magnetico
Magnetwerkstoffe	Eisen- oder Verbundmetalle, teilweise mit keramischen Zusatzstoffen, welche entweder vorübergehend magnetische Eigenschaften annehmen können oder einen dauernden Magnetismus besitzen	Magnetic materials	Matériaux magnétiques	materiales magneticos
Manometer	Druckmessgerät	Pressure gauge	Manomètre	Manómetro
Maschinenschraubstock	Flach gebauter Schraubstock mit Langlöchern in der Fußplatte. Wird auf dem Bohrständer befestigt	Machine vise	Étau de machine	mordaza para máquina
Matrize	Unteres Teil eines Stanzwerkzeuges. Ist so geformt, dass der Stempel des Stanzwerkzeuges beim Arbeitshub durch die Matrize stoßen kann.	Die	Matrice	Matriz
Mauernutfräse	Trennschleifer mit 2 parallel angeordneten Trennscheiben. Anwendung beim Nuten von Steinwerkstoffen	Wall chaser	Rainureuse à béton	Rozadora
Meißelhammer	Auch Schlaghammer genannt. Hammer mit ausschließlich Schlagfunktion	Chipping hammer	Marteau piqueur	Martillo de percusión

Internationale Fachbegriffe Elektrowerkzeuge und Anwendungen

Fachbegriffe Deutsch	Begriffserklärung	Technical terms English	Termes techniques Français	Términos técnicos Español
Meißelvorsatz	Vorsatzgerät für kleine Bohrhämmer ohne Drehstopp. Das Vorsatzgerät überträgt nur die Schlagfunktion, nicht aber die Drehbewegung	Chisel attachment	Adaptateur de burin	Dispositivo para cincelar
Messbereich	Bereich, in dem ein Messgerät den gewünschten Maximalwert und den gewünschten Minimalwert anzeigt	Measuring range	Plage de mesures	Ámbito de medida
Messen	Feststellen des Wertes einer physikalischen Größe	Measuring	Mesurer	Medir
Messerbalken	Bezeichnung für das Schneidwerkzeug einer Heckenschere	Cutter bar	Porte-couteaux	Barra de cuchillas
Messerschutz	Vorrichtung, um die unbeabsichtigte Berührung mit einer Werkzeugschneide zu verhindern	Blade guard	Protection pour fers	Protección de las cuchillas
Metall-Ortungsgerät	Ortungsgerät zum Lokalisieren von metallischen Einbettungen in Steinwerkstoffen, beispielsweise Stahl im Beton	Metal detector	Détecteur des métaux	Detector de metales
Modul	Teil eines Gerätes oder einer Komponente. Kann, muss aber nicht alleine funktionsfähig sein	Modul	Modul	Modula
Modularer Aufbau	Konstruktion eines Gerätes aus 2 oder mehr Modulen	Modular design	Construction modulaire	Construcción modular
Motor	Gerät, welches eine beliebige Energieform in eine mechanische Bewegung umsetzt	Motor	Moteur	Motor
Motorkühlung	Einrichtung, die Verlustwärme eines Motors abzuführen	Ventilation of motor	Refroidissement de moteur	Ventilación de motor
Motorschutz	Einrichtung zum Schutz des Motors vor Überlastung	Motor protection	Protection du moteur	Protección de motor

Fachbegriffe	Begriffserklärung	Technical terms	Termes techniques	Términos técnicos
Deutsch		English	Français	Español
Multi -Säge	Kleine und handliche Säbelsäge. Als Einsatzwerkzeuge dienen Stichsägeblätter	Multisaw	Scie multi-fonctions	Sierra multiuso
Nadel-Abklopfer	Gerät, in dem ein Bündel gehärteter Stahlnadeln in Längsbewegung versetzt werden. Die Nadeln passen sich der Werkstückform an und entfernen durch die Schlagbewegung lose Teile und Rückstände auf der Oberfläche	Needle descaler	Burineur à aiguilles	Martilleta de agujas
Nager	Auch Nibbler oder Knabber genannt. Handgeführtes Stanzwerkzeug zum Trennen und Bearbeiten dünner Bleche	Nibbler	Grignoteuse	Punzonadora
Nassschleifer	Winkelschleifer mit langsam laufender Topfscheibe. Über die abgedichtete Spindel wird Kühl- und Spülwasser zugeführt. Muss mit FI-Schalter oder am Trenntrafo betrieben werden	Wet grinder	Ponceuse à eau	Lijadora en húmedo
Neigungsmesser	Gerät zur winkelpräzisen Erfassung von Abweichungen von der Waagerechten und Senkrechten	Inclinometer	Niveau à affichage	Inclinómetro
Nennaufnahme	Leistungsaufnahme bei Nennleistung	Rated input	Puissance nominale	Potencia nominal
Neodym-Motor	Gleichstrommotor, dessen Dauermagnet die Seltene Erde Neodym enthält	Neodym-motor	Moteur Neodym	Motor neodym
Netzspannung	Stromspannung des öffentlichen Stromversorgungsnetzes	Mains voltage	Tension du secteur	Tensión de red
Nickel-Cadmium-Akku	Akkumulator mit Elektroden auf Nickelbasis. Enthält das giftige Schwermetall Cadmium	Nickel-cadmium-batterie	Accumulateur nickel-cadmium	Acumulador nickel-cadmium
Nickel-Metallhydrid-Akku	Akkumulator mit Elektroden auf Nickelbasis. Enthält keine giftigen Schwermetalle	Nickel-metallhydrid-batterie	Accumulateur nickel-metalhydrid	Acumulador nickel-metalhydrid

Internationale Fachbegriffe Elektrowerkzeuge und Anwendungen

Fachbegriffe	Begriffserklärung	Technical terms	Termes techniques	Términos técnicos
Deutsch		English	Français	Español
Nivelliergerät	Gerät zum Übertragen von Messpunkten gleicher Höhe im Raum	Levelling control	Appareil de nivellement	Aparato de nivelación
Nocken	Mechanisches Schaltelement. Nocken können Hebelbewegungen auslösen, Schalter betätigen oder Bewegungen begrenzen	Cam	Tige	Leva
No-Name	International gebräuchliche Bezeichnung für Produkte aus obskuren Quellen. Meist werden No-Name-Produkte aus Ländern eingeführt, deren Regierungen am günstigen Erwerb von Devisen interessiert sind und deswegen die Herstellung von Raubkopien, die den Produkten namhafter Hersteller äußerlich zum Verwechseln ähnlich sehen, stillschweigend dulden. No-Name-Produkte erscheinen auf den ersten Blick preisgünstig. In Wirklichkeit sind sie billig und teuer zugleich – gemessen am Preis sind sie billig, gemessen an der Qualität sind sie jedoch teuer: Unabhängige Testinstitute haben sehr oft eine Lebensdauer von deutlich weniger als einer Laufstunde ermittelt! Bei vielen No-Name-Geräten ist zudem die Sicherheit mangelhaft. Technischer Kundendienst und Marketing Support für den Handel sind so gut wie nicht existent. In vielen Fällen werden sogar Gütezeichen erschlichen oder schlichtweg kopiert. Unabhängige Testinstitute raten deshalb vom Kauf ab. Vertriebspartner von No-Name-Produkten blockieren sich durch den Verkauf die Möglichkeit, durch höherwertige Erzeugnisse eine höhere Kundenzufriedenheit zu sichern und ein besseres Betriebsergebnis zu erzielen	No Name products	Produits «Sans Nom»	Productos "Sin Nombre"
NTC	Abkürzung für ein elektronisches Bauteil (Widerstand) mit Negativem Temperatur Koeffizient. Dies bedeutet, dass mit steigender Temperatur der elektrische Widerstand kleiner wird. Der NTC-Widerstand kann also zur Temperaturmessung benützt werden	NTC	NTC	NTC

Fachbegriffe Deutsch	Begriffserklärung	Technical terms English	Termes techniques Français	Términos técnicos Español
Nullspannungsschalter	Schalter, der bei Unterbrechung der Stromversorgung zum Gerät selbsttätig in die Aus-Stellung zurückfällt. Bei Wiederkehr der Stromversorgung bleibt der Nullspannungsschalter ausgeschaltet, verhindert also ein unkontrolliertes Anlaufen der angeschlossenen Maschine. Bei Stationärbetrieb von Maschinen Vorschrift	Zero voltage trigger	Disjoncteur à tension nulle	Interruptor de tensión nule
Nutzwert	Verhältnis des Zeitaufwandes für Handarbeit zum Zeitaufwand für Maschinenarbeit. Die errechnete Zahl für den Nutzwert sagt aus, um wie viel die Maschinenarbeit schneller auszuführen ist als die Handarbeit	Effective value	Coéfficent d'efficacité	Valo útil
Oberfräse	Handgeführte Fräse, mit der Werkstückoberflächen spanabhebend bearbeitet werden. Einsatzwerkzeuge der Oberfräse sind Fräser, welche mit hoher Umdrehungszahl umlaufen. Durch vertikales Verstellen der Oberfräse zu ihrer Grundplatte kann die Frästiefe variiert werden	Plunge router	Déponceuse	Fresadora de superficie
Obermesser	Oberes, meist bewegliches Messer von Scheren	Upper blade	Couteau superieur	Cuchillo superior
Panzerung	Bei Elektrowerkzeugen besonderer Schutz der Ankerwicklungen gegen Abstrahleffekte durch angesaugte Staubpartikel. Realisierung durch besondere Impragnierung, Bandagen oder Schutzkörbe	Reinforcement (of armature)	Bobinage blindé	Devanados blindados
Parallelanschlag	Einstellbare Führungsschiene oder -leiste, welche eine parallele Führung zu Werkstückkanten ermöglicht	Parallel guide	Butée parallèle	Tope paralelo
Parameter	Vorgegebene Faktoren, welche die Funktion eines Gerätes oder eines Systems bestimmen	Parameter	Paramètre	Parámetro
Pendelfutter	Spannfutter, welches durch ein Kugelgelenk auf dem Schaft beweglich ist. Eine Feder richtet das Futter achszentrisch aus, bei seitlichem Druck kann das Futter jedoch geringfügig ausschwenken. Hierdurch kann ein zum (Gewinde-)Bohrerbruch führendes Verkanten verhindert werden	Self-aligning chuck	Mandrin articulé pour le taraudage	Mandril pendular

Internationale Fachbegriffe Elektrowerkzeuge und Anwendungen

Fachbegriffe Deutsch	Begriffserklärung	Technical terms English	Termes techniques Français	Términos técnicos Español
Pentaprisma	Prisma zur Strahlumlenkung bei optischen Geräten (Laser-Nivelliergeräte). Der Strahl wird unabhängig von der Prismastellung um 90° umgelenkt	Penta prism	Prisma à penta	Prisam de penta
Piktogramm	Symbolhafte Darstellung von Funktionen und Eigenschaften. Meist als schnelle, zusätzliche Information auf Geräten oder deren Verpackung zu finden	Pictograms	Pictogramme	Pictogramas
Planetengetriebe	Zahnradgetriebe mit zentrisch zueinander angeordneten Zahnrädern. Vorteile sind Mehrfacheingriff der Zahnräder, hierdurch hohe Drehmomentübertragungskräfte bei geringer Baugröße	Planetary gear	Engrenage planétaire	Engrans planetario
Pneumatik	Technischer Begriff für Drucklufttechnik	Pneumatic	Pneumatique	Neumatico
Polierer	Gerät, meist in Schleifer- oder Winkelschleiferform mit niedriger Umdrehungszahl zur Feinbearbeitung von Oberflächen. Als Einsatzwerkzeuge dienen weiche, elastische Schleifplatten, in welche das Schleifmittel (Polierpasten) beim Polieren eingelagert wird	Polisher	Polisseuse	Pulidora
Polschuh	Festehender Teil eines Universal- oder Reihenschluss- oder Nebenschluss-Elektromotors	Exitor	Bobinage	Devanado de campo
Primärspannung	Eingangsspannung eines Transformators oder eines Ladegerätes. Meistens (aber nicht ausschließlich) die höhere Spannung	Primary voltage	Voltage primaire	Tension primero
Prisma	Optisches Bauelement zur Strahlumlenkung	Prism	Prisme	Prisma
Programmieren	Vorgeben einer Funktion oder von Funktionsabläufen in einem technischen Gerät	Programming	Programmer	Programar
Programmsteuerung	Steuerung eines Gerätes oder einer Anlage nach einem einmalig fest vorgegebenen Ablaufplan	Programmed control	Contrôle de la programmation	Control programado
Progressiv	Verlauf einer Eigenschaft mit zunehmender Änderung. Beispiel: Sägeblätter mit progressiver Verzahnung haben am Sägeblattbeginn kleine Zähne, die im zunehmenden Verlauf der Sägeblattlänge stetig größer werden	Progressiv	Progressif	Progressivo

Fachbegriffe	Begriffserklärung	Technical terms	Termes techniques	Términos técnicos
Deutsch		English	Français	Español
Prüfung	Kontrolle von Eigenschaften eines Gerätes oder Vorganges	Testing	Contrôle	Control
Qualität	Qualität ist das Maß, in dem Kundenerwartungen erfüllt oder gar übertroffen werden. Den Sollwert für die Qualität setzt der Kunde	Quality	Qualité	Calidad
Qualitätssicherung	Einrichtung eines Unternehmens mit der Aufgabe, die Fertigungs- oder Dienstleistungsqualität entsprechend der Vorgaben einzuhalten	Quality insurance	Assurance qualité	Aseguración de calidad
Quench-Motor	Gleichstrommotor, dessen Dauermagnet eine Beimengung so genannter „Seltener Erden" enthält, wodurch ein höherer Wirkungsgrad erzielt wird	Quench-motor	Moteur «quench»	Moto "quench"
Rastenschlagwerk	Schlagwerk, welches durch das Überrasten von Schrägflächen (Rasten) bei der Rotation längsgerichtete Bewegungen erzeugt. Typisches Schlagwerk von Schlagbohrmaschinen. Benötigt zur Funktion starke Andruckkräfte	Ratched-controlled hammer mill	Percussion mécanique de frappe à crabots	Mecanismo percutor de trinquete
Raubkopie	Unter einer Raubkopie versteht man die – äußerlich – fast perfekte Kopie eines Markenproduktes durch Hersteller in Drittländern, welche internationales Patentrecht missachten und deren Staatsorgane diese Machenschaften zur Stützung der internen Wirtschaft sehr oft wohlwollend tolerieren. Es werden nicht nur die Produkte und die Typbezeichnungen, sondern auch bis hin zu Verpackung, Betriebsanleitung und Ersatzteilliste alle Teile des Markenherstellers oft so perfekt kopiert, dass der Unterschied nur nach Öffnen des Produkts oder durch die Inbetriebnahme festgestellt werden kann. Gutheißungszertifikate und Prüfstempel werden in vielen Fällen mit Sondertypen erschlichen oder kopiert. Dienstleistungen wie Kundendienst, Ersatzteile und Verkaufsunterstützung durch den Hersteller oder Importeur sind im Regelfall nicht existent.	Pirate copy	Copie pirate	Copia pirata

Internationale Fachbegriffe Elektrowerkzeuge und Anwendungen

Fachbegriffe	Begriffserklärung	Technical terms	Termes techniques	Términos técnicos
Deutsch		English	Français	Español
Reduzierring	Zubehörteil, um beispielsweise Kreissägeblätter mit großem Spannlochdurchmesser an Wellen kleineren Durchmessers anzupassen	Reduction	Réduction	Reducción
Regelelektronik	Elektronik, welche beispielsweise eine vom Anwender vorgegebene Drehzahl auch dann bei wechselnder Belastung konstant hält, wenn der Anwender keine korrigierenden Steuermaßnahmen ausübt	Electronic governor	Régulation électronique	Electrónica de regulación
Reihenschlussmotor	Motor, dessen Ankerwicklung und Erregerwicklung (Polschuh) elektrisch in Reihe geschaltet sind. Sein wichtigstes Merkmal – bei steigender Belastung größer werdendes Drehmoment – macht ihn als Antriebsmotor für Elektrowerkzeuge besonders geeignet. Da er an Gleich- oder Wechselspannung betrieben werden kann, wird er auch als „Universalmotor" bezeichnet	Series wound motor	Moteur à connection à ligne	Motor serie
Rollenkupplung	Kupplung, deren Kraftübertragung durch den Formschluss von Rollen erfolgt. Durch federbelasteten Andruck kann die Rollenkupplung so eingestellt werden, dass sie bei einem bestimmten Drehmoment „überrastet", d. h. auskuppelt.	Roller clutch	Embrayage à rouleaux	Acompiamient de rodillas
Rotationsschwinger	Kurbeltrieb, bei dem eine Linearbewegung durch einen schräg auf einer Rotationsachse gelagerten Hebel erzeugt wird	Flywheel transducer	Came oscillante	Oscilador rotatorio
Rührkorb	Wendelförmiges oder propellerförmiges Einsatzwerkzeug für Rührgeräte und Rührwerke	Stirring basket	Malaxeur	Casta
Rührwerk	Maschinenwerkzeug, meist in Bohrmaschinenform, mit niedriger Umdrehungszahl und verstärkter Getriebe- und Spindellagerung, das über einen Rührkorb zum Aufrühren und Mischen von Flüssigkeiten und pastösen Medien dient	Stirrer	Agitateur	Agitadora

Fachbegriffe	Begriffserklärung	Technical terms	Termes techniques	Términos técnicos
Deutsch		English	Français	Español
Rundschaftbohrer	Bohrer mit rundem, zylindrischem Schaft	Round shank drill bit	Foret à queue cylindrique	Broca de vástago redondo
Rustikal-Hobelmesser	Hobelmesser mit gewellter Schneide. Gibt der gehobelten Fläche ein rustikales Aussehen	Rustic planing blade	Fer à riffler	Cuchilla rústica
Rüttelkopf	Einsatzwerkzeug für Schlag- und Meißelhämmer. Wird an die Schalung von frisch vergossenem Beton gehalten und bewirkt eine Verdichtung des Betons	Vibration head	Tête de battage de pieux	Cincel vibrador
Rüttler	Motorisch betriebenes Gerät zur Schwingungserzeugung. Wird zum Verdichten von frisch gegossenem Beton, aber auch zur Förderung von Schüttgut eingesetzt	Vibrator	Secoueur	Vibrador
Säbelsäge	Hubsäge mit bohrmaschinenähnlichem Maschinengehäuse und in Achsrichtung angeordnetem Sägeblatt. Anwendung vorzugsweise im Sanitärbereich	Sabre saw	Scie sabre, Scie égoïne	Sierra sable
Sägekette	Einsatzwerkzeug der Kettensäge. Die Sägezähne sind durch Kettenglieder miteinander verbunden	Saw chain	Chaîne	Cadena de sierra
Sägetisch	Untergestell für Kreissägen und Stichsägen. Ermöglicht stationären Betrieb	Saw table	Table en sciage	Mesa de cortar
Sanftanlauf	„Langsamer" Anlauf der Maschine beim Einschalten (ca. 0,5 ... 1 Sekunde) durch eine Anlaufstrombegrenzung. Hierdurch wird das Rückdrehmoment beim Anlauf, besonders bei starken Elektrowerkzeugen wie Winkelschleifer erheblich reduziert.	Soft start	Démarrage progressif	Limitación de la corriente de arranque
Schalter	Elektrische oder elektromechanische Komponente eines Gerätes, mit der die Energiezufuhr (Ein-Ausschalter) oder die Funktion eines Gerätes (Umschalter) gesteuert wird	Switch	Interrupteur	Interruptor
Schaltplan	Darstellung eines Systems oder einer Anlage mittels standardisierter Schaltzeichen (Symbole)	Circuit	Circuit	Circuito

Internationale Fachbegriffe Elektrowerkzeuge und Anwendungen

Fachbegriffe Deutsch	Begriffserklärung	Technical terms English	Termes techniques Français	Términos técnicos Español
Schattenfugenfräse	Gerät zum Besäumen von Wand- und Deckenvertäfelungen und Verblendungen. Durch einen einstellbaren Anschlag wird ein parallel zur Wand verlaufender Schnitt ermöglicht	Trimming saw	Défonceuse d'ajourage	Fresadora de juntas
Schaumstoffsäge	Gerät zum Schneiden von flexiblen Schaumstoffen aus Elastomeren und Gummi. Verfügt über zwei gegenläufige Messerleisten als Einsatzwerkzeug	Foam rubber cutter	Scie à caoutchouc mousse	Sierra para materiales asonjosos
Scheibennutfräser	Fräser zum Herstellen von Nuten an der Längsseite von Brettern	Disc cutter	Fraise circulaire	Fresa de disco
Scheinleistung	„Scheinbar" aufgenommene Leistung von Wechselstromverbrauchern, z. B. Motoren. Die Scheinleistung pendelt zwischen Energiequelle und Verbraucher hin- und her. Sie wird nicht wirklich verbraucht, belastet aber das Netz	Apparant power	Puissance apparente	Potencia aparente
Scherblätter	Bezeichnung für die beiden Schneidwerkzeuge einer Schere	Shearing blades	Couteaux	Cuchilla oscillante
Schere	Als Maschinenwerkzeug: Gerät zum Trennen von dünnen Werkstoffen, Blechen	Shear	Scie	Cizaille
Schlagbohrfutter	Bohrfutter in besonders robuster Ausführung, oft mit zusätzlicher Spannkraftsicherung	Impact resistant chuck	Mandrin avec bocage de sécurité	Portabroca con séguro de la fuerza de apriete
Schlagbohrmaschine	Elektrowerkzeug, das zum Bohren besonders von Beton, Stein und ähnlichen harten Werkstoffen bestimmt ist. Die Schlagbohrmaschine hat ein eingebautes Rastenschlagwerk, das der rotierenden Antriebswelle eine axial schlagende Bewegung überlagert. Die Schlagenergie wird durch die Andruckkraft beeinflusst.	Impact drill	Perceuse à percussion	Taladradora de percusión
Schlaghammer	Als Elektrowerkzeug: Hammer ohne Rotationsbewegung. Dient zum Meißeln und Stemmen	Chipping Hammer	Marteau piqueur	Martillo de percusión
Schlagschrauber	Schrauber, dessen Wirkung durch Drehschläge auf das Einsatzwerkzeug erfolgt. Technisch korrekte Bezeichnung: Drehschlagschrauber	Impact wrench	Boulonneuse	Atornilladora de impacto

Fachbegriffe (Deutsch)	Begriffserklärung	Technical terms (English)	Termes techniques (Français)	Términos técnicos (Español)
Schlagstopp	Einrichtung bei Bohrhämmern, um die Schlagfunktion abzuschalten. Ermöglicht schlagfreies Bohren	Impact stop	Stop de frappe	Desconexión de percutor
Schlagwerk	Oberbegriff für ein Bauelement in Maschinenwerkzeugen, welches eine schlagförmige Längsbewegung erzeugt und auf das Einsatzwerkzeug überträgt	Striking mechanism	Mécanisme de frappe	Mecanismo percutor
Schlagwerkzeuge	Bei Elektrowerkzeugen: Einsatzwerkzeuge für schlagende Bearbeitung wie beispielsweise Meißel	Steels	Outils de burinage	Herramientas de percusion
Schlagzahl	Anzahl der Schläge pro Zeiteinheit bei Schlagbohrmaschinen und Hämmern	Impact frequency	Fréquence de frappe	Frequencia de percusión
Schleifbock	Populäre Bezeichnung für Doppelschleifmaschine	Bench grinder	Touret à meuler	Esmeril de banco
Schleifbürste	Elektrowerkzeug mit leicht abgewinkelter Spindel. Einsatzwerkzeug sind Rotationsbürsten	Sanding brush	Brosse électrique	CDapillador electrico
Schleifen	Oberflächenbearbeitung mittels abrasiver Hilfsstoffe	Grinding, sanding	Tronçonner, meuler, poncer	Amolar
Schleifer	Maschinenwerkzeug zum Schleifen	Grinder, sander	Meuleuse, tronçonneuse	Amoladora, Lijadora
Schleifmittel	Abrasives Material. Oberbegriff für Einsatzwerkzeuge zum Schleifen	Abrasives	Abrasifs, meules	Productos abrasivos
Schleifmopteller	Tellerförmige Schleifscheibe, bei der das Schleifmittel auf fächerförmig überlappenden Lamellen kreisringförmig aufgebracht ist	Sanding brush plate	Pateau à lamelle	Plato lijador segmentado
Schleifpapier	Einsatzwerkzeug für Schwing- und Exzenterschleifer, bei welchem das Schleifmittel auf Papierunterlage oder Gewebeunterlage aufgebracht ist. Auch zum Handschliff verwendbar	Sanding sheet	Jeux de feuilles abrasives	Juego de hojas lijadoras
Schleifrahmen	Zusatzeinrichtung für Bandschleifer. Der Schleifrahmen ermöglicht einen gleichmäßigen Abtrag auf großen, ebenen Flächen. Meist auch zur Staubabsaugung ausgerüstet	Sanding frame	Cadre de ponçage	bastidor de amolar

Internationale Fachbegriffe Elektrowerkzeuge und Anwendungen

Fachbegriffe Deutsch	Begriffserklärung	Technical terms English	Termes techniques Français	Términos técnicos Español
Schleifscheibe	Schleifmittel in Scheibenform für Rotationsschleifer	Sanding disc, grinding disc	Disque de meules	Disco de amolar
Schlitzfräse	Winkelschleiferähnliches Maschinenwerkzeug mit integriertem Führungsschlitten zum Herstellen von Schlitzen in Steinwerkstoffen	Slot cutter	Tronçonneuse à pierre et béton	Fresadora de ranura
Schlitzschere	Blechschere zum Trennen von Blechen und für Innenausschnitte	Slot shear	Cisaille à double tranchant	Cizalla ranuradora
Schmelzklebepistole	Gerät zur Verarbeitung von Schmelzklebesticks. Besteht aus Heizpatrone mit Schmelzdüse und Vorschubeinrichtung in pistolenförmigem Gehäuse	Glue gun	pistolet à colle	Pistola para pagar en caliente
Schmelzkleber	Klebstoff, welcher durch Hitzeeinwirkung schmelzflüssig wird und beim Erkalten wieder erstarrt	Glue sticks	Bâtonnet de colle	Adhesivo termofundible
Schneidkapazität	Leistungsangabe bei Blechscheren und Nagern. Gibt die maximale Materialstärke an, die noch bearbeitet werden kann. Angabe meist für unlegierten Baustahl	Cutting capacity	Epaisseur de coupe	Máximo espesor de corte
Schneidspurbreite	Breite der ausgestanzten Späne bei Nagern, Breite des Spanes bei Schlitzscheren	Cutting width	Diamètre du poinçon	Anchura de la linea de corte
Schnellladegerät	Akku-Ladegerät mit kurzen Ladezeiten, in der Regel weniger als 1 Stunde	Express charger	Chargeur rapide	Carga rapido
Schnellspannfutter	Bohrfutter, welches ohne Bohrfutterschlüssel gespannt werden kann	Keyless chuck	Mandrin à serrage automatique	Portabroca de sujeción rápido
Schnellstopp	Einrichtung bei Maschinenwerkzeugen, um nach dem Ausschalten einen schnellen Maschinenstillstand zu bewirken	Quickstop	Dispositif d'arrêt rapide	Parada rapida
Schnitt-geschwindigkeit	Geschwindigkeit, meist in m/s oder m/min, mit der die Werkzeugschneide des Einsatzwerkzeuges in den Werkstoff eindringt oder über ihn hinweggeführt wird	Cutting speed	Vitesse de coupe	Velocidad de corte

Fachbegriffe	Begriffserklärung	Technical terms	Termes techniques	Términos técnicos
Deutsch		English	Français	Español
Schrauber	Maschinenwerkzeuge zum Eindrehen, Festziehen, Lösen und Ausdrehen von Schrauben	Screwdriver	Visseuse	Atornilladora de impacto
Schrauberbit	Einsatzwerkzeug für Schrauber, Schraubklinge	Screwdriver bit	Embout	Lámina de atornillador
Schruppscheibe	Schleifscheibe für groben (Vor-)Schliff	Grinding disk	Meules à ébarber	Discos lijadores
Schutzbrille	Brille zum Schutz der Augen vor Fremdkörpern oder Strahlung, meist seitlich oder vollständig geschlossen	Protection goggles	Lunettes de protection	Gafas protectoras
Schutzisolation	Schutzisolierte Geräte haben außer der üblichen Betriebsisolation eine weitere unabhängige und gleichwertige Isolation. Im Gefahrenfall müssten zwei Isolationen überbrückt werden, erst dann entstünde möglicherweise eine Gefahr für den Bedienenden.	Double insulation	Isolation double	Protección, aislamiento de
Schutzklassen	Elektrische Geräte können unterschiedlichen Schutzklassen angehören. Die Begriffsbestimmungen sind nach der Vorschrift EN 5144 definiert: **Schutzklasse I** Werkzeug der Klasse I ist ein Werkzeug, bei dem ein oder mehrere Teile mit Betriebsisolation versehen sind und das in gewissen Fällen eine Erdung aufweisen muss. **Schutzklasse II** Werkzeug der Klasse II ist ein Werkzeug, das vollständig mit Spezialisolation versehen ist, bei dem daher eine Erdung nicht vorgesehen ist. **Schutzklasse III** Werkzeug der Schutzklasse III ist ein Werkzeug, das zum Anschluss an Kleinspannung vorgesehen ist.	Protection class	Classification des protections	Clases de protección
Schutzspannung	Als Schutzspannung werden Spannungen unter 42 Volt bezeichnet.	Protective voltage	Tension de protection	Tensión de protección
Schutztrennung	Vollkommene elektrische Trennung von 2 Stromkreisen in einer Weise, dass sie nicht miteinander in Kontakt stehen (galvanische Trennung). Meist über so genannte Trenntransformatoren. Der Sekundärkreis, an den der Verbraucher angeschlossen wird, darf nicht geerdet sein	Protective insulation	Séparation de protection	Protección de separación

Internationale Fachbegriffe Elektrowerkzeuge und Anwendungen

Fachbegriffe	Begriffserklärung	Technical terms	Termes techniques	Términos técnicos
Deutsch		English	Français	Español
Schwerlastanker	Bezeichnung für Bauelemente (Dübel) in der Befestigungstechnik in Steinwerkstoffen für schwere Lasten oder Zugkräfte über 1,5 kN	Heavy-duty anchor	Cheville d'ancrage pour charge lourde	Anclajes para carga pesadas
Schwermetall	Metall, dessen spezifisches Gewicht (Dichte) oberhalb der von Eisen (7,87 g/cm³) liegt	Heavy metal	Métaux lourds	Metales pesados
Schwerpunkt	Gewichtsmittelpunkt eines Gegenstandes	Centre of gravity	Centre de gravité	Centro de gravedad
Schwertlänge	Länge des Führungsschwertes einer Kettensäge	Blade length	Longueur de guide	Longitud de la espada
Schwingschleifer	Schleifgerät, dessen Schleifplatte in Schwingungen versetzt wird. Dient zum Schleifen ebener Flächen und ermöglicht eine hohe Oberflächengüte	Orbital sander	Ponceuse vibrante	Lijadora orbital
SDS	Bezeichnung für ein werkzeugloses Spannsystem von BOSCH. Abkürzung der Bezeichnung „Spannen **D**urch **S**ystem"	SDS	SDS	SDS
Sekundärspannung	Ausgangsspannung eines Transformators oder Ladegerätes. Meist, aber nicht ausschließlich, ist die Sekundärspannung niedriger als die Primärspannung	Secondary voltage	Voltage secondaire	Tensión en el secundario
Selbstbohranker	Selbstbohranker sind Befestigungselemente für Steinwerkstoffe, die Innen- oder Außengewinde aufweisen. Die besondere und gehärtete Schneidenform ermöglicht es, mit einem Bohrhammer und dem entsprechenden Futterkopf mit dem Anker die benötigten Löcher selbst zu bohren. Ist die gewünschte Bohrtiefe erreicht, wird der Anker zurückgezogen und das Bohrloch vom Gesteinsstaub gereinigt. Der Anker wird dann mit dem Spreizkern versehen und mit einem Setzwerkzeug durch Schläge mit dem Bohrhammer in den Beton eingetrieben. Der kegelförmige Antrieb wird dann letztlich abgebrochen, und der Selbstbohranker ist bündig mit der Wandfläche und einsatzbereit.	Self-drilling anchors	Cheville auto-foreuse	Anclajes autoperforantes

Fachbegriffe	Begriffserklärung	Technical terms	Termes techniques	Términos técnicos
Deutsch		English	Français	Español
Senker	Bohrwerkzeug mit kurzer, kegelförmiger Schneidspitze. Senker dienen dazu, Bohrungen eine Form zu verleihen, welche den Einsatz von Senkkopfschrauben ermöglicht, bzw. Bohrungen zu entgraten.	Countersink	Fraise à lamer	Fresa de avellanar
Sensor	Wichtigster Teil eines Messwertaufnehmers. Typisch sind bei Elektrowerkzeugen Sensoren für Temperatur und Drehzahl	Sensor	Capteur	Sensor
Setzwerkzeug	Einsatzwerkzeug zum Einschlagen von Schwerlastankern und Selbstbohrankern	Setting tool	Porte-outil pour montage	Herramienta para montaje
Sicherheitskupplung	Kupplung, die im Gefahrenfall den Antrieb vom Abtrieb eines Maschinenwerkzeuges trennt	Safety clutch	Accouplement de sécurité	Embrague de Seguridad
Sicherheitsrisiko	Wahrscheinlichkeit, mit der ein unerwünschtes, die Sicherheit gefährdendes Ereignis eintritt	Safety risk factor	Facteur de risque en matière de sécurité	Factor de riesgo
Sicherheits-Überrastkupplung	Die Sicherheitsüberrastkupplung ist bei Bohrhämmern ein wichtiges Bauteil, um weitgehenden Schutz bei schlagartigem Blockieren des Bohrers zu bieten. Zwei mit Nocken versehene Scheiben greifen ineinander und werden mit einer Feder zusammengedrückt. Bei langsamem Ansteigen des Drehmoments, zum Beispiel bei feuchtem oder schlecht transportiertem Bohrmehl, spricht die Kupplung nicht an, sondern versucht den Bohrer wieder freizubekommen. Bei schlagartigem Blockieren rastet die Kupplung jedoch sofort über, und das Drehmoment sinkt stark ab. Beispiel: Ansprechmoment = 60 Nm Überrastmoment = 10 Nm Das bedeutet für den Bedienenden weitgehende Sicherheit beim Arbeiten, da ein Herumschleudern des Gerätes verhindert wird	Safety clutch	Débrayage de sécurité	Embrague de desacoplamiento de seguridad

Internationale Fachbegriffe Elektrowerkzeuge und Anwendungen

Fachbegriffe	Begriffserklärung	Technical terms	Termes techniques	Términos técnicos
Deutsch		English	Français	Español
Sintermetallfilter	Filter aus Metallkügelchen, welche lose und somit sehr porös zusammengesintert (zusammengebacken) sind. Sie werden in Druckluftwerkzeugen im Lufteintritt als Filter gegen Verunreinigungen eingesetzt. In der Abluft verwendet man ebenfalls Sintermetallfilter als Schalldämpfer. Wegen des Feuchtigkeitsgehaltes der Luft werden die Sintermetallfilter aus korrosionsbeständigen Metallen, meist aus Bronze, hergestellt	Sintered metal filter	Filtre en métal fritté	Filtro de metal sinterizado
Skale	Anzeigeeinteilung, meist numerisch, bei Messgeräten	Scale	Graduation	Escala
Solarladegerät	Ladegerät, dessen Primärkreis von Solarzellen gespeist wird	Photovoltaic charger	Chargeur solaire	Cargador solar
Sollbruchstelle	Sollbruchstellen werden im Maschinenbau eingesetzt, um Bauteile oder Baugruppen vor plötzlichen Überlastfällen und damit verbundener Beschädigung zu schützen. Sollbruchstellen sind zum Beispiel Kupplungssplinte, welche die Abtriebsspindel mit dem Getriebe einer Maschine verbinden. Tritt der entsprechende Überlastfall, z. B. eine Blockade, auf, dann gibt die Sollbruchstelle durch Abscheren das Getriebe frei, das hochwertige Getriebe wird also nicht beschädigt. Sollbruchstellen sind konstruktiv so ausgelegt, dass die relevanten Teile relativ leicht und kostengünstig ausgewechselt werden können.	Shear pin	Point de rupture	Precciones de rupture
Sollwert	Derjenige Wert, den eine Größe zu einem bestimmten Zeitpunkt haben soll	Target value	Valeur de éférance	Valor estimado
Sonderzubehör	Zubehöre für Maschinenwerkzeuge, die den Einsatzbereich erweitern. Sonderzubehöre gehören nicht zum Lieferumfang des Werkzeuges. Sie müssen zusätzlich erworben werden	Special accessories	Accessoire spécial	Accesorios especiales
Spanabweiser	Einrichtung bei Blechscheren, um den Schneidspan vom Griffbereich der Maschine abzulenken	Shaving deflector	Déflecteur de copeaux	Desviador de virutas

Fachbegriffe	Begriffserklärung	Technical terms	Termes techniques	Términos técnicos
Deutsch		English	Français	Español
Späne-blasvorrichtung	Einrichtung bei Stichsägen. Ein Teil des Kühlluftstromes wird umgelenkt und auf die Sägestelle geleitet. Durch den Luftstrom werden die Späne weggeblasen, die Sägelinie ist sichtbar	Sawdust blower device	Soufflerie	Dispositivo de soplado
Spannkraftsicherung	Feststellschraube für die Spannbacken bei Bohrfuttern	Tensile lock	Blocage de sécurité	Conseguro de la fuerza de apriete
Spannmutter	Flanschmutter oder Überwurfmutter zum Befestigen des Einsatzwerkzeuges am Werkzeughalter	Tensioning nut	Écrou de serrage	Tuerca tensora
Spannrolle	Bewegliche Führungsrolle beim Bandschleifer. Wirkt durch eine Feder auf die Bandspannung	Guide roller	Rouleau tendeur	Rodillo tensor
Spannzange	Werkzeughalter bei Oberfräsen und Geradschleifern. Gewährleistet exakten Rundlauf bei hoher Spannkraft	Collet chuck	Pince de serrage	Pinza de fijación
Spanreißschutz	Zubehör für Stichsägen. Verhindert weitgehend Ausrisse an der Oberfläche des Sägeschnittes	Splinter guard	Pare-éclats	Protección contra astillado
Spatengriff	Spatenförmiger Handgriff am hinteren Maschinenende von Bohrmaschinen, Bohrhämmern, Säbelsägen etc.	Spade handle	Poignée bêche	Empuñadura de pala
Spatmeißel	Meißel mit sehr breiter Meißelschneide	Spade chisel	Burin bêche	Cinzel pala
Spindelarretierung	Manuelle oder automatische Einrichtung, um die Abtriebsspindel eines Maschinenwerkzeuges zu blockieren. Erlaubt dann einen einfacheren, oft werkzeuglosen Wechsel des Einsatzwerkzeuges	Spindle lock	Blocage de broche	Bloqueador de husillo
Spritzfähigkeit	Einstellen (Verdünnen) eines Spritzgutes (Farbe) auf eine Viskosität, welche das Verspritzen aus Spritzwerkzeugen (Spritzpistolen) erlaubt	Sprayability	Viscosité de projection	Apitud para pulverización
Spritzpistole	Mit Druckluft betriebenes Gerät oder ein Maschinenwerkzeug, welches durch eine magnetisch angetriebene Kolbenpumpe ein spritzfähiges Medium, meist Farbe, verspritzen kann	Spray gun	Pistolet à peinture	Pistola para pintar

Internationale Fachbegriffe Elektrowerkzeuge und Anwendungen

Fachbegriffe Deutsch	Begriffserklärung	Technical terms English	Termes techniques Français	Términos técnicos Español
Stampferplatte	Einsatzwerkzeug für Meißelhämmer zum Strukturieren von Steinwerkstoffen	Tamping plate	Plateaux de damage	Placas pison
Standzeit	Technischer Begriff für die „Lebensdauer" eines Maschinenwerkzeuges, während der es entsprechend seiner Spezifikationen und Leistungsdaten genutzt werden kann	Service life	Duré de vie	Vida útil
Stationärbetrieb	Betrieb von handgeführten Maschinenwerkzeugen in so genannten Untergestellen oder an Tischen	Stationary use	Travail en stationnaire	Trabajo estancianaro
Stator	Feststehender Teil eines Elektromotors	Stator	Stator	Stator
Steinsäge	Maschinenwerkzeug zum Trennen von Steinwerkstoffen. Im Gegensatz zur Bezeichnung wird der Werkstoff nicht „gesägt", sondern trenngeschliffen	Stone cutter	Scie à pierre	Sierra para piedra
Stempel	Bewegliches Einsatzwerkzeug einer Stanze oder eines Nagers, welcher den Arbeitshub ausführt	Punch	Poinçon	Punzón
Stern-Dreieck-Schalter	Schalter, um den hohen Anlaufstrom der Drehstrom-Asynchronmotoren zu reduzieren. Die Anlaufstellung ist die Sternschaltung, der Motor ist zunächst für eine höhere Betriebsspannung geschaltet, wird aber mit einer niederen Spannung beaufschlagt. Nach dem Anlauf erfolgt durch den Schalter die Umschaltung auf die Dreieckschaltung, er wird dann mit der Nennspannung betrieben. Es gibt handbetätigte und automatische Schalter.	Star/delta switch	Commutateur étoile-triangle	Commutador estrella/triángulo
Steuerelektronik	Elektronik, mit Hilfe deren die Drehzahl von Elektromotoren manuell beeinflusst werden kann. Auf Drehzahländerung infolge Belastungsänderung muss im Gegensatz zur Regelelektronik bei der Steuerelektronik die Korrektur durch den Anwender „gesteuert" werden.	Electronic speed control	Variateur électronique	Mando electrónico

Fachbegriffe Deutsch	Begriffserklärung	Technical terms English	Termes techniques Français	Términos técnicos Español
Stichsägeblätter	Einsatzwerkzeuge der Stichsäge	Jigsaw blades	Lames pour scies sauteuses	Hojas de sierra de calar
Stichsäge	Hubsäge mit vertikal zum Maschinengehäuse stehendem Sägeblatt. Ermöglicht kurvenreiche Sägeschnitte mit engen Radien und zeichnet sich durch Handlichkeit aus	Jigsaw	Scie sauteuse	Sierra de calar
Stirnradgetriebe	Zahnradgetriebe, bei denen sich die Zahnräder am Umfang, der „Stirnseite", berühren	Spur gear	Entraînement conventionnel	Engranaje
Stockerplatte	Einsatzwerkzeug für Meißelhämmer zum Strukturieren von Steinwerkstoffen	Tamping plate	Plateaux de damage	Placas pison
Stromerzeuger	Oberbegriff für mobile Stromerzeuger, bestehend aus einem antreibenden Verbrennungsmotor und einem stromerzeugenden Generator	Generator set	Electrogène	Electrógeno
Stützteller	Flexible, runde Schleifplatte, die als Stütze für Fiber-schleifblätter am Winkelschleifer dient	Rubber sanding plate	Plateau caoutchouc souple	Plato lijador de goma
Support	Mechanische Stütz- oder Haltevorrichtung für Maschinen oder Maschinenteile	Support	Support	Poporte
Synchrongetriebe	Schaltgetriebe, welches sich auch unter Last schalten lässt	Synchronous gear	Engrenage synchrone	Engranaje sincrono
Synchronmotor	Wechselstrommotor, dessen Drehzahl synchron zur Netz-frequenz ist und die sich auch bei Belastung nicht ändert	Synchronous motor	Moteur synchrone	Motor sincrono
Tacho–Generator	Einrichtung zur exakten Drehzahlerfassung in Maschinen	Tacho	Tachymètre	Tacómetro
Tacker	Einschlagwerkzeug für Klammern und Nägel. Kann sowohl mit Druckluft, Elektrizität oder mit Hand betrieben werden	Tacker	Agrafeuse	Grapadora
Tapetenlöser	Gerät zum Ablösen von Tapeten mittels Dampferzeugung	Wallpaper steam stripper	Décolleuse à papiers paints	Desprendedor de papel pintado
Tiefenanschlag	Zubehörteil bei Bohrmaschinen und Bohrhämmern zur Begrenzung der Bohrtiefe	Depth stop	Butée de profondeur	Tope de profundidad

Internationale Fachbegriffe Elektrowerkzeuge und Anwendungen

Fachbegriffe Deutsch	Begriffserklärung	Technical terms English	Termes techniques Français	Términos técnicos Español
Torque-Control	Fachbegriff für Drehmomentkontrolle bzw. Drehmomentbegrenzung	Torque control	Torque contrôle	Torque control
Torsionsstab	Zubehörteil für Drehschlagschrauber. Wird zwischen Drehschlagschrauber und Steckschlüssel eingefügt. Entsprechend der durchmesserabhängigen Drehfederwirkung kann das zu übertragende Drehmoment begrenzt werden	Torsion rod	Barre de torsion	Barra de torsión
Totmannschalter	Schalter, der nicht arretiert werden kann, beim Loslassen also sofort in die Aus-Stellung zurückfällt	Deadman switch	Interrupteur homme-mort	Pulsador
Tragkasten	Transportbehälter für Maschinenwerkzeuge und deren Zubehör	Carrying case	Coffret	Maletín de transporte
Trennscheibe	Schleifscheibe geringer Dicke für den Trenn- oder Tiefenschliff	Cutting disc	Disque à tronçonner	Disco para tronzar
Trenntisch	Untergestell für Winkelschleifer zum stationären Ablängen und Trennen von Werkstücken	Cutting tables	Support de tronçonnage	Mesa de tronzar
Trenntransformator	Transformator mit zwei galvanisch getrennten Wicklungen. Ermöglicht den „erdfreien" Anschluss von Maschinenwerkzeugen.	Separation transformer	Transformateur de séparation	Transformador de separación
Trockenbohrkrone	Bohrkrone, welche ohne Kühlflüssigkeit betrieben wird	Dry cutting core cutter	Couronne de forage à sec	Corona perforadora en seco
Typenschild	Das Typenschild ist ein Identifikationsmerkmal des Maschinenwerkzeuges. Es enthält die technischen Daten, die zur Charakterisierung des Gerätes erforderlich sind. Nach einem Auszug aus den nationalen und internationalen Sicherheitsbestimmungen muss ein Typenschild mindestens nachfolgende Angaben aufweisen: – Name oder Warenzeichen und Herkunft des Herstellers – Modell- oder Typenbezeichnung des Herstellers	Identification plate, type plate	Plaque signalétique	Placa de características

Fachbegriffe Deutsch	Begriffserklärung	Technical terms English	Termes techniques Français	Términos técnicos Español
	– Nennspannung (V) – Symbol für die Stromart (z. B. F für Wechselspannung) – Nennfrequenz (Hz) – Nennaufnahmeleistung (W) – Nennstrom (A) – bei einigen Elektrowerkzeugarten: Nenn-Leerlaufdrehzahl – bei schutzisolierten Elektrowerkzeugen: Symbol für Schutzklasse II. Ferner können einen Hinweise auf Prüfzeichen angebracht sein. Außerdem ist meist auf dem Typenschild die vorgeschriebene CE-Kennzeichnung angebracht.			
Überlast	Belastung eines Gerätes, die über die höchstzulässige Belastung hinausgeht	Overload	Surcharge	Sobrecarga
Überlastkupplung	Kupplung, welche im Überlastfall den Kraftfluss trennt oder den Kraftfluss begrenzt	Overload clutch	Couple de surcharge	Acomplamiento de embrague
Ultraschall	Schall mit einer Frequenz, die oberhalb des menschlichen Hörvermögens liegt	Ultrasonic	Ultrason	Ultrasónico
Umfangs-geschwindigkeit	Geschwindigkeit am Umfang eines rotierenden Körpers, beispielsweise eines Kreissägeblattes oder einer Schleifscheibe	Circumferential speed	Vitesse de couple	Velocidad periférica
Universalmotor	Motor, dessen Ankerwicklung und Erregerwicklung (Polschuh) elektrisch in Reihe geschaltet sind. Sein wichtigstes Merkmal – bei steigender Belastung größer werdendes Drehmoment – macht ihn als Antriebsmotor für Elektrowerkzeuge besonders geeignet. Da er an Gleichoder Wechselspannung betrieben werden kann, wird er auch als „Universalmotor" bezeichnet	Series wound motor	Moteur à connection à ligne	Motor serie
Universalschere	Schere mit rotierendem Kreismesser. Wird hauptsächlich zum Schneiden von Geweben, Leder und dünnen Schaumstoffen verwendet	Universal shear	Cisaille universelle	Cizalla universal
Untergestell	Vorrichtung zum Aufspannen von handgeführten Maschinenwerkzeugen. Hierdurch ist eine stationäre Anwendung möglich	Base unit	Base de Support	Bastidor

Internationale Fachbegriffe Elektrowerkzeuge und Anwendungen

Fachbegriffe Deutsch	Begriffserklärung	Technical terms English	Termes techniques Français	Términos técnicos Español
Untermesser	Unteres, meist fixes Messer einer Blechschere	Lower blade	Couteau inférieur	Cuchillo inferior
Vacuumpumpe	Unterdruck erzeugende Pumpe	Vacuum pump	Pompe à vide	Bomba de racio
Varioschleifer	Kleiner, handlicher Bandschleifer mit keilförmigem Schleifflächen zum Schleifen komplexer Werkstücke	Vario sander	Ponceuse à ruban	lijadora mini-banda
Verbundwerkstoffe	Verbundwerkstoffe bestehen aus zwei oder mehr verschiedenen Werkstoffen, welche in geeigneter Weise fest miteinander verbunden sind. Sie werden in drei Hauptgruppen unterteilt: – Schichtverbundwerkstoffe, zum Beispiel beschichtete Holz- oder Spanplatten, Sandwichplatten. – Faserverbundwerkstoffe, zum Beispiel GFK (Glasfasern und Kunstharz) – Teilchenverbundwerkstoffe, zum Beispiel Pulvermetalle, Sintermetalle	Composites	Matériaux composites	Materiales composite
Verschleiß	Verschleiß ist die durch normale Benützung an Maschinen oder Anlagen entstehende Abnützung. In der Regel sind dies Veränderungen an der Oberfläche von gleitenden, kämmenden oder rotierenden Teilen. Verschleiß kann in 3 Gruppen eingeteilt werden: – Einlaufen: Erhöhter Verschleiß am Anfang der Inbetriebnahme, bis alle bewegenden Teile ihr optimales Arbeitsspiel erreicht haben. – Dauerverschleiß: Verschleiß nach dem Einlaufen. Der Dauerverschleiß ist deutlich geringer nach dem Einlaufen und bleibt über die vorgesehene Betriebsdauer (Lebensdauer) weitgehend konstant. – Ausfallverschleiß: Am Ende der Lebensdauer eines Gerätes wird irgendwann der Verschleiß einiger Teile so groß, dass ein progressiver Verschleiß eintritt, der letztlich die Funktion einzelner Bauelemente so beeinträchtigt, dass das Gerät schließlich ausfällt.	Wear & tear	Usure	Uso (desgaste natural)

Fachbegriffe Deutsch	Begriffserklärung	Technical terms English	Termes techniques Français	Términos técnicos Español
Vibrationsdämpfung	Maßnahmen zur Dämpfung von maschinen- oder arbeitsbedingten Schwingungen und deren Übertragung auf den Anwender	Vibration damping	Amortissement des vibrations	Amortiguación de vibraciones
Volllastdrehzahl	Drehzahl eines Maschinenwerkzeuges bei maximaler Belastung	Full-load speed	Nombre de tours en pleine charge	Revoluciones a plena carga
Vorsatzgeräte	Geräte ohne eigenen Antrieb, welche auf vorhandene Antriebsmaschinen oder Maschinenwerkzeuge aufgesetzt werden können und damit deren Anwendungsbereich erweitern	Attached appliances	Equipements adaptables	Dispositivos acoplables
Wälzlager	Lager, in denen anstelle der Gleitreibung eine rollende (abwälzende) Reibung zwischen dem beweglichen und dem fixen Part stattfindet	Roller bearing	Palier à roulement	Rodamientos
Wartung	Oberbegriff für alle Maßnahmen, welche den ordnungsgemäßen Betrieb eines Gerätes während seiner vorgesehenen Lebensdauer gewährleisten	Maintenance	Maintenance	Mantenimiento
Wasserabscheider	Vorrichtung in Druckluftsystemen, um die in der Druckluft enthaltene Feuchtigkeit zu separieren und zu sammeln	Water separator	Séparateur d'eau	Separador de agua
Wasserfangring	Vorrichtung beim Nassbohren mit Hohlbohrkrone um das aus der Bohrung austretende Kühl- und Spülwasser aufzufangen und abzuleiten	Water collection ring	Collecteur d'eau	Colector de agua
Wasserwaage	Messwerkzeug zum Schätzen von Abweichungen von der Senkrechten oder der Waagrechten. Die Abweichung wird durch die Stellung einer Luftblase in einer „Libelle" angezeigt. Für präzise Messung der Winkel oder %-Abweichung wird die Wasserwaage zunehmend durch digitale Winkelmesser und digitale Neigungsmesser ersetzt	Level	Niveau à bulle	Niveles de burbuja
Wechselstrom	Strom, dessen Spannung während einer Zeiteinheit (Periode) die Polarität wechselt. Bei einer Frequenz von 50 Hertz geschieht dies 100 Mal pro Sekunde	Alternating current (AC)	Courant alternatif	Corriente alternax

Internationale Fachbegriffe Elektrowerkzeuge und Anwendungen

Fachbegriffe Deutsch	Begriffserklärung	Technical terms English	Termes techniques Français	Términos técnicos Español
Wendemesser	Messer oder Werkzeugschneide, welche konstruktiv so ausgelegt ist, dass man es von zwei oder mehr Seiten benützen kann. Anwendung bei Hobelmessern und Blechscheren	Reversible blade	Fer reversible	Cuchilla reversible
Werkzeugaufnahme	Als Spannvorrichtung gestaltete Einrichtung zum Aufnehmen und Festhalten von Einsatzwerkzeugen. Werkzeugaufnahmen sind zum Beispiel: Bohrfutter, Spannzange, Spannflansch.	Tool holder	Porte-outil	Soporte de útil
Wicklungstemperatur	Temperatur in der Wicklung eines Elektromotors. Je nach verwendetem Isolierstoff darf eine maximale Wicklungstemperatur nicht überschritten werden	Temperature of winding	Température du bobinage	Temperature de bobina
Wiederanlaufschutz	Einrichtung, um ein unkontrolliertes Anlaufen eines Maschinenwerkzeuges zu verhindern, wenn nach einem Netzausfall wieder Spannung an die noch eingeschaltete Maschine gelegt wird. Erst durch neues, bewusstes Einschalten ist die Maschine wieder betriebsbereit. Vorschrift bei stationär betriebenen Maschinen	Re-start cutout	Protection contre le redemarrage	Protección contrast rearranque
Winkelbohrkopf	Vorsatzgerät für Bohrmaschinen. Besteht aus einem Winkelgetriebe mit integriertem Bohrfutter	Angle drilling head	Renvoi d'angle	Cabezal angular de taladrar
Winkelbohrmaschine	Bohrmaschine, deren Spindel im rechten Winkel zur Maschinenachse angeordnet ist. In Verbindung mit Kurzschaftbohrern eignet sich die Winkelbohrmaschine hervorragend für Bohraufgaben in beengten Arbeitsverhältnissen, z. B. im Möbel- und Karosseriebau.	Angle drill	Perceuse d'angle	Taladradora angulare
Winkelmesser	Gerät oder Vorrichtung zum Messen von Winkeln	Angle measuring device	Mesureur d'angle à affichage	Inclinometro

| Fachbegriffe | Begriffserklärung | Technical terms | Termes techniques | Términos técnicos |
Deutsch		English	Français	Español
Winkelmessung	Winkel werden mechanisch mit Hilfe einer geeichten Skala an zwei beweglich miteinander verbundenen Schenkeln gemessen. Bei elektronischen Messverfahren wird der Winkel über einen Sensor erfasst und von einem Messwerk umgesetzt. Man unterscheidet: – Absolutmessung: Hier wird ein dem Winkel proportionaler Wert gemessen und angezeigt. – Relativmessung: Bei der Relativmessung wird der gemessene Wert mit einer festen, bekannten Größe verglichen und das Verhältnis als Messwert ausgewertet und angezeigt. Mit der Relativmessung kann man Alterungsveränderungen kompensieren und erreicht somit eine hohe Messgenauigkeit über die Gesamtlebensdauer.	Angular measurement	Mesure d'angle	Medición de ángulos
Winkelschleifer	Der Winkelschleifer ist ein Elektrowerkzeug, das vorwiegend zum Seiten- und Umfangschleifen (Trennschleifen) von verschiedenen Werkstoffen, hauptsächlich für Metall, bestimmt ist. Die Arbeitswelle ist rechtwinkelig zur Motorwelle angeordnet. Der Winkelschleifer hat eine dem Schleifscheibendurchmesser entsprechende Höchstdrehzahl. Populär werden Winkelschleifer in Einhand-Winkelschleifer und Zweihand-Winkelschleifer eingeteilt. Die Leistungen der „Einhand"-Winkelschleifer sind jedoch inzwischen so gesteigert worden, dass sie stets im Zweihandbetrieb angewendet werden sollten.	Angle grinder	Meuleuse angulaire	Amoladora angular
Wirkdurchmesser	Wirksamer Schaftdurchmesser eines Torsionsstabes. Der Wirkdurchmesser eines Torsionsstabes sollte etwa dem Kerndurchmesser der festzuziehenden Schraube entsprechen	Effective diameter	Diamètre utile	Diámetro efectivo
Wirkungsgrad	Das Verhältnis (Quotient) aus Ausgangsleitung (Leistungsabgabe) zur Eingangsleistung (Leistungsaufnahme) wird als Wirkungsgrad bezeichnet. Der Wirkungsgrad ist stets kleiner als 1 bzw. kleiner als 100 %	Efficiency ratio	Rendement	Rendimiento

Internationale Fachbegriffe Elektrowerkzeuge und Anwendungen

Fachbegriffe Deutsch	Begriffserklärung	Technical terms English	Termes techniques Français	Términos técnicos Español
Wortmarke	Wortmarken stellen ein wichtiges Kennzeichen eines Unternehmens dar. Sie dienen als Erkennungszeichen des Unternehmens und sollen einen hohen Aufmerksamkeitswert erzielen. Sie bestehen aus einer charakteristischen Schriftform, Anordnung und Farbe. Die Wortmarke wird entweder alleine, meistens aber zusammen mit einer Bildmarke verwendet	Logotype	Logo	Logo
Zahneisen	Meißel mit Zahnprofil zum Strukturieren von Oberflächen	Comb chisel	Burin dentée	Cinzel dentado
Zahnkranzbohrfutter	Bohrfutter mit Zahnkranz am Umfang. Wird mit einem Bohrfutterschlüssel geöffnet und geschlossen	Chuck with key	Mandrin à clé	Portabroca de corona dentado
Zahnriemen	Treibriemen mit gezahntem Riemenprofil. Ermöglicht synchronen (schlupffreien) Lauf eines Riementriebs	Toothed belt	Courroie dentée	Correas dentadas
Zentrierbohrer	Axial in der Mitte von Hohlbohrkronen befindlicher Bohrer, welcher in der Anfangsphase des Bohrens die Führung und Zentrierung übernimmt. Wenn so tief gebohrt worden ist, dass die Bohrkrone sich selbst führen kann, wird der Zentrierbohrer entfernt	Centre bit	Foret de centrage	Broca de centrar
Zentrierkreuz	Halterung für den Zentrierbohrer in Diamantbohrkronen. Kann schnell und werkzeuglos montiert und demontiert werden	Centering cross	Mèche de centrage	Cruz centradora
Ziehkeilgetriebe	Schaltgetriebe, bei dem der Gangwechsel durch das verschieben eines Keils in der genuteten Getriebewelle erfolgt. Kann meist nur im Stillstand geschaltet werden	Draw key transmission	Boîte à clavette coulissante	Mecanismo deslizante móvie
Zinken	Bezeichnung für Holzverbindung, bei der z. B. zwei Bretter an der Stirnseite fingerartig („Zinken") ineinandergreifen. Die Holzverbindung mit Zinken ergibt hohe Festigkeit bei gleichzeitig gutem Aussehen. Je nach Art der Zinken spricht man von „Fingerzinken" oder verdeckten Zinken. Zinken können manuell oder mit einer speziellen Schablone (Zinkenfräsgerät) und einer Oberfräse hergestellt werden.	Dovetail/finger joint	Assemblage, tennonage droit	Empalmes

Fachbegriffe	Begriffserklärung	Technical terms	Termes techniques	Términos técnicos
Deutsch		English	Français	Español
Zinkenfräsgerät	Vorsatzgerät bzw. Schablone für die Oberfräse, um passgenaue Zinkenverbindungen herzustellen	Dovetail jig	Dispositif d'assemblage	Fresa de empalmes
Zubehör	Geräte, Einsatzwerkzeuge und Vorrichtungen, welche die Funktion eines Maschinenwerkzeuges ergänzen und erweitern. Man unterscheidet in mitgeliefertes Zubehör und Sonderzubehör	Accessories	Accessoires, equipement	Accesorios especiales
Zusatzhandgriff	Zusätzlicher Handgriff für handgeführte Maschinenwerkzeuge, welche meist am Maschinengehäuse gehalten werden. Typisch an Bohrmaschinen und Winkelschleifern um deren starke Rückdrehmomente besser beherrschen zu können	Auxiliary handle	Poignée supplémentaire	Empuñadura adicional
Zuverlässigkeit	Mit dem Begriff Zuverlässigkeit bezeichnet man das Vermögen eines Gerätes oder einer Anlage, im Rahmen der geplanten Lebensdauer die vom Hersteller vorgesehene Leistung ohne Ausfall zu erbringen. Die Zuverlässigkeit hängt in starkem Maße von der Qualität seiner Einzelkomponenten und der Art ihrer Zusammenwirkung ab. Daneben spielen die Arbeits- und Umweltbedingungen (Schmutz, Temperatur) sowie die Handhabung durch den Anwender eine entscheidende Rolle.	Reliability	Fiabilité	Fiabilidad
Zwangsmitnahme	Betriebsmodus bei Exzenterschleifern, um eine höhere Abtragsleistung zu erzielen. Die normalerweise frei rotierende Schleifplatte wird durch eine Getriebestufe in eine Zwangsrotation versetzt	Positive drive	Entraînement forcé	Arrastre forzado
Zweistrahlprisma	Zubehör für Lasergeräte. Im Zweistrahlprisma wird der Laserstrahl so geteilt, dass er zur Hälfte geradeaus gerichtet ist, die andere Hälfte aber im Winkel von genau 90° umgelenkt wird. Das Zweistrahlprisma erleichtert das Antragen und Überprüfen von rechten Winkeln auf einfache Art.	Dual beam prism	Prisma à deux faisceaux	Prisma de doble rayo

1122 Deutsche Leitbegriffe

Deutsche Leitbegriffe

English terms

Termes Français

Terminos Espanol

Bildverzeichnis

1152 Bildverzeichnis

Tabellenverzeichnis

Die Entwicklungsgeschichte des BOSCH-Hammers

1932 wurde an den Hängen des Stuttgarter Talkessels eine Straße teilweise als Hangbrücke trassiert und Zehntausende von Geländerstützen mussten angebracht werden. Mit der herkömmlichen Hand-Hammer-Meißel-Methode eine zeitlich schier unlösbare Aufgabe!
Der von Bosch entwickelte elektrische Hammer revolutionierte die Arbeitswelt. Hier eine zeitgenössische Beschreibung:

Der Bosch-Hammer

Er ist wohl das originellste Bosch-Werkzeug, der elektrische Bosch-Hammer. Als Universal-Elektrowerkzeug wird er ebenso wie die übrigen Bosch-Universalwerkzeuge an die Lichtleitung angeschlossen. Seinen Motor finden wir im Inneren, etwa in dem Teil des Gehäuses, in dem er auch bei den übrigen Bosch-Elektrowerkzeugen liegt. Wer den Bosch-Hammer von außen sieht, möchte fast meinen, er sei ein Elektrowerkzeug wie alle anderen. Und doch ist die Art, wie er die Arbeit seines Motors auf das Einsatzwerkzeug überträgt, grundsätzlich anders.

Wir müssen so einen Hammer einmal beim Arbeiten sehen, um das zu erkennen. Besonders deutlich wird es beim Bohren. Wir hören zunächst ein schnelles Rattern, und wenn wir näher hinsehen, entdecken wir, dass der Bohreinsatz sich mit sehr kurzen, außerordentlich schnellen Schlägen in den Stein hineinfrisst. Es sind drehende Schläge, die so ineinander übergehen, dass man an die ununterbrochene Drehung einer Bohrmaschine denken könnte. 1000–5000 schnelle, kurze Schläge gibt so ein Bosch-Hammer in der Minute, und bei jedem dreht sich das Einsatzwerkzeug um ein winziges Stück – d. h. wenn es sich um einen Bohrer handelt,
Dass der Bosch-Hammer zugleich auch nichtdrehender Meißelhammer ist, ist selbstverständlich!

Schnelles Bohren von Ankerlöchern mit dem Bosch-Hammer

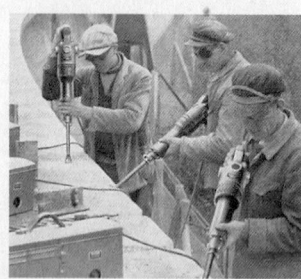

Bosch-Hämmer beim Setzen von Geländerbefestigungen

Bosch-Hämmer bei eiligen Abbrucharbeiten erfolgreich eingesetzt.

Die Entwicklungsgeschichte des BOSCH-Hammers

Wie kommt der Drallschlag des Bosch-Hammers zustande?

Das Schnittbild zeigt den einzigartigen Aufbau des Bosch-Hammers. Hinten im Werkzeug liegt der Motor, dessen Anker wir deutlich erkennen. Fest mit dem Anker verbunden ist die Ankerhülse. Sie wird vom Motor gedreht. Nun sehen wir in der Ankerhülse den Schläger. Er liegt lose darin und wird durch seine Kugeln von der Ankerhülse mitgenommen. Diese „Treibkugeln" liegen beim Schläger in genau passenden Vertiefungen. Bei der Ankerhülse liegen sie in den länglichen „Drallnuten", die ähnlich wie die Züge eines Gewehrs geformt sind. Schiebt man also den Schläger nach vorn, so dreht er sich in dem Maße, in dem auch die Drallnuten gewunden sind.

Man kann sich schon etwa vorstellen, wie so ein Schlag zustande kommt: Der Motor dreht gleichzeitig die mit ihm verbundene Ankerhülse. Auch der Schläger, der ja mit der Ankerhülse gekuppelt ist, muss sich mitdrehen. Durch die Fliehkraft streben die Treibkugeln nach außen.

Da sich die Drallnuten nach vorn vertiefen, zwingen sie die Treibkugeln und mit ihnen auch den Schläger in eine vorwärtsdrehende Bewegung.

Der Schläger trifft nun mit seinen vorderen Schrägflächen auf die schrägen Flächen des Schlagstockes auf, in dem der Werkzeugeinsatz steckt. So kommt auch der Schlagstock und mit ihm das Bohrwerkzeug in eine vorwärtsdrehende Bewegung. Das Ziel ist erreicht: der kräftige, schnelle Drallschlag,

Dieser Drallschlag wiederholt sich, wie schon erwähnt, 1000–5000 Mal in der Minute. Durch Drehgeschwindigkeitsverlust und Rückschlag wird der Schläger jedesmal wieder an seinen Ausgangspunkt zurückgeworfen, und der Schlagvorgang kann von neuem beginnen.

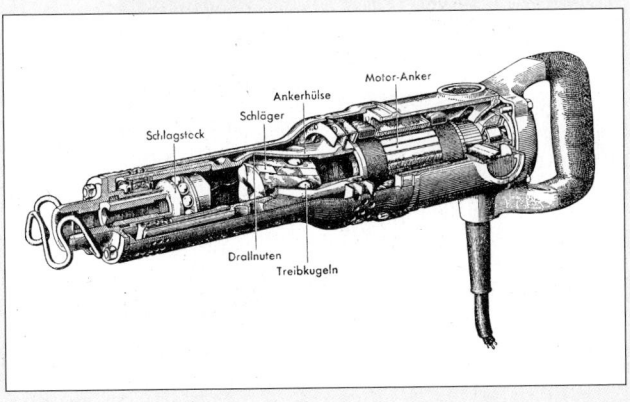

Die Entwicklungsgeschichte des BOSCH-Hammers

Aus Bohrschlägen werden Meißelschläge

Nichts ist einfacher als das: Um nun vom Bohrschlag auf Meißelschlag umzustellen, ist keine besondere Schaltung notwendig, wie vielfach angenommen wird. Der Arbeiter hat mit dieser Umstellung überhaupt nichts zu tun: Er steckt einfach einen Meißeleinsatz in den Hammer, und alleine dadurch ist die Drehung verhindert. Der Schläger, der in der Ankerhülse vor- und zurückschnellt, gibt zwar auch beim Meißeln einen Drallschlag auf den Schlagstock. Aber der Schlagstock kann die Drehung nicht weitergeben. Ein besonderer Vierkant, den nur das Meißelwerkzeug hat, sperrt die drehende Bewegung und erlaubt lediglich die Vorwärtsbewegung. So kommt es, dass der Bosch-Hammer jetzt nur noch einfache Meißelschläge gibt.

Welche Vielzahl von Meißelarbeiten nun hinzukommt, was der Elektrohammer auch an verwandten Arbeiten leistet, ist von unabsehbarer Vielfalt. Denn die Tatsache, dass der BOSCH-Hammer dank dem nichtdrehenden Meißelschlag auch stocken, stampfen, rütteln und graben kann, zeigt allein noch nicht, wieviel umfassender das Anwendungsgebiet dadurch wird.

Ein Kaminstein wird mit dem BOSCH-Hammer angebohrt

Dann wird der Kaminstein mit dem BOSCH-Hammer ausgemeißelt

Und schließlich mit dem BOSCH-Hammer fertig bearbeitet

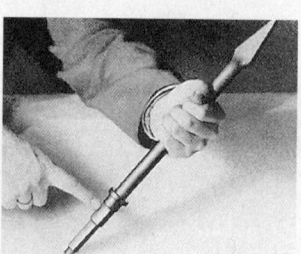

Der zweite Vierkant verhindert die Drehbewegung beim Meißeln

Die Entwicklungsgeschichte des BOSCH-Hammers

BOSCH-Elektrowerkzeuge in den
30er Jahren: Bilder aus der Fertigung

Der BOSCH-Hammer: Schleifen der
Ankerhülse

Der BOSCH-Hammer: Anschließen des
Kollektors

Der BOSCH-Hammer: Bohren des
Motorgehäuses

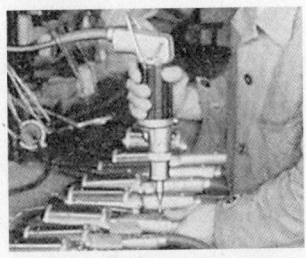

Der BOSCH-Hammer: Einschrauben
des Schalters

Der BOSCH-Hammer: Wickeln der
Ankerspulen

Der BOSCH-Hammer: Endprüfung

⊕ **BOSCH**-Elektrowerkzeuge   **regionale Adressen**

BOSCH-Power Tools   *regional adresses*
BOSCH-Outils Électroportatifs *adresses régionales*
BOSCH-Herramientas Eléctricas *direcciones regionales*

Land *Country* *Pays* *País*	Regionalgesellschaft/Auslandsvertr. *Regional Office/Regional Agent* *Siège Régional/Agence Exclusive* *Sucursul/Representante Local*	Telefon *Phone* *Téléphon* *Teléfono*	Fax *Facsimile* *Télécopie* *Fax*
Algeria	SIESTAL Rue d´Evreux, BP 363, RP 0600 Bejaia	00213 61 63 05 55	00213 34 21 14 62
Angola	BRICO MAT Rua Rainha Ginga No 39 R/c, Luanda	002442 392566	
Argentina	ROBERT BOSCH Argentina S.A. Av. Córdoba 5160, (C1414BAW) Buenos Aires	0054 11 4778 5200	0054 11 4778 5200
Australia	ROBERT BOSCH (Australia) Pty Ltd Cnr. Centre & McNaughton Roads Clayton, Victoria 3168, Australia	0061-3-9541-5045	0061-3-9541-5485
Austria	ROBERT BOSCH AG Geiereckstraße 6 A -1110 Wien	00431-79722-0	0043-1-79722-5615
Bahrein	JUFFALI TECHNICAL EQUIPMENT P.O. Box 1049 Jeddah – 21431	00966 2 669 7004	00966 2 667 6308
Bangladesh	Abedin Equipment Ltd. B-52 Kemal Ataturk, Av. Banini Dhaka 1213	00880 2 881 871819	00880 2 986 2340
Belgium	ROBERT BOSCH S.A. 1 Rue Henri Genesse B-1070 Bruxelles	0032-2 -5255-409	33-2 -5255-437
Belorussia	ROBERT BOSCH t.a.a. Warwascheni 17 BY-220600 Minsk	00375-172-347660	
Bolivia	Hansa Ltda Calle Yanacocha esquina mercado La Paz	00591-342-4000	
Brasil	ROBERT BOSCH Lda Via Anhanguera Km 98 13 065-900 Campinas-SP	0055-19-37451252	0055-19-3745-2195

Land *Country* *Pays* *País*	Regionalgesellschaft/Auslandsvertr. *Regional Office/Regional Agent* *Siège Régional/Agence Exclusive* *Sucursul/Representante Local*	Telefon *Phone* *Téléphon* *Teléfono*	Fax *Facsimile* *Télécopie* *Fax*
Bulgaria	ROBERT BOSCH Ltd ul. Srebrana 3/9 Office 3 BG-1907 Sofia	003592-962-5827	
Cameroon	Societe Bernabe C.I. BP 529 Rue Silvani Douala	00237-42-9020	00237-42-5033
Canada	ROBERT BOSCH 6811 Century Ave. Missisauga Ontario L5N 1R1	001-905-8266060	
Chile	EMASA Equipos y Maquinarias S.A. Casilla 832, Irarrazaval 259 Santiago de Chile	0056-2-520-3100	0056-2-204-3499
China	ROBERT BOSCH 22F Shui On Plaza No. 333 Huaihiai Zhong, Shanghai 200021	0086-571-8862156	
Colombia	G. Diedrich Carrera 16 No 39-82 Bogotá D.E.	0057-1-245-3423	0057-1-287-1393
Costa Rica	Madisa S.A. Carretera La Uruca, Apartado 856-1000 1000 San José	00506-233-6255	00506-257-1761
Costa Rica	Intaco Apartado Postal 2459-1000 1000 San José	00506-211-1751	00506-221-2851
Croatia	ROBERT BOSCH D.O.O. Culinecka cesta 44 HR-10040 Zagreb	0038551-2988675	
Danmark	ROBERT BOSCH A/S Telegrafvej 1 DK-2750 Ballerup	0045-44-898-40146	0045-44-898-600
Egypt	Integrated Development Co. Misrtech Abed El Moneim Riad, St. El Dokki — Giza	0020 12 79 01 002	00202-3357752
El Salvador	Proyectos Industriales S.A. Boulevard Venezuela 1146 San Salvador	00503-221-0666	00503-221-2212
Eritrea	ACE Hardware Bahti Meskerem Square, Block 4#12 Asmara, Eritrea	00291 1 118428	00291 1 122191

1162 Kontakte

Land *Country* *Pays* *País*	Regionalgesellschaft/Auslandsvertr. *Regional Office/Regional Agent* *Siège Régional/Agence Exclusive* *Sucursul/Representant Local*	Telefon *Phone* *Téléphon* *Teléfono*	Fax *Facsimile* *Télécopie* *Fax*
Ethiopia	Fozia Mohammed Saed P.O. Box 4806 Addis Abata	00251 77 05 50	00251 1 75 19 85
Finland	ROBERT BOSCH Oy Henkilöstöosasto, Ansatie 6 a C FI-01740 Vantaa	00358-9-34599-344	00358-9-34599-256
France	ROBERT BOSCH France SAS 32, Avenue de Michelet F-93407 Saint-Ouen Cedex	0033-1 -4010-7111	0033-1 -4945-4760
Gabon	Sociente Bernabe Gabon BP 2084 ZI d´Oloumi Libreville	00241 74 34 32	00241 76 05 21
Germany	ROBERT BOSCH GmbH Max-Lang-Straße 40-46 D-70771 Leinfelden-Echterdingen	0049-711-758-0	0049-711-758-2059
Ghana	C. Woermann GmbH & Co. Lake Road, Kumasi	00233-51-37597	00233-51-22952
Greece	ROBERT BOSCH SA 162 Kifissos Street GR-12131 Peristeri-Athen	0030-1-5770081	0030-1-5773607
Honduras	Chips S.A. 10 Ave. 17 Calle, Circunvalación Col. Prado no. 55 S. O, San Pedro Sula	00504-556-7677	00504-556-7677
Hongkong	Melchers (H.K.) Ltd. 1210 Shun Tak Centre, West Tower 168-200 Connaught Road, Central Hong Kong	00852-2546 9025	
Hungary	ROBERT BOSCH K.F.T. Giömroi ùt 120, HU-1103 Budapest	0036-1-4313813	
India	MICO Bosch Group Hosur Rd, Adugodi Bangalore – 560030	0091-80-2299-2956	0091-80-22-213706
Indonesia	Multi Tehaka, PT P.O. Box 1238 Jakarta 10730	0062-21-511803	0062-21-7995123
Iran	ABZARSARA CO. No 148, Sanaii St. Tehran, 15866 Iran	0098-21-8813120	0098-21-8301486

Land *Country* *Pays* *País*	Regionalgesellschaft/Auslandsvertr. *Regional Office/Regional Agent* *Siège Régional/Agence Exclusive* *Sucursul/Representante Local*	Telefon *Phone* *Téléphon* *Teléfono*	Fax *Facsimile* *Télécopie* *Fax*
Iran	Robert Bosch GmbH 158, Karim-Khan-Zand-Avenue Teheran 15847	00353-451-5211	003531-451-7127
Ireland	Beaver Distribution Ltd. Unit 23, Magna Business Park City West Co. Dublin	003531-451-5211	003531-451-7127
Israel	Ledico Ltd. 31 Lazarov Street, P.O. Box 6018 Rishon Le Ziyon	00972-3-9630000	00972-3-9630055
Italia	ROBERT BOSCH Via Marcantonio Colonna, 35 IT-20149 Milano	00392-3696-2214	00392-3696-2446
Japan	ROBERT BOSCH 9-1 Ushikubo 3-chome Tsuzuki-ku Yokohama 224-8501	0081-45-912-8000	0081-45-912-0056
Jordan	Juana Trading Est P.O. Box 851115 Amman 11185	00962 6 5822750	00962 6 58 22 760
Kenya	BOC Kenya Kitui Rd, Industrial Area P.O. Box 18010, Nairobi	00254-2-531380	00254-2-553382
Korea	ROBERT BOSCH Bongwoo Bldg. 31-7 1-ka Seaoul 100-391	0082-2-22709-101	0082-2-22709-008
Kuwait	Al Qurain Automotive Trading Co. P.O. Box 164 13003 Safat	00965-4810844	00965-4810879
La Réunion	G.M.M. EURL 85, chemin Commune ANGO 97441 Sainte Suzanne	00262 980 102	
Lebanon	Tehini Hana & Co S.A.R.L. P.O. Box 90-449 Jdeideh 1202 2040	00961-1-260 260	00961-1-257359
Libya	El Naser Co. P.O. Box 348	00218 48 05 896	00218 61 90 94123
Madagascar	Descours & Cabaud BP 757 Bd. Ratsimandrava Soanierana / Antananarivo	00261-20-2223471	00261-20-2222469

Land *Country* *Pays* *País*	Regionalgesellschaft/Auslandsvertr. *Regional Office/Regional Agent* *Siège Régional/Agence Exclusive* *Sucursul/Representante Local*	Telefon *Phone* *Téléphon* *Teléfono*	Fax *Facsimile* *Télécopie* *Fax*
Madagascar	ROBERT BOSCH Labana Ravo, B. P. 1516 Antananarivo	00261 20 22 23339	00261 20 22 33729
Malaysia	ROBERT BOSCH (SEA) Pte. Ltd. Power Tools Division, No. 8A Jalan 13/6, 46200 Petaling Jaya	0060-3-7950-3000	0060-3-7958-5639
Maldives	H. Sonee Janavaree Magu, Male´20-06 Republic of Maldives	00960 336699	00960 321656
Marocco	A. Kaufmann S.A. 163 Rue Mohamed Smiha Boite Postale 15824, Casablanca	00212-2-303971	00212-2-303971
Mauritius	Manufacturer´s Distr. Station Pres. John Kennedy Street Port Louis	00230 2088183	00230 2080843
Mauritius	Poncini & Fils Ltd. 2, Rue Jules König, B.P. 437 Port Louis	00230 2126205	00230 2088850
México	Robert Bosch, S.A. de C.V. Sierra Gamón 120, Colonia Lomas de Chapultepec, 11000 México D.F.	0052-55-5284-3051	
Mocambique	Diesel Electrica (LM) Lda Av. Das FPLM 1960 Caixa Postal 964, Maputo	00258 1 460094	00258 1 460109
Namibia	Diesel Electric (PYT) Ltd. 7, Republic Rd., P.O. Box 2197 Windhoek	0026461 234001	0026461 224056
Nepal	Padma Shree Ltd. P.O. Box 1804 Gyaneswore, Kathmandu	00977 1 4426 929	00977 1 4413838
Netherlands	Robert Bosch Benelux Konijnenberg 60 4825 BD Breda	0031 76 5795 422	0031 76 5795 476
New Zealand	ROBERT BOSCH Ltd. PO Box 33 1033 TAKAPUNA, Auckland 1332	0064-9-4786158	0064-9-4782914
Nigeria	C. Woermann Co. 6 Badijo Kalesanwo Street Matori Ind. Estate, Lagos	00234-1-4521969	00234-1-4522114

Land Country Pays País	Regionalgesellschaft/Auslandsvertr. Regional Office/Regional Agent Siège Régional/Agence Exclusive Sucursul/Representante Local	Telefon Phone Téléphon Teléfono	Fax Facsimile Télécopie Fax
Norway	ROBERT BOSCH Norge A/S Postboks 10 N-1414 Trollaasen	0047-66-817-021	0048-66-806-327
Oman	Malatan Trading & Contracting L.L.C. P.O.Box 131 Ruwi 112 Sultanate of Oman	00968-701548	00968-707994
Pakistan	Power Pack Corporation First Floor Chaman Chambers Chowk Dalgran Lahore – 54000 Pakistan	0092-42-7630099	0092-42-7653987
Panamá	Zentrum Auto Parts Panamá P.O.Box 55-2185 Patilla	00507-229 3002	00507-261 0712
Paraguay	Chispa S.A. Casilla de Correo 1106 Asunción	00595-21-553-315	00595-21-553-316
Perú	Autorex Peruana S.A. Avenida República de Panamá 4045 Surquillo, Lima 34	0051-14-755525	0051-14-755910
Phillippines	ROBERT BOSCH Zuellig Bldg. Sen. Gil Puyat Ave. Makati Metro Manila 1200	0063-2-8442104	0063-2-8438144
Poland	ROBERT BOSCH Sp. z.o.o. Ul. Poleczki 3 PL-02822 Warzawa	0048-22-7154400	
Polynesia	CIDA Intl. B.P.154 Papeete	00689-428633	00689-422421
Portugal	ROBERT BOSCH Portugal Ltda Avenida Infante Henrique Lotes 2E-3E P-1003 Lissabon	003511-85-00107	003511-85-11096
Qatar	Qatar Trading Company P.O.Box 51 Doha	00974-4431166	00974-4328642
Romania	ROBERT BOSCH S.R.L, Splaiul Unirii 74, Bloc 13 Ap 6, Sector 5 RO-Bucuresti Sector 4	00401-3309-272	
Russia	ROBERT BOSCH, T.O.O. Ul. Akademika Karoljiowa 13 R-129515 Moscow	0070-95-9357193	

Land *Country* *Pays* *País*	Regionalgesellschaft/Auslandsvertr. *Regional Office/Regional Agent* *Siège Régional/Agence Exclusive* *Sucursul/Representante Local*	Telefon *Phone* *Téléphon* *Teléfono*	Fax *Facsimile* *Télécopie* *Fax*
Saudi Arabia	Juffali Technical Equipment Company, P.O.Box 1049 Jeddah - 21431	00966-2-669 7004	00966-2-667 6308
Schweden	ROBERT BOSCH AB Isafjordsgatan 15 S-16426 Kista	00568-750-1647	00569-750-1677
Senegal	Societe Bernabe Senegal km 2,5 Bd du Centenaire de la Commune, Dakar	00221-823-5945	00221-1-823-3420
Serbia	ROBERT BOSCH AG Predstavnistvo za Srbiju i Crnu Goru Bulevar JNA 257,YU-11000 Beograd	00381 11 309 6649	
Singapore	ROBERT BOSCH (SEA) Pte. Ltd. 38 C Jalan Pemimpin Singapore 577180	0065-6 3505 445	
Slowakia	ROBERT BOSCH s.r.o. Kutlikova 17 SK 85250 Bratislava	00421-768-275258	
Slowenia	ROBERT BOSCH d.o.o. Celovska 228 SL-1117 Ljubljana	00386-61-183-9139	
South Africa	ROBERT BOSCH (P.T.Y.) Ltd Private Bag X 118 15th Rd. Randjespark, Midrand 1685	0027-11-6510-9600	0027-11-6510-9703
Spain	ROBERT BOSCH Comercial Hermanos Garcia Noblejas 19 E-28037 Madrid	0034-91 -327-9749	35-91 -327-9863
Sri Lanka	Diesel & Motor Engineering Co. Ltd. 65 Jetawana Rd, P.O. Box 339 Colombo 14	0094 11 4606800	0094 11 2449080
Switzerland	ROBERT BOSCH AG Postfach 264 CH-4501 Solothurn	0041 -844 44 44 41	0042 -844 44 44 40
Syria	DALLAL-Establishment for Power Tools, P.O.Box 1030 Aleppo	00963 21 211 6083	00963 21 211 3291
Taiwan	Bosch K. K., Branch Office Taipei 26F-1, No. 456, Hsin-yi Road, Sec. 4, Taipei 110, Taiwan, R.O.C.		